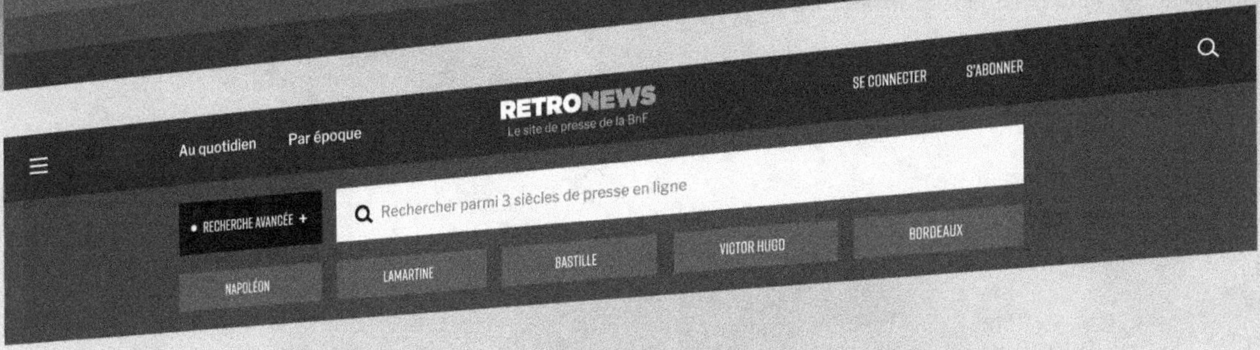

LA

REVUE SCIENTIFIQUE

A. Quantin imprimeur
r. S. Benoit, 7, à Paris

LA

REVUE SCIENTIFIQUE

DE LA FRANCE ET DE L'ÉTRANGER

REVUE DES COURS SCIENTIFIQUES (2[E] SÉRIE)

COLLÈGE DE FRANCE
MUSÉUM D'HISTOIRE NATURELLE — SORBONNE — ÉCOLES DE PHARMACIE
FACULTÉS DE MÉDECINE — SOCIÉTÉS SAVANTES
FACULTÉS DES SCIENCES — UNIVERSITÉS ÉTRANGÈRES
CONFÉRENCES LIBRES
TRAVAUX SCIENTIFIQUES FRANÇAIS ET ÉTRANGERS

Avec 81 figures intercalées dans le texte

DEUXIÈME SERIE — TOME XVII

TOME XXIV DE LA COLLECTION

9e ANNÉE — 1er SEMESTRE

JUILLET 1879 A JANVIER 1880

PARIS

LIBRAIRIE GERMER BAILLIÈRE ET Cie

108, BOULEVARD SAINT-GERMAIN, 108

Au coin de la rue Hautefeuille

1879

LA

REVUE SCIENTIFIQUE

DE LA FRANCE ET DE L'ÉTRANGER

REVUE DES COURS SCIENTIFIQUES (2E SÉRIE)

DIRECTEUR : M. ÉMILE ALGLAVE

2e SÉRIE — 9e ANNÉE — NUMÉRO 1 — 5 JUILLET 1879

LES NERFS ET LES MUSCLES

Les phénomènes électriques

D'APRÈS M. ROSENTHAL (1).

I.

On s'est fort peu occupé, en France, de l'étude des manifestations électriques que présentent les tissus animaux. Un suppléant, chargé il y a quelques années du cours de physiologie à la Sorbonne et voulant traiter ce sujet dans ses leçons, prit le parti de se rendre à l'étranger, afin de pouvoir se familiariser avec les méthodes de recherche en usage dans cette branche de la biologie, et de se procurer un matériel instrumental qui n'existait dans aucun laboratoire de Paris. Jusque dans ces derniers temps, le seul ouvrage écrit en français à consulter sur les phénomènes fondamentaux de l'électricité animale était dû à un étranger, M. Cyon; et encore la question physiologique y était-elle traitée seulement d'une manière accessoire, comme introduction à l'étude de certaines méthodes thérapeutiques. Quant aux exposés des livres classiques, ils étaient le plus souvent incomplets, obscurs : on y trouvait des théories, des explications de cas particuliers, mais très peu de faits positifs. Notre public français passionné pour la clarté pouvait à bon droit se plaindre de n'être pas servi à souhait. Il l'est aujourd'hui, grâce à un excellent traité, paru dans la *Bibliothèque scientifique internationale* et d'ailleurs fort bien accueilli, puisqu'il est arrivé déjà à sa deuxième édition. M. Rosenthal, en publiant cet ouvrage qu'il intitule *Les nerfs et les muscles*, a rendu un véritable service à tous ceux qui n'ont pas le loisir de lire les gros volumes et les innombrables mémoires publiés en Allemagne, en Suisse, en Hollande sur l'électricité animale.

(1) *Les nerfs et les muscles*, par M. ROSENTHAL, professeur à l'Université d'Erlangen. 1 vol. in-8°, avec 75 figures dans le texte, faisant partie de la *Bibliothèque scientifique internationale* (deuxième édition). Cartonné à l'anglaise.

Dans l'introduction, l'auteur nous présente son livre comme l'essai d'une exposition complète de la physiologie générale des muscles et des nerfs. Nous ne lui cherchons pas querelle sur sa prétention d'avoir tracé le tableau entier d'un sujet si vaste; M. Rosenthal s'est particulièrement attaché à l'étude des propriétés physico-chimiques du tissu nerveux et du tissu musculaire, il a traité ce sujet, déjà difficile, avec une admirable clarté; cela est assez pour que nous nous gardions de réclamer sur le rôle prépondérant, presque exclusif qu'il semble attribuer à ces propriétés. M. Rosenthal enseigne la physiologie à l'Université d'Erlangen; mais en lisant son livre, on dirait plutôt l'œuvre d'un physicien que d'un biologiste. S'il existe dans l'économie deux tissus où les propriétés physico-chimiques ne tiennent pas la première place, c'est à coup sûr le tissu musculaire et le tissu nerveux, dont les rôles spéciaux dans l'économie reposent exclusivement sur les propriétés vitales qu'ils nous offrent, propriétés propres à eux et que nous désignerons, si l'on veut, sous les noms de *névrilité* et de *contractilité*.

Il semble, du reste, que depuis quelques années un certain nombre de biologistes, peut-être plus particulièrement de l'autre côté du Rhin, se soient laissés entraîner à une sorte de *mécanicisme* exagéré. C'est ainsi qu'ils ont voulu voir dans les parois de l'intestin, dans celles des lymphatiques, etc., des orifices pour permettre le passage de substances liquides ou émulsionnées dont le mouvement moléculaire nutritif suffisait seul à expliquer le transport à travers les parties vivantes. De même on a prétendu trouver dans la destruction du rouge rétinien par la lumière, l'origine des impressions visuelles, sans remarquer qu'on déplaçait simplement la difficulté, puisqu'il nous est tout aussi impossible de comprendre comment un acte chimique se passant au sein de l'élément nerveux peut devenir l'origine d'une sensation consciente, que de comprendre comment celle-ci peut résulter d'une modification calorifique apportée à la substance de cet élément par les radiations du spectre de Newton. Cette tendance à tout expliquer en biologie par les lois connues de la physique des corps bruts, semble également dominer aujourd'hui dans l'étude des nerfs et des muscles; on a voulu voir dans les propriétés physico-chimiques et spécialement dans la force électromotrice dont le tissu nerveux et le tissu musculaire sont le siége, quelque chose comme la raison même de leurs propriétés vitales. Heureux quand on n'a pas confondu les unes avec les autres!

Cette fâcheuse disposition d'esprit de certains biologistes tient essentiellement à un défaut de méthode : à ce qu'ils méconnaissent la subordination si importante des diverses propriétés des corps, mettant au même plan celles qui sont générales et qui s'appliquent à tous les corps de la nature, comme les propriétés électriques, et celles beaucoup plus spéciales qui n'appartiennent pas même à tous les corps vivants et ne se montrent à nous que dans un très petit nombre d'éléments anatomiques ou de substances animées, telles que la substance des amibes, les cils vibratiles, certaines cellules pigmentaires et enfin les éléments constitutifs des nerfs et des muscles. C'est pour avoir négligé ce principe essentiel de toute étude positive, qu'on s'est égaré, demandant aux propriétés physico-chimiques du tissu nerveux et du tissu musculaire ce qu'elles ne peuvent donner : la clef du fonctionnement des organes qui en sont formés.

D'ailleurs nous n'entendons nullement prétendre par là que les actes vitaux, accomplis par les muscles ou les nerfs, la *contraction* de ceux-ci, la *transmission* par ceux-là, soient indépendants des actes physico-chimiques qui se passent en même temps au sein de ces tissus. Tout nous enseigne, au contraire, que la relation est ici absolument intime entre les actes vitaux et les modifications physico-chimiques concomitantes, et que les uns ne sauraient en aucun cas exister sans les autres. Mais il faut avouer aussi que le lien entre les deux ordres de phénomènes nous échappe et que nous n'avons absolument rien découvert de plus que leur concomitance, nous pouvons ajouter leur concomitance nécessaire. Pour le muscle, on sait une partie des changements chimiques qui accompagnent la contraction, et il n'est jamais venu à personne l'idée de voir dans la modification du rapport des deux diamètres du muscle, l'expression *directe* des réactions chimiques qui s'opèrent en même temps; nul ne confond ou n'identifie les unes et les autres.

Il se fait aussi dans le muscle qui se contracte des modifications physiques, mais elles sont moins connues et ont moins fixé l'attention. Pour les conducteurs nerveux (car en tout cela il n'est jamais question que des nerfs et point des centres nerveux), c'est le contraire; des modifications physiques importantes se révèlent à nous quand ils entrent en activité, tandis qu'aucun changement chimique n'a encore été nettement indiqué, sans doute en raison de nos procédés de recherche trop imparfaits. Mais la relation n'en est pas moins ici de même ordre entre l'acte vital propre au tissu, et les modifications physiques dont il est le siége pendant cet acte. On ne doit pas plus les confondre qu'on ne confond la contraction du muscle avec la production d'acide carbonique et d'acide lactique dans son tissu.

En tout état de cause, il ne semble pas que le meilleur moyen de résoudre le grave problème de la relativité des propriétés vitales et des propriétés physico-chimiques soit d'en chercher d'abord la solution dans les tissus où des actes résultant de propriétés vitales très particulières, telles que la *contractilité* et la *névrilité*, viennent encore se superposer à l'acte fondamental qui caractérise la vie : la nutrition. C'est seulement quand nous aurons quelque lumière — encore à venir — sur les rapports entre la nutrition des éléments anatomiques et leurs propriétés physico-chimiques, qu'on pourra peut-être entrevoir les moyens d'aborder l'étude, à coup sûr plus complexe, des relations entre les mêmes propriétés et la contraction musculaire ou la transmission nerveuse, sans parler des actes plus obscurs qui se passent dans les centres nerveux, et de ceux plus intimes encore du centre conscient.

II.

Quand on se propose de mesurer la somme exacte de nos connaissances en ce qui concerne l'électricité animale, à laquelle M. Rosenthal accorde une si grande place, on voit qu'elle est fort petite. On pourrait presque dire qu'elle tient dans la centaine de pages que lui consacre l'auteur du traité qui nous occupe. Et pourtant on a écrit sur ce sujet des volumes, et pourtant ce sujet a suffi pendant des années à alimenter de mémoires originaux plusieurs recueils scientifiques!

On sait que les recherches d'électricité animale sont dues surtout à M. Du Bois-Reymond, de Berlin, qui leur a voué sa vie. Dans la préface de ses *Mémoires sur la physique des muscles et des nerfs,* lui-même nous apprend que, placé à l'âge de vingt-deux ans par Johannes Müller en face du problème *du courant de la grenouille,* il est encore, après trente-quatre années écoulées, occupé d'en poursuivre la solution. Cette « persévérance unique », comme on l'a appelée, est tout à l'éloge de l'éminent physiologiste. Mais qui oserait dire que M. Du Bois-Reymond ou ses élèves soient arrivés aux résultats qu'on était en droit d'attendre d'un si grand effort, quand le maître lui-même semble peu convaincu de la solidité de son œuvre? Il s'en faut également que les phénomènes fondamentaux sur lesquels l'éminent professeur a édifié toute sa théorie de l'électricité animale, soient reconnus par tous les physiologistes comme ayant une importance en rapport avec le rôle qu'il leur attribue : ses adversaires ne vont-ils pas, avec M. Hermann, de Zurich, jusqu'à regarder plusieurs des phénomènes en question comme extra-physiologiques et dépendant seulement de l'altération des tissus qui accompagnent la mort?

Les faits bruts d'observation qui ont donné naissance à toute cette polémique, sont d'ailleurs en eux-mêmes d'une netteté qui ne laisse rien à désirer; les principaux sont désignés sous les noms de *courant musculaire* et d'*électrotonus* des nerfs.

Sur un segment de muscle ou de nerf (ce segment n'eût-il que deux millimètres de long et un demi-millimètre de diamètre), on recueille, pourvu qu'on s'entoure des précautions convenables, un courant électrique extrêmement sensible et qui va de la périphérie à la coupe de l'organe, ce qui revient à dire que dans le segment envisagé ce courant va du centre à la périphérie. Ceci est bien positif et personne ne nie l'existence du courant musculaire. Mais on remarquera que l'expérience faite comme nous l'indiquons — et on ne peut pas la faire autrement — suppose un traumatisme. De là la grave discussion de savoir si nous sommes ici en face d'un phénomène normal, faisant partie de la dynamique même de l'organe et que l'artifice expérimental rend simplement évident; ou si ce courant n'apparaît dans le tissu que comme une conséquence des manœuvres accomplies pour les recueillir, ainsi que l'avait déjà soupçonné Becquerel quand M. Du Bois-Reymond fit connaître en France ses premiers travaux. En d'autres termes, la force électromotrice qui se manifeste dans l'expérience classique que nous rapportons est-elle véritablement une propriété de la substance vivante, ou ne prend-elle naissance que par la mort des parties lésées, exposées à l'air, etc., n'est-elle, en un mot, qu'un premier effet de l'altération cadavérique? M. Du Bois-Reymond et M. Hermann personnifient la tendance des deux écoles opposées, celle qui soutient « la préexistence » du courant dans l'organe vivant contre celle qui défend « la théorie de l'altération », et qui veut que le traumatisme nécessaire pour mettre en évidence les courants du tissu musculaire ou nerveux soit la raison déterminante de ces courants (1).

Il est bien certain que le courant dont nous parlons ne se manifeste avec la même énergie dans aucun autre tissu, et c'est là sans doute encore une des raisons de la confusion qui s'est faite des propriétés électriques et des propriétés vitales des nerfs et des muscles. Il est évident que des courants électriques plus ou moins intenses doivent exister dans tout tissu, dans toute substance vivante, par cela seul qu'elle est le siège d'un mouvement incessant de combinaisons chimiques, d'oxydations, de réductions, etc. Mais alors, quelle raison donner de l'intensité particulière de ce courant dans les nerfs et dans les muscles?

Il ne semble pas déraisonnable d'admettre que cette intensité dépend uniquement de l'arrangement des éléments anatomiques dans le tissu nerveux et le tissu musculaire. Ils y ont, en effet, ce caractère très net d'être extrêmement allongés par rapport à leur diamètre transversal, placés parallèlement et enfin parfaitement isolés les uns des autres par des substances interposées jouissant de propriétés physico-chimiques différentes et qui font songer dans une certaine mesure au dispositif des appareils de condensation électrique. Dans le nerf, le cylindre-axe est enveloppé d'une gaine de myéline (peut-être continue pendant la vie), et en tout cas d'une gaine de Schwann continue. Dans le muscle, les fibrilles contractiles plongées au sein d'une substance amorphe sont également enveloppées avec celle-ci d'une gaine très mince de myolemme. En cherchant à peser la *relativité* des phénomènes électriques des nerfs et des muscles, on arrive à cette seule constatation certaine qu'elle est en rapport avec les caractères morphologiques du tissu. Les mêmes courants existent ailleurs, mais on peut dire qu'ils offrent une intensité spéciale dans les tissus dont les éléments affectent à la fois une figure allongée, une disposition parallèle et un isolement manifeste. On doit admettre que les énergies individuelles dont chaque élément est le siège, étant de même sens, se somment dans une direction qui est précisément celle des fibres du tissu.

L'objection qu'on pourrait tirer de l'absence d'un courant pareil dans le tissu tendineux ne semble pas décisive. Ce tissu, il est vrai, est formé de fibres parallèles, mais outre que sa composition chimique et l'activité certainement peu intense de son mouvement nutritif ne sont peut-être pas favorables à la manifestation d'une force électromotrice notable, on remarquera encore que, dans le tissu tendineux formé de faisceaux anastomosés les uns avec les autres, les fibres n'offrent certainement pas les mêmes conditions d'isolement. On expliquerait de même, au besoin, la faiblesse si remarquable du courant musculaire du tissu cardiaque, sur laquelle M. Engelmann a récemment appelé l'attention. Il l'attribue à la brièveté de l'élément musculaire représenté ici par des cellules ayant un diamètre longitudinal à peine prédominant et disposées bout à bout : dès lors les éléments musculaires intéressés par la section seraient toujours très courts, et l'on rentrerait dans la condition habituelle des autres tissus. Sans contester cette disposition histologique (bien qu'elle ne soit peut-être pas aussi nette que l'admet M. Engelmann), il semble qu'on puisse expliquer également la faible intensité du courant cardiaque par l'absence de gaines de myolemme, et par suite, de cette condition d'isolement dont nous avons parlé. D'ailleurs, la question ne paraît pas insoluble et pourra sans doute être tranchée par l'étude du courant des muscles striés sans myolemme des articulés. Mais quelle que soit l'explication définitive à laquelle on s'arrête pour rendre compte de la faiblesse du courant cardiaque, il en ressortira toujours que la condition morphologique du tissu reste un facteur important de cette force électromotrice développée dans le tissu des muscles et des nerfs.

III.

Si l'on discute encore sur l'origine véritable de ces courants, sur leur préexistence dans l'organe intact, ou leur apparition à la suite du traumatisme nécessaire pour les recueillir, tout le monde est d'accord sur le second phénomène dont nous avons parlé, phénomène aussi net qu'inexpliqué dans l'état actuel des sciences et que l'on connaît sous le nom d'*électrotonus*, ou état électrotonique des nerfs. Quand on met un nerf — sans qu'il soit autrement lésé — en contact sur deux points rapprochés de son parcours avec deux électrodes et qu'on y fait passer un courant, on observe aussitôt une modification profonde dans le pouvoir conducteur du nerf, qui est diminué au voisinage d'une des électrodes, augmenté au voisinage de l'autre. L'expérience peut être variée de vingt manières, mais le résultat est toujours le même. On ne saurait nier que la découverte de l'électrotonus des nerfs n'ait une grande importance par sa singularité même. Mais le phénomène qu'elle met en lumière a-t-il eu jusqu'ici quelque influence sur l'avancement de la biologie? nous a-t-il appris quelque chose sur le fonctionnement des conducteurs nerveux? Ceci est une toute autre question. Et la stérilité des efforts faits pour en tirer des notions positives sur le mode d'activité des nerfs montre assez que ce phénomène est demeuré pour nous, quant à présent, comme une sorte de curiosité physiologique, sans lien avec ce que nous savons sur le rôle fonctionnel normal du système nerveux périphérique.

En parlant de l'électrotonus, M. Rosenthal avoue avec une franchise déjà méritoire que, dans l'état actuel des connaissances, nous ne pouvons pas comprendre toutes les modifications qui se produisent dans le nerf parcouru par un cou-

(1) On peut consulter sur ce sujet l'exposé des travaux de M. Hermann par lui-même et les observations d'un élève de M. Du Bois-Reymond, M. Tschirief, dans le *Journal de l'Anatomie*, de MM. Robin et Pouchet (janvier-juin 1879). Voir également les recherches récentes de M. Engelmann dans les *Archives néerlandaises*, t. XIII, etc.

rant électrique : il serait plus exact de dire que nous n'en comprenons aucune. Mais, par contre, nous voyons très bien l'influence fâcheuse qu'ont eue les études auxquelles a donné lieu l'électrotonus, sur la physiologie du système nerveux. On a cherché l'explication du phénomène étrange qu'on avait sous les yeux ; comme il ne correspondait à rien de connu, on l'a imaginée, puis on a pris cette explication imaginaire pour la réalité. Il s'est produit ici ce qui s'était déjà passé à propos d'une hypothèse présentée par M. Brücke pour rendre compte des changements optiques de la substance des fibrilles musculaires pendant la contraction. Le célèbre physiologiste viennois avait montré qu'on pourrait expliquer ce phénomène (non moins surprenant au point de vue de nos connaissances générales que l'électrotonus), si l'on admettait que les zones de substance contractile alternativement claires et obscures qui dessinent les stries transversales du muscle, sont formées de polyèdres pouvant basculer sur eux-mêmes et jouissant en plus de propriétés optiques semblables à celles du spath d'Islande. Ces particules solides imaginaires, M. Brücke les appela *disdiaclastes,* d'un nom qu'il empruntait à J.-B. Bartholin. Or, il arriva que plusieurs physiologistes — et nous ne répondrions pas que M. Rosenthal ne fût pas tombé dans la même erreur — prirent pour l'expression d'un fait réel ce qui n'était pour M. Brücke qu'une hypothèse explicative et crurent que la substance contractile des fibrilles musculaires était en réalité faite de disdiaclastes.

Il semble qu'une confusion du même genre se soit produite dans la physiologie des nerfs, non pas par suite d'une erreur véritable, mais par suite d'une espèce de consentement tacite. On a presque fini par regarder comme une notion exacte sur la constitution moléculaire des conducteurs nerveux, ce qui n'avait été d'abord, pour M. Du Bois-Reymond, qu'une hypothèse explicative des phénomènes qu'ils présentent; on dirait que de tous côtés on se fût abandonné à cette erreur avec une véritable complaisance. Il est très exact qu'on se rend un compte suffisant des perturbations du nerf en état électrotonique, si l'on suppose ce nerf formé de molécules jouissant de propriétés électromotrices et polarisées suivant la longueur du nerf, comme le seraient des aiguilles aimantées suspendues bout à bout dans le plan du méridien magnétique. Il est très exact qu'un pareil système fonctionnera au point de vue de l'électricité, sensiblement comme le nerf fonctionne au point de vue de la conductibilité nerveuse : cela est incontestable; mais cela ne saurait suffire pour assimiler des phénomènes aussi distincts. Les physiologistes du siècle dernier, eux aussi, étaient portés par de tout autres motifs à une assimilation entre ce qu'on appelait le *fluide électrique* et ce qu'on appela par suite le *fluide nerveux.* Celui-ci remplaçait les *esprits* de Descartes. Les mots ont changé une fois de plus avec les progrès de nos connaissances : le prétendu « fluide » a fait place aux *particules électromotrices ;* mais au fond la confusion demeure, et l'œuvre des physiologistes qui s'en rendent les victimes volontaires sera, nous le craignons bien, aussi stérile pour l'avancement de la névrologie que celle des contemporains de Haller.

IV.

Le moindre résultat de cette foi singulière dans l'importance du courant électrique et surtout de l'électrotonus, a été de trop détourner l'attention du tissu producteur d'électricité par excellence, que l'on trouve chez certains poissons, et de la détourner également d'un grand nombre d'autres manifestations électriques que nous offrent les animaux et les plantes, comme si l'on eût redouté d'y découvrir quelque fait contraire aux lois déjà posées. C'est ainsi qu'on a trop négligé les phénomènes électriques non sans importance présentés par les glandes, par les feuilles de *Dionæa,* etc. Et, en effet, aussitôt qu'on cherche à grouper dans un ensemble commun ces phénomènes électriques divers, les contradictions abondent. Ainsi l'électrotonus n'existe pas dans les muscles. L'organe électrique des poissons, que l'anatomie rapproche des muscles, devient électriquement actif quand il est excité, tandis que le muscle en action (si l'on admet la doctrine de la préexistence) perd son état électrique, offrant alors ce qu'on appelle la *variation négative.* Ou bien encore, c'est le nerf qui, tout en perdant son état électrique pendant l'action, agirait cependant électriquement sur le muscle pour en provoquer la contraction ! Tel est l'étrange chaos où se débat aujourd'hui l'étude des phénomènes électriques des tissus vivants. Non seulement tous se dérobent à une analyse exacte par les procédés de connaissance actuellement en notre pouvoir, mais ils ne se coordonnent pas même entre eux. Nous allons au hasard de la recherche. Heureux quand, selon une habitude que le désir louable à coup sûr d'attacher son nom à quelque découverte, semble rendre fréquente aujourd'hui, nous ne groupons pas des faits particuliers soigneusement triés dans l'ensemble de ceux qui s'offrent à nous, pour en constituer une généralité artificielle — laissant de côté les cas, fussent-ils nombreux, qui ne rentrent pas dans le système. On curarise une grenouille, on désorganise un point de sa peau, soit mécaniquement, soit au moyen du chlorure de zinc. On met avec les précautions habituelles deux électrodes impolarisables, l'une sur cette place mortifiée, l'autre sur une place voisine de la peau saine ; on obtient un courant; on neutralise celui-ci par un artifice expérimental quelconque ; alors si on provoque chez l'animal curarisé une sensation douloureuse en lui pinçant la patte ou par tout autre moyen, on obtient une modification de la tension électrique entre les deux points comparés. Cette expérience si curieuse d'Engelmann offre à coup sûr un intérêt considérable, mais où donc est sa place dans les théories en vogue? Lui-même, à quelques années d'intervalle, en a proposé deux interprétations différentes.

Donc le lien manque encore pour grouper les phénomènes électriques des tissus animaux dans un ensemble systématique satisfaisant. Ceci suffit à juger les hypothèses, si ingénieuses soient-elles, qui ne s'appliquent qu'au plus petit nombre d'entre eux. Voilà ce que nous aurions désiré voir plus nettement indiqué dans l'ouvrage de M. Rosenthal. Sans donner moins de développement à l'étude électrique des nerfs et des muscles, il pouvait du moins, à notre avis, se prononcer plus explicitement contre cette étrange assimilation qui semble ressortir de certains passages de son livre, entre les phénomènes nerveux et les phénomènes électriques des nerfs.

D'autre part, cette grande place que donne M. Rosenthal à l'étude des manifestations électriques des deux tissus dont nous parlons, lui fait trop perdre de vue les propriétés essentiellement vitales de la substance contractile et surtout la substance nerveuse. Aussi bien, tandis que M. Du Bois-Reymond, ses élèves, ses adversaires s'évertuaient dans ces recherches stériles d'électricité animale, la physiologie du système nerveux prenait avec Fechner, avec Wundt, une direction toute nouvelle. M. Rosenthal la connait, mais il ne nous conduit pas avec assez d'entrain dans les voies récemment ouvertes. Faut-il rappeler à quels importants travaux ont donné lieu, depuis les dernières années, l'étude scientifique des phénomènes purement cérébraux, l'étude de l'attention, des perceptions, de la mémoire, du sommeil, en un mot de tous les actes classés autrefois sous la dénomination de phénomènes psychiques? Sans doute, M. Rosenthal n'ignore point ces progrès récents de la science positive, on le voit de reste; mais il ne donne pas non plus à toutes ces choses une place en rapport avec leur importance actuelle, dans l'exposé *complet* de la physiologie générale du système nerveux, qu'il prétend nous offrir. Il n'effleure qu'en passant et tout à la fin de son livre, les propriétés des centres conscients. Et même, sur ce chapitre sacrifié, nous aurions plus d'une réserve à formuler, par exemple sur une sorte de confusion qu'il semble faire entre l'*extérioration* des impressions du nerf optique et la *localisation excentrique* d'une lésion portant sur le parcours d'un nerf. Mais ce sont là des détails sur lesquels nous ne voulons pas insister.

V.

Ces imperfections du livre de M. Rosenthal ne sauraient — nous l'avons dit d'avance — diminuer le mérite d'une œuvre où elles sont largement compensées par les plus précieuses qualités. Tout ce qui touche aux propriétés physiques (autres que les propriétés électriques) des nerfs et des muscles est également traité avec une merveilleuse clarté, jusqu'aux questions si complexes de l'élasticité du tissu musculaire et de son augmentation pendant la contraction, de l'*extensibilité supplémentaire*, etc.

Le manuel opératoire pour étudier ces diverses propriétés physiques n'est pas moins bien exposé. Des figures représentent les principaux appareils en usage, et spécialement ceux de M. Du Bois-Reymond, qui sont devenus classiques pour l'étude de l'électricité animale. Parmi ces instruments, plusieurs sont, à coup sûr, ingénieux : tel est son *compensateur*. Mais il y en a d'autres, comme le *levier-clef* et les *vases conducteurs homogènes*, dont la renommée ne s'explique guère, ces instruments ne reposant sur aucun principe nouveau ou spécial et pouvant être construits en somme de vingt manières différentes. On se demande presque si cette importance, donnée un peu sans raison, à notre avis, aux appareils, n'est pas un signe de la pauvreté des résultats généraux auxquels ils ont conduit.

VI.

Quelque part M. Rosenthal dit excellemment : « Si nous « voulons nous rendre compte du jeu d'une machine ou d'un « mécanisme, il faut d'abord connaître la structure de la ma- « chine et les rapports mutuels de ses parties constitutives. » La chose, en effet, est bien claire, et la physiologie ne saurait être séparée de l'anatomie. Cette dernière peut, à la rigueur, ne relever que d'elle-même; mais il n'en est pas ainsi de la physiologie, qui suppose connu l'organe dont elle étudie le jeu. C'est en cela que les deux sciences, forcément, suivent une évolution parallèle. L'*ancienne* physiologie — et par ce mot nous entendons seulement que cette physiologie a été la première en date, nullement que son œuvre soit achevée — l'ancienne physiologie, disons-nous, étudiait le rôle des organes, leur fonctionnement, le concours que chacun d'eux apporte au maintien de la vie de l'individu ou de l'espèce : cette physiologie, c'est-à-dire celle de Galien, de Descartes, de Haller, des frères Weber, de Johannes Müller avait pour base l'anatomie comparée. Depuis Bichat, et avec Blainville, Cl. Bernard, pour ne citer ici également que des morts, la physiologie a pris une direction nouvelle : elle a fait un pas en avant, reportant d'un degré plus loin l'objet de ses études : ce n'est plus l'organe qui la préoccupe, c'est le tissu, ou mieux l'élément composant le tissu et dont elle cherche à déterminer le rôle spécial, la dynamique individuelle. La physiologie comparée a fait place à la physiologie générale, laquelle suppose connue l'anatomie générale, c'est-à-dire la structure intime, la constitution anatomique élémentaire des tissus et des organes.

Or il est trop évident, quand on lit l'ouvrage de M. Rosenthal, que, malgré cette notion si nette qu'a l'auteur de l'importance de l'anatomie générale, son œuvre présente par ce côté de graves lacunes et aussi certaines erreurs que nous voulons relever, moins dans un esprit de critique que pour éviter qu'elles ne se propagent, en raison même du mérite du livre où on les trouve.

C'est ainsi qu'en parlant de la substance contractile, à laquelle M. Rosenthal donne le nom de *protoplasma*, il la décrit comme gélatineuse et *granuleuse*. Or c'est là une grave erreur d'observation, qu'on trouve, il est vrai, répétée dans cent endroits et jusque dans les traités d'histologie les plus en vogue. Un caractère très intéressant et très important du *protoplasma* de Hugo Molh (*sarcode* de Dujardin) est, au contraire, d'être absolument vitreux, absolument hyalin; c'est du reste pour cela qu'il a si longtemps échappé à l'observation, et qu'en 1860, Ehrenberg, rompu pourtant aux études microscopiques, professait encore que les granules en mouvement des cellules de Chara étaient simplement flottants dans le liquide cellulaire.

Chez les animaux, la substance contractile, la seule à laquelle on doive appliquer par analogie ce nom de « protoplasma » dont il a été fait un si étrange abus, offre exactement le même caractère d'hyalinité, comme on s'en assure par l'observation des expansions amiboïdes des leucocytes, de certaines cellules pigmentaires, et enfin par l'observation de la fibrille musculaire elle-même. Seulement dans celle-ci, outre que la substance contractile semble maintenue par des cloisons, son activité est en quelque sorte polarisée; tandis que cette activité nous apparaît comme indifférente, c'est-à-dire pouvant se manifester selon toute direction, dans les leucocytes, dans les cellules pigmentaires et chez les amibes auxquels M. Rosenthal, soit dit en passant, attribue une mobilité quelque peu exagérée.

Mais c'est principalement en ce qui touche la structure des conducteurs nerveux d'une part, et d'autre part leurs rapports avec la substance musculaire, que les connaissances anatomiques exactes deviennent importantes; c'est là également que nous trouvons le plus de faits omis par M. Rosenthal, qui ont cependant un intérêt considérable pour la physiologie générale du système nerveux.

Une première particularité qu'on ne doit point négliger, est la nature complexe du cylindre-axe : il ne doit en aucun cas être regardé comme un conducteur simple. A la vérité, les procédés techniques dont nous disposons n'ont pas encore permis de séparer les fibrilles élémentaires qui la constituent certainement; nous ne savons pas davantage quelle part faire à l'indépendance physiologique de ces fibrilles; nous ignorons si elles sont susceptibles d'entrer individuellement en action, et si dans ce cas elles n'exercent pas sur leurs voisines du même faisceau une influence comparable (dans la limite où nous admettons ces sortes d'assimilations) aux phénomènes d'induction électrique. Mais, en tout cas, il importe de ne jamais perdre de vue que le cylindre-axe n'a aucunement le caractère d'un conducteur homogène.

Une autre erreur du même genre consiste probablement à regarder la cellule nerveuse multipolaire comme l'unité active des centres nerveux, alors qu'il convient sans doute d'y voir, malgré son noyau unique, une partie anatomique d'un ordre plus élevé que l'élément proprement dit. Les cellules nerveuses ne seraient pas seules d'ailleurs dans ce cas. Les *chromotophores* des céphalopodes nous offrent quelque chose de semblable : dérivant à l'origine d'une vraie cellule uninucléée, nous les voyons s'élever par les progrès du développement à un état intermédiaire à l'élément anatomique et à l'organe désigné parfois sous le nom d'*organite* (1). Sans subir une évolution aussi complète, les cellules nerveuses peuvent aussi être considérées jusqu'à un certain point comme des organites.

Le véritable élément nerveux central n'est autre, selon toute probabilité, que les cellules à corps cellulaire très réduit, classées par M. Robin sous le nom de *myélocytes* (dans la rétine, *cellules à queue*). Ces cellules, qui sont probablement toujours bipolaires, semblent devoir être considérées comme le siège des actes nerveux élémentaires; et ce sont leurs prolongements (fibrilles nerveuses primitives?) qui, en se groupant pour former des faisceaux de plus en plus gros, constitueraient les *prolongements protoplasmiques* de la cellule nerveuse. Celle-ci jouerait donc le rôle d'un véritable organe central, réceptacle d'activités multiples qui s'y combinent ou s'y décomposent suivant les cas. Le cylindre-axe serait à son tour le conducteur de ces actions combinées dont la cellule nerveuse serait la source.

Cette manière de comprendre le rôle de la cellule nerveuse et du cylindre-axe peut d'ailleurs seule nous rendre compte de l'existence de cellules unipolaires, qui autrement nous apparaîtraient comme de véritables non-sens physiologiques. On pourrait probablement démontrer de même que si les cellules nerveuses et les cylindres-axe qui en partent, n'étaient, comme semble l'admettre M. Rosenthal, que des conducteurs homogènes destinés, par conséquent, à ne transmettre que des impressions simples, les points excitables de la rétine ne seraient plus en rapport numérique avec les éléments de la membrane de Jacob, mais correspondraient seulement au nombre des cellules nerveuses, égal, selon toute apparence, à celui des cylindres-axe du nerf optique.

Nous ne faisons qu'indiquer ces points qui appellent en tout cas de nouvelles études, pour mieux montrer combien dans une exposition des propriétés du système nerveux, il est indispensable de tenir un compte rigoureux des données de l'anatomie générale.

(1) Dans un sens un peu différent de celui où Serres a pour la première fois employé ce mot.

COLLÈGE DE FRANCE

CHIMIE ORGANIQUE

COURS DE M. M. BERTHELOT.

De l'Institut.

I.

Chaleur des êtres vivants.

OBJET DE LA LEÇON.

1. Les animaux sont le siège d'une multitude de phénomènes chimiques : ils absorbent continuellement de l'oxygène, ils consomment des aliments; d'autre part, ils rejettent au dehors de l'acide carbonique, de l'eau et divers produits excrémentitiels. De tels effets représentent les deux termes extrêmes et opposés de toute une série de métamorphoses chimiques, accomplies dans les tissus des animaux, en partie aux dépens des matières ingérées, en partie aux dépens des tissus eux-mêmes. Or, ces métamorphoses chimiques répondent à de certains effets calorifiques, et plus généralement à de certains travaux moléculaires.

2. L'étude des végétaux soulève des questions analogues, avec cette double différence que la chaleur dégagée est d'ordinaire insensible et que les énergies extérieures (lumière et électricité) concourent parfois aux phénomènes.

Nous écarterons dans ce qui suit la dernière complication, propre aux végétaux.

3. Que le travail moléculaire des affinités chimiques soit corrélatif avec la somme des travaux extérieurs, accomplis par l'animal, et des travaux moléculaires, représentés par la chaleur que ce même animal produit, c'est ce qui est aujourd'hui généralement admis en principe. Mais pour préciser davantage cette relation et pour en faire l'application aux divers actes physiologiques, il faudrait connaître le détail exact des réactions qui se succèdent dans le corps des animaux, et celui des quantités de chaleur correspondantes. Jusqu'à ces dernières années, on s'était borné à traiter le problème, comme s'il s'agissait simplement d'une oxydation effectuée sur les éléments mêmes des principes organiques.

4. En comparant l'oxygène absorbé avec l'acide carbonique éliminé, on en déduisait, à l'exemple de Lavoisier, le poids du carbone brûlé (équivalent à l'acide carbonique) et celui de l'hydrogène brûlé (équivalent à l'excès d'oxygène); on calculait alors la chaleur produite, en supposant que la production de l'acide carbonique et celle de l'eau ont dégagé la même quantité de chaleur que si elles avaient eu lieu au moyen du carbone, de l'hydrogène et de l'oxygène libres. On a trouvé ainsi (1) une quantité de chaleur égale aux neuf dixièmes environ de la chaleur réellement cédée par l'animal au calorimètre; résultat suffisant pour montrer que la chaleur animale dépend des réactions chimiques effectuées dans les tissus, mais qui ne saurait être regardé comme la démonstration d'une équivalence rigoureuse. D'ailleurs l'écart deviendrait plus grand, si l'on tenait compte des travaux extérieurs.

(1) Voy. *De la chaleur produite par les êtres vivants,* par Gavarret, p. 221 (1855).

5. Examinons de plus près les bases de ce calcul. Il part d'une hypothèse inexacte.

En effet, les animaux ne brûlent pas du carbone libre et de l'hydrogène libre. D'une part, ils introduisent dans leur corps des aliments, c'est-à-dire des principes organiques très divers, très complexes et dans lesquels l'état de combinaison des éléments est plus ou moins avancé. D'autre part, les animaux rejettent non seulement de l'acide carbonique, mais aussi de l'eau, de l'urée et d'autres produits excrémentitiels complexes.

Dès lors il convient de tenir compte de l'état réel des corps introduits et des corps rejetés; car c'est la relation chimique entre ces deux ordres de principes qui détermine la quantité de chaleur produite (en supposant d'ailleurs l'état initial et l'état final de l'être vivant identiques).

6. Montrons nettement ce dont il s'agit. La chaleur développée pendant la formation et la vie des êtres organisés, tant animaux que végétaux, peut être, soit mesurée directement, soit calculée. Mais les mesures directes ne sont praticables que dans les cas où la chaleur développée est considérable; il est donc essentiel de pouvoir calculer celle-ci *à priori*, tant comme donnée essentielle des études biologiques, que pour contrôler les théories thermo-chimiques par les résultats des expériences, toutes les fois que celles-ci sont praticables. Les théorèmes suivants fournissent les bases de ces calculs; ils sont spécialement applicables à la chaleur animale (1).

Théorème I.

La chaleur développée par un être vivant, pendant une période quelconque de son existence, accomplie sans le concours d'aucune énergie étrangère à celle de ses aliments (2), est égale à la chaleur produite par les métamorphoses chimiques des principes immédiats de ses tissus et de ses aliments, diminuée de la chaleur absorbée par les travaux extérieurs effectués par l'être vivant.

1. Il en résulte que l'*entretien de la vie ne consomme aucune énergie qui lui soit propre;* c'est-à-dire aucune énergie qui ne puisse être calculée : d'après la seule connaissance des métamorphoses chimiques accomplies au sein de l'être vivant, des travaux extérieurs qu'il effectue, enfin de la chaleur qu'il développe.

2. La durée de la vie elle-même et la nature des métamorphoses intermédiaires ne jouent aucun rôle dans le calcul de l'énergie nécessaire à son entretien, pourvu que les états initial et final de l'être vivant et des matières qu'il assimile soient exactement connus.

Théorème II.

La chaleur développée par un être vivant qui n'effectue aucun travail extérieur pendant une période donnée de son existence, accomplie sans le secours d'aucune énergie étrangère à celle de ses aliments, est égale à la différence entre les chaleurs de formation (depuis les éléments) des principes immédiats de ses tissus et de ses aliments réunis, au début de la période envisagée, et les chaleurs de formation des principes immédiats de ses tissus et de ses excrétions, à la fin de la même période.

1. Les changements chimiques éprouvés par les principes immédiats des êtres vivants sont de nature diverse. Ils consistent soit en oxydations, soit en hydratations et déshydratations, soit en dédoublements. Chacune de ces réactions, envisagée séparément, peut dégager ou absorber de la chaleur.

2. Il résulte de là que le calcul de la chaleur animale ne saurait être établi, comme on l'avait cru autrefois, par la seule connaissance de l'oxygène absorbé pendant la respiration, même jointe à celle de l'acide carbonique expiré.

La connaissance exacte du rapport entre ces deux substances ne suffit pas davantage; attendu que cet oxygène n'est employé ni à brûler simplement du carbone, comme le supposaient les anciens calculs, ni à former exclusivement de l'acide carbonique.

En outre, les réactions d'hydratation, de déshydratation et de dédoublement dégagent ou absorbent de la chaleur, chacune pour son propre compte.

Il est nécessaire de tenir un compte séparé de tous ces effets, si l'on veut évaluer rigoureusement la chaleur animale; c'est-à-dire qu'il est nécessaire de connaître exactement l'état initial et l'état final du système total formé par l'être vivant, ses aliments, l'oxygène qu'il absorbe, l'acide carbonique, l'eau et les substances diverses qu'il rejette.

3. L'importance de ce mode d'évaluation exacte, et spécialement celle des phénomènes d'hydratation et de dédoublement dans l'étude de la chaleur animale, avait été longtemps méconnue, ou tout au plus vaguement entrevue avant la longue suite de calculs et d'observations précises que j'ai publiés, depuis 1865, sur les amides, les éthers, les sucres, les corps gras neutres, etc.

Théorème III. — État d'entretien.

La chaleur développée par un être vivant, qui ne reçoit le concours d'aucune énergie étrangère à celle de ses aliments, et qui n'effectue aucun travail extérieur, pendant la durée d'une période à la fin de laquelle l'être se retrouve identique à ce qu'il était au commencement, est égale à la différence entre les chaleurs de formation de ses aliments (l'oxygène et l'eau étant compris sous cette dénomination) et celle de ses excrétions (eau et acide carbonique compris).

Ce théorème peut être appliqué à l'étude d'un être adulte qui respire et se nourrit, sans varier de poids et sans éprouver de modification appréciable dans son état, pendant une période donnée de son existence. De telles conditions étant supposées réalisées, le calcul de la chaleur animale devient facile, du moins en principe, puisqu'il n'exige pas la connaissance de l'état actuel des principes immédiats de l'être vivant lui-même. Mais il n'en est pas de même pour un être qui se développe, tel qu'un embryon; ou pour un être qui dépérit, tel qu'un malade.

Théorème IV. — Travaux extérieurs.

La chaleur développée par un être vivant qui effectue des travaux extérieurs, toujours sans le concours d'une énergie

(1) *Annales de chimie et de physique*, 4ᵉ série, t. VI, p. 442; 1865.
(2) L'oxygène et l'eau sont compris dans cette désignation.

étrangère à celle de ses aliments, et sans éprouver de changement appréciable dans sa constitution chimique, peut être calculée d'après la différence qui existe entre la chaleur de formation de ses aliments et celle de ses excrétions, diminuée d'une quantité équivalente au travail mécanique accompli.

Tel est le cas d'un manœuvre, ou d'un homme effectuant l'ascension d'une haute montagne; dans l'hypothèse où ses muscles et ses divers tissus n'éprouvent aucun changement capable de modifier la nature ou la proportion des principes immédiats qui les constituent.

Les théorèmes précédents sont, je le répète, les fondements de la théorie moderne de la chaleur animale.

Précisons davantage les réactions oxydantes, hydratantes et autres, développées dans les êtres vivants.

Théorème V. — Oxydations indirectes.

Les oxydations exercées dans les êtres vivants par l'oxygène déjà combiné ne dégagent pas la même quantité de chaleur que les oxydations par l'oxygène libre; la différence est égale à la chaleur dégagée (ou absorbée) lors de la première combinaison.

1. Ce résultat s'applique immédiatement à la chaleur animale. En effet, les oxydations s'effectuent dans l'épaisseur des tissus, à l'aide de l'oxygène fixé à l'avance sur les globules du sang. Elles produisent donc en moins toute la chaleur déjà dégagée au moment où l'oxygène a été fixé sur les globules; quantité inconnue, mais qui forme certainement une fraction notable, le dixième peut-être, de la chaleur de combustion totale des aliments, opérée par le même poids de carbone.

2. A la vérité, la chaleur dégagée au moment de la fixation de l'oxygène sur les globules se retrouve dans l'évaluation totale de la chaleur animale, puisque cette première fixation a lieu dans l'intérieur du corps. La quantité totale de chaleur dégagée demeure donc la même que si l'oxygène libre agissait directement. Mais cette quantité se partage en deux portions, fort distinctes par leur localisation :

L'une étant dégagée, au moment du contact du sang avec l'air, dans les capillaires du poumon;

L'autre, au contraire, étant développée dans l'épaisseur des tissus, au lieu même des métamorphoses consécutives, voire même en plusieurs lieux successifs, si ces métamorphoses ne produisent pas du premier coup une combustion complète.

3. On vient de voir combien est grand le premier dégagement de chaleur; il semble donc que la température des poumons devrait en être affectée notablement. Mais, en réalité, cette chaleur dégagée dans les poumons n'en surélève pas sensiblement la température, attendu qu'elle est compensée sur place par la chaleur absorbée au moment où l'acide carbonique se dégage, sous un volume gazeux à peu près égal à celui de l'oxygène absorbé. La dernière quantité avait d'ailleurs été dégagée en plus dans les tissus, sur le lieu même de la réaction préalable qui a formé l'acide carbonique.

4. Il y a donc là des compensations locales, qui peuvent se faire en des endroits très divers, suivant des proportions fractionnées et très inégales. En effet, tandis que l'oxygène agit dans les tissus à l'état déjà condensé, les produits de l'oxydation locale sont la plupart distincts de l'acide carbonique et naturellement liquides ou dissous.

5. La décomposition de l'acide carbonique par les végétaux donne lieu à des remarques analogues, la chaleur absorbée étant différente, suivant que l'acide carbonique est pris sous forme gazeuse ou préalablement dissous dans l'eau.

Théorème VI. — Oxydations totales.

L'oxydation totale d'un principe immédiat, au moyen de l'oxygène libre, c'est-à-dire sa transformation intégrale en eau et en acide carbonique, dégage une quantité de chaleur égale à la différence entre les chaleurs de combustion de ses éléments et sa propre chaleur de formation, depuis les mêmes éléments.

1. Ainsi, par exemple, l'oxydation totale de l'alcool du vin, alcool dissous dans une grande quantité d'eau, si on le suppose changé en eau et acide carbonique dissous, dégage pour 46 grammes d'alcool :

+ 199,2 calories (correspondant à 24 grammes de carbone),
+ 207 calories (correspondant à 6 grammes d'hydrogène),
— 76,5 calories (correspondant à la formation de l'alcool dissous), soit en tout 329, 7 calories.

2. Il résulte de là que la fixation d'un même poids d'oxygène, sur un principe immédiat qu'il change entièrement en eau et en acide carbonique, peut dégager des quantités de chaleur fort inégales. Ainsi 8 grammes d'oxygène employés à brûler

	Calories.
de l'alcool pur (acide carbonique gazeux), dégagent.	+ 26,8
de l'acide acétique	+ 26,3
de l'acide butyrique	+ 25,0
de l'acide margarique.	+ 26,0
de l'acide oxalique	+ 30,0
de l'acide formique.	+ 35,0
de l'oxamide (avec formation d'azote).	+ 19,6

Les nombres sont à peu près les mêmes pour la plupart des acides gras, contrairement à une opinion assez accréditée; mais ils peuvent différer du simple au double pour d'autres corps. Ces différences existent, même dans le cas où le volume de l'acide carbonique produit est égal à celui de l'oxygène absorbé : l'acide acétique produirait ainsi + 26 calories; le glucose, + 30$^{cal.}$,2; et l'oxamide, + 19$^{cal.}$,6 seulement.

Théorème VII. — Oxydations incomplètes.

L'oxydation incomplète d'un principe immédiat par l'oxygène libre dégage une quantité de chaleur égale à la différence entre la chaleur de combustion du principe et celle des produits actuels de sa transformation.

1. Une même quantité d'oxygène peut ainsi dégager des quantités de chaleur extrêmement inégales.

Par exemple, une même quantité d'oxygène, en se fixant sur des corps tels que les alcools, pour les transformer en acides correspondants, sans changer le nombre d'équivalents du carbone, dégage des quantités de chaleur qui varient entre des limites fort étendues, savoir : + 37 calories (alcool méthylique) et + 90 calories (alcool éthalique).

Le dernier chiffre, qui répond à l'oxydation d'un corps

gras véritable, est plus que double du premier et à peu près double de celui qui répond au carbone libre. C'est là un résultat fort intéressant, en raison de la présence des corps gras dans l'économie.

Ainsi la quantité de chaleur fournie par la fixation d'une même quantité d'oxygène sur un corps gras est d'autant plus grande pour les premiers équivalents d'oxygène fixés, que la molécule du corps gras lui-même est plus condensée.

2. Il ne paraît guère douteux que des effets du genre que nous venons d'exposer ne doivent se présenter fréquemment dans les phénomènes de la nutrition et de la respiration.

Ils pourront être invoqués, par exemple, pour expliquer la diversité que l'on observe souvent entre les quantités de chaleur et de travail développées par deux êtres vivants, qui absorbent la même quantité d'oxygène et qui produisent la même quantité d'acide carbonique, mais en consommant des aliments différents.

3. On peut également expliquer par des faits et des considérations de cette nature comment, avec une même consommation d'oxygène et un même système d'aliments, la chaleur produite dans le corps d'un animal peut varier suivant une proportion considérable, telle que du simple au double. Par exemple, un corps gras et un hydrate de carbone réunis, c'est-à-dire deux corps de l'ordre des aliments, peuvent dégager 215 calories, en fixant 4 équivalents = 32 grammes d'oxygène. Or, si la même quantité d'oxygène avait été employée à brûler complètement une partie du même corps gras, au lieu de lui faire éprouver seulement un commencement d'oxydation, tandis que le sucre eût été évacué sans altération (dans les urines, par exemple), la réaction aurait dégagé seulement 106 calories, c'est-à-dire la moitié du chiffre précédent.

L'oxygène consommé est ici le même dans les deux cas; mais la proportion du corps gras transformé est beaucoup plus considérable dans la première réaction que dans la deuxième, et l'acide carbonique produit change dans le rapport de 3 : 2.

4. Des réactions du même ordre peuvent se développer aux dépens des matériaux mêmes qui constituent le corps de l'animal. Suivant la direction que prendront les phénomènes chimiques accomplis dans l'épaisseur de ses tissus, sous l'influence des agents physiologiques et particulièrement du système nerveux, on pourra donc observer des productions de chaleur, tantôt locales, tantôt générales, très inégales; sans que la proportion d'oxygène consommée dans les actes respiratoires éprouve de changement, et parfois même sans variation dans la quantité d'acide carbonique exhalé.

5. Si l'on compare la puissance calorifique des divers groupes de composés organiques, en tenant compte seulement de l'oxygène consommé et de l'acide carbonique produit par leur combustion complète, on arrive à une opposition singulière entre les corps gras à équivalent très élevé et les corps peu hydrogénés et à équivalent faible. Sous le même poids, les corps gras proprement dits développent plus de chaleur, parce qu'ils consomment plus d'oxygène. Mais, pour un même rapport entre l'acide carbonique et l'oxygène, et plus généralement pour une même quantité d'oxygène consommé, l'avantage est tout entier en faveur des corps peu hydrogénés, tels que le sucre, l'acide cyanhydrique, l'acide formique, l'acide acétique. Les corps gras fournissent en général une quantité de chaleur un peu moindre que leurs éléments combustibles, tandis que les autres composés dont je parle fournissent une quantité de chaleur plus considérable que celle de leurs éléments; l'oxygène et l'hydrogène qu'ils renferment étant supposés avoir dégagé à l'avance la même quantité de chaleur que s'ils étaient sous forme d'eau.

Théorème VIII. — Hydratations.

Lorsque l'eau se fixe sur un principe immédiat, la chaleur dégagée ou absorbée est égale à la différence entre la chaleur de formation de ce principe par les éléments et celle des composés résultants, diminuée de la chaleur de formation de l'eau.

1. Par exemple, l'acide acétique anhydre dégage + 7 calories, en se changeant en acide hydraté. Les éthers dégagent de la chaleur (+ 2 calories pour une molécule en moyenne), lorsqu'ils se changent en acide et alcool, par suite de la fixation des éléments de l'eau; j'ai démontré le fait pour les éthers acétique, oxalique, méthyloxalique, etc. (1). Il est probable que le même résultat est applicable aux dédoublements des corps gras.

2. De même les amides dégagent de la chaleur (2), en fixant les éléments de l'eau pour se changer en sels ammoniacaux; j'ai établi le fait pour l'oxamide solide (+ 2,4), pour le formamide (+ 1,0 dans l'état dissous), etc.

Ce résultat paraît général pour les amides, groupe auquel appartiennent les principes albuminoïdes.

Théorème IX. — Déshydratations.

Lorsque l'eau s'élimine aux dépens d'un système de deux principes organiques, ou même d'un principe unique, la chaleur absorbée ou dégagée est la différence entre la chaleur de formation du système initial par les éléments et celle du système final, accrue de la chaleur de formation de l'eau.

1. Ce théorème est le réciproque du précédent. Ainsi la formation du glucose à partir des éléments dégage moins de chaleur que celle d'un poids équivalent de cellulose : d'où il suit que la transformation de la cellulose en glucose par hydratation dégage de la chaleur (+ 149 calories pour $C^{12}H^{12}O^{12}$ = 180 grammes).

2. Les phénomènes d'hydratation et de déshydratation ont été généralement négligés dans les considérations relatives à la chaleur animale, celle-ci étant attribuée exclusivement à des phénomènes d'oxydation. Or, les théorèmes et les faits précédents permettent d'établir que l'ancienne opinion est inexacte et qu'une quantité notable de chaleur peut prendre naissance dans un être vivant aux dépens de ses aliments et par des hydratations ou des déshydratations, indépendamment de toute espèce d'oxydation. Le phénomène peut se produire, sans qu'il y ait ni oxygène absorbé, ni acide carbonique produit.

Théorème X. — Dédoublements.

En général lorsqu'un principe organique se dédouble en deux autres substances (ou un plus grand nombre), la chaleur

(1) *Annales de chimie et de physique*, 5e série, t. IX, p. 338; 1876.
(2) Même recueil, p. 348.

dégagée ou absorbée est égale à la différence entre la chaleur de formation des produits et celle du principe initial.

1. Ainsi le dédoublement du glucose en alcool et acide carbonique, par fermentation, dégage, pour $C^{12}H^{12}O^{12}$ = 180 grammes :

$$(74 + 94)\,2 - 265 = +71 \text{ cal.}$$

On voit combien est importante la source de chaleur résultant des dédoublements, source indépendante de tout phénomène d'oxydation : les hydratations en représentent d'ailleurs un cas particulier.

2. Les faits que je rappelle ici mettent en évidence toute l'importance calorifique des phénomènes d'hydratation, de déshydratation et de dédoublement. Cette considération est d'autant plus essentielle, au point de vue de la chaleur animale, que la plupart des matières alimentaires sont susceptibles de donner lieu à des phénomènes de cette espèce.

On sait, en effet, que les substances alimentaires se rapportent à trois catégories générales :

1° Les substances grasses ;

2° Les hydrates de carbone ;

3° Les principes albuminoïdes.

Or les principes albuminoïdes sont des amides et, comme tels, peuvent donner lieu à des phénomènes calorifiques tranchés, lors de leur hydratation avec dédoublement, ou de leur déshydratation avec combinaison.

Les hydrates de carbone, sucres et analogues, etc., peuvent dégager de la chaleur par leurs seuls dédoublements, indépendamment de toute oxydation.

Enfin les corps gras neutres peuvent aussi produire de la chaleur en se dédoublant et par simple hydratation, comme il paraît arriver sous l'influence du suc pancréatique.

Tous ces faits et ces calculs montrent comment le problème de la chaleur animale doit être entendu aujourd'hui et généralisé; ils fournissent des données nouvelles, dont le physiologiste et le médecin auront désormais à tenir compte. L'idée fondamentale subsiste; mais, comme il arrive toujours dans les sciences, le problème se complique à mesure que l'on pénètre davantage dans les conditions véritables du phénomène naturel.

II.

Changements d'état des corps.

I.

TRANSFORMATION D'UN GAZ EN LIQUIDE.

1. Quand on abaisse progressivement la température d'un gaz, sous pression constante, on atteint en général une température pour laquelle le gaz se transforme en liquide. Tous les gaz ont été ainsi liquéfiés. Au voisinage de son point de liquéfaction, un gaz prend le nom de *vapeur*, et il cesse d'obéir aux lois de Mariotte et de Gay-Lussac, son coefficient de dilatation devenant de plus en plus considérable et sa compressibilité de plus en plus grande. Sa densité gazeuse cesse en même temps d'être proportionnelle à son équivalent chimique.

La température à laquelle un gaz commence à se liquéfier, sous pression constante, demeure fixe pendant toute la durée de la liquéfaction. Mais elle change avec la pression sous laquelle on opère, et cela entre des limites qui peuvent s'étendre à plusieurs centaines de degrés, suivant que la pression est de quelques millimètres, ou de plusieurs centaines d'atmosphères.

2. Pendant cette liquéfaction, la vapeur dégage de la chaleur : nous appellerons *chaleur moléculaire de vaporisation* la quantité de chaleur, L, que dégage le poids moléculaire d'une vapeur qui se liquéfie sous une pression et à une température constante. Cette quantité de chaleur dépend de la nature du corps, et de la température (c'est-à-dire de la pression) à laquelle s'effectue le changement d'état.

Par exemple, 18 grammes d'eau = H^2O^2, devenant liquides, dégagent :

	Calories.	Calories.
A 0°	606,5 × 18 =	+ 10,917
20°	592,6 × 18 =	+ 10,667
100°	536,5 × 18 =	+ 9,657
160°	493,6 × 18 =	+ 8,885
180°	464,3 × 18 =	+ 8,257
240°	434,4 × 18 =	+ 7,799

De même 74 grammes d'éther = $C^8H^{10}O^2$, en devenant liquides, dégagent :

A 0°	+ 6,956
35°	+ 7,060
160°	+ 2,975

3. Des quantités de chaleur si inégales répondent à des changements de volume qui ne le sont pas moins.

Précisons : l'eau réduite en vapeur à 100 degrés occupe un volume 1600 fois aussi grand que dans l'état liquide; la distance des centres de gravité des molécules devenant à peu près 12 fois aussi grande. Tandis qu'à 240 degrés, le rapport des volumes dans l'état liquide et dans l'état gazeux est seulement celui de 1 : 50; la distance des centres de gravité des molécules n'étant pas tout à fait quadruplée.

Avec l'éther, vaporisé à 40 degrés, le volume gazeux est 200 fois aussi grand que le volume du liquide qui le fournit; à 160 degrés, il est seulement 4 fois et demie aussi considérable; la distance des centres de gravité des molécules devenant à peu près une fois et demie aussi grande. On voit ici la transition entre l'état liquide et l'état gazeux.

4. En général, l'accroissement des distances intermoléculaires qui résulte de la transformation d'un liquide en gaz est très grand, par rapport à celui qui résulterait de l'action de la même quantité de chaleur appliquée à dilater le gaz ainsi formé. Par exemple, la quantité de chaleur qui change à 100 degrés l'eau liquide en eau gazeuse, serait capable de porter le gaz aqueux de 100 à 1200 degrés environ; elle en quadruplerait seulement le volume sous une pression constante.

5. D'après une loi fondamentale de la chimie, dans l'état gazeux, à une pression et à une température telles que les lois de Mariotte et de Gay-Lussac soient applicables, tous les corps simples ou composés pris sous des poids équivalents occupent le même volume, ou des volumes qui sont entre eux comme 1 : 2 : ce qui a donné lieu à l'opinion que tous les gaz pris à volumes égaux et sous la même pression renferment le même nombre de molécules. D'après cette hypothèse, les poids des molécules elles-mêmes seraient proportionnels aux poids de l'unité de volume des divers gaz.

Dans l'état liquide, au contraire, les poids moléculaires des divers corps occupent des volumes fort inégaux, à la même température.

Ainsi, 18 grammes d'eau, 46 grammes d'alcool, 116 grammes d'éther butyrique occupent un même volume dans l'état gazeux, 22^{lit},3 $(1+\alpha t)$ sous la pression normale, la pression et la température étant les mêmes; tandis que, dans l'état liquide, les volumes respectifs des mêmes poids des substances sont 18 centimètres cubes : 56^{cc},8; 128^{cc},3; c'est-à-dire des volumes proportionnels aux nombres 1 : 3 : 7.

En chimie organique, l'observation a montré que le volume moléculaire des liquides homologues croît à peu près proportionnellement à leur poids moléculaire, soit de $+18$ centimètres cubes environ, pour chaque accroissement : de C^2H^2.

Ces relations sont bien différentes de celles qui caractérisent l'état gazeux. Elles tendent à faire penser que les molécules des liquides sont assez voisines les unes des autres pour que le volume total occupé par leur assemblage approche d'être proportionnel au volume de chaque molécule isolée; tandis que dans les gaz le volume individuel des molécules demeure complètement inconnu.

6. De là résultent des conséquences mécaniques fort importantes. En effet, si nous envisageons les gaz comme formés de molécules indépendantes, douées d'un triple mouvement de translation, de rotation et de vibration, les liquides au contraire devront être regardés comme formés de molécules liées entre elles par certaines forces attractives et caractérisées par la prépondérance des mouvements de rotation, opposée à la petitesse des mouvements de translation. Rien ne prouve d'ailleurs que le nombre de ces molécules pour un poids déterminé de chaque corps soit le même dans l'état liquide que dans l'état gazeux. Les propriétés physiques des liquides devront donc être à la fois plus compliquées et plus particulières que celles des gaz.

Sans entrer plus avant dans cette discussion, signalons quelques données générales relatives au calcul des chaleurs de vaporisation.

7. La théorie mécanique de la chaleur établit une relation très simple entre la chaleur de vaporisation d'un liquide et sa tension de vapeur :

$$\frac{L}{T}=\frac{1}{E}(u'-u)\frac{df}{dT}.$$

T étant la température absolue (c'est-à-dire $T=273+t$); f étant la tension de la vapeur saturée à la température T; u' et u étant les volumes respectifs occupés par un même poids de matière sous cette pression f, dans l'état gazeux et dans l'état liquide, à la température T. Si l'on connaissait la relation théorique qui existe entre la tension d'une vapeur saturée et la température, la dérivée $\frac{df}{dT}$ serait facile à obtenir d'une manière générale.

A défaut de cette relation théorique, on peut employer les formules empiriques par lesquelles M. Regnault a représenté ses expériences sur les tensions de vapeur d'un très grand nombre de liquides (*Relation des expériences*, etc., t. II, p. 361, 651 et 654).

8. Ces résultats relatifs à f étant supposés acquis, le calcul de L exige encore la connaissance des valeurs de u' et de u; lesquelles sont inverses avec les densités du liquide et de sa vapeur saturée, à la même température. En général, on ne saurait les calculer *a priori*, surtout pour les vapeurs saturées, qui s'éloignent notablement des lois de Mariotte et de Gay-Lussac.

9. Cependant, toutes les fois qu'une vapeur s'écartera très peu de ces dernières lois, et que l'on opérera sous des pressions faibles, on pourra, sans grande erreur, substituer à u' le volume moléculaire proprement dit, c'est-à-dire 22^{lit},3 $\times \frac{f}{0,760}$; on pourra en outre négliger u, qui est une petite fraction de u' sous les faibles pressions. On aura dès lors la formule approchée

$$L=0,069\,T+\frac{df}{dT}.$$

II.

DE LA SOLIDIFICATION.

1. Tout corps liquide étant soumis à l'influence d'un refroidissement toujours croissant, la fluidité de ce corps diminue; ses particules ne se laissent séparer de la masse qu'avec difficulté; la viscosité augmente et rend les mouvements intérieurs de plus en plus gênés, c'est-à-dire que, la force vive des mouvements de rotation devenant plus petite avec la température, les actions réciproques des molécules exercent une influence prépondérante pour entraver tout changement dans leurs distances et leurs positions relatives. Les mouvements de translation et de rotation tendent à s'anéantir, pour ne laisser subsister que les mouvements oscillatoires de chaque molécule, ou groupe de molécules, autour de son centre de gravité.

On parvient ainsi à une température à laquelle le corps devient *solide;* c'est-à-dire que ses particules demeurent fixées dans des positions relatives invariables, ou presque invariables : c'est la *température de solidification*.

2. Réciproquement tout corps solide soumis à l'action progressive de la chaleur devient liquide à une *température* dite *de fusion*, laquelle demeure fixe, en général, pendant toute la durée de la liquéfaction. Tandis que celle-ci a lieu, il s'opère un travail intérieur, correspondant à la nouvelle distribution des molécules et à la destruction des forces vives de rotation. Ce travail absorbe une certaine quantité de chaleur, appelée *chaleur latente de fusion*.

3. La chaleur de fusion dépend de la pression sous laquelle la fusion a lieu. En effet, on établit en thermo-dynamique la relation suivante :

$$\frac{\lambda}{T}=\frac{1}{E}(u-u')\frac{dp}{dT},$$

λ étant la chaleur latente de fusion; T la température absolue; E l'équivalent mécanique de la chaleur; u le volume du corps à l'état liquide; u' le volume du même corps à l'état solide; $\frac{dp}{dT}$ la dérivée de la pression par rapport à la température.

4. Ceci posé, *si le corps se dilate* en se liquéfiant, on a $u>u'$; comme d'ailleurs λ est en général positif, on en conclut que $\frac{dp}{dT}$ est aussi une quantité positive. Par conséquent la température de fusion pour un tel liquide sera d'autant plus élevée que la pression sera plus forte.

Cette conséquence a été vérifiée par M. Bunsen, sur le blanc de baleine, corps dont le point de fusion s'élève de 47°,7 à

50°,9, quand la pression est portée de 1 à 156 atmosphères.

5. Réciproquement, *si le corps se contracte* en se liquéfiant, comme il arrive pour l'eau, la pression doit abaisser le point de fusion.

On peut même calculer cet abaissement, lorsque la pression est connue. En effet, on a, d'après l'équation précédente :

(2) $$\frac{dT}{dp} = -\frac{1}{E}(u' - u)\frac{T}{\lambda}.$$

Mais la densité de l'eau liquide, à zéro, est 1 sensiblement, et celle de la glace : 0,923; d'ailleurs T = 273; λ = 79,25; E = 425, d'où l'on tire :

$$\frac{dT}{dp} = -\frac{1}{425}\frac{0,0835}{1,000}\frac{273}{79,25} = 0°,00000065.$$

En posant $p = 10333$ (c'est-à-dire égal à 1 atmosphère), on a

$$\frac{dT}{dp} = 0°,0067.$$

Telle est la quantité dont un accroissement de pression égal à une atmosphère doit abaisser le point de fusion de la glace. L'expérience a donné à M. W. Thomson 0,0075 : nombre qui peut être regardé comme suffisamment concordant, en raison de la grande difficulté d'une telle détermination.

Sans nous étendre davantage sur cet ordre de considérations, nous envisagerons seulement dans ce qui suit la fusion opérée sous la pression atmosphérique, ou sous une pression voisine.

6. La solidification d'un liquide fondu a lieu souvent à une température plus basse que celle de sa fusion normale : c'est ce que l'on appelle la *surfusion*. D'ordinaire, la valeur numérique de la chaleur de fusion se trouve alors modifiée. Mais il existe une relation très simple entre la chaleur de fusion normale du corps, λ, et sa chaleur de fusion, λ_1 à une température plus basse. En effet, C et c étant les chaleurs spécifiques respectives du corps liquide et du même corps solide, pendant l'intervalle $t_1 - t_0$ qui sépare le point de fusion normal t_1 du point de fusion retardé t_0, on a (1) :

$$C(t_1 - t_0) + \lambda_1 = \lambda + c(t_1 - t_0),$$

d'où l'on tire, en toute rigueur :

$$\lambda_1 = \lambda + (C - c_1)(t_1 - t_0).$$

Pour $\lambda_1 = \lambda =$ constante, il faut que la chaleur spécifique soit la même dans les deux états solide et liquide : ce qui est, en effet, réalisé pour les métaux d'une façon très approximative. Au contraire, $\lambda_1 = 0$, à une température t_0, telle que l'on ait :

$$t_1 - t_0 = \frac{\lambda}{C - c}.$$

La température t_1, au-dessous de laquelle le corps surfondu se congèlera en totalité, sans que la chaleur développée par la solidification puisse le ramener jusqu'au point de fusion normal, sera donné par la relation :

$$t_1 - t_0 = \frac{\lambda}{C}.$$

(1) Ces formules ont été démontrées par M. E. Desains, *Ann. de chim. et de phys.*, 3e série, t. LXIV, p. 419, 1862.

Ces formules supposent que l'état final du corps redevient identique à une même température après la solidification : ce qui n'est pas toujours vrai, surtout pour les corps cireux et résineux (voy. *Ann. de phys. et de chim.*, 5e série, t. XII, p. 564).

7. M. Person a proposé quelques formules qui représentent assez bien, dans un grand nombre de cas, la chaleur de fusion des liquides, envisagée d'une manière empirique. Pour les liquides ordinaires, on aurait, d'après ce savant :

(3) $$\lambda = (C - c)(160 + t);$$

C étant la chaleur spécifique du corps à l'état liquide ;
c la même, à l'état solide;
t la température de fusion.

Pour les métaux et les alliages :

(4) $$\lambda = 0,001\,669\,q\left(1 + \frac{2}{\sqrt{\delta}}\right),$$

q étant le coefficient d'élasticité et δ la densité. Mais ces relations souffrent des exceptions.

III.

Des chaleurs spécifiques des gaz.

1. La chaleur dégagée dans une réaction varie avec la température, non seulement en raison des changements d'état, mais aussi à cause de la différence entre les chaleurs spécifiques des corps composants et celles des produits. Nous nous sommes étendu ailleurs sur cette question, et nous avons établi que la variation de la chaleur de combinaison est exprimée par la formule générale :

$$Qt - Qt = U - V;$$

dans laquelle U représente la chaleur totale absorbée par les composants, supposés portés de la température t à la température T, et V la quantité analogue pour les produits.

Rappelons ici quelques définitions relatives aux températures et aux chaleurs spécifiques.

2. *Températures. — Les changements de température sont proportionnels aux dilatations d'une certaine masse d'air sous pression constante :* définition justifiée par les observations des physiciens, d'après lesquelles ces dilatations sont elles-mêmes proportionnelles aux quantités de chaleur nécessaires pour les produire, toutes les fois que la pression n'est pas trop considérable ou la température trop basse.

3. La *chaleur spécifique moyenne* d'un corps, C, pendant un certain intervalle de température exprimé en degrés, $t_1 - t_0$, est le quotient de la quantité de chaleur, M, employée à échauffer le corps par le nombre de degrés qui exprime cet intervalle :

$$C = \frac{M}{t_1 - t_0}.$$

On suppose qu'il n'y a point de changement d'état dans cet intervalle.

4. Faisons décroître indéfiniment l'intervalle $t_1 - t_0$, M se réduira à dM, et C tendra vers une limite γ, soit :

$$\gamma = \frac{dM}{dt}.$$

Cette limite est ce qu'on appelle la *chaleur spécifique élémentaire.*

Si M est proportionnel à la différence des températures, comme il arrive pour l'oxygène, l'azote et quelques autres gaz, γ sera une quantité constante et égale à C.

Mais, dans la plupart des cas, M varie suivant une autre loi, loi que l'on peut représenter par une formule empirique, déduite des valeurs numériques des expériences, telle que :

$$M = At + Bt^2 + Dt^3 + \ldots;$$

d'où l'on tire la valeur de la *chaleur spécifique élémentaire* à la température t, soit :

$$\gamma = A + 2Bt + 3Dt^2 + \ldots$$

D'autre part, il est clair que, d'après sa définition, la *chaleur spécifique moyenne* C_1, comptée depuis zéro jusqu'à t_1, est exprimée par la formule :

$$C_1 = A + Bt_1 + Dt_1^2 + \ldots$$

5. Le calcul des coefficients numériques A, B, D, est facile, dès que l'on a déterminé par des expériences calorimétriques les quantités M_1, M_2, M_3 ; ou, ce qui revient au même, C_1, C_2, C_3. Si l'on se borne à la 1re puissance de t_1, ce qui suffit quand la variation de la chaleur spécifique est lente, c'est-à-dire dans la plupart des cas connus relatifs aux solides et aux gaz ; dans ces conditions, dis-je, on aura :

$$B = \frac{C_2 - C_1}{t_2 - t_1}, \qquad A = \frac{C_1 t_2 - C_2 t_1}{t_2 - t_1};$$

C_1 et C_2 étant comptés respectivement depuis zéro jusqu'à t_1 et t_2.

6. Observons que l'on a par définition :

$$M = \int_t^T \gamma dt.$$

7. Faisons une intégration analogue pour chacune des quantités de chaleur absorbées par les corps composants qui entrent dans une réaction chimique, aussi bien que par les produits, et ajoutons toutes ces quantités; nous aurons en définitive :

$$U - V = \int_t^T (\Sigma\gamma - \Sigma\gamma_1) dt.$$

Cette formule suppose qu'il n'y a point de changements d'état pendant l'intervalle $T - t$; ou bien que ces changements s'accomplissent d'une manière progressive, de façon à demeurer compris dans l'expression théorique des chaleurs spécifiques.

Voulons-nous tenir un compte distinct des changements d'état, il faudra connaître la chaleur f absorbée par chacun d'eux. On a alors :

$$U - V = \Sigma f - \Sigma f_1 + \int_t^T (\Sigma\gamma - \Sigma\gamma_1) dt.$$

8. On peut encore écrire :

$$Q_T = A + \int_t^T \Sigma\gamma - \Sigma\gamma_1) dt,$$

A étant une constante égale à $Q_t + \Sigma f - \Sigma f_1$; c'est-à-dire déterminée par la seule connaissance de la température originelle.

En d'autres termes :

La quantité de chaleur dégagée dans une réaction quelconque est représentée par une intégrale définie de la différence entre les chaleurs spécifiques élémentaires des composants et celles des produits, plus une constante.

On voit par là toute l'importance que présentent les chaleurs spécifiques en thermo-chimie ; car elles mesurent le travail progressif accompli par la chaleur sur les divers corps, tant simples que composés.

Examinons d'une manière plus spéciale les propriétés thermiques des corps gazeux.

I.

NOTIONS GÉNÉRALES RELATIVES AUX GAZ.

1. La chaleur spécifique des gaz est rapportée, d'ordinaire, soit à l'unité des poids, soit à l'unité de volume, soit enfin à l'équivalent chimique. De cette diversité de définitions résulte quelque confusion. Pour simplifier les raisonnements et l'étude des réactions, nous adopterons une définition uniforme, à laquelle toutes les autres se ramènent aisément, et nous rapporterons la chaleur spécifique des gaz au *poids moléculaire*, c'est-à-dire à un poids capable d'occuper le même volume que 2 grammes (2 équivalents $= H^2$) d'hydrogène, ou sensiblement *quatre fois le volume* occupé par 1 équivalent d'oxygène gazeux, c'est-à-dire 8 grammes, dans les conditions où les gaz obéissent aux lois de Mariotte et de Gay-Lussac.

Nous venons de rappeler que le poids moléculaire de l'hydrogène, H^2, est égal à 2 grammes : ce poids, pris à 0 degré et $0^m,760$, occupe $22^{lit.},32$. A une température t et à une pression H, ce volume devient

$$(1) \qquad V = 22^l,32 \times \left(1 + \frac{t}{273}\right) \times \frac{760}{H}.$$

L'expression ci-dessus représente le *volume moléculaire* d'un gaz simple ou composé gazeux quelconque, à une température et à une pression quelconques, toujours *pourvu que le gaz obéisse aux lois de Mariotte et de Gay-Lussac.*

2. Ainsi nous rapporterons la chaleur spécifique des gaz à leurs poids moléculaires. Cette expression, que nous appellerons *chaleur spécifique moléculaire*, ou plus brièvement *chaleur moléculaire*, offre l'avantage de réunir dans un même nombre les deux valeurs désignées par les physiciens sous les noms de *chaleur spécifique en volume* et *chaleur spécifique en poids*. En effet, d'une part, en divisant la chaleur spécifique moléculaire par le poids moléculaire, on a la chaleur spécifique rapportée à l'unité de poids ; d'autre part, en divisant la chaleur spécifique moléculaire par le nombre 22,32, on a la chaleur spécifique rapportée à l'unité de volume.

3. La chaleur spécifique moléculaire elle-même peut être définie de deux manières distinctes, qui expriment deux quantités de chaleur différentes, savoir :

La chaleur spécifique moléculaire à pression constante, C, laquelle est plus facile à mesurer par expérience ;

Et la chaleur spécifique moléculaire à volume constant, K. Cette dernière est théoriquement plus simple que l'autre; attendu que la chaleur spécifique à pression constante comprend à la fois la chaleur employée à lever la température du gaz d'un degré et la chaleur employée à le dilater, laquelle produit un certain travail extérieur.

4. En général, les quantités de chaleur ainsi définies produisent deux ordres d'effets suivants, lorsqu'elles agissent sur un gaz pris à volume constant, savoir : un accroissement de la force vive des molécules gazeuses et certains travaux intérieurs. Entrons dans quelques détails.

5. *Accroissement de la force vive des molécules gazeuses.* — Cette force vive peut être décomposée en trois portions, rela-

tives aux mouvements de translation, aux mouvements de rotation et aux mouvements de vibration.

Les mouvements de translation se rapportent à chaque molécule prise dans son ensemble; tandis que les autres mouvements se rapportent aux particules plus petites qui constituent chaque molécule. Ces particules plus petites pourront être de même nature chimique que l'ensemble : ce qui arrive nécessairement dans un gaz simple, tel que l'hydrogène ou l'azote, et ce qui peut arriver aussi dans un gaz composé.

Mais, dans un gaz composé, on devra en outre concevoir chacune des particules actuelles comme constituées par l'assemblage des particules plus petites encore qui forment les corps élémentaires (1). Enfin ces dernières pourront être divisibles à leur tour en particules de même nature, et ainsi de suite.

Or toutes ces particules, tant composées que simples, constituent des systèmes diversement assemblés; chacune d'elles doit être conçue comme oscillant autour de certaines positions d'équilibre, peut-être aussi comme tournant en même temps autour d'un certain axe de rotation.

L'action de la chaleur accroît en général la force vive de ces diverses espèces de mouvements.

6. *Travaux intérieurs et changements d'arrangements relatifs.* — La chaleur produit en même temps des travaux intérieurs plus ou moins compliqués. En effet, l'accroissement de force vive des systèmes particuliers tend à résoudre les systèmes complexes, que ces systèmes particuliers constituent par leur assemblage en des systèmes plus simples. C'est ainsi que les masses moléculaires complexes peuvent se résoudre en molécules plus simples, de même nature chimique. C'est ainsi encore que la molécule composée elle-même peut être détruite, avec mise en liberté de composés plus simples, voire même des particules élémentaires qui la constituent.

Des effets semblables peuvent être développés par les chocs survenus entre ces masses moléculaires. Ils peuvent encore être produits par leur simple rapprochement, de telle sorte que par suite des échanges de force vive et des modifications dans les distances et les dispositions relatives des particules, certaines molécules se réunissent en masses complexes plus considérables, tandis que d'autres se séparent en systèmes plus petits et plus simples.

Ces réunions, aussi bien que ces séparations, peuvent être d'ailleurs tantôt d'ordre chimique, tantôt d'ordre purement physique. Observons que quelques-unes de ces réunions et de ces séparations dégagent ou absorbent une certaine dose de chaleur, dont les effets s'ajoutent, ou se retranchent, avec les effets produits par la chaleur venue du dehors.

C'est surtout par l'étude des chaleurs spécifiques que nous pouvons essayer de démêler ces effets si multiples et si compliqués et acquérir quelque notion sur les phénomènes, qui se développent dans les gaz au moment de leurs réactions.

(1) C'est cet ordre de particules que l'on désigne souvent sous le nom d'*atomes*, dénomination hypothétique, sinon même incorrecte, à la prendre dans un sens rigoureux. De là résulte aussi le nom de *force vive atomique*, appliqué par divers auteurs à la force vive des mouvements de rotation et de vibration, par opposition à la *force vive de translation*.

II.

LOIS DES GAZ.

1. Sans développer davantage ces théories, que l'on trouve exposées d'ailleurs dans les ouvrages de thermo-dynamique, je crois utile de rappeler brièvement les lois fondamentales de la théorie des gaz, telles qu'elles résultent des études expérimentales des physiciens :

1° *Loi de Mariotte.* — Les volumes des gaz (v) sont en raison inverse des pressions (p) qu'ils supportent.

2° *Loi de Gay-Lussac.* — Tous les gaz permanents ont le même coefficient de dilatation.

3° Ce coefficient, $\alpha = \frac{1}{273}$, est indépendant de la pression et il ne varie pas avec la température.

On déduit des lois ci-dessus la relation caractéristique

$$vp = v_0 p_0 (1 + \alpha t),$$

v_0, p_0 se rapportant à la température zéro et à la pression $0^m,760$.

4° *Les poids des gaz simples ou composés, pris sous le même volume* (poids moléculaires), *sont proportionnels à leurs équivalents, multipliés par des nombres simples : c'est la seconde loi de* Gay-Lussac.

Les quatre lois précédentes sont applicables à tous les gaz, tant simples que composés.

Observons d'ailleurs que ce sont des lois limites, c'est-à-dire qu'elles se vérifient seulement d'une manière approchée. Cependant il ne faudrait pas que cette réserve jetât un doute sur l'existence physique des lois elles-mêmes. En effet, les résultats observés en chimie dans la détermination des densités de vapeur, à diverses températures et sous diverses pressions, sont trop nombreux pour que l'on puisse refuser d'admettre la généralité des lois précédentes.

On déduit de ces lois l'expression du travail extérieur G, développé par la dilatation, à pression constante et pendant un degré, d'un gaz quelconque, pris sous son poids moléculaire. On a en effet :

$$G = \frac{1}{E} \alpha p_0 v_0 \text{ exprimé en calories; soit, pour } v^0 = 22{,}32,$$

$$G = \frac{10335 \times 22{,}32}{425 \times 273} = 1^c{,}988 \text{ ou } 2{,}0 \text{ en nombres ronds;}$$

cette valeur est indépendante de la pression et de la température, pourvu que les lois précédentes soient observées.

5° *Loi des mélanges.* — La pression d'un mélange gazeux est la somme des pressions qu'exerceraient les gaz mélangés, si chacun d'eux occupait seul le volume du mélange. Cette relation n'est vraie que pour les gaz qui n'exercent point d'action chimique réciproque.

On en conclut encore que les molécules d'un même gaz n'exercent point les unes sur les autres d'action réciproque sensible.

6° *Loi de Joule.* — Un gaz qui se dilate sans effectuer de travail extérieur ne donne lieu à aucun phénomène thermique.

Cette loi n'est vraie que pour les gaz simples et les gaz composés formés sans condensation. Pour de tels gaz, le travail extérieur de dilatation pendant un degré est mesuré d'ailleurs par la différence des chaleurs spécifiques.

$$G = C - K = \frac{\alpha p_0 v_0}{E} = 2{,}0 \text{ sensiblement.}$$

7° *La chaleur spécifique d'un gaz parfait est constante*, c'est-à-dire indépendante de la température et de la pression. Cette loi n'est vraie que pour les gaz simples et les gaz composés formés sans condensation. La chaleur spécifique des autres gaz composés varie, au contraire, rapidement avec la température.

8° *Lois de Dulong et Petit.* — Tous les gaz simples, pris sous le même volume, absorbent la même quantité de chaleur pour s'élever d'un degré. En d'autres termes, la chaleur spécifique moléculaire des gaz simples est la même. Elle est d'ailleurs constante, c'est-à-dire indépendante de la température et de la pression, pourvu que la température ne soit pas trop basse ou la pression trop considérable.

A pression constante, la chaleur spécifique moléculaire des gaz simples peut être exprimée par le nombre 6,82, trouvé pour l'hydrogène :

$$C = 6{,}82.$$

Cette loi, ou plutôt cet ensemble de lois, a été vérifiée par M. Regnault, pour l'hydrogène, l'oxygène et l'azote. Le chlore et le brome gazeux ont donné des nombres plus forts : × 8,6 et 8,9 ; mais ces deux derniers gaz n'ont été étudiés qu'entre deux limites de température voisines de leur point de liquéfaction et sous la pression normale. Il n'existe aucune expérience certaine pour les autres corps simples. Cependant la loi doit être regardée comme applicable à tous les gaz simples, à la limite.

La valeur de C étant connue par expérience, il est facile d'en déduire la chaleur spécifique à volume constant, d'après la loi de Joule. En effet, cette loi nous a permis d'évaluer la différence :

$$C - K = 1{,}988;$$

on a donc pour les gaz simples

$$K = 4{,}83.$$

On peut vérifier cette valeur en en tirant le rapport

$$\frac{C}{K} = 1{,}41;$$

rapport vérifiable et vérifié en effet approximativement par les expériences des physiciens sur la vitesse du son.

2. L'identité des chaleurs spécifiques des gaz simples signifie que les molécules de ces gaz pris sous le même volume éprouvent à la fois un même accroissement de la force vive totale et un même accroissement de la force vive des mouvements de translation, pour une même élévation de température.

3. Venons aux gaz composés. Nous devons les distinguer en deux groupes. En effet, les gaz composés formés sans condensation possèdent la même chaleur spécifique moléculaire que les gaz simples. Tels sont : l'oxyde de carbone, le bioxyde d'azote, l'acide chlorhydrique. La théorie indique et l'expérience a vérifié cette relation, propre aux gaz composés formés sans condensation ; elle l'a vérifiée, tant à pression constante (Regnault) qu'à volume constant (mesures de Dulong, Masson, Cazin, Wüllner, sur la vitesse du son).

Mais les mêmes relations ne se vérifient plus sur les gaz composés formés avec condensation. En effet, les chaleurs spécifiques de cet ordre de gaz varient avec la température, suivant des lois individuelles, et cela tant à volume constant qu'à pression constante.

III.

RELATIONS ENTRE LES CHALEURS SPÉCIFIQUES DES GAZ SIMPLES ET CELLES DES GAZ COMPOSÉS.

1. Les gaz simples possèdent une chaleur spécifique indépendante de la température et de la pression ; je parle des gaz très éloignés de leur point de liquéfaction, tels que l'hydrogène, l'oxygène et l'azote.

Le même caractère appartient, en principe, aux gaz composés formés sans condensation. En fait, il a été vérifié sur l'oxyde de carbone, composé que l'on est autorisé à regarder comme formé par ses éléments unis à volumes gazeux égaux, sans condensation. On admet encore comme très probable la constance effective des chaleurs spécifiques pour le bioxyde d'azote et l'acide chlorhydrique, en se fondant sur ce que ces deux gaz, formés aussi sans condensation, ont une chaleur spécifique égale à la somme des gaz parfaits élémentaires, pris sous le même volume.

Pour tous ces gaz, tant simples que composés, le travail intérieur est très petit ; la force vive totale qui répond aux mouvements physiques et la force vive de translation en particulier croissent proportionnellement à l'accroissement de la température ; on conclut de ces deux relations qu'il en est de même de la somme des forces vives de vibration et de rotation.

2. Mais aucune de ces relations générales relatives aux chaleurs spécifiques n'existe, ni d'après la théorie, ni d'après les expériences pour les gaz formés avec condensation, tels que l'acide carbonique, le protoxyde d'azote, le gaz ammoniac, l'éthylène, etc. Entrons dans quelques détails, afin de préciser la question.

Envisageons un gaz composé de $\frac{n}{2}$ poids moléculaires simples (1) : la somme des chaleurs spécifiques de ses éléments gazeux, prises à pression constante, serait en principe :

$$\frac{6{,}8n}{2} = 3{,}4\,n;$$

La somme des chaleurs spécifiques des mêmes éléments gazeux prises à volume constant, serait, d'autre part,

$$\frac{4{,}8n}{2} = 2{,}4\,n;$$

Ces deux quantités étant d'ailleurs indépendantes de la température et de la pression.

Comparons-les avec les chaleurs spécifiques du gaz composé.

Si le gaz composé est formé sans condensation, nous avons vu que ses deux chaleurs spécifiques sont précisément la somme de celles des éléments, tant à volume constant qu'à pression constante.

Si le gaz composé est, au contraire, formé avec condensa-

(1) Observons que la molécule des gaz simples ($22^{lit},3$) peut être formée de 1, 2, 4, 6 équivalents ; ou, ce qui revient au même, de 1, 2, 3 atomes dans la théorie atomique.

tion, la même relation pourrait exister, en principe et comme M. Clausius l'a supposé, pour la chaleur spécifique à volume constant. Mais elle ne saurait exister pour la chaleur spécifique à pression constante, attendu que sous une pression constante le travail extérieur est moindre pour le gaz composé que pour ses éléments gazeux. La différence qui résulte de cette circonstance a déjà été calculée pour tout gaz qui obéit aux lois de Mariotte et de Gay-Lussac. En admettant que le travail extérieur correspondant à la dilatation d'un degré équivale approximativement à $2^{cal}0$ pour le volume moléculaire $22^{lit}32$, et sous la pression normale, il est clair que ce travail équivaudra très sensiblement à $2\frac{n}{2} = n^{cal.}$ pour les éléments gazeux du composé; tandis qu'il équivaudra seulement à 2^{cal} pour leur combinaison. Maintenant posons, par hypothèse, la chaleur spécifique de ce dernier, sous volume constant, comme égale à celle de ses éléments, elle sera représentée par le nombre $2,4 \times n$. Dès lors la chaleur spécifique du gaz composé, sous pression constante, vaudra très sensiblement $2,4\,n + 2$; en supposant le travail intérieur négligeable.

D'après ces hypothèses, le rapport des deux chaleurs spécifiques sera $\frac{2,4n+2}{2,4n} = 1 + \frac{1}{1,2n}$: expression qui se rapproche de plus en plus de l'unité, à mesure que n, c'est-à-dire le nombre de molécules simples qui concourent à former le gaz composé, devient le plus grand.

3. La chaleur dégagée par la réaction des éléments combinés à volume constant serait, dans tous les cas et d'après ces mêmes hypothèses, indépendante de la température. Au contraire, il ne saurait en être ainsi pour les gaz formés avec condensation lorsque la réaction des éléments a lieu sous pression constante, à cause de l'inégalité du travail extérieur. La variation théorique de la chaleur de combinaison qui résulte de cette circonstance est facile à calculer entre deux températures t et t_0; car elle est égale à l'expression suivante :

$$U - V = [3,4n - (2,4n + 2)]\,(t_1 - t_0) = (n - 2)\,(t_1 - t_0);$$

c'est-à-dire qu'elle croît proportionnellement au nombre de molécules élémentaires, diminué de deux unités.

Comparons les conséquences de ces hypothèses avec les résultats des expériences des physiciens, en passant en revue les diverses condensations observées dans l'acte de la combinaison chimique.

4. Soient d'abord, *trois molécules gazeuses condensées en deux*. D'après l'hypothèse, on doit avoir :

K (chaleur spécifique à volume constant) $= 7,2$;
C (chaleur spécifique à pression constante) $= 9,2$;

$$\frac{C}{K} = 1,28.$$

Or, les valeurs de C, pour les gaz composés, soit :

8,65 pour H^2O^2; (130° à 220°)
8,26 pour H^2S^2; (10° à 200°)
8,76 + 0,00 SSt pour Az^2O^2; (10° à 210)
9,86 pour 5^2O^4 (10° à 208°)
8,13 + 0,0117t pour C^2O^4; (0 à 200°)
10,0 + 0,0146t pour C^2S^4; (80 à 230°)

valeurs observées, sont tantôt plus grandes, tantôt moindres que le chiffre théorique. Les valeurs mêmes de la chaleur spécifique élémentaire, prise à zéro, oscillent entre +8,23 et +10,0.

Il y a plus : les chaleurs spécifiques à pression constante changent avec la température, et cela même très rapidement. Il en résulte d'abord que la chaleur spécifique à pression constante, pour tous les gaz formés avec cette condensation, est moindre à une certaine température que la somme des chaleurs spécifiques des éléments gazeux. Mais cette inégalité diminue, à mesure que la température s'élève. Il existe, dans tous les cas, une température plus haute, à laquelle la chaleur spécifique du gaz composé atteint la valeur théorique 9,2. Puis elle continue à croître, jusqu'à devenir égale à la somme 10,2 des chaleurs spécifiques des éléments, à une température plus haute encore, telle que 180 à 200 degrés pour le protoxyde d'azote et l'acide carbonique. Enfin, la température s'élevant toujours, la chaleur spécifique du gaz composé, à pression constante, surpasse celle de ses composants, sans que l'on connaisse avec certitude la limite de ses accroissements. Ceux-ci se poursuivent peut-être jusqu'à une température limite, qui répondrait à la dissociation totale du composé.

Des relations analogues paraissent exister pour les chaleurs spécifiques des mêmes gaz, pris à volume constant, attendu que le rapport des deux chaleurs spécifiques est supérieur à 1,28 vers zéro; mais il décroît et se rapproche de l'unité à mesure que la température s'élève, d'après les déterminations de M. Wüllner.

On arrive d'ailleurs à la même conséquence, en regardant les deux chaleurs spécifiques moléculaires comme variables avec la température, tout en différant entre elles d'une quantité constante et égale à 2. Soit $C = A + Bt$, on aura :

$$K = C - 2 = A - 2 + Bt \quad \text{et} \quad \frac{C}{K} = 1 + \frac{2}{A - 2 + Bt}.$$

Or, ce dernier rapport se rapproche de l'unité, à mesure que t devient plus considérable.

Observons que ces effets ont été observés aussi bien sur les gaz formés avec absorption de chaleur, tels que le protoxyde d'azote, que sur les gaz formés avec dégagement de chaleur depuis les éléments, tels que l'acide carbonique.

5. Nous pouvons encore comparer les chaleurs spécifiques des gaz formés suivant la même condensation, avec la nature de leurs éléments. A ce point de vue, elles n'offrent pas de relation bien précise. Cependant les nombres relatifs à la vapeur d'eau et à l'hydrogène sulfuré sont voisins. Entre l'acide carbonique et le sulfure de carbone, l'écart est notable, et il s'accroît avec la température, sans doute parce que le second gaz est plus voisin de sa décomposition que le premier.

6. Venons aux gaz formés par l'union de *quatre molécules condensées en deux*. Pour de tels gaz, en théorie :

$$K = 9,6;\ C = 11,6;\ \frac{C}{K} = 1,21.$$

En fait, les valeurs de C trouvées pour le gaz ammoniac, soit $8,51 + 0,0053\,t$, sont moindres vers 0 degré (8,51) que la valeur ci-dessus. Mais elles croissent avec la température, jusqu'à devenir égales au nombre 11,6; puis à le surpasser, comme pour la condensation précédente.

Ajoutons encore que le rapport des deux chaleurs spécifiques pour le gaz ammoniac est plus fort que le nombre théorique à 0 degré (1,317); mais il diminue avec la température, ce qui est encore conforme aux calculs exposés plus haut.

7. Les chlorures de phosphore et d'arsenic ont des chaleurs spécifiques moléculaires 18,6 et 20,3, voisines entre elles, mais dont les valeurs sont plus que doubles de celles du gaz ammoniac et très supérieures à la valeur hypothétique, $C = 11,6$.

En supposant que la loi de variation observée sur le gaz ammoniac se maintînt indéfiniment, il faudrait porter ce gaz à 1000 degrés environ pour arriver à une chaleur spécifique aussi grande que celle des chlorures de phosphore et d'arsenic. Observons qu'à une telle température, le gaz ammoniac peut subsister quelques instants; mais il se décompose peu à peu jusqu'à la séparation totale de ses éléments. La chaleur spécifique du composé, calculée dans ces conditions, ne répondrait donc qu'à un état transitoire; tandis que celle des chlorures de phosphore et d'arsenic répond à un état stable.

8. *Cinq molécules condensées en deux.*

$$K = 12,0 ; C = 14,0 ; \frac{C}{K} = 1,17.$$

En fait, le gaz des marais possède une chaleur spécifique moindre que ces valeurs théoriques, tant à pression constante (9,5) qu'à volume constant (7,2). Mais les chiffres relatifs au gaz des marais croissent, sans aucun doute, avec la température : ce qui donne lieu à des observations analogues à celles qui ont été faites plus haut pour d'autres rapports de condensation. Ajoutons même que l'accroissement de C avec la température a été constaté pour le chloroforme. Le chloroforme possède en outre une chaleur spécifique $16,29 + 0,0164t$ supérieure au chiffre théorique. La variation de cette quantité est telle que sa valeur surpasse, à partir de 50 degrés, la somme (17,0) des chaleurs spécifiques des éléments.

Ce n'est pas tout : le chloroforme possède une chaleur spécifique moléculaire double de celle du formène, malgré l'analogie de constitution chimique des deux corps.

Les chaleurs spécifiques gazeuses des chlorures de silicium (22,4), d'étain (24,8), de titane (24,4), composés qui se rapportent au même ordre de condensation, surpassent également la somme théorique de celles de leurs éléments supposés gazeux. Les composés chlorés ont donc quelque chose de particulier sous le rapport des chaleurs spécifiques gazeuses.

9. L'éthylène (*six molécules condensées en deux*) $9,42 + 0,0231t$, possède à 0 degré une chaleur spécifique bien moindre que la somme théorique de celles de ses éléments, tant à pression constante (9,4 au lieu de 17,4), qu'à volume constant (7,6 au lieu de 15,4). Mais, à 100 degrés, l'intervalle a déjà diminué (11,7 et 9,9). Les chaleurs spécifiques de l'éthylène varient si vite avec la température, que vers 350 à 400 degrés les chiffres théoriques sont probablement atteints et surpassés.

10. Parmi *les gaz dérivés de l'éthylène*, on peut remarquer les chaleurs spécifiques moyennes du chlorure d'éthylène (22,67), des éthers chlorhydrique (17,67), bromhydrique (20,71), celles de l'alcool enfin (20,84), lesquelles ne diffèrent pas beaucoup de la somme des chaleurs spécifiques de l'éthylène et des gaz chlore, chlorhydrique, bromhydrique, hydrique, respectivement. Mais il convient de ne pas trop insister sur ces rapprochements, parce que la variation de la chaleur spécifique des éthers et des corps analogues dans l'état gazeux, est plus rapide avec la température que celle de leurs composants. Cette variation est si rapide qu'elle s'élèverait, dans certains cas, à 12 et même à 24 unités (benzine : $17,45 + 0,0798\,t$) pour un intervalle de 300 degrés.

En général, et toutes choses égales d'ailleurs, les gaz très denses et formés d'un grand nombre de molécules participent déjà à quelques égards des propriétés des liquides; c'est-à-dire que les travaux intérieurs développés par la chaleur y sont notables et fort compliqués. Aussi les chaleurs spécifiques de tels gaz varient-elles avec la température, à la façon de celles des liquides tels que l'alcool : substance dont la chaleur spécifique devient double pendant l'intervalle compris entre 0° et 150°.

11. Précisons davantage la signification des variations de la chaleur spécifique moléculaire des gaz avec la température. Ces variations ne sont attribuables au travail extérieur : ni sous volume constant, condition dans laquelle ce travail n'existe pas; ni sous pression constante, condition dans laquelle ce travail demeure à peu près invariable. Du moins il en est ainsi toutes les fois que la constance observée de la densité de la vapeur démontre que celle-ci se conforme aux lois de Mariotte et de Gay-Lussac : ce qui est le cas général en chimie.

Il y a plus : les mêmes lois étant admises, il en résulte que la force vive de translation croît proportionnellement à la température absolue. L'accroissement de la chaleur moléculaire des gaz, tant à volume constant qu'à pression constante, est donc dû principalement aux travaux intérieurs et à l'accroissement des forces vives de rotation et de vibration.

En d'autres termes, la molécule du gaz composé tourne et vibre de plus en plus vite, à mesure que sa température s'élève; ses parties constituantes s'écartent les unes des autres, et le système tout entier se déforme. Par suite, les arrangements des particules élémentaires qui assuraient la stabilité de l'ensemble disparaissent par degrés et d'une façon toujours plus marquée, jusqu'au moment où l'équilibre se détruit, le système se brise, et la molécule éprouve une décomposition proprement dite.

M. Berthelot.

ÉCOLE DES LANGUES ORIENTALES VIVANTES

COURS DE M. VINSON

L'hindoustany et la langue tamoule.

Mesdames et Messieurs,

Lorsque, le 26 février 1853, la chaloupe de l'État, la *Chelingue*, nous déposa sur la plage de Pondichéry, la langue que nous entendîmes parler autour de nous ne nous était point tout à fait inconnue. Nous savions son nom, le tamoul ou le malabar; nous en disions même quelques mots, retenus pendant la traversée, d'émigrants indiens montés à bord à Bourbon et qui rentraient dans leur patrie. Mais je ne me doutais point que c'était là l'un des idiomes les plus intéressants de la vaste mer des Indes; que je devais y prendre goût et l'étudier plus tard après l'avoir appris en jouant avec les enfants de mon âge; et que, vingt-six ans après, j'aurais l'honneur d'être désigné par M. le ministre de l'instruction publique pour l'enseigner dans cette enceinte. L'honneur est certes considérable et je voudrais faire tous mes efforts pour m'en montrer digne; mais je crains d'être au-dessous de l'immensité de la tâche. Ce qu'on me demande, en effet, en me confiant un cours d'hindoustany et de tamoul, c'est de vous apprendre, non seulement dans leurs généralités scientifiques et littéraires, non seulement dans leurs caractères ethnographiques et pour ainsi dire sociaux, mais encore et surtout dans les moindres détails de leur vie réelle, dans les plus minimes particularités de la conversation courante, deux langues parlées par 100 millions d'hommes, c'est-à-dire par la moitié des habitants de l'Inde entière.

L'importance de ces deux langues ou plutôt de ces deux groupes de patois régionaux va d'ailleurs grandissant de jour en jour. Elles offrent chacune un type complet de deux des grandes catégories où se classent, au point de vue du système grammatical, tous les idiomes du monde. L'hindoustany est aryen, c'est-à-dire appartient à la même classe que nos idiomes d'Europe caractérisés tous par la *flexion;* le tamoul est *agglutinant,* c'est-à-dire se range dans cette immense collection de parlers humains où se trouvent déjà le basque, le japonais, le hongrois, les langues de l'Afrique et celles de l'Amérique. La *flexion,* c'est, vous le savez, un procédé commode d'exprimer les relations, les rapports de la pensée, par des changements dans la racine significative; l'*agglutination* n'arrive au même but que par la subordination d'une autre racine significative à la racine principale.

Eh bien, dans l'Inde future, libre, indépendante, mais transformée au moral par l'éducation occidentale, l'hindoustany et le tamoul prendront une place prépondérante. Le premier tendra à se substituer à tous les idiomes du nord, à part peut-être le marathe et le bengali; le second se partagera avec le télinga, un de ses frères d'origine, toute la pointe méridionale, tout le Deccan. Telle est l'opinion des observateurs compétents, et entre autres de M. Robert N. Cust, un ancien fonctionnaire de l'Inde anglaise, qui vient de faire paraître un livre attachant sur les langues modernes de l'Inde.

Mais, dans la vaste contrée où règneront seules les cinq langues dont il vient d'être question, sait-on combien il en existe aujourd'hui? M. Cust en compte environ trois cents, en comprenant dans ce nombre toutefois les divers dialectes littéraires et les patois régionaux. On y distingue tout d'abord deux groupes principaux — l'un *flexionnel,* aryen; l'autre, *agglutinant,* dravidien, — au milieu et à côté desquels se placent confusément quelques familles encore mal définies et mal classées.

Le groupe aryen est géographiquement le plus considérable : il occupe environ les six dixièmes du territoire; le dravidien occupe à peu près tout le reste, ne laissant guère aux idiomes indépendants qu'un demi-dixième de terrain tout au plus. Ces idiomes, les moins connus, les plus menacés, ne sont pas d'ailleurs, au point de vue de la science linguistique pure, les moins dignes d'intérêt.

En jetant les yeux sur la carte que voici, vous vous rendrez un compte satisfaisant, mesdames et messieurs, de la situation et de l'importance respectives de ces idiomes. Nous trouvons d'abord, sur l'extrême frontière du Thibet, le *khasia,* cet idiome monosyllabique, dont la grammaire est analogue à celle du chinois et qui est parlé seulement par 200 000 habitants. Nous remarquerons ensuite une série de langues formant une chaîne discontinue entre le vaste Océan des dialectes aryens et la mer dravidienne; on a nommé ces langues, qui sont agglutinantes, mais vivent d'une vie propre, les langues *kolariennes;* elles servent journellement à 2 millions d'hommes environ.

Quant aux idiomes dravidiens, M. Caldwell, dans la deuxième édition de sa grammaire comparée (1875), en compte douze, dont six plus ou moins littéraires, le tamoul, le télinga, le canara, le malayâla, le tulu, le kudagu, et six non littéraires, le toda, le kota, le gond, le ku, le rajmahal et l'uraon. M. Cust ajoute à ces six derniers, parlés pour la plupart par des tribus peu considérables, deux autres dialectes, le *kaikâdi* et le *yerukâla,* reconnus dans la province de Madras et qui se rattacheraient, le premier au tamoul et le second au télinga. A mon avis, les langues dravidiennes modernes se réduisent grammaticalement à trois grands groupes : tamoul, canara et télinga; de plus, le vieux canara et l'ancien tamoul sont très rapprochés; enfin le télinga est le plus altéré ou du moins le plus éloigné du prototype commun.

L'existence des langues dravidiennes est constatée historiquement depuis de longs siècles. Des mots tamouls se retrouvent dans les livres de Ptolémée, Strabon, Pline, l'anonyme de Ravenne, l'auteur du Périple de la mer Rouge : ce sont surtout des noms géographiques : *Sangara* (sangâdam), *Pandion* (pândiyan), *Modoura* (madurei, avec *ai* final prononcé actuellement *ei* et correspondant à l'*â* final féminin sanscrit), etc. Un écrivain du VIIe siècle de notre ère, Kumârilabhatta, cite, dans un ouvrage sanscrit, quelques mots tamouls communs, *nader* (*nadei*) « marche », *pâmb* (*pâmbu*) « serpent ». On a retrouvé même dans la Bible un mot tamoul, mais l'assimilation en est discutée. C'est le mot *thûki,* employé dans le *Livre des Rois* et dans les *Chroniques* ou *Paralipomènes,* pour désigner les paons que les navires de Salomon allaient chercher à Ophir, sans doute l'Abhîra des bouches de l'Indus. *Thûki* ne serait autre que le mot tamoul *tógei* « paon, queue de paon », varié en *çôge,* en canara.

Ce même mot hébreu est rendu par « perroquets », et non plus par « paons », dans une dissertation sur Ophir d'Adrien Reland (*Hadriani Relandi dissertationum miscellanearum partes tres.* Trajecti ad Rhenum, 1706, 3 vol. in-8°; — t. I., p. 163-189).

Le savant hollandais connaissait d'ailleurs le tamoul auquel il consacre trois pages (86-89) du troisième volume de ces dissertations (ch. XI, *De linguis insularum quarumdum orientalium*). Il expose que la langue « malabare » est très répandue dans l'île de Ceylan, il en donne l'alphabet; il reproduit une vingtaine de mots et renvoie ses lecteurs aux études de Gaspar d'Aguilar, à la *Descriptio oræ malabaricæ* de Baldæus, où sont esquissés les rudiments de la langue du pays, et enfin à l'*Hortus indicus malabaricus* de van Reede, où sont cités de nombreux noms dravidiens en caractères « malabars ».

Dès l'arrivée des Portugais sur la côte occidentale, les jésuites, en vue de la propagande religieuse, avaient étudié les idiomes originaux. Vers 1550, ils enseignaient déjà, dans leur séminaire d'Ambalakkâdu, près Cochin, le sanscrit, le syriaque, le malayâla et le tamoul. En 1577, ils publièrent une *Doctrina christiana* en tamoul, à l'aide de caractères tamouls gravés sur bois par un frère lai de leur ordre, Joannes Gonsalves; en 1578, ils imprimèrent, dans la même langue, une *Flos sanctorum.* Aucun exemplaire de ces ouvrages ne paraît avoir survécu, non plus, du reste, que du *Vocabolario tamuelco portuguez*, par le P. de Proença, qui vit le jour en 1679. C'est peu de temps après cette date qu'arriva dans l'Inde le jésuite italien Robert de' Nobili, le premier Européen qui paraît avoir su à fond et le tamoul et le sanscrit.

Les langues dravidiennes ont eu, en effet, une destinée singulière. Connues dès les premiers temps de la colonisation européenne, c'est par leur intermédiaire que les jésuites des XVIe, XVIIe et XVIIIe siècles ont étudié les mœurs, la littérature et la langue sanscrites. Puis on a laissé de côté les traditions méridionales, on s'est préoccupé surtout de celles du nord; les manuscrits en dévanâgari ont été recherchés de préférence aux textes granthas. On a fait du sanscrit la « mère » de toutes les langues de l'Inde. Tandis qu'en 1738, Beschi était encore tout pénétré de la distinction fondamentale établie par les lettrés indiens entre la langue du nord (le sanscrit) et la langue du sud (le tamoul), Carey, en 1814, fait la grammaire du canara et du télinga comme s'il s'agissait de dérivés du sanscrit. Ellis, le premier, revint à l'opinion des gens du pays et, dès 1816, protesta de l'indépendance originelle du tamoul, du canara et du télinga, admise aujourd'hui sans conteste par les linguistes sérieux; quelques-uns même affirment que le sanscrit doit beaucoup au dravidien, mais on est généralement d'accord pour reconnaître qu'il lui a surtout beaucoup prêté. Deux ou trois fantaisistes soutiennent que le sanscrit vient du tamoul; on ne saurait s'attarder à les réfuter.

Les idiomes dravidiens sont parlés par 60 millions d'hommes; en particulier le tamoul l'est par 15 millions et le télinga par 16 millions. Dans nos colonies de l'Inde, Pondichéry et Karikal, qui comptent 250 000 habitants, parlent tamoul; Yanaon parle télinga et Mahé malayâla. Ces quatre établissements français présentent un total de 285 000 citoyens, jouissant de tous leurs droits civils et politiques, dont 58 000 étaient inscrits comme électeurs en 1878.

Notre cinquième établissement, Chandernagor, qui a seulement 25 000 habitants et 5000 électeurs, est en plein pays aryen; on y parle spécialement le bangali. Les langues aryennes de l'Inde auxquelles on rattache le cingalais parlé dans la moitié sud de Ceylan (le nord parle tamoul), embrassent une population de 140 millions d'hommes environ. M. Cust les divise en deux branches principales : l'éranique et l'indique. La première comprend le *puchtu* et le *beloutchi* sur les frontières nord-ouest de l'empire indo-britannique. La seconde compte, parmi ses principaux groupes, le *kafiri*, le *dardûi*, dont on ne possède aucun texte, le *kachmiri*, le *pandjâbi*, le *sindhi*, le *hindi*, le *népalais*, l'*assamais*, l'*uriya*, le *marâthi*, le *gudjarâti*, le *bengali* et le *cingalais*. Le temps nous manquerait si nous voulions nous arrêter sur chacun de ces idiomes. Nous dirons seulement que le bengali, à l'est, limité par la mer et les montagnes du Thibet et du Birman, est la langue de 37 millions d'individus, et que le marâthi, à l'ouest et au centre, dans la province de Bombay et sur le territoire du Nizam du Deccan, est le langage exclusif de 6 millions d'hommes. Nous ajouterons que le *gudjarâti*, le *népalais*, le *pandjâbi* peuvent être considérés comme des dialectes de l'*hindi*; mais l'hindi propre occupe une surface de près de 360 000 kilomètres carrés, où l'on compte 80 millions d'habitants. On y a reconnu huit dialectes. Historiquement, on possède des ouvrages qui datent d'environ sept siècles et dont le langage est appelé « vieux hindi ou vieux hindoui »; plus tard encore, un autre type nous a été conservé, entre autres, par le Râmâyana de Tulcidas : il prend le nom d'hindoui. L'*hindoustani*, la plus connue de toutes les langues de l'Inde, n'est en réalité — c'est ici le cas de le dire — qu'une langue très moderne, formée dans les camps militaires sous la double influence du persan et de l'hindi, et fixée seulement il y a trois siècles; c'est une sorte de *lingua franca* répandue dans tout le nord de l'Inde, et dont une variété, désignée sous l'appellation caractéristique de *dakhani*, a pénétré plus ou moins parmi les populations dravidiennes du Deccan.

L'hindoustany a été enseigné dans cette École pendant quarante-trois ans, je n'ai pas besoin de vous rappeler avec quel éclat. Le nom vénéré de M. Garcin de Tassy nous est cher à tous, et nul ne saurait oublier sa science profonde, son incomparable modestie, sa bienveillance inépuisable. Je me souviendrai toujours pour ma part de l'accueil que je reçus de lui, il y a dix-sept ans, à mon arrivée de Pondichéry quand je vins l'entretenir de nos amis communs de l'Inde et lui demander, à mon entrée dans la vie scientifique, des conseils qu'il me donna avec autant de bonté que de sage prévoyance.

Je n'aurai jamais la prétention d'égaler un tel maître; je m'efforcerai seulement de suivre son exemple et de ne point sortir de la voie qu'il a si bien tracée. Mais, pour ces leçons préparatoires et pour une partie au moins des cours de la première année, je n'ose affronter une comparaison redoutable, écrasante, et, réservant l'hindoustany pour une autre série d'études, je me bornerai à l'enseignement théorique et pratique du tamoul, la langue de nos établissements français dans l'Inde, que parlent aussi à la Réunion et aux Antilles de nombreux travailleurs libres originaires de la grande péninsule asiatique.

J'ai dit « l'enseignement théorique et pratique »; je prétends en effet — et je vous prie d'excuser mon audace — que la pratique ici n'exclut point la théorie, ce conducteur toujours sûr, ce régulateur toujours infaillible. On ne peut véritablement bien parler, on ne saurait exactement traduire, sans une connaissance — non pas minutieuse, analytique, — mais au contraire générale, synthétique, de la grammaire, de la grammaire raisonnée, établie sur la méthode scientifique, positive, certaine, de la science linguistique moderne.

La découverte du sanscrit, fait capital dans l'histoire de cette science, puisqu'elle lui doit son existence ou du moins tous ses progrès, a eu pourtant un inconvénient grave qui n'est devenu sensible que de nos jours : en introduisant dans le champ des études comparatives une langue littéraire, puissamment et savamment organisée, les indianistes du commencement de ce siècle devaient amener les linguistes à négliger les idiomes populaires. Les documents écrits ont seuls servi de bases à leurs premières observations, ce qui répondait du reste aux anciennes habitudes de l'enseignement en Europe, où l'attention se concentrait sur les deux grandes langues de l'antiquité classique et sur celle des livres sacrés du judaïsme. On y cherchait moins le fait du langage que l'histoire de la pensée humaine.

C'est néanmoins par la comparaison des langues écrites,

par leur classement ralatif, qu'on en est arrivé peu à peu à les étudier en elles-mêmes, indépendamment de toute valeur littéraire. Peu à peu les humanistes se sont partagés en deux groupes bien distincts: les uns continuèrent à suivre la vieille tradition ; les autres ne virent plus dans le langage qu'un fait naturel, qu'un produit spontané de l'organisme humain. On comprit alors que le mot n'était que l'expression sonore d'une pensée ou d'un fait matériel, que ces variations de forme répondaient à des nuances de la pensée ou à des modifications du fait. Cette considération a donné naissance à la méthode linguistique que nous appelons positive au point de vue théorique ; au point de vue pratique, elle a eu pour corollaire une conception plus saine et plus logique de « la grammaire». La grammaire n'est plus, pour nous, « l'art de parler et d'écrire correctement », c'est simplement l'étude des éléments du langage. Elle recherche d'abord quels types sonores constituent la charpente d'une langue et les variations dont ils sont susceptibles; elle examine ensuite comment se groupent ces types sonores pour exprimer *les relations*, les nuances d'état ou d'action d'une conception, d'un fait intellectuel donné; elle se préoccupe alors du rôle joué par les mots ainsi formés; enfin et en dernière analyse seulement, elle découvre les lois synthétiques du langage. De ces quatre divisions naturelles de la grammaire, — la *phonétique*, la *morphologie* ou *dérivation*, la *fonction* et la *syntaxe*; — la dernière seule répond à la vieille définition classique.

C'est de la grammaire ainsi comprise que nous essayerons de faire dans cette enceinte, et nous n'en pourrons que mieux cependant rechercher les habitudes de la conversation vulgaire. Nous verrons comment telle expression tamoule est purement littéraire et n'est pas comprise du peuple; comment telle autre, au contraire, rejetée par les « pédants » contemporains, est à la fois populaire et familière aux vieux écrivains; comment enfin la prononciation vulgaire altère les sons de l'orthographe étymologique. Vous savez à quels mécomptes sont exposés les travailleurs de cabinet lorsqu'ils veulent parler une langue apprise patiemment, sur le papier, pendant de longues veillées et qu'ils savent admirablement. Les anecdotes abondent, et je ne vous les rappellerai pas. Un fait cependant sur lequel je voudrais attirer votre attention est l'extrême difficulté des gens du peuple à reconnaître dans une bouche étrangère les mots qui lui sont les plus habituels dès qu'ils ne sont plus prononcés d'une manière complètement identique à leurs habitudes, dès que l'accent est déplacé, dès qu'une syllabe est simplement trop ouverte ou trop fermée. C'est pourquoi devons-nous nous tenir en garde contre mainte assimilation fantaisiste de langues proposée par les voyageurs ; n'a-t-on pas affirmé, par exemple, que les Basques et les Kabyles Châwi de la province de Constantine pouvaient converser entre eux et se comprendre, chacun ne parlant que son langage propre? J'ai étudié, messieurs, ces deux langues et je vous assure que non seulement le fait avancé est douteux, mais qu'il est impossible. L'étymologiste le plus acharné ne trouverait entre le basque et le kabyle qu'un nombre extrêmement restreint de mots, non pas semblables, mais analogues.

A vous enseigner le tamoul vulgaire, je n'ai d'ailleurs, mesdames et messieurs, nul mérite : je n'aurais qu'à faire appel à mes souvenirs d'enfance. Au collège colonial de Pondichéry, dirigé par les prêtres de la congrégation des Missions étrangères, nous parlions presque autant « malabar » que français; dès les premières heures, mon père me fit suivre le cours de tamoul qu'on y faisait et qui n'était que facultatif. Ce ne fut pas sans peine qu'en bon écolier je me prêtais à ce surcroît de travail qui finit pourtant par me plaire et m'attirer chaque jour davantage. Six années après, à Karikal, je pris les leçons d'un maître indien, aussi instruit que modeste, Ayassâminâyakker, dont j'ai récemment appris la mort prématurée; j'ai pu, grâce à son habile enseignement, entrer en relation avec plusieurs *pândit* du pays, et notamment avec le poète Sômasundaratambirân, administrateur de la pagode de Tirounallâr. Que de fois ai-je eu recours à la science profonde de ce docte brahmane; que de fois, accroupis tous deux sous les portiques du bangalow attenant à la pagode, m'a-t-il expliqué les passages les plus obscurs des vieux auteurs, tous profondément gravés dans sa mémoire, et m'a-t-il aidé à me reconnaître dans le dédale compliqué des vieilles grammaires indigènes!... Je n'ai jamais négligé, depuis mon retour en France, aucune occasion de parler tamoul : je ne m'entretenais avec mon jeune frère que dans cette langue. J'ai eu depuis de longues relations avec ce pauvre Sandou-odéar qui fit dans cette école un cours de tamoul, de 1869 à 1870, et dont je me reprocherais de ne pas déplorer la mort lamentable. Il était beaucoup plus instruit que les gens de sa condition ; car ce n'était point un linguiste: il avait été simplement interprète à bord d'un navire qui transportait des émigrants de Pondichéry à la Martinique. Enfin, messieurs, à Bayonne où je viens de passer près de treize années, j'ai eu l'heureuse fortune de me lier intimement avec un créole de l'Inde française, aujourd'hui à la tête d'une des premières maisons de commerce du pays, mon ami M. Faure de Fontclair, qui parle et écrit le tamoul aussi bien que sa langue maternelle. Je n'avais donc, mesdames et messieurs, qu'un seul titre, dû tout au hasard, à la bienveillance de M. le Ministre ; je remplissais la condition indiquée, le 23 octobre 1846, à M. Ariel, un des tamoulistes français dont nous devons le plus regretter la perte, par Eugène Burnouf, en ces termes : « Ne faut-il pas que le « tamoul soit enseigné un jour en France, et qui pourra mieux « s'acquitter de cette belle tâche que celui qui sera allé cher- « cher la connaissance de cet idiome difficile aux lieux mêmes « où on le parle? »

Eugène Burnouf, en effet, s'était occupé du tamoul, et dès 1828 publiait dans le *Journal asiatique* deux très intéressants articles sur l'alphabet et le vocabulaire topographique dravidiens. En 1840, Eugène Jacquet l'étudia à son tour. Enfin, M. Édouard Ariel, dont je viens de parler, est peut-être le Français qui a le mieux pénétré les secrets de la langue; commissaire de la marine à Pondichéry de 1844 à 1854, il a donné trois mémoires importants au *Journal asiatique* en 1847, 1848 et 1852. Sa précieuse collection de livres et de manuscrits, ses œuvres inédites, léguées par lui à la Société asiatique font aujourd'hui partie du fonds tamoul de la Bibliothèque nationale.

Ce fonds comprend aussi de nombreuses épaves d'une autre collection formée dans l'Inde, vingt ans auparavant, par un autre commissaire de la marine, M. Ducler, administrateur de Karikal, qui passa dans cette colonie près de dix années, de 1824 à 1834.

L'autorité dont M. Ducler était revêtu, et qui chez les peuples orientaux, dans l'Inde surtout, donne tant de prestige et ajoute tant à la valeur personnelle, lui fut d'un grand secours pour mener à bien des recherches toujours très difficiles au milieu des défiances des natifs. Une lettre hindoustanie écrite de Karikal par Riza Aly Khan, officier musulman des cipayes, et insérée par M. Garcin de Tassy dans son appendice aux *Rudiments de la langue hindoustanie* (Paris, 1833, in-4°, p. 16), indique naïvement ces excessives déférences des indigènes : « M. Ducler, y est-il dit, étant tombé d'un arbre de *Sri*, a été grièvement blessé, mais comme il est très bon administrateur, on aura plus soin de lui que de tout autre, et, par la grâce de Dieu, il recouvrera la santé. »

Le nom de cet officier distingué du commissariat se rattache, à Karikal, à un acte plus honorable encore que les recherches de la science et de la curiosité, et que les plus beaux résultats des transformations administratives ; il fit une œuvre de bien : il parvint à faire cesser la coutume séculaire de l'immolation des veuves sur le bûcher de leur mari.

A la fin de l'année 1829, un brahme de l'importante pagode de Tirounallar était décédé, laissant une veuve, la nommée Savourangammalle. M. Ducler entreprit l'œuvre, presque insurmontable pour qui connaît l'Inde, d'arracher cette veuve à l'holocauste traditionnel, à cet usage indestructible, à cette coutume inexorable ; à force de prières, d'insinuations, de menaces peut-être, d'explications et de promesses, M. Ducler obtint ce résultat incroyable et inespéré : Savourangammalle céda, elle se résigna « à ne pas mourir et à vivre encore ». La lettre qu'elle écrivit à M. Ducler, à cette occasion, a été publiée dans les *Annales maritimes et coloniales*. Le 22 janvier 1830, le gouverneur, M. de Mélay, l'ami de Victor Jacquemont, prenait un arrêté qui consacrait l'espèce de conquête dont le souvenir doit durer comme l'honneur le plus doux à rendre à la mémoire de M. Ducler : « Considérant, y est-il dit, qu'une brahmine de Karikal, décidée à se brûler sur le corps de son mari, n'y a renoncé qu'après de pressantes sollicitations ; que, depuis cette époque, M. l'administrateur de Karikal a fait à cette veuve une pension de ses deniers privés ; qu'il importe d'encourager le bon exemple donné par cette brahmine et qui produit déjà le plus heureux effet dans l'établissement de Karikal ; qu'il est de la dignité du gouvernement d'assurer à cette veuve un secours, etc. (*Bulletin des actes administratifs des établissements français dans l'Inde.* Pondichéry, 1830, p. 15).

Depuis cette époque, dans l'étendue des possessions de la France, le spectacle douloureux d'une femme brûlée vivante en tenant sur ses genoux la tête glacée de son mari ne s'est jamais reproduit.

D'autres fonctionnaires français ont étudié de même les idiomes de nos possessions dans l'Inde, et, ce qui montre bien l'utilité pratique de cette étude, le gouvernement colonial a établi par deux arrêtés des 28 février 1843 et 12 août 1849, une prime de 3750 francs (1500 roupies anglaises) « à l'étude des langues natives ou orientales », l'hindoustany, le tamoul, le télinga. Cette prime, décernée après un concours oral et écrit des plus sérieux, n'a été obtenue jusqu'ici que cinq fois : le 19 février 1844 par M. J. Viollette, trésorier colonial ; le 25 mars 1845, par M. Eug. Sicé, ancien élève et ami de M. Garcin de Tassy ; le 27 avril 1850, par M. Ariel, dont je parlais tout à l'heure ; le 2 août 1851, par M. Arthur Gallois-Montbrun, chef du service des contributions ; et le 11 février 1857, par M. J. de Babick, greffier en chef de la cour impériale de Pondichéry.

L'importance des langues dravidiennes, au point de vue pratique, commercial ou industriel, ne saurait donc être contestée. Elle n'est pas moindre au point de vue scientifique, puisque ces langues sont un des types les plus intéressants de l'organisation matérielle du langage, ni même au point de vue littéraire. On a souvent argué, en effet, de la secondarité, si cette expression m'est permise, de la littérature tamoule ; mais si cette littérature est en général secondaire par rapport à celle du sanscrit, et relativement récente, les plus anciens ouvrages connus n'étant que des premiers siècles de notre ère, elle n'en présente pas moins une certaine originalité. Elle abonde par exemple en traités de morale où l'on pourrait relever de nombreuses pensées dignes de la civilisation moderne la plus raffinée. Les deux grands recueils appelés *Nâladiyâr* et *Kur'al* en sont pleins. J'emprunte par exemple au premier la strophe suivante, bien cruelle envers les travailleurs peu zélés : « Savez-vous pourquoi les ignorants vivent, tandis que ceux qui connaissent l'utilité des diverses sciences meurent ? Comme les ignorants n'ont pas en eux la marque de la science, la mort les prend pour un simple paquet de fibres inanimées et ne les enlève pas » (*Nâladiyâr*, ch. XI., s. 6.). Et ne trouve-t-on pas dans le *Kur'al* ces vers admirables : « La flûte est douce ! la lyre est douce ! » disent ceux qui n'ont pas entendu la voix balbutiante de leurs enfants » (ch. XI, s. 3) ? Encore une strophe de ce dernier ouvrage, et qui témoigne d'une profonde connaissance de l'âme humaine : « Comment donc est l'amour ? Vois, amie, quelle est sa douceur : quand nous pensons à ceux qui nous aiment, il ne saurait nous arriver de peines » (ch. CXXI, 2). Ne vous effarouchez pas, mesdames, de trouver « l'amour » dans un traité de morale : les dévots djâinas et sivâïstes du sud de l'Inde, plus raisonnables peut-être que bien des sages de l'Occident, reconnaissent à la vie humaine quatre fins principales : la vertu, la fortune, c'est-à-dire le travail ; le plaisir, c'est-à-dire l'amour, et le but suprême : l'absorption finale dans la substance infinie et impersonnelle qu'ils nomment Dieu. Quoi qu'il en soit, des documents de ce genre ne sont-ils pas infiniment précieux pour l'histoire du développement moral de l'humanité ? Il ne faut pas oublier que le Deccan est la partie de l'Inde où les invasions historiques du Nord se sont arrêtées, où les races aryennes se substituant lentement aux populations primitives en ont pris et cultivé la langue — quelque chose d'analogue s'est produit chez les Basques de nos Pyrénées ; — séparés ainsi de leurs congénères du Nord, ils ont développé des traditions parallèles souvent distinctes. C'est dans le sud de l'Inde qu'on peut étudier à fond le culte particulier de Siva et l'hérésie Djâïna ; c'est aussi dans le sud qu'on peut retrouver l'explication précise de certains textes sanscrits incompris ou altérés dans le cours des âges.

Cet argument est un de ceux qui furent présentés le 9 septembre 1873 par M. le baron Textor de Ravisi, encore un ancien administrateur de Karikal, au congrès des orientalistes de Paris, en faveur d'un vœu demandant, dans cette École, la création d'une chaire spéciale de langue tamoule. Ce vœu fut immédiatement appuyé avec cette chaleur convaincante dont il avait le secret, par M. Honoré Chavée, l'un de nos maîtres les plus respectés. Quand de telles autorités se prononcent pour une cause, elle est bien près d'être gagnée ; aussi, est-ce à ce vœu formulé solennellement par une assemblée aussi compétente, et renouvelé depuis par la Société d'anthropologie de Paris, qu'est dû l'arrêté du 12 avril dernier qui a institué ce cours. Nous devons adresser nos plus vifs remerciements aux deux délégués officiels de notre colonie des Indes, à M. Desbassayns de Richemont, sénateur, digne fils d'un gouverneur de Pondichéry, que n'a pu faire oublier aucun de ses successeurs; et surtout à M. Jules Godin, le sympathique député déjà si cher à ses électeurs et si populaire dans les cinq établissements. Je me reprocherais de ne pas adresser aussi un souvenir reconnaissant à M. le baron de Dumast, de Nancy, qui a tant fait pour la vulgarisation de l'orientalisme en France, et qui a des premiers proclamé la nécessité de l'enseignement des langues dravidiennes.

Mais, outre son utilité pratique, outre son intérêt scientifique, un cours de tamoul offre encore une autre importance, et c'est ce qu'ont compris sans doute les anciens élèves de M. Garcin de Tassy qui ont répondu à mon appel et que je remercie de vouloir bien se grouper autour de moi. Ils ont compris que le rôle de la France n'était point encore terminé dans l'Inde; que notre influence pouvait et devait encore s'exercer puissamment sur ces populations auxquelles nous sommes demeurés si sympathiques. Ils ont compris que si nous n'avons plus à lutter avec l'Angleterre les armes à la main, c'est sur un terrain purement moral que nous devons la suivre désormais. Quand l'Inde, rendue à elle-même par sa seule volonté, par la seule logique inexorable des choses, sera devenue un des grands facteurs de la civilisation moderne; quand l'Inde sera en Asie ce que sont les États-Unis dans le nouveau monde, il sera bon que la France ait pris part cette œuvre généreuse du relèvement et de l'éducation d'un peuple.

Cette condition m'est une raison de plus pour affirmer que l'arrêté du 12 avril 1879 est un complément naturel du décret de la Convention nationale, rendu le 10 germinal an III, qui créa à Paris une école spéciale destinée « à l'enseignement des langues orientales vivantes et d'une utilité reconnue *pour la politique* et *pour le commerce* ». Mais ce rapprochement des dates, 1794 et 1879, suggère une réflexion que je me permets de vous soumettre. En 1794, comme en 1879, le gouvernement de la France s'appelait la République. C'est que le gouvernement de la République est celui où les choses justes, où les œuvres saines, ont le plus de chance d'être accomplies, où les progrès les plus minimes peuvent le mieux se réaliser. Tant il est vrai que la science, ce guide suprême, ce levier puissant, cette source intarissable de tous les perfectionnements, a pour compagnon naturel, pour instrument nécessaire et pour auxiliaire principal, la liberté!

JULIEN VINSON.

BULLETIN DES SOCIÉTÉS SAVANTES

Académie des sciences de Paris. — 23 JUIN 1879.

M. Vulpian : Action des substances toxiques, dites poisons du cœur, sur l'escargot. — M. Ledieu : Le mouvement des ailettes du radiomètre. — M. de Lesseps : Le canal interocéanique. — M. Lissajous est nommé correspondant de l'Académie. — M. Thollon : Dessin du spectre solaire. — M. Marion : Réapparition du phylloxera dans les vignobles soumis aux opérations insecticides. — M. G. Oltramare : Explication du bolide de Genève du 7 juin 1879. — M. Fr. de Jussieu : Les alliages de plomb et d'antimoine. — M. A. Girard : Préparation de l'hydrocellulose. — M. H. Joulie : La rétrogradation des superphosphates. — M. A. Sabatier : L'appareil respiratoire des ampullaires. — MM. J. Béchamp et E. Baltus : Les injections intra-veineuses de lait. — M. Draper : Existence de l'oxygène dans le soleil.

M. *Vulpian* rend compte d'un certain nombre d'expériences relatives à l'action des substances toxiques, dites poisons du cœur, sur l'escargot (*Helix pomatia*). Les poisons expérimentés sont l'extrait alcoolique d'*inée* et la muscarine. On sait que l'extrait d'inée peut être considéré comme un type des poisons qui arrêtent le cœur de la grenouille, le ventricule restant en systole, tandis que les deux oreillettes demeurent en diastole. M. Vulpian a constaté que ce poison produit sur le cœur de l'escargot les mêmes effets que sur le cœur de la grenouille. Le cœur arrêté n'a pu être remis en mouvement par le sulfate d'atropine. Quant à la muscarine, c'est le type des poisons qui arrêtent les mouvements du cœur, le ventricule demeurant en diastole. Ses effets sont les mêmes chez la grenouille et chez l'escargot; mais le cœur arrêté peut cette fois être ranimé par la solution aqueuse de sulfate d'atropine. L'antagonisme qui se montre si évident entre les effets de la muscarine et ceux du sulfate d'atropine chez les mammifères et chez les batraciens est donc aussi très manifeste chez les escargots. M. Vulpian pense qu'il est peut-être permis d'en inférer qu'il y a une certaine analogie entre le mode d'innervation du cœur chez l'escargot, chez la grenouille et chez les mammifères.

— M. *A. Ledieu* fait remarquer que l'explication, donnée par MM. Bertin et Garbe, du mouvement des ailettes du radiomètre, repose sur l'application inexacte d'un théorème de dynamique. Il résulte des objections de l'auteur à l'explication donnée que la cause du mouvement dans le radiomètre doit demeurer réservée. Il est plausible de croire que la cause cherchée est complexe, et qu'on se trouve en face d'une superposition d'effets.

— M. *de Lesseps* informe l'Académie qu'il n'a pas tardé à réunir les capitaux nécessaires pour la mise en œuvre des opérations préparatoires pour le percement du canal interocéanique. Le Dr Companyo, de Perpignan, ancien médecin militaire en Algérie et qui a dirigé un service sanitaire important dans les travaux du canal de Suez, va être envoyé dans l'isthme de Panamá pour y étudier les meilleurs moyens de préserver la santé des ouvriers. D'un autre côté, des agents et correspondants seront chargés de préparer le recrutement des travailleurs parmi les populations de l'Amérique les plus propres à supporter des fatigues dans les climats tropicaux. M. de Lesseps a écrit en outre à l'empereur du Brésil pour lui demander son appui.

— L'Académie procède, par la voie du scrutin, à la nomination d'un Correspondant, dans la section de physique, en remplacement de feu M. de Mayer. Au premier tour de scrutin, les votants étant au nombre de 48, M. Lissajous obtient 24 suffrages, et M. Abria 23. Il y a un bulletin blanc. M. Lissajous, ayant obtenu la majorité absolue des suffrages, est proclamé élu.

— M. *Thollon*, après quelques études préliminaires déjà publiées et faites avec le grand spectroscope mentionné dans ses notes antérieures, s'est décidé à dessiner avec le même appareil toute la partie visible du spectre solaire. Le dessin qu'il présente à l'Académie a été exécuté en Italie. Il a dix mètres de long, s'étend depuis A jusqu'à H et se compose d'environ quatre mille raies (celui d'Angström en contient seize cents sur une longueur de trois mètres). M. Thollon s'est attaché à reproduire avec le plus grand soin la physionomie que donne à chaque raie l'énorme dispersion de son appareil. L'aspect des groupes a été rendu avec toute la fidélité possible, de sorte qu'en regardant alternativement le spectre et les dessins il est très facile de se reconnaître partout et de retrouver tous les détails.

— M. *Marion* écrit à M. Dumas au sujet de la réapparition du phylloxera dans les vignobles soumis aux opérations insecticides. Cette réapparition ou *réinvasion*, comme on l'appelle, a lieu au mois de juillet principalement dans les vignobles submergés. M. Marion reconnaît que la submersion ne détruit point absolument tous les insectes, et il croit que, sans parler des pucerons de nouvelle génération et de la dispersion possible des aptères durant le mois de juillet, l'origine des colonies nouvelles doit être attribuée en grande partie aux insectes ainsi épargnés. Mais on aurait tort de conclure à l'impossibilité d'anéantir complètement un foyer phylloxérique. Le procédé de submersion, excellent au point de vue cultural, n'est certainement pas le plus énergique. Il suffit de rappeler que, dans des champs traités culturalement au sulfure de carbone, la réinvasion de juillet tend promptement à s'amoindrir.

— M. *G. Oltramare* envoie une note dans laquelle il s'efforce d'expliquer la formation du bolide qui a été aperçu à Genève le 7 juin 1879. Ce bolide n'était autre chose qu'un *tonnerre en boule;* la rapidité de sa course était extrême; sa grosseur était à peu près celle de la lune à son lever. Dans tout son trajet, le météore a été accompagné d'un violent mouvement oscillatoire et il laissait derrière lui une traînée lumineuse analogue à celle d'une grosse fusée. M. Oltramare pense que le tonnerre en boule ne diffère du tonnerre ordinaire que par un seul point, qui suffit cependant à donner au phénomène un aspect tout différent : dans le cas de la foudre ordinaire, l'électricité s'écoule simplement du nuage sans entraîner aucune matière avec elle, tandis que dans le tonnerre en boule, elle détache un fragment du nuage. Cette circonstance a pour effet de constituer le globe sphérique du bolide, de ralentir le mouvement de l'électricité qui l'enveloppe et de permettre à cette électricité de se combiner plus lentement avec l'électricité négative atmosphérique. Quant au mouvement oscillatoire, il n'est qu'une conséquence de la répartition inégale du fluide négatif répandu dans l'air; les lieux où ce fluide est en grande quantité amènent, par leur attraction, des perturbations dans le trajet.

— M. *Fr. de Jussieu* adresse un mémoire sur les alliages de plomb et d'antimoine, et en particulier sur les liquations et les sursaturations qu'ils présentent. D'après l'auteur, ces alliages sont peu fixes; ils se décomposent facilement sous l'influence de la chaleur et forment un alliage plus riche en antimoine que l'alliage employé, ce qui met en liberté une certaine quantité de plomb. De là naissent de nombreux phénomènes de liquation. Ceux-ci ne cessent pas en abaissant la température du mélange. Si l'on y introduit de l'alliage solide, mais encore chaud et amorphe, le phénomène persiste. Si, au contraire, on y introduit du métal froid et cristallin, il y a décomposition de l'alliage surantimonieux et recomposition du premier par cristallisation autour du noyau introduit. Le phénomène de sursaturation est parfaitement caractérisé, comme pour le sulfate de soude en dissolution dans l'eau; ces phénomènes sont identiques et se produisent dans des circonstances analogues.

— M. *A. Girard* décrit trois méthodes différentes pour obtenir l'hydrocellulose. Voici celle qui paraît la meilleure : soumettre pendant un temps qui, suivant les circonstances, pourra varier de quelques minutes à quelques heures, la matière cellulosique à l'action d'un courant de gaz acides chlorhydrique, bromhydrique, etc., hydratés. La transformation dans ce cas sera plus parfaite encore, si au sortir des appareils, on abandonne pendant quelque temps la masse à elle-même avant de la soumettre au lavage.

— M. *H. Joulie* fait connaître les résultats de son étude sur la rétrogradation des superphosphates. L'auteur a constaté que : 1° les superphosphates, même très chargés de fer et d'alumine, lorsqu'ils ont été préparés avec une quantité suffisante d'acide, ne subissent pas la rétrogradation de l'acide phosphorique *assimilable* (soluble dans le citrate d'ammoniaque alcalin); mais ils restent le plus souvent à l'état de pâte molle et élastique impropre à l'épandage; 2° lorsque la dose d'acide a été réduite et, que, par suite, l'attaque est incomplète, la masse se dessèche mieux; mais l'acide phosphorique assimilable subit une rétrogradation par suite de l'action des sesquioxydes sur les phosphates mono et bicalciques primitivement formés, d'où résultent des phosphates de fer et d'alumine et du *phosphate tricalcique,* beaucoup moins soluble dans le citrate que ses générateurs; 3° l'addition aux superphosphates de craie ou de plâtre contenant du carbonate de chaux, dans le but de les sécher, détermine immédiatement le même phénomène, dont l'intensité s'accroît ensuite avec le temps.

— M. *A. Sabatier* fait une communication sur l'appareil respiratoire des Ampullaires. Nous trouvons dans cette communication l'intéressante observation qui suit : les Ampullaires, qui sont des Pectinibranches chez lesquels la respiration pulmonaire a fait son apparition, ont les vaisseaux respiratoires disposés de telle façon que, quand cette fonction d'introduction nouvelle suspend son activité, tout le sang qui eût dû traverser le réseau pulmonaire est contraint de traverser le système branchial, où son hématose est assurée. Cette curieuse disposition, ajoute l'auteur, peut suffire à expliquer la conservation de la branchie chez des Gastéropodes où le poumon a atteint un développement si remarquable, et qui eussent pu devenir franchement pulmonés.

— MM. *J. Béchamp* et *E. Baltus* exposent leurs recherches expérimentales sur la valeur thérapeutique des injections intra-veineuses de lait. Les auteurs ont constaté que la transfusion du lait, maintenue dans certaines limites quantitatives relativement très étendues, est inoffensive chez le chien, mais de trop faible valeur thérapeutique pour que son emploi soit généralisé et substitué à la transfusion du sang.

— M. *H. Draper* présente à l'Académie une épreuve photographique du spectre solaire (partie bleue et violette) et du spectre de l'oxygène : la coïncidence des raies brillantes de l'oxygène avec les plages brillantes du spectre solaire est une preuve en faveur de l'existence de l'oxygène dans le Soleil.

CHRONIQUE SCIENTIFIQUE

Muséum d'histoire naturelle de Paris. — L'assemblée des professeurs a fait ses présentations pour la chaire d'anatomie comparée, vacante par suite de la mort de M. Gervais. Elle a présenté en première ligne M. Georges Pouchet, maître de conférences à l'École normale supérieure; en seconde ligne M. Jourdain, professeur à la Faculté des sciences de Nancy.

— École spéciale d'architecture. — Le registre d'inscription des candidats est ouvert pour la promotion de 1879-1880 au secrétariat de l'École, à Paris, 136, boulevard Montparnasse.

Le conseil vient de créer des bourses d'atelier. Tout élève diplômé de l'École spéciale d'architecture, qui a fourni, avant la clôture du concours de sortie, un certificat de réception à l'École nationale des beaux-arts (section d'architecture), reçoit, en outre de son diplôme, une bourse d'atelier.

Cette bourse est applicable, au choix de l'élève diplômé, à l'un quelconque des ateliers ressortissant à l'École nationale des beaux-arts. Elle est valable pendant trois années.

— Une exposition slave. — Dans un de ses derniers numéros, la feuille officielle croate discute la question d'une exposition à Agram en 1881 et recommande l'exécution de ce projet. Outre les produits de la Croatie-Esclavonie, on admettrait à cette Exposition les produits de tous les pays slaves, tels que la Carniole, la Styrie, Goritz, la Carinthie, l'Istrie, la Dalmatie, la Bosnie, l'Herzégovine et peut-être aussi ceux de la Serbie et de la Bulgarie.

— La Société de géographie de Paris vient de recevoir des nouvelles du voyageur allemand Gerhard Rohlfs. Les présents destinés au roi de Wadaï ne lui étaient pas encore parvenus. M. Rohlfs avait perdu un temps considérable à les attendre. Bien qu'il eût déjà parcouru avec son compagnon de route, le docteur Strecker, de Tripoli à Djalo, près de 1000 kilomètres, il ne se trouvait guère qu'au commencement de son voyage.

— Des lettres de Zanzibar portant la date du 2 juin annoncent que l'expédition africaine organisée par la Société de géographie de Londres et dirigée par M. Keith Johnstone, a quitté le 18 mai le port de Dar Salam, sur la côte de Zanguebar. Les explorateurs se rendent par la vallée de Lufigi aux lacs Nyassa et Tanganyka.

— Les Zoulous a Berlin. — Le professeur Virchow a présenté, il y a quelque temps, à la Société anthropologique de Berlin toute une famille de Patagons. On annonce maintenant que le Jardin zoologique berlinois attend prochainement de Cafrerie un envoi qui aura un grand succès de curiosité. Ce sont six guerriers zoulous qui seront exhibés au public, armés de leur terrible javelot connu sous le nom de zagaie.

— Bibliothèque a New-York. — La bibliothèque Lennox, du nom de son fondateur, vient d'être inaugurée à New-York. L'édifice est en marbre blanc. Feu Lennox a doté ce bel établissement, le plus considérable du nouveau monde, d'un capital de quatre millions de francs et d'une somme considérable pour achat de livres. La collection Lennox, qui forme le premier fonds de la bibliothèque, était l'une des plus considérables des États-Unis. Elle abonde en éditions rares.

— Découverte d'une ville romaine. — L'ancienne Sipuntum, mentionnée par Strabon et Tite-Live, ensevelie à la suite d'un tremblement de terre, vient d'être découverte près du Mont-Gargano. Un magnifique temple de Diane orné d'un portique qui n'a pas moins de vingt mètres de large, une nécropole immense ont été mis à jour. Le musée de Naples a déjà reçu des vestiges précieux des fouilles entreprises par le gouvernement italien.

— Centenaire de Linné. — Le *Centenaire de Linné* a été célébré sur divers points du globe d'une manière brillante. En Suède, à Stockholm, l'Académie des sciences a tenu une séance générale spéciale, à laquelle assistait le roi Oscar. A Francfort-sur-le-Mein, une réunion générale de savants réunis dans la maison connue sous le nom de Maison de Gœthe a résolu d'envoyer au roi de Suède un télégramme de compliments, rédigé séance tenante en langue latine, et le roi a répondu de la même manière et dans la même langue. A Amsterdam, où Linné demeura plusieurs années, un meeting semblable a eu lieu, avec une exposition particulière d'objets, de manuscrits, de portraits et de médailles relatifs au grand botaniste.

— Les Nubiens ont traversé Paris samedi matin pendant l'orage, conduisant onze chameaux, six chevaux, un éléphant et une girafe. Ils sont arrivés à bon port au Jardin d'acclimatation. Rien n'était plus curieux que cette caravane, composée d'une quinzaine de naturels de l'Éthiopie. Ce défilé pittoresque, effectué au bruit du tonnerre, sous une pluie battante et avec une température du Sahara, a excité au plus haut point la curiosité des Parisiens.

Nous avons vu ces intéressants personnages, campés sur l'emplacement même où les Lapons ont été exhibés l'année dernière. Malgré la fatigue du voyage, ils se sont livrés devant un nombreux public à des ébats chorégraphiques dont les Parisiens s'amusaient beaucoup, tant les danseurs étaient bouffons et grotesques. Les Nubiens ne sont point noirs, mais bronzés dans la plus exacte acception du mot. Un seul est presque rouge : on le dit d'une tribu de race différente. Armés de grands sabres, de poignards, montrant les dents à la façon des orangs-outangs ou des gorilles, les Nubiens n'ont cependant rien de repoussant lorsqu'ils n'exagèrent pas l'habitude qu'ils ont contractée de faire des grimaces. Leurs traits ne sont certainement pas aussi rudes, leurs lèvres aussi épaisses, que ceux de la plupart des noirs qu'on rencontre sur les boulevards de Paris, au service des familles qui préfèrent ces domestiques dont la fidélité est proverbiale. Leur vêtement est des plus élémentaires: il consiste en une sorte de pagne qui les couvre de la ceinture jusqu'aux genoux. Les Nubiens sont très sobres; leur nourriture se compose de riz cuit à l'eau et d'oignons crus dont ils sont très friands. Hommes et femmes fument beaucoup, mais ne mâchent pas le tabac à l'instar des Lapons. Ils ont récolté hier une bonne provision de cigares que les Parisiens s'empressaient de leur distribuer. Deux d'entre eux avaient un bouclier en peau d'hippopotame construit en forme de chapeau chinois, rempli de gros sous qu'ils demandent avec une certaine audace. La caravane nubienne est sous la direction d'un Allemand, d'un Italien et d'un Grec. En plus des animaux que nous citons plus haut, ils possèdent encore trois bœufs aux cornes longues et menaçantes, trois vaches et quatre moutons du Cap, deux antilopes, quatre chèvres et deux onagres blancs, beaucoup remarqués des visiteurs.

Ces Nubiens obéissent à un chef choisi parmi eux dont le signe d'autorité est un collier fait de petites pierres rondes qu'il porte constamment à son cou. Il est parfaitement obéi de ses subordonnés qui le craignent et le respectent sans effort.

— Champ d'expériences de Vincennes. — *Conférences agricoles du dimanche.* — M. Georges Ville, professeur au Muséum d'histoire naturelle de Paris, a commencé dimanche 22 juin sa série annuelle de conférences sur l'application de la science à l'agriculture et les continuera tous les dimanches, à deux heures de l'après-midi, jusqu'au 27 juillet. — Le champ d'expériences est situé à l'extrémité de l'avenue de la Tourelle, près la redoute de Gravelle. On s'y rend en voiture par les avenues Daumesnil et des Tribunes, et en chemin de fer par les stations de Vincennes ou de Joinville-le-Pont.

— Les canons russes. — L'arsenal russe de Petrozavodsk, situé sur les bords du lac Onéga, vient de fondre son quarante millième canon. Depuis l'année 1774, chaque pièce d'artillerie fabriquée dans cet arsenal a été marquée d'un chiffre.

— Faculté de médecine. — Un arrêté du ministre de l'instruction publique, en date du 26 juin et modifiant celui du 14 juin dernier, porte de trente-cinq à trente-huit le nombre des places d'agrégés des Facultés de médecine mises au concours.

Ces places sont ainsi réparties entre les Facultés de médecine : Paris, dix; Bordeaux, six; Lille, deux; Lyon, dix; Montpellier, sept; Nancy, trois.

— Hopitaux de Paris. — On sait que le préfet de la Seine a nommé une commission pour déterminer les inscriptions à placer dans divers endroits de Paris. Les deux premières inscriptions admises ont un caractère politique. Elles rappellent les grandes assemblées révolutionnaires et la mort du député Baudin tué pendant les journées de décembre 1851. La troisième plaque sera placée dans l'intérieur de l'hôpital des Enfants malades; en voici la teneur :

A la mémoire de :

Henri Giboulou, né à Paris, interne provisoire en médecine, décédé à l'âge de vingt ans, le 10 avril 1875 (Diphtérie).

Léopold Poirier, né à Baufay (Sarthe), interne provisoire en pharmacie, décédé à l'âge de vingt-cinq ans, le 30 janvier 1876 (Diphtérie).

Émilie Périer, née à Grenoble, de l'ordre de Saint-Thomas de Villeneuve, décédée à l'âge de quarante-huit ans, le 3 mai 1878 (Diphtérie).

Ernest Frevel, né à Paris, élève en pharmacie, décédé à l'âge de vingt-six ans, le 9 janvier 1879 (Variole).

Jacques Abaddie Tourné, né à Pau, interne en médecine, 3e année, décédé à l'âge de vingt-huit ans, le 24 mai 1879 (Diphtérie).

Morts victimes de leur dévouement en soignant les enfants malades.

— Le télégraphe de la mer Caspienne. — La commission télégraphique chargée de la pose du câble sous-marin de la mer Caspienne a terminé ses travaux. Ce câble, qui s'étendra entre le cap Gourgian et la baie de Krasnovodsk et aura une longueur de 150 milles, sera entièrement mis en place pour le mois d'octobre. De Tchikisliar à Astrabad fonctionnera un télégraphe aérien. Les télégrammes de Tchikisliar suivront la route d'Astrabad-Téhéran, et de là, par le télégraphe indo-européen, parviendront à Tiflis.

AVIS

Par application de la loi du 7 avril dernier, tous les bureaux de poste de France sont autorisés à recevoir les abonnements. L'administration des Revues, prenant à sa charge la remise perçue par l'administration des postes, nos abonnés des départements n'ont qu'à verser, au bureau de poste de leur résidence, le montant de leur abonnement tel qu'il est annoncé sur la couverture de la *Revue*.

Les abonnés dont l'époque de renouvellement échoit à la fin de juin et qui désirent à cette occasion changer les conditions de leur souscription et profiter des avantages que leur présente, soit l'abonnement d'un an s'ils ne sont abonnés qu'au semestre, soit la souscription aux deux Revues *Scientifique* et *Politique et Littéraire*, sont priés d'avertir immédiatement MM. Germer Baillière et Cie.

Les abonnés qui, d'ici au 10 juillet, n'auront fait parvenir aucun avis au bureau de la *Revue* seront considérés comme désirant continuer leur abonnement dans les mêmes conditions. En conséquence, ils recevront par l'entremise des porteurs, soit à Paris, soit dans les départements, une quittance analogue à celle qui leur a été déjà remise lors de leur première souscription.

Le propriétaire-gérant : Germer Baillière.

PARIS. — Impr. J. CLAYE. — A. Quantin et Cie, rue St-Benoît. [1274]

LA

REVUE SCIENTIFIQUE

DE LA FRANCE ET DE L'ÉTRANGER

REVUE DES COURS SCIENTIFIQUES (2e SÉRIE)

DIRECTEUR : M. ÉMILE ALGLAVE

2e SÉRIE — 9e ANNÉE NUMÉRO 2 12 JUILLET 1879

L'ÉCOLE CENTRALE DE PARIS

D'après M. Ch. de Comberousse (1).

Au moment où tout ce qui touche à l'instruction est l'objet de nos ardentes préoccupations, rien ne pouvait venir plus à propos que l'histoire de l'École centrale des arts et manufactures, un des triomphes les plus éclatants de l'initiative privée, et M. de Comberousse a été réellement bien inspiré en venant exposer le passé, le présent et les aspirations pour l'avenir de cette grande création.

Véritable travail d'ingénieur par la clarté et la simplicité, son livre nous montre en même temps quels sentiments d'affection et de dévouement l'École centrale inspire à ses élèves, et nous ne pouvons mieux faire, pour en donner une idée, que de le résumer rapidement.

A une époque où l'emploi de la machine à vapeur allait transformer l'industrie, où le concours de Liverpool venait d'ouvrir définitivement l'ère des chemins de fer, et où la France demandait à l'Angleterre sa première machine marine, il devenait indispensable de créer des ingénieurs à la hauteur des besoins nouveaux, et, pour cela, d'ouvrir une école spéciale, qui leur permît d'acquérir l'ensemble des connaissances nécessaires.

C'est alors que trois hommes dévoués à la science et à leur pays eurent l'idée d'associer leurs efforts pour organiser l'enseignement de la science industrielle, et la bonne fortune d'en trouver un quatrième qui leur apporta, non seulement les capitaux nécessaires, mais une collaboration aussi dévouée qu'intelligente.

(1) *Histoire de l'École centrale des arts et manufactures* depuis sa fondation *jusqu'à nos jours*, par Ch. de Comberousse, ingénieur civil, professeur de mécanique à l'École centrale, ancien élève et membre du conseil de l'École. 1 fort vol. gr. in-8° de 500 pages, avec deux planches à l'eau-forte. Publié à l'occasion de l'anniversaire demi-séculaire de l'École (Paris, librairie Gauthier-Villars). Broché.

Ces quatre hommes ont été les fondateurs, aujourd'hui célèbres, de l'École centrale, Péclet, le physicien, dont il suffit de citer les traités de l'éclairage et de la chaleur; Olivier, l'élève et le continuateur de Monge et de Hachette; Dumas, l'illustre chimiste, aujourd'hui secrétaire perpétuel de l'Académie des sciences, et Lavallée, qui devait conserver pendant trente-deux ans la direction de la nouvelle École.

Ils trouvèrent, dans le ministre placé alors à la tête de l'instruction publique, M. de Vatimesnil, l'appui le plus bienveillant, et, malgré les difficultés considérables d'une pareille entreprise, l'ouverture eut lieu le 3 novembre 1829, avec 140 élèves, dont quelques-uns étaient plus vieux que leurs maîtres. Il y avait alors neuf cours d'institués, géométrie descriptive, physique industrielle, mécanique industrielle, chimie et arts chimiques, histoire naturelle industrielle, exploitation des mines, art de bâtir, économie industrielle et dessin. Les professeurs étaient MM. Olivier, Péclet, Dumas, Colladon, Brongniart, Bineau, Gourlier, Guillemot et Leblanc. Les travaux graphiques, les expériences de physique et de mécanique et les manipulations dans les laboratoires de chimie, complétaient l'instruction, tandis que des interrogations fréquentes et des examens généraux permettaient de suivre pas à pas les résultats obtenus.

La durée des études était fixée à trois années et les frais d'études à 800 francs par an.

Par suite d'une décision fort sage, quoique en contradiction apparente avec leurs intérêts, les fondateurs n'avaient admis que des élèves externes; en même temps que des ingénieurs, ils voulaient former des hommes, et on a vu qu'ils y ont réussi.

Le succès de la première année fut complet et permit bientôt d'élargir le cadre des études, qui fut porté à dix-huit cours, quatre pour la première année, huit pour la seconde et dix pour la troisième. Il est intéressant de suivre, dans le récit de cette première période de l'existence de l'École, le développement successif de son programme, et les modifications apportées par l'expérience aux travaux des élèves, dont le nombre augmentait rapidement et s'élevait à 350 en 1850, malgré les crises qu'elle avait traversées en 1830 et en 1848. En même temps, un grand nombre de bourses et demi-bourses créées par l'État, par les Conseils généraux des départements et par la Société d'encouragement, en facilitaient l'accès à un grand nombre de jeunes gens dépourvus de fortune et témoignaient de la faveur qu'elle avait acquise dans le pays. C'est pendant cette première période qu'eut lieu la fondation de la Société des ingénieurs civils, qui fut à son origine une véritable émanation de l'École centrale et composée en grande partie de ses anciens élèves. On sait la place importante que cette société occupe aujourd'hui, grâce à l'impulsion puissante qu'elle a su imprimer aux travaux du génie civil.

A ce moment d'un succès sans précédent, et que son origine rendait encore plus précieux, se place un événement d'une grande importance dans l'histoire de l'École. Possesseur d'un établissement florissant sous tous les rapports, puisque son revenu net dépassait 100 000 francs, M. Lavallée, d'accord avec MM. Péclet et Dumas, en proposa la cession gratuite à l'État qui consentit à l'accepter. Les fondateurs étaient préoccupés d'assurer la perpétuité de leur création et refusèrent toutes les propositions qui leur furent faites pour conserver à l'École son caractère indépendant. Bien que le succès paraisse avoir justifié la décision qu'ils ont prise, il semble que l'on doive regretter, ne fût-ce que comme encouragement à l'esprit d'initiative, que l'École centrale ne soit pas restée entre les mains de l'industrie privée qui l'avait fondée et fait prospérer pendant vingt-huit ans. Il est vrai qu'elle continua, grâce aux réserves introduites dans l'acte de cession, de s'administrer elle-même, avec l'approbation toutefois du ministre et sous le contrôle de la Cour des comptes. L'organisation intérieure et le système d'enseignement furent respectés, et M. Lavallée conserva la direction.

L'histoire de cette cession et des circonstances qui l'ont accompagnée forment les deux premiers chapitres de la seconde période; elle est suivie d'un exposé complet des changements et des progrès qui ont amené l'état actuel. Le troisième chapitre est consacré à l'organisation d'un concours d'admission à la place des examens d'entrée et à l'étude du nouveau programme, dont les matières avaient dû être développées en raison des progrès de l'enseignement. Il fallait surtout, afin de pouvoir augmenter la force des cours de première année, donner plus d'extension à l'algèbre et à la géométrie analytique.

Aujourd'hui ce concours, qui est public, comprend des compositions écrites et des examens oraux; toutefois les coefficients attribués aux deux sortes d'épreuves sont tels que leur importance est la même, et cela en raison du rôle important qu'occupe le dessin dans les travaux des élèves. Les candidats doivent en outre produire des collections d'épures de géométrie, des dessins d'architecture et de machines, et des cahiers de croquis. Cette élévation du programme d'admission n'a guère diminué le nombre des candidats qui varie actuellement de 350 à 400 pour environ 210 entrées réelles; en revanche, il a exercé la plus heureuse influence sur le succès des élèves à la sortie. Tandis que dans la première période 4 élèves sur 10 obtenaient le titre spécial conféré par l'École, dans la seconde période cette proportion s'élève à 7 élèves sur 10.

Les chapitres IV et V contiennent les différentes améliorations apportées au régime de l'École à la suite de la cession à l'État et quelques faits relatifs à sa marche intérieure, tels que le dédoublement des cours suivis jusque-là en commun par les deux divisions supérieures et le rétablissement du Conseil de perfectionnement qui avait cessé d'exister en 1832.

Nous arrivons à l'exposé de l'enseignement actuel et des travaux des élèves; les détails contenus dans le chapitre VI expliquent parfaitement comment on est parvenu à éviter les dangers de l'externat et même à le rendre avantageux pour des jeunes gens dont il était important de développer l'esprit d'initiative et la fermeté morale.

La durée des études est de trois années dont neuf mois passés dans l'École, et trois mois désignés comme vacances, mais qui doivent être si bien remplis par les travaux imposés aux élèves, que l'on doit plutôt les considérer comme une diversion salutaire aux fatigues de la session. Sur les six heures de présence journalière à l'École, trois sont consacrées à deux leçons d'une heure et demie chacune dans les amphithéâtres; les trois autres sont occupées par les travaux de laboratoire et les travaux graphiques; c'est en dehors de l'École et chez eux que les élèves doivent trouver le temps nécessaire pour se préparer aux nombreux examens particuliers attribués à chaque cours, ce qui leur demande encore en moyenne de trois à quatre heures de travail journalier. En outre, les cahiers de notes qu'ils doivent prendre aux amphithéâtres sont l'objet de précautions et de visites fréquentes qui permettent aux professeurs et aux répétiteurs de suivre exactement le travail de chaque élève.

La première année comprend neuf cours, avec vingt-quatre examens particuliers et un examen général pour chaque cours.

Le nombre des leçons et des examens particuliers est réparti de la manière suivante :

Analyse mathématique.	30	leçons	2	examens.
Cinématique et mécanique générale. .	45	—	5	—
Géométrie descriptive	60	—	4	—
Physique générale.	60	—	4	—
Chimie générale	60	—	5	—
Minéralogie et géologie	30	—	2	—
Architecture	24	—	1	—
Éléments de machines.	22	—	1	—
Histoire naturelle	35	—	»	—

Vingt séances sont consacrées aux manipulations de chimie générale (seize se rapportent à la chimie minérale et quatre à la chimie organique), huit séances aux manipulations de physique générale, quatre à la stéréotomie et trois à des levés de topographie, d'architecture et de machines.

Pendant les vacances, les élèves doivent exécuter des dessins d'architecture et de machines, d'après leurs propres croquis, et traiter dans un mémoire spécial quelque question de mécanique. Les mémoires, croquis et dessins au net sont remis à la rentrée.

La deuxième année comprend dix cours, avec vingt-quatre examens particuliers et neuf examens généraux seulement, parce que l'examen général du cours d'exploitation des mines est reporté en troisième année et porte sur l'ensemble du cours.

Mécanique appliquée (1re partie) . . .	55	leçons	4	examens.
Construction des machines (1re partie) .	50	—	4	—
Constructions civiles.	50	—	3	—
Physique industrielle	45	—	3	—
Chimie analytique.	50	—	3	—

Machines à vapeur	38 leçons	3 examens.
Exploitation des mines (1re partie)	24 —	2 —
Technologie	35 —	1
Applications de la résistance des matériaux	25 —	1 —
Législation industrielle	20 —	»

En deuxième année, les élèves exécutent vingt-trois manipulations de chimie analytique, auxquelles il faut ajouter trois séances de docimasie. Ils exécutent en outre quatre manipulations de physique industrielle et consacrent deux séances à l'étude de l'écoulement des gaz et au jaugeage des cours d'eau, quatre séances à un levé de terrain et à un nivellement, et quatre autres séances à des travaux de forge, de fonderie et de montage de machines.

Pendant les vacances, ils ont à faire des applications relatives à la résistance des matériaux et doivent visiter des usines de toute espèce : ils sont tenus de remettre, à leur retour, les croquis et dessins recueillis dans leur voyage, et un mémoire descriptif de leurs travaux et de leurs observations.

En troisième année, on compte huit cours avec dix-neuf examens particuliers et huit examens généraux.

Mécanique appliquée (hydraulique et théorie mécanique de la chaleur)	45 leçons	3 examens.
Construction des machines (2e partie)	53 —	3 —
Travaux publics	55 —	3 —
Chimie industrielle	48 —	3 —
Métallurgie	54 —	3 —
Chemins de fer	42 —	3 —
Exploitation des mines (2e partie)	16 —	1 —
Législation industrielle	10 —	»

Les élèves ont à exécuter huit analyses en seize séances, et six projets d'ensemble, qui les préparent au concours de sortie qui couronne leurs études et qu'ils doivent exécuter en un mois.

On a conservé la division en quatre spécialités : constructeurs, mécaniciens, métallurgistes et chimistes, mais seulement au point de vue de la répartition des projets et de la direction des études ; autrement, tous les travaux sont communs à tous les élèves, ce qui permet à beaucoup d'entre eux d'embrasser une carrière différente de la spécialité qu'ils avaient choisie.

Un jury de concours, formé pour chaque spécialité, examine les projets et les mémoires fournis à l'appui, mémoires que chaque élève est appelé à discuter devant lui de vive voix. Outre le chiffre attribué au concours de sortie, le classement tient compte du travail accompli pendant les trois années. Ils reçoivent, en quittant l'École, soit le diplôme d'Ingénieur des arts et manufactures, lorsqu'ils ont satisfait d'une manière complète à toutes les épreuves, soit le certificat de capacité, lorsque, ayant échoué dans quelques-unes des épreuves partielles, ils justifient néanmoins de connaissances suffisantes.

L'agriculture et l'industrie ont chaque jour des points de contact plus nombreux. Indépendamment des perfectionnements apportés aux industries agricoles, l'emploi des machines tend à se généraliser dans l'agriculture proprement dite, et l'on a pu voir à l'Exposition de 1878 la place immense qu'elles occupent déjà, notamment en Angleterre et en Amérique. Leur construction raisonnée et leur usage exigent des connaissances spéciales, et l'École centrale devait naturellement se préoccuper de satisfaire à ces besoins nouveaux en créant une spécialité en faveur de l'agriculture. En 1872, des chaires nouvelles ont été ouvertes ; au cours d'histoire naturelle, qui existait déjà en première année et qui comprenait la zoologie et la botanique, on ajouta en deuxième année un cours de zootechnie (histoire des animaux utiles ou nuisibles) en vingt leçons, et un cours de phytotechnie (histoire des plantes utiles ou nuisibles), aussi en vingt leçons. En troisième année, on ajouta un cours d'économie rurale en vingt leçons. Les manipulations de chimie et de physique, les analyses et les travaux de vacances des élèves de cette nouvelle spécialité furent appropriés à leurs études.

On trouve au chapitre VII l'histoire de cette tentative pour former des ingénieurs agronomes, qu'il ne faut pas confondre avec l'Institut agronomique, créé en 1876 au Conservatoire des arts et métiers, et qui est plutôt destiné aux agriculteurs.

Cette deuxième période se termine par l'histoire de l'association amicale des anciens élèves de l'École centrale et par un résumé qui contient des chiffres intéressants sur les résultats obtenus par ses élèves, et sur la place importante qu'ils ont su conquérir dans l'industrie nationale.

Dans la troisième partie de son livre, M. de Comberousse s'occupe de l'avenir de l'École. Envisagée d'abord au point de vue matériel, cette question recevra certainement une solution convenable dans les délais imposés par les circonstances. L'emplacement est désigné ; les plans, mûrement étudiés, sont tout prêts et l'on peut espérer que leur exécution sera bientôt réalisée.

Au point de vue de l'organisation et de l'enseignement, les conclusions de l'auteur sont naturellement précédées d'un chapitre consacré aux écoles techniques créées à l'étranger et pour beaucoup desquelles l'école française a servi de type ou suggéré des améliorations importantes. Nous ne pouvons guère que donner la liste de celles dont M. de Comberousse passe en revue les conditions matérielles et scientifiques : l'École polytechnique fédérale suisse établie à Zurich en 1856 ; l'École des arts et manufactures et des mines fondée à Liège en 1837 ; l'Institut royal industriel de Berlin ; les nombreuses écoles polytechniques de l'Allemagne, notamment celles de Dresde, Munich, Carlsruhe et Aix-la-Chapelle, et enfin l'École impériale technique de Moscou, dans laquelle on a fondu ensemble l'École des arts et manufactures avec l'École des arts et métiers, et dont les visiteurs de l'Exposition de 1878 ont admiré les magnifiques collections. C'est donc en s'appuyant sur l'expérience acquise en France et à l'étranger que M. de Comberousse arrive aux conclusions qui forment le dernier chapitre.

La situation actuelle est naturellement plus difficile que celle du début ; les besoins de l'industrie ont déjà reçu en grande partie satisfaction et les cadres de la grande armée de l'industrie seront bientôt au complet ; une école centrale fonctionne à Lyon depuis plusieurs années et d'autres fonctionneront bientôt à Lille, Rouen, Bordeaux et Genève. Ainsi, tandis que les débouchés diminuent, la concurrence augmente et en même temps l'industrie devient plus exigeante ; il convient de faire de nouveaux efforts, autant pour maintenir l'école à son rang que pour conserver à ses élèves leur valeur bien reconnue.

L'introduction sur une plus grande échelle des travaux

d'ateliers paraît être une des principales nécessités à signaler; l'auteur propose en outre d'ajouter pour l'élite de chaque promotion une quatrième année d'études qui permettrait de compléter l'étude des sciences appliquées, et qui comprendrait: un cours complémentaire d'analyse et de mécanique, un cours spécial de la thermodynamique avec ses applications aux machines, un cours résumant la partie philosophique de la chimie, des cours de langues vivantes, de géographie comparée, de haute littérature et d'histoire de l'art, et surtout un cours spécial d'économie industrielle ou politique. Ce dernier cours a du reste existé à l'École centrale pendant les premières années de sa fondation.

Un certain nombre de pièces justificatives et de documents intéressants complètent cette histoire et sont suivis des discours prononcés sur la tombe des fondateurs de l'École, MM. Olivier, Péclet et Lavallée, de ses directeurs, Perdonnet et Petiet, et de deux de ses anciens élèves, Polonceau et Callon.

M. de Comberousse a terminé son livre par la publication d'un travail de M. E. Level sur la nécessité d'instituer dans les écoles industrielles un cours d'applications de la science et de l'industrie à la construction du matériel de guerre et à l'exécution des travaux militaires. Rappelant les services que le génie civil et l'industrie privée pris à l'improviste ont pu rendre pendant la guerre de 1870 et le siège de Paris, et faisant valoir avec raison les immenses ressources qu'une préparation convenable permettrait en pareilles circonstances de tirer de leur concours, M. Level démontre qu'avec une extension facile à réaliser de l'enseignement de l'École centrale et quelques leçons supplémentaires, les élèves pourraient acquérir les connaissances nécessaires pour la construction du matériel de guerre et des travaux de fortification et de défense. Ce qui se passe aux portes de la France suffit à prouver combien M. Level a raison, et nous devons souhaiter à sa proposition tout le succès qu'elle mérite. Comme mesure analogue, nous rappellerons qu'un cours spécial de fortification existe dans les Écoles des ponts et chaussées et des mines pour les élèves ingénieurs, appelés par la loi militaire à faire partie, comme officiers, de la réserve et de l'armée territoriale. La réalisation des idées de M. Level aurait une portée bien plus considérable.

LA FAUNE DE LA RÉGION TROPICALE

D'après M. A.-R. Wallace.

Nous avons essayé, dans un précédent article, de faire connaître, d'après l'ouvrage de M. Wallace, intitulé « *Tropical nature* », la végétation de la région tropicale. Nous voulons aujourd'hui compléter l'analyse de l'intéressant ouvrage du naturaliste anglais en parlant de la faune. Il est plus difficile cependant, dit M. Wallace, d'indiquer les traits caractéristiques de la vie animale de cette portion du globe que ceux du règne végétal, chacun des trois continents de la zone équatoriale ayant ses animaux spéciaux, qui attirent infiniment moins l'attention du voyageur que la forêt sous laquelle ils s'abritent; souvent même ils échappent complètement à la vue, quoique présents. Le solennel silence, en effet, des forêts du Brésil a été souvent signalé par les voyageurs et en particulier par M. Bates; M. Wallace a éprouvé la même impression en parcourant la Malaisie, et il est probable que le même fait a été constaté en Afrique. Ces forêts renferment cependant une variété infinie d'insectes, de reptiles, d'oiseaux et de mammifères, que nous allons rapidement passer en revue, en commençant par les Lépidoptères diurnes ou papillons, un des groupes les plus remarquables de la faune tropicale par le nombre considérable des individus et la diversité des espèces, souvent d'une extrême beauté.

Lépidoptères diurnes. — Ces brillants insectes se voient en grande quantité le long des routes qui traversent les forêts et dans le voisinage des habitations entourées d'arbres fruitiers. Les villes de Malacca et d'Amboine dans la Malaisie, de Para et de Rio-Janeiro, dans l'Amérique du Sud, sont des localités particulièrement célèbres par la grandeur, la beauté et le nombre des espèces que le naturaliste est assuré d'y rencontrer.

Plusieurs ont en effet des ailes de 6 à 8 pouces de largeur, ornées des couleurs les plus vives et les plus variées, depuis le bleu métallique jusqu'au vert et au cramoisi le plus éclatant, quelquefois avec de larges taches transparentes, ce qui s'observe surtout dans les papillons d'Amérique.

Les ailes varient aussi beaucoup étant larges ou étroites, droites ou arquées; les postérieures présentent souvent un ou plusieurs prolongements, s'élargissant à l'extrémité ou se terminant en une pointe très allongée.

Quant au nombre des espèces qui se trouvent dans une même localité, il est très variable. D'une manière générale, on peut dire cependant qu'il est plus élevé en Amérique que dans la Malaisie. M. Bates a récolté en effet, en un seul jour, dans la vallée de l'Amazone, près d'Ega, jusqu'à 80 espèces appartenant à 22 genres différents, et en une année 600 espèces à Para; tandis que M. Wallace, dans un séjour de quelques mois dans une île de la Malaisie, n'a pu collectionner que 150 à 200 espèces, et en un seul jour de 30 à 40 dans des stations bien choisies. Ces chiffres sont du reste bien différents de ceux que l'on obtient en Europe, car, après des années de recherches, l'Angleterre n'a fourni que 64 espèces et l'Allemagne 150.

Ajoutons maintenant quelques détails sur les habitudes des papillons des tropiques. La plupart sont comme chez nous réellement diurnes, cependant quelques Morphides d'Orient et les Brassolides d'Amérique ne sortent qu'au crépuscule; d'autres espèces, quoique diurnes, recherchent surtout le demi-jour des portions les plus sombres de la forêt. Les uns se tiennent habituellement à une assez grande hauteur, ce qui rend leur capture difficile; d'autres ne s'élèvent qu'à quelques pieds, et plusieurs Satyrides restent le plus souvent sur le sol ou sur les herbes peu élevées. Quant à la rapidité du vol, elle varie beaucoup: celui des Héliconides et des Danaides, familles spéciales aux tropiques, est fort lent et ondulé, tandis que celui des Nymphalides et des Hespérides est au contraire si rapide qu'il est impossible de les suivre du regard.

Beaucoup de papillons, surtout les mâles, recherchent volontiers les places ouvertes et humides, sur le bord des rivières et des marais, où on les voit souvent réunis par centaines pendant la matinée; l'après-midi ils vont rejoindre les femelles qui ne quittent pas la forêt.

Habituellement, les Lépidoptères diurnes se posent sur les feuilles ou sur les fleurs, contre les troncs d'arbres, les rochers, etc., tenant leurs ailes relevées et appliquées les unes contre les autres. Les jolis petits Érycinides de l'Amérique du Sud se cachent, au contraire, sous les feuilles, en tenant leurs ailes étalées, ce qui fait qu'ils disparaissent soudainement à la vue dès qu'ils s'arrêtent. Quelques Hespérides tiennent aussi leurs ailes horizontales et appliquées contre le sol sur lequel elles aiment à se fixer, d'autres espèces de la même famille ferment une paire d'ailes et laissent l'autre horizontale. Plusieurs Lycœnides, enfin, surtout ceux du genre *Thecla* ont la curieuse habitude de tenir leurs ailes droites et de donner à celles de la paire inférieure un mouvement vibratoire imitant un disque en rotation. A la fin du jour la plupart des papillons se cachent sous le feuillage ou dans des places qui s'harmonisent avec la couleur de leurs ailes; cependant les Héliconides et les Danaides qui ne sont point recherchés par les oiseaux insectivores, ne craignent point de rester posés à l'extrémité des branches les plus apparentes. Nous aurions beaucoup à dire encore sur le groupe des Lépidoptères, en particulier, sur les différences qui existent entre les sexes et sur les singulières apparences de certaines espèces imitant soit des plantes, soit d'autres insectes, ce qui leur permet d'échapper à la voracité de leurs ennemis. Mais nous ne pouvons qu'indiquer ici ces faits si intéressants; ils sont un peu spéciaux et nous éloigneraient du but que nous avons en vue.

Après les Lépidoptères nous devrions parler des oiseaux qui occupent avec eux la première place dans la faune équatoriale; mais avant d'aborder ce groupe important, nous signalerons divers insectes qui, par leur nombre, leurs mœurs, ou enfin leur aspect fort singulier attirent forcément l'attention des voyageurs.

Hyménoptères. — Ces insectes sont très répandus dans la région tropicale, et plusieurs d'entre eux causent beaucoup d'ennuis aux habitants par les dégâts qu'ils commettent; nous parlerons ici des fourmis, des guêpes et des abeilles.

1° *Fourmis*. — Ces petits êtres, si peu remarquables en apparence, ne peuvent pas cependant passer inaperçus, car ils se voient partout, aussi bien dans les maisons qu'ils parcourent dans tous les sens, que dans la forêt où on les trouve par myriades sur le sol et sur les arbres. Le nombre des espèces de fourmis est fort considérable, on en connaît plus de 500 aux Indes et dans la Malaisie, et probablement que les autres contrées des tropiques sont aussi riches. Leurs habitudes sont encore plus curieuses que celles des fourmis d'Europe et elles ont été observées avec soin par M. Belt lors de son séjour dans le Nicaragua, par M. Bates au Brésil et par M. Wallace dans la Malaisie. Citons ici les faits les plus intéressants.

La famille des Formicides est une des plus répandues à la surface du globe, les espèces de ce groupe n'ont pas d'aiguillon et elles sont par conséquent inoffensives. Leurs dimensions varient beaucoup, depuis la *Formica gigas*, qui a plus d'un pouce de longueur, jusqu'à certaines espèces presque microscopiques. Le genre *Polyrachis* qui abonde dans les forêts de la Malaisie est remarquable par les extraordinaires épines et crochets de formes très variées qui couvrent le corps. Ces fourmis habitent des nids placés sur les feuilles et faits avec une sorte de papier; lorsqu'elles sont troublées, elles se précipitent au dehors en se frottant contre les parois du nid, de manière à produire avec leurs épines une sorte de bruissement. Les *Polyrachis* assez grandes de taille, peu actives et vivant en petites communautés dans des endroits exposés, seraient vite détruites par les oiseaux insectivores puisqu'elles n'ont ni aiguillon pour piquer, ni mandibules pour mordre, si elles n'étaient pas protégées par un corps hérissé de pointes aiguës. Une autre fourmi très commune des îles de la Malaisie, l'*Œcophylla smaragdina*, verte, très active, grâce à de longues jambes, et très intelligente, se construit un nid en collant ensemble, par leurs bords, des feuilles de Zinginberacées. Si l'on vient à toucher leur demeure, tous les habitants en sortent avec impétuosité, se tenant verticalement et frappant avec violence les feuilles pour éloigner l'agresseur en faisant du bruit, car elles n'ont que ce moyen de défense.

Parmi les fourmis ayant un aiguillon, nous devons citer d'abord le grand genre *Odontomachus*, dont les espèces, errant solitairement dans les forêts, sont facilement reconnaissables par leurs énormes mandibules longues, minces et munies d'un crochet, ce qui permet à la fourmi de se fixer bien solidement pour enfoncer ensuite son aiguillon. Les Ponérides sont aussi de grandes fourmis fréquentant le sol des forêts; elles ne sont pas représentées par beaucoup d'individus, mais elles sont très redoutées par les indigènes, en particulier la *Ponera clavata* de la Guyane, à cause de leurs piqûres très douloureuses. M. Wallace ayant été piqué à la jambe par une de ces fourmis eut beaucoup de peine à revenir chez lui et dut ensuite garder le lit pendant deux jours.

Parlons maintenant des Myrmécides, remarquables par leur nombre immense et leurs instincts dévastateurs. Elles fréquentent beaucoup les maisons, dévorant tout ce qui est susceptible d'être rongé; plusieurs piquent aussi avec une telle force qu'elles ont été appelées « fourmis de feu ». Une espèce de ce groupe, une petite *Crematogaster* de la Nouvelle-Guinée, construit son nid sous les toits des maisons et elle y arrive au moyen de galeries le long des planches et des parois, visitant sur sa route toutes les parties de l'habitation et pénétrant jusque sous les vêtements. Heureusement qu'elle disparaît à l'entrée de la nuit. Un autre genre appelé *Pheidole*, qui habite les forêts, est singulier par la variété des formes qu'on observe dans une même espèce. Certains individus sont, en effet, cent fois plus gros que les autres et ont en particulier une tête énorme; leurs mouvements sont de plus beaucoup plus lents que ceux des petits individus de la communauté et on ignore quel est leur rôle. Les Myrmécides dévorant les larves, les termites et tous les insectes mous et sans moyens de défense représentent, dans la Malaisie, les fourmis fourrageuses d'Amérique et les « driver ants » d'Afrique, quoiqu'elles soient beaucoup moins nombreuses que ces deux groupes et moins voraces. Cependant le genre *Solenopsis* des Moluques est un véritable fléau : ces fourmis rouges font en particulier le désespoir des naturalistes; car, lorsqu'elles sont dans une maison il est bien difficile d'y conserver intactes des collections d'histoire naturelle.

Les fourmis d'Amérique, connues sous le nom de Saüba (*Æcodoma cephalotes*) sont voisines du genre Solenopsis et elles sont plus destructives encore, mais elles n'attaquent que les végétaux. On sait que ces fourmis se creusent dans le sol de très longues galeries, dans lesquelles elles accumulent en grande quantité des fragments de feuilles, qu'elles vont découper sur les arbres mêmes de la forêt. Des colonnes composées de myriades d'individus sont continuellement occupées à ce travail et vues cheminant le long des sentiers. Une colonie occupe la même fourmilière pendant un grand nombre d'années consécutives, et les galeries peuvent alors se prolonger jusqu'à des distances très considérables, car M. Clarck en a vu une, à Rio-Janeiro, passer sous une rivière ayant un quart de mille de largeur. Quant à la terre extraite de ces galeries, elle est déposée au dehors formant des talus de plus de quarante pieds de circonférence et d'un à trois pieds de hauteur.

Les feuilles sont prises de préférence, d'après la remarque de M. Belt, aux arbres non indigènes, en particulier aux orangers et aux caféiers. Sans doute que les fourmis ont fait disparaître graduellement certains arbres du pays et que ceux qui restent, ou ne leur conviennent pas, ou se sont adaptés à cette exploitation prolongée. A quoi servent maintenant ces fragments de feuilles rapportées à la fourmilière? On ne le sait pas exactement. M. Bates dit qu'ils ont pour but, au Brésil, de couvrir l'entrée des galeries où ils sont maintenus dans une position fixe par des grains de terre; M. Belt de son côté, qui a beaucoup observé l'*Æcodoma* au Nicaragua, pense qu'ils sont destinés à donner naissance, en se décomposant, à des champignons, dont les fourmis se nourrissent ensuite.

On trouve aussi dans l'Amérique centrale le genre *Eciton* qui est fort curieux. Ces fourmis, qui n'ont pas de demeures fixes, vont à la maraude par grandes bandes, visitant les buissons et les crevasses pour dévorer les chenilles et les insectes mous et privés d'ailes, ne craignant même pas d'attaquer les nids de guêpes pour s'emparer des larves. Si une colonne rencontre une habitation sur sa route, elle l'envahit aussitôt et fait promptement place nette des araignées, des myriapodes et des blattes qui peuvent s'y trouver. Deux espèces d'*Eciton* sont complètement aveugles, mais cela ne les empêche point de poursuivre leur proie, aussi activement que celles qui ont les organes visuels bien développés.

Pour terminer ce sujet, remarquons une très singulière relation qui existe entre quelques fourmis et certains arbres. Dans la Malaisie, en effet, des plantes parasites de la famille des Chinchonacées ont une tige renflée et creuse qui est habitée par des fourmis. Lorsque la plante est jeune, la tige ne porte que de petits tubercules épineux et irréguliers; mais, lorsque les fourmis viennent s'établir dans leur intérieur, ils grossissent beaucoup, se creusent en cellules et atteignent les dimensions d'une grosse courge. En Amérique la base du pétiole d'une Mélastomacée s'élargit aussi pour loger une colonie de petites fourmis. Enfin M. Belt a vu dans le Nicaragua un *Acacia*, dont les énormes épines servent aussi d'habitation à des fourmis, qui trouvent sur les pétioles des feuilles une liqueur sucrée sécrétée par des glandes. M. Belt pense que les fourmis qui habitent cet acacia le protègent contre les Saübas ou fourmis découpeuses de feuilles, et en effet ces dernières ne viennent point les visiter. Si cela est vrai, nous avons ici un très curieux exemple d'une plante dont l'existence est maintenue par un insecte.

2° *Guêpes et Abeilles.* — Ces insectes sont très nombreux dans la zone tropicale et ils attirent l'attention soit par la beauté de leurs couleurs, soit par leur grande activité. Les Scoliades, les plus beaux de tous, ont un gros corps de deux pouces de longueur, velu et orné de larges bandes d'une couleur jaune ou orange.

Les Pompilides sont aussi très remarquables, les ailes et le corps sont d'un bleu noirâtre, les jambes fort longues. Les plus grosses espèces parcourent les forêts en quête d'araignées et de coléoptères qu'elles déposent ensuite près de leurs œufs, pour servir de nourriture aux jeunes larves. Les Euménides sont de très belles guêpes dont l'abdomen est longuement pédicellé, ces insectes recouvrent les cellules où se trouvent leurs œufs avec un cône papyracé. Dans la famille des Abeilles nous devons signaler les Xylocopes ou Abeilles perce-bois qui creusent souvent de larges trous cylindriques dans les poutres des maisons; leur abdomen est aplati et brillant, d'un beau noir ou avec des bandes bleues. Les véritables abeilles sont très abondantes à Bornéo et à Timor, et elles construisent de larges rayons semi-circulaires suspendus, sans être abrités, aux branches des arbres les plus élevés. Ces rayons fournissent de la cire et du miel en grande quantité; mais leur capture est un peu dangereuse, ces insectes faisant des piqûres très douloureuses et poursuivant avec acharnement, pendant des milles, les personnes qui viennent les troubler.

Orthoptères. — Dans cet ordre, nous devons signaler surtout les Phasmides, insectes très inoffensifs dont l'apparence est excessivement singulière, les uns imitant une feuille, les autres une branche sèche. Les espèces du genre *Phyllium*, qu'on élève souvent à Java par curiosité, ressemblent si parfaitement pour la couleur, la forme et les nervures à la feuille du goyavier, sur laquelle elles vivent, en restant immobiles pendant le jour, qu'il est impossible de les distinguer. Les Phasmes, dont la longueur varie entre six pouces et dix pouces, sont minces, frêles et exactement pareils à une petite branche verte ou brune; quelques-uns même ont de petites protubérances simulant de la mousse. Ils sont très abondants aux Moluques, où on les trouve suspendus aux branches des arbustes, qui bordent les chemins dans les forêts. Quelques espèces ont des ailes d'une belle couleur jaune, rose ou noire, mais, une fois repliées, elles disparaissent complètement sous les élytres.

Plusieurs Sauterelles ressemblent aussi à des feuilles vertes, quelques-unes même ont des taches transparentes sur les ailes, imitant de véritables trous.

Tous ces insectes étant mous, succulents, souvent privés d'ailes et sans organes de défense, seraient bien vite détruits par les animaux insectivores, s'ils n'étaient pas protégés d'une façon spéciale. Aussi M. Belt a-t-il pu voir, un jour, une sauterelle, imitant une feuille, qui restait parfaitement tranquille au milieu d'une colonne de fourmis insectivores, ne songeant point à prendre le vol, car elle aurait été immédiatement dévorée par les oiseaux qui accompagnent toujours ces fourmis. On trouve aussi dans les régions tropicales de très grosses sauterelles dont les ailes ouvertes ont plus d'un pied d'envergure; elles volent le jour, mais elles sont protégées, contre leurs ennemis, par de nombreuses épines sur les jambes.

Coléoptères. — Cet ordre, quoique représenté par un nombre énorme de formes très variées, contribue peu à caractériser la faune tropicale. Il faut, en effet, se donner presque autant de peine que dans nos régions, pour trouver ces insectes, et ceux de grandes dimensions sont, sauf deux ou trois espèces, fort peu communs. Les coléoptères les plus remarquables par l'éclat de leurs couleurs et la taille sont les Buprestes et les Longicornes. Les Buprestes ont un corps ovale et lisse, les jambes et les antennes sont courtes, les élytres ont de splendides teintes métalliques. Ils se tiennent surtout sur les troncs des arbres morts, dans les heures les plus chaudes de la journée. Les plus grandes espèces se trouvent dans les îles de la Malaisie, la région tempérée fournit aussi de beaux spécimens, en particulier le Chili et l'Australie.

Les Longicornes, caractérisés par de longues jambes et de très grandes antennes, fort gracieuses, souvent ornées de touffes de poils; quelques-uns sont gros et massifs, ayant de trois à quatre pouces de longueur, d'autres ont la taille de nos plus petites fourmis. La plupart ont des couleurs sombres, mais délicatement marbrées, veinées ou tachetées; d'autres cependant sont rouges, bleus ou jaunes avec de belles teintes métalliques. Ils abondent dans les clairières des forêts vierges dont les arbres ont été récemment coupés, et la multiplicité des formes paraît croître avec l'extension des espaces dénudés. A Bornéo, dans une localité favorable, 300 espèces ont été trouvées pendant une seule saison sèche, tandis que la Malaisie tout entière n'a fourni à M. Wallace, après huit années d'exploration, que 1000 espèces. Les plus gros coléoptères des tropiques appartiennent au groupe des Coprides, qui sont représentés chez nous par les Bousiers; les énormes protubérances, en forme de cornes, qui se trouvent sur la tête et le thorax des mâles de quelques espèces sont fort extraordinaires; leurs élytres sont lisses ou rugueuses avec des couleurs métalliques. Les Curculionides sont aussi fort intéressants par leur nombre immense, la variété des espèces et leur extrême beauté. Une famille voisine, les Bruchides, qui rivalise avec les Longicornes par la grandeur des antennes, est abondamment représentée dans la Malaisie. Au Brésil, certains charançons, dans les îles des Papous, les *Eupholi*, aux Philippines, les *Pachyrhynchies*, sont de véritables joyaux vivants, par l'éclat métallique de leurs couleurs.

Lorsqu'une certaine étendue de forêt vierge a été détruite au commencement de la saison sèche, et que le soleil brille dans tout son éclat, l'abondance et la variété des coléoptères, attirés par l'écorce et les feuilles à divers degrés de décomposition, sont réellement extraordinaires, et l'atmosphère est remplie de leur bourdonnement. Les Buprestides verts ou dorés volent dans toutes les directions, ou recherchent les écorces exposées en plein soleil; les Cétoines tachetées rasent la surface du sol, d'élégants petits Longicornes circulent sur les feuilles sèches, tandis que les plus grosses espèces grimpent le long des branches, et les troncs fourmillent de Curculionides, d'Élatérides, de Carabides. Si l'on pénètre ensuite dans la forêt même, on y trouve d'élégantes Cicindèles, des Téléphores d'un rouge écarlate, des Chrysomèles et des Coccinelles en nombre infini et beaucoup d'autres espèces, fréquentant les champignons, ou cachées sous les feuilles mortes. En présence d'une telle variété de formes, le collectionneur le plus difficile doit être satisfait, et sa joie sera complète s'il a la bonne chance de rencontrer un gros Prionide de plusieurs pouces de longueur, un massif Bupreste tout doré ou un Copris monstrueux.

Les grandes dimensions présentées par certaines espèces sont dues très probablement à ce que les larves ont une nourriture abondante et qu'elles ne sont pas arrêtées dans leur développement par le froid. D'une manière générale, du reste, la taille moyenne des insectes tropicaux ne dépasse pas celle des insectes de nos régions, car pour un accroissement dans le nombre des gros, il faut en constater un tout aussi considérable dans celui des petits. Quant aux couleurs brillantes que plusieurs insectes présentent, elles se trouvent surtout chez ceux qui ne sont pas recherchés par les oiseaux insectivores, ce qui est dû sans doute à ce qu'ils ont un mauvais goût ou une odeur désagréable. Les autres insectes sont protégés par leurs formes, bien appropriées, comme nous l'avons vu, au milieu dans lequel ils vivent, ou par la riche végétation qui les abrite.

Nous laisserons complètement de côté les Névroptères, les Hémiptères et les Diptères, ces insectes attirant peu l'attention de ceux qui ne les recherchent pas spécialement et nous terminerons ce que nous avons à dire sur les Arthropodes par quelques mots sur le groupe suivant.

Arachnides, scorpions, myriapodes. — Ces animaux sont très abondants dans les forêts. Souvent, en effet, les sentiers sont obstrués par de grandes toiles, presque semblables à une étoffe de soie, et tissées par de très grosses araignées aux brillantes couleurs, dont le corps est porté par des jambes qui ont plus de six pouces de longueur. Citons aussi les Mygales de l'Amérique du Sud, assez grosses et assez fortes pour attaquer et tuer des oiseaux, comme cela a été constaté par M. Bates; et les Saltigrades ou araignées sauteuses, qui courent activement après les petits insectes, et dont plusieurs ont des couleurs métalliques si exquises, qu'on ne peut les comparer qu'à des pierres précieuses.

Quant aux Scorpionides et aux Myriapodes ils se trouvent aussi partout, aussi bien dans les habitations que dans les forêts. Quelques espèces atteignent une grande taille et sont très venimeuses.

Oiseaux. — C'est par ce groupe que nous commencerons la faune des vertébrés, car c'est lui qui joue le rôle le plus important. Cependant le naturaliste à son arrivée est plutôt désappointé, à ce sujet, comme avec les fleurs et les insectes. Ce n'est, en effet, qu'après une chasse de quelques jours, qu'il constate que sous le feuillage épais de la forêt se trouve réellement un grand nombre de magnifiques oiseaux, dont les plus caractéristiques sont les Perroquets, les Pigeons et les Picariés.

1° *Perroquets*. — Quoique plusieurs espèces de ces oiseaux se rencontrent dans les régions tempérées de l'Amérique, de l'Inde et surtout de l'Australie, la véritable patrie des perroquets vrais, des Aras, des Perruches et des Cacatoès, est bien la région tropicale. Ils se trouvent partout, en effet, dans cette région, sauf dans les localités absolument stériles; mais le nombre des espèces est plus ou moins considérable suivant les pays. L'Afrique, en effet, ne fournit avec Madagascar et les îles Mascareignes que 24 espèces et l'Asie, en y comprenant la Malaisie aussi loin que Java et Bornéo, n'en possède que 30.

L'Amérique tropicale, au contraire, est beaucoup plus riche, puisqu'elle possède plus de 140 espèces, dont plusieurs peuvent être considérées comme les plus belles; citons, en particulier, les Aras au plumage bleu et jaune ou rouge. Mais c'est la région australienne tout entière, en prenant pour limites extrêmes les Célèbes, les îles Marquises et la Nouvelle-Zélande, qui présente la plus grande abondance d'espèces. Elles dépassent actuellement 200, et les Cacatoès blancs et les Loris aux splendides couleurs rouges et bleues sont parmi les oiseaux les plus communs des Moluques et de la Nouvelle-Guinée.

La couleur fondamentale du groupe des Perroquets est le vert, avec des bandes ou des taches, présentant d'autres couleurs très brillantes. Mais cette couleur générale verte se change en un bleu léger ou intense chez quelques perruches, en jaune orange dans les *Conurus* d'Amérique, en pourpre, en gris ou en isabelle dans diverses espèces américaines, africaines ou indiennes, en rouge chez quelques Loris, en rose blanc ou en blanc pur dans les Cacatoès et enfin en pourpre intense, cendré ou noir dans plusieurs espèces de la Papouasie et de l'Australie. Le plumage de ces oiseaux varie donc d'une manière extraordinaire, puisque l'on peut affirmer que toutes les couleurs bien distinctes peuvent être trouvées dans les 390 espèces connues. Les habitudes des Perroquets ont aussi pour résultat d'attirer forcément l'attention sur eux, ils sont, en effet, très sociables et forment des bandes fort nombreuses et très bruyantes qui recherchent volontiers, en quête de leur nourriture, les jardins et les places exposées au soleil. Là les Aras se font remarquer par leur longue queue, les Cacatoès par leur crête délicate; les uns ont un vol rapide, d'autres des mouvements très gracieux. Enfin rappelons que plusieurs espèces ont une singulière aptitude à imiter divers sons, lorsqu'ils sont gardés en captivité.

2° *Pigeons.* — Les oiseaux de ce groupe sont si communs dans la région tempérée, que le lecteur sera peut-être surpris d'apprendre qu'ils sont caractéristiques de la faune tropicale. Cela tient à ce que 16 espèces seulement se trouvent dans la zone tempérée comprenant l'Europe, l'Asie et l'Amérique, tandis que la région équatoriale en contient plus de 330. La plupart de ces espèces sont disséminées le long de l'équateur, et leur nombre va en diminuant lorsqu'on s'éloigne de cette ligne, pour se rapprocher des tropiques.

Quoique essentiellement équatoriaux, les pigeons passent cependant inaperçus, car ils sont très timides et attirent peu l'attention. Cette remarque, particulièrement vraie, lorsqu'il s'agit des espèces américaines et africaines, ne l'est plus lorsqu'il s'agit de la Malaisie et des îles du Pacifique; là, en effet, les pigeons sont en si grand nombre, ont des formes si singulières et un plumage orné de couleurs si brillantes qu'ils attirent forcément l'attention. C'est dans cette région, en effet, que se trouve la grande tribu des pigeons frugivores, dont plusieurs espèces ont un plumage vert avec des taches et des bandes blanches, rouges, bleues ou oranges, qui rivalise avec celui des perroquets, tandis que d'autres, tels que le pigeon doré de Nicobar, le pigeon couronné de la Nouvelle-Guinée presque aussi gros qu'un dindon, ou le pigeon jaune d'or des îles Fidji sont de la plus grande beauté. La portion de l'archipel Malais à l'est de Bornéo, et les îles du Pacifique sont très exceptionnellement riches en pigeons, ce qui est dû probablement à l'absence dans cette région de singes arboricoles qui font une grande destruction de leurs œufs. On a remarqué, en effet, qu'en Amérique les pigeons étaient surtout rares dans les localités où les quadrumanes abondaient, et *vice versâ*.

3° *Picariés.* — Sous ce nom M. Wallace réunit un très grand nombre d'oiseaux, classés par divers naturalistes, les uns dans l'ordre des grimpeurs, les autres dans celui des passereaux (groupe des fissirostres). Ces oiseaux, vivant sur les arbres et dont les pieds sont faibles ou anormalement développés, forment 25 familles, la plupart entièrement confinées dans la zone tropicale ; mais 4 seulement se trouvent disséminées dans toute la région, ce sont : les Cuculidés (coucous), les Alcyonidés (martins-pêcheurs), les Cypselidés (martinets) et les Caprimulgidés (engoulevents); deux autres familles, les Trogonidés et les Picidés, ne manquent que dans la région australienne, disparaissant subitement à partir de Bornéo et des Célèbes. Laissant de côté dans les Picariés, les types bien connus des martins-pêcheurs, des pics, des martinets, des engoulevents; entrons, pour achever de donner une idée de ce groupe, dans quelques détails sur les coucous, les Trogons, les Toucans et quelques formes alliées.

Coucous. — Ces oiseaux, qui ne sont représentés chez nous que par l'espèce qui vient nous annoncer le printemps, sont bien caractéristiques de la région tropicale, car ils s'y trouvent partout. Ces oiseaux insectivores et faibles se tiennent volontiers cachés dans le feuillage des arbres ou dans les hautes herbes; plusieurs ont un plumage qui imite celui des oiseaux de proie, des faucons par exemple, ce qui les protège. Leur taille varie aussi beaucoup, ainsi que leur apparence générale, depuis le coucou doré d'Afrique, d'Asie et d'Australie pas plus gros qu'un moineau, jusqu'au coucou de Bornéo qui rappelle le faisan; le Scythrops des Moluques ressemble aux Calaos; le Rhamphococcyx des Célèbes a un bec fortement coloré, et le coucou Goliath de Gilolo est remarquable par son énorme queue.

Trogons (Couroucous). — Plusieurs familles de Picariés sont remarquables par la beauté et la variété de leurs couleurs; citons, en particulier, les trogons d'Afrique, d'Amérique et de la Malaisie, dont le plumage épais et hérissé offre les plus pures teintes de rose, de jaune et de blanc, puis les jacamars et les momots d'Amérique, les guêpiers et les rolliers de l'ancien continent, et enfin les bucconidés ou oiseaux à moustaches. Ces derniers oiseaux qui manquent dans les îles de l'Austro-Malaisie ont une coloration variée et souvent bizarre; ainsi les espèces d'Asie sont vertes, mais avec la tête et le cou tachetés de rouge, de blanc et de jaune combinés de toutes les manières possibles, celles d'Afrique sont noires avec du rouge, du jaune et du bleu, et quant aux espèces américaines, elles participent des deux modes de coloration, mais les teintes sont plus délicates et plus harmonieusement disposées.

Toucans. — Ces oiseaux, qui habitent les forêts du Brésil, sont remarquables par un énorme bec, fortement coloré et leur délicat plumage noir, sauf sur le devant de la poitrine qui est orné de couleurs très vives. Les toucans se nourrissent de fruits, d'œufs et même de jeunes oiseaux ; lorsqu'ils dorment ils ont la singulière habitude de rabattre leur queue sur le dos, ce qui ne paraît pas très naturel. L'ancien continent offre aussi des oiseaux, dont le bec présente ce très singulier et fort inexplicable développement, que nous venons de signaler chez les toucans. Ainsi on trouve à Madagascar, en Afrique et dans la Malaisie, les Calaos, dont le bec énorme est de plus muni à la base d'un appendice semblable à une corne recourbée. Ces oiseaux, qui sont quelquefois fort gros et peu actifs, aiment volontiers à se tenir perchés sur la cime des arbres isolés ; lorsqu'ils volent, ils font entendre, à une grande distance, un bruit étrange, en battant très fortement l'air avec leurs ailes. Les musophages, ou touracos de la Guinée, ont aussi un bec développé, mais ils sont moins remarquables que les précédents.

Les Picariés renferment le groupe des oiseaux-mouches ; mais comme il est spécial à l'Amérique, nous ne pouvons l'indiquer ici comme caractéristique de la faune tropicale.

Passereaux. — Cet ordre important, qui renferme un grand nombre d'oiseaux qui nous sont bien familiers, tels que les grives, les fauvettes, les mésanges, les pies-grièches, etc., est représenté aussi sous les tropiques par plusieurs familles, mais, fait assez singulier, chacune d'elles n'occupe qu'une certaine région, l'Amérique, l'Australie ou les portions chaudes de l'ancien continent, et aucune n'est réellement caractéristique de la zone tropicale, comme la famille des coucous dans le groupe des Picariés. Aussi ne faisons-nous que le signaler en passant.

Considérés d'une manière générale, on peut dire que les oiseaux des régions tropicales sont surtout frugivores et insectivores; les granivores, abondants dans les régions tempérées, y sont au contraire rares. Plusieurs sont aussi très remarquables par des crêtes et des plumes ornementales souvent magnifiques. Citons comme exemples : les faisceaux de plumes longues et délicates qui partent des flancs des oiseaux de paradis, les crêtes si élégantes des coqs de roche et du sifilet, les queues en raquette des martins-pêcheurs des Moluques et des perroquets des Célèbes, les longues plumes caudales du paon, celles si singulières de quelques oiseaux de paradis, etc., etc.

Nous avons déjà parlé des couleurs si brillantes et si variées qui ornent plusieurs espèces; signalons encore ici : le plumage à reflets métalliques si extraordinaires des oiseaux-mouches, des soui-mangas et des oiseaux de paradis, et celui d'un blanc pur de l'oiseau-cloche de l'Amérique du Sud, des cacatoès et de certains pigeons, en faisant remarquer que cette dernière couleur ne se trouve en général que dans les régions polaires. Mais à côté de ces beaux oiseaux on en trouve aussi beaucoup d'autres, dont le plumage est aussi peu apparent que celui de nos moineaux. Chaque type, du reste, est admirablement bien adapté pour le rôle qui lui est assigné dans l'ensemble de la nature.

Pour achever le tableau de la faune équatoriale, il ne nous reste maintenant plus qu'à parler des Batraciens, des Reptiles et des Mammifères.

Batraciens. — Dans ce groupe nous n'avons à signaler que les grenouilles, qui abondent lorsque la saison des pluies remplit d'eau les marais et les étangs, et font entendre, à l'entrée de la nuit, des coassements, des cris et même des mugissements dont l'ensemble n'est pas toujours trop discordant. On trouve aussi sur les arbres une petite grenouille verte ou brune, qui grimpe facilement, au moyen de disques placés à l'extrémité des doigts. Plusieurs espèces sont remarquablement tachetées ou marbrées et ressemblent beaucoup à un gros coléoptère, lorsqu'elles sont posées sur une feuille. Certaines grenouilles sont protégées contre leurs ennemis par la couleur de leur peau et leur immobilité pendant le jour, d'autres qui attirent au contraire par des couleurs brillantes, jaunes, rouges ou bleues, sont immangeables, par suite d'une sécrétion de leur épiderme.

Reptiles (Lézards et Serpents). — Les lézards sont excessivement abondants dans la région tropicale. Dans les jardins, sur les routes, le long des sentiers sablonneux et secs on les voit décamper rapidement devant soi; ils grimpent avec agilité le long des murs les plus lisses et aiment à se tenir sur le toit des cottages, pour se réchauffer au soleil; enfin, dans l'intérieur des habitations les geckos se promènent à la surface des plafonds en quête de mouches. Dans les forêts on trouve aussi, le long des troncs, de gros geckos aplatis et marbrés, et sur les feuilles de petits lézards très agiles, tandis que les plus grandes espèces courent sur le sol sans le toucher avec le ventre et sautent avec la vivacité d'un chat. La couleur de la peau de ces animaux varie beaucoup, et en général elle s'harmonise, comme nous l'avons déjà constaté plusieurs fois, avec les objets environnants. Les lézards qui se tiennent contre les murailles sont en général gris ou noirs comme les pierres; dans les forêts, ils sont d'un vert cendré imitant les lichens qui tapissent l'écorce, enfin ceux qui se tiennent sur le sol sont jaunes ou bruns ou quelquefois d'un très beau vert. La queue de ces animaux se casse très facilement, mais dans ce cas il en repousse une autre, qui n'est jamais cependant aussi parfaite que la première; on voit même quelquefois des queues fourchues, ce qui a lieu lorsqu'une nouvelle queue s'est développée à côté d'une autre à moitié brisée. On connaît environ treize cents espèces de lézards, dont la grande majorité se trouve dans la région tropicale et principalement dans le voisinage de l'équateur. Ces reptiles fourmillent en particulier à Para et dans les îles Arrou, deux localités situées presque aux antipodes l'une de l'autre et où se trouvent réunis une riche végétation, une certaine humidité et beaucoup de soleil. Trois types bien distincts caractérisent, du reste, les portions chaudes de l'Amérique, de l'Afrique et de la Malaisie.

Dans l'Amérique du Sud, se trouvent les iguanes, lézards herbivores vivant sur les arbres et d'une belle couleur verte, ce qui les rend presque invisibles lorsqu'ils reposent au milieu du feuillage. Ces lézards se reconnaissent facilement à leur crête dorsale et dentelée; ils ont aussi à la gorge un pli en forme de fanon et une grosse queue; leur chair est fort estimée étant très tendre et délicate. En Afrique, les lézards arboricoles sont représentés par les caméléons, dont la queue est préhensile, caractère qui se trouve plus habituellement chez les animaux américains. Ces petits animaux qui sont insectivores ont les mouvements très lents, mais ils peuvent rester facilement inaperçus, ayant la singulière faculté de modifier la coloration de leur peau, pour l'adapter à celle des objets environnants. C'est enfin dans les grandes îles de la Malaisie et aux Indes qu'existent les dragons ou lézards volants, certainement les plus curieux des reptiles actuels. Leurs côtes, en effet, se prolongent à l'extérieur et étant réunies par une membrane, forment un véritable parachute qui permet au dragon de s'élancer d'un arbre à un autre, et de traverser ainsi dans les airs un espace de plus de trente pieds. Lorsque l'animal ne se sert pas de son parachute, la membrane reste repliée contre les flancs et ne se voit presque pas; étalée, au contraire, elle forme comme une toile circulaire, bordée de rouge et de jaune d'une façon très ornementale. Les dragons n'ont pas plus de deux ou trois pouces de longueur sans compter la queue qui est très mince, et vus dans l'air avec leurs ailes déployées ils ressemblent plus à un insecte qu'à un reptile.

Serpents. — Ces reptiles ne sont pas heureusement aussi abondants, ou aussi importuns que les lézards, car s'il en était ainsi, la région tropicale serait inhabitable. Au premier abord, le voyageur est même disposé à s'étonner de ne pas en voir en plus grand nombre, mais à la longue il finit par constater qu'il y en a même trop. Dans les portions boisées de la zone équatoriale, les serpents, quoique fort nombreux, sont moins désagréables que dans les parties arides, car alors ils fréquentent peu les jardins et les habitations. Toutes les fois qu'on traverse une forêt on peut être, au contraire, assuré de rencontrer un serpent vert très long et très mince, connu sous le nom de « serpent fouet », qui se meut si rapidement et avec une telle aisance, qu'il ne déplace pas même les feuilles au milieu desquelles il circule. Les vipères vertes sont plus à craindre, car elles restent immobiles sur la surface des grandes feuilles.

Quant aux pythons, ils ne sont pas dangereux; les indigènes les laissent même volontiers pénétrer dans les appartements pour faire la chasse aux rats. Quelques espèces atteignent des dimensions très considérables; ainsi M. Saint-John a mesuré à Bornéo un python qui avait 26 pieds de longueur. Le grand boa d'eau de l'Amérique du Sud est encore plus long; il atteint au Brésil, d'après M. Gardiner, plus de 40 pieds et peut manger des bestiaux et des chevaux de la plus grande taille.

Mammifères. — Nous ne parlerons ici que des cheiroptères et des quadrumanes, les deux seuls types de cette importante classe, réellement caractéristiques de la faune tropicale.

Cheiroptères. — Les cheiroptères ou chauves-souris, qui sont rares dans les pays froids (quelques espèces atteignent cependant le cercle arctique) et peu nombreux dans la région tempérée, deviennent très abondants dès qu'on dépasse les tropiques et sont remarquables par leurs grandes dimensions et leurs habitudes. Dans la Malaisie, les espèces qui attirent le plus l'attention sont bien les roussettes, grandes chauves-souris frugivores, appelées aussi par les Anglais renards volants, à cause de la forme de la tête et de la couleur du pelage. Leur taille est considérable, puisqu'elles ont plus de 5 pieds d'envergure lorsque les ailes sont étalées, avec un corps en proportion. Les roussettes passent la journée suspendues aux branches des arbres immobiles et la tête en bas, ressemblant à des fruits monstrueux. Elles entreprennent, réunies en nombre immense, de longues migrations et commettent de grands dégâts dans les plantations. Leur chair savoureuse est estimée des Portugais; quant aux indigènes, ils ne la mangent pas. De grands cheiroptères frugivores existent aussi dans l'Amérique du Sud; mais on trouve de plus dans ce pays, surtout dans la vallée de l'Amazone, les vampires, chauves-souris plus petites et célèbres, parce qu'elles sucent le sang des animaux endormis. On a mis quelquefois en doute le goût de ces cheiroptères pour le sang; il est bien certain cependant qu'ils attaquent les bestiaux, les chevaux et même l'homme. Seulement on ne sait point comment les vampires percent la peau, le patient ne se réveillant pas au moment où ils opèrent; il paraît même que le mouvement des ailes augmente le sommeil et rend insensible à la délicate piqûre produite par les dents, ou par la langue qui est hérissée de papilles à son extrémité. Tout ce que M. Wallace a pu constater, c'est qu'un matin son sang coulait en abondance d'un petit trou rond fait à l'un de ses pieds, laissé découvert pendant la nuit.

Quadrumanes. — Les singes, le groupe le plus important de cet ordre, se trouvent dans les îles et les continents de la région tropicale où la végétation atteint son maximum de développement, et abondent en particulier à Bornéo, dans les forêts de l'Afrique et dans la vallée de l'Amazone. Ils manquent au contraire complètement en Australie et à la Nouvelle-Guinée ainsi qu'à Madagascar, mais ce dernier pays renferme les Lémuriens, un type voisin.

C'est dans le voisinage de l'équateur que se trouvent les grands singes anthropomorphes, tels que le gorille, le chimpanzé et l'orang-outang. Les gibbons, ou singes aux longs bras, occupent une aire plus étendue dans la Malaisie et le continent asiatique; les espèces et les individus sont aussi plus nombreux. Leurs cris plaintifs sont souvent entendus dans les forêts où ils se tiennent cachés, sautant avec une extrême agilité d'un arbre à un autre, et progressant rapidement à une centaine de pieds au-dessus du sol, sur lequel ils descendent rarement. D'autres espèces de singes sont encore plus nombreuses, et celles-ci, étant moins timides, ne craignent point de s'approcher du voisinage de l'homme. Parmi les plus singulières de la Malaisie, citons le *semnopithecus nasicus,* ou nasique de Bornéo, dont le nez long et flexible est fort étrange.

Dans l'Amérique tropicale, les singes sont encore plus nombreux que dans la Malaisie, et ils présentent des particularités intéressantes. Leur dentition diffère de celles des singes de l'ancien continent, et plusieurs ont une queue prenante, ce qui n'existe pas ailleurs. Celle des singes hurleurs et des atèles, ou singes araignées, longue et forte, joue le rôle d'une cinquième main. Les singes hurleurs sont de plus remarquables par leurs cris, dépassant en puissance ceux du lion et du taureau, et dont ils font retentir les forêts le matin et le soir. Ce son est produit au moyen d'une caisse mince et osseuse placée sous la gorge et qui n'existe que dans ce seul genre. Signalons enfin, en Amérique, les ouistitis, très jolis petits quadrumanes, semblables à des écureuils, mais avec le visage d'un singe; ils n'ont pas plus de six pouces de longueur sans compter la queue, et sont couverts de poils longs et soyeux rouges, blancs ou noirs.

En terminant son travail sur la faune tropicale, M. Wallace le résume de la manière suivante : dans le groupe immense des insectes, on doit citer en première ligne, parmi ceux qui attirent le plus l'attention, les Lépidoptères pour leur beauté, leurs grandes dimensions, le nombre et la vivacité des espèces, les particularités diverses qu'ils présentent; d'autres insectes sont remarquables ou par leur taille ou par leurs couleurs, souvent protectrices, ou par leurs formes bizarres; les fourmis sont caractéristiques par leurs mœurs si singulières et leur nombre immense.

Dans le groupe des vertébrés, signalons les lézards, les perroquets et les singes. Ces deux derniers types, quoique bien différents de structure et d'organisation, présentent aussi de singulières analogies; les uns et les autres sont des animaux essentiellement grimpeurs, et ils ont à un haut degré l'instinct de l'imitation.

La vie animale est extrêmement développée dans les régions tropicales; des espèces ont desformes très variées, parfois bizarres et excentriques et elles sont souvent ornées des plus vives couleurs. On ne doit pas attribuer cette exubérance des phénomènes vitaux seulement à la chaleur et à la lumière, mais bien à l'uniformité et à la permanence avec laquelle ces agents et d'autres encore agissent dans cette portion du globe depuis une époque excessivement reculée. La région tropicale n'ayant pas subi l'action dévastatrice de l'époque glaciaire, sa faune doit, en effet, nous présenter un ensemble de formes bien plus anciennes que celles qu'on trouve dans les régions tempérées, et qui ont pu subir normalement et sans interruption l'influence de toutes les forces sous l'empire desquelles les espèces se multiplient et se transforment.

L'ÉRUPTION DE L'ETNA

L'éruption de l'Etna qui vient, pendant les derniers jours du mois de mai et le commencement du mois de juin, de jeter l'effroi parmi les populations établies au pied de la montagne, paraît aujourd'hui complètement terminée. Les savants qui, de divers points de l'Europe, se sont mis en route pour la Sicile, n'auront pu tout au plus assister qu'aux dernières phases de cet intéressant phénomène géologique. Toutefois on a dès maintenant des renseignements précis sur les circonstances diverses qu'il a présentées, grâce à l'étude qu'en ont faite sans tarder les Ingénieurs du corps des Mines d'Italie attachés au relèvement de la zone soufrière de Sicile, MM. Baldacci, Mazzetti et Travaglia. Il résulte de la relation qu'ils viennent de publier dans le Bulletin du Comité géologique d'Italie que cette éruption s'est accomplie dans les conditions déjà observées lors des éruptions précédentes et qu'on a vu se reproduire nombre de fois à des intervalles plus ou moins éloignés.

On sait que, différent en cela du Vésuve, l'Etna était en activité longtemps avant l'ère chrétienne, et qu'il n'a jamais eu de bien longues périodes de repos. Aussi a-t-il, dès l'antiquité, attiré l'attention, et a-t-il, à toutes les époques, été fréquemment visité, malgré son élévation considérable, qui en rend l'ascension et l'exploration beaucoup plus difficiles que celles du Vésuve. Son sommet, occupé par le cratère principal et couvert de neige pendant une grande partie de l'année, s'élève à 3314 mètres au-dessus du niveau de la mer, et sa base occupe une circonférence de plus de 30 kilomètres de diamètre; la partie inférieure de la montagne présente des pentes douces, variant en moyenne de 2 à 3 degrés dans la région la plus basse, un peu plus fortes dans la région moyenne couverte de bois, mais dépassant rarement 7 à 8 degrés jusqu'au pied du dôme central. Ce dôme central a, au contraire, des pentes très raides, de 27 à 30 degrés et parfois plus; sa base offre à peu près la forme d'une ellipse dont le grand axe serait dirigé de l'E.-S.-E. à l'O.-N.-O. Du côté occidental il est aplati à son sommet, et c'est sur ce plateau, légèrement bombé, que se trouve le grand cratère, constitué par un tronc de cône à pentes raides, échancré à la partie supérieure aux deux extrémités d'un diamètre, de telle sorte que, vu de loin, il offre deux pointes qui lui ont fait donner le nom de *bicorne*. A l'est du grand cratère et à peu de distance, le plateau vient s'arrêter au bord d'un vaste cirque à parois escarpées, ouvert à l'intérieur du dôme central, dont il échancre le bord extérieur du côté de l'est. Les parois de ce cirque, appelé le val del Bove, montrent la tranche des couches de lave ancienne qui constituent la masse du dôme central, et qui, partout ailleurs, sont recouvertes par des produits volcaniques modernes, sortis soit du grand cratère, soit des nombreux cratères adventifs éparpillés sur les flancs de la montagne.

Les éruptions sont généralement annoncées par des bruits souterrains, par des secousses du sol et par un réveil du cratère central, d'où sortent des nuages de fumée; la lave en fusion s'élève dans la cheminée de ce cratère et s'y maintient à une profondeur plus ou moins grande au-dessous de l'orifice; les vapeurs et les gaz qui s'en dégagent violemment la font bouillonner, déchirent la croûte figée qui s'est formée à sa surface et lancent à une hauteur souvent considérable soit des fragments de roche arrachés aux parois, soit des fusées de lave, qui se solidifient en l'air en prenant une structure scoriacée, et qui, suivant la grosseur des masses ainsi projetées, retombent dans le cratère ou sur ses bords, ou, lorsqu'elles sont très divisées, ne forment que de petits grains que le vent emporte et qui vont s'abattre en pluie de cendres à de grandes distances. Parfois une partie du cône terminal s'écroule dans la cheminée; le cône tout entier s'est même écroulé complètement lors d'une des éruptions du moyen âge; il a été réédifié plus tard par les matières lancées par le cratère, pour disparaître de nouveau en 1702 et se reformer depuis; en tout cas la forme de la bouche varie constamment, et il en est de même par conséquent de la hauteur de ses bords, c'est-à-dire de l'altitude même du sommet de la montagne. La lave peut s'élever assez pour se déverser pardessus les bords du grand cratère, ou plutôt par une de leurs échancrures, car elle ne coule jamais en nappe tout autour; mais le cas est assez rare et n'a été observé que dans un nombre relativement restreint d'éruptions, parmi lesquelles on peut citer, dans notre siècle, celles de 1809, de 1833, de 1838 et celle, beaucoup moins sérieuse, de septembre 1869, dans laquelle un petit ruisseau de lave sorti du cratère central s'est précipité dans le val del Bove. En tout cas, le peu d'importance de toutes ces coulées est attesté par ce fait qu'elles n'ont pour ainsi dire modifié en aucune façon le relief du plateau, comme le témoigne l'état de la Torre del Filosofo, petite construction d'origine antique, dont la base n'a été recouverte, depuis dix-huit siècles, que d'une épaisseur insignifiante de cendres et de scories.

Les éruptions dans lesquelles la lave s'épanche par la cheminée centrale sont d'ordinaire les plus bénignes et les plus courtes. Dans les autres, après une certaine durée des phénomènes préparatoires indiqués plus haut, on voit s'ouvrir sur les flancs de la montagne une fissure à peu près rectiligne, d'une longueur et d'une largeur variables, dirigée suivant un rayon partant du grand cratère; le plus souvent la fente n'arrive pas jusqu'à ce cratère, mais son prolongement dans cette direction se marque sur le sol par une ligne de fumerolles plus ou moins actives. La lave s'élève en bouillonnant dans la fissure, et les projections de scories et de fragments de roche résultant du bouillonnement ne tardent pas à former sur le bord de la boutonnière ouverte dans le sol un ou plusieurs cônes ou cratères, par lesquels la projection de matières continue à se faire, et dont les dimensions en hauteur et en diamètre s'accroissent ainsi jusqu'à devenir très considérables. Le plus ordinairement la lave s'épanche en même temps par l'orifice de la fente et commence à couler sur le sol avec une rapidité qui dépend de sa fluidité et de la pente du terrain. Quand le courant est assez rapide, il entraîne au fur et à mesure les matières lancées qui retombent à sa surface, de telle sorte qu'alors le cône de scories ne se ferme pas du côté de l'aval, et qu'il se forme simplement un cirque, par l'échancrure duquel sort la lave. Si le courant est plus lent, sa surface se fige assez rapidement, l'écoulement se continuant sous la croûte figée, et le cône de scories s'établit par-dessus cette croûte formant ainsi un cratère en pain de sucre à peu près régulier. Un fait digne de remarque, c'est que l'éruption est d'autant plus violente en général que le point d'émission de la lave et des matières projetées est situé à une hauteur moindre, comme si la pression de la colonne centrale demeurait à peu près constante. La largeur et la hauteur du courant de lave sont naturellement en raison inverse de sa rapidité, et par conséquent d'autant plus faibles que la pente est plus forte. La vitesse d'avancement varie ainsi, suivant les circonstances, dans les limites les plus étendues, de $0^m,20$ et même moins jusqu'à 150 ou 200 mètres et parfois jusqu'à 1000 mètres par heure. Dans tous les cas, quelque rapide que soit l'écoulement, à peu de distance de son point de sortie, la lave se fige à la surface, s'enfermant dans un *sac* de scorie noire, que la pression interne, résultant du mouvement même, ainsi que du dégagement des gaz, tourmente et déchire constamment. De toutes les fissures de cette croûte sortent des vapeurs dont la composition varie avec la distance du point d'émission et avec le temps; en général, des parties encore incandescentes sortent des vapeurs sèches, dont la sublimation produit des dépôts salins, de chlorure de sodium et de carbonate de soude notamment; plus tard, les vapeurs contiennent de l'acide chlorhydrique, de l'acide sulfureux, du sel ammoniac, du carbonate d'ammoniaque, de l'hydrogène sulfuré et enfin de la vapeur d'eau. Les dépôts de sel, qui se forment sur les laves, particulièrement ceux de sel marin et de sel ammoniac, sont parfois assez abondants pour que les habitants viennent les recueillir aussitôt que les coulées sont suffisamment refroidies pour être abordables. Le courant de lave descend peu à peu sur les flancs de la montagne, en suivant, comme un ruisseau, les dépressions du sol, en se ralentissant et s'élargissant à mesure que la pente diminue, brûlant les arbres et les récoltes qu'il rencontre sur son passage. Enfin la lave cesse de couler, et au moment de son arrêt a généralement lieu une nouvelle secousse du sol, souvent très violente, qui marque la fin de l'éruption.

Ces phénomènes sont ceux qui ont accompagné toutes les éruptions connues, depuis les plus lointaines dont la tradition ait conservé le souvenir. Ainsi, dans la grande éruption de 1669, qui faillit ensevelir Catane, après un terrible tremblement de terre, qui détruisit le bourg de Nicolosi, situé à peu près à mi-chemin entre Catane et le sommet de l'Etna, il s'ouvrit un peu au-dessus de ce malheureux village une fente de 2 mètres de diamètre, qui se prolongeait sur près de 15 kilomètres, à travers les pentes du dôme central jusqu'à la base du cône du grand cratère et dont on voyait, la nuit, les parois éclairées d'une lueur rougeâtre par la lave incandescente. La lave sortit du point le plus bas de la fente, situé à une altitude d'environ 800 mètres, et les projections de scories formèrent autour de ce point le cirque à contour élevé appelé *Monti Rossi*.

Il en a été de même dans la dernière grande éruption, celle de 1865, bien connue par les travaux de M. Fouqué. Après de violentes secousses, une fente légèrement en zigzag, dirigée à peu près E. 28 à 30° Nord et allant passer en prolongement par le cratère central, d'où sortait un épais nuage de fumée blanche, s'ouvrit sur le flanc nord-est de la montagne, sur une longueur de 500 mètres et sur une largeur de 10 mètres; à l'extrémité inférieure de cette fissure se formèrent sept cratères; la lave sortait des quatre cratères les plus bas, tandis que les trois autres ne lançaient que des matières solides. L'éruption, commencée dans la nuit du 30 au 31 janvier, prit fin dans la soirée du 18 juillet, et la cessation des phénomènes extérieurs fut marquée à ce moment par un tremblement de terre qui détruisit deux cents maisons dans les villages voisins du bourg de Giarre, au pied oriental de l'Etna, et qui fit un grand nombre de victimes.

Depuis lors, l'Etna était resté à peu près calme, à part les deux petites éruptions presque insignifiantes de novembre 1868 et de septembre 1869, et quelques manifestations d'activité du cratère central à la fin d'avril 1872, au moment de l'éruption du Vésuve. Toutefois, dans l'été de 1874, le volcan avait paru se réveiller, et il y eut en effet, le 29 août, un commencement d'éruption, mais elle avorta, pour ainsi dire, après s'être annoncée comme devant être d'une extrême violence et avoir présenté des phénomènes fort intéressants. Depuis plus de trois mois, des grondements sourds se faisaient entendre, une épaisse fumée sortait du grand cratère, et M. le professeur Silvestri, ayant fait l'ascension de la montagne, avait pu constater que la lave bouillonnait dans la cheminée centrale à une profondeur de six cents mètres environ au-dessous de son orifice. Le 29 août, à quatre heures du matin, deux fortes secousses furent ressenties dans les villages du pied nord de l'Etna, et une fissure de trois kilomètres de long, légèrement tortueuse, orientée à peu près N. 8 à 10° Est, s'ouvrit sur le flanc septentrional de la montagne, descendant de l'altitude de 2450 mètres à celle de 2030 mètres. Le prolongement de cette fissure vers le haut, marqué par une ligne de jets de vapeur, passait comme toujours par le cratère central, tandis que, de l'autre côté, sa direction allait raser l'ancien cratère adventif situé près du village de Mojo, sur la rive gauche de l'Alcantara, à 18 kilomètres du sommet de l'Etna à vol d'oiseau. Au point le plus élevé se forma un cratère à contour elliptique, aligné sur la fente, haut de cinquante mètres, et constitué par des blocs de lave ancienne semblable à celle des flancs du val del Bove, entourés d'une croûte de lave moderne. Au-dessous de ce cratère, la fente, d'abord large de 50 à 60 mètres, allait en se rétrécissant peu à peu jusqu'à son extrémité inférieure, et présentait sur son parcours trente-cinq bouches, formant six groupes distincts, celles du groupe le plus élevé larges de 25 à 30 mètres, les autres larges de 1 à 3 mètres seulement. Celles des trois groupes supérieurs n'avaient lancé que des fragments de roche et des scories, mais celles des deux suivants avaient donné de petites coulées de lave atteignant l'une 150 mètres de longueur sur 60 mètres de largeur et 2 d'épaisseur, l'autre, la plus basse, 450 mètres de longueur sur 80 mètres de largeur et 2 d'épaisseur; enfin le groupe inférieur avait projeté au dehors une grande quantité de cendres et quelques scories. Outre cette fente principale, on en voyait un grand nombre d'autres partant de ses bords ou rayonnant de son origine supérieure. Mais l'éruption s'arrêta là et, quinze jours après, toutes ces bouches volcaniques, qui semblaient destinées à constituer une série importante de cratères, étaient devenues presque inactives; elles étaient restées ouvertes, mais elles ne donnaient plus, comme le cratère central, que quelques bouffées de vapeurs.

M. le professeur Silvestri, rendant compte de ces faits au Comité géologique, annonçait que, suivant toute probabilité, la plus prochaine éruption devrait avoir lieu sur ce flanc de la montagne, le terrain disloqué et non ressoudé offrant moins de résistance à la sortie de la lave. Cette prédiction vient de se réaliser presque exactement : si la lave, en effet, n'est pas sortie de la fissure même restée ouverte il y a cinq ans, la fente qui a donné naissance à la coulée descendue ces jours derniers sur le flanc septentrional de l'Etna, s'est faite à

1500 mètres seulement à l'est de celle de 1874, à la hauteur à peu près de son extrémité inférieure et dans une direction assez peu différente, un peu plus inclinée seulement sur la méridienne. Cette direction, orientée au N. 15 à 20° Est et joignant le cratère central, d'une part, vers le nord, au cratère adventif du Monte Mojo, de l'autre, vers le sud, aux salses ou volcans de boue, dits *maccalube,* de Paterno et de Mineo, paraît constituer, d'après les ingénieurs italiens, l'axe d'une grande ellipse dans laquelle les tremblements de terre se font sentir avec plus d'intensité; c'est sur elle que viennent s'aligner les phénomènes dont la succession a constitué l'éruption de cette année.

Du 4 octobre au 19 novembre 1878, de nombreuses secousses du sol, accompagnées de bruits souterrains, furent ressenties dans la province de Catane et particulièrement autour du bourg de Mineo, situé à 60 kilomètres environ au S.-S.-O. de l'Etna; elles recommencèrent dans le mois de décembre et furent accompagnées, à la salse de Paterno, connue sous le nom de la Salinella, et située à 22 kilomètres du sommet du volcan, d'une forte éruption fangeuse. Cette éruption redoubla d'intensité dans la soirée du 24 décembre, à la suite d'une très forte secousse, qui se fit sentir dans toute la province de Catane et dans une partie de celles de Messine et de Syracuse. Il sortit des fentes du sol une masse de gaz, hydrogène protocarboné et acide carbonique, avec de l'eau salée, de la boue et des substances bitumineuses, accompagnées de fragments des roches sous-jacentes arrachés en profondeur. Pendant plus d'un mois le phénomène continua avec une grande violence : la boue liquide était lancée en l'air en colonnes atteignant jusqu'à 7 et 8 mètres de hauteur; puis l'éruption s'apaisa peu à peu, et elle finit par cesser complètement au moment où l'activité volcanique se réveillait à l'Etna. Les cratères par lesquels sortaient ces jets de boue et d'eau minérale étaient alignés sur une fente orientée à peu près nord-sud; la température des matières rejetées, qui n'était que de 7° pour les plus petits cratères, s'élevait pour les plus grands jusqu'à 37°. On évita, d'ailleurs, tout dommage en construisant des digues, qui restreignirent à une étendue d'un hectare l'espace envahi par le torrent boueux.

Les premières bouches volcaniques qui s'ouvrirent sur l'Etna étaient situées vers le haut de la montagne, sur le versant sud-est; il en sortit pendant quelque temps de la fumée et un peu de lave, qui forma une coulée de 2 kilomètres de longueur, inspirant des craintes aux habitants des villages de Bianca-Villa et d'Aderno, situés au sud-est et à 18 kilomètres du cratère central; mais cette éruption dura peu et cessa dès les premières manifestations de celle du versan septentrional.

Celle-ci commença le 26 mai dernier par de fortes secousses du sol, qui furent ressenties dans toute la région située au nord-est de la montagne. Le centre d'activité volcanique était situé au N.-N.-E. et à 7 kilomètres, en ligne droite, du grand cratère, à 2000 mètres environ d'altitude, au pied occidental d'un important cratère adventif, le Monte Nero, d'où est partie, en 1646, une grande coulée de lave, descendue de là sur le flanc nord dans la direction de Mojo. A l'ouest et à côté du Monte Nero, s'élève un autre cône de scories, le Monte Palomba ou Timpa Rossa. Entre ces deux cônes s'ouvrit, dans la soirée du 26 mai, une longue fissure un peu sinueuse, sur laquelle s'alignèrent une série de cratères. D'après les renseignements recueillis sur place par MM. Baldacci, Mazzetti et Travaglia, il sortit de la portion la plus élevée de cette fissure une immense quantité de cendres, qui furent transportées par le vent à de grandes distances et couvrirent toute la partie nord-est de l'île, particulièrement les campagnes du pied de l'Etna, autour de Linguaglossa, Castiglione et Francavilla. Cette pluie de cendres atteignit non seulement Messine, mais arriva jusqu'à Reggio, en Calabre. En même temps, la lave commença à sortir par la partie inférieure de la fissure et à s'écouler sur la montagne, au grand effroi des habitants des divers villages, qui se croyaient tous menacés directement. Mais une sorte de chenal naturel était préparé pour la recevoir, le long du bourrelet occidental de la coulée de 1646, et, le terrain présentant en ce point une pente de 12° sur l'horizon, la lave commença à descendre avec une assez grande rapidité, s'avançant de 120 mètres par heure; la coulée ainsi formée n'avait, au début, que 6 mètres d'épaisseur et ne dépassa pas, pendant les quatre ou cinq premiers kilomètres, une cinquantaine de mètres en largeur.

Elle ne pouvait, à son point de sortie, occasionner aucun dommage; mais, arrivée à la hauteur où atteint la végétation, elle commença à produire des dégâts dans le bois de Collabasso, en brûlant des chênes et autres grands arbres. Rencontrant une brusque augmentation de pente, elle y forma une véritable cascade de feu, qui demeura constamment plus incandescente que le reste, puis elle continua son chemin dans le prolongement de la dépression qu'elle avait déjà suivie et qui prend à partir de là le nom de vallon de Passo Pisciaro.

Elle s'approchait de plus en plus de la route nationale de Taormine à Termini, qui, dans cette partie, est dirigée à peu près de l'ouest à l'est, entre le bourg de Randazzo, situé sur la rive droite de l'Alcantara, à 15 kilomètres au N.-N.-O. du cratère central, et le village de Linguaglossa, situé au nord-est et à 17 kilomètres du même point. Mais la pente du terrain s'affaiblissant, la vitesse du courant de lave commença à se réduire en conséquence, ce qui fit croire à une diminution d'activité de l'éruption; cependant, à mesure qu'il se ralentissait, le courant augmentait de largeur et commençait à se diviser en plusieurs branches. Il arrivait à cette hauteur au milieu de riches campagnes cultivées en céréales, en vignes et en noyers, et dès lors les dommages produits devinrent considérables. Enfin la coulée, s'élargissant toujours, atteignit la route, la coupa et continua sa marche vers l'Alcantara avec une vitesse de 15 à 20 mètres à l'heure; à son intersection avec la route, la coulée présentait un front de 300 mètres de largeur et une épaisseur de 14 à 15 mètres, atteignant 20 mètres en quelques points. Les dégâts augmentaient de plus en plus dans la fertile vallée de l'Alcantara, et l'on commençait à craindre que la lave ne vînt à barrer la rivière, à envahir le village de Mojo, bâti immédiatement sur la rive gauche, et à causer ainsi de vrais désastres. Heureusement ces craintes ne se réalisèrent pas : la lave, dont la vitesse d'avancement avait fini par se réduire à 5 mètres par heure et même au-dessous, s'arrêta, dans la soirée du 6 juin, à 650 mètres en deçà de l'Alcantara, ayant parcouru un peu plus de 9 kilomètres depuis son point d'émission.

D'après le récit des Ingénieurs des Mines italiens, auquel nous empruntons ces détails, l'aspect général n'était pas très imposant pendant le jour; la lave était peu fluide et enfermée dans son sac de scorie noire. Les cratères étaient enveloppés d'un épais nuage de fumée, qu'illuminaient seulement de temps en temps quelques éclairs rapides. De toute la surface du courant de lave s'échappaient des fumerolles, éparses çà et là; mais, dans la partie inférieure, le sac se déchirait par l'effet de la pression interne, et sur les flancs de la coulée on apercevait un instant des masses incandescentes qui s'écroulaient avec fracas. Le même phénomène s'observait, avec plus d'intensité encore, sur le front d'avancement, qu'illuminait en outre l'incendie des plantes atteintes par la lave. De ce point l'on entendait à peine les mugissements des cratères.

Mais de nuit l'aspect était différent: la coulée paraissait en feu sur la plus grande partie de son étendue, et particulièrement à la cascade du bois de Collabasso; une vive lueur rougeâtre partait des cratères inférieurs, et l'on apercevait au-dessous du nuage de fumée les décharges de bombes incandescentes lancées par les cratères.

En approchant des bouches en activité, le spectacle devenait de plus en plus grandiose: les grondements s'entendaient de mieux en mieux, au point de devenir presque assourdissants. Malgré la pluie incessante de cendres et les bouffées de gaz asphyxiants que leur apportait le vent, MM. Baldacci, Mazzetti et Travaglia purent arriver jusqu'au sommet du Monte Nero, à 2050 mètres d'altitude, d'où l'on dominait les cratères alignés sur la fente tortueuse dont il a été question. Tous ne présentaient pas la même énergie, et la lave ne paraissait sortir que des plus bas. Le long de la partie supérieure de la fente on distinguait un courant de lave déjà refroidi, au-dessous duquel l'activité volcanique ne se manifestait que par l'émission d'épaisses vapeurs, illuminées par des lueurs intermittentes.

Le premier cratère actif se trouvait à la hauteur du pied du Monte Nero et à 150 mètres à l'ouest; plus bas, on distinguait plusieurs petites bouches alignées sur la même fente. Au nord-ouest du Monte Nero s'élevait un groupe de quatre cratères en pleine activité, et enfin une dernière bouche, située plus bas et plus au couchant, était celle qui présentait le maximum d'intensité dans l'émission de la lave. La longueur totale de la fente atteignait au moins 800 mètres. Tandis que, d'un côté, le cratère le plus bas vomissait sans trêve de la lave et des flammes, on voyait dans les quatre cratères du groupe voisin la masse en fusion se gonfler, bouillonner et s'abaisser, tantôt se calmant et devenant plus sombre, tantôt émettant une lumière éblouissante. Dans les moments de calme relatif, la lave se figeait à la surface, puis des jets de gaz enflammés venaient percer la croûte, qui finissait par se soulever tout entière et par se briser avec un bruit épouvantable; les débris, lancés à une grande hauteur, retombaient en pluie de feu tout autour et venaient accroître le cône déjà formé autour du cratère. Ces phénomènes se reproduisaient avec une certaine périodicité: les mugissements n'étaient pas continus, et parfois l'émission de la lave et les projections de scories en feu se faisaient presque sans bruit; d'autres fois, le fracas était ininterrompu et ne pouvait se comparer qu'à celui d'un violent bombardement.

Plus haut, vers 2300 mètres d'altitude, entre deux sommets, qui ont paru être ceux de deux cônes d'éruption situés au N.-N.-E. du grand cratère, le Monte Pizzillo et le Monte Scoperto, on voyait s'élever constamment des ballons de fumée et de cendres, et d'immenses nuages se dégageaient sans cesse et avec une vitesse considérable du cratère central, se développaient en tourbillonnant et emportaient la cendre à d'immenses distances. Au pied même du cône central s'était ouverte une bouche, d'où ne sont sorties du reste que de la fumée et de la cendre en abondance.

L'épaisseur de la couche de scories et de cendres retombées en pluie, en gros grains au voisinage des cratères, et dont le degré de finesse augmentait avec la distance, atteignait plus de 15 centimètres près des bouches d'émission. Il ne cessait d'en tomber, surtout sur le versant oriental de la montagne; à la date du 5 juin, toutes les campagnes à l'est de l'Etna, autour de Giarre et d'Acireale, étaient couvertes d'un linceul de ces cendres grises, salées et acides, qui ont dû causer aux récoltes des dommages sérieux.

Enfin, comme dans les précédentes éruptions, la fin du phénomène a été marquée par une violente secousse qui a, dit-on, ruiné plusieurs maisons et fait un certain nombre de victimes dans les villages de Bongiardo et Santa-Venerina, situés au pied de la montagne dans la direction de l'est-sud-est, et cruellement éprouvés déjà par le tremblement de terre du 18 juillet 1865. Depuis lors, tout paraît rentré dans le calme.

R. Zeiller.

COMITÉ MÉDICO-PHARMACEUTIQUE MARSEILLAIS

CONFÉRENCE DE M. ÉD. HECKEL

Rôle des alcaloïdes toxiques dans les végétaux. Action de la strychnine sur les mollusques gastéropodes.

Messieurs,

Il est de notoriété générale que les alcaloïdes présentent, dans leur répartition entre les divers organes des végétaux qui en sont doués, des différences très sensibles. S'ils existent quelquefois, mais bien rarement, en assez grande abondance dans la racine, ils s'accumulent volontiers dans l'écorce et se localisent surtout dans le fruit (ovaire ou graines). Dans ce dernier organe, ce sont les semences qui deviennent le plus généralement le lieu d'accumulation de ces produits azotés. Mais, si leur dispersion dans les différentes parties de la même colonie végétale présente une variabilité soumise à certaines règles fixes, nous voyons la même constance relative se dégager de l'examen de leur inégale répartition dans les divers termes de la série végétale. Les Acotylédones (1), comme les Gymnospermes (Cycadées, Conifères, Gnétacées) sont absolument dépourvues d'alcalis organiques, et il faut arriver aux Monocotylédones pour constater la première apparition de ces composés azotés qui se caractérisent tout d'abord par leur action nocive sur les organismes animaux supérieurs. Il suffit, pour confirmer cette double proposition, de citer la *Vératrine* et la *Colchicine*, toxiques puissants pour l'homme et les Mammifères, mais seuls alcaloïdes jusqu'ici bien connus dans l'ensemble des nombreuses familles de plantes monocotylées.

(1) On a voulu, il est vrai, considérer l'*Amanitine* de Letellier, principe toxique des champignons, comme un alcaloïde, mais la nature de cette substance est encore mal définie; nous l'écarterons donc de ce travail.

Assez communs dans les Dicotylédones polypétales, les alcalis organiques deviennent très répandus et très actifs dans les Gamopétales, et on constate que leurs propriétés nocives pour les animaux s'accroissent généralement dans les divers termes qui constituent la série progressive s'élevant des dicotylédones apétales aux gamopétales, lesquelles forment incontestablement le couronnement actuel de l'édifice végétal.

Mais, si à mesure que les termes de la série dans les plantes deviennent d'une organisation plus complexe, nous voyons les alcaloïdes s'y montrer plus fréquents et y être doués d'une action plus profonde sur les animaux supérieurs au moins; de leur côté, les animaux, en même temps qu'ils se perfectionnent, accusent aussi une sensibilité plus grande à l'action de ces poisons végétaux. Le degré de nocivité et de fréquence des alcaloïdes semble donc, par cette double corrélation, être fonction de la supériorité organique.

Ces propositions établies, on peut se demander si les alcaloïdes dérivés vraisemblablement des matières albuminoïdes du protoplasma (1), outre le rôle nutritif qu'ils doivent probablement remplir dans la vie du végétal, au moins pendant la période germinative, en tant que réserves alimentaires accumulées dans l'endosperme, ne seraient pas appelés à défendre, par leur action nocive, quelquefois foudroyante (*Strychnine, Brucine*, etc.), la plante, qui en est douée, contre les attaques des animaux. Il est évident, en effet, comme l'a si souvent mis en lumière Cl. Bernard dans ses *Leçons sur les phénomènes communs à la vie des Animaux et des Végétaux*, que, si le règne végétal est appelé, dans l'économie générale du globe, à préparer, avec les substances minérales, des matériaux nutritifs destinés aux animaux, il n'exécute ces transformations moléculaires qu'en vue de ses propres intérêts, qu'en un mot, chaque règne organisé, malgré les relations de dépendance qui l'unissent à son collatéral, travaille uniquement pour lui seul. D'autre part, il est remarquable de voir que les alcaloïdes les plus toxiques sont sans action nuisible, non seulement sur les végétaux dont ils tirent leur origine, mais encore sur toutes les plantes en général. Il résulte, en effet, des travaux de O. Réveil (*De l'action des Poisons sur les Plantes*. Lyon, 1865. Thèse de doctorat ès sciences) que les alcalis organiques peuvent être absorbés en nature par les végétaux, mais que le plus grand nombre reste sans influence (*Morphine, Codéine, Nicotine*), et que quelques-unes (*Atropine*) activent la végétation et sont de véritables engrais. Ces résultats montrent évidemment qu'il ne saurait être établi la moindre comparaison entre les alcaloïdes et les produits azotés de désassimilation des animaux (*Créatine, Créatinine, Urée*), lesquels ont une action manifestement toxique sur les organismes dont ils proviennent. Dans ces conditions, serait-il surprenant que l'individualité végétale, parvenue à un certain degré de l'échelle de perfection organique, eût acquis, dans l'intérêt de sa défense, des propriétés toxiques particulières, comparables à la *spinescence*, par exemple, qui caractérise quelques espèces à côté d'autres congénères, vivant dans les mêmes conditions, qui en sont absolument privées (1)?

La répartition des alcaloïdes entre les membres et le tronc du végétal viendrait encore, à mon sens, étayer cette manière de voir. Ce sont, en effet, le plus généralement les organes d'importance majeure pour la vie de la plante qui se trouvent le mieux pourvus de ces productions toxiques. Dans les feuilles, nous les trouvons toujours à volume égal, en quantité moindre que dans l'écorce, et c'est sans doute par cette raison que le système foliaire peut disparaître partiellement ou en totalité sans que la mort de la colonie végétale soit fatalement entraînée par cet amoindrissement accidentel ou définitif. Ne voyons-nous pas, en effet, les feuilles manquer dans certains végétaux élevés en organisation, qui se trouvent réduits alors à une tige? Et on remarquera que cette manière d'être peut se produire (comme dans beaucoup de plantes grasses par exemple) sans que la vie parasitaire en soit la conséquence forcée. De même, les mûriers sont chaque année dépouillés de leur feuillage presque en totalité, sans que leurs fonctions en souffrent profondément; au contraire, l'écorce paraît plus absolument indispensable à l'harmonie vitale de l'ensemble du végétal, et son intégralité est une condition le plus souvent nécessaire à l'existence de la plante. Enfin, quoi qu'en ait pu dire M. Bouchardat (2), la graine est fréquemment le lieu d'accumulation de l'alcaloïde (il me suffira, pour étayer cette proposition, de citer les principes suivants qui sont tous extraits des graines : *Ésérine, Atropine, Daturine, Hyosciamine, Caféine, Théobromine, Strychnine, Brucine, Cocaïne,*

(1) Malheureusement, dans l'état actuel de la science, on en est réduit aux conjectures sur ce point important. Il n'existe aujourd'hui aucun travail sur lequel on puisse baser une affirmation concernant l'origine des alcaloïdes, ou même imaginer une théorie de leur formation. Le seul mémoire de Schützenberger sur ce sujet ne peut être d'aucun secours en cette occurrence. Il serait en effet indispensable, pour espérer arriver à quelques résultats sérieux, de soumettre les matières protéiques aux conditions dans lesquelles elles se trouvent au milieu de l'organisme végétal, et d'étudier les produits qui prennent ainsi naissance : peut-être arriverait-on à obtenir de cette façon, artificiellement, quelques alcalis organiques. Schützenberger a fait agir la baryte caustique sur l'albumine et a isolé un certain nombre d'acides amidés qui, par leur teneur en azote, se rapprochent jusqu'à un certain point des alcaloïdes, mais qui s'en éloignent considérablement quant aux fonctions. Ces acides amidés sont identiques à ceux qu'on trouve dans l'organisme animal où les fonctions nutritives sont d'un ordre tout différent de celui qui caractérise celles des végétaux. Les plantes sont éminemment réductrices, les animaux sont oxydants. C'est ce qui explique l'analogie des corps obtenus au laboratoire par des méthodes oxydantes avec ceux qui se trouvent produits dans l'intimité des tissus animaux.

Les alcaloïdes connus dans les végétaux sont des combinaisons azotées qui renferment le plus souvent de l'oxygène. Comme on a pu produire artificiellement des alcalis dérivés de l'ammoniaque et dans lesquels entrent des radicaux alcooliques ou acides, on est conduit à supposer que les alcaloïdes naturels ont une constitution analogue. Toutefois, peu d'expériences ont été faites dans cette voie, et on ne connaît guère que les relations de la *conicine* avec l'acide butyrique et la synthèse de la *paraconicine* de Schiff à l'aide de l'*aldéhyde butyrique*.

Un travail récent de MM. Cahours et Étard indique l'hypothèse d'un noyau de *dipyridine* dans la *nicotine*.

La possibilité d'introduire un seul radical alcoolique dans la *pipéridine* et la *conicine* fait supposer que ces corps sont des monamines secondaires.

Quant aux alcaloïdes oxygénés, ils ont une constitution plus complexe, et on les compare volontiers aux bases oxygénées de Wurtz, les *oxéthylénamines*, qui renferment des résidus *monoatomiques* d'alcools *diatomiques*.

La *quinine*, la *strychnine* et un grand nombre d'alcaloïdes oxygénés sont des diamines tertiaires. Mais rien encore n'est venu confirmer expérimentalement ces rapprochements théoriques.

(1) Au point de vue de leur défense par les matières toxiques, on peut classer les végétaux, dans l'état actuel de nos connaissances, de la manière suivante : 1° ceux qui ne possèdent aucune substance capable d'éloigner les ennemis, soit par l'odeur, soit par la saveur, exemple : Cypéracées, Graminées, Mélastomacées, etc.; 2° ceux qui renferment quelque matière âcre ou repoussante, exemple : Synanthérées (*Pyretrum parthenium*, *Chrysanthemum turianum*, *Artemisia absinthium*, etc.), Euphorbiacées, Convolvulacées en général, etc.; 3° enfin ceux plus perfectionnés au point de vue qui nous occupe, qui présentent dans leurs diverses parties des substances alcaloïdiques, ou des glucosides de nature chimique bien déterminée et dont l'action sur les animaux est toujours nocive et devient léthale à une dose déterminée, laquelle peut varier considérablement pour les divers termes de la série animale, exemple : *Ciguës, Renoncules, Pavots, Vomiquiers, Aconits*, etc.

(2) « C'est une exception à la loi qui veut que la plupart des graines appartenant à des familles suspectes soient innocentes. » *Manuel de mat. méd.*, 1873, t. I, p. 81.

Delphine, Picrotoxine, Cicutine, Phellandrine, Colchicine, Vératrine, Pipérine, etc.), et si ce fait a le caractère de généralité que nous lui connaissons, c'est sans doute parce que l'écorce, partie essentiellement chargée de la nutrition et de la protection du végétal, n'est utile à l'individualité que dans l'espace, tandis que la graine est appelée à la conserver dans le temps.

On pourra objecter, il est vrai, à ces considérations, que la répartition générale des alcaloïdes et des principes actifs telle que je viens de l'indiquer, n'est pas constante à toutes les périodes de la vie d'une plante donnée, et qu'elle est soumise à de nombreuses variations absolument liées à la périodicité des diverses phases végétatives : on dira que l'*atropine*, par exemple, est à certaines époques très abondante dans la racine, à d'autres dans les feuilles, et qu'elle s'accumule finalement dans le fruit ou les graines. Rien n'est plus exact, et j'ai contribué moi-même par mes recherches à placer cette vérité dans son vrai jour pour plusieurs plantes toxiques, mais je ferai remarquer que je ne mets ici en parallèle que des organes divers pris sous le même volume et au moment de leur maximum d'imprégnation alcaloïdique. De plus, ce phénomène de la *migration* des alcaloïdes (ainsi qu'on l'a nommé) vient lui-même à l'appui de ma théorie, puisqu'il indique un déplacement successif (de la racine vers les fruits en passant par l'écorce et les feuilles) qui est nécessité par l'apparition d'organes nouvellement formés et réclamant une protection bien proportionnée à leur importance. Ces phénomènes de migration, malgré leur généralité, sont surtout bien apparents dans les végétaux qui accomplissent en peu de temps leurs diverses périodes végétatives.

Un autre point jusqu'ici laissé dans l'ombre paraît, selon moi, donner une nouvelle confirmation à cette manière d'apprécier le rôle des alcaloïdes; c'est la différence bien connue qui existe entre le degré d'action des poisons végétaux sur les diverses classes d'animaux. Si les alcaloïdes n'étaient que des produits végétaux (*excreta* ou *secreta*) sans utilité directe pour la vie du végétal en dehors de la nutrition, nous constaterions sans doute une certaine uniformité dans leur action sur les divers termes de la série animale, et cette uniformité se traduirait par une gradation des doses léthales en harmonie avec le développement de l'élément impressionné et avec la complexité du système intéressé par le poison. Pour la strychnine qui s'adresse au système et à l'élément nerveux, l'action devrait être parallèle à la complication organique dont le développement cérébral est la principale manifestation chez les animaux. Or, il n'en est pas ainsi. Nous savons déjà à quel point l'atropine et ses congénères, substances essentiellement nocives pour la plupart des mammifères, restent sans action sur les *Rongeurs* et sur les *Marsupiaux* (1). Chaque végétal, si toxique soit-il, a ses parasites spéciaux dont le propre est de rester insensibles, au moins dans une certaine mesure, au poison qu'il renferme. On a cherché à expliquer ces phénomènes en les rattachant aux faits dits d'*accoutumance,* mais cependant, les chèvres ne sont point habituellement nourries de *tabac,* et elles ingèrent accidentellement sans danger de fortes doses de ce végétal, les lapins broutent d'autres plantes que la *belladone* ou le *datura stramonium,* les rats ne recherchent pas les semences de *jusquiame,* et néanmoins j'ai montré que ces animaux ne souffrent point de cette alimentation fortuite ou continue. En réalité, ces faits ont besoin d'être poursuivis avec méthode pour pouvoir être connus dans leur cause profonde, et c'est ce que je me suis imposé déjà pour quelques ordres de vertébrés. Aujourd'hui, en vue de répondre aux propositions générales que je viens de présenter, pour éclairer, d'un jour nouveau peut-être, un côté du vaste problème de la corrélation des deux règnes, enfin, dans le but d'arriver à connaître, suivant les conseils de M. Chatin (1), par la voie si féconde de la comparaison, l'action jusqu'ici mystérieuse des tétanisants sur l'élément nerveux, j'ai pensé qu'il y avait intérêt à porter l'action des alcaloïdes sur un embranchement important (*Mollusques*), dont les premiers termes attiraient vivement mon attention depuis que les expériences de M. Vulpian établissent en leur faveur une immunité remarquable par rapport à l'influence foudroyante de la strychnine. M. Vulpian a, en effet, indiqué, mais très sommairement, dans ses leçons (2), les essais qu'il a tentés concernant l'action de la strychnine sur les invertébrés. A propos des mollusques, voici textuellement ses paroles : « Enfin, j'ai introduit, soit dans les tissus, soit dans la cavité pulmonaire d'escargots, une grande quantité, jusqu'à 0gr,10 de strychnine, sans qu'il y ait eu un effet toxique. » L'éminent doyen de la Faculté de médecine de Paris a bien voulu, sur ma demande, compléter *in litteris* les données écourtées qui avaient vivement excité mes méditations et qui, du reste, ne pouvaient être placées que sous cette forme condensée dans ses leçons magistrales. La strychnine, à titre de poison du système nerveux, devait entrer dans le cadre général des recherches sur la physiologie des nerfs, et pour remplir les indications du titre même de l'ouvrage, l'étude de l'action de ce toxique avait besoin d'être portée comparativement sur les principaux termes de la série, ne fût-ce que dans le but d'éclaircir, en utilisant la simplicité de structure nerveuse propre à quelques-uns des animaux les plus dégradés, les phénomènes si complexes observés chez les plus élevés en organisation. C'est ce qu'a fait M. Vulpian, et, par ses expériences, nous avons pu apprendre l'immunité remarquable dont jouit l'*Escargot de Bourgogne* contre les substances strychniques. Cependant, je ne saurais m'empêcher de présenter quelques observations sérieuses au procédé employé par M. Vulpian.

Si je m'en tiens au texte même de son livre et aux termes de la lettre que ce savant a bien voulu m'écrire, je vois que c'est l'alcaloïde pur qui a été expérimenté sur les *Helix pomatia* L. Or, la strychnine, par son insolubilité même, dérobe à toute conclusion certaine les expériences qui reposent sur son action. J'ai répété les recherches de M. Vulpian, et j'ai constaté que la dose pouvait être doublée sans que le moindre phénomène toxique pût être saisi (3). Il est vrai que la strychnine pure, à la dose de 0gr,05 peut donner la mort à

(1) ÉD. HECKEL. De l'influence des solanées vireuses en général et de la belladone en particulier sur les RONGEURS et sur les MARSUPIAUX (*Comptes rendus de l'Académie des sciences,* 28 novembre 1875, et séance de l'Académie de médecine du 8 mai 1879). Je dirai ici, par anticipation sur des travaux ultérieurs, que récemment j'ai constaté une immunité identique chez les rapaces nocturnes parmi les oiseaux.

(1) M. Chatin, dans son rapport sur mon mémoire relatif à l'action des solanées vireuses sur les rongeurs et sur les marsupiaux (Académie de médecine, 8 mai 1879), s'exprime ainsi : « Il serait curieux de rechercher par des expériences multipliées sur la série animale, jusqu'à quel point le degré d'élévation des espèces dans l'échelle zoologique influe sur leur aptitude à être intoxiquées par ces substances. » J'ai pensé que je ne pouvais mieux répondre au désir exprimé par l'éminent directeur de l'École de pharmacie de Paris, qu'en poursuivant ces recherches dans l'embranchement des Mollusques et en choisissant précisément ceux qui sont le plus connus pour avoir causé des empoisonnements après avoir vécu sur le buis (observations faites à Cette) ou sur le *Genista purgans* L. (communications verbales de M. le docteur Denans de Marseille).

(2) *Leçons sur la physiologie générale et comparée du système nerveux.* Paris, 1866, p. 449.

(3) La strychnine pure est légèrement soluble dans l'eau : 6667 grammes d'eau en dissolvent 1 gramme. Les 0,10 employés par M. Vulpian eussent exigé pour se dissoudre en totalité 666gr,70. En admettant que la surface pulmonaire dans un moment d'hypersécrétion ait pu fournir 2 grammes de liquide (ce qui est énorme!), il y eut eu au total 0gr,00030 d'alcaloïde en état d'être absorbé. Or, nous verrons bientôt que cette dose reste absolument sans effet sur les Mollusques Gastéropodes même les plus petits.

un gros mammifère carnassier tel que le chien, le loup, mais le cas est ici tout différent. La strychnine pure introduite dans la cavité stomacale s'y dissout assez promptement à la faveur des acides de suc gastrique, et dès lors l'absorption est assurée. D'un autre côté, j'ai constaté que les substances non dissoutes ne sont point tolérées dans la cavité pulmonaire des Helix ou des Zonites. Le résultat n'a pas été différent quand j'ai introduit dans cet organe soit la strychnine pure, soit les sels cristallisés (non dissous). Les cristaux, quels qu'ils fussent, étaient, solubles ou non, immédiatement englués d'une mucosité épaisse dans laquelle ils se trouvaient comme noyés, et par conséquent placés dans des conditions d'isolement qui rendaient leur dissolution impossible dans les liquides de la cavité. C'est sous cet état que peu après leur introduction dans le poumon, ils étaient rejetés au dehors par l'ouverture du pneumostome. De ces faits, je suis autorisé à conclure que l'immunité telle qu'elle a été constatée par M. Vulpian n'était qu'une apparence due aux conditions dans lesquelles les expériences ont été réalisées. On verra bientôt, que, si en fait, il existe chez certains Mollusques Gastéropodes une tolérance extraordinaire pour les sels strychniques, elle s'exerce dans des limites beaucoup plus étroites que celles posées par M. Vulpian.

Ceci dit, autant pour rappeler des travaux antérieurs aux miens que pour mettre dans son vrai jour la valeur de la méthode à laquelle j'ai dû recourir, et enfin pour justifier les différences que je vais signaler entre mes résultats et ceux du savant physiologiste de Paris, il convient maintenant d'entrer dans le détail des expériences. Que deux observations cependant me soient permises avant d'aborder cet exposé. La première, c'est que le choix de la strychnine m'a été inspiré par le désir de mettre en action à la fois un alcaloïde puissant et une substance toxique appartenant à une plante haut placée dans la série végétale. Il est certain que des recherches comparées sur cette substance foudroyante pour les vertébrés doivent, *a priori*, avoir pour résultat de me permettre ultérieurement la connaissance plus facile du degré de résistance des Mollusques à des alcaloïdes tels que la *brucine*, l'*igazurine* et la *picrotoxine*, qui, si j'en juge par quelques expériences en cours d'exécution, exercent sur eux une action moins manifeste et moins saisissable dans ses détails.

D'autre part, la mise en expérience des Mollusques Gastéropodes m'a paru tirer un nouvel intérêt du rôle très discutable qui a été attribué à ces animaux par quelques physiologistes allemands et anglais dans l'acte du transport pollinique et de la fécondation croisée. Facteurs d'une fonction très importante dans l'économie de la nature, ils devraient évidemment à ce rôle, s'il était bien établi, les immunités spéciales que nous allons bientôt constater.

Les sels employés ont été le *Sulfate et l'Oxalate de Strychnine*, tous deux solubles dans l'eau. Les animaux mis en expériences sont les *Helix pomatia* L. et *aspersa*, Mull., plus le *Zonites algira* L. et le *Stenogyra* (*Bulimus*) *decollata*, Brug. Depuis longtemps, j'avais remarqué que l'*H. aspersa* peut manger du papier assez fortement strychnisé sans paraître en souffrir. Grâce à cette observation accidentelle, j'avais pu instituer une première série de recherches, mais elles furent peu fructueuses. En plongeant des feuilles de papier filtre dans des solutions déterminées de sulfate de strychnine, telles que le papier dont la surface avait été mesurée d'avance, en absorbât la totalité, j'arrivai à connaître les doses de poison absorbé impunément par ce mollusque. Au moyen de ce procédé grossier, je parvins à faire ingérer, sans constater rien d'anormal, environ 0 gr, 025 de ce sel à un *H. aspersa* du poids de 5 grammes (coquille déduite). Mais cette façon de procéder peu précise ne pouvant me conduire aux résultats que je désirais atteindre, je dus y renoncer pour recourir à la méthode hypodermique qui, outre son côté pratique, est réalisable à peu près en tout temps et ne laisse aucun doute sur l'absorption de la substance introduite. Des deux sels strychniques mis en cause, le premier, le *sulfate*, fut choisi en raison de son plus grand degré de solubilité dans l'eau et expérimenté en solutions concentrées de 0 gr, 10 et 0 gr, 20 pour 20 grammes d'eau distillée. La seringue de Pravaz injectait pour chaque goutte de la solution première 0 gr, 0005 de sel et 0 gr, 001 pour la même dose de la seconde. L'*oxalate de strychnine*, moins soluble dans l'eau, ne fut employé qu'en solution de 0 gr, 10 pour 50 dont chaque goutte renfermait 0 gr, 0001 de sel. En raison de sa pauvreté, cette solution ne pouvait servir qu'à expérimenter les petites quantités de toxique : elle fut utilisée uniquement dans mes premières recherches comprises entre les doses de 1 à 2 milligrammes. Toutes les autres injections furent pratiquées avec les deux autres solutions en commençant par la plus faible. Je ne dois pas omettre de dire ici qu'à chaque élévation de dose, un nouvel animal fut mis en expérience et qu'à chaque opération, je pris soin d'injecter comparativement une nouvelle quantité d'eau distillée dans le même point du corps à un mollusque témoin. Jamais un même sujet ne servit deux fois, même pour des doses très éloignées, précaution indispensable si l'on ne veut pas s'exposer à l'influence perturbatrice de l'*accoutumance*. Quant à l'injection, elle fut invariablement pratiquée dans le même point du corps, au milieu du pied : le muscle reptateur tout entier était traversé et le liquide se trouvait injecté dans le tissu lâche sous-jacent à ce muscle. Je m'étais assuré, au préalable, que l'injection, dans ce point, d'une masse assez considérable d'eau distillée (2 gr, 50) faite en une seule fois, non seulement reste sans effet nocif sur l'animal, mais ne lui cause aucune sensation manifestement désagréable. Pour ce qui touche à l'introduction du liquide dans la cavité pulmonaire, je l'ai pratiquée également, mais sans résultat avantageux. Infailliblement, le liquide toxique était, peu après son introduction, expulsé en partie par l'ouverture du pneumostome. Pour éviter cet inconvénient majeur, il eût fallu maintenir l'escargot dans une position verticale telle que le liquide introduit fût accumulé dans le cul-de-sac de la cavité pulmonaire. J'ai essayé aussi de saupoudrer avec des cristaux *d'oxalate et de sulfate de strychnine* les parties extérieures de l'animal : malgré la solubilité de ces deux sels, je ne suis parvenu à aucun résultat. Dès que ces substances cristallisées arrivaient au contact de la peau, il se formait une quantité énorme de mucosités épaisses qui les englobaient, rendant ainsi leur absorption absolument irréalisable.

Ces faits acquis, je m'en tins exclusivement à la méthode hypodermique dont la supériorité m'était démontrée. Je n'ai pas besoin de dire que tous mes animaux étaient en bon état et dans des conditions parfaitement physiologiques. Du reste, l'opération ne devenait praticable que lorsque l'animal était sorti spontanément de sa coquille et c'est là, comme on le sait, un indice de bon état chez ces Gastéropodes. Mes opérations ont été faites en avril, c'est-à-dire au sortir de l'état léthargique auquel ces animaux sont soumis pendant toute la durée de la période hibernale, durant laquelle il serait imprudent d'entreprendre des expériences, l'absorption se trouvant alors très ralentie par cet état. De plus, j'avais pris soin de nourrir mes escargots le moins possible, afin de ne point m'exposer à retarder l'absorption par la tension de la circulation.

Dans l'échelle progressive des doses comprises entre 1 et 9 milligrammes, je n'observai rien d'anormal ni sur les *Helix pomatia*, ni sur les *Zonites* ; seuls, les *Helix aspersa* donnèrent, après chaque opération, une grande quantité de bave spumeuse. A partir de 0gr,01, l'écume apparut chez les deux premiers animaux, et chez les *Helix aspersa* elle fit place à un mucus jaune verdâtre, filant. A cette dose encore, je constatai pour la première fois le retrait de l'animal dans la coquille où il demeura pendant plusieurs jours sans en sortir.

C'est évidemment là l'indice d'un commencement d'action de l'alcaloïde. A la dose de 0gr,02, tous les mollusques se retirent dans leur coquille immédiatement après l'injection et y demeurent de sept à neuf jours. Des irritations portées sur le pied et sur le manteau avec la pointe d'une aiguille pendant toute la durée de la période de retrait y déterminent une vive réaction contractile qui s'épuise du reste assez rapidement, mais qui se renouvelle avec la même intensité à chaque excitation. A la dose de 0gr,025, des *H. aspersa* du poids moyen de 6 grammes à 6gr,70 (coquille déduite), ont succombé en cinq ou six minutes au milieu de convulsions tétaniques. Après la mort, l'état de contracture était très accusé dans les muscles du pied et de la partie céphalique surtout, où elle se traduisait par une saillie manifeste de la mâchoire cornée propre à ces animaux. Cet appareil de préhension des aliments est, dans les conditions physiologiques et à la suite d'une mort normale, recouverte par un repli de la peau. Dans deux cas sur huit, les organes copulateurs avaient fait saillie au dehors pendant les contractions, et on pouvait voir sur les côtés de la tête pendre un appendice vermiforme blanchâtre, constitué par la *poche copulatrice*, la *poche du dard* et le *flagellum*. La défécation a été constante pendant les convulsions et l'émission des fèces très abondante. Cet état de rigidité, dû à la contracture musculaire, *avec renversement de la tête en arrière*, a subsisté jusqu'au moment où la putréfaction a commencé à se produire. A la même dose, les *Zonites* et les *H. pomatia* ont parfaitement résisté; leur poids moyen était de 8 grammes pour les premiers et de 9gr,70 pour les seconds. Après huit jours de retrait dans la coquille, ils ont en général repris leur vie normale : quelques-uns cependant ont succombé après 15 à 18 jours de maladie. Chez ceux qui ont résisté, la défécation fut assez abondante et je ne suis pas arrivé à constater la moindre trace de strychnine dans les fèces au moyen de l'acide sulfurique et du permanganate de potasse. A la dose de 0gr,045 de sulfate de strychnine, les *Zonites* et les *H. pomatia* ont résisté encore : pas de traces d'alcaloïdes dans les fèces. Pour arriver à des doses élevées, force m'a été de pratiquer coup sur coup deux injections consécutives : j'y parvenais en laissant la canule dans le corps de l'animal et en chargeant à nouveau la seringue. Afin d'être sûr que cette grande quantité de liquide injecté ne nuisait pas par elle-même, je mis parallèlement en expérience deux animaux de même poids. Dans l'un, je pratiquai l'injection à travers le pied, comme il a été dit, l'autre recevait la même masse de solution de strychnine dans la cavité pulmonaire, et je m'astreignis, pour ce dernier cas, à maintenir l'animal dans une position telle, que le liquide ne fût pas, par son propre poids, épanché au dehors au travers de l'orifice pneumostomal. Dans ces conditions sûres, j'ai pu, sans constater de différence sensible entre les deux procédés, arriver à la dose de 0gr,05 qui ne détermina point la mort immédiate de mes mollusques. A 0gr,052, les convulsions tétaniques se produisirent semblables à celles que j'avais observées dans les *H. aspersa* et les *Zonites*, aussi bien que les *H. pomatia* du poids moyen de 8 à 9 grammes (coquille déduite), succombèrent en *quatre à cinq minutes*, mais sans avoir toutefois présenté le curieux phénomène de la projection extérieure des organes reproducteurs. Les fèces, rejetées abondamment pendant les contractions tétaniques, n'ont pas présenté à l'examen chimique la moindre trace de strychnine. De ces diverses observations, je me crois autorisé à conclure que :

1° *Les sels de strychnine sont détruits dans l'organisme, que la dose employée soit énergique ou faible;*

2° *Ces animaux, eu égard à leur poids, jouissent d'une immunité remarquable en ce qui concerne les sels de strychnine;*

3° *Chez ces animaux comme chez les vertébrés sur lesquels on a expérimenté jusqu'ici, le degré d'action d'une même dose de ce poison est en raison inverse du poids de l'animal;*

4° *Les phénomènes toxiques se manifestent, la dose convulsivante une fois atteinte, de la même façon que chez les animaux supérieurs : en un mot que la strychnine est un poison tétanique aussi bien pour les vertébrés que pour les mollusques.*

Pour mieux étayer encore la troisième conclusion, j'ai cru utile de porter l'action du sulfate de strychnine sur un mollusque gastéropode de très petite taille : c'est le *Stenogyra (Bulimus) decollata* Brug., très commun en Provence, qui me tomba sous la main. Huit spécimens m'ont donné (coquille déduite) un poids moyen de 1gr,20; ils ont tous succombé à la dose de 0gr,01 de sulfate de strychnine, en état de contracture et présentant les mêmes phénomènes déjà indiqués pour les autres Helix.

Il me semble ressortir de cette étude d'une manière bien manifeste un fait important, c'est l'unité d'action de la substance qui m'occupe dans toute la portion de série sur laquelle l'expérimentation a porté. La strychnine est un tétanisant, c'est la dose seule qui varie : voilà une preuve de plus de cette unité d'actions et de corrélations qui domine toute la physiologie générale (1).

En terminant, et comme conclusion pratique, je me permettrais de conseiller aux toxicologues le rejet absolu de l'emploi des mollusques gastéropodes comme témoins d'épreuves pour les liquides suspectés, si les difficultés déjà mises en relief durant cet exposé, pour ce qui a trait à l'ingestion du poison par ces animaux, ne suffisaient à les faire écarter du laboratoire d'expertises légales. Dans une prochaine série de recherches, je pense pouvoir montrer qu'il existe parmi les vertébrés une classe d'animaux, celle des poissons, qui jouissent, eu égard à l'action des tétanisants, d'une sensibilité plus accusée que celle des mammifères, tels que l'homme par exemple. Alors, après avoir indiqué les animaux que l'expert doit rejeter, j'aurai la satisfaction de signaler, pour ses essais, à son attention, les véritables réactifs vivants de la strychnine et de ses sels. Déjà, M. le docteur Sagot a indiqué dans un récent travail plein d'intérêt (2) la sensibilité des têtards de batraciens aux principes toxiques contenus dans les sucs complexes de divers végétaux. C'est là une première étape scientifique qui ne pêche que par le manque de précision au point de vue de nos *desiderata* spéciaux, mais telle qu'elle est, nous en tirerons profit et elle nous servira de point de départ pour parcourir prochainement une plus longue carrière et pour établir de nouveaux faits intimement liés à ceux que nous venons de faire connaître aujourd'hui.

ÉDOUARD HECKEL.

Professeur à la Faculté des sciences de Marseille.

SOCIÉTÉ ROYALE D'AGRICULTURE D'ANGLETERRE

Concours international de Kilburn.

La Société royale d'agriculture d'Angleterre, qui est, dans ce pays, la plus haute expression de l'activité agricole, tient chaque année au mois de juillet un grand concours d'animaux reproducteurs, de produits agricoles, et de machines

(1) M. Vulpian vient de donner une nouvelle preuve de cette grande loi en montran (*Comptes rendus de l'Académie des sciences*, t. LXXXVIII, 25 juin 1879) que parmi les substances toxiques dites poison du cœur, l'extrait alcoolique d'*inée* et la *muscarine* agissent sur l'organe central de la circulation de l'*helix pomatia* comme sur celui de la grenouille.

(2) *Recherches des plantes très vénéneuses par l'essai sur les têtards des Batraciens.* (*Bulletin de la Société botanique de France*, année 1878. — Compte rendu des séances, p. 115.)

et instruments appropriés aux divers travaux de la ferme et des champs. Le siège de ces concours est successivement dans chacune des principales villes d'Angleterre ; durant les six dernières années, ils ont eu lieu à Hull en 1873 ; à Bedford en 1874 ; à Taunton en 1875 ; à Birmingham en 1876 ; à Liverpool en 1877 ; et à Bristol en 1878. Cette année le concours s'est tenu à Londres. Il suffisait déjà de cette circonstance pour lui donner un éclat inaccoutumé. La Société a eu la pensée, pour que son succès fût plus complet, de donner à toutes les parties du concours un caractère international. Dans les concours précédents, en effet, la section des machines était seule ouverte aux concurrents étrangers ; quant aux sections consacrées aux animaux, elles étaient réservées aux exposants anglais. Le concours qui vient de se tenir dans un des faubourgs de Londres, à Kilburn, du 30 juin au 7 juillet, est donc un concours international, et, à ce titre, il a droit à une étude spéciale.

Disons tout d'abord qu'il est loin d'avoir été favorisé par les circonstances. C'est dans une pluie presque continuelle qu'il a dû être préparé pendant le mois de juin ; c'est avec la pluie qu'il a été ouvert, et c'est encore la pluie qui en a accompagné toutes les opérations. Néanmoins, le public anglais, grand amateur des exhibitions de tout genre et en particulier des expositions agricoles, ne s'est pas tout à fait laissé rebuter. Le jour de l'ouverture du concours, le 30 juin, il a reçu 4319 visiteurs, le lendemain 3317, le mercredi 2 juillet, 21 157. L'affluence est devenue encore plus considérable pendant les derniers jours. Néanmoins, si le temps avait été plus favorable, on aurait eu un nombre d'entrées beaucoup plus élevé, et les Anglais considèrent leur exposition comme absolument manquée à ce point de vue.

L'exposition de Kilburn comprenait 815 têtes des races chevalines, 1007 des races bovines, 841 des races ovines, et 211 des races porcines. On avait voulu qu'elle fût internationale, mais elle ne l'a été que dans de très faibles proportions. Le bétail étranger en était à peu près absent. D'où vient cette abstention ? De magnifiques promesses avaient été faites aux éleveurs étrangers ; des catégories spéciales avaient été ouvertes pour eux dans le programme du concours, des prix nombreux, quelques-uns d'une valeur très importante, leur avaient été réservés et cependant, pour ne citer que la France, deux éleveurs seulement ont exposé dans les catégories des races bovines. C'est que, l'année dernière, l'Angleterre trouvant qu'elle était trop exposée, par l'importation du bétail étranger, à l'introduction des maladies contagieuses, a pris des mesures pour fermer ses portes aux animaux provenant de la plus grande partie des pays d'Europe, qui doivent aujourd'hui être abattus dans les ports de débarquement. Quant aux animaux destinés à figurer dans des concours, comme c'était le cas pour ceux qui ont été envoyés au concours de Kilburn, ils ne peuvent être introduits dans la Grande-Bretagne que par le seul port de Southampton, et ils doivent y subir une quarantaine avant d'être admis dans l'intérieur du pays. Or, les agriculteurs du continent ont entendu parler des mésaventures qui ont assailli l'année dernière, à leur retour dans leur propre pays, les éleveurs anglais qui étaient venus exposer à Paris, et ils ont craint, avec juste raison, de subir des ennuis au moins aussi considérables. La quarantaine imposée à des animaux reproducteurs dont quelques-uns ont une très grande valeur, est toujours un danger ; celui-ci devient plus menaçant quand, au moment d'une exposition, cette quarantaine est imposée à la fois à un grand nombre d'animaux venant de points très divers. La Société royale d'agriculture d'Angleterre l'avait si bien compris qu'après avoir inutilement essayé de faire suspendre pour le concours de Kilburn l'application de la loi, elle avait offert de prendre à sa charge les frais de la quarantaine imposée aux animaux étrangers.

Le jury a eu peut-être un caractère international plus prononcé que l'Exposition elle-même. Nous y trouvons, en effet, les noms de quelques-uns des agriculteurs et des agronomes français les plus distingués, notamment MM. Barral, secrétaire perpétuel de la Société nationale d'agriculture de France ; de Bouillé et Tiersonnier, membres de la Société ; Dutertre, directeur de l'École nationale d'agriculture de Grignon ; R. de la Tréhonnais, de Toustain, Ronna, etc. D'ailleurs l'Exposition a été visitée par un assez grand nombre d'agriculteurs français, ainsi que par les élèves de l'Institut national agronomique.

Au point de vue de l'élevage anglais, l'Exposition était peut-être la plus belle qu'ait jamais eue la Société royale. Cette appréciation s'applique surtout à la race bovine courtes-cornes, plus communément désignée en France sous le nom de race de Durham. C'est surtout sur les diverses familles de cette race que les grands éleveurs anglais portent leurs principaux efforts. Ils trouvent, en effet, pour elle, des débouchés dans presque toutes les parties du monde. Aux États-Unis d'Amérique, on se dispute les reproducteurs courtes-cornes, aussi bien qu'en Australie. On retrouve ceux-ci sous presque toutes les latitudes, jusqu'à l'extrémité de l'Amérique. C'est donc, pour l'agriculture anglaise, une puissante source de richesse. Les éleveurs qui ont vu, dans ces derniers temps, diminuer l'exportation dans quelques parties de l'Europe, s'ingénient aujourd'hui à faire valoir, dans plusieurs familles de la race, les qualités spéciales réclamées par ces pays, et ils ne désespèrent pas de garder, par ce moyen, le marché qui paraît leur échapper. Ainsi, on s'occupe spécialement des Durhams laitières, à destination spéciale de quelques parties de la France et des régions septentrionales de l'Europe.

Les différentes classes de courtes-cornes, à l'exposition de Kilburn, étaient parfaitement représentées, mais le principal succès a été pour les jeunes animaux. Les étables dont on a vu l'année dernière, sur l'esplanade des Invalides, de très beaux spécimens, celles de M. Stratton, de M. Hutchinson, de lord Ellesmere, du colonel Kingscote, ont eu les honneurs du concours.

Après les courtes-cornes, les deux variétés les mieux représentées au concours étaient celles de Devon et de Sussex. Les grands progrès réalisés dans l'élevage de cette dernière variété, depuis quelques années, ont particulièrement frappé l'attention. Il faut citer ensuite les Herefords, où figuraient quelques animaux très remarquables. La race de Hereford est cantonnée dans quelques parties peu étendues de l'Angleterre, et elle ne prend pas d'extension en dehors de cette zone.

En Angleterre, les bêtes bovines sont élevées pour un des deux buts spéciaux, production de la viande et production du lait ; il n'y a pas ce qu'on appelle ailleurs des races de travail. Les races dont il vient d'être question sont celles de boucherie. Il reste à signaler les principaux traits des races laitières. En première ligne, il faut placer la race de Jersey (variété des îles de la Manche, dans la race irlandaise, d'après Sanson) ; elle brillait au concours et par la quantité des animaux exposés et par leur qualité. La vache de Jersey est une des meilleures laitières connues ; elle donne une très grande quantité de lait, et ce lait est généralement d'une très grande richesse ; le beurre qu'il produit est remarquable par sa couleur et son parfum. Jadis peu appréciée, cette vache s'est répandue aujourd'hui dans presque tout le sud de l'Angleterre, et elle peuple une grande partie des exploitations agricoles voisines des villes importantes, et connues sous le nom de fermes laitières. Les qualités de la vache de Jersey ont été développées avec soin depuis de nombreuses générations ; l'importation des taureaux de familles étrangères est interdite dans l'île dont elles portent le nom, et où les amateurs vont chercher des reproducteurs achetés souvent à des prix très élevés. Cette variété est d'ailleurs remarquable par ses formes gracieuses qui la font rechercher dans les habitations de plaisance.

La race d'Ayr est aussi très remarquable au point de vue de la laiterie. Mais si elle donne presque autant de lait que la précédente, celui-ci est beaucoup moins riche et plus propre à la fabrication du fromage qu'à celle du beurre. La vache d'Ayr est une des plus jolies formes des races bovines qu'on puisse voir : elle est très répandue dans les parcs et sur les pelouses des châteaux de la Grande-Bretagne.

Les seuls animaux étrangers, appartenant aux races bovines, qui aient été amenés à Kilburn appartiennent à des races laitières. Le contingent français était formé par une douzaine d'animaux normands mâles et femelles, envoyés par deux éleveurs, M. Hector Lesueur et M. Céran Maillard. Les autres variétés représentées venaient du Danemark : ce sont celles d'Angeln et du Jutland. Ces deux variétés appartiennent, comme la variété normande, à la race germanique, d'après la classification de M. Sanson. On connaît le développement considérable pris par l'industrie laitière et la fabrication du beurre en Danemark. La grande valeur des beurres danois s'est d'ailleurs encore une fois manifestée à Kilburn. Il faut toutefois ajouter que les quelques exposants de beurres français qui figuraient au concours ont dignement soutenu la légitime réputation des produits de nos laiteries normandes ou flamandes. Pour en finir avec les produits de la laiterie, les fromages français à la crème, ceux de Camembert, de Roquefort ont été justement appréciés à côté des Cheshire, des Stilton et des Cheddar, si estimés de l'autre côté de la Manche.

Les races ovines anglaises sont toutes des races de boucherie. On les divise généralement en deux catégories : races à laine longue, races à laine courte. Les Leicesters sont la représentation la plus connue des premières; les Southdowns et les variétés analogues forment la deuxième catégorie. C'est celle-ci qui était la mieux représentée au concours. Les catégories des Southdowns, des Shropshires, des Hampshires laissaient loin derrière elles toutes les autres. Ces moutons donnent une excellente viande, surtout les Southdowns, dont la chair a une délicatesse partout appréciée, et en France peut-être mieux qu'en Angleterre, où le goût des gros morceaux tend à faire rechercher davantage des animaux qui donnent de plus grosses côtelettes et des gigots plus puissants. En dehors des races anglaises, on ne comptait à Kilburn que quelques mérinos français, exposés par M. Bailleau, l'éleveur bien connu d'Illiers (Eure-et-Loir), et par M. Manceau Guérin. Les éleveurs de mérinos précoces de la Côte-d'Or et du Soissonnais se sont abstenus. Il y avait aussi un lot de mérinos espagnols, exposés par un éleveur de l'île de Wight. Dans cette classe, comme d'ailleurs dans toutes les sections de l'exposition, l'élevage allemand brillait par son absence; il est probable que les mêmes raisons qui ont arrêté le plus grand nombre des éleveurs français sont la cause de cette abstention.

Les races porcines anglaises formaient un contingent très intéressant; depuis longtemps déjà, les producteurs de porcs sont arrivés à amener ces animaux à une rapidité de développement qui a été imitée ailleurs, mais qu'il est peut-être impossible de dépasser. Comparée aux autres sections de l'exposition, elle était beaucoup moins nombreuse; c'est d'ailleurs ce qui arrive presque toujours dans les concours agricoles.

L'exposition des chevaux était à peu près le double de ce qu'elle avait jamais été dans aucune autre Exposition de la Société royale d'agriculture. Les chevaux agricoles des races de Clydesdale et de Suffolk formaient un ensemble des plus intéressants. On a vu à Paris, en 1878, ces gros chevaux qui ont, dans leur classe, une réputation égale à celle des Durhams dans les races bovines. L'élevage de la race dite de Clydesdale est particulièrement entouré d'un soin religieux en Angleterre. Les familles renommées ont leur généalogie inscrite avec exactitude; leurs produits sont vendus à des prix qui atteignent parfois des chiffres très élevés. Les saillies des étalons sont aussi, pour leurs heureux propriétaires, la source de profits très considérables. A côté de ces classes, celle des chevaux dits de service présentait aussi de très beaux spécimens de chevaux de voiture, catalogués, suivant l'habitude, d'après leur destination. — Les baudets et les mules exposés par M. Sutherland prouvaient que cet éleveur a su tirer, dans la Grande-Bretagne, un excellent parti d'une écurie qu'il a formée avec des animaux de tête importés du Poitou.

Le concours des machines et instruments d'agriculture ne comprenait pas moins de 571 exposants; c'est, sous ce rapport, la plus nombreuse et la plus belle exposition que la Société royale d'agriculture ait jamais eue. Mais c'est à peine si, sur cette longue liste, on trouve une dizaine de noms étrangers à l'Angleterre; les exposants français sont au nombre de six ou sept. La raison en est facile à comprendre. Pour la plupart des machines agricoles, le mouvement de perfectionnement est parti de l'Angleterre, et de là il s'est propagé dans les autres pays. Les constructeurs anglais n'ont peut-être plus conservé l'avance qu'ils avaient sur leurs concurrents étrangers, mais ils font aussi bien. Il n'y a donc que des chances très restreintes pour un industriel français fabriquant des machines agricoles, de trouver un débouché en Angleterre. Il faut toutefois faire exception pour quelques instruments ou machines qui n'ont pas leur similaire dans ce pays; tel est l'appareil à gaver les volailles, de M. Odile Martin; telles sont les pompes de M. Noël, que nous retrouvons à Kilburn. Les grandes maisons de construction anglaises avaient des expositions magnifiques mettant en relief tous les perfectionnements apportés successivement par elles à la construction des divers types de machines. Ces perfectionnements ont été déjà signalés dans la *Revue*, à l'occasion de l'Exposition universelle de 1878. Depuis l'année dernière, il n'y a pas eu de progrès saillant à noter, et les 11 878 numéros du catalogue ne renferment que quelques perfectionnements de détail. L'attention se porte principalement aujourd'hui sur les lieuses automatiques, pour les gerbes après la moisson, pour les bottes de paille après le battage, etc., sur les perfectionnements apportés aux semoirs pour en rendre le travail moins compliqué, sur les presses à fourrages, etc. Ce sont ces appareils qui appellent surtout les visiteurs.

L'exposition des machines a souffert, plus que toutes les autres parties du concours, du temps affreux qui a régné à Londres. Les lourds instruments entraient dans le sol détrempé, et il était à peu près impossible de les mettre en action. L'agriculture anglaise se plaint vivement des rigueurs de la saison qui compromettent la plus grande partie des récoltes.

BULLETIN DES SOCIÉTÉS SAVANTES

Académie des sciences de Paris. — 30 JUIN 1879.

M. Berthelot : Constitution chimique des amalgames alcalins. — M. Lecoq de Boisbaudran : Le spectre de l'Ytterbine. — M. Dausse est élu correspondant de l'Académie. — M. Bouquet de la Grye : Les ondes atmosphériques. — M. Roudaire : Exploration de l'isthme de Gabès et des Chotts. — M. Cossa : La cendre et la lave de la récente éruption de l'Etna. — M. J. Vesque : Le développement du sac embryonnaire des Phanérogames angiospermes. — MM. Arloing et Renaut : État des cellules de la sous-maxillaire, après l'excitation de la corde du tympan.

M. *Berthelot* présente une note sur la constitution chimique des amalgames alcalins. Cette note est relative aux amalgames de potassium et aux amalgames de sodium. Il résulte des expériences de l'auteur que la chaleur d'oxydation des amalgames riches en potassium l'emporte sur celle des amalgames riches en sodium, l'écart étant analogue à celui des métaux alcalins eux-mêmes. Mais il n'en est pas de même pour les amalgames les plus riches en mercure, la chaleur de formation de tels amalgames de potassium l'emportant au contraire sur celle des amalgames de sodium correspondants d'une quantité qui s'élève à $+ 8^{cal.}6$ pour $Hg^{12}K$ comparé à $Hg^{12}Na$, et même à $+ 12^{cal.}6$ pour $Hg^{24}K$ comparé à $Hg^{12}Na$; tandis que la chaleur d'oxydation du potassium surpasse en sens inverse et seulement de $+4,7$ celle du sodium. Il en résulte que la chaleur d'oxydation du potassium amalgamé peut être réduite à $+ 48^{cal.}$ celle du sodium étant $+ 56^{cal.}$ dans des conditions analogues; en d'autres termes, les affinités relatives des deux métaux alcalins libres pour l'oxygène sont interverties dans leurs amalgames. Par là, dit M. Berthelot, se trouve expliquée une anomalie singulière, découverte par MM. Kraut et Popp, à savoir : le déplacement du potassium dans la potasse dissoute par le sodium amalgamé; déplacement qui s'opère peu à peu et en totalité, en donnant naissance précisément à l'amalgame cristallisé $Hg^{24}K$, le seul qui puisse subsister quelque temps en présence de l'eau. Ce déplacement, ajoute l'auteur, est la conséquence nécessaire de la perte d'énergie plus grande subie par le potassium dans la formation de l'amalgame. Les affinités des métaux alcalins combinés au mercure sont donc réellement inverses des affinités des mêmes éléments libres, de la même manière et pour les mêmes raisons thermiques que M. Berthelot a invoquées pour expliquer les déplacements inverses des éléments halogènes, selon qu'ils sont libres ou bien combinés avec l'hydrogène.

— M. *Lecoq de Boisbaudran* communique le résultat de son examen du spectre de l'Ytterbine. Ce spectre, obtenu en soumettant le chlorure aqueux de la nouvelle terre à l'action de l'étincelle d'induction, est formé principalement de bandes groupées entre les raies solaires D et F, et dont l'auteur donne la liste et la description détaillée.

— L'Académie procède, par la voie du scrutin, à la nomination d'un correspondant, dans la section de mécanique, en remplacement de feu M. le général Didion. Au premier tour de scrutin, les votants étant au nombre de 43, M. Dausse obtient 38 suffrages, M. Bazin 3, M. Boussinesq 1, et M. de Lacolonge 1. M. Dausse, ayant obtenu la majorité absolue des suffrages, est proclamé élu.

— M. *Bouquet de la Grye* présente un mémoire sur les ondes atmosphériques. L'auteur, en dépouillant une série d'environ cinquante mille observations de hauteurs barométriques, et de pareil nombre de directions et de vitesses du vent, est parvenu à saisir l'influence des actions solaires et lunaires sur les mouvements de l'atmosphère. Les résultats qu'il communique aujourd'hui se rapportent au port de Brest. Nous passons les détails pour arriver au résumé donné par l'auteur. Les actions solaires et lunaires produisent en amplitude barométrique et en déviation de la direction du vent les nombres *maxima* suivants :

	Amplitude. — Millimètres.	Déviation. — Degrés.
Amplitude annuelle solaire	40	90
— diurne.	6	75
— mensuelle lunaire, déclinaison.	11	30
— mensuelle dépendant de l'âge de la lune	25	68
Onde semi-diurne et diurne.	6	28

M. Bouquet de la Grye fait remarquer qu'en présence de la grandeur de ces actions, on comprend aussi bien l'utilité de rechercher les lois atmosphériques normales dépendant des actions solaires et lunaires, que l'impossibilité de faire des prédictions sérieuses sur le temps avant que ces lois aient été étudiées dans les points où leur action se trouve la moins affectée par les causes locales.

L'importance du mémoire de M. Bouquet de la Grye n'échappera à personne; aussi en recommandons-nous la lecture, indispensable pour en bien saisir la portée.

— M. *Roudaire* a adressé à M. le ministre de l'instruction publique un rapport sommaire sur la nature du sol de l'isthme de Gabès et des Chotts. Ce rapport est communiqué à l'Académie par M. de Lesseps. Il contient l'indication des résultats obtenus par M. Roudaire dans la région qu'il vient d'explorer. Ces résultats sont relatifs aux nivellements, aux observations météorologiques, à la faune et à la flore, et aux produits des sondages. L'auteur dit que, pour le moment, il ne peut entrer dans aucune considération relative à l'âge géologique de l'isthme de Gabès, ni à la réalisation du projet de mer intérieure; mais il reviendra bientôt sur ce sujet. Notons, en attendant, la remarque qu'il a faite et qu'il a communiquée récemment à M. de Lesseps : « Il y a quelques années, il y avait encore une mince couche d'eau sur la surface des Chotts. Il pleuvait de temps en temps, mais les pluies sont devenues de plus en plus rares depuis que cette couche d'eau a achevé de se dessécher. C'est ainsi, par exemple, que depuis trois ans il n'est pas tombé une goutte d'eau. Les sources tarissent; les oasis, toutes situées au-dessus du niveau de la mer, dépérissent, et beaucoup de terres cultivées autrefois restent maintenant incultes. »

— M. *A. Cossa* adresse une note sur la cendre et la lave de la récente éruption de l'Etna. La cendre de l'Etna, dans son état naturel d'agrégation, contient 18 pour 100 de matières décomposables par l'acide chlorhydrique. Ses composants sont : anhydride silicique, anhydride titanique, anhydride phosphorique (traces), oxyde ferrique, oxyde ferreux, oxyde de manganèse, chaux, traces de magnésie, soude et potasse. Par l'analyse spectrale, on y trouve bien nettement les raies de la strontiane et de la lithine.

L'examen microscopique d'une lame mince de la lave des environs de Giarre démontre que cette lave est composée en grande partie de gros cristaux de feldspath triclinique disséminés porphyriquement dans un magma microcristallin formé par de petits cristaux du même feldspath, d'augite, de magnétite et d'une petite quantité d'une matière vitreuse grisâtre. Le feldspath a une structure zonaire qui se manifeste sans recourir à la lumière polarisée, en raison de la disposition régulière de la matière vitreuse renfermée dans l'intérieur des cristaux. Avec le feldspath, on trouve dans la lave des cristaux bien nets d'augite, souillés quelquefois par de la magnétite. Il arrive souvent de trouver des cristaux d'augite qui renferment un ou deux cristaux de feldspath.

La netteté des arêtes des cristaux de feldspath et d'augite, l'identité de la matière vitreuse renfermée dans les cristaux de feldspath avec celle qui se trouve dans le magma de la lave parlent, d'après l'auteur, contre l'hypothèse de la préexistence à l'état solide des éléments cristallins dans la lave vomie par les volcans.

— M. *J. Vesque* fait connaître le résultat de ses nouvelles recherches sur le développement du sac embryonnaire des Phanérogames angiospermes. L'auteur croit reconnaître dans le sac embryonnaire adulte les types suivants :

1° Deux cellules mères spéciales; antipodes, sans anticlines (Fluviales, Renonculacées, Crucifères, etc.); 2° trois ou quatre cellules mères spéciales; deux tétrades, des antipodes; une ou deux anticlines inertes (la plupart des Liliacées et familles voisines; les Euphorbiacées, Papavéracées, Rosinées, Caprifoliacées, etc.); 3° trois ou quatre cellules mères spéciales; une seule tétrade; pas d'antipodes; une ou deux anticlines inertes (Onagrariées, Saxifragées, Borraginées, Solanées, Apocynées, Composées, etc.); 4° quatre ou cinq cellules mères spéciales; une seule tétrade; pas d'antipodes; une ou deux anticlines actives, une anticline inerte ou cotyloïde (Aristolochiées, Santalacées, Scrofularinées, Labiées, Éricacées, etc.).

— MM. *Arloing* et *Renaut* envoient une note sur l'état des cellules glandulaires de la sous-maxillaire après l'excitation prolongée de la corde du tympan. Les expériences des auteurs montrent : 1° que les cellules muqueuses de la sous-maxillaire ne se détruisent pas en fonctionnant; 2° que ces cellules, en redevenant granuleuses, ne prennent pas les caractères histochimiques des cellules de la calotte, mais gardent les leurs propres; 3° il suit de là que les cellules granuleuses, analogues à celles des glandes à ferment, ont une individualité propre et ne sont pas les formes embryonnaires des cellules mucipares.

BIBLIOGRAPHIE SCIENTIFIQUE

Cartes du temps et avertissements de tempêtes, par Robert H. Scott. Traduit de l'anglais par MM. Zurcher et Margollé. (Paris, Gauthier-Villars.)

Depuis que quelques journaux politiques se sont mis, à l'exemple des grands journaux anglais, à publier chaque jour la carte du temps et les probabilités, qui leur sont communiquées par le Bureau Central Météorologique, il était à souhaiter qu'un livre vînt expliquer l'utilité de ces cartes et l'usage qu'on en peut faire pour la prédiction rationnelle du temps. En inaugurant en France la publication de ces cartes quotidiennes, le journal *le Temps* les avait accompagnées d'un article explicatif qui suffisait parfaitement à en indiquer l'usage, au moins d'une manière générale; mais les limites d'un article ordinaire de journal ne pouvaient permettre de donner des exemples, chose indispensable dans l'étude de phénomènes aussi complexes et aussi variés que ceux dont l'atmosphère est le siège. Un petit livre facile à lire, présentant l'état actuel de nos connaissances sur les mouvements généraux de l'atmosphère et les règles qui servent de base à la prévision du temps, devait donc être le bienvenu.

Ce livre existait en Angleterre depuis trois ans déjà. M. Robert-H. Scott, secrétaire du Bureau Météorologique de Londres (Meteorological Office), a publié, sous le titre de *Cartes du temps et avertissements des tempêtes* (Weather charts and storm warnings), un petit traité peu volumineux, et où l'on trouve tous les renseignements nécessaires. A la demande de l'auteur, MM. Zurcher et Margollé viennent d'en publier une traduction française, qui vient satisfaire le désidératum que nous exprimions en commençant.

L'ouvrage de M. Scott se divise en huit chapitres dont les titres indiquent presque suffisamment le plan de l'ouvrage et la manière dont il est traité; ce sont les suivants : 1° Matériaux nécessaires pour l'étude du temps; — 2° Le vent; — 3° Le baromètre; — 4° Les gradients; — 5° Cyclones et anticyclones; — 6° Du mouvement des tempêtes et des agents qui paraissent l'influencer; — 7° De l'usage des cartes du temps; — 8° Avertissements des tempêtes.

Dans le premier chapitre, l'auteur passe en revue les données météorologiques nécessaires pour arriver à la connaissance de l'état de l'atmosphère; ce sont la pression atmosphérique, la température, l'humidité, le vent, l'état du ciel, et, pour les navigateurs, l'état de la mer. Ces éléments, observés deux fois par jour dans un certain nombre de stations réparties sur toute la surface de l'Europe, sont transmis par le télégraphe au bureau météorologique qui les discute et en déduit la prévision du temps pour les vingt-quatre heures qui suivront. Deux de ces éléments, la pression barométrique et le vent sont particulièrement importants, aussi ont-ils été l'objet de chapitres spéciaux.

Le chapitre IV : *les gradients,* demande quelques explications, car ce terme n'est guère connu que des météorologistes modernes. Quand un corps se trouve placé sur un plan incliné, l'action de la pesanteur qui tend à le faire tomber sera d'autant plus grande que la pente du plan sera plus considérable: si nous considérons de même deux régions où le baromètre est haut dans l'une, bas dans l'autre, l'air tendra à s'écouler de la région de haute pression vers celle où le baromètre est moins élevé, et le mouvement de l'air sera d'autant plus rapide et violent que pour une même distance, la différence du baromètre sera plus considérable, que la *pente barométrique* sera plus grande. Cette pente barométrique est ce que l'on désigne en météorologie sous le nom de *gradient,* mot anglais qui correspond exactement à ce que nos ingénieurs appellent la pente, pour les routes, les rivières, c'est-à-dire le quotient de la différence de niveau de deux points par leur distance horizontale. De même le gradient est le quotient de la différence du baromètre, observé simultanément en deux stations, par la distance de ces stations; on prend généralement comme unité une différence d'un millimètre observée en deux points distants d'un degré géographique, c'est-à-dire de 111^{kil},111. Plus entre deux stations le gradient sera grand, plus le mouvement de l'air, le vent, sera violent; la relation mathématique qui lie le vent au gradient n'est pas encore connue, mais le sens du phénomène est certain. On voit par suite le peu de confiance qu'il faut attribuer aux désignations *beau, variable, pluie, tempête,* etc., inscrites d'ordinaire sur les baromètres : la connaissance de la hauteur barométrique en un point ne sert presque de rien, et ne vaut que par les comparaisons que l'on en peut faire avec les hauteurs simultanées en un certain nombre de stations.

Le chapitre V est consacré à l'examen de ce que l'on désigne maintenant, peut-être un peu abusivement, du nom de *cyclones* et d'*anticyclones.* Les cyclones étaient primitivement ces tempêtes d'une violence dont nous n'avons aucune idée, et qui, de temps à autre, dévastent les Antilles, les îles de la mer des Indes et l'Inde elle-même. On en est arrivé à étendre ce nom aux plus petites dépressions barométriques, parce qu'elles sont accompagnées, comme les cyclones proprement dits, d'un mouvement gyratoire de l'atmosphère. De même les Anglais ont désigné les premiers sous le nom d'anticyclones, le mouvement gyratoire inverse qui s'effectue tout autour des centres de haute pression barométrique. Dans l'hémisphère nord, tout autour d'un centre de basse pression, l'air circule en spirales qui convergent peu à peu vers le centre, et tournent en sens inverse des aiguilles d'une montre; au contraire, autour d'un centre de haute pression les spirales s'écartent de ce centre et tournent dans le sens même des aiguilles d'une montre. Dans l'hémisphère sud, le sens de la rotation est l'inverse de celui de l'hémisphère nord. Cette loi énoncée par Redfield, Reid, etc., a été généralisée par M. Buys-Ballot, qui en a donné un énoncé très simple : dans l'hémisphère nord, quand on se tourne de manière à recevoir le vent dans la figure, on a à gauche le côté où le baromètre est le plus élevé, et à droite celui où il est le plus bas; le contraire a lieu dans l'hémisphère austral. On trouvera dans le livre de M. Scott de nombreux exemples de ces centres de haute et basse pressions, et du mouvement qu'ils affectent d'ordinaire, voyageant le plus souvent de l'ouest à l'est. Les centres de haute pression se meuvent en général beaucoup plus lentement que les dépressions, et celles-ci sont fréquemment accompagnées de dépressions secondaires dont l'influence peut être grande.

Le chapitre VI est spécialement consacré à l'étude du mouvement des centres de haute et de basse pressions. Bien que leur route la plus fréquente soit dirigée de l'ouest à l'est, on en voit venir de presque toutes les directions ; mais celle que l'on rencontre le moins souvent et même seulement d'une manière exceptionnelle, est l'est. Il est bien difficile, sans cartes, d'expliquer les particularités de ces mouvements; nous ne pouvons donc pour cette question que renvoyer au livre même, où les exemples sont nombreux et bien choisis; dans ce chapitre seul on ne rencontre pas moins de vingt-six cartes.

Dans le chapitre VII l'auteur expose l'usage que l'on fait des cartes du temps pour prédire les conditions atmosphériques qui doivent être la conséquence des phénomènes observés et transmis par le télégraphe au bureau central. Il se borne à l'exposé des règles que la pratique de chaque jour a indiquées, sans avoir recours à aucune théorie. M. Scott ne croit pas beaucoup, en effet, aux diverses théories émises successivement sur la cause et les lois des mouvements généraux de l'atmosphère. Comme il le dit lui-même : « Quand les savants émettent des opinions aussi contradictoires sur les différentes théories, le public ne saurait mieux faire que d'attendre patiemment une théorie plus complète. » La plupart des théories émises jusqu'à ce jour reposent en effet sur quelque fait exact, mais trop vite généralisé. Il nous faudra donc attendre probablement encore un certain temps avant que les progrès de cette partie de la science, née d'hier seulement, permettent de formuler des vues générales, reposant sur un ensemble de données d'observations sérieuses, dont la plupart manquent encore.

Il est bon de faire remarquer en passant dans quelle situation défavorable nous nous trouvons, en France et en Angleterre, pour la prévision du temps. Comme les tempêtes nous viennent surtout de l'ouest, c'est-à-dire de la mer, nous ne pouvons être avertis de leur approche, et nous ne l'apprenons le plus souvent qu'en en ressentant les effets. Il faut, pour arriver à prévenir à temps les intéressés, se contenter de signes précurseurs souvent fugitifs, ce qui expose à bien des mécomptes. Bien autre est la position des Américains, placés à l'est d'un immense continent, et mis ainsi à même de suivre plusieurs jours à l'avance la venue et les progrès des tempêtes qui se dirigent de l'ouest vers l'Atlantique.

En terminant, M. Scott explique en détail le système employé pour prévenir de l'approche des tempêtes, et la disposition des signaux que l'on hisse dans les ports pour annoncer aux navires au large la nature du coup de vent ou de la bourrasque auxquels ils sont exposés, ainsi que la direction d'où doit venir le danger. Il publie ensuite le relevé du nombre d'annonces faites et de celles que l'événement est venu réaliser; la proportion des réussites est d'environ 80 pour 100, chiffre considérable si l'on songe aux conditions particulièrement défavorables dans lesquelles on opère, et que nous avons rappelées plus haut. Pour faire mieux comprendre enfin les causes d'insuccès, l'auteur analyse avec détail deux cas dans lesquels les prévisions se sont trouvées complètement en défaut.

Telles sont les matières contenues dans ce petit volume qui atteint à peine 150 pages. Il se passera encore bien du temps avant qu'on ne puisse écrire avec fruit un traité des grands mouvements de l'atmosphère; le livre de M. Scott n'a pas cette prétention : c'est une œuvre toute pratique, contenant bien des renseignements utiles, et qui permet de se faire une juste idée de l'état de cette question si importante de la prévision du temps, des progrès accomplis et de ceux qui restent à réaliser.

Publications nouvelles.

Embryologie ou traité complet du développement de l'homme et des animaux supérieurs, par M. A. Kölliker, professeur d'anatomie à l'Université de Wurzbourg. Cet ouvrage, qui paraît par livraisons, formera un volume grand in-8° de plus de 1000 pages, avec 606 gravures sur bois intercalées dans le texte. (Paris, Reinwald.)

Pour la commodité des souscripteurs, le *Traité d'Embryologie* sera publié en 10 cahiers mensuels de 6 feuilles environ. Chaque cahier sera du prix de 2 fr. 50. En prenant le premier cahier, on s'engage pour l'ouvrage entier et on payera d'avance le dixième cahier (dernier), qui sera livré gratis, de manière que l'ouvrage entier ne surpassera pas le prix de 25 francs pour les souscripteurs. — Le premier fascicule est en vente.

Agenda médical pour 1879, contenant : 1° Mémorial thérapeutique du médecin praticien, par le professeur Trousseau, le Dr Constantin Paul et le professeur Pajot; 2° Formulaire magistral, par M. Delpech; 3° Code médical et professionnel, par le Dr Legrand du Saulle; 4° Notice sur les stations hivernales, par le Dr de Valcourt; — et comme principaux renseignements : la liste des docteurs en médecine, officiers de santé, pharmaciens et vétérinaires du département de la Seine, les médecins et chirurgiens des hôpitaux civils et militaires de Paris, les médecins des bureaux de bienfaisance, les médecins des eaux minérales, les Facultés et Écoles préparatoires de médecine de France, les Écoles de médecine navales, les Académies et Sociétés de médecine, de chirurgie, d'hygiène publique et de salubrité, des modèles de rapports et certificats, le nouveau tableau des rues de Paris, etc. (Paris, P. Asselin).

Précis du cours d'économie politique professé à la Faculté de droit de Paris contenant avec l'exposé des principes l'analyse des questions de législation économique, par Paul Cauwès, agrégé, chargé d'un cours d'économie politique à la Faculté de droit de Paris, tome second (première partie) contenant la fin de l'économie politique proprement dite (premier examen de licence) in-8° de 350 pages (Paris, librairie Larose). Broché.

Études forestières, par Jules Bertin, sous-inspecteur des forêts de l'État. Brochure in-8° de 84 pages. (Lille, imprimerie Ducoulombier, 1879.)

Annexe de l'étude sur les forestiers et l'établissement du comté héréditaire de Flandre, suivie d'une notice sur les saxons-transelbains-scandinaves en Flandre, par Jules Bertin, sous-inspecteur des forêts de l'État, et George Vallée, avocat. Brochure in-8° de 32 pages. (Lille, imprimerie Ducoulombier, 1879.)

Le fondement de la morale, par Arthur Schopenhauer, traduit de l'allemand par A. Burdeau, professeur agrégé de philosophie. 1 vol. in-18 de 200 pages, faisant partie de la *Bibliothèque de philosophie contemporaine* (Paris, Germer Baillière et Cie). Prix : 2 fr. 50.

Mémoires et documents pour servir à l'histoire des origines françaises des pays d'outre-mer. Découvertes et établissements des Français dans l'ouest et dans le sud de l'Amérique septentrionale (1614-1698), par M. Pierre Margry. 3 vol. grand in-8°, comprenant ensemble près de 1900 pages. — 1re partie : *Voyages des Français sur les grands lacs et découverte de l'Ohio et du Mississipi* (1614-1684). — 2e partie : *Lettres de Cavelier de La Salle et correspondance relative à ses entreprises* (1678-1685). — 3e partie : *Recherche des bouches du Mississipi et voyage à travers le continent, depuis les côtes du Texas jusqu'à Québec* (1669-1698) (Paris, Maisonneuve et Cie).

Histoire de l'esclavage dans l'antiquité, par H. Wallon, secrétaire perpétuel de l'Académie des inscriptions et belles-lettres, doyen de la Faculté des lettres de Paris. Deuxième édition. Tome deuxième. 1 vol. in-8° de 520 pages (Paris, librairie Hachette et Cie).

CHRONIQUE SCIENTIFIQUE

Société française de physique. — *Séance du 20 juin.* — M. Fontaine offre à la Société son ouvrage sur « l'éclairage à l'électricité » et communique les résultats des mesures photométriques qu'il a effectuées pour comparer entre elles les machines magnéto-électriques à courant continu et à courant alternatif. Il a employé des régulateurs à charbons opposés, et un moteur fournissant trois chevaux de force. Il a trouvé que la quantité de lumière émise horizontalement est à peu près la même, que le courant soit continu ou alternatif. Au contraire dans une direction inclinée de haut en bas le courant continu produit plus de lumière; de telle sorte que la somme totale de lumière émise par le courant continu est presque double de celle qu'émet le courant alternatif. Ce résultat tient, d'après l'auteur, à ce que les deux charbons se taillent en pointe lorsqu'on fait usage du courant alternatif tandis que, avec le courant continu, le charbon supérieur prend la forme d'un cratère dont la concavité fonctionne comme réflecteur; de plus la température et l'éclat de ce cratère sont plus élevés que dans le cas de la pointe. L'emploi d'un réflecteur devient presque inutile avec le courant continu.

M. Fontaine ajoute que des expériences récentes sur le transport de la force motrice à l'aide de deux machines Gramme ont fourni un rendement de plus de 60 pour 100.

M. Fontaine représente graphiquement la distribution de la lumière émise suivant diverses inclinaisons, par une courbe plane tracée en coordonnées polaires.

M. Mascart dit que la quantité de lumière émise dans toutes les directions de l'espace serait représentée par le volume engendré par la rotation de cette courbe autour de son axe vertical. M. Cornu dit que cette quantité pourrait être représentée par la masse d'une surface sphérique concentrique au bec et dont chaque point aurait une densité proportionnelle à l'éclat de la lumière qui y tombe normalement.

M. Thollon présente un spectroscope à grande dispersion fournissant un spectre solaire de 15 mètres de longueur. Il montre un dessin du spectre solaire d'une longueur totale de 10 mètres, exécuté par lui au moyen de la méthode d'enregistrement suivante. La tête de la vis qui sert à mettre les prismes à la déviation minimum et à mener chaque raie sous la croisée du réticule a été construite en forme de poulie à gorge. Dans cette gorge repose une bande de papier sans fin qui défile, lorsqu'on tourne la vis, sous un crayon qu'on fait mouvoir parallèlement à l'axe au passage de chaque raie. M. Thollon a inscrit plus de 4000 raies, tandis que Angstroom n'en avait guère noté que 1600. Cet accroissement tient d'une part à l'apparition de raies très fines invisibles avec une dispersion moins grande, d'autre part au dédoublement de certaines raies métalliques. M. Thollon dit que le dédoublement des raies d'un même métal n'est pas indéfini, fait favorable à l'hypothèse des vibrations harmoniques voisines : elles appartiennent à deux métaux différents. Ces dédoublements peuvent jeter un doute sur certaines inductions de M. Lockyer, lequel a pu croire communes à deux métaux des raies très voisines, mais distinctes. Les raies métalliques s'élargissent d'autant plus sensiblement que la dispersion augmente.

M. Gariel communique au nom de M. Silvanus Thompson l'étude faite par ce physicien de l'aimantation de la plaque du téléphone. Au moyen des spectres magnétiques il a trouvé que les lignes de forces sont à peu près normales au centre de la plaque, à peu près tangentes vers les bords. M. Thompson pense que ce résultat est dû à une vibration moléculaire au centre, à une attraction magnétique plus près des bords.

M. Cornu fait part à la Société de ses recherches sur la limite ultra-violette du spectre solaire. Ce spectre est limité vers le violet par une absorption que nous sommes impuissants à faire disparaître; c'est l'absorption par l'atmosphère. Si l'on compare le spectre solaire du fer avec le spectre de ce métal fourni par l'arc électrique, on trouve qu'il y a coïncidence et proportionnalité pour toutes les parties des deux spectres qui sont identiques à l'intensité près. Mais aux environs des raies appelées par M. Cornu T et U le spectre solaire se montre brusquement couvert d'un voile, qui est précisément la bande d'absorption atmosphérique. Cette bande qui limite le spectre recule quand la hauteur du soleil augmente. La longueur d'onde qu'on peut atteindre diminue proportionnellement au logarithme du sinus de la hauteur solaire; en portant pour un même jour cette longueur en abscisses, ce logarithme en ordonnées, on obtient une ligne droite : d'une saison à l'autre cette droite se déplace quelque peu parallèlement à elle-même. En changeant de latitude ou même d'altitude on gagne peu de chose. M. Cornu a calculé qu'en s'élevant à une hauteur de 4000 mètres l'observateur ne gagnerait que 6 à 7 unités sur la longueur d'onde extrême qui est de 293 millionièmes environ. Les poussières en suspension dans l'atmosphère n'ont qu'un faible pouvoir absorbant.

— Le dernier numéro du *Journal des Économistes*, revue mensuelle de la science économique, contient la dernière partie d'une savante et originale étude de M. de Molinari, correspondant de l'Institut, sur l'évolution économique du XIXe siècle. L'auteur fait un aperçu rétrospectif des évolutions antérieures et montre que le malaise actuel des sociétés vient de ce que l'ancienne *machinery* de gouvernement se trouve en voie de démolition, tandis que la nouvelle est partout en voie de formation. — Ce numéro contient aussi une étude sur les Chèques, un exposé de la question sur la Marine marchande et la fin des observations sur la Colonisation algérienne, des correspondances, des comptes rendus d'ouvrages, de la réunion mensuelle de la Société d'économie politique, une Chronique et un Bulletin bibliographique des livres parus. (Bureaux, rue de Richelieu, 14 : 36 francs par an.)

— Le Tour du Monde, *Nouveau Journal des Voyages*. — Sommaire de la 965e livraison (5 juillet 1879). — Le Laos et les populations sauvages de l'Indo-Chine, par M. le docteur Harmand (1877). Texte et dessins inédits. — Dix dessins d'Eugène Burnand et une carte.

— Sommaire de la 966e livraison (12 juillet 1879). — Le Laos et les populations sauvages de l'Indo-Chine, par M. le docteur Harmand (1877). Texte et dessins inédits. — Dix dessins d'Eugène Burnand et une carte.

— La défense de l'embouchure du Weser. — Les autorités militaires allemandes ont éprouvé et reçu récemment les travaux de cuirassement qui avaient été projetés et commencés depuis quelques années pour la défense de l'embouchure du Weser et qui ont été terminés il y a peu de temps. Ces travaux se composent de dix coupoles comprenant ensemble quinze canons de gros calibre et d'une batterie de neuf pièces. Les coupoles sont en fonte durcie, d'après le système de M. H. Gruson, industriel à Buckau-Magdebourg, inventeur du nouveau métal pour blindages, qui a été chargé de la construction. Elles contiennent une pièce ou deux de 28 centimètres, ou deux pièces de 15 centimètres. Elles sont placées sur deux forts à droite et à gauche du Weser, à l'intérieur de la zone baignée par les eaux, de telle sorte qu'à marée haute le pied des forts plonge dans le fleuve lui-même et qu'à marée basse ils sont protégés par de grandes étendues de terrains inaccessibles. Quant à la batterie, elle domine la rive navigable à proximité immédiate du Bremershafen : elle avait reçu son armement depuis plusieurs années. C'est donc sur les coupoles qu'ont porté les dernières expériences. Celles-ci ont duré douze jours et ont parfaitement réussi. Les coupoles de la rive gauche, qui pèsent 500 000 kilogrammes avec les canons et leurs affûts, ont pu accomplir une révolution complète autour de leur axe en cinq ou six minutes, la manœuvre étant faite par dix hommes. Les trois coupoles du fort de la rive droite, dont chacune pèse environ 600 000 kilogrammes, ont, à l'aide d'une machine à vapeur, accompli simultanément une révolution complète en moins d'une minute. Le montage des munitions et le chargement se font avec une telle rapidité, que l'on a pu tirer plusieurs coups de canon séparés seulement par un intervalle de 75 secondes. Enfin, ces coupoles sont les seules en Europe qui soient munies de dispositifs permettant de remplacer, sous la protection du blindage, les pièces démontées par les projectiles ennemis, et cela au moyen de pièces intactes abritées dans le fort même. Désormais, l'embouchure du Weser sera d'un accès difficile pour les navires de guerre ennemis.

— École d'astronomes. — M. l'amiral Mouchez, directeur de l'Observatoire, organise en ce moment une école de hautes études, destinée au recrutement des élèves astronomes pour les différents observatoires français. Les élèves recevront un traitement de 1800 francs par an. Ils devront être licenciés ès sciences physiques et mathématiques, ou sortis d'une des deux Écoles polytechnique et normale. Les cours de l'École de l'Observatoire seront aussi suivis par des élèves libres, en nombre quelconque, remplissant certaines conditions de capacité.

— Muséum d'histoire naturelle. — *Cours de botanique, classifications et familles naturelles, excursion botanique dans la Côte-d'Or.* — M. Bureau, professeur, fera une excursion botanique du 19 au 22 juillet dans la Côte-d'Or. Ce voyage aura pour but l'étude de la végétation des montagnes jurassiques. Les localités explorées seront : Gevrey-Chambertin, Messigny et Val-de-Suzon. La dernière journée sera réservée à la visite du Jardin botanique et des musées de Dijon.

Pour profiter de la réduction sur le prix des places demandée à la Compagnie des chemins de fer de Paris à Lyon, se faire inscrire à la galerie de botanique du Muséum, tous les jours de midi à quatre heures. Les inscriptions seront reçues jusqu'au 15 juillet inclusivement.

Le propriétaire-gérant : Germer Baillière.

PARIS. — Impr. J. CLAYE. — A. QUANTIN et Ce, rue St-Benoît. [1279]

LA

REVUE SCIENTIFIQUE

DE LA FRANCE ET DE L'ÉTRANGER

REVUE DES COURS SCIENTIFIQUES (2e SÉRIE)

DIRECTEUR : M. ÉMILE ALGLAVE

2e SÉRIE — 9e ANNÉE NUMÉRO 3 19 JUILLET 1879

LES MALADIES DE L'ESPRIT

D'après M. Maudsley (1).

Parmi les problèmes qui s'imposent au médecin, il n'en est pas de plus difficile et de plus important que la folie. Mais le médecin n'est pas le seul qui puisse et qui doive se consacrer à cette étude si douloureuse et si attachante à la fois ; le législateur, le magistrat, le moraliste ne peuvent se désintéresser d'une question qui touche de si près aux intérêts de la société et aux bases mêmes du droit pénal. Enfin cette étude est surtout indispensable à tous ceux qui veulent s'occuper des problèmes psychologiques. L'étude de l'aliénation mentale est aussi nécessaire au psychologue que l'observation des malades et l'expérimentation le sont au médecin et au physiologiste. Si, comme le veut une certaine école, les vivisections étaient interdites, les progrès physiologiques ne pourraient plus se faire que par l'observation minutieuse des maladies et les faits pathologiques viendraient seuls révéler, par le désordre fonctionnel des organes, le jeu normal de leurs fonctions. Quand il s'agit du fonctionnement du cerveau, de ce mécanisme si délicat et si complexe, l'expérimentation sur les animaux ne peut nous donner que des indications générales et nous fournir des suggestions plutôt que des résultats, tandis que d'autre part l'observation interne et l'introspection sont absolument insuffisantes. Jusqu'ici la pathologie cérébrale et l'aliénation mentale constituent encore les meilleurs procédés que nous possédions pour arriver à connaître le mécanisme intime de la pensée et de la sensation. Elles nous laissent pénétrer jusque dans les profondeurs de l'âme humaine, qui échappent à la conscience même et illuminent de lueurs rapides ce travail cérébral, mystérieux et souterrain, dont nous ne voyons que les produits.

Mais habituellement le psychologue n'est guère préparé par ses études antérieures et par sa direction d'esprit à comprendre ce que c'est que la folie et à s'en faire une idée nette. Pour la plupart des hommes en effet, la folie est quelque chose d'étrange, d'anormal, une maladie à part dans le vaste champ des maladies humaines, et il ne faut pas trop s'étonner de cette croyance, puisqu'elle est encore partagée par un certain nombre de médecins et que l'école spiritualiste compte encore des adhérents qui se rattachent à la formule d'Heinroth : l'aliénation est une maladie de l'âme. Et cependant, il ne faut pas se lasser de le répéter, le cerveau est un organe comme les autres, susceptible des mêmes dégénérescences, exposé aux mêmes lésions, et les troubles fonctionnels de la substance corticale malade, comme le délire ou un accès de manie, n'ont rien de plus étonnant et de plus surnaturel qu'une paralysie après la section d'un nerf ou les vomissements dans un cancer de l'estomac.

Si cette opinion est vraie, et c'est elle qui est adoptée aujourd'hui par la majorité des médecins aliénistes, par l'école dite *somatique,* il ne suffira pas, pour étudier la folie, d'observer les phénomènes que présentent les aliénés, de noter leurs conceptions délirantes, d'en suivre attentivement la marche, il faudra remonter plus haut : il faudra connaître à fond la structure et le fonctionnement du cerveau, comment il se nourrit et comment le sang y circule, savoir ce que c'est qu'un nerf et une cellule nerveuse, et comme tout se tient dans l'organisme, comme il n'y a pas dans le corps un organe ou un tissu qui ne soit ou ne puisse être, à un moment donné, solidaire des autres organes et des autres tissus ; cette étude ne peut être faite que si l'on a déjà des notions précises d'anatomie et de physiologie, que si l'on sait ce que c'est qu'un être vivant. Mais ces notions ne doivent pas être acquises de seconde main et dans les livres ; il faut avoir étudié par soi-même ; il faut avoir tenu le scalpel et la pince ; il faut avoir vu, touché, senti, expérimenté ; il faut avoir saisi sur le vif le mécanisme des organes en action ; il faut avoir assisté aux accès d'un maniaque, conversé avec des aliénés délirants ; il faut en un mot avoir fréquenté les am-

(1) *Pathology of mind,* 1 vol. in-8°, London, chez Macmillan and C°.

phithéâtres, les laboratoires, les asiles, non pas en passant et en amateur, mais en étudiant sérieux. Alors, mais seulement alors, le psychologue aura le droit de faire de la véritable psychologie, c'est-à-dire de la physiologie cérébrale.

Est-ce à dire pour cela qu'on ne puisse être psychologue sans être médecin? Non sans doute, mais il est un minimum de connaissances physiologiques et médicales qui lui sont indispensables et sans lesquelles toutes ses recherches, quelle que puisse être son intelligence, manqueront de base solide. Descartes, que nos philosophes citent tant et qu'ils n'imitent guère, n'agissait pas autrement; il était aussi bon physiologiste qu'on pouvait l'être de son temps; il adopte un des premiers la circulation du sang d'Harvey; il fait même des vivisections, et, pour n'en citer qu'un exemple, il constate l'accélération des battements du cœur sous l'influence de la chaleur. Mais de nos jours, nos philosophes, à part quelques rares exceptions parmi les jeunes, en sont encore au magnifique dédain de l'école de Cousin pour l'observation et pour l'expérience. Un des plus illustres représentants de l'école spiritualiste, M. Janet, n'a-t-il pas écrit un livre sur *le cerveau et la pensée,* sans connaître autre chose du cerveau que les planches de Ludovic Hirschfeld et la *démonstration* d'un cerveau par un de ses amis, opération des plus délicates, ajoute-t-il, et spectacle des plus intéressants (p. 25). Il faut que les philosophes en prennent leur parti; s'ils ne veulent pas se reléguer dans les recherches purement historiques, il faut qu'ils rompent définitivement avec les vieilles routines, qu'ils se mettent résolument à l'œuvre et qu'ils abandonnent *souvent* l'atmosphère artificielle du cabinet d'étude pour ce qu'ils appellent les horreurs de l'amphithéâtre et du laboratoire. Qu'ils vivent un peu moins dans les livres et un peu plus dans la réalité. Au lieu de s'absorber, comme des fakirs indiens, dans la contemplation stérile de leurs propres pensées, qu'ils portent toute l'énergie de leur activité mentale sur les phénomènes bien autrement intéressants de la nature et de la vie. Ils y trouveront la solution de bien des problèmes.

Si les livres ne peuvent remplacer l'observation personnelle et directe, ils n'en constituent pas moins, quand ils sont bien faits, des guides utiles, indispensables même. A ce point de vue, l'ouvrage de M. Maudsley, la *Pathologie de l'esprit,* rendra d'incontestables services à toutes les personnes qui s'occupent des questions psychologiques; il est écrit principalement pour les médecins, comme le révèle la tendance pratique qui s'accuse à chaque page, mais il peut être lu avec fruit par tout le monde, et j'ajouterai que, chose assez rare pour les livres spéciaux, la lecture en est facile pour tout homme d'une instruction moyenne. J'aurais peut-être, pour ma part, préféré que M. Maudsley donnât à son livre une tournure plus psychologique et moins médicale; mais j'aurais mauvaise grâce à insister là-dessus, car le reproche opposé lui sera peut-être fait par un certain nombre de médecins.

C'est par le sommeil et le rêve que M. Maudsley commence l'étude de la pathologie de l'esprit, et cette marche n'a rien que de logique, tant sont nombreux les points de contact entre le rêve et la folie. Si l'on mettait en action la plupart des rêves (en admettant cette possibilité), on aurait une série d'actes insensés qui feraient immédiatement enfermer leur auteur dans un asile d'aliénés. Dans les deux cas, la volonté, dans son acception la plus haute, c'est-à-dire le contrôle des opérations mentales, est diminuée ou abolie; les idées les plus bizarres et les plus absurdes se produisent sans que la réflexion vienne les corriger; les événements les plus étranges et les plus invraisemblables sont acceptés sans la moindre surprise et comme la chose du monde la plus naturelle; dans les deux cas, l'affaiblissement de la conscience, la diminution ou la perte partielle de l'identité personnelle révèlent une suspension des liens de l'activité fonctionnelle des centres cérébraux supérieurs. Les conditions d'apparition des deux états, les causes qui les déterminent, les caractères qu'ils présentent prouvent leur ressemblance et leur analogie; enfin dans certains cas, et les exemples en sont assez nombreux, le rêve peut se transformer en délire; la folie n'est que la continuation du rêve, le rêve fixé et permanent.

Je ne suivrai pas M. Maudsley dans son étude des caractères mentaux du rêve; je me contenterai de signaler un point sur lequel il insiste particulièrement et qui se rattache étroitement aux idées émises déjà dans la *Physiologie de l'esprit.* On a dit quelquefois que dans le rêve nous perdions la faculté d'associer les idées; mais cette opinion n'est vraie que si on ajoute cette restriction: comme nous le faisons dans l'état de veille et dans les conditions ordinaires. Il y a en effet dans le rêve, contrairement à l'opinion courante, un singulier pouvoir d'associer et d'arranger les idées en scènes dramatiques les plus variées. Il semblerait que les idées ont, comme les substances chimiques, une tendance naturelle à se combiner; il y a dans l'esprit, dans les profondeurs mentales sous-jacentes à la conscience et à la volonté, une sorte de *pouvoir plastique* qui n'est autre chose que l'imagination, pouvoir plastique qui a sa racine dans la mémoire et n'est en somme que la fonction organique primordiale des centres cérébraux supérieurs, comparable à l'activité organique de la cellule.

Nos rêves ont pour condition nécessaire des expériences et des observations mentales antécédentes; l'enfant nouveau-né n'a probablement pas de rêves. Le plus souvent, surtout chez les personnes nerveuses, ils sont déterminés par les événements de la journée, un incident insignifiant quelquefois; d'autrefois ce sont des événements déjà lointains, des souvenirs de notre enfance, ou bien des faits, des personnes dont nous n'avons pas même le souvenir à l'état de veille. Dans certains cas, et ceci jette du jour sur certaines formes d'aliénation mentale, le rêve est déterminé, non plus par un fait, mais par un sentiment, terreur, crainte, tristesse, etc., éprouvé dans la journée et qui devient la cause occasionnelle d'images, de scènes, d'apparitions créées par le pouvoir organique de l'esprit pour correspondre au sentiment éprouvé. Le point de départ des rêves peut se trouver encore dans les impressions sensitives provenant soit des sens spéciaux, soit plus souvent des organes de la vie végétative. Tout le monde connaît par expérience les cauchemars causés par une digestion pénible, les rêves dus à des troubles de l'activité fonctionnelle du cœur et de la respiration; mais les plus intéressants dans cette catégorie sont les rêves déterminés par les organes reproducteurs, rêves si fréquents à la puberté, et qui, fait bien curieux au point de vue psychologique, peuvent se produire avant toute expérience personnelle et même avant toute connaissance du mode d'activité fonctionnelle des organes générateurs.

Les expériences de Braid sur les états mentaux suggérés par l'attitude donnée aux membres dans le somnambulisme provoqué peuvent servir à expliquer certains rêves qui ont leur cause dans la position des membres pendant le sommeil.

La légèreté des mouvements, le soulèvement de terre, la sensation de vol dans l'espace qu'on éprouve quelquefois en rêve rappellent singulièrement les hallucinations motrices de saint Philippe de Néri et de sainte Christine. Enfin, il faut attribuer un rôle important à la circulation cérébrale, à la qualité et à la composition du sang et au fonctionnement même du système nerveux. L'étude des rêves, dit M. Maudsley, est trop négligée en général par les psychologues et les médecins, et il ajoute, comme conseil pratique, qu'un homme prudent pourrait prendre ses rêves comme une sorte de thermomètre de son état de santé.

Avec l'hypnotisme, le somnambulisme naturel ou provoqué, l'extase et les états analogues, ont fait un pas de plus vers la folie. Là, en effet, cette discontinuité, ce désaccord entre les divers centres nerveux se rencontre avec plus de netteté encore que dans le rêve, et il est quelques-uns de ces états, comme le spiritisme moderne, par exemple, qui touchent de bien près à la folie. Cet amour du merveilleux et du surnaturel qui est inné dans certains esprits, lorsqu'il n'est pas contenu par la raison et rectifié par une éducation sévère, fait de ces malheureux naïfs la proie facile de tous les imposteurs de haut et de bas étage et les adeptes fervents du mesmérisme, du spiritisme et *tutti quanti*. Inutile de discuter avec eux; ils ont la foi; ils ont vu, touché, entendu; ils refusent même de soumettre leurs merveilleuses manifestations à la vue et à l'investigation d'un sceptique; car il suffit d'un sceptique pour faire tout manquer. Il est bien fâcheux en vérité, pour tous les miracles passés, présents et futurs que toujours ils se produisent en présence de ceux qui ont déjà la foi et n'en ont pas besoin et jamais en présence des incrédules qui auraient seuls besoin d'être convertis.

Le chapitre le plus important de l'ouvrage de M. Maudsley est sans contredit celui qui traite des causes de la folie. C'est là qu'on retrouve, dans toute leur plénitude, les qualités que nous avons eu déjà occasion de louer dans le livre du même auteur sur la *Physiologie de l'esprit*. Les pages consacrées par l'auteur à cette question méritent d'être lues et méditées par tous ceux qui s'intéressent à l'étude du développement mental de l'individu et de l'humanité.

Les causes de la folie, telles qu'elles sont présentées dans la plupart des traités spéciaux, sont tellement vagues et tellement générales qu'il est presque impossible d'en tirer quelque chose quand on se trouve en présence d'un cas donné. Il entre, en effet, dans la production de la folie une telle complexité de conditions qu'on se heurte à des difficultés insurmontables quand on veut en faire une analyse complète et rationnelle. Voilà deux hommes soumis à une même commotion morale; pourquoi l'un est-il frappé d'aliénation et l'autre indemne? Si nous connaissions exactement toute la vie antérieure du sujet et de ses ancêtres, nous verrions que la folie est la résultante inévitable de faits antérieurs, que les germes en existaient à l'état latent, que tout était préparé d'avance et que la commotion morale n'a été que l'étincelle qui a déterminé l'explosion.

Pour bien comprendre les causes de l'aliénation mentale, il faut déterminer les conditions qui font que l'homme est ce qu'il est, et ces conditions sont, d'une part, l'hérédité, et d'autre part, l'éducation et le milieu dans lequel l'homme s'est trouvé après sa naissance.

L'influence de l'hérédité est reconnue par tout le monde. Au plus profond de notre cœur, nous sentons instinctivement, dit l'auteur, que nous avons été prédestinés de toute éternité à être ce que nous sommes, et que, les conditions antécédentes ayant été ce qu'elles furent, nous ne pouvions être différents. Le présent dérive du passé par les lois régulières du développement ou de la dégénérescence; impossible, quoi que nous fassions, d'échapper à cette tyrannie de notre organisation, quelque cruelle et douloureuse qu'elle soit quelquefois, et ceci est aussi vrai au point de vue moral qu'au point de vue physique. Cette idée, il faut l'envisager résolument et ne jamais la perdre de vue. Si nous subissons dans notre organisation les conséquences des fautes, des vices, des maladies de ceux qui nous ont précédés, nous ne devons pas oublier que nous en précédons d'autres, et que nous préparons à notre tour l'organisation des générations futures. Nous ne devons pas oublier que nous pouvons, par une éducation rationnelle, faire apparaître des aptitudes qui se fixeront peu à peu par l'hérédité, et qui deviendront peu à peu permanentes, et que nous pouvons éviter ainsi à ceux qui viendront après nous une partie des maux dont nous souffrons.

Pour étudier à fond l'influence de l'hérédité dans la production de la folie, il faudrait remonter jusqu'aux origines animales de l'homme. Il y a en effet dans l'homme, dit M. Maudsley, la nature animale, la nature humaine, la nature familiale et la nature individuelle; il y a en lui la bête, l'homme, la famille et l'individu.

L'auteur ne s'occupe que de l'hérédité directe dans la famille et dans les ancêtres immédiats; et cependant n'y aurait-il pas là des faits à mentionner et qui trouvent leur application dans l'étude de l'aliénation mentale. Il n'y a, dit-il quelque part, pas un tissu, pas un organe, pas un élément, qui ne soit représenté dans le germe, et ces idiosyncrasies se retrouvent dans tout le cours des générations. Ne faut-il pas remonter jusqu'au delà des confins de l'humanité naissante pour expliquer certaines formes animales de la folie? L'être dégradé qui rumine accroupi dans son coin, l'aliéné qui agit comme la brute qu'il s'imagine être, l'idiote qui met bas et déchire le cordon avec ses dents, le furieux qui tue à l'aveugle sous l'impulsion homicide, le déterreur et le mangeur de cadavres ne sont-ils pas des spécimens hideux d'un autre âge? N'y a-t-il pas là de véritables poussées de bestialité qui surgissent des profondeurs de l'organisation cérébrale pour nous prouver qu'il y a en nous quelque chose qui vit encore de la brute et qui peut faire explosion dans des circonstances données.

Mais si ces faits sont rares, même en aliénation mentale, et s'il n'est pas besoin de remonter si loin pour expliquer la plupart des formes qu'elle présente, les conditions héréditaires se montrent avec évidence dans les ascendants directs et dans la famille. La vie d'un homme est la continuation de la vie de ses parents, et chaque être possède à l'état latent et condense pour ainsi dire dans son individu les caractères de ses ancêtres. Cette influence héréditaire se constate dans le quart et peut-être dans la moitié des cas d'aliénation mentale; mais, même en dehors de ces cas, on retrouve en général dans les ascendants sinon des exemples de folie confirmée, du moins des prédispositions morbides spéciales, nervosisme, hypocondrie, tendance au suicide, etc.

Parmi les conditions qui agissent sur l'homme après sa naissance, la religion se place en première ligne. Ici M. Maudsley élargit singulièrement la question et la traite avec une netteté et une franchise qui ne manquent pas de courage, surtout en Angleterre. Quelle est l'influence sur l'homme de l'atmosphère religieuse dans laquelle il est né et dans laquelle il a vécu? Quel effet a eu la croyance au surnaturel sur le développement de l'humanité? Au point de vue de la pensée et de la science, on peut affirmer hardiment que le résultat a été défavorable; elles ont été entravées dans leur développement; une barrière se dressait devant toute libre recherche; toutes les voies d'investigation directe étaient prohibées. Le génie, ainsi comprimé, se rejeta dans la poésie et dans l'art; poètes, artistes, sculpteurs, architectes, développèrent à l'envi les énergies créatrices de leur nature; mais ce n'était là qu'une compensation insuffisante. On ne peut nier cependant que la croyance à une intervention surnaturelle dans les affaires humaines n'ait pu avoir son utilité à un moment donné de l'évolution de l'humanité, ou n'ait pu servir au progrès social, comme il est essentiel au bonheur de l'enfant de croire et de respecter ses parents, quelque indignes qu'ils puissent être de sa confiance et de son respect.

Mais actuellement cette influence sur l'esprit humain est-elle bonne ou mauvaise? La réponse n'est pas douteuse pour M. Maudsley. Croire que le cours des événements peut être capricieusement interrompu par un pouvoir en dehors de la nature, que la succession des phénomènes est une succession arbitraire, ce serait enlever à l'esprit humain le motif le plus puissant qui le pousse à étudier les lois des phénomènes, et affaiblir ou détruire ce sentiment de responsabilité qui fait que nous pouvons agir sur la nature et sur nous-mêmes. Les prières, les sacrifices à des fétiches, matériels ou idéaux, ne peuvent modifier l'uniformité sereine des lois naturelles et ne démontrent que la faiblesse d'esprit de ceux qui les adressent; ils peuvent donner des forces dans certaines circonstances de la vie, mais c'est à l'aide d'une illusion, comme les enfants qu'on fait agir en leur *faisant croire* quelque chose. Mais dans le renouvellement de ces actes, dans ces appels incessants à une intervention supérieure, n'y a-t-il pas une cause d'affaiblissement de l'intelligence et du caractère? Croire à des faits sur lesquels tout raisonnement est impossible et qui n'ont pas de base raisonnable, croire sans examen et uniquement parce que quelqu'un vous a dit de croire, n'est-ce pas miner les fondements mêmes de l'esprit et préparer peut-être la croyance à d'autres illusions plus graves et plus fâcheuses pour l'intelligence?

Mais cette croyance est, dit-on, une consolation, un soulagement suprême dans les heures de détresse et de désespoir. C'est juste, mais on peut se demander s'il est bon pour l'humanité d'avoir une doctrine quelque consolante qu'elle puisse être, si cette doctrine est fausse. Il peut paraître dur d'enlever à la faiblesse humaine la béquille sur laquelle elle s'appuie; mais marcher avec une béquille ne constitue pas la marche naturelle, et il vaut mieux, au risque de quelques chutes, s'habituer à marcher solidement et sans soutien. Au lieu de compter sur un secours d'en haut qui fait le plus souvent défaut, ne vaut-il pas mieux ne compter que sur soi-même et travailler courageusement et sans aide à son perfectionnement physique et moral. Les prières et les sacrifices n'ont jamais rendu l'homme meilleur; on pourrait plutôt dire le contraire. Le sauvage, qui croit par un fétiche se garantir contre les accidents et les maladies, ne s'occupe guère de l'hygiène de son corps; il en est de même de l'hygiène de l'âme. Et, d'autre part, où trouver une vie plus pure que celle d'un Bouddha ou d'un Spinosa qui n'avaient aucune croyance en un Dieu personnel?

Il n'y a pas à craindre que l'élément émotionnel de la nature humaine disparaisse quand disparaîtra cette idée de surnaturel. Tant que l'homme aura des viscères, il aura toujours des émotions, quelles que soient ses croyances; qu'il soit religieux ou athée, il ne deviendra jamais, faute de prières, une pure machine intellectuelle. S'il s'applique à l'étude fervente de la nature, s'il sympathise avec les créations des artistes et des poètes, s'il s'intéresse aux actions, aux souffrances, aux aspirations de ses semblables, s'il cultive ce sentiment de l'harmonie et de l'unité universelles que la philosophie dévoile et auxquelles la poésie prête sa plus sublime expression, il pourra donner l'essor à toutes les nobles émotions que l'homme est susceptible de ressentir. Il pourra, il est vrai, rester insensible à certaines émotions personnelles et d'un degré inférieur, à la phraséologie sentimentale et mystique de certaines écoles, à la religiosité vague, à cette littérature hystérique si en vogue aujourd'hui; mais il aura, ce qui vaut mieux, cette émotion profonde, calme et saine, qui naît de la contemplation des harmonies de la nature et de la compréhension de ses lois.

Avec cette croyance au surnaturel, l'homme n'a plus que le salut de son âme pour objet; il ne voit que lui et ne vit que pour lui; tout le reste n'est rien, et il en résulte un incroyable développement de la personnalité individuelle. De là une perpétuelle introspection, un retour continuel sur soi-même, une analyse minutieuse de ses sentiments et de ses idées de chaque instant qui a le plus fâcheux effet surtout pour les femmes, chez lesquelles le côté affectif est plus développé que chez l'homme. A force de s'observer et de s'étudier, les sentiments acquièrent une prédominance excessive au détriment de l'intelligence. A l'état de santé, nous ne sentons pas nos organes; toute notre vie végétative s'accomplit dans l'ombre et à notre insu; mais dans cet état nouveau, artificiellement produit, les moindres sensations organiques augmentent d'intensité, et en première ligne il faut placer les sensations qui ont les organes génitaux pour point de départ. Peu à peu l'organe sexuel finit par se mélanger de la plus étrange façon au sentiment religieux et le fait dévier insensiblement; tout le monde connaît les visions de sainte Thérèse et de Marie Alacoque. Cette déviation du sentiment religieux s'observe surtout dans les sectes fanatiques qui, tout en conservant la confession auriculaire, n'ont pas su l'entourer des garanties étroites et des règles auxquelles elle est soumise dans l'Église catholique romaine; trop souvent l'amour divin doit toute sa ferveur à l'impulsion sexuelle qui en est consciemment ou inconsciemment l'inspiratrice, et l'union mystique des âmes se termine trop souvent d'une façon beaucoup plus matérielle.

Il est inutile d'insister sur ces idées de M. Maudsley. Mais ce n'est pas seulement dans les sectes auxquelles il fait allusion que ces influences se produisent, et, *si les médecins pouvaient tout dire,* ils auraient d'étranges révélations à faire sur la façon dont sont parfois comprises et pratiquées certaines formes bien connues de dévotion moderne. Il y aurait là une étude médico-psychologique bien curieuse, et j'ajouterai, bien utile à faire, mais qui demanderait une pénétration, une délicatesse de touche et un courage dont peu d'hommes sont capables.

Qu'on ajoute à cela les horreurs dont le christianisme a

entouré la mort, les menaces et les tortures de la damnation. Quelles angoisses pour des consciences faibles et timorées! Qu'adviendra-t-il d'une âme qui passe successivement des élans les plus enflammés de l'amour divin aux appels désespérés à la pitié céleste, du ravissement de l'extase à la terreur du supplice éternel. N'y a-t-il pas là un écueil fatal où viennent sombrer beaucoup d'intelligences!

Heureusement qu'il n'en est pas toujours ainsi. Le plus souvent ces natures faibles et timides, passives plutôt qu'actives, sont sauvées par leur faiblesse même. Elles remettent leur volonté, leur conduite, leurs pensées entre les mains du prêtre qui les dirige; elles s'anéantissent autant que possible et vivent heureuses dans une paix acquise aux dépens de leur intelligence.

On voit avec quelle liberté d'allures M. Maudsley traite cette question du surnaturel, et on ne lui reprochera certainement pas la *manie biblique* dont sont atteints la plupart de ses compatriotes. Ses opinions et la franchise avec laquelle il les exprime ont dû lui créer bien des ennemis dans son pays. Pour lui, toutes les formes de protestantisme ne sont que des croyances de passage entre le catholicisme romain et l'émancipation complète de toute croyance au surnaturel.

Même franchise et même netteté sur la question de l'éducation. L'éducation qui devrait lutter contre les tendances mauvaises, contre les imperfections de la nature héritée, est trop souvent au-dessous de son rôle. Dans les statistiques sur la folie, on a l'habitude de mettre en regard les gens instruits et les gens sans instruction. Mais on peut avoir reçu ce qu'on appelle dans le monde une bonne éducation, c'est-à-dire avoir de bonnes manières, avoir appris un peu de grec, de latin, de mathématiques, et ne représenter malgré cela qu'un être moral inférieur et un caractère imparfait; tel ouvrier qui sait à peine lire et écrire, aura quelquefois plus de caractère, de dignité, d'élévation véritable qu'un homme *bien élevé*. Ce qui importe plus encore que le savoir banal qu'on acquiert dans les écoles, c'est une discipline morale et intellectuelle sérieuse, c'est le développement du caractère. Il faut dès le jeune âge modérer et régulariser chez l'enfant l'élément affectif, lutter constamment contre la tendance au surnaturel au lieu de la développer comme on le fait d'habitude, montrer par l'étude patiente des faits que tout phénomène a ses lois dans la nature physique comme dans la nature morale, et que pas plus dans l'une que dans l'autre, ces lois ne doivent être transgressées. Mais c'est surtout chez les femmes que se fait sentir le besoin d'une réforme radicale dans l'éducation.

L'auteur étudie ensuite l'influence de l'âge, du sexe, du genre de vie et des diverses causes pathologiques sur la production de la folie. Je me contenterai de signaler aux médecins un paragraphe très intéressant, très original et très pratique en même temps sur le *tempérament fou*, question à laquelle l'auteur a déjà touché dans son livre de la *Bibliothèque scientifique internationale*, *le Crime et la Folie* (1), mais à laquelle il donne ici beaucoup plus d'extension.

C'est sur le terrain ainsi préparé par toutes les conditions précédentes que la folie se développe, et M. Maudsley en suit les caractères et les diverses formes depuis l'enfance jusqu'à l'âge adulte. Quoique toute cette partie du livre s'adresse plus spécialement au médecin, il y a encore bien des passages dans lesquels les problèmes psychologiques les plus élevés et les plus difficiles sont traités de main de maître : tels sont la folie dans l'enfance, les rapports du génie et de la folie, la criminalité, l'hérédité du vice et du crime, et tant d'autres points que le lecteur saura bien trouver dans cet ouvrage et qu'il lira avec le plus vif intérêt.

L'ouvrage de M. Maudsley révèle, au même degré, toutes les qualités que j'ai eu occasion de signaler dans un article précédent en rendant compte de *la Physiologie de l'esprit* (1) du même auteur. Je n'y insisterai donc pas; je ne pourrais que me répéter. Cependant je ferai un reproche à M. Maudsley, c'est qu'il n'y a pas entre les deux livres ce lien étroit qu'on était en droit d'attendre. On retrouve bien, par places, la trace des idées émises par l'auteur dans sa *Physiologie de l'esprit*, mais ce ne sont que des rapprochements accidentels. L'ouvrage actuel qui devrait être la conséquence et l'application du premier est, en réalité, un ouvrage distinct, une sorte de traité pratique d'aliénation mentale, plus riche seulement en détails psychologiques que les traités spéciaux. Les questions de physiologie cérébrale que soulève et que résout quelquefois l'étude de l'aliénation mentale y sont passées sous silence ou n'y sont pas traitées à fond. C'est l'œuvre d'un médecin et d'un moraliste; mais ce pouvait, ce devait être aussi l'œuvre d'un physiologiste et d'un philosophe. Telle qu'elle est cependant, c'est une œuvre à lire et à méditer, et j'espère qu'avant peu une traduction viendra s'ajouter aux deux traductions des ouvrages du même auteur : *le Crime et la Folie* et *la Physiologie de l'esprit*.

BEAUNIS,

Professeur de physiologie à la Faculté de médecine de Nancy.

LES MŒURS DES FOURMIS

D'après sir John Lubbock.

Si l'on s'en tient à la structure du corps, c'est évidemment l'Anthropoïde qui se rapproche le plus de l'homme. Ne considérons-nous au contraire que l'intelligence : alors les mœurs des fourmis, leur organisation sociale, leurs communautés nombreuses, leurs habitations et leurs routes, leurs animaux domestiques et leurs esclaves, tout cela donne à ces intéressants insectes le droit de réclamer une place tout à côté de nous. On peut même retrouver, dans les différences considérables que présentent entre elles les diverses espèces, des degrés correspondant aux principales phases du développement de l'humanité.

Nous ne parlons pas ici des faiseuses d'esclaves, qui ne représentent qu'un état de choses anormal et peut-être temporaire; car l'esclavage, chez les fourmis comme chez les hommes, semble dégrader ceux qui l'adoptent; et peut-être ces esclavagistes sont-elles destinées à disparaître devant des espèces capables de se suffire à elles-mêmes, et ayant atteint un plus haut degré de civilisation. En laissant cette exception de côté, nous voyons les diverses conditions de la

(1) *Le Crime et la Folie*, par H. Maudsley, 3e édition. 1 vol. in-8° cartonné à l'anglaise (Paris, Germer Baillière et Cie).

(1) Voyez la *Revue scientifique* du 10 mai 1879, t. VIII, 2e série, p. 1058.

vie des fourmis correspondre d'une façon curieuse aux premiers degrés de la civilisation humaine.

Quelques espèces, comme la *Formica fusca*, vivent principalement de chasse; et, bien qu'elles se nourrissent en partie du nectar de certains pucerons, elles n'ont point domestiqué ces insectes. Ces fourmis, qui conservent sans doute les mœurs primitivement communes à toute la famille, correspondent aux races inférieures de l'humanité, aux peuples chasseurs. Comme eux, elles fréquentent les bois et les solitudes, vivent en communautés comparativement peu nombreuses et n'accomplissent guère d'actions collectives. Elles chassent isolément, et leurs batailles ne sont que des combats singuliers, comme ceux des héros d'Homère. D'autres espèces, comme le *Lasius flavus* par exemple, présentent évidemment un type plus élevé d'organisation sociale. Elles montrent plus d'art dans leur architecture; on peut dire littéralement qu'elles ont domestiqué certaines espèces de pucerons, et peuvent être comparées aux peuples pasteurs qui vivent du produit de leurs troupeaux. Leurs communautés sont plus nombreuses; elles agissent plus de concert; leurs batailles ne sont plus des combats singuliers; elles savent combiner des mouvements stratégiques. Peut-être extermineront-elles graduellement les espèces simplement chasseuses, ainsi que l'on voit les sauvages disparaître peu à peu devant des races supérieures. Enfin les fourmis moissonneuses peuvent être comparées aux nations agricoles; et nous retrouvons ainsi trois types principaux, correspondant aux trois grandes phases du développement humain.

Le sujet d'études que nous présentent les fourmis n'est pas seulement des plus intéressants, il est aussi des plus vastes. Il existe en Angleterre environ trente espèces de ces insectes; mais les espèces, comme les individus, deviennent plus nombreuses dans les pays plus chauds, et l'on en connaît déjà plus de sept cents, chiffre encore très loin, sans doute, de la réalité.

M. Lubbock a tenu en captivité près de la moitié des espèces anglaises et possédé plus de trente nids appartenant à une vingtaine d'espèces, dont quelques-unes, toutefois, sont étrangères. Il n'y a pas deux espèces dont les habitudes soient identiques; mais il n'est pas toujours facile d'observer leur genre de vie, et cela pour diverses raisons. D'abord la plus grande partie de leur temps se passe sous terre, et toute l'éducation des jeunes se fait là. En outre les fourmis sont essentiellement des animaux vivant en troupes; il est parfois difficile d'en faire subsister quelques-unes en captivité, et du reste leurs habitudes sont en ce cas complètement modifiées. Si, d'autre part, on veut entretenir une communauté tout entière, le grand nombre des sujets introduit une nouvelle cause de difficulté. Il y a plus : dans la même espèce les individus semblent différer de caractère, et le même individu se conduira de façon variable dans les diverses circonstances. Quoique beaucoup de naturalistes se soient occupés des mœurs de ces animaux, le sujet promet encore bien des découvertes à l'observateur et à l'expérimentateur.

Les larves des fourmis, comme celles des abeilles et des guêpes, sont de petits vers blancs, plus minces vers la tête, ce qui leur donne une forme un peu conique. Ces larves sont nourries et soignées avec beaucoup de sollicitude par les ouvrières qui les portent de chambre en chambre, sans doute où se trouvent le mieux réunies les conditions de chaleur et d'humidité. Elles sont très souvent assorties suivant leur âge, et parfois rien n'est plus curieux que de les voir réparties en groupes, qui rappellent une école divisée en plusieurs classes. Arrivées au terme de leur croissance, les larves se transforment en nymphes, tantôt nues, tantôt couvertes d'un cocon soyeux, et formant alors ce qu'on nomme vulgairement les « œufs de fourmis ». Après quelques jours on voit apparaître l'insecte parfait; mais bien souvent il périrait à ce moment même, sans les soins prodigués par ses aînés, qui viennent l'aider à sortir de sa prison, déplier ses pattes et lisser ses ailes, avec une délicatesse et une tendresse vraiment féminines.

Un nid de fourmis se compose ordinairement, comme une ruche, de trois sortes d'individus : les ouvrières, ou femelles imparfaites, qui sont en grande majorité, les mâles et les femelles parfaites. Il y a toutefois souvent plusieurs reines dans un nid de fourmis, tandis qu'on n'en compte jamais qu'une par ruche. Les fourmis-reines ont des ailes; mais elles se les arrachent elles-mêmes après un seul essor et ne quittent plus le nid. Outre les ouvrières ordinaires, il y a chez quelques espèces une seconde, ou plutôt une troisième forme de femelles; et dans presque tous les nids, les ouvrières diffèrent plus ou moins de taille. Cette différence varie avec les espèces. Ainsi, chez la petite fourmi brune des jardins, les ouvrières sont presque uniformes; dans la petite fourmi jaune des prairies, il y en a qui atteignent le double de la taille des autres; chez les *Pheidole*, communes dans le sud de l'Europe, outre les ouvrières de taille ordinaire, il y en a d'autres pourvues de têtes énormes, armées de grandes mâchoires, et que l'on considère comme des soldats; enfin, chez une espèce mexicaine, il existe, outre les ouvrières ordinaires, qui ont la forme des fourmis neutres, d'autres individus dont l'abdomen est renflé en une immense sphère subdiaphane, qui demeurent complètement inactifs et ne font guère qu'élaborer une sorte de miel.

La nourriture des fourmis consiste en insectes, dont elles détruisent un grand nombre, en miel, en nectar et en fruits; en réalité, elles ne dédaignent aucune substance animale ou sucrée. Quelques espèces, comme la petite fourmi brune des jardins, vont à la recherche des pucerons et les caressent doucement avec leurs antennes, jusqu'à ce qu'ils émettent une goutte de liquide sucré, que la fourmi boit aussitôt. Parfois même, les fourmis bâtissent des chemins couverts pour aller vers leurs pucerons, qu'elles défendent en outre de l'attaque des autres insectes. Il y a plus : la petite fourmi jaune des prairies, *Lasius flavus*, vivant principalement du nectar de certains pucerons qui sucent les racines de l'herbe, réunit ces insectes dans son nid et veille non seulement sur eux, mais encore sur leurs œufs; ce qui implique une prévoyance inconnue à certains sauvages.

Outre les pucerons, beaucoup d'autres insectes vivent dans les nids, et, si on doit les regarder comme des animaux domestiques, les fourmis en ont plus que nous. Le plus grand nombre de ces hôtes appartiennent à la classe des coléoptères. Quelques-uns, comme le curieux petit *Claviger*, sont tout à fait aveugles et ne se trouvent que dans les fourmilières. Les fourmis prennent autant de soins d'eux que de leurs propres petits; il est donc bien évident qu'ils doivent leur être en quelque façon utiles ou agréables; mais comment? c'est ce qu'il est difficile de savoir. Peut-être sécrètent-ils, comme les pucerons, quelque liquide sucré. D'autres animaux qui hantent habituellement les nids, comme le petit *Beckia* ou le *Platyarthrus*, sont peut-être chargés de maintenir la propreté.

Les fourmis sont en général avides de nectar; mais, si les plantes se sont modifiées pour faciliter ou rendre plus efficace la visite des insectes qui peuvent leur être utiles, comme par exemple les abeilles, il semble que tout ait été fait pour empêcher l'arrivée des insectes grimpeurs, comme les fourmis. Ceux-ci, en effet, opèreraient tout au plus la fécondation croisée entre deux fleurs d'une même plante, beaucoup moins efficace, comme Darwin l'a démontré, que le croisement entre les fleurs de deux plantes différentes, que réalisent infiniment mieux les insectes ailés.

Il était donc important pour les plantes que les fourmis ne pussent arriver jusqu'aux fleurs, qu'elles auraient privées de leur nectar sans rendre aucun service. Aussi voyons-nous autant de moyens d'éloigner les fourmis que d'attirer les abeilles. Parfois les fleurs sont protégées par des chevaux de frise d'épines ou de poils fins dirigés en bas, comme dans les *Carlina* et les *Lamium;* quelques-unes sont gardées par glandes sécrétant une substance glutineuse et offrant aux fourmis un obstacle insurmontable (*Linnœa,* groseillier); dans d'autres, le tube de la fleur est si étroit, si bien fermé par des crêtes ou des poils fins, qu'il laisse tout juste passer une trompe d'abeille. Enfin des fleurs pendantes, comme le cyclame, le perce-neige, sont si unies et si glissantes que les fourmis retombent sans pouvoir y entrer. On ne connaît actuellement aucune plante qui se soit modifiée dans le but de faciliter la fertilisation par les fourmis. Il existe toutefois de curieux épiphytes, comme la *Myrmecodia armata* et l'*Hydophytum formicanum* (cinchonacées), que M. Moseley a pu observer à Amboine pendant le voyage du *Challenger,* et qui sont comme associées à certaines espèces de fourmis. Je suis surpris que M. Lubbock n'en parle pas. Aussitôt que les plantes développent leur tige, les fourmis en mordent la base. Il se développe de curieuses galles, qui finissent par former des masses volumineuses dans lesquelles sont creusés les labyrinthes des fourmis; et, de la surface de ces tumeurs singulières, partent de petits rameaux qui portent les fleurs et les fruits. Il semble, dit M. Moseley, que ces curieuses tumeurs soient devenues la condition normale de la plante, qui ne saurait plus prospérer sans les fourmis. Il serait intéressant de déterminer en quoi ces insectes sont utiles au végétal.

Il n'y a que quelques-unes de nos espèces d'Europe qui emmagasinent du grain. Mais une fourmi du Texas, le *Pogonomyrmex barbatus,* est une vraie fourmi moissonneuse et emmagasine spécialement les grains de l'*Aristida oligantha,* qu'on appelle *riz de fourmi,* et du *Buchla dactyloides.* Ces fourmis défrichent des espaces circulaires de dix ou douze pieds de diamètre autour de l'entrée de leurs nids et n'y laissent croître que l'*Aristida*. Le Dr Lincecum, qui, le premier, observa ces insectes, soutenait même que cette herbe était cultivée intentionnellement par les fourmis. M. Mac-Cook pense qu'elle se sème d'elle-même, mais confirme pleinement le fait que les *Pogonomyrmex* ne laissent croître qu'elle dans leurs champs, et emmagasinent soigneusement la récolte.

Les caractères des diverses espèces de fourmis diffèrent beaucoup. La *Formica fusca,* qui est par excellence la fourmi esclave, est extrêmement timide; sa proche alliée, la *F. cinerea,* est au contraire fort audacieuse. La *F. rufa,* ou fourmi-cheval, est spécialement caractérisée par le manque d'initiative individuelle et ne se rencontre jamais qu'en troupes. La *F. pratensis* déchire son ennemi tué, tandis que la *F. sanguinea* ne le fait jamais. La faiseuse d'esclaves, *Polyergus rufescens,* est peut-être la plus brave de toutes; un seul individu se trouve-t-il entouré d'ennemis, il ne cherche jamais à fuir, mais saute avec une grande agilité de l'un à l'autre des assaillants jusqu'à ce qu'il succombe sous le nombre. La *M. scabrinodis* est poltronne et voleuse; pendant les guerres entre les espèces plus grosses, elle hante les champs de bataille et dévore les victimes. Le *Tetramorium* est vorace, la *Myrmecina* très flegmatique.

Les diverses espèces de fourmis présentent aussi des particularités différentes dans leur manière de combattre. Quelques-unes sont beaucoup moins guerrières que les autres. La *Myrmecina Latreilli,* par exemple, n'attaque jamais et se défend à peine. Sa peau est très dure, et elle se roule en boule sans se défendre, même quand son nid est envahi. Pour prévenir toutefois cet accident, elle fait les entrées fort petites, et à chaque porte se tient en sentinelle une ouvrière prête à boucher l'entrée avec sa tête. Le *Tetramorium cæspitum* a l'habitude de faire le mort, sans toutefois se rouler en boule. La *Formica rufa,* ou fourmi-cheval, attaque en masses serrées, envoyant rarement des détachements; les individus isolés n'attaquent presque jamais. Ces guerriers ne poursuivent guère l'ennemi en déroute, mais ne font pas de quartier et massacrent autant d'adversaires que possible, se sacrifiant sans hésiter pour le salut commun. Les *Formica sanguinea* au contraire, dans leurs chasses aux esclaves, cherchent plutôt à effrayer qu'à tuer, et lorsqu'elles envahissent un nid, elles n'attaquent point les fuyards, à moins qu'ils ne cherchent à emporter des nymphes.

La *Formica exsecta* est une espèce délicate, mais fort active. Ces insectes avancent aussi en masses serrées, et quand ils combattent avec des ennemis plus gros qu'eux, ils ont l'habitude de sauter sur leur dos et de les saisir par le cou ou par une antenne. Parfois trois ou quatre tiennent à la fois un adversaire, tirant chacun de leur côté, de sorte que celui-ci ne peut atteindre aucun d'eux, et pendant ce temps, une autre *F. exsecta* saute sur son dos et lui coupe ou, pour mieux dire, lui scie tranquillement la tête.

Les espèces de *Lasius* compensent par le nombre ce qui leur manque en force; et, comme chez les précédentes, plusieurs individus saisissent à la fois le même ennemi.

La célèbre faiseuse d'esclaves ou fourmi amazone, *Polyergus rufescens,* combat d'une façon particulière : saisissant entre ses puissantes mandibules, qui sont fort acérées, la tête de son assaillant, elle lui perce le cerveau et le tue net. Aussi quelques *Polyergus* attaquent sans crainte un nombre d'ennemis infiniment plus considérable et finissent souvent par en triompher.

Il semble que les espèces munies d'aiguillons doivent avoir un grand avantage sur celles qui en sont dépourvues, et parfois le poison est si fort qu'il suffit immédiatement à mettre l'ennemi hors de combat. Les fourmis à aiguillons ont l'abdomen beaucoup plus mobile.

Ce n'est point seulement parmi leurs congénères que les fourmis rencontrent des ennemis acharnés. Outre les oiseaux et les autres animaux de grande taille, une mouche fort petite, une espèce de *Phora,* fait beaucoup de victimes en déposant ses œufs dans le corps des fourmis, où les larves se développent.

On sait peu de choses sur la durée de la vie des fourmis. Bien qu'on suppose généralement qu'elles ne durent qu'une saison, et que ce soit peut-être là le cas le plus ordinaire, M. Lubbock en a vu vivre plus de cinq années en santé parfaite.

Il est remarquable que, malgré les travaux de tant d'excellents observateurs et malgré l'abondance des fourmis, on ne sache point encore comment les nids commencent à se former.

On a supposé qu'après le vol pendant lequel s'accomplissent les noces de la jeune reine, elle peut ou bien :

1° Joindre son nid à quelque ancien nid;

2° S'associer avec un certain nombre d'ouvrières et commencer ainsi un nid nouveau;

3° Fonder à elle seule le nouveau nid.

Le premier mode est peu probable; et, dans les expériences faites par M. Lubbock, la reine introduite dans un nid fut toujours tuée; mais, que l'un ou l'autre des deux premiers cas puisse se présenter, le troisième est certainement possible, du moins dans quelques espèces, comme l'auteur l'a constaté chez le *Myrmica ruginodis*.

Il ne faut point confondre un nid de fourmis avec une fourmilière dans le sens ordinaire du mot. Très souvent, il est vrai, un nid n'a qu'une habitation, et dans la plupart des espèces, rarement plus de trois ou quatre; mais M. Forel a trouvé un nid de *F. exsecta* qui ne comprenait pas moins de deux cents colonies, et occupait une aire circulaire de près de deux cents yards de rayon. Dans cet espace elles avaient détruit toutes les autres fourmis, sauf quelques nids de *Tapinoma erraticum*, qui survivaient grâce à la grande agilité de cette espèce. Le nombre des insectes ainsi associés doit être énorme, puisque chaque nid, d'après M. Forel, renfermait de cinq mille individus jusqu'à un demi-million.

La manière dont les fourmis se conduisent les unes vis-à-vis des autres diffère grandement suivant qu'elles sont isolées ou en troupes; et telle qui fuira dans le premier cas combattra bravement dans le second.

Il est à peine besoin de dire que chaque espèce vit à part en règle générale. Il y a toutefois d'intéressantes exceptions. La petite *Stenamma Westwoodii* se trouve exclusivement dans les nids de la *F. rufa*, qui est beaucoup plus grosse, et de son alliée la *F. pratensis*. Nous ne savons pas de quelle nature sont les relations entre ces deux espèces. Les *Stenamma* toutefois suivent les *Formica* lorsque celles-ci changent de nid, et courent entre leurs jambes en les frappant avec leurs antennes d'un air curieux; quelquefois même elles montent sur leur dos, tandis que les grosses fourmis ne semblent guère y prendre garde. Les petites paraissent tout à fait les chiens, ou peut-être les chats des grosses. Une autre petite espèce, le *Solenopsis fugax*, qui creuse ses galeries dans les murs des fourmilières, est au contraire le pire ennemi de ses hôtes. Les *Solenopsis*, tout à fait à l'abri dans leurs galeries trop étroites pour que les autres fourmis y puissent pénétrer, font des incursions dans la fourmilière pour ravir les larves dont ils font leurs proies. C'est comme si de petits nains de deux pieds de haut nichaient dans les murs de nos maisons, et venaient ravir nos enfants pour les emporter dans leurs antres.

La plupart des fourmis à vrai dire volent les larves et les nymphes des autres, dès qu'elles en trouvent l'occasion; et ceci jette quelque lumière sur ce remarquable phénomène de l'esclavage chez ces insectes.

La fourmi-cheval et la fourmi-esclave sont des espèces nombreuses. Il arrive souvent que, pressées par la faim, les premières attaquent les secondes pour leur enlever larves et nymphes. Si celles-ci viennent à éclore dans le nid de leurs ravisseurs, on peut trouver des *F. fusca* mêlées aux possesseurs légitimes du nid. Le fait est toutefois exceptionnel avec la fourmi-cheval. Mais chez une espèce voisine, la *F. sanguinea*, commune dans toute l'Europe, c'est une coutume établie.

Les *F. sanguinea* font des expéditions périodiques, attaquent les nids voisins de *F. fusca* et emportent les nymphes. Lorsque celles-ci éclosent, elles se trouvent dans un nid composé en partie de *F. sanguinea*, en partie de *F. fusca* provenant des précédentes expéditions. Elles se plient aux circonstances, et n'ayant pas de petits de leur espèce à soigner, elles veillent sur ceux de la *F. sanguinea*. Bien qu'aidées par leurs esclaves, celles-ci n'ont point perdu l'habitude de travailler et peuvent encore se suffire à elles-mêmes. Il n'en est pas de même pour le *Polyergus rufescens*, espèce étrangère, qui est aujourd'hui dégradée au point de dépendre entièrement de ses esclaves. La structure même de son corps a subi un changement, ses mandibules ont perdu leurs dents et sont devenues de simples cisailles, armes mortelles, il est vrai, mais sans usages sauf à la guerre. Ces fourmis ont perdu la plus grande partie de leurs instincts : leur art, je veux dire l'art de construire; leurs habitudes domestiques, car elles ne prennent plus soin de leurs jeunes, ce travail étant accompli par les esclaves; leur industrie — elles ne s'inquiètent plus des provisions quotidiennes. — Si la colonie change l'emplacement de son nid, ce sont les esclaves qui transportent les maîtres dans la nouvelle demeure. Les maîtres, et l'on n'en connaît que cet exemple au monde, ont perdu jusqu'à l'habitude de manger! Les Amazones se laissent mourir de faim, en pleine abondance, si elles n'ont pas d'esclaves pour les nourrir. Encore dans le *Polyergus rufescens*, les *ouvrières*, puisqu'on les appelle encore ainsi, sont-elles nombreuses et énergiques; mais chez une autre espèce esclavagiste, le *Strongylognathus*, les ouvrières, beaucoup moins nombreuses, sont si faibles qu'on se demande comment elles arrivent à faire des esclaves. Enfin chez l'*Anergates atragulus*, les ouvrières manquent; les mâles et les femelles vivent avec les ouvrières d'une autre espèce, le *Tetramorium cœspitum*. Les *Tetramorium*, n'ayant pas de petits à eux, soignent ceux de l'*Anergates*, et la possession d'esclaves dégénère en parasitisme.

Les fourmis très jeunes commencent par soigner les larves et les nymphes, et ne prennent aucune part à la défense de la colonie ou à aucun travail extérieur, avant que leur armure n'ait eu le temps de s'endurcir. Le travail que peuvent fournir ces animaux est parfois considérable; ils sont à l'ouvrage le jour entier, et parfois la nuit quand le temps est chaud. M. Lubbock en a observé un qui travailla sans relâche de six heures du matin à dix heures du soir.

Cet observateur a fait des expériences ingénieuses pour étudier le degré d'intelligence des fourmis. L'idée principale de ces expériences consistait à mettre les insectes à une nourriture qui leur plaisait, puis à leur opposer un obstacle facile à surmonter, par exemple un fossé de dimensions telles qu'il eût suffi de quelques grains de terre pour le combler, ou d'un fétu à pousser pour y jeter un pont; mais jamais les fourmis ne s'avisèrent de ces expédients.

On se rappelle qu'Hüber raconta l'histoire de fourmis qui, séparées depuis quatre mois, se reconnurent aussitôt et se mirent à se caresser avec leurs antennes. Bien que les caresses soient problématiques, le fait principal est confirmé par les expériences de M. Lubbock. Il divisa en deux parties un nid de *F. fusca*, et de temps en temps, il prenait un des animaux d'un de ces nouveaux nids pour le mettre dans l'autre, en ayant soin d'introduire en même temps un étranger, de la même espèce bien entendu. Ce dernier était toujours chassé ou tué, et quant à l'ami, bien qu'on ne lui fît pas grand accueil, il était en sûreté parfaite; en réalité, personne ne paraissait faire attention à lui.

Des expériences fort variées prouvent du reste que, sauf quelques cas tout à fait exceptionnels où l'on en a vu porter secours à des camarades en détresse, l'unique marque d'affection que se donnent les fourmis est de ne point se battre.

Il est vraisemblable que c'est par l'odorat qu'elles se reconnaissent. Dans la plupart des espèces, ce sens est très fin comme on peut s'en convaincre en mettant successivement les animaux en présence du même objet d'abord inodore, puis ensuite parfumé d'une façon quelconque. Le siège de ce sens paraît être surtout dans les antennes, ce qui serait d'accord avec l'interprétation que donne Leydig des singuliers organes sensoriaux des antennules de l'écrevisse.

Quant au sens de l'ouïe, il est difficile de se prononcer. Les résultats des expériences de M. Lubbock ont été nuls, bien qu'il ait successivement employé les instruments les plus divers, depuis le violon jusqu'à la trompette de deux sous. (On ne peut guère s'empêcher de penser au curieux spectacle que devait présenter l'ingénieux observateur, jouant de la trompette à ses fourmis.) Cela ne veut point dire que ces insectes soient privés de l'ouïe. Le monde est sans doute plein d'une musique qui échappe à nos sens. Les limites entre lesquelles sont compris les sons que nous pouvons percevoir sont après tout assez restreintes; et, au delà de 38000 vibrations par seconde, c'est le silence pour nous, mais peut-être pas pour tous les êtres. On sait que quelques insectes produisent des bruits en frottant l'un contre l'autre les anneaux de leur abdomen. Peut-être les fourmis produisent-elles aussi quelque bruit. Mais M. Lubbock eut beau employer les flammes sensibles de Tyndall et les microphones les plus délicats de Bell, il n'a pu arriver à s'en assurer. Peut-être, ainsi qu'il le dit, le son produit est-il en dehors des limites perceptibles par notre oreille, et arriverait-on à un résultat si l'on pouvait trouver le moyen de diminuer le nombre des vibrations produites. L'organe de l'audition, s'il existe, pourrait bien être constitué par de singuliers appendices des antennes, ressemblant à des *stéthoscopes microscopiques,* pour se servir du mot du professeur Tyndall. La description sommaire que M. Lubbock donne de ces organes ressemble toutefois beaucoup à celle des appendices prétendus olfactifs, que Leydig a trouvés chez l'écrevisse où l'appareil auditif est bien distinct.

Quant aux organes de la vue, ils sont, chez la plupart des fourmis, très apparents et très complexes. Il y a généralement trois ocelles arrangés en triangle au sommet de la tête et, de chaque côté, un gros œil composé.

On n'a point absolument élucidé le fonctionnement de ces yeux, qui présentent un nombre de facettes variant de 1 à 5, dans la *Ponera contracta,* jusqu'à plus de 1000, comme dans le mâle de la *F. pratensis*. Ces insectes fortunés réaliseraient donc le vœu du poète : « Tu regardes les étoiles, mon amour! que ne suis-je ce ciel étoilé de mille yeux pour te contempler! » Mais l'on doute très fort que le mâle de la *F. pratensis* jouisse de l'étonnant privilège de contempler mille reines à la fois, et l'opinion qui prévaut parmi les entomologistes est que chaque facette ne répond qu'à une partie du champ visuel. C'est, en principe, la théorie de la vision en mosaïque de Müller.

Quoi qu'il en soit, la vue des fourmis ne semble pas très bonne, et les diverses observations de M. Lubbock prouvent que ces animaux ne se guident guère par ce sens.

On ne saurait guère douter que les abeilles soient capables d'apprécier les couleurs. Il est beaucoup plus difficile de s'en assurer chez les fourmis, car ces insectes sont principalement guidés par l'odorat. Toutefois M. Lubbock est arrivé à quelques résultats intéressants en mettant à profit l'aversion que les fourmis ont pour la lumière, quand elles sont dans leur nid bien entendu. Tout le monde sait que dehors elles ne fuient pas le jour; mais, si l'on vient à découvrir un nid, tous les habitants s'empressent d'aller se cacher dans le coin le plus sombre. En recouvrant divers coins du nid avec des verres diversement colorés, on devait s'attendre à ce que les insectes iraient se réfugier sous le plus sombre, s'ils ne faisaient que fuir la lumière. Il n'en fut rien. Les verres jaunes et verts, qui étaient cependant assez transparents, en réunissaient toujours un assez grand nombre, moins pourtant que le rouge. Quant au verre violet, qui était pourtant presque opaque, les fourmis le fuyaient obstinément, et toutes les expériences démontrèrent cette aversion profonde pour le violet.

Ainsi que nous l'avons déjà dit, c'est surtout par l'odorat que sont guidées les fourmis. Des expériences ingénieusement variées ont prouvé à notre observateur que ces insectes ne suivent que la piste, sans souci des accidents du terrain. Si cette piste vient à manquer, ils demeurent complètement désorientés, bien qu'à proximité de l'objet qu'ils cherchent, et ne finissent par l'atteindre qu'après des tâtonnements prolongés.

Il est encore un fait bien curieux qui ressort des observations de M. Lubbock. Si les fourmis ne paraissent point pouvoir se transmettre des renseignements bien étendus; si, par exemple, l'insecte qui a découvert des aliments est obligé d'amener avec lui ses compagnons et ne peut les envoyer sans revenir lui-même, il semble que des idées plus simples puissent s'échanger entre eux. C'est ainsi qu'en mettant deux vases exactement semblables, l'un ne contenant que quelques larves, que l'on remplaçait par d'autres à mesure qu'elles étaient emportées, l'autre en renfermant un grand nombre, le premier vase ne fut jamais, pendant toute une journée, visité que par quelques insectes à la fois, tandis qu'ils venaient à l'autre en colonne serrée; et cependant, comme le fait observer M. Lubbock, les fourmis du nid ne pouvaient savoir la proportion relative de larves renfermées dans les deux vases, en voyant reparaître également chargées celles de leurs compagnes qui revenaient de l'un ou de l'autre. Il faut bien, dans ce cas-là, qu'elles aient eu un moyen, qui nous échappe encore, de s'informer de la nécessité d'envoyer plus d'ouvriers à un endroit qu'à l'autre.

Un dernier trait de mœurs, fort intéressant, observé chez le *Polyergus* et la *F. fusca*, est qu'en hiver, lorsque la colonie est peu active et qu'il suffit de peu pour la nourrir, deux ou trois individus sont chargés d'aller à la provision pour tout le nid. Si l'on vient à arrêter ces fourrageurs, il en parait d'autres, mais jamais plus de deux ou trois par nid; et les mêmes individus font parfois le service pendant des semaines.

Concluons, avec M. Lubbock, que l'étude des fourmis promet encore bien des découvertes curieuses; et espérons que cet ingénieux et savant observateur pourra nous révéler encore bien des secrets de leur vie intime.

LE LIBRE ÉCHANGE AGRICOLE

Importation des bœufs américains en Europe.

En France, depuis plusieurs années surtout, l'importation des matières alimentaires passionne les esprits et divise la nation en deux camps : les producteurs qui, naturellement, en sont les ennemis, et les consommateurs qui la défendent de toutes leurs forces. De chaque côté de grands intérêts sont engagés, intérêts respectables, dont le gouvernement doit tenir compte. Nous ne nous occuperons ici que de l'importation de la viande, l'aliment par excellence. Après avoir exposé, aussi brièvement que possible, la richesse de la France en bétail, nous parlerons du commerce auquel les produits de l'élevage donnent lieu, nous indiquerons la population animale de certains pays étrangers, et, enfin, nous étudierons l'importation sur pied, en Europe, du bœuf américain.

I. — RICHESSE DE LA FRANCE EN BÉTAIL. — IMPORTATIONS.

Il y avait en France :

En 1852 : 13 954 294 bêtes bovines,
33 281 592 petits ruminants,
5 246 403 porcs,

pesant environ 4 994 465 000 kilogrammes de poids vif, qui, répartis sur les 35 783 170 habitants, donnaient une moyenne de 139^{kg},57 par habitant.

En 1862 : 12 811 580 bêtes bovines,
29 529 678 petits ruminants,
6 037 543 porcs,

pesant environ 4 590 580 000 kilogrammes de poids vif, qui, répartis sur les 37 386 161 habitants, donnaient une moyenne de 122^{kg},78 par habitant.

En 1866 : 12 733 188 bêtes bovines,
30 386 233 petits ruminants,
5 889 621 porcs,

pesant environ 4 410 045 000 kilogrammes de poids vif, qui, répartis sur les 38 067 044 habitants, donnaient une moyenne de 115^{kg},84 par habitant.

En 1872 : 11 721 459 bêtes bovines,
26 829 951 petits ruminants,
5 751 956 porcs,

pesant environ 4 094 726 000 kilogrammes de poids vif, qui, répartis sur les 36 102 921 habitants, donnaient une moyenne de 113^{kg},41 par habitant. (Renseignements empruntés à M. A. Zundel, *La Dépécoration*, br. Strasbourg, 1879, p. 15.)

Si l'on examine ces statistiques, on voit que le nombre des bestiaux diminue en France, tandis que la population humaine augmente. Cette dépopulation, signalée pour la France par M. L. de Lavergne, ne se remarque pas seulement chez nous, mais encore dans toute l'Europe occidentale. Elle a été étudiée, en 1878, par M. Lambl, professeur d'agriculture à Prague, qui l'a désignée sous le nom de *dépécoration;* puis, en 1879, par M. A. Zundel, qui la distingue en *dépécoration absolue,* lorsque le chiffre du bétail diminue, et en *dépécoration relative,* lorsque ce chiffre demeurant stationnaire ou augmentant, celui de la population humaine augmente dans une plus forte proportion. En France, il y a donc dépécoration absolue et dépécoration relative.

Cependant, ce serait une erreur de conclure de ces faits que la production de la viande de boucherie a diminué. Il y a peu de temps encore, le gros bétail n'était pas seulement entretenu pour l'alimentation. Les bœufs n'étaient soumis à l'engraissement qu'à un âge relativement avancé, vers huit ou dix ans, après avoir été employés comme bêtes de somme; les vaches, conservées comme laitières et comme reproductrices, n'étaient guère tuées qu'à cet âge. Leur engraissement était toujours difficile et incomplet, leur ossature énorme.

Aujourd'hui il n'en est plus de même. La plus grande partie des éleveurs, ayant croisé leur gros bétail avec les races précoces anglaises, amènent sur les marchés des sujets très gras à peine âgés de deux ans et demi à trois ans, de sorte qu'avec un chiffre d'existences moindre, on tue un bien plus grand nombre de bestiaux qu'autrefois. De plus, ces races nouvelles, créées spécialement pour la boucherie, fournissent de la viande de première qualité en quantité beaucoup plus grande que nos anciennes races. Par cette manière de procéder, la production a donc été considérablement augmentée, et augmentée dans une proportion qu'il nous est très difficile de déterminer.

Mais la consommation n'est pas non plus demeurée stationnaire.

De tout temps et dans tous les pays, les habitants des villes ont fait entrer la viande dans leur alimentation en plus grande abondance que ceux des campagnes, et en France. depuis le commencement du siècle, cette population urbaine s'est accrue dans une forte proportion. En outre, d'après les chiffres fournis par les octrois, la consommation moyenne individuelle a pris une extension qui a pu être exactement évaluée. M. Maurice Block donne les chiffres suivants pour les chefs-lieux de département et d'arrondissement, et les villes de 10 000 habitants et au-dessus :

ANNÉES.	NOMBRE des villes.	POPULATION.	QUANTITÉ TOTALE de viande consommée.	CONSOMMATION moyenne individuelle.
			Kilog.	Kilog.
1816	358	3 922 388	198 885 650	50,71
1839	375	5 076 319	248 457 015	48,59
1844	381	5 342 741	277 762 639	50,12
1854	397	6 277 343	355 731 429	53,43
1862	411	7 878 329	422 288 187	56,60
1867	413	8 341 481	479 596 024	57,19
1872	»	»	»	59,00

D'après la *Statistique annuelle de la France pour* 1875, publiée par le ministère du commerce en 1878, cette consommation moyenne pour les chefs-lieux de département et les villes de 40 000 habitants et au-dessus a été de 61 kilogrammes pour 1873, de 63 pour 1874 et de 75 pour 1875.

Toutes ces statistiques ne portent que sur les viandes de boucherie et le porc frais, salé et fumé.

De même, à la campagne, l'usage de la viande se répand de plus en plus. Mais là, le contrôle manquant, il est impossible de savoir au juste ce qui est livré à l'alimentation; aussi les moyennes indiquées pour la consommation individuelle annuelle en France sont-elles loin d'être d'accord, comme vont le prouver les chiffres suivants. Cette consommation moyenne était de 19kg,94 en 1839, de 23kg,19 en 1852, de 25kg,10 en 1862, d'après M. Maurice Block, de 28 kilogrammes en 1854, d'après M. Payen, de 31 kilogrammes en 1876, d'après M. Zundel, et de 25 kilogrammes seulement pour la même année, d'après M. A. Sanson. Cette grande divergence dans les moyennes ne doit pas nous surprendre, car d'autres causes que celle indiquée plus haut viennent encore rendre l'évaluation bien difficile. Pour la perception des impôts, on connaît très exactement les chiffres des existences en bœufs, porcs et moutons; mais l'on ne peut établir de statistiques pour les produits fournis par les oiseaux de basse-cour, les lapins, le gibier, le poisson, qui cependant donnent des quantités énormes de substances alimentaires.

Malgré ces inconnues, un fait est certain : c'est que notre production est insuffisante, puisque sur nos marchés, bien que les importations deviennent de plus en plus fortes, la demande est toujours supérieure à l'offre. Le prix chaque jour croissant de la viande le prouve surabondamment.

En 1876, les importations d'animaux vivants, provenant d'Allemagne et d'Autriche-Hongrie, ont été de 19 333 têtes pour l'espèce bovine, et de 883 217 pour l'espèce ovine. Pendant les neuf premiers mois de 1877, les chiffres sont descendus à 9064 bœufs et 531 510 moutons.

Dans un travail sur la boucherie de Lyon, M. le professeur Cornevin rapporte qu'en 1872 on commença à importer le bétail d'Italie en France, et que, depuis, cette importation a marché à grands pas. En 1876, les Italiens ont amené sur les marchés français 44 232 bœufs, 17 848 vaches, 15 098 veaux, 189 039 moutons, 66 251 porcs et, de plus, 1 185 600 kilogrammes de viandes fraîches ou salées. Pour 1877, d'après M. Zundel, cette importation s'est élevée à 78 680 bœufs, 41 381 vaches, 17 694 veaux, 234 615 moutons et 74 373 porcs.

Les bestiaux arrivent encore en France, et en grande quantité, de la Hollande, de la Belgique, de la Suisse et de l'Algérie. Indépendamment de nombreuses têtes de moutons, notre colonie africaine nous a envoyé 18 085 bœufs en 1876, et 29 354 en 1877. Les moutons de Russie ont aussi fait leur apparition sur le marché de la Villette, et, dans les derniers mois de l'année 1878, des commerçants ont essayé d'introduire chez nous des moutons gras de l'Amérique du Nord. D'après les renseignements qui nous ont été donnés, cet envoi n'a pas été favorablement accueilli par les bouchers parisiens.

Pour l'année 1876, les importations totales de bétail ont été, d'après les états de douane, de 132 130 bœufs, taureaux, vaches et génisses, de 46 607 veaux, de 1 576 208 moutons et de 128 503 porcs. Pour 1877, elles se sont élevées, d'après M. Zundel, à 210 000 bêtes bovines, 2 500 000 moutons et 196 000 porcs.

En revanche, nous exportons en Angleterre. Le commerce de bestiaux avec cette nation a beaucoup perdu de son importance depuis que des dispositions sanitaires très rigoureuses et, à notre avis, peu justifiées, ont été prises par le gouvernement britannique contre les animaux venant des ports français.

En général, les contrées voisines qui nous envoient leurs bestiaux ne sont guère plus riches que nous en matières alimentaires animales; leur excédent provient des habitudes de leurs habitants, qui ne font que très peu usage de la viande. Mais chez eux, comme chez nous, la consommation de cette substance augmente chaque année, et, nous ne devons pas l'oublier, les ressources que nous trouvons dans leurs pays ne sont que temporaires.

II. — RICHESSE EN BÉTAIL DE L'AMÉRIQUE, DE L'AUSTRALIE ET DU SUD DE L'AFRIQUE.

Si la viande est rare en France et entre pour une trop faible proportion dans l'alimentation de l'homme, il n'en est pas de même partout. Il est des régions favorisées où cette matière alimentaire est tellement abondante qu'elle devient presque un objet gênant pour l'habitant.

L'Uruguay, dont la population est de 440 000 habitants, possédait, en 1876, d'après les états de l'administration des contributions directes, 4 873 994 bœufs et 9 142 135 moutons. Mais ces états de l'administration, faits d'après les déclarations des propriétaires pour la perception des impôts, sont toujours au-dessous de la vérité. Aussi pouvons-nous accepter comme vrais les chiffres de M. Tomas Villalba, *contador général* de l'État, qui estime qu'à la fin de 1876 il y avait dans la république de la Bande orientale 6 millions de bœufs et 12 millions de moutons.

La Confédération Argentine, beaucoup plus grande que l'Uruguay, ayant à peine 2 millions d'habitants, nourrit un nombre considérable de bestiaux. Les chiffres que nous avons pu nous procurer sont loin d'être d'accord; aussi ne donnerons-nous que ceux extraits des documents qui nous paraissent avoir le plus d'autorité. Les statistiques, très difficiles à établir en Europe, le deviennent bien davantage encore dans ces pays nouveaux, où le contrôle est impossible.

En 1875, la *Revue de la société rurale,* publiée à Buenos-Ayres, donnait les chiffres suivants : espèce bovine, 13 337 862 ; espèce ovine, 57 501 260.

M. Ricardo Napp (*La République Argentine;* Buenos-Ayres, 1876) accuse :

Bœufs : 13 493 090 dont 5 116 029 pour la province de Buenos-Ayres.
Moutons : 57 546 413 dont 45 511 358 — —

Enfin, dans les statistiques publiées à l'occasion de l'Exposition universelle de 1878, la section Argentine indiquait : 80 millions de moutons et 15 millions de bœufs.

Le sud du Brésil, notamment la province de Rio-Grande, et même tout l'espace compris entre le fleuve Uruguay, la république Orientale et l'Océan, est occupé par des pâturages immenses sur lesquels vivent de nombreux troupeaux de bœufs. On rencontre quelques centres d'élevage jusque dans la province de Matto-Grosso, par 12° latitude sud et 60° longitude ouest, au milieu des montagnes où le Rio-Paraguay prend sa source.

La Bolivie et quelques provinces du Pérou situées sur le versant oriental des Andes sont aussi totalement pastorales. Mais la difficulté des communications rendra pour longtemps inexploitables les ressources de ces contrées.

Si maintenant nous abandonnons l'Amérique du Sud pour venir dans l'Amérique du Nord, nous retrouvons l'industrie pastorale florissante au Mexique, au Texas. La proximité de ces États en ferait pour nous des réserves plus précieuses que la Plata, si les difficultés politiques que traverse en ce moment le plus grand d'entre eux, le Mexique, ne rendaient pas impossibles les transactions commerciales.

Les États-Unis s'occupent beaucoup d'élevage. D'après M. Maurice Block il y avait, en 1872, 26 693 305 bœufs, 31 679 300 moutons et 32 millions de porcs. Dans ces derniers temps, il s'est établi, entre cette république et l'Angleterre, un mouvement commercial considérable, et, depuis plusieurs années, des millions de kilogrammes de viandes fraîches et conservées ont été jetés sur les marchés européens.

D'après la *Statistique internationale de l'agriculture* publiée en 1876 par le ministère du commerce de France, il y a au Canada 2 624 290 bœufs et 3 155 509 moutons.

Enfin, on parle beaucoup depuis une trentaine d'années de l'Australie, où le régime pastoral fait des progrès rapides. L'*Economist* du 11 mars 1876 donnait pour le nombre des animaux vivant en Australie et dans la Nouvelle-Zélande les chiffres suivants, qu'il avait empruntés au *Commercial history and Review* de 1875 : espèce bovine, 5 995 672 ; — espèce ovine, 61 649 967.

D'après la *Statistique internationale de l'agriculture* (1876), il y avait dans les différentes provinces de l'Australasie 5 759 672 bœufs et 58 052 180 moutons.

Pour la seule province de la Nouvelle-Galles du Sud, M. Joubert, délégué de l'Australie au Congrès international agricole qui se tint à Paris en 1878, indiqua dans son rapport sur *l'Agriculture en Australie* : 25 269 755 moutons, 3 131 013 bœufs et 173 604 porcs.

L'Angleterre possède encore, au sud de l'Afrique, un territoire immense, la colonie du Cap, qui s'étend de jour en jour, et sur lequel des Européens et des colons d'origine hollandaise, connus sous le nom de Boërs, entretiennent des troupeaux innombrables de bœufs et de moutons. Nous ne savons au juste ce qui se passe dans ce pays ; cependant nous n'ignorons pas que ces pasteurs sont à la piste du progrès et qu'ils ne craignent pas de faire les sacrifices les plus considérables pour l'amélioration de leurs bestiaux. L'un d'eux, il y a cinq ou six ans, acheta à un éleveur français, M. Duclerc, d'Édrolles, 25 béliers mérinos, qu'il ne paya pas moins de 25 000 francs. Il aurait bien désiré se procurer aussi des brebis et fit des offres exorbitantes qui furent repoussées.

III. — IMPORTATION SUR PIED DES BŒUFS DE LA PLATA.

Dans la revue sommaire que nous venons de passer, deux choses nous ont frappé particulièrement. Il y a des pays où la population, agglomérée, n'a, pour son alimentation, qu'une quantité restreinte de matières animales. La vie y est difficile ; la faim, une menace perpétuelle ; l'approvisionnement, une question capitale. Il en est d'autres, au contraire, où la population, très rare, noyée au milieu de troupeaux considérables, est constamment dans l'abondance. La richesse en matières alimentaires est telle qu'on est obligé de détruire, par le feu, la plus grande quantité de ces substances dont on ne peut tirer parti, et dont l'accumulation deviendrait dangereuse pour la santé humaine. Transporter dans les premiers ce qu'il y a de trop dans les derniers est une idée qu'ont eue beaucoup d'économistes, beaucoup de philanthropes et de nombreux spéculateurs.

Depuis une dizaine d'années, la question de l'importation des bœufs vivants de la Plata préoccupe l'opinion publique.

En 1870, on en parlait, le 12 mai, à la Société centrale de médecine vétérinaire, pendant la discussion qui s'éleva à propos de la conservation des viandes par le procédé Gamgee. Le bulletin contient ces lignes :

« M. Sanson sait qu'il est question d'introduire des animaux vivants venant de la Plata ; il préfère ce système à celui de la préparation des viandes sur place...

« M. Mathieu a su que les essais tentés pour transporter les animaux vivants de la Plata avaient été malheureux...

« M. Huzard a obtenu des renseignements dont le sens est contraire à l'opinion de son collègue; il sait qu'en présence du résultat heureux donné par les premiers voyages, une société s'est constituée dans le but de continuer cet essai. »

Le silence respectueux qui, depuis, s'est fait autour de cette tentative prouve qu'elle a échoué.

Dans les derniers mois de la même année, 160 bœufs furent embarqués à Buenos-Ayres. Le navire, après une navigation de 44 jours, arriva à destination, à Falmouth, où il débarqua 113 animaux vivants qui furent vendus de 100 à 125 francs par tête. Les 47 autres étaient morts pendant la traversée. Cette opération fut désastreuse. (Cité par M. Ch. Barbier dans son opuscule sur l'*Importation du cheval de la Plata*).

En 1874, il se forma une compagnie, au capital de cinq millions de francs, pour le transport du bétail sur pied de la Plata en Angleterre. Les instigateurs de cette affaire, la maison Mac-Andrew et Cie, de Londres, voulurent établir près de Buenos-Ayres des *prairies de magasinage* et une station de repos aux îles Canaries. La société fut dissoute avant d'avoir commencé ses opérations. On expliqua cet échec par les difficultés politiques survenues à cette époque dans la Confédération Argentine. Il y eut bien, en effet, dans les premiers jours d'octobre, un soulèvement des Mitristes ; mais à la fin de novembre de la même année, tout était calmé. Du reste, ceux qui font des affaires avec l'Amérique du Sud doivent être familiarisés avec ces désordres, malheureusement endémiques dans ces pays.

Enfin, dans le courant de 1877, M. Lecoq présenta à la Société centrale de médecine vétérinaire un nouveau projet, sévèrement critiqué par M. Mathieu.

De taille moins élevée que le bœuf normand, le bœuf de la Plata a une tête volumineuse, une grosse encolure, un énorme devant et presque pas de culotte. Celui de l'Uruguay, le plus fort de la région, ne pèse guère, en moyenne, plus de 200 kilogrammes de viande net, lorsqu'il est dans un bon état de graisse. Loin d'approcher du type parfait de l'animal de boucherie, il est bien inférieur à nos bestiaux français les plus ordinaires.

Cela posé, voyons si son importation est possible : nous mettrons à profit ce que nous a appris celle du cheval qui, dans ces dernières années, a été pratiquée sur une certaine échelle. Les différentes lignes de steamers qui existent entre la Plata et la France se sont décidées à transporter des chevaux argentins. Les prix demandés par la compagnie des Chargeurs Réunis, du Havre, qui la première a tenté cette opération, ont été acceptés par les autres, c'est-à-dire par les Transports de Marseille, et les Messageries maritimes de Bordeaux. Ces prix sont : Passage, 300 francs. — Gratification obligatoire au capitaine, 15 fr. Indépendamment de ces 315 francs, il en faut débourser 15 autres pour le transport de chaque animal de la côte au navire. C'est le prix qu'ont exigé les bateliers de Buenos-Ayres dans tous les embarquements qui ont été pratiqués jusqu'aujourd'hui. Il y faut ajouter la nourriture pendant la traversée. Dans un travail sur l'importation du cheval de la Plata, nous avons évalué approximativement le prix de cette nourriture à 75 francs. Nous arrivons donc, pour frais de transport et de nourriture, à un total de 405 francs.

Si nous remplacions les chevaux par les bœufs, les dépenses seraient à peu près les mêmes. Sur un navire, un bœuf tient autant de place, sinon plus, qu'un cheval. La ration du bœuf est plus volumineuse, mais comme le grain n'y entre pas, son prix sera notablement diminué. Cependant, à la Plata, la luzerne sèche, le seul fourrage qu'on puisse s'y procurer, est toujours très chère, et l'expéditeur devra compter, au bas mot, sur 35 jours de traversée. Si les aliments embarqués sont en trop grande quantité, on s'en débarrassera facilement à l'arrivée, mais on ne peut s'exposer à en manquer pendant le voyage. C'est tout au plus si l'on peut diminuer de moitié le chiffre de 75 francs, et fixer à 38 francs la nourriture du bœuf. Nous ne tiendrons pas compte de l'augmentation de volume de la ration, qui représente cependant un supplément de transport. — Tous ces frais additionnés, nous aurons pour chaque bœuf un total de 368 francs, sans compter le prix d'achat ni les pertes.

Mais, dira-t-on, la compagnie qui se chargerait des transports pourrait faire ses chargements ailleurs qu'à Buenos-Ayres, à Montevideo par exemple, où les plus gros navires mouillent à peine à 500 mètres du rivage. Cette objection paraît fondée, cependant nous ne la croyons pas juste; nous pensons que la somme exigée par les bateliers est plutôt demandée pour le transbordement que pour la distance à parcourir. Supposons-la juste, et supprimons les 15 francs auxquels nous avons taxé l'embarquement, il ne nous en restera pas moins à débourser la somme de 353 francs pour le transport et la nourriture pendant 35 jours.

Vient ensuite le prix d'achat. En 1876, lorsque nous habitions la Plata, l'usine de Fray-Bentos payait le bœuf gras à raison de 12 piastres fortes, Bopicua 14, les autres *saladeros* de l'Arroyo-Negro, de la Concepcion, de Guavyù, etc., de 13 à 14, soit donc une moyenne de 13 piastres ou 67 fr. 60. Dans ces pays, où tout est abandonné à la nature, les animaux engraissent quand la végétation commence, et maigrissent quand elle s'arrête. Ainsi, de mai à novembre, on ne pourra se procurer que des bestiaux maigres, tandis que de novembre à mai il sera difficile d'avoir autre chose que des animaux gras. On sera donc obligé de les prendre comme on les trouvera. Du reste, leur état d'embonpoint importe peu, attendu que les animaux embarqués, à cause de leur impressionnabilité, de leur éducation incomplète, arriveront tous très maigres en Europe. Naturellement, les individus maigres seront payés moins cher. Les *estancieros* de l'Uruguay qui se livrent à la pratique de l'engraissement payent, à l'entrée de l'hiver, pour cette catégorie de bestiaux qu'on leur amène du Brésil :

De 7 piastres à 7 piastres et demie (de 36 fr. 40 à 39 francs) pour les vaches	de trois ans à trois ans et demi;
De 9 piastres à 9 piastres et demie (de 46 fr. 80 à 49 fr. 40) pour les bœufs.	

ce qui fait une moyenne de 42 fr. 90 par animal maigre; en mettant le prix de l'animal gras à 67 fr. 60, nous aurons pour prix moyen d'achat pendant toute l'année 55 fr. 25.

Mais, en 1876, les bestiaux gras étaient à bas prix, puisque la moyenne ordinaire, d'après ce que nous ont affirmé des *estancieros* et des *saladeristas* avec qui nous avons été en relation, est de 70 à 75 francs; d'ailleurs, les éleveurs vendront rarement leurs animaux maigres, puisqu'ils peuvent les vendre gras le printemps suivant.

Il y aura en outre les frais de transport de l'estancia au port d'embarquement, car les saladeros payent la moyenne de 13 piastres fortes pour les animaux pris sur le pâturage. Négligeons ces frais que nous ne pouvons évaluer, et comptons chaque tête de bétail au prix moyen de 55 fr. 25.

Nous avons enfin les pertes à faire entrer en ligne de compte. Nous pensons, mais rien ne nous le prouve, que ces pertes seront à peu près les mêmes que celles supportées par les importateurs de chevaux. En effet, les spéculateurs qui se sont emparés de cette affaire ont eu la malheureuse idée de nous envoyer des animaux non dressés, et par conséquent redoutant l'homme. Les bœufs de nos exportateurs seront dans les mêmes conditions. Non seulement ils souffriront du voyage, des mouvements du vaisseau, du changement de nourriture, de la chaleur, mais ils auront encore à supporter la présence de l'homme qu'ils craignent beaucoup, et à endurer les douleurs morales de la captivité, absolument comme les chevaux.

D'après des renseignements exacts que nous devons à la complaisance de M. le capitaine Robert, commandant du steamer *la Porteña*, de la compagnie des Chargeurs-Réunis du Havre, la mortalité sur les navires de cette ligne n'a pas été excessive; elle n'a pas dépassé la moyenne de 7 à 8 pour 100 pendant les années 1876 et 1877. Dans le premier voyage, en juin 1876, sur 29 embarqués, il y eut 1 mort; dans le deuxième (novembre) 6 morts sur 80; etc. Deux convois eurent à subir des gros temps qui augmentèrent beaucoup la mortalité. L'un d'eux eut 25 morts sur 114, l'autre 35 sur 125. Pendant un de ses voyages qui eut lieu en décembre-janvier 1877-78, M. Robert ne perdit qu'un animal sur 100; mais ceux-ci étaient déjà accoutumés à la nourriture sèche et à la présence de l'homme. Nous pouvons admettre, jusqu'à preuve du contraire, que la mortalité sur les bœufs embarqués égalera celle qui a été observée sur les chevaux, et nous évaluerons cette mortalité à 7.50 pour 100, c'est-à-dire, en chiffres, à 30 fr. 60.

Ainsi, chaque tête de bétail débarquée en France reviendra à :

Pour frais de transport et de nourriture pendant la traversée.	353f »
Prix moyen d'achat.	55 25
Pertes évaluées à 7.50 pour 100.	30 60
	438f 85

Loin d'enfler nos chiffres, nous sommes resté au-dessous de la vérité. Et c'est pour une bête desséchée, pour un squelette ambulant, pour un bœuf quinteux, sauvage, mal conformé, qui ne pourra s'engraisser dans les conditions où nous le mettrons en France, qu'on irait débourser 438 francs, qu'on engagerait ce capital pendant deux mois, et que, pendant plusieurs semaines, on l'abandonnerait aux hasards d'une longue traversée !

Mais, dira-t-on, les steamers que vous citez font payer trop cher. Si l'on employait des navires spéciaux, appropriés pour la circonstance, les frais de transport seraient moins considérables. Ces bâtiments transporteraient plusieurs centaines d'animaux, ils ne feraient escale nulle part, et, fins marcheurs, ils arriveraient plus vite à destination.

Soit, mais combien coûteraient ces navires? Quelle serait la mortalité sur les animaux entassés à fond de cale? Comment se procurerait-on, en quantité suffisante, l'eau destinée à les abreuver? Comment pratiquerait-on l'aération des locaux où ils seraient enfouis? Comment pourrait-on nettoyer ces locaux, les débarrasser des excréments et des urines? surtout pendant le trajet de quinze cents lieues qu'il faut parcourir dans la zone torride. Et puis, les grands marcheurs dépensent beaucoup de charbon. Les navires des Messageries maritimes, les plus rapides que nous ayons avec les Transatlantiques, ne mettent pas moins de vingt-cinq jours pour revenir de Buenos-Ayres à Bordeaux, et brûlent 70 tonnes de charbon par jour en faisant usage des machines les plus perfectionnées. Ces navires de 6000 tonneaux n'ont guère que 2400 mètres cubes disponibles pour les marchandises, et cependant leurs dimensions sont colossales. On ne pourrait pas les augmenter sans diminuer leur vitesse.

Et ces bâtiments spéciaux, que transporteraient-ils dans leur trajet d'aller? Marcheraient-ils sur lest? Comment se procureraient-ils un chargement? — Ils feraient concurrence aux lignes actuelles. — Mais les lignes actuelles sont connues depuis longtemps, elles ont une clientèle bien établie. Les négociants continueront à leur envoyer leur fret d'exportation parce qu'ils sauront bien que les navires à bestiaux qui seront occupés au retour ne pourront leur rapporter les objets encombrants, les matières premières de la Plata, les cafés et les bois du Brésil qu'on leur envoie en échange de leurs produits manufacturés. — Vous aurez les émigrants, dites-vous. En êtes-vous bien sûrs? Croyez-vous que les émigrants, quelque peu délicats qu'ils soient, consentiront à occuper les étables veuves de leurs bestiaux? Et puis, les émigrants, les vrais, les passagers de la dernière classe, composeront-ils jamais un chargement sérieux, fructueux? Il est permis d'en douter.

Ce qu'il y a de certain, c'est que les navires qui font actuellement le service, ne peuvent pas transporter les bestiaux à meilleur marché. L'agent d'une de ces compagnies à Buenos-Ayres disait à quelqu'un qui nous l'a répété : « On a eu tort de traiter pour le transport des chevaux. Ce chargement est très embarrassant, le fourrage très encombrant. Nous aurions plus de bénéfices en remplaçant cette dernière matière par les laines qui nous arrivent surabondamment pendant la saison. » Cependant, la plupart du temps, les cent chevaux qu'ils transportent, parqués sur le pont, constituent un fret supplémentaire occupant une place qui demeurerait vide; et ces steamers sont dans des conditions de chargement que les navires spéciaux ne partageraient pas avec eux. Comment alors ces navires particuliers pourraient-ils faire ce que les autres font presque sans gain?

Si, sur les différentes lignes qui transportent actuellement les chevaux, les pertes ne s'élèvent pas à plus de 7 ou 8 pour 100, cela tient aux bonnes conditions hygiéniques dans lesquelles les animaux sont maintenus. Comme nous avons déjà eu l'occasion de le dire (1), ils sont placés sur le pont et préservés du soleil par une tente de toile épaisse. Constamment ils sont rafraîchis par la brise légère que produit la marche du bateau. Quelquefois le vent est fort, jamais froid, excepté cependant sur les côtes européennes; par conséquent l'air est toujours renouvelé. La machine à vapeur fournit de l'eau en abondance; on ne les rationne pas, luxe qu'on ne pourrait se permettre s'ils étaient plusieurs centaines à bord. Les soins de propreté sont journaliers : chaque matin le pont du navire est lavé à grande eau. Malgré toutes ces précautions, 8 animaux sur 100 périssent en trente ou trente-cinq jours. Que serait-ce donc sur les bâtiments spéciaux encombrés avec les animaux dans les cales?

Mais supposons que le transport soit possible, et l'animal bien conformé pour la boucherie. Le navire qui a amené ce bœuf l'a débarqué en Normandie, par exemple, auprès d'une grande prairie couverte d'herbe et entourée de clôtures qui ne lui permettront pas de s'échapper. Supposons encore qu'il n'est pas seul, que le chargement était de cent sujets, que ces animaux se connaissent. Nous allons les faire entrer dans la prairie, et, placés là, nous n'aurons plus à nous occuper d'eux. Ayant à leur disposition de l'herbe de bonne qualité dont ils sont privés depuis plus d'un mois, ils mangeront beaucoup et s'engraisseront rapidement; ils gagneront 60 kilogrammes en six semaines; M. Sanson l'a constaté sur nos bestiaux français.

Celui qui tiendrait un pareil langage se tromperait fort. D'abord, les bœufs enfermés détruiront promptement les clôtures et s'échapperont. Ensuite, avant d'espérer l'engraissement, il faudra attendre que l'acclimatement se soit produit et que l'animal ait oublié son ancien pâturage, sa *querencia*.

Les estancieros de l'Uruguay qui s'occupent de l'engraissement des bestiaux reçoivent les bœufs brésiliens à la fin de l'été, en mars et avril. Ces animaux sont placés dans des conditions identiques avec celles dans lesquelles ils ont toujours vécu. Abandonnés dans un point de la prairie, on les laisse absolument libres sans les tourmenter par la présence de l'homme. On leur accorde, pour s'acclimater, l'automne et l'hiver, ou les mois d'avril, mai, juin, juillet et août, et quand arrive la pousse du printemps, ils sont suffisamment habitués à leur nouveau pâturage pour pouvoir engraisser. On ne les livre au saladero qu'à partir du mois de décembre jusque fin avril. Ils ont donc mis de 9 à 13 mois pour prendre l'embonpoint nécessaire, et quelquefois même on ne peut les tuer que l'année suivante. Lorsque les animaux n'arrivent qu'en juillet ou en août, l'engraissement ne se produit certainement pas; il faut attendre le printemps de l'autre année. Ce qui se passe en Amérique, dans leur pays, dans de bons pâturages, se passera inévitablement en France. Il serait donc déraisonnable d'espérer leur engraissement après quelques mois de séjour en Europe.

Nous pensons que tous les obstacles que nous venons de signaler suffiront pour convaincre les partisans les plus

(1) *Le Cheval de la Plata et son importation en France comme cheval de guerre*, Vitry, 1876.

chauds de l'importation des bestiaux vivants de la Plata. Nous abandonnerons donc cette question pour dire un dernier mot sur l'importation du bétail sur pied de l'Amérique du Nord.

IV. — IMPORTATION DES BŒUFS DES ÉTATS-UNIS EN ANGLETERRE.

Depuis de longues années, les États-Unis nous envoient des quantités considérables de lard et de jambons salés qui servent à l'alimentation des classes pauvres. Jusque dans ces derniers temps, la chair du gros bétail n'avait pas donné lieu à des transactions bien développées, sans doute parce que le nombre de ces animaux était restreint, ou plutôt, peut-être, parce que, placés au centre de cet immense continent, il était impossible de les amener sur les bords de l'Océan. Aujourd'hui que des chemins de fer sillonnent tout le pays, ces conditions économiques ont été modifiées, et les Américains qui sont, avant tout, des gens pratiques, ont essayé de tirer parti de leurs gros animaux. Des essais d'importation de bestiaux vivants en Angleterre furent tentés. L'expérience réussit, on la continua, et des milliers de bœufs furent envoyés sur les marchés anglais. Ce mode d'expédition a des inconvénients. Bien que la traversée de New-York à Liverpool et Glasgow se fasse rapidement, en une douzaine de jours, les animaux maigrissent beaucoup, et la mortalité vient encore réduire les bénéfices. Aussi ce mode de transport subit-il un ralentissement lorsqu'on eut trouvé le procédé de conservation de la viande par le froid. Les premiers animaux américains vivants arrivèrent à Glasgow en juillet 1875. Trois mois plus tard, octobre de la même année, les promoteurs de ce premier arrivage, la maison John Bell and son, de Glasgow, abandonnaient ce moyen pour faire usage du procédé de conservation des viandes par l'air refroidi sur la glace.

L'importation d'un bœuf, nourriture comprise, coûte aux spéculateurs de 210 à 220 francs, tandis qu'en faisant usage du procédé de conservation par le froid, le transport de la chair du même animal ne leur revient pas à 40 francs, et ils n'ont plus à compter avec l'amaigrissement et la mortalité.

Ajoutons en terminant que, malgré ces immenses avantages, l'importation des animaux sur pied n'a pas été abandonnée. Les envois des États-Unis et du Canada en Angleterre se seraient élevés, pour 1877, à 19 000 bœufs, 23 000 moutons, 810 porcs, et pour 1878 à 52 376 bœufs, 56 784 moutons et 15 517 porcs, « augmentation énorme, si elle est réelle », ajoute M. Zundel à qui nous empruntons ce renseignement.

JULES CALLOT.

ACADÉMIE DE MÉDECINE DE PARIS

SÉANCE PUBLIQUE ANNUELLE

M. A. CHÉREAU.

Histoire d'un livre.

Michel Servet et la circulation pulmonaire (1).

Je viens, devant l'Académie, combattre une légende dont l'origine remonte à près de deux siècles, et qui, entretenue, accréditée par les historiens qui se sont occupés des annales de la médecine, a reçu encore, de nos jours, un nouveau relief de popularité sous la plume éloquente et autorisée de l'illustre Flourens.

Je viens démontrer — je l'espère du moins — que l'Espagnol Michel Servet n'est point l'auteur de la découverte de la *circulation pulmonaire,* ou *petite circulation,* et que tout l'honneur doit en être laissé à l'Italien Mathieu Realdo Colombo, de Crémone.

Il y a, je le sais, quelque témérité et quelque danger à abaisser le piédestal sur lequel on a élevé l'infortuné martyr; mais tout sentiment doit s'effacer devant les droits imprescriptibles de l'histoire et de la vérité.

Ce n'est pas un petit honneur que de pouvoir attacher son nom à la découverte de la petite circulation; cette dernière est le point de départ, l'origine de la conquête de la circulation générale; et du moment que, par une conception hardie, un éclair de génie a pu faire deviner, après des siècles d'attente, que le sang, parvenu aux derniers ramuscules d'un ordre de vaisseaux, pouvait être repris, après avoir été modifié dans ses caractères, par les ramuscules d'un autre ordre de vaisseaux, le chemin conduisant à une des plus brillantes acquisitions de la physiologie était ouvert. Pour moi, comme pour MM. Renzi, Kirchner, Cerardini, etc., c'est Colombo qui a tracé, le premier, cette voie. Je vais essayer de le prouver, et j'espère, grâce à la bienveillante attention de l'Académie, lui faire partager la conviction qui m'anime, la certitude dont je suis pénétré.

Depuis une trentaine d'années, Servet a été le sujet de travaux fort importants : MM. Albert Rilliet, Renzi, Émile Saisset, Cerardini, Martin Kirchner, Charles Dardier, Willis et Henry Tollin, pour ne citer que les principaux, ont étudié cette singulière personnalité du XVIe siècle avec un soin et une ardeur dignes des plus grands éloges. M. Tollin, surtout, a consacré vingt ans de sa vie à suivre avec passion le martyr dans toutes les phases de son existence, parcourant l'Allemagne, la Suisse, la France et l'Italie méridionale; cherchant partout, avec un enthousiasme sans pareil, l'idole de ses patientes investigations, son héros. Nous avons lu, étudié et médité la plupart de ses ouvrages. Aucun des arguments avancés, aucune des prétendues preuves mises en relief n'ont pu nous convaincre que nous faisions fausse route dans la thèse que nous allons défendre. D'ailleurs il est bien entendu que nous laissons absolument de côté Servet théologien; nous ne le considérons que sous le rapport de la découverte de la circulation pulmonaire. Médecin, c'est de Servet médecin que nous nous occupons. A ce point de vue, nous possédons une indépendance dont d'autres ne nous paraissent pas avoir su se couvrir.

I.

Peut-être plusieurs d'entre vous, messieurs, connaissent, à Genève, la colline appelée *le Champel.* C'est le *Champ du bourreau,* célèbre par les exécutions capitales qui y ont été faites, et par un champ de repos où étaient inhumés les corps des suppliciés. Elle était située à peu de distance des murailles de la ville, du côté du midi, et fait partie maintenant de sa banlieue. De son sommet, le regard s'étend sur un des plus ravissants paysages de la contrée : dans le lointain, ce sont les belles eaux et les rives enchanteresses du lac de Genève, l'amphithéâtre immense de la chaîne du Jura, les croupes onduleuses qui forment la vallée du Léman ; et tout autour, au bas du coteau, de riantes, verdoyantes et charmantes campagnes.

(1) Dans les pages qui suivent, il ne faut voir que le résumé d'un Mémoire plus étendu, qui n'a pu être lu *in extenso* en séance publique annuelle de l'Académie, mais qui sera inséré dans les *Bulletins* de la Compagnie.

C'est là que, le 26 octobre 1553, dès la pointe du jour, on avait érigé un bûcher, c'est-à-dire un bâti en pierres, de forme cubique, portant à sa partie supérieure un lourd et grossier poteau de bois, et comme noyé dans un lacis de branches de chêne encore verdoyantes et chargées de feuilles, et de quelques solives vermoulues. Au poteau étaient attachées des chaînes de fer qui rasaient le sol.

On devait ce jour-là brûler un homme.

En effet, vers deux heures de l'après-midi, on vit arriver, à pied, les mains liées au dos, entouré de gardes, de gens de justice et de gens d'église, un homme d'une quarantaine d'années, maigre, pâle, défait, allongé, portant une longue barbe à la manière du temps. Il avait une vague ressemblance avec le Christ, au nom duquel on allait le tuer. Il avait traversé une partie de la ville, glissé sous la porte du château, traversé la place de *Bourg-de-Four*, gravi la rue Saint-Antoine, et, se dirigeant de là du côté du midi, il était arrivé au lieu du supplice, suivi d'une foule compacte qui s'était grossie peu à peu sur son chemin.

Le bourreau était là qui l'attendait, qui le poussa au pied du poteau, l'assujettit à ce dernier au moyen de chaînes de fer, lui maintint droit le cou par quatre ou cinq tours d'une forte corde, lui attacha au flanc un livre, cause et compagnon du supplice, et lui plaça sur la tête une couronne faite de paille et enduite de soufre. Armé d'une torche résineuse, ce même bourreau mit le feu aux broussailles : en quelques instants, les flammes tourbillonnèrent autour de la créature humaine. Mais ce ne fut pas pour longtemps; car les branches, encore humides de la rosée du matin, étaient récalcitrantes, et un vent violent s'était tout à coup élevé, qui chassait les flammes du bûcher, comme pour protester contre le crime. De sorte qu'il fallut deux ou trois heures pour que la victime rendît l'âme, n'ayant pas cessé de crier : « O malheureux que je suis, qui ne peux terminer ma vie!... Les deux cents couronnes d'or que vous m'avez prises, le collier d'or que j'avais au cou et que vous m'avez arraché, ne suffisaient-ils pas pour acheter le bois nécessaire à me consumer!... O Dieu éternel! prends mon âme!... O Jésus, fils du Dieu éternel, aie pitié de moi!... » Et il y avait là Guillaume Farel, le vicaire de Calvin, qui, lui aussi, exclamait; « Crois à Jésus, l'éternel Fils de Dieu!... » Et le martyr de répondre : « Je crois que le Christ est le Fils véritable de Dieu, mais non éternel!... »

A la fin, pourtant, le martyre cessa... Les fagots disparurent, le poteau s'affaissa sur lui-même, crépitant, laissant échapper des flots de fumée. Il ne resta plus qu'un tas de cendres poisseuses, qu'avec un râteau immonde l'on jeta aux vents.

Quel était donc cet homme que l'on venait de torturer ainsi et de brûler?...

Il s'appelait Michel Servet.

Quel avait donc été son crime?

Il avait pensé et écrit comme ne pensaient et n'écrivaient pas les autres. Lui, huguenot, il avait été condamné aux flammes par les catholiques, et, leur ayant échappé par la fuite, il était tombé entre les mains des calvinistes, qui le guettaient depuis longtemps, et qui, cette fois, avaient obtenu contre lui cet arrêt :

Toy, Michel Servet, condamnons à debvoir estre lié et mené au lieu de Champel, et là debvoir estre à un pilori attaché, et bruslé tout vifz avec ton livre, tant escript de ta main que imprimé, jusques à ce que ton corps soit reduit en cendre; et ainsi finiras tes jours pour donner exemple aux autres, qui tel cas vouldroient commettre.

Quatre mois auparavant, le même Servet, jeté dans les cachots de Vienne, en Dauphiné, condamné aussi à être brûlé vif, à petit feu, avait pu échapper par la fuite à l'affreuse Inquisition; mais l'arrêt n'atteignit pas moins le contumax, lequel fut brûlé en effigie : à défaut de l'homme, on tourmentait son masque.

Le 17 juin 1553, vers l'heure de midi, — il fallait un beau soleil pour ces sortes de spectacles, — les habitants de ladite ville de Vienne purent admirer, devant la porte même du palais Delphinal, l'effigie de Servet, c'est-à-dire une espèce de mannequin, exécuté par le bourreau, François Bérodi. Attirés par la curiosité, ils attendirent. Au bout d'environ une heure, ils virent le sombre exécuteur hisser le mannequin sur un tombereau, avec cinq ballots de feuilles imprimées; le tombereau, traîné par un cheval vigoureux, s'ébranla; il parcourut les rues, les carrefours de la ville, s'arrêta quelques instants au lieu où se tenait le marché public; puis, de là, il se dirigea du côté de la place appelée *la Charnève*. Là il y avait, planté sur le sol, une potence; le bourreau descendit du tombereau le mannequin et les ballots de papier imprimé; il attacha le mannequin au pilori; et, armé d'une torche, il mit le feu..... En quelques instants tout fut consumé..... Étaient présents à l'exécution, en qualité de témoins officiels : « Guigues Ambrosin, crieur et trompette à Vienne; Claude Reymet, Michel Basset, sergens Delphinaux; Sermet des Champs, bolenger, et plusieurs aultres gens illec assemblez pour veoir faire ladite execution ».

II.

Pourtant, deux exemplaires du livre voué ainsi à la destruction ont pu échapper aux flammes. L'un est à la bibliothèque de Vienne, en Autriche, et fut donné en 1786 à l'empereur Joseph II par le comte Samuel Pelcki de Szek, qui fut récompensé de sa générosité par le don d'un splendide diamant. L'autre se trouve à la Bibliothèque nationale de Paris. Tout le monde peut le voir, inventorié sous le n° D. 2. 11274, parmi les richesses bibliographiques exposées d'une manière permanente dans la grande et magnifique galerie Mazarine, qui précède les salles du département des manuscrits.

L'ouvrage porte ce titre : *Christianismi Restitutio*, etc., 1553; c'est-à-dire :

Restauration du Christianisme. Toute l'Église apostolique rappelée à son origine, à la véritable et pure connaissance de Dieu, de la foi chrétienne, de notre purification, de notre régénération et de notre baptême, et de la Cène du Seigneur; enfin, la restitution de notre règne céleste, la fin de la captivité impie de Babylone, la ruine finale de l'Antéchrist.

C'est un volume de format in-8°. Il contient 734 pages et se termine par ces trois lettres M. S. V. (Michael Servetus Villanovanus). La reliure est de celles qu'on appelle à compartiments polychromes; elle paraît dater du milieu du XVIIe siècle et provenir d'un atelier anglais.

De plus, remarquez bien cela : le volume porte des traces de brûlures; les 64 premiers feuillets, notamment, ont été léchés sur les bords par les flammes, et ont été roussis; les feuillets 142 à 152, 494 à 500, ont été troués à jour dans un diamètre d'une pièce de vingt sous, comme si un charbon ardent s'y était reposé un instant.

Nous sommes en présence de l'un des exemplaires qui faisaient partie des cinq ballots en feuilles, qu'à Vienne, sur la place *la Charnève*, le bourreau jeta dans les flammes avec l'effigie de l'auteur, le 17 juin 1553, et qu'une main inconnue arracha à la destruction.

Nous avons là, très probablement, l'exemplaire même qui a servi à Calvin et à Colladon, son complice dans cet horrible drame, pour faire condamner Servet.

En effet, le volume se termine par deux feuillets de papier blanc, sur lesquels Colladon, qui signe, a écrit de sa propre main un *Index* spécifiant les passages les plus compromettants de l'ouvrage; et dans le corps même du livre on peut voir ces mêmes passages signalés, soit par des notes confiées aux marges, soit par des soulignés.

Il y a aussi deux autres notes émanées de deux propriétaires, Richard Mead et de Boze, dont nous allons parler dans le paragraphe suivant.

Enfin le nom de l'imprimeur n'est pas indiqué; mais l'on sait que ce fut Balthazar Arnollet, de Vienne, qui organisa pour cela un atelier clandestin, et qui commença le livre le 29 septembre 1552, pour le finir le 3 janvier 1553. Il en fut tiré 800 exemplaires aux frais de l'auteur.

III.

L'ouvrage intitulé *Christianismi Restitutio* est le plus rare de tous les livres connus, puisque l'exemplaire possédé par la Bibliothèque nationale de Paris fut arraché aux flammes. Mais, avant de faire partie des inappréciables trésors de la rue de Richelieu, il a eu ses étapes et a enrichi les cabinets de bibliophiles et de curieux.

Aussi haut que l'on puisse remonter, on le trouve, au commencement du XVIIIe siècle, à Cassel, capitale de l'électorat de Hesse-Cassel. Mais, vers l'année 1720, il n'y était plus, et ce fut en vain qu'à cette époque le prince François-Eugène de Savoie-Carignan, accompagné du landgrave, demanda, en passant à Cassel, à voir le fameux livre. Il avait disparu... Comment?... On n'en sut jamais rien.

Toujours est-il que, quelque vingt ans après, le *Christianismi Restitutio* reposait sur les rayons de la magnifique bibliothèque de Richard Mead, médecin anglais bien connu par ses nombreux travaux, par son amour éclairé pour les livres, pour les antiquités, et qui mourut le 16 février 1754. Richard Mead avait beaucoup voyagé, dans l'espoir, précisément, d'augmenter ses collections; il avait parcouru la France, l'Italie, l'Allemagne; et c'est sans doute dans cette dernière contrée qu'il put acheter le livre dont il est question, livre soustrait, selon toute apparence, à la bibliothèque publique de Cassel.

Néanmoins, un jour, Richard Mean se dessaisit de son joyau, et il en fit don à son ami et correspondant Claude Gros de Boze, numismate parisien, dont la riche bibliothèque fut vendue en 1753.

Ce fut le président de Cotte qui se rendit acquéreur du *Christianismi Restitutio.*

Puis le livre passe dans le cabinet de Louis-Jean Gaignat, bibliophile français et amateur de tableaux.

Ensuite il arrive chez le duc de Lavallière, auquel il est adjugé pour la somme de 3810 livres.

Enfin le duc meurt en 1783; on va vendre sa splendide collection. L'abbé des Aulnays, alors conservateur de la Bibliothèque du roi, s'émeut à la pensée que le livre de Servet pourrait échapper à la France; en prévision du prix élevé qu'il semblait devoir atteindre, il adresse un rapport à Lenoir, lieutenant de police, et le baron de Breteuil, ministre, donne l'ordre d'achat. Le livre reste chez nous moyennant 4121 livres, somme que l'on pourrait quintupler en considérant la valeur actuelle de l'argent.

Au reste, le médecin anglais Richard Mead, avant de faire cadeau de son édition originale à son ami de Boze, avait entrepris de la faire réimprimer. Mais, arrivé à la 252e page, il abandonna, on ne sait pourquoi, son projet. Cette réimpression incomplète et tirée à un unique exemplaire forme deux volumes in-4°, qui furent adjugés 1700 livres à la vente du duc de Lavallière.

Nous aurons épuisé ce qu'il y a de vraiment curieux dans cette histoire, en ajoutant que la *Restauration du christianisme* a été réimprimée en 1791, à Nuremberg, page par page de l'édition originale, mais non ligne par ligne, comme on l'a prétendu. La voici, cette édition de Nuremberg que possède la bibliothèque de la Faculté de médecine de Paris. Il sera toujours facile de reconnaître cette réimpression : l'édition de Vienne a 33 lignes à la page, celle de Nuremberg en a 36; dans l'édition de Vienne, les lignes ont $0^{m},080$; dans l'édition de Nuremberg, elles en ont $0^{m},072$, c'est-à-dire que l'imprimeur de Nuremberg, ayant fait les lignes plus courtes que son confrère de Vienne, il a augmenté le nombre pour que les pages se correspondissent exactement dans les deux éditions, et qu'à la rigueur on pût prendre ces dernières l'une pour l'autre.

Loin de moi la pensée de chercher à analyser ce livre, amas bizarre, confus, indigeste et extraordinaire d'élucubrations théologiques et scolastiques qui étaient fort en vogue au XVIe siècle, qui n'ont plus cours aujourd'hui, qui nous font hausser les épaules, et à l'ombre desquelles on brûlait des créatures humaines. Ce qu'on peut y dévoiler de plus clair, c'est que Servet, attaché à la secte arienne ou socinienne, y défend avec une ténacité incomparable et des développements inouïs l'idée antitrinitaire, niant la Sainte-Trinité, qu'il traite de pure imagination, de chimère, de déité métaphysique, de chien d'enfer à trois têtes, de fantôme diabolique, de monstre poétique, d'illusion de Satan, ne voulant point reconnaître trois personnes en Dieu, se prononçant avec force contre l'Église romaine, traitant la messe d'imitation babylonique et de cérémonie du diable, se déclarant hardiment antipapiste, bravant à la fois l'Église romaine et l'Église calviniste.

IV.

J'ai hâte d'arriver aux quatre ou cinq pages dans lesquelles le martyr du Champel, noyant l'élément scientifique dans un océan de spéculations métaphysiques, parle du mouvement du sang, du cœur dans les poumons, et des poumons au cœur.

Pas de doute possible, Michel Servet a connu la circulation pulmonaire, et, en 1553, à propos de la formation du sang, de l'âme et des esprits, il l'a représentée d'une manière presque complète, mais sous une forme et dans un langage que ne suivent ni le vrai physiologiste ni le vrai anatomiste. Quoique suivant en cela son contemporain Vésale, il admit que la cloison interventriculaire pouvait laisser transsuder quelque chose, — *licet aliquid ressudare possit;* — il savait que le passage du sang du ventricule droit dans le ventricule gauche ne se fait pas à travers cette cloison, mais bien que le sang est conduit, par un long et merveilleux détour, du ventricule droit dans le cœur, où il est agité, *préparé,* où il devient *jaune,* et passe de l'artère pulmonaire dans la veine pulmonaire, « au moyen de la conjonction variée et de la communication de ces deux vaisseaux dans les poumons ». C'est dans cette veine pulmonaire qu'il se mêle à l'air et qu'il est débarrassé de ses fuliginosités. Toutefois, ce même sang ne subit pas *toute* son élaboration dans la veine pulmonaire, et il n'atteint sa perfection que dans le ventricule gauche, « sous la puissance vivifiante du feu qui y est contenu ». Servet, ne connaissant pas le travail d'échange qui se fait dans les poumons, ne peut croire que le sang veineux y subisse toutes ses transformations, et il accorde au ventricule gauche du cœur un rôle erroné : celui de perfectionner ce sang veineux pour le rendre artériel. Ce qui domine surtout dans sa théorie, c'est la conception des radicules de l'artère pulmonaire s'abouchant, se continuant avec les radicules de la veine pulmonaire, seule condition pour que le cercle ne soit pas interrompu.

Suivre plus loin Servet, ce serait le prendre en flagrant délit de sottises et ne se faisant que l'écho des erreurs qui régnaient de son temps touchant la grande circulation, erreurs qui ne furent tout à fait jetées au vent que soixante-quinze ans plus tard, par l'admirable synthèse de Guillaume Harvey.

Nous entendrons tout à l'heure un langage bien autrement

scientifique, un langage dicté par une longue expérience, par de nombreuses observations faites sur le cadavre, par des vivisections dirigées avec talent et portant le sceau du génie ; un langage que tout homme savant reconnaît pour sien, et tenu par un illustre anatomiste italien, au profit duquel nous revendiquons la gloire d'avoir compris, le premier, l'admirable mouvement du sang, du cœur dans les poumons, et des poumons dans le cœur.

Mais, pour la lucidité des arguments que nous avons à émettre, il est nécessaire, non pas de détailler la biographie de Servet, qui est partout, mais bien de marquer chronologiquement les principales phases de cette existence si courte, si tourmentée, et qui s'est terminée sur un bûcher.

V.

Michel Servet était né, d'après les meilleures recherches, en 1511, soit à Villanueva, dans l'Aragonais, soit à Tudela, dans la Navarre. Il se dit lui-même de cette dernière ville dans son interrogatoire; et, dans un document dont nous parlerons, il se déclare Navarrais, mais issu de parents espagnols. Pour cacher son individualité, il signe, cependant, *Michael Villanovanus;* quelquefois *Reves,* ce nom étant supposé être soit l'anagramme imparfaite de Servet, soit le nom de sa mère.

A l'âge de dix-huit ans, il se met, en qualité de secrétaire, au service de Jean Quintana, confesseur de Charles-Quint, et passe en Italie, à la suite de cet empereur, dont il voit le couronnement comme roi de Lombardie, à Bologne, le 23 février 1530.

Voilà un fait d'une certaine importance, et que je vous prie de remarquer : Servet a commencé l'apprentissage de la vie en Italie, alors travaillée par le socinianisme et l'arianisme, mais, en même temps, illustré par les progrès considérables qu'y faisait l'étude de l'anatomie; en Italie enfin, placée, dans sa partie méridionale, sous le sceptre de Charles-Quint, et faisant ainsi presque partie de la patrie de Servet. Ce dernier a pu assister là aux leçons de Jean-Baptiste Lombard, de François Litigatus, de Realdo Colombo, et nous prouverons tout à l'heure que ce dernier y professait la circulation pulmonaire, malgré Aristote, malgré Galien, malgré Vésale lui-même.

Notons que Vésale, lui aussi, fut attaché à Charles-Quint, dont il suivit les armées en qualité de médecin-chirurgien. Vésale et Servet, qui étaient à peu près du même âge, ont dû s'y rencontrer; ils étaient destinés à devenir condisciples; tous deux aidèrent, à Paris, Gonthier d'Andernach dans ses dissections.

En 1530, Servet est à Bâle et à Strasbourg, où il confère de ses sentiments antitrinitaires avec Œcolampade, Bucer et Capito.

En 1531, il va en France, bien décidé à y étudier la médecine, et assiste aux fameuses leçons que Sylvius, Fernel et Gonthier y professaient dans les Collèges de Paris; c'est de cette année que date la publication de son premier ouvrage hétérodoxe, *De Trinitatis erroribus,* dans lequel il professe déjà des idées qui devaient, vingt-huit ans plus tard, en faire un martyre, et qui jetèrent tant de malheureux dans les flammes allumées par le sauvage acharnement du Restaurateur des lettres contre les partisans de Luther.

Ce petit livre ne fut guère goûté. Aussi, son jeune auteur — il n'avait que vingt ans — s'empressa-t-il de lui donner, l'année suivante, un frère cadet d'une complexion plus solide, qu'il baptisa ainsi : *Dialogorum de Trinitate libri duo.* Son avis au lecteur est bon à retenir : « Je rétracte, écrit-il, les sept livres que j'ai écrits dernièrement, contre le sentiment reçu touchant la Trinité ; non pas parce que les idées qui y sont émises sont fausses, mais parce que cet ouvrage est imparfait, et comme écrit par un enfant pour des enfants... Au reste, ce qui s'y trouve de barbare, de confus et d'incorrect doit être mis à la charge de mon inexpérience et de l'incurie de l'imprimeur... »

En 1535, nous trouvons Servet à Lyon : il y est en qualité de correcteur d'imprimerie chez les Trechsel. Il y publie même une nouvelle édition de la version latine de la Géographie de Ptolémée, par Bilibald Pirckheymer. On le représente, non sans raison, s'attachant au fameux médecin lyonnais, Symphorien Champier, initié par lui aux secrets de l'art et prenant dès lors du goût pour la médecine.

Ce qu'il y a de certain, c'est qu'en 1537, Servet, après avoir publié chez Simon Colin un petit livre galénique intitulé : *Syruporum universa ratio,* est sur les bancs de la Faculté de médecine de Paris; il y est en qualité de simple écolier (*scholasticus*). Toutes les biographies, peut-être une ou deux exceptées, assurent qu'il obtint le diplôme de docteur dans les écoles de la rue de la Bûcherie. Cela est faux, absolument faux. Servet n'y a jamais été qu'écolier; il n'a jamais été ni bachelier, ni licencié, ni docteur. Il y a un monument qui en fait foi : ce sont les registres mêmes de la vénérable École, lesquels dévoilent un fait bien curieux, à savoir : que Servet, adonné à l'astrologie judiciaire, livré à toutes les superstitions de cette science fausse et dangereuse, fut rejeté du sein de la Compagnie des médecins de Paris, traîné au Parlement, et exclu pour toujours de la Faculté. C'est Jean Tagault, alors doyen, qui raconte le fait dans tous ses détails. Nous avons là sous la main sa narration, que sa longueur nous empêche seule de lire ici.

Voilà les débuts dans la carrière médicale de celui auquel on a octroyé la gloire immense d'avoir découvert la petite circulation; le voilà, cet esprit passionné, chimérique, agressif, comme fiévreux, et que l'orgueil emportait, convaincu d'astrologie judiciaire et de divination, et obligé de renoncer pour toujours aux grades scolaires délivrés par la première École du monde.

Depuis l'année 1539 jusqu'à l'année 1542, nous trouvons de nouveau Servet correcteur d'imprimerie chez Gaspar Trechsel à Lyon, occupé à corriger la Bible de Santès Pagnini, dont on préparait, dans cette imprimerie, une nouvelle édition; laquelle parut, en effet, en 1542. Servet, sous son pseudonyme ordinaire de Villanovanus, ne manqua pas d'ajouter à chaque page des gloses contraires à la religion. Calvin lui reproche amèrement cet acte qu'il qualifie de frauduleux, ses gloses ayant été mises sans l'autorisation de l'éditeur, et Servet n'étant employé qu'en la qualité de correcteur, avec des appointements de cinq cents livres.

Après avoir passé un an, peut-être, à Charlieu, près de Lyon, Servet prit pour résidence définitive la ville de Vienne, en Dauphiné, attiré là par l'archevêque Pierre Paulmier, qui le protégeait, et qui finit par l'abandonner. C'est très probablement de Vienne qu'il se rendit à Padoue pour prendre le grade de docteur en médecine. Son compatriote A.-H. Moréjon l'assure positivement. Si le fait est exact, et jusqu'ici rien ne le contredit, Servet a dû assister à Padoue aux leçons de Colombo et s'initier aux mystères de la circulation pulmonaire, qui était déjà connue sur le sol italien.

L'on se rappelle que c'est à Vienne, en Dauphiné, que Servet fit imprimer à ses frais, et clandestinement, son fameux livre *la Restauration du christianisme;* qu'il y fut condamné à être brûlé; qu'il parvint à se sauver; et que, par une imprudence inqualifiable, voulant se réfugier en Allemagne, il passa par Genève, se livrant ainsi aux mains de son plus cruel ennemi, qui le fit de nouveau condamner au feu.

VI.

Jetons maintenant un regard du côté de l'Italie, cette terre privilégiée vers laquelle se dirigeaient les poètes et les savants, les artistes et les penseurs.

L'étude de l'anatomie y règne dans toute sa splendeur. Protégés à l'ombre de sages règlements et de précieuses tolérances, les savants peuvent scruter la nature humaine sur l'homme même, et non pas seulement, comme le faisait Galien, sur des singes; l'Italie devient le foyer des sciences; elle devance les autres pays; rien n'égale l'ardeur avec laquelle on se livre à l'étude de l'anatomie; chaque ville veut l'emporter sur les villes voisines par la beauté de ses établissements et la célébrité de ses professeurs; les amphithéâtres s'élèvent de toutes parts; les Universités regorgent d'élèves avides de puiser à cette source féconde d'instruction. Celle de Padoue, surtout, est renommée dans le monde entier; là ont professé ou professent l'anatomie Jean-Baptiste Lombard (de Parme), François Litigatus, André Vésale, Gabriel Fallopio, Pierre Maynard (de Vérone), et Realdo Colombo (de Crémone). Il y a aussi des Espagnols qui sont là comme dans une nouvelle patrie. D'après les idées reçues, Vésale tiendrait le premier rang au milieu de cette brillante pléiade. Ce jugement est-il absolument juste? Nous ne le pensons pas; et, au risque de passer pour dire une énormité, nous déclarons avec Daremberg que le traité *De corporis humani fabrica*, envisagé dans la série historique, n'est qu'une seconde édition, revue et corrigée, et beaucoup amendée, des écrits de Galien. Vésale, on le sent, a de la peine à se séparer du médecin de Pergame; son génie, suspendu en quelque sorte aux branches de son jeune âge, a crainte de s'envoler, et de dire autrement que le « prince des médecins ». Relativement à la circulation du sang, il partage la plupart des erreurs physiologiques qui avaient cours dans les Écoles, et regarde les veines comme des conduits chargés de porter à toutes les parties du corps le sang mêlé au principe vital, c'est-à-dire qu'il donne au cours du sang une direction de courant diamétralement opposée à celle de la nature. Il voit la cloison interventriculaire fermée, ou au moins il lui est impossible de constater que les fossettes qui existent sur chaque face de cette cloison sont perforées; néanmoins, devant cette barrière infranchissable qui sépare les deux ventricules, il ne voit pas que le sang doit prendre un autre chemin détourné, qu'il doit passer par les poumons avant de venir au ventricule gauche. Parce qu'il se défie de lui-même, parce qu'il n'ose pas se mettre en désaccord avec Galien, il se déclare « embarrassé pour dire quel rôle exact le cœur joue dans ce phénomène ». A la même époque, Léonard Fuchsius était aussi fort embarrassé devant ces fossettes. Il avoue qu'aucune ne paraît à nos sens perforée; mais il veut, quand même, que le sang du ventricule droit traverse la cloison pour passer dans le ventricule gauche. Alors il a une explication phénoménale : « Ces fossettes, dit-il, ne nous paraissent pas perforées, afin, sans doute, que nous soyons forcés d'admirer l'ouvrier de toutes choses, qui fait passer par des trous inaccessibles à notre vue le sang du ventricule droit dans le ventricule gauche... »

Au XVIe siècle, lorsque les savants se trouvaient en face d'un point inexplicable pour eux, ils avaient un moyen sûr et facile de se tirer d'affaire : c'était d'invoquer la puissance divine et de recourir au miracle...

Vésale est admirable dans tout ce qui regarde l'anatomie descriptive, l'anatomie des détails, mais il est presque déplorable quand il s'agit de la physiologie, du jeu des rouages de l'économie.

Son remplaçant dans la chaire anatomique de Padoue, Realdo Colombo, qui est le réformateur de la physiologie comme Vésale est le réformateur de l'anatomie descriptive, est bien autrement osé, bien autrement indépendant et maître de lui-même. Il ne croit que ce qu'il voit, et tout ce qui a été écrit avant lui est comme non avenu si l'observation ne le confirme pas. « Tout en vénérant Galien comme un dieu, écrit-il, tout en attribuant beaucoup à Vésale dans l'art de la dissection, toutes les fois qu'ils sont d'accord avec la nature, lorsque les choses sont autrement qu'ils ne les ont décrites, la vérité à laquelle je suis encore plus fortement attaché me force à me séparer d'eux... En fait d'anatomie, je ne fais pas tant de cas de Galien et de Vésale que de la vérité; pour moi, la vérité est là où la description s'accorde avec la nature... »

On a accusé Colombo d'irrévérence, d'orgueil injustifiable envers son contemporain Vésale. Écoutez-le dans son Épître dédicatoire, et dites si cette accusation est fondée :

« Lorsque, après de longues années passées dans la dissection de corps humains, je songeai à décrire ce que j'avais observé touchant l'anatomie, je savais qu'il ne manquerait pas de gens qui mépriseraient mes efforts comme étant inutiles et vains, et qui opposent sans cesse, avec grand fracas, à ceux qui veulent mettre au jour des choses nouvelles, leur Avicenne, prince, selon eux, de toutes les Écoles, Mundini, Carpi, anatomistes qui n'auraient rien laissé digne d'être ajouté à leurs travaux. On peut en dire autant de Galien et de Vésale, après lesquels il serait d'un esprit orgueilleux et vain de vouloir écrire sur l'anatomie du corps humain. Néanmoins aucun de ces esprits chagrins n'a pu me détourner d'écrire; car on peut adresser aux deux derniers anatomistes que je viens de nommer ce vers qu'on adressait aux anciens :

Sunt bona, sunt quædam mediocria, sunt mala plura.

« En ce qui concerne Galien, je ne nie pas qu'en anatomie et pour les autres parties de la médecine, il a été mon guide et celui des autres, et que, après Hippocrate, nous devons infiniment à un aussi grand médecin. Mais comme, au lieu de corps humains, Galien a disséqué des singes, ses livres sur l'anatomie ne peuvent manquer d'erreurs. Relativement à Vésale, je dirai tout d'abord avoir toujours parlé de lui avec honneur, soit au foyer domestique, soit au dehors, et avoir recommandé ses écrits que tous les savants doivent avoir entre les mains; car il a puisé dans son propre fonds pour ajouter beaucoup aux travaux de Galien, qu'il a corrigés et repris en plusieurs endroits. Il est de l'essence de cette noble, utile, mais difficile anatomie, que tout ce qui la concerne ne peut être embrassé par un seul homme; et le volume si considérable et si remarquable de Vésale sur l'anatomie ne peut manquer d'erreurs. C'est pourquoi, lecteur, tu ne seras pas surpris si, après tant d'efforts de savants illustres, je ne crains pas de traiter des mêmes matières. La science ne parvient à sa perfection que par les additions successives des travaux des hommes; après tant de savants qui ont écrit avec soin sur l'anatomie, cette science parviendra à sa perfection, et nos propres efforts ne doivent pas être regardés comme inutiles. Je te conjure de ne porter là-dessus ton jugement qu'après m'avoir lu... »

Certainement, les détracteurs de Colombo, ceux qui l'ont, de parti pris, oublié, ou qui ont cherché à l'accabler sous le poids du blâme ou de la critique acerbe, n'ont pas lu cette épître du vaillant et fier anatomiste.

Certainement, Flourens, entraîné, comme malgré lui, du côté de Servet, n'a pas lu ni médité avec soin l'ouvrage du professeur de Padoue; autrement il n'eût pas écrit que « Servet a mieux décrit la circulation pulmonaire que ne l'avait fait Colombo ».

L'ouvrage de Colombo, *De re anatomica*, est un chef-d'œuvre par la méthode, la pureté du style, l'esprit de contrôle et d'examen qui en font comme le fonds, et par le nombre de faits qui y sont rapportés. A certains égards et sous son mince volume, il est supérieur à celui de Vésale et se lit avec plus d'intérêt. Il est plus vivant, si l'on peut dire ainsi. L'auteur a passé plus de quarante années de sa vie à scruter les rouages merveilleux de notre organisation; dès son jeune âge, il disséquait de nombreux cadavres à Pise, à Padoue, à Rome; ses observations sur les animaux vivants ne se comptent pas, et c'est lui qui, le premier, dans les vivisections, employa des chiens à la place des cochons. Il a même écrit un livre tout entier destiné à diriger les investigations dans ce sens. « Les vivisections, fait-il remarquer, en apprennent plus en un jour que trois mois de lecture des livres de Galien. » Colombo est le Claude Bernard du XVIe siècle. Je ne dirai pas les découvertes qu'il a faites, les erreurs qu'il a rectifiées; on les trouvera amplement détaillées dans Sprengel, et surtout dans Portal. Ce qu'il nous importe, c'est de le suivre dans le sujet qui nous occupe, c'est-à-dire dans l'examen de la circulation du sang. J'appelle l'attention de l'Académie sur le passage suivant. Je laisse parler Colombo :

« Il y a dans le cœur deux cavités, c'est-à-dire deux ventricules, l'un à droite, l'autre à gauche; le ventricule droit est beaucoup plus grand que le ventricule gauche. Dans le ventricule droit se trouve le sang naturel, dans le ventricule gauche le sang vital. Entre ces deux ventricules existe une cloison à travers laquelle presque tous les anatomistes pensent que le sang passe du ventricule droit dans le ventricule gauche. Mais le chemin parcouru est beaucoup plus long. *En effet, le sang est porté par l'artère pulmonaire au poumon, où il est rendu plus léger; ensuite, mélangé à l'air, il est porté par la veine pulmonaire au ventricule gauche du cœur : ce que personne jusqu'ici n'a observé ni marqué par écrit, quoique cela puisse être facilement vu par tout le monde...* L'artère pulmonaire est assez grosse et même beaucoup plus grosse qu'il ne le faudrait si le sang ne devait être que conduit aux poumons, et par un aussi court chemin. Elle se divise en deux troncs, qui vont, l'un au poumon droit, l'autre au poumon gauche, puis en divers rameaux, comme nous le dirons en parlant des poumons... Je pense que la veine pulmonaire a été faite pour porter des poumons au ventricule gauche du cœur le sang mêlé à l'air. Cela est tellement vrai, qu'en ouvrant non seulement des cadavres, mais encore des animaux vivants, on trouve toujours le vaisseau occupé par du sang : ce qui n'arriverait pas s'il avait été uniquement construit pour l'air et pour les vapeurs. Je ne peux trop admirer ces anatomistes, soi-disant si excellents, qui n'ont pas remarqué une chose si claire et d'une telle importance...

« Le poumon a pour usage de rafraîchir le cœur, comme l'écrivent avec raison les anatomistes : ce qu'il effectue en envoyant un air froid. Le poumon est destiné aussi à l'inspiration et à l'expiration. Enfin, il sert à la voix. Tous les anatomistes qui ont écrit avant moi ont connu ces usages du poumon. Il en est un autre, de grande importance, que j'ajoute ici et que l'on n'a fait qu'entrevoir : je veux parler de la préparation et presque de la génération des esprits vitaux, lesquels sont ensuite perfectionnés dans le cœur. En effet, le poumon prend l'air inspiré par la bouche et les narines, et cet air est porté par la trachée-artère dans tout le poumon, et le poumon le mêle avec le sang, qui est amené du ventricule droit du cœur par l'artère pulmonaire. Cette artère, en effet, outre qu'elle porte du sang pour alimenter le poumon, est tellement ample qu'elle peut remplir un autre usage : par suite du mouvement continuel du poumon, le sang est agité, il est rendu plus léger, il est mélangé avec l'air, et alors ce mélange d'air et de sang est pris par les rameaux de la veine pulmonaire, pour être porté, au moyen du tronc de cette même veine pulmonaire, au ventricule gauche du cœur; l'air et le sang y arrivent tellement bien mêlés, tellement atténués, qu'il ne reste que peu de chose à faire au cœur. Après cette dernière et légère action apportée par le cœur, comme une dernière main à l'élaboration de ces esprits vitaux, ces derniers n'ont plus qu'à être distribués par l'artère aorte à toutes les parties du corps.

« Je sais que cet usage nouveau des poumons, *qu'aucun anatomiste n'a jusqu'ici imaginé*, paraîtra peu digne de confiance et semblera être un paradoxe. Je prie, j'adjure les incrédules de contempler la grandeur du poumon, lequel ne pouvait pas rester dépourvu de sang vital, alors qu'il n'y a pas dans le corps un point, si petit qu'il soit, qui en manque. Si ce sang n'est pas engendré dans les poumons, par quelle partie pourrait-il être transmis, si ce n'est par l'artère aorte? Mais l'artère aorte n'envoie au poumon aucun rameau, grand ou petit... Donc, lecteur, comme je l'ai dit, la veine pulmonaire a été construite, non pas pour tirer du cœur et porter en dehors du cœur le sang élaboré de la manière qui a été expliquée, mais bien pour porter ce même sang en dedans, vers le cœur même.

« Une autre raison vient à l'appui de ce que nous disons : les médecins exercés par une longue habitude conjecturent avec sûreté, en voyant du sang s'écouler par la bouche, que ce sang vient des poumons, non seulement parce qu'il est éliminé par la toux, mais encore parce qu'il est d'une couleur éclatante, léger et beau, — *floridus, tenuis et pulcher,* — comme ils ont coutume de dire du sang des artères.

« Quiconque voudra considérer ces raisons avec sincérité, laissera la place, je le sais, à la vérité; mais il est une race d'hommes incultes et ignorants qui ne veulent ou ne peuvent rien trouver de nouveau, et qui, en outre, souscrivent aussitôt à tout ce qu'écrit un médecin d'un grand nom, adoptant, ou peu s'en faut, tous ses dogmes. Mais toi, lecteur, qui aimes les hommes doctes, et qui cherches avec ardeur la vérité, je te conjure de te convaincre sur des animaux que tu ouvriras vivants; je t'exhorte, je te prie, dis-je, de voir si ce que j'ai dit n'est pas conforme à la vérité. En effet, dans ces animaux, tu trouveras la veine pulmonaire pleine de sang, et non pas pleine d'air... »

Je n'insisterai pas, messieurs, sur ce qu'il y a d'extrêmement remarquable dans ces pages écrites, dans la première moitié du XVIe siècle, par un des plus notables représentants de l'école anatomique italienne. On n'en trouverait pas de pareilles, ni dans Vésale, ni dans Fallope, ni dans aucun des contemporains de Colombo. Servet, surtout, s'efface devant cette grande figure : Colombo est un maître qui parle le vrai langage de l'anatomiste et du physiologiste, et qui éclaire l'anatomie par le flambeau de la médecine. Servet n'en est que le copiste, souvent infidèle, parfois maladroit, toujours mystique. Servet s'obstine à laisser la cloison interventriculaire *transsuder encore quelque chose;* Colombo la ferme complètement, et, cette fois, sans hésitation, sans crainte des foudres de Galien et de Vésale. Servet, par une aberration inconcevable, colore en *jaune* le sang qui a passé à travers les poumons pour revenir au cœur, Colombo, en trois mots, dépeint ses véritables caractères : *floridus, tenuis, pulcher.* Évidemment, Servet n'a pas vu, comme l'a vu cent fois Colombo, le sang artériel circulant tout vivant dans ses canaux; sans cela, il n'eût point écrit ce mot *jaune* (flavus), qui n'exprime qu'une grossière erreur. Au reste, pour Servet, les veines pulmonaires se bornent à prendre l'esprit vital; pour Colombo, c'est tout le sang qui passe dans ces veines, atténué, préparé, rendu « éclatant, léger et beau », dans son trajet.

VII.

Nous sommes arrivés au nœud de la question, au but principal de cette étude : Quel est celui des deux, de Servet ou de Colombo qui, *le premier,* a fermé la cloison interventriculaire et a vu le sang, lequel dès lors ne pouvait passer à travers cette cloison, prendre forcément un chemin détourné, se diriger du côté du poumon, traverser cet organe et revenir au cœur?

Le livre de Servet porte cette date : 1553; celui de Colombo marque 1559.

Un écart de six ans au profit de Servet.

Donc, disent les plus sages, Colombo n'ayant pu connaître le livre de Servet, puisque ce livre a été brûlé en feuilles avant qu'il n'ait été répandu, Colombo et Servet ont découvert, chacun de son côté, la circulation pulmonaire.

Mais non, protestent les enthousiastes de Servet : Servet est bel et bien le seul, l'unique, l'authentique auteur de l'admirable découverte, et si Colombo a décrit si nettement le passage du sang à travers les poumons, et de ces derniers organes au cœur, c'est qu'il a eu connaissance de la conception de Servet, c'est qu'il a eu en main, soit en imprimé, soit en manuscrit, soit en extrait, le livre de la *Restauration du christianisme*.

Et moi, à mon tour, de dire :

Bien certainement Colombo n'a pas connu le livre de Servet; mais Servet, lui, a puisé la théorie de la petite circulation, soit directement dans les leçons faites par l'anatomiste italien, soit indirectement, par les Italiens, ses amis, presque ses compatriotes, qui ont dû le mettre au courant des enseignements si remarquables, si féconds, que l'école italienne répandait dans le monde.

Rectifions d'abord une erreur inconcevable commise par les biographes, qui font mourir Colombo en 1577, et qui en feraient presque un jeune homme comparé à Servet. Or, le fait est certain, Colombo est mort dans la première moitié de l'année 1559, c'est-à-dire l'année même de la publication de son ouvrage; il est mort avant d'avoir eu la joie de voir son œuvre livrée au public ; ce sont ses deux fils Lazare et Phœbus, qui ont recueilli l'héritage paternel, et qui ont doté la science d'un ouvrage aussi remarquable, qu'ils dédient au pape Pie IV.

« Realdo Colombo, de Crémone, notre père, disent-ils au souverain pontife, avait écrit *les années précédentes* (*superioribus annis*) quinze livres *De re anatomica*, qu'il devait éditer dans un avenir prochain... Ils avaient été déjà imprimés à Venise lorsqu'une mort rapide nous l'a enlevé. En conséquence...»

D'un autre côté, nous trouvons une autre dédicace : celle-là est de Colombo lui-même; elle est adressée au prédécesseur immédiat de Pie IV, à Paul IV, qui fut élu pape le 23 mai 1555, et qui mourut le 18 août 1559, après quatre mois de pontificat.

« J'éprouve une joie immense, dit-il, d'avoir terminé sous Votre Sainteté cet ouvrage *que j'avais commencé bien des années auparavant :* quod abhinc multos annos inchoaveram. »

Donc Realdo Colombo a écrit son livre bien avant l'année 1555; il le livra à l'impression dans un atelier de Venise, mais il mourut pendant cette impression, et ce sont ses deux fils qui ont rendu l'œuvre publique. Colombo devait avoir de soixante à soixante-cinq ans lorsque la mort l'a ravi à la science qu'il cultivait avec tant d'éclat. C'est bien là, ce semble, l'âge de ce maître (Colombo), à la longue barbe, au crâne absolument dénudé, qui est représenté dans le frontispice de l'édition donnée par ses fils, entouré d'élèves et de curieux, et démontrant l'anatomie sur un cadavre humain.

Notre anatomiste a donc dû naître vers l'année 1494, dix-sept ans avant Servet.

Il résulte de là que vers 1540, époque où Servet était, selon toute probabilité, à Padoue, pour s'y faire recevoir docteur, Colombo avait quarante-six ans, tandis que Servet atteignait à peine sa vingt-neuvième année. Colombo était alors, et depuis longtemps, connu pour l'un des professeurs les plus en renom dans la Péninsule, à Pise surtout, où il attirait une foule d'élèves avides d'entendre la voix du maître; et quatre ans après (1544) il avait la gloire d'occuper à Padoue la chaire illustrée par Vésale. A qui fera-t-on croire que, durant ses passages en Italie, l'Espagnol n'a pas profité des leçons de Colombo, qu'il n'a pas entendu ce dernier professer la théorie de la circulation pulmonaire?

On peut rappeler aussi « quelques Italiens », qui, en 1537, furent dépêchés par Servet auprès du doyen Tagault, avec mission d'arranger, si faire se pouvait, la cause pendante au parlement. Qui sait si, dès cette époque, Servet n'apprit pas de ces mêmes Italiens, ses amis, ses compatriotes, le véritable cours du sang dans la petite circulation?

Servet était si bien en relations suivies avec Venise et Padoue, que Calvin lui reproche d'avoir « fait trotter », en 1550, dans ces deux dernières villes, le bruit que le célèbre réformateur avait tout fait pour aigrir les papistes contre son antagoniste.

Je remarque également que Servet est loin de s'attribuer la théorie qu'il formule au milieu de ses expositions théologiques, et qu'il se contente d'opposer la vérité de ce qu'il avance aux erreurs de Galien. De Vésale, il ne souffle mot, quoiqu'il y eût plus de dix ans qu'avait paru la première édition de l'ouvrage de ce grand anatomiste. Comprend-on Servet, l'orgueilleux, le passionné Servet ne se déclarant pas, *urbi et orbi*, l'auteur d'une des plus grandes découvertes physiologiques?

Quelle différence dans le langage de Colombo ! — « C'est moi, s'écrie-t-il avec orgueil, qui ai découvert que le sang, parti du ventricule droit pour se rendre au ventricule gauche, passe, avant d'arriver là, par les poumons, où il se mélange avec l'air, et est ensuite porté par les rameaux de la veine pulmonaire au ventricule gauche. Cela était facile à constater; néanmoins, personne avant moi ne l'a marqué par écrit. »

J'espère bien que la postérité, d'abord trompée sur la valeur réelle de deux dates, finira par ratifier cette fière déclaration de l'illustre anatomiste.

Un autre fait doit frapper les esprits non prévenus : l'on sait que le livre *la Restauration du christianisme* n'est, après tout, que la réimpression considérablement augmentée d'autres écrits antitrinitaires, que Servet avait précédemment mis au jour : celui des *Erreurs de la Trinité*, publié en 1531. Or, ce serait en vain que l'on chercherait dans ces ouvrages le fameux passage sur la circulation. C'est que Servet n'avait pas encore vu à l'œuvre, en Italie, les hommes illustres qui y professaient l'anatomie; c'est qu'il n'avait pas encore lu ou entendu Colombo.

Ah ! il y a un homme qui eût pu, qui eût dû rendre justice à l'anatomiste de Crémone ! Vésale avait acquis assez de gloire pour en abandonner quelque bribe à son prosecteur. Ces deux grands esprits étaient faits pour se comprendre, s'estimer et s'aimer... Eh bien, non!... La discorde, inspirée par la jalousie, s'est mise entre eux. C'est avec bonheur que l'on voit Vésale, dans la première édition de son grand ouvrage, reconnaître Colombo pour son ami, son familier, et le proclamer professeur très studieux au collège de Padoue. C'est avec douleur qu'on le surprend effaçant, dans la seconde édition, cet hommage rendu à celui qui l'avait vaillamment aidé dans ses travaux. Cette douleur augmente encore lorsque l'on constate que Vésale n'a pas craint de dire que c'était de lui que Colombo avait appris les lettres et l'anatomie. Il a été amplement démontré, dans les pages précédentes, que, relativement à la circulation pulmonaire, Vésale n'avait presque rien ajouté à ce qu'avait dit Galien, et qu'il ne fut pour rien dans l'admirable conception de Colombo.

VIII.

Vous connaissez tous, messieurs, l'ouvrage de Valverde sur l'anatomie du corps humain, ouvrage qui n'est guère qu'une compilation, et qui est orné de planches empruntées à Vésale. Valverde était Espagnol comme Servet, et contemporain de Servet. C'est sous Colombo qu'en compagnie de son compatriote, il étudia une science qu'il devait cultiver, sinon avec éclat, du moins avec utilité. Colombo le traite publiquement de « son très affectionné ». Dans son livre, dont la première édition porte la date de 1556, et dont la dédicace est du 13 septembre 1554, Valverde cherche à concilier les idées de Vésale et celles de Colombo. Il faut citer le passage où il parle de la circulation pulmonaire.

« Pour tous ceux qui ont écrit avant moi, le rôle de l'artère pulmonaire serait seulement de nourrir les poumons, celui de la veine pulmonaire de porter l'air des poumons dans le ventricule gauche; car ils soutiennent qu'il ne pouvait y avoir du sang dans cette veine pulmonaire. *Mais s'ils eussent fait les expériences que j'ai faites avec mon maître Realdo Colombo, tant sur des animaux vivants que sur des cadavres,* ils eussent constaté que la veine pulmonaire n'est pas moins pleine de sang que toute autre veine... Or, puisqu'il y a du sang dans cette veine pulmonaire, et que ce sang ne peut, à cause des valvules qui se trouvent à l'embouchure du vaisseau, venir du ventricule gauche, je crois que de l'artère pulmonaire le sang est transfusé dans les poumons, où il se purifie et se prépare à pouvoir plus aisément se convertir en esprits. Et après s'être mélangé avec l'air qui entre par les rameaux de la trachée, il va avec cet air dans la veine pulmonaire, qui le porte au ventricule gauche du cœur. »

Voilà donc Valverde, inspiré évidemment par ce qu'il avait appris de son maître Colombo, initié aux mystères de la physiologie par des expériences faites en commun avec le Crémonais, — le voilà, dis-je, connaissant très nettement la théorie vraie de la circulation pulmonaire, en 1554, c'est-à-dire CINQ ANS AVANT la publication de l'œuvre de Colombo. Ce qui prouve sans conteste que les enseignements de Colombo étaient depuis longtemps entre les mains de ses disciples avant que les fils du maître eussent rendu public son ouvrage.

Remarquons que Valverde ne fait même pas allusion à Servet, dont le livre avait été pourtant imprimé deux ou trois ans avant le sien. Servet et Valverde se sont certainement connus; il y avait un lien qui devait les rapprocher : celui de la patrie commune. Il n'est pas possible d'admettre que Valverde ait emprunté — pour ne pas dire volé — la théorie du mouvement du sang à son compatriote Servet pour la donner à l'anatomiste italien. Il serait, au contraire, beaucoup plus facile de comprendre que c'est de Valverde, l'élève de Colombo, que Servet aurait appris, *viva voce,* le véritable cours du fluide nourricier.

IX.

Les défenseurs de Servet, qu'ils représentent emphatiquement comme un prodige « ne pouvant jeter les yeux quelque part sans faire une découverte », font grand fracas des arguments suivants :

« Dès 1546, disent-ils, Servet, se trouvant en correspondance avec les prédicateurs de Genève, envoya à Calvin sa *Restitutio christianismi.* Il en fit de même à l'égard de Mélanchthon.

« Servet avait un grand nombre d'amis; il correspondait avec le médecin La Vau, de Poitiers, avec Jérôme Bolec, médecin des reines de Pologne et de Hongrie, avec Gaspard Biandrata...

« Servet déclare, dans son interrogatoire, que son imprimeur avait envoyé quelques exemplaires de son livre à Francfort, à l'occasion de la foire de Pâques.

« Donc, conclut-on, il est impossible que les vues physiologiques de Servet sur la circulation n'aient pas été propagées en Allemagne, en Italie. Si tous les médecins italiens, qui décrivent exactement la circulation pulmonaire, ne parlent pas de Servet, c'est qu'ils n'ont pas osé; c'est qu'ils ont craint l'inquisition jésuitique, et qu'ils ne pouvaient, sans danger pour eux, reconnaître qu'ils devaient au diable le grand fait physiologique... »

En vérité, il n'est guère possible de trouver des arguments établis sur des bases moins solides... Je concède que les manuscrits de Servet aient pu circuler dès l'année 1546; j'accorde même, ce qui est plus que problématique, que ces manuscrits renfermaient déjà la théorie de la petite circulation. Mais comprend-on Colombo, Valverde, Césalpin, Sarpi, Rudio et d'autres savants anatomistes italiens, s'occupant des élucubrations théologiques de Servet, allant pêcher, si l'on veut me permettre cette expression, le mouvement du sang au milieu des eaux troubles de la *Restauration du christianisme?...* Non. Si tous les Italiens qui ont fait connaître la circulation pulmonaire n'ont pas même cité Servet, c'est que ce dernier leur était inconnu comme médecin, comme anatomiste; c'est que le martyr du Champel vivait dans un milieu que ne hante guère la science pure. Les anatomistes qui ont suivi immédiatement Colombo ne partagent pas tous sa manière d'expliquer la marche du sang, ils le combattent fréquemment; mais tous le reconnaissent comme l'auteur de la théorie qu'il a défendue avec tant d'ardeur, avec tant de conviction. *Pas un* ne fait mention de Servet; qu'il soit catholique, Italien, Hollandais, Français ou Allemand, luthérien, calviniste, orthodoxe ou hétérodoxe, *pas un* ne vise Servet.

Colombo a eu des jaloux; une certaine âpreté de langage, une grande indépendance dans le caractère, sa haine profonde pour le *vox magistri,* sa raideur à plier devant l'autorité, n'ont pas manqué de lui susciter des inimitiés déclarées. Nous avons vu le jugement hautain que Vésale a porté sur son ex-prosecteur; Fallope, le successeur immédiat du Crémonais à la chaire anatomique de Padoue, se contente du silence, arme encore plus acérée que l'injure. Quelle belle occasion, pourtant, d'opposer Servet à Colombo! de dire à ce dernier : « Non, ce n'est pas vous qui avez imaginé la théorie que vous soutenez; vous l'avez empruntée au malheureux Espagnol Villanovanus. » Donc, prétendre que tous les anatomistes italiens qui ont enseigné la circulation pulmonaire l'ont empruntée à Servet, soutenir que « tous sont tributaires de Servet », c'est tomber dans l'absurdité, c'est mettre la passion à la place de la froide raison, c'est vouloir substituer l'erreur à la vérité. Il faut franchir plus de quarante ans, il faut arriver jusqu'à l'année 1697, pour voir sortir, en quelque sorte du néant, le passage de Servet sur la circulation. Ce fut le philologue et critique William Wotton qui opéra cette résurrection d'après un manuscrit copié sur l'original imprimé de Cassel, et qui appartenait à l'évêque de Norwich. Puis Jacques Douglas, Gerike et d'autres continuèrent la même revivification, et la légende fit le chemin que l'on sait, non, toutefois, sans que deux notes discordantes vinssent troubler le concert.

La première a été donnée par Haller, lequel a écrit ceci : « Servet paraît avoir vu ce que Galien avait ignoré, mais ce qui, UN PEU AUPARAVANT, avait été connu de Realdo Colombo, quoique la grande découverte de ce dernier ait été publiée plus tard. »

La seconde note nous vient de Baglivi, dont je traduis ici les paroles : « Realdo Colombo, anatomiste d'une réputation immortelle, a ouvert LE PREMIER, il y a près de deux cents ans, le passage du sang, par les poumons, du ventricule droit du cœur dans le ventricule gauche; et, LE PREMIER, il a ainsi indiqué la circulation du sang. »

C'est précisément ce que nous avons cherché à établir dans ce mémoire. Mais j'espère avoir transformé en vérité solide la simple assertion de ces deux auteurs, et mis les lecteurs en état d'apprécier les éléments de la démonstration.

Le meurtre de Michel Servet pèsera éternellement sur la mémoire de Calvin. Après avoir étudié cette personnalité extraordinaire, après avoir suivi le martyr dans son existence si mouvementée et dans l'enfantement de ses subtilités théologiques, l'on est entraîné vers l'opinion de Schelhorn, et on n'est pas loin de dire, avec le savant bibliographe : « Servet peut être rangé parmi les aliénés. » Si cette appréciation est vraie, ce n'est pas le bourreau qu'il fallait à Servet, mais bien le médecin.

A. CHÉREAU.

BULLETIN DES SOCIÉTÉS SAVANTES

Académie des sciences de Paris. — 7 juillet 1879.

M. Van Tieghem : Identité du Bacillus amylobacter et du vibrion butyrique. — M. Marey : Un nouveau polygraphe. — MM. Vulpian et F. Raymond : Origine des fibres nerveuses excito-sudorales de la face. — M. le général Morin : L'inondation de la ville de Szeged en Hongrie. — M. Mouillefert : Application du sulfocarbonate de potassium aux vignes phylloxérées. — M. le secrétaire perpétuel signale la présentation, par M. de Quatrefages, du livre de M. N. Joly, « L'Homme avant les métaux ». — M. Fouqué : L'éruption récente de l'Etna. — M. H. de Saussure : L'éruption de l'Etna. — M. A. Baudrimont : L'évaporation de l'eau sous les verres colorés. — M. Hiortdahl : Découverte d'un nouveau métal. — MM. Duvillier et Buisine : La triméthylamine commerciale. — M. Max. Cornu : Une maladie nouvelle des oignons.

M. *Van Tieghem* expose les résultats d'une série d'expériences démontrant l'identité du *Bacillus amylobacter* et du *vibrion butyrique* de M. Pasteur. Cette identité a été constatée d'abord par M. Pazmowsky, de Leipzig, ensuite par M. Van Tieghem. L'auteur a reconnu que, outre la cellulose, l'amidon soluble, la dextrine, le glucose, le sucre de canne, l'Amylobacter fait fermenter aussi la dextrane (corps insoluble qui constitue la majeure partie de ce qu'on appelle la *gomme de sucrerie)*, l'arabine, la lichénine, le lactose, la mannite, la glycérine, les acides lactique, malique et citrique dans leurs sels de chaux, et vraisemblablement plusieurs autres composés. Son action s'étend donc à un grand nombre de substances diverses, et il se montre ainsi comme le ferment le plus général de la nature.

Quelle que soit la substance fermentescible qui lui sert d'aliment carboné, l'amylobacter la décompose, en proportions différentes suivant les cas, dans les mêmes produits essentiels, qui sont l'acide carbonique, l'hydrogène et l'acide butyrique. Négligeant ces proportions différentes et aussi les produits accessoires différents qui prennent naissance dans les divers cas, on peut dire, pour abréger, qu'il y excite toujours la fermentation butyrique. La fermentation butyrique classique, celle qu'éprouve l'acide lactique, n'est donc que l'une des nombreuses manifestations particulières de la nutrition générale du *Bacillus amylobacter*. Il est le ferment butyrique par excellence, et c'est directement à lui que viennent s'appliquer tous les résultats des belles expériences de M. Pasteur sur la vie sans air du *vibrion butyrique*.

— M. *Marey* présente à l'Académie un nouveau polygraphe, appareil inscripteur applicable aux recherches physiologiques et cliniques. Cet appareil est destiné à étudier sur l'homme les principaux mouvements fonctionnels, tels que les pulsations du cœur et des artères, les mouvements d'expansion des organes, les mouvements respiratoires et les actions musculaires. L'auteur donne la description du nouveau polygraphe, et il montre qu'après avoir subi de nombreuses modifications, l'instrument est aujourd'hui assez perfectionné, assez complet, pour répondre aux besoins de la pratique.

— MM. *Vulpian* et *F. Raymond* font une communication sur l'origine des fibres nerveuses excito-sudorales de la face. Il résulte des expériences des auteurs que les fibres nerveuses excito-sudorales destinées à la peau de la face proviennent soit des filets nerveux sympathiques qui accompagnent l'artère vertébrale dans son trajet ascendant au travers des apophyses transverses des vertèbres cervicales et, par l'intermédiaire de ces filets, du ganglion thoracique supérieur, soit des parties du sympathique qui naissent du bulbe rachidien et de la protubérance. Ces fibres excito-sudorales prennent place dans les différents nerfs cutanés : elles sont peut-être nombreuses dans les filets cutanés du nerf trijumeau; en tout cas, une expérience des auteurs sur le nerf facial montre que ce nerf en contient certainement quelques-unes.

— M. le général *Morin* lit une longue note sur l'inondation de la ville de Szeged en Hongrie. Dans cette note, l'auteur étudie les causes qui ont amené l'épouvantable désastre. Il fait voir que les deux rivières, la Tisza et la Maros, ont été enveloppées par des digues prétendues insubmersibles, construites avec des terres argileuses et boueuses, faciles à détremper par les eaux qui approcheraient de leur sommet. Cette disposition des digues a favorisé l'exhaussement du niveau des crues, mais la nature des alluvions de la Tisza a rendu cet exhaussement tellement considérable, qu'il met en évidence incontestable les inconvénients du système absolu des digues insubmersibles. En moins de cinquante ans, le niveau des crues s'est élevé d'environ 2 mètres, et, étant donnée la situation de la ville, cet exhaussement ne pouvait manquer de compromettre un jour ou l'autre son existence. M. Morin ajoute en terminant : « L'Académie apprendra sans doute avec intérêt que, aux secours par lesquels la sympathie de la France s'efforce de soulager les misères présentes des habitants de Szeged, nos ingénieurs ont été appelés à joindre celui de la science et de leur expérience pour prévenir, s'il est possible, le retour de semblables désastres. Un inspecteur général des Ponts et chaussées a reçu l'honorable mission d'aller en étudier les moyens sur les lieux. »

— M. *Mouillefert* présente un mémoire dans lequel il décrit un système d'appareils, dus à M. Hembert, et permettant l'application du sulfocarbonate de potassium aux vignes phylloxérées de tous pays. Ces appareils ont pour but de puiser l'eau nécessaire à l'opération, soit dans une rivière, soit dans une source, dans un puits, etc., et de la distribuer ensuite, au moyen de tubes, dans les différentes parties du vignoble.

Le traitement des vignes phylloxérées au moyen du sulfocarbonate de potassium serait donc applicable à la presque totalité des vignobles français. Le prix de revient, qui a été cette année en moyenne de 234 francs l'hectare, n'est pas le dernier mot. On peut abaisser le prix de vente du sulfocarbonate ainsi que le prix de location des machines de distribution d'eau. En appliquant 300 kilogrammes de sulfocarbonate de potassium à l'hectare, on met d'ailleurs dans le sol une excellente fumure en potasse, dont la valeur ne saurait être estimée à moins de 50 francs. Enfin le sulfocarbonate, d'une efficacité certaine, peut être employé en tout temps, en toute saison, sans danger pour la vigne.

— M. *le Secrétaire perpétuel* signale, parmi les pièces imprimées de la correspondance, un ouvrage de M. N. Joly, intitulé : *L'Homme avant les métaux*. Cet ouvrage, qui fait partie de la *Bibliothèque scientifique internationale*, est présenté à l'Académie par M. de Quatrefages.

— M. *Fouqué* adresse à M. le secrétaire perpétuel une lettre sur la récente éruption de l'Etna. Cette lettre est datée de Catane, 30 juin 1879. La partie la plus intéressante des études de l'auteur se rattache à l'examen des phénomènes mécaniques de l'éruption nouvelle. M. Fouqué rapporte que dans la soirée du 26 mai, après quelques légères secousses de tremblement de terre, l'Etna s'est fendu sur une longueur de 10 kilomètres. La fissure, légèrement sinueuse, passe par le cratère central, descend d'une part au sud-sud-ouest, vers Biancavilla, et d'autre part s'étend au nord-nord-est, vers Mojo. Tantôt elle est représentée par une ouverture à parois abruptes de 4 à 5 mètres de large, tantôt sa trace est désignée par des crevasses parallèles, étroites et nombreuses. Enfin, les points de cette fissure les plus largement ouverts correspondent aux cratères de nouvelle formation et aux bouches d'émission des laves. L'ouverture de la fissure s'est faite simultanément sur les deux côtés opposés de l'Etna. Du côté sud-sud-ouest, elle s'est particulièrement manifestée entre deux points compris entre des niveaux de 1650 à 1500 mètres. Du côté nord-nord-est, sa portion la plus béante est comprise entre 2200 et 1600 mètres d'altitude. Ces différences de niveau font : 1° que la portion médiane de la fissure correspondant au cratère central de l'Etna, élevé de 3320 mètres, n'a rejeté que de la vapeur d'eau et des cendres fines; 2° que la partie sud-sud-ouest a pu exhaler des gaz en abondance, projeter des bombes volcaniques et même émettre des laves au début de l'éruption, mais que l'écoulement de la matière fondue y a cessé rapidement, tandis que l'activité volcanique semblait se concentrer du côté opposé de la montagne; 3° enfin, il résulte encore de ce fait que sur le flanc nord-nord-est la portion supérieure de la fissure a donné lieu spécialement à d'effrayantes explosions, avec développement de larges cratères, tandis que la portion inférieure était le siège d'une abondante émission de lave.

— M. *H. de Saussure* adresse également une note très détaillée sur l'éruption récente de l'Etna. Dans cette note, comme dans celle de M. Fouqué, l'examen des phénomènes mécaniques tient la plus grande place.

— M. *A. Baudrimont* fait connaître le résultat de ses expériences relatives à l'évaporation de l'eau sous l'influence de la radiation solaire ayant traversé des verres colorés. L'auteur a constaté, entre autres choses intéressantes, que les verres colorés exercent une influence réelle sur l'évaporation de l'eau et que la quantité de cette dernière varie avec la nature des couleurs. Le vert et le rouge sont, en général, les couleurs qui ont le moins favorisé l'évaporation. Ils ont alterné au point de vue de leur activité relative. Le verre jaune et le verre incolore sont ceux, au contraire, qui l'ont le plus favorisée.

— M. *Hiortdahl* écrit à M. H. Sainte-Claire Deville que M. Tellef Dahll a trouvé un nouveau métal dans un minerai composé d'arséniure de nickel, à Oterö, petite île située à quelques kilomètres de la ville de Krager. Il lui a donné le nom de *Norvégium.* Le métal est blanc, à un certain degré malléable, dur comme le cuivre, fusible au rouge naissant. Densité, 9,44 (prise sur une masse fondue pesant 3gr,2). Il se dissout difficilement dans l'acide chlorhydrique, facilement dans l'acide nitrique; la solution est bleue, elle devient verte si on l'étend d'eau. Il se dissout aussi dans l'acide sulfurique. Deux échantillons d'oxyde (de deux préparations différentes) ont été réduits par l'hydrogène et ont donné 9,60 et 10,15 pour 100 d'oxygène, moyenne 9,879 d'oxygène, ce qui donne Ng = 145,95, l'oxyde étant NgO.

— MM. *E. Duvillier* et *A. Buisine* adressent une note sur la triméthylamine commerciale. Il résulte des recherches des auteurs que la triméthylamine commerciale n'est pas un produit simple, comme l'admet M. Vincent qui a décrit ce produit comme de la triméthylamine pure, et dans lequel, dit-il, il lui a été impossible de déceler la présence des autres méthylamines. Tout au contraire, ce produit est très complexe. La triméthylamine n'y existe qu'en très faible quantité, 5 à 10 pour cent environ. La diméthylamine y domine; il y en a environ 50 pour 100. Puis viennent les monométhylamine, monopropylamine et monoisobutylamine, qui paraissent y exister en quantité à peu près égales.

— M. *Max. Cornu* fait remarquer que les oignons ordinaires sont attaqués, près de Paris, par une maladie spéciale, non encore signalée, qui remplit d'une poudre noire l'épaisseur des écailles du bulbe et la base des feuilles. Cette maladie, que l'auteur désigne sous le nom de charbon de l'oignon ordinaire (*Allium cepa*), est originaire d'Amérique; elle est causée par une Ustilaginée, l'*Urocystis cepulæ*, parasite décrit et figuré par le docteur Farlow.

CHRONIQUE SCIENTIFIQUE

L'Académie de médecine a tenu, cette semaine, sa séance annuelle, sous la présidence de M. Baillarger.

La séance a été ouverte par la lecture du rapport général sur les prix décernés en 1878. Voici les noms des principaux lauréats :

Prix Barbier, 4000 fr. — 2000 fr. à M. le docteur Burq; 1000 fr. à M. le docteur Roussel.

Prix Godard. — 600 fr. à M. le docteur Auguste Pellarin; 400 fr. à M. le docteur Léo Testut.

Prix Orfila, 6000 fr. — MM. le docteur Laborde, chef du laboratoire de physiologie de la Faculté de médecine, et Duquesnel, pharmacien.

Prix Falret. — M. le docteur Lagardelle.

Prix Desportes. — M. le docteur Lambert.

Prix et médailles aux auteurs d'ouvrages relatifs à l'hygiène de l'enfance. — 600 fr. à M. Gibert; 400 fr. à M. Macé de Challes.

Médaille d'or. — M. le docteur Sanguin et M. le docteur Niepce.

Médaille d'argent. — MM. Barillé, Boissier et Boudant.

Médailles accordées aux médecins des épidémies. — MM. les docteurs Alison, Bec, Veill, Druhen, Balanda, etc.

Le prix de 1500 fr. a été partagé entre les médecins vaccinateurs dont les noms suivent : M. Henri Bernard, Mme Desplanques et Mme Subra, veuve Bories, à Alger.

La séance a été terminée par une lecture de M. Chéreau sur l'*Histoire d'un livre : Michel Servet et la circulation pulmonaire,* lecture que nous reproduisons plus haut.

— Faculté des sciences de Paris. — *Doctorat ès sciences mathématiques.* — Le vendredi 18 juillet, à trois heures, dans la salle des examens (escalier 2 au 2me) :

M. Puiseux a soutenu, pour obtenir le grade de docteur ès sciences mathématiques, deux thèses ayant pour sujet :

La première. — Accélération séculaire du mouvement de la lune.

La seconde. — Propositions données par la Faculté.

— Faculté des sciences de Paris. — *Doctorat ès sciences naturelles.* — Le samedi 19 juillet, à trois heures, dans la salle d'histoire naturelle :

M. G. Bonnier soutiendra, pour obtenir le grade de docteur ès sciences naturelles, deux thèses ayant pour sujet :

La première. — Les nectaires, étude anatomique et physiologique.

La seconde. — Propositions données par la Faculté.

— Les Nubiens du Jardin d'acclimatation. — La Société d'anthropologie de Paris a nommé une commission pour examiner les Nubiens et Nubiennes actuellement campés au Jardin zoologique du bois de Boulogne. Cette commission, composée de MM. Bertillon, Bordie, Dally, Girard de Rialle, Lebon, Letourneau et Topinard, est celle qui a déjà examiné les Nubiens venus en 1877, et, depuis, les Esquimaux, les Gauchos et les Lapons. Elle s'est réunie récemment au Jardin d'acclimatation.

— L'enseignement clérical en Belgique. — On connaît la loi votée il y a quelques jours par les deux Chambres belges pour enlever l'inspection des écoles communales au curé et décharger l'instituteur de l'enseignement du catéchisme réservé aux prêtres. Le lendemain du vote du sénat belge, un placard en français collé contre le mur du palais de Laeken provoquait à l'assassinat du roi. La police n'en a pas encore découvert l'auteur.

Mardi matin, 8 juillet, un nouveau placard, dû évidemment à la même inspiration que celui de Laeken, a été découvert sur les murs du palais de justice, rue de la Paille. Il était écrit à la main, en caractères d'imprimerie, rédigé en flamand et disposé de la manière suivante :

DE SCHOOLWET
IS GETEEKEND : LAET
ONS NU DEN KONING
DOORSTEKEN
VOOR GOD EN VADERLAND

ce qui veut dire :

« La loi des écoles est signée; poignardons maintenant le roi pour Dieu et la patrie. »

Ce placard a été enlevé par la police de la division et transmis au parquet.

Est-ce que décidément la tradition de Ravaillac vivrait toujours?

— Le Tour du Monde, *Nouveau Journal des Voyages.* — Sommaire de la 967e livraison (21 juillet 1879). — Le Laos et les populations sauvages de l'Indo-Chine, par M. le docteur Harmand (1877). Texte et dessins inédits. — Onze dessins d'Eugène Burnand.

Le propriétaire-gérant : Germer Baillière.

PARIS. — Impr. J. CLAYE. — A. QUANTIN et Cie, rue St-Benoît. [1373]

LA

REVUE SCIENTIFIQUE

DE LA FRANCE ET DE L'ÉTRANGER

REVUE DES COURS SCIENTIFIQUES (2e SÉRIE)

DIRECTEUR : M. ÉMILE ALGLAVE

2e SÉRIE — 9e ANNÉE NUMÉRO 4 26 JUILLET 1879

SOCIÉTÉ DE GÉOGRAPHIE

SÉANCE EXTRAORDINAIRE TENUE A LA SORBONNE

LE MAJOR SERPA PINTO

Traversée de l'Afrique australe.

Messieurs, une loi du Parlement portugais du 12 avril 1877 votait une somme de 160 000 francs pour les frais d'une exploration dans l'Afrique australe. La loi disait que l'expédition devrait constater les relations hydrographiques entre le bassin du Congo et celui du Zambèze et étudier les pays compris entre les possessions portugaises des deux côtes d'Afrique.

Un comité officiel de géographie, créé près du ministère des colonies, sous la présidence du ministre de la marine, fut chargé de régler les détails de l'expédition.

Ce fut M. d'Andrade-Corvo, alors ministre de la marine, qui présenta la loi au Parlement, et les travaux à faire en Afrique furent décidés par plusieurs hommes éminents, membres du comité. L'un des plus empressés à étudier les questions fut le docteur Bernadino-Antonio Gomes, dont la perte est encore vivement regrettée en Portugal.

Les points principaux une fois réglés, on avait décidé de choisir le personnel de l'expédition et de la faire partir sans retard.

Un grand nombre de jeunes gens se présentèrent pour faire partie de la mission, et malgré mes faibles titres j'eus l'honneur d'être choisi. L'expédition devant être composée de trois membres, deux officiers de la marine royale, hommes d'un mérite supérieur, furent désignés pour être mes compagnons de voyage.

Venus tout d'abord à Paris, où nous avons fait l'achat du matériel nécessaire, nous partions pour Loanda, à la côte occidentale d'Afrique, le 7 juillet 1877, et, après quelques difficultés, nous quittions Benguella le 12 novembre 1877.

Le problème du Congo venait alors d'être résolu par Stanley, et nous avons entrepris d'accomplir le reste du programme tracé par le Parlement qui avait envoyé l'expédition.

Ce programme était si vaste, que nous avons bientôt reconnu qu'il était impossible à une seule expédition de le réaliser. De là nous vint l'idée de nous séparer en deux parties, ce que nous ne tardâmes pas à faire.

Les approvisionnements de l'expédition furent partagés en trois, et pourvu d'un tiers des instruments, des étoffes et des verroteries qui sont la monnaie du pays, je me dirigeai sur Bihé par une route, tandis que mes compagnons devaient m'y rejoindre par une autre route. Le champ de l'exploration se trouvait ainsi élargi.

Dans ma route jusqu'à Bihé, j'ai éprouvé beaucoup de contrariétés, et ce fut presque mourant que j'arrivai à la maison que Silva Porto, le vieil explorateur portugais, avait mise à ma disposition.

Une terrible fièvre rhumatismale m'avait pris et pendant trois mois m'a cloué au lit. Je ne pensais alors qu'à retourner à la côte et à revenir dans mon pays. Cependant la bonne saison de voyager étant arrivée, mes compagnons étaient partis du côté du fleuve Cuango qui devait être exploré, d'après les ordres du comité. Mes petites ressources étaient presque épuisées, ma santé était bien chancelante, et pourtant un jour je me décidai à partir aussi. J'étais encore au lit quand j'ai organisé mon expédition, qui, à ma sortie de Bihé, se composait de 150 personnes, femmes et enfants compris.

Pourvu de très bons renseignements sur les pays à l'est et au sud-est de Bihé, je brûlais de connaître ces pays.

Passable chasseur, je ne comptais que sur la chasse pour vivre et pour nourrir mes gens.

Après quelques derniers petits préparatifs, je suis parti de Bihé vers la fin de mai 1878. Un livre qui sera publié bientôt suivra pas à pas mon voyage, dont les épisodes, tantôt dramatiques, tantôt comiques, se succédaient sans interruption.

Il m'est impossible d'exposer ici les détails de ce voyage, si fertile en événements, mais je tâcherai du moins de vous en faire connaître les principaux résultats.

Tout d'abord il faut dire comment j'ai déterminé mes positions géographiques.

J'avais deux sextants, un de Casella, de Londres, l'autre de Lorieux, de Paris; j'avais également des horizons artificiels, et une lunette assez bonne pour observer très bien les éclipses des satellites de Jupiter; mais elle ne me permettait de suivre que très difficilement les occultations d'étoiles, et me laissait dans l'impossibilité d'observer les occultations des étoiles inférieures à la troisième grandeur; or chacun sait que les occultations des étoiles de première importance ne se succèdent pas fréquemment. Voilà donc de quoi se composait mon petit observatoire portatif. L'expédition possédait un précieux instrument pour l'Afrique tropicale : je veux parler de l'*universel* de M. Antoine d'Abbadie, de l'Institut. Mais il était resté avec mes compagnons, qui, devant s'approcher de l'équateur, auraient été bien embarrassés pour déterminer des latitudes sans cet instrument.

Outre les autres avantages aisément appréciables de l'*abba*, il en possède un qui est surtout précieux pour l'Afrique tropicale : c'est de permettre, par la disposition de sa lunette prismatique, de faire des observations, l'observateur restant à l'ombre d'un parasol tenu derrière lui.

Cet avantage est précieux en ce qu'il épargne beaucoup de maladies à l'observateur dans un pays où le soleil ardent est surtout redoutable au moment de prendre des hauteurs méridiennes. J'ose même dire que l'explorateur de l'Afrique tropicale pourvu d'un abba peut réduire beaucoup sa provision de quinine.

Malgré mon peu d'autorité, je me permettrai de présenter une opinion à l'égard de l'abba : je le voudrais un peu plus grand que ceux qui ont été construits jusqu'à présent; j'y voudrais une lunette d'au moins 50 centimètres de long et les deux cercles, l'azimutal et le vertical, d'un diamètre un peu plus fort qu'on ne les a faits jusqu'ici.

Dans ces conditions, l'horizontalité du cercle azimutal, d'où dépend la rigueur des observations, s'obtiendrait plus aisément.

Outre mes instruments astronomiques, j'avais des boussoles de toute espèce, soit pour me guider, soit pour exécuter les levés de mon itinéraire. J'avais enfin des boussoles construites exprès pour étudier la déclinaison de l'aiguille aimantée, dont les variations, dans les différents endroits de la terre, échappent à une loi générale.

Des instruments météorologiques m'ont permis de faire quelques études intéressantes sur les phénomènes de l'atmosphère.

Mes altitudes ont été déterminées par des observations hypsométriques, et mes hypsomètres de Baudin ont été trouvés très rigoureux, à la suite d'observations faites à l'École polytechnique de Lisbonne avant et après mon voyage, par M. João Capello, l'éminent météorologiste portugais. Le déplacement du zéro ne s'est pas produit dans un de mes hypsomètres, et dans l'autre, il a été de trois centièmes de degré.

Mes latitudes ont été déterminées par des passages méridiens du soleil et de la lune et très rarement des étoiles, toujours difficiles à observer dans un petit horizon artificiel. Mes longitudes résultent des observations des éclipses du premier et du deuxième satellites de Jupiter, de deux occultations d'étoiles et du transit de Mercure à travers le soleil, au mois de mai de l'année dernière. J'ai également obtenu des longitudes par des chronomètres, dont j'étudiais la marche très souvent et que je comparais aux résultats obtenus par les éclipses des satellites. Tels sont, en peu de mots, les moyens que j'ai employés pour établir les cartes géographiques au centre de ce pays obscur que Stanley appelle le *Dark Continent*.

Maintenant et sans faire, comme j'ai déjà eu l'honneur de vous le dire, un relevé pas à pas des événements de mon voyage à travers l'Afrique, je vais tâcher de vous décrire la partie que j'ai été le premier à visiter de cet immense continent. Je tâcherai de faire ressortir ce qu'il y a de plus remarquable dans la contrée parcourue.

En suivant la ligne rouge qui marque mon voyage sur la carte, le continent, sur une distance de 80 à 100 milles de la côte occidentale, s'élève de 1600 mètres par deux terrasses énormes. Le fait a été constaté par Cameron un peu plus au nord, par Stanley, encore plus près de l'équateur et par de Brazza sur l'équateur même. De là vient que les fleuves de l'Afrique australe se jettent dans l'Atlantique par une série de cataractes qui ne sont jamais très éloignées de la côte. Le terrain, après cette élévation rapide, descend en pente douce jusqu'au lit du Zambèze par 23 degrés à l'est de Greenwich, puis il remonte doucement à l'est. Les versants du plateau du côté de l'est sont moins raides. De là vient une certaine navigabilité des fleuves qui vont à l'océan Indien, comme, par exemple, le Zambèze, qui n'a pas de cataractes dans les derniers 200 milles de son cours.

Le pays, depuis la côte occidentale jusqu'à Bihé, est suffisamment connu pour que je ne m'arrête pas à parler de ses terrains calcaires près de la mer, de ses granites à 60 milles à l'est, de ses mines plus ou moins exploitées par les Portugais, de ses champs désolés dans les endroits secs, de sa végétation splendide près des rivières, de ses peuplades jadis abâtardies par l'esclavage et qui se relèvent aujourd'hui par la liberté et par le commerce.

Toutefois, jetons un coup d'œil sur les sources des rivières situées entre la côte et Bihé et faisons dès maintenant une petite remarque, qui nous viendra plus tard en aide pour une importante conclusion que nous avons à formuler. Nous avons là quatre rivières des plus importantes : le Quèbé, qui, sous un autre nom, va à Novo Redondo, le Cuiba, le Cunene et le Cubango.

Toutes ces rivières ont leurs sources entre le douzième et le treizième parallèle, et, avant de se diriger à l'est ou à l'ouest, elles courent d'abord nord-sud ou sud-nord.

Cette remarque faite, quittons le pays et, de Bihé, marchons tout droit à l'est. En traversant le Quanza, nous entrons dans le pays des Quimbandes. C'est un beau pays coupé par des rivières sans cataractes et navigables pour de petits canots; le Onda, le Varea et le Cuime lui donnent une fraîcheur magnifique et entretiennent sur ses rives et sur celles de ses affluents une végétation vraiment riche. Nous voyons, dans des prairies couvertes d'une herbe verdoyante, des troupeaux de bétail qui paissent paisiblement sans craindre la morsure de la *tsétsé*, la terrible petite mouche qui tue le bœuf et le cheval, et constitue l'un des plus grands obstacles à la prospérité de certains pays de l'Afrique australe.

Le soleil, après avoir porté à environ 25 degrés la température de l'atmosphère, se penche sur l'horizon et disparaît derrière les cimes touffues des forêts qui cachent les villages Quimbandes. Les hommes reconduisent le bétail à leurs *kraal* entourés de fortes palissades : c'est qu'il faut le mettre à l'abri de l'attaque des bêtes fauves, et là, dans les forêts, pendant la nuit, rugissent le lion et le léopard.

D'un côté, au milieu des champs où poussent un grand nombre de graminées différentes, nous entendons un tapage énorme, semblable à un chœur de bêtes féroces, mêlé à des éclats de rire vraiment effrayants. C'est une centaine de femmes qui s'en reviennent des champs. Elles ont quitté leurs travaux et, sous la petite houe placée dans le panier qu'elles portent sur la tête, nous trouverons des épis de maïs, des pommes de terre et du manioc.

Les mères portent leurs enfants sur le dos, attachés avec des sortes de serviettes faites en écorce d'arbres et, par-dessus les hautes herbes dans lesquelles elles marchent, on peut voir, toujours penchées de côté, les petites têtes des enfants. Ces femmes sont toutes nues; pourtant nous avions vu les hommes qui conduisaient le bétail, couverts de deux peaux de bêtes qui pendent de chaque côté de la ceinture.

En continuant à marcher vers l'est, nous traversons des forêts, formées pour la plupart de légumineuses, et qui sont assez monotones. Mais, sur le bord de la rivière, nous apparaît, dans le lointain, une végétation étrange et qui nous fait croire que nous voyons des palmiers. En approchant, nous découvrons que ce sont des fougères, avec des troncs énormes comme on en voit seulement en Australie ou en Nouvelle-Zélande. Ici le *Fetus arboreum* est aussi développé que dans cette terre des merveilles. Mais, plus loin encore, sur les rives de l'Onda, nous croyons voir de très jolis villages, très bien bâtis et d'un riant aspect. Quelle déception ou quelle merveille! ce sont des grandes villes, mais des villes bâties par les termites. De petites fourmis blanches vont, dans le sous-sol, chercher la terre glaise d'un blanc cendré qui leur sert de matériaux pour la construction de leurs bâtiments. Ces villes ressemblent à un village indigène, dont les huttes contiguës n'ont pourtant ni un aspect si agréable, ni une si belle couleur que les constructions des fourmis. La forte couche d'*humus* qui couvre le sol n'est pas employée par les architectes termites.

Poursuivons, et sans regarder la nature d'aussi près que nous l'avons fait dans ce pays des Quimbandes, jetons un regard sur l'aspect général de la contrée. Voici tout d'abord le commencement d'une rivière qui se dirige au sud : c'est le Cuito, grand affluent du Cubango. Deux autres rivières, le Cuiba et le Cuime, se rendent au Quanza, et la quatrième est le Lungo-e-ungo, qui va au Zambèze. Marchant toujours au sud-sud-est, nous trouverons un nouveau cours d'eau qui va au sud : c'est le Cuanavare, affluent du Cuito; d'autres se dirigent au nord du Lungo-e-ungo; d'autres s'en vont au sud. Nos guides nous disent : « Cette rivière si faible, que vous voyez commencer dans cette petite mare, est, à deux jours de chemin, une rivière énorme; de grands canots conduisent les peuples Ambuelas d'une rive à l'autre. Cette rivière est la plus grande : c'est le Cuando, qui va au Zambèze et qui est aussi grand que le Zambèze. Du côté du soleil lui viennent beaucoup de rivières, celle-ci est la mère. » Ayant pris la position du fleuve en ce point, nous sommes par 19 degrés à l'est de Greenwich, et encore sur le 13ᵉ parallèle.

Si nous portons maintenant nos observations sur une carte d'Afrique qui donne aussi les résultats des voyages de Livingstone, de Cameron et de Magyar, que voyons-nous? Nous voyons que, dans l'Afrique centrale, la ligne de partage des eaux est parfaitement définie et que ce partage est fait suivant un parallèle et non suivant un méridien. Nous voyons que le Congo, le Zambèze et les affluents de l'un et de l'autre, ont leurs sources entre les parallèles 12ᵉ et 13ᵉ, que beaucoup d'autres rivières y naissent et prennent toujours leur premier élan vers le nord ou vers le sud.

Et pourtant le pays que nous avons traversé est plat; les seules dépressions sont les vallées des rivières qui ne produisent pas de différences de niveau supérieures à 40 mètres.

Suivons notre rivière, celle que les natifs nous disent être « la mère », le Cuando. De l'est, elle reçoit trois grands affluents, le Cubangui, le Cuelibi et le Chicului ; de l'ouest lui viennent d'abord un grand affluent, le Queimbo, puis quatre autres de moindre importance.

Effectivement, c'est une grande rivière ; elle ne peut être autre chose que le Chobe de Livingstone. Les deux sont une même rivière, et, si nous en doutons, c'est seulement parce que les Ambuelas, qui connaissent bien leur rivière, nous affirment que c'est le Cuando et qu'elle n'a jamais été appelée Chobe. Mais nous passerons sur le Chobe et nous le saurons.

En avant pour l'est! Mais qu'est-ce que cela ?

Un homme blanc couvert d'une petite peau de singe. Quel être étrange ! En voici un autre, ils sont armés d'arcs et de flèches. Les voilà qui s'en vont et disparaissent dans les forêts épaisses. « Quels sont ces gens? » demandons-nous aux guides. Ils nous répondent : « Ce sont les Mucassequeres. — Alors c'est une tribu? — Oui, c'est une tribu nombreuse qui, étant nomade, se promène éternellement entre les deux fleuves, le Cuando et le Cubango. » Ces Mucassequeres vivent de la vie la plus misérable; ils ne cultivent rien ; les racines tuberculeuses des forêts et le gibier constituent leurs seuls aliments.

Ils sont laids, avec leurs yeux obliques, leurs pommettes saillantes, leurs lèvres énormes, leur tête à demi chauve, où poussent de rares touffes de cheveux noirs et crêpus. Si curieux qu'ils soient à observer, laissons-les et marchons toujours.

Nous entrons ici dans un pays affreux. Combien de marécages! quel désert! Passons vite, car je ne veux point vous y faire séjourner. Je ne pense qu'avec terreur à ce que j'ai souffert dans ce pays; dans quelle détresse j'y ai été! nous avons failli mourir de faim et de fièvre, moi et les miens.

Je me souviens que, pendant cette partie du voyage, mes repas les plus rapprochés furent à quarante-huit heures de distance.

Mais nous voilà sur un grand fleuve, c'est le Zambèze ! Ici, il s'appelle Liambai et prend le nom de Zambèze seulement un peu en amont de son immense cataracte. Vous connaissez ce pays par les descriptions de Livingstone. Je l'ai trouvé bien différent de ce que l'avait trouvé le célèbre explorateur anglais; il est gouverné par une autre race et j'y ai été presque perdu.

Le climat en est mauvais et déjà Livingstone y avait cherché en vain l'emplacement pour une mission.

Je ne veux pas vous entretenir de mes souffrances au haut Zambèze, elles ont été terribles. Descendons le fleuve et constatons que, si les affluents de la rive gauche sont bien placés sur les cartes, la rive droite, au contraire, n'a pas d'affluents en aval du 15ᵉ parallèle, après le confluent du

Nhengo, le seul qui entre dans le fleuve depuis le Lungo-e-ungo, jusqu'au Cuando.

Depuis la cataracte de Gouha jusqu'aux Victoria-Falls, nous avons eu souvent à transporter nos canots par terre; c'est un rude travail. Souvent aussi il nous a fallu descendre avec nos pirogues d'effrayants rapides. Mais voilà une grande rivière qui vient de l'ouest : c'est le Chobe.

Nous questionnons les natifs; ils nous répondent que c'est le fleuve Linianti ou le Cuando. Nous leur demandons alors où est le Chobe; ils ne connaissent pas ce nom dans le pays. Mais c'est notre rivière que nous avons quittée pour venir au Zambèze et que nous retrouvons à son confluent.

Tout ce pays, depuis le commencement des rapides, est d'une beauté sans pareille, mais il est malsain comme tout le Zambèze supérieur. Reposons-nous un peu à l'ombre des baobabs géants, les premiers que nous ayons rencontrés depuis longtemps, et pendant que nous nous reposons, je vais vous raconter une petite histoire qui m'est arrivée ici. Rassurez-vous, ce sera la seule de mon voyage que je vous raconterai.

En traversant les pays que nous venons de parcourir, j'ai mené une rude vie. Il m'a fallu chasser pour me servir des peaux et de la viande du gibier comme objet d'échange contre les denrées nécessaires. J'étais accablé de fatigue.

La fièvre me consumait toujours, et souvent je suis tombé près du gibier que je venais de faire tomber. Un jour, ici où nous sommes, j'ai rencontré un Européen qui m'a tendu une main d'ami : cet homme était un médecin anglais distingué. Nous avons été sur le point de succomber tous les deux sous une attaque des naturels. Là, dans une hutte, sur le bord du Cuando, nous avons passé toute une nuit la carabine à la main; je brûlais de fièvre, et le délire m'avait pris; j'ai conservé le souvenir qu'un missionnaire était auprès de nous, puis j'ai perdu connaissance.

Revenu de mon délire, après quelques jours, j'ai cru rêver. Au chevet du lit où j'avais failli mourir, se tenaient deux dames, deux vraies dames, qui m'avaient soigné, qui m'avaient sauvé la vie. L'une d'elles était Mme Coillard, Écossaise par naissance, Française par mariage; l'une de ces femmes qui ont le courage sublime d'unir leur existence à celle d'un missionnaire africain, et qui échangent la vie brillante des villes d'Europe contre la vie souvent pénible des forêts d'Afrique; une de ces femmes qui vont, comme les sœurs, soigner les malades, enseigner l'Évangile aux enfants et la moralité aux sauvages.

L'autre personne était une jeune fille de dix-huit ans, Mlle Coillard, la nièce du missionnaire. Celle-là était Française, tout à fait Française. Comment se trouvait-elle dans des pays si reculés? C'est une autre histoire bien dramatique, mais que je ne vous raconterai pas, parce que je sais que le pasteur Coillard publiera son journal et je veux lui laisser la parole pour le récit de ses propres aventures.

Quelque temps après, j'étais un ami de la maison, et Mme Coillard faisait tout son possible pour jouer auprès de moi le rôle d'une mère, comme s'il eût été possible pour elle d'avoir un enfant de mon âge. Il faut avouer que la vie rude des forêts m'avait rendu un peu sauvage et que souvent j'étais un enfant assez indocile. Qu'elle me pardonne tous les tracas que je lui ai causés!

Ce fut en compagnie de cette bonne famille, à qui je dois la vie et l'heureux résultat de mon voyage, que je traversai le désert du Calaari.

Passons vite à travers ces forêts vierges qui couvrent un pays désert au sud du Zambèze, et ne nous arrêtons plus avant d'arriver sur le 20e parallèle, par 27 degrés à l'est de Greenwich. Là il faut faire station; un lac immense arrête nos pas.

Le pays que nous venons de traverser est sec, nous brûlons de soif, enfin nous allons nous désaltérer! Voilà un lac, voilà de l'eau! Hélas, c'est malheureusement impossible, l'eau que nous rencontrons est salée, plus salée même que celle de la mer.

Un groupe de nègres du pays arrive, ce sont des Massaruas, les bushmen du Calaari. Alors nous apprenons qu'il faut faire un détour à l'est pour trouver l'eau sur le fleuve Nata. Le lac qui est devant nous est le grand Macaricari, qui a été signalé dans les cartes par Baines, Chapman et Mohr, mais qui, pour la première fois, fut visité par moi. Le grand Macaricari est un des plus curieux phénomènes de l'Afrique australe. Énorme bassin à fond de sable, il communique avec le lac Ngami par la Botletle, qui déverse dans le Macaricari les eaux du Ngami, quand les crues du Cubango font déborder ce petit lac. Les rivières du centre de l'Afrique australe, entre le Zambèze et le Limpopo, ne sont pas permanentes, et, fleuves abondants à l'époque des pluies, elles ne sont autre chose que d'énormes sillons sablonneux au temps de la sécheresse. Le grand Macaricari se dessèche aussi et se dessèche en grande partie par l'évaporation des eaux. Alors une couche épaisse d'un centimètre, formée principalement de chlorure de sodium, recouvre son fond. Lorsqu'à la saison des pluies, les rivières viennent remplir le bassin du lac, l'eau est bonne et on peut la boire; quelques heures après, elle redevient saumâtre, et plus tard complètement salée : c'est que l'épaisse couche de sel s'est dissoute. Ce phénomène se reproduit périodiquement.

Quelquefois il se produit un autre phénomène curieux. La pluie tombe forte du côté du Matebeli, et les rivières de l'est seulement remplissent le Macaricari. Celui-ci déborde et fait changer le cours du Botletle, qui chemine alors vers le Negri. Voilà comment s'expliquent les controverses de quelques voyageurs, qui disent, les uns qu'ils ont vu la rivière courir à l'est, et les autres à l'ouest.

Après avoir jeté un coup d'œil sur ce mystérieux lac, nous continuons notre route vers le sud, en prenant tous les soins possibles parce que le pays n'a pas d'eau et que la traversée en est très dangereuse.

Mais dans peu de jours nous serons à Shoshong, la capitale du Manguato. Là nous serons bien, étant sous la protection du roi Cama, le meilleur des hommes.

Nous sommes sur le 23e parallèle austral, et bientôt nous croiserons le tropique du Capricorne; mais quelle est notre longitude? Je ne peux pas vous la dire. Les astres qui régissent leurs marches par des lois immuables, ces lois merveilleuses qui ont été pressenties par Galilée, exposées par Kepler, confirmées par Newton, prouvées jusqu'à l'évidence par Leverrier, ces astres brillants nous ont tenu un langage différent à moi et à un autre explorateur. Un troisième, quelque jour, décidera entre nous deux et peut-être me donnera raison.

Devant nous est à présent le Transvaal, que vous connaissez trop bien pour que les petites rectifications que j'ai à faire dans quelques-unes de ses positions soient d'un grand intérêt. Plus loin le pays de Natal, dont la carte est parfaite, et qui est devenu si célèbre par la guerre terrible que soutient à présent l'Angleterre contre les Zoulous. Mon voyage à travers ces contrées a été très riche en aventures, mais je ne saurais faire aujourd'hui le récit de mes tribulations et de mes souffrances.

En concluant, j'ai à vous remercier de tout mon cœur, Messieurs, de la bonté que vous avez eue en m'accompagnant sur la carte dans ce rapide voyage que nous venons de faire à travers l'Afrique, et, croyez-moi, je n'ai pas la prétention d'avoir fait un travail parfait. Je parle dans un pays où les grands explorateurs sont au premier rang dans l'histoire des voyages. Où ont passé les Duveyrier, les d'Abbadie, les de Brazza et tant d'autres, il reste peu ou rien à faire; où j'ai passé, je n'ai fait pas plus que signaler de nouvelles contrées à visiter, de nouveaux problèmes à résoudre.

Je sais l'intérêt avec lequel la Société de géographie de Paris a suivi mes travaux et je profite de cette occasion pour lui exprimer publiquement ma profonde reconnaissance.

J'espère aussi qu'à leur retour, elle accueillera comme elle vient de m'accueillir mes courageux compagnons de route, MM. Brito Capello et Ivens, qui luttent encore contre les difficultés, les fatigues, les périls du voyage, et rapporteront certainement des trésors pour la géographie de l'Afrique.

SERPA PINTO.

PÉRIODICITÉ DES ÉPOQUES GLACIAIRES

Leur influence perturbatrice sur l'évolution de l'humanité.

De tous les points d'interrogation que la nature a semés sur nos pas, il n'en est point de plus redoutable que celui-ci : Qu'est-ce que l'homme? Cette question, posée dès que la réflexion philosophique s'éveilla en Grèce, n'a cessé depuis d'être le sujet des méditations de tous les penseurs. Résoudre en effet un tel problème, n'est-ce pas soulever le voile qui nous dérobe le secret de nos destinées? Cependant, malgré les persévérantes recherches de tant d'intelligences d'élite, l'énigme léguée par la philosophie grecque en est encore, si j'ose dire, au point où l'ont laissée les fondateurs des deux grandes écoles de l'antiquité, Thalès et Pythagore. La raison en est simple : l'homme ayant à prononcer sur l'homme aurait dû, pour que sa réponse ne fût pas entachée de partialité, déclarer son incompétence et remettre l'enquête à des juges exempts de ses préjugés, de son équation personnelle, comme dirait Herbert Spencer, tels que le seraient les habitants d'une planète voisine. La télégraphie ne l'ayant pas encore mis en rapport avec le monde planétaire, il a dû être à la fois juge et partie dans sa propre cause; or il est d'axiome qu'une sentence rendue dans de telles conditions est d'avance frappée de nullité. Des hallucinations étranges venaient compliquer cette situation. On sait, par la lecture du *Véda* et les récents travaux de la mythologie comparée, que nos ancêtres personnifiant les forces de la nature, qui frappaient leur jeune imagination, en avaient peuplé le ciel. Ces divinités perdant avec le temps leurs caractères symboliques prirent une forme humaine qui les rendit plus accessibles aux invocations. Il s'établit bientôt des relations de voisinage et même de parenté entre la lignée céleste et les mortels. On voit les héros de l'*Iliade* rudoyant les dieux, tutoyant les déesses, défiant ceux-là au combat, obtenant parfois les faveurs de celles-ci. C'était un dialogue incessant entre le ciel et la terre, entre les tout-puissants protecteurs des régions éthérées et les humbles protégés de notre petite planète! Il n'en fallait pas tant pour troubler la raison de notre pauvre tellurien. Les dieux, il est vrai, s'étant ravisés, avaient renoncé à ces mésalliances. Dès le VIe siècle avant notre ère, Hécatée de Milet qui se connaissait en fait de généalogies divines, si l'on en croit le dialogue qu'au rapport d'Hérodote il eut avec les prêtres du grand temple de Thèbes, avouait que depuis longtemps les immortels ne faisaient plus commerce avec les hommes. Le souvenir d'un si haut lignage ne pouvait s'effacer et il devint le préambule de toute spéculation philosophique. Lancées avec une telle boussole dans le domaine de l'*a priori,* les diverses écoles devaient rouler éternellement dans le même cercle, celui de l'impuissance. L'histoire nous les montre, en effet, errant de système en système, sans pouvoir prendre terre, comme le marin, qui, jouet d'un mirage, n'aperçoit devant lui que des terres fugitives. Le dernier représentant en France de l'idée philosophique, Victor Cousin, proclama officiellement l'inanité de telles recherches en les déguisant sous un euphémisme bien connu, qui devait être le dernier mot, on pourrait dire l'oraison funèbre de la philosophie. Comme il n'existe pas plus dans le monde moral que dans le monde physique d'anéantissement de forces, mais seulement des transformations, la grande indéterminée des siècles n'a pas tardé à reparaître sous divers noms répondant à des points de vue différents, dont les termes extrêmes sont l'anthropologie et la sociologie, et c'est à la science cette fois qu'elle a demandé ses véritables bases et sa méthode.

On devine aisément que cette méthode est l'inverse de celle suivie jusqu'ici. Au lieu de courir de prime abord aux chancelleries célestes, afin de vérifier les titres de noblesse de l'homme, sauf à le faire déroger ensuite en le rappelant aux devoirs civiques de l'humanité, elle commence par l'observer dans le milieu ambiant qui le voit surgir, évoluer et disparaître. Cette étude préliminaire faisant connaître les forces qui mettent en jeu le mécanisme de l'être humain, il devient plus facile de le suivre quand il essaye de reprendre son essor vers le ciel et de tracer les limites de sa trajectoire. Ainsi que l'a magistralement établi Auguste Comte, chaque science d'observation s'appuyant sur celle qui la précède dans l'échelle des connaissances humaines, c'est de l'étude des êtres vivants que la sociologie tire ses premières racines. Aussi les hommes de notre génération se sont-ils mis à explorer, avec un soin inconnu de leurs devanciers, les diverses branches de la biologie pour poser les assises de la science de l'homme. Mais, tout entiers aux lois du monde organique et aux enseignements de l'histoire, ils ne pouvaient soupçonner qu'un des facteurs les plus importants de la dynamique sociale fût l'application immédiate d'un grand principe de la dynamique céleste passé inaperçu jusqu'ici, bien qu'on le trouve consigné dans tous les traités d'astronomie depuis Hipparque. On voit que nous voulons parler de la précession des équinoxes, que les géologues considèrent aujourd'hui comme la cause directe du retour périodique des époques glaciaires. Les nombreuses recherches, exécutées dans ces dernières années pour l'étude de l'homme quaternaire, ont démontré qu'il existe une liaison intime entre l'apparition des phénomènes glaciaires et la direction que suit le courant humain dans sa marche sur la planète, l'expansion des races, l'essor de leur activité. Il s'établit dès lors dans le jeu des sociétés une sorte de flux et de reflux qui se traduit par un balancement rythmique de l'axe de la civilisation. D'autres conséquences non moins importantes pour l'avenir de l'humanité découlent de cette loi. Nous nous proposons de passer rapidement en revue les questions les plus importantes que soulève un tel problème; mais auparavant qu'on nous permette de rappeler en quelques mots les travaux qui ont servi à établir les époques glaciaires et leur retour périodique.

I. — Dès les premières recherches géologiques, on avait remarqué dans certains pays montueux que, lorsque la roche qui formait le flanc de la montagne se montrait à nu, sa surface était polie et sillonnée de rainures parallèles qu'on eût dit tracées par le burin. En même temps d'énormes blocs de pierre recouvraient le sol, comme s'ils avaient été déposés la veille par la main des Titans. Ils paraissaient quelquefois isolés, mais souvent aussi ils s'alignaient de distance en distance, formant des sortes de traînées qui conduisaient jusqu'au sommet des escarpements. Là, il était facile de reconnaître qu'ils avaient été détachés de la crête par une cause violente, mais inconnue. Ces blocs, nommés blocs erratiques, gisaient aux divers étages de la montagne suivant la force de projection qui les avait poussés en avant, puis pénétraient dans la plaine, où on les rencontrait parfois à des distances énormes du point de départ. Observés d'abord dans les Alpes, ils furent ensuite retrouvés dans les autres massifs du nord de l'Europe, et leur physionomie semblait s'accentuer à mesure qu'on s'avançait vers les régions boréales. A cette circonstance vint se joindre une notion fausse provenant de recherches incomplètes ou trop hâtives. On avait cru reconnaître que ces traînées erratiques, ainsi que les rainures qui sillonnaient les roches de la surface du sol, offraient constamment la direction du nord au sud. Dès lors, les géologues eurent recours pour l'explication de ces phénomènes à un soulèvement subit de l'océan Glacial dont les eaux, se ruant en avalanches irrésistibles sur notre sol, avaient entraîné ces débris granitiques ou autres et buriné la surface des roches polies. C'était la théorie du *diluvium* universel, que Cuvier devait bientôt appuyer de l'autorité de son nom. On a souvent reproché au grand naturaliste d'avoir arrêté pendant un demi-siècle l'essor de la géologie, en présentant cette hypothèse comme une vérité scientifique. Peut-être n'a-t-on pas tenu assez compte du milieu dans lequel il vécut. A l'époque où il écrivait son livre sur les révolutions du globe, la géologie à peine éclose n'avait encore formulé, d'une manière rationnelle, aucun des grands principes sur lesquels elle repose, tandis que la tradition d'un déluge se retrouvait dans les annales de plusieurs peuples. Il était donc difficile au fondateur de la paléontologie et de l'anatomie comparée de renoncer à une idée qui faisait le fond de l'éducation classique de son temps, du moment qu'il n'avait à sa disposition aucune loi physique pour la remplacer.

C'est en 1830 que commença la réaction contre l'école de Cuvier par la publication en Angleterre des *Principes de géologie* de Lyell. L'illustre créateur de la géologie moderne entreprit de démontrer que tous les phénomènes qui se manifestent à la surface de l'épiderme tellurique s'expliquent non par des révolutions subites dont on ne peut apercevoir les causes, mais par l'action lente et insensible d'agents naturels qui se produisent sous nos yeux. Ces agents, dont les résultats sont inverses les uns des autres, peuvent se ramener aux forces volcaniques, auxquelles on doit le soulèvement du sol, et aux actions atmosphériques, qui, désagrégeant les roches et entraînant les terrains meubles, dénudent les montagnes et de leurs débris comblent le fond des vallées. Comme l'a judicieusement fait remarquer M. Pouchet, « notre esprit saisit mal la notion de durée au delà de certaines limites. Il n'en est pas de même de la notion de force. De là la croyance au cataclysme. En présences d'effets gigantesques notre esprit, dans l'appréciation des facteurs, a fait ce que nous faisons chaque jour en mécanique : il a converti le temps en force ». L'école de Cuvier n'avait pas procédé autrement. Lyell entreprit de réagir contre cette tendance. Il introduisit le temps comme facteur des phénomènes géologiques et fit rentrer ainsi l'étude de la Terre dans le cadre des sciences positives, en éliminant de son domaine les causes surnaturelles ou occultes. Les vues du célèbre géologue anglais devaient être confirmées d'une manière éclatante dans l'interprétation des traînées erratiques. On n'avait pas tardé à s'apercevoir qu'au lieu de suivre la direction constante nord-sud, comme on l'avait cru d'abord, elles étaient généralement parallèles dans chaque système hydrographique à la ligne que suivait l'axe de la vallée. Inutile d'ajouter qu'il n'est nullement question ici des moraines frontales. Lorsque les montagnes se trouvaient dans une orientation convenable, comme le versant français des Pyrénées, ces alignements, offrant parfois la direction sud-nord, ne pouvaient provenir en aucune manière de l'irruption des mers boréales. L'hypothèse du *diluvium* ainsi abandonnée, on chercha, à l'exemple de Lyell, à expliquer les faits erratiques par l'action des agents naturels. Mais parmi les diverses forces cosmiques qui agissent à la surface du sol, comment démêler celle à laquelle il fallait rapporter ce genre de phénomènes? La gloire de cette découverte revient à Agassiz, bien que d'autres géologues l'eussent déjà annoncée. Longtemps avant lui un naturaliste allemand, Schimper, étudiant la marche des glaciers, avait reconnu qu'en se retirant ils abandonnaient des pierres erratiques et des roches moutonnées analogues à celles dont nous venons de parler. La seule différence à établir, c'est que les premières se présentaient sur une plus vaste échelle. Schimper conclut naturellement qu'elles provenaient d'anciens glaciers plus étendus que ceux de nos jours. Un nouveau rapprochement vint fortifier cette hypothèse : c'était l'existence d'antiques moraines frontales, représentées par des collines dont la nature avait été ignorée jusqu'alors. Mais la nouvelle manière de voir s'éloignait si fort des habitudes classiques, qu'elle passa inaperçue. Quelques années après, un géologue suisse, Charpentier, émit les mêmes idées que Schimper et n'eut pas plus de succès. La même indifférence accueillit Agassiz, lorsqu'en 1837, à la suite de ses explorations dans les Alpes, il annonça pour la première fois au Congrès des naturalistes suisses, à Neufchâtel, l'existence d'une période glaciaire ayant précédé l'époque actuelle. Plus persévérant que ses devanciers, il continua ses recherches jusqu'à ce qu'il eût établi sa théorie sur des bases indiscutables, et, en 1840, il publia le livre où il exposait d'une manière rationnelle et complète ses vues sur les anciens glaciers et sur les conséquences qui devaient résulter de leur grande extension. La renommée dont jouissait l'éminent naturaliste détermina nombre de savants à prêter une attention sérieuse aux faits qu'il annonçait. Plusieurs géologues anglais, en tête desquels nous devons mentionner Lyell, firent le voyage des Alpes pour vérifier par eux-mêmes l'action des glaciers. Rentrés chez eux pleinement convaincus, ils ne tardèrent pas à reconnaître dans les montagnes de l'Écosse et de l'Angleterre des phénomènes analogues à ceux qu'ils avaient observés dans les hautes vallées de la Suisse. Les pays montueux du centre et du nord de l'Europe, soumis à de nouvelles investigations, conduisirent aux mêmes résultats. D'autres explorateurs reconnurent les traînées erratiques au nord des États-Unis, sur les hauts plateaux de l'Asie centrale et à l'extrémité méridionale de l'Amérique du Sud. Aujourd'hui on peut affirmer que la théorie des époques glaciaires a fait le tour du globe et qu'elle est devenue une des bases de la géologie.

Restait à expliquer l'apparition de l'époque glaciaire. On venait de constater qu'après les derniers dépôts des terrains tertiaires, la plus grande partie de l'hémisphère boréal avait disparu sous un vaste manteau de glaces. Mais quelles causes attribuer à ce phénomène, et pendant combien de temps son action s'était-elle continuée? Les géologues, se sentant impuissants à donner le mot de l'énigme, invoquèrent l'astronomie. Comme on ne voyait d'abord dans ce fait qu'une anomalie due à une cause de hasard, on l'attribua à un nuage cosmique qui aurait intercepté les rayons solaires. D'autres parlèrent de régions froides parcourues par le grand astre dans sa course à travers les espaces célestes. Ces deux hypothèses étaient également fausses. Tyndall n'eut pas de peine à démontrer que la chute d'une certaine quantité de neige sur un point du globe supposait la production d'une quantité équivalente de vapeur d'eau, et par conséquent la permanence d'une haute température dans la zone équatoriale. Lyell fit alors appel à l'antique mer saharienne. On sait que les géologues ont constaté dans les vastes plaines de l'Afrique situées au sud de l'Atlas certaines dépressions du sol accusant un niveau inférieur à celui de l'Océan. Des efflorescences salines qu'on rencontre çà et là et des coquilles analogues à celles de la Méditerranée semblent indiquer que le Sahara communiquait jadis avec cette mer à l'aide d'un détroit depuis longtemps comblé par les sables ou par les alluvions fluviatiles. Les vents qui chaque année au printemps viennent fondre de leurs tièdes effluves les neiges des Pyrénées et des Alpes et qui prennent naissance dans les déserts brûlants de l'Afrique centrale, ne pouvant se former quand cette région était recouverte d'une nappe liquide, les glaciers de cette époque atteignaient des dimensions beaucoup plus considérables que ceux d'aujourd'hui. L'idée de Lyell était juste; mais, ne révélant qu'une cause locale applicable seulement aux montagnes du sud et du centre de l'Europe, elle ne pouvait rendre compte du vaste linceul de neige qui s'était avancé du pôle boréal jusqu'au 40e degré de latitude. D'ailleurs on ne tarda pas à s'apercevoir que les vallées des Alpes avaient été le théâtre de deux époques de froid séparées par un long intervalle. L'idée d'une certaine périodicité dans l'apparition des phénomènes glaciaires commença dès lors à germer dans les esprits, et les géologues se mirent aussitôt en quête de moraines, de blocs erratiques, de roches striées, etc., appartenant à des couches antérieures aux terrains quaternaires. Ces prévisions ne tardèrent pas à se réaliser. On rencontra des traces de l'action glaciaire dans les diverses assises des dépôts de sédiment, depuis l'étage miocène jusqu'au terrain dévonien. Ces traces sont naturellement d'autant plus faibles qu'on s'éloigne davantage des alluvions quaternaires, car, remaniées pour la plupart par les formations postérieures, elles ont dû perdre leur physionomie primitive et leurs caractères essentiels. Aussi est-il souvent difficile de déterminer leur véritable place dans la série chronologique des terrains. Cependant il en est une, celle qui précède immédiatement la grande époque des Alpes, dont on a pu fixer la date d'une manière précise. Elle se rapporte au miocène moyen. Gastaldi la signala le premier dans la colline du Superga, qui forme un des faubourgs de Turin. Lyell, venu sur les lieux pour s'assurer par lui-même de cette découverte, constata l'exactitude des indications du géologue italien. M. Charles Martins la retrouva dans le Morvan, et l'infatigable explorateur des Pyrénées, le docteur Garrigou, la reconnut dans le bassin de la Garonne et de l'Adour. Enfin M. Alexandre Vézian rapporte à la même formation le nagelfluhe molassique de la Suisse.

Le retour régulier des actions glaciaires ayant été démontré, il devint plus facile d'en deviner la cause. On n'avait qu'à chercher dans la liste des phénomènes astronomiques un cycle à longue période qui ramenât chaque fois un certain abaissement de température sur un hémisphère de notre planète. La précession des équinoxes, jointe au déplacement du grand axe de l'orbite terrestre, se présenta alors naturellement à l'esprit des géologues. On sait que ce grand axe se meut lentement dans le plan de l'écliptique, de façon à accomplir une révolution entière en vingt et un mille ans environ. Dans cet intervalle il croise nécessairement deux fois la ligne des solstices avec laquelle il coïncide un instant. La dernière coïncidence a eu lieu l'an 1250 de notre ère. A ce moment le périhélie coïncidait avec le solstice d'hiver. La somme des jours du printemps et de l'été de l'hémisphère boréal atteignant alors son maximum, il en résultait pour l'hémisphère sud des hivers excessivement longs et rigoureux, c'est-à-dire une époque glaciaire qui se continue encore de nos jours, car les conditions climatériques n'ont pas sensiblement changé depuis lors. Si l'on se reporte à dix mille cinq cents ans en arrière, en d'autres termes, à neuf mille deux cent cinquante ans avant l'ère chrétienne, on voit qu'à cette date le périhélie coïncidait avec le solstice d'été. Le rôle des saisons étant interverti, il se produisit un phénomène inverse du précédent. L'hémisphère boréal devint le théâtre d'une série d'hivers sibériens qui amenèrent l'action glaciaire sur cette partie de notre continent. Chaque 10 500 ans, on voit donc surgir une grande époque de froid alternativement boréale et australe, ce qui ramène le retour périodique des vastes glaciers dans chaque hémisphère tous les 21 000 ans.

Les variations de l'excentricité du grand axe de l'orbite terrestre modifient chaque fois ces périodes. Lorsque cette excentricité approche de son maximum, le froid augmente en intensité ainsi qu'en durée et diminue dans les mêmes proportions quand elle décroît. Reste à savoir si, dans la dernière période de froid qui a sévi sur l'Europe, l'excentricité était assez considérable pour que cette période prît le nom d'époque glaciaire. Certains géologues, en tête desquels figurent Croll et Lyell, ne le pensent pas. Ils invoquent la puissance des dépôts de la grande époque glaciaire des Alpes, puissance si considérable que leur production suppose une durée d'un millier de siècles (1). Or il y a 100 000 ans, l'excentricité du grand axe de l'orbite terrestre était telle, que la saison froide (automne et hiver) de l'hémisphère boréal surpassait de 23 jours la saison chaude (printemps et été), tandis que cette différence qui se compte aujourd'hui dans l'hémisphère austral n'est plus que d'environ 8 jours. 110 000 ans avant cette époque, cette même différence atteignait 28 jours. Néanmoins des considérations d'un autre ordre contredisent cette manière de voir. Ceux qui ont été témoins des épaisses couches d'alluvion que la Garonne et ses affluents déposèrent à la suite d'un orage de trois jours lors de la terrible inondation qui, au mois de juin 1875, désola le sud-ouest de la France, sont convaincus qu'une période de 10 500 ans est plus que suffisante pour produire des effets analogues à ceux qu'on observe dans les dépôts provenant des anciens glaciers des Alpes. D'ailleurs il n'est pas nécessaire de recourir aux grands abaissements de température pour expliquer l'apparition d'une époque glaciaire; il suffit d'un pays montueux placé sous l'influence de vents froids et humides qui amènent de fréquentes précipitations de neige. La Nouvelle-Zélande nous offre un frappant exemple de ces conditions. La partie occidentale possédant un climat humide, les glaciers descendent jusqu'à 200 mètres au-dessus du niveau de l'Océan, au milieu d'une riche végétation tropicale, tandis que dans le versant oriental, l'air étant beaucoup plus sec, les glaciers s'arrêtent ordinairement à 1000 mètres et descendent rarement à 800. Le même phénomène se reproduit d'une façon encore plus significative dans la chaîne de l'Himalaya. Le revers exposé au midi recevant plus de vapeurs que le revers opposé, les neiges et, par suite, les glaciers y descendent beaucoup plus bas, bien que la différence de température des deux versants dût faire supposer le contraire. M. Charles Martins a calculé qu'il suffirait d'abaisser de 4 ou 5 degrés la température actuelle de la Suisse, pour ramener les anciens glaciers des Alpes. Ajoutons enfin que nous trouvons une preuve directe de l'action glaciaire à l'époque géologique actuelle par le froid des régions antarctiques et l'énorme manteau de neige qui les recouvre.

II. — Étudions maintenant les phénomènes glaciaires au point de vue de l'influence qu'ils sont appelés à exercer sur les destinées de notre espèce. Tout d'abord on y trouve la raison d'un fait ethnologique inexpliqué jusqu'ici. Nous voulons parler de l'énorme disproportion d'âge qu'on observe entre les peuples de l'Occident et les races orientales. Des recherches récentes semblent établir que les plus anciens vestiges humains signalés dans les tourbières ou les habitations lacustres de l'Europe ne sauraient remonter à plus de 7 à 8000 ans. Ce chiffre résulte de la comparaison de diverses moyennes fournies par des localités dont les couches superficielles renfermaient des médailles romaines qui ont servi de points de repère chronologiques. Citons certains marais tourbeux du Danemark explorés par les soins de la Société des antiquaires du Nord, le cône de déjection de la Tinière (Suisse), visité par M. Morlot, les alluvions de la Saône dont M. Arcelin a fait une étude approfondie. En évaluant à 15 siècles environ l'intervalle qui nous sépare de l'occupation romaine, on a pu calculer le temps nécessaire pour la formation des couches correspondant aux époques de la pierre polie et de la pierre taillée et circonscrire dans des limites de 70 à 80 siècles l'âge du plus ancien de ces dépôts. Or longtemps avant cette date, les pays situés entre les vallées du Nil et de l'Indus, avaient été le centre d'autant d'éclosions ethniques, si bien que ces contrées sont regardées comme le berceau légendaire de la civilisation. Quelques rares débris de récits historiques ou de chronologies se rapportant à ces âges lointains, débris souvent mutilés ou défigurés par le temps sont parvenus jusqu'à nous. L'examen attentif de ces documents révèle un fait assez inattendu. Les nations du vieil Orient bâtissaient des villes, fondaient des empires, écrivaient leurs annales, tandis que nos ancêtres européens n'avaient pas encore établi leurs demeures dans les îlots construits au milieu des lacs ou des marais tourbeux. Ces traditions généralement vagues prennent un degré de précision remarquable, quand on les limite à l'ancienne Égypte, car la chronologie de Manéthon qui en forme la base peut être contrôlée par Hérodote, Diodore, le papyrus de Turin et par les observations que les géologues contemporains ont faites dans la vallée du Nil. Essayons, comme nous l'avons fait pour les habitations lacustres et les tourbières, d'assigner une date minima à l'histoire des anciens Égyptiens.

On sait que Manéthon avait été chargé par Ptolémée Philadelphe d'écrire l'histoire d'Égypte, depuis ses commencements les plus lointains, pour être déposée dans la bibliothèque d'Alexandrie. Il avait sous sa garde les archives sacrées du temple d'Héliopolis et il puisa par conséquent les matériaux de son travail aux sources les plus autorisées. Cette histoire formait trois volumes aujourd'hui perdus. Mais quelques auteurs des premiers siècles de notre ère, Josèphe, Eusèbe, Jules Africain et Georges le Syncelle, nous en ont conservé divers fragments et un résumé de la chronologie. Malgré l'authenticité des documents dont s'était servi l'historien égyptien, personne n'avait osé jusqu'ici ajouter foi à ces récits, tant les dates qu'il assignait aux diverses dynasties s'éloignaient de nos habitudes classiques. Ce n'est que dans ces dernières années qu'on est revenu à une appréciation plus exacte de la valeur de ces matériaux, car les égyptologues n'ont pas tardé à s'apercevoir que le guide le plus sûr pour

(1) L'énorme puissance atteinte par les dépôts de la première période glaciaire des Alpes paraît inexplicable, parce qu'on ne considère qu'un des éléments de la question. Toute difficulté disparaît si l'on tient compte des divers coefficients du problème. Voici, croyons-nous, les plus importants :

1° On sait que les montagnes diminuent de hauteur dans le cours des siècles parce que leurs sommets se fendillent et s'ébrèchent, pièce par pièce, soit à la suite de tremblements de terre, soit par l'action des agents atmosphériques, orages, foudre, variations excessives de température, etc. Les Alpes de la première période glaciaire étaient par conséquent plus élevées que celles de la seconde. De là une plus abondante chute de neige;

2° L'étude de l'écorce terrestre démontre un retrait de l'Océan dans chaque âge géologique. La surface d'évaporation étant d'après cette plus grande à l'époque qui nous occupe devait amener une précipitation plus considérable de neige sur les hauts sommets ;

3° La température de la terre, ainsi que celle du soleil se trouvant plus élevée, déterminait une plus abondante évaporation de l'eau des mers, et par suite une nouvelle cause de précipitation de neige sur les hautes cimes;

4° L'excentricité du grand axe de l'orbite terrestre étant plus grande rendait les hivers plus longs que dans la dernière période;

5° La mer saharienne, qui, suivant toute probabilité n'avait pas encore notablement diminué de surface pendant la première période, empêchait la formation des vents brûlants d'Afrique, qui, plus tard, vinrent fondre les glaciers des Alpes. Ajoutons toutefois que certains géologues contestent l'existence de cette mer;

6° Citons enfin, ainsi que l'a proposé M. Amédée Guillemin, la diminution de l'obliquité de l'écliptique, qui tend à égaliser les saisons.

l'intelligence et la vérification des cartouches royaux trouvés dans les nécropoles de Thèbes, de Memphis, d'Abydos, est la chronologie de Manéthon. Cette chronologie s'accordant depuis Menès dont elle place l'avènement au LVe siècle environ avant l'ère chrétienne, avec les inscriptions recueillies sur les monuments des Pharaons, il est dès lors permis de supposer que les dates antérieures à Menès méritent une égale attention. Certains détails historiques viennent par leur précision confirmer cette manière de voir. D'ailleurs l'avènement des premiers Pharaons devient une énigme indéchiffrable si on ne le fait pas précéder d'un grand passé historique; Menès qui porta ses armes hors de l'Égypte (1) fait pressentir un certain degré de puissance et de civilisation, qui montre que la nouvelle dynastie était la suite d'une longue série de générations travaillant sans relâche sous l'égide d'un gouvernement fortement assis. La chronologie de Manéthon vient combler cette lacune, elle nous apprend qu'avant Menès, l'Égypte avait été gouvernée pendant 5613 ans par plusieurs dynasties de héros, appelés *Nékuas*. Le papyrus de Turin qui reproduit cette date lui imprime en quelque sorte une authenticité officielle, car au nombre des années il ajoute celui des mois et des jours. Les *Nékuas* avaient été précédés d'une série de rois résidant à Memphis, précédée elle-même d'une autre série royale siégeant à This. La première de ces périodes avait duré 1790 ans, la deuxième 350. La précision avec laquelle Manéthon indique les deux capitales successives du royaume donne à son récit toutes les apparences d'un fait historique. Avant les rois Memphites, on trouve deux autres séries de *Nékuas,* précédées elles-mêmes de périodes antérieures. Mais ces dates n'offrant plus le même degré de précision que celles que nous venons de citer, nous ne remonterons pas plus haut que les rois Memphites. L'addition des chiffres précédents nous donne 7753 ans, représentant le passé historique qui s'est écoulé entre l'avènement des premiers rois de Memphis et celui des Pharaons. En réduisant à soixante-treize siècles environ, comme le veulent certains égyptologues, l'intervalle qui nous sépare de Menès, nous aurons un minimum de 15 000 ans pour date des premiers commencements de la civilisation égyptienne.

Le passage d'Hérodote relatif à son voyage à Thèbes confirme ce chiffre. L'historien grec nous apprend que les prêtres le conduisirent dans un bâtiment du grand temple où ils comptèrent devant lui 345 statues colossales représentant autant de grands prêtres qui s'étaient succédé de père en fils. Si, tenant compte des influences du climat de l'Égypte, influences qui hâtent l'époque de la puberté, nous admettons trois générations et demie par siècle, nous trouvons environ 9850 ans qui, ajoutés aux 23 siècles écoulés depuis le voyage d'Hérodote, forment un total de plus de 12 000 ans. Quelque lointaine que paraisse cette époque, elle n'est elle-même que la suite d'une civilisation encore plus reculée; car plus loin le même auteur, après avoir déclaré qu'on comptait plus de 15 000 ans depuis le dernier roi divinisé jusqu'à Amasis, ajoute : « Les Égyptiens assurent ces faits comme incontestables, parce qu'ils ont toujours eu soin de supputer et d'inscrire exactement ces années. » Ajoutons que les témoignages d'Hérodote et de Manéthon ont été confirmés de la manière la plus inattendue à la suite des fouilles exécutées par les géologues dans la vallée du Nil.

(1) Son fils Athotis écrivit livre sur l'anatomie.

En 1834, un ingénieur du vice-roi d'Égypte, Linant bey, creusant un puits dans le delta, rencontra un fragment de brique rouge à 24 mètres environ au-dessous du niveau du sol. Grande fut l'émotion parmi les savants qui s'intéressent à ces sortes de recherches. Depuis, d'autres trouvailles du même genre, briques ou poteries, ont eu lieu sur d'autres points de l'Égypte à des profondeurs non moins considérables. Comme l'a judicieusement observé Linant bey, ces objets n'ont aucune valeur chronologique, quand les recherches qui les ont amenés ont été faites sur les bords du fleuve, car on a vu de nos jours des affouillements du Nil atteindre des profondeurs de 20, 25 et 30 mètres en engloutissant les maisons qui se trouvaient sur ses rives. Ce n'est donc qu'aux fouilles exécutées à une certaine distance du fleuve qu'on doit attribuer une valeur réelle. Là, les débris de poterie trouvés jusqu'ici étaient à des profondeurs moins considérables, mais on en a rencontré à 15 mètres au-dessous du niveau du sol. Contentons-nous de ce chiffre. On sait que l'âge de ces fragments ne serait qu'un simple calcul d'arithmétique, si on connaissait l'exhaussement séculaire, que reçoit la vallée, du limon déposé par les inondations annuelles du fleuve. Les savants français qui accompagnèrent l'expédition d'Égypte ont résolu ce problème. Chaque fois qu'ils rencontraient une ruine imposante, ils déblayaient le terrain qui recouvrait la base du monument jusqu'à ce qu'ils eussent atteint le sol primitif. Ils espéraient en opérant ainsi arriver tôt ou tard à déterminer la loi d'accroissement de ce terrain, soit par l'âge du monument, soit par tout autre point de repère. Leurs recherches, longtemps infructueuses, furent enfin couronnées de succès. En dégageant la base de la célèbre statue de Memnon, ils aperçurent aux pieds du colosse une inscription datée de la 10e année du règne d'Antonin, c'est-à-dire de la 148e année de l'ère chrétienne. Le terrain d'alluvion qu'ils avaient dû déblayer, offrant une profondeur de près de deux mètres, ils purent fixer à un décimètre environ l'accroissement séculaire du sol de la vallée. Ce nombre a été vérifié depuis par d'autres observateurs, notamment par Girard, à l'aide du nilomètre découvert dans l'île d'Éléphantine. Si, d'après ces données, nous calculons l'âge de fragments de poterie trouvés à 15 mètres de profondeur et à l'abri des affouillements du Nil, nous retrouvons les 15 000 ans assignés d'après la chronologie de Manéthon aux premiers débuts de la civilisation égyptienne.

Reprenons maintenant notre point d'interrogation : Pourquoi certains peuples de l'Orient se sont-ils révélés à l'histoire depuis 150 siècles, tandis qu'il y a à peine sept ou huit mille ans les races européennes n'étaient représentées que par des tribus de troglodytes? C'est à la théorie des époques glaciaires qu'il faut, croyons-nous, demander la raison de cet écart. Privée de hautes montagnes et touchant par son extrémité méridionale au tropique du Cancer, l'Égypte a toujours été à l'abri des phénomènes glaciaires. On peut en dire autant des vastes plaines qui découpent le sud de l'Asie depuis les côtes de la Méditerranée jusqu'à celles de la Chine. Il en est tout autrement de l'Europe. Située loin des tropiques, et confinant aux mers boréales, elle est en quelque sorte la terre classique des grandes périodes de froid. Le vaste manteau de neige qui recouvre alors la plus grande partie de sa surface arrête le développement de notre espèce. Ce n'est, en effet, qu'après le retrait des derniers glaciers, qu'on rencontre dans les lacs, les grottes et les tourbières les premiers vestiges des populations préhistoriques. Aux époques antérieures, on ne trouve que quelques fragments d'ossements humains et ces débris deviennent de plus en plus rares à mesure qu'on approche de la base des terrains quaternaires.

Les phénomènes glaciaires rendent également compte d'un autre fait historique aussi obscur que le précédent. Si l'on compare au point de vue de l'énergie intellectuelle les anciennes races orientales avec celles d'aujourd'hui, on est frappé du contraste qu'elles présentent. Après avoir été autant de foyers de civilisation, les vallées de l'Inde, de l'Iran, de la Chaldée, etc., ont disparu de la scène du monde comme ces météores qui brillent un instant au milieu de la nuit, puis disparaissent dès qu'ils ont sillonné l'atmosphère de leurs traînées lumineuses. Les arts avaient atteint un haut degré de développement à Babylone et à Ninive, dont les ruines nous étonnent encore par leur incomparable grandeur. C'est dans la première de ces capitales que l'astronomie a pris naissance. Aucune littérature n'est plus riche en productions de toutes sortes que la littérature des brahmanes. Alexandre de Humboldt nous apprend que les Indous possédaient de surprenantes formules mathématiques. De l'Ionie jaillirent les premiers éclairs de la philosophie grecque, qui devait plus tard illuminer l'Occident. Les vaillantes races qui ont plus tard accompli un si gigantesque labeur ne donnent plus aujourd'hui signe de vie, comme si elles avaient été épuisées dans un effort surhumain. Si parfois quelques-unes tressaillent encore, c'est le souffle européen qui vient les galvaniser. La terre qui fit naître les Thalès, les Archimède, les Hipparque, est depuis longtemps inféconde. Le dernier grand hiver qui a sévi sur l'hémisphère boréal donne le mot de l'énigme. Ses rigueurs se sont fait sentir bien au delà des limites tracées par les glaciers, car la période de froid qui règne aujourd'hui dans l'hémisphère austral n'a pas encore sensiblement diminué d'intensité, bien qu'elle soit entrée dans son déclin depuis l'an 1250 de notre ère, et son souffle sibérien atteint en Afrique les latitudes du Cap, en Amérique celles de Buenos-Ayres. Chassés par les neiges, les habitants des hauts plateaux de l'Asie vinrent se réfugier dans les plaines qui descendent vers les rivages de la Méditerranée, du golfe Persique, de la mer des Indes. Tant que durèrent les glaciers, les froids effluves qui s'écoulaient vers le sud rafraîchissant l'atmosphère de ces régions, les émigrants conservèrent l'activité cérébrale qui est le propre des fortes races des montagnes. C'est pendant cette période, longue de plusieurs dizaines de siècles, que se développèrent les grandes civilisations orientales. A mesure que les neiges reculèrent, le climat, perdant ses mâles énergies, se trouva sans défense contre les ardeurs énervantes venues des tropiques. Dès lors la sève humaine s'alanguit d'âge en âge, l'héritage intellectuel passa aux hommes de l'Occident et les races abâtardies se plongèrent dans le sommeil léthargique où nous les voyons encore.

Jetons maintenant un coup d'œil rapide sur l'avenir que les périodes glaciaires réservent aux destinées de notre espèce. Quand on considère l'immense développement qu'a pris la branche occidentale de la famille aryenne dans le centre et le nord de l'Europe ainsi qu'aux États-Unis, on conclut naturellement que ces contrées sont à jamais le siège des grands empires. C'est à ces foyers de civilisation que viennent s'alimenter l'art, la littérature, l'industrie, merveilleux faisceau de forces indestructibles qui symbolise la puissance des nations. Aucune autre race n'a su atteindre un si haut degré de splendeur, aucune n'a jamais déployé dans le champ de l'activité humaine une si grande somme de forces et d'énergies. Comment concevoir qu'une telle prospérité doive un jour subir un mouvement de recul? Cette supposition, inadmissible encore hier, ne l'est plus désormais. La périodicité des époques glaciaires, aujourd'hui démontrée, nous apprend qu'avant une centaine de siècles, la plus grande partie de l'hémisphère boréal située en dehors des tropiques sera de nouveau envahie par le froid. Nos capitales, Pétersbourg, Vienne, Berlin, Paris, Londres, New-York, disparaîtront sous un vaste manteau de glaces. Leurs habitants, chassés par le froid, iront chercher aux extrémités méridionales de l'Europe ou des autres parties du monde des latitudes qui soient à l'abri des phénomènes glaciaires. Cette hégire de la famille aryenne aura un contre-coup des plus funestes dans les destinées de l'humanité. L'axe de la civilisation se trouvant déplacé, l'essor scientifique sera arrêté dans sa marche ascensionnelle, peut-être même menacé de s'éteindre. Nombre de vies humaines seront broyées sous les étreintes du terrible ennemi, et celles qui auront échappé, transplantées dans une tiède atmosphère, perdront, sous l'action énervante du soleil des tropiques, l'activité cérébrale qui caractérise les races de l'Occident. De nouvelles écoles d'Alexandrie pourront surgir en Égypte, à Tunis, en Algérie; mais rappelleront-elles celles qu'illustrèrent les Ératosthène et les Hipparque? Chercher à deviner toutes les conséquences qu'entraîne cette grande loi de la dynamique terrestre serait faire de l'*a priori*. Il est plus sage, croyons-nous, d'avouer notre impuissance et de nous incliner devant les arrêts de cette sombre divinité qui pèsera éternellement sur notre faiblesse, l'*Inconnu*.

La périodicité des époques glaciaires fournit un synchronisme historique des plus inattendus, si toutefois les objections que Michel Bréal a exposés dans ses Fragments de critique zende ne sont pas fondées. Le premier chapitre du *Zend-Avesta* nous apprend que la branche occidentale des Aryas quitta les hautes vallées de la Bactriane, chassée par le froid. Ce froid subit, inexplicable à tout autre point de vue, se présente comme conséquence immédiate de la dernière époque glaciaire qui, sévissant sur tout l'hémisphère boréal, atteignit nécessairement les hauts plateaux de l'Asie centrale. Cette circonstance nous permet en même temps d'éclaircir un des points les plus obscurs de nos origines, la date des premières migrations de nos ancêtres vers l'Occident, et montre ce que peuvent les sciences en apparence les plus disparates, astronomie, géologie, linguistique, quand elles s'éclairent l'une l'autre. La position actuelle des points équinoxiaux sur le plan de l'écliptique permet de calculer la date correspondant au maximum astronomique de la dernière période glaciale, maximum que nous avons fixé plus haut à 9250 ans environ avant notre ère. Les premières atteintes du froid s'étant fait sentir longtemps avant cette époque, on peut approximativement fixer à 11 000 ans l'intervalle qui sépare l'hégire aryenne du premier siècle de l'ère chrétienne. Cette date marque le premier jalon de l'histoire des peuples de l'Occident, car elle montre nos ancêtres déjà constitués en corps de nations, le souvenir d'un tel fait et des circonstances qui s'y rattachent ne pouvant se perpétuer chez une peuplade errante ou sauvage. Elle donne raison du même coup à Hermippe, le traducteur des œuvres de Zoroastre et aux autres historiens grecs, qui, mieux instruits que nous des traditions iraniennes, plaçaient la législation des Aryas occidentaux 5000 ans environ avant la guerre de Troie.

Terminons cette étude des époques glaciaires, en faisant connaître le parti qu'ont su en tirer les anthropologistes pour évaluer l'antiquité de l'espèce humaine. On sait qu'un des grands *desiderata* de la géologie était de trouver une échelle chronologique qui permît de mesurer l'âge des terrains. Cette lacune est aujourd'hui comblée. La périodicité des grands hivers circumpolaires a mis entre nos mains un instrument à l'aide duquel nous pouvons supputer avec une précision mathématique l'ancienneté des diverses assises géologiques qui ont été témoins de ces phénomènes, et par contre l'âge des espèces fossiles qu'elles renferment. Nous avons dit plus haut que les géologues ont constaté jusqu'ici, dans l'hémisphère boréal, trois époques glaciaires distinctes se rapportant, la plus ancienne au terrain tertiaire moyen, la seconde au commencement des dépôts quaternaires, la plus récente aux derniers glaciers des Alpes. Si l'homme a laissé des traces de son existence dans les alluvions correspondant à ces trois époques, on obtiendra son âge en évaluant celui de la plus ancienne de ces périodes glaciaires. Or, ce synchronisme est aujourd'hui constaté. Les preuves qui établissent la contemporanéité de l'homme et de la dernière époque glaciaire sont tellement nombreuses qu'il est inutile de s'y arrêter.

En 1823, Ami Boué découvrit à Lahr, sur la rive droite du Rhin, la moitié d'un squelette humain moins la tête. En 1865, le docteur Faudel trouva à Eguischem, en Alsace, deux fragments d'un crâne, un pariétal et un frontal, s'adaptant parfaitement l'un à l'autre. Ces débris, mêlés à d'autres ossements d'espèces éteintes, étaient encastrés dans le *lhem*, c'est-à-dire dans le terrain de transport déposé dans la vallée du Rhin par les glaciers de la grande période des Alpes, qui ont marqué les commencements de l'époque quaternaire. Les terrains tertiaires nous offrent encore, du moins dans les couches supérieures, des traces irrécusables de la présence de notre espèce. On a trouvé sur divers points des terrains pliocène et miocène, tant en France qu'à l'étranger, des os d'espèces fossiles paraissant avoir été cassés intentionnellement et rappelant en tous points ceux que l'on rencontre dans les cavernes de l'homme préhistorique et que ce dernier ouvrait afin d'en extraire la moelle. D'autres vestiges, tels que silex travaillés, fragments de squelettes, etc., ont été signalés dans ces dernières années en Suisse, en Italie, en Angleterre, en Grèce, en Portugal et jusque dans l'Himalaya et la Californie. Plusieurs de ces trouvailles sont, il est vrai, contestées, entre autres les silex trouvés en 1867 par l'abbé Bourgeois à Thenay (Loir-et-Cher), dans le tertiaire moyen. Mais les récentes découvertes de ce savant, dans la même localité, paraissent devoir lever tous les doutes et ont déjà reçu l'adhésion de la plupart des géologues. Les plus anciens de ces débris proviennent des couches moyennes du terrain miocène, et sont par conséquent contemporains de la période glaciaire reconnue dans cette formation par Lyell, Garrigou, Charles Martins, etc. Il est dès lors facile de fixer un minimum pour l'âge de notre espèce. Il suffit d'ajouter deux périodes de 21 000 ans aux 9250 années qui se sont écoulées depuis le maximum astronomique, dernier grand hiver boréal, jusqu'au 1er siècle de notre ère. Peut-être, à la suite de nouvelles recherches, faudra-t-il un jour reculer cette limite. Mais d'ores et déjà on peut entrevoir les lointains horizons auxquels l'esprit doit se reporter, si l'on veut se rendre compte du milieu géologique qui vit nos aïeux s'essayant pour la première fois avec leurs armes de pierre au grand œuvre de l'humanité, la conquête de la planète.

Nous ne pousserons pas plus loin cette analyse des phénomènes glaciaires considérés dans leurs rapports avec l'évolution de notre espèce. Nul doute qu'un examen plus approfondi ne révèle d'autres conséquences non moins importantes que les précédentes, car un tel sujet offre un champ d'études inépuisable aussi bien aux spéculations des sociologues qu'aux recherches des anthropologistes. On pourrait par exemple se demander ce que deviennent les races autochtones devant les races émigrantes, lorsque ces dernières, chassées par les glaces, refluent dans la direction des tropiques. De pareils exodes doivent parfois amener de violentes expropriations de peuples, et l'historien trouverait là maintes applications de la grande loi darwinienne si bien définie, « la lutte pour l'existence ». Envisagées dans une vue d'ensemble, les considérations que nous venons d'exposer démontrent une fois de plus ce principe de philosophie naturelle qui enseigne que tout organisme est une fonction du milieu qui le fait naître et évoluer. Nous venons de voir que le sort de notre espèce est si étroitement uni à celui du globe sur lequel elle gravite, que tout mouvement de l'axe de la trajectoire terrestre implique un mouvement analogue dans l'axe de la trajectoire humaine. Parasites de l'épiderme planétaire, chacune de nos pulsations répercute les battements qui agitent le monstre tellurique. C'est cette même pensée que cherchait à exprimer, sous une autre forme, le Strabon des temps modernes, Carle Ritter, quand il disait : « La terre forme le corps de l'humanité, et l'humanité est l'âme de la terre. »

A. D'ASSIER.

FACULTÉ DE MÉDECINE DE LYON

PHYSIOLOGIE

COURS DE M. PICARD

La sécrétion rénale.

Messieurs, nous avons vu que les propriétés physiques et chimiques de l'urine sont constantes en principe, mais que sa composition centésimale et les proportions relatives des corps qui la constituent sont essentiellement variables et oscillent entre des limites assez éloignées, mais cependant nettement définies. Les mêmes différences se manifestent d'ailleurs pour les poids de ces substances, rejetées en vingt-quatre heures dans le milieu extérieur, ce qui est plus important pour nous que la composition même de l'urine.

Du reste, d'une façon générale, tous les phénomènes physico-chimiques qui constituent la vie oscillent sans cesse entre des limites bien définies, et les éliminations par l'urine ne font pas exception à cette loi.

Ensuite nous avons étudié les causes aujourd'hui connues de ces changements; c'était là du reste pour nous un point essentiel, car nous ne nous bornons pas à enregistrer les faits, nous voulons encore et surtout les comprendre lorsque cela est possible. Vous avez vu que, malheureusement à ce point de vue, il reste encore bien des inconnues; j'ai eu soin de vous les signaler, pour que vous sachiez également les *desiderata* qui restent à satisfaire.

Pour ne vous rappeler qu'un seul exemple de ce genre, vous vous souvenez que nous avons longuement examiné les causes qui font varier les proportions d'urée éliminées en vingt-quatre heures.

Nous avons vu ces quantités osciller sous plusieurs influences nettement distinctes : en premier lieu, une masse considérable d'urée est rejetée à la suite de l'alimentation animale et semble due par conséquent à des modifications, à des dédoublements (probablement), que subissent ces substances dans l'élaboration complexe qui aboutit à leur utilisation dans l'organisme. En second lieu, une fraction d'urée éliminée se produit en dehors de toute influence de ce genre et semble se former par un mécanisme différent. Subissant elle-même des oscillations de causes partiellement définies, cette contre-partie de l'urée de l'urine paraît devoir être attribuée à une oxydation des matières albuminoïdes, puisqu'elle s'accroît dans tous les cas où s'exagère le travail analytique organique.

Il faut maintenant aborder l'étude de la fonction qui a pour but la formation de l'urine, fonction dévolue à des organes spéciaux connus sous le nom de reins.

C'est là une étude qui sera intéressante pour vous si, en la suivant, vous avez toujours présente à l'esprit l'histoire des sécrétions salivaires; elle vous attachera davantage si je vous déclare dès maintenant que nous avons là affaire à une fonction essentielle, indispensable à la conservation de la vie, ce que vous concevez très bien du reste, étant donnée la nature même des matériaux d'usure qu'elle sépare du sang absolument comme la respiration fait de l'acide carbonique.

Quand nous aurons étudié les phénomènes dont l'ensemble constitue la fonction rénale, il me faudra encore rechercher en quels points de l'organisme se forment ces substances qui constituent l'urine et vous prouver expérimentalement qu'elles ne sont pas fabriquées dans les reins (car ce point ne saurait dans nos études être séparé du premier).

Somme toute, le commencement de la fonction rénale, sa raison d'être se trouvent dans les actes chimiques intimes qui se passent dans les éléments anatomiques de tout l'organisme, comme y sont ceux qui nécessitent une fonction respiratoire spécialement destinée à l'élimination de CO^2.

Messieurs, nous allons étudier aujourd'hui les phénomènes qui constituent l'histoire physiologique des reins; les autres feront l'objet des leçons suivantes.

Nous procéderons comme nous l'avons toujours fait, c'est-à-dire que nous commencerons par une énonciation graduée des faits expérimentaux pour aboutir, si possible, à une formule synthétique simple qui sera pour vous un schema de la question tout entière, la résumant et la gravant dans votre esprit.

Messieurs, le premier fait sur lequel nous devons arrêter notre attention, car il est le plus important, est le suivant : la formation de l'urine dans les reins est un phénomène continu, la séparation des matériaux de déchet dans ces organes est constante comme l'est leur production dans l'organisme.

C'est là un point parfaitement établi : le rein fait sans cesse de l'urine dans le cours de la vie régulière, et nous pourrions aisément le constater nous-mêmes. Si vous ouvriez le bassinet à un moment quelconque, vous verriez l'urine suinter aux lieux d'abouchement des canalicules urinifères, comme Magendie en avait déjà fait l'observation.

Si nous pratiquons une fistule de l'uretère, nous le constaterons plus facilement encore.

C'est un fait que vous devez probablement avoir vu; en tout cas, nous allons vous le montrer.

Pour faire l'opération, nous couchons un chien à jeun sur cette gouttière, puis nous faisons une incision dans le flanc gauche, immédiatement au sommet des apophyses transverses des vertèbres lombaires. Nous commençons cette incision en haut, au niveau du bord inférieur de la première côte, et la prolongeons vers le bas de 10 ou 12 centimètres en suivant la direction indiquée.

Nous coupons les couches successivement et finissons par arriver à la lame péritonéale précisément au point où elle se recourbe pour aller passer en avant du rein, nous l'écartons doucement et abordons le rein par sa face postérieure, sans avoir ouvert la cavité péritonéale; nous isolons rapidement l'uretère, nous l'incisons et introduisons une canule dans son bout central. Nous la fixons par une ligature et faisons saillir au dehors son extrémité libre. Vous voyez qu'une goutte d'urine vient sourdre par cette extrémité et que d'autres lui succèdent à des intervalles à peu près réguliers.

En un mot, l'urine se forme en ce moment dans l'organe, et nous aurions le même résultat chez tout autre chien auquel nous ferions subir la même opération, pourvu qu'il fût en état de santé.

Ce fait, du reste, a été constaté chez l'homme également, et dans les cas de fistules urinaires on voit aisément que la sécrétion est continue et qu'il n'y a que des différences dans les quantités d'urines produites et non des suspensions complètes et plus ou moins durables du phénomène.

Messieurs, ce premier fait doit séparer nettement dans votre esprit la sécrétion rénale des sécrétions salivaires qui sont au contraire essentiellement intermittentes, comme les impressions sensitives qui les déterminent.

Cette opposition me paraît si importante que je pense nécessaire de bien la fixer dans votre esprit par une autre expérience.

Voici un chien tout prêt pour la réaliser. Nous avons fixé une canule dans le bout central de l'uretère gauche et une canule également dans le bout central du canal excréteur de la glande sous-maxillaire.

Vous voyez que l'urine coule par le premier de ces tubes, tandis qu'aucune goutte de salive ne vient sourdre à l'orifice du second.

Maintenant nous plaçons une goutte de vinaigre sur la langue du chien, et vous voyez la glande salivaire fournir du liquide sous cette influence; par cette intervention nous avons mis cette glande en fonction, tandis que le rein fournissait son liquide spécial spontanément et sans aucune intervention de notre part.

Si maintenant nous poursuivons l'expérience de la façon suivante, nous rendrons la différence plus nette encore.

Nous anesthésions l'animal en lui faisant respirer les vapeurs du chloroforme, et vous voyez que le rein continue à fournir de l'urine, tandis que la sécrétion salivaire est complètement suspendue, bien que nous versions cependant du vinaigre sur la langue.

L'anesthésie a supprimé le mécanisme vital qui mettait en œuvre la fonction de la glande sous-maxillaire, tandis qu'elle est restée sans effet accentué sur celui qui détermine l'activité rénale qui continue suivant sa loi propre.

Somme toute, cette dernière se fait évidemment par un mécanisme particulier, qui fonctionne d'une façon constante et que nous chercherons à pénétrer; elle est indépendante des actions nerveuses sensitives qui déterminent les sécrétions intermittentes.

Ce sont précisément ces différences que je veux vous faire sentir en affirmant que la sécrétion rénale est continue, et je suis obligé d'insister pour que vous ne pensiez pas que je veux dire par là que jamais, sous aucune espèce d'influence, la sécrétion ne puisse se suspendre, ce qui ne serait pas exact.

Dans ma pensée cela veut dire que la formation de l'urine se fait constamment parce que les conditions qui la produisent sont sans cesse réalisées, et il faut une cause brusque, accidentelle, extra normale, ne se réalisant pas pour ainsi dire dans la vie journalière, pour la suspendre un instant, tandis que c'est précisément l'inverse pour les sécrétions salivaires qui, elles, ne se manifestent que sous l'influence d'actions accidentelles et momentanées.

Cette dernière fonction ne s'établit que par des influences sensitives, tandis que la première ne se suspend que par des influences de même genre répercutées sur des nerfs moteurs, absolument distincts de ceux qui répercutent sur les glandes sous-maxillaires les impressions sensitives qui déterminent la sécrétion.

Nous aurons à revenir sur ces points que je ne fais ici que vous indiquer.

Nous abordons maintenant l'étude d'un deuxième fait qui se rapporte à l'histoire de la fonction rénale et qui se lie au précédent à peu près comme la cause à l'effet.

Il a été surtout mis en lumière par Claude Bernard, mon maître, et consiste en ceci, que le sang de la veine rénale est rouge et non coloré en noir comme celui de la plupart des veines; il ressemble sous ce rapport au sang veineux pulmonaire, et, ce qui nous importe davantage, au sang d'une *veine sous-maxillaire en fonction*.

C'est encore là un fait que je désire vous faire constater, vu son importance. Nous avons mis une canule dans l'uretère gauche de ce chien et isolé la veine, je tire maintenant rapidement le rein au dehors, et vous voyez que le sang de la veine vous apparaît rouge à travers la paroi et bien distinct sous ce rapport de celui de la veine jugulaire par exemple.

Messieurs, c'est une observation que vous devez rapidement faire, car, dans les conditions où nous nous trouvons forcément placés, les choses changeraient vite d'aspect; il se produirait des désordres circulatoires dans le rein, desquels résulteraient un arrêt de la sécrétion et un changement de cette couleur du sang qui deviendrait noir. Vous voyez, du reste, que les choses se passent ainsi, le sang devient noir, la sécrétion se suspend. Remettons le rein en place quelques instants : les choses reprendront leur cours normal, ce qui vous prouve bien que c'est la condition expérimentale seule qui les modifiait.

Je ne veux pas m'étendre longuement sur la signification de cette couleur du sang veineux rénal, et je me borne à insister sur ce point que le sang veineux des glandes sous-maxillaires devient rouge pendant leur activité fonctionnelle, et que c'est là par conséquent un fait qui se lie à la continuité de l'activité rénale. Toute glande en fonction laisse sortir du sang rouge (quand c'est du sang artériel qui la nourrit), il n'y a donc rien de surprenant dans le fait que nous considérons et qui rentre dans la loi commune.

Je vous signale encore l'opposition que nous montrent, sous ce rapport, les glandes et les muscles; ces derniers fournissent du sang d'autant plus noir qu'ils fonctionnent plus activement et lorsqu'un muscle fournit du sang très noir, c'est le moment où il génère de la chaleur, tandis que dans les glandes l'apparition du sang veineux rouge coïncide avec la température la plus élevée.

Messieurs, une preuve que la coloration rouge habituelle du sang veineux du rein est bien liée à la sécrétion constante est facile à donner par cette observation que constamment on voit les *suspensions expérimentales* de la formation de l'urine coïncider avec un changement de cette couleur qui passe au noir. Si l'on gêne suffisamment le cours du sang artériel, si on oblitère la veine, on obtient parallèlement ces deux effets qu'on peut d'ailleurs obtenir encore par d'autres procédés.

Nous allons maintenant considérer un nouveau fait : la ligature de la veine rénale amène rapidement un arrêt définitif de la sécrétion, et, pour vous le faire constater, je n'ai qu'à serrer le fil qui a été passé au préalable sous la veine que vous avez examinée tout à l'heure.

Vous voyez que tout l'organe devient noir foncé et que la sécrétion se ralentit et s'arrête complètement. Je n'insisterai pas sur ce fait que vous comprendrez tout naturellement lorsque nous résumerons nos connaissances sur la fonction rénale; je veux seulement vous faire observer que, dans cet état du rein, il nous est impossible de déterminer la formation de l'urine, tandis que, dans une glande sous-maxillaire placée dans les mêmes conditions, nous pourrions encore déterminer la formation de la salive par action nerveuse.

Cela tient à ce que l'une est absolument sous la dépendance de la circulation, tandis que dans l'autre c'est une autre influence qui entre en jeu et qui paraît dominante.

C'est là un point qui va vous apparaître plus nettement encore, si nous étudions les pressions que la sécrétion rénale peut développer dans son canal excréteur et celles que peut faire naître la glande sous-maxillaire dans le sien. Ces études ont été faites avec soin par Ludwig pour le dernier de ces organes et par Löbell et Hermann pour le premier.

Ces études ont donné les résultats suivants que nous avons vérifiés nous-même. Lorsqu'on met un manomètre à mercure en rapport avec le bout central d'une glande sous-maxillaire et qu'on met l'organe en activité, on voit la colonne mercurielle s'élever et finir par atteindre une valeur nettement *supérieure* à celle de la tension artérielle elle-même; cette expérience prouve nettement que la sécrétion n'est pas là sous la dépendance immédiate, directe de la circulation et qu'il y a là autre chose qu'une simple sortie de liquide qui passerait des vaisseaux dans le canal excréteur.

Lorsqu'au contraire on fait cette expérience sur l'uretère, on voit que la pression monte assez rapidement jusqu'à atteindre une valeur de 7 à 10 millimètres de mercure,

A ce niveau elle semble fixe, mais en réalité elle continue à croître, quoique lentement, puisqu'après deux heures on peut observer qu'elle a atteint une valeur de 3 à 4 centimètres de mercure. Arrivée à cette hauteur, la colonne mercurielle s'arrête définitivement, et il s'en faut de beaucoup cependant qu'elle soit égale à celle qui ferait équilibre à la pression artérielle.

Somme toute, les choses se passent ici comme si c'était la pression artérielle seule qui déterminait la sortie du liquide, sortie qui s'arrête dès que la valeur de la force développée dans l'uretère, augmentée des sommes de forces perdues pour l'arrivée en ce point, est devenue égale à la force de tension qui agit dans les vaisseaux. Cette interprétation est d'autant plus légitime que la tension développée dans l'uretère peut osciller avec la tension artérielle et que même les sistoles et les diastoles cardiaques s'accusent faiblement dans l'instrument fixé sur ce conduit.

Lorsque le rein sécrète ainsi sans tension, il devient comme œdémateux et l'urine peut suinter lentement sur sa surface. Du reste, le liquide qui remplit alors l'uretère et le bassinet est profondément modifié : l'urée n'y existe à peu près plus et le chlorure de sodium tend, lui aussi, à disparaître, c'est-à-dire qu'alors ces substances qui sortaient le plus aisément sont celles qui rentrent avec le plus de facilité dans le système sanguin.

Ces faits préliminaires étant connus, nous abordons maintenant l'étude des causes qui font varier les quantités d'urine sécrétées en un temps donné et par conséquent indirectement les causes mêmes de la formation de ce liquide.

Ces influences sont surtout instructives pour vous, parce qu'elles vous feront connaître les processus des divers troubles de la fonction que comme médecins vous rencontrerez et parce qu'elles vous indiqueront comment vous pourrez, en cette même qualité, modifier cette fonction dans un but thérapeutique.

Ce sont elles qui déterminent les variations de l'urine des vingt-quatre heures dans l'harmonie de la vie journalière ; elles résultent elles-mêmes de causes antérieures qui sont en dehors de notre sujet et que je laisserai de côté pour le moment.

La première des influences immédiates qui modifient la rapidité de la formation de l'urine dans le rein, c'est la valeur de la pression artérielle (Ludwig, etc.). Lorsque cette valeur augmente, on obtient, toutes autres choses restant égales d'ailleurs, un accroissement dans la quantité d'urine formée.

C'est un fait que vous pouvez aisément constater chez ce chien qui a une fistule de l'uretère. Nous comprimons l'aorte au-dessus des iliaques, nous augmentons ainsi la tension et vous voyez que le nombre des gouttes fournies s'accroît notablement.

Nous pourrions réaliser les mêmes effets primitifs et secondaires en gênant le retour du sang dans la veine cave inférieure, en excitant les nerfs vaso-constricteurs d'une région du corps, etc.

Lorsque nous injectons du sang défibriné ou même de l'eau dans le sang, nous produisons encore les mêmes phénomènes. Mais ici, je n'oserais affirmer que les choses se passent aussi simplement, car nous n'avons pas seulement accru la pression, nous avons encore changé la composition du plasma sanguin et c'est là quelque chose de spécial, que nous ne sommes pas en droit de négliger, et qui peut jouer un rôle particulier dans l'accroissement des quantités d'urine fournies.

En effet, messieurs, il y a des influences autres que les changements de tension, qui ne modifient pas moins qu'eux ces quantités (toutes choses restant égales d'ailleurs), et ce sont précisément *certains* changements de la composition du plasma, comme va vous le montrer l'expérience suivante.

Nous comptons les gouttes d'urine que fournit maintenant l'uretère de notre chien, puis nous poussons par la veine jugulaire (bout central) une solution de sucre de canne tenant 10 grammes dissous dans 40 centimètres cubes d'eau. Cette quantité de liquide est à coup sûr incapable de modifier notablement la valeur de la tension artérielle, et cependant vous voyez la quantité d'urine fournie croître fortement et le liquide contenir alors en abondance la substance injectée, qui est venue sortir par le rein et accroître la rapidité de diffusion du liquide.

Un grand nombre de substances agissent de même lorsqu'elles sont contenues dans le sang *en quantités convenables*. L'urée, le prussiate de potasse, le glucose, etc., sont de ce nombre et peut-être les *diurétiques* agissent-ils de même.

Ces deux causes, augmentation de la pression et présence de certaines substances dans le sang, sont les seules qui paraissent agir dans la vie régulière pour accroître la sécrétion rénale.

J'insiste notamment sur ce point que jamais personne n'a pu, que je sache, produire cet effet en excitant directement un nerf se rendant au rein, comme cela se réalise pour les glandes salivaires.

Nous abordons maintenant l'étude des causes qui diminuent la production de l'urine.

La première de ces causes est la diminution de la tension artérielle, un état inverse du système circulatoire produisant un effet inverse, et le rein se comportant comme un véritable filtre en présence de ces conditions.

Cet affaissement de la pression se réalise aisément par l'excitation du nerf pneumo-gastrique, en sectionnant la moelle ou en faisant une hémorragie à l'animal. Nous mettons en pratique le premier de ces procédés, et vous voyez la quantité d'urine diminuer rapidement; les autres nous donneraient le même résultat à l'intensité près.

La présence de certaines substances dans le sang détermine aussi les mêmes effets, de ce nombre est le chlorhydrate de morphine qui abaisse la tension et diminue la quantité d'urine consécutivement.

Je ne puis vous dire s'il y a des substances qui agissent sur la sécrétion rénale en la ralentissant par un acte physique comparable à celui qui accroît la sécrétion rénale dans les injections de sucre de canne, car c'est un point que je n'ai pas eu le loisir d'examiner, et je laisse la question simplement posée.

J'ai hâte d'arriver à l'exposition d'expériences dans lesquelles on réalise le ralentissement rapide de la sécrétion en agissant sur le bout périphérique de nerfs se rendant au rein. Sans doute le mécanisme qui dans ces cas détermine le phénomène a une certaine analogie avec celui qui agit dans les diminutions de la pression moyenne; mais, vu leur importance, ces faits doivent être envisagés à part.

Je veux parler des excitations faites sur les nerfs rénaux, les splanchniques et aussi le grand sympathique.

Lorsqu'on excite par exemple le grand nerf splanchnique avec le courant induit d'un appareil à chariot, on voit la sécrétion se ralentir, et l'on a attribué un effet analogue aux excitations du sympathique pratiquées de même.

Comment cet effet est-il obtenu?

La réponse sera facile puisque vous connaissez les nerfs vaso-constricteurs et leur action sur les circulations locales.

Sous l'influence de l'excitation, nous produisons une constriction des vaisseaux du rein et une diminution de la quantité de sang qui les traverse. Les phénomènes immédiats sont identiques à ceux qui se manifestent après l'excitation d'un nerf vaso-constricteur quelconque et l'effet secondaire en découle naturellement.

Si nous diminuions la quantité de sang qui baigne le rein à l'aide d'une compression de l'artère rénale, nous aurions un résultat identique, et cela vous explique clairement l'effet nerveux que je viens de vous indiquer; au reste, l'action des nerfs splanchniques n'est peut-être pas aussi simple que celle-là, et il se peut qu'il y ait en outre des modifications locales de tension sous l'influence de constrictions vasculaires limitées en tel ou tel point de l'organe.

Il est en tout cas certain que le splanchnique est bien un nerf vaso-constricteur du rein, puisque son excitation détermine tous les effets saisissables, caractéristiques de ces ordres de nerfs, et que sa paralysie détermine les effets opposés, qui sont la conséquence des paralysies vaso-constrictives.

Cette section du grand splanchnique produit aussi naturellement, comme effet secondaire, un accroissement de la quantité d'urine, conséquence de la modification circulatoire qui la suit.

Au reste, j'insiste peu sur ce dernier point, car il est sans application possible actuellement, et je ne crois pas que dans l'état de vie anormale on puisse croire à une influence de ce genre; je ne connais aucune expérience qui réalise cet effet, autre que la destruction du nerf et je ne sache pas qu'on l'ait obtenu par un autre sensitif initial, tandis que nous avons des expériences nettes montrant l'excitation du splanchnique d'origine sensitive.

Ces faits, je vais vous les indiquer brièvement.

Une douleur vive, une impression morale peuvent produire une excitation se répercutant sur les nerfs rénaux, amenant la pâleur et une suspension plus ou moins complète de l'écoulement de l'urine par les uretères.

La ligature brusque du nerf sciatique, l'excitation énergique de la peau, la crainte déterminent tout ce cortège de phénomènes, et le mécanisme est certainement une mise en activité plus accentuée des nerfs vaso-constricteurs rénaux.

Je dois encore, pour compléter l'histoire des nerfs rénaux, vous dire que l'urine plus abondante sécrétée pendant la paralysie n'est plus de l'urine véritable. C'est un liquide albumineux et sanguinolent qui coule par l'uretère dans ces conditions. Cette opération modifie donc profondément la fonction et ce n'est plus là un simple accroissement.

Je vous signale encore brièvement les effets ultimes de la paralysie rénale, qui finit par amener une destruction complète de l'organe, et la mort à la suite de la longue suppuration qui s'établit. Je vous les signale simplement, car je ne saurais vous les expliquer sans des considérations qui trouveraient mal leur place ici.

J'agis de même pour les influences (expérimentalement provoquées) des centres nerveux sur la sécrétion rénale que je me borne à vous indiquer. La piqûre de divers points du plancher du quatrième ventricule peut déterminer la polyurie, l'albuminurie ou la glycosurie. Les deux premiers effets sont probablement des paralysies plus ou moins complètes des nerfs vaso-constricteurs du rein. Quant au dernier, c'est un phénomène différent et essentiellement complexe, dont je vous entretiendrai prochainement en étudiant la glycogénie.

Je ne puis terminer l'étude des nerfs rénaux sans insister sur cette question. Y a-t-il oui ou non des nerfs sécréteurs se distribuant au rein?

La réponse n'est pas facile, car si on ne rend pas manifestes ces nerfs par des excitations directes, on peut toujours refuser le caractère probant à un résultat négatif et supposer qu'on n'a eu aucun résultat par suite du mélange de filets de diverses natures, dont l'action aurait masqué celle du nerf sécréteur. Mais, messieurs, nous avons plusieurs raisons graves de nous refuser à admettre l'existence de nerfs rénaux de cette espèce; je ne vous les exposerai pas toutes en détail, car il me faudrait revenir sur presque tout ce que je vous ai dit; mais je vous en signalerai deux.

La première de ces raisons est déduite de l'expérience que nous avons faite plus haut et dans laquelle vous avez vu la sécrétion rénale se continuer pendant l'anesthésie. Et, en effet, si un nerf sécréteur intervenait, il serait mis en action (probablement) par un nerf sensitif; cette action devrait donc cesser pendant l'inactivité de ces nerfs provoquée par le chloroforme.

Cette expérience est donc défavorable à l'opinion qui admet l'existence possible d'un nerf sécréteur. En voici une autre qui me semble plus décisive encore. Elle est basée sur cette propriété connue du sulfate d'atropine qui tue les nerfs sécréteurs.

Or, messieurs, dans un chien empoisonné par cette substance on ne constate aucune suspension de la sécrétion rénale, et nous nous trouvons avoir dans ce résultat une preuve *directe* de la non-existence de nerfs rénaux de cette espèce.

Vous connaissez maintenant les faits positifs et acquis relatifs à la fonction du rein, à l'exception de quelques-uns qui se rattachent à l'étude d'une question que je réserve pour notre prochaine leçon, vu les développements qu'elle nécessite. Nous aurons alors à montrer que les substances de l'urine ne sont point formées dans cet organe, mais seulement séparées du sang.

Il nous reste, pour terminer la tâche que je me suis donnée, à vous parler encore des *théories* qu'on a édifiées pour expliquer les phénomènes encore inconnus qui se passent dans l'intimité du tissu rénal pour opérer la formation de l'urine.

Je serai, du reste, sur ce sujet aussi bref que possible et ne vois pas d'utilité à développer devant vous toutes les opinions qui ont été émises sans preuves valables.

De toutes ces théories, nous adopterons celle de Ludwig légèrement modifiée, pour la seule raison qu'elle est la plus simple, qu'elle s'accorde mieux avec les faits et qu'elle laisse moins que les autres de difficultés à résoudre par la pensée.

Toutefois je vous fais remarquer qu'elle n'est pas une chose démontrée, qu'elle peut parfaitement être en opposition avec ce que l'avenir fera connaître. Voici en quoi elle consiste :

Au niveau du glomérule, il se ferait une filtration du plasma sanguin qui passerait des vaisseaux du système porte artériel dans la cavité originelle des canalicules rénaux. Tout le plasma filtrerait ainsi à l'exception des matières albuminoïdes. Ce liquide, poussé vers le bassinet par de nouvelles quantités de plasma diffusées, descendrait lentement dans la cavité des canalicules.

C'est pendant ce trajet qu'il se transformerait en urine.

Il s'effectuerait une *absorption* qui réintroduirait dans le système circulatoire une grande quantité d'eau et qui se porterait également sur certaines substances de préférence, de façon qu'en fin de compte le liquide serait devenu de l'urine, c'est-à-dire une solution des sels du plasma et des substances diffusibles de ce liquide dans des proportions relatives différentes.

Messieurs, cette théorie s'accorde avec un assez grand nombre de faits. Ce que je vous ai exposé peut expliquer à peu près comment l'urine s'est formée aux dépens du plasma et laisse sans explication suffisante certaines particularités; en premier lieu, tout ce que je vous ai dit dans cette leçon tend à prouver que le phénomène initial est bien une filtration que nous devons admettre au lieu où les conditions sont les plus favorables à la sortie du liquide, c'est-à-dire dans le glomérule, lieu de la tension capillaire maxima.

Mais s'il en est ainsi, pourquoi les matières albuminoïdes ne filtrent-elles pas comme les autres éléments du plasma?

Elles ne passent pas, parce que c'est là un filtre parfait, exagérant les propriétés de nos filtres ordinaires qui laissent déjà, eux, passer en moindre proportion les substances colloïdes, comme vous le savez.

Une condition accessoire interviendrait du reste, et, au dire de Ludwig, c'est dans le glomérule qu'apparaîtrait la réaction acide de l'urine, c'est-à-dire qu'il y aurait encore là une raison explicative de la non-filtration des matières albuminoïdes. Ces premières difficultés ainsi résolues, il en reste encore d'autres, et notamment pourquoi l'urée, le chlorure de sodium s'accumulent-ils dans le liquide pendant sa concentration graduelle et non le glucose, etc.

Nous admettrons que pour ce but interviennent les cellules des canalicules, qui, en vertu de propriétés inconnues, s'opposeraient à la diffusion rétrograde de ces substances.

En quelques mots, voici en quoi consistent les autres théories proposées par divers auteurs pour expliquer la fabrication de l'urine dans le rein.

Dans la théorie de Bowmann, on ne fait sortir au niveau du glomérule que de l'eau uniquement, puis cette eau se charge graduellement de divers matériaux qui lui sont fournis par l'épithélium des canalicules, qui les soutirerait du sang.

Heidenhain a fourni quelques expériences qui lui ont semblé prouver la réalité de cette théorie : il aurait rendu distincte la séparation des matériaux solides et de l'eau par les reins et aurait démontré une indépendance entre ces deux actes. Mais, en réalité, les faits qu'il a énoncés ne sont pas de nature à entraîner la conviction. J'en reste donc aux idées de Ludwig et vous laisse du reste libres de croire en cela ce que vous voudrez.

Quant à la théorie de Küss, c'est simplement celle de Ludwig à cette nuance près que les albumines transsuderaient d'abord pour être *ensuite réabsorbées*. C'est évidemment là l'hypothèse la moins admissible, car une absorption portant précisément sur les substances de ce genre est plus difficile à comprendre que leur non-filtration.

Nous ne pouvons du reste admettre que le liquide des kystes rénaux soit le liquide normalement sécrété dans le glomérule, et par conséquent nous n'admettons pas que la filtration de l'albumine soit prouvée.

En résumé, la formation de l'urine résulte d'un phénomène initial de filtration; car toutes sortes de faits établissent ce premier point.

Ce phénomène initial est suivi d'autres réellement inconnus qui aboutissent à la transformation en urine de ce liquide séparé du sang.

Quant à la continuité de la sécrétion, elle résulte évidemment de ceci qu'il n'y a pas dans le rein ces alternatives de dilatation et de contraction vasculaires si nettes qu'on observe dans d'autres organes glandulaires; elle résulte encore de l'absence de tout nerf sécréteur.

La coloration rouge du sang veineux nous montre que l'état normal (si je puis ainsi dire) des vaisseaux du rein est un véritable état de dilatation, cet état pouvant se modifier, du reste, par des actes nerveux vaso-constricteurs qui, comme tous les phénomènes de ce genre, sont essentiellement brusques et transitoires.

Dans la prochaine leçon nous ferons l'étude analytique des sangs artériels et veineux rénaux, et nous rechercherons les lieux de formation des matériaux solides de l'urine.

P. Picard.

LES INDUSTRIES FRANÇAISES

Les dentelles mécaniques de Saint-Pierre-lès-Calais.

Depuis un grand nombre de siècles déjà, les dentelles représentent, après les pierres précieuses, le plus grand luxe de l'habillement. L'austérité de notre siècle les exclut aujourd'hui des costumes masculins, — en exceptant toutefois celui des prêtres et des magistrats. En revanche, les femmes montrent toujours le même enthousiasme pour ces ornements si légers, et en même temps si coûteux, bien que formés de fils vulgaires sans grande valeur propre.

Mais, pour semer quelques fleurs sur ces bandes de tissu à jour, une ouvrière doit pâlir des semaines et des mois entiers; elle doit faire mouvoir des centaines de fils dont l'enlacement produit les dessins, mais les produit avec une telle lenteur que l'ouvrage de chaque jour est à peine apparent le soir : c'est sans doute de la dentelle que devait faire l'antique Pénélope pour décourager ses soupirants.

Il était donc bien naturel de remplacer la main de l'ouvrière par une mécanique, infiniment moins coûteuse, mais aussi infiniment moins souple. De là sont nées les *imitations*, d'abord fort simples et fort grossières, puis de plus en plus parfaites et de plus en plus variées. Elles reproduisent aujourd'hui presque tous les genres, depuis ce qu'on peut appeler la dentelle unie, c'est-à-dire le tulle, jusqu'aux valenciennes, aux chantilly et une foule d'autres.

I.

L'industrie des tulles et dentelles mécaniques a pris naissance en Angleterre à la fin du siècle dernier, grâce à l'invention de métiers tout spéciaux et très compliqués, puisqu'ils doivent faire mouvoir un grand nombre de fils d'une manière différente.

C'est à Nottingham, la capitale de la bonneterie, que l'on commença. En 1768, un fabricant de bas au métier mécanique, qui produisait des bas à jours, c'est-à-dire avec quelques vides seulement, se dit, en examinant les dentelles de sa femme, qu'il pourrait peut-être obtenir, par un procédé analogue, un tissu tout à jour, semblable à celui de la dentelle. Il parvint en effet à tisser une sorte de tricot à mailles auquel on donna le nom de *twist net* ou tricot dentelle.

Quelques années après, en 1774, on inventa en France un métier de tricot à mailles, et, en 1779, un ouvrier nommé Caillon fabriqua ce tissu sous les yeux d'une commission administrative spéciale, nommée pour examiner ses procédés. On était encore à l'époque où les nouveautés industrielles cherchaient à obtenir un privilège gouvernemental pour s'établir et se répandre. Les essais de Caillon furent-ils dédaignés? Nous n'en savons rien. Mais, dans tous les cas, cette tentative semble avoir été oubliée presque aussitôt en France.

Il en fut tout autrement en Angleterre. Une foule de gens se mirent à l'œuvre pour arriver à reproduire mécaniquement la maille hexagone de la dentelle aux fuseaux, ce qu'on appelait le *point de tulle*. Pendant un quart de siècle, on multiplia les essais les plus coûteux, et un grand nombre de mécaniciens luttèrent d'ingéniosité.

En 1799, John Lindsey, de Nottingham, inventa enfin la bobine qui est seule arrivée à reproduire mécaniquement le réseau de la dentelle. Mais on ne parvenait pas encore à la faire marcher d'une manière satisfaisante.

C'est seulement en 1809 qu'un simple ouvrier nommé Haethcoat compléta cette découverte et réussit à obtenir pratiquement la maille hexagone régulière et unie qui caractérise ce tissu : on lui donna désormais le nom de *bobbin net lace,* c'est-à-dire dentelle à bobine ou tulle bobin.

Le nouveau tissu conquit du premier coup toutes les faveurs de la mode. Le brevet d'Haethcoat lui fit encaisser rapidement d'énormes bénéfices : on paya jusqu'à 50 francs le yard carré de tulle, vendu aujourd'hui 25 centimes. Ces bénéfices surexcitèrent encore les imaginations des inventeurs. Aussi les métiers ne tardèrent point à se perfectionner beaucoup.

Depuis lors, on a inventé d'autres types, et chaque année pour ainsi dire voit naître quelque modification nouvelle permettant d'exécuter des dessins plus délicats, plus larges ou plus difficiles, d'employer sur un point donné une multitude croissante de fils, ou de varier davantage leurs positions respectives, en un mot d'assouplir le jeu du métier mécanique et de lui permettre de lutter d'agilité avec la main des plus habiles ouvrières.

II.

En Angleterre, Nottingham est resté le centre de l'industrie tullière, qui se développa très rapidement et trouva aussitôt en France des amateurs peut-être plus nombreux encore qu'autre part. Il est même permis de supposer que cette circonstance détermina l'introduction de l'industrie tullière dans notre pays.

Les Anglais, jaloux de se réserver le monopole de ce roi des tissus, défendaient sous des peines très sévères la sortie des métiers. Cependant, vers 1816, un Anglais, M. Webster, réussit à tromper la vigilance de la douane britannique : il introduisit à Calais les métiers Warp et Straight-Bolt qui ont été l'origine de l'industrie calaisienne. A peu près à la même époque, Cambrai recevait également un métier.

C'est aussi à Calais et à Saint-Pierre-lès-Calais que furent fondées, vers 1825, les deux plus anciennes maisons actuellement existantes, la maison Herbelot et Devot, et la maison Dubout, qui tiennent encore la tête de leur industrie.

Calais devenait le centre commercial de la fabrication française, l'émule de Nottingham, et ses fabriques, installées en grande partie dans le village voisin de Saint-Pierre, allaient y agglomérer une population ouvrière plus considérable que celle de la ville elle-même.

Mais les débuts du tulle français furent rendus singulièrement difficiles par la législation économique de cette époque. L'entrée des filés de coton étrangers était absolument interdite; et, d'un autre côté, aucun des filateurs français ne fabriquait les fils retors très fins constituant la matière première du tulle. En accordant un monopole complet aux filateurs nationaux, on n'avait pas songé à leur imposer la condition qui accompagne d'ordinaire tous les monopoles, ceux des chemins de fer, par exemple, l'obligation de satisfaire aux besoins du public, c'est-à-dire l'obligation de fabriquer toutes les variétés de produits nécessaires aux autres industries.

Les contrebandiers étaient donc les seuls fournisseurs possibles, et la fraude ne pouvait point se dissimuler, puisque l'existence même du tulle français en était une preuve matérielle.

Mais le tulle anglais était tout aussi prohibé que les filés de coton, et les riches Françaises ne voulaient cependant à aucun prix rester inférieures aux Anglaises pour ce tissu à la mode. Le gouvernement était bien obligé de fermer les yeux. Est-ce que Napoléon lui-même n'avait pas continué à couper sa barbe avec des rasoirs anglais tout le long du blocus continental?

Cette situation bizarre dura jusqu'en 1834. La prohibition des filés de coton fut remplacée alors par des droits protecteurs fort élevés, qui grevaient très lourdement les tulles de Saint-Pierre-lès-Calais et ne leur permettaient pas de lutter sur les marchés étrangers contre ceux de Nottingham.

En France même, ces droits leur nuisaient encore beaucoup, car les tulles anglais trouvaient dans leur faible volume des facilités particulières pour passer la frontière au nez des douaniers, sans acquitter les taxes énormes qui devaient compenser les droits d'entrée sur les filés de coton.

Malgré toutes ces circonstances défavorables, l'industrie de Saint-Pierre-lès-Calais grandissait tous les jours, et, à l'autre bout de la France, Tarare développait également ses fabriques de mousselines qui exigeaient aussi des filés retors fins, quoique cependant de numéro moins élevé. Les filateurs français commencèrent alors à en fabriquer.

III.

C'est en 1833 qu'on passa du tulle uni au tulle façonné, c'est-à-dire à la véritable reproduction de dentelle. On parvint d'abord à brocher sur la maille une petite mouche qui reçut le nom de *point d'esprit*. Puis, à partir de 1840, l'application successive du système Jacquart aux différents métiers à tulle permit d'exécuter des dessins de plus en plus variés.

En même temps, sous l'aiguillon d'une demande sans cesse croissante, les métiers se perfectionnaient énormément au point de vue de la rapidité et de l'économie du travail. Les machines, devenues dix et douze fois plus larges, produisaient un plus grand nombre de bandes à la fois; le mécanisme se simplifiait au point d'exécuter la maille complète avec six mouvements au lieu de soixante.

Enfin, on inventait les premiers métiers circulaires qui arrivaient à fournir jusqu'à 60 000 mailles à la minute. Il résulta de toutes ces découvertes une diminution considérable dans le prix des tulles, restés fort chers jusque-là.

Aujourd'hui, on emploie des métiers de plusieurs genres bien distincts, et, dans chaque genre, il se produit, tous les deux ou trois ans, des perfectionnements considérables qui mettent fort vite les vieux systèmes dans une situation tout à fait inférieure. Les métiers circulaires et Pushers produisent des tulles unis ou brochés, les métiers Leavers des tulles brodés et des dentelles brodées, les métiers bobineaux des rideaux et garnitures.

IV.

Saint-Pierre-lès-Calais, où sont établies la plupart des fabriques, a conservé une situation absolument prédominante en France. Mais l'industrie des tulles et dentelles mécaniques a pris racine également dans plusieurs autres villes.

Dès le règne de Louis-Philippe, Lyon avait organisé la fabrication des tulles unis de soie, qui, maintenant encore, y a son principal centre. C'est là aussi qu'on fabrique la plus grande partie des dentelles grossières connues sous le nom de dentelles lamas et dentelles pusher.

Saint-Quentin, Douai, Caudry (près Cambrai) et Lille produisent des tulles unis de coton, quelques articles communs en soie et en coton, et un certain nombre de rideaux. Enfin, il y a aussi quelques métiers à Paris et, près de Rouen, à Grande-Couronne.

Calais et Saint-Pierre fabriquent tous les genres de dentelles mécaniques en soie ou en coton, avec quelques guipures, quelques lamas, un peu de dentelle de laine et la plus grande partie des rideaux d'origine française.

En 1860, lors de la conclusion du traité de commerce avec l'Angleterre, Saint-Pierre et Calais possédaient 663 métiers; Nottingham en avait 5000. En 1870, les métiers de Saint-Pierre et Calais s'étaient élevés à 939, et, à la même époque, les divers autres centres de la région du Nord en comptaient 419, consacrés presque tous, comme nous l'avons dit, à des dentelles grossières.

A Calais et Saint-Pierre, l'augmentation de 276 métiers provenait presque uniquement de la fabrication des tulles et dentelles de soie.

C'est en effet la soie qui prédomine depuis longtemps dans l'industrie de Saint-Pierre et Calais, parce que, sur ce terrain, on pouvait lutter à armes égales contre Nottingham, tandis que, pour le coton, les taxes douanières françaises surchargeaient par trop la matière première.

Cette prédominance de la soie, qui existait déjà avant 1860, s'est accusée davantage encore depuis cette époque. C'est grâce à elle que l'industrie de Saint-Pierre-lès-Calais, au lieu d'être ruinée par l'abaissement des droits d'entrée sur les dentelles de coton, a profité au contraire avec une activité merveilleuse des nouveaux débouchés ouverts par le libre échange.

Aujourd'hui Saint-Pierre et Calais possèdent 1600 métiers qui valent 18 000 fr. chacun avec leurs accessoires, et qu'on peut évaluer à 22 000 fr. avec les constructions et l'emplacement qu'ils occupent dans les usines. C'est un capital immobilisé d'environ 40 millions, et qu'il faut amortir en un petit nombre d'années, à cause des inventions nouvelles qui obligent à changer les machines avant leur usure.

Ces 1600 métiers sont répartis en 430 fabricants, qui font chaque année 40 à 50 millions d'affaires, dont les trois quarts en tulles et dentelles de soie et 12 millions tout au plus en dentelles de coton. Les autres centres de l'industrie tullière peuvent atteindre 25 à 30 millions d'affaires. L'exportation tient une place importante dans ces chiffres.

V.

Sur les 1600 métiers de Calais et Saint-Pierre, 1000 travaillent à la soie et 600 au coton. C'est à peine s'il en reste encore 3 ou 4 travaillant à la laine.

Les articles fabriqués en soie sont des imitations des dentelles de Chantilly, de blonde de Caen, de Spanish, de guipure, etc. On emploie d'ordinaire pour ces articles des soies grèges et ouvrées de Lyon, variant comme titre de 20 à 340, et des bourres de soie du n° 4 au n° 80. La matière première figure dans le prix de revient pour la moitié environ; il est clair d'ailleurs que nous donnons seulement une moyenne susceptible de varier beaucoup.

Ce sont les plus beaux produits de Saint-Pierre et Calais et ceux qui ont fait le plus de progrès dans ces dernières années. En 1877, l'exportation des blondes et tulles de soie a dépassé 1 500 000, tandis que l'importation est nulle. En 1875, on n'en exportait pas pour 900 000.

Les articles de coton sont des imitations de valenciennes, torchons, points de Paris, points à l'aiguille, malines, bobineaux, etc. On les fabrique avec des filés retors de deux et trois bouts (c'est-à-dire de deux et trois fils tordus ensemble) variant d'ordinaire du n° 40 au n° 340 anglais, et quelquefois même plus fins encore. Ces filés se payent fort cher, de sorte qu'en moyenne la matière première représente encore dans le prix de revient un chiffre presque aussi important que pour la soie, 45 à 50 pour 100.

Mais ici les écarts sont plus considérables encore. Ainsi, pour les rideaux et garnitures bobineaux, la matière première représente 70 pour 100 du prix de revient. Sur les articles de ce genre, les taxes douanières grevant les cotons filés deviennent tout à fait oppressives.

Aussi trouve-t-on 30 métiers seulement à Saint-Pierre pour fabriquer des bobineaux, tandis qu'il y en a 500 en Angleterre. Si on pouvait se procurer le coton au même prix qu'à Nottingham, il n'est pas douteux que le talent des dessinateurs français ferait dominer les produits de notre pays. Au lieu de cela, Nottingham nous envoie chaque année près de 2 millions de tulles et dentelles de coton, en échange d'une exportation presque insignifiante, et c'est en Belgique seulement que nous en vendons une quantité relativement importante : 120 ou 130 000 francs.

Depuis assez longtemps déjà, les fabricants de Calais et de Saint-Pierre achètent en France une grande partie de leurs filés de coton.

Il y a même, dans un des grands centres industriels de notre pays, une filature qui leur fournit les plus hauts numéros de fils retors avec une perfection qu'ils n'ont rencontrée nulle part, en Angleterre même. Aussi cette filature vend-elle également à certains tullistes de Nottingham. Elle vend très cher, bien entendu, grâce à l'espèce de monopole dont elle jouit, au moins dans l'opinion des fabricants de Saint-Pierre-lès-Calais. Mais, pour des produits de ce genre, on est obligé de tout subordonner à la nécessité d'une qualité supérieure.

Depuis quelque temps, un voisin est arrivé à la même perfection par un choix rigoureux des matières premières et des soins particuliers dans le blanchiment (c'est là, en effet, que les filés fins de coton perdent souvent leur solidité). La seule existence d'un concurrent a fait immédiatement baisser les prix.

VI.

En moyenne, on peut dire que chaque métier, avec les travaux accessoires qu'il implique, occupe 20 personnes, soit dans l'usine, soit en dehors. Les dentelles mécaniques de Saint-Pierre et Calais font donc travailler environ 32 000 personnes, au moins en pleine marche, car c'est une industrie soumise à bien des variations. Les ouvriers, payés d'ordinaire à la tâche, gagnent de 30 à 50 francs par semaine. Mais le maximum est assez rare; il suppose une habileté exceptionnelle ou un travail prolongé au delà des heures ordinaires, en temps de nombreuses commandes. Les femmes gagnent 15 à 18 francs par semaine.

La plupart des ouvriers tullistes habitent Saint-Pierre. Ils occupent d'ordinaire une petite maison, agrémentée souvent d'un jardin. Malgré la cherté des vivres, leur régime alimentaire est presque toujours bon.

L'instruction générale a fait de grands progrès parmi eux; mais l'instruction professionnelle laisse encore beaucoup à désirer, surtout chez les contre-maîtres qui jouent un rôle important dans une industrie comme celle-là. Calais devrait avoir une école industrielle spéciale qui fournirait à ses fabriques des dessinateurs, des contre-maîtres, des mécaniciens et même de simples ouvriers tullistes.

VII.

Nous avons dit que les 1600 métiers de Calais et de Saint-Pierre se répartissaient entre 430 fabricants. Cela ne fait pas une moyenne de quatre métiers par fabricant. Mais en réalité le plus grand nombre n'en ont qu'un ou deux.

L'ouvrier qui a fait quelques économies peut facilement s'établir à son compte. On trouve, en effet, à louer un seul métier avec force motrice dans une grande fabrique; une simple cloison de planches limite le domaine du nouveau patron. Il pourra même acheter son métier avec une petite somme, en empruntant la plus grande partie à quelques banquiers ou capitalistes de l'endroit. La chose est tout à fait usuelle.

Un métier neuf coûte 18 000 francs, mais un grand fabricant qui veut suivre tous les progrès de la mécanique tulliste est obligé de le remplacer au bout de quelques années. Ce métier est fort bon alors pour faire les genres courants, et se revend moins cher à un autre fabricant, qui le fera peut-être passer ensuite, moyennant un prix bien plus bas encore, à quelque petit patron pour y fabriquer des produits inférieurs.

Les grands fabricants, plus encore que les petits, ont chacun leur genre. Les plus importants atteignent seize ou dix-sept métiers, et il n'y en a guère que deux ou trois dans ce cas. L'un d'eux tient évidemment la tête au point de vue technique et cherche sans cesse à se rapprocher davantage de la vraie dentelle, au besoin en ajoutant quelque travail à la main sur la dentelle mécanique, quand il veut obtenir certains effets que le métier n'est pas encore capable de donner. Mais il est rare que le moindre travail manuel ne double pas le prix de l'article.

C'est naturellement cette fabrique qui doit changer le plus souvent son matériel et qui fait créer chaque année de nouveaux dessins très riches et très variés qu'elle ne doit exploiter qu'une saison. Aussi ses produits sont-ils plus chers que ceux des autres fabriques. Elle vendra jusqu'à 4 ou 5 francs le mètre des dentelles de 7 ou 8 centimètres qui coûteraient, il est vrai, douze ou quinze fois plus en dentelle à la main.

VIII.

Mais les dentelles subissent la même décadence que les métiers, et d'une manière bien plus rapide. D'une saison à l'autre, c'est-à-dire en six mois, la baisse est souvent de 30 et 40 pour 100, parfois même davantage. Voici comment cela se produit.

Les nouveaux dessins créés sont déposés au conseil des prud'hommes pour en réserver la propriété. Mais à peine les échantillons ont-ils été remis aux marchands de Paris et de Londres avec l'indication du prix, que ceux-ci les expédient à d'autres fabricants, pour les imiter en les simplifiant un peu, de manière à en réduire sensiblement le prix. Si le dessin réussit, il est ainsi l'objet de simplifications successives, qui le font descendre chaque mois d'un degré.

J'ai vu un dessin de valenciennes créé à 2 francs et tombé à 25 centimes au bout d'un an et demi. Mais il ne faut pas s'imaginer que la différence des deux prix représente le bénéfice du premier fabricant. On devine bien que le dernier produit était seulement l'apparence illusoire du modèle primitif.

Cependant, quand une création réussit, elle donne pendant quelque temps de très larges bénéfices à son auteur, et cela est nécessaire pour compenser les pertes des créations qui échouent et qu'il faut solder à vil prix.

La création des dessins est une des grosses questions. Parfois on reproduit le dessin d'une vraie dentelle; plus souvent on demande à un dessinateur ou *esquisseur*, généralement parisien, une *esquisse* qui correspond au carton d'une tapisserie. Mais, pour mettre cette esquisse *en carte* suivant l'expression technique, il faut que le dessinateur l'applique lui-même sur le métier à tulle, ce qui est une opération toujours fort longue et souvent difficile.

En somme, les dentelles mécaniques ont fait de tels progrès depuis vingt ans qu'elles se rapprochent de plus en plus des vraies dentelles. Quand on les compare côte à côte sur un transparent bleu, la différence est encore fort sensible. Mais lorsqu'elles sont plissées sur une robe de bal, un marchand lui-même s'y tromperait à deux mètres et un homme du monde de beaucoup plus près encore. N'est-ce donc point tout ce qu'il faut dans une affaire qui est de pure vanité, et cela ne permet-il pas de croire que l'avenir appartient à la dentelle mécanique?

ÉMILE ALGLAVE.

LES BIBLIOTHÈQUES POPULAIRES CANTONALES

Dans une lettre qu'il adressait, le 1er avril dernier, aux maires et conseillers municipaux de son département, un républicain des Basses-Pyrénées, M. Tourasse, exposait le projet qu'il a formé de créer dans chaque chef-lieu de canton, avec l'aide des municipalités, une bibliothèque populaire. Un tel projet ne pouvait émaner que d'un philanthrope, d'un sincère et intelligent ami de la démocratie. M. Tourasse réunit, en effet, ces qualités précieuses. Comprenant tout le bien que peuvent faire les bons livres au point de vue de l'instruction et de la moralisation populaires, il a résolu d'en semer d'abord le plus possible autour de lui, espérant, le bon exemple étant contagieux, que sa tentative ne restera pas sans écho, et qu'il sera imité dans d'autres départements. Pour notre part, nous souhaitons ardemment qu'il le soit dans tous, et voilà pourquoi nous nous faisons un devoir d'appeler l'attention sur son idée selon nous très pratique et très féconde.

Beaucoup de gens sans doute ont de bonnes idées et sont tout disposés à gratifier les autres de leurs bons conseils. Beaucoup même font volontiers le sacrifice d'une partie de leurs ressources au profit d'une bonne œuvre. Il y en a enfin qui donnent généreusement à la fois, l'un et l'autre, argent et conseils. Eh bien! cela malheureusement ne suffit pas toujours. Nous estimons même que c'est faire œuvre inutile que d'assurer le succès matériel d'une entreprise, si l'on n'assure en même temps le succès moral qu'on en attend. Cela est surtout vrai pour les bibliothèques. M. Tourasse, qui veut réussir, se présente la bourse à la main. Il est prêt à sacrifier à son département la somme rondelette de 50 000 francs, et à la lui distribuer en livres, ces livres devant constituer quarante bibliothèques populaires cantonales, le département des Basses-Pyrénées comptant quarante cantons. Rien n'empêcherait M. Tourasse de faire fabriquer quarante armoires-bibliothèques, de les remplir de livres et de les envoyer à chaque chef-lieu de canton. Il est à peu près certain que toutes seraient acceptées, étant admis le proverbe qu'à cheval donné on ne regarde pas la bride. Quel résultat aurait cette générosité? Aucun, croyons-nous. On ne prendrait pas soin des livres, on ne les lirait pas. Tel qui voudrait peut-être les consulter n'oserait pas en faire la demande; tel autre, prévenu par un voisin bien pensant, se méfierait de ce qu'ils pourraient contenir.

En serait-il de même si la municipalité avait contribué de ses deniers à l'achat de sa bibliothèque? Si liberté entière lui avait été laissée pour le choix des ouvrages qu'elle doit contenir, Si le soin de la diriger avait été confié officiellement à l'instituteur, ou à toute autre personne de bonne volonté, etc.? Évidemment non, car, cette fois, la bibliothèque serait considérée comme propriété communale. Quoique n'ayant contribué qu'indirectement à sa création, chacun se croirait, avec raison d'ailleurs, le droit de la visiter, et ne serait-ce que pour affirmer ce droit, tel qui était bien résolu à ne jamais ouvrir un livre viendrait fièrement réclamer sa part de lumière, emporterait un, deux, trois volumes, et revenu à son domicile, la curiosité l'emportant, il finirait par les lire. Le but alors serait atteint.

En homme qui connaît son prochain, M. Tourasse n'a pas donné dans le piège. Il s'est bien gardé de la folie qui consiste à vouloir enrichir certains individus malgré eux, lorsqu'à côté de ces individus s'en trouvent d'autres qui recevraient le bienfait avec tant de reconnaissance! Après avoir exposé à MM. les maires et conseillers municipaux l'utilité du but qu'il poursuit, voici, dit tout modestement M. Tourasse « les propositions que j'ai l'honneur d'adresser à chaque chef-lieu de canton pour la fondation d'une Bibliothèque cantonale : Je m'engage à donner *immédiatement* en livres une somme calculée à raison de 0 fr. 10 par habitant *du canton tout entier,* à la condition que le conseil municipal du chef-lieu de canton votera une somme de 0 fr. 10 par habitant *du chef-lieu de canton seulement* ». Suit un tableau dans lequel sont indiqués : 1° les noms des quarante cantons; 2° la somme offerte à chacun par M. Tourasse; 3° la somme à verser par chaque chef-lieu de canton; 4° les sommes totales qui seraient ainsi affectées aux quarante bibliothèques. On voit, par ce tableau, que M. Tourasse s'engage pour une somme de 43 152 fr. 50; qu'il demande à tous les chefs-lieux réunis le vote d'une somme totale de 13 741 fr. 40 seulement; enfin, que la somme totale affectée à toutes les bibliothèques cantonales du département s'élève à 56 893 fr. 90.

Nous laissons maintenant la parole à M. Tourasse :

« Vous voyez par ce tableau, messieurs, que la subvention de 0 fr. 10 par habitant du chef-lieu de canton est peu élevée pour la ville qui possèdera la bibliothèque, surtout si vous voulez bien considérer que la commune chef-lieu recevra, immédiatement et quoi que puissent décider les autres communes du canton, une subvention proportionnelle au nombre des habitants du canton entier.

« Ainsi, Montaner, qui a 788 habitants, n'aura à voter que 78 fr. 80 pour recevoir un don de livres de 506 fr. 40, le canton entier ayant une population de 5 064 habitants.

« Saint-Étienne-de-Baïgorry, qui a 2 451 habitants, devra donner 245 fr. 10 pour avoir 1 023 fr., d'après le chiffre total des habitants du canton, qui est de 10 230.

« Si, dans la session ordinaire de mai, le conseil municipal déclarait ne pas avoir les ressources nécessaires pour voter la subvention indiquée au tableau ci-dessus, un certain nombre d'habitants pourraient s'entendre pour réunir le même chiffre par voie de souscription, ou pour compléter la somme, si le conseil n'avait pu voter qu'une allocation partielle.

« Je n'en donnerais pas moins la même subvention aux mêmes conditions; les souscripteurs décideraient de la question de savoir si la bibliothèque sera municipale ou libre.

« Enfin, en cas de refus par les habitants du chef-lieu de canton d'établir la bibliothèque cantonale, je me réserve après un délai de 6 mois, à dater de la présente lettre, de reporter les mêmes propositions à une autre commune du canton qui présenterait des facilités d'exécution, soit par le chiffre de ses habitants, soit par sa position géographique, soit par d'autres circonstances favorables, telles que celle d'un marché se tenant sur son territoire, celle de la résidence d'un percepteur ou d'un receveur des postes, etc.

« La bibliothèque cantonale ainsi fondée prêtera gratuitement ses livres aux habitants du chef-lieu de canton d'après un règlement arrêté par les organisateurs.

« Elle admettra ensuite les habitants des autres communes du canton à emprunter des livres sur le pied de la plus complète égalité, au fur et à mesure que le conseil municipal de ces communes ou un groupe d'habitants auront versé leur souscription à raison de 10 centimes par habitant de la commune d'après le tableau du dernier recensement. (*Recueil des actes administratifs* 1878, n° 10, p. 73).

« Si une commune ou un groupe d'habitants de cette commune se refusaient à verser cette subvention pour ouvrir à tous l'accès de la bibliothèque, un particulier pourrait emprunter des livres pour lui et sa famille vivant avec lui, moyennant une cotisation annuelle de 2 francs.

« Par ce moyen, toute liberté est laissée aux municipalités et aux habitants des communes; le refus de l'une ne peut pas faire échouer l'entreprise conçue dans l'intérêt de toutes, et l'avenir est réservé. »

M. Tourasse remarque ensuite que certains chefs-lieux de canton possèdent déjà des bibliothèques publiques municipales ou libres. Au lieu de créer dans ces chefs-lieux des bibliothèques nouvelles, il propose avec raison à celles qui existent déjà et qui ont fait leurs preuves d'accepter ses offres, à charge pour elles de remplir les conditions stipulées plus haut.

Quant aux détails relatifs à la fondation d'une bibliothèque, à l'emplacement qui peut le mieux lui convenir, à sa direction, au choix des ouvrages, aux prêts et aux retours de livres, etc., ils font l'objet d'un chapitre spécial. Rien n'a été oublié. Nous remarquons avec plaisir que M. Tourasse a recommandé au choix des municipalités les ouvrages inscrits au catalogue de la société Franklin. Nous ajoutons, à titre de renseignement, qu'on pourrait puiser avec la même sûreté dans le catalogue dressé par la commission des Bibliothèques populaires et scolaires, commission nommée par M. Jules Ferry, ministre de l'instruction publique, et généralement animée d'un bon esprit.

Cet exposé du projet de M. Tourasse justifie bien, comme on le voit, le vœu que nous émettions en commençant, à savoir que le fondateur des bibliothèques cantonales des Basses-Pyrénées trouve des imitateurs dans les autres départements. Nous savons bien que les hommes, assez désintéressés pour consacrer 50 000 francs à la cause populaire, sont rares. Mais ce qu'un particulier ne veut ou ne peut pas faire, des groupes de citoyens le peuvent, sans qu'il en résulte pour chacun un trop lourd sacrifice. Des sociétés pourront doter leurs départements des mêmes institutions dont M. Tourasse aura doté le sien. Attendons donc le résultat de l'expérience tentée dans les Basses-Pyrénées. Si, comme nous l'espérons, elle réussit, peut-être sera-t-elle le point de départ d'un mouvement général dont les conséquences seraient pour le pays un bienfait inappréciable.

BULLETIN DES SOCIÉTÉS SAVANTES

Académie des sciences de Paris. — 14 JUILLET 1879.

M. Berthelot : Combinaison directe du cyanogène avec l'hydrogène et les métaux. — MM. Cahours et Demarçay : Les radicaux organo-métalliques de l'étain. — M. G. Planté : Les effets de la machine rhéostatique. — M. Faucon : Traitement par la submersion des vignes phylloxérées. — M. Viallane : Le phylloxera dans la Côte-d'Or. — M. Portes : Le traitement de l'anthracnose par la chaux. — M. Thollon : Minimum de dispersion des prismes; achromatisme de deux lentilles de même substance. — M. G. Bouchardat : Transformation de l'acide tartrique en acide glycérique et pyruvique. — M. Arloing : Effets des inhalations de chloroforme et d'éther sur le cœur et la respiration. — MM. R. Moutard-Martin et Ch. Richet : Les injections intra-veineuses de lait et de sucre. — M. L. Vaillant : Ponte des Amblystomes au Muséum. — M. C. Viguier : Organisation de la Batracobdelle.

M. *Berthelot* fait une communication sur la combinaison directe du cyanogène avec l'hydrogène et les métaux. L'auteur a mesuré la chaleur de formation de l'acide cyanhydrique et celle du cyanogène, depuis leurs éléments; la comparaison des deux nombres (— 14,1 et — 38,3) lui a montré que la synthèse de l'acide cyanhydrique au moyen du cyanogène et de l'hydrogène devait dégager une quantité de chaleur considérable : Cy + H = Cy H gaz, dégage : + 24,2. C'était là un résultat tout à fait conforme aux analogies du cyanogène avec le chlore; le chiffre même n'était pas fort éloigné de la chaleur de formation du gaz chlorhydrique (+ 22,0). Il semblait donc que le cyanogène pût être combiné directement, à la façon du chlore, avec l'hydrogène. Or, c'est ce que M. Berthelot a constaté expérimentalement. Il a constaté également que le cyanogène se combine directement aux métaux pour former les cyanures. La généralité de la science trouve donc dans les expériences de l'auteur une nouvelle confirmation. Les analogies classiques du cyanogène avec les corps halogènes reposaient surtout jusqu'à présent sur les formules de leurs composés, plutôt que sur les méthodes employées pour former ceux-ci. On ne comprenait pas, par exemple, pourquoi l'acide cyanhydrique et les cyanures métalliques, corps produits en théorie avec dégagement de chaleur, comme les chlorures et l'acide chlorhydrique, ne pouvaient point cependant être obtenus de la même manière par synthèse directe. Les faits observés par M. Berthelot montrent que non seulement les formules sont les mêmes, mais aussi la génération effective, la diversité se trouvant réduite au détail des conditions de préparation.

— MM. *Cahours* et *Demarçay* présentent une note sur les radicaux organo-métalliques de l'étain. Les auteurs ont fait connaître récemment, d'une façon sommaire, le mode de reproduction et les caractères principaux des dérivés du stannpropyle et de l'isotannpropyle; aujourd'hui ils étudient les propriétés des homologues supérieurs de ces corps, les stannbutyles et les stannamyles, qui présentent avec eux les analogies les plus étroites.

— M. *G. Planté* soumet à l'Académie les intéressants résultats de ses recherches sur les effets de la machine rhéostatique. La longueur des étincelles que peut donner cette machine est sensiblement proportionnelle au nombre des condensateurs. Avec dix condensateurs on obtient des étincelles de $0^{m},015$ environ; avec trente condensateurs, des étincelles de plus de $0^{m},04$. En employant une machine de quatre-vingts condensateurs, chargée par sa batterie secondaire de 800 couples, M. Planté obtient actuellement de bruyantes étincelles de plus de $0^{m},12$ de longueur; et si ces étincelles sont produites au-dessus d'une surface isolante saupoudrée de fleur de soufre, elles peuvent même atteindre, paraît-il, $0^{m},15$. Dans ce dernier cas, elles forment sur leur passage un sillon sinueux de $0^{m},002$ à $0^{m},003$ de largeur, et en prenant comme surface isolante un mélange de résine et d'un dixième environ de paraffine, elles laissent au milieu du sillon une ligne bleuâtre très nette, directement visible, tracée comme à la mine de plomb et qui permet d'en conserver facilement l'exacte autographie. Comme particularités remarquables, ces étincelles présentent souvent, quand elles n'ont pas la longueur maximum qu'elles peuvent atteindre, des embranchements fermés, semblables à des anastomoses, qui peuvent échapper quand on n'observe que le trait lumineux. Elles offrent aussi des *arborescences* qui apparaissent en enlevant l'excès de soufre par quelques légers chocs donnés à la lame isolante sur laquelle elles ont laissé leur sillon. Ces arborisations, dont M. Planté donne un dessin, permettent de s'expliquer les empreintes d'apparence végétale que l'on a observées quelquefois sur le corps de personnes foudroyées, et qui ne sont que le résultat des ramifications du trait de la foudre elle-même.

— M. *Faucon* adresse une note sur le traitement par la submersion des vignes phylloxérées. L'auteur avait jusqu'à présent affirmé que dans une vigne phylloxérée, qui avait été convenablement submergée, il ne restait pas un seul phylloxera vivant. Il vient aujourd'hui avouer franchement qu'il s'était trompé. Il reconnaît, après expérience, que le traitement le plus énergique, le plus efficace laisse toujours échapper quelques phylloxeras. Toutefois, après une submersion bien faite, il en restera très peu, moins certainement qu'après tout autre traitement; mais il en restera assez pour expliquer les réapparitions du mois de juillet.

— M. *Viallane,* dans une lettre adressée à M. Dumas, expose l'état actuel du phylloxera dans la Côte-d'Or. Dans l'arrondissement de Dijon, le premier foyer découvert en 1878, celui du Jardin botanique, paraît avoir été complètement anéanti l'année dernière. Le procédé de destruction employé a été l'arrachage. Mais M. Viallane ajoute: « Si le but cherché a été atteint, je dois ajouter qu'il a eu un déplorable effet moral sur nos vignerons, qui ont vu dans cette exécution un aveu d'impuissance. » — « Vous ne pouvez guérir, disent-ils; vous arrachez, vous détruisez la vigne, qui peut-être se serait guérie toute seule ». Il est difficile de les convaincre qu'il s'agissait là d'un cas spécial, exceptionnel; ils aiment mieux croire un mauvais journal, qui chaque jour leur affirme que le seul remède trouvé par les savants, c'est l'arrachage.

L'origine du foyer du Jardin botanique n'est pas douteuse: le jardinier-chef du Jardin, un partisan du phyllorera *effet,* faisait venir secrètement, depuis plusieurs années, des plants américains pour enrichir sa collection.

Les taches du chemin de Chenove, au nombre de 34, sont à une faible distance du Jardin botanique; elles doivent évidemment provenir de la tache initiale de cet établissement. Incomplètement traitées l'année dernière, le phylloxera s'y est multiplié, et il ne serait que temps d'agir. Tous les préparatifs sont faits pour cela, mais les propriétaires s'opposent non seulement au traitement, mais même à la visite de leurs vignes.

Quant aux taches de Norges, à 10 kilomètres de Dijon, nord, on ne peut faire que des suppositions sur leur origine. On sait cependant que le jardinier en chef du Jardin a eu de nombreuses relations avec plusieurs viticulteurs de ce village. Quoi qu'il en soit, ces taches semblent détruites; on n'a pu jusqu'à présent y constater la présence d'un seul phylloxera.

Dans l'arrondissement de Beaune, la tache de Meursault, bien traitée, n'offre plus de danger, mais malheureusement le phylloxera vient d'être découvert sur trois points nouveaux dans cet arrondissement : Aloxe-Corton, Serrigny et Auxey. La situation devient grave dans le département; on ne peut guère espérer que ces découvertes seront les dernières de l'année.

Dans l'arrondissement de Semur, pas de phylloxera jusqu'à présent; mais une autre maladie y sévit avec une grande intensité dans un grand nombre de vignobles. Cette maladie serait due à un champignon parasite qui s'attaque aux racines qu'il détruit rapidement.

— M. *Portes* adresse une note sur le traitement de l'Anthracnose, autre maladie de la vigne. L'année dernière, en se basant sur les résultats obtenus, l'auteur disait que la chaux pouvait être considérée comme un agent combattant victorieusement l'anthracnose. L'emploi général qui en a été fait cette année, les excellents résultats qui en sont la conséquence, et que M. Portes énumère dans sa note, sont une preuve palpable de l'efficacité du traitement.

— M. *Thollon* expose les résultats de son étude sur le minimum de dispersion des prismes, et sur l'achromatisme de deux lentilles de même substance. Il explique, entre autres choses, comment deux prismes de même substance, traversés, l'un au minimun de dispersion, l'autre au minimum de déviation, par un faisceau lumineux, peuvent dans des conditions convenables, dévier et en même temps achromatiser la lumière. L'auteur en conclut qu'il est possible de combiner un système de lentilles de même matière, susceptible d'avoir un foyer et en même temps d'être achromatique, ce système ne convenant évidemment que pour des distances focales très grandes.

— M. *G. Bouchardat* rappelle que l'acide tartrique chauffé avec l'acide sulfurique produit du gaz oxyde de carbone. MM. Dumas et Piria ont constaté qu'au commencement, le mélange gazeux est formé de 4 vol. d'oxyde de carbone et de 1 vol. de gaz sulfureux, composition qui répond à une destruction totale. A la fin et quand on élève la température, le mélange gazeux s'enrichit en gaz sulfureux et contient du gaz carbonique. Mais on ne s'est pas préoccupé de rechercher si la production de ces gaz provenait d'une destruction totale ou d'une sorte de dédoublement de l'acide tartrique, donnant naissance à d'autres corps organiques. M. G. Bouchardat a entrepris de combler cette lacune, et il est parvenu à constater la transformation de l'acide tartrique en acides glycérique et pyruvique. La note qu'il envoie à l'Académie contient les résultats de son étude sur ce sujet.

— M. *Arloing* a comparé les effets des inhalations de chloroforme et d'éther, à dose anesthésique et à dose toxique, sur le cœur et la respiration. Il résulte de ses expériences que l'introduction des vapeurs anesthésiques dans le milieu sanguin s'accompagne : avec le chloroforme, d'une accélération du cœur, brusquement suivie du ralentissement et de l'arrêt de cet organe (sidération); avec l'éther, d'une accélération et d'un simple affaiblissement des contractions du cœur. Voici maintenant, d'après l'auteur, le mécanisme des accidents qui surviennent dans le cours de l'Anesthésie, et les précautions qu'il est nécessaire de prendre dans la pratique, lorsqu'on est obligé de faire usage des anesthésiques :

« Quand la mort survient au début des inhalations, elle est due à l'arrêt réflexe du cœur et de la respiration consécutif à l'irritation des nerfs des premières voies respiratoires. Plus tard, quand l'anesthésique se répand dans le torrent circulatoire, la mort arrive par arrêt du cœur. Si l'anesthésie dure longtemps ou si l'anesthésique est donnée à dose massive, il y a empoisonnement et la mort commence par l'arrêt de la respiration; l'arrêt du cœur suit plus ou moins près.

« Tous les cas de mort observés dans la pratique peuvent, si l'on y réfléchit bien, être rapportés à l'un ou à l'autre de ces trois mécanismes. Donc ce vieux précepte, surveiller le cœur quand on emploie le chloroforme, la respiration quand on se sert de l'éther, n'est pas rigoureusement vrai à toutes les périodes de l'anesthésie. Dans la première phase, l'attention doit être dirigée à la fois vers le cœur et la respiration, aussi bien avec l'éther qu'avec le chloroforme. Dans la deuxième phase, on surveillera le cœur et l'on redoublera de vigilance si l'on fait usage du chloroforme, car c'est à cette période que l'on est exposé à voir survenir, surtout avec cet agent, la sidération des malades, comme disent les chirurgiens. Dans la troisième, on surveillera avec soin la respiration, et, comme le dénouement de l'intoxication par l'éther est plus soudain que celui de l'empoisonnement par le chloroforme, le chirurgien fera sagement, à moins d'indications spéciales, de préférer le chloroforme à l'éther lorsque l'opération à entreprendre sera ou pourra être de longue durée; il aura ainsi plus de temps avant l'arrêt du cœur pour lutter contre les accidents de l'intoxication. »

— MM. *R. Moutard-Martin et Ch. Richet* ont recherché les effets des injections intra-veineuses de lait et de sucre. La conclusion générale de leurs expériences est que la mort, après injection de grande quantité de lait, survient par suite de l'anémie bulbaire, laquelle produit toujours des phénomènes d'excitation. Cette anémie peut tenir à diverses causes, soit à l'oblitération des capillaires du bulbe par les globules graisseux du lait, soit à la dilution ou à l'altération du sang. Les injections de sucre dans les veines ont montré que des doses relativement très faibles de sucre produisent une polyurie immédiate et très marquée. Les auteurs se demandent si l'action diurétique du lait, qu'ils ont constatée, n'est pas due en partie au sucre contenu dans le lait.

— M. *L. Vaillant* adresse une communication sur la ponte des Amblystomes au Muséum d'histoire naturelle de Paris. Cette ponte a déjà été signalée à l'Académie, par M. Em. Blanchard, dans la séance du 27 mars 1876. Les œufs des Amblystomes se sont régulièrement développés suivant le mode précédemment connu pour les Axolotls. Sur une quarantaine de têtards, trois se sont transformés en Amblystomes, les autres sont restés à l'état d'Axolotls ou sont morts. Cette année, une nouvelle ponte a eu lieu et la ménagerie possède actuellement environ 80 têtards très vifs et bien développés. La fécondité des Amblystomes n'est donc plus contestable et ces animaux, contrairement à certaines opinions, doivent être considérés comme résultant d'une métamorphose normale conforme au cycle habituellement connu chez les Urodèles.

— M. *C. Viguier* a étudié l'organisation de la *Batracobdella Latasti*, C. Vig., petite Hirudinée vivant en parasite sur un batracien d'Algérie, le *Discoglossus pictus*. Il résulte de cette étude que la Batracobdelle se rapproche des Glossiphonies, avec lesquelles on l'avait confondue, par son système nerveux et son appareil circulatoire, tandis que la disposition générale des organes génitaux est plutôt ce qu'on trouve chez les Ponbdelles ou Pontobdelles, et que l'appareil digestif, bien qu'offrant une trompe comme chez les Glossiphonies ou Clepsines, se différencie de ce qu'on voit chez les autres Hirudinées par la disposition des cœcums et la présence d'un renflement hépatique.

CHRONIQUE SCIENTIFIQUE

M. Herbert Spencer à la Chambre des députés.

Dans la discussion de la loi sur le conseil supérieur de l'instruction publique, un des membres de la droite, M. Daguilhon-Pujol, avait invoqué à l'appui de ses idées l'autorité du grand philosophe anglais Herbert Spencer. L'éminent auteur de *la Science sociale* nous a écrit la lettre suivante pour protester contre le sens attribué à ses paroles et montrer que l'interprétation du député monarchiste était péremptoirement réfutée par les lignes suivant immédiatement la citation portée à la tribune.

« Londres, 21 juillet 1879.

« Mon cher monsieur Alglave,

« Je vous remercie d'avoir appelé mon attention sur la manière dont M. Daguilhon-Pujol a cité, à la Chambre des députés, un passage d'un de mes ouvrages de façon à le présenter comme favorable au parti qui cherche à maintenir l'influence du clergé sur l'éducation.

« M. Daguilhon-Pujol a parfaitement raison de me représenter comme opposé à toute éducation d'État, et il a bien raison aussi de me représenter comme pensant que le *régime* de la famille et le *régime* de l'État ont des natures opposées et ne sauraient être assimilés sans inconvénients graves. Mais il expose cette dernière proposition à être tout à fait mal comprise, en omettant l'explication qui l'accompagne et que voici : « La loi normale, pour les hommes faits, qui constituent l'État, est que, dans la lutte pour l'existence, tout bienfait reçu doit être proportionné au mérite ou à la capacité, tandis que dans la famille, à partir de l'enfance, la règle est que, plus le mérite ou la capacité est faible, plus les bienfaits reçus doivent être grands. Une fois arrivés à l'âge d'homme, les individus doivent recevoir proportionnellement à la valeur de leurs efforts; mais avant cet âge, c'est le contraire qui est vrai : moins l'individu encore jeune peut faire pour lui-même, plus on doit faire pour lui; quoiqu'il n'ait rien mérité, il faut lui donner tout. »

« Je ne vois pas bien comment M. Daguilhon-Pujol et son parti peuvent invoquer en faveur de leurs idées cette affirmation de l'opposition qui existe entre le régime de la famille et celui de l'État. On me dit que le débat porte sur la question de savoir si le clergé et la magistrature doivent ou non être représentés dans les conseils d'instruction publique. S'il en est ainsi, je ne vois aucun rapport entre les prémisses et la conclusion, lorsqu'on affirme que, parce que je considère le régime de la famille et celui de l'État comme opposés, je tiens que le clergé doit être représenté dans les conseils d'instruction publique.

« J'ajouterai seulement que, si nous nous laissons guider par l'interprétation des phénomènes sociaux d'après la loi de l'évolution, nous arrivons à une conclusion bien différente de celle que l'on m'attribue. On paraît supposer qu'il s'agit de choisir entre l'éducation par les agents de l'État et l'éducation par les agents de l'Église. Mais ce n'est pas la seule alternative possible. La question fondamentale est le choix entre l'éducation par les agents de l'État et l'éducation par les agents des particuliers; et ce que nous démontre la loi de l'évolution dans ses applications à la société, c'est que la fonction d'enseignement, primitivement exercée par les pouvoirs gouvernants, politiques ou ecclésiastiques, doit, à mesure que se développe le type industriel de la société, cesser d'appartenir à ces pouvoirs. Les faits que nous présentent les phases diverses des sociétés font voir que la fonction enseignante, après avoir été d'abord une des fonctions sacerdotales, perd peu à peu ce caractère et passe à une classe spéciale et non sacerdotale.

« Votre dévoué,

« HERBERT SPENCER. »

Direction de l'enseignement supérieur.

M. du Mesnil, directeur de l'enseignement supérieur au ministère de l'instruction publique, vient d'être nommé conseiller d'État en service ordinaire et quitte le ministère. Tous ceux qui s'intéressent à l'enseignement universitaire n'oublieront pas les nombreux progrès qu'il est parvenu à introduire dans nos Facultés et nos établissements scientifiques au milieu de difficultés multiples que le public ne soupçonne pas. Les esprits libéraux se souviendront aussi que pendant les deux règnes de l'ordre moral il a réussi à modérer bien des rigueurs et à en empêcher quelques-unes.

Son successeur est M. Albert Dumont, correspondant de l'Institut, ancien directeur de l'École française d'Athènes et actuellement recteur de l'Académie de Montpellier. M. Albert Dumont occupe une position éminente dans le monde savant. C'est un esprit ouvert et distingué, dont on peut beaucoup attendre.

M. Zevort, l'ancien recteur de Bordeaux, actuellement directeur de l'enseignement secondaire, est nommé conseiller d'État en service extraordinaire en remplacement de M. du Mesnil, qui appartenait déjà au conseil d'État à ce titre.

LES NIHILISTES DE ROBE NOIRE, LES JÉSUITES, LEUR ENSEIGNEMENT. — Tel est le titre de l'intéressante brochure que vient de publier, chez l'éditeur Brare, M. Chalamet, fils du sympathique membre de la majorité républicaine de la Chambre des députés. C'est une étude fort curieuse de l'enseignement des jésuites d'après leurs cahiers d'histoire lithographiés, et surtout d'après les cahiers du P. Gazeau, dont M. Jules Ferry a déjà signalé et flétri quelques passages à la tribune. Voici les titres de quelques chapitres : Les cahiers d'histoire des jésuites; Le bon Dieu, Satan et les chemins de fer; C'est la faute à Voltaire! La Révocation de l'édit de Nantes; Comment remplacer les jésuites; Les titres des révérends Pères; Le patriotisme des jésuites, etc.

Par ces temps d'effervescence cléricale, nous ne saurions trop recommander la lecture du petit volume de M. Chalamet. Rien n'est mieux fait pour édifier le public sur l'enseignement des révérends Pères.

Chose bizarre, la Commission du colportage vient de refuser l'estampille à cette brochure, après l'avoir d'ailleurs accordée avec empressement à un écrit venimeux et partant clérical qui a paru récemment sous le titre trompeur de : « A bas les jésuites ! »

— Société française de physique. — *Séance du 4 juillet.* — M. d'Abbadie, membre de l'Institut, est élu membre de la Société.

M. Saint-Loup adresse une note sur des expériences qu'il a réalisées pour reconnaître l'influence exercée par un courant d'air rapide rasant l'extrémité d'un tube ouvert perpendiculairement à la direction de ce tube.

M. Napoli décrit un pantographe planimétrique de son invention. Cet appareil est destiné à reproduire les figures en vraie grandeur. Il se compose d'un parallélogramme articulé, dont deux sommets contigus A et B font l'office de centres de rotation ; sur les deux sommets opposés C et D est articulé un second parallélogramme ayant deux de ses sommets en C et D; les deux autres E et F portent une planchette et un stylet traceur à genouillère de Cardan permettant de suivre le contour d'un solide quelconque dans le plan où se meut le pantographe. Un planimètre d'Amsler convenablement disposé donne l'aire de la figure que cet appareil reproduit.

M. Bouty étudie l'action de la chaleur sur les thermomètres métallisés. La contraction produite au moment du dépôt du métal est entièrement compensée par la différence des dilatations du verre et de l'enveloppe métallique à une température d'autant plus haute que la contraction a été plus grande, et que la différence des dilatations est plus faible, mais indépendante de l'épaisseur du dépôt. Au-dessus de cette température critique à la pression exercée sur le réservoir succède une traction ; bientôt des déchirures se produisent à la surface du contact et il en résulte des déformations permanentes qui produisent un nouveau déplacement du zéro. Ce dernier effet ne se produit jamais quand on n'a pas dépassé la température critique.

Un thermomètre métallisé peut être employé à la mesure des températures, pourvu qu'on l'ait comparé à un thermomètre type, dont il ne diffère d'ailleurs sensiblement que si le dépôt métallique a une épaisseur notable.

Quand on électrolyse du sulfate de cuivre entre deux thermomètres très sensibles, cuivrés superficiellement, on constate que le thermomètre attaché au pôle positif de la pile est à une température supérieure, le thermomètre négatif à une température inférieure à celle du liquide ambiant. On observe le même phénomène en électrolysant du sulfate de zinc entre deux thermomètres recouverts de zinc. M. Bouty rappelle que, quand deux lame de zinc ou de cuivre sont maintenues à des températures différentes dans le sulfate correspondant, il se produit un courant et que le métal chaud est le pôle positif de la pile ainsi constituée. Il y a, entre la production de ces courants et les phénomènes d'échauffement et de refroidissement constatés par M. Bouty, une relation de reversibilité analogue à celle qui lie le phénomène de Peltier et les courants thermo-électriques ordinaires.

M. Pellat a eu l'occasion de mesurer la force thermo-électrique de contact entre le cuivre et le sulfate de cuivre : elle est égale à $\frac{4}{100}$ de Daniell, et dans le sens évoqué par M. Bouty pour l'interprétation de ses expériences.

M. Lamansky a étudié la fluorescence des substances qui, comme le rouge de Magdala, passent pour ne pas obéir à la loi de Stokes depuis les expériences de M. Lommel. Pour éviter l'influence perturbatrice de la lumière diffuse, M. Lamansky produit un spectre solaire très pur sur la paroi d'une boîte dans laquelle est disposée une fente mobile. Les rayons monochromatiques émis par la fente sont renvoyés par un prisme à réflexion totale et une lentille à la surface du liquide fluorescent où se produit une image réelle très nette de la fente. Un second prisme à réflexion totale recueille la lumière émise par le liquide fluorescent et la renvoie sur la fente du collimateur d'un spectromètre de Brünner. Dans le champ de vision, on aperçoit deux images, l'une provenant de la lumière réfléchie, l'autre de la lumière fluorescente; on mesure le minimum de déviation des deux images et l'on trouve que la lumière fluorescente est toujours moins réfrangible que la lumière, conformément à la loi de Stokes.

A propos d'une observation de M. Lamansky, M. Henri Becquerel, rappelle que, d'après les expériences de M. Becquerel, il n'y a entre les deux phénomènes de la phosphorescence et de la fluorescence qu'une différence de durée; que dans les deux cas la lumière émanée du corps phosphorescent ou fluorescent doit être considérée comme de la lumière émise par ce corps aux dépens des radiations absorbées.

M. Niaudet indique un nouveau mode de suspension des aiguilles aimantées, consistant à les placer dans un bateau reposant à la surface d'un liquide. Le bateau peut lui-même être suspendu par un fil de cocon ; la mobilité de ce système est supérieure à celle des suspensions ordinaires sur pivot, ou à l'aide d'un fil de cocon.

— Faculté des sciences de Paris. — *Doctorat ès sciences mathématiques.* — Le mercredi 23 juillet, à trois heures, dans la salle des examens (escalier 2, au 2me):

M. Maximovitch a soutenu, pour obtenir le grade de docteur ès sciences mathématiques, deux thèses ayant pour sujet :

La première : Nouvelle méthode pour intégrer les équations simultanées aux différentielles totales. — La seconde : Propositions données par la Faculté.

— Faculté des sciences de Paris. — *Doctorat ès sciences naturelles.* — Aujourd'hui vendredi 25 juillet, à deux heures et demie, dans la salle d'histoire naturelle :

M. Renault a soutenu, pour obtenir le grade de docteur ès sciences naturelles, deux thèses ayant pour sujet :

La première : Structure comparée de quelques tiges de la flore carbonifère. — La seconde : Propositions données par la Faculté.

— Faculté des sciences de Paris. — *Doctorat ès sciences naturelles.* — Le samedi 26 juillet, à deux heures, dans la salle d'histoire naturelle :

M. Hermite soutiendra, pour obtenir le grade de docteur ès sciences naturelles, deux thèses ayant pour sujet :

La première : Études géologiques sur les îles Baléares Majorque et Minorque. — La seconde : Propositions données par la Faculté.

— Faculté des sciences de Paris. — *Doctorat ès sciences naturelles.* — Le samedi 26 juillet, à midi et demi, dans la salle d'histoire naturelle :

M. Capus soutiendra, pour obtenir le grade de docteur ès sciences naturelles, deux thèses ayant pour sujet :

La première : Anatomie du tissu conducteur. — La seconde : Propositions données par la Faculté.

— Faculté des sciences de Paris. — *Doctorat ès sciences physiques.* — Le lundi 28 juillet, à neuf heures, dans la salle des examens (escalier 2, au 2me) :

M. Gouy soutiendra, pour obtenir le grade de docteur ès sciences physiques, deux thèses ayant pour sujet :

La première : Recherches photométriques sur les flammes colorées. — La seconde : Propositions données par la Faculté.

— Association française pour l'avancement des sciences. — L'Association française vient de décider, d'accord avec le comité local de Montpellier, le programme de la session qu'elle tiendra dans cette ville du 28 août au 4 septembre sous la présidence de M. Bardoux, député du Puy-de-Dôme. Ce programme comprend comme les années précédentes des séances de sections et des séances générales ; — deux conférences : l'une sur le canal d'irrigation dérivé du Rhône, l'autre sur la lumière électrique; — des visites industrielles et scientifiques et particulièrement une visite à l'École d'agriculture où une réception brillante sera organisée; — des excursions générales à Nîmes et Aigues-Mortes d'une part, à Cette et sur l'étang de Thau d'autre part; de plus des excursions finales dont l'étude est presque terminée conduiront les membres du congrès à Narbonne, Carcassonne, le Vigan, Lodève, Alais et le bassin houiller, Salindres, etc. — Le comité local prépare également une série d'expositions spéciales.

— Excursion géologique. — M. Stanislas Meunier, aide-naturaliste au Muséum d'histoire naturelle, fera, du 2 au 11 août, une excursion géologique dans le département du Cantal. Le but du voyage est d'étudier les restes du grand volcan éteint des environs d'Aurillac. On accordera aussi une attention particulière aux gisements tertiaires de fossiles animaux et végétaux, ainsi qu'aux anciens glaciers dont les vestiges datent de l'époque quaternaire.

Pour profiter de la réduction de 50 pour 100 sur le prix du trajet en chemin de fer, tant à l'aller qu'au retour, s'inscrire au laboratoire de géologie où un registre spécial sera ouvert, de midi à quatre heures, jusqu'au 31 juillet, et où l'on trouvera tous les renseignements relatifs au voyage, spécialement une feuille lithographiée donnant les détails de l'itinéraire.

Réunion, le samedi 2 août, à la gare de Lyon à quatre heures un quart du soir.

— Nécrologie. — M. Favre, l'entrepreneur du tunnel du Saint-Gothard, vient de mourir dans le tunnel même.

Le propriétaire-gérant : Germer Baillière.

PARIS. — Impr. J. CLAYE. — A. QUANTIN et Ce, rue St-Benoît. [1378]

Documents manquants (pages, cahiers...)

NF Z 43-120-13

LA

REVUE SCIENTIFIQUE

DE LA FRANCE ET DE L'ÉTRANGER

REVUE DES COURS SCIENTIFIQUES (2E SÉRIE)

DIRECTEUR : M. ÉMILE ALGLAVE

2e SÉRIE — 9e ANNÉE NUMÉRO 6 9 AOUT 1879

LE PRINTEMPS DE 1879

En passant en revue les caractères météorologiques de l'hiver dernier (1), nous avions dû insister spécialement sur les froids prolongés et sur les pluies continuelles et abandantes qu'il avait amenés avec lui ; ces deux éléments réunis en avaient fait une des saisons les plus désagréables que l'on eût subies depuis longtemps. Le printemps, si l'on peut réellement appeler de ce nom la période qui vient de se terminer il y a quelques jours à peine, n'a fait qu'exagérer encore ces caractères, de sorte que les huit mois compris entre la fin d'octobre 1878 et les premiers jours de juillet 1879 resteront célèbres dans les annales de la météorologie.

Le déficit de température qu'ont offert ces huit mois est réellement considérable, comme on en jugera par le tableau suivant, dans lequel nous avons mis en regard la température moyenne de chacun de ces mois et la température normale de ces mêmes mois, telle qu'on l'a déduite de 60 années d'observation (2).

	Température moyenne (1878-1879).	Température normale.	Différence.
	—	—	—
Novembre	5°,0	6°,5	— 1°,5
Décembre	0°,9	3°,7	— 2°,8
Janvier	— 0°,1	2°,4	— 2°,5
Février	4°,5	4°,5	0
Mars	7°,1	6°,4	+ 0°,7
Avril	8°,4	10°,1	— 1°,7
Mai	10°,6	14°,2	— 3°,6
Juin	16°,2	17°,2	— 1°,0

Dans ces huit mois consécutifs, un seul, mars, présente un très léger excès sur la normale; un second, février, est régulier, les six autres restent en dessous et d'une quantité qui atteint 3°,6 en mai, chiffre énorme, et qui fait de ce mois de mai le plus froid qu'on ait probablement observé depuis quatre-vingts et peut-être même depuis cent vingt ans. Malgré les chaleurs tardives qui viennent de se déclarer dans les derniers jours de juillet, ce mois présente, lui aussi, un déficit sur la moyenne.

Pour trouver une succession analogue, il faut remonter bien loin; on peut citer, par exemple, dans notre siècle, les années 1829-1830, 1837-1838 et 1844-1845, dans lesquelles les mêmes mois donnent une température encore plus basse. Mais les deux premières années ont été surtout caractérisées par des hivers à froids excessifs comme intensité et comme durée : le thermomètre s'est abaissé à — 17°,2 dans la première, à — 19° dans la seconde, tandis que la période froide s'est arrêtée avant le mois de mai. En 1844-1845, les froids ont été également plus intenses que cette année, mais beaucoup plus ramassés : ils ont porté seulement sur les quatre mois de décembre, février, mars et mai. La saison froide de 1878-1879 présente donc, comme persistance, un caractère tout à fait exceptionnel et, pour ainsi dire, unique depuis le commencement du siècle.

Si, au lieu de considérer la température elle-même, nous prenons comme critérium le nombre de jours de gelée, c'est-à-dire pendant lesquels le thermomètre est descendu au-dessous de zéro, nous retrouvons le même caractère. Le nombre total des jours de gelée, dans la saison froide 1878-1879, a

(1) *Revue scientifique* du 3 mai 1879, p. 1029.

(2) Ces chiffres, extraits de l'*Annuaire de Montsouris,* sont déduits des températures extrêmes observées chaque jour à l'Observatoire de Paris; ils ne représentent pas les normales véritables, tant par suite du mode de calcul que du défaut même des observations, faites au milieu d'une grande ville. Ces deux causes réunies font que les chiffres précédents sont notablement trop élevés. On ne peut donc leur accorder une grande valeur absolue, mais ils sont extrêmement précieux comme termes de comparaison; les nombres de 1878 et 1879 que nous avons mis en regard ont été obtenus sensiblement dans les mêmes conditions; de sorte que si les deux premières colonnes sont trop élevées, la troisième, celle des différences, est au contraire exacte, et c'est elle précisément qui fait le mieux ressortir les caractères dont nous parlons.

été de 67, répartis ainsi qu'il suit : novembre, 5; décembre, 22; janvier, 23; février, 10; mars, 4; avril, 3.

Année moyenne, on n'en observe que 46 environ à Paris, et on ne compte dans ce siècle que sept hivers qui aient amené un plus grand nombre de jours de gelée. C'est d'abord l'hiver de 1875-1876 qui a donné 69 jours de gelée, bien que n'ayant pas été, du reste, remarquable par des froids longs ou intenses. Viennent ensuite 1846-1847 avec 69 jours de gelée comme le précédent, puis les trois grands hivers dont nous parlions plus haut : 1844-1845 avec 79 jours; 1837-1838 avec 77 jours, et 1829-1830 avec 76 jours. Au delà, on ne trouve plus que 1813-1814 avec 70 jours; 1807-1808 avec 75, et enfin, au siècle dernier, l'hiver tristement célèbre et unique de 1788-1789, dans lequel le nombre de jours de gelée a atteint 85.

Si la saison froide dont nous sortons a été exceptionnelle par sa température, elle ne l'a pas moins été par l'aspect du ciel, constamment couvert de nuages. Bien que sur ce point les observations soient plus difficiles et plus sujettes à l'arbitraire, il ne paraît pas que l'on ait gardé le souvenir d'une période aussi longue pendant laquelle le soleil ait paru aussi rarement. Cette nébulosité persistante a été accompagnée par des pluies assez abondantes, mais surtout très fréquentes, de sorte que cette fréquence même a souvent porté à les regarder comme plus considérables qu'elles ne l'étaient en réalité.

La hauteur de la couche d'eau, provenant de la pluie ou de la fusion de la neige et qui aurait couvert le sol si elle y avait séjourné sans s'infiltrer ni s'évaporer, aurait atteint 412 millimètres, se répartissant ainsi dans les différents mois : novembre, 66 millimètres; décembre, 54 millimètres ; janvier, 58 millimètres ; février, 49 millimètres; mars, 27 millimètres ; avril, 73 millimètres ; mai, 39 millimètres ; juin, 46 millimètres. La moyenne, calculée sur les vingt-huit dernières années, est de 312 millimètres seulement à Paris pour ces huit mois. Il y a donc un excès notable, mais qui n'a rien d'extraordinaire, au moins d'une manière générale, sauf une seule exception, celle du mois d'avril. Pour ce mois, en effet, tandis que la moyenne n'est que de 38 millimètres, il en est tombé cette année 73, c'est-à-dire presque le double; depuis cent ans, il n'y a guère que trois années, 1878, 1868 et 1848, où il ait plu davantage dans le même mois. Aussi, bien que les trois mois de mars, mai et juin soient restés légèrement inférieurs à la moyenne, le sol saturé, pendant les autres mois, d'eau que le froid, l'humidité et l'absence de soleil empêchaient de s'évaporer, fut en bien des points transformé en marécages. En général, et sauf dans le nord où les pluies furent beaucoup plus abondantes, il ne se produisit pas d'inondations, parce que les pluies furent plutôt persistantes que fortes, et qu'elles purent s'écouler au fur et à mesure de leur chute. Mais l'humidité de la terre et l'absence de soleil compromirent sérieusement la première récolte de fourrages. Quant aux céréales, elles résistèrent généralement avec le plus grand succès, et si le beau temps et les chaleurs, qui viennent de se déclarer dans les derniers jours de juillet, durent quelque peu, la récolte dépassera probablement toutes les prévisions.

Nous venons d'indiquer les caractères les plus frappants de la saison dernière, ceux que l'on considère généralement comme les plus importants, la température et la pluie. Il nous reste à donner sur les autres phénomènes quelques détails complémentaires, et nous reprendrons au point où nous nous étions arrêtés dans notre dernière revue, au 1er mars 1879.

Mars. — Pendant ce mois, les variations de la pression atmosphérique ont été assez régulières : elles ont oscillé autour d'une moyenne de 762^{mm},1 (réduite au niveau de la mer) et les extrêmes ont été 777 millimètres, vers minuit, dans la nuit du 7 au 8 mars et 747^{mm},2 le 27 vers 4 heures du soir. Le mouvement général se compose d'une hausse du 1er au 8 et d'une baisse continue du 8 au 27, suivie d'une nouvelle ascension, l'amplitude totale de ce mouvement, 29^{mm},8, est un peu plus grande que dans les mois précédents; ce mois est du reste, un de ceux où les mouvements du baromètre sont généralement les plus rapides et les plus considérables. Dans les treize premiers jours de mars, le maximum de la pression en Europe oscille tout autour de notre pays, tantôt à l'est, tantôt à l'ouest, nous amenant, suivant sa position, des vents variables, une température légèrement supérieure à la moyenne, un ciel assez souvent découvert et très peu de pluie. Pendant tout ce temps les bourrasques passent dans le nord de l'Europe et nous sommes complètement soustraits à leur influence. Dans la seconde moitié du mois, au contraire, les hautes pressions se transportent dans le nord-est de l'Europe, et des bourrasques nous atteignent d'abord par l'Espagne et la Méditerranée, puis par le golfe de Gascogne et la Bretagne. La température, qui s'était tenue élevée du 17 au 22, devient très variable et la pluie recommence à tomber chaque jour jusqu'à la fin du mois.

Avril. — La pression barométrique moyenne est très basse en avril : elle tombe à 754^{mm},4, réduite au niveau de la mer; mais l'excursion totale du baromètre reste sensiblement la même que dans le mois précédent; elle est en effet de 29^{mm},7, variant entre 740^{mm},2 (1) le 7 entre 4 heures et 7 heures du soir et 769^{mm},9 le 30, vers 7 heures du matin. Pendant les dix premiers jours, la pression barométrique est généralement élevée dans le nord-est de l'Europe et basse dans le nord-ouest, dans les parages de l'Écosse et de l'Irlande; il en résulte, pour Paris, conformément à la loi de Buys-Ballot (2), un régime de vents qui viennent de la région sud, et amènent un temps relativement doux, mais pluvieux et couvert.

Les mouvements du baromètre sont assez irréguliers, et on n'a à signaler qu'une bourrasque bien formée qui, signalée dès le 5 à l'ouest de l'Irlande, parvient en France le 7 et traverse l'Europe centrale pour disparaître le 10 vers la mer Noire.

Du 10 au 20 avril, le temps devient notablement plus froid, mais aussi beaucoup moins couvert; c'est l'époque de Pâques, et l'on peut se souvenir qu'il y eut à ce moment quelques beaux jours, d'autant plus remarqués qu'ils étaient plus rares. Il est particulièrement intéressant de signaler ce refroidissement qui atteignit son maximum les 11, 12 et 13. Cela paraît être, en effet, un phénomène général et périodique qui reparaît presque tous les ans, à la même époque, à deux ou trois jours près.

Enfin, du 20 au 30 avril, le temps redevient très couvert et pluvieux, sous l'influence des vents dominants de la région

(1) Pour plus de simplicité, tous ces nombres sont réduits à ce qu'ils seraient si le lieu d'observation était au niveau de la mer.

(2) Voir *Revue scientifique* du 3 mai 1879, p. 1029.

ouest, et de bourrasques qui abordent nos côtes par le golfe de Gascogne et traversent la France de l'ouest à l'est.

Mai. — En mai, le baromètre se tient beaucoup plus élevé que dans le mois précédent ; la moyenne remonte à 762^{mm},3 et les extrêmes sont 751^{mm},0 le 27, et 771^{mm},7, le 4 ; l'excursion totale est donc seulement de 20,7, c'est-à-dire beaucoup plus faible que dans le mois précédent.

La France se trouve sur les confins d'un maximum de pression qui règne sur l'Atlantique, et qui nous amène un vent dominant du nord, sauf dans les derniers jours du mois où nous sommes atteints par les bourrasques, accompagnées d'un temps pluvieux, mais d'une température moins basse. C'est aux hautes pressions qui règnent à l'ouest et au vent du nord qui en est la conséquence, qu'il faut attribuer les froids exceptionnels de ce mois, sur lesquels nous avons insisté en commençant. Mais en même temps le ciel est moins couvert et la pluie est beaucoup moins abondante qu'en avril.

Juin. — En juin, le baromètre reste à une hauteur ordinaire et assez uniforme ; la pression moyenne est en effet de 760^{mm},3, et les extrêmes 768^{mm},7 dans la nuit du 13 au 14, et 752^{mm},7 dans la matinée du 16 ; l'excursion totale descend donc à 16 millimètres, c'est-à-dire beaucoup moins que dans tous les mois précédents. Sous ce rapport on se rapproche du régime d'été, dans lequel, en effet, les variations barométriques sont beaucoup moins rapides et moins grandes qu'en hiver. Mais on sait d'autre part que le baromètre éprouve chaque jour une oscillation régulière; il est le plus haut vers dix heures du matin et du soir, le plus bas vers quatre heures, dans la journée et dans la nuit. L'amplitude de cette variation, c'est-à-dire la différence entre les hauteurs du baromètre à ces différentes époques, est beaucoup plus grande à l'Équateur que dans les régions tempérées, et dans celles-ci elle est beaucoup plus grande en été qu'en hiver. Or, le mois de juin a présenté cette année une variation diurne remarquablement faible, et de grandeur tout à fait comparable à celle des mois d'hiver. Si donc par sa place dans le calendrier et par l'uniformité relative de la pression barométrique, le mois de juin 1879 semble appartenir à l'été, il se rapproche par d'autres caractères des mois d'hiver, et nous avons vu, de plus, que sa température avait été un peu plus basse que la normale.

Dans ce mois, les faibles pressions règnent généralement dans le nord-ouest et l'ouest de l'Europe et nous amènent un régime de vents d'entre l'ouest et le sud, avec une température un peu plus faible seulement que la normale, des orages et un ciel couvert et pluvieux, moins toutefois à Paris que dans le nord de la France et en Angleterre.

Nous arrêterons ici cette revue, que nous reprendrons plus tard pour les mois d'été, en y comprenant juillet, bien que cette année il ne puisse guère compter comme tel, au moins pour les deux tiers de sa durée. Les chaleurs arrivent toutefois, quoique bien tardivement, et tout semble nous promettre un mois d'août au moins régulier, sinon chaud. Dans ce cas, les craintes qu'on a aventurées sur les différentes récoltes se trouveraient heureusement en défaut pour la plupart. Si la pluie et le froid ont beaucoup nui au développement des fruits et de quelques cultures spéciales, comme celle de la betterave, la seconde récolte de fourrages devra être excellente, la vigne, quoique un peu en retard, présente une belle apparence partout où le phylloxera ne fait pas sentir ses atteintes; les céréales, enfin, semblent partout magnifiques. On a remarqué, du reste, depuis longtemps que les grandes pluies en avril sont plutôt favorables que nuisibles; l'on connaît ce vieux dicton :

> Avril a trente jours.
> S'il plouvait durant trente et un
> Il n'y aurait mal pour aucun.

Quant aux froids persistants de ces derniers mois, ils ont amené un retard de trois semaines environ sur les phénomènes de la végétation ; mais quelques semaines de chaleur suffiraient à tout remettre en ordre.

Après avoir passé en revue les différents phénomènes météorologiques de l'hiver et du printemps derniers, et avoir signalé leurs caractères exceptionnels, il faudrait, pour répondre à bien des questions, aller plus loin et indiquer le *pourquoi,* la cause de toutes ces anomalies. Nous avons indiqué, chemin faisant, comment une certaine répartition des pressions étant donnée, on pouvait en déduire la direction des vents et, jusqu'à un certain point, la température, l'état du ciel et la pluie. Il faudrait remonter plus loin et indiquer la raison d'être de cette répartition de pressions, et des changements, si brusques et si irréguliers en apparence, qu'elle présente quelquefois. C'est ici qu'il faut s'arrêter et ne pas craindre pour le moment de constater notre ignorance. La météorologie est du reste une science tellement récente qu'on ne saurait trop exiger d'elle. Constituée seulement d'hier, son développement commence à peine, et elle rencontre pour cela plus de difficulté que toute autre science. Seule, en effet, elle nécessite le concours d'un grand nombre de personnes, même de nations. Un observatoire suffit à l'astronome, un laboratoire au chimiste, au physicien, au naturaliste ; pour faire utilement de la météorologie, il faudrait des milliers d'observateurs, sur terre comme sur mer, il faudrait que la surface entière du globe fût surveillée, de telle sorte qu'on pût retrouver l'origine, suivre la marche entière et constater la disparition de toutes les perturbations atmosphériques. Bien que les plus grands efforts soient faits pour atteindre ce résultat, nous en sommes loin encore.

Il faudrait ensuite, dans quelques années, quand les données précises auront été multipliées, créer un enseignement pour la météorologie comme il en existe pour toute science; c'est là encore une condition indispensable de progrès, la seule qui puisse faire des météorologistes, comme on fait des mathématiciens, des physiciens ou des naturalistes.

Il ne vient guère aujourd'hui à l'esprit de personne qu'on puisse d'un jour à l'autre devenir astronome sans avoir appris l'astronomie, médecin sans avoir suivi des cours de médecine. Tout le monde, au contraire, se croit volontiers autorisé à imaginer une théorie météorologique sans avoir à s'embarrasser un seul instant d'études préalables. Aussi la météorologie est-elle malheureusement la partie de la science qui est le plus envahie par les conceptions *a priori* et les théories les plus étranges, les plus fantaisistes. Tantôt pour expliquer une année exceptionnelle on va invoquer l'éruption d'un volcan ; tantôt on profite de ce que le Sahara est désert et que nul ne peut dire ce qui s'y passe, pour l'accuser de toutes les perturbations. Autrefois, quand nous ne recevions pas d'observations d'Amérique, on faisait naître sur l'Atlantique toutes les tempêtes qui nous arrivent par l'ouest. Plus tard, quand les Américains eurent commencé à publier des cartes, on reconnut vite que bon nombre de ces tempêtes les avaient visités avant de nous parvenir. Les cartes américaines s'arrêtaient aux montagnes Rocheuses : c'est là qu'on mit le berceau des tempêtes et une théorie vint bientôt montrer qu'elles devaient en effet s'y former sur place. Quelques années plus tard, les Américains étendirent leurs observations jusqu'au Pacifique, et l'on vit des dépressions barométriques arriver par l'ouest sur la Californie et franchir les montagnes Rocheuses, en dépit de la théorie qui les y faisait naître. Il va donc falloir reporter plus loin encore leur berceau. On pourrait presque en dire autant du plus grand nombre des théories en météorologie : ébauchées aujourd'hui sans base sérieuse et presque au hasard, elles sont destinées à disparaître demain devant la réalité des faits, ou à être modifiées de façon à devenir méconnaissables.

Dans ces conditions, il semble qu'une seule voie soit ouverte, celle qu'ont suivie successivement toutes les sciences dont nous admirons aujourd'hui le développement : l'expérimentation. Il faut que tout le monde sache qu'il est plus utile aujourd'hui d'avoir de bonnes observations que des théories. Il faut que les météorologistes aient le courage d'envisager que la science qu'ils cultivent n'en est encore qu'à sa naissance et qu'elle est soumise aux mêmes lois d'évolution que toutes les autres. Dans les sciences expérimentales la théorie ne vient jamais que bien après l'observation. C'est vers celle-ci que doivent se porter tous les efforts, et quand le moment sera venu, quand le terrain sera suffisamment préparé, il viendra un Kepler ou un Newton qui édifiera sur nos travaux la théorie que nous poursuivons vainement.

Alfred Angot.

LES RUES DU VIEUX PARIS (1).

Depuis longtemps, M. Fournel avait préparé ce travail. Il a recueilli partout, dans les estampes en magasin chez les marchands ou dans les collections des amateurs, dans les manuscrits ainsi que dans les vieux et les nouveaux ouvrages de la Bibliothèque nationale et des autres établissements de même ordre, les matériaux de toutes sortes qui lui devaient servir à composer son tableau de Paris. Il nous le donne à toutes les époques du passé de la ville, c'est-à-dire en prenant pour point de départ les xiie et xiiie siècles; tout le temps antérieur manquant à peu près de documents sûrs. Ce qu'il a retracé, ce n'est pas une histoire de Paris ni de ses monuments, ce travail existe depuis longtemps : il a été fait et repris, amplifié et complété d'époque en époque, depuis le modeste *Journal du Bourgeois de Paris*, sous Charles VI, jusqu'à *Paris à travers les âges*, mais il nous fournit une chronique vivante et familière de ses rues, de ses fêtes, divertissements et spectacles, de ses métiers nomades et industries curieuses, de ses figures et types populaires, des usages pittoresques et des traditions qui s'y sont succédé pendant le cours des siècles.

Voici d'abord un récit détaillé des solennités et des fêtes nationales des vieux siècles, depuis la cour plénière ou l'entrée des rois dans leur bonne ville de Paris, après leur sacre ou pour leur mariage, jusqu'aux amusements de la Saint-Louis de l'ancien régime; depuis les fêtes de la rue aux Oües (dégénérée en rue aux Ours) jusqu'aux foires populaires de la Saint-Laurent et aux baraquements de l'année nouvelle. Ce qui ressort clairement de cette description intéressante, c'est qu'en fait d'amusements ou divertissements populaires, nos pauvres aïeux n'étaient ni exigeants ni difficiles. Une seule foire aux pains d'épices actuelle apporte en une année plus de choses qu'il ne leur était donné d'en voir en cent ans.

Nous arrivons ensuite au Carnaval, le Carnaval du moyen âge, avec tout son tumulte et son cortège de licences, beaucoup plus fortes autrefois qu'elles ne le sont de nos jours, et c'est peut-être le seul point où nous ayons à constater une diminution, à vrai dire des plus heureuses. Ce n'étaient pas seulement les mœurs, c'était aussi la vie des habitants qui se trouvait mis en péril par l'abus des mascarades. Les déguisements ou momons donnaient le droit de pénétrer au sein des maisons, et ces déguisements servirent maintes fois à couvrir des vols et des assassinats.

Aussi diverses ordonnances royales ont-elles pour but de les proscrire. Mais elles restèrent sans valeur, parce que les princes qui les rendirent se crurent exemptés de leur obéir, et qu'ils voulaient se réserver exclusivement le plaisir qu'ils interdisaient à leurs sujets. C'est ainsi qu'au Carnaval de 1583, Henri III, qui avait lui-même, en 1579, signé l'une de ces ordonnances, battit le pavé de Paris avec ses mignons, jusqu'au lendemain, à six heures du matin, allant voir les compagnies et entrant dans les maisons comme les autres masques.

L'année suivante, ce fut encore pis : le roi et sa bande de favoris, à cheval et masqués, travestis en marchands, prêtres, avocats, etc., coururent à bride abattue dans la ville, frappant tout le monde à coups de bâton, spécialement ceux qu'ils rencontraient masqués comme eux, parce que le roi, nous dit l'Estoile, voulait se réserver à lui seul et à ses amis la faculté d'aller en masque ce jour-là. Aimable prince et commode époque!

Au nombre de ceux qui profitaient largement et des libertés du carnaval et de toutes celles qu'ils y pouvaient ajouter, se trouvaient les devanciers de nos étudiants d'aujourd'hui : messieurs les clercs de la basoche, dont le *Roi*, autorisé par Philippe le Bel, passait annuellement, vers la fin de juin, la revue de ses sujets, composés par tous les clercs des Écoles, du Palais et du Châtelet.

Rien ne serait encore plus étrange aujourd'hui, par conséquent, rien n'était alors plus original que cette cause grasse, *de haulte gresse*, qui se plaidait publiquement le jour de carême-prenant, et qui valait à la Basoche sa meilleure part de popularité.

Cette cause était solennellement plaidée, de neuf heures à midi, par-devant la cour basochiale en son costume d'apparat, et roulait d'ordinaire sur un fait ridicule, presque toujours grivois ou pis encore, tantôt de pure imagination, tantôt arrivé réellement. On pense que l'on avait grand soin de choisir le demandeur et le défendeur parmi les clercs les plus spirituels et doués de la meilleure faconde. Aussi, à ces développements d'inépuisable abondance, à ces exordes pompeux et ces péroraisons burlesquement pathétiques, à ces gestes

---

(1) *Les Rues du vieux Paris*, galerie populaire et pittoresque, par Victor Fournel. — 1 vol. grand in-8° raisin, illustré de 165 gravures sur bois (Paris, Firmin Didot et Cie).

accentués, à ces répliques envoyées comme la grêle, à ces jugements facétieux, gravement prononcés par un tribunal dont les membres prenaient gravement d'étranges postures, la belle humeur de l'auditoire s'allumait, et nul, même parmi les magistrats du Parlement, ne pouvait résister à la contagion de cette gaieté entraînante. — Après cela, si vous ne riez, dit un écrit du XVIe siècle, il ne faut plus espérer de rire.

Après les clercs de la basoche, viennent comme célébrités de la rue, les jongleurs, trouvères et ménestrels; le plus grand nombre, même de ces derniers, savait accomplir ces tours d'*enchantement,* dont la tradition s'est conservée sans interruption jusqu'à nous, sous le nom de tours de magie blanche. Il ne paraît pas que ces pauvres diables réussissaient jamais à s'amasser du bien au soleil, ainsi que les heureux *physiciens* de nos jours.

Lorsque le jongleur, le trouvère et le ménestrel, qui avaient charmé les rues de Paris pendant le moyen âge, disparurent de la scène et que leur nom même s'éteignit, ils laissèrent néanmoins des successeurs. Le chanteur nomade, qui donne encore à présent des concerts en plein vent aux dilettanti des larges voies et des places publiques, est l'héritier légitime, quoique dégénéré, de l'antique trouvère. Son apparition à Paris est contemporaine de la fondation du Pont-Neuf; la chaîne commence à ce Savoyard, dont Boileau nous a transmis le souvenir dans un de ses vers (satire IX), et ne

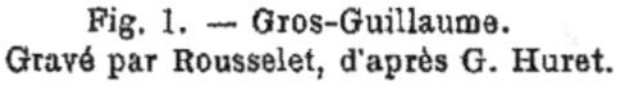

Fig. 1. — Gros-Guillaume. Gravé par Rousselet, d'après G. Huret.

Fig. 2. — Gaultier-Garguille. Gravé par Rousselet, d'après G. Huret.

Fig. 3. — Turlupin. D'après la gravure d'Abraham Bosse

Les trois garçons boulangers fondateurs du théâtre en plein vent de la porte Saint-Jacques et ensuite acteurs de l'hôtel de Bourgogne. (Commencement du XVIIe siècle.)

s'est pas rompue jusqu'à ce jour. On pourrait écrire l'histoire de Paris par la chanson : elle est l'âme et la voix du peuple; nous entendons ici la vraie chanson plébéienne, née ou grandie dans les carrefours sous l'archet d'un violon de vingt sous.

Dans les premières années du XVIIe siècle, au grand ébahissement et divertissement de la population de Paris, les farceurs en plein air font leur apparition, et la parade est mise à la mode par un trio immortel dans les annales du comique, celui des trois garçons boulangers, Hugues Guéru, Robert Guérin et Henri Legrand, qui fondèrent un théâtre en plein vent près de la porte Saint-Jacques et prirent pour noms de guerre : Gaultier-Garguille, Gros-Guillaume et Turlupin (fig. 1, 2, 3). Le nom de ce dernier passa bientôt à l'état d'adjectif; il enrichit la langue du mot turlupinade, adopté depuis par l'Académie.

Le succès des trois garçons boulangers en arriva à faire déserter l'hôtel de Bourgogne dont les comédiens se plaignirent à leur tout-puissant protecteur, le cardinal de Richelieu. Le ministre fit venir les coupables devant lui et leur jeu l'amusa tellement, qu'au lieu de les punir de leurs succès populaires, il ordonna aux comédiens de l'hôtel de Bourgogne de se les adjoindre pour ne plus renvoyer leurs spectateurs tristes comme d'habitude. Leur succès ne fut pas moins grand sur ce nouveau théâtre, qui, ne l'oublions pas, avait encore des parades à la porte au moment où le grand Corneille allait y faire représenter ses tragédies.

En même temps que ces farceurs célèbres, l'on vit s'arrêter sur la rue ces nomades bienfaiteurs de l'humanité, lesquels ont découvert la panacée de tous les maux, sous la forme d'un baume ou d'un élixir de leur composition. Le plus illustre de ces savants fantaisistes, le dieu de cette médecine nouvelle fut Jean Farine, dont le Champenois Deslauriers, fameux sous le nom de Bruscambille, devint le facétieux prophète.

C'était ce que nous appelons un pitre, mais un pitre lettré.

Dans ses improvisations de parade, qui nous ont été conservées, il se laisse aller à de grands étalages de science et farcit avec ostentation ses harangues de termes anatomiques ou chirurgicaux. Toute bienséance en est presque toujours absente, mais non pas l'esprit et l'imagination.

Opérateurs aussi et marchands d'orviétan étaient l'illustre

Fig. 4. — Mondor et Tabarin sur leur théâtre de la place Dauphine.
D'après la gravure d'Abraham Bosse.

Tabarin et son ami Mondor qui débitaient leurs drogues et leurs lazzis à la même époque sur la place Dauphine (fig. 4).

Fig. 5. — Guillot-Gorgu,
acteur comique de l'hôtel de Bourgogne (XVIIe siècle).
D'après la gravure de J. Falck.

A l'hôtel de Bourgogne le fameux trio de Gaultier-Garguille, Gros-Guillaume et Turlupin avait été remplacé par Guillot-Gorju, Gringalet et Goguelu, Guillot-Gorju (fig. 5) surtout égala ses aînés. Comme eux, il composait lui-même une partie des farces qu'il débitait. Le grand Molière le faisait

Fig. 6. — Franc-à-Tripes, d'après Callot.

aussi et, par ses débuts, se rattache à cette tradition audessus de laquelle il devait d'ailleurs s'élever rapidement. Mais ses premières farces s'inspirent du même genre d'esprit, et Saumaize a même prétendu qu'il avait acheté à la veuve de Guillot-Gorju les manuscrits des farces de cet acteur pour en introduire des passages dans ses propres pièces.

La succession de ces farceurs émérites que nous aurions pu ouvrir par le Franc-à-Tripes de Callot (fig. 6), que nous pourrions continuer sous Louis XIV par un farceur en niaiserie solennelle, Jean des Vignes (fig. 7), cette succession s'est perpétuée jusqu'au commencement de ce siècle. Elle a jeté son dernier éclat avec le pitre Bobèche, ce roi de la parade, dont le seul nom fait tressaillir encore les vieux amateurs dispersés du genre, et que Charles Nodier s'amusa plus d'une fois à entendre, au sortir de chez Polichinelle. Le nom de Bobèche a du reste eu l'honneur, lui aussi, de devenir un terme générique.

Après avoir ainsi fait défiler devant nous une foule de célébrités populaires, M. Victor Fournel attire notre attention

Fig. 7. — Jean des Vignes.
D'après la gravure de P. Richer.

sur les cris du vieux Paris et les petits métiers de la rue. Dès les temps reculés, la ville retentit de cette mélopée bruyante et bizarre qui s'est perpétuée jusqu'à nous, mais en s'affaiblissant toujours. Le *Livre des Mestiers*, du prévôt Étienne Boileau, nous les montre à l'œuvre sous saint Louis; et au début du XIVe siècle, Guillaume la Villeneuve les chantait en son curieux petit poème des *Crieries de Paris*.

Nous avons encore, de la première moitié du XVIe siècle, *les Cris de Paris tout nouveaux*, et de 1584 : *les Cris de Paris par les rues de la dicte ville*.

Enfin la bibliothèque de l'Arsenal possède une curieuse et rarissime série non classée de cris de Paris, figures coloriées, avec les cris en caractères gothiques, souvent accompagnées de quatrains. En voici quelques-uns (fig. 8, 9, 10, 11).

Quant aux petits métiers, ils ont eu, eux aussi, et jusqu'à nos jours, leurs illustrations. Qui ne se rappelle avoir vu circuler dans Paris, jusque vers les dernières années du second empire, coiffé d'un bonnet de police, en épaulettes de laine rouge et le sac au dos, avec force boutons et plaques reluisant sur sa poitrine comme des soleils, le père Tripoli « fils de la Gloire », polisseur de cuivre et astiqueur de buffleteries.

Fig. 8. — Crieur de cotrets pour allumer le feu, d'après *les Cris de Paris* du XVe siècle. (Manuscrit de la bibliothèque de l'Arsenal.)

Nous pourrions suivre ici de siècle en siècle tous ces marchands ambulants, et ce serait à coup sûr un défilé des plus curieux où les amateurs de pittoresque trouveraient grand plaisir et les chercheurs de détail historique grande instruction, grâce aux nombreuses estampes originales recueillies par M. Fournel. Nous nous contenterons de repro-

Fig. 9. — Le marchand de *Maletache* ou savon à détacher, d'après *les Cris de Paris* du XVe siècle. (Manuscrit de la bibliothèque de l'Arsenal.)

duire deux types tout imprégnés de couleur locale. Le plus récent est un marchand des rues (fig. 12), qui a peut-être vendu des rubans à Voltaire. L'autre est sans doute le pre-

Fig. 10. — Le ramoneur, d'après *les Cris de Paris* du XVe siècle. (Manuscrit de la bibliothèque de l'Arsenal.)

Fig. 11. — Marchande de harengs saurs, d'après *les Cris de Paris* du XVe siècle. (Manuscrit de la bibliothèque de l'Arsenal.)

mier colporteur de journaux dont on puisse donner la silhouette (fig. 13), car il remonte au milieu du XVIe siècle, c'est-à-dire au delà de l'époque où Renaudot inventa les gazettes destinées à tant troubler les gouvernements de l'avenir. Ce sont simplement de petits papiers à la main qu'il colporte, mais l'effet n'en était pas moins grand, et l'histoire de la Ligue est là pour apprendre à tout le monde que les révolutions se font bien aussi sans journaux.

En dehors de toutes ces catégories, il a existé un grand nombre de figures populaires qui échappent, par leur variété infinie, à toute classification, mais qui ont eu la rue pour centre et pour lieu de rencontre. C'est à les faire connaître aux lecteurs que M. Fournel a consacré son dixième chapitre, le dernier de son attrayant et laborieux ouvrage.

Les *Rues du vieux Paris* sont particulièrement remarquables en ce sens que les récits sur les manières de vivre popu-

Fig. 12. — Le marchand de rubans ambulant au XVIIIe siècle. D'après Poisson.

laires dans le Paris de l'ancien temps offriraient probablement beaucoup d'analogie avec ceux que l'on pourrait tenter de faire sur les autres grandes villes de France.

En ces siècles du moyen âge, où l'on ignorait bien des commodités actuelles de la vie, où l'on ne connaissait ni les journaux ni les livres, où la seule idée du progrès matériel aurait fait ouvrir de grands yeux, même aux éveillés clercs de la basoche, il est évident que les distractions ou les coutumes de Paris devaient être exactement celles de la province, et que les naïves populations de ces temps, s'inspirant des mêmes idées, ou si l'on veut, manquant toutes des mêmes éléments, descendaient partout dans la rue pour y admirer les jongleurs, entendre les trouvères, se mêler au cortège d'entrée des grands vassaux de la couronne et, plus tard, pour y écouter les chansons des Savoyards, ou se gaudir aux lazzis des Turlupin et Tabarin de toute origine et de tout rang.

Peut-être ces provinciaux n'étaient-ils pas à la hauteur de leurs confrères de Paris ; mais ils avaient affaire en revanche à des populations plus indulgentes. Voilà pourquoi le tableau des rues du vieux Paris doit être celui du vieux Bordeaux, du vieux Toulouse, du vieux Marseille, du vieux Reims, du vieux Lille, du vieux Rouen, etc., en un mot du peuple au moyen âge.

On pense bien qu'un récit de ce genre est rempli de détails, de faits, d'anecdotes, qui font, en le lisant, le bonheur des amateurs de curiosités du vieux temps. L'auteur aurait pu se borner à l'attrait du texte; mais il y a ajouté 165 gravures

Fig. 13. — Un marchand de journaux au XVIe siècle. Mercier colportant les papiers contenant la nouvelle de l'assassinat du duc de Guise, tué à Orléans le 24 février 1560, par Poltrot de Méré. D'après Jost Amman.

sur bois, empruntées pour une grande part aux artistes de ces temps reculés et dont nous reproduisons quelques-uns des spécimens les plus curieux. Les chercheurs du pittoresque y trouveront tous les types de la rue, les mendiants de Callot, les gamins espiègles et les originaux de chaque siècle. Nos contemporains y viennent à leur rang; nous pouvons ainsi constater par nous-mêmes la vérité des peintures de l'auteur.

LES ENCHAINEMENTS DU MONDE ANIMAL

Les mammifères tertiaires (1).

Le transformisme a la prétention de relier entre eux tous les êtres organisés par une filiation réelle et non pas seulement idéale. Mais il faut retrouver les degrés successifs de cette filiation en remontant d'âge en âge dans les temps géologiques. C'est là seulement que le problème doit trouver une solution définitive; c'est donc là que doivent porter les efforts décisifs, comme l'ont compris en Angleterre M. Th.-H. Huxley, et en France l'un des rares géologues qui se sont déclarés tout de suite en faveur des théories de Darwin, nous voulons parler de M. Gaudry, professeur au Muséum d'histoire naturelle de Paris, dont on n'a pas oublié les belles fouilles de Pikermi, en Grèce, et le livre sur les animaux du mont Lébéron.

M. Gaudry a publié, il y a quelque temps, la première partie d'un grand ouvrage qui aura pour titre général : *Les Enchaînements du monde animal dans les temps géologiques.* Cet ouvrage, qui demande une somme considérable de travail, n'est pas près d'être terminé. Nous faisons cependant des vœux pour que les volumes à venir ne se fassent pas trop attendre, convaincu qu'au point de vue de l'importance et de l'intérêt, ils seront dignes de leur aîné, et que, par suite, ils seront accueillis du public savant avec la faveur la plus marquée.

L'étude sur les enchaînements des mammifères tertiaires est déjà en partie connue de nos lecteurs. Nous avons, dans notre numéro du 15 décembre 1877, publié in extenso et avec toutes les gravures qu'il comprend, le chapitre consacré aux Ruminants et à leurs parents. Nous revenons aujourd'hui à cette intéressante étude pour en parler d'une manière générale, en faire connaître le plan, la valeur et les services que, comme travail de généralisation, comme vue d'ensemble, elle est appelée à rendre.

Bien que les découvertes paléontologiques, et en particulier celles relatives aux mammifères tertiaires, soient aujourd'hui très nombreuses et très variées, nous n'apprendrons rien à personne en disant qu'on est dans l'impossibilité, avec les matériaux dont on dispose, d'établir complètement, sans lacunes, la lignée ancestrale de chacun des grands groupes dont se compose la classe des mammifères. Le travail du savant qui entreprend de grouper les faits connus est le même que celui d'un géomètre qui, sur un terrain d'une étendue immense, voudrait tracer dans différentes directions un certain nombre d'alignements et qui ne disposerait pour cela que d'un petit nombre de jalons. Après l'opération, les jalons se trouveraient évidemment très espacés et les alignements, quoique sensibles, ne laisseraient pas d'être encore assez vagues. Le travail de M. Gaudry présente précisément ce caractère, et il n'en pouvait être autrement. Le savant et consciencieux professeur du Muséum a pris soin d'ailleurs de nous en avertir lui-même. « La science paléontologique, dit-il dans son introduction, est trop peu avancée pour qu'une étude sur les enchainements des êtres puisse être autre chose qu'une simple ébauche. Plus instruits que nous, nos successeurs seront plus heureux; ils contempleront dans leur ensemble les vastes horizons de la nature passée, tandis que nous avons seulement çà et là des échappées de vues. » Cependant cette ébauche, ce premier classement, a une importance de premier ordre; les grands alignements étant esquissés, il ne reste plus qu'à en combler les lacunes, qu à intercaler les genres nouveaux, au fur et à mesure de leurs découvertes, dans les espaces que leur assigneront leurs caractères. Le travail des futurs paléontologistes se trouve donc ainsi singulièrement simplifié.

Il ne faudrait pas croire toutefois que, quoique incomplète, l'étude sur les mammifères tertiaires ne fût qu'un rudiment de classification. S'il reste beaucoup à découvrir, on a aussi

(1) *Les Enchaînements du monde animal dans les temps géologiques. — Mammifères tertiaires*, par ALBERT GAUDRY, professeur de paléontologie au Muséum d'histoire naturelle de Paris. 1 vol. gr. in-8° de 295 pages, avec 312 gravures dans le texte, d'après les dessins de FORMANT (Paris, F. Savy).

beaucoup découvert. Les genres et les espèces aujourd'hui connus des mammifères qui ont vécu pendant la période tertiaire sont nombreux, et beaucoup d'entre eux, absolument différents des animaux actuels, offrent un intérêt particulier que l'ouvrage de M. Gaudry a pour but de faire apprécier à ceux qui n'ont pas la spécialité des études paléontologiques.

Nous n'avons pas l'intention d'analyser complètement tous les chapitres du volume; l'espace dont nous disposons ici n'y suffirait pas. Mais nous en présenterons un résumé, et ce résumé, joint à notre article du 15 décembre 1877, donnera une idée de l'ensemble de l'étude, de l'esprit dans lequel elle a été conçue, et du profit qu'en pourront tirer ceux qui méditeront ses enseignements.

D'abord le titre de l'ouvrage : « Enchaînements du monde animal », indique déjà que l'auteur est évolutionniste; M. Gaudry est en effet un des savants français qui se sont rendus à l'évidence des faits et qui croient que l'évolution des êtres, leurs passages des uns aux autres, ne constituent plus une hypothèse, mais une réalité. Pour qui ne veut pas fermer les yeux et se boucher les oreilles, c'est là une vérité surabondamment prouvée, si bien qu'on se demande si les partisans de « l'immutabilité de l'espèce » ne sont pas victimes de ce préjugé absurde, d'après lequel on ne doit pas se départir d'une opinion qu'on a une fois exprimée. Tel, dans sa jeunesse, s'est rallié à une doctrine qu'il croyait alors être l'expression de la vérité. Plus tard, ses observations personnelles et celles de ses contemporains sont venues démontrer que cette doctrine n'est pas fondée; n'importe, il a déclaré jadis qu'il y croyait et il mourra dans sa foi.

Dans l'ordre spirituel ou religieux, on peut à la rigueur se permettre un pareil entêtement; la chose n'a pas d'importance. Mais il n'en est pas de même dans l'ordre scientifique. Que serait la science, en vérité, s'il ne s'était pas trouvé des hommes pour faire justice de ce non-sens? La nature ne nous révèle ses secrets qu'au prix de recherches nombreuses, souvent pénibles et vaines, et tel s'est cru vainqueur le matin qui a été obligé de s'avouer vaincu le soir. Cet aveu d'impuissance momentanée, cet abandon volontaire et empressé d'un résultat négatif, d'une erreur, mais c'est la condition *sine qua non* du progrès de la science. M. Gaudry est de cet avis, et il faut lui savoir gré de le dire tout haut. En savant sérieux et prudent, il n'avance rien qui ne lui paraisse fondé. Lorsqu'un fait lui paraît douteux, il n'attend pas qu'on s'en aperçoive, il le dit; aussi les points d'interrogation apparaissent-ils dans son texte dès que leur présence est jugée nécessaire. Tel est l'esprit de l'ouvrage; on voit que c'est bien celui que réclamait une œuvre de ce genre.

Quant à l'importance morale de ce travail, il faudrait, pour la faire ressortir, montrer l'influence qu'exercent sur la philosophie les sciences géologiques et en particulier la paléontologie. Prouver qu'il n'y a pas eu de créations successives, mais seulement le développement, dans diverses directions, d'une souche animale peut-être unique, c'est singulièrement diminuer la valeur de certaines croyances qui ont été pendant longtemps la base de cet échafaudage philosophique dont les derniers débris, espérons-le, ne tarderont pas à disparaître. Mais cette question a été assez traitée dans cette *Revue* pour que nous ne nous y arrêtions pas. Considérons donc maintenant l'ouvrage en lui-même; voyons comment M. Gaudry en a dressé le plan, comment il procède dans ses démonstrations, quelles preuves il apporte à l'appui de la doctrine de l'évolution.

Nous trouvons d'abord en tête du volume un tableau des trois grandes divisions du terrain tertiaire : l'éocène, le miocène et le pliocène. L'ensemble est divisé en quinze étages. L'auteur y indique les formations qui, selon lui, constituent chaque étage, et les noms de ces formations sont suivis de ceux des genres de mammifères qui ont apparu ou disparu pendant la période considérée. Exemple : Terrain miocène, nº 11. — « Étage de Sansan et de Simorre (Gers), de Saint-Gaudens (Haute-Garonne), de la Grive-Saint-Alban (Isère), de la Chaux-de-Fonds (Suisse), d'Eibiswald (Styrie) : Apparition des genres Hyotherium, Antilope, Castor, Campagnol, Glisorex (?), Hyænarctos, Machærodus (?), Chat, Taxodon (?), Dryopithecus. Disparition du Cainotherium et de l'Anthracotherium. Les Ruminants sont dans un état d'évolution un peu plus avancé qu'à l'époque précédente. » On voit, par cette citation, de quelle utilité sont les indications sommaires que M. Gaudry a eu la bonne idée de réunir sous forme de tableau. On pourra ainsi se renseigner immédiatement sur l'âge relatif de tel ou tel genre et classer facilement dans leur ordre chronologique les animaux dont les restes seront découverts ultérieurement.

Abordons maintenant l'étude des faits qui constituent le fond même de l'ouvrage. Ces faits font l'objet de dix chapitres, dont les titres sont les suivants : 1º les marsupiaux; 2º les mammifères marins; 3º les pachydermes; 4º les ruminants et leurs parents; 5º les solipèdes et leurs parents; 6º remarques sur la classification des ongulés; 7º les proboscidiens; 8º les édentés, les rongeurs, les insectivores et les cheiroptères; 9º les carnivores; 10º les quadrumanes. La méthode qu'a suivie M. Gaudry pour l'exposition de son sujet s'imposait en quelque sorte d'elle-même; puisqu'il s'agit de montrer les rapports qu'ont entre eux les divers mammifères, il était nécessaire de considérer un certain nombre de types, les plus tranchés, et de rapporter à chacun d'eux les animaux qui, par l'ensemble de leurs caractères, s'en rapprochent le plus. Il n'y avait plus ensuite qu'à étudier chaque groupe et constater les modifications qui s'y sont produites depuis son origine jusqu'à son extinction, ou à son état actuel. Il devenait dès lors relativement facile de saisir les passages des différents genres des uns aux autres, autrement dit, de découvrir les enchaînements des diverses formes qu'ont revêtues successivement les mammifères jusqu'à nos jours. C'est ce qu'a fait M. Gaudry, et, il faut le reconnaître, avec une clarté et une bonne foi dont on ne saurait trop le féliciter.

Prenons un exemple. Comment ont évolué les marsupiaux, et par quels liens de parenté se rattachent-ils aux autres mammifères? M. Gaudry affirme que les marsupiaux sont les ancêtres des placentaires, c'est-à-dire que l'état marsupial a précédé et non suivi l'état plus parfait sous lequel se sont présentés les mammifères monodelphes. On sait que le caractère principal qui distingue les marsupiaux ou didelphes des placentaires consiste en ce que, chez les premiers, l'allantoïde reste à l'état rudimentaire, tandis que chez les seconds, l'allantoïde s'étend assez pour venir se souder à la paroi de l'utérus et former le placenta. Les petits des marsupiaux ne se développent que très incomplètement dans la matrice et ils viennent au jour dans un état si imparfait que, pour protéger leur extrême faiblesse, la nature a pourvu la mère d'une poche extérieure placée sous le ventre, dans laquelle elle reçoit ses petits, les tient au chaud et les nourrit de son lait. Quand elle n'a pas de poche (1) elle les porte sur son dos. On sait qu'au contraire, chez les placentaires, les petits viennent au jour complètement développés.

On voit que la différence entre les deux grandes familles de mammifères tient en réalité à peu de chose, un simple arrêt de développement de l'allantoïde. Cependant la constatation de cette différence ne résout pas la question de savoir lequel des deux types est l'ancêtre de l'autre, car on peut légitimement admettre, ou bien que les placentaires sont des marsupiaux perfectionnés, ou bien que les marsupiaux sont des placentaires dégénérés. C'est ici que le secours de la géologie et de la paléontologie nous devient indispensable. Interrogée, la géologie répond; les plus anciens mammifères connus sont des marsupiaux; ils datent du commencement de l'époque secondaire, tandis qu'on ne connaît pas un seul placentaire remontant au delà de la période tertiaire. De plus, dans les régions où l'on a constaté la présence à l'état fossile des marsupiaux et des placentaires, les premiers étaient à leur déclin, sur le point même de s'éteindre, quand les seconds au contraire commençaient seulement à se développer. Voilà qui cette fois peut sembler péremptoire; mais il y a plus, et la paléontologie, ou mieux l'anatomie comparée, vient compléter la preuve du passage des marsupiaux aux placentaires en nous présentant des genres qui n'appartiennent franchement à aucun des deux types, mais qui tiennent le milieu, c'est-à-dire qui ont à la fois les caractères des placentaires et des marsupiaux. Ces caractères sont fournis par la forme des différentes pièces du squelette, et notamment par la forme des dents.

Voici tout d'abord un animal, le plus ancien mammifère tertiaire; c'est l'*Arctocyon,* dont le nom signifie ours-chien. Il a été trouvé dans les grès de La Fère (Aisne). Ses dents ne sont pas coupantes et elles indiquent le régime omnivore des ours. Certains paléontologistes l'ont cru voisin des ratons et l'ont rangé parmi les placentaires. Mais M. Gervais a démontré qu'il se rapproche des marsupiaux par la forme de son cerveau et par la grandeur des trous palatins. Voici maintenant deux carnivores, l'*Hyænodon* et le *Pterodon.* On a reconnu que le premier se nourrissait surtout de chair fraîche, était par conséquent une bête de proie, tandis que le second dévorait plutôt les cadavres. Ces animaux ont des caractères mixtes, et ce qui le prouve, c'est la manière dont ils ont été envisagés par les paléontologistes les plus compétents; les uns, avec de Blainville, Gervais et M. Filhol en ont fait des placentaires; les autres, avec de Laizer, de Parieu, Laurillard et M. Pomel en ont fait des marsupiaux. Pour concilier ces deux opinions et pour indiquer en même temps le caractère ambigu de l'Hyænodon et du Pterodon, M. Aymard a réuni les deux genres en un groupe auquel il a appliqué le nom de subdidelphes.

Un autre animal, trouvé dans les lignites du Soissonnais, le *Palæonictis,* embarrasse également les paléontologistes. Sa dentition a beaucoup d'analogie avec celle des placentaires de la famille des viverridés; cependant elle en diffère aussi, car la seconde arrière-molaire présente une disposition qui ne se voit pas chez les placentaires et qui, au contraire, est propre aux marsupiaux. Un cinquième genre, particulièrement intéressant comme intermédiaire entre les marsupiaux et les placentaires, a été trouvé par M. Filhol dans les phosphorites du Quercy. Il a reçu le nom de *Cynohyænodon Cayluxi,* mais M. Gaudry l'inscrit sous celui de *Proviverra* parce que les différences qui le séparent de la *Proviverra* de M. Rütimeyer ne lui semblent pas avoir une valeur générique. Cette nouvelle espèce manque de plusieurs des caractères propres aux marsupiaux : les palatins n'ont pas de grandes fosses; il n'y a que trois paires d'incisives supérieures; le fémur, le radius, le cubitus sont plutôt des os de viverriens que des os de marsupiaux, etc. Cependant la forme des dents éloigne la nouvelle Proviverra des placentaires. Les molaires inférieures ressemblent à celles des sarigues, mais surtout à celles du *Dasyurus macrourus* de Tasmanie. La crête sagittale et la forme de l'encéphale rendent enfin indiscutables les liens de parenté de la Proviverra avec les marsupiaux.

Ainsi donc, les marsupiaux apparaissent les premiers; pour passer à l'état placentaire, il leur suffit que leur allantoïde se développe et vienne se souder à l'utérus; des preuves de ce passage nous sont fournies par les genres intermédiaires *Arctocyon, Hyænodon, Pterodon, Palæonictis, Proviverra,* auxquels il faut joindre le *Thylacomorphus,* des Phosphorites de Quercy, dont nous n'avons pas parlé. Comment nier dès lors une parenté aussi évidente, une évolution en faveur de laquelle plaident tous les faits connus?

Telle est la nature des preuves sur lesquelles M. Gaudry fait reposer ses conclusions. Il nous semble qu'on n'en saurait invoquer de meilleures, puisque rien n'y est laissé à l'imagination, et que, seuls, les faits ont la parole. Quoique nous ayons donné une certaine longueur à cette analyse du premier chapitre de l'ouvrage, nous avons négligé de nombreux détails qui nous auraient entraîné trop loin. Notre but était, comme nous l'avons dit, de donner une idée de la méthode d'exposition suivie par l'auteur. Cette méthode étant maintenant connue, nous allons passer plus rapidement sur les autres matières que nous nous empressons d'ailleurs de signaler comme tout aussi intéressantes que l'étude des marsupiaux.

Le chapitre consacré aux mammifères marins n'est pas très étendu. Cela veut dire que les données que l'on possède sur ces animaux, quoique nombreuses, ne permettent pas de suivre bien loin leurs enchaînements. M. Gaudry comprend sous le nom de mammifères marins les cétacés, les siréniens et les amphibies. On a trouvé des cétacés dans le miocène et le pliocène; leur apparition est donc relativement récente. Leur grande taille et les autres caractères qui les distinguent paraissent annoncer que l'évolution de ces animaux est très avancée, et portent en même temps à penser que les cétacés ne sont pas ce qu'on pourrait appeler des types formateurs, c'est-à-dire des types desquels d'autres formes seraient issues; ce seraient au contraire les derniers épanouissements d'anciennes tiges. Mais quels sont leurs ancêtres? « Nous avons beau, dit l'auteur, interroger ces étranges et gigantesques souverains des océans tertiaires, pour savoir quels ont pu être leurs progéniteurs, ils nous laissent sans réponse. » On peut admettre toutefois que quelques-uns des

(1) M. Gaudry fait remarquer que si, pour désigner les animaux sans placenta, il adopte le mot *marsupial,* qui signifie pourvu d'une poche, c'est parce qu'il est le plus usité; mais il reconnaît que ce mot est impropre, puisque plusieurs des animaux auxquels on l'applique n'ont pas de poche.

cétacés fossiles connus sont les ancêtres des cétacés actuels.

Les siréniens apparaissent dès l'éocène et ils se continuent jusqu'à l'époque actuelle. La similitude des siréniens fossiles et vivants est si grande, qu'on a souvent confondu leurs genres; il est donc très vraisemblable qu'ils sont descendus les uns des autres. Quant à leurs ancêtres, ils nous sont également inconnus. Cependant une découverte due à M. Kaup ferait croire que les siréniens proviennent d'animaux quadrupèdes. En effet, on sait que les siréniens sont caractérisés par l'absence du membre postérieur. Or, M. Kaup a trouvé dans le genre *Pnymeodon* un rudiment de ce membre.

On ne sait pas grand'chose sur les filiations des animaux qui constituent le groupe des amphibies ou des phoques. Des restes fossiles nombreux de ces animaux ont été mis à découvert lorsqu'on a creusé les fossés des fortifications d'Anvers.

Espérons, avec M. Gaudry, que leur étude jettera quelque lumière sur le passé des êtres auxquels ils se rapportent.

Voici maintenant le groupe des pachydermes dans lequel M. Gaudry a laissé les mêmes animaux que Cuvier y avait placés, sauf les solipèdes et les proboscidiens, qui font l'objet d'études spéciales. Ce chapitre est beaucoup plus étendu que le précédent, et sa longueur est due surtout à une foule de détails descriptifs fort curieux, mais que nous ne pouvons rapporter ici. Nous résumerons seulement les idées générales que l'auteur a émises sur les enchaînements qu'il a pu découvrir dans le groupe.

Si les Pachydermes ont un certain nombre de caractères communs, ils offrent aussi des tendances très opposées. Non seulement on constate entre eux des différences considérables, mais on leur trouve des particularités propres à des ordres très éloignés. Ainsi, pour ne citer qu'un exemple, l'*Anthracotherium* avait des incisives si grandes et des canines si puissantes que ses morsures étaient certainement aussi redoutables que celles des lions; ses prémolaires se rapprochaient aussi de celles des bêtes féroces, cependant ses molaires étaient disposées comme chez les mammifères herbivores. Ces caractères mixtes et d'autres analogues qu'on rencontre chez les pachydermes portent M. Gaudry à conclure que cet ordre d'animaux remonte à une époque ancienne, où les mammifères n'offraient pas encore les divergences qui se sont accusées vers le milieu de l'époque tertiaire. Aujourd'hui, les espèces de pachydermes sont pour la plupart isolées les unes des autres, et les lacunes qu'elles laissent entre elles ont fort contribué à faire repousser l'idée d'une descendance. Mais M. Gaudry fait voir que ces lacunes se comblent vite, dès qu'on pénètre dans les temps géologiques; les espèces se montrent même si rapprochées les unes des autres qu'il est difficile d'échapper à la pensée d'un enchaînement. L'étude des caractères des rhinocéros, par exemple, rend très légitime la supposition que les représentants actuels de ce groupe descendent des rhinocéros fossiles qui eux-mêmes ont des affinités avec l'*Acerotherium*, le *Palæotherium* et le *Paloplotherium*. Le genre *Hyrachius* constitue de son côté le trait d'union par lequel les tapirs se lient au *Lophiodon*. Le rapprochement des rhinocéridés et des tapiridés est aussi manifeste, et il est impossible de nier le passage des cochons à l'*Hyotherium*, de celui-ci au *Palæochœrus*, de celui-ci au *Chœropotamus* et au *Dichobune*.

Le groupe de pachydermes a compté également certains animaux que leur forme autorise à qualifier de bizarres. Tels sont notamment le *Dinoceras* et le *Brontotherium*. Le dinoceras, pour ne citer que celui-là, vivait à l'époque éocène; son crâne portait trois paires de protubérances : une sur le nez, une au-dessus des maxillaires et la troisième en arrière de la région frontale; c'est, dit M. Gaudry, l'animal le plus cornu que l'on ait jamais découvert. Ces animaux étranges se sont éteints sans laisser de postérité. A ce propos, M. Gaudry fait une réflexion tendant à expliquer la raison d'être de ces monstres : « Je pense qu'il est impossible d'admettre, dit-il, que les manifestations de la vie des divers âges géologiques aient eu uniquement pour but d'amener la nature à l'état dans lequel nous la voyons maintenant. Chaque époque de l'histoire du monde a eu quelques êtres qui ont été faits pour elle et lui ont donné une physionomie propre; après leurs épanouissements, ils ont disparu. »

Vient ensuite le chapitre sur les Ruminants, que nous avons publié, puis celui relatif aux Solipèdes, suivi de remarques sur la classification des Ongulés. L'auteur a fait voir que les ruminants peuvent être considérés comme les descendants des pachydermes à doigts pairs; il démontre de même que les solipèdes sont issus des pachydermes à doigts impairs. En comparant les caractères fournis par la dentition, on assiste pour ainsi dire aux transformations qui établissent la filiation entre le *Paloplotherium*, le *Pachynolophus*, l'*Anchitherium*, l'*Hipparion*, l'*Equus Stenonis* et le cheval actuel. De même la comparaison des pattes de l'*Acerotherium*, du *Palæotherium*, du *Paloplotherium*, de l'*Anchitherium*, de l'*Hipparion* et du Cheval, montre comment les pattes les plus lourdes ont pu devenir des pattes à un seul doigt de la plus extrême simplicité.

L'arrangement des doigts chez les ongulés a seul produit les nombreuses différences qui existent entre les paridigités et les imparidigités. Nous n'insistons pas, faute de place, sur les nombreux et importants détails relatifs aux modifications qu'ont subies les doigts, le tarse, les os de la jambe et de la cuisse, et qui, jointes aux formes des dents, permettent de saisir facilement les passages qui ont eu lieu entre les principaux genres. C'est surtout sur les arrière-molaires qu'ont porté les modifications, et les liens de parenté sont tels chez les ongulés, que si on voulait changer les anciennes divisions du groupe pour tenir compte des transitions, on bouleverserait successivement toute la classification.

Arrivons maintenant aux Proboscidiens. Ces animaux, qui sont les plus parfaits des Ongulés, sont de date récente. C'est là un fait confirmant la croyance que les types les plus perfectionnés et les plus divergents sont ceux qui sont venus les derniers. Les Proboscidiens semblent n'avoir fait leur apparition qu'à l'époque miocène; on n'en a pas encore trouvé dans l'éocène. L'espèce qui semble s'éloigner le plus des Proboscidiens actuels est le *Mastodon angustidens*. Mais entre ce mastodonte et nos éléphants viennent s'intercaler de nombreuses espèces dont les caractères se fondent pour ainsi dire, de sorte que la descendance est incontestable. Les passages du mastodonte à l'éléphant sont prouvés par la forme et par le nombre des collines des molaires, par le mode de sortie des dents, par la disposition des défenses et par la forme de la tête. Le groupe des Proboscidiens contient un genre bien connu, le *Dinotherium*, caractérisé par ses défenses inférieures recourbées en dessous. Les naturalistes ont été longtemps divisés sur la question de savoir quelle place il convenait de donner à cet étrange animal dans la classification. Ils l'ont successivement rangé parmi les édentés, les hippopotames, les lamantins, jusqu'à ce que certaines pièces de son squelette aient enfin permis de le classer parmi les proboscidiens dont il est vraiment le parent. Quant aux ancêtres du groupe, on ne les connaît pas. « Comme les Mastodontes, dit M. Gaudry, les *Dinotherium* ont brusquement apparu dans nos contrées. D'où sont-ils venus, de quels quadrupèdes sont-ils sortis? Nous l'ignorons encore. Les Mastodontes ont des incisives et des molaires qui rappellent les rongeurs. Leurs dents ont une certaine ressemblance, tantôt avec celles des *Lophiodon*, tantôt avec celles des cochons et des *Entelodon*. Les *Dinotherium* ont quelque chose des kangourous, des lamantins, des tapirs. La découverte d'un éléphant pygmée (*Elephas melitensis*) dans l'île de Malte a montré que la grandeur de leur taille n'a pas toujours été un caractère qui permît de distinguer à première vue les proboscidiens. Cependant la somme des différences, comparée à celle des ressemblances, est trop grande pour qu'on puisse indiquer une parenté entre les proboscidiens et les animaux des autres ordres connus jusqu'à présent. »

Il nous reste à parler maintenant des édentés, des rongeurs, des insectivores, des cheiroptères, des carnivores et des quadrumanes. Les espèces tertiaires des quatre premiers de ces ordres sont trop imparfaitement connues, pour qu'il soit possible de bien raisonner sur leurs enchaînements. Les plus anciens édentés fossiles ont été trouvés en Europe dans le miocène, et peut-être même dans l'éocène; en Amérique, on n'en connaît pas remontant au delà du pliocène.

Le remarquable genre *Macrotherium* est resté longtemps isolé; on ne savait trop à quels animaux rattacher cet énorme grimpeur, lorsque M. Gaudry a découvert dans le gisement de Pikermi les restes d'un second genre d'édentés, l'*Ancylotherium*, qui est venu diminuer l'isolement dans lequel se trouvait le *Macrotherium*, et qui montre le passage du type grimpeur au type marcheur. Ce même *Ancylotherium*, qu'on ne saurait donner sans doute pour un proche parent des ongulés, diminue toutefois la grande distance qui séparait ces animaux des onguiculés.

Les rongeurs sont dans un état d'évolution beaucoup moins avancé que celui des édentés. Il est facile de saisir la parenté de certains rongeurs vivants avec les espèces fossiles, et M. Gaudry montre en particulier les affinités qu'ont entre eux le *Titanomys* et le *Lagomys*, le *Palæolagus* et le lièvre, le *Sciuroïdes* et l'écureuil, le *Plesiarctomys* et la marmotte, le *Cricetodon* et le rat, le *Theridomys* et le castor, etc. Quant aux Insectivores et aux Cheiroptères, on sait seulement qu'ils ont été représentés dans les temps géologiques par des espèces qui ressemblent aux espèces actuellement vivantes.

Les Carnivores, c'est-à-dire les ours, les hyènes, les chiens, les chats, etc., se lient de même aux espèces fossiles qui les ont précédés. On suit parfaitement le passage de l'ours au chien, par l'*Amphicyon*, l'*Hyænarctos* et l'*Œluropus*, le passage du chien à la civette par le *Cynodon*, le passage de l'hyène à la civette par l'*Ictitherium* et l'*Hyænictis*, le passage des mustélidés aux viverridés par le *Lutrictis*, enfin le passage du chat au putois par le *Pseudælurus* et le *Dinictis*. Le remarquable carnassier *Machærodus* tient une place à part dans le groupe, comme le Dinoceras chez les Pachydermes; il s'est éteint sans laisser de descendants.

Le groupe des Quadrumanes se divise en deux parties; les lémuriens et les singes. Ces animaux apparaissent dès l'éocène. Leurs affinités avec les pachydermes ne font plus de doute aujourd'hui. Les genres *Adapis* et *Plesiadapis* unissent les lémuriens avec les pachydermes, et les singes y sont également rattachés par le *Cebochærus*, l'*Acotherulum*, l'*Oreopithecus*, genres aux caractères mixtes et ne pouvant être considérés que comme des intermédiaires. Quant à la descendance de l'homme, M. Gaudry n'en dit à peu près rien; il se contente d'appeler l'attention sur quelques silex taillés qui prouveraient la haute antiquité de notre espèce, et de comparer la mâchoire humaine à celle du *Dryopithecus*, singe avec lequel nous avons des affinités particulières.

Enfin, dans un dernier chapitre, M. Gaudry a résumé l'enseignement ou la philosophie qui se dégage des faits qu'il a exposés. Il a exprimé l'espoir que son histoire des mammifères tertiaires, quoique très incomplète, contribuerait à établir sur des bases solides la théorie de l'évolution. Ses lecteurs seront certainement de son avis.

LA GYMNASTIQUE

De toutes les institutions helléniques que réveilla la Renaissance pendant ces derniers siècles, la gymnastique est celle qui tint la plus petite place dans les préoccupations des savants et des politiques. Quoiqu'elle ait de bonne heure été l'objet de travaux érudits, parmi lesquels celui de Mercuriali, Veronensis, *De Arte gymnastica* (1668), a pris une place proéminente, il faut en arriver à la fin du siècle dernier pour trouver quelques tentatives sérieuses de restauration. Encore est-ce par la pédagogie que, sous l'influence de Rousseau, de Pestalozzi, de Basedow et de Guthsmuths, que la gymnastique entra très modestement dans les voies de la pratique. En ceci, la Renaissance s'est donc montrée très infidèle disciple de la Grèce. Celui qui n'a pas compris que la culture grecque avait pour assolement la beauté de la forme et que cette beauté ne s'obtient humainement que par l'éducation corporelle incessante, n'a rien compris à la vie réelle de nos ancêtres intellectuels. La gymnastique prenait le jeune Grec à l'adolescence et, quelque carrière qu'il suivît, elle ne le quittait qu'à l'extrême vieillesse. Il s'en faut que la civilisation moderne, en dehors de quelques apôtres enthousiastes, ait entretenu cette conception! Depuis une centaine d'années, les questions relatives à l'éducation corporelle ont marché avec une extrême lenteur. Et cependant il s'est toujours trouvé, sur quelques points du globe, des hommes de talent et de dévouement qui, à travers l'indifférence publique, consacraient leur vie à propager des idées justes, éminemment utiles, et à créer des systèmes pour adapter à la civilisation moderne la *culture* corporelle dont la Grèce nous avait légué les traditions obscurcies.

Ce n'est pas ici le lieu de tracer les phases par lesquelles a passé la question. Cependant on peut rappeler que Jahn en Allemagne (1810), Ling en Suède (1812), Clias en Suisse, Amoros en Espagne (1814) et en France (1816), s'efforçaient, non sans quelque succès, d'introduire la gymnastique dans nos mœurs. Quelques années plus tard, M. Triat construisait à Bruxelles d'abord et ensuite à Paris le véritable type du gymnase moderne, tandis que les élèves et les successeurs d'Amoros, MM. d'Argy, Laisné, de Ferandy Kockenpot développaient la gymnastique militaire à Joinville-le-Pont et créaient une véritable école d'entraînement militaire, à laquelle quelques réformes et quelques adjonctions suffiraient pour qu'elle atteignît le premier rang. Il est bon de noter ici, toutefois, que M. Triat est le seul Français qui ait réalisé une méthode originale qui a été adoptée et modifiée par MM. Paz, Soleirol, A. Dally et d'autres encore. L'école de Joinville représente les développements des méthodes de Clias et d'Amoros, l'un Suisse, l'autre Espagnol, tous deux élèves de Peztalozzi.

On trouvera dans un excellent *Rapport au ministre* publié en 1866 par M. Hillairet, un exposé très complet de l'état de l'enseignement de la gymnastique dans les différents États de l'Europe et ce travail reste exact, à quelques développements près, pour l'heure présente.

A la suite du travail de M. Hillairet, une circulaire de M. Duruy, en date du 9 mars 1869, régla toutes les questions relatives à l'enseignement de la gymnastique dans les établissements publics d'instruction. Des programmes rédigés par la Commission centrale de gymnastique furent publiés, et un décret déclara que la gymnastique faisait partie de l'enseignement des lycées et collèges, qu'elle est obligatoire dans les écoles normales primaires et qu'elle peut être organisée dans les écoles primaires communales, lorsque les conseils municipaux ont avisé aux mesures nécessaires. Une Commission d'examen dut être instituée au chef-lieu de chaque département pour délivrer le certificat d'aptitude à l'enseignement de la gymnastique. Mais ces commissions ne fonctionnèrent qu'en 1872; depuis cette époque la Commission de Paris a délivré 194 certificats.

Dès 1871, le gouvernement républicain s'occupa activement de la question. M. Jules Simon rappela aux recteurs la circulaire de ses prédécesseurs. En 1872, l'Assemblée nationale inscrivit au budget une somme de 100 000 francs pour seconder le développement de la gymnastique dans les établissements d'instruction publique. Récemment la Commission centrale de gymnastique a rédigé le programme des exercices pour les écoles de garçons et celles de filles, programmes qui seront incessamment publiés. De grands progrès se sont accomplis : 78 lycées sur 82 sont pourvus d'un gymnase; 75 collèges sur 254. Certaines villes, et notamment Paris et les communes suburbaines ont une organisation gymnastique complète au sein des écoles primaires. Enfin, il existe en France plus de 100 sociétés de gymnastique libres, dont le personnel comprend près de 4000 gymnastes.

Ces sociétés, confédérées sous le nom d'*Union des sociétés de gymnastique de France,* ont leur organe spécial, très remarquablement rédigé par M. Ducret, le *Gymnaste.* Un Alsacien, M. Ziegler, préside l'*Union* et, grâce à sa libéralité, son dévouement porte ses fruits. Il faut aussi citer ici M. Sansbœuf, secrétaire de l'*Union,* qui se multiplie lors des fêtes fédérales. On voit par ces faits qu'en dehors de l'action du gouvernement la gymnastique s'introduit dans nos mœurs par l'initiative privée.

I.

Telle était la situation lorsque M. Georges, sénateur des Vosges, membre de la commission centrale de gymnastique, déposa au Sénat le projet de loi suivant :

« Art. 1er. — L'enseignement de la gymnastique est obligatoire dans tous les établissements d'instruction publique de garçons dépendants de l'État, des départements et des communes.

« Art. 2. — Cet enseignement est donné dans les conditions et suivant les programmes arrêtés par le ministre de l'instruction publique, selon l'importance des établissements.

« Art. 3. — Un rapport sur les résultats de la vérification faite au moins deux fois par an, par les soins du ministre de l'instruction publique, dans tous les établissements auxquels s'applique la présente loi, sera annexé au budget.

« Art. 4. — La disposition de l'article 23 de la loi du 15 mars 1850 concernant la gymnastique dans les établissements publics est abrogée.

« *Disposition transitoire* : La présente loi entrera en vigueur dans le délai de deux ans. »

M. Barthélemy Saint-Hilaire nommé rapporteur de la commission s'acquitta de sa tâche avec la valeur d'un homme qui, depuis cinquante ans, assiste aux progrès de la gymnastique et y contribue de la plume comme de la parole. Son collègue, M. le docteur Testelin, rectifia avec toute l'autorité d'un physiologiste quelques assertions aventurées; — il en émit lui-même de très hardies au point de vue anthropologique — et la loi fut votée au Sénat, en première lecture, à l'unanimité. Certes, pour ceux qui aiment la régularité et la lenteur dans l'évolution sociale — la gymnastique est une question d'hygiène sociale, — jamais projet de loi ne réunit mieux que celui-ci les garanties que l'on est en droit de demander à une institution obligatoire : des traditions majestueuses, un long oubli qui correspond aux périodes néfastes de l'histoire, une renaissance savante, l'accord des vues utilitaires et de la physiologie, la nécessité patriotique, la faveur de l'opinion publique, la constance même de son initiative et jusqu'au concours efficace de l'administration, voilà une réunion de circonstances qui prouvent que le projet de M. le sénateur Georges est venu à son heure, opportunément et librement. Il y a lieu d'examiner maintenant si les moyens dont dispose la République sont ou seront, en temps voulu, à la hauteur des obligations légales de la loi.

M. Hillairet, dans le *Rapport* que nous avons cité, définit la gymnastique « la science raisonnée des mouvements du corps ». Il lui assigne pour but « le développement régulier du corps, l'accroissement et l'équilibration de toutes les forces de l'organisme ». M. Barthélemy Saint-Hilaire dit, plus simplement et peut-être d'une façon plus saisissante, que « la gymnastique est la culture générale du corps humain ». Il ajoute « qu'elle produit sur lui l'effet que l'instruction produit sur l'intelligence et sur les esprits ». Ces deux définitions se complètent abstraitement et réellement.

Il s'agit de soumettre à l'éducation, à la culture, toutes les fonctions volontaires pour atteindre, par l'effet même de la culture, l'ensemble de l'organisation; et tout d'abord la respiration, la première et la plus importante à tous égards, des fonctions organiques. Il faut enseigner qu'il y a un art de tirer des poumons un meilleur parti que celui auquel nous condamne l'habitude de la vie sociale; respiration mal dirigée, incomplète, partielle, mal coordonnée avec la musculation générale, etc. Puis, à l'aide des muscles, il s'agit de répartir proportionnellement à leur structure, sur toutes les articulations, les mouvements que trop souvent nous n'accomplissons artificiellement qu'avec quelques-unes d'entre elles; il s'agit de connaître et de déterminer les vraies attitudes pour chaque effort, et d'utiliser au mieux la série des leviers à l'aide desquels nous accomplissons un mouvement.

Enfin, et ce but est capital, il s'agit d'habituer les muscles à provoquer de la part du cerveau et de la moelle une innervation *accoutumée*, telle que le travail musculaire, utile à une heure donnée de l'existence, ne soit pas une cause d'épuisement rapide de la source *cérébro-nervo-motrice*. J'ajoute ici tout de suite que si l'habitude n'est pas prise de bonne heure des longues marches, de la course, des efforts soutenus, il est bien rare que l'on résiste aux fatigues prolongées, telles que celles qu'exige la guerre.

Or il faut préparer le public à cette idée, que l'excellence corporelle est un résultat non de ce que l'on appelle l'instinct, sans l'avoir jamais défini, mais de l'éducation. M. Barthélemy Saint-Hilaire va peut-être un peu loin quand il dit que l'on peut attendre de la culture du corps les mêmes effets que de l'instruction intellectuelle; les choses ne sont point comparables. Nombre de gens arrivent chaque jour à la perfection organique sans autre éducation que celle du milieu où le hasard les a placés. Nul ne peut arriver à l'instruction, sans la possession préalable des éléments de toute connaissance, la lecture, l'écriture, le calcul, etc. De plus, la différence qui sépare un homme complètement illettré d'un savant sera toujours beaucoup plus grande que celle qui sépare un homme adroit et parfaitement développé dans ses formes extérieures, grâce à l'usage des exercices du corps, d'un homme qui ne s'y sera jamais soumis. Individuellement, la comparaison est difficile; collectivement, l'opinion de M. Barthélemy Saint-Hilaire se rapproche de la vérité. En effet, d'une mauvaise façon de respirer et de marcher, d'une attitude habituellement vicieuse, d'une inhabileté à supporter la fatigue et par suite à combattre, à sauver sa vie et celle de ses semblables, résultent pour la société des pertes et des non-valeurs qui se traduisent par la défaite, les dépenses de l'assistance hospitalière, la diminution de la population et, somme toute, un déficit dans la balance nationale.

Personne ne conteste d'ailleurs les avantages de l'éducation corporelle; la question est de savoir comme il faut l'entendre, quelle méthode il faut employer, quel personnel il faut dresser, quelles ressources sont disponibles, et — car on ne fait rien sans argent — quel crédit il faut affecter à cette branche de l'éducation publique.

Les méthodes d'abord. Que veut-on faire dans les écoles communales que comprennent les enfants de 7 à 14 ans, la très grande majorité de la population? A notre avis, le problème est très simple et d'une solution facile. La respiration, la marche, la course, le saut, les exercices d'*ordre*, qui comprennent l'école de peloton, les alignements, les demi-tours, les volte-face, toutes choses qui donnent aux enfants des idées d'ordre et dont l'ensemble suffirait à la rigueur pour constituer une gymnastique élémentaire suffisante, en tout cas, jusqu'à la dixième année.

L'étude méthodique de la marche et de la course demande à elle seule un grand nombre de leçons dont le couronnement nécessaire est la promenade militaire, associée çà et là aux démonstrations botaniques, géologiques, topographiques qui sont à la portée du maître d'école.

Trop souvent on entend par gymnastique les exercices du cirque, et rien n'a plus nui aux développements pédagogiques des exercices corporels que cette nécessité prétendue d'avoir des engins plus ou moins intéressants, barres parallèles, tremplins, mâts, échelles, poutres, anneaux, etc. Sans contester l'utilité de ces engins en temps utile, insistons sur ce fait que l'obligation de la gymnastique communale n'*exige* aucun gymnase proprement dit. Toutefois rien ne serait plus facile, on le comprend, que de placer autour des murs du préau scolaire une main courante en bois ou en fer, fixe ou mobile, à quelques centimètres au-dessus des bras étendus des enfants, de façon à leur permettre d'accomplir certaines suspensions et tractions du corps à l'aide des bras, afin que le membre supérieur exécute une partie des mouvements que les membres inférieurs accomplissent nécessairement dans les exercices libres, tels que la marche et la course.

Tout est dans les notions préliminaires, dont le reste n'est qu'un développement souvent ingénieux, souvent agréable, souvent utile, parfois inutile, très rarement dangereux. Les plus dangereux des exercices s'accomplissent dans les sociétés de gymnastique et n'ont jamais donné lieu que nous sachions à de graves accidents, les sauts périlleux, la voltige au trapèze, les sauts dans l'espace, les soleils à la barre fixe, les équilibres prestigieux, l'acrobatisme enfin, poussé loin, que nous blâmons, que nous décrions, que nous déplorons, mais qui, il faut le constater, s'accomplissent au bout de quelques mois à l'École militaire de gymnastique de Joinville-le-Pont, sans que sur un personnel de 400 élèves, officiers et soldats, on ait sur ce chef un seul accident grave à consigner. Sait-on, au contraire, combien de blessures, de chutes, de contusions et de coups souvent mortels nos écoles d'équitation enregistrent chaque année! Toutefois, la proscription des exercices dangereux doit être absolue, encore bien qu'il arrive beaucoup moins d'accidents, même légers, dans les gymnastes que dans les simples récréations scolaires.

Mais déjà nous nous sommes écartés de la gymnastique communale dans laquelle rentre celle des enfants des lycées et collèges au-dessous de treize ans. Nous avons insisté plus haut sur la méthode respiratoire : tout gravite, en matière de mouvements combinés, autour de la respiration. Il faut inspirer par le nez, expirer par la bouche et savoir accommoder ce double mouvement à l'exercice que l'on exécute. Quant à la marche, la position régulière du pied est de la plus haute importance; *pointer* ou *talonner*, mettre le pied en dedans ou en dehors, mal équilibrer le corps sur le soutien, voilà ce qui doit s'apprendre dès l'enfance. Quant à l'attitude du corps, creuser les reins, pousser le ventre, arrondir le dos, renverser la tête, voilà ce qu'il faut apprendre à éviter, de façon que dans les exercices ultérieurs on n'apporte pas une habitude défectueuse.

Ceux qui ont vu arriver à Paris, en 1870, les quatre-vingt mille gardes mobiles, absolument dépourvus de toute éducation physique, peuvent seuls se faire une idée de l'état d'infériorité dans lequel nous nous trouvons encore relativement aux étrangers.

Ce n'est pas ici le lieu d'insister sur le détail des programmes et des méthodes; en ces matières, ce sont les bonnes choses qui nous manquent le moins.

Nous n'insisterons pas non plus sur le côté médical. On a dit avec raison, il y a quelques années, que les bons effets de la gymnastique étaient jugés plutôt par le sentiment que par la science. La critique serait aujourd'hui moins vraie; grâce à de patients observateurs, parmi lesquels il faut citer MM. Burcq et Chassagne, nous savons avec une certaine précision que, sans donner à un enfant ce qu'il n'a pas en germe, une haute taille par exemple, la gymnastique lui donnera tout ce qu'il peut légitimement avoir : un développement intégral de sa nature, une circonférence thoracique respectable, une circulation régulière, une ample et facile respiration, des muscles énergiques; par là un soldat se prépare. En outre, il faut noter que les vices solitaires se montrent moins chez les enfants livrés aux exercices corporels, et presque tous les instituteurs ont noté — M. Hillairet et M. Laisné ont rapporté — que les premiers en gymnastique étaient très souvent les premiers en classe.

III.

Venons-en maintenant aux moyens administratifs. M. Barthélemy Saint-Hilaire a constaté que sur 40 000 écoles il n'y en avait que 7000 qui, à divers degrés, reçoivent les bienfaits de la gymnastique. Par qui la gymnastique sera-t-elle enseignée dans les écoles communales? Sans aucun doute par l'instituteur. Où aura-t-il puisé les règles de cet enseignement difficile dont nous avons esquissé quelques linéaments? A l'école normale primaire. Et qui, à cette dernière école, en saura assez pour donner un enseignement théorique et pratique suffisant? Ici le personnel nous fait presque absolument défaut, car je compte pour peu les 194 maîtres diplômés reçus à Paris depuis 1872, et dont la moitié environ étaient élevés aux écoles normales des départements de Seine et Seine-et-Oise. Il y aurait, quant à leur aptitude, trop à dire, et, quant à leur nombre, il est évidemment minime.

Deux solutions se présentent : l'une consisterait à confier cet enseignement à des médecins assistés d'un gymnaste; l'autre, celle que tous les hommes compétents réclament depuis bien des années, la création d'une école normale et nationale de gymnastique à laquelle on détacherait chaque année un certain nombre de professeurs aux écoles normales primaires, et qui feraient des études théoriques et pratiques suffisantes pour que « la science raisonnée des mouvements du corps » devînt rationnelle et féconde. Cette école servirait en outre à former les professeurs de l'enseignement libre et ceux des gymnastes municipaux qu'il est question de créer.

Quant à faire enseigner les théories physiologiques et hygiéniques des exercices par les médecins, il faudrait tout d'abord que ceux-ci eussent sérieusement étudié le sujet et qu'ils eussent eux-mêmes pratiqué la gymnastique; une école de gymnastique annexée à l'École de médecine serait donc le premier pas à faire, et l'on a lieu de s'étonner, au surplus, de la complète ignorance où se trouvent les étudiants, à quelques exceptions près, de cette branche si utile de l'hygiène. Il est vrai que l'hygiène, dans son ensemble, la plus importante, la plus utile des connaissances médicales, n'est représentée que par une chaire sur trente-trois, soit cinquante leçons!

C'est donc une école normale qu'il faut créer si l'on veut sérieusement exécuter la loi sénatoriale, et nous engageons vivement les médecins qui font partie de la Chambre des députés à ajouter au projet de M. Georges une disposition par laquelle on inviterait M. le ministre de l'instruction publique à aviser à cette fondation. Sans cette mesure complémentaire, la loi est dérisoire, même en en retardant l'application de deux années, de dix années si vous le voulez. La gymnastique n'est point une chose banale, indifférente, que le premier sergent venu peut appliquer efficacement. Il faut un personnel sérieusement instruit et il faut que l'exemple parte de haut, c'est-à-dire que les élèves de l'École normale supérieure soient astreints à se mettre au courant de cette partie de la pédagogie. En fondant une école normale de gymnastique où seraient enseignées l'anatomie et la physiologie des mouvements, l'histoire de la gymnastique et son utilité sociale, en même temps que la pratique et la théorie des exercices, — on ne ferait au surplus que suivre le mouvement donné en Europe, où la Suède, la Prusse, l'Italie, la Suisse, la Belgique et plusieurs États de l'Allemagne possèdent l'installation que nous réclamons. La dépense ne serait pas lourde; vingt — ou trente mille francs par an peut-être, — les résultats pourraient être considérables; un conservatoire de la santé humaine vaut certes un peu mieux, au point de vue utilitaire, que celui où la « déclamation » tient une si grande place et qui coûte annuellement un demi-million à l'État.

En résumé, le grand art de la culture corporelle vient de faire un pas, grâce à l'heureuse initiative de M. Georges, mais il ne faut pas s'en exagérer l'importance. Si la gymnastique était réellement obligatoire dans un délai de deux années, ce résultat serait peut-être désastreux pour la cause; car, faute d'un personnel à la hauteur de sa tâche, on n'éviterait ni l'un ni l'autre des écueils de la gymnastique : l'ennui et l'inutilité.

E. Dally.

REVUE UNIVERSITAIRE

Les discours de M. Jules Ferry et de M. Paul Bert.

De longues et glorieuses traditions ont fait de la distribution des prix du concours général des lycées de Paris la plus grande solennité universitaire de l'année. Le ministre de l'instruction publique la préside, et le discours qu'il y prononce est souvent un événement considérable.

C'est là en effet que le ministre révèle d'ordinaire les projets sur lesquels il veut appeler l'attention publique, formule son programme, et caractérise ce qu'on pourrait appeler sa politique universitaire.

Cette solennité présentait cette année une importance plus grande encore que d'ordinaire. Au moment où l'Université sert encore une fois de citadelle au parti libéral pour défendre les nobles idées et les grandes conquêtes de 1789 contre l'envahissement des jésuites, le gouvernement a voulu manifester d'une façon éclatante ses sympathies et ses convictions.

En effet, ce n'est pas seulement le ministre de l'instruction publique qui venait représenter la France devant la jeunesse des écoles, c'était le gouvernement tout entier, tous les ministres présents à Paris, et nous aurions pu dire sans doute tous les ministres sans exception, si un pieux devoir n'avait appelé la moitié d'entre eux à Nancy, pour rendre hommage à la mémoire du fondateur de la République et du libérateur du territoire. A côté des ministres, le président de la Chambre, M. Gambetta, était accueilli par des applaudissements énergiques et maintes fois répétés pendant la séance quand il couronnait un élève.

Le discours du ministre de l'instruction publique était attendu avec une légitime impatience, surtout après les votes récents de la commission sénatoriale, sur le projet de loi relatif à l'enseignement supérieur.

Voici le texte de ce discours :

Messieurs,

Ce n'est point un usage banal qui réunit dans ce jour de fête universitaire les représentants les plus élevés du gouvernement républicain aux chefs les plus illustres du corps enseignant. Il y a ici quelque chose de plus qu'une distribution de prix : j'y vois, quant à moi, la manifestation éclatante et particulièrement opportune des liens profonds qui associent les destinées de l'État libre et démocratique que nous avons fondé à la puissance scolaire la plus durable et la mieux organisée qu'aucun temps ait jamais conçue. *L'Université et la République, qui se donnent ici la main, n'ont pas nécessairement les mêmes amis : il est dans le rôle de l'Université de France de n'être l'instrument ni le domaine exclusif d'aucun parti; mais n'est-il pas manifeste qu'à cette heure nous avons, vous et nous, les mêmes ennemis?*

C'est pour l'Université, pour ses droits usurpés, pour sa dignité méconnue, pour son domaine amoindri depuis trente ans sous l'effort des envahissements successifs, que l'État républicain a entrepris le combat des revendications nécessaires, et qu'il poursuit sa route résolument, malgré les clameurs et les défections, avec la satisfaction de pouvoir dire dès à présent sans forfanterie que nous sommes plus qu'à mi-chemin de la victoire.

En échange, la République ne demande à l'Université de France aucun sacrifice, ni de dignité ni d'indépendance. Ce n'est pas nous qui porterons jamais la main sur ce grand corps, le premier, le plus ancien, le plus dévoué des serviteurs du pays. Le corps universitaire n'est pas de ceux qui font volontiers parade de leurs titres et de leurs vertus. Mais je suis plus libre que lui de proclamer que, pour l'abnégation et la modestie, pour l'attachement au labeur obscur et souvent meurtrier, pour le désintéressement et la pureté de la vie, cette grande corporation, la seule corporation laïque enseignante que l'histoire ait jusqu'ici connue, peut supporter tous les parallèles, braver toutes les comparaisons. Issue de cette brillante génération de professeurs, littérateurs, philosophes et hommes d'État que fit éclore dans la première moitié du siècle la liberté renaissante, puis méconnue dans la seconde moitié, rabaissée, persécutée, mais en définitive retrempée dans les temps d'épreuves, elle a su résister à la dépression des mauvais jours comme aux entraînements des jours heureux. Quand une institution a fait de telles preuves, elle a le droit d'exiger que nul, si haut placé qu'il soit, si bien intentionné qu'il puisse être, ne porte sur elle une main légère. Aussi est-ce surtout d'elle-même, de sa science, de son bon vouloir que nous attendons le succès de la tâche nouvelle à laquelle nous la convions, et que nous entendons, dès cette année, lui proposer d'entreprendre.

Cette tâche est une tâche de réformation. C'est presque un lieu commun, en dehors des régions universitaires, dans l'opinion des pères de famille, des hommes politiques, des gens du monde, qu'il y a dans les études classiques, ce noble fonds de l'éducation française, des sacrifices à opérer, des transformations à poursuivre, des routines à abandonner. La question n'est pas nouvelle : deux de nos prédécesseurs l'ont, sous des régimes divers et avec des formes différentes, posée avec éclat. Nous voulons servir sous la même bannière; nous entendons reprendre la même œuvre, et avec vous et par vous, messieurs, la mener à bonne fin.

Rien que pour tracer les grandes lignes d'un programme de cette importance, un long discours ne suffirait pas. Je voudrais seulement indiquer aujourd'hui, d'abord ce qu'il ne faut pas faire, et puis ce qu'il faut chercher.

Ce qu'il ne faut pas faire :

Rabaisser ou amoindrir les études classiques, méconnaître leur rôle historique et nécessaire dans l'éducation nationale, substituer, par exemple, l'étude de littératures récentes à celle de cette antiquité gréco-romaine dans laquelle le monde moderne plonge par toutes ses racines et que l'on retrouve façonnant toutes les grandes époques intellectuelles de notre histoire : le moyen âge par les livres d'Aristote et les écrits des jurisconsultes, la Renaissance par la révélation de la beauté païenne, la Révolution française par l'évocation républicaine. Faire cela, messieurs, renier cet héritage, ce serait abdiquer la meilleure part de nous-mêmes, oublier les origines de notre langue, les lois intimes de notre développement, les sources mêmes de notre génie; ce serait, comme on l'a dit souvent, décapiter l'esprit français.

Ce qu'il faut chercher :

La méthode d'enseignement empruntée par les universités du siècle dernier aux collèges fondés par les jésuites, cette méthode, qui consiste à traiter le latin comme une langue vivante et qui donne pour but et pour couronnement aux dix années d'études classiques l'artifice — ingénieux, à coup sûr, et que nous avons vu tout à l'heure porté à la perfection — de la composition latine et du discours latin, et de ce jeu d'esprit, aimable assurément et cher encore aux délicats, qui se nomme le vers latin; cette méthode, messieurs, est-elle la meilleure, la plus rationnelle? Est-elle la plus rapide et la plus sûre? Étudions-nous la langue latine pour la parler et l'écrire? N'est-ce pas plutôt pour en pénétrer le génie, pour conquérir la clef des pensées antiques, pour contempler face à face et sans intermédiaire ce qu'il y a d'exquis et de robuste dans l'esthétique des époques jeunes?

Le but à poursuivre serait-il seulement de charger les jeunes mémoires de formules extraites de bons auteurs, sorte de mimique de l'esprit qui s'apprend comme un rôle et se débite à point nommé, sans que la masse des connaissances acquises, la virilité de l'intelligence, la puissance de méditation, l'originalité s'en trouvent accrues ou garanties? Est-ce par de tels procédés qu'on peut atteindre à ce résultat, que vous poursuivez tous, maîtres qui m'écoutez, et par lequel seulement l'éducation classique se justifie : établir un commerce sérieux et fécond entre ces jeunes esprits ouverts à tout ce qui est beau, vibrants à tout ce qui est généreux, et les œuvres immortelles qu'enfantait sous le ciel transparent de l'Attique ou sur les bords héroïques du Tibre la jeunesse de l'humanité?

Et si tel est le but véritable et le véritable intérêt des études, que d'exercices à réduire, messieurs, à modifier, à supprimer même, pour leur substituer l'explication orale des auteurs, la lecture quotidienne sortant de l'effort combiné du maître et de l'élève, collaboration vivante, si féconde pour l'un comme pour l'autre! Et ceux qui réaliseront cette transformation de la méthode — au prix, je le sais, d'un plus grand effort du maître; mais je le sais aussi, les maîtres de l'Université n'en sont pas à mesurer leurs peines ni à lutter pour un moindre labeur, — ceux-là, messieurs, ces heureux révolutionnaires, n'auront-ils pas fait preuve envers ces grands esprits qui ont illuminé l'aurore de la moderne humanité d'une piété plus vraie, d'un culte plus clairvoyant et plus sincère?

A cette transformation de la conception fondamentale de l'étude des langues anciennes se rattacherait nécessairement la transformation des programmes du baccalauréat, cette épreuve solennelle dont on a fait un but et qui ne devait être qu'un point d'arrivée, qui est devenue une prime à la mémoire, une excitation fiévreuse aux études hâtives, au lieu d'être, comme autrefois, la consécration paisible et naturelle d'un cycle complet d'études bien faites; le baccalauréat, qui devrait être le couronnement du savoir accumulé et qui n'est trop souvent aujourd'hui, vous le savez, que le manuel couronné et l'aide-mémoire triomphant...

En résumé, consacrer moins de temps à l'étude du latin pour le mieux savoir et en tirer meilleur profit; restituer aux exercices trop négligés de la langue maternelle les heures qu'obstruent les méthodes surannées, au grand détriment de la connaissance sérieuse de la grammaire, du style et, dois-je le dire, de l'orthographe de la langue française.

Ces réformes, messieurs, ne sont possibles que par vous, avec votre concours, non seulement docile, mais résolu, cordial, convaincu.

Ce concours, vous nous le prêterez.

C'est une des forces de la société française, une des garanties les plus précieuses de son avenir, que d'avoir conservé à tous les degrés, sous le régime de la liberté la plus étendue, un enseignement d'État fortement organisé, avec ses traditions, un esprit de corps, une hiérarchie, une autorité ancienne et incontestée. Dans une société démocratique surtout, il est de la plus haute importance de ne pas livrer les études aux entreprises de l'industrialisme, aux caprices des intérêts à courte vue, aux courants impétueux et contradictoires d'un monde affairé, positif, tout aux soucis de l'heure présente.

Dépositaires d'une tradition qui a ses services et ses grandeurs, défendez cette institution si féconde dans le passé; mais ne laissez ni dire ni croire que cette institution n'est pas capable de s'assouplir aux nécessités du monde nouveau; montrez-nous, — vous le pouvez, vous le voulez, — à côté de l'*Université* conservatrice et traditionnelle, l'Université réformatrice et progressive que réclame et qu'acclamera le temps présent.

Messieurs, on disait, il y a quelques jours à l'une des tribunes nationales, qu'il s'agit de savoir en ce moment à qui appartiendra l'âme de la France.

L'âme de la France, elle est ici, et l'on n'est pas encore parvenu, grâce au ciel, à l'arracher de vos mains.

Non! la France de 1879, pas plus que la France de 1830, pas plus que celle de 1789, pas plus que la France de Henri IV, que celle de Philippe le Bel, la France moderne n'est disposée à livrer son âme et à reculer sa tradition.

Il y a des jougs que la vieille France chrétienne n'a jamais voulu subir, des idoles devant lesquelles elle ne s'est jamais prosternée, et l'on attend que la France libérale se jette à leurs pieds, confuse et repentante! On se trompe, car la lutte d'aujourd'hui n'est que la suite des luttes d'autrefois; car depuis cinq siècles l'esprit français n'a cessé de combattre sous des formes diverses pour la cause éternelle, la première et la plus glorieuse de toutes les causes : la liberté de l'esprit humain. Et ce n'est pas un mince honneur pour l'Université de France de se retrouver aujourd'hui, comme il y a quarante ans, au premier rang du grand combat!

M. Jules Ferry a parlé avec éloquence et fermeté. Malgré le temps d'arrêt que subissent ses projets au Sénat, il ne se décourage point et déclare qu'il est sûr du succès.

Le gouvernement, par sa présence, montrait qu'il se déclarait solidaire des projets et du langage du ministre de l'instruction publique. M. Jules Ferry a traduit la pensée de tous les libéraux dans un grand et noble langage digne d'un véritable orateur.

Son éloquence a retenti dans tous les cœurs lorsqu'il a rappelé le mot déjà célèbre échappé aux lèvres imprudentes de M. Chesnelong. Oui, il s'agit bien de savoir à qui appartiendra l'âme de la France; il s'agit de savoir si elle deviendra la proie des représentants du passé, des ennemis de la société moderne.

Mais la société moderne saura bien se défendre contre les attaques nouvelles qu'on lui prépare.

A en croire les déclarations de l'évêque d'Autun, M. Perraud, à la distribution des prix du collège de Juilly, ces attaques seraient sanglantes. Le bouillant prélat, qui se proclame lui-même le représentant du passé, nous avertit en effet qu'il luttera *les armes à la main*.

Nous aimons mieux croire à une figure de rhétorique, moins conforme, il est vrai, à l'esprit de l'Évangile qu'à celui du *Syllabus*. Mais les évêques ont depuis longtemps fait leur choix.

Sur les questions pédagogiques proprement dites, M. Jules Ferry annonce aussi des intentions réformatrices que nous ne saurions trop approuver. Il veut supprimer les exercices ridicules décorés du nom de vers latins et restreindre beaucoup la part du discours latin, pour faire une place plus grande au français, aux langues vivantes et aux sciences, dont l'étude donnera aux générations futures l'habitude de raisonnements plus précis.

C'est aussi des réformes de l'enseignement classique que M. Paul Bert a parlé en présidant la distribution des prix du lycée Fontanes.

Voici le texte du discours de l'éminent professeur et député :

Messieurs,

Les présidents de vos distributions de prix étaient jusqu'ici presque tous d'anciens élèves de ce lycée, célèbre sous tant de noms déjà, et qui s'est montré hier encore digne de sa vieille renommée. En se levant au milieu de vous, ils vous apportaient à la fois et l'honneur et l'exemple. Si je ne puis, avec mon ami Casimir Perier, avec mon respecté collègue Duclerc, vous traiter comme des frères plus jeunes, enfants de la même maison; si je n'ai pas qualité pour rappeler à aucun de ceux qui m'écoutent ces chers souvenirs d'une vie commune, faite de grandes joies et de petits chagrins, — ces souvenirs dont les jeunes parlent en souriant et qui mouillent les yeux des anciens, — laissez-moi vous dire cependant que je ne suis pas ici un étranger. Dans ces solennités où le devoir accompli reçoit sa juste récompense; parmi ces maîtres de la jeunesse, à la garde de qui la nation a remis avec amour ses plus précieuses espérances, et dont la vie tout entière s'offre en témoignage de la dignité de leur enseignement; devant ces jeunes gens qui seront citoyens demain, — il n'est pas un de ceux à qui la France a confié l'honneur de la représenter, qui n'ait le droit de se lever et de saluer maîtres et disciples au nom de la Patrie.

Et si ceux-là peuvent réclamer ce droit avec le plus d'autorité qui se consacrent avec le plus de passion à l'éducation nationale, j'ose dire que je le réclame; car, s'il en est beaucoup qui apportent à cette grande cause plus de forces et de talent, il n'en est pas qui s'y soient absorbés avec un dévouement plus entier.

Grande cause, et nous pouvons dire avec joie et orgueil : cause gagnée. Les temps avares sont passés. Nos Assemblées républicaines puisent, sans compter pour ainsi dire, pour ce noble usage, dans les trésors publics. En même temps que du sein de la France vaincue et mutilée elles faisaient renaître une jeune armée qui impose à tous le respect et nous permet l'espérance, en même temps elles dépensaient à pleines mains les millions pour faire sortir de terre les écoles, reconstruire lycées et facultés, augmenter les traitements des maîtres. Laissez-moi vous citer quelques chiffres, plus éloquents que toutes les formules. Le budget de l'État de l'instruction primaire, nul sous le premier empire, était de 50 000 francs sous la Restauration; la royauté de Juillet le porte à 3 millions; la seconde République à 6, le second empire à 11; celui que nous venons de voter dépasse 30 millions : sans parler de la caisse de 120 millions destinée à la seule construction des maisons d'école. Les deux autres ordres d'enseignement ont reçu des améliorations analogues, et nous ne nous arrêterons pas en si beau chemin. Non, nous y persévèrerons, poussés en avant par la grande voix de la nation, qui nous crie à chaque fois qu'elle est consultée : Allez, et faites, coûte que coûte, que chacun de mes enfants puisse devenir un citoyen instruit, honnête et dévoué.

Mais il ne suffit pas, pour obéir à cet ordre sacré, d'améliorer les conditions matérielles du développement de l'éducation nationale : il faut encore et surtout faire en sorte qu'elle réponde à la fois aux besoins éternels des sociétés et aux besoins particuliers du temps où nous vivons. Il ne s'agit plus ici seulement d'argent, mais de programmes. La tâche est plus élevée et plus ardue. Les assemblées politiques font place aux conseils spéciaux; le père de famille s'en remet au pédagogue.

L'habile et intrépide ministre qui présidait hier la solennité du concours général et qui, vous avez pu en juger, sait mettre au service de son énergie toute l'éloquence que d'autres ont dépensée à couvrir et orner leur faiblesse, a compris que le moment est enfin venu d'agir. Il a présenté à la Chambre des députés, qui l'a adopté à une majorité considérable, et de là au Sénat, dont l'acquiescement n'est pas douteux, un projet de loi qui, reconstituant le Conseil supérieur de l'instruction publique sur de nouvelles bases, remet le sort de l'éducation nationale entre les mains de ceux qui ont vraiment qualité non seulement pour apprécier ses besoins, mais pour savoir comment il est possible de les satisfaire, entre nos mains, chers collègues qui m'écoutez, et qui me pardonnerez de m'enorgueillir en ce moment d'appartenir à la famille universitaire.

Une grande lutte va s'ouvrir, lutte vraiment admirable et par la gravité des intérêts engagés et par le désintéressement absolu des combattants. Tous, nous sentons qu'il y a beaucoup à faire aux trois degrés, primaire, secondaire, supérieur, de l'instruction publique. Dans le domaine de l'enseignement secondaire surtout, une noble et généreuse agitation s'est emparée des esprits. L'urgence de grandes réformes s'impose à tous; chacun comprend que certains exercices scolaires surannés devront disparaître, que des méthodes à la fois plus élevées et plus simples devront régler l'enseignement de certaines matières, ne fût-ce que pour laisser à l'élève le temps nécessaire pour étudier fructueusement des matières nouvelles, dont l'introduction ne paraît pas moins indispensable.

Mais qui ne se sent ému à l'idée de porter, si pure que soit l'intention, si forte que soit la conviction, de porter sur cette arche sainte de l'enseignement des lycées une main peut-être téméraire? Qui oserait se flatter de mesurer d'avance et à coup sûr les conséquences nécessairement lointaines de modifications en apparence les plus légitimes, et d'ailleurs les plus réclamées aujourd'hui? C'est du développement intellectuel des classes élevées de la nation qu'il s'agit, de ces classes qui ne seront plus dirigeantes, mais auxquelles on empruntera toujours les directeurs; c'est lui qui est en jeu, en péril peut-être. Cette tentative *in anima sublimi* a de quoi faire hésiter les plus hardis expérimentateurs.

Peut-être me pardonnerez-vous de vous exprimer ma pensée sur un point, le plus important sans doute, de ce vaste champ d'études. Je le ferai brièvement, de peur que votre impatience ne m'impose comme mandat impératif d'exiger, en tête des réformes, la suppression des discours de distribution de prix.

Les sciences voudront à coup sûr, et avec raison, occuper dans l'enseignement secondaire un rang qui leur a été trop longtemps disputé. Elles viendront et montreront avec un légitime orgueil la sûreté de leurs méthodes, la grandeur de leur but, la puissance de leurs résultats. Les sciences d'observation réclameront le droit de discipliner les sens du jeune enfant, de l'habituer à bien voir, de le prémunir contre les illusions; les sciences d'expérimentation disent qu'elles seules peuvent lui enseigner à suivre dans les deux directions le lien secret qui unit les effets et leurs causes; les sciences mathématiques se vanteront de lui inspirer l'amour des abstractions, dédaigneuses des contingences et des phénomènes. Toutes se réuniront pour déclarer qu'elles marchent ensemble à la conquête de la nature, à l'extension indéfinie de la puissance de l'homme et du bien-être des sociétés. Enfin, elles montreront, d'une part, l'homme tel que nous l'a révélé l'histoire des premiers âges, faible, nu, isolé, disputant sur un sol inconnu, sous un ciel inclément, aux bêtes farouches qui l'entourent, le menacent et contre lesquelles il est désarmé, les fruits spontanés de la terre qu'il ne sait pas cultiver encore; puis, d'autre part, et grâce à elles, la terre reconnue, la mer domptée, les océans réunis, les montagnes franchies, la nuit et le froid vaincus, les végétaux utilisés, les animaux soumis ou refoulés, les minéraux transformés en prodigieuses richesses, la foudre devenue la messagère de l'homme, le soleil son peintre, toute force son esclave, la vie commençant à apprendre l'obéissance, l'air envahi plus victorieusement qu'au temps de Dédale, les cieux eux-mêmes ayant laissé pénétrer leurs secrets, et les astres sans nombre se mouvant dans l'espace sans limites, forcés de révéler leurs voyages mystérieux et sûrs, leur distance, leur vitesse, leur poids, jusqu'à la matière dont ils sont constitués, et nous chantant, dans ce langage que l'astronome a appris à entendre, le poème éternel des élément disséminés au sein de l'infini, s'attirant et s'agrégeant en mondes, poussières lumineuses de soleils, poussières obscures de terres, qui retourneront bientôt, c'est-à-dire après des milliards de siècles, à l'éparpillement moléculaire d'où ils sont sortis.

Voilà ce que diront les sciences, et bien d'autres choses encore, qui auraient arrêté le *nil mirari* sur les lèvres d'Horace, stupéfait de l'audace des enfants de Japet. Et, quand elles auront ainsi parlé, nul doute qu'elles ne remportent la victoire.

Eh bien, moi, leur humble, mais enthousiaste sectateur, je n'ai qu'une crainte, c'est de les voir en abuser. Ce que je redoute, ce à quoi je m'opposerai de toutes mes forces, c'est que, envahissant à l'excès un domaine où on leur a jusqu'ici trop parcimonieusement mesuré la place, elles ne prennent sur l'enseignement des lettres un revanche funeste. Cette tendance réactionnelle, je la sens grandir dans les assemblées délibérantes, et peut-être les justes réclamations de mes amis et les miennes ont-elles contribué à lui donner sa puissance croissante. Mais, parce que de grandes fautes ont été commises, qu'on n'en commette pas de plus grandes encore. Et pour tout dire, en un mot : parce qu'on a trop négligé l'utile, qu'on n'arrive pas à dédaigner l'idéal.

Oui, il faut rendre aux méthodes scientifiques la discipline des esprits ; oui, il faut mettre des faits là où l'on n'a trop longtemps mis que des mots; oui, il faut, obéissant au précepte de Montaigne, « moins remplir la mémoire et laisser l'entendement moins vide ». Mais il ne suffit pas que nos jeunes citoyens aient, pour emprunter encore l'expression du vieux moraliste, « la tête bien pleine et bien faite » : il faut qu'elle soit habituée à regarder en haut; il faut que l'éducation allume dans les âmes le désir ardent de se servir de la science pour quelque but élevé; il faut que le *Sursum corda* frémisse au fond de tout enseignement ; il faut que le culte du beau, que le respect du *non utile,* que l'amour de l'idéal imprègnent fortement les jeunes esprits.

Or, à ce résultat nécessaire peut seul conduire une haute culture littéraire. L'étude des lettres seule peut donner à la pensée ce désintéressement sublime qui fait apprendre, réfléchir, s'émouvoir, pour la pure satisfaction de savoir, de comprendre, de jouir ou de pleurer. Elle seule amène l'esprit à cette hauteur où il embrasse les horizons de la science elle-même et peut en admirer l'étendue sans limite; elle seule lui montrera ce qu'il y a de grand dans la science, ce ne sont pas ces résultats matériels, mais la preuve qu'elle donne de la puissance de la pensée humaine, que racontent aujourd'hui, pour prendre l'expression biblique, et la terre et les cieux. On a dit, et peut-être avec raison, que les études littéraires à l'exclusion des sciences ne prépareraient qu'une nation de rhéteurs; prenons garde que les études scientifiques exclusives ne préparent une nation de contre-maîtres. Fournissons par la science la substance même de l'enseignement; par les lettres élevons-le, en lui montrant son but, et n'oublions pas que c'est une loi morale comme une loi mécanique, qu'il faut viser haut pour porter loin. Et, en écartant ainsi de notre enseignement secondaire les préoccupations prématurées de la pratique, ne craignons pas d'y rendre nos élèves incapables lorsqu'ils rentreront dans la vie publique. Non, ils seront, et je cite encore Montaigne, « comme ces philosophes grands en science... qui, si quelquefois on les a mis à la preuve de l'action, on les a veus voler d'une aisle si haute qu'il paroissoit bien leur cœur et leur âme s'estre merveilleusement grossie et enrichie par l'intelligence des choses. »

Laissez-moi maintenant, mes jeunes amis, prononcer en terminant le mot de politique. J'en ai le droit, car les devoirs politiques vous attendent au sortir même du lycée, et vous devrez toujours vous souvenir de la loi de Solon qui notait d'infamie quiconque ne prenait pas parti dans les dissensions publiques. Eh bien, au point de vue civique comme au point de vue intellectuel, pour votre développement individuel comme pour la grandeur de la patrie, cet amour de l'idéal dont vous aurez été pénétré montrera également son utilité et sa puissance. La vraie grandeur des peuples se mesure à celle de leur idéal. Les Grecs ont eu pour idéal le beau, le vrai, la liberté; les Romains, la domination : ceux-là ont légué à l'humanité des modèles dont elle s'enorgueillira éternellement; ceux-ci ont laissé le souvenir d'une immense puissance écroulée. Il est des nations, à notre âge, qui semblent avoir repris la devise romaine : *Regere imperio populos;* soyons, nous, les héritiers des Grecs, et, si nous savons faire ce dont ils furent incapables, si nous savons rester unis, nous hériterons de leur gloire sans redouter leurs revers.

C'est à maintenir cette unité, mes jeunes amis, que nous travaillons, avec une énergie que rien ne découragera, que rien n'arrêtera. Nous y jugeons engagé le salut de la France elle-même, et nous élevons nos âmes à la hauteur de cette tâche suprême.

Vous verrez, vous, l'œuvre terminée. Je vous le demande, — et ce sont mes dernières paroles, — lorsqu'alors vous jugerez nos actes, lorsque vous jugerez nos fautes, vous qui représenterez la patrie, pardonnez-nous beaucoup en son nom, car nous l'aurons beaucoup aimée.

M. P. Bert, comme M. J. Ferry, comme tous les hommes au courant des besoins et des habitudes d'esprit des sociétés modernes, veut augmenter la part des sciences dans l'éducation de la jeunesse.

Il considère même la cause comme gagnée déjà; et elle l'est, en effet, dans l'opinion sinon dans les faits. Mais il se préoccupe en même temps des exagérations que provoquent souvent les résistances prolongées au progrès.

Il faut donner de bonne heure aux jeunes gens l'esprit scientifique, mais il ne faut pas détruire pour cela la culture littéraire; il faut seulement la rectifier, en retirer les petites paillettes de clinquant que certaines personnes prennent encore pour de l'or pur; en un mot, la rendre plus sérieuse, plus précise, et, par exemple, substituer l'étude littéraire de Virgile à la recherche des antithèses de vers latins qu'Horace, sans doute, ne comprendrait jamais.

BULLETIN DES SOCIÉTÉS SAVANTES

Académie des sciences de Paris. — 28 JUILLET 1879.

M. Wurtz : L'hydrate de chloral. — M. Berthelot : Combustion de la poudre de guerre. — MM. Ed. et H. Becquerel : La température de l'air sur le sol, et sous deux sols. — M. Faye : Sur la théorie de la grêle. — M. Lecoq de Boisbaudran : Le Samarium. — Présentation d'une liste de professeurs au ministre. — Rapport. — M. Poincarré : Inhalations des vapeurs de nitrobenzine. — M. Witz : Du pouvoir refroidissant de l'air à des pressions élevées. — M. Lechartier : Dosage des matières organiques des eaux naturelles. — M. Arloing : Des injections intra-veineuses de quelques anesthésiques. — M. J. Renaut : Du pancréas des vertébrés. — M. Maupas : Protoorganismes animaux et végétaux multinucléés. — M. Bouquet de la Grye : Réponse à M. Ledieu. — M. Brault : Les phases de la circulation annuelle de l'atmosphère. — M. Nivet : Les terres des Dombes. — M. Lami : Expériences sur la production du lait. — M. Balland : Le vin de palmier récolté à Laghouat.

M. *Wurtz* annonce qu'il a complété les expériences qu'il avait commencées, il y a deux ans, sur cette question : Y a-t-il dégagement de chaleur lorsque la vapeur de chloral anhydre et la vapeur d'eau se rencontrent dans des conditions telles, que l'hydrate ne puisse pas se condenser? — Le résultat définitif de ces expériences est celui-ci : 1° lorsqu'on fait rencontrer de la vapeur d'eau et de la vapeur de chloral anhydre, de telle façon que ces vapeurs ne puissent pas se condenser, leur mélange ne donne pas lieu à la moindre élévation de température; 2° bien qu'il y ait rencontre ou mélange entre elles, sous des pressions ou à des températures variables, les vapeurs d'eau et de chloral ne se combinent pas. — Il est nécessaire d'employer pour ces expériences du chloral parfaitement pur.

— M. *Berthelot* présente ses observations, à propos du Mémoire de MM. Noble et Abel, sur les substances explosives et sur la combustion de la poudre, dont il a été question dans la dernière séance. Tout en adressant un vif éloge aux auteurs, il pense que les métamorphoses chimiques de la poudre de guerre n'en demeurent pas moins obscures et compliquées. Tout l'avantage de ce mélange grossier, transmis par la tradition des âges barbares, réside dans le caractère gradué de sa détente explosive, car la réaction même n'utilise guère que la moitié de l'énergie de l'acide nitrique que l'on peut concevoir mis en œuvre dans la fabrication de la poudre. Le savant académicien espère que celle-ci sera remplacée quelque jour par des substances mieux définies, où l'énergie de l'acide nitrique sera mieux ménagée, enfin dont la combustion, plus simple et plus complète, deviendra susceptible d'être mieux réglée, suivant les besoins des applications, par les principes de la théorie scientifique.

— MM. *Edmond* et *Henri Becquerel* présentent à l'Académie les tableaux météorologiques établis, pendant l'année 1878, sur la température de l'air à la surface de la terre et jusqu'à 36 mètres de profondeur, ainsi que sur la température de deux sols, l'un dénudé, l'autre couvert de gazon. Ces tableaux, qui sont chargés de chiffres, font ressortir ce point principal, la régularité avec laquelle s'opèrent les échanges de chaleur dans le sol. Ils font constater également que la pénétration de la gelée a lieu avec bien plus de force dans l'intérieur d'un sol dénudé que dans celui d'un sol gazonné.

— M. *Faye* a étudié la théorie de la grêle de MM. Oltramare, professeur à l'Université de Genève, et D. Colladon. Le premier pense que, pour expliquer le phénomène des orages à grêle, il suffit de recourir aux lois du refroidissement de l'eau aérienne et à celles de la surfusion. M. Faye ne croit pas que cette théorie puisse être acceptée, en dépit de sa grande et séduisante simplicité. Tout au plus suffit-elle pour expliquer les couches translucides des grêlons.

La théorie de M. Colladon, dont tout le monde connaît la compétence en matière de sciences physiques et mécaniques, est au contraire bien différente et confirme les vues et les idées de M. Faye. Elle reconnaît, ainsi que lui, que les phénomènes des orages ne peuvent être compris que par cette conjecture qu'il vienne d'en haut un flux constant d'air sec et froid, fortement électrisé et pouvant être mélangé d'aiguilles de glace ou de gouttes à l'état de surfusion.

— M. *Lecoq de Boisbaudran*, rappelant les descriptions qu'il a précédemment données à l'Académie de certaines raies spectrales, produites par des sels terreux retirés de la samarskite, avait conclu sous réserve à l'existence d'un nouveau métal. Des recherches plus approfondies et poursuivies indépendamment par plusieurs personnes, dont le nom se retrouvera quand on fera l'histoire du nouveau métal, ont fait disparaître ces réserves et laissent aujourd'hui conclure absolument à son existence. M. de Boisbaudran propose en conséquence de lui donner le nom de *samarium* (symbole = Sm), dérivé de la racine qui a servi précédemment à former le mot *samarskite*.

— *Nominations.* — L'Académie procède, par la voie du scrutin, à la formation d'une liste de deux candidats à présenter à M. le ministre de l'instruction publique, à l'effet de pourvoir à l'occupation de la chaire d'anatomie comparée du Muséum, vacante par le décès de M. Paul Gervais. Au premier tour de scrutin, le nombre des votants étant 34, M. Georges Pouchet obtient 33 suffrages. Au second tour de scrutin, le nombre de votants étant 32, M. S. Jourdain obtient 28 suffrages, M. Giard 2. En conséquence, la liste présentée à M. le ministre de l'instruction publique comprendra : en première ligne, M. Georges Pouchet; en seconde ligne, M. S. Jourdain.

— *Rapport.* — La commission nommée par l'Académie pour se prononcer sur les recherches expérimentales de M. Saint-Meunier, relatives aux fers nickelés météoriques et aux fers carburés natifs de Groënland, conclut à l'entière approbation de ce travail et le déclare digne d'être inséré dans le *Recueil des savants étrangers*. Ces conclusions sont adoptées par l'Académie.

— M. *Poincarré* adresse une note sur les effets pernicieux des inhalations des vapeurs de nitrobenzine. Cinq cobayes furent successivement maintenues par lui dans une atmosphère qui était constamment renouvelée, mais que chargeait incessamment de ces vapeurs un encrier à siphon contenant cette substance et placé au fond de la caisse. Ces animaux montrèrent une force de résistance bien inférieure à celle de l'homme, et tous les cinq périrent à des intervalles successifs. A l'autopsie tous les organes dégagèrent une odeur très prononcée d'essences d'amandes amères. Le sang offrait une teinte amarante très caractéristique. Le foie, les reins, les centres nerveux et les poumons étaient le siège d'une vive congestion. Quant aux éléments histologiques, ils ont toujours été respectés par la nitrobenzine, dans leur forme comme dans leur constitution. Toutefois, malgré l'absence d'altérations matérielles de ces éléments, l'intensité des congestions constatées, la fréquence des syncopes et les autres accidents qu'on observe chez les ouvriers indiquent qu'il y a lieu de maintenir ou d'établir, dans les fabriques d'aniline, les plus sévères mesures d'hygiène ou de précaution.

— M. *A. Witz* envoie le résultat d'une étude sur les pouvoirs refroidissants de l'air aux pressions élevées. Cette étude n'a guère été poursuivie jusqu'à ce jour au delà de 760 millimètres; elle vérifiait la loi de Dulong et Petit. M. Witz a donc cherché l'effet thermique des parois d'une enceinte sur les gaz qu'elle renferme, vers 1520 millimètres de pression. La loi précitée ne se vérifie plus, et son application cesse d'être exacte à partir de 1200 millimètres de pression. MM. de la Provostaye et Desains avaient formulé, dès 1846, une conclusion analogue, relative aux pressions inférieures à 45 millimètres. Rapprochés l'un de l'autre, ces résultats sont de grande importance. Il faudra se mettre en garde contre toute extension de la loi de Dulong et Petit, en dehors des limites entre lesquelles elle a été déterminée ou vérifiée.

— M. *G. Lechartier* adresse un travail sur le dosage des matières organiques des eaux naturelles, dosage qui constitue l'un des problèmes les plus compliqués de la chimie. La méthode qui fournit les meilleurs résultats au point de vue pratique est celle qui a été proposée par M. Frankland : elle consiste à doser le carbone et l'azote de ces matières organiques. On détermine séparément les proportions d'azote existant en dissolution, soit à l'état de sel ammoniacal, soit à l'état de nitrates; on dose la totalité de l'azote combiné, et par différence, on connaît le poids de l'azote qui fait partie intégrante des matières organiques.

Une des difficultés de cette opération, consistant à décomposer les carbonates en dissolution dans l'eau et à effectuer l'évaporation sans rien perdre de l'azote combiné qui doit se retrouver intégralement dans le résidu, M. Lechartier a renoncé à doser directement la totalité de l'azote existant en combinaison dans une eau; il prend soin de déterminer la somme de l'azote nitrique et de l'azote organique, en éliminant l'azote ammoniacal. Le dosage direct de l'azote nitrique permet d'obtenir, par différence, le poids de l'azote organique. La comparaison des nombres relevés dans les expériences fournit la preuve que cette modification, apportée à la méthode primitive, donne des résultats aussi rigoureux qu'on peut le désirer dans les analyses de cette nature.

— M. *Arloing* envoie un travail sur l'influence comparée des injections intra-veineuses de chloral, de chloroforme et d'éther sur la circulation. Cette note étant remplie de détails d'observations qu'il n'est pas possible de résumer sans nuire à la valeur ou à l'ensemble de ce travail, nous la signalons pour mémoire aux praticiens qu'elle intéresserait.

— M. *J. Renaut* envoie une note également toute d'observations, sur les glandes œsophagiennes, qu'il propose de nommer organes lympho-glandulaires, et dont l'étude conduit facilement à la connaissance du pancréas. Cet organe, que l'auteur a étudié chez le poulet, le cheval, le chien, le lapin et le rat, s'est partout montré fondamentalement le même. C'est une glande composée de cordons caverneux, irrégulièrement divisés en loges pseudo-aciniques communicantes. La paroi de ces cordons est formée de tissus réticulés, leur aire est cloisonnée par les mêmes tissus. Ces constatations importantes font honneur au laboratoire d'anatomie générale de la Faculté de médecine de Lyon, où elles ont été préparées et suivies.

— M. *E. Maupas* adresse un travail sur quelques proto-organismes animaux et végétaux multinucléés, travail dont les conclusions sont de haute valeur. Après avoir énuméré quantité de faits, l'auteur se demande en terminant quelle en est la signification morphologique :

« Faut-il, avec Van Beneden, les considérer comme étant sans importance et ne voir dans de nombreux organes que de simples fragments d'un noyau primitif? Cela me paraît difficile, car ces prétendus fragments peuvent se diviser, en passant par la série des phénomènes compliqués que les recherches de ces dernières années ont révélés, relativement à la division des noyaux des cellules animales et végétales. Sur une *Opalina ranarum*, j'ai vu un de ses nombreux noyaux se préparer à la division en s'allongeant, et développant des filaments nucléaires longitudinaux, munis d'un épaississement équatorial. Il n'existe donc aucun caractère par lequel nous puissions distinguer un fragment nucléaire d'un noyau proprement dit.

« Faut-il au contraire, admettre avec Haeckel, que ces organismes sont composés de cellules distinctes par leurs noyaux, mais encore fusionnées entre elles par leur corps sarcodique? Dans cette manière de voir, nous aurions là une structure intermédiaire, qui établirait le passage entre les êtres unicellulaires et polycellulaires, et avec Huxley (*the Anatomy of invertebrated animals,* p. 678), nous pourrions dire que nos Infusoires multinucléés se rapprochent beaucoup des Turbellariés les plus inférieurs. Mais de très graves objections se présentent aussitôt contre une conclusion aussi hardie. Dans ce que nous connaissons actuellement de la biologie de ces organismes multinucléés, nous ne voyons encore aucune trace de ces différenciations et localisations de fonction qui caractérisent les Métazoaires même les plus simples. Ils se comportent toujours comme de simples cellules dans lesquelles toutes les parties sont homodynames. Ce n'est pas que je croie que le hiatus qui existe entre les Protozoaires et les Métazoaires ne puisse être comblé un jour; tout au contraire, et je suis trop convaincu de l'enchaînement évolutif des êtres vivants, pour ne pas admettre qu'on trouvera des formes à l'aide desquelles on franchira, sans lacune, l'intervalle qui sépare encore ces deux groupes primordiaux. Je crois même que les observations nouvelles que j'ai fait connaître dans cette Note indiquent la voie dans laquelle on devra chercher; mais, pour le moment, c'est, à mon avis, tout ce qu'on peut en tirer. »

— M. *Bouquet de la Grye* proteste contre des conclusions présentées par M. Ledieu dans la précédente séance, à l'effet de récuser les opinions de l'auteur, tant sur la direction que sur l'intensité du vent. Celui-ci affirme que ses calculs ont pour base des lectures faites en différents points du globe par d'autres que par lui-même; il juge alors de leur valeur par la concordance de leurs résultats. Or, s'il est une chose sur laquelle les marins ne se trompent pas, c'est précisément sur la constatation des deux caractères qui constituent le vent : la provenance et la direction.

— M. *L. Brault* adresse un mémoire sur les deux grandes phases de la circulation annuelle de l'atmosphère. L'étude de la répartition de la pression barométrique sur la surface entière du globe conduit à deux résultats très importants, qui suffiraient pour caractériser les deux grandes phases de la circulation atmosphérique annuelle. 1° En été, les minima barométriques des continents sont tous dans notre hémisphère et les maxima continentaux dans l'hémisphère austral; en hiver au contraire, les minima des continents sont tous dans l'hémisphère austral et les maxima dans le nôtre. Ainsi, l'été de notre hémisphère existe, lorsque sont établis simultanément le grand minimum de l'Asie centrale (748), le minimum de l'Amérique du Nord (754) et les maxima ou régions maxima de l'Amérique du Sud, de l'Australie et de l'Afrique méridionale. 2° Sur toute la surface terrestre, les maxima continentaux des mois d'été deviennent en hiver des maxima ou tout au moins des régions maxima, et réciproquement, les maxima continentaux deviennent des minima barométriques. Pendant les deux saisons, il existe un maximum dans l'océan Atlantique Nord, et un autre dans le Pacifique septentrional.

— M. *Nivet* fait connaître le résultat de ses recherches sur les terres du pays des Dombes. Ces terres constituent une formation très intéressante : comprises dans les terrains tertiaires ou pliocènes, elles se ramènent par leur composition au type des terrains silico-argileux. Les terres végétales se divisent en deux catégories bien distinctes : 1° terres moyennes du pays; 2° terres d'étangs; ces dernières sont de beaucoup les plus fertiles. Les terres arables sont cultivées d'après le système de la jachère biennale. Les étangs sont laissés en eau pendant deux ans; la troisième année on y met une avoine.

Au point de vue physique, ces terres se prennent, après les pluies, en un ciment qui les rend très difficiles à travailler et imperméables aux eaux qui tombent dans la suite. En été, elles deviennent trop sèches. Tous ces inconvénients en font des terres d'un rendement très faible. Comme elles sont pauvres en principes fertilisants, surtout en carbonate de chaux, le chaulage, avec addition d'engrais, paraît devoir entrer pour une grande part dans le système d'amélioration des terres de ce pays. La culture fourragère, qui permettrait l'élève du bétail et qui partant donnerait beaucoup de fumier, serait aussi l'un des meilleurs moyens pour augmenter le rendement de ces terres.

— M. *Lami* rend compte d'une expérience, où il a cherché la fréquence plus ou moins grande des traites d'une étable à une influence sur la production et les qualités du lait, la nourriture étant constante. Cette expérience a résolu la question posée dans le sens affirmatif, et ce résultat semble pouvoir s'expliquer de deux façons ; ou, quand on trait plus souvent, on favorise la production des globules butyreux par la gymnastique fonctionnelle; ou, quand on laisse trop longtemps le lait dans la mamelle, une partie des globules butyreux est résorbée et rentre dans la circulation comme élément combustible. Une seconde expérience à l'effet de constater la vérité de l'une de ces deux hypothèses a conduit l'auteur à écarter la seconde, pour s'en tenir à la première.

— M. *Balland* adresse une note sur les palmiers cultivés dans les oasis de Laghouat et sur le vin de palmier qu'on en retire. Il indique les procédés suivis pour le recueillir et ajoute que sa couleur est opaline, un peu blanchâtre ; son odeur est légèrement excitante; sa saveur, au premier abord, est très agréable et rappelle le cidre mousseux, mais lorsque le vin a perdu son acide carbonique, elle paraît fade; au toucher, il est gluant. Sa composition, aussitôt après la fermentation alcoolique, peut être représentée ainsi :

	Grammes.
Eau	83,80
Alcool	4,38
Acide carbonique	0,22
Acide malique	0,54
Glycérine	1,04
Mannite	5,60
Sucre exempt de sucre de canne	0,20
Gomme	3,30
Substances minérales	0,32
	100,00

CHRONIQUE SCIENTIFIQUE

Légion d'honneur. — Sont promus officiers :

M. Maurice Lévy, ingénieur des ponts et chaussées, professeur à l'École centrale des arts et manufactures de Paris ;

M. Mazerolle, artiste peintre, auteur des récentes décorations du Théâtre-Français.

— Muséum d'histoire naturelle de Paris. — Conformément aux présentations de l'Assemblée des professeurs et de l'Académie des sciences, M. Georges Pouchet, maître de conférences à l'École normale supérieure, a été nommé professeur d'anatomie comparée, en remplacement de Paul Gervais, second successeur de Cuvier.

— Exposition a Georgetown. — Une Exposition universelle des trois Guyanes anglaise, française et hollandaise, vient de s'ouvrir à Georgetown, capitale de la Guyane anglaise. Cette Exposition est intéressante surtout au point de vue de l'histoire naturelle et des objets qui mettent en lumière les détails de la vie des Indiens.

Le consul de France assistait à la cérémonie d'inauguration, et le gouverneur de la Guyane française avait envoyé à Georgetown le bâtiment de guerre *le Serpent*.

— Boussoles électriques avertissantes. — On vient de faire une application très ingénieuse de l'électricité à la navigation. Un Anglais, M. Henry Severn, a réussi à établir une boussole par laquelle le capitaine est averti, au moyen d'une sonnette, dès que le bâtiment cesse de suivre la route prescrite. Cette sonnette est mise en mouvement d'une manière automatique. Tout l'appareil est renfermé dans une petite boîte facile à transporter, et qui, règle générale, doit être placée dans la chambre du capitaine. Toute déviation à tribord ou à bâbord met la sonnette en action.

En supposant qu'en quittant le pont le capitaine ait donné l'ordre de suivre une direction, il place l'aiguille de l'instrument à un certain angle, et au lieu d'avoir comme aujourd'hui à veiller constamment sur la boussole pour savoir si ses ordres sont suivis, il s'en remet à l'instrument qui l'en informe par son silence, et, en cas contraire, l'avertit par son tintement. L'instrument ne cesse alors de résonner que quand le bâtiment a repris la marche prescrite.

Le capitaine, au moyen de cet instrument, s'épargne beaucoup de perplexités, évite les écueils avec une sécurité bien plus grande et voit diminuer considérablement les dangers de sa navigation.

— Épidémie de fièvre typhoïde a Saint-Mihiel. — M. le docteur Liouville, député de la Meuse, envoyé en mission par le ministre de la guerre pour examiner les conditions dans lesquelles s'est produite l'épidémie actuelle de fièvre typhoïde dans les casernes de Saint-Mihiel, est arrivé ces jours-ci dans cette ville. Il s'est entendu avec le général Clinchant. D'énergiques mesures ont été prises pour combattre le mal, et, sur l'avis du docteur Liouville, le 8e régiment de cuirassiers a été envoyé au camp de Châlons.

— Les pigeons voyageurs. — Le ministre de l'instruction publique et des beaux-arts vient, sur le désir exprimé par le ministre de la guerre, de mettre à la disposition de son collègue quatorze coupes de la manufacture de Sèvres destinées à être distribuées en prix aux lauréats des concours de pigeons voyageurs. On sait que, dans chaque place forte, est établi un colombier militaire qui, en cas de siège, pourrait rendre de très grands services. Le ministre de la guerre a donc tout intérêt à encourager une institution susceptible d'être un jour fort utile à la défense du territoire.

— Société d'anthropologie de Paris. — M. de Mortillet a présenté, de la part de M. Lucien Carr, conservateur du *Peabody Museum* de Cambridge (États-Unis), des haches de pierre trouvées dans les alluvions quaternaires de Delaware River (New-Jersey). Ce gisement a été découvert par M. Abbott.

Ce qui rend cette découverte très curieuse, c'est que ces haches ont une forme très analogue à celle des haches de Saint-Acheul. Elles sont un peu moins bien taillées, mais cela tient à ce qu'elles ne sont pas en silex. Comme le silex fait défaut dans la région de Delaware River, les hommes ont été obligés de prendre pour faire leurs instruments une pierre beaucoup plus difficile à tailler : c'est le traps, pierre volcanique et un peu argileuse d'un travail assez malaisé. Dans plusieurs parties de la France, les hommes quaternaires ont été obligés de suppléer de même au silex par le quartzite, et ils sont arrivés alors à des résultats très comparables à ceux que M. Carr rapporte d'Amérique.

M. de Mortillet est porté à croire que cette similitude entre les industries des deux continents n'est pas fortuite. Il pense que ce fait vient à l'appui de ceux qui croient que les deux mondes étaient autrefois reliés par un territoire aujourd'hui submergé sous l'océan Atlantique. Cette opinion s'appuie en outre sur la ressemblance de plusieurs espèces végétales et animales qui sont communes à l'Europe et à l'Amérique. On peut admettre à la rigueur que certaines graines aient été poussées par le vent au delà de l'Océan; mais comment expliquer autrement que par un contact des deux territoires que certains mollusques terrestres soient communs aux deux mondes?

— La statue d'Arago. — La statue d'Arago, l'astronome, exposée au Salon de sculpture de cette année, est destinée à l'ornementation d'une des principales places publiques de Perpignan. L'inauguration de cette statue doit avoir lieu dans cette ville au mois de septembre. La cantate, qui doit être chantée à cette solennité, sera composée par M. Taudou, compatriote d'Arago et prix de Rome en 1866. On dit que M. Paul Bert, député et professeur à la Sorbonne, assistera à cette inauguration et y prononcera un grand discours consacré naturellement à l'illustre astronome.

— La myopie et l'impression sur papier noir. — A l'une des dernières séances de la Société russe d'hygiène, M. Malarewski a proposé d'imprimer dorénavant en lettres blanches sur fond noir, dans le but d'arrêter les progrès de la myopie. Bien que l'auteur affirme avoir obtenu des résultats assez concluants par des expériences faites sur cinquante personnes, il est permis de conserver des doutes sur l'utilité d'un système dont la mise en pratique serait une révolution dans l'art de l'imprimerie.

— Villa-Thuret d'Antibes. — Par décret en date du 23 juin, rendu après avis du conseil d'État, le ministre de l'instruction publique et des beaux-arts est autorisé à accepter au nom de l'État, aux clauses et conditions énoncées dans l'acte notarié du 24 décembre 1878, la donation consistant en un herbier et une collection de livres, faite par M. le docteur Bornet à l'établissement scientifique créé par décret du 8 novembre 1877 et désigné sous le nom de « Villa-Thuret », situé à Antibes.

— Les wagons-lits. — La compagnie des wagons-lits a mis récemment en service sur la ligne d'Orléans une nouvelle voiture d'un aménagement aussi parfait que peut le permettre la disposition des lignes françaises. Cette voiture porte sur trois essieux, ce qui augmente la stabilité et la sécurité. La caisse est suspendue par un système de tirants à épaisses rondelles de caoutchouc qui amortit absolument la trépidation, si pénible dans les longs parcours.

Un corridor longeant l'un des côtés de la caisse donne accès sur des cabines dont les lits sont notablement plus larges qu'auparavant.

La bonne suspension du lit supérieur en rend l'usage préférable, surtout parce que le bruit provenant du roulement des roues ne s'y fait pas entendre.

Cette voiture s'arrête encore à Bordeaux. Dans quelque temps, elle ira jusqu'à Madrid, comme ses pareilles vont jusqu'à Vienne, Berlin et Bruxelles.

— Un musée nouveau. — Le duc de Devonshire a inauguré récemment, en présence d'une foule considérable un *Memorial Hall*, élevé dans la ville de Chesterfield en l'honneur de George Stephenson, le célèbre ingénieur auquel on doit l'invention des locomotives. Stephenson est mort et a été enseveli à Chesterfield en 1848. Le Hall qui vient de lui être consacré est un bel édifice contenant des collections de tableaux, d'objets d'art, et des salles destinées à des réunions scientifiques et littéraires.

— Les poissons de la Dee. — Une des rivières les plus poissonneuses de l'Angleterre, la Dee, n'a plus maintenant le moindre poisson sur une étendue de quatre à cinq lieues. Un grand nombre de fabriques établies le long de ce cours d'eau ayant été submergées ces jours-ci à la suite d'orages, des substances chimiques ont été entraînées dans la rivière, où l'on a bientôt vu surnager des milliers de poissons morts. Ceux qui ont pu échapper sont descendus en masse compacte vers la mer. En un endroit où la Dee change de niveau et où ses eaux forment une chute, saumons, truites, brochets, gardons et brêmes se lançaient dans la cataracte pour fuir l'eau empoisonnée qui les poursuivait.

— La physiologie au tribunal de la Seine. — Ce sont d'horribles nuits, à en croire Mme Gelyot : des nuits entrecoupées d'insomnies et de cauchemars, mêlées de cris lugubres et d'effroyables hurlements. Le Dante, s'il eût connu ces nuits-là, n'eût pas manqué d'ajouter un chapitre à son *Enfer ;* Martins eût donné un pendant au célèbre tableau de la *Fin du monde;* Berlioz eût composé une symphonie supplémentaire pour la *Damnation*. Mme Gelyot, maîtresse d'hôtel, ne cultive ni la poésie, ni la peinture, ni la musique; elle s'est contentée de traduire ses sensations par du papier timbré. L'art de l'huissier consistait à mettre habilement en scène les souffrances de l'hôtelière. Il a fait mieux : il les a condensées dans un chiffre, et nous avons appris hier que la somme des tortures endurées par Mme Gelyot s'élève à 16000 francs.

Ces 16000 francs, Mme Gelyot les réclame à M. le préfet de la Seine, parce que, voisine de la Sorbonne, elle est la proie des chiens, comme autrefois Jézabel.

De quels chiens ? Des chiens de M. Paul Bert, continuateur des expériences de l'illustre Claude Bernard.

Sur un terrain vague, contigu au vieil édifice, au milieu des pierres d'un chantier, s'élèvent quelques constructions provisoires affectées aux études de la physiologie. Chaque semaine des expériences ont lieu en présence d'un public d'étudiants et de savants. Un chenil sert de refuge aux bêtes amenées de la fourrière à l'amphithéâtre de vivisection. De ce chenil, quand vient la nuit, montent les modulations lamentables qui troublent le sommeil de Mme Gelyot et de ses locataires, si les explications fournies à la 1re chambre du tribunal par Me Dabot sont exactes.

L'avocat a vu étendu sur la table du martyre un magnifique braque, le museau et les pattes liés. Le professeur palpait le corps du patient, y pratiquait deux incisions, l'une aux poumons, l'autre au cou, — et mettait les organes respiratoires en communication avec un manomètre, à l'aide d'un tube en caoutchouc. Une eau colorée monte et descend dans l'appareil; les mouvements du liquide reproduisent les mouvements de la respiration elle-même. Me Dabot ne nie pas la beauté de ces recherches à l'aide desquelles la science s'efforce d'arracher à la vie ses secrets; il affirme seulement que la science n'a pas le droit d'empêcher de dormir Mme Gelyot et la clientèle de la maison qu'elle gère.

Mais Mme Gelyot n'exagère-t-elle point? Est-il vrai que sa clientèle déserte? Au nom de l'État dont la responsabilité est mise en cause, Me Senard a répondu et il a lu d'abord ces lignes adressées au préfet :

« A la date du 17 juillet 1878, vous m'avez fait l'honneur de me communiquer la réclamation de Mme Gelyot. Rien n'est moins exact que le récit de cette dame, et depuis une plainte antérieure, j'ai fait prendre toutes les mesures nécessaires pour que les chiens enfermés dans la cour de la Sorbonne ne fussent pas cause de trouble pour les habitants du quartier; je les ai fait enfermer soigneusement, et le chien de garde lui-même, dont la présence est indispensable, a été rendu *aphone* par suite d'une opération.

« Agréez, etc.

« Paul Bert.

« Professeur de physiologie. »

Me Senard a combattu ensuite les exagérations qu'il attribue à son adversaire. Parmi les victimes destinées aux opérations scientifiques, il en est qui succombent, il en est d'autres qui survivent. Ces dernières ont-elles proféré des plaintes pendant l'opération subie? Non, puisque le chloroforme a commencé par les insensibiliser. Et la nuit, aboient-elles? Non encore, leur état d'affaiblissement le leur interdit.

La meute de la Sorbonne n'est pas nombreuse, au surplus; elle comporte rarement plus de six pensionnaires. Le chenil est isolé et, depuis les premières réclamations, les expériences ont lieu dans un sous-sol. Tels sont les renseignements que, de son côté, M. le substitut Brugnon a obtenus; ils lui permettent de repousser comme insuffisamment fondée la prétention pécuniaire de la demanderesse.

Le tribunal a remis à huitaine le dénouement de cette histoire de chiens.

Hier le tribunal a rendu un jugement qui déboute Mme Gelyot de sa demande et la condamne aux dépens.

« Considérant, dit en substance le jugement, qu'il résulte des lettres de M. Paul Bert et du recteur de l'Académie que des mesures ont été prises pour éviter toute plainte de la part des habitants des maisons voisines; que les chiens opérés sont enfermés la nuit dans une cave éclairée dont les soupiraux donnent sur la cour intérieure de la Sorbonne; que le seul chien laissé libre a été rendu aphone; qu'il résulte des attestations des fonctionnaires et employés de la Sorbonne que toutes les précautions prescrites sont rigoureusement observées; que si les faits dont se plaint Mme Gelyot avaient le caractère d'importunité qu'on leur attribue, sa demande ne serait pas isolée... »

— Le Tour du Monde, *Nouveau Journal des Voyages.* — Sommaire de la 969e livraison (2 août 1879). — D'Orembourg à Samarkand, impressions de voyage d'une Parisienne, par Mme Marie de Ujfalvy-Bourdon. Texte et dessins inédits. — Douze dessins de A. Ferdinandus, E. Ronjat, Taylor, H. Chapuis, B. Schmidt et H. Clerget, avec une carte.

— Sommaire de la *Gazette des Beaux-Arts* d'août : le Connétable de Montmorency, par M. Ferdinand de Lasteyrie; article nécrologique sur M. de Lasteyrie, par M. A. de Montaiglon; les Dessins de maîtres, par M. de Chennevières; l'Art égyptien, par M. Duranty; le Salon, par M. A. Baignères; la galerie de portraits de Duplessy-Mornay, par MM. Müntz et Duranty.

Nombreuses illustrations dans le texte et cinq gravures hors texte : *Le Connétable de Montmorency,* émail de L. Limosin, gravé par M. T. de Mare; *Élisabeth de la Paix,* par Clouet; *Portraits,* par M. Fantin La Tour; *Une École à Rome,* par M. Piccinni, et un *Portrait de femme,* par M. L. Flameng, d'après Mierevelt.

— L'Éruption de l'Etna. — Une nouvelle petite éruption de boue vient d'avoir lieu sur le côté occidental de l'Etna, et c'est pour la troisième fois que ce phénomène se répète dans la même année. Ces sortes d'éruptions ne sont pas sans importance, soit parce que leur mécanisme est demeuré inconnu jusqu'à présent, soit parce qu'il est fort possible qu'elles soient produites par les mêmes causes qui amènent les éruptions incandescentes.

Je suis allé voir l'éruption de boue lorsqu'elle était dans sa plus grande phase d'activité, et j'ai fait les observations suivantes :

Le sol où le phénomène se produisait était de nature calcaire et parsemé de petits monticules d'argile, qui sont dus probablement à des éruptions humides survenues dans l'antiquité. Parmi ces monticules on voyait un grand nombre de petits cratères par où la boue s'échappait à de courts intervalles et reproduisant pour ainsi dire en miniature les phénomènes des éruptions de lave. Il y avait, en effet, de légères détonations, de faibles mugissements souterrains et de petits tremblements de terre. Plusieurs des cratères présentaient extérieurement un cône tronqué haut de 2 ou 3 mètres et ayant intérieurement, assure-t-on, la forme d'un entonnoir renversé; d'autres étaient à fleur de terre. La boue s'en échappait tantôt par un jet de plusieurs mètres, et tantôt par une sorte de bulle qui s'élevait rapidement du fond du cratère et éclatait sur ses bords avec beaucoup de bruit. Cette boue était chaude, salée et pétrolifère. Elle avait une couleur gris clair et sortait dans un état parfaitement liquide. Au moment où je suis allé la voir, elle avait déjà formé un petit lac d'un demi-kilomètre de tour.

Ces éruptions de boue ne sont pas rares en Sicile, et il paraît qu'elles remontent à l'antiquité la plus reculée. Tout le pays entre Paterno et Girgenti est couvert par une épaisse couche d'argile qui est due à de semblables éruptions. On trouve aussi beaucoup de volcans vaseux échelonnés sur la côte méridionale de l'île : le plus considérable est celui qu'on appelle Macaluba. Il forma une colline conique de 120 mètres d'élévation sur un demi-kilomètre de tour, et son sommet présente extérieurement un grand nombre de petits cratères ayant tous à l'intérieur la forme d'un petit entonnoir renversé.

Il est cependant à remarquer que sur le côté occidental de l'Etna, où il s'est souvent produit des éruptions de boue, les éruptions de lave ont été excessivement rares. On en a compté trois depuis l'ère chrétienne, tandis que, sur le côté oriental, où il n'existe pas de cratères vaseux, il y en a eu dans les deux derniers siècles vingt-sept! Aussi la Sicile présente-t-elle à l'est de l'Etna un sol tout couvert de lave, et à l'ouest un sol tout couvert d'argile.

— M. de la Bédollière, lieutenant de vaisseau, commandant *la Tactique,* vient de faire don au Muséum d'histoire naturelle de plusieurs pièces des curieux édentés fossiles qui sont propres aux formations quaternaires de l'Amérique méridionale. On remarque surtout des os des membres et des parties de la carapace du tatou gigantesque connu des paléontologistes sous le nom de *ichistopleurum typus.* Nos savants officiers de marine sont dans des conditions particulièrement favorables pour enrichir notre grand établissement, et nous devons faire des vœux pour que la générosité de M. de la Bédollière trouve de nombreux imitateurs. M. Truy, consul de France à Charleston, vient aussi d'envoyer au Muséum plusieurs débris d'animaux vertébrés fossiles trouvés dans les terrains tertiaires de la Caroline du Sud. On remarque parmi eux des restes de cétacés, de siréniens et de poissons gigantesques, notamment d'une sorte de requin appelé « carcharodon megalodon », qui devait surpasser de beaucoup la taille des plus forts requins de nos océans actuels. Une de ses dents a 16 centimètres de long sur 12 de large et, comme les dents des requins sont très petites comparativement à la taille du corps, cela suppose un énorme poisson; on évalue que l'ouverture de sa gueule pouvait avoir 2 mètres de large.

— Le prix des bêtes fauves. — Nous trouvons dans un journal de Vienne quelques prix du commerce en gros de fauves vivants. Les lions et tigres atteignent un prix moyen de 1600 marks (le mark = 1 fr. 25 c.); une panthère tachetée 600 marks, un léopard 400 marks, tandis qu'une panthère noire monte au prix de 3000 marks et un tigre tacheté jusqu'à 6000 marks. Le jaguar va de 600 à 1000 marks, le chat-tigre d'Amérique de 50 à 200 marks, la hyène de 240 à 600 marks. Un ichneumon vaut en moyenne 500 marks, un loup 100 à 200 marks. Voici les prix des ours : l'ours laveur 160 marks, l'ours blanc 500 marks, l'ours brun 200 marks, l'ours noir et de Syrie 240 marks, l'ours du Japon ou de l'Himalaya 300 marks. Le prix d'un rhinocéros varie entre 8000 et 20 000 marks. On peut obtenir un éléphant d'Afrique à 1200 marks, tandis que celui de l'Inde coûte de 3000 à 6000 marks. La paire de kangourous se paye entre 200 et 1200 marks. Le prix des singes est extrêmement varié : depuis de petits singes à 20 marks jusqu'au chimpanzé ou orang-outang qui se paye jusqu'à 2000 marks.

Le propriétaire-gérant : Germer Baillière.

PARIS. — Impr. J. CLAYE. — A. QUANTIN et Cie, rue St-Benoît. [1465]

LA

REVUE SCIENTIFIQUE

DE LA FRANCE ET DE L'ÉTRANGER

REVUE DES COURS SCIENTIFIQUES (2E SÉRIE)

DIRECTEUR : M. ÉMILE ALGLAVE

2e SÉRIE — 9e ANNÉE | NUMÉRO 7 | 16 AOUT 1879

LA LUMIÈRE ET SON ACTION SUR L'ŒIL

Éclairage public et privé au point de vue de l'hygiène de la vue.

Une lumière excessive, insuffisante ou mal réglée, peut être l'origine de maladies très diverses des yeux. N'oublions pas que des causes nombreuses déterminent des troubles variés dans l'appareil si compliqué de la vision.

La glycosurie, l'albuminurie chroniques amènent, dans bien des cas, à leur suite un affaiblissement considérable de la vue accompagné de lésions spéciales déterminées le plus souvent par de véritables embolies capillaires. Les affections scrofuleuse, goutteuse, rhumatismale, syphilitique ont quelquefois un retentissement sur quelques-uns des appareils de la vision. L'abus de plusieurs modificateurs du système nerveux : tabac, alcooliques, peut aussi déterminer des maladies spéciales de l'œil.

L'étiologie des maladies de l'organe de la vue est, comme on le voit, des plus compliquée. De même qu'un baromètre nous avertit des variations de l'atmosphère, de même les troubles dans la vision peuvent être souvent l'indice d'affections très graves. Dans ce qui va suivre, je vais me borner à apprécier rapidement l'influence de la lumière sur l'œil, pour arriver à la question spéciale de l'éclairage public au point de vue de l'hygiène. Les personnes qui voudront étudier avec détail les troubles professionnels du côté de l'organe de la vision, les professions qui les provoquent et l'influence de l'école sur la vue pourront consulter l'excellent article que M. A. Proust a consacré à ce sujet dans son traité d'hygiène, ainsi que les intéressantes communications faites à la Société de médecine publique et d'hygiène professionnelle, par M. Émile Trélat (1).

La *privation absolue de lumière* a pour effet presque immédiat d'augmenter la sensibilité de la vue coïncidant avec une dilatation extrême de la pupille ; pour certaines observations optiques il est avantageux d'opérer dans un cabinet obscur peint en noir. Quand cette privation absolue de la lumière est longuement prolongée, il survient de la mydriase, de la myopie et parfois une amaurose complète ; souvent l'homme subit une exaltation de la sensibilité visuelle qui lui permet de distinguer dans un cachot profondément obscur jusqu'aux jointures des murailles, et l'on observe alors une nyctalopie semblable à celle de certains animaux. On cite des cas de cécité par des séjours dans des cachots et chez des houillers privés d'aliments enfermés pendant plusieurs jours dans une galerie obscure.

Lumière trop intense. — Sous l'influence d'une lumière trop intense, trop prolongée, l'on voit se développer des accidents qui varient suivant l'âge des sujets, leur idiosyncrasie, leur état de santé, de maladie ou de convalescence, leurs habitudes, etc. L'homme ne peut, sans péril, fixer le soleil, et à cet égard il ne jouit point du privilège qui, dit-on, a été accordé à l'aigle. Buffon fut atteint d'éteropsie pour avoir longtemps regardé cet astre ; Maunoir, Demours, citent des cas d'amaurose, de cataracte, d'hémiopie développés dans les mêmes circonstances, et l'on a vu des nouveau-nés devenir aveugles pour avoir été exposés à une lumière trop vive ; ces accidents ont aussi été produits par la vue d'un éclair. A un degré moins élevé, on éprouve un éblouissement intense, la vision est troublée, et tous les objets paraissent être colorés en rouge. Les ouvriers qui travaillent sous l'influence d'une lumière trop vive sont souvent affectés d'héméralopie, de diplopie, d'hémiopie, d'amaurose.

Observons cependant que ces accidents, dont la mention est répétée dans tous les ouvrages d'hygiène, sont relativement très rares.

(1) *Hygiène de la vue dans les écoles, Bulletin de la Société de médecine publique*, t. I, p. 32 ; *Discussion sur cette communication*, et *Distribution de la lumière dans les écoles et aménagement de l'insolation dans les classes, Revue d'hygiène*, t. I, p. 576. *Usage des verres colorés en hygiène oculaire*, par M. Fieuzal, *Bulletin de la Société de médecine publique*, p. 66. Ce travail contient de très sages préceptes d'hygiène oculaire.

La *lumière trop continue* peut être également l'origine d'ophtalmies qu'on observe assez fréquemment chez les verriers, les cuisiniers et chez toutes les personnes dont les yeux sont impressionnés par une lumière trop longtemps soutenue.

Lumière réfléchie. — La lumière réfléchie, quoique moins intense que la lumière directe, est une cause fréquente de maladie ; mais c'est ici qu'il faut tenir compte de la couleur de la surface de réflexion. Le bleu et le vert sont facilement supportés ; le jaune, l'orange et le rouge ne jouissent pas du même privilège, et de toutes les couleurs, c'est le blanc qui exerce les influences les plus funestes.

Les ophtalmies, l'amaurose sont souvent produites par la réverbération de la neige, du sable, de maisons blanches. Elles ont décimé les armées de Xénophon et les nôtres pendant nos guerres de Russie, d'Égypte et d'Afrique. On les a observées en 1819 sur des soldats suisses qui manœuvraient à Lyon par un soleil ardent.

M. Chevalier a signalé les accidents produits chez les compositeurs d'imprimerie par le brillant des caractères neufs. M. Réveillé-Parise rapporte qu'un grand nombre de contrebandiers perdirent la vue après avoir traversé une montagne des Pyrénées couverte de neige. Reconnaissons cependant que ce sont des faits exceptionnels qu'il ne faut pas généraliser.

Le *travail soutenu sur des objets de trop petite dimension* conduit presque fatalement à la myopie. Les jeunes élèves qui se préparent aux concours, les protes d'imprimerie, les auteurs qui corrigent les épreuves d'ouvrages imprimés en caractères fins, ont souvent des affections des yeux; on prétend que ce travail, longuement continué sur de petits objets, favorise le développement de rétinite.

L'*abus des instruments d'optique*, loupes, microscopes, lunettes astronomiques, etc., a pour effet de déterminer des ophtalmies, des héméralopies, des amauroses. On cite plusieurs astronomes (Cassini, Galilée) qui devinrent aveugles, mais il convient de ne pas exagérer ces faits, qui peuvent tenir à de simples coïncidences.

On observe chez les horlogers, qui usent habituellement et depuis longtemps de loupes et qui n'exercent ainsi qu'un seul œil, la déformation de cet œil actif.

Lunettes. — L'abus de lunettes de myopes ou de presbytes est également fâcheuse. Il importe de ne les employer que lorsque cela est nécessaire et de les choisir suffisantes, mais jamais excessives. Quand elles sont insuffisantes, elles fatiguent sans utilité réelle ; quand elles sont excessives, elles contribuent à augmenter trop vite les défauts qu'elles sont destinées à atténuer.

Lumière en excès, influence générale. — Il est certaines conditions dans lesquelles une lumière modérée pour une personne en santé peut être nuisible pour un malade. Des individus atteints de fièvres, d'irritation encéphalique, de certaines formes d'hystérie ou d'hypocondrite, ne peuvent supporter la lumière et doivent être maintenus dans une demi ou une complète obscurité, qui est également et plus sûrement nécessaire dans plusieurs affections des yeux.

Éclairage public et privé. — L'emploi des lumières artificielles les plus variées a soumis l'organe de la vue à de nombreuses épreuves. C'est à cette variabilité des lumières qu'il convient d'attribuer en partie ces affections des yeux, qui semblent beaucoup plus fréquentes aujourd'hui qu'il y a quelques années.

Observons encore que l'œil, cet organe si délicat, a besoin, comme les autres appareils de l'économie vivante, des alternatives d'activité et de repos. Quand on le soumet, pendant la journée, à des travaux variés et qu'à l'aide de lumières artificielles on convertit la nuit en clarté, cet excès de vie peut amener à la longue des troubles de nature diverse.

Ces troubles s'accentuent par la *continuité de mauvaises habitudes*. Il n'en est pas d'exemple plus frappant que celui de la myopie acquise par l'emploi, pendant plusieurs années, d'une lumière insuffisante pour accomplir un travail soutenu plus longtemps qu'il ne devrait l'être, surtout si la vue est fixée sur de fins caractères qui, par suite d'une mauvaise attitude, sont trop rapprochés des yeux.

Les habitants des campagnes sont moins exposés aux maladies des yeux et aux aberrations de la vue que les citadins, et cependant la vive clarté du soleil à laquelle ils sont exposés est loin d'être inoffensive ; mais ils ne font pas de la nuit le jour, et leur vue est habituellement exercée sur de vastes horizons ; son activité n'est pas bornée aux murailles des rues étroites, puis ils ne sont jamais, ou très rarement, exposés à cette continuité de causes qui engendrent la myopie. Les horizons bornés déplaisent à nos yeux; ils aiment la vue du ciel, ou celle des arbres couverts de feuilles.

La *lumière artificielle* irrite et fatigue plus en général que la lumière blanche des nuées parce qu'elle est mal réglée, parce qu'elle arrive sans être affaiblie ou modifiée. Nous verrons plus loin qu'elle peut déterminer diverses affections de la vue. Les acteurs trop près de la rampe, les ouvriers travaillant à une lumière artificielle trop active en fournissent des exemples.

Une *lumière artificielle*, quand elle est *insuffisante* et qu'elle est habituellement mise en usage, contribue puissamment à fatiguer la vue. Baer en a signalé les dangers, et, si les couturières figurent pour le huitième dans le nombre des sujets affectés de maladies oculaires, Sichel assure que cela tient à la faible lumière à laquelle elles travaillent le soir.

Les *oscillations de la flamme*, quand on se livre à un travail soutenu, ne conviennent pas à l'organe de la vision ; il en est de même de l'irrégularité qui nécessite d'incessantes variations dans le fonctionnement d'un appareil aussi délicat, aussi sensible.

Les *surfaces réfléchissantes* blanches fatiguent également.

Les plus avantageux des éclairages sont ceux qui fournissent la plus grande quantité de lumière jaune ; les plus nuisibles sont ceux qui joignent à leur pouvoir éclairant une puissante action calorifique et chimique.

De toutes les substances employées pour l'éclairage artificiel, celles dont la combustion donne le plus de lumière jaune, proportionnellement à la lumière rouge ou violette, sont les corps gras, d'origine animale ou végétale : la cire, l'huile, les bougies, etc.

Nous allons maintenant nous occuper des principaux modes d'éclairage. Parlons d'abord de ceux qui font exclusivement aujourd'hui partie de l'hygiène du ménage, puis nous aborderons l'étude des procédés de l'éclairage public.

La *chandelle*, qui donne plus de lumière qu'une bougie, mériterait d'être recommandée sans l'inconvénient des mouchettes qui en fait rejeter l'emploi.

La *bougie* donne une bonne lumière, mais généralement insuffisante. Deux bougies avec un réflecteur convenable, voilà un mode d'éclairage qui ménage les yeux de l'écrivain.

La *lampe Carcel* ou la *lampe modérateur*, avec de l'huile de colza bien épurée, constitue le meilleur mode d'éclairage privé, à la condition que la lumière sera suffisante, mais non excessive.

Pétrole. — Nous traiterons plus tard du pétrole au point de vue de l'hygiène ; nous aborderons alors tout ce qui a trait à sa composition, à ses propriétés. Nous devons nous borner ici à parler de la lumière qu'il produit et de son influence sur l'appareil de la vision.

La lumière du pétrole est en général trop vive et, peut être en raison des appareils imparfaits qu'on emploie, inégale ou vacillante. Pour ces raisons, elle cause assez promptement de la fatigue ; quoi qu'il en soit, quand on sait éviter les dangers inhérents à l'emploi de ce liquide, il constitue un mode d'éclairage précieux, surtout au point de vue de l'économie.

ÉCLAIRAGE PUBLIC.

Le pétrole et les huiles minérales sont quelquefois employées dans l'éclairage public, mais ce n'est que très exceptionnellement qu'ils ont cette destination.

Les deux modes d'éclairage public qui se disputent aujourd'hui la prééminence sont l'emploi du *gaz* et de l'*électricité*. Nous ne parlerons pas de l'*éclairage oxyhydrique*, qui paraît complètement abandonné. Un mot sur les ordonnances qui, à différentes époques, organisèrent l'éclairage public à Paris.

Avant le XVIe siècle, quand on voulait parcourir la ville la nuit close, il était absolument nécessaire de se munir d'une lanterne, comme cela se pratique encore dans les villages. En 1524, des incendies se multiplièrent à Paris. On prescrivit aux bourgeois d'allumer des lanternes à leurs fenêtres ; en 1558, on en établit dans quelques rues ; en 1592, les bourgeois élus furent soumis à la taxe pour l'éclairage public, en 1603, une ordonnance du roi Henri IV en exempta les médecins. L'éclairage public étant insuffisant, Reynie, en 1667, prescrivit aux bourgeois élus d'illuminer leurs demeures avec des chandelles à la 4. En 1769, Sartine fit établir dans la ville, en nombre suffisant, des réverbères pour éclairer toutes les rues ; ce nombre fut augmenté en 1790 et en 1818.

Nous arrivons à l'introduction du gaz dans l'éclairage public. Énumérons, avant d'aborder ce sujet, les conditions qui sont à réaliser pour assurer un bon service en observant les meilleures indications au point de vue de l'hygiène.

La température de la flamme doit s'élever à 500° environ avec dépôt de charbon, comme cela a lieu dans la combustion de l'hydrogène bicarboné ; il faut que la flamme soit égale, que toutes les conditions de salubrité, que nous exposons en traitant à propos des combustibles et des matériaux de l'éclairage, soient observées. Il faut également prendre en sérieuse considération ce qui a trait à l'économie.

Quand nous traiterons du gaz au point de vue de sa fabrication, de sa distribution dans les villes et dans les habitations privées, nous verrons combien sont nombreuses les questions d'hygiène qui surgissent à propos de cet agent : procédés et produits de fabrication des plus variés, altération du sol des villes, dangers d'explosion, d'asphyxie, etc. Nous devons nous borner à ce qui a trait à l'éclairage. Un mot au point de vue de l'éclairage privé. Voici ce que l'hygiène reproche à la lumière produite par le gaz : elle est souvent vacillante, presque toujours inégale, dans bien des conditions excessives, de même que la chaleur qui l'accompagne, quand le travail à cette lumière est trop continu, la vue est fatiguée, moins cependant que par la lumière du pétrole.

Si on borne l'emploi du gaz à l'éclairage des vestibules, des antichambres, des cuisines et à l'éclairage public, les principaux inconvénients disparaissent et des avantages nombreux sont incontestables. Pour le prouver, examinons les conditions principales qui sont à réaliser pour établir un éclairage satisfaisant des rues des villes.

Les principes auxquels doit satisfaire un bon éclairage public ont été formulés, il y a plus d'un siècle, par un illustre chimiste, Lavoisier, dans deux mémoires remarquables sur l'éclairage des rues, des villes et des grandes salles de spectacles.

Ce savant professait que, pour obtenir un éclairage convenable, il faut employer un grand nombre de sources lumineuses à grande surface éclairante, mais d'une faible intensité. Pourquoi un grand nombre de sources lumineuses ? Parce qu'avec un certain nombre de points lumineux, uniformément répartis, tous les objets sont à peu près également éclairés ; parce que l'ombre produite par la lumière venant des autres, parce qu'alors il y a absence d'ombre et qu'un éclairage doit être réputé satisfaisant, quand les objets reçoivent de la lumière sur toutes les faces.

Pourquoi les sources lumineuses doivent-elles offrir de grandes surfaces ? Parce que dans ces conditions on peut répandre beaucoup de lumière sans fatigue pour la vue.

La lumière du gaz employée convenablement remplit, comme on peut s'en assurer, ces principales indications. On peut, par des dispositions qui sont aujourd'hui bien connues, avec une dépense plus élevée, obtenir un éclairage qui ne laisse rien à désirer, comme celui de la rue du Quatre-Septembre, ou, avec des frais moindres, un éclairage suffisant.

Le gaz est d'un emploi commode par-dessus tout, facile, économique : ce qui en assure la prééminence, c'est qu'une fois allumé, il brûle indéfiniment sans qu'on ait à s'en occuper ; qu'il peut être éteint, rallumé aussi souvent que cela est nécessaire ; qu'enfin la flamme peut être augmentée ou diminuée, selon les besoins, et passer de l'éclat de la plus belle Carcel à la lueur de la plus modeste veilleuse. Le gaz est d'ailleurs constamment à la disposition du consommateur, le jour, la nuit, en telle quantité qu'on le désire, et il s'applique indifféremment à l'éclairage, au chauffage et à la production de force motrice. Pour l'obtenir, il suffit de retourner un robinet.

Qu'il y a loin de cette merveilleuse simplicité aux exigences de l'éclairage électrique, qui exige l'emploi de fils nombreux, la mise en service de machines à vapeur puissantes, de machines électriques, qui commandent enfin l'usage ou de régulateurs compliqués ou de bougies dont la durée n'excède pas cinq quarts d'heure ?

Éclairage électrique. — Je ne considérerai ici l'emploi de l'électricité qu'au seul point de vue de l'éclairage public.

Combien de progrès ont été réalisés depuis les premiers essais de Foucault d'éclairage électrique à l'Opéra ! En considérant la grandeur, la multiplicité des efforts, et, sous plusieurs rapports, leur complète réussite, beaucoup de bons esprits ont pu croire que le problème économique de l'éclairage public par l'électricité était bien près d'être résolu; je vais chercher à établir qu'il comprend tant de données si diverses qu'on est plus éloigné du but qu'on ne le pense et qu'il faut aujourd'hui au moins en borner l'emploi à certaines conditions déterminées.

Tout le monde a pu admirer à Paris les magnifiques essais d'éclairage exécutés, avenue de l'Opéra, à l'aide des bougies Jablochkoff, et au cours de M. E. Becquerel, au Conservatoire des arts et métiers par la lampe Verdermann, qui consiste dans l'incandescence à l'air libre d'une baguette de charbon qui forme l'électrode positive et dans la suppression de l'usure et du déplacement de l'électrode négative.

Je vais immédiatement insister sur les dangers que l'éclairage électrique peut avoir pour l'appareil de la vision; quant au point de vue technique et économique, je ne puis mieux faire que de renvoyer à l'excellent article de M. J. Boulard, l'*Éclairage public, le gaz et l'électricité.* (Imprimé dans le numéro du 31 mai 1879 de la *Revue scientifique.*)

Les essais d'éclairage électrique, continués avec persévérance à l'avenue de l'Opéra et dans plusieurs grands établissements de Paris, ont parfaitement démontré que les graves inconvénients au point de vue de l'hygiène de la vue qu'on reprochait à ce mode d'éclairage se sont considérablement atténués, mais cela en perdant à l'aide de verres dépolis une partie de la lumière. Comme ces inconvénients pourraient reparaître avec toute leur gravité si l'éclairage électrique s'introduisait dans les habitations privées, je vais les faire connaître avec détail, en m'appuyant surtout sur les excellentes observations de mon collègue et ami J. Regnauld (1). Dès les premiers essais d'emploi de la lumière électrique, les inconvénients de cette lumière se sont révélés. Je me contenterai de citer le mémoire de L. Foucault (2) et le travail de mon ami le professeur Charcot (3). Ce sont les rayons très réfrangibles contenus dans la radiation électrique ou solaire qui exercent une action nuisible sur certaines parties de l'appareil de la vision. Il restait à démontrer que les rayons très réfrangibles agissant sur les milieux de l'œil produisaient des modifications matérielles qui mettent leur rôle spécial hors de toute contestation. C'est ainsi que M. J. Regnauld a été amené à rechercher si les tissus de l'œil deviennent fluorescents lorsqu'ils sont impressionnés par les rayons violets et ultra-violets. On comprend sans peine que l'état vibratoire nécessaire au développement de la fluorescence dans les molécules organisées doit, en se prolongeant, modifier leur structure et porter atteinte à leurs fonctions.

Depuis les observations de sir John Herschell (4) touchant la diffusion épiploique de la lumière, et surtout depuis les découvertes de M. Stokes (5), on désigne sous le nom de fluorescence l'éclairement particulier que présentent certaines substances exposées à l'action des parties les plus réfrangibles de

(1) J. Regnauld, *Études sur quelques propriétés physiques, et, en particulier, sur la fluorescence des milieux de l'œil* (*Répertoire de pharmacie*, t. XVI, p. 289).

(2) L. Foucault, *Effets de la lumière électrique* (*Bulletin de la Société philomathique*, 1850).

(3) Charcot, *Érithème produit par l'action de la lumière électrique* (*Bulletin de la Société de biologie*, 1859, t. V, p. 500).

(4) *Philosophical Transactions*, 1845, p. 147.

(5) *Philosophical Transactions*, 1852, p. 463.

la radiation lumineuse. Ce phénomène, d'abord attribué à un changement de réfrangibilité des rayons eux-mêmes par les milieux, a été plus tard rattaché à un état vibratoire moléculaire des corps fluorescents, état qui les convertit en source de lumière propre tant que dure l'influence des radiations extrêmes. Cette origine de la fluorescence est généralement admise par les physiciens; elle a acquis un haut degré de probabilité à la suite de la découverte du phosphoroscope, par M. E. Becquerel (1), et après les travaux remarquables de ce physicien sur les limites de durée que présente la phosphorescence, suivant la nature des matières qui la manifestent.

Je ne décrirai point le procédé employé par M. J. Regnauld dans ses explorations, je me contenterai d'énoncer les résultats auxquels il est arrivé; il les résume dans les termes suivants : « Il résulte, dit-il, de mon travail : 1° que chez l'homme et quelques mammifères, la cornée est douée d'une fluorescence manifeste;

« 2° Que le cristallin possède, à un haut degré, des propriétés fluorescentes chez ces animaux aussi bien que chez quelques autres vertébrés aériens, et que ces propriétés persistent dans l'endophacine conservée par voie de dessiccation à une basse température;

« 3° Que la portion centrale (phacocine) du cristallin de plusieurs vertébrés et mollusques aquatiques est privée de ces propriétés;

« 4° Que la membrane hyaloïde seule dans le corps vitré offre une très faible fluorescence;

« 5° Que la rétine, comme M. Helmholtz le premier (2) l'a reconnu, présente une fluorescence dont l'intensité est moindre que celle du cristallin;

« 6° Et, enfin, que les accidents causés par l'action prolongée de la lumière électrique doivent être rapportés à la fluorescence que développe, dans les tissus transparents de l'œil, cette source puissante de radiation violette et ultra-violette. »

Les expériences de M. Regnauld conduisent à compléter la question physiologique des *tutamina oculi*. Les sourcils, les paupières, le diamètre variable de la pupille protègent la rétine contre l'accès d'une trop grande quantité de lumière; mais ces moyens protecteurs sont inefficaces pour la garantir contre l'influence fâcheuse des radiations extrêmes.

Par leurs courbures, la cornée et surtout le cristallin sont d'admirables lentilles; par leurs propriétés fluorescentes, ce sont de véritables écrans, écrans merveilleux, perméables à la partie de la radiation qui développe la sensation lumineuse, obstacles infranchissables à ces rayons chimiques inutiles pour la vision et redoutables pour la membrane sensible.

Aussi quand les rayons ultra-violets arrivent à l'œil en trop grande abondance, comme cela a lieu dans quelques circonstances spéciales (arc électrique, lumière solaire directe ou réfléchie par la neige ou les sables), la cornée et le cristallin jouent leur rôle protecteur par rapport à la rétine, mais ils sont eux-mêmes atteints par cet excès de rayons chimiques.

Alors apparaissent dans leurs tissus des altérations passagères ou permanentes, suivant la durée de l'impression.

M. J. Regnauld termine son travail par de judicieuses considérations, que je vais reproduire.

« Toutes les fois, dit-il, qu'un agent physique tend à sortir

(1) *Ann. de chim. et de phys.*, 3e série, t. LV, p. 1.

(2) *Loco citato.*

du domaine exclusif de la science pour recevoir des applications industrielles, le devoir du médecin adonné à l'étude des sciences est de chercher à prévoir quelles seront les conséquences utiles ou nuisibles à son introduction dans l'économie domestique. A l'époque déjà ancienne où le gaz de l'éclairage vint se substituer presque universellement aux flammes dues à la combustion des corps gras, bien des problèmes de ce genre furent soumis aux hygiénistes : les avantages et les dangers du procédé nouveau furent discutés avec soin et l'expérience est venue dans la suite donner sa sanction aux prévisions de la science. Lorsque nous voyons aujourd'hui les tentatives nombreuses qui se font en France et en Angleterre pour rendre pratiques et pour vulgariser les procédés d'éclairage par la lumière électrique, n'est-il pas juste de se demander si, avant de se livrer avec ardeur à ces recherches, les industriels ont bien pesé les conséquences de leur réussite? Les données de la science s'accordent toutes à prouver que le meilleur moyen d'éclairage serait une source de lumière entièrement dépourvue de rayons ultra-violets. En essayant d'introduire la lumière électrique dans l'éclairage des grandes villes et des ateliers, on entre donc dans une voie irrationnelle et dangereuse. Et si jamais on parvenait à réussir, ce qu'il y a de funeste dans cet agent ne tarderait probablement pas à se révéler par des lésions de l'œil, d'autant plus redoutables qu'elles prendraient naissance avec plus de lenteur. »

Cherchons maintenant comment on peut, sinon faire disparaître, au moins beaucoup atténuer les inconvénients de l'éclairage électrique sur l'organe de la vision.

Les conditions dans lesquelles on peut aujourd'hui utilement employer la lumière électrique sont déjà nettement indiquées par la pratique. Pour l'illumination des phares, les inconvénients disparaissent et les avantages de ce mode puissant d'éclairage n'ont pas besoin d'être discutés. Peut-être un jour trouvera-t-on, par des applications bien entendues de la lumière électrique, le moyen de rendre moins fréquentes ces fatales collisions des navires à vapeur, qui ne se sont que trop renouvelées depuis quelques années.

Quand on pourra placer la lumière électrique à une grande hauteur, illuminer ainsi de grands espaces, on saura, à n'en pas douter, éviter les plus graves inconvénients de ce mode d'éclairage, au point de vue de l'hygiène des yeux, surtout si on trouvait des *tutamina* efficaces, d'un emploi commode et qui ne sacrifieraient pas une grande partie de la lumière.

Il est étonnant que ce dernier côté du problème de l'éclairage électrique ait à peine éveillé l'attention des inventeurs.

Cependant, il y a longtemps que Foucault, d'après ses observations personnelles sur les effets de la lumière électrique, admettant une relation entre les désordres de l'œil et les radiations chimiques, a conseillé aux expérimentateurs l'emploi de binocles, dans lesquels le verre d'Urane serait substitué au verre ordinaire.

Dans mes cours, j'ai entretenu mes lecteurs des principales substances qui deviennent comme les principaux organes de l'œil fluorescents sous l'influence des rayons ultra-violets (sels de quinine, esculine, quassit). Je pensais qu'on pourrait en faire d'utiles applications pour détruire les funestes effets de la lumière électrique. J'avais même imaginé que des doubles verres de lunettes enfermant une petite quantité de ces solutions pourraient être utiles aux opérés de la cataracte ou aux malades atteints d'affections de la vue qui commandent l'obscurité. M. A. Brachet a eu la pensée d'employer, pour retenir les rayons ultra-violets, un collodion quininé. Je ne sache pas que ces indications soient entrées dans la pratique.

Cela provient sans doute que les graves inconvénients de la lumière électrique signalés par M. Regnauld ont en grande partie disparu, grâce aux verres dépolis interposés entre le foyer lumineux et l'œil. Cependant, attendons avant de nous prononcer. Je fais appel à mes chers collègues de la Société de médecine publique et d'hygiène professionnelle. Ceux qui ont l'occasion de donner des soins aux personnes habitant les rues et les magasins éclairés par l'électricité sauront à bref délai nous renseigner avec autorité sur cette grave question. Tout ce que je puis dire de certain, c'est que, quand il m'arrive le soir de traverser l'avenue de l'Opéra, mes yeux sont fâcheusement impressionnés par cette éblouissante lumière, par ses continuelles oscillations, et quand je le puis, je mets en œuvre le premier des *tutamina* des yeux, les paupières.

Si nous cherchons maintenant à établir une comparaison au point de vue économique entre l'éclairage public par le gaz et par l'électricité, nous nous trouvons en présence de problèmes des plus variés et qui touchent à l'hygiène par bien des côtés. On a pu constater que le prix de revient d'une lumière équivalente à cent becs Carcel est descendu successivement de 7 fr. 10 (expériences de M. Becquerel) à 3 fr. 40 (expériences de M. Leroux), 1 fr. 92 (expériences de M. Fontaine), et même 0 fr. 72 (expériences de M. Sartiaux).

Ces prix, d'après les résultats indiqués par M. E. Becquerel dans sa dernière conférence, peuvent encore être abaissés, et, d'après M. William Thompson, un enthousiaste de l'éclairage électrique, à ce point de vue, l'électricité est théoriquement le producteur de lumière le plus puissant et le plus économique qui existe. Il estime que le temps viendra où cette lumière sera d'un emploi extrêmement général, non seulement dans les grands espaces, mais dans les espaces les plus restreints : « Un tel emploi de la lumière électrique n'est pas seulement, dit-il, le rêve du savant, mais c'est une possibilité pratique de l'avenir. La lumière électrique a été dans le pays des rêves pendant soixante ans; mais, maintenant, elle est devenue une réalité et entre de bonnes mains elle se développe très rapidement... Il y a une économie prodigieuse à transformer la puissance mécanique en énergie sous forme de lumière électrique plutôt que sous forme de lumière du gaz. »

Je viens de reproduire textuellement les paroles de M. W. Thompson, mais je dois observer qu'il y a une partie très intéressante de la question qu'il néglige, celle des résidus. Ne parlons que du gaz de la houille et nous allons voir que les accessoires, en ce qui concerne l'hygiène, l'emportent sur le fond.

La fabrication du gaz par la houille nous donne trois résidus principaux : le coke, le goudron, ses produits et le sulfate d'ammoniaque.

Le *coke* est l'agent de chauffage le plus économique. Pendant les longues et dures journées d'hiver, il importe beaucoup à la santé de l'ouvrier en rentrant dans sa famille de trouver son logement convenablement chauffé! combien seraient dures sous ce rapport les privations des pauvres et des nécessiteux de Paris si la fabrication du coke était suspendue?

C'est un des côtés de la question les plus dignes de fixer l'attention du conseil municipal parisien.

La production du goudron de la houille est intimement liée à celle de ces brillantes couleurs, dérivées de l'aniline, si variées et aujourd'hui si solides. Combien d'industries vivent et se développent à l'aide de ce précieux résidu de la fabrication du gaz de la houille!

J'arrive enfin à parler des sels ammoniacaux dont la fabrication joue aujourd'hui un si grand rôle dans les usines à gaz. C'est l'engrais condensé le plus puissant, le plus riche. Inutile enfin de rappeler l'importance du rôle que jouent les sels ammoniacaux dans la production des sels de soude.

Augmenter la production des subsistances avec la même somme de travail et le même espace, n'est-ce pas le moyen le plus sûr de diminuer les maux de la misère, cette cause la plus active de mort prématurée?

Voilà les grands côtés qui assureront pour longtemps encore la prééminence de l'éclairage par le gaz.

Tant que la houille sera abondante, tant que ces réserves émanées du soleil et accumulées sur notre globe pendant des milliers d'années ne seront pas consommées, ce sera à n'en pas douter le moyen le plus économique, le plus simple de produire de la force, de la chaleur, de la lumière.

Plus tard, quand la houille sera brûlée, les générations futures aviseront. Notre siècle leur a préparé la solution de ces grandes questions de l'avenir, en étudiant sous toutes ses formes cet admirable problème de la transformation des forces. Sans doute on pourra concentrer, emmagasiner, transformer et utiliser toute la puissance qui émane de la radiation solaire, des mouvements de l'air et des eaux. Voilà de grandes sources de force, mais en attendant consommons celle qui est accumulée dans la houille.

A. Bouchardat,

Professeur à la Faculté de médecine de Paris.

L'ÉRUPTION DE L'ETNA

A M. Ém. Alglave, directeur de la « Revue scientifique ».

Monsieur,

J'ai l'honneur de vous communiquer, sur l'éruption qui s'est produite dernièrement à l'Etna, les renseignements suivants. Malgré toute la diligence que nous avons pu faire, M. Fouqué et moi, tout était terminé quand nous avons mis le pied sur le sol de la Sicile, et nos observations propres ne porteront que sur l'état actuel des lieux et sur les phénomènes secondaires de l'éruption. Pour tous les détails de la période active, nous ferons de fréquents emprunts au rapport adressé au gouvernement italien par le professeur bien connu de vulcanologie de l'Université de Catane, M. Silvestri, qui a été le témoin oculaire de toutes les phases de l'éruption, et qui les a observées avec un courage et une capacité dignes de tout éloge.

Pour mieux comprendre le mécanisme de l'appareil éruptif qui vient de fonctionner à l'Etna le 26 mai dernier, il est nécessaire de remonter un peu en arrière, et de considérer les phénomènes du même ordre qui se produisirent en 1874. Le 29 août de cette année, le flanc nord-nord-est de l'Etna se fendit dans la direction de l'ancien cratère de Mojo, entre Randazzo et Castiglione : une activité volcanique considérable se manifesta, la lave se mit à couler dans cette direction par trente-cinq bouches à la fois, et, pendant un moment, on put craindre de grands désastres. Cependant, contrairement à toute attente, sept heures après son commencement, l'éruption entrait dans une phase décroissante, le courant de lave s'arrêtait au bout de deux jours et on n'eut plus à observer que des phénomènes secondaires. A la même époque, le dimanche 30 août, vers onze heures, de fréquents tremblements de terre eurent lieu à Randazzo, Linguaglossa, Piedimonte, villages situés sur le flanc nord-nord-est de l'Etna ; ils étaient assez forts et assez fréquents pour que les habitants aient abandonné leurs maisons et soient allés camper en plein air, pendant quinze jours, pour échapper à une mort probable. L'éruption, qui s'annonçait avec des symptômes précurseurs si effrayants, avait avorté pour une cause qu'il serait peut-être difficile de préciser; la lave, prête à s'épancher par les fissures de la montagne, était redescendue dans les profondeurs, ce qui avait probablement déterminé les tremblements de terre; mais tout n'était pas rentré dans l'état normal. M. le professeur Silvestri avait pu se convaincre que la fissure qui avait commencé à vomir les laves ne s'était pas refermée, et il avait pu prédire, dans un mémoire qu'il a publié à cette époque, que si une nouvelle éruption devait se produire, ses points d'activité maxima seraient de ce côté et dans cette direction. C'est ce que les événements du 26 mai dernier ont précisément confirmé, et c'est ce que nous allons essayer de faire ressortir dans ces quelques pages.

Depuis le milieu de l'année 1878, des phénomènes de nature volcanique se manifestaient dans tout l'est de la Sicile. Le 4 octobre, un violent tremblement de terre agitait les districts de Mineo, Palagonia, Vizzini, Scordia, Militello, Castiglione, localités au sud-est de l'Etna, en même temps que des oscillations de moindre importance se faisaient sentir à Catane, Acireale, Giarre, Riposto, Piedimonte, Mascali, etc. Les dégâts produits semblaient indiquer le territoire de Mineo comme centre des oscillations. Les secousses se firent sentir pendant tout le mois d'octobre, accompagnées de bruits souterrains tels, que pendant tout ce temps, les habitants de Mineo n'osèrent pas rentrer dans leurs maisons. Dans le mois de novembre suivant, les tremblements de terre diminuèrent peu à peu et finirent même par cesser tout à fait; mais le 1er décembre, des phénomènes d'un autre ordre vinrent encore accuser une recrudescence de l'action des forces souterraines. Les volcans boueux de Paterno, au sud-sud-ouest de l'Etna, montrèrent une énergie inaccoutumée. Le dégagement des gaz acide carbonique et hydrogène protocarboné devint beaucoup plus tumultueux, la température du liquide, qui ne dépasse pas ordinairement 25° à 30° centigrades, s'éleva jusqu'à 70° à 80°, et la quantité de fange salée rejetée par ces évents fut assez considérable pour endommager sérieusement les cultures environnantes. Quand nous y avons passé le 23 juin dernier, M. Fouqué et moi, nous n'avons pu que constater la gravité des dégâts et l'énorme masse de la boue épanchée; mais l'activité éruptive était beaucoup ralentie, le dégagement des gaz avait notablement diminué, la température de la vase salée était retombée à 25° environ, et les quantités émises étaient presque insignifiantes. Cette éruption boueuse, qui resta en pleine activité pendant près de six mois, jointe à un nouveau tremblement de terre qui se fit sentir assez fortement l'avant-veille de Noël dans toute la zone orientale de la Sicile, et à la grande quantité de vapeurs que rejetait constamment le grand cratère, devait faire pressentir qu'une colère sourde grondait dans les entrailles de l'Etna et éclaterait avant peu.

En effet, quelques jours avant le 26 mai, un nouveau travail souterrain s'opérait dans tout l'espace compris entre un demi-cercle de 80 kilomètres de tour, à la base de l'Etna, passant par les villages ci-après nommés (Biancavilla, Bronte, Maletto, Randazzo, Mojo, Malvagna, Castiglione, Francaviglia, Linguaglossa, Piedimonte), et un diamètre passant par les deux points extrêmes, Biancavilla et Piedimonte. Dans tous ces points on sentit des secousses de tremblement de terre, mais il n'y eut aucun phénomène alarmant et aucun dommage causé. Enfin le 26 mai, entre sept et huit heures du soir, on vit sortir à la partie élevée de l'Etna, aussi bien sur le flanc sud-sud-ouest (Biancavilla) que sur le côté du nord-nord-est (entre Randazzo et Castiglione), une abondante fumée noire en même temps que le cratère central vomissait un torrent de vapeurs blanches qui l'enveloppaient d'un nuage. Cette fumée blanche, dans beaucoup d'endroits, masquait la fumée noire; mais quand la nuit fut tombée, entre neuf et dix heures du soir, une lueur extrêmement vive, qui se reflétait sur les nuages de vapeurs amoncelés au-dessus de l'Etna, annonçait à toute la Sicile que le volcan venait d'entrer en éruption.

Il parut d'abord étonnant que la montagne se fût fendue de deux côtés opposés : cependant le fait était bien exact et la lave coulait dans la direction de Biancavilla, en même temps qu'un autre courant descendait rapidement, au nord-est, sur Castiglione et Randazzo. Les torrents de vapeurs qui s'élevaient au-dessus de la première coulée ne provenaient pas seulement de la lave; en ce point le phénomène se compliquait encore de la lutte de l'eau avec le feu. Les fissures qui donnaient passage à la matière incandescente s'étaient produites dans un terrain recouvert de 2 à 4 mètres de neige, dont une partie passait immédiatement à l'état de vapeur au contact de la lave, tandis que l'autre se résolvait en eau, pour former un torrent impétueux qui a entraîné jusque dans la région des bois une grande partie des cendres et des scories rejetées par l'éruption. Il n'est pas douteux que la grande masse de neige qui s'est ainsi transformée en eau et en vapeur ne soit pour quelque chose dans l'arrêt survenu au bout d'un jour et demi seulement de cette coulée de lave. Le refroidissement du magma fondu a dû être, en effet, considérable, chaque kilogramme de neige lui enlevant constamment une quantité de chaleur égale à la chaleur totale de vaporisation de la glace. La coulée, constamment refroidie et n'étant plus alimentée par de la lave nouvelle, celle-ci trouvant une sortie plus facile et à un niveau plus bas du côté de Randazzo, s'est arrêtée au bout d'un temps très court. Quand nous l'avons visitée, elle était presque froide; à peine avons-nous pu constater quelques phénomènes secondaires; près des bouches seulement nous avons remarqué quelques points assez chauds et des dégagements très faibles de vapeur d'eau.

La fissure qui a donné passage aux laves de ce côté part du pied du mont Frumento méridional, à une altitude de 2560 mètres, et on peut la suivre facilement dans la direction sud 60° ouest sur une longueur de 500 à 600 mètres. C'est généralement à la partie supérieure que la matière incandescente s'est épanchée, par plusieurs ouvertures en forme de boutonnières. Il est impossible maintenant de déterminer exactement le nombre de ces bouches; les effondrements qui se sont produits après l'écoulement de la matière fondue sous-jacente ont bouleversé le terrain et changé la forme et l'aspect des cratères d'émission. Un d'eux a cependant attiré notre attention à cause de sa configuration spéciale et de son remarquable état de conservation. Les projections qu'il avait lancées avaient constitué au-dessus de lui une sorte de dôme voûté, largement ouvert à la base, et un ruisseau de lave sortait de son centre comme un large jet de fonte d'un haut fourneau éventré. Sauf autour de ce point, les projections étaient relativement peu abondantes, les bombes faisaient absolument défaut; nous n'y avons remarqué que des débris scoriacés très poreux, très légers, paraissant être le produit de la solidification d'une substance fluide émulsionnée par des gaz et des vapeurs.

Le courant de lave sortant de ces ouvertures a pris une direction intermédiaire entre le village d'Aderno et celui de Biancavilla. Il a rencontré à peu de distance de sa sortie, à peu près à 7 ou 800 mètres, une série de trois anciens cônes cratériformes alignés, qui sont connus dans le pays sous le nom de Grotta dei Archi. Le premier de ces cratères opposant un obstacle à sa course, la lave s'est accumulée devant lui et a fini par pénétrer dans sa cavité intérieure, qu'elle a remplie comme un moule; puis, la pression due à la hauteur ayant fait céder à la base l'enveloppe déjà solidifiée de la matière pâteuse entassée contre la partie externe du cratère, elle a coulé dans deux directions divergentes, après avoir entouré complètement ce premier cône. Peu après, celui de ces deux courants qui descendait à gauche a cessé de couler, tandis que celui de droite, se trouvant dans des conditions de pente plus favorables, a continué sa course et a fini par s'arrêter au bout d'un jour et demi, à environ 2000 mètres des bouches qui lui avaient donné naissance au commencement d'un plateau aride et dénudé où il n'a causé aucun dommage.

Si les phénomènes éruptifs qui se sont produits du côté du sud-ouest ont été relativement peu importants et inoffensifs, il n'en a pas été de même pour l'éruption du côté du nord-est, qui s'est présentée avec tous les caractères d'une puissance destructive effrayante et qui a affligé les communes de Castiglione et de Randazzo d'une perte que l'on évalue à près d'un million. La lave a coulé pendant onze jours consécutifs, elle est descendue dans le lit du torrent Pisciaro, affluent de l'Alcantara, avec une vitesse variant de 2 à 4 mètres par minute, suivant l'inclinaison des pentes, et le 31 mai au soir, elle arrivait au pont construit sur la grande route de communication entre Randazzo et Castiglione. L'arche fut vite obstruée par la masse pâteuse, qui ne trouvait pas une section suffisante pour s'écouler, et bientôt le pont et la route furent ensevelis sous les flots toujours plus pressés du fleuve incandescent. Les habitants de Randazzo et de Castiglione qui étaient constamment en litige depuis un temps immémorial à propos de la délimitation des territoires de leurs communes respectives, avaient maintenant pour frontière une muraille naturelle de 10 mètres de haut et de 600 mètres de largeur, à travers laquelle les communications ne pourront être rétablies qu'au prix de grands frais et avec de grandes difficultés. Mais le fléau ne devait pas s'arrêter là; après avoir envahi la route, il se répandit, en se dirigeant sur Mojo, dans la riche vallée de l'Alcantara où, malgré les invocations et les prières des habitants qui portaient au-devant de la lave l'image vénérée de saint Antoine, leur patron, il continua à s'étendre, en détruisant les champs de vignes et d'amandiers. Enfin, après onze jours, quand la montagne eut épuisé ses ressources de matière incandescente, la lave s'arrêta à environ 1 kilomètre de l'Alcantara, après avoir acquis une largeur de plus de 800 mètres et un développement de près de 11 kilomètres en longueur.

Les ouvertures qui ont donné passage à la lave se trouvaient situées : les plus élevées, entre deux anciens cratères, le Monte Nero et la Timpa Rossa, à une altitude d'environ 2000 mètres; les autres à un niveau un peu moindre, sur un plateau qu'on appelle Piano del Palumbo, distantes des premières d'une longueur d'à peu près 1500 mètres. Quant aux phénomènes qui se sont passés près de ces cratères, ils ont été d'une énergie dont aucune puissance humaine ne peut donner une idée, même approximative, et ici nous croyons devoir laisser la parole au professeur Silvestri, qui en a été l'observateur attentif.

« Dans la nuit du 26 au 27, je quittai, dit-il, le village de Randazzo et me mis en route pour observer de près l'appareil éruptif. La cendre tombait abondamment et augmentait encore l'obscurité de la nuit. En tenant mon ombrelle renversée, je pouvais recueillir toutes les dix minutes environ un kilogramme de sable noirâtre. A mesure que j'avançais, la grosseur des grains devenait plus sensible, et bientôt la chute des lapilli et des scories devint telle, que je dus changer la direction de mon chemin et aborder par des voies détournées les terrains voisins des bouches éruptives. A peine arrivé au pied des collines de Timpa Rossa, je commençai à sentir les ondulations du sol et à entendre de fortes détonations souterraines qui se succédaient toutes les deux à trois minutes. A une altitude un peu plus élevée, j'eus à traverser un large espace sillonné de fissures, les unes larges et profondes, les autres très étroites. Tout ce terrain était couvert de neige, mais un tapis uniforme de cendre noire la revêtait et la laissait apercevoir seulement dans les crevasses. Quelques centaines de mètres plus loin s'élevait un ancien cône appelé Monte Pernice. Je gravis sa pente, et du sommet je pus jeter un coup d'œil général sur l'ensemble de l'éruption. A la partie supérieure de la fissure s'était formé un cône élevé pourvu d'un cratère, d'où sortaient des tourbillons de cendre et de fumée et une effrayante mitraille de pierres incandescentes. A un niveau inférieur s'ouvrait une bouche éruptive précisément entre le Monte Nero et la Timpa Rossa. Les détonations de cet orifice faisaient trembler la montagne sur laquelle je me trouvais, et le mouvement du terrain était tellement sensible que je me sentis bientôt pris de nausées analogues à celles qui caractérisent le mal de mer. Au-dessus du cratère principal s'étendait un nuage épais que sillonnaient à chaque instant des éclairs accompagnés de roulements de tonnerre, tandis que du côté inférieur de la fissure on voyait toute la portion béante du sol vomir des torrents de matières embrasées. La lave sortait en bouillonnant; d'énormes bulles se formaient aux points d'émission et se rompaient avec des explosions épouvantables, en projetant dans l'air une pluie de débris incandescents et une masse de vapeurs blanchâtres. »

Quand nous nous sommes rendus sur les lieux accompagnés par M. le professeur Silvestri, tous ces phénomènes effrayants avaient cessé; mais les résultats produits étaient là pour attester l'énergie et la puissance de l'éruption du 26 mai 1879. A partir de la première bouche entre Monte Nero et Timpa Rossa, près de laquelle nous avions établi notre campement, nous avons pu suivre pas à pas une immense fissure qui allait passer par le cratère central de l'Etna qu'elle coupait au fond dans une direction nord 20° est, pour aller rejoindre au sud-ouest la fracture qui avait produit la coulée de Biancavilla. Cette fissure se prolongeait vers le nord-est depuis Timpa Rossa jusqu'à Piano del Palumbo, acquérant ainsi un développement de 10 kilomètres, en suivant et en rouvrant l'ancienne fracture du 29 août 1874 et formant ainsi les vastes orifices par lesquels se sont épanchées rapidement les masses de lave et de vapeurs emmagasinées sous pression dans le sein de l'Etna. C'est probablement à l'existence préalable de cette fente de 1874 que l'éruption de 1879, qui a été si considérable, a dû d'avoir été si courte et que les tremblements de terre qui l'ont précédée immédiatement ont dû leur bénignité relative. Les produits élaborés dans le foyer volcanique, trouvant une issue toute prête, se sont précipités vers ce point de moindre résistance au moment où leur enveloppe n'a plus été assez puissante pour les retenir. La fissure ancienne s'est rouverte et agrandie; mais les fortes secousses et les grandes ondulations qui sont toujours le prélude d'une éruption, et qui déterminent les fractures du sol par lesquelles s'écouleront les matières ignées, ne se sont pas produites cette fois, et les tremblements de terre observés en divers points, quelques jours avant le 26 mai, ont présenté un caractère inoffensif. C'est aussi à la facile formation des bouches éruptives de 1879, dans l'ancienne fissure de 1874 et à un niveau inférieur de 5 à 600 mètres, qu'il faut attribuer le peu de durée de l'activité des cratères de Biancavilla. En effet, on peut admettre que la pression des gaz et des vapeurs sur la lave liquide n'a pas été suffisante pour en entretenir pendant longtemps l'écoulement par deux orifices distincts, situés à des altitudes différentes, surtout quand le plus bas présentait une section aussi considérable.

Les bouches éruptives du côté du nord-est étaient très nombreuses, de même qu'à Biancavilla, les effondrements qui avaient eu lieu après coup avaient tellement bouleversé le terrain, qu'il nous a été impossible d'en relever le nombre et la position exacte. La plupart de celles qui étaient encore intactes avaient accumulé autour d'un centre, qui paraissait être le point de sortie des laves, une grande quantité de projections et avaient ainsi formé des cônes dont les plus élevés pouvaient avoir de 50 à 60 mètres; d'autres, où la sortie de la lave semblait s'être faite d'une façon plus tranquille, n'étaient que de simples crevasses à parois abruptes, développées en longueur, entourées d'une quantité moindre de scories. A notre avis, un certain nombre de ces éminences ont dû leur production aussi à une autre cause. La lave, en sortant bouillonnante d'un orifice, forme une énorme bulle dont la surface extérieure se solidifie et qui, après avoir été plusieurs fois rompue et plusieurs fois ressoudée par de la lave nouvelle, augmente de diamètre et finit par devenir assez épaisse pour empêcher le refroidissement des matières liquides qui arrivent sans cesse du foyer volcanique. Mais bientôt l'épaisseur de la paroi cessant de s'accroître, celle-ci devient impuissante pour supporter la pression intérieure;

elle s'ouvre alors généralement à la base, la lave s'écoule et laisse un vide dans cette espèce de réservoir où tout à l'heure elle s'accumulait. Les monticules qui devaient leur origine à des projections présentaient quelquefois deux ouvertures, l'une au sommet toute chargée de sels sublimés et de forme circulaire, l'autre à la base plus grande de forme triangulaire par où le magma fluide s'était échappé. Mais dans le cas le plus général ces deux ouvertures étaient confondues, et toute la tranche du cône regardant la direction de la coulée avait été détruite. Nous pouvons même citer quelques cônes dont une moitié complète avait été emportée par des courants de lave venant de points plus élevés; il en résultait des éminences dont il aurait été difficile d'expliquer la formation si, en descendant un peu plus bas, on n'avait retrouvé les débris de la partie enlevée, flottants et comme portés par les courants de lave solidifiés.

Autour des points qui semblent avoir été les centres d'éruption les plus actifs, on remarque deux espèces de projections. Les unes, très scoriacées, légères, poreuses, à surface brillante et présentant souvent des couleurs jaune d'or et bleu analogues à celles de l'acier chauffé à diverses températures, doivent leur origine à une lave très vitreuse, projetée à l'état d'émulsion, et étaient déjà solides quand elles retombaient à terre. Les autres, au contraire, plus denses, beaucoup moins poreuses et d'un plus grand volume, sont constituées par de la lave à l'état pâteux, entourant un débris de roche ancienne arraché du fond ou même servant d'enveloppe à une bulle de gaz ou de vapeur. Ces dernières, qui ne s'observent qu'autour des cratères les plus grands et qui ont fonctionné avec le plus de violence, avaient conservé, eu égard à leur masse plus considérable, une fluidité assez grande pour s'aplatir en tombant sur le sol et former des tables dont quelques-unes pouvaient mesurer jusqu'à 1^m,50 de diamètre. On ne les rencontre pas du côté de Biancavilla; mais, du côté de Randazzo, elles ont été lancées par certains cônes, en si grand nombre, que non seulement on les retrouve à de grandes distances, mais que celles qui sont retombées sur la paroi externe de ces monticules l'ont revêtue, en se recouvrant les unes les autres, de façon à simuler grossièrement les tuiles qui forment la couverture d'un toit. Quant à la lave proprement dite, elle ne se différencie pas à l'œil nu des produits habituels des autres éruptions qui ont eu lieu antérieurement à l'Etna. C'est une roche très bulleuse, très scoriacée à la surface de la coulée, devenant compacte au milieu de l'épaisseur et présentant tout le caractère d'une roche très basique. Au milieu d'une pâte d'un gris de fer, on distingue facilement les grands cristaux blancs brillants de labrador, les cristaux de pyroxène et ceux un peu plus rares de péridot, qui tranchent, par leurs belles couleurs jaunes, souvent irisées, sur le fond sombre de la roche. Quant à la pâte, il est probable aussi qu'elle n'offre rien non plus de particulier : mais ici il faudra avoir recours à l'examen microscopique; lui seul pourra nous déceler la nature de la substance qui semble n'être qu'une pâte englobant les grands cristaux.

Si, quittant la coulée de lave, nous remontons au contraire depuis Monte Nero et Timpa Rossa, dans la direction du grand cratère central, les phénomènes éruptifs, quoique tout aussi énergiques, ne sont plus de même nature. Pendant 4 kilomètres à peu près, à partir de la première sortie de la lave, on parcourt d'abord une espèce de plateau recouvert d'une végétation maigre et sèche; puis la pente s'accentue, la végétation disparaît çà et là; on trouve des monceaux de neige accumulés dans les anfractuosités de rochers, et on n'avance plus qu'entre d'anciens cônes et sur d'anciennes coulées de lave saupoudrées de cendres et de sables volcaniques. Tout cet immense espace était sillonné de crevasses larges et profondes; par place, il s'était produit des affaissements du terrain, et en deux ou trois endroits ces effondrements étaient devenus des gouffres de 15 à 20 mètres de profondeur où, en s'approchant, on pouvait percevoir encore une sensation de chaleur. En continuant à monter, on arrivait devant un grand cône muni d'un cratère profond de 60 à 70 mètres, et dont la surface interne, toute tapissée de sels sublimés, laissait encore échapper de l'acide sulfhydrique et de la vapeur d'eau. M. le professeur Silvestri, lors de son excursion pendant la période active, avait supposé que ce cratère s'était formé seul parce que les pierres incandescentes qui étaient projetées en abondance ne lui avaient pas permis d'approcher d'assez près pour se rendre un compte exact des lieux; mais, lors de notre passage, nous avons pu nous convaincre que les cratères qui s'étaient produits dans cette éruption du 26 mai 1879 étaient au nombre de 10, compris entre les altitudes de 2300 à 2400 mètres. Immédiatement derrière celui dont nous venons de parler s'en trouvait accolé un autre beaucoup plus grand, dont la profondeur pouvait largement être évaluée à 100 mètres et le diamètre à 200 mètres. Le cône extérieur était commun à ces deux cratères; mais les deux cavités intérieures bien distinctes et tangentes figuraient en plan à peu près la forme d'un 8. Pour les autres, ils étaient de moindre importance, espacés sur la fissure, sur une longueur de 5 à 600 mètres, à intervalles à peu près égaux, et on peut considérer dans un ordre décroissant leurs profondeurs comme comprises entre 50 et 10 mètres et leur diamètre entre 60 et 20 mètres.

Ces cratères n'avaient pour ainsi dire point donné de projections de lave nouvelle; nous avons ramassé à l'entour seulement quelques rares débris scoriacés qui semblaient en provenir; leurs cônes extérieurs étaient dus à l'accumulation de morceaux de roches anciennes arrachées du fond, et à du sable résultant de ces mêmes roches pulvérisées par les explosions. La lave de ce côté trouvait une issue trop facile entre le Monte Nero et la Timpa Rossa, et coulait en cet endroit à une trop grande profondeur au-dessous du sol pour que des débris pussent en être projetés au dehors en quantité notable; ces cratères étaient les soupapes par lesquelles s'échappait, avec d'effroyables détonations, la majeure partie des gaz et des vapeurs qui se dégageaient sans cesse du bain fondu sous-jacent.

Aujourd'hui, les espaces déserts qui ont été les témoins d'un si grand déploiement des forces de la nature ne sont plus le théâtre que de quelques phénomènes secondaires. Ces cratères qui ont accumulé en quelques heures autour d'eux une quantité si prodigieuse de pierres et de sable, ces bouches éruptives qui ont vomi en si peu de temps une masse si considérable de matières embrasées, étaient toujours béants quand nous les avons visités, mais ils ne donnaient plus que quelques filets de fumée.

Cependant en parcourant la coulée de lave, on trouvait encore quelques points où, en plongeant le regard, on pouvait apercevoir la teinte rouge de la matière incandescente et qui laissaient échapper des gaz à température élevée. Sous la direction de M. Fouqué et grâce aux appareils qu'il avait imaginés à cet effet lors de l'éruption de l'Etna en 1865, nous avons recueilli ces gaz et nous avons pu nous convaincre qu'ils ne diffèrent pas, comme composition, de ceux examinés par M. Charles Sainte-Claire Deville au Vésuve, à différentes époques, et par M. Fouqué à ce même Etna en 1865. Le plus souvent ce n'était que de l'air très chaud rentrant par les fissures du dehors, appelé par la haute température; en quelques rares endroits seulement nous avons recueilli les gaz acides des fumerolles chaudes, c'est-à-dire l'acide chlorhydrique, l'acide sulfureux et l'acide carbonique, accompagnés d'un peu de vapeur d'eau. Dans l'un comme dans l'autre cas, on trouvait autour de ces crevasses d'abondants dépôts de sels sublimés : du chlorure de sodium, dont la surface était le plus souvent fondue, de l'oxychlorure de cuivre et de perchlorure de fer qui, eux, s'y étaient surtout déposés du temps du maximum d'activité de la fumerolle. En descendant plus bas sur la coulée de lave, quand elle avait envahi des espaces recouverts de végétation, la réaction acide était remplacée par une réaction alcaline et les abords de la crevasse étaient tapissés par du chlorhydrate d'ammoniaque parfois jauni par une certaine quantité de perchlorure de fer. On a attribué la présence du sel ammoniac, dans les laves qui ont coulé sur les terrains où vivaient des végétaux, à la distillation sèche des matières ligneuses au contact de la lave incandescente. Nous avons cependant pu recueillir du sel ammoniac en des points où il n'y a jamais eu la moindre végétation, et nôtamment au Vésuve, à l'intérieur du cratère; faut-il ici le considérer comme produit par la décomposition, à la chaleur rouge, d'algues et d'animalcules marins entraînés au contact des matières ignées sous-jacentes à l'écorce terrestre, par l'eau de la mer qui, d'après la théorie actuelle, est la cause des éruptions. C'est une difficile question qui ne sera résolue que par de longues et patientes recherches. Jusqu'à présent, il faut nous contenter de pouvoir constater le fait que l'ammoniaque est au nombre des produits naturels rejetés par les volcans.

Quant aux fumerolles à vapeur d'eau et à acide sulfhydrique et à vapeur d'eau pure, on les rencontrait sur les bords de la coulée, dans les parties les plus froides. Nous nous contenterons de les mentionner : elles ne présentent rien en effet qui ne soit déjà connu et qui n'ait été suffisamment décrit.

En somme, l'éruption de l'Etna du 26 mai 1879 n'a rien présenté de nouveau au point de vue des produits rejetés; les laves, les scories, les projections, les gaz sont identiques à ceux qui ont été déjà observés dans des circonstances analogues. Mais la grandeur des phénomènes, les pertes regrettables dont elle a été la cause, enfin la production de cette fracture dans les flancs de l'Etna, fracture qui n'a jamais été observée d'une façon aussi nette et sur une longueur aussi considérable, doivent la faire classer parmi l'une des plus intéressantes dans les annales de la vulcanologie.

Agréez, etc.

René Bréon.

RÉCRÉATIONS SCIENTIFIQUES

Sur l'arithmétique et sur la géométrie de situation.

« Après les jeux qui dépendent uniquement des nombres, viennent les jeux où entre encore la situation, comme dans le trictrac, dans les dames et surtout dans les échecs. Le jeu nommé « le solitaire » m'a plu assez. Je l'ai pris d'une manière renversée, c'est-à-dire, au lieu de défaire un composé de pièces, selon la loi de ce jeu, qui est de sauter dans une place vide et d'ôter la pièce sur laquelle on saute, j'ai cru qu'il serait plus beau de rétablir ce qui a été défait, en remplissant un trou sur lequel on saute; et par ce moyen, on pourrait se proposer de former une telle ou telle figure proposée, si elle est faisable, comme elle l'est sans doute si elle est défaisable. Mais à quoi bon cela? dira-t-on. Je réponds : A perfectionner l'art d'inventer. Car il faudrait avoir des méthodes pour venir à bout de tout ce qui se peut trouver par raison. »

Hanover, 17 janvier 1716.

(Lettre à M. de Montmort, *Œuvres de Leibnitz*, t. V, édition de Dutens.)

PREMIÈRE RÉCRÉATION, SUR LE JEU DE DAMES A LA POLONAISE, COMPORTANT LA SOLUTION COMPLÈTE DE LA PARTIE DE VINGT CONTRE UN, A QUI PERD GAGNE.

Le problème que nous avons résolu est le suivant :

Les vingt pions blancs sont placés comme au début d'une partie ordinaire; du côté opposé se trouve un seul pion noir, occupant l'une quelconque des cinq cases de la dernière ligne. Cela posé, il s'agit de fixer la marche des pions blancs de telle sorte qu'ils gagnent nécessairement, c'est-à-dire de manière à ce qu'ils soient tous pris successivement, sans que le pion noir ait pu parvenir soit à se mettre en prise, soit à se faire bloquer. En suivant la marche indiquée ci-dessous, les pions blancs gagnent toujours, soit qu'ils jouent en premier, soit qu'ils jouent en second.

HISTORIQUE.

Ce problème a été étudié, pour la première fois, par Lamarle, qui en a présenté la solution le 5 juin 1852, à l'*Académie royale de Belgique;* on la trouvera dans le tome XXVII des *Mémoires* de cette Académie. Mais la méthode indiquée par l'auteur est fort longue, et par conséquent, difficile à retenir; celle que nous allons exposer repose sur la découverte d'une *position fondamentale* à laquelle on peut ramener un très grand nombre de parties.

En effet, bien qu'il ne soit pas permis de bloquer l'adversaire sur une seule case, puisque l'on perdrait la partie, on peut cependant l'enfermer sur l'espace de deux cases contiguës, au moyen de quatre pions *factionnaires*. Dès lors la partie doit être considérée comme gagnée, dans le camp des factionnaires, puisqu'il devient possible de disposer le jeu des autres pions blancs d'une façon systématique, qui permet de terminer immédiatement la partie, sans aucun effort de mémoire ou d'attention, par un procédé régulier de stratégie.

NOTATIONS ET CONVENTIONS.

Le damier est un échiquier de cent cases; on joue sur les cinquante cases blanches; la grande diagonale des cases blanches est à la gauche des joueurs; toutes les cases blanches sont désignées par deux nombres, ainsi que l'indique la figure 14, qu'il faut avoir soin de reproduire sur un damier ordinaire.

Les cases d'une même ligne ont le même exposant. Pour désigner plusieurs cases d'une même ligne occupées par les pions de même couleur, on renferme les rangs de ces cases entre parenthèses, en mettant un exposant commun. Ainsi pour désigner les cases $1^3, 4^3, 5^3$ on écrira $(1.4.5)^3$; on fera de même pour désigner à la fois des cases semblables sur des lignes différentes. Ainsi pour désigner les cases 2,3,4 sur les lignes 1,5,6, on écrira $(2.3.4)^{1.5.6}$; d'ailleurs les nombres inscrits dans les parenthèses suivent l'ordre croissant, ainsi que les exposants eux-mêmes. En admettant ces conventions, nous figurons ainsi le début de la partie que nous considérons.

BLANCS. $(1.2.3.4.5)^{1.2.3.4}$ — NOIR. 1^{10} ou 2^{10} ou 3^{10} ou 4^{10} ou 5^{10}.

Pour figurer tous les *coups successifs,* nous indiquerons les changements qui surviennent après deux déplacements exécutés, le premier par l'un des pions blancs, le second par le pion noir ; l'ensemble de ces deux déplacements forme *un coup.* On voit ainsi qu'il y a lieu, dès le commencement,

C D

	1^{10}		2^{10}		3^{10}		4^{10}		5^{10}
1^9		2^9		3^9		4^9		5^9	
	1^8		2^8		3^8		4^8		5^8
1^7		2^7		3^7		4^7		5^7	
	1^6		2^6		3^6		4^6		5^6
1^5		2^5		3^5		4^5		5^5	
	1^4		2^4		3^4		4^4		5^4
1^3		2^3		3^3		4^3		5^3	
	1^2		2^2		3^2		4^2		5^2
1^1		2^1		3^1		4^1		5^1	

A B

Fig. 14. — Damier à la polonaise ; le côté des blancs est AB, et le côté des noirs est CD.

de distinguer deux parties principales, selon que le *trait* appartient aux blancs ou au noir, c'est-à-dire selon que, au début de la partie, les blancs jouent en premier ou en second. Aussi, afin de ne pas avoir deux notations différentes, nous conviendrons que chaque ligne qui représente le coup se termine par le déplacement du pion noir, de telle sorte que toute position représentée suppose que le trait appartient aux blancs. Chaque ligne de nombres donnera, dans la partie de *Qui perd gagne,* l'énoncé d'un problème nécessairement gagné par les blancs, lorsque ceux-ci commencent.

Pour ramener la notation de la seconde partie du *Qui perd gagne,* à la première partie, il suffit d'observer que le pion noir se trouvera forcément, après son premier déplacement, sur l'une des cases de la 9e ligne. Par conséquent, nous aurons à considérer deux parties successives.

Première partie.

$(1.2.3.4.5)^{1.2.3.4}$. 1^{10} ou 2^{10} ou 3^{10} ou 4^{10} ou 5^{10}.

Seconde partie.

$(1.2.3.4.5)^{1.2.3.4}$. 1^9 ou 2^9 ou 3^9 ou 4^9 ou 5^9.

Nous ne parlons point du cas où, dès le début de la partie, le pion noir serait placé sur d'autres lignes ; en effet, on peut démontrer que dans cette position, la partie est, dans le cas général, gagnée par le pion noir, ce qui présente beaucoup moins d'intérêt.

Avant de donner le tableau de tous les cas qui peuvent se présenter dans les deux parties du *Qui perd gagne,* il est bon de donner la théorie de la position fondamentale, et d'indiquer : 1° les différents procédés qui permettent d'arriver à cette position, à un moment quelconque d'une partie ; 2° le procédé unique de stratégie qui permet de s'assurer la victoire, dès que l'on a conquis la position fondamentale.

DÉFINITION DE LA POSITION FONDAMENTALE.

Les *quatre pions factionnaires* occupent les cases $4^2, 4^3, 4^4, 5^3$, et le pion noir qui est nécessairement *arrivé à dame,* sur la case 5^1, est bloqué dans les cases 5^1 et 5^2, où il oscille,

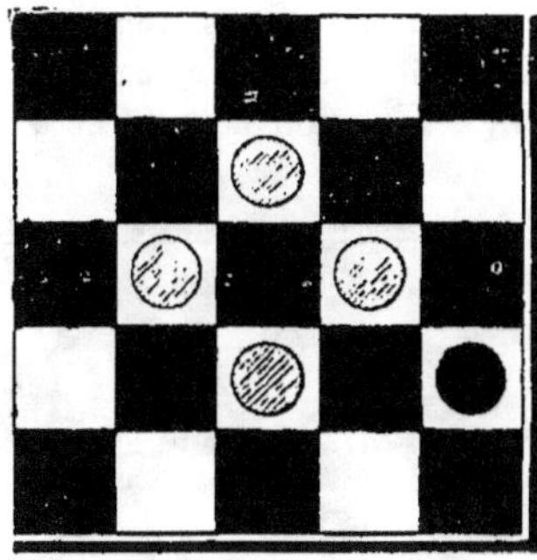

Fig. 15. — Position fondamentale.

pendant que les blancs préparent leur position finale. La figure 15 représente cette position.

Pour noter une dame, nous placerons un petit trait au-dessus du rang qu'elle occupe sur l'une des lignes du damier, dès que le pion est arrivé à dame, sur l'une des cases $\overline{1}^1$, $\overline{2}^1$, $\overline{3}^1$, $\overline{4}^1$, $\overline{5}^1$, ainsi que dans les positions prises ultérieurement.

CONQUÊTE DE LA POSITION FONDAMENTALE

I. — Supposons que l'on parte de la position suivante (fig. 16).

$(4.5)^1$, $(3.4)^2$. — 4^4 ou 5^4.

Les blancs jouent 4^2 en 4^3 et le noir arrive forcément en 5^3 ; les blancs jouent de 5^1 en 4^2 et le noir en 5^2 ; les blancs de 4^3 en 4^4 et le noir en $\overline{5}^1$, où il est damé ; les blancs de 3^2 en 4^3 et le noir en $\overline{5}^2$; les blancs de 4^2 en 5^3 et le noir revient en $\overline{5}^1$; les blancs de 4^1 en 4^2 et le noir en 5^2, où il est bloqué.

Le jeu est évidemment le même, quels que soient le nombre et la position des blancs, dans la partie du damier qui est extérieure à celle que nous avons donnée dans la figure 15.

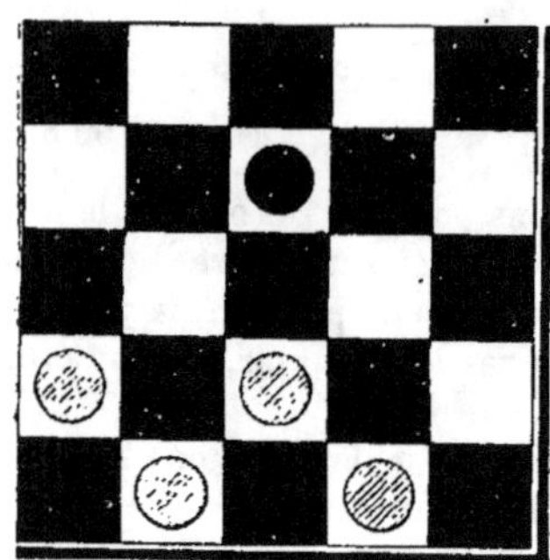

Fig. 16. — Prise de la position.

II. — Si le pion noir était en 5^5, les blancs auraient un coup d'avance et pourraient jouer un pion quelconque du damier extérieur, ou passer de 4^3 en 3^4, si la case 4^3 était occupée; le noir viendrait encore en 4^4 ou 5^4.

III. — Si le pion noir était en 5^6, les blancs auraient deux coups d'avance, puisqu'après deux coups, le noir arriverait forcément en 4^4 ou 5^4.

IV. — Si le pion noir étant en 5^5, la case 5^3 était occupée et la case 4^3 vide, on jouerait successivement 5^3 en 5^4 et en 5^5, le pion noir reviendrait en 5^6, et l'on agirait ensuite comme à l'alinéa précédent. Si le pion noir est en 5^6, et si les cases

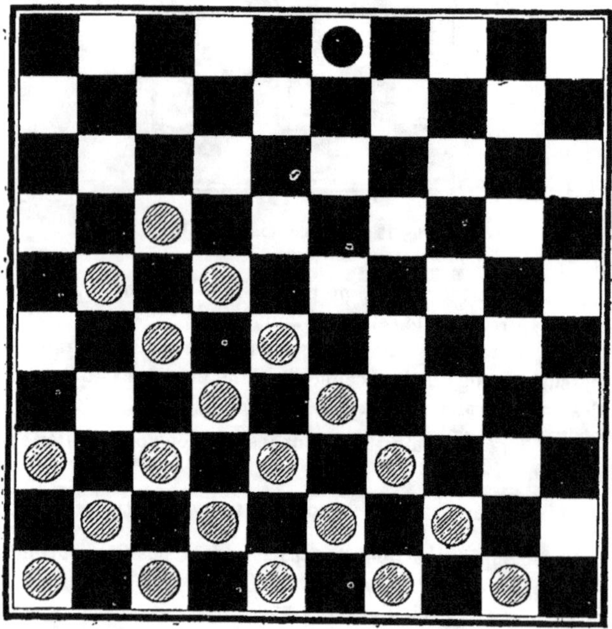

Fig. 17. — Théorème général.

4^3 et 5^3 sont occupées, on joue 4^3 en 3^4, et l'on revient au cas précédent.

V. — Si le pion noir est en 5^6, les cases 4^3, 5^3 et 5^2 étant occupées, on joue 4^3 en 3^4, le pion noir vient en 5^5; on fait prendre 5^3 comme il est dit plus haut (IV), le pion noir revient en 5^6; on joue 5^2 en 5^3, et on le fait prendre à son tour. On revient à la position I.

Théorème général. — Désignons sous le nom de *parallèles*, les lignes blanches, parallèles à la grande diagonale, par *transversales*, les lignes blanches perpendiculaires; comptons les *neuf* parallèles de $5^{1 \cdot 2}$ à $1^{9 \cdot 10}$ et les *dix* transversales de 1^1 à 5^{10}. Supposons les pions blancs placés dans les cinq premières transversales et le pion noir sur une case des quatre dernières. Si les pions blancs occupent toutes les cases de la 4e et de la 5e transversale, depuis la première parallèle jusqu'à celle qui est occupée par le pion noir, on déplacera transversalement le pion blanc de la cinquième transversale et de la parallèle du pion noir, de manière à faire le vide. Si le pion noir se déplace transversalement, on déplacera le vide transversalement, en sens inverse. Si le pion noir se déplace parallèlement et vient occuper la sixième transversale, on bouchera le vide transversalement jusqu'à ce qu'on arrive à la position fondamentale; mais si le pion noir n'est pas arrivé à la sixième transversale, les blancs ont un ou plusieurs coups d'avance.

Ainsi dans la figure 17, les blancs arrivent nécessairement à la position fondamentale, soit qu'ils jouent en premier ou en second, et le nombre et la position des pions des trois premières transversales sont absolument arbitraires.

VICTOIRE PAR LA POSITION FONDAMENTALE.

Pendant que la dame noire oscille dans la première parallèle, on conduit à dame tous les pions blancs, à l'exception des quatre factionnaires; on les ramène ensuite dans les premières transversales, en ayant le soin de ne pas laisser d'intervalles de prise, et surtout en 3^2 et 3^1. On dispose ensuite une dame blanche en $\bar{2}^9$, et, lorsque la dame noire est en $\bar{5}^2$, on déplace le factionnaire de 4^4 en 4^5; la dame noire prend 5^3, 4^5, et $\bar{2}^9$, et vient en $\bar{1}^{10}$; on fait prendre le factionnaire 4^2 en le plaçant en 5^3, et on fait ainsi osciller la dame noire le long de la sixième transversale 5^2-1^{10}, en déplaçant parallèlement à la diagonale toutes les autres dames blanches, mais en les choisissant successivement dans la parallèle la plus éloignée de la position de la dame noire.

En conséquence, nous considérons la victoire comme acquise, lorsque le pion noir se trouvant amené en 5^6, les blancs occuperont l'une des diverses positions indiquées dans la théorie de la prise de position fondamentale. Dans ce qui suit, nous nous bornerons, en général, à figurer tous les coups successifs, ainsi que nous l'avons expliqué plus haut. Lorsque le déplacement des blancs mettra en prise un ou plusieurs pions blancs, et que ceux-ci devront disparaître par suite du déplacement obligé du pion noir, nous ne les effacerons pas d'abord, mais nous les désignerons d'avance, en plaçant des points sur les rangs des cases qu'ils occupent, et en fixant, par le nombre de ces points, l'ordre dans lequel le pion noir va les prendre successivement. Il résulte de là que les blancs surmontés de points, dans le figuré d'une position, devront être considérés comme ayant disparu, par cela seul que le pion noir est venu occuper la case qui lui est forcément assignée dans cette même position.

Première partie. — A. B. C.

Afin de classer systématiquement les différents cas qui peuvent se présenter, nous ne commencerons la classification qu'après le troisième coup, et nous supposerons que les blancs ont joué 4^4 en 2^5, 3^4 en 3^5, 5^4 en 5^5 ; alors le pion noir occupe l'une des cases $(1.2.3.4.5)^7$. Cela posé, nous considérerons les trois cas suivants :

Partie A. Le pion noir occupe 1^7 ou 2^7 ou 3^7.
Partie B. — 4^7.
Partie C. — 5^7.

Ce procédé de classification est de beaucoup préférable à celui de Lamarle.

Partie A.

Nous la décomposerons en deux autres : A_1, et A_2, suivant que le pion noir occupe l'une des cases 1^7, 2^7 ou la case 3^7.

Nous indiquons, d'ailleurs, par des nombres situés dans la première colonne à gauche, le numéro d'ordre de chaque coup.

A_1. $(1.2.3.4.5)^{1.2.3}$, $(1.4)^4$, $(2.3.5)^5$. 1^7 ou 2^7.
4. $(1.2.3.4.5)^{1.2.3}$, $(1.4)^4$, $(3.5)^5$, 2^6. 1^6.
5. $(1.2.3.4.5)^{1.2.3}$, 4^4, $(\dot{2}.\ddot{3}.5)^5$, 2^6. 3^6.
6. $(1.2.3.4.5)^{1.2.3}$, $(\dot{4}.\ddot{5})^5$, 2^6. 5^6.

Au cinquième coup le pion noir prend 2^5, puis 3^5 et vient se placer en 3^6 ; au sixième coup, le pion noir prend 4^5 et 5^5, et vient se placer en 5^6; alors la partie est gagnée par les blancs, qui peuvent s'emparer de la *position fondamentale*.

A_2. $(1.2.3.4.5)^{1.2.3}$, $(1.4)^4$, $(2.3.5)^5$. 3^7.
4. $(1.2.3.4.5)^{1.2.3}$, 1^4, $(2.5)^5$, 2^6. 3^6.
5. $(1.2.3.4.5)^{1.2.3}$, 1^4, $(2.\ddot{4}.\ddot{5})^5$, 2^6. 5^6.

La partie est encore gagnée par les blancs, puisqu'ils peuvent encore s'emparer de la *position fondamentale*. En tout, huit coups, pour cette partie.

Partie B.

B. $(1.2.3.4.5)^{1.2.3}$, $(1.4)^4$, $(2.3.5)^5$. 4^7.
4. $(1.2.3.4.5)^{1.2.3}$, $(1.4)^4$, $(2.5)^5$, $\dot{3}^6$. 3^5.
5. $(1.2.3.4.5)^{1.2}$, $(1.3.4.5)^3$, $(\ddot{1}.\dot{2}.4)^4$, $(2.5)^5$. 1^5.
6. $(1.2.3.4.5)^{1.2}$, $(1.3.5)^3$, $(3.4)^4$, $(2.5)^5$. 1^4.
7. $(1.2.3.4.5)^{1.2}$, $(1.5)^3$, $(2.3.4)^4$, $(\dot{2}.5)^5$. 2^6.
8. $(1.2.3.4.5)^{1.2}$, $(1.5)^3$, $(3.4)^4$, $(3.5)^5$. 2^5.
9. $(1.2.3.4.5)^{1.2}$, $(1.5)^3$, $(3.4)^4$, 5^5, $\dot{2}^6$. 3^7.
10. $(1.2.3.4.5)^{1.2}$, 5^3, $(1.3.4)^4$, 5^5. 2^6 ou 3^6.

On a ici deux positions distinctes, suivant que le pion noir est en 3^6 ou en 2^6. Si le pion noir vient en 3^6, on joue 4^4 en 4^5, le pion noir prend $\dot{4}^5$, $\ddot{5}^5$ et vient se placer en 5^6, et la victoire est acquise aux blancs par la prise de la *position fondamentale*. Il suffit donc de supposer le pion noir en 2^6; on a ensuite :

11. $(1.2.3.4.5)^{1.2}$, 5^3, $(1.4)^4$, $(\dot{3}.5)^5$. 3^4.
12. $(1.2.3.4.5)^{1.2}$, 5^3, 1^4, $(\dot{4}.\ddot{5})^5$. 5^4.
13. $(1.2.3.4.5)^1$, $(1.2.3.5)^2$, $(\ddot{4}.\ddot{5})^3$, 1^4. 3^4.
14. $(1.2.3.4.5)^1$, $(1.2.5)^2$, 3^3, 1^4. 4^3.
15. $(1.2.4.5)^1$, $(1.\ddot{2}.\dot{3}.5)^2$, 3^3, $\ddot{1}^4$. 1^5.
16. $(1.2.4.5)^1$, 1^2, $(3.5)^3$. 1^4.
17. $(1.2.4.5)^1$, $(\dot{2}.\ddot{3}.5)^3$. 3^4.
18. $(2.4.5)^1$, 1^2, 5^3. 3^3 ou 4^3.

Ici deux positions se présentent; nous les désignerons par B_1, et B_2.

B_1. $(2.4.5)^1$, 1^2, 5^3. 3^3.
19. $(2.5)^1$, $(1.\dot{3})^2$, 5^3. $\bar{4}^1$.
20. 5^1, $(1.2)^2$, $\dot{5}^3$. $\bar{5}^4$.
21. $(1.2.\dot{4})^2$. $\bar{4}^1$.
22. $\ddot{1}^2$, 3^3. $\bar{1}^1$.

On aura pour la seconde position :

B_2. $(2.4.5)^1$, 1^2, 5^3. $\bar{4}^3$.
19. $(2.4)^1$, $(1.\dot{4})^2$, 5^3. $\bar{5}^1$.
20. 2^1, $(\ddot{1}.\dot{4})^2$, 5^3. $\bar{1}^1$.
21. $\dot{1}^2$, $\ddot{5}^3$. $\bar{5}^3$.

On a, pour la partie B, 23 positions nouvelles, les trois premières étant, pour les blancs, communes avec celles de A.

Partie C.

C. $(1.2.3.4.5)^{1.2.3}$, $(1.4)^4$, $(2.3.5)^5$. 5^7.
4. $(1.2.3.4.5)^{1.2.3}$, $(1.4)^4$, $(2.3)^5$, 5^6. 4^6.
5. $(1.2.3.4.5)^{1.2.3}$, $(1.4)^4$, $(2.3)^5$, $\dot{5}^7$. 5^8.
6. $(1.2.3.4.5)^{1.2.3}$, 1^4, $(2.3.5)^5$. 5^7.
7. $(1.2.3.4.5)^{1.2.3}$, 1^4, $(2.3)^5$, 5^8. 4^6.
8. $(1.2.3.4.5)^{1.2.3}$, 1^4, $(2.3)^5$, $\dot{5}^7$. 5^8.
9. $(1.2.3.4.5)^{1.2}$, $(1.2.3.5)^3$, $(1.4)^4$, $(2.3)^5$. 5^7.
10. $(1.2.3.4.5)^{1.2}$, $(1.2.3)^3$, $(1.4.5)^4$, $(2.3)^5$. 4^6 ou 5^6.

Si le pion noir vient en 5^6, on fait prendre successivement 3^4 et 5^4, le pion noir revient en 5^6, et la victoire est acquise aux blancs. S'il vient en 4^6, on continue comme il suit .

11. $(1.2.3.4.5)^{1.2}$, $(1.2.3)^3$, $(1.4)^4$, $(2.3.\dot{5})^5$. 5^4.
12. $(1.2.3.4.5)^1$, $(1.2.3.5)^2$, $(1.2.3.4)^3$, $(1.4)^4$, $(2.3)^5$. 5^3.
13. $(1.2.3.4)^1$, $(1.2.3.4.5)^2$, $(1.2.3.4)^3$, $(1.\dot{4})^4$, $(2.3)^5$. 4^5.
14. $(1.2.3.4)^1$, $(1.2.3.4.5)^2$, $(1.2.3)^3$, $(1.3)^4$, $(2.3)^5$. 4^4.
15. $(1.2.3.4)^1$, $(1.2.3.4)^2$, $(1.2.3.\dot{5})^3$, $(1.3)^4$, $(2.3)^5$. 5^2.
16. $(1.2.3.4)^1$, $(1.2.3)^2$, $(1.2.3.\dot{5})^3$, $(1.3)^4$, $(2.3)^5$. 4^4.
17. $(1.2.3.4)^1$, $(1.2.3)^2$, $(1.2.3)^3$, 1^4, $(\ddot{2}.\ddot{3}.\ddot{4})^5$. 1^6.
18. $(1.2.3.4)^1$, $(1.2.3)^2$, $(1.2.3)^3$, 1^5. 2^5.
19. $(1.2.3.4)^1$, $(1.2.3)^2$, $(1.2.3)^3$, $\dot{1}^6$. 1^7.
20. $(1.2.3.4)^1$, $(1.2.3)^2$, $(1.3)^3$, 1^4. 1^6.
21. $(1.2.3.4)^1$, $(1.2.3)^2$, $(1.3)^3$, 1^5 2^5.
22. $(1.2.3.4)^1$, $(1.2.3)^2$, $(1.3)^3$, $\dot{1}^6$. 1^7.
23. $(1.2.3.4)^1$, $(1.2.3)^2$, 3^3, 1^4. 1^6.
24. $(1.2.3.4)^1$, $(1.2.3)^2$, 3^3, 1^5. 2^5.
25. $(1.2.3.4)^1$, $(1.2.3)^2$, 3^3, $\dot{1}^6$. 1^7.
26. $(1.2.3.4)^1$, $(2.3)^2$, $(2.3)^3$. 1^6.
27. $(2.3.4)^1$, $(1.2.3)^2$, $(2.3)^3$. 1^5 ou 2^5.
28. $(2.3.4)^1$, $(1.2.3)^2$, 3^3, 2^4. 1^4.
29. $(2.3.4)^1$, $(1.3)^2$, $(\dot{2}.\ddot{3})^3$, 2^4. 3^4.
30. $(2.3.4)^1$, $(1.3)^2$, $\dot{2}^5$. 2^6.
31. $(2.3.4)^1$, 4^2, 3^3. 2^5 ou 3^5.

Ici deux cas se présentent, que nous désignerons par C_1 et C_2, suivant que le pion noir est en 2^5 ou en 3^5.

C_1. $(2.3.4)^1$, 1^2, 3^3. 2^5.
32. $(2.3.4)^1$, 1^2, $\dot{2}^4$. 3^3.
33. $(2.3)^1$, $(1.\dot{3})^2$. $\bar{4}^1$.
34. 2^1, $(\ddot{1}.\dot{3})^2$. $\bar{1}^1$.
35. $\dot{1}^2$. $\bar{2}^3$.

Pour la seconde position :

C_2. $(2.3.4)^1$, 1^2, 3^3. 3^5.
32. $(2.3.4)^1$, 1^2, $\dot{3}^4$. 4^3.
33. $(2.3)^1$, $(1.3)^2$. 4^2.
34. 2^1, $(1.2.3)^2$. $\bar{4}^1$ ou $\bar{5}^1$.
35. 2^1, $(\ddot{1}.2)^2$, $\dot{3}^3$ ou $\acute{4}^3$. $\bar{1}^1$.
36. $(\dot{1}.\ddot{2})^2$. $\bar{3}^1$.

La partie C comporte 37 positions. En résumé, la première partie est gagnée par l'intermédiaire de 68 positions pour les blancs, tandis que par la méthode de Lamarle, on en compte plus de 360. Par une étude plus attentive, on peut simplifier encore les parties précédentes, ainsi qu'il suit, en les ramenant toujours à la position fondamentale.

DE L'ÉLIMINATION D'UN PION, PAR PRISE EN ARRIÈRE.

A la droite du damier, vu du côté des blancs, se trouve une colonne, la dixième, contenant les cinq cases blanches $5^{2.4.6.8.10}$, de rang 5, et d'exposant pair : nous l'appellerons *frontière de droite;* de même, à la gauche du damier, nous avons une colonne, la première, contenant les cinq cases $1^{1.3.5.7.9}$, de rang 1, et d'exposant impair : nous l'appellerons *frontière de gauche.*

Lorsque le pion noir se trouve sur l'une des frontières, on peut, dans un très grand nombre de positions, supprimer ou *éliminer* du jeu, un, deux ou trois pions blancs appartenant aux trois premières colonnes ou aux trois dernières; mais pour cela il faut, et il suffit : 1° que l'exposant des pions blancs soit inférieur de trois ou de quatre unités à l'exposant du pion noir; 2° que dans la marche forcée du pion noir, il n'y ait pas lieu à une mise en prise de ce pion par les autres pions blancs.

Supposons, par exemple, le pion noir en 1^7, frontière de gauche, et le pion blanc en 1^3 ou 2^3; le trait appartenant aux blancs : 1° on joue en 1^4, le noir vient en 1^6; 2° on joue 1^4 en 1^5, le noir vient en 2^5; 3° on joue 1^5 en 1^6 et le pion noir, prenant 1^6 revient en 1^7, après trois coups. Dans les parties suivantes, nous indiquerons cette *prise en arrière,* en supprimant les deux coups intermédiaires, mais le numéro d'ordre augmentera de trois unités, le pion 1^3 ou 2^3 sera supprimé, et le pion noir conservera sa position.

De même, si le pion blanc était en 1^4, les blancs joueraient un autre pion, ayant un coup d'avance; nous indiquerons ce résultat de la même façon que précédemment, mais en donnant la nouvelle position de *l'autre* pion blanc.

On suivra la même tactique pour la frontière de droite.

Nous reprendrons les parties B et C, en démontrant qu'on peut, comme dans la partie A, ramener à la *position fondamentale.*

Partie B. — Deuxième solution.

Il suffit de reprendre la première position du 10e coup.

10. $(1.2.3.4.5)^{1.2}$, 5^3, $(1.3.4)^4$, 5^5. 2^6.
11. $(1.2.3.4.5)^{1.2}$, 5^3, $(3.4)^4$, $(\dot{2}.5)^5$. 1^4.
12. $(1.2.3.4.5)^1$, $(2.3.4.5)^2$, $(2.5)^3$, $(3.4)^4$, 5^5. 1^3.
13. $(1.2.3.4.5)^1$, $(2.3.4.5)^2$, 5^3, $(\dot{1}.3.4)^4$, 5^5. 2^5.
14. $(1.3.4.5)^1$, $(1.2.3.4.5)^2$, 5^3, $(3.4)^4$, 5^5. 1^4 ou 2^4.

Si le pion noir vient en 2^4, les blancs jouent 3^4 en 3^5, puis 4^4 en 4^5, le pion noir vient après deux coups en 5^6, et le gain de la partie est assuré par la conquête de la *position fondamentale;* si le pion noir vient en 1^4, on fera :

15. $(1.3.4.5)^1$, $(2.3.4.5)^2$, $(2.5)^3$, $(3.4)^4$, 5^5. 1^3.
16. $(1.3.4.5)^1$, $(2.3.4.5)^2$, $(2.5)^3$, 4^4, $(3.5)^5$. 1^2.

17. Les blancs jouent 4^4 en 4^5, le pion noir prend successivement 2^3 $(3.4.5)^5$ et vient se placer en 5^6; dès lors, le gain de la partie est assuré par la prise de la *position fondamentale.* Ainsi la partie B se ramène de trois façons à cette position et ne comporte plus que *vingt* coups.

Partie C. — Deuxième solution.

Nous reprendrons la partie au huitième coup, après l'*élimination* des pions 5^5 et 4^4, dans la troisième position.

8. $(1.2.3.4.5)$, $^{1.2.3}$, 1^4, $(2.3)^5$, $\acute{5}^7$. 5^8.
9. $(1.2.3.4.5)^{1.2.3}$, 1^4, 3^5, 1^6. 5^7.
10. $(1.2.3\ 4.5)^{1.2}$, $(1.3.4.5)^3$, $(1.2)^4$, 3^5, 1^6. 4^6 ou 5^6.

Si le pion noir vient en 5^6, les blancs jouent 4^3 en 3^4, et pourront occuper la *position fondamentale.* Si le pion noir est en 4^6, les blancs jouent 2^2 en 2^3, et l'on a :

11. $(1.2.3.4.5)^1$, $(1.3.4.5)^2$, $(1.2.3.4.5)^3$, $(1.2)^4$, 3^5, 1^6. 4^5 ou 5^5

Si le pion noir vient en 5^5, les blancs jouent 5^3 en 4^4, puis 4^4 en 5^5; le pion noir prend celui-ci et revient en 4^6; les blancs jouent 5^2 en 5^3, et le pion noir revient en 4^5 ou 5^5; on a ainsi :

11 *bis*. $(1.2.3.4.5)^1$, $(1.3.4)^2$, $(1.2.3.4.5)^3$, $(1.2)^4$, 3^5, 1^6. 4^5 ou 5^5.

Si dans cette position le pion noir est en 5^5, on fait prendre 5^3, on joue 2^1 en 2^2 et l'on a :

11 *ter*. $(1.3.4.5)^1$, $(1.2.3.4)^2$, $(1.2.3.4.5)^3$, $(1.2)^4$, 3^5, 1^6. 4^5 ou 5^5.

Cette dernière partie se ramène à la position fondamentale, en jouant 4^3 en 3^4, 4^2 en 4^3, 5^1 en 4^2, le pion noir décrit la sixième transversale et vient à dame en 5^1. Quant aux positions 11 et 11 *bis,* elles ne diffèrent que par le pion 5^2 qui se trouve dans la première et non dans la seconde; nous ne tiendrons pas compte de cette différence, attendu qu'après avoir amené le pion noir en 5^6, nous éliminerons 5^2 par prise en arrière. On a donc :

12. $(1.2.3.4.5)^1$, $(1.3.4)^2$, $(1.2.4.5)^3$, $(1.\ddot{2}.\dot{3})^4$, 3^5, $\dddot{1}^6$. 1^7.
13. $(1.2.3.4.5)^1$, $(1.3.4)^2$, $(1.2.4)^3$, $(1.5)^4$, 3^5. 1^6.
14. $(1.2.3.4.5)^1$, $(1.3.4)^2$, $(1.2.4)^3$, $\acute{5}^4$, $(1.3)^5$. 2^5.
15. $(1.2.3.4.5)^1$, $(1.3.4)^2$, $(1.2.4)^3$, 5^4, 3^5, $\dot{1}^6$. 1^7.
18. $(1.2.3.4.5)^1$, $(1.3.4)^2$, $(1.4)^3$, 5^4, 3^5, 1^6. 1^7.
21. $(1.2.3.4.5)^1$, $(1.3.4)^2$, 4^3, 5^4, 3^5, $\dot{1}^6$. 1^7.
22. $(1.2.3.4.5)^1$, $(1.3.4)^2$, 4^3, 5^4, 3^6. 1^6.

23. $(1.2.3.4.5)^1$, $(1.3.4)^2$, 4^3, 5^5, 3^6. 1^5 ou 2^5.
24. $(1.3.4.5)^1$, $(1.2.3.4)^2$, 4^3, 5^5, 3^6. 1^4 ou 2^4.

Si le pion noir est en 2^4, les blancs jouent 3^2 en 3^3, le pion noir prend $(3,4)^3$, 5^5 et vient en 5^6; la partie sera gagnée par les blancs, par l'intermédiaire de la *position fondamentale*. Si le pion noir est en 1^4,

25. $(1.3.4.5)^1$, $(2.3.4)^2$, $(2.4)^3$, 5^5, 3^6. 1^3.
26. $(1.3.4.5)^1$, $(2.4)^2$, $(2.3.4)^3$, 5^5, 3^6. 1^2.

27. Les blancs avancent 3^6, le pion noir prend $(2.3.4)^3$, 5^5, et vient se placer en 5^6; les blancs jouent 3^1 en 3^2 et gagneront la partie par la *position fondamentale*.

Ainsi la partie C se ramène de *cinq* façons à la position fondamentale. En tout *trente-deux* coups. On observera, d'ailleurs que cette fin de partie est entièrement analogue à la fin de la partie B.

En résumé, la première partie ne comporte que cinquante positions et se ramène, dans tous les cas, à la position fondamentale.

SECONDE PARTIE — D. E. F. G.

Au début, le pion noir occupe l'une des cases $(1.2.3.4.5)^9$; les blancs jouent 3^4 en 3^5, et l'on a deux cas à considérer, suivant que le pion noir vient occuper l'une des cases $(1 \text{ ou } 2)^8$, ou l'une des cases $(3 \text{ ou } 4 \text{ ou } 5)^8$. Dans le premier cas, les blancs jouent 2^4 en 2^5, et l'on a deux parties distinctes, que nous désignerons par D et E, suivant que le pion noir vient occuper 3^7 ou l'une des cases $(1,2)^7$.

D. $(1.2.3.4.5)^{1.2.3}$, $(1.4.5)^4$, $(2.3)^5$. 3^7.
E. $(1.2.3.4.5)^{1.2.3}$, $(1.4.5)^4$, $(2.3)^5$. 1^7 ou 2^7.

Dans le second cas, les blancs jouent 4^4 en 4^5, et l'on doit étudier les deux parties que nous désignerons par F et G, selon que le noir vient occuper l'une des cases $(3,5)^7$ ou 4^7.

F. $(1.2.3.4.5)^{1.2.3}$, $(1.2.5)^4$, $(3.4)^5$. 3^7 ou 5^7.
G. $(1.2.3.4.5)^{1.2.3}$, $(1.2.5)^4$, $(3.4)^5$. 4^7.

Nous avons copié le début de Lamarle; peut-être y a-t-il encore beaucoup mieux à faire.

Partie D.

D. $(1.2.3.4.5)^{1.2.3}$, $(1.4.5)^4$, $(2.3)^5$. 3^7.
4. $(1.2.3.4.5)^{1.2.3}$, $(1.4.5)^4$, 2^5, 2^6. 3^6.
5. $(1.2.3.4.5)^{1.2.3}$, $(1.4.5)^4$, 2^5, $\dot{3}^7$. 2^8.
6. $(1.2.3.4.5)^{1.2.3}$, $(1.4)^4$, $(2.5)^5$. 2^7 ou 3^7.

Ici, nous avons à considérer deux positions D_1 et D_2; on a d'abord :

D_1. $(1.2.3.4.5)^{1.2.3}$, $(1.4)^4$, $(2.5)^5$. 2^7.
7. $(1.2.3.4.5)^{1.2.3}$, $(1.4)^4$, 5^5, $\dot{1}^6$. 1^5.
8. $(1.2.3.4.5)^{1.2}$, $(1.3.4.5)^3$, $(\dot{1}.\dot{2}.4)^4$, 5^5. 3^5.
9. $(1.2.3.4.5)^{1.2}$, $(1.4.5)^3$, $(3.4)^4$, 5^5. 2^4.
10. $(1.2.3.4.5)^{1.2}$, $(1.4.5)^3$, 4^4, $(\dot{3}.5)^5$. 3^6.
11. $(1.2.3.4.5)^{1.2}$, $(1.4.5)^3$, $(\dot{4}.\dot{5})^5$. 5^6.

Cette partie D_1 est donc assurée dès le 11ᵉ coup par la prise de la *position fondamentale*; on a, d'autre part :

D_2. $(1.2.3.4.5)^{1.2.3}$, $(1.4)^4$, $(2.5)^5$. 3^7.
7. $(1.2.3.4.5)^{1.2.3}$, $(1.4)^4$, 5^5, 1^6. 2^6 ou 3^6.

Si le pion noir joue en 3^6, les blancs jouent 4^4 en 4^5, e donnent à prendre 4^5 et 5^5, le pion noir vient en 5^6, et l'on ramène à la position fondamentale. Si le pion noir vient en 2^6, on a :

8'. $(1.2.3.4.5)^{1.2.3}$, $(1.4)^4$, 5^5, $\dot{2}^7$. 1^8.
9'. $(1.2.3.4.5)^{1.2}$, $(1.2.4.5)^3$, $(1.2.4)^4$, 5^5. 1^7 ou 2^7.
10'. $(1.2.3.4.5)^1$, $(1.3.4.5)^2$, $(1.2.3.4.5)^3$, $(1.2.4)^4$, 5^5. 1^6 ou 2^6.

Si le noir est en 1^6, on joue 1^4 en 2^5, puis 2^3 en 1^4, le pion noir vient en 3^5, et en jouant 2^5 en 2^6, on l'amène en 2^7. Si le noir est en 2^6, on joue 2^4 en 2^5; puis 2^3 en 2^4, le pion noir vient en 1^5, et en jouant 2^5 en 1^6, on l'amène en 2^7. Les 3 pions 2^3, $(1,2)^4$ ont disparu de la position précédente. On a alors :

13'. $(1.2.3.4.5)^1$, $(1.3.4.5)^2$, $(1.3.4.5)^3$, 4^4, 5^5. 2^7.
14'. $(1.2.3.4.5)^1$, $(1.3.4.5)^2$, $(3.4.5)^3$, $(1.4)^4$, 5^5. 1^6 ou 2^6.
15'. $(1.2.3.4.5)^1$, $(1.3.4.5)^2$, $(3.4.5)^3$, 4^4, $(1.5)^5$. 3^5 ou 2^5.

Supposons le pion noir en 3^5, on s'assure le gain de la partie après 3 coups, ainsi qu'il suit :

15'. $(1.2.3.4.5)^1$, $(1.3.4.5)^2$, $(3.4.5)^3$, 4^4, $(1.5)^5$. 3^5.
16'. $(1.2.3.4.5)^1$, $(1.3.4.5)^2$, $(4.5)^3$, $(3.4)^4$, $(1.5)^5$. 2^4.
17'. $(1.2.3.4.5)^1$, $(1.3.4.5)^2$, $(4.5)^3$, 4^4, $(1.\dot{3}.5)^5$. 3^6.
18'. $(1.2.3.4.5)^1$, $(1.3.4.5)^2$, $(4.5)^3$, $(1.\dot{4}.\dot{5})^5$. 5^6.

On obtient alors une position qui conduit à la *position fondamentale*.

Si le pion noir vient en 2^5, on a :

15". $(1.2.3.4.5)^1$, $(1.3.4.5)^2$, $(3.4.5)^3$, 4^4, $(1.5)^5$. 2^5.
16". $(1.2.3.4.5)^1$, $(1.3.4.5)^2$, $(3.4.5)^3$, 4^4, 5^5, $\dot{1}^6$. 1^7.
17". $(1.2.3.4.5)^1$, $(1.3.4.5)^2$, $(3.4.5)^3$, $(4.5)^5$. 1^6.
18". $(1.2.3.4.5)^1$, $(1.3.4.5)^2$, $(4.5)^3$, 3^4, $(4.5)^5$. 1^5 ou 2^5.
19". $(1.3.4.5)^1$, $(1.2.3.4.5)^2$, $(4.5)^3$, 3^4, $(4.5)^5$. 1^4 ou 2^4.

Si le pion noir vient en 2^4, on joue 3^4 en 3^5, le pion noir prend successivement $(3.4.5)^5$ et vient en 5^6, alors la victoire est certaine. Si le pion noir vient en 1^4, on a ensuite :

20". $(1.3.4.5)^1$, $(2.3.4.5)^2$, $(2.4.5)^3$, 3^4, $(4.5)^5$. 1^3.
21". $(1.3.4.5)^1$, $(2.3.4.5)^2$, $(2.4.5)^3$, $(3.4.5)^5$. 1^2.
22". $(1.3.4.5)^1$, $(2.3.4.5)^2$, $(\dot{2}.5)^3$, 3^4, $(\dot{3}.\dot{4}.\dot{5})^5$. 5^6.

Le pion noir a pris successivement 2^3, 3^5, 4^5, 5^5; et la partie est assurée.

En résumé, la partie D se ramène toujours, et de *six* manières différentes, à la position fondamentale; elle comprend 32 positions, et ainsi 77 coups de moins que la partie correspondante de Lamarle, désignée par la lettre F.

Partie E.

E. — $(1.2.3.4.5)^{1.2.3}$, $(1.4.5)^4$, $(2.3)^5$. 1^7 ou 2^7.
4. $(1.2.3.4.5)^{1.2.3}$, $(1.4.5)^4$, 3^5, 2^6. 1^6.
5. $(1.2.3.4.5)^{1.2.3}$, $(4.5)^4$, $(\dot{2}.\dot{3})^5$, 2^6. 3^6.
6. $(1.2.3.4.5)^{1.2.3}$, $(4.5)^4$, $\dot{3}^7$. 2^8.
7. $(1.2.3.4.5)^{1.2.3}$, 4^4, 5^5. 2^7 ou 3^7.
8. $(1.2.3.4.5)^{1.2}$, $(1.3.4.5)^3$, $(1.4)^4$, 5^5, 1^6 ou 2^6 ou 3^6.

Si le pion noir vient en 3^6, les blancs jouent 4^4 en 4^5, le pion noir prend 4^5 et 5^5, vient en 5^6, et le gain de la partie est assuré par la prise de la position fondamentale. On a d'autre part :

8. $(1.2.3.4.5)^{1.2}$, $(1.3.4.5)^3$, $(1.4)^4$, 5^5. 1^6 ou 2^6.
9. $(1.2.3,4.5)^{1.2}$, $(1.3.4.5)^3$, 4^4, $(1.4)^5$. 2^5 ou 3^5.

Si le pion noir vient en 3^5, les blancs jouent 3^3 en 3^4, puis en 3^5 ; le pion noir vient forcément en 3^6, et on achève comme il est indiqué dans l'alinéa précédent. Si le pion noir vient en 2^5, on a :

9. $(1.2.3.4.5)^{1.2}$, $(1.3.4.5)^3$, 4^4, $(1.5)^5$. 2^5.
10. $(1.2.3.4.5)^{1.2}$, $(1.3.4.5)^3$, 4^4, 5^5, $\dot{1}^6$. 1^7.
13. $(1.2.3.4.5)^{1.2}$, $(3.4.5)^3$, 4^4, 5^5, $\dot{1}^6$. 1^7.
14. $(1.2.3.4.5)^{1.2}$, $(4.5)^3$, $(3.4)^4$, 5^5. 1^6.
15. $(1.2.3.4.5)^{1.2}$, $(4.5)^3$, 3^4, $(4.5)^5$. 1^5 ou 2^5.
16. $(1.2.3.4.5)^{1.2}$, $(4.5)^3$, 3^4, 5^5, 3^6. 1^4 ou 2^4.

Si le pion noir vient en 2^4, les blancs jouent 3^2 en 3^3, le noir prend successivement 3^3, 4^3, 5^5, et vient en 5^6; les blancs jouent 3^1 en 3^2, et le gain de la partie est assuré, pour la troisième fois, par la *prise de la position fondamentale.* Si le pion noir vient en 1^4,

17. $(1.2\ 3.4\ 5)^1$, $(2.3.4.5)^2$, $(2.4.5)^3$, 3^4, 5^5, 3^6. 1^3.
18. $(1,2.3.4.5)^1$, $(2.3.4.5)^2$, $(4.5)^3$, $(\dot{1}.3)^4$, 5^5, 3^6. 2^5.
19. $(1.3.4.5)^1$, $(1.2.3.4.5)^2$, $(4.5)^3$, 3^4, 5^5, 3^6. 1^4 ou 2^4.

Si le pion noir est en 2^4, on s'assure le gain de la partie, en jouant comme au seizième coup précédent; si le pion noir est en 1^4,

20. $(1.3.4.5)^1$, $(2.3.4.5)^2$, $(2.4.5)^3$, 3^4, 5^5, 3^6. 1^3.
21. $(1.3.4.5)^1$, $(2.3.4.5)^2$, $(2.4.5)^3$, 3^4, 5^5, 3^7. 1^2.

22. On joue 3^2 en 3^3, le pion noir prend successivement 2, 3, $4)^3$, 5^5 et vient en 5^6; les blancs jouent 3^1 en 3^2, et s'assurent le gain de la partie, pour la cinquième fois, par la prise de la position fondamentale.

En résumé, la partie E contient 28 coups, tandis que la partie correspondante de Lamarle, désignée par la lettre G, en contient près de 200. On observera d'ailleurs que cette partie se termine comme les précédentes B, C, D.

Partie F.

Au début de cette partie l'on a :

3. $(1.2.3.4.5)^{1.2.3}$, $(1.2.5)^4$, $(3.4)^5$. 3^7 ou 5^7.
4. $(1.2.3.4.5)^{1.2.3}$, $(1.2.5)^4$, 3^5, $(\dot{3}$ ou $\dot{4})^6$. 4^5.
5. $(1.2.3.4.5)^{1.2.3}$, $(1.2.5)^4$, $\dot{3}^6$. 3^7.
6. $(1.2.3.4.5)^{1.2.3}$, $(1.2)^4$, 5^5. 2^6 ou 3^6.
7. $(1.2.3.4.5)^{1.2.3}$, 1^4. $(2.5)^5$. 3^5 ou 4^5.

Ici se présentent deux positions que nous désignerons par 7 et 7'; on a, pour la première :

7. $(1.2.3.4.5)^{1.2.3}$, 1^4, $(2.5)^5$. 3^5.
8. $(1.2.3.4.5)^{1.2}$, $(1.3.4.5)^3$, $(\dot{1}.\dot{2})^4$. $(2.5)^5$. 1^5.
9. $(1.2.3.4.5)^{1.2}$, $(1.3.4.5)^3$, 5^5, $\dot{1}^6$. 2^7.
10. $(1.2.3.4.5)^{1.2}$, $(3.4.5)^3$, 1^4, 5^5. 1^6 ou 2^6.
11. $(1.2.3.4.5)^{1.2}$, $(3.4.5)^3$, $(1.5)^5$. 2^5 ou 3^5.

Si le pion noir vient en 3^5, les blancs jouent 3^3 en 3^4, puis 3^2 en 3^3, le pion noir prend successivement $(3,4)^3$, 5^5 et vient en 5^6; le gain de la partie est assuré par la position fondamentale. Si le pion noir vient en 2^5, on a :

12. $(1.2.3.4.5)^{1.2}$, $(3.4.5)^3$, 5^5, 1^6. 1^7.
13. $(1.2.3.4.5)^{1.2}$, $(4.5)^3$, 2^4, 5^5. 1^6.
14. $(1.2.3.4.5)^{1.2}$, $(4.5)^3$, $(\dot{2}.5)^5$. 2^4.

Les blancs jouent 3^2 en 3^3, et s'assurent le gain de la partie par la prise de la position fondamentale, puisque le pion noir vient en 5^6, après avoir pris $(3.4)^3$ et 5^5.

Considérons maintenant la seconde position.

7'. $(1.2.3.4.5)^{1.2.3}$, 1^4, $(2.5)^5$. 4^5.
8'. $(1.2.3.4.5)^{1.2.3}$, 1^4, 2^5, $\dot{4}^6$. 5^7.
9'. $(1.2.3.4.5)^{1.2.3}$, 1^4, 1^6. 4^6 ou 5^6.

Si le pion noir est en 5^6, la partie est acquise aux blancs; si le pion noir est en 4^6,

10'. $(1.2.3.4.5)^{1.2}$, $(1.3.4.5)^3$, $(1.2)^4$, 1^6. 4^5 ou 5^5.

Cette position diffère peu de la position 11 de la partie C; elle contient 2^3 et 3^5 en moins, et 2^2 en plus; on discutera de même, le coup de 2^1 en 2^2 étant remplacé par 2^2 en 2^3. Mais l'absence de 3^5 permet de terminer plus rapidement ici. En effet, la position analogue à 12 de la partie C donne :

11'. $(1.2.3.4.5)^{1.2}$, $(1.4.5)^3$, 1^4. 1^7.
12'. $(1.2.3.4.5)^{1.2}$, $(1.4)^3$, $(1.5)^4$. 1^6.
13'. $(1.2.3.4.5)^{1.2}$, $(1.4)^3$, $\dot{2}^5$, 5^4. 2^4.
14'. $(1.2.3.4.5)^1$, $(1.2.4.5)^2$, $(1.3.\ddot{4})^3$, 5^4. 4^4.
15'. Les blancs jouent 5^4 en 5^5, et le noir vient en 5^6.

La partie est finie par vingt-neuf positions conduisant toujours à la position fondamentale. La partie correspondante de Lamarle, désignée par E, en contient 107.

Partie G.

G. — $(1.2.3.4.5)^{1.2.3}$, $(1.2.5)^4$, $(3.4)^5$. 4^7.
4. $(1.2.3.4.5)^{1.2.3}$, $(1.2.5)^4$, 3^5, 3^6. 4^6.
5. $(1.2.3.4.5)^{1.2.3}$, $(1.2.5)^4$, 3^5, $\dot{4}^7$. 3^8.
6. $(1.2.3.4.5)^{1.2.3}$, $(1.2)^4$, $(3.5)^5$. 3^7 ou 4^7.

Nous désignerons ces deux positions par 6 et 6'. On a ensuite :

7. $(1.2.3.4.5)^{1.2.3}$, $(1.2)^4$, 5^5, $\dot{3}^6$. 4^5.
8. $(1.2.3.4.5)^{1.2.3}$, $(1.2)^4$, $\dot{4}^6$. 5^7.
9. $(1.2.3.4.5)^{1.2.3}$, 2^4, 1^5. 4^6 ou 5^6.

Si le pion noir est en 5^6, la partie est acquise aux blancs; s'il est en 4^6, on joue 1^5 en 1^6, on a :

10. $(1.2.3.4.5)^{1.2.3}$, 2^4, 1^6. 4^5 ou 5^5.

Si le pion noir vient en 5^5, on manœuvre comme au onzième coup de la seconde solution de la partie C. Si le pion noir est en 4^5, on joue 3^3 en 3^4 et le pion noir vient en 1^7, après avoir pris 3^4, 2^4, 1^6; on continue ainsi :

11. $(1.2.3.4.5)^{1.3}$, $(1.2.4.5)^3$. 1^7.
14. $(1.2.3.4.5)^{1.2}$, $(2.4.5)^3$. 1^7.
17. $(1.2.3.4.5)^{1.2}$, $(4.5)^3$. 1^7.
18. $(1.2.3.4.5)^{1.2}$, 4^3, 5^4. 1^6.
19. $(1.2.3.4.5)^1$, $(1.2.4.5)^2$, $(3.4)^3$, 5^4. 1^5 ou 2^5.
20. $(1.2.3.4.5)^1$, $(1.2.4.5)^2$, 4^3, $(3.5)^4$. 1^4 ou 2^4.

Si le pion noir est en 2^4, on joue 2^2 en 3^3, puis 5^4 en 5^5; le pion noir vient en 5^6, et la partie se termine alors par la prise de la position fondamentale. Si le pion noir est en 1^4, on continue ainsi :

21. $(1.2.3.4.5)^1$, $(2.4.5)^2$, $(2.4)^3$, $(3.5)^4$. 1^3.
22. $(1.2.3.4.5)^1$, $(2.4.5)^2$, 4^3, $(1.3.5)^4$. 2^5.
23. $(1.3.4.5)^1$, $(1.2.4.5)^2$, 4^3, $(3.5)^4$. 1^4 ou 2^4.

Si le pion noir est en 2^4, on manœuvre comme au vingtième coup; s'il est en 1^4, on a :

24. $(1.3.4.5)^1$, $(2.4.5)^2$, $(2.4)^3$, $(3.5)^4$. 1^3.
25. $(1.3.4.5)^1$, $(2.4.5)^2$, $(2.4)^3$, 3^4, 5^5. 1^2.
26. — Les blancs jouent 2^2 en 3^3; le pion noir prend $(2.3.4)^3$ 5^5 et $(2.3.4)^3$ et 5^5, vient en 5^6, et la partie est terminée par la prise de la position fondamentale.

Pour la seconde position au sixième coup, on a :

6'. $(1.2.3.4.5)^{1.2.3}$, $(1.2)^4$, $(3.5)^5$. 4^7.
7'. $(1.2.3.4.5)^{1.2.3}$, $(1.2)^4$, 3^5, 4^6. 5^5.
8'. $(1.2.3.4.5)^{1.2}$, $(1.2.3.4)^3$, $(1.2.4)^4$, 3^5. 5^4.
9'. $(1.2.3.4.5)^{1.2}$, $(1.2.3.4)^3$, $(1.2)^4$, $(3.5)^5$. 4^6.
10'. $(1.2.3.4.5)^1$, $(1.2.3.4)^2$, $(1.2.3.4.5)^3$, $(1.2)^4$, 3^5. 4^5 ou 5^5.

Si le pion noir vient en 5^5, les blancs jouent 4^3 en 4^4, puis 5^5; le pion noir revient en 4^6, mais par l'application du théorème général sur la conquête de la position fondamentale, la partie est gagnée par les blancs.

11'. $(1.2.3.4.5)^1$, $(1.2.3.4)^2$, $(1.2.3.4.5)^3$, $(1.2)^4$, 3^6. 3^7.
12'. $(1.2.3.4.5)^1$, $(1.2.3.4)^2$, $(1.2.3.4)^3$, $(1.2.5)^4$. 2^6 ou 3^6.
13'. $(1.2.3.4.5)^1$, $(1.2.3.4)^2$, $(1.2.3.4)^3$ $(1.5)^4$ 2^5. 3^5 ou 4^5.

Si le pion noir est en 4^5, on joue 4^3 en 3^4, puis 5^4 en 5^5; le pion vient en 5^6, et l'on obtient la position fondamentale. Si le pion noir est en 3^5, on continue ainsi :

14'. $(1.2.3.4.5)^1$, $(1.2.3.4)^2$, $(1.3.4)^3$, $(1.2.5)^4$, 2^5. 1^5.
15'. $(1.2.3.4.5)^1$, $(1.2.3.4)^2$, $(1.3)^3$, $(4.5)^4$, 2^5. 1^4.
16'. $(1.2.3.4.5)^1$, $(1.3.4)^2$, $(1.2.3)^3$, $(4.5)^4$, 2^5. 3^4.
17'. $(1.2.3.4.5)^1$, $(1.3.4)^2$, 1^3, 5^4, $(2.4)^5$. 4^6.
18'. $(1.2.3.4.5)^1$, $(1.3.4)^2$, 1^3, $(2.5)^5$. 5^4.

19'. Les blancs jouent 4^2 en 4^3 pour ramener à la position fondamentale.

En tout, 30 coups pour cette partie, tandis que celle de Lamarle, désignée par D, en contient 180.

En résumé, le problème proposé se ramène toujours à la position fondamentale. Il y aurait lieu d'étudier une 3e partie et une 4e partie, dans lesquelles la position initiale du pion noir, jouant en second, serait pour la 3e partie, l'une des cases

1^8 ou 2^8 ou 3^8 ou 4^8 ou 5^8;

et pour la 4e partie, l'une des cases

1^7 ou 2^7 ou 3^7 ou 4^7 ou 5^7.

Parmi ces positions, les unes conduiront fatalement, soit à la victoire des blancs, soit à la victoire du noir. Nous laissons aux lecteurs qui ont suivi ces développements sur le damier, le soin et le plaisir de résoudre ces nouvelles questions.

Édouard Lucas.

LA QUESTION DE LA TERRE

Et l'agitation agricole en Angleterre.

Il s'éleva, il y a quelques années, entre le comte de Derby et M. Bright, une vive et intéressante polémique sur la distribution du sol de l'autre côté de la Manche. M. Bright soutenait que l'Angleterre et le pays de Galles ne comptaient pas plus de 30 000 propriétaires terriens, nombre tendant à diminuer plutôt qu'à s'accroître, tandis que le comte de Derby accusait ce bas chiffre d'être une interprétation erronée des données du *census* de 1861, passée à l'état d'article de foi parmi les gens mal informés, et affirmait que le vrai chiffre de ces propriétaires atteignait des proportions au moins décuples.

Lord Derby réclamait donc une enquête : M. Gladstone, alors *Premier,* la promit, et elle a eu lieu effectivement par les soins du *Local Government Board.* Ses résultats, renfermés dans deux énormes volumes, qui ont reçu dans le langage courant le nom de *New Domesday Book,* en souvenir du célèbre inventaire qu'en 1085 le conquérant Guillaume fit dresser de la terre conquise pour en déposséder le Saxon vaincu et en gratifier le Normand vainqueur. Ses résultats semblent donner pleinement raison au pair conservateur contre le député libéral. Le *Return,* pour lui donner son titre officiel, porte en effet, pour l'Angleterre et le pays de Galles, 5408 *Landowners* au-dessus de 1000 acres (1); 37 216 entre 1000 et 100 acres; 220 642 entre 100 et 1 acre, sans parler des 703 289 qui ne détenaient que des parcelles au-dessous de 1 acre. Étendu plus tard à l'Écosse et à l'Irlande, ce même travail a donné un nombre total de 1 153 816 propriétaires, nombre que d'autres calculs portent à 1 173 724. Mais ce sont là des chiffres qu'il ne faut point prendre à la lettre : il est très facile de les réduire à des proportions beaucoup plus modestes, pour peu qu'on en élimine les personnes qui possèdent moins de 1 acre et qui, pour la plupart, ne sont pas des propriétaires terriens au vrai sens du mot, mais bien des propriétaires de maisons, de même que les simples fermiers à long terme, car le rapport a compris sous cette qualification de *Landowners* tous les cultivateurs dont les baux dépassaient une durée de soixante ans.

Ce travail d'élimination, un membre éminent de la Chambre des communes, M. George Shaw Lefèvre, s'est chargé de le faire, tant dans le discours qu'il prononçait, le 20 novembre 1877, en prenant possession de la présidence de la Société de statistique de Londres, que dans l'article sur le même sujet qu'il avait publié quelques mois auparavant dans une revue anglaise. Quand on a déduit, nous dit-il, du total énoncé ci-dessus les propriétaires de maisons, les fermiers à long terme, les doubles emplois, les biens de mainmorte, on ne saurait, dans l'estimation la plus libérale, accorder au Royaume-Uni plus de 200 000 propriétaires terriens, dont à peu près 170 000 pour l'Angleterre et 10 000 pour l'Écosse. En d'autres termes, il n'y a en Angleterre que 1 propriétaire terrien par 26 habitants et 1 sur 84 en Écosse, alors qu'aux États-Unis, sur 7 200 000 chefs de famille, on en compte 2 600 000 qui possèdent de la terre et qui la cultivent, et qu'en France on en nombre, selon M. de Lavergne, 5 550 000, dont les deux tiers cultivent leurs propres champs.

Mais veut-on se rendre un compte exact du degré de concentration que le sol affecte chez nos voisins, il faut ouvrir l'*Almanach* de la grande Association libérale de Liverpool, *The Financial Reform Association,* et jeter un coup d'œil sur la liste alphabétique qui s'y trouve dressée de 2184 personnes,

(1) L'*acre* vaut, on le sait, un peu plus de 40 centiares.

dont aucune ne possède moins de 5000 acres (2000 hectares) et qui en bloc détiennent une superficie de 38 875 522 acres, ou de 15 550 208 hectares, c'est-à-dire plus que la moitié de toute l'aire du Royaume-Uni. Sur ces privilégiés de la fortune, l'*Almanach* en montre 421 dont la part collective n'est pas moindre de 9 152 000 hectares, soit en moyenne 21 700 hectares par personne. Mais, afin de nous édifier davantage, nous avons eu l'idée de faire un tri parmi ces 421 personnes, en relevant celles qui possédaient individuellement plus de 24 000 hectares, et nous en sommes arrivés à en trouver 90, dont :

8	possédant ensemble.	1 400 800 hectares.
11	—	756 720 —
25	—	1 174 000 —
47	—	1 371 600 —

soit un total de 4 703 120 hectares, ou, si on aime mieux, un septième environ de la superficie totale du Royaume-Uni (1). Tous ou presque tous ces grands propriétaires sont des gens titrés, des grands seigneurs, des membres de ce *Peerage* qui possède en bloc 6 160 000 hectares de terre donnant un revenu de 342 500 000 francs, auquel vient encore s'ajouter le produit de ses propriétés dans le district métropolitain, non recensées dans les *Returns* de 1876 et dont certains pairs, tels, par exemple, que les ducs de Bedford, de Norfolk et de Westminster, les marquis de Camden et de Salisbury, les comtes Cadogan, Craven et Somers tirent des ressources princières. Ils appartiennent à cette *Landed Aristocracy*, comme disent les Anglais, qui fut si longtemps la toute-puissante maîtresse des destinées sociales et politiques de son pays et qui, pour être aujourd'hui moins puissante qu'aux jours des Walpole et des Pitt, ne laisse pas de conserver un grand prestige, comme de retenir beaucoup de pouvoir effectif, en possession qu'elle est toujours des grandes charges de la couronne et à même, par suite de la détestable habitude des baux annuels, de peser sur les *Farmers* et d'introduire ainsi dans la Chambre des communes de nombreux représentants de ses opinions et de ses intérêts.

Une question bien intéressante est celle de savoir si ce *processus* de condensation du sol est en avance ou en recul, s'il se précipite ou bien s'il se ralentit. Les données numériques, malheureusement, manquent pour la résoudre. Pour l'Écosse, elles font absolument défaut, et, pour l'Angleterre, il n'y a plus rien après les 53 802 tenanciers de toute sorte et les 108 409 vilains occupant des tenures rurales qu'enregistre le véritable *Domesday Book*. Le nombre des petites paroisses, de même que la quantité et l'importance de leurs églises, tend toutefois à prouver qu'au temps des Édouard et avant la grande peste, les campagnes anglaises avaient une population plus dense que de nos jours, et il n'y a point lieu de s'étonner de ce que John Fortescue, écrivant sous Henri V, range le grand nombre de petits propriétaires ruraux qu'elle renferme parmi les principaux avantages de sa patrie. Mais à la distance d'environ un siècle, les choses avaient bien changé de face : sous le règne de Henri VIII, l'élève du mouton étant devenu la branche la plus lucrative de la production agricole, ceux des tenanciers qui s'y adonnèrent avec intelligence réalisèrent de gros gains ; ils purent ainsi affermer le sol à un plus haut taux et, en peu d'années, de nombreuses réunions de fermes s'opérèrent. Néanmoins, vers la fin du XVIIe siècle, la classe des landlords se composait encore pour environ un septième de petits propriétaires ruraux, dont le revenu moyen était estimé à 6 livres sterling, et elle comptait 160 000 de ces *yeomen* qu'un vieux chroniqueur nous représente « comme vivant fort à leur aise, tenant de bonnes maisons, envoyant leurs fils aux universités et aux écoles de droit, achetant les terres des gentilshommes prodigues et travaillant à amasser des richesses ». Mais dans le cours du siècle suivant, l'avènement de la grande industrie manufacturière, qui prit alors un essor immense, devint fatale à la petite propriété et à la petite culture. Les fermiers établis sur les parties du territoire que favorisait l'accroissement de la consommation s'enrichirent promptement ; les moins favorisés se trouvèrent impuissants à soutenir la concurrence, et l'Angleterre se couvrit peu à peu de grandes exploitations rurales. Il y a quelque quatre-vingts ou quatre-vingt-dix ans, l'étendue la plus ordinaire des fermes anglaises était d'une centaine d'acres (40 hectares), mais celles qui comptaient 1200 et 1500 acres (480 et 600 hectares) n'étaient pas rares. Les tènements de 12 acres (4 hect. 80 cent.) avaient complètement disparu, et le poète Bloomfield se faisait l'écho de la douleur du laboureur réduit à l'impuissance « de léguer à son fils les profits avec les travaux de la terre, *parce qu'il n'y avait pas de petite ferme qui pût convenir à ses faibles moyens* ».

Can my sons share, from this paternal hand,
The profits with the labours of the land.
No; though indulgent Heaven its blessing deigns.
Where's the small farm to suit my scanty means?

Si l'on pouvait s'en rapporter à l'estimation de Doubleday, qui écrivait sous le règne de la reine Anne, il en résulterait que dans l'espace d'environ un siècle et demi, le nombre des landlords anglais aurait diminué d'un tiers, tombant de 250 000 à 170 000, et cela malgré les énormes progrès de la richesse publique et la vaste extension de la culture dans ce même laps de temps. Aussi bien, quelque petit qu'il soit, menace-t-il de s'amoindrir encore et un écrivain tory confessait, il y a trois ans, « que les vastes domaines dévoraient constamment les domaines plus petits qui les confinaient ». Dans la bouche d'un adversaire des *Land Laws*, cette expression de dévorer paraîtrait, sans doute, un peu forte, mais dans celle d'un aussi chaud partisan de ces lois que l'est M. Froude, elle acquiert une signification toute particulière. Elle s'accorde d'ailleurs avec l'impression générale, qui ne met pas en doute la diminution lente, mais graduelle, dans les campagnes de ces gentlemen *Farmers* que Fielding personnifiait au siècle dernier dans le Squire Western ; c'est au point que, dans certains comtés, on se plaint de ne plus trouver qu'avec peine des gens en état de remplir les fonctions de juge de paix, même de président du bureau de bienfaisance ou du comité scolaire. Les grands landlords dédaignent ces humbles fonctions ; d'ailleurs, pour la plupart, ils ne résident pas. Dans le Berkshire et le Dorsetshire, par exemple, près de la moitié des paroisses ne comptent pas dans leur sein un propriétaire résidant digne de la qualification de gentleman, et, d'après cette proportion, sur les 12 000 paroisses rurales de l'Angleterre, il s'en trouverait 6000 environ dans cette singulière situation.

Mais s'il en est ainsi, comment M. Froude, pour le dire en passant, pourrait-il justifier son assertion « que plus on poussera loin ce qu'on appelle le monopole terrien, plus en d'autres termes les petits domaines s'absorberont dans les grands, et mieux aussi les devoirs des landlords seront bien remplis ? ». La vérité est que le trait le plus caractéristique du système terrien de la Grande-Bretagne est que le laboureur n'y est rattaché au sol qu'à titre de simple auxiliaire, un auxiliaire qui n'est plus, il est vrai, *adscriptus glebæ* comme aux temps

(1) Le duc de Sutherland marche en tête de cette liste avec 482 870 hectares ; puis viennent : le duc de Buccleugh avec 183 800 ; le marquis de Breadalbane, 174 900 ; sir James Matheson, 170 600 ; le duc de Richmond, 114 760 ; le comte de Fife, 102 800 ; M. Alexander Matheson, 88 160 ; le comte de Seafield, 82 320 ; le duc d'Athol, 77 840 ; le duc de Devonshire, 77 360 ; le duc de Northumberland, 74 160 ; le duc d'Argyll, 70 040, etc.

féodaux, qui a le droit complet d'aller et de venir, mais qui ne possède par lui-même aucune parcelle du sol qu'il cultive, aucune demeure fixe liant à la terre son propre sort et celui de sa famille. En un mot, c'est un système arbitraire, un système contre nature, et l'expression n'est pas de nous ; elle est du *Leader* actuel de l'opposition, le marquis de Hartington. Il y a une cinquantaine d'années, cette opinion eût été tout simplement traitée d'hérétique, de monstrueuse même, non seulement par les détenteurs du monopole terrien, mais encore par les économistes. Depuis Adam Smith jusqu'à ces derniers temps, il n'est guère, en effet, d'économiste anglais qui n'ait érigé en axiome cette double méprise que le sol n'était susceptible d'une bonne culture qu'autant qu'il était possédé en grande quantité par des gens riches, et que le paysan n'était en droit de compter sur un sort satisfaisant qu'autant qu'il restait serviteur à gages, et que sa subsistance dépendait de son seul salaire. Naturellement, les éminents champions de cette double thèse cherchaient à la justifier par l'expérience, et les résultats de celle-ci, tant qu'on la confinait dans l'Angleterre même, ne semblaient pas vraiment leur donner tort. Un incontestable progrès s'était manifesté après l'introduction de la nouvelle économie rurale, et c'était sur les grandes fermes qu'il avait été le plus sensible. Les laboureurs, sans doute, n'étaient ni aussi bien nourris, ni aussi bien vêtus qu'au temps où l'on avait jugé nécessaire de réfréner, par la loi, leur luxe de table ou de costume ; mais il n'y avait que les antiquaires à se souvenir de cette époque reculée, et, par rapport à des époques plus rapprochées, leur condition semblait assurément meilleure. Quand ils avaient des vitres aux fenêtres de leurs *cottages*, quelques verres et quelques poteries sur leurs dressoirs, des pommes de terre à satiété dans leurs granges, et à l'occasion un peu de thé ou de sucre dans leurs buffets, n'eût-il pas été ridicule de comparer leur sort matériel à celui de leurs rudes ancêtres logés dans de vraies tanières ; leurs ancêtres qui buvaient dans des vases de bois, mangeaient dans des assiettes de bois et dont la table rustique se chargeait des seuls produits du sol national, jamais d'une denrée exotique ou d'un comestible étranger.

Aujourd'hui, un vif mouvement de réaction s'est produit. Inauguré, dès 1848, par l'illustre John Stuart Mill qui, dans la première édition de ses *Principes d'économie politique* insistait avec force sur la bonne situation des paysans propriétaires en Allemagne, en Belgique, en France, dans les îles de la Manche, en Norwège, en Suisse, et faisait ressortir les heureux effets de la petite propriété sur le développement de l'industrie, l'intelligence, l'esprit d'initiative personnelle et de prévoyance des classes rurales, il a été continué depuis par des hommes politiques, tels que M. W. E. Baxter, John Bright, sir George Campbell, M. Shaw Lefèvre et par des économistes ou des publicistes tels que les Fawcett, les Wren Hoskins, les Cliffe Leslie et bien d'autres. La *Land Question*, comme on dit sur l'autre bord du canal, s'agite dans les grandes réunions des Sociétés savantes, au sein des Sociétés d'agriculture et des meetings. Il ne s'est pas encore trouvé, sans doute, selon le vœu émis par Cobden, un homme « pour battre en brèche les *Land Laws*, ainsi que lui-même avait démoli la législation sur les céréales ». Mais la cause des laboureurs anglais et de leur accession à la propriété du sol a rencontré dans M. William Thornton un avocat aussi chaleureux qu'habile. Il a écrit dans cette cause un livre éloquent, dont le nom seul — *A Plea for Peasants Proprietors* — est significatif, et il n'a pas craint de discerner « des murmures sinistres, des sons semblables aux premiers grondements de la mer prête à entrer en fureur », au sein de cette multitude sans terre qu'il a fallu déjà appeler partiellement au partage de la puissance politique et qui, un jour ou l'autre, se sentira entièrement maîtresse de la situation intérieure.

Nous délaisserons ce grave côté de la question pour ne nous occuper ici que de son aspect purement économique. Dans ces conditions, il ne s'agit plus que de rechercher si le système terrien de la Grande-Bretagne, tel qu'il fonctionne depuis plus d'un siècle, a tenu ses promesses et s'il a justifié les prédilections des anciens économistes. A leurs yeux, un de ses mérites, et ce n'était pas le moindre, c'était d'agir comme obstacle préventif sur l'accroissement inopportun de la population, et on lit dans Mac Culloch cette prophétie que le partage forcé de notre code civil ferait certainement de la France *une garenne de pauvres*. Elle prête beaucoup à rire lorsque l'on songe que de tous les États européens, la France, pays éminemment de petite culture et de petite propriété, est celui où la population s'accroît de la façon la plus lente, tandis que l'Angleterre voit la sienne s'augmenter annuellement de 300 000 personnes, ce qui est un des taux d'accroissement les plus rapides. A ce taux, sa population sera de 40 millions dans une vingtaine d'années, et, comme le disait, il y a cinq ans, M. James Howard, devant la Société d'agriculture du Bedfordshire « ce n'était pas pour tous les agriculteurs un mince souci que de savoir comment, déjà en peine de nourrir 30 millions de personnes, ils arriveront à satisfaire les besoins des 10 autres millions qui s'approchent, d'autant que si la population générale s'accroît, la population rurale par contre diminue (1). »

L'éminent agronome restait encore au-dessous de la vérité et il usait d'euphémisme en disant que les agriculteurs anglais avaient peine à nourrir la population actuelle. Depuis d'assez longues années déjà, le Royaume-Uni importe de grandes quantités de substances alimentaires et ces quantités ne cessent d'aller en croissant, ainsi que l'atteste le tableau suivant, dont un livre fort intéressant — *The Landed Interest and the Supply of Food* — nous fournit les données.

IMPORTATIONS.

Valeurs en livres sterling.

ANNÉES.	CÉRÉALES. Grains et farines.	VIANDES sur pied.	VIANDES abattues et conservées.	TOTAUX.	VALEUR par tête d'habitant.
					L. S. D.
1858	20 164 811	1 390 068	4 343 592	25 898 471	0 18 3
1860	31 676 353	2 117 860	8 076 304	41 871 517	1 9 1
1865	20 725 483	6 548 413	12 667 838	39 941 734	1 6 9
1870	34 170 221	4 654 905	14 773 712	53 598 838	1 14 4
1875	53 086 691	7 326 288	25 880 806	86 293 785	2 12 8
1876	51 812 438	7 260 119	39 851 647	88 924 204	2 13 9
1877	63 536 322	6 012 564	30 144 013	99 692 899	2 19 7

C'est donc près de *deux milliards et demi* que l'Angleterre consacre actuellement à l'achat des vivres qu'elle fait venir du dehors, c'est-à-dire les deux cinquièmes environ de la somme que représente sa propre production étrangère, si on estime, avec M. Caird, à 3 125 000 000 de francs (125 millions de livres sterling) la valeur de ses produits végétaux et à 3 375 000 000 de francs celle de ses produits animaux. Et lord Northbrook n'avait-il pas complètement tort d'affirmer tout récemment, devant le Cobden Club, réuni pour son banquet annuel, que n'eussent été l'abolition des *Corn Laws*, cette honteuse machine à produire une cherté artificielle et le

(1) Voir la *Fortnightly Review* du 1er juillet 1874. On y lit que la population totale de l'Angleterre et du pays de Galles s'est augmentée de 10 pour 100 pendant la période décennale 1851 et 1861, tandis que la population rurale diminuait d'un centième, et que ce mouvement s'est très accentué dans la période décennale suivante : 13 pour 100 d'augmentation quant à la population générale et 15 pour 100 de diminution quant à la population rurale.

triomphe du libre-échange, la douloureuse crise économique qui, depuis cinq ans, éprouvait son pays eût été très menaçante pour les institutions de ce pays et pour sa tranquillité intérieure?

« La pierre de touche d'un système, écrit M. Caird, ce sont ses fruits. Comparé avec celui de tous les autres pays, notre triple mécanisme du landlord, du fermier et du laboureur donne un plus fort rendement avec un plus petit nombre de laboureurs et une superficie égale. » Ce n'est pas sans un orgueil discret, mais visible, qu'il met les 28 boisseaux de froment à l'acre, soit environ 25 hectolitres et demi à l'hectare qu'il constate en Angleterre, en regard des 14 hectolitres et demi de la France et de l'Allemagne, et des 13 hectolitres un tiers des États-Unis. M. Caird oublie d'ajouter que ces 28 hectolitres représentent l'effort d'une agriculture qui non seulement dispose d'un immense capital roulant — 1000 francs et même 1250 francs par hectare, mais aussi de toutes les ressources d'une mécanique agricole très perfectionnée, et si c'était là le *maximum* de la production de la grande culture et de la grande propriété, il serait, en vérité, trop facile de lui opposer certains rendements de la petite culture. Par exemple, les paysans de la Flandre orientale et de la Flandre occidentale, qui cultivent des fermes dont l'étendue moyenne varie entre 2 et 3 hectares et dont le capital d'exploitation ne va point généralement au-dessus de 500 francs par hectare, ces paysans, au rapport d'un observateur très minutieux et très exact, savent faire produire à l'hectare de terre une récolte moyenne de 29 à 30 hectolitres de froment. Quant à l'orge dont leur sol s'accommode mieux, il leur donne 37 hectolitres et 60 dans les bons endroits, tandis qu'en Angleterre, la moyenne générale reste vraisemblablement au-dessous de 30 hectolitres et assurément ne dépasse pas 32. Les petites fermes sont donc capables de lutter avantageusement avec les grandes pour la production des céréales, et celles de la Belgique l'emportent pour les plantes fourragères et les pommes de terre. Nulle part, on ne voit des luzernes et des trèfles aussi luxuriants que dans les Flandres, et M. Rham a rencontré près de Tamise, dans la Flandre occidentale, un paysan propriétaire de 3 hectares d'un méchant terrain, qui retirait d'un de ces hectares environ 30 tonnes du précieux tubercule. Partout en Angleterre, même dans les riches terrains qui bordent l'Humber vers son embouchure, on regarde comme une forte moyenne une récolte en pommes de terre de 25 tonnes par hectare.

Mais les Anglais que la prévention n'aveugle pas n'ont pas besoin de quitter le sol britannique pour se convaincre que la petite culture obtient, quand elle est intelligente et laborieuse, des résultats vraiment rémunérateurs pour ses agents et très remarquables au point de vue économique : il leur suffit de se transporter à Jersey ou à Guernesey. « Il existe en Angleterre, écrivait en 1837 M. Broëk, alors bailli de Guernesey, des domaines ruraux plus étendus que ne l'est cette île entière, mais que l'on compare la production de tels 4000 hectares réunis en un seul tènement que l'on voudra aux approvisionnements que les petites fermes de 5 et 6 hectares de Guernesey versent sur les marchés, et l'avantage des petites fermes éclatera. Sans parler des deux mille familles qu'elles nourrissent ici, comparez ce dont elles peuvent encore disposer pour le dehors, avec la production disponible de ces immenses domaines, et voyez de quel côté la balance penche! » La vérité est qu'à Guernesey, à cette époque, les importations agricoles ne l'emportaient sur les exportations que de 53 900 livres sterling seulement, ce qui, au taux de 10 livres par tête, taux très modéré pour une communauté aussi généralement à l'aise, représente la subsistance de 5390 habitants. Qu'on les déduise de la population non agricole de l'île, qui était alors de 18 910 personnes, et on trouve que le produit de 10 200 acres suffisait à la nourriture de près de 13 000 insulaires, non compris les laboureurs, au nombre de 2530. C'était presque deux personnes par 1 acre et demi. Pour Jersey, une pareille statistique fournissait des données plus frappantes encore : l'importation ne l'emportant sur l'exportation que de 20 000 livres sterling, il se trouvait que le produit de 18 000 acres alimentait 4400 cultivateurs ainsi que 41 200 autres personnes, soit 4 habitants environ par 1 acre et demi.

« Notre agriculture, s'écriait il y a quelques semaines l'*Economist* de Londres, produit à trop haut prix et ne produit point assez. » On peut bien dire que ce journal touchait le mal du doigt — *Rem acu tetigit* — et il a en même temps essayé de montrer, par un exemple significatif, que cette agriculture n'avait pas épuisé sa puissance productive et qu'elle pouvait encore échapper à un déclin fatal. En 1861, M. Prout de Sawbridgeworth achetait au prix de 33 livres sterling l'acre, 450 acres d'une terre forte, composant une ferme en mauvais état et dont la réputation n'était pas bonne. Après avoir essayé quelque temps des anciens procédés de culture, il adoptait les drainages à fond; il avait recours à d'abondantes applications de fumure artificielle, qui lui revenaient en moyenne annuelle à 2 livres ou 2 livres 10 sterling par acre, et en somme consacrait 16 shillings par acre à des améliorations de toute sorte. Cela le dispensait à s'assujettir à la rotation ordinaire et lui permettait de faire plusieurs récoltes de blé consécutivement. C'est de la sorte que M. Prout est parvenu à obtenir de sa terre, à partir de 1868, un produit net, bon an, mal an, de 900 livres sterlings, ou un produit brut de 4663 livres sterling, soit 10 livres 17 shillings sur ses 430 acres emblavés, et d'après M. Caird, le produit brut d'un acre, pour tout le Royaume-Uni, ne va point au delà de 5 livres sterling 10 deniers. On a soutenu, il est vrai, que les terrains soumis à une culture aussi intensive et à l'action répétée des engrais artificiels perdaient leur fécondité. Mais ce n'est nullement l'opinion d'un savant chimiste, le D[r] Wœlcker, qui constatait en 1877, dans le *Journal de la Société d'agriculture*, qu'à ce traitement les terres cultivées par M. Prout, loin de se détériorer, s'étaient bonifiées, et qu'achetées au prix d'environ 15 000 livres sterling, elles en valent bien, à dire d'experts, le double aujourd'hui.

M. Caird approuve aussi la pratique de substituer la pratique de deux récoltes consécutives de blé à l'assolement quadriennal — froment, turnep, orge et luzerne — sous la réserve que le terrain soit propre, bien aménagé, susceptible de supporter le régime des engrais artificiels, et qu'en même temps, l'agriculteur soit libre de pouvoir suivre un système de culture rationnel. Cela veut dire, sans doute, qu'il faut qu'il ait des capitaux à sa disposition et qu'il entende son art. C'est bien le cas de M. Prout, de Sawbridgeworth, qu'on nous représente comme servi par de puissants moyens pécuniaires comme par de grandes connaissances agronomiques, et qui, en outre, est à la fois son propriétaire et son fermier. La chose, on le sait, n'est pas commune chez nos voisins; les landlords ne résident guère sur leurs terres, ils ne les exploitent guère par eux-mêmes, ils préfèrent laisser ce soin à un corps de 560 000 fermiers (1), lesquels y emploient un capital dépassant 400 millions sterling (10 milliards de francs). Ces landlords jouissent en bloc d'un revenu annuel de 67 millions de livres sterling, non compris le produit des mines; ils possèdent un capital qu'on n'évalue pas à moins de 2 milliards sterling (50 milliards de francs), et dont la valeur, depuis une vingtaine d'années, s'augmente de 1 658 000 livres en moyenne annuelle. Ce taux représente, de 1857 à 1875, une augmentation totale de 331 650 000 livres sterling (8 milliards 291 millions de francs), dont 268 440 000 pour l'Angleterre proprement dite, 46 830 000 pour l'Écosse,

(1) C'est le chiffre pour toute la Grande-Bretagne. En Irlande, on compte 600 000 fermiers.

et cette augmentation — qu'on veuille bien le remarquer — ne découle que dans une mesure très minime de l'amélioration du sol lui-même. Dans l'espace de trente ans la dépense de ce chef ne paraît pas avoir dépassé une somme de 15 millions sterling, et cette plus-value de la propriété terrienne n'est que l'expression d'un double fait, à savoir la demande croissante de la terre de la part des gens riches et les entraves de toute sorte dont les *Land Laws* en ont entouré la libre transmission.

Avec un système de baux à long terme, on conçoit très bien qu'en se substituant à un propriétaire inintelligent ou indifférent, un tenancier bien avisé s'impose des sacrifices dont une jouissance prolongée le dédommage. En Écosse, ce système est généralement en vigueur : les baux y affectent une durée de dix-neuf à vingt et un ans, et c'est précisément une des causes qu'il faut assigner à la supériorité de l'agriculture écossaise sur l'agriculture anglaise. Mais, dans l'Angleterre même, il en va tout autrement : les meilleures autorités agricoles estiment que les trois quarts des fermes y sont placées sous le régime de la tenure annuelle, et en vérité, n'est-on pas fondé, devant un pareil état de choses, à s'étonner plutôt des améliorations exécutées par les fermiers, que de celles qu'ils ne font pas? Ces fermiers ne trouvent pas toujours leurs rapports avec les landlords les meilleurs du monde; ils s'en sont plaint souvent, et il était à croire que les conservateurs, lorsqu'ils reprirent il y a cinq ans le pouvoir, ne resteraient pas sans faire quelque chose en faveur de ceux que de temps immémorial ils appellent leurs amis. La tentative aurait d'autant moins surpris que lord Beaconsfield, qui n'était encore que M. Disraeli, s'était engagé à régler pour l'Angleterre ce que nos voisins appellent le *Tenant Right* et ce qu'une loi due à M. Bright a réglé, en effet, pour l'Irlande. Pris dans leur acception primitive et employés alors au pluriel, ces deux mots s'appliquaient seulement aux revendications du fermier sortant à l'endroit des récoltes en terre, des fumiers et des fourrages qu'il laissait à son successeur, ou bien encore des terrains défrichés dont ce successeur devait bénéficier. Mais avec le temps, le terme a pris une signification plus étendue : il s'entend aujourd'hui de la compensation réclamée pour les améliorations quelconques, dont la valeur n'est pas censée récupérée, au moment de la cessation du bail, et en Irlande, il affecte même une signification plus large encore.

A la place du *Tenant Act* promis, M. Disraeli fit présenter par le duc de Richmond un bill sur les tenures agricoles, qui a pris force de loi depuis le 14 avril 1876, sous le nom d'*Agricultural Holdings' Act*. Ses dispositions étaient loin de satisfaire les fermiers : ils trouvaient notamment qu'une jouissance de vingt années seulement n'aurait pas dû éteindre le droit à l'indemnité, quand il s'agissait d'améliorations permanentes, telles que des édifices bâtis par exemple, et ils se plaignaient fort de ce que le droit reconnu au fermier partant, d'emporter avec lui ses installations fixes, si le propriétaire refusait de les acquérir pour son propre compte, ne s'étendît pas aux machines et appareils à vapeur, à moins que le landlord n'eût consenti, au moins tacitement, à leur établissement. Ce consentement, l'*Agricultural Holdings' Act* l'exigeait *écrit* pour toutes les améliorations permanentes, et c'eût été son plus grand vice, si toute son économie, bonne, mauvaise ou indifférente, n'avait été rendue illusoire par son article 54, lequel laisse aux propriétaires la complète latitude de rester sous l'ancien ordre de choses. Ils se sont hâtés pour le plus grand nombre d'ainsi faire, et les fermiers eux-mêmes ne se sont pas beaucoup empressés de profiter d'une loi (1) que les amis du cabinet qualifiaient de *Magna Charta* de l'agriculture, mais qu'un journal agricole très important, *The Mark Lane Express*, qualifiait tout bonnement de farce législative. Il est évident que la pensée intime de la grande majorité des fermiers serait l'obtention d'un *Tenant Right* obligatoire, et nul doute qu'ils ne la fissent triompher si leur courage égalait leur puissance politique. On entend bien ces braves gens enfler la voix dans leurs clubs ou leurs chambres d'agriculture et s'y plaindre amèrement de l'insécurité de leurs capitaux, des chasses seigneuriales, de la taxe sur la drêche, de l'administration locale. Vienne cependant une élection parlementaire, ils votent comme s'ils n'avaient à se plaindre de rien : ils envoient à la Chambre des communes quelque propriétaire destiné à y grossir les rangs de ceux qui repoussent le *Tenant Right*, tiennent aux *Game Laws*, se soucient peu du *Local Government* et conservent la *Malt Tax*.

Que l'agriculture anglaise traverse aujourd'hui un moment difficile, cela s'explique très bien à la suite de quatre mauvaises récoltes successives, que menace de suivre une récolte plus mauvaise encore, et on peut bien croire que tant de fermiers ne seraient pas si prompts à quitter des domaines qu'ils exploitent depuis longues années et à en louer de nouveaux, au risque d'avoir à tenter de coûteuses expériences, s'ils se sentaient dans une situation bien prospère. En même temps que la production diminuait les prix, par un phénomène assez rare et qui tient à des circonstances particulières, les prix ont également baissé: un mouton engraissé, qui se vendait, il y a un an à peine, 67 shillings, n'en vaut plus que 43, et la livre de beurre ne se cote plus que 13 deniers au lieu de 18. Dans ces conditions, il semble donc que les prix ne couvrent plus les frais de production, à moins de supposer toutefois qu'auparavant les fermiers réalisaient des bénéfices énormes. Il ne serait pas impossible que pour une part du moins, cette dernière hypothèse ne fût la vraie, et tout récemment un correspondant du *Times* lui signalait d'Édimbourg quatre ou cinq fermiers du Midlothian qui se plaignaient bien haut de l'impossibilité où ils étaient de continuer leur exploitation dans les circonstances actuelles, et dont les bénéfices pendant les bonnes années ne pouvaient guère être inférieurs à 22 pour 100 de leur capital engagé. Peut-être aussi l'auditeur de ces doléances y serait-il moins incrédule, ou plus compatissant, s'il apprenait que les fermiers ont modéré leur train luxueux de vie, et qu'ils ne continuent pas « de déjeuner avec du gibier ou des pâtés de veau, suivant la saison, de se régaler à l'occasion d'une bouteille de Porto, année 1834, et de s'assoupir dans l'après-midi aux sons du piano de leurs filles ». Comme il est toutefois difficile d'accommoder subitement sa façon de vivre et de ramener ses conditions d'exploitation aux exigences d'un budget réduit, la transition a été trop brusque, trop violente pour ne pas s'être fait sentir, et il y a des souffrances, quoiqu'on ait pu parfois les exagérer.

Les fermiers se plaignent donc; ils s'agitent, et un instant, ces protectionnistes honteux qui s'appellent les *Reciprocarians* ont certainement pensé les gagner à leur cause et les rallier à leurs projets. Ces *Reciprocarians* ont bien, suivant la figure humoristique de sir Louis Mallet, les mains d'Ésaü, mais leur voix est celle de Jacob, Jacob invitant les Anglais à troquer leur droit d'aînesse libre-échangiste contre une écuellée de soupe protectionniste. Les fermiers semblaient assez enclins à écouter cette voix; mais le mot que prononçait Cobden dès 1846, « qu'il serait tout aussi facile au législateur d'abolir la grande charte ou le jugement par jury que de supprimer le *Free Trade* », ce mot est bien plus vrai à cette heure. Les fermiers ont pu s'en convaincre, en entendant lord Beaconsfield traiter de phrases surannées — *musty phrases* — les objections que jadis il avait entassées lui-même contre la liberté commerciale. Dans le grand débat sur la situation agricole, qui a eu lieu vers la fin de mars,

(1) V. Le très intéressant opuscule de M. Bear : *The Relations of Landlord and Tenant in England and Scotland*.

dans la Chambre des lords, le premier ministre avait bien fait un éloge très senti « de cette classe, unique au monde et tout à fait digne de la sollicitude des personnes qui appréciaient l'ordre social, la liberté même du pays »; il avait même ajouté « que son amoindrissement serait un mal que ne compenserait aucun avantage économique ou fiscal ». Mais, qu'on nous passe cette expression, très expressive dans sa trivialité, après avoir ainsi passé la main sur le dos de ses bons amis, lord Beaconsfield s'est cru quitte envers eux, paraîtrait-il, car il a déclaré depuis, d'une façon très nette et très catégorique, que le gouvernement avait déjà fait pour les fermiers tout ce qu'il pouvait faire et que le reste les regardait seuls.

Qu'on veuille bien, au surplus, jeter un coup d'œil sur un *Rapport* (1) communiqué au parlement, il y a quelques semaines, qui donne, pour la période 1828-1878 les quantités de céréales et de farines importées dans le Royaume-Uni, les prix moyens du blé, ceux de la viande, de la laine et autres produits agricoles, l'on s'assurera que la cause, quelle qu'elle soit, de la crise actuelle ne se trouve pas dans une baisse de prix résultant de l'accroissement des importations, et que partant la résurrection des droits protecteurs ne serait pas un remède au mal. Considère-t-on d'abord la période 1828-1846 antérieure au régime de liberté commerciale, on voit que la moyenne générale de ces dix-neuf années a été pour le froment de 57 shillings 4 deniers par *quarter*, de 32 shillings 3 deniers pour l'orge, et de 22 shillings 4 deniers pour l'avoine. Or, de la comparaison de ces prix avec ceux de la période suivante (1846-1878), il résulte que malgré l'énorme accroissement des importations d'orge et d'avoine, ces céréales obtiennent encore des prix beaucoup plus élevés qu'au temps des *Corn Laws*. Le prix du froment — 46 shillings 5 deniers par *quarter* — est, il est vrai, fort bas; mais il l'est moins que dans beaucoup d'années antérieures, où les agriculteurs ne criaient pas sur tous les tons, comme aujourd'hui, qu'ils se ruinent. Quant aux prix du gros bétail, ils se sont tenus en 1878 plus élevés que dans aucune des années comprises entre 1828 et 1873. Il en est de même du mouton et du veau; pour le porc, il est peu d'années où les prix de 1878 aient été dépassés, et la même observation s'applique au beurre et au lait.

15 francs dans les comtés du sud et du sud-est; 17 fr. 50 dans les comtés du centre; 17 fr. 50 à 22 fr. 50 dans ceux du nord, et 30 francs dans quelques districts que favorise le voisinage des grands centres manufacturiers, voilà les taux hebdomadaires des salaires agricoles. C'est une moyenne de 14 shillings ou de 17 fr. 50 et une augmentation de 60 pour 100, selon M. Caird, dans le cours de ces trente dernières années. Dans l'opinion d'un homme dont les opinions sont très libérales, mais que sa position sociale, comme le caractère dont il est revêtu, rattache à l'élément conservateur, le docteur Fraser, évêque de Manchester, ce taux n'est pas capable non seulement de donner quelque confort aux laboureurs, mais même de suffire à leurs besoins stricts et à ceux de leurs familles. Aussi l'union des laboureurs — *The national agricultural Labourers' Union* — réclamait-elle, il y a déjà cinq ans, un minimum de 16 shillings, soit de 20 francs. A cette demande, la réponse des fermiers fut qu'ils payaient des rentes trop élevées pour être en mesure de la satisfaire. « Prouvez-le, leur répondit l'évêque de Manchester, et force sera bien à ces rentes de diminuer. La perspective, ajoutait-il ironiquement, peut paraître très désagréable à des gens qui, parfois, dépensent pour un bal ou l'achat d'un attelage de race le revenu de 300 acres; mais elle est inévitable. » Aujourd'hui l'exagération de leurs baux est encore un des faits qui reviennent le plus volontiers dans les doléances des fermiers sur leur situation générale. Nous ne possédons pas les moyens de décider sur pièces si l'allégation est bien exacte; mais, à raison de la concurrence effrénée qu'ils se font pour la location de la terre, nous ne serions nullement surpris qu'elle contînt une bonne partie de vérité. Mais alors ils se plaignent d'un mal qu'ils créent eux-mêmes et d'autre part, s'il est vrai, comme l'affirme M. Casird, qu'hier encore ils tiraient de leurs capitaux un intérêt au moins de 6 1/4 pour 100, ils ne paraissent pas, en somme, fort à plaindre, alors que dans l'état actuel du marché monétaire, l'intérêt normal des capitaux ne dépasse pas de 3 à 3 1/2 pour 100, à moins qu'il ne s'agisse de certaines entreprises où un intérêt supérieur n'est que la compensation des risques courus par le capital même.

Par l'organe du marquis de Huntly et de M. Chaplin, les grands propriétaires déclarent qu'une réduction de 10 à 15 pour 100 dans les fermages serait ruineuse pour eux et insignifiante pour les fermiers. A les entendre, la propriété foncière serait taxée d'une façon exorbitante, comparativement aux autres propriétés, et supporterait 16 1/2 pour 100 de son revenu en taxes contre 14 1/2 les maisons, 13 1/2 les chemins de fer et mines, 12 1/2 les fermes, 8 1/2 les valeurs mobilières. Mais ce sont là des assertions qu'il ne convient pas d'admettre *sine grano salis*. Il n'y a de réellement imposé qu'un tiers de la propriété foncière, et la *Land tax*, qui est de 4 shillings par livre sterling cependant, n'a donné en tout que 1 104 390 livres sterling pour l'exercice 1877-78, ce qui prouverait, selon l'*Almanach de la Réforme financière*, qu'avec le fisc les accommodements sont faciles quand on est un riche propriétaire rural et qu'on sait se faire des amis parmi les assesseurs. Une partie de la *Land tax*, représentant le capital de 952 000 livres d'impôt, a été, il est vrai, rachetée sous le ministère de Pitt, qui avait un grand besoin d'argent et qui faisait flèche de tout bois pour s'en procurer; il n'en est pas moins vrai que pendant les quatorze années du règne de Guillaume, cet impôt contribua pour un cinquième environ aux ressources fiscales du royaume et qu'aujourd'hui il n'y entre que pour un cinquantième à peine. Circonstance qui, eu égard tant à son application à de nouveaux objets en 1798 qu'à l'immense essor de la richesse publique depuis 1689, est faite pour surprendre et ne peut reconnaître d'autre explication que celle d'un énorme abaissement *réel* du taux de taxation *nominal*.

Pour terminer, disons que les souffrances momentanées de l'agriculture anglaise laissent de très bons esprits sans inquiétude sur son avenir. Du nombre est le comte de Derby, qui traitait, il y a quelques mois, toute cette question devant la Chambre d'agriculture du Lancashire avec son éloquence et sa compétence ordinaires. Lord Derby ne paraît pas bien certain, toutefois, que les grandes fermes à blé continueront d'être rémunératrices, parce que toute part faite au concours de circonstances malheureuses qui sont venues fondre récemment sur le producteur de blé anglais et dont le retour, du moins toutes à la fois, est peu probable, ce producteur n'est pas en général placé dans de bonnes conditions pour lutter avec le *farmer* du Far West qui, « une fois content de lui-même, n'a point à craindre de fâcher son landlord ». Mais il accorde des chances assurées aux cultures pastorales, comme aux produits de ferme, et de belles chances aux petites emblavures « pour peu qu'elles soient bien cultivées, sous l'œil même de leurs propriétaires ». Celles-ci, bien gérées, soutiendraient avantageusement, lui semble-t-il, la concurrence des fermes américaines, car la distance entre l'Amérique et l'Angleterre agit pour celle-ci en guise de droit protecteur, puisque le transport d'un *quarter* de blé du lieu de production à Chicago, puis de Chicago à Liverpool, représente une dépense de 14 à 15 shillings, ce qui fait 35 pour 100

(1) *Return showing the various kinds of grain and flour imported into the United Kingdom from* 1828 *to* 1878*; the Gazette average prices of corn*, etc., *and the average anormal prices of butchers' meat, wool and other agricultural produce.*

du prix que le blé vaut en Angleterre au cours actuel.

En 1877, les diverses cultures se partageaient le sol du Royaume-Uni dans les proportions que voici : froment, 1 328 400 hectares ; orge, 1 060 800 ; avoine, 1 695 600 ; pommes de terre, 557 200 ; autres récoltes vertes, 1 426 400 ; lin, 52 000 ; houblon, 28 000 ; pâtures sous rotation, 2 576 400 ; pâtures permanentes, 9 600 000 (non compris les montagnes pastorales et les terrains vagues) ; bois et plantations, 1 044 000 ; jachères, 253 000. Compare-t-on ces chiffres à ceux de 1867, on remarque une diminution de 211 000 hectares dans les superficies emblavées, et une augmentation de 695 000 dans les pâtures permanentes, les superficies occupées par les récoltes vertes restant les mêmes aux deux époques, sauf une différence en plus de 38 000 hectares en 1877. C'est la preuve que les fermiers sont déjà entrés dans la voie que leur indique lord Derby et que recommande également M. Caird. « De dix ans en dix ans, écrit-il, le pays perd de l'aspect d'une ferme pour revêtir davantage celui d'une prairie, d'un jardin, d'un terrain de plaisance », et la conversion des terrains improductifs en parcs à daims et à coqs de bruyère, ou bien en promenades, dans les localités les plus populeuses, lui paraît une opération plus favorable à la santé et au plaisir publics que ne l'eût été leur coûteuse transformation, par des drainages ou des défoncements, en terres arables. Nous croyons fort que M. Caird a toute raison s'il ne s'agit que du développement des promenades publiques ; mais les fermiers des *Highlands* sont loin d'être aussi enchantés qu'il paraît l'être lui-même de l'extension des *Deer Forests*. En 1812, il n'y avait pas en Écosse plus de 5 *Forests*, et on parlait, en 1873, de 70 couvrant une superficie évaluée à 800 000 hectares, comme s'il était question de réaliser à la lettre la boutade de la reine Caroline disant à Walpole « qu'elle convertirait toute l'Écosse en bois et en bruyères pour la guérir de sa fièvre loyaliste ». Dans ces *Highlands*, tout hérissées de rochers, parcourues de torrents, parsemées de lacs, recouvertes de neiges et battues par les vents terribles de l'océan septentrional, la culture en grand des céréales est à peu près impossible ; c'est à peine si, d'un pareil sol, on parvient à retirer quelque avoine et un peu d'orge. Mais on y élève beaucoup de bêtes à cornes, de moutons surtout, qui constituent la véritable richesse du pays, et, de l'aveu formel d'un des défenseurs des *Deer Forests*, un grand nombre de fermes, où l'élève du mouton florissait, ont été transformées en terrains de chasse dans le cours de ces vingt-cinq ans. Ce fait, assurément, n'est pas demeuré étranger à l'appauvrissement du stock en bétail et en moutons du Royaume-Uni, appauvrissement qui s'est traduit, de 1868 à 1878, par une perte de 3 216 000 bêtes ovines et de 557 800 bêtes à cornes, à partir de 1874.

AD.-F. DE FONTPERTUIS.

BULLETIN DES SOCIÉTÉS SAVANTES

Académie des sciences de Paris. — 4 AOUT 1879.

M. Faye : Les anciennes observations de trombes. — M. Berthelot : L'hydrate de chloral. — M. Bouillaud : Théories des battements du cœur et des artères. — M. Lechat : Des vibrations à la surface des liquides. — M. Gernez : Les liquides et l'électricité statique. — MM. Lescœur et Rigaut : L'hydrure de cyanogène solide. — M. Cochin : La non-existence des ferments alcooliques solubles. — M. Phipson : Matière colorante du Palmella cruenta. — M. Ranvier : Les cellules et leurs noyaux après la mort. — MM. Hoggan : Des lymphathiques du périchondre.

M. *Faye*, entretenant l'Académie du dernier tornado qui a sévi aux États-Unis, le 20 mai 1878, avec tant de ravages, et faisant observer qu'il confirme une fois de plus ses idées sur la nature gyratoire de ces redoutables phénomènes, met à profit cette occasion pour tracer l'historique des études sur la matière. Il regrette que le public se soit attaché aux dires de témoins sans expérience et qu'il ait négligé l'opinion des maîtres, notamment de Buffon et de Spallanzani, dont il cite en même temps d'assez longs passages.

Spallanzani n'avait pas une idée bien nette du mécanisme intérieur des tourbillons : l'air n'en sort pas, comme il paraît le croire, à la manière d'un soufflet, mais par une suite de spires descendantes. Sauf ce point, la description qu'il en donne est parfaite et tout à fait digne de ce grand observateur. Buffon, dans ses *Suppléments*, se montre également très exact en ses descriptions. Lui-même n'avait pas observé de trombes, mais il a travaillé sur d'excellents documents que lui transmettaient ses correspondants, et en particulier M. de la Nux, bien connu des astronomes de son temps et qui avait eu de fréquentes occasions d'observer ces phénomènes à Bourbon.

— M. *Berthelot* discute le travail de M. Wurtz sur l'hydrate de chloral, dont il a été question à la précédente séance. Diverses observations, publiées par M. Berthelot dans les *Annales de physique et de chimie*, établissent que la combinaison entre la vapeur du chloral anhydre et l'eau, au voisinage de 100 degrés, n'est pas instantanée; tandis que la vapeur de l'hydrate de chloral préexistant reproduit instantanément par sa condensation l'hydrate cristallisé. Ces circonstances, relevées en dehors de la discussion actuelle, montrent que les deux systèmes ne sont pas identiques dès les premiers instants du mélange; elles suffisent, dit M. Berthelot, pour ôter toute portée à la démonstration nouvelle, alors même que celle-ci conserverait quelque signification physique.

— M. *Bouillaud* présente la comparaison de deux théories sur les battements des artères et les mouvements du cœur de systole et de diastole; l'une est celle de Harvey, auquel on doit la découverte de la circulation du sang; l'autre est celle que M. Bouillaud appelle la théorie moderne.

Après avoir longuement exposé la première et fourni les bases de la seconde, il fait appel à son confrère, M. Marey, relativement au *sphygmographe*, petit appareil inventé par ce dernier pour déterminer les battements des artères. Si, d'après cet instrument, le pouls artériel normal ne donne qu'un seul signe de battement, ce qui est opposé du tout au tout à la théorie nouvelle des battements des artères, il en résultera nécessairement, ou que cette théorie n'est pas exacte, ou que l'instrument inventé pour la décrire ne l'est pas. Dans le cas où M. Marey affirmera que le sphygmographe représente bien exactement les mouvements artériels et qu'il n'existe pas de *dicrotisme* à l'état normal, il donnerait gain de cause à la théorie de Harvey et condamnerait celle qui a reconnu dans les artères un double mouvement de systole et de diastole. M. Bouillaud ajoute qu'il lui en coûtera néanmoins pour se soumettre à cette condamnation.

— M. *F. Lechat* étudie la théorie mathématique des petits mouvements à la surface des liquides pesants, avec comparaison des résultats de la théorie à ceux que fournit l'expérience. Ce travail se compose donc de deux parties : la théorie mathématique des phénomènes et une étude expérimentale.

Ces deux parties se refondent ensemble dans les conclusions suivantes : 1° sous le rapport des formes que peut affecter la surface d'un liquide vibrant régulièrement, les résultats de la théorie mathématique sont complètement vérifiés par l'expérience; 2° si, pour une même forme de la surface, on compare les durées de la période obtenues pour diverses profondeurs, on reconnaît que ces durées vont en augmentant à mesure que la profondeur augmente, mais de moins en moins, de sorte qu'à partir de la profondeur de $0^m,031$ pour le mercure, les variations dans la durée de la période deviennent insensibles; 3° quant à la relation entre la durée de la période et la forme de la surface pour une profondeur déterminée, celle qu'indique la théorie ne s'accorde pas avec l'expérience.

— M. *D. Gernez* fait connaître le résultat de ses recherches sur la distillation de liquides placés sous l'influence de l'électricité statique. La recherche de cette influence a depuis longtemps occupé les physiciens, qui espéraient en même temps découvrir la solution de problèmes plus ou moins obscurs de météorologie. M. Gernez a donc poursuivi trois expériences de nature assez différente, mais destinées toutes les trois à lui fournir des données plus certaines sur le premier fait précité. Ces expériences établissent que, sous l'influence de l'électricité statique, il y a passage des liquides de la région positive à la région négative, et que cette distillation ne résulte en rien de l'échauffement inégal des deux couches liquides traversées par l'électricité. M. Gernez a reconnu également que la quantité de liquide transporté est proportionnelle à la quantité d'électricité mise en jeu et qu'elle ne dépend pas sensiblement de l'étendue de la surface libre du liquide. Il indiquera, dans une prochaine communication, quel est le mécanisme de ce phénomène.

— MM. *Lescœur* et *A. Rigaut* envoient une note sur l'hydrure de cyanogène solide. Tous les chimistes qui, depuis Gay-Lussac, ont étudié l'acide cyanhydrique, ont signalé la transformation spontanée de cette substance en une matière solide, noire, qu'ils ont nommée *azulmine;* mais les circonstances qui président à cette modification et la constitution même des produits azulmiques sont loin d'être parfaitement connues.

La matière cristalline extraite de l'azulmine par la benzine ou l'éther est un hydrure de cyanogène, C^2AzH^3, correspondant au chlorure de cyanogène solide et à l'acide cyanurique. Cet hydrure de cyanogène et probablement aussi les polymères plus élevés provenant de l'acide d'abord anhydre s'altèrent sous l'influence de l'air et de l'humidité, et de nouveaux produits, que l'on peut appeler secondaires, apparaissent alors dans l'azulmine.

En résumé, la transformation azulmique est essentiellement une polymérisation. Sous l'influence de l'eau et des autres agents, des réactions secondaires diverses peuvent se produire et venir compliquer le phénomène. L'étude des composés qu'on en obtient justifie pleinement cette manière de voir. Dans une note prochaine, il sera ajouté quelques faits nouveaux à cette partie de l'histoire du cyanogène.

— M. *D. Cochin* fait connaître les résultats de son étude sur la fermentation alcoolique. Ses expériences, faites au laboratoire de M. Pasteur, démontreraient que le ferment alcoolique soluble n'existe pas, et que la fermentation est une conséquence directe et immédiate de la vie des cellules de levure.

— M. *T.-L. Phipson* adresse une note sur la matière colorante de la *Palmella cruenta.* C'est une petite algue, rouge de sang, qui vient au bas des murs humides blanchis à la chaux, non loin des localités habitées et toujours près de la terre. Les anciens botanistes l'ont nommée *Chaos* et *Tremella sanguinea,* mais sans se douter, tout en lui donnant ce nom, combien loin s'étend l'analogie entre cette plante et le sang animal. D'abord, en l'observant au microscope, on s'aperçoit qu'elle se compose de petites cellules arrondies, un peu moindres de volume que celles du sang, mais flottant librement dans une mucosité que l'on peut, pour suivre l'analogie, comparer au sérum. De plus, elles contiennent une matière colorante rouge rose tout à fait nouvelle.

L'auteur propose de lui donner le nom de palmelline. On ne peut extraire cette substance de la plante humide; il faut qu'elle ait été bien desséchée à l'air libre. En la déposant alors dans une capsule de porcelaine recouverte d'une plaque de verre, la matière colorante s'y infuse et se présente en rouge rose magnifique par transmission, et jaune orangé par réflexion. Rien ne lui ressemble davantage que l'hémoglobine du sang. Elle se compose d'une matière rouge unie à une substance albumineuse, et se coagule par l'alcool, la chaleur et l'acide acétique. Comme l'hémoglobine, elle est insoluble dans l'alcool, l'éther, la benzine, le sulfure de carbone, mais se dissout facilement dans l'eau. Enfin, comme le sang, elle contient du fer. Abandonnée à elle-même pendant deux ou trois jours à une température de 25°, la solution de palmelline entre en décomposition avec une odeur fortement ammoniacale et décèle alors, au microscope, un grand nombre de vibrions très actifs. On voit, d'après toutes ces propriétés, que la palmelline présente en effet beaucoup d'analogie avec l'hémoglobine du sang; c'est la première fois que l'on rencontre dans le règne végétal une substance de cette nature.

— M. *Ranvier* expose les propriétés vitales des cellules et dit qu'ayant opéré sur des grenouilles, il a constaté dans les cellules de la cornée l'apparition de leurs noyaux après la mort. Il explique ce fait en disant que, pendant la vie, les noyaux ne se montrent pas, parce que leur réfringence est très voisine de celle du protoplasma qui les entoure, mais qu'après la mort, il survient des modifications du protoplasma cellulaire et notamment une diminution de sa réfringence.

— MM. *G.* et *F. Hoggan* (de Londres) ont transmis à M. Rodin une description détaillée des lymphatiques du périchondre. Cette description a une portée plus étendue qu'il ne paraît d'abord, parce qu'il en ressort l'exactitude de ce principe fondamental, savoir que ces lymphatiques ne sont propres à aucun tissu spécial, mais qu'ils sont simplement des canaux d'écoulement appartenant aux surfaces périphériques où s'étalent les réseaux d'origine, tandis que les lymphatiques efférents qui en sortent traversent les parties plus profondes. Sous le rapport physiologique, les lymphatiques sont des dépendances des tissus en dehors desquels ils se trouvent, tandis que, sous le rapport morphologique, la forme ou la disposition des lymphatiques est modifiée par le caractère propre du tissu contigu.

CHRONIQUE SCIENTIFIQUE

Faculté de médecine de Bordeaux. — Par décret en date du 11 août 1879, M. Vergely, chargé des fonctions d'agrégé à la Faculté mixte de médecine et de pharmacie de Bordeaux, a été nommé professeur de pathologie générale à la même Faculté.

— Rectorat. — Par décret en date du 7 août 1879, M. Chancel, doyen de la Faculté des sciences de Montpellier, a été nommé recteur de l'Académie de Montpellier, en remplacement de M. Albert Dumont, nommé directeur de l'enseignement supérieur au ministère de l'instruction publique et des beaux-arts.

— Les tickets des étudiants. — Il est question de l'adoption prochaine d'une mesure excellente, dont la Faculté de médecine prendrait l'initiative et qui consisterait à mettre chaque jour gratuitement à la disposition des élèves des diverses cliniques un certain nombre de tickets d'omnibus et de tramways. Les élèves qui suivent les nombreuses cliniques de nos hôpitaux ont, en effet, beaucoup de trajets à effectuer dans un laps de temps fort court, s'ils veulent ne manquer aucune démonstration intéressante. La possibilité du parcours gratuit sur les différentes lignes d'omnibus facilitera leur travail et diminuera un peu leurs frais. Il est donc à souhaiter que cette mesure soit adoptée. Ces tickets ne seraient valables que de dix heures du matin à midi.

— Le Tour du Monde, *Nouveau journal des voyages.* — Sommaire de la 970e livraison (9 août 1879). — D'Orenbourg à Samarkand, impressions de voyage d'une Parisienne, par Mme Marie de Ujfalvy-Bourdon. — Texte et dessins inédits. — Onze dessins de A. Ferdinandus, E. Ronjat, Taylor, L. Bayard, H. Chapuis, B. Schmidt.

Le propriétaire-gérant : Germer Baillière.

PARIS. — Impr. J. CLAYE. — A. QUANTIN et Cie, rue St-Benoît. [1522]

LA

REVUE SCIENTIFIQUE

DE LA FRANCE ET DE L'ÉTRANGER

REVUE DES COURS SCIENTIFIQUES (2E SÉRIE)

DIRECTEUR : M. ÉMILE ALGLAVE

2e SÉRIE — 9e ANNÉE NUMÉRO 8 23 AOUT 1879

COLLÈGE DE FRANCE

CHIMIE ORGANIQUE

COURS DE M. M. BERTHELOT,

De l'Institut.

Décompositions chimiques produites par les énergies électriques.

, DIVISION DU SUJET.

Les énergies électriques sont, après les énergies calorifiques, celles que l'on emploie le plus fréquemment pour produire les décompositions chimiques : le mécanisme de leurs actions et la nature spéciale des effets qu'elles déterminent méritent au plus haut degré notre attention.

Sans chercher à pénétrer la nature intime et jusqu'ici fort obscure du mouvement électrique, mouvement auquel semblent participer à la fois la matière pondérable et le fluide éthéré, nous distinguerons quatre modes principaux suivant lesquels l'électricité intervient en chimie, savoir :

1° L'électrolyse;

2° L'action de l'arc voltaïque ;

3° L'action de l'étincelle électrique ;

4° Les réactions exercées par l'influence, autrement dit l'effluve électrique.

PREMIÈRE LEÇON. — ÉLECTROLYSE.

1. Un courant électrique traversant un corps composé binaire, liquide et doué de conductibilité, tel qu'un chlorure métallique ou un sulfure métallique fondu, le résout en ses deux éléments. L'un de ceux-ci, soufre, chlore, oxygène, se rend au pôle positif : c'est l'élément électro-négatif; tandis que l'autre élément, ordinairement métallique, se rend au pôle négatif, c'est l'élément électro-positif. Tel est le type le plus simple de la décomposition électrolytique. Elle est effectuée en vertu d'un certain travail chimique, travail mesuré précisément par la chaleur de combinaison de l'élément négatif avec le métal.

2. L'électrolyse, dans ces circonstances, se produit tout d'abord et sans nécessiter l'intervention de quelque travail préliminaire, capable de provoquer la réaction. Cependant nous devons observer que la totalité de l'énergie électrique n'est pas dépensée dans l'électrolyse, une portion plus ou moins notable servant à échauffer le liquide, et une autre portion y produisant le transport des éléments jusqu'au pôle où ils se manifestent. Cette dernière fraction d'énergie est très faible ; mais il n'en est pas de même de celle qui détermine l'échauffement du corps traversé par le courant. La proportion relative entre l'énergie consommée par la décomposition chimique et l'énergie consommée par l'échauffement dépend de la résistance du liquide, de l'intensité du courant et de certaines autres circonstances.

Quoi qu'il en soit, il est certain que dans cette condition, comme il arrive dans la plupart des transformations des forces naturelles, l'énergie électrique ne se change que partiellement en énergie chimique. De là diverses interprétations, sur lesquelles je ne crois pas utile de m'arrêter.

3. *Force électro-motrice.* — Pour électrolyser un composé donné, il faut employer une force électro-motrice déterminée, laquelle est proportionnelle à la chaleur consommée, c'est-à-dire en principe proportionnelle à la chaleur dégagée par la formation inverse du composé.

Réciproquement, si le courant électrique est développé au moyen d'une pile, la force électro-motrice de celle-ci sera proportionnelle à la chaleur dégagée par l'action chimique qui y produit l'électricité (l'action du zinc sur l'acide sulfurique étendu, par exemple) : ce résultat fondamental a été établi par Joule.

4. Il en résulte qu'un élément de pile pourra produire seulement des décompositions telles, qu'elles absorbent moins de chaleur que la réaction originelle qui développe le courant.

Par exemple, l'électricité développée par un élément Daniell, laquelle résulte de la substitution du zinc au cuivre dans le sulfate de cuivre dissous, ne saurait décomposer l'eau. En effet, cette substitution, opérée à équivalents égaux, dégage + 26,2 ; tandis que la décomposition de l'eau absorbe + 34,5 (1). C'est ce que les expériences de M. Favre ont vérifié. Mais le courant de deux éléments Daniell, mis bout à bout, décompose l'eau : il est capable de la décomposer, parce que la force électro-motrice de ces deux éléments supérieurs fournit une somme + 52,4, supérieure à 34,5. En un mot, la réaction chimique ne commence que lorsque l'électricité atteint un certain potentiel dans la pile.

5. C'est là d'ailleurs une loi fondamentale que les forces électro-motrices des éléments de pile mis bout à bout s'ajoutent : par l'effet de cette addition progressive, le travail chimique effectué par la pile peut devenir capable de décomposer toutes les combinaisons binaires conductrices, quelque grande qu'ait été la chaleur dégagée par leur formation.

6. *Loi des équivalents.* — D'après une loi découverte par Faraday, un même courant électrique traversant successivement plusieurs corps composés, formés par l'union d'un même élément électro-négatif avec divers métaux, et contenus dans des vases distincts, ce courant, dis-je, sépare à chacun des pôles positifs le même poids de l'élément négatif, en même temps qu'il amène à chacun des pôles négatifs un poids correspondant des divers métaux, poids nécessairement proportionnel à l'équivalent du métal précipité.

Le travail chimique total effectué par le courant, dans cette circonstance, est représenté par la somme des quantités de chaleur consommées par l'ensemble des décompositions. Mais ce travail ne se répartit pas également entre les divers composés détruits ; chacun d'eux se bornant à consommer dans cet acte une dose d'énergie électrique proportionnelle à son équivalent.

7. Les lois précédentes s'appliquent essentiellement aux composés binaires liquides et bons conducteurs, tels que les sels haloïdes métalliques et analogues. Dans les composés mauvais conducteurs, qui comprennent la plupart des autres corps, les phénomènes deviennent plus compliqués ; la transmission de l'électricité exige des tensions beaucoup plus fortes, et elle ne se fait pas seulement par un courant électrolytique proprement dit. Ses effets chimiques se rapprochent alors des réactions exercées par influence.

8. Les lois de l'électrolyse sont encore vraies d'une manière générale pour les sels métalliques dissous, tant composés binaires que composés ternaires et autres. Seulement, dans cette circonstance, les effets se compliquent de réactions secondaires, dues soit à l'intervention du dissolvant, soit à celle des électrodes, effets sur lesquels nous reviendrons tout à l'heure.

Développons d'abord l'électrolyse des composés ternaires. Soit un sulfate métallique dissous, par exemple, le sulfate de cuivre : faisons-le traverser par un courant à peine suffisant pour le décomposer, en évitant toute élévation de température. Au pôle négatif se dépose un équivalent de cuivre; tandis qu'au pôle positif se rendent les autres composants, savoir l'oxygène, qui se dégage, et l'acide sulfurique étendu, qui s'accumule. La réaction, au lieu de mettre en liberté les corps élémentaires, comme elle l'aurait fait avec le chlorure de cuivre

$$\mathrm{Cu\,Cl} = \overset{+}{\mathrm{Cu}} + \overset{-}{\mathrm{Cl}},$$

met en liberté le métal, d'une part, et le système SO^4 de l'autre :

$$\mathrm{SO^4\,Cu} = \overset{+}{\mathrm{Cu}} + (\mathrm{O} \overset{-}{+} \mathrm{SO^3})\,;$$

SO^4 se résout à mesure en oxygène, qui se dégage, et en acide sulfurique, qui demeure dissous dans l'excès d'eau.

Tel est le type normal de toute décomposition d'un sel ternaire, ou même d'un sel plus compliqué.

Le travail chimique accompli dans cette décomposition est mesuré par la somme des quantités de chaleur dégagées lorsque le cuivre s'unit d'abord avec l'oxygène, puis l'oxyde de cuivre avec l'acide sulfurique étendu, soit :

$$+ 18,6 + 9,2 = + 27^{\mathrm{cal}},8.$$

Le courant électrique produit en outre un certain échauffement des liqueurs et un certain transport de matière, comprenant non seulement de l'acide sulfurique, de l'oxygène et du cuivre, mais aussi une portion du sulfate de cuivre pris en masse : travaux accessoires dont la proportion relative et les lois ne sont pas bien connues.

9. *Actions secondaires.* — Le cas type que nous venons d'examiner ne peut être réalisé que dans des conditions spéciales ; en général, il se produit en même temps des réactions chimiques secondaires, que nous allons énumérer brièvement.

10. *Intervention des dissolvants.* — Ainsi les éléments du dissolvant peuvent intervenir de diverses manières :

1° Si l'on électrolyse un sel alcalin, le sulfate de potasse, par exemple, ce sel tend à fournir du potassium au pôle négatif :

$$\mathrm{SO^4K} = \overset{+}{\mathrm{K}} + (\overset{-}{\mathrm{SO^3}} + \mathrm{O}).$$

Mais le potassium décompose aussitôt l'eau, avec production d'hydrogène, qui se dégage, et d'hydrate de potasse, qui demeure dissous :

$$\mathrm{K} + \mathrm{H^2O^2} = \mathrm{KO.HO} + \mathrm{H}\,;$$

de telle sorte qu'en définitive on obtient de l'hydrogène, au lieu de potassium, au pôle négatif.

Il en est de même avec tout métal capable de décomposer l'eau à froid ; à moins que l'on ne recoure à quelque artifice pour soustraire le métal à l'action du dissolvant à mesure qu'il arrive au pôle négatif ; en l'amalgamant, par exemple, circonstance dans laquelle la chaleur propre de combinaison du métal avec le mercure joue un rôle mal défini.

D'après ces principes, il devrait se dégager dans l'intérieur d'une dissolution de sulfate de potasse électrolysée une quantité de chaleur égale à $+ 47^{\mathrm{cal}},8$. Mais l'expérience a donné la moitié environ de cette quantité; ce qui prouve que la réaction réputée secondaire intervient dans l'électrolyse proprement dite.

2° Dans l'électrolyse du sulfate de cuivre lui-même, les choses se passent comme il a été dit plus haut au début de la réaction ; mais, dès que celle-ci a commencé, la liqueur contient une certaine dose d'acide sulfurique étendu, surtout au voisinage du pôle positif. A partir de ce moment, l'acide

(1) Ou plutôt un chiffre voisin de + 30, en rendant tous les corps comparables ; c'est-à-dire en déduisant la chaleur physiquement absorbée par la formation de l'hydrogène gazeux, dont l'état physique n'est pas comparable aux métaux solides.

s'électrolyse en même temps que le sulfate de cuivre; c'est-à-dire qu'il se dégage de l'hydrogène au pôle négatif. Une portion de cet hydrogène devient libre et peut être recueillie ; une autre portion réduit quelque chose de sulfate de cuivre, avec précipitation de cuivre métallique.

Pour éviter ces complications, on emploie une électrode de cuivre, qui s'oxyde et se change à mesure en sulfate au pôle positif, de façon à maintenir la neutralité chimique des liqueurs. Mais la composition de la liqueur n'en change pas moins peu à peu, en ce sens que le sulfate de cuivre diminue de plus en plus autour du pôle négatif, tandis qu'il se concentre autour du pôle positif.

La complication qui vient d'être décrite se produit dans la plupart des électrolyses de sels métalliques. *A fortiori* se développe-t-elle, si l'on opère sur une liqueur primitivement acide, ou renfermant divers sels mélangés.

11. *Action des électrolytes sur les corps dissous.* — Les corps élémentaires ou composés qui se rendent aux pôles y donnent lieu à certaines réactions secondaires très importantes.

Par exemple, l'oxygène oxyde autour du pôle positif tout corps oxydable qui peut s'y rencontrer. Il précipite l'iode des iodures, le soufre de l'hydrogène sulfuré; soufre qui peut même être changé ultérieurement en acide sulfureux et autres composés oxydés. L'oxygène change également l'ammoniaque étendue en acide azotique, l'acide sulfurique concentré en acide persulfurique, les sels ferreux en sels ferriques, etc.

L'hydrogène, de son côté, exerce autour du pôle négatif des réactions inverses, telles que la précipitation des métaux, la transformation des chlorates en chlorures, des sulfites en sulfures, des acides azotique et azoteux en ammoniaque, des sels ferriques en sels ferreux, etc., etc.

La plupart de ces réactions sont accompagnées par des dégagements de chaleur correspondants : je ne connais guère que la formation de l'acide persulfurique qui paraisse répondre à une absorption de chaleur, c'est-à-dire dans laquelle la pile doive fournir une dose d'énergie complémentaire.

12. *Action des électrolytes sur les électrodes.* — Les électrodes eux-mêmes sont attaqués par les composés que fournit l'électrolyse. Ainsi l'oxygène forme sur un pôle d'argent du bioxyde d'argent, AgO^2; l'hydrogène, dégagé sur un pôle de palladium, y forme un hydrure spécial. Les phénomènes dits de polarisation des électrodes, phénomènes observés surtout avec le platine, paraissent aussi dus à la formation de composés spéciaux : oxydes et hydrures, capables de céder aisément l'hydrogène ou l'oxygène aux autres corps mis en présence. Ces composés forment à la surface de l'électrode une sorte de revêtement superficiel, de vernis, qui arrête le passage du courant. Mais ce n'est pas ici le lieu de s'étendre sur ce sujet.

13. *Transformations propres des électrolytes.* — Les électrolytes peuvent éprouver des transformations spéciales, telles que des modifications isomériques : le changement de l'oxygène ordinaire en ozone, par exemple, et peut-être la production de modifications spéciales des métaux. On discute encore la question de savoir si ces modifications sont primitives, c'est-à-dire si l'ozone et les métaux modifiés sont les produits directs de l'électrolyse; ou bien si ce sont là des actions secondaires et accessoires, produites après coup, soit aux dépens de l'énergie de la pile elle-même, soit autrement.

Je citerai encore les changements chimiques en vertu desquels l'oxygène, au lieu de devenir libre, oxyde le composé électrolytique complémentaire. Par exemple, l'électrolyse d'un sulfite produit au pôle positif le système ($SO^2 + O$), lequel se change à mesure en acide sulfurique. De même, l'électrolyse d'un acétate produit le système ($C^4H^3O^3 + O$), lequel se résout en méthyle et acide carbonique : $C^2O^4 + C^2H^3$.

Ce nouvel ordre de changements paraît s'effectuer en général avec dégagement de chaleur, soit + 35,7 pour l'oxydation de l'acide sulfureux, + 32 environ pour la formation du méthyle, etc. : c'est-à-dire que l'énergie de la pile ne semble pas y concourir.

On voit par ces détails combien les phénomènes d'électrolyse, quoique simples en principe et soumis à des lois régulières, se compliquent cependant, dans la plupart des circonstances réelles où ils se manifestent. Sans s'arrêter à de telles complications, on conçoit, en général, comment l'énergie électrique intervient pour produire les décompositions chimiques par électrolyse.

DEUXIÈME LEÇON. — ACTIONS CHIMIQUES DE L'ARC VOLTAÏQUE.

1. Le potentiel croît indéfiniment dans une pile avec le nombre des éléments; lorsqu'il surpasse une certaine grandeur, il communique au courant électrique des propriétés remarquables, telles que celle de donner naissance à l'arc voltaïque. Ce dernier exige au moins quarante éléments Bunsen, mis bout à bout, pour se manifester avec netteté. Dans cette condition, les deux pôles de la pile étant terminés par des crayons de charbon de cornue, ou par toute autre matière conductrice et peu fusible, si on les amène un instant en contact, de façon à fermer le courant; puis, si on les éloigne de quelques millimètres : il se produit entre eux un vif courant de vapeurs et particules incandescentes, avec transport de matière, du pôle positif au pôle négatif. Le courant voltaïque, d'ailleurs, demeure ainsi fermé, c'est-à-dire continu.

2. Les effets chimiques produits par l'arc électrique sont dus à la fois au courant voltaïque et à la température excessive qui se développe dans l'arc lui-même : température plus élevée qu'aucune de celles que nous savons produire et à laquelle tous les corps simples, le carbone lui-même, sont réduits en vapeur; l'acide carbonique s'y résout en oxygène et oxyde de carbone, l'eau en hydrogène et oxygène, etc.

3. Parmi ces effets chimiques, la plupart sont analogues à ceux que produit l'étincelle; nous parlerons seulement ici de ceux que l'arc seul est apte à réaliser, tels que les changements isomériques du carbone et sa combinaison directe avec l'hydrogène.

4. *Changements isomériques du carbone.* — Le carbone des crayons qui servent à développer l'arc électrique résulte de la décomposition pyrogénée des carbures d'hydrogène; il a été appelé quelquefois graphite artificiel, mais à tort, car il ne renferme pas la moindre trace de graphite véritable, ce dernier étant défini par son aptitude à fournir sous certaines influences oxydantes un composé spécial et explosif, l'oxyde graphitique (1). Or le charbon de cornue, oxydé de la même manière, ne produit pas ce composé caractéristique. Au con-

(1) *Annales de chimie et de physique*, 4e série, t. XIX, p. 399, 405; 1870.

raire, quand le charbon de cornue a servi à transmettre pendant quelque temps l'arc électrique et éprouvé l'échauffement excessif que cet arc développe, le charbon, dis-je, se trouve changé en un graphite véritable, doué de propriétés spécifiques (1).

Le carbone extrait du charbon de bois, aussi bien que les carbones pyrogénés et le diamant lui-même, se change pareillement en graphite sous l'influence de l'arc voltaïque.

Cet effet paraît dû principalement à la température excessive de l'arc, plutôt qu'à l'action électrique proprement dite. En effet, s'il est vrai qu'un changement analogue ne puisse être réalisé aux températures ordinaires de nos fourneaux, cependant il commence déjà à se développer sous l'influence du grand échauffement que subit le charbon de cornue enflammé dans un courant d'oxygène; à la vérité, la transformation est bien moins avancée que dans l'arc électrique.

3. *Combinaison directe du carbone pur avec l'hydrogène libre.* — Cette combinaison engendre le protohydrure de carbone, autrement dit acétylène :

$$2(C^2 + H) = (C^2H)^2;$$

elle se réalise dans l'arc électrique.

C'est là une réaction fondamentale et le point de départ de la synthèse organique. Elle paraît due à l'union du carbone gazeux sur l'hydrogène libre, la réaction étant accomplie à une température assez élevée pour réduire le carbone à l'état de gaz.

Ce dernier phénomène mérite quelque attention, surtout si l'on remarque qu'il a déjà été précédé par un certain changement isomérique, attesté par les observations que l'on vient de rappeler. Nous avons ici l'exemple d'une combinaison directe, accomplie avec une absorption de chaleur considérable : — 32 × 2 calories, d'après mes mesures. Une telle absorption est due nécessairement au travail accompli par l'arc électrique. Mais deux effets distincts sont produits ici : la vaporisation du carbone et la combinaison proprement dite.

Or la vaporisation du carbone ne paraît pas pouvoir être assimilée à la vaporisation d'un élément solide ordinaire, tel que l'iode ou le mercure; elle représente en outre toute la série des travaux nécessaires pour détruire l'effet des condensations et polymérisations successives qui ont amené le carbone à son état actuel : j'ai insisté ailleurs sur les différences qui existent à cet égard entre le carbone et les autres éléments. Il est permis de supposer que l'électrisation, ou plutôt l'échauffement que l'arc électrique détermine, a pour résultat de changer l'état isomérique du corps simple, en le ramenant à un état comparable à celui d'un gaz non condensé, tel que l'hydrogène. On réaliserait ainsi tout d'abord un travail supérieur à l'absorption totale de chaleur observée dans la combinaison. Puis la combinaison elle-même, devenue possible, s'effectuerait directement et avec ses caractères ordinaires, c'est-à-dire avec dégagement de chaleur, entre le carbone gazeux et l'hydrogène gazeux.

Précisons davantage cette hypothèse. Il s'agit de déterminer par induction la quantité de chaleur que le carbone devrait absorber pour acquérir cet état nouveau, gazeux et non condensé, que nous supposons précéder la combinaison directe du carbone avec l'hydrogène. Voici le point de départ de ces inductions, destinées à préciser les idées, plutôt qu'à fournir une valeur absolue.

Lorsque deux éléments se combinent directement en proportions multiples, le premier composé est en général celui qui dégage le plus de chaleur, toutes choses égales d'ailleurs.

Cependant les formations de l'oxyde de carbone et de l'acide carbonique, au moyen du carbone pris sous sa forme actuelle, font exception à la loi. En effet, l'union du carbone avec l'oxygène, pour former l'oxyde de carbone,

$$C^2 + O^2 = C^2O^2,$$

dégage seulement + 25,8 calories; tandis que l'union de l'oxyde de carbone avec la même quantité d'oxygène, pour former l'acide carbonique,

$$C^2O^2 + O^2 = C^2O^4,$$

dégage + 68,2 calories.

Supposons que ces deux réactions soient réellement comparables, lorsque le carbone est amené à un état moléculaire nouveau, répondant à la forme gazeuse. Admettons encore, pour simplifier, qu'à partir de cet état hypothétique, la formation de l'oxyde de carbone dégage la même quantité de chaleur que celle de l'acide carbonique, soit 68,2 calories. Il y aurait alors — 42,4 calories absorbées, par le double fait de la volatilisation et du changement isomérique de 12 grammes de carbone, changement que nous supposons précéder la combinaison.

Or ce chiffre suffit pour que la formation directe de l'acétylène puisse avoir lieu avec dégagement de chaleur, à la façon de toutes les autres combinaisons directes.

En effet, la formation directe de l'acétylène avec le carbone et l'hydrogène, pris dans leur état actuel,

$$C^2 + H = C^2H,$$

absorbe — 32 calories d'après mes expériences, chiffre inférieur à 42,4.

Ainsi il y aurait au moins + $10^{cal},4$ dégagées dans la combinaison du carbone gazeux et de l'hydrogène gazeux avec formation de protohydrure de carbone. Pour la formation d'un volume moléculaire de ce dernier, renfermant des poids doubles :

$$C^4H^2 = 26^{gr}, \text{ on aurait } + 20^{cal},8;$$

dégagement de chaleur comparable à celui qui se développe dans la formation du même volume de gaz chlorhydrique.

L'influence spéciale de l'arc électrique pour provoquer cette synthèse exceptionnelle se trouverait ainsi ramenée à la simple action de l'échauffement.

TROISIÈME LEÇON. — ACTIONS CHIMIQUES DE L'ÉTINCELLE ÉLECTRIQUE.

§ 1er. — *Effets généraux.*

1. L'étincelle électrique résulte, comme on sait, de la recombinaison instantanée des deux électricités de signe contraire, amenées à une tension excessive. Cette tension l'emporte généralement de beaucoup sur celle qui produit l'arc. Avec les fortes et longues étincelles, la tension s'élève souvent jusqu'à un potentiel égal à celui de 50 000 ou 100 000 éléments Daniell.

(1) *Annales de chimie et de physique*, 4e série, t XIX, p. 419.

L'étincelle sur son trajet développe à la fois une température excessive et des effets électrolytiques. De là résultent divers phénomènes chimiques, tels que : la combinaison des gaz combustibles avec l'oxygène; la décomposition totale ou partielle de tous les corps composés; la formation partielle de quelques-uns (acétylène, acide cyanhydrique, bioxyde d'azote); la transformation isomérique permanente (oxygène en ozone), ou momentanée (carbone solide en carbone gazeux), de certains corps simples.

Il convient de distinguer ici entre les effets d'une seule étincelle et ceux d'une série d'étincelles. Supposons d'abord qu'il s'agisse d'un *mélange non explosif*, afin d'écarter les complications dues à la propagation de la réaction.

2. Chaque étincelle ne transforme sur son trajet qu'une petite quantité de matière; mais les effets s'accumulent sous l'influence d'une série prolongée d'étincelles; de telle sorte que, si aucune complication n'intervient, le système tend vers un état final déterminé, qui est précisément l'état d'équilibre développé sur le trajet même de l'étincelle.

3. Tantôt cet état répond à une *réaction unique*, telle que l'élimination totale de l'un des composants primitifs. C'est ainsi que le cyanogène, l'hydrogène phosphoré, l'hydrure de silicium et les hydrures métalliques sont complètement décomposés en leurs éléments. Inversement, l'oxyde de carbone ou l'hydrogène, mis en présence d'un excès quelconque d'oxygène, se combinent entièrement pour former, l'un de l'acide carbonique, l'autre de l'eau. La réaction qui s'accomplit ainsi jusqu'au bout peut être exothermique (décomposition du cyanogène, union de l'oxyde de carbone et de l'oxygène), ou endothermique (décomposition de l'hydrogène phosphoré ou de l'hydrogène silicé).

4. Tantôt l'état final résulte de *deux réactions contraires*, qui se limitent l'une l'autre : ce qui arrive pour les mélanges binaires d'acétylène et d'hydrogène, et pour les mélanges plus complexes d'acétylène, d'azote, d'hydrogène et d'acide cyanhydrique; ou bien encore pour les mélanges d'acide carbonique, d'oxyde de carbone, d'hydrogène et de vapeur d'eau. L'une des deux réactions contraires que nous envisageons dégage en général de la chaleur; tandis que l'autre action, qui est souvent une combinaison (acétylène, acide cyanhydrique), absorbe de la chaleur (1) : le travail nécessaire pour accomplir cette dernière réaction est continuellement fourni par l'étincelle.

5. Mais il peut arriver que l'une des actions chimiques provoquées par l'étincelle le soit également par une simple élévation de température. Or l'étincelle agit de deux manières : sur son trajet même, elle développe un certain équilibre chimique; mais elle élève en même temps la température des portions voisines de son trajet.

Si l'élévation de température est suffisante, celle-ci pourra provoquer par elle-même une nouvelle réaction dans les portions voisines. Admettons maintenant que cette dernière réaction dégage une grande quantité de chaleur et qu'elle se produise dans un temps très court, elle élèvera à son tour la température des régions environnantes : à un certain degré, l'*action* se propagera de proche en proche et deviendra *explosive.*

Une seule étincelle développera de tels effets, et ses effets chimiques directs, produits sur une très petite quantité de matière, s'effaceront devant les effets secondaires, développés par l'élévation de température qu'elle a provoquée autour d'elle.

On conçoit d'ailleurs que la présence d'un grand excès de l'un des composants, ou bien encore celle d'un gaz inerte, puisse empêcher le mélange d'être porté par les réactions exercées au voisinage de l'étincelle jusqu'à la température qui provoque la combinaison. Le mélange cesse alors d'être explosif sous l'influence d'une seule étincelle.

Mais alors, sous l'influence d'une série prolongée d'étincelles, on voit apparaître l'action propre de l'étincelle. Si cette action détermine une décomposition, comme il arrive avec l'acide carbonique ou la vapeur d'eau, la proportion des gaz décomposés ira sans cesse en croissant, et jusqu'à reconstituer un mélange explosif. Cependant, avant que ce terme soit atteint par la masse entière, il arrive en généra qu'il se trouve réalisé au voisinage du trajet de l'étincelle, par suite du mélange immédiat des gaz formés à l'instant même avec ceux qui résultent des étincelles antérieures. De là une recombinaison partielle, irrégulière, variable avec l'intensité des étincelles.

Tels sont les divers phénomènes que l'étincelle électrique provoque dans les mélanges gazeux.

Je vais les préciser, en résumant mes expériences relatives à l'action de l'étincelle électrique sur l'acide carbonique et sur la vapeur d'eau, sur les carbures d'hydrogène et spécialement sur l'acétylène, sur l'acide cyanhydrique, enfin sur les composés hydrogénés et oxydés de l'azote. Ces expériences ont eu pour objet principal l'étude des équilibres chimiques développés par l'étincelle.

§ 2. — *Formation et décomposition de l'acide carbonique par l'étincelle.*

1. La décomposition de l'acide carbonique par l'étincelle fut d'abord observée au moment des discussions que souleva la chimie pneumatique, à la fin du XVIIIe siècle, et invoquée comme une preuve de l'existence de l'hydrogène (alors confondu avec l'oxyde de carbone) dans le charbon. Elle a été souvent citée à cause de l'opposition singulière qui existe entre la combinaison de l'oxyde de carbone avec l'oxygène et la régénération de ces mêmes gaz, sous une influence en apparence identique à celle de l'étincelle. J'ai été conduit à reprendre l'étude de ces phénomènes.

2. *Décomposition.* — Le gaz acide carbonique, traversé par une série d'étincelles d'induction, se décompose rapidement : la décomposition atteint un certain terme : puis elle rétrograde, augmente de nouveau, diminue, et ainsi de suite, sans tendre vers aucune limite fixe.

Cette absence de limite fixe résulte de la discontinuité de l'action décomposante; elle indique l'existence simultanée de deux actions contraires, mais indépendantes.

Les termes extrêmes entre lesquels oscille la décomposition ne présentent eux-mêmes rien de constant; ils dépendent de la longueur et de l'intensité des étincelles.

Leur étude met en évidence une décomposition progressive, suivie d'une recombinaison. On approche d'autant plus

(1) Les systèmes formés d'acide carbonique, de vapeur d'eau, d'oxyde de carbone et d'hydrogène n'échappent pas à cette relation. En effet, la transformation de l'oxyde de carbone en acide carbonique dégage 10 calories de plus que la transformation inverse de l'hydrogène en *gaz aqueux.*

de la limite de combustion explosive, que la masse du gaz échauffé par l'étincelle est moins considérable, et par suite la propagation de la combinaison par simple action calorifique plus difficile.

3. *Combinaison.* — Un mélange de deux volumes d'oxyde de carbone et de un volume d'oxygène, ajouté avec un excès convenable d'acide carbonique, cesse de faire explosion : il suffit que l'acide carbonique forme plus des 60 ou 65 centièmes du volume total. La limite oscille d'ailleurs un peu, suivant l'intensité des étincelles.

J'ai vérifié les indications de Dalton, d'après lequel l'explosion cesse d'avoir lieu dans un mélange des deux gaz, renfermant moins du cinquième ou plus des quatorze quinzièmes de son volume d'oxyde de carbone. Ces limites varient avec l'intensité de l'étincelle. En outre, et pour un même mélange limité, la combustion est tantôt complète, tantôt plus ou moins incomplète.

Ces variations sont dues à l'action réfrigérante du gaz excédant.

J'ai observé que la combinaison peut aussi être produite et même devenir complète, sans explosion, par une série prolongée d'étincelles, même au-dessous des limites de combustion explosive.

Réciproquement, la présence d'un excès convenable d'oxygène, ou d'oxyde de carbone, empêche complètement la décomposition produite par l'étincelle.

Cependant il n'en est pas de même, comme on pouvait le prévoir, dans les cas où l'oxygène ou l'oxyde de carbone ne sont contenus dans le mélange qu'en faible proportion. Par exemple, un mélange formé de :

Acide carbonique	96,5
Oxyde de carbone	3,5

soumis à une série d'étincelles pendant un quart d'heure, a augmenté de 5,1; par suite de la formation de 3,4 d'oxyde de carbone et de 1,7 d'oxygène.

§ 3. — *Formation et décomposition de la vapeur d'eau par l'étincelle.*

1. *Décomposition.* — La décomposition de la vapeur d'eau par l'étincelle offre les mêmes caractères généraux que la décomposition de l'acide carbonique.

En effet, la décomposition de l'eau gazeuse par une série d'étincelles ne tend vers aucune limite fixe.

Il y a ici, comme avec l'acide carbonique, une décomposition partielle, suivie de recomposition.

2. *Combinaison.* — La présence d'un excès convenable d'eau gazeuse empêche l'explosion d'un mélange d'hydrogène et d'oxygène; précisément comme celle d'un excès d'hydrogène et d'oxygène, dans les expériences de Dalton.

Cependant, sous l'influence d'une série d'étincelles prolongée pendant quelques minutes, une petite quantité d'hydrogène ou d'oxygène, en présence d'un grand excès du gaz antagoniste, se change entièrement en eau.

§ 4. — *Équilibres entre l'hydrogène, l'oxygène et le carbone développés sous l'influence des étincelles électriques.*

1. L'équilibre entre l'oxygène et l'hydrogène d'une part, entre l'oxygène et le carbone d'autre part, se trouve défini dans les systèmes gazeux par ce qui précède; je définirai tout à l'heure l'équilibre entre le carbone et l'hydrogène. Il reste à faire concourir dans un même système gazeux le carbone, l'hydrogène et l'oxygène.

2. Deux cas généraux se présentent, à savoir : la réaction de l'hydrogène sur l'oxyde de carbone pur, et la réaction de l'hydrogène sur les systèmes qui renferment de l'acide carbonique, ou la réaction équivalente de la vapeur d'eau sur les systèmes contenant de l'oxyde de carbone.

3. La réaction de l'hydrogène sur l'oxyde de carbone, sous l'influence d'une série prolongée d'étincelles, donne naissance à de l'acétylène en petite quantité, en même temps qu'à de l'eau et à de l'acide carbonique : ce sont là des produits trop nombreux pour qu'il soit opportun d'aborder l'étude numérique des équilibres qui président à leur formation.

4. Au contraire, la présence d'une quantité notable de vapeur d'eau, ou d'acide carbonique, s'oppose à la formation de l'acétylène; ce qui simplifie les systèmes correspondants. La réaction de l'hydrogène sur l'acide carbonique offre d'ailleurs un intérêt théorique tout spécial. En effet, à tout mélange explosif, formé d'hydrogène, d'oxyde de carbone et d'oxygène, répondent une infinité de systèmes équivalents et non explosifs, formés de vapeur d'eau, d'acide carbonique, d'hydrogène et d'oxyde de carbone. Au lieu d'opérer par réaction brusque et avec explosion, on peut donc opérer par réaction progressive.

5. L'expérience ainsi faite a prouvé que l'équilibre produit sous l'influence d'une série prolongée d'étincelles est donc précisément le même que l'équilibre produit dans un système équivalent, sous l'influence d'une combustion subite et explosive.

On peut concevoir cette identité, en supposant l'acide carbonique décomposé en oxyde de carbone et oxygène sur le trajet de l'étincelle, ce qui fournira la composition du mélange explosif formé d'hydrogène, d'oxyde de carbone et d'oxygène; seulement cette composition ne saurait exister que sur le trajet même de l'étincelle. Il faut donc que les gaz se recombinent à mesure et d'une manière presque instantanée, avant d'avoir eu le temps de se mélanger sensiblement avec la masse environnante.

S'il en était autrement, le dernier mélange, une fois réalisé, changerait complètement les conditions de l'expérience.

§ 5. — *Équilibres entre l'hydrogène et le carbone. Décomposition des carbures d'hydrogène par l'étincelle.*

1. On avait admis jusqu'à ces dernières années que l'étincelle électrique décompose complètement les carbures d'hydrogène et les résout en leurs éléments. S'il en était ainsi, le volume du formène (gaz des marais), décomposé par cette voie, devrait doubler, parce qu'il se résoudrait en carbone et hydrogène :

$$C^2H^4 = C^2 + 2\,H^2.$$

L'expérience n'est pas conforme à ces théories : car 100 volumes de gaz des marais ont fourni seulement 181 volumes, dans deux essais concordants faits avec le concours d'une série prolongée d'étincelles. Cet écart est dû à la formation des polymères de l'acétylène.

2. L'acétylène en effet se trouve contenu en proportion

surprenante dans les gaz obtenus par la transformation du gaz des marais ; quand on est parvenu à la limite de la réaction, l'acétylène forme les 13 centièmes du volume final : quantité très supérieure à celle qui se manifeste dans les réactions pyrogénées.

Si l'on prolonge encore pendant plusieurs heures les étincelles électriques, il ne se produit plus de dépôt appréciable de charbon, et la proportion de l'acétylène n'éprouve qu'une diminution insignifiante (0,5 pour 100). Ces chiffres indiquent que la moitié environ du gaz des marais est transformée en acétylène par l'action de l'étincelle :

$$2\,C^2H^4 = C^4H^2 + 3\,H^2.$$

3. La transformation du gaz des marais en acétylène n'explique pas immédiatement pourquoi le volume du gaz ne double point sous l'influence de l'étincelle. En effet, la formation exclusive de l'acétylène, aussi bien que celle du carbone, répondrait à un volume doublé, l'acétylène renfermant son propre volume d'hydrogène. Mais l'acétylène possède une faculté spéciale qui explique la contraction ; il se change en carbures condensés sous l'influence de la chaleur. Or il est facile de vérifier la présence du triacétylène, ou benzine en vapeur, dans les produits gazeux de la réaction ; il suffit de les agiter avec l'acide nitrique fumant qui transforme la benzine en nitrobenzine, caractérisable à son tour par sa métamorphose en aniline. La matière charbonneuse qui se précipite sur les parois de l'éprouvette renferme également des carbures goudronneux et condensés. Par suite de ces condensations, attribuables à l'influence secondaire de l'échauffement, une partie de l'hydrogène demeure combinée dans des vapeurs lourdes ou des composés fixes : ce qui diminue d'autant le volume de l'hydrogène libre.

En se fondant sur les nombres obtenus plus haut, et en supposant que les carbures condensés soient de simples polymères de l'acétylène $(C^4H^2)^n$, on trouve que, dans la réaction prolongée des étincelles, la moitié du gaz des marais se change en acétylène, les trois huitièmes en carbures condensés, et un huitième seulement en carbone et en hydrogène.

Ces résultats tendraient donc à assimiler l'action de l'étincelle sur le gaz des marais à celle de l'échauffement, lequel change également ce gaz en acétylène. La diversité des effets est due sans doute aux grandes différences qui existent entre la durée et la température des réactions.

4. L'étincelle électrique agit également sur l'acétylène pur et elle en précipite du carbone, jusqu'à ce que ce gaz soit mêlé de sept fois son volume d'hydrogène. Au delà de cette proportion, réalisée soit à l'avance, soit par suite de la décomposition même, l'action de l'étincelle demeure presque insensible ; elle ne donne lieu ni à un dépôt de charbon sur les fils de platine ni à une diminution appréciable du volume de l'acétylène.

5. Cependant, en refroidissant brusquement l'étincelle sur son trajet, à l'aide d'un corps solide interposé, tel qu'une tige de verre, ou bien en la brisant sur les parois mêmes de l'éprouvette, on peut faire apparaître un peu de charbon. Ce dernier est dû sans doute à la condensation de la vapeur du carbone, qui se produit par le trajet de l'étincelle, et qui se trouve précipitée, avant qu'elle ait le temps de se recombiner avec l'hydrogène.

6. Il résulte de ces faits qu'*il y a équilibre entre l'acétylène, l'hydrogène et la vapeur de carbone,* sur le trajet de l'étincelle. Cet équilibre pouvait être prévu, puisque l'acétylène se forme au moyen du carbone et de l'hydrogène, sous l'influence de l'arc électrique, et que, d'autre part, l'acétylène pur commence à être décomposé en carbone et hydrogène, sous l'influence de l'étincelle.

7. J'ai étudié encore l'influence de la pression sur ces équilibres, et j'ai recherché la proportion limite d'acétylène, mêlé d'hydrogène, qui constitue un mélange inaltérable, en faisant varier la pression entre des limites fort étendues, je veux dire depuis quelques centimètres jusque près de 5 atmosphères.

Je suis arrivé à ce résultat remarquable que, la *pression variant d'une manière continue,* l'équilibre entre l'acétylène, le carbone et l'hydrogène, change par *sauts brusques,* et suivant des rapports multiples les uns des autres.

§ 6. — *Équilibres entre l'azote et l'acétylène. Synthèse de l'acide cyanhydrique par l'azote libre.*

1. *Combinaison de l'azote libre avec l'acétylène.* — L'azote libre se distingue par son indifférence à l'égard de la plupart des autres corps; cependant, sous l'influence de l'étincelle électrique, on réussit à faire cesser cette indifférence, soit à l'égard de l'oxygène, dans la célèbre expérience de Cavendish, soit à l'égard de l'hydrogène, ce qui fournit des traces d'ammoniaque. J'ai observé une nouvelle réaction du même ordre, à savoir : l'union directe de l'azote libre avec l'acétylène, laquelle donne naissance à l'acide cyanhydrique.

En effet, si, dans un mélange des deux gaz purs, on fait passer une série de fortes étincelles, à l'aide de l'appareil de Ruhmkorff, les gaz prennent presque aussitôt l'odeur caractéristique de l'acide cyanhydrique. Au bout d'un quart d'heure de réaction, et même après un temps plus court, si les étincelles sont longues et fortes, la réaction est déjà fort avancée : il suffit alors d'agiter le gaz avec de la potasse, pour changer l'acide en cyanure alcalin et manifester les réactions qui le caractérisent (bleu de Prusse, etc.). On peut aussi le doser par les moyens connus.

2. Dans les circonstances que je viens de décrire, la formation de l'acide cyanhydrique est accompagnée de celle du charbon et de l'hydrogène, engendrés par une décomposition distincte, mais simultanée, de l'acétylène. Cette complication peut être évitée en ajoutant à l'avance au mélange un volume d'hydrogène convenable, par exemple 10 fois le volume de l'acétylène. On n'observe plus alors aucun dépôt de charbon, et la réaction répond absolument à l'équation suivante :

$$C^4H^2 + Az^2 = 2\,C^2HAz.$$

En d'autres termes, *l'acétylène et l'azote libres se combinent à volumes égaux et sans condensation.*

Ce sont là précisément les mêmes rapports qui président à la combinaison du cyanogène avec l'hydrogène :

$$C^4Az^2 + H^2 = 2\,C^2HAz.$$

3. La formation de l'acide cyanhydrique, dans la réaction de l'azote sur l'acétylène, commence assez rapidement; mais elle ne tarde pas à se ralentir. Dans une expérience faite sur 160 centimètres cubes d'un mélange formé de 10 volumes d'acétylène, 14,5 d'azote et 75,5 d'hydrogène, j'ai trouvé, au bout d'une heure et demie d'étincelles, 8 centimètres cubes

(10 milligrammes) d'acide cyanhydrique, sans dépôt de charbon; ce qui représentait près du tiers de l'azote transformé et près de moitié de l'acétylène.

Quand l'action est arrêtée, on peut la manifester de nouveau, en enlevant l'acide cyanhydrique à l'aide d'un fragment de potasse humectée, puis en exposant le gaz purifié à l'influence des étincelles. Mais l'action finit toujours par se ralentir, par suite de la dilution croissante de l'acétylène.

4. On peut cependant la pousser jusqu'au bout et faire disparaître complètement un volume déterminé d'acétylène, en plaçant à l'avance dans l'éprouvette une goutte de potasse très concentrée, destinée à absorber l'acide cyanhydrique au fur et à mesure de sa formation, sans introduire de vapeur d'eau dans les gaz en proportion notable. J'ai ainsi changé en acide cyanhydrique jusqu'aux cinq sixièmes d'un volume connu d'acétylène (le sixième manquant s'explique par la réaction inévitable de la vapeur d'eau, laquelle forme de l'oxyde de carbone et de l'acide carbonique, comme je m'en suis assuré). Cette expérience a exigé douze à quinze heures d'étincelles.

5. Réciproquement, en présence d'un excès d'acétylène, j'ai réussi à changer en acide cyanhydrique plus de la moitié d'un volume donné d'azote. Le reste aurait disparu, sans aucun doute, sous l'influence d'un temps beaucoup plus long.

6. *Décomposition de l'acide cyanhydrique.* — La présence de l'acide cyanhydrique déjà formé arrête la réaction, comme je viens de le dire. Cette circonstance s'explique parce que le mélange d'acide cyanhydrique et d'hydrogène, traversé par une série d'étincelles, ne tarde pas à fournir de l'acétylène : réaction inverse de la précédente et qui ne peut pas davantage être poussée jusqu'au bout. En d'autres termes, entre l'hydrogène, l'azote, l'acétylène et l'acide cyanhydrique, il s'établit, sous l'influence de l'étincelle, un certain équilibre, variable avec les proportions relatives; cet équilibre détermine la formation de celui des quatre gaz qui manque dans le mélange, ou qui s'y trouve en proportion insuffisante. Ce sont des phénomènes pareils à ceux que j'ai signalés dans les réactions éthérées et dans la formation des carbures pyrogénés.

§ 7. — *Action de l'étincelle sur les composés oxygénés et hydrogénés de l'azote. — Équilibres divers.*

1. Commençons par la *combinaison de l'azote et de l'hydrogène*, c'est-à-dire par l'ammoniaque. L'ammoniaque est décomposée par l'étincelle en ses éléments, le volume du gaz étant sensiblement doublé. Cependant il y reste une trace d'ammoniaque, trace non appréciable aux mesures, mais susceptible d'être manifestée, comme il va être dit tout à l'heure.

2. Réciproquement, l'azote et l'hydrogène éprouvent, sous l'influence de l'étincelle électrique, un commencement de combinaison. Toutefois, la proportion d'ammoniaque formée est si faible qu'elle ne se traduit pas par un changement de volume. Mais il suffit d'introduire dans les gaz, ainsi que l'a montré M. H. Sainte-Claire Deville, une bulle de gaz chlorhydrique pour voir se produire d'abondantes fumées. Cette réaction est tellement sensible qu'elle accuse jusqu'à un millième de milligramme d'ammoniaque dans un faible volume de gaz, comme je m'en suis assuré (1). Opère-t-on l'action de l'étincelle en présence de l'acide sulfurique étendu, de façon à absorber à mesure l'ammoniaque? il est facile d'en recueillir une dose considérable, au bout d'un temps suffisant. Je n'ai pu retrouver l'auteur de cette expérience; mais elle figure déjà comme classique dans la première édition du *Traité de Chimie* de M. Regnauld, imprimée en 1846; et elle remonte à une époque plus ancienne.

3. Venons aux *combinaisons de l'azote avec l'oxygène.* — Nous commencerons par le gaz hypo-azotique, le seul qui donne lieu à des réactions exactement inverses et à des équilibres proprement dits. Puis nous parlerons des autres oxydes de l'azote, dont la décomposition par l'étincelle manifeste diverses réactions intéressantes.

4. *Gaz hypo-azotique.* — Une série d'étincelles électriques décompose ce gaz, enfermé dans un tube scellé à la lampe rempli vers 30° sous la pression atmosphérique. Il se réduit par là en partie dans ses éléments

$$AzO^4 = Az + O^4.$$

Au bout d'une heure, un quart était déjà détruit. Au bout de dix-huit heures, j'ai obtenu un mélange, probablement voisin de l'équilibre, qui renfermait sur 100 volumes :

$$Az = 28 ; O = 56 ; AzO^4 = 14.$$

La décomposition s'arrête à un certain terme, comme dans tous les cas où l'étincelle développe une action inverse. On sait en effet, depuis Cavendish, que l'étincelle électrique détermine la combinaison de l'azote avec l'oxygène; avec formation d'azotate de potasse, lorsqu'on opère en présence d'une solution alcaline. Cette combinaison, opérée entre les gaz secs, ne saurait fournir autre chose que des oxydes d'azote et même que de l'acide hypo-azotique; attendu qu'il subsiste toujours dans les gaz une certaine proportion d'oxygène libre, ainsi que je vais le montrer.

5. *Bioxyde d'azote.* — L'action de l'étincelle électrique sur ce gaz commence à s'exercer avec une extrême promptitude, et elle présente divers termes successifs très dignes d'intérêt.

Au bout d'une minute, un sixième du gaz est déjà détruit, en formant, d'une part, du protoxyde d'azote, dû à l'action calorifique, dans ces conditions :

$$2AzO^2 = AzO + AzO^3 ;$$

et, de l'autre part, de l'azote et de l'acide hypo-azotique, dû à l'action électrique proprement dite :

$$2AzO^2 = Az + AzO^4.$$

L'action prolongée de l'électricité finit par faire disparaître successivement le protoxyde et le bioxyde d'azote, en même temps qu'elle laisse subsister la vapeur nitreuse.

On remarquera que le bioxyde d'azote est moins stable dans les conditions ordinaires que le protoxyde; attendu qu'il l'engendre d'abord, en se décomposant sous l'influence de la chaleur seule, ou sous l'influence de l'étincelle.

6. *Protoxyde d'azote.* — L'action de l'étincelle électrique

(1) Pour que l'expérience soit valable, il est nécessaire d'opérer avec des gaz rigoureusement desséchés avant l'expérience, et sur du mercure sec; la moindre trace de vapeur d'eau étant manifestée de la même manière par le gaz chlorhydrique.

sur le protoxyde d'azote le décompose rapidement, et la vapeur nitreuse apparaît aussitôt; mais il se forme en même temps, et dès le début, de l'azote et de l'oxygène libres produits par l'action calorifique.

IVe LEÇON. — RÉACTIONS ÉLECTRO-CHIMIQUES EXERCÉES PAR INFLUENCE (EFFLUVE ÉLECTRIQUE).

§ 1er. — *Mécanismes physiques généraux.*

1. Au lieu de faire agir l'électricité sur les gaz sous la forme de courant voltaïque, d'arc voltaïque, ou d'étincelle, on peut opérer par influence. Ce mode d'action lui-même s'exerce de plusieurs manières : par exemple, en faisant varier brusquement le potentiel par l'effet de décharges rapides, tantôt toutes de même sens, tantôt de sens alternatif; on peut encore maintenir le potentiel constant pendant toute la durée de l'expérience.

2. *Potentiel brusquement variable. — Décharge silencieuse.* — L'électricité, accumulée à la surface des parois des vases qui renferment les gaz que l'on veut influencer, peut éprouver une série de décharges et reprendre aussitôt sa tension, à la suite de chaque décharge. Le potentiel des corps électrisés passe ainsi dans un temps très court par toutes les grandeurs, depuis zéro jusqu'à une limite qui peut être extrêmement élevée. Il en est ainsi, par exemple, lorsqu'on emploie la machine de Holtz pour produire les décharges directes, et que les deux électricités contraires fournies par cet appareil se trouvent accumulées sur des condensateurs séparés par de très petites distances, dans un espace rempli par les gaz influencés. On réalise ce résultat en enfermant les gaz dans des espaces annulaires compris entre deux cylindres de verre mince. Sur la face extérieure du cylindre enveloppant, on place un corps conducteur, lame métallique ou liquide, avec lequel un des pôles des appareils électriques est mis en contact : les mêmes dispositions sont adoptées d'autre part à la surface intérieure du cylindre enveloppé (1). Le potentiel de l'électricité dans le gaz influencé sera d'autant plus grand que l'espace interpolaire sera moindre.

3. Étant adoptées ces dispositions, l'*influence* des décharges successives peut s'exercer de deux manières bien différentes.

En effet, elle peut agir toujours *dans le même sens,* chacun des pôles étant chargé constamment avec la même électricité, ce que l'on peut obtenir avec la machine de Holtz (2).

Au contraire, si l'on a recours à l'appareil de Ruhmkorff, le *signe des pôles change à chaque décharge,* plusieurs fois par minute.

4. Dans tous les cas, les réactions exercées par influence ont lieu sans qu'il se produise d'étincelles bruyantes et lumineuses capables de porter une portion notable de gaz à une température excessivement élevée, pendant un temps appréciable. On a désigné quelquefois ces effets sous le nom de *décharge obscure* ou *décharge silencieuse*. Le premier nom n'est pas exact : en effet, les gaz influencés par les variations subites et considérables du potentiel électrique deviennent lumineux dans l'obscurité, ou plutôt phosphorescents, comme s'ils étaient le siège de milliers de petites décharges disséminées et s'affectant de molécule à molécule.

5. Les expériences que je viens de décrire permettent de définir les conditions générales des réactions chimiques produites par l'effluve; mais elles ne décident pas d'une manière nette les effets de la tension électrique dégagée de toute complication. En effet, celle-ci change continuellement pendant l'intervalle des étincelles, et elle change entre des limites qui varient de plusieurs milliers de Daniell. Quelle est l'influence de ces variations incessantes et des alternatives brusques qui les accompagnent? Les réactions chimiques sont-elles déterminées par le fait même de ces alternatives et des chocs et vibrations moléculaires qui en résultent? ou bien peuvent-elles être produites par une simple différence de potentiel, par une simple orientation des molécules gazeuses, sans qu'il y ait : ni courant voltaïque proprement dit, comme avec une pile fermée; ni élévation de température, comme avec l'étincelle; ni variations brusques et incessantes de tension, comme avec l'effluve développée par les machines de Holtz ou de Ruhmkorff? Nous allons répondre à ces questions.

6. *Potentiel constant.* — En effet, il est facile de déterminer une différence constante et déterminée de potentiel entre les deux surfaces de verre, dont l'intervalle renferme le gaz électrisé : cette différence peut être produite et maintenue, par exemple, à l'aide d'une pile à courant constant, dont on ne ferme pas le circuit. Le potentiel, toutes choses égales, croît avec le nombre d'éléments, et il peut être maintenu pour ainsi dire indéfiniment, si la pile ne donne lieu dans son intérieur à aucune réaction chimique, pendant qu'elle demeure ouverte. Dans ces conditions, j'ai observé qu'il se développe encore des actions chimiques extérieures, telles que la fixation lente de l'azote et la formation lente de l'ozone.

On peut concevoir les effets observés, en admettant que la différence du potentiel qui existe entre les deux armatures détermine l'orientation des molécules du gaz interposé, phénomène assimilable à l'électrisation du gaz. Mais c'est là une explication plutôt virtuelle que réelle. En réalité, les théories actuellement reçues sur les mouvements propres des particules gazeuses, mouvements sans cesse troublés par leurs chocs et réactions mutuels, ne permettent guère d'admettre une orientation permanente et uniforme de ces particules. Cependant il suffit que l'influence électrique s'exerce d'une manière constante et suivant un sens invariable sur une masse gazeuse pour que les effets dynamiques résultants puissent être assimilés aux effets statiques d'une orientation permanente.

A ce point de vue, ce qui suit deviendra plus facile à comprendre. En effet, dans certaines de mes expériences, telles que la formation endothermique de l'ozone, il y a consommation d'énergie, soit — 14cal,8 pour 24 grammes d'oxygène changés en ozone. Cette énergie ne saurait être fournie que par la pile; c'est-à-dire qu'il doit se produire un flux électrique très lent, destiné à maintenir ou à reproduire incessamment l'orientation des molécules gazeuses. Le flux a lieu entre les deux pôles, à travers le verre d'abord, et puis à travers la couche gazeuse interposée, les molécules des gaz incessamment agitées s'électrisant au contact du verre et transmettant aux autres molécules la charge qu'elles viennent d'acquérir. On voit par là que l'on n'a pas affaire à

(1) Voir mes appareils, *Annales de chimie et de physique*, 5e série, t. X, p. 57 et 76, t. XII, p. 457 et 463.
(2) Même recueil, t. XII, 446.

un mode de propagation strictement comparable au courant voltaïque et aux électrolyses qui l'accompagnent.

Les effets développés par l'effluve seul sont d'autant plus intéressants qu'ils offrent la plus grande analogie avec les réactions incessantes de l'électricité atmosphérique.

7. En effet, l'*électricité atmosphérique* agit continuellement sur tous les corps situés à la surface du sol, l'atmosphère étant le plus ordinairement positive et le sol négatif. Les réactions produites sous cette influence sont de natures diverses et qui répondent à la diversité des actions de l'effluve signalées plus haut :

1° Il arrive parfois que l'électricité s'accumule jusqu'à produire des décharges violentes, sous forme de tonnerre et d'éclairs, décharges capables de faire naître les acides nitrique, nitreux et leurs sels ammoniacaux : c'est en effet ce que l'on observe dans les pluies d'orage. Mais c'est là un phénomène accidentel, local et relativement rare.

2° Pendant l'intervalle de temps qui précède l'instant où les décharges sillonnent une certaine ligne dans l'atmosphère, des surfaces extrêmement étendues s'électrisent peu à peu par influence; puis elles se déchargent brusquement au moment des explosions (choc en retour) : sur ces surfaces peuvent et doivent s'exercer certaines réactions chimiques, analogues à celles de l'effluve à potentiel brusquement variable et à haute tension. Mais ce sont encore là des effets accidentels.

3° Au contraire, l'électricité atmosphérique agit incessamment avec de faibles tensions, pour produire des effets analogues à ceux de l'effluve à potentiel fixe. Dans ces conditions plus générales, il n'est pas nécessaire d'ailleurs que l'électricité atmosphérique conserve un potentiel constant; mais il suffit que ce dernier varie lentement et d'une manière continue.

Ces renseignements acquis, étudions de plus près les effets chimiques de l'effluve électrique. Ces effets peuvent être des changements isomériques, des décompositions et des combinaisons. Nous allons signaler les principaux.

§ 2. — *Changements isomériques provoqués produits par l'effluve. — Ozone.*

1. Le plus remarquable des changements isomériques que développe l'effluve électrique est celui de l'oxygène ordinaire en ozone. Ce n'est pas que l'étincelle ne produise aussi la même modification de l'oxygène, comme l'ont montré les travaux de Van Marum et surtout ceux de MM. de La Rive et Marignac. Mais on ne tarda pas à s'apercevoir que la quantité d'ozone croissait à mesure que les étincelles devenaient plus petites, et on fut conduit à adopter pour la préparation de ce gaz divers appareils fondés sur l'influence de l'effluve (1). Celui que j'emploie et qui fournit de très bons rendements est formé de deux tubes de verre concentrique, ajustés à l'émeri, et pourvus de tubes étroits destinés à amener l'oxygène dans l'espace annulaire qui le sépare, puis à l'évacuer au dehors. Le tube intérieur est rempli avec un liquide conducteur, dans lequel plonge un des pôles de l'appareil Rumhkorff. Le tube extérieur est en partie immergé dans une éprouvette, renfermant aussi un liquide conducteur, au sein duquel plonge l'autre pôle de l'appareil d'induction.

(1) Siemens imagina les premiers appareils de ce genre, fondés sur l'action de l'effluve.

2. Ce n'est pas ici le lieu de retracer l'histoire de l'ozone, substance découverte par Schönbein et étudiée depuis par tant d'expérimentateurs. J'observerai seulement que la formation de l'ozone répond à une condensation moléculaire, la densité de l'ozone étant égale à une fois et demie celle de l'oxygène, d'après M. Soret.

En même temps que l'oxygène se change en ozone, il se produit une absorption de chaleur; soit d'après mes expériences

$$3\,O = (Oz) \text{ absorbe : } -14^{cal},8.$$

Cette circonstance est exceptionnelle dans l'étude des condensations moléculaires. Elle montre que la transformation de l'oxygène en ozone exige l'intervention d'une énergie étrangère, telle que celle de l'électricité.

J'ai fait quelques essais pour mieux définir la formation de ce corps sous l'influence électrique, et pour décider s'il mérite réellement le nom d'*oxygène électrisé*, qui lui a été quelquefois attribué.

3. L'ozone se forme pareillement sous l'*influence des deux électricités*, l'oxygène étant contenu dans des tubes de verre formant bouteille de Leyde et munis d'armature en platine. Celle-ci était maintenue constamment chargée d'une même électrité, dont le potentiel variait depuis zéro jusqu'à une limite déterminée par la longueur des étincelles d'une machine de Holtz (voy. *Annales de chimie et de physique*, 5e série, t. XII, p. 446). J'opérais avec deux tubes simultanément, l'un d'eux étant chargé d'électricité positive, l'autre d'électricité négative, au même potentiel, et avec les mêmes alternatives.

L'ozone, dis-je, se produit pareillement sous l'influence des deux électricités. Cependant l'électricité positive produit plus d'ozone que dans la plupart des cas; mais cet effet peut tenir à quelque circonstance accidentelle, telle que la déperdition inégale des deux électricités et l'étendue plus grande des aigrettes positives. Afin de décider la question, j'ai opéré simultanément sur deux couples de tubes semblables, renfermant de l'oxygène pur et une armature de platine. Une série continue de fortes étincelles ayant agi par influence pendant six heures, j'ai dosé l'ozone dans l'un des tubes positifs et dans un tube négatif correspondant, puis j'ai interverti les liaisons des deux autres tubes, de façon à y renverser le signe de l'électricité. Voici les nombres obtenus (1).

	Ozone formé :
{ 1er tube électrisé + pend. 6^h	6,7 pour 100 de l'oxygène primitif.
{ 2e tube électrisé — pend. 6^h	5,3 »
{ 1er tube électrisé + pend. 6^h / Le même ensuite — pend. 6^h }	8,0 »
{ 2e tube électrisé — pend. 6^h / Le même ensuite + pend. 6^h }	8,5 »

Il résulte de ces chiffres que les effets successifs des deux électricités se sont ajoutés semblablement et jusque vers une limite (8 à 8,5 centièmes).

(1) J'ai titré l'ozone en l'absorbant par l'acide arsénieux; on ajoute un excès de permanganate, puis une grande quantité d'acide sulfurique étendu de 2 à 3 volumes d'eau et un léger excès d'acide oxalique libre; on détruit aussitôt ce dernier par le permanganate jusqu'à coloration. Ce procédé accuse à un vingtième de milligramme près l'oxygène fixé.

On a souvent comparé l'ozone à un gaz dont les particules seraient chargées d'électricité négative. Les essais précédents sur l'influence des deux électricités dans sa formation ne sont pas favorables à cette hypothèse.

4. Je citerai encore l'expérience suivante, relative au même problème.

J'ai rempli d'ozone sec, simultanément, deux flacons de même capacité : l'un en verre, qui a été placé sur un support isolant ; l'autre en platine, garni intérieurement de feuilles repliées du même métal, et plongé dans l'eau. Au bout de vingt-quatre heures, le titre de l'ozone contenu dans le flacon isolé, rapporté à une même unité, avait baissé de 13 à 12 ; dans le flacon de platine, de 14 à 13. Il ne s'était donc rien produit qui pût rappeler la décharge d'une matière chargée d'électricité, au sens ordinaire.

5. La limite 8,5 n'a pas été dépassée dans les conditions de mes essais ; ce qui paraît indiquer l'existence d'un certain *équilibre chimique entre l'oxygène primitif et l'oxygène modifié,* équilibre produit indépendamment de toute élévation notable de température, mais essentiellement dépendant d'une action électrique simultanée. Si l'on ajoute à l'avance de l'acide arsénieux dans les tubes, de façon à détruire à mesure l'ozone, la proportion d'oxygène transformé dans un temps donné est plus considérable, soit de moitié environ dans un essai simultané avec le précédent. A la longue, tout l'oxygène disparaîtrait, comme l'ont observé MM. Fremy et Becquerel : c'est la contre-épreuve de l'existence d'un certain équilibre chimique.

6. Mais cet équilibre cesse d'exister si l'on suspend l'influence électrique, comme le prouvent les essais suivants. J'opérais avec des flacons de verre de 260 centimètres cubes environ, remplis d'oxygène ozoné par l'effluve, et maintenus à une température voisine de 12 degrés. Le titre initial étant 2,2 centimètres d'ozone,

Après vingt-quatre heures, il était réduit à 2,1 ;

Après cinq jours, à 1,2 ;

Après quatorze jours, à 0,4 ;

Après cinquante et un jours, une trace à peine sensible ;

Après soixante jours, il ne subsistait aucune trace d'ozone, sensible à l'odorat ou à l'iodure de potassium.

La vitesse de la destruction de l'ozone est d'autant plus grande que le gaz est plus riche ; ce qui explique la difficulté de dépasser certaines limites. Il résulte de ces observations que l'*ozone n'a point de tension finie de dissociation :* ce qui concorde avec sa formation endothermique. Il contraste par là avec les polymères formés avec dégagement de chaleur, et dont M. Troost a si bien étudié les tensions de dissociation.

7. *Tension électrique.* — C'est surtout sous l'influence des fortes décharges que l'ozone se forme en abondance. Avec des étincelles longues de 1 centimètre et un condensateur (les étincelles se produisant, bien entendu, entre les conducteurs et les excitateurs de la machine de Holtz, mais non dans l'intérieur des tubes) ; dans ces conditions, dis-je, on obtient, par influence et après six heures, 5 à 6 pour 100 d'ozone dans l'intérieur des tubes ; tandis qu'avec des étincelles de 1/2 millimètre, au bout du même temps et malgré le nombre bien plus grand de ces étincelles, la dose d'ozone formé par influence ne dépasse pas 1 à 2 millièmes. La proportion d'ozone décroît bien plus vite que la longueur de l'étincelle qui règle l'intensité de l'influence. Cependant il semble y avoir là plutôt un grand ralentissement de l'action qu'une suppression absolue.

8. En effet, ayant placé de l'oxygène dans l'espace annulaire renfermé entre deux tubes de verre concentriques remplis par l'action du vide et scellés sans aucune garniture métallique, et ayant déterminé entre les deux surfaces une différence de potentiel égale à celle de 5 éléments Leclanché (7 Daniell environ), j'ai observé au bout de huit à neuf mois une formation lente d'ozone, manifestée par divers caractères, tels que : le changement de l'acide arsénieux dissous en acide arsénique, celui de l'iodure de potassium dissous en iodate, l'union des gaz sulfureux et oxygène secs, la production du bioxyde d'argent. La quantité d'ozone formée est d'ailleurs fort petite ; car l'expérience faite en présence de l'acide arsénieux, dans des conditions de dosage telles que l'ozone fût absorbé à mesure, a indiqué seulement un centième de l'oxygène primitif comme changé en ozone (1).

On voit qu'il s'agit, dans tous les cas, de très petites quantités d'ozone. On ne saurait s'attendre à un autre résultat ; car, si de faibles tensions électriques déterminaient la formation d'une quantité d'ozone considérable, l'oxygène contenu dans l'atmosphère, où se développent incessamment des tensions électriques comparables à celles de mes expériences, cet oxygène, dis-je, ne tarderait pas à détruire toutes les substances organiques et autres matières oxydables répandues à la surface de la terre (2).

Observons, en outre, que les diverses réactions oxydantes que je viens de signaler nous fournissent, non pas la mesure de la quantité absolue d'ozone formée dans un temps donné, mais seulement la mesure de la différence qui existe entre l'excès d'ozone formé sur l'ozone détruit spontanément dans un temps donné, et la quantité de ce même ozone absorbé pendant le même temps par l'acide arsénieux, l'argent ou l'iodure de potassium ; aucune de ces réactions n'étant instantanée.

9. Citons encore, comme exemples de condensations moléculaires développées par l'effluve à forte tension, autres que celle de l'oxygène, la transformation du cyanogène en paracyanogène que j'ai observée, et celle de l'acétylène, découverte par M. Thénard. L'acétylène, en effet, est condensé par l'électricité, aussi bien que par la chaleur (3), avec formation de corps polymères, d'ordinaire solides et résineux, mais quelquefois liquides. J'ai reconnu que ces derniers liquides renfermaient une certaine dose de styrolène $(C^4H^2)^4$, précisément comme les polymères obtenus sous l'influence de la chaleur. Quant au polymère solide, son équivalent est inconnu. Mais ce corps offre une propriété remarquable : si on le chauffe doucement dans une atmosphère d'azote, il se décompose brusquement avec dégagement de chaleur et formation de styrolène et de divers autres produits.

10. Au contraire, l'azote pur ne contracte pas de modifications permanentes appréciables, ni sous l'influence de l'arc, ni sous l'influence de l'étincelle, ni sous l'influence de l'ef-

(1) Voy. les détails, *Annales de chimie et de physique*, 5e série, t. XII, t. 454.

(2) A chaque mètre carré de la surface terrestre répond un poids d'oxygène capable de brûler 900 kilogrammes de carbone.

(3) La formation de l'acétylène dans la réaction de l'étincelle sur le formène est également accompagnée par celle de ses polymères.

fluve, comme je m'en suis assuré par des expériences spéciales et très attentives. En effet, l'azote mis immédiatement en contact avec l'hydrogène, à quelques centimètres de distance, soit des tubes à effluve, soit des espaces où il avait subi l'influence de l'arc ou d'une série de fortes étincelles, l'azote, dis-je, n'a jamais donné aucun indice de combinaison. De même avec l'oxygène; de même avec les matières organiques. Il faut donc que l'azote et la matière organique, ou l'hydrogène, ou l'oxygène, éprouvent *simultanément* l'influence électrique pour que la combinaison ait lieu.

J'ai obtenu les mêmes résultats négatifs pour l'hydrogène, mis en présence des matières organiques, ou de l'azote, ou de l'oxygène, immédiatement après qu'il avait subi l'influence des étincelles ou de l'effluve.

Il ne paraît donc pas exister, ni pour l'azote, ni pour l'hydrogène, de modification électrique permanente, analogue à celle de l'oxygène qui constitue l'ozone.

M. Berthelot.

(La suite très prochainement.)

LE JARDIN DES PLANTES DE MONTPELLIER

Le premier Jardin des Plantes fondé en Europe a été celui de Padoue, en 1545; puis viennent celui de Pise, l'année suivante; celui de Leyde, en 1577; celui de Leipsig, en 1579; celui de Montpellier est le cinquième et date de 1596; il est le plus ancien de France. C'est Richer de Belleval qui obtint des États du Languedoc et du roi Henri IV les fonds nécessaires à cette création. Dans l'origine, ce jardin comprenait seulement la partie appelée la Montagne; un peu plus tard, l'École botanique (1) lui fut annexée. Jusqu'en 1810, le jardin ne s'agrandit pas; mais, au commencement de cette année, de Candolle, qui le dirigeait alors, obtint l'adjonction du jardin Itier: c'est la partie où se trouvent l'École médicale, l'École forestière, une pépinière et le Conservatoire botanique de la Faculté de médecine, comprenant les herbiers, le laboratoire de botanique, les collections des bois, le magasin des graines, etc., etc. Enfin, en 1858, le conseil municipal, à la sollicitation du directeur actuel, acquit un hectare de terrain occupé par la grande serre tempérée, l'École des conifères, un lac destiné à la culture des plantes aquatiques et des plantations d'arbres indigènes ou exotiques. Dans son état actuel, ce jardin offre une superficie de 5 hectares et demi.

Depuis la visite de M. Waddington, alors ministre de l'instruction publique, en septembre 1877, son budget s'élève annuellement à la somme de 18600 francs, dont 14800 inscrits sur le budget général de la Faculté de médecine et 3800 sur celui de la Faculté des sciences. Annuellement 12800 francs sont consacrés à l'entretien et à la paye des jardiniers. Jusqu'en 1877, cette somme n'était que de 7800 francs, comme sous le premier Empire, à une époque où la main-d'œuvre et le reste étaient moitié moins chers qu'aujourd'hui. Ce budget insuffisant a empêché, pendant vingt ans, le directeur de réaliser toutes les améliorations qu'il avait conçues; il dut se borner à parer aux besoins les plus urgents.

Je suppose, pour plus de clarté, que le visiteur entre par la porte la plus voisine du Peyrou, portant pour suscription : *Jardin des Plantes fondé par Henri IV*, 1598. Descendant l'allée de gauche, il entre dans l'École botanique. Elle contient environ 5000 espèces. C'est dans cette école que de Candolle, en 1810, établit, avant de la publier, sa classification des végétaux dicotylédones en thalamiflores, caliciflores, corolliflores et monochlamydés, qui est généralement adoptée aujourd'hui. On remarque à l'extrémité de l'école trois grands arbres : un *Juglans nigra* d'Amérique, un *Sterculia platanifolia* de la Chine, un arbre du Japon, le *Gincko biloba* : celui-ci est le second qui ait été planté en France, le premier se voit encore dans le jardin Gouan, sur le versant nord de la promenade du Peyrou; il avait été donné à Auguste Broussonnet par sir Joseph Banks, en 1788. En 1795, une marcotte prise sur cet arbre fut plantée dans le Jardin des Plantes; l'arbre prospéra. En 1812, il avait 9^{m},50 de hauteur et fleurit pour la première fois : c'était un mâle. En 1830, Delile apprend qu'il y avait un *Gincko* femelle à Bourdigny, près Genève; il fait venir de jeunes branches, les greffe sur son pied mâle, et, de dioïque qu'il était, l'arbre devient artificiellement monoïque. En 1835, il donne des fruits, ou plutôt des graines, et n'a cessé d'en porter depuis (1). Cet arbre, appartenant à la famille des conifères, conserve les feuilles des fougères dont il est sorti par voie d'évolution : de là le nom de *Salisburia adianthifolia,* qui lui a été donné par Smit. C'est un végétal fossile répandu autrefois dans tout l'hémisphère nord, depuis le Spitzberg jusqu'en Italie. Il a traversé toutes les formations géologiques à partir du terrain carbonifère, mais n'a persisté dans la végétation actuelle qu'en Chine et au Japon, d'où on l'a rapporté en Europe; il peut vivre jusqu'au 54e degré de latitude, toutefois il prospère mieux dans les régions méridionales de l'Europe. Près du *Gincko,* on remarquera un beau *Cycas revoluta* du Japon, qui a déjà passé cinq hivers en pleine terre, défendu seulement contre la neige par une baraque en bois. Une Glycine (*Wisteria sinensis* DC) s'élève, semblable aux lianes des pays chauds, sur les marronniers voisins.

L'École botanique est ornée des bustes des directeurs du jardin et de quelques botanistes illustres de Montpellier. Le buste de de Candolle, donné par son fils Alphonse en 1878, se trouve dans l'orangerie construite par Auguste Broussonnet, directeur du jardin dans les premières années du siècle; il fit aussi creuser le canal et construire une partie de la serre hollandaise que de Candolle devait achever. Ces améliorations sont dues à Chaptal, qui, de professeur devenu ministre, donna 17000 francs sur ses propres appointements pour l'exécution de ces travaux.

Les serres de l'École botanique n'étaient pas chauffées, et, dans les hivers rigoureux, un certain nombre de plantes périssaient : un thermosiphon a été établi par le directeur actuel, et successivement les anciennes et la nouvelle serre ont été pourvues de tuyaux en cuivre ou en fonte, aboutissant tous à un seul foyer placé derrière l'ancienne serre chaude. La nouvelle, construite en 1876 d'après les données

(1) Une vue de ce Jardin primitif se trouve dans mon histoire du *Jardin des plantes*, pl. VIII.

(1) Voy. pour plus de détails : sur la croissance du *Gincko biloba* (*Mémoire de l'Académie des sciences de Montpellier*, 1834, t. II, p. 377).

les plus récentes de la science, offre un contraste remarquable avec la vieille serre hollandaise qui lui fait face, et l'on peut, par comparaison, se faire une idée des progrès que ce genre d'architecture a réalisés depuis le commencement du siècle. Une foule de plantes tropicales, qui ne prospèrent pas dans l'ancienne serre hollandaise, végètent admirablement et se propagent d'elles-mêmes sur le terreau et le tuf dont la nouvelle est garnie.

Près de l'École botanique se trouve un bosquet de Micocouliers, de Lauriers, de Cyprès et d'autres conifères, connu sous le nom de Bosquet de Narcisse : là repose Charles-Louis Dumas, ancien professeur et doyen de la Faculté de médecine, qui aimait à méditer sous ces ombrages. Le nom de Narcisse rappelle une ancienne tradition : c'était le nom d'une fille du poète anglais Édouard Young, qui, dans son poème *des Nuits,* se représente ensevelissant lui-même cette fille pendant la nuit dans un lieu solitaire, l'intolérance catholique refusant de lui accorder une place dans le cimetière commun. Comme toutes les légendes, celle-ci renferme une part de vérité. Young n'a point enterré lui-même sa fille sous cette voûte; son tombeau a été retrouvé dans un ancien cimetière protestant de la ville de Lyon, déplacé depuis. Mais Young s'est inspiré d'un fait véritable : c'est celui d'un malheureux Anglais, dont la fille mourut phtisique à Montpellier, malgré les soins du professeur Fizes. Repoussé du cimetière, le corps fut enseveli nuitamment sous cette voûte. Un peu avant la Révolution, on retrouva le squelette. Young connut ce lugubre épisode et le poétisa, en se représentant comme ayant accompli lui-même la tâche douloureuse d'un père forcé d'ensevelir sa fille de ses propres mains.

En sortant de l'École botanique, on aperçoit un monticule allongé formé de cinq banquettes superposées et planté de vieux arbres datant du dernier siècle. On l'appelle la Montagne; c'est le berceau du Jardin; c'est là que Richer de Belleval établit son école botanique à la fin du XVIe siècle, plaçant sur le versant nord les plantes des pays froids, sur le versant sud celles du Midi. Lors du siège de Montpellier, en 1622, par Louis XIII, ce monticule, transformé en redoute par les protestants assiégés, fut le théâtre de sanglants combats. Richer de Belleval avait enlevé ses plantes et les avait mises en sûreté derrière les remparts de la ville, dont on voit encore un reste connu sous le nom de Tour des Pins, sur le boulevard Henri IV, en face la porte orientale du Jardin. Au milieu du dernier siècle, la montagne fut plantée d'arbres, parmi lesquels on remarque un pin d'Alep gigantesque, réduit à une seule branche par les assauts réitérés du mistral. Les botanistes s'étonnent aussi de voir à l'état de grands arbres un arbuste, le *Phyllirea media* des garrigues du pays. Après la montagne, on trouve à gauche un terrain occupé en partie par une luzerne, mais présentant au fond la grande serre tempérée, construite en 1861; à droite, l'école des conifères et un groupe des espèces de bambous qui peuvent être cultivés en pleine terre à Montpellier; à gauche, un grand nombre d'arbres et d'arbustes; au milieu, un lac creusé l'année dernière pour la culture des plantes aquatiques. Celles de grande dimension sont au milieu du lac : on y remarque les *Nelumbo* de l'Inde, les *Nymphæa,* les *Typha;* au bord sont les végétaux de moindre dimension. Toutes sont plantées dans des compartiments construits avec un béton perméable à l'eau, mais séparées de façon à ne pouvoir empiéter les unes sur les autres. Ce lac est une innovation dans les jardins botaniques; il n'en existe nulle part de semblable.

La grande serre tempérée renferme les végétaux exotiques qui supportent les températures supérieures à zéro, mais périraient si elles descendaient au-dessous. On y remarque : *Musa ensete, Phœnix sylvestris, P. leonensis, P. pumila, P. reclinata, P. dactylifera, Cocos flexuosa, Areca* (*Kentia*) *sapida, Sabal Geisbrechtii, Latania borbonica, Jubœa spectabilis, Corypha Gebanga, Chamærops macrocarpa, Acrocomia sclerocarpa, Araucaria Cuninghamii, A. excelsa, Casuarina equisetifolia, Ficus Roxburghii, F. rubigniosa, Bougainvillœa spectabilis.*

Le terrain contigu à cette partie est occupé par des pépinières et une École renfermant environ 420 plantes médicinales, vénéneuses, alimentaires et industrielles; ce sont toutes celles qu'un médecin instruit doit connaître, et des étiquettes de couleurs variées indiquent à l'étudiant l'usage et les propriétés de la plante à laquelle elles correspondent. Grâce à cette école spéciale, l'étudiant en médecine n'est pas forcé de chercher dans l'École botanique les plantes dont la connaissance lui est indispensable pour l'exercice de son art; toutes celles qui peuvent vivre en pleine terre sont réunies dans ces banquettes, dont l'ensemble porte le nom d'*École médicale.*

De l'autre côté de l'allée de marronniers qui longe l'École médicale se trouve l'École forestière, plantée par de Candolle en 1813. Les arbres sont rangés par familles et par genres. Il eût été impossible de les placer dans l'École botanique; les plantes herbacées n'auraient pas pu végéter à leur ombre; c'est pourquoi on est forcé, dans tous les jardins, de séparer les arbres des arbrisseaux et des plantes herbacées. Parmi ces arbres, on remarque plusieurs espèces de Micocouliers, de *Gleditschia* et un grand *Planera creneta;* en face de cet arbre, de l'autre côté de l'allée, on aperçoit un groupe de bambous (*Bambusa mitis*) qui ont atteint des dimensions comparables à celles qu'ils offrent dans leur patrie, la Cochinchine.

Le Conservatoire botanique de la Faculté de médecine est au bout de l'École forestière; dans la banquette qu'il abrite du nord, on remarque un certain nombre de plantes exotiques qui passent l'hiver en pleine terre; ce sont : *Opuntia inermis, O. decipiens, Cereus peruvianus, Poinciana Gillesii, Phytolocca dioica, Senecio scandens, Acacia parvifolia,* etc., etc. Le Conservatoire renferme : 1° un herbier général commencé par Delile, contenant trente mille espèces environ; 2° l'herbier spécial du département de l'Hérault, représentant la flore de Montpellier publiée par M. Loret et M. Barrandon, conservateur des collections; 3° l'herbier d'Égypte de Delile, accru par les envois des botanistes qui ont visité ces contrées après lui; 4° l'herbier de M. Marius Barneoud; 5° un herbier des Pyrénées, de Xatard et Junquet; 6° une collection des plantes exotiques recueillies au lavoir de laines du port Juvénal par les botanistes de Montpellier; 7° une série des bois des arbres du Jardin faite par M. P. Boudier.

Une salle contiguë aux herbiers contient une bibliothèque botanique; elle n'est pas bien riche, puisqu'elle se compose de 2050 volumes seulement, mais elle a l'avantage inestimable d'être à côté de l'herbier, et le botaniste peut mettre en regard les descriptions et les figures de la plante qu'il veut étudier. Les bibliothèques botaniques éloignées des herbiers, comme cela est si fréquent, perdent les trois quarts de leur valeur.

A la suite de ces collections se trouvent le laboratoire de botanique, destiné aux recherches microscopiques, et enfin les salles où se conservent les graines que le Jardin récolte annuellement. Ces graines mûrissent toujours, grâce aux chaleurs de l'été. Le Jardin de Montpellier distribue chaque année des graines à près de cinquante jardins botaniques du Nord, dans lesquels les espèces méridionales fleurissent, mais ne grainent pas. Telles sont, d'une manière succincte, les éléments d'étude et de travail du Jardin des Plantes de la Faculté de médecine qui dessert tous les établissements scientifiques de la ville. Les ressources furent longtemps insuffisantes, le budget n'était que de 7800 francs. Depuis 1870, des allocations extraordinaires ont d'abord permis d'acheter des plantes, d'établir des appareils de chauffage dans les anciennes serres, d'en construire une nouvelle et de creuser un lac pour les plantes aquatiques.

En 1876, la municipalité de Montpellier voulut bien faire réparer la montagne, berceau du Jardin, et lui fournir avec libéralité l'eau nécessaire aux arrosements; mais c'est à M. Waddington, qui visita l'établissement en 1877, qu'il doit une augmentation efficace de 5000 francs du fonds d'entretien : elle permet d'améliorer peu à peu tous les services qu'un budget insuffisant laissait en souffrance.

CH. MARTINS,
Professeur à la Faculté de médecine de Montpellier.

FACULTÉ DE MÉDECINE DE LYON

PHYSIOLOGIE

COURS DE M. PICARD

La sécrétion rénale (1).

Nous allons traiter aujourd'hui l'un des points les plus importants dans l'étude de la fonction des reins; nous allons rechercher si ces organes forment quelques-unes des substances qui apparaissent dans leurs canaux excréteurs, si leur fonction est une sécrétion formatrice ou une simple sécrétion excrémentitielle.

Pour atteindre ce but, nous rechercherons d'abord si les substances qui caractérisent l'urine préexistent dans le sang artériel, puis nous ferons l'étude comparée de ce sang et du sang veineux rénal.

Du reste, vous savez que nous procédons toujours ainsi pour arriver à pénétrer les fonctions des organes ; car c'est dans ce liquide que se manifestent le plus nettement les phénomènes qui se passent dans leur sein.

Un phénomène biologique s'accuse en effet toujours par l'apparition ou la disparition de certaines substances dans le sang au moment de son passage à travers l'organe qu'il nourrit.

C'est ainsi que les changements dans les proportions de gaz contenues nous ont montré la fonction pulmonaire; c'est ainsi que des changements des mêmes substances nous montreront la vraie nature des actes vitaux musculaires; c'est ainsi que l'apparition du glucose dans le sang qui sort du foie nous montrera la fonction glycogénique.

Ces études faites, nous rechercherons les lieux de l'organisme où se produisent les substances les plus caractéristiques de l'urine, telles que l'urée.

Avant de commencer l'étude du sang artériel au point de vue particulier que nous avons indiqué, nous allons d'abord arrêter quelques instants notre attention sur des faits expérimentaux qui nous serviront dans notre étude et nous permettront notamment de préciser les conditions immédiates qui font varier les proportions de l'urée éliminée.

Messieurs, on peut dire que, de tout temps, on a su que certaines substances introduites dans l'organisme ne font que le traverser et sont rejetées au dehors avec l'urine sans modification; de tout temps on a donc su que les reins sont des organes éliminateurs séparant certaines substances et les rendant au monde minéral.

Une expérience va vous montrer ce fait clairement :

Nous injectons dans le bout central de la veine crurale de ce chien 5 décigrammes de prussiate de potasse dissous dans 30 centimètres cubes d'eau distillée, et nous recueillons l'urine à l'aide d'une sonde introduite dans la vessie. Nous ajoutons alors à cette urine, faiblement acidifiée, du perchlorure de fer, et vous voyez que le liquide, au bout d'un temps très court, prend une coloration bleue due à la formation de bleu de Prusse qui s'est produit au moment où le prussiate de potasse est arrivé dans le vase, mêlé à l'urine que nous récoltons. Somme toute, la substance que nous avons injectée est venue sortir par les reins, sans altération.

Si nous avions loisir de suivre le phénomène de plus près, nous constaterions encore certaines particularités que je me contente de vous indiquer.

La quantité de substances éliminées ainsi dans un temps donné aurait un maximum coïncidant avec le moment où la proportion de prussiate est maxima dans le sang, diminuerait et se poursuivrait de plus en plus lentement jusqu'à ce qu'en fin de compte il n'y en eut plus dans le sang la moindre trace.

Messieurs, des phénomènes analogues se produisent lorsqu'on introduit dans le sang d'autres substances empruntées aux règnes minéral et vivant. Je n'insiste pas en ce moment. C'est là un point important de votre instruction comme physiologistes praticiens, comme médecins, et je le traiterai en détail, en me plaçant sur le terrain spécial de la pratique.

La seule chose que je veuille retenir actuellement est celle-ci : Le rein élimine certaines substances accidentellement introduites dans le sang, et fait ce travail suivant une morphologie que je vous ai indiquée.

J'ajoute du reste qu'il peut montrer une aptitude à se laisser traverser, très variable pour les diverses substances. Au reste, ces phénomènes ne sont pas spéciaux aux reins, et se rencontrent également dans les sécrétions les plus nettement formatrices. Il y a là aussi des phénomènes de diffusion, compliquant le phénomène caractéristique, propre à la fabrication de certains corps.

Ce que le rein a de plus particulier n'est donc pas dans ces faits, ni même dans la sélection plus accentuée qu'il montre pour laisser sortir certaines substances. Ce qui le caractérise comme organe sécréteur spécial est ce que je vous ai déjà formulé d'une façon générale, et que je vais préciser plus nettement.

Aucune des substances caractéristiques de l'urine ne paraît

(1) Voyez la *Revue scientifique* du 26 juillet ci-dessus, page 83.

formée spécialement dans les reins, pas plus l'urée que les substances minérales; toutes préexistent dans le sang, toutes sont formées dans les divers points de l'organisme, aucune *spécialement* dans le rein, qui se borne à les éliminer, comme il fait des corps accidentellement introduits dans le milieu intérieur. La seule particularité essentielle, c'est que les substances normales de l'urine, au lieu d'avoir été introduites dans le sang par une absorption externe ou interne accidentelle, résultent d'actes chimiques produits dans le liquide ou dans les tissus (dans ce dernier cas, c'est une absorption interne *normale* qui les a fait apparaître dans le sang).

Comme je vous l'ai dit déjà, le rein est donc un analogue parfait du poumon éliminateur de Co^2.

Les études que nous allons faire pour démontrer ce point porteront surtout sur l'urée, celui des corps de l'urine pour lequel on avait émis des opinions en désaccord avec celles qui expriment la réalité; nous nous bornerons à quelques brèves remarques relativement aux autres substances.

Le premier point que nous allons démontrer est le suivant : l'urée est un élément constant du sang, dont elle est éliminée sans cesse. C'est là un fait capital et aujourd'hui parfaitement acquis qu'il est nécessaire de vous démontrer.

Nous introduisons une canule dans le bout central de l'artère carotide de ce chien, et nous recueillons 45 centimètres cubes de sang, nous ajoutons 45 grammes de sulfate de soude en petits cristaux non effleuris, nous portons à l'ébullition, nous rétablissons le poids premier 45 + 45, en ajoutant quantité suffisante d'eau distillée et nous filtrons : nous obtenons ainsi un liquide clair, à peu près incolore (méthode de Claude Bernard pour la recherche du glucose).

Nous faisons deux parts de ce liquide ; à la première nous ajoutons en vase clos de l'hypobromite de soude; cette opération donne naissance à une faible quantité d'un gaz libre qui est de l'azote.

A la seconde, introduite dans l'appareil que nous vous avons montré dans le laboratoire, nous ajoutons de l'acide azotique azoteux; cette seconde opération donne naissance à des gaz qui sont un mélange de bioxyde d'azote, d'acide carbonique et d'azote.

Messieurs, ces réactions sont exactement, vous le savez, celles que nous aurions eues si nous avions agi sur une solution d'urée et elles sont dues (surtout) à la présence de cette substance dans le sang; nous pouvons vous l'affirmer, car nous avons, après bien d'autres, préparé avec le sang du nitrate et de l'oxalate d'urée, c'est-à-dire que nous avons préparé ce corps en nature.

Pour cette préparation, nous avons suivi la méthode classique : préparation de l'extrait alcoolique du sang, et reprise par l'eau et addition d'acide oxalique ou d'acide nitrique pur à basse température. Nous avons également retiré la substance du liquide résultant du traitement du sang par poids égal de sulfate de soude.

Après avoir concentré et laissé cristalliser, on reprend le peu de liquide qui surnage par l'alcool concentré, on évapore, et quand il reste quelques centimètres cubes de liquide seulement, on ajoute de l'acide nitrique pur, en maintenan à basse température. Si la quantité de sang a été suffisante, on obtient des cristaux qu'on démontre aisément être de l'azotate d'urée par les caractères que vous connaissez.

Messieurs, cette existence de l'urée dans le sang, qui est certaine d'après cela, est constante, et jamais jusqu'ici nous n'avons pu, dans nos recherches, trouver un sang qui ne montrât plus les réactions de cette substance.

Mais si l'existence de cette substance peut toujours être constatée, il s'en faut de beaucoup que les proportions contenues dans le sang restent fixes, et nous allons maintenant étudier les oscillations qui, pour les grands traits, se font suivant les mêmes lois qui régissent les variations de l'urée éliminée en vingt-quatre heures par les urines.

Pour cette étude nous suivrons des procédés qui dans l'étude comparative sont aussi exacts que rapides et commodes.

Les expériences suivantes vous les feront connaître. Voici deux chiens, l'un en digestion de viande, l'autre à jeun. Nous plaçons une canule dans l'artère carotide (bout central) de chacun d'eux et nous recueillons les deux sangs artériels.

Nous pesons 30 grammes de chacun, nous ajoutons 30 grammes de sulfate de soude, nous faisons bouillir, nous rétablissons le poids primitif, 60 grammes, et nous filtrons dans deux éprouvettes graduées.

Nous mesurons deux mêmes quantités des deux liquides, 24 centimètres cubes, par exemple. Nous introduisons dans un flacon, que nous achevons de remplir avec du mercure, nous abouchons sur le mercure et introduisons de l'hypobromite de soude; un dégagement d'azote se fait dans les deux cas, nous recueillons les gaz sur l'eau et nous les mesurons dans des cloches graduées.

Dans le premier cas (chien en digestion), le dégagement a été, comme vous le voyez bien, plus abondant que dans le second, et, tous calculs faits suivant les règles que vous connaissez et en admettant que 24 centimètres cubes sont fractions volumétriques de 60 (30 sang et 30 sulfate), nous trouvons que ce sang contient pour 1000 1 gramme d'urée, tandis que le second contient seulement $0^{gr},45$ de cette substance. Chez un autre chien en digestion, dont nous avons étudié le sang par le même procédé, nous avons trouvé $1^{gr},2$, et le même chien laissé à jeun jusqu'au lendemain n'avait plus que $0^{gr},44$ dans son sang artériel.

Ces chiffres, messieurs, n'expriment pas les quantités réelles d'urée contenues dans ces sangs de provenances diverses, mais ils sont obtenus dans des conditions parfaitement comparatives et expriment d'une façon exacte des différences.

Ils vous montrent que l'urée du sang est augmentée lorsque l'est la même substance dans l'urine, et nous avons là quelque chose d'analogue à ce que nous avons vu avec le prussiate de potasse, qui est d'autant plus abondant dans ce liquide qu'il l'est davantage dans le sang.

Si au lieu de nourrir l'animal avec de la viande, nous l'avions nourri avec du pain, nous aurions eu une diminution également parallèle de l'urée du sang et de celle de l'urine. Somme toute, nous avons dans ces faits des arguments sérieux de nature à montrer que l'urée de l'urine provient de l'urée préexistante dans le sang et formée ailleurs; nous allons vous en fournir des preuves directes.

Avant d'aborder cette étude, je veux encore, pour n'avoir plus à y revenir, vous indiquer que l'urée se trouve également dans les lymphes, qui ne sont que des émanations du sang (Wurtz); et que les proportions décélables dans le liquide du canal thoracique varient comme celles du sang suivant l'état de digestion ou de jeûne.

1000 grammes de ce liquide, chez un chien en digestion,

contenaient 1gr,2 d'urée, tandis que 1000 grammes pris chez un chien à jeun ne contenaient que 0,3.

On trouve également cette substance dans la plupart des liquides de sécrétion, sueur, salive, bile, etc, en faible proportion (Picard), c'est-à-dire qu'elle diffuse à peu près partout. Le phénomène est du reste bien distinct de celui qui se passe dans les reins, puisque le liquide formé dans cet organe contient une quantité relativement énorme de cette substance.

Le premier argument direct que nous puissions fournir pour appuyer cette manière de voir, que l'urée est simplement séparée du sang lorsque ce liquide traverse le rein, nous est fourni par les analyses comparées des sangs artériels et veineux rénaux, analyses démontrant ce fait qu'il y a une plus grande proportion de ce corps avant qu'après le passage.

Ces recherches décisives ont été faites d'abord par Picard, et lui ont donné les résultats suivants :

Première expérience.

1000 grammes de sang artériel contenaient. . . 0,36 urée.
1000 grammes de sang veineux contenaient . . 0,18 —

Deuxième expérience.

1000 grammes de sang artériel contenaient. . . 0,4 urée.
1000 grammes de sang veineux contenaient . . 0,2 —

Les études que nous avons faites nous-même, en suivant les conditions opératoires de cet auteur, et en faisant les analyses par les méthodes que nous avons adoptées, nous ont donné des résultats analogues : toujours l'urée était moins abondante dans le sang veineux, aussi bien chez l'animal en digestion que chez l'animal à jeun. Vous sentez, messieurs, combien ces expériences sont décisives et qu'elles suffiraient presque à établir que l'urée est seulement éliminée du sang qui traverse le rein. En effet, si l'urée était formée dans le rein, il faudrait admettre que cette substance contenue dans le sang artériel lui a été apportée par le sang veineux rénal, et il faudrait de toute nécessité que le liquide de la veine fût plus riche que celui de l'artère, cela soulèverait du reste une autre question, et il faudrait alors trouver un point de l'organisme où se ferait la disparition de cette substance sans cesse versée dans le sang.

Si, au contraire, elle était seulement séparée du sang, le sang devrait tout naturellement en perdre une certaine quantité en traversant le rein.

Mais il est d'autres preuves non moins décisives et qui ont été fournies antérieurement à celle-là par Prevost et Dumas d'abord, puis par Bernard et Barreswill, et que nous allons faire connaître.

Messieurs, si les reins formaient l'urée, il est clair que ces organes étant enlevés, on supprimerait nécessairement la production de cette substance. Comme conséquence de ce fait initial, l'urée du sang ne devrait pas s'accroître, mais rester fixe ou diminuer.

Si, au contraire, cette substance était formée ailleurs, l'extirpation des reins ou néphrotomie devrait être suivie d'un accroissement de la proportion d'urée du sang qui, continuant à être versée dans le sang, cesserait seulement d'en sortir.

Or, messieurs, l'expérience a prononcé conformément à la dernière hypothèse, et, après la néphrotomie double, on voit l'urée croître dans le sang des animaux jusqu'au moment de la mort, qui suit toujours cette opération.

Ce résultat est certain et, sans vous citer les chiffres des auteurs que nous vous avons désignés plus haut, ni ceux de Grehant, etc., nous vous en produirons ici qui ont été obtenus dans des conditions absolument comparatives avec ceux que nous vous avons déjà donnés dans l'étude des sangs des animaux tenus dans des conditions de vie diverses.

Vingt-quatre heures après la néphrotomie double pratiquée chez un chien en digestion, nous avons trouvé que le sang artériel contenait (pour 1000) 3gr,5 d'urée, et, quarante-huit heures après, 6gr,3, et cette quantité alla en augmentant jusqu'à la mort.

Elle peut être à ce moment 10 à 15 fois la quantité d'urée de sang normal.

La ligature des uretères, la ligature des artères rénales, etc., toutes les opérations qui suppriment la sécrétion rénale déterminent le même phénomène, et nous ne nous y arrêterons que quelques instants pour vous signaler des expériences qui, vu l'autorité de leur inspirateur, ont fait grand bruit au moment où elles furent connues du public.

Nous voulons parler des études de Zalesky faites à l'instigation d'Hoppe Seyler. Cet auteur avait avancé (en substance) que la néphrotomie n'amenait pas l'accroissement de l'urée du sang, et qu'au contraire la ligature des uretères produisait cet effet. Vous comprenez aisément la conclusion qui découlerait de ces faits s'ils étaient réels. En pratiquant la néphrotomie on supprimerait la formation d'urée en même temps que la formation d'urine.

Tandis que, en liant l'uretère, on supprimerait la formation d'urine sans faire cesser la production d'urée, qui serait alors versée dans le sang général, au lieu de sortir par le canal excréteur. On aurait là une preuve de la formation d'urée dans le rein, et l'urée du sang normal ne serait qu'une fraction de cette substance formée dans le rein et versée dans les vaisseaux au lieu de l'être dans l'uretère.

Messieurs, rien de tout cela n'est vrai, et la néphrotomie amène parfaitement et exactement, comme la ligature des uretères, l'accroissement de l'urée du sang, qui se forme on peut dire partout, comme nous vous le démontrerons.

Messieurs, j'appelle en passant votre attention, d'abord sur les phénomènes consécutifs à la ligature temporaire de l'uretère, qui est suivie d'une polyurie de durée variable, due à l'accumulation dans le sang de l'urée, etc. Cet effet s'explique nettement par les expériences relatées dans la dernière séance.

Ensuite, pour n'avoir plus à y revenir, sur certaines particularités étudiées du sang veineux rénal. Ce dernier liquide contient une moindre proportion d'eau que le sang général, et, comme conséquence, une proportion totale de matières albuminoïdes plus élevée et un nombre de globules sanguins plus considérable.

Il contient à peine une trace de fibrine, cette albuminoïde coagulable (Bernard), fait sur lequel nous reviendrons dans des études ultérieures.

Il contient une quantité d'oxygène très voisine de celle existant dans le sang artériel, ce qui vous explique sa coloration rouge, qui est celle de l'hémoglobine oxygénée.

Analyses (Bernard) : 100 grammes de sang artériel contenant . . . . 20^{cc},2 O
— 100 grammes de sang veineux rénal, contenant . . . . . . 17^{cc},O

Dans l'arrêt de la sécrétion, le sang veineux prend, vous le savez, la coloration noire d'un sang veineux ordinaire ; il contient alors peu d'hémoglobine oxygénée, beaucoup d'hémoglobine réduite.

Analyses : sang artériel, contenant 19,5.O
— sang veineux, contenant. 6,0.O

D'après Mathieu et Urbain, le sang veineux du rein peut contenir moins d'acide carbonique que le sang artériel, ce qui résulte de l'élimination par l'urine d'une certaine quantité de ce gaz plus grande que la proportion formée dans l'organe.

J'insiste du reste sur ce point, qu'il y a formation d'acide carbonique dans le rein comme dans tous les organes, et même formation très active, comme on le constate par l'étude de la respiration rénale.

Je vous indique également les résultats obtenus en étudiant comparativement l'urine, les cendres de ce liquide, le sang et ses cendres. On constate ainsi que :

1° Il y a dix-huit à vingt fois plus d'urée dans l'urine que dans le sang, ce qui montre que les reins choisissent cette substance dans le sang d'où ils la tirent ;

2° Il y a deux fois plus de chlorure de sodium, cinq à six fois plus d'acide phosphorique, plus de matières colorantes, tous faits qui ont la même signification, etc., etc.

(Peut-être, du reste, les phosphates sont-ils modifiés dans les reins, comme nous vous l'avons déjà dit, et comme tendent à le montrer les analyses comparatives d'acide phosphorique et d'alcalis de l'urine et du sang.)

Messieurs, ce que nous vous avons dit de l'urée est vrai pour les autres substances analogues, qui toutes, même l'ammoniaque, préexistent dans le sang et sont seulement éliminées par les reins. Nous n'aborderons pas cette étude en détail, car cela nous entraînerait trop loin, et nous nous bornerons à rappeler que l'acide urique préexiste dans l'organisme, où il peut s'accumuler ; que la créatine est dans le même cas et s'accumule dans les muscles après la néphrotomie, etc.

Quant aux substances minérales de l'urine, chlorure de sodium, phosphates, sulfates, personne n'a jamais soutenu leur formation dans les reins (bien entendu), et tout le monde s'accorde pour reconnaître que le chlorure de sodium a deux origines distinctes ; une première fraction est tout simplement due à ce que cette substance a pénétré abondamment dans le sang lors de l'absorption digestive et a été immédiatement éliminée par les reins, exactement comme l'est le prussiate de potasse dans les mêmes conditions. Une autre portion provient de quantités de chlorure de sodium absorbées depuis un temps plus ou moins long et qui deviennent libres dans la vie intime des organes qui l'avaient fixé. Ce fait est manifeste, puisqu'en supprimant toute absorption de cette substance, on continue à la voir apparaître dans l'urine jusqu'à la mort des animaux.

Les choses sont très analogues pour les phosphates qui, eux, ont également deux origines, une forte proportion n'étant que le résultat d'un passage dans l'urine de ces sels immédiatement après leur absorption, tandis qu'une faible quantité se forme dans le travail nutritif au sein des organes.

Les sulfates, eux, sont surtout produits dans les mêmes actes nutritifs par oxydation du soufre des matières albuminoïdes, tandis qu'une faible quantité seulement paraît provenir des aliments.

Enfin la potasse et la soude de l'urine sont surtout dues à une sortie de ces substances immédiatement après leur absorption pendant le travail digestif.

Messieurs, nous avons hâte d'arriver à l'étude des lieux de formation des substances organiques de l'urine. C'est là un problème tout d'actualité, dont on cherche la solution par des voies très diverses, et qui n'est pas encore résolu dans tous ses points. Notamment, on n'a pas d'expériences directes qui permettent de se faire une idée nette relativement aux lieux où sont versés dans le sang les chlorures, sulfates, etc., dans l'inanition.

Nous bornerons donc notre étude, nous énoncerons seulement les faits expérimentaux acquis les plus nets, et donnerons ensuite une indication rapide des idées qui ont été défendues à diverses époques. Notre étude portera surtout sur l'urée, car cette substance est la plus importante et celle dont l'étude a été suivie le plus loin.

Nous vous rappellerons d'abord un fait qui doit toujours rester dans votre pensée et qui est le suivant :

De l'urée se produit lorsqu'on oxyde artificiellement les matières albuminoïdes (Dumas, Béchamp, Ritter).

Et, d'autre part, nous rapprocherons ce fait de cet autre :

Partout dans l'organisme se passent des phénomènes d'oxydation qui sont révélés nettement par une disparition d'oxygène et une formation d'acide carbonique. Puis nous abordons la question de savoir si, pendant ce travail d'oxydation qui porte sur des substances albuminoïdes, de l'urée se produit comme dans les expériences que je viens de vous rappeler.

Un double mécanisme, du reste, entre sans doute en jeu pour la formation de ce corps, comme je vous l'ai dit.

Pour cette étude, nous emploierons tous les réactifs de l'urée, et notamment pour les études quantitatives l'hypobromite de soude et l'acide azotique azoteux.

Voilà comment nous agirons uniformément pour tous les dosages :

Nous prendrons un poids constant des divers organes, 30 de foie, de muscles, etc., nous les broierons, nous ajouterons 10 d'eau distillée et 40 de sulfate de soude en petits cristaux non effleuris, nous porterons à ébullition, rétablirons le poids de 80 grammes, filtrerons et agirons sur une quantité constante du liquide qui passera (soit avec l'hypobromite, soit avec l'acide azotique nitreux). Nous mesurerons les gaz produits, azote ou acide carbonique, et en déduirons la quantité d'urée par le calcul. Partant de ce chiffre, nous remonterons, par le calcul également, au poids contenu dans les 30 grammes d'organes, en supposant que le poids de 80 est un liquide contenant l'urée. Ce chiffre obtenu, nous remonterons à la quantité contenue dans 1000. Ce ne sera évidemment pas exact, mais ce sera suffisant pour établir des comparaisons.

Maintenant que nous sommes en possession de nos méthodes, abordons d'abord l'étude du foie.

Cet organe contient de l'urée, c'est un fait aujourd'hui

parfaitement acquis, depuis les recherches de Heynsius, Meissner, Stockwis, etc.

Nous avons pu nous-même nous en assurer et avons préparé le nitrate d'urée.

Non seulement cet organe contient la substance, mais il paraît bien démontré qu'il en verse dans le sang une certaine quantité, puisque, d'après Cyon, du sang qui passe plusieurs fois de suite des vaisseaux portes aux veines sushépathiques montre un accroissement de la proportion d'urée qu'il contient.

Nous devons, en outre, appeler votre attention sur un fait que nous avons constaté le premier et qui se relie d'une façon directe avec les variations de l'urée éliminée en vingt-quatre heures dans les diverses conditions de la vie.

Ce fait est le suivant : le poids d'urée contenu dans le foie est essentiellement variable, suivant les conditions d'alimentation des animaux. Chez le chien en digestion de viande, il atteint son maximum, et chez le même animal tenu à jeun, il diminue considérablement jusqu'à se réduire à une quantité très faible. L'alimentation amylacée a une influence de même sens que le jeûne.

Les chiffres suivants, que nous avons obtenus en étudiant le foie par les méthodes que je vous ai indiquées, et que, du reste, vous pratiquerez vous-mêmes dans le laboratoire, vous montreront nettement ces oscillations.

1° Foie de chien en digestion de viande . . .	1000 = 1,38
2° Foie de chien à jeun	1000 = 0,48
3° Foie de chien en digestion	1000 = 1,0

Nous y joignons des analyses du foie chez d'autres animaux et chez l'homme.

4° Foie de chat en digestion	1000 = 1,1
5° Foie d'homme, estomac vide.	1000 = 0,40
6° Lapin en digestion	1000 = 0,9

Nous ne voulons pas nous arrêter longuement sur ces faits, et les chiffres précédents suffisent à vous montrer les phénomènes que nous vous avons annoncés et à vous indiquer en outre que les quantités se rapprochent beaucoup chez divers animaux pris dans des conditions analogues.

Vous voyez, du reste, que ces trois quantités, urée du foie, urée du sang, urée de l'urine, varient parallèlement. De ces trois variations parallèles, il n'est pas douteux que la deuxième et la troisième sont liées comme la cause à l'effet, et nous pouvons supposer que la variation du foie détermine celle du sang, que cet organe est un point où a lieu la production d'urée surabondante de la période digestive dans l'organisme, et par conséquent que c'est là que se passent les phénomènes qui la déterminent.

Messieurs, les premiers observateurs qui ont constaté l'existence de l'urée dans le foie, outrepassant la conclusion légitime du fait lui-même, ont voulu croire que toute cette substance était formée là et que l'urée était en quelque sorte un produit de sécrétion de cet organe versé dans le sang veineux, comme on voit que les choses se passent pour le glucose (depuis les célèbres recherches de Claude Bernard).

Allant plus loin encore, on a même dit que les deux corps se produisaient en même temps et dans les mêmes actes chimiques.

Ces théories ont été adoptées comme des réalités dans plusieurs recherches faites chez les malades, dans des conditions essentiellement complexes (Brouardel, etc.).

Messieurs, qu'y a-t-il de vrai dans ces manières de voir et dans l'interprétation de faits qui restent toujours intéressants en eux-mêmes? C'est ce que nous allons maintenant étudier en appliquant aux autres organes les méthodes que nous avons suivies pour la recherche de l'urée du foie.

Avant de commencer l'exposition de ces expériences, nous devons insister sur ce point que, depuis longtemps, il est certain que l'urée se forme dans les muscles d'animaux à sang froid; on a trouvé ce corps dans les muscles de certains poissons, et, d'autre part, des expériences nous ont prouvé que l'extirpation du foie chez les grenouilles ne fait nullement disparaître l'urée de leur urine, comme elle fait disparaître le glucose de leur sang.

Ce sont là des faits d'une haute importance et qui, s'ils ne sont pas décisifs pour démontrer la formation diffuse de l'urée chez les animaux plus élevés, sont déjà des arguments sérieux, car il n'est pas supposable que le mécanisme de la formation de ce corps puisse être absolument distinct chez les divers êtres.

Mais, messieurs, nous pouvons fournir des preuves directes que l'urée se forme dans les membres et les muscles du chien, dans la rate et d'autres organes encore probablement.

En premier lieu, en étudiant les muscles avec soin, on peut en extraire de l'urée tout aussi aisément qu'on extrait ce corps du foie et en suivant les mêmes méthodes; en second lieu, les dosages décèlent des proportions de substances décomposables par le réactif de Milon et l'hypobromite, plus élevées encore que celles existant dans le foie dans le temps de la digestion, comme vous le jugerez par les chiffres suivants :

1000 grammes de muscles se comportent comme s'ils contenaient :

Chien.	2,4 urée.
Homme.	2,5 —
Lapin (muscles blancs) tué par section du bulbe	3 —

Nous avons bien observé quelques légères variations dans ces quantités, mais n'avons pas trouvé qu'elles fussent nettement produites par l'influence de l'alimentation; nous avons au contraire observé nettement une diminution après la paralysie.

Muscles, paralysés, examinés cinq jours après la section du sciatique	1000 = 1
Muscles du membre non paralysé du même . .	1000 = 2

Ces proportions de l'urée des muscles augmentent énormément après la néphrotomie, et au troisième jour après cette opération nous avons trouvé 8,5 pour 1000 de muscles.

De l'ensemble de ces faits on peut conclure à la formation d'urée dans les muscles avec tout autant de raison que nous avons conclu à sa formation dans le foie, ceci d'autant plus que les analyses du sang artériel et du sang veineux crural montrent que ce dernier contient un peu plus d'urée que le premier.

Chien en digestion, sang artériel	1000 = 1,13
— sang veineux	1000 = 1,07
Chien à jeun, sang artériel.	1000 = 0,26
— sang veineux	1000 = 0,38

Du reste, nous avons également préparé le nitrate d'urée avec les muscles.

Messieurs, la rate, le cerveau, etc., montrent également toutes les réactions de la substance que nous étudions et se comportent comme s'ils étaient plus riches en urée que le sang lui-même, et vous voyez que ce corps apparaît expérimentalement comme une substance qui, ainsi que CO^2, se formerait à peu près partout dans l'organisme.

L'acide urique n'est pas aujourd'hui expérimentalement étudié au point de vue auquel nous venons de considérer l'urée, et on sait fort peu de choses également quant aux organes qui fabriquent ce produit d'oxydation également incomplet connu sous le nom de créatine.

Cependant cette dernière paraît surtout être formée dans les muscles, et l'acide urique semble, d'après certains faits, être formé dans une série d'organes comme l'urée elle-même.

Je veux maintenant vous indiquer brièvement les théories qu'on a successivement soutenues au sujet des points que nous avons essayé d'aborder expérimentalement. Autrefois, on admettait que l'urée se formait dans les reins qui sécrétaient cette substance, comme le pancréas fait des ferments qui se montrent dans le liquide auquel il donne naissance.

Puis Prevost et Dumas ont renversé cette théorie et admis que l'urée se formait par oxydation des matières albuminoïdes dans l'organisme, — opinion qui fut défendue par mon maître également, qui répéta les expériences sur la néphrotomie, et par Picard —; ensuite les travaux faits sous l'inspiration de Hoppe-Seyler voulurent ramener les savants à l'opinion ancienne et localiser surtout dans le rein la production de l'urée.

Ces recherches furent contredites par Grehant.

Pendant que ces faits se déroulaient, on voulut, tout en admettant la non-formation dans le rein, restreindre au foie le rôle d'organe formateur de cette substance.

Finalement, les recherches que nous avons faites nous conduisent à adopter entièrement l'idée de la formation diffuse dans l'organisme avec hyperproduction dans le foie après la digestion.

Dans la prochaine séance nous terminerons l'étude de la sécrétion rénale par le développement de quelques particularités que nous avons laissées de côté pour ne pas entraver l'exposition des faits fondamentaux que nous avions à envisager.

P. Picard.

REVUE GÉOLOGIQUE

Un fossile contesté.

A M. Ém. Alglave, directeur de la « Revue scientifique ».

Mon cher monsieur,

A propos d'une appréciation, trop flatteuse d'ailleurs à bien des égards, de mon livre, *le Monde des plantes,* insérée dans le journal *le Français,* vous me demandez si le reproche qu'on m'adresse d'avoir considéré de simples infiltrations pyriteuses comme représentant un type de fougères silurien, nommé par moi *Eopteris,* infirmerait en quelque chose la doctrine du « transformisme », autrement de « l'évolution ». Cette doctrine consiste, on le sait, à admettre que les formes vivantes soit actuelles, soit celles des temps antérieurs au nôtre, sont les descendants plus ou moins modifiés, parfois très peu altérés, d'une partie des formes propres aux périodes précédentes, les autres plus ou moins nombreuses, selon les cas et la nature des circonstances, ayant chaque fois succombé dans l'intervalle pour ne plus ensuite se montrer jamais.

Dans ce système qui offusque beaucoup d'esprits, peut-être uniquement à raison de sa nouveauté, mais qui ne saurait non plus être repoussé par cela seul qu'il a plu à des matérialistes ; dans ce système, les êtres vivants actuels, au lieu d'être nés brusquement ou à un moment donné, seraient, en se servant d'une comparaison très exacte, les derniers rameaux d'un arbre immense, ramifié d'âge en âge, chacune des branches de la tige mère aboutissant, au moyen de subdivisions partielles, répétées et successives, à l'une de ces entités que l'on nomme « espèce », par suite d'un groupement « conventionnel » des individus les plus ressemblants, de ceux que l'on suppose en même temps assez rapprochés pour être mutuellement et indéfiniment féconds, descendus par cela même d'un ancêtre commun.

Remarquez que dans les deux systèmes, que l'on soit « spécialiste » ou « évolutionniste », on aboutit forcément à cette conséquence d'attribuer une descendance commune à chaque catégorie d'individus plus semblables entre eux qu'ils ne le sont à ceux des catégories limitrophes. — Ajoutez que rien n'interdit d'élargir ou de restreindre le cadre de chacune des catégories auxquelles le nom d'espèce est appliqué, en sorte que cette notion reste flottante au gré des naturalistes même aux yeux desquels elle répond à la seule réalité objective qui existe dans la nature.

Effectivement, pour les non-transformistes, la descendance s'arrête à ce premier degré, et vis-à-vis de tous les autres, c'est-à-dire vis-à-vis des collectivités d'un ordre plus élevé, ils se trouvent subitement aux prises avec une difficulté qui les oblige à tenir pour créés par le cerveau humain, en vue d'une simple facilité de classement, les rapports, très réels pourtant et d'une valeur bien supérieure, sur lesquels les caractères de genre, d'ordre et d'embranchement se trouvent établis. Ce fond commun qui comprend ce que les êtres ont de plus intime dans leur structure n'est plus rien alors à leurs yeux, et ils considèrent par contre comme décisifs des traits différentiels à peine sensibles et empruntés à la forme extérieure seulement. — Il résulte de ce qui précède cette conséquence singulière, sur laquelle j'insiste de nouveau, que l'espèce, seule base supposée immuable du système des non-transformistes, se déplace pourtant d'année en année d'après une loi aussi fatale que celle d'où a dépendu depuis un siècle, en musique, la hausse graduelle et inconsciente du diapason ; l'espèce suit une marche analogue, et sa notion, qu'aucune définition rigoureuse ne limitera jamais, va en s'émiettant de plus en plus. Les espèces linnéennes, sous l'impulsion des naturalistes descripteurs, se changent en véritables sous-genres, et cela est tout simple, puisque ce sont les différences seules qui frappent et que l'on cherche à faire ressortir avant tout. Devant un « jordaniste » convaincu, la plus minime variété, la nuance la plus fugitive, pourvu qu'elle soit l'apanage d'une réunion d'individus, représente une race permanente ou espèce, créée telle originairement et n'ayant plus dès lors dévié de ce qu'elle était au premier jour. La « pulvérisation » de l'espèce, tel est le travail qui s'opère par le fait des naturalistes les plus déterminés à placer cette même notion spécifique au-dessus de tout.

Les évolutionnistes répondent de leur côté que les mêmes connexions ou du moins des connexions sensiblement analogues à celles qui nous portent à grouper les individus nous engagent aussi à rapprocher les unes des autres les collections d'individus préalablement groupés, et que ces groupes d'un ordre supérieur, constituant une hiérarchie exprimée par la classification, ont au moins autant de valeur objective que ceux d'où sortent les espèces, et qu'en réalité ils marquent autant de stades ou états successifs que les êtres ont dû traverser à un moment donné de leur existence antérieure.

En définitive, si l'on adopte cette méthode qui semble avoir la logique pour elle, on arrive à concevoir la possibilité de tracer, par la combinaison des groupements de divers ordres, sauf d'innombrables lacunes et d'inévitables obscurités, l'esquisse d'un arbre réellement généalogique, donnant la mesure des relations génétiques des êtres vivants ou d'une partie d'entre eux.

Une étude patiente et longue sera seule capable de poursuivre une œuvre de ce genre et de rejoindre un à un les fragments généalogiques de la vie; elle y parviendra à l'aide de documents aujourd'hui épars et par l'examen raisonné des organismes vivants et fossiles comparés.

Vous voyez que tout, en fin de compte, se réduit à une question bien simple, simple dans ses termes lorsqu'on la dépouille des ambages dont on cherche toujours à embarrasser sa marche, simple même dans sa solution, avec cette réserve qu'au temps seul et à des études patientes, suffisantes pour occuper plusieurs générations de savants, il sera donné d'en dresser la formule. — Est-il défendu de s'avancer dans une direction déterminée, même à travers de sérieuses difficultés et avec la certitude que l'on ne découvrira pas immédiatement ce que l'on voudrait savoir? Mais cet aiguillon de l'inconnu est celui-là même de la science, et de tout temps on s'est jeté en avant pour saisir plus vite ce que l'avenir seul devait graduellement dévoiler. Il me semble qu'envisagée de sang-froid, cette question de l'évolution ne devrait pas soulever tant d'orages ni tant exciter les ardeurs ou les défiances des matérialistes d'une part, des spiritualistes de l'autre. Ces termes expriment, en réalité, des tendances ou des thèses contradictoires, inhérentes à l'esprit même de l'homme et qui persisteront autant que lui. Le transformisme serait universellement admis, comme il le sera inévitablement quelque jour, avec les modifications de détail que l'observation permettra d'établir, qu'il y aura encore des spiritualistes et des matérialistes, de même qu'au moyen âge il y avait des réalistes et des nominaux et qu'il existe de nos jours des mystiques et des sceptiques.

Nous voilà bien loin de l'*Eopteris;* c'est qu'en définitive l'existence vraie ou supposée de cette fougère importe peu à l'affaire. La pensée ne m'est jamais venue de l'invoquer directement à l'appui du transformisme ni même de considérer sa réalité comme absolument démontrée. J'ai toujours admis l'action d'une infiltration pyriteuse; mais cette infiltration aurait pu se produire de façon à sauvegarder les contours d'une plante silurienne, à moitié effacée par la pression énorme subie autrefois par les schistes ardoisiers, à raison même de cette schistosité. L'examen de plusieurs échantillons de Trelazé qui m'ont été communiqués dans le cours de l'hiver dernier a éveillé chez moi les mêmes objections que chez M. le professeur Hermite. Je n'ai jamais prétendu, il est vrai, que toutes les plaques à infiltration des ardoisières d'Angers fussent des *Eopteris,* et la décroissance régulière des pinnules supposées de l'un de mes exemplaires de la base au sommet de l'organe, de même que leur opposition presque constante, seraient encore à expliquer en présence des deux échantillons qui ont attiré mon attention. Il faudrait expliquer encore la terminaison fort nette de la base, dans un des cas, et l'atténuation graduelle, dans les deux, du rachis ou pétiole commun, le long duquel paraissent attachées les folioles. Une trace d'annélide ne saurait fournir cette explication; on ne voit pas pourquoi la tubulure occasionnée par l'animal aurait ainsi diminué régulièrement d'épaisseur dans une direction déterminée; en outre, la pression exercée aurait inévitablement fait disparaître un creux à peine sensible. Il m'est venu dernièrement à la pensée que ces organes, si comparables à des rachis, pourraient assez naturellement être assimilés à des rayons épars, détachés des nageoires de Sélaciens de la famille des raies; leur terminaison, leur longueur inégale, leur atténuation insensible trouveraient ainsi une raison d'être; mais il resterait à comprendre la conformation régulière et l'égale distribution de ce que j'ai pris pour des folioles, ainsi que l'analogie curieuse de celle-ci avec le type filicoïde non contesté des Cardiopteris dévoniens et paléanthracitiques. Dans tout cela, quoi qu'on fasse, il y a une part évidente de conjecture, mais en ne se résignant pas d'avance et de bonne grâce à être faillible et à le rester, on se condamnerait en revanche à ne rien tenter, à ne jamais rien découvrir; cette dernière mésaventure me serait, je l'avoue, plus pénible que l'autre, puisqu'en définitive la bonne foi et l'amour du vrai sont toujours là pour servir de correctif, sinon d'excuse, aux entraînements de la science.

Vous savez, mon cher monsieur Alglave, avec quelle ardeur je réunis les matériaux d'un livre dans lequel tous les indices de structure, toutes les preuves raisonnées qui démontrent l'étroit enchaînement des diverses régions du règne végétal et qui sont de nature à faire saisir le mécanisme de son évolution, se trouveront exposés en détail. En attendant la publication de ces nouveaux documents, si vous jugez que les lignes que je vous adresse soient de nature à dissiper quelques préjugés, à faire juger moins défavorablement une doctrine qui, partout ailleurs qu'en France, semble définitivement accueillie, veuillez les insérer dans votre *Revue,* et agréer l'expression de mes sentiments les plus distingués.

G. de Saporta.

BULLETIN DES SOCIÉTÉS SAVANTES

Académie des sciences de Paris. — 11 août 1879.

M. Daubrée : L'action érosive des gaz très comprimés. — MM. Cahours et Demarçay : Note sur les acides qui se forment pendant la distillation des acides bruts provenant de la saponification des corps gras. — M. Ad. Wurtz : Réponse à M. Berthelot à propos de l'hydrate de chloral. — M. Janssen : Réflexions au sujet de l'éclipse du 19 juillet dernier. — M. A. Ledieu : Dernière note sur la communication de M. Bouquet de La Grye. — M. Palasciano est nommé correspondant. — M. D. Gernez : La distillation des liquides sous l'influence de l'électricité. — M. Ad. Lieben : La densité du chlore à température élevée. — M. L. Varenne : Une combinaison de l'acide chromique; production d'oxydes métalliques cristallisés par le cyanure de potassium. — M. G. Bouchardat : Identité de l'hydrate de diisoprène et de caoutchine avec la terpilène. — M. G. Lechartier : Conservation des fourrages verts en silo. — M. Arloing : Causes des modifications imprimées à la température animale par les anesthésiques. — MM. Couty et de Lacerda : L'action du venin du *Bothrops jarara cussu*.

M. *Daubrée* présente une note contenant de nouveaux résultats de ses recherches expérimentales sur l'action érosive des gaz très comprimés et fortement chauffés. Les expériences ont été faites avec les gaz de la dynamite et ceux de la nitroglycérine. Les faits constatés montrent de quelle façon singulière de très fortes pressions peuvent modifier les caractères que l'on avait crus autrefois essentiels aux trois états, solide, liquide et gazeux. Tandis que ces pressions forcent les corps solides à s'écouler comme des liquides, elles font agir les gaz à la manière de corps solides et incompressibles, effaçant ainsi des démarcations consacrées par l'usage et montrant la continuité ou mieux l'unité réelle d'action pour les divers états de la matière. Dans les expériences de M. Daubrée, les gaz étaient si fortement comprimés qu'ils se sont comportés comme des corps solides possédant une forte cohérence et une dureté assez considérable pour entamer le fer.

— MM. *Cahours* et *Demarçay* font une communication sur les acides qui prennent naissance lorsqu'on distille les acides bruts provenant de la saponification des corps gras neutres dans un courant de vapeur d'eau surchauffée. Les acides que les auteurs ont pu isoler sont les acides valérique, caproïque, œnanthylique, caprylique et butyrique. Les acides œnanthylique et caprylique paraissent être nouveaux. C'est ce qui résulte nettement d'ailleurs de l'examen comparatif des propriétés de ces corps et de celles des acides isomères déjà connus. Les auteurs ont conclu que ces deux acides appartiennent à la série normale, en se basant sur leurs points d'ébullition, qui correspondent à ceux des acides normaux que l'on connaît, ainsi que sur la composition de leurs sels de chaux, qui offrent une régularité parfaite. Les auteurs ne désespèrent pas de trouver prochainement l'acide acétique ou tout au moins l'acide propionique, ce qui compléterait la série.

— M. *Ad. Wurtz* répond aux remarques qu'a faites récemment M. Berthelot sur sa note concernant l'hydrate de chloral. M. Wurtz avait dit que la vapeur de chloral anhydre et la vapeur d'eau peuvent se rencontrer dans une enceinte maintenue à une température constante, sans donner lieu à un dégagement sensible de chaleur. M. Berthelot fit remarquer que l'appareil employé par M. Wurtz était impropre à démontrer le dégagement d'une faible quantité de chaleur, par la raison que la masse des enceintes et celle des bains liquides ou gazeux qui maintiennent ces enceintes à une température fixe absorbent toute la chaleur dégagée et rétablissent aussitôt l'équilibre de température. M. Wurtz ne croit pas cette supposition admissible, car il comprendrait difficilement que le mélange de vapeurs qui afflue sans cesse dans le réservoir, et qui, d'après M. Berthelot, doit y dégager de la chaleur, cédât continuellement cette chaleur à l'enceinte et pas au thermomètre qui est plongé au milieu. M. Berthelot a soutenu également que la combinaison entre la vapeur d'eau et la vapeur de chloral n'est pas instantanée. M. Wurtz ne veut pas trop le contredire sur ce point, son opinion étant que ces vapeurs ne se combinent pas du tout.

— M. *Janssen* soumet à l'Académie quelques réflexions au sujet de l'éclipse du 19 juillet dernier, observée à Marseille. On sait que l'observation des éclipses partielles est considérée depuis longtemps comme présentant peu d'intérêt pour l'astronomie de position. Les principaux motifs de ce discrédit consistent dans la difficulté de prendre des mesures micrométriques précises sur le soleil, et de déterminer avec exactitude l'instant des contacts. M. Janssen fait voir que cette difficulté disparaît devant les nouvelles méthodes de photographie céleste dont les sciences physiques ont enrichi l'astronomie. Les éclipses partielles peuvent aussi être étudiées avec fruit, au point de vue physique, par l'analyse spectrale et la photographie. Dès 1863, M. Janssen signalait les applications du spectroscope en ces circonstances pour la question de l'atmosphère lunaire. Aujourd'hui il indique celles que nous offre la photographie pour le même objet. On sait, dit-il, qu'on obtient actuellement par la photographie les granulations de la surface solaire. Supposons donc qu'on ait pris une large épreuve d'éclipse partielle où cette granulation soit bien visible. Si le globe lunaire est absolument dépouillé de toute couche gazeuse, la granulation solaire conservera ses formes et son aspect jusqu'au bord occultant lunaire. Si, au contraire, une couche gazeuse de quelque importance se trouve interposée, elle agira dans les conditions les plus favorables pour produire des déformations par réfraction. L'existence et la valeur de ces déformations des éléments granulaires au bord occultant de la lune deviendront dans ces circonstances des critériums très sûrs de la présence et de la densité de cette atmosphère. Enfin, il est encore une question que les grandes photographies solaires peuvent permettre de résoudre très simplement : c'est celle qui concerne la hauteur des montagnes lunaires situées au bord du limbe de cet astre, c'est-à-dire des montagnes qui occupent une région où les mesures, par les procédés actuels, sont les plus difficiles et les plus incertaines.

— M. *A. Ledieu* envoie une deuxième et dernière note sur la communication de M. Bouquet de La Grye, concernant les ondes atmosphériques, dont nous avons déjà parlé. M. Ledieu croit avoir établi d'une manière définitive la réserve qu'imposent les documents fondamentaux du mémoire en question. Pour lui, la question gît tout entière dans le manque de précision des éléments du problème. En d'autres termes, il maintient fermement son opinion sur le rôle effacé qui, pour les relevés délicats, lui semble le partage, non pas de l'Observatoire maritime de Brest, mais de l'établissement du Marégraphe, d'où ont été extraits lesdits éléments. Les braves gens successivement attachés à cet établissement n'ont pu faire l'impossible; les instruments en usage suffisent au rôle modeste qu'ils avaient été jusqu'ici appelés à remplir, mais on ne saurait en tirer des données assez rigoureuses pour mettre en évidence les ondes atmosphériques.

— L'Académie procède, par la voie du scrutin, à la nomination d'un correspondant, pour la section de médecine et chirurgie, en remplacement de feu M. Lebert, de Lausanne. Au premier tour de scrutin, les votants étant au nombre de 29, M. Palasciano obtient 22 suffrages, M. Hannover 6 et M. Ludwig 1. M. Palasciano ayant obtenu la majorité absolue des suffrages est proclamé élu.

— M. *D. Gernez* adresse une deuxième note relative à la distillation des liquides sous l'influence de l'électricité statique. Sans entrer dans les détails de cette note, nous ferons observer avec l'auteur que la distillation constatée est presque exclusivement un transport de liquide, effectué sous l'influence de l'électricité le long des parois conductrices des appareils. Voici d'ailleurs une expérience permettant de bien saisir le mécanisme du phénomène : dans un tube de verre coudé, à branches très inégales, on met deux colonnes liquides d'eau distillée, par exemple. Après avoir mouillé le tube, on fait passer la décharge, et on constate le passage du liquide de la branche positive à la branche négative ; vient-on à enlever une certaine quantité de liquide dans la branche négative, de manière à augmenter la distance des deux surfaces liquides entre lesquelles jaillit la décharge, on reconnaît que, toutes choses égales d'ailleurs, la quantité de liquide transportée est la même, que la distance soit $0^m,12$, $0^m,34$, $0^m,45$, $0^m,54$ et même $0^m,60$; la décharge passe facilement, même dans ce dernier cas, bien que la limite d'écartement des conducteurs entre lesquels elle se produit dans l'air soit beaucoup moindre. M. Gernez a ensuite recherché comment se comportaient les divers liquides. Bien que le transport des liquides ne se produise qu'à la condition que la paroi des vases soit mouillée, l'auteur n'a pas trouvé de relation entre les quantités des liquides entraînés, toutes choses égales d'ailleurs, et les constantes capillaires de ces liquides; mais il a constaté une certaine concordance entre les sens suivant lesquels varient le phénomène et la conductibilité des liquides. Sans doute, la distillation n'a pas lieu si le liquide est très mauvais conducteur, mais lorsque la décharge passe, le transport est d'autant plus abondant que le liquide est moins bon conducteur.

— M. *Ad. Lieben* adresse une communication très intéressante sur la densité du chlore à température élevée. En poursuivant les recherches très importantes que M. Victor Meyer a entreprises sur les densités de vapeur, MM. Victor et Charles Meyer viennent d'arriver tout récemment (*Berliner Berichte*, 1879, p. 1426) à un résultat d'une portée extraordinaire. Ils trouvent qu'à une température de 1240° à 1567° la densité du chlore (par rapport à l'air), n'est plus égale à 2,45, comme on la trouve de zéro jusqu'à environ 600°, mais, au contraire, qu'elle s'abaisse jusqu'à 1,63. Ils en concluent que le poids moléculaire du chlore à cette température élevée n'est plus 71, mais 47,3. Or, ce chiffre n'étant plus un multiple par nombres entiers du poids atomique généralement accepté Cl = 35,5, les auteurs arrivent à la conclusion que le chlore n'est pas un élément, mais contient peut-être de l'oxygène, comme le veut l'ancienne théorie du murium, ou bien, le chlore étant un corps simple, que son atome Cl = 35,5 est composé lui-même d'atomes plus petits, par exemple, de $Cl = \frac{1}{3}$ cl = 11,83.

M. Lieben pense que le fait observé par MM. Meyer peut recevoir une interprétation toute différente de celle qu'il a reçue.

Nous connaissons, dit-il, un nombre très considérable de composés chlorés volatils, et cependant on n'a jamais trouvé dans leurs molécules (déterminées par les densités de vapeur) une quantité de chlore plus petite que celle que nous considérons aujourd'hui comme un atome et qui pèse 35,5 fois autant qu'un atome d'hydrogène. On n'a pas rencontré davantage dans les molécules des composés chlorés des quantités de chlore qui ne fussent pas multiples de 35,5. D'autant plus grand est le nombre des combinaisons du chlore examinées, d'autant plus petite est la probabilité que la valeur que nous appelons I[at] (Cl = 35,5) puisse se dédoubler en atomes plus petits.

Le fait intéressant que la densité du chlore par rapport à l'air diminue avec l'élévation de la température jusqu'à devenir $\frac{2}{3}$ de la densité ordinaire peut être mis d'accord avec le poids atomique et même avec le poids moléculaire du chlore, tels qu'ils sont généralement admis. Il suffit pour cela de supposer que le chlore, à partir d'environ 700°, suit une autre loi de dilatation que les autres gaz, savoir que son coefficient de dilatation soit un peu supérieur à celui de l'oxygène, de l'azote, du gaz soufre et du gaz mercure, dont les densités ont été déterminées par MM. Meyer à des températures élevées.

Il y a d'ailleurs encore une autre manière d'interpréter le fait curieux de la densité amoindrie du chlore. On peut imaginer que les molécules du chlore (Cl^2) subissent, à température très élevée, une véritable dissociation en atomes isolés. Si cette dissociation était complète, la densité du chlore deviendrait la moitié (1,23) de la densité ordinaire. Or il se peut que, dans un certain intervalle de température, la dissociation reste incomplète, de manière que des molécules se décomposent en atomes et que des atomes isolés qui se rencontrent se combinent de nouveau pour régénérer des molécules Cl^2. Il pourrait en résulter un équilibre de telle nature que la moitié des molécules fut décomposée en atomes isolés et, par conséquent, que la densité du gaz devînt $\frac{2}{3}$ de la densité normale correspondant aux molécules Cl^2 non dissociées.

— M. *L. Varenne* envoie deux notes. La première est relative à une combinaison de l'acide chromique avec le fluorure de potassium. Le résultat de cette combinaison est la production d'un sel, le bichromate de fluorure de potassium. La seconde note concerne la production d'oxydes métalliques cristallisés par le cyanure de potassium. L'auteur a constaté, par exemple, qu'un sel d'étain au minimum, traité par le cyanure de potassium, laisse précipiter de l'oxyde stanneux qui, par une ébullition prolongée (deux ou trois jours) avec le cyanure de potassium, se transforme en oxyde cristallisé; en même temps, une très faible quantité d'oxyde stanneux se transforme en oxyde stannique qui se dissout dans l'alcali provenant du carbonate de potasse auquel le cyanure de potassium a donné naissance par ébullition.

— M. *G. Bouchardat* expose une série de faits desquels il résulte que les trois hydrates $C^{20}H^{16}, 2H^2O^2 + H^2O^2$, hydrate de térébenthine, hydrate de caoutchine, hydrate de diisoprène sont identiques. Il ne s'ensuit pas que les divers carbures qui engendrent ces carbures le soient aussi : ainsi, l'essence de térébenthine forme avec le gaz chlorhydrique un monochlorhydrate solide, ce que ne font pas les autres, mais ces derniers, caoutchine et diisoprène, se rapprochent par toutes leurs propriétés du terpilène ou carbure $C^{20}H^{16}$, régénéré du dichlorhydrate d'essence de térébenthine, et sont probablement identiques entre eux; au moins tous les dérivés qu'ils fournissent le sont.

— M. *G. Lechartier* a fait des études sur la conservation des fourrages verts en silo. Il tire de ces observations les conclusions suivantes :

« Quand un fourrage vert est tassé dans un silo, il se trouve dans les mêmes conditions que dans un vase parfaitement clos, quoique sa surface reste en contact avec l'air ambiant. La couche superficielle absorbe l'oxygène de l'air qui la pénètre, et une production continue d'acide carbonique, due au travail même des cellules végétales, fait naître un courant de gaz protecteur. Le dégagement de l'acide carbonique est suffisant pour contre-balancer les effets des variations de la température et de la pression de l'air extérieur. A cette *période de bonne conservation* en succède une autre pendant laquelle le végétal devient inactif. Le dégagement de l'acide carbonique se ralentit au point de ne plus empêcher l'arrivée de l'oxygène au sein de la masse, et la matière végétale n'a plus la même activité pour absorber ce dernier gaz. Dans ces conditions, la conservation du fourrage n'est plus assurée et il ne peut plus se défendre suffisamment contre l'invasion des moisissures. La durée de la période de bonne conservation pour un fourrage ensilé peut varier d'un végétal à l'autre, et, pour une même plante, elle peut être différente, suivant l'état dans lequel elle a été ensilée et suivant la saison qu'elle doit traverser. On pourra recueillir à ce sujet des renseignements utiles en étudiant la marche du dégagement gazeux que produirait ce même fourrage enfermé dans un flacon à l'abri de l'air.

« L'ensilage des racines, et des betteraves en particulier, ne doit pas être confondu avec l'ensilage des fourrages verts.

Dans le cas des betteraves, l'ensilage a pour effet de diminuer autour d'elles l'accès et le renouvellement de l'air et de les mettre à l'abri d'une évaporation trop forte; il a pour but de rendre aussi faible que possible l'activité vitale, mais il ne la détourne pas de sa voie normale au point de lui faire accomplir des phénomènes de fermentation. » La preuve de cette différence a été fournie par l'expérience suivante : le 17 mars 1879, l'auteur a soumis à la distillation avec de l'eau 1,265 grammes d'une betterave saine qui avait passé l'hiver dans un silo de la ferme-école des Trois-Croix. Il n'a pas été possible, à l'aide du carbonate de potasse, de séparer l'alcool des liqueurs distillées, dans des conditions où l'on peut rendre apparents 4/100 de centimètres cubes d'alcool.

— M. *Arloing* fait connaître le résultat de ses recherches sur les causes des modifications imprimées à la température animale par l'éther, le chloroforme et le chloral. Pour l'auteur, le ralentissement des combustions organiques, chez les animaux qui ont franchi la période d'excitation de l'anesthésie, est la cause principale, constante, du refroidissement. Mais, comme ce refroidissement n'est pas proportionnel à la diminution de l'acide carbonique formé par l'économie, il faut ajouter à cette cause principale des causes accessoires, et celles-ci varieront en nombre et en importance avec les agents anesthésiques; tels sont : l'état du réseau capillaire, cutané et pulmonaire, la vaporisation de l'anesthésique dans le poumon, etc.

— MM. *Couty* et *de Lacerda* adressent une note sur l'action du venin du *Bothrops jarara cussu,* serpent dont l'espèce est assez nombreuse au Brésil. Sur les animaux normaux, on a constaté, après injection du venin, des symptômes d'excitation des organes abdominaux; mais la forme de ces accidents d'excitation a été variable, comme si, suivant les animaux, le venin localisait son action tantôt dans un appareil et tantôt dans un autre; mais toujours la mort a été précédée d'une période de paralysie complète du myélencéphale, avec résolution des membres, chute de la tension, accélération du cœur et perte des réflexes médullaires, puis sympathiques. Maintenant, comment expliquer tout cela? C'est ce que les auteurs se proposent de rechercher.

CHRONIQUE SCIENTIFIQUE

Enseignement supérieur. — Le budget de l'instruction publique, voté par la Chambre et qui sera certainement ratifié par le Sénat, dotera l'enseignement supérieur de nouvelles chaires dont nous devons signaler les plus importantes.

Au Muséum, deux chaires nouvelles sont créées : 1° la chaire de physiologie végétale destinée à M. Dehérain; 2° la chaire de pathologie comparée, destinée à M. Bouley. Quant à l'ancienne chaire de physiologie, à laquelle les leçons si remarquables de M. Claude Bernard ont donné tant d'éclat, elle aura pour titulaire M. Rouget, un des professeurs les plus distingués de la Faculté de Montpellier.

Au Collège de France, il est créé une chaire d'histoire des religions, dont le titulaire sera très probablement, soit M. Jules Soury, soit M. Réville, soit M. Maurice Verne.

On pense aussi que le ministre de l'instruction publique créera officiellement à l'École de pharmacie le cours de botanique cryptogamique, fait bénévolement jusqu'ici avec succès par un agrégé, M. Marchand.

— Découverte préhistorique. — Des cavernes des temps préhistoriques viennent d'être découvertes près de Stramberg en Moravie. Les objets qu'elles renfermaient ont établi de la façon la plus claire que ces cavernes ont été habitées par l'homme dans les âges les plus reculés, contemporains du mammouth et de l'ours des cavernes.

Des milliers d'ossements d'animaux, tels que mammouths, rhinocéros, ours, chevaux, cerfs, rennes, ont été recueillis à une profondeur de 2 à 3 mètres, en même temps que des outils en pierre et en os bien conservés, des objets en bronze, cinq anneaux concentriques, un anneau avec une croix ou roue rectangulaire avec quatre rayons, des épingles, des aiguilles percées de trous, des débris de vases en terre, des flèches, un couteau. Ces fouilles, qui excitent vivement l'intérêt des anthropologistes, doivent être continuées sur la colline de Kotousch où les découvertes ont eu lieu.

— Congrès d'archéologie. — La quarante-sixième session du congrès de la Société française d'archéologie aura lieu cette année, du 2 au 7 septembre, à Vienne (Isère). Pendant cette session, des excursions hors de Vienne offriront un intérêt de plus à celui que le congrès trouvera dans cette ville si riche en monuments et autres sujets d'études de diverses époques.

— Nécrologie. — Le docteur Kirk, consul général d'Angleterre à Zanzibar, télégraphie la triste nouvelle de la mort du géographe Keith Johnston. Celui-ci est mort de la dyssenterie le 28 juin, à Berobero, dans l'intérieur, à près de 130 lieues du Dar-es-Salaam, d'où M. Johnston était parti le 14 mai, pour son voyage d'exploration vers le lac Nyassa. M. Thomson, l'assistant du défunt, continue les recherches.

— La « Danse du Soleil » chez les Indiens Sioux. — Il y a environ deux mois le Dr Woobridge, médecin de l'Agence de Fort-Peck, assistait à une « Danse du Soleil » qui fut exécutée près de Poplar-River (Montana), par des guerriers Sioux. Voici, d'après ce médecin, comment et pourquoi a eu lieu cette cérémonie sauvage :

La Danse du Soleil est exécutée en l'honneur du Grand-Esprit pour obtenir ses faveurs et surtout pour qu'il rende les chasses fructueuses.

De grands préparatifs avaient été faits par les Sioux en vue de la Danse du Soleil. Au milieu d'une plaine assez vaste pour les manœuvres de milliers de cavaliers s'élevait le Pavillon ou « Loge de Médecine », formé de pieux de peupliers et entouré de peaux de buffalo. Les hommes étaient admis dans l'espace central, entièrement exposé au soleil.

Pendant les vingt-huit heures qu'a duré la danse, les Indiens ont immolé et mangé une quarantaine de chiens, de la viande de bison, des navets sauvages et toutes sortes de victuailles bouillies dans des chaudrons. L'assistance se composait d'environ cinq mille Sioux; mais, comme il n'y avait que les hommes dans l'enceinte, les femmes et les enfants se tenaient derrière les pieux de clôture. Tous avaient leurs habits de fête; les costumes des prêtres et de quelques chefs étaient vraiment somptueux.

A un signal donné, plus de cinquante guerriers ont fait leur entrée au son de la musique et aux acclamations de la foule. Peints et nus jusqu'à la ceinture, ils portaient sur la tête des ornements de plumes magnifiques et à la main un sifflet en os d'aigle duquel ils tiraient des sons aigus.

Le mépris des souffrances déployé pendant la première après-midi de la danse peut être taxé de merveilleux. Plusieurs Sioux se sont coupé de cinquante à deux cents morceaux de chair vive des bras et du dos. La danse a continué toute la nuit avec la même ardeur. Le matin, la torture régnait en souveraine. Des Sioux dansaient avec deux, trois et quatre têtes de bison pendues à des trous qu'ils s'étaient faits dans la chair.

Un Indien traînait après lui huit têtes de bison attachées aux chairs de son dos. D'autres dansaient attachés à des pieux par quatre cordes dont deux leur passaient dans la poitrine et deux dans le dos. Quelques-uns, attachés comme il vient d'être dit, avaient en outre des têtes de bison suspendues au dos, et dont les cornes les transperçaient jusqu'à mettre leur vie en danger. On en voyait tomber évanouis ou épuisés: mais la danse, la musique et les cris n'en continuaient pas moins.

Danses, prières et invocations étaient marquées par une ferveur extraordinaire. Les Sioux posaient le visage sur les têtes de bison en priant pour le succès de la chasse, pendant que le prêtre demandait à haute voix au Grand-Esprit de leur accorder un gibier abondant, afin qu'ils puissent nourrir leurs femmes et leurs enfants; enfin, une marque blanche ayant été faite en un endroit de quatre pieds carrés dont l'herbe et le gazon ont été enlevés, la distribution des offrandes, consistant principalement en armes et en chevaux, a terminé la « Danse du Soleil ».

— La Sibérie. — La Société impériale de géographie de Saint-Pétersbourg aurait l'intention de se mettre en rapport avec d'autres institutions de l'empire pour éditer en commun une description générale de la Sibérie avec cartes et plans, à l'occasion du prochain anniversaire trois fois séculaire de l'occupation de ce pays par les Russes. La Société se chargerait de la partie purement géographique de ce travail et publierait un recueil bibliographique sur tous les ouvrages traitant de la Sibérie qui ont paru jusqu'à nos jours.

— La pêche fluviale. — Le conseil d'arrondissement d'Arcis-sur-Aube vient, dans sa dernière session, d'émettre, à propos de la pêche fluviale, une idée qui ne manque pas d'originalité. De même qu'on ne peut chasser sans un port d'armes, on ne saurait pêcher sans un permis d'employer les engins, lignes ou filets qui servent à atteindre le poisson. Par ce moyen, disent les conseillers de l'arrondissement d'Arcis, on préserverait le poisson comme on préserve le gibier d'une trop grande destruction et on augmenterait les ressources financières des communes. Ce vœu coïncide justement avec la publication faite il y a quelques jours au *Journal officiel* du rapport de la commission nommée au Sénat sur la demande de soixante sénateurs pour examiner les moyens d'arrêter le dépeuplement des eaux. Cette question du dépeuplement ferait bien à l'ordre du jour des conseils généraux, et peut-être se produirait-il des idées curieuses et des vœux intéressants comme celui qu'on vient de relater.

— Voyage dans l'Océan Glacial. — Le *Dagblad*, de Copenhague, annonce, à la date du 5, qu'on a reçu à Stockholm une lettre du professeur Nordenskjœld, chef de l'expédition suédoise dans l'Océan glacial arctique.

Dans cette lettre, qui a été écrite le 20 février, à l'entrée occidentale du détroit de Behring, le professeur Nordenskjœld disait qu'il espérait sortir des glaces au mois de juin et atteindre alors le Japon. Il avait encore une quantité suffisante de vivres et 4500 pieds cubes de charbon.

— Les canons Krupp. — Les expériences de tir avec les canons Krupp ont commencé le 5 août au polygone de Meppen, près de Munster, en présence d'un grand nombre d'officiers supérieurs et d'envoyés militaires de différents pays. On sait que Meppen est une petite ville de 3000 habitants, située sur la ligne du chemin de fer de Westphalie, à quelques kilomètres des fonderies d'Essen auxquelles la relie un embranchement de la voie ferrée. Le polygone de Meppen, qui est parfaitement uni, a plus de 4 lieues de long sur une lieue de large; le sous-sol est formé de sable. On communique d'une extrémité à l'autre de cet immense champ de tir au moyen de fils électriques. Le premier jour a eu lieu l'essai d'un canon de 40 centimètres pour batterie de terre. Ce canon se charge, comme tous ceux du système Krupp, par la culasse; il a 33 pieds de long et 16 pouces de diamètre; les projectiles employés étaient des obus pointus, chargés de sable et pesant 1711 livres. Dix de ces projectiles ont été lancés au moyen de poudre prismatique d'un poids de 425 livres, contre une cible de 10 pieds carrés. Les deux premiers n'ont pas atteint le but; mais les huit autres l'ont frappé dans un parallélogramme de 2 mètres et demi de large sur un 1 mètre de haut, avec une vitesse initiale moyenne de 1648 pieds par seconde.

On a essayé ensuite un obusier rayé de 28 centimètres, de 11 pouces de diamètre et du poids de 10 tonnes. Les résultats pour 10 décharges avec des obus ordinaires ont été très satisfaisants; les expériences ont été continuées le lendemain avec le canon à pivot à bouche sphérique. Ce canon, qui est du calibre de 15 centimètres, avec trente-six rainures, semble appelé à un grand avenir comme moyen de défense dans les positions exposées.

— Les accidents sur les chemins de fer. — On vient de publier la statistique des accidents résultant de l'exploitation des chemins de fer du Royaume-Uni, en 1878.

Le nombre des personnes tuées a atteint le chiffre de 1103, et celui des blessés 4007. Parmi ces individus il y a eu 125 voyageurs tués et 1752 blessés. Les agents des Compagnies ou des entrepreneurs figurent dans le total pour 544 tués et 2003 blessés; les accidents occasionnés par les passages à niveau, l'inobservation des règlements ou les suicides, ont amené la mort de 384 personnes, et 252 ont été blessées.

Parmi les voyageurs atteints, 24 ont été tués, et 1172 blessés par suite d'accidents de trains. De plus, les rapports des Compagnies indiquent que 59 personnes ont perdu la vie et 2050 ont été blessées par suite d'accidents dans les gares, accidents dont la mise en mouvement des véhicules n'était pas la cause.

La proportion des personnes atteintes en 1878 par suite de circonstances indépendantes de leur volonté ou d'imprudence a été de 1 tué sur 23 400 000, et de 1 blessé sur 481 000.

En 1877, cette proportion était de 1 tué sur 40 144 876 et 1 blessé sur 429,924.

Le nombre total des voyageurs, non compris les porteurs de cartes d'abonnement, a été de 565 024 455, soit 13 430 000 de plus qu'en 1877.

Calculées sur ces bases, les proportions de voyageurs tués ou blessés en 1878 par suite de ces différentes causes ont été, en nombres ronds, de 1 tué sur 4 520 000 et 1 blessé sur 322 000.

En 1877, ces proportions étaient respectivement de 1 tué sur 4 377 727 et 1 blessé sur 429 924.

Le nombre des kilomètres exploités sur les lignes du Royaume-Uni en 1878 a été de 27 888; en 1877 il était de 27 476, soit en plus, pour 1878, 412 kilomètres.

— Une application de l'électricité a la navigation. — *L'Électricité* raconte qu'on vient de faire en Angleterre une application très ingénieuse de l'électricité à la navigation. Un Anglais, M. Henry Severn, aurait réussi à établir, dans l'intérieur du navire, une sorte d'instrument à l'aide duquel le capitaine est averti au moyen d'une sonnette dès que le bâtiment cesse de suivre la route prescrite. Cette sonnette est mise en mouvement d'une manière automatique par toute déviation de la route indiquée à l'avance. Le timonier ne pourrait changer de direction sans qu'un témoin vigilant avertisse à l'instant le capitaine de la faute commise.

En supposant qu'en quittant le pont, le capitaine ait donné l'ordre de suivre une direction, il place l'aiguille de l'instrument à un certain angle, et au lieu d'avoir comme aujourd'hui à veiller constamment sur la boussole pour savoir si ses ordres sont suivis, il s'en remettrait à l'appareil de M. Henry Severn qui l'en informe par son silence, et, en cas contraire, l'avertit par son tintement. L'instrument ne cesse de résonner que quand le bâtiment a repris la marche prescrite.

Deux index métalliques sont placés au-dessus de la rose des vents de la boussole : l'un à bâbord, l'autre à tribord de la direction choisie, c'est-à-dire l'angle de route étant la bissextrice de l'angle formé par les deux index et la projection du centre de suspension de l'aiguille. La grandeur de cet angle est déterminée par la latitude que le commandant laisse au timonier pour les embardées qu'il est obligé de faire soit à bâbord, soit à tribord. Si la rose des vents, qui, comme on le sait, est mobile avec l'aiguille, porte une pointe métallique, que le courant d'une faible pile soit introduit par l'axe, le contact avec les index ne peut se produire sans que le circuit soit fermé.

Il est clair que si le navire sort des limites angulaires prescrites, un courant peut s'établir et une sonnette d'alarme le mettre en action jusqu'à ce que le navire reprenne sa route.

La sonnerie peut être établie n'importe où, et, par conséquent, rien n'empêche de la placer dans la chambre du capitaine.

La question à résoudre est de savoir si ce dispositif nuit à la sensibilité de la boussole.

C'est une question à laquelle l'expérience seule permettra de donner une réponse.

— Les fougères comme alimentation. — Au Japon, pendant la belle saison, les habitants des hautes montagnes argileuses tirent presque toute leur alimentation des fougères, qu'ils nomment *Warabi*. Au printemps, ils en mangent les jeunes feuilles; plus tard, ils se nourrissent avec l'amidon qu'ils extrayent de leurs racines. La préparation en est des plus simples. On commence par laver les racines pour en enlever la terre, puis on les concasse avec un maillet, ensuite on agite les débris dans des réservoirs d'eau formés par des troncs d'arbres creusés, et on envoie cette eau déposer l'amidon dont elle s'est chargée dans des réservoirs analogues placés au-dessous. On obtient ainsi en amidon environ 15 pour 100 du poids des racines employées. Chaque hameau a un emplacement spécial affecté à cette opération; les résidus de ces lavages y forment des masses considérables qui témoignent de l'importance de cette fabrication. C'est pour assurer la reproduction de ces fougères que les habitants incendient, tous les deux ou trois ans, les herbes et les broussailles venues à l'ombre des chênes et des châtaigniers. Cette pratique déplorable, signalée précédemment, a dévasté toute la région; les arbres qui y ont résisté sont très clair-semés; la plupart sont sur vieilles souches; leurs troncs portent des cicatrices profondes produites par le feu; les pieds, qui ont plus de 1 mètre 50 de circonférence, ont le cœur pourri. A quelque point de vue qu'on se place, on ne peut que regretter de semblables usages.

— Le Tour du Monde, *Nouveau Journal des Voyages*. — Sommaire de la 971e livraison (16 août 1879). — Le Maroc par M. Edmondo de Amicis (1875). — Traduction et gravures inédites. — Douze gravures de C. Biseo, G. Vuillier et E. Bayard

— Sommaire de la 972e livraison (23 août 1879). — Le Maroc, par M. Edmondo de Amicis (1875). — Traduction et gravures inédites. — Dix gravures de C. Biseo et E. Bayard.

Le propriétaire-gérant : Germer Baillière.

Paris. — Impr. J. Claye. — A. Quantin et Cie, rue St-Benoît. [1527]

LA

REVUE SCIENTIFIQUE

DE LA FRANCE ET DE L'ÉTRANGER

REVUE DES COURS SCIENTIFIQUES (2e SÉRIE)

DIRECTEUR : M. ÉMILE ALGLAVE

2e SÉRIE — 9e ANNÉE | NUMÉRO 9 | 30 AOUT 1879

ASSOCIATION FRANÇAISE

POUR L'AVANCEMENT DES SCIENCES

Congrès de Montpellier.

SÉANCE D'OUVERTURE

M. BARDOUX

Président de l'Association.

De la nécessité de réformer les méthodes d'enseignement en France.

Messieurs,

C'est un éclatant honneur de succéder aux hommes éminents dont l'Europe connaît le nom; c'est aussi un grand péril. Pour justifier votre choix à la présidence, il ne suffirait pas d'être sincère dans sa modestie et dans son dévouement à votre œuvre. Mais notre association, courageuse et indépendante, recherche avant tout des faits et des idées, elle accueille avec bienveillance les intelligences de bonne foi, et ne demande à chacun de ses membres que de s'intéresser à l'une des parties du vaste domaine qu'elle exploite.

Les méthodes de pédagogie et d'éducation sont assurément l'un des plus graves problèmes qui puissent s'imposer à nos méditations. S'il est vrai que les progrès ne sont possibles dans une nation que si tout le monde y collabore, on peut assurer que jamais l'attention publique n'a été plus éveillée et plus désireuse de voir améliorer notre organisation scolaire à tous les degrés. Que, dans leur ardeur patriotique, les esprits les plus résolus ne s'y méprennent point! La tâche est ardue et compliquée; elle demande plus que des mois pour être menée à bonne fin. On ne s'attaque pas impunément à des habitudes d'enseignement; et, quels que soient l'activité et le dévouement des membres du corps enseignant, on ne transforme pas du jour au lendemain, dans un pays comme le nôtre, des convictions et des méfiances respectables. On ne fait sur ce terrain que de lentes conquêtes; elles sont si décisives et elles peuvent modifier si complètement l'âme même de la nation, que l'on comprend dans le passé toutes les hésitations et les scrupules de la responsabilité. L'heure est venue de prendre un parti! Grâce aux missions confiées à des maîtres distingués, les comparaisons sont faciles avec les méthodes employées chez les peuples les plus compétents en science pédagogique. Une précaution est pourtant nécessaire, c'est approprier les réformes accomplies ailleurs au génie de notre nation, au caractère de notre démocratie, caractère qui nous sépare si distinctement de la démocratie américaine.

C'est un axiome que la première loi de l'éducation est d'élever les jeunes générations pour le milieu social où elles doivent vivre. Les méthodes d'éducation doivent donc se modifier avec la société même. Aussi tous les publicistes, tous les professeurs, qui ont apporté leur expérience à la solution du problème que nous étudions, M. Michel Bréal, comme M. Jules Simon, ont-ils opposé la société d'avant la Révolution à la société contemporaine. On l'a justement constaté; ce ne sont pas nos Facultés qui continuent l'antique Université de Paris, c'est notre instruction secondaire qui se rattache à l'ancien collège de Sorbonne, et même à la vieille école du cloître Notre-Dame. Nous ne le nierons pas : l'idéal que les professeurs des lycées ont eu longtemps en vue, et qu'on a eu le tort de leur reprocher, était l'honnête homme, tel que l'entendait le XVIIe siècle, un esprit sensé et droit, ayant au service de ses idées une expression toujours naturelle et juste. Ce n'était pas un idéal à dédaigner; c'est avec lui qu'on a élevé les générations de la Restauration, de la monarchie de Juillet, et cette école admirable d'hommes d'affaires qui avaient su mettre en équilibre l'imagination, la fécondité des ressources et le jugement. Mais des changements économiques d'une portée incalculable ont modifié le monde, le suffrage universel a anéanti l'ancienne société politique, et les progrès de la science, descendant des théories dans les applications multiples, ont changé toutes les conditions de l'industrie. La vie est plus qu'autrefois une bataille où il faut être armé jusqu'aux dents. Nous n'avons plus derrière nous, pour nous soutenir dans la lutte, les traditions, les souvenirs et ce fonds permanent d'attaches provinciales, si puissantes quand la vie était circonscrite. On est plus souvent seul; il est nécessaire d'être plus fort. Il faut donc de bonne heure accoutumer les enfants à vouloir. C'était l'observation générale qu'avaient présentée dès 1868, dans leur intéressant rapport sur l'enseignement en Angleterre, MM. Demogeot et Mantucci.

Il faut désormais ne plus faire de la mémoire la base même des méthodes de l'enseignement.

Dès le premier âge, il faut intéresser l'enfant en l'amusant, exciter et diriger son attention, l'accoutumer à représenter ou à réaliser les objets de ses conceptions. L'enfant connaît beaucoup plus de choses qu'il n'en peut exprimer. Parce que nous lui apprenons de nouveaux mots, nous ne lui communiquons pas en même temps des idées nouvelles.

Les États-Unis, affamés d'instruction primaire, ont réalisé à ces points de vue de véritables progrès où se révèle leur esprit pratique.

Nous avons beaucoup à prendre dans les méthodes en usage dans les écoles primaires de cette race où la femme de l'ouvrier est la première institutrice de ses enfants, où elle leur apprend à lire avant de les confier à un autre.

L'ancienne méthode de lecture, la méthode alphabétique, la plus longue, celle que nous avons tous connue, n'est guère plus employée pour l'enseignement de la langue maternelle. Les idées si souvent justes de Frœbel, dictées par des observations pleines à la fois de finesse et de tendresse, ont beaucoup aidé à ces modifications ingénieuses.

Il ne faudrait pas toutefois croire que nos écoles primaires fussent fermées au progrès pédagogique. Lors de la dernière Exposition universelle, un congrès d'instituteurs, choisis dans chaque département, a été organisé à Paris. Les maîtres les plus éminents et les plus compétents ont tenu à honneur d'enseigner les nouvelles méthodes dans des conférences dont l'influence n'est pas effacée.

Apprendre à lire n'est rien, si en même temps on n'apprend pas à aimer le livre. Avec quelle douleur ne devons-nous pas constater l'infériorité de la France dans la production de cette littérature familière sans bassesse, gaie sans scepticisme, instructive sans lourdeur, qui fait l'éducation et la récréation des enfants, et surtout des jeunes filles, en Allemagne, en Angleterre, aux États-Unis! Comment se fait-il que dans notre pays, dont le passé est si riche en légendes poétiques, en œuvres d'imagination, il ne se soit pas rencontré un véritable écrivain populaire réunissant les précieuses qualités françaises avec le don du merveilleux, la raison sans le pédantisme? On n'écrit point chez nous pour les masses, a dit M. Bréal, et il ajoute : « Au lieu qu'en d'autres pays il y a des écrivains connus et aimés de la nation entière, rien de pareil ne se voit en France : nous avons deux nations : l'une pense, lit, écrit, discute et contribue au mouvement de la culture européenne; l'autre ignore cet échange qui se fait à côté d'elle. »

Comment combler cette lacune? Ce ne seront pas les petits journaux avec leurs romans qui pourront remplacer ces livres de lecture courante que l'élève prend plaisir à feuilleter, quand il sort de classe, ces contes, ces poésies naïves, qu'il relit dans ses heures de repos, et qui bercent sa jeune imagination avant que les réalités de la vie ne l'aient flétrie. Des œuvres estimables, remplies de bonnes intentions, ne tiendront jamais lieu du vrai talent et ne traceront pas ce sillon lumineux derrière lequel courent en jouant les jeunes générations.

Que de femmes distinguées en Angleterre, en Amérique, ont usé dans l'ombre un talent de premier ordre à cette éducation morale de la jeunesse! C'est l'une d'elles qui donnait pour devise à ces petits livres le mot profond : « Il y a plus de progrès fait dans un seul acte spontané de conscience que dans l'accomplissement à demi routinier d'une douzaine de devoirs écrits. »

Ce sont ces femmes-là qui élèvent et font des hommes. Elles remplacent bien des méthodes.

Nous aurions encore beaucoup d'exemples à suivre dans la manière de donner les leçons à l'enfant : savoir éclairer le patriotisme naissant, fortifier le respect, appeler les premières admirations sur les vérités solides et vraies, sans s'écarter du sujet de la classe, autant de qualités pédagogiques à avoir!

Nous les acquerrons. La nécessité nous aidera dans toutes ces améliorations. Voyez ce qui s'est accompli, depuis quelques années, pour l'enseignement de la géographie! Notre ignorance était célèbre en Europe.

L'ancienne méthode, toute hérissée de rebutantes nomenclatures, est abandonnée. La géographie devient une science descriptive. On reconnaît que le début des études géographiques doit être la connaissance du voisinage immédiat, l'orientation non sur la carte, mais sur le terrain. Le matériel était grossier et ne s'adressait qu'à la mémoire. Il est remplacé chaque jour par des instruments nouveaux. Les appareils, les tableaux, les collections, sont faits pour donner aux enfants des habitudes d'attention et de curiosité.

« Il n'y a tel que d'allécher l'esprit, a écrit le meilleur des pédagogues, Michel Montaigne; autrement on ne fait que des ânes chargés de livres. »

C'est la mémoire, une trop grande importance attachée aux mots, qui est un des vices des méthodes de l'enseignement secondaire. Rollin déjà lui adressait ce reproche. Le mal n'a fait que s'accroître depuis que le but poursuivi est le baccalauréat. Se préparer aux examens est la préoccupation; aussi plus de curiosité d'esprit, plus de goût pour les belles choses, et, après sept années consacrées à l'étude de l'antiquité, une aversion pour les grandes œuvres; c'est à notre organisation sociale qu'en partie ces reproches doivent être adressés; avant la Révolution, on élevait tous les jeunes gens comme s'ils se destinaient à être prêtres; de nos jours, la multiplication des écoles spéciales, la nécessité d'une limite d'âge souvent fort étroite, le désir de devenir le plus vite possible un fonctionnaire, l'ascension toujours croissante de la démocratie, ont imposé des systèmes qu'on ne peut qu'améliorer, mais qu'on s'efforcerait vainement de détruire. Le moule dans lequel se meut et se développe la société française est d'une telle forme et d'une telle résistance qu'il serait puéril d'espérer le briser. Des réformes radicales dans notre enseignement secondaire sont chimériques.

Qui ne sait, par exemple, les périls et les défauts de l'internat, dont le mécanisme, comme on l'a dit, a pour pièce principale le maître d'études? Qui ne connaît les dangers pour l'éducation de cette petite société artificielle?

Sans doute, au point de vue hygiénique, nous aurons des établissements plus vastes, plus aérés; sans doute nous construirons, en plus grand nombre, de petits lycées pour les plus jeunes écoliers. Mais, quelles que soient les améliorations, croit-on que l'habitation dans les lycées de tous les enfants des classes moyennes pendant les années décisives de la vie ne leur laisse pas une empreinte ineffaçable? Croyez-vous que sept ou huit ans d'internat soient sans indifférence pour l'initiative du caractère, pour l'originalité de l'esprit et pour l'amour de la famille?

Il ne faut pas croire qu'on pourra transformer nos maîtres d'études en tuteurs à la façon anglaise, ou qu'à leur défaut on pourrait charger les meilleurs élèves de contribuer au maintien de la discipline.

On ne trouvera pas davantage, comme en Allemagne, ces familles honorables qui, depuis plus d'un siècle, consentent à donner aux élèves des gymnases le vivre et le couvert à bon compte, et les traitent comme les camarades des enfants de la maison.

L'internat subsistera; il faut s'efforcer d'y substituer de plus en plus l'éducation à la discipline. Dans un temps où les questions relatives à l'éducation excitent un si vif intérêt, nous croyons fermement à la valeur des proviseurs dévoués à cette rude mission, à leur utile influence personnelle; mais l'étude des règlements intérieurs se lie si entièrement au programme des examens et aux méthodes pédagogiques, qu'on ne peut réformer les uns sans toucher aux autres.

Lorsque parut, le 27 septembre 1872, la remarquable et vaillante circulaire qui produisit une si vive émotion dans l'Université, on s'aperçut que ce qui manquait le plus aux écoliers, c'était le temps. Les journées étaient si bien remplies, les devoirs à écrire si multipliés, les leçons à apprendre si nombreuses, qu'il parut matériellement impossible d'ajouter encore un surcroît de besogne. Le fardeau eût été trop lourd, et cependant il fallait faire une plus grande place aux langues vivantes. La langue française elle-même, particulièrement dans ses origines, n'était pas assez étudiée; la connaissance des dates et des menus détails l'emportait dans l'enseignement de l'histoire sur la lecture des historiens. Enfin les sciences, avec l'importance qu'elles ont prises, attendaient un plus complet appui. C'est alors que fut proposée la suppression des vers latins et la diminution du nombre des thèmes.

Je n'exagère pas en affirmant que ce fut presque une révolution dans le corps enseignant. Il n'y était pas préparé. La première chose à tenter pour qu'une réforme même partielle du programme des études et des méthodes ait chance de succès, c'est de convaincre l'Université de cette nécessité. Une réforme faite contre elle et malgré elle ne durera pas; acceptée par elle, elle produira tous ses fruits.

Pour qui connaît l'excellent esprit qui anime nos professeurs, pour qui sait à quelle source de grandeur morale ils ont puisé pendant leurs années d'école normale, pour qui a pu juger la direction que donne à nos futurs maîtres un homme comme M. Bersot, il n'y a pas de doute. La majeure partie de l'Université sera amenée à désirer des méthodes nouvelles.

Il ne peut être question un seul instant de supprimer l'étude du grec et du latin, d'enlever à l'esprit de l'enfant la connaissance de ces chefs-d'œuvre de poésie et d'éloquence, de sagesse et de bon sens, de ces beautés morales où l'humanité s'est tant de fois désaltérée, où elle a repris confiance en elle-même, aux heures les plus sombres de ses destinées.

Mille fois non! Ne plus connaître Homère et Platon, Eschyle et Sophocle, Virgile et Horace, Cicéron et Sénèque! qui peut y songer! ce serait faire la nuit dans l'intelligence! Il s'agit de supprimer la méthode inventée dans une époque où non seulement les sciences n'avaient pas acquis toute leur importance, mais où les conditions sociales étaient différentes.

Il ne peut être question d'altérer le caractère de notre esprit national, ni même de diminuer l'importance de la culture du goût. Doit-on seulement employer encore huit ans à ne pas apprendre le latin?

Ce qui doit dominer dans la classe, c'est l'explication.

Les extraits, les abrégés ne donnent aucune idée juste d'une littérature. C'est ce que Bossuet écrivait dans ses lettres souvent citées sur l'éducation du Dauphin : « Nous lui avons fait lire chaque ouvrage entier, de suite et comme tout d'une haleine, afin qu'il s'accoutumât à découvrir tout d'une vue, le but principal d'un ouvrage et l'enchaînement de toutes ses parties. »

Nous renvoyons à la lecture des beaux livres de M. Michel Bréal et de M. Jules Simon.

Ce que nous voulons ardemment, c'est qu'il n'y ait plus de défiance pour la science; ce que nous voulons, c'est une instruction qui développe le jugement, qui mette en garde par la réflexion contre les chimères, sans éteindre dans l'âme le culte désintéressé du beau. Ce que nous voulons, c'est exciter dans les jeunes gens la soif du savoir, remplir plus leur cœur que leur mémoire et donner de l'attrait à cette étude des lettres latines et grecques, jouissance de toutes les intelligences élevées, et qui ne rappellent à la plupart des écoliers devenus hommes que de la fatigue et de l'ennui.

Cette réforme est urgente et, en l'exécutant avec prudence, elle est possible. Notre enseignement secondaire l'espère et l'attend.

Nous aurions beaucoup à dire si nous parlions des Facultés des lettres et des sciences et de l'ensemble de l'enseignement supérieur; ce dont il avait le plus besoin, c'était d'un outillage et d'un matériel à la hauteur des immenses services que rend la science. Grâce à la libéralité des deux Chambres et du gouvernement de la République, des laboratoires sont créés et dotés, les cabinets de physique et de chimie sont pourvus des appareils, des ustensiles, des collections nécessaires, les bibliothèques spéciales peuvent acquérir les livres que l'érudition étrangère réservait jusqu'à ce jour à quelques élus.

On travaille enfin, et sur tous les points de la France on sent comme le frémissement de l'œuvre qui s'élabore.

S'il fallait un exemple, nous le trouverions, messieurs, dans cette ville, pleine de souvenirs et d'un caractère si particulier, à la fois artiste et savante, réunissant les dons si variés de notre race et qui donne à notre Association une hospitalité libérale dont nous sommes fiers. Montpellier, par sa vieille école de médecine si justement célèbre, par les maîtres illustres qui l'ont honorée, par les sacrifices que ses conseils élus ont su toujours consentir pour la noble cause de l'instruction publique, méritait, à tous les titres, d'être choisi par le Congrès pour le siège de ses délibérations. Nous remercions du fond du cœur la municipalité et la commission.

M. LAISSAC

Maire de Montpellier.

Messieurs les Membres du Congrès,

La ville de Montpellier est heureuse et fière de vous recevoir dans son sein.

La présence dans nos murs des plus illustres représentants de la science ne peut que jeter un nouvel éclat sur notre cité.

Les professeurs de nos facultés, mettant à profit les résultats de vos consciencieuses et intelligentes méditations, seront plus à même de justifier, dans leur enseignement plus élevé et agrandi, la légitime réputation de nos écoles.

Cédant à une pensée féconde de décentralisation scientifique, vous venez apporter à l'extrémité de la France cette incitation au travail collectif, à l'échange d'idées entre savants, à cette vie en commun qui fait de Paris la capitale du monde intellectuel.

La municipalité de Montpellier, heureuse de remplir les obligations que les circonstances lui imposent, met à votre disposition toutes les ressources qu'elle peut vous offrir. Son vif désir et son devoir sont de vous rendre votre tâche plus facile dans l'accomplissement de votre mission au milieu de nous.

En parcourant nos riches collections et nos bibliothèques, vous vous associerez, j'ose l'espérer, à la haute opinion qu'ont déjà conçue, de la valeur scientifique de Montpellier, tous les hommes compétents qui les ont visitées.

Si, parmi tant de villes importantes qui réclamaient le même honneur, vous avez fait choix de Montpellier pour le lieu de votre réunion, c'est, qu'il me soit permis de le dire, à raison de l'éclat qui a honoré nos facultés dans le passé et dont elles n'ont pas cessé de se montrer dignes.

La situation particulière où nous nous trouvons en ce qui touche l'enseignement supérieur rend plus précieuse encore votre présence dans nos murs. Elle est un témoignage de haute estime et un nouveau titre à la création d'un centre universitaire à Montpellier.

En terminant, messieurs, je vous dirai comme on vous l'a dit ailleurs : « Vous êtes les bienvenus parmi nous. »

Mais je désire que vous voyiez dans ces mots, non pas tant la formule consacrée d'un sentiment de cordiale courtoisie, que l'expression toute particulière de notre reconnaissance et de nos plus vives sympathies.

M. E. CAZELLES

Préfet de l'Hérault.

De l'influence sociale de l'esprit scientifique.

Messieurs,

Mon ami le maire de Montpellier vient de vous souhaiter la bienvenue, en vous remerciant d'avoir choisi pour lieu de votre réunion de cette année une ville que la science a rendue fameuse. Il a parlé au nom de ses concitoyens qui s'honorent tous de votre visite, et dont un grand nombre comptent bien en retirer un avantage pour le perfectionnement de leur esprit. A ce titre, il a parlé pour moi, et je n'aurais qu'à me taire et à écouter vos doctes discussions, si, par une dérogation à vos usages, trop flatteuse pour celui qu'elle honore, je n'avais été invité à saluer à mon tour une assemblée de savants parmi lesquels je reconnais des maîtres et des amis. Je me rends à cette invitation avec plaisir, parce que je me sens à l'aise avec vous. Je suis certain qu'en exprimant ma sympathie personnelle pour votre association, je ne fais que rendre les pensées que les efforts tentés pour l'avancement des sciences, en France, doivent suggérer à l'esprit d'un préfet de la République.

Naguère encore vous pouviez, soucieux de votre indépendance, chercher à l'assurer en vous isolant des représentants de l'administration supérieure. Vous pouviez craindre pour vos discussions une gêne morale. Aujourd'hui vous n'avez rien de tel à redouter : le gouvernement a confiance en vous parce que vous êtes, et que vous ne pouvez pas ne pas être dévoués à la liberté.

Les hommes que la volonté du peuple a portés au pouvoir sont les amis du progrès : ils savent que vous en êtes les artisans et que vous y travaillez avec un parfait désintéressement. Ils voient en vous de bons serviteurs de leur cause, des auxiliaires de leur politique, même dans ceux d'entre vous que d'anciennes habitudes émotionnelles attachent à un autre idéal. Pour la première fois la France possède un gouvernement régulier, dont les aspirations sont franchement en harmonie avec vos véritables tendances. Les principes qui le légitiment et qui le soutiennent, sont ceux-là mêmes dont la pratique est essentielle à l'œuvre que vous accomplissez. Non seulement vos travaux l'illustrent, mais l'influence que, grâce à vous, l'esprit scientifique sait prendre sur l'opinion, le consolide.

Rien n'est plus désirable dans le monde moderne que l'extension de cette influence : le progrès n'a pas eu d'agent plus puissant depuis deux siècles. Notre gouvernement est donc porté par une inclination naturelle à montrer sa sympathie pour les savants, à encourager l'exercice d'une fonction sociale qui leur appartient, parce qu'il en comprend tout à la fois la portée actuelle et les effets à venir.

Cette fonction consiste à faire l'éducation de l'opinion. Rien de moins, messieurs.

Je ne veux pas dire qu'il vous appartienne, ni qu'il doive entrer dans vos vues, de promulguer des formules de croyance et de les notifier, au nom de votre science, au peuple qui serait tenu de les adopter, et d'en faire les mobiles de sa conduite. Non, je ne prétends pas que le rôle social des savants soit tel que le concevait un des plus illustres penseurs de ce siècle, un enfant de cette ville, Auguste Comte. Je n'attends pas que la discipline mentale de la société moderne s'établisse d'après le mode qu'il a décrit. Je ne crois pas que votre influence doive s'exercer par voie d'autorité, ni que vous en soyez réduits pour la faire prévaloir, à vous grouper sous la forme d'une corporation scientifique investie d'un pouvoir spirituel sans limite qui serait exercé par l'autorité d'un pontife.

Vous seriez les premiers à repousser une organisation qui soumettrait l'allure libre de vos études à la direction autocratique d'un chef, auquel seul demeurerait dévolu le droit de dire quelles recherches sont utiles, et d'interdire celles qu'il jugerait ne pouvoir servir au perfectionnement matériel et spéculatif de l'humanité.

Si regrettable que paraisse, aussi bien au point de vue des

recherches spéculatives qu'à celui des applications pratiques, la dispersion de nos forces sous le régime scientifique actuel, ce n'est pas dans une organisation où l'*à priori* occupe une trop grande place, que l'on peut chercher un remède susceptible d'effacer la disproportion qui s'accuse entre les efforts tentés et les résultats obtenus. On peut signaler dans le travail intellectuel une anarchie, aussi réelle et aussi regrettable que celle que l'on a si souvent reprochée à l'organisation actuelle du travail industriel. Mais, pas plus dans un cas que dans l'autre, nous n'admettons que le régime protecteur ait la rare vertu de supprimer tout le mal accusé et de produire tout le bien promis, par le seul moyen qui consiste à faire cesser la liberté. Si l'on aperçoit, même avant de les avoir subis, les maux que peut engendrer le règlement par voie d'autorité des rapports d'affaires, on voit aussi ceux que ferait naître inévitablement le règlement autocratique des relations intellectuelles.

On a vu des hommes d'État créer des industries sur des points où elles n'auraient pas pris naissance spontanément, et, grâce à des mesures protectrices, les conduire à une grande prospérité. Mais aucune expérience ne nous montre l'éclosion et le développement artificiels d'une science, de par le *motu proprio* d'une autorité supérieure. L'histoire nous fait voir des hommes dont la puissante intelligence a jeté les bases d'une science et en a ébauché la structure. Il leur a fallu pour cela en concevoir les premiers principes, les axiomes moyens et les grandes lignes sur lesquelles il convenait d'instituer des expérimentations. Mais ces faits nous autorisent-ils à admettre la possibilité d'une intelligence, et d'une succession d'intelligences assez puissantes pour exercer la même activité dans tous les départements de la science, pour régler avec une logique infaillible tous les rapports des fonctions de l'intellect?

D'ailleurs, pour satisfaire le besoin de perfectionnement matériel et spéculatif de l'humanité, il n'est pas besoin d'attendre la constitution d'une autocratie spirituelle scientifique. Le perfectionnement matériel et spéculatif s'opère, et personne ne peut méconnaître les grands progrès accomplis depuis la fin du siècle dernier. Les maux trop réels qu'on peut reprocher aux habitudes dispersives qui règnent aujourd'hui dans le monde des savants s'effacent à mesure que l'évolution des sciences s'accomplit. Produits d'un régime mental imparfaitement adapté aux conditions logiques du progrès scientifique, ils doivent s'amoindrir à mesure que les savants qui s'attachent à l'étude de la nature ou des procédés de l'entendement deviennent, permettez-moi l'expression, plus *scientifiques*. L'accumulation toujours croissante des connaissances les oblige à limiter leurs travaux au domaine d'une spécialité, mais il est nécessaire qu'ils maintiennent leur esprit orienté dans le sens de la tendance qui se dégage de l'ensemble même des généralisations les plus hautes des autres parties de la science. Il ne faut pas qu'un savant puisse être accusé de posséder tous les faits et toutes les généralisations du département où il pratique ses recherches, et qu'il demeure mal informé des vérités qui résument les conquêtes accomplies sur d'autres domaines.

L'harmonie et la solidarité que ce régime mental perfectionné ferait régner dans le monde des savants réaliseraient, autant que les conditions du temps le permettent, l'unité de l'esprit scientifique qu'Auguste Comte entendait constituer en copiant la structure d'une institution du passé, et assureraient aux savants le rôle éminent qui doit leur appartenir dans la société. Leur savoir, que n'infirmeraient plus aux yeux du public des désaccords notoires sur les théories, et d'autres désaccords, plus regrettables encore, sur les faits, leur savoir ne serait plus contesté. On ne leur reprocherait pas l'instabilité de leurs constructions, ni l'insécurité de leurs prévisions. L'influence des savants s'imposerait, non parce qu'on prendrait soin d'inculquer de bonne heure dans l'esprit des enfants l'idée de leur infaillibilité, mais parce que l'expérience attesterait à tous, par mille exemples quotidiens, que les prévisions de l'homme qui connaît la nature ne sont point démenties par la nature.

L'un des effets de cette confiance serait d'inspirer le respect de l'esprit scientifique et l'éloignement pour tout ce qui répugne à cet esprit : premier progrès dans l'éducation de l'opinion; progrès dont les effets bienfaisants ne tarderaient pas à se faire sentir dans le domaine politique. L'esprit public s'attacherait peu à peu aux hommes dont les vues et les actes porteraient le caractère scientifique; il se détacherait de ceux qui ont trop souvent exercé sur lui une fascination funeste : les charlatans de tout genre, les prôneurs de panacée, les utopistes, les exploiteurs de sentiments. Jugeant mieux des intérêts généraux du pays, il ne laisserait le maniement des affaires qu'à des hommes ayant prouvé leur connaissance exacte des relations internes et externes de l'organisme national, capables d'en régler le progrès d'après l'état actuel de ces relations, et qui, ne livrant rien au hasard de ce que peuvent lui ravir le calcul et les prévisions d'esprits habitués à apprécier la valeur des conditions parmi lesquelles une expérience doit s'accomplir, sachent préparer et faire réussir les réformes réclamées par le courant de l'opinion publique.

Dans ce progrès, le plus désirable de tous, il n'est pas un élément qui ne puisse s'obtenir par le jeu de nos facultés intellectuelles, assujetties à nulle autre autorité qu'à celle de l'esprit scientifique, c'est-à-dire à l'esprit de vérité; et rien dans cet assujettissement nécessaire ne peut répugner à nos idées de liberté. La loi, au sens scientifique du mot, abstraction faite des images associées aux termes imposés par le langage usuel, la loi est l'expression d'un état d'équilibre. L'homme le plus libre à l'égard des fatalités de la nature est celui qui connaît le mieux les lois de la nature. En même temps que vous vous rendez plus libres, vos concitoyens se rendent aussi plus libres dans la mesure où ils savent accepter votre influence. Parmi les hommes qui travaillent à l'amélioration des conditions de la vie sociale, une place éminente appartient à ceux qui donnent, comme vous, l'exemple de la recherche du vrai, et vulgarisent l'emploi des méthodes qui en procurent la conquête.

Les hommes d'État qui dirigent aujourd'hui la République, et ceux qui la servent, se trouvent donc unis avec vous par une communauté de tendance. A défaut d'autre sentiment, celui de notre solidarité m'inspirerait la vive sympathie avec laquelle j'ai l'honneur de vous souhaiter la bienvenue. Quand je vois à votre tête l'un des hommes politiques dont la résistance sage, persévérante, énergique, a sauvé notre patrie d'un retour à la servitude morale que lui préparait la victoire de l'esprit du passé, je m'assure que si je salue en vous des savants, je salue aussi des alliés.

M. G. DE SAPORTA

Secrétaire général.

L'Association française à la grande Exposition de 1878.

Mesdames, Messieurs,

Sortie d'un élan patriotique et destinée à relever le pays par la réunion en un seul faisceau de toutes les forces vives dont il dispose, l'Association française pour l'avancement des sciences a eu Paris pour berceau. Les hommes de cœur, d'énergie et d'intelligence qui prirent l'initiative de cette institution vraiment nationale obéirent à une pensée fort juste. Dans le mouvement général qui entraîne partout les esprits vers les sciences d'observation, ils crurent que la France, sous peine de déchéance, ne pouvait rester en arrière ni de son temps ni des nations limitrophes. Ces mêmes hommes avaient constaté, non sans une impression de tristesse, que, longtemps placée au premier rang par les génies et les découvertes qui l'avaient illustrée, la France semblait céder à une sorte de torpeur maladive, qu'elle tendait à s'abandonner elle-même, en se désintéressant de plus en plus de ce qui fait pourtant de nos jours la force incontestable, sinon la puissance exclusive, des peuples parvenus à leur maturité.

La flamme scientifique, toujours brillante, mais graduellement concentrée dans un foyer unique, perdait par cela même de son éclat et de son activité; faute d'aliments suffisants, elle était menacée de s'affaiblir, peut-être même de s'éteindre.

En effet, messieurs, dans un pays comme le nôtre, auquel les chocs subits, les mouvements passionnés sont, pour ainsi dire, nécessaires à l'entretien de la vie et qui trop souvent s'affaisse sous le poids des évènements, pour se relever ensuite brusquement en passant d'un extrême à l'autre; à un tel pays il faut un recrutement incessant qui suffise à maintenir au complet cette armée de l'intelligence, notre sauvegarde et notre honneur, toujours debout pour couvrir notre nation et lui conserver un prestige qui entraînerait rapidement sa perte, s'il venait jamais à disparaître totalement.

En nommant « armée de l'intelligence » la réunion des hommes de science, c'est moins une comparaison que j'établis qu'une définition que je propose et dont j'affirme l'exactitude. Que seraient des généraux sans soldats? — Moins que rien assurément. — Que seraient à leur tour des soldats sans chefs, au moins improvisés ? — Une troupe confuse et incohérente. Il en est de même en science : les hommes éminents placés à notre tête sont nos guides, nos initiateurs; nous ne ferions rien sans eux et pourtant ces hommes si élevés qu'on les suppose ont besoin pour réussir d'utiliser nos recherches, de recourir à cette activité que chacun déploie dans le cercle légitime de ses explorations, si restreint qu'il puisse être.

Sachons-le, messieurs, pour que le lien de notre solidarité nous soutienne et nous rapproche, le savant le plus humble et le plus obscur peut frayer la voie aux esprits supérieurs, par son initiative. Perdu dans l'ombre, mais entouré de calme, libre d'interroger à toute heure la nature vivante qui le sollicite de toutes parts, il peut marcher dans son entière indépendance et vers toutes les directions. Le savant déjà illustre, porté au premier rang par son mérite, mais enchaîné presque toujours par ses fonctions, regrette souvent en secret ces allures sans entraves du disciple qui vient le consulter, et celui-ci peut, à raison même de sa situation, aider son maître dans une foule de circonstances qui se présentent facilement à l'esprit de quiconque sait réfléchir.

Eh bien, messieurs, cet échange fécond et indispensable d'idées et d'observations, cette circulation de la sève généreuse de l'intelligence, allant du centre aux extrémités pour retourner par mille canaux vers le centre, l'Association française a voulu en assurer le maintien et en opérer l'extension sur tous les points du territoire. L'Association française a constitué, à proprement parler, les assises renouvelées périodiquement de la science, tenues par ses représentants les plus autorisés; elle va, loin de Paris, chaque année à la recherche des hommes de bonne volonté, qu'elle convie aux luttes pacifiques du savoir.

C'est pour cela, messieurs, que nos réunions se sont transportées successivement d'un bout à l'autre du territoire de la France, de Bordeaux à Lyon, de Nantes à Lille, de Clermont au Havre, toujours en dehors de Paris, et cependant chaque fois l'âme de Paris se déplaçait pour devenir celle de ces assemblées, dirigées avec tant d'éclat par l'élite de nos illustrations nationales. — Vous saisissez maintenant avec une pleine clarté pourquoi les hommes de Paris viennent vers vous, et vous comprendrez également pourquoi, à l'occasion de l'Exposition universelle de 1878, c'est à Paris que nous avons voulu aller à eux, afin de consacrer une fois de plus et dans une occasion solennelle, la pensée qui nous pousse à nous rapprocher et à nous entendre pour multiplier nos efforts.

La session de 1878 a donc été une réunion exceptionnelle; elle a emprunté son caractère aux circonstances qui l'ont accompagnée et tout a contribué à lui communiquer, avec ce caractère, un éclat particulier.

L'Exposition était là avec ses attractions, sa vie puissante, sa foule sans cesse renouvelée. Personne de vous n'a oublié ce coup d'œil immense qui des hautes galeries du Trocadéro allait atteindre, à travers des perspectives semées de merveilles, les parois étincelantes du palais de cristal. Que d'impressions de mille sortes, à mesure que l'on pénétrait au fond des péristyles, sous les voussures qui s'ouvraient de toutes parts pour recevoir le visiteur. L'œil et l'attention s'égaraient à la fois; on avait besoin d'un guide sûr au sein de ce labyrinthe étonnant, peuplé de toutes les œuvres que l'esprit conçoit et que la main gouvernée par l'esprit exécute en gravitant incessamment vers un idéal de beauté et de perfection, poursuivi sans trêve et qui semble pourtant échapper alors même qu'on croit le tenir !

Au milieu de tant d'éblouissements, les membres de notre Association ont bien des fois donné leur préférence au bâtiment écarté dans lequel tous les éléments dont dispose l'anthropologie avaient été classés avec un art infini. Les noms de Broca, de Quatrefages, de Mortillet et des autres promoteurs de cette exposition appartiennent tous à notre Association qui doit se faire honneur de leur succès, de même qu'elle a applaudi à la décoration décernée à M. de Mortillet et à la promotion plus récente de M. le docteur Broca, notre président à la session du Havre.

Qui de nous ne se souvient de l'intérêt que présentait la partie de l'Exposition consacrée à l'instruction publique, soit celle du pavillon de la ville de Paris, soit celle du ministère dont M. le baron de Watteville faisait les honneurs avec autant d'aménité qu'il avait apporté de soin à l'organiser.

Pour notre part, nous devons être également fiers des récompenses qui sont venues directement couronner notre œuvre, comme de celles qu'un grand nombre d'entre nous, à des titres très divers, ont méritées à la suite de l'Exposition. Que ces distinctions soient dues à des efforts collectifs ou individuels, qu'elles s'adressent à la fécondité de l'invention, au perfectionnement des procédés industriels ou à la persévérance des recherches scientifiques, elles offrent ce caractère commun d'honorer le travail sous toutes ses formes et elles constituent pour nous un titre de noblesse dont nous pouvons sans crainte nous glorifier.

L'Association française, fondée en 1872, reconnue d'utilité publique en 1876, a obtenu une médaille d'or à l'Exposition de 1878; c'est là pour elle la sanction suprême de son existence et de sa vitalité. M. le professeur Frémy, membre de l'Institut, qui nous présidait avec tant d'éclat à Paris, a reçu à la même occasion le ruban de commandeur de la Légion d'honneur. — Un peu plus tard, M. Mercadier, notre vice-secrétaire général, a été nommé chevalier.

Je renonce à énumérer ici la très longue liste des récompenses obtenues à l'Exposition par un grand nombre de nos membres; l'espace me manquerait; je crois cependant devoir faire une exception en faveur de M. Mouchot, à qui sa « chaudière solaire » a valu la croix et une médaille d'or. L'Association française a eu sa part dans ce glorieux succès, puisqu'elle avait affecté à M. Mouchot une de ses plus fortes subventions pour aider à la construction de la grande chaudière qui figurait au Trocadéro.

Puisque nous en sommes au chapitre des distinctions flatteuses dont les membres de notre Association ont été l'objet, ne le laissons pas; il est trop fourni de documents pour être facilement épuisé.

M. Cornu, ancien secrétaire général de l'Association, s'est vu décerner la grande médaille d'or, délivrée annuellement par la Société royale de Londres; il a été nommé membre de l'Institut de France, dans la section de physique de l'Académie des sciences.

L'Académie des sciences a inscrit sur la liste des lauréats pour les prix décernés par elle en mars 1879 six noms que nous devons réclamer : ce sont ceux de Tanret, Fr. Franck, docteur Favre, docteur Reliquet, Paquelin et Marcel Depretz.

L'Académie de médecine a décerné le prix Orfila, de 6000 francs, *Sur les effets de l'aconit,* à MM. Laborde et Duquesnel, le premier membre de notre Association.

MM. Filhol et Lartet ont éte promus récemment professeurs à la Faculté des sciences de Toulouse.

Enfin, tout dernièrement, un de nos membres zélés, M. G. Pouchet, a été nommé professeur d'anatomie comparée au Muséum.

En revanche, nous regrettons la perte du docteur Gubler, un de nos membres fondateurs, président désigné de la section de médecine.

La session de Paris, que je voudrais maintenant apprécier devant vous, se présentait dès l'abord sous les plus heureux auspices; tout concourait pour assurer sa réussite.

Plusieurs ministères avaient envoyé des délégués spéciaux : j'ai déjà mentionné M. le baron de Watteville, chef de la division des sciences et des lettres au ministère de l'instruction publique. Le ministère de la guerre était représenté par le colonel d'état-major Fay et le lieutenant-colonel du génie Mangin. — Le ministère de la marine ne comptait pas moins de six délégués : je dois placer à leur tête le vice-amiral Cloué, directeur général du dépôt des cartes et plans; venaient ensuite le contre-amiral de Jonquières, M. Gervaise, inspecteur général du génie maritime, M. Legros, inspecteur général des travaux maritimes, M. Rochard, inspecteur général du service de santé de la marine, M. Bouquet de La Grye, ingénieur hydrographe de première classe.

La préfecture de la Seine avait délégué M. Tambour, secrétaire général, dont chacun de nous a pu apprécier l'exquise urbanité, jointe chez lui à une connaissance parfaite des institutions et des monuments dont il nous montrait les détails.

Le Conseil municipal de Paris, dont plusieurs membres font partie de notre Association, s'était empressé de lui donner un gage de haute bienveillance en votant un large subside destiné à subvenir aux frais de l'hospitalité qu'il voulait bien nous offrir. Nous remplissons un devoir de stricte convenance, mais nous répondons aussi à la sincérité de nos sentiments en proclamant de nouveau, à un an de distance, au nom de l'Association, la gratitude qu'elle a éprouvée en présence d'un aussi généreux accueil.

Voilà déjà bien des éléments de succès; en voici d'autres, encore trop essentiels et trop honorables pour que nous négligions de les mentionner.

Jamais la liste des sociétés savantes représentées n'avait été aussi nombreuse que cette année; elle était de 29 au congrès du Havre et de 34 à celui de Paris. C'est un progrès sensible, bien que relativement faible; nous devons tendre à conserver cette marche et à affirmer toujours plus la solidarité de nos travaux avec ceux des sociétés de province, entre lesquelles notre rôle est de servir d'organe commun. Ce rôle, s'il est bien compris, peut même devenir international, et l'inscription de la *Reale Accademia di scienze, lettere ed arti di Modena,* si dignement représentée par M. le professeur Domenico Ragona, directeur de l'observatoire de Modène, autorise cette croyance en même temps qu'elle donne le signal d'un mouvement destiné à se propager.

Cette extension, qui sera comme le couronnement de notre œuvre, dépend surtout du nombre et de la valeur des savants étrangers que l'Association parviendra à attirer à ses réunions. Ce nombre tend réellement à s'accroître, mais la proportion de cet accroissement est encore trop lente à notre gré; il n'était que de 27 au congrès du Havre, il s'est élevé à 153 à celui de Paris, progrès considérable s'il ne fallait tenir compte, pour l'explication de ce chiffre, de l'affluence des étrangers venus à cause de l'Exposition. Nous devons, malgré tout, remercier cette foule de savants accourus des extrémités du monde civilisé d'avoir répondu à notre appel avec tant d'empressement; espérons que beaucoup d'entre eux, séduits par l'attrait de nos réunions, reviendront d'année en année retrouver des émules et des admirateurs.

Si l'on partage cette masse de savants par nationalités distinctes, on voit que l'Angleterre occupe le premier rang, non seulement parce que son groupe est le plus important (29 personnes), mais parce que dans ce groupe on peut relever une foule de noms justement célèbres; je me contenterai de mentionner ceux de Frankland et Gamgéi, ces deux derniers membres de la Société royale de Londres, du professeur Smith, de l'université d'Oxford, de Spotiswoode et de Douglas-Galton, l'un président et l'autre secrétaire de la *British Association,* sœur et devancière de l'Association française. — L'Italie suit de près, avec 25 noms; elle est notre voisine et marche sur nos traces : l'ingénieur Betocchi, le comte Guarini, député au Parlement, le professeur Capellini de Bologne, les astronomes Denza et Tacchini, le général Ricci et bien d'autres sont venus attester l'activité renaissante du mouvement scientifique italien. — La Russie vient immédiatement après l'Italie; elle compte 23 adhérents, l'élite de ses professeurs; beaucoup ont des titres sérieux à la renommée; je citerai seulement le docteur Anoutchine, délégué à l'Exposition universelle; le baron Derschow, G. Kananoff, inspecteur des langues orientales; les professeurs Stedia, Tchebichef, Wladimirsky et tant d'autres; le concours qu'ils nous ont prêté donne la mesure éclatante du progrès intellectuel accompli récemment en Russie. — Nous avons dû à la Scandinavie la présence de plusieurs hommes éminents, comme le professeur Broch, de l'université de Christiania, correspondant de l'Institut; M. Hoffmeyer, directeur de l'Institut météorologique danois; le professeur Nillson, de l'université d'Upsal; le professeur Lundgren, de celle de Lund; enfin le professeur Valdemar Schmidt, de Copenhague, secrétaire de la commission danoise à l'Exposition universelle. — L'Austro-Hongrie nous avait envoyé les professeurs Benedikt de Vienne, Zenkel de Prague, Horwat de l'École polytechnique de Bude, etc. — Je ne retiens à regret sur la liste des États-Unis que les seuls noms des docteurs Jenkins et Scaïfe, commissaires de l'Union américaine à l'Exposition universelle. — En Suisse, M. A. Favre, professeur à Genève, correspondant de l'Institut; en Belgique, M. Montigny, de l'Académie royale; dans les Pays-Bas, M. de Baumbauer, secrétaire perpétuel de la Société scientifique de Harlem; en Espagne, le professeur Vilanova; en Portugal, M. Ribeiro et le professeur Agostino; au Canada, le professeur Williamson; en Allemagne, le professeur Hæckel d'Iéna, s'offrent à ma pensée, et jusqu'à Malte, dans les Principautés danubiennes et en Égypte, je rencontre des noms illustres ou simplement sympathiques que l'Association a pu s'adjoindre avec fierté et inscrire sur ses registres pour en garder le souvenir.

En présence d'un tel empressement, il fallait, messieurs, comme un dernier et nécessaire élément de réussite, que le comité d'organisation fût à la hauteur de sa tâche. Venant chaque année nous asseoir en convive heureux à un banquet organisé à l'avance, nous ignorons, je le confesse du moins pour mon compte, les labeurs et la tâche qui incombent au conseil d'administration, et, par-dessus tout, à l'âme vivante de ce conseil, à notre infatigable et aimé secrétaire, M. Gariel, à qui je me plais à rendre ici publiquement hommage; il songe à tout, il règle et prévoit ce qui doit l'être, il distribue les renseignements, les documents, les listes, en sorte que chaque président de section est toujours sûr de recevoir à point nommé les instructions, les détails, les adresses qui peuvent lui être utiles. Cependant, messieurs, cette tâche déjà si lourde d'organisation, le conseil de l'Association la partage chaque année avec un comité local envers lequel, en ce qui concerne Montpellier, nous avons dès à présent une dette de reconnaissance à acquitter. Mais à Paris même, le conseil central et son organe devaient tout entreprendre, tout régler, ne rien négliger, et pourtant, à l'heure marquée, l'ensemble de l'œuvre, aussi bien que ses moindres détails, se trouvèrent si bien arrêtés qu'au dernier moment les moindres obstacles disparurent comme par enchantement, et la grande salle de la Sorbonne s'ouvrit pour nous recevoir. Accourus en foule autour du bureau, nous applaudîmes aux paroles magistrales de notre président, M. Frémy, avec des acclamations dont l'écho résonne encore au fond de notre souvenir. Bientôt après nous étions installés au lycée Saint-Louis, local destiné à nos réunions particulières, et nous reconnûmes à quel point toutes choses avaient été combinées de manière à favoriser la tenue de nos paisibles travaux de sections.

Il m'est assurément impossible d'entrer dans les détails de ces travaux, ni même de les analyser en courant; je courrais le risque inévitable d'être incomplet, et par cela même injuste. Renfermés chacun dans une spécialité restreinte, religieusement soumis à cette division du travail qui paraît être une des conditions de succès de la science moderne, nous jugeons ou nous nous efforçons de juger de la valeur des communications qui rentrent dans le cercle de nos études habituelles; mais comment un botaniste pourrait-il apprécier justement un mathématicien ou un physicien? comment un géologue parlerait-il d'une observation médicale ou d'un calcul astronomique? Plus qu'un autre j'éprouverais cet embarras, et je préfère vous renvoyer au moment où chacun pourra feuilleter les pages du compte rendu. J'apporte surtout ici des impressions personnelles, et c'est à ce titre, en me repliant sur moi-même, que je ne puis m'empêcher d'avouer devant vous le charme que j'ai ressenti en présidant pour la seconde fois la section de géologie. Quelle aimable confraternité régnait entre nous! quelle succession variée d'études, de travaux importants, de simples notes, communiqués à un auditoire d'élite, devant les plus hautes personnalités scientifiques de la France et de l'étranger, confondues sur les mêmes bancs que leurs adeptes et leurs disciples! Le président seul avait à souffrir d'un spectacle de nature à faire ressortir son infériorité.

Les conférences, les excursions et les visites, enfin les réunions générales ont tenu à Paris une plus grande place que partout ailleurs. Pourrait-on s'en étonner? On avait tant à voir, tant à apprendre! Les maîtres étaient là, les œuvres, les procédés, ce qui existe de plus parfait dans tous les genres sollicitait nos regards, et la seule difficulté provenait de la multiplicité même des hommes et des choses s'unissant pour nous captiver. Cette même difficulté se trouve dans mon compte rendu, et je suis heureux d'être suppléé par le collègue autorisé qui prendra la parole après moi. Il vous initiera bientôt aux splendeurs de la grande soirée scientifique donnée en notre honneur au Conservatoire des arts et métiers; mais comment ne pas dire un mot de l'un des plus vifs attraits de cette soirée : je veux parler de la conférence faite par M. Cornu à propos des belles expériences de projection de M. Dubosc. La parole sonore, la diction éminemment limpide de l'orateur, rendaient familiers à la foule pressée des auditeurs les problèmes les plus ardus de la polarisation, des interférences lumineuses, de la structure moléculaire des minéraux réduits en plaques minces et considérés sous de très forts grossissements; les projections de M. Dubosc, exécutées dans le but de faire apprécier ces phénomènes, si imparfaitement rendus par la parole, constituaient un spectacle des plus attrayants, en traduisant avec la rapidité de l'éclair et avec une coloration magique des merveilles ordinairement voilées sous une formule impénétrable. En parlant de M. Dubosc, si aimable et si habile, j'ajouterai même si simple, je paye une dette de reconnaissance personnelle. Je n'oublie pas que je lui dois la rapide organisation du côté matériel de la conférence que je donnai au Havre; avant lui, malgré l'extrême bonne volonté de mes coopérateurs, tout marchait péniblement; le pauvre conférencier était déjà consterné; à peine M. Dubosc eut-il paru, que les projections prirent vie et couleur, comme si elles eussent obéi à la baguette d'un magicien.

Dans un ordre d'idées entièrement différent, M. Ulysse Trélat captiva l'attention par sa manière vivante d'aborder un sujet peu attrayant en apparence, digne cependant des méditations du moraliste comme du praticien. Sa conférence était intitulée : *l'Hôpital*. M. Trélat y a envisagé la question sous toutes les faces; il prend l'hôpital à son origine; il fait voir que la pensée première en est due au christianisme; il discute les difficultés que soulève son aménagement intérieur; il démontre que les grands progrès sont récents, puisqu'ils remontent à peine à la guerre de Crimée et surtout à celle de la sécession américaine. La science profite de l'hôpital; elle guérit lorsque c'est possible; elle accroît en même temps le trésor de son expérience; mais l'hôpital, où l'on soigne et où l'on guérit, devient forcément un foyer d'infection qui active et propage le germe des maladies les plus dangereuses; de là l'écueil à éviter. En agrandissant les bâtiments, on exagère aussi les dépenses; on les pousse au delà de toute mesure. M. Trélat préférerait de petits hôpitaux; l'économie, l'hygiène, y trouveraient également leur compte; M. Trélat demande encore des hôpitaux de convalescents, situés loin de Paris; il veut la séparation absolue des malades contagieux. Tout ce qu'il avance est ferme, spirituel, pratique. C'est du bon sens du meilleur aloi, joint à une élévation réelle de pensée. Sa conférence portera certainement des fruits, et elle sera lue avec le même sentiment qui l'a fait applaudir de ceux qui l'ont écoutée.

Dans sa conférence sur l'*Étude graphique des moteurs animés*, M. Marey, membre de l'Institut, professeur au Collège de France, s'est attaché aux problèmes les plus ingénieux de la mécanique usuelle. Il expose avec une clarté et une précision assurément bien rares les procédés qui permettent de figurer exactement la traction des animaux, le mouvement des voitures, les allures d'un cheval. La méthode graphique de M. Marey s'applique même avec succès à l'interprétation d'une foule d'œuvres d'art historiques assez fidèlement modelées pour se prêter à l'analyse scientifique.

M. J. Janssen, le sympathique et brillant astronome, ignore peut-être, tant sa modestie est grande, à quel point ses découvertes sont populaires; les procédés d'application des méthodes photographiques à l'exploration du soleil, combinés avec les données de l'analyse spectrale, ont fait accomplir d'immenses progrès à cette partie de l'astronomie qui a pour but de rechercher la nature physique des astres et que le directeur de l'Observatoire de Meudon affectionne plus particulièrement. Lui-même, dans une conférence faite le 28 août, a tracé le résumé rapide de ses plus récentes observations touchant la constitution de la photosphère. L'extrême perfection des images obtenues par le procédé photographique et la rapidité prodigieuse qui président à leur production ont amené M. Janssen à se rendre un compte plus exact qu'on ne l'avait encore fait de la vraie nature des éléments granulaires photosphériques.

Ces éléments sont normalement globulaires, plus ou moins mobiles et susceptibles de déformation; ce sont des nuées incessamment divisées en particules par des courants solaires et flottant au sein d'une enveloppe fluide. Les éléments granulaires les plus brillants nagent dans un milieu relativement obscur; de là des variations d'intensité lumineuse, dont l'apparition des taches augmente encore l'amplitude. — Mais je me hâte de descendre de pareilles hauteurs, où la vue se trouble et l'esprit se perd; heureux celui dont le regard, comme celui de l'aigle, peut fixer sans en être ébloui cette clarté suprême, pour la soumettre aux calculs de la science humaine!

Les excursions et les visites ont été si multipliées et si intéressantes au congrès de Paris, que je ne saurais m'y arrêter comme je l'eusse voulu; il me faut abréger en cédant avec confiance à notre honorable trésorier une partie de ma tâche; je ne résiste pas cependant à vous entraîner sur mes pas à l'école de Grignon, où tout avait été combiné pour nous séduire et nous retenir : frais ombrages, réception splendide, paroles affectueuses échangées sous une vaste tente, à la suite d'un gai et somptueux repas. Les agronomes, les géologues et les botanistes n'avaient qu'à regarder autour d'eux ou à tendre la main pour admirer ou pour saisir de véritables richesses. Aucun de vous certainement n'a oublié ni l'allocution chaleureuse de M. Frémy, ni la spirituelle causerie qui s'établit sur les bancs d'un trop étroit amphithéâtre entre M. Dehérain et ses confrères. Quels progrès rapides ne ferions-nous pas en chimie agricole s'il nous était donné plus souvent d'écouter notre aimable et savant collègue? Chacun de nous enviait au retour le sort de ces élèves, qui réalisent si bien l'idéal de la vie des champs, en joignant la culture de l'esprit à la culture matérielle du sol.

Grignon nous était apparu comme la réalisation au XIXe siècle de l'idylle à la fois vraie et sérieuse autant que charmante; mais Grignon est déjà loin de Paris, et notre Association ne pouvait, en siégeant dans cette ville, éviter de la voir et de la juger. — Paris, messieurs, n'est pas un, ou plutôt il est multiple dans son unité. Il est des côtés de Paris, curieux peut-être aux yeux de celui qui applique à la société les procédés de l'anatomie : c'est le Paris des fonds obscurs, des turbulences et des convoitises; ce n'était pas celui que nous cherchions. Nous ne courions pas davantage après un autre Paris, qui séduit plus de gens, mais qui ne vaut pas mieux : le Paris des joies folles, des plaisirs malsains ou désordonnés. Mais il est un autre Paris, souvent, hélas! masqué par les précédents, qui n'en est pas moins réel et qu'il était dans nos vœux, je dirai plus, qu'il était de notre devoir de connaître et d'interroger : ce Paris, messieurs, c'est le Paris honnête, intelligent et laborieux, celui de l'industrie et des arts, celui qui pense, qui s'instruit, qui travaille et produit. Ce Paris est notre gloire et notre honneur à nous autres Français; malheureusement nous ne le voyons guère, sinon pour admirer ses œuvres merveilleuses. Pourquoi? mais par une raison bien simple, parce qu'il se cache au fond des ateliers, souvent même dans des mansardes ou bien encore au sein de vastes établissements dirigés savamment, à l'aide d'une hiérarchie dont les premiers rangs sont réservés exclusivement à l'intelligence et à l'amour du travail réunis.

Les réflexions qui précèdent vous expliqueront l'intérêt très vif que nous a fait éprouver la visite successive d'un groupe scolaire du XVIIe arrondissement, du collège Chaptal, de l'école Monge, enfin de l'école Rodrigue-Péreire, où les sourds-muets apprennent à parler à l'aide d'une méthode des plus ingénieuses. — Nous avons vu ainsi en quelques heures, sous la direction d'hommes spéciaux, se dérouler le cycle complet de l'instruction à tous ses degrés, dans des conditions matérielles, morales et scientifiques combinées avec tant de précision, qu'il nous a paru difficile que le vrai mérite, même obscur et latent, ne se dégageât pas sans peine pour venir ensuite occuper la place que la société est heureuse de lui réserver.

Les visites aux grands établissements industriels, en occupant de nombreuses séances, confirmèrent en nous ces pensées, dont elles nous firent toucher au doigt les applications les plus variées et les plus fécondes. Apprécier un à un les établissements de premier ordre d'où sortent, revêtus de ce cachet d'élégance artistique qui honore la France, les meubles, les cristaux, les produits céramiques, les fers, les papiers peints, les livres, les instruments de précision, les mille objets utiles ou ornementaux qui alimentent le monde, énumérer ceux qui président à toutes ces créations, ce serait réellement au-dessus de mes forces. — La reconnaissance me presse de nommer l'imprimerie Chaix, à laquelle notre Association est tellement redevable ; je mentionne de plus, en courant, le ballon captif Giffard, dont MM. Tissandier frères faisaient si bien les honneurs ; l'observatoire national et celui de Montsouris, les égouts de Paris, le réservoir de Montrouge, en dernier lieu le musée de la Société d'anthropologie, dont l'examen consciencieux exigerait à lui seul des pages entières.

Je touche à la fin du Congrès, puisque tout a une fin en ce monde, même le souvenir qui s'échappe de ce qui a déjà disparu et dont on respire avec tant de plaisir le léger parfum. La dernière réunion fut un banquet où vinrent prendre place deux cent cinquante de nos confrères : il était présidé par celui-là même qui nous préside cette année et qui était alors ministre de l'instruction publique ; M. Bardoux était avant tout notre ami, ainsi qu'il nous le prouva dans une réception plus cordiale encore que solennelle. A la table du banquet s'asseyaient aussi le représentant autorisé du Conseil municipal de Paris et le secrétaire général de la préfecture de la Seine. Là, messieurs, au milieu de l'allégresse générale, furent prononcées de généreuses paroles que tous, sans exception, applaudirent. M. Fremy affirma la réussite de notre Congrès ; il avait, par la variété des sujets traités, par le nombre des adhésions, par l'éclat des réunions et des conférences, surpassé tous les autres. M. le ministre de l'instruction publique trouva aisément pour lui répondre ces accents élevés et sympathiques dont il a le secret. M. Sigismond Lacroix prononça en quelques mots l'éloge de la science et définit heureusement les caractères de l'esprit scientifique. Enfin, nous eûmes dans le discours de M. Broch, professeur à l'Université de Christiania, le témoignage sincère et glorieux pour nous du concours promis à notre Association par les savants étrangers qui avaient bien voulu répondre à notre appel.

Tout ce que j'ai dit, messieurs, n'est qu'un écho bien affaibli des faits de l'année dernière. Le temps, quoi qu'on fasse, amortit dans sa marche les impressions les plus vives ; il estompe inévitablement l'ensemble de ce qu'il touche de son aile. C'est une loi que nous devons reconnaître et, en hommes de science que nous sommes, après l'avoir constatée, il ne nous reste qu'à fléchir devant elle. En revanche, le présent, à mesure qu'il se déroule, que les yeux le considèrent et que l'âme s'y attache, a en soi quelque chose de vibrant et d'enchanteur ; un prisme y est naturellement posé dans les heures exemptes de tristesse ; l'attrait de la nouveauté, l'imagination dans tout son éclat nous dominent et nous entraînent.

C'est sous l'empire de ces impressions que nous venons vers vous, messieurs, mais l'on peut dire que jamais elles ne furent mieux justifiées. La ville dans laquelle va se réunir notre huitième session, a pour elle un passé glorieux, et ce passé est justement de ceux qui nous touchent, et nul de nous ne saurait y être étranger.

Les sciences, mais surtout les sciences d'observation, ne sont pas nées d'elles-mêmes ; elles n'ont été créées, au contraire, qu'à force de génie, de labeur et de tâtonnements, au prix de difficultés sans nombre ; enfin, en y regardant de près, on reconnaît qu'elles sont pour ainsi dire d'hier, tellement la date de l'âge viril de la plupart d'entre elles est récente, comparée au temps qui a dû s'écouler depuis qu'il existe des hommes.

On doit faire trois parts dans les sciences, et chacune de ces parts a sa raison d'être et son histoire distincte.

Les sciences abstraites sont venues les premières, parce que l'abstraction est une opération naturelle de l'esprit humain dès qu'il atteint un certain degré de culture. Certaines applications immédiates des sciences abstraites, à la mécanique, à la géométrie descriptive, à l'astronomie, ont suivi presque sans intervalle ; mais, lorsqu'il s'est agi d'inventer les méthodes, de découvrir les procédés de l'examen expérimental, ce qui constitue, en un mot, la base même des sciences d'observation, l'esprit humain s'est heurté durant des siècles à des obstacles ou à des préjugés longtemps infranchissables. Or, messieurs, c'est là qu'on en était encore en Europe à la sortie du moyen âge et, disons-le bien hautement, les sciences d'observation proprement dites, l'antiquité ne les a jamais connues. C'est donc entre le XVIe et le XVIIIe siècle que les grands efforts se sont produits pour nous ouvrir la voie. Quelle reconnaissance ne devons-nous pas à ceux qui nous ont précédés et qui surent, sans espoir pour eux-mêmes, nous assurer la jouissance d'un bien dont ils restèrent à jamais privés, mais dont ils entrevoyaient la richesse infinie. Placés comme Moïse à l'entrée de la terre promise, sans y pénétrer eux-mêmes, ils parvinrent pourtant, gardons-nous de l'oublier, à nous en ouvrir l'accès.

S'il est une ville où cette œuvre préparative en vue de la science moderne ait été active et féconde, c'est certainement Montpellier. Ici vint s'installer dès le XIIIe siècle la science arabe, c'est-à-dire toute celle du temps. Ici, remarquez-le, la médecine apportait, en fondant une école célèbre, les germes associés de toutes les autres sciences : la chimie, l'anatomie, la physiologie, la zoologie et la botanique. Aussi, ne vous étonnez pas si parmi les noms célèbres sortis de Montpellier, à ceux des médecins, comme Barthès, des chirurgiens, comme La Peyronnie, viennent se joindre des zoologistes, comme Rondelet, des botanistes, comme Magnol, des chimistes, comme Chaptal. Une étroite solidarité scientifique unit entre eux ces grands esprits, formant ensemble un même faisceau, sortis du même foyer lumineux auquel, par une coïncidence que je ne saurais oublier, je suis fier de me rattacher moi-même par mon nom et mes ancêtres directs (1).

(1) L'orateur a en vue Louis, Antoine et Jean Saporta, ses neuvième, huitième et septième aïeuls, tous trois professeurs royaux,

Encore un mot, messieurs. Lorsqu'un Américain quitte le sol de l'Union pour visiter l'Europe, ses compatriotes ont un mot touchant pour exprimer ce retour vers leur patrie d'origine, celle à laquelle ils se sentent liés par une filiation déjà lointaine; ils disent alors : Vous allez au « vieux pays ». Nous aussi, avec autant de raison, en entrant à Montpellier, en nous souvenant de tout ce que la science moderne doit à son école illustre, dont la vitalité a résisté à tant de siècles et garde encore son éclat, nous aussi, nous pouvons dire : Accueillez-nous comme vos enfants, nous vous devons la meilleure partie de nous-mêmes, et nous revenons au vieux pays.

M. G. MASSON

Trésorier.

Les finances de l'Association.

Mesdames, Messieurs,

En venant pour la huitième fois vous présenter le compte rendu financier de l'Association française, nous avons la satisfaction de constater, comme lors des exercices précédents, un accroissement du capital, un développement régulier des diverses sources de nos revenus.

Le chiffre total des sommes encaissées par votre trésorier s'est élevé pour l'exercice 1878 à 99 950 fr. 59.

Sur cette somme, 83 690 fr. 59, dont voici le détail, sont applicables au compte des revenus annuels.

REVENUS DE L'EXERCICE 1878.

Recettes.

Reliquat de l'exercice 1877	1 100f 08
Cotisation des membres annuels	39 460 »
Arrérages des rentes	11 973 05
Recettes diverses	457 50
Dons faits à l'Association avec affectation spéciale	700 »
Subvention de la Ville de Paris et du département de la Seine pour le congrès de Paris	30 000 »
	83 690f 59

Dépenses.

Les dépenses se sont élevées à 66 316 fr. 50, qui se décomposent comme suit :

Frais d'administration	12 481f 85
Impression du volume de la session du Havre	26 369 93
Impressions diverses	1 732 40
Subventions votées par le Conseil d'administration	10 800 »
Bourses de session	1 200 »
Frais de la session de Paris	16 733 10
Total des dépenses	69 317f 30

Report		69 317f 30
Sur l'excédent il a été prélevé :		
Réserve statutaire	3 991f 70	
Achat d'un titre de rente de 400 francs avec affectation à une subvention annuelle spéciale	8 982 »	
Et il reste à nouveau	1 399 50	14 373 29
Total égal		83 690f 59

Deux de ces divers articles de dépenses méritent une explication spéciale :

Les *subventions* ont atteint le chiffre le plus élevé que l'Association ait encore pu distribuer sur les ressources normales de son budget. Tous nos efforts et les vôtres devront tendre à les maintenir à ce niveau.

Les *frais de session* constituent cette année une dépense extraordinaire, correspondant, il est vrai, à une recette extraordinaire, puisque d'habitude l'Association est l'hôte de la ville où elle tient son congrès, tandis qu'à Paris la municipalité avait voté en notre faveur une somme de 30 000 francs, en nous laissant le soin de l'employer au mieux des besoins auxquels nous avions à faire face.

Nos dépenses de ce fait ont été relativement modérées, et cependant la session de Paris, au point de vue matériel comme au point de vue scientifique, a eu un éclat digne des circonstances dans lesquelles nous nous réunissions. Nous le devons à la bienveillance de l'Administration, qui a mis gracieusement à notre disposition, à la Sorbonne et au lycée Saint-Louis, les locaux nécessaires à nos réunions; à la libéralité des établissements publics et des industriels qui, en nous ouvrant largement leurs portes, nous ont facilité l'organisation d'excursions et de visites industrielles qui ont été à la fois le complément et le délassement de nos travaux de sections.

Nos dépenses ont consisté surtout en frais de publicité et d'impression, frais relatifs aux conférences, rétribution du personnel et gratifications diverses. A Noisiel, où nous avions reçu une si gracieuse hospitalité, nous avons voulu témoigner, par la remise de quelques livrets de caisse d'épargne, de l'intérêt que nous avions pris à la visite des écoles organisées par des industriels aussi soucieux du bien-être que de l'instruction de leurs ouvriers. Enfin la fête du Conservatoire a coûté 6000 francs.

Dans cette soirée a été réalisé un programme impossible à concevoir partout ailleurs que dans le magnifique établissement que M. le ministre de l'agriculture et du commerce et le directeur du Conservatoire avaient bien voulu mettre pour un soir à notre disposition. L'activité de notre éminent collègue, M. Tresca, le concours empressé des industriels ont fait passer en quelques heures sous nos yeux, dans ces galeries qui formaient le décor le plus splendide et le plus approprié à cette solennité, tout ce que l'industrie emprunte à la science de plus intéressant et de plus nouveau.

Après avoir payé tous les frais immédiats de la session, il restait disponible, sur la somme qui nous avait été attribuée, une somme d'environ 13 000 francs, applicables à nos dépenses courantes. C'est sur ce reliquat que nous avons prélevé le capital nécessaire à l'achat d'une rente de 400 francs, du montant de laquelle le conseil d'administration disposera

vice-chanceliers ou doyens de l'université de Montpellier dans le cours du XVIe siècle.

chaque année sous le titre de subvention de la Ville de Paris.

Ainsi sera perpétué dans les annales de l'Association, et cela de la façon qui pouvait le mieux répondre au but élevé des donateurs, le souvenir de la libéralité dont nous avons été l'objet de la part d'une municipalité éclairée et que les intérêts de la science ne laissent jamais indifférente.

Voici maintenant comment s'établit au 31 décembre 1878 le compte *Capital* de l'Association :

CAPITAL.

Au 31 décembre 1877, le capital était de 226 897 fr. 43 ; il s'est accru au cours de l'exercice 1878 comme suit :

Prélèvement pour constituer la subvention dite *de la Ville de Paris*	8 982f »
Versement de 13 membres fondateurs	6 800 »
Rachat de cotisations	7 600 »
Réserve statutaire	3 991 70
Don annuel de M. Kuhlman	1 000 »
	255 071f 13

représentés par 11 775 francs de rente 5 pour 100, et 1900 fr. de rente 3 pour 100, qui valent au cours actuel environ 330 000 francs.

Un pareil résultat, atteint en huit années d'existence, n'est pas sans importance. Il n'est que le début cependant de la prospérité que nous espérons atteindre un jour, et Montpellier contribuera, comme toutes les villes que nous avons visitées jusqu'ici, à augmenter ce patrimoine de la science.

Ses habitants, en prenant les premiers l'iniative, en dehors de tout concours officiel, de la cordiale réception qui nous attendait ici, ont créé entre eux et nous un lien d'autant plus intime. Ils deviendront et resteront nos collègues, unis avec nous dans cette pensée féconde qui fait de l'Association française l'apôtre du progrès scientifique, et grâce à laquelle elle rentre, après chacun de ses congrès, plus nombreuse, plus riche et par conséquent plus utile.

COLLÈGE DE FRANCE

CHIMIE ORGANIQUE

COURS DE M. M. BERTHELOT.

De l'Institut.

Décompositions chimiques produites par les énergies électriques (1).

IVe LEÇON (SUITE).

§ 3. — *Formation et décomposition des composés binaires par l'effluve.*

1. Ces expériences ont été exécutées surtout avec les fortes tensions et au moyen de l'appareil de Rumkorff. Elles comprennent à la fois des décompositions, des combinaisons et des équilibres.

Nous examinerons successivement les réactions de l'azote sur l'hydrogène, sur l'oxygène, sur l'eau, sur les matières hydrocarbonées; puis la décomposition de divers composés binaires hydrogénés et oxygénés, enfin les transformations des carbures d'hydrogène.

2. *Azote et hydrogène.* — M. Chabrier et M. A. Thénard ont reconnu que la formation de l'ammoniaque a lieu lorsqu'on soumet à l'effluve un mélange d'azote et d'hydrogène. J'ai cherché à mesurer la limite de cette réaction. Elle est beaucoup plus élevée qu'avec l'étincelle. En effet, tandis que celle-ci développe tout au plus quelques 100 millièmes de gaz ammoniac; la proportion de gaz ammoniac formé au bout d'un temps considérable, sous l'influence de l'effluve, peut s'élever à 3 centièmes environ dans le mélange normal d'azote et d'hydrogène. J'ai vérifié en outre que la décomposition du gaz ammoniac par l'effluve, en opérant avec les mêmes appareils, tend précisément vers la même limite : 3 centièmes (c'est-à-dire 6 centièmes du gaz primitif). Cette identité des deux limites, produites par les actions inverses de l'effluve, exercées dans les mêmes conditions de tension, m'a paru un fait important à constater, aussi bien que la diversité entre l'action de l'effluve et celle de l'étincelle. D'après cette diversité même, il est probable que la limite d'équilibre varie avec celle de la tension électrique.

En opérant avec un potentiel constant et très faible, tel que celui de 5 éléments Leclanché, je n'ai observé aucune réaction.

3. *Azote et oxygène.* — L'azote et l'oxygène se combinent sous l'influence des très fortes tensions développées dans l'appareil de Rumkorff, muni d'un condensateur; il se forme par là peu à peu de l'acide hypoazotique. Mais cette formation est bien plus lente et plus difficile qu'avec l'étincelle.

Dès que l'on opère avec des tensions moindres que les précédentes, elle cesse de se manifester. C'est ainsi que je n'ai pu constater la formation des composés nitreux dans aucune des expériences faites par influence à l'aide de la machine de Holtz, soit avec les gaz secs, soit avec les gaz humides; *a fortiori*, avec le faible potentiel de 5 éléments Leclanché agissant pendant une année.

Ajoutons enfin que l'azote pur et l'ozone sec ou humide, avec ou sans le concours des alcalis, ne se combinent point pour former les acides nitrique ou nitreux, contrairement à ce que Schönbein avait cru observer (1).

Réciproquement les oxydes de l'azote sont décomposés par l'effluve à haute tension. Ainsi le protoxyde d'azote, après quelques heures, s'est trouvé en grande partie décomposé en azote et oxygène. Une portion de ce dernier gaz restait libre, une autre portion (et la plus forte) ayant été absorbée par le mercure sur lequel j'opérais ; mais il ne s'est pas formé un nouvel oxyde de l'azote, et aucune portion sensible de ce dernier gaz n'est demeurée fixée sur le mercure.

Avec le bioxyde d'azote une portion de l'azote devient libre; tandis qu'une autre portion, et très notable, concourt à former du protoxyde d'azote. Ce qui prouve que le bioxyde d'azote tend à se décomposer d'abord en protoxyde d'azote et oxygène; précisément comme il arrive, d'après mes expériences, sous l'influence de la chaleur ou sous l'influence de

(1) Voy. ci-dessus, page 169.

(1) *Annales de chimie et de physique*, 5e série, t. XII, p. 440.

l'étincelle. Cet oxygène, devenu libre, réagit à son tour sur l'excès de bioxyde, et développe de la vapeur nitreuse.

4. *Azote et eau.* — L'azote pur et l'eau, soumis pendant huit à dix heures à l'effluve dans une très puissante bobine de Rumkorff, ont fourni de l'azotite d'ammoniaque. Mais ce résultat ne paraît pas pouvoir être réalisé sous l'influence de faibles tensions.

Les azotates et azotites contenus dans l'atmosphère et signalés par tant d'observateurs paraissent donc résulter exclusivement, ou à peu près, des décharges électriques proprement dites, effectuées sous forme d'éclairs et de tonnerre; l'électricité atmosphérique, sous des tensions plus faibles, telle qu'elle existe d'une manière continue, n'ayant pas la propriété de déterminer la combinaison de l'azote libre, soit avec la vapeur d'eau, soit avec l'oxygène.

5. *Action de l'azote sur les matières hydrocarbonées.* — L'action de l'azote libre sur les matières organiques s'exerce au contraire, quelle que soit la tension. Mais les produits varient; on y reviendra tout à l'heure.

6. *Composés hydrogénés.*

Hydrogène sulfuré. — Ce gaz s'est décomposé en hydrogène, polysulfure d'hydrogène et soufre libre, suivant la formule

$$8HS = 7H + HS^x + (8 - x)\,S.$$

On voit apparaître ici la tendance du métalloïde à former avec l'hydrogène un produit condensé.

Hydrogène sélénié. — L'hydrogène sélénié se comporte de même; la majeure partie de l'hydrogène devenant libre, mais une portion formant un polyséléniure.

Hydrogène phosphoré. — Il s'est décomposé assez nettement en hydrogène et sous-phosphure jaune, d'après l'équation

$$2PH^3 = 5H + P^2H.$$

La *vapeur d'eau* n'a pas été décomposée. Réciproquement l'hydrogène et l'oxygène ne se combinent point, même sous l'influence de très fortes tensions maintenues pendant plusieurs heures; absence de réaction très digne d'intérêt et qui ne cesse qu'au voisinage des tensions capables de déterminer les décharges explosives.

Les *fluorures de bore* et de *silicium*, le *chlore* et le *brome* gazeux n'ont éprouvé aucun changement.

7. *Acide sulfureux.* — Un dixième du gaz a été trouvé décomposé en oxygène libre et soufre (insoluble dans le sulfure de carbone); mais cet oxygène se recombine d'autre part à une fraction de l'acide sulfureux, pour former les acides sulfurique, SO^3, et même persulfurique, S^2O^7.

8. *Carbone et oxygène.* — *Acide carbonique.* — Les fortes effluves électriques décomposent ce gaz en oxyde de carbone et oxygène, de même que l'étincelle; l'action est également limitée par l'existence de la réaction inverse et elle donne lieu à quelques traces de sous-oxyde de carbone solide.

Dans des essais faits avec de très fortes tensions, la décomposition s'est élevée, après neuf heures, à 11 centièmes; après douze heures à 16 centièmes : limite encore moindre que celle de l'action de l'étincelle électrique, laquelle atteint avec de très petites étincelles près de 20 centièmes du volume de l'acide carbonique primitif.

Réciproquement, l'oxyde de carbone et l'oxygène se combinent sous l'influence de fortes tensions, avec production d'acide carbonique; cette réaction est plus lente que la réaction inverse. Aucune des deux ne se produit avec les très faibles tensions.

En tout cas, il résulte de ces faits l'existence d'un certain équilibre entre les deux actions opposées.

Il se présente ici diverses particularités remarquables, au point de vue des limites de la réaction et de la formation de l'ozone. Tandis qu'une série d'étincelles ne déterminent aucune réaction dans un mélange d'acide carbonique et d'oxygène, l'effluve y détermine au contraire *une décomposition partielle*, même dans un mélange formé à volumes égaux d'acide carbonique et d'oxygène. Au bout de douze heures d'effluve, près d'un vingtième de l'acide carbonique se retrouvait résolu en oxyde de carbone et oxygène; il s'était même produit quelques traces de sous-oxyde fixe.

Les conditions de l'équilibre produit par l'effluve ne sont donc pas les mêmes que par l'étincelle. La dose d'ozone formé est également bien plus considérable et tout à fait surprenante. Tandis que l'étincelle ne fournit que des traces d'ozone en décomposant l'acide carbonique, au contraire, quand on opère sur l'acide carbonique pur, un tiers environ de l'oxygène, mis en liberté en même temps que l'oxyde de carbone, se trouve à l'état d'ozone, ou d'un corps doué de propriétés oxydantes analogues : peut-être forme-t-il ici un gaz nouveau, l'*acide percarbonique*.

9. *Oxyde de carbone.* — Ce composé, pris à l'état sec, résiste presque complètement à l'étincelle, laquelle en détruit à peine 1 ou 2 centièmes. Au contraire, il est décomposé par l'effluve à haute tension en oxygène et sous-oxyde brun, C^8O^6. Ce composé, découvert par M. Brodie, se forme en vertu de la réaction suivante :

$$5C^2O^2 = C^2O^4 + C^8O^6.$$

On voit qu'il diffère de l'acide tartrique ($C^8H^6O^{12}$) par les éléments de l'eau. Il se forme même avec l'oxyde de carbone humide; auquel cas le sous-oxyde se dissout dans l'eau contenue au sein des tubes.

10. *Carbures d'hydrogène.*

Le carbone solide et l'hydrogène ne se combinent pas sous l'influence de l'effluve, pas plus que sous l'influence de l'étincelle. Mais les carbures d'hydrogène gazeux, soumis à la réaction de l'effluve à haute tension, les carbures, dis-je, tels que le *formène*, C^2H^4, l'*éthylène*, C^4H^4, l'*hydrure d'éthylène*, C^4H^6, fournissent à la fois de l'acétylène, C^4H^2 (en petite quantité comme toujours), de l'hydrogène libre, et des carbures polymériques et résineux.

Avec le formène, les produits offrent une remarquable odeur d'essence de térébenthine; mais la proportion de matière liquide était trop faible pour être recueillie.

Avec l'éthylène, on obtient un produit liquide, déjà signalé par M. Thénard, et dont la composition répond aux rapports $C^{20}H^{16,0}$; à peu près comme celle de certaines huiles de vin. Il se forme en même temps un peu d'hydrure d'éthylène.

Avec l'hydrure d'éthylène pur, on obtient d'ailleurs réciproquement un peu d'acétylène et d'éthylène. Entre ces carbures d'hydrogène, sous l'influence de l'électricité comme sous l'influence de la chaleur, il tend donc à se développer un équilibre, troublé par les phénomènes de condensation.

Ces réactions ont lieu avec les hautes tensions de l'appareil Rumkorff. Elles se manifestent encore dans des tubes renfermant une armature métallique influencée par les décharges de la machine de Holtz.

Dans ces conditions, avec l'électricité tant positive que négative et au bout de quelques autres, l'éther fournit beaucoup d'acétylène, la benzine moins : inégalité qui se retrouve dans la production de l'acétylène par l'action de la chaleur sur ces deux corps. Quand les tensions sont diminuées (influence des étincelles de 1/2 millimètre), il n'apparaît que des traces presque insensibles d'acétylène. Enfin l'on n'en observe plus aucune trace, même au bout de neuf mois, sous l'influence du potentiel constant de 5 éléments Leclanché.

11. En résumé, l'action de l'effluve, comme celle de l'étincelle, tend à résoudre les gaz composés dans leurs éléments, avec production de phénomènes d'équilibre, dus à la tendance inverse de recombinaison.

Cette similitude des effets les plus généraux n'a rien qui doive surprendre, l'effluve représentant en quelque sorte la dissémination de l'étincelle ordinaire en des milliers de décharges, dont chacune est trop faible pour fournir un trait de lumière; mais leur ensemble produit dans l'obscurité une lueur très visible. L'analyse spectrale, autant qu'elle est possible avec un si faible éclairage, indique que les raies de cette lumière sont les mêmes pour l'effluve que pour l'étincelle ordinaire. Chacune de ces décharges parcourt un intervalle bien plus petit que l'étincelle proprement dite : la durée de chaque décharge isolée, produite par effluve, doit être dès lors bien plus courte que la durée de l'étincelle ordinaire, en même temps que la masse de matière influencée était plus faible. Ce sont là des circonstances fort importantes pour expliquer les différences qui existent entre un certain nombre des réactions spéciales développées par l'effluve.

12. Insistons maintenant sur ces réactions spéciales.

1° Un grand nombre de réactions, immédiates avec l'étincelle, telles que l'union de l'oxyde de carbone et de l'oxygène, ne s'effectuent que lentement par l'effluve.

2° Quelques réactions même, telles que l'union de l'hydrogène et l'oxygène, n'ont pas lieu; du moins tant que les tensions ne se rapprochent pas extrêmement de celles qui provoquent des décharges disruptives (1). L'union de l'azote libre avec l'acétylène, pour former l'acide cyanhydrique, se produit seulement sous l'influence de l'étincelle proprement dite, etc.; celle du carbone avec l'hydrogène n'a pas lieu avec l'effluve, mais seulement avec l'arc voltaïque, etc.

3° Réciproquement, les actions provoquées à la fois par l'effluve et par l'étincelle ne sont pas définies par les mêmes limites d'équilibre; la limite avec l'effluve répondant tantôt à une dose plus forte de la combinaison (ammoniaque dérivée de l'azote et l'hydrogène); tantôt à une dose moindre (acétylène dérivée des carbures d'hydrogène).

4° L'effluve détermine certaines combinaisons que ne produit pas l'étincelle : telles que la synthèse de l'acide persulfurique, l'absorption de l'hydrogène par les carbures d'hydrogène, celle de l'azote libre par les matières organiques, etc.

5° Elle détermine enfin, suivant un mécanisme qui participe à la fois de la décomposition et de la combinaison, la séparation des composés simples en deux portions : les éléments, d'une part, devenant libres; tandis que, d'autre part, une portion des éléments s'unit au composé lui-même pour former des produits condensés, soustraits par l'extrême brièveté de la décharge, et par leur fixité même (qui les élimine au sein du milieu gazeux), à une destruction ultérieure. Au contraire, la durée de l'étincelle et de l'échauffement qu'elle provoque sont plus longues et s'exercent sur une masse de matière d'ailleurs plus considérable ; la première circonstance s'oppose en général à la formation des produits condensés. Rappelons cependant que, d'après mes expériences dans la décomposition du formène par l'étincelle, un dixième environ de ce gaz se change en carbures condensés.

En principe, je le répète, les réactions de l'effluve et de l'étincelle sont les mêmes ; mais la durée inégale de l'échauffement paraît la cause principale des variations observées.

(1) *Annales de chimie et de physique*. 5e série, t. XVII, p. 142; 1879.

§ 4.— *Réactions de l'hydrogène libre, provoquées par l'effluve.*

1. Jusqu'ici nous avons étudié les réactions de l'effluve, au point de vue des décompositions et des équilibres chimiques qu'elle détermine; nous allons maintenant nous attacher plus spécialement à l'étude des combinaisons que l'effluve provoque entre l'hydrogène, l'azote, l'oxygène et les autres substances chimiques.

2. *Hydrogène.* — Commençons par l'hydrogène. Je rappellerai que l'hydrogène, sous l'influence de l'effluve, se combine à l'azote et à d'autres éléments; tandis qu'il ne s'unit pas l'oxygène : ce qui est remarquable. L'hydrogène pur est également absorbé rapidement par les matières organiques, sous l'influence de l'effluve. Voici mes observations :

1° *Benzine.* — 1 centimètre cube de benzine a absorbé en quelques heures, sous l'influence de fortes tensions, 250 centimètres cubes d'hydrogène, soit 2 équivalents environ, avec formation d'un polymère de $C^{12}H^8$, solide et résineux,

$$n(C^{12}H^6+H^2)=(C^{12}H^8)^n.$$

2° L'*essence de térébenthine* ($C^{20}H^{16}$) absorbe de même jusqu'à 2,5 équivalents d'hydrogène, avec formation de produits résineux polymérisés.

3° L'*acétylène* s'est condensé, en absorbant à peu près le cinquième de son volume d'hydrogène.

4° J'ai également répété les expériences de M. P. Thenard et celles de M. Brodie sur la réaction entre l'*oxyde de carbone* et l'*hydrogène*. Non seulement il se forme, conformément à leurs indications, un produit solide que j'ai trouvé voisin de la formule $(C^4H^3O^3)^n$,

$$5\,CO+3\,H=CO^2+C^4H^3O^3;$$

mais le gaz excédant contient de l'acide carbonique, une trace d'acétylène, et quelque peu d'un carbure forménique, tel que C^2H^4; ou plutôt $C^4H^6+H^2$.

L'*acide carbonique* et le *formène*, à volumes égaux, se condensent aussi, comme l'a découvert M. P. Thenard, en formant un produit caramélique insoluble : j'y ai observé la présence d'une trace d'acide butyrique. Le résidu gazeux contenait un peu d'acétylène et une forte dose d'oxyde de carbone : circonstance qui montre que la réaction est plutôt une oxydation du formène (accompagné de condensation) qu'une combinaison immédiate du gaz hydrogène avec l'acide carbonique. Mais je n'insiste pas sur ces dernières expériences, dont les résultats sont trop compliqués pour se prêter à une analyse exacte, dans l'état présent de nos connaissances.

§ 5. — *Réactions de l'azote libre sur les matières organiques, provoquées par l'effluve.*

1. C'est ici un des sujets les plus intéressants pour l'étude des réactions de l'effluve, à cause de l'importance des composés azotés au sein des êtres vivants et de l'obscurité qui règne encore sur leur origine dans la nature.

Je rappellerai d'abord que l'azote libre se combine directement avec l'acétylène, sous l'influence de l'étincelle, pour former l'acide cyanhydrique : réaction qui se reproduit avec tous les composés organiques volatils, en raison de leur métamorphose préalable en acétylène. Mais cette réaction n'a pas lieu dans le cas de l'effluve ; même sous l'influence des plus fortes tensions, il ne se produit avec l'azote aucune trace d'acide cyanhydrique : je m'en suis assuré à diverses reprises.

Ce n'est pas cependant que l'azote cesse de réagir sur les composés organiques. Au contraire, la réaction de ce gaz continue à s'effectuer, même sous les tensions les plus faibles; mais les produits en sont différents et plus rapprochés de la composition de la matière mise en apparence. Entrons dans quelques détails.

3. J'ai trouvé que l'azote libre et pur est absorbé à la température ordinaire par les composés organiques en général, sous l'influence de l'effluve. Citons d'abord des carbures d'hydrogène.

1° L'expérience est très nette avec la benzine, substance telle que l'absence d'oxygène parmi ses éléments ne permet pas de suspecter quelque formation intermédiaire des composés oxy-azotiques ; 1 gramme de benzine absorbe en quelques heures 4 à 5 centimètres cubes d'azote, la majeure partie demeurant inaltérée. La réaction s'opère principalement entre la benzine électrisée, réduite en vapeur, ou sous forme de couches liquides très minces, et le gaz azoté. Elle donne lieu à un composé polymérique et condensé, qui se rassemble à l'état de résine solide, à la surface des tubes de verre au travers desquels la décharge s'effectue.

Ce composé, isolé, puis échauffé fortement, se décompose avec dégagement d'ammoniaque. Cependant l'ammoniaque libre ne préexiste pas; c'est-à-dire qu'elle ne se forme pas par l'action de l'effluve sur un mélange d'azote et de benzine. On ne l'observe ni à l'état dissous dans l'excès de benzine, ni à l'état de mélange dans les gaz qui subsistent. Ces derniers renferment d'ailleurs un peu d'acétylène, lequel apparaît constamment dans la réaction de l'effluve sur les carbures d'hydrogène.

2° L'essence de térébenthine a donné lieu aussi à une absorption d'azote, plus lente à la vérité, dans les mêmes conditions. Il s'est également produit un corps résineux condensé, dont la décomposition pyrogénée dégagerait aussi de l'ammoniaque.

3° Le gaz des marais s'est comporté de même. Il s'est formé à la fois (en petite quantité) un produit azoté solide, très condensé (qui dégage de l'ammoniaque par la chaleur), et, cette fois, de l'ammoniaque libre, laquelle demeurait mêlée avec les gaz non condensés. Elle résulte de la réaction directe de l'azote sur l'hydrogène formé par la décomposition propre des gaz des marais.

4° Avec l'acétylène, le produit principal est la substance polymérique découverte par M. P. Thenard. L'azote et l'acétylène, je le répète, ne forment pas d'acide cyanhydrique sous l'influence de l'effluve : résultat qui contraste avec l'abondante formation de ce composé sous l'influence de l'étincelle. Cependant le produit condensé qui dérive de l'acétylène étant détruit par la chaleur dégage vers la fin quelques traces d'ammoniaque : ce qui prouve qu'il a fixé de l'azote.

4. Voici diverses expériences, relatives à l'absorption de l'azote par des *substances hydrocarbonées renfermant de l'oxygène*. Ces expériences démontrent que la fixation de l'azote, et par suite la formation de certains composés organiques azotés, ont réellement lieu au moyen des principes constitutifs des tissus végétaux. La fixation de l'azote a lieu d'ailleurs : soit avec l'azote pur; soit en présence de l'oxygène, c'est-à-dire en opérant avec l'air atmosphérique. J'ai opéré d'abord avec de très fortes tensions; puis avec de faibles tensions, comparables à celles de l'électricité atmosphérique normale ; enfin avec l'électricité atmosphérique elle-même, afin d'établir que les résultats obtenus se réalisent dans des conditions physiques comparables à celles de la nutrition et du développement des tissus végétaux. Exposons les faits.

Effluve à haute tension. — Le papier blanc à filtre (cellulose ou principe ligneux), légèrement humecté et mis en présence de l'azote pur, sous l'influence de l'effluve à haute tension, absorbe une dose très notable d'azote, dans l'espace de huit à dix heures. Il suffit de chauffer ensuite fortement le papier avec de la chaux sodée, pour en dégager une grande quantité d'ammoniaque. Le papier primitif n'en fournissait pas d'une manière sensible dans les mêmes conditions. L'ammoniaque ne se produit d'ailleurs que vers le rouge sombre, par la destruction d'un composé azoté, particulier et fixe, précisément comme ceux qui dérivent des carbures d'hydrogène.

La présence de l'oxygène dans l'atmosphère gazeuse initiale n'empêche pas cette absorption d'azote. Je citerai à cet égard l'expérience que voici : Les tubes de verre, au travers desquels s'exerçait l'influence électrique, ayant été enduits d'une couche mince d'une solution sirupeuse de dextrine sensiblement exempte d'azote (quelques décigrammes en tout), j'y ai introduit, sur le mercure, un certain volume d'air atmosphérique.

L'effluve ayant agi pendant huit heures environ, j'ai constaté une absorption de 2,9 centièmes d'azote et de 7,0 d'oxygène, sur 100 volumes d'air primitif. On voit que l'absorption de l'oxygène n'était pas totale dans ces conditions.

Comme contrôle, j'ai repris la matière organique demeurée à la surface des tubes, et je l'ai chauffée avec de la chaux sodée; elle a dégagé en grande abondance, et seulement vers le rouge sombre, de l'ammoniaque : ce qui complète la démonstration.

Je n'ai pas trouvé d'ailleurs qu'il se fût formé : ni ammoniaque libre ou sel ammoniacal proprement dit, ni acide azotique ou azoteux, ni acide cyanhydrique, en proportion appréciable au sein des produits influencés par l'électricité dans les conditions précédentes; non plus que dans celles que je vais signaler. Le phénomène principal est donc la production d'un composé azoté complexe, engendré par l'union directe de l'azote libre avec l'hydrate de carbone mis en expérience : réaction tout à fait assimilable à celles qui doivent se produire au contact des matières végétales et de l'air électrisé.

5. Poursuivons cette étude, en comparant l'*influence des*

deux électricités, prises sous diverses tensions, mais toujours en opérant avec l'appareil de Ruhmkorff ou la machine de Holtz.

1° L'*absorption de l'azote par les composés organiques* s'opère également sous l'influence des deux électricités; les appareils étant disposés comme il a été dit.

2° Cette absorption a lieu tout aussi nettement avec les tensions faibles qu'avec les tensions fortes, mais dans un temps beaucoup plus long que la tension électrique est moindre. Elle est très marquée, même avec ces tensions relativement faibles, qui ne fournissent plus que des traces douteuses ou nulles d'acétylène.

3° En opérant dans des conditions comparatives et avec des tensions relativement faibles, on a trouvé la fixation de l'azote surtout abondante avec le papier, moindre avec l'éther, et bien moindre encore avec la benzine : diversité qui répond à la stabilité inégale de ces principes et à la nature différente des principes azotés qui en dérivent. Avec le papier, notamment, il se produit à la fois des composés azotés insolubles, très peu colorés, qui restent fixés sur la fibre ligneuse, et des corps azotés, solubles dans l'eau, et presque incolores, qui se condensent sur la lame de la platine : ces derniers renferment de telles doses d'azote qu'ils fournissent de l'ammoniaque libre, bleuisssant le tournesol, par la seule action de la chaleur, même sans aucune addition de chaux sodée.

6. Jusqu'ici nous avons opéré avec le concours d'appareils condensateurs, à haute tension électrique et à potentiel variable. Venons maintenant aux *très faibles tensions avec potentiel fixe.*

J'ai observé la fixation de l'azote sur les mêmes composés organiques, sous l'influence de cinq éléments Leclanché, formant une pile *dont le circuit n'était pas fermé.* Quelques-unes de mes expériences ont été faites dans des conditions quantitatives, de façon à mesurer les poids d'azote absorbés dans un temps donné.

Décrivons ces expériences, qui sont d'une grande importance pour la physiologie végétale. J'ai posé sur la moitié de la surface *extérieure* d'un grand cylindre de verre mince, terminé par une calotte sphérique, une feuille de papier Berzelius, pesée à l'avance et mouillée avec de l'eau pure. L'autre moitié de la même surface extérieure a été enduite avec une solution sirupeuse, titrée et pesée, de dextrine ; en opérant dans des conditions qui permettaient de connaître exactement le poids de la dextrine sèche employée.

La surface *intérieure* du cylindre avait été recouverte à l'avance avec une feuille d'étain (armature interne).

Ce cylindre a été posé sur une plaque de verre, enduite de gomme laque. Puis on l'a recouvert avec un cylindre de verre mince, concentrique, aussi rapproché que possible ; dont la surface *intérieure* était libre et la surface *extérieure* revêtue avec une feuille d'étain (armature externe).

Le système des deux cylindres a été recouvert ensuite d'une cloche, pour éviter la poussière.

Ces dispositions préliminaires étant prises, l'armature interne a été mise en communication avec le pôle positif d'une pile, formée d'abord d'un seul élément, puis de cinq éléments Leclanché, disposés en tension ; et l'armature externe mise semblablement en communication avec le pôle négatif de la même pile.

De cette façon, il existait une différence du potentiel constante entre les deux armatures d'étain, séparées par les deux épaisseurs de verre, par la lame d'air interposée, enfin par le papier ou la dextrine appliquée sur l'un des cylindres.

J'avais pris soin de doser, avant l'expérience, l'azote dans le papier et dans la dextrine (en opérant sur 2 grammes de matière sèche ; ce qui a fourni, sur 1000 parties :

	Azote.
Papier	0,10
Dextrine.	0,12

Au bout d'un mois de réaction (novembre), ayant opéré d'abord avec un seul élément Leclanché, j'ai trouvé, dans les matières influencées :

	Azote.
Papier	0,10
Dextrine	0,17

Il s'était développé des moisissures.

La variation étant nulle pour le papier, très faible pour la dextrine, j'ai poursuivi sous une tension un peu plus sensible, en opérant cette fois avec cinq éléments Leclanché, pendant sept mois ; la température extérieure s'étant élevée peu à peu jusqu'à atteindre par moments 30 degrés. On a encore observé des moisissures.

Au bout de ce temps, j'ai trouvé sur 1000 parties :

	Azote.
Papier	0,45
Dextrine.	1,92

L'intervalle des deux cylindres était d'environ 3 à 4 millimètres.

Un autre essai, poursuivi simultanément, avec un intervalle à peu près triple entre deux autres cylindres pareils, a fourni en azote sur 1000 parties :

	Azote.
Papier	0,30
Dextrine	1,14

Toutes ces analyses concourent à établir qu'il y a fixation d'azote sur le papier et sur la dextrine, c'est-à-dire sur les principes immédiats non azotés des végétaux, sous l'influence de tensions électriques excessivement faibles. Les effets sont provoqués par la différence de potentiel existant entre les deux pôles d'une pile formée par cinq éléments Leclanché : différence tout à fait comparable à la tension de l'électricité atmosphérique, agissant à de petites distances du sol.

L'influence des moisissures observées dans le cours des expériences ne saurait être invoquée contre cette conclusion ; car M. Boussingault a démontré, par des analyses très précises, que les végétaux de ce genre ne possèdent pas la propriété de fixer l'azote atmosphérique.

Disons enfin que la lumière ne jouait aucun rôle dans les essais précédents, où la fixation de l'azote s'effectue au sein d'une obscurité absolue. D'autres essais, exécutés dans des espaces transparents, ont montré d'ailleurs que la lumière n'entrave pas la fixation électrique de l'azote.

Les réactions que je viens de décrire sont, je le répète, déterminées par des tensions électriques très faibles et d'un ordre de grandeur tout à fait comparable à celui de l'électricité atmosphérique; ainsi qu'il résulte des mesures publiées par M. Thomson, M. Mascart et par divers autres expérimentateurs (1).

7. Comparons encore les données quantitatives de mes expériences avec la richesse en azote des tissus et organes végétaux, qui se renouvellent chaque année. Les feuilles des arbres renferment environ 8 millièmes d'azote; la paille de froment, 3 millièmes à peu près. Or l'azote fixé sur la dextrine dans mes essais, au bout de huit mois, s'élevait à 2 millièmes environ; c'est-à-dire qu'il s'était formé une matière azotée d'une richesse à peu près comparable à celle des tissus herbacés que la végétation produit dans le même espace de temps, avec le concours des influences exercées par les tensions électriques naturelles.

8. *Électricité atmosphérique.* — Désirant pousser jusqu'au bout la question, c'est-à-dire établir que l'électricité atmosphérique a réellement la faculté de déterminer la fixation de l'azote sur les principes immédiats des végétaux, j'ai opéré avec des tubes concentriques scellés à la lampe, renfermant de l'azote, lequel était mis en présence, tantôt du papier humide, tantôt de la dextrine sirupeuse. J'ai établi entre les parois concentriques qui contenaient le gaz et la matière organique une tension électrique, déterminée précisément par la différence de potentiel existant entre le sol d'une surface gazonnée et une couche d'air située à 2 mètres audessus. Pour mettre l'armature intérieure des mes instruments en équilibre électrique avec un point déterminé de l'atmosphère, on employait l'appareil à écoulement d'eau de M. Thomson.

Voici les résultats obtenus, dans les expériences qui ont duré du 29 juillet au 5 octobre 1876, c'est-à-dire un peu plus de deux mois, la tension électrique moyenne ayant été celle de 3 éléments et demi Daniell, et ayant oscillé en valeur absolue depuis + 60 Daniell jusqu'à — 180 Daniell environ, dans mes appareils.

Dans tous les tubes sans exception, qu'ils continssent de l'azote pur ou de l'air ordinaire, qu'ils fussent clos hermétiquement ou en libre communication avec l'atmosphère, l'azote s'est fixé sur une matière organique (papier ou dextrine). Il a formé un composé amidé, composé que la chaux sodée détruit vers 300 à 400 degrés, avec régénération d'ammoniaque. Est-il besoin de dire que les mêmes matières organiques, laissées librement en contact avec l'atmosphère d'une salle de mon laboratoire, n'ont pas donné le moindre signe de la fixation de l'azote ?

La dose d'azote, ainsi fixée sous l'influence de l'électricité atmosphérique, était très faible dans chaque tube : ce qui s'explique à la fois par la petitesse du poids de la matière organique (quelques centigrammes), par la lenteur des réactions, enfin par le peu d'étendue des surfaces influencées.

Cependant, comme le nombre des tubes susceptibles d'être disposés dans le même circuit pourrait assurément être très multiplié, sans restreindre ni les effets électriques, ni les effets chimiques qui en dérivent, on voit que la quantité d'azote susceptible d'être fixée sur une surafce recouverte de matières organiques, au bout d'un temps convenable, pourrait être rendue extrêmement considérable.

(1) Voy. entre autres sur ce point *Annuaire de la Société météorologique de France*, t. XXV, p. 153; 1877.

9. L'azote se fixe ainsi, je le répète, en vertu d'une réaction chimique aussi générale que l'action oxydante de l'atmosphère sur les végétaux; réaction exercée sur les principes mêmes de leurs tissus et qui s'effectue sans faire intervenir une influence autre que la différence naturelle de potentiel électrique, qui se développe incessamment dans l'atmosphère libre entre le sol électrique et les couches d'air situées à 2 mètres plus haut. On se trouve par là dans des conditions analogues à celles de la végétation, ces conditions étant seulement agrandies dans le rapport qui existe entre la distance du tube d'écoulement de Thomson au sol et la distance des deux armatures de mes tubes.

10. Deux de mes essais permettent même de poursuivre plus loin la démonstration. En effet, le papier humide contenu dans deux des tubes, l'un contenant de l'azote, l'autre de l'air, s'est trouvé recouvert de taches verdâtres, formées par des algues microscopiques, à filaments fins, entrelacés et recouverts de fructifications. Ces végétaux tiraient sans doute leur origine de quelques germes introduits accidentellement avant la clôture des tubes. Or, dans ces deux tubes, il y a eu une fixation d'azote, non seulement analogue, mais même notablement plus forte que dans les tubes privés de végétaux. Dans le tube à azote surtout, les gaz avaient pris une odeur aigrelette et légèrement fétide, pareille à celle de certaines fermentations, et la fixation d'azote était beaucoup plus grande que dans aucun des autres.

11. Ces expériences mettent en lumière l'influence d'une cause naturelle, à peine soupçonnée jusqu'ici et cependant des plus considérables, sur la végétation. Jusqu'à ce jour, lorsqu'on s'est préoccupé de l'électricité atmosphérique en agriculture, ce n'a guère été que pour s'attacher à ses manifestations lumineuses et violentes, telles que la foudre et les éclairs. Dans toute hypothèse, on a envisagé uniquement la formation des acides azotique, azoteux et de l'azotate d'ammoniaque, et il n'y a pas eu jusqu'à présent d'autre doctrine relative à l'influence de l'électricité atmosphérique pour fixer l'azote sur les végétaux. Or il s'agit, dans mes expériences, d'une action toute nouvelle, absolument inconnue jusqu'à présent; action qui fonctionne incessamment sous le ciel le plus serein, avec la même nécessité que l'action oxydante de l'air, et qui détermine une fixation *directe* de l'azote libre sur les principes mêmes des tissus végétaux.

Dans l'étude des causes naturelles capables d'agir sur la fertilité du sol et sur la végétation, causes que l'on cherche à définir avec tant de sollicitude par les observations météorologiques, il conviendra désormais, non seulement de tenir compte des variations observées dans les actions lumineuses ou calorifiques, mais aussi de faire intervenir celles de l'état électrique de l'atmosphère. Il devient nécessaire d'étudier celles-ci d'une façon plus méthodique qu'on ne l'a fait jusqu'à ce jour; l'importance de cette étude ayant été plutôt pressentie d'une manière obscure que systématiquement démontrée.

12. Caractérisons davantage le rôle de l'électricité et les conditions de la fixation de l'azote libre sur les tissus végétaux. On sait que M. Boussingault, dont on connaît toute l'habileté, n'a pu réussir à constater l'absorption de l'azote pendant la végétation, dans un espace clos et sans l'intervention de l'électricité. Or l'intervention de l'électricité atmosphérique, qui n'agissait pas dans ces essais *in vitro*, où le potentiel est le même dans toutes les portions des appareils, me

semble de nature à modifier les conclusions et à rapprocher les résultats qui se passent à la surface du sol de ceux que j'ai observés sous l'influence de l'effluve.

M. Grandeau a reconnu, en effet, que deux plantes semblables, l'une exposée à l'air libre, l'autre entourée d'un grillage métallique qui laisse passer l'air et la pluie, mais annule le potentiel électrique, se comportent tout différemment : la végétation de la première est devenue bien plus active, et la formation des matières azotées et autres est doublée dans le même temps.

Ces résultats sont originaux et très importants; ils sont en parfaite harmonie avec mes propres expériences.

13. En effet, il n'est pas contestable que des phénomènes analogues à ceux que j'ai observés ne doivent se manifester toutes les fois que l'air est électrisé : soit au moment des décharges foudroyantes, qui répondent à des différences de tensions électriques, analogues ou supérieures à celles de l'appareil Ruhmkorff; soit et surtout pour les différences de tension plus faibles qui se produisent incessamment. La tension électrique moyenne en chaque point de l'atmosphère, telle qu'elle est exprimée par le potentiel, varie sans cesse; par suite il se produit dans les couches voisines de ce point des échanges électriques incessants, tout semblables à ceux que subissent les gaz dans les tubes à effluve. Ces échanges ont également lieu, quoique d'une façon un peu différente, entre le sol et les couches d'air les plus voisines.

Dès lors, et cette prévision est vérifiée par mes expériences directes faites avec l'électricité atmosphérique, les mêmes effets chimiques doivent se reproduire ; c'est-à-dire la fixation de l'azote sur les matières organiques tenues en suspension dans l'air, ou mises en contact avec les couches aériennes dont la tension électrique varie incessamment. La petitesse des effets est compensée par leur durée et par l'étendue des surfaces influencées. A la vérité, sur chaque point isolé ces actions ne sauraient être que très limitées. Autrement l'effet s'exerçant à la fois sur les végétaux et sur le sol lui-même, les matières humiques du sol devraient s'enrichir rapidement en azote; tandis que la régénération des matières azotées naturelles, épuisées par la culture, est au contraire comme on le sait excessivement lente. Cependant elle est incontestable. Quelques limités que les effets en soient à chaque instant et sur chaque point de la superficie terrestre, ils peuvent cependant devenir considérables, en raison de l'étendue et de la continuité d'une réaction universellement et perpétuellement agissante.

14. Il n'est pas jusqu'au règne animal qui ne doive éprouver parfois des influences analogues. En effet, les absorptions d'azote et d'oxygène, déterminées à la surface du corps des animaux par l'électricité atmosphérique, jointe aux condensations moléculaires et aux autres changements chimiques développés au sein des tissus organisés par l'effluve électrique, doivent donner lieu à des modifications physiologiques correspondantes : peut être jouent-elles un certain rôle dans les malaises singuliers manifestés au sein de l'organisme humain pendant les orages.

15. Sans nous arrêter davantage sur un point particulier, insistons cependant d'une manière générale sur la nouvelle cause de fixation de l'azote atmosphérique dans la nature.

Cette fixation de l'azote paraît jouer un rôle capital dans la fertilisation du sol, dans la théorie des jachères et dans celle du développement des plantes et autres produits de l'agriculture.

On ne saurait guère expliquer autrement la fertilité indéfinie des sols qui ne reçoivent aucun engrais, tels que ceux des prairies des hautes montagnes, étudiées par M. Truchot en Auvergne (*Annales agronomiques*, t. I, p. 549 et 550, 1875), et situées en des lieux où les tensions électriques peuvent acquérir des valeurs considérables. Je rappellerai en outre que MM. Lawes et Gilbert, dans leurs célèbres expériences agricoles de Rothamsted, arrivent à cette conclusion : que l'azote de certaines récoltes de légumineuses surpasse la somme de l'azote contenu dans la semence, dans le sol, dans les engrais; même en y ajoutant l'azote fourni par l'atmosphère sous les formes connues d'azotates et de sels ammoniacaux : résultat d'autant plus remarquable qu'une portion de l'azotate combiné s'élimine d'autre part en nature, pendant les transformations naturelles des produits végétaux. Les auteurs en ont conclu qu'il devait exister dans la végétation quelque source d'azote capable d'expliquer l'origine de la masse considérable d'azote combiné qui se rencontre actuellement à la surface du globe. Mais cette source est demeurée jusqu'à présent inconnue.

Or c'est précisément cette source inconnue d'azote qui me paraît indiquée dans mes expériences sur les réactions chimiques provoquées par l'électricité à faible tension, et spécialement par l'électricité atmosphérique.

On voit que les questions soulevées par ces expériences au point de vue physique, chimique, physiologique, sont d'une étendue presque illimitée.

§ 6. — *Réactions de l'oxygène libre provoquées par l'effluve électrique.*

1. L'effluve électrique provoque les oxydations par l'oxygène libre, et leur donne souvent une extrême activité. Si elle ne provoque pas en général l'union de l'oxygène avec l'hydrogène, ni celle de l'oxygène avec l'eau pour développer l'eau oxygénée; par contre, sous l'influence de l'effluve, l'oxygène s'unit à l'oxyde de carbone pour produire l'acide carbonique; il forme : avec l'azote sec ou humide, les composés azoteux et azotiques; avec le soufre, les acides sulfureux, sulfurique et persulfurique; avec l'iode, les acides iodeux, iodique et periodique; il oxyde les métaux, etc.

Non seulement on détermine ainsi des oxydations que l'oxygène pur ne produirait pas, mais celles qu'il développe par lui-même en sont activées singulièrement. Ainsi l'oxydation des acides sulfureux et azoteux dissous s'effectue lentement avec l'oxygène ordinaire, tandis qu'elle est très rapide sous l'influence de l'effluve.

2. De tels effets sont produits principalement par l'effluve à haute tension. Dès que la tension diminue, l'azote et la plupart des métaux cessent de s'oxyder.

Cependant l'oxydation de l'acide sulfureux sec et celle des composés organiques ont encore lieu, même avec les tensions les plus faibles ; par exemple sous l'influence prolongée du potentiel constant de 5 éléments Leclanché.

3. Ces dernières conditions méritent d'autant plus d'attention, qu'elles répondent aux tensions ordinaires de l'électricité atmosphérique. Celle-ci devient ainsi un agent d'oxydation lente ; oxydation faible, mais incessamment agissante.

4. Les mécanismes mêmes suivant lesquels l'oxygène est ainsi provoqué à l'action par l'effluve sont divers. Dans tous les cas, même avec les tensions les plus faibles, la réaction est accompagnée par la transformation d'une portion de l'oxygène en ozone. Or deux cas se présentent ici. Tantôt l'ozone isolé est apte à produire les mêmes effets : ce qui arrive par exemple dans l'oxydation des métaux, de l'iode, de l'iodure de potassium, de l'acide arsénieux dissous, des acides azoteux et sulfureux dissous, etc.

Tantôt, au contraire, l'ozone izolé est incapable de produire les mêmes effets d'oxydation : tel est le cas d'oxydation de l'azote libre sous l'influence de l'effluve ; celui de la transformation du chlorure de potassium humide en chlorate de potasse, etc. Ce sont là les actions qui répondent aux tensions les plus fortes.

5. Diverses synthèses remarquables peuvent être produites par l'oxygène soumis à l'influence électrique (1). Nous citerons, par exemple, la formation de l'acide persulfurique, S^2O^7. Nous allons en développer les circonstances essentielles.

L'acide persulfurique peut être obtenu à l'état pur et anhydre, en faisant agir l'effluve électrique à forte tension, sur un mélange d'acide sulfureux et d'oxygène, pris sous des volumes égaux, et dans un état de siccité rigoureuse :

$$S^2O^4 + O^3 = S^2O^7.$$

On opère avec mon appareil à tubes concentriques.

De même l'acide sulfurique anhydre forme l'acide persulfurique, en se combinant avec l'oxygène sous l'influence de l'effluve,

$$S^2O^6 + O = S^2O^7$$

Au contraire, l'acide sulfurique concentré ne s'unit pas à l'oxygène ordinaire dans les mêmes conditions, pas plus qu'à l'ozone isolé.

L'acide persulfurique prend aussi naissance, cette fois à l'état dissous, pendant l'électrolyse des solutions concentrées d'acide sulfurique : circonstance dans laquelle il avait été confondu jusqu'ici, soit avec l'eau oxygénée, soit avec la substance imaginaire que l'on avait appelée *antozone*. C'est encore une influence électrique, probablement analogue à la précédente, qui provoque la formation de l'acide persulfurique, à titre de produit secondaire de l'électrolyse.

6. Signalons ici une relation thermique essentielle ; celle qui existe entre la suite des transformations qui relient ensemble l'ozone, l'eau oxygénée, l'acide persulfurique et l'oxygène ordinaire, transformations toutes accomplies avec une perte d'énergie graduelle, depuis le premier corps jusqu'au dernier terme des métamorphoses.

1° L'*ozone* peut être *changé en eau oxygénée,* sinon par réaction directe, du moins par l'intermédiaire de l'éther. Cette réaction est connue depuis longtemps, et je l'ai vérifiée avec de l'ozone sec et de l'éther absolument anhydre. Il se forme ainsi un composé spécial, l'*éther ozoné,* qu'il suffit d'agiter avec de l'eau pure pour le changer en eau oxygénée. Ces deux réactions sont directes : leur résultat total est un dégagement de chaleur, soit $+ 3^{cal},7$ pour HO^2 formée.

2° L'*eau oxygénée* peut être *changée en acide persulfurique* par l'acide sulfurique concentré ; pourvu que l'on opère le mélange en évitant toute élévation de température. Le caractère immédiat de la réaction ne permet pas de douter qu'elle ne soit exothermique. Ajoutons cette circonstance qu'elle a lieu avec le premier hydrate SO^4H,HO, et non avec le second hydrate $SO^4H,2HO$; ce qui porte à croire que la chaleur dégagée est moindre que celle qui répond au changement du premier hydrate dans le second, c'est-à-dire moindre que $1^{cal},5$; mais, la mesure directe n'a pas encore été faite.

3° L'*acide persulfurique* à son tour *dégage* peu à peu et à froid la totalité de son *oxygène* à l'état ordinaire, sans offrir aucune tension finie de dissociation : caractère propre aux réactions accomplies avec dégagement de chaleur.

Il y a donc perte d'énergies successives, en passant de l'ozone à l'oxygénée, de l'eau oxygénée à l'acide persulfurique, enfin de l'acide persulfurique à l'oxygène ordinaire. La somme des énergies perdues dans la série des transformations directes est représentée par les $14^{cal},8$ absorbées dans la production inverse de l'ozone au moyen de l'oxygène ordinaire ; production qui exige le concours d'une énergie chimique ou électrique.

On conçoit dès lors que l'acide persulfurique, l'eau oxygénée, l'ozone, corps formés tous les trois avec absorption de chaleur, se détruisent d'eux-mêmes, lorsque l'énergie étrangère, sous l'influence de laquelle ils ont pris naissance, vient à cesser d'agir, c'est-à-dire de communiquer à la matière un état spécial et un genre de mouvements ou de vibrations particulier.

7. Voici encore une observation fort importante. La formation de l'acide persulfurique, soit au moyen de l'acide sulfureux, soit au moyen de l'acide sulfurique anhydre, exige la présence d'un excès notable d'oxygène. Emploie-t-on seulement les quantités relatives indiquées par les équivalents, la réaction se fait mal et demeure incomplète, cette circonstance s'explique, si l'on remarque que l'effluve exerce une double action : elle décompose, et elle combine. C'est ainsi qu'elle peut soit décomposer partiellement l'acide sulfureux en soufre et oxygène, soit combiner ce même acide sulfureux avec l'oxygène pour former l'acide persulfurique. Nous avons affaire ici à un phénomène d'un ordre plus général.

8. En effet, les composés binaires soumis à l'action de l'effluve ne se résolvent pas d'ordinaire en leurs éléments, par un dédoublement pur et simple. Mais une partie se décompose, tandis que l'autre partie forme au contraire des combinaisons plus compliquées. Ainsi l'hydrogène sulfuré produit à la fois du soufre, de l'hydrogène et du polysulfure d'hydrogène ; l'hydrogène phosphoré gazeux produit de l'hydrogène libre et du sous-phosphure solide ; l'oxyde de carbone produit l'acide carbonique et du sous-oxyde solide ; le formène produit de l'hydrogène libre, de l'acétylène et des carbures résineux, etc., etc.

Ces phénomènes d'équilibre entre la décomposition pure et simple et la formation des combinaisons complexes et condensées ne se présentent pas seulement dans l'étude des réactions provoquées par l'acte de l'électrisation ; mais on les observe aussi dans l'étude des réactions provoquées par l'acte de l'échauffement. C'est précisément en m'appuyant sur des relations du même ordre que j'ai réussi à effectuer la synthèse pyrogénée des carbures d'hydrogène (1).

(1) *Annales de chimie et de physique*, 5e série, t. XIV, p. 345 ; 1878.

(1) *Annales de chimie et de physique*, 5e série, t. VI, p. 100.

Il est également probable qu'il se développe des équilibres analogues dans les effets chimiques produits par l'acte de l'illumination ; ces effets étant caractérisés, par exemple, au sein des tissus végétaux, par une double tendance d'une part, à la décomposition de l'acide carbonique, avec mise en liberté d'oxygène et formation de combinaisons condensées; et, d'autre part, à la régénération de ce même acide carbonique aux dépens de l'oxygène libre des principes organiques.

Rappelons enfin que les équilibres qui accompagnent de telles synthèses électriques, pyrogénées, photogéniques, expriment en général la résultante de deux énergies opposées l'une à l'autre, savoir : l'énergie chimique, qui tend à réaliser les réactions (combinaisons, condensations ou parfois décompositions) capables de dégager la plus grande quantité possible de chaleur ; et par opposition l'énergie calorifique, lumineuse ou électrique, qui tend à provoquer et à effectuer les réactions contraires.

M. Berthelot.

LA GÉOLOGIE EXPÉRIMENTALE

D'après M. Daubrée.

M. Daubrée vient de faire paraître un volume intitulé *Études synthétiques de géologie expérimentale* qui résume les nombreuses expériences auxquelles l'auteur s'est livré, presque dès le commencement de sa carrière. Ce travail est du plus haut intérêt et, bien que la plupart des faits qu'il renferme aient déjà été publiés dans divers recueils scientifiques et soient par conséquent connus, leur coordination systématique, en les présentant sous la forme d'un ensemble complet, permet au lecteur d'apercevoir nettement le lien qui les unit et de comprendre mieux l'importance de leur application à l'étude des grands phénomènes terrestres. En faisant entrer une science naturelle telle que la géologie, réputée d'observation pure, dans le domaine des sciences d'expérimentation, c'est-à-dire exactes, en montrant qu'il est possible, dans l'étude du monde inorganique, de faire intervenir le raisonnement et l'action de l'homme pour grouper des séries de descriptions dont l'intérêt ne commence en réalité qu'au moment où un esprit sagace s'en empare en leur attribuant une cause définie et en leur donnant des conséquences, on peut affirmer que M. Daubrée a gagné plus d'un adepte à la géologie. Or c'est rendre un grand service à une science que de la faire apprécier, parce que c'est la faire cultiver davantage et lui fournir les chances de développement qui résultent d'une vulgarisation sérieuse.

Avant d'aborder le détail des différentes parties de l'ouvrage, nous ferons remarquer, afin de ne plus y revenir, que M. Daubrée, dans la disposition et l'explication de ses expériences, a eu le grand mérite de n'être jamais resté uniquement un pur théoricien et de ne point s'être laissé entraîner à de vaines spéculations : grâce à son expérience du terrain, il a toujours placé l'exemple à côté du résultat de laboratoire, et c'est en partant de faits vérifiés le plus souvent par lui-même dans telle ou telle région déterminée et citée, qu'il a conçu et disposé l'expérience destinée à jeter la lumière sur l'origine de ce qui avait été observé. A ce point de vue, l'œuvre nouvelle est éminemment rationnelle et pratique, elle convient à la fois au savant qui y trouve une satisfaction à sa légitime curiosité des choses de la nature, et au praticien qui veut y chercher la solution des problèmes intéressant directement les travaux auxquels il se livre.

M. Daubrée s'est proposé d'introduire l'expérimentation synthétique dans la géologie, c'est-à-dire de constituer la *géologie expérimentale.* En donnant au mot toute l'extension dont il est susceptible, et sans discuter la légère atteinte portée à son étymologie, on peut considérer qu'il est deux sortes de géologies, l'une qui s'intéresse plus spécialement au globe que nous habitons, et l'autre qui s'applique aux astres de notre univers. Il en résulte deux grandes divisions dans le plan de l'auteur, qui étudiera expérimentalement d'abord les phénomènes géologiques terrestres et ensuite les phénomènes cosmologiques. Le livre dont nous allons faire l'analyse ne traite que de la première partie; la seconde, qui ne tardera pas à être publiée, concerne les météorites.

Si nous poussons plus loin la division du sujet, nous le partagerons en deux sections : l'étude des phénomènes chimiques et physiques, et celle des phénomènes mécaniques. Nous allons les examiner l'une et l'autre.

Les phénomènes chimiques s'appliquent spécialement aux filons métallifères et l'on sait que ceux-ci se subdivisent en deux groupes, séparés par des caractères tranchés parmi lesquels nous nous bornerons à citer les associations minéralogiques. Les filons dits stannifères renferment à peu près seul l'étain, le titane, accompagnés de plusieurs minéraux accessoires fluorés ou chlorurés tels que l'apatite, le spath fluor, le fer oligiste et d'autres. Guidé par cette remarque M. Daubrée a été amené à supposer que le fluor et le chlore avaient dû jouer un rôle important dans la formation de ces filons et que l'étain et le titane sortis des profondeurs à l'état de fluorures ou de chlorures, avaient pénétré dans des cassures de l'écorce terrestre qu'ils avaient remplies en se transformant en oxydes après volatilisation du fluor et du chlore considérés comme éléments minéralisateurs. Ainsi s'explique la genèse de la cassitérite et des diverses variétés d'acide titanique, rutile, anatase et brookite. Les réactions avaient probablement eu lieu sous l'influence de la vapeur d'eau avec production d'acide chlorhydrique, par exemple, dans le cas des chlorures; en se portant sur des éléments rocheux préexistants, tels que la chaux, elles avaient donné naissance à des minéraux contenant tous du fluor ou du chlore comme l'apatite, la topaze et le spath fluor. Les chlorures et les fluorures étant solubles seraient restés en solution dans les vapeurs condensées devenues les eaux terrestres et on comprendrait de cette façon leur présence en si immense quantité dans nos mers actuelles.

Cette hypothèse qui expliquait et résumait avec tant de perfection les phénomènes observés, avait été adoptée par Elie de Beaumont dans le célèbre *Mémoire sur les émanations volcaniques et métallifères,* où il avait distingué et séparé les filons stannifères d'une part et les filons plombifères ou concrétionnés d'autre part. Mais il s'agissait de lui donner la sanction de l'expérience et M. Daubrée y est parvenu. En faisant réagir dans un tube de porcelaine chauffé dans un fourneau à réverbère, de la vapeur d'eau sur du bichlorure d'étain, on trouve l'entrée du tube tapissée de cristaux microscopiques et parfaitement nets d'oxyde d'étain ; si on place dans le tube des nacelles contenant de la chaux caustique et qu'on soumette celles-ci à l'action d'un courant de perchlorure de phosphore, il se manifeste bientôt une vive incandescence due à la combinaison chimique et le produit lavé à l'eau et à l'acide acétique bouillant est un chloro-phosphate de chaux cristallé, chimiquement et cristallographiquement identique à l'apatite naturelle. Enfin, on obtiendra la topaze par la réaction, dans des conditions analogues, du fluorure de silicium sur l'alumine. Toutes ces expériences sur le rôle minéralisateur du fluor et de ses compagnons, tels que le chlore, ont été postérieurement appuyées par les reproductions artificielles de minéraux opérées par MM. Henri Sainte-Claire Deville et Caron (corindon), par M. Hautefeuille (rutile, brookite, anatase, corindon), et par MM. Feil et Frémy; elles expliquent l'action de ces agents dans la nature et l'importance de l'eau, tant pour la création même du minéral que pour l'ablation des éléments volatils et solubles. M. Daubrée, en les étendant aux roches, a même été amené à conclure que certains gisements de kaolin doivent leur origine aux réactions chimiques qui ont présidé à la formation des gîtes stannifères.

Les sources thermales de Bourbonne-les-Bains avaient été captées par les Romains; les constructions antiques recouvertes de constructions modernes furent récemment mises au jour dans des fouilles nécessitées par certains travaux d'amélioration et, au fond d'un puits mis à sec à l'aide de puissantes machines d'épuisement, on découvrit une couche de boue contenant un grand nombre de monnaies d'or, d'argent et surtout de bronze, jetées par les anciens comme offrandes propitiatoires. M. Daubrée a eu l'idée ingénieuse de profiter d'une expérience qui s'était prolongée pendant des siècles, d'en vérifier attentivement les résultats et de les appliquer à la genèse des gisements plombifères appelés aussi sulfurés ou concrétionnés et qui se distinguent des gisements stannifères ou oxydés par la prédominance des sulfures. La boue et quelques fragments de briques et de béton romain longtemps baignés par l'eau thermale, examinés à la loupe ou au microscope, laissèrent reconnaître la présence de minéraux dont le mode de formation était parfaitement déterminé puisqu'ils s'étaient créés, non pas dans le bassin des sources où ils auraient été soumis à l'influence oxydante de l'atmosphère, mais dans des canaux d'ascension artificiels et dans des conditions comparables aux conditions naturelles. D'autre part, on connaissait exactement la composition de l'eau thermale, ce qui était essentiel dans la considération des effets produits. Le savant directeur de l'École des mines distingua ainsi vingt-quatre espèces minérales; les unes étaient formées aux dépens du bronze, les autres aux dépens de la chaux. Parmi les premières, le cuivre avait donné naissance à la cuprite, au cuivre natif, à la mélaconise, à la chalkosine, à la covelline, à la chalkopyrite, à la phillipsite, à la tennantite, à la tétraédrite, à l'atacamite, à la chrysocolle et enfin à l'oxyde d'étain en poudre blanche ; le plomb avait produit la litharge, la cérusite, la phosgénite, l'anglésite et la galène, ce dernier minéral particulièrement digne d'attention en ce qu'il prouvait la tendance des métaux à se sulfurer dans une eau thermale alors même que celle-ci ne renferme que des sulfates sans sulfure à l'état normal. Le fer avait donné lieu à la sidérose, à la vivianite et à de la pyrite, reconnue aussi dans les briques, où elle se trouvait associée à la calcite et à des zéolithes; ces derniers minéraux avaient été constitués aux dépens de la chaux, ainsi que la calcite, qui avait si fortement imprégné d'anciens pilotis que ceux-ci avaient augmenté de poids et renfermaient jusqu'à 97 pour 100 de carbonate de chaux. Ce fait jetait une vive lumière sur la fossilisation des substances organiques. L'expérience avait duré seize siècles et elle permettait de vérifier l'action d'une foule de conditions naturelles mécaniques, chimiques et même électriques grâce à la présence des métaux différents contenus dans les médailles.

Parmi les faits subsidiaires examinés et décrits, le défaut d'espace ne nous permettra de citer que les curieux effets d'érosion subis par le cuivre et le plomb au contact des eaux thermales; le premier métal, non attaqué dans l'eau qui le mouille continuellement, passe rapidement à l'état d'oxyde lorsqu'il est tantôt mouillé et tantôt au contact de l'air; le plomb est toujours fortement corrodé.

Dans un article spécial, l'auteur aborde l'étude des gîtes de platine et cherche à se rendre compte de cette propriété de certaines pépites et particulièrement de celles provenant de la mine de Nichne-Tagilsk, dans l'Oural, qui sont non seulement magnétiques, mais encore magnéti-polaires. A la suite de ces expériences, il est conduit à admettre que la première propriété dérive de l'alliage d'une certaine proportion de fer, tandis que la seconde provient de l'action inductrice du globe terrestre.

Le métamorphisme des roches a depuis longtemps excité la sagacité des géologues; à son tour, M. Daubrée, reprenant les idées de Hutton et de Hall, a voulu s'appuyer sur l'expérience pour trouver la cause de ces grands phénomènes géologiques. Tout d'abord, en se fondant sur une identité indiscutable des caractères minéralogiques, il admet l'identité absolue du métamorphisme de juxtaposition qui a lieu dans le voisinage immédiat de la roche éruptive métamorphisante et du métamorphisme régional, c'est-à-dire s'étendant sur une région tout entière. Or la chaleur, soit qu'elle provienne des portions centrales du globe, soit qu'elle dérive, ainsi que nous le verrons plus loin, des actions mécaniques subies par les couches rocheuses, ne suffit pas pour expliquer à elle seule le métamorphisme. Cette chaleur a eu pour auxiliaires certaines vapeurs de corps minéralisateurs tels que le chlore, le soufre, le carbone, le fluor et le bore agissant à l'état de pureté ou à l'état d'acide carbonique, d'acide sulfhydrique et d'acide sulfurique, comme on le voit par la formation du fer oligiste, de l'oxyde d'étain, de l'oxyde de titane, du périclase; elle a été aussi aidée par la vapeur d'eau. Chacun de ces agents a pu isolément donner naissance à certains minéraux et produire certains effets, mais le plus souvent, ils ont opéré concurremment deux à deux et même tous trois ensemble. La pression est justement ce qui constitue la plus grande force d'action de l'eau : c'est pourquoi M. Daubrée a été conduit à étudier le rôle de l'eau surchauffée dans la formation des silicates.

Pour cela il s'est servi d'un tube en fer très résistant et fermé d'une façon spéciale, dans lequel il a introduit un tube de verre scellé contenant l'eau et les substances destinées à réagir les unes sur les autres; afin de régulariser l'effort exercé, il remplissait d'eau le tube de fer et plaçait le tout au-dessus de cornues à gaz où la température atteignait environ 400 degrés. Dans ces conditions le verre se transformait en une masse blanche, opaque, poreuse, qui aurait ressemblé à du kaolin si elle n'avait eu une structure fibreuse : sa composition était celle d'un silicate hydraté de nature zéolithique. Il se forme en même temps du quartz en prismes hexagonaux bipyramidés, de la calcédoine, des silicates anhydres cristallisés (diopside, pyroxène), et une substance en paillettes qui semble être un mica à un axe ou une chlorite. C'était la première fois qu'un silicate anhydre et cristallisé était obtenu au milieu et par l'intermédiaire de l'eau. On pouvait en outre remarquer que le verre transformé en zéolithes par la vapeur d'eau subissait une augmentation de volume, et l'auteur n'est pas éloigné d'attribuer à ce foisonnement la poussée et l'éruption des roches. Soumis à la même expérience, le bois passait à l'état d'anthracite après ramollissement préalable.

Ainsi renseigné sur l'action de l'eau suréchauffée, M. Daubrée porte son attention sur les exemples de métamorphisme contemporain, et il donne la description des observations faites par lui sur un blocage composé de fragments de briques et de pierres (grès et calcaire), réunis par un ciment de chaux et qui, depuis la période romaine, avait été immergé dans l'eau minérale de Plombières. Après avoir réduit la brique en lames minces, si on l'observe au microscope, on y constate la présence des minéraux suivants : chabasie, christianite ou harmotome à base de chaux, mésotype, apophyllite, halloysite, chaux fluatée, chaux carbonatée, aragonite, opale, calcédoine, tridymite. Des faits analogues ont été reconnus à Luxeuil, à Bourbonne-les-Bains, aux environs d'Oran, où les silicates se sont formés à la température de 40 degrés, à Saint-Honoré (Nièvre), où l'on a distingué un silicate d'alumine hydraté remarquable par sa forte proportion de silice, sa faible proportion d'eau et se rapprochant par sa composition de la pyrophyllite et de la pagodite.

Dans ces diverses localités, la maçonnerie étant poreuse; il s'y faisait un courant très lent, mais continu d'eau minérale : à la faveur de l'alcali contenu dans l'eau, il y avait réaction sur les substances traversées et formation de silicates doubles hydratés du groupe des zéolithes. Cette formation, qui a eu lieu sans pression à une température d'environ 50 degrés, démontre ce phénomène remarquable de silicates cristallisant nettement par voie aqueuse à une température non seulement inférieure à celle de leur fusion, mais même à laquelle ils sont réputés insolubles dans l'eau.

Si on généralise les résultats de ces observations, on reconnaît que la disposition des minéraux formés artificiellement dans les briques rappelle absolument ce qui se rencontre dans certaines roches éruptives, basaltes, trapps à structure amygdaloïde, mélaphyres et diabases des terrains silurien, permien et triasique et basaltes de la période tertiaire. On est donc obligé d'admettre pour ces roches d'étroites analogies d'origine, et on s'explique alors les conditions auxquelles ont dû être soumises l'Auvergne, la Bohême, les environs de Rome, l'Islande et une foule d'autres régions. L'association de zéolithes et de minerais métalliques comme le cuivre gris et le cuivre pyriteux, si facile à observer à Bourbonne, rend compte de la formation des métaux dans certains gîtes métallifères du Hartz, de Norwège, du Banat et du lac Supérieur, qui contiennent aussi des zéolithes.

Passant aux roches éruptives et généralisant encore pour elles, par suite de la ressemblance de composition minéralogique, les résultats qui s'appliquent directement aux roches métamorphiques, M. Daubrée considère ces masses hydratées comme une solution très épaisse de silicates, comme le produit d'une sorte de fusion aqueuse rendue persistante par la pression. Quant au rôle qu'a joué l'eau, on peut lui reconnaître trois actions principales qu'elle exerce sous trois états :

1° En arrivant combinée aux roches éruptives, dont elle cause concurremment avec la chaleur l'état de mollesse;

2° En se dégageant de ces roches à mesure de leur consolidation, traversant et métamorphisant les roches voisines;

3° En s'échappant parfois jusqu'à la surface du sol, soit en vapeur, soit sous forme de sources thermales.

On voit combien s'étend la portée de ces déductions : grâce à elles, le savant professeur, par une opinion en quelque sorte moyenne, résout l'antique grande querelle des plutonistes et des neptunistes, car, à plusieurs reprises, il remarque que, dans les conditions spéciales de chaleur et de pression où opère l'eau, la voie aqueuse et la voie sèche présentent une similitude d'action frappante.

Cependant, pour réfuter d'avance toute objection qui pourrait s'élever au sujet du rôle capital ainsi attribué à l'eau, il convenait de s'assurer d'où provenait cette eau sans cesse employée à modifier les roches et dont on voit se dégager des profondeurs d'énormes quantités à l'état de vapeur dans l'atmosphère. D'après M. Daubrée, ces pertes incessantes sont réparées, au moins partiellement, au moyen d'une alimentation partant de la surface; à cet effet, il prouve la possibilité d'une infiltration capillaire au travers des matières poreuses malgré une forte contre-pression de vapeur. L'appareil employé se compose essentiellement d'une plaque de roche épaisse de deux centimètres servant de fond à un récipient rempli d'eau et à la face inférieure de laquelle on adapte un second récipient communiquant avec un manomètre à air libre. Le tout étant chauffé, l'eau transsude de haut en bas, se vaporise, et sa pression est mesurée par le manomètre. Cette expérience apporte une donnée importante aux hypothèses émises pour expliquer la vapeur d'eau sortant des volcans et l'origine des volcans eux-mêmes.

La seconde section des « études synthétiques de géologie expérimentale » traite des phénomènes mécaniques. Dans l'examen des divers chapitres, il nous sera plus difficile encore que précédemment d'abréger sans passer sous silence, faute d'espace, bien des considérations de grande importance. Un compte rendu ne peut offrir qu'une exposition sèche des résultats les plus saillants, et il est forcé de négliger cet enchaînement régulier des déductions successives qui, en constituant la logique de l'œuvre, lui donne sa véritable valeur philosophique, en fait mieux sentir à l'esprit toute la portée et la grave dans la mémoire. Néanmoins nous nous efforcerons d'être aussi complet que possible, renvoyant à l'ouvrage lui-même le lecteur désireux de connaître le détail de ces belles questions de géologie expérimentale qui ont fait l'objet des recherches de tant de savants distingués et que M. Daubrée est parvenu à élucider.

Parmi tous ces phénomènes, les circonstances qui accompagnent la formation des galets, du sable et du limon, ces états physiques si fréquents de la matière inorganique devaient tout d'abord attirer l'attention; ces conditions ont été étudiées en plaçant des fragments anguleux de roches diverses avec de l'eau dans des cylindres tournant sur eux-mêmes avec une vitesse connue et en faisant par conséquent accomplir aux minéraux un trajet facile à mesurer. Vingt-cinq kilomètres suffisent pour former des galets, du sable et du limon identiques à ceux qu'on trouve dans les fleuves et au bord de la mer.

Comme application des résultats obtenus relativement à la rapidité de l'usure, aux proportions relatives et à la nature des grains de grosseur déterminée, l'auteur considère les phénomènes de triage accomplis par les cours d'eau et en particulier la distribution de l'or dans le lit du Rhin. Il parvient ainsi à de précieuses conclusions pratiques que les orpailleurs trouveraient grand avantage à connaître et à appliquer.

Les effets mécaniques ne sont pas les seuls obtenus dans les expériences précédentes : en analysant l'eau qui a été en contact avec les fragments de roches pendant leur rotation, on reconnaît que les actions mécaniques ont agi chimiquement avec une énergie capable de décomposer des silicates comme le feldspath. Vauquelin, MM. Becquerel et Pelouze avaient déjà observé ces phénomènes que M. Chevreul attribue à ce qu'il nomme « l'affinité capillaire ». M. Daubrée les a soumis à une expérimentation méthodique et rigoureuse. Après avoir fait tourner 3 kilogrammes de feldspath de façon à leur faire parcourir 460 kilomètres, on obtient une eau renfermant 12,60 grammes de potasse correspondant à 2 à 3 pour 100 de la quantité de cette base contenue dans le limon produit. L'analyse décèle, en outre, dans cette eau la présence de la silice, d'un peu d'alumine et de traces de sulfates et de chlorures. Dans la décomposition ainsi accomplie d'un silicate renfermant de l'alumine combinée à des bases monoxydes, ces dernières seules sont éliminées. Quand on répète la même expérience avec de l'eau salée au lieu d'eau douce, on voit que la présence du chlorure de sodium arrête la décomposition ; l'eau chargée d'acide carbonique rend l'action plus complexe, car dans un vase inattaquable comme le grès, la décomposition est activée, tandis que, dans un vase en fer, il y a formation de carbonate de protoxyde de fer, dégagement d'hydrogène, et en définitive le feldspath est beaucoup moins attaqué qu'il ne l'aurait été dans l'eau pure.

Les galets agissant mécaniquement les uns contre les autres dans certains cas déterminés ou bien encore frottant contre des roches immobiles donnent lieu à des systèmes de raies parallèles ou stries dont il est important de tenir compte, parce qu'elles jouent un rôle considérable dans la théorie glaciaire en général et dans celle des blocs erratiques en particulier. L'auteur a fait, dans ce but, usage d'une machine analogue à celle dont Coulomb s'était servi pour étudier les lois du frottement et avec laquelle il a laissé frotter diverses roches les unes sur les autres ; il a aussi employé une machine comme celles qui, dans l'industrie, sont destinées à raboter la fonte ; il a pu alors imiter les sillons et les stries attribués aux phénomènes glaciaires, et, ce qui est très digne d'attention, il n'a eu besoin de recourir pour cela ni à des pressions ni à des vitesses considérables ; il a remarqué, en outre, que des roches tendres, telles que le calcaire lithographique, soumises à des pressions suffisantes, striaient des roches aussi dures que le granite.

Les failles et les joints qui sillonnent l'écorce terrestre avaient été attribués, soit à une sorte de cristallisation, soit à un retrait analogue à celui qu'éprouve par exemple de l'amidon se desséchant librement à l'air ou qu'ont certainement subi les basaltes pour acquérir leur structure prismatique, soit enfin à des actions mécaniques. M. Daubrée se range du côté de la dernière opinion, et, pour mieux se rendre compte de ces phénomènes géologiques, il exécute trois genres d'expériences. Il emploie d'abord une caisse métallique en forme de grand parallélipipède aplati et muni sur une face latérale ainsi qu'à sa portion supérieure de longues vis au moyen desquelles il est facile d'exercer des pressions indépendantes et d'intensités déterminées de haut en bas et latéralement sur des barreaux rigides entre lesquels on place des lames métalliques ou autres d'épaisseurs égales ou inégales. Ces plaques étant comprimées subissent des déformations absolument comparables à celles dont la géologie descriptive révèle l'existence dans un grand nombre de localités différentes; inversement, à l'aide de cet appareil, il a été possible de reproduire artificiellement tous les genres de déformations naturelles.

Une autre méthode consiste à briser par torsion une plaque de glace rectangulaire très allongée et préalablement recouverte d'un papier collé, afin d'éviter la séparation des fragments. La glace est maintenue à sa partie inférieure dans un étau fixe, tandis que la partie supérieure est saisie par un tourne à gauche qu'il suffit de tourner légèrement pour produire un éclatement. Dans ces conditions, on obtient des systèmes de fissures régulières, parallèles entre elles et à deux directions comprenant un angle variant de 90° à 70°, formant parfois des faisceaux en éventails et offrant des nœuds disposés en séries parallèles aux longs côtés des rectangles de glace.

Le dernier procédé consiste dans l'écrasement par compression verticale de blocs réguliers de nature diverse, soumis à l'action de la presse hydraulique, et dans l'examen des modifications éprouvées.

Généralisant les résultats de ces différentes expériences, M. Daubrée donne le nom de *lithoclases* à tous les joints, failles ou fissures de l'écorce terrestre, auxquels il attribue la même origine; il appelle *paraclases* celles de ces cassures où la rupture a été accompagnée d'un déplacement et *diaclases* celles où il y a eu simplement rupture. Il énonce alors les lois qui président à la formation des lithoclases et, par des exemples choisis dans de nombreuses localités, il explique le rôle joué par la pression dans l'établissement du relief du sol. Il emploie dans ce but des cartes à grande échelle qu'il recouvre d'un papier transparent sur lequel il marque en traits de couleur les lignes de fracture des vallées. Ce mode d'exposition est particulièrement net et instructif. En effet, les lithoclases ont dirigé et facilité les actions érosives de l'atmosphère et des eaux sur des couches parfois à peu près horizontales, de manière à constituer des vallées qui ont ensuite donné lieu au système hydrographique de la contrée. L'expérimentation vient donc expliquer la topographie aussi bien que la géographie générale; car M. Daubrée étend encore la portée des résultats qu'il obtient et y cherche les causes des grandes rides de l'écorce terrestre. Il fait même à ce sujet de très ingénieuses remarques qui lui sont suggérées par l'examen des lignes de retrait marquées sur un ballon en caoutchouc très mince qui se dégonfle lentement après avoir été recouvert d'un enduit non contractile, bien adhérent. La géographie considérée comme science purement descriptive et qui, malgré toute l'adresse des maîtres chargés de l'enseigner, ne présentait à l'esprit qu'un ensemble d'énumérations et de noms sans intérêt, est donc à son tour entamée par l'expérimentation; elle commence, pour ainsi dire, à se rationnaliser.

L'avant-dernier chapitre de l'ouvrage dont nous nous occupons traite de l'application de la méthode expérimentale à l'étude de la schistosité des roches, aux déformations des fossiles par suite de pressions et enfin à certaines particularités dans la structure des chaînes de montagnes.

Le dernier chapitre, particulièrement intéressant, décrit les recherches relatives à la chaleur produite dans les roches par les actions mécaniques. L'auteur se base sur cette remarque que le métamorphisme régional s'est développé dans les pays dont les roches ont subi des dislocations (Alpes, Ardennes, Taunus, pays de Galles), tandis qu'il ne s'est guère manifesté dans les contrées telles que la Russie et les États-Unis, où les couches ont à peu près conservé leur horizontalité primitive; il en conclut que les actions mécaniques qui ont dérangé ces couches ont donné naissance à la chaleur productrice des caractères métamorphiques. Cette hypothèse est parfaitement logique, et elle permet d'appliquer la thermodynamique à l'étude de la géologie. M. Daubrée n'aborde point le calcul, il se borne à indiquer la possibilité de son emploi et à lui fournir un certain nombre de données en mesurant les augmentations de température d'une masse d'argile soumise à l'action plus ou moins prolongée d'une machine à malaxer, du genre de celles dont on fait usage dans la fabrication des briques. Il faut savoir gré à l'auteur de rester ainsi franchement géologue et de ne point s'abandonner à cette tentation, trop souvent obéie par quelques savants, de faire des mathématiques pures à propos d'histoire naturelle tout en se considérant encore comme naturalistes. Cette tendance est dangereuse, et son effet est de rendre l'étude du monde inorganique l'apanage exclusif d'un nombre restreint d'adeptes, sans que pour cela la science accomplisse un véritable progrès. La rigueur de la haute formule algébrique appliquée à une certaine classe de phénomènes est beaucoup plus apparente que réelle. Le chiffre n'est point l'explication du fait, il n'est que sa traduction plus ou moins approchée et compréhensible et, s'il est permis d'emprunter leur langage à ces mathématiques, dont nous regrettons l'abus, il nous semble qu'un phénomène d'histoire naturelle, résultat d'un grand nombre de forces opérant concurremment, est une équation contenant beaucoup trop d'inconnues pour qu'on en puisse extraire les racines autrement que d'une façon approchée. La formule rigoureuse ne devient donc alors qu'une sorte de trompe-l'œil; elle est d'autant plus inexacte qu'elle paraît plus exacte.

Nous terminons ici notre examen du livre de M. Daubrée ; nous ne nous étendrons point sur les qualités en quelque sorte extérieures qu'il présente, sur son exécution typographique soignée, sur les nombreuses figures, cartes, gravures ou photolithographies contenues dans le texte, nous n'osons faire un mérite à l'auteur de son style, toujours d'une parfaite clarté et atteignant avec tant de succès le but si enviable de faire comprendre le détail d'expériences difficiles à bien saisir pour qui ne les voit point se passer sous les yeux. Qu'il nous soit seulement permis, à titre de disciple reconnaissant d'avoir vu s'ouvrir devant lui un nouvel horizon scienti que, de remercier le savant professeur de la méthode rigoureuse qu'il a su mettre dans l'ordre et dans l'exposition de ses travaux. Grâce à cet enchainement étroit des divers chapitres, grâce à la liaison intime et constante des expériences, des conséquences théoriques de celles-ci, et de leur comparaison avec les faits naturels, l'esprit suit aisément leur développement et en aperçoit clairement l'ensemble. La publication des *Études synthétiques de géologie expérimentale* est un véritable service rendu à la géologie et à l'enseignement de cette science.

CHRONIQUE SCIENTIFIQUE

— Statue a Claude Bernard. — On sait que, sur l'initiative de la Société de biologie, une souscription a été ouverte pour élever un monument à Claude Bernard. Le conseil municipal de Paris vient d'autoriser la Société à ériger ce monument devant l'entrée principale du Collège de France.

— Les passages de papillons. — Depuis quelques jours, la presse des départements signale l'apparition, dans un grand nombre de localités, de véritables nuées de papillons. Ces insectes voyageurs forment parfois des colonnes d'un kilomètre de largeur et d'une longueur considérable. On a observé de ces passages à Angers, à Nancy, à Boulogne-sur-Mer, à Rouen, à Angoulême, à Albi, à Montélimar. On en a signalé aussi à l'étranger, en Espagne et en Suisse notamment, et depuis en Angleterre, en Allemagne, en Italie. Le 15 juin, M. Plumadon, météorologiste adjoint à l'Observatoire du Puy-de-Dôme, en observait un passage qui durait de onze heures du matin à deux heures du soir; la largeur de la colonne avait au moins 8 kilomètres. Une colonne de ces lépidoptères, observée près de Saint-Nectaire par le docteur Barberet, passa sans interruption de huit heures du matin à cinq heures du soir, se dirigeant vers le sud. La cause de cette invasion est tout à fait inconnue; la plupart de ces papillons appartiennent au genre *vanesse* et à l'espèce qui a reçu le nom de *vanesse du chardon*; en même temps, on a pu constater qu'il y a une émigration d'une espèce de papillon de nuit, la noctuelle (*plusia gamma*). A Paris également, les papillons abondent en ce moment; on les voit le soir tourbillonner en foule autour des becs de gaz.

— Nécrologie. — On a annoncé, ces jours-ci, la mort de M. Lamont, directeur de l'observatoire de Munich. M. Lamont était un des représentants les plus autorisés de la météorologie électrique.

— Une application du téléphone. — Il paraît qu'on vient de réaliser en Amérique une nouvelle application de l'électricité. On a installé à Mansfield, dans l'Ohio, un téléphone au milieu de l'église. L'instrument est destiné à porter les vérités qui tombent de la bouche du prêtre jusqu'aux personnes que la maladie ou l'âge oblige à garder la chambre. Ce progrès a déjà fait naître bien des réflexions. Les mauvaises langues ont déclaré que c'était « le comble de la dévotion aisée »; quelques-uns se sont dits touchés « de voir que le divin fluide peut apporter quelques consolations à ceux qui en ont besoin »; d'autres enfin ne voudraient pas qu'on s'arrêtât en si bonne voie et seraient heureux que le téléphone fût aussi appliqué à la confession. Si, disent-ils, l'électricité a servi jusqu'ici à rapprocher les distances, il serait peut-être bon que dans certains cas elle servît également à les éloigner. L'avis nous paraît assez sage.

— La pêche a la dynamite. — Il y a quelques années, un navire, le *Vanguard*, coula bas sur les côtes d'Irlande. Le gouvernement britannique, désespérant de le relever, a pris récemment la résolution de faire sauter l'épave à l'aide de la dynamite. L'expérience, faite avec des torpilles, a fourni les résultats qu'on en attendait. Mais ce que l'on n'avait pas du tout prévu, c'est l'effet de l'explosion sur les poissons d'alentour. Ces animaux ont été foudroyés et, quelques instants après, leurs cadavres flottaient à la surface de la mer en quantité si considérable qu'on renonça à les recueillir. On ne va pas manquer sans doute de recommencer l'expérience, et si les nouveaux résultats confirment les premiers, nous ne désespérerons pas de voir bientôt substituer à la pêche au filet la pêche à la dynamite.

Le propriétaire-gérant : Germer Baillière.

Paris. — Impr. J. Claye. — A. Quantin et Cie, rue St-Benoît. [1528]

LA

REVUE SCIENTIFIQUE

DE LA FRANCE ET DE L'ÉTRANGER

REVUE DES COURS SCIENTIFIQUES (2^E^ SÉRIE)

DIRECTEUR : M. ÉMILE ALGLAVE

2e SÉRIE — 9e ANNÉE NUMÉRO 10 6 SEPTEMBRE 1879

M. BAIN ET LA SCIENCE DE L'ÉDUCATION

Les études classiques.

Nulle époque ne s'est préoccupée plus que la nôtre du grand problème de l'éducation. Les esprits les plus attachés à l'enseignement traditionnel sont ébranlés et inquiétés à la vue de cette foule de connaissances nouvelles qui se disputent le temps et le travail de la jeunesse : ils se demandent avec inquiétude ce qu'il faut ajouter aux programmes déjà si chargés, ce qu'on en peut retrancher, et sentent, quelquefois sans pouvoir s'y résigner, la nécessité des modifications et des sacrifices. La plupart des politiques et des philosophes reconnaissent que les méthodes et les études d'autrefois ne sont plus en harmonie avec l'esprit et les besoins de la société moderne. Mais le politique, obligé de compter avec les institutions existantes, avec les intérêts et même les partis, ne peut opérer qu'avec une lenteur plus nécessaire encore que sage les réformes les plus modestes. Le penseur est plus libre dans ses spéculations, par cela même qu'elles n'agissent qu'à la longue sur la réalité; il ne considère que le but à atteindre et les moyens que lui fournissent, pour y arriver, d'un côté la nature des facultés humaines, de l'autre l'état de nos connaissances.

C'est avec cette liberté que M. Bain, si connu déjà en Angleterre et dans le reste du monde par ses travaux scientifiques et philosophiques, nous expose ses idées sur *la science de l'éducation*, dans un livre que vient de publier la Bibliothèque internationale. Le titre même de l'ouvrage en indique déjà l'esprit. Pour M. Bain, l'art d'enseigner n'est pas un simple recueil de préceptes empiriques fondés sur le sens commun, sur la pratique personnelle de l'enseignement, ou sur une tradition que de nombreuses générations de maîtres se sont transmise, sans la soumettre à un contrôle bien sévère. C'est un ensemble logique de règles fondées, à l'aide de la déduction et de l'induction, sur des bases véritablement scientifiques. En effet, si l'éducation se propose de développer les facultés humaines de manière qu'elles concourent avec toute l'efficacité possible au bonheur de l'individu et de la société, n'est-il pas nécessaire, avant d'entreprendre une pareille tâche, de demander à la psychologie quelles sont les lois les mieux démontrées du monde intellectuel et moral?

Aussi c'est par là que commence M. Bain; puis, en vrai logicien, il travaille à éclaircir certains termes et certaines locutions qu'on emploie sans cesse dans les discussions relatives à l'éducation, et dont l'étendue ou le vague prêtent à des confusions nombreuses. Ainsi, tout le monde parle de jugement, d'imagination, de discipline; tout le monde reconnaît qu'il faut passer du connu à l'inconnu, employer tour à tour l'analyse et la synthèse; et l'on s'aperçoit souvent, après avoir bien discuté, que sous les mêmes mots on entendait des idées différentes. Parfois même on discute à perte de vue sans s'en apercevoir.

Quelle est, pour l'éducation complète de l'esprit, la valeur des différentes études, et dans quelles proportions chacune d'elles doit-elle être employée? Dans quel ordre le développement des facultés permet-il à l'esprit d'aborder des études de plus en plus difficiles? Quel est, d'autre part, l'ordre logique dans lequel les sciences s'enchaînent ou s'engendrent les unes les autres? Comment et jusqu'à quel point ces deux ordres, qui ne s'accordent pas toujours, peuvent-ils être conciliés? Telles sont les questions qui sont ensuite examinées.

L'auteur peut alors aborder les méthodes qu'il convient d'appliquer à l'enseignement de chaque ordre de connaissances, et qui doivent varier non seulement suivant la science étudiée, mais aussi suivant le degré de maturité des esprits auxquels il la faut inculquer.

L'étude de la langue maternelle dans son vocabulaire, dans sa grammaire, dans sa littérature, dans son emploi conformément aux règles de la rhétorique, est ici traitée avec un soin particulier. Mais il est un point où l'auteur insiste encore davantage, et sur lequel il nous faudra revenir avec lui; c'est l'étude des deux langues classiques. M. Bain examine avec sincérité et discute avec vigueur le droit qu'elles ont d'absorber à elles seules une si grande part du temps précieux que l'on consacre à l'instruction. S'il ne nie pas l'utilité du latin et du grec, il la réduit singulièrement, et finit par leur laisser, comme à regret, une place que leurs partisans trouveront bien insuffisante.

Ces considérations l'amènent à tracer, pour l'enseignement secondaire, un nouveau plan d'études où la culture littéraire de l'esprit n'est pas sacrifiée, mais où les sciences mathématiques, inductives et de classification tiennent incontestablement le premier rang. C'est qu'elles sont (pour employer les termes mêmes dont se sert l'auteur) *l'expression la plus parfaite de la vérité et des moyens d'y arriver* (1). C'est qu'elles réunissent au plus haut degré les deux mérites que doit présenter tout genre d'étude pour figurer dans l'enseignement : elles remplissent la mémoire de faits et de notions utiles, en même temps qu'elles sont pour l'esprit une forte et saine discipline.

Mentionnons encore quelques pages sur l'éducation morale, que M. Bain rend à peu près indépendante de la religion, ainsi qu'un chapitre sur les beaux-arts, qui donnent tant de jouissances à ceux mêmes qui ne peuvent les cultiver (2), et nous aurons donné de cet ouvrage substantiel, plein de choses et d'idées, de vues générales et de détails précis, en même temps méthodique et touffu, une esquisse nécessairement sommaire et incomplète.

On voit que ce qui concerne l'éducation physique a été laissé de côté ou tout au plus effleuré. C'est à dessein, et le sujet, ainsi limité, reste encore bien assez riche et vaste. De même l'enseignement religieux obtient à peine quelques phrases; c'est qu'il n'appartient pas aux maîtres de le donner, et l'on a tort de le charger de ce devoir.

Si nous pressons M. Bain à ce sujet, il nous répondra, dans un langage qui semble empreint, malgré sa réserve, d'un certain dédain scientifique : « Évidemment il y a un élément intellectuel dans la religion; mais cependant elle est essentiellement émotionnelle, et l'enseignement ordinaire de l'école n'est pas favorable à la culture des émotions. — Le père ou la mère, l'Église, l'individualité de l'élève, l'esprit du temps tel qu'il se manifeste dans la société et dans la littérature, telles sont les influences qui contribuent à déterminer la présence ou l'absence de dispositions religieuses, et, dans cet ensemble, c'est l'école qui a le moins d'importance. »

En somme, l'idée dominante du livre, c'est que l'enseignement littéraire, qui fait actuellement le fond de l'instruction secondaire, doit être sinon supprimé, du moins primé par l'enseignement scientifique. En outre, dans l'enseignement des sciences elles-mêmes, on suivrait toujours la marche indiquée par le développement des facultés humaines; c'est-à-dire qu'on partirait de l'observation directe des faits, des objets réels, des phénomènes les plus simples, ou du moins les plus familiers. On communiquerait ainsi aux enfants, ou plutôt on leur ferait acquérir, par des leçons de choses sagement disposées, une multitude de notions et d'idées, qui leur fourniraient plus tard, une fois l'esprit étendu, fortifié, assoupli, une base solide pour les abstractions, les généralisations et les raisonnements; c'est-à-dire pour classer les faits et formuler les lois. Les langues, dans la partie de l'enseignement qui leur serait laissée, seraient étudiées de même. C'est par la pratique, par l'acquisition des mots, des formes d'expression, du vocabulaire enfin, que l'on commencerait; la grammaire ne viendrait que bien plus tard; car elle est à l'acquisition et à l'usage des langues ce que la science complètement organisée est à l'acquisition d'une foule de connaissances pratiques. Les langues seraient apprises, non plus en vue d'une culture générale de l'esprit, mais chacune en vue d'un but particulier et d'un avantage déterminé. Les langues anciennes elles-mêmes ne seraient plus que des branches très spéciales de l'enseignement. Quant à l'histoire générale, quant au tableau de l'humanité à ses différentes époques et en particulier dans les belles époques de l'antiquité classique, on acquerrait ces connaissances, indispensables dans une éducation qui ne prétend pas rejeter le beau nom d'humanités, uniquement à l'aide de la langue maternelle. Les chefs-d'œuvre même de l'antiquité seraient étudiés, autant du moins qu'ils peuvent l'être, dans des traductions.

C'est encore exclusivement à l'aide de la langue maternelle qu'on apprendrait la rhétorique, c'est-à-dire l'art d'écrire sur toute sorte de sujets avec clarté, avec correction et avec élégance; et cette étude deviendrait d'autant plus facile et plus fructueuse qu'elle serait ainsi dégagée d'une foule de préoccupations et de complications étrangères à son véritable objet.

Ces idées ne sont pas tout à fait nouvelles, et telle n'est pas non plus la prétention de M. Bain; mais il les expose et les coordonne de manière à leur donner plus de force. Nous ne voulons pas ici les discuter et les juger, ce qui nous entraînerait beaucoup trop loin. Mais il y avait, il nous semble, un véritable intérêt à constater quelle est, en un sujet si grave, la manière de voir d'un des penseurs éminents de l'Angleterre. Et il est loin d'être seul de son avis; car Herbert Spencer, sans parler de beaucoup d'autres, partage ses opinions sur la plupart des points que nous avons signalés. Ainsi, dans ce pays d'Angleterre, qui fut si longtemps l'asile et comme le fort de la tradition, nous voyons la tradition battue en brèche de toutes parts. Et la vigueur de l'attaque s'explique par la tyrannie même que l'usage exerçait là plus qu'ailleurs; puisque certaines Universités an-

(1) C'est aussi l'avis qu'exprime à plusieurs reprises, et quelquefois avec un singulier bonheur, un philosophe anglais des plus illustres, Herbert Spencer. Il va même plus loin que M. Bain :

« La science n'est pas seulement ce qu'il y a de meilleur pour la discipline intellectuelle, elle l'est aussi pour la discipline morale...

« Ainsi, à la question qui nous a servi de point de départ : — Quel est le savoir le plus utile? — la réponse uniforme est : la science... »

« Paraphrasant une fable venue d'Orient, nous dirons, que dans la famille des études, la science est la Cendrillon qui cache dans l'obscurité des perfections inconnues. Tout le travail de la maison lui a été donné à faire. C'est par son adresse, son intelligence, son dévouement, que l'on a obtenu toutes les commodités et tous les agréments de la vie; et tandis qu'elle s'occupe incessamment de servir les autres, on la tient à l'écart, afin que ses orgueilleuses sœurs puissent étaler leurs oripeaux aux yeux du monde. Le parallèle pourrait être poussé plus loin; car nous arrivons vite au dénouement, et alors les situations seront changées. Les sœurs orgueilleuses tomberont dans un abandon mérité, tandis que la science, proclamée la meilleure et la plus belle, régnera souverainement. » (H. Spencer, *De l'Éducation intellectuelle, morale et physique.*)

(2) Il semble que sur les beaux-arts M. Bain aurait pu insister davantage. Si la science est la vérité démontrée, l'art est la vérité vue et sentie. Il y a d'ailleurs certaines parties, ou plutôt certains éléments de l'art, comme le dessin, qui sont d'une utilité générale et incontestable, en même temps que l'étude en peut être rendue facile et même agréable pour la plupart des élèves.

glaises ne laissent encore de place, à côté du grec, du latin et de la langue anglaise, assez pauvrement partagée d'ailleurs, qu'aux sciences mathématiques.

Nous aussi nous pensons, comme MM. Spencer et Bain, que les langues classiques seront un jour, non pas expulsées, mais détrônées; que l'étude de l'antiquité vivra avec d'autres études sur un pied d'égalité, tout en excitant peut-être quelques rancunes et quelques défiances, comme ces princes déchus, en qui l'on a bien de la peine à ne voir que des concitoyens. Cette transformation de l'enseignement sera-t-elle un bien? Nous le croyons; car elle sera une nécessité. Notre horizon intellectuel ne changera que parce qu'il sera invinciblement élargi.

Mais on peut douter que les sciences, quelque prodigieux qu'aient été de notre temps leurs progrès, soient en état de remplacer, dans le cadre d'une éducation complète, l'étude des langues et de ce qu'on appelle aujourd'hui les humanités.

Remarquons aussi, pour revenir sur un point des plus intéressants, que quelques-unes des objections adressées au grec et au latin sont mal fondées, tandis qu'on ne répond pas suffisamment à certains arguments de leurs défenseurs.

« Cette étude est, dit M. Bain, contraire à la solidité et à l'homogénéité de l'enseignement, qu'elle trouble par la variété et la multiplicité excessives des objets et des procédés. Mais c'est là une question de mesure et de proportion, et la variété ne nuit, on le sait fort bien, que lorsqu'elle est poussée trop loin; autrement elle sert au contraire à assouplir, reposer, à fortifier l'esprit. »

« L'enseignement de ces langues manque d'intérêt. » — Oui, quand elles sont mal enseignées, et il en est de même pour tout ordre de connaissances. Assurément il est, dans l'étude des langues, des parties plus spécialement arides et pénibles; mais n'en peut-on dire autant des mathématiques, de la chimie, de bien des sciences encore? Trouvera-t-on jamais quelque étude qui ne paraisse à une foule d'élèves, et surtout aux moins bons, ingrate et dépourvue d'intérêt? Nous ne saurions croire, ainsi que MM. Bain et Spencer semblent parfois le faire, que le plaisir qu'on prend à une étude soit la mesure de ses avantages.

Mais voici un reproche plus étrange : la pratique des langues fait, dit-on, contracter à l'esprit une sorte de servilité. C'est, selon M. Bain, que le temps considérable qui est consacré aux auteurs anciens leur donne sur les esprits une influence trop forte et qui n'est pas assez contrebalancée. Il va jusqu'à dire que, si l'autorité d'Aristote n'est plus considérée comme infaillible, on accorde encore aux opinions de ce philosophe plus d'attention et de respect qu'elles n'en méritent.

Il ne nous paraît pas qu'en France du moins le respect d'Aristote gêne la liberté des esprits. Si Aristote exerça au moyen âge une autorité d'autant plus despotique que ses ouvrages étaient moins connus, ce n'est pas l'étude, mais plutôt l'ignorance de l'antiquité qu'il en faut accuser. Les études grecques, en se propageant en Europe, contribuèrent, plus que toutes les autres causes peut-être, à l'affranchissement des esprits, et c'est l'un des plus grands bienfaits que nous leur devions. Ramus, bien avant Descartes, avait sapé l'autorité d'Aristote. Érasme et Rabelais, deux des plus grands humanistes qui aient existé, n'étaient ni des esprits serviles, ni des intelligences étroites. Les peuples de l'Occident ne sortirent de la servitude intellectuelle où les avait tenus le moyen âge que lorsqu'ils purent contempler de près et sans voiles, grâce aux humanistes, les splendeurs de la libre antiquité. Ce n'est pas une raison sans doute pour nous traîner aujourd'hui sur les traces de nos libérateurs; mais il n'est guère à craindre non plus que les peuples modernes soient ramenés sur leurs pas ou retardés dans leur marche par une admiration exagérée pour les anciens, à présent que, sur tant de routes, ils les ont laissés bien loin derrière eux. Il est à souhaiter, au contraire, qu'ils aillent souvent se rafraîchir aux sources antiques de la pensée moderne, qu'ils se dérobent parfois aux préoccupations ardentes et intéressées de l'époque actuelle, pour contempler les œuvres qui ont si souvent servi et peuvent servir encore de modèles. Il est bon aussi que par tous pays les esprits cultivés se rappellent qu'ils ont des aïeux intellectuels communs, et trouvent, du moins dans le passé, une commune patrie.

Herbert Spencer a exprimé aussi, en lui donnant un autre sens, ce reproche de servilité. Selon lui, tandis que les sciences nous habituent à la libre recherche, nous apprennent à nous rendre uniquement à l'autorité de faits qui peuvent toujours être vérifiés, dans l'enseignement classique, au contraire, le maître dit sans cesse : telle est la règle; voici quel est l'usage; ce mot a tel sens; — et l'élève accepte ces oracles avec une docilité qui devient une habitude incurable. Mais l'enseignement scientifique peut être donné, lui aussi, d'une manière aussi peu raisonnable, par conséquent aussi dangereuse. L'enseignement littéraire bien compris fait appel non seulement à l'attention et à la mémoire, mais à l'esprit d'observation, d'examen, de raisonnement. On ne se contente pas d'imposer les règles et les faits philologiques : on les explique; et l'on y fait remarquer des lois et des rapports aussi intéressants à constater, aussi utiles pour donner à l'esprit une sagacité judicieuse, que ceux que renferment les sciences.

Assurément le latin n'est plus, comme autrefois, la langue universelle, l'unique véhicule de la haute instruction, en même temps que le langage sacré et l'instrument de domination de l'Église; mais il est encore la clef de plusieurs langues modernes, et, par là même, bien plus précieux, au point de vue de la philologie, qu'une foule d'autres idiomes. Nous ne parlons pas de son utilité particulière et manifeste pour tous les peuples dont il fut autrefois la langue commune. Quant au grec, qui, si l'on en croit le poète, est, entre tous les langages,

> Le plus doux qui soit né sur des lèvres humaines,

nous nous demandons, en considérant sa richesse, sa variété, ses ressources et ses qualités de tout genre, quel est celui dont l'étude pourrait le remplacer aux yeux du philologue.

Or il ne faut pas abuser de la philologie, qui se répand peut-être avec excès dans nos écoles, comme une des conséquences tardives de l'invasion allemande; mais il n'en est pas moins vrai que, d'une part, elle ouvre aux jeunes esprits le dépôt de toutes les idées acquises de l'humanité, tandis que, d'autre part, elle constitue une véritable science d'observation, science aussi solide que riche, aussi vaste que précise, indispensable pour l'étude de l'esprit humain. L'archéologie ne doit pas non plus envahir notre enseignement, sous prétexte d'en bannir le vague de l'instruction purement littéraire. Craignons de substituer un pédantisme lourd et sec à un pédantisme frivole, et n'allons pas rajeunir, par des formes nouvelles, une vieille superstition. Mais reconnaissons aussi que ces études, contenues dans de justes limites, donnent à l'enseignement littéraire une étendue, une précision, une solidité qui le mettent en état de repousser victorieusement la plupart des reproches qui lui ont été si souvent adressés.

Nous ne pensons donc pas, comme M. Bain, que le temps soit venu, si jamais il doit venir, de déposséder complètement les langues classiques, en les tolérant seulement parmi les études complémentaires. Quand il dit qu'elles n'ont plus rien d'intéressant à nous apprendre; que, pour l'étude des œuvres admirables de l'antiquité, de bonnes traductions peuvent, à peu de chose près, remplacer les textes, nous ne pouvons être de son avis. Mais, quelque sérieux que soient les avantages de ces nobles études, nous pensons aussi qu'il ne faut pas les acheter trop cher, ni leur sacrifier, quand nous pouvons faire autrement, des choses de première nécessité.

Retranchons de ce luxe intellectuel tout ce qui n'est pas indispensable; mais surtout supprimons ces exercices laborieusement frivoles qui, loin de procurer aux esprits quelque utilité ou quelque plaisir, les torturent pour les déformer et leur laisser souvent d'incurables infirmités.

Or, pour quitter enfin l'Angleterre et regarder ce qui se passe chez nous, n'y a-t-il pas, dans notre enseignement secondaire, des économies de temps et de travail qui s'imposent? Tel nous semble être l'avis, non seulement des réformateurs spéculatifs, mais des hommes qui vivent dans un contact incessant avec la réalité, de ceux mêmes sur qui pèseront les difficultés et les responsabilités de l'application.

Sur bien des points la cause est suffisamment instruite, et l'on est bien près d'être d'accord sur le minimum des réformes nécessaires.

En effet, mieux on est informé et plus on est obligé de reconnaître combien sont misérables les résultats auxquels on arrive, dans certaines branches des études classiques, après une dépense énorme de temps, d'argent, d'efforts intellectuels et moraux. Qu'il nous suffise de rappeler les opinions émises à ce sujet par des hommes tels que MM. Bréal, Bersot, Jules Simon.

Pour certaines réformes, par exemple pour la suppression des vers latins et du discours latin, peut-être même pour celle de la narration latine et, dans les classes supérieures, du thème grec, la plupart même des universitaires nous paraissent convaincus et décidés, les autres résignés. Ils sentent bien qu'on ne peut imposer des efforts si longs, si pénibles, si stériles, à tant de milliers d'enfants qui, le plus souvent, n'en gardent qu'un ressentiment méprisant contre l'antiquité et contre les études classiques tout entières. Il faut, quelques moyens qu'on adopte, réserver ces raffinements profonds et délicats à ceux dont l'esprit est particulièrement propre à les goûter, et qui plus tard, soit dans l'enseignement, soit dans les lettres, soit dans quelques carrières spéciales, peuvent en tirer un profit sérieux.

L'Université, dit-on, craint les réformes et ne les appliquera qu'à contre-cœur. Non; cela n'est pas exact : ce que l'Université craint, et avec raison, ce sont des réformes précipitées et mal étudiées, tour à tour quittées et reprises suivant le flux et le reflux des évènements politiques; ce sont les réformes qui ébranlent tout ce qui existe, sans y rien substituer de solide. Elle souhaite qu'on apporte, dans les modifications qu'elle appelle elle-même, l'esprit de suite et de persévérance qui seul peut les rendre efficaces. Qui oserait lui en faire un reproche?

Il est donc fort injuste de l'accuser de s'enfermer dans ses programmes et ses traditions, de dire qu'elle n'est pas en mesure d'approprier l'instruction aux besoins de la jeunesse actuelle. Ceux qui lui adressent ce reproche avec le plus de vivacité sont d'ordinaire les plus convaincus qu'elle ne le mérite pas; car ils voudraient livrer cette même instruction à qui? aux partisans de la tradition immuable, à ceux qui haïssent ou nient le progrès, à ceux qui voient l'idéal de l'humanité non pas en avant, mais bien loin en arrière, dans des époques malheureuses et ténébreuses où cet idéal même, tout incomplet et faux qu'il est, n'a jamais, quoi qu'on en dise, approché de sa réalisation.

L'Université a d'autres adversaires, il est vrai, qui lui reprochent de bonne foi ce qu'il y a d'arriéré dans son enseignement et ses méthodes; quoiqu'on ne puisse lui faire un crime des nécessités qu'elle a souvent subies à regret et à son grand détriment. Ils ne veulent pas voir qu'elle est inspirée de l'esprit du temps, quand elle a tant contribué à le faire naître et à le développer. Ils devraient pourtant reconnaître que, si elle a été vouée autrefois tout entière aux méthodes littéraires, qui étaient d'ailleurs un legs de l'enseignement ecclésiastique, et qui furent longtemps les seules dont on disposât, elle s'ouvre de plus en plus aux méthodes scientifiques; et peut-être a-t-elle le droit de revendiquer sa part dans le caractère scientifique et expérimental qui de nos jours s'introduit jusque dans la politique.

L'Université ne repousse pas plus la concurrence que les réformes; car, si elle n'est nullement disposée à appliquer avant le temps des nouveautés dont l'utilité n'a pas été démontrée, elle souhaite de les voir se produire ailleurs, pour les adopter à son tour quand elles auront fait leurs preuves, et pour en faire profiter tout ce peuple d'enfants confié à ses soins. Non, la concurrence ne lui inspire aucune crainte, quand elle a pour but le bien public, pour âme l'amour de la patrie, quand elle est une cause de perfectionnement pour les méthodes, d'émulation pour les maîtres, et non une source évidente de dangers pour le pays.

D'ailleurs les universitaires n'ont individuellement rien à redouter de la concurrence. Elle ne lèse ni leur amour-propre ni leurs intérêts. Ils savent bien que l'État, à moins de tomber dans des mains tout à fait indignes, n'abandonnera pas ses serviteurs dévoués; ils savent bien aussi que les établissements rivaux ont souvent besoin d'eux et ne font qu'ouvrir un champ plus vaste à leur activité; qu'on doit souvent aux universitaires les succès les plus éclatants qu'on leur oppose; que leur vieille expérience est nécessaire aux institutions même les plus différentes des leurs; et qu'on la met largement à contribution pour appliquer avec plus de chances de succès les méthodes les plus neuves et les plus hardies.

Que les ouvrages comme celui de M. Bain se multiplient donc, et que la France ne se laisse devancer par aucun peuple dans l'étude de cette question vitale. Que des écoles se fondent pour appliquer les systèmes les plus divers : l'instruction et, nous en sommes convaincu, l'Université même ne peuvent qu'y gagner. Aussi nous, qui ne sommes qu'un universitaire des plus modestes, mais des plus convaincus, nous verrions avec le plus vif plaisir et la curiosité la plus sympathique, naître et grandir cette école supérieure des sciences positives, à laquelle M. Littré donnait tout dernièrement, dans une lettre admirable et par endroits sublime, tout l'appui de son nom et de son autorité. Dès qu'on aura prouvé, par des faits évidents et des résultats incontestables, qu'il est, pour arriver au but, des voies plus promptes et plus sûres que celles qu'on a coutume de suivre, l'Université sera prête à s'y engager prudemment avec la jeune génération dont elle a la responsabilité. Mais la prudence est pour elle un devoir impérieux, sacré. Elle n'a point qualité pour faire des expériences *in anima vili*.

INSTITUTION ROYALE DE LA GRANDE-BRETAGNE

LECTURES DU VENDREDI SOIR

M. FRANCIS GALTON

De la Société royale de Londres.

Les images génériques (1).

Toutes les branches des connaissances humaines passent par une phase préscientifique pendant laquelle les idées généralement reçues au sujet des phénomènes dont elles traitent sont fondées sur des impressions générales; mais une fois cette phase franchie, quand on en vient à soumettre ces phénomènes aux mesures exactes et numériques, on constate qu'un grand nombre de ces idées sont d'une inexactitude qui va quelquefois jusqu'à l'absurde. Et ceci est vrai, non seulement pour les sujets scientifiques proprement dits, mais encore pour ceux qui font en quelque sorte partie du domaine public. Rappelons-nous les sottises que l'on débite chaque jour sur les pronostics du temps, à propos, par exemple, des phases de la lune. Songeons aux idées que se font sur les chances de tel ou tel événement donné, ceux qui n'ont pas étudié la théorie des probabilités ; songeons aux idées qui avaient cours sur l'hérédité avant les travaux de Darwin. Il serait oiseux de multiplier ces exemples; on peut admettre, sans autre preuve, que les idées fondées sur les impressions générales sont très souvent fausses, et notre but n'est ici que d'en rechercher une des causes principales.

Nous appellerons d'abord l'attention sur une cause d'erreur inhérente à l'esprit humain, cause qui altère l'exactitude de toutes nos impressions générales, et que nous ne pouvons supprimer entièrement qu'en prenant séparément les faits confus sur lesquels se fondent nos impressions générales, et en les traitant numériquement par les méthodes régulières de la statistique. Il ne suffit pas de savoir qu'une opinion est établie depuis longtemps ou qu'elle a de nombreux adhérents, il faut encore, pour en établir la valeur, réunir un grand nombre d'exemples et comparer le nombre des cas favorables ou défavorables.

Nos impressions générales sont fondées sur un mélange de souvenirs; c'est de ce mélange que je veux surtout parler aujourd'hui. Il présente une certaine analogie avec les portraits composites dont nous avons parlé pour la première fois il y a un peu plus d'un an (1), et cette considération nous permettra d'expliquer comment il se fait que l'esprit ne puisse unir plusieurs images dans leurs proportions véritables.

Envisagée d'une manière générale, la base physiologique de la mémoire est assez simple. Toutes les fois qu'un groupe d'éléments cérébraux a été excité par une impression des sens, ce groupe devient plus impressionnable et plus facile à exciter de nouveau de la même manière. Si la nouvelle cause excitante diffère de la cause primitive, il en résulte un souvenir. Toutes les fois qu'une seule et même cause excite à la fois plusieurs groupes différents d'éléments cérébraux, il en résulte nécessairement un souvenir composite.

Tout le monde sait que des souvenirs vagues peuvent aisément se confondre les uns avec les autres. Ainsi l'image d'une montagne et celle d'un lac situés tous deux dans un pays qui ne nous est pas familier nous laisse souvent une vague impression d'identité avec des objets de même espèce que nous avons vus autre part. Nous ne réussissons pas à dégager nos souvenirs, tout en reconnaissant entre eux une ressemblance générale. On sait aussi que les souvenirs des personnes qui possèdent à un haut degré la vision intellectuelle, c'est-à-dire la faculté de former dans leur esprit des images bien définies, sont également susceptibles de se fondre ensemble. Cette faculté est fort développée chez les artistes, et en même temps ils possèdent à un très haut degré la faculté de généralisation. Ce sont, de tous les hommes, ceux qui savent le mieux produire des formes qui ne sont pas des copies de tel ou tel individu, mais qui représentent les traits caractéristiques de classes d'hommes tout entières.

Ainsi, de quelque côté que nous envisagions la mémoire, au point de vue matériel ou au point de vue intellectuel, et, dans ce dernier cas, si nous consultons l'expérience des hommes chez lesquels la vision intellectuelle est forte, aussi bien que de ceux chez qui elle est faible, il est certain que le cerveau a la faculté de fondre ensemble les souvenirs. Il l'est également que les impressions générales sont des reproductions faibles et défectueuses de souvenirs fondus ensemble. Elles ont leurs erreurs propres, et elles héritent de toutes celles auxquelles les souvenirs eux-mêmes sont exposés.

Nous allons maintenant montrer des portraits composites; peut-être serait-il mieux de les appeler, avec M. Huxley, « portraits génériques ». Le mot *générique* suppose un genre, c'est-à-dire une collection d'individus présentant beaucoup de points communs, et offrant bien plus souvent des caractères moyens que des caractères extrêmes. La même idée est quelquefois exprimée par le mot *typique*, mot employé surtout par Quételet, qui lui a le premier donné un sens rigoureux, et dont les vues statistiques ont pour base l'idée de type. Jamais il ne vient à l'esprit d'un statisticien de réunir dans le même groupe générique des objets qui ne tendent pas vers un centre commun, et il n'est pas plus possible de composer des portraits génériques avec des éléments non homogènes, car, si on essaye de le faire, on n'obtient qu'un résultat monstrueux et dépourvu de sens.

On pourrait croire qu'en combinant ensemble un grand nombre de portraits différents on doit obtenir un véritable barbouillage. Mais il n'en est nullement ainsi, pourvu,

---

(1) Ce mémoire est en partie un résumé, et en partie un développement du discours prononcé par l'auteur. La plus grande partie de ces idées a été traitée plus au long dans le numéro de juillet du *Nineteenth Century*.

(1) Voy. *Revue scientifique*, numéro du 12 juillet 1878.

comme nous l'avons dit, que les caractères médiocres l'emportent de beaucoup sur les caractères extrêmes. Il y a alors tant de traits communs qui se réunissent pour se renforcer entre eux, qu'ils finissent par faire disparaître tous les autres. Tout ce qui est commun persiste, tout ce qui est individuel tend à disparaître.

Je commence par un portrait composite qui a été obtenu en projetant, au moyen de trois lanternes magiques différentes, autant de portraits distincts sur le même écran. Les supports des lanternes magiques sont disposés de manière à obtenir une superposition aussi exacte que possible des images. Pour le portrait en question nous avons peut-être demandé un peu trop à notre procédé, car les portraits que nous avons combinés sont ceux de deux frères et de leur sœur, qui n'ont pas même été photographiés dans des attitudes absolument semblables. Malgré cela, le résultat obtenu est un visage qui n'est ni masculin ni féminin, mais dont les traits sont beaucoup plus beaux et plus réguliers que ceux d'un quelconque des portraits élémentaires, et qui présente bien nettement les caractères communs à tous trois. De pâles ombres de vêtements masculins et féminins, qui viennent des détails particuliers aux différents portraits dont nous nous sommes servis, se voient autour du portrait composite, mais sans être assez marqués pour distraire l'attention. Si nous avions combiné un grand nombre de portraits, ces fantômes accessoires auraient été trop pâles pour frapper l'œil.

Prenons maintenant les portraits des deux frères et de leur sœur, et reproduisons optiquement un portrait composite formé de ces trois éléments : évidemment il ne saurait y avoir de doute sur la fidélité du résultat ainsi obtenu. Comparons ce portrait avec une photographie composite du même groupe. Cette photographie a été faite par le procédé que nous avons décrit dans le mémoire cité plus haut, procédé absolument analogue à celui par lequel nos souvenirs se combinent. « On ajuste avec soin l'un sur l'autre les portraits que l'on veut combiner, de manière à en superposer les traits aussi exactement que possible. Pour cela, on fait au bas d'une des photographies deux trous d'épingle, puis on la superpose successivement à chacune de deux autres, en les tenant devant une lumière très vive, de manière à voir les deux images par transparence; on perce alors chacune des deux dernières photographies par les trous d'épingle que l'on avait faits d'avance dans la première. Ces trous servent de points de repère pour les placer dans la suite de l'opération. Une fois le paquet ainsi ajusté, on le dispose en face de l'objectif d'un appareil photographique, et on enlève les portraits un à un. Par ce moyen on obtient sur la plaque sensibilisée l'impression d'une série de portraits différents qui viennent s'y superposer. Il en résulte un portrait composite. » Je prends une photographie composite ainsi préparée avec les portraits des deux frères et de leur sœur, je la mets dans une quatrième lanterne magique dont la lumière est plus vive, et j'en projette l'image sur l'écran à côté du composite produit par superposition optique directe. On peut voir que les deux procédés donnent des résultats presque identiques, de sorte qu'il faut admettre l'exactitude du procédé photographique. Cependant, pour plus de certitude, nous allons faire deux autres comparaisons, la première entre le composite optique et le composite photographique de deux enfants, et la seconde entre ceux de deux *contadini* romains.

Les portraits composites que je considère ensuite ont été obtenus par le procédé photographique, et il est bien entendu que ce sont de véritables composites, malgré leur netteté et leur air d'individualité. Mais je commencerai par appeler ici l'attention sur un instrument fort commode, dont la longueur ne dépasse pas 45 centimètres, et qui n'est au fond qu'un appareil photographique muni de six lentilles convergentes et d'un écran auquel on peut adapter six portraits fortement éclairés au moyen d'une lumière artificielle. On peut sans peine étudier l'effet de leur combinaison optique, et, après avoir rectifié les défauts d'ajustement, photographier sur-le-champ le portrait composite.

Il ne faut pas croire qu'il y ait un seul des portraits élémentaires qui ne laisse pas sa trace dans la photographie composite, et, à plus forte raison, dans l'image optique composite. Pour dissiper tout doute à cet égard, nous pouvons montrer ici un petit appareil avec quelques-uns des résultats qu'il a donnés. C'est un cadre en carton, avec un volet à ressort, fermant une ouverture de la grandeur d'un pain à cacheter; ce volet s'ouvre sous la simple pression du doigt, et se referme dès qu'on cesse de presser. De l'autre main on tient un chronographe dont l'aiguille marche dès que le doigt appuie sur un ressort, et s'arrête dès qu'il se relève. On manœuvre à la fois les deux instruments; le chronographe marque le temps pendant lequel le portrait agit, et aussi le total de toutes les actions réunies. Plusieurs expériences ont permis de constater que l'effet de mille actions très courtes est pratiquement le même que celui d'une seule action pendant un temps mille fois aussi long. Donc, si l'on a mille portraits élémentaires, chacun d'eux laisse sa trace photographique sur le portrait composite, bien que cette trace soit beaucoup trop faible pour devenir perceptible avant d'avoir été renforcée par un grand nombre de traces semblables.

Nous passons maintenant à des portraits composites faits d'après des médailles ; le plus souvent on a cherché à obtenir la plus grande ressemblance possible de personnages historiques, en combinant différents portraits de ces personnages fait à des âges différents, de manière à faire ressortir les traits communs à chaque série. Nous avons mis à côté de chaque portrait composite quelques-uns des portraits élémentaires, afin de donner une idée plus exacte du caractère de ces combinaisons. Nous avons obtenu ainsi Alexandre le Grand, d'après six éléments ; Antiochus, roi de Syrie, et Démétrius Poliorcète, d'après le même nombre; Cléopâtre, d'après cinq. Pour ce dernier portrait, comme il arrive d'ordinaire, le composite est d'un aspect plus agréable que les portraits élémentaires, dont aucun ne montre la beauté tant vantée de la reine d'Égypte ; en effet, les traits que nous offrent ces images sont, non-seulement ordinaires , mais même hideux, au point de vue des idées anglaises sur la beauté. Nous avons encore un Néron, d'après onze éléments ; une combinaison de portraits de cinq Grecques différentes, et enfin une combinaison des traits de six Romaines différentes, qui ont donné un résultat d'une beauté singulière et un charmant profil idéal.

Nous sommes heureux de remercier ici M. R. Stuart Poole, le savant conservateur des médailles du *British Museum*, de la complaisance et du goût avec lesquels il a bien voulu choisir les médailles les plus convenables pour ces études, et nous en procurer des moulages. Nous avons photographié tous ces moulages, sauf un, en les ramenant à une grandeur uniforme, de manière à réduire à un centimètre l'intervalle entre les pupilles des yeux et la séparation des lèvres, l'expérience nous ayant démontré que ces dimensions sont les plus commodes dans la pratique, et en tenant compte d'une foule de considérations qu'il serait trop long d'énumérer ici. Nous avons renversé la photographie lorsque les circonstances l'exigeaient. Ces photographies ont été exécutées par M. H. Reynolds; je les ai ensuite ajustées et préparées de manière à obtenir le composite photographique.

La série suivante se compose de composites faits d'après les portraits de criminels condamnés pour homicide ou autre acte de violence. Chose remarquable, deux types particuliers s'y retrouvent bien plus fréquemment que dans les portraits ordinaires. Dans le premier, les traits sont larges et massifs comme ceux de Henri VIII, mais avec un cerveau bien plus petit. Le second, dont nous possédons cinq portraits composites, faits chacun d'après un nombre d'individus différents qui varie de quatre à neuf, nous présente un visage empreint de faiblesse, et qui n'est assurément pas un visage anglais ordinaire. Trois de ces composites, quoiqu'ils aient été faits d'après des groupes d'individus entièrement différents, se ressemblent comme s'ils représentaient trois frères; et si l'on combine optiquement trois quelconques des cinq composites, — ce qui revient à réunir un assez grand nombre de ces individus pris au hasard, — le résultat est très sensiblement le même. On peut donc regarder ce résultat comme générique pour ce type particulier de criminels.

Les portraits composites donnent une véritable statistique en images. Tout le monde sait que la taille moyenne d'une douzaine d'hommes de même race, pris au hasard, varie si peu que, pour les besoins ordinaires de la statistique, on peut la considérer comme constante. Il en est de même de la mesure de chaque trait du visage et de chaque partie du corps, ainsi que de chaque teinte de la peau, des cheveux ou des yeux. Par conséquent une réunion dans la même image d'un quelconque de ces traits donnerait des résultats tout aussi constants que les moyennes de la statistique. Il est vrai que, dans un portrait, il faut tenir compte d'un autre facteur que la dimension de chaque trait, c'est-à-dire de la position des différents traits les uns par rapport aux autres; mais si l'on opérait sur un groupe assez nombreux, ce facteur aussi aurait nécessairement une constance statistique. L'observation nous permet d'affirmer que la ressemblance entre les individus qui font partie du même genre est assez grande pour donner de bons portraits composites avec des groupes même peu nombreux, comme nous avons déjà eu bien des occasions de le faire voir.

Mais les portraits composites sont bien plus que des moyennes; ce sont plutôt les équivalents de ces grandes tables statistiques, dont les totaux, divisés par le nombre de cas et inscrits à la dernière ligne, sont les moyennes. Ce sont de véritables généralisations, parce qu'ils contiennent tous les cas dont il s'agit. L'incertitude de leurs contours, qui est à peine sensible dans les composites vraiment génériques, sauf pour des détails sans importance, donne la mesure de la tendance des individus à s'écarter du type central. Selon moi, les images génériques qui se forment dans l'esprit et les impressions générales qui n'en sont que la reproduction faible et inexacte, sont analogues à ces portraits composites que nous avons l'avantage d'examiner à loisir, dont nous pouvons étudier les détails et le caractère, et dont nous pouvons tirer des conclusions qui jetteront un grand jour sur la nature de certaines actions intellectuelles, trop rapides et trop fugitives pour que nous les examinions directement.

Une image intellectuelle générique peut être considérée comme n'étant autre chose qu'un portrait générique gravé dans le cerveau par les impressions successives faites par ses images élémentaires. M. le professeur Huxley, à qui nous devons déjà l'expression d'*image générique*, a exprimé la même pensée dans la vie de Hume qu'il vient de publier (p. 95). Je me réjouis de voir qu'au point de vue rigoureusement physiologique, une si grande autorité considère cette explication comme la vraie, en adoptant ainsi de son côté une manière de voir que j'avais également, et que j'avais légèrement indiquée dans une première description des portraits composites, mais sans avoir alors le loisir d'y insister.

Dans un premier mémoire sur les portraits composites, je m'étais servi d'une phrase que je n'avais écrite qu'avec une certaine hésitation, et que j'ai citée depuis, mais que je dois maintenant revoir et corriger. Voici cette phrase : « Un portrait composite donne, pour ainsi dire, la figure que verrait dans son imagination un homme doué à un très haut degré de la faculté de se représenter les images des objets ou des personnes. » Or il s'agit d'examiner maintenant si cette manière de voir est rigoureusement exacte. Si l'œil de cet homme était mis à la place de l'objectif de l'appareil qui nous sert à obtenir les portraits composites, en le supposant dégagé de toute idée préconçue, l'image qui se formerait dans son cerveau serait-elle identique au portrait composite? (Bien entendu, nous ne tenons pas compte ici des légères différences qui peuvent exister entre un portrait composite photographique et un composite optique.) Sans hésiter, nous faisons à cette question une réponse négative. Supposons qu'un des portraits ait agi sur la plaque sensible cinquante fois plus longtemps que chacun des autres, l'effet produit sur la photographie composite serait celui de cinquante couches d'une couleur transparente, tandis que, dans le composite intellectuel, il serait loin d'avoir une telle importance; et c'est en cela que consiste la source d'erreurs de nos impressions intellectuelles que nous voulons signaler dans cette étude. Le fait dont il importe de tenir compte, c'est que les évènements exceptionnels font sur notre cerveau une impression bien plus vive, et qu'au contraire les évènements habituels en font une bien moins vive qu'on ne devrait le croire d'après la fréquence de leur répétition. L'effet physiologique d'une action prolongée ou réitérée n'est nullement proportionnel à la durée de l'une ou à la fréquence de l'autre. La grandeur de l'effet subjectif n'est jamais dans un rapport simple et direct avec la grandeur de la cause objective. Le rapport qui existe entre eux, pour un cercle très étendu de phénomènes physiologiques, est exprimé par la loi de Weber, qu'il nous suffira, pour le sujet qui nous occupe, d'exprimer sous sa forme primitive, parce que cette forme est excessivement simple, et qu'en même temps elle est suffisamment exacte pour tous les cas, sauf les cas extrêmes, dans lesquels certaines considérations étrangères commencent à exercer une influence sensible. D'après cette loi, — « la sensation varie comme le logarithme du stimulant » ; — plus les sens sont stimulés, plus leur faculté de discernement est émoussée. Si une salle est éclairée par une seule bougie, et qu'on en apporte une seconde, l'œil sent un certain accroissement de lumière. Or, s'il y avait mille bougies dans la même salle, il faudrait y ajouter non pas une seule bougie, mais bien mille, pour produire la sensation d'un accroissement semblable. Pour que la grandeur d'une sensation quelconque croisse par une série de pas égaux, il faut que celle du stimulant qui la détermine croisse par multiples successifs. La première suit une progression arithmétique, et le second une progression géométrique.

Quelques expériences bien simples feront mieux comprendre ce que je veux dire. Prenons cinq cartes absolument noires, chacune de la grandeur d'une demi-feuille de papier à lettres, et aussi une feuille de papier à lettres bien blanc. Déchirons cette dernière en deux et posons une de ses moitiés sur la carte n° 5, qu'elle recouvre exactement. Prenons l'autre moitié blanche, plions-la en deux, déchirons-la et mettons-en une des moitiés sur la carte n° 4, dont elle recouvre exactement la moitié. Continuons de même, recouvrant le quart de la surface de la carte n° 3, un huitième du n° 2, et un seizième du n° 1; il nous reste alors un seizième de feuille blanche, que nous pouvons jeter. Pour ne pas avoir de fractions, prenons pour unité la quantité de blanc qui se trouve sur la carte n° 1; alors, sur les n°s 2, 3, 4 et 5, il y aura respectivement deux, quatre, huit et seize parties de blanc, le dernier chiffre représentant le blanc pur. Coupons ensuite chaque papier blanc en bandes très minces que nous étalerons d'une manière uniforme sur la carte à laquelle appartenait le papier blanc. Le mieux est de coller chaque série de bandes sur la carte. Si nous regardons alors sans nous mettre trop loin, et sans chercher à adapter exactement l'œil à la distance de l'objet, nous voyons une série de teintes grises qui semblent à l'œil également graduées, bien que nous sachions que la différence entre les diverses proportions de blanc n'est nullement uniforme. Pour l'œil, la carte n° 3, qui contient quatre parties de blanc, semble intermédiaire entre les numéros 1 et 5; mais comme le n° 1 ne contient qu'une partie de blanc, et que le n° 5 en contient seize, la quantité moyenne de blanc serait réellement huit et demi $\left(\frac{1+16}{2}=8\,1/2\right)$, et cette teinte serait un peu plus claire même que la carte n° 4, qui contient huit parties de blanc.

Le même rapport est vrai pour les sons. Il est difficile de constater, sans une attention toute spéciale, la différence entre le bruit de la chute d'une pièce de 1 franc et celui de la chute d'une pièce de 2 francs. On ne perçoit pas mieux la différence entre le son d'un seul canon de 38 tonnes, et celui de deux canons semblables tirés à la fois de la tourelle d'un navire blindé, comme l'ont prouvé les dépositions des témoins du terrible accident qui a eu lieu dernièrement à bord du *Thunderer*. Faisons une expérience avec un appareil armé de huit leviers, que l'on peut lever successivement et laisser retomber en faisant tourner un cylindre disposé comme celui d'une boîte à musique. Chaque bras fait exactement le même bruit en tombant. Les crans dont le cylindre est armé sont disposés de telle façon qu'en tournant il soulève et laisse retomber d'abord un seul levier, puis deux ensemble, puis quatre, et enfin huit. Quand on fait l'expérience, on trouve que l'intensité apparente du son croît par intervalles égaux, et non comme les nombres 1, 2, 4 et 8.

Enfin, nous pouvons prendre deux grands disques rotatifs, convenablement éclairés. Chacun d'eux est partagé en cinq anneaux concentriques, mêlés alternativement de noir et de blanc, avec le centre tout à fait noir. Sur le premier de ces disques, si nous représentons par 5 le blanc pur, les proportions de blanc et de noir dans les anneaux successifs sont entre elles comme les nombres 1, 2, 3, 4, 5, ce qui forme une progression arithmétique. Si l'on fait tourner le disque, il ne semble plus à l'œil que les teintes soient uniformément graduées, bien que les quantités réelles de blanc le soient en effet. Sur le second disque, les rapports entre le blanc et le noir des anneaux successifs suivent la loi de Weber, ou plutôt cette loi modifiée par Delbœuf, car le disque en question n'est qu'une reproduction de celui qui est décrit dans le mémoire de Delbœuf. Or, quand on fait tourner ce second disque, l'œil reconnaît aussitôt l'effet d'une gradation tout à fait exacte; seulement, pour que ce fait soit bien visible, la lumière doit être convenablement ménagée.

Si nous insistons ainsi sur ces exemples de la loi de Weber, c'est que nous tenons à bien faire comprendre toute la différence qui existe entre l'échelle des causes objectives et celle de leurs effets subjectifs, afin de prouver par là le peu d'influence que la répétition d'une même impression doit avoir sur une image intellectuelle générique. Je n'ose affirmer encore que la loi de Weber s'applique à ces phénomènes, mais je me permets de dire que cela est fort probable, et qu'en tout cas la loi véritable, quelle qu'elle soit, présente assurément des analogies avec celle de Weber. D'après cette loi, s'il fallait une expérience décuple, ou une action dix fois plus longue pour produire une impression intellectuelle contribuant à la composition d'une image composite à un degré double de celui que donne une seule expérience ou une action exercée pendant l'unité de temps, il faudrait une expérience centuple ou une action cent fois plus longue pour donner une impression triple.

La loi de Weber s'applique encore d'une autre façon au sujet qui nous occupe. Il y a quelques instants, lorsque nous avons comparé ensemble l'image composée qui se forme dans le cerveau de l'artiste et la photographie composite, nous avons dit qu'une action cinquante fois plus longue donnerait, pour cette dernière, un effet cinquante fois plus considérable, c'est-à-dire qu'elle équivaudrait à cinquante couches de couleur transparente. Nous n'avons pas voulu dire par là que la teinte serait *pour l'œil* cinquante fois plus foncée. La loi de Weber nous avertit que cette teinte serait loin de paraître si foncée. Objectivement parlant, les teintes d'une photographie composite sont exactes, mais subjectivement elles ne le sont pas. Nous avons donc trois degrés d'exactitude, correspondant le premier aux moyennes numériques, le second aux images composites optiques ou photographiques, et le troisième aux images intellectuelles. Les moyennes numériques sont rigoureusement exactes dans tous les sens. Les images composites optiques et photographiques sont objectivement exactes, mais subjectivement inexactes. Les images intellectuelles sont objectivement inexactes, et le sont doublement au point de vue subjectif. Si l'on suppose que la loi de Weber s'applique à tous ces phénomènes, une tache blanche dans un quelconque des portraits laissera sur l'image composite optique ou photographique une marque dont l'intensité *apparente* sera proportionnelle au logarithme du temps de l'action photographique, tandis que l'intensité de la tache blanche produite sur l'image composite intellectuelle, ne serait proportionnelle qu'au logarithme de ce logarithme.

Ce résultat lui-même est encore trop adouci. Il est fondé sur la supposition que la faculté de former les images intellectuelles est parfaite, la mémoire absolument fidèle, et l'attention dégagée de toute influence extérieure. Or il n'en est pas ainsi. De plus, parmi les images attribuées à chaque groupe générique, il en est toujours qui sont étrangères à ce groupe, et qui n'y ont été jointes que grâce aux ressemblances superficielles et trompeuses qui frappent surtout les esprits ordinaires. Si l'on considère, ce qui est toujours facile, les composites monstrueux que donnent des combinaisons de portraits mal assortis, et le discernement délicat qu'exige la production de l'image générique la plus vraie possible, on ne s'étonnera plus des erreurs absurdes et fréquentes dont sont entachées nos conceptions intellectuelles et nos impressions générales.

Nos composites génériques intellectuels sont rarement bien nets; ils présentent, mais avec excès, ce vague dans les contours que les photographies composites n'offrent qu'à un faible degré, et le fond en est plein d'images confuses et discordantes. Les effets exceptionnels n'y disparaissent pas, comme dans les photographies composites, sous la masse énorme des faits ordinaires. Aussi, dans nos impressions générales, attachons-nous une importance beaucoup trop grande à l'étrange et au merveilleux, tendance que l'expérience constate surtout chez les enfants, les sauvages et les personnes sans éducation. L'expérience de la vie nous met en garde contre ce penchant, et l'homme instruit fonde toujours ses conclusions sur des données numériques.

L'esprit humain est un appareil éminemment imparfait pour l'élaboration des idées générales. Ses facultés sont merveilleuses si on les compare à celle des animaux, et cependant, elles sont encore bien loin de la perfection. Pour qu'un esprit fût parfait, il faudrait qu'il pût toujours former des images vraiment génériques, fondées sur toute l'étendue de son expérience passée.

Il ne faut jamais se fier aux impressions générales. Malheureusement, quand elles sont anciennes, elles deviennent pour nous des règles immuables, indiscutables par droit de prescription. Aussi ceux qui ne sont pas habitués à examiner les choses par eux-mêmes, ont-ils horreur de la statistique. Ils ne peuvent supporter l'idée de soumettre leurs impressions sacrées à une froide vérification. Quant aux hommes de science, ils sont fiers à juste titre de s'élever au-dessus de telles superstitions, d'imaginer des épreuves pour reconnaître la valeur des croyances, et de se sentir assez maîtres d'eux-mêmes pour rejeter avec dédain toute opinion dont ils reconnaissent la fausseté.

FRANCIS GALTON.

M. MAX MULLER

Et l'origine des religions.

M. Max Müller a toujours eu soin de proclamer bien haut et à maintes reprises qu'il n'est pas évolutionniste. Dès 1856, il s'écriait que « l'idée d'une humanité émergeant lentement des profondeurs d'une brutalité bestiale ne peut plus se soutenir désormais » (*Oxford Essays*, p. 4). Ici même nous avons eu occasion d'exposer et de discuter ses théories sur la science du langage et de combattre l'opinion hostile qu'il nourrit à l'endroit de l'application de la doctrine de l'évolution à la linguistique. Et cependant tout esprit impartial qui lira le dernier ouvrage du savant indianiste ne pourra se défendre de cette impression que M. Max Müller incline consciemment ou inconsciemment vers le système qu'il condamnait naguère avec tant de sévérité!

Nous voulons croire que l'éloquent *lecturer* ne se rend pas un compte exact de l'évolution qui s'est précisément produite dans son cerveau. Mais il n'en est pas moins constant que les découvertes de l'anthropologie, que les études de sociologie des Lubbock, des Tylor, des Herbert Spencer ont exercé une action puissante sur son intelligence, puisque aujourd'hui il renie presque son affirmation aussi tranchante qu'orthodoxe de 1856. Il est vrai qu'il lui eût été difficile de faire autrement, tant les progrès de la science de l'homme ont été considérables et irréfutables depuis vingt ans. La transformation n'en est pas moins frappante, surtout si l'on songe qu'elle s'est manifestée justement à propos d'une question on ne peut plus délicate, et dans un édifice ecclésiastique, dans la vieille abbaye de Westminster.

Un riche Anglais, Robert Hibbert, décédé en 1849, avait laissé une somme dont les revenus devaient être employés « à favoriser la diffusion du christianisme sous sa forme la plus simple et la plus intelligible, et le libre exercice du jugement individuel dans les matières religieuses ». Récemment, les administrateurs du fond Hibbert furent sollicités d'appliquer celui-ci à la création de conférences où la science et l'esprit critique seraient appelés à traiter des problèmes religieux, et à la publication de ces conférences. Cet appel reçut un accueil favorable, et l'an dernier, dans la maison du chapitre (*Chapter-House*), de Westminster, M. Max Müller inaugura le nouvel emploi du legs Hibbert par six conférences sur « l'origine et le développement de la religion étudiés à la lumière des religions de l'Inde (1) ». Ces conférences ont paru plus tard en volume, et ce sont elles qui vont faire l'objet de cet article.

I.

Deux systèmes sont en présence, touchant l'origine des religions ou, comme le dit M. Max Müller, de la religion. Acceptons pour l'instant ce singulier, qui nous paraît cependant moins scientifique que le pluriel, et voyons ce que l'auteur des conférences en question pense de ces deux systèmes. Le premier, l'orthodoxe, consiste dans l'affirmation que l'homme, monothéiste à l'origine, reçut de la divinité la révélation de son existence, et que ce ne fut que plus tard, par suite de pervertissement et de dégradation, qu'il tomba dans l'idolâtrie, dans le polythéisme, dans le fétichisme. Le second, au contraire, conforme à la doctrine de l'évolution, veut que l'homme, « émergeant des profondeurs d'une brutalité bestiale », se soit élevé peu à peu des superstitions et

(1) *Lectures on the Origin and Growth of Religion as illustrated by the Religions of India*. 1 vol. in-8°, chez Longmans and C[o] et chez William and Norgate, Londres. — Le nouvel ouvrage de M. Max Müller vient d'être traduit en français par M. J. Darmesteter, et cette traduction a paru récemment à Paris, chez Reinwald et Cie, éditeurs.

des croyances les plus grossières aux conceptions, religieuses d'abord, philosophiques ensuite, les plus élevées, passant ainsi du fétichisme au polythéisme, puis au monothéisme qui clôt la période théologique du développement de l'humanité; celle-ci, plus tard, brisant les liens de la théologie, chercha dans les multiples théories métaphysiques l'explication de l'univers que seule la science positive peut lui donner.

Sommes-nous tous arrivés à cette dernière phase de l'évolution? Assurément non. Combien de groupes humains en sont restés au premier degré de l'échelle! et dans nos sociétés civilisées de l'Europe occidentale, que d'hommes même distingués par l'intelligence et la culture appartiennent encore par quelque côté aux périodes qui précèdent celle où règne seule la science pure! M. Max Müller, avec son incontestable talent et ses connaissances variées, en est là. Il repousse les deux systèmes : certes, il a dépassé l'état théologique, mais il est demeuré métaphysicien, dans le sens que donne à ce mot l'école d'Auguste Comte; c'est pourquoi il rejette le système de l'origine fétichique des religions, et pourtant, à le lire sans parti pris, on est frappé de voir à quel point il fournit des arguments en faveur du système qu'il condamne. Nous verrons tout à l'heure que c'est l'effet d'une méprise, et que, s'il n'était aveuglé par des répugnances en quelque sorte instinctives, par des préjugés, disons le mot, il ne tarderait pas à reconnaître que seule la doctrine de l'évolution peut fournir une théorie scientifique et raisonnable du développement religieux de l'humanité.

En ce qui concerne le système orthodoxe de l'origine monothéiste de la religion, M. Max Müller est très net. Ce n'est même pas sans surprise que nous l'entendons s'exprimer comme il le fait, surtout en songeant à quel auditoire il s'adressait et dans quel lieu il parlait : « C'est un legs, dit-il, de cette théorie du moyen âge, que la religion a commencé par une révélation primitive, laquelle naturellement ne pouvait être qu'une religion vraie et parfaite, et par suite un monothéisme..... Il est étrange qu'il faille tant de temps pour en finir avec ces hypothèses gratuites. On a eu beau les réfuter des centaines de fois, les théologiens les plus sensés et les savants les plus sérieux ont eu beau reconnaître depuis des années qu'elles ne reposent pas sur la moindre base solide, on les retrouve toujours là même où elles sont les plus dangereuses, dans les livres d'enseignement et les manuels, et l'ivraie, semée à pleines mains, repousse de toutes parts. Sous ce rapport, il en est de la religion comme il en a été du langage » (*Origine et développement de la religion*, pp. 232-233, trad. Darmesteter). Par un heureux rapprochement, l'auteur montre que le monothéisme primitif de l'humanité est une conception toute semblable à la théorie linguistique suivant laquelle toutes les langues devaient dériver de l'hébreu, théorie dont la science positive du langage a fait bonne et complète justice en la classant au nombre des inventions les plus absurdes de l'ignorance vaniteuse et orthodoxe. En réalité, il ne peut pas plus y avoir eu de religion innée qu'il n'y a eu de langue innée, selon l'excellente expression de M. Max Müller.

Tout cela est parfait, et nous y applaudissons de tout cœur. Le procès est lestement mené et le verdict pour être brièvement rédigé n'en est pas moins clair et moins topique. Ainsi, voilà qui est entendu : Il ne faut plus venir nous parler de monothéisme originel, de révélation primitive, de dégradation, de dégénérescence. Pour que l'homme puisse donner à quelque chose le nom de Dieu, il faut qu'il l'ait conçu. Or ce qu'il s'agit de rechercher, c'est comment il est arrivé à ce concept du divin. La science de la religion a procédé scientifiquement : elle a recueilli tous les documents, tous les témoignages possibles sur « l'histoire ancienne de la pensée religieuse dans les livres sacrés des peuples ou dans la mythologie, les usages et même les langues des diverses races (*op. cit.*, p. 234) ». A l'aide de ces matériaux, on s'est livré à une classification des conceptions religieuses, et, la classification faite, on a recherché parmi ces conceptions quelles étaient celles qui étaient primitives et on les a dégagées des secondaires. Cette méthode est la seule bonne, et nous n'aurions rien à y redire, si nous n'apercevions cachés dans une phrase ces mots : « et, avant tout, la conception de l'infini ».

C'est, en effet, là que nous retrouvons le métaphysicien. M. Max Müller ne peut décidément se soustraire à l'influence d'une éducation faite par des abstracteurs de quintessence : il s'engage dans la bonne voie, la suit assez longtemps, puis tout à coup un carrefour se présente, il n'a qu'à continuer sa route; mais une autre allée s'ouvre à gauche, cette allée lui montre des aspects accoutumés, une perspective qui ne lui est pas inconnue; c'est elle qu'il prend, et il aboutit, non plus à la réalité positive, mais à « la conception de l'infini ».

Encore que M. Max Müller déclare qu'il approuve rarement sans réserve ce qu'il a écrit antérieurement, il n'en cite pas moins, au début de ses conférences, la définition de la religion qu'il a donnée il y a plusieurs années : « La religion, disait-il alors, est une faculté de l'esprit qui, indépendamment, je dirai plus, en dépit des sens et de la raison, rend l'homme capable de saisir l'infini sous des noms différents et sous des déguisements changeants. Sans cette faculté, nulle religion ne serait possible, pas même le culte le plus dégradé d'idoles et de fétiches, et pour peu que nous prêtions l'oreille, nous pouvons entendre dans toute religion un gémissement de l'esprit, le bruit d'un effort pour concevoir l'inconcevable, pour exprimer l'inexprimable, une aspiration de l'infini, un amour de Dieu. » (*Introduction à la Science de la Religion*, p. 17.)

Nous ne chercherons pas querelle à M. Max Müller à propos de son expression de *faculté*; il l'a traduite d'ailleurs par le mot *puissance*, et, condensant sa définition, il dit que la religion est « la puissance qui met l'homme en état de saisir l'infini. » (*Origine*, etc., p. 22.) Mais, avant qu'on nous parle de la faculté en question, nous voudrions bien savoir ce qu'on entend par *infini*. Et c'est là par où pèche la théorie de M. Max Müller. Il repousse la définition des philosophes qui prétendent que ce n'est qu'une simple abstraction négative : « S'il n'était rien de plus, dit-il, ce ne serait qu'un mot formé par fausse analogie, et qui signifierait *néant*. (*Op. cit.*, p. 26.) » Nous sommes bien tentés de nous ranger à l'opinion des philosophes en question. Nous ferons cependant la partie belle à M. Max Müller, et nous passerons outre, en revenant à sa définition à lui et en la reproduisant : « C'est la désignation qui prête le moins à la critique de tout ce qui est au delà de la prise de nos sens et de notre raison. » (*Op. cit.*, p. 25.)

A ce compte, nous serions presque en droit de traiter les manifestations de la faculté découverte par M. Max Müller, de symptômes de la maladie sacrée signalée six cents ans avant notre ère par Héraclite, « Τήν τε οἴησιν ἱερὰν νόσον ἔλεγε ». Comment admettre parmi les phénomènes moraux réguliers une conception née en dépit des sens et de la raison, qui n'est, suivant M. Max Müller lui-même, « qu'un développement de la perception des sens ». Le savant indianiste a préféré le mot *infini* aux mots *invisible, suprasensible, surnaturel, absolu, divin.* C'était son affaire, et pour notre compte, nous les trouvons tous également insuffisants. En vérité, si la religion était une aspiration de l'infini, les gens qui prétendent que toute période religieuse chez un peuple a été une période de folie n'auraient peut-être pas si grand tort. En fait, M. Max Müller s'en tient là comme définition, et nous avouons n'être pas plus éclairés sur ce que c'est que l'infini, après l'avoir lu et relu, qu'avant d'avoir ouvert son livre.

Il est vrai que M. Max Müller nous comptera sans doute au nombre de ceux à qui il a consacré le cinquième chapitre de sa première conférence, et qui, selon lui, « nient purement et simplement la possibilité de toute religion quelconque, par la raison que l'homme ne peut saisir l'infini... Tel est le terrain où se tient la philosophie dite positive, et d'où, niant la possibilité de toute religion, elle met au défi de produire leurs titres tous ceux qui admettent d'autre source de connaissance que les sens et la raison. » (*Op. cit.*, p. 27.) Il n'y a point que les positivistes de cet avis, et tout savant sérieux admettra qu'en dehors des sens et de la raison, on ne peut que s'égarer dans des rêveries et dans des divagations. Mais, pour en revenir aux positivistes, nous dirons à M. Max Müller qu'ils sont loin de nier la possibilité de toute religion. Ils la nient si peu, qu'ils déclarent que la première phase intellectuelle et morale par laquelle l'humanité a passé est la phase religieuse ou théologique, et qu'ils ne peuvent méconnaître l'existence d'un nombre considérable de religions.

C'est là le motif pour lequel M. Max Müller se sert d'un singulier lorsqu'il parle de la science de la religion. Celle-ci étant basée sur l'aspiration de l'infini, elle est une et se retrouve sans doute chez toutes les races et chez tous les peuples dont tous les cultes divers ne sont que des formes ou plutôt des manifestations locales de cette faculté humaine qui est la religion. C'est aussi pourquoi, nous qui considérons les cultes et les mythologies comme des phénomènes de même nature, mais profondément distincts les uns des autres, et essentiellement transitoires et modifiables, nous préférons nous servir d'un pluriel et dire la science des religions.

M. Max Müller prête d'ailleurs aux positivistes des opinions qu'ils n'ont jamais soutenues. C'est ainsi qu'il s'exprime en ces termes : « Il y a eu des hommes dans les temps anciens, nous dit-on, et il y en a encore de nos temps, qui ne connaissent point ce besoin (de religion). » Si par ces paroles M. Max Müller entend désigner la théorie des peuples irréligieux, nous lui répondrons que c'est là une théorie repoussée par tout adepte de la philosophie positive. Ceux qui la soutiennent se vantent au contraire de n'être point positivistes. La théorie est d'ailleurs erronée, car il a été jusqu'ici impossible de découvrir un groupe humain ou même un homme qui n'ait point cherché à concevoir l'univers. Or, nous ne pouvons concevoir le principe premier de toute religion ainsi que de toute philosophie que comme une conception du monde. Au fond, la perception de l'infini, ce sixième sens, cette faculté supplémentaire dont M. Max Müller veut à toute force doter l'humanité, n'est que le sentiment que l'inconnu fait naître chez l'homme, c'est-à-dire la curiosité des causes des phénomènes qu'il perçoit et des faits qu'il constate. Les rapports de cause à effet que fournissent les seuls témoignages des sens n'échappent pas d'ailleurs aux êtres vivants; les animaux les établissent, seulement ils ne les suivent pas très loin dans leurs successions, et les races inférieures ainsi que les enfants ne diffèrent pas beaucoup à cet égard des animaux.

Toutefois M. Max Müller veut bien admettre que les sens de l'homme lui donnent la première impression de l'infini : « Pour le sauvage primitif, dit-il, et pour tout homme dans l'enfance de l'activité intellectuelle, tout objet auquel ses sens ne perçoivent pas de limite est illimité ou infini... S'il semble trop hardi de dire que l'homme voit réellement l'invisible, disons qu'*il souffre de l'invisible* et cet invisible n'est qu'un nom particulier de l'infini. » (*Op. cit.*, p. 34.)

Mais alors pourquoi avoir dit que la perception de l'infini avait lieu indépendamment des sens et de la raison? On voit quelle confusion règne dans l'esprit de M. Max Müller et à quelles contradictions l'amène le conflit de ses répugnances et des ses préjugés philosophiques avec la réalité des faits qu'il ne peut s'empêcher de constater.

Il en est de même lorsqu'il nous dit de l'infini qu'il était, dès le premier jour, présent dans nos perceptions sensibles, seulement qu'il n'était pas encore défini ni nommé, qu'il en compare la perception à la perception du bleu, couleur qui n'a pas de nom spécial dans la langue de plusieurs races, ainsi que dans nos idiomes aryens aux antiques époques où furent composés les hymnes du Véda, les enseignements de Zoroastre et les poèmes homériques; le bleu existait cependant, les millions de vibrations qui le produisent frappaient la rétine humaine alors comme aujourd'hui. M. Max Müller estime que cette couleur était perçue par les organes de nos ancêtres; de savants physiciens et physiologistes ne sont pourtant pas de cet avis. Or, pour admettre la perception du bleu en l'absence d'une expression qui désignât cette couleur, il faudrait qu'il y eût eu un sentiment du bleu inné, de même que M. Max Müller affirme qu'il y avait une perception innée de l'infini. Mais tout à l'heure nous avons vu qu'il repoussait l'idée d'une religion innée; or, si la perception de l'infini est la religion, et si la première est innée, il est nécessaire que la seconde le soit également, ce qui est contraire aux assertions de notre auteur. Combien est faible l'argumentation de M. Max Müller et à quel point sa théorie de l'infini est confuse et basée sur un *a priori* extra-scientifique!

II.

Arrivons maintenant à la critique que M. Max Müller fait de la théorie du fétichisme considéré comme forme originelle des religions. Il fait la guerre à la fois au mot et à la chose. Pour lui le mot *fétichisme* est mauvais, mal choisi, abusif : c'est le président de Brosses qui en est l'auteur, car il l'a employé le premier dans son livre *Du Culte des dieux-fétiches* (Paris, 1760), l'empruntant au mot portugais *feitiço*, « amulette, talisman », qui répond au latin *factitius*. « *Factitius*, dit M. Max Müller, du sens de « fait à la main », passa au sens de « artificiel, surnaturel, magique, enchanté et qui enchante » (*op. cit.*, p. 57). Les navigateurs portugais donnèrent ce nom aux objets de l'adoration des nègres de Guinée, objets matériels et inanimés que ceux-ci croyaient doués d'une puissance propre, d'une vie et d'une volonté particulières.

De Brosses, étudiant la religion des nègres africains, l'appela *fétichisme*, ajoutant : « Je demande qu'on me permette de me servir habituellement de cette expression ; et quoique dans sa signification propre elle se rapporte en particulier à la croyance des nègres de l'Afrique, j'avertis d'avance que je compte en faire également usage en parlant de toute autre nation quelconque, chez qui les objets du culte sont des animaux ou des êtres inanimés qu'on divinise ; même en parlant quelquefois de certains peuples pour qui les objets de cette espèce sont moins des dieux proprement dits que des choses douées d'une vertu divine, des oracles, des amulettes et des talismans préservatifs (*Du Culte des dieux fétiches*, p. 10 et 11). » Ainsi de Brosses a étendu l'acception du mot *fétichisme* qui aurait dû, suivant M. Max Müller, être restreint au sens d' « adoration des talismans »; ce fut peut-être très mal de sa part; mais nous avouons être peu touchés de sa faute, et nous considérons un peu la querelle que lui cherche à ce propos le *lecturer* de l'abbaye de Westminster comme une querelle... d'Allemand. Que de mots, dans notre langue et dans les autres, ont vu leur sens primitif s'étendre de cette façon et l'usage consacrer leur sens ultérieur, comme cela est arrivé pour le mot *fétichisme!* Il a été adopté plus tard par Auguste Comte, il est entré dans le vocabulaire usuel, et comme il est devenu français et bien français, nous persisterons à nous en servir en dépit des philologues trop méticuleux.

M. Max Müller, qui n'est pas évolutionniste, nous l'avons dit en commençant, n'aime point qu'en se représentant l'état intellectuel des sauvages on le compare à celui des premiers ancêtres des Grecs et des Romains. Ce rapprochement, fait pour la première fois par de Brosses et plus tard par d'autres, entre les pratiques religieuses des nègres et quelques-unes de celles des peuples civilisés de l'antiquité, et la conclusion qu'on en a tirée, c'est-à-dire l'identité de leur sens primitif, le choquent; c'est pourquoi il s'évertue à montrer qu'il n'y a pas de religion faite uniquement de fétichisme et que les phénomènes de fétichisme ont toujours eu des antécédents historiques et psychologiques. Dans ce but, il s'empare d'un passage de la *Sociologie*, de M. Herbert Spencer, où l'illustre philosophe déclare « qu'il y a diverses raisons de soupçonner que les êtres humains qui nous présentent aujourd'hui le type le plus inférieur, et qui forment les groupes sociaux de l'espèce la plus simple, ne nous rendent pas un spécimen de l'homme primitif... Il est fort possible, et la chose est, je crois, très probable, que le retour en arrière soit aussi fréquent que la marche en avant. » Mais si l'évolution régressive est vraisemblable dans certains cas, il n'est pas démontré qu'elle se soit opérée chez tous les peuples sauvages, et si ceux-ci ont dépassé de beaucoup l'état intellectuel et moral de la primitive humanité, il ne s'ensuit pas de là que les races supérieures que nous trouvons maintenant en possession d'une civilisation avancée n'aient point traversé la phase sociologique, où nous voyons des groupes moins avancés. D'ailleurs les cas de « survivance dans la civilisation » (*survival in culture*), comme dit M. Tylor avec un grand bonheur d'expression, sont là comme autant de témoins d'un état plus ancien, et M. Max Müller le sent si bien qu'il reconnaît qu'il n'y a point de religion qui soit pure de tout fétichisme. Mais si l'on en trouve, comme dans le culte vraiment idolâtrique de certains chrétiens pour les images de la Vierge et des saints, c'est, d'après lui, par suite d'erreurs de l'esprit humain, qui se laisse aller dans ce sens à une véritable dégénérescence. « Pourquoi en aurait-il été autrement chez les nègres d'Afrique? ajoute-t-il. Pourquoi le fétichisme serait-il tout leur passé? Si le fétichisme, dans les religions dont nous connaissons l'histoire, n'est qu'un développement secondaire, pourquoi serait-il primitif dans les religions de l'Afrique, dont le passé nous est inconnu? » (*Op. cit.*, p. 96.) C'est précisément ce qui est contesté et contestable ; il n'est pas prouvé que le fétichisme, dans les religions connues, soit un développement secondaire; il n'en fait pas partie dogmatiquement, il y a été englobé, encastré; il y a persisté, grâce à la complicité des intelligences inférieures. Le culte idolâtrique de la Vierge et des saints, tel que nous le trouvons chez les paysans et les personnes peu éclairées, est un legs du paganisme. Tel sanctuaire de la Mère de Dieu est souvent, l'histoire et la tradition nous l'apprennent, bâti sur les substructions du temple fameux de quelque déesse-mère; tel saint très vénéré, objet de nombreux pèlerinages, n'est fréquemment qu'une ancienne divinité locale que l'usage a peu à peu introduite, sous un déguisement et avec un nom un peu modifié, dans le culte chrétien. Les cas de fétichisme qui se produisent aussi dans les religions constituées sont les restes d'une ancienne foi qui ont bravé le temps et que l'ignorance, l'entêtement et l'habitude des masses ont fait durer jusqu'à nous.

Ainsi, lorsque M. Max Müller, s'appuyant sur les cas de fétichisme qu'on remarque dans les grandes théologies des races supérieures et les considérant comme des phénomènes secondaires, arrive à cette conclusion « que le fétichisme, en Afrique comme partout ailleurs, est une corruption de la religion », il se trompe, puisque les prémisses de son raisonnement ne sont pas fondées. Il en sera de même pour « les idées très pures, très hautes, très justes de la divinité », qu'il croit pouvoir signaler chez les nègres. Admettons, pour un instant, que ce que nous en présente M. Max Müller soit parfaitement vraisemblable; nous remarquerons d'abord que ces idées sont vagues, mal définies, incertaines, qu'elles sont en petit nombre et comme étouffées sous une végétation intense de superstitions et de croyances fétichiques. Le tableau est tout l'opposé de celui des religions constituées : dans ce dernier, les cas de fétichisme ne sont qu'accessoires, ils ressemblent à des plantes parasites poussant sur le tronc puissant de quelque géant des forêts; dans le premier, au contraire, le fétichisme s'étale à son aise, remplit tout l'espace, et ce n'est qu'à grand'peine que les idées plus hautes dont parle M. Max Müller pointent et percent au milieu de ce fouillis. N'est-on pas alors plutôt en droit de considérer ces idées comme secondaires et non comme les restes d'un primitif état intellectuel et moral plus élevé?

Encore faudrait-il que l'existence de ces idées fût complètement vérifiée. M. Max Müller se prononce très nettement sur la difficulté qu'il y a à connaître exactement ce que pensent les sauvages; ceux-ci sont souvent réfractaires aux interrogations des voyageurs, soit qu'ils ne les comprennent pas, soit que ceux-ci les ennuient par leurs questions qu'ils trouvent oiseuses ou indiscrètes, et pour se débarrasser du blanc, ils lui répondent en l'air ou bien disent comme lui. Nous avons éprouvé nous-mêmes la même peine à tirer de paysans français des renseignements sur des légendes et des croyances populaires. Enfin il importe que le voyageur sache questionner intelligemment les sauvages dont il veut apprendre les conceptions religieuses; il doit surtout se mettre à leur portée et prendre garde de ne pas donner à leurs réponses un sens plus élevé qu'il ne faut. Or les missionnaires, dont M. Max Müller aime à invoquer le témoignage, nous paraissent particulièrement sujets à caution; apôtres d'une religion donnée, ils n'ont pas la liberté d'esprit nécessaire à des investigations si délicates, et, à ce point de vue, leurs renseignements nous semblent bien moins dignes de confiance que ceux qui nous sont fournis par des voyageurs naïfs et sans parti pris. Aussi bien la plupart des noms donnés par les nègres à ce prétendu Être suprême signifient, de l'aveu de M. Max Müller lui-même, « soleil », « ciel » ou « pluie ». Ce n'est donc pas d'un dieu personnel, c'est-à-dire d'un agent extérieur au monde matériel, d'un régent des phénomènes et des choses qu'il s'agit, mais bien de ce que dans le langage adopté par le plus grand nombre des mythologues on appelle un grand fétiche (1), quelque chose comme le plus puissant des fétiches, l'être dont la volonté et l'énergie sont les plus fortes. De là à un Être suprême, dans le sens où on l'entend dans nos sociétés, il y a loin.

III.

Dans sa critique de la théorie du fétichisme, selon de Brosses et Auguste Comte, M. Max Müller a-t-il d'ailleurs bien saisi ce que l'on entend par cette première phase du développement intellectuel et moral de l'humanité? Il n'y paraît guère dans les leçons faites à l'abbaye de Westminster. Il dit, par exemple : « Les partisans du fétichisme universel primitif entendent par fétiche un objet quelconque que pour une raison ou pour une autre, et peut-être sans raison aucune, l'on a investi de pouvoirs surnaturels, puis peu à peu élevé à la dignité d'esprit ou de dieu. » (*Op. cit.*, p. 112.) Ce n'est pas cela du tout, et M. Max Müller n'a évidemment pas compris. Voici comment s'exprime à ce sujet Auguste Comte : « L'état de fétichisme est constamment caractérisé par l'essor libre et direct de notre tendance primitive à concevoir tous les corps extérieurs quelconques, naturels ou artificiels, comme animés d'une vie essentiellement analogue à la nôtre, avec de simples différences mutuelles d'intensité. » (*Cours de philosophie positive,* 2e édition, t. V, p. 25.)

Il n'est donc pas question de pouvoirs surnaturels, puisqu'il ne s'agit ici que d'une conception fautive de l'univers, d'une philosophie naturelle erronée, suivant laquelle tout vit, tout pense, tout a une volonté, tout se détermine à des actions par des motifs du même genre que ceux qui poussent l'homme dans telle ou telle voie. Quant à la conception de dieux, c'est-à-dire de personnages supérieurs, doués d'une individualité propre et régissant les phénomènes naturels, elle n'est point encore née. La croyance aux esprits, qui apparaît dès cette époque, est engendrée par cette idée que la vie ne s'éteint pas, ni chez les êtres vivants après leur mort, ni chez les choses inanimées, mais qu'elle persiste et croît souvent même en puissance et en influence.

Ce malentendu de la part M. Max Müller fait que toutes ses critiques portent à faux et qu'il n'a pas renversé du tout la théorie qui le choque et qu'il combat avec tant d'ardeur. Bien plus, cette conception du fétichisme s'impose à lui, elle germe pour ainsi dire spontanément dans son esprit, car il se laisse aller quelque part à dire « qu'un objet n'avait d'intérêt pour l'homme, qu'il n'existait dans son esprit qu'à condition d'être conçu comme actif. Mais il y a loin encore de cette conception de la nature, comme force active, à la personnification, à la déification. » (*Op. cit.*, p. 249). C'est là une excellente définition du fétichisme, faite par M. Max Müller lui-même, à propos du culte des rivières et des montagnes par les vieux Rishis védiques, dans les conférences où précisément il s'efforce de ruiner le système et l'origine fétichique des religions en essayant de démontrer que l'on ne trouve pas trace de fétichisme dans le Rig-Veda.

Nous voilà parvenus à la partie la plus importante et la plus intéressante des conférences du savant indianiste. On lira avec plaisir et profit son étude sur l'évolution théologico-philosophique des Hindous, surtout si l'on a soin de faire des réserves formelles à l'endroit de son opinion sur l'origine de la religion védique. Telle que celle-ci nous apparaît dans les hymnes, c'est un franc polythéisme, encore mêlé cependant d'anciennes conceptions fétichiques qui nous en montre le *substratum* primitif. Si M. Max Müller ne les discerne point, cela tient d'abord à sa fâcheuse conception du fétichisme et ensuite à ce qu'il ne tient pas assez compte de ce fait, sans le méconnaître pourtant, que ces chants si vieux ne le sont pas encore assez pour nous peindre l'état primitif des esprits dans la race aryenne. Tout démontre même que lors de la séparation des diverses branches aryo-européennes, le passage du fétichisme au polythéisme était opéré, si bien qu'en prenant pour point de départ le recueil des hymnes védiques on se place à une des phases intermédiaires de l'évolution d'une branche de la race, de la branche hindoue. Il n'en est pas moins constant qu'on assiste à un phénomène d'évolution et que ce mode de devenir, si contraire aux théories chères à M. Max Müller, trouve sa confirmation et sa vérification dans les travaux mêmes de l'ancien professeur de sanscrit à Oxford.

GIRARD DE RIALLE.

(1) Voir notre *Mythologie comparée* (Paris, Reinwald, 1878), t. I, et particulièrement chap. I, VII, VIII, IX et X.

LE LIBRE ÉCHANGE AGRICOLE

Importation des viandes américaines en Europe.

I.

L'INDUSTRIE DES SALADEROS. — LE CHARQUE, LES CONSERVES PAR LE PROCÉDÉ APPERT, L'EXTRAIT DE VIANDE DE LIEBIG.

Dans l'Amérique du Sud, les procédés de traitement des bestiaux gras diffèrent beaucoup de ceux qu'emploient nos bouchers européens.

A la fin de novembre ou dans les premiers jours de décembre, c'est-à-dire au commencement de l'été, le bétail du *campo* (1) ayant profité de la pousse du printemps est dans

(1) Le *campo* (le champ) est la prairie civilisée, celle qui appartient aux éleveurs argentins. On réserve le nom de *pampa* ou *pampas* aux territoires occupés par les Indiens indépendants.

un état de graisse favorable. L'abatage va commencer. Des commissionnaires connus sous le nom de *troperos* passent dans les *estancias* (1) avec lesquelles ils ont fait marché. Ils choisissent, parmi les bœufs de deux ans et demi à trois ans, ceux qui sont dans le meilleur état d'embonpoint et les emmènent avec eux. En quelques jours, ils se sont constitué un troupeau dont le nombre varie de quelques centaines à plus d'un millier de têtes qu'ils vont conduire au *saladero* (abattoir). La nuit, lorsqu'ils le peuvent, ils enferment leurs animaux dans les *corrales* (2) des propriétés qu'ils traversent, ou bien les gardiens les entourent, veillent à tour de rôle, et les empêchent de s'écarter. Le matin, dès l'aube, on se met en route, et, pendant toute la journée, à une allure assez lente pour permettre aux animaux de prendre en marchant quelques brins d'herbe, on parcourt la prairie. Vers le milieu du jour, au moment le plus chaud, on s'arrête pendant deux ou trois heures, pour que le troupeau puisse reposer et manger, et quand vient le soir, on a franchi 5 ou 6 lieues du pays (de 25 à 30 kilomètres).

Arrivés au terme de leur voyage, les bestiaux sont enfermés dans un corral où ils vont attendre la mort.

Presque sauvages et extrêmement impressionnables, les bœufs argentins souffrent beaucoup des changements qui surviennent dans leur existence. Regrettant le pâturage où ils ont vécu, se voyant au milieu d'un pays inconnu, entourés de nouveaux compagnons, brutalisés par l'homme qui leur inspire une terreur profonde, fatigués par le voyage et les privations qu'ils viennent d'endurer, ils sont inquiets, effrayés même, et c'est dans ces conditions morales qu'on les abat. Durant la période qui s'écoule entre le départ de leur prairie et l'abattage, ils maigrissent beaucoup : on a donc intérêt à ne pas les laisser vivre longtemps. Aussi sont-ils tués le lendemain de leur arrivée.

L'enclos où les animaux ont été emprisonnés se compose d'une série de constructions qui ont reçu des noms particuliers. Il y a d'abord le *corral* proprement dit, puis, lui faisant suite, un long couloir désigné sous le nom de *brette* qui aboutit à un troisième compartiment fermé où se fait le massacre. Afin d'empêcher les animaux de s'agglomérer et de se porter en masses compactes sur le point de la clôture qui ne pourrait résister à leurs poussées, le corral est étroit, long et sinueux. A mesure qu'on s'éloigne de son entrée, il va se retrécissant de plus en plus, et se continue presque insensiblement avec le brette. Ce couloir, long de 40 à 50 mètres, large de 2 à 3 mètres à l'extrémité qui donne issue dans le compartiment du massacre, est également sinueux ; toujours pour diviser les forces des animaux, on le partage en plusieurs parties par des portes à guillotine qui s'élèvent ou s'abaissent à volonté. Pour faire avancer le bétail dans le brette, on est obligé de le pousser et de le frapper, et lorsque ce compartiment est à peu près rempli, les portes sont baissées. Alors celle qui sépare le couloir du troisième compartiment est ouverte et, toujours en les frappant et en criant, on fait arriver dans ce nouvel endroit une vingtaine d'animaux qui y sont enfermés.

Ce dernier compartiment, de 8 à 10 mètres de longueur et d'une largeur de 4 à 5 mètres, présente sur l'une de ses faces la porte de sortie du brette. Les deux faces latérales à cette première sont des palissades pleines, en charpentes solides, en dehors desquelles se trouve une sorte de balcon qui permet au tueur de s'approcher des animaux. Pour éviter les chutes dans ce petit enclos, chutes qui seraient certainement mortelles, ce balcon se trouve à 60 ou 70 centimètres au-dessous du sommet de la paroi, de sorte que l'opérateur se trouve protégé par un vrai garde-fou. La quatrième face, opposée à la première, est disposée de la façon suivante. A $1^{m},20$ environ du sol est établie une plate-forme large de quelques pieds, occupant toute la longueur de cette face, sur laquelle se tient le tueur. Au-dessous, faisant communiquer le compartiment avec le dehors, se trouve une ouverture haute de $0^{m},60$ à $0^{m},70$ et large de $1^{m},50$ environ, destinée à la sortie des animaux morts. Le sol de ce compartiment, en terre battue dans presque toute son étendue, est plancheyé en avant de cette plate-forme, et rendu glissant dans cette dernière partie par de l'eau qu'on y jette à tout instant. Ce plancher présente, près du tueur, une échancrure longue de $2^{m},50$ à 3 mètres, large de $1^{m},50$, dans laquelle vient s'encastrer exactement un sorte de petit chariot supporté par quatre roues à rainures qui correspondent à des rails en tout point semblables à ceux des chemins de fer. Cette nouvelle partie, lorsqu'elle est en place, disparaît dans le plancher qu'elle complète. A l'aide du lazo que le tueur jette autour des cornes du sujet qu'il veut sacrifier, opération rendue très facile par le balcon dont nous avons parlé, le bœuf est amené près de la plate-forme. Il résiste beaucoup, mais l'extrémité du lazo, dont la direction est changée par un système de poulies, est attachée à la *bincha* (sorte de surfaix qui remplace la bricole de nos attelages) d'un cheval monté qui vient facilement à bout de la résistance de l'animal. Ce dernier arrive en s'arc-boutant sur le plancher glissant où il ne peut trouver aucun point d'appui favorable. A la suite de ses efforts, ses membres postérieurs se dérobent en avant ; les membres antérieurs dirigés dans le même sens, la tête penchée par la tension du lazo, il glisse sur les planches et est amené à la portée du couteau du *desnucador* (1) à qui il présente la nuque. En une seconde, avec une sûreté étonnante, la lame d'acier est enfoncée entre l'atlas et l'occipital, et la moelle épinière est tranchée. Le bœuf tombe inerte sur le petit chariot qu'un cheval emmène et conduit à la *playa*, c'est-à-dire à l'endroit où l'animal est saigné et dépouillé. Pour exécuter tous ces mouvements, le tueur ne met pas une minute. Nous en avons vu un qui alimentait douze dépouilleurs et qui trouvait encore le temps d'aiguiser son couteau et de l'essayer sur ses victimes avant de les tuer, en leur crevant les yeux et en leur traversant le mufle. Cependant, montre en main, nous avons constaté que chacun de ces gens ne mettait qu'une moyenne de sept minutes et demie pour saigner, dépouiller et dépecer un cadavre.

Aussitôt que la jugulaire est ouverte, l'enlèvement de la peau commence, puis la tête est tranchée, les quatre membres enlevés, portés dans un endroit situé à proximité, où se trouvent, à $1^{m},50$ d'élévation, de petites poutres horizontales munies de crochets de fer auxquels sont pendus les quartiers de viande. Indépendamment des quatre membres, on enlève encore, de chaque côté de la poitrine, une pièce de muscles composée des pectoraux, du grand dentelé et de la plus

(1) *Estancias*, stations d'élevage.
(2) *Corrales*, enclos formés de piquets fichés en terre et reliés entre eux à leur sommet.

(1) *Desnucador*, nom donné au tueur.

grande partie des ilio-spinaux. Ces six pièces de viande sont destinées à être salées. Le dépouilleur sort encore les intestins de la cavité abdominable, puis, aidé d'un homme, il rejette la carcasse à quelque distance, sans plus s'en occuper. On lui amène un autre cadavre qu'il traitera de la même façon que le précédent.

Comme on peut le voir, le travail est nettement divisé; chacun a sa besogne tracée, et tous deviennent extrêmement habiles. Le spectateur est surpris de la perfection des résultats et surtout de la rapidité avec laquelle tout est exécuté.

Abandonnons pour un instant les débris qui jonchent le sol autour du dépouilleur, et transportons-nous devant les quartiers destinés à la salaison. Lorsqu'ils sont refroidis, un homme armé d'un grand couteau se place devant eux, et, sans les tenir, semble tracer, à leur surface, des dessins fantastiques. Il sépare les parties musculaires des os, et, pour arriver à ce but, il ne donne aucun coup de couteau au hasard; tout est calculé, son travail est rarement incomplet. Lorsque le nombre réglementaire de coups de couteau est donné à un membre, il passe à un autre. Les muscles sont encore adhérents par certains points aux parties osseuses, et ces adhérences suffisent peur maintenir la viande et l'empêcher de tomber sur le sol. Un second ouvrier tranche ces dernières attaches et porte la masse musculaire sur une longue table où travaillent d'autres découpeurs. Un troisième ouvrier traînant une brouette arrive enfin, détache les os complètement décharnés, mais encore solidement unis par les ligaments articulaires, les met dans sa brouette et, lorsque son chargement est complet, va les jeter dans la *tina* (grande cuve), où se fait la fusion du suif, après toutefois avoir enlevé les onglons et les tendons des régions inférieures, et avoir mis à part les fémurs et les tibias. Les premiers débris sont séchés et expédiés, ou employés sur place à la préparation de la colle; les derniers sont envoyés en Europe, où ils servent à la fabrication des objets en os.

Devant la grande table où ont été portées les masses musculaires, se trouvent de nombreux découpeurs, les *charqueadores* qui, au moyen de coups de couteau donnés horizontalement et bien combinés, changent la masse informe en une ou plusieurs larges bandelettes de 15 à 20 décimètres carrés de superficie et de 4 à 5 centimètres d'épaisseur. Ces bandes musculaires sont portées au saloir ou saladero proprement dit, jetées dans un bassin rempli de saumure où elles sont brossées et lavées, puis reprises, et enfin portées à quelques mètres. On les met en couches horizontales séparées les unes des autres par des lits de sel. Lorsque le monceau est suffisamment élevé (on lui donne jusqu'à deux et trois mètres de hauteur), il est recouvert de planches que l'on charge d'énormes pierres, et le tout est abandonné pendant un certain temps. Autour du monceau se trouvent des rigoles qui donnent écoulement à la saumure et la conduisent dans un endroit où on la recueille pour l'utiliser plus tard. La pression et la fusion du sel font notablement diminuer les amas de viande. Après diverses manipulations, ces bandes sont enfin exposées au soleil sur des traverses particulières nommées séchoirs, et lorsqu'elles sont privées totalement de leur humidité, racornies, grisâtres, on les expédie, sous le nom de *charque* et de *tasajo,* au Brésil et à Cuba, où elles servent à la nourriture des pauvres et des esclaves.

Revenons près des derniers débris du bœuf au dépeçage duquel nous avons assisté. La peau est jetée dans un bain de saumare concentrée où elle séjourne peu de temps, puis, lorsqu'on en a détaché la queue, elle est portée dans un hangar, étalée dans toute sa longueur, et recouverte de sel. Comme pour la viande, on en fait des couches de 1 mètre de hauteur. Ces dépouilles sont laissées dans le sol pendant quinze jours, après lesquels on les expédie en Europe. Dans les cales des navires qui les transportent, on en fait d'énormes piles qui sont, comme au saladero, composées de couches alternatives de cuir et de sel.

Le thorax et la tête dépourvue de ses cornes sont cassés à l'aide d'une hache, et les différents débris, chairs, os, cartilages, tout est porté à la tina au suif.

Les cornes sont empilées et abandonnées à l'air pendant quinze ou vingt jours, au bout desquels elles se séparent facilement de leurs chevilles osseuses qui sont expédiées en Europe pour servir à la fabrication de la gélatine. Les parties cornées, étendues sur le sol, sont desséchées, puis rentrées dans un magasin où elles attendent leur chargement.

Les intestins, débarrassés des débris alimentaires, sont lavés et portés dans les tinas.

Les queues sont dépouillées, puis séchées et vendues comme le reste.

Nous avons encore à nous occuper de la préparation du suif. L'endroit où se fait ce travail se nomme la *fabrica :* c'est une véritable usine. Sur un fourneau se trouve un générateur de vapeur, d'où partent des tuyaux de cuivre qui viennent s'ouvrir à la base et au milieu de deux, trois, quelquefois quatre tinas, ou cuves fermées, de 5 à 6 mètres de hauteur et de 3 à 4 de diamètre, et pouvant contenir de 200 à 300 bœufs. Dans les saladeros anciens, ces cuves sont construites en douves épaisses de sapin et cerclées de fer; dans ceux de construction récente, on les fait en métal. Les tuyaux de cuivre amènent dans les tinas des jets puissants de vapeur brûlante qui viennent agir sur les parties adipeuses et les fondre. Après quarante-huit heures de ce chauffage, les débris animaux ont abandonné leur graisse, qui s'est amassée dans une chambre grillée, ménagée à la partie inférieure à la cuve. Le contenu de la tina ne se compose plus alors que d'os blanchis et décharnés, de lambeaux musculaires cuits de couleur brunâtre. Lorsqu'on retire ces résidus on les fait passer, encore chauds, sous des pressoirs, et on exprime ainsi une sorte de bouillon gras, qu'on laisse refroidir pour recueillir le suif qui surnage et qui se solidifie. Quand le produit de la fusion a été purifié et desséché, on le met dans des barriques qu'on expédie en Europe. Les parties solides, désignées sous le nom de *carne cocida,* qui restent dans le pressoir, sont étendues à l'air pendant quelques jours, et lorsqu'elles sont suffisamment desséchées, on les met dans le fourneau, où elles servent de combustible. La dessiccation de cette viande bouillie est loin d'être complète; mais comme elle renferme encore une notable quantité de suif, elle brûle très bien en donnant une grande flamme. Les cendres sont expédiées en Europe, où on les utilise comme engrais.

Dans la description que nous venons de donner, nous n'avons parlé que de quatre cuves; mais ils sont bien peu importants les saladeros qui n'ont qu'un matériel si restreint, et ils sont bien peu nombreux. Ceux que nous avons visités en ont au moins huit, et parmi eux celui de Guaviyu, situé sur la rive gauche de l'Uruguay, entre Salto oriental et Paysandu, en possède seize. Le nombre des générateurs de vapeur est en relation avec le nombre des tinas.

Chaque jour, pendant la saison, ces usines expédient ainsi de 4 à 500 animaux, et la saison dure des premiers jours de décembre aux premiers jours de mai. Quelques saladeros très importants en tuent bien davantage. L'un d'eux, que nous avons visité et dont nous parlerons plus loin à propos de la préparation de l'extrait de viande de Liebig, le saladero de Fray-Bentos, n'a pas abattu moins de 85 000 têtes de bétail depuis le 15 décembre 1875 jusqu'au 25 mars 1876. Durant 59 jours consécutifs, le chiffre d'animaux tués du lever au coucher du soleil s'éleva à 1000; pendant le reste du temps, il varia de 600 à 900, et à l'époque où nous étions à Fray-Bentos, le 1er et le 2 avril 1876, l'usine devait encore demeurer en activité pendant quatre semaines au moins. Ainsi, dans l'exercice 1875-1876, on peut évaluer à 100 000 le nombre de bœufs ou de vaches qui furent tués dans cet immense abattoir.

Ce chiffre de 100 000 fut dépassé au saladero du Tuyu (province de Buenos-Ayres). Pendant l'année 1876-77, M. Pedro Luro opéra sur plus de 120 000 bœufs.

Le mode de procéder que nous venons d'exposer est celui qui est adopté par la plupart des saladeros. Plusieurs cependant ont apporté des modifications dans la préparation des viandes. Dans quelques-uns de ces abattoirs, situés aux environs de Montevideo, et dans un autre, établi à Bopicua, à trois lieues de Fray-Bentos, on s'occupe de la préparation des conserves par le procédé Appert. La viande, conservée dans des boîtes de fer-blanc, est expédiée en Europe, où elle est employée à l'alimentation des équipages et à la constitution des réserves des armées de terre. En général, les établissements qui utilisent ce procédé n'ont pas obtenu tous les résultats qu'ils espéraient.

Il y a enfin un établissement unique dans son genre, dont la réputation est universelle. C'est l'usine de Liebig, située sur la rive gauche de l'Uruguay, au sud du département de Paysandu, en face du confluent du Gualeguaychu, au village de Fray-Bentos. Les bâtiments qui en dépendent, très étendus, constituent à eux seuls une véritable ville. Le nombre des ouvriers employés est considérable. Une société anglo-allemande y exploite le procédé du célèbre chimiste de Giessen pour la préparation de l'extrait de viande. Les animaux y sont tués et dépouillés comme dans les autres saladeros; mais ce qui rend cet établissement original, c'est son installation grandiose et surtout le procédé employé pour traiter la viande. Les six sections que l'on réserve ordinairement aux salaisons sont désossées et privées, autant que possible, de leurs parties fibreuses. On les fait ensuite passer entre deux cylindres d'acier, munis de dents recourbées qui passent sans frottement les unes entre les autres. Ces deux cylindres, mus par la vapeur et tournant en sens inverse, s'emparent, à l'aide de leurs dents, des muscles, qu'ils réduisent en lambeaux déchiquetés. Ces lambeaux sont portés dans des chaudières rectangulaires de cuivre étamé à l'intérieur, dont les dimensions sont à peu près les suivantes : 2m,50 de longueur, 1 mètre de largeur et 1 mètre de profondeur. Sur cette dernière dimension, 25 centimètres environ sont occupés par un double fond, que des tubes de cuivre mettent en communication avec un générateur de vapeur. Le fond de la chaudière est pourvu d'une ouverture, continuée au dehors par un nouveau tube, qui servira à conduire le bouillon aux évaporateurs, lorsque ce liquide sera suffisamment préparé. Cette ouverture, que l'on peut fermer à volonté au moyen d'un robinet extérieur, est munie d'une grille en forme de demi-sphère qui fait saillie dans l'intérieur. Lorsque la chaudière renferme une quantité de viande déterminée, on y ajoute une certaine proportion d'eau froide, et on laisse venir la vapeur dans le double fond. La température du contenu s'élève lentement, sans jamais dépasser 75 à 80° centigrades. On maintient cette température pendant deux heures, puis, au bout de ce temps, on arrête le courant de vapeur et l'on fait écouler le bouillon. Les impuretés restent dans la chaudière avec la viande, que l'on retire ensuite pour la faire sécher au soleil et dans des étuves. Puis cette chair bouillie est écrasée en poudre fine par un moulin et expédiée en Europe, où l'on s'en sert pour nourrir les porcs ou pour former une sorte de guano artificiel. Le tube qui donne écoulement au bouillon amène ce liquide dans une nouvelle chaudière, semblable à la précédente, où on le débarrasse de toute sa graisse au moyen de plusieurs soutirages. Ensuite, à l'aide de conduits et de siphons particuliers, on le dirige dans de nouvelles chaudières, chauffées également par la vapeur à des degrés différents, suivant le point de condensation auquel est arrivé le contenu, et là, les parties aqueuses s'évaporent de plus en plus. Quand l'extrait est arrivé à un degré de siccité suffisant, on le fait passer, pour le refroidir, dans de nouveaux tubes libres au milieu de l'atmosphère, qui viennent le verser dans un bassin de 2 à 3 mètres de longueur sur 30 à 35 centimètres de largeur et de profondeur. Ce bassin est traversé dans toute sa longueur par un cylindre de fer muni de disques très rapprochés les uns des autres. Ce cylindre avec ses disques, à demi immergé dans le liquide, tourne constamment et prend, en plongeant, une partie de la chaleur de ce liquide, chaleur qu'il abandonne l'instant d'après à l'atmosphère. A l'extrémité de ce bassin long se trouve un prolongement en bec par lequel l'extrait coule dans des boîtes de fer-blanc qui peuvent contenir 50 kilogrammes de substance.

Toutes ces préparations ne demandent pas moins de vingt-quatre heures pour être menées à bonne fin; mais comme le liquide est toujours en mouvement, on est obligé de travailler jour et nuit.

Lors de notre visite à cette usine, nous avons trouvé dans le local où l'extrait était complètement préparé 83 boîtes renfermant chacune 50 kilogrammes d'extrait solide qu'on nous dit être le produit de deux jours. C'était un total de 4150 kilogrammes. On estime que toute la partie musculaire employée d'un bœuf ne fournit pas plus de 3 kilogrammes d'extrait. La quantité que nous avions devant nous représentait donc le produit de 1383 bœufs.

A l'époque de notre séjour dans l'Uruguay, la société Liebig passait dans le pays pour faire de très brillantes affaires et jouissait de beaucoup de crédit parmi les *estancieros*. Les administrateurs en profitaient pour ne payer le bœuf que 12 piastres fortes (62 fr. 40), tandis que les autres saladeros ne pouvaient s'en procurer à moins de 13 et 14.

L'usine Liebig utilise encore la graisse qu'elle retire du bouillon. Après l'avoir purifiée, on la met dans des boîtes de fer-blanc qui sont expédiées. Les habitants du pays s'en servent pour la préparation de leurs aliments.

Indépendamment des bœufs, les saladeros exploitent encore les moutons et les chevaux. Nous n'avons pas à nous occuper de ces derniers. Quant aux premiers, on les tue pour la peau et la graisse. Lorsqu'ils sont dépouillés, on les laisse refroidir, puis, après cinq ou six heures, on les jette entiers dans la tina au suif. Et chaque année, dans la Confédération argentine, dans la province de Buenos-Ayres, pourrait-on dire même, plus de 10 millions de bêtes ovines grasses sont ainsi traitées ! Que de richesses gaspillées !

Quel contraste avec ce qui existe en Europe, où la viande devient de plus en plus un aliment de luxe, où le malheureux qui cependant n'a d'autre capital que sa force musculaire, ne peut avoir de la nourriture qui donne la vigueur, où le soldat, à qui nous prenons les plus belles années de sa jeunesse, sa liberté et quelquefois sa vie, n'est nourri trop souvent qu'avec la viande de rebut provenant de bêtes étiques que les bouchers désignent sous le nom caractéristique de « troupières » !

II.

ESSAIS D'IMPORTATION EN FRANCE DES VIANDES FRAICHES DE L'AMÉRIQUE DU SUD PAR « LE FRIGORIFIQUE » ET « LE PARAGUAY ».

Quoiqu'il se fasse un commerce considérable de produits animaux entre la Plata et l'Europe et qu'on s'ingénie à tirer le plus de parti possible de ce que fournit l'industrie pastorale de ce premier pays, la plus grande quantité de la viande n'est pas employée. Les différents établissements qui se servent du procédé Appert de même que l'usine Liebig, n'en utilisent qu'une faible proportion, et encore ces substances alimentaires sont-elles aussi chères que les matières animales originaires de nos pays. On ne peut donc en faire usage que dans des circonstances spéciales tout à fait accidentelles. Elles ne résolvent pas le problème que les économistes se sont proposé : l'alimentation à bon marché. Le charque n'est importé chez nous qu'en très minime quantité; presque tout ce que la Confédération argentine et l'Uruguay produisent de cette matière est consommé par le Brésil et Cuba. Nous ne devons pas trop nous en plaindre, car c'est un aliment de mauvaise qualité et qui, si on en faisait un grand usage, aurait de funestes effets sur la santé publique.

Aucun des procédés connus ne donnant le résultat qu'on désirait obtenir, des chercheurs s'appliquèrent de tous côtés à en trouver d'autres plus favorables. Il y a quelques années la question de la conservation des viandes fut enfin résolue par un Français, M. Tellier, ingénieur, et propriétaire d'une usine frigorifique à Auteuil. Ce savant reconnut que, lorsque les matières animales sont abandonnées dans un milieu sec où la température est maintenue à 2 ou 3 degrés au-dessus de zéro, non seulement elles ne s'altèrent pas, mais encore elles acquièrent des propriétés imputrescibles très marquées. A la fin de 1873, il envoya la description de son procédé à l'Institut. On désigna une commission composée de trois membres, MM. Milne Edwards, Péligot et Bouley rapporteur, qui firent à l'usine frigorifique d'Auteuil de nombreuses expériences dont le résultat fut très satisfaisant. Le rapport fut lu à la séance du 5 octobre 1874, et imprimé dans le *Bulletin de l'Académie des sciences*. Précédemment, d'autres rapports favorables avaient été faits sur ce procédé au Conseil de salubrité de la Seine et à l'Académie de médecine (31 mars 1874) par M. Poggiale, et au Comité consultatif d'hygiène publique de la France par M. Bouley (28 septembre 1874).

Pour obtenir le froid, M. Tellier se sert de l'éther méthylique, corps gazeux qui se liquéfie lorsqu'on le soumet à une température de — 30 degrés ou à une pression de 7 à 8 atmosphères. Lorsqu'il est à l'état liquide, si on l'abandonne à l'air, il se volatilise en produisant un froid très intense.

Dans le but d'utiliser cette source de froid, M. Tellier inventa un appareil particulier qu'il nomma *Appareil frigorigène* et qu'il emploie depuis longtemps déjà à la préparation des carafes frappées.

Cet appareil frigorigène se compose :

« 1° D'un frigorifère construit comme une chaudière tubulaire, c'est-à-dire représentant une capacité parfaitement étanche, traversée par un grand nombre de tubes;

« 2° D'une pompe destinée à mettre en mouvement le liquide qui doit être refroidi en passant par les tubes du frigorifère;

« 3° D'un vaste réservoir où le liquide refroidi est versé, et d'où il se distribue dans toutes les directions où l'on veut produire l'action frigorifique;

« 4° D'une pompe à compression;

« 5° D'un condenseur dans lequel l'éther méthylique, qui s'est vaporisé dans le frigorifère, reprend l'état liquide sous une pression de 8 atmosphères. »

L'éther méthylique étant introduit dans le frigorifère se volatilise et refroidit considérablement les parois du vase qui le renferme. La vapeur est aspirée par la pompe à compression (4°) qui l'amène au condenseur (5°). Cette dernière partie est maintenue à la température ordinaire par un courant d'eau continu. Puis, du condenseur, le corps producteur du froid est versé, liquide, dans le frigorifère, où il se volatilise de nouveau. La même quantité circule donc constamment sans perte sensible à l'extérieur.

Une solution de chlorure de calcium, versée dans le grand réservoir (3°), est mise en mouvement par une pompe (2°) qui la fait passer d'abord dans les tubulures du frigorifère où elle se refroidit, puis dans des tubes qui la ramènent à son point de départ. Dans l'appareil frigorigène destiné à la conservation de la viande, le grand réservoir, disposé à peu près comme le frigorifère où se fait la volatilisation de l'éther, est traversé par des conduits dans lesquels on fait circuler de l'air. Ici encore, c'est toujours le même liquide qui est employé; il passe successivement par le réservoir, par le frigorifère où il se refroidit de nouveau, puis il revient au réservoir.

Enfin, au moyen d'un ventilateur, un courant d'air passe par les tubulures du réservoir à solution de chlorure de calcium, dont la température est d'environ —8 degrés. Cet air, en se refroidissant, abandonne contre les plaques de tôle qui constituent les parois des tubulures la plus grande portion de sa vapeur d'eau et, sans doute, une partie des germes qu'il tient en suspension. La vapeur se dépose sous forme de givre. Puis, relativement sec, ce gaz froid est amené dans des chambres dont il constitue l'atmosphère, où se trouve suspendue la viande à conserver. Ainsi, dans ces chambres froides, il existe un courant d'air continu produit par le ventilateur dont nous avons parlé plus haut. Le même air sert toujours. Pris dans le local où sont enfermées les viandes, il vient se refroidir dans le réservoir de solution calcique et retourne à son point de départ.

Il y a donc trois circulations : celle de l'éther méthylique, celle de la solution de chlorure de calcium et celle de l'air. En activant ou en ralentissant ces circulations, on obtient, dans les chambres à air, une température plus ou moins basse qui est accusée par des thermomètres particuliers que l'on peut consulter du dehors.

La commission nommée par l'Académie des sciences fit de nombreuses expériences, qui toutes donnèrent d'excellents résultats. Les substances que l'on mit dans la chambre à air froid furent des viandes de boucherie, des volailles, des pièces de gibier et des crustacés. Après un certain nombre de jours d'exposition, on remarqua que la viande était devenue brune à la surface et s'était un peu desséchée. Mais, si on enlevait une légère couche, les fibres musculaires reparaissaient avec leur teinte et leur consistance normales. Les graisses se desséchèrent aussi, mais ne rancirent pas. En un mot, la commission constata que la conservation était parfaite et que l'odeur des viandes demeurait « la même que celle qui leur est propre dans chaque espèce ». Pendant leur séjour dans l'air froid, elles perdent une partie de leur poids, par suite de la dessiccation qui s'opère à leur surface et aussi par l'évaporation des liquides venant des parties intérieures. M. Tellier évalue cette perte à 10 pour 100 pendant les trente premiers jours, puis l'évaporation devient de moins en moins forte; dans le deuxième mois, elle n'est plus que de 5 pour 100, et elle devient moindre encore dans la suite. D'après la commission, au bout de huit mois, la chair intérieure a encore assez d'humidité pour rester dépressible sous l'action des doigts. Cet état de sécheresse relative des surfaces constitue pour les viandes une condition de conservation ultérieure quand elles cessent d'être soumises à l'action du froid. Ces matières sont en quelque sorte entourées d'une cuirasse qui s'oppose à l'hydratation des germes et, par suite, à leur développement. Un gigot de mouton, mis au froid le 3 janvier 1874, en fut retiré le 4 avril et resta exposé à l'air, pendu à la fenêtre de la cuisine du rapporteur pendant les mois d'avril, mai et juin. Il ne fit que se dessécher davantage, mais il resta « exempt de toute putréfaction, malgré les fortes chaleurs de la saison ».

Au point de vue de la putrescibilité, la durée de la conservation de la viande dans la chambre froide peut être considérée comme indéfinie; il n'en est pas de même au point de vue de la comestibilité. « Dans les quarante à quarante-cinq premiers jours, les viandes de boucherie conservées par le froid retiennent complètement leurs qualités comestibles. Il est même vrai de dire qu'elles s'améliorent pendant la première semaine, en ce sens que, tout en conservant leur arome, elles acquièrent plus de tendreté et sont par cela même plus digestibles. A part cette différence tout à leur avantage, elles sont pendant ce premier laps de temps tellement semblables aux viandes fraîches, qu'il n'est pas possible de les en distinguer. » La tendreté s'exagère graduellement; à la fin du deuxième mois, lorsqu'on goûte ces substances, le palais éprouve une sensation qui rappelle l'idée d'une matière grasse.

Pendant les expériences d'Auteuil, on a constaté que, pour que les viandes se conservent bien, il ne faut pas qu'elles soient gelées. Autrement, lorsqu'on les retire de la chambre froide, elles se corrompent très vite. La température la plus favorable qu'on doit s'attacher à obtenir constamment est celle de + 2 à + 3°. Accidentellement elle peut s'élever sans beaucoup de risques. Ainsi pendant les expériences, en juin 1874, trois fois, par suite de circonstances indépendantes de la volonté des expérimentateurs, le thermomètre monta à + 8° dans la chambre froide. « Une fois même l'action frigorifique a dû être suspendue pendant trente-six heures, et malgré cela la conservation des viandes exposées n'a pas été compromise. » Plusieurs fois des pièces de gibier avancées furent soumises à l'action du froid, et la putréfaction s'arrêta.

Ces expériences d'Auteuil se sont faites de novembre 1873 au 7 juillet 1874, et la haute température n'a pas influé sur les résultats (1).

Lorsque l'Académie des sciences eut reconnu l'excellence de ce procédé, la spéculation s'en empara et une société, au capital de 600 000 francs, fut fondée pour appliquer à la conservation des viandes de la Plata et à l'importation de ces substances en Europe. Mais l'appareil frigorigène, qui fonctionnait si bien à Auteuil, pourrait-il être installé convenablement sur un navire? Les sources du froid ne seraient-elles pas contrariées pendant la traversée par un long séjour entre les tropiques? L'expérience seule pouvait faire cesser toutes les craintes. Malgré cette inconnue, les actions furent placées en partie. Alors, à notre avis, les administrateurs de la société firent une grande faute. Pour faire cette expérience, au lieu de se servir d'un des nombreux navires qui voyagent entre la France et l'Amérique du Sud, expérience qui se serait faite dans d'excellentes conditions de rapidité et de bon marché, on eut la malheureuse idée d'acheter un bâtiment spécial. On oublia, dès le premier pas, que lorsqu'on tente une entreprise commerciale ou industrielle, quelques capitaux que l'on ait à sa disposition, on doit être très économe, faire le moins de frais possible tout en ne négligeant rien, et mettre de son côté le plus de chances favorables. Avec les 200 000 francs qui furent consacrés à l'achat d'un navire, on ne put obtenir qu'un vieux bâtiment, tenant mal la mer, sans rapidité. Les chambres froides furent construites, les appareils installés à bord, et enfin, au milieu du bruit que faisait cette tentative, au mois de septembre 1876, le départ pour la Plata eût lieu de Rouen. Le navire *le Frigorifique* avait à bord un chargement de viandes fraîches. Le ministre de la guerre avait délégué un officier d'état-major pour faire partie de l'expédition, afin d'étudier la valeur du procédé et les avantages qu'il pouvait présenter pour l'alimentation de l'armée. La navigation fut longue et difficile; le bâtiment, peu solide, avait à chaque instant besoin de réparations; de nombreuses et longues relâches furent nécessaires. Arrêt sur les côtes de France, à Brest, pour réparations urgentes, après quelques heures seulement de séjour en mer! Arrêt sur les côtes de Portugal, sur celles d'Afrique, du Brésil! arrêts partout! Enfin, après une navigation de plus de cent jours, le malencontreux navire vint jeter l'ancre dans le Rio de la Plata, à quelques lieues en face de Buenos Ayres, où on l'attendait depuis longtemps avec la plus vive impatience. A son arrivée, l'émotion fut grande : on ne comptait plus sur lui. Cependant on paraissait satisfait à bord; l'expérience, malgré sa longue durée, avait réussi. La viande était dans un bon état de conservation. Puis le malheureux navire, si fêté à son départ de Rouen, complètement incapable de tenir de nouveau la mer, était dirigé vers le port de Campana, situé

(1) Ces renseignements sont empruntés au rapport de M. Bouley, et les phrases placées entre guillemets sont tirées de ce même travail.

à quelques lieues de Buenos Ayres, où il restait en réparation pendant de longs mois. Enfin, le 12 août 1877, tant bien que mal et chargé de viandes fraîches, l'esquif infortuné, après avoir été le jouet des vents et des flots, rentrait dans le port de Rouen, après une absence de près de onze mois. Il y avait plus de cent jours qu'il avait quitté les rives de la Plata.

Lorsque le chargement entra dans le port de Rouen, les autorités de la ville furent invitées à assister à l'ouverture des cales à froid, et on put constater que les viandes étaient en parfait état de conservation. Cependant il y avait cent cinquante jours qu'elles y étaient enfermées ! L'expérience avait donc réussi, et on peut dire que le succès avait été obtenu malgré les expérimentateurs. Une partie de la cargaison fut vendue à Rouen, le reste à Paris. Pendant plusieurs jours, les amateurs parisiens firent queue à la porte de la maison où cette viande était débitée à des prix relativement bas. La première qualité et le filet étaient cotés à 1 fr. 40 le kilogramme, la deuxième à 60 centimes, et la basse viande à 40 centimes, soit une différence en moins de près de 50 pour 100 sur le prix de la viande française.

Ces matières exposées en vente revenaient à la compagnie à un prix bien supérieur à celui des produits indigènes : aussi le résultat de cette première importation fut un désastre complet.

Malgré tout le tapage qu'on fit autour de cette malheureuse affaire, les nouveaux capitaux auxquels on faisait appel pour remplacer ceux qui déjà étaient engloutis ne se présentèrent pas, et après une longue attente qui fut une longue agonie, on se vit obligé d'en arriver à la liquidation que le président de la société proposait dès le 25 février 1878.

Ainsi cette entreprise qui avait tant de chances de réussite, qui répondait à un besoin immense, échoua misérablement par suite des fausses combinaisons de ceux qui s'étaient mis à sa tête. Pour nous, il est certain que cet essai sera renouvelé dans un avenir prochain. Nous faisons des vœux pour que des hommes plus pratiques veuillent bien le diriger cette fois, et que, suivant l'exemple des Anglais qui se servent avec succès pour le transport des viandes des États-Unis des lignes de steamers établies, ils renoncent à avoir une flotille à eux.

Après le retour du *Frigorifique,* une autre société, la Compagnie Jullien se fonda, dans le même but, à Marseille. Comme son aînée, elle dédaigna les lignes existantes. Un navire, le *Paraguay,* fut dirigé sur la Plata; après une traversée rapide, il revenait en Europe chargé de viandes fraîches, lorsque, à la fin de mars 1878, croyons-nous, au moment où il allait entrer dans les eaux européennes, il subit un abordage en pleine mer. Les avaries furent tellement considérables qu'il ne put qu'à grand'peine gagner le port le plus voisin, où il resta longtemps en réparation. Ce ne fut que dans les derniers jours d'avril ou au commencement de mai qu'il put débarquer au Havre son chargement composé de mouton. Le débit s'en fit rapidement au prix de 1 fr. 40 à 1 fr. 50 le kilogramme. Ces viandes, desséchées, dures comme du bois, furent trouvées très bonnes. Plusieurs commerçants havrais qui en avaient fait usage nous affirmèrent qu'elles avaient conservé toute leur fraîcheur et qu'elles étaient comparables à celles des meilleurs moutons de Normandie. Depuis, cet essai n'a pas été renouvelé.

Sur ce bâtiment, les viandes étaient aussi conservées par le froid, mais le procédé différait de celui de M. Tellier. Il nous a été impossible d'en prendre connaissance.

Lors de l'arrivée de la viande américaine à Paris, des journaux spéciaux publièrent des appréciations sur la qualité de cette substance alimentaire. En général, elle fut trouvée assez médiocre, et cela n'avait rien de surprenant. Les expérimentateurs d'Auteuil avaient constaté qu'après les 50 premiers jours, les matières perdaient de leurs caractères de bons comestibles; celles qu'on exposait en vente étaient restées soumises au froid pendant plus de 100 jours. Les morceaux, noirs à l'extérieur, présentaient une belle couleur rosée à l'intérieur. Le rédacteur de la Causerie scientifique du *Recueil de médecine vétérinaire,* M. Benjamin, qui avait goûté cette viande, lui trouva une saveur particulière de fauve qu'il attribua à la manière de vivre du bétail pampasien. Cette saveur particulière était certainement accidentelle, car la viande tout à fait fraîche, c'est-à-dire provenant d'un animal tué le jour même ou la veille, ne l'a pas. Pendant plus de six mois nous nous en sommes nourri exclusivement, et lorsque nous avons passé brusquement de cette chair récemment tuée à celle d'animaux provenant des îles Canaries, nous n'avons remarqué absolument aucune différence.

Après les expériences d'Auteuil et la fondation de la Société Frigorifique, certains agronomes s'émurent et proclamèrent partout que l'agriculture française était perdue si le gouvernement ne prenait immédiatement des mesures protectrices efficaces. Ils étaient dans l'erreur : l'importation des viandes de l'Amérique du Sud ne peut faire aucun tort aux éleveurs français. C'est l'opinion de M. Hervé-Mangon, c'est celle qu'a émise M. Julien de Felcourt à la Société des agriculteurs de France, en juin 1878, et c'est l'opinion que nous avons soutenue dès le mois de janvier de la même année dans une société scientifique de province, la Société vétérinaire de la Marne. Voici ce que nous disions à cette époque :

« La Confédération argentine est à près de 3000 lieues de notre port le plus rapproché, et nos navires les plus rapides, ceux des Messageries maritimes, ne mettent pas moins de 25 jours, en moyenne, pour aller de Bordeaux à Buenos-Ayres. Il est probable que, si bien construits qu'ils soient, les bâtiments de la Société frigorifique, qui n'auront pas l'indemnité de 100 000 francs que l'État accorde aux Messageries à chaque voyage, mettront de 30 à 35 jours pour faire cette traversée, comme les navires des Compagnies des Chargeurs réunis du Havre, ou des Transports de Marseille, ce qui ne permettra pas au bateau, avec le temps perdu à l'embarquement, au débarquement, et celui employé aux réparations, de faire le voyage en moins de trois mois. Le même bâtiment, en supposant qu'il ne lui arrive aucun accident pendant sa navigation, ne pourra faire plus de quatre voyages par an. Si l'on veut avoir un arrivage tous les quinze jours, il faudra donc que la société entretienne une véritable flotille composée, au bas mot, de six navires parfaitement équipés. Chacun d'eux, en supposant qu'il ait les dimensions de nos plus grands transatlantiques, jaugera 6000 tonneaux, et pourra consacrer les deux cinquièmes de sa capacité ou environ 2500 mètres cubes au transport des marchandises. Mais dans les chambres à air froid, comme nous le verrons plus tard, les quartiers de viande devront être séparés les uns des autres par des espaces qui permettront à l'air de circuler. Supposons qu'un peu moins de la moitié soit perdu de ce chef (les navires anglais qui importent les viandes des États-

Unis perdent à peu près les trois quarts), et qu'on puisse mettre à bord 1500 tonnes de viande. Pour les 24 voyages on aura donc 36 000 tonnes ou 36 millions de kilogrammes. Cette énorme quantité, répartie sur les 36 millions de Français, augmentera leur ration moyenne de *un kilogramme*. C'est, comme on le voit, un bien mince résultat, et les éleveurs français auraient bien tort de tant s'épouvanter. Mais les sociétés se multiplieront, le nombre de bateaux importateurs deviendra considérable, nous diront les agriculteurs. Hélas! non. Il se pourra que des armateurs du Havre, de Bordeaux, de Marseille, équipent un certain nombre de bâtiments; ce nombre sera toujours très restreint. Le chargement de retour sera assuré, mais le frêt de l'aller ne le sera pas, et si un trop grand nombre de navires étaient armés pour la même destination, beaucoup seraient obligés de partir sur lest, circonstance qui augmenterait considérablement le prix de revient de la viande. Ainsi, on le voit, le résultat de cette entreprise ou d'entreprises analogues sera très borné. Il ne méritait pas le bruit qu'on a fait autour de lui.

« Et puis, si parfaits que soient les procédés de conservation, les substances importées ne seront que de deuxième ou de troisième qualité. Les pauvres seuls s'en serviront, c'est-à-dire ceux qui, aujourd'hui, ne se nourrissent que de végétaux. Les viandes indigènes resteront les aliments de luxe comme actuellement; ceux qui peuvent les payer maintenant ne feront pas usage des viandes conservées. »

Les spéculateurs qui reprendront la succession du *Frigorifique* rencontreront des difficultés auxquelles leurs prédécesseurs n'ont peut-être pas songé. Le mode d'amener les bœufs des estancias au saladero, les préliminaires de l'abatage ont une action très grande sur les parties musculaires des animaux. Nous retrouvons dans nos notes les réflexions suivantes :

« La question du transport en France et celle du débit sont des points acquis, mais il y aura une grande difficulté pour le chargement. Il faudra modifier la manière de tuer les animaux, c'est-à-dire bouleverser l'industrie actuelle des saladeros. Les bœufs amenés des champs à l'abattoir doivent marcher pendant plusieurs jours sans boire ni manger ou à peu près. Habitués à la liberté la plus complète, on est obligé de les maîtriser, de les forcer à obéir, chose qu'ils font inconsciemment, dominés qu'ils sont par la peur. Lorsqu'ils sont rendus au lieu où on doit les tuer, ils attendent encore la mort pendant près d'un jour sans prendre de nourriture, puis les manœuvres auxquelles ils sont soumis dans le brette, pour les amener à l'endroit où on leur donne le coup de couteau final, les remplit de terreur. Lorsqu'on les abat, ils sont dans un état de véritable folie furieuse qui influe beaucoup sur les qualités de leur chair. En terme de boucherie, leur viande est fiévreuse, elle ressemble à celle d'un animal sauvage qui a été forcé. Pour obvier à ce grand inconvénient, on sera peut-être obligé d'établir, près des saladeros, des pâturages immenses dans lesquels les animaux se rétabliront des fatigues de la marche qu'on leur aura imposée et où ils séjourneront pendant de longues semaines; on devra changer le mode d'abatage, supprimer la promenade sans fin dans le brette qui conduit le bœuf jusqu'au desnucador, supprimer peut-être aussi le lazo et le coup de couteau donné entre l'atlas et l'occipital. Des estancieros avec qui nous nous sommes entretenu vont jusqu'à penser que la mort devra surprendre l'animal afin qu'il ne ressente aucune émotion. Ces précautions, sans doute exagérées, feront sourire les Européens; nous avons pu nous convaincre cependant que quelques-unes seraient sages. Les bœufs du Campo sont si impressionnables et ils redoutent tant l'homme qui les tyrannise constamment! Le plus simple, à notre avis, serait de modifier le mode d'élevage, de brutaliser moins les bestiaux, de les accoutumer à la présence de l'homme. »

Mais, si élémentaires que soient les précautions à prendre, nous craignons bien que pendant de longues années encore les importateurs ne doivent se contenter de faire leurs chargement avec de la viande fiévreuse, à moins cependant qu'ils n'utilisent les moutons. Les dix millions de sujets gras qu'on tue chaque année sur la rive droite du Rio de la Plata ne pourront même pas être employés totalement. Ces animaux, moins impressionnables que les bœufs, sont aussi calmes que les nôtres. Réunis en troupeaux de 2000 à 2500, ils sont constamment sous la garde du berger qui, chaque soir, les rentre au corral. Ils ne s'attachent pas, comme le bœuf, à leur pâturage, et les voyages n'influent que fort peu sur leur imagination bornée. Dans les immenses prairies du Campo, les moutons sont restés les mêmes; ils sont toujours aussi peu intelligents que leurs ancêtres européens.

III.

IMPORTATION DE VIANDES FRAICHES DE L'AMÉRIQUE DU NORD.

Depuis 1875, les États-Unis et le Canada envoient en Angleterre des viandes fraîches conservées par le froid.

La plus grande partie, les neuf dixièmes au moins des bestiaux amenés à New-York par le chemin de fer, sont fournis par quatre États : Kentucky, Illinois, Ohio et Indiana. Au printemps, les bestiaux élevés à l'étable dans le Haut-Canada fournissent aussi leur appoint. Ces animaux sont abattus et préparés avec un soin extrême. D'après M. Viennot, qui nous donne ces indications, les quartiers sont immédiatement portés dans une chambre froide où ils attendent leur embarquement.

M. Hervé-Mangon, dans une note lue à la Société d'encouragement, prétend, au contraire, que ces quartiers sont abandonnés pendant quatre heures afin de leur permettre de se refroidir lentement, et ce n'est seulement qu'après ce laps de temps que la viande est soumise à l'action de l'air froid. Lorsque le jour de l'embarquement est arrivé, les pièces de bœufs sont enroulées dans d'épaisses toiles, portées dans des compartiments spéciaux de la cale du navire où on les suspend à des crochets. On les dispose de façon qu'elles ne soient pas en contact entre elles, et que, dans les mouvements du bâtiment, elles ne viennent pas frapper les unes contre les autres. Les chambres où sont enfermées les viandes communiquent avec une pièce remplie de glace dans laquelle vient se refroidir un courant d'air produit par des ventilateurs. Cet air passe dans les chambres, circule autour des quartiers de viande, et sort ensuite aspiré par un ventilateur; un tube volumineux le ramène dans la glacière où il est refroidi de nouveau, et de nouveau distribué. Des thermomètres situés dans les différentes parties de l'appareil indiquent le degré de température que l'on règle à volonté soit en ralentissant, soit en activant l'action du ventilateur. La température doit invariablement demeurer entre +2 et +4 degrés; jamais elle ne doit descendre à 0 degré, autrement les parties musculaires subissant un commencement de congélation ne pourraient plus être conservées. L'air qui circule n'est desséché par aucune substance hygrométrique. Il se refroidit en passant sur la glace et abandonne ainsi une partie de sa vapeur d'eau qui se condense. Ce gaz devient donc relativement sec par rapport à la viande et enlève à ce corps une certaine quantité de son humidité.

A l'arrivée, les chambres sont ouvertes, et la viande, toujours enveloppée dans sa toile, est portée dans des wagons spéciaux, refroidis par un procédé particulier, qui la conduisent dans les grands centres, à Londres notamment. Lorsque la température a été bien soutenue pendant la traversée, on constate que la viande ainsi conservée a acquis une sorte d'imputrescibilité, qu'elle est loin de se gâter aussi vite que la viande fraîche indigène qui n'a pas été soumise à l'action du froid.

Les frais de transport ne sont pas considérables. D'après M. Hervé-Mangon, la Compagnie des paquebots fait payer aux importateurs (les commerçants anglais ont eu la sagesse de faire usage des lignes existantes) de 31 fr. 25 à 37 fr. 50 pour chaque capacité de 40 pieds cubes, ou 1 mètre cube, 135 décimètres cubes, qui peuvent contenir de 330 à 340 kilogrammes de viande. Le transport d'un kilogramme de New-York ou Philadelphie à Liverpool ou Glasgow revient donc, en chiffres ronds, à 10 centimes, ce qui ne fait guère que de 35 à 40 francs pour un bœuf, tandis que le transport de l'animal vivant coûterait, avec les frais de nourriture, de 210 à 220 francs. On évalue encore les frais de voyage du lieu d'élevage au point d'embarquement à 10 centimes par kilogramme, déduction faite de la valeur des abats.

Cette viande se vend en Angleterre 6 pence 1/2 (0 fr. 65) la livre anglaise, en gros (environ 1 fr. 40 le kilogramme), et de 7 à 13 pence (de 0 fr. 70 à 1 fr. 30), au détail.

La quantité de viande fraîche importée de l'Amérique du Nord en Angleterre a augmenté dans une proportion considérable depuis 1875. D'après des chiffres officiels, publiés par la Société royale d'Angleterre, l'importation pour le mois d'octobre 1875, époque du début, a été de 16 322 kilogrammes, et pour le dernier trimestre de la même année, de 94 000 kilogrammes. Pour 1876, elle a été de 8 994 000 kilogrammes, et enfin, dans les quatre premiers mois de 1877, elle s'est élevée à plus de 10 millions de kilogrammes.

M. Hervé-Mangon, qui rapporte ces chiffres, ajoute que, d'après des renseignements personnels, d'autres ports américains ont expédié environ 10 millions de kilogrammes, ce qui porte la quantité totale de viande fraîche importée des États-Unis en Angleterre à 30 millions de kilogrammes pour les dix-neuf premiers mois.

Dans le *Journal de l'agriculture*, M. Barral dit que pour l'année 1877, d'après les états de douane, la quantité de viande fraîche ou légèrement salée importée dans les Iles-Britanniques s'est élevée à 23 731 564 kilogrammes, dont la presque totalité venait des États-Unis.

Les viandes de l'Amérique du Nord ont aussi fait leur apparition sur le marché français; elles seraient importées, d'après ce qu'on nous a affirmé, car nous n'avons pu, à notre grand regret, nous procurer de renseignements exacts à ce sujet, par la Compagnie transatlantique du Havre, qui aurait fait établir des chambres froides à bord de plusieurs de ses bâtiments. Nous espérons que l'on ne s'arrêtera pas à cet essai, et que les lignes de steamers établies entre notre pays et les États-Unis et la Plata suivront cet exemple.

Les viandes de l'Amérique du Nord feront-elles tort, dans l'avenir, à nos éleveurs français? Ces importations sont-elles à redouter comme celle des blés américains? Nous ne le pensons pas. Le nombre des navires à vapeur qui, seuls, peuvent nous les amener, sera toujours limité, et chacun ne pourra leur consacrer qu'une faible partie de son tonnage. De plus, les viandes conservées ne vaudront jamais nos produits indigènes.

En présence des remarquables résultats donnés par la glace, les Anglais songent à adopter un système de wagons froids qui amèneraient chez eux les viandes de Hongrie, de Roumanie et des autres pays auxquels ils demandent aujourd'hui des animaux vivants, et déjà ces wagons fonctionnent sur plusieurs lignes européennes.

De cette façon, ils n'auraient plus à craindre d'introduire chez eux ces épizooties dont ils ont eu tant à souffrir il y a peu de temps encore. Nous ne savons ce que l'avenir réserve à ces projets. Les résultats obtenus n'ont-ils pas produit dans l'esprit de nos voisins un engouement passager en faveur du procédé de conservation des viandes par le froid? Reviendront-ils à l'opinion qu'émettait M. Sanson dans la séance du 12 mai 1870 de la Société centrale de médecine vétérinaire, lorsqu'il disait « préférer le système de l'importation du bétail sur pied à celui de la préparation des viandes sur place », que « le problème de conserver la saveur de la viande était insoluble » et que « jamais la viande venant d'animaux tués récemment ne serait comparée à celle préparée d'une façon ou d'une autre ».

Il nous importe peu que la viande amenée des pays lointains soit de première qualité; nous ne sommes pas si exigeants. Nous demandons seulement aux procédés employés de nous permettre d'introduire chez nous une partie, la plus grande possible, des immenses ressources, aujourd'hui gaspillées, de certaines contrées, pour les faire servir à l'alimentation de nos classes pauvres qui, maintenant, ne font usage que d'aliments végétaux. Nous ne demandons pas à ces conserves qu'elles satisfassent le palais et procurent des jouissances sensuelles à ceux qui en mangeront, mais qu'elles apaisent leur faim et leur donnent la force de travailler; nous leur demandons qu'elles nous procurent une population robuste et pleine de santé.

Jules Callot.

REVUE ZOOLOGIQUE.

Les fourmis à bord des navires.

A M. LE DIRECTEUR DE LA « REVUE SCIENTIFIQUE ».

Cherbourg, le 13 août 1879.

Monsieur,

Le numéro du 19 juillet 1879 de la *Revue scientifique* contient une analyse très complète des travaux de sir John Lubbock sur les mœurs des fourmis. Venir après ce savant si éminent, c'est certainement de l'outrecuidance; cependant peut-être lirait-on avec intérêt quelques remarques sur les faits et gestes des fourmis à bord des navires, où il y en a souvent (trop souvent même!) en grand nombre.

Au bout de quelque temps un vaisseau devient un petit

monde habité par d'autres êtres que des hommes, donnant lieu à des remarques intéressantes comme on peut s'en convaincre par la lecture des quelques pages que M. Moseley a consacrées à la « zoologie et à la botanique du navire », dans l'ouvrage qu'il vient de publier récemment sur l'expédition scientifique du *Challenger* dont il faisait partie, ouvrage dont la *Revue scientifique* a pareillement donné l'analyse de la manière la plus complète (1).

Les bâtiments qui séjournent dans les contrées tropicales surtout sont, au bout de peu de temps, habités par une foule d'animaux dont la présence n'est pas un des moindres ennuis des navigateurs. En dépit de toutes les précautions, les araignées, les charançons, les mites, les scolopendres (vulgairement *cent-pieds*), les cancrelas surtout, envahissent le navire, heureux encore quand les punaises ne viennent pas s'y joindre! Je laisse de côté les moustiques et les mouches communes parce que ces insectes, vraie plaie d'Égypte sur certaines rades, disparaissent le plus souvent quelques jours après qu'on a pris la mer, avec de la brise. Les araignées sont ordinairement inoffensives, mais il n'en est pas de même des autres. J'ai vu, dans le Pacifique, sur un bâtiment de guerre, près de 16 000 kilogr. de biscuit réduits en poussière par les charançons : c'était une valeur d'environ 20 000 francs perdue, sans compter les inconvénients qui pouvaient résulter du vide ainsi causé dans l'approvisionnement du navire pendant une croisière de guerre, et d'autres encore dont l'exposé demanderait de longs détails techniques. Les cent-pieds ne sortant guère du fond de cale, il arrive très rarement des accidents par leur fait. Bien peu de choses sont à l'abri des cancrelas : les matières grasses, les cuirs, les vêtements, les substances alimentaires, etc., sont les objets incessants de leurs attaques, et s'ils ne causent pas des dégâts aussi considérables que ceux que je citais tout à l'heure au compte des charançons, l'odeur nauséabonde qu'ils laissent après eux cause un profond dégoût. Le tabac, ce consolateur du marin pendant les longues veilles, est presque *infumable* quand un cancrelas a passé dessus. Ces hideuses bêtes attaquent la plante des pieds des dormeurs, et, ce qui est bien plus désagréable, la peau des lèvres, surtout quand on ne s'est pas bien essuyé après avoir bu de l'eau sucrée. Les femelles déposent de préférence leurs œufs sur les vêtements de drap, et, à l'endroit où ils restent accrochés au poil, il se fait un trou.

Je ne saurais dire à quelles espèces appartiennent les fourmis qu'on voit souvent en grand nombre sur les navires; sans doute qu'elles sont différentes suivant les parages où l'on se trouve. Les fourmis qui m'ont toujours paru les plus communes à bord sont de couleur brun jaune, très petites, plus petites que nos fourmis noires si communes. Les jointures des pièces de bois, que la fatigue produite par les mouvements du bâtiment a fait entre-bâiller, leur offrent des retraites; il arrive très souvent aussi que voulant mettre un vêtement soigneusement plié et ramassé depuis quelque temps, on y trouve installée une population de fourmis, au détriment dudit habit bien entendu. Les fruits et le sucre subissent de leur part de rudes attaques, mais on garantit à peu près les sucriers, et de même les autres vases, en entourant l'ouverture avec une petite corde entourée d'huile de coco. Pour préserver les fruits, il faut les suspendre et tracer autour du point de suspension un cercle avec de la craie. Les fourmis ne franchissent pas ces deux obstacles : est-ce parce qu'elles glissent sur la craie ou sur l'huile? L'odeur de l'huile de coco les écarte-t-elle? Je me contente de relater ces faits, sans chercher à les expliquer, d'autant plus que ces remèdes ne m'ont pas semblé aussi efficaces que le disent beaucoup de navigateurs pour lesquels ils sont un article de foi.

Sur le navire où les charançons avaient dévoré notre biscuit, nous étions infestés de cancrelas (*Blatta americana, L.*?) en général de 5, et parfois de 6 centimètres de long. C'était une bonne aubaine pour une fourmilière établie dans le *carré* des officiers, dans un trou qui débouchait sous le plafond au haut d'une cloison verticale, quand quelques-uns de ses membres, dans leur course, rencontraient par terre le cadavre d'un cancrelas écrasé par l'un de nous. On s'empressait d'aller annoncer l'heureuse nouvelle, et aussitôt une troupe nombreuse descendait le long d'une cloison et traînait le cadavre au bas de celle-ci. Mais il fallait lui faire franchir une hauteur de plus de deux mètres de long d'une muraille à pic où des moulures et des cordons saillants étaient de grands obstacles : les fourmis les tournaient en partie en faisant monter leur prise à grand renfort de poussées le long d'un pilastre à surface unie. Seulement une sorte de chapiteau saillant de quelques centimètres au haut du pilastre était cause que le cancrelas, culbutant le plus souvent, tombait par terre, entraînant dans sa chute les travailleurs les plus acharnés. Des courriers expédiés à l'habitation ramenaient des renforts; on se remettait à l'œuvre avec une ardeur nouvelle pour éprouver presque toujours une nouvelle déception. Il fallait souvent recommencer plus de quarante fois de suite pour faire franchir le maudit chapiteau à la pièce de gibier. Une fois là il était facile de la traîner jusqu'au trou, sur le rebord de la corniche. Si jamais la patience, la ténacité, et, dirai-je même, l'intelligence des fourmis ont acquis le droit d'être proverbiales, il me semble que c'est dans cette circonstance.

H. JOUAN.

(1) *Un naturaliste à la mer*, le voyage du *Challenger*, d'après M. Moseley, par M. C. Viguier; *Revue scientifique*, 3 mai 1879.

BULLETIN DES SOCIÉTÉS SAVANTES

Académie des sciences de Paris. — 18 AOUT 1879.

M. Berthelot : Réponse à M. Wurtz au sujet de l'hydrate de chloral. — MM. Vulpian et Journiac : Effets de la faradisation sur la caisse du tympan chez le lapin. — M. Mabègue : Les irrigations et le sulfure de carbone. — M. Bouquet de la Grye : Les ondes atmosphériques. — M. F.-A. Forel : Scintillation des flammes du gaz d'éclairage. — M. E. Bourgoin : Élimination du brome de l'acide bromocitraconique. — M. P. Clève : Note sur le scandium. — M. Maumené : Les acides oxygénés du soufre.

M. *Berthelot* fait quelques observations sur la réponse de M. Wurtz, relative à l'hydrate de chloral. Pour M. Berthelot, que l'hydrate de chloral se forme ou non dans l'état gazeux, c'est une question que les expériences récentes de M. Wurtz sont incapables de résoudre. M. Berthelot ne croit pas devoir revenir, puisque M. Wurtz a reconnu l'exactitude de ses observations, sur l'absence de combinaison immédiate entre la vapeur du chloral anhydre et l'eau, au contact de laquelle il se condense sur une large surface et à une température de 97°; absence de combinaison qui, dit l'auteur, contraste avec la condensation immédiate de la vapeur d'hydrate de chloral dans l'état de composé subsistant, c'est-à-dire tout formé à l'avance, au contact de la même surface d'eau et à la même température.

— MM. *Vulpian* et *Journiac* font une communication sur les phénomènes d'excitation sécrétoire qui se manifestent, chez le lapin, sous l'influence de la faradisation de la caisse du tympan. Le plus curieux de ces phénomènes est certainement l'effet produit par la faradisation de la caisse du tympan sur les glandes en relation avec l'œil. Quelques instants après le début de cette excitation chez un lapin curarisé et soumis à la respiration artificielle, l'œil du côté correspondant se couvre d'une certaine quantité de fluide lacrymal, puis on voit sourdre dans l'angle interne de l'œil un liquide aussi blanc que du lait; ce liquide se répand sur la partie interne du bord de la paupière inférieure, si l'animal a la tête mise dans l'attitude normale. Chaque fois que l'on renouvelle l'excitation faradique de la caisse du tympan, l'écoulement de ce liquide recommence.

Le liquide en question doit son apparence laiteuse à sa constitution histologique : il est formé d'un liquide limpide, incolore, tenant en suspension d'innombrables gouttelettes de graisse transparentes, à bord réfringent. Beaucoup de ces gouttelettes ont à peu près le volume des globules de beurre dans le lait; les autres, nombreuses aussi, sont beaucoup plus petites.

Ce liquide lactescent provient de la glande de Harder par un canal qui s'ouvre, comme on le sait, à la partie interne et inférieure de la face postérieure de la membrane clignotante, au fond d'un cul-de-sac constitué par un repli de la conjonctive.

L'écoulement de ce liquide, qui a lieu au moment de la faradisation de la caisse du tympan, ne paraît pas pouvoir être attribué à une rétraction du globe oculaire et à une pression de la glande contre le fond de l'orbite, car on ne voit pas l'œil s'enfoncer dans l'orbite à ce moment; pourtant de nouvelles recherches sont nécessaires pour arriver à savoir s'il s'agit exclusivement, dans ce cas, d'un phénomène d'excitation d'éléments nerveux sécréteurs en rapport avec la caisse du tympan, ou si une pression de la glande intervient à un degré quelconque.

— M. *V. Mabègue* adresse un mémoire sur les irrigations et le sulfure de carbone. On sait, dit l'auteur, que si le sulfure de carbone n'a pas produit dans le Midi les bons effets obtenus dans la Gironde, par exemple, on le doit à ce que le sol, manquant d'humidité, laisse échapper trop facilement les vapeurs sulfocarboniques. Pourquoi, dans les terres arrosables, où la submersion complète est impossible, ne combinerait-on pas les irrigations avec l'emploi du sulfure de carbone? Cette combinaison paraît si naturelle et si avantageuse à M. Mabègue, qu'il a été surpris de ne l'avoir vue encore pratiquée ni conseillée nulle part. Il est facile de voir cependant la grande ressource qu'offrent les terres à l'arrosage, pour l'emploi de cet insecticide.

Dans les hivers secs, on peut amener les eaux dans les vignes et les soumettre à une irrigation aussi prolongée que possible, de manière que la couche arable s'imbibe bien.

Cette irrigation produirait plusieurs effets utiles : elle fournirait d'abord de l'humidité à la plante, qui peut pousser plus vigoureusement et se défendre mieux contre l'insecte, et ensuite elle offrirait l'avantage, tout en gonflant le sol, de le tasser par l'action mécanique des eaux et de le préparer ainsi pour l'emploi du sulfure.

Il est indubitable que le sulfure de carbone employé dans ces conditions, dans le Midi, doive donner des résultats analogues à ceux qui ont été obtenus dans la Gironde. Il est bien entendu d'ailleurs qu'on devra laisser un intervalle entre l'irrigation et l'application de l'insecticide, pour que le sol ait le temps de se ressuyer.

— M. *Bouquet de la Grye* présente un second mémoire sur les ondes atmosphériques; ce mémoire traite particulièrement de l'équation mensuelle lunaire. Après avoir pris pour base de ses travaux sur cette importante question les données météorologiques puisées dans les registres des observateurs de Brest, l'auteur s'est appuyé cette fois sur 58 000 hauteurs barométriques observées à Hobarton, en Tasmanie, par une des missions spéciales que l'Angleterre a envoyée en 1840 dans l'hémisphère sud. Ces observations d'Hobarton peuvent être considérées comme des modèles d'exactitude. Les résultats du dépouillement de ces observations confirment pleinement les premières conclusions de l'auteur. Celui-ci se croit donc autorisé doublement aujourd'hui à poursuivre ses recherches, et il présentera prochainement à l'Académie les formules générales des diverses ondes aériennes obtenues pour douze stations.

— M. *F.-A. Forel* communique les premiers résultats de son étude sur la scintillation des flammes du gaz d'éclairage, étude entreprise dans le but d'expliquer le phénomène de la scintillation des étoiles. Il a reconnu notamment que la scintillation du gaz est d'autant plus forte que l'air est plus calme, et qu'elle est d'autant plus faible qu'il règne un vent plus intense.

— M. *E. Bourgoin* envoie une note sur l'élimination du brome de l'acide bromocitraconique et sur un nouvel acide organique. Ayant saturé à demi, par de la potasse caustique, une solution étendue d'acide bromocitraconique, en vue d'obtenir le bromocitraconate acide de potassium, il a obtenu, par une évaporation lente, de beaux cristaux cubiques, ne contenant pas trace de matière organique. Ces cristaux, que l'on isole facilement du liquide sirupeux qui les baigne, sont formés de bromure de potassium pur, comme l'indiquent les dosages suivants : 0,523 ont donné à la calcination en présence de l'acide sulfurique 0,381 de sulfate de potassium. La théorie exige 0,382. 1,488 ont fourni par le nitrate d'argent 2,345 de bromure d'argent. Théorie : 2,35. Le liquide sirupeux, isolé au moyen de l'éther, est incolore, incristallisable; même abandonné pendant plusieurs mois sous une cloche en présence de l'acide sulfurique, il n'a pas donné de cristaux; il a pris seulement une consistance épaisse, à la manière d'une térébenthine. Sa saveur est acide, peu agréable, rappelant celle de l'acide citraconique. Il est soluble dans l'eau, dans l'alcool et dans l'éther.

— M. *P. Clève* a trouvé le métal *scandium* dans la gadolinite et dans l'yttrotitanite de Norvège. On sait que M. Nilson, à qui l'on en doit la découverte, l'avait extrait de l'ytterbine. Le seul oxyde que donne le scandium ou la scandine doit avoir la formule $Sc^2 O^3$. Le poids atomique du nouveau métal a été trouvé de 45. La scandine est une poudre parfaitement blanche et légère, infusible, ressemblant à la magnésie. L'hydrate de scandium est un précipité blanc et volumineux ressemblant à l'hydrate d'alumine. Les sels de scandium sont incolores ou blancs; ils possèdent une saveur astringente et fort acerbe, très différente de la saveur sucrée des autres terres d'yttria. Ce qui rend la découverte du scandium intéressante, c'est que son existence a été annoncée d'avance. Dans son Mémoire sur la loi de périodicité, M. Mendeleeff a prévu l'existence d'un métal à poids atomique 44. Il l'appelle *ékabor*. Les caractères de l'ékabor correspondent assez bien à ceux du scandium.

— M. *Maumené*, dans une note sur les acides oxygénés du soufre, soutient que, d'après sa théorie, l'action de l'iode et de l'hyposulfite de baryte, qui a donné à Fordos et Gélis le tétrathionate, peut donner sept autres acides, les uns sous l'influences de l'excès d'iode, les autres sous l'influence de l'excès d'hyposulfite. Il y en a deux qui précèdent $S^4 O^5$, savoir : l'acide $S^2 O^3$ et l'acide $S^6 O^8$. L'auteur a déjà obtenu ces deux-là. Le second s'obtient facilement en mêlant $3^{éq}$ d'hyposulfite $3 S^2 O^2 Ba O$ et $2^{éq}$ d'iode. Le mélange reste d'abord très coloré, mais en quelques jours (3 à 4) il se décolore. Il faut le verser de suite dans un entonnoir fermé par une mèche de coton : l'iodure de baryum s'écoule, tenant un peu du nouveau sel en dissolution; la majeure partie reste dans l'entonnoir. On lave à l'alcool, et le sel est pur; son analyse correspond exactement à $S^6 O^8$, Ba O. Traité par l'azotate d'argent, il donne un précipité qui de blanc devient noir, avec formation d'une liqueur acide.

Le sel de soude est très soluble et cristallise en grands cristaux incolores, avec beaucoup d'eau. Leur solution donne, avec l'azotate d'argent, un précipité qui se résout rapidement en sulfure d'argent noir spongieux ou floconneux, et une liqueur très acide, conformément à la théorie. M. Maumené ajoute qu'il aura le sel de potasse dans peu de jours.

NÉCROLOGIE

Chassaignac (Pierre-Marie).

La chirurgie française vient de perdre un des hommes de cette forte génération de 1830 qui a fourni dans toutes les carrières des hommes, aujourd'hui des vieillards, dont la disparition inspire à la plupart d'entre nous ce sentiment d'inquiétude : Comment les remplacerons-nous? Chassaignac (Pierre-Marie), né à Nantes en 1805, vient de mourir à l'âge de soixante-quatorze ans. Éloigné des sociétés savantes, retiré de sa clientèle, il s'affaiblissait sensiblement depuis quelques années, par suite du diabète dont il était atteint. Ce chirurgien a fourni une carrière bien remplie par le travail et par des découvertes de premier ordre.

Chassaignac a été un grand chirurgien par les méthodes chirurgicales qu'il a inventées, et qui sont désormais impérissables. Outre des remarques importantes sur de nombreux points de la chirurgie, on lui doit le *drainage chirurgical*. Le séton de caoutchouc perforé, voilà l'idée pratique qui l'a conduit à inventer un mode de traitement des suppurations aiguës et chroniques auquel bien des malades ont dû la vie. L'Europe, sous des formes diverses, a contrefait ou transporté dans d'autres domaines le procédé; mais l'habitude, à défaut de reconnaissance, a maintenu, même dans les œuvres des étrangers, à Chassaignac le droit de paternité sur le tube à drainage; on dit partout le tube à drainage de Chassaignac.

Le chirurgien de Lariboisière, car c'est là que Chassaignac a poursuivi sa carrière, avait des qualités et des défauts. Il n'avait pas été interne des hôpitaux; il lui avait manqué de suivre cette grande école, où l'on apprend l'art du diagnostic à fond. Il n'aimait pas à voir couler le sang, et ce sentiment persistant lui a fait faire pourtant une découverte aussi importante au moins que le drainage chirurgical : je veux parler de l'*écrasement linéaire*. Ce procédé opératoire, le meilleur dans tous les cas où il s'agit d'enlever un organe vasculaire, la langue, par exemple, a été très bien raisonné par Chassaignac. « Les plaies par arrachement, disait-il, ne saignent pas; on n'a pas besoin d'appliquer des ligatures, et ces plaies sont rarement suivies d'inflammation. Cherchons un instrument que nous puissions diriger et qui fasse d'une façon intelligente ce que fait un arrachement. » La chaîne, engaînée et manœuvrée par une poignée avec une double détente, instrument construit par Mathieu, réalisa le rêve de Chassaignac, et vers 1850 la chirurgie a été dotée d'un instrument remarquablement utile et que nulle contrefaçon ne saurait éclipser.

Un troisième titre de gloire de Chassaignac est d'avoir appliqué aux plaies le pansement de Baynton pour les ulcères. Chassaignac a institué le pansement des plaies par occlusion avec les bandelettes de diachylum : les plaies dans les fractures, les plaies des doigts, quelle que soit leur gravité, ont été traitées de la sorte, et les dernières surtout ont toujours remarquablement guéri entre les mains de tous, et l'on ne compte plus le nombre de doigts que nous avons sauvés ainsi et qu'autrefois l'on coupait impitoyablement.

Les œuvres de Chassaignac sont très nombreuses, si on les compare à celles de ses contemporains : *Traité de la suppuration et du drainage chirurgical,* 2 vol.; *Traité de médecine opératoire,* 2 vol.; plus de nombreux mémoires et thèses, dont plusieurs forment presque un volume; des mémoires importants, sur les abcès sous-périostiques entre autres, se trouvent dans les Mémoires de la Société de chirurgie, dont Chassaignac était du reste membre fondateur et dont il fut président en 1857.

Chassaignac a été le contemporain de Huguier, Denonvelliers, Robert, Michon et Nélaton. Comme eux, il était parmi ceux que l'on appelait les grands agrégés, c'est-à-dire les vaillants lutteurs au concours pour le professorat. Chassaignac brillait toujours dans toutes ses épreuves, mais il était toujours resté à la porte du professorat. L'abolition du concours lui enleva toutes ses chances. A l'époque où les hommes sont en âge d'entrer à l'Académie, Chassaignac se présenta; mais il vit passer successivement devant lui Huguier, Robert, M. Larrey, Michon, Nélaton. En 1860, M. Gosselin, son cadet, fut nommé; il renonça à se présenter, il avait fait son deuil de l'Académie. Chassaignac n'eût jamais été nommé à l'Académie sans un article de la *Gazette des hôpitaux* (19 juillet 1866), à propos d'une liste de présentation dans la section de médecine opératoire. Chacun de nous fait du bien et du mal; cet article est une bonne action dont j'ose ici rappeler le souvenir. « Eu égard à la liste de présentation de la commission, disions-nous, nous nous permettrons une supposition; nous imaginerons que la presse, tenue en grande estime par tous les corps savants, aurait le pouvoir et la mission de faire elle aussi sa liste de présentation. Jouissant alors de ce nouveau droit, nous présenterions les candidats dans l'ordre suivant : en première ligne, M. Chassaignac, en deuxième ligne, la liste de l'Académie. Les journaux passent vite, cette page suivra sa destinée... » La page a suivi sa destinée. La presse a rappelé l'Académie à l'équité; Velpeau prit l'affaire en main. Chassaignac, qui avait alors soixante et un ans, se présenta de nouveau. Il dut attendre cependant et vit passer devant lui Follin, M. Legouest et Demarquay, envers qui les académiciens avaient pris des engagements. Enfin, en 1868, un an après avoir été mis à la retraite des hôpitaux, il fut nommé membre de l'Académie dans la section de pathologie chirurgicale, à la place de Velpeau. C'est le dernier et presque le seul honneur qui ait été accordé à Chassaignac. Velpeau lui fit bien avoir, en 1865, un prix à l'Institut pour l'écraseur linéaire; mais l'administration des hôpitaux oublia de faire accorder la croix d'officier au chirurgien de Lariboisière, qui d'ailleurs avait été nommé chevalier fort tard.

Chassaignac laissera dans la science et dans la littérature médicales un nom européen. Il laissera une trace plus durable que Nélaton, le praticien accompli que nous avons connu et qui ne survivra que par ses élèves, qui l'ont vu à l'œuvre et à qui il a enseigné le bon sens chirurgical. Avec ces deux hommes, que l'on compare involontairement, on eût fait un chirurgien de la taille d'Ambroise Paré ou J.-L. Petit. Et c'est en vérité quelque chose que d'avoir en deux hommes seulement la monnaie d'un des plus grands chirurgiens français.

Chassaignac n'a pas été récompensé de son vivant, mais on aime autant le voir demeurer quelqu'un sans avoir eu des places et des honneurs, que de saluer la tombe d'un homme nul ou presque nul, dont on ne pourrait guère faire l'éloge qu'en énumérant ses places et ses dignités.

Poggiale.

On annonce la mort de M. Poggiale, membre de l'Académie de médecine, ancien membre du conseil de santé des armées.

Le propriétaire-gérant : GERMER BAILLIÈRE.

PARIS. — Impr. J. CLAYE. — A. QUANTIN et Cᵉ, rue St-Benoît. [1602]

LA

REVUE SCIENTIFIQUE

DE LA FRANCE ET DE L'ÉTRANGER

REVUE DES COURS SCIENTIFIQUES (2E SÉRIE)

DIRECTEUR : M. ÉMILE ALGLAVE

2e SÉRIE — 9e ANNÉE | NUMÉRO 11 | 13 SEPTEMBRE 1879

CONGRÈS DES NATURALISTES SUISSES

SESSION DE SAINT-GALL

M. C. VOGT

L'Archæopteryx macroura. — Un intermédiaire entre les oiseaux et les reptiles.

Messieurs,

Quelques mots d'abord sur l'histoire du fossile intéressant dont je vous présente une photographie grandeur naturelle.

En 1861, Hermann de Meyer, paléontologiste distingué, décrivit, dans le *Jahrbuch* de Bronn et Leonhardt, une plume d'Oiseau trouvée dans les pierres lithographiques de Solenhofen en Bavière, lesquelles pierres appartiennent aux dépôts jurassiques supérieurs. M. de Meyer donna à l'Oiseau révélé par cette plume le nom de *Archæopteryx lithographica*.

Beaucoup de savants crurent à une falsification habile. L'existence d'Oiseaux à l'époque jurassique paraissait, dans ce temps, tout aussi invraisemblable que celle de Mammifères à l'époque triasique.

Les doutes furent bientôt dissipés par un mémoire de M. Owen, publié dans les *Philosophical Transactions* de 1863. Dans ce mémoire, M. Owen décrit, comme lui seul sait le faire, une plaque trouvée par M. Haeberlein, médecin à Pappenheim, et qui montrait, avec une remarquable netteté, l'arrière-train de l'Oiseau, dont provenait sans doute la plume décrite par M. Meyer. Le bassin, les pattes postérieures, la longue queue garnie de plumes étaient magnifiquement conservés, mais sauf les plumes des ailes en désordre et quelques os épars et déjetés, appartenant aux extrémités antérieures, toutes les autres parties du squelette manquaient complètement. M. Owen compare lui-même les restes conservés sur sa plaque à ceux d'un Oiseau de mer, jeté sur la plage, après que toutes les parties charnues ont été dévorées par des animaux carnassiers.

Malgré ces défauts, la plaque fut achetée pour une somme très considérable par le British Museum, qui envoya son directeur, M. Waterhouse, lui-même, à Pappenheim, à cet effet. M. Owen changea, je ne sais trop pourquoi, le nom spécifique de *lithographica*, donné par M. de Meyer, en *macroura*, frappé qu'il était par la longueur considérable de la queue.

Le fils du défunt docteur Haeberlein trouva, il y a trois ou quatre ans, une plaque qu'il soupçonna, à la vue de l'os de la jambe, de contenir un second exemplaire d'Archæopteryx. Il réussit à fendre la plaque de manière à avoir, sur l'une des moitiés, l'animal entier, et sur l'autre moitié l'empreinte. Très expert dans ces travaux, M. Haeberlein réussit à dégager le squelette presque entier de la gangue et l'exposa en vente, en y joignant une très remarquable collection de pétrifications de Solenhofen, contenant en 26 tiroirs de superbes échantillons, au nombre de 300 au moins, d'Algues, d'Insectes, de Crustacés, Céphalopodes, Poissons et Reptiles.

La collection, dont l'Archæopteryx était le principal ornement, fut cédée, au prix de 36 000 marks, à M. Volger, directeur du *Freie Deutsche Hochstift*, à Francfort-sur-le-Mein. Le contrat de vente stipulait, outre des délais de payement plusieurs fois renouvelés, la condition expresse qu'aucune reproduction par moulage, photographie, dessin ou tout autre procédé, ne serait permise avant le payement effectué en entier. Après avoir mis les scellés sur la collection, M. Volger emporta la plaque principale à Francfort.

M. Volger se berçait dans l'espérance que S. M. l'empereur Guillaume achèterait la pièce pour la conserver à l'Allemagne. Sa Majesté n'entra pas dans ces vues. Ah ! si au lieu d'un oiseau, il s'était agi d'un canon ou d'un fusil pétrifié !

Après être rentré en possession de son trésor, M. Haeberlein s'adressa à moi, dans l'espoir que le musée de Genève pourrait faire l'acquisition de la collection, au prix considérablement réduit de 26 000 marks. Cette somme, convenable du reste, dépassant de beaucoup les ressources du musée de Genève, il fallait se résigner.

Je me rendis néanmoins, vers la fin du mois de mars de cette année, à Pappenheim, pour voir la collection. N'ayant qu'une matinée à ma disposition, je ne pouvais me livrer à un examen approfondi, mais ce que je voyais me remplit d'enthousiasme. Je promis à M. Haeberlein de faire tous mes efforts pour réunir la somme demandée, et favoriser la vente de manière que l'exemplaire pût être étudié par tout le monde. M. Haeberlein m'a confié une photographie grandeur naturelle, mais en m'imposant la condition de ne pas en permettre une reproduction quelconque.

L'animal conservé sur la plaque a la taille d'un Ramier. Les restes décrits par M. Owen appartiennent à la même espèce, mais à un individu plus grand d'un cinquième.

Le nouvel exemplaire est entier. La tête, le cou, le tronc et l'arrière-train sont placés de profil; la tête, recourbée en arrière de manière que le haut de la tête touche presque le dos. Les ailes, réunies à la ceinture thoracique, sont déployées comme pour le vol. L'extrémité antérieure de la tête et le bassin sont encore engagés dans la gangue. La jambe gauche n'est dégagée qu'à partir de la moitié de sa longueur. Le fémur et la moitié supérieure du tibia gauches sont recouverts par la culotte emplumée de la jambe droite.

Examinons les parties un peu en détail.

La *tête* est petite, de forme pyramidale, le sommet presque plane, l'occiput tronqué obliquement. Elle est fortement comprimée, et son extrémité antérieure n'est pas entièrement dégagée. L'orbite est grande, la narine placée en avant. On aperçoit à la loupe deux petites dents coniques et acérées au bout, plantées dans la mâchoire supérieure. Sur la face inférieure, on voit un os branchu en arrière. Je n'ose dire si c'est la mâchoire inférieure, qui, dans ce cas, serait très mince et faible, ou si c'est l'os lingual, développé comme chez les Pics. Il faudrait une étude détaillée et demandant beaucoup de temps et de soins pour se rendre compte de la disposition des os de la tête, mais ce que l'on voit montre à l'évidence que c'est une véritable tête de Reptile.

Derrière l'occiput on croit voir, sur la première vertèbre cervicale, une longue apophyse épineuse dirigée en arrière. Elle était peut-être destinée à soutenir une crête, semblable à celle des Iguanes, dont on croit apercevoir des traces.

Je compte, d'une manière incertaine il est vrai, huit *vertèbres cervicales* cylindriques. Elles sont munies de côtes très fines, mais facilement reconnaissables et dirigées en arrière.

Le *cou*, dans son ensemble, devait être très mobile. Il est courbé, dans notre exemplaire, en forme de fer à cheval, la convexité formée par la face ventrale. Sa longueur égale celle du cou d'un pigeon de même taille.

Les *vertèbres dorsales* paraissent être au nombre de dix. Elles sont épaisses, courtes, aussi larges que hautes, et ne portent point d'apophyses épineuses. Les côtes qui y sont attachées sont très fines, grêles, courbes et pointues au bout; elles ressemblent à de fines aiguilles de chirurgien, et ne montrent ni aplatissement ni traces d'apophyses uncinées comme chez les oiseaux. Il y a des côtes sternales très fines et qui paraissent être fixées à un sternum abdominal linéaire.

Le *bassin*, conservé dans sa plus grande partie dans l'exemplaire de Londres, est encore engagé dans la gangue, chez le nôtre.

La *queue* est très longue, conservée dans toute sa longueur. Elle ne montre cependant les vertèbres complètement conservées que dans sa moitié antérieure. La cassure de la plaque traverse les plumes terminales de la queue au tiers de leur longueur.

M. Owen a fort bien démontré que le *bassin*, ainsi que le *membre postérieur*, montrent entièrement le cachet de la structure de l'Oiseau par la réduction du péroné, la fusion des os tarsiens et métatarsiens en un seul os, et par la structure des pieds à quatre doigts, dont un tourné en arrière; ces parties sont beaucoup mieux conservées dans la plaque de Londres, quelques doigts sont même entièrement cachés dans notre exemplaire. Celui-ci n'ajouterait donc rien à la connaissance acquise de ces parties, s'il ne donnait l'entière certitude que le péroné est entièrement réuni au tibia et ne se fait plus apercevoir que par un sillon longitudinal peu accusé. On peut affirmer cette structure, le tibia de la jambe droite se montrant par sa face extérieure, celui de gauche par sa face interne.

Le *membre antérieur* (fig. 18), portant les plumes des ailes, est sans doute le plus intéressant. Les deux ailes sont étendues à plat dans la position du vol, les articulations pliées de manière que le côté ulnaire, auquel les rémiges sont attachés, est tourné en arrière. Les deux membres, y compris la ceinture thoracique, se montrent de la face dorsale; le corps est sorti de la ceinture pour se recourber, avec la tête et le cou, en arrière. On voit donc de la ceinture thoracique la face interne creuse, celle qui est tournée vers les intestins.

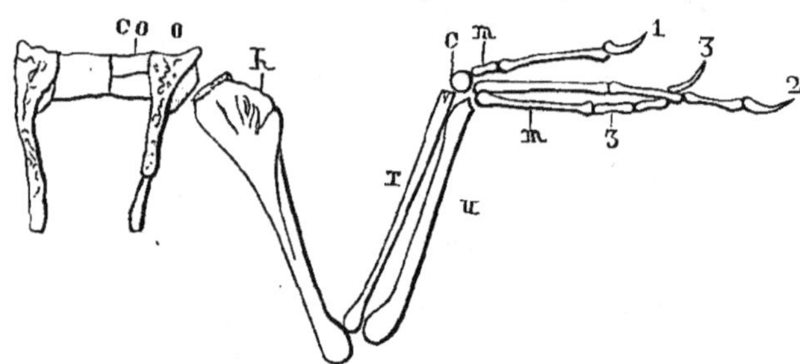

Fig. 18. — Membre antérieur de l'Archæopteryx, moitié de grandeur naturelle, vu du côté supérieur.

Ici, comme dans les figures suivantes, les lettres ont la même signification : co = coracoïde; st = sternum; o = omoplate; f = furcule; h = humérus; r = radius; u = cubitus; c = carpe; m = métacarpe; 1, 2, 3, 4, 5, numéros des doigts à partir du pouce.

J'avoue que j'ai eu beaucoup de peine à débrouiller la structure de la *ceinture thoracique*, et que je ne suis pas sûr d'avoir deviné juste.

On ne voit, sur notre exemplaire, qu'une plaque médiane un peu concave, longue de 7 millimètres et large de 12 millimètres, se présentant à peu près comme le hausse-col que portaient autrefois les officiers. Cette plaque est fendue exactement au milieu; je crois que cette fissure est une symphyse, mais je n'en suis pas sûr, car une fente semblable, mais transversale, résultant évidemment d'une fracture, se remarque sur la moitié droite de l'os.

Deux os longs, un peu tordus et fortement saillants, dirigés en arrière et en haut, sont fixés latéralement sur les bords de cette plaque médiane. Ils ont été un peu maltraités par le fendillement de la plaque; ramenés dans leur position normale vis-à-vis du tronc, ces deux os s'appliqueraient longitudinalement au-dessus des côtes, parallèlement à la colonne vertébrale.

La tête glénoïdale un peu aplatie de l'humérus s'articule sur le point de réunion de ces os avec la plaque médiane.

On doit donc prendre ces deux os pour les *omoplates* [o], formées à peu près comme chez les Ptérodactyles et chez les Oiseaux.

Si cette détermination est juste, on doit se demander ce que sont devenus les autres os de la ceinture thoracique, les coracoïdes, les clavicules et le sternum?

La plaque de Londres montre les deux omoplates entièrement disjointes. M. Owen a décrit en outre un os mutilé, présentant une forme de hameçon, et qui se trouve entièrement isolé sur la plage de Londres, en le désignant comme *furcule.* Nous ne voyons aucune trace de cette furcule, si caractéristique pour les Oiseaux, dans notre exemplaire. Il est possible que cet os soit resté dans la contre-plaque ou qu'il se soit perdu; mais ces deux suppositions me paraissent peu probables. J'incline plutôt à croire que l'os désigné par M. Owen comme furcule est plutôt le pubis, lequel, dans notre exemplaire, est encore caché dans la gangue. Voici les faits sur lesquels je me fonde :

Le bassin décrit par M. Owen n'est que rudimentaire, et consiste, suivant cet auteur même, dans les parties des os iliaques et ischiatiques réunis autour de la cavité glénoïdale du fémur. Le pubis manque. « Je ne puis savoir, dit M. Owen, si le pubis a gardé chez l'Archæopteryx son individualité, ou s'il a été brisé à l'endroit où il était réuni à l'iliaque pour contribuer à la formation de la cavité articulaire. Pour autant que la structure du bassin a été reconnue et *interprétée par moi,* elle n'offre aucune preuve pour la nature reptilienne. » Je crois que M. Owen ne formulerait pas un jugement aussi absolu aujourd'hui, où nous connaissons mieux le bassin des Dinosauriens, si semblable à celui des Oiseaux.

Par l'inspection du bassin des Ptérodactyles, et notamment des Rhamphorhynques, je suis arrivé à la conviction que l'os décrit comme furcule par M. Owen doit être le pubis. A. Wagner a décrit et figuré le pubis des Rhamphorhynques (*Mémoires de l'Académie de Munich,* vol. VIII, 1862, planches 6 et 17). « Les deux os du pubis, dit Wagner, sont réunis en un seul os long, courbé, deux fois plié en angle. » On prendrait ces os pour une furcule, si l'on ne les avait vus en place, et si l'on ne savait pas positivement que les Ptérosauriens en sont dépourvus.

Le pubis manquant dans la plaque de Londres, la furcule dans la nôtre, si complète du reste, et la prétendue furcule de M. Owen étant entièrement disjointe et brisée, je crois donc, en présence de la conformation signalée des Ptérosauriens, que c'est l'os du pubis brisé que M. Owen a décrit, et que l'Archæopteryx était, comme les Ptérodactyles, privé de clavicules et pourvu d'un pubis fusionné en un seul os. L'examen ultérieur de notre plaque pourra seul résoudre cette controverse.

Les clavicules écartées, restent les coracoïdes et le sternum. Les uns ou l'autre doivent manquer dans l'Archæopteryx, car ni la plaque de Londres ni la nouvelle ne laissent trouver ces deux os ensemble.

La première pensée qui se présente est que la plaque médiane, étendue entre les deux omoplates chez notre exemplaire, doit être le sternum. Le coracoïde manquerait alors.

Or le coracoïde [co] ne manque jamais chez les Reptiles et les Oiseaux. C'est, avec l'omoplate, la pièce la plus importante, la plus normale, dirai-je, de la ceinture thoracique chez tous les Sauropsides munis de pattes antérieures. Tandis que les clavicules [f] et le sternum [st] peuvent devenir rudimentaires ou même manquer complètement, le coracoïde concourt toujours avec l'omoplate pour former l'articulation de l'humérus.

Les ceintures thoraciques des Crocodiles et des Ptérosauriens correspondent en partie à la structure si simple que

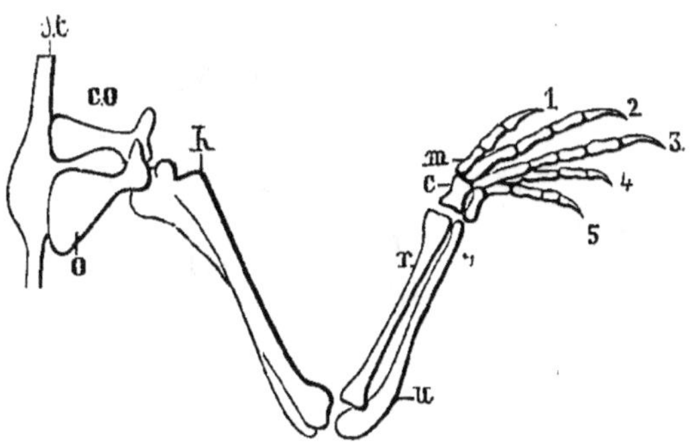

Fig. 19 — Membre antérieur du Crocodile.

nous supposons à l'Archæopteryx. Lorsqu'on place leur ceinture thoracique dans la même position que celle de notre Archæopteryx, en la détachant du tronc, les Crocodiles (fig. 19) montrent les coracoïdes allongés, aplatis et élargis en haut, se recourbant autour de la face ventrale du thorax pour s'attacher des deux côtés à un sternum allongé en pointe très mince et qui s'élargit seulement derrière les surfaces de réunion. Le bord supérieur arrondi du coracoïde se réunit à l'omoplate par des ligaments très serrés, et dans l'angle postérieur de cette réunion est creusée la cavité articulaire de l'humérus, à laquelle l'omoplate prend la part la plus considérable.

En supposant que les omoplates soient étroites et allongées en forme de sabre au lieu d'être triangulaires, et en réduisant la partie étroite du sternum à zéro, pour que les deux coracoïdes puissent se toucher dans la ligne médiane, nous aurions la ceinture thoracique de l'Archæopteryx.

Or la première de ces conformations est réalisée chez les Ptérodactyles, où les omoplates sont semblables à celles des Oiseaux, tandis que le sternum est élargi sous forme de bouclier (fig. 20). La réduction du sternum se trouve en revanche chez les Ichthyosaures et les Plésiosaures. L'omoplate de ces animaux est longue, étroite, mais dirigée verticalement de bas en haut, tandis que celle des Oiseaux, des Ptérosauriens et de l'Archæopteryx court parallèlement à la colonne vertébrale; en revanche, les deux coracoïdes se réunissent chez les Halisauriens par une symphyse dans la ligne médiane. Le sternum manque, mais il existe un épisternum qui à son tour fait défaut chez l'Archæoptéryx. L'Ichthyosaure a des clavicules qui manquent aux Plésiosaures.

J'arrive donc à la conclusion que la ceinture thoracique de l'Archæopteryx est celle d'un Reptile, que la furcule et le sternum élargi en bouclier à crête, si caractéristiques pour tous les Oiseaux, sauf les Ratites, lui font complètement défaut, et que les autres os offrent, par leurs combinaisons comme par leurs formes, des caractères qui se retrouvent chez les Halisauriens, les Ptérosauriens et les Crocodiles.

L'*humérus* [h], le *cubitus* [u] et le *radius* [r] ont déjà été décrits avec une remarquable sagacité par M. Owen. L'humérus, avec sa tête articulaire aplatie, offre quelques ressemblances avec celui des Crocodiles; on n'y trouve, pas plus que sur le fémur, aucune trace d'un trou pneumatique, et rien n'indique la pneumaticité des autres os, constatée cependant chez les Ptérosauriens. Les os de l'avant-bras sont séparés dans toute leur longueur; le cubitus est plus

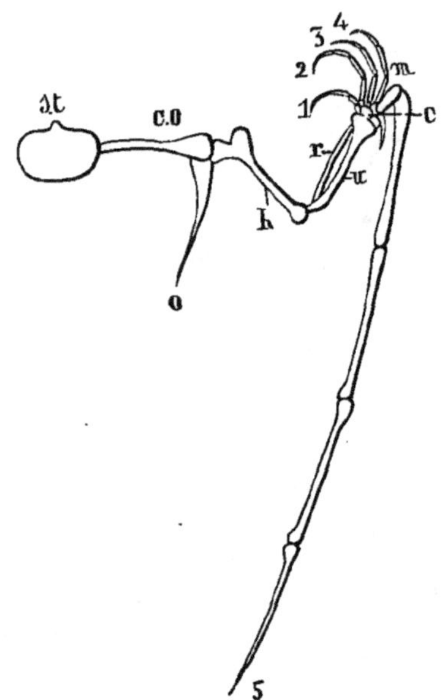

Fig. 20. — Membre antérieur du Rhamphorhynque, grandeur naturelle.

fort que le radius. Ces os n'offrent du reste aucun trait caractéristique propre, soit aux Reptiles, soit aux Oiseaux.

La *main* offre des particularités, qui devaient nécessairement échapper à M. Owen, sur l'échantillon duquel il n'y avait que quelques restes éparpillés et incomplets.

Le *carpe* [c] ne montre, comme M. Owen l'a dit avec raison, qu'un seul petit os globulaire. Les Oiseaux et les Crocodiles ont deux pièces carpales, l'une du côté du radius, l'autre du côté du cubitus. Il y a quelques Ratites à ailes rudimentaires, tels que le Casoar et l'Apteryx, qui n'ont qu'un seul carpal, et, comme ce caractère se combine avec des clavicules rudimentaires ou nulles, nous y trouvons quelque ressemblance avec l'Archæopteryx. Je ne saurais dire si le seul carpal se retrouve chez les Dinosauriens, car le Compsognathus, le seul Dinosaurien dont le squelette nous est transmis en entier, paraît avoir eu le carpe à l'état cartilagineux.

M. Owen attribue quatre doigts à la main. Suivant lui, quelques os éparpillés indiquent qu'outre les pièces qui portaient les rémiges des ailes il y avait encore deux doigts minces, modérément allongés et armés de griffes courbes, aplaties et acérées.

Se basant sur ces faits, en partie supposés (car il n'a pas trouvé les pièces portant les rémiges), M. Owen discute les différences entre les mains des Oiseaux, des Ptérosauriens et de l'Archæopteryx, et après avoir prouvé qu'il n'existe aucun doigt allongé outre mesure, comme chez les Ptérodactyles, M. Owen continue : « Outre cette preuve négative, les proportions aviculaires de la main, l'existence de rémiges et leur fixation incontestable sur les parties carpales et métacarpales d'un segment court et terminal du membre nous démontrent la véritable affinité, quant à la classe, de l'Archæopteryx. »

M. Owen ne connaissait, comme nous venons de le dire, que quelques ossicules épars de la main. Préoccupé des analogies qui relient le fossile aux Oiseaux, il supposait volontiers que les pièces faisant défaut fussent construites d'après le plan de ces derniers. Maintenant, où notre exemplaire montre toutes les pièces des membres antérieurs dans leurs relations normales, tant entre elles qu'avec les plumes, nous pouvons affirmer que la main de l'Archæopteryx ne peut être comparée ni à celle d'un Oiseau ni à celle d'un Ptérosaurien, mais seulement à celle d'un Lézard tridactyle.

Notre exemplaire possède en effet à chaque main *trois doigts* longs, effilés, armés d'ongles crochus et tranchants. Le doigt radial ou pouce [1] est le plus court, les deux autres sont presque d'égale longueur; le second est cependant celui qui l'emporte. Ces deux doigts étaient évidemment réunis ensemble par des aponévroses tendineuses et serrées, car sur les deux mains ces doigts sont placés de la même manière, en chevauchant l'un sur l'autre. Le pouce est composé d'un métacarpien [m] court, d'une phalange assez longue et de la dernière phalange ongulifère; les deux autres doigts ont, outre le métacarpien, trois phalanges normales.

Les *rémiges* étaient fixées au bord cubital de l'avant-bras et de la main, sans qu'on puisse remarquer dans le squelette une adaptation particulière dans ce but. Le pouce était libre, comme les deux autres doigts, et ne portait point d'aileron. Qu'on enlève un moment dans la pensée toutes les plumes et on aura devant les yeux une main tridactyle de Reptile, telle que le Compsognathus et beaucoup d'autres Dinosauriens paraissent l'avoir eue, à en juger d'après les traces de leurs pas. Je soutiens qu'aucun savant, auquel on montrerait le squelette de l'Archæopteryx seul et sans plumes, ne pourrait soupçonner que cet être ait été muni d'ailes pendant sa vie.

La main de l'Archæopteryx ne se laisse pas comparer à celle d'un Oiseau. Chez ceux-ci (fig. 21), le pouce [1], faisant quelquefois défaut, comme chez l'Eudyte, est placé à la base

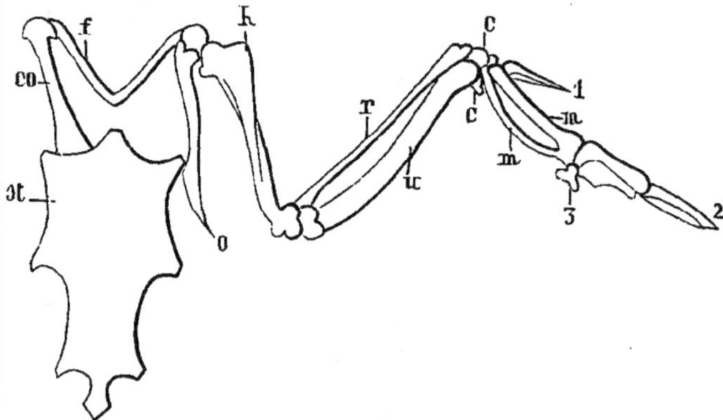

Fig. 21. — Membre antérieur du Ramier.

du métacarpe et immédiatement sur le carpe; son seul segment porte quelquefois un éperon ou un ongle; le métacarpe est formé de deux os soudés aux deux extrémités, quelquefois encore séparés, comme chez l'Eudyte; ce métacarpe caractéristique porte deux doigts : un, plus allongé, à deux phalanges; un autre, souvent rudimentaire, à une phalange.

Tous ces doigts sont aplatis, dépourvus d'ongles et réunis entre eux par des ligaments, de manière à être immobiles. La main de l'Oiseau est adaptée au port des rémiges, celle de l'Archæoptéryx ne l'est en aucune façon.

Nous pouvons maintenant résumer les données sur le squelette. La tête, le cou, le thorax avec les côtes, la queue, la ceinture thoracique, tout le membre antérieur sont franchement construits comme chez les Reptiles; le bassin a probablement plus de rapports avec celui des Reptiles qu'avec celui des Oiseaux; la patte postérieure est celle d'un Oiseau. Les homologies reptiliennes dominent donc, dans le squelette, sous tous les rapports.

Restent les *plumes*. Ici, point de doute : ce sont des plumes d'Oiseau, à rhachis central, à barbules parfaitement formées. La substance cornée des plumes a disparu, mais le moulage dans la fine pâte de la pierre lithographique est si complet, qu'on peut étudier les moindres détails à la loupe. La nouvelle plaque montre toutes les plumes à leur place.

Les rémiges des ailes sont fixées au bord cubital du bras et de la main; elles sont recouvertes, jusqu'à la moitié de leur longueur à peu près, par un duvet fin et filiforme; aucune des rémiges ne fait saillie sur les autres; l'aile est arrondie dans ses contours comme celle des poules.

Il est possible qu'il y avait à la racine du cou une collerette semblable à celle du Condor. On en voit peut-être des indices.

Le tibia était couvert de plumes dans toute sa longueur. L'Archæopteryx portait donc des culottes, comme nos faucons, avec les jambes desquels sa jambe a le plus de ressemblance, suivant M. Owen.

Chaque vertèbre caudale portait une paire de rectrices latérales.

Tout le reste du corps, tête, cou, tronc étaient évidemment nus et dépourvus de plumes. On n'y voit aucunes traces de duvet ni de plumes, qu'on aurait certes retrouvées sur une plaque qui a conservé jusqu'aux moindres détails d'un duvet fin. Il en résulte que les restaurations de l'animal, essayées jusqu'à présent, sont entièrement erronées.

Il serait parfaitement superflu, d'après ce que nous venons d'exposer, de discuter la question si l'Archæopteryx doit être classé parmi les Reptiles ou parmi les Oiseaux. Il n'est ni l'un ni l'autre; il constitue un type intermédiaire des plus caractérisés et confirme, d'une manière éclatante, les vues de M. Huxley, lequel a réuni, sous le nom de Sauropsides, les Reptiles et les Oiseaux pour en former une seule grande section des vertébrés. L'Archæopteryx est sans doute un des jalons les plus importants sur la route qu'a suivie la classe des Oiseaux pour se différencier de plus en plus des Reptiles dont elle a tiré son origine. Oiseau par le tégument et par les pattes postérieures, l'Archæopteryx est Reptile par tout le reste de son organisation, et sa conformation ne peut être comprise qu'en admettant cette évolution des Oiseaux par un développement progressif de certains types de Reptiles. Les Oiseaux de la craie, si bien décrits par M. Marsh, constituent un jalon ultérieur de ce chemin, en conservant encore les dents, tandis que l'organisme presque entier est déjà conforme au type des Oiseaux.

Mais il importe de discuter d'une manière un peu plus précise les étapes de cette évolution progressive. Il importe aussi de se rendre compte de la manière dont l'adaptation pour le vol a agi sur les différentes parties du corps.

Outre la faculté de voler, les Oiseaux se distinguent encore de la plupart des Reptiles, sauf les Dinosauriens, par la station verticale sur les seules pattes postérieures.

Dans un travail publié il y a déjà quelque temps (*Westermann's Illustrirte deutsche Monatshefte*, vol. XLV), je me suis efforcé de prouver que l'adaptation des vertébrés au vol n'est point nécessairement combinée avec celle à la station debout; que la transformation des membres postérieurs pour constituer les seuls soutiens du corps dans la marche est entièrement indépendante de la transformation des membres antérieurs dans le but de former des ailes. L'affranchissement des membres antérieurs de leur fonction de soutiens pendant la station et la marche peut, en effet, s'effectuer de deux manières entièrement opposées; dans l'un des cas, ils se raccourcissent pour devenir inutiles ou pour servir comme organes de préhension; dans l'autre cas, ils s'allongent pour devenir organes de vol.

Parmi les vertébrés, nous voyons la tendance à la station debout se développer dans les Dinosauriens et les Oiseaux appartenant aux Sauropsides, et chez les Mammifères dans les Kangourous, les Gerboises, les Macroscélides et les Anthropomorphes, y compris l'homme. Il est à remarquer que cette tendance est sans doute fort ancienne; les Dinosauriens apparaissent déjà dans les terrains triasiques, et les Kangourous faisant partie des Marsupiaux peuvent nous faire croire que quelques-uns des Marsupiaux jurassiques, semblables par la dentition aux Kangourous-rats (Hypsiprymnus), montraient déjà la conformation propre aux sauteurs. Dans tous les cas, la tendance se manifeste par une plus grande fixité et solidité du bassin, englobant un nombre plus considérable de vertèbres sacrales, par l'augmentation en longueur et épaisseur des os du fémur et de la jambe et enfin, sauf les Anthropomorphes, par une diminution progressive du nombre des doigts qui, en revanche, deviennent plus solides et plus longs. Les Anthropomorphes seuls font exception sous ce dernier point de vue, et la diminution des doigts étant une loi générale pour les types dérivés, on peut dire qu'ils sont, par rapport aux membres, des conservateurs par excellence. Chez tous les autres, cette diminution du nombre des doigts, qui entraîne par cela même celle des os tarsiens et métatarsiens, se présente d'une manière constante.

L'adaptation au vol est entièrement indépendante de celle à la station debout. Les Ptérosauriens et les Chauves-souris, excellents voiliers du reste, prouvent cette proposition d'une manière péremptoire. Tous les deux ont les pattes postérieures très faibles, courtes, munies de doigts minces, bien séparés et armés de griffes. On n'a qu'à observer la marche pénible d'une Chauve-souris pour se convaincre immédiatement qu'elle ne pourrait jamais se tenir debout sur ses jambes de derrière, et en comparant le squelette d'un Ptérodactyle ou d'un Rhamphorhynque à celui d'une Chauve-souris, on se persuadera immédiatement que les Ptérosauriens pouvaient bien se cramponner par leurs pattes de derrière, mais jamais se tenir debout. La conformation des pieds postérieurs, tels qu'ils se montrent chez les Dinosauriens, l'Archæopteryx et les Oiseaux, est donc indépendante de la faculté de voler et ne se rapporte qu'à la possibilité de porter le corps sur les pattes postérieures seules.

Or je crois avoir démontré dans l'article mentionné que tous les caractères sur lesquels on se fondait pour considérer les Dinosauriens comme les ancêtres des Oiseaux ne se rapportent qu'au développement de la faculté de se tenir debout sur les pattes postérieures. Grâce aux travaux des naturalistes américains surtout, nous savons maintenant que les pattes des Dinosauriens n'avaient que trois doigts, quelquefois avec indication d'un quatrième; que ces animaux marchaient debout, comme le démontrent les nombreuses traces de leurs pattes, attribuées autrefois aux Oiseaux; que leur bassin se rapprochait de celui des Oiseaux. De ces chefs, il y a donc rapprochement vers les Oiseaux et l'Archæopteryx; mais le squelette connu du Compsognathus et les autres faits connus nous démontrent que ce développement des pattes postérieures était combiné, comme chez les Mammifères sauteurs, avec un raccourcissement plus ou moins considérable des pattes antérieures, ce qui est en contradiction directe avec l'adaptation au vol, qui demande un rallongement du membre antérieur. Certains Dinosauriens perchaient peut-être comme l'Archæopteryx et les Oiseaux; mais ils n'étaient pas plus en voie d'adaptation pour le vol que les Kangourous grimpeurs (Dendrolagus) des forêts de la Nouvelle-Guinée, qui perchent aussi malgré leurs pieds adaptés pour le saut.

Quant à l'adaptation au vol, nous la voyons agir en deux directions parfaitement différentes, suivant que la surface à opposer à l'air doit être constituée par une membrane tendue ou par des plumes. Les mains des Ptérosauriens et des Chauves-souris obéissent aux conditions mécaniques de la membrane tendue, la main des Oiseaux se transforme en vue des rémiges de l'aile. Ce sont surtout les mains qui montrent des différences fondamentales en conséquence de ces conditions mécaniques différentes.

La ceinture thoracique montre, chez tous les animaux voiliers, des constructions propres à assurer une grande fixité jointe à une mobilité considérable, mais bornée quant à l'étendue des mouvements. Cette fixité est due en première ligne au développement du coracoïde, en second lieu à celui des omoplates et des clavicules; le sternum y prend une part notable, en développant des surfaces considérables dans l'attachement des muscles. C'est tantôt un bouclier arrondi comme chez les Rhamphorhynques, un bréchet comme dans les Chauves-souris ou la combinaison des deux, comme pour les Oiseaux chez lesquels la combinaison des trois os, coracoïde, omoplate et furcule, constitue une pyramide inébranlable, portant à son sommet l'articulation du bras. L'humérus s'allonge peu, mais il devient très massif et offre des arêtes musculaires puissantes; l'avant-bras s'allonge davantage. Si l'un des os de l'avant-bras devient rudimentaire, comme c'est le cas chez les Chauves-souris, l'autre gagne en longueur et en épaisseur. En général, l'extrémité antérieure s'allonge chez tous les voiliers dans son ensemble, ce qui est en opposition directe avec la conformation des sauteurs, tels que les Dinosauriens, où elle se raccourcit. Si les ailes des Oiseaux nous paraissent courtes, cela tient aux articulations fortement ployées en zigzags, et l'on peut se convaincre facilement, soit par la mensuration, soit par le déploiement, que les ailes déployées touchent le sol presque chez tous les Oiseaux, sauf les Échassiers hauts sur jambes, lorsqu'on met le corps dans la position qu'il affecte chez un animal quadrupède.

Si toutes ces conformations sont communes à tous les animaux voiliers, les différences se manifestent à partir du carpe. Les animaux volant au moyen d'une membrane tendue gardent le nombre primitif des cinq doigts, tout en allongeant et étirant ces doigts effilés, tandis que les voiliers, au moyen de plumes, réduisent le nombre des doigts en les soudant les uns aux autres par des symphyses ou des ligaments très forts, carpe et métacarpe, suivant ces accommodations des doigts. Ces deux modes d'adaptation si différents et si opposés même dépendent donc de la nature des téguments qui fournissent la surface opposable à l'air.

Examinons d'abord l'adaptation au vol par le moyen d'une membrane tendue.

Chez les Écureuils volants (Pteromys), les Galéopithèques et quelques Marsupiaux (Petaurista), nous voyons tous les doigts libres et armés de griffes. La peau, couverte de poils et s'étendant en plis entre les membres antérieurs et postérieurs, ne sert que comme parachute, mais non pas comme membrane volitante active.

Nous savons maintenant par la découverte faite à Solenhofen de quelques ailes parfaitement conservées de Ptérosauriens, que cette aile est formée par une lisière membraneuse raide, finement plissée et assez étroite, qui est fixée le long du cinquième doigt, démesurément allongé, et s'attache à la partie antérieure du corps sans arriver aux pieds postérieurs. J'ai devant moi une photographie, grandeur naturelle, de l'aile du Rhamphorhynchus Gemmingkii, qui démontre cette structure avec la dernière évidence. On peut dire, d'après ces découvertes, que toutes les restaurations de Ptérosauriens, répandues dans les livres, sont erronées. Les autres doigts, au nombre de quatre, sont minces, libres et armés de griffes acérées, tandis que le cinquième doigt, si fort et si allongé, auquel s'attache la membrane, ne porte point d'ongle.

Chez les Chauves-souris, quatre doigts sont fins, allongés, pointus au bout et arrangés comme les baleines d'un parapluie, tandis que le cinquième, le pouce, est libre, court et seul armé d'une griffe.

J'ai suivi pas à pas le développement de l'aile chez les embryons des Chauves-souris. A l'origine, la main de ces animaux est formée absolument comme celle de tous les autres Mammifères à cinq doigts, et si semblable au pied, qu'il est quelquefois difficile de distinguer les deux membres séparés du tronc. Le tissu embryonnaire enveloppe entièrement les doigts, qui ne font aucune saillie sur le pourtour de la palette primitive. Plus tard, les parties se différencient; mais tandis qu'à l'extrémité antérieure la membrane de réunion suit les doigts dans leur allongement progressif, elle reste en arrière sur les pieds où les doigts deviennent libres en dépassant la membrane. La membrane volitante des Chauves-souris n'est donc pas une conformation nouvelle, mais seulement la membrane de réunion primitive développée à l'égal des doigts.

Nous avons donc trois étages dans l'adaptation au vol par le moyen d'une membrane.

La première nous est représentée par les Écureuils et Marsupiaux volants; la peau du corps est seul intéressée, le squelette ne prend aucune part, l'organe du vol est encore passif. Dès que l'organe devient actif, il faut, d'un côté, des parties osseuses comme soutien, de l'autre, des muscles pour mettre les leviers en mouvement; il faut en outre des arrangements pour tendre ou détendre la membrane volitante. Nous voyons donc d'un côté la transformation correspondante de la ceinture thoracique, où se trouve le point d'appui autour duquel sont disposés les muscles, de l'autre l'adaptation des doigts. Chez les Ptérosauriens, faibles voiliers sans doute, ce n'est qu'un seul doigt qui est entraîné; chez les Chauves-souris quatre doigts sont adaptés et il n'en reste plus qu'un seul, le pouce, qui garde sa nature primitive.

La série des étapes dans l'adaptation progressive pour le vol au moyen de plumes est moins complète.

Chacun connaît la charpente osseuse de l'aile des Oiseaux (Voir fig. 4). On sait que le sternum est très large et ordinairement muni d'un bréchet; que le coracoïde est très fort, la clavicule soudée à celle de l'autre côté pour former la furcule; que l'humérus est le plus souvent et l'avant-bras toujours allongé; que le carpe n'est composé que de deux os insignifiants; que les deux seuls métacarpiens sont soudés ensemble et qu'un long doigt médian raide est seul développé, tandis que les deux autres doigts sont rudimentaires et peuvent même manquer entièrement. L'allongement en vue de gagner de la place pour l'insertion des plumes, la réduction en nombre des doigts raidis, la fixité la plus grande de l'articulation du bras et la constitution de surfaces considérables pour l'insertion des muscles, caractérisent cette adaptation, poussée au dernier degré chez les bons voiliers.

L'étape où se place l'Archæopteryx peut se comparer en quelque sorte à celle occupée par les Galéopithèques dans la série précédente. Il y a cependant un pas de plus en avant dans la marche de l'adaptation. Le nombre des doigts et le carpal unique sortent de la structure normale des Reptiles. Les doigts sont sans doute tout ce qu'il y a de plus reptilien dans leur conformation, mais ils sont réduits au nombre normal des oiseaux et le médian est aussi le plus allongé des trois. L'adaptation commence donc à se faire sentir dans le squelette; elle ne se borne pas uniquement à la peau comme chez les Écureuils volants; mais ce commencement est si faible et si insignifiant, qu'on pourrait en douter si les plumes n'avaient pas été transmises. L'Archæopteryx jouissait sans doute de la faculté du vol actif; mais à en juger par la faiblesse de sa ceinture thoracique, la réduction du sternum et les arêtes minces de l'humérus, il devait n'être que mauvais voilier. Sa queue, si longue et si faible, devait être plutôt un embarras qu'un gouvernail, et ses courtes ailes à contours arrondis pouvaient bien suffire à franchir de petites distances, mais ne permettaient pas des trajets considérables.

L'Archæopteryx jurassique forme sans doute un trait d'union entre les Reptiles et les Odontornithes ou Oiseaux pourvus de dents des terrains crétacés de l'Amérique, que M. Marsh a si admirablement décrits. Mais il ne faut pas oublier qu'il existe encore une lacune très considérable entre ces deux types, et qu'il faudrait une série de formes se modifiant successivement pour arriver, depuis l'Archæopteryx à caractères reptiliens dominants aux Odontornithes, chez lesquels, sauf quelques points secondaires dans la structure des vertèbres, le seul caractère reptilien est la présence de dents dans les deux mâchoires. En somme, l'Archæopteryx peut être considéré comme un Reptile volant au moyen de plumes et perchant sur des jambes d'Oiseau, tandis que les Odontornithes sont de véritables Oiseaux, conservant dans leur squelette quelques traits rappelant leur origine reptilienne. Il serait téméraire sans doute de vouloir reconstruire par l'imagination ces formes intermédiaires, d'autant plus téméraire que les Odontornithes présentent eux-mêmes des formes différentes, démontrant des souches différentes, comme M. Marsh l'a démontré.

On peut être encore plus embarrassé lorsqu'il s'agit de rechercher les ancêtres directs de l'Archæopteryx. On a voulu y voir un descendant immédiat du Compsognathe, trouvé dans les mêmes couches de Solenhofen, et on a oublié que l'ancêtre et le descendant ne peuvent être contemporains. M. Gegenbaur, dans son *Manuel d'Anatomie comparée*, réunit le Compsognathe et l'Archæopteryx dans une seule sous-classe des Sauropsides, à laquelle il donne le nom de *Saururi*. Il est vrai que tous les deux ont la longue queue des Sauriens, mais peut-on mettre ensemble un Reptile n'ayant aucune trace de plumes, muni de pattes antérieures très raccourcies et de pattes postérieures conformées comme celles des Reptiles, sauf quelques rapprochements vers les Oiseaux, un Reptile sauteur à forme de Kangourou, en un mot, à l'Archæopteryx que nous venons d'analyser?

Je ne puis me familiariser non plus avec la manière de voir de M. Huxley, qui voit dans les Dinosauriens en général les ancêtres des Oiseaux. J'ai déjà fait remarquer que l'allongement des extrémités antérieures est une condition indispensable de la faculté de voler, et que les Dinosauriens montrent, au contraire, le raccourcissement de ces membres antérieurs tel que nous l'observons chez les animaux sauteurs.

Il est vrai que les Dinosauriens montrent, dans la conformation de leur bassin, des tarses et des doigts, de nombreux rapprochements vers les Oiseaux. Il est vrai aussi que l'embryon des Oiseaux démontre que l'os méta-tarsal unique provient de la fusion des os tarsiens et méta-tarsiens primitivement séparés comme chez les Reptiles. Nous reconnaissons donc ici une ligne génétique démontrée par la phylogénie comme par l'ontogénie, et nous n'hésitons pas de dire que la jambe des Dinosauriens forme le trait d'union entre celle des Reptiles proprement dits et celle des Oiseaux.

Mais c'est là que s'arrête notre ligne génétique, et si nous considérons les pattes antérieures, nous ne voyons aucun rapprochement. Le vol est impossible par un moignon. A mon avis, une ligne génétique partant des Dinosauriens ne pourrait arriver qu'aux Ratites. Or nous avons plusieurs indications que les Ratites sont un groupe très ancien. Une foule de points dans leur anatomie les rapproche davantage des Reptiles qu'aucun autre groupe connu des Oiseaux vivants. L'*Hesperornis* de la craie américaine est, suivant M. Marsh, une Autruche aquatique, ayant le sternum sans bréchet et les ailes rudimentaires d'un Ratite. Cette manière de voir, dont je viens d'indiquer d'une manière très sommaire les raisons, sans pouvoir les développer ici, entraînerait des conséquences opposées aux opinions actuellement reçues. En l'adoptant, il faudrait ne pas voir dans l'aile des Ratites une aile d'Oiseau devenue rudimentaire par non-usage, mais au contraire un organe, lequel, grâce à son origine, n'a pas pu devenir une aile complète; il faudrait y voir une patte antérieure de Dinosaurien, développée en vue de l'organisation de l'Oiseau, mais entachée du vice originel du raccourcissement et de l'amoindrissement, qui l'empêche de devenir un organe de vol actif. Les Ratites, loin d'être un groupe déchu provenant d'Oiseaux voiliers, seraient, au contraire, un groupe primitif qui n'a pu arriver au vol actif.

Une seconde conséquence de cette manière de voir serait l'origine polyphylétique de la classe des Oiseaux. Les Dinosauriens conduiraient aux Ratites, l'Archæopteryx aux Oiseaux voiliers. Malgré l'uniformité de la conformation des Oiseaux, rompue il est vrai par les Ratites, cette classe aurait au moins deux souches dans deux groupes différents de Reptiles anciens. A première vue, cette conclusion paraît choquante, mais, comme bien d'autres faits nous conduisent à des inductions analogues, nous ne pouvons la repousser *a priori*.

Après avoir repoussé les rapports généalogiques entre les Dinosauriens et l'Archæopteryx, tout en les acceptant comme possibles quant aux Ratites, on peut se demander si nous trouvons, parmi les Reptiles fossiles antérieurs au Jura supérieur, des formes qui pourraient se rattacher à l'Archæopteryx, et par lui aux Oiseaux voiliers. Je dois avouer qu'il me serait impossible de donner une réponse à cette question; je crois même que, de longtemps, on ne pourrait y satisfaire. Nous ne connaissons que fort peu de squelettes entiers de ces anciens Reptiles; les os des membres, et surtout ceux des doigts, sont très rares et presque toujours disjoints. A cette difficulté s'en ajoute encore une autre.

Comme je l'ai déjà fait remarquer, il serait impossible de soupçonner, d'après l'inspection du squelette seul, que l'Archæopteryx portait des plumes. Les adaptations en vue de l'emplumement sont si peu visibles, qu'on ne pourrait les prendre pour telles, si le calcaire de Solenhofen, par son grain si fin, n'avait gardé les empreintes les plus déliées. Admettons un instant qu'on aurait trouvé le squelette seul de l'Archæopteryx, sans trace de plumage. Y aurait-on vu un animal volant? En aucune façon. On y aurait vu au contraire un Reptile marchant, mais haut sur jambes, comme les Caméléons. L'anatomiste assez osé pour prétendre que cet animal avait été doué de la faculté de vol et qui se serait appuyé sur la structure des jambes aurait vite été repoussé par des considérations tirées des pattes antérieures.

Mais, grâce à la finesse exceptionnelle de la pâte des pierres lithographiques, les plumes sont trouvées, attachées à une main et à une queue de Reptile et à une jambe d'Oiseau. Qui donc pourrait nier l'existence de plumes plus ou moins développées, plus ou moins rudimentaires sur beaucoup de Reptiles anciens, dont nous n'avons trouvé que les squelettes ou des os isolés, enveloppés dans une gangue grossière et incapable de garder des empreintes délicates? Je crois avoir prouvé, par ce qui précède, que l'adaptation au vol marche du dehors au dedans, de la peau au squelette, et que ce dernier peut être encore parfaitement indemne, si j'ose m'exprimer ainsi, lorsque la peau est déjà arrivée à développer des plumes. Ne faut-il pas admettre que l'Archæopteryx, dont le squelette a subi des transformations si minimes vis-à-vis d'un développement luxurieux de plumes, a été précédé par des formes de Reptiles terrestres, dont le squelette n'avait subi aucune altération, et chez lesquels, au lieu de plumes parfaites, existaient seulement des moignons de plumes rudimentaires, tels que les montre aujourd'hui l'embryon des Oiseaux dans l'œuf? Les conformations cutanées étant détruites par la fossilisation au milieu d'une gangue grossière, quel moyen nous restera-t-il donc pour reconnaître, dans un Lézard terrestre à squelette normal, les traces d'un emplumement rudimentaire en train de se développer?

Je n'ai pas besoin de rappeler ici, pour appuyer ces considérations, que l'homologie entre les écailles, les crêtes, les piquants et autres conformations cutanées des Reptiles d'un côté, et celle des plumes des Oiseaux, est reconnue depuis longtemps (voir Gegenbaur, *Manuel d'anatomie comparée*, p. 550); que toutes ces conformations reptiliennes ne se distinguent en rien des moignons, en forme de verrues, qui apparaissent chez l'embryon des Oiseaux comme premiers vestiges du plumage; que la plume de l'Oiseau n'est qu'une écaille de Reptile développée ultérieurement, et que l'écaille du Reptile n'est qu'une plume restée à l'état embryonnaire. Il ne peut donc pas y avoir de doute, les plumes si complètement développées de l'Archæopteryx ont dû être précédées, sur d'autres Reptiles antérieurs, par des conformations cutanées représentant, d'une manière persistante, les différents stades du développement embryonnaire de la plume. Nous devons, par conséquent, nous représenter les ancêtres de l'Archæopteryx comme des Reptiles terrestres en forme de Lézards, ayant des pattes à cinq doigts crochus et libres, ne montrant aucune modification dans leur squelette, mais ayant la peau munie, sur des places différentes, de longues verrues, de duvets et de plumes rudimentaires, impropres au vol, mais comportant un développement ultérieur dans le cours des générations.

Je m'arrête ici. N'ayant fait qu'une étude fort incomplète de la plaque originale, qui demande un examen des plus approfondis, je n'ai pu donner que des aperçus basés sur l'inspection de la photographie. Mais j'espère vous avoir démontré que notre fossile, unique dans son genre, est digne de la plus sérieuse étude, par laquelle on pourra résoudre une foule de questions du plus haut intérêt scientifique. Vous trouverez bien légitime maintenant le vœu que je formule, savoir, que cette pièce puisse passer des mains du propriétaire actuel en la possession d'une institution ou d'un Musée, où elle soit accessible à tous ceux qui veulent en faire une étude approfondie.

C. Vogt.

Professeur à l'Université de Genève.

LA GRÈCE PRIMITIVE

Mycènes (1).

On a beaucoup parlé, en sens divers, du docteur Schliemann. Tout d'abord on se trouve en présence d'un homme qui s'est fait lui-même, qui doit à sa volonté persistante, à son effort personnel, et ce qu'il a appris, et ce qu'il est devenu, et ce qu'il a mis au jour ou voulu découvrir. Depuis l'époque assez éloignée où, simple garçon épicier dans une petite ville d'Allemagne, il payait de trois verres d'eau-de-vie l'étudiant qui lui récitait les vers d'Homère, jusqu'à celle où, grand commerçant à Saint-Pétersbourg et capitaliste à Londres, il est venu extraire à ses frais des profondeurs de l'agora de Mycènes les corps ensevelis sous la poussière de trente siècles, sa carrière a fourni encore une fois la preuve de ce que peut l'intelligence unie à la ténacité dans le caractère, ainsi que la foi dans une œuvre quelconque.

La foi dans son œuvre, la foi persistante, en dépit des doutes qu'on lui soumet, des objections qu'on lui oppose, des plaisanteries mêmes qu'on lui peut adresser, tel est le

(1) *Mycènes*, par le docteur Schliemann, traduit de l'anglais, par J. Girardin. — 1 vol. gr. in-8°, avec huit cartes et 540 figures. (Paris, Hachette et Cie.)

signe qui distingue Schliemann et qui a fait de lui l'un des plus étonnants chercheurs qu'il y ait encore eu.

N'essayez pas de lui dire qu'Homère est un mythe, qu'il y a dans ce nom une appellation générique enveloppant les rhapsodes des premiers temps historiques. Il vous répondra qu'il croit à l'existence d'un poète unique et qu'il tient surtout pour entièrement vrais les récits que ce poète a racontés dans son merveilleux langage. A ce compte, alors même qu'Homère s'évanouirait, il n'en resterait pas moins que les héros de l'*Iliade* et de l'*Odyssée* ont vécu réellement, et qu'ils ont dans le courant de leur existence accompli tous les actes que leur attribue le poète. « J'ai toujours, nous dit-il, cru fermement à la guerre de Troie; ma foi dans Homère et dans la tradition reste au-dessus des objections de la critique moderne. Je n'ai jamais douté qu'un roi de Mycènes, appelé Agamemnon, que son écuyer Eurymédon, que sa captive Cassandre et ses compagnons n'eussent été tués, en arrivant de Troie, par des moyens de trahison, et précipitamment ensevelis. J'ajoutai une foi pleine et entière au récit de Pausanias quand, remontant à la tradition, il nous affirme que les victimes se trouvaient dans l'acropole. »

On voit de suite en quelle série d'entreprises une croyance de cette nature pouvait engager Schliemann. A constater d'abord l'emplacement de Troie, puis à se rendre à Ithaque, afin d'y rechercher celui de la capitale abandonnée si longtemps par l'un des plus célèbres héros d'Homère; enfin, à

Fig. 22. — Masque d'or, trouvé sur la face d'un des morts. Quatrième tombeau. Au 1/3 environ de la grandeur réelle.

Fig. 23. — Masque d'or massif, placé à l'extrémité nord du premier tombeau. — Au 1/5 environ de la grandeur réelle.

fouiller les ruines de Mycènes pour amener au jour, après trois mille ans, les monuments d'Agamemnon et de ceux qui formaient sa suite à son retour de Troie.

La thèse capitale de l'important et curieux ouvrage de Schliemann est donc celle-ci : les tombeaux de l'agora de Mycènes sont-ils réellement les tombeaux du chef de l'armée grecque et de ses compagnons; les restes qu'on y a trouvés représentent-ils ceux d'une partie de ces héros qui, grâce à l'intervention d'Homère, ont joui de la gloire la plus durable que le monde ait jusqu'à présent connue?

Les esprits peu enclins de leur nature au scepticisme, en présence des résultats apportés et des preuves fournies, n'hésiteront pas à conclure que le savant anglo-allemand a pleinement accompli sa tâche et qu'il ne reste plus grand'-chose à lui demander. Ceux qui ne veulent pas admettre qu'il y a une large part de réalité historique dans les récits de l'*Iliade* et de l'*Odyssée* pourront, au contraire, établir bien des réserves. Mais tous s'accorderont pour admirer ou tout au moins respecter cette vaillance dans une tâche où l'auteur a mis tout l'effort d'un savoir lentement et laborieusement obtenu, et à laquelle il a consacré de plus, avec un complet désintéressement, les années de son âge mûr, ainsi qu'une partie de sa fortune acquise.

Les constructions cyclopéennes de Tirynthe et de Mycènes représentent vraisemblablement les plus anciens monuments de la Grèce ; on les dit antérieures au XIVe siècle avant Jésus-Christ. Tout ce que les fouilles de Tyrinthe ont révélé se retrouve à Mycènes, mais associé dans cette dernière ville à une richesse et à une sorte de supériorité artistique annonçant soit un génie plus élevé, soit un âge historique plus avancé. Les deux antiques cités, très voisines l'une de l'autre et reliées par une route dont les dalles énormes se voient encore, ont été les aînées d'Argos; peut-être même au temps d'Homère, ce nom d'Argos ne désignait-il qu'une région assez vague, de laquelle Mycènes était la capitale. On sait comment disparurent ces villes.

Tirynthe, célèbre aussi comme patrie d'Hercule, et Mycènes, capitale et tombeau du « roi des hommes » chanté par

Homère, furent assiégées par les Argiens au cours de la LXXVIIIe olympiade (468 avant J.-C.). Les Mycéniens comptaient sur le secours des Lacédémoniens, mais ceux-ci furent empêchés de venir, et les deux malheureuses villes, successivement prises d'assaut, furent pillées et rasées, tandis que leurs habitants, selon la coutume antique, étaient emmenés en esclavage par les vainqueurs. Depuis lors elles sont demeurées désertes. Il s'ensuit que Tirynthe et Mycènes, grâce à leurs ruines précoces, sont restées pour nous de vrais monuments préhistoriques.

Arrivons aux fameuses sépultures recherchées et fouillées par Schliemann. Les cinq principales, dont il nous donne dans son ouvrage une description très détaillée, sont situées en un lieu qu'il a prouvé être l'agora de Mycènes : c'est une place entourée d'un double cercle de pierres polies, où s'asseyaient les anciens de la cité, et absolument conforme aux indications homériques. Les ruines d'une grande maison cyclopéenne située à quelque distance sont sans doute ce qui reste de l'ancien palais des Pélopides.

M. Schliemann pense que les tombeaux n'étaient pas situés primitivement dans l'agora, mais que celle-ci fut postérieurement établie autour des tombeaux. Cette hypothèse n'est pas très acceptable, étant donnée la situation des constructions avoisinantes. Mais, dans l'un ou l'autre cas, il est certain que l'on a voulu honorer de façon toute particulière les morts qui s'y trouvent, puisque les cinq tombeaux occupent plus de la moitié de la superficie totale. Nous savons qu'aux premiers temps historiques, c'était rendre aux défunts le plus grand hommage que de les inhumer dans l'agora; nous ne pouvons donc pas douter qu'il en ait été de même aux temps préhistoriques ou héroïques.

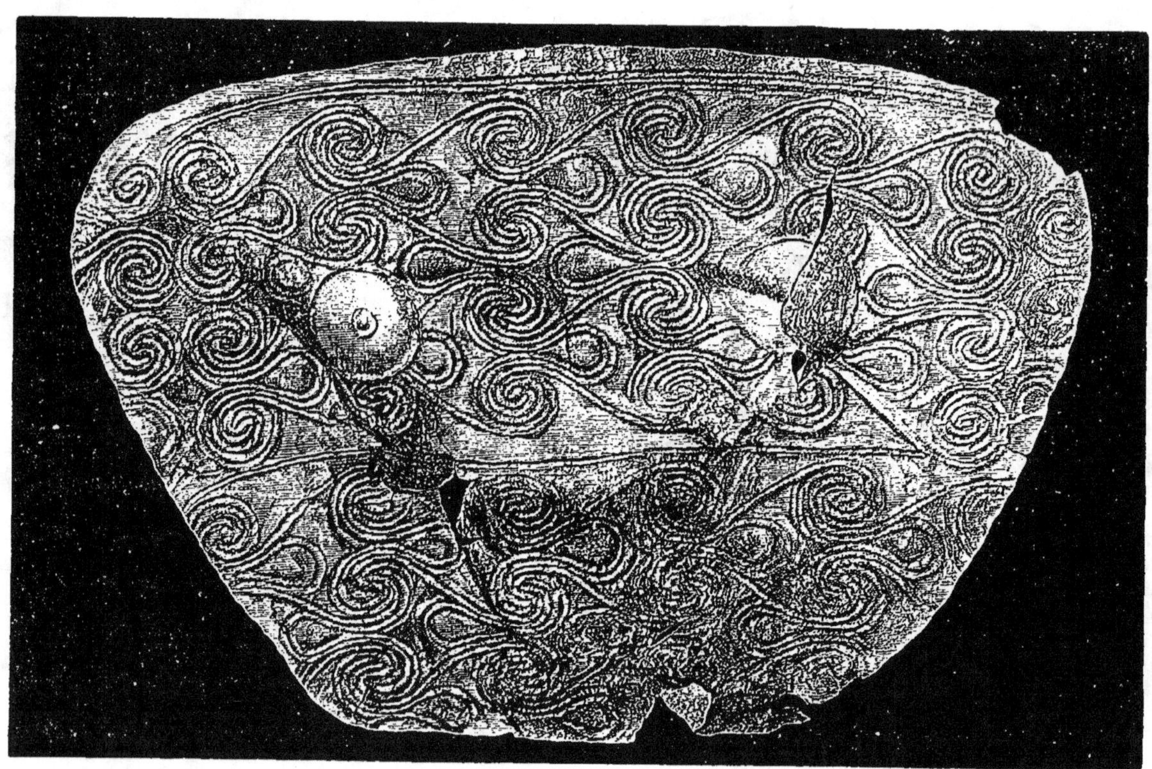

Fig. 24. — Cuirasse en or massif, décorée de dessins. Premier tombeau.
Au 1/4 environ de la grandeur réelle.

A une profondeur de 4 à 5 mètres, autour et sur des corps d'hommes, de femmes et d'enfants, Schliemann et sa femme, qui l'accompagnait en toute cette exploration, ont eu les premiers la joie de mettre au jour et de contempler des vases et des coupes d'or de grand poids et de beau travail, des diadèmes d'or et des bijoux de même métal, ceux-ci par centaines, des cuirasses d'or et, chose infiniment curieuse, des masques d'or (fig. 22 et 23) posés sur la face de chacun des cadavres.

Cette habitude, en effet, nous était inconnue. Nous n'avons aucun indice de nature à faire supposer que l'usage de masques semblables pour les morts ait été connu en Grèce. La littérature grecque, dans les œuvres d'Homère et dans celles des écrivains postérieurs, est pleine de renseignements sur les rites funéraires; néanmoins, pendant une période de plus de douze cents ans, nous ne trouvons pas une seule allusion à la coutume de mettre des masques sur la figure des morts. On ne peut ici que se livrer aux conjectures, penser que nous nous trouvons en présence d'un fait isolé, reste ou imitation de coutumes étrangères, souvenir de quelque immigration oubliée profondément depuis lors. On sait, d'ailleurs, que la famille d'Agamemnon était d'origine étrangère. Les plastrons d'or (fig. 24) qui recouvraient la poitrine doivent également attirer notre attention, parce que, évidemment, ils n'ont jamais été destinés à servir à la guerre.

Ce dépôt, si considérable en matière d'or, assigne à ces

objets un rang exceptionnel parmi les dépôts funéraires de l'antiquité. Le poids en dépasse cent livres anglaises, et l'on s'étonnerait qu'il fût d'usage de faire un dépôt semblable même dans le tombeau des rois, si l'on ne se rappelait qu'Homère indique certaines cités : Mycènes, Thèbes, Orchomène, comme les plus riches de son petit univers. A Mycènes en particulier, il applique la seule et même épithète d' « abondante en or », *polykhrysos,* qui devient presque pour cette ville une formule de son vers.

Enumérons à présent les cinq tombeaux successivement révélés par le travail des fouilles, et qui contenaient les corps de dix-sept personnes ; douze hommes, trois femmes, et deux ou trois enfants.

Le premier que l'on rencontra mit à jour les restes de trois corps humains. Ils n'étaient séparés de la surface nivelée du rocher formant le fond du tombeau que par une couche de cailloux ; ces cailloux accusaient des traces de feu et de fumée, d'où il appert que ces corps ont été brûlés tous les trois à la place même où ils reposaient. Chacun d'eux portait cinq diadèmes formés de minces plaques en or, et dont on retrouve des modèles semblables en chacune des autres sépultures.

Le second tombeau contenait cinq squelettes, mais l'humidité les avait tellement détériorés, qu'il fut impossible de recueillir un seul crâne en entier. De même que les précédents, ces corps n'avaient pas été brûlés sur le bûcher funéraire; le tombeau ne renfermait aucun ornement de prix, mais des idoles de *Hèra* (Junon) (?) et des vases de terre cuite (fig. 25, 26 et 27), remarquables par leurs décorations de fleurs, qui révèlent, chez les artistes mycéniens, une facilité de main acquise par une longue pratique.

Fig. 25. — Vase de terre cuite trouvé à 3 mètres de profondeur. — Aux 3/4 environ de la grandeur naturelle.

Fig. 26. — Cruche de terre cuite. Fond jaune, lignes noires, trouvée à 3 mètres de profondeur. — Aux 7/9 de la grandeur réelle.

Encouragé par l'heureux résultat de ces deux premières fouilles, Schliemann fit enlever deux grandes stèles (monolithes en forme de fût de colonne ou de demi-colonnes), situées sur une troisième ligne. En creusant le sol au-dessous des blocs qui les maintenaient, on rencontra de nouveau trois corps, étendus également à trois pieds l'un de l'autre, sur une même couche de cailloux, portant toujours des traces visibles de feu. Ces corps étaient littéralement chargés de bijoux, accusant de même la marque du feu et de la fumée ; ces bijoux se composaient en général de plaques d'or rondes, avec d'élégantes décorations en repoussé (fig. 28, 29, 30 et 31). Il n'en fut pas recueilli moins de 700, ce qui porte d'abord à croire que les corps ont appartenu à des femmes ; cette conjecture se trouve affirmée par la petitesse des os des squelettes. Rien n'est plus intéressant que les magnifiques vignettes dont Schliemann a fait accompagner son texte, et qui nous montrent avec quelle perfection et quelle variété les orfèvres mycéniens savaient exécuter le repoussé. Sur la tête de l'un des trois corps se trouvait une magnifique couronne d'or, d'une étendue ou longueur de 62 centimètres (fig. 32). Elle est couverte à profusion d'ornements en forme de boucliers, exécutés au repoussé, faisant saillie et se détachant en bas-relief, ce qui donne à l'ensemble un aspect d'une magnificence rare. C'est un des objets les plus intéressants et les plus précieux trouvés à Mycènes.

Enhardi par ces heureux résultats, Schliemann concentra son attention sur un emplacement voisin du troisième tombeau. Aucune stèle ne le lui désignait, mais certains indices le portaient à effectuer cette nouvelle fouille. En effet, à une profondeur de 6 mètres, il atteignit une masse presque circulaire de maçonnerie cyclopéenne, de 1^{m} 20 de haut, de 2 mètres de large et de 1^{m} 60 de long. C'est là un autel primitif, qui servait à la célébration des rites funéraires.

Au dessous, une colonne couchée indiquait évidemment un quatrième tombeau, que l'on trouva en effet taillé dans le roc, à 1^{m} 30 seulement du troisième, et où gisaient les corps de cinq hommes. Les cinq corps, brûlés à la place même où ils reposaient, étaient chargés également de bijoux. A côté d'eux se trouvaient cinq grands vases de cuivre (fig. 33), dont trois portent des traces non équivoques d'un long séjour sur le feu.

C'est un fait notable qu'il n'y a de soudure sur aucun de ces grands vases, qui se composent simplement de plaques de cuivre solidement jointes ensemble par d'innombrables clous. Toutes les anses sont attachées de même. Comme on relève dans l'*Iliade* de nombreuses allusions aux vases de cuivre, si l'on venait quelque jour à trouver dans les tombeaux de Mycènes des armes de cuivre semblables à celles que l'on voit en certains musées anglais, rien ne pourrait donner plus d'autorité aux passages des poèmes où l'on voit que l'usage du cuivre était général. Or, si le cuivre était le métal ordinaire de la période héroïque, peut-être un jour nos archéologues auraient-ils à intercaler un âge de cuivre entre leur âge de pierre et leur âge de bronze. L'habitude de déposer dans les tombeaux, en vue d'honorer les morts,

Fig. 27. — Fragments d'un vase peint représentant des guerriers armés, trouvés à 5 mètres de profondeur. Au 1/3 environ de la grandeur réelle.

une grande quantité de vases et même de chaudrons de cuivre, ne semble pas particulière à Mycènes; on la trouve ailleurs, où elle remonte à une antiquité des plus reculées.

Mais le plus remarquable des vases déposés dans ce tombeau est une magnifique coupe d'or massif, à une anse, et du poids de quatre livres. C'est un des plus riches joyaux du trésor de Mycènes; à côté, on en releva une autre qui rappelle aussitôt celle de Nestor (fig. 34), tellement la description qu'en donne Homère s'y applique de tout point. Malheureusement, ces riches objets ont été bosselés, et le corps a été rabattu sur le pied par le poids des pierres et des décombres. Des diadèmes d'or, des vases d'albâtre, de merveilleux boutons en forme de croix, des dragons d'or, des pommeaux de garde d'épée et des baudriers se trouvent placés à côté.

Les fouilles de ce quatrième tombeau firent découvrir le cinquième et dernier, dans une position au nord-ouest du précédent. Le fond, comme d'habitude, était couvert d'un lit de cailloux calcinés sur lequel se trouvaient les restes mortels d'un seul personnage, brûlé à la place même où il reposait. Il portait un diadème d'or, et n'était entouré que de vases de terre cuite modelés à la main; l'un d'eux est orné de mamelles de femmes, comme les vases préhistoriques de Santorin et de Troie.

En revenant aux données premières de Schliemann, appuyées sur sa foi dans le récit d'Homère, ainsi que dans les détails donnés par Euripide, Sophocle, Eschyle, Pausanias, et confirmés depuis par des découvertes concordantes, il n'est pas bien contestable qu'il a eu sous les yeux les restes d'Agamemnon et de ses compagnons, traîtreusement assassinés au retour d'Ilion par Clytemnestre ou par Egysthe, son amant.

En effet, si l'on considère l'énorme profondeur des tombeaux (10 mètres au-dessous du sol actuel), et le peu de distance qui sépare les corps, on verra qu'il est impossible que l'on ait dressé trois, et surtout cinq bûchers dans le même tombeau, à des époques différentes. De plus, l'identité du mode d'ensevelissement, la ressemblance de toutes ces tombes, si voisines l'une de l'autre; l'impossibilité d'admettre que trois et cinq personnages d'une immense richesse, qui seraient morts de leur mort naturelle à différents intervalles, auraient été jetés pêle-mêle dans la même fosse, enfin et surtout la grande ressemblance entre tous les ornements,

Fig. 28. — Plaque d'or : une seiche. Troisième tombeau.

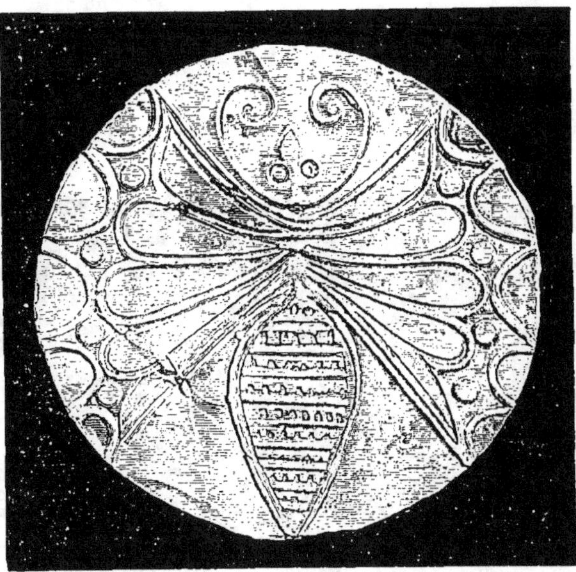

Fig. 29. — Plaque d'or : un papillon. Troisième tombeau.

qui sont exactement du même style et de la même époque ; tout constitue un ensemble de faits prouvant que les douze hommes, les trois femmes et les deux ou trois enfants, ont dû périr dans la même circonstance et se trouver brûlés ensemble.

On a objecté qu'il était impossible que ces tombeaux fussent ceux d'Agamemnon, d'Eurymédon, de Cassandre et de leurs compagnons, par la raison que ces personnages avaient été assassinés par leurs plus mortels ennemis, et que ces ennemis, ayant usurpé le pouvoir, ne les auraient pas enterrés, et surtout n'auraient pas permis à d'autres de les enterrer avec de semblables trésors.

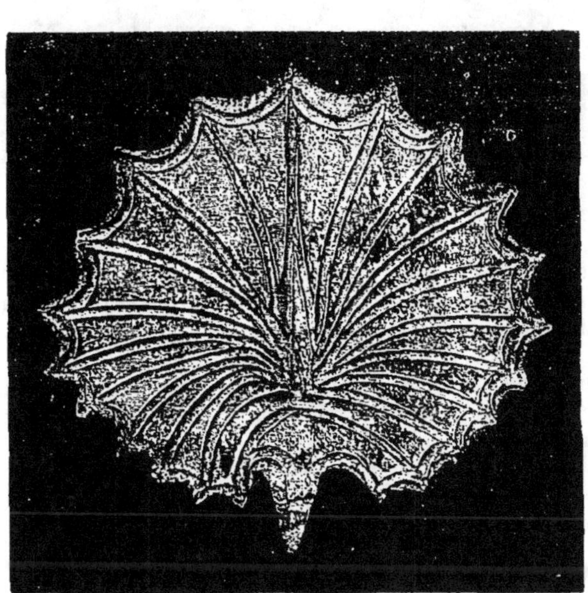

Fig. 30. — Plaque d'or : feuille. Troisième tombeau.

Fig. 31. — Croix d'or. Troisième tombeau. — Grandeur réelle.

Pour qui connaît la nature des idées religieuses de l'antiquité, cette objection reste sans valeur. Elle tombe en outre devant le témoignage positif d'Homère. Il dit, en effet, que celui même qui tuait son ennemi le brûlait avec son armure complète, et l'on voit dans d'autres passages que c'était l'usage des temps héroïques d'inhumer les morts avec les objets aimés d'eux pendant leur vie. Il n'y a aucune raison pour que les meurtriers d'Agamemnon n'aient pas agi de même à son égard; ils n'attendaient et ne convoitaient pas les dépouilles rapportées d'Ilion, leur pensée unique était de se défaire de l'homme qui eût sans doute cruellement châtié leur adultère.

Un érudit, dont le nom fait autorité en ces matières, M. Émile Burnouf, directeur honoraire de l'école d'Athènes, qui a consacré plusieurs études spéciales au caractère des fouilles de M. Schliemann à Mycènes, a examiné de son côté la question. Il conclut que les tombeaux de Mycènes sont bien ceux des Pélopides, et il établit que tout concourt à la vérité de cette démonstration : leur place dans l'acropole, la masse des objets précieux qu'ils renferment, une tradition séculaire invariable, ainsi que la concordance entre elles de toutes les constatations particulières auxquelles ils ont donné lieu. Tel est aussi le sentiment de M. Gladstone, qui s'intéresse de façon spéciale à tout ce qui se réfère à

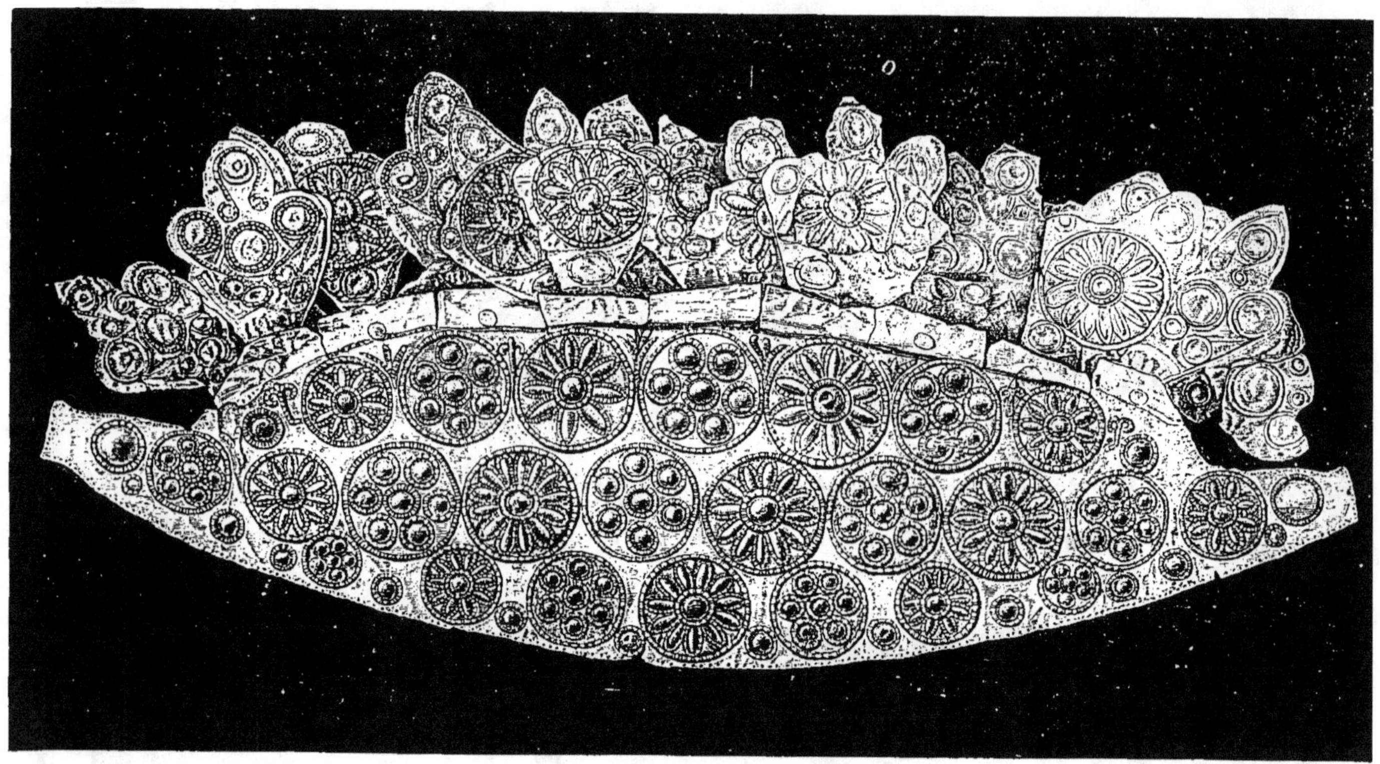

Fig. 32. — Magnifique couronne d'or, trouvée sur la tête d'un des trois personnages enterrés dans le troisième tombeau. Un peu plus du 1/4 de la grandeur réelle.

l'antiquité grecque, et qui a écrit pour ce motif, sur la demande du docteur Schliemann, une préface assez longue qui ne constitue pas le moindre attrait de ce beau travail.

Maintenant dans lequel des cinq tombeaux trouverons-nous le fils d'Atrée, ce « roi des hommes » dont tant de générations successives ont appris le nom et retenu le glorieux souvenir. Dans le premier probablement, renfermant trois corps de grande stature, dont l'un, celui du milieu, qui nous intéresserait le plus, a justement été dérangé, ce que prouve l'éparpillement des cendres, et dépouillé de ses ornements. Par qui, à quelle date et dans quelle circonstance? C'est ce qu'il n'est pas cette fois possible de dire. Les deux autres au contraire ont conservé leurs lourds masques d'or, qui les ont préservés de la combustion complète. A côté de ces personnages, des coupes et des vases d'or, des diadèmes d'or et des bijoux de même métal, par centaines, sans compter l'argent et le cuivre; les gemmes, représentant des griffons volants (fig. 35), des scènes de chasse ou de guerre; des baudriers d'or, des épées de bronze ornées de cristal et richement décorées; des colliers de perles d'ambre, des ornements de draperies d'or, tous objets qu'Homère a peut-être vus, puisqu'il en a décrit quelques-uns avec tant d'exactitude. La décoration de l'une des épées notamment rappelle d'une manière frappante la description de l'épée d'Agamemnon dans l'*Iliade*.

Il est fâcheux que nos doutes ne soient pas levés par quelque preuve écrite ou quelque inscription, et que les inductions de l'auteur ne puissent être données comme des certitudes. Mais cette preuve ne sera jamais obtenue; l'art d'écrire ne paraît pas avoir existé en Grèce à l'époque homérique, ni même en Troade. Quelques phrases, ou simplement quelques mots vaudraient cependant mieux, il faut le reconnaître, pour la constatation de la vérité, que toutes les déductions ou les analogies.

Pour ne rien faire perdre de son caractère à l'intéressant travail de M. Schliemann, nous avons conservé dans cette analyse le ton affirmatif de l'auteur; mais, s'il nous est permis d'exprimer notre avis personnel, nous dirons qu'il serait peut-être bon de faire quelques réserves sur ce qui concerne la légende d'Agamemnon; les détails du moins nous paraissent présentés avec un peu trop de confiance. Il se trouvera certainement des personnes compétentes qui en contesteront la valeur. Plusieurs refuseront d'admettre que la preuve archéologique puisse aller jusque-là, surtout quand les éléments en ont été recueillis avec une prévention passionnée que les premiers résultats des fouilles n'ont fait qu'augmenter. Les tombeaux découverts sont certainement ceux d'une famille royale mycénienne; mais laquelle ? de quelle race et de quelle époque, puisque les inscriptions font défaut? Ces derniers documents sont pourtant, comme nous le disions tout à l'heure, les termes de comparaison indispensables pour résoudre scientifiquement, c'est-à-dire d'une manière certaine, définitive, le très intéressant problème soulevé par Schliemann.

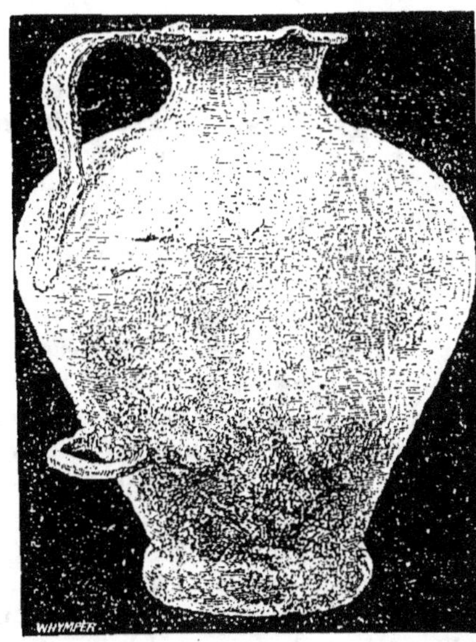

Fig. 33. — Grand vase de cuivre. — Quatrième tombeau. Au 1/8 de la grandeur réelle.

Fig. 34. — Coupe d'or, avec deux colombes sur les anses. Quatrième tombeau. — Au 3/8 de la grandeur réelle.

Quelle que soit la conclusion, que chacun reste libre en somme de tirer pour son compte, il n'en est pas moins vrai que Schliemann, après avoir conçu son œuvre d'érudition historique, l'a exécutée avec une patience rare et un bonheur non moins frappant. Il y a deux siècles, il y a même seulement cinquante années, tous les lettrés ou savants de

Fig. 35. — Griffon volant, en or. Troisième tombeau. Grandeur réelle

l'Europe, tous les classiques de goût ou de profession se fussent profondément émus de ses recherches; la mise au jour possible des cendres d'Agamemnon eût été accueillie avec des cris d'enthousiasme. Le récit des fouilles opérées à Mycènes aurait pénétré et se serait répété partout. Ces sentiments d'admiration s'adressent aujourd'hui ailleurs; on les réserve pour la poursuite de résultats plus applicables à l'état économique ou social. Il n'en faut pas moins estimer la science historique pour elle-même, et louer sans restriction les hommes qui s'y livrent avec une ardeur aussi merveilleuse.

Les livres de ce genre comportent des difficultés d'exécution matérielle considérables qui ont été ici heureusement résolues. Par le luxe de leur papier, la perfection de leur typographie, le fini de leurs gravures, et le goût parfait de leur reliure, ils doivent faire le bonheur des amateurs de livres comme des amateurs de science; c'est ce qui ne peut pas manquer d'arriver pour l'œuvre de Schliemann.

SOCIÉTÉ NATIONALE D'AGRICULTURE DE FRANCE

M. BOUCHARDAT

L'Aquiculture. — Alimentation des poissons. Aquarium du Trocadéro.

En France on est loin de consommer la quantité de poisson qui serait nécessaire pour élever à un niveau convenable le chiffre de l'alimentation azotée. Les mers qui bornent notre pays, les cours d'eau qui le sillonnent, pourraient produire une masse énorme de riches aliments, mais nous sommes encore bien arriérés dans cette direction.

L'illimitation de la pêche, décrétée en 1793, ne fut guère plus funeste que l'inobservation de sages règlements, et l'emploi de procédés de pêche destructeurs. On en agit tout autrement en Chine. La propriété du poisson est aussi respectée que toute autre. La fécondation artificielle y est pratiquée avec une rare intelligence. Ce n'est pas tout que de produire de l'alevin, il faut le nourrir : que de ressources perdues qui pourraient être si bien utilisées! Les résidus des abattoirs, des voiries d'animaux morts, et une foule de résidus végétaux gaspillés, pourraient avoir ainsi un fructueux emploi. Les Chinois cultivent plusieurs plantes pour nourrir les poissons. Je citerai particulièrement le *Vallisneria spiralis,* le *Potamogeton natans,* le *Trapa natans,* le *Chara fœtida,* qui sont très communs en France. On voit que malgré les persévérants efforts du très regretté Coste, nous sommes encore bien arriérés en fait de pisciculture. L'admirable *aquarium* du Trocadéro pourrait être très utilement consacré à suivre des expériences sur l'alimentation des poissons. »

Depuis que cette courte note est imprimée, il a paru dans le numéro de juin 1879 du bulletin mensuel de la Société d'acclimatation un travail très intéressant de M. P. Carbonnier, intitulé : *Rapport et Observations sur l'aquarium d'eau douce du Trocadéro.* Je veux, comme hygiéniste, ajouter quelques arguments à ceux qu'il donne pour appuyer le vœu qu'il émet : que la municipalité parisienne, aux mains de laquelle l'aquarium va probablement passer, ou le gouvernement, si le conseil municipal refuse le Trocadéro, ne laissent pas inutile une création unique qui, tout en conservant son caractère primitif d'exhibition attrayante et instructive, peut aussi devenir un établissement d'utilité publique et de richesse nationale.

Oui, j'en suis convaincu, l'aquarium d'eau douce du Trocadéro, en modifiant quelques-unes des parties de son admirable installation, pourra devenir un foyer d'études des plus intéressants et un établissement d'une grande utilité.

Parlons d'abord de la multiplication et de la dissémination des espèces précieuses ou nouvelles. Je me contenterai, pour montrer l'importance de ce côté de la question, de citer un passage du rapport de M. Carbonnier :

« Le 25 octobre dernier, dit-il, M. le ministre des travaux publics recevait, de la Société d'acclimatation, une boîte contenant trente mille œufs embryonnés d'un saumon de Californie (*Salmo quinnat*); il me chargea du soin d'en pratiquer l'incubation et le premier élevage. Ils furent placés dans un appareil d'éclosion disposé sous la galerie couverte de l'aquarium du Trocadéro, et, six semaines après, ils produisirent 26 000 alevins de cette nouvelle et précieuse espèce, lesquels, par les ordres du ministre, ont été répartis de la manière suivante dans nos rivières : 5 000 dans la Sarthe, 5 000 dans la Vienne, 5 000 dans l'Yonne, 5 000 dans l'Adour, 5 000 dans les gaves de Pau. Le dernier mille a été conservé dans le bac n° 18 de l'aquarium.

« Tous ces jeunes poissons sont arrivés en bon état à destination, démontrant ainsi la possibilité de transport des alevins par grand nombre à de grandes distances.

« J'ai la conviction qu'en établissant dans les divers bacs de l'aquarium du Trocadéro des conditions d'existence correspondant aux besoins et aux mœurs des diverses races aquatiques, il serait possible d'obtenir, dans Paris même, des millions d'alevins d'espèces variées, qui répandus ensuite dans nos cours d'eau y apporteraient la vie et accroîtraient ainsi sans grands frais une source importante de l'alimentation publique. J'ajouterai que tous les cours d'eau et cascades du Trocadéro et du Champ-de-Mars pourraient être utilisés pour l'élevage des jeunes alevins.

« Des conférences périodiques et des démonstrations pratiques des divers modes d'alimentation, etc., pourraient apporter à cette exploitation un complément théorique indispensable. Paris aurait une école modèle de pisciculture, école unique en Europe, et qui n'exigerait, puisque le principal, l'aquarium, existe déjà, que la création de quelques laboratoires d'incubation. »

J'arrive maintenant aux moyens à mettre en usage pour conserver et nourrir les poissons.

Je vais indiquer rapidement les problèmes sur lesquels on possède déjà plusieurs données et ceux dont la solution pourrait être facilement abordée au grand aquarium du Trocadéro. Ils se rapporteraient *pour chaque espèce* : 1° à la température aux altérations et à la nature de l'eau, 2° à l'alimentation.

Température. — Il est étonnant combien des espèces voisines de poissons diffèrent les unes des autres sous le rapport des températures auxquelles elles peuvent vivre et des variations qu'elles ne peuvent supporter.

J'ai fait à cet égard de nombreuses observations, et j'ai constaté à bien des reprises la funeste influence sur plusieurs espèces de poissons, d'une température oscillant entre 20° et 25° centigrades. Il se peut que dans quelques-unes de ces observations la diminution de la quantité de gaz oxygène dissous dans l'eau ait coïncidé avec l'élévation de la température. Je dois dire que les poissons qui résistent le mieux ou qui savent convenablement se diriger sous ce rapport en se plaçant à différentes hauteurs dans les pièces d'eau, suivant la température, sont les carpes et les poissons rouges. Les carpes, que l'on cultive déjà sur une si vaste échelle en France, prospèrent dans un étang en nombre et en poids, en raison des aliments convenables qu'elles y trouvent. Sachons leur fournir économiquement ce qui leur convient, et ce qui leur manque en quantité, dans la plupart des étangs.

Nature de l'eau. — La nature de l'eau a une influence certaine sur la santé des poissons; mais ce qu'il importe pour eux, c'est qu'elle approche le plus possible de la pureté et qu'elle contienne des *monas* rouges ou verts, ou des végétaux qui, sous l'influence de l'insolation, en décomposant l'acide carbonique dissous, produisent du gaz oxygène. Aux vingt-quatre bacs qui composent l'aquarium du Trocadéro, il sera indispensable d'en ajouter de nouveaux, jouissant au *maximum* du bienfait de l'insolation, recevant les rayons du soleil une grande partie du jour et surtout le matin. Par là on atteint le double but d'oxygéner l'eau par la multiplication des *monas* et de favoriser le développement des plantes aquatiques indispensables pour les espèces herbivores, quand on connaîtra bien les herbes aquatiques qui leur conviennent. Les bacs souterrains étaient établis parfaitement pour le but d'exhibition que l'on devait viser pendant l'Exposition. Ils conviennent moins sous le rapport expérimental.

Altération des cours d'eau. — C'est un objet de la plus grande importance que d'éviter l'altération des cours d'eau, au point de vue de l'*aquiculture.* La réglementation à cet égard ne saurait être trop sévère et trop rigoureusement mise en pratique. Je vais citer trois exemples qui suffiront à nous montrer combien grande doit être la vigilance à cet égard.

1° Un beau matin on déversa dans un grand fleuve une masse énorme d'eau, résidus d'usines à gaz. Les poissons tournèrent et périrent à une très grande distance en aval du déversement de ces eaux-résidus. Mes expériences sur l'influence des poissons sur les animaux qui vivent dans l'eau expliquent très bien ce résultat (1).

Une quantité infiniment petite d'une essence ou de produits pyrogènes volatils suffit pour tuer les poissons avec une étonnante rapidité.

2° Dans une petite rivière coulant sur un sol granitique, un propriétaire d'une scierie n'imagina rien de mieux, pour se débarrasser d'amas de sa sciure, que de les faire jeter dans la rivière. Les poissons furent avec le temps complètement détruits. Cette sciure de bois, en se décomposant, a pu produire de l'acide lactique, et j'ai vu (*loco citato*) qu'un demi-millième de cet acide dans l'eau, ne lui communiquant pas de saveur appréciable, suffisait pour foudroyer les poissons en dissolvant leurs branchies. On a dernièrement, en Angleterre, constaté l'empoisonnement de tous les poissons d'une rivière dans laquelle avaient été déversés des acides d'une fabrique de produits chimiques.

L'influence funeste des eaux-résidus des papeteries sur les poissons est généralement connue.

3° Quand on déverse dans des pièces d'eau empoisonnées des eaux-résidus des féculeries et des amidonneries, ces eaux, qui sont inodores et paraissent inoffensives, prennent bientôt une détestable odeur d'œufs pourris par le fait de la transformation des sulfates dissous dans l'eau en sulfures : tous les poissons périssent.

On doit absolument imposer aux fabriques qui produisent des eaux-résidus nuisibles à l'aquiculture, de les employer en irrigations, comme notre collègue et ami Dailly en a donné l'exemple. On y gagnera à tous les points de vue.

Alimentation. — Les sujets à élucider se rapportant à l'alimentation des poissons sont très nombreux. On devrait commencer par compléter tout ce que l'on sait déjà sur la nature des aliments que chaque espèce libre préfère; on pourrait, outre l'observation directe, suivre le procédé si habilement mis en usage par notre ancien collègue Florent Prévost, examiner avec le plus grand soin les aliments contenus dans l'appareil digestif de tous les individus sacrifiés. Si ces aliments préférés par chaque espèce peuvent être facilement produits économiquement et en abondance soit dans les cours d'eau, soit autrement, rien de mieux que de le faire. Pour les espèces herbivores, assurer la production des plantes qui leur conviennent; pour les espèces piscivores, leur fournir les proies qui se multiplient à l'infini et se nourrissent le plus économiquement. Ce n'est pas tout; le régime des poissons peut être modifié, changé par des soins et par l'habitude. On pourra, pour bien des espèces au moins, leur faire accepter des aliments dont elles n'usent point à l'état de liberté et donner à ces aliments une forme qui écarte le plus possible les chances de gaspillage.

Je vais citer un exemple qui prouve que certaines espèces peuvent changer de régime avec la plus grande facilité. La carpe élevée dans les étangs se nourrit, comme chacun sait, de vers, d'algues, d'herbes; j'ai vu de ces poissons conservés dans les fossés d'un château qui dispensaient le maître du lieu de recourir au service des vidangeurs. Les carpes connaissaient les habitudes journalières de chacun des habitants et étaient aux aguets pour recueillir les moindres traces des déjections. Je conviens que c'est un aliment que plusieurs espèces de poissons, le chevanne en particulier, recherchent avidement, mais je suis convaincu qu'on pourrait convertir en masses analogues au pain de chenevis plusieurs résidus alimentaires, sang et autres produits des abattoirs, que les poissons accepteraient et utiliseraient; je suis persuadé qu'on pourrait composer des mélanges solides et appétissants pour eux, dans lesquels la sciure de bois pourrait intervenir et que certaines espèces digéreraient et assimileraient; j'ai constaté que chez plusieurs espèces le ligneux pouvait être dissout dans les intestins comme les fécules. Les animaux à température variable ont moins besoin que nos animaux domestiques à sang chaud d'aliments pour produire de la chaleur; ils peuvent donc mieux utiliser pour nous les substances qu'ils ingèrent. C'est par de longues et patientes observations des espèces les plus utiles que l'aquarium du Trocadéro rendra faciles, qu'on pourra découvrir et régler l'alimentation économique des poissons.

Le problème de la multiplication illimitée est résolu par les fécondations artificielles; il ne reste plus qu'à attaquer celui de l'alimentation la plus économique et la plus convenable pour chaque espèce.

Les canaux servant à transporter les marchandises et aux irrigations vont se multiplier, en France surtout, dans les contrées ravagées par le *phylloxera*. Imitons les Chinois et sachons, en utilisant ces masses d'eau, trouver de précieuses ressources alimentaires dans l'élève des poissons.

A. Bouchardat,
Professeur à la Faculté de médecine de Paris.

(1) Bouchardat, *Recherches sur la végétation appliquées à l'agriculture*, p. 29. (Recherches sur l'action de substances diverses sur les plantes et sur les animaux qui vivent dans l'eau.) In-18, Chamerot, 1866.

LA GÉNÉRATION DES VERTÉBRÉS

D'après M. Balbiani (1).

Parmi les découvertes les plus remarquables dont l'embryogénie s'est enrichie dans ces dernières années, celles qui sont relatives à l'origine et à l'évolution des éléments essentiels de la reproduction des animaux, l'œuf et le spermatozoïde tiennent assurément la première place. Aussi est-ce à ce sujet que M. Balbiani a cru devoir consacrer toute une année de son cours d'embryogénie comparée au Collège de France, en se bornant toutefois à étudier l'histoire des éléments sexuels chez les vertébrés. Ces leçons ont été recueillies avec une grande exactitude et une parfaite intelligence du sujet par l'assistant de M. Balbiani, M. Henneguy.

M. Balbiani passe successivement en revue la composition de l'œuf dans la série des vertébrés, mammifères, oiseaux, reptiles, batraciens, et poissons, en décrivant chemin faisant l'organe dans lequel cet œuf prend naissance, son mode d'expulsion et toutes les parties accessoires dont cet œuf s'entoure en traversant les conduits évacuateurs de la femelle. L'ovogénèse est la partie la plus intéressante de l'histoire de l'œuf et celle qui a été le mieux étudiée dans ces dernières

(1) *Leçons sur la génération des vertébrés*, par G. Balbiani, recueillies par le Dr F. Henneguy. 1 vol. gr. in-8° (Paris, Octave Doin, édit.).

années. Grâce aux beaux travaux de Pflüger et de Waldeyer, on sait aujourd'hui que l'œuf apparaît de très bonne heure chez l'embryon. Parmi les cellules épithéliales qui recouvrent le corps de Wolff, dans la cavité abdominale, quelques-unes se différencient, augmentent de volume et deviennent les futurs ovules de l'animal. On a suivi en effet l'évolution de ces cellules, on les a vues pénétrer, entourées de cellules épithéliales voisines, dans le stroma sous-jacent et constituer ainsi de jeunes follicules de Graaf, ou des amas ovulaires, connus sous le nom de tubes de Pflüger, qui se différencient plus tard en follicules de Graaf. Les recherches de Waldeyer n'avaient porté que sur le poulet, celles de Balfour et de Semper sont venues prouver qu'il en était de même chez les poissons cartilagineux; récemment Max Braun a vu les ovules des reptiles se former d'une manière identique, et M. Balbiani a observé aussi les jeunes ovules dans l'épithélium germinatif de la cavité abdominale des mammifères. L'origine épithéliale de l'œuf est donc un fait général et admis par la plupart des auteurs. Quant aux cellules qui entourent l'œuf dans le follicule, les uns, et c'est la majorité, les font provenir de l'épithélium ovarique, comme l'ovule, les autres, entre autres Forclès, prétendent que ce ne sont que des cellules différenciées du stroma de l'ovaire, et Kölliker les fait dériver de l'épithélium des tubes du corps de Wolff. Les observations personnelles de M. Balbiani donnent raison à la première manière de voir : les cellules du follicule ont la même origine que l'œuf.

Si l'œuf a une origine identique chez tous les vertébrés, il est loin de se présenter sous le même aspect chez les divers animaux; on sait en effet quelle différence de volume il existe entre l'œuf des oiseaux et celui des mammifères. Aussi les embryogénistes ne sont pas d'accord pour savoir si l'œuf conserve jusqu'à la fin de son développement sa valeur physiologique primitive, s'il reste une simple cellule, ou s'il devient un organe pluricellulaire complexe. Il existe trois opinions principales différentes, relatives à la signification morphologique de l'œuf des ovipares. Suivant les uns, l'œuf ovarien mûr de ces animaux, c'est-à-dire le jaune avec sa cicatricule est l'équivalent d'un follicule de Graaf de mammifères ; le jaune correspondant au liquide folliculaire et la cicatricule à l'ovule (H. Meckel, Allen Thomson, Ecker, His); suivant d'autres, l'œuf des ovipares entier est une simple cellule ayant pris un développement considérable par suite de l'accroissement des granulations vitellines des vésicules du jaune. (Schawnn, Wagner, Kölliker, Leuckart, Gegenbaur, Cramer, etc.) Enfin, suivant Waldeyer, cet œuf serait une cellule complexe parce qu'elle renfermerait des éléments venus du dehors, la granulation vitelline étant, d'après lui, sécrétée par l'épithélium du follicule. La seconde opinion qui consiste à regarder l'œuf des ovipares comme ayant la même signification que celui des mammifères est assurément la plus rationnelle et la plus conforme à l'observation.

L'étude du développement des éléments sexuels du mâle des spermatozoïdes s'est enrichie, comme l'ovogénie, de faits tout nouveaux et encore plus intéressants, dus en majeure partie aux recherches de M. Balbiani.

Balfour, Semper, Spengel, Braun, ont montré que la glande génitale était primitivement identique chez le mâle et chez la femelle et présentait à sa surface un épithélium germinatif avec des ovules. M. Balbiani a suivi le premier, il y a déjà quelques années, l'évolution de ces ovules du mâle chez les plagiostomes. Le testicule de ces animaux se compose d'un grand nombre de petites ampoules, d'autant plus petites qu'on se rapproche d'un point de la surface de l'organe que Semper a appelé le pli progerminatif. Les jeunes ampoules sont identiques à de petits follicules de Graaf, et renferment un ovule central entouré de cellules épithéliales. Bientôt cet ovule central se couvre de bourgeons cellulaires qui viennent se mettre chacun en rapport avec une des cellules épithéliales. Du contact de ce bourgeon ovulaire avec la cellule épithéliale résulte une sorte de fécondation de cette cellule, qui émet vers le centre de l'ampoule un stolon, lequel se couvre de petites cellules filles. En même temps, l'ovule central disparaît par résorption et il ne reste plus que ses bourgeons qui persistent à côté des cellules du stolon. Dans chacune de ces cellules, ou *spermatoblastes*, apparaît, à côté du noyau, un corps réfringent, le *globule céphalique* qui est la tête d'un spermatozoïde. Il se forme ainsi sur chaque cellule épithéliale de l'ampoule testiculaire un faisceau de spermatozoïdes porté par un stolon; celui-ci se rétracte petit à petit et finit par attirer dans l'intérieur de la cellule qui lui a donné naissance toutes les têtes des spermatozoïdes, de manière à les rendre parallèles. Les spermatozoïdes tombent dans la cavité de l'ampoule.

C'est d'une manière semblable que se forment les spermatozoïdes chez les autres vertébrés. Dans le testicule de tous les jeunes animaux, on trouve de petits ovules entourés de cellules épithéliales, et représentant de jeunes follicules de Graaf. Ces petits systèmes, au lieu d'être isolés comme dans l'ovaire des femelles ou dans le testicule des plagiostomes, sont contenus dans les tubes séminifères. Les ovules se conjuguent avec les cellules épithéliales, et sous l'influence de cette espèce de fécondation on observe une série de phénomènes qui se succèdent dans l'ordre suivant : formation de petits bourgeons cellulaires à la surface de jeunes cellules épithéliales, grossissement et multiplication par division de ces bourgeons ou cellules séminales primaires, qui donnent ainsi naissance à un amas de cellules filles, se rattachant par un axe commun à la cellule mère épithéliale; les dernières cellules filles ainsi produites sont les cellules de développement des spermatozoïdes.

Le spermatozoïde résulte donc, d'après M. Balbiani, de l'action de deux éléments l'un sur l'autre, d'un élément femelle représenté par l'ovule, et d'un élément mâle représenté par la cellule épithéliale de l'ampoule ou du canalicule séminifère. Ce mode de génèse du spermatozoïde le rapproche de l'animal, qui provient également de la fusion d'un œuf et de ce même spermatozoïde. Aussi M. Balbiani ne regarde pas le spermatozoïde comme un simple élément anatomique; il revient à l'opinion des anciens anatomistes et le considère comme un véritable animalcule.

Les faits que nous venons d'exposer tendent à faire admettre un véritable hermaphrodisme de la glande mâle des vertébrés. Il faut entendre par là la réunion de deux sortes d'éléments sexuels, l'un femelle, l'ovule, l'autre mâle, la cellule épithéliale, dans un même organe. Il existe des conditions analogues dans la glande génitale femelle. M. Balbiani a démontré, en effet, depuis longtemps, l'adjonction à l'œuf contenu dans le follicule ovarien d'un corps particulier qui joue le rôle d'élément mâle, non seulement au point de vue anatomique, mais aussi au point de vue physiologique. Ce corps, c'est la *vésicule embryogène.*

Dans les œufs de presque tous les animaux vertébrés et invertébrés, M. Balbiani a trouvé, en outre de la vésicule germinative, un corps cellulaire qu'il a vu naître par bourgeonnement de l'une des cellules épithéliales du follicule de Graaf. En pénétrant dans l'œuf, cette cellule (vésicule embryogène) conserve son individualité; son protoplasma ne se fusionne pas avec le vitellus: celui-ci est refoulé par la cellule, qui s'y creuse une cavité et y est comme enchâssée. L'origine épithéliale de cette vésicule en fait un élément analogue à une cellule séminale, qui exerce sur l'œuf une action semblable à celle d'un spermatozoïde: elle exerce une sorte de fécondation et amène la formation du germe. On constate, en effet, que c'est toujours autour de cet élément que se déposent les granulations plastiques dans l'œuf.

La cellule embryogène étant un élément primordial, on comprend que chez certains êtres, et dans certains cas, son action ne se bornera pas à déterminer la formation du germe. Elle pourra suffire à provoquer, d'une manière plus ou moins complète, soit seulement les premières phases du développement de l'œuf, soit même ce développement tout entier, et produire un animal parfait, ce qui constitue la *parthénogénèse*. Cette théorie a été déjà développée longuement par M. Balbiani dans ses mémoires sur la reproduction des pucerons (1).

Un certain nombre de leçons est consacré à la description de l'appareil génital mâle des vertébrés. C'est encore à Balfour, Semper, Spengel et Braun que nous devons nos connaissances les plus précises sur la constitution de cet appareil. Ces auteurs ont démontré que les vaisseaux afférents du testicule ne sont que des organes segmentaires qui viennent s'aboucher avec les canaux séminifères. Ces organes segmentaires sont des canaux à lacet qui existent chez l'embryon des Plagiostomes et des Reptiles, de chaque côté de la colonne vertébrale, et font communiquer la cavité péritonéale avec le canal du corps de Wolff. Ces canaux sont comparables aux organes segmentaires, qui, chez les vers, font communiquer la cavité du corps avec l'extérieur. C'est sur cette homologie remarquable que Semper a fondé une théorie ingénieuse sur la parenté des vertébrés et des invertébrés.

Il nous reste à signaler, en terminant cette trop courte analyse, la présence dans les « Leçons » de M. Balbiani, de 150 figures originales ou empruntées aux mémoires les plus récents, et de six belles planches en chromo-lithographie relatives aux travaux personnels de l'auteur sur la spermatogénèse et qui facilitent singulièrement l'intelligence du texte. En somme, cet ouvrage est empreint de l'esprit scientifique moderne. Il caractérise bien l'enseignement du Collège de France, tel qu'on le comprend généralement; il est en effet mis avec le plus grand soin au courant des découvertes les plus récentes et contient en même temps un exposé des travaux personnels du professeur qui a pour mission de faire avancer la science en même temps et plus encore que de l'exposer.

(1) Balbiani, *Annales des sciences naturelles*, 5e série, XI, 1860 et XIV, 1870.

FACULTÉ DES SCIENCES DE PARIS

DOCTORAT

M. H. HERMITE

La géologie des îles Baléares,

Les îles Baléares, qui constituent les sommets d'un chaînon montagneux sous-marin, dirigé du sud-ouest au nord-est, et partant de la côte d'Espagne pour s'avancer dans la Méditerranée vers la Sardaigne, ne sont pas encore bien connues au point de vue géologique. Elles ont été cependant décrites à diverses reprises et ont fait l'objet de travaux, parmi lesquels les meilleurs sont ceux de La Marmora et surtout ceux de M. Haime. M. Bouvy, ingénieur de la mine de lignites de Binisalem, dans l'île de Majorque, a en outre étudié cette île avec assez de détails. Mais ces travaux présentaient des lacunes ou des erreurs assez importantes.

M. H. Hermite s'est attaché à combler les unes et à rectifier les autres, dans un séjour de six mois qu'il a consacré en 1878 à l'exploration de Majorque et de Minorque, et dont il vient de consigner les résultats dans la thèse présentée par lui à la Faculté des sciences de Paris pour obtenir le grade de docteur ès sciences naturelles. Il ressort de ce travail, exposé avec une grande netteté, que les parties émergées de ces deux îles sont constituées presque exclusivement par des couches sédimentaires, mais que ces couches ont été tourmentées et disloquées à diverses reprises postérieurement à leur dépôt, ce qui en rend souvent l'étude fort compliquée.

Le terrain le plus ancien reconnu par M. Hermite est le terrain dévonien, que personne n'avait encore observé dans ces îles. Il n'affleure pas à Majorque, mais il se montre dans la région nord de Minorque sur d'assez grandes étendues. Il est formé de schistes et de grès renfermant des empreintes végétales peu déterminables, parmi lesquelles on reconnaîtrait cependant une espèce nouvelle du genre *Sphenophyllum*, non encore signalé à un niveau aussi bas. C'est, en effet, d'après les fossiles marins rencontrés vers le milieu de ces couches, au dévonien moyen qu'elles paraissent devoir être rattachées. La découverte d'une flore terrestre de cette époque présente un intérêt tout particulier, et il serait à désirer que de nouvelles recherches fissent trouver un gisement d'empreintes mieux conservées.

Une grande lacune paraît avoir suivi le dépôt des assises dévoniennes, car elles sont directement recouvertes par les grès du trias inférieur, qui se présentent là sous le même aspect que les grès bigarrés des Vosges, et renferment comme eux de nombreux débris végétaux, malheureusement en mauvais état de conservation. Ces grès ne s'observent à Majorque que sur un seul point de la côte occidentale; mais ils sont assez développés à Minorque et y sont couronnés, dans plusieurs localités, par des assises calcaires représentant le muschelkalk, surmontées elles-mêmes de bancs calcaires divisés en plaquettes minces, que leur faune démontre appartenir au keuper.

Au-dessus du trias, on observe une puissante série de couches calcaires représentant le terrain jurassique, mais pauvres en fossiles et dont il est d'autant plus difficile de déterminer l'âge avec précision, qu'elles sont coupées de failles nombreuses et qu'on ne saurait y établir de divisions stratigraphiques. M. Hermite a constaté cependant, grâce à quelques fossiles, l'existence du lias, ainsi qu'Élie de Beaumont l'avait reconnu dès 1827. Le lias moyen se montre en deux points dans l'île de Minorque, au centre, près de Maria, et sur le bord de la côte occidentale, non loin de Soller. A Minorque, on trouve, près d'Alcoitx, un troisième horizon qui correspond à la base du lias supérieur. Quant aux couches jurassiques supérieures, constituant la haute chaîne qui longe la côte nord-ouest de Majorque et s'élève, dans sa partie centrale, à plus de 1400 mètres, on ne peut y distinguer d'étages précis; les fossiles rencontrés permettent seulement d'indiquer, sur un point, l'étage bajocien ou bathonien, et sur un autre l'oxfordien. Un fait assez intéressant, c'est que ces couches jurassiques sont traversées, sur quelques points de la chaîne montagneuse de Majorque, par des dykes d'une roche volcanique très analogue aux mélaphyres permiens d'Oberstein et des Vosges. La venue au jour de ces roches ne paraît pas, d'ailleurs, avoir amené de grands dérangements dans l'allure des couches traversées.

Sur un assez grand nombre de points de Majorque, ces couches jurassiques sont surmontées, en stratification concordante, par des calcaires compactes riches en fossiles, appartenant à la zone à *Ammonites transitorius,* qu'on range tantôt dans le terrain jurassique, tantôt dans le crétacé. Immédiatement au-dessus se trouve le néocomien véritable, formé de calcaires marneux blancs ou bleuâtres, dans lesquels M. Hermite a recueilli beaucoup de fossiles, qui semblent indiquer deux horizons distincts. Le néocomien affleure à Majorque le long du bord méridional et du bord occidental de la chaîne montagneuse principale qui borde le rivage nord-ouest; il se montre aussi en quelques points de la région centrale, et au nord-est dans les montagnes des environs d'Arta. Enfin, on le retrouve à Cabrera, et sur un point très restreint au nord de Minorque. Le terrain crétacé proprement dit semble manquer complètement.

En revanche, la série tertiaire est représentée, sinon dans son entier, du moins par un assez grand nombre de termes : le plus inférieur consiste dans un système de calcaires lacustres accompagnés de lignites, qui ont fait l'objet d'exploitations d'une certaine importance à Binisalem et à Selva. Ces couches, renfermant une faune toute spéciale, se montrent principalement dans la région centrale de Majorque; on en retrouve même des témoins à l'est et à l'ouest, attestant l'existence d'un grand lac à l'époque éocène inférieure; il n'en existe, du reste, aucune trace à Minorque ni à Cabrera. Ces couches ont été profondément ravinées sur plusieurs points après leur dépôt, et détruites même en partie. Puis, à leur suite, mais en stratification discordante, sont venus des conglomérats et des calcaires nummulitiques, correspondant en partie à l'éocène supérieur. Ils apparaissent en divers points de la chaîne principale de Majorque et dans la région centrale de l'île, ainsi qu'à Cabrera, mais ils manquent totalement à Minorque.

Le premier étage tertiaire qui soit représenté dans cette île est le miocène moyen ; il en constitue toute la région sud-ouest et vient buter, le long d'une ligne presque droite orientée nord-ouest sud-est, contre les terrains plus anciens qui formaient le rivage de la mer miocène et qui étaient relevés avant son dépôt. Il se montre également à Majorque dans toute la région centrale de l'île, au nord-est de Palma, et y est aussi complètement indépendant des formations précédentes, même de l'éocène, avec lequel il est en discordance de stratification. Il est d'ailleurs plus complet à Majorque qu'à Minorque, n'étant représenté dans cette île que par des calcaires à clypéastres, tandis que dans celle-là il se subdivise en deux étages, des calcaires à clypéastres et, par-dessus, des couches à *Ostrea crassissima.* Celles-ci se lient intimement, à leur tour, à des assises calcaires renfermant beaucoup de petits cérithes, qui semblent représenter la base des *couches à cérithes* d'Autriche, c'est-à-dire le commencement du miocène supérieur ; d'autres couches calcaires, celles de Belver et de Santany, correspondent aux parties moyennes et supérieures de cette formation, et contiennent déjà un assez grand nombre de coquilles qui paraissent appartenir à des espèces vivant actuellement dans la Méditerranée.

Il ne paraît exister aux Baléares aucun dépôt marin de l'époque pliocène, les couches rapportées à cet étage par quelques auteurs appartenant en réalité au miocène supérieur. Mais M. Hermite a reconnu, à l'est de Palma, des calcaires siliceux d'eau douce, qui, par leur faune et par leur position stratigraphique, semblent devoir être rangés dans le pliocène ; ils sont, du reste, peu développés et ne se retrouvent pas à Minorque.

Enfin, à l'époque quaternaire, les eaux qui creusèrent les vallées, s'attaquant surtout aux points où des plissements ou des failles rendaient les roches plus faciles à désagréger, formèrent en même temps des dépôts de diverses natures: les plus anciens sont des calcaires sableux et des poudingues, renfermant des espèces encore vivantes de mollusques, et notamment le *Cardium edule* en abondance; ils sont peu puissants et ne s'observent qu'au voisinage du littoral. Mais ensuite un affaissement du sol fit pénétrer les eaux de la mer beaucoup plus avant, leur action modifia encore le relief, et elles déposèrent des calcaires tendres, formés de petits débris de coquilles et de grains de sable siliceux, dans lesquels on trouve des coquilles terrestres, et notamment des *Helix ;* ces calcaires, qui fournissent une excellente pierre de construction, furent ensuite ravinés lors de l'exhaussement du sol, et il n'en resta que des lambeaux sur les flancs des vallées, où on les retrouve aujourd'hui jusqu'à 70 et 80 mètres d'altitude. Ces deux horizons existent à Minorque comme à Majorque, mais on observe en outre, dans cette dernière île, aux environs de Palma, des couches de galets de l'époque quaternaire, dont l'âge, par rapport aux calcaires à *Cardium* et à *Helix,* n'a pu encore être précisé.

M. Hermite ne s'est occupé jusqu'ici que des deux grandes Baléares; il lui reste à explorer Iviça et Formentera et à compléter, par cette étude, l'intéressant travail qu'il vient de publier, et dont il pourra peut-être, par ses nouvelles recherches, arriver à élucider les points restés obscurs, comme la distinction des niveaux du terrain jurassique supérieur. Qu'il nous soit permis d'insister encore, en terminant, sur l'intérêt qu'il y aurait à trouver une flore fossile bien conservée dans des roches appartenant positivement au dévonien moyen; on ne connaît presque pas de végétaux terrestres de cet âge, et les plus anciens qui avaient été signalés, les *Eopteris* des ardoises siluriennes d'Angers, doivent être désormais rangés parmi les *ludus naturæ ;* M. Hermite a présenté, en effet, le 19 mai dernier, à la Société géologique de Paris, une série complète de ces empreintes semblant établir qu'elles ne sont constituées que par des dendrites pyriteuses formées entre les feuillets schisteux, le long d'un ancien trou d'annélide simulant un pétiole. Il lui appartiendrait donc de dédommager les paléontologistes de la perte de l'*Eopteris,* en faisant remonter jusqu'au dévonien moyen la connaissance un peu complète de la flore terrestre, qui s'arrête aujourd'hui au dévonien supérieur.

Depuis plusieurs années déjà M. Hermite est professeur à l'université cléricale d'Angers. Naturellement les universités cléricales ne peuvent pas exiger, comme l'État, que leurs élus soient au moins docteurs avant de distribuer eux-mêmes l'enseignement.

Mais cette fonction ne l'a point empêché de continuer tranquillement ses études, et de les couronner enfin par le grade de docteur. Il avait fait à Angers deux ou trois leçons d'ouverture avec un grand succès; mais il paraît que ces leçons triomphales n'avaient pas eu de lendemain. Le professeur d'Angers pouvait donc, sans inconvénient, émarger à distance presque toute l'année et rester ainsi élève du laboratoire de M. *Hébert* à la Sorbonne. C'est là, et non à l'université cléricale, qu'il a fait sa thèse, comme il le reconnaît du reste lui-même, sous la direction et avec l'assistance de M. Munier-Chalmas, directeur adjoint du laboratoire.

BULLETIN DES SOCIÉTÉS SAVANTES

Académie des sciences de Paris. — 25 AOUT 1879.

M. Mouchez : Découverte de deux comètes. — MM. Wurtz et Bouchut : Sur le ferment digestif du *Carica papaya*. — M. Léauté : Procédé pour obtenir d'un régulateur quelconque un degré d'isochronisme voulu et stable. — M. le Secrétaire perpétuel : Le système métrique en Amérique et en Angleterre. — M. Cruls : Etoiles multiples observées au Brésil. — M. Amagat : La compressibilité des gaz. — M. Troost : La vapeur de l'alizarine. — M. Lionet : Purification de l'hydrogène. — M. Galtier : Études sur la rage. — M. d'Arsonval : De la chaleur animale. — M. Frank : Du rôle de quelques filets nerveux. — M. Dieulafait : Conséquences de la diffusion du cuivre dans les roches primordiales.

M. *Mouchez* fait part à l'Académie de deux dépêches de l'Académie de Vienne annonçant la découverte de deux comètes: l'une, trouvée par M. Palisa, le 21 août, à l'observatoire de Pola, est ronde et assez brillante; l'autre, trouvée par M. Hartwig, le 24 août, à Strasbourg, est plus faible, et se dirige vers le sud-est.

— MM. *Wurtz* et *Bouchut* ont fait venir d'Amérique une certaine quantité de suc de *Carica papaya,* pour reconnaître la nature et le mode d'action du ferment digestif qui existe dans cette plante. Mis en contact avec la viande crue, la fibrine, le blanc d'œuf cuit, le gluten, il les a attaqués et ramollis au bout de quelques instants, et a fini par les dissoudre après une digestion de quelques heures à 40°. Le lait est coagulé d'abord, et la caséine précipitée se dissout ensuite. Des fausses membranes du croup, retirées par la trachéotomie, des helminthes, tels que ascarides et ténias, sont attaqués et digérés en quelques heures. Nul doute, par conséquent, que ce suc ne renferme un ferment digestif analogue, mais supérieur en activité à celui que secrètent les plantes carnivores: Nepenthes, Drosera, Darlingtonia, sur lesquelles MM. Darwin et Hooker ont appelé l'attention, et qui renferment une sorte de pepsine végétale.

— M. *Léauté* expose à l'Académie la théorie générale d'un procédé permettant d'obtenir, d'un régulateur à boules quelconques, le degré d'isochronisme que l'on veut, et de maintenir ce degré pour toutes les vitesses de régime. La recherche d'un régulateur isochrone a préoccupé longtemps les ingénieurs et les savants. Des solutions approchées ont été indiquées par un grand nombre d'auteurs, et une solution rigoureuse et complète du problème a été donnée par M. Rolland.

Quant au système de M. Léauté, il satisfait plus spécialement aux conditions ci-après : 1° il s'applique à un régulateur à boules quelconques; 2° il procure à chaque instant le degré d'isochronisme voulu; 3° il permet de maintenir ce degré d'isochronisme quand la vitesse du régime est modifiée; 4° il donne la possibilité de faire varier cette vitesse à volonté, sans même arrêter la machine; 5° il est facile à établir et ne complique pas sensiblement le mécanisme. Dans une prochaine communication, l'auteur indiquera les règles pratiques auxquelles conduit la théorie qu'il vient d'exposer.

— M. *le Secrétaire perpétuel* donne lecture d'une lettre lui annonçant que l'Association nationale des médecins américains a accepté le système métrique comme le langage quantitatif de la profession, dans sa réunion du 6 mai dernier, à Atlanta (Géorgie). De même, l'Association britannique vient de nommer une commission chargée de s'enquérir des moyens d'appliquer le système métrique en médecine dans le Royaume-Uni. Cette mesure, qui équivaut à l'acceptation du principe, a été votée le 9 courant, à la réunion de Cork.

— M. *Cruls*, signale un certain nombre d'étoiles multiples, d'après les observations faites à l'observatoire de Rio-de-Janeiro, et pour servir à la révision du ciel austral qu'il a commencée, entre le pôle et le parallèle de 50° de distance polaire.

— M. *E.-H. Amagat* a poursuivi ses recherches sur la compressibilité des gaz à des pressions élevées; il en fait connaître les nouveaux résultats. Après avoir précédemment déterminé la loi de compressibilité de l'azote, entre 30 et 430 atmosphères, il a étudié, par comparaison avec celui-ci, celle de divers autres gaz. Les expériences ont été faites avec deux manomètres de cristal pouvant résister à une pression de 500 atmosphères. Ainsi qu'on pouvait le prévoir, les gaz qui sont vraisemblablement le plus rapprochés des circonstances qui peuvent déterminer leur liquéfaction sont ceux qui atteignent la plus grande compressibilité. En second lieu, il est probable que, lorsqu'un gaz soumis à des pressions croissantes, après avoir montré d'abord ou non une augmentation dans sa compressibilité, présente ensuite une diminution, c'est que ce gaz se trouve placé dans ces conditions où il peut, par la pression seule, passer graduellement par tous les états intermédiaires entre l'état gazeux et l'état liquide, sans qu'il y ait liquéfaction proprement dite. Ces variations disparaîtraient-elles si l'on élevait la température? C'est une question que M. Amagat se propose d'étudier, après avoir fait construire l'appareil nécessaire à ces expériences.

— M. *L. Troost* adresse une note sur la tension maximum et la détermination de la densité de vapeur de l'alizarine. Cette détermination présente des difficultés toutes spéciales, en raison de l'action de l'alizarine sur les alcalis du verre. En somme, on arrive à constater que la formule $C^{28} H^8 O^8$ conduit à la densité calculée 16,62 pour 4 volumes. L'équivalent de l'alizarine correspond donc à 4 volumes.

— M. *A. Lionet* adresse une note sur la purification à froid de l'hydrogène par l'oxyde de cuivre. Il affirme aujourd'hui que le procédé de purification est pratique, et il fera prochainement connaître les divers composés obtenus par l'action des combinaisons de l'hydrogène avec l'oxyde de cuivre.

— M. *Galtier* communique le résultat de ses recherches sur la rage du chien. La plus importante des conclusions qu'il tire de ses recherches est que la salive du chien enragé, recueillie sur l'animal vivant, et conservée dans l'eau, est encore virulente cinq, quatorze et vingt-quatre heures après.

Ce fait, très important, est plein de conséquences que tout le monde peut entrevoir. Dès maintenant, il paraît établi que l'eau du vase dans lequel un chien enragé a laissé tomber sa salive, en essayant de boire, doit être considérée comme virulente, tout au moins pendant vingt-quatre heures; en second lieu, que la salive du chien enragé qui a succombé à la maladie ou qui a été abattu, ne perdant pas ses propriétés par le simple refroidissement du cadavre, il y a lieu de se mettre en garde, dans les autopsies, contre les dangers possibles des inoculations, quand on procède à l'examen de la cavité buccale et du pharynx.

— M. *d'Arsonval* soumet à l'Académie le résultat de ses recherches physiologiques sur la chaleur animale, commencées sous la direction de Claude Bernard, et poursuivies aujourd'hui dans le laboratoire de M. Marey, à l'aide de la méthode graphique à laquelle ce dernier savant a donné une si grande extension en physiologie. Cette méthode sera exposée longuement dans les travaux du laboratoire de M. le professeur Marey. Dans une prochaine communication, M. d'Arsonval exposera le plan adopté pour ses recherches, dont l'étendue nécessite un classement méthodique.

— M. *Fr. Frank* envoie une note contenant l'exposé de ses observations sur le rôle des filets nerveux contenus dans l'anastomose dite de Galien, qui existe entre le nerf laryngé supérieur et le nerf laryngé récurrent.

— M. *L. Dieulafait* adresse un travail sur la diffusion du cuivre dans les roches primordiales et les dépôts sédimentaires qui en procèdent. D'après l'auteur, le cuivre existe à l'état de dissémination complète dans toute l'épaisseur de la formation primordiale; il existe également dans les mers modernes : la Méditerranée, la mer Rouge et la mer des Indes. Dans les boues des mers anciennes, toujours très sulfureuses, on trouve également le cuivre; il en est de même pour les marnes noires qui accompagnent le gypse de tous les âges. Le cuivre a dû s'accumuler en effet par quantité sensible dans les eaux marines, toutes les fois que ces eaux ont lavé pendant longtemps les débris des roches primordiales; d'un autre côté, ce cuivre s'est précipité quand, dans ces eaux, il s'est produit des corps susceptibles de former avec le cuivre des combinaisons insolubles. De même, le fait de la dissémination du cuivre dans l'épaisseur de la formation primordiale entraîne cette conséquence que toutes les eaux qui se minéralisent dans cette formation ou dans ses dépendances immédiates doivent renfermer du cuivre. C'est ainsi que l'auteur en a récemment constaté la présence jusque dans les eaux corses d'Orezza.

SÉANCE DU 1er SEPTEMBRE 1879.

M. Faye : Théorie des oscillations d'un pendule double. — Expériences de M. Langley sur la température solaire. — M. Janssen : Les températures solaires. — M. Berthelot : La constitution chimique des amalgames alcalins. — M. H. Léauté : Moyen d'obtenir un degré d'isochronisme voulu dans un régulateur quelconque. — M. Ed. Brandt : Recherches sur le système nerveux des insectes. — M. P.-T. Clève : Deux éléments nouveaux. — M. Arloing : Effets physiologiques du formiate de soude.

M. *Faye* appelle l'attention de l'Académie sur la théorie mathématique des oscillations d'un pendule double que M. Peirce vient de présenter à l'Académie nationale des sciences aux États-Unis. Pour l'étude de la gravité au moyen de l'observation du pendule on se sert d'instruments qui présentent des défauts assez graves. Ces défauts, qui furent signalés au sein du congrès géodésique tenu en 1877 à Stuttgart, consistent en ce que le pied métallique de l'appareil et même le pilier en pierre qui le porte sont affectés sensiblement par les oscillations du pendule. Pour remédier à cet inconvénient, M. Faye suggéra, dans ladite réunion de Stuttgart, l'idée fort simple de placer sur le même support deux pendules égaux, oscillant en sens contraire dans la même amplitude, de manière à rendre fixe le centre de gravité de la partie mobile de l'appareil, la petite torsion résultant, dans la partie supérieure du châssis, du jeu des pendules opposés, ne devant donner lieu qu'à une correction insignifiante et déterminable une fois pour toutes. Cette suggestion frappa M. Peirce, qui, à la suite de l'étude qu'il vient de présenter à l'Académie des sciences des États-Unis, se prononce très nettement en faveur de la méthode du double pendule.

— M. *Faye* entretient ensuite l'Académie des expériences que M. Langley vient de faire dans une usine de Pittsbourg, en comparant les effets produits sur une pile thermo-électrique et, en second lieu, sur un photomètre de Bunsen, exposés d'un côté à la radiation d'un bain de fer fondu dans le convertisseur Bessemer, et de l'autre à celle du soleil. Les deux procédés donnent, pour la partie exposée au soleil, des effets bien supérieurs à ceux que produit sur l'autre face un bain métallique porté à une haute incandescence, dont la température est certainement au-dessus du point de fusion du platine. M. Faye croit devoir ajouter que M. Langley n'a eu nullement en vue d'obtenir une évaluation quelconque de la température absolue du soleil.

— M. *Janssen* profite de l'occasion que lui fournit la seconde communication de M. Faye pour exprimer son avis sur les derniers travaux qui ont eu pour but la mesure des températures solaires. Pour lui il est évident que, dans ces travaux, on ne tient pas assez compte de la constitution de l'astre. Le soleil est loin d'être une masse homogène, et sa température varie extrêmement suivant que l'on considère isolément chacune des parties qui le constituent. M. Janssen reconnaît bien que, quand on parle de la température du soleil, on entend implicitement celle de la surface de l'astre, c'est-à-dire de la photosphère. Mais ici encore il y a lieu de distinguer, car, dans la photosphère même, on sépare des parties qui ont des températures très différentes. Enfin, quand bien même la photosphère serait homogène, il resterait encore un élément capital à connaître pour conclure la température de la photosphère de sa puissance rayonnante : c'est son pouvoir émissif qui nous est totalement inconnu. « Il me paraît donc, dit en terminant M. Janssen, que les recherches sur le soleil doivent être entreprises sur des bases nouvelles, et mes travaux tendent depuis longtemps vers ce but. Il faut d'abord considérer non plus l'astre dans son ensemble, mais dans chacune de ses parties bien déterminées; puis, dans cette étude, ne plus se borner aux instruments calorimétriques, mais y introduire les méthodes analytiques et spécialement la photographie des spectres des portions étudiées. La considération des longueurs d'onde des rayons est capitale quand il s'agit de température, et c'est en employant des méthodes fondées sur cette considération qu'on pourra seulement parvenir à des notions sûres et définitives sur la température des diverses parties du soleil. »

— M. *Berthelot* présente une troisième note sur la constitution chimique des amalgames alcalins. L'auteur revient à cette étude parce qu'elle lui paraît offrir un grand intérêt comme type de celle des composés résultant de l'union de deux composants solidifiés, tels que les alliages métalliques, les cryohydrates, les graisses, les beurres, les résines, etc. De tels composés peuvent être obtenus, suivant des rapports quelconques, par la fusion simultanée de leurs composants, mais on ne sait pas bien quelle est la nature véritable des produits résultants. S'agit-il d'un simple mélange de certains composés définis, ou bien les propriétés de chacun de ces composés définis sont-elles modifiées d'une certaine façon? Telle est la question importante que l'étude thermique des amalgames alcalins, et par conséquent les expériences de M. Berthelot, ont pour but d'éclaircir, sinon de résoudre.

— M. *H. Léauté* présente une seconde note sur son procédé permettant d'obtenir d'un régulateur à boules quelconque le degré d'isochronisme qu'on veut, et de maintenir ce degré d'isochronisme pour toutes les vitesses de régime. Ce procédé est le suivant : Pour obtenir, dit l'auteur, d'un régulateur à force centrifuge quelconque donné, le degré d'isochronisme qu'on veut et permettre de maintenir ce degré d'isochronisme quand la vitesse de régime vient à varier, tout en laissant la faculté de modifier cette vitesse sans même arrêter la machine, il suffit de munir ce régulateur d'un contre-poids agissant sur le levier de manœuvre et susceptible de se déplacer le long d'une droite, mobile elle-même autour d'un point fixe par rapport à ce levier. Le point fixe est celui où devrait être placé le contre-poids choisi, pour maintenir en équilibre le régulateur, supposé au repos, dans les deux positions qu'il occupe lorsque le manchon est aux $\frac{7}{10}$ de sa course, comptée à partir du milieu; il est sur le levier de manœuvre quand le régulateur est isocèle. Le mécanisme proposé n'exige donc, pour être établi, que deux pesées dans le cas le plus général, et qu'une seule dans le cas d'un régulateur isocèle, sans aucun calcul. Il ne complique pas sensiblement l'appareil, est simple à construire, s'applique à un régulateur quelconque et résout complètement, au point de vue pratique, la question de l'isochronisme.

— M. *Ed. Brandt* expose ses recherches anatomiques et morphologiques sur le système nerveux des insectes. Ces recherches ont porté sur 1032 espèces, appartenant aux différents ordres de la classe des insectes, ainsi que sur un grand nombre de larves. Voici quelques-uns des principaux résultats obtenus : L'auteur s'est d'abord assuré que quelques insectes n'ont pas de ganglion sous-œsophagien séparé; il a constaté ensuite que les corps pédonculés de Dujardin, ou les circonvolutions du cerveau, se rencontrent chez tous les insectes, à un état de développement plus ou moins considérable. En général le développement du cerveau tout entier (ganglion sus-œsophagien) n'est pas en rapport avec le degré de développement des instincts et des mœurs; mais il en est ainsi pour la partie de cet organe qu'on nomme les hémisphères. Le nombre des ganglions n'est pas seulement différent chez les différentes espèces d'insectes; il l'est aussi chez les divers individus d'une même espèce. Ainsi l'ouvrière de l'abeille a cinq ganglions abdominaux, tandis que le mâle et la reine n'en ont que quatre; la guêpe ouvrière a cinq ganglions, tandis que la reine et le mâle en ont six, etc.

— M. *P.-T. Clève* fait connaître deux éléments nouveaux qu'il a trouvés dans l'erbine. Pour le premier de ces métaux, dont l'oxyde se place entre l'ytterbine et l'erbine, l'auteur propose le nom de *thulium*, dérivé de Thulé, le plus ancien nom de la scandinavie. Le poids atomique Tm de ce métal doit être environ 113. L'*erbium* vrai a probablement pour poids atomique 110 à 111; son oxyde est d'une couleur rose-clair. L'autre métal nouveau se trouve entre l'erbine et la terbine; il doit avoir un poids atomique inférieur à 108; son oxyde paraît être jaune. M. Clève propose pour ce dernier métal le nom de *holmium*, Ho, dérivé du nom latinisé de Stockholm, dont les environs renferment tant de minéraux riches en yttria.

— M. *Arloing* a étudié les effets physiologiques du formiate de soude. Voici d'abord quels sont ses effets sur la circulation : Si l'on accumule lentement dans les veines d'un chien ou d'un cheval des doses successives d'une solution de formiate de soude au cinquième, on observe les modifications circulatoires suivantes : après les premières injections, le cœur se ralentit, les capillaires de la circulation générale et pulmonaire se dilatent, la pression artérielle baisse, la vitesse diastolique ou constante du cours du sang augmente dans les vaisseaux centrifuges ; quand la dose introduite dans le sang est devenue une dose forte, le cœur s'accélère et ses systoles perdent de leur énergie. Si le formiate est versé, à dose massive, à l'intérieur même du ventricule droit, il produit le ralentissement ou l'arrêt du cœur. Cet arrêt peut être définitif; sinon, le cœur se restaure d'autant plus vite que la quantité de formiate injectée a été moins considérable; après la restauration du cœur, on observe les effets des doses fortes. Quant aux effets du formiate sur la respiration, M. Arloing a reconnu que les doses faibles augmentent le nombre et l'amplitude des mouvements respiratoires, et que les doses fortes accélèrent les mouvements respiratoires et diminuent de plus en plus leur amplitude. L'auteur a constaté en outre que le formiate de soude est toxique lorsque la dose est supérieure à un gramme par kilogramme du poids vif de l'animal. Enfin le formiate fait baisser la température animale ; l'empoisonnement graduel peut produire un refroidissement de 2°,5 en une heure. L'ensemble de ces propriétés assigne au formiate de soude un rang parmi les médicaments défervescents, et M. Arloing signale ce composé à l'attention des médecins, qui pourraient l'employer dans un certain nombre de cas où l'on redoute l'action du salicylate de soude, car le formiate ne congestionne pas les reins comme le salicylate et ne modifie pas le cœur aussi profondément que cette dernière substance.

CHRONIQUE SCIENTIFIQUE

Association française pour l'avancement des sciences. — L'Association française a tenu cette année, comme on le sait, sa huitième session à Montpellier. Le Congrès se termine cette semaine par les excursions finales qui ont lieu simultanément dans l'Hérault, dans le Gard et dans l'Aude. Nous rendrons compte de ce Congrès dans notre prochain numéro.

— L'orang-outang du Jardin d'acclimatation. — Cet intéressant animal, qui faisait la joie des visiteurs du Jardin d'acclimatation, n'aura pas vécu longtemps parmi nous. Il vient de succomber à une maladie contractée peu de jours après son arrivée au Jardin. On sait que l'orang laisse un tout jeune fils auquel, quoique malade, il prodiguait les soins les plus tendres. Espérons qu'on parviendra à conserver ce fils, qui nous consolera, par ses tours amusants et ses belles grimaces, de la mort de son père.

— Station zoologique a Endaume. — Le conseil municipal de Marseille vient d'accepter les conclusions du rapport de M. le docteur Gariel relatif à la demande d'une station zoologique à Endaume formulée par M. le professeur Marion. Le principe de cette institution a été voté et la commission des finances est chargée d'en assurer les voies et moyens. Le conseil général a émis un vœu identique à la suite d'un rapport de M. le marquis de Clapiers. Nous croyons savoir que le ministère est décidé à favoriser l'exécution de ce projet.

— L'étude de la météorologie. — Un de nos correspondants, M. Rey de Morande, appelle notre attention sur la nécessité qu'il y a d'étudier la météorologie des planètes voisines de la Terre, pour arriver à mieux saisir les phénomènes météorologiques de notre propre globe.

Les travaux météorologiques qui, dit-il, s'exécutent de nos jours, soit en Amérique, soit en Europe nous renseigneront bientôt d'une manière précise sur la marche des grands tourbillons atmosphériques qui circulent à travers notre hémisphère boréal; mais il serait nécessaire, pour les étudier complètement, de pouvoir les observer par en haut. Les conditions nécessaires à notre existence nous empêcheront toujours de faire ces observations, de sorte que nous ne pouvons compléter nos connaissances sous ce rapport qu'en étudiant la météorologie des planètes voisines de la terre.

La planète Jupiter présente des conditions particulièrement favorables à l'étude dont il s'agit. Cet astre énorme, moins dense que la terre et pesant néanmoins 300 fois plus qu'elle, met près de douze ans à accomplir sa révolution autour du soleil. Son axe de rotation est presque perpendiculaire au plan dans lequel il se meut, et si l'on remarque en outre que l'action calorifique du soleil y est vingt-sept fois moindre que sur la terre, on pourra admettre que la météorologie de Jupiter se distingue de la nôtre par une température plus uniforme et par l'absence à peu près complète de ce que nous nommons les saisons. L'épaisseur de l'atmosphère et les masses nuageuses qui y circulent constamment contribuent au même résultat, et les climats s'y succèdent lentement de l'équateur aux pôles. Il n'y a, pour ainsi dire, sur ce globe qu'une zone tempérée : la zone torride est réduite à 3 degrés de part et d'autre de l'équateur et la zone glaciale à un cercle de 3 degrés de rayon autour de chaque pôle. Jupiter conserve à peu près, par rapport au soleil, la position que la terre présente les jours d'équinoxe, et l'on peut dire que ce monde immense jouit d'un printemps perpétuel.

Jupiter est animé d'un mouvement de rotation plus de deux fois plus rapide que celui de la terre : la durée du jour et de la nuit n'y est même pas de dix heures. C'est vraisemblablement cette rapidité de rotation qui a produit aux pôles l'aplatissement exceptionnel d'environ $\frac{1}{17}$, et c'est elle aussi qui produit dans l'atmosphère de la planète ces bandes caractéristiques qui ont été remarquées dès l'invention du télescope. Les vents alisés existent sur Jupiter comme sur la Terre; mais la composante dirigée vers l'équateur est plus faible que sur la terre, tandis que la déviation produite par la rotation jovienne est beaucoup plus considérable. Il règne donc à l'équateur de Jupiter un fort courant atmosphérique poussant constamment les nuages dans le sens de la rotation du globe et les faisant avancer plus rapidement que la rotation moyenne. C'est pourquoi la surface de la planète est habituellement sillonnée de bandes plus ou moins larges, ordinairement blanches et grises, et qui souvent sont nuancées d'une coloration jaune et orangée. Des irrégularités et des déchirures y sont observées fréquemment, et la forme de ces bandes varie sans cesse.

Les tourbillons qui se produisent dans cette atmosphère doivent avoir une forme moins arrondie que sur la terre : ils se présentent généralement sous la forme de taches ovales dont le grand axe est incliné sur l'équateur. Ces taches nagent dans une atmosphère très agitée et se déplacent parfois avec une prodigieuse rapidité, car cinq heures peuvent suffire à une tache pour traverser le disque d'un bord à l'autre, elles sont tantôt plus lumineuses et tantôt plus obscures que le fond sur lequel elles sont vues. Dans le premier cas, le tourbillon est ascendant, car on observe nettement l'ombre qu'il projette sur l'atmosphère ambiante. On ne connaît pas encore les trajectoires de ces tourbillons, ni les circonstances qui les rendent tantôt plus lumineux et tantôt plus obscurs. S'ils sont analogues aux nôtres, ils doivent décrire des paraboles plus surbaissées à cause de la plus grande rapidité du mouvement diurne.

La planète Mars offre, au point de vue météorologique, de grandes analogies avec la terre et l'on peut y observer d'ici l'accroissement et le décroissement alternatifs des glaces polaires, ainsi que les autres principales vicissitudes des saisons; mais la petitesse de ce globe et son atmosphère peu dense ont donné jusqu'à ce jour un moindre intérêt à l'étude des mouvements tourbillonnaires qui s'y produisent. En les examinant plus soigneusement, on arrivera, sans doute, à mieux connaître les lois de notre circulation atmosphérique.

— La Bibliothèque de l'École de médecine de Paris. — Il n'a pas fallu moins de deux années pour établir le nouveau catalogue de la Bibliothèque de l'École de médecine de Paris. Ce catalogue, enfin terminé, comprend environ 60 000 volumes, parmi lesquels 20 000 au moins n'étaient plus consultés depuis longtemps, par suite de la difficulté qu'on avait de les retrouver sous la poussière où ils gisaient. Le nouveau mode de classement adopté pour ces ouvrages est bien simple, et se trouve, du reste, conforme aux instructions d'une circulaire ministérielle. On a rejeté, avec raison, le rangement méthodique et par matières sur les rayons, et l'on est revenu à la vieille coutume de nos ancêtres; c'est-à-dire que les ouvrages ont été distribués suivant leur taille ou, autrement dit, suivant leur format. Aux in-folio on a attribué un certain nombre de numéros, de 1 à 4999, par exemple; les in-4° ont eu de 5000 à 20999, et ainsi pour les in-8° et les volumes plus petits. Les publications périodiques, les recueils, les mélanges, les collections, les thèses, etc., forment un groupe à part, et sont signalés par une étiquette de couleur. De cette manière, l'on n'a pas à craindre les *refoulements* continuels que nécessitent les nombreux arrivants. On a raisonné avec l'idée d'une bibliothèque ultérieure de 100 000 ouvrages, et l'on a ainsi réservé l'avenir. L'inventaire, ou enregistrement d'entrée, le cathalogue par *noms d'auteurs*, sont à jour. Il ne s'agit plus que de rédiger le catalogue par *matières*. On compte qu'il ne faudra pas un an pour le terminer. L'administration s'empressera sans doute de le faire imprimer, et elle donnera ainsi satisfaction aux nombreux travailleurs (400 en moyenne par jour) qui viennent interroger les riches collections de la bibliothèque.

— L'allaitement artificiel. — L'administration générale de l'Assistance publique va faire une expérience qui mérite d'être signalée: il s'agit d'installer à l'hospice dépositaire des Enfants-Assistés, situé rue d'Enfer, un établissement spécial pour l'allaitement artificiel des nouveau-nés.

Au moyen de l'application de ce système, qui, dans certains départements et à l'étranger, a donné d'excellents résultats, on espère diminuer dans de notables proportions la mortalité qui sévit chez les jeunes enfants.

Ce service d'allaitement artificiel sera installé dans des bâtiments déjà existants; de telle sorte l'on pourra pourvoir à toutes les dépenses moyennant la somme relativement minime de 40 000 francs.

— Un gorille a Londres. — Un gorille vient d'arriver au Crystal Palace près de Londres. Cet énorme singe, originaire de l'Afrique occidentale où il est connu, paraît-il, sous le nom de « Gena », est une femelle âgée de dix-huit mois; on l'a placé en compagnie d'un chimpanzé dans le « tropical department » du Palais de Cristal et, afin de l'acclimater, on a installé tout un système de ventilateurs et de tuyaux à air chaud. Il paraît que ce gorille a le profil du nègre. Ses bras sont plus courts que ceux des autres singes, et le poil qui le recouvre est d'une grande finesse. On espère qu'il supportera le climat plus longtemps que « Pongo », mort il y a quelques mois à l'aquarium de Westminster.

— Le dernier numéro du *Journal des Économistes*, revue mensuelle de la science économique, contient les articles suivants :

Le Socialisme clérical du père Félix et de M. de Mun, par M. Courcelle-Seneuil, conseiller d'État. — La Loi allemande contre les socialistes et la Loi française contre l'Association internationale, par M. Hubert-Valleroux. — Contrôle de l'État sur les tarifs de chemins de fer; réformes en cours d'exécution; monopole de concurrence, par M. J. Paixhans, ancien maître des requêtes. — La Liberté commerciale avant et après la Révolution, par M. Achille Mercier. — La Traite des noirs et l'esclavage des Africains, par M. Henry Taché. — Convention et arrangement relatifs à l'union monétaire latine. — La deuxième discussion à la Société d'économie politique sur ce qu'il y a à faire pour développer le crédit agricole. — Comptes rendus : sur les souvenirs de Nassau W. Senior, sur le traité de 1860. Conversation entre M. Thiers, M. Guizot, etc.; le Rôle social des idées chrétiennes, par M. Paul Ribot; l'Annuaire de la législation étrangère, publié par la Société de législation comparée, etc., etc. — Une Chronique et Bibliographie des ouvrages parus. (Bureaux, à Paris, rue Richelieu, 14.)

— L'émigration aux États-Unis. — En quatre-vingt-dix années, 10 millions d'Européens sont allés aux États-Unis. L'Allemagne, depuis la guerre, est le pays qui a fourni le plus d'émigrants : dans les trois premiers mois de 1879 il y a eu deux fois plus d'Allemands que d'Irlandais; l'Italie et la Suisse sont largement représentées dans ce mouvement; puis viennent la Russie, l'Écosse et la France.

Jusqu'en 1820 on n'avait tenu aucun compte du mouvement de l'émigration. Cependant on peut estimer que de 1776 à 1819 il est arrivé 250 000 Européens aux États-Unis.

Pendant cette période, de grands faits politiques se sont accomplis: les guerres entre la France et l'Angleterre, entre l'Angleterre et les États-Unis, ont ralenti le mouvement.

En 1817, 22 940 émigrants furent débarqués sur le sol américain. Peu à peu le courant augmenta et prit des proportions considérables.

New-York a toujours été le point principal du débarquement : de 1848 à 1877, 8 094 160 émigrants sont arrivés aux États-Unis; 5 516 746 ont passé par New-York.

Du 5 mai 1877 au 31 mars 1879, New-York a reçu 5 732 183 émigrants, le double de ce qu'était la population des États-Unis à la fin de la guerre de l'indépendance. Ce chiffre se décompose de la manière suivante entre les différentes nationalités.

Allemands, 2 165 232; Irlandais, 2 020 071; Anglais, 742 271; Écossais, 161 537; Suédois, 124 703; Français, 110 853; Suisses, 85 946; Italiens, 50 581; Norvégiens, 49 097; Hollandais, 40 103; le reste se partage entre les Danois, les Russes, les Belges et les Espagnols.

— La longévité en Europe. — Les derniers recensements de la population dressés en Europe ont fourni au directeur de la statistique administrative à Vienne (Autriche) l'occasion de faire une étude intéressante sur la longévité parmi la population européenne. Il résulte de ses recherches que sur les 102 831 individus ayant dépassé l'âge de 90 ans, et dont l'existence a été constatée dans les grands États, on compte 60 303 femmes et 42 528 hommes.

La grande longévité du sexe féminin se traduit d'une façon encore plus sensible dans le nombre des êtres humains à qui la chance (si c'en est une) permet d'atteindre et même de dépasser la centaine. En Italie, par exemple, on a trouvé 241 femmes centenaires pour 141 hommes; en Autriche, 229 femmes pour 183 hommes; en Hongrie, 526 femmes pour 524 hommes, etc.

En Autriche le nombre des sexagénaires est de 1 508 359, soit 7.5 pour 100 de la population totale.

Le propriétaire-gérant : Germer Baillière.

PARIS. — Impr. J. CLAYE. — A. QUANTIN et Cie, rue St-Benoît. [1603]

LA

REVUE SCIENTIFIQUE

DE LA FRANCE ET DE L'ÉTRANGER

REVUE DES COURS SCIENTIFIQUES (2E SÉRIE)

DIRECTEUR : M. ÉMILE ALGLAVE

2e SÉRIE — 9e ANNÉE | NUMÉRO 12 | 20 SEPTEMBRE 1879

CONGRÈS INTERNATIONAL DE MÉDECINE

SESSION D'AMSTERDAM

DISCOURS DE M. DONDERS

Président.

L'art et la science. — Les théories scientifiques contemporaines.

I.

C'est à l'école éclectique de la médecine rationnelle que j'ai été nourri. Nos savants et vénérés professeurs se glorifiaient de lui appartenir et revendiquaient, comme leur plus beau titre d'honneur, celui de médecin rationnel. Quiconque eût appliqué des remèdes dont il ne saisissait pas l'action à des maladies dont il ne connaissait pas la nature aurait risqué de s'attirer la qualification de grossier empirique. Les préceptes de la thérapeutique générale nous étaient représentés comme la base de la pratique et l'on nous révélait ses règles en autant de méthodes de traitement, destinées à combattre avec succès autant de classes d'affections.

Du reste, nous étions tenus de suivre humblement la nature, de la conduire peut-être, de la contraindre jamais ! Dans ce mot d'ordre gisait le grand secret.

Remarquez de quelle manière naïve on était parvenu à bercer son ignorance de connaissances illusoires. En pleine sécurité, on s'abandonnait au charme d'une béate confiance, fruit d'une vénération sincère envers la force vitale et sa fille complaisante, la force médiatrice de la nature.

Ce charme ne pouvait durer. Voici qu'apparaît notre Henle, et, comme s'exprime Moleschott, les écailles nous tombent des yeux.

Dans un style qui ne cesse d'exciter notre admiration, tantôt par l'ironie spirituelle, tantôt par de vigoureux sarcasmes, il dissipe la douce illusion et chasse de son refuge dernier la dernière des idées téléologiques. Nous le comprenions d'autant mieux que, sous la parole pittoresque de Mulder et le langage nerveux de du Bois-Reymond, la force vitale avait déjà succombé. Et ceux qui n'avaient pu encore se séparer de l'image chérie s'aperçurent qu'ils pressaient un fantôme entre leurs bras, quand les notions de force et de travail furent mises en pleine clarté, grâce à la loi de la conservation des forces formulée par Robert Mayer.

Restait encore à démontrer que le but que semblaient manifester les rapports des organes et les relations des organismes avec le monde extérieur devait être ramené à une simple harmonie, et que cette harmonie trouvait son explication causale dans les lois d'habitude, d'exercice et d'hérédité.

Cela se fit en 1848, c'est-à-dire à une époque où Lamarck était encore oublié et où Darwin n'avait pas encore parlé.

C'est ainsi que sur tous les domaines le sceptre fut arraché à la téléologie !

Quant à notre art (à l'exception des méthodes mécaniques), la réaction fut poussée tellement loin dans certaines écoles qu'on était enclin à faire table rase, et que, s'abstenant de toute thérapeutique, on hissa l'anatomie pathologique sur le trône. On oublia que celle-ci et la séméiotique correspondante ne considèrent que le côté morphologique des processus, et non pas les images vivantes de la maladie, et qu'elles négligent les causes.

D'ailleurs ce n'était qu'une préparation.

On ne tarda pas à trouver le vrai chemin. Ce n'était pas à la salle de dissection, c'était au lit des malades que l'on empruntait ses types de maladies, en tenant compte des causes actives ; et des types ainsi établis, les résultats de l'autopsie n'étaient le plus souvent que le complément morphologique. Puis, se prévalant de ces types, on constituerait la thérapeutique sur des bases purement empiriques. En effet, de cette manière la vraie relation entre la science et la pratique était trouvée.

Aux sciences physiques, avec lesquelles le lien n'avait jamais été rompu, le médecin empruntait la méthode exacte, qui leur est propre, et les multiples moyens d'investigation, et, guidé par la physiologie, il s'efforçait de pénétrer, d'une part, jusqu'aux causes efficientes, de l'autre, jusqu'à la signification et aux rapports des symptômes, — tandis que la théorie cellulaire était appelée à répandre du jour sur les processus eux-mêmes. Cet esprit s'est perpétué dans la clinique jusqu'à nos jours, et, si je ne me trompe, les communications qui nous seront présentées par nos maîtres en rendront témoignage.

Mais cette esquisse, me demandez vous, n'a-t-elle pas une couleur un peu locale? Votre attention ne s'est-elle pas trop exclusivement fixée sur l'école allemande, dont celle de la Hollande est surtout tributaire?

Je l'avoue, l'art et la science médicale suivaient en France un chemin différent.

Il y a environ un siècle naquirent les hommes qui jetèrent les fondements sur lesquels l'école française a bâti et dont elle ne s'est point départie. Tandis qu'ailleurs les esprits s'enfonçaient dans des spéculations philosophiques, celle-ci cherchait et trouvait son salut dans l'investigation anatomico-pathologique et dans une séméiotique correspondante, et l'on remontait en même temps aux vrais principes de l'anatomie générale. Les Laënnec, les Corvisart se montrent animés de l'esprit d'un Bichat, qui déjà avait commencé à poindre dans Pinel.

Je me souviens de l'impression que produisirent sur nous, étudiants, les recherches d'un Lallemand sur l'encéphale, les modèles de clinique médicale d'un Andral, que l'on invoquait également en Allemagne pour se soustraire aux entraves de l'école. Près d'eux brillait Ricord, ce grand observateur sur son domaine spécial.

Cependant, pour les principes, cette génération ne s'élevait pas sensiblement au-dessus du niveau atteint par ses devancières. L'esprit positif, qui avait rompu avec les concepts ontologiques, n'avait pas encore fait valoir tous ses droits en France. En outre l'histologie pathologique manquait de représentant apte à lui donner une impulsion féconde. Nous ne sommes donc pas surpris que Cl. Bernard soit considéré en France comme le fondateur de la physiologie générale. En Allemagne, la crise violente, suscitée par de longues aberrations, avait facilement englouti les théories vitalistes; en France, elles attendaient encore leur justicier. Nous avons un grand respect pour Claude Bernard. Vainement peut-être chercherait-on technique plus consommée, méthode plus rigoureuse, œil plus vigilant, absence plus absolue de préjugés, plus infatigable critique de soi-même, le tout concentré sur des questions la plupart heureusement posées et couronnées par d'éclatantes découvertes. Et tant et de si rares qualités réunies dans la plus aimable des personnalités! En faut-il davantage pour comprendre que, avec l'assentiment universel, sa patrie ait rendu aux restes du grand physiologiste les marques d'honneur qu'elle n'avait accordées jusqu'ici qu'aux hommes d'État et d'épée? Mais ce serait une illusion que de vouloir attribuer à ce maître vénéré la fondation de la physiologie générale. Certes, il en a compris et cultivé les vrais principes et contribué puissamment à les propager dans son pays; mais ce rôle n'aurait pu être aussi important, si la science étrangère y avait trouvé plus facile accès.

Tandis que nous voyons le mouvement français se communiquer aux contrées du sud, et le mouvement allemand à celles du nord, qui, de leur côté, ne manquaient pas de spontanéité, l'Angleterre poursuivait sa propre marche, quelque peu grave et mesurée, l'œil dirigé plutôt vers la pratique que vers la science, se souciant médiocrement de théories et formant ses *practitionners* dans les hôpitaux, avec ce remarquable résultat de produire des médecins, qui, bien que praticiens consommés, n'en furent pas moins les dignes émules de ses grands *philosophers*, et surent lier leurs noms à d'immortelles découvertes dans le champ de la physiologie.

Vous le constaterez avec moi, messieurs; d'une foule de questions, figurant à notre programme, ressort la relation signalée entre la science et la pratique. Vous la trouvez dans l'essai de déterminer l'acuïté auditive, dans l'explication des sons et des bruits du système vasculaire et dans l'analyse expérimentale et mathématique du tracé sphygmographique, dus, l'un et l'autre, au laboratoire physiologique de Leyde; dans l'analyse du vertige de Ménière, qui rattache ce type intéressant à la physiologie des canaux semi-circulaires de l'oreille, et notamment dans l'exploration des rapports entre les lésions du cerveau et leur reflet dans l'œil, au point de vue des localisations cérébrales, sujet important, que notre ami et collègue de Heidelberg s'est proposé de traiter devant nous.

Vient maintenant la thérapeutique qui, se prévalant d'un diagnostic sévère, a la prétention de se développer par voie purement empirique.

Tel est son objectif perpétuel.

Elle est sceptique, comme il convient de l'être, en présence d'une pluralité de causes.

De préférence elle se sert de moyens dont elle ne comprend pas le mode d'action.

Nommez rationnelle telle médication, préconisez telle explication comme très plausible : vous éveillez ses soupçons.

Or un résultat comme celui des recherches sur la phosphaturie qui vous seront exposées est bien susceptible de nourrir cette défiance.

Cela n'empêche pas la thérapeutique de suivre avec un vif intérêt les recherches sur l'action physiologique de ses agents actuellement à l'ordre du jour. L'examen de leur constitution et les rapports entre la constitution et l'effet toxique, qui çà et là commencent à se révéler, excitent ses plus hautes aspirations; car, si elle se tient strictement aux leçons de l'expérience, elle ne désespère point de saisir dans ces substances quelque lueur sur leur vrai mode d'action.

Et qu'on ne bannisse pas incontinent ces aspirations comme trop téméraires.

Ne voit-on pas déjà nos idées sur quelques modes d'action revêtir une forme définie?

Nous comprenons les effets de l'oxyde de carbone par son action sur l'hémoglobine. Des molécules plus compliquées, introduites dans l'organisme, passent dans les tissus, produisent leurs effets et sont éliminées, comme l'oxyde de carbone, sans avoir subi de changement : comment se figurer leur mode d'action, sinon en vertu de leurs rapports avec les molécules vivantes, de leur participation directe aux processus de dissociation qui constituent la vie des tissus?

Notre démarche pour entendre les dernières conquêtes des pionniers qui explorent ces domaines peu cultivés a échoué. Veuillez donc vous contenter, messieurs, en fait de pharmacodynamie, de l'examen de la question, s'il y a des médicaments qui ont une action directe sur la nutrition, et prêter votre attention aux recherches concernant l'influence de quelques alcaloïdes sur l'œil, l'organe aux réactions si délicates, et sur les contractions de l'utérus. Mise en rapport avec les résultats de l'expérience thérapeutique, cette étude répandra peut-être quelque lumière sur le jeu des molécules que je viens d'indiquer.

II.

Si la science, en général, ne rend qu'indirectement service à l'art médical, elle réussit quelquefois à lui ouvrir de nouveaux horizons, ou même à lui dicter des vérités, sur lesquelles l'art n'a plus qu'à poser son sceau.

On se rappelle comment la physiologie apprit à distinguer les anomalies de la réfraction et de l'accommodation, et fournit les méthodes pour une étude exacte de ces anomalies et des troubles qu'elles produisent : la pratique n'eut qu'à suivre les indications de la science pour créer un système qui semble établi à jamais.

Et tantôt une dissertation approfondie nous apprendra comment l'étude de l'évolution physiologique du squelette a fixé la connaissance et le traitement de ses déviations.

Mais, avant tout, laissez-moi vous retracer, dans cette partie de mon discours, l'origine de la méthode aseptique, sans contredit la victoire la plus signalée dont la chirurgie contemporaine puisse s'enorgueillir.

Il y a trois ans, la Neerlande célébrait la fête commémorative de son Antoni V. Leuwenhoek. Deux siècles s'étaient écoulés depuis que son œil scrutateur, armé des instruments que sa main avait créés, contempla pour la première fois les organismes microscopiques. Dans le discours qu'il prononça à Delft, l'illustre professeur Harting, jadis notre confrère, esquissa en termes clairs et frappants la grande portée de cette découverte sur plus d'un domaine. Leuwenhoek discerna aussi les corpuscules qui jouent un rôle dans le processus de la fermentation. Mais leur véritable nature lui échappa. Et ce n'est que depuis quarante ans que, grâce aux recherches de Schwann et de Cagniard-Latour, ils furent reconnus comme des organismes microscopiques.

Étaient-ils nés spontanément dans la liqueur en fermentation ? Schwann exclut la fermentation, en chauffant à haut degré l'air pénétrant dans ses appareils, Dusch et Schroeder, en les filtrant à travers du coton, et Pasteur montra dans ce coton des germes de nature différente et son talent expérimental remarquable en suivit partout les traces dans l'atmosphère. Ils furent de la sorte reconnus comme condition indispensable à provoquer la fermentation. Et il ne put rester de doute sur le rôle qu'ils continuent à remplir, lorsque Helmholtz fut parvenu à réunir toutes les conditions et simultanément tous les produits de la fermentation dans une liqueur, en n'excluant, par un simple diaphragme, que nos petits organismes, et par là la fermentation elle-même.

Or ce qu'on avait constaté de la fermentation allait bientôt se vérifier de la putréfaction. Nos instruments perfectionnés découvrirent que les plus petits organismes microscopiques en étaient les inséparables satellites, et qu'après la coction des substances putrescibles, il suffisait d'en interdire l'approche pour empêcher la pourriture même. Impossible d'en fournir une preuve plus palpable et plus décisive que par l'ingénieuse méthode de Tyndall : se contentant d'écarter par un procédé mécanique les innombrables particules que l'on voit étinceler dans un rayon de soleil, il aboutit à ce résultat surprenant, que l'air, optiquement pur, cessait d'infecter le liquide, au sein duquel la cuisson avait tué les germes.

Et parmi ces particules n'y aurait-il pas non plus les germes de nombreuses maladies ? Certes, de la putréfaction à l'infection il n'y avait qu'un pas. La vieille théorie du *contagium animatum*, la théorie fermentitielle de la vie, les données sur les parasites, l'analogie entre certains processus morbides et la dissolution, le progrès de l'infection et sa période d'incubation, l'augmentation du virus dans l'organisme envahi, tout se réunissait pour conduire à cette hypothèse, et l'observation ne tarda pas à la confirmer. Un instant on s'abandonna même à l'illusion d'avoir montré le parasite coupable de chaque forme de maladie spécifique. Champ plus fécond fut-il jamais ouvert au jeu de l'imagination ? Mais la vertu d'abstention, « à laquelle seule est réservée la contemplation de la vérité entière », s'interposa victorieusement. Nos connaissances réelles et nos pressentiments légitimes (ces derniers à titre d'éclaireurs sur le champ des investigations) se trouvent formulés de la façon la plus lumineuse par mon savant ami de Lyon, qui dans de mémorables expériences nous fit assister au combat, et à ses chances diverses, entre le processus moléculaire de l'organisme vivant et l'armée envahissante des parasites.

Si Lister a reconnu la cause de la suppuration des plaies, son grand mérite réside dans l'énergie de sa conviction et dans la logique de fer qui l'ont conduit au but. Le chirurgien lui doit la plus grande des satisfactions, la garantie presque absolue du succès dans toute opération bien conduite. Nous sommes heureux de pouvoir offrir ici au bienfaiteur de l'humanité l'hommage de notre admiration et de notre gratitude éternelle.

Un noble organe, l'œil, attendait encore les bienfaits de cette méthode. Or, dans les opérations de la cornée, dont, faute de vaisseaux, le tissu ne résiste guère aux bactéries, son intervention était impérieusement réclamée. Mais la sensibilité de l'organe en enrayait la franche application. Surmonter cet obstacle, voilà le but de nos efforts. Et dans la section d'ophthalmologie, où la question sera introduite par mon intime collaborateur, nous apprendrons quelles voies on a tentées, à quels résultats on est parvenu.

Les parasites ont d'ordinaire une grande ténacité de vie : ce qui peut détruire les bactéries est également hostile à notre nature. L'emploi de l'acide phénique, dont on avait reconnu l'efficacité, était suivi assez souvent de symptômes d'empoisonnement, dans quelques cas avec issue fatale. Fallait-il s'en prendre à l'acide phénique même ? ou bien à des mélanges étrangers ? Les recherches, qui nous seront exposées, démontrent que l'acide phénique lui-même, si d'une part il protège la vie, la menace de l'autre. Les tentatives de remplacer ce remède équivoque n'ont pas manqué et trouveront, à coup sûr, de l'écho dans notre réunion.

Vous voyez combien de questions pratiques se groupent autour d'un sujet d'origine purement scientifique. Mais ce n'est pas tout. Sur le terrain de l'hygiène publique encore, la science, à ce propos, fait retentir sa voix, expliquant les faits d'après ses vues et n'hésitant même pas à imposer son autorité là où il s'agit de décréter des mesures pratiques.

La plupart d'entre vous n'ignorent point sans doute comment l'illustre C. von Nägeli, se prévalant des résultats de recherches classiques sur les microbes qu'il réunit sous le nom de schizomycètes, professe des principes et en déduit des préceptes en contradiction flagrante avec les principes traditionnels des hygiénistes. Nulle part peut-être ses vues n'ont fait autant d'impression qu'en Hollande, surtout dans la capitale, siège de notre Congrès, où d'importantes questions pratiques, liées à ces problèmes, étaient restées en suspens. Je ne m'aventure pas à porter une décision en cette matière qui, de l'avis de notre Académie des sciences, n'est pas encore susceptible de solution. Mais je ne saurais m'abstenir de constater que plusieurs des prescriptions du célèbre botaniste revendiquent le droit d'être écoutées en face de l'ancienne doctrine : et si cette dernière, au lieu d'en discuter les arguments et de les combattre par des faits, se contente de les flétrir comme des hérésies et se plaint de la faveur qui les accueille, on se demande involontairement si elle n'a rien de mieux à y opposer que l'orthodoxie de sa croyance. Quoi qu'il en soit, les déductions audacieuses de von Nägeli, sans compter les résultats positifs de ses investigations, ne peuvent que profiter au caractère exact de l'hygiène, si elles portent à examiner de nouveau consciencieusement les raisons de mainte opinion courante, si elles mettent en garde contre les partis pris et amènent une distinction rigoureuse de ce qu est démontré et de ce qui n'est que supposition gratuite.

Nous avions espéré — on nous l'avait promis — entendre von Nägeli lui-même défendre ses thèses, corroborées, comme il nous l'annonçait, par des faits nouveaux. Mais entre vouloir et faire — je commence à l'éprouver moi-même de plus en plus — l'abîme s'élargit à mesure qu'on avance en âge.

Toutefois il vous restera le privilège d'entendre discuter la valeur de la doctrine de Nägeli, dans la propagation des épidémies miasmatiques et spécialement des épidémies de choléra de nos jours, par le vénérable confrère, connu à beaucoup d'entre vous par son travail sur les suites de l'assèchement du lac de Haarlem. Ajoutons que la question : Par quels moyens les gouvernements peuvent-ils défendre les populations contre les maladies contagieuses épidémiques? que traitera devant vous un de nos représentants autorisés de l'hygiène publique, n'est pas sans rapport avec la doctrine de Nägeli.

En continuant de rassembler sur notre terrain des faits appelés à trancher le litige en dernier ressort, nous suivons avec grand intérêt les faits purement scientifiques qui se rattachent à l'histoire des bactéries et d'autres microbes. En effet, leur étude a encore bien des progrès à accomplir. Combien d'énigmes renferme même le processus relativement simple de la fermentation, la discussion récente entre des hommes tels que Pasteur et Berthelot peut nous l'apprendre. Si d'un côté l'expérience de Helmholtz, mentionnée ci-dessus, semble pleinement prouver que la présence des organismes vivants est indispensable à l'acte même de la fermentation, d'un autre côté, l'explication de la vie des prétendus anaërobes, à l'aide de l'oxygène qu'ils emprunteraient aux combinaisons du carbone, ne saurait nous satisfaire.

Vous savez que notre éminent confrère et ami Paul Bert appliqua sa découverte sur l'influence de l'oxygène condensé à l'examen des ferments amorphes et organisés et étudia, de ce point de vue, le rôle des microbes dans l'infection charbonneuse. Or nous avons réussi à créer une méthode qui permet de suivre, sans interruption, sous le microscope même, les effets des gaz, à degrés alternants de condensation, et un de mes collègues se propose de vous expliquer cette méthode et de dire quelques mots sur les résultats qu'il a obtenus.

La section de l'hygiène publique nous présente encore la question fondamentale : Comment l'état de la santé publique peut-il être mesuré? laquelle sera développée par un des membres du Comité provisoire. Puis la question de surveillance des denrées alimentaires. Et vous écouterez, avec toute l'attention qu'il mérite, dans une de nos séances générales, le discours que prononcera sur la protection de l'enfance contre le travail prématuré l'homme d'État auquel notre législation sur ce point important est redevable. Messieurs, dans les questions de ce genre, l'hygiène publique est appelée à remplir un rôle plus élevé encore que celui de nous protéger contre les épidémies : il s'agit de réaliser les conditions qui peuvent mener le genre humain au degré le plus haut de la perfection physique et psychique.

En nous enquérant des sujets que les autres sections se proposent de traiter, nous voyons qu'à côté de l'intérêt individuel l'intérêt général y est encore largement représenté.

Dans la section de médecine se rencontre l'éducation médicale, question pleine d'actualité, qu'approfondira une des plus grandes autorités de l'Allemagne.

Le sujet de la peste, que nous nous étions empressés d'inscrire à notre programme, pour y renoncer quand il eut perdu de son actualité, n'en aura pas moins ici son interprète.

Dans la section de chirurgie, à côté d'importantes opérations entreprises à la faveur de la méthode aseptique, figure la question des barraques mobiles pour les blessés ; et, des instruments que notre exposition soumet à votre examen, plusieurs sont tombés dans le domaine public.

Dans la section d'accouchement et de gynécologie, la prophylaxie dans les couches n'est pas étrangère à la médecine publique. Et il n'a pas dépendu de nous que la grave question de la position à prendre par la gynécologie dans les questions sociales qui ont rapport à la procréation, en vue surtout des maximes des néo-malthusiens, ne fût abordée par un des deux hommes que leurs travaux faisaient désigner du doigt.

Consultons-nous le programme de la section de psychiatrie? là aussi l'intérêt général apparaît au premier plan dans l'étude des devoirs de l'État au sujet des aliénés, dont s'occupera l'inspecteur des hospices d'aliénés, qui a eu déjà une grande influence sur la législation en cette matière. Vient ensuite la question de l'aliénation mentale comme cause de divorce.

Enfin la question d'ophthalmologie placera à son ordre du jour un projet de règlement pour l'examen des facultés visuelles du personnel des chemins de fer, la section d'otologie, les maladies des oreilles au point de vue des assurances sur la vie, et celle de pharmacologie n'essayera pas seulement de préparer l'adoption d'une pharmacopée universelle, à laquelle nous sommes tous intéressés, mais elle vous fera voir en outre jusqu'à quel point notre gouvernement a réussi à assurer les approvisionnements d'un médicament précieux, — peut-être le plus précieux de tous, — par l'heureuse culture du quinquina à l'île de Java.

Ce coup d'œil vous aura montré que spontanément, du moins sans concert ni préméditation, les problèmes d'intérêt public, ceux des mesures à prendre par l'État en particulier, ont occupé dans notre programme la part du lion, attestant de la sorte l'esprit qui régit nos assises internationales et leur donne de justes titres à la sympathie et au concours des gouvernements.

III.

J'ai tenté dans ces paroles de dérouler devant vous le tableau des progrès de notre art en rapport avec ceux de la science, tout en revendiquant pour lui, dans certaines limites, une marche libre et indépendante. Quant à la science, elle recule ces limites beaucoup plus loin, ou plutôt elle n'en souffre pas. Ne connaissant aucun motif hors de soi-même, elle tend sans cesse à la perfection, en vertu de son droit, de ses devoirs, de ses besoins. Que celui qui cherche l'utile ne se flatte point d'arracher à la nature ses secrets. Car elle est jalouse, notre sublime déesse du Savoir, et elle n'octroie ses faveurs qu'à ceux qui la servent et la chérissent pour elle-même. Certes, elle voit avec complaisance mûrir sur son champ des fruits dont la semence, répandue ailleurs, promet une riche moisson aux besoins matériels, et elle bénit la main qui les récolte. Mais que le cultivateur n'ait en vue que la beauté et le parfum des fleurs, pour lui en offrir, à elle seule, le reconnaissant hommage.

Que j'aimerais à esquisser cette marche de la science, telle qu'elle se réfléchit dans les questions de notre programme, aussi complètement que je vous marquai les rapports de la science à l'art. Mais le temps durant lequel j'ai déjà fait appel à votre bienveillante attention m'avertit d'abréger. Permettez-moi pourtant de ne point passer cette partie sous silence.

Notre science se concentre dans la physiologie, qui embrasse la vie physique et psychique de l'homme, son origine et sa nature, et, par suite, les problèmes les plus hauts de l'humanité. Sans jamais se séparer de sa sœur aînée, la morphologie, qui dirigea ses pas encore chancelants, elle s'imprègne des principes de la physique et de la chimie et aspire, sous leur égide, au titre de science exacte. Elle est la base des sciences médicales par son contenu et leur exemple par sa méthode. De plus, le médecin est appelé à être dans la société son organe, au sujet des hauts problèmes que je viens de signaler.

La morphologie, en embrassant l'histoire du développement, revêt aussitôt un caractère physiologique. Sa forme élémentaire, la cellule, est en même temps son élément vivant. Quarante années nous séparent de l'époque où Schwann érigea la théorie cellulaire en principe des sciences biologiques. La cellule de Schwann s'est transformée dans le cours du temps; la membrane-enveloppe a perdu sa signification, le contenu a été ramené au protoplasme, et des formes plus simples ont été reconnues par Brücke comme les protogènes de la matière vivante (formes qui ne paraissent pas plus que des particules homogènes de mucus, mais qui sont et signifient infiniment davantage), l'autogénèse de la cellule a disparu devant le *omnis cellula ex cellula,* devise de la pathologie cellulaire, et la division des cellules, d'abord simple schéma, poursuivie avec la dernière précision possible jusque dans la cellule individuelle, a été reconnue comme un processus des plus compliqués. Et malgré ces grands et multiples progrès, la première conclusion de la question sur le développement des cellules: « toutes les recherches récentes tendent à établir de plus en plus de nombreux points de rapport entre la division des cellules animales et celle des cellules végétales », exprime encore l'esprit et le titre même du mémorable livre de Schwann.

Sur le terrain clinique et biologique la muraille qu'une vaine dogmatique avait dressée entre les plantes et les animaux a été également renversée depuis longtemps.

Nous ne saurions ne pas exprimer notre regret de nous voir privés de la démonstration des remarquables changements qui s'opèrent dans l'œuf fécondé, la cellule active par excellence, sujet que nous avions confié au jeune naturaliste qui, à côté de Schwann, poursuit avec succès la marche ouverte par le maître. Mais ce qui ne vous manquera pas, c'est le vous démontrer dans l'étude du tissu musculaire à que degré l'investigation morphologique contribue à la solution de problèmes physiologiques; et l'histologiste, dont la France a le droit d'être fière, nous réserve sans doute une de ces heureuses combinaisons de recherches, à la fois morphologique et physiologique, auxquelles il nous a accoutumés.

De concert avec la microchimie, la morphologie a aussi enfanté des prodiges, que nous attestent surtout les organes sécréteurs, et nous n'avons pas encore abandonné l'espoir de les entendre exposer ici par le physiologiste dont le nom est étroitement lié à ces recherches; à celles-ci se rattachent les conquêtes concernant l'influence des nerfs sur la sécrétion, inaugurées par l'immortelle découverte de Ludwig et étendues à toutes les sécrétions périodiques, sans exception, phénomènes auxquels se relie la théorie des fibres dilatatrices de Bernard et dans lesquelles se manifeste, d'une manière si caractéristique, l'action des diverses substances toxiques. Période merveilleuse, où tant de faits surprenants sont mis au jour et ouvrent des points de vue qui invitent, excitent, entraînent à des recherches nouvelles! S'étonnera-t-on que les laboratoires florissent, où, grâce à une technique parfaite, les questions les plus délicates sont résolues avec une extrême précision et où quelquefois des recherches heureusement conduites répandent une soudaine clarté sur de grands problèmes.

Nous avions tâché de faire figurer à notre programme quelque question ayant rapport aux processus psychiques, ordre de phénomènes que la communication prévue sur les systèmes de couleur ne fera qu'effleurer. Mais nous déplorons à la fois l'absence de l'expérimentateur sur lequel nous comptions et du savant que nous avions espéré. Ce n'est pas que nous eussions voulu mettre à l'ordre du jour les forces psychiques des plastidules et des atomes, qui viennent d'émouvoir le public savant : cette question, à mon avis, se prête peu à une élaboration exacte et promet moins encore une discussion fructueuse.

Toutefois avouons que la physiologie ne peut l'ignorer. Aussi je suis loin de vouloir mettre des freins à l'imagination. Ses enfants m'ont toujours été chers et je me plais à contempler ces créatures tendres et aériennes. Je désire seulement qu'elles restent à planer dans leur propre sphère et qu'elles ne soient point supposées sur le terrain des sciences exactes.

Vous savez, du reste, que la question soulevée est loin d'être neuve. Non seulement des naturalistes, des philosophes, dans leur cabinet d'étude, mais encore de révérends pères, dans leur cellule, croyant pouvoir concilier ces idées avec la philosophie de l'Église catholique, — j'en ai connu moi-même — ont tâché de pénétrer jusqu'à l'élément psychique des atômes.

Oui, je ne m'en défends pas, sous l'impression sans doute des scrupules, excités contre les vivisections, mon imagination alla jusqu'à se demander, si, en conscience, on pouvait se permettre de troubler violemment dans une molécule d'eau l'heureuse union de ses atomes volatils, et s'il ne fallait pas plustôt leur ménager l'occasion de rivaliser de joyeux ébats dans l'équilibre mobile de la dissociation, où l'individualité de chacun d'eux pouvait librement se déployer!

Une autre fois, peut-être sollicitée par les conclusions audacieuses de Norman Lockyer, la folle du logis, s'exaltant de plus en plus, voyait, au milieu d'une chaleur toujours croissante, sans rompre le frein de la théorie mécanique, nos atomes se diviser, se subdiviser encore en atomes, que dis-je? — en molécules et se fractionner derechef, pour se décomposer définitivement en atomes homogènes, qui, malgré leur petitesse, devaient encore occuper un espace et être, par conséquent, considérés comme divisibles, divisibles à l'infini ; — visions fantastiques, dans lesquelles chaque phase de température possédait ses propres atomes et ses vibrations correspondantes, peut-être ses êtres pensants, — dans les aspirations desquelles elle était au point de se perdre... quand je la ressaisis en flagrant délit d'élucubrations transcendentales et compensai d'un sourire sa fécondité luxuriante!

Et qui pourra prouver qu'elle suivait une voie insensée?

Mais en prenant pied sur la terre, reconnaissons que nous ne savons même pas dans quelles substances vivantes l'élément psychique commence à se manifester. Ce que nous savons — et en chercher des preuves encore serait porter des chouettes à Athènes — c'est que sa manifestation est liée à une substance vivante, dite physique, et que tout changement qui s'opère soit directement, soit indirectement, dans cette substance, modifie les manifestations psychiques. Ajoutons que tout nous porte à croire que les mouvements moléculaires de cette substance et les manifestations psychiques sont congénères, — qu'il y a entre eux des rapports absolus. Mais quant à la nature de ces rapports, la plus grande des énigmes, nous ne pouvons nous en faire aucune idée.

Sauf les atomes, de quelque façon que nous nous les représentions, nous ne disposons que de l'énergie actuelle et potentielle que distingue la loi de la conservation des forces : c'est-à-dire de mouvement et de tension ou condition de mouvement. De ces deux formes, il y a une chaîne de transformations qui, sous certaines conditions, peuvent nous ramener au point de départ. Mais se fait-on une idée de la façon dont ces mouvements et ces tensions, quelle que soit la forme qu'ils adoptent, engendrent la conscience? Ou bien la conscience se laisserait-elle insérer comme anneau dans la chaîne? Tant que la lumière était restée une force mystérieuse, guidé plutôt par un sentiment poétique que par la raison, on pouvait y voir une transition à une force plus mystérieuse encore; mais depuis la notion exacte de tout mouvement lumineux, issue de la théorie de l'ondulation, la distance est incommensurable, et la perspective de pouvoir jamais annexer les phénomènes psychiques a disparu. Si certaines formes d'énergie, par leur action à distance, revêtent encore un caractère en quelque sorte obscur, leurs transformations nous portent à induire qu'elles sont les analogues du mouvement lumineux.

Entrons au cœur de la question! Supposons une connaissance parfaite des atomes, de leur nombre, de leurs positions relatives, de leurs mouvements — et je ne me permettrai pas de la nommer inaccessible — le phénomène psychique, bien que congénère, la conscience, se présente, sans intermédiaire, comme un phénomène *sui generis,* renfermé ni dans la matière, ni dans le mouvement, un phénomène *qui ne se révèle qu'à soi-même,* partant — inexpliqué et inexplicable. Quel avantage d'attribuer un élément psychique aux atomes! L'élément psychique de l'atome est une énigme tout comme celui de la substance complexe. Pour qu'un phénomène soit expliqué ou compris, il faudrait soit le rattacher à d'autres phénomènes connus, soit le ramener à une notion intelligible, comme celles de matière et de mouvement, qui sont contenues dans celle de l'espace. Faute de comprendre les rapports des phénomènes psychiques, embrasser le monisme n'est qu'un acte de foi.

Ce n'est pas d'aujourd'hui seulement, messieurs, que je m'exprime en ce sens. Dans mon travail sur la vitesse des processus psychiques les mêmes idées se trouvent développées. Or mon *Inexpliqué, Inexplicable,* n'est autre chose que l'*Ignoramus, Ignorabimus,* qui, grâce à l'autorité du savant qui l'a prononcé, à la rare puissance de son langage et à l'illustre forum devant lequel il fut porté (1), trouva de l'écho dans tous les camps, pour être mal compris par les uns, faussé par les autres et rarement accueilli avec plein assentiment. Surtout les apôtres de la croyance moniste l'ont frappé d'anathème. Comme si en face d'un acquiescement docile la retenue sérieuse devait se retirer dans l'ombre! Ne ressort-il pas de la reconnaissance sincère de du Bois-Reymond et des mots souvent si finement tournés de Fechner, à quel point ils sont enclins, l'un et l'autre, à céder à la fascination du monisme, s'insinuant en quelque sorte comme un postulat de la pensée? S'ils ont su résister, c'est en vertu de l'énergie d'une logique inflexible. Que signifie une souple soumission en face d'un conflit entre deux forces redoutables? Tant qu'on reconnaît les forces magnétiques à l'aiguille astatique, on ne cessera de respecter de semblables caractères!

Serait-il vrai que la théorie de la descendance ait contracté une alliance indissoluble avec la conception moniste de l'univers? Celle-ci serait-elle la conséquence nécessaire de la doctrine de la descendance?

Je ne puis le croire.

Constatons d'abord que maint physiologiste, adoptant en principe la doctrine de la descendance, une partie même de ceux qui ont contribué à la fonder ne compte pas parmi les adeptes du monisme.

Évidemment, en présence du dilemme, création de chaque espèce et naissance des organismes, sous des conditions

(1) Voyez le discours de M. E. du Bois-Reymond dans la *Revue scientifique,* du 19 mai 1877, 2e série, t. XII, p. 1101.

données, le choix du physiologiste ne fut pas douteux. *A priori*, le caractère même de la science exige l'adoption de la seconde hypothèse, parce que la première, se reposant dans son ignorance, renonce à toute recherche. Songez, d'ailleurs, que les lois, qui nous permettent de concevoir du point de vue causal et de suivre en quelque sorte le développement des rapports harmoniques dans la nature vivante, les lois d'habitude, d'exercice et d'hérédité, rentrent dans le domaine de la physiologie même. C'était sa tâche de démontrer que les rapports harmoniques, créés dans l'individu par l'habitude et par l'exercice, se propagent dans la race par voie d'hérédité. Dans l'action réunie de ces trois facteurs, elle trouva la clef de la perfectibilité continue dans la création. Surtout elle fit ressortir le puissant mobile de l'exercice qui, né avec la volition consciente, se révèle comme la force créatrice présidant au développement, voire à la génération des tissus et des organes.

Ne soyons donc pas surpris si le grand facteur de Darwin, la sélection naturelle, trouva le terrain de la physiologie beaucoup mieux préparé et apte à le recevoir que celui de l'histoire naturelle. Il nous rendait compte de la limitation des espèces, que la physiologie, de son point de vue, n'avait su ni expliquer ni comprendre.

Et avec une reconnaissance mêlée d'admiration elle rend hommage à l'auteur de l'œuvre monumentale qui, dans son immense richesse de faits, lui ouvrit un nouvel horizon. Mais cela ne l'empêcha point d'élever hardiment la voix contre un zèle apostolique qui laissait le maître loin derrière lui. N'étaient-ce pas son droit et son devoir?

Voilà un édifice grandiose, construit des matériaux les plus variés. Malgré leurs différences d'origine, ils s'enchâssent exactement et se soutiennent entre eux d'une façon merveilleuse. Mais l'édifice présente encore de nombreuses lacunes et ses fondements semblent sujets à caution. N'est-il pas clair que l'architecte qui rassembla les précieux matériaux les entrelaça avec art et les ajusta, les adapta plus ou moins, à son insu peut-être; n'est-il pas clair qu'il est plus convaincu de la solidité de la bâtisse que le spectateur impartial et plus assuré du maintien de l'équilibre, quand les lacunes seront comblées?

Aux observations de notre spectateur l'architecte répond : « Vous n'êtes pas morphologiste, — vous ne connaissez pas nos matériaux. » Le spectateur se tait modestement; mais sa confiance n'est pas augmentée. On a vu, il s'en souvient, crouler plus d'une construction dont l'architecte avait garanti la solidité.

Franchement il ne trouverait l'accident si terrible. Il lui suffit que les matériaux ne soient pas perdus. Et il prévoit qu'épurés et soigneusement triés, peut-être ils rendraient de meilleurs services encore dans une construction nouvelle. Puis la construction ne réussirait pas plus mal, si la physiologie, mise en demeure de livrer son contingent, s'en occupait davantage. Si je ne me trompe, celle-ci tâcherait de faire valoir davantage ses propres facteurs, trop relégués à l'arrière-plan par la sélection naturelle, et tendrait à reculer les parentés que marquent les arbres généalogiques des morphologistes. Mais je me hâte d'ajouter que le principe de la descendance n'en souffrirait pas. La physiologie l'accepte sans restriction. Si l'origine spontanée des organismes n'est pas prouvée dans les conditions réalisables de l'expérience, on ne saurait lui contester le droit de la postuler. Imposera-t-on le silence à la doctrine de la descendance, tant qu'elle ne sera point établie par des preuves directes et fondée sur des connaissances exactes? Sur le terrain classique de la libre expression de la pensée, cette question parait presque absurde.

A l'indémontrable conception moniste de l'univers nous ne contestons pas même le droit de se produire ici sans entraves. La sollicitude pour la libre expression de la pensée, professée ailleurs par un des nôtres, est loin d'impliquer, comme on l'a cru, le désir de la restriction même. Dans la liberté seule nous reconnaissons la voie de la vérité, notre idéal suprême. Que parfois une doctrine qui attend encore sa complète démonstration soit proclamée le fruit mûr de la science, qu'importe? Il n'y a pas à craindre que les arbres poussent jusqu'aux étoiles. Ne voyons-nous pas chaque fois les eaux se retirer d'autant plus impétueusement qu'elles se sont élevées plus haut, et entrainer dans leur cours ce qui est trop léger ou ce qui manque de solides racines. Que chacun jette son ferment dans cette mer vaste et bouillonnante, où des milliers de pensées se heurtent, s'entrecroisent : la vérité, épurée de plus en plus, finira par surnager. Qu'on ne se demande donc pas avec anxiété quel profit ou quel détriment va procurer à l'humanité telle ou telle idée qui vient de naître! Que de fois nous voyons ce qui avait paru redoutable être suivi d'effets salutaires et ce qu'on avait accueilli à bras ouvert enfanter des désastres! Et rien de plus naturel : car que signifie l'influence directe que nous saisissons, comparée à l'influence indirecte qui gît ensevelie dans le sein des âges? Liberté donc pleine et entière, et à son ombre prospérera la vérité, source de tout bien!

Mais, dans la libre expression de nos pensées, évitons un écueil. Gardons-nous d'imposer nos convictions à autrui. Ici s'applique l'adage : *Hanc veniam damus petimusque vicissim.* Rappelons-nous que la vérité ne triomphe que par la valeur de l'argumentation et non pas par des affirmations impérieuses. Nous nous sentons élevés au spectacle d'un noble enthousiasme, génie de la sincérité, comme l'appelle Charles Dickens, et auteurs de grandes actions. Mais qu'il ne nous entraîne jamais à la passion, qui perd de vue le respect dû à nos adversaires, et n'incline que trop à leur attribuer des motifs inavouables. Obéissant aux préceptes moraux, fondés sur les exigences de la vie sociale même, nous pouvons suivre, en frères, le même chemin, — que l'un s'y précipite avec une fougue ardente, que l'autre mesure trop scrupuleusement chacun de ses pas. « Le même chemin », ai-je dit. Car tout mouvement est relatif. Ce n'est qu'en apparence que marchent dans des sens opposés les nuages flottant au ciel avec une rapidité inégale. En science comme en politique, les conservateurs d'aujourd'hui sont les libéraux d'hier. Mais progressistes, ils le sont tous.

Messieurs, nous avons jeté un regard sur deux grands problèmes qui agitent la science et tiennent l'humanité en suspens. Cette dernière sent que ses plus graves intérêts sont en jeu. De nos idées sur notre origine et sur notre nature psychique dépend, dans chaque sphère de la vie humaine, la solution de questions importantes. Personne ne peut se soustraire au besoin d'y réfléchir, et moins que tout autre le médecin qui, dans la plus vaste acception du terme, doit être anthropologiste, par excellence.

Quant aux questions psychologiques, des philosophes

mêmes les ont adjugées à la physiologie, et la physiologie ne les a pas récusées. Elle ne doit pas uniquement tenter d'incorporer à la physiologie du cerveau les questions spéciales de psychologie : il lui appartient également d'en soumettre les problèmes généraux à son tribunal.

Et si la théorie de la descendance, à son tour, puise surtout ses matériaux dans le domaine morphologique, la physiologie est seule en état de pénétrer les conditions de développement, d'expliquer, au point de vue causal, ces trois grands facteurs de l'évolution harmonique : habitude, exercice, hérédité, et la tendance à la variation qui paraît en découler. A propos de chaque organe, de chaque fonction, se présentent les questions d'origine et de développement, et l'on est en droit de réclamer de la physiologie qu'elle se pénètre de plus en plus de son devoir de les élucider.

Or c'est ici que se rencontrent la doctrine de la descendance et celle des processus psychiques. Au point de vue de la descendance, l'origine de nos notions s'offre sous un nouvel aspect. La possibilité que, lors de la création, elles aient été octroyées à chaque espèce a disparu. A nous donc la tâche d'en expliquer l'origine ! Or cette explication ne saurait se trouver que dans l'expérience à l'aide des sens et des mouvements volontaires. Pour les idées abstraites, pour les axiomes mathématiques même, les plus grands mathématiciens-penseurs de notre époque ont revendiqué une origine empirique.

Reste à déterminer la part de l'expérience individuelle et celle du phylum dans l'origine de nos idées, question grave, que depuis trente ans j'ai touché plus d'une fois, mais que je n'aborderai pas ici. Qu'il suffise de rappeler que, pour expliquer l'origine de nos idées, nous sommes obligés d'admettre l'action combinée de l'expérience individuelle et de celle de nos ancêtres, telle qu'elle se transmet par voie d'hérédité, dans des dispositions virtuelles du cerveau. Même chez l'homme, l'expérience individuelle ne suffit pas pour expliquer le développement des idées tel que nous le constatons après la naissance.

DONDERS,
Professeur à l'Université d'Utrecht.

ASSOCIATION FRANÇAISE

POUR L'AVANCEMENT DES SCIENCES

Congrès de Montpellier.

M. LE COLONEL LAUSSEDAT

La géographie physique au point de vue de la défense du territoire.

NÉCESSITÉ D'UN SERVICE DE RECONNAISSANCE ET D'UN CORPS SPÉCIAL DES SIGNAUX.

Messieurs,

Il y a sept ans, à Bordeaux, au début des séances du premier congrès de cette association, j'essayais, dans une communication qui fut accueillie avec une grande bienveillance, de mettre en lumière quelques-uns des services que la science moderne a déjà rendus et peut rendre encore à l'art de la guerre (1).

Je répondais ainsi, pour ma part, à l'appel fait aux militaires par les fondateurs d'une œuvre destinée à contribuer au relèvement de la patrie.

Mon premier soin avait été, toutefois, de déclarer que je n'entendais nullement intéresser une réunion de savants à des sujets qui s'écartent par trop de leurs études, et, j'ose le dire, de leurs aptitudes, comme la stratégie, la tactique, ou l'organisation des armées, qu'il sera toujours plus raisonnable d'abandonner aux militaires de profession.

Je n'avais pas eu de peine à faire admettre, d'un autre côté, que, dans les armes spéciales, l'artillerie et le génie, grâce à l'instruction polytechnique de la plupart des officiers, les progrès des sciences physiques et mathématiques étaient mis à profit, souvent spontanément, j'en citais de nombreux exemples, ou pouvaient l'être, à coup sûr, toutes les fois qu'une impulsion intelligente se faisait sentir.

Sans m'arrêter à des questions encore à l'étude à cette époque, et dont je vous dirai quelques mots aujourd'hui, je m'étais attaché surtout à appeler votre attention et par vous l'attention générale sur les moyens les plus efficaces, à mon sens, de répandre le goût des voyages scientifiques et des études géographiques, manifestement trop négligées dans l'enseignement secondaire et dans l'enseignement supérieur, aussi bien que dans les écoles militaires et dans l'armée.

Les desiderata que j'avais formulés alors ont été presque tous réalisés dans une large mesure, je suis heureux de le constater; mais je me hâte en même temps de reconnaître, pour ne point m'attribuer un rôle ou même une influence qui ne m'appartiennent point, que j'ai tout simplement pressenti l'espèce d'explosion de bons vouloirs qui s'est produite, dans toutes les directions à la fois, en faveur des sciences géographiques.

Qu'il me soit permis, cependant, de rappeler, en peu de mots, les observations que j'avais présentées à l'association ou plutôt les propositions que j'avais faites et qui se trouvent mises en pratique depuis plusieurs années.

Ainsi j'avais beaucoup recommandé les voyages scolaires comme ceux qu'exécutent annuellement les jeunes étudiants suisses et allemands; fort peu de temps après le Congrès de Bordeaux, ces voyages étaient organisés pour les élèves de quelques-uns de nos lycées et d'autres établissements d'instruction, grâce à l'initiative de professeurs dévoués et de familles bien inspirées, avec l'agrément et même le concours du ministre de l'instruction publique.

Déjà, dans une région voisine de celle où nous nous trouvons aujourd'hui, une société spéciale s'était fondée pour explorer les Pyrénées, sous le patronage du nom illustre de Ramond; peu de temps après, le club Alpin français était créé à Paris et devenait le centre d'autres sociétés sœurs ou de sections répandues sur toute la surface du territoire.

J'avais provoqué moi-même, dans une conférence faite en janvier 1873, à la Réunion des officiers, la création d'une société de touristes militaires et j'avais obtenu, en peu de temps, un assez grand nombre d'adhésions, mais je n'avais pas hésité à reconnaître que le club Alpin, ouvert à tous les citoyens dont le plus grand nombre est désormais lié au

(1) Voyez la *Revue scientifique* du 14 septembre et du 2 novembre 1872, 2e série, tome III, pages 241 et 410.

service militaire, était une institution plus large et qui pouvait répondre à tous les besoins prévus dans mon projet.

J'avais exprimé le vœu que nos jeunes officiers fussent encouragés à voyager en France et à l'étranger, dans un but d'instruction bien défini. Des voyages dits d'état-major sont, en effet, entrepris par les officiers de l'École militaire supérieure, par les officiers attachés à l'état-major général et aux états-majors des corps d'armée. Il serait à souhaiter que le nombre des jeunes gens conduits ou envoyés sur le terrain pour le comparer avec la carte et pour s'exercer le coup d'œil et le jugement pût encore s'accroître, car cet enseignement *de visu* est assurément le meilleur ou du moins il est indispensable pour compléter celui qui est donné dans un amphithéâtre, même sur les meilleures cartes et par le professeur le plus habile. Il n'est pas moins satisfaisant de reconnaître que les cours de géographie ont reçu, pendant ces dernières années, dans nos écoles militaires, à Saint-Cyr, à l'école supérieure et à l'école d'application de l'artillerie et du génie, un développement remarquable, tel même qu'il semble bien difficile que l'on puisse faire mieux ailleurs.

J'avais enfin parlé, dans la conférence de Bordeaux, de l'utilité que présenterait, pour ceux qui doivent ou veulent apprendre à observer le terrain et tout ce qui s'y rapporte, un guide ou manuel du voyageur scientifique dont plusieurs modèles existent à l'étranger, en priant ceux de nos collègues qui en trouveraient le loisir, de s'occuper de la rédaction de quelques-uns des chapitres qui rentraient dans le cadre de leurs études.

Un membre distingué de la Société de géographie de Genève, M. Kaltbrunner, se trouve avoir rempli, à lui seul, spontanément tout le programme et vient de donner, en français, un manuel qui ne pourrait être trop recommandé pour le choix et la clarté des renseignements qu'il renferme.

Je devrais peut-être m'en tenir à ce résumé des faits qui sont venus répondre si complètement aux vues que j'avais exposées en 1872, et ne pas tarder davantage à aborder le sujet de cette conférence. Permettez-moi, néanmoins, de m'arrêter un instant sur le dernier point que je viens de mentionner.

Le traité de M. Kaltbrunner est, je le répète, un ouvrage recommandable à bien des titres, mais il s'adresse surtout aux explorateurs des contrées éloignées et peu connues. Or, ce que je voudrais, pour nos enfants et pour nos jeunes officiers, ce serait un manuel qui pût les aider à faire avec fruit leur tour de France et plus tard, si faire se peut, leur tour d'Europe.

Je sais, pour les avoir beaucoup pratiqués, qu'il existe des guides fort bien faits pour les principales contrées de notre continent, et personne n'est plus disposé que moi à rendre justice à leurs auteurs, en tête desquels je ne veux pas manquer de citer notre compatriote, M. Adolphe Joanne ; mais ces guides, qui contiennent tant d'indications précieuses, n'enseignent pas et ne peuvent pas avoir la prétention d'enseigner à observer.

Ceci m'amène à m'expliquer plus clairement que je ne l'avais fait, il y a sept ans, et à réparer un oubli que je n'aurais pas dû commettre.

Il existe, en effet, dans notre littérature, un livre qui, pour ce qui concerne la France, va même au delà de ce que j'avais en vue, et qui est un véritable chef-d'œuvre dans son genre. J'éprouve d'autant plus de plaisir à en faire l'éloge que l'un de ses auteurs, qui compte parmi les vétérans les plus illustres de la science française, se trouve au milieu de nous et continue à donner ici même, dans cette cité si remplie de grandes traditions, et si digne de l'apprécier, l'exemple de l'activité la plus infatigable et la plus féconde ; j'ai nommé M. Charles Martins.

Le livre auquel je fais allusion, publié en 1847, sous le noble titre de *Patria,* aurait besoin d'être revu, après un intervalle d'un tiers de siècle, mais tel qu'il est, je n'hésite pas à l'offrir en modèle même aux étrangers qui entreprendraient, à leur tour, de donner une description complète de leur pays, dans le passé et dans le présent. Depuis sa publication, je n'ai pas eu de meilleur vade-mecum, et je m'acquitte d'une dette de reconnaissance, en même temps que je donne un bon conseil, en en recommandant la lecture aux jeunes gens. Il serait à désirer seulement que cette œuvre accomplie en 1847, par une vingtaine de personnes, fût rééditée, par exemple, sous le patronage de l'association qui compte tant d'hommes capables de la mettre au niveau de la science actuelle.

Je crains, messieurs, que ce vœu, pour ainsi dire platonique, puisque je ne suis pas en position d'en poursuivre la réalisation, ne vous semble hors de propos en ce moment. En y regardant de plus près, avec votre bienveillance accoutumée, peut-être jugerez-vous que je ne m'éloigne point de mon but, en cherchant les moyens de répandre, parmi les générations nouvelles, le goût d'une science trop peu cultivée parmi nous et dont la vulgarisation aurait, selon moi, une importance considérable, au point de vue de la défense du pays. Or je ne connais pas de meilleur traité de géographie physique de la France que celui qui se trouve contenu dans les premiers chapitres de l'excellent ouvrage de *Patria,* et me voici ramené au sujet délicat que j'ai demandé la permission de traiter devant vous.

La France a traversé, dans ces dernières années, une des crises les plus douloureuses et les plus périlleuses de son existence. Elle en est sortie l'honneur sauf, mais meurtrie et dépouillée de deux de ses plus riches provinces, qui étaient en même temps ses meilleures sentinelles. Elle a eu, tout le monde en convient, avec des sentiments divers, la sagesse de se recueillir, après avoir subi une leçon de modestie, dont quelques-uns prétendent qu'elle avait besoin, mais qui, à mon humble avis, aurait pu lui être infligée avec plus de modération par le vainqueur.

On va plus loin, et nos plus implacables ennemis, ceux-là mêmes qui ont fait systématiquement tant de bruit de la prétendue supériorité des races germaniques comparées aux races latines, en viennent à avouer que nous sommes en réalité une nation honnête, laborieuse, rangée, économe et amie de la paix. Quand nos paysans se battent ils se battent bien, on veut bien le reconnaître, en ajoutant, ce qui est un peu naïf, qu'ils aiment mieux battre les autres qu'être battus ; mais ce qu'ils souhaitent avant tout, conclue-t-on, c'est la fin de la guerre et leur retour aux champs. Cette pastorale assez réussie, que chacun a pu lire dernièrement dans les journaux, avait, à la vérité, une contre-partie. « Il y a seulement, disait l'auteur (1), en regard des gens paisibles de la province, de la campagne, la population parisienne, douée de qualités aimables sans doute, mais frivole, extravagante,

(1) Voir le journal *le Temps* du 13 août 1879 et les *Propos de table* du comte de Bismark, pendant la campagne de France, par E. Seinguerlet.

qui fait les révolutions, déclare la guerre et n'a pas la moindre idée de l'économie. Tout le monde lui apporte son argent et elle le sème à son tour, sans compter. »

Je ne garantis pas un texte qui, sans être officiel, n'en est pas moins vraisemblable et n'a pas été démenti. Nous n'avons que trop de raisons de croire que ce langage est bien celui du *leader* de ce parti qui, de l'autre côté du Rhin, non content de nous avoir arraché l'Alsace et la Lorraine, n'en continue que de plus belle à nous appeler l'ennemi héréditaire.

La population de Paris mérite-t-elle les invectives évidemment calculées que l'on débite contre elle? Ce n'est pas moi qui en conviendrai, car je lui ai appartenu pendant la plus grande partie de mon existence, et je sais que si elle a des défauts (peut-être pas plus abominables que ceux des habitants de bien d'autres capitales que je pourrais nommer), elle a des qualités maîtresses qui sont le secret de son prestige non seulement en France, mais dans le monde entier. Dans tous les cas, il ne nous appartient pas d'entreprendre de la catéchiser, et ce que nous avons de mieux à faire, c'est de chercher à la mettre à l'abri des atteintes de ceux qui seront toujours prêts, à la première occasion, à renouveler le *delenda Carthago* contre cette cité illustre entre toutes, qu'ils envient au moins autant qu'ils la détestent, la tête et le cœur de la France, selon l'expression de Vauban.

Ne craignez pas, messieurs, que je m'écarte de la réserve qui m'est imposée, je le sais, par la nature même de cette réunion; je n'attaque ni ne menace personne, je suis et je reste sur la défensive; or, cela étant, je ne me croirai, jamais et nulle part, obligé de refouler des sentiments que nous éprouvons tous sans les manifester intempestivement, mais qu'il me semblerait peu digne de dissimuler quand l'occasion s'offre d'elle-même, comme c'est ici le cas.

Comment pourrais-je parler de la géographie physique dans ses rapports avec la défense du territoire, sans dire ce qu'est devenu le territoire de la France. Je n'ai pas la simplicité de vouloir vous apprendre quelles sont les limites naturelles de notre pays ni celles que la politique lui a imposées à la suite des fautes multipliées commises depuis le commencement de ce siècle et dont nous portons la peine. Je ne puis me dispenser toutefois de comparer au moins les conditions dans lesquelles nous étions encore placés avant la dernière guerre avec l'état actuel des choses.

Sans parler de la perte matérielle de trois départements qui, au point de vue de la richesse, équivalent à dix départements moyens comme est celui de la Corrèze, en écartant de nos esprits l'idée amère du sacrifice de près de un million et demi de concitoyens dont le patriotisme était proverbial, aussi bien que les qualités guerrières, en nous bornant uniquement à considérer que Paris a toujours été et restera (on nous le dit assez) le principal objectif des armées venant d'Allemagne, nous avons perdu de ce côté les trois lignes de défense du Rhin, des Vosges et de la Moselle. Deux chiffres, au surplus, suffisent pour caractériser le changement de la situation depuis 1870. Strasbourg, c'est-à-dire le Rhin, est à 100 lieues de Paris; Verdun, c'est-à-dire la Meuse, n'en est qu'à 55 lieues, autant dire à moitié chemin.

Je ne conteste pas que, grâce au succès des mesures financières prises après la signature de la paix, pour payer la lourde rançon de la défaite, les armées allemandes aient abandonné, plus tôt qu'on ne l'avait espéré, les provinces qu'elles occupaient et dont elles n'avaient pas réclamé l'annexion à leur nouvel empire, mais je pense qu'il y aurait à la fois ingratitude et légèreté, en parlant de la libération du territoire, comme on le fait si souvent, à oublier de combien ce territoire se trouve diminué, de quelle pépinière de vaillants soldats nous sommes privés et à en méconnaître les conséquences dans l'avenir.

Ce sont ces conséquences que j'essaye, en ce moment, de vous faire envisager comme elles me sont apparues à moi-même, pendant les deux années de la plus pénible mission, celle de la délimitation de la nouvelle frontière, conséquences qu'il faut nous efforcer de conjurer par tous les moyens en notre pouvoir.

Mon intention ne pouvait être, toutefois, de mettre sous vos yeux, une à une, les circonstances locales si préjudiciables à notre sécurité, d'une frontière pour ainsi dire entièrement découverte sur plus de cinquante lieues de longueur, entre les Ardennes et la trouée de Belfort. Depuis 1871, grâce à la sagesse dont je parlais tout à l'heure, au patriotisme et aux efforts de tous, législateurs et militaires, de grands travaux de défense ont pu être entrepris et presque partout menés à bonne fin sur cette frontière, sur celles du nord et du sud-est, autour de Paris, de Lyon et de plusieurs autres grandes villes transformées en vastes camps retranchés.

Je voudrais même pouvoir m'en tenir à la constatation de faits qui sont de nature à nous rassurer, et vous ne vous attendez sûrement pas à ce que je m'engage avec vous dans l'examen et la discussion du système adopté par la commission de défense qui a ordonné ces travaux. Je ne dois cependant pas manquer de vous prémunir contre le danger d'une trop grande quiétude, en vous faisant remarquer que les meilleures fortifications ne sauraient remplacer partout les obstacles naturels et surtout qu'elles ne rétablissent pas les distances.

Plus le danger se rapproche, plus nous devons nous préparer à agir rapidement et sûrement autant que vigoureusement, pour y résister et le repousser.

Quels sont les obstacles naturels qui existent encore entre Paris et la nouvelle frontière allemande? comment peut-on en tirer le meilleur parti possible, en cas de besoin, pour accroître, avec leur secours, les moyens de résistance des forteresses et favoriser les mouvements des armées qui tiendraient la campagne?

Telle est la question que je n'ai cessé d'avoir présente à l'esprit depuis neuf ans bientôt et dont l'examen m'a conduit à des conclusions que je désire vous soumettre, parce que vous pourriez contribuer à les faire admettre et qu'elles vous touchent par bien des côtés, j'espère vous le démontrer.

Et d'abord les faibles obstacles naturels qui protègent Paris contre une invasion venant du nord-est et de l'est, par toutes ces vallées convergentes de l'Oise, de l'Aisne, de la Marne, de l'Aube et de la Seine, sont bien connus dans leur contexture générale. Tout le monde a lu et admiré cette description géologique du bassin de Paris où l'illustre E. de Beaumont fait ressortir d'une manière si saisissante les propriétés défensives des crêtes saillantes ou bourrelets concentriques qui marquent les différents étages de ce bassin et à travers lesquels les cours d'eau ont dû trouver des passages en rétrécissant la largeur de leurs vallées. « Ces propriétés défensives se sont toujours imposées, par la force des choses, dit E. de Beaumont, aux armées qui ont attaqué ou défendu cette partie de notre territoire. » Mises, en effet, à profit avec une merveilleuse habileté en 1792 et en 1814, elles ont été malheureusement négligées en 1870. Dorénavant on ne manquera certainement plus de les utiliser, mais pour savoir tout le parti que l'on peut en tirer, il ne faut pas cesser de les étudier dans tous leurs détails et à tous les points de vue, topographique, géologique, hydrographique et climatologique.

Permettez-moi de m'arrêter quelques instants à la justification de ce programme qui pourrait, au premier abord, paraître trop étendu.

L'influence que la géologie, par exemple, exerce, au moins autant que le climat, sur toutes les circonstances qui caractérisent un pays, même sur les mœurs et les idées des habitants, dont on m'accordera qu'il faut tenir compte, a été signalée depuis longtemps, avec une imposante autorité, par notre grand Cuvier.

E. de Beaumont et Dufrénoy, dans leur description de la carte géologique de la France, n'ont laissé échapper, de leur côté, aucune occasion de mettre en évidence les relations intimes qui existent entre les formes extérieures du terrain et sa constitution. Ils n'ont pas moins insisté sur la distribution, l'importance relative et le régime des cours d'eau selon la nature du sol des contrées où ils naissent et qu'ils parcourent. « La seule considération des cours d'eau, disent-ils, permet presque toujours de distinguer, sur une carte bien faite, les terrains anciens des terrains secondaires », et ils reviennent fréquemment sur ce sujet qui a été traité avec tant de talent et de sagacité par le regretté M. Belgrand, à propos des études qu'il avait inaugurées sur l'hydrologie du bassin de la Seine.

Ces considérations et d'autres encore, dans lesquelles il serait trop long d'entrer, ont donné naissance à l'étranger, et principalement en Allemagne et en Autriche, à une branche, en grande partie nouvelle, de l'art militaire désignée sous le nom de *Science du terrain*. Je ne pourrais pas me livrer à l'examen critique des tentatives assez nombreuses qui ont été faites pour réunir en corps de doctrine l'ensemble des faits observés ; je me propose, au surplus, d'y revenir ailleurs. Ce qui n'est point contestable, c'est qu'en dehors même des formes typiques et des accidents caractéristiques que l'on trouve reproduits avec une remarquable constance dans des pays éloignés les uns des autres, mais géologiquement constitués de la même manière, la nature du sol exerce souvent une influence considérable sur les évènements de la guerre.

Personne ne met en doute qu'il ne pourrait être indifférent, pour une armée en marche, de rencontrer des terrains sableux, argileux, calcaires, crayeux ou granitiques, imperméables ou perméables à l'eau, secs ou humides, solides ou faciles à défoncer.

Il en est de même, assurément, et l'on peut dire que les deux choses sont connexes, du climat qui peut être froid ou chaud, sec ou pluvieux, selon les localités souvent autant que selon les saisons.

J'aurai peut-être, malgré cela, je le répète, de la peine à faire admettre qu'il faille, à la guerre, prendre en considération tant d'éléments à la fois. Nos pères n'y regardaient pas de si près et ne s'en battaient pas moins bien ; ni Dumouriez ni Napoléon n'étaient géologues, et ils ont pourtant su trouver, par la force des choses, selon l'expression d'E. de Beaumont, les points décisifs du théâtre de leurs opérations.

Je ne crois pas me tromper pourtant, en supposant que si Dumouriez ou Napoléon vivaient de nos jours, ils ne négligeraient aucun des enseignements que la science actuelle serait en état de leur donner. Ne voit-on pas, d'ailleurs, combien les circonstances sont changées depuis la fin du siècle dernier et le commencement de celui-ci, et pourrait-on supposer qu'avec toutes les voies de communications qui sillonnent le pays, avec les chemins de fer et le télégraphe, on ne soit pas obligé de se renseigner et d'opérer plus vite qu'autrefois.

Les cartes de Cassini et celles des anciens ingénieurs géographes, remarquables pour leur temps, ont été remplacées par d'autres qui leur sont incontestablement supérieures. On m'accordera sans doute que les généraux de la République et de l'Empire n'eussent pas hésité à leur donner la préférence et s'en fussent servi avec avantage.

Les cartes actuelles contiennent-elles tout ce qu'il importerait de savoir, à un moment donné, quand, aujourd'hui, je le répète, on est obligé d'opérer si promptement à la guerre? Évidemment non, car, si l'on y trouve les principaux accidents du terrain, son relief nettement accusé et jusqu'à certains renseignements statistiques récemment introduits, comme la population des villes et des villages, on y chercherait vainement la largeur, la profondeur et le régime des cours d'eau, la nature du sol et les conditions climatologiques de la contrée.

Quand bien même la cartographie ferait encore des progrès (et je ne puis résister à la tentation de citer en passant l'invention encore assez récente de la chromo-lithographie, qui facilite tant la lecture des cartes), on ne saurait espérer qu'elle parvienne jamais à exprimer simultanément et sans confusion, à l'aide de signes conventionnels, tout ce qui se rapporte à la géographie physique.

D'un autre côté, il serait peu raisonnable de supposer qu'un général, nécessairement ménager de son temps, puisse s'astreindre à consulter toutes les cartes spéciales que l'on construit pour les services publics, et qui contiennent les renseignements que j'énumérais tout à l'heure : cartes géologiques, hydrologiques, climatologiques, statistiques, etc. Mais doit-il renoncer à profiter de ces renseignements dont quelques-uns feront peut-être, un jour ou un autre, l'objet de ses préoccupations, et qui pourraient lui rendre de si grands services?

Je réponds encore non, sans hésiter, et je reviendrai tout à l'heure sur les moyens de simplifier la tâche du général. Quant à la nécessité, ou, si on le préfère, à l'utilité des renseignements de la nature de quelques-uns de ceux auxquels j'ai touché, elle est reconnue depuis longtemps par les militaires qui ont pratiqué l'art des reconnaissances et qui les ont consignées dans d'importants mémoires demeurés des modèles à imiter, mais dont la plupart sont incomplets aujourd'hui. Les généraux qui les ont étudiés s'en sont toujours bien trouvés ; ceux qui les ont ignorés ont eu souvent à s'en repentir.

L'histoire militaire est, en effet, remplie d'accidents, et même de désastres occasionnés par l'ignorance de détails en apparence insignifiants, qui acquiéraient tout à coup des proportions considérables. Pour ne pas abuser de votre temps, je me bornerai à mentionner un fait récent encore présent à toutes les mémoires. Quoi de plus insignifiant au premier abord que la crue d'une rivière comme la Marne, avec les ressources de la capitale, pour y établir des ponts de bateaux? Vous vous souvenez néanmoins que c'est à cette circonstance que l'on a attribué à tort ou à raison le retard des mouvements de l'armée de Paris, et jusqu'à l'insuccès de la tentative faite pour rompre les lignes d'investissement de l'armée allemande (1). Le régime de la Marne est pourtant bien connu, grâce aux travaux de M. Belgrand, que je citais il y a un instant; mais peut-être n'a-t-on pas assez tenu compte de ce que l'on considérait comme une difficulté d'ordre secondaire; peut-être, c'est ce que j'ignore, les ingénieurs eux-mêmes n'avaient-ils pas prévu ni pu prévoir sûrement, dans les conditions du siège, qu'une crue de deux de ses affluents pourrait entraîner celle de la Marne. Avec la nouvelle extension donnée aux travaux de défense de Paris et les progrès ultérieurs de l'hydrologie du bassin de la Seine, un pareil contre-temps ne serait vraisemblablement plus à craindre.

Je ne veux pas ranimer vos douleurs patriotiques, en vous rappelant encore les cruelles épreuves imposées à nos soldats par la rigueur de l'hiver de 1870-1871. Personne, dirait-on d'ailleurs, ne pouvait empêcher le froid de sévir, la neige et la pluie de tomber, les chemins de se défoncer. Je ne prétends pas le contraire, et cependant je maintiens que la météorologie et la climatologie sont des sciences en voie de progrès réels dont il ne faudrait pas négliger de se servir dans les futures campagnes.

J'ai de nombreux arguments à faire valoir à ce sujet.

En premier lieu, il n'est point douteux que les hommes de guerre les plus résolus ne seraient pas fâchés de savoir à l'avance le temps sur lequel ils doivent compter.

Le maréchal Bugeaud, dont le bon sens pratique est resté légendaire, ne manquait jamais, avant de se mettre en route, de recourir à tous les pronostics qui lui étaient familiers, en sa qualité de paysan gaulois, et dont quelques-uns même étaient de son invention, paraît-il. Il ignorait cependant, moins que personne, que la guerre n'est point une partie de plaisir, et, quand il s'agissait de prendre une résolution, de surprendre l'ennemi ou de lui donner la chasse, quels que fussent les pronostics, il montait à cheval et faisait sonner *la Casquette*. Seulement, il savait ce qu'il faisait, ou du moins il avait fait tout ce qui dépendait de lui pour le savoir.

Quand le service des ballons montés fut organisé dans Paris, pendant le siège, on ne manqua pas de s'efforcer de prévoir le temps et spécialement la direction et l'intensité du vent. Cette prévision fut faite par M. Hervé Mangon avec tout le soin que l'on peut supposer et avec assez de succès, car, en dépit des vents régnants de l'ouest et du sud-ouest qui poussaient du côté des provinces envahies, le nombre des ballons tombés aux mains de l'ennemi a été relativement faible. On ne négligera sûrement pas cette précaution quand l'emploi des ballons sera renouvelé et devenu usuel dans la défense des places.

En province, il n'eût pas été moins utile de se préoccuper des circonstances atmosphériques, avant de lâcher les pigeons messagers qui devaient retourner à Paris, mais cela n'a pas toujours été fait malheureusement, et un assez grand nombre de ces intéressants animaux furent perdus par la faute de ceux qui avaient été chargés de ce service. Non seulement on ne consultait guère l'état du ciel et la direction du vent, mais on ne tenait aucun compte de l'avis des praticiens envoyés en ballon avec leurs élèves et qui avaient une expérience qu'il eût été si naturel de mettre à profit.

On avait encore tenté, pendant le siège, de rétablir la correspondance entre Paris et des points éloignés, à l'aide d'un système de signaux optiques. Je n'apprendrai sans doute rien à personne, pas même aux Allemands qui se tiennent fort au courant de tout ce que nous faisons, en vue de préparer la défense en disant que nous avons naturellement cherché à utiliser ce système pour entretenir entre nos forteresses des communications beaucoup plus difficiles à intercepter et à supprimer que celles qui ont besoin de fils télégraphiques aériens ou même souterrains. Le seul obstacle à craindre pour la transmission des signaux c'est le brouillard, et l'on conçoit combien il importe de connaître les époques de l'année, les heures de jour et de nuit et jusqu'aux directions les plus favorables dans chaque localité. Ai-je besoin de dire que ces renseignements dépendent, au premier chef, de la climatologie?

J'ajoute que la télégraphie optique sera également fort utile aux armées en campagne, mais que si l'usage des appareils qu'elle emploie est facile, les opérateurs qui choisissent les stations doivent nécessairement avoir une grande habitude du terrain, savoir lire la carte et s'orienter rapidement, en un mot être aptes au service des reconnaissances.

Je pourrais entrer dans d'autres détails, mais je crois avoir assez fait pressentir le parti que l'on pourrait tirer des notions positives et même des inductions plausibles que fournissent, dès aujourd'hui, les différentes branches de la science que j'ai désignée, pour abréger, sous le nom de géographie physique.

Je dois mentionner, d'un autre côté, les moyens si merveilleux et si puissants d'investigation et de transmission de renseignements que la photographie et l'électricité, aidées de l'optique, ont mis entre nos mains depuis un petit nombre d'années, et dont le plus précieux, sinon le plus extraordinaire, a été celui de la dépêche photomicrographique confiée par milliers d'exemplaires à un seul pigeon voyageur.

Enfin il est de mon devoir de signaler les services que les artistes, associés aux savants, peuvent rendre dans une place assiégée, car j'ai eu l'honneur, en 1870, à Paris, d'avoir sous ma direction des hommes du plus grand mérite, qui ne dédaignaient pas de dessiner, avec le soin le plus minutieux et à l'aide de puissantes lunettes, des panoramas étendus des environs de Paris, qui servaient journellement aux observateurs, physiciens ou astronomes, à relever les travaux de l'ennemi et à suivre ses mouvements, qui étaient annoncés immédiatement au quartier général par voie télégraphique (1).

Je ne crains d'être démenti par personne quand je dirai que l'emploi, l'utilisation de tant d'éléments propres à éclairer le commandement, n'est ni prévu dans ses détails ni préparé suffisamment dans nos services actuels. J'en fournirais aisément la preuve, en mettant sous vos yeux le tableau de nos principales institutions militaires; mais je me garderai bien d'aborder une tâche qui nous mènerait trop loin; vous trouveriez d'ailleurs ce tableau tracé de main de maître, et accom-

(1) Il faut cependant convenir que d'autres versions ont eu cours et que le retard a été expliqué par la lenteur de transmission des ordres et de leur exécution.

(1) Je suis en droit d'affirmer que tous les travaux de l'ennemi, à très peu d'exceptions près, tranchées, batteries, abris, etc., ont été relevés presque au jour le jour par nos observatoires. Une vérification directe très minutieuse de cet important travail a été faite après l'armistice et en a démontré la parfaite exactitude.

pagné de critiques d'une grande finesse en même temps que d'excellents conseils, dans une brochure récemment publiée sous ce titre : *l'Armée française en* 1879, par un officier en retraite.

Les propositions que je fais de mon côté, les mesures que je conseille, après une longue expérience et une étude approfondie de la question, ne troublent en rien d'ailleurs le mécanisme de ces institutions, qu'elles aideront à faire fonctionner plus facilement, si je ne me trompe, et, dans tous les cas, plus utilement, j'en suis certain.

Je réclame, en définitive, des auxiliaires d'une capacité reconnue pour les services qui sont destinés à renseigner le commandement et à faire exécuter ses ordres. Ces auxiliaires seraient choisis parmi les officiers, les sous-officiers et les soldats de l'armée active, de l'armée de réserve et de l'armée territoriale, dans des proportions qu'il conviendrait de bien déterminer à l'avance. Ils seraient chargés de se procurer et de fournir aux généraux et aux gouverneurs des places les renseignements concernant l'état des communications, des cours d'eau et du terrain, les circonstances atmosphériques probables, la position et les mouvements de l'ennemi.

Le même service aurait en outre à s'occuper de maintenir, par tous les moyens possibles, les communications entre les armées, les forteresses assiégées ou investies, et l'intérieur du pays.

On me demandera peut-être à quel corps ou à quel service déjà existant je propose de rattacher celui-ci. Je ne crois pas qu'il soit nécessaire de répondre ici à cette question : Vous n'êtes pas une assemblée délibérante, et je n'ai ni l'intention ni la prétention de vous apporter un projet complet.

Ce que j'ai cherché à vous faire pressentir, c'est le rôle que bon nombre d'entre vous, j'entends ceux qui sont assez jeunes, pourraient être appelés à jouer dans une organisation dont l'exemple nous a été donné, dans les deux armées américaines du Nord et du Sud, pendant la guerre de la sécession. Il est même intéressant de constater que, tandis que la plupart, on pourrait dire la presque totalité des corps créés pour les besoins de cette guerre, ont été licenciés après la paix, le *corps des signaux* (*signal corps*) a été conservé. On sait que c'est à lui qu'est confié, aux États-Unis, l'important service local et international, qui y fonctionne avec tant de régularité et obtient de si importants résultats, sous l'habile direction du général Myer.

J'ajoute que, d'après quelques renseignements publiés par la *Revue militaire à l'étranger*, des corps ou des services analogues semblent exister et avoir même fonctionné dans l'armée autrichienne Bosnie et dans l'armée anglaise de l'Afghanistan.

Il y a donc lieu d'espérer que notre armée ne restera pas plus longtemps en arrière, après avoir eu le mérite de sentir la première l'importance d'un service spécial des reconnaissances, car c'est à ce service qu'était destiné le corps des guides créé en 1848, et presque aussitôt supprimé, soit par économie, soit parce que son rôle et ses attributions n'avaient pas été bien définis. Je ne pense pas, après tout ce que j'en ai dit, que l'on soit en peine de déterminer aujourd'hui ce rôle, qui ne tarderait pas à acquérir une grande importance.

Je ne reviendrai pas, à ce propos, sur l'énumération que j'ai faite précédemment des attributions qu'il conviendrait de donner au corps des signaux ; mais au moment où je quitte le service militaire, je considère presque comme un devoir d'insister sur celles de ces attributions qui seraient empruntées à des branches dont je me suis occupé plus particulièrement pendant plusieurs années. J'ai été en effet chargé, quelques-uns d'entre vous le savent, d'étudier les nouveaux moyens de correspondance à grandes distances et par voie aérienne. Tout en évitant de faire connaître publiquement l'état actuel des questions abordées par la commission que j'ai eu l'honneur de présider, il m'est permis de dire que la plupart de celles qui peuvent être considérées comme résolues ne produiront de résultats vraiment utiles qu'avec le concours d'un personnel spécial, choisi et assez nombreux néanmoins. Je n'ai pas manqué d'appeler sur ce point l'attention du ministre de la guerre ; mais dans un temps où il faut faire face à tant de besoins à la fois, je suis d'avis moi-même qu'avant de proposer de nouveaux sacrifices au pays, il convient non seulement d'être bien renseigné, mais de se sentir appuyé par l'opinion publique compétente.

En vous prenant pour confidents et en cherchant à trouver parmi vous des partisans, comme j'en ai déjà rencontré parmi mes camarades de l'armée, je m'efforce, je ne le dissimule pas, de déterminer le mouvement d'opinion, l'agitation nécessaire qui, partant d'un milieu aussi éclairé que le vôtre, contribuerait sans doute à lever des scrupules que je ne saurais blâmer, tout en souhaitant qu'ils s'évanouissent.

Permettez-moi, en terminant, de vous présenter, pour me défendre du reproche d'inopportunité qui pourrait m'être adressé, quelques réflexions, qui s'adressent d'ailleurs moins à vous qu'aux esprits timides ou sceptiques en matière d'innovations, comme il en existe encore en si grand nombre, bien qu'ils ne fassent pas toujours équilibre à ceux qui s'engouent trop facilement.

Nous sommes effectivement presque tous, je parle des gens de bonne foi et de bonne volonté, condamnés à naviguer entre les deux écueils également dangereux de la routine et de l'exagération.

En ce qui concerne les institutions militaires, les évènements prodigieux qui se sont accomplis pendant le siècle qui achève de s'écouler n'ont pas été sans exercer une influence fatale sur la direction que nous avons prise ou sur celle que nous cherchons à prendre, et qui de l'un des deux écueils peut nous rejeter sur l'autre.

La fortune et la réputation des généraux de la République et de l'Empire, acquises en apparence d'emblée sur les champs de bataille, la légende du bâton de maréchal que tout soldat français portait dans sa giberne, le chauvinisme, en un mot, pour l'appeler par son nom, a produit sur plusieurs générations les plus dangereuses illusions, et à la longue sur les hommes qui occupaient les postes les plus élevés, une sorte de léthargie que le réveil brutal de 1870 est seul parvenu à secouer.

En vertu de cet éternel principe de la réaction, dont il faut toujours nous défier, on est allé tout d'un coup à cette autre opinion extrême que toutes nos institutions, de la base au sommet, étaient mauvaises et que nous devions, en toutes choses, nous modeler sur les Prussiens. Par exemple, comme nos soldats étaient généralement illettrés, on n'a pas manqué de trouver là une cause d'infériorité, et l'on a poussé l'exagération jusqu'à dire que nous avions été vaincus par le maître d'école allemand. Personne, certes, n'est plus partisan que moi de la diffusion de l'instruction, à tous les degrés et dans tous les rangs de l'armée et de la société, mais, comme tous ceux qui ont regardé les choses de près et de sang-froid, je crois, j'ose le dire, je suis certain que les véritables maîtres d'école allemands qui nous ont vaincus, ce sont les hommes laborieux, prévoyants et énergiques, comme MM. de Roon et de Moltke, investis d'une grande autorité et dont la liberté d'action était garantie par les institutions politiques et militaires de leur pays.

Je ne suis pas suspect de germanisme, et je me garderais bien de conseiller à mon pays de recourir au régime prussien, mais je n'hésite pas à souhaiter que nous parvenions, par la stabilité et par le jeu régulier de nos propres institutions mieux adaptées à notre tempérament national, à acquérir l'esprit de suite uni à l'esprit d'initiative qui ont donné une si grande force à nos adversaires.

Je suis tout à fait de l'avis de l'auteur de la brochure sur l'armée française en 1879, quand il dit que nous avons été vaincus en 1870 parce que nous n'étions prêts nulle part.

Ce reproche ne pourrait nous être adressé aujourd'hui; mais, dans la situation qui nous est faite, il faut nous attacher à être prêts partout, en tout et pour tout, et c'est ce qui m'a déterminé à venir ici vous mettre au courant de questions qui sont évidemment de votre compétence et qui intéressent directement ceux de nos jeunes collègues, physiciens, naturalistes, ingénieurs, que le service militaire réclame.

Ai-je besoin d'ajouter que la science, aussi bien que les arts libéraux, l'industrie, en un mot toutes les branches de l'activité humaine, ne prospèrent et ne peuvent prospérer que dans les pays qui savent garantir leur indépendance, la première et la plus sacrée des libertés et la source indispensable de toutes les autres?

Puissent les avis que j'ai essayé de donner, ici et ailleurs, contribuer, pour une aussi faible part que ce soit, à atteindre un but vers lequel nul d'entre nous ne doit cesser de diriger ses regards et sa pensée.

Colonel Laussedat,

Professeur au Conservatoire des arts et métiers.

LA FORMATION DU SANG

Mon cher Alglave,

Voilà quelque temps déjà (depuis novembre 1877) que je m'occupe de l'étude des éléments figurés du sang et de leur origine. La question était, comme il arrive souvent, dans l'air, et voilà que nous sommes plusieurs, tant en France qu'à l'étranger, poursuivant le même but. Je voudrais essayer de résumer dans votre estimable journal ce qui me semble l'état actuel de nos connaissances sur un sujet aussi important pour la physiologie et pour la médecine. Une part assez grande, dans ces études poursuivies avec ardeur de divers côtés, a été faite à l'histoire du phénomène si particulier de la coagulation du sang : je le laisserai toutefois de côté, ne voulant m'occuper ici que des éléments figurés du sang à l'état vivant, de leur origine et des phases de leur existence en tant que parties constituantes de l'organisme. La coagulation est déjà un phénomène cadavérique.

Je parlerai, si vous le voulez bien, à la première personne, essayant toutefois de faire aux autres autant qu'à moi-même la juste part qui doit revenir à chacun.

Il est assez singulier que les éléments figurés du sang connus depuis si longtemps le soient en réalité aussi peu. Encore aujourd'hui nous pouvons dire que nous ne savons pas — *de façon certaine* — d'où ils viennent (au moins chez l'adulte), le temps qu'ils vivent,comment ils finissent, car il est certain que leur existence est relativement courte. Tous les jours on voit dans les hôpitaux des blessés ou des malades éprouver des pertes considérables de sang, et il semble que personne ne se soit demandé, ou du moins n'ait sérieusement cherché à découvrir, par quel procédé, au bout de quelques semaines, le sang perdu est entièrement refait: G.-E. Rindfleisch, calculant la réparation sanguine qui a lieu chez la femme pendant la période intermenstruelle, estime qu'elle se fait à raison de un demi-centigramme par minute, soit 175 millions de globules rouges qui se produiraient dans le corps en une minute.

Comment se fait cette prolifération considérable? Il est un peu dur de confesser que nous en sommes encore réduits à des hypothèses. C'est le désir de jeter quelque lumière sur cet obscure problème qui m'engagea, il y aura tout à l'heure deux ans, à reprendre l'étude morphologique du sang (1) et celle des principaux organes où l'on a tour à tour prétendu que se formaient les globules blancs et rouges. Les théories, les hypothèses n'ont pas manqué : les glandes lymphatiques, la rate, la moelle des os, d'autres organes encore ont été signalés comme le siège de la genèse des éléments figurés du sang et même désignés à cause de cela sous le nom d'organes *hématopoétiques*. Ajoutez que la question de l'hématogenèse est loin d'être simple et que, selon les animaux, elle se présente sous des aspects très divers. Ceux-ci se divisent d'abord en deux grandes catégories : 1° les animaux ovipares, à température constante ou à température variable, chez lesquels les *hématies* (globules rouges) ont un noyau ; 2° les mammifères, chez lesquels les hématies, d'abord semblables à celle des ovipares, font place de très bonne heure à des hématies absolument dépourvues de noyau.

Si l'on considère tous ces animaux au point de vue des organes hématopoétiques, on voit que certains n'ont ni moelle osseuse ni glandes lymphatiques, comme les poissons; parmi les poissons, il en est même chez lesquels la rate est tout à fait rudimentaire (Syngnathes) ou fait même totalement défaut (Lamproies). Même parmi les mammifères, les Rongeurs chez lesquels l'aire vasculaire persiste et forme encore très tard des hématies (voy. plus loin), les Didelphes, au contraire, chez lesquels la vésicule ombilicale a disparu bien avant qu'aucune partie du squelette primordial soit devenue vasculaire, offrent autant de cas particuliers qui appellent une attention spéciale.

Enfin pour résoudre le problème de l'hématogenèse nous manquons même d'une foule de données qui nous seraient utiles. A quels caractères certains reconnaître les éléments de nouvelle formation et ceux qui sont sur leur déclin? Quel temps vivent-ils? Car il est impossible d'admettre la *pérennité* d'éléments dont la régénération est aussi facile après les traumatismes, et même tout à fait normale chez la femme depuis la puberté jusqu'à l'âge critique.

Ce sont les réponses plus ou moins satisfaisantes faites par

(1) Voy. *Gazette médicale*, 10 novembre 1877; 19 janvier, 2 février, 16 mars, 27 avril, 1878; 25 janvier, 15 mars, 19 avril, 1879; et *Journal de l'Anatomie*, janvier 1879.

la recherche moderne à toutes ces questions que je veux essayer de présenter ici dans l'ordre, sinon le plus logique, du moins le plus favorable à un exposé rapide.

Le plus curieux est que la plupart de ceux qui se sont occupés d'hématogenèse ont été conduits à reconnaître dès l'abord l'inexactitude et l'insuffisance des descriptions données jusqu'à ce jour des éléments figurés du sang. On pourrait croire que des objets d'une observation relativement aussi aisée étaient bien connus : il n'en était rien. Certains éléments d'une importance peut-être capitale avaient été complètement négligés; d'autres étaient mal décrits; sur l'évolution de tous on était réduit aux suppositions les plus vagues. En sorte que notre premier soin va être, dans cet exposé, de compléter, aussi bien pour les vertébrés ovipares que pour les mammifères, les descriptions du sang de l'adulte, telles qu'on les trouve dans tous les traités classiques et même dans une foule de mémoires spéciaux antérieurs à ces dernières années.

Sang des ovipares. — Chez tous les ovipares, aussi bien ceux à température constante, comme les oiseaux, que ceux à température variable, comme les reptiles, les batraciens et les poissons, l'hématogenèse chez l'adulte paraît se faire suivant un mode identique. Chez l'embryon, elle diffère évidemment selon que les animaux ont ou n'ont pas de vésicule ombilicale. Chez l'adulte, la question de l'évolution des divers éléments du sang paraît actuellement résolue. Le volume de ces éléments chez les batraciens devait naturellement engager les anatomistes à étudier tout d'abord sur ces animaux le phénomène en question. Je prendrai pour type le triton, chez lequel j'ai poursuivi de mon côté cette recherche.

On trouve dans le sang du triton des éléments particuliers, confondus jusqu'ici avec tout ce qui n'est point hématie, sous la dénomination générale de leucocytes, et que j'appellerai, pour fixer les idées : *noyaux d'origine*, ne tenant d'ailleurs nullement à cette désignation plutôt qu'à toute autre. Ces noyaux d'origine sont sphériques, mesurant 10 à 12 millièmes de millimètre de diamètre, enveloppés d'un très mince corps cellulaire partout d'égale épaisseur autour du noyau. Je reviendrai plus loin sur l'origine de ces éléments : ce qui importe pour le présent, c'est leur développement ultérieur. Or j'admets qu'il peut se faire selon deux directions différentes :

a. Ou bien le noyau d'origine grandit et se segmente, tandis que le corps cellulaire augmente de volume proportionnel. En un mot, le noyau d'origine devient *leucocyte à noyaux multiples*. L'élément, après avoir atteint cet état qu'on peut appeler adulte, doit nécessairement disparaître : le corps cellulaire se désagrège dans le serum, laissant en liberté ses noyaux, qui ne sont rien autre chose que des noyaux d'origine, par lesquels va recommencer un cycle nouveau. — Cette évolution serait l'évolution normale de l'élément.

b. Ou bien le noyau d'origine est destiné à devenir hématie en subissant une sorte d'avortement ou plutôt de dégénérescence. Le corps cellulaire commence à fixer de l'hémoglobine : la présence de celle-ci semble attestée dès le début par la figure que prend le corps cellulaire et qui a déjà un caractère un peu géométrique. Le noyau ne prolifère pas : l'élément ainsi atteint de *dégénérescence hémoglobique* est devenu par cela même une forme ultime, destinée à disparaître plus ou moins tard sans laisser de descendance. Le noyau, en même temps qu'il prend une figure ovoïde, en rapport avec la figure allongée du corps cellulaire, semble épuiser sur lui-même, en se bosselant et se creusant des sillons, la puissance de sectionnement et de multiplication qu'il portait en lui. Le corps cellulaire grandit et commence à jaunir d'une manière visible au microscope par l'accumulation progressive d'hémoglobine qui se fait en lui. De bonne heure, il a totalement perdu ses propriétés essentiellement vitales, la sensibilité et la motricité. Il devient avec son noyau une sorte de corps inerte à la manière des éléments de la couche cornée de l'épiderme, continuant à fonctionner d'après ses affinités chimiques, mais s'usant à ce fonctionnement..... La substance hémoglobique domine de plus en plus dans le corps cellulaire, qui devient par suite de plus en plus dense et coloré. Le noyau perd ses caractères chimiques et constitue bientôt, avec le corps cellulaire déformé, une masse homogène qui est finalement dissoute dans le plasma sanguin, soit en continuant de circuler, soit après s'être trouvée arrêtée, à cause de son élasticité diminuée, dans le parenchyme spongieux de la rate.

Je crois avoir le premier nettement fixé les phases successives de cette évolution, ainsi qu'un certain nombre de points secondaires qui s'y rattachent, mais sur lesquels il est inutile d'insister dans ce rapide exposé.

M. Hayem donne le nom d'*hémotoblastes* à ces jeunes hématies dont le corps cellulaire déjà aplati, ovoïde, se montre cependant encore incolore au microscope, peut-être seulement à cause du grossissement. Il paraît du moins certain que ces jeunes hématies sont susceptibles de se déformer dans le sang en repos, comme font les noyaux d'origine et les leucocytes adultes.

M. Hayem admet la transformation de ses « hématoblastes » en hématies. Mais c'est à M. Vulpian (*Comptes rendus*, 4 juin 1877) que revient certainement le mérite d'avoir démontré cette évolution; il a fait voir, par des expériences précises, que chez les grenouilles saignées on voyait toujours les hématoblastes, dont il donne une description très exacte, apparaître en grand nombre, et progressivement se transformer en hématies. L'expérience répétée sur les oiseaux m'a fourni exactement les mêmes résultats.

MM. Vulpian et Hayem n'ont d'ailleurs formulé aucune opinion sur l'origine des hématoblastes. J'ai dit plus haut qu'ils dérivaient des noyaux d'origine. Mais d'où viennent ceux-ci? Tous proviennent-ils des noyaux dissociés et dispersés de leucocytes ayant achevé leur existence? Les poissons ne possèdent pas de glandes lymphatiques; chez quelques-uns la rate fait défaut; doit-on admettre dans ce cas que des noyaux d'origine naissent des cellules tapissant les parois des cavités lymphatiques, et que chez les autres ovipares la rate est pour eux un lieu important, sinon exclusif de production? J'ai montré en effet que chez les sélaciens cet organe est en partie formé d'éléments identiques à ces noyaux d'origine et qui, se détachant progressivement, tombent dans le réticulum formant le tissu de l'organe et sont entraînés par le sang. On peut admettre que la rate joue, chez les ovipares, un rôle qu'elle a peut-être chez les mammifères, et qui correspondrait en tous cas à celui des glandes lymphatiques chez ces derniers animaux.

Enfin il résulte d'expériences instituées par moi et suivies un temps assez long sur des oiseaux, des batraciens et des poissons, que l'ablation de la rate n'empêche nullement la réparation du sang après les saignées, soit que des noyaux d'origine naissent incessamment sur les parois lymphatiques, soit que les leucocytes du sang suffisent à cette multiplication.

Leucocytes de Semmer. — Quand on examine le sang d'un ovipare, aussi bien d'ailleurs que celui d'un mammifère, on découvre des éléments dont la nature avait été longtemps méconnue. J'avais cru les décrire le premier dans le sang des sélaciens (*Soc. de biologie*, novembre 1877). J'ai reconnu depuis que l'attention avait été appelée déjà d'une manière spéciale sur eux, chez les mammifères, par un élève d'Alexandre Schmidt dans une thèse soutenue à Dorpat; j'ai proposé de les désigner par le nom de l'auteur de cette thèse et de les appeler *leucocytes de Semmer*. Si on les connaissait *de vue*, la particularité fondamentale de leur constitution avait échappé aux observateurs : on peut les regarder comme des leucocytes (dont ils ont le volume, les propriétés sarcodiques, etc.), dans le corps desquels s'est formé de l'hémoglobine. Celle-ci est en grosses granulations mesurant généralement 1 à 1 1/2 millième de millimètre. Elles ont tous les caractères physico-chimiques de la substance des hématies.

On comprend toute l'importance de cette découverte, importance qui a peut-être échappé en partie à M. Semmer. Elle nous montre la substance hémoglobine comme pouvant occuper d'autres éléments anatomiques que les globules rouges du sang. M. Kühne avait autrefois pensé que la matière colorante des muscles rouges des vertèbres pourrait bien être également de l'hémoglobine, mais il n'avait pu en donner la preuve. On s'assure au contraire aisément, par tous les réactifs appropriés, que les granulations des leucocytes de Semmer sont bien constitués par de la substance hémoglobique. Si MM. Alexandre Schmidt et Semmer les ont décrits comme une forme intermédiaire aux leucocytes et aux hématies, cela ne doit pas être entendu dans le sens d'un stade évolutif par lequel passerait le leucocyte pour devenir hématie : les leucocytes de Semmer sont *intermédiaires* aux leucocytes et aux hématies seulement en ce sens qu'ils participent dans une certaine mesure de la constitution des uns et des autres.

Il est probable que les leucocytes de Semmer subissent une désagrégation terminale et que leurs grosses granulations dispersées dans le plasma sanguin s'y dissolvent. Leurs noyaux toujours ou presque toujours tangents à la surface de l'élément (ce qui a peut-être une importance au point de vue de son évolution spéciale), ne présentent jamais — pas plus que ceux des autres leucocytes — aucun signe de caducité et redeviennent probablement noyaux d'origine. Rien ne prouve jusqu'ici que ces noyaux, provenant d'un corps cellulaire où s'est déjà formée de l'hémoglobine, soient spécialement appelés à devenir des hématoblastes.

Premières hématies de l'embryon. — La formation des premières hématies dans l'aire vasculaire des oiseaux a été étudiée par beaucoup d'embryogénistes, et soulève encore un certain nombre de questions graves sur lesquelles ils restent partagés en deux camps. — Chez les ovipares holoblastes, les batraciens, il paraît hors de doute que les cellules embryonnaires se transforment directement en hématies, comme le prouvent les grains vitellins et les granulations pigmentaires fines que les hématies présentent au début de la vie et qui ne disparaissent que progressivement.

Sang des mammifères. — Malgré les très nombreux travaux auxquels a donné lieu, dans ces dernières années, la numération des globules du sang (Manassein, Malassez, Hayem, Perier, etc.), il s'est trouvé que les descriptions partout données des éléments figurés du sang étaient incomplètes ou même inexactes : les caractères des leucocytes étaient mal définis; la forme des hématies insuffisamment décrite; d'autres éléments tout à fait négligés. Il nous faut donc avant tout revenir sur ces divers points.

Leucocytes. — J'ai montré le premier, je crois, que les leucocytes de l'homme et des autres mammifères, avaient toujours — quand ils sont arrivés à leur complet développement *quatre* noyaux régulièrement disposés, groupés au centre du corps cellulaire, dépourvus de nucléole. Cette forme représente l'état adulte. A côté d'elle on trouve toujours, en petit nombre dans le sang, en grande abondance dans la lymphe, d'autres leucocytes plus petits, formés d'un seul noyau muni d'un nucléole et enveloppé d'un corps cellulaire extrêmement réduit. Ces leucocytes, véritables *noyaux d'origine*, représentent l'état jeune des leucocytes quadrinucléés. Ils tirent leur origine des glandes lymphatiques, peut-être aussi en partie de la rate (voy. ci-dessus).

Que deviennent les leucocytes quadrinucléés? La production incessante de leucocytes dans les voies lymphatiques, l'absence ou au moins l'invisibilité de tout nucléole dans les quatre noyaux du leucocyte adulte, laissent peu de place à l'hypothèse que ces noyaux, survivant au corps cellulaire, reconstituent, en devenant libres, des noyaux d'origine. Il semble également peu probable que ces leucocytes adultes, quadrinucléés, sortent des vaisseaux comme on l'a supposé pour devenir les éléments différenciés d'un nombre plus ou moins grand de tissus. En tous cas, la première preuve à faire pour appuyer cette hypothèse serait de retrouver dans les tissus en formation ces leucocytes, toujours reconnaissables à leurs *quatre* noyaux régulièrement disposés.

Il existe chez les mammifères comme chez les ovipares des leucocytes de Semmer. Ils sont particulièrement abondants chez le cheval, où M. Semmer les a principalement étudiés.

Hématies. — J'ai montré le premier qu'il s'en fallait que toutes les hématies du sang des mammifères, indépendamment des déformations accidentelles, aient la figure discoïde communément décrite et figurée. A côté de ces *hématies classiques*, on en trouve toujours, en abondance, d'autres de figure ovoïde ou même fusiforme. Leur grand diamètre est très supérieur au diamètre des hématies normales, leurs bords sont peu relevés. Quelquefois ces hématies se montrent encore plus allongées, terminées presque en pointe aux deux extrémités, comme chez le rat (1). On notera qu'il ne s'agit point ici d'un étirement accidentel : j'ai constaté directement l'existence de ces hématies dans le sang en circulation chez les mammifères.

On verra plus loin l'importance, pour l'hématogénèse, de cette forme d'hématie qui n'avait pas encore été signalée, en dehors du groupe des caméliens (genres *Camelus*, *Aucheria*), où, au contraire, elle paraît être générale.

(1) A quelle particularité biologique se relie la forme des hématies chez ces animaux? Le problème paraît insoluble dans l'état actuel des sciences. On peut remarquer toutefois que les espèces souches de ce groupe de mammifères paraissent originaires des régions du globe, les

Globulins. — Il existe dans le sang des mammifères une troisième espèce d'éléments que les anatomistes, aussi bien que les médecins, avaient presque complètement négligée, et sur laquelle M. Hayem, dans ces derniers temps, a tout à coup rappelé l'attention. Ces élements ont été découverts par Donné en 1838, et il semble que ce soit une sorte de devoir que de leur conserver le nom du micrographe français qui les a découverts. En 1846, un médecin allemand, Zimmermann, blâme ses compatriotes d'oublier dans la description du sang les globulins de Donné, qu'il propose d'appeler *Corpuscules élémentaires* (*elemantare Körperchen*). Signalés de nouveau en France par M. Robin, ils n'en restèrent pas moins à peu près ignorés ou plutôt confondus avec les granulations amorphes de diverse nature que le sang charrie parfois avec lui.

M. Hayem, qui applique également à ces corps le nom d'*hématoblastes,* les a d'abord décrits d'une manière un peu sommaire, omettant certaines particularités qui semblent fort importantes. Je crois en avoir donné le premier une description exacte. Ces corps sont en effet, avant tout, remarquables par des caractères morphologiques précis, qui empêchent de les confondre avec de simples granulations. Zimmermann au reste ne s'y était pas plus trompé que Donné, et c'est pour cela qu'il les avait appelés *corpuscules.* Ils sont allongés, offrent, surtout les plus petits, une très grande prédominance d'un des diamètres sur l'autre. Ils sont peu réfringents; ils paraissent homogènes ; ils sont dépourvus de noyau, et n'ont aucun des caractères que présentent ceux-ci au contact des matières colorantes. Ils se rapprochent au contraire, par leurs propriétés physico-chimiques, très sensiblement de la substance du corps des leucocytes. Cette analogie est des plus frappantes (1). Ils possèdent en outre une tendance extrêmement prononcée à s'agglutiner les uns avec les autres ou avec les leucocytes et les hématies, même dans le sang en circulation dès que celle-ci se fait dans les conditions anormales.

Le nombre proportionnel des globulins varie considérablement selon les circonstances. Ils sont d'une étude particulièrement facile chez les très jeunes chats, et en général, comme on le verra plus loin, chez tous les animaux dont le sang est en réparation.

Durée et fin des hématies. — Il est bien clair que des parties de notre organisme exposées, autant que le sont les éléments du sang, aux pertes accidentelles qu'amènent les hasards de la vie, ou même aux pertes périodiques qui accompagnent certaines fonctions, doivent être soumis à une régénération constante, laquelle devient seulement plus ou moins active selon les circonstances. Une conséquence de cette régénération constante est qu'on ne saurait considérer les hématies ni les leucocytes comme jouissant de cette *pérennité,* que la physiologie accorde volontiers à certains éléments du corps, en particulier aux cellules nerveuses. Les éléments du sang n'ont donc qu'une existence limitée, et nous ignorons la durée de celle-ci. Certaines indications donnent à supposer qu'elle n'excède pas plusieurs semaines et au maximum plusieurs mois. On observe encore les hématies des mammifères intactes, quinze ou vingt jours après qu'elles ont été transportées dans le sang des oiseaux. Ceci résulte d'anciennes expériences de M. Brown-Séquard que j'ai répétées (chien-pigeon), tandis que les hématies d'oiseaux transportés chez les mammifères (pigeon-cobaye) ne sont plus retrouvées au bout de quelques heures, sans que cette disparition semble attribuable seulement au diamètre plus grand des hématies de l'oiseau. Celles-ci semblent presque immédiatement tuées et détruites dans la nouvelle condition de milieu qui leur est faite.

S'il nous est difficile d'établir l'âge absolu d'une hématie, il semble beaucoup plus aisé de reconnaître leur âge relatif. On peut établir cette règle que les hématies des mammifères, comme celles des ovipares, sont d'autant plus voisines de leur période de déclin et de leur disparition, que la substance en est plus colorée, plus réfringente. On ne saurait douter que les hématies finissent par se dissoudre dans le sérum. Elles diminuent de volume et prennent finalement une forme plus ou moins régulièrement sphérique. Elles répondent dans cet état à la description d'éléments trouvés en abondance par MM. Vanlair et Masius dans le sang de certains malades, et qu'ils ont fait connaître sous le nom de *microcytes.*

Ces hématies séniles offrent les mêmes caractères généraux que chez les ovipares; elles ont perdu en grande partie leur élasticité, et semblent avoir, par suite de cette circonstance, une grande propension à rester retenues dans le tissu spongieux de la rate, où le sang sortant par les extrémités artérielles tombe dans un réticulum ouvert d'autre part dans les larges racines veineuses. Rien n'autorise à admettre qu'une destruction active de globules sanguins se fasse dans aucun organe spécial.

Première genèse du sang des mammifères. — Chez les mammifères aussi bien que chez l'oiseau, l'aire vasculaire est le point où se forment les premières hématies. J'ai pu suivre cette formation chez le lapin et constater que des hématies naissent encore sur les anciennes parois de la vésicule ombilicale, quand l'embryon mesure déjà 22 millimètres de long. Dans la région de la surface de l'œuf dépourvue de chorion, on trouve le feuillet vasculaire composé d'une couche de cellules presque sur le même rang. J'ai pu m'assurer que les cellules originelles ou blastodermiques s'y différencient selon deux directions, donnant à la fois : 1° les cellules dites endothéliales des parois vasculaires; 2° les hématies embryonnaires. Celles-là enveloppent celles-ci qui, groupées dans des sortes de culs-de-sac ouverts sur les espaces déjà parcourus par le sang, subissent une évolution plus ou moins complète avant d'être entraînées à leur tour. *Ici donc la formation des premières hématies n'est certainement pas endogène.* Les cellules blastodermiques destinées à devenir des hématies se multiplient ordinairement plus ou moins par sissiparie avant de subir la régression hémoglobique; et plus l'embryon

---

Andes et le Plateau central de l'Asie, où la dépression du baromètre est le plus considérable. Cette forme des hématies nous semble en tous cas indiquer une constitution spéciale de la substance hémoglobique. — Parmi les poissons, les Syngnathes ont des hématies nucléées régulièrement discoïdes comme celles des mammifères, tandis que d'autres lophobranches les ont extrêmement allongées, fusiformes. — G.-E. Rindfleisch a récemment émis l'opinion que la forme des hématies n'était que la conséquence de leurs frottements réciproques dans le sérum : ce qui précède suffit à réduire cette singulière hypothèse à sa juste valeur.

(1) Cette analogie pourrait faire supposer que les globulins sont des émanations du corps des leucocytes. On pourrait invoquer, pour défendre cette hypothèse, une analogie plus ou moins lointaine avec le phénomène de l'émission des globules polaires; un rapprochement entre la segmentation régulière du noyau du leucocyte en quatre et la segmentation régulière de vitellus, etc., etc.

avance en âge, plus cette segmentation paraît donner lieu à des cellules de moindre diamètre, et plus la régression de ces cellules paraît se faire rapidement.

Au début, les cellules qui doivent former les hématies sont volumineuses; elles tombent dans la circulation avant que le noyau ait disparu, ou même ait cessé de présenter nettement les caractères chimiques habituels de la substance nucléaire : ces cellules deviennent les grandes hématies embryonnaires. — Plus tard, la segmentation paraît s'activer, les cellules qui en proviennent sont beaucoup plus petites, et le noyau y subit une atrophie rapide. Celle-ci peut se faire de deux manières, ou bien le noyau en diminuant de volume perd progressivement ses caractères chimiques pour prendre graduellement ceux du corps cellulaire environnant (processus terminal des hématies des ovipares, signalé plus haut); ou bien le noyau subit une sorte d'éclatement, et sa substance se disperse dans celle du corps cellulaire où elle disparaît bientôt. Ce mode, tout singulier qu'il puisse paraître, a été nettement constaté par moi. Telle est certainement l'origine des premières hématies définitives, semblables à celles de l'adulte, qui succèdent aux hématies nucléées.

Quant à la transformation ou plutôt à la dégénérescence hémoglobique du corps cellulaire lui-même, elle se présente partout avec les mêmes caractères : le corps cellulaire devient de plus en plus homogène, plus hyalin, plus réfringent. Tant que l'hématie naissante est immobile, sa forme demeure masquée par le contact et la pression des éléments voisins : l'hématie n'est réellement biconcave et discoïde qu'à partir du moment où elle entre en circulation.

A peu près vers le temps où l'embryon du lapin dépasse les dimensions indiquées plus haut (22 millimètres), l'aire vasculaire cesse d'être le lieu de genèse des hématies. Enfin nous noterons comme remarque intéressante que dans toute la première période de la vie intra-utérine, on ne trouve point de globulins dans le sang. Ils n'apparaissent que plus tard et en abondance chez certains animaux.

L'hématogénèse chez l'adulte. — En quel lieu, chez l'adulte, se forment les hématies? Telle est la question capitale qui préoccupe en ce moment nombre d'observateurs, et qui a déjà reçu une foule de solutions. En général, on a toujours cherché à relier cette fonction, dite hématopoétique, a certains organes où à certains tissus, dont j'ai dû nécessairement, pour l'objet que je poursuivais, reprendre l'étude attentive. On a successivement attribué cette fonction chez les mammifères aux glandes lymphatiques, à la rate, à la moelle des os, aux plaques laiteuses du mésentère du lapin. Peut-être les capsules surrénales, le thymus mériteront-ils d'être étudiés au même point de vue.

Glandes lymphatiques. — La lymphe ne charrie pas d'hématies. Celles qu'on y peut voir circuler par exception (chez les poissons) doivent être accidentellement tombées dans le courant lymphatique. La lymphe extraite du canal thoracique d'un chien, avec les précautions convenables, ne présente jamais d'hématies; au contraire, en opérant sans les précautions nécessaires sur le cheval, on peut y voir le contenu d'un vaisseau lymphatique devenir rosé par l'abondance d'hématies qu'y introduit le traumatisme.

Dans les glandes lymphatiques le système sanguin est clos. J'ai montré, au contraire, qu'il n'en était pas de même des espaces (tissu lacunaire) faisant communiquer les vaisseaux afférents et efférents. Si sur certains points ces conduits sont nettement limités, ils s'ouvrent ailleurs directement dans la substance folliculaire, en sorte qu'il n'y a réellement aucune distinction à établir entre les deux tissus décrits comme constituant les ganglions, sous les noms de tissu lacunaire et de tissu folliculaire. En conséquence, l'idée schématique qu'il faut se faire d'un ganglion est à peu près celle-ci : sur les voies lymphatiques proprement dites (tissu lacunaire) sont greffés des sortes de culs-de-sac (tissu folliculaire) clos à la périphérie seulement, mais s'ouvrant au contraire dans ces voies au point où ils se continuent avec elles, par des lacunes d'abord larges et qui deviennent de plus en plus étroites à mesure qu'on s'avance vers le fond du cul-de-sac.

En dehors de son point d'insertion sur les voies lymphatiques, ce cul-de-sac est nettement limité, et délimite lui-même des voies lymphatiques ou, en d'autres termes, des régions de tissu lacunaire.

Dans ces culs-de-sac, aussi bien d'ailleurs que sur les parois des travées de la substance dite lacunaire, certaines cellules prolifèrent, et l'on voit se développer sur elles des amas d'éléments en tout semblables aux noyaux d'origine des leucocytes, et qui sont évidemment appelés à tomber dans le courant lymphatique pour former ceux-ci.

Mais parfois aussi ces mêmes cellules, surtout dans la substance lacunaire, subissent une évolution différente. Le corps cellulaire devient gibbeux et présente, avec d'autres granulations de nature indéterminée, quatre, cinq ou six gros grains, quelquefois un peu polyédriques, de substance ayant tous les caractères de la substance hémoglobique. On a pris ces grains tour à tour pour des hématies en formation, ou pour des hématies englobées par des cellules auxquelles on prêtait pour cela des propriétés amiboïdes que jamais personne n'a constatées, sans compter qu'il resterait encore à expliquer la venue des hématies ainsi absorbées au contact des cellules en question.

L'interprétation du phénomène paraît beaucoup plus simple. On a vu que l'hémoglobine n'était pas un produit spécial aux hématies et se rencontrait aussi dans les leucocytes de Semmer. Les gros grains hémoglobiques des cellules des glandes lymphatiques n'ont pas certainement d'autre origine et ne sont pas plus des hématies absorbées par les cellules ganglionnaires, qu'ils ne sont des hématies en formation. Toutefois la présence de ces grains hémoglobiques a pour effet, quand ils sont abondants, de rendre le tissu du ganglion rosé; il peut même devenir d'un rouge plus foncé si beaucoup de cellules en sont gorgées. Nous verrons à quelles erreurs a donné lieu cette modification du tissu ganglionnaire, qui n'a en tout cas rien à faire avec l'hématogénèse.

Rate. — D'anciens observateurs, par des expériences que j'ai répétées, ont mis hors de doute que la rate n'était pas nécessaire à la réfection du sang après les grandes hémorragies. J'ai indiqué déjà d'une manière sommaire la constitution du tissu splénique. Il est probable, comme je l'ai dit, qu'un certain nombre d'hématies s'y arrêtent normalement quand elles ont perdu leur élasticité en vieillissant, apparemment par la condensation de la substance hémoglobique. Ces vieilles hématies, retenues dans les mailles du tissu splénique, contribuent certainement à lui donner la coloration qu'il garde, même alors qu'il est le moins gorgé de sang (1).

(1) Il est probable que les corpuscules de Malpighi ne doivent pas

Le fait que le sérum de la veine splénique serait plus jaune que celui des autres vaisseaux (G. E. Rindfleisch) doit s'expliquer peut-être par cette dissolution des vieilles hématies retenues dans le parenchyme splénique.

Ceux qui ont attribué à la rate un rôle décisif dans l'hématogénèse, contraints de reconnaître en même temps que l'hématogénèse n'est pas moins active chez les mammifères dératés, ont supposé que la rate était alors suppléée par les glandes mésentériques, voire même par le tissu lamineux sous-péritonéal! Au moins fallait-il démontrer dans ce cas que les glandes et le tissu cellulaire avaient pris la constitution histologique (très différente) du parenchyme splénique, et indiquer les phases à coup sûr fort curieuses pour l'anatomie générale d'une pareille transformation! Car ce serait, d'autre part, un non-sens physiologique que d'admettre que deux organes de structure et de texture essentiellement différentes vont fonctionner de même. On s'étonne en vérité que des biologistes aient pu un instant s'arrêter à cette singulière idée d'une *action vicariante* (c'est le nom qu'on lui a donné) de certains organes à l'égard d'autres organes n'ayant pas la même constitution anatomique!

Moelle des os. — Parmi toutes les questions qui touchent à l'hématogénèse, il n'en est pas de plus délicate, et ajoutons de suite de plus difficile à résoudre, que celle du rôle de la moelle des os. C'est elle qui semble hériter aujourd'hui du privilège de cette fonction hématopoétique, successivement attribuée à tant d'organes; et il faut convenir que les présomptions sont ici assez grandes. D'abord tous les mammifères sans exception ont de la moelle osseuse, gardant les caractères qu'elle a chez le fœtus, c'est-à-dire de la moelle rouge, en particulier dans les corps vertébraux (1). Même chez les mammifères, où la graisse est en excès, comme les cétacés, je me suis assuré que la moelle des vertèbres et de la substance spongieuse des gros os des membres est rouge. Enfin on ne peut pas supprimer la moelle rouge sur un animal et juger de son rôle dans l'hématogénèse, comme on juge de celui de la rate.

MM. Neumann et Bizzozero se sont disputé, en 1868, l'honneur d'avoir découvert, dans la moelle rouge des animaux, des éléments anatomiques dont le corps cellulaire avait tous les mêmes caractères que la substance des hématies, et qui présentaient en même temps un noyau. Dans ces termes, le fait indiqué par MM. Neumann et Bizzozero est parfaitement exact. Mais aussitôt MM. Bizzozero et Neumann, chacun de leur côté, en conclurent que la moelle rouge était essentiellement hématopoétique, et que les éléments signalés par eux n'étaient autres que de jeunes hématies en cours d'évolution.

Cette interprétation peut être juste, on remarquera seulement que la preuve n'en a pas encore été faite. On admet — dans l'hypothèse en question — que les hématies se forment par atrophie ou régression hémoglobique des cellules propres de la moelle (ou médullocelles), et qu'elles tombent, après que leur noyau a complètement disparu, dans le torrent sanguin, comme les noyaux d'origine, tombent (on l'a vu plus haut) dans le courant lymphatique.

Dès lors une première question se posait : les capillaires de la moelle rouge ont-ils une paroi? MM. Hoyer, Slavinsky, et tout récemment M. G.-E. Rindfleisch, ont contesté que les capillaires médullaires eussent une paroi. Au contraire, M. Rustizky, en 1872, l'avait décrite, et j'ai pu démontrer, après lui, que les capillaires médullaires avaient certainement un revêtement de cellules endothéliales; on arrive à le rendre manifeste et même à en dissocier les éléments par des procédés techniques convenables. Ce premier point, à savoir : que les capillaires médullaires ont une paroi, est donc bien établi.

Il est également incontestable qu'un grand nombre de cellules de la moelle subissent sur place une dégénérescence hémoglobique de tous points comparable à celle que subissent les hématies en circulation dans le sang des ovipares. Le corps cellulaire incolore et finiment grenu à l'origine devient hyalin, coloré, réfringent. Pendant ce temps, le noyau perd progressivement ses caractères chimiques et finit par disparaître. C'est l'abondance de ces éléments qui donne à la moelle rouge sa couleur particulière.

La question souvent débattue de l'unité spécifique des éléments de la moelle (médullocelles de M. Ch. Robin) et des leucocytes est ici hors de cause. L'identité est peu probable, et en tous cas les médullocelles ne présentent jamais les quatre noyaux caractéristiques des lymphatiques. C'est le lieu de rappeler cette réflexion assez juste de l'auteur allemand d'un des derniers travaux sur le sujet : « Que la désignation « de globule blanc a fini par devenir une sorte d'omnibus « où tout entre. »

La dégénérescence hémoglobique des éléments propres de la moelle avec disparition du noyau est aujourd'hui un fait acquis. On découvre au milieu d'éléments moins transformés des masses indépendantes de substance hémoglobique ayant à peu près le volume d'une hématie, déformée par le contact et la pression des éléments voisins. On constate qu'avant d'atteindre ce degré de dégénérescence, ces masses hémoglobiques ont contenu un noyau qui s'est évanoui par assimilation progressive avec le corps cellulaire, comme dans l'aire vasculaire des rongeurs, et non par sortie de la cellule, comme on l'a prétendu encore tout récemment (G. E. Rindfleisch).

Mais la question est de savoir si ces masses hémoglobiques, qu'on appellerait d'un nom assez juste « hématies médullaires », d'ailleurs tout à fait comparables aux hématies des oiseaux, achèvent sur place leur évolution régressive en se dissolvant à la longue, ou bien si elles tombent dans le courant sanguin?

Il faut renoncer à admettre que ces éléments jouissent de mouvements spontanés leur permettant de se déplacer, de se rapprocher de la paroi capillaire, et enfin de traverser les cellules endothéliales ou de s'insinuer entre elles par une sorte de *diapédèse* inverse. Un des caractères propres de la dégénérescence hémoglobique est précisément d'amener très vite la cessation de tout mouvement amiboïde du corps cellulaire.

Pouvons-nous compter, d'autre part, sur des forces extérieures, pour faire accomplir à l'hématie médullaire cette

être regardés comme des formations spéciales, mais sont simplement des points où le tissu splénique, par quelque circonstance plus ou moins accidentelle, est devenu imperméable au sang qui traverse l'organe. Chez les poissons téléostéens ces parties imperméables ne sont pas isolées et forment une épaisse charpente dans l'organe. — Notons encore, chez les batraciens, une évolution de certaines cellules de la rate, qui paraît rappeler (autant que nous en pouvons juger sans l'avoir étudiée) l'évolution qui sera décrite plus loin dans la moelle des os des mammifères.

(1) Excepté les dernières vertèbres caudales, où elle est au contraire extrêmement grasse.

migration? — Pas davantage, puisque la moelle est au contraire immobilisée d'une manière toute particulière dans la substance solide de l'os.

On peut encore se demander si cette dégénérescence des cellules médullaires ne porte pas à la fois sur un certain nombre d'éléments avoisinant un capillaire, dont la paroi — formée uniquement, comme on l'a vu, de cellules endothéliales — disparaîtrait à un certain moment, laissant dès lors le courant sanguin entraîner ces nouvelles hématies encore informes, pendant qu'une nouvelle paroi endothéliale se reformerait sur elles pour tapisser l'espace que va laisser libre leur chute. En d'autres termes, les capillaires osseux seraient-ils donc en voie continue de développement, ou du moins de déplacement, au milieu du tissu médullaire? — Rien dans les observations relatées, ou que j'ai pu faire moi-même de mon côté, ne fournit aucun indice que les choses se passent ainsi, et que les médullocelles en dégénérescences avoisinent spécialement les capillaires.

Certains anatomistes ont cru trouver la moelle des os modifiée après les grandes saignées et alors que le sang est en régénération. Les expériences, peu nombreuses, toutefois, que j'ai faites dans ce sens, ne m'ont pas montré qu'il en fût ainsi.

Il faudrait donc admettre — et telle est la conclusion à laquelle on doit, je pense, s'arrêter — que les médullocelles subissent *sur place* une dégénérescence hémoglobique de tous points comparable à celle des hématies des oiseaux, et qu'on retrouve d'ailleurs également dans les éléments de la moelle osseuse de ces derniers, avant qu'elle n'ait disparu pour faire place à des cavités aériennes. Il est à remarquer, en effet, que les reptiles et les batraciens, aussi bien que les jeunes oiseaux, ont de la moelle osseuse, sans qu'on ait songé à lui faire jouer aucun rôle hématopoétique. Les poissons en sont dépourvus.

En résumé, l'évolution des hématies des ovipares et celle des médullocelles seraient deux processus tout à fait comparables; de même que la production de grains hémoglobiques dans les cellules des glandes lymphatiques rappelait davantage ce qui se passe dans les leucocytes de Semmer.

On a cru trouver un argument en faveur de la fonction hématopoétique de la moelle, dans l'existence quelquefois constatée dans le sang de cellules avec noyau et corps formé de substance hémoglobique, cellules analogues par conséquent aux hématies des oiseaux, sans en avoir toutefois la forme régulière. Il suffira de noter que ces éléments sont *extraordinairement rares* et que c'est à peine si l'on en trouve parfois *un* sur des centaines de préparations. Ils ne sont pas d'ailleurs plus abondants dans le sang en réfection que dans le sang normal. On peut y voir à coup sûr des médullocelles tombées accidentellement dans le courant sanguin; mais il est peut-être encore plus logique de les considérer comme des leucocytes ayant accidentellement subi la dégénérescence hémoglobique, à la manière des médullocelles ou des hématies des ovipares. En tout cas, l'extrême rareté de ces éléments ôte à leur présence toute valeur pour la solution du problème de l'hématogénèse.

Plaques laiteuses du lapin. — MM. Ranvier et Hayem ont soutenu tout récemment que les hématies étant dépourvues de noyau devaient nécessairement être des productions cellulaires endogènes. M. Ranvier a rappelé à ce sujet ses observations sur les plaques laiteuses du mésentère du lapin, où il a cru voir et où il a figuré des hématies naissant au sein même des cellules angioplastiques appelées à former les parois vasculaires. Même en admettant la parfaite exactitude des observations d'un anatomiste aussi habile, il serait bien difficile, on en conviendra, de les étendre et de leur donner un caractère de généralité qu'elles ne comportent pas. Il faudrait admettre, dans ce cas, que la réparation constante du sang est forcément liée à la production constante de nouveaux capillaires et que la réfection du sang après les grandes hémorragies, s'accompagne par suite d'une *poussée* considérable du système capillaire ! On n'a pas encore démontré qu'il en fût ainsi (1).

Sang en réparation. — Il nous reste à examiner les conditions où se présente le sang en réparation chez les mammifères après les saignées copieuses. Quand on l'observe dans ces conditions, on est frappé de l'abondance extraordinaire de globulins qu'il offre, et surtout de l'abondance des formes de passage entre les globulins proprement dits et les hématies allongées, ovoïdes, que j'ai décrites plus haut : on ne saurait douter qu'il s'agisse d'un seul et même corps passant d'une de ces formes à l'autre. Elles sont au reste toujours d'une observation facile chez le chien. Je l'ai répétée également chez le rat. Il suffit de soumettre les animaux à des saignées abondantes et rapprochées. Les globulins de Donné (hématoblastes de M. Hayem) sont donc pour moi, comme l'avait soupçonné Zimmermann, comme l'admet également M. Hayem, l'origine véritable des hématies des mammifères. Ils en représentent l'état jeune, comme les microcytes de MM. Vanlair et Masius en représentent l'état caduque.

Le globulin, nettement allongé dès son apparition dans le sérum, grandit dans tous les sens; sa substance, qui paraissait peut-être très finement granuleuse, devient nettement hyaline, réfringente. L'élément passe à l'état d'hématie ovoïde, allongée, à grand diamètre dépassant de beaucoup le diamètre des hématies discoïdes, à bourrelet marginal peu prononcé. La forme discoïde normale de l'hématie représenterait ainsi une étape plus avancée du développement de l'élément et répondrait à son *état adulte* auquel succéderait la période de régression dans laquelle l'hématie deviendrait irrégulièrement sphérique, plus foncée, avant de disparaître complètement.

Origine des globulins. — Quelle origine assigner aux globulins? Sont-ils, comme le voudrait M. Hayem, une production endogène de certaines cellules qu'il resterait d'ailleurs à faire connaître? Faut-il voir, au contraire, dans ces éléments des productions directes, des concrétions organiques, d'un ordre particulier, nées au sein de plasma sanguin? — En effet leurs caractères morphologiques nettement accusés ne permettent pas d'y voir un dépôt amorphe de matière albuminoïde. Ils ont évidemment une constitution définie et à ce titre méritent le nom d'élément anatomique aussi bien que les cristaux de l'otoconie ou les fibres lamineuses, si l'on admet que celles-ci se forment indépendamment du corps des cellules fibro-plastiques. Le globulin, une fois apparu dans le sérum, jouirait de la propriété, commune

(1) Un objet, que de très rares circonstances permettent seules d'étudier, serait sous ce rapport d'un intérêt considérable : nous voulons parler de la muqueuse utérine de la femme, en réparation pendant la période intermenstruelle.

à plusieurs corps cellulaires, de fixer ou d'élaborer de l'hémoglobine. Le dépôt progressif de celle-ci expliquerait la croissance de l'élément. La proportion, la qualité de cette hémoglobine règlerait la forme d'abord ovoïde, puis discoïde, de l'élément. La limite de son accroissement répondrait à l'époque où la substance hémoglobique est devenue tout à fait dominante. Cette limite serait d'autre part en relation directe avec le diamètre minimum des vaisseaux où doit circuler l'hématie.

Je ne me dissimule pas combien l'évolution des hématies, si elle est telle que je l'indique ici, s'éloigne des faits connus d'anatomie générale. Ce n'est pas toutefois une raison suffisante pour la rejeter, et, si elle était telle, on aurait au contraire l'explication qu'elle soit si longtemps restée méconnue.

Dans l'hypothèse que j'admets — c'est le nom qui lui convient encore — les hématies des mammifères adultes ne seraient donc point des cellules et ne dériveraient point des cellules. Je ferai remarquer à ce propos que la substance hémoglobique doit être regardée comme un produit de l'organisme cellulaire et non comme partie intégrante de celui-ci. Sous ce rapport, l'hémoglobine se comporte comme les corps gras, la substance des granules vitellins, l'amidon, etc. On pourrait comparer peut-être plus exactement encore l'hémoglobine à la chlorophylle, qui tantôt se montre en grains déposés au sein de la substance cellulaire et tantôt est en dissolution dans le corps cellulaire lui-même (1).

Tantôt, en effet, l'hémoglobine se montre à l'état de dépôt dans la cellule (leucocytes de Semmer, cellules des glandes lymphatiques), et tantôt à l'état combiné dans toute l'étendue du corps cellulaire; seulement, à mesure que la substitution se fait plus complète, ce corps cellulaire perd de plus en plus ses propriétés vitales proprement dites : il devient inerte, et provoque ainsi à son tour la mort du noyau. Bientôt le tout n'est plus qu'un résidu de cellule. Mais en même temps il semble que la disparition de la matière vivante où s'est formée l'hémoglobine ait pour conséquence de ne pas laisser subsister celle-ci : en conséquence la cellule réduite à l'hémoglobine qui s'y est deposée, va disparaître par dissolution.

Tout ceci nous montre en somme l'hémoglobine comme un produit très secondaire de l'organisme et on ne sera plus étonné que ce corps, résultat des actions chimiques extraordinairement complexes qui se passent dans le plasma sanguin, se forme ou se dépose ailleurs que dans des cellules proprement dits.

Quant à l'apparition première des globulins au sein du plasma sanguin, elle n'est pas en définitive pour nous surprendre plus que celles des fibres qui apparaîtront dans ce même plasma tiré des vaisseaux, fibres auxquelles il faut bien reconnaître un certain caractère morphologique. L'augmentation de volume du globulin constitué ainsi d'une substance albuminoïde (globuline) à laquelle viendrait aussitôt se joindre une substance cristallisable ou au moins ayant certains caractères des substances cristallisables (hémoglobine), cette augmentation de volume, disons-nous, ne serait pas un phénomène de développement proprement dit, mais un simple phénomène d'accroissement comparable à celui d'une foule de corps également constitués par l'union de composés albuminoïdes et de composés cristalins, dont M. Harting et d'autres ont fait une si belle étude.

En résumé, on doit convenir que l'origine des hématies chez les mammifères adultes n'est pas encore complètement élucidée. Sur ce point, les anatomistes sont partagés entre deux théories principales. Les uns avec MM. Neumann et Bizzozero attribuent nettement à la moelle rouge ce rôle dans l'économie, de produire les hématies et de subvenir au renouvellement normal ou aux pertes accidentelles des éléments du sang. Je pense, au contraire avec M. Hayem, que les hématies dérivent des globulins de Donné. Seulement nous différons sur l'origine de ces globulins : tandis que M. Hayem y voit des productions endogènes de cellules qu'il ne désigne pas autrement, tout me semble prouver qu'ils se forment directement dans le plasma sanguin en circulation, par un phénomène qu'on peut rapprocher de la formation des filaments de fibrine dans le sang extrait des vaisseaux.

Agréez, etc.

G. Pouchet.

(1) Il arrive parfois (chez les algues) que la masse protoplasmique tout entière de la cellule, sauf sa couche la plus interne, sa couche membraneuse, sauf aussi quelques places isolées, possède une couleur verte homogène (beaucoup de zoospores, palmellacées, gonidies des lickens). » *Sachs*, trad. franç., t. 6.

BULLETIN DES SOCIÉTÉS SAVANTES

Académie des sciences de Paris. — 8 septembre 1879.

M. Chauveau : Résistance de l'espèce ovine à la maladie charbonneuse. — M. le président de l'Académie annonce le retour de M. Nordenskiöld. — M. P. de Lafitte : La réinvasion des vignobles phylloxérés. — M. B. Cauvy : La réinvasion des vignobles traités par les insecticides. — M. B. Schnetzler : Le rôle des insectes dans la floraison de l'*Arum crinitum*.

M. *Chauveau* présente un très intéressant mémoire sur la prédisposition et l'immunité pathologiques et sur l'influence de la provenance ou de la race sur l'aptitude des animaux de l'espèce ovine à contracter le sang de rate. L'auteur fait remarquer que tous les organismes ne se prêtent pas également bien à la culture féconde de la bactéridie charbonneuse et au développement de la maladie qui en résulte. On sait que certaines espèces jouissent, au plus haut degré, de cette propriété, et prennent à peu près infailliblement le charbon, quelles que soient les conditions de l'inoculation. D'autres espèces paraissent réfractaires, à moins que l'inoculation n'ait été faite dans des conditions spéciales, témoin l'expérience de MM. Pasteur et Joubert sur les poules refroidies. Enfin il est des espèces qui, dans toutes conditions, se prêtent plus ou moins difficilement à la prolifération du *Bacillus anthracis.* Mais ces différences d'aptitude à contracter le charbon existent encore dans la même espèce, entre animaux de diverses provenances ou de races différentes. Le fait dont l'auteur veut parler a été constaté cet été dans son laboratoire, au cours d'expériences sur la théorie générale des maladies infectieuses, faisant l'objet de ses leçons de médecine expérimentale. Parmi les animaux consacrés à ces expériences se trouvaient un certain nombre de moutons de provenance algérienne; tous se sont montrés absolument réfractaires à l'infection charbonneuse. Depuis cette époque, de nouvelles expériences sont venues confirmer les premières, et les résultats obtenus sont des plus significatifs.

« On trouve maintenant, dit M. Chauveau, sur le marché de Lyon, un très grand nombre de moutons importés d'Algérie. Ce sont tous des animaux appartenant à la race dite *barbarine* pure, ou croisée plus ou moins avec la race syrienne de moutons à grosse queue. J'ai fait acheter, en divers lots, neuf de ces animaux, de provenance bien authentique, sauf pour un, sur l'origine duquel il y a doute. Aucun ne s'est prêté à la multiplication du *Bacillus anthracis;* tous, comme je le dis plus haut, se sont montrés absolument réfractaires à l'infection charbonneuse! J'ajoute que ce n'est plus une seule tentative d'inoculation qui a prouvé cette immunité. L'inoculation a été réitérée jusqu'à cinq fois sur l'un des sujets et trois fois sur presque tous les autres. Un seul n'a subi qu'une inoculation double. Faut-il dire encore que la matière infectante, toujours soigneusement choisie, a été puisée à des sources diverses, et que l'on n'a pas manqué de varier aussi les procédés d'inoculation? Et pendant que ces animaux algériens résistaient, sans aucune exception, aux inoculations charbonneuses réitérées, les lapins et les moutons indigènes qui servaient de sujets de comparaison succombaient tous après la première inoculation. Cette immunité doit-elle être considérée comme un caractère accidentel, propre à quelques individus, ou comme un caractère général appartenant à l'ensemble des moutons d'Algérie amenés en France? Les faits, par leur unanimité, plaident en faveur de cette dernière opinion. On sera, du reste, très vite fixé sur ce point, puisqu'il suffira, pour s'éclairer, de multiplier les inoculations sur un grand nombre de sujets. Je me propose de vider bientôt cette question, et, quand elle sera résolue, j'aurai à rechercher les causes qui créent l'immunité des moutons d'Algérie contre le charbon. Dans le cas où l'immunité serait l'apanage commun de tous les moutons algériens, il y aura à chercher si c'est un caractère congénital, appartenant à la race, ou si ce n'est pas plutôt le résultat d'une influence de milieu, une propriété acquise soit sur le sol algérien, soit même pendant la traversée que les animaux doivent effectuer pour arriver en France. Dans le cas, au contraire, où l'enquête expérimentale démontrerait qu'un certain nombre seulement de sujets jouissent de l'immunité, celle-ci devra nécessairement être considérée comme acquise. »

Inutile de faire remarquer l'importance qui s'attache à cette question d'immunité, dans l'espèce ovine, et aussi l'importance qu'il y a à connaître ses causes. Peut-être sera-t-il possible un jour de créer l'immunité à volonté.

— M. *le Président* annonce à l'Académie que M. Nordenskiöld, après avoir été arrêté dans les glaces non loin du détroit de Behring, du 28 septembre 1878 au 18 juillet 1879, c'est-à-dire pendant plus de neuf mois, est arrivé le 2 septembre courant à Yokohama. Il faut espérer que bientôt l'intrépide voyageur nous apprendra quelques-uns des résultats obtenus dans ce mémorable voyage de circumnavigation à travers la mer glaciale de la Sibérie.

— M. *P. de Lafitte* adresse une communication sur la réinvasion des vignobles phylloxérés. Pour l'auteur, cette réinvasion a des causes multiples, mais il croit que la cause permanente, et en général prépondérante, est celle qui provient des insectes épargnés par les traitements.

— M. *B. Cauvy* fait également connaître ses observations sur la réinvasion estivale des vignes phylloxérées, traitées par les insecticides. Cette réinvasion ne commence à se manifester que dans la première quinzaine du mois d'août et paraît se prolonger jusqu'aux approches de l'hibernation. D'après M. Cauvy, il paraît possible aujourd'hui de débarrasser une vigne de ses parasites par un ou plusieurs traitements appliqués rationnellement avec un bon insecticide, tel que les sulfocarbonates solubles en général, et en particulier le sulfocarbonate de calcium, employés en dissolution dans une suffisante quantité d'eau, de telle sorte que, si la vigne ainsi traitée se trouve dans un état de santé satisfaisant au moment du dernier traitement d'avril, elle pourra prendre tout son développement jusque vers le 15 août. D'un autre côté, l'absence de tout phylloxera vieux et de tout œuf, sur les racines où ont pu être observés seulement vers le 15 août quelques très jeunes phylloxeras, indique que ces jeunes individus n'ont pas pris naissance sur ces racines et qu'ils proviennent probablement des vignes phylloxérées voisines. De là, pour M. Cauvy, l'urgence d'éteindre tous les foyers d'infection phylloxérique, sans en excepter un seul, par une application rationnelle des insecticides dont l'efficacité est aujourd'hui hors de doute.

— M. *B. Schnetzler* adresse une note sur le rôle des insectes pendant la floraison de l'*Arum crinitum*. L'auteur remarque d'abord que d'après la disposition des poils qui se trouvent dans la spathe de l'*Arum* les insectes peuvent entrer facilement dans cette spathe mais n'en peuvent pas sortir de même. Toutes les mouches qu'il a trouvées au fond de la spathe d'*Arum crinitum* étaient mortes. Ce ne sont donc pas les insectes pénétrant dans cette prison qui exportent le pollen mûri pendant leur captivité, comme le décrit Lubbock pour l'*Arum maculatum*, et certes ce ne sont ni leurs larves, qui meurent bientôt de faim, ni les acarides qui exportent le pollen. M. Schnetzler pense, d'après ses observations, que les poils d'un rouge pourpre qui recouvrent en grande partie la surface intérieure de la spathe de l'*Arum crinitum* renferment fort probablement un acide qui, semblable à celui qui exsude des poils de *Drosera*, peut contribuer à la transformation des matières azotées des insectes en matières absorbables par la spathe.

BIBLIOGRAPHIE SCIENTIFIQUE

Les oiseaux dans la nature. Description pittoresque des oiseaux utiles, par Eugène RAMBERT et Paul ROBERT, ornée de 60 planches chromolithographiées, de 30 gravures sur bois hors texte et de nombreuses gravures dans le texte dessinées et peintes d'après nature par Paul Robert. 1re livraison (Paris, Germer-Baillière et Cie).

Les amateurs de beaux livres ne prisent pas la typographie contemporaine autant que celle des Elzevier et des Estienne. Mais les merveilleux perfectionnements de la gravure donnent aux publications d'aujourd'hui une richesse et un charme que les grands imprimeurs d'autrefois ne pouvaient même pas rêver. Voici un ouvrage qui le prouve une fois de plus.

C'est assurément un livre de luxe, car il ne formera pas moins de trois grands volumes in-folio, et cependant, grâce au système des livraisons de quinzaine qui divise la dépense, il ne sera pas inaccessible pour les bourses modestes. Son sujet est fait pour plaire à tout le monde. Bien qu'on possède déjà sur les oiseaux une foule de livres de tous les genres et de tous les prix, on peut dire que celui-ci sera réellement nouveau, non seulement par la richesse et la perfection exceptionnelles de ses gravures, mais par la manière de présenter ses héros.

Les auteurs n'ont pas voulu faire un traité scientifique d'ornithologie, mais un livre destiné aux amateurs et aux gens du monde. Ils ne devaient pas dès lors se piquer d'être complets, mais de plaire en instruisant. Pour cela, il fallait mettre de côté les classifications savantes et les théories ambitieuses. Les oiseaux utiles ou agréables sont trop nombreux pour qu'on puisse, même dans trois volumes, les décrire tous en détail.

Procéder par généralisation, c'était rester dans le vague. Les auteurs ont préféré choisir les principaux types pour les faire revivre sous nos yeux par la plume et le crayon dans toutes les phases de leur existence. En éliminant les oiseaux étrangers à l'Europe, on a pu, avec soixante espèces, donner une idée suffisante du monde des oiseaux au milieu desquels nous vivons sans négliger aucune des espèces ni même aucune des variétés qui nous sont vraiment familières. Ainsi les fauvettes et les pinsons remplissent plusieurs monographies.

Tous les dessins, sans aucune exception, ont été faits d'après nature. C'était dans bien des cas une difficulté considérable. Mais en revanche les dessins exécutés dans ces conditions ont un relief et une vie que les gravures d'histoire naturelle n'avaient jamais atteints jusqu'ici. M. Robert a fait preuve d'un talent artistique que bien des peintres animaliers lui envieront. Les grandes planches chromolithographiées en particulier peuvent rivaliser avec les meilleurs tableaux. La perfection des moyens mécaniques est devenue tellement grande que la machine déploie aujourd'hui une souplesse égale à celle du pinceau conduit par la main la plus habile.

Les notices consacrées à chaque espèce sont avant tout descriptives; elles font un portrait fidèle et pittoresque de l'animal lui-même, racontent sa vie, font le tableau de ses mœurs. Mais elles parlent aussi des grandes questions scientifiques ou législatives qui s'y rattachent.

Ainsi, dans la première livraison, les auteurs parlent en termes émus de la chasse absurde dont les oiseaux utiles sont encore les victimes dans plusieurs contrées de l'Europe. A mesure que l'instruction se répand et que les mœurs s'adoucissent, ils devraient être entourés d'une protection de plus en plus bienveillante et intelligente. C'est ce que sentent et ce que prêchent nombre de personnes. Il n'y a pas de jour que quelque voix autorisée ne s'élève en faveur de ces petits êtres innocents, sur lesquels tant d'hommes exercent sans pitié leur privilège de royauté. Quelques gouvernements ont eu la sagesse et le courage de les protéger par des lois spéciales. La Suisse a donné, sous ce rapport, un exemple digne d'être suivi. Les petits oiseaux ont un article à eux dans la constitution fédérale. Mais il reste beaucoup à faire, soit pour que les lois protectrices, dans les pays qui en possèdent, ne demeurent pas lettre morte, soit pour qu'il s'opère, dans d'autres pays, une réaction favorable contre l'insouciance de la loi et la barbarie des mœurs.

Les habitants des contrées méridionales, du littoral de la Méditerranée, principalement de l'Espagne, de la Corse et de l'Italie, se distinguent par la froide cruauté avec laquelle ils traitent les espèces les plus charmantes. Ils n'y voient qu'un gibier, et ils en font une destruction impitoyable, par tous les moyens qu'a pu inventer l'astuce de l'oiseleur. Au temps du passage, les marchés des villes italiennes sont encombrés de corbeilles et de paniers pleins de rouges-gorges, d'alouettes, de grives musiciennes, de pinsons, de fauvettes. Ni le talent ni la grâce ne désarment ces persécuteurs. Le rossignol est de bonne proie, et l'on trouve une saveur exquise aux petits de l'hirondelle.

Ce brigandage — de quel autre nom le nommer? — produit des effets d'autant plus désastreux que les presqu'îles et les îles de la Méditerranée sont le chemin naturel que suivent les espèces sujettes à des migrations périodiques. Il est deux saisons par an où la moitié des oiseaux qui peuplent l'Europe se dirigent vers ces lieux favorisés : les uns s'y établissent, les autres s'y reposent des fatigues d'un long voyage.

Belle occasion pour les filets! De toutes parts on se porte à la curée et les pauvres oiseaux périssent, non par milliers, mais par millions. Aussi longtemps que ces mœurs n'auront pas changé, les mesures que prennent les États du Nord pour empêcher sur leur territoire la destruction de ces espèces utiles ne produiront pas d'effet complet. Cet état de choses est d'autant plus regrettable que le développement de l'agriculture rend déjà la vie des oiseaux bien plus difficile dans les grandes plaines de l'Europe où les broussailles, les bosquets d'arbres, les haies, les forêts elles-mêmes disparaissent devant la charrue. Dans ces immenses champs de blé, l'alouette trouve à élever ses petits. Mais où voulez-vous que niche la fauvette quand elle ne rencontre pas l'abri de plus en plus rare d'un grand parc où la cognée utilitaire du bûcheron perd ses droits?

Empressons-nous donc d'étudier et de fixer dans un beau livre ces êtres charmants que les progrès de la civilisation menacent de chasser de notre pays. Le crayon de M. Robert nous fournit pour cela une occasion unique. Si jamais les lois cruelles découvertes par Darwin font passer à l'état d'animaux fossiles les rossignols, les mésanges et les fauvettes, nos successeurs les retrouveront là vivantes encore et pourront étudier leurs mœurs aussi bien qu'on le fait aujourd'hui.

Publications nouvelles

Primitive manners and customs, by James A. Farrer. 1 vol. petit in-8° (Londres, chez Chatto et Windus), cartonné.

Campagne des Anglais dans l'Afghanistan (1878-1879), récit des opérations militaires, accompagné de notions historiques et géographiques sur le pays, par G. Le Marchand, capitaine au 15° d'artillerie, officier d'académie. 1 vol. petit in-8° de 460 pages (Paris, librairie militaire de J. Dumaine). Broché.

Traité d'anatomie générale appliquée à la médecine. Embryogénie, éléments anatomiques, tissus et systèmes, par L. Cadiat, professeur agrégé à la Faculté de médecine de Paris, etc., avec une introduction de M. le professeur Ch. Robin. Tome Ier, 1 vol. in-8°, avec 210 figures dans le texte. L'ouvrage complet formera 2 vol. in-8° (Paris, Ve Adrien Delahaye, éditeurs). Prix, 13 fr.

Cours d'embryogénie comparée du Collège de France (semestre d'hiver 1877-1878). Leçons sur la *génération des Vertébrés*, par G. Balbiani, professeur au Collège de France, recueillies par le docteur F. Henneguy, revues par le professeur. Un beau volume grand in-8°, avec 150 figures dans le texte et 6 planches en chromolithographie hors texte (Octave Doin, éditeur, 8, place de l'Odéon). Prix : 15 francs.

Les mariages dans l'ancienne société française, par Ernest Bertin, docteur ès lettres, professeur de rhétorique au collège Rollin. 1 fort vol. in-8°. (Paris, librairie Hachette et Cie.)

Origine et développement de la religion, étudiés à la lumière des religions de l'Inde. Leçons faites à Westminster-Abbey, par F. Max Muller. Traduites de l'anglais par J. Darmesteter. 1 vol. in-8° de 360 pages, (Paris, librairie Reinwald et Cie), br. 7 fr.

CHRONIQUE SCIENTIFIQUE

— Congrès des naturalistes et médecins allemands. — Ce congrès se tient cette année tout près du Rhin, à Bade. Il s'est ouvert hier jeudi et compte plusieurs milliers de membres. Il est divisé en vingt-trois sections. Il y a en outre des séances générales. On annonce plusieurs fêtes intéressantes pendant la durée du congrès qui se terminera jeudi prochain.

— Congrès international des archéologues américanistes. — La troisième session ouvrira ses travaux, à Bruxelles, sous la présidence du roi Léopold, le 23 septembre courant. La plupart des nations scientifiques des deux mondes y seront représentées. Parmi les savants qui ont annoncé leur prochaine arrivée, on cite :

Pour l'Angleterre : MM. Markham et le docteur Phéné, de Londres;

Pour l'Allemagne : M. Virchow, professeur à l'Université de Berlin;

Pour la Russie : M. Nicolas de Slojanowski, membre du conseil de l'empire russe;

Pour l'Espagne : S. Exc. Fernando Corradi et M. Marcos Jimenez de la Espada;

Pour les Pays-Bas : les docteurs Dirks et Leemans, de Leyde;

Pour les États-Unis : le juge Force, le R. Gass et Pulnam ;
Pour la Plata : MM. Ernesto Quesnada, le docteur Falk ;
Pour le Pérou : M. de Castaneda ;
Pour la République dominicaine : M. le docteur Betanos ;
Pour la Colombie : le général Gusman Blanco et Ramon Gomez.

Parmi les américanistes qui représentent la France à ce congrès, on cite déjà : MM. Léon de Rosny, Castaing, Charles Lucas, de Charencey, Madier de Montjau et Beauvois.

— Congrès archéologique de France. — Le congrès archéologique fondé par M. de Caumont vient de terminer sa quarante-sixième session à Vienne. Le volume qui renfermera les travaux du congrès formera un intéressant répertoire historique de tous les monuments que renferme le sol de l'ancienne capitale des Allobroges et de ceux plus nombreux qui lui ont été enlevés. Au premier rang de ceux-ci il faut placer la Vénus de Vienne que le musée du Louvre vient d'acheter. M. Desjardins, membre de l'Académie de Lyon et M. Gautier Descottes d'Arles ont discuté savamment le travail de M. Ravaisson sur ce chef-d'œuvre.

Les séances du congrès ont été dirigées par M. Léon Palustre et M. de Laurieu ; la première a été présidée par M. le général Farre, qui, ainsi que l'a fait observer M. Palustre dans le discours d'ouverture, avait suivi l'exemple donné par M. le duc d'Aumale en venant présider la première séance du congrès). Les séances suivantes ont été présidées par MM. Tony Desjardins, membre de l'Académie de Lyon ; Caillemer, doyen de la Faculté des lettres de Lyon ; comte de Marsy et Étienne Récamier.

La séance de clôture a été présidée par M. Palustre. Nous ne pouvons relater les travaux qui ont été lus, les conférences qui ont été faites pendant six séances très remplies. Mentionnons seulement les communications de M. Leblanc, conservateur du muséum de Vienne, sur les objets d'art découverts à Vienne ; de M. Bigot, architecte à Vienne, sur les monuments viennois ; de M. Palustre, sur la basilique de Saint-Sevère ; de M. Caillemer ; de M. Descottes d'Arles, sur le château de Mantaille ; de M. le marquis de Montclar sur le roi Bozon ; de M. Récamier sur les artistes potiers à l'époque romaine et sur le cirque de Vienne ; de M. Gustave Vallier, sur les inscriptions des cloches du département de l'Isère et sur les méreaux du chapitre à Vienne ; de M. Unjfalvy de Pesth, sur la Roumanie ; de MM. Vingtésiner et Chollier, sur la bibliographie viennoise.

Le congrès a dirigé une de ses excursions vers l'abbaye de Saint-Antoine, ce monument gothique d'un style si pur, qui a conservé dans son trésor des châsses et des manuscrits précieux. Le congrès s'est terminé par un banquet offert par le maire de Vienne dans le musée Lapidaire (basilique de Saint-Sevère).

— Le télégraphe nous a appris que la semaine dernière, vers sept heures du matin, un tremblement de terre avait été ressenti à Lyon. Sa durée n'a été que de deux à trois secondes.

Le *Nouvelliste* raconte que les meubles ont été déplacés, les ustensiles de cuisine se sont entre-choqués, les maisons ont oscillé plus ou moins fortement ; — l'amplitude de ces mouvements est moins forte au rez-de-chaussée et s'accroît en raison directe de l'élévation des divers étages. Des murs ont été lézardés près de l'Ile-Barbe ; à Meximieux, un horloger a été surpris par le carillon de toutes ses pendules ; plusieurs personnes encore au lit se sont senti secouer d'une manière inquiétante ; des groupes se sont formés sur les paliers et dans presque toutes les rues : chacun y racontait ses impressions. Les quartiers qui ont éprouvé les plus fortes secousses sont ceux de l'ouest de la ville : Saint-Georges, Saint-Jean et Vaise. Sur toute la colline qui va de Fourvière à Saint-Irénée, les oscillations ont été très fortes. Enfin, à Saint-Genis-Laval et à Couzon, les mêmes phénomènes se sont produits avec une durée qui varie de cinq à dix secondes.

Le *Salut public* rappelle qu'au mois de février et au mois de juin de cette année Lyon et la contrée avoisinante avaient déjà ressenti plusieurs secousses de pareille importance.

On écrit de la Verpillière au *Petit lyonnais* que le tremblement de terre s'est fait sentir à la même heure dans cette localité.

— Club alpin. — Le Club alpin austro-allemand vient de tenir à Zell, en Tyrol, son assemblée annuelle à laquelle assistaient plus de 150 délégués de l'Autriche et de l'Allemagne. L'Association comprend actuellement 67 sections et 8000 membres. Elle a déjà fait élever dans les montagnes 39 cabanes-abris et cinq stations météorologiques. Par ses soins, on a ouvert de nouveaux chemins ou sentiers, et des ouvrages scientifiques ont été publiés.

— Le phylloxera. — Un grand congrès viticole se tiendra à Nîmes, les 22, 23 et 24 septembre 1879.

Toutes les questions qui intéressent la conservation et la reconstitution des vignobles seront traitées par les représentants les plus autorisés des divers systèmes employés utilement jusqu'à ce jour.

— Le Tour du Monde, *Nouveau Journal des Voyages.* — Sommaire de la 973e livraison (30 août 1879). — Le Maroc par M. Edmondo de Amicis (1875). — Traduction et gravures inédites. — Quatorze gravures de C. Biseo et E. Bayard

— Sommaire de la 974e livraison (6 septembre 1879). — Le Maroc, par M. Edmondo de Amicis (1875). — Traduction et gravures inédites. — Quatorze gravures de C. Biseo, E. Bayard, G. Vuillier et E. Ronjat.

— Les pigeons voyageurs et les avertissements météorologiques. — D'intéressantes expériences ont eu lieu ces jours-ci sur les côtes d'Angleterre avec des pigeons messagers dont on s'est servi pour transmettre rapidement à de grandes distances les observations météorologiques. Plusieurs de ces oiseaux ont été lâchés du port de Penzance sur les côtes de Cornouailles à 12 milles du cap Finistère ; ils ont franchi la distance de 270 milles qui sépare ce port de Londres en six heures, c'est-à-dire avec une vitesse de 45 milles à l'heure. Les tempêtes dans ces latitudes atteignent rarement une vitesse de 30 milles par heure ; en moyenne, on calcule qu'un centre de tempête parcourt chaque heure de 16 à 17 milles ; un pigeon messager aurait donc toujours une avance considérable pour annoncer la nouvelle du danger aux endroits menacés.

Il paraît prouvé que les pigeons messagers, ou pigeons d'Anvers se guident dans leurs longs trajets par la vue ; aussi, bien qu'ils puissent voler sans se reposer pendant 300 à 400 milles, ils ne peuvent être utilisés sur l'Océan à de trop grandes distances de la terre. Si on les lâche à plus de 100 milles du rivage, après avoir tournoyé longtemps pour chercher leur route, ils reviennent tous au navire.

— Un navire-hopital. — Il s'agit du *Shamrock*, le plus beau et le plus gros transport qui ait encore été construit en France. Le *Shamrock* est surtout destiné à porter des troupes en Cochinchine et à ramener en France des malades et des convalescents : c'est un transport-hôpital ; mais, en temps de guerre et pour de courtes traversées, il pourrait transporter un grand nombre d'hommes, de chevaux et de matériel. Le *Shamrock* vient de terminer son armement au Havre. Sa longueur entre verticales est de 105 mètres ; sa largeur de 15m,35 ; son creux sur quille au pont des gaillards de 12 mètres, son tirant d'eau moyen en charge de 6m,25, et son déplacement à ce tirant d'eau de 5429 tonneaux. Sa machine a une puissance de 2600 chevaux de 75 kilog. sur les pistons, faisant mouvoir une seule hélice.

L'hôpital proprement dit est divisé en trois parties : l'une pour les blessés, la seconde pour les malades dont l'état est grave ; la troisième pour les malades moins gravement atteints de la dyssenterie de Cochinchine ; ces derniers sont dans des couchettes fixes ; les plus malades dans des couchette à roulis. On peut mettre 36 malades dans des lits à roulis et 160 dans le reste de l'hôpital ; dans la batterie basse 134 convalescents dans des couchettes, 430 soldats passagers dans des hamacs ; enfin 300 hommes d'équipage et 93 passagers de chambre, officiers et sous-officiers ; ce qui représente un total de 1093 hommes. En temps de guerre, il transporterait facilement 2000 hommes. A l'avant du pont se trouvent : des parcs pouvant contenir 8 bœufs, 2 chevaux, 40 moutons, 600 volailles, une buanderie, une boucherie et une salle de propreté, pour donner des douches à l'équipage les jours de grande chaleur.

Le *Shamrock*, commandé par l'État à la société des chantiers de la Méditerranée, avait été mis sur cale le 24 mars 1877, et a été lancé le 17 avril 1878. Il ira à Toulon pour prendre définitivement son service.

— Un pont a New-York. — On construit en ce moment, entre New-York et Brooklyn, un pont monumental qui coûtera plus de 60 millions de francs et dont la longueur totale, y compris les approches, dépassera 1500 mètres. Au centre se trouve une arche longue de 450 mètres, qui sera soutenue par deux tours élevées de 84 mètres.

Les tours ayant été terminées le 5 août, on a procédé à l'adjudication de la fourniture du fer et de l'acier nécessaires à l'arche centrale. Cette adjudication a été prononcée moyennant deux millions et demi.

On a employé dans la construction du pont et de l'enrochage 120 000 mètres cubes de pierre.

Le pont est suspendu par quatre câbles de 45 centimètres de diamètre, formés chacun de 19 chaînes ; chaque chaîne est formée de 280 fils d'acier fondu.

Le propriétaire-gérant : Germer Baillière.

PARIS. — Impr. J. CLAYE. — A. QUANTIN et Cie, rue St-Benoît. [1645]

LA

REVUE SCIENTIFIQUE

DE LA FRANCE ET DE L'ÉTRANGER

REVUE DES COURS SCIENTIFIQUES (2E SÉRIE)

DIRECTEUR : M. ÉMILE ALGLAVE

2e SÉRIE — 9e ANNÉE NUMÉRO 13 27 SEPTEMBRE 1879

ASSOCIATION BRITANNIQUE

POUR L'AVANCEMENT DES SCIENCES

Congrès de Sheffield.

DISCOURS PRÉSIDENTIEL DE M. G.-J. ALLMAN

De la Société royale de Londres.

Le rôle du protoplasme dans la nature.

Ce n'est pas chose facile que de trouver un sujet qui convienne à une occasion telle que celle-ci. En effet, deux écueils sont à craindre : ou le discours présidentiel sera trop spécial pour un auditoire nécessairement nombreux et d'aptitudes diverses; ou bien, en restant dans les généralités, il sera sans intérêt pour les auditeurs, et, par conséquent, peu écouté.

On s'attend peut-être à ce que j'aie pris pour sujet quelqu'une des grandes industries de la ville qui nous donne l'hospitalité; mais, comme mes études n'ont porté que sur les sciences biologiques, j'ai craint de ne pas rendre justice à des travaux si différents des miens. Je ne vais donc pas vous parler de ces grandes industries auxquelles la société civilisée doit d'être ce qu'elle est, — de ces applications pratiques de la vérité scientifique, qui se sont développées avec une si merveilleuse rapidité depuis un demi-siècle, et qui sont déjà aussi inséparables de la vie ordinaire que la chaîne l'est de la trame dans un tissu. Je laisse ces sujets à ceux qui me succèderont à cette place, et qui les traiteront mieux que je ne pourrais le faire, et je crois que je ferai mieux de me borner au champ sur lequel ont porté toutes mes études.

Je n'ignore pas que, parmi ceux qui m'écoutent, il en est beaucoup dont je n'ai pas le droit d'attendre les connaissances préalables qui me dispenseraient des développements préliminaires nécessaires pour leur faire comprendre le sujet que je vais traiter; je prie donc mes collègues de l'Association Britannique qui sont familiers avec la partie de la biologie dont je me propose d'occuper cette assemblée, de me pardonner si je m'adresse surtout à ceux pour lesquels ces études sont absolument nouvelles.

Le sujet que j'ai choisi est un point de la science sur lequel des hommes éminents concentrent tous leurs efforts depuis quelques années; aussi en est-il résulté la découverte d'un très grand nombre de faits remarquables, et la justification de bien des généralisations importantes. En un mot, je me propose de présenter ici sous une forme aussi peu technique que possible, un compte rendu de l'expression la plus généralisée de la matière vivante, et des résultats des travaux les plus récents qui ont été faits sur sa nature et ses phénomènes.

Plus de quarante ans se sont déjà écoulés depuis le jour où le naturaliste français Dujardin a fait voir que les corps de quelques-uns des êtres placés au dernier degré du règne animal se composent d'une substance semi-fluide, contractile et dépourvue de structure, à laquelle il donnait le nom de sarcode. Une substance semblable, qui se trouve dans les cellules des plantes, a été ensuite étudiée par Hugo von Mohl, qui lui a donné le nom de protoplasme. Il était réservé à Max Schultze de démontrer que le sarcode des animaux et le protoplasme des plantes sont identiques.

Les conclusions de Max Schultze ont été confirmées de tous points par les recherches qui ont suivi, et il a été démontré en outre que ce même protoplasme sert de base à tous les phénomènes vitaux, dans le règne végétal aussi bien que dans le règne animal. Telle est la généralisation la plus importante et la plus significative de tout le domaine des sciences biologiques.

Depuis quelques années on a repris d'une manière spéciale l'étude du protoplasme, on a remis en lumière des faits inattendus et souvent fort étonnants, et ce seul point scientifique a donné naissance à une véritable littérature. Je ne puis donc faire mieux que d'appeler votre attention sur quelques-uns des résultats les plus importants de ces recherches, et de vous faire connaître les propriétés du protoplasme et son rôle dans les deux grands règnes organiques.

Comme je viens de le dire, le protoplasme est la base de tous les phénomènes vitaux, ou, comme l'a si bien dit Huxley, « c'est la base physique de la vie ». Partout où la vie existe, depuis ses manifestations les plus infimes jusqu'aux plus élevées, le protoplasme existe aussi; partout où se trouve le protoplasme, la vie se trouve aussi. Ainsi cette substance a la même étendue que la nature organique — puisque tout acte vital peut se rapporter à quelque mode ou à quelque propriété du protoplasme — et devient pour le biologiste ce qu'est l'éther pour le physicien; seulement, au lieu d'être une conception hypothétique, acceptée comme réalité à cause de la facilité qu'elle offre pour l'explication des phénomènes, le protoplasme est une réalité tangible et visible, que le chimiste peut analyser dans son laboratoire, et le biologiste disséquer et examiner au microscope.

La composition chimique du protoplasme est fort complexe, et n'a pas encore été déterminée d'une manière exacte. Néanmoins on peut dire que le protoplasme est essentiellement une combinaison de corps albuminoïdes, dont les principaux éléments sont, par conséquent, l'oxygène, le carbone, l'hydrogène et l'azote. Son état typique est celui d'une substance presque fluide : c'est un liquide tenace, glaireux, présentant à peu près la consistance du blanc d'œuf non coagulé par la cuisson (1). Si nous l'examinons au microscope, nous voyons certains mouvements y prendre naissance; des ondes en sillonnent la surface, ou bien il se divise en courants, les uns larges et ne s'étendant qu'à peu de distance de la masse principale, les autres allant bien loin de leur source, sous la forme de filets liquides, tantôt simples, tantôt divisés en rameaux, dont chacun prend un cours indépendant. Il peut encore arriver que plusieurs filets se réunissent, comme les ruisselets se jettent dans les ruisseaux, et ceux-ci dans les rivières, et cela, non seulement d'accord avec les lois de la force de gravité, mais dans des directions diamétralement contraires à ces lois; puis tout à coup on voit le protoplasme s'étendre en tous sens et former une mince couche liquide, pour revenir ensuite aux limites étroites dans lesquelles il était d'abord enfermé; et tout cela se fait sans qu'il soit possible de découvrir aucune force extérieure qui produise ces ondes à la surface, ou qui détermine ces courants. Bien qu'il soit certain que tous ces phénomènes dépendent d'actions exercées sur le protoplasme par le monde extérieur, ce sont des phénomènes qu'un liquide purement physique ne présente jamais — des mouvements spontanés qui résultent de son irritabilité propre, de sa constitution essentielle comme matière vivante.

Examinez le protoplasme de plus près, soumettez-le au grossissement des plus puissants microscopes, et vous y trouverez probablement disséminées des myriades de granules d'une petitesse extrême; mais il se pourra aussi que vous le trouviez absolument homogène. D'ailleurs, dans un cas comme dans l'autre, il est certain que vous n'y trouverez rien auquel on puisse donner le nom d'*organisation*. Vous n'avez en réalité qu'un liquide glaireux et tenace, sinon absolument homogène, tout au moins complètement dépourvu de structure.

Et cependant, quand on considère cette matière douée de mouvements spontanés, il est impossible de nier qu'elle ne soit vivante. C'est un liquide, mais un liquide vivant; quoique dépourvu d'organes et de structure, il manifeste les phénomènes essentiels de la vie.

Le tableau dont je viens de tracer ainsi les traits principaux est celui que présente le protoplasme sous son aspect le plus général. Mais de telles généralisations ne peuvent par elles-mêmes satisfaire aux conditions qu'exige une étude scientifique exacte, et je veux, avant de rechercher la place et le rôle du protoplasme dans la nature, vous faire connaître quelques spécimens bien définis de cette substance, telle qu'on la rencontre réellement dans le monde organique.

Pendant le voyage scientifique fait par le *Porcupine*, les naturalistes attachés à l'expédition ont ramené, de profondeurs variant de un à huit kilomètres, une quantité considérable de matière limoneuse d'un aspect particulier. En l'examinant sur-le-champ, on y constatait l'existence de mouvements spontanés qui indiquaient que cette matière était évidemment vivante. Plusieurs échantillons, conservés dans l'esprit-de-vin, ont été examinés par M. le professeur Huxley, qui a constaté qu'ils étaient composés de protoplasme : ainsi de grands espaces au fond de la mer sont tapissés de quantités énormes de cette substance à l'état vivant. Huxley a donné à ce limon merveilleux le nom de *Bathybius Hœckelii*.

Ce bathybius a depuis été minutieusement étudié par M. le professeur Hœckel, qui croit pouvoir confirmer sur tous les points les conclusions de M. Huxley : il est arrivé à la conviction que le fond de l'Océan, à des profondeurs supérieures à 1 500 mètres, est couvert d'une masse énorme de protoplasme vivant, lequel y végète à l'état le plus simple et le plus primitif, sans avoir encore pris de forme définie. Il ne croit pas impossible que cette substance se soit formée là par génération spontanée, mais laisse à l'avenir le soin de résoudre la question de son origine.

Toutefois, la réalité du bathybius n'a pas été universellement acceptée. Dans les recherches plus récentes du *Challenger*, les explorateurs ont vainement cherché à donner de nouvelles preuves de l'existence de masses de protoplasme amorphe qui occuperaient le fond de l'Océan. Ils n'ont trouvé de traces de bathybius dans aucune des régions qu'ils ont explorées, et croient pouvoir conclure d'une manière légitime que la substance fournie par les dragages du *Porcupine*, et conservée dans l'alcool pour être examinée plus tard, n'était qu'un précipité inorganique produit par l'action de l'alcool.

Cependant il est difficile d'admettre que l'on puisse traiter aussi cavalièrement les résultats de travaux aussi sérieux que ceux de Huxley et d'Hœckel. Leurs conclusions ont d'ailleurs été confirmées par les observations encore plus récentes de l'explorateur des régions arctiques, Bessels, qui a pris part au voyage du *Polaris*, et qui rapporte qu'il a ramené du fond des mers du Groënland des masses de protoplasme vivant et à l'état amorphe. Bessels donne à ces masses le nom de *protobathybius*, mais elles nous semblent identiques au bathybius du *Porcupine*. Il faudra donc d'autres preuves de la non-existence du bathybius pour arriver à reléguer dans la région

(1) Quand on dit que le protoplasme est un liquide, il ne faut pas oublier que cette expression se rapporte seulement à sa consistance physique — condition qui dépend surtout de la quantité d'eau avec laquelle il est combiné, et qui varie depuis la forme solide sous laquelle il se présente dans l'embryon inerte des graines, jusqu'à l'état aqueux dans lequel nous le trouvons dans les feuilles de la valisnérie. Ses propriétés distinctives sont tout à fait différentes de celles d'un liquide purement physique, et sont soumises à des lois tout autres.

des hypothèses réfutées un fait fondé sur des observations conduites avec tant de soin.

Si donc nous admettons que le bathybius existe réellement, bien que les dernières recherches aient notablement réduit l'étendue qu'on lui avait d'abord assignée, il nous présente pour la matière vivante l'état le plus rudimentaire qu'il soit possible de concevoir. Aucune loi morphologique n'a encore agi sur ce limon informe. L'individualisation même la plus simple y fait absolument défaut : nous avons là une masse vivante, mais nous ne savons où elle finit; c'est de la matière animée, mais il n'est guère possible d'y voir un être vivant.

Mais le bathybius n'est pas le seul exemple de protoplasme à l'état d'extrême simplicité. M. Hœckel a trouvé, dans les eaux douces du voisinage d'Iéna, des amas minuscules de protoplasme qui, examinés au microscope, présentaient une forme sans cesse variable, leurs contours se modifiant à tout moment par l'apparition sur différents points de leur surface de larges lobes et d'épaisses proéminences digitiformes, qui disparaissent au bout d'un certain temps pour reparaître sur quelque autre point de la surface.

Ces protrusions de substance, sans position fixe ni forme définie, auxquelles on a donné le nom de pseudopodies, sont par excellence un des caractères distinctifs du protoplasme dans quelques-uns de ses états les plus simples. Nous aurons plus d'une fois occasion d'y revenir dans la suite de cet exposé.

Quant aux petites masses protoplasmiques ainsi constituées, M. Hœckel leur a donné le nom de *protamœba primitiva*. On peut les comparer à de très petites parcelles de bathybius. M. Hœckel les a vues se séparer par division spontanée, en deux morceaux qui, une fois indépendants, augmentaient en volume et prenaient tous les caractères de la masse mère.

D'autres êtres aussi simples que les protamibes ont été décrits par divers observateurs, et surtout par M. Hœckel, qui les rattache tous à un même groupe auquel il donne le nom de *monères*, à cause de la simplicité extrême des êtres dont il se compose.

Passons maintenant à une phase un peu plus élevée du développement des êtres protoplasmiques. Très répandues dans les eaux douces et salées de la Grande-Bretagne, et probablement dans celles de presque toutes les parties du monde, sont de petites parcelles de protoplasme qui ressemblent beaucoup aux protamibes dont nous venons de parler. Elles n'ont pas non plus de forme définie, mais changent sans cesse d'aspect, sortant et rentrant des lobes épais et des pseudopodies digitiformes par lesquelles leur corps semble s'écouler dans le champ du microscope. Mais ce n'est plus là la parcelle homogène de protoplasme dont se compose le corps de la protamibe. Vers le centre, une petite masse ronde de protoplasme plus ferme se distingue du reste, et forme un noyau; en même temps le protoplasme des contours diffère un peu du reste de la masse : il est plus transparent, homogène, et plus dur en apparence que la substance intérieure. On remarque aussi l'apparition, sur un point, d'un espace sphérique clair, que l'on voit tout à coup se contracter et disparaître, pour reparaître au bout de quelques secondes, et ainsi de suite, le retour et la disparition s'opérant à des intervalles réguliers. Cette petite cavité à pulsations rythmiques a reçu le nom de *vacuole contractile;* on la trouve très fréquemment chez les êtres qui occupent les derniers degrés de l'échelle animale.

Ensuite se présente à nous un être qui a appelé l'attention des naturalistes, pour ainsi dire dès le début des observations microscopiques. Je veux parler de la fameuse *amibe* que, depuis bientôt deux cents ans, le microscopiste va chercher dans les étangs, les mares d'eau et même les gouttières des toits, pour s'extasier devant la forme indéfinissable et les changements intéressants de cette parcelle de matière vivante. Mais c'est seulement la science moderne qui a pu en révéler l'importance biologique, et faire voir que cette petite parcelle de matière molle et pourvue d'un noyau est un corps dont l'importance au point de vue de la morphologie et de la physiologie des êtres vivants ne saurait être exagérée, car l'amibe nous offre les caractères essentiels de la *cellule*, c'est-à-dire de l'unité morphologique d'organisation, de la source physiologique des fonctions spécialisées.

Le mot cellule est employé depuis si longtemps qu'il est impossible de le bannir de notre terminologie; et cependant il tend à établir une idée inexacte, parce qu'il fait penser à un corps creux ou à une vésicule, à cause de la forme sous laquelle la cellule fut d'abord étudiée. Mais une cellule est essentiellement une masse définie de protoplasme contenant un noyau. Elle peut affecter la forme d'une vésicule, ou une forme différente; elle peut être protégée par une membrane enveloppante, ou être dépourvue de membrane; elle peut contenir une vacuole contractile ou n'en pas avoir ; il se peut enfin que son noyau soit, ou non, composé d'un ou plusieurs petits noyaux secondaires.

M. Hœckel a rendu à la biologie un véritable service en insistant sur la nécessité de distinguer les formes sans noyau que nous présentent les protamibes et les autres monères, des formes à noyaux comme les amibes. C'est à ces dernières seules qu'il accorde le nom de cellules, tandis qu'il donne aux premières celui de *cytodes* (1).

Examinons d'un peu plus près notre amibe. Comme tous les êtres vivants, elle a besoin d'être nourrie. Elle ne peut

(1) Dans toute cellule type on peut distinguer trois parties : 1° le protoplasme granulaire plus ou moins liquide; 2° le noyau; 3° une zone extérieure de protoplasme plus ferme, connue sous le nom de couche corticale — le *Hautschicht* des histologistes allemands. Toutes ces parties peuvent être regardées comme procédant par différentiation du protoplasme simple primitif. Mais les cellules n'en restent pas toujours à la phase simple que nous présente l'amibe. A sa naissance le noyau est toujours tout à fait homogène, mais à mesure qu'il grossit il subit ordinairement des modifications dont le résultat est une constitution réellement plus compliquée qu'on ne l'avait cru d'abord : en effet, le noyau présente souvent une couche extérieure plus ferme, ou membrane du noyau, dans l'intérieur de laquelle se trouve le protoplasme plus mou du noyau, dans lequel on constate souvent l'existence d'un réseau de petits filaments.

La structure du noyau a été tout dernièrement étudiée par Flemming (*Arch. f. mikr. Anat.* vol. XVI, n° 2, 1878), qui s'est tout particulièrement occupé de ce réseau de l'intérieur du noyau. Selon lui, le noyau à l'état parfait se compose d'une couche pariétale ferme, qui renferme, outre de petits noyaux de texture spéciale, une charpente (*Gerüst*) de filaments entourés d'une substance plus liquide. Il affirme aussi que, lorsqu'un noyau se forme, il s'établit une différence chimique entre sa substance et celle du reste de la cellule dans laquelle il se forme, différence qui se manifeste, non seulement par la manière dont le noyau se comporte en présence des réactifs, mais encore par une différence de composition chimique nettement appréciable.

Klein a démontré (*Quarterly journ. Micr. Sci.*, vol. XVIII, p. 315), que les cellules de l'estomac du *Triton cristatus* contiennent dans chaque noyau un réseau délicat de filaments semblables sous tous les rapports à ceux décrits par Flemming; il ajoute qu'ici le réseau du noyau se continue, par de petites ouvertures situées près des pôles de la membrane nucléaire, avec un réseau semblable qui existe dans la s'accroître, comme le ferait un cristal, par l'accumulation à sa surface de nouvelles molécules matérielles. Il faut qu'elle se nourrisse, qu'elle reçoive par intussusception les aliments nécessaires, qu'elle s'assimile ces aliments, et qu'elle les convertisse en sa propre substance.

Cependant, si nous cherchons une bouche par laquelle les aliments puissent pénétrer dans le corps de l'amibe, ou un estomac par lequel ces aliments puissent être digérés, nous cherchons en vain. Mais examinons-la un instant dans une goutte d'eau placée sous notre microscope. Dans son voisinage se trouve quelque habitante vivante de la même goutte d'eau, et sa présence produit sur le protoplasme de notre amibe une stimulation spéciale qui détermine les mouvements nécessaires à la préhension des aliments. Un courant de protoplasme part immédiatement du corps de l'amibe, en se dirigeant vers la proie convoitée, l'enveloppe, et retourne avec elle vers le protoplasme central, où cette proie s'enfonce de plus en plus dans la masse molle et peu résistante, où elle est dissoute, digérée et assimilée de manière à accroître le volume et à entretenir les forces de l'amibe.

Mais il faut aussi que l'amibe se multiplie, comme tous les êtres vivants ; aussi le noyau, parvenu à une certaine grosseur, se divise-t-il en deux moitiés; le protoplasme qui lui sert d'enveloppe se sépare également en deux parties, qui conservent chacune une des moitiés du noyau. Les deux êtres ainsi produits vivent désormais d'une manière indépendante, s'assimilent de la nourriture, et finissent par prendre les caractères et les dimensions de l'amibe mère.

Nous venons de voir que le corps de l'amibe nous présente le type de la cellule. Or les eaux douces et la mer contiennent bien d'autres êtres vivants qui ne s'élèvent jamais au-dessus de l'état de simple cellule. Un grand nombre de ces êtres, au lieu de lancer au dehors les larges pseudopodies de l'amibe, ont la faculté d'émettre de longs fils minces de protoplasme, qu'ils peuvent ramener à eux, et au moyen desquels ils peuvent saisir leur proie ou se déplacer. Quoique ce ne soient que de petites masses de protoplasme sans structure, un grand nombre de ces êtres se font une membrane extérieure ou une enveloppe calcaire, qui souvent a une forme symétrique et présente des ornements compliqués; d'autres se construisent un squelette siliceux de spicules rayonnées, ou de sphères concentriques aussi transparentes que du cristal, et d'une symétrie et d'une beauté parfaites.

Quelques-uns de ces êtres ont pour organe de locomotion un long filament en forme de fouet, qui sort de leur corps, et à l'aide duquel ils avancent en fouettant les eaux dans lesquelles ils vivent; mais cet appendice ne peut pas, comme les pseudopodies de l'amibe, rentrer, pendant la vie active, dans la masse générale du corps; d'autres encore avancent à l'aide de cils ou poils vibratiles microscopiques, répartis de diverses façons à la surface de leur corps, et qui ne sont, comme les pseudopodies et les appendices flagelliformes, que de simples prolongements de leur protoplasme.

Dans tous ces cas, le corps tout entier, considéré au point de vue morphologique, n'est en réalité qu'une cellule, et cette simple cellule possède toutes les propriétés qui se manifestent dans les phénomènes vitaux de l'organisme.

Le rôle de ces êtres unicellulaires dans l'économie générale de la nature a toujours été fort considérable, et un grand nombre de couches géologiques, composées en majeure partie de leurs squelettes calcaires ou siliceux, témoignent de leur extrême abondance dans les eaux anciennes.

Ces êtres d'époques si lointaines qui sont ainsi parvenus jusqu'à nous ne doivent leur conservation qu'à la présence des tissus durs et persistants sécrétés par leur protoplasme, et n'ont sans doute constitué qu'une partie très minime des organismes unicellulaires qui peuplaient autrefois le globe, et qui y remplissaient le rôle que la nature leur avait assigné, mais dont les corps mous et faciles à détruire n'ont laissé aucune trace de leur existence.

De nos jours, des organismes unicellulaires semblables sont encore à l'œuvre, — travailleurs muets et presque invisibles dans le grand ensemble de la création, sans doute destinés, comme leurs devanciers, à ne laisser après eux aucun indice de leur existence. — Le *protococcus nivalis* (1), auquel est presque toujours due la belle teinte rouge que présente la neige de certains districts des régions arctiques ou alpines, est un organisme microscopique dont le corps entier se compose d'une simple cellule sphérique. Le protoplasme de cette petite cellule doit posséder tous les attributs essentiels de la vie : il doit s'accroître par l'absorption d'aliments et reproduire, par voie de multiplication, la forme qu'il a lui-même reçue d'une cellule-mère; il doit pouvoir répondre à la stimulation des conditions physiques du milieu dans lequel il se trouve. Ainsi, avec un tissu qui atteint presque

substance cellulaire enveloppante. Quant à celle-ci, il y distingue deux parties : la substance homogène qui fait la base de la cellule, et le réseau des filaments intra-cellulaires.

Cependant Flemming n'admet pas qu'il y ait continuité entre les filaments du noyau et ceux de la cellule enveloppante, et Schleicher, qui vient d'étudier la séparation des cellules des cartilages « die Knorpelzelltheilung, » (*Arch. f. mikr. Anat.*, vol XVI, n° 2, 1878), conclut de ses observations que ces cellules ne contiennent pas de véritable réseau intra-cellulaire, parce que le noyau y est composé d'une multitude de petites tiges, de filaments et de granules séparés, enveloppés d'une membrane nucléaire.

Les petites granules que l'on voit généralement dans le protoplasme mou de la cellule ne semblent pas être des éléments essentiels. Ils se composent probablement de substance nutritive venue du dehors, et en voie d'assimilation et de conversion en protoplasme proprement dit. Hanstein donne à ces granules le nom de *métaplasme*, pour les distinguer du protoplasme homogène proprement dit, dans lequel ils sont en suspension. Ils manquent absolument dans la couche corticale antérieure, dont le rôle est de protéger l'intérieur contre l'action nuisible des influences extérieures, et qui, dans les plantes, jouit seule de la propriété de sécréter la paroi de cellulose.

Plusieurs observateurs contemporains, mais surtout Strasburger « Studien über das Protoplama », (*Jenaische Zeitschr.*, 1876), ont décrit dans la couche corticale de diverses cellules une striation radiale, qui semble formée de tigilles (*Stäbchen*), d'une extrême délicatesse, disposées perpendiculairement à la surface, et tout près l'une de l'autre. Il a vu un certain rapport entre ces tigilles et les cils dont sont munis les spores de la Vaucheria, où chaque cil semble s'appuyer sur une tigille. Mais il est certain que cette constitution de la couche corticale n'est pas un caractère général du protoplasme cellulaire ; ce n'est qu'un cas particulier de différentiation de structure. En effet, on ne peut guère regarder la structure complexe observée dans le noyau et dans le protoplasme cellulaire enveloppant que comme l'expression d'une différentiation initiale dans la structure de la cellule, et non, comme on s'est plu à l'affirmer, comme un état ultime ou *plastidulaire* du protoplasme.

(1) Le *protococcus nivalis* agit sur l'atmosphère comme le font les plantes vertes ordinaires par l'intermédiaire de la chlorophylle. Cette substance se développe dans le protococcus comme dans les autres plantes, et n'est que dissimulée par la prédominance du pigment rouge auquel le protococcus doit un de ses caractères les plus frappants.

les limites de la plus extrême simplification, ce petit corps joue son rôle dans l'économie de la nature, assimile à la matière vivante les éléments inanimés qui l'environnent, manifeste la vie dans des régions glacées qui semblaient condamnées à une perpétuelle stérilité, et peuple les déserts de neige de myriades d'organismes vivants.

Mais l'organisation n'en reste pas longtemps à cette phase de simplicité unicellulaire, et, à mesure que nous remontons de ces formes inférieures à d'autres plus élevées, nous voyons les cellules s'ajouter les unes aux autres jusqu'à ce que des millions de ces unités se trouvent réunies dans un seul et même organisme, dans lequel chaque cellule ou chaque groupe de cellules a sa tâche spéciale, tout en concourant avec les autres au bien-être et à l'unité de l'ensemble.

Cependant, chez les animaux les plus complexes et chez l'homme lui-même, les cellules élémentaires, malgré leurs nombreuses modifications et l'union intime qui existe ordinairement entre elles, sont loin de perdre tout à fait leur individualité. Examinons au microscope une goutte de sang qui vient d'être tirée d'une des veines d'un homme ou de quelque animal supérieur. Nous voyons qu'elle se compose d'une multitude de corpuscules rouges en suspension dans un liquide presque incolore, et nous y apercevons en même temps des corpuscules incolores un peu plus gros, mais bien moins nombreux. Les corpuscules rouges sont des cellules modifiées, tandis que les corpuscules incolores sont des cellules qui conservent encore leur forme et leurs propriétés typiques. Ces derniers sont de petites masses de protoplasme enveloppant chacune un noyau central. Suivons-les des yeux, et nous les verrons changer de forme, lancer au dehors et ramener à elles des pseudopodies et se mouvoir comme des amibes. Bien plus, elles se nourrissent aussi, comme les amibes, d'aliments solides. On peut leur donner des aliments colorés, que l'on verra alors s'accumuler à l'intérieur de leur protoplasme mou et transparent; dans certains cas, on voit même les corpuscules incolores du sang dévorer leurs compagnons moins gros, les corpuscules rouges.

On remarque encore certaines cellules remplies de substances colorées particulières et auxquelles on donne le nom de cellules à pigments; ces cellules se trouvent surtout en très grand nombre, comme éléments de la peau, chez les poissons, les grenouilles et les autres vertébrés inférieurs, ainsi que chez beaucoup d'animaux invertébrés. Sous l'action de certains stimulants, tels que la lumière ou quelque émotion, ces cellules pigmentaires changent de forme, lancent au dehors ou rentrent les prolongements pseudopodiques de leur protoplasme et prennent la forme d'étoiles ou de figures à lobes irréguliers, ou reviennent à la forme sphérique primitive. C'est à ces changements de forme des cellules pigmentaires qu'il faut attribuer les changements rapides de couleur que l'on constate si souvent chez les animaux pourvus de ces cellules.

Les œufs des animaux, qui commencent par faire partie du tissu de l'organisme de la mère, présentent un intérêt tout particulier au point de vue qui nous occupe. Un œuf est une véritable cellule, composée essentiellement d'une masse de protoplasme enveloppant un noyau, qui lui-même en contient un autre plus petit. Au début, cette cellule change à chaque instant de forme. En réalité, il est souvent impossible de la distinguer d'une amibe, car, de même que celle-ci, elle peut se déplacer à l'aide de ses appendices pseudopodiques. J'ai fait voir dans un autre travail (1) que l'œuf primitif de l'hydroïde remarquable nommée *myriothèle* présente des mouvements amiboïdes; de son côté, M. Hæckel a montré (2) que, dans les éponges, certains organismes amiboïdes que l'on voit circuler dans les canaux et les cavités de leurs corps, et que l'on avait jusqu'à ces derniers temps considérés comme des parasites venus du dehors, ne sont autre chose que les œufs de l'éponge. Même chez les animaux les plus élevés les œufs naissants commencent par présenter un état amiboïde de ce genre.

Reichenbach aussi a prouvé (3) que, pendant le développement de l'écrevisse, les cellules de l'embryon étendent au dehors des pseudopodies, qui saisissent et réunissent au protoplasme des cellules les globes de jaune qui servent d'aliment à l'embryon, tout comme cela a lieu pour l'amibe.

J'avais démontré déjà, il y a quelques années (4), que chez la myriothèle, des processus pseudopodiques sont constamment projetés des parois du canal alimentaire dans sa cavité. Ces processus paraissent être des extensions directes d'une couche de protoplasme clair, mou, homogène, qui se trouve à la surface des cellules dont cette cavité est garnie; je regarde maintenant cette couche comme la *Hautschicht* ou couche corticale de ces cellules. J'ai dit ensuite que la fonction de ces pseudopodies devait être de saisir, comme le font celles des amibes, les substances alimentaires qui pouvaient se trouver dans le contenu du canal, et de les faire servir à la nutrition de l'hydroïde.

Ce qui n'était de ma part qu'une conjecture relative à la myriothèle a depuis été prouvé pour certains vers planaires par Metschnikoff (5) : ce naturaliste a vu les cellules qui garnissent le canal alimentaire de ces animaux agir comme autant d'amibes indépendantes, et absorber dans leur protoplasme les aliments solides qui se trouvent dans ce canal. Lorsqu'on nourrissait la planaire d'aliments colorés, ces cellules amiboïdes étaient bientôt gorgées de molécules colorées, tout comme l'aurait été une amibe indépendante, si on l'avait nourrie de la même façon.

Mais ce ne sont pas seulement les cellules, pour ainsi dire libres, du sang, ou les cellules amiboïdes du canal alimentaire, ou les éléments dispersés dans les tissus, comme les cellules pigmentaires, ou les cellules destinées à être plus tard mises en liberté, comme les œufs, qui jouissent ainsi de l'indépendance. L'organisme tout entier, quelque complexe qu'il soit, est une association de cellules dans laquelle chaque élément individuel a réellement une indépendance, une autonomie qui, pour être moins évidente de prime abord que ne l'est celle des cellules du sang, n'en est pas moins réelle pour cela. Cette autonomie de chaque élément est accompagnée d'une subordination de chaque individu à l'ensemble, qui assure l'unité de l'organisme tout entier, en maintenant dans tous les phénomènes de sa vie une harmonie et un concert parfaits.

(1) « Structure et développement de la myriothèle », *Phil. trans.*, vol. CLXV, 1875, p. 552.

(2) *Jenaische Zeitschr.*, 1871.

(3) « Die Embryonanlage und erste Entwickelung des Flusskrebse », *Zeitschr. f. Wissens. Zoologie*, 1877.

(4) *Loc. cit.*

(5) « Ueber die Verdanungsorgane einiger Süsswasser-Turbellarien » *Zoologischer Anzeiger*, décembre 1878.

Dans cette association de cellules, chacune a sa tâche bien marquée, et la vie de l'organisme n'est que la somme des vies de toutes les cellules qui le constituent. C'est ici que nous trouvons exprimée de la manière la plus distincte la grande loi de la division physiologique du travail. Dans les organismes les moins élevés, où l'être tout entier ne contient qu'une seule cellule, l'accomplissement de tous les actes qui constituent sa vie est nécessairement à la charge du protoplasme de cette cellule unique; mais à mesure que nous nous élevons dans l'échelle des êtres, nous voyons le travail se répartir entre un nombre d'agents de plus en plus considérable. Ces agents sont les cellules qui composent l'organisme complexe. Cependant cette répartition du travail n'est pas uniforme, et il faut se garder de croire que le travail accompli par chaque cellule ne soit que la répétition de celui de toutes les autres. En effet, les actes vitaux, qui sont tous réunis dans la cellule unique de l'organisme unicellulaire, sont séparés dans un organisme plus complexe, et certains d'entre eux acquièrent plus d'intensité ou subissent d'autres modifications, et sont attribués à certaines cellules spéciales ou à certains groupes de cellules, auxquels nous donnons le nom d'organes, et dont le rôle est désormais d'accomplir les actes spéciaux qui leur sont assignés. Il y a là une véritable division du travail, mais une division qui n'a rien d'absolu, puisque les actes qui sont essentiels à la vie de la cellule ne cessent pas d'être communs à toutes les cellules de l'organisme. Aucune cellule, quelque spéciale que soit sa fonction dans l'organisme, ne perd son irritabilité, cette propriété essentielle et constante de toute cellule vivante. Ainsi chaque cellule ou chaque groupe de cellules est chargé de quelque travail spécial qui contribue au bien-être général, et tous ces travaux combinés assurent à toutes les cellules de l'organisme les conditions nécessaires à la vie, et déterminent les phénomènes complexes et merveilleux qui constituent la vie des organismes supérieurs.

Jusqu'ici nous avons considéré la cellule comme étant seulement une masse de protoplasme à noyau central douée d'activité, soit absolument nue, soit entourée en partie d'une enveloppe protectrice, qui laisse toujours le protoplasme en contact avec le milieu ambiant. Mais dans bien des circonstances le protoplasme se trouve enfermé dans des parois résistantes, qui le privent absolument de tout contact direct avec le milieu environnant. Chez la plante, il en est presque toujours ainsi après les premières phases de sa vie, parce que le protoplasme de ses cellules possède la faculté de sécréter à sa surface une membrane ferme et résistante, composée de cellulose, substance dépourvue d'azote et qui, par là, diffère tout à fait du protoplasme intérieur, et est incapable de manifester aucun des phénomènes vitaux.

Le protoplasme se trouve désormais complètement emprisonné dans ces parois de cellulose, mais il ne faut pas supposer pour cela qu'il ait perdu son activité ou renoncé à son travail d'être vivant. Bien qu'il ne soit plus en contact direct avec le milieu ambiant, il ne cesse pas pour cela d'en dépendre, et l'action entre le protoplasme captif et le monde extérieur continue toujours, grâce à la perméabilité de la paroi de cellulose qui l'enveloppe.

Quand le protoplasme reçoit ainsi une enveloppe de cellulose, il conserve rarement la disposition uniforme de ses parties que l'on observe souvent dans les cellules. Des cavités ou vacuoles minuscules y apparaissent; elles grandissent peu à peu, se réunissent à celles qui les touchent, et peuvent finir par former une grande cavité centrale, qui se remplit d'un liquide aqueux, auquel on a donné le nom de sève des cellules. C'est cet état de la cellule qui a été observé avant tous les autres, et qui lui a valu son nom, bien que ce nom puisse sembler très souvent impropre. Par suite de la formation de cette cavité centrale, le protoplasme environnant se trouve repoussé et pressé contre la paroi de cellulose, sur laquelle il s'étend alors en couche continue. Quant au noyau, il reste près du centre, enveloppé d'une couche de protoplasme que des bandes de la même substance, disposées en rayons, font communiquer avec celui des parois, ou bien il suit le protoplasme qui se déplace, et reste incrusté dans les parois de la cellule.

Bien des faits démontrent que le protoplasme captif ne perd rien de son activité. Les *characes* constituent un groupe fort intéressant de plantes simples, très communes dans les eaux limpides des étangs et des eaux dont le cours est lent.

Les cellules de leur tissu sont relativement grandes, et, comme presque toutes les cellules végétales, sont enveloppées chacune d'une paroi de cellulose. La cellulose est parfaitement transparente, et, si l'on regarde une de ces cellules avec un microscope même peu puissant, on constate dans une partie de son protoplasme un mouvement de rotation fort actif : il remonte sur un des côtés de la longue cellule tubulaire et redescend de l'autre, entraînant avec lui les molécules plus solides qui se trouvent sur le passage du courant. Chez une autre plante aquatique, la *Valisneria spiralis,* on peut voir une rotation non moins active dans les cellules de la feuille, où le courant continu de protoplasme liquide entraînant avec lui les granules vertes de chlorophylle, et emportant même dans sa course le noyau arrondi, présente un des phénomènes les plus remarquables que le microscope nous ait révélés.

Dans un grand nombre d'autres cellules à grandes cavités pleines de sève, comme par exemple celles qui forment les poils piquants des orties, et les autres espèces de poils végétaux, la couche de protoplasme qui couvre la paroi étend souvent dans la cavité destinée à la sève des arêtes et des filaments qui forment un réseau irrégulier, le long duquel, avec un fort microscope, on peut constater l'existence d'un courant de granules qui circulent lentement. La forme et la position de ce réseau de protoplasme varient sans cesse, et l'analogie qui existe entre ces variations et les changements de forme de l'amibe est évidente. La paroi de cellulose dans laquelle le protoplasme est enfermé l'empêche de projeter au dehors des pseudopodies, comme le ferait une amibe sans enveloppe; mais au dedans aucun obstacle ne s'oppose à l'extension du protoplasme, de sorte que la cavité est bientôt sillonnée d'une manière plus ou moins complète par des projections protoplasmiques qui partent de la paroi. Ces projections s'étendent souvent sous forme de filaments minces qui se soudent aux autres filaments qu'ils rencontrent; ils présentent des courants de granules qui circulent sur toute leur longueur, puis, au bout d'un certain temps, ils se rétractent et disparaissent. En un mot, la cellule végétale, avec son enveloppe de cellulose, n'est, sous tous les rapports essentiels, qu'un rhizopode captif.

Ce qui prouve encore que la captivité n'a enlevé au protoplasme aucune part de son irritabilité essentielle, c'est que, si l'on touche avec la pointe d'une aiguille émoussée la cellule transparente d'une *nitella*, une des plantes aquatiques simples dont nous parlions tout à l'heure, pendant qu'on l'étudie au microscope, on voit son protoplasme vert, irrité par l'aiguille, s'écarter de la paroi de cellulose. Si l'on crève, sous le microscope, la paroi de cellulose de la cellule relativement grosse qui forme toute la *vaucheria*, algue unicellulaire très commune dans les fossés peu profonds, son protoplasme s'échappe, et on le voit souvent lancer au dehors des projections pseudopodiques, et manifester des mouvements amiboïdes.

Même chez les plantes d'un ordre plus élevé, sans citer des exemples aussi bien connus et aussi frappants que la sensitive et la muscipule, il est facile de rendre évidente l'irritabilité du protoplasme. Pour beaucoup de plantes herbacées, si la tige jeune et pleine de suc d'un individu vigoureux reçoit un coup violent, sans pourtant que les tissus soient meurtris ou la plante blessée, on voit la tige fléchir à partir d'un point situé un peu au-dessus de l'endroit qui a été frappé; elle paraît avoir perdu sa force, elle ne peut plus porter son propre poids, et semble sur le point de mourir. Mais dans ce cas le protoplasme de ses cellules n'est pas tué, il n'est qu'étourdi par la violence du choc, et a besoin de temps pour se remettre. Après être resté, quelquefois plusieurs heures, dans cet état d'alanguissement, la tige commence à se relever et reprend bientôt sa vigueur primitive. Cette expérience réussit généralement avec des plantes à racine terminale un peu grosse, quand on applique le coup un peu au-dessous de l'inflorescence, quelque temps avant l'épanouissement de la fleur.

Dans les exemples que nous venons de citer, le protoplasme de la plante arrivée à maturité est entièrement enveloppé de cellulose. Mais plusieurs observations fort remarquables publiées récemment par M. Francis Darwin ont prouvé que, même chez les plantes supérieures, le protoplasme peut exister à nu. M. Darwin a vu les cellules de certains poils glanduleux contenus dans les réceptacles en forme de coupe formés par la réunion des bases de deux feuilles opposées du *dipsacus* émettre de longs appendices de protoplasme semblables à des pseudopodies. La signification exacte de ce phénomène, tout à fait exceptionnel, n'a pas encore été déterminée. Elle se rattache probablement, comme le suppose M. Darwin, à l'absorption de matières azotées.

Il n'existe donc, réellement, aucune différence essentielle entre le protoplasme des plantes et celui des animaux, et, s'il le fallait, nous pourrions le prouver par d'autres phénomènes de mouvement, que nous avons l'habitude de regarder comme l'attribut exclusif des animaux. Un grand nombre des plantes les plus simples donnent naissance à des cellules particulières nommées spores, qui se séparent de la plante-mère, et, comme les graines des plantes supérieures, sont destinées à la reproduire. Dans bien des cas ces spores sont douées, à un degré éminent, de la faculté de locomotion. Leurs mouvements sont déterminés quelquefois par des changements de forme, qui les font avancer à la manière des amibes, mais plus souvent par de très petits cils vibratiles, ou par des fils de protoplasme flagelliformes, dont le développement est plus énergique. Ces cils et ces filaments flagelliformes ne se distinguent en aucune façon des organes semblables que l'on trouve si souvent chez les animaux, et leurs vibrations ou les coups qu'ils donnent sur l'eau qui les entoure font rapidement avancer les spores. Ces mouvements semblent souvent obéir à une véritable volition; car si la spore rencontre un obstacle sur son chemin, elle change de direction comme pour éviter cet obstacle, et recule en renversant le mouvement de ses cils. Les spores sont généralement attirées par la lumière, et se portent vers le côté éclairé du vase qui les contient; cependant il y a des cas où la lumière produit sur elles l'effet contraire, et les fait reculer.

Citons encore un autre fait pour prouver le caractère uniforme du protoplasme, et pour faire voir à quel point ses propriétés diffèrent de celles de la matière inanimée; je veux parler de la faculté que possède tout protoplasme vivant de se refuser à permettre aux matières colorantes de pénétrer dans sa substance. On sait que ceux qui se servent du microscope font souvent usage de diverses matières colorantes, — de carmin en dissolution, par exemple. Ces matières agissent d'une manière différente sur les différents tissus, et donnent aux uns une teinte plus foncée qu'aux autres, ce qui permet à l'histologiste de constater la présence de certains éléments qui lui échapperaient sans cela. Or si une dissolution de carmin est mise en contact avec du protoplasme vivant, celui-ci résiste à l'action de la matière colorante tant qu'il conserve la vie. Mais si le protoplasme meurt, le carmin envahit aussitôt toute sa substance, et lui donne partout une couleur plus intense que celle de la dissolution colorante elle-même.

Mais l'exemple le plus frappant des propriétés du protoplasme vivant, indépendamment du rôle qu'il joue dans l'organisme, est celui que nous offrent les myxomycètes.

Les myxomycètes forment un groupe d'organismes remarquables, de dimensions relativement considérables, qui se composent, pendant une grande partie de leur existence, de protoplasme sans enveloppe; aussi ont-ils présenté un sujet d'études fort commode pour les naturalistes, auxquels ils ont fourni un très grand nombre des faits connus jusqu'ici sur la nature et les propriétés du protoplasme.

Les botanistes rangent généralement les myxomycètes parmi les fungus; mais, bien qu'elles aient avec ceux-ci des affinités peut-être plus étroites qu'avec toute autre plante, elles en diffèrent sous tant de rapports, et surtout au point de vue du mode de développement, que cette manière de les classer ne saurait être admise. On les trouve dans les endroits humides; elles poussent généralement sur les amas de vieux tan, de mousse, de feuilles mortes ou de bois pourri, sur lesquels elles s'étendent en formant un réseau de filaments protoplasmiques sans enveloppe, de consistance molle et crémeuse, présentant ordinairement une couleur jaunâtre.

En les regardant au microscope, on constate dans les filaments de ce réseau des mouvements spontanés fort actifs, qui, dans les rameaux les plus grands, sont visibles avec une loupe ordinaire, ou même à l'œil nu. On voit ainsi une succession d'ondulations qui se propagent d'un bout à l'autre des fils. Avec un fort grossissement, on reconnaît que les fils sont parcourus par des granules toujours en mouvement, et dont le courant passe par toutes les branches de ce merveilleux réseau. Çà et là des appendices protoplasmiques sont lancés au dehors, puis ramenés au dedans comme les pseudopodies de l'amibe, et l'on voit même quelquefois l'organisme tout entier abandonner le support sur lequel il s'était établi, et se glisser sur les surfaces avoisinantes, comme le ferait une amibe colossale ramifiée. Ce même organisme montre aussi une sensibilité curieuse à l'action de la lumière, et on constate quelquefois que pendant le jour il s'est retiré sur le côté des feuilles placées dans l'ombre, ou dans les creux qu'offre le tan sur lequel il a poussé, pour en ressortir à l'approche de la nuit.

Au bout d'un certain temps on voit surgir à la surface de ce réseau protoplasmique des capsules ovales qui contiennent les spores ou germes reproducteurs des myxomycètes. Quand cette enveloppe est arrivée à maturité, elle se rompt et laisse échapper les spores. Celles-ci affectent la forme de cellules sphériques, revêtues chacune d'une membrane délicate : lorsqu'elles tombent dans l'eau, cette enveloppe se déchire et laisse sortir une petite cellule. Cette cellule se compose d'une petite masse de protoplasme contenant un noyau central arrondi, lequel possède un autre noyau plus petit et une vacuole transparente animée d'un mouvement de pulsation rythmique. Bientôt la petite spore, ainsi mise en liberté, s'allonge sur un de ses points en un long filament vibratile en forme de fouet, dont les mouvements onduleux transportent la spore d'un point à un autre. Au bout d'un certain temps, ce fouet disparaît, et la spore lance au dehors et rentre des pseudopodies digitiformes, à l'aide desquelles elle marche lentement comme une amibe, et saisit des molécules solides qu'elle dévore en les engloutissant dans son protoplasme mou.

Jusque-là ces jeunes myxomycètes amiboïdes ont joui chacune d'une existence indépendante. Mais tout à coup un phénomène singulier et très significatif se manifeste. Deux de ces myxamibes, comme on les a appelées, ou un plus grand nombre, s'approchent l'une de l'autre, viennent en contact, et finissent par se fondre complètement en une seule masse de protoplasme dans laquelle les éléments individuels ne peuvent plus être distingués. Le corps ainsi formé par la fusion des myxamibes a reçu le nom de *plasmodium*.

Ce plasmodium continue, de même que les corps amibiformes simples dont il se compose, à s'accroître par l'ingestion et l'assimilation d'aliments solides qu'il enveloppe dans sa substance ; il lance au dehors des processus ramifiés, et finit par se transformer en un réseau protoplasmique, lequel à son tour donne naissance à des capsules remplies de spores qui complètent le cycle du développement de cet organisme.

Sous l'influence de certaines conditions extérieures, on a vu des myxomycètes passer d'un état d'activité et de mouvement à l'état de repos ; et ce fait peut se produire pour les spores amibiformes et pour le plasmodium. Lorsque celui-ci est sur le point de passer à l'état de repos, il rentre ordinairement ses rameaux les plus fins et expulse les corps solides qu'il se trouve avoir ingérés. Ensuite ses mouvements cessent peu à peu, il se sépare en une multitude de cellules polyédriques, qui cependant restent ensemble, et le corps tout entier se dessèche en formant une petite masse fragile, qui présente l'aspect de la corne, et à laquelle on donne le nom de *sclérotium*.

Le sclérotium peut rester plusieurs mois dans cet état, sans donner le moindre signe de vie. Mais la vie n'y est pas éteinte, seulement les manifestations en sont suspendues, et si, au bout d'un temps quelconque, on met dans l'eau le sclérotium qui semble mort, il commence immédiatement à se gonfler, la membrane qui recouvre ses cellules se dissout et disparaît, et les cellules elles-mêmes s'unissent pour former un plasmodium amiboïde plein d'activité.

Nous avons déjà vu que chaque cellule possède une véritable autonomie, une individualité indépendante, et cela nous amène naturellement à penser que, comme tous les êtres vivants, elle a la faculté de se multiplier et de produire d'autres cellules. Il en est effectivement ainsi, et l'étude qui a été faite depuis quelques années de la manière dont les cellules se multiplient a beaucoup ajouté à ce que nous savions sur les phénomènes vitaux.

Ce serait ici le lieu de parler des travaux de Strasburger, d'Auerbach, d'Oscar Hertwig, de van Beneden, de Bütschli, de Fol et de bien d'autres encore ; mais le temps dont je dispose et le but de ce discours ne me permettent pas de faire plus qu'appeler votre attention sur quelques-uns des résultats les plus frappants de leurs recherches.

Le mode de multiplication des cellules, qui est de beaucoup le plus fréquent, consiste dans la division spontanée du protoplasme en deux parties séparées, qui deviennent alors indépendantes l'une de l'autre, de sorte que la cellule-mère se trouve remplacée par deux cellules nouvelles. Le noyau joue ordinairement un rôle important dans ce phénomène. Strasburger l'a étudié avec grand soin sur les cellules de certaines plantes — par exemple sur les corpuscules ou sacs-embryons secondaires des conifères, et sur les cellules de la *spirogyre*, et il a en outre fait voir qu'il existe un rapport très intime entre la division des cellules animales et celles des cellules végétales.

De ces observations sur les corpuscules des conifères, on peut dire d'une manière générale qu'il résulte que le noyau d'une cellule sur le point de se diviser s'allonge en fuseau, et présente en même temps un aspect strié tout particulier, comme s'il était composé de filaments parallèles allant d'un bout du fuseau à l'autre. Ces filaments deviennent plus épais au milieu, et le rapprochement des parties ainsi épaissies forme une plaque transversale de protoplasme que l'on nomme ordinairement plaque du noyau. Cette plaque se fend bientôt en deux moitiés, qui s'écartent l'une de l'autre en allant vers les pôles du fuseau, et en suivant la direction des filaments, lesquels restent continus d'un bout à l'autre. Arrivées près des pôles, elles y forment deux noyaux nouveaux, qui sont encore reliés entre eux par la portion intermédiaire du fuseau.

A l'équateur de cette portion intermédiaire on voit alors se former de la même manière une seconde plaque de protoplasme, appelé plaque de cellule, qui, s'étendant jusqu'aux parois de la cellule en voie de division, coupe tout le protoplasme en deux parties égales, dont chacune contient un des noyaux nouvellement formés. Cette plaque de séparation se fend bientôt en deux lames, qui deviennent les limites contiguës des deux masses de protoplasme en lesquelles la cellule-mère vient de se diviser. Une paroi de cellulose est ensuite sécrétée rapidement entre elles, et les deux cellules nouvelles sont complètes.

Il arrive quelquefois, dans la production des cellules, que de jeunes rejetons naissent de la cellule-mère par voie de libre formation. Dans ce mode de génération, seulement une partie du protoplasme de la cellule-mère contribue à la production du rejeton. Il s'observe principalement pour la formation des spores des plantes inférieures, ou pour le premier produit de l'embryon chez les plantes supérieures, ainsi que pour la formation de l'endosperme — masse cellulaire qui sert de premier aliment à l'embryon — dans les graines de la plupart des phanérogames. La formation de l'endosperme a été étudiée avec soin par Strasburger sur le sac-embryon du haricot, et peut servir comme exemple du mode de formation libre des cellules. Le sac-embryon, considéré au point de vue morphologique, est une grande cellule avec protoplasme, noyau et paroi de cellulose, tandis que l'endosperme qui y prend naissance est composé d'une multitude de très petites cellules, unies de manière à constituer un tissu. La formation de l'endosperme est précédée de la dissolution et de la disparition du noyau du sac-embryon, après quoi plusieurs noyaux nouveaux font leur apparition au milieu du protoplasme du sac. Autour de chacun d'eux le protoplasme de la cellule-mère prend la forme d'une sphérule transparente, de sorte qu'à chacun des nouveaux noyaux correspond une jeune cellule sans enveloppe, qui sécrète bientôt à sa surface une membrane de cellulose. Une fois formées, les nouvelles cellules se multiplient par voie de division, se pressent l'une contre l'autre, et s'unissent ainsi en masse cellulaire, constituant l'endosperme parfait.

Nous pouvons rapprocher de la formation des nouvelles cellules, par division ou par voie de formation libre, un autre phénomène fort intéressant que présente le protoplasme vivant, et qui est connu sous le nom de *réjuvenescence*. C'est une action par laquelle tout le protoplasme d'une cellule, grâce à une nouvelle disposition de ses parties, change de forme et acquiert des propriétés nouvelles. Il abandonne alors son enveloppe de cellulose, et commence une vie nouvelle et indépendante dans le milieu ambiant.

Nous en voyons un exemple bien caractérisé dans la formation des spores de l'*œdogonium*, algue d'eau douce. Ici tout le protoplasme d'une cellule adulte se contracte, et, rejetant sa sève au dehors, passe de la forme cylindrique à la forme sphérique. Ensuite on y voit apparaître un point limpide sur lequel surgit un pinceau de cils vibratiles. La paroi de cellulose qui avait jusqu'ici enveloppé le protoplasme se déchire, et la sphère intérieure, douée de nouvelles facultés de développement et de mouvement, s'échappe à l'état de spore, vit pendant un temps en pleine liberté comme le ferait un animal, puis rentre en repos, et se développe à l'état de plante.

Toutes les recherches qui ont été faites pendant ces dernières années sur la division des cellules animales montrent l'accord complet qui existe entre les animaux et les plantes pour tous les phénomènes principaux de la division des cellules, et donnent une preuve de plus de l'unité essentielle des deux grands règnes organiques.

Il est une forme de cellule qui, dans ses rapports avec le monde organique, a une importance plus grande que toutes les autres ; je veux parler de l'œuf. Comme nous l'avons dit plus haut, partout où il existe l'œuf est une cellule type, puisqu'il se compose essentiellement d'un globule de protoplasme qui enveloppe un noyau — la vésicule germinale, — avec un ou plusieurs petits noyaux — les points germinaux — à l'intérieur du noyau principal. Cette cellule, qui ne diffère par aucun caractère marqué de milliers d'autres cellules, est pourtant destinée à passer par une série de changements qui aboutissent à la constitution d'un organisme pareil à celui auquel l'œuf doit son origine.

Il est évident que des organismes aussi complexes que ceux reproduits par l'œuf — organismes qui se composent de bien des milliers de cellules — ne peuvent provenir de la simple cellule de l'œuf que par une multiplication de cellules. La naissance de cellules nouvelles qui viennent de la cellule primitive ou œuf, est ainsi la base du développement de l'embryon. C'est ici que l'on peut en général observer le plus facilement les phénomènes de la multiplication des cellules dans le règne animal, et presque toutes les recherches qui ont été faites récemment sur la nature de ces phénomènes, ont trouvé un champ fertile dans l'étude des premières phases du développement de l'œuf.

L'examen des changements antérieurs subis par l'œuf pour arriver à l'état où la multiplication des cellules devient possible, ne peut trouver place ici, malgré tout l'intérêt qu'il présente ; je me bornerai donc à parler des premiers moments du développement réel — à ce qu'on a appelé le clivage de l'œuf — qui n'est autre chose qu'une multiplication de l'œuf par division répétée. Je ne présenterai même que des cas typiques de ce phénomène, laissant de côté certaines modifications qui ne feraient que compliquer le tableau et le rendre moins clair.

Malgré les changements préliminaires qu'il subit, l'œuf est encore, au début de son développement, une cellule véritable. Il a son protoplasme et son noyau, et est, en général, enveloppé d'une membrane délicate. Le protoplasme forme la partie qui porte le nom de *vitellus* ou jaune, et la membrane qui l'enveloppe est appelée membrane vitelline. La division qui va maintenant s'y opérer est précédée d'un changement dans la forme du noyau. Ce dernier s'allonge en fuseau, comme nous avons déjà dit que cela se passe pour la division des cellules végétales. A chacun des pôles de ce fuseau il se fait un amas de protoplasme transparent, qui y forme une petite sphère limpide.

Alors se manifeste dans l'œuf un phénomène tout à fait caractéristique. Chacun des pôles du fuseau est devenu le centre d'un système de rayons qui s'étendent en tous sens dans le protoplasme environnant. Ainsi le protoplasme présente, dans l'intérieur de la masse, deux figures entourées de rayons, dont les centres sont unis entre eux par le noyau fusiforme. C'est ce fuseau à pôles entourés de rayons que Auerbach appelle une *figure karyolitique*, à cause de son rapport avec la séparation du noyau primitif, auquel il nous faut maintenant revenir.

Un phénomène semblable à celui dont nous avons déjà parlé à propos de la division des cellules végétales se manifeste ensuite. Le noyau se divise en un grand nombre de filaments, dirigés d'un pôle à l'autre et formant un faisceau. Au milieu de sa longueur, chaque filament présente un renflement, et, comme tous ces renflements se touchent, ils forment une zone de protoplasme épais à l'équateur du fuseau. Chaque renflement se fend bientôt en deux parties qui s'éloignent de l'équateur, et se dirigent chacune vers une des extrémités du filament auquel elle appartient. Arrivée au pôle, chaque série de demi-renflements s'amalgame en corps sphérique, et la partie intermédiaire du fuseau se déchire et finit par être absorbée par la substance des deux masses sphériques, où elle disparaît. Alors, au lieu du noyau fusiforme unique dont nous venons de décrire les changements, nous avons deux nouveaux noyaux sphériques, occupant chacun la place d'un des pôles du fuseau, et formés à ses dépens (1).

(1) Bien qu'aucun des observateurs à qui nous devons la connaissance des phénomènes que je viens de décrire ne semble avoir songé

L'œuf commence ensuite à se diviser, suivant un plan perpendiculaire à la ligne qui unit les deux noyaux. La division a lieu sans qu'il se forme de plaque cellulaire, comme cela a lieu pour la division des cellules végétales, et elle est précédée d'une constriction du protoplasme, qui commence à la circonférence intérieure à la membrane vitelline, et, s'étendant vers le centre, partage toute la masse protoplasmique en deux parties égales, dont chacune contient un des noyaux nouvellement formés. Ainsi la cellule unique dont se composait l'œuf au début de son développement se trouve partagée en deux cellules semblables. C'est là la première phase du clivage. Chacune de ces deux jeunes cellules se partage à son tour dans une direction perpendiculaire au premier plan de division, et ainsi, par la répétition constante du même acte, tout le protoplasme, ou jaune de l'œuf, se trouve partagé en une multitude énorme de cellules, et l'organisme unicellulaire, l'œuf dont nous parlions, se trouve converti en un organisme composé de milliers de cellules. C'est là un des phénomènes les plus généraux du monde organique ; il a reçu le nom de clivage de l'œuf, et consiste essentiellement dans la production, par voie de division, de générations successives de cellules nées d'une seule cellule-mère, qui est l'œuf.

Il n'entre pas dans mon plan de pousser plus loin l'étude des phénomènes de développement. Je renvoie au discours remarquable prononcé, il y a deux ans, à la session de Plymouth, par M. le professeur Allen Thompson, ceux de mes auditeurs qui désireraient savoir le reste de l'histoire de l'embryon.

Mais le protoplasme peut présenter un phénomène inverse de celui par lequel une cellule simple en donne plusieurs, comme l'a déjà fait voir la production du plasmodium chez les myxomycètes par la réunion en une seule de plusieurs cellules primitivement distinctes.

Le genre *myriothèle* nous fournira un autre exemple de la formation du plasmodium pendant le développement cellulaire. Pour cet organisme, comme pour les autres, les œufs primitifs sont de véritables cellules, avec des noyaux qui en renferment d'autres plus petits, mais sans membranes enveloppantes. Ils se forment en grand nombre, mais ne restent séparés et distincts que pendant fort peu de temps. Ils commencent ensuite à se déformer comme le font les amibes, lancent au dehors des appendices pseudopodiques qui s'unissent à ceux de leurs voisins, et enfin une multitude de ces œufs primitifs s'amalgament en un plasmodium unique sur lequel s'opèrent les phénomènes de développement comme sur l'œuf à cellule simple des autres animaux.

Chez beaucoup de plantes inférieures, on voit une réunion analogue s'opérer entre les masses protoplasmiques de cellules distinctes, ce qui constitue le phénomène de la conjugaison. La *spirogyre* est un genre d'algues qui affectent la forme de longs fils verts très communs dans les étangs. Chaque fil se compose d'une série de chambres cylindriques de cellulose transparente placées bout à bout, qui contiennent chacune un sac de protoplasme, avec une grande quantité de sève cellulaire, et des parois sur lesquelles une bande verte de chlorophylle s'enroule en spirale. Quand les fils ont pris toute leur croissance, ils se rapprochent deux à deux, et restent tout près et parallèles l'un à l'autre. Une communication s'établit alors, au moyen de petits tubes, entre les chambres des filaments adjacents, et, par le canal ainsi formé, tout le protoplasme d'une des chambres conjuguées passe dans la cavité de l'autre, où il se confond immédiatement avec le protoplasme qu'il y trouve. La masse unique ainsi formée prend la forme d'un corps ovale qui a reçu le nom de *zygospore*. Ce corps se dégage alors du filament, sécrète sur sa surface découverte une nouvelle enveloppe de cellulose, et, lorsqu'elle se trouve dans les conditions nécessaires pour son développement, se fixe par une de ses extrémités, et ensuite, par des divisions cellulaires répétées, passe à l'état de filament à cellules multiples, semblable à celui dont elle provient.

La formation du plasmodium, lorsqu'on la considère comme la réunion et la fusion complète de deux masses de protoplasme séparées et sans enveloppes, est un fait des plus significatifs. Il est très probable que, malgré la perte totale d'individualité que subissent les éléments unis, les différences qui ont pu exister en eux se trouveront toujours exprimées par les propriétés du plasmodium résultant — fait d'une très grande importance au point de vue des phénomènes d'hérédité. Des recherches récentes semblent démontrer que la fécondation, dans le règne animal comme dans le règne végétal, consiste essentiellement dans l'union, et par conséquent la perte d'individualité, du protoplasme contenu dans deux cellules.

Dans la grande majorité des plantes, le protoplasme de la plupart des cellules qui sont exposées à la lumière solaire subit une modification curieuse et importante : une partie de ce protoplasme se sépare du reste, le plus ordinairement sous la forme de granules vertes, que l'on nomme granules de chlorophylle. Ainsi les granules de chlorophylle se composent de véritable protoplasme, et leur couleur n'est due qu'à la présence d'une matière colorante verte, que l'on peut en extraire de manière à laisser pour résidu une base de protoplasme incolore.

La matière colorante de la chlorophylle donne au spectroscope un spectre tout à fait caractéristique. Il m'est impossible de m'arrêter ici sur ces propriétés optiques ; je dirai seulement qu'elles ont presque toutes été découvertes par M. le docteur Sorby de Sheffield, qui a tout particulièrement étudié ce sujet.

Il est assez évident que le chlorophylle est une substance vivante, tout comme le protoplasme incolore de la cellule.

à rattacher l'état fibreux du fuseau à une structure spéciale du noyau à l'état de repos, il est très probable qu'il n'y a là qu'un arrangement nouveau de fibres qui existent déjà. Du reste ce fait semble prouvé par les observations de Schleicher sur la division des cellules des cartilages. (*Die Knorpelzelltheilung, Arch. für mikr. Anat.*, vol. XVI, n° 2, 1878.) D'après ces observations, lorsqu'une cellule de cartilage se divise, la membrane qui enveloppe le noyau se déchire d'abord, puis les filaments, les tigilles et les granules qui, d'après Schleicher, en forment la substance, entrent dans un état de mouvement très vif, et se disposent en étoiles, en guirlandes ou en figures irrégulières, tandis que le noyau tout entier, maintenant privé de sa membrane, semble errer à travers la cellule, se dirigeant tantôt vers un de ses pôles, tantôt vers l'autre ; ou bien encore il subit des contractions et des dilatations alternatives, au point de remplir presque la cellule entière. A cette phase d'activité du noyau Schleicher a donné le nom de *Karyokinèse*. Elle pour résultat la disposition des filaments nucléaires en lignes presque parallèles. Ensuite les extrémités des filaments se réunissent, et leurs milieux s'écartent de manière à donner au noyau la forme d'un fuseau. Enfin les filaments se fondent entre eux aux deux pôles, et forment les deux nouveaux noyaux, qui sont d'abord presque homogènes, mais qui plus tard se divisent en filaments, tigilles et granules, comme nous l'avons déjà dit.

Une fois formé, le granule de chlorophylle peut devenir par intussusception un grand nombre de fois plus gros qu'il n'était primitivement; il peut aussi se multiplier par division.

C'est à la présence de la chlorophylle qu'est dû un des aspects les plus remarquables de la nature extérieure — je veux parler de la couleur verte des végétaux qui couvrent la surface du globe, — et c'est de sa formation que dépend une fonction d'une importance extrême dans l'économie végétale, puisque ce sont les cellules contenant cette substance qui jouissent de la propriété de décomposer l'acide carbonique. La fonction d'assimilation chez les végétaux dépend de cette propriété, et se manifeste extérieurement par l'exhalation de l'oxygène. Or, c'est sous l'influence exercée par la lumière sur les cellules à chlorophylle que s'opère ce dégagement d'oxygène. Les observations récentes de Draper et de Pfeffer ont fait voir que toutes les parties du spectre solaire n'ont pas la même efficacité pour produire cette action: les rayons jaunes et les moins réfrangibles sont ceux qui agissent avec le plus de force; les rayons violets et les autres rayons très réfrangibles du spectre visible ne jouent qu'un rôle très secondaire dans l'assimilation, et les rayons invisibles situés au delà du violet sont absolument sans action.

Presque tous les grains de chlorophylle contiennent un ou plusieurs granules d'amidon. Cet amidon est chimiquement isomère avec la paroi de cellulose, les fibres ligneuses et les autres parties dures des plantes; c'est un des produits les plus importants de l'assimilation.

Si on laisse pendant un temps suffisant dans l'obscurité des plantes dont la chlorophylle contient de l'amidon, cette substance est absorbée et disparaît complètement; mais, quand on les ramène à la lumière, l'amidon reparaît dans la chlorophylle des cellules.

Avec cette influence exercée par la chlorophylle, on voit s'introduire dans la vie des plantes une nouvelle division physiologique du travail. Chez les plantes supérieures, tandis que le travail d'assimilation est confié aux cellules à chlorophylle, celui de la division des cellules et de la croissance retombe sur une autre série de cellules qui, se trouvant située plus loin de la surface, échappent à l'action directe de la lumière, et ne peuvent par conséquent jamais contenir de chlorophylle. Chez certaines plantes inférieures, d'une structure plus simple, et dont toutes les cellules se trouvent également exposées à l'influence de la lumière, cette division physiologique du travail se manifeste d'une façon un peu différente. Ainsi chez quelques-unes des algues vertes simples, telles que la *spirogyre* et l'*hydrodictyon*, l'assimilation s'opère comme dans les cas ordinaires pendant le jour, tandis que la division des cellules et la croissance ont lieu surtout, sinon exclusivement, pendant la nuit. Dans ses observations remarquables sur la division des cellules chez la spirogyre, Strasburger fut obligé d'avoir recours à un artifice pour forcer la spirogyre à remettre au matin la division de ses cellules.

Ici les fonctions d'assimilation et de croissance sont confiées à une seule et même cellule; mais, tandis qu'une de ces fonctions ne s'exerce que pendant le jour, l'autre est réservée pour la nuit. Il semble impossible que la même cellule exerce en même temps les deux fonctions à la fois, et, par conséquent, elles sont réparties entre différentes portions des vingt-quatre heures.

L'action décomposante que la chlorophylle exerce sur l'acide carbonique n'est pas absolument limitée aux plantes, comme on le croyait jusqu'ici. La chlorophylle existe dans le protoplasme de certains animaux inférieurs, tels que le stentor et d'autres infusoires, l'hydre verte et certaines planaires vertes, et il est probable qu'elle agit toujours sous l'influence de la lumière, exactement comme chez les plantes. Des recherches récentes faites par M. Geddes ont, en effet, démontré (1) que les planaires vertes, lorsqu'on les met dans l'eau et qu'on les expose à la lumière solaire, dégagent des bulles d'un gaz qui contient de 44 à 55 pour 100 d'oxygène. M. Geddes a aussi fait voir que ces animaux contiennent dans leurs tissus des granules d'amidon, et ce fait nous fournit un autre point de ressemblance très frappant entre eux et les plantes.

Les recherches si frappantes faites par Darwin, et confirmées et étendues par son fils, M. Francis Darwin, sur la *Drosera* et d'autres plantes carnivores, nous fournissent un rapprochement analogue entre les deux règnes organiques. Ils ont fait voir que toutes les plantes carnivores sont munies d'un mécanisme spécial pour saisir une proie vivante, et que la substance de cette proie est absorbée par la plante après avoir été digérée par une sécrétion qui exerce la même action que le suc gastrique des animaux.

De son côté, Nägeli a fait voir tout dernièrement (2) que la cellule du champignon de levure contient environ 2 pour 100 de pepsine, substance que l'on ne connaissait jusqu'ici que comme produit de la digestion de substances azotées par les animaux.

En un mot, les recherches les plus récentes indiquent toutes d'une manière de plus en plus décidée que dans la vie il n'y a pas de dualisme, que la vie de l'animal et celle de la plante sont, comme leur protoplasme, identiques sous tous les rapports essentiels.

Mais rien ne montre d'une manière plus frappante l'identité du protoplasme chez les plantes et les animaux, et l'absence de toute différence essentielle entre la vie de l'animal et celle de la plante, que la possibilité de soumettre les plantes, ainsi que les animaux, à l'influence des anesthésiques.

Quand un homme respire de la vapeur de chloroforme ou d'éther, cette vapeur passe dans les poumons, où elle est absorbée par le sang, pour être de là portée par la circulation dans tous les tissus de l'organisme. Le premier tissu sur lequel cette vapeur agit est l'élément nerveux du cerveau, et de cette action résulte la perte de toute conscience. Si l'agent anesthésique continue à agir, tous les autres tissus sont successivement influencés et leur irritabilité est annulée. Les plantes peuvent présenter une série de phénomènes absolument comparables à ceux-ci.

Nous devons à Claude Bernard une suite d'expériences à la fois intéressantes et instructives sur l'action que l'éther et le chloroforme exercent sur les plantes. Il a soumis à la vapeur d'éther une sensitive vigoureuse et en bon état, en la mettant sous une cloche, dans laquelle il avait introduit une éponge imbibée d'éther. Au bout d'une demi-heure la plante

(1) « Sur la fonction de la chlorophylle dans les planaires vertes », *Comptes rendus*, décembre, 1878.

(2) Ueber die chemische Zusammensetzung der Hefe », *Sitzungsbericht der math. phys. Classe der k. k. Akad. der Wissens*, zu München, 1878.

était anesthésiée : ses feuilles restaient complètement ouvertes, mais elles n'avaient plus aucune tendance à se rétracter lorsqu'on les touchait. Une fois soustraite à l'influence de l'éther, la sensitive reprit peu à peu son irritabilité, et finit par redevenir aussi sensible au toucher qu'elle l'était auparavant.

Évidemment dans ce cas l'irritabilité du protoplasme avait été suspendue par l'agent anesthésique, de sorte que la plante ne répondait plus à l'action des stimulations extérieures.

Mais ce n'est pas seulement sur l'irritabilité du protoplasme des éléments moteurs que les agents anesthésiques peuvent exercer leur influence. Ils peuvent agir aussi sur le protoplasme des cellules chargées de la synthèse chimique, telle qu'elle se manifeste dans les phénomènes de la germination de la graine et dans la nutrition en général, et Claude Bernard a fait voir que la germination est suspendue par l'action de l'éther ou du chloroforme.

Pour cela, il a pris des graines de cresson, plante dont la germination est très rapide, et les a placées dans des conditions favorables à une prompte germination; puis il les a soumises à l'action de la vapeur d'éther. La germination, qui sans cela se serait manifestée le lendemain, fut suspendue. Les graines furent maintenues pendant cinq ou six jours sous l'influence de l'éther, et pendant tout ce temps ne montrèrent aucune tendance à germer. Mais elles n'étaient pas mortes : elles n'étaient qu'endormies, car lorsque de l'air ordinaire remplaça l'air éthérisé dans lequel elles avaient été plongées, la germination reprit et marcha activement.

Des expériences ont aussi été faites sur la fonction par laquelle les plantes absorbent de l'acide carbonique et exhalent de l'oxygène, fonction qui s'accomplit par l'intermédiaire du protoplasme vert ou chlorophylle, sous l'influence de la lumière. C'est à cette fonction que l'on donne ordinairement, mais à tort, le nom de respiration des plantes.

Les plantes aquatiques sont les plus commodes pour les expériences de ce genre. Si nous mettons une de ces plantes dans un vase contenant de l'eau mêlée d'éther ou de chloroforme, et que nous recouvrions le tout d'une cloche de verre, nous reconnaîtrons que la plante a cessé d'absorber de l'acide carbonique et de dégager de l'oxygène. Cependant elle reste verte et en bon état : donc pour la réveiller il suffit de la mettre dans de l'eau qui n'ait point été éthérisée, et alors elle recommence à absorber de l'acide carbonique et à exhaler de l'oxygène sous l'influence des rayons solaires.

Le même grand physiologiste a aussi étudié l'action des anesthésiques sur la fermentation. On sait que la fermentation alcoolique est due à la présence d'un champignon microscopique, champignon de la levure, dont le protoplasme vivant a la propriété de décomposer les dissolutions de sucre en alcool qui reste dans le liquide, et en acide carbonique qui se dégage.

Or si on met le champignon de la levure avec du sucre dans de l'eau éthérisée, il n'agit plus comme ferment. Il est anesthésié, et ne peut plus répondre à la stimulation qu'exercerait sur lui, dans les circonstances ordinaires, la présence du sucre. Mais si on le met sur un filtre et qu'on le lave de manière à faire disparaître tout l'éther, dès qu'on jette ce champignon dans un liquide sucré, il ne tarde pas à recouvrer la propriété de séparer le sucre en alcool et en acide carbonique.

Claude Bernard a également appelé l'attention sur un fait des plus significatifs que l'on peut observer dans cette expérience. Tandis que la fermentation alcoolique proprement dite est complètement arrêtée par l'éthérisation du champignon de levure, il s'opère cependant dans la dissolution sucrée un changement chimique fort curieux : le sucre de canne de la dissolution se trouve converti en sucre de raisin, substance qui présente une composition chimique identique à celle du sucre de canne, mais d'une constitution moléculaire différente. Or les recherches de Berthollet ont démontré que cette transformation du sucre de canne en sucre de raisin est due à un ferment inversif particulier, qui, tout en accompagnant le champignon de levure, est lui-même un corps soluble et sans vie. On a même démontré qu'à l'état naturel le champignon de levure est incapable par lui-même de s'assimiler le sucre de canne, et que ce sucre ne peut être amené à un état qui convienne à la nourriture du champignon qu'après avoir d'abord été digéré et transformé en sucre de raisin, tout comme cela se passe dans les organes digestifs de l'homme. Citons à ce sujet les paroles mêmes de Claude Bernard :

« Ainsi le champignon fermenta, auprès de lui, dans la même levure, une sorte de serviteur que la nature lui a donné pour accomplir cette digestion. Ce serviteur, c'est le ferment inversif inorganique. Ce ferment est soluble, et comme ce n'est pas une plante, mais bien un corps inorganique et dépourvu de sensibilité, il ne s'est pas endormi sous l'action de l'éther, de sorte qu'il continue à remplir sa tâche. »

Dans l'expérience que nous avons citée plus haut sur la germination des graines, l'intérêt ne se borne pas à ce qui concerne la suspension des fonctions d'organisation de la graine, c'est-à-dire de celles qui se manifestent par le développement de la radicelle, de la plumule et des autres organes de la plante naissante. Un autre phénomène très-significatif se produit en même temps : l'agent anesthésique n'exerce aucune influence sur les phénomènes chimiques concomitants qui, dans la germination des graines, se montrent par la transformation de l'amidon en sucre sous l'influence de la diastase — ferment soluble et sans vie qui existe aussi dans la graine — et, par l'absorption d'oxygène, avec dégagement d'acide carbonique. Ces phénomènes s'accomplissent comme à l'ordinaire, et la graine anesthésiée continue à respirer, comme le prouve l'accumulation de l'acide carbonique dans l'air qui l'entoure. On démontre la présence de l'acide carbonique en mettant dans le même vase que les semences soumises à l'expérience une dissolution de baryte : on obtient ainsi un précipité de carbonate de baryte aussi abondant que celui que donnent dans une expérience semblable des graines germant dans l'air ordinaire.

De même aussi, dans l'expérience qui prouve que les agents anesthésiques peuvent suspendre la propriété en vertu de laquelle les cellules à chlorophylle absorbent de l'acide carbonique et dégagent de l'oxygène sous l'influence de la lumière, on a pu constater que la plante anesthésiée continue à respirer comme le font les animaux, c'est-à-dire qu'elle continue à absorber de l'oxygène et à dégager de l'acide carbonique. C'est là la véritable fonction respiratoire, qui se trouvait auparavant masquée par une fonction plus énergique, celle d'assimilation, confiée aux cellules vertes des plantes, et qui se manifeste sous l'influence de la lumière par l'absorption de l'acide carbonique et le dégagement de l'oxygène.

Cependant il ne faudrait pas croire que la respiration des plantes soit entièrement indépendante de la vie. Les conditions qui mettent l'oxygène de l'air et la substance combustible de la plante qui respire dans des rapports d'action mutuelle dépendent toujours de la vie, et nous devons en conclure que dans l'expérience de Claude Bernard l'anesthésie n'avait pas été poussée assez loin pour suspendre les propriétés des tissus vivants qui interviennent dans cette action.

Les recherches toutes récentes de Schützenberger, qui a étudié la respiration telle qu'elle s'accomplit dans les cellules du champignon de levure, ont démontré que la vitalité est un des facteurs de cette action. Il a fait voir que la levure fraîche, mise dans l'eau, respire comme un animal aquatique, en dégageant de l'acide carbonique, et en faisant disparaître l'oxygène contenu dans l'eau. Ce qui prouve que ce phénomène est une fonction de la cellule vivante, c'est que si l'on porte d'abord la levure à 60 degrés centigrades, et qu'on la mette ensuite dans l'eau oxygénée, la quantité d'oxygène contenue dans l'eau ne varie pas; en d'autres termes, c'est que la levure cesse de respirer.

Schützenberger a également fait voir que la lumière n'exerce aucune action sur la respiration de la cellule de levure, et que celle-ci absorbe l'oxygène dans l'obscurité, tout comme lorsqu'elle est exposée aux rayons solaires. Au contraire, la température exerce sur la respiration de la levure une influence très-marquée. Cette respiration s'arrête presque entièrement lorsque la température descend au-dessous de 10 degrés centigrades; elle atteint son maximum vers 40 degrés, et s'arrête de nouveau à 60.

Tous ces faits prouvent que la respiration des êtres vivants est identique, et qu'elle s'opère dans les plantes comme chez les animaux. C'est essentiellement un phénomène de destruction, tout à fait comparable à la combustion d'un morceau de charbon à l'air libre, et, comme cette combustion, elle est caractérisée par la disparition d'une certaine quantité d'oxygène et la formation d'acide carbonique.

Un des résultats les plus précieux de l'application qui a été faite récemment de la méthode expérimentale aux phénomènes de la vie des plantes se trouve donc être la réfutation complète de l'antagonisme qu'on a si longtemps admis entre la respiration des plantes et celle des animaux.

J'ai cherché à faire ici à grands traits l'esquisse de la nature et des propriétés d'une modification spéciale de la matière qui ne le cède à nulle autre au point de vue de l'intérêt et de l'importance. Si le temps me l'avait permis, j'aurais pu entrer dans bien des détails qu'il m'a fallu omettre; mais j'en ai dit assez pour démontrer que le protoplasme est la seule forme de la matière dans laquelle la vie puisse se manifester. Quand même toutes les conditions extérieures de la vie — chaleur, air, eau, nourriture — seraient présentes, il faudrait encore du protoplasme pour utiliser ces conditions, et pour transformer l'énergie de la nature inanimée en celle des multitudes innombrables de formes animales et végétales qui habitent la surface de la terre ou qui peuplent les profondeurs de l'Océan.

Nous nous trouvons ainsi amenés à la conception d'une unité essentielle dans les deux grands règnes de la nature organique — d'une unité de structure, puisque chez tout être vivant le protoplasme est la substance essentielle de tous les éléments vivants de son tissu; d'une unité physiologique, dans la propriété universelle d'irritabilité qui a pour siège ce même protoplasme, et qui est le premier agent de tous les phénomènes vitaux.

Nous avons vu combien la forme a peu d'influence sur les propriétés essentielles du protoplasme. Cette substance peut prendre la forme de cellules, et celles-ci peuvent à leur tour se réunir pour constituer des organes de plus en plus complexes; la force du protoplasme peut être ainsi rendue de plus en plus intense et efficace; mais il nous faudra toujours remonter au protoplasme à l'état de plasma nu et amorphe, si nous voulons trouver, dégagé de toutes les complications qui ne sont pas essentielles, l'agent dont la fonction est de composer les tissus et de transformer les forces de la matière inanimée en forces vivantes.

Mais on se tromperait si l'on croyait que tout protoplasme est identique dès qu'il nous est impossible d'y découvrir quelque différence que les moyens dont nous disposons permettent de constater. De deux molécules de protoplasme entre lesquelles les microscopes les plus puissants et toutes les ressources de nos laboratoires ne peuvent établir la moindre différence, l'une ne peut se développer que sous la forme d'une méduse, et l'autre que sous celle d'un homme, de sorte qu'une seule conclusion est possible : c'est que dans ces molécules il doit y avoir une différence fondamentale qui nous échappe, et dont nous pouvons seulement dire qu'elle doit dépendre de leur constitution moléculaire intime.

L'état moléculaire du protoplasme présente probablement autant de complexité que la disposition des organes dans les organismes les plus élevés; et entre deux masses de protoplasme qu'il nous est impossible de distinguer l'une de l'autre, il peut y avoir autant de différence moléculaire qu'il y en a entre les formes et la disposition des organes chez les plantes ou les animaux les plus éloignés les uns des autres.

C'est en cela que consiste la variété infinie du protoplasme; c'est là qu'est sa signification comme base de toute expression morphologique, comme agent de tout travail physiologique, puisqu'il doit être aussi bien approprié à sa destination que peut l'être l'organisme le plus compliqué.

De tout ce qui précède nous ne pouvons tirer qu'une conclusion légitime : la vie est une propriété du protoplasme. Dans cette affirmation il n'y a rien qui doive nous surprendre. Les phénomènes essentiels des êtres vivants ne sont pas assez différents de ceux de la matière inanimée pour faire qu'il soit impossible de reconnaître entre eux une certaine analogie, car l'irritabilité elle-même, ce grand caractère de tous les êtres vivants, n'est pas plus difficile à concevoir comme propriété de la matière que ne le sont les phénomènes physiques de la force de rayonnement.

Il est très vrai qu'entre la matière inanimée et la matière vivante il y a une différence immense, différence bien plus grande que celle que l'on peut trouver entre les manifestations les plus diverses de la matière inanimée. Bien que la synthèse perfectionnée de la chimie moderne ait pu réussir à former quelques principes qui avaient jusqu'à nos jours été considérés comme appartenant en propre à la vie, il n'en est pas moins vrai que personne n'a pu jusqu'ici former une seule molécule de matière vivante avec des éléments sans vie; — que toute créature vivante, depuis l'être le plus simple placé sur les dernières limites de l'organisation, jusqu'aux organismes les plus élevés et les plus complexes, vient d'une matière vivante qui existait avant elle;

que le protoplasme d'aujourd'hui n'est que la continuation de celui des siècles passés, qui est parvenu jusqu'à nous à travers des périodes dont nous ne savons pas au juste les limites.

Malgré tout cela, et quelque grandes que soient les différences, il n'y a rien qui nous empêche de comparer les propriétés de la matière vivante avec celles de la matière inanimée.

Mais lorsque nous disons que la vie est une propriété du protoplasme, nous affirmons seulement ce que nous avons le droit de dire. Nous sommes sur la limite qui sépare la vie considérée comme un groupe de phénomènes qui ont pour lien commun l'irritabilité, de cet autre groupe de phénomènes plus élevés que nous désignons par le nom de conscience ou pensée; et qui, tout en se rattachant d'une manière intime à ceux de la vie, en sont cependant essentiellement distincts.

Lorsqu'on prend le cœur d'une grenouille qui vient d'être tuée, qu'on le sépare du corps et qu'on le touche avec la pointe d'une aiguille, il se met à battre sous l'influence de cette stimulation, et nous nous croyons endroit d'attribuer la contraction des fibres cardiaques à l'irritabilité de leur protoplasme. Nous y voyons un phénomène remarquable, mais qui cependant nous présente des analogies incontestables avec des phénomènes purement physiques. Il n'est pas plus difficile de concevoir la contractilité comme une propriété du protoplasme, qu'il ne l'est de concevoir l'attraction comme une propriété de l'aimant.

Quand une pensée traverse l'esprit, elle est accompagnée, comme nous avons maintenant toute raison de le croire, de quelque changement dans le protoplasme des cellules cérébrales. Sommes-nous donc en droit de regarder la pensée comme une propriété du protoplasme de ces cellules, dans le sens dans lequel nous considérons la contraction musculaire comme une propriété du protoplasme des muscles? ou bien est-ce réellement une propriété qui réside dans quelque chose de tout à fait différent, mais qui peut cependant avoir besoin pour se manifester de l'activité du protoplasme cérébral?

Si nous pouvions voir la moindre analogie entre la pensée et quelqu'une des propriétés reconnues de la matière, nous serions en droit d'accepter la première de ces conclusions comme la plus simple, et comme donnant l'hypothèse qui s'accorde le mieux avec la généralité des lois naturelles; mais entre la pensée et les propriétés physiques de la matière, non seulement il n'y a pas d'analogie, mais encore il est impossible d'en concevoir aucune; et le sentier visible et continu que nous avions suivi jusqu'ici en prenant pour point de départ de nos raisonnements les phénomènes de la matière inanimée pour arriver à ceux de la matière vivante, s'arrête ici brusquement. L'abîme qui existe entre la vie inconsciente et la pensée est profond et infranchissable, et nous ne trouvons aucun phénomène de transition qui puisse nous servir de pont entre les deux; peut-être pourrait-il sembler à première vue qu'il existe un rapport entre l'irritabilité et la conscience, mais celle-ci est en réalité aussi distincte de celle-là que de toutes les autres propriétés ordinaires de la matière.

On a dit que, puisque l'activité physiologique doit être une propriété de toutes les cellules vivantes, l'activité psychique doit également en être une; on a introduit dans la biologie le langage de la métaphysique, et on a parlé de l'âme-cellule comme d'une conception inséparable de celle de la vie.

Mais il ne saurait être douteux que les phénomènes psychiques, qui sont caractérisés essentiellement par la conscience, n'aient pas nécessairement la même étendue que ceux de la vie. Jusqu'à quelles limites s'étend la conscience dans l'échelle des êtres vivants, nous ne pouvons encore le déterminer, et même cela n'est pas nécessaire pour notre thèse. Il est certain que bien des faits, qui semblent dus à la volonté, peuvent s'expliquer comme des actes absolument inconscients; par exemple, quand la spore d'une algue évite une collision dans les eaux qu'elle parcourt, et, en renversant le mouvement de ses cils, recule devant l'obstacle qui se trouve sur son chemin, il est presque certain qu'il n'y a là qu'un acte absolument inconscient. Il ne faut voir dans ce cas que l'expression de la grande loi de l'adaptation des êtres vivants au milieu dans lequel ils se trouvent. L'irritabilité du protoplasme de la spore ciliée, répondant à une stimulation extérieure, met en mouvement un mécanisme qu'elle a reçu par hérédité de ses ancêtres, et dont les parties correspondent toutes à un but commun, qui est la conservation de l'individu.

Mais, même si nous admettions que toute cellule vivante fût un être conscient et pensant, serions-nous pour cela en droit d'affirmer que sa conscience, de même que son irritabilité, est une propriété de la matière dont elle se compose? Le seul argument que l'on invoque en faveur de cette manière de voir est l'analogie. On dit que, puisque les phénomènes de la vie, que l'on trouve invariablement dans la cellule, doivent être regardés comme une de ses propriétés, ceux de la conscience, qui accompagnent les premiers, doivent être regardés de même. Le côté faible de cet argument, c'est l'absence de toute analogie entre les objets que l'on compare, et comme la conclusion s'appuie uniquement sur l'analogie, les deux manquent à la fois.

Dans une conférence (1) que j'ai eu le plaisir d'entendre, et dont la lucidité était au moins égale à la forme attrayante que son auteur avait su lui donner, Huxley a soutenu qu'aucune différence, quelque grande qu'elle puisse être, entre les propriétés de la matière vivante et celles des éléments sans vie dont elle est composée, ne doit nous empêcher d'attribuer au protoplasme les phénomènes vitaux comme propriétés essentielles, puisque nous savons que le résultat d'une combinaison chimique entre des corps simples peut offrir des propriétés physiques tout à fait différentes de celles des éléments qui se sont combinés; par exemple, que les propriétés physiques de l'eau ne ressemblent en aucune façon à celles de ses éléments l'oxygène : et l'hydrogène.

Selon moi, Huxley appliquait cet argument seulement aux phénomènes vitaux proprement dits. A ce point de vue il est concluant. Mais si on veut le pousser plus loin, et l'étendre aux phénomènes de conscience, il perd toute sa force. L'analogie, parfaitement exacte dans le premier cas, fait absolument défaut dans le second. Les propriétés du composé chimique ne sont que des propriétés physiques, comme celles de ses éléments. Elles rentrent dans la grande catégorie des propriétés universellement reconnues de la matière, tandis que les phénomènes de conscience appartiennent à une ca-

(1) « *The physical basis of life* » (Voyez *Essays and Reviews*, par T.-H. Huxley).

tégorie tout à fait distincte, et qui n'offre la moindre trace de rapport avec aucune des propriétés que les savants assignent à la matière comme caractères propres. L'argument perd donc toute valeur, puisqu'il tire toute sa force de l'analogie, et que celle-ci fait défaut.

Que la conscience ne se manifeste que lorsqu'il existe une matière cérébrale ou quelque chose de semblable, c'est ce qui est incontestable ; mais dire cela ne revient pas du tout à affirmer que la conscience est une propriété de cette matière, de même que la polarité est une propriété de l'aimant, ou l'irritabilité une propriété du protoplasme. La production des rayons situés au delà des rayons violets dans le spectre solaire ne saurait être considérée comme une propriété du milieu qui, en changeant leur réfrangibilité, peut seule les faire apparaître.

Je sais que l'on trouve un charme tout particulier dans ces grandes généralisations qui ramènent à une source commune un grand nombre de phénomènes très différents. Mais ce charme même est incontestablement un danger, et nous devons d'autant plus veiller à ce qu'il n'ait pas pour effet d'arrêter la marche de la vérité, tout comme autrefois les croyances traditionnelles avaient une autorité à laquelle l'esprit humain n'a pu se soustraire que lentement et à grand' peine.

Mais, me dira-t-on, tout ceci nous a-t-il fait faire un seul pas vers l'explication des phénomènes de la conscience, ou la découverte de leur source? Assurément non. La faculté de concevoir une substance différente de la matière dépasse encore les bornes de l'intelligence humaine, et les conditions physiques ou objectives qui accompagnent la pensée sont les seules dont nous puissions savoir quelque chose, et les seules qui méritent d'être étudiées.

Cependant nous ne sommes pas pour cela forcés de conclure qu'il n'existe dans l'univers rien autre chose que de la matière et de la force. La loi physique la plus simple est absolument au-dessus de la portée de l'animal le plus intelligent, et personne n'est en droit de prétendre que l'homme ait déjà atteint la limite de ses facultés. Quel que soit le lien mystérieux qui unit l'organisme aux facultés psychiques, un grand fait, d'une importance extrême, ressort d'une manière claire et incontestable de tout ce que nous savons : à partir du moment où apparaissent les premières lueurs de l'intelligence, tout progrès de l'organisme est accompagné d'un progrès intellectuel correspondant.

Ainsi l'esprit, de même que le corps, avance en s'élevant toujours de plus en plus ; la grande loi d'évolution trace aux hommes leur destinée, et, bien qu'actuellement nous ne puissions tout au plus qu'indiquer quelque point confus de la généralisation qui prétend ramener la conscience ainsi que la vie à une source matérielle commune, qui peut dire que, dans un avenir lointain, d'autres facultés plus élevées ne puissent se développer pour répandre la lumière sur ce qui est encore obscur pour nous, et révéler à l'homme le grand mystère de la pensée?

G.-J. ALLMAN.

LA MÉTAPHYSIQUE DE CLAUDE BERNARD

D'après M. Letourneau.

Monsieur le Directeur,

Me permettrez-vous d'appeler l'attention de vos lecteurs sur quelques pages d'un livre qui vient de paraître. Il s'agit du livre de M. Letourneau, intitulé : *Science et Matérialisme*, et les pages en question sont consacrées à juger la métaphysique de Claude Bernard. Il est probable qu'elles ont été écrites il y a déjà plusieurs années ; mais, comme l'auteur les publie aujourd'hui (août 1879), et qu'elles sont reproduites dans un journal scientifique (*Revue internationale des Sciences*, 15 août 1879, p. 108-114), il faut admettre qu'il en accepte actuellement la responsabilité tout entière.

Voici textuellement les paroles de M. Letourneau : « Claude Bernard, dit-il, prétend n'être ni matérialiste ni spiritualiste ; mais il faut prendre parti : la science ne s'arrête pas encore là où l'expérience est impossible (p. 418) ; pour prendre place au rang des maîtres, il faut faire parler hardiment les faits observés, en déduire franchement les lois, sans ménagements et sans crainte. Sans ces conditions, fût-on même un expérimentateur très ingénieux, on ne sort guère de la masse des écrivains obscurs et des professeurs médiocres » (p. 425).

Ne trouvez-vous pas assez remarquable, monsieur le directeur, que ces reproches faits à Claude Bernard au nom de l'orthodoxie matérialiste soient absolument identiques aux reproches que lui a adressés à plusieurs reprises l'orthodoxie religieuse. « Il ne suffit pas, disent les spiritualistes, d'observer et d'expérimenter, il faut encore déduire des lois générales. Sans cela, on n'est qu'un expérimentateur sans principes, et la science de la vie, si elle n'est fécondée par l'idée spiritualiste, n'aboutit qu'à un empirisme étroit. »

Je suis convaincu que M. Letourneau sera fort attristé de se voir en pareille compagnie ; mais nous ne pouvons vraiment pas faire en sorte que ce rapprochement instructif ne se présente pas à l'esprit. Les savants, et en particulier les physiologistes et les naturalistes, ont fait, depuis près de cinquante ans, des efforts inouïs pour dégager la science de ces hypothèses qui s'imposent comme un dogme ou un article de foi. Ils pensaient avoir enfin établi une méthode positive, ennemie des fatras métaphysique et théologique ; mais voilà que M. Letourneau vient les rappeler à la réalité. La métaphysique n'est mauvaise que lorsqu'elle conclut au spiritualisme ; quand sa conclusion est matérialiste, elle est excellente.

Il me semble que M. Letourneau, qui a fait un livre élémentaire de biologie, aurait dû mieux comprendre la méthode de Claude Bernard, c'est-à-dire le déterminisme expérimental. Pour l'illustre physiologiste, l'expérience et l'observation sont nos seuls moyens de connaissance ; mais il ne suffit pas d'observer des faits et d'enregistrer des expériences, il faut préciser, déterminer leurs conditions : on arrive ainsi graduellement à reculer de plus en plus la cause des phénomènes. Peut-on aller au delà? Évidemment non. L'homme ne peut connaître que des phénomènes, jamais il n'atteint les causes. « La physiologie générale, dit Claude Bernard (1), nous donne la connaissance des *conditions* géné-

(1) *Leçons sur les phénomènes de la vie*, p. 375.

rales de la vie. Nous resterons en face des phénomènes de la vie comme des hommes de science expérimentale : observateurs des faits sans idée systématique préconçue. Nous chercherons à déterminer exactement les conditions de manifestation des phénomènes de la vie, afin de nous en rendre maîtres, comme le physicien et le chimiste se rendent maîtres des phénomènes de la nature inorganique. Tel est le problème de la physiologie moderne, et nous ne saurions certainement arriver à sa solution, ni au moyen des doctrines spiritualistes ou vitalistes, ni à l'aide des doctrines matérialistes (1) ».

Cet aveu d'indépendance ne peut satisfaire M. Letourneau, qui croit sincèrement qu'il n'y a de salut (hors de l'Église point de salut) que dans le matérialisme. A l'aide de cette lumière métaphysique, tout devient simple; les phénomènes de la génération et du développement de l'ovule sont aisés à comprendre. « Chez les êtres complexes, dit M. Letourneau, l'étendue de la série génératrice et la diversité de ses éléments pourraient étonner; mais *le merveilleux s'évanouit*, si on considère les phases de cette génération dans l'ensemble du monde organique, car, en descendant l'échelle des êtres, on voit la série des créations de tissus s'écourter, se simplifier, se dégrader de plus en plus, de l'homme à la monade et aux infusoires inférieurs. » Voilà comment, en quelques lignes, peuvent se résoudre les plus difficiles problèmes; et si les physiologistes *s'étonnent* encore, en étudiant les phénomènes qui se passent dans l'ovule fécondé, c'est qu'ils sont vraiment d'une trop grande simplicité ou qu'ils ignorent la zoologie.

On voit quel danger il y aurait à laisser la théorie matérialiste s'imposer souverainement à toutes les recherches scientifiques. La science n'est point faite, elle se fait, elle est à faire, elle ne sera jamais terminée. Le matérialisme, qui est une théorie tout d'une pièce, est aussi vain que le spiritualisme; et le péril de ces deux systèmes est qu'ils apportent des solutions là où la solution est à chercher. Ceux qui, fiers des progrès de ce siècle, pensent avoir enfin trouvé la vérité dernière, et affirment que telle chose est, que telle autre n'est pas, font comme l'enfant qui, après avoir épelé B A BA, s'imaginerait connaître le calcul intégral. Qui pourra prévoir les forces cachées de la nature? avant qu'on connût l'électricité, qu'était-ce que la physique? Qu'était la biologie générale avant la théorie cellulaire? L'avenir réserve à nos enfants et à nos petits-enfants de belles découvertes; et ce serait leur rendre un mauvais service que de leur imposer une théorie toute faite, immobile et immuable.

Si M. Letourneau avait, au lieu de spéculer sur la physiologie, fait de la physiologie expérimentale, il aurait parlé avec plus de respect d'un des maîtres de la science, il aurait compris que, pour celui qui observe sans parti pris les phénomènes de la vie, toute théorie métaphysique est une entrave. On cherche à surprendre les secrets de la nature, on ne prétend pas les connaître et les prévoir; on ne s'arme pas d'un dogme inébranlable pour apprécier les faits : on les juge tels qu'ils sont, sans idée préconçue, sans système, sans articles de foi. En un mot, s'il est bon d'avoir une méthode, il est funeste d'avoir une doctrine. Que cette doctrine soit le spiritualisme ou le matérialisme, Platon ou Lucrèce, Stahl ou M. Letourneau, elle est à peu près aussi redoutable aux progrès de la science. La physiologie s'est enfin dégagée du vitalisme, du spiritualisme religieux ou philosophique; mais ce n'est pas pour se heurter au matérialisme, car ce serait tomber de Charybde en Scylla.

Agréez, je vous prie, monsieur le Directeur, l'assurance de mes sentiments les plus distingués.

CHARLES RICHET.

2) *Ibid.*, p. 46.

FACULTÉ DES SCIENCES DE PARIS

DOCTORAT

M. B. RENAULT

Structure comparée de quelques tiges de la flore carbonifère.

La question des « prototypes », dans le règne végétal, est à l'ordre du jour, et il ne fait doute pour personne qu'elle ne sera pas résolue de sitôt. Tout le monde sait à quoi s'applique ce terme de « prototype ». Les prototypes sont, comme le dit M. Renault, les formes primitives de végétaux regardés, avec plus ou moins de raison, comme les souches des groupes de plantes actuelles. Il est évident que ces types ancestraux ont dû, en remontant à un passé de plus en plus reculé, présenter réunis et de plus en plus confondus les caractères que nous voyons aujourd'hui dissociés et répartis parmi les diverses familles de plantes actuelles. Rien ne s'oppose, du moins, à ce que certaines formes primordiales aient été le point de départ, la tête de séries variées qui, en se rapprochant de nous, ont de plus en plus divergé. M. Renault, au début même de son mémoire, nous dit qu'il n'a nullement l'intention de combattre la possibilité de l'existence des végétaux souches. Mais, à son avis, certains naturalistes ont été les chercher où ils n'existaient pas, et notamment dans le terrain houiller. Pour eux, les Calamites réunissent les caractères des Équisétacées et des Lycopodiacées et représentent le type ancestral de ces deux familles de plantes. D'après les mêmes savants, les *Myclopteris* réuniraient les caractères des Fougères, des Conifères et des Palmiers; les *Sigillaria* seraient les ancêtres de certaines Lycopodiacées et Gymnospermes, et les *Calamodendron* ceux de diverses Équisétacées et Gymnospermes. Telle n'est pas l'opinion de M. B. Renault. Il énumère successivement les raisons qui l'empêchent de considérer les *Calamites* et les *Myclopteris* comme des prototypes, renvoie à un mémoire ultérieur l'étude des *Calamodendron* et passe enfin à celle des plantes du groupe des Sigillaires dont la description constitue le fond de sa thèse et dont nous allons maintenant résumer avec lui l'organisation, en insistant ensuite sur leurs affinités naturelles et sur la place que ces végétaux doivent occuper dans la classification générale des plantes.

Comme nous venons de le dire, beaucoup de botanistes considéraient la tige des *Sigillaria* comme réunissant les caractères des Lycopodiacées et des plantes dites Gymnospermes. Brongniart exprima un avis différent et admit la structure exclusivement phanérogamique de ces plantes. Cette opinion est actuellement partagée par M. Grand'Eury qui admet que les Sigillaires ont l'organisation vasculaire propre aux tiges des dicotylédones gymnospermes et que, parmi tous les végétaux vivants, c'est des Cycadéés que les Sigillaires se rapprochent le plus. M. Renault rappelle que M. Williamson combat cette doctrine et que, pour ce botaniste, *Lepidodendron* et *Sigillaria* ne sont qu'une seule et même plante qui, dans le jeune âge, offrait la structure des *Lepidodendron* et, plus tard, se serait recouverte, de bas en haut, de couches ligneuses extérieures auxquelles elle devrait la structure d'un *Sigillaria*. Pour donner un corps à ses idées purement théoriques, M. Williamson s'est même avisé de représenter la coupe longitudinale d'une tige dont la structure serait, au centre et au sommet, celle d'un Lepidodendron, et à la base, celle d'un Sigillaria, section purement idéale, comme on va le voir.

Pour faire l'étude comparative des *Lepidodendron* et des *Sigillaria,* M. Renault ne s'est adressé qu'à des types connus, indiscutables. Parmi les Lépidodendrées, il a choisi le *Lepidodendron Harcourtii,* le *Lomatophloios crassicole,* etc. Parmi les Sigillariées, il s'est adressé à celles dont les cicatrices foliaires ne laissaient prise à aucun doute, et c'est de la structure même de toutes ces tiges qu'il s'est efforcé de tirer des conclusions générales, laissant de côté celles que l'on avait déduites de l'observation des organes de fructification dont l'étude n'a pu, jusqu'ici, donner des résultats nets et précis.

Suivons d'abord le raisonnement que fait l'auteur à ce sujet, avant toute recherche directe. Si, dit-il, un *Sigillaria* n'était que l'état plus avancé d'un *Lepidodendron,* comme le pense M. Williamson, il en résulterait que tout *Sigillaria* étant dans son jeune âge représenté par un axe uniquement lépidendroïde, on devrait, dans les couches à Sigillaria, rencontrer autant de types différents de *Lepidodendron* que l'on constate de *Sigillaria.* Or, ajoute-t-il, pour trois types distincts de Sigillaires, on n'a jusqu'ici trouvé qu'un seul type de *Lepidodendron.* Dans les gisements d'Autun qui présentent deux Sigillaires, on n'a rien observé qui puisse se rapporter à des *Lepidodendron.*

Toutefois cette preuve est insuffisante, car il se pourrait que les jeunes tiges (les *Lepidodendron,* dans cette hypothèse) aient disparu ou qu'elles aient échappé aux recherches. Aussi M. Renault passe-t-il à la critique d'une autre condition nécessaire pour la justification des idées de M. Williamson. Si, dit-il, certains *Lepidodendron* se transforment en Sigillaires par le fait seul de l'âge, c'est-à-dire par l'apparition plus ou moins tardive d'un bois exogène en dehors de l'axe lipidendroïde, on doit admettre que l'addition de couches ligneuses périphériques ne modifie pas la structure primitive propre à cet axe, et que les faisceaux vasculaires qui se rendent dans les feuilles ont dû conserver leur distribution et leur structure générale primitive. » Cette fois, l'auteur est en possession d'un criterium de réelle valeur, et alors, par des sections transversales et longitudinales, il recherche : 1° si les trois troncs types de *Sigillaria* possèdent ou non dans leur intérieur une structure qui soit celle des *Lepidodendron;* 2° si les faisceaux qui vont aux feuilles ont la même structure et la même origine dans les *Lepidodendron* et les *Sigillaria,* ce qui doit exister si ces deux types ne sont que deux âges différents d'un même être. L'anatomie des troncs des *Lepidodendron* l'occupe en premier lieu. Il reconnaît que tous les *Lepidodendron* ont des vaisseaux scalariformes et que leur bois s'accroît en direction centripète. Leurs faisceaux foliaires sont nombreux. Suivant M. Renault, ils naissent constamment de la périphérie de l'axe ligneux, et, « à une certaine distance de leur point d'origine, ils offrent deux centres d'éléments plus fins ». Parmi les *Lepidodendron,* les uns ont un cylindre vasculaire continu, les autres un cylindre vasculaire discontinu, et sont alors représentés par le *L. Julieri.* Parmi ceux dont le cylindre vasculaire est continu, les uns sont dépourvus de moelle, et leur écorce possède un suber volumineux. C'est le type du *L. Rodumnense.* Les autres, qui ont une moelle et pas de suber, sont représentés par le *L. Harcourtii.*

Toute différente, à tous les âges, est la structure des *Sigillaria* et des *Poroxylon,* que M. Renault classe dans la nouvelle famille des Diploxylées. Ce dernier nom est dû à ce que les végétaux de cette famille ont tous un caractère commun très important : leurs faisceaux présentent un double mode d'accroissement, l'un centripète, l'autre centrifuge, qui donnent naissance à un bois exogène et à un bois endogène. Tantôt le bois exogène est formé de fibres simplement rayées; tantôt aux fibres rayées s'ajoutent des fibres ponctuées. De là deux grandes divisions dans la famille des Diploxylées. A la première division appartiennent les *Sigillaria* et les *Diploxylon.*

Dans le second les *Sigillariopsis* et les *Poroxylon.*

Après avoir décrit séparément les Lépidodendrées et les Diploxylées, M. Renault compare ces deux familles l'une à l'autre et y montre des différences irréductibles. Il insiste ensuite sur ce fait que les Cycadées actuelles montrent seules dans leurs feuilles le double mode d'épaississement qu'il a signalé dans les faisceaux des Diploxylées. Aussi les rapproche-t-il de ces dernières, avec M. Van Tighem, et admet-il que nos Cycadées se présentent comme une sorte de dégénération des Diploxylées, puisque ces dernières offrent aussi bien dans leur tige que dans leurs feuilles un phénomène que les feuilles des Cycadées actuelles sont seules aujourd'hui à manifester. Il conclut en disant que puisque les Diploxylées ne se rattachent pas aux Lépidodendrées, c'est ailleurs que chez les Sigillaires qu'il faudra désormais chercher, si toutefois il existe, le prototype qui réunit les caractères des Lycopodiacées et des plantes Dicotylédones.

A côté des Diploxylées, types qui précèdent, M. Renault en classe d'autres qui se rapprochent davantage de nos Cycadées actuelles, ne fût-ce que parce qu'elles n'offrent plus le double mode d'accroissement des faisceaux que dans leurs feuilles. Il les distribue dans deux sections. Dans la première, il place le genre *Cycadoxylon* dont la structure anatomique rappelle beaucoup, selon lui, celle des jeunes tiges de Cycadées, mais dont il ne parle, pour ainsi dire, qu'en passant. Dans la seconde section, il range les *Cordaïtes,* qu'il décrit avec détails. On sait, par les travaux de Brongniart et de M. Grand d'Eury, que ces végétaux sont représentés par un assez grand nombre de genres, dont certains ont paru à Brongniart avoir de grandes affinités avec les Taxinées actuelles. M. Renault se demande si les végétaux ont plus d'affinités avec les Conifères qu'avec les Cycadées ou bien s'ils constituent à eux seuls une famille distincte. D'après lui, la structure de la moelle les rapprocherait plutôt des Cycadées que des Conifères. L'écorce des *Cordaïtes* rappelle également celle des Cycadées par sa grande épaisseur, et si le cylindre ligneux de ces dernières était plus compacte et moins riche en rayons médullaires, il ne différerait guère du bois des *Cordaïtes.* Ajoutons que les feuilles de ces végétaux fossiles sont très voisines des folioles de nos *Lamia* et que les faisceaux sont, comme nous l'avons vu, constitués pareillement dans les deux groupes. Il existe pourtant quelque différence : les canaux à gomme, par exemple, fréquents dans les Cycadées, manquent dans les *Cordaïtes;* mais il n'y a pas là un caractère suffisant pour différencier ces deux groupes.

La thèse de M. Renault, accompagnée de très intéressantes planches, renferme encore de nombreux détails sur la structure des étamines et des graines de pollen, sur les ovules et le sac embryonnaire des plantes dont nous venons de résumer l'étude. Quiconque s'occupe de l'histoire des végétaux fossiles s'empressera, croyons-nous, d'aller puiser à leur source les détails que nous regrettons de ne pouvoir reproduire ici.

Quant aux végétaux prototypes dont nous parlions en débutant et dont M. Renault, nous l'avons dit, ne combat point l'existence possible, il découle naturellement de ce qui précède que les paléontologistes doivent aller les chercher ailleurs que dans les espèces précitées, probablement dans les terrains antérieurs aux terrains houillers. Mais nous n'oublierons pas que M. Renault admet que les plantes dont il parle représentent pour lui « des types précurseurs de la végétation actuelle ». Nous nous souviendrons qu'il nous dit que les *Cordaïtes* « offrent déjà dans leur mode d'inflorescence quelques signes précurseurs de l'apparition des Conifères » et qu'ils fournissent dans leur pollen « un exemple remarquable de la division cellulaire de l'intine, exagération de ce que l'on rencontre actuellement dans le pollen de quelques abiétinées ». Si donc les végétaux en question ne sauraient être considérés comme des prototypes, ils sont tout au moins des types de transition et, à ce point de vue tout au moins, la thèse que nous venons d'analyser apporte de nouveaux matériaux à l'appui de la doctrine de l'évolution.

LES MALADIES DE L'ŒIL

Et l'emploi des lunettes.

La *Revue scientifique* publiait récemment (16 août 1879) un article intitulé *la Lumière et son Action sur l'œil,* dû à la plume autorisée du professeur Bouchardat. La haute notoriété scientifique de l'auteur de cette savante compilation nous autorise à passer au crible d'un examen attentif les assertions que renferme le travail de notre illustre maître; cette discussion fournirait aisément la matière d'une longue série d'articles : nous nous bornerons, quant à cette fois, à examiner ce qu'il y a de vrai dans le paragraphe suivant, que nous copions textuellement (p. 146) :

« *Lunettes.* — L'abus de lunettes de myopes et de presbytes est également fâcheux. Il importe de ne les employer que lorsque cela est nécessaire et de les choisir suffisantes, mais jamais excessives. Quand elles sont insuffisantes, elles fatiguent sans utilité réelle; quand elles sont excessives, elles contribuent à augmenter trop vite les défauts qu'elles sont destinées à atténuer. »

Loin de là, nous dirons : « Il n'y a aucune analogie entre les règles à suivre dans l'emploi des lunettes par les myopes et par les presbytes; tandis que ces derniers peuvent, sans aucun inconvénient, employer des verres excessifs, les myopes devront, le plus souvent, se servir de lunettes insuffisantes, qui auront l'utilité réelle d'empêcher la fatigue de l'organe. »

D'ailleurs, cette question des verres de lunettes ne saurait se traiter ainsi en quelques lignes : l'optométrie, ou art de mesurer le pouvoir réfringent de l'œil, est une véritable spécialité, une branche de l'ophtalmologie qui a fourni plusieurs gros traités *ex professo* et d'innombrables monographies : nous allons donner un court aperçu des règles à suivre en présence des principaux défauts de la vue; nous passerons en revue, successivement, la presbytie, la myopie, l'hypermétropie et l'astigmatisme.

Dans un prochain article, nous parlerons de l'éclairage public et privé au point de vue de l'hygiène des yeux.

I. — L'ŒIL EMMÉTROPE ET LA PRESBYTIE.

Un œil est dit *emmétrope* lorsque son appareil dioptrique est normal.

Les dimensions de l'œil emmétrope sont telles, que les objets lointains viennent se peindre nettement sur sa rétine, lorsque l'accommodation est au repos.

L'*accommodation,* ou mise au point, se fait par le moyen d'une augmentation de convexité du cristallin. Cette déformation intérieure de l'organe résulte de la contraction d'un muscle circulaire, le muscle ciliaire, qui est logé derrière l'iris. Le cristallin devient d'autant plus bombé que le muscle ciliaire se contracte davantage; quand le muscle est entièrement relâché, l'action réfringente du cristallin est faible; elle atteint son maximum lorsque le muscle ciliaire est le plus fortement contracté. L'œil emmétrope peut donc voir nettement depuis l'infini jusqu'à une distance d'autant plus voisine que le cristallin est plus souple et que le muscle ciliaire est plus fort. J'ai donné le nom, devenu classique, de *parcours de l'accommodation* à l'espace compris entre le point le plus éloigné et le point le plus rapproché de la vision distincte. Dans le cas particulier de l'œil emmétrope, le point le plus éloigné de la vision distincte est à l'infini et le point le plus rapproché est à une distance qui varie avec la force accommodative dont l'œil peut disposer.

Pour un œil emmétrope, la visibilité des objets dépend du rapport de leur grandeur à leur distance; l'œil emmétrope qui peut distinguer des lettres hautes d'un quart de millimètre à la distance de 25 centimètres lira tout aussi bien des lettres d'un millimètre à un mètre, des lettres d'un centimètre à 10 mètres, des lettres d'un mètre de haut, éloignées d'un kilomètre, et ainsi de suite; mais cette proportionnalité ne s'applique qu'en tant qu'on reste dans les limites du parcours de l'accommodation. C'est ainsi que s'explique l'impossibilité, pour cet œil, de lire des lettres d'un dixième de millimètre, parce qu'il faudrait les rapprocher à 10 centimètres, c'est-à-dire les mettre plus près que le point le plus rapproché de la vision distincte.

Avec les progrès de l'âge, le cristallin devenant moins flexible, le parcours de l'accommodation diminue de telle sorte que le point le plus rapproché de la vision distincte, ou *punctum proximum,* s'éloigne graduellement et atteint vers l'âge de quarante à quarante-cinq ans, une distance telle que les objets tenus à la main sont situés en deçà du *punctum proximum.* C'est cette modification qui constitue la *presbytie.*

La diminution de parcours de l'accommodation suit le progrès des années avec une étonnante régularité, à tel point qu'étant donnée la distance du *punctum proximum* d'un emmétrope, on peut en déduire son âge avec une approximation de trois ou quatre ans.

A mesure que sa presbytie augmente, l'emmétrope est contraint d'éloigner les objets de plus en plus pour voir nettement; il arrive bientôt un moment où cet artifice devient insuffisant, car un éloignement trop considérable est fort incommode pour le travail, et de plus, la ressource de s'éloigner pour voir nettement ne rend aucun service quand il s'agit de petits objets, tels qu'une impression très fine, qui devient indéchiffrable pour le presbyte un peu avancé; en effet, il ne peut la lire de près, car elle ne se trouverait pas située dans le parcours de son accommodation, et il ne gagne guère à s'éloigner, car alors l'image rétinienne devient trop petite pour qu'il soit possible d'en faire usage pour lire.

Tout le monde sait comment et pourquoi les verres sphériques convexes permettent aux presbytes de se tirer fort bien d'embarras; la convexité du verre vient se substituer à l'impossibilité où ils se trouvent de bomber d'une manière permanente leur cristallin pendant la lecture. Par ce moyen, le parcours de l'accommodation se trouve déplacé; le *punctum proximum* est rapproché d'une quantité suffisante, mais en même temps, le *punctum remotissimum*, qui est à l'infini pour l'œil nu, se trouve également rapproché, de telle sorte que le presbyte est contraint de regarder par-dessus ses lunettes quand il veut voir nettement les objets lointains.

A titre de renseignement, j'inscris ici la série des verres convexes que je prescris habituellement aux emmétropes pour corriger leur presbytie; ce sont les numéros 48, 24, 16, 12, 10, 9, qui correspondent aux âges de 48, 54, 60, 66, 72 et 78 ans. Il est complètement inutile d'employer des numéros intermédiaires, tels que 42, 36, 20, 18, etc. Les verres que je viens d'indiquer diffèrent tous entre eux d'une même quantité, et cette différence est suffisante pour qu'il soit inutile de changer de numéro plus souvent que tous les six ans environ (1).

L'augmentation de la presbytie suit le même cours chez les personnes qui se servent de verres suffisants et chez celles qui, sous l'influence d'un préjugé populaire, s'obstinent à lutter et à faire usage de verres trop faibles; c'est là un des points les mieux établis par d'innombrables observations. Il ne convient cependant pas de donner d'emblée à un presbyte les verres appropriés à son âge, s'il a longtemps fait usage de lunettes beaucoup trop faibles; un trop grand changement, opéré brusquement, est une cause de fatigue et de mécontentement.

II. — La myopie.

L'œil myope est plus long que l'œil emmétrope. Il en résulte que cet œil est contraint de recourir à l'emploi de verres concaves pour voir nettement les objets éloignés. Tant que les verres correcteurs de la myopie ne sont employés que pour regarder au loin, leur usage ne présente aucun inconvénient; tout au plus faut-il, dans la myopie forte, s'astreindre à prendre des verres un peu plus faibles qu'il ne faudrait pour corriger exactement le défaut.

Quels verres les myopes doivent-ils employer pour lire? L'accord n'est pas parfaitement établi sur cette délicate question, et une longue expérience permet seule de tomber juste dans chaque cas particulier; aussi ne pouvons-nous donner ici que des indications très générales.

Remarquons tout d'abord que chez le myope le parcours de l'accommodation est autre que dans l'œil emmétrope, le *punctum remotissimum* étant à une distance finie, et le *punctum proximum* étant plus près que pour l'œil emmétrope du même âge. Nous appellerons myopie légère celle où le *punctum remotissimum* est au delà de 33 centimètres; myopie moyenne, celle où il est compris entre 33 et 10 centimètres; myopie forte, celle où le point le plus éloigné de la vision distincte est à une distance inférieure à 10 centimètres. Pour ces différents degrés de myopie, les règles à suivre dans l'emploi des verres concaves sont tout à fait différentes. Nous ne pouvons les poser ici avec précision, car il faut tenir compte de l'âge du sujet et de l'état de sa rétine; mais nous pouvons dire qu'en général l'usage des verres concaves pour le travail ne doit être conseillé qu'aux personnes affectées de myopie moyenne. Celles dont la myopie est faible n'ont aucun besoin de lunettes pour lire, et c'est à tort que la plupart des ophtalmologistes modernes leur conseillent l'emploi de lunettes pour la lecture. Celles dont la myopie est forte doivent également, sauf exceptions, se résigner à tenir le livre à la main et à promener leur œil le long des lignes. Ce n'est qu'aux personnes affectées de myopie moyenne qu'on doit conseiller l'usage permanent de lunettes qui corrigent une partie suffisante du défaut pour leur permettre d'écrire sans se pencher.

Nous voilà loin des oculistes d'il y a vingt ans, qui faisaient, toujours et quand même, la guerre aux lunettes, et nous voilà presque aussi loin de certains théoriciens modernes qui corrigent exactement la myopie faible, ou même la myopie moyenne, au moyen de verres qui rendent l'œil emmétrope; les uns et les autres ont sur la conscience bien des myopies devenues *progressives*, et qui, convenablement traitées, seraient restées stationnaires.

La myopie progressive! Que de pénibles souvenirs ce mot rappelle à tout praticien quelque peu expérimenté! Sur la foi d'un préjugé populaire, des personnes innombrables, affectées d'une myopie légère ou moyenne, se figurent posséder des yeux d'une solidité exceptionnelle, et ne viennent demander le secours du médecin qu'au moment où le mal est tout à fait sans remède. On ne saurait trop le répéter, la myopie est une vraie maladie de l'œil, maladie d'autant plus dangereuse qu'elle se développe lentement, sans douleur, sans apporter aucune perturbation dans les habitudes de celui qui en est affecté, jusqu'au moment où, désorganisée par la distension que lui a fait subir l'allongement graduel du globe oculaire, la rétine n'est plus apte à recueillir d'images nettes d'aucun objet, ni lointain, ni rapproché; heureux quand un décollement rétinien ou un scotome central ne vient pas produire une cécité à peu près complète et toujours irrémédiable.

Les ophtalmologistes sont assurément disposés à pousser trop au noir la peinture des symptômes qui accompagnent

(1) Les verres du commerce sont numérotés en pouces; le numéro 48, par exemple, est un verre dont la distance focale principale est de 48 pouces. Bien qu'ayant été le promoteur de l'adoption du système métrique en ophtalmologie et malgré l'extrême rapidité avec laquelle cette réforme a été adoptée par les confrères du monde entier, il m'a paru plus utile de conserver ici les désignations anciennes qui sont seules connues des opticiens.

la myopie progressive, car, fort heureusement, la nature se charge, le plus souvent, d'enrayer les progrès du mal. Les myopes les plus malheureux viennent seuls consulter le spécialiste dont l'esprit reste frappé par les accidents qu'il a eu l'occasion d'observer et qui restent d'autant plus profondément gravés dans sa mémoire, que les grands myopes sont bien souvent des hommes d'étude dignes d'un intérêt tout particulier. Il faut donc en rabattre un peu des sinistres prédictions auxquelles se laissent aller certains médecins, et prendre pour guide l'observation de ce qui se passe chez les myopes observés partout ailleurs que dans le cabinet de consultation du spécialiste : c'est ce que nous allons faire.

En consultant les statistiques faites dans un grand nombre de pays par une cinquantaine de médecins, et en interprétant convenablement les chiffres, on voit que la myopie, rare chez les très jeunes enfants, se produit généralement entre les âges de huit et douze ans, et commence toujours par être légère. En assurant le bon éclairage des écoles primaires et des basses classes dans les établissements d'instruction secondaire, en proscrivant les livres imprimés trop fin, en recommandant aux maîtres de défendre aux enfants de lire quand le jour est insuffisant, un ministre de l'instruction publique pourrait, par des mesures administratives, couper le mal à sa racine.

Supposons cependant que quelques enfants, particulièrement prédisposés, contractent une légère myopie : je pense que par l'emploi de verres *convexes*, on pourra arrêter immédiatement les progrès du mal, car la myopie augmente par suite d'efforts d'accommodation qui deviennent inutiles quand l'enfant est muni de verres convexes appropriés : j'ai pu arrêter ainsi la myopie chez des enfants issus de parents myopes.

Passons aux adultes affectés de myopie faible : la plupart de ceux qui travaillent sans lunettes affirment que l'état de leur vue est devenu tout à fait stationnaire depuis la fin de leurs études : ce résultat dicte le conseil que nous devons donner en pareil cas : lire toujours sans lunettes.

Si nous arrivons à ceux dont la myopie est moyenne, la scène change : chez presque tous le mal augmente d'année en année ; mais il m'a semblé que les progrès étaient lents chez ceux qui font usage de verres précisément suffisants pour lire à une distance modérée sans avoir besoin d'accommoder. Il n'est pas étonnant, en effet, que des verres trop forts soient une cause de myopie progressive, mais il est plus difficile d'expliquer pourquoi, chez ces myopes moyens, la lecture sans lunettes produit des résultats non moins fâcheux. Dans mon opinion, cela provient de ce que ces myopes, obligés de se tenir trop près, sont obligés de faire varier leur accommodation à mesure que leur regard longe les lignes du livre. Aussi me paraît-il indiqué de les engager, soit à prendre des verres, soit à suivre l'exemple donné par ceux qu'un instinct naturel a conduits à faire osciller continuellement le livre ou la tête, de manière à maintenir une distance invariable entre l'œil et le point de fixation : je suis porté à faire remonter l'arrêt brusque de la progression de certaines myopies, précisément au jour où le myope a cessé de lire en maintenant la tête et le livre immobiles ; mais ces idées sont trop nouvelles pour que je puisse apporter des observations certaines à leur appui.

Tout ce qui précède ne dispense pas le médecin d'examiner soigneusement à l'ophtalmoscope la rétine des myopes qui le consultent, d'égaliser les yeux par des verres différents quand leur myopie est inégale et surtout de rechercher avec soin l'*astigmatisme*, défaut optique dont nous parlerons plus loin, et qui est bien souvent une cause de myopie.

Nous ne pouvons clore ce chapitre sans faire remarquer que les personnes affectées de myopie légère peuvent devenir presbytes ; en effet, nous avons admis que, chez ces personnes, le *punctum remotissimum* est distant de 33 centimètres au moins ; si, par les progrès de l'âge, le parcours de l'accommodation devient extrêmement petit, le *punctum proximum* ira rejoindre le *punctum remotissimum* et la vision ne pouvant se faire nettement en deçà de ce point, le secours de verres convexes deviendra nécessaire, et cela d'autant plus tôt que la myopie sera plus faible.

III. — L'hypermétropie.

L'œil hypermétrope est plus court que l'œil emmétrope : il est donc dans des conditions précisément opposées à celles qui caractérisent l'œil myope, seulement, tandis que l'allongement de l'œil myope peut dépasser 6 millimètres, le raccourcissement qui constitue l'hypermétropie est bien plus faible et atteint rarement 2 millimètres. De plus, l'hypermétropie ne réduit le parcours d'accommodation que par son extrémité voisine de l'œil, de sorte que la vision des objets éloignés reste nette et que, dans la jeunesse, le seul symptôme de l'hypermétropie est un reculement du *punctum proximum*. Sauf dans les cas d'hypermétropie forte, ce reculement passe inaperçu pendant bien des années : à tel point que la plupart des personnes sont légèrement hypermétropes et ne s'en doutent pas : elles en sont quittes pour devenir presbytes un peu plus tôt que les emmétropes et pour faire usage de verres convexes un peu plus forts que les emmétropes du même âge. L'hypermétropie des personnes opérées de cataracte est connue depuis des siècles ; l'hypermétropie naturelle, au contraire, a été décrite pour la première fois, il il y a seulement cent ans, par notre compatriote Janin.

Nous avons dit plus haut que les emmétropes ont respectivement besoin, pour lire, des verres 48, 24, 16, 12, 10 et 9, aux âges d'environ 48, 54, 60, 66, 72 et 78 ans. Les personnes à qui ces verres ne suffisent pas doivent *sans aucune crainte* prendre des verres plus forts. De plus, la nécessité où elles sont de recourir à des verres convexes avant l'âge de 45 ans doit les prévenir de l'hypermétropie dont elles sont affectées et les engager à chercher un soulagement dans l'emploi de verres convexes pour regarder au loin, soulagement d'autant plus nécessaire que l'hypermétropie est plus forte et le sujet plus âgé. Dans les cas les plus marqués, les verres convexes seront utiles dès l'âge de 10 ou 12 ans. Jusqu'à celui d'environ 45 ans les mêmes verres convexes, portés en permanence, servent pour voir au loin et pour lire ; plus tard, l'hypermétrope a besoin de deux paires de verres, l'une, plus faible, à porter habituellement et l'autre, dont on augmentera la force tous les cinq ou six ans, à employer pour le travail.

La connaissance de la fréquence de l'hypermétropie, la pratique, suivie par tous les ophtamologistes, de prescrire des verres convexes de force suffisante pour la corriger, constituent un des plus utiles progrès de l'oculistique moderne : les personnes auxquelles on rend ainsi l'usage de la vue au lieu de les déclarer, comme autrefois, atteintes d'asthénopie incurable, sont excessivement nombreuses.

IV. — L'ASTIGMATISME.

Tandis que le public et les opticiens ont des notions plus ou moins nettes sur la presbytie, sur la myopie et même jusqu'à un certain point sur l'hypermétropie, il faudra bien des années encore pour que l'*astigmatisme*, le plus fréquent des défauts de l'œil, soit connu autant qu'il importerait dans l'intérêt des personnes innombrables qui en sont affectées.

Chez toutes les personnes dont la vue est mauvaise ou délicate, chez tous les myopes qui ne voient pas parfaitement bien au loin avec le secours des verres concaves, chez les presbytes qui ne trouvent pas de verres convexes avec lesquels ils puissent lire indéfiniment sans aucune fatigue, il y a lieu de suspecter la présence de l'astigmatisme. Ce défaut se traduit encore bien souvent par du larmoiement, par des blépharites ou par des conjonctivites rebelles à tout traitement. Enfin, quand il existe du strabisme, ou même une simple inégalité de force entre les deux yeux d'une personne, il faut toujours rechercher l'astigmatisme, à tel point que le choix de verres correcteurs de l'astigmatisme devra devenir un jour une profession spéciale, tandis qu'il n'existe actuellement qu'un très petit nombre d'oculistes qui sachent mesurer exactement ce défaut de la vue.

L'astigmatisme reconnaît pour cause une malformation du globe oculaire. Les milieux réfringents de l'astigmate, au lieu d'être des solides de révolution autour de l'axe antéro-postérieur du globe oculaire, sont assimilables à des fragments d'ellipsoïdes à axes inégaux.

Supposons qu'un œil emmétrope subisse un aplatissement léger, de telle sorte que son diamètre vertical devienne plus petit que son diamètre horizontal, il en résultera une myopie du méridien vertical, le méridien horizontal restant emmétrope. Un pareil œil verra parfaitement des lignes verticales éloignées, tandis que les lignes horizontales lui paraîtront moins nettes. Aussi les auteurs définissent-ils souvent l'astigmatisme en disant que c'est un défaut optique par suite duquel on ne voit pas avec une égale netteté les lignes verticales et les lignes horizontales. Cette définition a le très grand inconvénient de laisser passer inaperçus un très grand nombre de cas d'astigmatisme, car le défaut est très souvent assez fort pour affaiblir notablement la vue sans que la personne qui en est atteinte se soit jamais aperçue de l'inégalité de netteté que présentent pour elles les lignes différemment orientées.

Tandis que la première découverte de l'astigmatisme est attribuable au célèbre physicien Thomas Young, c'est à son compatriote, l'astronome Airy, que revient l'honneur d'avoir corrigé au moyen de verres cylindriques l'astigmatisme dont il était lui-même affecté.

Vers 1854, notre savant compatriote, le colonel Goulier, découvrant à nouveau ce défaut optique chez plusieurs de ses élèves à l'école d'application de Metz, eut le grand mérite de constater la fréquence de ce défaut, que bien des personnes avaient remarqué antérieurement sur elles-mêmes, et fut le premier à introduire dans la pratique l'emploi des verres cylindriques. Enfin, en 1862, Helmholtz donna le moyen de mesurer les rayons de courbure des différents méridiens de la cornée, si bien que, profitant de ses travaux et des calculs de Sturm, Knapp et Donders purent écrire en 1863 leurs mémoires sur l'astigmatisme et les verres cylindriques, dont le retentissement a beaucoup fait pour vulgariser la correction du défaut optique qui nous occupe.

L'astigmatisme consistant en une différence de force réfringente des divers méridiens de l'œil, il est clair qu'on ne peut le corriger au moyen de verres sphériques, les seuls que vendent les opticiens, et qu'il faut avoir recours à des verres qui agissent inégalement dans les différents sens. J'ai démontré, par un calcul assez simple, que si l'on assimile l'œil à un ellipsoïde à trois axes inégaux, le verre cylindrique convenable pour ramener à l'égalité la réfraction des deux arcs situés dans le plan perpendiculaire à l'axe antéropostérieur jouit de la propriété très heureuse d'égaliser en même temps la réfraction dans tous les autres méridiens. La correction de l'astigmatisme se réduit donc à la recherche du verre cylindrique approprié.

A première vue, les verres cylindriques, montés en lunettes, ne diffèrent pas des verres sphériques ; car, tandis que la surface de ces derniers est empruntée à une sphère de rayon assez grand pour que leur courbure soit à peine sensible, les verres cylindriques sont formés par la surface d'un cylindre dont le rayon est également assez grand pour qu'il faille, tout au moins pour les faibles numéros, les regarder avec quelque attention pour remarquer leur convexité ou leur concavité.

Si l'astigmatisme réside uniquement dans la cornée, il est évident qu'après sa correction pour la vision des objets éloignés, le défaut restera également corrigé, quelles que puissent être les variations de l'accommodation.

L'emploi des verres cylindriques n'exclut en aucune facon celui des verres sphériques, convexes ou concaves; rien n'empêche de faire tailler l'une des surfaces du verre suivant une forme sphérique, pour corriger la myopie, la presbytie ou l'hypermétropie, et l'autre surface suivant une forme cylindrique, qu'on choisira convexe ou concave, selon les cas. Mais l'orientation du défaut pouvant être tout à fait quelconque, on conçoit qu'il faille beaucoup de soin de la part de l'opticien pour ne commettre aucune erreur dans l'exécution des trois données relatives à chaque œil et qui sont la situation de l'axe du cylindre, le rayon de courbure du cylindre et le rayon de la courbure de la surface sphérique.

La mesure de l'astigmatisme par le médecin demande également beaucoup d'attention, à tel point qu'il m'a paru nécessaire de construire un appareil spécial pour parvenir à l'effectuer rapidement et avec une exactitude suffisante. Si les verres cylindriques n'ont pas obtenu, dans le public, la popularité qu'ils méritent, cela tient à ce qu'il est très rare qu'il ne se glisse pas une erreur dans la mesure du défaut ou dans l'exécution des verres. Or une correction imparfaite ne donne pas du tout satisfaction au malade; l'expérience apprend qu'il faut procéder avec une grande précision, sous peine de ne pas améliorer une situation qui a ce très grand avantage, pour le patient, de ne pas le sortir de ses habitudes.

Mais si les effets d'une correction mal faite sont peu goûtés du public, il en est tout autrement de ceux obtenus au moyen de verres véritablement exacts. S'il m'est permis de citer un cas personnel, étant à l'École des mines, j'avais été obligé de cesser tout travail, et j'avais subi les traitements les plus barbares qui m'avaient été infligés par les deux plus célèbres oculistes de Paris, pour guérir une conjonctivite rebelle, lorsque je découvris, en 1864, la cause de ma fatigue oculaire; les verres cylindriques ont fait disparaître comme par enchantement toutes mes plaintes : je puis employer impunément la nuit à lire en chemin de fer, après avoir passé la journée dans une galerie de tableaux et la soirée au théâtre. La satisfaction que m'a causée et me cause tous les jours une aussi heureuse amélioration me servira d'excuse pour insister un peu longuement sur les bons effets des verres cylindriques.

Malgré tout ce que je viens de dire, il ne faut pas pousser les choses à l'extrême et prescrire des verres cylindriques à toutes les personnes qui sont affectées d'astigmatisme. En effet, de même qu'il n'y a guère d'yeux qui soient absolument exempts de myopie ou d'hypermétropie, il en est peu qui soient totalement dépourvus d'astigmatisme. Quand l'irrégularité est faible, il n'y a pas à s'en inquiéter, et il faut tenir grand compte de l'usage auquel les yeux sont habituellement employés; l'astigmatisme est un mal qui n'amène de plaintes que chez les personnes appartenant aux classes lettrées. Sur cent paysans qui viennent me consulter pendant mes vacances en Bourgogne, c'est à peine si je prescris une fois des verres cylindriques, tandis que sur cent consultants dans mon cabinet, j'en note certainement au moins vingt qui sont heureux de prendre les lunettes correctrices. Il faut aussi tenir compte de l'âge des sujets : le même degré d'astigmatisme qui ne cause aucune gêne jusqu'à quinze ans est une cause de fatigue à vingt ans, et devient absolument insupportable à trente ou quarante ans. La santé générale du sujet est aussi à considérer : chez certaines femmes anémiques, on trouve le plus grand avantage à corriger des degrés d'amétropie qui ne causeraient aucune gêne à des personnes vigoureuses du même âge. Il faut même se préoccuper du caractère des gens : d'après la lettre qu'il a écrite avant de se suicider, il y a deux ans, et d'après l'inspection que j'ai faite depuis de ses tableaux, il est certain que le peintre Maréchal s'est donné la mort pour échapper au tourment que lui causait une légère diplopie résultant de son astigmatisme; avec quelle reconnaissance eût-il accepté des verres correcteurs! A l'autre extrémité de l'échelle, que de dames élégantes préfèrent garder une vue un peu trouble plutôt que de s'affubler de lunettes!

Cela dit, si nous désignons par 5 le degré le plus élevé d'astigmatisme, on laissera généralement sans correction les cas compris entre 0 et 1, on corrigera ceux compris entre 1 et 2 chez les personnes lettrées, et à partir de 2 jusqu'à 5, il y aura toujours grand intérêt à prescrire les verres correcteurs. Mais, comme les cas les plus accentués sont de beaucoup les plus rares, la grande masse des cas utilement corrigés sera aux environs du second degré, et si le service rendu n'est pas aussi grand que quand il s'adresse aux sujets affectés d'astigmatisme très fort, par compensation, les personnes atteintes de ce défaut dans une faible mesure, dont les yeux se fatiguent, ou même deviennent myopes par suite du trouble qui en résulte dans leur vue, sont en nombre tellement immense, que je renoncerais plus volontiers à l'emploi de l'ophtalmoscope qu'à celui des moyens qui permettent de mesurer l'astigmatisme.

V.

En résumé, les progrès faits récemment dans la connaissance des défauts optiques de l'œil nous ont fait constater la parfaite innocuité des verres convexes, et nous ont fait connaître leur application à la vision des objets éloignés par les hypermétropes; ils nous ont permis de tracer des règles précises relativement à l'hygiène des yeux myopes; enfin ils nous mettent à même, par l'emploi de verres cylindriques, de soulager un grand nombre de personnes auxquelles on ne savait conseiller naguère que le repos de la vue ou des traitements tout à fait inutiles.

Grâce à toutes ces acquisitions nouvelles de la science, il est permis d'affirmer que l'œil est un organe d'une force de résistance tout à fait extraordinaire : les yeux, soit emmétropes, soit corrigés au moyen de verres appropriés, peuvent supporter sans aucun inconvénient une masse de travail énorme, et nous pouvons rayer de notre vocabulaire le mot d'asthénopie en supprimant la chose.

Nous voilà bien loin du lieu commun d'après lequel l'œil serait un instrument optique d'une rare perfection : sans parler du chromatisme et de l'aberration de sphéricité, presque tous les yeux sont affectés de défauts optiques mesurables, et nous devons réserver une part de notre admiration pour les progrès de l'optométrie qui permettent de ramener à une perfection relative des organes qui, bien souvent, sont loin de répondre au but en vue duquel ils sont construits.

E. Javal,

Directeur du laboratoire d'ophtalmologie à la Sorbonne.

BULLETIN DES SOCIÉTÉS SAVANTES

Académie des sciences de Paris. — 15 septembre 1879.

M. Chevreul : La teinture bleu indigo dans l'uniforme de l'armée. — M. N. Lockyer : Expériences tendant à démontrer la nature composée du phosphore et autres éléments. — M. Lecoq de Boisbaudran : Recherches sur l'erbine. — M. le ministre de l'agriculture et du commerce : Altération frauduleuse des huiles d'olive. — Le P. Tacchini : État du soleil pendant le deuxième trimestre de 1879. — M. J.-L. Soret : Le spectre des terres du groupe de l'yttria. — M. H. Pellet : Dosage de l'azote organique dans les eaux naturelles. — M. P. Cazeneuve : Transformation de l'acide azotique en acide glycolique. — M. Arloing : Mode d'action du chloral envisagé comme anesthésique.

M. *Chevreul* fait une communication sur des draps de laine teints en noir bleuâtre. Quelques personnes, cherchant à remplacer l'indigo en ce qui concerne la teinture du drap bleu d'indigo dans l'uniforme de l'armée française, ont donné occasion à l'auteur de soumettre des draps de diverses provenances à des essais comparatifs et de constater d'assez grandes différences entre certains d'entre eux. Il est de ces draps dont l'acide azotique à 5° n'altère pas radicalement la couleur, tandis que d'autres prennent une teinte plus ou moins orangé-jaune, comme si l'indigo eût été pour quelque chose dans leur teinture. En soumettant un échantillon de ce drap à des expériences comparatives avec un drap teint réellement avec l'indigo, M. Chevreul a pu constater que la couleur du drap soumis à l'essai n'est ni l'indigotine, ni le bleu de Prusse, ni l'outremer.

— M. *N. Lockyer* soumet à l'Académie les résultats d'expériences tendant à démontrer la nature composée du phosphore. 1° Le phosphore chauffé dans un tube avec du cuivre donne un gaz qui montre le spectre de l'hydrogène, très brillant; 2° le phosphore seul, chauffé dans un tube où le vide a été fait par l'appareil de Sprengel, ne donne rien; 3° le phosphore, au *pôle négatif* dans un tube semblable, donne très abondamment un gaz qui montre le spectre de l'hydrogène, mais qui n'est pas PhH^3. — Une seconde note de l'auteur contient les résultats suivants qui ont été obtenus par la méthode décrite dans les *Proceeding of the Royal Society*, t. XXIX, p. 266 : 1° du sodium distillé soigneusement, condensé dans un tube capillaire et placé dans une cornue, donne 20 volumes d'hydrogène ; 2° du phosphore soigneusement desséché donne 70 volumes de gaz, principalement de l'hydrogène, qui cependant n'est pas $Ph H^3$, bien qu'il donne certaines lignes du phosphore ; ce n'est pas $Ph H^3$, parce qu'il n'agit pas sur $Cu SO^4$; 3° du magnésium soigneusement préparé par M. Matthey donne des colorations splendides ; nous avons d'abord l'hydrogène, puis la raie D (mais non pas celle du sodium, car la raie verte est absente), puis les raies vertes du magnésium, la raie bleue *b*, enfin divers mélanges de toutes ces raies dès que la température est augmentée, la raie D étant toujours la plus brillante ; 2 volumes (1/2 cc.) d'hydrogène seulement ont été recueillis ; 4° avec le gallium et l'arsenic, la pompe étant toujours en mouvement, il ne se dégage aucun gaz ; 5° le soufre et quelques-uns de ses composés ont toujours donné SO^3 ; 6° avec l'indium, l'hydrogène apparaît avant l'échauffement ; 7° le lithium donne 100 volumes d'hydrogène. Les conditions des expériences ont toujours été les mêmes, la substance seule variant. Les volumes signalés sont ceux qui ont été généralement obtenus. Presque toutes les expériences ont fini par la rupture du tube.

— M. *Lecoq de Boisbaudran* expose ses recherches sur l'erbine. On se rappelle que M. Clève annonçait récemment avoir scindé l'erbine en plusieurs terres distinctes, pour lesquelles il a proposé les noms d'*erbine, d'oxyde de thulium* et *d'oxyde d'holmium*. M. de Boisbaudran fait remarquer que les raies spectrales de l'holmium sont précisément celles que M. Soret a indiquées comme les plus caractéristiques de sa terre X. Les deux substances sont évidemment identiques.

— M. *le Ministre de l'Agriculture et du Commerce* appelle l'attention de l'Académie sur une fraude qui se pratique depuis plusieurs années dans les départements du Midi et qui consiste dans le mélange d'huiles de graines diverses aux huiles d'olive. Cette fraude, qui permet de donner les huiles mélangées à un prix inférieur à celui de l'huile d'olive pure, pourrait, si elle se continuait, avoir pour effet de faire abandonner la culture de l'olivier, qui ne serait plus dès lors assez rémunératrice, au préjudice d'un grand nombre de cultivateurs qui y trouvent le principal élément de leur industrie. Pour arrêter ces fraudes, dit le ministre, il est indispensable que la science donne les moyens de reconnaître les mélanges. Il prie donc l'Académie de rechercher un procédé permettant de constater dans l'huile, dite d'olive, la présence des huiles étrangères.

— *Le P. Tacchini* adresse une lettre contenant les résultats des observations du soleil faites pendant le deuxième trimestre de l'année 1879. L'ensemble de ces résultats indique une certaine augmentation dans l'énergie des phénomènes solaires. Le maximum de fréquence des protubérances se trouve, dans chaque hémisphère, entre les parallèles de 30° et de 50°, et les protubérances manquent aux pôles. Le maximum de fréquence des facules se trouve, dans chaque hémisphère, entre les parallèles de 10° et 30° ; des facules se sont même présentées près des pôles. Une éruption métallique a été observée le 19 juin ; la chromosphère est plus vive. M. Tacchini croit que nous avons maintenant dépassé l'époque de minimum d'activité solaire, qui doit avoir eu lieu au commencement de cette année.

— M. *J.-L. Soret* envoie une note sur le spectre des terres faisant partie du groupe de l'yttria. L'auteur croit que l'existence de sa terre X est bien démontrée, mais il n'a vu dans la note récente de M. Clève aucun résultat établissant que l'holmium soit un corps différent. Quant à l'existence du thulium, également annoncée par M. Clève, M. Soret pense que, dans une question aussi difficile, il est peut-être prématuré d'affirmer l'existence d'un élément nouveau, quand il est encore impossible de l'isoler et d'en déterminer les caractères chimiques, en se basant seulement sur la présence d'une unique raie du spectre d'absorption.

— M. *H. Pellet* fait connaître une méthode se rapprochant beaucoup de celle que M. Lechartier a décrite récemment, pour le dosage de l'azote organique dans les eaux naturelles. Cette méthode, que voici, a été employée par l'auteur au mois de mars 1878. — 1° *Dosage de l'azote ammoniacal.* — Pour ce dosage, on suivait exactement les prescriptions du procédé Boussingault ; 2° *Dosage de l'azote nitrique.* — On évaporait 3^lit d'eau, et, lorsque le résidu atteignait seulement 60^cc à 80^cc, on y ajoutait de l'acide acétique pour décomposer les carbonates sans attaquer les nitrates. On portait à l'ébullition et l'on formait un volume total de 100^cc ou de 200^cc suivant le dépôt. (Filtrer et opérer le dosage de l'azote nitrique sur 25^cc ou 50^cc de liquide, d'après les indications de M. Schlœsing, en mesurant le bioxyde d'azote produit.) ; 3° *Dosage de l'azote total.* — On évaporait également 3^lit d'eau, en présence de 2^gr de magnésie pure, pour chasser l'azote ammoniacal. Une partie du résidu sec était mélangée à de la fécule sodée et introduit dans un tube à dosage d'azote. Par cette addition de principes carbonés et hydrogénés, tout l'azote nitrique passe à l'état d'ammoniaque. L'opération revient à un dosage d'azote ordinaire par la chaux sodée. Mais, pour obtenir des résultats très exacts, on ne doit pas mettre dans le tube une quantité quelconque de nitrate. D'après les essais de l'auteur, cette quantité ne doit pas dépasser 0^gr, 20 à 0^gr, 25 de nitrate de potasse. C'est pour cela que le dosage de l'azote nitrique doit être fait avant celui de l'azote total après ces opérations. Il est donc facile d'obtenir l'azote organique par un simple calcul.

— M. *P. Cazeneuve* adresse une communication sur l'action oxydante de l'oxyde de cuivre, et sur la transformation de l'acide acétique en acide glycolique. L'acide formique, sous l'influence de l'oxyde de cuivre à haute température, s'oxyde et se transforme en acide carbonique ; ces réactions sont connues. Le formiate de cuivre donne $CO^3 H^2$ et du cuivre métallique. Partant de cette idée que $CO^3 H^2$ est l'acide diatomique d'un glycol méthylénique inconnu, l'auteur s'est demandé si, en chauffant l'homologue supérieur de l'acide formique, l'acide acétique, en présence de l'oxyde de cuivre, il n'obtiendrait pas l'homologue supérieur de $CO^3 H^2$, c'est-à-dire l'acide glycolique $C^2 H^4 O^3$. L'expérience a donné raison à ses prévisions théoriques.

— M. *Arloing* fait connaître ses nouvelles expériences sur le mode d'action du chloral envisagé comme anesthésique. On n'était pas encore d'accord sur la manière dont le chloral abolit la sensibilité. M. Arloing se croit en mesure de conclure de ses expériences : 1° que le chloral se décompose en chloroforme et formiates alcalins dans le sang des animaux ; 2° que les effets anesthésiques du chloral sont dus au chloroforme ; 3° que les formiates alcalins favorisent mécaniquement leur production en augmentant la vitesse de la circulation et en facilitant ainsi l'imprégnation des éléments nerveux par l'agent anesthésique.

CHRONIQUE SCIENTIFIQUE

STATUE D'ARAGO A PERPIGNAN. — Cette statue a été inaugurée dimanche dernier avec une grande solennité, au milieu d'un enthousiasme qui fait le plus grand honneur à l'esprit des populations du département. M. Jules Ferry, ministre de l'instruction publique, a prononcé un excellent discours, énergiquement applaudi par un public qui tenait à manifester son approbation sans réserves pour les lois anticléricales. M. Paul Bert a raconté en termes d'une rare éloquence la vie politique d'Arago ; et il a révélé des incidents aussi curieux qu'inconnus dans l'existence de l'éminent astronome. Trois autres discours ont été consacrés exclusivement aux travaux scientifiques d'Arago. Celui de M. l'amiral Mouchez, au nom de l'Observatoire de Paris, où il est le troisième successeur d'Arago. Celui de M. Janssen, au nom de l'Académie des sciences, et celui de M. Bréguet, au nom du bureau des Longitudes.

— Arrêté concernant les élèves sages-femmes. — Le ministre de l'instruction publique et des beaux-arts a pris l'arrêté suivant, dont les dispositions seront applicables à dater du 1er octobre 1879 :

Les aspirantes au titre d'élève sage-femme de 1re classe subissent un examen préparatoire portant sur les matières ci-après : 1° la lecture ; 2° l'orthographe (cette épreuve consiste en une dictée de vingt lignes de texte; le maximum des fautes est fixé à cinq) ; 3° deux problèmes sur les quatre opérations fondamentales de l'arithmétique et portant spécialement sur les questions usuelles; 4° notions élémentaires sur le système métrique.

Le jury de cet examen, qui est constitué par le recteur, est composé :

A Paris : du secrétaire de la Faculté de médecine, d'un inspecteur de l'enseignement primaire et d'une inspectrice des écoles.

Dans les départements : du secrétaire de la Faculté, d'un inspecteur primaire et de la directrice de l'École normale primaire ou d'une institutrice déléguée à cet effet.

Les dispositions ci-dessus sont applicables aux aspirants et aspirantes au titre d'herboriste de 1re classe. L'examen d'admission au titre d'herboriste de 1re classe comprend, indépendamment de la détermination des plantes usuelles, quelques notions élémentaires concernant le caractère de ces plantes.

— Congrès des médecins et naturalistes allemands. — Comme nous l'avons annoncé, ce congrès s'est tenu cette année à Bade. Ouvert le 17 septembre, il a été terminé le 24. Voici le programme général des travaux de la session :

Mercredi soir, 17 septembre, échange des compliments de bienvenue.

Jeudi, à huit heures et demie, première séance générale. La séance est ouverte par le premier secrétaire, M. J. Baumgartner. Ensuite M. Kussmaul, de Strasbourg, rend hommage à la mémoire du premier secrétaire de l'année passée, M. Benedikt Stilling. La séance se termine par deux communications faites : 1° par M. le professeur Hermann, de Zürich, sur les conquêtes de la physiologie depuis quarante années; 2° par M. le professeur Birch-Hirsfeld, de Dresde, sur les mouvements mimiques de la figure humaine, en rapport avec les recherches de Darwin, et pour en expliquer l'origine.

A l'issue de la séance les membres du congrès se sont constitués en sections et se sont installés dans les locaux qui leur avaient été réservés.

Dans l'après-midi a eu lieu une excursion à pied au vieux château.

Vendredi, matinée et après-midi, séances de section.

Samedi, à huit heures et demie, deuxième séance générale, comprenant : 1° communication de M. A. Ecker, de Fribourg, sur le centième anniversaire de Lorenz Okens, fondateur de la Réunion des médecins et naturalistes allemands; 2° discussion de questions d'affaires et choix du lieu où la 53e réunion tiendra l'an prochain ses séances; 3° communication de M. le professeur Goltz, de Strasbourg, sur le cœur; 4° communication de M. le docteur Nachtigall, de Berlin.

Dans l'après-midi, ont eu lieu de petites excursions dans les environs de Bade.

Dimanche, excursions en différents endroits. Excursions spéciales à Triberg et Sommerau, par la Forêt-Noire, à Strasbourg.

Lundi et mardi, matinées et après-midi, séances de sections.

Mercredi, 24 septembre, à huit heures et demie, troisième séance générale, comprenant : 1° des communications d'affaires; 2° une communication de M. le professeur Jager, de Stuttgart, sur l'affectation des sentiments; 3° une communication de M. Skalweil, de Hanovre, qui avait pris pour sujet : comment on peut lutter aujourd'hui contre la falsification des choses nécessaires à la vie.

En reproduisant ce programme, nous avons omis de parler des fêtes données à l'occasion du congrès. Ces fêtes ont été très brillantes.

— Missions en Allemagne. — Un arrêté du ministre de l'instruction publique charge M. Georges Pouchet, professeur au Muséum d'histoire naturelle et à l'École normale supérieure, d'une mission gratuite en Allemagne pour aller étudier dans ces pays l'organisation des galeries d'anatomie comparée.

M. Carrière, secrétaire bibliothécaire de l'École des langues orientales vivantes, est également chargé d'une mission gratuite en Allemagne, pour y aller étudier, dans le plus grand détail possible, l'organisation des principales bibliothèques universitaires.

— La Bibliothèque des sociétés savantes. — Cette bibliothèque, qui occupait jusqu'ici plusieurs salles au premier étage du ministère de l'instruction publique, va être transférée dans le palais de l'Institut et deviendra une annexe de la bibliothèque Mazarine. Le déménagement des collections, qui ne comprennent pas moins de 15 000 volumes, est déjà commencé, et leur réinstallation dans les nouveaux locaux qui leur ont été préparés par les soins de M. Baudry se fait rapidement. Il est probable qu'à l'époque de la réouverture de la bibliothèque Mazarine, le public savant pourra être admis à consulter cette série unique et très précieuse des publications faites par toutes les sociétés savantes de France et des colonies.

— Statue a Parmentier. — Il est question d'élever, par souscriptions, à Paris, une statue à Parmentier, le grand citoyen à qui nous devons l'introduction en France de la pomme de terre, qui tient aujourd'hui une place si importante dans l'alimentation publique. Nous verrons avec intérêt cet heureux projet prendre une forme. Un comité est déjà constitué pour patronner l'idée, et sa composition sera bientôt rendue publique.

— Le Tour du Monde, *Nouveau journal des voyages*. — Sommaire de la 975e livraison (13 septembre 1879). — La République d'Haïti ancienne partie française de Saint-Domingue, par M. Edgar La Selve, professeur au lycée national Pétion, du Port-au-Prince (1871). — Texte et dessins inédits. — Onze gravures de Th. Weber, T. Wust, Taylor et H. Clerget.

— Sommaire de la 976e livraison (20 septembre 1879). — La République d'Haïti, ancienne partie française de Saint-Domingue, par M. Edgar La Selve, professeur au lycée national Pétion, du Port-au-Prince (1871). — Texte et dessins inédits. — Onze gravures de Th. Weber, T. Wust, Sirony, G. Vuillie et H. Clerget.

— Sommaire de la 977e livraison (27 septembre 1879). — La République d'Haïti, ancienne partie française de Saint-Domingue, par M. Edgar La Selve, professeur de rhétorique au lycée national Pétion, du Port-au-Prince (1871). Texte et dessins inédits. — Dix gravures de G. Vuillier, H. Clerget, T. Wust, Th. Weber et Sirony.

— L'intelligence chez les oiseaux. — Un mécanicien du chemin de fer de l'Est écrit à un journal de l'Aube une lettre concernant les faits et gestes d'un émerillon qui sont assez curieux à étudier.

Ce destructeur d'oiseaux se sert du chemin de fer pour commettre plus facilement ses crimes, et son instinct est vraiment merveilleux.

Voici le récit du mécanicien :

Cet oiseau accompagne tous les trains. Son parcours est toujours le même : de Mesgrigny à Romilly. Sachant par expérience (il est connu des agents des trains depuis plus de quinze ans) que la locomotive effraye les oiseaux, qui cherchent un refuge dans les haies bordant la voie, cet émerillon plane de 5 ou 6 mètres au-dessus de nos têtes, et, caché par la vapeur, nous suit ainsi jusqu'à ce qu'une victime se présente.

Alors il s'élance et, passant rapide comme le vent, il broie dans ses serres l'imprudent qui vient de quitter son abri.

Si, par extraordinaire, cette « volée » est infructueuse, il revient à sa place, d'où il nous est impossible de le faire partir. En effet, des projectiles lui sont lancés, mais il les évite par un petit mouvement, soit à droite, soit à gauche, et n'en continue pas moins à nous imposer son voisinage.

Son vol est très rapide. Laissant à un train de grande vitesse une avance de 150 à 200 mètres, en moins de temps que je n'en mets pour vous l'écrire, il dépasse la machine de la même distance, et cela toujours en rasant la haie; puis, s'il n'a rien, il revient au-dessus de nous reprendre sa place habituelle.

— Le gouvernement allemand a nommé récemment une commission de chimistes chargés d'étudier la question du choix de la meilleure encre pour les documents publics. Après un minutieux examen, cette commission a reconnu que les composés d'aniline ou d'alizarine ne sauraient être recommandés à cause de la facilité avec laquelle on les fait disparaître.

L'encre ordinaire dans la fabrication de laquelle la noix de galle joue le principal rôle a paru la meilleure de toutes les préparations à employer dans les écritures officielles.

— Le 150e anniversaire de la naissance du philosophe Mendelssohn, l'ami de Lessing, né à Dessau en 1729, a été célébré dans la synagogue de Leipzig, en présence du bourgmestre de la ville, du conseil municipal et d'une foule considérable. Plusieurs discours ont été prononcés.

Le propriétaire-gérant : Germer Baillière.

PARIS. — Impr. J. CLAYE. — A. QUANTIN et Cie, rue St-Benoît. [1695]

LA

REVUE SCIENTIFIQUE

DE LA FRANCE ET DE L'ÉTRANGER

REVUE DES COURS SCIENTIFIQUES (2^E SÉRIE)

DIRECTEUR : M. ÉMILE ALGLAVE

2e SÉRIE — 9e ANNÉE | NUMÉRO 14 | 4 OCTOBRE 1879

LES ANGLAIS DANS L'AFGHANISTAN

Aujourd'hui comme l'an dernier à pareille époque, tous les regards sont tournés vers l'Afghanistan. Il y a douze mois, l'Europe attendait, anxieuse, l'explosion, dans ce pays lointain, d'une guerre dont elle craignait de voir le contre-coup se faire sentir jusque chez elle. Les complications qu'on redoutait alors ne vinrent pas. Le succès de l'Angleterre fut aussi rapide que complet, et elle put imposer à l'émir qu'elle venait d'introniser à Caboul, un traité qui lui donnait pleine satisfaction pour le présent et semblait lui assurer toutes garanties pour l'avenir.

Malheureusement la révolte qui vient d'éclater si subitement dans la capitale afghane a tout remis en question; si bien que la guerre terminée le 30 mai dernier n'aura probablement été que le prélude d'une autre plus longue et peut-être plus terrible. De cette nouvelle lutte, nul ne saurait encore prévoir le terme ni l'issue; nul ne peut dire si elle ne nous amènera pas ces complications que nous nous flattions trop tôt d'avoir évitées.

En tout cas, il va nous falloir retourner en esprit dans ces pays mystérieux de l'Asie centrale que nous n'avions fait qu'entrevoir. Nous allons de nouveau rencontrer à chaque pas dans la presse les noms étranges, et déjà sans doute oubliés, des montagnes abruptes et des sombres défilés que les Anglais vont avoir une fois de plus à franchir, des tribus farouches et batailleuses qu'ils vont encore avoir à combattre. Nous allons retrouver aussi à tout instant les noms des chefs de l'armée britannique ou des conseillers politiques du vice-roi des Indes, avec qui nous avions à peine eu le temps de faire connaissance. Le plus populaire de ces soldats-diplomates ne vient-il pas de tomber, la première victime des émeutiers de Caboul ?

Au moment où le rideau se lève ainsi sur le deuxième acte du drame anglo-afghan, il n'est pas sans intérêt de passer rapidement en revue les événements du premier, de jeter un coup d'œil sur le théâtre si peu connu où ils se sont accomplis, de rappeler en quelques mots le rôle des principaux personnages qui y ont pris part, de résumer enfin la situation telle qu'elle était au début de la guerre et telle que l'ont faite les conséquences de celle-ci. La publication d'un excellent récit de la campagne nous en fournit justement l'occasion (1).

On sait comment fut amenée la rupture entre l'émir d'Afghanistan et l'Angleterre. Inquiète depuis longtemps déjà des progrès de la Russie dans l'Asie centrale, la Grande-Bretagne ne put voir sans émotion l'influence russe s'étendre jusqu'au cœur du seul pays indépendant qui séparât encore les domaines du tsar de l'Inde britannique. Un ambassadeur moscovite venait d'être reçu solennellement à Caboul. On ne pouvait faire moins que d'envoyer une mission anglaise à la cour de Shere-Ali.

Sir Neville Chamberlain, désigné pour être le chef de cette ambassade, voulut d'abord s'assurer qu'il trouverait le passage libre; et le major Cavagnari, son second, fut envoyé par lui à la tête d'une escorte, pour sonder les dispositions des lieutenants de l'émir qui gardaient la frontière. L'entrevue du major avec le commandant du fort d'Ali-Musjid, le 21 septembre de l'année dernière, aboutit à un refus catégorique qui ne laissait plus de doute sur les intentions de Shere-Ali.

Le vieil émir persistait à laisser sans réponse toutes les communications du gouvernement anglais, même les lettres de condoléance que le vice-roi lui avait adressées à propos de la mort de son fils favori et présomptif héritier, le *sirdar* (prince) Abdullah-Jan. Il faisait refuser aux Anglais l'accès du pays par ses agents qu'il avait sévèrement réprimandés pour avoir laissé pénétrer jusqu'à lui le nawab Gholam-Husseïn-Khan, messager du vice-roi. Plus de doute qu'il ne fût entièrement inféodé à la Russie.

(1) *Campagne des Anglais dans l'Afghanistan en* 1878-1879. Récit des opérations militaires, accompagné de notions historiques et géographiques sur le pays, par G. Le Marchand, capitaine au 15e d'artillerie, officier d'Académie. (Paris, Dumaine, éditeur.)

Il ne restait plus dès lors qu'à venger par la force l'outrage fait aux représentants de la Grande-Bretagne, et la guerre eût sans nul doute éclaté dès le lendemain, si le gouvernement de l'Inde avait eu sous la main des forces suffisantes pour l'entreprendre avec succès. Mais les désastres de la campagne de 1840 étaient encore trop présents à tous les esprits pour que l'on s'engageât aveuglément dans une semblable entreprise. D'autant que cette fois on ne savait trop si derrière les Afghans ne se trouvait pas un adversaire plus redoutable. Le cabinet de Londres hésitait, et voulut, sous prétexte de laisser à l'émir quelques jours de réflexion, se donner à lui-même le temps d'organiser un corps expéditionnaire capable de faire face à tout évènement. Un *ultimatum*, accordant jusqu'au 20 novembre, fut envoyé à Shere-Ali, qui d'ailleurs n'en tint nul compte et n'y répondit pas plus qu'aux précédentes communications. Mais l'on avait ainsi gagné quelques semaines de répit, qui furent activement mises à profit pour constituer l'armée la plus formidable que l'Angleterre eût jamais mobilisée dans les Indes.

Environ 35 000 hommes, dont un tiers d'Européens, répartis en trois divisions distinctes, se tinrent prêts à envahir l'Afghanistan par autant de points différents, aussitôt que sonnerait l'heure fixée par l'*ultimatum*. Ce ne fut pas sans peine toutefois qu'on obtint ce résultat; la préparation de l'expédition fut longue et difficile. Elle mit en lumière une foule de vices d'organisation de l'armée anglo-indienne, restés jusqu'alors trop inaperçus; elle fit aussi ressortir la faute qu'on avait commise en n'assurant pas mieux les communications du centre de l'Inde avec sa frontière et le long de celle-ci. En réalité, cette période préparatoire fut des plus instructives pour le gouvernement anglais; et si aujourd'hui un programme complet de réorganisation de l'armée des Indes est à l'étude, c'est en grande partie parce que les difficultés éprouvées lors de la formation du corps expéditionnaire d'Afghanistan en ont démontré la nécessité.

Depuis bien des années on n'avait eu à exécuter sur la frontière que de petites expéditions sans importance, pour lesquelles suffisaient amplement quelques milliers d'hommes. L'organisation des troupes de l'Inde répondait parfaitement à ces besoins peu considérables. Dans chaque cantonnement on trouvait toujours, en fait de moyens de transport, de quoi permettre à la moitié des effectifs de se mettre presque instantanément en campagne. Mais il ne s'agissait que du transport du matériel de guerre, du campement et des cartouches; rien n'était alloué pour les vivres, car on n'avait en vue que la répression immédiate de quelque désordre intérieur éclatant à l'improviste.

Dans les stations frontières il existait des moyens de transport pour toute la garnison, mais toujours aussi sans tenir compte des vivres. L'armée spéciale du Punjab seule était plus largement outillée et ses régiments avaient pu, en mainte circonstance, donner des exemples d'une rapidité de mobilisation vraiment extraordinaire.

On avait également négligé de pousser jusqu'à Peshawur la ligne ferrée venant de Lahore et qui s'arrêtait encore à Jhelum; c'était une lacune de 275 kilomètres, qui devait ralentir singulièrement la concentration des troupes et surtout du matériel à Peshawur, point naturellement indiqué pour le rassemblement de la colonne principale. De même on n'avait pas profité de l'occupation de Quetta, effectuée depuis deux ans déjà, pour améliorer les communications si difficiles avec cette ville à travers la passe du Bolan. C'était cependant à Quetta qu'il fallait concentrer une seconde colonne aussi forte que celle de Peshawur et, de plus, munie d'un parc de siège lourd et encombrant, destiné à réduire les places fortes nombreuses qu'elle devait rencontrer en marchant sur Caboul par la route de Candahar.

Enfin l'on n'avait toujours sur l'Indus que des ponts de bateaux, à la merci des crues subites et violentes de ce grand fleuve. Le pont suspendu d'Attock, projeté par lord Napier lui-même trente ans auparavant, et qu'il avait maintes fois été question d'établir, n'avait pas même reçu un commencement d'exécution.

Il résulta de toutes ces difficultés que, malgré les délais assez considérables de l'*ultimatum*, malgré le zèle et l'ardeur de toutes les autorités civiles et militaires de l'Inde, les préparatifs furent à peine terminés pour le jour fixé. Si cependant les opérations commencèrent à la date prescrite avec une ponctualité toute anglaise, beaucoup de choses manquaient encore à l'armée lorsqu'elle envahit le territoire afghan. De sorte qu'après les premiers succès il fallut presque immédiatement s'arrêter, à Dhaka, Jellalabad, etc., pour y attendre les moyens de se porter plus en avant.

L'étude de cette question des communications et des transports est des plus intéressantes pour se rendre compte de la situation actuelle, d'autant que les routes se trouvent encore aujourd'hui à fort peu près dans le même état; car, bien qu'on n'ait pas perdu un seul instant pour combler les lacunes constatées et que des travaux aient été entrepris sur certains points avant même la fin de la guerre, ils ne sauraient être assez avancés pour changer notablement la face des choses. Puis l'on a perdu tant de chameaux pendant la dernière campagne, qu'il est plus difficile que jamais de s'en procurer.

Une autre discussion, qui fut aussi assez vive l'année dernière, porta sur le choix du ou des points d'attaque. Il était naturel d'en adopter au moins deux, ne fût-ce que pour obliger l'ennemi à se garder de plusieurs côtés à la fois; on y trouvait aussi l'avantage de pouvoir prendre l'offensive avec de plus gros effectifs qu'il eût été impossible de faire avancer sur une seule route. Les deux voies qui se présentaient le plus naturellement à l'esprit étaient : celle partant de Quetta, au sud, pour marcher sur Caboul par Candahar; et celle de la passe de Khyber, par laquelle on se portait directement de l'est à l'ouest sur la capitale afghane.

La route du sud avait été la ligne principale d'invasion des Anglais lors de leur première campagne dans l'Afghanistan en 1839; elle partait alors de l'Indus à Sukkur, et le fleuve une fois franchi en cet endroit sur un pont de bateaux, on se trouvait de suite en territoire ennemi. La traversée du désert du Sinde, celle de la longue et mystérieuse passe de Bolan, durent s'effectuer à cette époque non seulement au milieu d'obstacles naturels de toute sorte, mais en dépit des difficultés sans nombre que suscitèrent au corps expéditionnaire les émirs, alors indépendants, de cette contrée. Par suite de la conquête du Sinde, il n'en était plus de même en 1878; et l'occupation de Quetta reportait la base d'opérations des Anglais en un point qu'ils ne pouvaient atteindre, quarante ans auparavant, qu'après une réelle campagne, déjà longue et pénible. Malheureusement, comme on n'avait pas mis à profit l'occupation de Quetta pour améliorer les communications de cette ville avec l'Inde, les difficultés matérielles ne furent pas beaucoup moindres qu'en 1839.

Toutefois on put faire partir de suite une sorte d'avant-garde formée à Quetta même sous le commandement du général major Biddulph, tandis que le corps principal s'organisait à Mooltan sous les ordres du lieutenant-général Stewart, destiné à prendre le commandement supérieur lorsque toutes les troupes seraient réunies. La nombreuse artillerie et le parc de siège qu'on avait cru devoir donner à ce corps principal ralentirent encore sa marche, retardèrent beaucoup la réunion finale et se trouvèrent, en fin de compte, à peu près inutiles. De fait, la colonne du sud ne rencontra point d'ennemis à combattre, et, malgré son importance numérique, elle ne joua qu'un rôle assez effacé.

Le premier rôle semblait être dévolu cette fois à l'armée de Peshawur, qui devait marcher sur Caboul par la passe de Khyber et Jellalabad. Pourtant si, d'une part, la célébrité même de cette passe de Khyber avait contribué à la faire désigner de suite comme l'une des lignes d'invasion et même comme la principale, le souvenir funèbre de 1842, qui s'y rattachait, était encore tellement présent à toutes les mémoires, qu'il en résultait comme une sorte de terreur superstitieuse à l'endroit de cette route et que beaucoup de militaires conseillaient même ouvertement de ne point l'employer. On l'employa pourtant, et, somme toute, on n'eut pas à se repentir de n'avoir point écouté des conseils trop timides. Il est vrai qu'on n'eut pas à pénétrer jusqu'à ce terrible défilé du Khourd-Caboul, théâtre du sanglant drame de janvier. C'est seulement lorsqu'aux environs de Gandamak, les soldats victorieux de sir Samuel Browne attendaient les résultats des négociations entamées avec Yakoub-Khan, que de leur camp ils aperçurent, blanchissant encore le flanc d'une colline, les ossements mal ensevelis des dernières victimes de la grande retraite. C'est en vue des tumuli grossiers élevés aux mânes de ces infortunés que s'arrêta, le 8 mai au matin, le major Cavagnari avec sa petite escorte, lorsqu'il vint attendre l'émir vaincu, qui se dirigeait en suppliant vers le camp britannique.

En résumé, la colonne Khyber n'eut à livrer qu'un seul combat digne de ce nom : l'attaque d'Ali-Musjid. Le fort fut pris, ou plutôt évacué par l'ennemi, à la suite d'une lutte indécise qui n'avait guère été qu'une canonnade assez nourrie de part et d'autre. Une colonne, chargée de tourner la position par la gauche, devait coopérer avec les troupes lancées à l'attaque de front. Malgré toute l'énergie dont les soldats anglais et natifs firent preuve dans une marche de nuit des plus longues et des plus pénibles, elle ne put arriver en vue d'Ali-Musjid à l'heure où le général Browne l'attendait. Ce fut en réalité presque sans le savoir qu'elle se trouva, après s'être égarée quelque peu, sur les derrières de l'ennemi, dont sa présence détermina la retraite précipitée, alors qu'il pouvait parfaitement défendre longtemps encore sa position.

Dans cette affaire, le général anglais et ses soldats furent surtout énergiques et heureux; et sir Samuel ne retrouva malheureusement pas l'occasion de prouver qu'il possédait aussi des qualités militaires d'un autre ordre. Il n'eut plus guère à lutter dès lors que contre les difficultés matérielles toujours renaissantes, provenant de la mauvaise organisation de son intendance et de son service des transports; et aussi contre les tribus pillardes et batailleuses du pays, qui ne cessaient d'attaquer ses convois. Ce fut, contre ces ennemis insaisissables, une série de petites expéditions sans gloire mais non sans peine et sans utilité, susceptibles plutôt de faire honneur aux lieutenants du chef qu'au chef lui-même, enchaîné par ses embarras administratifs à son quartier général. Aussi, quoiqu'une division spéciale, celle du général Maude, eût été formée pour garder les communications de la première, sir Samuel, devenu tout à coup d'une extrême prudence, hésita longtemps à se porter de Dhaka sur Jellalabad, où il attendit le retour du printemps, puis sur Gan-Damack, où devait l'arrêter la signature de la paix.

Outre ces deux colonnes principales, il en avait été formé une troisième destinée à s'avancer sur Caboul par la vallée de Koorum, c'est-à-dire en suivant une ligne intermédiaire entre les deux autres, mais beaucoup plus rapprochée de la route suivie par la colonne du nord. Elle devait marcher parallèlement à celle-ci, dont elle n'était séparée que par la chaîne, à peu près infranchissable il est vrai, du Sefid-Koh. Ce n'était qu'un corps secondaire, et sa formation fut vivement blâmée par les critiques militaires allemands, comme inutile et même dangereuse. En Angleterre aussi, beaucoup d'officiers étaient du même avis, d'autant que la route de la vallée de Koorum était assez mal connue et considérée comme présentant d'insurmontables obstacles. Le col de Peïvar et surtout celui de Shutargardan devaient, à coup sûr, disait-on, arrêter la petite colonne qui viendrait se briser contre des rochers à pic ou se faire détruire au milieu d'impénétrables défilés.

Les événements donnèrent un démenti complet à ces prévisions pessimistes. Le général Roberts se tira merveilleusement d'affaire avec sa petite colonne, plus maniable que les autres, peut-être en raison même de son faible effectif. Les difficultés naturelles se trouvèrent beaucoup moindres qu'on ne l'avait dit. Le Shutargardan, quoique plus élevé que le Peïvar-Kotal, était en réalité d'un accès moins difficile, malgré la terrible réputation qu'on lui avait faite. Entre le col et Caboul, il ne restait plus d'obstacle sérieux, et rien n'eût probablement arrêté la colonne de Koorum dans sa marche sur la capitale afghane, si elle eût été assez nombreuse pour pouvoir s'aventurer aussi loin. Si bien qu'on eut plutôt à regretter de n'avoir point choisi la vallée de Koorum comme ligne principale d'invasion, et qu'elle jouera peut-être ce rôle dans la nouvelle guerre.

C'est du reste de ce côté que les Afghans paraissent avoir massé la plus grande partie de leurs troupes régulières ; soit qu'ils s'attendissent au principal effort dans cette direction, soit au contraire que, connaissant le plan général des Anglais, ils eussent voulu tenter d'écraser cette faible colonne isolée, pour la refouler, sinon la détruire, et envahir à leur tour l'Inde anglaise à la suite de ses débris. Ce plan, s'il existait, n'eut pas le temps d'être mis à exécution. Roberts déjoua les projets des généraux afghans par la promptitude de sa marche et la vigueur de ses coups. Sans se laisser rebuter par un premier échec, il enleva brillamment la forte position de Peïvar et en culbuta si bien les défenseurs qu'ils battirent en retraite ou plutôt s'enfuirent sans s'arrêter jusqu'à Caboul.

Ce fut incontestablement le plus bel épisode militaire de la campagne. Roberts y fit preuve d'une extrême énergie, d'audace et d'un réel talent militaire, malgré les critiques dont il fut l'objet dans la presse anglaise et étrangère. Ses façons d'agir avec les tribus dont il avait à traverser le territoire furent aussi blâmées comme compromettantes au point de vue politique pour le gouvernement central. Elles n'en eurent pas moins cet excellent résultat, qui les justifiait largement, de garantir la sécurité des communications de cette petite colonne, trop faible pour garder convenablement la longue ligne sur laquelle elle se trouvait répartie. Si plus tard Roberts se vit à son tour en butte à une attaque sérieuse, ce fut lorsque, revenant sur ses pas, après son exploration quelque peu téméraire du Shutargardan, il s'engagea trop à la légère sur une route nouvelle, au milieu de populations qui ne le connaissaient pas encore.

L'échec de son expédition dans la vallée de Khost ne peut non plus lui être entièrement imputé. Ce ne fut pas seulement de lui-même, et pour punir les Mangals, qu'il entreprit cette campagne dans une région inconnue et avec des forces insuffisantes. L'opération avait été conçue par le gouvernement central de l'Inde, pour essayer de relier à la colonne du sud celle de la vallée de Koorum, qui se trouvait arrêtée dans sa marche vers l'ouest par l'immobilité de sir Samuel Browne à Jallalabad. Mais ici la distance était un obstacle plus infranchissable encore que la chaîne du Sefid-Koh. Les deux colonnes ne pouvaient espérer se donner la main; et, bientôt après, celle du sud, quoiqu'elle ne rencontrât pas d'ennemis devant elle, fut obligée de rebrousser chemin, abandonnant Khelat-i-Ghilzaï et Ghririck, qu'elle avait occupés sans combat, en étendant son front d'une manière démesurée et périlleuse.

Cependant les victoires d'Ali-Musjid et de Peïvar avaient eu des conséquences politiques qu'on n'avait pas tout d'abord prévues. Des troubles, puis une révolte ouverte, avaient éclaté dans la capitale de l'émir, et celui-ci l'abandonnait dans une retraite qui ressemblait fort à une fuite. En prenant le chemin du Turkestan russe, Shere-Ali confiait la défense de ses États à son fils Yakoub-Khan, que longtemps il avait tenu dans une captivité assez étroite, et qui devait par conséquent, semblait-il, suivre une politique très différente de celle de son père. Les espérances de paix commencèrent donc à se faire jour, surtout lorsque la mort de Shere-Ali, qui suivit de près son exil, vint laisser son fils maître du trône et libre de ses actions. Malheureusement s'il paraissait devoir être facile d'obtenir du nouvel émir les conditions que réclamait l'Angleterre, il l'était moins peut-être d'assurer au trône de celui-ci une stabilité suffisante pour lui donner les moyens d'observer fidèlement le traité qu'il aurait consenti. Même le jeune prince ne paraissait pas mettre à faire la paix autant d'empressement qu'on se l'était imaginé. Il cherchait, avant tout, les moyens d'assurer la couronne sur sa tête, et craignait de compromettre sa situation et sa popularité en se hâtant trop de traiter avec les ennemis de son père et de son pays.

La situation des Anglais fut un moment fort délicate. Pressés d'autant plus d'en finir qu'une autre campagne commençait pour eux dans l'Afrique australe, ils étaient cependant réduits à temporiser malgré leur impatience, craignant, s'ils voulaient brusquer les choses, d'amener la chute de Yakoub, et de ne plus avoir avec qui traiter. Le nouvel émir, de son côté, ne demandait qu'à gagner du temps; soit qu'il espérât encore relever ses affaires, soit qu'il voulût assurer sa situation en prouvant à ses sujets qu'il ne cédait qu'à la dernière extrémité. Pour sortir de cette impasse, les plus impatients demandaient hautement qu'on marchât sur Caboul; les plus prudents réclamaient le maintien du *statu quo*. On prit une sorte de moyen terme en faisant avancer jusqu'à Gandamak la colonne Browne, qui se morfondait depuis des mois à Jellalabad, dont les chaleurs du printemps commençaient du reste à rendre le séjour insalubre.

Enfin ce mouvement sur Gandamak et les préparatifs qu'on faisait très ostensiblement dans les deux colonnes du nord, comme aussi l'impossibilité de plus en plus évidente où il était de reformer une armée, déterminèrent Yakoub à traiter. Il vint lui-même au camp britannique, où, après quelques discussions sans importance, il accepta les conditions que lui dictèrent les Anglais. Ceux-ci obtinrent à peu près tout ce qu'ils désiraient : la rectification « scientifique » de leur frontière, grâce à l'annexion déguisée de certains districts, et la suzeraineté effective sur tout le pays, garantie par la présence permanente, à Caboul, d'un résident anglais, aux avis duquel l'émir s'engageait d'avance à conformer en tout sa conduite.

Ce résultat était fort beau, sans doute, obtenu à peu de frais, et l'on pouvait à bon droit s'en féliciter. Deux questions toutefois restaient ouvertes, auxquelles l'avenir seul pouvait permettre de répondre. Yakoub était-il sincère? Exécuterait-il fidèlement le traité qu'il avait signé? Et si ses intentions étaient loyales, aurait-il le moyen de les faire prévaloir? Sa situation était-elle assez solide pour cela? Plusieurs en doutaient, et les évènements ne devaient que trop tôt leur donner raison. Le brave major Cavagnari ne se faisait guère d'illusions à cet endroit; et, en acceptant le poste de résident à Caboul, il savait qu'il se chargeait d'une mission aussi périlleuse qu'honorable. L'insurrection dont il vient d'être victime n'était, en effet, que trop à prévoir.

Il n'est pas encore possible aujourd'hui d'en déterminer exactement toutes les causes multiples. La seule chose à faire pour le moment est d'en étudier les conséquences qui vont se dérouler devant nous. Mais, pour bien comprendre les faits qui vont se passer, il est indispensable d'avoir présents à la mémoire ceux qui les ont précédés et leur ont en quelque sorte donné naissance.

THÉORIE DES COULEURS

Appliquée à l'industrie.

Beaucoup de personnes refusent encore de croire à l'utilité des recherches scientifiques pour l'avancement des arts. Cependant on a pu apprécier les avantages des indications et des directions que la science peut donner aux arts pratiques et les facilités qu'elle offre aux profanes pour comprendre les effets de l'art. Le professeur Brücke, de Vienne, a entrepris de donner spécialement aux arts plastiques une base scientifique, et ses deux ouvrages « Physiologie des couleurs appliquée à l'industrie » (1), et « Principes scientifiques des beaux-arts » (2), seront consultés avec fruit par tous ceux qui s'intéressent à ces questions. Les considérations suivantes,

(1) *Die Physiologie der Farben für die Zwecke der Kunstgewerbe auf Anregung der Direction der Kaiserlich oesterreschischen Museums für Kunst und Industrie bearbeitet* (Leipzig, 1866).

(2) *Principes scientifiques des beaux-arts*, par Brücke, 1 vol. in-8°, faisant partie de la *Bibliothèque scientifique internationale* (Paris, Germer Baillière et Cie).

que je crois dignes d'intérêt, sont fondées en partie sur le premier de ces ouvrages.

Le génie artistique n'a pas besoin de règles ; il crée spontanément le grand et le beau, et cependant que de fois le génie se trompe et commet des fautes que l'enseignement et l'exemple seuls lui apprennent à éviter! Mais les milliers d'ouvriers qui se livrent aux arts appliqués ne peuvent pas être tous des artistes de génie ; quelquefois ils n'ont reçu de la nature que des dispositions médiocres pour leur profession; en outre, la nécessité de créer du nouveau les conduit souvent à produire des œuvres entièrement dénuées de goût. C'est une tâche lourde pour la science que de trouver pour eux des points d'appui qui leur permettent de fortifier leur intelligence de l'art par l'étude et l'éducation.

Les règles pour l'appréciation du beau peuvent être établies sur différentes bases ; on peut les déduire historiquement de la contemplation de bons modèles ou bien scientifiquement de certaines hypothèses théoriques. Comme les objets créés par l'industrie doivent servir en général à un usage déterminé, on exige avant tout qu'ils soient appropriés à cet usage. Un fauteuil, sur lequel on ne peut pas s'asseoir, un encrier qui ne peut pas se tenir debout, ne sont d'aucune utilité. De là résultent certaines restrictions nécessaires, et dès les temps les plus anciens on a créé pour un grand nombre de ces objets des formes typiques correspondant à leur but. Il arrive souvent qu'il y a une marge très large, mais toujours il existe une limite que l'on ne peut pas dépasser sans que le spectateur ne soit frappé du désaccord entre la destination et la forme de l'objet. Les règles de construction qui dérivent de l'emploi des objets sont la base de ce qu'on appelle le *style*. Mais elles n'épuisent pas le concept. On peut souvent atteindre le même but par des voies très diverses. Aussi peut-il y avoir et y a-t-il en effet beaucoup d'espèces de styles. Si nous sommes obligés de convenir qu'un objet mal approprié à son usage ne peut en aucun cas être beau, on peut encore moins soutenir que tout objet approprié à son usage est beau pour ce seul motif. La beauté doit donc être soumise encore à d'autres règles qu'à celles de l'appropriation au but. En recherchant ces règles, on pourrait être tenté de dire avec le poète : « Ce qui plaît est permis. » Mais alors se présente immédiatement cette question : « A qui cela doit-il plaire ? » Les merveilleux ouvrages en bronze du Japon auraient peut-être plu fort médiocrement aux anciens Grecs, et il n'est nullement certain que les œuvres de l'antiquité satisfassent le goût des habitants de l'Asie orientale. Les uns et les autres nous plaisent, mais chez nous les jugements relatifs au goût ne sont pas non plus toujours d'accord. Nous pouvons établir par des lois ce qui doit être regardé comme « permis » dans le domaine de la morale. Mais qui sera le législateur dans le domaine du beau ? Celui qui achète un objet a bien le droit de consulter son propre goût pour diriger son choix. Celui qui fabrique des objets utiles est donc obligé de contenter tous les goûts, quelquefois à l'encontre du sien propre. Mais ainsi naît le danger d'une dépravation du goût et de la domination du simple caprice. C'est sur ce terrain que se fonde le règne de la mode, laquelle regarde aujourd'hui comme horrible ce qu'elle tenait l'année dernière pour merveilleusement beau, et regardera l'an prochain comme horrible le beau d'aujourd'hui.

Cependant si plusieurs générations successives persistent à regarder comme belles certaines créations, il faut admettre que « le plaisir » repose sur certains fondements. Il s'agit de découvrir ces derniers et de les déterminer scientifiquement, afin d'aplanir le terrain sur lequel on puisse édifier une théorie du beau. Nous savons que tous les objets agissent sur les organes de nos sens, et seulement par eux sur nos facultés de sentir et de penser; l'effet qu'ils produisent sera donc subordonné aux propriétés des choses et à celles de nos organes. Quand on recherche les lois du plaisir, il faut donc prendre en considération un côté physique de la question ; nous allons examiner brièvement ce côté pour ce qui concerne les couleurs.

Le rôle joué par les couleurs est différent dans la peinture et dans les œuvres industrielles. Le peintre représente la nature un peu idéalisée; son tableau doit ressembler à la nature jusqu'à un certain point seulement. Aussi est-il limité dans le choix des couleurs, en tant qu'il s'agit de reproduire l'original. Il sera seulement plus ou moins libre dans le choix des couleurs pour les vêtements, dans celui des objets qui doivent être groupés, dans celui du fond, etc. Si c'est en ces derniers points que les grands coloristes montrent surtout leur supériorité, d'un autre côté, nous tenons compte des nécessités imposées par la nature. Certains effets de couleur nous paraissent justes, et par conséquent beaux, précisément parce qu'ils sont fondés sur la représentation d'objets naturels; mais changez les conditions, et ces mêmes objets provoqueront un jugement différent. Il n'en est pas de même dans l'industrie. Dans les papiers peints, par exemple, la couleur est souvent un complément choisi librement par l'artiste ; nous avons par conséquent le droit de lui demander pourquoi il a précisément choisi ces couleurs et non d'autres, et nous sommes plus sévères dans notre jugement parce qu'il a voulu produire de l'effet par la couleur et seulement par elle. D'un autre côté, celui qui travaille pour l'industrie est très limité par les couleurs de la matière qu'il met en œuvre. On ne peut pas toujours se procurer le bois, les métaux, la laine teinte, etc., dans les nuances que l'on voudrait; l'artiste est obligé de tenir compte de ce fait; il faut donc, s'il veut contenter des exigences sévères, qu'il n'entreprenne que les tâches qu'il peut accomplir avec les moyens dont il dispose. Cette règle est trop souvent violée ; mais l'artiste est d'autant plus sûr de notre approbation complète qu'il a su atteindre le but qu'il s'est proposé avec les moyens qui étaient à sa disposition.

Sans doute beaucoup de personnes regardent la couleur comme une addition superflue ou même condamnable. Il n'y a pas encore bien longtemps qu'on croyait que le blanc le plus brillant, tout au plus relevé par de l'or, constituait la plus belle ornementation des appartements. De tels appartements font certainement l'impression d'une grande magnificence, mais ils laissent froid, ils sont trop nus. On s'imaginait sans doute imiter le beau idéal de l'art grec par cette froide splendeur; mais si les chefs-d'œuvre de l'architecture et de la plastique de cette époque ancienne, qui nous ont été conservés, nous causent une si grande admiration, malgré l'absence de la couleur, nous savons cependant, à l'heure actuelle, que les Grecs coloraient même le marbre. Les élégantes statuettes de Tanagra, qui nous ont initiés récemment à une branche particulière de l'art grec, charment les profanes et la plupart des connaisseurs par les restes d'une coloration excessivement ingénieuse qui ont été merveilleusement conservés dans quelques pièces; en outre, elles nous fournissent des indications nouvelles sur les couleurs adoptées par les femmes grecques pour leurs vêtements. D'ailleurs il serait plus qu'étonnant si les Grecs, avec leur conception naïve de l'art, n'avaient pas su tirer un effet artistique du plaisir que nous procure la coloration. Ce plaisir est un fait psychologique d'une aussi grande importance que celui que nous cause la forme; et il s'agit seulement de développer le sentiment des couleurs pour que les objets, dont nous sommes constamment entourés, contribuent à l'embellissement de la vie quotidienne.

On sait que les couleurs sont produites par la décomposition de la lumière blanche. Le *blanc* est la *somme* de toutes les couleurs; mais, précisément parce qu'il les comprend toutes, il ne peut pas être considéré comme une couleur proprement dite. De même le *noir* ne peut pas être considéré comme une couleur, car le mot noir désigne l'absence de toute lumière, l'obscurité. Le degré intermédiaire entre le blanc et le noir, c'est-à-dire le manque relatif et non absolu de lumière, nous le nommons *gris*. Quelquefois, nous avons une couleur faiblement caractérisée à côté de quantités plus ou moins grandes de lumière ordinaire ou blanche; nous désignons cette couleur par l'épithète *pâle* ou *non saturée;* nous disons au contraire qu'elle est *saturée*, quand le caractère spécifique ressort entièrement pur ou sans mélange avec la lumière blanche. Si la couleur est nettement caractérisée, mais la quantité de lumière faible, nous disons qu'elle est *sombre*. D'un autre côté, si la lumière blanche ou grise n'est pas nettement caractérisée, nous l'appelons *neutre*.

La décomposition de la lumière blanche en ses éléments colorés peut avoir lieu par la réfraction dans un prisme. Quand la lumière traverse le prisme, elle est déviée de sa direction droite, elle est réfractée; mais comme les différentes lumières colorées, qui étaient réunies dans la lumière blanche, subissent une déviation plus ou moins forte, la lumière rouge la plus petite, la lumière bleue et violette la plus grande, elles se présentent maintenant séparées l'une de l'autre et apparaissent par conséquent chacune avec sa couleur déterminée. Une telle image colorée, produite par la décomposition, s'appelle *spectre*.

Les couleurs nées de la réfraction ne jouent pas de rôle important dans l'industrie. On les rencontre dans les verres prismatiques suspendus aux lustres et aux flambeaux; mais, comme au moindre changement de position et par suite de l'oscillation de ces prismes, l'œil reçoit des rayons d'une couleur constamment différente, l'impression n'a rien de fixe, de précis, et ne peut pas par conséquent être mise à profit dans un but artistique. On peut en dire autant des diamants qui, par suite de la taille, agissent comme des prismes. L'immense pouvoir réfringent qui distingue le diamant de tous les corps connus, l'intensité de la lumière réfléchie par ses facettes (son feu), lui ont donné, en dehors de sa solidité et de sa rareté, une valeur qu'il ne mérite nullement au point de vue purement artistique.

Une deuxième sorte de décomposition de la lumière blanche est produite par des lamelles très minces, comme on le voit dans les bulles de savon, ou dans des couches minces appliquées sur du verre, des métaux, etc., ou dans les couleurs appelées irisantes qui se remarquent sur les perles, la nacre, etc. Ces couleurs sont très tendres et agréables; elles prêtent aux objets sur lesquels elles se présentent un charme tout particulier. On les produit artificiellement en recouvrant les métaux ou le verre d'une couche transparente excessivement mince (par exemple par la galvanoplastie), ou en enlevant le poli de la surface par l'incision de lignes très fines, comme on le fait parfois sur les boutons, les cloches à fromage, etc.

La troisième espèce de décomposition de la lumière blanche, qui pour nous est la plus importante, est celle qui a lieu par absorption. Quand la lumière blanche du soleil ou d'une autre source lumineuse tombe sur un corps, elle peut, ou bien le traverser sans aucun changement, ou bien être absorbée soit en totalité, soit en partie. Des corps transparents, par exemple le verre, laissent passer la lumière, mais si on le mélange avec des métaux, par exemple du cuivre, du fer, du cobalt, de l'or, etc., le verre acquiert la propriété de ne laisser passer qu'une partie des rayons blancs, et cette partie acquiert alors le caractère de couleur par la même raison qui fait que la lumière décomposée par le prisme est colorée. Voici la seule différence : après leur passage à travers le prisme de verre incolore, toutes les espèces de couleurs qui existent dans la lumière blanche sont visibles l'une à côté de l'autre, mais dans le passage à travers un verre coloré une partie de la lumière blanche a été absorbée par le verre, tandis qu'une autre partie a traversé seule et apparaît maintenant avec la couleur qui lui appartient.

Les corps opaques réfléchissent une partie de la lumière qu'ils reçoivent. Si la surface est lisse et polie, cette réflexion a lieu d'une façon régulière, et nous avons alors un miroir. Si la surface est au contraire inégale, grenue, la lumière qu'elle reçoit est réfléchie de tous les points et se disperse dans toutes les directions; une partie de cette lumière arrive à notre œil et donne au corps son aspect. Si la lumière ainsi réfléchie est composée en parties égales de toutes les sortes de lumières qui sont contenues dans la lumière blanche, le corps paraît blanc; si celui-ci ne réfléchit que peu de lumière, il sera gris; s'il en réfléchit très peu ou pas du tout, il sera noir. Si seulement une partie des espèces de lumières est réfléchie, tandis qu'une autre est absorbée, le corps sera coloré. Ces couleurs qui dépendent de la nature des corps, nous les appelons *Körperfarben* (couleurs des corps). C'est à elles que nous avons particulièrement affaire dans les arts. Un certain nombre de substances possèdent à un si haut degré cette propriété de retenir une partie des espèces de lumières qu'elles paraissent nettement et fortement colorées, même si elles sont en couches très minces. Nous les employons comme matières colorantes, soit en les laissant pénétrer dans la substance d'un autre corps, par exemple quand on teint de la soie, de la laine, etc., soit en les appliquant seulement sur la surface, comme cela a lieu dans la peinture en bâtiment ou le badigeonnage. Dans ce dernier cas, la matière colorante est employée sous la forme d'une poudre fine, consistant uniquement en grains très petits Cette poudre est, ou bien délayée dans de l'eau à laquelle on ajoute, pour assurer l'adhésion, un peu de colle ou une substance gluante analogue (peinture à l'aquarelle, à la colle, en détrempe), ou bien on la broie dans une huile siccative, telle que l'huile de lin, l'essence de lavande, de térébenthine, etc., qui se durcit à l'air, enferme et fixe ainsi les différents granules de matière colorante dans une masse transparente. Un grand nombre de ces matières colorantes sont déjà complètement opaques même en couches minces, elles recouvrent donc le fond sur lequel elles sont appliquées; on les appelle pour cette raison *Deckfarben*. D'autres, au contraire, sont transparentes, elles laissent apercevoir la couleur du fond qui modifie leur effet; on les appelle pour cette raison : *Lackfarben* ou *Lasurfarben* (vernis ou glacis). Nous aurons à examiner plus tard l'effet particulier de ces vernis.

Il y a très peu de corps colorés qui laissent passer ou réfléchissent uniquement une seule espèce de lumière; le plus souvent la lumière qu'ils fournissent peut encore être décomposée à l'aide du prisme. Celle que l'on ne peut pas décomposer du tout s'appelle lumière *simple* ou *homogène*. La lumière blanche du soleil décomposée par un bon prisme offre une suite de couleurs qu'on peut rapporter à sept nuances principales : rouge, orangé, jaune, vert, bleu, indigo et violet. Nous cherchons à désigner les degrés intermédiaires le plus exactement possible par des termes composés, tels que jaune vert, vert jaune, jaune verdâtre, etc. Mais les corps offrent aussi des couleurs qui ne sont pas représentées dans le spectre. Si nous les décomposons à l'aide du prisme, nous voyons qu'on peut les diviser en rouge et violet ou en rouge et bleu. En les regardant comme des nuances de transition entre le violet et le rouge, nous pouvons considérer l'ensemble de toutes ces couleurs comme une chaîne qui se replie sur elle-même, comme un anneau ou un cercle qui contient, depuis le rouge jusqu'au violet, tous les éléments de la lumière solaire blanche, dont l'existence est démontrée par le prisme, mais qui dans ses derniers chaînons renferme les couleurs formant la transition entre le violet et le rouge, lesquelles n'existent pas dans la lumière solaire; nous désignerons ces dernières sous le nom général de pourpre.

Quelle est la cause de ces impressions si diverses que les différentes espèces de lumières produisent sur notre œil? La physique nous enseigne qu'il faut considérer la lumière comme un mouvement vibratoire et que les différentes sortes de lumières se distinguent par le nombre des vibrations. Entre la lumière rouge et la lumière bleue du spectre il y a donc la même différence qu'entre un son grave et un son aigu, car ce qui produit sur nous l'impression du son repose aussi sur des mouvements vibratoires, et le nombre des vibrations est moindre pour les sons graves que pour les sons aigus. De son côté, la physiologie nous apprend que pour expliquer le sentiment de ces différences, il faut admettre que les différentes vibrations agissent sur différentes parties de notre système nerveux et, par là, éveillent en nous des sensations différentes. Nous pouvons expliquer tous les phénomènes des couleurs en admettant qu'il y a dans notre organe de la vision trois éléments nerveux différents : les uns, s'ils sont excités, provoquent en nous la sensation du rouge; les autres, la sensation du vert; les troisièmes, celle du violet. Nous appellerons ces éléments fibres sensibles au rouge, fibres sensibles au vert, fibres sensibles au violet. Chacune de ces fibres peut être excitée par les différentes sortes de lumières. Mais les fibres sensibles au rouge sont plus fortement excitées par la lumière rouge, plus faiblement par la lumière verte, très faiblement par la lumière violette; les fibres sensibles au vert sont fortement excitées par la lumière verte, plus faiblement par la lumière rouge et violette; enfin les fibres sensibles au violet sont fortement excitées par la lumière violette, plus faiblement par la lumière verte, très faiblement par la lumière rouge.

Telle est l'hypothèse, connue des physiologistes sous le nom d'hypothèse de Young et Helmholtz. Nous la prendrons pour base dans nos considérations sur les effets des couleurs, puisqu'en réalité elle peut servir à expliquer d'une manière simple et suffisante les phénomènes dont nous nous occupons.

S'il n'y avait dans la lumière solaire que de la lumière rouge, verte et violette, chacune de ces espèces de lumière n'agirait que sur les fibres qui y correspondent. Mais le spectre nous enseigne qu'il y a entre ces espèces d'innombrables nuances intermédiaires. Une espèce de lumière, qui tient le milieu entre le rouge et le vert, doit, d'après notre hypothèse, agir sur les fibres sensibles au rouge un peu plus faiblement que le rouge et un peu plus fortement que le vert; sur les fibres sensibles au vert elle agira au contraire un peu plus fortement que le rouge et un peu plus faiblement que le vert. La sensation, qui est ainsi éveillée en nous, doit par conséquent différer aussi bien du rouge que du vert; aussi nous la désignons par un nom particulier, et nous la nommons jaune ou orangée, selon qu'elle agit surtout sur les fibres sensibles au vert ou sur les fibres sensibles au rouge. De même les sortes de lumière qui se trouvent dans le spectre, entre le vert et le violet, doivent exciter des sensations particulières, que nous désignons par le terme bleu.

Mais, si nous laissons agir simultanément sur notre œil du rouge pur et du vert pur, ces impressions doivent également se confondre et produire sur nous le même effet qu'une espèce de lumière placée entre le rouge et le vert. Un semblable mélange de deux impressions peut être produit de différentes manières, entre autres par le disque colorié (*Farbenkreisel*). On communique un mouvement rotatoire très rapide à un disque, dont une partie est peinte en rouge, l'autre en vert; les impressions, se succédant rapidement, se confondent dans notre conscience, et ce que nous croyons voir est une sorte de jaune ou d'orangé qui peut prendre toutes les nuances intermédiaires se rapprochant du rouge ou du vert, selon la proportion des deux couleurs mélangées entre elles. De même, par le mélange du vert et du violet, nous obtenons toutes les gradations entre le bleu vert et le bleu qui existent dans le spectre. Enfin, par le mélange du violet et du rouge, nous obtenons des impressions de couleurs qui ne correspondent à aucune sorte de lumière existant dans le spectre, et que nous désignons sous le nom de pourpre.

Si nous mélangeons du rouge, du ver e du violet, les trois sortes de fibres sont excitées, et si le mélange se fait dans une proportion déterminée, elles sont excitées à peu près avec une force égale. Dans ce cas la sensation doit être évidemment la même que celle provoquée par l'ensemble de toutes les couleurs ou par la lumière non décomposée, c'est-à-dire une simple sensation de lumière sans aucun caractère spécifique de couleur. Nous appelons cette impression le *blanc*, ou, si elle est faible, le *gris*. Mais comme le jaune est une couleur mélangée (de rouge et de vert), nous n'avons qu'à y ajouter encore le violet pour exciter les trois espèces de fibres, c'est-à-dire pour provoquer la sensation du blanc. Le blanc sera produit également par un mélange de vert et de pourpre ou par le rouge, et un certain bleu vert placé entre le vert et le violet. En un mot, il faut qu'il y ait constamment deux couleurs qui, prises en elles-mêmes, suffisent déjà pour produire ensemble le blanc, c'est-à-dire pour faire naître dans notre œil la même impression que toutes les couleurs réunies. De telles couleurs, qui se complètent réciproquement pour former le blanc, s'appellent *couleurs complémentaires*.

Nous devons donc nettement distinguer entre la nature objective des espèces de lumière qui agissent sur notre œil et l'impression subjective qu'elles produisent en nous. Cette dernière est seule à considérer quand il s'agit d'examiner l'effet psychique. Mais toutes les propriétés du système nerveux sensible, qui sert de conducteur à la sensibilité, doivent être prises en considération, si nous voulons bien comprendre les effets des couleurs. Parmi ces propriétés du système nerveux il y en a une qui doit être relevée particulièrement, parce qu'elle joue un rôle très important.

Si une excitation (1) quelconque agit sur un nerf, celui-ci entre en activité, c'est-à-dire qu'il se passe en lui quelque chose qui le met en état d'agir de son côté sur d'autres parties, par exemple sur le cerveau, et de provoquer ainsi des sensations et des représentations. Si l'excitation est forte, la sensation l'est aussi, et inversement. Mais tous les nerfs ont cette particularité qu'ils s'émoussent ou se fatiguent rapidement sous l'influence des excitations. Si donc une excitation commence à agir, la sensation, dans le premier moment, est forte; mais comme le nerf ne tarde pas à se fatiguer, celle-ci s'affaiblit vite et est bientôt dénuée de toute énergie. Chacun sait par sa propre expérience combien est puissante l'impression produite par une bougie allumée subitement dans l'obscurité, et cependant si elle continue de brûler, elle ne semble répandre qu'une clarté médiocre. Quand l'excitation a cessé, le nerf revient rapidement à sa sensibilité première, il se *remet*. Il résulte de là qu'une excitation qui n'agit pas d'une façon constante, mais avec des interruptions, pendant lesquelles le nerf peut se remettre, doit produire un effet beaucoup plus énergique qu'une excitation continue. Si, par exemple, une lumière vacille, c'est-à-dire change rapidement de place, l'excitation n'agit pas toujours sur la même place du fond de notre œil, mais elle se manifeste tantôt à un endroit, tantôt à un autre. Chacun de ces endroits est donc excité pendant un court espace de temps, ensuite il peut se remettre; chaque excitation nouvelle agira donc avec une nouvelle intensité. Voilà pourquoi une lumière vacillante de cette espèce produira sur l'œil une impression dont l'intensité sera de beaucoup supérieure à celle produite par la lumière en repos. Le même phénomène se manifestera si la lumière est immobile et si l'œil se meut. A l'instant où notre œil passe d'une surface sombre à une surface claire, celle-ci paraîtra

(1) Le physiologiste appelle excitation tout ce qui peut agir sur un nerf et le faire entrer en activité. La lumière est donc une excitation pour le nerf optique.

plus claire que si nous la regardons d'une façon continue; et si nous dirigeons alternativement le regard sur la surface claire et sur la surface sombre, l'impression sera d'autant plus intense.

Cet effet, qui provient de la prompte lassitude des nerfs, est appelé *contraste*. Celui-ci apparaît sous des formes très variées dans tous les phénomènes possibles. Considérez pendant quelque temps une gravure suspendue au mur et tournez ensuite rapidement le regard vers la surface grise du mur ou vers une feuille de papier gris placée sur la table, vous verrez alors une tache claire entourée d'un bord sombre correspondant au fond sombre de l'image et à sa bordure blanche. Ou bien posez sur une feuille de papier gris un petit morceau de papier blanc attaché à un fil. Après avoir contemplé pendant quelque temps la tache blanche sur le fond gris, éloignez-la subitement, et vous verrez à sa place une tache sombre. Si au contraire la tache avait été noire, vous verriez à sa place, après l'avoir éloignée, une tache claire sur le fond gris.

Tandis que ces contrastes s'expliquent facilement par la lassitude de la rétine, il n'est pas facile d'expliquer pourquoi le contraste se montre également dans des différences de clarté paisiblement disposées l'une à côté de l'autre. Un seul et même papier gris paraît plus sombre s'il est placé sur un fond blanc que s'il est placé sur un fond noir. Ces phénomènes et d'autres analogues ne se manifestent pas seulement quand le regard passe rapidement sur l'objet; une contemplation calme les produit aussi. Il faut donc admettre en dehors de la fatigue une influence d'une partie de la rétine sur ses voisines ou une illusion du jugement qui, prenant comme terme de comparaison l'excitation d'une partie de la rétine, y rapporte d'autres excitations.

Le domaine des couleurs nous présente des analogies avec tous ces phénomènes du contraste. Que l'on place un papier rouge sur un fond gris, qu'on le contemple pendant quelque temps et qu'on le retire ensuite subitement, le fond en cet endroit ne paraît pas gris mais bleu vert. Ici aussi nous avons une conséquence de la lassitude. Puisqu'à l'endroit où la lumière rouge a agi sur la rétine les éléments sensibles au rouge sont fatigués, la lumière neutre du fond gris ne peut pas agir sur eux aussi fortement que sur les fibres sensibles au vert ou au violet; cette lumière éveille donc en nous la sensation bleu vert qui correspond à l'excitation simultanée des fibres sensibles au vert et au violet. De telles couleurs d'origine subjective s'appellent couleurs *contrastantes* (Contrastfarben) et l'hypothèse de Young et Helmholtz nous apprend que la couleur contrastante est identique à chaque couleur avec sa couleur complémentaire. Mais comme cela a lieu pour les différences de clarté, les contrastes des couleurs ne se produisent pas seulement quand les impressions se suivent dans le temps, mais encore quand les objets sont placés l'un à côté de l'autre dans l'espace. Le même papier gris paraît bleu vert sur un fond rouge, bleu sur un fond orangé, violet sur un fond jaune, pourpre sur un fond vert, rouge sur un fond bleu vert, orangé sur un fond bleu, jaune sur un fond violet, vert sur un fond pourpre. Ici aussi nous pouvons, jusqu'à un certain point, attribuer le contraste à la lassitude en admettant que le regard glisse sur l'objet contemplé, et qu'en passant de l'endroit coloré au fond neutre, il aperçoit seulement la couleur contrastante dans la lumière neutre du dernier, précisément parce que l'œil est devenu insensible à la lumière colorée en question. Mais ici il faut convenir que nous sommes en présence d'une certaine illusion du jugement ou d'un changement du point de vue; en effet, l'œil en regardant le fond rouge le considère pour ainsi dire comme la lumière normale, et dans son appréciation il recule par conséquent le gris réellement neutre vers la direction opposée, c'est-à-dire vers le bleu vert.

Quoi qu'il en soit, les phénomènes du contraste se manifestent partout où il y a des effets de couleur et particulièrement lorsque différentes couleurs sont voisines l'une de l'autre, comme c'est le cas dans les compositions colorées. Pour les comprendre, il faut surtout se rappeler que les couleurs des corps auxquelles nous avons ordinairement affaire ne sont jamais saturées, mais que notre œil reçoit, outre de la lumière colorée de l'intérieur du corps, une quantité plus ou moins grande de lumière blanche. Si nous regardons par exemple une surface teinte moitié en rouge, moitié en bleu, la lumière qui nous parvient de la moitié colorée en rouge sera composée de beaucoup de rouge et d'un peu de blanc, de même la lumière issue de l'autre moitié sera composée de beaucoup de bleu et d'un peu de blanc. Quand l'œil passe de la partie rouge à la partie bleue, la fatigue des fibres sensibles au rouge sera cause que le blanc mêlé au bleu nous donnera la sensation du bleu vert; cette partie ne paraîtra donc plus d'un bleu pur, mais d'un bleu un peu verdâtre. De même, quand l'œil passe du bleu au rouge, le blanc mêlé au dernier paraîtra orangé et altérera un peu l'impression du rouge. Bref, toutes les fois que deux couleurs seront placées l'une à côté de l'autre, chacune d'elles agira sur sa voisine et lui fera subir une certaine transformation.

Ce changement peut, selon les circonstances, relever ou fortifier l'effet des couleurs. L'or pur allié au cuivre prend une teinte rougeâtre; allié à l'argent, il devient verdâtre. Considérées en elles-mêmes, ces couleurs ne sont pas très marquées. Mais si l'orfèvre prend de l'or contenant du cuivre pour faire une rose et de l'or contenant de l'argent pour faire les feuilles, grâce au contraste la fleur paraîtra beaucoup plus rouge et les feuilles beaucoup plus vertes qu'elles ne le sont en réalité; l'impression produite ne sera pas en rapport avec le peu d'éclat des couleurs réciproques.

Un tel rehaussement de ton, c'est-à-dire une augmentation de saturation sans qu'il y ait changement de position pour aucune des couleurs doit évidemment se produire toutes les fois que deux couleurs, complémentaires sont juxtaposées. Le meilleur moyen de créer ces juxtapositions de couleurs complémentaires est de décomposer, à l'aide de la polarisation, la lumière blanche en ses deux composants complémentaires. Nous ne pouvons pas exposer ici comment on obtient ce résultat; le lecteur qui tient à le savoir trouvera le procédé développé dans tout bon manuel de physique. De telles juxtapositions de couleurs complémentaires font toujours une impression agréable. Exceptons toutefois le cas où on les produit à l'aide de pigments. D'abord il est très difficile de trouver la nuance exacte des couleurs et le degré de saturation des deux compléments; en second lieu les pigments sont toujours imparfaits. C'est pourquoi ces juxtapositions de couleurs complémentaires paraissent souvent dures et trop tranchantes; c'est encore sur les vitrages peints qu'elles font le meilleur effet, car là les couleurs ressortent avec une pureté bien plus grande que sur les autres surfaces peintes avec des pigments.

Inversement, deux couleurs voisines l'une de l'autre dans l'échelle chromatique ne se rehausseront pas mutuellement, mais se nuiront par le contraste; elles seront d'apparence chétive, d'un gris sale, et voilà une des causes principales pour lesquelles deux couleurs juxtaposées peuvent à l'occasion produire un effet désagréable. Si donc nous juxtaposons deux couleurs, nous provoquerons la meilleure impression en les choisissant, sinon complémentaires, du moins pas trop voisines l'une de l'autre. Nous aurons ainsi une certaine latitude, et, selon le degré de saturation de chacune des deux couleurs, nous pourrons plus ou moins nous écarter de la couleur complémentaire proprement dite vers l'une ou l'autre direction, avant que le contraste désagréable vienne à se produire.

Cette latitude est particulièrement limitée quand nous réunissons plus de deux couleurs. Sont-elles au nombre de trois, le choix est déjà très restreint s'il faut les choisir de telle manière que chacune produise avec les deux autres une bonne combinaison. Il n'y a donc en réalité qu'un nombre très limité de triades — pour me servir de l'expression employée par Brücke — capables de produire un heureux effet. Cet auteur en compte quatre et développe les règles à suivre à leur sujet. On ne peut pas combiner plus de trois couleurs de telle façon qu'elles soient équivalentes entre elles. Mais toute combinaison dans laquelle il entre plus de trois couleurs peut en réalité être ramenée à une de ces quatre triades dont parle Brücke.

A la règle énoncée ci-dessus, d'après laquelle les couleurs qui peuvent être juxtaposées ne doivent pas être trop rapprochées dans l'échelle chromatique, il y a une exception importante, à savoir : si elles sont tout à fait voisines l'une de l'autre, par exemple, deux espèces de rouge ou deux espèces de vert ou un certain jaune et de l'orangé, etc., alors elles ne produisent pas d'effet désagréable sur notre œil. Il y a pour cela deux raisons. Premièrement, quand il s'agit de ces couleurs *voisines* (c'est le nom que nous leur donnerons), il ne peut être question du contraste désagréable, puisqu'à tout prendre elles agissent sur les mêmes éléments sensibles de notre œil. Secondement, elles ne nous apparaissent jamais comme deux couleurs différentes, mais comme des nuances d'une seule et même couleur. De telles nuances sont produites dans la nature par des différences dans l'éclairement. Si nous contemplons, par exemple, un rideau pourpre plissé, les parties saillantes, plus fortement éclairées, auront une teinte se rapprochant davantage du rouge ; les parties enfoncées, plus sombres, auront une teinte se rapprochant davantage du violet.

Nous pouvons faire la même remarque sur le gazon quand il est en partie éclairé par le soleil, en partie couvert d'ombre ; les parties de l'herbe plus fortement éclairées auront une teinte plutôt jaunâtre, les parties ombragées une teinte plutôt bleuâtre. Nous avons eu dès notre jeune âge l'occasion d'observer de pareilles nuances, et cependant nous avons toujours eu la conscience qu'il s'agissait au fond d'une seule et même couleur. Nous sommes par conséquent disposés à ne pas tenir compte de si petites différences de couleurs quand nous les rencontrons dans des dessins d'ornement, etc., et cette disposition devient encore plus prononcée quand l'artiste vient au secours de notre imagination par une juste répartition des différences de clarté. Si, par exemple, nous voyons sur un fond orangé un dessin jaune plus clair, nous pouvons nous représenter le dessin en relief, par conséquent plus fortement éclairé, et paraissant pour cette raison avoir une nuance différente. Il n'est pas nécessaire que cette représentation devienne parfaitement claire pour notre conscience ; elle lui apparaît, pour ainsi dire, à l'état de rêve, mais c'est précisément cette intervention de l'imagination qui rehausse le charme exercé sur le spectateur par de telles combinaisons de couleurs. Celles-ci sont d'un emploi fréquent dans les papiers peints, etc., où elles animent agréablement la surface sans cependant la dépouiller entièrement de son unité.

De pareils groupements de couleurs voisines peuvent former une triade, et à l'une des trois couleurs fondamentales on peut joindre une couleur assez voisine à titre de complément pour ainsi dire. De cette façon la triade n'est pas modifiée ; elle devient seulement plus animée et peut même être sensiblement améliorée, si les trois couleurs fondamentales elles-mêmes ne concordent pas parfaitement. Si l'on ajoute un complément à chacune des trois couleurs, alors la combinaison devient plus riche, et nous obtenons en dernier lieu la variété qui peut toujours être encore ramenée à l'une des triades.

Comme le blanc, le noir, le gris, ne sont pas des couleurs, ils peuvent entrer dans n'importe quelle combinaison sans la troubler ; ainsi on peut appliquer les couleurs sur un fond blanc ou noir, ou bien on emploie le blanc, le gris et le noir comme ligne de séparation entre les couleurs, comme *contour*. Ce contour neutre peut avoir une très grande utilité ; il absorbe les couleurs complémentaires produites par la contemplation et en amortit l'éclat qui serait bien plus fort, si elles se trouvaient en contact direct ; il empêche donc le contraste nuisible, et peut, de cette façon, rendre supportable mainte combinaison de couleurs, qui n'est peut-être pas tout à fait irréprochable en elle-même. Dans les anciennes peintures sur verre, où les divers morceaux multicolores sont retenus ensemble par des bandes de plomb, ces lignes blafardes jouent également le rôle de contour, et contribuent à augmenter l'effet harmonique de ces anciens vitrages, ajoutant ainsi un nouvel avantage à ceux que possèdent les compositions de couleurs transparentes. Quand, à notre époque, on est revenu à la peinture sur verre, on a peint d'abord sur de grands panneaux ; mais, dans ces derniers temps, on a fait retour à l'ancienne technique, et l'on a ainsi reconquis cet avantage du contour.

Tout le monde sait que les objets colorés ont souvent un autre aspect à la lumière de la lampe qu'à la lumière du jour. La lumière de nos lampes a une composition un peu différente de celle du soleil ; ainsi dans la lumière de la lampe, le bleu et le violet sont relativement plus faibles, l'orangé et le jaune relativement plus intenses que dans la lumière du soleil. Si donc une lampe éclaire un corps qui réfléchit de préférence et à un degré relativement fort de la lumière bleue, celui-ci aura un aspect autre qu'à la lumière du jour, précisément parce qu'il reçoit moins de lumière bleue. La même différence existe entre le rouge du soir et la lumière blanche du jour ; seulement ici la lumière, en traversant les couches inférieures de l'atmosphère, s'est relativement enrichie de rayons rouges. Les espaces fermés où la lumière rouge est obligée de pénétrer à travers des fenêtres ou des rideaux colorés, et dans lesquels la lumière réfléchie par les murs colorés joue un rôle important, peuvent offrir une altération analogue des couleurs. Une composition multicolore qui est exposée, par exemple, à un éclairement où le rouge prédomine, paraît toute différente de ce qu'elle serait si l'éclairement était blanc. Tout le rouge qu'elle renferme paraîtra très clair, tout le vert très sombre, le pourpre semblera plus rouge, le bleu plus pourpre, l'orangé plus rouge, le jaune plus orangé. Dans cet exemple, nous avons supposé que toutes les espèces de lumière sont présentes, et qu'elles sont seulement mélangées en d'autres proportions que dans la lumière du jour ; si l'éclairement était réellement d'un rouge pur, les objets ne pourraient plus montrer que des différences de clarté et non des différences de couleurs.

Nous pouvons imiter ces altérations de couleur en recouvrant une composition colorée d'une mince couche de vernis coloré. Si celui-ci laisse passer de préférence de la lumière rouge, par exemple, toutes les nuances des couleurs seront transformées de la manière précédemment décrite. De cette façon nous pourrons donc améliorer sensiblement les compositions de couleur. En effet, grâce à un pareil vernissage, les couleurs de la composition se ressembleront davantage, les différences seront amoindries et plus d'un groupement trop tranchant ou trop dur en lui-même sera adouci. Ce résultat que le peintre obtient par l'emploi d'un vernis convenablement choisi, les dames cherchent maintenant à l'atteindre en plongeant leurs tapisseries multicolores dans une forte infusion de café. Mais, dans le choix des couleurs, nous pouvons aussi procéder de façon à employer seulement les nuances qui ressortiraient si nous voyions une composition colorée dans un éclairement coloré déterminé. Nous voulons, par exemple, esquisser une composition pour un coussin qui serait destiné à un sopha vert placé dans une chambre tapissée de vert et pourvue de rideaux verts. Nous choisissons comme point de départ une des triades fondamentales auxquelles peuvent se ramener toutes les compositions colorées, soit le vert, le bleu et le jaune. Ces couleurs ne feraient pas précisément bon effet sur un fond vert et dans cet entourage vert. Nous nous demandons maintenant comment cette composition nous apparaîtrait si elle était seulement éclairée par de la lumière verte. Nous pouvons facilement nous en faire une idée si nous plaçons un verre de couleur verte entre la source de lumière (la fenêtre) et la composition, de façon que cette dernière soit seulement frappée par la lumière verte. Dans ce cas le rouge sera transformé en un brun passablement sombre, le bleu en bleu vert, le jaune en jaune vert; les couleurs destinées à relever l'ensemble représenteront toutes les nuances intermédiaires possibles; bref, le dessin ne manquera pas de variété, mais il aura en même temps un caractère d'unité qui s'accorde très bien avec le milieu; ce qui ne pouvait pas être dit du groupement primitif des couleurs que nous avons pris comme point de départ.

On emploie avantageusement cette fiction d'un éclairement coloré, d'une couleur dominante, dans le cas où le choix des couleurs est limité par des conditions extérieures, par exemple dans la broderie, où l'on ne peut pas toujours se procurer toutes les couleurs dans les nuances voulues pour atteindre la variété désirée tout en maintenant l'harmonie. Par la fiction de l'éclairement coloré uniforme, cette harmonie est conservée, tandis que le spectateur éprouve le sentiment de la variété. C'est à l'observation de ce principe que beaucoup de tapis orientaux doivent leur charme particulier, et si nos dames font également preuve de meilleur goût dans leurs tapisseries, cela vient de ce que les groupements harmoniques des couleurs convenablement choisies sont préférés aux couleurs tranchées, soi-disant réalistes, qui dominaient encore il y a peu d'années dans ces ouvrages d'art.

ROSENTHAL,
Professeur à l'Université d'Erlangen (Bavière).

LA PSYCHOLOGIE D'HERBERT SPENCER (1)

I.

LES DONNÉES DE LA PSYCHOLOGIE.

I. — Sous leur aspect objectif, ramenés à leurs termes les plus simples, les phénomènes nerveux consistent dans une redistribution continuelle de matière et de mouvement (voir *Les Premiers Principes*). Il est donc nécessaire tout d'abord de considérer ces phénomènes comme formés de matière et de mouvement, c'est-à-dire de les étudier au point de vue physiologique, et d'omettre provisoirement leur caractère psychologique. Il faut avant tout rechercher les faits communs à toute la matière organique, les seuls qui puissent servir de base à des conclusions certaines. C'est le seul moyen de secouer le joug des opinions préconçues et des hypothèses léguées par le passé.

Ainsi étudiés, la première vérité que les faits nous révèlent, c'est l'universalité d'un rapport entre le degré d'évolution nerveuse et la quantité, ainsi que l'hétérogénéité des mouvements manifestés par les divers animaux. Quoique le tissu contractile soit indispensable à la production du mouvement, ce n'est pas sa quantité qui détermine la quantité du mouvement engendré. Partout où il y a beaucoup de mouvement produit, partout où le mouvement produit est d'une composition plus compliquée, il existe un système nerveux relativement grand.

II. — Le système nerveux est composé de deux tissus : la substance grise ou cellulaire, la substance blanche ou fibreuse. La fibre nerveuse, de même que la cellule, contient de la protéine, mais dans la cellule la protéine est molle quoique coagulée, contient plus d'eau, est mêlée de granules gras, tandis que, dans le *cylinder axis*, partie essentielle du tube nerveux, la protéine est plus dense et distinctement délimitée par les composés gras qui l'entourent. Les éléments de la protéine des cellules forment donc une masse évidemment instable, susceptible d'être le siège de changements destructifs, de décomposition chimique avec dégagement considérable de mouvement, tandis que la protéine des fibres ne subit qu'une transformation isomérique et passagère. Cette hypothèse tirée des principes de biologie (§ 302) s'appuie sur les considérations suivantes : la substance grise contient plus d'eau, ce qui facilite les changements moléculaires; elle est infiniment plus vasculaire, en raison précisément d'un travail incessant de réparation nécessité par les actions destructives. Enfin la protéine des cellules est moins protégée contre les forces extérieures que celle des fibres du tissu blanc.

Une fibre nerveuse afférente, partant de son épanouissement périphérique pour se rendre à un corpuscule de matière grise ou ganglion, ce corpuscule avec sa substance très propre à dégager du mouvement, une fibre efférente partant du corpuscule pour se rendre dans une masse contractile ou glandulaire forment un *arc nerveux*. Pour avoir l'unité de composition du système nerveux, il faut joindre à l'arc nerveux une fibre centripète unissant le corpuscule ganglionnaire aux autres centres semblables.

Un ganglion supérieur est un amas de matière nerveuse instable auquel viennent aboutir des fibres parties des ganglions locaux ou inférieurs. A mesure que la centralisation augmente, la possibilité de différents rapports composés augmente aussi très rapidement. Un coup d'œil jeté sur le règne animal montre que le système nerveux rudimentaire consiste en un petit nombre de fils et de petits centres très éparpillés. Sa croissance en grandeur relative et en complexité va de pair avec sa croissance en concentration, multiplicité et variété de connexions. Il se produit une intégration des centres nerveux qui, autrefois séparés, se rapprochent et se forment en groupes.

La moelle épinière consiste en une série de centres nerveux doubles, en partie dépendants, en partie indépendants, chaque centre correspondant à une portion particulière du tronc ou à un membre particulier dont il dessert les muscles et les vaisseaux. L'extrémité céphalique élargie de la corde spinale, la moelle allongée, est un centre que des fibres centripètes unissent à ces centres inférieurs, et, comme elle reçoit des nerfs venant des sens spéciaux, la moelle allongée est un centre où sont mis en communication les centres locaux. Enfin les deux grandes masses bilobées situées au-dessus de la moelle allongée, et les ganglions sensoriels avec

(1) Cet article est simplement l'analyse, sans aucun commentaire, du premier volume des *Principes de psychologie*. Nous publierons prochainement l'analyse du second volume, et nous rappelons que la *Revue scientifique* a déjà donné des analyses semblables pour les *Principes de biologie* et les *Principes de sociologie* d'Herbert Spencer.

lesquels elles sont intimement unies, peuvent être considérés comme des centres dans lesquels les connexions composées sont réunies en connexions encore plus composées, plus variées, plus nombreuses.

Non seulement l'axe cérébro-spinal est mis en rapport par les nerfs afférents avec le monde extérieur; mais, au moyen des nerfs vaso-moteurs et par les ramifications qui l'unissent au grand sympathique, il est en relation avec tous les organes internes.

III. — Étudiées physiologiquement et traduites en termes de mouvement, les fonctions du système nerveux consistent à recevoir les mouvements moléculaires, à les transmettre en les multipliant et en les coordonnant : elles sont récipio-motrices, libéro-motrice et dirigo-motrices. Les stimulus nerveux sont des mouvements de masse ou de molécules qui produisent à l'extrémité des nerfs afférents un changement moléculaire probablement isomérique qui s'accompagne d'un dégagement de mouvement. Quand l'excitation arrive aux ganglions, elle s'est donc accrue le long des nerfs afférents, et ceux-ci sont récipio-moteurs. Les ganglions avec leur protéine instable sont propres à dégager beaucoup plus de mouvement que les *cylinder axis*. L'excitation s'y multiplie énormément; ils sont libéro-moteurs. Enfin le mouvement moléculaire, après avoir été non seulement multiplié, mais aussi coordonné dans les ganglions, s'échappe le long des nerfs afférents (dirigo-moteurs). L'expression *action réflexe*, juste en ce qu'elle rend compte de la direction angulaire, de la réflexion du mouvement dans l'arc nerveux, est impropre en ce qu'elle ne rend pas compte de cette multiplication de mouvement comparable à l'explosion d'une poudrière, occasionnée par un simple coup de pistolet, causé lui-même par une petite pression sur la gâchette.

Par les nerfs centripètes, une partie du mouvement se répand dans des centres successivement plus élevés et plus grands qui développent des quantités successivement plus grandes de mouvement et où s'effectuent des coordinations de plus en plus complexes. La moelle épinière est un centre de coordinations relativement simples en comparaison de celles de la moelle allongée. Quant au cerveau et au cervelet, ils sont avec celle-ci dans le rapport d'un ganglion supérieur. Organes de coordination doublement composés, ils ont pour fonction de reconstituer en groupes plus larges, en groupes différents et sans nombre, les excitations reçues par la moelle allongée, de combiner de nouveau les impulsions motrices, de manière à former ces agrégats d'actions beaucoup plus compliqués, à la fois simultanés et successifs, qui, ajoutés à des impressions compliquées, atteignent des fins éloignées. Enfin des nerfs spéciaux transmettent également à l'appareil cérébro-spinal les excitations internes venues des divers organes, et ces excitations sont coordonnées, et les phénomènes dont ces organes sont le théâtre sont régis de la même façon que nos relations externes.

IV. — Les conditions essentielles de l'action nerveuse, les phénomènes d'excitation et de décharge nerveuses s'harmonisent avec ces vues générales sur la structure et la fonction des nerfs. Toutes les conditions requises pour l'action nerveuse peuvent être considérées comme requises pour la genèse et la transmission du mouvement moléculaire. Tels sont la continuité de la fibre nerveuse, l'afflux constant d'un sang riche en éléments nerveux remplaçant le sang usé; une certaine pression ni trop grande ni trop petite, seule compatible avec un arrangement moléculaire délicat; enfin le maintien de la chaleur au-dessus d'un certain niveau, c'est-à-dire une certaine quantité de mouvement moléculaire libre.

V. — Si l'excitation produite le long des nerfs est une onde de transformation isomérique, l'espèce d'effet produit par l'onde à l'endroit qu'elle atteint accidentellement devra toujours être le même, où qu'elle commence, et quel que soit le stimulus employé; c'est en effet ce que démontre l'expérience.

A part certains cas exceptionnels, comme les explosions, les transformations chimiques isomériques prennent du temps; il en est ainsi des excitations nerveuses (Helmholtz). Chaque excitation d'un centre nerveux, décomposant la portion nerveuse instable qui était le plus favorablement placée pour recevoir l'action, en laisse une quantité non seulement moindre, mais moins favorablement placée, et diminue pour un temps son impressionnabilité. Ce sont là deux causes d'intermittence dans les actions nerveuses. Le rhytme de la veille et du sommeil a la même origine. Durant la veille, il est probable que la réparation est aussi rapide que durant le sommeil, mais la perte est plus grande que le gain, tandis que, durant le sommeil, il y a à peine quelque perte qui diminue le gain. De là la différence entre l'assoupissement qui précède le sommeil et l'impressionnabilité croissante des centres nerveux avant le réveil.

Outre l'effet primaire et défini, produit sur une partie spéciale par une impression spéciale, il y a dans chaque cas des effets secondaires et indéfinis, répandus dans tout le système nerveux, et par lui dans tout le corps. Tout le mouvement produit dans les fibres afférentes et les ganglions ne s'échappe pas par les fibres afférentes; une partie est transmise par les fibres centripètes et commissurantes aux centres nerveux supérieurs. Il y a une répercussion universelle d'ondes secondaires excitées par les ondes primaires se produisant tantôt ici, tantôt là. Chaque acte nerveux, tout en produisant quelque acte vital particulier, réagit sur tout le système et sert à exciter les processus vitaux en général.

VI. — Entre la physiologie et la psychologie, il y a place pour une étude spéciale dans laquelle on ne s'appuie plus seulement sur l'observation et l'analyse objectives, c'est l'*estho-physiologie*, qui s'occupe de la connexion entre les états de conscience et les changements nerveux. En vertu de certaines inductions qui sont tellement évidentes qu'elles ne laissent guère de place qu'à un doute théorique, nous croyons que nos états de conscience sont le côté subjectif de ce que nous avons étudié précédemment comme excitations et décharges nerveuses. Cette conclusion s'impose par une foule de preuves aussi étendues que concordantes, bien qu'indirectes. Les conditions favorables aux changements nerveux, telles que continuité des fibres nerveuses, pression modérée, maintien d'un certain degré de température, quantité suffisante et bonne qualité du sang, le sont également à la production des états de conscience. Les états de conscience, comme les actions nerveuses, occupent un temps appréciable. Après chaque état de conscience, il y a incapacité partielle pour un pareil état; il en est ainsi, nous l'avons vu, après chaque action nerveuse.

Comment se fait-il que certains changements nerveux ne soient jamais accompagnés d'état de conscience, que certains autres aient un aspect subjectif dans le commencement de la vie, mais ne l'aient plus dans l'âge adulte? Ces difficultés sont expliquées par la structure et les fonctions du système nerveux exposées plus haut. Pour être connue comme telle ou telle, une sensation doit être mise en rapport avec une série continue d'états sensitifs, de façon à être dissociée des sensations simultanées dont elle diffère, et associée à des sensations antérieures auxquelles elle ressemble. Cette comparaison est impossible, à moins que les changements nerveux corrélatifs ne soient mis en connexion au même endroit. La conscience ne peut donc avoir pour siège que le centre supérieur auquel tous les ganglions, par leurs fibres centripètes, envoient une partie du mouvement moléculaire qui résulte de l'excitation. Cette partie de mouvement transmise au cerveau cause les états de conscience.

A l'origine de la vie, chaque ganglion inférieur ou groupe coopératif de ganglions est imparfaitement organisé; la connexion entre ses fibres est incomplète, une plus grande partie du mouvement moléculaire libéré s'échappe le long des fibres centripètes vers un centre supérieur. A mesure que le ganglion inférieur sera mieux organisé, le mouvement moléculaire aura dans les fibres afférentes des canaux d'émission plus largement ouverts; il ne se répandra que peu ou point dans les fibres centripètes, et n'éveillera que peu ou point de conscience. Ainsi, beaucoup d'actions pourront se faire chez l'adulte plus facilement que chez l'enfant, et devenir même avec l'âge tout à fait inconscientes.

Ce même progrès d'organisation dans les ganglions inférieurs permettra au flux d'action moléculaire de s'échapper plus rapidement, et la période pendant laquelle l'excitation des fibres centripètes peut avoir lieu sera abrégée. Cette cause contribuera à faire disparaître chez l'adulte l'état subjectif concomitant qui, pour être appréciable, a besoin d'avoir une certaine durée.

D'après cela, et sans qu'il soit besoin d'insister sur les autres preuves, on voit que, s'il existe une corrélation quantitative entre les actions nerveuses et les sensations concomitantes, ce ne peut être que dans un sens très restreint et seulement entre la sensation et la quantité de transformation moléculaire qui a lieu dans le centre nerveux qui est le siège de la conscience.

Les *émotions* sont des états de conscience très complexes, plus difficiles à étudier que les sensations; car on ne peut en faire à volonté l'objet d'une observation ou d'une expérience. Elles se conforment aux mêmes lois que les sensations. Les conditions essentielles aux unes sont essentielles aux autres, telles que l'abondance et la qualité du sang, etc. Elles durent un certain temps, plus long même que les sensations, en raison de leur nature plus complexe. Comme les sensations, elles laissent après elles une incapacité temporaire, et donnent lieu, outre la décharge spéciale, à une décharge générale qui affecte tout le système.

Quand un centre nerveux est affecté directement par ses nerfs afférents et centripètes, il développe beaucoup de mouvement moléculaire; il est le siège d'un état de conscience *réelle*, d'une sensation vive qu'on appelle *actuelle*. S'il est affecté indirectement par des ondes secondaires venues d'autres centres par les fibres commissurantes, il dégage peu de mouvement moléculaire, il donne lieu à une sensation faible, connue comme sensation rappelée et qu'on appelle *idéale*. Parmi ces états idéaux, il faut ranger les *désirs* qui naissent quand les états de conscience *réels* auxquels ils correspondent n'ont pas été éprouvés depuis longtemps. La partie correspondante du centre nerveux étant restée inactive a été le siège d'une réparation ininterrompue du tissu instable, elle est devenue extrêmement sensible aux répercussions qui, d'instant en instant, envahissent tout le système nerveux, et les sensations idéales qui en résultent acquièrent une grande intensité.

L'œstho-physiologie, et, à plus forte raison, les considérations sur la structure et les fonctions du système nerveux, sont les *data* de la psychologie, mais n'en font pas partie. On a étudié jusqu'ici les phénomènes qui se passent dans les limites de l'organisme, des coexistences et des séquences dont le corps seul est la sphère. L'objet de la psychologie est plus compliqué; elle n'étudie plus la connexion entre les phénomènes internes, comme la physiologie, ni la connexion entre les phénomènes externes, comme font les sciences naturelles, elle étudie la *connexion entre ces deux connexions*.

Une proposition psychologique est composée nécessairement de deux propositions dont l'une concerne le sujet et l'autre l'objet, et elle ne peut être formulée sans les quatre termes que ces deux propositions impliquent. Les phénomènes corrélatifs du milieu sont aussi essentiels à toute idée psychologique que le sont en biologie les phénomènes corrélatifs de l'organisme.

Contrairement à l'opinion de Comte, une psychologie subjective est possible et même une psychologie objective ne peut exister sans emprunter ses *data* à la méthode subjective. Les mots idée, sensation, émotion, volonté, n'ont acquis de signification que par l'analyse de soi-même. Sans doute entre la psychologie et la biologie il n'existe pas une ligne de démarcation absolue, mais aucune science n'a de limites parfaitement distinctes. La psychologie se distingue suffisamment des autres sciences sous son aspect objectif, et sous son aspect subjectif, elle est une science complètement unique, indépendante de toutes les autres sciences quelles qu'elles soient et s'opposant à elles comme une antithèse.

II.

LES INDUCTIONS DE LA PSYCHOLOGIE.

I. — La substance de l'esprit est méconnaissable. Si l'on admet, avec Hume, que l'esprit n'est qu'un mot servant à désigner la somme des impressions et des idées, on nie par cela même que nous ayions la preuve de son existence et à plus forte raison une connaissance quelconque de sa substance. Si l'on regarde au contraire les impressions et les idées comme des formes ou des modes de quelque substratum, tout état de l'esprit étant un mode particulier de la substance de l'esprit, jamais cette substance n'est connue de la conscience sans revêtir certains modes.

Du reste, une chose ne peut être en même temps le sujet et l'objet de la pensée. Connaître une chose, c'est la distinguer comme telle ou telle, c'est la classer dans un ordre. Cela suppose toujours quelque communauté d'attributs entre la chose connue et d'autres précédemment connues; or cette comparaison est impossible pour la substance de l'esprit, soit dans le système idéaliste, soit dans le système réaliste.

Mais si nous devons ignorer toujours la substance de l'esprit, nous pouvons avoir une connaissance plus ou moins complète des états de l'esprit caractérisés qualitativement.

Quoique les sensations et émotions réelles ou idéales paraissent chacune d'une nature simple, homogène, insondable, en réalité elles ne sont pas élémentaires, et on peut espérer les résoudre en leurs composants immédiats. Les diverses sensations musicales nous fournissent un exemple frappant de sensations en apparence élémentaires et qui sont en réalité composées d'un seul état de conscience combiné et recombiné avec lui-même de mille manières. Il est permis de croire qu'il en est de même pour les autres espèces de sensations considérées séparément, et même qu'il existe pour l'ensemble de nos sensations une unité commune à toutes les classes, un élément unique qui, par la combinaison avec lui-même et la recombinaison de ses composés entre eux à des degrés de plus en plus complexes, produirait la multiplicité, la variété, la complexité croissante des sensations.

Des impressions courtes et vives, produites par des stimulus différents, tels qu'un coup, un craquement, un éclair, une décharge électrique, bien qu'affectant des nerfs différents, produisent des états de conscience qu'on peut à peine discerner qualitativement en raison de leur courte durée. Il est possible, probable même, que quelque chose du même ordre que ce que nous appelons un choc nerveux est la dernière unité de conscience. Cette hypothèse explique pourquoi les nerfs des différents sens ne diffèrent point entre eux par la structure et comment d'une sensibilité simple et primitive ont pu sortir par évolution les formes si variées des sensations.

D'autre part, la chimie n'a-t-elle pas décomposé une foule de substances, en apparence homogènes, en un certain nombre de corps simples? Ne soupçonne-t-on pas avec quelque raison que les corps dits simples eux-mêmes sont en réalité composés et qu'il n'y a qu'une forme dernière de matière? — Du reste, quand même nous arriverions à établir que l'esprit consiste en unités homogènes d'états de conscience, nous serions incapables de dire ce qu'est l'esprit, tout comme nous serions incapables de dire ce qu'est la matière, quand même nous arriverions à la décomposer en ces dernières unités homogènes qui la composent probablement.

II. — Les éléments prochains de l'esprit sont de deux genres très différents ; les états de conscience (*feelings*) et les rapports entre les états de conscience. Mais il existe entre eux une corrélation telle que les états de conscience ne possèdent pas plus d'individualité indépendamment des rapports qui les lient que ces rapports n'en possèdent indépendamment des états de conscience. La distinction essentielle entre les deux consiste en ce que, tandis qu'un état de conscience relationnel est une portion de conscience qui ne peut être séparée en parties, ce qu'on appelle communément état de conscience est une portion de conscience qui admet une division imaginaire en parties semblables qui ont entre elles des rapports de coexistence et de séquence. Les états de conscience simples sont de plusieurs espèces : les uns viennent du centre nerveux (émotions), les autres de l'extrémité des nerfs et sont périphériques (sensations). Ces derniers se subdivisent suivant qu'ils sont causés par des nerfs distribués à la surface ou distribués à l'intérieur du corps. Les uns et les autres, d'après les différences d'intensité et d'après l'absence ou la présence d'une excitation objective actuelle, se subdivisent en états de conscience primaires ou réels et en états de conscience secondaires ou idéaux. Les rapports se divisent en rapports de ressemblance ou de différence, les uns et les autres en rapports de coexistence et en rapports de séquence.

Les états de conscience classés suivant leur origine diffèrent beaucoup entre eux, et ces différences dépendent de la proportion plus ou moins grande de l'élément relationnel présent dans chaque espèce. Les séries d'états de conscience produits par les excitations externes se distinguent généralement par la prédominance de l'élément relationnel, ce qui implique des délimitations naturelles claires et une forte cohésion entre les composants. C'est le contraire pour les états de conscience produits par les excitations internes périphériques ou centrales. En conséquence, les premiers s'unissent en groupes bien liés, bien définis. Par exemple les sensations visuelles successives se fondent en groupements de séquence, de coexistence, ou des deux à la fois, définis à un haut degré. Le groupement des sensations auditives est comparativement fort sous le rapport successif, etc. De plus, des états de conscience groupés avec les rapports qui les unissent se fondent en touts qui se comportent comme le font les états de conscience simples, se combinent en rapports définis avec d'autres pareils groupes consolidés, et même des groupes de groupes semblablement fondus sont de même limités par d'autres groupes et unis à eux. Les émotions, pour prendre un exemple inverse, sont caractérisées par un défaut d'aptitude à se combiner. Entre celles qui coexistent il n'y a qu'un chaos confus et changeant.

Enfin, si l'on examine les sensations des différents ordres dans leurs rapports réciproques, ce sont les espèces de sensations dans lesquelles domine l'élément relationnel qui ont le plus de facilité pour se combiner entre elles. Ainsi les sensations visuelles coexistantes, qui sont les plus relationnelles de toutes, ont des rapports bien définis et très étroits avec les sensations tactiles coexistantes.

Un état de conscience vif ne constitue pas par lui-même une unité de cet agrégat d'idées que nous appelons connaissance. Une *idée* ou unité de connaissance se produit quand un état de conscience vif s'assimile ou s'attache à un ou plusieurs états de conscience faibles, résidus des états de conscience vifs précédemment éprouvés. Des groupes d'états de conscience se joignent simultanément aux formes faibles de groupes semblables et antérieurs. L'idée d'un objet ou d'un acte est composée de groupes d'états de conscience semblables, ayant des rapports semblables qui se sont produits dans la conscience de temps en temps et ont fourni une série consolidée dont les membres ont perdu leur individualité partiellement ou complètement. Cette union des états de conscience passés atteint un plus haut degré de complexité. Des groupes de groupes se fondent avec des groupes de groupes analogues qui les ont précédés.

Il en est des rapports entre les états de conscience comme des états de conscience eux-mêmes. Ils se séparent des états de conscience qu'ils unissent, se distinguent ensuite les uns des autres par rapport au degré ou à l'espèce de contraste existant entre leurs termes et sont assimilés les uns aux autres d'après leurs ressemblances. De là résultent des *idées* de rapport. En somme, la méthode de composition reste la même dans la construction entière de l'esprit, depuis la fondation de ces états de conscience les plus simples jusqu'à la formation de ces agrégats immenses et complexes d'états de conscience qui caractérisent ses développements les plus élevés.

Le développement de l'esprit est au fond une intégration croissante d'états de conscience, avec croissance en hétérogénéité et en détermination, ce qui est conforme aux traits de l'évolution du système nerveux et aux lois de l'évolution en général (voir *les Premiers Principes*).

III. — Quoique la sensation dépende habituellement d'un agent externe, il n'y a cependant aucune ressemblance entre elle et cet agent, ni en nature ni en degré. Entre la force externe et la sensation qu'elle excite il n'y a pas une corrélation comme celle que le physicien appelle équivalence; bien mieux, il n'y a pas entre les deux une proportion invariable. C'est quand les conditions restent constantes qu'il peut y avoir un rapport constant entre l'antécédent physique et le conséquent psychique.

La quantité et la qualité de la sensation produite par une quantité donnée de force externe varient non seulement avec la structure de l'organisme spécifique et individuel et avec la structure de la partie affectée, mais aussi avec l'âge, l'état constitutionnel du sujet, avec la température, avec l'état de la circulation, d'après l'usage antérieur et même d'après le mouvement relatif du sujet et de l'objet, etc. Ainsi la conscience n'est pas la mesure de l'existence objective. Quel rapport y a-t-il entre la sensation de son et les oscillations de la matière, surtout si l'on réfléchit que ces vibrations, tombant sur d'autres nerfs que ceux de l'ouïe, produisent une sensation toute différente. Il est évident qu'une saveur amère n'implique dans la substance qui la cause rien qui ressemble à ce que nous appelons amertume.

Toutes les sensations produites en nous par les objets environnants ne sont que des symboles d'action hors de nous dont nous ne pouvons pas concevoir la nature.

IV. — Les rapports entre les sensations n'existent, tels que nous les connaissons, que dans la conscience et ne ressemblent pas plus aux connexions entre les agents externes que les sensations qu'ils unissent ne ressemblent à ces mêmes agents. Les rapports simples en apparence de séquence, de coexistence et de différence, c'est-à-dire conçus indépendamment des positions occupées par nos sensations dans le temps ou l'espace, ou du contraste entre elles, ne peuvent être formés sans qu'il y entre des idées de quantité. La succession ne peut être pensée sans quelque quantité de temps, la coexistence sans une certaine quantité d'espace, ni la différence sans quelque idée de contraste. Ces rapports se résolvent en rapports composés de coexistence, de séquence et de différence ; toutes les preuves de relativité applicables à ces derniers leur sont applicables. La question se résume donc à montrer la relativité des rapports composés de séquence, de coexistence et de différence. Or beaucoup d'exemples montrent que ces rapports changent en qualité et en quantité avec la structure, la grandeur, l'état et la position du sujet. Nos idées de grandeur et de petitesse se forment d'après nos dimensions organiques. Les distances qui semblent grandes à un enfant semblent médiocres à un homme. Il n'est pas rare que les sujets nerveux aient des illusions perceptives dans lesquelles le corps semble énormément étendu, au point de couvrir un acre de terrain. L'estimation du temps est fort variable. Entre diverses odeurs qui ne produisent sur l'homme aucune impression, un chien perçoit des différences de force, probablement de plusieurs degrés.

Au fond, la séquence est une différence d'ordre, la coexistence une non différence d'ordre, la question entière de la relativité des rapports est réductible à la question de la relativité du rapport de différence. Or un rapport de différence est un changement dans la conscience dû à un choc accompagnant la transition entre deux sensations; il ne peut ressembler en quoi que ce soit à sa cause située hors de la conscience.

V. — La réviviscence des états de conscience ou production des états de conscience idéaux est soumise à un certain nombre de conditions. Généralement les états de conscience peuvent être d'autant plus ravivés qu'ils ont plus de rapports. Les sensations périphériques externes, telles que les sensations visuelles, sont plus facilement ravivées que les sensations périphériques internes, telles qu'un effort musculaire, par exemple, et celles-ci sont plus faciles à évoquer que les sensations venant du centre, que les émotions idéales.

La réviviscence des états de conscience passés est empêchée par la vivacité des états de conscience présents, et cet antagonisme est encore plus grand entre les états passés et présents appartenant au même ordre et croît à mesure que l'on descend vers les états de conscience de moins en moins relationnels.

Cette réviviscence dépend encore de la force avec laquelle l'état de conscience a été produit et du nombre de fois qu'il a été répété précédemment, de l'aptitude qu'avait le centre nerveux approprié à subir beaucoup de changements moléculaires quand l'excitation originale a été reçue, enfin des conditions physiologiques du moment où le ravivement a lieu ou est tenté.

VI. — Le *ravivement* du groupe d'états de conscience qui constitue une idée ordinaire implique le ravivement du plexus entier de rapports qui unissait les états de conscience. En ce sens, ce qui précède sur la réviviscence des états de conscience doit aussi se rapporter aux rapports entre les états de conscience. Mais il faut aussi considérer la réviviscence des rapports dissociés, peu ou beaucoup de leurs termes ayant ainsi acquis une quasi-indépendance.

Les rapports, en général, se ravivent plus facilement que les états de conscience. Cette différence est surtout grande pour les états de conscience les moins relationnels, qui peuvent par conséquent être moins facilement ravivés. Nous nous rappelons longtemps l'endroit où nous avons senti une douleur aiguë, bien que nous ne puissions nous rappeler la douleur dans son acuïté originelle. Les circonstances d'une colère peuvent être reproduites instantanément dans la conscience, mais la colère ne peut être reproduite de même. La possibilité d'une pensée étendue et complexe dépend en partie de ce que la réviviscence des rapports est plus grande que celle des termes. Évidemment les processus compliqués du raisonnement seraient entravés par une réviviscence continue des états de conscience.

Les différents ordres de rapports sont plus ou moins relationnels. Les coexistences pouvant être triplement composées fournissent les rapports les plus relationnels. Les séquences ne peuvent entrer en rapport que dans une seule direction; enfin, les moins relationnels sont les rapports primaires ou de différence. Or les rapports peuvent être d'autant plus ravivés qu'ils sont plus relationnels. L'agrégat intégré des rapports d'espace habituellement présent dans la conscience est beaucoup plus étendu et plus clair que l'agrégat intégré des rapports de temps. Les rapports particuliers d'espace (longueur d'un pied ou d'un pouce) se représentent avec plus d'exactitude que les rapports particuliers de temps (longueur d'un intervalle de dix minutes), et surtout que les rapports particuliers de différence (contraste entre deux poids, deux lumières, deux odeurs).

Les rapports présents dans la conscience entravent la représentation des autres, et cet antagonisme est moindre entre les rapports d'ordres différents; il est moindre aussi qu'entre les sensations ravivées et les sensations à raviver. La réviviscence des rapports se trouve aussi sous la dépendance de certaines conditions physiologiques.

VII. — Toutes choses égales d'ailleurs, l'*associabilité des états de conscience* varie comme leur réviviscence. Les états de conscience les plus associables sont ceux qui se limitent le mieux mutuellement, qui sont le plus relationnels, qui sont mutuellement cohérents, tels sont les états de conscience épipériphériques. La réviviscence est due à l'association, et la condition de l'associabilité c'est l'aptitude à raviver.

L'association de deux états de conscience résulte-t-elle immédiatement de la cohésion de l'un avec l'autre, ou médiatement de la cohésion de chaque état de conscience avec ses semblables respectifs donnés dans l'expérience? La cohésion est médiate. Par une intégration instantanée, automatique, chaque état de conscience est classé avec les états de conscience semblables précédemment éprouvés. C'est ainsi seulement qu'il est reconnu comme tel ou tel. Une couleur, par exemple, est classée immédiatement et indissolublement parmi les sensations épipériphériques dues à une cause objective, et l'intégration ne s'arrête pas là. Elle est classée aussi dans la sous-classe des sensations visuelles, etc. L'association primaire, essentielle, a lieu entre chaque état de conscience et la classe, l'ordre, le genre, l'espèce et la variété des états de conscience antérieurs semblables à lui.

L'associabilité des états de conscience avec ceux de leur espèce par groupes compris dans d'autres groupes correspond à l'arrangement général des structures nerveuses en grandes divisions et subdivisions. Elle implique la localisation dans les masses cérébrales des diverses classes et sous-classes d'états de conscience et des connexions objectives entre les portions de ces masses où ces états de conscience sont localisés.

VIII. — *L'associabilité des rapports entre les états de conscience* varie suivant les mêmes conditions physiques et psychiques que leur réviviscence. Les rapports les plus relationnels, tels que ceux de coexistence dus à la vue ,sont les plus associables. Si nous jetons les yeux dans une chambre, nous lions instantanément dans la conscience la position relative de deux ou trois personnes, de la table, du canapé, etc., mais nous ne pouvons pas de même saisir d'un coup d'œil et reproduire dans la pensée les divers mouvements d'un cheval qui trotte. Il y a une associabilité considérable entre les coexistences et les séquences. Quelle est la cause de l'illusion dont nous sommes toujours le jouet, quand, assis dans un wagon immobile à côté d'un autre train qui marche et ne voyant que lui, nous nous figurons être en mouvement? Elle est due à ces rapports automatiquement associés entre nos propres mouvements habituels et les mouvements relatifs des objets environnants, c'est-à-dire à des rapports de séquence et de coexistence.

Comme pour les états de conscience, la loi fondamentale de l'association des rapports entre états de conscience, c'est qu'ils s'agrègent avec leurs classes et sous-classes respectives. Bien que les rapports d'espace et de temps n'aient pas de sous-classes divisées aussi indéfiniment que les sous-classes des sensations épipériphériques par exemple, cependant nous les partageons par certaines limitations idéales. Dans le moment même de la perception, un rapport visuel de coexistence tombe dans l'agrégat des rapports composant la conscience de l'espace qui est devant nous et dans le groupe encore plus spécial de l'espace conçu comme étant au-dessus ou au-dessous, et ne peut être associé avec l'agrégat de rapports composant la conception vague de l'espace qui est derrière nous. Si nous tournons notre attention vers une partie restreinte de l'espace ou du temps, les rapports déterminés que fournit cette partie deviennent clairs, tandis que les autres deviennent vagues.

L'association par contiguïté se résout par l'analyse en ressemblance de rapports dans le temps, dans l'espace ou dans les deux à la fois. Avec les positions perçues dans l'espace et dans le temps, les positions contiguës naissent dans la conscience, parce qu'elles ont le même rapport dans le temps et dans l'espace.

Toutes les conclusions qui précèdent, touchant la composition de l'esprit, la relativité des sensations et des rapports entre les sensations, la réviviscence et l'associabilité des états de conscience et des rapports entre états de conscience, s'accordent évidemment avec les faits de structure et de fonction nerveuses étudiés dans la première partie.

IX. — Étudions rapidement sous un aspect nouveau, différent de la réceptivité passive, les états de conscience. Quels sont les états qui causent du plaisir et les états qui causent de la douleur? Il y a des douleurs ou plutôt des malaises, des besoins qui viennent d'un état d'inaction; il y a des douleurs d'une espèce opposée qui accompagnent des actions excessives comme le besoin d'exercice musculaire d'une part et de l'autre la fatigue causée par l'excès de cet exercice. Le plaisir, au contraire, accompagne ordinairement les actions situées entre les deux extrêmes, les activités moyennes. Mais ces relations sont assez mal définies. Qu'est-ce, au reste, qu'une activité moyenne? Certains états de conscience sont agréables à tous les degrés d'intensité et certains autres désagréables.

Pour trouver la réponse à ces questions difficiles, il faut la chercher dans une région que les psychologistes n'ont pas explorée, et étudier les états de conscience, non tels qu'ils existent présentement, mais dans les conditions passées où ils ont évolué. Les états de conscience agréables ou qu'on désire prolonger accompagnent les activités utiles au maintien de la vie; les états de conscience désagréables ou qu'on fuit accompagnent les activités directement ou indirectement destructives de la vie : par suite, toutes choses égales, parmi les diverses races, celles-ci ont dû se multiplier et survivre qui possédaient les meilleurs ajustements entre leurs états de conscience et leurs actions.

Dans toute fonction, l'absence d'activité ou une activité excessive nuit au consensus avec les autres fonctions et par conséquent à la santé. Les êtres d'intelligence inférieure, incapables de suivre une succession d'effets, ne peuvent avoir d'autre sauvegarde que les sensations de plaisir ou de douleur. L'hérédité et la survivance du plus apte ont peu à peu perfectionné cet ajustement des états de conscience et des actions aux conditions du milieu. Si le milieu change, ou si l'animal change de milieu, il faut qu'il subisse une adaptation nouvelle à de nouvelles conditions. Il mangera alors d'une herbe vénéneuse qui lui est offerte, n'ayant pas, par sélection, hérité d'une répulsion pour cette plante.

La race humaine nous présente des exemples de défaut d'adaptation résultant du changement dans les conditions environnantes, changements dus aux migrations ou causés par le développement de grandes sociétés. Les hommes préhistoriques avaient des manières de sentir en harmonie avec leur vie de courses et de rapines, avec leur forme sociale naissante. Leurs descendants furent contraints à des modes d'activité pour lesquels le caractère hérité ne fournissait aucun aiguillon. Dans le cours de la civilisation, telle a été et telle continue d'être la principale source du désaccord entre les inclinations et les nécessités.

Quelle est la nature intrinsèque du plaisir et de la douleur considérés psychologiquement? Nous reviendrons plus tard sur cette question, mais constatons, toutefois, que les plaisirs souvent et les douleurs quelquefois peuvent être dissociés des états de conscience avec lesquels nous les identifions habituellement, qu'ils peuvent être acquis, qu'ils se ressemblent plus entre eux que les états de conscience qui les causent. D'où nous pouvons induire qu'ils sont en grande partie causés indirectement par les états de conscience secondaires dus à la diffusion de la stimulation du système nerveux.

III.

SYNTHÈSE GÉNÉRALE.

I. — Le système nerveux n'ayant acquis que peu à peu sa structure et ses fonctions complexes, à mesure que s'est développée la série animale, l'esprit ne peut être compris que par son évolution. La vie psychique n'est qu'une forme de la vie en général, et une définition adéquate de la vie doit englober les phénomènes psychiques. La vie (voir les *Principes de Biologie*), est une combinaison définie de changements hétérogènes à la fois simultanés et successifs en correspondance avec des coexistences et des séquences externes. A mesure que croît la complexité de l'organisation, il se fait un accroissement dans le nombre, l'étendue, la spécialité et la complexité des rapports internes en correspondance avec les rapports externes. La psychologie confirme cette vérité générale pour ce qui concerne les phénomènes mentaux.

II. — La correspondance entre l'être et son milieu est d'abord *directe et homogène*. Certains milieux restent uniformes durant un certain temps, et à la faveur de cette uniformité il s'y développe des organismes très inférieurs. Dans ce cas tous les agents avec lesquels les changements vitaux sont en rapport, se trouvent continuellement en contact avec l'organisme, qui n'a pas besoin d'être mobile. Au contraire, dans un milieu plus hétérogène, tel que la mer, n'offrant plus à l'animal la nourriture sous forme concentrée, il faudra que celui-ci ait la possibilité de faire certains mouvements pour se mettre en contact avec la matière nutritive. De là l'addition de changements mécaniques aux changements manifestés par des organismes immobiles, c'est-à-dire addition de nouvelles relations internes en correspondance avec de nouvelles relations externes.

III. — C'est ainsi que la correspondance restant *directe* devient *hétérogène*. Chez les zoophytes, il y a certains changements généraux successifs et des changements spéciaux correspondant à des changements analogues dans le milieu. Mais jusque-là la correspondance ne s'étend qu'aux rapports externes en contact absolu avec l'organisme.

IV. — Peu à peu l'organisme se modifie de manière à ce que la *correspondance* s'étende *dans l'espace*. Ce progrès s'effectue par le développement de l'odorat, de la vue, de l'ouïe et finalement des facultés plus hautes. Le tissu originel d'où les organes de la vie végétative sortent par une différenciation et une intégration continuelles possède en une certaine mesure les pouvoirs fonctionnels de tous ces organes; de même il doit, dans une certaine mesure, posséder les pouvoirs fonctionnels des organes de la vie animale, et, parmi ceux-ci, des sens qui en sortent pareillement. C'est là une raison non seulement pour penser, avec Démocrite, que les autres sens ne sont qu'une modification du toucher, mais aussi pour regarder tous les autres modes de sensibilité comme des développements du processus purement physique avec lequel la vie commence, quel que soit du reste le mode d'explication qu'on adopte.

A mesure que se développent l'odorat, la vue et l'ouïe, il se fait une extension de l'espace dans lequel des coexistences et des séquences du milieu environnant peuvent établir des coexistences et des séquences correspondantes dans l'organisme.

Cet agrandissement continuel de l'espace environnant, dans lequel s'étend la correspondance, ne finit pas avec l'état parfait des sens. Il se produit dans les classes supérieures un pouvoir d'ajuster les actions de l'organisme aux coexistences et aux séquences trop éloignées pour être perçues directement. Les pigeons voyageurs, les oiseaux migrateurs, usent de quelques combinaisons d'impressions passées ou présentes qui les rendent propres à dépasser la sphère des sens.

Chez l'homme, ce procédé secondaire d'extension devient encore plus marqué. Il opère des ajustements immensément plus éloignés. Le milieu que traverse la correspondance humaine n'est pas borné à la surface et à la substance terrestre, elle atteint les astres.

V. — Parallèlement à la correspondance dans l'espace, naît la *correspondance dans le temps*. Chez les êtres qui ne possèdent que le sens du toucher, les seuls rapports externes auxquels peuvent correspondre les rapports internes sont les rapports de coexistence. Après l'aptitude à correspondre par des mouvements dans l'espace aux contacts des corps environnants, le premier progrès consiste à correspondre à ceux de leurs mouvements qui précèdent le toucher. Comme le mouvement implique l'espace et le temps, la première extension de la correspondance dans le temps est contemporaine de la première extension dans l'espace. Nées ensemble, ces deux extensions manifestent une dépendance mutuelle en ce qui concerne les rapports mécaniques, c'est-à-dire les changements de position. Quant aux changements chimiques, thermiques, vitaux, qui n'impliquent pas des changements de position, les ajustements internes à ces changements d'états constituent une extension de la correspondance dans le temps distincte de la correspondance dans l'espace, et qui lui est surajoutée.

Il est nécessaire de ne pas confondre les correspondances qui sont les résultats cumulatifs d'adaptations successives de l'organisme aux coexistences successives du milieu, ni celles qui sont dues au retour périodique de certains états constitutionnels avec celles qui impliquent la connaissance de la durée, la possession d'une unité de temps et la numération de ces unités. Ce genre de correspondance implique une phase élevée de l'intelligence. La transition est loin d'avoir été soudaine. L'humanité à ses débuts ajoutait ses actions aux longues séquences du milieu en observant les phénomènes naturels. Avec la faculté de compter les jours, les lunaisons, s'est accrue indéfiniment l'étendue des correspondances dans le temps.

VI. — A un autre point de vue, l'évolution de la vie est un progrès dans la *spécialité de correspondance* entre les relations internes et les relations externes. Ce progrès se manifeste dans les animaux les plus inférieurs, si l'on compare ceux qui vivent dans un milieu homogène avec ceux qui vivent dans un milieu hétérogène. Il se manifeste aussi par la naissance successive de certains sens répondant aux attributs des corps environnants autres que la résistance, dans les phases que chaque sens parcourt pour arriver à la perfection.

Avec la connaissance de la distance, de la direction, de la durée, se multiplient et se spécialisent les correspondances jusqu'à ce qu'on atteigne les cas les plus élevés où il y a spécialité à la fois en espace, en temps et en objet.

Les nomenclatures dues aux sciences, les procédés spéciaux dus aux arts, constituent une des formes du progrès humain. C'est surtout dans les actions qui sont guidées par une science exacte que la civilisation nous présente une nouvelle et vaste série de correspondances qui dépassent en spécialité celles qui les précédaient. Ce que nous appelons science exacte est en réalité une prévision quantitative qui se distingue de la prévision qualitative que manifeste notre connaissance ordinaire.

VII. — Le progrès de la correspondance en spécialité n'est possible que si les différents attributs des choses sont dissociés les uns des autres par analyse. Comment reconnaître des classes de plus en plus spéciales, c'est-à-dire caractérisées par une communauté d'attributs de plus en plus nombreux, jusqu'à ce qu'on arrive à une catégorie d'objets ne différant plus que par un seul attribut, sans que ces attributs soient dissociés les uns des autres et connus abstraitement? Cette analyse est le fondement d'un nouvel ordre de connaissances dans lequel la *généralité* va toujours croissant. La récognition de coexistences et de séquences constantes autres que celles qui servent à l'établissement de classes spéciales permet de réunir en de nouvelles catégories les choses et les changements qui ont été reconnus dissemblables. En même temps qu'il développe un progrès en spécialité de connaissance, le progrès scientifique nous montre des classes d'objets de plus en plus nombreuses, réunies en une seule classe, des faits particuliers réunis en vérités générales, et beaucoup de vérités générales en vérités plus générales encore.

VIII. — La correspondance croît en *complexité*. Ce progrès marche en partie de pair avec le progrès en spécialité. — Quand le stimulus auquel l'organisme répond consiste non en une simple sensation, mais en plusieurs, quand la réponse est non une action, mais un groupe d'actions, l'accroissement en spécialité de la correspondance résulte d'un accroissement dans sa complexité. Chaque sens en se perfectionnant fournit des impressions de plus en plus hétérogènes, et l'emploi simultané de plusieurs sens augmente cette hétérogénéité.

Un progrès ultérieur en spécialité s'achève par un progrès en complexité qui ne lui est plus proportionné, mais qui le dépasse. Chacune des correspondances supérieures qui manifestent ce que nous appelons *de la raison* implique un ajustement des rapports internes non seulement aux rapports externes concrets actuellement présents, mais aussi à un ou plusieurs de ces rapports abstraits entre les objets externes que l'expérience a généralisés.

Remarquons en passant un fait important; c'est le rapport qui existe entre l'impassibilité de l'organisme et son activité, entre l'hétérogénéité du stimulus qu'il peut recevoir et l'hétérogénéité des changements qu'il peut produire. Ces deux progrès se nécessitent mutuellement. Entre le développement des fonctions nerveuses et celui des fonctions musculaires, il y a le même parallélisme qu'entre le développement du système nerveux et celui du système musculaire. Plus la locomotion se développe, et plus un animal a de rapports avec les objets environnants et plus aussi il reçoit de stimulus qui l'engagent à se mouvoir. Les seules impressions de la vue ne nous donnent d'elles-mêmes aucune idée de l'espace, elles ont besoin d'être complétées par des impressions tactiles qui supposent des organes musculaires de locomotion et de manipulation développés. Le règne animal nous offre des exemples frappants de sagacité extraordinaire unie à un développement considérable des organes tactiles. Chez l'homme, les structures récipio-motrices et dirigo-motrices sont encore plus parfaites. Les ajustements de la main humaine ont rendu possible le développement des sciences. Encore aujourd'hui les sciences et les arts, qui représentent subjectivement ce que nous appelons chez les animaux inférieurs actions sensorielles et actions motrices, se prêtent une aide réciproque. Chaque pas important vers la connaissance de la nature facilite les opérations de l'homme sur la nature, et réciproquement. En somme, une seule perception exacte implique des ajustements musculaires complexes et une seule opération exacte exige des perceptions complexes.

IX. — L'accroissement en spécialité, généralité et complexité de la correspondance entre l'organisme et son milieu implique que les sensations qui constituent l'impression composée et les actions musculaires seront *coordonnées*, et la perfection de la correspondance variera comme la perfection de la coordination. Les impressions hétérogènes qui composent une perception immédiate coopèrent d'une façon particulière, et les contractions musculaires sont réglées d'une façon appropriée dans leur ordre, leur quantité, leur mode de jonction. Quand, parmi les éléments des stimulus directeurs, les uns sont présents aux sens et les autres ne le sont pas, il apparaît une coordination d'un ordre nouveau et plus élevé. Enfin une coordination plus haute est celle où l'on voit l'union, non seulement de spécialités présentes avec des spécialités passées, mais l'union de toutes les deux avec des généralités. Mais la forme de coordination la plus développée est celle que manifeste la science quantitative.

X. — La coordination est le premier degré de l'*intégration*. Les impressions composées et les mouvements composés qu'elles guident se rapprochent de plus en plus par leur caractère apparent des impressions simples et des mouvements simples; leurs éléments coordonnés tendant à s'unir de façon à n'être plus séparables que par l'analyse. La liaison entre le stimulus et l'acte obéissant à la même loi devient plus étroite et finit par n'en faire que deux aspects d'un même changement. Ainsi seulement deviennent possibles les correspondances d'un ordre supérieur. Sans cette intégration, il n'y aurait pas de temps suffisant pour cette immense multiplicité de correspondances que déploie la vie supérieure. Grâce à elle la spécialité des correspondances gagne infiniment en étendue, sans perdre en rapidité; les sensations très complexes paraissent ne constituer qu'un seul et unique état de conscience; des enchaînements d'actions musculaires, grâce à la répétition, se rapprochent des mouvements simples sous le rapport de la facilité et tendent de plus en plus à se produire d'une façon automatique. Les processus directeurs s'unissent si bien que l'un suit l'autre instantanément et sans volition. Cette loi s'applique non seulement aux éléments de la perception immédiate, aux éléments du mouvement composé et à la combinaison des deux, mais aux procédés les plus hauts de la connaissance. L'acte de généralition est en réalité une intégration des diverses connaissances séparées que la généralisation renferme, c'est leur réunion en une connaissance simple.

XI. — Ainsi les manifestations de l'intelligence consistent universellement dans l'établissement de correspondances entre des rapports dans l'organisme et des rapports dans le milieu, et le progrès tout entier de l'intelligence n'est autre chose que le progrès de ces correspondances en espace, temps, spécialité, généralité, complexité. Ces divers modes de développement ne sont que les aspects particuliers d'un même mode. Tous les progrès ont eu lieu grâce à chacun et chacun a eu lieu grâce à tous. Plus on avance, plus le consensus devient intime de manière à former une progression indivisible.

L'intelligence n'a donc pas de degrés distincts. Elle n'est pas formée de facultés réellement indépendantes, mais ses phénomènes les plus élevés sont les effets d'une multiplication qui, par degrés insensibles, est sortie des éléments les plus simples. On ne peut tracer de démarcation entre les phases successives de l'intelligence. Donc les classifications courantes de nos philosophies de l'esprit ne peuvent être vraies que superficiellement. Instinct, raison, perception, conception, mémoire, imagination, sentiment, volonté, etc., tout cela ne peut être que des groupes conventionnels de correspondances ou bien des divisions subordonnées parmi les diverses opérations qui servent d'instruments pour effectuer les correspondances.

IV.

SYNTHÈSE SPÉCIALE.

I. — Les actions vitales qui sont le sujet d'étude de la psychologie se distinguent des autres par leur tendance à prendre la forme d'une simple série. Les changements qui constituent la vie psychique sont chez les animaux inférieurs concentrés sur la surface de l'organisme, ensuite sur certaines régions de cette surface, puis dans les organes des sens les plus élevés, enfin plus ou moins localisés dans de petits centres. Ainsi se sépare graduellement et de plus en plus en deux grands ordres la correspondance entre l'organisme et le milieu, l'un comprenant des changements simultanés et successifs, l'autre des changements successifs seulement, distinction qui n'est jamais absolue.

Pour que les impressions fournies par les sens soient mises en relation les unes avec les autres, il faut un centre de communication qui soit commun à toutes. Ce centre doit être un et les impressions le traversent successivement. C'est à cette condition qu'une conscience peut se produire.

Certaines expériences nous font hésiter à affirmer que la sérialité existe dans un sens rigoureux. Les impressions visuelles, bien qu'elles nous paraissent simples, sont en réalité composées, et c'est une question perplexe de savoir si chacun de ces états composés peut, strictement parlant, être un des termes d'une série linéaire de changements. De plus, outre l'objet particulier vers lequel les yeux sont dirigés, beaucoup d'autres objets sont vus plus ou moins clairement. Cependant, à mesure qu'un objet ou une portion d'objet vu est distinctement pensé, les autres objets dans le champ de la vue cessent d'être pensés, ce qui montre comment la conscience prend une forme sérielle à mesure qu'elle s'élève à un plus haut degré.

Une série continue de changements étant ainsi l'objet et la matière de la psychologie, c'est l'œuvre de celle-ci de déterminer la loi de leur succession.

II. — *La loi de l'intelligence* consiste en ce que la persistance de la connexion entre deux états de conscience est proportionnée à la persistance de la connexion entre les phénomènes externes auxquels ces états répondent. Les relations entre les phénomènes externes sont de tous les degrés, depuis le nécessaire jusqu'au purement fortuit; il en doit être ainsi des relations entre les états de conscience correspondants.

La connexion entre deux états de conscience successifs peut très bien représenter la connexion entre deux phénomènes externes successifs, mais comment peut-elle représenter des coexistences? — La réponse à cette objection, c'est que les rapports de coexistence sont réductibles à des rapports de séquence. Le rapport de coexistence est comme une séquence doublée, séquence dont les termes se succèdent dans la conscience, soit dans un ordre, soit dans l'autre, avec une facilité et une force égales. *A priori* la conscience n'existant que par une série de changements, un non-changement externe ne peut être offert à la conscience que par un changement qui est immédiatement retourné, par une progression qui est suivie instantanément d'une régression équivalente, par une duplication dans l'intelligence qui est composée d'une séquence et de cette séquence renversée.

Cette loi n'est pas sans offrir dans ses applications un certain nombre de difficultés et d'objections. Certains faits paraissent la contredire, comme par exemple lorsque la rareté même d'un rapport externe devient cause de la ténacité du rapport interne. Mais on peut répondre d'une manière générale que ces exceptions apparentes sont en réalité des conformités d'un ordre plus complexe.

III. — D'après la loi précédente, le *progrès de l'intelligence* doit consister dans l'établissement de correspondances de plus en plus exactes, de plus en plus nombreuses, de plus en plus complexes entre les connexions internes et les relations externes.

L'hypothèse de l'harmonie préétablie, qui attribue cet ajustement à une cause surnaturelle, n'a d'autre fondement que l'impossibilité dans certains cas de lui découvrir une origine naturelle. On ne l'invoque que dans les connexions psychiques absolues, comme dans ce qu'on appelle les formes de la pensée ou dans les instincts congénitaux. Cependant, si l'hypothèse est fondée, il faut suivre Leibniz jusqu'au bout; mais on recule devant les absurdités qui en découlent.

La théorie d'après laquelle les relations internes sont produites par les relations externes elles-mêmes est conforme aux faits. Les lents progrès de notre éducation, les phénomènes si connus de l'habitude, la manière dont les hommes généralisent diversement, d'après leurs expériences diverses, montrent que la tendance de deux états de conscience à se suivre l'un l'autre dépend de la fréquence avec laquelle ils ont été liés dans l'expérience.

Les phénomènes réflexes et instinctifs semblent échapper à cette loi de l'expérience. Évidemment ils ne sont pas le résultat d'une expérience individuelle, ils sont le résultat de l'expérience de l'espèce, accumulée et transmise par l'hérédité psychique.

IV. — Sous sa forme la plus simple et la plus générale, l'*action réflexe* est la séquence d'une simple contraction par une simple irritation. Elle nous apparaît dans les organismes les plus rudimentaires et, par elle, nous concluons qu'ils sont vivants. Dans les organismes plus élevés, la réponse aux excitations externes ne se fait pas par un tissu uniforme à la fois irritable et contractile constituant le corps de l'animal. L'irritabilité et la contractilité sont confinées dans des tissus spéciaux. L'excitation est *réfléchie* à travers un système de nerfs et de ganglions.

L'action réflexe est la forme le plus inférieure de la vie psychique. C'est dans l'action réflexe que celle-ci se différencie de la vie physique. Dans les organismes inférieurs privés de nerfs, la contraction qui suit le contact est due à un accroissement d'actions vitales que le stimulus produit dans les tissus adjacents. Cette action est intermédiaire entre les changements physiques et les changements psychiques.

Partant de cette forme très inférieure de l'action réflexe où une impression produit une simple contraction, il se fait un progrès graduel qui consiste dans l'accroissement de complexité des actions résultant d'un stimulus.

V. — Entre l'action réflexe et l'*instinct* il y a une différence de degrés. L'instinct est une action réflexe composée dans laquelle une combinaison d'impressions produit une combinaison de contractions. Il est plus éloigné de la vie purement physique que la simple action réflexe. Il n'est pas comme celle-ci commun aux fonctions internes des viscères et aux fonctions externes de la vie animale. Les instincts montrent aussi moins de simultanéité que les actions réflexes.

Dans ses formes les plus élevées, il est probable que l'instinct s'accompagne d'une sorte de conscience. — Il répond à des phénomènes externes plus complexes et plus spéciaux, ce qui est l'essence du progrès dont les autres faits ne sont que l'accompagnement nécessaire.

C'est par des expériences accumulées, l'hérédité aidant, que les actions réflexes composées peuvent sortir des actions réflexes simples.

La progression des instincts les plus inférieurs aux plus élevés est partout une progression vers une spécialité et une complexité plus grande de correspondance. La nécessité de cette progression dérive de ce fait que, dans le milieu environnant, les phénomènes qui sont les plus complexes et les plus spéciaux sont aussi les plus rares et, par conséquent, les moins souvent expérimentés. Ce progrès s'étendant lentement à des relations successivement plus complexes, plus spéciales et moins fréquentes, il s'établit finalement dans l'organisme une grande variété de relations psychiques ayant divers degrés de cohérence. A mesure que les instincts deviennent plus compliqués, les actions réflexes qui les composent deviennent aussi moins déterminées et commencent à perdre le caractère automatique qui les distingue.

VI. — La *mémoire* peut être considérée comme un instinct naissant, de même que l'instinct est une mémoire organisée. Quand, en conséquence d'une complexité croissante dans les groupes de relations externes, les groupes de relations internes deviennent moins organisés, moins régulièrement automatiques, alors naît ce que nous appelons mémoire. Remarquons d'abord que la simple complication des groupes d'impressions qui servent de stimulus à des actions spéciales implique quelque chose comme une mémoire naissante ; car comme d'une part le centre nerveux par lequel un ensemble d'impressions est coordonné ne peut recevoir toutes ces impressions au même instant, et comme d'autre part les actions spéciales à produire ne peuvent l'être que par les stimulus réunis de toutes ces impressions, les effets nerveux qu'elles impliquent chacune en particulier doivent avoir une certaine petite persistance, en sorte que la dernière peut s'être produite avant que la première ait disparu.

Une des conditions de la mémoire, c'est une certaine lenteur dans les changements psychiques. Les états nerveux qui nous traversent instantanément ne font pas partie de la mémoire.

Quand il n'existe pas encore une cohésion absolue entre les changements sensoriels produits par des groupes de rapports et les phénomènes de mouvement requis pour adapter l'organisme à ces groupes, quand de tels phénomènes de mouvement et les impressions qui les accompagnent se produisent seulement à l'état naissant, alors, par l'excitation partielle des états nerveux affectés, il se produit une *idée* de tels phénomènes de mouvement ou impressions. Lorsque les impressions, incomplètement coordonnées avec les mouvements qui doivent les suivre, suscitent plusieurs tendances différentes à l'action, les commencements d'excitation qui se produisent sont autant d'idées des phénomènes de mouvement. Ainsi résulte dans l'organisme une mémoire de ses modes d'action.

A chaque classe plus complexe de phénomènes que l'organisme acquiert le pouvoir de connaître, ne répond d'abord qu'une correspondance irrégulière et mal établie, et alors il y a une faible réminiscence des relations. Par une multiplication d'expériences, cette réminiscence devient plus forte. Par le même moyen une mémoire consciente se transforme en une mémoire inconsciente et organique, et alors un ordre nouveau et encore plus complexe d'expériences est rendu appréciable.

VII. — L'abîme qu'on place communément entre la *raison* et l'instinct n'existe pas. Il n'existe entre les deux choses aucune division réelle, mais seulement des différences de degré. Le même principe explique leur genèse. Toutes les fois que, par suite d'une complexité croissante et d'une fréquence décroissante, l'ajustement automatique des relations internes aux relations externes devient tout à fait incertain ou hésitant, les actes que nous appelons instinctifs se transforment insensiblement dans les actes que nous appelons rationnels. Et ceux-ci, à leur tour, deviennent automatiques ou instinctifs par une répétition longtemps continuée, comme les preuves en abondent.

L'expérience, mais non l'expérience de l'individu comme

on l'interprète communément, l'expérience de la race, transmise par l'hérédité psychique, suffit à expliquer tout le progrès humain des plus basses aux plus hautes formes de la raison. Les partisans de l'hypothèse transcendantaliste ont raison de soutenir que le cerveau de l'enfant n'est pas une table rase. Il existe dans le système nerveux certaines relations préalables correspondant à des relations dans le milieu environnant. Mais ils ne se sont pas aperçus que ces relations ne sont pas indépendantes de l'expérience en général.

Les relations de temps et d'espace, par exemple, étant le substratum de toutes les autres relations externes, doivent correspondre à des conceptions qui sont le substratum de toutes les autres relations internes, doivent devenir par accumulation héréditaire les éléments automatiques de toute pensée, les éléments de la pensée dont on ne peut se défaire, les formes de l'intuition.

Par le même processus se sont formées nos intuitions rationnelles et tous les groupes psychologiques classés sous le nom de perceptions acquises. Nous semblons connaître directement tous les attributs des objets environnants : distance, solidité, forme, texture, etc. Or chaque attribut d'un objet a d'abord été séparément perçu ; plus tard, les divers attributs de cet objet ont été liés dans la pensée par des inférences, enfin une répétition perpétuelle les a indissolublement unis et a constitué une connaissance rationnelle qui paraît intuitive.

Si l'assimilation des expériences suffit seule au développement de la raison dans l'individu, elle doit suffire aussi au développement de la raison en général. Les Bacon, les Laplace sont des descendants de races autrefois sauvages, et des ancêtres aux descendants s'est produit un lent développement de la faculté rationnelle.

VIII. — Les sentiments (*feelings*), scientifiquement considérés, ne peuvent être séparés des autres phénomènes de conscience. Ils constituent dans leur développement un autre aspect de ce progrès, déjà décrit, des formes les plus hautes aux formes les plus basses d'actions psychiques.

Aucun acte de connaissance n'est absolument pur d'émotion et réciproquement. On ne peut donc dissocier les états intellectuels des états émotionnels. Il existe entre la connaissance et le sentiment en général la même relation qu'entre la sensation et la perception ; l'une peut prédominer sur l'autre, mais elles ne peuvent exister l'une sans l'autre. De même que nos connaissances les plus élevées sortent par composition de perceptions très simples, de même nos sentiments les plus élevés résultent d'une composition de sensations.

Il en est du sentiment comme de la mémoire et de la raison, il implique nécessairement une certaine durée des états psychiques. Les actions parfaitement automatiques ne sont pas senties. Plus la consolidation d'une série de changements psychiques est poussée loin, plus l'absence de sentiments est complète. L'habitude émousse nos plaisirs et nos peines.

Plus un sentiment est complexe, plus nombreux sont les groupes de sentiments secondaires dont il est composé et plus il est puissant. La passion, qui unit les sexes et dont on parle comme d'un sentiment simple, est en réalité le plus complexe des sentiments.

En résumé, la loi de développement de l'activité mentale à travers les innombrables générations successives est la même sous le rapport de l'émotion que sous le rapport de la connaissance.

IX. — La volonté n'est qu'un autre aspect du même processus. Ainsi que la mémoire, la raison et le sentiment, la volonté naît quand cesse l'automatisme des actes. Le mouvement volontaire est un mouvement qui, avant de s'exécuter, est représenté dans la conscience, et cette représentation équivaut à une excitation naissante des nerfs qui président à ce mouvement. Le passage d'un phénomène de mouvement idéal à la réalité, c'est ce que nous distinguons sous le nom de volonté. Représentation mentale de l'acte suivie de son exécution, voilà toute la volonté dans sa forme la plus simple, dans sa formule fondamentale, que les complications ultérieures de la volonté obscurcissent sans la dénaturer. Il arrive en effet que l'état de conscience qui précède le mouvement ne renferme pas seulement ce mouvement à l'état naissant, mais renferme aussi une grande quantité d'impressions naissantes agréables ou non, de conséquences plus ou moins prochaines liées dans l'expérience à ce mouvement et aux mouvements qui sont en antagonisme avec lui. Ces agrégats toujours croissants d'états psychiques arrivent à constituer la plus grande partie de ce que nous appelons le désir de produire l'acte.

Nous n'avons pas la liberté de désirer ou de ne pas désirer, proposition réelle impliquée dans la doctrine du libre arbitre. Le *moi* n'est autre chose que la série des états de conscience, et, au moment d'une volition, le moi n'est autre chose que cet état psychique composé qui forme le stimulus à l'action. Dire que le moi a son libre arbitre, c'est dire que les états psychiques qui forment le moi déterminent eux-mêmes leur propre cohésion.

V.

SYNTHÈSE PHYSIQUE.

I. — Sous son aspect objectif, l'esprit est un agrégat d'activités manifestées par un organisme ; il est par conséquent le corrélatif de certaines transformations matérielles qui doivent rentrer dans le processus universel de l'évolution matérielle et s'expliquer par des déductions tirées de la persistance de la force. L'objet de la synthèse physique est d'expliquer comment l'évolution mentale peut être rattachée à l'évolution en général, considérée comme une transformation physique progressive, pourquoi et comment se fait l'organisation des expériences.

Si l'on démontre que, d'un corollaire à la loi de la persistance de la force, on peut tirer la conclusion que, sous certaines conditions, des communications nerveuses doivent s'établir et devenir de plus en plus perméables, *en raison du nombre et de la force des décharges qui les traversent*, on aura trouvé une théorie physique qui complète, explique et corrobore la théorie de l'évolution intellectuelle.

II. — On a vu dans les *Premiers principes* que le mouvement suit la ligne de la plus forte traction, ou la ligne de la moindre résistance, ou la résultante des deux, et que le mouvement, une fois appliqué le long d'une ligne, devient lui-même une cause de mouvement ultérieur le long de cette ligne. L'action nerveuse est conforme à cette loi. Une excitation implique une force ajoutée à l'endroit de l'organisme où elle a lieu. Un mouvement musculaire implique une dépense de force. Entre l'endroit où la force s'ajoute et celui où elle se dépense l'équilibre doit se rétablir. Quand l'organisme rudimentaire est encore uniforme, les molécules des substances colloïdes qui forment le protoplasme ne sont pas également aptes à la transmission et à la multiplication du mouvement moléculaire. C'est en suivant la ligne de molécules qui lui offre le moins de résistance que celui-ci s'étend le plus loin. Une partie du mouvement est employée à faire subir aux molécules une transformation isomérique qui les rend plus aptes à une nouvelle transmission. De plus, les molécules qui ont subi ce changement le communiquent aux molécules voisines de la même espèce. Par un mécanisme analogue à celui par lequel un cours d'eau se creuse un lit de plus en plus profond, étroit et direct, le mouvement moléculaire, après avoir suivi d'abord des routes multiples et diffuses, arrive peu à peu à suivre une ligne continue et de plus en plus directe et amincie (voir les *Premiers principes* et les *Principes de biologie*). Le développement des nerfs résulte donc du passage du mouvement le long de la ligne de moindre résistance et de la diminution continuelle de cette résistance, jusqu'à ce que les molécules soient amenées à l'arrangement polaire le plus favorable à la transmission de l'onde. Plus le passage de l'onde est fréquent, et plus l'arrangement des molécules se perfectionne, et plus augmentent la quantité et la vitesse du mouvement transmis.

III. — Certains hydrozoaires de l'Océan ont des tentacules longs et flottants qui se retirent vivement au moindre contact. Le tissu qui compose ces tentacules n'est pas encore différencié en nerfs et en muscles et pourtant il a la propriété de se contracter et de transmettre l'excitation. Dans ce cas la rapidité de la transmission de l'impulsion moléculaire avant l'existence d'un nerf dépend de l'allongement filiforme du tentacule qui fournit par sa substance une ligne de transmission relativement favorable. La masse sur laquelle sont implantés les appendices a des retraits beaucoup plus lents.

Chez les plus élevés des cœlentérés, la substance contractile est partiellement différenciée en fibres musculaires diffuses, sans qu'il y ait encore de fibre nerveuse saisissable. Leur corps dans tout son contour étant exposé uniformément aux forces extérieures, rien ne suscite la contractilité sur un point plutôt que sur un autre et, par conséquent, rien ne détermine les ondes moléculaires à prendre une direction plutôt qu'une autre.

Si nous supposons un de ces êtres de type inférieur soumis à des conditions dissymétriques, une partie de son corps sera plus exposée que le reste au contact des corps flottants dans l'eau. Cette partie que pour abréger nous désignerons par la lettre C sera le siège de contractions plus nombreuses en vertu desquelles les colloïdes contractiles y seront plus nombreux aussi. Il s'y fera une dépense plus considérable de force. Si l'extrémité excitée d'un tentacule envoie au corps de l'animal une onde de mouvement moléculaire, la partie de ce mouvement qui n'aura pas été absorbée par la contraction du tentacule et de sa base d'implantation ira vers C où elle sera absorbée. Dans notre hypothèse, le stimulus apporté par le tentacule n'est d'abord pas la cause de la contraction de C. Il ne s'agit là que d'un rétablissement d'équilibre. Mais on conçoit que si ces rétablissements d'équilibre se renouvellent souvent, le mouvement moléculaire se transmettant avec une rapidité croissante et une résistance amoindrie, il viendra un moment où, lorsque l'extrémité du tentacule aura été touchée, la décharge en C sera assez forte pour faire contracter la partie que nous avons ainsi désignée, et assez rapide pour que la contraction ait lieu avant que le corps qui a poussé le tentacule soit lui-même arrivé en C. Ainsi en un lieu quelconque de contraction plus forte et plus fréquente, des lignes de décharges se formeront à partir des endroits habituellement touchés avant que cette contraction se produise.

Ce cas ne rend pas compte évidemment de la complexité du phénomène. On le rendra un peu plus complexe en remarquant que la partie C est composée de plusieurs points où le mouvement est absorbé. Par conséquent, la ligne de communication nerveuse n'est pas simple dans toute sa longueur, elle doit se diviser. Au point où l'onde se brise, les molécules ne peuvent pas se disposer de façon à en conduire aisément toutes les parties. Il y restera une certaine partie de colloïde nerveux à l'état amorphe. L'onde s'y trouvera arrêtée et tendra en conséquence à entraîner de nouvelles décompositions parmi les molécules encore irrégulièrement disposées, d'où production d'une quantité additionnelle de mouvement. Ainsi naîtra à ce point quelque chose ayant le caractère d'un corpuscule ganglionnaire.

Pour se rendre un compte moins inexact de la complexité des faits, il ne faut plus supposer seulement une onde du mouvement envoyée aux divers points de C, mais un grand nombre d'ondes venues d'endroits différents et se rendant à toutes les parties de C et concevoir les ganglions comme formés non seulement par la division d'une seule ligne, mais comme des points où convergent et s'enchevêtrent une foule de lignes différentes. Il y aura, en effet, économie de force à cette concentration et intégration des diverses lignes se rendant à une même partie.

IV. — Les sens spéciaux se produisent grâce à des modifications de structure locales occasionnées par les agents spéciaux auxquels ils correspondent. La lumière, par exemple, produit de notables changements moléculaires sur certaines sortes de pigment produites dans le tissu animal. L'œil rudimentaire consiste en un petit nombre de grains de pigment placés sous la couche dermale, principalement aux endroits les plus exposés à la lumière et dont la concentration est d'abord bien moindre qu'elle ne devient plus tard par la sélection naturelle. La vision rudimentaire est constituée par une série d'ébranlements qu'un changement soudain de ces grains de pigment propage à travers le corps.

Supposons l'existence d'un système nerveux simple comme celui que nous avons décrit plus haut, quel effet produira un commencement de vision ? Derrière le groupe de granules pigmentaires formant l'œil rudimentaire se formera un faisceau de croisements ou ganglion, à partir duquel les ondes du mouvement réunies se dirigeront vers l'intérieur. Elles tendront de là vers le point où se dépense la force, vers le point C en prenant le même cas que ci-dessus, et la ligne de la moindre résistance sera celle qui se confondra en partie avec la ligne de transmission qui amène déjà en C les excitations venues du tentacule. Cette communication ne produira d'abord que des rétablissements d'équilibre et un accroissement dans la contraction qui puisera ailleurs son origine. Mais il arrivera un moment où le muscle sera atteint et mis en contraction avant que le corps qui aura amené l'excitation dans l'œil ait atteint le point C, et l'animal se retirera lui-même comme alarmé par l'objet qui s'approchera de lui.

Un système nerveux aussi simple ne peut réaliser que les ajustements les plus simples, par rapport aux phénomènes nerveux extérieurs. Peu à peu des complications ultérieures entraîneront des ajustements plus avancés. Il se produira, en vertu de la loi universelle de l'instabilité de l'homogène, de légères inégalités chez les divers individus, dans les fibres nerveuses, dans le nombre ou dans l'insertion des muscles, dans la conformation de l'œil, etc. Les modifications favorables seront fixées par l'hérédité et la sélection.

V. — Si nous ne pouvons espérer donner une explication détaillée de l'évolution par laquelle s'est formé peu à peu le *système nerveux à double composition*, nous pouvons du moins nous faire une idée générale de cette évolution. Dès qu'il existe chez l'animal une conscience assez développée pour percevoir la connexion entre un acte musculaire et son effet immédiat, un nouvel agent de perfectionnement se manifeste. L'animal devient capable d'introduire dans les actes de légères modifications, de les fixer par l'habitude et de transmettre par hérédité les modifications corrélatives de ses centres nerveux.

Pour que des excitations plus complexes produisent des complications appropriées de mouvement, il faut que les centres nerveux aient subi des complications proportionnelles. Les connexions de leurs fibres doivent être telles que quand un groupe quelconque de relations externes auxquelles les actions doivent s'adapter a été reçu à l'état d'impression par les sens, le faisceau spécial d'excitation une fois porté le long des nerfs afférents soit redistribué dans le plexus central, de telle sorte qu'à sa sortie il se décharge dans des groupes spéciaux de fibres motrices suivant des proportions particulières. Chaque redistribution supérieure de cette sorte implique l'existence de points supplémentaires destinés à la convergence et à la divergence des ondes nerveuses, c'est-à-dire de corpuscules ganglionnaires additionnels.

Prenons pour exemple la partie du centre nerveux où les impressions visuelles, unies aux impressions données par les muscles de l'œil, sont combinées aux sensations musculaires et aux sensations de toucher dues aux mouvements des membres guidés par les yeux. Cette partie recevra des impressions qui se compliqueront de plus en plus au cours de l'évolution. Quand, sans bouger de place, je promène la main, sur une partie de mon corps, ou que je prends un objet à portée de mon bras, j'éprouve *simultanément* des sensations visuelles, tactiles, musculaires. Le nombre énorme des coordinations existant entre ces impressions et les mouvements que je peux faire sans changer de place devient bien autrement considérable quand nous passons aux actions qui nécessitent un déplacement de tout le corps. Quand je vois un objet à distance et que je marche pour aller le toucher, entre la vue de l'objet et son contact se placent des impressions musculaires et une série d'impressions visuelles qui varient à chaque pas dans un ordre fixe, suivant l'angle sous lequel je vois l'objet. Pendant que je m'approche, les relations de succession s'ajoutent aux relations de coexistence sans cesse changées. L'intercalation de nouveaux états de conscience groupés entre les états primitifs nécessite une intercalation de fibres et de cellules, et, par conséquent, l'agrandissement de la partie correspondante du système nerveux.

La différenciation des deux grands ordres de relations dans le temps et dans l'espace implique la différenciation des centres de coordination. D'après la position, la composition et une certaine corrélation dans le développement du cerveau et du cervelet, on est amené à penser que celui-ci est l'organe de coordination à double composition dans le temps.

VI. — Nous avons maintenant à étudier l'établissement des *fonctions* des organes nerveux dont nous venons d'étudier la genèse. Les actions réflexes simples, les actions réflexes composées, lorsqu'elles sont pleinement établies, sont inconscientes. Celles dans lesquelles les excitations subissent une pause dans le plexus central sont accompagnées de conscience. Une action réflexe composée devenue inconsciente est un acheminement à une action réflexe plus composée qui donnera lieu pendant sa phase d'établissement incomplet à une conscience plus complexe et plus variée que la précédente.

Un commencement d'intelligence existe aussi là où une action réflexe commence simplement à être excitée. Les sens reçoivent continuellement des stimulus sans combinaison spéciale avec des mouvements particuliers, des excitations venues des objets environnants qui demeurent dans les centres nerveux où ils produisent un commencement de conscience, et qui, se combinant avec des sensations idéales fournies antérieurement par les mêmes objets, donnent lieu à des *perceptions*. Une seule fibre ou une seule cellule excitée ne suffit pas à produire la conscience d'un objet extérieur; l'excitation d'un plexus de fibres et de cellules est nécessaire, et le plexus diffère pour un même objet suivant les diverses positions qu'il occupe.

Quoique chaque perception vraie contienne certaines sensations représentatives, il n'y a pas là tout d'abord ce que nous entendons par le mot *idée* dans le langage ordinaire. Il faut, pour que l'idée existe, qu'elle soit détachée, isolée de l'impression présente. Une telle conscience se produit quand la sensation composée fait place à la sensation doublement composée. Les idées deviennent distinctes à mesure que s'étend la correspondance dans l'espace et dans le temps. Elles ont pour siège les plexus intercalaires qui coordonnent les plexus de coordination primitivement formés.

Les *émotions* résultent, comme les idées, des actions coordinatrices du cerveau et du cervelet sur la moelle allongée et les organes qu'elle dirige. La vue d'un animal menaçant, avec l'ensemble d'idées résultant des perceptions analogues antérieures, n'excite pas seulement les idées de douleurs particulières qui ont suivi une telle perception dans la vie particulière de l'individu, mais encore, grâce à l'organisation héréditaire, elle excite un sentiment indéfinissable de malaise, comme un nuage d'obscures sensations de souffrance qui ne peuvent être ramenées à aucune forme, parce qu'elles n'ont pas été l'objet d'expériences personnelles : à savoir l'émotion de la *crainte*.

La doctrine phrénologiste part d'un principe vrai, à savoir la localisation des fonctions cérébrales. C'est la loi de tout organisme, et le cerveau n'y fait pas exception. Chaque fibre, chaque cellule a son office particulier qui se trouve confondu dans quelque office général rempli par la région où elle se trouve. Mais les applications concrètes que les partisans de cette doctrine en ont données sont absurdes. Ils ne sont pas autorisés à fixer pour les parties de démarcations précises, ni à prétendre qu'il y a quelque chose de spécifique et d'inaltérable dans la nature des diverses facultés, ni à croire enfin que les différentes parties du cerveau dans lesquelles ils placent les diverses facultés sont capables de produire d'elles-mêmes les manifestations impliquées par les noms qu'elles portent.

VII. — Le développement de l'intelligence, les lois connues de l'association des idées sont expliquées par cette loi obtenue en conséquence de principes de mécanique, que quand une onde de changements moléculaires passe à travers un appareil nerveux, il s'opère dans cet appareil une modification telle que, toutes choses égales d'ailleurs, une onde semblable doive passer avec une plus grande facilité que celle qui l'a précédée. De ce même principe résulte la théorie de l'habitude, même dans ses formes les plus complexes, et le moraliste peut y trouver l'explication de la différence des caractères, d'après le développement intellectuel de la race et de l'individu.

VIII. — La correspondance entre les *variations normales* de l'organisme et les variations simultanées d'ordre psychique corrobore la théorie. Pendant la jeunesse, l'activité des fonctions, la vivacité des perceptions et des émotions, l'énergie de la volonté, la persistance de la mémoire constituent une dépense d'influx nerveux qui est en rapport avec la rapidité de la réparation et de la circulation. Pendant la vieillesse, le système nerveux reçoit un sang plus pauvre, qui circule plus lentement. L'insuffisance de la décharge nerveuse se manifeste au point de vue psychique par l'affaiblissement des sensations et des idées, la moindre cohésion de la mémoire, etc.

Une grande activité intellectuelle n'est qu'exceptionnellement compatible avec la faiblesse du corps. L'abondance des idées, la présence d'esprit, l'assurance distinguent en général l'homme doué d'une constitution robuste. L'épuisement de l'influx nerveux, le ralentissement de la circulation, qui accompagnent l'assoupissement et précèdent le sommeil, s'accompagnent d'une série descendante d'activités psychiques. Les rêves qui ont lieu lorsque la circulation du sang est calme sont moins abondants, moins cohérents, plus fugitifs que ceux qui accompagnent une circulation accélérée.

Jusqu'à un certain degré l'accomplissement d'une fonction quelconque a pour effet d'augmenter plutôt que de diminuer l'activité nerveuse, mais une dépense excessive sur un point affaiblit les autres fonctions. Un effort musculaire excessif est suivi d'une apathie temporaire ; une émotion forte trouble l'équilibre intellectuel; une émotion plus forte encore paralyse momentanément l'esprit.

Comment se fait-il qu'avec le même degré de circulation et en présence des mêmes impressions, nous soyons tantôt indifférents, tantôt pleins de gaieté et d'assurance, tantôt en proie à la tristesse et au découragement? Une analyse approfondie de la genèse des émotions, la comparaison spéciale du mode de production des émotions agréables avec celui des émotions pénibles, nous montre que la cause immédiate de ces contrastes, jusqu'ici inexpliqués, réside dans l'abondance variable de l'influx nerveux.

IX. — L'étude des *variations psychiques anormales* confirme la théorie. Les modifications que subit le caractère dans les maladies, les déviations passagères que produit une excitation partielle ou générale du cerveau, quand elle est excessive, la folie permanente qui se produit quand les dérangements de la circulation deviennent permanents, l'influence des poisons, tels que le haschich, l'opium, le chloroforme, nous montrent non seulement l'influence de la quantité et de la qualité du sang sur les fonctions du cerveau, mais aussi la gradation d'après laquelle nos impulsions et nos sentiments sont excités ou abolis. Les plexus supérieurs, où résident nos activités les plus élevées, étant de formation plus récente et d'une perméabilité moindre, sont les premiers atteints par l'action du chloroforme ou même par l'effet d'un simple épuisement nerveux, comme dans les maladies chroniques.

X. — La conclusion de tout ce qui précède, c'est que la loi de l'évolution s'applique au monde intérieur comme au monde extérieur, et l'hypothèse qui en résulte, c'est qu'une même réalité ultime se manifeste à nous objectivement et subjectivement. La nature de cette réalité demeure insondable. L'antithèse du sujet et de l'objet ne sera jamais dépassée tant que la conscience durera. L'explication matérialiste, comme l'explication spiritualiste, resteront à l'état d'hypothèses invérifiables.

CANCALON.

BULLETIN DES SOCIÉTÉS SAVANTES

Académie des sciences de Paris. — 22 SEPTEMBRE 1879.

M. Ch. Naudin : Influence de l'électricité atmosphérique sur la croissance, la floraison et la fructification des plantes. — M. H. Willotte : Essai théorique sur la loi de Dulong et Petit. Cas des gaz parfaits. — M. A. Giard : Note sur l'organisation et la classification des *Orthonectida*.

M. *Ch. Naudin* présente un mémoire relatif à l'influence de l'électricité atmosphérique sur la croissance, la floraison et la fructification des plantes. L'auteur fait connaître les résultats des expériences qu'il a faites récemment sur ce sujet, au jardin botanique d'Antibes. Plusieurs expériences faites sur le tabac et le maïs, en 1877 et 1878, les unes à Nancy par M. Grandeau, les autres à Mettray (Indre-et-Loire) par M. Leclerc, directeur du laboratoire de la Société des agriculteurs de France, ont amené ces deux habiles expérimentateurs à déclarer que l'électricité atmosphérique agit d'une manière prépondérante sur la floraison et la fructification des plantes, et que ces deux phases de la vie végétale sont retardées et appauvries quand les plantes sont soustraites à son influence par des cages de fer ou de bois, des arbres, des constructions et autres corps capables de soutirer l'électricité de l'atmosphère. M. Naudin est loin de vouloir contredire à leurs conclusions en ce qui concerne le tabac et le maïs, mais ayant répété leur expérience sur d'autres plantes et sous un climat très différent de ceux de Nancy et de Mettray, et les résultats qui se sont produits étant à peu près exactement le contrepied de ceux qu'ont obtenus MM. Grandeau et Leclerc, il se croit fondé à regarder leurs déclarations comme trop générales et à penser qu'il en est de l'électricité atmosphérique, dans ses rapports avec les plantes, comme de la chaleur, de la lumière et des autres agents de la végétation, tous nécessaires sans doute, mais vis-à-vis desquels les plantes se conduisent très différemment suivant la diversité de leurs espèces.

La conclusion que M. Naudin croit devoir tirer de ses observations montre que les résultats obtenus par M. Grandeau n'ont pas la généralité que ce savant leur a supposée. La question de l'influence de l'électricité atmosphérique sur les plantes, dit M. Naudin, est complexe et loin encore d'être résolue. Cette influence, selon toute probabilité, est modifiée d'abord par l'essence même des espèces, qui doivent se comporter vis-à-vis de l'électricité atmosphérique comme vis-à-vis des autres agents de la végétation, c'est-à-dire de manières très diverses, puis modifiée par le climat, la saison, la température, le degré de lumière, le temps sec ou humide, peut-être aussi par la structure géologique ou la composition minéralogique du sol, dont les couches superficielles ou profondes peuvent n'être pas également conductrices de l'électricité. Il est possible enfin que toutes les espèces d'arbres ne soutirent pas au même degré les effluves électriques de l'atmosphère, et c'est ce dont il faudrait encore s'assurer. Jusqu'à ce que ces conditions multiples et si obscures du problème qui nous occupe soient suffisamment connues, on devra tenir pour prématurée toute conclusion qui s'appliquerait à l'universalité ou même seulement à la généralité du règne végétal.

— M. *H. Willotte* adresse un mémoire intitulé : « Essai théorique sur la loi de Dulong et Petit. Cas des gaz parfaits. » Cette loi, qui s'énonce ainsi : Le produit AC du poids atomique A, par la chaleur spécifique à volume constant C'est, à très peu près, le même pour tous les gaz; cette loi, comme le rappelle l'auteur, équivaut à celle-ci : Pour que deux gaz soient à la même température, il est nécessaire et suffisant que l'*énergie totale moyenne* d'une molécule quelconque ait la même valeur dans les deux gaz, c'est-à-dire que l'on ait $AB^2 = A'B'^2$, A, A' étant les poids atomiques des gaz considérés, $\frac{AB^2}{2}$, $\frac{A'B'^2}{2}$ les moyennes des énergies totales des molécules de chacun des gaz. Nous définissons l'*égalité de température*, ajoute M. Willotte, en disant que deux corps sont à la même température lorsque, mis en présence de manière à pouvoir agir l'un sur l'autre, ils conservent néanmoins leurs énergies totales respectives, et cela indéfiniment (on suppose, bien entendu, qu'il n'y ait pas d'action chimique possible entre les deux corps que l'on considère). Cela posé, nous commençons par démontrer que, si la loi $AB^2 = A'B'^2$ est exacte à une température, elle l'est, par là même, à toutes les autres températures; nous arrivons à ce résultat de deux façons : 1° en nous servant du principe de Carnot; 2° en nous appuyant sur l'homogénéité, quant aux vitesses, des équations de la théorie des chocs. Puis nous nous demandons : Étant admis que la loi $AB^2 = A'B'^2$ soit vraie, ou du moins doive être considérée comme s'approchant de plus en plus de l'exactitude, lorsque pour une température déterminée, on considère des gaz de plus en plus dilatés, comment l'expliquer au point de vue purement mécanique? Faut-il en chercher la raison dans les chocs mutuels de molécules? Non, cela n'est pas; et, au contraire, comme M. Clausius l'a fait remarquer il y a longtemps déjà, les chocs intermoléculaires jouent dans la théorie des gaz un *rôle perturbateur*. Seulement les perturbations dues à ces chocs sont faibles, négligeables et d'autant moindres que les gaz sont plus dilatés.

Les forces tant intérieures qu'extérieures ne nous permettent pas non plus de nous rendre compte des phénomènes. Il ne reste donc plus qu'une seule ressource : c'est d'expliquer le maintien de l'équilibre dynamique, dans une enceinte contenant deux gaz mélangés à la même température, au moyen des chocs des molécules contre les atomes d'un éther matériel, gaz à densité excessivement faible, ayant ses particules constitutives situées à des distances mutuelles excessivement petites par rapport aux dimensions des molécules des gaz ordinaires (fait servant de base à plusieurs théories, justifié d'ailleurs par les calculs de l'illustre Cauchy). M. Willotte établit par le calcul la valeur de cette hypothèse.

— M. *A. Giard* adresse une intéressante note sur l'organisation et la classification des *Orthonectida*. Après avoir donné des détails sur les différentes parties qui constituent ces animaux et après avoir constaté que la reproduction des *Orthonectida* s'accomplit de deux manières, par voie de sexualité et par gemmiparité à l'intérieur de sporocystes formés par l'endoderme de l'animal progéniteur, M. Giard ajoute :

« Ce double mode de reproduction rapproche les *Orthonectida* des *Dicyemida* et des autres vers parasites (*Trematoda* et *Cestoda*). Leur organisation plus simple pendant la période embryonnaire nous conduit à les placer au-dessous des *Dicyemida*. L'embranchement des *Vermes* devra donc comprendre les classes suivantes : 1° *Orthonectida;* 2° *Dicyemida;* 3° *Trematoda;* 4° *Cestoda;* 5° *Turbellaria* (Planaires et Némertiens). Parmi les animaux classés autrefois avec les précédents, les uns (Bryozoaires, Annélides et groupes satellites) se relient intimement aux Mollusques vrais, auxquels je les réunis pour constituer l'embranchement des *Gymnotoca;* les autres forment un ensemble qu'on peut appeler *Nematelmia,* et qui renferme les *Nematoida,* les *Echinoryncha,* les *Desmoscolecida,* les *Gastrotricha,* etc. Les Tuniciers doivent être placés à la base de l'embranchement des Vertébrés. Les *Orthonectida* sont des Gastræades ramenés par le parasitisme à l'état de *planula;* leur importance au point de vue de la théorie de la *gastræa* est bien plus grande que celle des *Physemaria.* Ces derniers, en effet, ne conduisent qu'au rameau des Cœlentérés, qui se termine en cul-de-sac, tandis que les *Orthonectida* représentent la souche des Vers et appartiennent par conséquent au tronc de l'arbre généalogique des Métazoaires. »

CHRONIQUE SCIENTIFIQUE

Agrégation des lycées. — Par arrêtés du 12 septembre sont nommés agrégés des lycées dans l'ordre des sciences mathématiques : MM. Goursat; — Cator, élèves de l'École normale supérieure; — Tournois, chargé de cours; — Antomari; — Gourier, élèves de l'École normale supérieure; — Weil, professeur libre; — Mantrand, chargé de cours; — Brocard, élève de l'École normale supérieure.

Sont nommés agrégés dans l'ordre de l'histoire et de la géographie : MM. Dubois; — Lacour, élèves de l'École normale supérieure; — Labroue; — Schafer; — Cat; — Cardon, chargés de cours au lycée de Valenciennes; — Créhange, professeur libre; — Guyon, professeur au collège de Sedan; — Wolters; — Poirier; — Cazes, chargés de cours.

Sont nommés agrégés dans l'ordre des sciences physiques : MM. Chappuis; — Parmentier, chargés de cours; — Lelorieux, élève de l'École normale supérieure; — Wallon, chargé de cours au lycée de Valenciennes; — Lebard; — Gal, élèves de l'École normale supérieure; — Lancial, professeur au lycée d'Alger; — Houllevigne, chargé de cours au lycée de Sens.

Sont nommés agrégés dans l'ordre de la philosophie : MM. Lévy (Lucien), élève de l'École normale supérieure; — Logrand (Jules), élève de l'École normale supérieure; — Dupuy (Charles-Alexandre), chargé de cours au lycée du Puy; — Jouffret (Michel), élève de l'École normale supérieure; — Chabot (Charles), élève de l'École normale supérieure; — Derepas (Gustave), professeur au collège de Soissons; — Lemaire (René), élève de l'École normale supérieure.

— Sommaire de la *Gazette des Beaux-Arts* du 1er octobre : Fromentin, par M. L. Gonse; les dessins de maîtres, par MM. de Chennevières et Ch. Ephrussi; l'art égyptien, par M. Duranty; Mlle Mayer et Prud'hon, par M. Ch. Gueullette; les reliures en mosaïque du XVIIIe siècle; exposition de la Royal Academy et de la Grosvenor-Gallery, par M. Duranty. Tous ces articles sont illustrés, et accompagnés des gravures hors texte suivantes : *Petite Fille endormie,* dessin de Moreau le jeune; *le Rêve de bonheur,* eau-forte de M. Gaujean, d'après le tableau de Mlle Mayer qui est au Louvre, et une reproduction en couleur d'une *Reliure à compartiments de mosaïque du XVIIIe siècle.*

Le propriétaire-gérant : Germer Baillière.

PARIS. — Impr. J. CLAYE. — A. QUANTIN et Ce, rue St-Benoît. [1754]

LA

REVUE SCIENTIFIQUE

DE LA FRANCE ET DE L'ÉTRANGER

REVUE DES COURS SCIENTIFIQUES (2e SÉRIE)

DIRECTEUR : M. ÉMILE ALGLAVE

2e SÉRIE — 9e ANNÉE | NUMÉRO 15 | 11 OCTOBRE 1879

LA SOIE, SES DÉRIVÉS, SES SIMILAIRES

On sait que les matières textiles se divisent en deux grandes classes, qui elles-mêmes se subdivisent en deux sortes très distinctes par leur caractère et leur origine. Ce sont :

I. — Les matières végétales comprenant : 1° les matières textiles végétales à longs brins : lin, chanvre, china-grass, etc.; 2° les matières textiles à courts brins : cotons de toutes sortes.

II. — Les matières animales comprenant : 1° les poils d'animaux : laines de toutes sortes, poils de chèvres, poils d'alpagas, poils de chameaux, etc.; 2° la soie et ses dérivés.

Parmi toutes ces matières, celle qui a les caractères les plus tranchés est la soie. Seule, elle est donnée à l'homme *toute filée* et filée à une finesse qu'aucune machine ne peut espérer atteindre! Le ver à soie produit, en effet, un fil, tellement fin, que, dans certaines sortes, un brin de ce fil développé en longueur, mesurerait *cinq millions de mètres* pour un kilogramme de soie! Pour employer le fil de soie, même dans les tissus les plus légers, on est obligé de réunir plusieurs brins!

Non seulement la soie a cette finesse idéale; mais, par sa résistance, son élasticité, ses propriétés caloriques et électriques, par son brillant après teinture, elle constitue un fil unique, absolument supérieur à tous les fils connus, et dont le seul défaut est de coûter très cher. On peut, en effet, compter comme prix ordinaires par kilogramme de sortes moyennes de fils textiles :

2 fr. 80, fil de coton écru, mesurant 60 000 mètres au kilog.
4 fr. 70, fil de lin écru, mesurant 40 000 mètres au kilog.
8 fr. 50, fil de laine écrue peignée, mesurant 50 000 mètres au kilog.
50 francs, fil de soie écrue, mesurant 600 000 mètres au kilog. (fil composé de plusieurs brins).
70 francs, fil de soie écrue, mesurant 900 000 mètres au kilog. (fil composé de plusieurs brins).

L'écart considérable qui existe entre la soie et les autres fils textiles a dû donner lieu à des efforts énergiques pour imiter le fil de soie. D'un côté, on a cherché à tirer un rendement de plus en plus grand des cocons, et à utiliser certaines sortes de cocons sauvages; d'un autre côté, on s'est préoccupé, avec juste raison, de filer les dérivés ou déchets de la soie, alors à peu près sans valeur. Enfin on a cherché à rapprocher de la soie les matières textiles végétales.

I.

UTILISATION DES DÉCHETS DE LA SOIE.

Ces déchets sont très nombreux et produits par des causes fort différentes les unes des autres. Il y a, d'abord, la matière soyeuse qui sert au ver pour envelopper et accrocher le cocon, puis une première enveloppe du cocon dont le fil ne peut être utilisé; le fil de l'enveloppe intérieure du cocon est aussi, par son excès de finesse, indévidable; on trouve, en outre, une série de cocons d'où la soie ne peut être tirée, — les uns parce que le ver destiné à la reproduction a coupé les fils, en trouant le cocon, — d'autres, parce qu'ils sont doubles et que les fils s'emmêlent, — d'autres parce qu'ils sont mal formés ou piqués. A ces déchets, s'ajoutent tous les bouts cassés dans les nombreuses opérations du tirage et du moulinage de la soie, puis encore les matières produites par le cardage des déchets du tissage.

Cette masse de dérivés de la soie représente presque le tiers de la soie elle-même et restait encore à peu près inemployée il y a un demi-siècle. Il n'en est plus ainsi aujourd'hui, et aucun des dérivés de la soie n'est plus perdu, quelque petite que soit sa valeur. De grands établissements, généralement bien outillés, travaillent ces diverses matières en France, en Suisse et en Angleterre.

Les opérations à effectuer sont très différentes du filage de la soie. En effet, tandis que dans la soie le fil est tout formé par le ver lui-même, qui constitue son cocon par le croisement de ses fils, les dérivés de la soie se composent de filaments discontinus, enchevêtrés, collés par la gomme. Pour utiliser ces matières, il faut :

1° Leur enlever la gomme qu'elles renferment ;

2° Diviser et paralléliser les brins ;

3° Les filer.

Pour quelques sortes exceptionnellement, le dégommage est effectué par une ébullition dans de l'eau et du savon, mais généralement il est fait par une fermentation produite en accumulant les matières dans une cuve et en les y laissant, pendant quelques jours, soumises à l'action de la chaleur humide. Dans ces conditions, les débris de chrysalide et la gomme elle-même se décomposent rapidement : quand on juge cette décomposition suffisante, on ouvre la cuve et on rince les matières soyeuses à grande eau.

Ce système a l'avantage de n'enlever qu'une partie de la gomme, ce qui permet la division des fibres entre elles, tout en leur laissant une résistance convenable. La filature des matières ainsi traitées est beaucoup plus facile que celle des matières décreusées à l'eau bouillante et au savon. Par contre, ce système a l'inconvénient de communiquer aux matières soyeuses une odeur repoussante et qui gâte les cours d'eau sur lesquels elle est effectuée ; on la remplacerait avantageusement par une simple ébullition qu'on prolongerait plus ou moins, suivant le degré de dégommage à réaliser, en ayant soin d'avoir pendant toute l'opération un renouvellement d'eau constant et régulier.

Le peignage des déchets de soie est une opération faite avec beaucoup de soin et qui prouve combien, dans les matières soyeuses, on s'attache à tout utiliser. Ces déchets sont d'abord déchirés ou battus pour diviser et ramener les filaments en longueur, puis coupés à une mesure fixe, enfin pris par des moyens variables dans des sortes de pinces (fig. 35) dont l'ouvrier placé sur la galerie A garnit successivement un

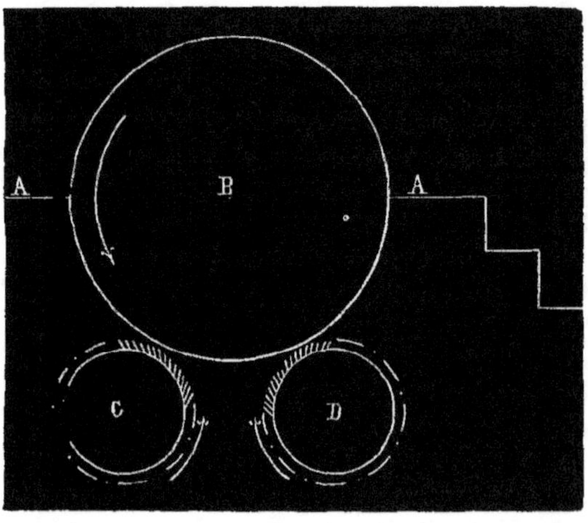

Fig. 35.

grand tambour B tournant lentement ; la partie flottante des mèches rencontre deux petits tambours C et D garnis de cardes à dents espacées, tournant à grande vitesse, et qui, pénétrant successivement dans les mèches flottantes, divisent les filaments, les parallélisent et arrachent les filaments courts ou ceux qui sont restés noués. Le peignage étant effectué sur la moitié de la mèche, on reprend dans les pinces la moitié peignée, on laisse flotter la moitié non peignée et on recommence l'opération.

Ce système de peignage très simple et très bon a été créé il y a une vingtaine d'années par M. Quinson, à Tenay (Ain) ; il a été adopté depuis par presque tous les établissements.

Dans les matières textiles ordinaires, on ne fait qu'un peignage, et, par cette opération, les matières textiles sont divisées en deux parties : les brins longs, qui se trouvent divisés et parallélisés, et les brins courts. Dans les déchets de soie, et c'est là un fait très spécial, on ne se tient pas à un seul peignage ; mais successivement, pour utiliser complètement une matière précieuse, on *repeigne* les brins écartés par le peignage précédent. On fait ainsi, dans certaines sortes, jusqu'à *sept peignages successifs*, et ensuite les brins courts eux-mêmes sont peignés par des peigneuses employées pour les filaments de peu de longueur. Finalement, il reste une matière courte, boutonneuse, qu'on file par les procédés employés dans la filature de la laine cardée.

La filature des peignés dérivés de la soie est faite par une série de machines qui tirent leurs principes de fonctionnement en partie des machines à filer le lin à sec, et en partie des machines à filer la laine peignée. Ce qui caractérise ce travail c'est une série d'opérations faites sur les fils après filature et ayant pour but de couper les boutons qui existent toujours dans une proportion variable sur ces fils et qui en rendraient l'emploi difficile.

II.

SIMILAIRES DE LA SOIE.

Le prix élevé de la soie a excité les recherches ayant pour but de prendre des matières textiles moins coûteuses et de leur donner une partie des qualités de la soie elle-même.

Dans ces derniers temps, deux systèmes se sont produits ayant ce but.

L'un se propose la transformation pure et simple des matières végétales par l'emploi de dissolutions de soie combinées avec des fils de coton ou de lin, sous pression et à haute température, dans des autoclaves.

La soie et ses dérivés se dissolvent, en effet, dans un certain nombre de corps, tels que le chlorure de zinc, l'acide acétique à 150 degrés, l'ammoniaque à 160 degrés ; dans des expériences que j'ai faites chez M. Poirier, à Saint-Denis, j'ai moi-même constaté qu'elle se dissolvait — ainsi que la laine — dans l'eau pure à 190 degrés. Mais toutes ces dissolutions altèrent sensiblement la matière dissoute, et d'ailleurs, c'est essentiellement à une disposition mécanique que la soie doit son brillant. Ce n'est pas tout. L'examen d'échevettes soi-disant transformées a révélé que l'auteur de l'invention avait tout simplement substitué des échevettes de soie aux échevettes de lin qu'il avait reçues, et un fait très grave qui s'était passé, il y a dix-huit mois, en Angleterre, a complété la démonstration de la supercherie. Là, en effet, par suite d'une méprise, l'inventeur, ayant reçu du coton à 6 bouts, a rendu, après traitement, de la soie à 3 bouts, et a dû avouer la substitution. L'affaire est donc terminée, et il n'y a pas à tenir compte d'une recherche qui n'a aucune base scientifique ou industrielle.

L'autre système part de cette observation que certaines

matières textiles végétales à longs brins, telles que le lin et le china-grass, ont déjà par elles-mêmes des qualités remarquables. Animalisées par des dissolutions de soie (en employant de préférence pour ces dissolutions les derniers déchets de soie impropres à un travail mécanique convenable) ou par d'autres corps, ces textiles végétaux peuvent donner des fibres propres à la filature de numéros moyens (60 000 à 150 000 mètres de longueur par kilogramme), ayant des propriétés tinctoriales remarquables, une grande régularité, et d'un prix raisonnable.

Toutefois, même pour cette tentative, infiniment plus modeste que la première, mais parfaitement sérieuse, il y avait de grandes difficultés à vaincre.

La première c'était la densité des matières textiles végétales, qui est assez forte. Cette densité rendait difficile et par suite coûteuse la filature en numéros fins; elle enlevait donc une partie de l'avantage du bas prix de revient de la matière première. Cette première difficulté a été vaincue en tenant compte de ce fait que les fibres textiles végétales sont composées de fibrilles agglomérées et collées par les gommes naturelles du lin ou du china-grass. En enlevant les gommes à fond, avant la filature, on rend les fibrilles libres; elles peuvent alors s'épanouir sous l'action de battages bien combinés. En joignant à ces battages une forte ventilation projetée sur les fibrilles, on arrive à leur division complète et à un espacement entre elles qui constitue, même après filature, une véritable diminution de la densité.

La seconde difficulté consistait en ceci, c'est qu'à mesure qu'on divise les fibrilles, on en raccourcit en même temps la longueur. La principale cause de ce raccourcissement, c'est la suppression de la gomme naturelle qui relie entre elles les fibrilles.

Il fallait donc trouver une matière qu'on pût substituer à la gomme et qui soutînt les fibrilles, tout en permettant de les diviser. Cette matière devait servir en outre à donner aux fibres du lin ou du china-grass les propriétés qui manquent pour se teindre convenablement; elle devait aussi assouplir les matières végétales un peu dures naturellement.

On est arrivé à remplir toutes ces conditions multiples et à constituer un fil fait avec des matières végétales pures ou mélangées avec des fibres soyeuses, fil qui se rattache par un ensemble de qualités remarquables à la classe des fibres soyeuses.

Évidemment ce fil ne remplacera jamais la soie; mais, dans la fabrication des tissus de soie, il jouera cependant un rôle fort précieux; il permettra de constituer en matière végétale, peu coûteuse relativement, l'*épaisseur* du tissu, tandis que la soie elle-même formera seulement les parties fines et brillantes de l'étoffe.

On voit que, dans ces cinquante dernières années, il a été fait d'énormes travaux pour le traitement de matières connues cependant depuis bien longtemps. Quelques lignes ont suffi pour tracer à grands traits les progrès effectués, mais en revanche il a fallu, pour les réaliser, de nombreuses découvertes successives et un demi-siècle de travail.

JULES IMBS.

LE MONDE DES PLANTES

Avant l'apparition de l'homme (1).

Les savants dont les patientes recherches ont accumulé les preuves sur lesquelles repose aujourd'hui la théorie de l'évolution ont trouvé dans le monde des végétaux, plus peut-être que dans le règne animal, les faits qui font le mieux ressortir la valeur de la grande doctrine philosophique. Quand nous disons le monde des végétaux, nous voulons parler surtout des végétaux fossiles, car ce n'est évidemment que par l'étude des flores éteintes, et leur comparaison avec la flore vivante, qu'on parvient à découvrir la filiation qui unit les types actuels à leurs ancêtres les plus éloignés, et à saisir par conséquent le mode d'évolution de ces types. La paléontologie végétale n'est encore, il est vrai, qu'à ses débuts, et il existe en elle de bien nombreuses et bien grandes lacunes. Cependant la rapidité avec laquelle cette science s'est développée, le nombre prodigieux de faits qu'elle a déjà recueillis, autorisent les plus belles espérances, et le jour n'est peut-être pas si éloigné où l'on aura déterminé sûrement les lignées ancestrales de la plupart de nos plantes. C'est à cela que tendent les efforts des paléontologistes, dont l'activité est d'ailleurs au-dessus de tout éloge. Depuis une trentaine d'années, leurs découvertes ont fourni la matière de gros volumes et d'une quantité de mémoires insérés un peu partout, dans les comptes rendus des académies des sciences, dans les bulletins des sociétés géologiques, etc. Cependant le profond enseignement qui se dégage de ces découvertes est resté jusqu'ici l'apanage à peu près exclusif des hommes compétents, et le public instruit, qui s'intéresse pourtant à tous les progrès, n'a été que rarement admis à apprécier les résultats obtenus. C'était une injustice qu'il convenait de faire cesser, et pour cela un travail d'ensemble, résumant les progrès accomplis, et écrit de façon à être compris de tous, était nécessaire. Ce travail, nous l'avons aujourd'hui : c'est l'ouvrage qu'a publié M. de Saporta, l'un des représentants les plus autorisés de la paléontologie végétale.

M. de Saporta a consacré son premier chapitre à la théorie de l'évolution. Il y passe successivement en revue les arguments les plus sérieux qu'ont fait valoir en faveur de cette théorie ses défenseurs les plus illustres. On comprend toute l'importance et tout l'intérêt qu'offre une pareille étude; cependant nous ne nous y arrêterons pas, pressé que nous sommes d'aborder l'examen des deux autres parties qui constituent le fond même de l'ouvrage. D'ailleurs M. de Saporta écrit en ce moment pour la *Bibliothèque scientifique internationale* un livre consacré spécialement à l'étude de l'évolution dans le règne végétal, où il montrera la filiation des grandes familles de nos plantes.

L'étude des flores fossiles n'a pas seulement pour résultat de nous faire suivre l'évolution des plantes depuis l'ancêtre le plus ancien connu jusqu'au descendant actuel; elle jette aussi une vive lumière sur le mystérieux passé de la Terre, et notamment sur les conditions climatériques qui ont régné

(1) *Le Monde des plantes avant l'apparition de l'homme*, par le comte DE SAPORTA, correspondant de l'Institut. Un beau volume in-8° de 416 pages, avec 13 planches, dont 5 en couleur, et 118 figures dans le texte. (Paris, G. Masson, 1879.)

à sa surface et au milieu desquelles se sont accomplies les lentes révolutions de la vie organique. Le climat est certainement de tous les milieux celui dont l'influence se fait le plus vivement sentir sur la vie des êtres. Or nous savons combien sont nombreuses les causes qui concourent à l'établissement d'un climat : c'est la latitude et l'altitude, c'est le régime des vents, celui des eaux, c'est la nature et le relief du sol, c'est le voisinage ou l'éloignement de la mer. Toutes ces causes, dont les effets respectifs sont connus, ont dû évidemment agir dans le passé comme elles agissent aujourd'hui, mais on comprend que s'il fallait établir la part d'influence exercée par chacune d'elles aux diverses époques géologiques, on tomberait en présence de difficultés telles qu'on serait obligé d'y renoncer. Toutefois il est une de ces causes, la latitude, dont on peut, par analogie avec ce qui se passe sous nos yeux et abstraction faite de toute autre influence, connaître les anciens effets. On sait qu'avec la latitude croît l'obliquité des rayons du soleil, et que par conséquent la température diminue dans la même proportion, c'est-à-dire qu'en général plus grande est la latitude d'une région, et moins chaud est son climat. Mais on sait aussi que la végétation suit la même marche que la température, pourvu toutefois qu'à la chaleur s'ajoutent des conditions de sol et d'humidité convenables. La flore tropicale, la flore tempérée

Fig. 36. — Vue idéale des bords du lac d'Aix, à l'époque de la formation des gypses.

et la flore des régions polaires traduisent nettement la décroissance de la température de l'équateur au pôle. Il existe même entre une flore et le climat sous lequel elle vit une relation si étroite que connaissant l'un on peut se représenter l'autre. Ce n'est pas au Groënland que croissent les palmiers; et ce n'est pas non plus dans les chaudes plaines de l'Afrique équatoriale qu'il faudrait aller chercher des sapins. Chaque climat a donc sa flore et chaque flore son climat.

La paléontologie a constaté l'éternité et l'universalité de cette loi ; mais elle a constaté en même temps un fait étrange qui reste encore inexpliqué. Le voici : Les différents climats de la terre n'ont point toujours été ce qu'ils sont aujourd'hui, ni comme température ni comme distribution. Il est bien entendu que nous ne parlons ici que des époques qui se sont succédé depuis celle où nous faisons remonter les plus anciennes plantes connues. Si l'on se transporte par la pensée vers la fin de la période tertiaire et que, laissant derrière soi l'époque quaternaire, on remonte le cours des âges, on constate comme une extension croissante de la zone tropicale, ce qui équivaut à une élévation de température par toute la terre. Plus étendue à l'époque pliocène que de nos jours, cette zone l'était plus encore à l'époque miocène, encore plus pendant l'éocène, et ainsi de suite jusqu'au moment où elle embrassait pour ainsi dire toute la surface terrestre ; car, à ce moment, régnait partout une température égale oscillant faiblement entre certaines limites. Cette égalité climatérique, que M. de Saporta fait remonter au moins jusqu'au temps des houilles, cessa probablement vers l'époque de la craie inférieure. Tel est le fait qui ressort de l'examen des flores des différents âges.

Entrons dans quelques détails. L'époque quaternaire, contrairement à l'opinion soutenue par la majorité des géologues, n'a pas été, en France spécialement, et probablement aussi dans les autres contrées, une période de froid universel. Le nom de glaciaire qu'on lui a donné lui convient certainement, à cause de l'extension énorme et inconnue jusqu'alors des glaciers, dont les traces restent comme le caractère principal de cette époque. Mais, à de certaines distances des glaciers existaient, sans aucun doute, des vallées au climat sinon très chaud, du moins tempéré. La faune et la flore mixtes de cette période le prouvent surabondamment. Les restes de grands animaux, recueillis dans les alluvions anciennes de la Seine et de la Somme, et déterminés par MM. Lartet et Gaudry, ont démontré que les espèces considérées comme indices d'un climat très froid se trouvaient associées à d'autres d'un caractère diamétralement opposé. A côté du mammouth, on a rencontré l'éléphant antique, qui se rapprochait de celui de l'Inde; l'hippopotame des fleuves d'Afrique peuplait les eaux de la Seine, tandis que l'hyène du Cap fréquentait le midi de la France. L'étude de la flore forestière, dont on trouve les restes nombreux dans les tufs contemporains de ces animaux, conduit aux mêmes résultats : la vigne, le laurier, le figuier s'y montrent en abondance, non seulement dans nos régions méridionales, mais aussi à Moret, près de Paris. On y trouve aussi le laurier des Canaries, bien plus frileux que le nôtre. Les arbres du nord, à la même époque, étaient des pins, des tilleuls, des érables, des chênes.

Fig. 37. — Principaux Palmiers et Cycadées de l'âge tertiaire moyen, en Europe.

Tous ces faits prouvent que les animaux et les plantes quaternaires, caractéristiques des climats froids n'existaient que dans le voisinage des glaciers, et que, plus loin, dans les vallées, vivaient des êtres dont la présence indique un climat plus doux que le nôtre, comme aussi plus humide.

La chaleur moyenne annuelle nécessaire à l'existence de ces derniers êtres ne saurait être évaluée à moins de 14 à 15 degrés centigrades. Mais, si nous nous plaçons maintenant en pleine période pliocène, c'est auprès de Lyon que nous rencontrons les mêmes végétaux, avec d'autres d'un caractère encore plus méridional. A cette époque, en effet, le laurier-rose fleurissait sur les bords de la Saône en compagnie du laurier et de l'avocatier des Canaries, du bambou, du magnolia et du chêne vert. Les exigences climatériques bien connues de ces diverses essences autorisent à assigner à la contrée une moyenne annuelle de 17 à 18 degrés, et comme la moyenne actuelle de Lyon est de 11 degrés seulement, on peut juger de la différence de température qui sépare notre époque de l'époque pliocène. De plus, comme le fait remarquer M. de Saporta, non seulement le chiffre qui exprime le climat de Lyon pendant le pliocène se trouve plus élevé que celui qui s'appliquait aux environs de Marseille aux temps quaternaires, mais au lieu de correspondre au 43e degré de latitude, ce chiffre plus élevé coïncide avec le 46e; il marque ainsi une progression de la chaleur dans le sens des latitudes, progression dont l'effet est de faire remonter vers le nord, les hautes températures, à mesure que l'on s'enfonce dans le passé.

Ce curieux phénomène apparaît encore bien plus évident et bien plus général si l'on se transporte par la pensée à l'époque miocène. Là, les documents abondent dans l'hémisphère boréal tout entier, et l'on peut déterminer avec exactitude les climats de toutes les latitudes, depuis le 40e jusqu'au 80e degré. Les plantes fossiles, rapportées par les différents voyageurs des régions polaires, et dont l'admirable conservation atteste que dans ces régions la vie s'est, à un moment donné, comme endormie, ces plantes, disons-nous, montrent que les glaces n'ont pas toujours désolé le pôle. L'un des principaux gisements de ces végétaux a été trouvé sur la côte occidentale du Groënland, à Atanekerdluk, par 70 degrés de latitude, dans la presqu'île de Noursoak. Sur les flancs d'un ravin escarpé, à une hauteur de 1 000 pieds anglais, existent des lits entièrement pétris de feuilles et d'autres débris empâtés dans une roche très ferrugineuse. La masse des feuilles entassées est vraiment surprenante; des troncs encore en place, des fleurs, des fruits, des insectes les accompagnent. M. Heer, qui a étudié ces précieux restes, dit que là s'élevait une vaste forêt où dominaient les séquoias, les peupliers, les chênes, les magnolias, les plaqueminiers, les houx, les noyers et une foule d'autres essences. Plus au nord encore, et jusqu'au 80e degré de latitude, on a trouvé des plantes aquatiques, des potamots, des nénuphars, des joncs, etc., et des plantes terrestres : cyprès chauves, thuyas, sapins, platanes, tilleuls, érables, sorbiers, magnolias même, dont l'ensemble constituait de grandes forêts. L'illustre professeur de Zurich, M. Heer, a reconnu que la plupart de ces plantes étaient miocènes, et la conclusion de sa belle étude de cette végétation arctique est que, si les latitudes étaient, à cette époque, comme toujours d'ailleurs, disposées dans le même ordre, c'est-à-dire si l'axe terrestre ne s'est pas déplacé, toutes les régions recevaient plus de chaleur, et, par suite, la ligne des tropiques remontait bien plus loin dans la direction du nord. La différence, lors de la période miocène, peut être évaluée à 25 ou 30 degrés de latitude en ce qui concerne les régions boréales, c'est-à-dire qu'il faut aujourd'hui descendre jusqu'au 40e ou 45e degré pour retrouver la température et la végétation qui existaient alors vers le 70e degré dans le Groënland.

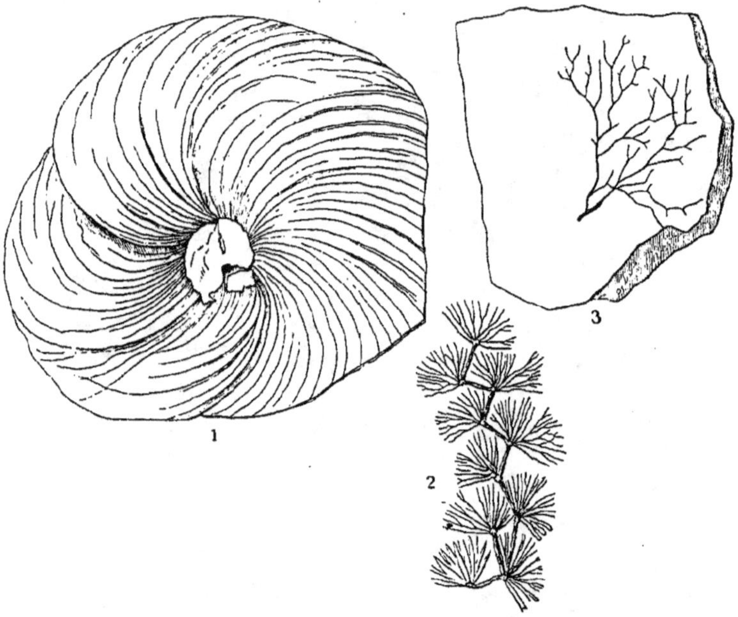

Fig. 38. — Plantes marines primordiales.
1. *Spyrophyton* de Hall (silurien d'Amérique). — 2. *Murchisonites Forbesi*, Gœpp. (silur. d'Irlande). — 3. *Chondrites fruticulosus*, Gœp.

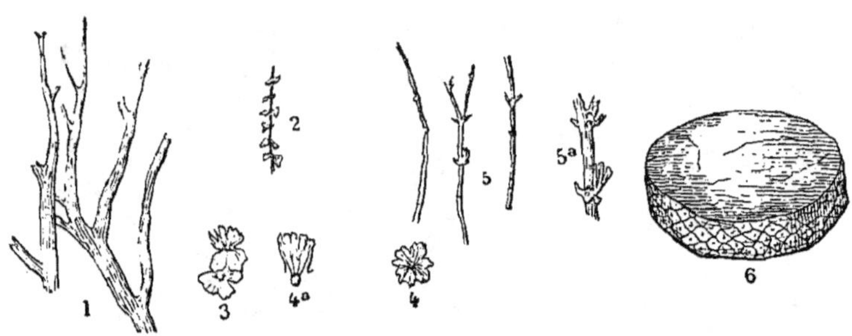

Fig. 39. — Plantes terrestres primordiales, observées par M. Lesquereux dans le silurien supérieur d'Amérique.
1. *Psilophyton cornutum*, Lqx. — 2-4. *Sphenophyllum primævum*, Lqx. — 5. *Annularia Romingeri*, Lqx. — 6. *Protostigma sigillarioides*, Lqx.

L'étude des flores plus anciennes ne fait qu'apporter de nouvelles preuves de ce phénomène d'extension de la chaleur suivant les latitudes, et elle nous conduit enfin à cette égalité climatérique dont nous avons parlé plus haut, et qui a régné pendant l'époque jurassique et les époques antérieures. « Tout porte à penser cependant, fait remarquer M. de Saporta, lorsque l'on aborde le temps des houilles et l'âge le plus reculé de l'histoire des êtres organisés, que, si rien n'est changé relativement à l'action du foyer calorique qui inonde la terre entière de ses effluves, d'autres changements ont dû se produire, et qu'ils furent sans doute assez profonds pour imprimer à notre globe un aspect très éloigné de celui qu'il a présenté depuis, et pour créer même des conditions d'existence dont rien ne saurait plus nous donner l'idée. » Nous ignorons, en effet, les conditions de milieu dans lesquelles les premiers êtres ont fait leur apparition et se sont développés. On a soutenu à cet égard beaucoup d'hypothèses, mais les faits sur lesquels elles reposent ne sont encore ni assez nombreux ni assez probants. Pour résoudre cette question, importante entre toutes, force nous est donc de nous en remettre à l'avenir.

Quant à la cause de l'égalité climatérique par toute la terre, aux époques primaire et secondaire, elle nous est également inconnue. Toutes les explications qu'on en a données ont été successivement repoussées. Le déplacement de l'axe de la terre, l'inclinaison de cet axe sur l'orbite de notre planète, l'influence du feu central, la précession des équinoxes, etc., telles sont quelques-unes des hypothèses émises à ce sujet. Nous renonçons à les énumérer toutes, car nous serions entraînés trop loin. Il en est cependant une sur laquelle insiste M. de Saporta, non pas parce qu'elle explique tout, mais parce qu'elle a du moins l'avantage de s'accorder avec la célèbre théorie cosmogonique de Laplace, et celui non moins grand de s'adapter parfaitement aux phénomènes du monde primitif, tels que nous les font concevoir les données actuelles de la science. Cette hypothèse a été émise par M. Blandet, il y a déjà quelques années. On sait que, d'après la théorie de Laplace, le système solaire tout entier était à l'origine une immense nébuleuse, qui s'est depuis peu à peu condensée en abandonnant successivement des anneaux de matière cosmique, lesquels anneaux sont devenus les planètes. L'astre central s'est, par suite, réduit de plus en plus, est devenu plus dense, plus lumineux et plus ardent, jusqu'à ce qu'il ait atteint les dimensions et les propriétés de notre soleil actuel. En d'autres termes, si l'on pouvait remonter le cours des âges, on verrait le soleil augmenter progressivement de volume, mais sa chaleur et sa lumière perdraient en intensité, suivant la même proportion. Sans doute, nous ne pouvons pas savoir par quel soleil était éclairée la terre, lors des premières manifestations de la vie; mais, si la théorie de Laplace est vraie, nous pouvons supposer que ce soleil était beaucoup plus grand que le nôtre.

Dans de telles conditions, cependant, bien des phénomènes s'expliquent. Ce grand soleil, occupant une bonne partie de l'horizon, devait donner lieu à des crépuscules si lumineux et si prolongés, que la nuit en était peut-être annulée. En envoyant des rayons perpendiculaires beaucoup plus loin de l'équateur qu'aujourd'hui, l'élargissait par le fait même la zone torride. Sa lumière plus calme et sa chaleur moins vive, mais plus égale, d'une part; une atmosphère terrestre plus épaisse et plus humide, de l'autre, tout cela explique bien cette égalisation de température, ces jours à demi voilés, ces nuits transparentes, ce tiède climat des régions polaires, phénomènes que nous considérons comme ayant présidé au développement des êtres primitifs. Enfin le soleil primaire, par sa lente condensation qui l'a insensiblement amené à son état actuel, dut nécessairement entraîner le rétrécissement de la zone tropicale, c'est-à-dire faire cesser l'égalité climatérique antérieure, laisser le froid s'établir définitivement au pôle, et concentrer sa chaleur sur la région équatoriale. Telle est l'hypothèse hardie, mais séduisante, qu'a émise M. Blandet. Sans doute cette hypothèse laisse bien des points obscurs, mais les nombreux partisans de la théorie de Laplace ne peuvent s'empêcher de lui reconnaître une importance sérieuse d'autant plus qu'elle fait, en réalité, partie de la théorie elle-même.

Il nous reste maintenant à parcourir le remarquable chapitre que M. de Saporta a consacré à l'étude des périodes végétales. Remarquons tout d'abord que ce mot « périodes » n'implique nullement ces bouleversements généraux auxquels ont pu croire les premiers géologues, qui supposaient l'histoire du globe partagée en périodes tranchées, dont chacune était inaugurée par une création distincte et terminée par une destruction subite et universelle. M. de Saporta prend soin d'ailleurs de nous prévenir contre cette erreur que tous les faits condamnent. « La nature, toujours active, dit-il, n'a eu réellement ni intermittence ni temps de sommeil; la vie, depuis son apparition première, n'a cessé d'habiter la terre. Affaiblie parfois, jamais interrompue, elle y a fait circuler sans trêve une sève constamment féconde. Les époques et les révolutions, auxquelles les géologues ont donné des noms, n'ont de valeur qu'autant que l'on s'en sert pour introduire de grandes lignes divisoires au sein d'une durée pour ainsi dire incalculable, mais, à voir les choses de près, les êtres se sont toujours succédé, sans que l'extinction de certains d'entre eux ait jamais empêché les autres de survivre à ces derniers et d'occuper leur place. Les révolutions physiques, essentiellement accidentelles et inégales, n'ont jamais été radicalement destructives. S'il a existé des périodes moins favorables que d'autres au développement de la vie, ces intervalles, relativement appauvris, ont cependant possédé des êtres organisés qui, plus tard, en se multipliant et se diversifiant, ont aisément repeuplé le globe ».

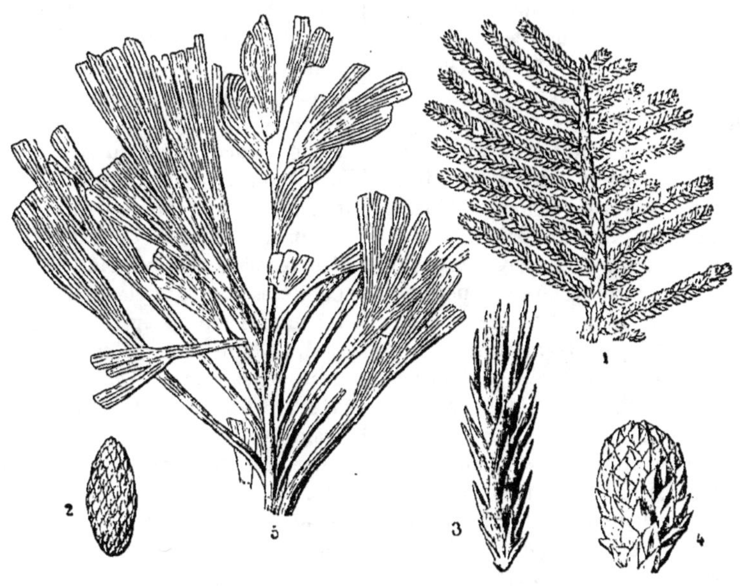

Fig. 40. — Plantes permiennes caractéristiques : Conifères.

1-2. *Walchia piniformis*, Sternb. : 1, rameau ; 2, cône détaché. — 3-4. *Ulmannia frumentaria*, Gœpp. : 3, ramule ; 4, strobile. — 5. *Ginkgophyllum Grasseti*, Sap., rameau feuillé (schistes permiens de Lodève, Hérault).

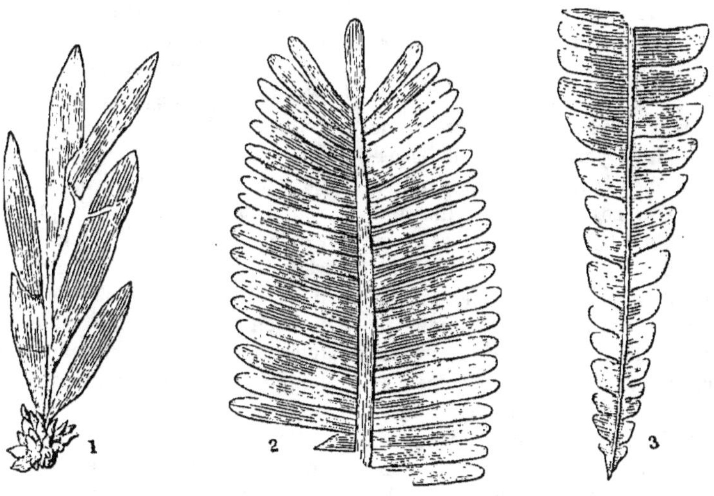

Fig. 41. — Plantes jurassiques caractéristiques : types de Cycadées des localités humides (étage rhétien ou infraliasique).

1. *Podozamites distans*, Presl., jeune plante. — 2. *Pterophyllum Jægeri*, Brongn., sommité d'une feuille. — 3. *Pterozamites comptus*, Schim., partie inférieure d'une feuille (étage oolithique).

M. de Saporta divise le monde des végétaux fossiles en quatre grandes périodes : 1° la période primordiale ou *éophytique*, correspond aux terrains Laurentien, Cambrien et Silurien; 2° la période carbonifère ou *paléophytique* comprend le Dévonien, le Carbonifère et le Permien; 3° la période secondaire ou *mésophytique* commence avec le Trias et va jusqu'à la fin de la craie chloritée; 4° enfin la période tertiaire ou *néophytique* embrasse tous les autres terrains, depuis la craie de Rouen, jusques et y compris le Pliocène.

La flore de la période éophytique est pour ainsi dire inconnue. Les débris qui la représentent ont, en général, un caractère si vague, qu'on n'est pas encore d'accord sur la véritable nature de la plupart d'entre eux. Le graphite qu'on trouve dans le Laurentien indique cependant que, dès cette époque, il existait des végétaux en assez grande abondance. Dans le Cambrien et le Silurien, on a rencontré des fossiles qu'on a interprétés de différentes façons, et dans lesquels on semble aujourd'hui disposé à voir des algues. Les fameux bilobites, si abondants à la base du Silurien, paraissent également avoir été des algues de très grande taille. Enfin certaines plantes marines, comme celles qui sont représentées par la figure 38, se rapportent à un type d'algues si saillant, qu'il est difficile de le méconnaître. Plusieurs de ces plantes se lient d'ailleurs incontestablement à des types beaucoup plus modernes, dont elles reproduisent la forme générique, et prouvent que cette flore primordiale ne se sépare pas réellement de celles qui l'ont suivie. On peut même affirmer que certaines algues siluriennes ont eu une durée si prodigieuse et une ténacité de caractères si prononcée, que leurs derniers descendants directs peuplaient encore les mers européennes, vers le milieu des temps tertiaires. Quant aux plantes terrestres primordiales, elles sont excessivement rares, et celles que l'on a jusqu'ici recueillies semblent démontrer qu'à l'époque silurienne, à laquelle elles appartiennent, les formes végétales représentaient des types que l'on rencontre dans les terrains suivants, et qui en sont caractéristiques. Voici celles que M. Lesquereux a observées dans le Silurien supérieur des États-Unis (fig. 39), et parmi lesquelles il convient de signaler tout particulièrement le *Psilophyton*, qui a disparu avec le Dévonien, et dont les caractères ambigus le rapprochent à la fois des Fougères par les Hyménophyllées, des Lycopodiacées par les *Psilotum*, et des Rhizocarpées par les *Pilularia*.

Avec le Dévonien les choses changent. Le mauvais état de conservation des végétaux fossiles appartenant à cette formation n'a pas permis, il est vrai, d'en faire une étude parfaite, mais à l'aspect de ceux que l'on possède, on devine qu'à cette époque le règne végétal était déjà puissant et varié, et que la nature était à la veille d'enfanter cette flore carbonifère, dont l'exubérance inconnue jusque-là n'a jamais été égalée depuis. Cette flore, à la description de laquelle de nombreux ouvrages ont été consacrés, est pour nous d'autant plus intéressante et importante, qu'elle a fourni les éléments de la houille, l'âme de l'industrie comme on l'a si justement appelée. On sait que les conditions dans lesquelles s'établirent les houillères ressemblent beaucoup aux conditions au milieu desquelles les tourbières se forment actuellement. Comme le fait observer M. de Saporta, il y eut, à l'époque carbonifère, une émersion opérée sur une grande échelle, émersion suivie de retours, mais renouvelée à plusieurs reprises, de l'espace insulaire ou continental, jusque-là recouvert par les eaux. Ce mouvement d'émersion eut pour effet de constituer autour des terres primitives, dont le relief tendait à s'accentuer, une ceinture de plages basses destinées à retenir les eaux venant de l'intérieur et à les réunir au fond de vastes dépressions. C'est ainsi que s'établirent des lagunes aux bords vagues, aussi vastes que peu profondes, facilement envahies par les plantes amies des stations aquatiques. Si l'on joint à cela la chaleur humide de la température, l'épaisseur de l'atmosphère chargée de vapeurs, et par suite des pluies d'une fréquence et d'une violence extrêmes, on comprend combien un pareil milieu a dû être favorable au développement de la végétation carbonifère.

Les plantes qui constituent cette flore appartenaient exclusivement aux deux classes des Cryptogames vasculaires et des Phanérogames gymnospermes. En tête des Cryptogames se placent les Calamariées, qui rappellent, sous une apparence gigantesque, les Prêles de nos jours; à côté se placent les Astérophyllites, les Annulariées, les Sphénophyllées; puis viennent des Fougères très variées de forme et de structure, et des Lycopodiacées du type lépidendroïde. Certaines plantes, les *Bornia*, les Calomodendrées, les Sigillariées, forment comme un trait d'union entre les Cryptogames et les Phanérogames. Celles-ci étaient des Gymnospermes, c'est-à-dire des végétaux assimilables par la classe aux Cycadées, aux Conifères et aux Gnétacées actuelles. Les véritables Phanérogames, les Angiospermes, n'apparurent que beaucoup plus tard. La flore carbonifère comprenait en outre quelques Cycadées, telles que le *Nœggerathia foliosa* et un *Pterophyllum*, découvert récemment par M. Grand'Eury; quelques Conifères vraies, comme les *Walchia;* des Taxinées plus ou moins voisines de notre Ginkgo, enfin le groupe nombreux des Cordaïtées, dont la plupart étaient de grands arbres, et dont la perfection relative permet non seulement de les placer en tête des Gymnospermes, mais encore de voir en eux des tendances de passage à la classe des Angiospermes.

La flore permienne qui succéda à la flore carbonifère n'est qu'un bien pâle reflet de celle-ci. Les types caractéristiques du dernier âge disparaissent, tandis que d'autres, les Cycadées, les Conifères (fig. 40), les Taxinées, se développent et tendent à devenir prépondérants. Le Permien est donc une époque de transition, aux caractères ambigus, pendant laquelle ont été en quelque sorte élaborés les éléments constitutifs de la végétation suivante. On en peut dire autant du Trias, par lequel commence la période secondaire ou mésophytique. « Le Trias, dit M. de Saporta, paraît correspondre à une de ces périodes de renouvellement où les types en voie de décadence achèvent de disparaître, tandis que ceux qui doivent les remplacer s'introduisent successivement. Les premiers laissent des vides parce qu'ils se réduisent à un nombre décroissant d'individus, les seconds sont encore obscurs et clair-semés. La vieillesse et l'enfance sont également faibles, et, dans les temps où ces deux extrêmes se trouvent seuls en présence, la nature revêt nécessairement un caractère de dénûment et de monotonie. »

Une transformation déjà accentuée se manifeste au commencement de l'époque jurassique, et l'on se trouve bientôt en présence d'une flore nouvelle d'où les types carbonifères ont disparu, mais où, sauf quelques rares Monocotylédones, les Angiospermes font encore défaut. Toujours des Cryptogames et des Gymnospermes, les premières représentées par des Fougères ou des Prêles, les secondes par des Cycadées et des Conifères. Du Spitzberg à l'Indoustan, de l'Europe à la Sibérie, partout les mêmes formes végétales, de sorte que le caractère de la flore jurassique, c'est la monotonie, c'est l'immobilité et une indigence relative. Cependant on ne tarde pas à y distinguer deux sortes de végétations; l'une, particulière aux plaines basses et humides, comprend de belles Fougères, des Cycadées (fig. 41), et l'autre, couvrant les régions accidentées, se compose de genres différents des mêmes familles, mais surtout de Conifères de grande taille dont les forêts d'alors étaient en majeure partie constituées.

Nous ne savons pas sous l'influence de quelles conditions s'est effectuée l'évolution organique à laquelle est due l'apparition des plantes Dicotylédones, des *végétaux à feuillage*; mais ce que nous savons, c'est qu'à partir de l'horizon de la craie cénomanienne, commencement de la période néophytique, ces végétaux se montrent sur une foule de points et se multiplient avec une grande rapidité. Partout où l'on a signalé l'existence du Cénomanien et où l'on a pu recueillir les restes végétaux de cet âge, on a constaté la prédominance

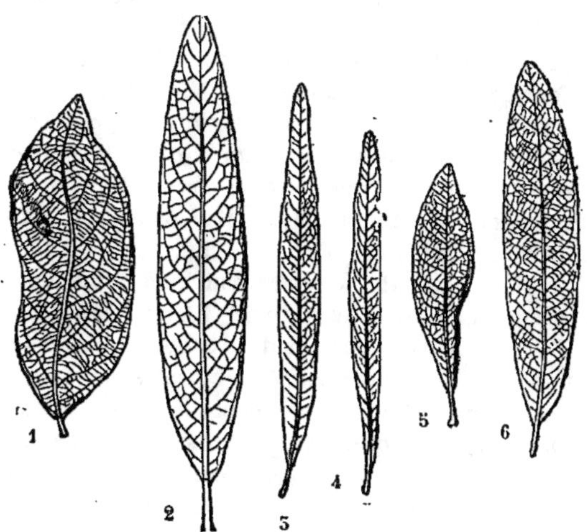

Fig. 42. — Formes homologues de chênes paléocènes et éocènes comparées (types à feuilles entières).

1. *Quercus Lamberti*, Wat. (paléocène). — 2. *Quercus tæniata*, Sap. (éocène moyen, grès de la Sarthe). — 3. *Quercus macilenta*, Sap. (éocène moyen, calcaire grossier parisien). — 4. *Quercus palæophellos*, Sap. (éocène supérieur, gypses d'Aix). — 5. *Quercus elleptica*, Sap. (gypses d'Aix). — 6. *Quercus salicina*, Sap. (gypses d'Aix).

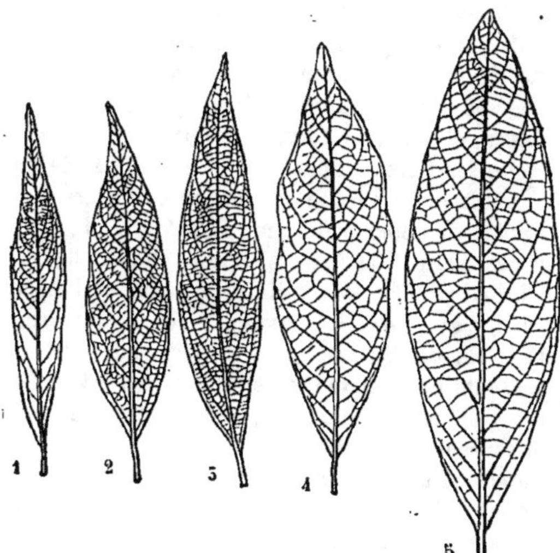

Fig. 43. — Formes successives du type laurier, à partir de l'éocène, pour montrer le passage conduisant du *Laurus primigenia* au *L. canariensis*.

1. *Laurus primigenia*, Ung. (oligocène). — 2. *Laurus primigenia*, Ung. (oligocène sup.). — 3. *Laurus primigenia*, Ung. (aquitanien). — 4. *Laurus princeps*, Hr. (miocène sup.). — 5. *Laurus canariensis pliocenica* (Meximieux).

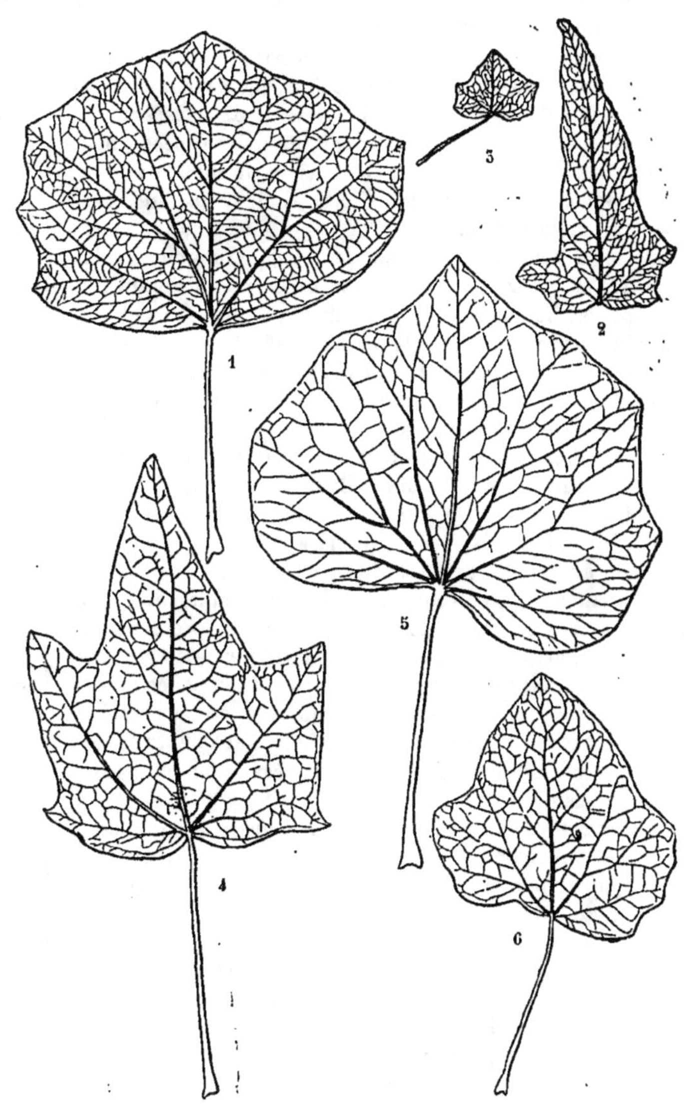

Fig. 44. — Modifications successives du type lierre (*Hedera*) dans le cours de l'époque tertiaire.

1. *Hedera prisca*, Sap. (paléocène, Sézanne). — 2. *H. Philiberti*, Sap. (éocène sup., gypses d'Aix). — 3. *H. Kargii*, Br. (miocène, Œningen). — 4. *H. Acutelobata*, Sap. (pliocène inf., Dernbach). — 5. *H. Mac-Cluri*, Hr. (miocène inférieur, Groënland). — 6. *H. Strozzi*, Gaud. (pliocène inf.. Toscane).

des Dicotylédones et la décroissance des Cycadées et des Conifères. Cette révolution, dit M. de Saporta, a été aussi rapide dans sa marche qu'universelle dans ses effets. Il serait certes intéressant de suivre l'auteur dans l'énumération qu'il fait des ancêtres de nos végétaux communs actuels, de lui voir décrire les premiers des peupliers, des hêtres, des lierres, des châtaigniers, des platanes et autres, mais cela nous conduirait bien loin et nous forcerait à donner à cet article une étendue dont nous ne pouvons disposer ici. Nous avons d'ailleurs suivi, et c'était là l'important, l'évolution végétale à travers ses principales phases, c'est-à-dire que nous avons en quelque sorte assisté à l'apparition successive des différentes classes de plantes; nous avons vu se produire dans la végétation des mouvements de hausse et de baisse, des périodes d'activité alterner avec des périodes de repos relatif, et cette suite ou mieux ce défilé de phénomènes nous a permis, sinon de comprendre, du moins de constater les transformations de la vie dont l'ensemble s'appelle l'Évolution.

Nous trouverions des phénomènes analogues dans la série des temps tertiaires, à l'étude de laquelle M. de Saporta a consacré son plus long chapitre. Cette partie de son livre vaut surtout par les nombreuses descriptions de plantes qu'elle contient. Elle nous montre plus que de simples successions de flores. La différenciation toujours croissante des divers types, et par suite la multiplication des espèces, nous conduisent insensiblement à l'état actuel du monde végétal. Nous voyons naître les flores locales, dont quelques-unes sont si nettement définies qu'on a pu, l'imagination aidant un peu, reconstruire, à l'aide de quelques fragments bien conservés, les principaux genres ou espèces dont elles étaient composées. La figure 36 représente un groupe de ces plantes ainsi restaurées. Les nombreuses modifications qu'a subies le règne végétal pendant l'âge tertiaire, la formation de flores locales, etc., s'expliquent aisément si on se rappelle ce que nous avons dit plus haut de l'influence qu'exerce le milieu sur les êtres vivants et en particulier sur les plantes, qui ne peuvent pas le fuir. L'égalité climatérique n'existe plus; le continent européen, jusque-là constitué par des îles, tend pour ainsi dire à s'agréger, à prendre la forme que nous lui voyons aujourd'hui; le sol est soumis à des mouvements d'oscillation qui changent souvent la configuration et le relief des diverses contrées; des lacs d'eau douce s'établissent, puis disparaissent; la nature du sol varie à plusieurs reprises, des dépôts marins recouvrent des dépôts d'eau douce et réciproquement. Cette instabilité du milieu a dû évidemment s'accompagner d'une instabilité de la flore et amener ces différences qui ont fini par constituer la végétation européenne de notre temps.

Comme nous l'avons fait remarquer, en parlant des anciens climats, lorsqu'on remonte le cours des âges et en particulier des âges tertiaires, on voit la végétation prendre de plus en plus le caractère tropical; voilà pourquoi à ces époques existaient en Europe une multitude de formes qui n'y peuvent plus vivre aujourd'hui. Les Palmiers et les Cycadées (fig. 37), les grandes et belles Fougères ont pris depuis longtemps la route de l'exil. En revanche, d'autres formes n'ont jamais quitté la région où elles sont nées, c'est-à-dire où elles ont apparu pour la première fois. Tels sont, par exemple, le laurier, la vigne, le lierre et autres.

Les nombreuses figures que M. de Saporta a intercalées dans son texte, tout en nous représentant les principaux types végétaux du passé, nous offrent encore l'avantage de pouvoir comparer les espèces de même type, et de constater *de visu* les modifications respectives de ces espèces et leur passage des unes aux autres. Nous sommes loin, sans doute, de posséder tous les termes de toutes les séries; mais ce que nous savons de quelques-unes nous permet de juger, par analogie, de ce qui a dû se passer chez les autres. Voici, par exemple, des formes de chênes paléocènes et éocènes (fig. 42), qui montrent nettement comment s'est exercée sur cette essence l'influence du climat, depuis la formation de Gelinden, base du paléocène, jusqu'aux gypses d'Aix, c'est-à-dire l'éocène supérieur. Les formes représentées ici appartiennent à la catégorie des chênes à feuilles entières; mais il y a aussi une autre catégorie à feuilles dentées ou lobulées dans laquelle nous pourrions constater des modifications analogues. On voit que les feuilles, d'abord ovalaires, tendent de plus en plus à s'allonger, et ces formes lancéolées expriment bien réellement l'action du climat chaud et sec de l'éocène, qui succéda au climat chaud, mais humide, du paléocène.

Deux autres exemples saillants de ces filiations d'espèces nous sont fournis par le type laurier (fig. 43) et par le type lierre (fig. 44). Les variétés larges du *Laurus primigenia* conduisent insensiblement au *Laurus canariensis*. « Il semble, dit M. de Saporta, que les formes étroites de ce même *Laurus primigenia*, qui sont en même temps les plus anciennes, marquent l'existence d'une race due à l'influence du climat éocène. Les effets de cette influence s'atténuent graduellement à mesure que l'on s'avance vers l'Aquitanien, et, à Armissan d'abord, à Manosque ensuite, la liaison entre les feuilles amplifiées du *Laurus primigenia* et celles des *Laurus canariensis* et *Laurus nobilis* se prononce de plus en plus. Le *Laurus princeps*, du miocène supérieur, se rapproche plus encore de notre laurier, dont la race canarienne se montre enfin avec tous les caractères que nous lui connaissons, à Meximieux, dans le pliocène inférieur. »

Quant au lierre, son ancêtre le plus éloigné est une espèce de la craie cénomanienne de Bohême, l'*Hedera primordialis*, dont la feuille large atteste l'humidité de l'ancien climat sous lequel elle a vécu. L'espèce paléocène, *Hedera prisca*, trouvée à Sézanne, s'éloigne sensiblement de l'espèce précédente par les saillies anguleuses de sa feuille et par ses dimensions plus petites. L'*Hedera Philiberti*, découvert récemment dans les gypses d'Aix par M. le professeur Philibert, témoigne bien, par sa forme étroite et pointue, de l'influence du climat éocène. Il rappelle étonnamment les formes les plus maigres du lierre d'Alger, et aussi les formes que prend le lierre européen, lorsque ses tiges rampent sur le sol; de sorte que ces deux dernières races peuvent bien avoir eu l'*Hedera Philiberti* pour point de départ commun. L'*Hedera Kargii*, caractérisé par ses très petites feuilles, semble dériver de l'*Hedera prisca*. L'*Hedera acutelobata* diffère à peine de l'espèce actuelle, de même que l'*Hedera Mac-Cluri* se confond presque avec le lierre d'Irlande. En résumé, si l'on considère les variétés que présente notre lierre actuel, on est tenté de croire que les formes anciennes n'ont appartenu qu'à des races d'une même espèce.

Nous terminerons là cette analyse. Les lecteurs désireux de mieux connaître l'important sujet que nous n'avons fait qu'effleurer auront toujours la facilité de recourir à l'ouvrage de M. de Saporta, dont la lecture est d'ailleurs aussi agréable qu'instructive.

LES ILES BRITANNIQUES

D'après M. Élisée Reclus (1).

On a dit souvent que la mer réunit les peuples qu'elle a l'air de séparer. Cela semble vrai surtout de la mer du Nord, mince couche d'eau étalée dans une dépression qui ne dé-

(1) *Nouvelle géographie universelle*, t. IV (Belgique, Hollande, Iles-Britanniques). 1 vol. grand in-8° jésus, contenant 6 cartes coloriées,

passe pas beaucoup 50 mètres de profondeur normale dans la plus grande partie de son étendue. Autour de cette dépression se groupent l'Angleterre et l'Islande à gauche, le Danemark et la Norwège à droite, la Belgique, la Hollande et l'Allemagne au sud, tandis qu'au nord on arrive brusquement aux abîmes de l'océan Glacial, profonds de plusieurs milliers de mètres.

Très rétrécie vers le sud, la mer du Nord rapproche réellement l'Angleterre d'un côté, la Belgique et la Hollande de l'autre. Ces trois pays se ressemblent d'ailleurs beaucoup à une foule de points de vue, et M. Élisée Reclus a eu raison de les réunir dans le même volume, le quatrième de la *Nouvelle géographie universelle.*

Dans les articles consacrés aux précédents volumes de ce grand ouvrage (1), nous avons indiqué le procédé ordinaire de composition d'Élisée Reclus. Ce procédé n'a pas changé pour le présent volume; néanmoins l'auteur, tout en le conservant, n'a pas cru devoir l'appliquer avec la même uniformité rigoureuse pour chacune de ses études. C'est ainsi que les considérations géologiques ou ethnologiques qui occupaient dans le précédent volume une place de telle importance, alors qu'il s'agissait de déterminer la physionomie du continent central européen et des races qui l'occupent, se trouvent notablement réduites dans celui que nous présentons maintenant à nos lecteurs.

Ayant à nous entretenir des Pays-Bas et de l'Angleterre, il a préféré avec raison nous faire assister à la naissance industrielle de ces pays, et nous expliquer la nécessité qui s'imposait à l'un comme à l'autre d'occuper leur rang dans le monde, surtout au point de vue de la richesse industrielle et de l'activité commerciale. Nous ferons comme lui, en parlant spécialement de l'Angleterre. Parmi les divers aspects sous lesquels on peut considérer un pays, il y en a toujours un qui le caractérise plus spécialement que les autres, et, pour l'Angleterre, c'est assurément le côté industriel qui prédomine. De même que l'Italie semble partout un musée, l'Angleterre paraît presque une vaste maison de commerce.

I.

La première des nations par la richesse, l'Angleterre, est également la première par l'activité industrielle et commerciale. Ses échanges représentent à peu près le tiers de ceux de toute l'Europe. Depuis l'année 1871, ils dépassent régulièrement 15 milliards de francs, non compris le commerce des métaux précieux ni les énormes bénéfices réalisés par le transport des marchandises étrangères sur navires anglais. L'Allemagne et la France, qui sont les pays les plus commerçants du continent européen, n'ont pas ensemble un mouvement aussi considérable.

C'est avec la nation américaine, sa sœur par la langue et en partie par la race, que la nation anglaise fait le plus grand commerce. En 1876, il a été de 2 milliards 318 millions. Puis vient la France pour 1 milliard 524 millions, et l'Allemagne pour 929 millions. Remarquons en passant que, dans cette année 1876, le total de la France accuse, pour l'importation en Angleterre, 1 milliard 122 millions, tandis que l'exportation en France n'a pas dépassé 402 millions. C'est le charbon qui donne à l'Angleterre sa supériorité industrielle, qui en a fait la nation commerciale par excellence, et qui a contribué pour une bonne part à sa domination politique. La France, mal pourvue de houilles sur certaines parties de son territoire, constitue depuis longtemps et restera certainement pendant de longues années le meilleur acheteur du combustible anglais.

En 1876, la production de la houille dans le monde, d'après Neumann Spallart, a été de 287 millions de tonnes, sur lesquels près de la moitié, 136 millions, ont été extraits de la Grande-Bretagne et de l'Irlande. La France n'en a produit que 17 millions de tonnes; elle en a demandé à sa voisine un peu plus de 3 millions de tonnes, qu'elle a payés 39 millions de francs.

Un cinquième ou un sixième seulement de la houille retirée des mines anglaises est employé pour les usages domestiques; les trois quarts servent à l'entretien des fabriques, à la navigation, à la traction des locomotives; la plus grosse part est prise par les usines métallurgiques. L'exploitation du minerai de fer s'ajoute à celle de la houille dans un grand nombre de charbonnages anglais.

Par la mise en œuvre, aussi bien que par l'exploitation des richesses souterraines, la Grande-Bretagne occupe le premier rang dans le monde. Elle a même une importance encore plus considérable pour la fabrication du fer que pour l'extraction des houilles, car la moitié de la fonte, du fer et de l'acier employé par les hommes sort de ses usines. On a répété souvent que la prospérité d'un pays se mesure à la quantité de fer qu'il consomme; et, quoique la civilisation comprenne bien d'autres conquêtes encore que celles des métaux, il est certain que nulle n'a plus d'importance. Depuis l'abandon du travail au charbon de bois, l'accroissement de l'industrie a été rapide en Angleterre, surtout en Écosse, et c'est par centaines de mille tonnes que le produit de la fabrication s'est augmenté par décades jusqu'à ces dernières années. Les hauts fourneaux de l'Angleterre pourraient produire au moins 8 millions de tonnes de fer et d'acier; mais le monde n'a pas assez de sécurité matérielle pour acheter ni même assez de richesse actuelle pour employer tout ce que les usiniers offrent de livrer. Aussi l'industrie métallurgique subit-elle une crise douloureuse depuis cinq ans, et, récemment, près de la moitié des fourneaux ont éteint leurs feux.

L'Angleterre est également le pays où, depuis l'emploi des machines à vapeur, la fabrication textile a pris le plus d'importance. En 1861, elle tissait à elle seule exactement la moitié des cotonnades employées dans le monde; depuis cette époque, la quantité s'en est encore accrue. En 1877, la quantité de coton employée par ses fabriques s'est élevée à 549 millions de kilogrammes, total qui l'emporte de 142 millions sur celui de la quantité de coton employé sur tout le continent européen. Néanmoins, la proportion relative de son travail est moindre, l'industrie ayant grandi plus rapidement encore sur le continent d'Europe et aux États-Unis. Les tisseurs de l'Europe lui ont enlevé plusieurs marchés et fabriquent mieux certaines étoffes; les États-Unis, dont l'industrie, protégée par des droits différentiels, prend un accroissement considérable, quoique factice et ruineux pour le pays, ne peuvent plus acheter leurs cotonnades dans le

---

205 cartes dans le texte, et 81 vues et types gravés sur bois. Hachette et Cie.

(1) Voyez la *Revue scientifique* du 16 décembre 1876, t. XI, 2e série, p. 577, et du 15 juin 1878, t. XII, 2e série, p. 1178.

Royaume-Uni; il y a là par conséquent une véritable décroissance relative.

La supériorité de la Grande-Bretagne existe aussi pour la fabrication des étoffes de chanvre, de lin, de jute; Belfast est de toutes les villes du monde celle qui tisse le plus de toiles, et Dundee est le centre principal de l'industrie des jutes, quoiqu'elle ait maintenant de puissantes rivales dans l'Inde, aux lieux mêmes de production de la matière première.

C'est aussi dans la Grande-Bretagne, qui est d'ailleurs le pays d'Europe produisant la plus grande quantité de laine, que se tissent en plus grand nombre les draps, les serges et autres lainages, dont elle vend à l'étranger une quantité toujours croissante, principalement en tissus à bas prix et de faible qualité. A l'égard de cette industrie, l'Angleterre a toujours une certaine supériorité sur la France, surtout pour le nombre des tapis. Mais elle lui reste de beaucoup inférieure en quantité, et surtout en qualité, pour la fabrication des soies, l'étoffe par excellence.

Fig. 45. — Le château de Windsor, résidence de la reine d'Angleterre.

Outre les principales fibres textiles, l'Angleterre emploie encore beaucoup d'autres matériaux du même genre; on sait quelle importance l'importation de l'alfa d'Algérie a prise dans ces dernières années pour la fabrication d'un papier dont quelques-uns de nos journaux français ont à leur tour adopté l'emploi. En 1876, la fabrication générale du papier a donné en France 148 000 tonnes; en Angleterre, 180 000.

Les seules industries textiles emploient dans les Iles Britanniques environ 1 million de personnes, sans compter la multitude des prolétaires qui en vivent indirectement. Toute la population industrielle se compose d'environ 5 millions d'individus, non compris les familles des ouvriers qui dépendent du travail des usines sans y être employées elles-mêmes. Pris en masse, les revenus de l'industrie anglaise proprement dite sont évalués à plus de 12 milliards; ils ont plus que quintuplé depuis 1815; suivant l'ingénieur Fairbairn, le nombre total des chevaux-vapeur employés en Angleterre était, en 1865, de 3 millions 650 mille, équivalant au travail de 76 millions d'ouvriers. On doit actuellement évaluer leur force à celle de 100 millions au moins; chaque habitant, si cette force était également répartie entre tous, aurait à son service trois esclaves dont les muscles d'acier, mis en mouvement par la houille, ne se lassent jamais.

Outre ses mines, ses hauts fourneaux, ses filatures, ses papeteries, ses usines et ses chantiers, qui comptent leurs ouvriers par millions, on rencontre partout en Angleterre le briquetier anglais, le maçon écossais, le terrassier irlandais, le forgeron gallois, occupés à construire des villes, des fabriques et des chemins de fer.

II.

Malgré la faible étendue de son territoire, comparé à celui des grands deÉtats l'Europe, le Royaume-Uni est celui d'entre eux, l'Allemagne exceptée, qui possède le plus long réseau de voies ferrées. Ayant eu l'honneur d'inaugurer le premier chemin de fer, en 1825, il a, depuis ce temps, consacré à la facilité des communications, une part plus considérable de son épargne que tout autre pays; nulle part les voies ferrées ne transportent autant de voyageurs et de pareilles quantités de marchandises. En moyenne, chaque Anglais fait annuellement vingt voyages, tandis qu'un Français en fait trois seulement.

Fig. 46. — Une ville universitaire anglaise. — La rue haute à Oxford.

Les lignes des Iles Britanniques appartiennent à quatre-vingt-douze compagnies distinctes, mais les plus grandes sont entre les mains de sociétés puissantes, qui ont acheté la plupart des petites lignes entremêlées à leur réseau, et, tantôt par la concurrence, tantôt par l'association des intérêts, cherchent à grossir les revenus. En moyenne, le produit net de ces lignes représente le tiers de leur produit brut. Mais elles sont loin cependant de donner des bénéfices comparables à ceux des grandes compagnies de chemins de fer français.

De même que les déplacements toujours plus nombreux par chemins de fer, l'accroissement rapide des lettres, des envois postaux et des télégrammes témoigne, pour l'Angleterre, d'une activité commerciale hors de pair avec le reste de l'Europe. Chaque Anglais écrit en moyenne trois fois plus de lettres et envoie deux fois plus de dépêches que les autres Européens. Grâce à leur position insulaire, les Iles Britanniques sont, de toutes les contrées du monde, celle qui se rattache aux autres pays par les câbles sous-marins les plus nombreux. De toutes parts, elles sont comme frangées de fils télégraphiques. Les deux centres les plus importants pour les communications avec les pays d'outre-mer sont : Penzance, près du cap Lands'end, et Valentia, près du cap Clear.

Un fait économique des plus importants, et gros de conséquences pour l'avenir, c'est le ralentissement des transactions et la diminution constante et rapide des exportations anglaises. L'industrie de la Grande-Bretagne, qui cherche incessamment de nouveaux débouchés par le monde entier, voit se fermer précisément les ports des nations civilisées qui lui achetaient auparavant presque tous ses produits manufactu-

Fig. 47. — Maison du XVIe siècle à Shrewsbury.

rés; de plus en plus, les nations rivales sont en état de soutenir la lutte avec le peuple qui les initia à ses procédés industriels; depuis 1872, l'Angleterre n'a cessé chaque année de vendre moins de cotonnades et d'autres étoffes, moins de fer et de machines. L'écart de l'importation à l'exportation annuelle dépasse maintenant 3 milliards 1/2 de francs.

Certes, cet écart est énorme. Mais, à n'en pas douter, il est en partie comblé par des bénéfices autres que ceux des usines.

L'excédent des importations est surtout compensé par les placements considérables que les Anglais ont faits au dehors sur les fonds d'État et sur les valeurs industrielles, ainsi que par les bénéfices considérables du commerce maritime.

Fig. 48. — Types irlandais.

Presque toutes les lignes télégraphiques sous-marines leur appartiennent; les mines du Brésil, les chemins de fer d'une partie de l'Amérique du Sud, une grande partie des sucreries de l'Égypte sont en leur possession.

III.

La capitale de cet empire commercial, Londres, était une ville de trafic maritime, même avant l'époque romaine, et, pendant le moyen âge, elle redevenait un centre de commerce, aussitôt que le permettaient les circonstances. D'ailleurs, ainsi que le faisait déjà remarquer John Herschel, Londres n'est pas éloigné du centre géométrique de toutes les masses continentales; nulle cité n'est par conséquent mieux placée pour devenir le port de convergence et de passage du monde entier. Aussi est-ce des bureaux innombrables de la Cité que part le plus puissant mouvement d'impulsion donné à l'activité du reste des hommes.

C'est aux banques de Lombard-street — quartier de hauts palais de granit, de marbre ou de briques, presque vides la nuit, mais où fourmille dans la journée plus d'un million d'hommes — que viennent s'adresser les gouvernements en détresse, les compagnies de mines ou de chemins de fer, les inventeurs de tout genre et les spéculateurs de toute espèce.

Outre leurs envoyés officiels auprès du cabinet de Saint-James, il est peu de gouvernements qui n'aient des représentants spéciaux auprès des financiers de Lombard-street. Il y a là probablement plus de capitaux disponibles que dans tous les autres marchés réunis; ce grand avantage permet aux banquiers anglais de s'emparer les premiers de toutes les occasions de profit qui se présentent dans les contrées les plus diverses.

Fig. 49. — Le retour de la pêche aux harengs, à Stornoway (Écosse).

Comme marché de capitaux, Londres n'a pas de rivale au monde. Paris même est loin d'avoir une aussi forte quantité de fonds disponibles, car ce n'est qu'exceptionnellement qu'ils sont déposés dans les banques, et peuvent être utilisés aussitôt que leur intérêt les porte vers une entreprise nouvelle. Grâce aux renseignements qui, de toutes les parties du monde, vont affluer à Londres comme à un centre commun, les capitalistes de la Cité sont les premiers à connaître où peuvent se faire les placements de quelque avantage, et par cela même quelques pays leur envoient régulièrement le plus clair de leurs revenus.

Première ville du monde par le commerce et l'argent, Londres est aussi la première par le mouvement des échanges et l'importance de sa navigation. C'est le marché principal de la terre pour les thés, les cafés et la plupart des denrées coloniales; c'est là aussi que sont apportées les laines d'Australie, d'Afrique, des contrées situées hors d'Europe; de même les acheteurs étrangers doivent s'approvisionner à Londres : une foule de marchandises ne sont importées sur le continent d'Europe que par l'intermédiaire du port de la Tamise.

Depuis le commencement du dernier siècle, le mouvement total des échanges de Londres avec l'étranger a presque vingtuplé, et l'accroissement se continue, plus rapide de décade en décade. Le port de Londres est un monde dont on ne peut se faire idée, quand on n'y a point pénétré. D'ailleurs tout l'estuaire de la Tamise est considéré, en vertu d'une décision de la cour de l'Échiquier, comme étant le port de Londres, et cette décision est certainement d'accord avec la réalité. Le mouvement des affaires qui s'y traitent, et qui n'atteignait pas 900 millions au commencement de ce siècle, a été de 4 milliards 675 millions pour l'année 1876, lesquels ont produit à la douane anglaise une recette de 257 millions.

Un seul établissement, les Victoria-docks, ont ensemble 260 hectares, plus de 2 kilomètres carrés, et, si étendus qu'ils soient, ils doivent s'augmenter encore de nouveaux terrains, autour desquels la ville développe le réseau de ses rues constamment prolongées. Ainsi Londres maritime ne cesse de s'accroître. A cause même de leur nombre, ses docks ne produisent pas sur le voyageur l'impression à laquelle il s'était préparé. Il faut les parcourir du matin au soir, y vivre pendant des semaines, voyager d'entrepôts en entrepôts et de bassin en bassin, par voie ferrée et par bateaux à vapeur; voir les rangées interminables de navires de toutes nations, contempler les marchandises accumulées de tous les points du monde, assister à ces opérations sans nombre de chargement ou de déchargement, pour se faire une idée du prodigieux mouvement d'échanges qui s'opère dans les docks riverains de la Tamise, et qui se traduit par les milliards d'affaires dont nous avons parlé ci-dessus.

Fig. 50. — Un paysage irlandais. — La vallée de Glendalough : la tour ronde et les sept églises.

IV.

Les Anglais, comprenant bien que les profits des manufactures peuvent diminuer, ou même tarir en entier par la concurrence des nations étrangères, se sont appliqués avec succès à se mettre au service de tous les peuples par l'industrie des transports maritimes; ils se sont faits pour ainsi dire les commissionnaires de tous les autres pays du monde. De là leurs efforts incessants pour découvrir et s'ouvrir de nouveaux débouchés.

La flotte de commerce des Iles Britanniques représente à peu près le tiers de la marine marchande européenne; si l'on y ajoute les navires de toutes ses possessions coloniales, on atteint un ensemble imposant, qui ne représente pas moins que le tiers de la marine du monde entier. D'année en année, cette flotte, montée par plus de 200 000 marins, ne cesse de s'augmenter ou de se perfectionner. L'importance des navires à vapeur l'emporte aujourd'hui sensiblement sur celle des vaisseaux voiliers; pour le service des voyageurs, les bâtiments à voiles sont presque partout abandonnés. De même, la coque en bois est partout délaissée pour la coque en fer. Cette flotte si considérable comptait, en 1877, un nombre total de 25 090 bâtiments, jeaugeant 6 336 000 tonnes, dont 20,538 voiliers jaugeant 4 200 000 tonnes, et 4 552 vapeurs jaugeant 2 136 000 tonnes.

La marine anglaise est trop nombreuse pour que l'énorme commerce du Royaume-Uni la puisse occuper en entier. Aussi la voit-on sur toutes les mers; dans beaucoup de pays étrangers, elle sait enlever le transport même aux marines locales. Le mouvement de sa navigation, en 1876 a été, dans les ports seuls du Royaume-Uni, de 33 441 979 tonnes; celui des marines étrangères réunies n'a réalisé qu'un transport de 17 342 923 tonnes, seulement un peu plus de la moitié.

De plus, sur les côtes des deux grandes îles de la Grande-Bretagne et de l'Irlande, plus de 25 000 embarcations montées par 50 000 pêcheurs s'occupent de l'approvisionnement des marchés de Londres et des autres ports, tant pour la consommation intérieure que pour l'échange extérieur. Enfin plus de 1 200 yachts de plaisance, dont quelques-uns sont de véritables palais flottants, complètent la marine libre de l'Angleterre.

V.

Malgré la diminution constante de ses exportations, l'Angleterre est certainement le plus riche pays du monde. En s'appuyant sur les documents relatifs à l'*income-tax* ou impôt sur le revenu, son ministre des finances constate que le capital britannique s'est accru de 5 milliards environ chaque année depuis 1865; c'est donc un total de 75 milliards ajouté depuis cette époque jusqu'à nos jours à la richesse de la nation.

Malheureusement, cette richesse est fort inégalement repartie; l'Angleterre est le pays des immenses fortunes, mais aussi de la misère extrême. Plus de neuf cent mille personnes, le trente-sixième de la population, appartiennent à l'indigence d'une façon permanente, et plus de deux millions d'autres demandent à leurs paroisses des secours temporaires.

Il faut toutefois se hâter d'ajouter que, grâce à cet accroissement du capital national, le nombre des indigents a notablement diminué. Pendant la période que nous venons de citer, les workhouses ont perdu un tiers de leurs habitants, pendant que les deux tiers des pauvres valides trouvaient une occupation au dehors. Une certaine partie de l'or gagné par toutes les nations du globe a donc pénétré jusque dans les couches profondes du prolétariat anglais.

Quant aux artisans et aux employés de la classe moyenne, il suffit d'entrer dans leurs maisons pour se faire idée de l'aisance qui s'y est peu à peu répandue : partout des meubles solides, des tapis, des objets de luxe. Les ouvriers anglais à salaire régulier habitent, pour la plupart, des logements supérieurs, par l'aspect ou pour l'agrément, à ceux des habitants et des bourgeois français. Les économies de l'artisan anglais sont considérables, non seulement dans les caisses d'épargne proprement dites, mais encore dans les sociétés coopératives d'achat ou d'entretien, et surtout dans les caisses des unions de métier, si connues sous le nom de *Trades-Unions*.

Comme les progrès du bien-être, les progrès de l'instruction publique ont été considérables ces dernières années. En 1870, l'instruction obligatoire, sous une forme indirecte, était votée par le Parlement pour l'Angleterre et le pays de Galles; deux ans plus tard, une loi analogue était appliquée à l'Écosse. L'éducation publique ne s'est développée nulle part d'après un plan arrêté à l'avance; on a partout laissé liberté entière à l'initiative privée, qu'elle fût d'ailleurs de caractère religieux ou laïque.

La proportion des Anglais complètement ignorants de la lecture et de l'écriture est un peu moindre que celle des Français illettrés. Mais, d'autre part, le nombre des enfants qui profitent de l'enseignement secondaire est moindre qu'en France. Tandis que 157 000 jeunes Français reçoivent l'instruction dans les lycées, les collèges et les écoles libres correspondantes, on ne compte que 25 000 jeunes Anglais dans les écoles de grammaire ou autres, qui donnent une instruction analogue à celle des établissements secondaires français. Ces écoles sont considérées en Angleterre comme destinées seulement aux riches et aux nobles, tandis qu'en France elles sont ouvertes aux enfants de la classe moyenne et quelquefois pauvre. On sait d'ailleurs que, dans certains collèges, la division des castes s'est maintenue avec une rigidité digne de l'Inde. Ainsi, dans la plus ancienne école de l'Angleterre, le collège de Winchester, les élèves sont partagés en trois classes sociales : les élèves de fondation, admis et servis gratuitement; les *commoners*, qui payent leur pension, et les pauvres, qui sont tenus de servir les autres. Cette organisation paraît au moins bizarre et quelque peu anti-égalitaire.

Ainsi que nous l'avons dit au commencement de cet article, M. Élisée Reclus a relégué au second plan les considérations géologiques, et même ethnographiques, pour trouver place à s'étendre sur la situation industrielle et commerciale des trois pays de l'Europe du Nord qui se distinguent le plus par l'activité de leur industrie ou de leur commerce. Et certainement il a eu raison de rompre l'uniformité d'une méthode qui deviendrait fatigante dans un ouvrage de cette longueur. Mais le volume n'en contient pas moins de fort belles descriptions physiques, comme celles de la mer du Nord et de l'Irlande, par exemple. Enfin les gravures reproduites ici montrent que, dans ce volume, comme dans les précédents, on a prodigué les cartes, établies avec le plus grand soin, ainsi que les vues des villes ou des merveilles de la nature.

CONGRÈS INTERNATIONAL DES AMÉRICANISTES

Session de Bruxelles.

Le choix d'un nom, pour désigner une science nouvelle, n'est pas aussi indifférent qu'on pourrait le croire tout d'abord. Nous en avons la preuve dans le sort du mot *américanisme*, inventé, je crois, par la Société américaine de France, pour désigner les études ethnographiques, archéologiques et linguistiques relatives au Nouveau-Monde, durant les temps antérieurs à Christophe Colomb.

Le Congrès des Américanistes a tenté, avec une ardeur louable, de constituer pour ces études des assises internationales, où il espérait réunir tous les deux ans une assemblée de savants d'élite, capable de relever une science depuis longtemps discréditée, — et malheureusement non sans quelque raison, — dans nos académies européennes.

Les deux premières sessions de ce congrès ont été fréquentées par un grand nombre de curieux, qui étaient attirés par l'importance et l'intérêt des questions relatives aux origines et à l'histoire ancienne, encore si peu connue, de la moitié du globe que nous habitons. Il ne manquait au succès de la tentative que des américanistes, des savants autorisés, en nombre suffisant pour maintenir le Congrès dans le domaine de la science sérieuse et positive. Il s'agissait, il est vrai, d'un début : on pouvait être très indulgent. La session de Bruxelles nous a prouvé, fort à regret, que cette indulgence sera probablement nécessaire longtemps encore, ou plutôt que, faute de pouvoir réunir assez de collaborateurs versés dans les questions américaines, le Congrès était menacé de changer de caractère et d'objectif.

Américanisme, s'est-on dit, signifie étude de l'Amérique. — Pourquoi donc ne pas s'occuper de l'Amérique moderne, de l'Amérique contemporaine ? Au lieu de fouiller les vieilles nécropoles du Mexique, du Yucatan et du Pérou, où nous ne pouvons songer à découvrir autre chose que des restes poudreux de civilisations éteintes, pourquoi ne pas s'occuper plutôt de ces races généreuses et énergiques qui ont supplanté, d'un bout à l'autre de l'hémisphère transatlantique, les misérables populations indiennes incapables de progrès et sans avenir ? La proposition devait réunir des partisans, et elle en a réuni à Bruxelles plus qu'il n'en faut pour compter sur un triomphe complet à l'époque de la prochaine session, à Madrid, en 1881. Cela réussissait d'autant mieux que le groupe qui l'a soutenue s'appuie sur un intérêt immédiat, celui de l'union des races latines du Nouveau-Monde. Quelques protestations contre cet envahissement du domaine primitif de l'Américanisme se sont bien fait entendre, mais les voix qui les prononçaient n'avaient pas l'autorité voulue pour faire préférer les recherches, le plus souvent désintéressées, de l'érudition à l'étude des problèmes palpitants de vie et de jeunesse que soulève l'Amérique espagnole de nos jours.

La cause de l'Américanisme archéologique est bien près d'être perdue au Congrès international ; ce n'est plus qu'une question de temps, et de temps très court ; on verra bientôt triompher l'Américanisme moderne, fondé sur la politique, l'économie sociale, l'industrie et le commerce.

Pour résister à l'invasion de l'élément latino-américain, et un jour prochain sans doute à l'élément yankee, il eût fallu dans le Congrès des savants acceptés. On en comptait bien quelques-uns à Bruxelles, comme précédemment à Nancy et à Luxembourg. Mais à une ou deux exceptions peut-être, tous ne cultivaient que les petits côtés de l'Américanisme. Que serait devenue la grande institution du Congrès international des Orientalistes, si dans ses assises périodiques elle n'avait compté, en fait d'Orientalistes, que quelques personnes sachant le pouchtou, le tagalog et le kamtchadale, et s'il ne s'y était trouvé aucun philologue ayant une connaissance au moins rudimentaire de l'hébreu, de l'arabe, du sanscrit et du chinois ? Le Congrès des Orientalistes eût eu le sort du Congrès des Américanistes, et, à la prochaine session, il eût fallu s'attendre à voir la tribune occupée par des communications sur le percement de l'isthme de Krâ, la question de l'opium et celle des Messageries nationales.

Pour prétendre au titre d'*américaniste,* dans le sens où l'ont compris ceux qui l'ont employé les premiers, il faut connaître quelque peu à fond une langue américaine au moins, et il ne faut pas appartenir à cette école répudiée par l'érudition, à laquelle elle a fait un mal si difficile à réparer, qui croyait pouvoir fabriquer de la linguistique en fouillant au hasard dans une collection de grammaires et de dictionnaires de langues, qu'il eût été quelque peu pénible d'apprendre, mais sur lesquelles il était on ne peut plus commode de disserter et de divaguer. La méthode de ce genre de linguistes est jugée ; il est triste de la voir fleurir dans un congrès consacré aux études américaines.

Les regrets que nous exprimons au sujet de la marche du Congrès de Bruxelles — lequel ne pouvait guère aboutir à d'autres résultats, la Belgique ne comptant pas un seul américaniste connu, — se sont accru en entendant un délégué espagnol, M. Jimenez de la Espada, énumérer les richesses archéologiques américaines de quelques collections publiques et particulières de son pays. Les investigations des correspondants de la commission scientifique du Mexique, instituée par le gouvernement français en 1865-1866, ont prouvé combien il était difficile de découvrir en Amérique des manuscrits anciens sur la civilisation indienne, et, à moins de se décider à entreprendre des fouilles considérables dans la région isthmique surtout, il ne faut guère espérer trouver en Amérique même autant de documents américains qu'en Espagne. La collection de dessins et de photographies présentée au Congrès de Bruxelles par M. de la Espada est à peu près exclusivement composée de monuments péruviens, et comme jusqu'à présent on n'a pas encore découvert un seul monument *écrit* au Pérou, toutes ces représentations plastiques, le plus souvent d'une étonnante originalité, d'une bizarrerie *sui generis,* par exception seulement d'une forme et d'un dessin quelque peu artistique, demeurent à l'état d'énigme inexpliquée pour les curieux qui doivent se borner à les regarder sans les comprendre.

Une idole de la collection de M. de la Espada aurait dû fixer d'une manière toute particulière l'attention du Congrès. Cette idole, désignée par le nom de son heureux possesseur, *le comte d'Huaqui,* a été signalée comme une production de l'art asiatique ; et, comme elle est accompagnée d'une inscription, il y aurait peut-être eu lieu de déterminer sa provenance. Personne, dans l'assemblée, n'a pu reconnaître les signes tracés sur cette inscription, très lisible d'ailleurs, et qui sera interprétée à la prochaine séance de la Société américaine de France, où elle soulèvera sans doute un très singulier problème d'ethnographie et d'histoire antécolombienne.

M. Lucien Adam, vice-président des trois sessions du Congrès, dont il a dirigé les travaux, et qui avait fait à Luxembourg un travail sur 16 langues américaines, a présenté au Congrès de Bruxelles un nouveau travail sur 16 autres langues indiennes, soit ensemble 32 langues appartenant, suivant lui, à 23 familles complètement distinctes les unes des autres. Il a également appelé l'attention de l'assemblée sur les Caraïbes qui auraient eu deux langues simultanément, l'une pour les hommes, l'autre pour les femmes.

Je ne saurais citer ici, même les titres seuls des nombreuses communications qui ont été faites au Congrès de Bruxelles. Celles qui ont le plus passionné l'assemblée, avaient le défaut d'être étrangères au domaine spécial de l'américanisme. Un jeune littérateur de la Plata, M. Quesada, a traité de l'instruction publique dans les républiques espagnoles, et a soulevé un débat passionné auquel a pris part avec talent M. de la Espada. Le Congrès s'est également occupé de la doctrine de Darwin et de l'application de cette doctrine à la linguistique générale. La question de l'influence des montagnes sur le développement de la civilisation à été traitée par un Français, M. Barrois, qui a montré en outre, par des exemples frappants, combien la création des chemins de fer avait contribué à augmenter le chiffre de la population dans certaines villes modernes de l'Amérique du Nord.

Il faut mentionner enfin la discussion relative à la tradition de l'homme blanc dans l'Amérique précolombienne et à celle du signe de la Croix que quelques membres ont considéré comme une preuve de l'existence du christianisme au Nouveau-Monde, tandis que d'autres y ont vu une création de l'art indigène. Cette discussion, oiseuse à plus d'un égard, s'est cependant terminée de façon à faire triompher l'opinion depuis longtemps accréditée dans la science sérieuse et suivant laquelle la Croix, en dehors des pays du Nord visités par les Scandinaves, n'avait rien de commun, en Amérique, avec le symbole de la foi chrétienne. Il faut regretter seulement qu'on ait cru devoir ajouter que l'image de la croix était, au Nouveau-Monde, de beaucoup antérieure au christianisme, cette affirmation ne reposant absolument que sur une question de sentiment et d'imagination.

Le célèbre anthropologiste de Berlin, M. Virchow, a assisté au Congrès de Bruxelles. A son entrée dans la salle des séances, il a été salué par une triple salve d'applaudissements, et s'est vu l'objet d'une véritable ovation.

Léon de Rosny.

Professeur à l'École des langues orientales vivantes.

BULLETIN DES SOCIÉTÉS SAVANTES

Académie des sciences de Paris. — 29 septembre 1879.

MM. H. Sainte-Claire Deville et Mascart : La règle géodésique internationale. — MM. Gosselin et Albert Bergeron : Les effets et le mode d'action des substances employées dans les pansements antiseptiques. — M. H. Willote : Essai théorique sur la loi de Dulong et Petit. Cas des corps solides, liquides et vapeurs. — M. C. Decharme : Les formes vibratoires des bulles de liquide glycérique. — M. Peters : Découverte de deux petites planètes. — MM. Couty et de Lacerda : Un nouveau curare.

MM. *H. Sainte-Claire Deville* et *Mascart* ont été, comme on le sait, chargés de construire la règle géodésique internationale; ils ont dû en déterminer les constantes physiques et trouver un système qui puisse contrôler la permanence des qualités du métal (platine iridié) ou en mesurer les variations avec le temps. Ce sont les résultats obtenus qu'ils soumettent à l'Académie. Ils font connaître les poids de contrôle qu'ils ont adoptés, la balance, véritable chef-d'œuvre de précision, dont ils se sont servis, ainsi que la manière qui leur semble la meilleure de conserver le tout à l'abri des agents de toute nature qui pourraient occasionner des altérations quelconques. Les détails contenus dans cette note ne pouvant guère être résumés, nous nous contentons de la signaler à ceux qu'elle peut directement intéresser.

— MM. *Gosselin* et *Albert Bergeron* exposent les résultats de leurs études sur les effets et le mode d'action des substances employées dans les pansements antiseptiques. Sous le nom de pansements antiseptiques, les auteurs comprennent tous ceux qu'on fait non seulement avec l'acide phénique, mais aussi avec tous les agents capables d'arrêter, de retarder ou d'amoindrir la décomposition putride. Mais comme ces agents sont assez nombreux, leurs recherches n'ont compris que ceux dont M. Gosselin fait fréquemment usage sur ses opérés et ses blessés, savoir : les solutions d'acide phénique au vingtième, au cinquantième et au centième; la préparation phéniquée, à dose inconnue, qui se trouve dans la gaze sèche de Lister; l'alcool des hôpitaux, qui est à 86°; l'alcool camphré, qui est également à 86°, et l'eau-de-vie camphrée, qui est de l'alcool à 52° ou 53°. Leurs expériences ont porté sur le sang et sur le pus, mais ils ne parlent aujourd'hui que des résultats obtenus avec le sang. Une première série d'expériences a eu pour but de rechercher les effets des différents agents lorsqu'on les mélange avec le sang. C'est l'acide phénique au vingtième qui s'est montré le plus énergique, car on n'a constaté aucune altération jusqu'au vingt-quatrième jour, époque à laquelle le sang était tellement desséché, que l'exploration n'a plus été possible. Dans une deuxième série d'expériences, les auteurs ont opéré sur de la sérosité de sang humain, et ils ont cherché à réaliser quelque chose d'analogue à la condition que leur donne, en clinique, le renouvellement quotidien du pansement, c'est-à-dire que, chaque matin, ils ajoutaient du liquide antiseptique à leurs préparations. Avec l'alcool camphré, l'alcool à 86° et l'acide phénique au vingtième, il n'y a eu, jusqu'au trentième jour, aucune apparence de putréfaction. L'expérience continue. Les auteurs ont ensuite voulu savoir ce que feraient les mêmes agents à distance, c'est-à-dire par évaporation. Du sang a été placé dans un certain nombre de cupules, et chaque cupule a été recouverte d'une gaze ou phéniquée, ou alcoolisée, etc. Dans les trois cupules recouvertes, l'une de gaze alcoolisée (à 86°), l'autre de gaze avec alcool camphré, la dernière enfin de gaze phéniquée au vingtième, on n'a constaté aucune altération, ni mauvaise odeur, ni bactéries, ni vibrions, jusqu'au trente-sixième jour. L'expérience continue. Enfin une quatrième série d'expériences a eu pour objet la recherche des effets produits par la pulvérisation, moyen qu'emploie beaucoup M. Lister et sur la valeur duquel les opinions sont très partagées. Avec l'alcool à 86°, la putréfaction a bien été retardée jusqu'au neuvième jour; mais, à partir de ce moment, elle s'est manifestée très nettement et s'est accentuée de plus en plus. La pulvérisation avec l'acide phénique au vingtième a eu pour effet d'empêcher toute altération jusqu'au trentième jour, et il est probable que la putréfaction ne se produira pas.

— M. *H. Willotte* présente une seconde note sur la loi de Dulong et Petit, note où sont examinés les cas des corps solides, liquides et vapeurs, ainsi que les cas des corps composés. La méthode de raisonnement suivie par l'auteur l'a conduit à cette loi, formulée par M. Hirn : Le produit du poids atomique d'un corps par sa capacité calorifique absolue est constant pour tous les corps simples (loi de Dulong et Petit rectifiée). Pour les corps composés, il existe une loi analogue : Le produit $\frac{AC}{n}$ est le même pour tous les corps de la nature (loi de de Wœstyn rectifiée) : A étant une quantité proportionnelle au poids de la molécule chimique du corps considéré, C étant la capacité calorifique absolue de celui-ci, n le nombre de molécules de corps simples entrant en présence pour former une molécule du corps composé.

— M. *C. Decharme* adresse un mémoire sur les formes vibratoires des bulles de liquide glycérique. Une bulle de liquide glycérique (ou simplement d'eau de savon), posée, par l'intermédiaire d'un support, sur une lame ou une tige vibrante, en suit toutes les oscillations en les amplifiant, et laisse voir, lorsque les conditions sont favorables, des nœuds et des fuseaux nettement dessinés (comme ceux des cordes dans l'expérience de Melde), dont le nombre varie avec la vitesse de vibration et le diamètre de la bulle. M. Decharme s'est proposé de déterminer les relations générales qui peuvent exister entre les éléments du phénomène, et il est parvenu à constater les trois lois suivantes : « 1° pour un même nombre de nodales (un même système), les diamètres des bulles sont proportionnels aux longueurs de lame vibrante, ou (d'après une loi connue des vibrations des lames) inversement proportionnels aux racines carrées des nombres de vibrations; 2° pour un même diamètre de bulles, les nombres de nodales sont inversement proportionnels aux longueurs de lame vibrante ou directement proportionnels aux racines carrées des nombres de vibrations; 3° pour une même longueur de tige vibrante, les nombres de nodales sont proportionnels aux diamètres des bulles. Ces relations peuvent être représentées par une formule unique, $\frac{d}{d'} = \frac{Nl}{N'l'}$, dans laquelle d, d' représentent les diamètres des bulles, N, N' les nombres de nodales, l, l' les longueurs de tige correspondantes.

« Il ne sera peut-être pas inutile de faire remarquer, dit l'auteur, que ces expériences sur les bulles glycériques vibrantes généralisent l'expérience de Melde, en l'étendant aux surfaces sphériques et même aux volumes, car j'ai constaté que les boules liquides (qu'on obtient en remplissant d'eau complètement de minces ballons en caoutchouc) se comportent comme les bulles. De même que, par le mode d'expérimentation de Melde, on vérifie les lois de vibration des cordes, de même aussi, avec les bulles glycériques, on peut vérifier les lois des tiges ou des lames et celles des plateaux circulaires, comme j'en ai réalisé les expériences principales. »

— M. *Peters* vient de découvrir à Clinton deux nouvelles petites planètes de onzième grandeur. Il a trouvé pour la première : ascension droite, $23^h,54^m$; distance polaire, — 10°,5'; mouvement diurne, 6' sud. Pour la seconde, il indique : ascension droite, $0^h,56^m$; distance polaire, + 8°50.

— MM. *Couty* et *de Lacerda* font connaître un nouveau curare, qu'ils sont parvenus à extraire d'une seule plante, le *Strychnos triplinervia*. Ce curare présenterait toutes les propriétés physiologiques du curare complexe préparé par les Indiens.

BIBLIOGRAPHIE SCIENTIFIQUE

Expédition scientifique française en Russie, en Sibérie et dans le Turkestan, par CH. DE UJFALVY. Tome II. — Le Syr-Daria, le Zerafchâne, le pays de Sept-Rivières et la Sibérie occidentale. — 1 beau vol. in-8° avec planches, cartes et tableaux. (Paris, 1879, E. Leroux, édit.)

Nous avons signalé en son temps le premier volume de cette curieuse relation de voyage, où se trouvaient dépeintes les contrées inconnues ou presque inconnues jusqu'ici du Kohistan, du Ferganah et de Kouldja. Cette fois M. de Ujfalvy nous conduit dans des régions voisines, mais plus fréquentées des voyageurs, sans qu'elles soient cependant le but des pérégrinations de beaucoup de touristes. Tout en se plaçant sur un terrain un peu moins neuf, M. de Ujfalvy n'en a pas moins fait de précieuses et intéressantes observations. Particulièrement préoccupé de questions d'anthropologie et d'ethnographie, le savant voyageur a étudié avec soin et avec conscience les populations indigènes du Turkestan et de la Sibérie occidentale; il a relevé plus d'une erreur, rectifié des assertions aventurées, précisé des points douteux, et partout, grâce à ses tableaux de mensurations anthropologiques dressés avec la plus scrupuleuse attention, il a fourni la preuve scientifique et indéniable de ce qu'il a avancé.

L'archéologie n'a pas non plus été négligée. Ses investigations dans les ruines de Djanekend, ville du moyen âge abandonnée et située sur le bas Iaxartes ou Syr-Daria, d'Aphrasiat, qui pourrait bien avoir été la vieille Samarkande, ses indications relativement à une antique cité kalmouke ou mongole, engloutie sous les eaux du lac Issik-Koul, éveillent l'intérêt, ouvrent des horizons nouveaux à l'histoire et laissent espérer que plus tard, à la suite de fouilles plus complètes et de plus longues recherches, on fera de remarquables découvertes et on soulèvera les voiles qui recouvrent le mystérieux passé de l'Asie centrale.

Rien que les données apportées par M. de Ujfalvy sur l'art de la céramique monumentale dans le Turkestan suffiraient pour rendre son voyage utile à l'artiste et à l'historien. Mais les renseignements qu'il donne sur la faune et la flore des pays qu'il a traversés intéressent aussi les naturalistes. Son étude sur les équidés de l'Asie centrale, étude faite par un homme au courant de la science du cheval, est bien faite pour attirer l'attention.

Enfin l'appendice sur les noms géographiques dans les Mémoires du conquérant Baber, remarquable travail de géographie historique, l'essai d'une carte ethnographique de l'Asie centrale, rendent ce deuxième volume d'une publication si intéressante aussi curieux et aussi profitable à lire que le premier. Si, comme nous n'en doutons pas, le troisième volume vaut les deux précédents, l'État, qui avait confié une mission à M. de Ujfalvy, n'aura pas à regretter son argent et pourra, plus tard, le charger en toute confiance de continuer ses études dans une région qu'il connaît si bien.

Embryologie ou traité complet du développement de l'homme et des animaux supérieurs, par KÖLLIKER.

M. Albert Kölliker, professeur d'anatomie à l'Université de Würtzbourg, est l'un des savants allemands les plus connus à l'étranger. Ce travailleur infatigable est né en 1817 et débuta à Zurich, où il publia ses premiers travaux. Le premier de tous, par ordre de dates, est une *Liste des végétaux phanérogames du canton de Zurich*, éditée en 1839. Mais bientôt il abandonna la botanique pour la zoologie, et s'adonna tout spécialement aux recherches embryogéniques.

Sa thèse *sur l'origine de l'œuf chez les insectes*, faite en 1842, fut bientôt suivie d'un mémoire *sur le développement des Céphalopodes*, 1844, des *Contributions à l'embryogénie des animaux sans vertèbres* et de l'important travail intitulé : *Corpuscules du sang de l'embryon humain et développement des corpuscules du sang chez les Mammifères*. Il faut rappeler aussi son remarquable traité d'histologie : *Mikroscopische Anatomie oder Gewebelehre des Menschens*, traduit une première fois en français sur la deuxième édition allemande par MM. Béclard et Marc Sée (1856), et une deuxième fois par M. Sée, sur la cinquième édition allemande, en 1868.

Le grand ouvrage que M. Kölliker vient de terminer, *Entwickelungsgeschichte des Menschens und der höheren Thiere*, Leipzig, 1879, est la seconde édition du traité publié à Leipzig en 1861; mais on peut à peine dire que ce soit le même livre, tellement sont considérables les modifications apportées au plan primitif. Deux chiffres en donneront une idée : La première édition comptait 468 pages et 225 figures, la seconde 606 figures et 1030 pages. « Lorsque je publiai, en 1861, mes leçons sur l'embryologie, nous dit l'auteur dans la préface allemande, mon but principal était de donner à mes auditeurs un guide, un manuel court; on comprend donc que l'ouvrage primitif ait eu une forme particulière et qu'une bonne partie de son contenu fût fondée sur des recherches dont je n'étais pas l'auteur. » En outre, le développement des organes était étudié isolément, et bien que M. Kölliker eût dès lors comblé d'importantes lacunes par une série d'études sur l'embryon humain, bien que divers organes : œil, oreille, moelle épinière, organe de l'odorat, eussent été parfaitement observés, il en restait encore plusieurs à étudier, il manquait avant tout des liens pour réunir ces divers travaux. La seconde édition de l'embryologie est, dans toutes ses parties, le fruit de recherches personnelles et un ouvrage entièrement nouveau. Non seulement l'embryogénie du poulet est entièrement étudiée à nouveau par l'auteur, mais il a fait des études analogues sur les Mammifères, en pratiquant des coupes sur les embryons de ces animaux dans les premières phases de leur développement.

La seconde partie du livre traite de la formation des organes, développement peu connu jusqu'ici chez les Mammifères, et l'embryon humain est forcément relégué un peu à l'arrière-plan, car ce n'est que chez les animaux que l'on a pu étudier les premières formations des organes.

La conclusion générale de l'ouvrage est que l'on doit étudier comparativement le développement des individus, et que l'histoire de la souche peut jeter une certaine lumière sur l'antogénie, si elle est elle-même bien connue.

Ce livre est destiné du reste à devenir bientôt classique dans notre pays, grâce à la traduction publiée par M. A. Schneider, professeur à la Faculté des sciences de Poitiers, sous le titre : *Embryologie ou traité complet du développement de l'homme et des animaux supérieurs*, Paris, Reinwald. Cette traduction, revue par l'auteur, est même enrichie par lui de notes importantes, qui la rendent plus complète que le livre allemand et la mettent au courant des dernières connaissances; elle sera en outre précédée d'une préface de M. de Lacaze-Duthiers. Deux fascicules ont déjà paru et permettent de juger que l'ouvrage sera digne des savants qui le publient.

Publications nouvelles

Essai de mécanique chimique fondée sur la thermochimie, par M. Berthelot, membre de l'Institut, professeur au Collège de France (Paris, librairie Dunod); 2 beaux volumes in-8° de 1360-xliv pages, avec 51 figures et 89 tableaux. Broché. Prix : 45 francs.

L'Homme avant les métaux, par M. N. Joly, correspondant de l'Institut, professeur à la Faculté des sciences de Toulouse. 1 vol. in-8°, illustré de 150 figures dans le texte et faisant partie de la *Bibliothèque scientifique internationale* (Paris, librairie Germer Baillière et Cie). Cartonné à l'anglaise, avec fers spéciaux. Prix : 6 francs.

Le Pays de Rirha, Ouargla, Voyage à Rhadamès, par V. Largeau; ouvrage contenant 12 gravures et une carte. 1 vol. in-12 (Paris, librairie Hachette et Cie). Broché.

La Renaissance en France, par Léon Palustre. 2e livraison : *Ile-de-France (Oise)*; in-folio, avec magnifiques gravures à l'eau-forte (Paris, A. Quantin, imprimeur-éditeur). Prix de la 2e livraison : 25 francs.

Elementi di psicologia, per G. Sergi, professore di filosofia nel r. liceo beccaria di Milano. 1 vol. in-18 de 620 pages, avec 4 planches (Messina, dalla tipografia Ribera, 1879). Prix : 10 francs.

Le Sentiment religieux en Grèce, d'Homère à Eschyle, par Jules Girard, membre de l'Institut, professeur de poésie grecque à la Faculté des lettres de Paris, ouvrage couronné par l'Académie française. Deuxième édition, 1 vol. gr. in-18 de 450 pages (Paris, librairie Hachette et Cie), br. 3 fr. 50.

Histoire de l'esclavage dans l'antiquité, par H. Wallon, secrétaire perpétuel de l'Académie des inscriptions et belles-lettres, doyen de la Faculté des lettres de Paris, sénateur. Deuxième édition, tome troisième et dernier. 1 vol. in-8° de 570 pages (Paris, librairie Hachette et Cie), br.

La Mésange noire et la Mésange huppée, troisième livraison des *Oiseaux dans la nature*, par Eug. Rambert et Paul Robert. Gr. in-4° avec deux chromolithographies et une planche en noir gravée sur bois (Paris, librairie Germer Baillière et Cie), br. 5 francs.

Le Règne des protistes. Aperçu sur la morphologie des êtres vivants les plus inférieurs, suivi de la classification des protistes, par Ernest Haeckel; traduit de l'allemand et précédé d'une introduction par Jules Soury. 1 vol. in-8° de 120 pages avec 58 gravures sur bois (Paris, C. Reinwald et Cie).

Die Entwickelung des Nihilismus, von Nicolaï Karlowitsch. Zweite Auflage. In-8° de 60 pages (Berlin, B. Behr's Buchhandlung (E. Bock).

Le mariage dans ses devoirs, ses rapports et ses effets conjugaux, au point de vue légal, hygiénique, physiologique et moral. Traduction libre, refondue, corrigée et augmentée de l'*Hygiene del matrimonio* du docteur F. Monlau, par le docteur P. Garnier, 1 vol in-18 de 630 pages (Paris, Garnier frères).

Œuvres choisies de Diderot, précédées d'une introduction par Paul Albert, tome V : Correspondance avec Mlle Volland (fin). Ouvrage faisant partie de la nouvelle bibliothèque classique des éditions Jouaust, in-18 de 305 pages (Paris, librairie des Bibliophiles, 1879). Prix du volume V : 3 francs.

Compendio della storia della letteratura italiana, ad uso dei Licei, scritto dal Cav. Carlo Maria Tallarigo. Parta seconda, 1 vol. in-12 d'environ 600 pages (Napoli, Domenico Morano, 1879).

L'année médicale (1878). *Résumé des progrès réalisés dans les sciences médicales*, publié sous la direction du docteur Bourneville, rédacteur en chef du *Progrès médical*, 1 vol. in-18 de 417 pages (Paris, bureaux du *Progrès médical*).

The silk goods of America : A brief account of the recent improvements and advances of silk manufacture in the United States, by W.-M.-C. Wyckoff, 1 vol. in 8° de 150 pages (New-York, D. Van Nostrand). Cartonné.

Problems of life and mind, by George Henry Lewes. Third series : Problem the first, the study of psychology, its object, scope, and method, 1 vol. in-8° de 190 pages (London, Trübner and Co.). Cartonné.

Flore de la Suisse et de la Savoie, par le docteur Louis Bouvier, président de la Société botanique de Genève, 1 fort vol. in-12 de 800 pages (Paris, Alph. Picard). Prix : broché, 10 francs; relié toile, 11 francs.

Die Philosophie Arthur Schopenhauer's in ihrer Relation zur Ethik, von Johann Michael Tschofen. In-8° de 80 pages (München, Theodor Ackermann, 1879).

Ueber die Bedeutung der Einbildungskraft in der Philosophie Kant's und Spinosa's, von J. Frohschammer, Professor des Philosophie in München. In-8° de 180 pages (München, Theodor Ackermann, 1879).

La Terre des Gueux, voyage dans la Flandre flamingante, par Henry Havard. 1 vol. in-18 de 420 pages (Paris, A. Quantin, imprimeur-éditeur, 1879). Prix : 3 francs.

CHRONIQUE SCIENTIFIQUE

Le labourage électrique. — Cette semaine ont eu lieu, chez M. Menier, à l'usine de Noisiel, des expériences de labourage à l'électricité, avec des machines Gramme. Plusieurs sillons ont été tracés dans le parc de Noisiel, à une distance de 700 mètres du barrage donnant la force motrice nécessaire pour développer le courant moteur.

La charrue, sur laquelle un spectateur pouvait monter sans diminuer sensiblement la vitesse, faisait un travail équivalent à celui que donneraient environ deux paires de bœufs. C'était un curieux spectacle que de voir un fil de moindre diamètre que le petit doigt transporter la force motrice assez loin de l'usine pour qu'elle fût entièrement cachée et que cette puissance parût sortir de terre.

Les essais avaient été improvisés par M. Henri Menier, pour démontrer la possibilité de faire marcher avec une vitesse d'un mètre par seconde une charrue Fowler à six socs.

Le député de Seine-et-Marne, qui assistait aux expériences avec un très petit nombre de personnes, a été vivement frappé des résultats produits devant lui. Il a donné immédiatement à son fils les instructions nécessaires pour qu'une grande expérience, à laquelle celle d'hier a servi de prélude, soit organisée sans retard.

Le dessein de M. Henri Menier est de faire servir exclusivement l'électricité dans le labourage des fermes de son père, dont les plus éloignées sont à 5 kilomètres du barrage.

Les machines Gramme motrices pourront être employées pour exécuter le battage des grains et aux autres travaux agricoles sur un vaste périmètre, sans autre dépense que les appareils et la main-d'œuvre nécessaire à leur mise en action. En effet, la chute de la Marne fournira gratis, et au delà, toute la force motrice nécessaire, qu'on évalue à 30 chevaux-vapeurs.

L'usine possède actuellement huit machines à lumière éclairant tous les ateliers avec une dépense insignifiante.

C'est avec ces machines à lumière qu'ont été exécutées les expériences du mois courant.

— École normale supérieure. — M. Dastre est nommé maître de conférences de zoologie en remplacement de M. G. Pouchet, nommé professeur d'anatomie comparée au Muséum d'histoire naturelle de Paris.

— Enseignement médical départemental. — L'École de médecine et de pharmacie de Limoges est réorganisée et possédera dorénavant onze professeurs, savoir : un professeur d'anatomie; un professeur de physiologie; un professeur d'hygiène et de thérapeutique; un professeur de pharmacie et matière médicale; un professeur de pathologie externe et médecine préparatoire; un professeur de pathologie interne; un professeur d'accouchements, maladies des femmes et des enfants; un professeur de clinique externe; un professeur de clinique interne; un professeur d'histoire naturelle; un professeur de chimie et toxicologie.

— École des arts et métiers de Chalons. — M. Langonet, ingénieur à l'École d'arts et métiers de Châlons, vient d'être nommé directeur de cette école, en remplacement de M. Guy, admis à faire valoir ses droits à la retraite.

— Les lunettes dans l'armée. — Conformément à une décision du ministre de la guerre, en date du 12 mai 1877, on vient de faire expédier du magasin central des hôpitaux militaires à la consignation de certains corps de troupe, quelques séries complètes de paires de lunettes montées avec étuis en bois, la décision précitée ayant autorisé le port des lunettes dans l'armée. Cette fourniture n'avait pu être faite plus tôt, paraît-il, parce que la livraison de la première commande vient seulement d'être terminée. Il nous semble qu'un délai de deux ans était largement suffisant, pour ne pas dire même exagéré. Néanmoins, les approvisionnements constitués au magasin central des hôpitaux n'ont pas permis de comprendre tous les corps de troupe dans cette répartition. D'ailleurs les lunettes qui viennent d'être envoyées ne sont encore destinées qu'à des essais et le modèle définitif ne sera arrêté qu'après constatation des résultats des expériences faites avec le modèle provisoire.

— Monnaies gauloises. — Une exposition de monnaies gauloises, organisée par le ministère de l'instruction publique s'ouvrira à Paris cet hiver. La collection de la Bibliothèque nationale, riche d'environ 12 000 monnaies gauloises, formera le noyau de cette intéressante exhibition. Les raretés des collections particulières s'y ajouteront.

— École polytechnique. — Sur la demande du ministre de la guerre, le ministre des travaux publics a désigné, en qualité de délégués de son administration, comme membres du conseil de perfectionnement de l'École polytechnique, M. Lalanne, inspecteur général, directeur de l'École des ponts et chaussées, et M. Daubrée, inspecteur général, directeur de l'École des mines.

— École polytechnique. — On a admis cette année 200 élèves. Voici les noms des 50 premiers dans la classification par ordre de mérite : 1 Maitre; — 2 Anthoine; — 3 Janet; — 4 Becker; — 5 Cartier; — 6 Poisson; — 7 Canat; — 8 Drogue; — 9 Colmet-Daage; — 10 Lauvray; — 11 Guesdon; — 12 Gondinet; — 13 Aubert; — 14 Ducrocq; — 15 Rabin; — 16 Delaunay; — 17 Boucherie; — 18 Nicolas; — 19 Pigache; — 20 Grouzelle; — 21 Chauvelon; — 22 Maréchal; — 23 Martin; — 24 Caillies; — 25 Delatour; — 26 Nouël; 27 Gérard; 28 de Larminat; — 29 Frotté; — 30 Bénard; — 31 Rouvière; — 32 Ernst; — 33 Aumont; — 34 Boviere; — 35 Dessirier; — 36 Gorostarsou; — 37 Goury du Roslan; — 38 Souleyre; — 39 Batcreau; — 40 Many; — 41 Cornibé; — 42 d'Aboville; — 43 Limozin; — 44 Leclerc de Sablon; — 45 Bigbeder; — 46 Sautereau du Part; — 47 Pinat; — 48 Collard; — 49 Reguis; — 50 de Lamarcodie.

Trois élèves ont été rayés sur la liste d'admission pour insuffisance dans la langue allemande.

L'importance des coefficients attribués à la langue allemande sera notablement augmentée aux examens d'admission de 1880 et aux examens de sortie de la promotion admise cette année.

L'entrée définitive à l'École des élèves nouvellement admis est fixée au mercredi 22 octobre courant, à deux heures; la rentrée des élèves de la 1re division aura lieu le dimanche 26 octobre, à la même heure.

— Le Tour du Monde, *Nouveau journal des voyages.* — Sommaire de la 978e livraison (4 octobre 1879). — La République d'Haïti ancienne partie française de Saint-Domingue, par M. Edgar La Selve, professeur de rhétorique au lycée national Pétion, du Port-au-Prince (1871). — Texte et dessins inédits. — Douze gravures de T. Wust, Th. Weber, Sirouy et Taylor.

— Sommaire de la 979e livraison (11 octobre 1879). — Les petites villes et le grand art en Toscane, par M. Henri Belle, consul de France à Florence. — Texte et dessins inédits. — Onze gravures de Zier, H. Catenacci, E. Thérond, P. Sellier et H. Chapuis.

— Les Cours Réaume et Feillet pour l'enseignement des jeunes filles, 18, rue Séguier, ont commencé le mardi 7 octobre, sous la direction de M. Van den Berg, ancien élève de l'École normale supérieure et professeur d'histoire et de géographie.

Les cours d'enseignement musical commenceront le jeudi 16 octobre, sous la direction de M. Le Couppey, professeur au Conservatoire de musique.

— La *Bibliothèque Mazarine* va subir de nouvelles améliorations pendant les vacances de son personnel. Le fameux globe terrestre provenant du cabinet de Louis XVI, et qui occupait tout le milieu d'une salle, a été transporté au palais du Trocadéro pour faire partie du musée ethnographique. L'emplacement devenu disponible sera ainsi aménagé pour recevoir des livres et des lecteurs. Les livres nouveaux ne manqueront pas, car on sait que la bibliothèque des sociétés savantes, naguère encore installée au ministère de l'instruction publique, a été transférée à la Bibliothèque Mazarine.

— Une publication zoologique. — M. A. Dohrn nous informe que la station zoologique de Naples a entrepris la publication annuelle d'un rapport embrassant également toutes les parties de la zoologie. Ce rapport, rédigé par un grand nombre de zoologistes allemands et étrangers, sera publié sous la direction du professeur J.-V. Carus, de Leipzig, et le premier volume, sur la littérature de l'année courante, paraîtra en 1880.

Tous ceux qui publient des travaux, sur quelque groupe que ce soit du règne animal, sont priés de vouloir bien adresser un exemplaire de leur publication au professeur J.-Victor Carus, Leipzig, Querstrasse, 30, en l'accompagnant de cette annotation : pour le rapport annuel. Les travaux ainsi envoyés seront remis par M. Carus à des hommes compétents, et après avoir servi à la préparation du rapport précité, seront déposés à la bibliothèque de station zoologique de Naples.

— Comité consultatif d'hygiène publique. — Un décret daté du 7 octobre réorganise ce comité. En voici le texte :

Art. 1er. — Le comité consultatif d'hygiène publique, institué près du ministère de l'agriculture et du commerce, est chargé de l'étude et de l'examen de toutes les questions qui lui sont renvoyées par le ministre, spécialement en ce qui concerne :

Les quarantaines et les services qui s'y rattachent; les mesures à prendre pour prévenir et combattre les épidémies et pour améliorer les conditions sanitaires des populations manufacturières et agricoles; la propagation de la vaccine; l'amélioration des établissements thermaux et le moyen d'en rendre l'usage de plus en plus accessible aux malades pauvres ou peu aisés; les titres des candidats aux places de médecins inspecteurs des eaux minérales; l'institution et l'organisation des conseils et des commissions de salubrité; la police médicale et pharmaceutique; la salubrité des ateliers.

Le comité indique au ministre les questions à soumettre à l'Académie de médecine.

Art. 2. — Le comité consultatif d'hygiène publique est composé de vingt membres.

Sont de droit membres du comité :

1° Le directeur des consultats et affaires commerciales au ministère des affaires étrangères;

2° Le président du conseil de santé militaire;

3° L'inspecteur général, président du conseil supérieur de santé de la marine;

4° Le directeur général des douanes;

5° Le directeur de l'administration générale de l'Assistance publique;

6° Le directeur du commerce intérieur au ministère de l'agriculture et du commerce;

7° L'inspecteur général des services sanitaires;

8° L'inspecteur général des écoles vétérinaires;

9° L'architecte inspecteur des services extérieurs du ministère de l'agriculture et du commerce;

Le ministre nomme directement les autres membres, dont huit au moins sont pris parmi les docteurs en médecine;

Art. 3. — Le président, choisi parmi les membres du comité, est nommé pour un an par le ministre.

Art. 4. — Un secrétaire ayant voix consultative est attaché au comité. Il est nommé par le ministre.

Art. 5. — Le ministre peut autoriser à assister, avec voix délibérative ou consultative, d'une manière permanente ou temporaire, aux séances du comité, les fonctionnaires dépendant ou non de son administration et dont les fonctions sont en rapport avec les questions de la compétence du comité.

Art. 6. — Le ministre peut nommer membres honoraires du comité les personnes qui en ont fait partie dix ans au moins.

Les membres honoraires participent aux délibérations du comité lorsqu'ils y sont spécialement convoqués par le ministre.

Art. 7. — Le comité se réunit en séance ordinaire une fois par semaine.

Art. 8. — Les membres du comité présents aux séances ordinaires ont droit, pour chaque séance, à des jetons dont la valeur est fixée par arrêté du ministre.

Le secrétaire du comité ne reçoit pas de jetons de présence : il touche une indemnité annuelle qui est fixée par arrêté du ministre.

Art. 9. — Les membres du comité ne pourront faire partie d'aucun autre conseil ou commission de salubrité ou d'hygiène publique, soit de département, soit d'arrondissement.

Art. 10. — Les décrets susvisés des 23 octobre 1856 et 5 novembre 1869 sont rapportés.

Par un arrêté annexé à ce décret la composition du comité est fixée ainsi :

Président : M. Wurtz, membre de l'Institut et de l'Académie de médecine, doyen honoraire de la Faculté de médecine de Paris.

Membres de droit : MM. le directeur des consulats et affaires commerciales au ministère des affaires étrangères; le président du conseil de santé militaire; l'inspecteur général, président du conseil supérieur de santé de la marine; le conseiller d'État, directeur général des douanes; le directeur général de l'administration de l'Assistance publique; le directeur du commerce intérieur au ministère de l'agriculture et du commerce; l'inspecteur général des services sanitaires; l'inspecteur général des écoles vétérinaires; l'architecte, inspecteur des services extérieurs du ministère de l'agriculture et du commerce.

Membres nommés : MM. Brouardel, médecin des hôpitaux, professeur à la Faculté de médecine de Paris; Gavarret, membre de l'Académie de médecine, professeur à la Faculté de médecine de Paris; Peter, membre de l'Académie de médecine, médecin des hôpitaux, professeur à la Faculté de médecine de Paris; Gallard, médecin des hôpitaux de Paris; Proust, médecin des hôpitaux de Paris; Liouville, membre de la Chambre des députés, docteur en médecine; Dubrisay, docteur en médecine, ancien interne des hôpitaux: Tirman, conseiller d'État; Germer Baillière, membre du conseil municipal de Paris; Chatin, membre de l'Institut, membre de l'Académie de médecine, directeur de l'École supérieure de pharmacie de Paris.

Secrétaire : M. le docteur Vallin, professeur à l'École de médecine militaire du Val-de-Grâce.

M. Amédé Latour, docteur en médecine, membre de l'Académie de médecine et rédacteur en chef de l'*Union médicale*, est nommé secrétaire honoraire.

— Enseignement secondaire spécial. — Par arrêté ministériel en date du 12 septembre, sont nommés agrégés de l'enseignement secondaire spécial : Pour la section littéraire et économique : MM. Biays (Auguste-Pierre), né le 16 juin 1834, chargé de cours au lycée de Nantes; — Mention (Léon-Désiré), né le 25 avril 1845, professeur en congé; — Renault (Charles-Jean-Baptiste-Nicolas), né le 25 avril 1848, professeur libre.

Pour la section des sciences mathématiques: MM. Wernert (Jacques), né le 13 mai 1853, professeur au collège d'Auxerre; — Jouanneau (Ernest-Auguste), né le 6 août 1845, professeur au collège de Chartres; — Durand (Augustin-Elysée), né le 16 août 1845, chargé de cours au lycée de Chaumont; — Clément (Rodolphe), né le 8 janvier 1855, professeur au collège de Saint-Nazaire; — Dautrelle (Pierre), né le 11 septembre 1857, élève de l'École normale de Cluny; — Ripet (Martial), né le 2 février 1849, principal du collège de Châteaudun; — Charpentier (Louis-Séraphin-Napoléon), né le 19 mars 1856, professeur au collège de Gaillac.

Pour la section des sciences physiques : MM. Bournique (Charles-Stanislas), né le 12 mai 1847, chargé de cours au lycée de Laval; — Perret (Jean-Narcisse), né le 8 janvier 1853, professeur au collège de Romans; — Cros (Barthélemy), né le 1er mars 1846, professeur au collège de Perpignan; — Mignot (Jules-Louis-Gabriel), né le 7 février 1850, professeur au collège annexe de Cluny; — Combier (Jean-Philibert), né le 12 janvier 1849, chargé de cours au lycée de Mâcon; — Cucuat (Claude-Louis), né le 30 juin 1849, chargé de cours au lycée de Montauban.

— Le dernier numéro du *Journal des Économistes*, revue mensuelle de l'économie politique et de la statistique, sous la direction de M. Joseph Garnier, membre de l'Institut, sénateur, contient:

Une étude de M. Eugène Petit sur les finances de la ville de Paris, sa dette et ses emprunts; — le résumé fait par M. le docteur Sœtborr (de Gottingue), de la production des métaux précieux et de leur valeur depuis la découverte de l'Amérique; — les comptes rendus de la 49e session de l'Association britannique pour l'avancement des sciences et du 11e congrès des coopérateurs anglais; — le progrès des sciences appliquées dans ces derniers temps par M. Lionel Bénard; — les programmes des concours de l'Académie des sciences morales et politiques de 1879 à 1882; — les ravages du phylloxera et les moyens de le combattre, par M. A. Lalande, président de la chambre de commerce de Bordeaux; — une lettre de M. Hubert-Valleroux sur le socialisme et le catholicisme; la discussion à la Société d'économie politique sur la liberté d'enseignement; — divers comptes rendus, la bibliographie des ouvrages publiés et une chronique.

— Une idole des habitations lacustres. — Une découverte importante pour l'histoire des habitations lacustres vient d'être faite au Petit-Cortaillod, en Suisse, par deux pêcheurs. Il s'agit d'un pilotis lacustre de l'âge de la pierre, qui mesure 1m,65 de hauteur et dont la forme est des plus remarquables. C'est une colonne en bois de pin surmontée d'un chapiteau; sous la saillie de ce chapiteau se trouvent cinq ouvertures parfaitement taillées, assez grandes, qui correspondent avec d'autres ouvertures placées sur le rebord du piédestal de la colonne. Le chapiteau est de forme conique, la partie intermédiaire est parfaitement arrondie à la hache; le socle, cylindrique, est posé d'aplomb : on dirait une idole. Ce pilotis a fait travailler l'imagination des archéologues: les uns veulent y voir un instrument destiné à attacher les bestiaux; d'autres, une machine à courber les arcs. Cette dernière supposition est assez naturelle lorsque le visiteur examine ces ouvertures correspondantes, placées à une distance suffisante pour de grands arcs, et creusées en inflexion recourbée dans l'intérieur.

— Les suicides en Allemagne. — Il paraît qu'en Saxe le nombre des suicides augmente d'une façon effrayante. La statistique qui vient d'être publiée pour l'année 1878, supérieure à celle de l'exercice précédent, indique 1126 suicides, dont 215 pour le sexe féminin. En 749 cas, les malheureux se sont pendus; en 217, ils se sont noyés; en 88, ils se sont brûlé la cervelle.

Les causes indiquées sont, en 284 circonstances, la mélancolie; en 105, le dégoût de la vie; en 94, le désordre et l'ivrognerie; en 90, le trouble des facultés intellectuelles; en 89, les privations; en 65, les souffrances physiques; en 39, un amour malheureux, etc.

L'âge des suicidés varie entre 90 et 14 ans. Croirait-on que dans le nombre, on en compte 8 n'ayant même pas encore atteint l'âge de 14 ans? 4 se sont suicidés entre 80 et 90 ans.

En même temps, on mande d'Angleterre que pendant les dernières semaines le chiffre des suicides en ce pays est triple de celui des mêmes semaines de l'exercice précédent. On suppose que la persistance du mauvais temps, l'absence de soleil, la pluie, les orages et les inondations y sont pour quelque chose, en exerçant sur les tempéraments une influence fâcheuse.

Le propriétaire-gérant : Germer Baillière.

PARIS. — Impr. J. CLAYE. — A. QUANTIN et Ce, rue St-Benoît. [1777]

LA

REVUE SCIENTIFIQUE

DE LA FRANCE ET DE L'ÉTRANGER

REVUE DES COURS SCIENTIFIQUES (2E SÉRIE)

DIRECTEUR : M. ÉMILE ALGLAVE

2e SÉRIE — 9e ANNÉE | NUMÉRO 16 | 18 OCTOBRE 1879

L'ÉCLAIRAGE PUBLIC ET PRIVÉ

Au point de vue de l'hygiène des yeux.

Dans ces derniers temps, les progrès des procédés d'éclairage ont vivement sollicité l'attention du public; d'autre part, il s'est fait un certain bruit autour des questions d'hygiène scolaire, et d'ardentes discussions se sont élevées au sujet du meilleur mode d'éclairage diurne des écoles; sans revenir sur les points qui ont été traités ici même avec une parfaite compétence (1), nous nous proposons d'examiner les questions d'éclairage, en tenant compte des enseignements de la physiologie et de la pathologie oculaires.

ÉCLAIRAGE DIURNE.

Tout le monde est d'accord pour préférer la lumière du jour à toutes les autres. Malgré les variations colossales de son intensité, et même de sa coloration, il ne vient guère à l'idée de personne, dans nos climats, d'en modifier la composition en s'affublant de lunettes colorées ou de voiles, ni d'en amortir l'éclat par des verres fumés : ces *tutamina* ne deviennent nécessaires que lorque nous mettons l'organe dans des conditions tout à fait insolites; n'en déplaise à mon savant ami le docteur Fieuzal, l'œil sain ne réclame de verres protecteurs que pour les courses dans les glaciers ou pour les voyages dans les contrées où le soleil brille avec un éclat inaccoutumé pour nous.

Il est impossible de se défendre d'un étonnement extrême quand on réfléchit aux variations colossales que subit l'adaptation de l'œil; la lumière du soleil est environ un million de fois plus intense que celle de la pleine lune, et cependant l'œil permet de distinguer les objets éclairés par l'un ou par l'autre de ces astres. Les variations de diamètre de la pupille contribuent pour une faible part à cette précieuse faculté d'adaptation de l'œil; c'est à peine si, entre la dilatation et la contraction extrêmes de l'iris, la surface du diaphragme formé par cette membrane varie dans la proportion de 1 à 100. C'est dans la rétine, dont la sensibilité s'émousse au grand jour et s'exalte dans l'obscurité, que réside, pour la grosse part, la faculté d'adaptation de l'œil à l'éclairage.

Grâce à cette remarquable aptitude, l'œil est précisément le contraire d'un bon appareil photométrique : pour lui, des variations d'éclairage énormes passent tout à fait inaperçues, et c'est ce qui nous permet de vaquer à nos occupations malgré les variations inimaginables de l'éclairage diurne.

Il ne faut cependant pas demander à nos organes le maximum d'adaptation dont ils sont susceptibles; c'est ainsi que la lecture d'un livre éclairé par les rayons directs du soleil aura sûrement pour effet, sinon de nuire à la vue, tout au moins de déplacer le parcours de l'adaptation au point de nous rendre incapables, pour un temps plus ou moins long, de voir clair dans une demi-obscurité. Des recherches très précises sur les variations de l'adaptation ont été faites par le professeur Aubert; bornons-nous à citer en note (1), comme plus pittoresque, un passage de Théophile Gautier sur les maisons de Madrid.

Inversement, le séjour prolongé dans l'obscurité peut exalter la sensibilité de la rétine au point de rendre pénible un retour brusque à la lumière du jour.

---

(1) Voyez *Éclairage public, le gaz et l'électricité*, *Revue scientifique* du 31 mai 1879, tome XVI, 2e série, page 1125. — Et *la Lumière et son action sur l'œil, Éclairage public et privé, au point de vue de l'hygiène de la vue*, dans la *Revue* du 16 août 1879, ci-dessus page 148.

(1) Les stores sont toujours baissés, les volets à moitié fermés, de sorte qu'il reste dans les appartements une espèce de tiers de jour auquel il faut s'accoutumer pour savoir discerner les objets, surtout lorsque l'on vient du dehors. Ceux qui sont dans la chambre voient parfaitement, mais ceux qui arrivent sont aveuglés pour huit ou dix minutes, surtout lorsqu'une des pièces précédentes est éclairée. On dit que d'habiles mathématiciennes ont fait sur cette combinaison d'optique des calculs dont il résulte une sécurité parfaite pour un tête-à-tête intime dans un appartement ainsi disposé.

Comme conséquences de ce qui précède, dans les ateliers, dans les écoles, partout où la place de chaque individu est marquée, nous devons éviter l'accès de la lumière directe du soleil, et, d'autre part, nous ne mettrons pas aux chambres à coucher des volets pleins, qui exposeraient les yeux à passer brusquement de l'obscurité complète à la pleine lumière du jour.

La notion du mécanisme par lequel se fait l'adaptation nous conduit aussi à inonder de lumière les salles destinées à recevoir de nombreux travailleurs, dont une partie sera nécessairement éloignée des fenêtres, et elle nous explique pourquoi l'insuffisance de l'éclairage est surtout préjudiciable aux enfants. En effet, avec un bon éclairage, équivalant à plusieurs milliers de bougies à un mètre de distance, on ne se sert, pour lire, que d'une bien petite fraction de la cornée ; la contraction de la pupille a pour effet de diminuer dans une énorme proportion le diamètre des cercles de diffusion que peuvent produire sur la rétine les différents défauts optiques de l'œil dont nous avons parlé dans un récent article de cette *Revue* (1). Dans ces conditions, un œil mal conformé rend des services très suffisants, et se fatigue modérément. L'éclairage peut varier dans des limites extrêmement étendues sans qu'on perde le bénéfice de la netteté que procure la contraction extrême de la pupille. Mais, quand le jour baisse, la scène change : dès que l'image rétinienne n'est plus assez lumineuse pour permettre une vision nette, la pupille se dilate, et l'inégalité entre les différents yeux devient de plus en plus manifeste. Pour les yeux dont la construction optique ne laisse rien à désirer, la diminution d'éclairage passe à peu près inaperçue, car elle est compensée par l'augmentation de surface utile de la cornée. Au contraire, les yeux moins parfaits ne pouvant plus fonctionner convenablement, les hypermétropes, suivant le degré de l'affection, sont obligés à se livrer à des efforts d'accommodation fatigants, ou même à quitter la partie, les astigmates se fatiguent également, ou, ce qui est pis encore, deviennent myopes par suite des efforts qu'ils font pour compenser le trouble de leur vue par un rapprochement plus grand de l'objet, ce qui entraîne des efforts d'accommodation suivis souvent de l'élongation de l'œil qui caractérise la myopie; enfin, ceux qui sont déjà myopes voient augmenter rapidement cette infirmité, pour peu qu'ils s'obstinent à lire malgré l'insuffisance de l'éclairage.

Pour les adultes, les inconvénients d'un éclairage insuffisant sont bien moins graves que pour les enfants, et cela pour plusieurs raisons. D'abord leur pupille est moins dilatable, ce qui a pour effet de les obliger plus rapidement à s'abstenir de tout travail quand il ne fait pas assez clair; ensuite ils font bien plus fréquemment usage de verres correcteurs plus ou moins exacts; de plus ils sont rarement parqués comme des écoliers et contraints de continuer leur travail quand l'éclairage devient trop défectueux; enfin les enveloppes de l'œil sont bien moins extensibles, et s'ils ont échappé à la myopie dans leur enfance, malgré les déplorables conditions d'hygiène où l'on place les yeux des écoliers, ils ont des chances sérieuses de rester indemnes.

On le voit, c'est surtout au point de vue de la construction des maisons d'école qu'il faut se préoccuper du bon aménagement de l'éclairage diurne. Bien que la mauvaise disposition des classes ne soit pas la seule cause de la myopie scolaire, il importe de formuler des règles qui puissent guider les architectes et les municipalités dans la confection des plans. Le nombre énorme d'écoles qu'on est sur le point d'édifier en France nous engage à donner quelque développement à cette partie de notre sujet. Nous nous occuperons plus particulièrement des écoles rurales, de beaucoup les plus nombreuses, et dont l'édification est souvent confiée à des architectes inexpérimentés : nos propositions seront aisément modifiées en tant que de besoin par les autorités qui président à l'édification des écoles urbaines.

Les hygiénistes d'un pays voisin ont posé des règles établissant un rapport entre le nombre des élèves que doit recevoir une classe et la surface qu'il convient de donner au vitrage, comme si la lumière qui pénètre dans la salle se partageait entre les enfants; un peu de réflexion suffit pour remarquer que le même carreau de vitre laisse arriver, suivant plusieurs directions, la lumière à un grand nombre d'élèves : il n'y a aucune proportionnalité à établir entre la dimension des baies et le nombre des écoliers.

Le problème est plus simple : il faut que le point le plus sombre de la classe soit suffisamment clair, et cette condition sera remplie si chaque pupitre reçoit suffisamment la lumière directe du ciel. Toutes les personnes qui ont fait de la photographie savent combien, par tous les temps, le ciel agit plus vivement sur la surface sensible qu'aucun corps terrestre : il importe que les rayons partis de cette voûte lumineuse arrivent abondamment à la place la moins favorisée de toute la classe.

Mais s'il est bon que la lumière du ciel pénètre largement dans la salle, nous n'en dirons pas autant de la lumière directe du soleil, qui est trop vive et qu'il convient d'éviter. — Si cette disposition ne présentait pas d'autres inconvénients, il serait facile d'obtenir un éclairage par la lumière diffuse en n'ouvrant de fenêtres que du côté nord; avec un pareil éclairage, latéral on mettrait les bancs perpendiculairement au mur occupé par les baies ; les élèves recevraient le jour de haut en bas et de gauche à droite, ce qui est très convenable pour écrire, et le résultat serait assez satisfaisant si la largeur de la classe ne dépassait pas notablement la hauteur des linteaux des fenêtres au-dessus du sol, car alors la place la moins favorisée verrait encore environ un vingtième de la surface totale du ciel. Avec les hauteurs de plafond généralement adoptées, on voit que l'éclairage unilatéral est sans grand inconvénient pour une classe dont la largeur ne dépasserait pas 4 mètres. Pour les salles plus larges, il faut ouvrir de nouvelles baies qui seraient situées de préférence dans la paroi opposée, et, à la rigueur, derrière les élèves. Dans tous les cas, il faut éviter de mettre des jours en face des élèves, règle dont les architectes se soucient médiocrement, mais dont l'utilité est incontestable.

Les statistiques, d'accord avec la théorie, démontrent que l'éclairage bilatéral ne présente aucun inconvénient pour la conservation de la vue ; il n'y a nulle part moins de myopes que dans une belle école libre, dont j'ai examiné tous les élèves et où les classes reçoivent largement le jour des deux côtés et aucune école ne fournit de plus tristes résultats que les constructions neuves de Zittau, où les classes ne reçoivent le jour que d'un côté, pour obéir à certaines idées théoriques.

(1) Voyez ci-dessus page 306, numéro du 27 septembre 1879.

Du moment où l'éclairage devient bilatéral, il faut renoncer à l'orientation que nous avons supposée jusqu'ici, qui amènerait à pratiquer une partie des jours vers le sud, ce qui est intolérable à cause de l'éclat très grand du soleil au milieu de la journée. On est donc conduit à demander que l'axe de la classe soit dirigé du nord au sud, sauf à tempérer par des rideaux transparents l'éclat du soleil du matin et du soir. Ce système présente de plus l'avantage d'éclairer au mieux le matin et le soir, pendant les courtes journées d'hiver.

Dans cette orientation de la classe, nous admettrons une certaine latitude; en l'accordant de quarante degrés de part et d'autre, c'est-à-dire en acceptant pour l'axe toutes ces positions comprises entre le nord-ouest et le nord-est, ce qui suffit pour se prêter à toutes les dispositions possibles du terrain, on recommanderait d'incliner l'axe plutôt vers le nord-est que vers le nord-ouest, pour des raisons d'hygiène générale, de manière à recevoir le soleil plus longtemps le matin que le soir; autant que possible le maître fera face au midi, pour que pendant les jours courts les élèves reçoivent la lumière plutôt par derrière que par devant.

Dans le nord de la France, nous admettrons l'ouverture au haut de la paroi sud d'un jour qu'on pourra tempérer par un rideau quand le soleil donnera et qui rendra des services pendant les temps sombres.

Lorsque nous avons posé les règles auxquelles doit satisfaire la construction de l'école pour que l'éclairage y soit suffisant, nous sommes loin d'avoir rempli notre tâche, car il faut encore tenir le plus grand compte des obstacles extérieurs qui peuvent rendre obscure l'école la mieux construite; je veux parler des constructions voisines. Il est absolument indispensable d'assurer, non seulement pour le présent, mais encore pour l'avenir, le libre accès de la lumière dans les classes, et pour atteindre ce but il suffit de le vouloir, car la dépense se réduit à l'acquisition d'un terrain assez grand pour isoler convenablement l'école, dépense tout à fait insignifiante, car ce terrain est de peu de valeur dans les communes rurales.

Et d'ailleurs ne faut-il pas ménager un préau pour les élèves, un jardin pour l'instituteur? La question se réduit donc à placer la construction dans une partie convenable du terrain destiné à recevoir l'école et ses dépendances.

Admettons que la largeur de la partie de classe éclairée par des baies situées d'un côté soit égale à la distance du haut des fenêtres au sol; l'élève le plus mal placé ne recevra de jour que par la moitié supérieure des fenêtres, s'il existe une construction voisine dont la hauteur soit précisément égale à la moitié de la distance qui sépare l'axe de la classe du pied de cette construction voisine; en posant donc simplement la règle qu'on devra toujours réserver, de part et d'autre de l'axe de l'école, un espace libre d'une largeur au moins égale au double de la hauteur des plus grandes constructions en usage dans la contrée, on aura amplement satisfait aux nécessités, étant bien entendu qu'on a adopté l'éclairage bilatéral pour les classes dont la largeur dépasse 4 mètres.

Quant à l'ombre que peuvent apporter les arbres plantés par les voisins, il me paraît difficile de poser des règles fixes pour en éviter les inconvénients, qui sont bien atténués par l'absence des feuilles pendant les courtes journées de l'hiver et par l'intensité de la lumière dont on jouit généralement en été; il faudrait cependant attirer sur ce point l'attention des autorités locales.

Je ne me dissimule pas les résistances que les municipalités et les architectes opposeront à la mise en pratique des règles que je viens de formuler. Les amours-propres locaux ne céderont pas aisément quand on leur demandera de construire l'école obliquement par rapport à l'alignement de la rue. Pour les amener à ne laisser en façade qu'un pignon sans fenêtres, ce qui est nécessaire quand le terrain est au sud d'une rue dirigée de l'est à l'ouest, il ne faudra rien moins qu'un refus de subvention du département et de l'État.

L'énergie des vanités auxquelles les principes que je viens d'exposer se sont heurtés et se heurteront encore servira d'excuse à la vivacité de mon langage, Qu'on y prenne garde, la France n'est pas assez riche pour se permettre, dans chacune de ses communes, une fantaisie architecturale analogue à l'Hôtel-Dieu de Paris (1).

ÉCLAIRAGE ARTIFICIEL.

La différence capitale entre l'éclairage naturel et l'éclairage artificiel réside dans l'excessive faiblesse de ce dernier. Pour prouver combien le plus brillant éclairage artificiel est faible, il suffit de remarquer combien est insignifiante la clarté produite en plein jour par une lampe ou un bec de gaz; si l'on veut des chiffres, disons qu'un lustre d'un million de bougies donnerait, dans une salle, un éclairage bien inférieur en intensité à celui que fournirait la lumière directe du soleil (2). Autre preuve : ainsi qu'il est facile de s'en convaincre, dans les lieux de réunion les plus brillamment éclairés, les pupilles ont un diamètre beaucoup plus considérable qu'en plein jour.

Cette dilatation de la pupille suffit pour expliquer pourquoi l'éclairage artificiel est une cause de fatigue pour toutes les personnes dont les yeux présentent ces imperfections optiques dont nous avons parlé dans un précédent article (p. 306), im-

(1) Pour plus de détails, consulter dans la *Revue d'hygiène* (15 août 1879) une discussion où l'on trouvera un plaidoyer de M. Émile Trélat en faveur de l'éclairage unilatéral, une excellente réplique de M. Gariel, et, à titre de curiosité, la communication suivante :

« *M. Leroy des Barres.* — J'ai l'honneur de mettre sous les yeux des membres de la Société les plans de l'École communale du cours Chavigny, à Saint-Denis, dans laquelle l'éclairage des classes est unilatéral.

« L'École comprend trois corps de bâtiments : l'éclairage du bâtiment médian est sud, celui des bâtiments latéraux est est et ouest. Chaque classe est carrée (7,70 sur 7,70) et est éclairée par deux baies dont chacune a 2 mètres de largeur et 4 mètres de hauteur. La hauteur du linteau est à 5 mètres du sol. — Grâce à la hauteur des baies d'éclairage, la surface lumineuse est très étendue, et l'éclairage est très satisfaisant, à en juger dans cette saison, même dans la partie profonde de la classe. Le mobilier est disposé pour que chaque enfant reçoive la lumière par le plan latéral gauche. — Toutes les classes prennent jour sur une cour intérieure de récréation de 1500 mètres; par conséquent ces bonnes conditions d'éclairage ne seront jamais compromises.

« Je dois à M. Laynaud, architecte de la ville de Saint-Denis, de pouvoir mettre sous les yeux de nos collègues ces plans si intéressants. »

Voilà donc, à la porte de Paris, une immense école, presque terminée, dit-on, qui sera dans des conditions absolument défectueuses et que ses auteurs présentent naïvement comme un modèle! Les hygiénistes n'ont pas la prétention de donner aux architectes des leçons d'art décoratif; ne serait-il pas équitable que les architectes consentissent à se laisser diriger par les médecins en matière d'hygiène?

(2) On évalue, en effet, cette lumière à un million de bougies situées à un mètre seulement de la surface éclairée.

perfections dont les effets nuisibles sont fortement atténués quand l'intensité de l'éclairage est assez forte pour produire une constriction considérable de l'iris.

Le sentiment du public, pour lequel un éclairage *à giorno* est toujours une forte attraction, confirme pleinement nos vues théoriques; d'année en année nous voyons, par un effet de la concurrence, les lieux publics s'éclairer de plus en plus vivement; il faudra bien que les municipalités suivent le mouvement, et nos petits-enfants, en nous entendant parler des lanternes que la police oblige de mettre aux voitures, seront bien plus surpris que nous ne le sommes en pensant qu'il y a cent ans les piétons ne circulaient pas la nuit sans lanternes dans les rues de Paris.

Si le même mouvement vers un éclairage plus vif ne se produit pas dans l'intérieur des habitations, il n'en faut accuser que le haut prix des matières éclairantes; tandis qu'avec une dépense relativement minime nous chauffons nos habitations au point d'en bannir totalement le froid, il faudrait faire une dépense absolument formidable pour éclairer les appartements tant soit peu convenablement; aussi, sans pousser les choses aussi loin que l'horloger qui fait converger les rayons lumineux au foyer d'une grande lentille, avons-nous soin de placer sur notre lampe un abat-jour pour concentrer la lumière, et de mettre à profit la loi inverse du carré des distances pour obtenir un éclairage suffisant au moyen d'un rapprochement extrême de la source lumineuse qui éclaire notre papier. Dans le cas de certains défauts optiques de l'œil dont la correction ne peut se faire exactement par des verres, il m'est arrivé de conseiller l'emploi de plusieurs lampes du plus fort calibre pour permettre de lire la nuit aussi facilement et avec aussi peu de fatigue qu'en plein jour.

La lumière artificielle ne diffère pas uniquement de la lumière du jour par le degré bien moins élevé de son intensité: chaque source de lumière artificielle possède une composition spectrale différente; sauf pour la lumière électrique et pour celle du magnésium, tous ces spectres sont très sombres du côté le plus réfracté; les rayons chimiques, les violets et les bleus, y présentent une très faible intensité. Dans la savante étude que nous rappellions tout à l'heure (1), M. Bouchardat insiste longuement sur les inconvénients des rayons violets et ultra-violets, et cite un important travail de M. J. Regnauld sur la fluorescence des milieux de l'œil; il faudrait en conclure que la lumière des flammes, bien plus pauvre en rayons chimiques que la lumière solaire, devrait lui être préférée par les travailleurs; peut-être trouvons-nous là l'explication du cas bien connu du traducteur d'Aristote, qui ne peut travailler aisément le jour qu'à condition de fermer ses volets et d'allumer sa lampe; s'il en est ainsi, des lunettes taillées dans ce verre jaune que les photographes emploient pour éclairer leurs laboratoires, et qui élimine fort passablement les rayons chimiques, pourraient permettre à ce savant de renoncer à son singulier système.

Si l'absence de rayons chimiques est un avantage, ce que nous admettons ici sous la foi des auteurs cités par M. Bouchardat, il ne semble pas que cette supériorité de la lumière des flammes soit bien généralement appréciée, car la plupart des personnes préfèrent, et de beaucoup, la lumière blanche du jour. Je serais tenté d'attribuer une utilité plus grande à la pâleur des rayons blancs et violets dans les spectres de certaines flammes; en effet, quand la lumière est faible, la dilatation de la pupille doit avoir pour effet de rendre plus sensible le chromatisme de l'œil, et il est heureux que cet inconvénient des lumières artificielles soit compensé par un raccourcissement considérable de leur spectre, circonstance sans laquelle l'œil aurait besoin d'être achromatisé pour donner des images nettes le soir. Cette considération doit nous encourager encore dans la tentative de prescrire l'emploi de verres jaunes aux personnes dont la pupille est fortement dilatée en plein jour et qui sont affectées de certaines formes rebelles d'asthénopie. En tous cas, si la lumière électrique produit de mauvais effets sur la rétine par suite de ses rayons chimiques, rien n'empêche de remédier à cet inconvénient en donnant aux globes qui entourent les charbons une teinte jaune dont l'interposition ne ferait pas perdre une quantité de lumière bien notable.

Quoi qu'il en soit des théories, le public ne s'est pas plaint, jusqu'ici, de mauvais effets produits sur la vue par l'emploi de la lumière électrique. Les physiciens qui en font l'objet de leurs études journalières ne se sont sentis incommodés que bien rarement et seulement à la suite d'expériences où ils avaient dû regarder le foyer lumineux directement, de près, et sans aucune précaution tutélaire. Dans ces conditions, on voit parfois se produire des conjonctivites et des érythèmes, qui cèdent rapidement à l'application de sinapismes sur les jambes; mais, je le demande, les sources lumineuses sont-elles destinées à être regardées fixement et avec attention? A ce compte, le soleil serait le pire de tous les luminaires; depuis Newton, qui garda pendant longtemps un scotôme central qu'il avait contracté en regardant cet astre, on cite nombre de personnes qui se sont plus ou moins abîmé les yeux en regardant le soleil directement. A la suite de chaque éclipse, les oculistes sont consultés par des gens qui se sont fait un mal plus ou moins irréparable en observant le phénomène à travers des verres insuffisamment fumés. Aussi bien qu'il ne vient généralement à l'idée de personne de regarder fixement le soleil, on peut être certain qu'une fois la première curiosité passée, le public se gardera bien de contempler les foyers de lumière électrique et qu'on pourra progresser dans la voie où l'on est déjà entré en augmentant notablement la transparence des globes diffusants.

L'expérience la plus concluante à cet égard est celle de la halle aux marchandises d'une compagnie de chemins de fer, à Paris. Pendant les premiers jours où l'électricité fut employée, les ouvriers se plaignirent d'être éblouis par les foyers lumineux; mais après quelques semaines, quand on fit l'essai de reprendre l'éclairage au gaz, ce fut un *tolle* général : il semblait qu'on fut plongé dans l'obscurité. La vérité, c'est que tous nos éclairages artificiels sont d'une insuffisance misérable, que leur composition spectrale, sauf pour l'électricité, leur donnerait plutôt, au point de vue de l'hygiène, une supériorité sur l'éclairage diurne, et que ce n'est pas dans l'éclat des flammes, mais dans l'insuffisance de la lumière qu'elles émettent qu'il faut chercher le motif de la fatigue qui accompagne souvent le travail du soir.

C'est tout à fait dans le même ordre d'idées qu'il faut chercher la réponse aux plaintes qui s'élèvent souvent contre l'éclairage au gaz. Combien n'entend-on pas de personnes

(1) Voyez la *Revue scientifique* du 16 août 1879, page 148.

dire qu'elles se sont brûlé la vue en travaillant au gaz? Il peut arriver peut-être que des becs dits *papillon*, agités par les courants d'air, soient une cause de fatigue; mais les personnes qui lisent ou travaillent à l'aide de bons et larges becs cylindriques entourés de cheminées de verre et qui, après quelque temps, ne peuvent plus voir suffisamment à la lueur d'une bougie ou d'une petite lampe, devraient comprendre que la même gêne se serait produite, avec les progrès de l'âge, si elles n'avaient pas fait usage de gaz, et qu'en réalité, à l'aide d'un éclairage meilleur, elles ont été mises à même de continuer, pendant des années, des travaux auxquels elles auraient dû renoncer si elles avaient été réduites au chétif luminaire dont on fait encore usage dans nos maisons.

En résumé, pour l'éclairage artificiel, privé ou public, comme pour l'éclairage diurne des vastes salles dont toute superficie doit être occupée par des travailleurs, l'hygiéniste peut s'approprier le mot de Gœthe mourant : « Apportez de la lumière, encore plus de lumière! »

JAVAL,
Directeur du laboratoire d'ophthalmologie
à la Sorbonne.

SCIENCE DES RELIGIONS

Le rôle des prophètes dans le développement des idées religieuses chez les Hébreux.

La critique religieuse, qui n'est pas autre chose que l'application des méthodes rationnelles et exactes de l'histoire aux faits, aux idées, aux pratiques qui constituent les religions et leur développement, travaille à réparer une des plus grandes injustices qu'ait commises la tradition; dans cette véritable œuvre de réhabilitation, elle ne se laisse point arrêter par les protestations de ceux qui se plaignent qu'on dérange le système tout fait qui servait d'oreiller à leur indolente ignorance. Voilà longtemps que l'on fait des prophètes hébreux les interprètes et les avocats d'une loi dont le texte les guidait et dont ils nous auraient fourni le commentaire éloquent. La critique moderne a renversé les termes de ce rapport : les véritables fondateurs de la religion juive, ce sont les prophètes; la loi n'est venue qu'à une époque plus récente donner une forme précise et désormais immuable aux conquêtes opérées par le travail d'une série de générations. « Il est vrai, dit un des écrivains les plus autorisés qu'on puisse citer en ces matières, il est vrai que, pour le peuple juif lui-même, la Loi prime les prophètes et a fini par devenir la base de la vie nationale tout entière. Les livres des prophètes n'occupent là que le second rang, et n'ont contribué que pour une bien faible part à sa conservation et à son développement. Mais, pour ceux qui ont approfondi la marche de l'histoire, après l'avoir éclairée du flambeau de la critique, les rôles de ces deux agents sont renversés. Les prophètes leur apparaissent comme les véritables créateurs de la nationalité israélite, considérée dans ce qui lui a valu une place éminente parmi les peuples qui ont servi à régler les destinées de l'humanité (1). »

(1) Ed. Reuss, *les Prophètes*, vol. I, introduction.

I.

Le prophétisme hébreu n'a certes point atteint du premier coup la hauteur morale d'un Jérémie ou de l'auteur inconnu auquel nous devons la seconde moitié du livre d'Isaïe. Il est d'un grand intérêt de rechercher et de retrouver sa trace dans les longs siècles qui séparèrent l'établissement des tribus israélites en Chanaan de la ruine du royaume de Juda. Un écrivain du VIIIe siècle avant l'ère chrétienne, prophète lui-même, donne déjà le nom de prophète à Moïse, à ce personnage antique, auquel la tradition attribue, avec la délivrance de la servitude égyptienne, la confection de la Loi (1). Cette désignation, qui entra dans l'usage, peut aisément passer pour le transfert d'une idée moderne à une époque reculée, les deux époques étant trop éloignées l'une de l'autre pour nous donner quelque garantie à cet égard. Ce qui est certain, c'est qu'il est fort difficile de retrouver l'action des prophètes dans les temps qui suivirent l'invasion de la Palestine par les Benê-Israël et qui précédèrent l'installation de la royauté.

M. Reuss suppose, il est vrai, après plusieurs autres, et exprime en un style un peu trop théologique cette pensée que « les vérités prêchées originairement par Moïse ne se sont pas perdues », que « elles sont restées le dépôt sacré d'un nombre croissant d'hommes qui se dévouaient à leur service, et dont la succession non interrompue en assurait la conservation », que, en un mot, « la série des prophètes a été continue et que Moïse a dû avoir des successeurs immédiats ». C'est dépasser très sensiblement ce que nos textes historiques, assez pauvres d'ailleurs, nous permettent d'affirmer. Nous rencontrons bien çà et là une notice, telle que celle-ci, que nous empruntons au livre des *Juges* et qui se place au début des récits relatifs à Gédéon : « Lorsque les enfants d'Israël crièrent à Jahveh au sujet de Madian, Jahveh envoya un prophète aux enfants d'Israël. Il leur dit : « Ainsi parle Jahveh, Dieu d'Israël : « Je vous ai fait monter d'Égypte, etc.; mais vous n'avez « point écouté ma voix. » (*Juges*, VII, 7-10.) Mais il suffit d'un rapide coup d'œil jeté sur la contexture du récit pour voir qu'il n'y a là qu'une intercalation postérieure. La même remarque s'applique à une intervention analogue d'un « homme de Dieu » qui signale les débuts de l'histoire de Samuel. (I *Samuel*, II, 27-36.) La seule instruction qui se dégage pour nous de ces textes, c'est que l'époque relativement récente qui vit le remaniement des écrits anciens a voulu corriger le silence gardé par les auteurs sur le rôle des prophètes en ces temps antiques. Ainsi la lacune que nous signalons avait déjà choqué les collecteurs des écrits sacrés. — Nous n'attachons pas grande importance à l'épithète donnée à l'héroïque Débora, « cette prophétesse » qui « était juge en Israël ».

Jusqu'à Samuel, il faut donc l'avouer, nous n'avons aucun indice de l'activité soit séparée, soit collective, d'hommes auxquels serait revenu exclusivement le nom de prophètes. C'est à ce personnage seulement qu'on peut espérer rattacher le prophétisme comme institution régulière. Il convient donc de voir si cette induction s'appuie sur des faits incontestables.

Et d'abord, qu'était-ce que Samuel? « Cet homme, sans

(1) *Osée*, XII, 14.

fonctions officielles, dit M. Reuss (1), ni prêtre, ni magistrat, a dû exercer, de son vivant déjà, une très grande influence sur son entourage... Nous le voyons circuler dans les différentes localités aux environs de sa résidence, y rendre la justice à ceux qui en appelaient à lui pour leurs affaires privées, prêcher contre le polythéisme, et, dans l'occasion, sanctifier, par des cérémonies religieuses, les efforts du peuple dans les guerres avec les Philistins. » Voilà en effet un assez étrange personnage que cet homme, qui, sans être « prêtre ni magistrat », remplit tour à tour les fonctions du prêtre et celles du magistrat. Si nous ajoutons que Saül allait le consulter, une pièce d'argent à la main, pour lui demander, comme à un vulgaire sorcier, ce qu'étaient devenues les ânesses de son père (I *Samuel*, chap. IX), que le diseur de bonne aventure de la veille devient sans transition un faiseur et un défaiseur de rois, un mélange de tribun du peuple et de représentant de la divinité, on avouera que ces différents traits ont été réunis par le hasard de la tradition sur une même personne, mais que cette personne n'a pu être toutes ces choses à la fois. Pour montrer que la juxtaposition de ces données, qui s'excluent mutuellement, n'effrayait point le compilateur du récit, celui qui lui a donné sa forme définitive, il suffira de mettre en regard ces deux appréciations générales portées sur l'œuvre de Samuel, qui trahissent plus qu'une divergence, mais une absolue incohérence dans l'appréciation de l'époque troublée d'où sortit la royauté. « Tout Israël, depuis Dan jusqu'à Beér-Schéba, reconnut que Samuel était établi *prophète* de Jahveh. Jahveh continuait à apparaître dans Silo; car Jahveh se révélait à Samuel dans Silo, par la parole de Jahveh. La parole de Samuel s'adressait à tout Israël. » (I *Samuel*, III, 20; IV, 1.) En face du prophète, qui est à peu près un prêtre, si l'on en juge par les fonctions remplies par Samuel auprès du vieil Éli, — le magistrat : « Samuel fut juge en Israël pendant toute sa vie. Il allait chaque année faire le tour de Béthel, de Guilgal et de Mitspa, et il jugeait Israël dans tous ces lieux. » (I *Samuel*, VII, 15-16.) Est-il nécessaire, pour obscurcir encore l'ombre dans laquelle se dérobe la figure de Samuel, de rappeler qu'une critique, un peu franche vis-à-vis d'elle-même, ne saurait trouver aucun élément historique dans les protestations que le prophète-juge oppose à l'institution de la royauté? La royauté s'est installée en Israël par le besoin de la défense nationale : elle n'a pas rencontré sur son chemin de pontife pour lui opposer l'idée, singulièrement plus moderne, de la théocratie pure.

Il était utile de faire ressortir le caractère mouvant du terrain historique aux environs d'un Samuel, d'un Saül, d'un David, pour aborder avec un degré suffisant de scepticisme les textes qui nous montrent les prophètes agissant comme de véritables corporations; ces textes sont empruntés tant à l'époque de Samuel qu'à celle des grands thaumaturges Élie et Élisée. « Nous ne risquons pas de nous tromper, dit M. Reuss, en disant que pendant au moins deux siècles il a dû exister, dans différentes localités, comprises dans le territoire des Éphraïmites et des Benjaminites, à Béthel, à Guilgal, à Guibeah, à Jéricho, des sociétés d'hommes vivant sous la direction d'un maître illustre, soit passagèrement, soit d'une manière permanente. »

C'est à ces associations, vraies « écoles », que l'on essaie de rattacher l'action régulière du prophétisme, et l'explication du rôle qui revient désormais aux prophètes dans le développement des idées religieuses chez les Hébreux. Toutefois, il faut encore le dire, c'est plutôt sur une ingénieuse induction que sur des preuves avérées qu'on s'appuie pour établir cette thèse capitale. M. Reuss lui-même en convient, malgré son désir de reconstituer la chaîne de la tradition religieuse depuis Moïse, et à plus forte raison depuis Samuel. « Un autre élément encore a dû entrer dans le cadre de l'enseignement de ces écoles : l'instruction religieuse et, ce qui en dépendait plus immédiatement, la morale sociale et les principes du droit. Il est vrai que les textes n'en font pas mention expressément; mais la chose est tellement naturelle, elle résulte si bien de la conservation désormais suffisamment constatée des idées mosaïques et de la solidarité qui unissait entre eux tous les prophètes de Jehova, que nous n'hésitons pas un instant à chercher, dans l'institution de Samuel et de ses continuateurs, l'explication de ce fait capital de l'histoire du peuple israélite. C'est la tradition de l'école qui a fait passer d'une génération à l'autre, à travers toutes les vicissitudes de la fortune nationale et tous les retours de l'esprit du siècle, le trésor d'une foi religieuse qui n'était encore que l'apanage du petit nombre. C'est dans cette école que la croyance monothéiste s'affirmait, se propageait, se spiritualisait. C'est là que s'élaboraient dans le silence, et en face des vices de la constitution sociale et de la dissolution des mœurs, les éléments du droit public qui devinrent la base du code de la réforme (le *Deutéronome*) promulgué à la veille de la ruine de la monarchie (sous *Josias*, fin du VIIe siècle). »

Si ce tableau nous semble dépasser de beaucoup la mesure de ce qu'il est permis d'affirmer à l'endroit des origines du prophétisme et de son influence à partir de l'époque de Samuel, nous ne contestons point que, à partir du Xe siècle, les mentions de prophètes mêlés de près aux affaires politiques ne se multiplient. Laissant donc là l'obscure question des commencements du prophétisme, sur laquelle la discussion est encore ouverte, nous ferons œuvre d'historien sage et prudent en nous adressant immédiatement à l'époque où nous voyons les prophètes agir en pleine lumière. En d'autres termes, la meilleure manière de se rendre compte de l'influence du « nabî » — tel est le terme hébreu que la traduction des *Septante* a remplacé par celui de prophète — dans le développement des idées religieuses du judaïsme, consiste à se le représenter tel qu'il se montre à nous dans les discours que nous a conservés la collection des livres bibliques.

II.

Les Juifs ont transmis à l'Église chrétienne, sous le nom de *Prophetæ posteriores*, une collection de quatre livres, qui sont : les prophéties d'Isaïe, de Jérémie, d'Ézéchiel et des douze (petits) prophètes. Voilà où nous puiserons sur le rôle et la nature du prophétisme hébreu des notions plus précises que celles que nous a conservées une tradition trop souvent remaniée. L'examen de cette collection, tel que la critique allemande l'a entrepris dès la fin du dernier siècle, n'a pas tardé à révéler quelles idées erronées régnaient dans les cercles ecclésiastiques sur le véritable caractère de ses auteurs. L'herméneutique sacrée y cherchait — et y trouvait — des prédictions précises relatives à la personne et à l'œuvre de Jésus-Christ; la critique y découvrit la trace d'une action

(1) *Les Prophètes*, introduction.

à la fois morale, politique et religieuse qui, bien loin de se perdre dans de nuageuses imaginations ou des spéculations sibyllines, se mêlait au vif des débats contemporains. Elle rectifia du même coup, et sans trop de peine, quelques erreurs grossières dans l'attribution traditionnelle de tout ou partie de l'un ou de l'autre de ces écrits à tel personnage ou à telle époque; elle fit voir, entre autres, que la seconde partie du livre d'Isaïe (chap. XL-LXVI) n'avait pu être écrite que deux siècles après l'époque d'Ézéchias, à laquelle appartient l'auteur de ce nom, que le livre de Zacharie contenait des morceaux appartenant à trois époques différentes, qu'un livre tel que celui de Jonas trahissait une époque relativement récente. L'exégèse allemande, beaucoup plus timide et réservée qu'on ne se l'imagine communément, n'avait d'ailleurs nulle envie d'opérer sur ce terrain les corrections qui ne lui semblaient pas absolument nécessaires. Elle pensait, ce premier travail accompli, se trouver en possession d'œuvres bien authentiques, la renseignant exactement sur le rôle du prophétisme depuis le commencement du VIIIe siècle (avant l'ère chrétienne), — quelques-uns n'hésitaient pas à dire : depuis le IXe — jusqu'au milieu du Ve. Ce qu'on pouvait avoir perdu d'un côté, on croyait donc le retrouver de l'autre, et la théologie critique, jalouse de montrer aux défenseurs entêtés de la tradition qu'elle savait reconstituer à sa façon la trame de l'histoire religieuse israélite, se préoccupa peu des objections auxquelles prêtait la demi-mesure à laquelle elle s'était arrêtée.

M. Reuss lui-même, dont l'indépendance est si marquée à l'endroit de certaines questions, ne semble pas soupçonner qu'on puisse être plus exigeant que lui à cet égard, et reproduit, avec une confiance visible, les résultats de ses devanciers. Dans les deux volumes des *Prophètes*, où il a résumé, à l'usage de la France, les travaux de l'étranger, il se refuse à quitter le point de vue des Gesenius, des Ewald, des Knobel; il se croit même si sûr de l'attribution possible de tous les morceaux de la collection prophétique à des époques déterminées qu'il en a entrepris le classement chronologique, exactement comme on pourrait le faire pour les époques les mieux documentées de l'histoire classique.

Quelle que soit l'autorité d'aussi illustres devanciers, nous ne saurions accepter leur verdict les yeux fermés; c'est d'ailleurs moins leur opinion sur un point particulier que nous contestons, que le point de départ de leurs recherches sur la collection prophétique. Pour eux, toute attribution traditionnelle, que ne battent pas en brèche des preuves *évidentes*, doit être conservée; pour nous, considérant, d'une part, la date relativement récente (IIIe siècle avant l'ère chrétienne environ) qui a vu la clôture du *canon* des prophètes, et considérant d'autre part la destination édifiante de ce recueil, ainsi que les vicissitudes par lesquelles ont dû passer ses différentes parties, nous sommes disposé à n'admettre comme authentiques, comme positivement datées, *que* celles de ces parties dont le caractère démontre l'appartenance à une époque déterminée, et répugne à l'hypothèse d'un remaniement, ou même d'une libre composition dans l'intervalle qui sépare la date traditionnelle de l'époque de la clôture de la collection (1).

Ce n'est pas ici le lieu d'entrer dans le détail de délicates questions littéraires. Nous n'y avons touché qu'autant que cela était nécessaire pour justifier la réserve que nous croyons devoir garder sur ce qu'a dû ou pu être le rôle du prophétisme dans les deux royaumes rivaux de Juda et d'Israël aux époques antérieures à Jérémie; c'est en effet ce contemporain de la ruine de l'indépendance israélite dont les écrits nous permettent pour la première fois de nous faire une idée précise de l'action du prophétisme hébreu. En revanche, si nous avons dû descendre aussi bas, nous nous sentons sur un terrain parfaitement solide, et la prédication d'un Jérémie est liée trop intimement aux évènements contemporains pour être l'objet du soupçon.

Le prophétisme hébreu nous apparaît alors comme un phénomène tout à fait à part, comme une sorte de prédication, nous disions le mot à l'instant, d'une singulière liberté et d'une grande portée. Les analogies qu'on lui chercherait sur le terrain des religions de l'Asie occidentale ou de la Grèce sont lointaines, et ne portent guère que sur des détails d'importance secondaire. Aucun phénomène de l'histoire littéraire de l'antiquité ne ressemble à celui que nous présente la collection prophétique de l'Ancien Testament.

Le principal côté par lequel on ait tenté un rapprochement entre le prophétisme hébreu et ce qu'on a quelquefois appelé, par extension, le prophétisme païen, concerne certaines formes extérieures qui étaient fréquemment jointes à la parole proprement dite. Telles sont des particularités de costume, attestées par de nombreux textes, l'emploi de la musique dont l'action sur le système nerveux semble avoir favorisé l'inspiration, la fréquence des actes symboliques joints à la parole. Dans cet ordre d'idées, le rapprochement dépasserait le cercle même des peuples voisins, et l'on pourrait aller jusqu'au chamanisme des peuples arriérés de l'Asie et de l'Afrique. Chez ces nations, la divination affecte des allures excentriques, un costume bizarre, des gestes désordonnés, à l'égard desquels il est fort difficile de distinguer l'exaltation sincère de la folie ou du pur charlatanisme.

Chez les Grecs, le prophète ou devin est désigné par le nom de *mantis*, dont l'étymologie trahit l'état de l'homme qui ne se possède plus; chez les Latins, les mots caractéristiques de *furor* et de *rabies* s'appliquent à des phénomènes analogues. A plusieurs reprises, les livres hébreux nous font assister, eux aussi, à des manifestations du prophétisme où le délire divin se trahit par une singulière exaltation. On a souvent voulu expliquer, dans cet ordre d'idées, comment le prophétisme israélite aurait débuté par des manifestations grossières et sensuelles avant d'atteindre le degré de haute inspiration morale dont les monuments ont été déposés dans les livres sacrés du Judaïsme. Il y a sans doute une part de vérité dans cette explication, mais la démonstration qu'on a prétendu donner de cette thèse trahit une précipitation peu scientifique. Les faits manquent pour établir une pareille filiation.

Ce qui est plus digne d'attention, c'est que les prophètes, tels que le livre de Jérémie nous apprend à les connaître, nous apparaissent profondément divisés entre eux. Au lieu d'une corporation puissante et unie, nous assistons à des luttes violentes entre hommes qui se disent également auto-

(1) Ce n'est pas la première fois que nous attirons l'attention des spécialistes sur cette grave question. Voyez *Revue politique* du 22 juin 1878, *Revue critique* du 4 mai 1878 (art. Joël) et spécialement, dans ce même recueil, l'étude développée consacrée au *Judaïsme* de M. Havet (*Revue critique*, numéros des 22 février et 1er mars 1879, en particulier p. 158-159).

risés à annoncer au peuple la parole même du Dieu d'Israël, de Jahveh. La vie de Jérémie n'est, d'un bout à l'autre, qu'une véritable bataille contre des collègues, aussi âpres à vilipender sa parole qu'il se montre prompt à les accuser de mensonge. Voici comment il s'exprime à l'égard de ces adversaires, d'autant plus redoutables qu'ils usurpent eux aussi le nom de la divinité pour couvrir leurs encouragements à la cité menacée par l'étranger :

> Seigneur Jahveh (dit Jérémie à son Dieu),
> Seigneur Jahveh, voici les prophètes leur disent :
> Vous ne verrez point d'épée,
> Vous n'aurez point de famine ;
> Mais je vous donnerai en ce lieu une paix assurée.
> Et Jahveh me dit :
> C'est le mensonge que prophétisent en mon nom les prophètes ;
> Je ne les ai point envoyés,
> Je ne leur ai pas donné d'ordres,
> Je ne leur ai point parlé,
> Ce sont des visions mensongères, de vaines prédictions,
> Des tromperies de leur cœur, qu'ils vous prophétisent.
> C'est pourquoi ainsi parle Jahveh
> Sur les prophètes qui prophétisent en mon nom,
> Sans que je les aie envoyés,
> Et qui disent : Il n'y aura dans ce pays ni épée ni famine.
> Ces prophètes périront par l'épée et par la famine....

L'embarras du public devait être grand en présence de prophètes acharnés les uns contre les autres. Auquel croire, lequel suivre ? Est-ce à Jérémie, est-ce à ses adversaires que la parole de Dieu a été réellement adressée ? Un écrivain, dont on fait généralement un contemporain de Jérémie, essaie de ce problème une solution, qui n'est au fond que l'aveu d'un grand embarras : « Le prophète qui aura l'audace, dit Jahveh, de dire en mon nom une parole que je ne lui aurai pas commandé de dire, ce prophète-là sera puni de mort. Peut-être diras-tu dans ton cœur : Comment connaîtrons-nous la parole que Jahveh n'aura point dite ? » Et voici la réponse : « Quand ce que dira le prophète n'aura pas lieu et n'arrivera pas, ce sera une parole que Jahveh n'aura point dite. C'est par audace que le prophète l'aura dite : n'aie pas peur de lui. » (*Deutéronome* XVIII, 20-22). Voilà une recette difficile à pratiquer. Si, avant de décider entre Jérémie et ses rivaux, il faut attendre la vérification des prédictions de l'un ou des autres, autant avouer franchement que nul signe visible ne les distingue.

III.

Il n'en reste pas moins que, tout en nous gardant d'hypothèses aventurées, nous pouvons, tant à l'aide des écrits historiques que de la collection prophétique de l'Ancien Testament, nous faire quelque idée de l'importance du prophétisme dans le développement religieux du peuple d'Israël.

Nous sommes en mesure d'affirmer que, dès le VIIIe siècle, les prophètes étaient les représentants publics et autorisés des idées morales et religieuses les plus hautes, de celles qui ont donné au peuple juif son importance extraordinaire dans l'histoire du monde, de celles qui ont triomphé dans le monde civilisé sous la forme du christianisme. A ce moment-là il n'existait rien qui ressemblât à une loi réglant la vie et le culte, tout au plus quelques usages, quelques prescriptions. La loi, nous l'avons déjà dit, est le fruit de l'action des prophètes et non pas le prophète, le commentateur éloquent du texte écrit.

Dans le courant du VIIe siècle, les prophètes prennent un sentiment toujours plus clair de leur haute mission. Ils s'efforcent de faire triompher leurs vues par une réforme religieuse, dont le principal point consiste dans la centralisation du culte à Jérusalem, ce qui aboutit à la destruction de tous les cultes locaux et de toutes les représentations figurées de la divinité. Un grand nombre de critiques rattachent à ce mouvement l'apparition d'un des livres les plus remarquables de la collection sacrée des Juifs, du *Deutéronome*. Si cette conclusion semble ne devoir être adoptée qu'avec quelques réserves, l'inspiration extraordinairement élevée qui se trahit dans les premiers chapitres de ce livre manifeste, en tout cas, une étroite parenté avec la pensée et la préoccupation du prophétisme au temps de Josias.

Ici toutefois les circonstances politiques qui menacent l'indépendance du royaume de Juda font courir au prophétisme un danger, de tous le plus grave, parce qu'il est intérieur. Unis, semble-t-il, sur le terrain moral et théologique, sur le domaine de la théorie, comme nous dirions aujourd'hui, les représentants de Jahveh entrent, nous venons de le voir, en un violent conflit sur la question pratique et politique. Tandis que ceux que nous appelons les faux-prophètes à la suite de la fraction demeurée maîtresse de l'arène poussent leurs concitoyens à l'action et aux alliances avec l'étranger, Jérémie prêche la soumission au tout-puissant suzerain de la Chaldée.

La trop complète réalisation des craintes du grand plaintif vaut à son parti une victoire décisive. Pendant la triste période de l'exil, les prophètes, non contents d'être les dépositaires de la tradition vivante de la religion nationale, préparent les éléments d'une restauration religieuse, dont ils eurent le grand mérite de ne jamais désespérer. Chez Ézéchiel, le désir de la règle substituée au hasard des bonnes volontés particulières se fait déjà sentir avec une vivacité singulière. Mais c'est bien aux prophètes qu'il faut faire remonter l'honneur de la composition et de la rédaction du code législatif qui devait, à partir d'Esdras, devenir la norme de l'action privée ou publique du Juif.

Est-ce à dire que le rôle du prophète ait alors cessé aussi complètement qu'on se plaît d'ordinaire à le répéter ? Une fois la loi rédigée et introduite, la libre inspiration a-t-elle complètement disparu ? Grosse question, à laquelle il est difficile de répondre avec sûreté, tant les documents précis font défaut.

Les écrivains chrétiens n'ont cependant point hésité dans le jugement à porter sur l'époque qui a suivi le retour de l'exil, sur « les temps du second temple ». Ils se sont montrés à son égard d'une extrême sévérité. Formalisme étroit, légalisme mesquin, voilà chez tous la monotone caractéristique des cinq siècles qui ont précédé l'avènement du christianisme. Lui seul, prétendent-ils, était capable de briser cette enveloppe stérilisante, de rendre la liberté au germe captif que comprimait une loi minutieuse, vrai tombeau de l'action indépendante et généreuse.

Cette appréciation nous paraît erronée. Le christianisme ne rend pas volontiers justice au judaïsme d'où il est sorti ; le protestantisme non plus n'apprécie guère dans le christianisme du moyen âge que les hérésies ou les résistances qu'il a rencontrées. C'est un travers dont l'historien doit se défaire, s'il veut que son jugement ne semble pas empreint d'un regrettable esprit de parti.

Les siècles qui ont précédé Jésus de Nazareth ont vu certainement entreprendre et pousser assez avant ce vaste travail d'exégèse et de commentation de la loi, qui devait aboutir plus tard à l'établissement définitif des talmuds; ce travail, il faut aussi le dire, a été souvent poursuivi sous l'influence de scrupules étroits et de préoccupations que nous pouvons trouver puériles. Comment s'imaginer cependant que, si Jérusalem et la Judée n'offraient, tant aux Juifs qu'aux étrangers, que le médiocre attrait d'une école de scribes méticuleux et de légistes aux vues bornées, le judaïsme restauré ait conquis dans l'ancien monde la place et l'importance que lui assignent des documents incontestables. Comment expliquer cette propagande, ces échanges entre nationaux et étrangers, le brillant développement des colonies judaïques sur différents points, cette alliance entre l'esprit mosaïque et l'esprit grec, qui jette encore son éclat sur le passé d'Alexandrie?

Il y a donc eu, il n'en faut pas douter, au sein du groupe palestinien, une activité intellectuelle considérable qui n'a consisté en autres choses qu'en une stérile et pédantesque exégèse. Cette activité, je crois qu'on en peut retrouver les traces dans la collection des livres bibliques. Si le canon des prophètes n'a été clos qu'au IIIe siècle, bien des morceaux datant soit de ce même siècle, soit des deux qui l'ont précédé, ont pu — pour ne pas dire ont dû — y trouver place. Je suis disposé, pour ma part, à faire honneur aux écrivains de ce temps d'un grand nombre de pages des livres prophétiques dont il est difficile de faire remonter l'origine soit aux temps antérieurs à l'exil, soit à l'époque même de la captivité de Babylone. La même remarque s'appliquera à la collection des livres historiques qui comprend *Josué*, les *Juges*, les deux livres de *Samuel* et les deux livres des *Rois*. Quant aux écrits contenus dans la troisième partie du canon hébreu, tels que les livres des *Chroniques*, d'*Esdras* et de *Néhémie*, de l'*Ecclésiaste*, des *Psaumes*, etc., on sait depuis longtemps qu'ils sont de date relativement récente. Dans le dernier que nous avons nommé, les *Psaumes*, la critique reconnaît l'inspiration de l'époque des Machabées, du second siècle avant l'ère chrétienne; d'un grand nombre de ces cantiques, elle fait l'œuvre de contemporains de l'auteur de Daniel, de cette œuvre si originale et si puissante, malgré les apprêts de sa forme.

Si l'on tient compte, en outre de ces faits, des livres que la récension grecque de l'Ancien Testament possède en sus du canon hébraïque, on appellera volontiers prophétique l'esprit libre et généreux qui a dicté leurs plus belles pages.

De la sorte, nous rejoignons sans grand effort l'époque même qui a vu naître le christianisme. On a reconnu de tout temps une parenté profonde entre l'inspiration large et indépendante de la parole de Jésus et celle du prophétisme antique. Seulement, la chaîne que l'ancienne théologie avait brisée en arrêtant l'inspiration céleste bientôt après l'exil, pour lui rendre l'essor au bout de cinq siècles, se renoue par une suite à peu près ininterrompue. Il semble qu'il ne puisse y avoir aujourd'hui de plus belle tâche pour la critique religieuse que de mettre en lumière cet enchaînement, et d'en rétablir patiemment les divers éléments.

Le prophétisme hébreu, après avoir donné naissance au code mosaïque, a donc, d'après nous, continué de subsister, sous une forme plus appropriée aux besoins du temps; si le nom disparaît, les principes déjà affirmés au VIIIe siècle avant l'ère chrétienne ont continué à trouver des interprètes jusqu'à la destruction de la nationalité israélite elle-même.

MAURICE VERNES.

LA MÉCANIQUE CHIMIQUE

D'après M. Berthelot (1).

Le jour où Lavoisier a introduit dans la science la notion *des corps simples*, la chimie a été véritablement fondée. Découvrir les corps simples, les décrire, les classer, voilà le but qui a été poursuivi à l'origine et qui n'est pas encore complètement atteint, comme le prouvent les brillantes découvertes des Bunsen, des Kirchhoff, des Lecoq de Boisbaudran. On s'explique dès lors pourquoi l'analyse chimique a précédé la synthèse et pourquoi les composés minéraux, qui sont ordinairement peu compliqués et d'une grande stabilité, ont été étudiés de préférence.

Depuis le commencement du siècle, le domaine de la chimie organique a été exploré à son tour, et ici encore on a procédé d'abord analytiquement. On s'est efforcé d'isoler les espèces chimiques qui sont créées de toutes pièces par les êtres vivants, mais en mettant cette fois en œuvre des procédés plus compliqués, des méthodes analytiques plus délicates, en raison de la complicité des molécules organiques et des métamorphoses si variées qu'elles éprouvent parfois sous les plus faibles influences.

Pendant longtemps on a cru qu'il existait une barrière infranchissable entre la chimie minérale et la chimie organique, que les forces mises en jeu par la nature étaient spéciales, différentes de celles qui sont à la disposition des chimistes dans leurs laboratoires. A M. Berthelot revient l'honneur d'avoir démontré, par ses admirables synthèses, que cette barrière n'existe pas et que l'on peut reproduire artificiellement les composés organiques, à l'aide des forces qui président à la synthèse des corps inorganiques. Rappelons toutefois, pour être juste, que deux produits naturels avaient été antérieurement formés avec les éléments, l'urée par Wöhler et l'acide acétique par Kolbe. Mais ces deux faits très intéressants n'ont servi de point de départ à aucune méthode générale. Par la reproduction totale, au moyen des éléments, des carbures d'hydrogène et des alcools, M. Berthelot a fondé les bases synthétiques de toute la chimie organique; cette dernière, dans son évolution, a donc suivi exactement les mêmes phases que celles qui ont été parcourues par la chimie minérale.

Certes, le nombre des synthèses intéressantes qu'il reste encore à effectuer est considérable, et plus d'une surprise nous est réservée dans ce domaine pour ainsi dire illimité. Toutefois on peut dire sans exagération que les méthodes générales sont créées, que les principes fondamentaux sont définitivement acquis à la science.

Arrivé à ce point, M. Berthelot a pensé que le moment était

(1) *Essai de mécanique chimique fondée sur la thermochimie*, par M. Berthelot. 2 volumes in-18 (Paris, Dunod, éditeur, 1879).

venu d'attaquer de nouveaux problèmes qui étaient restés jusque-là dans l'ombre. Les chimistes n'en méconnaissaient pas l'importance, mais la science n'était pas encore assez avancée pour en aborder l'étude avec quelque chance de succès. Ce sont les résultats de ces nouvelles recherches, poursuivies avec un rare bonheur pendant plus de seize années, qui forment l'objet du beau livre que M. Berthelot vient de publier sous le titre suivant : *Essai de mécanique chimique fondée sur la Thermochimie.*

Le premier volume est intitulé : *Calorimétrie,* le second *Mécanique.*

« Je me propose, dit l'auteur, de démontrer comment les notions récemment acquises sur la théorie de la chaleur permettent de ramener la chimie tout entière, c'est-à-dire la formation et les réactions des substances organiques, aussi bien que celle des substances minérales, aux mêmes principes mécaniques qui régissent déjà les diverses branches de la physique. »

Prétention bien légitime : car, après tout, la chimie n'est qu'une branche de la physique, et le moment n'est sans doute pas éloigné où elle sera enseignée à la manière de cette dernière science. Entrons dans quelques détails.

Lavoisier avait admis que les corps simples étaient formés par l'union de la matière pondérable avec un principe universel, le calorique. Grâce aux admirables conquêtes de la physique, on sait maintenant que la chaleur est un mode particulier de mouvement. Les phénomènes calorifiques, parfois lumineux et électriques, qui accompagnent les réactions chimiques, prennent, dans cette conception nouvelle, une signification précise qui n'avait pu être soupçonnée avant les travaux des physiciens modernes, notamment ceux de Mayer, de Joule, de Clausius, de Rankine, de Helmholtz et de W. Thomson. Il devint alors possible de se rendre compte de la corrélation intime qui existe entre la combinaison et les phénomènes physiques qui l'accompagnent.

Voici une bougie qui brûle : les particules d'oxygène se précipitent sur les particules de charbon, et, en même temps qu'il y a formation d'acide carbonique, il y a une perte de force vive qui se traduit à l'extérieur par de la chaleur et des radiations lumineuses. Mais ce serait une erreur de croire que la chaleur dégagée résulte simplement d'une perte d'énergie physique. Exposez, par exemple, à l'action d'un rayon solaire un mélange à volumes égaux de chlore et d'hydrogène pesant 1 gramme, à l'instant la combinaison a lieu, les molécules hétérogènes se rapprochent instantanément avec formation d'un groupement nouveau, et il se dégage 652 calories. Or, dans ce cas particulier, l'état gazeux subsiste, le volume ne change pas, la chaleur spécifique du produit final est sensiblement égale à la somme de celle de ses composants. Il faut donc de toute nécessité rapporter les phénomènes thermiques qui accompagnent cette réaction aux transformations de mouvement, aux changements d'orientation et de position dans l'espace des particules gazeuses, aux pertes de force vive qui ont lieu à l'instant où les petites masses pondérables s'unissent pour constituer l'acide chlorhydrique. D'ailleurs il n'y a pas autre chose, car, par un moyen quelconque, vient-on à restituer à ce dernier composé les énergies perdues, on reproduit le chlore et l'hydrogène libres avec leurs propriétés primitives.

Le dégagement de chaleur est donc le phénomène fondamental, celui qui domine la réaction, et il y a urgence à pouvoir l'apprécier, le mesurer exactement.

Telle est la tâche principale que s'est imposée M. Berthelot et qu'il a pu mener à bonne fin, grâce à un vaste système d'expériences poursuivies avec persévérance pendant un grand nombre d'années.

Toutefois la détermination des quantités de chaleur dégagées dans les réactions a été l'objet de recherches antérieures ou simultanées qu'il serait injuste de passer sous silence. Dulong, Hess, Graham, Favre et Silbermann surtout et M. Thomsen, ont fourni à la science un grand nombre de données numériques que M. Berthelot n'a point négligé de citer, de rassembler et de mettre en œuvre, en même temps que ses propres résultats.

En appliquant aux travaux moléculaires le principe d'équivalence entre la chaleur et les travaux mécaniques ordinaires, on arrive à des conséquences qui ont été constamment vérifiées par les expériences de M. Berthelot; cet accord parfait entre les résultats expérimentaux et les déductions théoriques autorise à appliquer aux phénomènes chimiques les relations générales qui existent, d'après la théorie mécanique de la chaleur, entre la chaleur dépensée et le travail produit.

Aussi le premier volume de *Mécanique chimique* est-il consacré tout entier à la *calorimétrie chimique,* c'est-à-dire à l'étude des quantités de chaleur dégagées dans les réactions, en s'appuyant sur les deux principes suivants :

1° *Le principe des travaux moléculaires :* la quantité de chaleur dégagée dans une réaction quelconque mesure la somme des travaux chimiques et physiques accomplis dans cette réaction;

2° *Le principe de l'équivalence calorifique des transformations chimiques,* principe que l'on peut énoncer de la manière suivante :

Si un système de corps simples ou composés, pris dans des conditions déterminées, éprouve des changements physiques ou chimiques capables de l'amener à un nouvel état sans donner lieu à aucun effet mécanique extérieur, la quantité de chaleur dégagée ou absorbée par l'effet de ces changements dépend uniquement de l'état initial et de l'état final du système : elle est la même, quelles que soient la nature et la suite des états intermédiaires.

Ces deux théorèmes fondamentaux, qui se déduisent logiquement des expériences, ont été appliqués par M. Berthelot aux phénomènes les plus généraux de la chimie : les combinaisons, les décompositions, les substitutions, les réactions directes et indirectes, les actions instantanées, comme les doubles décompositions salines, les réactions lentes, comme la formation des éthers, enfin les métamorphoses si nombreuses que la matière éprouve au sein des êtres vivants.

Dans un chapitre spécial, l'auteur, passant de la théorie à la pratique, décrit avec soin les méthodes expérimentales dont il s'est servi. Il expose avec de longs développements les appareils calorimétriques ordinaires, avec figures à l'appui, notamment le calorimètre à eau, avec lequel il a effectué presque toutes ses mesures, instrument déjà employé par Dulong et Regnault, et qui présente plus de garanties que le calorimètre à glace de Lavoisier et Laplace, ou le calorimètre à mercure de Favre et Silbermann. Il se sert de calorimètre clos, toutes les fois qu'il s'agit d'opérer la dissolution d'un liquide très volatil, comme l'éther, ou d'un gaz peu soluble, comme le chlore, ou aussi d'un corps altérable au contact de l'air, comme un hydrosulfite.

Rassemblant ensuite les données fournies par la théorie et contrôlées par l'expérience, M. Berthelot a pu former une centaine de tableaux synoptiques, contenant les chaleurs de combinaison des corps simples et des corps composés, celles qui accompagnent les changements d'état, les chaleurs spécifiques des corps gazeux, liquides, solides ou dissous : tableaux qui seront d'un secours inappréciable pour les physiciens et les chimistes, puisqu'ils permettent, pour la première fois, d'envisager dans une vue d'ensemble les résultats généraux obtenus par les savants depuis le commencement du siècle.

Tel est, en résumé, l'exposé des sujets qui sont traités dans le premier volume de l'*Essai de mécanique chimique*.

Dans le second volume, qui s'occupe de *la dynamique* et de *la statique chimique*, M. Berthelot s'appuie sur un nouveau principe de mécanique chimique qu'il a formulé le premier, le principe du *travail maximum*, que l'on peut définir de la manière suivante :

Tout changement chimique accompli sans l'intervention d'une énergie étrangère tend vers la production du corps ou du système de corps qui dégage le plus de chaleur.

Ce principe a pour conséquence le corollaire suivant, applicable à une multitude de réactions :

Toute réaction chimique susceptible d'être accomplie sans le concours d'un travail préliminaire et en dehors de l'intervention d'une énergie étrangère à celle des corps réagissants se produit nécessairement si elle dégage de la chaleur.

M. Berthelot ne se contente pas d'énoncer ce principe du travail maximum, évident *a priori* dans un certain nombre de cas; il le démontre expérimentalement en prouvant qu'il s'applique à tous les systèmes de réactions que nous pouvons réaliser dans nos laboratoires. Mais, avant d'exposer toutes les conséquences de la loi nouvelle, M. Berthelot commence par définir dans quelles conditions un composé donné se forme au moyen de ses éléments, dans quelles conditions il subsiste, comment il se comporte en présence des agents physiques; en d'autres termes, il passe en revue les conditions générales qui président à la combinaison et à la décomposition chimiques, ou plus exactement les relations précises entre le signe de la chaleur dégagée pendant les réactions et les réactions elles-mêmes.

Il donne surtout, dans cet ordre d'idées, de longs développements aux réactions qui se produisent à la fois dans un même système d'éléments, c'est-à-dire à l'étude des décompositions limitées et des équilibres chimiques, questions qui ont été exposées autrefois par l'auteur dans une série de mémoires originaux et qui comprennent, comme applications intéressantes d'équilibres complexes, la théorie des corps pyrogénés, si féconde en applications. Les études si remarquables de MM. H. Sainte-Claire-Deville, Debray, Troost, etc., sur la dissociation, trouvent ici leur place.

M. Berthelot poursuit ensuite les équilibres chimiques dans les dissolutions, ce qui lui permet d'aborder l'étude de questions depuis longtemps controversées, telles que : la nature des hydrates solubles et diversement dissociés que forment les acides, les bases et le sels dissous, la constitution des sels dissous, suivant qu'il s'agit d'acides forts ou d'acides faibles, de bases fortes ou de bases faibles; la formation des sels doubles et des sels acides dans l'état de dissolution, etc.

Pour ne rien omettre et ne pas s'en tenir uniquement aux énergies calorifiques, il consacre ensuite deux chapitres aux effets chimiques produits par l'électricité et les radiations lumineuses, la première agissant sous les formes diverses de courant voltaïque, d'arc voltaïque, d'effluve et d'étincelle proprement dite.

Les conditions d'existence propre des composés envisagés isolément se trouvant ainsi définies, on peut aborder le problème de leurs actions réciproques. Tel est l'objet de la deuxième partie du second volume. L'auteur applique le principe du travail maximum aux réactions fondamentales de la chimie, savoir : L'action des éléments sur les composés binaires; les déplacements réciproques des hydracides entre eux et des acides en général; le partage des alcools entre les acides et les déplacements réciproques des bases; enfin les doubles décompositions salines, étudiées déjà avec tant de succès par Berthollet au commencement du siècle sous le nom de *statique chimique*; mais auxquelles le principe thermique fournit une nouvelle lumière et une règle plus certaine.

Le tableau général des réactions chimiques est présenté ici dans une vue d'ensemble véritablement saisissante, puisque l'auteur s'appuie, en dernière analyse, sur une règle unique de statique moléculaire.

Certes, un tel livre n'est pas fait pour amoindrir la valeur de ceux qui l'ont précédé : il tend plutôt à imprimer à notre science une direction nouvelle, à la faire sortir de la sphère purement descriptive et spéculative, dans laquelle elle est restée confinée jusqu'ici. Que la jeune génération de chimistes se lance résolûment dans la voie qui vient d'être si brillamment ouverte par M. Berthelot, et bientôt la chimie aura la netteté, la précision didactique qui caractérise cette science aujourd'hui si parfaite, la physique moderne.

EDME BOURGOIN,
Membre de l'Académie de médecine de Paris.

FACULTÉ DES SCIENCES DE PARIS

DOCTORAT

M. GASTON BONNIER

Les nectaires des plantes (1).

Les affirmations, trop hâtives parfois, des partisans de la doctrine de l'évolution ont provoqué une sorte de réaction scientifique qui se traduit aujourd'hui par des travaux dont les conclusions sont en opposition formelle avec celles de Darwin. Aux lois générales formulées par les uns, les autres opposent des lois générales absolument contradictoires. C'était prévu. On n'avait point assez vu que l'évolution des êtres est sous la dépendance d'une multitude de facteurs, dont le mode d'action n'a jusqu'ici été nettement déterminé que pour quelques-uns. On avait, par-dessus tout, eu le tort d'attri-

(1) *Les Nectaires*, étude critique, anatomique et physiologique.

buer toutes les modifications évolutives à ces quelques facteurs mieux connus. Aujourd'hui les exceptions, d'abord inaperçues, sont graduellement mises en lumière, et, si les lois proposées par l'École évolutionniste n'en peuvent suffisamment rendre compte, il faudra bien chercher ailleurs. Mais, de ce que ces lois comportent des exceptions, il ne résulte nullement qu'elles soient fausses, et, s'il est vrai que les principes formulés par Darwin et ses disciples, après d'innombrables observations, l'aient été parfois d'une manière trop absolue, que dire de ceux de leurs adversaires qui, ne jugeant que d'après des faits isolés, se montrent souvent plus absolus encore dans leurs conclusions? Pourtant les travaux de réaction dont nous parlons ont ceci de bon, qu'en plaçant sous nos yeux des faits exceptionnels ils nous déshabituent de la manie antiscientifique d'inventer à tout propos des lois générales, nous obligent à chercher de nouvelles causes d'évolution, et, par conséquent, à pénétrer plus avant dans l'étude des faits eux-mêmes, et enfin démontrent de mieux en mieux que les êtres ne subissent pas seulement l'influence d'une partie de leur milieu, mais sont adaptés à ce milieu tout entier.

La thèse de M. G. Bonnier sur les nectaires, dirigée contre les théories darwiniennes, est précisément l'un de ces travaux où beaucoup de faits sont à recueillir et à analyser, et nombre de conclusions à rejeter. L'auteur y étudie les nectaires à un triple point de vue : dans leurs rapports avec la théorie de l'évolution, leur structure et leur rôle personnel purement physiologique. Chacun connaît les idées qui ont cours actuellement sur les nectaires et les substances qu'ils excrètent. On admet qu'ils ont pour but de fournir aux insectes une matière sucrée qui les attire et les oblige à opérer inconsciemment la fécondation directe ou croisée des fleurs. Celles-ci seraient disposées de manière à recueillir et protéger le nectar, à appeler, par leurs couleurs et leurs parfums, les insectes et à leur offrir un passage calculé de telle sorte, qu'en pénétrant dans la corolle ils déposent sur le stigmate le pollen dont ils sont chargés. Si la plupart des observations faites jusqu'à ce jour sont favorables à cette manière de voir dans un très grand nombre de cas, il est évident qu'une telle hypothèse ne saurait s'appliquer à tous. M. Bonnier rappelle justement que les *Vicia* ont des stipules nectarifères. Il est clair que les insectes qui viennent y puiser le liquide sucré ne travaillent point à la fécondation de ces plantes, qui, au moment de la récolte de ce nectar spécial, ne sont point encore fleuries. On admettait aussi que les éperons floraux sont destinés à recueillir le nectar. Darwin avait déjà montré que, dans beaucoup d'Orchidées, l'éperon ne renferme pas de nectar, et M. Bonnier ajoute quelques exemples à ceux-là. Il est en outre d'avis que les poils et les écailles de la corolle ne jouent pas toujours un rôle protecteur pour le nectar. Cela est fort probable. Pourtant, quand on se reporte à la démonstration, on trouve des expériences comme celle-ci, qui ne paraît guère probante. M. Bonnier prend vingt fleurs de *Lycopsis,* coupe les cinq écailles de dix d'entre elles, et, après une forte pluie, constate que le volume du nectar est le même dans toutes les fleurs. C'est donc que les écailles ne jouent point un rôle protecteur contre la pluie. Cette conclusion est juste. Mais qui nous dit qu'elles ne servent pas à protéger les nectaires contre les poussières atmosphériques, l'introduction de certains insectes, etc.?

Darwin avait avancé que les fleurs peu visibles sont peu visitées par les insectes, et M. Édouard Heckel avait déjà montré que cette loi souffre des exceptions. M. Bonnier en signale de nouvelles. Mais que conclure de là contre la théorie de l'évolution? Telle plante, dépourvue de brillantes couleurs, peut attirer les insectes par son parfum. L'auteur a d'ailleurs beau jeu quand il s'attaque à M. H. Muller, prétendant que, dans les espèces d'un même genre, le nombre des visites faites aux fleurs par les insectes est, *sans exception,* proportionnel à la visibilité de la fleur. Il cite avec raison certains *Ribes, Allium, Teucrium,* qui dérogent à cette prétendue règle à laquelle, du reste, Darwin avait déjà trouvé des exceptions.

Allant plus loin, il se demande si la couleur même est pour quelque chose dans les visites que font les insectes aux fleurs. On connaît l'expérience de M. Nägeli, qui attira des abeilles sur des fleurs artificielles enduites d'un miel *odorant.* Quand le miel eut disparu, les abeilles cessèrent naturellement toute visite. M. Bonnier a pris quatre rectangles égaux d'étoffes de couleurs différentes. Il les a étendus sur une prairie et couverts de miel. Les abeilles ont afflué en quantité égale sur chaque rectangle et disparu quand tout le miel a été consommé, ce qui se comprend, puisqu'il ne suffisait pas que les rectangles fussent vert, jaune, rouge ou blanc pour que les insectes les pussent confondre avec les fleurs nectarifères de la prairie. Nous ne jugeons point cette expérience suffisante pour démontrer que la couleur des fleurs n'attire pas, dans un grand nombre de cas, les insectes qui, sachant bien que telle fleur nectarifère est revêtue de telles couleurs, peuvent et doivent sans doute reconnaître aux teintes de la corolle les plantes sur lesquelles il leur convient d'aller puiser leur nourriture.

Outre la couleur de la fleur, il y a sa grandeur. On admettait que, pour les espèces d'un même genre de plantes, l'affluence des insectes est en rapport avec les dimensions de la corolle. M. Bonnier trouve encore quelques exceptions qui n'infirment point la règle. La petitesse de la corolle, dans une espèce, peut être compensée par un parfum plus prononcé. M. Bonnier se prononce également contre la concordance absolue que l'on avait voulu établir entre l'existence des nectaires et celle des parfums dans les fleurs, et, cette fois encore, il n'a pas de peine à citer des fleurs parfumées qui n'ont pas de nectaires, et des plantes nectarifères qui ne sont que peu ou point odorantes. Qu'importe d'ailleurs si l'appel aux insectes s'effectue par quelque autre procédé naturel?

M. J. Sachs avait avancé qu'un insecte donné visite toujours une fleur déterminée, de la même manière, par suite de son adaptation à cette fleur qui l'oblige, en quelque sorte, à opérer d'une certaine façon la fécondation de la plante. M. Bonnier a vu que parfois l'insecte déchire ou perfore les enveloppes florales pour atteindre le nectar. « Les abeilles, dit-il, éprouvent souvent une certaine difficulté à prendre le nectar des fleurs par l'intérieur, à cause des étamines qui les gênent; elles n'opèrent par l'intérieur que quand la fleur est assez ouverte. » Les abeilles, qui n'ont pas conscience du rôle qu'elles doivent jouer dans la fécondation, puisent naturellement le nectar comme elles peuvent. Quand la fleur est close, elles en déchirent ou perforent les enveloppes. Mais, quand elle est ouverte, elles arrivent aux nectaires en suivant presque toujours le même chemin, et nous ne voyons pas que les idées de M. Sachs soient infirmées par l'observation de M. Bonnier.

Certaines fleurs (*Géranium, Digitalis,* etc.) sont visitées, pour leur nectar, après la chute de la corolle. Peut-on en conclure, avec l'auteur, que « la structure florale n'est pas liée à la visite des insectes » ? Une telle conclusion nous semble aller au delà de ce que permettent les faits. De ce que les insectes viennent chercher, au pied de l'ovaire, un restant de nectar, on ne saurait conclure que la corolle n'a pas joué en son temps le rôle qu'on lui suppose, et n'a point servi à guider les mouvements de l'insecte de manière à favoriser la fécondation. Parfois des insectes, trop gros pour pénétrer dans certaines fleurs, des *Bombus* par exemple, les perforent et les déchirent pour en sucer le nectar. Y a-t-il là encore un fait qui contredise la théorie de l'évolution? Il est évident que ces insectes ne sont pas plus adaptés à la fécondation des fleurs qu'ils lacèrent que ne l'est le mouton à la fécondation des fleurs de la prairie qu'il tond. Mais Darwin n'a jamais prétendu que tous les insectes fussent adaptés à la fécondation de toutes les plantes. — Qu'importe encore aux idées transformistes que les insectes puissent parfois, comme le rappelle M. Bonnier, prendre sur la plante un liquide sucré qui n'est pas sécrété par les nectaires floraux (miellée, nectar de certains nectaires folliaires, etc.)? En quoi cela peut-il modifier le rôle que les évolutionnistes attribuent à ces derniers?

Des observations trop peu suivies avaient fait croire que certaines classes d'insectes, à l'exclusion de toutes les autres, fréquentaient les fleurs de certaines familles végétales. M. Bonnier, s'appuyant sur les observations de M. Méchan, fait remarquer que beaucoup de fleurs que l'on croyait adaptées aux Hyménoptères et visitées seulement par eux croissent en abondance dans les montagnes Rocheuses, où les Hyménoptères sont extrêmement rares. Il suit tout simplement de là que l'on s'était trompé sur certaines adaptations, et qu'il faudra rectifier les notions qui ont cours à ce sujet.

En terminant cette première partie de son mémoire, l'auteur se demande quelles fonctions les partisans de Darwin peuvent bien attribuer aux nectaires qui n'émettent pas un liquide sucré, s'ils admettent que ceux qui sécrètent un nectar servent à attirer les insectes. Pour lui, évidemment, tous les nectaires sont des formations de même ordre, et sans doute il a raison. Pas plus que lui, nous ne songeons à répartir les nectaires dans deux classes fondamentalement distinctes. Comme il le montre lui-même plus loin, tous les nectaires ont essentiellement la même fonction. Leurs éléments élaborent des matières sucrées qui servent à la nutrition des organes jeunes adjacents. Mais, quand ils excrètent un nectar, la fonction générale se double d'une fonction particulière : le nectar émis doit attirer les insectes nécessaires à la fécondation de la fleur. Cette deuxième fonction se surajoute à la première, sans la modifier bien sensiblement. M. Bonnier cite, en divers endroits de sa thèse, deux faits qui nous paraissent prouver que la transformation des nectaires non sécréteurs en nectaires sécréteurs a dû s'opérer facilement par adaptation réciproque des fleurs avec les insectes. Le premier est celui-ci : non contents de recueillir le nectar à la surface des nectaires, certains insectes coupent et déchirent les tissus nectarifères eux-mêmes pour extraire le suc qu'ils contiennent. Voilà qui tout d'abord explique la visite des insectes aux nectaires sans nectar excrété, c'est-à-dire avant toute adaptation. Le second fait à noter est le suivant. On peut, en donnant à certaines plantes une quantité anormale d'eau, provoquer l'émission du nectar à la surface de nectaire, qui d'habitude n'en produisent pas (*Ruta, Galium,* etc.). Si l'apparition du nectar dépend d'une cause aussi minime, pourquoi se refuserait-on à admettre qu'une aussi facile modification dans la fonction d'un organe ait pu se produire par adaptation graduelle des plantes aux insectes qu'elles nourrissent et qui concourent à leur fécondation ?

M. Bonnier passe ensuite à l'étude anatomique des nectaires. Pour qui connaît les travaux déjà anciens de Mirbel, qui avait montré que certains nectaires ont des faisceaux tandis que d'autres en sont dépourvus ; ceux de Payer, sur le développement du disque; ceux de M. Caspary, sur l'épiderme des nectaires et les stomates qui les parsèment; ceux de M. Behrens, sur les substances renfermées dans les nectaires; enfin les observations de divers autres botanistes sur la petitesse relative de leurs éléments; pour qui connaît, disons-nous, ces divers travaux, il apparaîtra clairement qu'il était bien difficile à l'auteur d'innover en un pareil sujet. Aussi M. Bonnier s'est-il contenté de préciser les notions que nous avions sur l'histoire anatomique des nectaires, et il l'a fait dans un assez grand nombre de cas. Il rappelle ou signale pour la première fois l'existence des tissus nectarifères : 1° sur les cotylédons (*Ricin*); 2° sur les feuilles (*Prunus avium, Tecoma,* etc.) ; 3° sur les stipules (*Vicia, Sambucus,* etc.); 4° sur les bractées (*Plumbago, Clerodendron,* etc.); 5° entre la feuille et la tige (*Allamanda,* etc.); 6° sur les sépales (Malpighiacées, etc.) ; 7° sur les pétales; et à ce propos nous sommes heureux de signaler une intéressante et judicieuse assimilation établie par l'auteur entre les cornets nectarifères des Hellébores, *Eranthis,* etc., et les pétales à languette des *Ranunculus;* 8° entre les sépales et les étamines; 9° sur les étamines, sur l'appendice du connectif (*Viola*) ou sur toute l'étamine (*Collinsia*); 10° entre les sépales, pétales, étamines et carpelles ; 11° dans les carpelles, où le tissu nectarifère peut envahir tout le parenchyme extérieur (*Jasminum*), ou même se réfugier dans le stigmate (*Populus nigra*). M. Bonnier insiste sur les variations du nectaire dans les espèces d'une même famille (Crucifères) et dans les individus d'une même espèce (*Cheiranthus, Vinca*). Il montre que les stomates qui le recouvrent sont parfois situés au fond de petites cavités ou puits (*Amygdalus*) par lesquels on voit sourdre le nectar. Quant aux autres éléments constitutifs des nectaires, il a reconnu que les cellules ne sont pas toujours petites, comme on le pensait, et ses figures démontrent que les faisceaux qui vont aux nectaires se détachent des faisceaux de l'axe ou de ceux des organes appendiculaires suivant les modes les plus divers. Dans les *Vinca,* par exemple, les faisceaux du nectaire « se détachent en même temps que ceux des carpelles sans dépendre d'eux, ni de ceux des étamines. » Dans les *Apocynum,* au contraire, qui sont très voisins du *Vinca,* les faisceaux du nectaire « s'insèrent sur les faisceaux de la corolle ». Que conclure de là ? Que les nectaires des *Vinca* et des *Apocynum* ont une signification morphologique différente? Mais une telle conclusion n'est guère admissible si l'on réfléchit aux liens étroits qui unissent ces deux plantes. Mieux vaut admettre que l'arrangement des faisceaux n'a, dans ce cas comme dans beaucoup d'autres, aucune signification précise et que, pour connaître la nature réelle des nectaires ou des disques, il est infiniment préférable de s'en rapporter à leur étude organogénique.

Vient en dernier lieu, et dégagée de toute considération téléologique, l'étude purement physiologique des nectaires. C'est, à notre sens, la meilleure partie de la thèse que nous analysons ici. En se servant des procédés habituels, M. Bonnier a reconnu que, comme l'avait déjà avancé Bravais, le sucre existe constamment dans les tissus nectarifères. C'est même précisément par la présence du sucre qu'il caractérise les nectaires. Ce sucre en dissolution sort par les stomates quand l'épiderme en est pourvu. Lorsqu'il en manque, la matière sucrée s'échappe à travers les parois cellulaires, si elles sont minces, et soulève la cuticule par fragments irréguliers, si cette dernière est épaisse, comme l'a montré M. Jürgens. L'émission du nectar varie avec l'action des agents extérieurs et suivant les heures de la journée. Dans une même journée, le temps restant au beau fixe, son volume diminue à partir du matin, et le minimum est dans l'après-midi; après quoi il se produit une augmentation graduelle. Après plusieurs jours de pluie, pendant une série ininterrompue de belles journées, la quantité de nectar récoltée à la même heure sur des tissus nectarifères de même âge, dans une même espèce, augmente d'abord, puis diminue. Les substances sucrées émises par les individus d'une même espèce varient de quantité suivant les divers pays. C'est ainsi que certaines espèces de Potentilles et de Benoîtes, dépourvues chez nous de nectar, en produisent abondamment en Norwège. L'humidité de l'air, aussi bien que celle du sol, accroît l'émission des matières sucrées. S'appuyant sur ces faits, M. Bonnier établit, entre les phénomènes de transpiration et ceux qui caractérisent l'excrétion du nectar, une assimilation qui nous paraît justifiée. Les gouttes liquides qui s'échappent de l'extrémité des feuilles et les gouttelettes de matière sucrée qui sortent des nectaires apparaissent évidemment par le même mécanisme. Mais nous ne voyons là nul motif de croire que l'émission du nectar n'a point pour origine première le lent travail d'une adaptation nécessaire. Les modifications graduelles imposées aux êtres par le milieu s'opèrent toujours, cela va sans dire, suivant les lois naturelles existantes.

C'est au moment de la pollinisation que la production du nectar est la plus forte, et elle cesse quand commence le développement du fruit. M. Bonnier se rallie à cet égard à l'opinion admise. A mesure que disparaît le saccharose renfermé dans le nectaire, on voit le glucose augmenter. Ce glucose, dans les nectaires floraux, sert aux besoins de l'ovaire, qui grossit et se change en fruit. L'auteur s'est demandé s'il existait, dans les nectaires, pour la tranformation du saccharose en glucose, un ferment soluble par l'intermédiaire duquel s'opérerait le dédoublement nécessaire en pareil cas; et il est parvenu, en précipitant l'extrait aqueux par l'alcool, à séparer ce ferment qui, suivant lui, agirait, à l'égard du saccharose, tout à fait à la manière de la levure de bière.

Il admet, en terminant, l'opinion de Bravais touchant la résorption des matières sucrées éliminées. La plante reprendrait ce qu'elle aurait excrété. Bien que M. Bonnier nous dise avoir constaté l'absence absolue de sucre à la surface des nectaires anciens non visités par les insectes, et tout en nous gardant de nier la possibilité du fait, nous croyons que de nouvelles recherches sont nécessaires à ce sujet.

LES CHEMINS DE FER, LES CANAUX

Les routes et les ports de France (1).

Quoique née d'hier, la statistique graphique étend chaque jour son domaine et le cercle de ses applications. Il n'est presque pas aujourd'hui de branche de l'activité humaine qui ne recoure à ses services. Elle répond, en effet, de la manière la plus heureuse, à un double besoin de notre époque : nous sommes pressés, mais nous aimons l'exactitude; il nous faut des renseignements qui soient à la fois rapides et précis. Or les procédés graphiques remplissent à merveille ces deux conditions. Ils nous permettent, non seulement d'embrasser d'un seul coup d'œil la série des phénomènes, mais encore d'en signaler les rapports ou les anomalies, d'en trouver les causes, d'en dégager la loi. Ils remplacent avantageusement ces monceaux de chiffres, sous lesquels la vérité est comme enfouie, et auxquels de vigoureux esprits savent seuls faire violence et arracher leurs secrets. Cette méthode convient donc parfaitement au siècle de la vapeur et de l'électricité. Elle donne, pour ainsi dire, des ailes à la statistique. Sans nuire à la précision de cette science, elle en étend et en vulgarise les bienfaits.

Cette méthode n'a pas seulement l'avantage de parler aux sens en même temps qu'à l'esprit, et de peindre aux yeux des faits et des lois qu'il serait difficile de découvrir dans de longs tableaux numériques. Elle a, de plus, le privilège d'échapper aux obstacles qui restreignent la facile diffusion des travaux scientifiques et qui tiennent à la diversité offerte par les différentes nations, sous le rapport de leurs idiomes et de leurs systèmes de poids et mesures. Ces obstacles sont inconnus au dessin. Un diagramme n'est pas allemand, anglais ou italien; tout le monde saisit immédiatement ses rapports de mesure, de surface ou de coloration. On est donc en droit de le dire : la statistique graphique est la véritable langue universelle et permet aux savants de tous les pays d'échanger librement leurs idées et leurs travaux, au grand profit de la science elle-même.

Il suffisait de parcourir les galeries de l'Exposition universelle pour y constater l'emploi très étendu que presque toutes les nations ont fait de la statistique graphique, comme moyen de manifester les principaux éléments de leur vie intellectuelle, économique et sociale. A chaque pas, on y rencontrait des applications de cette méthode. Tout le monde s'y essaie. Assurément, ce n'est pas partout le même ton ni le même accent; mais c'est au fond la même langue. Cet empressement à la parler, ou même à la bégayer, montre assez qu'elle répond à un besoin général et profond, en même temps qu'il permet d'apprécier la richesse et la variété de son vocabulaire.

Aussi le ministre actuel des travaux publics, M. de Freycinet, comprenant toute l'importance de ce mode de représentation graphique, a-t-il, par un arrêté du 12 mars 1878, annexé un service de *Statistique graphique* à la direction des Cartes et Plans, dont le titulaire actuel est M. E. Cheysson, ingénieur en chef des ponts et chaussées.

(1) *L'Album de statistique graphique pour 1879*, publié par le ministère des travaux publics. (Paris, chez Dunod et Cie, et chez Chaix et Cie). Cartonné : 6 fr. 50; relié : 8 fr. 50.

C'est la première fois que la statistique graphique, jusqu'ici reléguée au second plan comme un accessoire de la statistique numérique, obtient officiellement sa place dans la nomenclature administrative, et qu'elle est pour ainsi dire mise dans ses meubles.

Aux termes de cet arrêté, le nouveau service est chargé « de préparer des cartes figuratives et des diagrammes exprimant, sous la forme graphique, les documents statistiques relatifs, soit au courant de circulation des voyageurs et des marchandises sur les voies de communication de tous ordres et dans les ports de mer, soit à la construction et à l'exploitation de ces voies; en un mot, à tous les faits économiques, techniques ou financiers qui relèvent de la statistique et peuvent intéresser l'administration des travaux publics ». Il a été décidé, en outre, que ces cartes et diagrammes seraient réunis en un Album annuel, de format portatif, destiné à être distribué aux Chambres dans le courant de la session.

L'administration vient de publier l'Album de 1879, qui constitue la première application de cette mesure. C'est de cette publication que nous voudrions donner une idée sommaire à nos lecteurs. Mais, avant de la décrire, il nous paraît utile de dire quelques mots des divers procédés dont dispose la statistique graphique, et qu'elle met en œuvre en les appropriant aux exigences de chaque cas particulier.

I.

Diagrammes orthogonaux. — La forme la plus simple du dessin statistique est le diagramme à coordonnées rectangulaires ou orthogonales. C'est celui qui sert à définir la position des points terrestres à la surface du globe et celle des astres dans le ciel. Il peint très nettement aux yeux la trajectoire d'un projectile dans l'espace, et permet de régler sûrement l'itinéraire de divers mobiles qui sont appelés à se suivre ou à se croiser sur une même voie, comme on le fait par les ingénieux *graphiques de la marche des trains* pour les chemins de fer.

Le plus souvent on porte, en *abscisse* horizontale, le temps, et en *ordonnée* verticale, le fait dont on veut peindre la variation. On réunit par des lignes inclinées les points ainsi déterminés, comme si, entre deux points consécutifs, le phénomène variait d'une manière continue dans le temps. D'autres fois, au contraire, on procède par une série de gradins horizontaux, pour exprimer aux yeux que les ordonnées sont des moyennes établies sur une certaine durée. Chacun de ces systèmes peut avoir utilement son emploi, suivant l'objet qu'on se propose.

Qu'ils consistent en une courbe continue, ou qu'ils soient formés d'échelons successifs, les diagrammes expriment la relation entre deux variables qui sont *fonction* l'une de l'autre. Mais, en outre, pour ceux qui sont les plus complets et les plus instructifs, et qui, à ce titre, méritent de servir de types, l'aire comprise entre la courbe et la ligne des abscisses représente l'intensité d'un fait ou d'un phénomène qu'il importe de mesurer, et qui correspond au produit des deux variables. C'est ainsi que les diagrammes tracés par l'*Indicateur de Watt* figurent à la fois : par les courbes, les variations de la pression de la vapeur dans le cylindre, et par l'aire, celle du travail, c'est-à-dire le produit de la force par l'espace parcouru. Il en est de même pour les diagrammes relatifs aux mouvements annuels d'importation et d'exportation : l'aire de la courbe représente la somme totale des échanges pendant la période considérée.

Ordinairement on ne s'en tient pas à une courbe unique, mais on en superpose plusieurs sur le même diagramme. Ainsi on représente simultanément la mortalité et le prix du pain, le taux des salaires et le montant des épargnes, l'intensité magnétique et les taches solaires (1). Par là on fait apparaître des relations saisissantes et parfois inattendues entre différents ordres de faits bien choisis.

La règle générale qui domine de haut cette matière, et qui s'applique aux diagrammes orthogonaux, comme aux autres procédés, dont il va être question tout à l'heure, c'est qu'il faut tout sacrifier à la clarté. Vouloir trop charger un diagramme, c'est le rendre compliqué ou obscur; c'est perdre tout le fruit de la méthode graphique. On pourrait citer ainsi plus d'un diagramme qui a dû coûter beaucoup de peine à son auteur, et qui est bien plus malaisé à comprendre que le tableau numérique auquel il sert de traduction. Si le dessin se refuse à exprimer trop de détails à la fois, on doit avoir le courage d'en élaguer assez pour acheter, au prix de ce sacrifice, la simplicité et la clarté, qui sont la condition même et la raison d'être de ces dessins. Dans le même ordre d'idées, il faut signaler aussi l'abus des longues légendes. Un diagramme qu'on ne devine qu'à travers les explications d'un long texte pèche gravement contre la méthode.

C'est à cette catégorie de diagrammes orthogonaux que se rattachent plus particulièrement les beaux travaux graphiques de M. Marey, qui a fait faire de si grands progrès à l'enregistrement mécanique des phénomènes physiologiques et naturels. Il a montré que rien ne résistait à ce procédé, pas même les mouvements les plus fugitifs et les plus instantanés, qui viennent tous docilement s'inscrire sous les enregistreurs (2), se prêtant ainsi à des constatations précises et à des déductions rigoureuses.

Diagrammes polaires. — Les coordonnées orthogonales ou rectangulaires ne sont pas les seules employées pour les diagrammes. La statistique graphique fait aussi un fréquent usage des *coordonnées polaires*, dans lesquelles les ordonnées, au lieu d'être parallèles entre elles et perpendiculaires à la ligne des abscisses, convergent toutes à un même centre.

Ce mode de représentation est adopté avec avantage pour exprimer, par exemple, l'intensité relative des vents suivant les différents azimuts de l'horizon, ou encore la succession des faits dont la période est liée, dans la journée, à l'heure, ou dans l'année, à la saison, pourvu que les spires successives ne chevauchent pas et restent suffisamment distinctes. Il est juste d'ajouter à l'actif de ce procédé qu'il comporte une certaine élégance décorative, exige peu d'espace, et peut se loger là où le diagramme rectangulaire ne serait pas de mise. C'est donc une ressource à laisser à la disposition des statisticiens, sous la réserve qu'ils n'en abuseront pas et sauront toujours rester clairs.

Cartogrammes. — Quelle que soit la construction des dia-

(1) Voir dans le journal anglais *Nature* (1874), les diagrammes dressés par M. G. Dawson, et qui représentent simultanément, sur les mêmes ordonnées, les variations des taches solaires et celles du niveau du lac Erié.

(2) Voyez *La machine animale,* 1 vol. in-8° faisant partie de la *Bibliothèque scientifique internationale. La Méthode graphique,* 1 vol. in-8°, de 672 pages, chez Masson, libraire-éditeur, etc.

grammes, ils expriment le rapport entre deux variables linéaires, généralement le temps et un autre facteur. Mais on a souvent besoin de peindre les variations d'un fait dans différentes contrées. Là, l'un des deux facteurs linéaires du diagramme devient une surface. On veut laisser chaque localité, chaque district à sa place exacte, pour saisir la loi de la distribution géographique du phénomène. Le diagramme ne convient plus à ces exigences, et c'est au *cartogramme* qu'il faut recourir.

Le cartogramme se prête aux solutions les plus variées, mais qui peuvent être distinguées en quatre catégories principales :

1° *Cartogrammes à foyers diagraphiques.* — Dans la première catégorie, que je propose d'appeler celle des cartogrammes à foyers diagraphiques, on bâtit sur chaque point qu'on veut signaler, sur chaque « foyer », un petit diagramme spécial. L'ensemble de ces diagrammes représente, pour la contrée envisagée, la loi des phénomènes dans le temps et dans l'espace. — On peut citer, comme application de ce procédé, les cartes qui figurent l'industrie minérale du pays, à l'aide de cercles dont le centre est le lieu de production et dont les surfaces, diversement coloriées, sont proportionnelles à l'importance de l'extraction des combustibles ou des minerais.

2° *Cartogrammes à bandes.* — Les cartogrammes de la deuxième série peuvent être désignés sous le nom de cartogrammes à bandes. Ils ont été inventés simultanément, en Belgique par M. Belpaire, et en France par M. Minard, qui en a vulgarisé l'emploi par ses beaux travaux et en a montré à la fois la souplesse et la fécondité (1).

Ces cartogrammes sont destinés à figurer un mouvement. Les autres relevaient de la statique; ceux-ci de la dynamique. Le long d'une voie de transport, tracez une bande dont la largeur soit proportionnelle au tonnage transporté : vous obtenez une figure sinueuse qui peint le courant de circulation sur cette voie. Tous ces courants, ainsi dessinés sur la carte, représentent des sortes de fleuves qui débitent, non pas des mètres cubes d'eau, mais des tonnes de marchandises ou des milliers de voyageurs.

3° *Cartogrammes territoriaux à teintes dégradées.* — Pour dresser ces nouveaux cartogrammes, on établit les moyennes d'un fait sur chaque division du territoire; puis on les classe en un certain nombre de groupes, et l'on affecte à chacun de ces groupes, soit une couleur, soit une nuance, qui serve à distinguer toutes les divisions appartenant à ce même groupe.

A cette catégorie se rattachent, par exemple, les cartes représentant la distribution des illettrés, des aliénés, la marche des épidémies, du phylloxera, etc.

Ces cartogrammes sont eux-mêmes ou *monochromes à teintes dégradées,* ou *polychromes.*

(1) Parmi les cartogrammes à bandes dressés par M. Minard, l'un des plus saisissants est celui qui représente les pertes successives en hommes de l'armée française dans la campagne de Russie (1812-1813). La large bande qui représente la puissante armée au départ, sur les rives du Niémen, se resserre de plus en plus à mesure qu'on parcourt les étapes de cette campagne désastreuse, et s'amincit au retour jusqu'à n'être plus qu'un simple trait noir.

Nous ne citons cet exemple que pour montrer la diversité des applications dont ce procédé est susceptible, et la portée des effets qu'il peut atteindre entre des mains habiles.

4° *Cartogrammes à courbes de niveau.* — Cette quatrième méthode appartient à M. Lalanne, inspecteur général des ponts et chaussées, qui l'a présentée dans une communication du 17 février 1845 à l'Académie des sciences, et dont il faut citer le nom avec honneur toutes les fois qu'on parle des méthodes graphiques, auxquelles il a fait faire un grand pas (1). Elle revient à assimiler les faits qu'on veut exprimer à la hauteur d'un terrain au-dessus du niveau de la mer. Si l'on connaît ces faits pour les divers points du sol, et si l'on réunit par un trait continu tous les points d'égale intensité, on obtient des *courbes de niveau statistiques,* qui ont la plus grande analogie dans leur génération et leur expression, avec les courbes de niveau topographiques.

On peut accentuer, ou même remplacer ces courbes par des hachures, comme on le fait sur les cartes hypsométriques; on peut aussi couvrir leur entre-deux par des teintes différentes ou les nuances dégradées d'une seule couleur. M. Vauthier, qui a essayé les différents systèmes, en a obtenu des effets vraiment saisissants. Ainsi, pour la carte de la population, le relief est précisément inverse de celui du terrain naturel; les vallées et les dépressions de la première carte correspondent aux régions montagneuses de la carte d'état-major.

Sur une carte de la mortalité infantile, on voit de même se creuser, en certains points, des sortes de lacs, et ailleurs, comme dans Eure-et-Loir, se dresser de véritables « pics mortuaires ».

Dans cette même catégorie, on peut ranger les cartogrammes météorographiques, dont l'usage se répand de plus en plus, et qui, à l'aide de courbes isobares, isothermes, isotères, isochymènes, etc., rendent à la marine et à l'agriculture des services chaque jour plus appréciés (2).

II.

Après cette rapide revue des divers procédés de la statistique graphique, il est temps d'arriver à l'Album que vient de publier le ministère des travaux publics.

Cet Album donne les résultats relatifs à l'année 1877. Si l'on se reporte aux dates des publications officielles, auxquelles cet album se réfère nécessairement, et tient compte du temps matériel qu'exige l'exécution des planches, on reconnaîtra que ce n'est sans doute qu'au prix de grands

(1) Parmi les applications que l'on doit à M. Lalanne, l'une des plus ingénieuses est celle de l'*anamorphose simple* ou *double* pour traduire par diagrammes *à lignes droites* des lois dont l'expression mathématique n'est pas connue. C'est ainsi que, au moyen d'une sorte d'abaque, on peut calculer à vue la répartition de la population suivant les âges, les probabilités de vie correspondant à ces différents âges et tous les autres faits les plus complexes de la démographie.

Le jury de l'Exposition universelle de 1878 a décerné un diplôme d'honneur aux tableaux graphiques de M. Lalanne, et une décision ministérielle du 30 juillet 1879, rendue sur l'avis du conseil général des ponts et chaussées, recommande l'emploi des méthodes graphiques du même auteur pour la rédaction des projets de terrassement. (Voir dans les *Annales des ponts et chaussées,* août 1879, p. 95, un rapport sur les avantages de ces méthodes.)

(2) L'*Annuaire météorologique de Montsouris* met remarquablement en œuvre tous les procédés de figuration graphique pour enregistrer et traduire les constatations du pluviomètre, du baromètre, du thermomètre, de l'anémomètre, de l'actinomètre, de l'hygromètre, de l'ozonomètre, etc.

efforts et en devançant pour certains faits la publication officielle des documents administratifs, qu'on est parvenu à fournir la représentation graphique de la statistique à dix-huit mois d'intervalle.

Le nombre des planches de cet Album est de 12 seulement; mais il sera porté au moins à 20 dans les Albums suivants.

Quant au format, on a adopté sensiblement celui des documents parlementaires, qui est consacré par un long usage et qui les rend commodes à emporter avec soi, à consulter et à classer dans une bibliothèque. Mais cette exigence du format a conduit à prendre de petites échelles pour les dessins, et par suite à recourir à des procédés d'exécution assez soignés. Au lieu de l'autographie, dont on s'était contenté pour les premières publications de statistique graphique, traitées sous forme de cartes murales, on a, cette fois, employé la gravure sur pierre. Les cartes y ont gagné en finesse et en clarté, sans accroissement de la dépense, à cause des économies réalisées sur le papier et l'impression.

Les planches appartiennent à peu près dans une égale proportion aux deux grands procédés qui ont été définis ci-dessus sous le nom de *Cartogrammes à bandes figuratives* et de *Diagrammes orthogonaux*.

Pour rendre ces dessins à la fois plus clairs et plus élégants, on a fait appel à divers artifices, et notamment à l'emploi des couleurs multiples et des nuances d'une même couleur, qui s'obtiennent par des hachures plus ou moins serrées. Il y a là tout une série de combinaisons qui sont dans la main du statisticien et qu'il peut appliquer suivant les cas.

Aux termes de l'arrêté cité plus haut, l'Album annuel doit « comprendre un certain noyau de planches de fondation, se reproduisant tous les ans, de manière à donner les moyens de comparer les faits de même ordre dans la suite des temps ».

Ces planches de fondation sont représentées dans l'Album de 1879 par quatre cartes figuratives, qui expriment le tonnage des routes nationales, celui des voies navigables et des ports, enfin le tonnage et les recettes des chemins de fer. Les huit autres planches sont consacrées à l'histoire financière des six grandes compagnies de chemins de fer, au tonnage de nos principaux ports, depuis dix ans, enfin aux mouvements du commerce général et du commerce spécial depuis 1828.

Un coup d'œil, même rapide, sur ces planches, suffit à suggérer d'intéressantes réflexions sur l'histoire et le rôle de nos voies de tous ordres et de tous nos ports.

C'est ainsi que le rapprochement des diverses cartes de tonnage, qui sont toutes dressées à la même échelle, montre comment se répartissent les courants de circulation, et donne à l'ingénieur, comme à l'homme d'État, des renseignements d'une haute clarté pour décider les questions relatives à la création de nouvelles voies.

La carte des recettes des chemins de fer explique mieux que de longues colonnes de chiffres l'importance des lignes maîtresses, ces artères nourricières de tout le réseau. De même, les inflexions subies par les cours et les revenus des actions de chemins de fer, et mises en regard des événements financiers, ou nationaux, tels que fusions, concessions nouvelles, garanties d'intérêts, ou guerre et révolutions, peignent clairement aux yeux les réactions qu'exercent sur la prospérité de ces vastes entreprises l'intervention de l'État et les grands faits de notre histoire.

Enfin la planche consacrée aux ports et au commerce général emprunte un intérêt spécial d'actualité aux questions à l'ordre du jour qui touchent à la situation de la marine marchande et à la politique commerciale de notre pays.

Des légendes intéressantes donnent la clef des planches et en résument les données numériques en quelques chiffres significatifs, que nous rapprochons ci-après, à l'intention de nos lecteurs.

VOIES de COMMUNICATION.	LONGUEURS.	TONNAGE EN 1877		TONNAGE moyen ramené au parcours total.
		EN TONNES absolues.	EN TONNES kilométriques.	
	Kilom.			
Voies navigables . . .	11 452	53 876 656	2 036 597 351	177 837
Routes nationales . . .	37 304	»	1 680 806 328 (1)	45 057 (1)
Chemins de fer d'intérêt général	21 019	62 541 879	8 505 695 673	404 667 (2)
Totaux et moyennes. .	69 775	»	12 223 099 352	179 478

(1) Tonnes utiles, c'est-à-dire abstraction faite du poids du véhicule.

(2) La recette brute kilométrique moyenne des chemins de fer, en 1877, a été de 40 400 francs.

Le tonnage maximum moyen correspond à la ligne de Lyon à Marseille et atteint le chiffre énorme de 2,478,100 tonnes. Ce chiffre égale 6 fois celui de tout le réseau, 14 fois celui des voies navigables, 50 fois celui des routes nationales.

Pour les ports français, la part de notre marine est tombée en dix ans de 35 à 31 pour 100 à l'importation, et de 37 à 32 pour 100 à l'exportation. C'est une réduction de 11 à 13 pour 100 sur l'importance proportionnelle de notre pavillon, qui n'absorbe guère que le tiers du mouvement de nos ports.

Enfin notre commerce général, dont les variations reflètent la marche de notre histoire, s'est élevé entre 1828 et 1877, c'est-à-dire en cinquante ans, de 1218 à 8941 millions.

Nous bornerons là ces indications sommaires, et nous engagerons nos lecteurs à se reporter à ces planches, dont le compte rendu est impuissant à suppléer l'examen et à rendre l'effet. Si cette publication, dont les bases sont aujourd'hui définitivement arrêtées, est continuée avec persévérance dans le même esprit, il n'est pas douteux qu'elle ne soit appelée à rendre de grands services à l'économiste, à l'homme d'État, à tous ceux enfin que préoccupe le grave et difficile problème des rapports entre le développement de la richesse nationale et celui des travaux publics.

LA MÉTAPHYSIQUE DE CL. BERNARD

A M. Ém. Alglave, directeur de la « Revue scientifique ».

Monsieur le Directeur,

Je voudrais répondre, aussi brièvement que possible, à une lettre de M. Ch. Richet, publiée dans la *Revue scientifique* (numéro du 27 septembre).

Entre autres choses, votre correspondant me reproche d'avoir été irrespectueux pour Cl. Bernard. A ce sujet, une courte explication est nécessaire. Le livre *Science et Matérialisme,* dans lequel se trouve l'article incriminé, est une simple réimpression d'écrits publiés çà et là. Ce n'est pas à quelques années, comme le croit M. Richet, mais à douze années, douze lourdes années, monsieur, que remonte la première publication de l'article en question, dont j'accepte d'ailleurs, aujourd'hui encore, « la responsabilité tout entière ». Nul plus que moi n'a respecté et ne respecte Cl. Bernard, qui, dans ses cours et dans ses livres, a été un de mes maîtres; mais du respect à l'adoration muette et aveugle il y a loin. Ce n'est pas à vous, monsieur le Directeur, si familier avec l'histoire des sciences, qu'il est besoin de rappeler combien les savants sont faillibles, et combien de nuisibles erreurs se sont propagées sous le patronage des plus grands noms. Ce qu'il faut respecter avant tout, c'est la vérité, et, pour lui rester fidèle, il est absolument nécessaire de rompre avec toute admiration d'écolier : c'est là un des fantômes de convention, que Bacon prescrit de chasser.

Si j'avais aujourd'hui à refaire la critique qui a ému votre correspondant, peut-être lui donnerais-je une forme plus adoucie, sans rien changer d'ailleurs au fond. Cela, pour diverses raisons; avant tout, parce que nous avons perdu l'éminent physiologiste, alors debout dans toute sa force, dans tout l'éclat de sa renommée, si laborieusement et si légitimement acquise, et qu'il était licite d'attaquer vivement, parce que rien ne lui était plus facile que de se défendre. D'autre part, l'article irrespectueux, qui me vaut l'honneur de causer avec vous, parut dans un journal de combat, la *Pensée nouvelle,* où un très petit groupe d'écrivains, dévoyés, selon votre correspondant, mais à coup sûr sincères et désintéressés, défendaient de leur mieux une doctrine alors honnie, et même un peu persécutée. Sur eux pleuvaient les injures et les anathèmes. Des hommes, très libéraux d'ailleurs, les désignaient sans vergogne à la vindicte administrative; quelques puissants d'alors tenaient constamment suspendue sur leur tête l'épée de Damoclès de poursuites judiciaires fort peu indépendantes. Nous vivions, monsieur le Directeur, dans une perpétuelle bataille, frappant d'estoc et de taille, un peu partout; car les coups nous venaient de toutes parts. Mais j'ai hâte de répondre à la lettre de votre correspondant, dans laquelle je retrouve comme un écho affaibli des attaques d'autrefois.

M. Ch. Richet me reproche d'avoir écrit que « la science ne s'arrête pas encore là où l'expérience est impossible ». De cette citation tronquée on pourrait induire que, selon moi, on peut faire de la science en se jetant à corps perdu dans le domaine de la fantaisie. Une citation plus complète me mettra à l'abri de ce grave reproche. J'ai dit et je maintiens que « la science ne s'arrête pas encore là où l'expérience est impossible ». Que l'homme puisse ou non imprimer à son gré un mouvement à la série des causes et des effets, cette série n'en existe pas moins. L'observation peut souvent la découvrir et en formuler la loi; car l'observation précède l'expérience, qui est seulement une observation provoquée. Elle existe nécessairement avant elle, passe là où l'expérimentation s'arrête, lui succède, comme elle l'avait précédée, et va plus loin. Des sciences entières, et parmi elles une des plus rigoureusement exactes, l'astronomie, ne sont faites que d'observations, et néanmoins ne sont nullement métaphysiques. Je ne crois pas qu'il y ait la moindre hérésie dans tout cela.

Les autres reproches de M. Ch. Richet ne me semblent guère mieux fondés. J'ai dit que le développement embryologique des mammifères supérieurs cesse d'être merveilleux, quand, à la lumière de l'embryogénie comparée, on suit pas à pas les progrès de l'évolution. Je l'ai dit et je le maintiens; seulement, j'aurais dû ajouter et j'ajoute que, pour comprendre les métamorphoses embryologiques, il faut appeler à son aide la doctrine transformiste et les faits nombreux qui l'appuient; mais cette doctrine si féconde ne deviendra pas officielle en France avant une dizaine d'années.

L'esprit des matérialistes est loin d'être aussi fermé, aussi buté que le suppose très gratuitement M. Richet. Nous ne croyons pas que, par cela seul qu'un homme est spiritualiste, il sera toujours et partout dans l'erreur. Je suis, quant à moi, de l'avis des spiritualistes quand ils disent, selon mon honorable contradicteur : « Il ne suffit pas d'observer et d'expérimenter, il faut encore déduire des lois générales. » Jusque-là, jusque-là seulement, cela me paraît fort bien dit. Tout ancien que soit le matérialisme scientifique, il n'a été jusqu'ici professé que par une petite minorité. Où en serions-nous, s'il fallait rejeter en bloc tout ce qui a été dit et fait par des gens se disant ou se croyant spiritualistes?

Un de mes autres torts est, paraît-il, d'avoir spéculé. Eh oui! j'ai spéculé, tout en étant cependant moins étranger à l'observation et à l'expérimentation physiologiques que ne le croit M. Ch. Richet. A mon sens c'est une grande faute que de dédaigner, de parti pris, la spéculation. Il y a bien des espèces de spéculation. Les moines omphalompsyques du mont Athos ont spéculé, mais Newton aussi a spéculé.

Oui, il faut se garder de la spéculation en l'air; mais, tout en étant le fonds nécessaire, l'observation et l'expérience seraient d'un faible secours au progrès scientifique sans les spéculations qu'elles suscitent et qui les suscitent. L'homme a spéculé dès qu'il s'est mis à penser. C'est après avoir spéculé, c'est-à-dire groupé des expériences et raisonné à leur sujet, que nos plus primitifs ancêtres s'essayèrent à tailler et à emmancher des haches en silex. Si M. Ch. Richet veut bien prendre la peine de jeter un regard rétrospectif sur la marche et l'évolution des sciences, il verra que tous les créateurs scientifiques ont largement spéculé, classant, coordonnant les faits, en déduisant des vues générales, risquant et vérifiant des hypothèses, etc.

Comme ses devanciers, Cl. Bernard a beaucoup spéculé, et pas toujours heureusement. Je crois que M. Ch. Richet hésiterait à se constituer le champion de plusieurs opinions du maître, que j'ai critiqué dans mon petit article. Admet-il, par exemple, qu'il y ait des *idées* indépendantes de la matière? qu'il y ait des *idées créatrices* indépendantes des ovules? Croit-il que le déterminisme et le libre arbitre ne soient point contradictoires?

Mais, puisqu'il s'agit de croyance, comment votre correspondant peut-il croire que la diffusion du matérialisme scientifique serait mortelle au développement des sciences? J'espère, avec M. Richet, que le progrès scientifique sera sans limites. Que la science de nos arrière-neveux doive éclipser la nôtre, je le pense, je le dis et je l'ai plus d'une fois écrit. Mais quoi! tout ce merveilleux mouvement en avant devrait s'arrêter net, toute lumière s'éclipserait, si la majorité de l'espèce humaine en arrivait à dire avec Lucrèce :

Rien n'est sorti de rien ; rien n'est l'œuvre des dieux ?

(*Trad.* A. Lefèvre.)

J'avoue ne pas comprendre. Entre le spiritualisme, qui s'écroule, et le matérialisme scientifique, qui grandit, diverses doctrines transitoires ont surgi. Ce sont des abris construits à la hâte par tous ceux qui, ayant déserté la vieille habitation de l'esprit humain, ne veulent pas encore entrer dans la nouvelle. Le phénoménisme, aujourd'hui à la mode, me paraît être une de ces tentes-abris. Il durera peu, parce qu'il demande à ses adeptes deux choses à peu près impossibles : tout d'abord d'abstraire en tout et partout le phénomène de son *substratum*, ce qui est une opération psychique bien délicate ; puis il prescrit en outre d'observer et d'expérimenter, en se gardant, comme de la peste, de toute spéculation, c'est-à-dire de toute pensée, seconde prescription aussi impraticable que la première. L'esprit humain, fort heureusement, ne se laisse pas décapiter.

Je ne doute pas, monsieur le directeur, que votre impartialité bien connue ne vous fasse un devoir de publier cette lettre. Je vous en remercie d'avance, en vous priant d'agréer l'assurance de mes sentiments les plus distingués.

Ch. Letourneau.

Voici la réponse de M. Ch. Richet :

Mon cher monsieur Alglave,

La polémique est vraiment chose terrible pour les lecteurs d'une Revue, car il n'y a pas de raison pour que la discussion prenne fin. Quoi qu'il en soit, et pour le grand malheur de vos lecteurs, je voudrais répondre en quelques mots à la réponse très courtoise de M. Letourneau.

La cause principale de notre désaccord paraît tenir à ce que nous ne nous entendons pas sur le mot matérialisme. Ce que M. Letourneau appelle le matérialisme scientifique, c'est à proprement parler la négation du spiritualisme et du vitalisme. Sur ce terrain-là nous nous entendrons facilement. Un principe vital ou pensant distinct de la matière organisée, une création spontanée d'êtres ou de substances, sont des hypothèses invraisemblables, et il suffit de les énoncer pour en démontrer la vanité. C'est évidemment ce que Claude Bernard voulait dire lorsqu'il repoussait énergiquement à la fois le vitalisme et le spiritualisme.

Mais le mot matérialisme sert aussi à exprimer une théorie complète qui donne une solution à tous les problèmes de la métaphysique. A combien de difficultés ou pour mieux dire d'impossibilités se heurte-t-on lorsqu'on veut affirmer ces solutions. La matière est-elle divisible ou indivisible à l'infini? Qu'est-ce que la matière sans la force? y a-t-il une matière, et quelle matière, sous les mouvements qui se manifestent à nous? Y a-t-il une génération spontanée, et, quand toutes les expériences semblent démontrer que cette génération spontanée n'existe pas, faut-il cependant, pour le plus grand honneur d'une théorie, l'admettre contre toutes les expériences et toutes les vraisemblances? L'intelligence n'est-elle que dans l'homme, et peut-elle être produite par des forces inintelligentes? etc., etc. La théorie explique tout cela, et c'est le matérialisme métaphysique, hypothétique, spéculatif, que Claude Bernard entendait proscrire, et qu'il écartait de la physiologie comme un dogme inutile et nuisible.

Que la tendance de l'esprit humain à généraliser, à établir des lois, nous entraîne souvent à dépasser les limites des faits et des conséquences qui découlent de ces faits, cela ne peut être nié, mais il faut, comme le dit quelque part Claude Bernard lui-même, se *mortifier* et s'imposer cette privation. C'est une discipline qu'il faut se contraindre à accepter. On marche ainsi d'un pas lent mais sûr dans la découverte de la vérité, tandis que les grandes théories philosophiques, élaborées il y a plus de vingt siècles par les puissants penseurs de l'antiquité, sont restées depuis cette époque à peu près stationnaires, luttant avec des chances diverses selon qu'elles étaient mieux attaquées ou défendues par les contemporains.

Est-ce à dire qu'il soit nécessaire de s'abstenir des hypothèses? nullement. L'hypothèse est un procédé intellectuel excellent ; sans hypothèse, on ne ferait jamais une seule expérience. En physiologie principalement on peut dire que l'expérience n'est autre chose que la recherche de la vérité d'une hypothèse. Mais il faut la considérer à sa juste valeur. Ce qui est légitime comme hypothèse est détestable comme affirmation. Supposer par exemple qu'il y a tout au bas de l'échelle des êtres une génération spontanée d'êtres vivants aux dépens d'éléments inorganiques, c'est une pure hypothèse. Elle peut être féconde, en ce sens qu'elle peut provoquer des recherches, faire naître des tentatives ingénieuses et fructueuses ; mais quant à dire que cela est ainsi et que la nature s'est conformée à l'imagination des théoriciens, franchement il m'est impossible de reconnaître que c'est de la science et de la bonne science.

Concluons : pour qu'une vérité soit admise, il faut qu'elle soit prouvée. Claude Bernard a donc eu raison lorsqu'il a repoussé les théories métaphysiques qui ne sont pas prouvées, et qui ne peuvent pas l'être. Des faits! des faits, et non des théories, voilà ce que les physiologistes et les naturalistes ont le devoir de chercher. Il faut qu'ils *dédaignent de parti pris* la spéculation, et qu'ils *s'en gardent comme d'une peste*. Si les savants des siècles passés, aux XIVe, XVe, XVIe siècles avaient appliqué ces principes, l'esprit humain n'aurait pas été pour cela décapité. Nous aurions quelques vérités de plus, et beaucoup de fatras de moins.

Croyez, mon cher monsieur Alglave, à mes meilleurs sentiments.

Charles Richet.

BULLETIN DES SOCIÉTÉS SAVANTES

Académie des sciences de Paris. — 6 octobre 1879.

MM. H. Sainte-Claire Deville et H. Debray : Production artificielle de la laurite et du platine ferrifère. — MM. Gosselin et Alb. Bergeron : Effets et mode d'action des substances employées dans les pansements antiseptiques. — M. Daubrée : Une météorite sporadosidère. — M. Planchon : Apparition dans les vignobles français du *Mildew*, ou *faux-oïdium* américain. — M. Tatarinoff : Préparation de la diméthylguanidine. — M. Ed. Heckel : État cléistogamique du *Pavonia hastata*. — M. Stan. Meunier : Les sables supérieurs de Pierrefitte, près d'Étampes. — M. Gonnard : Minéraux trouvés dans des trachytes du mont Dore.

MM. *H. Sainte-Claire Deville et H. Debray* font connaître le procédé au moyen duquel ils ont obtenu la laurite (sulfure de ruthenium) et le platine ferrifère artificiels. Pour obtenir la laurite, on chauffe au rouge vif un mélange de ruthenium et de pyrite de fer. Le soufre qui résulte de la décomposition de la pyrite sulfure le ruthenium; ce sulfure se dissout dans le protosulfure de fer et y cristallise par refroidissement, en octaèdres réguliers, comme la laurite naturelle, ou même en cristaux cubiques ayant parfois $0^m,001$ ou $0^m,002$ de côté, faciles à séparer du sulfure de fer dans lequel ils sont engagés, par l'acide chlorhydrique qui est sans action sur eux. Pour obtenir le platine ferrifère, on chauffe fortement le platine avec dix fois son poids de pyrite et son propre poids de borax, et l'on obtient un culot qui laisse, après traitement par différents acides, chlorhydrique, azotique, fluorhydrique et par la potasse, une matière métallique cristalline qui est le platine, ferrifère contenant un peu plus de 11 pour 100 de fer, comme certains alliages naturels, et soluble comme eux seulement dans l'eau régale. Ce réactif ne dissout pas le sulfure de platine avec lequel le platine ferrifère reste mélangé, quand on n'a pas chauffé assez longtemps et suffisamment le mélange de platine et de pyrite.

— MM. *Gosselin et Alb. Bergeron* présentent une seconde note sur les effets et le mode d'action des substances employées dans les pansements antiseptiques. Les résultats des nouvelles expériences, des auteurs, comparés à ceux des premières expériences conduisent à cette conclusion que l'imputrescence de 1 gramme de sang est donnée par une dose de $0^{gr},010$ à $0^{gr},015$ d'acide phénique pur et qu'à des doses plus faibles la putréfaction est retardée, mais n'est pas empêchée, à moins que la dose ne soit augmentée peu à peu, soit au moyen de l'évaporation, soit par l'addition quotidienne d'une certaine quantité de la solution phéniquée. Il est démontré aujourd'hui que l'alcool et l'acide phénique sont bien antiseptiques pour le sang et qu'ils le sont à des degrés variables, suivant qu'ils sont employés tout d'un coup ou progressivement à des doses plus élevées. Quant à savoir comment ils agissent, d'après les auteurs, ils agissent de deux façons. MM. Gosselin et Bergeron admettent la destruction possible par l'antiseptique des germes atmosphériques dont le développement produit la décomposition putride et les vibrions; mais leurs expériences les autorisent à faire intervenir une deuxième explication, savoir une modification favorable imprimée au sang par le contact même de l'agent antiseptique, modification qui ne serait autre chose que la coagulation de l'albumine. Cette coagulation est connue depuis longtemps pour l'alcool; moins souvent signalée jusqu'ici et moins étudiée pour l'acide phénique, elle est tout aussi incontestable et elle offre cette particularité, qu'elle est donnée par des doses beaucoup plus faibles qu'avec l'alcool. Les auteurs n'ont pas la prétention de réaliser sur les plaies de l'homme tous les résultats qu'ils ont signalés. Il serait, en effet, dangereux de viser à l'imputrescence très rapide, parce que, pour la produire, il faudrait des doses nuisibles par leurs effets locaux ou généraux. La seule chose qu'on puisse obtenir, c'est le retard ou l'amoindrissement de la putridité que donnent les doses modérées, et pour cela l'alcool et l'acide phénique conviennent parfaitement. L'acide phéniqne étant l'antiseptique que l'on préfère aujourd'hui le plus souvent, il y aurait tout avantage à l'employer simultanément en pulvérisation, en lotions et en applications au moyen de la tarlatane, et à préférer la dose au quarantième ou au cinquantième, qui, renouvelée tous les matins, a grande chance de donner d'excellents résultats.

— M. *Daubrée* présente à l'Académie une météorite tombée le 31 janvier 1879, à la Bécasse, commune de Dun-le-Poëlier (Indre). Cette météorite pèse $2^{kg},800$; elle appartient au groupe des sporadosidères et au sous-groupe des oligosidères dont les nombreux représentants sont bien connus.

— M. *Planchon* signale l'existence, sur plusieurs points des vignobles français, du *mildew*, ou *faux oïdium* américain, c'est-à-dire du *Peronospora viticola* des botanistes. Mais il ne faut voir dans cette note de l'auteur qu'un avertissement et un appel à la surveillance, et non pas une alarme sérieuse et une incitation à la panique vis-à-vis d'un envahisseur qui pourrait sembler redoutable. Le *Mildew,* par son apparition tardive, le plus souvent sur des pousses automnales, n'a pas le caractère grave de l'Oïdium, dont l'évolution commence au printemps et dure toute l'année. Les soufrages, il est vrai, atteignent mieux l'Oïdium, dont la végétation est toute sus-épidermide ; ils n'atteindront peut-être qu'imparfaitement le *Peronospora,* dont le mycelium est presque en entier sous l'épiderme. Mais c'est seulement après des crises d'humidité peu ordinaires que le *Mildew* sévit çà et là, sporadiquement, dans son pays d'origine. Il est probable que le climat du Midi lui sera peu favorable, et dans l'Ouest même et le Centre rien ne prouve qu'il doive prendre une extension qui le rende véritablement dangereux.

— M. *P. Tatarinoff* fait connaître la manière de préparer la *diméthilguanidine.* Ce corps se forme par l'action de la chaleur sur un mélange de cyanamide et de chlorhydrate de diméthylamine en proportions moléculaires. La solution alcoolique est chauffée pendant quelques heures de 105 à 110 degrés. L'excès de diméthylamine ayant été enlevé, on a séparé la diméthylguanidine sous forme d'une combinaison platinique peu soluble. Son analyse conduit à la formule $(C^3 H^9 Az^3, HCl)^2 PtCl^4$.

— M. *Ed. Heckel* adresse une note sur l'état cléistogamique du *Pavonia hastata,* du Brésil. Chez cette plante annuelle, les fleurs cléistogames se forment dès le début de la floraison et ne cessent de paraître qu'en fin août pour faire place, sous notre climat, aux fleurs normales, qui sont abondantes pendant septembre et mi-octobre. L'ordre d'évolution florale s'est montré le même pendant deux ans, c'est-à-dire depuis que l'auteur observe la plante. Toutes les parties constituantes sont absolument semblables dans les deux formes florales, sauf qu'elles sont plus petites dans les fleurs cléistogames. Ces dernières se distinguent des autres par l'absence absolue de nectaires autour de l'ovaire, et ce fait constitue une nouvelle objection qu'auront à réfuter ceux qui admettent, relativement au rôle des nectaires, la vieille théorie de Pontedera, théorie qui considère les nectaires comme des organes de nutrition des embryons.

— M. *Stan. Meunier* fait connaître la succession des couches qu'il a observées récemment au hameau de Pierrefitte, à 3 kilomètres à l'ouest de la côte de Saint-Martin d'Étampes. Sous la terre végétale, épaisse de 40 centimètres environ, se montre une assise de marne de 1 mètre, dans laquelle sont englobées des plaquettes d'un calcaire jaunâtre très compacte, riche en *Potamides Lamarckii;* au-dessous se présentent 3 mètres de galets siliceux tout pareils à ceux de la butte de Saclas et de la partie inférieure de la côte Saint-Martin; enfin arrive une couche, d'épaisseur inconnue, d'un sable quartzeux littéralement pétri de coquilles marines, et dans lequel l'auteur a reconnu, outre des côtes d'*Halitherium Guettardi,* des dents de squale, des valves de *Balanus* et des polypiers divers, quarante-sept espèces de mollusques, dont plusieurs nouvelles.

— M. *F. Gonnard* envoie une note sur les associations minérales que renferment certains trachytes du ravin du Riveau-Grand, au mont Dore. Les minéraux qu'il a reconnus dans ces trachytes sont les suivants : sanidine, hornblende, tridymite, szaboïte, pseudo-brookite, micabronzé, breislakite, fer oligiste.

BIBLIOGRAPHIE SCIENTIFIQUE

Le Fondement de la morale, par ARTHUR SCHOPENHAUER, traduit de l'allemand par A. BURDEAU. 1 vol. in-12, faisant partie de la *Bibliothèque de philosophie contemporaine*. (Paris, Germer-Baillière et Cie, 1879.)

Ce n'est pas toujours assez, pour obtenir un prix proposé par une Académie, que de présenter un mémoire sérieux et d'y mettre à plusieurs reprises l'éloge de ses juges, de leurs lumières et de leur libéralisme. Il faut encore surveiller sa plume, s'interdire de trop brusques écarts, et surtout ménager la gloire de devanciers ou de contemporains que des académiciens eux-mêmes pourraient avoir pris l'habitude d'admirer. Schopenhauer en fit à ses dépens l'expérience. Il avait seul essayé de répondre à une question sur *le fondement de la morale*, mise au concours, en 1837, par l'Académie des sciences de Copenhague. Le jugement de cette compagnie, assez sommairement motivé d'ailleurs, se termine par cette observation qui en est peut-être la raison principale : « Enfin, nous ne devons pas le taire, l'auteur mentionne divers philosophes contemporains, des plus grands, sur un ton d'une telle inconvenance, qu'on aurait droit de s'en offenser gravement ». Ce fut Schopenhauer qui s'offensa. Du jugement de l'Académie, il en appela au jugement du public, et, après quarante ans, le public français à son tour est admis, grâce à M. Burdeau, à juger cet ouvrage.

Le ton, il faut bien en convenir, n'a rien d'académique ; c'est celui d'un pamphlet, au moins le plus souvent, plutôt que d'un traité philosophique, et l'on peut croire que l'auteur tenait plus à faire du bruit qu'à gagner un prix. Son principal ouvrage : *Le monde considéré comme volonté et comme objet de représentation,* avait paru vingt ans plus tôt et n'avait pas été lu ; il fallait triompher enfin de l'indifférence, et ce petit livre, si peu respectueux pour les autorités régnantes, devait y servir. Mais la forme, dont nous ne pouvons faire apprécier la saveur, mise à part, quelle est la doctrine de Schopenhauer? A-t-il découvert « le vrai principe moral propre à la nature humaine, qui a son fondement dans notre essence même, et dont l'efficacité est au-dessus du doute » ?

D'un trait de plume, il efface tous les systèmes de morale proposés avant la critique de la raison pratique. Il félicite Kant d'avoir prouvé l'inutilité des efforts tentés avant lui, l'impossibilité surtout d'asseoir l'éthique sur la théologie; mais il lui reproche d'avoir donné à la morale un large oreiller où elle s'est endormie, et qui ne vaut pas mieux que ses antiques appuis. Il faut donc ôter à la morale cet oreiller, et la moitié du livre est consacrée à la réfutation des théories kantiennes.

Cette réfutation est importante, car la doctrine de Schopenhauer est comme la contre-partie de celle de Kant. Celui-ci, au gré du premier, a eu le tort de transporter dans la philosophie pratique une méthode excellente dans la philosophie spéculative, de partir de concepts *a priori* sans rien emprunter à l'expérience, et de forger un impératif catégorique qui ne serait autre qu'une réminiscence de la morale du Décalogue ; d'introduire ainsi subrepticement la théologie pour se donner ensuite l'apparence de la faire sortir de sa morale; d'avoir cru enfin qu'une loi « qui s'imposera avec une *nécessité absolue*, comme on dit, et qui devra avoir la force d'arrêter l'élan des désirs, le tourbillon des passions, et cette force gigantesque, l'égoïsme, de leur mettre la bride et le mors... », pouvait sortir de la simple forme de liaison qui unit en des jugements des concepts *a priori*.

Selon Schopenhauer, pas d'impératif catégorique, pas de loi émanée d'une autorité transcendante ou tombée des nues. La morale n'est pas la science des *devoirs;* elle se borne à expliquer le sens des mots *bon* et *mauvais*, à permettre d'apprécier et de classer les actions ; c'est l'expérience toute seule, l'observation qui doit en fournir le principe.

« *Neminem lœde; imo omnes, quantum potes, adjuva;* » tel est le principe suprême de l'éthique, telle est la maxime générale des actions revêtues d'une véritable valeur morale. Des trois motifs principaux auxquels tout homme obéit : l'égoïsme, la méchanceté, la sympathie ou la pitié, ce dernier seul est le motif moral, la source des actions justes ou charitables qui seules peuvent être appelées bonnes ou vertueuses. « Si une action a une valeur morale, c'est dans la mesure où elle vient de la pitié ; dès qu'elle a une autre origine, elle ne vaut plus rien. »

Par l'observation, par une infinité d'exemples présentés sous la forme la plus originale et la plus saisissante, Schopenhauer s'efforce de démontrer que les actes approuvés ou blâmés d'un commun accord, le sont en effet, selon que leur auteur s'est proposé ou le bien des autres, ou son propre bien, ou le mal d'autrui. Dans le premier cas seulement nous louons, nous admirons la conduite de l'agent, et, si nous avons agi nous même, notre conscience, qui n'est autre chose que le *registre de nos actes* chaque jour plus rempli et repassé, en quelque manière, récapitulé par la raison, notre conscience, dont il ne faut pas faire un maître surnaturel, et qui est seulement un juge après coup, nous permet de nous mieux connaître à chaque instant, et de nous approuver si nous avons obéi à la sympathie, à la pitié.

Mais l'erreur fondamentale des moralistes, d'après Schopenhauer, est de n'avoir pas suivi cette route toute naturelle pour découvrir le principe de la morale, d'en avoir fait la règle arbitraire des mœurs, au lieu d'étudier la vie, de s'être imaginé qu'avec des préceptes gravement présentés on pouvait amener les hommes à une conduite morale. En réalité, tous les sermons ne servent à rien. Chacun de nous apporte en naissant le caractère qu'il gardera jusqu'à la mort. Les uns, le plus grand nombre, ne chercheront jamais que leur propre bien ; beaucoup prendront leur plaisir à voir ou même à faire souffrir leurs semblables ; d'autres enfin ressentiront les maux d'autrui aussi vivement que leurs propres maux, et tous leurs actes seront inspirés par cette sympathie ou cette pitié, qui est le principe d'abord de la justice, et ensuite de la charité.

Schopenhauer loue beaucoup la doctrine kantienne, d'après laquelle la liberté est reléguée dans l'ordre des choses en soi, tandis que la nécessité gouverne celui des phénomènes, des manifestations de cet *être intelligible* qui est par lui-même ce qu'il est et ne peut changer. Il arrive ainsi, pour son compte, à une espèce de doctrine de la prédestination, et il en trouve dans le langage même la confirmation journalière. L'enseignement ne change point le caractère des hommes, le but que nécessairement leur *volonté* poursuit ; il peut modifier seulement le chemin qu'elle se fraye pour y arriver, non pas améliorer le cœur du coupable, « mais simplement lui remettre la tête d'aplomb, l'amener à comprendre que, s'il y a un moyen sûr et aisé d'arriver au bien-être, c'est le travail et l'honnêteté, non la friponnerie ». Qu'a-t-on gagné même dans ce cas là? D'imposer à l'homme, par des motifs choisis, la *légalité*, non la *moralité*.

Il est curieux de voir notre auteur emprunter à son devancier ce qui s'accorde avec ses propres théories, et le combattre ou le railler sur les autres points. Il lui reproche avec raison le mépris qu'il professe pour les sentiments sympathiques, ces auxiliaires naturels du devoir, aux yeux mêmes de ceux qui admettent la réalité de l'impératif. Mais entre la froide observation de la loi, telle que Kant la propose, et l'obéissance exclusive à la sympathie, qui seule fait, pour Schopenhauer, la valeur morale des actes, n'y a-t-il pas un moyen terme? Ne rencontre-t-on pas, d'autre part, des hommes fort mal doués du côté de la sensibilité et fidèles observateurs cependant d'une loi qu'ils se sont à eux-mêmes donnée?

Refusera-t-on à leur conduite toute valeur morale, parce qu'ils n'agissent point par pitié ou sympathie? Sera-t-il juste de supposer qu'ils agissent alors par égoïsme? Admettrons-nous en outre ces distinctions tranchées entre les bons et les méchants? Il y aurait encore bien d'autres questions à faire, si les limites de ce travail nous le permettaient. La doctrine du *sentiment,* telle que Schopenhauer, après Jean-Jacques Rousseau, la défend en la renouvelant, en la mettant sous la protection de son système de métaphysique panthéiste et bouddhiste, triompherait peut-être des objections classiques; mais elle aurait de la peine à se soutenir, croyons-nous, en face de la morale plus scientifique de l'École anglaise expérimentale. Quelles que soient la force et l'originalité des aperçus psychologiques de Schopenhauer, le concours de sciences nouvelles, comme la biologie et la sociologie, a permis de mieux définir, du dehors du moins, si nous pouvons ainsi parler, la conduite morale (1).

Cependant le grand mérite de Schopenhauer nous paraît être d'avoir ouvert la voie où cette nouvelle éthique s'est développée. Il est, dans les temps modernes, le précurseur de ceux qui ne prennent pas pour point de départ le fait de l'obligation morale. Il est, en face de Kant et en opposition avec lui, chef d'École à sa manière, le chef de l'École empirique; ses successeurs n'ont fait qu'éliminer les explications métaphysiques, pour lesquelles il avait encore trop de penchant, et développer sa méthode. Mais il resterait à décider de ces deux Écoles rivales, l'École kantienne et l'École empirique, laquelle aura l'avantage, et ceci revient à se demander encore aujourd'hui, en plein XIXe siècle : Qu'est-ce que la morale?

Fragments de philosophie médicale, et **Fragments d'études pathologiques et cliniques,** par le docteur CH. SCHUTZENBERGER, professeur de clinique de l'ancienne Faculté de médecine de Strasbourg. Deux forts volumes grand in-8°, le premier de 656, le second de 750 pages. Ce dernier est accompagné de 15 belles planches coloriées. (Paris, G. Masson, éditeur, 1879.)

Lorsque, en 1844, le docteur Ch. Schützenberger fut nommé professeur de clinique à Strasbourg, il y avait déjà dix ans qu'il donnait l'enseignement médical comme agrégé. Il avait donc étudié et jugé les diverses doctrines qui se partageaient alors les représentants de la science médicale. Il comprenait que cette science n'avait pas encore trouvé sa véritable voie, que, comme il le dit lui-même, un très grand nombre de données nécessaires à une interprétation réellement scientifique des faits observés faisaient encore défaut et qu'une tâche immense de recherches, d'observations et d'expérimentations était réservée à l'avenir. Il pensa avec raison que pour avancer vers ce but, et surtout pour servir de guide aux autres, il importait beaucoup moins de « se faire l'apôtre d'une doctrine que le propagateur d'une bonne méthode ». Une fois professeur, il entreprit de faire pénétrer dans l'esprit de ses élèves ses convictions philosophiques et d'appliquer en médecine ce qu'il appela le rationalisme expérimental et ce qui est devenu aujourd'hui la *méthode expérimentale.* « Toutes les années, dit-il, à l'occasion de l'ouverture de mon cours clinique, je consacrai une première leçon à un sujet dont le but était d'éveiller l'attention des étudiants sur l'importance d'une méthode que l'œuvre clinique de tous les jours devait incessamment appliquer et rendre non seulement familière, mais transformer en une véritable habitude intellectuelle. »

Ce sont ces leçons d'introduction aux études cliniques, ces discours et ces notices, où sont exposés ses principes, que le docteur Schützenberger a recueillis et qui forment le beau volume qu'il vient de publier. Ces discours pleins d'intérêt seront relus sans doute avec plaisir par les anciens élèves du maître, mais ils ne manqueront pas non plus d'être accueillis avec faveur par tous ceux qui s'attachent à suivre l'évolution de la science médicale. Il y a là à la fois une page d'histoire et l'exposé d'un grand nombre d'idées qui sont et resteront l'expression de la vérité et d'une saine appréciation des choses médicales.

Il suffit de citer les titres de quelques-uns des sujets traités pour donner une idée de l'importance de l'ensemble. C'est d'abord une leçon sur la médecine, son esprit et sa mission, son caractère d'art et de science; c'est ensuite l'exposé de la méthode à suivre dans les études cliniques; c'est l'influence du mouvement scientifique sur la thérapeutique médicale; c'est une étude du médecin et des conditions morales de son développement; c'en est une autre sur la fixité des lois de la vie, etc. Viennent ensuite des notes sur l'esprit de l'enseignement de la Faculté de médecine de Strasbourg et les conditions de son développement progressif, sur la confraternité médicale, sur la moralité, la capacité et la liberté professionnelles. Comme on le voit, l'importance et la variété ne font pas défaut.

Dans un second volume, le docteur Schützenberger a réuni quelques fragments d'études pathologiques et cliniques, qui offrent également beaucoup d'intérêt, sinon comme exactitude au point de vue de l'interprétation scientifique, du moins en ce qu'ils permettent de se rendre compte comment et dans quelle direction l'ancienne école de Strasbourg, aujourd'hui remplacée, s'est associée de fait à l'évolution de la science moderne. Il est même regrettable que l'auteur n'ait pas recueilli un plus grand nombre de ses leçons; les faits consciencieusement observés ne sont jamais trop nombreux. Comme le précédent, ce volume ne peut manquer d'attirer l'attention. Les sujets qu'il comprend sont relatifs aux névropathies, aux maladies des organes de la circulation, de l'appareil respiratoire, des organes digestifs, de l'appareil génito-urinaire, des os et des articulations, aux fièvres, à la syphilis, à l'empoisonnement, enfin à ce que l'auteur appelle les faits extraordinaires en médecine. Quinze magnifiques planches coloriées accompagnent l'ouvrage, et elles faciliteraient l'intelligence du texte si celui-ci n'avait déjà pour caractères dominants une clarté et une précision rares.

Publications nouvelles.

Nouveau Dictionnaire de géographie universelle, contenant : 1° *La géographie physique :* description des grandes régions naturelles, des bassins maritimes et continentaux, des plateaux, des chaînes de montagnes, des fleuves, des lacs, de tous les accidents terrestres. — 2° *La géographie politique :* description circonstanciée de tous les États et de toutes les contrées du globe; tableau de leurs provinces et de leurs subdivisions; description des villes et en particulier de toutes les villes de l'Europe; vaste nomenclature de tous les bourgs, villages et localités notables du monde; population d'après les dernières données officielles; forces militaires, finances, etc. — 3° *La géographie économique :* indication des productions naturelles de chaque pays, de l'industrie agricole et manufacturière, du mouvement commercial, de la navigation, etc. — 4° *L'ethnologie :* description physique des races; nomenclature descriptive des tribus incultes; études sur les migrations des peuples, la distribution des races et la formation des nations. — 5° *La géographie historique :* histoire territoriale des États et de leurs provinces; description archéologique des villes et de toutes les localités notables. —

(1) Voyez H. Spencer, *Les données de la morale (Bibliothèque scientifique internationale,* Paris, Germer Baillière et Cie).

6° *La bibliographie :* indication des sources générales et particulières, historiques et descriptives, par M. Vivien de Saint-Martin, président honoraire de la Société de géographie de Paris.

L'ouvrage formera 2 vol. in-4°, même format que le *Dictionnaire de la langue française de M. Littré,* imprimés sur trois colonnes. Chaque volume contiendra environ 200 feuilles, soit 1600 pages. Onzième fascicule, allant du mot *Corée* à la fin de la lettre C. Grand in-4° de 80 pages (Paris, librairie Hachette et Cie). Broché : 2 fr. 50.

Ce onzième fascicule termine le premier volume.

On Mr. Spencer's formula of evolution as an exhaustive statement of the changes of the universe, by Malcolm Guthrie. Followed by a resume of the most important criticisms of Spencer's « first principles ». 1 vol. in-8° de 266 pages (London, Trübner et C°).

Traité chimique et pratique de la phthisie pulmonaire et des maladies tuberculeuses des divers organes, par le professeur Lebert. 1 vol. in-8° (Paris, V. Adrien Delahaye et Cie, éditeurs). Prix : 10 francs.

Principios de geologia y paleontologia, par José J. Landerer. Obra adornada con 190 figuras intercaladas en el texto. Con aprobacion de la autoridad eclesiastica. 1 vol. in-8° de 432 pages (Barcelona, imprenta de la libreria religiosa).

A treatise on chemistry, by H. E. Roscoe, F. R. S. and C. Schorlemmer, F. R. S., professors of chemistry in Owen's College, Manchester. Volume II : Metals. part, II. 1 vol. in-8° de 552 pages avec figures (London, Macmillan and C°, 1879).

CHRONIQUE SCIENTIFIQUE

École spéciale d'architecture. — A l'École spéciale d'architecture, les examens d'admission, pour l'année 1879-1880, commenceront dans la matinée du 27 octobre, au siège de l'École, à Paris, 136, boulevard Montparnasse.

— École nationale des beaux-arts de Paris. — Le nombre des jeunes artistes admis à l'École proprement dite pour l'année 1879-1880 est de 970, ainsi divisés : peintres, 263; sculpteurs et graveurs, 171; architectes, 1re division, 134; idem, 2e division, 402.

A ces élèves, il faut ajouter encore environ 300 jeunes gens qui suivent les cours de l'École et travaillent dans ses ateliers à titre d'aspirants.

— École française de Rome. — Par arrêté du ministre de l'Instruction publique, viennent d'être nommés membres de l'École française de Rome, pour l'année scolaire 1879-1880 : MM. Durrieu et Delaville Le Roulx, anciens élèves de l'École des chartes, archivistes paléographes, et M. Engel-Dolfus, numismate.

— Inspecteurs de l'enseignement primaire. — Le ministre de l'instruction publique vient de décider que l'indemnité de frais de déplacement allouée à tout inspecteur primaire qui, sans obtenir de l'avancement, est appelé, dans l'intérêt du service, d'un département dans un autre est porté de 30 à 50 centimes par kilomètre que le fonctionnaire doit parcourir pour se rendre à son nouveau poste.

Cette indemnité pourra être élevée proportionnellement au nombre des membres de la famille de l'inspecteur, sans pouvoir jamais excéder 1 franc par kilomètre.

L'indemnité supplémentaire ne sera accordée que sur la proposition du recteur.

— Un nouveau système de chauffage. — On a entrepris, dans plusieurs villes de l'Amérique, de chauffer les habitations, non plus avec des calorifères placés, comme chez nous, dans le sous-sol de chaque maison — ceci est l'enfance de l'art, — mais avec un calorifère commun, distribuant la chaleur dans toutes les maisons d'un quartier, par des tuyaux où circule de la vapeur émanant d'une chaudière centrale. C'est à Buffalo, ville de l'État de New-York située à l'extrémité orientale du lac Érié, à cinq kilomètres sud des chutes du Niagara, que l'essai de ce nouveau mode de chauffage a été fait pour la première fois pendant l'hiver de 1877-1878.

Plus de cinquante maisons particulières et une grande école publique située dans leur voisinage ont été chauffées à la fois pendant tout l'hiver au moyen de la vapeur. La question se trouvant ainsi résolue dès la première expérience, l'installation provisoire a été augmentée de manière à devenir définitive pour une canalisation de 30 kilomètres. La ville de Lockport, située à peu de distance de Buffalo (31 kilomètres) et appartenant aussi à l'État de New-York, mais à un autre comté, celui du Niagara, contigu au nord du comté de l'Erié, sur les bords du lac Ontario, a fait aussi de son côté, pendant le même hiver de 1877-1878, un essai analogue, qui a été également couronné de succès.

Plusieurs autres grandes villes de l'État de New-York et des autres États ou territoires des régions les plus septentrionales et les plus froides des États-Unis se sont empressées de suivre l'exemple si heureusement donné par Buffalo et Lockport. C'est ainsi qu'à Détroit, chef-lieu le plus important de l'État du Michigan, le chauffage à la vapeur a été organisé l'hiver dernier. C'est encore ainsi qu'à New-York même une compagnie qui s'est constituée dans le but d'établir le chauffage à la vapeur dans toutes les grandes villes a obtenu l'autorisation d'établir les conduites de chaleur à travers les rues de cette grande cité américaine.

— Exploration du Caucase. — M. Sidorow est arrivé à Tiflis avec l'intention d'entreprendre un grand voyage d'exploration en Kakhétie, dans le Petit Caucase, et dans les provinces de Kars et de Batoum, pour y rechercher les mines d'or qui étaient si abondantes dans cette contrée.

M. Poliakow a été chargé par l'Académie des sciences de faire des études anthropologiques dans les provinces de Tiflis, d'Erivan et d'Elisabethpol.

— Balles a feu. — On fait en ce moment dans plusieurs places fortes, et particulièrement à Grenoble, l'expérience d'un nouvel engin de guerre.

Il s'agit des balles à feu du système Lamarre. Les balles à feu sont des projectiles d'une nature toute spéciale, destinés à permettre à une garnison assiégée de reconnaître des travaux de tranchée et d'établissement de batterie, qui ne s'exécutent jamais que dans les ténèbres de la nuit.

Ces balles, qui s'enflamment peu après la sortie de la pièce, sont envoyées, au juger, sur le point où l'on soupçonne les travaux de l'ennemi, et brûlent pendant un certain temps avec une extrême intensité, en dégageant une lumière des plus vives dont on profite pour pointer les canons destinés à détruire ces travaux. Ces curieux projectiles sont, en outre, munis d'une grenade dont l'explosion se produit au bout de délais très irréguliers, ce qui naturellement tient à distance les soldats ennemis qui tenteraient d'éteindre le foyer lumineux.

Les expériences auxquelles on procède ont pour but de déterminer à la fois la sûreté du tir et l'amplitude possible de la trajectoire que doivent parcourir les nouvelles balles à feu imaginées par l'industriel dont elles portent le nom.

— Le diplome des bibliothécaires. — Les candidats au certificat d'aptitude pour les fonctions de bibliothécaire dans les bibliothèques universitaires ou bibliothèques des facultés sont invités à se présenter pour subir les épreuves à la bibliothèque de l'Arsenal, le 27 octobre courant, à huit heures et demie très précises. L'instruction ministérielle du 4 mai 1878, dont ils ont pu prendre connaissance en s'inscrivant dans les académies, reste à leur disposition dans une salle de la bibliothèque de l'Arsenal jusqu'au 25 de ce mois.

— L'Éclairage électrique en Angleterre. — Le pont de Waterloo à Londres vient d'être éclairé à la lumière électrique. Le nouveau mode d'éclairage fait de grands progrès en Angleterre. Du 13 décembre 1878 au 9 octobre 1879, les essais entrepris sur les quais de la Tamise ont duré 1374 heures pendant lesquelles 27097 bougies électriques ont été consumées. En y comprenant le pont de Waterloo, on trouve actuellement le long de la Tamise une longueur de 27 kilomètres 1/2 de fils métalliques conducteurs de l'électricité qui produit l'éclairage.

— Transport des matières explosives. — Le ministre des finances ayant appelé l'attention de ses collègues sur l'intérêt qu'il y aurait à réglementer, soit par une loi, soit par un décret, la fabrication, le transport et la conservation des produits explosifs qui, comme le fulminate, le coton azotique et le coton-poudre, ne sont soumis, en fait, ni à la législation générale des poudres à feu, ni au régime particulier imposé à la dynamite, il a paru nécessaire de faire étudier cette question par une commission spéciale dans laquelle seraient représentés les ministres de la guerre, des finances, de l'intérieur, des travaux publics, de l'agriculture et du commerce. Cette commission serait convoquée et présidée par le ministre de l'agriculture et du commerce. Dès qu'elle sera constituée, elle étudiera les questions relatives à tous les produits explosifs, et préparera également la révision de certains articles du décret du 24 août 1875 portant règlement sur la dynamite, qui ont donné lieu à des interprétations contradictoires. Ajoutons qu'à partir du 1er novembre prochain l'armée cessera d'être chargée de la surveillance des convois de dynamite conduits dans les gares de chemins de fer, et qu'à cette époque ce service sera confié à des convoyeurs civils soumis à un règlement spécial.

— L'Anniversaire séculaire de la peinture sur verre. — Une solennité assez originale a eu lieu en Allemagne dans les derniers jours de septembre : c'est la célébration du 900e anniversaire de l'invention de la peinture sur verre, au couvent des Bénédictins nommé le Tegernese. L'initiative était venue d'un grand nombre d'artistes et d'amateurs. A cette occasion ont été inaugurés quatre superbes vitraux, donnés par les organisateurs de la fête, en souvenir de la découverte de la peinture sur verre.

— Société française de tempérance. — A la suite de son dernier concours, la Société française de tempérance (association contre l'abus des boissons alcooliques), a décerné deux prix de 1500 et de 300 francs, 47 livrets de caisse d'épargne de 25 francs et 388 médailles de vermeil, d'argent ou de bronze. Au mois de mars 1880, elle décernera le même nombre environ de médailles et de livrets et, de plus, des prix s'élevant ensemble à 4000 francs. Le programme du concours est envoyé gratuitement aux personnes qui en font la demande au siège de l'association, 6, rue de l'Université, à Paris. La Société contre l'abus du tabac met au concours trois prix de 100 francs ; deux prix de 200 francs ; un prix de 300 francs. Ces prix seront accordés aux auteurs des meilleurs mémoires envoyés en réponse aux questions spéciales qui ont été proposées. De plus, des médailles, livres ou mentions honorables seront décernés à la séance solennelle d'avril 1880.

—Un tunnel sous l'Hudson. — Les excavations du puits commencé il y a bien des années à Jersey City, et du fond duquel partira le tunnel sous l'Hudson, sont reprises avec vigueur depuis la suppression de la dernière des entraves légales suscitées à cette grande entreprise. La profondeur actuelle verticale est de 30 pieds, et la profondeur totale doit être de 65 pieds. Elle sera rapidement atteinte, et aussitôt après une armée d'ouvriers commencera le percement du tunnel proprement dit.

On sait que le tunnel doit comprendre une double voie ferrée, une large chaussée pour voitures et des trottoirs pour piétons. La longueur sera de 12 000 pieds, y compris les approches. La pente sera de 2 pieds pour 100 en descendant de Jersey City, 3 pour 100 sous la rivière et 2 pour 100 en remontant à New-York. Le terminus du côté de New-York sera près du Washington-Square, mais l'endroit exact n'est pas définitivement fixé. On estime le coût total des travaux à 10 000 000 livres sterling, et leur durée à trois ans au plus. L'*Evening Post* prédit qu'avant ce temps les trains circuleront non seulement dans le tunnel principal de Jersey City à New-York, mais aussi dans le tunnel d'embranchement allant à Staten Island.

— Manuscrits birmans. — La Société académique indo-chinoise de Paris vient de faire don au ministère de l'instruction publique, pour la Bibliothèque nationale, d'une collection de manuscrits birmans sur feuilles de palmier, de monnaies d'or, d'argent et de plomb frappées en Birmanie et d'une grande peinture du ministre de l'intérieur du roi des Birmans, représentant le palais de Mandalay. Ces différents objets avaient été rapportés à la Société par l'un de ses membres, M. Louis Vossion, auquel une mission avait été confiée par le ministère. Deux nouvelles missions viennent d'être accordées par le gouvernement de la Société académique indo-chinoise, l'une à M. le marquis de Croizier, président, qui représentera le ministère à la deuxième session du Congrès international de géographie commerciale dont la réunion a lieu du 27 septembre au 1er octobre à Bruxelles, l'autre à M. L. Wallon, pour recherches scientifiques à Sumatra et dans la presqu'île de Malaka. M. le marquis de Croizier a créé l'œuvre du Congrès international de géographie commerciale, en organisant, en qualité de commissaire général, la première session du congrès, tenue pendant l'Exposition aux palais du Trocadéro et des Tuileries; cette réunion scientifique fut l'une des plus brillantes de l'Exposition. M. Wallon a déjà exploré une partie de Sumatra.

— Le nouveau Mexique. — Un journal américain publiait récemment une intéressante description de la région la moins connue de l'Amérique du Nord, le Nouveau-Mexique, où l'on rencontre encore des Indiens appartenant à la vieille nation des Aztèques. Ces Indiens, au nombre d'environ 7000, occupent quatorze villages. Ils sont paisibles et hospitaliers, surtout dans les districts d'Albuquerque et de Bernalillo, où demeurent les plus riches des anciennes familles espagnoles.

Un des villages les plus curieux à visiter est celui de Taos, où presque tous les habitants vivent dans deux grands bâtiments en pierre, élevés de cinq étages et de forme pyramidale, chaque étage étant ainsi plus petit que celui qui le précède. Ces bâtiments renferment un nombre considérable de chambres ; on accède à chaque étage au moyen d'échelles posées à l'extérieur et l'on y entre par un trou percé dans le plafond, car il n'y a pas de fenêtre; la lumière n'arrive que par une ouverture qui a la largeur d'un tuyau de poêle et qui à travers le mur donne dans les chambres extérieures. Chacun de ces bâtiments dont l'intérieur est peint en blanc peut contenir quatre cents personnes.

Les Indiens du Nouveau-Mexique accueillent fort bien les étrangers ; mais il n'est permis à aucun voyageur de pénétrer dans le centre du bâtiment où se trouve la grande *estufa* où le feu sacré de Montezuma est constamment allumé, et où s'accomplissent les anciens rites de la religion des Aztèques.

Chaque village est gouverné par des officiers élus pour un an. Le climat et le paysage sont d'une beauté sans égale. Santa-Fé, la capitale, est située à 7000 pieds au-dessus du niveau de la mer, presque à la même altitude que Mexico.

Les Indiens du Nouveau-Mexique sont citoyens américains; mais, préférant être exempts des taxes, ils ne veulent ni voter ni occuper des emplois. On trouve sur leur territoire un assez grand nombre de ruines de monuments aztèques qui remontaient déjà à une haute antiquité lorsque Fernand Cortez s'empara de Mexico.

Ces monuments se rencontrent principalement sur le plateau du Colorado et dans la partie nord-ouest de l'Arizona.

Des amas de pierre de couleur rougeâtre sont recouverts de dessins grossièrement gravés et représentant toutes sortes d'animaux : des bisons, des serpents, des rats et souvent des arcs tendus. Il n'y a malheureusement dans le pays ni récits ni légendes qui puissent indiquer l'origine de ces sculptures.

— Le biscuit militaire. — A la suite d'expériences faites depuis trois ans dans la fabrication du biscuit de troupe, soit avec sel et levain, soit avec levain sans sel, soit sans levain ni sel, il a été démontré que le biscuit avec sel et levain, ou avec levain seulement, ne remplit pas, au même degré que le biscuit azyme, le seul qui était précédemment en usage, les conditions qu'il est indispensable de trouver dans un aliment de réserve, au point de vue de la durée de la conservation, de la facilité du logement en caisses et de la résistance dans le transport. Ordre a donc été donné de renoncer définitivement à la fabrication des deux premières sortes de biscuit ci-dessus indiquées et d'en revenir exclusivement au biscuit fabriqué sans addition de levain. En outre, on a réduit les dimensions de la caisse à biscuit, qui était peu maniable auparavant, de manière qu'elle ne pèse pas plus de 62 kilogrammes, quand elle est pleine, et que l'on puisse en placer deux sur chaque mulet de bât.

— Hopitaux de Paris. — Le concours pour l'internat a commencé le 8 octobre. Le jury est composé de MM. Gouguenheim, Gouraud, Henri Huchard et Landrieux, médecins des hôpitaux; Marchand, Peyrot et Polaillon, chirurgiens.

AVIS IMPORTANT

Nous croyons devoir informer nos abonnés que les retards survenus dans la distribution de nos derniers numéros ne sauraient être imputés à l'administration de la *Revue*.

Nous avons communiqué à la direction des postes les plaintes qui nous ont été adressées et promesse nous a été faite de mettre un terme à ces irrégularités. La *Revue* est mise à la poste le samedi matin à quatre heures; les abonnés de Paris doivent la recevoir le même jour à la première distribution du matin; pour la province et l'étranger, les numéros doivent partir de Paris par le premier train-poste du samedi matin.

Nous prions instamment ceux de nos abonnés qui éprouveraient encore des retards dans la réception de la *Revue* de nous en informer.

Le propriétaire-gérant : Germer Baillière.

PARIS. — Impr. J. CLAYE. — A. QUANTIN et Cie, rue St-Benoit. [1830]

LA

REVUE SCIENTIFIQUE

DE LA FRANCE ET DE L'ÉTRANGER

REVUE DES COURS SCIENTIFIQUES (2E SÉRIE)

DIRECTEUR : M. ÉMILE ALGLAVE

2e SÉRIE — 9e ANNÉE | NUMÉRO 17 | 25 OCTOBRE 1879

ASSOCIATION BRITANNIQUE

POUR L'AVANCEMENT DES SCIENCES

Congrès de Sheffield.

CONFÉRENCE DE M. W. CROOKES

De la Société royale de Londres.

La matière radiante.

Pour mieux faire comprendre le titre de cette conférence, il me faut remonter à plus de soixante ans d'ici, jusqu'en 1816. Faraday, simple étudiant à cette époque, et déjà passionné pour la méthode expérimentale, n'avait alors que vingt-quatre ans, et venait de débuter par une série de leçons sur les propriétés générales de la matière ; or à l'une de ces leçons il avait donné pour titre : la *Matière radiante*. Ses notes sur cette leçon se retrouvent dans « la Vie et les Lettres de Faraday», par M. Bence Jones, et je veux citer ici le passage dans lequel il se sert pour la première fois de l'expression *matière radiante :*

« Si nous imaginons un état de la matière aussi éloigné de l'état gazeux que celui-ci l'est de l'état liquide, en tenant compte, bien entendu, de l'accroissement de différence qui se produit à mesure que le degré du changement s'élève, nous pourrons peut-être, pourvu que notre imagination aille jusque-là, concevoir à peu près la matière radiante ; et de même qu'en passant de l'état liquide à l'état gazeux la matière a perdu un grand nombre de ses qualités, de même elle doit en perdre plus encore dans cette dernière transformation. »

Évidemment Faraday était plein de cette conception nouvelle, car, trois ans plus tard, en 1819, nous le retrouvons accumulant les preuves et les arguments à l'appui de son hypothèse hardie. Ses notes ont maintenant plus de développement, et montrent que pendant les années qui se sont écoulées il a beaucoup et mûrement réfléchi sur cette forme plus élevée de la matière. Il commence par attribuer à la matière quatre états — solide, liquide, gazeux et radiant — lesquels se manifestent par des différences dans les propriétés essentielles qu'ils présentent. Il admet que l'existence de la matière radiante n'est pas encore démontrée, puis, par une série de raisonnements ingénieux fondés sur l'analogie, il cherche à démontrer la probabilité de son existence (1).

Au commencement de ce siècle, si quelqu'un avait demandé ce que c'est qu'un gaz, on lui aurait répondu que c'est de la matière dilatée et raréfiée au point d'être impalpable, —

(1) « Je puis signaler ici une progression remarquable dans les propriétés physiques qui accompagnent les changements d'état ; peut-être suffira-t-elle pour amener les esprits inventifs et hardis à ajouter l'état radiant aux autres états de la matière déjà connus.

« A mesure que nous nous élevons de l'état solide à l'état liquide, et de celui-ci à l'état gazeux, nous voyons diminuer le nombre et la variété des propriétés physiques des corps, chaque état en présentant quelques-unes de moins que l'état précédent. Quand des solides se transforment en liquides, toutes les nuances de dureté ou de mollesse cessent nécessairement d'exister ; toutes les formes, cristallines ou autres, disparaissent. L'opacité et la couleur sont souvent remplacées par une transparence incolore, et les molécules des corps acquièrent une mobilité pour ainsi dire complète.

« Si nous considérons l'état gazeux, nous voyons s'anéantir un plus grand nombre des caractères évidents des corps. Les immenses différences qui existaient entre leurs poids ont presque disparu ; les traces des différences de couleur qu'ils avaient conservées s'effacent. Désormais tous les corps sont transparents et élastiques. Ils ne forment plus qu'un même genre de substances, et les différences de densité, de dureté, d'opacité, de couleur, d'élasticité et de forme qui rendent presque infini le nombre des solides et des liquides, sont désormais remplacées par de très faibles variations de poids et quelques nuances de couleur sans importance.

« Ainsi, pour ceux qui admettent l'état radiant de la matière, la simplicité des propriétés qui caractérisent cet état, loin d'être une difficulté, est bien plutôt un argument en faveur de son existence. Ils ont constaté jusqu'alors une disparition graduelle des propriétés de la matière, à mesure que celle-ci s'élève dans l'échelle des formes, et seraient surpris que cet effet s'arrêtât à l'état gazeux. Ils ont vu la nature faire de plus grands efforts pour se simplifier à chaque changement d'état, et pensent que dans le passage de l'état gazeux à l'état radiant cet effort doit être plus grand qu'auparavant. » — *Vie et Correspondance de Faraday*, vol. I, p. 108.

sauf le cas où elle est animée d'un mouvement violent — invisible, incapable de prendre une forme définie comme celle des solides, ou de former des gouttes comme les liquides ; toujours prête à se dilater lorsqu'elle ne rencontre pas de résistance, et à se contracter sous l'action d'une pression. Telles étaient les principales propriétés que l'on attribuait aux gaz il y a une soixantaine d'années. Mais les recherches de la science moderne ont bien élargi et modifié nos idées sur la constitution de ces fluides élastiques. On considère maintenant les gaz comme composés d'un nombre presque infini de petites particules ou molécules, lesquelles sont sans cesse en mouvement et animées de vitesses de toutes les grandeurs imaginables. Comme le nombre de ces molécules est extrêmement grand, il s'ensuit qu'une molécule ne peut avancer dans aucune direction sans se heurter presque aussitôt à une autre. Mais si nous retirons d'un vase clos une grande partie de l'air ou du gaz qu'il contient, le nombre des molécules diminue, et la distance qu'une molécule donnée peut parcourir sans se heurter contre une autre s'accroît, la longueur moyenne de la course libre étant en raison inverse du nombre des molécules restantes. Plus le vide devient parfait, plus s'accroît la distance moyenne qu'une molécule parcourt avant d'entrer en collision ; ou, en d'autres termes, plus la longueur moyenne de la course libre augmente, plus les propriétés physiques du gaz se modifient. Ainsi quand nous arrivons à un certain point, les phénomènes du radiomètre deviennent possibles ; et, si nous poussons la raréfaction du gaz encore plus loin, c'est-à-dire si nous diminuons le nombre des molécules qui se trouvent dans un espace donné, et que par là nous augmentions la longueur moyenne de leur course libre, nous rendrons possibles les expériences que je vais décrire. Ces phénomènes diffèrent tellement de ceux présentés par les gaz de tension ordinaire, que nous sommes forcés d'admettre que nous sommes en présence d'un quatrième état de la matière, lequel est aussi éloigné de l'état gazeux que celui-ci l'est de l'état liquide.

Course libre moyenne. — Matière radiante. — Depuis longtemps déjà je pense qu'un phénomène bien connu que l'on observe dans les tubes de Geissler doit avoir un rapport intime avec la course libre moyenne des molécules. Quand on examine le pôle négatif pendant que le courant fourni par une bobine d'induction traverse un tube de verre où l'on a fait le vide, on voit autour de ce pôle un espace sombre. On constate que cet espace sombre croît et décroît selon que le vide est rendu plus ou moins parfait, c'est-à-dire selon que la course libre moyenne des molécules devient plus longue ou plus courte. De même que l'esprit voit cette course libre s'accroître, de même les yeux voient l'espace sombre grandir ; et si le vide est trop imparfait pour laisser aux molécules beaucoup de liberté avant qu'elles n'entrent en collision entre elles, le passage de l'électricité montre que l'espace sombre est réduit à des dimensions minimes. Il est assez naturel d'en conclure que l'espace sombre est la course libre moyenne des molécules du gaz rémanent ; et cette conclusion est confirmée par l'expérience.

Il est facile de faire voir bien nettement cet espace sombre. Prenons un tube (fig. 51.) contenant un disque métallique disposé au milieu de sa longueur, de manière à servir d'électrode ; en outre, une autre électrode se trouve à chaque extrémité. Le pôle du milieu est rendu négatif, et ceux des extrémités, reliés ensemble par un fil conducteur, sont rendus positifs. Alors l'espace sombre occupera le milieu du tube. Lorsque le vide n'est pas poussé très loin, cet espace ne s'étend qu'assez peu de part et d'autre du pôle négatif.

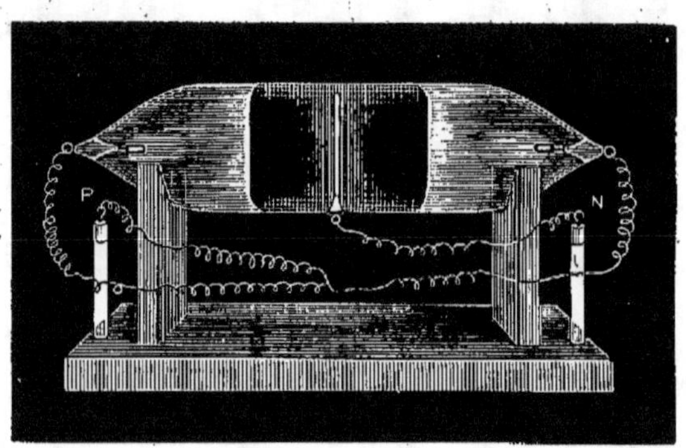

Fig. 51.

Quand au contraire le vide est assez parfait, comme dans le tube que nous voyons, et que je fais passer le courant d'induction, l'espace sombre a une épaisseur d'environ 25 millimètres de chaque côté du pôle.

Nous voyons donc ici l'étincelle d'induction éclairer les lignes de pression moléculaire déterminées par l'électrisation du pôle négatif. L'épaisseur de cet espace sombre est la mesure de la course libre moyenne entre les collisions successives des molécules du gaz rémanent. La vitesse plus grande avec laquelle les molécules chargées d'électricité négative s'élancent loin du pôle de même nom écarte les molécules animées d'un mouvement plus lent qui s'avancent vers ce pôle. Une lutte a lieu sur la limite de l'espace sombre, et une ligne de démarcation lumineuse témoigne de l'énergie de la décharge.

Ainsi le gaz rémanent, — ou, si nous l'aimons mieux, le résidu gazeux, — qui occupe l'espace sombre, se trouve dans un état tout à fait différent de celui du gaz rémanent dans les récipients où le vide est moins parfait. Citons à ce sujet un passage du discours présidentiel de notre dernière session à Dublin :

« La colonne où l'on a fait le vide nous présente un véhicule d'électricité qui n'est pas constant comme un conducteur ordinaire, mais qui est lui-même modifié par le passage du courant électrique, et peut-être soumis à des lois fort différentes de celles auxquelles il obéit sous la pression atmosphérique. »

Dans les récipients où la raréfaction du gaz n'est pas poussée très loin, la longueur de la course libre moyenne des molécules est très petite par rapport aux dimensions du ballon de verre, et l'on peut y constater les propriétés de l'état gazeux ordinaire de la matière, qui dépendent de collisions constantes entre les molécules. Mais pour les phénomènes que nous allons étudier le vide est porté si loin, que l'espace sombre qui entoure le pôle négatif s'étend au *point de remplir* entièrement le tube. L'extrême raréfaction a tellement allongé la course libre moyenne des molécules, que le nombre des collisions qui ont lieu dans un temps donné est devenu pour ainsi dire absolument négligeable, et que presque toutes les molécules peuvent maintenant suivre sans obstacle leurs mouvements ou leurs lois propres. En réalité, la course libre moyenne est désormais comparable aux dimensions du vase, et au lieu d'avoir affaire à une masse matérielle *continue*, comme cela arriverait si le vide était moins parfait, nous devons ici considérer chaque molécule *individuellement*. Dans les tubes où le vide est presque parfait, les molécules du résidu gazeux peuvent s'élancer d'un bout à l'autre en subissant un nombre de chocs relativement faible, et en rayonnant du pôle avec une vitesse énorme elles présentent des propriétés assez nouvelles et assez caractéristiques pour justifier tout à fait l'application du nom de *matière radiante* que nous empruntons à Faraday.

Partout où elle frappe, la matière radiante détermine une action phosphorogénique énergique. — J'ai dit que la matière radiante de l'espace sombre détermine la production de lumière lorsque son mouvement rapide est arrêté par le gaz rémanent qui se trouve en dehors de cet espace. Mais s'il n'y a pas de gaz rémanent, la course des molécules sera arrêtée par les parois du tube; et ceci nous montre une des propriétés les plus remarquables de la matière radiante partie

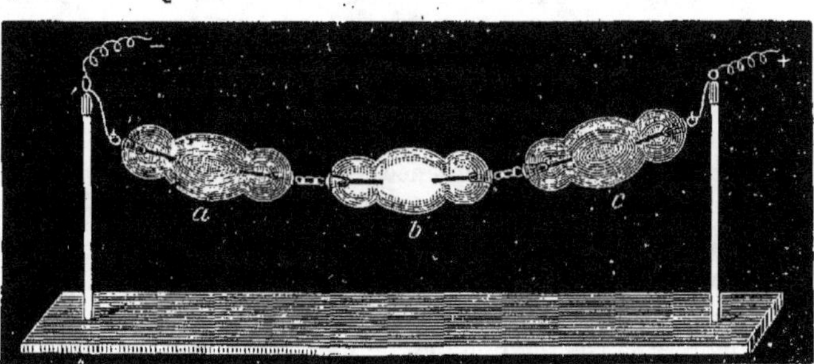

Fig. 52.

du pôle négatif, — la propriété de produire la phosphorescence lorsqu'elle vient se heurter contre un corps solide. Le nombre des corps qui deviennent lumineux par l'effet de ce bombardement moléculaire est fort grand, et les couleurs ainsi produites sont très variées. Le verre, par exemple, devient très phosphorescent lorsqu'il reçoit un courant de matière radiante. La figure 52 représente trois tubes à boules faits de différentes espèces de verre : le tube *a* est en verre d'uranium, dont la phosphorescence est vert foncé; le tube *b* est en verre anglais, dont la phosphorescence est bleue; enfin le tube *c* est en verre d'Allemagne mou, avec une brillante phosphorescence vert-pomme.

Mes premières expériences ont presque toutes été faites à l'aide de la phosphorescence que le verre présente sous l'influence d'un courant de matière radiante; mais un grand nombre d'autres substances ont cette même faculté de phosphorescence à un degré encore plus élevé que le verre. J'en citerai pour exemple le sulfure de calcium lumineux préparé d'après la méthode de M. Ed. Becquerel. Quand ce corps est exposé à la lumière — celle d'une bougie est suffisante — il émet, pendant plusieurs heures, une lumière phosphorescente d'un blanc un peu bleu. Mais cette phosphorescence est bien plus marquée sous l'action d'un courant moléculaire dans le vide, comme on peut le voir en faisant passer un courant électrique à travers un tube de Geissler contenant du sulfure de calcium.

D'autres substances que le verre d'Angleterre et d'Allemagne ou le verre d'uranium, et que les sulfures lumineux de Becquerel, sont également phosphorescentes. La phénakite (aluminate de glucinium), minéral fort rare, a une phosphorescence bleue; le spodumène (silicate d'aluminium et de lithium) donne une lumière phosphorescente d'un beau jaune d'or; l'émeraude émet une lumière cramoisie. Mais de toutes les substances, celle qui a la phosphorescence la plus vive est le diamant. La figure 53 représente un diamant fluorescent fort curieux, qui est vert à la lumière solaire et incolore à la lumière artificielle. Il est monté au centre d'un ballon de

Fig. 53.

verre dans lequel on a fait le vide, et soumis à l'action d'un courant moléculaire dirigé de bas en haut. Dans l'obscurité on voit ce diamant donner une lumière phosphorescente verte dont l'éclat est égal à celui d'une bougie.

Après le diamant, une des pierres les plus remarquables pour leur phosphorescence est le rubis. La figure 54 représente

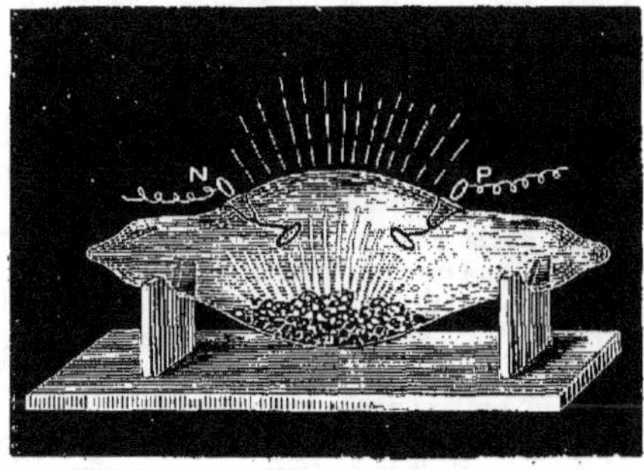

Fig. 54.

un tube de Geissler contenant une assez belle collection de petits rubis. Dès qu'on y fait passer le courant d'induction, on voit ces rubis émettre une belle lumière rouge comme s'ils étaient incandescents. La nuance du rubis semble sans influence sur la couleur de la lumière émise. Le tube sur lequel j'ai fait l'expérience contient des pierres de toutes nuances, depuis le rubis rouge foncé jusqu'au rubis rose tendre. Quelques-unes de ces pierres sont presque incolores; d'autres offrent la teinte sang de pigeon si recherchée des amateurs; mais sous le choc de la matière radiante ils émettent tous une lumière pour ainsi dire de la même teinte.

Or le rubis n'est autre chose que de l'alumine cristallisée avec un peu de matière colorante. Dans un mémoire qu'il a publié il y a vingt ans (1), M. Ed. Becquerel décrit l'alumine comme donnant une belle couleur rouge au phosphoroscope. Si nous prenons de l'alumine précipitée qui a été préparée avec le plus grand soin, et que nous la chauffions à blanc, nous la verrons aussi briller de la même belle couleur rouge sous l'influence du courant moléculaire.

Le spectre de la lumière rouge émise par ces variétés d'alumine est tel que M. Becquerel l'a décrit il y a vingt ans. Il présente une raie d'un rouge intense, un peu au-dessous de la raie fixe B du spectre, avec une longueur d'onde d'environ 6895. Il y a un spectre continu qui commence à peu près en B, avec quelques raies plus faibles au delà, mais elles sont si pâles en comparaison de cette raie rouge, que l'on peut les négliger. On distingue aisément cette raie en examinant avec un petit spectroscope de poche la lumière que réfléchit un bon rubis.

Il y a un certain degré de raréfaction de l'air plus favorable que tout autre au développement des propriétés de la matière radiante dons nous nous occupons en ce moment. On peut l'estimer en nombres ronds à un millionnième d'atmosphère (2). Pour ce degré de raréfaction la phosphorescence est très forte, et au delà elle commence à diminuer jusqu'à ce que l'étincelle électrique se refuse à passer (3).

(1) *Annales de chimie et de physique*, 3e série, vol. LVII, p. 50, 1859.

(2) 1 atmosphère = 760 millimètres de mercure.
1 millionnième d'atmosphère = 0,00076 de millimètre.

(3) Il y a près de cent ans, W. Morgan communiquait à la Société royale de Londres un mémoire intitulé : *Expériences électriques sur l'absence de conductibilité du vide parfait*. Voici quelques extraits de ce travail, qui parut dans les *Transactions philosophiques* de 1785 (vol. LXXV, p. 272):

« J'ai pris un tube de verre ouvert à une extrémité seulement, d'environ 375 millimètres de long, et l'ai rempli de mercure soigneusement purgé d'air par l'ébullition, puis je l'ai recouvert d'une feuille d'étain sur une longueur de 125 millimètres à partir de l'extrémité fermée. J'ai ensuite plongé l'extrémité ouverte dans une cuve à mercure fermée par une plaque de cuivre, en faisant passer le tube par une ouverture pratiquée dans cette plaque, et en le mastiquant ensuite avec le plus grand soin, de manière à ne laisser aucune communication avec l'air extérieur; puis j'ai enlevé tout l'air situé à la partie supérieure de la cuve à mercure, en mettant l'intérieur en communication avec une machine pneumatique par une soupape pratiquée dans la monture supérieure. J'ai ainsi obtenu dans le tube de verre un vide parfait, ce qui m'a donné un instrument excellent pour les expériences de ce genre. Mon appareil étant ainsi préparé — j'avais d'abord adapté à l'intérieur de la cuve un fil métallique destiné à faire communiquer la monture en cuivre et le mercure dans lequel le tube plongeait — j'ai mis l'armature supérieure du tube en communication avec le conducteur d'une machine électrique, et malgré tous mes efforts, je n'ai pu obtenir dans ce vide parfait ni le moindre rayon de lumière ni la plus faible charge.

« Si le mercure contenu dans le tube n'est qu'imparfaitement purgé d'air, l'expérience ne réussit pas; mais alors la lumière électrique qui, dans de l'air raréfié par la machine pneumatique, a toujours une couleur violette, paraît d'une belle teinte verte, et, chose fort curieuse, ce fait peut servir à marquer le degré de raréfaction de l'air. En effet, il est arrivé quelquefois, dans le cours de ces expériences, qu'une bulle d'air s'étant introduite dans le tube la lumière électrique est aussitôt devenue visible, en présentant une couleur verte comme à l'ordinaire; mais la fréquente répétition de la charge a enfin fêlé le tube à sa partie supérieure, et l'air extérieur, rentrant dans le tube, a peu à peu fait passer la couleur de la lumière électrique du vert au bleu, du bleu à l'indigo et enfin au violet; puis enfin le milieu est devenu si dense qu'il a cessé d'être conducteur de l'électricité. Je crois que les expériences que je viens de décrire ne permettent pas de douter que le vide parfait ne soit mauvais conducteur de l'électricité.

« Tous ces faits semblent prouver que même la raréfaction de l'air présente une limite au delà de laquelle ce corps cesse d'être conducteur; en d'autres termes, que les molécules d'air peuvent s'éloigner assez les unes des autres pour ne plus pouvoir transmettre le fluide électrique; au contraire, si on les ramène à une certaine distance les unes des autres, l'air devient conducteur, et sa conductibilité croît jusqu'à ce que la condensation des molécules ait atteint une limite à partir de laquelle le pouvoir conducteur cesse de nouveau. »

La figure 55 représente un tube qui peut servir à mettre en évidence le rapport qui existe entre la phosphorescence du verre et le degré de raréfaction de l'air. Les deux pôles sont situés en *a* et en *b*, et à gauche de *a* se trouve un petit

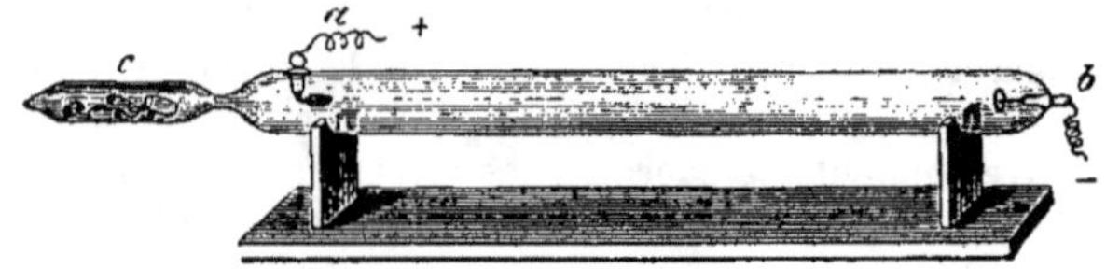

Fig. 55.

tube supplémentaire *c*, qui communique avec le grand tube par un orifice étroit, et contient un peu de potasse caustique solide. J'ai produit dans le tube un vide presque parfait, puis j'ai chauffé la potasse de manière à en faire dégager de la vapeur d'eau, qui se répand dans l'espace clos qui lui est offert. J'ai remis la machine pneumatique en mouvement, puis j'ai chauffé la potasse, et cela à plusieurs reprises, jusqu'à ce que j'aie amené le tube à l'état où je le montre ici. Si je veux faire passer dans le tube un courant d'induction, rien ne paraît; le vide est si parfait que le tube ne conduit pas l'électricité. Alors je chauffe légèrement la potasse, de manière à mettre en liberté une trace de vapeur d'eau. Aussitôt la conduction électrique commence, et une lueur phosphorescente verte brille sur toute la longueur du tube. Je continue à chauffer, de manière à dégager de la potasse une plus grande quantité de vapeur d'eau. La lueur verte pâlit, et l'on voit un nuage lumineux envahir le tube; des stratifications s'y forment, et deviennent bientôt de plus en plus étroites, jusqu'à ce qu'enfin l'étincelle parcoure le tube sous la forme d'une mince raie violette. Je retire la lampe avec laquelle je chauffais la potasse; celle-ci se refroidit et réabsorbe la vapeur d'eau que la chaleur avait fait dégager. La raie violette s'élargit, se décompose en stratifications fines, qui s'élargissent à leur tour et se dirigent vers le tube à potasse. Ensuite nous voyons une onde de lumière verte apparaître sur le tube à son autre extrémité, se propager peu à peu en chassant la dernière stratification violette vers la potasse, et enfin remplir toute la longueur du tube. Je pourrais continuer, et faire voir que cette phosphorescence verte devient de plus en plus faible à mesure que le vide, rendu plus parfait, perd sa propriété conductrice; mais comme la réabsorption des dernières traces de vapeur d'eau par la potasse est assez lente, ce serait perdre un temps précieux, qui sera mieux employé à achever ce qui me reste à dire.

La matière radiante se meut en ligne droite. — La matière radiante dont le choc sur le verre produit un dégagement de lumière est absolument incapable de s'écarter d'elle-même

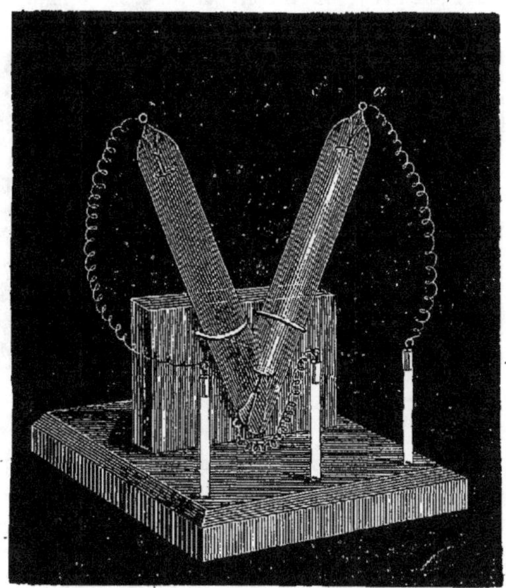

Fig. 56.

de la ligne droite. Prenons (fig. 56) un tube en forme de V, portant une électrode à chacune de ses extrémités. Le pôle *a* étant négatif, on voit que toute la branche droite du tube est inondée de lumière verte; mais à l'extrémité inférieure cette lumière s'arrête brusquement, et se refuse à changer de direction pour s'engager dans l'autre branche. Si je renverse le courant, et que je rende négatif le pôle situé à l'extrémité supérieure de la branche gauche, la lumière verte passe à gauche, suivant toujours le pôle négatif, et laissant le côté positif dans une obscurité presque totale.

Dans les expériences ordinaires que l'on fait avec les tubes de Geissler — expériences bien connues de tout le monde — on a coutume, pour mieux faire ressortir les différences de couleur, de donner aux tubes des formes sinueuses assez compliquées. La lumière due à la phosphorescence du gaz rémanent suit alors toutes les sinuosités des tubes. Le pôle négatif étant à une extrémité, et le pôle positif à l'autre, les phénomènes lumineux semblent dépendre plus du pôle positif que du pôle négatif, pour le degré de raréfaction jusqu'ici en usage pour mettre en évidence les phénomènes des tubes de Geissler. Mais si le vide est poussé beaucoup plus loin, les phénomènes que présentent les tubes de Geissler ordinaires traversés par un courant d'induction — nuage lumineux et stratifications — disparaissent entièrement. Nous ne voyons dans l'intérieur du tube ni nuage ni brouillard, et avec le degré de vide que j'ai obtenu pour ces expériences, la seule lumière qui se manifeste est celle qui vient de la surface phosphorescente du verre. Je prends deux boules de verre (fig. 57) de même forme et avec des pôles semblablement disposés, mais dans l'une desquelles, A, le vide a été poussé seulement jusqu'à quelques millimètres — c'est là le degré qui donne les phénomènes lumineux ordinaires — tandis que dans l'autre, B, le vide a été porté à environ un million-

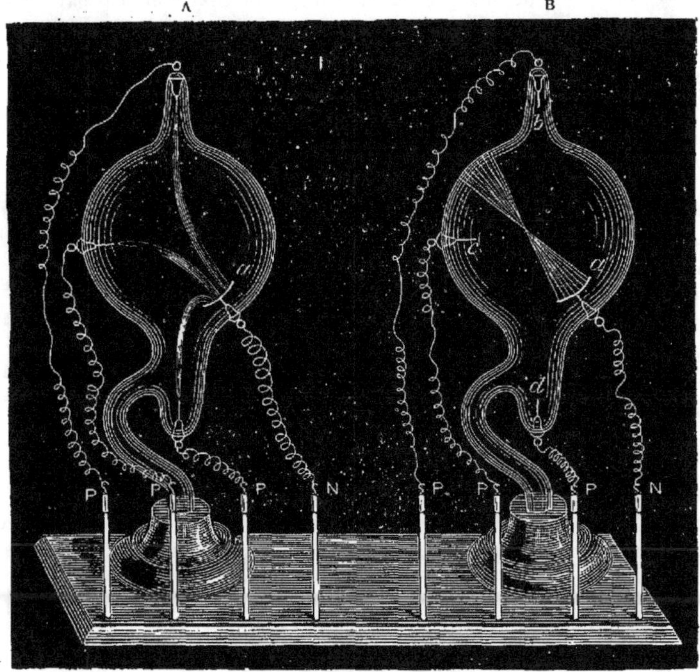

Fig. 57.

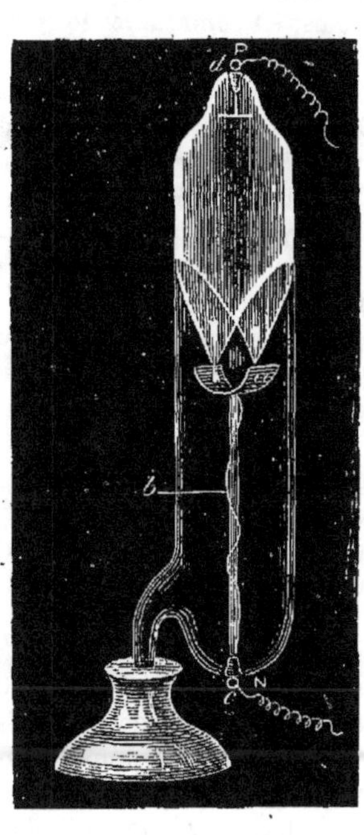

Fig. 58.

nième d'atmosphère. Je mets d'abord la boule A en communication avec la bobine d'induction, et, faisant toujours négatif le pôle *a*, je rattache le fil positif successivement à chacun des autres pôles dont la boule de verre est munie. Dès que je change la position du pôle positif, la ligne de lumière violette qui joint les deux pôles change aussi, le courant électrique prenant toujours le chemin le plus court entre les deux pôles, et se transportant d'une partie de la boule à l'autre selon la place du pôle positif.

Tel est le phénomène que présente un degré de raréfaction ordinaire. Essayons maintenant la même expérience sur la boule B dans laquelle le vide est presque parfait. Je mets en *a'* le pôle négatif et en *b* le pôle positif. Aussitôt cette seconde boule nous offre un aspect bien différent de celui de la première. Le pôle négatif a la forme d'une coupelle peu profonde. Les rayons moléculaires qui en partent se croisent au centre de la boule, vont tomber en divergeant sur la paroi opposée, et y produisent une plaque circulaire de lumière phosphorescente verte. Maintenant je détache le fil positif du pôle *b* et je le fixe au pôle *c*. La plaque verte produite par les molécules qui rayonnent du pôle *a'* n'a pas bougé. Je transporte le pôle positif en *d*, et la plaque verte ne change ni de position ni d'intensité.

Ce fait nous montre une autre propriété de la matière radiante. Avec un faible degré de raréfaction, la position du pôle positif a une très grande importance, tandis qu'avec un vide presque parfait la position de ce même pôle n'en a presque aucune; les phénomènes semblent dépendre entièrement du pôle négatif. Si le pôle négatif est tourné dans la direction du pôle positif, rien de mieux; mais si le premier est dirigé absolument en sens inverse, cela importe peu : la matière radiante s'élance, malgré tout, en ligne droite du pôle négatif

Si au lieu d'un disque plat on prend pour pôle négatif une surface cylindrique, la matière rayonne encore suivant la normale à cette surface. Le tube que représente la figure 58 permet de constater cette propriété. Il contient comme pôle négatif une surface cylindrique *a* d'aluminium poli. Cette surface est en communication avec un fil de cuivre fin *b* qui aboutit à l'électrode de platine *c*. A la partie supérieure du tube arrive une autre électrode *d*. La communication avec la bobine d'induction est établie de manière à rendre la surface cylindrique négative, et l'électrode *d* positive, et, quand le vide a été poussé assez loin, cet appareil met bien nettement en évidence la concentration des rayons moléculaires en un foyer unique. Les rayons de matière étant lancés de la surface cylindrique suivant des directions normales à sa surface, convergent en une ligne unique et divergent ensuite, marquant leur trace par une phosphorescence verte brillante à la surface du verre.

Au lieu de recevoir les rayons moléculaires sur le verre, on peut aussi mettre à leur foyer un écran phosphorescent sur lequel ils convergent. On voit alors les lignes brillantes que suivent les molécules, et leur foyer resplendit d'une lumière intense qui éclaire tous les objets voisins.

La matière radiante interceptée par une substance solide donne une ombre. — La matière radiante chemine en ligne droite à partir du pôle négatif d'un courant d'induction, et ne se répand pas simplement dans toutes les parties d'un tube de Geissler en le remplissant de lumière, comme cela arriverait si le vide était moins parfait. Quand ils ne trouvent aucun obstacle sur leur route, les rayons vont frapper l'écran et y déterminer une lueur phosphorescente, et quand une substance solide se trouve sur leur passage, ils sont arrêtés et une ombre se projette sur l'écran. La figure 59 représente un tube en forme de poire dans lequel le pôle négatif *a* est situé à l'extrémité la plus étroite. Vers le milieu se trouve une croix découpée dans une feuille d'aluminium, et placée de manière à intercepter une partie des rayons qui partent du pôle négatif; ainsi l'image de cette croix est projetée sur l'extrémité hémisphérique du tube, laquelle est phosphorescente. Dès que le courant traverse le tube, on voit l'ombre noire

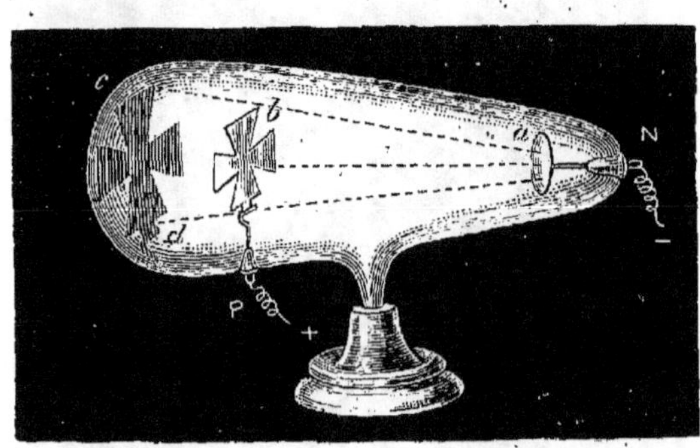

Fig. 59.

de la croix se dessiner sur l'extrémité lumineuse en *cd*. Or, la matière radiante qui vient du pôle négatif a passé à côté de la croix d'aluminium pour produire cette ombre; le verre de l'extrémité a été frappé et bombardé par les molécules au point de s'échauffer d'une manière appréciable, et a en même temps subi un autre effet : sa sensibilité a été amortie. La phosphorescence qui lui est imposée a fatigué le verre, s'il m'est permis de m'exprimer ainsi; le bombardement moléculaire a déterminé un changement qui empêchera le verre de répondre aisément à une excitation nouvelle. Mais la partie de la surface que l'ombre recouvrait n'est point fatiguée; elle n'a pas eu de phosphorescence et est par conséquent toute fraîche; aussi, si je fais tomber cette croix — ce que je puis faire en donnant à l'appareil une légère secousse — de manière à laisser les rayons partis du pôle négatif arriver librement sur l'extrémité du tube, on voit la croix noire en *cd* se changer brusquement en une croix lumineuse *ef* (fig. 60),

Fig. 60.

parce que le fond ne peut plus donner qu'une faible phosphorescence, tandis que la partie que couvrait tout à l'heure l'ombre noire a conservé toute sa sensibilité. Malheureusement l'image de la croix lumineuse s'affaiblit, et ne tarde pas à s'effacer. Après un certain temps de repos, le verre reprend en partie sa faculté de phosphorescence, mais ne redevient jamais aussi sensible qu'au début.

Voilà donc encore une propriété importante de la matière radiante. Elle est lancée avec une fort grande vitesse du pôle négatif, et non seulement elle frappe le verre de manière à le faire vibrer et à le rendre momentanément lumineux pendant la durée du courant, mais encore les coups portés par les molécules sont assez énergiques pour faire sur le verre une impression durable.

La matière radiante exerce une action mécanique énergique sur les corps qu'elle vient frapper. — La netteté des ombres moléculaires montre que la matière radiante est arrêtée par tout corps solide qui se trouve sur son passage. Si ce corps solide est facile à mettre en mouvement, le choc des molécules se manifestera par une action mécanique énergique. Je dois à M. Gimingham un petit appareil ingénieux qui, placé dans la lanterne électrique, rend cette action mécanique clairement visible. Il se compose d'un tube de verre

Fig. 61.

(fig. 61) où le vide a été poussé fort loin, et contenant deux petites tiges de verre parallèles, disposées dans le sens de la longueur, et formant, si je puis m'exprimer ainsi, une sorte de petit chemin de fer. L'axe d'une petite roue à larges palettes de mica tourne sur les tiges de verre. A chaque extrémité du tube, et un peu au-dessus du centre, se trouve une électrode d'aluminium. Dès que l'une ou l'autre est rendue négative, un courant de matière radiante s'élance de ce pôle, parcourt le tube, et frappant les palettes supérieures de la petite roue, la fait tourner et avancer le long des rails de verre. En renversant les pôles, je puis arrêter la roue et la faire marcher en sens contraire, et si j'incline un peu le tube, on peut voir que le choc est même assez puissant pour forcer la roue à remonter la pente. Cette expérience démontre donc que le courant moléculaire qui part du pôle négatif peut mettre en mouvement tout obstacle léger qu'il rencontre sur sa route.

Les molécules étant lancées avec violence loin du pôle, celui-ci doit tendre à reculer pour s'écarter des molécules; si donc nous disposons un appareil dans lequel le pôle négatif soit mobile, tandis que le corps sur lequel la matière radiante vient frapper sera fixe, ce mouvement de recul pourra devenir appréciable. L'appareil que représente la figure 62 ressemble assez à un radiomètre ordinaire, qui aurait pour palettes des disques d'aluminium revêtus sur une de leurs faces d'une pellicule de mica. La chape sur laquelle porte le petit arbre des palettes est en acier dur au lieu d'être en verre, et la pointe sur laquelle il pivote communique par un fil métallique avec une électrode de platine scellée dans le verre. Le sommet de la boule du radiomètre porte une seconde électrode. Le radiomètre peut donc être mis en communication avec une bobine d'induction, de manière que le petit arbre à palettes devienne le pôle négatif.

Pour obtenir ces effets mécaniques, il n'est pas nécessaire d'avoir un vide aussi parfait que quand il s'agit de produire la phosphorescence. La pression atmosphérique la plus convenable pour ce radiomètre électrique est un peu supérieure à celle avec laquelle l'espace sombre qui entoure le pôle négatif s'étend jusqu'aux parois de la boule de verre. Avec une pression réduite à quelques millimètres de mercure seulement, lorsqu'on fait passer le courant d'induction, on voit se former sur la face métallique des disques un halo de lumière violette veloutée, tandis que la face couverte de mica reste obscure. A mesure que la pression diminue, on voit un espace sombre séparer le halo violet du métal. Dès que la pression est réduite à un demi-millimètre, cet espace sombre

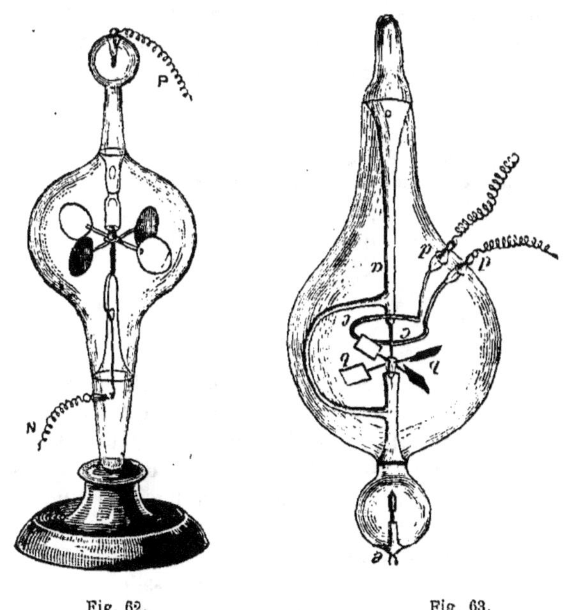

Fig. 62. Fig. 63.

s'étend jusqu'au verre, et la rotation commence. Si l'on continue à faire le vide, l'espace sombre s'élargit encore et semble s'aplatir contre le verre, et alors la rotation devient très rapide.

La figure 63 représente un autre petit appareil destiné à faire voir la force mécanique de la matière radiante lancée loin du pôle négatif. La tige *a* porte une pointe d'aiguille sur laquelle peut tourner un petit volant à palettes de mica *bb*. Ce volant se compose de quatre palettes carrées de mica mince et transparent, fixées aux extrémités de légers rayons en aluminium, qui ont pour centre une petite chape de verre posée sur la pointe de l'aiguille. Les palettes font un angle de 45° avec le plan horizontal. Au-dessous de ce volant se trouve un anneau de fil de platine fin *cc*, dont les extrémités traversent en *dd* la paroi de verre de l'instrument. Une électrode *e* est scellée à la partie supérieure du tube, dans lequel le vide a été poussé presque à ses dernières limites.

Je vais, avec la lanterne électrique, projeter sur un écran l'image des palettes. Je mets maintenant la bobine d'induction en communication avec l'appareil, de manière que l'anneau de platine soit le pôle négatif, tandis que le fil d'aluminium *e* sera positif. Aussitôt la matière radiante, projetée loin de l'anneau de platine, fait tourner le volant avec une rapidité extrême. Jusque-là cet appareil n'a rien montré que les expériences précédentes ne nous permissent de prévoir; mais observons ce qui va se passer. J'interromps toute communication avec la bobine d'induction, et je rattache les deux extrémités du fil de platine aux pôles d'une petite pile : l'anneau *cc* est porté au rouge, et sous son influence on voit le volant tourner aussi vite qu'il le faisait sous celle de la bobine d'induction.

Voilà donc un autre fait très important. Dans un vide

presque parfait, non seulement la matière radiante est électrisée par le pôle négatif d'une bobine d'induction, mais encore elle est mise en mouvement par un fil de platine porté au rouge, et cela avec une force suffisante pour faire tourner un petit volant à palettes inclinées.

La matière radiante est déviée par un aimant. — Passons maintenant à une autre propriété de la matière radiante. Je prends un long tube de verre (fig. 64) dans lequel le vide est

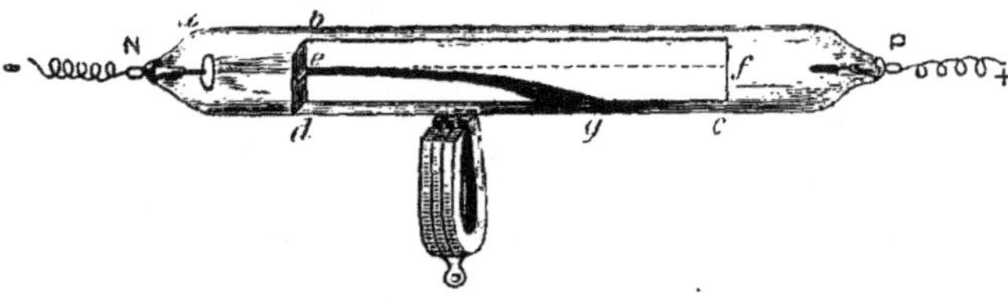

Fig. 64.

presque parfait; à l'extrémité *a* se trouve le pôle négatif, et sur une grande partie de la longueur du tube est disposé un écran phosphorescent *bc*. En face du pôle négatif est une plaque de mica *bd* percée d'une ouverture *e*, de sorte que si je fais passer le courant d'induction, une ligne de lumière phosphorescente *ef* est projetée dans toute la longueur du tube. Je mets alors sous le tube un aimant puissant en fer à cheval; la ligne lumineuse *ef* se courbe aussitôt, prend la position *eg* sous l'influence de l'aimant, et ondule comme une baguette flexible si je fais varier la position de l'aimant.

Cette action de l'aimant est fort curieuse, et si nous l'étudions avec soin elle pourra nous révéler d'autres propriétés de la matière radiante. Voici par exemple (fig. 65), un tube

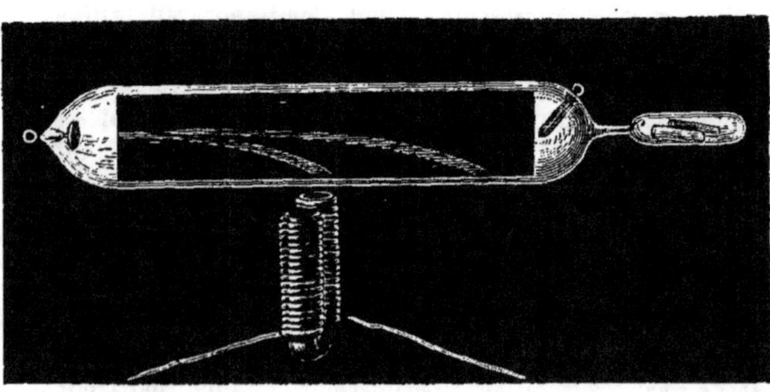

Fig. 65.

exactement semblable au précédent, mais à une des extrémités duquel se trouve ajouté un petit tube à potasse que je puis chauffer à volonté de manière à rendre le vide un peu moins parfait. Je fais passer le courant d'induction, et l'on voit aussitôt un rayon de matière radiante tracer sur l'écran sa trajectoire courbe, sous l'influence de l'aimant en fer à cheval placé au dessous. Observons la forme de la courbe. Les molécules lancées du pôle négatif peuvent être comparées aux projectiles qui partent d'une mitrailleuse, et l'aimant situé au-dessous représentera la terre, dont l'attraction courbe la trajectoire de ces projectiles. Tous ces détails se voient bien nettement sur l'écran lumineux. Supposons maintenant que la force qui produit la déviation reste constante, la courbe tracée par le projectile doit varier avec la vitesse de celui-ci. Si l'on augmente la charge d'un canon, la vitesse du projectile sera plus grande, et la trajectoire plus aplatie, et si l'on interpose un milieu résistant plus dense entre la pièce et la cible, on diminue par là la vitesse du projectile, ce qui lui fait suivre une courbe plus prononcée et atteindre plus rapidement le sol. Il ne m'est pas très facile d'accroître ici la vitesse de mon courant de molécules radiantes en augmentant la charge de ma batterie, mais je vais essayer de leur faire éprouver une résistance plus grande dans leur trajet d'un bout du tube à l'autre. Je chauffe la potasse caustique avec une lampe à alcool, de manière à introduire dans le tube une trace de gaz de plus. Aussitôt le courant de matière radiante subit l'effet de ce changement. Sa vitesse est diminuée, la force magnétique a plus de temps pour agir sur les molécules individuelles, la trajectoire devient de plus en plus courbe, et enfin, au lieu de s'élancer presque jusqu'à l'extrémité du tube, mes projectiles moléculaires viennent toucher la paroi inférieure avant d'avoir parcouru plus de la moitié du chemin.

Il importe d'examiner si la loi qui gouverne la déviation produite par un aimant sur la trajectoire de la matière radiante est la même que celle qui a été reconnue pour les cas où le vide est moins parfait. Les expériences que nous venons de décrire ont été faites avec un vide presque absolu. Je prends maintenant un tube dans lequel l'air n'a été que peu raréfié (fig. 66). Quand je fais passer l'étincelle d'induction, elle traverse le tube sous la forme d'une raie étroite de lumière violette joignant les deux pôles. Sous le tube se trouve un électro-aimant puissant. Je mets le fil des deux branches de l'aimant en communication avec la pile, et le milieu de la raie lumineuse s'abaisse vers l'aimant. Je renverse les pôles, et la raie est repoussée vers la paroi supérieure du tube. Notons la différence entre les deux phénomènes. Ici l'action est momentanée. L'abaissement de la raie lumineuse se produit sous l'influence de l'aimant; la ligne de décharge se relève ensuite et poursuit sa route vers le pôle

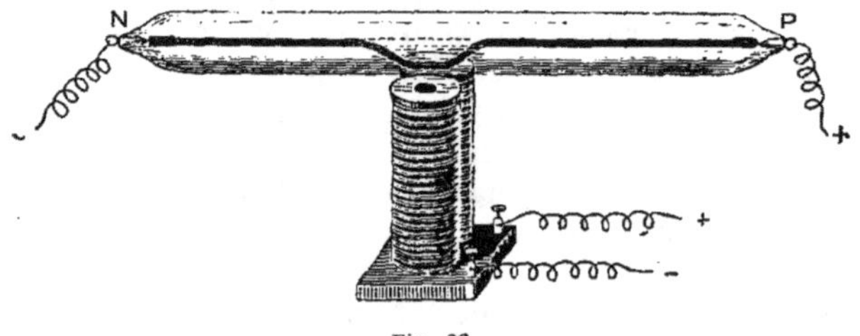

Fig. 66.

positif. Au contraire, quand le vide est poussé presque jusqu'à ses dernières limites, le courant de matière radiante qui s'est abaissé vers l'aimant ne reprend pas sa direction première, mais continue à se mouvoir dans la nouvelle direction qui lui a été imprimée.

Voici une petite roue, habilement construite par M. Gimingham, qui va nous permettre de voir à l'aide de la lanterne électrique la déviation produite par un aimant (fig. 67). Le pôle négatif *ab* a la forme d'une coupelle peu profonde. En avant de cette coupelle, vers le milieu de la longueur du tube, se trouve un écran de mica *c d*, assez large pour arrêter la matière radiante qui vient du pôle négatif. Derrière cet écran se trouve une roue en mica *ef*, avec une série de palettes de la même substance. L'appareil étant en cet état, les rayons moléculaires partis du pôle *ab* seraient interceptés avant d'arriver à la roue, et ne produiraient aucun mouvement. Je suspends maintenant au-dessus du tube un aimant *g* qui fait dévier le courant moléculaire de manière à le faire passer au-dessus et au-dessous de l'obstacle *c d*, et il en résulte

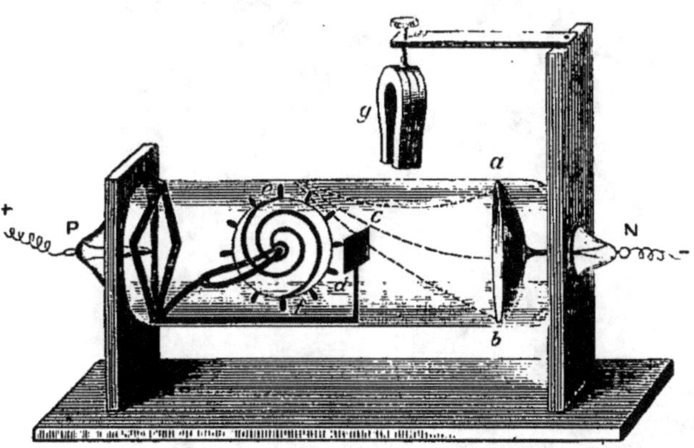

Fig. 67.

aussitôt un mouvement rapide dans un sens ou dans l'autre, suivant la direction dans laquelle l'aimant se trouve placé. Si je projette sur un écran l'image de cet appareil, les lignes en spirale peintes sur la roue font voir dans quel sens elle tourne. Je dispose l'aimant de manière à attirer le courant moléculaire vers la paroi supérieure du tube : il vient frapper les palettes supérieures, et la roue tourne rapidement de droite à gauche. Je tourne l'aimant de manière à repousser la matière radiante vers le bas : la roue tourne moins vite, s'arrête, puis se met à tourner de gauche à droite. Chaque renversement de la position de l'aimant détermine un changement correspondant dans le mouvement de la roue.

J'ai dit que les molécules de matière radiante lancées loin du pôle négatif sont électrisées négativement. Il est probable que leur vitesse est due à la répulsion mutuelle entre le pôle et les molécules chargées de la même électricité. Lorsque le vide est moins parfait, comme dans l'appareil que représente la figure 66, la décharge passe d'un pôle à l'autre, emportant un courant électrique, comme si c'était un fil métallique flexible. Or il est important d'examiner si le courant de matière radiante qui part du pôle négatif em-

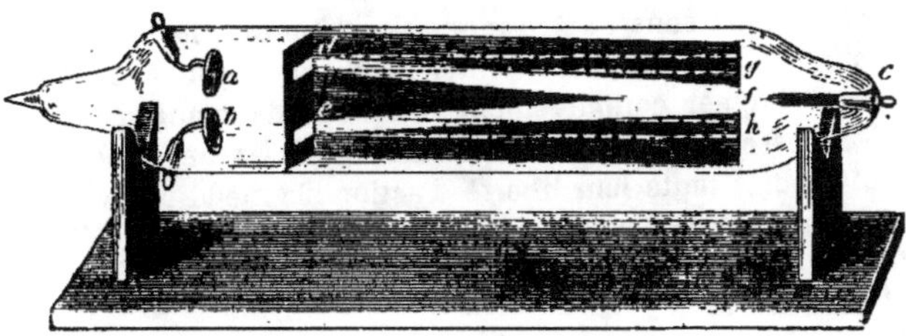

Fig. 68.

porte aussi un courant électrique. La figure 68 représente un appareil qui va immédiatement déterminer ce point. Le tube contient deux pôles négatifs *a* et *b*, placés tout près l'un de l'autre à une de ses extrémités, et un pôle positif *c* à l'autre extrémité. Cela va me permettre de lancer deux courants de matière radiante côte à côte, le long de l'écran phosphorescent, ou bien un seul courant, si j'interromps la communication entre un des pôles négatifs et l'appareil d'induction.

Si les deux courants de matière radiante portent un courant électrique, ils agiront comme deux fils conducteurs parallèles, et s'attireront mutuellement; mais s'ils sont simplement composés de molécules électrisées négativement, ils se repousseront l'un l'autre.

Je mets d'abord le pôle négatif supérieur *a* en communication avec la bobine d'induction, et aussitôt le rayon lumineux s'élance le long de la ligne *df* qui joint les deux pôles. Je fais maintenant entrer en jeu le pôle négatif inférieur *b*, et une seconde ligne *e h* s'élance le long de l'écran. Mais remarquons la manière dont la première ligne se comporte : elle saute de sa position primitive *df* à la position *dg*, ce qui montre qu'elle est repoussée. Si le temps nous le permettait, je pourrais faire voir que le rayon inférieur aussi est dévié de sa direction normale; donc les deux courants parallèles de matière radiante se repoussent mutuellement, et agissent, non comme les fils conducteurs d'un courant, mais simplement comme des corps chargés d'électricité de même nom.

La matière radiante produit de la chaleur lorsqu'elle est arrêtée dans son mouvement. — Pendant les expériences que nous venons de faire, une autre propriété de la matière radiante s'est manifestée, bien que je ne l'aie pas encore signalée. Le verre s'échauffe considérablement au point où la phosphorescence verte a le plus d'énergie. Le foyer moléculaire sur le tube, que nous avons vu dans l'appareil représenté par la figure 58, est extrêmement chaud, et j'ai préparé un autre appareil (fig. 69) au moyen duquel l'existence de chaleur au foyer est rendue évidente à tous les yeux.

Je prends un petit tube *a*, dont le pôle négatif a la forme d'une coupelle; cette coupelle fait converger les rayons en un foyer situé vers le milieu du tube. A côté du tube se trouve

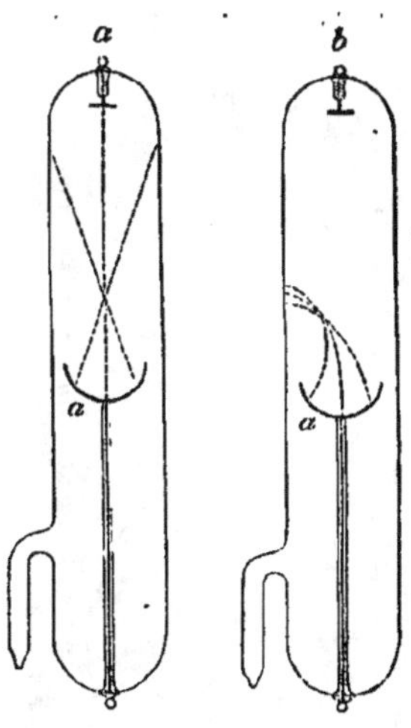

Fig. 69.

un petit électro-aimant que je puis rendre magnétique en touchant un bouton, et aussitôt il attire le foyer vers la paroi du tube de verre (fig. 69, *b*). Pour rendre évidente la première action de la chaleur, j'ai enduit le tube d'une couche de cire. Je dispose l'appareil en face de la lanterne électrique (fig. 70, *d*), et je projette sur l'écran une image amplifiée du tube. Le courant d'induction passe, et les rayons moléculaires se meuvent dans le sens de la longueur du tube. Je fais passer un courant dans l'aimant artificiel, et j'attire le foyer vers la paroi de verre. Aussitôt on voit la cire fondre sur un petit espace circulaire; puis le verre se désa-

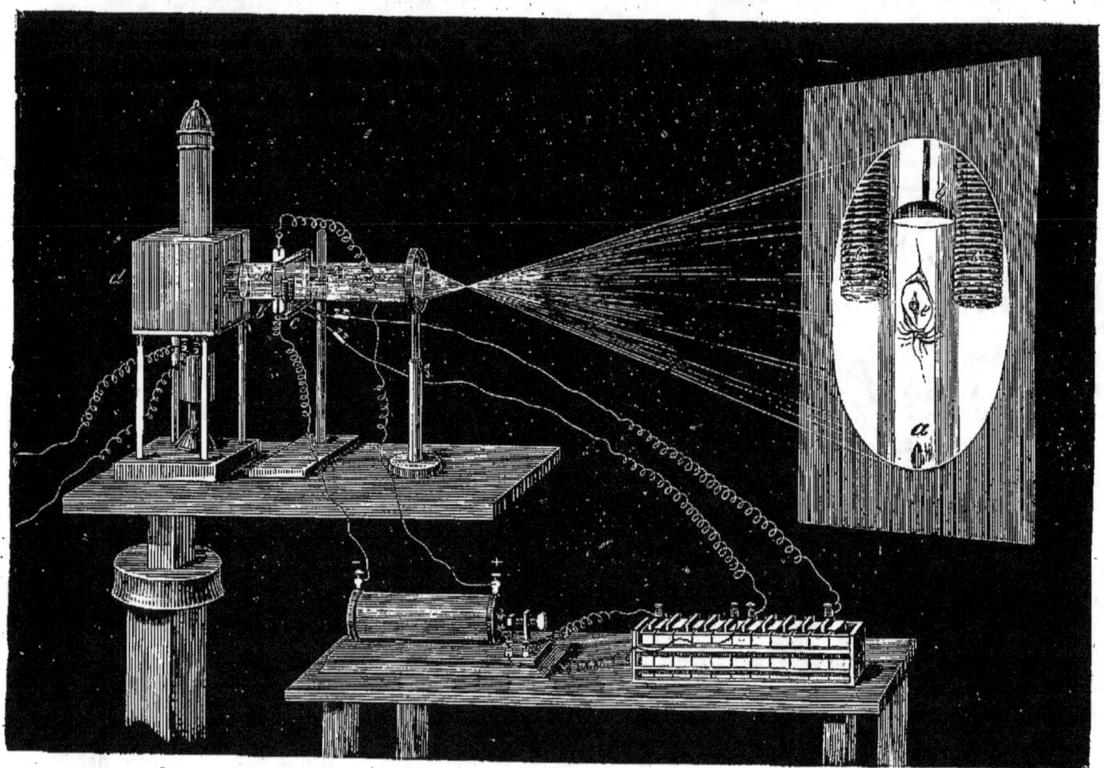

Fig. 70.

grège, et des fentes rayonnent autour du centre de chaleur. Le verre s'amollit; la pression atmosphérique le pousse en

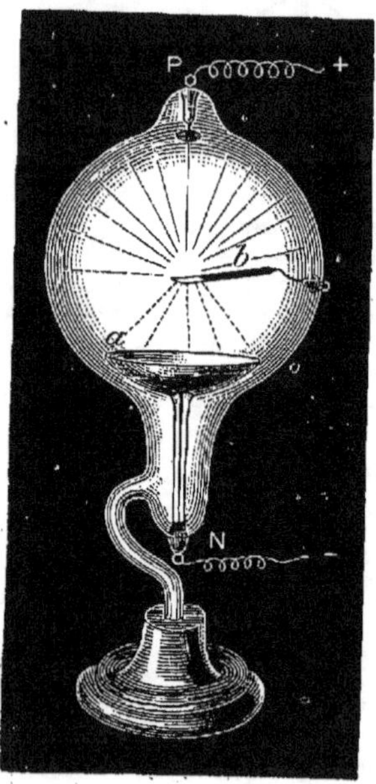

Fig. 71.

dedans, et enfin il fond. Un petit trou *e* s'ouvre au milieu, l'air envahit le tube, et l'expérience est nécessairement terminée.

Je puis rendre cette chaleur focale encore plus évidente, en la faisant tomber sur un morceau de métal. Voici une boule de verre (fig. 71) contenant un pôle négatif *a* en forme de coupelle, qui fait converger les rayons en *b* sur un petit morceau d'iridio-platine disposé sur un support au centre de la boule.

Je fais d'abord passer un faible courant d'induction. Le foyer, qui se trouve sur le petit morceau de métal, l'échauffe jusqu'à la chaleur blanche. J'approche un petit aimant, et je fais dévier le foyer calorifique tout comme j'ai fait pour le foyer lumineux dans l'autre tube. En changeant la position de l'aimant, je puis faire monter ou descendre le foyer, ou encore l'éloigner complètement du métal de manière que celui-ci cesse d'être lumineux. Je retire l'aimant, et je rends aux molécules toute leur liberté d'action : le métal redevient rouge-blanc. J'augmente l'intensité de l'étincelle : l'iridio-platine brille d'un éclat presque impossible à soutenir, et finit par fondre.

Chimie de la matière radiante. — On conçoit facilement que dans une atmosphère aussi raréfiée il doit être difficile de reconnaître les différences chimiques qui peuvent exister entre les diverses espèces de matière radiante. Les propriétés physiques que nous venons d'étudier semblent être communes à toutes les substances à un degré de densité si faible. Que nous opérions sur de l'hydrogène, de l'acide carbonique, ou de l'air ordinaire, la phosphorescence, les ombres, la déviation magnétique, et tous les autres phénomènes sont identiques; seulement ils apparaissent à des degrés de raréfaction différents. Mais d'autres faits indiquent que, même avec de si faibles densités, les molécules conservent leurs caractères chimiques. Par exemple, en introduisant dans les tubes des substances capables d'absorber les résidus gazeux, je puis constater que l'attraction chimique subsiste longtemps après que la raréfaction a été portée au degré le plus favorable à la manifestation des phénomènes que nous venons d'étudier; ce fait me permet même de pousser le vide bien plus loin que je ne pourrais le faire en employant seulement la machine pneumatique. Pour la vapeur d'eau, je puis me servir d'anhydride phosphorique comme absorbant; pour l'hydrogène, de palladium; pour l'acide carbonique, de potasse; enfin pour l'oxygène, de carbone et ensuite de potasse. Le vide le plus parfait que j'aie jusqu'ici réussi à obtenir a été de un vingt millionnième d'atmosphère — degré de raréfaction que l'on comprendra mieux si je dis qu'il correspond à environ un quart de millimètre pour une colonne barométrique de plus de 4 800 mètres de haut.

On m'objectera peut-être qu'il y a presque de l'inconséquence à attacher une importance particulière à la présence de la *matière*, après m'être donné une peine extrême pour faire disparaître des boules et des tubes de verre autant de matière que possible, et avoir si bien réussi qu'il n'y reste plus guère qu'un millionnième d'atmosphère. Sous pression ordinaire l'atmosphère n'a déjà pas une densité considérable, et la reconnaissance de sa matérialité ne date que des temps modernes. Il semblerait qu'en divisant sa densité par un million il doit rester dans nos tubes une quantité de matière si faible qu'elle est parfaitement négligeable, et que nous sommes en droit de donner le nom de *vide* à l'espace d'où l'air a été ainsi presque absolument retiré. Mais ce serait là une erreur grave, qui vient de ce que nos facultés bornées ne saisissent pas bien les nombres très élevés. On admet généralement qu'un nombre divisé par un million donne nécessairement un quotient assez faible, tandis qu'il peut arriver que le dividende soit assez fort pour que la division par un million ne paraisse faire sur lui qu'une assez faible impression. D'après les meilleures autorités, un ballon de verre d'environ 13.5 centimètres de diamètre, comme ceux dont nous nous servons souvent, contient plus d'un septillion (1 000 000 000 000 000 000 000 000). Or, si nous y faisons le vide à un millionnième d'atmosphère, le ballon contiendra encore un quintillion de molécules — nombre bien suffisant pour m'autoriser à donner le nom de *matière* au gaz restant dans le ballon.

Pour donner une idée de ce nombre énorme, je prends le ballon dans lequel j'ai fait le vide, et je le perce avec l'étincelle de la bobine d'induction. Cette étincelle produit une ouverture tout à fait microscopique, mais qui est pourtant assez grande pour permettre aux molécules gazeuses de pénétrer dans le ballon et de détruire le vide. L'air qui se précipite au dedans vient frapper sur les palettes de la petite roue, et la fait tourner comme celle d'un moulin à vent. Supposons que la petitesse des molécules soit telle qu'il en entre dans le ballon cent millions par seconde. Combien de temps croit-on qu'il faille dans ces conditions pour que ce petit récipient se remplisse d'air? Sera-ce une heure, un jour, une année, un siècle? Il faudra presque une éternité, — un temps si énorme que l'imagination elle-même est impuissante à le bien concevoir. Si l'on suppose qu'on ait fait le vide dans un ballon de verre de cette grosseur, rendu indestructible, et que ce ballon ait été percé lors de la création du système solaire; si l'on suppose que ce ballon existât à l'époque où la terre était informe et sans habitants; si l'on suppose qu'il ait été témoin de tous les changements merveilleux qui se sont produits pendant la durée de tous les cycles des temps géologiques, qu'il ait vu apparaître le premier être vivant, et qu'il doive voir disparaître le dernier homme; si l'on suppose qu'il doive durer assez pour voir s'accomplir la prédiction des mathématiciens d'après laquelle le soleil, source de toute énergie sur la terre, doit n'être plus qu'une cendre inerte, quatre millions de siècles après sa formation (1); si l'on suppose tout cela, — avec la vitesse d'entrée que nous avons admise pour l'air, vitesse égale à cent millions de molécules par seconde, ce petit ballon aura à peine reçu un septillion de molécules (2).

Mais que dira-t-on si j'ajoute que ce septillion de molécules va entrer par ce trou microscopique avant que cette conférence ne soit terminée? Les dimensions de l'ouverture restant les mêmes, ainsi que le nombre des molécules, ce paradoxe apparent ne peut s'expliquer que si l'on suppose les molécules réduites à des dimensions presque infiniment petites — de manière à entrer dans le ballon, non plus avec une vitesse de 100 millions par seconde, mais bien avec celle d'environ 300 quintillions par seconde. J'ai fait le calcul; mais quand des nombres sont si considérables, ils cessent d'avoir un sens pour nous, et ces calculs sont aussi inutiles que s'il s'agissait de compter les gouttes d'eau contenues dans l'Océan.

Dans l'étude de ce quatrième état de la matière, il semble que nous ayons saisi et soumis à notre pouvoir les petits atomes indivisibles qu'il y a de bonnes raisons de considérer comme formant la base physique de l'univers. Nous avons vu que par quelques-unes de ses propriétés la matière radiante est aussi matérielle que la table placée ici devant moi, tandis que par d'autres propriétés elle présente presque le caractère d'une force de radiation. Nous avons donc en réalité atteint la limite sur laquelle la matière et la force semblent se confondre, le domaine obscur situé entre le connu et l'inconnu qui a toujours eu pour moi un attrait particulier. J'ose croire que les plus grands problèmes scientifiques de l'avenir trou-

(1) La durée possible du soleil, depuis sa formation jusqu'à son extinction, a été diversement estimée par différents auteurs, et les valeurs proposées pour cette durée varient de 18 millions à 400 millions d'années. Dans l'évaluation ci-dessus, j'ai pris le chiffre le plus élevé.

(2) D'après M. Johnstone Stoney (*Phil. mag.*, vol. 36, p. 141), un centimètre cube d'air contient environ un sextilion de molécules. Par conséquent un ballon de 13.5 centimètres de diamètre contient un nombre de molécules égal à $13{,}5^3 \times 0.5236 \times 1\,000\,000\,000\,000\,000\,000\,000$, c'est-à-dire 1 288 252 350 000 000 000 000.000 de molécules d'air sous la pression ordinaire. Par conséquent, lorsque l'air du ballon est amené à ne plus exercer que la pression d'un millionnième d'atmosphère, il contient encore 1 288 252 350 000 000 000 de molécules, et si l'on perce le ballon à l'aide de l'étincelle d'induction, 1 288 251 061 747 050 000 000 000 de molécules devront rentrer par l'ouverture. S'il passe 100 millions de molécules par seconde, le temps nécessaire pour le passage de toutes ces molécules sera :

	12 882 510 617 476 500	secondes,
ou	214 708 510 291 275	minutes,
ou	3 578 475 171 521	heures,
ou	149 103 132 147	jours,
ou	408 501 731	ans.

veront leur solution dans ce domaine inexploré, où se trouvent sans doute les réalités fondamentales, subtiles, merveilleuses et profondes.

Yet all these were when no Man did them know,
Yet have from wisest Ages hidden beene ;
And later Times thinges more unknowne shall show.
Why then should witlesse Man so much misweene,
That nothing is, but that which he hath seene? (1)

WILLIAM CROOKES.

LE VOLCAN DE SANTORIN

D'après M. Fouqué (2).

La science moderne progresse si rapidement, et le champ des connaissances humaines devient si vaste, que les savants sentent aujourd'hui la nécessité de spécialiser leurs recherches, et comme il est de plus en plus difficile, pour ne pas dire impossible au même homme, quelle que soit la puissance de son esprit, d'embrasser cette infinie variété de sujets dont chacun recule chaque jour davantage devant le regard, les recherches se restreignent, gagnent en profondeur ce qu'elles semblent perdre en étendue, et notre époque devient celle des monographies scientifiques. C'est ainsi que M. Fouqué a récemment publié l'ensemble de ses travaux et observations sur Santorin.

Nul mieux que M. Fouqué ne connaît cette île, qu'un maître de la géologie nommait l'une des plus remarquables et des plus instructives de la terre ; il a visité cette localité à trois reprises différentes; envoyé une première fois par l'Académie des sciences en 1866, il y retournait, en 1867 et en 1875, sous les auspices du ministère de l'instruction publique. Au commencement de son ouvrage, l'auteur a eu l'heureuse idée de condenser en quelques pages l'énoncé des principaux résultats obtenus et les généralisations qui découlent de l'ensemble de faits particuliers; la meilleure manière de faire connaître ces résultats aux lecteurs de la *Revue* sera de laisser, autant que le comporte le cadre restreint d'une notice, parler lui-même le savant professeur du Collège de France, et de nous borner en quelque sorte à résumer son propre résumé.

L'ouvrage comprend deux parties bien distinctes : le récit détaillé des observations faites sur le terrain, et la description des travaux du laboratoire, analyses et examens microscopiques; il est illustré de nombreuses figures dont l'exécution matérielle est d'une haute perfection : cartes, plans, vues pittoresques, coupes géologiques, dessins de lames minces sous le microscope, viennent faciliter la lecture du texte et permettre de suivre pas à pas l'auteur. On peut donc affirmer que le *Santorin* de M. Fouqué est, à tous égards, une des importantes et des belles publications scientifiques ayant depuis longtemps paru.

I.

L'éruption récente a, comme la plupart des manifestations volcaniques de ce genre, donné lieu à deux catégories de produits : 1° des matières volatiles exhalées sous forme de gaz et de vapeurs plus ou moins facilement condensables; 2° des laves épanchées en fusion imparfaite ou projetées à l'état de débris pulvérulents ou scoriacés. Les gaz émis ont varié beaucoup de composition durant le cours de l'éruption; au début des phénomènes, ils n'avaient point encore subi l'influence comburante de l'air, ils étaient riches en éléments combustibles, et particulièrement en hydrogène libre. Cet hydrogène, dans certains cas, provenait d'une dissociation de l'eau en ses deux éléments. Plus tard, ces gaz ont incessamment varié de composition, et les éléments combustibles ont fini par disparaître entièrement. Les éléments présents dans les gaz émis ont été l'hydrogène libre, le gaz des marais, les acides chlorhydrique, sulfureux et carbonique, l'hydrogène sulfuré et l'azote.

L'eau a joué un grand rôle dans les phases diverses de l'éruption. A l'état de vapeur, elle a figuré dans toutes les émissions de matières volatiles, quelle que fût leur température, et elle doit être considérée comme la cause immédiate des explosions. Aucune fumerolle sèche n'a été observée. A l'état liquide, l'eau a constitué des sources chaudes dont la température et le débit variaient avec l'état de la mer.

Le chlorure de fer, expulsé à l'état de vapeur, accompagnait l'acide chlorhydrique; mais le chlorhydrate d'ammoniaque, l'un des produits vaporisés, d'ordinaire en grande quantité dans les éruptions, a fait à peu près défaut dans les émanations de Santorin. Ce fait vient à l'appui de l'opinion qui considère l'ammoniaque des volcans comme d'origine organique, et la suppose apportée par l'atmosphère sur les fumerolles à acide chlorhydrique. A Santorin, en effet, l'éloignement et le peu d'étendue des terres cultivées expliquent la rareté de l'ammoniaque dans l'air.

Enfin, dans les points du volcan qui étaient le siège d'une vive incandescence, sur les bouches éruptives centrales elles-mêmes, le spectroscope a fait reconnaître la présence des sels de soude et de potasse volatilisés. Plus tard, après cessation des phénomènes éruptifs, ces sels qui s'étaient déposés autour des orifices des fumerolles ont pu être recueillis et analysés. Les chlorures de sodium et de potassium, les sulfates des mêmes bases, les carbonates de soude et de magnésie ont été reconnus comme les éléments constitutifs de ces dépôts. L'eau de mer laisse après évaporation un résidu de composition analogue. De là l'intérêt qui s'attache à de tels résultats et leur importance au point de vue de la théorie qui considère l'eau de la mer comme l'agent immédiat ordinaire des éruptions.

Dans les points qui étaient le siège d'une volatilisation de sels alcalins, l'analyse spectrale et l'observation chimique ont démontré la présence simultanée de la vapeur d'eau, du chlorure de fer, de l'hydrogène libre, etc. ; en un mot, de tous les éléments des fumerolles volcaniques. Ce fait justifie par con-

(1) Cependant toutes ces choses existaient quand personne ne les connaissait, — et sont restées cachées aux siècles les plus éclairés; — et l'avenir nous révèlera des faits plus inconnus encore. — Pourquoi donc l'homme ignorant s'imaginerait-il — que rien n'existe que ce qu'il a vu?

(2) *Santorin et ses éruptions*, par M. Fouqué, professeur au Collège de France. 1 vol. gr. in-4° de 462 pages avec figures intercalées dans le texte et LXI grandes planches hors texte, en noir ou en couleurs, dont un certain nombre de photoglyptiles (Paris, librairie Georges Masson).

séquent l'opinion précédemment établie, d'après des études faites à l'Etna, savoir : que les fumerolles, au maximum de température, présentent à la fois tous les éléments chimiques des corps volatilisés dans les volcans, et que les fumerolles moins chaudes s'appauvrissent régulièrement à mesure que leur température devient insuffisante pour la réduction en vapeurs des matériaux éruptifs.

Parmi les substances volatilisées dans les conduits volcaniques, il en est qui sont susceptibles de réagir les unes sur les autres, et de produire des composés fixes. C'est ainsi que sont engendrés les oxydes de fer hydraté, le fer oligiste, le soufre, l'acide sulfurique libre, l'alun, le sulfate de chaux, que l'on rencontre aux alentours des fumerolles. La connaissance du mode de production de ces corps est pour ainsi dire classique.

Mais il n'en est pas du tout de même pour certains silicates cristallisés qui, généralement, prennent naissance dans des conditions différentes. Formés d'éléments que l'on a l'habitude de considérer comme fixes, on les trouve néant moins dans les fentes volcaniques, à la surface des rochers, dans des conditions telles qu'ils ne peuvent s'y être déposés que par voie de volatilisation. Des silicates cristallisés formés ainsi ont été recueillis à Santorin à la surface intérieure de cavités tubulaires semblables à des fulgurites. Ces tubes ont été évidemment parcourus par des vapeurs à très haute température. Les cristaux déposés sont l'anorthite, le sphène et le pyroxène sous forme de fassaïte et d'augite.

D'autres silicates cristallisés se rencontrent accidentellement dans les laves. Ces minéraux proviennent de la transformation de blocs calcaires arrachés au sous-sol de la région et enlevés dans les larves. Les principaux sont l'anorthite, l'augite, la fassaïte, le sphène, le grenat mélanite, et surtout la wollastonite. Le quartz et le micaschiste qui, comme le calcaire, se montrent à l'état de blocs enclavés dans les laves de Santorin, ne paraissent avoir subi aucune action sensible de la part de la matière ambiante, malgré la haute température qu'elle a possédée.

II.

L'étude minéralogique des laves de 1866 offrait de grandes difficultés. Les minéraux intégrants y sont très petits et fortement adhérents. L'extraction du feldspath en grands cristaux par un simple triage était une opération d'une extrême difficulté, et celle des autres minéraux de la roche, par le même procédé, était absolument impossible. Dans ces conditions, M. Fouqué a dû chercher de nouveaux procédés d'extraction des minéraux des roches, et il a été ainsi conduit à imaginer deux procédés nouveaux qui s'appliquent sans difficulté aux laves récentes de Santorin : le premier, fondé sur l'emploi d'un électro-aimant puissant qui attire à lui les minéraux plus ou moins ferrugineux, permet l'isolement du feldspath; le second, basé sur l'usage de l'acide fluorhydrique concentré, permet de réaliser l'extraction du fer oxydulé et des silicates ferro-magnésiens à peu près inattaquables.

Dans la lave récente de Santorin, la cristallisation des minéraux s'est opérée en deux temps. Dans le premier se sont développés des cristaux dont la longueur atteint fréquemment $0^{mm},5$ et dont les autres dimensions dépassent ordinairement $0^{mm},05$. Dans un second temps se sont produits des cristaux de dimensions notablement moindres. Les plus petits ou microlithes, qui ont cristallisé postérieurement aux autres, les englobent et les contournent. Avant l'application du microscope à l'étude des roches, on ne connaissait que les grands cristaux; on regardait comme une pâte informe, dépourvue de toute cristallinité, la matière qui, dans les roches volcaniques, enveloppe les cristaux susceptibles d'être aperçus à la loupe. Cependant, dans cette matière, les microlithes fourmillent en immense quantité. Leur découverte a été l'une des principales conquêtes de la micrographie minéralogique.

M. Fouqué a, le premier, entrepris l'étude chimique de ces cristaux microscopiques et fourni des indications sur leur composition. En même temps, il arrivait à des notions pratiques sur leurs propriétés optiques, et prouvait que les microlithes feldspathiques d'une roche appartiennent en général à un terme plus élevé de la série des feldspaths que les grands cristaux dont ils étaient accompagnés.

Les minéraux qui se montrent en microlithes dans la lave commune de 1866 sont le feldspath et le fer oxydulé titanifère. Le feldspath qui domine à l'état de grands cristaux est le labrador, mais il n'est pas seul à cet état dans la roche : quelques cristaux d'anorthite s'y montrent en même temps avec un peu d'oligoclase et de sanidine. Le feldspath microlithique est l'albite mélangé à une assez forte proportion d'oligoclase. Enfin le tout est cimenté par une matière vitreuse qui représente le résidu de la cristallisation, la partie de la roche à laquelle celle-ci devait sa fluidité au moment où les minéraux qui en font partie étaient déjà cristallisés. Cette matière amorphe offre une composition peu différente de celle du feldspath albite; cependant elle est un peu plus riche en silice et en potasse. Il est très curieux de voir qu'une substance offrant la composition d'un feldspath chargé de silice ait néanmoins constitué la partie de la roche restée la dernière à l'état de fusion.

L'ordre de cristallisation des minéraux de la roche a été le suivant : 1° fer oxydulé en grands cristaux ; 2° apatite ; 3° silicate ferro-magnésiens (augite et hypersthène); 4° feldspaths en grands cristaux; 5° granules microlithiques de fer oxydulé titanifère; 6° microlithes feldspathiques.

La lave commune de l'éruption de 1866 présente, à l'état de blocs enclavés, des laves dont la composition minéralogique diffère considérablement de celle du milieu qui les entoure. Dans quelques-uns de ces blocs, le labrador en grands cristaux des laves communes est, en majeure partie, remplacé par de l'oligoclase, et en même temps on observe que l'hypersthène est fréquent par rapport à l'augite. Dans les autres, qui sont de beaucoup les plus fréquents, le feldspath en grands cristaux est représenté presque exclusivement par l'anorthite; l'hypersthène fait défaut, l'augite est très développé et l'olivine apparaît. Ce second type joue un rôle considérable dans la constitution des laves anciennes de Santorin.

Les minéraux intégrants de la lave commune de 1866 sont presque toujours pénétrés de matières étrangères, d'inclusions microscopiques, tantôt cristallines, tantôt composées de matière amorphe. Les feldspaths en grands cristaux, par exemple, contiennent des cristaux de pyroxène, de fer oxydulé, d'apatite ou même de feldspath triclinique. Les inclusions de substance amorphe sont des portions ténues de la matière ambiante qui s'est trouvée englobée dans les cristaux au moment de leur génération. Une bulle de gaz est presque toujours emprisonnée dans chaque inclusion de matière amorphe.

La forme des inclusions, leur structure, leur rangement dans l'intérieur des cristaux fournissent des renseignements précis sur la manière dont ceux-ci prennent naissance au sein des laves. M. Fouqué s'est livré à l'étude attentive de ces inclusions, ainsi qu'à celle de la distribution de la matière colorante répandue dans leur masse, distribution qui se fait suivant une certaine symétrie. La substance qui remplit les bulles des inclusions vitreuses n'est pas simplement gazeuse, et il existe là, en très minime quantité, une matière analogue par ses propriétés aux matières organiques.

A bien des reprises, des flots de cendres ont été projetés durant la dernière éruption de Santorin. Les cendres volcaniques ne sont autre chose que de la lave pulvérisée par la sortie brusque des gaz et des vapeurs qui l'ont traversée, tandis qu'elle était encore plus ou moins fluide. L'état d'une cendre, sa cristallinité, dépendent en conséquence de l'état de la lave au moment où celle-ci lui donne naissance; plus la lave est alors fluide et plus la cendre est ponceuse. Si déjà la lave est chargée d'éléments cristallins et surtout de microlithes, la cendre offre aussi les mêmes caractères. Tel a été le cas pour la plupart des cendres de Santorin. Émanant de laves tellement cristallines qu'elles étaient à peine fluides, ces cendres sont riches en cristaux et particulièrement en microlithes. Les minéraux qu'elles renferment sont du reste identiques à ceux de la lave elle-même.

Des mouvements du sol très remarquables se sont produits sur le lieu des phénomènes de la récente éruption de Santorin. Limités à un espace circonscrit autour des foyers principaux du volcan, ils ont notablement modifié le niveau du terrain dans cette étendue. Les manifestations de ce genre constituent l'un des sujets qui, de tous temps, ont le plus préoccupé les géologues; aussi leur examen a-t-il spécialement attiré l'attention de M. Fouqué.

III.

En outre de ces phénomènes, le développement complet d'une éruption comporte : 1° l'ouverture du sol; 2° la formation d'un cône et d'un cratère; 3° la production des coulées de laves. Santorin a été le théâtre de toutes ses manifestations durant le cours de la dernière éruption, et leur étude détaillée constitue le sujet spécial du second chapitre de l'ouvrage de M. Fouqué.

Des éruptions analogues à celles de 1866 ont eu lieu dans la baie de Santorin depuis le commencement de la période historique et y ont donné naissance aux îlots connus sous le nom de Kaménis. Rechercher leur emplacement et leur date exacte, discuter les données historiques qui nous ont été transmises, apprécier particulièrement les récits détaillés que nous possédons sur les plus récents de ces cataclysmes, tel est l'objet du premier chapitre.

Grâce à la découverte dans les laves de plusieurs habitations renfermant encore un grand nombre d'objets et d'ustensiles domestiques, sachant en outre que l'immense catastrophe qui a donné naissance à la baie de Santorin est antérieure à l'histoire, car aucun écrivain de l'antiquité n'en fait mention, on est amené à conclure qu'une population civilisée ayant déjà des goûts artistiques a été le témoin et la victime de cet événement. Des fouilles habilement conduites et l'application des études microscopiques à des sections minces pratiquées dans les poteries recueillies ont fourni de nombreux renseignements sur les anciens habitants de l'île primitive.

Ces hommes étaient laboureurs ou pêcheurs : ils élevaient des troupeaux de chèvres et de moutons, cultivaient les céréales, faisaient de la farine, extrayaient l'huile des olives, fabriquaient des tissus, pêchaient avec des filets. Ils habitaient des constructions munies de charpentes en bois et dont les murs étaient en pierres équarries. Ils fabriquaient au tour des vases bizarrement ornementés et de formes caractéristiques. La plupart de leurs instruments étaient en pierre; les plus communs en lave, les autres en silex ou en obsidienne taillée en éclats. Ils connaissaient l'or et probablement le cuivre, bien que ces métaux fussent très rares chez eux.

Le bois abondait alors dans l'île, tandis que maintenant il n'existe qu'un seul arbre, un palmier, dans tout l'archipel de Santorin. La culture de la vigne, qui y est actuellement pratiquée à l'exclusion de tout autre travail agricole, semble avoir été inconnue à cette époque.

Les îles de Théra, Thérasia et Aspronisi sont les débris de la grande île qui existait avant la formation de la baie. Trois catégories de roches y composent le sol : des roches métamorphiques (marbres et micaschistes); des roches volcaniques de formation subaérienne, et enfin des roches volcaniques de formation sous-marine.

Les produits volcaniques d'origine subaérienne sont les seuls qui se voient dans la majeure partie du groupe de Santorin. Ils s'y présentent à l'état de laves compactes, de scories, de ponces et enfin sous forme de dykes. Les falaises nord et nord-est de Théra, notamment, offrent de très-belles coupes de ces dykes et permettent facilement d'en détacher des fragments.

L'examen attentif de ces fragments a été effectué par les mêmes méthodes chimiques et micrographiques qui avaient été employées pour les laves de la récente éruption, et l'ensemble de toutes ces études a eu pour résultat d'apporter des éléments nouveaux, utiles, pour la solution de l'un des problèmes les plus graves de la minéralogie et de la pétrographie, celui de la spécification des feldspaths tricliniques.

Tous les feldspaths sont-ils de simples mélanges chimiques isomorphes d'albite et d'anorthite? Le labrador et l'oligoclase doivent-ils, conformément à la théorie célèbre du professeur Tschermak, qui n'est d'ailleurs elle-même qu'une amplification des idées antérieurement émises par Sterry Hunt, disparaître de la nomenclature minéralogique? Telle était la question posée?

Les feldspaths extraits de diverses roches donnaient à l'analyse des nombres intermédiaires entre ceux qui caractérisent les espèces feldspathiques anciennement connues; de plus, les proportions de soude et de chaux trouvées concordaient avec la teneur en silice de la matière analysée. Admettre un mélange physique de plusieurs feldspaths tricliniques dans une même roche semblait impossible, et cependant tel est le cas dans un grand nombre de roches provenant des dykes de Théra. Il a été facile particulièrement d'y démontrer la présence simultanée du labrador et de l'anorthite.

M. Fouqué conclut nettement de ce fait à l'inexactitude de la loi Tschermak et, admettant ainsi l'individualité propre des quatre feldspaths tricliniques, il fait de cette distinction l'un des éléments de sa classification générale des roches de l'île de Santorin en particulier et même de toutes les roches connues.

Les produits d'origine sous-marine de Santorin s'observent exclusivement dans la partie méridionale de l'île de Théra. Quelques laves de composition minéralogique identique à celle des laves d'origine subaérienne se trouvent parmi ces matières, mais la plupart des déjections de formation sous-marine appartiennent à un type de roche tout à fait différent, celui des laves acides.

Les cendres qui se trouvent à la base des falaises de Thérasia et de Théra renferment de nombreux blocs enlevés au sous-sol de la région et formés par des roches cristallines entièrement différentes de celles qui constituent les matériaux sédimentaires ou éruptifs visibles dans la composition du sol de Santorin. Dépourvus de matières vitreuses et de microlithes, ils se présentent comme des agrégats de minéraux cristallisés et leur aspect est celui des roches granitoïdes. M. Fouqué les rattache à la série granitoïde du commencement de la période tertiaire.

L'origine sous-marine de la plupart des roches du district méridional de Théra est attestée par la présence de débris d'animaux marins dans les trass de cette région. Les mollusques et les zoophytes, auxquels ont appartenu ces restes, sont caractéristiques de l'étage pliocène supérieur. Les gîtes fossilifères occupent des espaces restreints à des niveaux différents. Dans certains gisements, les coquilles sont usées et roulées; en d'autres, elles sont intactes et en place. Toutes ces particularités témoignent d'un soulèvement important qui a émergé le massif méridional de Santorin. Ce mouvement du sol a été lent et vraisemblablement contemporain de celui qui a affecté d'une façon si notable le bassin de la Méditerranée à la fin de la période tertiaire.

L'ensemble de ces travaux chimiques et physiques conduit M. Fouqué à imaginer une nouvelle classification générale des roches.

On sait combien d'auteurs se sont occupés de grouper entre elles, d'une façon plus ou moins naturelle, les diverses variétés de roches, et combien il est difficile d'établir une distinction rationnelle entre des individualités de nature essentiellement variable et passant les unes aux autres par des gradations insensibles.

Il importe avant tout de faire un choix rationnel parmi les caractères distinctifs, de leur attribuer une importance relative, de les ranger en quelque sorte par ordre de valeur, afin de les employer successivement et méthodiquement comme caractères typiques. M. Fouqué croit devoir se servir en premier lieu du mode de formation et établit les deux grandes catégories des roches éruptives et des roches sédimentaires; il s'appuie ensuite sur l'âge géologique et enfin sur la composition minéralogique, les divers groupes de feldspaths jouant alors un rôle des plus importants.

IV.

Le dernier chapitre de l'ouvrage est consacré à l'histoire de la genèse de Santorin. Le sol des îles qui entourent actuellement la baie est formé d'éléments divers dont M. Fouqué a cherché à déterminer l'ordre d'apparition.

Contre un premier îlot composé de marbres et de micaschistes, se sont fait jour des éruptions sous-marines; puis un soulèvement considérable s'est opéré.

Les éruptions devenues subaériennes ont répandu d'abondantes déjections par des orifices divers, et ont donné naissance à une grande île qui est devenue boisée sur ses pentes, cultivée dans une vallée fertile qui se trouvait dans sa partie sud-ouest, tandis que sa cime était restée hérissée de laves. Un effondrement violent, accompagné et suivi d'explosions formidables et de projections de ponces, a creusé la baie. Enfin les éruptions qui se sont manifestées depuis le commencement de l'époque historique y ont fait surgir les Kaménis.

La théorie des cratères de soulèvement ne peut être appliquée à Santorin. Les raisons apportées en faveur de cette théorie célèbre sont de valeur très inégale; celles, par exemple, qui sont puisées dans la considération des phénomènes d'ordre historique sont tombées pour ne plus se relever devant les sévérités de la critique; celles qui sont empruntées à la géologie proprement dite sont restées debout les dernières. La principale d'entre elles, qui, pour ainsi dire, est la clef de voûte de la théorie, est résumée dans les deux allégations suivantes :

1° Dans les parois des cratères, dits de soulèvement, il existe des nappes de lave compacte, à surfaces parallèles et de sections transversales très étendues, semblables en un mot aux nappes basaltiques épanchées sur un terrain uni et horizontal;

2° Dans les éruptions contemporaines, toute coulée de lave déversée sur une pente supérieure à 6 degrés est nécessairement scoriacée et discontinue.

Or ces deux allégations, repoussées déjà par les adversaires scientifiques de Léopold de Buch et d'Élie de Beaumont, d'après l'examen du Vésuve, de l'Etna et d'autres volcans divers, sont aussi, l'une et l'autre, démontrées inexactes par l'observation de Santorin.

L'examen de ce volcan fournit en outre deux faits décisifs contre la théorie en question. La paroi du prétendu cratère de soulèvement de Santorin offre des dykes de lave verticaux et orientés dans deux directions perpendiculaires entre elles; or un soulèvement central n'aurait pas respecté cette verticalité dans des orientations à angle droit.

En second lieu, dans cette même paroi, se montrent superposées des couches de lave diversement inclinées : les unes sont redressées, comme le veut la théorie de L. de Buch, mais d'autres sont horizontales, et quelques-unes même sont faiblement inclinées en sens inverse. Pareille disposition est incompatible avec l'idée d'un soulèvement central commun à toutes ces couches; car, dans une telle hypothèse, les bancs actuellement horizontaux, par exemple, auraient été, avant ce redressement, fortement inclinés vers l'axe du volcan; leur épanchement se serait fait contrairement aux lois de la pesanteur et en opposition avec tout ce que l'on constate dans les massifs éruptifs modernes.

La théorie des cratères de soulèvement doit donc être définitivement abandonnée.

V.

Ici s'arrête l'exposé des importantes conclusions d'ordre général auxquelles s'est élevé M. Fouqué en partant des observations faites sur le terrain ou dans le laboratoire. Ces généralisations touchent aux plus sérieuses questions abordées par la science moderne; parmi elles, nous nous bornerons à mentionner la séparation spécifique des quatre feldspaths tricliniques, la théorie des cratères de soulèvement et la classification générale des roches.

Il n'est pas impossible que la science ne discute encore certaines opinions de M. Fouqué, soit qu'elle possède de nouveaux documents, soit qu'elle envisage d'une façon différente les données aujourd'hui connues. La question des feldspaths, qui touche de si près à l'isomorphisme et aux lois atomiques, est-elle aussi définitivement tranchée que l'admet le savant professeur et, alors que le passé nous a offert tant de classifications de roches, faut-il espérer que l'avenir ne nous en apportera pas de nouvelles? Mais on ne saurait être trop reconnaissant à l'auteur d'être de son propre avis et d'exposer avec franchise sa conviction scientifique avec les motifs qui l'appuient. Une pareille honnêteté est plus rare qu'on ne le pense.

Santorin et ses éruptions est utile aux maîtres et précieux aux élèves; certains chapitres sont d'un haut intérêt pratique: la façon de recueillir les gaz émanant d'un sol volcanique, la description d'un laboratoire portatif imaginé par M. Fouqué, le mode de triage des éléments minéralogiques des roches soit au moyen de l'électro-aimant, soit au moyen de l'acide fluorhydrique, sont autant de sujets traités pour la première fois et décrits avec toute la précision et la netteté qu'on était en droit d'attendre de la part d'un expérimentateur aussi consciencieux et aussi habile. Sous un titre trop modeste, l'ouvrage de M. Fouqué est certainement une œuvre qui datera dans la science.

COMITÉ FRANCO-AMÉRICAIN

RÉUNION DU CIRQUE DES CHAMPS-ÉLYSÉES (1)

M. FOUCHER DE CAREIL

Sénateur.

Le traité franco-américain.

Mesdames, Messieurs,

Je commencerai par vous donner lecture d'une lettre que nous avons reçue de M. le ministre de l'agriculture et du commerce, M. Tirard :

« Monsieur le sénateur, vous avez bien voulu m'offrir, au nom du comité franco-américain, la présidence d'honneur d'une réunion qui doit avoir lieu, au Cirque des Champs-Élysées, le 5 octobre prochain.

« Je m'empresse, monsieur le sénateur, de vous exprimer et de vous prier d'exprimer à vos collègues toute ma reconnaissance pour l'honneur qui m'est fait par cette invitation.

« Veuillez en outre, monsieur le sénateur, m'excuser auprès de vos collègues, car les devoirs qui m'incombent en ce moment me privent de prendre une part active à leurs travaux dont je suis le développement avec le plus sympathique intérêt.

« Agréez, monsieur le sénateur, ainsi que messieurs les membres de votre comité, l'assurance de mes sentiments de haute considération.

« P. TIRARD. »

Nous étions bien certains que l'accueil qui avait été fait au comité franco-américain par M. Teisserenc de Bort lors de notre premier meeting, nous le retrouverions chez le ministre actuel, M. Tirard, dont les opinions libérales ne font doute ici pour personne, ni en matière républicaine ni en matière économique.

Nous avons inauguré, l'année dernière, ces grandes réunions franco-américaines; je retrouve ici beaucoup de ces amis, comme on en trouve à Paris, pour toutes les idées généreuses, amis d'un jour qui deviennent des amis de tous les jours, qui se montrent les partisans zélés de ces grandes causes qu'ils devinent et qu'ils embrassent avec un amour, permettez-moi de vous le dire, messieurs les Américains, qu'on ne retrouve que chez vous. Nous aussi, nous avons eu l'honneur d'assister à des meetings aux États-Unis; M. Chotteau en revient, et vous dira tout à l'heure comment il y a été accueilli.

L'année dernière nous possédions parmi nous M. le gouverneur Fenton; cette année, nous avons l'honneur de vous présenter l'honorable M. Fernando Wood, membre de la Chambre des représentants des États-Unis au Congrès : il l'est depuis quarante ans, exemple de longévité parlementaire bien rare en France, et dont nous ne saurions trop le féliciter, ainsi que le sage pays auquel il le doit.

Ai-je besoin de vous faire la biographie de l'hôte illustre que nous possédons parmi nous, non! messieurs, dans ce pays de liberté, toutes les biographies des hommes illustres se ressemblent, car ils sont tous les fils de leurs œuvres; c'est le trait commun auquel on les reconnait d'abord. De même que le grand Abraham Lincoln avait été fendeur de bois avant de devenir président de la République américaine et le grand libérateur des esclaves, de même M. Fer-

(1) Le 5 octobre, à deux heures, avait lieu, au Cirque des Champs-Élysées, un grand meeting en faveur de la conclusion d'un traité de commerce entre la France et les États-Unis. Les assistants étaient fort nombreux. La présidence d'honneur avait été offerte à M. Tirard, ministre de l'agriculture et du commerce. Le meeting était présidé par M. Foucher de Careil, sénateur. A ses côtés avaient pris place MM. D. Wilson, député, rapporteur général de la commission du budget; Henri Brisson de la commission du budget; Léon Chotteau, délégué français; des membres de l'Institut, des députés, des publicistes, économistes, etc. La colonie américaine était représentée par le général Noyes, ministre des États-Unis à Paris; Hitt, premier secrétaire de la légation; Vignaud, deuxième secrétaire; l'honorable Fernando Wood, président de la commission du budget aux États-Unis; le gouverneur Fairchild-Berger Vanderbilt, de New-York; Bancroft Davis, ex-ambassadeur des États-Unis à Berlin; Ernest Brûlatour, de Washington; l'économiste américain Horace White; William Selligman, banquier; l'honorable G. Walker; le général Sickles, etc., etc. Plusieurs chambres de commerce françaises étaient également représentées. Nous reproduisons les discours prononcés par MM. Foucher de Careil et Wood.

nando Wood, d'une famille de quakers, avait commencé, lui aussi, par le métier le plus rude avant d'arriver à être l'un des chefs du grand parti démocrate des États-Unis.

Vous le savez, nos relations amicales avec l'Amérique datent d'un siècle; je ne veux pas en retracer pour la vingtième fois l'histoire devant vous. Nous avions, l'année dernière, M. Laboulaye, dont le nom est sympathique aux Américains; il l'a fait avec le talent que vous lui connaissez.

Je ne voudrais, cette année, vous apporter que du nouveau; il est vrai que ce nouveau est peut-être bien ancien, car il date d'un siècle; mais cette citation va vous mettre au courant de notre œuvre et vous montrer qu'elle a des racines dans le passé et des origines illustres dans la République américaine.

Il y a ici près, aux archives des affaires étrangères, un document original d'un prix inestimable à nos yeux, car il est la charte même du traité de commerce que nous ambitionnons de conclure avec l'Amérique : c'est une lettre de Franklin. Par une rare bonne fortune, c'est nous qui la possédons, parce qu'elle fut écrite par Franklin au ministre des affaires étrangères d'alors, M. le comte de Vergennes, et l'honorable M. Washburn, ministre des États-Unis, dont je ne saurais rappeler le nom ici avec trop de sympathie, a demandé à M. le ministre des affaires étrangères de vouloir bien lui en laisser prendre la photographie pour la transmettre au Parlement et au président américain.

Vous le voyez, messieurs, c'est un document de grand air et de grand style, que je vous demande la permission de vous citer. J'ajouterai que je désire qu'il soit aussi photographié dans l'esprit et dans le cœur de nos ministres, afin que, voyant le temps perdu depuis Franklin, ils nous aident à le ressaisir par des actes énergiques.

« Paris, 28 octobre 1776.

1776! Une grande date pour l'Amérique, la date de son indépendance.

« *A Son Excellence le comte de Vergennes.*

« Monsieur,

« Nous prenons la liberté d'informer Votre Excellence que nous sommes revêtus de pleins pouvoirs par le Congrès des États-Unis d'Amérique dans le but de proposer et de négocier un traité d'amitié et de commerce entre la France et lesdits États. Le traitement équitable et généreux accordé à ses navires de commerce, que l'on admet librement dans les ports de ce royaume, et d'autres considérations de respect ont porté le Congrès à faire tout d'abord cette offre à la France.

« Nous demandons une audience à Votre Excellence, où nous puissions avoir l'avantage de présenter nos lettres de crédit, et nous nous flattons que nos conditions ne seront pas jugées inacceptables.

« Avec le plus profond respect nous avons l'honneur d'être, de Votre Excellence, les très obéissants et très humbles serviteurs.

« B. Franklin, Silas Deane, Arthur Lee. »

Messieurs, avais-je tort de dire que nous espérions que la République française, enfin établie dans l'incontestable possession d'elle-même, voudrait ne pas laisser comme une lettre morte cet admirable appel de la nation américaine, qui avait eu pour représentant l'un de ses plus illustres enfants, Franklin. C'est sur cette base que nous nous appuyons aujourd'hui pour demander au gouvernement de la République de reprendre une négociation qu'on était venu nous offrir en 1776, et qui, si elle avait été complètement suivie d'effet, aurait été certainement l'un des plus grands événements commerciaux, économiques et politiques du globe.

Je ne veux pas dire, messieurs, que cette ouverture de Franklin ait été écartée; au point de vue politique, elle donna lieu à des négociations d'où est sorti le traité de 1778, traité d'alliance entre l'Amérique et la France, qui a été la charte de l'affranchissement des États-Unis; car nous ne croyons pas exagérer en disant que, sans ce traité, les colonies américaines, quelles que fussent la justice de leurs griefs et la grandeur de leur cause, n'auraient pas pu secouer le joug de la métropole, qui les tyrannisait par sa politique économique.

Plus tard, la Convention accueillit d'autres ouvertures qui lui furent faites par le ministre des États-Unis. Le jour même de la chute de Robespierre, elle donnait les honneurs de la séance à ce ministre, et, dans un de ces élans patriotiques et internationaux qui n'étaient pas rares alors, il fut décidé que les drapeaux de la France et de l'Amérique flotteraient unis dans la salle de ses séances.

Nous arrivons maintenant à une époque bien plus rapprochée de nous, au 4 septembre 1870, et, ici encore, je vous demande la permission de vous citer un document très court qui est digne de ses aînés; c'est la reconnaissance de la République française par le gouvernement de Washington à la suite des événements du 4 septembre.

Le 5 septembre 1870, l'honorable M. Washburne, ministre américain à Paris, écrivit à M. Jules Favre, ministre des affaires étrangères :

« Monsieur, j'ai reçu la nuit dernière, à onze heures, la communication que vous m'avez fait l'honneur de m'adresser à la date du 5 courant, et par laquelle vous me faisiez savoir que, en vertu d'une résolution adoptée par les membres du gouvernement de la Défense nationale, le département des affaires étrangères vous avait été confié.

« J'ai à mon tour la satisfaction de vous annoncer que j'ai reçu de mon gouvernement un télégramme par lequel il me donne mission de reconnaître le gouvernement de la Défense nationale comme le gouvernement de la France.

« En faisant cette communication à Votre Excellence, je la prie d'agréer, pour elle-même et pour les membres du gouvernement de la Défense nationale, les félicitations du gouvernement et du peuple des États-Unis. Ils auront appris avec enthousiasme la proclamation de cette République qui s'est instituée en France sans qu'une goutte de sang ait été versée, et ils s'associeront par le cœur et sympathiquement à ce grand mouvement qu'ils espèrent et croient devoir être fécond en résultats heureux pour le peuple français et pour l'humanité tout entière.

« Jouissant, depuis près d'un siècle, des innombrables bienfaits du gouvernement républicain, le peuple des États-Unis ne peut assister qu'avec le plus grand intérêt aux efforts de ce peuple français auquel le rattachent les liens d'une amitié traditionnelle et qui cherche à fonder les institutions par lesquelles on assurera à la génération présente, comme à sa postérité, le droit inaliénable de vivre en travaillant au bonheur de tous. »

Le traité que nous demandons aujourd'hui, c'est l'apogée de ces relations amicales formées il y a un siècle entre les deux grandes républiques, et qui, depuis cette époque, n'ont point souffert d'éclipse. Autrefois, à l'époque de Franklin, on échangeait ses grands hommes, l'Amérique nous donnait Franklin, nous lui rendions Lafayette qui, avec son épée, allait conquérir l'indépendance américaine. Aujourd'hui, nous sommes dans une voie plus économique et plus pratique; il ne suffit plus d'échanger ses grands hommes; avec les chemins de fer, avec la vapeur, c'est devenu trop commode; il faut échanger des produits.

Si l'Amérique ne nous envoyait pas du coton, du pétrole, et, dans nos années de disette, des denrées alimentaires, elle serait pour nous, comme si elle n'existait pas? Et alors pourquoi l'Amérique, qui nous fait sentir ainsi sa présence, continuerait-elle à se passer, à s'isoler de nous, en maintenant des tarifs prohitifs, en n'abaissant pas ses barrières?

C'est pourquoi le comité franco-américain a réduit sa tâche en apparence en se bornant à des questions économiques et commerciales. Nous croyons qu'il l'a agrandie par le fait, et que c'est par des traités de commerce qu'aujourd'hui les peuples doivent cimenter des amitiés séculaires sous peine de les voir languir, se refroidir et peut-être même se stériliser et s'éteindre. Voilà pourquoi nous persistons, avec une ténacité toute américaine, dans notre œuvre primitive; nous ne l'abandonnerons pas, nous la continuerons à travers les obstacles et les difficultés qui peuvent se rencontrer et nous ne nous arrêterons que le jour où nous aurons enfin donné une réponse à la parole de Franklin que je vous citais tout à l'heure.

Avons-nous depuis un an avancé notre œuvre? Je ne veux pas chasser sur les terres de mon collègue, M. Chotteau. Il revient d'Amérique, il en revient après six mois passés dans les États-Unis, laborieusement occupés à défendre ces grands intérêts d'un traité de commerce. C'est à lui à vous en donner les résultats; mais ce que je puis vous dire, c'est que nous avons du nouveau et même de l'excellent à vous apprendre.

D'abord les chambres de commerce américaines se sont ralliées à la voix de M. Cyrus Field et de ses amis (1). Vous connaissez M. Cyrus Field, le grand ingénieur, le grand poseur de câbles transatlantiques. Il a compris qu'il y avait là un autre moyen de faire progresser l'humanité, et de faire circuler les idées dans le monde.

Cyrus Field, dans un appel énergique à toutes les chambres de commerce des États-Unis, leur montre les nouvelles tendances prohibitionnistes du Canada et de l'Allemagne, et leur donne le signal d'alarme en leur disant de se réunir sous le drapeau du traité de commerce franco-américain qui devient, aujourd'hui, une question de salut et de vie pour le commerce du monde.

Nous étions assurés que les chambres de commerce américaines, peuplées de ces intelligents négociants pour qui les difficultés sont en quelque sorte un attrait dans les grandes affaires, de ces hommes qui ont répandu dans le monde l'éclat commercial du nom américain, qui sont en train de lui conquérir une industrie modèle, répondraient à notre appel. Nous étions bien sûrs de leur adhésion, mais nous en avons de plus précieuses encore à vous mentionner.

Le Congrès des États-Unis, première puissance, j'ose le dire, sans conteste, dans cette libre Amérique, le Congrès des États-Unis avait accueilli de loin M. Chotteau, l'année dernière; il l'a vu de près cette année, il l'a même convoqué dans ses commissions. Là, M. Chotteau a pu s'expliquer, et il paraît que les explications n'ont pas été inutiles; il y avait bien des préjugés à vaincre; il fallait en triompher; il y en avait même qui venaient, dit-on, de nos propres agents diplomatiques à l'étranger.

Voici les deux actes que nous rapporte M. Chotteau dans son portefeuille et que ne démentira pas M. Fernando Wood auquel je suis pressé de céder la parole. M. Fernando Wood s'est levé, dans ce Parlement, dont il est membre depuis quarante années, et, avec l'autorité de son nom, il a présenté la résolution suivante :

« *Il est résolu* que le Président soit respectueusement re-
« quis d'examiner s'il ne serait pas expédient d'entrer en con-
« vention avec le gouvernement français pour la négociation
« d'un traité qui assurera un échange plus égal des produits
« naturels et manufacturés de l'un et de l'autre pays, et ser-
« vira à cimenter entre eux des relations plus étroites d'ami-
« tié, d'industrie et de commerce.
« Si personne ne désire discuter la proposition, je propose
« la prise en considération. »

La prise en considération a été appuyée ; la résolution a été ensuite mise aux voix et adoptée par 82 *oui*; les *non* ne sont point comptés.

Le Sénat des États-Unis sera-t-il comme le Sénat français qu'on accuse de venir toujours trop tard? Le Sénat français nous prouvera bientôt qu'il sait venir à temps ; et aujourd'hui même, Messieurs, je n'ai qu'un regret, c'est que l'honneur de présider ce grand meeting m'empêche d'être à mon poste, à Coulommiers, aux côtés de M. le ministre de l'instruction publique, qui vient inaugurer un nouveau collège et qui doit y prononcer un discours dont vous devinez les conclusions. C'est dans ce sens que je disais que le Sénat ne viendrait pas trop tard.

Le Sénat américain, comme le Sénat français, a voulu se mettre à l'unisson, et voici la motion du sénateur Cockerel. J'en passe les considérants :

« Le Sénat et la Chambre des représentants des États-Unis d'Amérique, réunis en congrès, décident que le président des États-Unis d'Amérique est autorisé et invité à ouvrir des négociations avec le gouvernement de la République française, dans le but de conclure et d'établir un traité de réciprocité et de commerce avec ce gouvernement, à des conditions également honorables, justes et réciproquement avantageuses, et, si cela est jugé nécessaire, à nommer, d'après l'avis et le consentement du Sénat, trois commissaires chargés de conduire, au nom des États-Unis, les négociations préliminaires de ce traité ; la rémunération de ces négociateurs sera fixée par le secrétaire d'État. »

La proposition a été lue et déposée. Le vote en est remis à la rentrée parce que là-bas comme ici la session a été coupée en deux par une prorogation.

En présence de cette résolution de M. Wood, qui saura vous l'expliquer, en présence de cette proposition du sénateur Cockerel qui n'attend pour être votée qu'un mot venu

(1) Cet appel est signé des noms de Cyrus W. Field, Berger-Vanderbilt, Jackson S. Schultz, Elliot, C. Cowdin, John W. Garrett.

de France, n'est-il pas permis d'affirmer que le gouvernement républicain que nous avons le bonheur de posséder en France, je vais plus loin, qu'un gouvernement quelconque qui ne prendrait pas en très sérieuse considération les ouvertures si considérables qui viennent de lui être faites, encourrait une très grave responsabilité?

Voilà pourquoi nous sommes bien assurés d'avance des sympathies de notre excellent ministre de l'agriculture et du commerce qui a fait ses preuves, et du concours du ministre de l'instruction publique qui, d'après la loi d'une juste réciprocité, devra bien cela à son collègue de l'agriculture, puisque son collègue de l'agriculture votera son article 7 avec nous.

Les circonstances sont favorables, les idées justes trouvent toujours une patrie sur notre terre de France; c'est l'Amérique qui fait le premier pas, nous saurons faire le second; nous saurons reconnaître ce qu'il y a de véritablement cordial et généreux dans l'esprit qui anime ses délibérations.

Ni le gouvernement ni les Chambres ne peuvent retarder plus longtemps leur réponse, et je vais vous en dire la raison décisive en terminant.

Vous ne l'ignorez pas, tous les grands intérêts du commerce français sont en jeu à l'heure qu'il est, la délibération est suspendue sur nos têtes comme une épée de Damoclès, il s'agit de savoir si nous continuerons les traités de commerce déjà faits. Eh bien, le moyen de continuer les traités de commerce déjà faits, c'est de commencer par conclure celui qui n'est pas encore fait. Cela peut avoir à première vue l'air paradoxal, et cependant cela n'est que juste, cela n'est que vrai.

Quand nous nous sommes séparés, qu'avons-nous fait? Nous avons voté la prorogation des traités de commerce, et notamment du traité de commerce avec l'Angleterre à six mois de date, après le vote du tarif général que M. Wilson contribuera certainement à faire voter, mais pour lequel il faudra un concours énergique de nos députés libéraux et économistes.

Ne voyez-vous point que cette prorogation des traités de commerce peut nous mener à une lointaine échéance? Or nous devons aux Chambres américaines une réponse à bref délai, sous peine d'impolitesse et presque de forfaiture.

Il est de la loyauté d'un grand peuple comme le nôtre de ne pas laisser de pareilles paroles sans les relever, sans y répondre comme nous le devons, et nous trouvons là un motif de plus de vous dire que le traité de commerce franco-américain est dans l'air, qu'il se fera, qu'il sera peut-être une raison de plus de faire les autres, et que tous aujourd'hui se tiennent d'une manière indissoluble. Oui, Messieurs, pour moi, pour notre comité, le traité de commerce avec l'Amérique doit être le protocole et la préface du nouveau traité avec l'Angleterre. Je ne suis pas fâché de solidariser ainsi ces deux grandes nations au point de vue de nos intérêts commerciaux, et c'est pour cela que je voudrais commencer par l'Amérique.

Au point de vue politique, nos relations amicales demandent le couronnement d'un traité de commerce qui seul les rendra enfin efficaces et pratiques; au point de vue économique, tous les intérêts du monde sont en jeu et protestent en faveur de cette conclusion et d'une conclusion prochaine.

Je termine par une dernière considération, au point de vue social, cette grande question qui agite aujourd'hui les hommes et qui tout dernièrement a suscité de grands orateurs dans notre pays. Eh bien, tout en reconnaissant l'immensité de leur talent, tout en rendant hommage à ces convictions profondes de M. Louis Blanc qui, depuis 1848, n'a pas changé d'un iota dans ses opinions économiques, ce qui peut être un très grand mérite à ses yeux, qu'il me permette de le lui dire, la véritable question sociale, c'est encore nous qui en avons la clé. Hier je lisais dans l'*Economiste* un article bien fait pour nous faire réfléchir, et vous allez voir le trait d'union entre le traité de commerce franco-américain et cette grande question qui passionne le monde, car il s'agissait précisément de bien définir les éléments de la question économique telle qu'elle se présente actuellement, au point de vue social. N'avez-vous pas été frappés de ce grand phénomène de la baisse du taux de l'intérêt et des conséquences qui pourraient bien en être la suite? Or c'est précisément de cette grave question que traite M. Paul Leroy Beaulieu dans l'*Economiste*. Permettez-moi de vous en citer quelques lignes:

« Nous nous garderons, certes, dit-il, de faire des pronostics pour l'avenir. Il se peut que la concurrence américaine pour les céréales, pour le bétail vivant, pour les salaisons, pour le beurre, devienne plus active encore dans quelques années qu'elle ne l'est aujourd'hui. Il n'est pas improbable que les agriculteurs de l'autre rive de l'Atlantique étendent encore, l'an prochain, leurs emblavements au delà de la mesure des dernières années; d'un autre côté, il n'est pas vraisemblable que la Providence flagelle toujours l'Europe en la frappant d'une série indéfinie de mauvaises récoltes, et qu'elle favorise toujours les États-Unis en leur envoyant une succession ininterrompue d'années d'abondance. La croissance du Nouveau-Monde, alors même qu'elle devrait donner, sous le rapport de l'industrie et de l'agriculture, quelques embarras, un surcroît de peine à certains producteurs du vieux monde, ne nous paraît pas devoir amener la dépopulation et l'appauvrissement de notre Europe; tout au contraire, cette concurrence nouvelle, qui nous vaut aujourd'hui d'échapper aux étreintes d'une disette trop cruelle, sera pour nous un aiguillon salutaire. Dans la moitié de la France, l'agriculture sommeille, ne sachant recourir ni aux machines ni aux engrais, ni aux méthodes perfectionnées; la nécessité, mère de tous les arts et de tous les progrès, la fera avec le concours de l'instruction, sortir de cette torpeur.

« Ce n'est pas à dire que dans certaines régions, la propriété ne puisse souffrir en partie, même d'une manière permanente, de cette concurrence du Nouveau-Monde, de ces jeunes sociétés où la terre est abondante et où le fermage n'existe pas. Il est possible, mais ce sera, nous le croyons, un fait exceptionnel, il est possible que dans certaines contrées les taux de fermage, jadis en constante augmentation, deviennent désormais et pour longtemps stationnaires ou que même ils aient une tendance à fléchir... »

Ici je me sépare de notre savant économiste qui croit à une baisse constante des prix de fermage et qui n'y verrait pas grand mal. Je crois, au contraire — et cette confiance s'appuie sur la suite même du texte que j'ai cité — que le taux élevé de la capitalisation des valeurs mobilières et l'abaissement du taux de l'intérêt à 4 pour 100 finira par profiter à la terre et par conséquent à notre agriculture en lui donnant les capitaux à bon marché. Mais je me hâte de terminer cette citation.

« Tout cela annonce-t-il une catastrophe? Non, certes. Cela veut dire simplement qu'il sera plus difficile de s'enrichir à l'avenir, du moins de faire de grandes fortunes et de mener une vie oisive. Cela veut dire que l'ensemble de la situation économique du monde nous achemine vers une plus grande égalité des conditions. Tandis que les socialistes se tourmentent la cervelle et se démènent pour inventer un système qui assurerait une plus égale distribution des biens et des loisirs, et qu'ils s'épuisent en vaines chimères à ce sujet, le cours naturel des choses nous y conduit dans une certaine mesure, par l'abaissement du prix des denrées de première nécessité, par la baisse du taux de l'intérêt, par la diminution des profits, peut-être aussi par le taux stationnaire des fermages. Que ce nouvel état de choses puisse froisser les intérêts particuliers, cela est certain; qu'il soit contraire à l'intérêt général, c'est ce que l'on ne peut prouver.

« Nous sommes convaincus depuis longtemps, quant à nous, et c'est une pensée qui revient souvent sous notre plume, dans ce journal, que le dernier quartier du XIXe siècle sera, au point de vue économique, très différent des trois premiers. Les prix qui, depuis cinquante ans, surtout depuis quarante, avaient une tendance constante à la hausse, nous paraissent avoir plutôt, désormais, une tendance à la baisse; il en est de même pour l'intérêt, de même pour les profits, de même peut-être pour les fermages. Bien des facteurs concourent à ce nouvel état de choses : d'abord ces grands niveleurs qui s'appellent la vapeur et l'électricité; puis l'abondance des capitaux, puis la propagation générale de l'instruction, la concurrence enfin devenue plus persistante dans tous les domaines de l'activité humaine. Ces jeunes sociétés qui croissent si rapidement au delà des mers, les deux Amériques et l'Australie, ne permettent pas au vieux monde de s'endormir; elles le forcent à se montrer plus actif, plus ingénieux, moins routinier; mais, d'autre part, comme dans l'année actuelle, elles le garantissent contre les disettes, elles lui envoient chaque jour des inventions dont il profite, des produits qu'il consomme. Si l'on fait la part du bien et du mal dans ce nouvel état de choses, on verra que, malgré des souffrances particulières plus ou moins intenses, le premier l'emporte encore sur le second (1). »

Voilà, Messieurs, m'appuyant sur l'autorité d'un économiste dont on ne niera pas la compétence, voilà une des solutions de la question sociale que nous poursuivons, nous aussi; et pendant qu'on s'imagine que c'est en se tournant vers le passé, en invoquant le souvenir d'une autre époque qu'on en trouvera la solution, nous disons, nous, que la vapeur et l'électricité travaillent à la résoudre, qu'il faut être aveugle pour ne pas voir ces choses, que ces grandes forces, aidées de la science, agissent bien plus sûrement et bien plus efficacement que nos inventeurs de sociétés nouvelles avec leurs théories surannées et leurs découpages artificiels; qu'enfin les grands faits économiques nous prouvent que nous sommes dans la voie du progrès véritable en cherchant à la résoudre ainsi. Et c'est à cause de cela que je regrette de ne pas avoir aujourd'hui au milieu de nous ce grand français, Ferdinand de Lesseps qui, en voulant percer l'isthme de Panama, offre au commerce du monde, à la civilisation, à la paix sociale, des horizons illimités.

Oui, Messieurs, nous ne sommes pas des ouvriers égoïstes de la grandeur française. Ah! redites-le bien, messieurs les Américains, à nos amis d'au delà de l'Atlantique, et pourtant, qui donc aujourd'hui dans le monde aurait plus le droit que nous d'être jaloux du bonheur des autres, nous qui avons été le plus malheureux des peuples de la terre, il y a si peu d'années?

Restant fidèles à nos convictions d'amitié avec les peuples libres, et bien loin d'en être jaloux, nous venons encore leur tendre une main amie et leur dire : « Cimentons cette amitié par des traités de commerce, faisons tous la lutte du travail pour résoudre cette grande question économique et sociale, et donnons-nous rendez-vous dans cette Amérique qui va être traversée, elle aussi, et rendue au monde dont elle s'était séparée depuis la guerre; donnons-nous y rendez-vous, non pas dans une pensée égoïste, la doctrine de Monroë ne saurait trouver accès dans le domaine de l'économie politique, et le mot fameux « l'Amérique aux Américains », si juste en politique, n'est qu'une chimère au point de vue social.

Ne nous éloignons donc pas des traités de commerce, donnez-nous ici cette poignée de main amie que nous irons vous rendre en Amérique, et demandons à nos Chambres de nous soutenir dans cette campagne libérale qui, pour nous, sera incontestablement suivie d'un progrès démocratique. N'oublions jamais que le jour où cette poignée de main sera donnée, ce n'est pas 40 millions d'Américains, c'est 48 millions..... Ah! vous ne vous doutiez pas du dernier recensement américain; nous l'avons demandé à M. Fernand Wood. C'est 48 millions d'Américains qui donneront cette poignée de main fraternelle par-dessus l'Atlantique à 37 millions de Français, c'est-à-dire 85 millions de républicains qui vont fonder entre eux une alliance indissoluble.

Je néglige cette fraction de monarchistes français qui, sous un gouvernement républicain, criaient dernièrement : « Vive le roi! » dans des banquets dont l'écho n'est sans doute pas venu jusqu'à vous et, je prends le calcul pour juste, c'est 85 millions de républicains qui peuvent aujourd'hui donner au monde cette ère de concorde et de paix qui pour nous, Messieurs, sera vraiment l'avenir du monde, la clé d'or de l'avenir.

Nous avons donc la certitude que le gouvernement français, juste appréciateur de l'opinion publique, que le gouvernement français qui va avoir l'écho du discours de M. Fernand Wood et de vos manifestations sympathiques, bien loin de nous être opposé, nous secondera, et que nous pourrons venir bientôt devant vous les mains pleines de ces bienfaits dont nous venons vous apporter aujourd'hui les prémices.

FOUCHER DE CAREIL.

M. FERNANDO WOOD

Président de la commission du budget des États-Unis.

Les relations commerciales entre la France et les États-Unis (1).

Monsieur le président,
Mesdames et messieurs,

Je suis ici sans aucune autorité officielle. Je ne prétends parler qu'en mon nom, c'est-à-dire au nom d'un citoyen amé-

(1) Voir l'*Économiste* du samedi 4 octobre 1879. Article de M. Leroy Beaulieu.

(1) Ce discours a été prononcé en anglais et analysé ensuite par M. Desmoulins. Avant ce discours l'orchestre a exécuté l'air national

ricain, désireux de recommander une mesure qui, tout en resserrant les liens amicaux établis à cette heure entre deux grands pays, étendrait leur commerce sur la base de l'égalité, de la justice et du droit.

Je sais que les tarifs qui existent actuellement en France et aux États-Unis ne servent les intérêts ni de l'un ni de l'autre des deux gouvernements; je voudrais voir les ports de France ouverts, avec des restrictions convenables, aux produits des États-Unis; je voudrais également voir les tarifs de mon propre pays modifiés, de manière à admettre dans nos ports les produits de la France à des conditions loyales, équitables et justes. En vue de cette politique, et conséquent avec ma conduite passée comme membre de la Chambre des représentants, je ferai tous mes efforts pour atteindre le but poursuivi par les initiateurs de ce meeting.

Monsieur le président, la proposition d'un traité franco-américain n'est point nouvelle. De 1778 à 1853, les deux nations ont manifesté, par les stipulations de traités formels, leur désir de s'unir commercialement. En fait, il est de tout point conforme à la politique passée des deux pays de conclure des traités de commerce. En 1778, dix-huit mois après l'établissement de la République des États-Unis, un traité d'alliance offensive et défensive fut conclu entre la France et les États. Nous nous engagions à aider la France, et la France, de son côté, nous promettait de nous soutenir par ses flottes, ses richesses et ses armes.

C'est là le premier et l'unique traité de ce genre qu'ait fait jamais l'Union américaine. Le même jour où fut conclu cet acte d'alliance, un traité de commerce fut signé. « Les principes de cet accord, selon les termes mêmes de ce document, sont l'égalité, la réciprocité et l'amitié la plus sincère et la plus parfaite. »

C'était au moment où nous luttions pour l'indépendance, sous la conduite de ces hommes grands et glorieux qui furent les pères de l'Union américaine; et, dans le même temps, le républicanisme ne faisait entendre en France qu'une voix faible et presque sans écho, et affirmait pour la première fois de ce côté de l'Atlantique son amour pour la liberté.

Plus tard, en 1800, sous le consulat du premier Bonaparte, une convention fut passée entre les deux pays. Le premier article de cette convention disait : « Il y aura une paix ferme, inviolable et universelle, et une amitié fidèle et sincère entre la République française et la République des États-Unis d'Amérique. »

Le sixième article était ainsi conçu :

« Le commerce entre ces deux pays sera libre; les vaisseaux des deux nations et leurs corsaires (*privateers*), aussi bien que leurs prises, seront traités dans leurs ports respectifs comme ceux des nations les plus favorisées; et, en général, ces deux parties jouiront dans les ports de chacune d'elles, à l'égard du commerce et de la navigation, des privilèges de la nation la plus favorisée. »

Je puis dire en passant que, depuis le traité de Cobden (1860), les États-Unis n'ont pas été « la nation la plus favorisée ».

En 1822, une nouvelle convention de navigation et de commerce rappela et rétablit les engagements pris antérieurement. Le 4 juillet 1831, un nouvel accord fut conclu, qui, pratiquement et sous tous les rapports, était un traité de commerce. L'article 7 de ce traité stipulait, de la part des États-Unis, que :

« Les vins de France, à partir de l'échange des stipulations de la présente convention, seront admis à la consommation dans les États de l'Union à des droits qui n'excèderont pas les taux suivants, par chaque gallon (conforme à la mesure actuellement employée pour les vins aux États-Unis), à savoir : six *cents* pour les vins rouges en tonneaux; — dix *cents* pour les vins blancs en tonneaux, et vingt-deux *cents* pour les vins de toutes sortes en bouteilles (1). La proportion existant entre les droits sur les vins français ainsi réduits et les taux généraux du tarif qui est entré en vigueur le 1er janvier 1829 sera maintenue au cas où le gouvernement des États-Unis jugerait à propos de diminuer ces taux généraux dans un nouveau tarif.

« En considération de cette stipulation qui liera les États-Unis pour dix années, le gouvernement français abandonne les réclamations qu'il avait formulées à l'égard de l'article 8 du traité de cession de la Lousiane. Il s'engage, de plus, à établir, sur les cotons en longue laine provenant des États-Unis, qui, après l'échange des ratifications de la présente convention, seront directement importés en France par des vaisseaux des États-Unis ou par des vaisseaux français, les mêmes droits que sur les cotons en laine courte. »

C'est là un précédent qui porte directement sur la proposition faite par les Français en vue d'un traité de commerce franco-américain, traité qui déterminera les tarifs à établir sur les exportations et les importations des deux pays dans de justes proportions.

Ce traité de 1831 fut suivi, en 1853, d'une convention qui réglait les relations consulaires des deux nations et confirmait les principes déjà mentionnés.

Le préambule de ce traité dit :

« Le président des États-Unis d'Amérique et Sa Majesté l'empereur des Français, également désireux de resserrer les liens de l'amitié entre les deux nations et de donner un développement nouveau et plus étendu aux rapports commerciaux de celles-ci, estiment qu'il est bon et utile, en vue d'atteindre cet objet, de conclure une convention spéciale qui déterminera, d'une manière précise et sur la base de la réciprocité, les droits, les privilèges et les devoirs des consuls des deux pays. »

De 1853 à 1879, il n'y a eu aucun traité de commerce entre la France et les États-Unis.

N'y a-t-il eu aucun changement dans la politique de chacun des deux pays durant ces vingt-six années? N'y a-t-il eu aucun progrès dans les arts, dans les sciences, dans les inventions utiles? Ou plutôt y a-t-il un seul des objets intéressant le bonheur de la race humaine qui n'ait été amélioré?

Le monde a marché, tandis que seuls les systèmes de tarifs douaniers des deux pays restaient au même point.

Or, bien que, je le répète, je ne parle ici qu'en mon nom, je puis dire toutefois que les États-Unis sont complètement disposés à commencer une réforme. Durant une période très douloureuse de notre histoire, nous nous sommes vus forcés, ainsi qu'en ont jugé nos hommes d'État, d'adopter des

des États-Unis *Hail Columbia*, que tous les assistants ont écouté debout, à la mode américaine.

(1) On sait que le *gallon*, mesure de capacité, vaut un peu plus de 4,1/2 litres, et que le *cent* vaut 0 fr. 05.

restrictions sur le commerce, tandis que, de votre côté, un embargo était mis sur vos ports et venait entraver et même prohiber le commerce. Le peuple des États-Unis est prêt à souscrire à une réduction de son tarif. Nous pensons que, comme la rosée du ciel, les bienfaits et les charges du gouvernement doivent tomber également sur tous. Un tarif conçu de manière à protéger des manufactures spéciales est un privilège accordé aux propriétaires de celles-ci. Il crée une classe d'hommes favorisés qui sont ainsi enrichis aux dépens du reste de la société. En effet, on ne saurait accorder à des hommes aucune faveur plus grande, soit qu'on leur donne des titres honorifiques, soit qu'on leur paye des subsides sur les fonds de l'État, qu'en protégeant certains intérêts, et en obligeant la population tout entière à payer plus cher les objets nécessaires à sa consommation. Je n'appelle pas cela républicanisme, mais spécialisme.

La France, de même que les États-Unis, produit beaucoup plus qu'elle ne consomme. Ces deux pays devraient donc échanger le surplus de leur production ; ils devraient se baser pour cela sur le principe de la réciprocité. Tout dernièrement, dans une visite à la campagne de mon ami M. Foucher de Careil, j'ai passé près d'un champ dans lequel j'ai vu quatre bœufs attelés à une charrue ; mais si le gouvernement français voulait me permettre d'envoyer ici un instrument agricole actuellement prohibé dans ce pays, je vous mettrais à même de labourer 100 acres avec un seul homme et sans faire usage de bœufs. Vous arriveriez ainsi à développer votre puissance agricole jusqu'à un degré que vous pouvez à peine imaginer.

On vient de voir l'Allemagne et l'Autriche se réunir dans un esprit de fraternité. Elles sont convenues d'abaisser leurs tarifs et de s'entendre pour étendre leur commerce en Orient. C'est le commerce et non point l'épée qui accroît les ressources d'un pays ; c'est le commerce qui pousse au progrès de l'éducation publique, de la civilisation, du christianisme, de l'unité de pensée et d'action. Le trait caractéristique de la civilisation moderne n'est plus le sabre, mais la branche d'olivier de la paix et de la prospérité.

Aux États-Unis, nous n'avons aucune complication étrangère à craindre, aucune armée permanente à entretenir, aucun prestige militaire pouvant nous inquiéter. Nous nous estimons heureux d'être placés dans une situation aussi favorable. Un homme d'État doit vivre pour la paix, s'il veut mériter de vivre. Il n'y a dans la guerre aucun honneur réel. On n'y voit que masses contre masses, force contre force ; on n'y voit que les mauvais instincts de notre nature déchaînés et poussés jusqu'à la plus sauvage brutalité. Le savant qui s'efforce de résoudre le grand problème de l'élévation de la nature humaine et du développement des facultés utiles est un héros plus réellement grand que le général le plus heureux. Il s'honore lui-même en obéissant aux principes élevés qui doivent diriger l'homme moderne dans la recherche du bonheur. Quand cette théorie sera universellement acceptée, il n'y aura plus de despotisme.

Monsieur le président, les États-Unis ont besoin non seulement de paix, mais de prospérité. Nous avons eu nos épreuves, comme vous avez eu les vôtres ; nous sortons à peine de la plus terrible guerre civile qui ait jamais déchiré un peuple. Mais nous sommes sortis de nos difficultés le cœur plus fort, et nous souhaitons de cultiver des relations de paix et d'amitié avec tous les peuples, et plus spécialement avec la France, — notre amie la plus ancienne, — la France qui nous a tendu la main quand nous résistions à la puissance qui menaçait de nous écraser. Nous sommes certains, ou plutôt je suis certain — car je ne parle que pour moi-même — que, sans délai, vous répondrez à nos avances, que vous accepterez le rameau d'olivier qui vous est offert par les États-Unis, et que les deux gouvernements pourront élaborer en commun un traité de commerce.

Tout gouvernement doit tenir compte des besoins et des réclamations de ses administrés. Tel est du moins mon sentiment sur les devoirs qui incombent à nos gouvernements respectifs.

Pour conclure, je dirai que je suis heureux de cette occasion qui m'est offerte ici d'exprimer mes vues sur cet important sujet. Je me suis efforcé de les exposer clairement et peut-être hardiment, — mais, je l'espère, sans offenser qui que ce soit. Si vous désirez étendre vos relations avec nous, nous sommes disposés, de notre côté, à accepter une telle extension et à modifier certaines restrictions de nos tarifs. Si les deux pays veulent, par le ministère d'agents dûment accrédités, négocier un traité dans lequel aucune des deux parties ne cherchera l'avantage au détriment de l'autre, je ne doute aucunement du résultat. L'Amérique aimerait mieux conclure un traité de juste réciprocité avec la France qu'avec toute autre nation de l'Europe.

En peu de temps, un tel traité doublerait, et peut-être même triplerait votre commerce, tandis que le commerce des États-Unis, grâce à nos machines agricoles, à nos manufactures et à nos produits de toutes sortes, s'accroîtrait dans la même proportion. Nous avons beaucoup à apprendre de vous, et vous pouvez apprendre beaucoup de nous ; car, tout en échangeant nos produits, nous ferons également l'échange de nos connaissances. Et en échangeant ainsi les fruits de notre intelligence et les fruits de nos sols, nous établirons sur l'un et l'autre des rivages de l'Atlantique une même heureuse famille, nous contribuerons à la prospérité du monde, nous favoriserons enfin la marche de la civilisation et du progrès.

F. Wood.

BULLETIN DES SOCIÉTÉS SAVANTES

Académie des sciences de Paris. — 13 octobre 1879.

M. Daubrée : Les alignements des joints dans les grès de Fontainebleau. — M. Marey : Un gymnote électrique vivant, arrivé du Para. — M. le président annonce la mort de M. de Tessan. — M. de Molon : Production d'un nouvel engrais. — MM. Warren de la Rue et H.-W. Müller : Expériences sur la décharge électrique de la pile à chlorure d'argent. — M. A. Ditte : Action des azotates métalliques sur l'acide azotique monohydraté. — M. P. Schutzenberger : L'azoture de silicium. — M. C. Jobert : Action physiologique des strychnées de l'Amérique du Sud. — M. Boucheron : Traitement de l'ophthalmie sympathique. — M. Laffont : Innervation et circulation de la mamelle.

M. *Daubrée* communique le résultat de ses observations sur les alignements réguliers des joints ou diaclases dans les couches tertiaires des environs de Fontainebleau. Ces couches sont au nombre de trois, savoir : le calcaire de Brie, le grès de Fontainebleau au-dessus, et au-dessus du grès, le calcaire de Beauce. Les joints ou diaclases du grès appartiennent à deux systèmes. La direction prédominante des premiers varie entre N. 95° E. et N. 118° E., et a pour moyenne N. 105° E. La direction moyenne des secondes est N. 12° E. Les deux sortes de diaclases sont donc à peu près perpendiculaires entre elles. Les diaclases du calcaire supérieur (Beauce) sont parallèles entre elles et parallèles à celles du grès. Le calcaire inférieur (Brie) présente également des diaclases remarquables par leur netteté et par leur régularité. Dans les carrières de Souppes, qui fournissent beaucoup de pierre de taille, des diaclases verticales coupent toutes les couches, y compris les masses fragmentaires, désignées sous le nom de *tuf*, qui supportent immédiatement la terre végétale. Les plus apparentes de ces diaclases, qui se prolongent dans toute l'étendue des carrières, sur 100 ou 200 mètres, servent ordinairement de front de taille. Leur tendance au parallélisme est manifeste; dans l'une des carrières principales, elles se dirigent en moyenne N. 124° E.; dans la carrière voisine, distante de 200 mètres, la direction moyenne est N. 134° E. D'autres diaclases coupent à peu près perpendiculairement les premières; leur direction, qui paraît moins constante, a été trouvée en moyenne N. 27° E. M. Daubrée montre que les diaclases des grès de Fontainebleau ne peuvent être considérées comme des effets de retrait. Comme les failles, dont elles offrent les caractères de parallélisme, ces diaclases ne peuvent résulter que d'actions mécaniques exercées extérieurement aux massifs et qui se sont produites, soit lorsque ces masses ont été portées au-dessus du niveau des eaux sous lesquelles elles ont été déposées, soit dans des mouvements ou tassements ultérieurs. C'est, en un mot, un système de cassures semblables, pour la disposition et pour l'origine, à celles que l'on peut obtenir artificiellement dans une plaque par une faible torsion. M. Daubrée termine en faisant remarquer qu'il y a conformité entre la direction des diaclases et celle des collines parallèles qui accidentent le relief de la forêt de Fontainebleau.

— M. *Marey* annonce qu'il a reçu vivant, du Para, un gymnote électrique. L'animal est actuellement tout à fait remis des fatigues du voyage; il est placé dans un aquarium maintenu à une température de 25° centigrades. Il s'apprivoise et mange les goujons qu'on lui présente. Les réactions électriques de ce poisson sont très modérées; M. Marey n'a obtenu sur lui que des décharges très brèves, formées chacune de trois à cinq flux électriques.

— M. *le président* annonce à l'Académie la perte qu'elle vient de faire dans la personne de M. de Tessan, membre de la section de géographie et de navigation. M. de Tessan est mort le 30 septembre dernier.

— M. *de Molon* présente un mémoire sur la production d'un nouvel engrais pouvant satisfaire aux besoins de la culture. Cet engrais consiste en un mélange de phosphate de chaux pulvérisé avec des matières organiques, telles que des varechs, par exemple. On laisse fermenter le mélange, et, après que la matière organique s'est décomposée, a disparu en un mot, le phosphate est devenu très assimilable. Le nouvel engrais contient ainsi, outre du phosphate, tous les éléments de fertilisation contenus dans les matières organiques employées, c'est-à-dire de l'azote, des sels minéraux, de la potasse, de la soude et de la magnésie.

— MM. *Warren de la Rue* et *H.-W. Müller* font connaître les résultats de leurs expériences sur la décharge électrique de la pile à chlorure d'argent. Dans une première série d'expériences, les auteurs avaient déterminé la différence de potentiel qui s'établit entre les deux électrodes d'un tube à gaz raréfié lorsque, ces électrodes étant en communication avec une pile de force électro-motrice constante (la pile comprenait 11 000 éléments), on faisait varier progressivement la pression.

Les auteurs ont fait des déterminations analogues pour la décharge entre deux disques. Les disques de $0^m,038$ de diamètre, montés sur un micromètre à étincelles, étaient placés sous une cloche à vide et réglés à la distance explosive maximum ($3^{mm},3$) pour la pression atmosphérique et la pile de 11 000 éléments. On diminuait progressivement le nombre des éléments, puis la pression jusqu'à réapparition de la décharge. Les expériences ont porté sur l'air, l'hydrogène et l'acide carbonique. Si on les traduit par une courbe, avec les pressions comme abscisses et le nombre des éléments comme ordonnées, ces expériences sont représentées très exactement dans chaque cas par une branche d'hyperbole. En prenant pour unité la pression de $0^m,038$ ou $\frac{50}{1000000}$ d'atmosphère, ces hyperboles sont presque équilatérales; le rapport de l'axe réel (pressions) à l'axe imaginaire (potentiels) est, en effet : pour l'air, 0,9665; pour l'hydrogène, 1,0170; pour l'acide carbonique, 1,0690. Des expériences antérieures ont conduit à la même relation entre les potentiels et les distances, quand, à pression constante, on fait passer la décharge entre deux sphères ou entre deux disques. Le rapport des axes des hyperboles est alors : pour les sphères, 1,240; pour les disques, 1,285. On voit que, dans les deux cas, la résistance opposée à la décharge est proportionnelle au nombre des molécules comprises entre les deux électrodes.

Voici d'ailleurs les conclusions auxquelles MM. Warren de la Rue et Müller ont été conduits par leurs expériences : 1° pour chaque gaz, il y a un minimum de pression qui correspond à un minimum de résistance au passage de la décharge. Si l'on diminue la pression au delà de ce minimum, la résistance croît avec une rapidité extrême; 2° il ne semble pas y avoir de condensation ni de dilatation du milieu gazeux dans le voisinage des électrodes; 3° la décharge est accompagnée d'une expansion subite de gaz, qui ne paraît pas due simplement à l'échauffement. L'expansion cesse instantanément avec la décharge; 4° la relation qui existe entre la pression et la différence de potentiel nécessaire pour produire la décharge entre deux surfaces planes, à distance constante, peut être représentée par une courbe hyperbolique; il en est de même pour la différence de potentiel et la distance explosive, lorsque la pression est constante. La résistance à la décharge, entre deux plateaux, varie comme le nombre des molécules interposées; 5° la loi n'est plus la même avec des pointes. Il a été démontré antérieurement que, sous une pression constante, égale à la pression atmosphérique, le potentiel varie dans ce cas comme la racine carrée des distances. Avec une pile constante de 11 000 éléments, la distance explosive a été sensiblement en raison inverse de la pression, depuis $1^{mm},5$ jusqu'à 15 millimètres; 6° l'arc électrique et la décharge stratifiée dans le vide paraissent être des modifications du même phénomène.

— M. *A. Ditte* adresse une note relative à l'action des azotates métalliques sur l'acide azotique monohydraté. L'auteur a déjà montré que certains azotates ont la propriété de se combiner avec l'acide azotique monohydraté pour former des sels acides; il fait voir aujourd'hui que certains autres de ces sels, c'est-à-dire les azotates de magnésie, de manganèse, de zinc, d'alumine, de fer, de cuivre et d'uranium, se comportent d'une manière très différente. Sous l'action de la chaleur, ces sels fondent dans leur eau de cristallisation, puis celle-ci se dégage en même temps que de l'acide nitrique, et il reste une matière qui contient encore de l'eau en quantité plus ou moins considérable, de l'azotate neutre et soit un sous-azotate (azotate de zinc), soit un oxyde (azotate de manganèse). Au contact de l'acide monohydraté, les sous-sels se transforment en azotates neutres, et cela en mettant en liberté une certaine quantité d'eau qui s'ajoute à celle que la matière renfermait encore et qu'il est impossible de lui enlever sans la décomposer entièrement. L'azotate neutre se dissout dans la liqueur en quantité plus ou moins grande selon la température; mais grâce à cette eau de diverses provenances, on n'opère plus avec de l'acide monohydraté, et les cristaux qui se déposent pendant le refroidissement de la liqueur acide renferment toujours une certaine quantité d'eau. Enfin il existe un troisième groupe d'azotates qui, au contact de l'acide monohydraté, donnent des résultats différents de ceux qui précèdent. Ces derniers sont simplement insolubles ou excessivement peu solubles dans l'acide considéré, et cela quelle que soit la température à laquelle on opère. Cette catégorie, qui est la plus nombreuse et qui peut reconnaître comme type l'*azotate de plomb,* renferme tous les azotates métalliques qui n'ont pas été énumérés dans les deux précédentes, c'est-à-dire ceux de soude, de lithine, de chaux, de baryte, de strontiane, de nickel, de cobalt, de bismuth, de cadmium, de mercure et d'argent.

— M. *P. Schützenberger* fait une communication sur l'azoture de silicium. On peut préparer ce corps soit directement, en chauffant le silicium à une température élevée dans une atmosphère d'azote pur, soit par l'action de l'ammoniaque sèche au rouge sur le chlorure de silicium. M. Schützenberger a étudié séparément les deux produits. D'après ses expériences, il existe deux azotures de silicium formés directement : l'un, Si Az, correspond au cyanogène et à l'azoture de titane Ti Az; l'autre a très probablement pour formule $Si^3 Az^4$. Les produits résultant de l'action de l'ammoniaque sur le chlorure de silicium sont distincts des premiers et renferment, soit du chlore et de l'hydrogène, soit de l'hydrogène seulement; ils répondent aux formules $Si^8 Az^{10} Cl^3 H$, et $Si^2 Az^3 H$.

— M. *C. Jobert* présente une note sur l'action physiologique des Strychnées de l'Amérique du Sud. L'auteur conclut de ses observations et de ses expériences que les Strychnées américaines du sud agissent d'une façon identique. Elles ne sont point tétanisantes, atteignent les muscles de la vie de relation, agissent sur le système nerveux moteur, respectent la sensibilité, les organes des sens et l'appareil circulatoire. M. Jobert, après avoir insisté sur l'urgence qu'il y a à remplacer le curare du commerce par une préparation non falsifiée, termine sa communication en rappelant que ses travaux sur le *Strychnos triplinevria* ont été soumis à la Société de biologie, en décembre 1878, et au Congrès de Montpellier, en août 1879, et qu'ils ont été publiés dans divers journaux. Il réclame hautement la priorité d'un travail dont MM. Couty et de Lacerda n'ont fait que confirmer les conclusions dans le mémoire qu'ils ont présenté récemment à l'Académie.

— M. *Boucheron* envoie une note dans laquelle il fait ressortir les avantages qu'offre le traitement, indiqué par lui en 1876, de l'ophthalmie sympathique, par la section des nerfs ciliaires et du nerf optique, substituée à l'enlèvement de l'œil.

— M. *Laffont* expose le résultat de ses recherches sur l'innervation et la circulation de la mamelle. D'après l'auteur, la mamelle possède des nerfs dilatateurs types, analogues à ceux de la corde du tympan et du nerf maxillaire supérieur, en même temps que des nerfs dont l'excitation provoque une augmentation dans la quantité de lait excrété.

CHRONIQUE SCIENTIFIQUE

Le traité de commerce franco-américain. — On a lu plus haut le compte rendu du meeting tenu au cirque des Champs Élysées sur l'initiative du comité franco-américain qui s'est constitué pour amener la conclusion d'un traité de commerce entre la France et les États-Unis.

La réunion, dont était président M. Foucher de Careil, a voté une motion approuvant les actes du comité franco-américain et chargé le bureau de la faire connaître à M. le Président de la République. Le comité a rempli sa mission dans une audience qui lui a été accordée samedi dernier à l'Élysée en présence MM. Léon Say et Waddington.

Voici les détails donnés par le *Journal officiel* sur cette réception :

M. Foucher de Careil, sénateur, après avoir présenté la délégation française, a remis au Président de la République le texte d'une résolution votée, le 5 octobre, dans une réunion générale, et par laquelle il est fait appel au bienveillant concours du gouvernement pour faciliter la réalisation d'un projet digne de toute sa sympathie.

M. Grévy a répondu que le gouvernement suivait avec un vif intérêt les efforts du comité et les progrès de l'œuvre à laquelle il s'est voué; qu'il ne doutait pas que la persévérance de ces efforts accomplis par l'initiative privée ne préparât efficacement les voies à une entente ultérieure entre la France et les États-Unis pour l'amélioration de leurs relations commerciales, et qu'il désirait personnellement voir approcher le moment où ce but si désirable pourrait être atteint.

M. Waddington a ajouté que les agents de son département aux États-Unis le tenaient exactement au courant des progrès que la question avait déjà faits dans l'opinion publique en Amérique et qui ne manqueront pas, sans doute, de fortifier les dispositions favorables qui se sont déjà manifestées à la Chambre des représentants et au sénat des États-Unis. M. Léon Say s'est associé à ces observations, et la délégation s'est retirée très satisfaite des témoignages de sympathie qui lui ont été donnés par le Président de la République et par les ministres.

— Faculté de médecine de Paris. — On élève en ce moment dans les cours de l'ancien Collège Rollin des bâtiments provisoires pour installer les amphithéâtres de dissection des élèves, en attendant la reconstruction de l'École pratique. Mais ces bâtiments provisoires n'étant pas encore prêts, les travaux pratiques ne peuvent pas commencer à l'époque ordinaire; ils commenceront seulement en novembre. Il y aura dorénavant, sous la direction du chef des travaux anatomiques, huit prosecteurs et vingt-quatre aides d'anatomie, et les traitements de ces fonctionnaires ont été augmentés pour leur permettre de consacrer la plus grande partie de leur temps aux élèves qui recevront tous ainsi gratuitement de véritables leçons particulières d'anatomie.

— Musée des colonies. — M. le docteur Harmant, explorateur du Laos, presqu'île indo-chinoise, d'où il a rapporté d'intéressantes collections que l'on a pu voir à l'Exposition universelle, vient d'être nommé sous-conservateur du Musée des colonies.

— Code télégraphique. — On achève en ce moment à Londres l'impression d'un Code télégraphique qui comprend cent mille mots appartenant aux huit langues admises dernièrement par la convention télégraphique internationale de Londres. Ces mots sont disposés par ordre alphabétique.

— Bibliothèque nationale. — Les échafaudages qui masquaient la façade nouvelle de la Bibliothèque nationale sur la rue Colbert viennent de disparaître. Cette façade s'étend sur une longueur de 70 mètres et complète dignement le périmètre des parties neuves de la Bibliothèque. La nouvelle galerie Colbert, à trois grands étages, est percée de deux rangs de baies. L'aménagement intérieur se poursuit rapidement, et dans quelques semaines les précieuses collections de la rue Richelieu auront de vastes espaces de plus à leur disposition.

— Le tour du monde, *Nouveau journal des voyages.* — Sommaire de la 980e livraison (11 octobre 1879). — Les petites villes et le grand art en Toscane, par M. Henri Belle, consul de France à Florence. — Texte et dessins inédits. — Treize gravures de Barclay, P. Sellier, H. Chapuis et E. Thérond.

— Sommaire de la 981e livraison (25 octobre 1879). — Les petites villes et le grand art en Toscane, par M. Henri Belle, consul de France à Florence. — Texte et dessins inédits. — Quinze gravures de H. Catenacci, E. Ronjat et Zier.

— Faculté des sciences de Paris. — Le registre des inscriptions pour la licence ès sciences, session du mois de novembre 1879, sera ouvert du 4 au 12 novembre tous les jours de dix heures à midi. Les candidats doivent verser en s'inscrivant le montant des droits universitaires (102 fr. 25) et déposer : 1° l'acte de naissance; 2° le diplôme de bachelier ès sciences; 3° les récépissés de quatre inscriptions trimestrielles.

— Tonte des chevaux. — Il a été reconnu que les frottements et pressions exercés par la selle occasionnent aux chevaux tondus des dépilations, des indurations et souvent même des blessures.

En vue de remédier à cet inconvénient, le ministre a décidé qu'à titre d'essai, les poils de l'emplacement de la selle seront conservés cette année sur les chevaux tondus. Chacun des corps où la tonte aura été pratiquée devra rendre compte au ministre, dans un rapport spécial, des résultats qui auront été obtenus.

Le propriétaire-gérant : Germer Baillière.

Paris. — Impr. J. Claye. — A. Quantin et Ce, rue St-Benoît. [1859]

LA

REVUE SCIENTIFIQUE

DE LA FRANCE ET DE L'ÉTRANGER

REVUE DES COURS SCIENTIFIQUES (2E SÉRIE)

DIRECTEUR : M. ÉMILE ALGLAVE

2e SÉRIE — 9e ANNÉE | NUMÉRO 18 | 1er NOVEMBRE 1879

HISTOIRE DE LA MACHINE A VAPEUR

D'après M. Thurston (1).

Le livre que la Bibliothèque scientifique internationale présente aujourd'hui à ses lecteurs français est une nouvelle histoire de la machine à vapeur. Il nous vient d'Amérique, tout fraîchement éclos, car c'est l'année dernière qu'il a été publié à New-York ; il porte en lui la verte saveur du jeune peuple au milieu duquel il est né.

On ne peut malheureusement pas dire chez nous que l'histoire de la machine à vapeur soit une vieille histoire. Hélas! cette histoire est fort peu connue; elle est reléguée au rang des spécialités, et nos lettrés ne s'en occupent guère. La chose est assez bizarre. Qu'il s'agisse d'un fait politique, de la vie d'un roi, d'un général, d'une courtisane, ou même d'une anecdote du siècle dernier, oh! alors, c'est tout autre chose! Il n'est pas de document qui reste ignoré, on épluche la moindre phrase, on déniche à chaque instant quelque mémoire oublié, quelque secret inédit; la chronique scandaleuse surtout est aujourd'hui fort à la mode ; la Dubarry et la Pompadour ont fait couler plus d'encre depuis dix ans qu'elles n'en ont jamais employé dans toute leur vie. Mais s'il est question de la merveilleuse machine qui a transformé la société moderne, rien de singulier comme la froideur et le peu d'empressement que l'on apporte à en rechercher les origines et les développements; les documents font défaut, même pour établir les faits les plus récents; de temps à autre bien rarement, on voit apparaître quelque article sommaire, quelque courte monographie, autour de laquelle se fait presque aussitôt un silence décourageant.

La politique mérite-t-elle tout cet honneur, et la machine à vapeur tout ce dédain? La réponse n'est que trop facile à faire. Tandis que les partis montent au pouvoir et en descendent, que les gouvernements se liguent ou se séparent, que les traités se font ou se défont, que les armées battent ou sont battues, l'humanité reste immobile et ne tire pas le moindre profit de ce jeu d'escarpolette; et de tout ce mouvement stérile, ce qui ressort de plus clair, ce sont les grandes dépenses d'argent et de forces vives matérielles ou intellectuelles, ce sont les guerres, dont notre siècle a donné de si nombreux et si épouvantables exemples, c'est le sang qui coule à torrents, ce sont les larmes, les ruines, la famine et le typhus.

Au milieu de cette agitation violente et funeste, quelques travailleurs obscurs, retirés au fond de leur cabinet, s'attachent opiniâtres à leur modeste besogne de fourmi; ils alignent jour à jour les chiffres et les formules, s'acharnent après un boulon ou un clapet, tracent des épures, les effacent, les recommencent, remettent vingt fois l'ouvrage sur le métier, s'obstinent en dépit des déboires, et souvent, trop souvent, hélas! se ruinent et meurent à la peine. Sous l'effort continu de leur labeur ingrat, le progrès se fait lentement, mais sans relâche; le bien-être se répand petit à petit et gagne les couches les plus profondes de la société; la terre livre un à un ses trésors; les produits s'échangent d'un climat à l'autre; les haines de province à province et de peuple à peuple s'émoussent; la famine disparaît et la misère est vaincue.

Écoutons ce que disait, ces jours derniers, un des penseurs profonds (1) de notre époque. C'est un Espagnol, et il a vu de près les tristes résultats de la politique à outrance et des ambitions des hommes d'État :

« Eh bien! je vous le dis, messieurs, les ingénieurs ne

(1) *Histoire de la machine à vapeur*, par M. R. H. THURSTON, professeur de mécanique à l'Institut polytechnique Stevens de Hoboken-New-York, revue, annotée et augmentée d'une introduction, par J. HIRSCH, professeur de machines à vapeur à l'École des ponts et chaussées de Paris. 2 vol. in-8°, cartonnés à l'anglaise avec fers spéciaux, faisant partie de la *Bibliothèque scientifique internationale*, ornés de 145 figures dans le texte et de 16 planches tirées à part. Cet ouvrage sera mis en vente dans dix jours. Nous en publions aujourd'hui la préface.

(1) M. Meliton Martin.

sont pas seulement des travailleurs s'occupant de la force et de la matière; ils sont plutôt des politiques et des moralistes. Lorsqu'ils paraissent occupés à étudier les détails de la machine Galloway, Wheelock ou toute autre, ils sont en train de résoudre soit des problèmes politiques et sociaux, soit des problèmes de morale.

« Sous le point de vue politique, ils sont comme l'esclave qui, en s'aidant de quelques planches, d'une mauvaise scie et d'un marteau, cherchait à construire le premier moulin. Les seigneurs de la terre ne se méfiaient pas de son œuvre; et pourtant il était sur le point d'affranchir quinze ou vingt malheureuses femmes qui gémissaient au sein de chaque famille. Il fallait moudre le blé, et, pour avoir de la farine et du pain, il fallait des esclaves : le moulin les a émancipés.

« Chaque perfectionnement nouveau est l'émancipation de quelques centaines ou de quelques milliers d'hommes du rude labeur de la bête; c'est leur transformation en citoyens pensants et sentants. Voilà ce que fait l'ingénieur dans l'ordre politique et social. »

Et voici ce que répondait un des hommes les plus vénérables dont l'Angleterre s'honore (1) :

« On nous a dit dans notre jeunesse que le travail fut le châtiment de la faute de notre premier père. Si cela est vrai, les ingénieurs sont les grands prêtres qui ont construit les machines pour effacer la flétrissure de la malédiction divine. »

Ce sont là de belles et nobles pensées, qui méritent d'être méditées. On voit que les machines ne sont pas considérées dans tous les pays avec autant d'insouciance que dans le nôtre. Les bibliothèques anglaises, notamment, abondent en documents précieux sur l'histoire de la machine à vapeur, et, chaque année, elles accumulent de nouveaux matériaux sur cet inépuisable sujet.

En France, nous en sommes encore à peu près réduits à la *Notice historique sur les machines à vapeur* de François Arago. Elle fut publiée pour la première fois dans l'*Annuaire du Bureau des longitudes* de 1829, et rééditée à plusieurs reprises avec des additions nombreuses. L'ouvrage de l'illustre astronome est resté un modèle de clarté, de bon sens, de critique sûre et irréfutable, de solide et saine discussion; la haute autorité et la logique limpide et inattaquable du grand écrivain ont réduit au silence bien des amours-propres, qui trouvaient leur pâture dans l'obscurité et les équivoques de l'histoire.

Mais la *Notice historique* date de près d'un demi-siècle; à l'époque où elle parut, la machine à vapeur était restée pour ainsi dire incrustée dans la forme que Watt lui avait donnée; son emploi était encore restreint et réservé aux grandes industries; la navigation transocéanique existait à peine, la locomotive venait de naître; les membres de l'Institut révoquaient en doute la possibilité pratique des chemins de fer, et prédisaient hautement, à la tribune de la Chambre des députés, que le voyageur allant en chemin de fer de Paris à Versailles contracterait infailliblement des maladies mortelles au passage du souterrain de Saint-Cloud !

Que de progrès depuis lors ! quelles transformations profondes ! Arago a pressenti l'avenir immense réservé au puissant engin créé par le génie de Watt; mais il ne lui a pas été donné de toucher à la terre promise; il est mort au moment même où la machine à vapeur allait prendre son essor et établir sa domination sur la société entière.

La tâche entreprise par Arago en est restée à peu près au point où il l'a laissée. L'histoire de la machine à vapeur dans ces quarante dernières années, si intéressante qu'elle soit, et si féconde en enseignements utiles, cette histoire n'a pas été faite en France.

La traduction que nous donnons du livre de M. Thurston va heureusement combler cette grave lacune.

La conception de ce livre est à la fois fort élevée et fort originale. L'auteur part de cette idée profondément vraie : *Les grandes inventions ne sont jamais l'œuvre d'un seul; une grande invention est la résultante des efforts accumulés d'un grand nombre de travailleurs.* Il compare fort justement l'histoire de la machine à vapeur à celle d'un chêne qui, d'abord à l'état d'embryon, sort peu à peu de terre, étend lentement et progressivement ses racines et ses branches, et finit par devenir un arbre majestueux. Cette idée est prédominante d'un bout à l'autre de l'ouvrage et se manifeste dès la première page. Pour ne pas rompre trop brusquement avec les usages, nous avons donné à notre traduction un titre modeste et courant; mais l'auteur est plus énergique; il a inscrit sa comparaison favorite en tête de son livre, qu'il intitule : « Histoire de la *croissance* de la machine à vapeur » (*A history of the* growth *of the steam engine*), et cette idée de croissance se retrouve à chaque page.

Le plan général de l'ouvrage est fort simple : l'histoire complète de la machine à vapeur est divisée en cinq grandes périodes, que l'on peut caractériser comme il suit :

1° Héron d'Alexandrie et Salomon de Caus;
2° Worcester, Papin et Savery;
3° Newcomen;
4° Watt;
5° Période moderne.

Le premier livre, intitulé : *la machine à vapeur à l'état de machine simple,* embrasse les deux premières périodes.

La *période spéculative* s'étend jusqu'au milieu du XVIIe siècle. Elle débute par les expériences de Héron et les travaux de la célèbre école d'Alexandrie, cette pépinière des savants naturalistes qui, les premiers, surent concevoir quelques idées, encore bien vagues, sur la nature des gaz et des vapeurs. La fameuse bibliothèque d'Alexandrie fut saccagée et livrée aux flammes par les soldats victorieux de César; les restes de la ville furent détruits successivement, pendant les six siècles que durèrent les guerres acharnées dont l'Égypte fut le théâtre; et quand les Arabes s'emparèrent de ce malheureux pays, ils anéantirent les derniers débris du muséum et de la bibliothèque.

L'invasion romaine avait violemment interrompu les nobles travaux des philosophes alexandrins; ce foyer scientifique éteint, le monde reste plongé dans l'obscurité profonde, livré aux horreurs de guerres atroces et aux convoitises brutales des soldats de toutes sectes et de toutes origines. Il faut traverser seize cents années pour retrouver quelques faibles tentatives de renouer le fil de la science. Mais, à partir du XVIe siècle, le flambeau sacré se rallume; les études scientifiques reprennent faveur, et par les Besson, les Ramelli, les Porta, les Salomon de Caus, nous voyons en moins d'un siècle élucider un à un les phénomènes physiques qui concourent à la production de la force motrice par l'intermédiaire de la vapeur.

(1) M. Anderson.

C'est ainsi que l'auteur nous amène à la deuxième époque, qui est la *première période d'application*. C'est Edward Somerset, second marquis de Worcester, qui inaugure cette période; conformément à la version anglaise, l'auteur attribue à Worcester l'honneur d'avoir établi la première machine à vapeur qui ait fonctionné pratiquement; Savery suivit la voie ainsi ouverte, et il eut le bonheur d'introniser définitivement la machine à vapeur dans l'industrie, machine encore bien imparfaite, et comme principe, et comme fonctionnement, mais qui, telle quelle, rendit de sérieux services pour l'épuisement des mines. Pendant ce temps, son malheureux rival, qui était entré bien avant lui dans la carrière, qui avait poussé ses recherches bien plus haut et bien plus avant, Denis Papin mourait de misère, après avoir vu sous ses yeux la machine à laquelle il avait consacré son génie mise en pièces par une populace jalouse.

Le livre II est consacré à l'étude de la machine de Newcomen. Dans la machine de Savery, un récipient unique servait à la fois de cylindre à vapeur, de pompe et de condenseur; en séparant les organes dont les fonctions sont diverses, Newcomen inaugurait cette série de spécialisations, qui ont amené plus tard des progrès si importants. Le livre II est intitulé : *La machine à vapeur à l'état de machine composée*.

Newcomen a eu le mérite d'établir la première machine à vapeur à piston qui ait fonctionné industriellement. Empruntant les dispositions imaginées par Denis Papin, il les compléta, les améliora et eut surtout l'heureuse chance de vivre dans un pays où l'industrie était libre, de travailler pour des propriétaires de mines et non pas pour une cour royale ou princière. Il réussit là où Papin avait échoué.

Newcomen était un simple forgeron; faute de connaissances suffisantes, il laissait beaucoup au hasard et à l'initiative de ses ouvriers. Le véritable ingénieur de la machine de Newcomen fut Smeaton; moins ingénieux peut-être, plus froid, plus méthodique, il en calcula exactement les proportions et sut lui faire rendre des services que l'inventeur n'eût jamais pu en tirer. L'influence de Smeaton sur la croissance de la machine à vapeur, pour être obscure, n'en a pas moins été considérable; il faut lire les admirables *Reports* de Smeaton, où les questions les plus variées sur la mécanique pratique et le génie civil sont traitées avec une netteté de vues, une sûreté de jugement, une profondeur d'étude, qui pourraient servir de modèles à nos praticiens modernes. Smeaton fit entrer l'art de l'ingénieur dans la voie de l'exactitude et de la précision, et prépara ainsi l'avènement du grand Watt.

Le livre III, divisé en deux chapitres, comprend l'histoire de Watt et de ses contemporains.

L'histoire de Watt est beaucoup mieux connue et moins discutée que celles de ses prédécesseurs. Elle offre un noble exemple de ce que peut produire une belle intelligence jointe à une étude attentive et persévérante. Certes, le génie est un don naturel, et celui qu'il échauffe peut entreprendre de grandes choses; mais il ne donne pas ses fruits spontanément; c'est une terre qui ne porte récolte qu'à la condition d'être péniblement labourée; l'inventeur le plus heureux est assujetti au travail assidu et opiniâtre, et il n'échappe pas à ces périodes d'affreux découragements dans lesquels sombrent les âmes mal trempées. Les débuts de James Watt furent des plus rudes; lorsque, après de longues et coûteuses recherches, il eut constitué de toutes pièces la machine à vapeur moderne, alors qu'il sentait entre ses mains le succès assuré, il fut arrêté net et obligé de renoncer à ses chers travaux : il était complètement ruiné et avait ruiné ses amis. Pendant plus de cinq ans il ne fut plus question de nouvelles expériences.

Par bonheur il se rencontra un homme riche, puissant, actif, aux vues larges et élevées, un véritable chef d'industrie, digne de comprendre les belles idées du malheureux inventeur. Le nom de Matthew Boulton restera toujours associé à celui de James Watt.

Nous voici arrivés au commencement du XIXe siècle. La machine à vapeur a acquis toute sa puissance. Le jeune chêne, dont nous avons vu l'embryon si misérablement ballotté par les orages, a grandi, il est devenu robuste et peut défier l'ouragan. Il va maintenant pousser des branches dans toutes les directions et couvrir l'humanité de ses bienfaits.

Cette seconde partie de l'ouvrage est peut-être la plus intéressante; elle fourmille d'indications nouvelles, de documents ignorés jusqu'ici. Nous allons en retracer rapidement les grandes lignes.

Ici, l'ordre chronologique est abandonné : il ne saurait se prêter à l'étude des applications multiples qu'a reçues la machine à vapeur. Laissant pour le moment de côté la machine de manufacture, que Watt avait définitivement constituée, et qui est restée de longues années sans changements notables, l'auteur étudie séparément la machine locomotive et la machine de navigation. Tel est l'objet des livres IV et V.

Il rappelle, dans le livre IV, les tentatives curieuses qui ont été faites depuis longtemps pour appliquer la machine à vapeur à la traction des véhicules sur les routes. Ces tentatives étaient au point d'aboutir, quand le succès éclatant de la locomotive *la Fusée*, de Stephenson, au concours de Liverpool, en 1829, vint bouleverser de fond en comble les idées admises jusque-là sur les transports par terre; une révolution complète avait eu lieu; les chemins de fer étaient créés.

Le livre V est consacré aux machines de navigation. La part si considérable que les Américains ont prise dans la création de la navigation à vapeur est largement faite, et c'est justice; on parle souvent chez nous d'Oliver Evans, mais les noms de John Fitch et de Stevens sont presque ignorés. S'il est vrai que Denis Papin a construit le premier bateau à vapeur, que des études remarquables ont été faites par Périer et le marquis de Jouffroy, du moins on ne peut nier que c'est sur les grands fleuves d'Amérique que les steamers ont, pour la première fois, fait un service sérieux, que les premiers navires à vapeur qui aient affronté la haute mer étaient américains, et que la navigation à vapeur avait pris aux États-Unis un immense développement, alors qu'en Europe on en était encore aux tâtonnements.

Les études qui précèdent vont jusqu'à l'année 1850. La machine à vapeur ne cesse pas de s'accroître et de s'étendre, mais ses développements prennent peu à peu un autre caractère. Le progrès ne marche plus par grandes découvertes; il se fait non moins rapidement sans doute, mais d'une manière continue et sans secousses. La vapeur, définitivement asservie par les grandes conquêtes du commencement du siècle, devient chaque jour plus obéissante et plus souple; ce ne sont plus seulement des travaux de force qu'on lui demande, elle se prête avec non moins de docilité aux ouvrages les plus délicats, et les fait plus sûrement et plus économiquement. Le perfectionnement consiste en une multitude d'innovations et d'améliorations de détail, éparpillées dans tous les ateliers, s'adressant successivement à chacune des qualités du moteur, exaltant tantôt l'une, tantôt l'autre de ses propriétés, pour mieux l'adapter à tel ou tel service spécial. C'est, comme l'appelle l'auteur, la période de *raffinement*. Elle fait l'objet du livre VI.

Si l'on compare par exemple les machines de nos grands cuirassés modernes aux lourdes machines marines en usage il y a trente ans, on pourra se faire une idée du chemin qui a été parcouru ainsi pas à pas et par mouvements presque insensibles. Cette œuvre de raffinement est un édifice colossal dans son ensemble, qui s'est élevé assise par assise, chaque ingénieur, chaque ouvrier apportant une pierre ou un grain de sable. La machine actuelle résume l'ensemble de tous ces efforts. L'auteur fait, non sans raison, bonne part à ses compatriotes; le succès qu'a obtenu en Europe le système de distribution par déclenchement, connu sous le nom de Corliss, montre bien que cette part n'est pas exagérée. On trouvera, sur les origines de cette distribution, des renseignements intéressants et peu connus. D'ailleurs, praticien avant tout, l'auteur n'attache pas à la détente par déclenchement l'importance peut-être excessive qu'on lui a parfois attribuée; pour lui, la machine de l'avenir aura une distribution *à mouvement positif*.

Les deux derniers livres (VII et VIII) traitent de la théorie dynamique de la chaleur et de son application à la machine à vapeur. L'auteur rappelle que la puissance mécanique que renferme un morceau de houille a été, pendant les époques géologiques, empruntée au soleil sous forme de radiations calorifiques; cette chaleur, emmagasinée jadis dans le combustible, est restituée dans le foyer de nos chaudières.

Nous trouvons dans le livre VII une histoire résumée de la partie de la science qui se rapporte à la théorie de la machine à vapeur; les recherches mathématiques et expérimentales sur lesquelles est fondée la science nouvelle de la chaleur, la thermodynamique, sont consciencieusement analysées (1).

Dans le livre VIII, l'auteur résume les renseignements de l'histoire; il trace un tableau net et précis des questions relatives à la puissance motrice de la vapeur, telles qu'elles sont posées aujourd'hui, et, s'appuyant sur la loi de la continuité dans le progrès, il s'efforce de deviner l'avenir par le passé et d'indiquer dans quelle direction doivent être cherchés les nouveaux perfectionnements. Sur ce terrain difficile, l'auteur ne s'avance d'ailleurs qu'avec une réserve qui donne plus de poids encore à ses conseils.

Tel est dans son ensemble ce bel ouvrage, qui sera lu, nous en avons la confiance, avec un vif intérêt, et qui mérite d'être relu et consulté. Il abonde en renseignements nouveaux et précieux, que l'indication des sources auxquelles ils sont puisés permet de compléter au besoin. Il renferme bien des faits qui vont à l'encontre des idées reçues en France; cela n'a rien d'étonnant, et il est fort naturel que l'on n'envisage pas les choses au même point de vue, suivant qu'on est d'un côté ou de l'autre de l'Atlantique; c'est là d'ailleurs un des grands attraits de la Bibliothèque internationale, de nous ouvrir des échappées en dehors du cercle dans lequel les étrangers nous accusent de toujours tourner.

L'ordonnance du livre est belle, mais un peu étrange; l'auteur s'y meut sans en être gêné; c'est un canevas et non pas la grille d'une prison. Cette liberté d'allures dans un ouvrage essentiellement scientifique étonnera peut-être plus d'un lecteur, habitué aux formes rigoureuses et un peu pédantes de notre littérature savante. Espérons aussi que les jolies vignettes qui terminent chaque section trouveront grâce devant les censeurs sévères, et se feront pardonner leur hardiesse en faveur de leur belle humeur. En somme, ce livre, très sérieux au fond, fort indépendant dans la forme, est tout empreint de vigueur et d'une vitalité énergique. Il y a à le lire plaisir et profit.

Le devoir d'un traducteur est avant tout d'être fidèle; nous nous sommes efforcé de ne pas l'oublier; avons-nous réussi à transporter dans notre langue la vivacité et la verdeur du style original? Nous ne l'espérons guère; le lecteur en jugera. Les chiffres ont été revus avec soin, ainsi que les citations, surtout les citations d'auteurs français : chaque fois qu'il a été possible, on a donné le texte français original, afin d'éviter les inconvénients d'une double traduction : rien n'est fâcheux comme le français retour d'Amérique. Ce travail un peu pénible de traduction et de vérification n'a pas été sans compensations; il nous a conduit à des recherches curieuses, dont nous n'avons pas à parler ici, si ce n'est à propos d'un ou deux points d'un intérêt tout particulier.

L'histoire d'une invention est toujours chose délicate à faire; en outre des difficultés ordinaires de toutes les recherches historiques, il y a à compter avec de nombreux obstacles, parmi lesquels les amours-propres, et surtout les amours-propres nationaux, ne sont pas à dédaigner. Les

(1) Qu'il nous soit permis à ce propos de rectifier un point important de cet historique de la théorie mécanique de la chaleur, au moyen de documents récemment retrouvés, et que l'auteur ne pouvait connaître au moment où il écrivait son ouvrage. Ces documents ont été communiqués le 30 novembre 1878 à M. le président de l'Académie des sciences par M. H. Carnot. Il en ressort nettement que, si la loi de l'équivalence était ignorée de Sadi Carnot à l'époque où il écrivait son livre, devenu célèbre, les *Réflexions sur la puissance motrice du feu*, la notion de l'identité entre la chaleur et le mouvement ne tarda pas à se dégager dans la suite de ses travaux. Voici quelques extraits des notes manuscrites laissées par ce profond esprit :

> La chaleur n'est autre que la puissance motrice ou plutôt que le mouvement qui a changé de forme. C'est un mouvement dans les particules des corps. Partout où il y a destruction de puissance motrice, il y a, en même temps, production de chaleur en quantité précisément proportionnelle à la quantité de puissance motrice détruite. Réciproquement, partout où il y a destruction de chaleur, il y a production de puissance motrice.
>
> On peut donc poser en thèse générale que la puissance motrice est en quantité invariable dans la nature, qu'elle n'est jamais, à proprement parler, ni produite ni détruite. A la vérité, elle change de forme, c'est-à-dire qu'elle produit tantôt un genre de mouvement, tantôt un autre; mais jamais elle n'est anéantie.
>
> .....D'après quelques idées que je me suis formées sur la théorie de la chaleur, la production d'une unité de puissance motrice nécessite la destruction de 2,70 unités de chaleur (chaque unité de puissance motrice ou dynamie représentant le poids de 1 mètre cube d'eau élevé à 1 mètre de hauteur).

Cette évaluation conduirait, pour le coefficient d'équivalence, au chiffre $\frac{1000}{2,70} = 370$, qui est du même ordre de grandeur que le nombre 425, aujourd'hui adopté.

On voit avec quelle précision Sadi Carnot avait posé la loi de l'équivalence entre le travail et la chaleur, ainsi que la loi, beaucoup plus générale, de la conservation de l'énergie. Les considérations qui l'ont amené à cette dernière loi sont d'une grandeur et d'une simplicité incomparables.

Ce n'est pas tout. Carnot trace un programme complet des *expériences à faire sur la chaleur et la puissance motrice*. Ces expériences ont été réalisées, telles qu'il les avait décrites, par Joule, Thomson, Hirn, Regnault, etc.

Combien doit-on regretter que ces notes précieuses n'aient pas été coordonnées et produites par leur auteur, qui fut, on peut le dire, le précurseur de la théorie mécanique de la chaleur?

sources d'informations sont parfois inabordables. Il ne faut donc pas être surpris si l'invention de la machine à vapeur n'est pas racontée partout de la même manière, même par des écrivains consciencieux et impartiaux.

L'auteur que nous étudions attribue à Porta l'idée d'élever l'eau au moyen de la pression de la vapeur et, suivant la tradition anglaise, désigne Worcester comme l'auteur de la première machine à vapeur industrielle.

Arago, dans sa *Notice historique* refuse à Porta toute idée de se servir de la pression de la vapeur d'eau pour élever l'eau et à Worcester l'honneur d'avoir inventé quoi que ce soit en fait de machine à vapeur.

Le lecteur a sous les yeux le texte du savant américain ; il ne sera pas hors de propos, pour rétablir l'équilibre, de donner quelques extraits de la notice d'Arago.

En ce qui concerne Porta, les documents invoqués de part et d'autre sont les mêmes : ce sont les *Pneumaticorum libri tres* et *I tre libri de spiritali :* la cause peut donc être jugée sur pièces.

L'auteur américain dit (p. 14) que dans l'appareil représenté (fig. 4) : « Quand le feu est allumé sous la cornue, la vapeur produite monte à la partie supérieure du réservoir, et sa pression sur la surface de l'eau chasse celle-ci à travers le tube. *On peut alors la faire monter à telle hauteur qu'on le désire.* »

Arago fait observer : « Porta songeait si peu à donner son appareil comme propre à élever l'eau, qu'il dit en termes formels que le tuyau de dégorgement passe à une petite distance de la surface du couvercle de la petite boîte. Ainsi, ajoute-t-il, je n'ai aucun désir de le nier, Porta n'ignorait pas que la vapeur d'eau peut presser un liquide à la manière de l'air; mais rien, rien absolument ne prouve qu'il eût quelque idée de la grande force que cette vapeur est susceptible d'acquérir et de la possibilité de l'employer comme moteur efficace. Si cette notion spéciale ne lui avait pas manqué, Porta, le plus enthousiaste faiseur de projets dont l'histoire des sciences fasse mention, n'aurait certainement pas négligé d'en parler. » Puis, rectifiant une traduction infidèle du texte de Porta faite en Angleterre, Arago montre clairement que « Porta ne parle point de la machine de Héron, qu'il n'a eu, en aucune manière, l'intention de la perfectionner; que son but, son but unique, était de déterminer expérimentalement, et par un moyen dont il est inutile de signaler ici tous les défauts, les volumes relatifs d'une quantité donnée d'eau et de la vapeur en laquelle la chaleur la transforme (1). »

Il semble après cela que la cause soit entendue.

La question est plus difficile en ce qui concerne Worcester :

D'après notre auteur (p. 22 et 23), « l'appareil du marquis de Worcester fut pratiquement et utilement employé à élever l'eau à Vauxhall, près de Londres ». A l'appui de cette assertion, l'auteur produit trois vignettes : la première (fig. 7) est un croquis théorique ; « et l'on pense que très probablement ce croquis ressemble beaucoup à l'une des premières dispositions que Worcester avait imaginées ». Du reste aucune indication à l'appui de cette probabilité. La deuxième et la troisième vignette (fig. 8 et 9) représentent un mur du château de Raglan, avec diverses cavités dans lesquelles ont pu être adaptés des appareils, puis une machine très analogue à celle de Savery, imaginée par Dirks, le biographe de la famille de Worcester, et qu'il propose comme « s'accordant parfaitement avec les indications fournies par la muraille et avec celles que donnent les textes ».

Quant aux documents cités, il y a d'abord le fameux livre intitulé : *A Century of the names and scantlings of inventions by me already practised,* publié en 1663 par le marquis de Worcester. Il y a en outre la biographie du marquis écrite par Dirks.

Tout le monde en conviendra, rien n'est irritant comme de se trouver en présence de deux affirmations opposées, portant sur un même fait, surtout lorsqu'elles sont l'une et l'autre apportées par des hommes respectables; quoi de plus naturel, en pareil cas, que de chercher à tirer au clair la question litigieuse, en s'entourant des documents invoqués? Nous nous sommes trouvé ainsi engagé, presque involontairement, dans des recherches ; le lecteur nous permettra d'exposer ici quelques-uns des résultats de ces investigations, le tout sous les plus grandes réserves, car on n'est pas fort à l'aise quand il s'agit de départager deux hommes tels que Thurston et Arago.

En ce qui concerne la *Century*, elle contient, sous le titre de 68ᵉ invention, un ensemble de faits se rapportant à l'action de la vapeur d'eau ; Arago a donné, de cette 68ᵉ invention, une traduction fort exacte, que nous reproduisons ci-après, et l'a discutée avec beaucoup de soin.

« 68ᵉ *Invention.* — J'ai inventé un moyen admirable et très puissant d'élever l'eau à l'aide du feu, non par aspiration, car alors on serait renfermé, comme disent les philosophes, *intrà sphœram activitatis,* l'aspiration ne s'opérant que pour certaines distances; mais mon moyen n'a pas de limite, si le vase a une force suffisante. Je pris en effet un canon entier dont la bouche avait éclaté, et l'ayant rempli d'eau aux trois quarts, je fermai par des vis l'extrémité rompue et la lumière ; j'entretins ensuite dessous un feu constant, et au bout de vingt-quatre heures, le canon se brisa en faisant un grand bruit. Ayant alors trouvé le moyen de former des vases de telles manières qu'ils sont consolidés par la force intérieure, et qu'ils se remplissent l'un après l'autre, j'ai vu l'eau couler d'une manière continue, comme celle d'une fontaine, à la hauteur de quarante pieds. Un vase d'eau raréfiée par l'action du feu élevait quarante vases d'eau froide. L'ouvrier qui surveille la manœuvre n'a que deux robinets à ouvrir, de telle sorte qu'au moment où l'un des deux vases est épuisé, il se remplit d'eau froide pendant que l'autre commence à agir, et ainsi successivement. Le feu est entretenu dans un degré constant d'activité par les soins du même ouvrier; il a pour cela tout le temps nécessaire durant les intervalles que lui laisse la manœuvre des robinets. »

Telle est, dans la *Century,* le seul point où il soit question de vapeur d'eau. Voici, croyons-nous, ce que l'on peut conclure du texte :

1° Worcester avait une notion précise de la force d'éclatement que peut produire la vapeur, puisqu'il a pu briser un canon en y chauffant de l'eau exactement confinée. Mais cette découverte est bien antérieure à Worcester, car 60 ans plus tôt, en 1605, Flurence Rivault citait la même expérience (p. 17);

2° Worcester avait pensé à élever l eau par la pression de

(1) *OEuvres de François Arago. Notices scientifiques,* t. II, p. 100. Gide et Baudry, 1855.

la vapeur; mais ce n'est que la répétition de l'expérience de Salomon de Caus, qui date de 1615 ;

3° Enfin, il y a une idée nouvelle : celle de se servir de deux vases au lieu d'un, afin d'élever l'eau d'une manière continue; si on lit attentivement le texte, qui est d'ailleurs fort obscur, on voit bientôt que le croquis représenté (fig. 7) ne traduit pas la pensée de Worcester, qu'il en est de même du croquis (fig. 8), imaginé par Dirks. L'appareil dont il s'agit, s'il a jamais été construit, devait être composé de deux récipients analogues à celui de Caus (fig. 5), juxtaposés *sur un même foyer*, et alimentés d'eau par des réservoirs placés à un niveau supérieur. D'une part, il ne pouvait aspirer l'eau, l'auteur le dit expressément, d'autre part, le récipient contenant l'eau à élever était directement chauffé pour la production de la vapeur, et l'appareil n'élevait que de l'eau chaude. Ainsi les deux propriétés essentielles, l'aspiration et le débit en eau froide, que présentait la machine imaginée trente ans plus tard par Savery, et qui seuls en ont fait le succès pratique, ces deux propriétés ne se retrouvent à aucun degré dans l'appareil que nous étudions. Worcester procède directement de Salomon de Caus; il n'est en aucune façon le prédécesseur de Savery; le moyen qu'il propose ne saurait conduire et n'a jamais conduit à des applications industrielles sérieuses.

Arrivons à d'autres documents qui peut-être nous instruiront davantage.

Ils sont contenus dans le livre : *Life, Times and scientific Labours of the marquis of Worcester*, 1865, London, Bernard Quaritch (Vie, époque et travaux scientifiques du marquis de Worcester.) Cet ouvrage a été composé par Dirks, d'après des papiers de famille fournis par le duc de Beaufort, marquis et duc de Worcester, auquel il est dédié; on voit par la date, 1865, qu'il n'a point été connu d'Arago. La dédicace porte l'empreinte de la haute vénération et du respect presque filial dont l'auteur faisait profession à l'égard de l'illustre famille qui lui avait confié ses plus précieux documents.

Relativement à la question qui nous intéresse, on trouve dans ce livre, en outre de la reproduction de la *Century*, dont il a été parlé plus haut, quelques pièces dont nous donnons ci-dessous des extraits.

Page 559, annexe C.

« Machine commandant l'eau. — Exacte et vraie définition de la très merveilleuse machine, inventée par le très honorable (et digne à juste titre d'être estimé et admiré) *Edward Somerset*, lord marquis de *Worcester*, et présenté par sa Seigneurie elle-même à son Excellente Majesté Charles second, notre très gracieux souverain...

« Un acte du Parlement garantit icelle.......... Ledit acte a été passé le 3 juin 1663 ».

Suit l'énumération des avantages que le marquis espère tirer de son invention, assainissement des marécages, alimentation d'eau des villes, assèchement des mines, etc.

Puis vient une description donnée au roi par Worcester de sa « machine merveilleuse ou commandant l'eau sans limite de hauteur ni de quantité, ne demandant aucune aide extérieure ou additionnelle, aucune force pour être mise ou entretenue en activité, si ce n'est ce qui lui est apporté intrinsèquement par le fait même de son fonctionnement, soit la vingtième partie de celui-ci. Cette machine consiste en les parties suivantes :

« 1° Un contrepoids (counterpoize) parfait pour la quantité d'eau, quelle qu'elle soit;

« 2° Un compensateur (countervail) parfait pour la hauteur d'élévation, quelle qu'elle soit;

« 3° Un *primum mobile*, commandant à la fois la hauteur et la quantité, en manière de régulateur;

« 4° Un vice-gérant ou compensateur (vice-gerent or countervail), tenant la place et donnant la force de l'homme, du vent, de la bête ou du moulin;

« 5° Un timon ou poupe, avec mèche et rênes (helm or stern, with bitt and reins) par lequel un enfant peut guider, ordonner et contrôler tout le fonctionnement;

« 6° Un magasin spécial d'eau correspondant à la quantité d'eau et à la hauteur d'élévation voulues;

« 7° Un aqueduc en rapport avec la quantité d'eau et la hauteur voulues;

« 8° Une place pour que la fontaine originale ou même la rivière s'y jette, et naturellement de son propre accord s'incorpore à l'eau élevée, et tout au fond du même aqueduc quoique moins grande et moins haute.

« Par la divine Providence et l'inspiration céleste, telle est ma merveilleuse machine commandant l'eau sans limite de hauteur ni de quantité...

« *Exegi monumentum œre perennius*...

« Worcester ».

Ce document est de 1663, il est accompagné, suivant l'habitude de Worcester, d'une énumération surabondante des avantages que peut procurer la machine. La traduction ci-dessus est à peu près littérale. Nous avons tenu à mettre sous les yeux de nos lecteurs un échantillon de ce style mystique et plein d'emphase, couvert d'une obscurité recherchée, rempli de promesses mais avare de renseignements précis, dans lequel une imagination prévenue peut, sans grand effort, trouver tout ce qu'elle désire.

Est-il possible, sur un pareil document et en présence des ouvertures pratiquées dans le mur de Raglan-Castle, de reconstruire de toutes pièces une machine telle que celle représentée figure 8? Ne doit-on pas craindre que le respect, le dévouement qu'inspirait à Dirks le noble nom de Worcester ne l'ait entraîné bien loin? On nous accordera sans peine que cette restauration sur de telles données est bien hypothétique. Des baies, des rainures, des restes de scellement dans une maçonnerie ne peuvent guère donner une idée du mode de fonctionnement de l'appareil métallique qui y était fixé. Était-ce un appareil à vapeur? un appareil hydraulique? un pont-levis? une herse? Il est impossible de le dire. Au cas particulier, rien ne prouve que les traces en question se rapportent soit à la machine indiquée à la 68e invention de la *Century*, soit à la *machine commandant l'eau*.

Bien plus, rien ne prouve que ces deux machines soient les mêmes ; dans le texte traduit ci-dessus, on ne voit pas la moindre trace de l'emploi d'un foyer ou de vapeur d'eau ; il est bien difficile de se faire une idée de la machine que Worcester avait en vue ; on voit bien qu'il s'agissait d'élever l'eau, mais quel était le moteur ? Peut-être l'auteur ne s'en est-il pas rendu compte, et a-t-il pris, comme tant d'autres inventeurs, ses espérances pour des réalités, et énoncé des résultats désirés comme résultats acquis; mais dans tous les cas il n'est en aucune façon question ni de vapeur, ni de chaleur, ni de feu. En lisant cette description ambiguë, nous songerions à quelque machine hydraulique, peut-être une espèce de bélier. Peut-être encore, et non sans vraisemblance, est-ce une simple tentative de mouvement perpétuel.

Il est hors de doute que Worcester s'est beaucoup occupé d'hydraulique, qu'il payait des ouvriers et se livrait à des dépenses considérables pour construire des pompes, des jeux d'eau, et faire des expériences variées. C'était là un amusement de grand seigneur. Il se plaisait à montrer ses châteaux d'eau à ses visiteurs. En 1669, il reçut Cosme de Médicis et lui fit voir, à Vauxhall, « une machine *hydraulique* qu'il avait inventée; elle élève l'eau à plus de 40 pieds géométriques par la force d'un seul homme ; en un très court espace de temps, elle peut puiser quatre vases d'eau par un tube ou canal qui n'a pas plus d'un empan d'ouverture. » Tous ces travaux sur l'hydraulique, si ingénieux qu'ils puissent être, ne semblent pas, comme on a pu le croire, avoir le moindre rapport avec la machine à vapeur. Le seul appareil qu'on puisse faire rentrer dans cet ordre d'idées est celui décrit dans la 68e invention de la *Century*. Mais c'est là une expérience qui paraît isolée, qui ne se rattache en rien ni à ce qui précède, ni à ce qui suit, ni aux travaux et recherches ordinaires de Worcester, et qui est mentionnée en passant presque à titre de simple curiosité.

Nous sommes donc porté à croire que Savery est le premier qui ait construit une machine à vapeur élévatoire sans piston ayant fonctionné pratiquement; que le premier il a appliqué industriellement les idées de Salomon de Caus, mais en y apportant des perfectionnements considérables : que, de même, Newcomen a réussi à faire entrer dans la pratique la machine à piston de Papin, mais sans en modifier notablement l'idée essentiellement.

Il nous a paru utile d'appeler l'attention de nos lecteurs et de leur faire part de nos scrupules sur les points principaux qui ouvrent encore matière à discussion dans cette histoire si intéressante de la machine à vapeur. Mais en général on peut suivre avec sécurité le guide consciencieux et habile que nous envoie le Nouveau Continent.

Nous terminons cet avertissement par un tableau des principales unités de mesure qui se rencontrent dans le corps de l'ouvrage, traduites en unités métriques. Peut-être eût-il été plus commode pour la lecture de transformer immédiatement dans le texte les pieds en mètres et les livres en kilogrammes. Mais ce procédé, qui a été d'ailleurs appliqué quand c'était jugé utile, présente des inconvénients sérieux; il rend fort difficile les vérifications et recherches supplémentaires. Les mesures des anciennes machines sont toutes données en mesures anglaises : c'est dans ces mesures anglaises qu'il convient de les reproduire. Il a paru utile de ne pas altérer le texte de l'auteur, et ainsi de ne pas le rendre involontairement responsable des erreurs de calcul que le traducteur pouvait commettre. Un tableau permettant de faire rapidement les transformations numériques sans recourir aux ouvrages spéciaux a semblé devoir mieux remplir le but.

J. Hirsch,

Professeur de machines à vapeur à l'école des ponts et chaussées de Paris.

L'OBSERVATOIRE DU MONT VENTOUX

Au milieu du développement que les études météorologiques ont commencé à prendre dans le monde depuis quelques années on reconnut bien vite qu'il ne suffisait pas d'observer ce qui se passe à la surface du sol. Sans doute les couches inférieures de l'atmosphère, celles que nous habitons, présenteront toujours pour nous le plus d'intérêt; mais les influences les plus diverses, l'opposition des terres et des mers, le relief du sol, mille causes locales contribuent à y compliquer les phénomènes et à rendre l'étude plus difficile. Toutes ces influences diminuent à mesure qu'on s'élève et que l'air, plus léger et n'étant plus retardé par le frottement contre le sol, devient plus mobile, et obéit plus directement et plus vite aux forces qui le sollicitent. De là la nécessité, reconnue sans conteste aujourd'hui, de compléter les observations ordinaires par d'autres, qui seraient faites dans des régions élevées, plus dégagées des influences particulières qu'amène la proximité du sol.

Le moment ne paraît pas encore près d'arriver où l'on pourra maintenir dans l'air, à plusieurs centaines et même à un millier de mètres, des ballons captifs portant les instruments d'observation. Il nous faut donc profiter de notre mieux des conditions du sol, et installer quelques observatoires sur les montagnes les plus élevées et les plus isolées, le mieux soustraites ainsi en grande partie à ces influences que nous signalions plus haut. Telles sont les idées qui ont amené dans notre pays la création des observatoires du Puy-de-Dôme et du Pic du Midi, et qui ont décidé les membres de la commission météorologique de Vaucluse à en élever un troisième sur le sommet du mont Ventoux.

Peu de points semblent aussi favorables que le mont Ventoux pour cette création, et réunissent mieux les conditions requises d'isolement et de hauteur. En descendant de Lyon à Marseille, on ne peut manquer d'être frappé par la vue de cette montagne qui domine tout le cours du Rhône et contre le pied de laquelle vient passer le chemin de fer. Après les grands sommets des Alpes et des Pyrénées, c'est la plus haute montagne de France, et ses dimensions paraissent encore accrues par son isolement et la faible élévation des plaines qui l'entourent. Pour faire juger de la manière dont il domine toute la région, il suffit de dire que le Ventoux, haut de 1930 mètres environ, s'élève à plus de 1900 mètres au-dessus de la ville d'Avignon (20 mètres), dont il n'est qu'à 45 kilomètres, à plus de 1800 mètres au-dessus de Carpentras, distant de 21 kilomètres seulement, enfin à 1600 mètres au-dessus du village de Bédoin, qui se trouve au pied même de la montagne, à moins de 10 kilomètres du sommet. Comme point de comparaison, rappelons que le sommet du Puy-de-Dôme ne dépasse que de 1100 mètres seulement le niveau de la ville de Clermont-Ferrand.

D'un seul côté l'on voit des sommets plus élevés : c'est la région comprise entre l'est et le nord-est, où se trouvent les Alpes, dont le Ventoux ne fait en quelque sorte que terminer le dernier contre-fort. Encore faut-il aller à 75 kilomètres à l'est, à 110 au nord-est, pour rencontrer des hauteurs qui le dominent. Dans toutes les autres directions, non seulement on n'aperçoit aucune montagne dont l'altitude atteigne celle du Ventoux, mais ce n'est pas à moins de 110 kilomètres à l'ouest que l'on peut trouver des sommets qui dépassent 1500 mètres.

A ne considérer que les conditions d'isolement, on les trouve donc réunies ici d'une manière tout exceptionnelle; mais le Ventoux a encore pour lui un autre avantage, la pureté remarquable de son ciel. Déjà au XVIIe siècle, le P. Kircher, qui fit l'ascension du Ventoux, en compare le ciel à celui de l'Égypte (*Œgyptiacum cœlum*). Les nuages et les brouillards, fléau ordinaire des observatoires de montagne, y sont très rares, grâce à la sécheresse de toute la région qui l'entoure, celle de France où, avec le Roussillon, il tombe le moins de pluie.

Quand on veut se rendre au Ventoux on quitte le chemin de fer de Lyon à Marseille à la station de Sorgue, d'où un petit embranchement conduit à Carpentras; là des voitures vous mènent au village de Bédoin, et même plus loin, au hameau de Sainte-Colombe, situé sur le versant méridional de la montagne, et où commence réellement l'ascension soit à dos de mulet, soit à pied. Cette première partie de la route est charmante : le sol, bien arrosé, est d'une grande fertilité, et l'on voit associées les cultures les plus diverses; la vigne, plantée dans un sable quartzeux, où elle a pu résister jusqu'à ce jour aux attaques du phylloxera, y vit côte à côte avec l'olivier; puis viennent les céréales, le mûrier, et, autrefois, d'immenses champs de garance, culture tuée aujourd'hui, depuis que la chimie a appris à fabriquer la matière colorante de la garance, l'alizarine, au moyen de l'anthracène, produit que l'on retire des goudrons de houille.

A mesure que l'on monte, le terrain change de nature, devient plus aride; on entre dans la région du calcaire néocomien, qui forme toute la montagne. On se trouve bientôt au milieu de grandes plantations de chênes blancs et verts, auxquelles on donne de jour en jour de nouveaux développements, car on a reconnu que la truffe y poussait en grande abondance et avec une excellente qualité. Parmi les autres produits du Ventoux, il faut encore citer la lavande; toute la partie basse de la montagne en est littéralement couverte au point que l'atmosphère est remplie de son odeur pénétrante.

L'on dépasse bientôt les plantations de chênes, auxquels succèdent les hêtres et les sapins, et, toujours entouré de lavandes, l'on arrive dans la région des *Combes*. On appelle ainsi des ravins étroits, aux parois élevées et presque verticales, que les eaux ont creusés sur les flancs de la montagne. A partir de ce moment la montée devient plus pénible; au lieu d'un terrain à peu près solide et compacte on n'a plus sous les pieds que des pierres amoncelées, plates et anguleuses, provenant du délitement successif de la roche, et qui rendent la marche très fatigante. Pour arriver au sommet il faut suivre une de ces combes et la remonter; entre ses parois blanches et dénudées qui reverbèrent les rayons d'un soleil du Midi, la chaleur est accablante dans les jours d'été, et l'on se prend quelquefois à désirer que les travaux de l'observatoire soient terminés, et qu'une belle route de voiture offre, jusqu'au sommet, un chemin moins direct, mais plus facile.

Quelques-unes de ces combes sont assez étroites et ont leurs parois assez hautes pour que le soleil ne pénètre jamais jusqu'au fond. Les habitants en profitent pour y amonceler toute la neige qui tombe l'hiver sur la montagne; on forme ainsi des *réserves* que l'on recouvre d'herbes et de branchages, et où l'on peut conserver la neige jusqu'à la fin de l'été. C'est là encore un des produits de la montagne, et la neige du Ventoux remplace pour les glaciers d'Avignon, d'Aix et de Marseille, ce qu'est pour les Parisiens la glace du Bois de Boulogne.

La route ordinaire monte ainsi par le ravin le plus large, la *Grande-Combe*, dont l'aspect sauvage est quelquefois saisissant; on se trouve enfermé dans une gorge étroite, aux parois de calcaire blanc sur lesquelles des pins au feuillage sombre se détachent au soleil éblouissant de la Provence, et où les hasards des éboulements ont laissé çà et là, détachées et s'élevant dans le ciel, de hautes aiguilles de pierre droites et pointues.

On parvient bientôt au *Jas*, cabane placée à la limite supérieure de la région des hêtres, et destinée à donner asile aux bergers et aux troupeaux surpris par la tempête. L'origine de cette cabane est déjà fort ancienne; elle a été construite vers la fin du XVIIe siècle par un prêtre d'Avignon pour servir de refuge aux pèlerins qui se rendaient à la chapelle de Sainte-Croix, édifiée au sommet du Ventoux à la fin du XVe siècle. L'administration des forêts qui a entrepris, sur la montagne, de grandes plantations, pour s'opposer aux progrès des ravinements, a fait réparer avec soin cette cabane, et y a récemment construit une cheminée, avantage qu'apprécieront vivement les touristes surpris par la nuit dans la montagne, et forcés, autrefois, de laisser la porte ouverte pour donner issue à la fumée.

Au sortir du *Jas*, on quitte la *Grande-Combe* et on commence à gravir le plan incliné qui se poursuit jusqu'au sommet de la montagne. On a dépassé la région des arbres, et l'on a encore une heure et demie d'ascension sur une pente très raide, toute recouverte de morceaux de calcaire, entre lesquels poussent çà et là quelques maigres touffes d'herbes, parmi lesquelles M. Ch. Martins a retrouvé des espèces alpestres, et mêmes d'autres qui se rapprocheraient de la flore du Groënland. On se demande avec surprise comment ces herbes suffisent à nourrir les nombreux moutons que l'on envoie en été sur la montagne, et qui cependant y deviennent très gras au bout de peu de jours.

A mesure que l'on s'élève la vue s'étend davantage, les autres montagnes s'abaissent et, quand on arrive au sommet, on embrasse un des plus vastes panoramas que l'on puisse concevoir. Nous ne pouvons mieux faire que d'en emprunter la description au P. Laval, qui fit, au mois de juin 1711, l'ascension du Ventoux pour en déterminer la latitude :

« Au point du jour, je commençai à découvrir autour de moi le pays dont voici la description :

« On voit à l'est et au sud-est diverses basses montagnes et riches vallées de Provence, le comté de Sault, les montagnes du Luberon ; au sud et au sud-ouest, Carpentras, Avignon et diverses petites villes ou villages répandus dans la plaine du Comtat, terminée, d'une part, au sud par des montagnes médiocres, au sud-ouest par la Durance, qui coule presque à l'extrémité de cette plaine (ses eaux paraissent d'une couleur grise) et par le Rhône, qu'on aurait vu jusqu'à son embouchure, aussi bien qu'une partie du golfe du Lyon, Agde et Montpellier, sans une grosse brume dont l'horizon fut couvert tout ce jour-là.

« Plus loin, au sud-ouest et à l'ouest-sud-ouest, on voit les montagnes des Pyrénées et du Languedoc; à l'ouest et ouest-nord-ouest, les montagnes d'Alais, du Lozère et des Cévennes; au nord-ouest et au nord-nord-ouest, les montagnes d'Auvergne, au nord, les montagnes de la Chartreuse; au nord-nord-est, les hautes montagnes des Alpes, le grand et le petit Saint-Bernard, qui étaient alors couverts de neige; au nord-est et à l'est, les montagnes de Briançon et de Barcelonnette terminent l'horizon. Plus près, au nord-ouest, au nord et au nord-est, on voit diverses rangées de montagnes, qui forment plusieurs vallées, dans lesquelles coulent plusieurs petites rivières. Ces montagnes, qui paraissent hautes de la plaine, paraissent si basses du mont Ventoux et tellement formées en dos d'âne, l'une près de l'autre, qu'on croirait y pouvoir sauter de l'une à l'autre.

« L'air étant fort serein à l'est, au nord et à l'ouest, la vue était très distincte, quelque vaste qu'elle fût; mais la brume, qui était répandue à l'horizon, depuis l'est par le sud jusqu'à l'ouest, rendait la vue tellement confuse qu'on ne put voir qu'avec peine le Saint-Pilon et les montagnes de la Sainte-Beaume. On ne put de tout point voir le Pilon-du-Roi ni la mer, ce qui m'empêcha de prendre la bassesse de l'horizon de la mer, de laquelle j'ai vu autrefois le mont Ventoux, revenant de Catalogne; aussi est-ce la première reconnaissance de la côte lorsqu'on vient d'Espagne à la côte de Provence. La perte de cette observation me fâcha un peu. »

Rien dans cette description n'est exagéré, et la vue est réellement magnifique. Au coucher du soleil, les vapeurs qui voilent quelquefois l'horizon vers le sud se dissipent, et l'on aperçoit alors le grand delta de la Camargue et les eaux de la Méditerranée qui réfléchissent les rayons du soleil.

Toutefois, et malgré l'étendue que l'on embrasse, les personnes qui ne sont pas habituées aux hautes ascensions, peuvent, dans les premiers moments, éprouver une sorte de désenchantement. Le paysage, en effet, paraît vide, faute de premier plan. C'est la même impression que l'on ressent toutes les fois que l'on se trouve sur le point culminant d'une chaîne de montagnes; devant la hauteur où l'on est parvenu, tout le reste s'efface, devient plat, et le pays prend l'apparence d'une carte de géographie, où des masses vertes et brunes sont les terres, où les villes ne sont plus que de petites taches grises, et les fleuves les plus larges, le Rhône, un simple filet blanc dont on embrasse d'un coup d'œil toutes les sinuosités.

Au sommet du Ventoux s'élève une sorte de cabane en pierres entassées, avec une porte, mais pas de fenêtres, et à demi enterrée, c'est la chapelle de Sainte-Croix, élevée à la fin du XVe siècle, et qui reçut autrefois les visites de nombreux pèlerins. Tous les ans encore, les paysans des hameaux qui entourent la montagne y montent en pèlerinage, le 14 septembre, et campent une nuit au sommet. L'observatoire s'élèvera sur l'emplacement même de la chapelle, qui doit être réédifiée un peu plus bas.

L'altitude du point culminant a été évaluée un peu diversement; au moyen de triangulations, le P. Laval et Cassini avaient trouvé plus de 2 000 mètres, le commandant Delcros 1 911 mètres. Des observations barométriques effectuées par M. Giraud, directeur de l'École normale d'Avignon, le 26 juillet 1877 et le 14 août 1878, ont donné respectivement 1 926^{m},5 et 1 928^{m},3. Une ascension plus récente que j'ai effectuée le 6 septembre 1879, en compagnie de M. le colonel Laussedat, de M. Morard, ingénieur des ponts et chaussées de Carpentras, et de M. F. Leenhardt, qui poursuit depuis plusieurs années l'étude géologique du Ventoux, et est parvenu à le connaître presque pierre à pierre, m'a donné un nombre très voisin des précédents, 1 928^{m},8. Il ne faudrait pas attribuer à la concordance de ces trois derniers nombres plus d'importance qu'elle ne mérite, car les mesures isolées de hauteurs par le baromètre comportent souvent une incertitude de 20 ou 30 mètres. Cependant on peut estimer que la hauteur du Ventoux est un peu plus grande que ne l'avait trouvée le commandant Delcros; elle doit être comprise entre 1 920 et 1 930 mètres. L'altitude exacte sera connue lors des travaux de nivellement qui accompagneront l'établissement de la route.

Passons maintenant aux détails de la construction et à l'état actuel de la question.

Les premiers projets remontent à quatre ans environ. En 1875, la commission météorologique du département de Vaucluse commença à organiser des ascensions au Ventoux; les études préliminaires durèrent trois ans, et en 1878 la commission arriva à cette conclusion que non seulement la construction de l'observatoire était possible, mais qu'elle serait relativement facile. Un comité fut constitué ainsi qu'il suit, sous la présidence de M. Bouvier, ingénieur en chef des ponts et chaussées à Avignon :

MM. Bouvier, ingénieur en chef de Vaucluse, président;
Giraud, directeur de l'École normale d'Avignon, secrétaire;
Pamard, docteur-médecin à Avignon, trésorier;
Grimblot, inspecteur des forêts à Avignon;
Boulogne, sous-inspecteur des forêts à Carpentras;
Monnier, docteur-médecin, à Avignon;
Morard, ingénieur des ponts et chaussées à Carpentras.

Le projet, dressé par M. Morard sous la direction de M. Bouvier, comprend d'abord la construction d'une route de voitures qui rendra le sommet accessible en tout temps. La longueur totale sera de 19 kilomètres, la pente n'excédera nulle part 10 pour 100. La route passera à côté de la *fontaine de la grave*, une des rares sources qui sortent des flancs du Ventoux, et qui se trouve à une altitude de 1500 mètres, à 4 kilomètres du sommet. Ce voisinage de la source sera doublement précieux pour les travaux de construction et les habitants de l'observatoire.

L'observatoire sera situé au sommet même de la montagne, sur une plateforme que l'on obtiendra par simple arasement de la roche à un mètre au-dessous du niveau actuel. Il se composera d'une petite tour ronde construite de manière à résister aux vents les plus violents. Bien que l'humidité ne semble pas beaucoup à craindre au Ventoux, on prendra toutes les mesures pour que l'équilibre de température s'établisse le plus rapidement possible entre l'intérieur de la tour et l'air extérieur. Cette condition est indispensable, car si des vents chauds et humides viennent à souffler après une période de froid, les murs, plus froids que l'air, condensent toute l'humidité et ruissellent bientôt, de manière à compromettre l'état des instruments.

La maison d'habitation sera construite un peu plus bas, sur le versant sud, abritée ainsi du mistral, dont la violence est extrême au sommet du Ventoux, et a donné à la montagne son nom si caractéristique. Une galerie couverte de 11 mètres reliera la maison à la tour, dont l'accès sera ainsi toujours facile, même par la neige et les plus grands vents. Sur la demande de M. l'amiral Mouchez, directeur de l'Observatoire de Paris, des pièces seront réservées dans cette maison pour les savants qui viendront l'été se livrer à des recherches d'astronomie physique, si favorisées dans cette région par la limpidité du ciel de la Provence. Les difficultés d'exécution ne semblent pas trop grandes, et en comparant la situation du futur observatoire à celle du Pic du Midi, le général de Nansouty allait jusqu'à comparer le séjour du Ventoux à une sorte de paradis terrestre.

En réglant toutes les dépenses avec une grande économie et en se passant partout du luxe pour ne faire que l'indispensable, on prévoit une dépense totale de 150 000 francs. C'est ici que se place une grosse question, celle des ressources. Toute la région du sud-est, comprenant l'utilité qu'aura pour elle la création de l'observatoire, a souscrit des sommes importantes : le conseil général de Vaucluse a accordé 20 000 francs; le conseil municipal de Bédoin, village auquel la route sera particulièrement profitable, donne 10 000 francs, plus tous les terrains nécessaires pour la route et l'observatoire; le conseil municipal de Carpentras a souscrit pour 1000 francs, et les autres communes du département pour 3000 environ. Les conseils généraux de la Haute-Saône, du Rhône, du Var, de l'Hérault, le conseil municipal de Toulon ont promis des subsides; la chambre de commerce d'Avignon s'est inscrite pour 1000 francs, la Compagnie de Paris-Lyon-Méditerranée pour 2000, l'Association française pour l'avancement des sciences pour 2000, l'Association scientifique de France pour 500. Enfin on a eu recours aux souscriptions particulières : M. Bischoffsheim, dont on est certain à l'avance de retrouver le nom toutes les fois qu'il s'agit d'une œuvre scientifique, a donné 10 000 francs, et dans le seul département de Vaucluse on a recueilli jusqu'à ce jour une somme égale. On a donc atteint dès maintenant le chiffre de 60 000 francs, et l'on a demandé à l'État un crédit de 50 000 francs, que les Chambres ne voudront certainement pas refuser. Pour arriver au chiffre total de 150 000 francs, il n'en manque donc plus que 40 000. On espère pouvoir obtenir cette somme de l'initiative privée. Les membres du comité d'organisation vont se mettre en route, essayant, par des conférences, de faire connaître leurs projets et d'intéresser le public à leur œuvre. Toutes les souscriptions seront reçues avec reconnaissance par le comité, et, comme ce sont les petits ruisseaux qui font les grandes rivières, on ne désespère pas d'arriver bientôt au total que nous avons indiqué (1).

Les encouragements ne manquent pas, du reste, aux courageux promoteurs de l'observatoire du mont Ventoux. Le Bureau central météorologique de France, l'Observatoire de Paris, l'Association française pour l'avancement des sciences, l'Association scientifique de France, ont pris cette création sous leur patronage. Le Congrès météorologique international qui s'est tenu l'an dernier à Rome a émis spontanément un vœu en faveur de l'érection de cet observatoire. Le bassin du Rhône, qui est sous l'influence d'un régime météorologique tout différent du nôtre, est particulièrement intéressé à ce que le projet soit promptement réalisé, et tiendra à contribuer pour la plus grande part aux dépenses; les amis de la science qui ne sont pas rares aujourd'hui, feront le reste. Au printemps prochain, les ouvriers commenceront à ouvrir la route sur la montagne, et l'on peut espérer que, dans deux ans, la cime du Ventoux sera habitée à son tour, et complètera, avec le pic du Midi et le Puy-de-Dôme, ce grand triangle de stations élevées dont les observations combinées sont destinées à jouer un si grand rôle dans les progrès de la météorologie.

A. Angot.

(1) Toutes les souscriptions peuvent être adressées soit à M. le docteur Pamard, à Avignon, trésorier de la commission du Ventoux, soit à M. Mascart, directeur du bureau central météorologique de France, 60, rue de Grenelle, Paris.

ASSOCIATION FRANÇAISE

POUR L'AVANCEMENT DES SCIENCES

Congrès de Montpellier.

CONFÉRENCE DE M. ÉMILE TRÉLAT

L'hygiène de la maison d'école.

Messieurs,

La maison d'école dans une nation de 36 millions de citoyens n'est pas, comme il paraît au premier abord, un édifice de chétive importance. A la considérer isolément, elle peut paraître telle. Mais, si vous envisagez l'ensemble des établissements scolaires de l'enfance, c'est-à-dire les milliers de constructions qui abritent des millions d'enfants, vous entrevoyez immédiatement au delà de ce mot une chose vraiment monumentale. Et si vous voulez bien réfléchir, vous découvrirez vite que la maison d'école doit être le premier souci de notre tâche patriotique; que son installation, que sa distribution, que son aménagement doivent réunir toutes les ressources que l'expérience et la science peuvent fournir pour en faire le milieu le mieux approprié au développement physique, intellectuel et moral de cette graine, qui vous donnera un jour des citoyens. Que si de la réflexion vous montez à la conscience des choses acquises, vous gagnerez ici l'émotion des grandes responsabilités d'une génération qui a vu s'amoindrir en ses mains le vieux patrimoine, qui se doit de refaire l'atelier de civilisation légué par quinze cents ans d'efforts, et qui soigne d'un œil jaloux tout ce qui concourt au relèvement national. Comme moi, vous surveillerez avant tout la petite école, celle que doit traverser la nation entière, et qui, pour cela, devrait être parfaite. Une école parfaite, ai-je dit. Mais j'aurais mal marqué la question que je traite si, à côté de ce desideratum si légitime, j'omettais de vous montrer les difficultés qu'elle comporte.

Notre nation, messieurs, est composée de races très variées, races qui se sont pénétrées et qui, par l'échange de leurs aptitudes respectives, ont constitué, Dieu merci! un tempérament national très élastique et très fécond. Mais ces biens acquis par de longs frottements et de longues luttes, ont exigé l'agrégation d'un grand territoire, c'est-à-dire la communauté de latitudes très diverses et de climats très différents. De là des conditions de vie très différentes aussi. Là, où comme à Montpellier, le soleil échauffe le sol pendant de longs mois et y emmagasine une grande quantité de chaleur, les habitations seront faciles à garantir des froids d'une courte saison d'hiver. Autre part, comme dans la Flandre ou dans les montagnes, il faudra, au contraire, s'ingénier à répandre artificiellement la chaleur dans les constructions et à l'y maintenir. Ces différences de conditions influent sur la maison d'école aussi bien que sur les habitations; et je vous montre ici un ordre de circonstances qui peuvent singulièrement compliquer notre problème.

Il y a longtemps que la France a commencé la construction de ses maisons d'école. C'est la loi Guizot qui, en 1833, a mis en train cette grande entreprise. Mais nous sommes bien loin de posséder encore tous les établissements nécessaires. Quand on examine, d'ailleurs, l'état des installations existantes, on découvre, au moins hors des grandes villes, bien des sujets de préoccupations. Bon nombre d'écoles sont installées comme que comme, dans de vieilles constructions. Souvent les enfants y sont entassés dans les conditions les moins hygiéniques. Ici l'air fait défaut; là, c'est la lumière. Autre part, la cause d'insalubrité gît dans le voisinage. Il était temps de compléter notre appareil d'instruction primaire et d'y introduire des améliorations indispensables. Le Parlement a fait des lois et voté des fonds. Notre éminent président (1) le sait mieux que personne; car c'est sous et par son ministère qu'une des dispositions les plus importantes a été prise. Notre ministre actuel s'est préoccupé de l'emploi des nouvelles ressources. Il a nommé une commission chargée de définir les dispositions générales auxquelles une installation correcte doit satisfaire. Hâtons-nous, car les Allemands ont pris une longue avance sur nous. Je me sens heureux, pour ma part, de l'occasion qui me violente et qui m'amène à traiter devant vous cette question spéciale et à faire connaître à un grand public comme le vôtre, messieurs, les conditions générales que la salubrité, l'efficacité du fonctionnement et les convenances imposent à la maison d'école. Je suis sûr que si je parviens à vous intéresser, j'aurai fait ici de nombreuses et belles recrues à la cause des écoles. Et, pour qu'une cause aboutisse dans un pays qui se gouverne par l'opinion, c'est l'opinion qu'elle doit gagner.

Il y a, messieurs, trois conditions à remplir pour faire une bonne installation d'école en ce qui concerne sa construction. Il faut :

1° *Que le site de l'établissement soit sain;*

2° *Que les matériaux employés dans la construction soient sains et qu'on puisse constamment les entretenir dans cet état;*

3° *Que la classe soit propice au travail.*

Je vais essayer de faire comprendre le sens, et de montrer l'importance de ces trois conditions sur lesquelles tous les hommes compétents sont aujourd'hui d'accord.

I.

Vous êtes frappés déjà, messieurs, de la nécessité de sati faire à la première condition. Je n'ai pour ainsi dire pas à y insister. L'emplacement sur lequel vous bâtirez une école doit être sain. Vous n'y souffrirez ni le contact ni le voisinage d'un lieu délétère. Vous exigerez qu'aucun obstacle permanent n'arrête la circulation de l'air, ne réduise l'accès de la lumière, n'empêche la pénétration des rayons solaires, qui seront les facteurs immédiats de la salubrité nécessaire à l'édifice. Tout cela est évident, et je ne vous en parle pas pour vous convaincre. Non, je veux seulement vous prémunir contre les négligences si fréquentes et si fatales que comportent les applications de toutes les choses simples. La précaution dont je vous parle est si évidente et si bien connue de tout le monde, que personne ne s'en préoccupe; et quand l'occasion se présentera, chacun, sans s'en apercevoir, laissera se produire une disposition calamiteuse. Je veux aussi attirer à ce propos votre attention sur les soi-disant économies que tel ou tel conseil municipal prétend réaliser en préférant un terrain insalubre moins cher à un terrain salubre plus coûteux. Il ne faut jamais laisser la question se poser ainsi. Nous avons assez vu de ces mauvaises solutions, et les suites en sont assez fâcheuses pour que toutes les énergies du bon sens conspirent contre elles. Redisons-le : la maison d'école doit s'élever dans un emplacement sain et ne doit s'élever que là. Il faut y veiller.

II.

La seconde condition vous dictera de n'employer que des « *matériaux sains et constamment entretenus dans cet état.* »

Qu'est-ce que cela veut dire? Est-ce que les pierres qu'on apporte de la carrière ou les bois débités en forêts et séchés à couvert peuvent être considérés comme des éléments de salubrité ou d'insalubrité dans une construction? Entendons-nous. Très généralement tous ces matériaux sont sains dans la construction aussitôt qu'ils ont été débarrassés de l'eau dont on a dû les pénétrer pour leur mise en œuvre. Mais tous ils sont, quoique à des degrés divers, susceptibles de s'imprégner de gaz et d'agents moins définis qu'on nomme des *miasmes*, lorsqu'on les enferme au contact des personnes pendant un certain temps. Quand cette pénétration s'est faite, les matériaux constituent une enveloppe malsaine pour les existences qui s'y abritent. Les murs, les planches, les plafonds d'une pièce ne sont plus des protecteurs de la santé. Ils en sont devenus les agents destructeurs, les ennemis permanents. On ne saurait trop se préoccuper de cela dans la construction de nos écoles. Comment le peut-on faire utilement? Je vous disais il y a quelques instants que tous les matériaux sont perméables aux gaz et aux miasmes, mais qu'ils le sont inégalement. Ce sera la première préoccupation à prendre de choisir ceux qui sont le moins spongieux, ou du moins de revêtir les faces internes des parois avec des matériaux susceptibles de se laisser masser sur eux-mêmes et lisser de manière à réduire les aspérités par lesquelles les miasmes sont arrêtés au passage et les intervalles particulaires par lesquels ils pénètrent. Les bois durs ou les enduits denses, recouverts de bonnes peintures à l'huile, sont des ressources qui sont déjà très efficaces, sans occasionner de trop grosses dépenses.

Mais cette précaution serait tout à fait insuffisante si on ne la complétait par un aménagement spécial. Il faut restreindre au minimum l'action infectieuse à laquelle sont soumis les matériaux des constructions scolaires. Quand une classe fonctionne, qu'elle est remplie d'écoliers, tous les gaz, tous les effluves de la vie se dégagent, voyagent à la rencontre des parois, y brisent leur marche et s'y immobilisent en partie. Si les conditions du local ne changent pas, si les émanations vitales persistent, les parois les fixent en quan-

(1) M. Bardoux.

tités de plus en plus grandes, et bientôt toutes les surfaces en sont revêtues sans discontinuité. Au delà de cet instant, les incessants effluves qui se présentent pressent au passage ceux qui habillent déjà les murs, et peu à peu la pénétration s'effectue. Elle est plus lente sur des matériaux durs et bien lissés; mais ce n'est déjà plus qu'une question de temps. L'infection est commencée, et avec l'infection on verra la santé des habitants s'étioler. Je viens de décrire le vilain phénomène qui se développe dans toutes les salles fermées où l'on maintient sans précaution un nombreux personnel assemblé. Il faut absolument s'occuper d'en garantir nos écoles. C'est malheureusement ce qu'on néglige trop souvent.

Veuillez vous rappeler, messieurs, les différentes étapes que parcourt l'infection des murs. Il suffit pour empêcher le mal d'en interrompre la continuité, ou plutôt de ruiner à mesure qu'ils se produisent les premiers dépôts miasmatiques sur les surfaces. C'est un résultat qu'on obtient avec certitude en aérant énergiquement les salles populeuses. L'aération pourtant ne sera efficace qu'à deux conditions. Il faudra qu'elle s'exerce dès le début, après un court séjour des écoliers dans les classes, et qu'elle intervienne ensuite régulièrement entre les séjours subséquents, lesquels ne seront jamais prolongés. Il faudra, en outre, que les courants d'air soient distribués de manière à lécher toutes les surfaces intérieures. L'effet qu'on obtiendra ainsi est très facile à comprendre. Si on avait attendu que les murs fussent imprégnés de miasmes ou simplement revêtus d'une salissure continue, les plus violents courants eussent été impuissants à les laver. Mais on a agi sur les premières atteintes, alors que les gaz ou les effluves s'étaient à peine déposés par taches isolées sur les surfaces. Dans ces conditions, une aération bien ordonnée est toujours efficace. Résumons-nous : « Les parois d'une classe ne recevront pas pendant un long temps continu l'action des effluves vitaux du personnel qu'elles abritent. Cette action malfaisante sera interrompue par de fréquents courants d'air traversant la salle et frisant toutes les surfaces ambiantes. » On assurera cet important service en perçant sur deux faces opposées du local des larges baies munies de clôtures mobiles. Toutes les fois que la classe sera inoccupée, ces baies seront ouvertes; et, comme l'air extérieur n'est jamais immobile, surtout au voisinage des constructions habitées, un courant s'établira au travers de la salle et y produira l'effet voulu. Je reviendrai dans quelques instants sur ces renouvellements d'air, qui nous réservent encore d'autres effets salutaires, et je parlerai en temps convenable de l'introduction des rayons solaires dans les classes. Mais je le signale déjà comme un complément nécessaire aux garanties contre l'infection des murs.

III.

J'arrive, messieurs, à la troisième condition : « *La classe d'une école doit être propice au travail.* »

La solution qu'il faut atteindre ici est bien autrement compliquée que celles qui viennent d'être exposées. Je puis vous donner en quelques mots la mesure de cette complication. Il me suffira de désigner chacune des ressources dont une classe devra être pourvue pour qu'elle rende le service qu'on en attend, c'est-à-dire pour que tout y concoure à mettre l'écolier dans la main du maître, pour que rien ne l'éloigne ou le distraie de son travail, pour qu'il fournisse la plus grande somme d'application, en un mot, pour qu'il se donne momentanément tout entier à l'étude. Écoutez. Si vous placiez pendant longtemps des enfants dans une classe fermée, s'ils y étaient péniblement assis, incommodément attablés, comprimés entre leurs voisins, confinés entre des murs et un plafond assez rapprochés pour les laisser manquer d'air, soumis aux effets d'une température excessive, ou faible ou forte, tourmentés dans l'exercice de leurs yeux par une lumière insuffisante ou agressive, croyez-vous qu'il serait possible à un maître de concentrer la pensée de ces enfants sur un sujet d'étude, de ravir leur attention aux nombreuses petites énergies excitées par tant de distractions pénibles? Vous ne le croyez certainement pas. Mais ce simple énoncé vous montre combien de soins il faudra prendre pour disposer une salle d'étude. Et vous me comprendrez désormais quand je vous dirai que des écoliers ne doivent pas séjourner longtemps de suite à la classe, qu'ils ne doivent pas y être maintenus plus d'une heure ou une heure un quart sans la quitter. Mais, ce premier soin pris, il en faudra prendre bien d'autres. Les enfants auront un bon mobilier, où ils seront bien assis et bien attablés pour le travail. Chacun d'eux disposera d'un espace superficiel suffisant pour garder à sa place toute l'aisance nécessaire aux divers exercices de l'enseignement. Le cubage total de la salle lui réservera un copieux volume d'air, et cet air sera sain. La température ne s'écartera pas d'un état moyen convenable. L'éclairage du local sera abondant et tellement aménagé, que les yeux s'y reposent avec sécurité sur tous les objets et qu'ils ne soient jamais ni excités, ni troublés, ni sollicités par l'introduction de la lumière.

Ces indications suffisent à montrer la complication du problème. Elles ne vous donnent pas la confiance qu'on rencontre dans la connaissance des solutions. Je vais essayer, puisque votre bienveillance m'y invite, de vous éclairer plus intimement.

Je laisse de côté la question du *mobilier* des écoles. Elle est assez minutieuse. On y discute encore sur de nombreux petits détails, et il serait difficile d'y insister ici sans fatiguer votre attention. Je donne en passant deux chiffres importants. Le défaut d'espace est général dans les anciens établissements. On n'y réservait guère que *neuf dixièmes* de mètre superficiel à chaque enfant. Les hommes compétents veulent aujourd'hui qu'on leur fournisse au moins *six cinquièmes* de mètre. Ils veulent aussi que la capacité cubique de la salle leur ménage un cube de *cinq mètres*.

Mais j'ai dit que cette capacité devait être occupée par de l'*air sain*. Un local simplement spacieux n'assurerait pas la permanence d'une pareille condition. Tant s'en faut! Après un certain temps d'habitation de la classe, les effluves vitaux n'auront pas manqué de salir l'atmosphère et de la rendre impropre à la santé. Comment conjurerons-nous ce danger? Rappelez-vous, messieurs, les courants d'air que nous avons déjà ménagés dans la classe pour en assainir les murs. Un double rôle leur est ici réservé. Ils vont renouveler l'atmosphère toutes les fois que les écoliers seront au jeu. Je ne doute pas que vous compreniez maintenant l'utilité des baies d'aérage, percées sur deux faces opposées, et la nécessité d'en tirer régulièrement parti. Nos administrations, nos municipalités devraient en imposer l'usage. Tous les instituteurs devraient élever à la hauteur d'un précepte cette règle salutaire : *Comme l'enfant, et en même temps que lui, la classe doit être mise en récréation et en plein air.* Nous n'en sommes pas là, hélas ! Il y a de très nombreuses écoles où l'on n'ouvre jamais les fenêtres, et on les ouvre bien peu dans les autres.

Admettons pourtant que nous sachions ouvrir les fenêtres pendant les récréations, que chaque fois que l'écolier rentre en classe il y trouve une atmosphère nouvelle et pure, s'ensuivra-t-il qu'il y respirera jusqu'à la fin de l'air pur? Non, malheureusement. Et vous allez le comprendre, messieurs. La classe offrira à chaque enfant 5 mètres cubes d'air disponible. Et je vous ferai remarquer en passant que cette réserve respiratoire est très luxueuse, qu'on ne saurait l'excéder sans faire des dépenses folles et sans rendre impossible le chauffage d'hiver, dont je devrai vous parler bientôt. Voici donc l'enfant à sa place avec ses 5 mètres cubes d'air pour une heure de classe. Mais l'expérience a montré que cette ration est insuffisante. Dès le milieu de la leçon, l'air sera sensiblement sali, et, à la fin, l'alimentation des poumons sera devenue misérable. On ne saurait laisser les choses dans cet état. Des courants à vitesse insensible devront être entretenus dans la salle, de manière à en renouveler l'air au moins deux fois pendant que les élèves y séjournent. Cet office sera rempli, pendant les saisons clémentes, par des vasistas convenablement disposés, et pendant l'hiver, par une alimentation d'air attiédi autour de l'appareil de chauffage.

Une classe ainsi aménagée fournira toute la salubrité désirable. Je vous prie, messieurs, de ne pas oublier que la source capitale de cette salubrité gît dans les pleins courants d'air, qui ménagent à l'écolier rentrant en classe une atmosphère toute neuve et récemment puisée sous la calotte des cieux. Les autres dispositions sont des adjuvants nécessaires, mais ce ne sont que des adjuvants. On s'est efforcé depuis trente ans de résoudre tout autrement la question. On comptait exclusivement sur ce qu'on nomme la ventilation artificielle pour assainir les locaux scolaires. Les baies des salles restaient systématiquement closes, et l'air neuf était introduit à travers des conduits plus ou moins longs, relativement étroits, souvent malpropres et toujours sombres. Un appel de chaleur lui faisait traverser la salle et le rejetait en dehors. On a poussé très loin la science et l'habileté pratique de ces sortes d'installations. On a tout fait pour en dégager les précieux avantages qu'on voulait atteindre. L'idée qu'on servait était très simple. On croyait qu'un local rempli d'habitants était d'autant plus sain qu'on y introduisait une plus grande quantité d'air neuf, et on a fait des ventilations procurant à chaque individu la disponibilité de 10, 20, 50, 100, 200 et jusqu'à 250 mètres cubes d'air neuf par heure. En fin de compte, on n'a pas vu que ces croissantes alimentations aient proportionnellement accru la salubrité des locaux. Elles n'ont certainement pas fait taire les plaintes de ceux qui y cherchaient satisfaction. C'est que la quantité n'est pas la seule condition d'un bon aérage. Il faut s'assurer de la bonne qualité de cet aérage. Le plein air qui pénètre immédiatement dans une pièce est sain; celui qui traverse un long tuyau sombre avant d'entrer ne l'est plus, ou du moins il a perdu une de ses vertus salutaires. Mais il n'est pas vraisemblable, direz-vous, qu'un voyage de quelques mètres dans un canal bien clos puisse enlever à de l'air en mouvement les qualités qu'il avait au dehors; il n'est pas possible que quelques secondes suffisent à l'en priver. — Regardez, je vous prie, avec moi l'intérieur de ce conduit. Que sont ces toiles d'araignées, ces poussières, ces petites organisations microscopiques? Qu'est-ce, sinon le résultat du passage de l'air? Et qu'est-ce que ce conduit, sinon un perfide laboratoire, où l'air agit en modifiant sa condition en même temps qu'il se souille au contact des produits qu'il engendre? N'ayons jamais, messieurs, que de très courts canaux d'arrivée d'air quand nous établissons une ventilation artificielle. Mais, avant tout, ouvrons le plus souvent que nous pourrons les fenêtres de nos écoles. Le mot n'est pas de moi. Il est d'une femme, d'une Anglaise de haut sens et de haut dévouement. Miss Nithingale s'est faite, il y a vingt ans, l'apôtre de l'introduction quasi permanente du plein air dans les salles d'hôpitaux et dans les lieux d'habitation commune. On n'a pas le droit d'oublier le nom de cette femme généreuse, quand on use de son précepte et qu'on prêche la bonne aération dans les écoles.

Je m'étendrai peu sur les procédés employés pour entretenir une *température* convenable à l'école pendant l'hiver. J'ai déjà incidemment parlé de l'appareil qui produira la chaleur en vous faisant connaître la part de ventilation qu'il devra assurer. Il occupera une des extrémités de la classe. Il va de soi que sa puissance et son volume seront proportionnés à la dureté du climat et à l'étendue des surfaces de refroidissement qui entourent la salle. Mais l'ouverture des fenêtres pendant les récréations commande ici un agencement particulier. Un poêle simplement proportionné à la quantité de chaleur nécessaire pour maintenir la température à un degré convenable pendant que la salle est occupée ne suffirait pas. Entre les classes et pendant que les fenêtres sont ouvertes, le local se refroidit. Il faut promptement le réchauffer à la rentrée des élèves. On obtient ce résultat en enveloppant partiellement le poêle avec des matériaux très peu conducteurs, tels que de la terre cuite, et en disposant tout l'appareil dans une grande armoire. Pendant que les fenêtres sont ouvertes, l'armoire est fermée, et la terre cuite emmagasine de la chaleur. On ouvre, au contraire, l'armoire, aussitôt que les fenêtres sont fermées. La terre cuite se refroidit en réchauffant la pièce avant l'arrivée des élèves, et l'appareil, débarrassé de la chaleur économisée pendant la récréation, reprend son fonctionnement simple pendant le cours de l'étude.

Il me reste à vous parler de l'*éclairage* des classes. C'est un sujet que je n'aborde pas devant vous, messieurs, avec la liberté qui me serait nécessaire. On n'y est pas d'accord en tous points sur la meilleure solution. J'y défends avec conviction des idées qui me sont personnelles et qui sont établies sur de longues études. Mais le hasard me fait à cette belle tribune des avantages de fortune que ne partageraient pas des contradicteurs qui sont mes collègues dans cette association, et que je sais absents. Tout plein que je sois de mon sujet, je reste plus honnête homme qu'amoureux, et je délaisse une arme inégale. Je ne plaiderai pas, j'exposerai. Et j'espère qu'en élevant assez haut les généralités de la question, je pourrai encore vous intéresser.

J'énonce d'abord les données du problème de l'éclairage des classes. Elles sont diverses.

Si l'on veut que l'effort de concentration auquel on soumet l'enfant en classe porte ses fruits, il faut réduire au minimum la fatigue inutile de ses sens, surtout la fatigue de la vue, qui est le sens délicat entre tous; si l'on veut qu'il travaille franchement, il faut que le milieu sur lequel il exerce sa vue soit facile à pénétrer, c'est-à-dire très clair. Tout le monde comprend cela.

Si l'on veut que l'enfant ne compromette pas le développement de sa jeune vue, n'abîme pas ses yeux à l'école, il faut lui éviter la gymnastique excessive qu'imposent aux regards occupés les locaux pauvrement éclairés. Les physiologistes ont admirablement expliqué cela depuis dix ans, et personne ne le discute.

Si l'on veut que l'enfant commence dès l'école à s'intéresser au monde des formes, et y découvre déjà ses aptitudes plastiques, il faut le mettre dans une classe où une lumière franche attaque franchement tous les objets, choses ou personnes. Je développerai ce dernier énoncé.

Je viens de vous faire connaître les trois considérations, les trois besoins, les trois nécessités qui commandent au pédagogue et au constructeur d'installer dans les classes un excellent éclairage. Il y en a trois. On peut discuter leur importance relative. Personne ne les saurait nier.

Je veux, messieurs, vous faire saisir toute la portée du troisième énoncé. Pour le comprendre, il faut considérablement agrandir le sujet. Il faut se rendre compte de l'effet éducateur produit sur un écolier, surtout sur un écolier français, qui aura travaillé et appliqué son attention pendant sa première enfance et pendant plusieurs heures chaque jour, dans un local où la lumière aura été aménagée de telle sorte que la forme de tous les objets qui l'entourent se soit constamment présentée à sa vue avec son maximum d'expression. Il faut reconnaître si ces conditions, remplies ou non remplies, agiront sur ses capacités futures. Permettez-moi d'arrêter vos esprits sur deux observations.

L'humanité est une collection d'individus très différents et très inégaux dans leurs capacités. Il n'est pas difficile de remonter aux sources de cette dissemblance, qui est la cause principale de la progression des sociétés. Ce qui fait la puissance sociale, c'est la connaissance et la possession croissante du monde. Comment l'homme entre-t-il en cette possession? Par l'intelligence recueillant et réduisant les cinq ordres de conquêtes que nos sens lui fournissent. Nos sens, en effet, sont des explorateurs sans cesse en expédition, directe ou indirecte, lointaine ou rapprochée. Quand ces explorateurs sont vigoureux et complets, leur prise est abondante, et l'intelligence, pourvue par eux de riches matériaux, fonctionne pleinement et prend une large envergure. L'homme qui serait également sûr de ses cinq sens et qui les exercerait tous également procurerait à son intelligence un équilibre parfait, et à ses connaissances une absolue correction. Cela ne s'est peut-être jamais rencontré. En général, l'un des sens, vue, toucher, ouïe, etc., l'emporte ou défaille, et l'on a des tempéraments intellectuels qui se désharmonisent et qui prennent des accents singuliers et souvent excessifs. On connaît cependant des races ou des peuples qui ont eu le privilège d'une grande prépondérance intellectuelle, et qui ont marqué leurs œuvres d'un puissant trait d'originalité. C'est ainsi que les Grecs, et les Athéniens surtout, ont été par excellence un peuple plasticien, anxieux de la forme, la connaissant et la cultivant avec un art sans pareil. Il ne faut pas douter que la petite société athénienne était composée d'hommes génériquement pourvus de sens solides et complets; mais chez eux la vue, qui est le sens de la forme, l'emportait sensiblement sur les autres en force, en acuité et en finesse.

Aucun peuple n'a égalé les Grecs dans les arts de la forme. Mais le Français est celui qui s'en approche le plus. Cette similitude de tempérament, cette disposition spéciale des sens, cette prédominance de la vue chez les Français, sont une richesse nationale, un fonds patriotique qu'il faut constater, apprécier et ne jamais négliger. C'est à cela, messieurs, qu'aboutit la première partie de ma digression.

Voici la seconde. Un *sens* bien entier, bien amené par la nature, et tout prêt à l'éducation, peut s'abîmer s'il est mal exercé. A l'inverse, il peut s'accroître et prospérer si on l'exerce dans de bonnes conditions. J'applique immédiatement cela au sens de la vue qui doit tant nous préoccuper.

Comment exercer efficacement ce sens de la vue? comment l'amener à fonctionner de façon à gagner non seulement l'habileté vulgaire de connaître les choses, mais aussi l'habitude déjà supérieure d'en apprécier les formes? Comment faire pour que sa portée ne s'arrête pas à la première étape? L'éducation est la même pour tous les sens. Quand vous voulez développer les capacités du sens du toucher, vous soumettez le corps et toutes les parties du corps à des exercices simplifiés, méthodiques et coordonnés. Quand vous voulez développer les capacité de l'ouïe, vous l'exercez au milieu de sons mesurés et rhythmés. Si nous voulons développer les capacités plastiques de la vue, nous l'exercerons au milieu d'éclairages simplifiés et jamais contrariés.

J'ai marqué, messieurs, le sens et l'importance de la troisième utilité des bons éclairages des classes. Ils doivent être non seulement limpides pour aider le travail, abondants pour conserver les yeux, mais ordonnés pour favoriser l'exercice de la vue dans le sens de son éducation plastique. J'aurai parfait ma tâche lorsque je vous aurai fait connaître les deux solutions qui sont en présence.

Il y a une première solution; c'est celle que défendent mes honorables contradicteurs. Ils ne se préoccupent pas de la troisième condition. Ils la laissent en oubli, et comme il ne s'agit pour eux que de jeter dans les classes une quantité de lumière abondante pour que le milieu soit clair, ils se contentent de vitrer les ouvertures opposées qui servent à l'aérage de la classe. De cette façon le jour est alimenté par deux sources lumineuses et les rayons d'éclairage se croisent au milieu des élèves en les attaquant de droite et de gauche. C'est ce qu'on nomme le jour bilatéral.

Il y a la seconde solution : c'est celle que je défends. Nous nous y préoccupons autant que nos adversaires de verser un jour abondant dans la classe; car nous apprécions l'importance capitale des deux premières nécessités : facilité de travail, santé de l'œil. Mais nous voulons satisfaire à la troisième : constitution d'un milieu favorable à la lecture des formes. Cette visée commande, non seulement la quantité de la lumière, mais aussi la *qualité de l'éclairage*. Cette qualité sera obtenue ici par l'unité d'action de la lumière, afin que la forme des objets ne soit pas troublée par un enchevêtrement de clairs et d'ombres inverses, conséquence forcée des lumières croisées. Il faudra donc supprimer les jours opposés et n'avoir plus qu'une face d'éclairage. Cette face d'éclairage sera assez développée en hauteur pour que la lumière plonge dans les parties les plus profondes de la classe et en aussi grande quantité que celle qu'on introduisait dans la classe à deux jours. Cela implique relativement à la profondeur des classes une hauteur sous plafond plus grande que dans la première solution. Cet éclairage, qui donne de très beaux résultats dans l'application, prend, par opposition au premier, le nom d'éclairage unilatéral. Il va sans dire que l'*unité* de la face d'éclairage ne supprime pas la dualité des faces d'aération. Les baies qui sont opposées à celles du jour sont closes par des volets pleins qui ne s'ouvrent que dans les récréations pour assurer le renouvellement de l'air et l'introduction du soleil.

Vous voyez les deux systèmes. Ils s'opposent par leur disposition aussi bien que par leurs noms. Il y aurait beaucoup à dire sur ce sujet, et l'on a déjà beaucoup dit et beaucoup écrit. Je vous ai annoncé que je ne plaiderais pas ici. Je resterai dans les généralités d'une simple exposition.

En terminant, toutefois, permettez-moi de déposer dans vos esprits et de recommander à vos réflexions patriotiques ce trésor certain, mais trop souvent caché, qui est dans nos écoles françaises, ici ou là, dans cet enfant ou dans cet autre, ce trésor qui est l'embryon d'un futur grand peintre ou d'un futur grand statuaire, ou d'un futur grand architecte. Il y est un peu partout. Prenez garde de le laisser échapper dans les veules et muettes clartés des éclairages compliqués.

Je ne sais vraiment pas retenir ces pensées quand je songe aux ressorts artistiques de mon pays; quand je me reporte aux émotions si salutaires que nous avons recueillies depuis huit ans dans l'œuvre de notre statuaire. En face de pareilles splendeurs, comment ne pas surveiller de près nos aptitudes plasticiennes? N'en doutons pas; c'est un devoir sacré!

Voilà, messieurs, l'hygiène de la maison d'école, telle qu'elle m'apparaît dans son large cadre, et je vous ai dit tout ce que je pouvais vous en dire dans les limites de la brève consigne qui m'a été donnée.

Émile Trélat,

Professeur au Conservatoire des arts et métiers.

L'EXPOSITION ANTHROPOLOGIQUE DE MOSCOU

Jusqu'à présent les sciences et l'industrie sont restées un peu cosmopolites en Russie. Un parti nombreux, et surtout actif et intelligent, s'est organisé depuis quelques années pour les rendre exclusivement nationales. Ce parti a tout naturellement son siège principal dans le cœur de la Russie, dans la capitale traditionnelle, à Moscou. Dans cette si intéressante et si curieuse ville on peut voir, à côté du maintien des pratiques religieuses les plus naïves et les plus anciennes, le large développement des études les plus nouvelles, le vieux monde et le nouveau se coudoyant. Ce spectacle paraît tout d'abord très singulier, mais, en examinant avec soin, on retrouve toujours derrière ces pratiques religieuses, comme derrière ces études, le plus vif et le plus généreux sentiment patriotique.

Parmi les études cultivées actuellement avec le plus d'ardeur et le plus de succès par les savants russes, celle des sciences anthropologiques occupe sans contredit un des premiers rangs.

Dès 1865, il fut question de fonder à l'Université de Moscou une chaire d'anthropologie, véritable complément de l'enseignement de l'histoire naturelle. Comme voie et moyen, on se décida à organiser une grande exposition ethnographique russe. Cette exposition eut lieu, en effet, en 1867, et ne produisit malheureusement pas les résultats espérés. D'une part, pour ne pas effaroucher les esprits timorés, qui sont toujours nombreux quand il s'agit d'une science nouvelle, on avait laissé de côté le mot d'anthropologie. D'autre part, dans l'espoir d'attirer le public, on avait exagéré l'élément pittoresque de l'ethnographie. Il en résulta une montre d'objets de curiosité plutôt qu'une collection scientifique. C'est là l'écueil contre lequel viennent échouer assez généralement les musées ethnographiques.

Ce manque de succès ne découragea pas les promoteurs. Ils avaient à leur tête un homme qui à des connaissances profondes et variées joint une prodigieuse activité et une volonté de fer, le professeur Anatole Bogdanow. Les obstacles ne faisaient qu'enflammer son ardeur. Il avait projeté pour l'Université de Moscou un musée et une chaire d'anthropologie, il résolut de tout tenter pour obtenir la réalisation de son projet.

La chaire put être fondée en 1872, grâce à un legs que fit à la Société des amis de la nature M. Charles von Meck. Ce généreux donateur laissa un capital de 25 000 roubles, soit de 70 à 80 000 francs. La Société attribua ce capital à la fondation tant désirée. Un jeune candidat, M. Anoutchine, fut choisi et, sur les revenus du legs, envoyé dans les divers pays de l'Europe, étudier les travaux et les laboratoires anthropologiques. Il a passé entre autres trois ans en France et a été un des premiers auditeurs des cours de l'École d'anthropologie.

Restait la création du Musée spécial, destiné à fournir les matériaux nécessaires pour l'étude et l'enseignement. M. Bogdanow résolut d'organiser une nouvelle exposition, en arborant franchement, cette fois, le drapeau de l'anthropologie. La Société impériale des amis de la nature donna son adhésion à ce projet, et il fut arrêté qu'une exposition d'anthropologie aurait lieu, en 1879, à Moscou.

De généreux amis des sciences firent les fonds nécessaires pour mettre le projet à exécution. Nous pouvons citer M. Téréscenko, qui a donné 35 000 roubles, M. Poliakow, 25 000, M. Spiridonow, 15 000, M. Kosakow, 10 000, M. Ananow, 5 000; en tout 90 000 roubles, qui représentent de 250 à 300 000 fr. Brillant exemple donné aux Mécènes de tous les pays.

Grâce à cette importante recette on put se mettre à l'œuvre de suite et pousser activement les travaux. Mais il ne fallait pas s'exposer à manquer d'objets nombreux et surtout importants. De plus, il était indispensable de former de riches séries pouvant, après l'exposition, constituer le musée spécial projeté. Le comité d'organisation, présidé par M. Davidow, ne se contenta donc pas de faire appel à toutes les Sociétés savantes, à tous les établissements d'instruction publique et aux collectionneurs. Parmi les jeunes savants et les étudiants, il choisit les plus actifs, et, prenant dans les fonds reçus 18 000 roubles, il donna à ces jeunes gens des missions particulières. Ils furent envoyés dans les diverses régions de la Russie, le Nord, l'Oural, les côtes de la Baltique, la Russie centrale, la Petite-Russie, le Caucase et la Crimée. Plus de cinquante personnes reçurent ainsi des subsides pour faire des recherches et des fouilles. L'ardeur fut grande, le succès plus grand encore, et de toute part les chercheurs et les fouilleurs rapportèrent de précieuses et abondantes séries. Grâce à ces missions les Samoyèdes, les Lapons et les Meschiariaks ont été sérieusement étudiés sous le rapport anthropologique. On a pu recueillir le mobilier funéraire de tumuli de quinze gouvernements et districts. Des fouilles considérables ont été faites en Crimée et au Caucase.

Par suite de ces sages mesures, le succès de l'exposition était assuré. La commission de l'exposition obtint comme local le grand manège militaire. C'est un immense bâtiment rectangulaire, qui se trouve au centre de Moscou, tout près du Kremlin, presque en face de l'Université. Il fut construit en 1817, par des Français, et mesure près de 163 mètres de long sur 47 mètres de large. Sa contenance est plus du double de celle du bâtiment spécial de l'exposition des sciences anthropologiques de Paris. Ce qui distingue ce bâtiment, c'est qu'il ne forme qu'une seule salle, coupée par aucune colonne. Le plafond est construit d'après le système des ponts tubulaires. On se sert l'hiver de ce manège pour faire des manœuvres militaires et passer à couvert des revues de cavalerie et d'infanterie.

L'idée première de M. Bogdanow et du comité d'organisation de l'exposition a été d'y établir une classification régulière. C'est le rêve de tous les organisateurs d'expositions scientifiques. Malheureusement c'est un rêve irréalisable. Les projets de classification viennent toujours échouer contre des difficultés constitutionnelles, si je puis m'exprimer ainsi. La constitution des expositions ne supporte pas la classification régulière.

1° Parce que beaucoup d'exposants particuliers ou Sociétés exigent que leurs collections fassent un tout. Bien que composés d'éléments divers, les propriétaires des collections ne veulent pas que ces éléments soient divisés, éparpillés;

2° Les envois sont rarement exactement semblables à ce qui a été annoncé. Il y a souvent des pièces et même des séries en plus ou en moins. On ne peut donc arrêter un classement d'avance;

3° La réception et la mise en place des objets se fait très à la hâte, au dernier moment, et l'on n'a plus le temps de rien classer; c'est tout au plus si l'on peut convenablement mettre tout en place;

4° Enfin au dernier délai, et même après l'ouverture, arrivent de nouveaux objets curieux et importants qu'on ne peut refuser. On les place alors où l'on peut.

On pourrait ajouter que le côté pittoresque, l'organisation et décoration du local, a aussi des exigences qui ne cadrent pas toujours avec l'ordre régulier et systématique.

Nous allons maintenant visiter l'exposition qui s'est ouverte le 15 avril 1879, et qui a duré jusque vers la fin de septembre. Nous la parcourrons sans nous astreindre à aucune classification.

L'immense salle du manège, de 150 mètres de long sur 45 mètres de large, aurait été d'un aspect beaucoup trop plat et trop nu, si on ne l'eût coupé et divisé en divers compartiments. C'est ce que l'on a fait d'une manière très pittoresque en y établissant des rochers et des montagnes. Ces rochers, au moyen de rampes habilement ménagées, conduisent à des galeries supérieures. Pour utiliser ce décor, dans l'intérêt de la science, on l'a transformé en vues et coupes géologiques. C'est aussi dans ces rochers qu'on a ménagé plusieurs grottes rappelant les premières habitations de l'homme en Europe, habitations qu'il était obligé de disputer aux animaux les plus féroces. C'est ainsi qu'il y a une grotte du Grand Lion des Cavernes, une grotte du Grand Ours, une grotte de l'Hyène.

Montagnes et rochers laissent entre eux deux grandes plaines ou vallées. C'est dans la première, à gauche, qu'est groupé, autant que possible, ce qui concerne les temps préhistoriques; dans celle de droite, l'anthropologie actuelle, l'anthropologie pathologique et l'ethnographie. Au delà des rochers qui terminent cette vallée, se trouve une vaste salle contenant les collections particulières. Des rampes conduisent à une série de galeries destinées aux détails ethnographiques, aux séries de crânes et de portraits soit peints, soit photographiés.

Des reproductions des plus gigantesques animaux des temps géologiques font connaître les lourdes et bizarres formes des faunes qui ont précédé l'apparition de l'homme. C'est dans le compartiment préhistorique que se trouvent surtout ces animaux. Au milieu d'une forêt de plantes houillères, permiennes et jurassiques, on voit au bord d'une mare l'Hyléosaure, avec ses colossales formes de batracien, et sur les rives d'un lac ou bras de mer l'Ichtyosaure. Tout près, le Glyptodon, revêtu de son volumineux bouclier, s'abrite auprès d'un rocher. Un peu plus loin, le Mégathérium se dresse lentement et nonchalamment contre un gigantesque tronc d'arbre.

En face, de l'autre côté de la vallée, le Mammouth, le contemporain des premiers hommes, trône majestueusement, avec ses immenses défenses en spirales, sa longue et belle crinière, son vêtement de laine. Ici la fantaisie n'a joué aucun rôle. Non seulement on a trouvé en Russie des débris extrêmement nombreux du squelette de cet animal, mais la Sibérie du nord, deux ou trois fois, a livré à l'étude des paléontologues des animaux entiers avec chair et peau. L'artiste n'a donc eu qu'à reproduire fidèlement la nature. Tout autour de cette restitution abondent les os fossiles quaternaires les plus intéressants. Il y en a là de quoi former tout un musée.

Un seul représentant de la faune géologique se trouve dans la vallée du milieu, consacrée à l'anthropologie actuelle, c'est le Plésiausore. Ce singulier animal dresse fièrement son long cou de serpent au milieu d'un charmant bassin.

Dans la plaine et surtout sur les rochers sont disséminés des modèles d'un dolmen scandinave, d'un tombeau militaire de Samarcande, d'un dolmen de France, d'un dolmen du Caucase et d'un kourgane des environs de Moscou.

La partie plane du compartiment du milieu, le premier dans lequel on pénètre en entrant, est semée de pelouses garnies de forêts d'arbres résineux. Là sont diversement rangées des séries de mannequins représentant les races les plus bizarres du globe entier, comme les Australiens, les Zoulous et les Hottentots, les Aïnos du Japon, singulièrement tatoués. Ce sont surtout les diverses populations russes qui y figurent en grand nombre : Lapons, Samoyèdes, Tongouses, etc. Le principal groupe est un remarquable campement des environs de Samarcande, envoyé par le général Kaufmann. On y voit aussi la reproduction de l'anomalie, qui n'est pas très rare en Russie, des hommes velus : une vieille femme avec une véritable barbe de sapeur grisonnante; un homme et un enfant dont les figures sont recouvertes, sauf le nez, de poils ébouriffés à l'instar de la tête d'un chien griffon.

Mais ce qui fait la grande originalité de cette section, c'est qu'à côté des mannequins fort bien exécutés, le comité d'organisation, avec le concours de divers gouverneurs de province, est parvenu à réunir une véritable collection de sujets vivants. Ils campent sur les pelouses, au milieu des arbres, et circulent dans toute l'exposition, revêtus de leurs costumes nationaux. Ce sont des familles de Vogouls, de Samoyèdes et de Lapons de Russie; un Beloutchi et un Karaglinois.

Le long des murs à droite et à gauche de la section préhistorique sont groupées de riches et nombreuses collections, appartenant presque toutes à la Société et destinées à former le fond du Musée d'anthropologie. La série de gauche débute par de la géologie et se termine déjà par des fouilles de kourganes. Ce sont tout d'abord des échantillons de roches, des fossiles végétaux nombreux et variés, des coquilles, des empreintes de poissons et des ossements qui accompagnent des coupes et une belle carte géologique de la Russie et lui servent de démonstration.

Viennent ensuite les riches récoltes faites par M. Anoutchine pendant son séjour à l'étranger. On voit là se développer largement le préhistorique Français, Anglais, Belge, Suisse, Scandinave et même Américain. Le Français domine de beaucoup et une collection sert de démonstration à ma classification préhistorique. Avec ces produits étrangers se voient des produits russes. Citons tout d'abord les moulages donnés par Mme la générale Raïewski; moulages généreusement distribués par la donatrice dans presque tous les musées d'Europe et qui ont tant contribué à faire connaître le préhistorique Russe. Divers instruments en pierre, partie en silex, provenant des bords de la mer Blanche, des gouvernements de Wladimir, de Toula, de Kostroma, de Minsk, de Kasan, etc.

Le manque de place a obligé de mettre à la suite des collections de la Société, celles de Mme Strekalow et de M. Samokwassoff, provenant surtout de fouilles de kourganes. On y voit des torques en bronze et même en argent formés d'une tige torse tout comme les torques gaulois. Parmi les poteries, il y en a avec des croix et même avec des anses à appendice relevé, presque anses lunulées, provenant des tumulus de Kiew.

Quant aux produits des nombreuses fouilles que la Société a fait exécuter dans les kourganes et cimetières des diverses parties de la Russie, ils s'étalent en face le long de la paroi droite de la section. Les fouilles ont été dirigées surtout par MM. Zograw, Kelsiew, Stida, Ouchakow, Néfédow et Philimonow. Les collections se composent de squelettes entiers, de crânes nombreux, de mobiliers funéraires très riches et très variés, de plans exacts de fouilles, de plans en relief de champs funéraires, de petits modèles de kourganes et de tombes diverses. On trouve là une monographie des plus complètes des sépultures du territoire russe de l'an 700 à l'an 1200 de notre ère. Quand je dis de l'an 700, les fouilles de Crimée de M. Philimonow, du plus grand intérêt, nous font remonter bien plus haut. Elles nous montrent des lames de poignards, des haches à légers rebords droits et des épingles qui sont caractéristiques de l'âge du bronze; viennent ensuite de grossières statuettes de cerf qui ne peuvent être comparées qu'aux premiers essais de statuettes en bronze de la Sardaigne. Tout à côté se trouve une nombreuse série de grandes fibules en demi-cercle, avec ressorts à simple boudin, qui atteignent jusqu'à $0^{m},15$ de diamètre. C'est là une forme caractéristique du premier âge du fer en Italie. Mais nulle part, je crois, ces fibules n'atteignent de pareilles dimensions. L'influence et l'époque romaines sont nettement établies par la présence de poteries à vernis rouge vif dites poteries samiennes, de fioles à parfums en verre, habituellement désignées sous le nom de lacrymatoires et de fibules à charnières. Enfin l'époque mérovingienne y a laissé les types les plus certains de son industrie : colliers en grosses perles de pâtes diverses aux couleurs vives et brillantes; bracelets ovales, ouverts sur le côté, avec bouts se renflant en cône renversé; fibules avec appendices rayonnants autour du sommet; larges plaques de ceinturon. C'est un fait complètement nouveau. Le mérovingien jusqu'à présent n'a pas encore été signalé dans l'est de l'Europe.

Sur la montagne qui sépare la section préhistorique de la section actuelle, se trouve d'un côté le produit des fouilles que M. Kerzelli a faites au Caucase et de l'autre celui des kourganes des environs de Moscou si bien explorés par M. Anatole Bogdanow.

En entrant dans la seconde section on voit tout d'abord une collection des plus riches de monstruosités chez le nouveau-né. Elle se compose de 73 crânes et de 103 photographies. C'est comme l'introduction, passablement effrayante, d'une exposition de l'éducation de la première enfance, organisées par le docteur Pokrovsky. On y trouve reproduit au moyen de poupées et de mannequins tout ce qui concerne les soins, et plus souvent encore les manques de soins, que l'on a pour les enfants chez les diverses populations de la Russie. Cette partie de l'exposition est des plus curieuses. On voit l'enfant de la steppe, la tête couverte du bonnet qui doit lui déformer les oreilles; — la femme Ostiaque portant le berceau de son enfant sur le dos comme si c'était une simple hotte; — les divers urinoirs employés au Caucase pour que les enfants des deux sexes ne mouillent pas leur couche; — l'enfant placé à nu sur du sel également au Caucase; — la crèche primitive faite avec une simple écorce d'arbre; — la Calmouk laissant son enfant tout nu sur le sol attaché à une corde; — le Sibérien plaçant le sien dans une rondelle évidée d'un gros tronc d'arbre en ayant soin de lui donner un petit banc; — la Finnoise portant son enfant devant elle dans une espèce de gouttière formée de l'évidement d'une moitié de branche d'arbre; — la faneuse de la Russie Blanche travaillant avec son enfant dans un berceau sur le dos; — le corset des jeunes filles, de je ne sais plus quel pays, dont les lacets ne sont coupés que par le mari le jour des noces, etc., etc. Cette partie de l'exposition, très importante au point de vue ethnographique, l'est encore plus au point de vue hygiénique.

Dans la même section, en face, l'Université et les diverses cliniques de Moscou, ont fait une brillante exhibition d'anatomie humaine comparée dans les diverses races et de cas pathologiques. Parmi ces derniers on remarque surtout ce qui concerne les maladies des os et le rachitisme d'une part, et la plique polonaise, maladie du cuir chevelu, d'autre part. En fait d'anatomie comparée il y a de précieux embryons de nègre et de Hottentot rapprochés des embryons européens, et une belle série de bassins moscovites. Tout à côté, une autre série de bassins exposés par la clinique d'accouchement de l'Université de Carcow, en contient beaucoup d'italiens et de japonais.

En gravissant la montagne qui forme le fond de cette

seconde section, on arrive à de grandes galeries où sont entassés, c'est le mot, tant il y a de précieuses richesses scientifiques :

1° Les crânes au nombre de 1500 à 1600. Ceux provenant des races vivantes s'élèvent au nombre de 500 à 600, tous les autres ont été recueillis dans les kourganes. Cette riche collection appartient à la Société et à l'Université.

2° Les portraits se composant de portraits historiques exposés par les archives des affaires étrangères. Il y a là une réunion des plus remarquables des hommes célèbres de la Russie.

Types des peuples anciens d'après la reproduction de vieilles peintures égyptiennes, grecques, romaines et surtout russes.

Nombre immense de photographies de tziganes et de Karaïmes réunis par M. Popandopulo, d'habitants du Causase et du Turkestan, de Finnois, de Lapons, d'Estons, de Bouriates, de Mongols de l'extrême Sibérie. A ces diverses séries d'habitants de la Russie, il faut ajouter beaucoup de photographies d'autres peuples, entre autres de Turcs et de Bulgares. Après la guerre, les anthropologues russes ont pris une excellente mesure. Ils ont fait photographier des bandes entières de prisonniers.

3° Enfin l'ethnographie contenant des collections très variées et fort curieuses. On y voit les ustensiles employés par les habitants des bords de l'Amour, en Sibérie, rapportés par M. Tchouktchi. Il y a entre autres un appareil pour faire le feu.

De jolis objets basquirs et kirghis.

M. Kelsieff a rapporté de son exploration de la Laponie russe une riche moisson. Il a fait entre autres un relevé fort intéressant des divers signes qui distinguent les familles du pays. Des bois portant ces signes servent à marquer les rennes de chacune des familles. Parmi ces signes on voit la croix gammée ou swastica. Il est là exceptionnel. Mais sur les sacs à balles il se voit presque toujours d'un côté. De l'autre il y a une croix ordinaire.

Les broderies sur étoffes de couleurs vives sont très recherchées dans les différentes régions de la Russie. Elles ont généralement un cachet et un type particuliers suivant les gouvernements. Aussi la partie ethnographique de l'exposition de Moscou contient de riches et belles séries de ces broderies. Les unes contiennent des représentations d'hommes et d'animaux, les autres ne reproduisent que des ornementations diverses. Ainsi dans le gouvernement d'Arkangel on reproduit des êtres vivants. Il en est de même dans celui d'Orel, mais là les broderies sont généralement à jour. Au contraire, dans les gouvernements de Kostroma et de Rostow, il y a de charmantes compositions sans aucune représentation d'êtres vivants, mais on voit plus ou moins fréquemment le swastica. Sur certains points même c'est un des motifs les plus fréquents.

La Sibérie la plus orientale, avec l'industrie des Bouriates, a fourni des flèches de fer aplaties et des objets boudhiques, ces peuples pratiquant encore le bouddhisme.

Sur cette galerie se trouve aussi une remarquable carte archéologique du Caucase, par M. Felitsine.

Il ne nous reste plus qu'à mentionner la troisième section, contenant les collections particulières. Elles sont nombreuses, et toutes russes, si je ne me trompe, sauf celle du musée ethnographique de Leipzig, et celle de M. Kanitz, de Vienne. Les principales sont celles du comité de statistique de la Russie, de la Société géographique de Pétersboug, les collections Lutoslansky, Terechtchenko et du président du comité. Entrer dans les détails de ces précieuses collections serait plein d'intérêt, mais nous entraînerait trop loin.

Ce simple exposé suffit pour démontrer l'importance de l'exposition anthropologique de Moscou. L'œuvre, parfaitement conçue, a été on ne peut mieux exécutée ; aussi le succès a été des plus grands et des plus complets. Tel est l'avis de tous ceux qui ont pu voir et étudier cette remarquable exposition.

G. de Mortillet.

REVUE MARITIME

Les bateaux-torpilleurs.

La torpille a pris depuis quelques années une importance considérable dans les opérations maritimes : fixe au début et destinée surtout à la défense des rades et des ports, elle est bientôt sortie de ce rôle passif et s'est transformée peu à peu pour devenir active et passer de la défensive à l'offensive. Les navires ont été munis de torpilles sur espars, qui viendront frapper l'adversaire au moment de l'abordage, de torpilles divergentes remorquées, qui atteindront l'ennemi si l'on ne réussit pas dans le choc, ou qui protégeront l'arrière contre un coup d'éperon, de torpilles automobiles enfin qui, lancées des flancs d'un navire ou mieux d'une sorte d'affût placé sur le pont, viendront atteindre l'adversaire et, quelquefois, peut-être aussi dans la mêlée, quelqu'un des navires amis.

Il y aurait une longue et intéressante étude à faire des différents modes d'action des torpilles, en se restreignant même à leur utilisation à bord des navires ; nous nous proposons aujourd'hui d'en examiner un point tout spécial, celui de l'emploi des torpilles sur de petites embarcations. Portant la destruction au milieu d'une flotte ennemie, venant attaquer un port, ou profitant de la nuit pour mettre le désordre au milieu d'une escadre au mouillage, le canot porte-torpille, le *torpilleur* (puisque le nom a conquis maintenant ses titres de francisation) est réellement l'arme de la guerre des mines sous-marines.

Dès les premiers jours de la lutte de la sécession américaine (car c'est là qu'il faut toujours remonter pour suivre l'histoire des torpilles), on s'était préoccupé de l'emploi de ces nouveaux engins : la marine fédérale avait essayé en 1862 un système reconnu bientôt inapplicable, et ce fut la marine confédérée qui, la première, se servit utilement de ces embarcations : c'étaient des canots à vapeur de 9 mètres de longueur environ, protégés par une sorte de toit à l'épreuve de la balle et portant à l'extrémité d'une perche en bois recourbée une torpille devant faire explosion au contact. C'est avec une embarcation de ce type, *le Squib*, que le capitaine Davidson tenta en 1864 de faire sauter le bâtiment amiral le *Minnesota* devant Hampton Roads ; ce navire fut fortement endommagé et ne dut son salut, sans doute, qu'à un défaut dans le système même de la torpille.

Presque en même temps, les fédéraux armèrent leurs chaloupes d'avant-garde (*picket boats*) avec des torpilles du système Wood; il y avait déjà là un progrès : l'espar porte-torpille pouvait être poussé ou rentré à volonté; une de ces chaloupes, commandée par le lieutenant Cushing, détruisit en 1863 le navire confédéré *l'Albemarle;* l'attaque eut lieu pendant le jour, le canot fut coulé par un boulet, mais il n'en avait pas moins réussi dans son aventureuse entreprise.

Pendant cette guerre, on installa également pour porter des torpilles quelque navires spéciaux, en particulier un certain nombre de ces *monitors light draught,* qui étaient absolument impropres à atteindre le but pour lequel ils avaient été construits et que l'on essaya d'utiliser de cette manière; on se servit également d'embarcations sous-marines, mais ce serait sortir du cadre de cette étude d'examiner en détail ces créations, dont le plus grand mérite était l'originalité (1).

Depuis la lutte de la sécession jusqu'au moment de la guerre entre la Russie et la Turquie, les bateaux torpilleurs n'eurent à remplir aucun rôle actif ; pendant ces treize années on s'occupa de les perfectionner : les résultats les plus importants furent obtenus par un constructeur anglais, M. Thornycroft.

Dès 1871, ce constructeur livra *la Miranda,* embarcation de plaisance de 15 mètres de longueur, atteignant une vitesse de 16n,5(2); en 1873, la Norvège commandait un canot porte-torpille, à moindre vitesse (14n,5), mais construit plus solidement en vue de servir à la mer; en 1874, le Danemark exigeait une vitesse de 15n,5 : l'année suivante, la France et l'Autriche commandaient à M. Thornycroft des canots de 21 mètres de longueur réalisant 18n,2, c'est-à-dire une vitesse déjà supérieure à celle obtenue sur le petit canot de plaisance point de départ de cette transformation; ces canots portent deux espars en acier de 12 mètres de longueur, pouvant être ramenés sur le pont, chacun d'eux recevant une torpille chargée de 25 kil. de dynamite.

Un progrès considérable, résultat de recherches entreprises dans différents pays, avait été déjà réalisé : on était parvenu à rendre silencieux l'échappement de la vapeur, qui permettait de reconnaître au loin ce dangereux ennemi.

On s'occupa alors d'employer les torpilleurs non plus seulement à porter ou à remorquer des torpilles, mais encore à les lancer ; on les munit soit de dispositifs placés sur le pont et se rabattant sur le côté, de manière à immerger la torpille, qu'il suffit alors de lâcher, soit de tubes intérieurs placés au-dessous de l'eau; ces tubes, fermés par un appendice mobile empêchant l'eau d'y pénétrer, sont, par l'autre extrémité, en communication avec un réservoir d'air comprimé; on les ouvre pour placer la torpille, puis, après avoir fermé la porte de chargement, on soulève l'appendice externe et on admet l'air comprimé; celui-ci chasse la torpille, dont un déclic met en mouvement le mécanisme dès qu'elle sort du tube. Elle part alors dans la direction de l'axe de l'embarcation et à la profondeur pour laquelle elle a été réglée (1).

L'embarcation lance-torpilles construite pour l'Italie en 1876 avait 22m,80 de longueur, et sa vitesse était de 18 nœuds ; peu après, l'Amirauté anglaise commandait *le Lightning*, de 25m,20, ayant atteint à un moment donné 19n,4.

Mais il ne s'agit pas seulement de réaliser pendant quelques instants une vitesse très considérable; il est préférable d'être certain de maintenir une belle vitesse pendant un temps assez long pour réaliser le programme fixé à ces embarcations; aussi pour les dernières, commandées par la marine française et qui ont 26m,10 de largeur, a-t-on exigé que la vitesse de 18 nœuds fût maintenue pendant trois heures.

Lors de la guerre de 1877, la marine russe avait déjà depuis deux ans organisé d'une manière suffisante le service de l'attaque et de la défense par les mines sous-marines : une vingtaine de torpilleurs étaient construits; l'école de Cronstadt avait fourni un personnel nombreux d'officiers et de sous-officiers aptes à ce service. Prévoyant les avantages que pouvaient tirer de ces nouveaux engins des hommes hardis et intelligents, le gouvernement russe envoya dès les premiers préparatifs de guerre tout le matériel et le personnel dont il pouvait disposer rejoindre l'armée d'invasion; 200 marins, bientôt après l'équipage d'élite de la frégate *Svetlana,* furent expédiés sur le Danube avec tous les canots à vapeur un peu rapides.

Nous ne pouvons décrire ici les tentatives parfois heureuses des torpilleurs russes ; il suffira d'en citer une pour montrer combien ces frêlons de la mer peuvent faire courir de dangers aux escadres.

Le 22 janvier 1878, l'escadre turque était au mouillage de Batoum; le commandant Mackaroff, qui s'est fait dans cette guerre une réputation bien méritée, reçut l'ordre de partir de Sébastopol pour aller l'attaquer; il appareilla avec deux bateaux lançant des torpilles Whitehead, *le Sinope* et *le Tchesmé,* qu'il embarqua à bord du *Constantin*; retardé par le mauvais temps, il arriva dans la nuit du 25 au 26 à quelques milles de Batoum ; à 11h,25, les deux embarcations étaient à la mer, à 1h,30 elles arrivaient en rade de Batoum et reconnaissaient au mouillage l'escadre turque, forte de 7 navires; elles purent s'approcher jusqu'à environ 70 mètres du navire placé en grand'garde et lancer sur lui leurs torpilles; une minute après, une gerbe d'eau noirâtre s'éleva jusqu'à mi-hauteur de la mâture du bâtiment turc, qui coula immédiatement; les deux embarcations se retirèrent de suite, et, malgré le feu d'une batterie de terre, rejoignirent à 3h,45 *le Constantin,* qui rentra à Sébastopol (2).

(1) Il peut être intéressant de rappeler l'histoire d'un de ces canots sous-marins confédérés : une première fois, au moment de partir pour attaquer la flotte fédérale, un accident le fit couler ; 8 hommes sur 9 périrent; le commandant seul se sauva; une seconde fois, chavirant près du fort Sumter, il perdit 6 hommes; plus tard, dans un essai, il ne put remonter à la surface et resta au fond avec tout son équipage. Enfin une dernière tentative fut couronnée de succès : la corvette fédérale *l'Housatonic* sauta devant Charleston, premier et dernier exploit du petit *torpedo boat,* car on ne le revit plus. Fut-il détruit en même temps que son adversaire, coula-t-il en revenant sur les récifs, on ne put le savoir.

(2) Le nœud correspond à 1852 mètres parcourus en une heure ; les canots Thornycroft partant d'une vitesse de 29km,5 sont arrivés en 1877 à une vitesse de 33km,3 et *la Gitana* a même atteint 38km,9.

(1) La torpille Whitehead (nom de son inventeur), a la forme d'un poisson et une longueur d'environ 5 mètres; elle est en tôle d'acier et se compose de trois compartiments principaux : celui de l'avant reçoit la charge de dynamite faisant explosion au choc; le compartiment du milieu est le réservoir d'air; à l'arrière se trouve la petite machine Brotherhood actionnant deux hélices tournant en sens contraire pour assurer la marche en ligne droite; des palettes maintiennent l'horizontalité de ce flotteur; enfin un dispositif secret, analogue sans doute au petit instrument de physique connu sous le nom de *ludion,* maintient l'enfoncement à une profondeur déterminée.

(2) La marine russe s'est constitué maintenant une force considérable en torpilleurs : outre les bateaux qu'elle a achetés à l'étranger, elle en a fait construire 85 à Saint-Pétersbourg.

Sans nul doute les précautions prises par l'escadre turque étaient tout à fait illusoires, mais il est bien probable que, dans maintes circonstances, de pareilles tentatives pourront encore réussir.

Les escadres au mouillage doivent être maintenant défendues par des grand'gardes composées d'embarcations à vapeur très rapides, armées de manière à poursuivre et réduire à l'impuissance les torpilleurs; elles doivent éclairer l'horizon et la mer autour d'elles avec des fanaux électriques placés à terre dans les batteries, ou portés par les cuirassés et les embarcations de grand'garde; les navires doivent enfin compter dans leur armement de nombreuses mitrailleuses, armes à tir rapide, telles que les canons revolvers Hotchkiss formant une ceinture de feux. Mais ce n'est pas suffisant: l'appréhension seule d'une attaque placera les commandants et les équipages dans un tel état de préoccupations qu'après quelques jours la surveillance se relâchera forcément. Il n'y aura plus alors pour les escadres qu'un moyen de défense : ce seront des estacades, des filets construits de manière à résister aux chocs des torpilles, ce seront mieux encore des rades presque closes ou des réduits formés dans l'intérieur des rades.

Les torpilleurs d'ailleurs n'attaqueront pas isolément: toute escadrille comprendra un certain nombre de porte-torpilles ou de lance-torpilles qui se détacheront des groupes au moment de l'attaque, mais elle sera en outre complétée par des embarcations moins rapides, portant de l'artillerie et des fusiliers, appelées à détourner l'attention et à défendre les torpilleurs contre les grand'gardes de l'ennemi.

Il est certain que les torpilleurs ne peuvent réussir qu'à la condition de ne pas être vus, car malgré l'emploi pour leur construction de la tôle d'acier, malgré l'augmentation d'épaisseur de leur carapace, qui atteint maintenant 5 millimètres, ils ne seront jamais à l'abri des balles des mitrailleuses; mais encore faut-il que celles-ci les atteignent, et au milieu de la surprise d'une attaque, de l'émotion des équipages, il est fort probable que peu de coups porteront, si on ne les aperçoit que de très près.

Très ras sur l'eau, ne laissant guère apercevoir que leurs deux cheminées, une ou deux manches à air et une petite guérite dans laquelle se tient le commandant, les torpilleurs se comportent parfaitement à la mer : plusieurs d'entre eux ont dernièrement traversé la Manche par des mers un peu grosses.

Les machines et les chaudières sont séparées du reste de l'embarcation, le compartiment des chaudières (isolé le plus souvent par une cloison de celui de la machine) est hermétiquement fermé et un ventilateur y projette de l'air à une pression un peu plus élevée que la pression atmosphérique; on augmente notablement de cette manière la combustion sur les grilles, et on parvient à produire la grande puissance nécessaire pour atteindre des vitesses de 15 et même 20 nœuds, avec des appareils légers et peu encombrants (1). L'arbre de l'hélice est placé à la hauteur de la quille, ce qui permet de doubler le diamètre de l'hélice et par suite d'obtenir une meilleure utilisation.

Si M. Thornycroft a le premier réussi dans la construction des embarcations rapides, d'autres constructeurs l'ont bientôt suivi dans cette voie et rivalisent aujourd'hui avec lui; nous avons cité les nombreux torpilleurs construits en Russie (1), ceux qu'a livrés le chantier d'Elbing, en Allemagne; en Angleterre, M. Yarrow a entrepris la construction de ces canots sur une vaste échelle; enfin nos chantiers français ne sont pas restés en arrière, et les usines de MM. Normand du Havre, Claparède de Saint-Denis, de la Compagnie des forges et chantiers, au Havre et à La Seyne près de Toulon, parviennent à réaliser les conditions de vitesse qui jusqu'à présent étaient restées l'apanage des chantiers anglais, et assurent par suite à l'industrie nationale des travaux qui sont appelés à prendre de jour en jour une plus grande extension.

(1) Les machines des derniers torpilleurs construits par M. Yarrow marchent à une pression de 8 kil. aux chaudières; elles donnent 460 tours par minute et développent 420 chevaux.

(1) L'un d'eux, construit en tôle de cuivre, a pu, grâce au poli de sa carène, réaliser de magnifiques vitesses.

BULLETIN DES SOCIÉTÉS SAVANTES

Académie des sciences de Paris. — 20 octobre 1879.

M. Brown-Séquard : Influences inhibitoires de l'encéphale sur lui-même ou sur la moelle épinière et de cette dernière sur elle-même ou sur l'encéphale. — M. Peters : Découverte d'une petite planète. — M. de Bernardière : Observations magnétiques de déclinaison, d'inclinaison et d'intensité horizontale dans le bassin de la Méditerranée. — M. L. Laurent : Le saccharimètre Laurent. — M. L. Ranvier : Le mode d'union des cellules du corps muqueux de Malpighi. — M. Dastre : La glycémie asphyxique.

M. *Brown-Séquard* expose une série de recherches montrant la puissance, la rapidité d'action et les variétés de certaines influences inhibitoires (influences d'arrêt) de l'encéphale sur lui-même ou sur la moelle épinière et de ce dernier centre sur lui-même ou sur l'encéphale. Les faits observés ont conduit l'auteur aux conclusions suivantes : 1° sous l'influence d'une irritation locale, nombre de parties de l'encéphale peuvent déterminer l'*inhibition* (*l'arrêt*) de l'excitabilité au galvanisme de plusieurs autres parties de ce centre nerveux ou de la moelle épinière, soit du même côté, soit du côté opposé; 2° la moelle épinière, irritée en certains points, peut déterminer l'inhibition des propriétés excito-motrices d'autres parties de ce centre nerveux à une grande distance en avant ou en arrière de la lésion irritatrice; 3° le nerf sciatique et la moelle épinière peuvent déterminer, du côté opposé à celui où on les a irrités par une section, l'inhibition de l'excitabilité au galvanisme et d'autres propriétés de l'encéphale dans toutes ses parties, y compris celles où l'on a cru pouvoir localiser des centres psychomoteurs.

— M. *Peters* annonce la découverte faite par lui, à Clinton, d'une nouvelle petite planète de onzième grandeur. Ascension droite, $1^h,0^m$; déclinaison, $+ 1°,20'$; mouvement diurne 5' sud. Cette planète est la 206e.

— M. *de Bernardière*, lieutenant de vaisseau, assisté par MM. Nicou et Laporte, sous-ingénieurs hydrographes, a fait, après un séjour d'un an à l'Observatoire de Montsouris, la campagne de la frégate-école *la Flore*, comme instructeur des élèves de la marine. Il a mis à profit les diverses relâches de ce navire pour faire une série d'observations magnétiques de déclinaison, d'inclinaison et d'intensité horizontale dans le bassin de la Méditerranée. Ces observations ont été faites avec beaucoup de soin à l'aide du petit théodolite-boussole de Lorieux et d'un théodolite du même genre construit par Brunner, auquel M. Marié-Davy a fait subir quelques modifications qui permettent d'obtenir en outre l'inclinaison et l'intensité horizontale. Toutes ces observations, faites pendant les années 1878 et 1879, ont été ramenées au 1er janvier 1879 et vérifiées par M. Marié-Davy, qui a pu les comparer aux observations contemporaines faites à l'Observatoire de Montsouris. M. de Bernardière vient d'observer les mêmes éléments magnétiques à son retour à Paris, ce qui lui a permis de vérifier toutes les constantes des deux instruments employés.

— M. *L. Laurent* adresse une note sur le saccharimètre Laurent. On fait souvent fonctionner le saccharimètre pendant plusieurs heures; le brûleur échauffe le polariseur, fait persiller le baume employé au collage et diminue la sensibilité. Si l'on éloigne le brûleur, on perd en lumière, ce qui est une difficulté, car on agit près de l'extinction totale. L'auteur présente à l'Académie deux modèles différents. Le grand modèle, qui est préférable, se compose d'une règle en forme de V; aux deux extrémités, elle porte deux bonnettes alésées au moyen d'un outillage spécial et qui assure un bon centrage. On peut employer des tubes de $0^m,50$. Le levier qui sert à faire tourner le polariseur est placé derrière le cadran. Deux figures dont M. Laurent accompagne sa note montrent la marche de la lumière. Il est facile de voir que, grâce aux modifications apportées à l'appareil, on obtient plus de lumière et de netteté, et que les réflexions dans les tubes sont supprimées.

— M. *L. Ranvier* communique les résultats de ses nouvelles recherches sur le mode d'union des cellules du corps muqueux de Malpighi. Les cellules de l'épiderme prennent naissance à la surface des papilles et des dépressions interpapillaires. Elles s'en dégagent successivement et s'élèvent pour atteindre une région dans laquelle elles forment, au-dessus du sommet des papilles, une couche uniforme, que l'auteur désigne sous le nom de *lac du corps muqueux de Malpighi*. Ces cellules, dans leur trajet, se déplacent les unes par rapport aux autres, comme dans un changement de front. C'est ainsi qu'au centre des boyaux interpapillaires elles sont pressées latéralement et se rangent en file, tandis que, dans le lac du corps muqueux, elles se distribuent d'une manière homogène d'abord, puis s'aplatissent perpendiculairement à la surface de la peau pour former le *stratum granulosum*.

Voici quelques renseignements historiques qui permettront de mieux saisir la question. Schrœn aperçut le premier, sur le bord des cellules épithéliales du corps muqueux de Malpighi, la striation scalariforme, aujourd'hui bien connue de tous les histologistes. Il l'attribua à des canaux poreux qui seraient creusés dans la membrane des cellules et qui les feraient communiquer les unes avec les autres. M. Schultze, après avoir reconnu que les cellules épithéliales sont dépourvues de membrane et ne possèdent pas de cavités, ne pouvait admettre la manière de voir de Schrœn. Ayant isolé au moyen du sérum iodé les éléments cellulaires du corps muqueux, il les vit hérissés de pointes et supposa dès lors que la striation observée par Schrœn correspondait à des piquants qui affecteraient entre eux des rapports semblables à ceux des dents de deux roues d'engrenage. Plus tard, Bizzozero chercha à établir que les piquants des cellules du corps muqueux ne sont pas engrenés, comme Schultze l'avait cru. Ils seraient soudés bout à bout par leurs pointes et laisseraient entre eux des espaces destinés à la circulation des fluides nutritifs. Dans ces dernières années, G. Lott a soutenu que les piquants des cellules épidermiques sont réellement engrenés, mais qu'ils peuvent glisser les uns sur les autres, de telle sorte que, dans certains états pathologiques, se désengrenant pour ainsi dire, ils ne seraient plus en contact que par leurs extrémités. Cette question en était là lorsque M. Ranvier a été conduit à la reprendre cette année à son cours du Collège de France. Des faits qu'il a observés, l'auteur croit devoir tirer les conclusions suivantes : Les cellules du corps muqueux de Malpighi formées de masses de protoplasma munies de noyaux ne sont pas, comme on le croit, absolument individualisées; elles sont unies par des filaments protoplasmiques qui leur sont communs. Chacun de ces filaments ne résulte pas de la soudure de deux filaments placés bout à bout, et le nodule qui occupe leur milieu n'est pas la trace d'une soudure, comme l'a dit Bizzozero, ni d'une juxtaposition, comme Lott l'a prétendu ; c'est un organe élastique qui permet l'élargissement facile des espaces destinés à la circulation des sucs nutritifs entre les cellules du corps muqueux de Malpighi. C'est parce que ces cellules ne sont pas complètement séparées, c'est parce qu'elles sont confondues et non soudées par leurs filaments d'union, qu'il a toujours été impossible de déterminer leurs limites par l'imprégnation d'argent et qu'il est si difficile de les isoler par dissociation.

— M. *Dastre* envoie une note sur la glycémie asphyxique. L'auteur rappelle d'abord ce fait signalé par Cl. Bernard, qu'un état asphyxique prolongé détruit le glycogène du foie et fait disparaître le sucre du sang. Il rappelle ensuite que, suivant d'autres physiologistes, tout au contraire, et conformément à la théorie de Lavoisier, le sucre, élément combustible, s'accumule dans le sang lorsque l'oxygène, élément comburant, vient à diminuer. Alvaro Reynoso, entre autres, a annoncé que l'asphyxie empêche la combustion du sucre. M. Dastre a repris cette question, et il a vu qu'il y a lieu de distinguer les effets de l'asphyxie rapide, conséquences immédiates de la soustraction de l'oxygène, des effets consécutifs de l'asphyxie lente, tels que déchéance des tissus, épuisemen des réserves; en un mot, état agonique. L'asphyxie rapide, c'est-à-dire vraie, a été réalisée de deux manières : dans la première série d'expériences, on gênait l'hématose en faisant respirer l'animal (chien) dans l'air confiné d'un vase clos; dans la seconde série, on produisait l'asphyxie par dépression, c'est-à-dire que l'on faisait respirer l'animal dans un air raréfié constamment renouvelé. Les premières expériences ont montré que, dans l'asphyxie rapide, en vase clos, la quantité de sucre du sang varie en sens contraire de la quantité d'oxygène. Il semble, dit l'auteur, qu'en tournant le robinet de communication du poumon avec l'air libre, on ouvre ou l'on ferme instantanément le réservoir de sucre qui alimente le sang. Les secondes expériences permettent de conclure que l'état asphyxique vrai (c'est-à-dire l'état anoxyhémique sans intervention de CO^2), produit par la diminution de pression, s'accompagne d'une augmentation considérable du sucre du sang. L'hyperglycémie, avec sa conséquence la glycosurie, est un effet de l'asphyxie rapide.

BIBLIOGRAPHIE SCIENTIFIQUE

Traité d'anatomie générale appliquée à la médecine, par L.-O. Cadiat, agrégé de la Faculté de médecine de Paris. Tome Ier, avec 210 figures dessinées par l'auteur. (Paris, V. Adrien Delahaye et Cie, libraires-éditeurs, 1879.)

Le tome premier du traité que vient de publier M. Cadiat comprend l'embryogénie, l'étude des éléments anatomiques, des tissus et des systèmes, c'est-à-dire environ la moitié des matières que M. Cadiat a résumées dans son cours autographié de 1877-78. L'auteur a remplacé, en effet, pendant un semestre, M. le professeur Robin à la Faculté de médecine, et son ouvrage est enrichi d'une introduction de l'éminent professeur.

M. Cadiat, au lieu de prendre pour titre de son livre le terme histologie, a préféré traiter l'anatomie générale afin d'avoir un champ plus vaste et de faire des emprunts à l'embryologie et à l'embryogénie, à l'anatomie comparée, à la pathologie elle-même et à l'observation médicale. Son but a été surtout de philosopher, de proclamer des idées générales sur la biologie et la médecine, car, dit-il, l'anatomie générale doit servir de guide, non seulement dans l'étude de l'anatomie et de la pathologie, mais encore dans la pratique médicale. « Elle représente, en effet, une sorte de philosophie de la médecine trouvant partout son application. » S'il ne se fût agi, en effet, que de publier un nouveau livre d'histologie pour répéter ce qui se trouve déjà dans les publications antérieures de Robin, Ranvier, Pouchet et Tourneux et dans les traductions de Frey et de Kölliker, on n'aurait pas bien compris la nécessité de ce nouveau traité. Nous ne croyons pas, d'ailleurs, que M. Cadiat ait ajouté dans son ouvrage des faits nouveaux ou des descriptions objectives qui lui appartiennent en propre. S'il a abordé ce sujet, « c'est, dit-il, que dans les livres écrits sur la même matière je trouve une philosophie différente de celle qui m'a toujours dirigé. » Aussi trouvons-nous dans la plupart des chapitres des déductions de pathologie générale qui ne sont pas sans prêter le flanc à la critique. Par exemple, l'auteur est un partisan convaincu des idées de Bazin sur les grandes maladies constitutionnelles et en particulier sur l'arthritis, dont Bazin a fait, comme on le sait, le trait d'union d'une foule d'affections diverses considérées par la plupart des pathologistes comme n'ayant pas de rapport les unes avec les autres (hémorrhoïdes, névralgies, rhumatismes, goutte, affections cutanées, etc.).

Il serait facile aussi de critiquer cette assertion de M. Cadiat que « la néphrite albumineuse a pour cause neuf fois sur dix la scrofule ou la syphilis, et une fois une maladie indéterminée qui reste à chercher ». Il est certain que la tuberculose et les maladies osseuses rapportées à la scrofule déterminent souvent de l'albuminurie liée alors à la dégénérescence amyloïde; mais toutes les suppurations prolongées qui ne sont ni scrofuleuses, ni syphilitiques, ont le même résultat. Pour ce qui est de la cause de la néphrite albumineuse, il est bon de ne pas négliger l'impression du froid, qui en est l'origine la plus ordinaire, ni la goutte, ni les empoisonnements comme l'alcoolisme, l'intoxication plombique, etc.

Comme M. Cadiat est en possession d'un corps de doctrines qui touchent d'un côté à la philosophie, de l'autre à l'anatomie générale, il en résulte qu'il raisonne souvent en se basant sur des données qu'il considère comme des axiomes indiscutables. On sait à quelles erreurs mènent ces déductions en apparence logiques et la méthode *à priori* dans les sciences d'observation. En voici un exemple : C'est, pour M. Cadiat, un axiome absolu que les tissus vasculaires seuls peuvent s'enflammer. Telle était l'opinion de tous les auteurs de la première moitié du siècle. Les parties non vasculaires ne pourront donc pas être le siège d'une inflammation. L'endocarde, membrane dépourvue de vaisseaux, ne pourra donc jamais être atteint d'endocardite. Dans son chapitre consacré à l'endocardite, M. Cadiat s'efforce de démontrer que l'endocardite n'est pas autre chose que de l'athérome, c'est-à-dire une lésion purement dégénérative. Il est certain que dans les lésions anciennes de l'endocarde, les dégénérescences graisseuses et calcaires sont prédominantes, mais que devient l'endocardite aiguë ? Qu'est-ce que les végétations alors qu'elles sont récentes et de formation nouvelle ? M. Cadiat répond : C'est un athérome rapide aigu avec destruction de l'endocarde. Et il n'en donne nullement la description objective parce que cette étude ne lui permettrait pas de soutenir une opinion uniquement doctrinale. Beaucoup de ces végétations récentes, en effet, ne présentent encore aucune trace de dégénérescence athéromateuse.

Mais ce n'est pas là le point le plus important du livre que nous analysons, ce sont des conceptions contingentes et accessoires. C'est l'histologie normale qui est surtout en cause et dont nous devons parler. Les descriptions de M. Cadiat sont claires, bien exposées, didactiques, très générales. L'histologie est une science qui, pour être de date récente, n'en possède pas moins, dans toutes ses parties, un ensemble de faits absolument démontrés et sur lesquels tous les savants s'entendent, à quelque école, à quelque nationalité qu'ils appartiennent. A côté de ces faits qui constituent la base solide de l'anatomie générale, il est une infinité de questions à l'étude, questions récemment posées, résolues par des travaux tout récents ou encore insolubles. Ce sont là les parties les plus intéressantes d'un livre nouveau.

Voici, par exemple, la structure des tubes nerveux : l'auteur en donne la description à laquelle il manque bien quelques détails. Il décrit, suivant les travaux de M. Ranvier, les étranglements annulaires des tubes nerveux, la disposition du noyau et de la cellule qui existe entre deux étranglements successifs. « Les tubes, dit-il, d'après cette théorie, seraient donc formés de cellules placées bout à bout, et chaque cellule aurait comme parties constituantes : la gaine de Schwann représentant la paroi; le noyau de cette gaine représentant le noyau de la cellule. *Enfin, le cylinder axis et la myéline seraient des formations intra-cellulaires.* »

Cette dernière phrase nous arrête court. Elle attribue généreusement à M. Ranvier une opinion absurde qu'il n'a jamais eue. Bien plus, dans ses leçons sur le système nerveux, M. Ranvier établit l'indépendance du cylinder axis et de sa gaine et il dit formellement que le cylinder axis est une émanation des cellules nerveuses.

Ce n'est pas la seule inexactitude de ce genre que nous puissions relever dans le livre de M. Cadiat. Le procédé est simple : il consiste à prêter à tel ou tel auteur, dont on emprunte du reste la description, une opinion plus ou moins absurde qu'il n'a jamais eue pour se donner le plaisir facile de la combattre.

Ainsi, en parlant des lésions du rhumatisme articulaire aigu que M. Cadiat considère, à l'exemple de tous les auteurs, comme une manifestation primitive de la séreuse, il dit :

« Il n'en est pas moins vrai que souvent le rhumatisme laisse des lésions de la synoviale. Cornil et Ranvier en donnent même une longue description; *mais nous ne saurions trop reprocher à ces auteurs d'avoir mis sur le même plan les lésions accessoires de l'os ou du cartilage.* »

Et plus loin : « Nous sommes loin de nier les lésions des os dans le rhumatisme (voy. *Système osseux*), et nous en avons décrit de bien plus graves que celles que ces auteurs ont présentées; seulement nous différons d'eux en ce sens que nous nous refusons absolument à admettre des désordres de cette nature, comme pouvant se rencontrer dans le rhumatisme articulaire aigu, celui qui, depuis Bichat et Bouillaud, doit être regardé comme une maladie du système séreux. »

On croirait a cette lecture que MM. Cornil et Ranvier ont décrit des lésions des os dans le rhumatisme articulaire aigu, ce que M. Cadiat ne saurait trop leur reprocher. Or il n'en est rien : jamais MM. Cornil et Ranvier n'ont décrit de lésion des os dans le rhumatisme articulaire aigu, et ils ont simplement rapporté, comme tous les auteurs, les lésions des têtes osseuses dans le rhumatisme articulaire chronique.

Nous pourrions signaler dans le traité de M. Cadiat bien d'autres légèretés du même genre, mais notre article sortirait alors des bornes d'une simple analyse.

CHRONIQUE SCIENTIFIQUE

Observatoire de Paris. — Le ministre de l'instruction publique vient de nommer pour une année: président du conseil de l'Observatoire de Paris, M. Dumas, secrétaire perpétuel de l'Académie des sciences, et secrétaire, M. Tisserand, membre de l'Académie des sciences.

— Enseignement des filles. — La Société pour l'instruction élémentaire fera, le dimanche 9 novembre, à deux heures, dans le grand amphithéâtre de la Sorbonne, sous la présidence de M. Leblond, sénateur, l'ouverture de ses cours normaux publics et gratuits d'enseignement primaire et secondaire préparatoires à tous les examens de l'Hôtel de Ville, pour les dames et les jeunes filles âgées de plus de quinze ans (année scolaire 1879-1880).

— Crémation des corps a Berlin. — A la suite d'un rapport qui lui a été présenté sur un projet d'établissement à Berlin d'un appareil pour la crémation des corps, la municipalité de cette ville vient de recommander l'adoption de ce mode de sépulture pour toute la population de la capitale.

La municipalité berlinoise a exprimé l'avis que l'introduction de la crémation serait sous tous les rapports un progrès salutaire.

Les familles qui en feraient la demande auraient la libre disposition de l'appareil moyennant des rétributions fixées par tarif, et les cendres resteraient déposées aux cimetières dans des urnes funéraires.

— École d'anthropologie. — Année 1879-1880, semestre d'hiver, à l'École pratique de la Faculté de médecine, au siège de la Société d'anthropologie, ouverture des cours le 3 novembre à trois heures :

Anthropologie anatomique. — M. Broca, professeur à la Faculté de médecine. — Mercredi et vendredi, à quatre heures.

Anthropologie biologique. — M. Topinard. — Lundi, à trois heures.

Anthropologie préhistorique. — M. de Mortillet. — Lundi, à quatre heures.

Géographie médicale. — M. Bordier. — Samedi, à quatre heures.

Programme des cours du semestre d'hiver 1879-1880. — Cours d'anthropologie anatomique. — Parallèle anatomique de l'homme et des animaux supérieurs.

Cours d'anthropologie biologique. — Types et races. Étude analytique de leurs caractères morphologiques et biologiques.

Cours d'anthropologie préhistorique. — Paléontologie humaine. Archéologie préhistorique. Détermination des débris humains au moyen de l'archéologie.

Cours de géographie médicale. — Géographie médicale et pathologie comparée des races humaines. Aptitudes et immunités pathologiques. Influence de la race et du milieu sur la production, la marche et la répartition des maladies.

Les cours d'ethnologie de M. le docteur Dally; d'anthropologie linguistique de M. Hovelacque, et de démographie de M. le docteur Bertillon, auront lieu pendant le semestre d'été, ainsi que des démonstrations de conniométrie par M. Topinard et des excursions préhistoriques par M. de Mortillet.

Dans sa première leçon, lundi 3 novembre, à quatre heures, M. de Mortillet compte établir que les Allemands ne sont pas Germains. Cette année le professeur remontera des temps actuels jusqu'aux temps géologiques.

— Institut national agronomique. — Le comité d'installation de la classe 76, à l'Exposition universelle, s'est trouvé, après l'apurement des comptes, en présence d'un reliquat disponible de 7000 francs.

Il a décidé que cette somme serait consacrée à créer chaque année à l'Institut national agronomique deux bourses de 500 francs jusqu'à extinction du capital disponible.

Ces bourses seront attribuées par une commission spéciale désignée par le comité. Le concours pour ces bourses, ainsi que pour celles instituées par l'État dans le même établissement, commencera le 27 octobre prochain.

— Le dernier numéro du *Journal des Économistes*, revue mensuelle de la science économique, publiée sous la direction de M. Joseph Garnier, avec le concours des économistes contemporains, contient les articles suivants : — Le rapport de M. Michel Chevalier sur le concours relatif aux effets des voies de communication; — une étude sur les travaux et projets récents concernant l'exploration et la colonisation de l'Afrique centrale par M. Frout de Fontpertuis; — de curieuses recherches de M. Joseph Lefort sur la population de l'ancienne Égypte; — le travail de M. Shaw Lefèvre, membre du Parlement, sur la crise agricole en Angleterre et la concurrence américaine; — une notice sur les chemins de fer exceptionnels, sur la mer, etc., publiée par M. Ch. Boissay; — un coup d'œil historique sur la législation des travaux publics par M. Malapert; — le compte rendu du congrès des sciences à Montpellier; — la revue trimestrielle des principales publications économiques, par M. Maurice Block; — de curieux détails sur la république des jésuites au Paraguay; — la discussion à la Société d'économie politique sur la moralité des emprunts à lots; — une appréciation du discours de M. Louis Blanc, par M. de Molinari; — des comptes rendus d'ouvrages, une chronique. (Bureau, rue Richelieu, 14.)

Muséum d'histoire naturelle de Paris. — M. Charnay, chargé par M. le ministre de l'instruction publique d'une mission scientifique, a remis au Muséum d'histoire naturelle deux collections importantes de mammifères et d'oiseaux provenant, soit de l'Australie, soit de la côte méridionale de la Nouvelle-Guinée.

L'Université et M. Louis Blanc. — Voici, à titre de document, l'opinion exprimée par M. Louis Blanc sur l'Université dans une des conférences qu'il vient de faire dans le Midi :

Mais enlever aux jésuites le pouvoir de l'éducation serait l'office de l'Université, et malheureusement l'Université a beaucoup à faire encore pour se rendre digne de sa mission.

On raconte qu'un jour M. de Fontanes, regardant sa montre, se mit à dire avec une satisfaction orgueilleuse : « Il est deux heures et quart. En ce moment, dans toutes les classes de troisième de tous les lycées de l'empire, la correction du thème commence.»

Rien ne donne une idée plus exacte de l'importance qu'attachaient à une régularité toute machinale les serviteurs de ce Napoléon Ier pour qui les hommes n'étaient en effet que des machines; et si l'uniformité dans le despotisme était le progrès, le fonctionnement de l'Université, même aujourd'hui, laisserait peu à désirer. Mais le progrès, c'est l'ordre dans le mouvement et la liberté. Or l'Université, héritière à peu près immobile de traditions inféconde, a toujours paru considérer l'enseignement comme une sorte de patrimoine dont elle prétend disposer sans contrôle, sous la direction de quelques princes de la science que les choses de l'intelligence n'absorbent pas au point de leur ôter la préoccupation des choses de la terre, et qui se sont fait, chacun dans sa spécialité, une sorte de royaume parfaitement circonscrit. Ces souverainetés s'appuient l'une l'autre, se perpétuent; une savante hiérarchie rend solidaires certains intérêts qui ressemblent fort à des privilèges, et le mode de recrutement, bien que basé sur le concours, offre toute sûreté contre l'introduction des gens mal vus en Sorbonne.

Que l'Université ait rendue et rende des services ; que l'existence de ce grand corps enseignant présente des avantages qu'il serait injuste et peut-être dangereux de méconnaître, c'est vrai; mais il ne l'est pas moins qu'il y a de sérieuses réformes à introduire dans une institution qui a si peu fait jusqu'à présent pour le perfectionnement des moyens d'enseignement, pour l'étude et l'expérimentation des méthodes nouvelles, pour l'observation attentive des transformations sociales.

Et, par exemple, comment comprendre que, dans un siècle de développement scientifique, de progrès industriel, l'enseignement national soit resté pendant si longtemps confiné dans l'étude de deux langues qui ne se parlent plus, et que la physique, la chimie, l'histoire naturelle, les mathématiques, n'aient obtenu qu'une si petite partie de la place accordée au grec et au latin?

D'un autre côté, n'y aurait-il pas urgence à améliorer, et la condition des élèves, soumis dans les lycées à un régime qu'on dirait inventé pour leur donner l'avant-goût de la prison, et la condition des maîtres, sur qui la domination du proviseur pèse quelquefois si lourdement, et dont le sort est sans cesse à la merci de notes secrètes, flèches lancées dans l'ombre?

Et puis, il est une chose plus précieuse que l'instruction, c'est l'éducation. Or l'éducation est singulièrement négligée par l'Université, dont les traditions remontent à une époque où les écoliers étaient des hommes faits.

S'adressant à l'enfance aujourd'hui et chargée de pensionnats, l'Université se débarrasse de tout ce qui n'est pas instruction proprement dite sur cette classe infortunée de fonctionnaires subalternes qu'on nomme *maîtres d'études*. Qu'arrive-t-il? Que, pris au hasard, mal rétribués, dédaignés par les professeurs, très peu respectés par les enfants, qu'enhardit le spectacle des humiliations de leurs surveillants, ces malheureux, la plupart sans ressources, ne visent qu'à se maintenir dans leur chétif emploi par l'observation littérale d'une consigne en quelque sorte militaire. Et pourtant qui niera qu'il ne se rencontre pas parmi eux des âmes fières et dévouées, de nobles esprits? Mais demandez donc au coureur agile de parcourir le stade un manteau de plomb sur les épaules!

C'est donc par eux-mêmes que les élèves de l'Université se forment. S'ils apportent dans le monde des qualités précieuses : le bon sens, la franchise, la générosité, le patriotisme, l'instinct des idées grandes et vraies, qu'on n'en rapporte pas l'honneur à l'Université : elle n'aura eu que le mérite, bien négatif, d'abandonner à leur développement naturel les jeunes plantes confiées à sa sollicitude.

— Hopitaux et hospices de Paris. — L'administration de l'Assistance publique projette en ce moment l'exécution de travaux importants pour agrandir les hôpitaux et les hospices de Paris.

Les 9310 lits qui existent dans les hôpitaux de Paris sont absolument insuffisants; il en est de même des 9940 lits qui se trouvent dans les hospices et maisons de retraite pour les vieillards, de même que des 650 lits que l'Assistance publique peut tout au plus offrir dans les établissements entretenus par des fondations particulières et qu'elle administre. Il existe dans les mansardes et sur le pavé de la capitale 340 917 indigents ou infirmes : en 1859, on comptait un lit d'hôpital pour 164 habitants; par suite de l'annexion des faubourgs en 1860, et de l'accroissement considérable de la population, il n'y a plus aujourd'hui qu'un lit pour 231 habitants. Il manque 6000 lits, tant dans les hôpitaux que dans les hospices.

Mais il n'y a pas seulement insuffisance, il y a encore ruine et délabrement; aussi l'administration de l'Assistance publique a-t-elle dressé des devis qui atteignent la somme de 16 462 720 francs, qu'elle demande au conseil municipal pour mettre en état les hôpitaux et hospices existants. On peut ainsi juger des dépenses nécessaires pour que nos services hospitaliers répondent à tous les besoins.

Parmi les travaux projetés, nous indiquerons ceux qui intéressent plus particulièrement l'hygiène.

Hôpitaux. — La Charité. — La reconstruction de la salle d'autopsie et de la salle des morts figure parmi les travaux, qui s'élèvent à la somme de 70 000 francs.

Laënnec. — Cet hôpital, dont le nom, tout récemment donné, n'est point encore familier à la population parisienne, est l'ancien hôpital temporaire, situé rue de Sèvres, 42. Parmi les nombreux travaux nécessaires figurent la reconstruction de la salle d'autopsie et des morts, la reconstruction du service des bains, la création d'une salle de cours pour l'enseignement, la création d'un réservoir et la canalisation de l'eau; tous les travaux se montent à 600 000 francs.

Enfants-malades. — Les constructions d'un pavillon d'isolement et d'un bâtiment pour le personnel sont au nombre des travaux urgents, dont la somme totale est de 1 180 000.

Sainte-Eugénie. — Travaux pour 173 000 francs, comprenant des pavillons d'isolement.

La Pitié. — La construction de vastes bâtiments sur les rues Geoffroy-Saint-Hilaire, Lacépède et du Battoir, la création de salles de bains internes et externes, sont au nombre des travaux nécessaires, qui s'élèvent à 1 400 000 francs.

Cochin. — Des modifications et des améliorations au service des eaux, et la construction de baraquements pour les varioleux et les maladies contagieuses, figurent dans les projets de travaux dont la somme est 966 000 francs.

Saint-Louis. — La reconstruction des bains externes, la construction d'un deuxième amphithéâtre dans la grande cour, celle d'un baraquement pour les varioleux et les maladies contagieuses, figurent parmi les travaux à effectuer dont la somme totale est de 1 373 000 fr.

Hospices. — Vieillesse, femmes (Salpêtrière). — Parmi les importants travaux en projet, nous remarquons la construction de bâtiments pour logements d'employés et d'internes, pour ateliers de couture, pour pharmacie et amphithéâtre de cours, l'installation de salles de bains et d'hydrothérapie, et la construction de salles d'école. Somme à dépenser : 2 900 000 francs.

Vieillesse, hommes (Bicêtre). — L'amélioration du service des eaux, l'agrandissement du service des bains, la construction d'un bâtiment pour les enfants idiots et épileptiques, sont au nombre des travaux considérables à faire, qui s'élèvent à 2 520 000 francs.

Faculté des sciences de Paris.

Premier semestre.

Les cours de la Faculté s'ouvriront le lundi 10 novembre 1879, à la Sorbonne :

Géométrie supérieure. — Les mercredis et vendredis, à dix heures et demie. — M. Dardoux, suppléant, ouvrira ce cours le mercredi 19 novembre. Il traitera des surfaces du second ordre et des courbes planes et gauches du troisième ordre.

Calcul différentiel et calcul intégral. — Les lundis et jeudis, à huit heures et demie. — M. Bouquet, suppléant, ouvrira ce cours le lundi 10 novembre. Il traitera du calcul différentiel et du calcul intégral.

Mécanique rationnelle. — Les mercredis et vendredis, à huit heures et demie. — M. Tisserand, suppléant, ouvrira ce cours le mercredi 12 novembre. Il traitera de la composition des forces et des lois générales de l'équilibre et du mouvement.

Astronomie mathématique et mécanique céleste. — Les mardis et samedis, à dix heures et demie. — M. Puiseux, professeur, ouvrira ce cours le mardi 18 novembre. Il traitera d'abord du mouvement de la terre autour de son centre de gravité et des variations qui en résultent dans les coordonnées des étoiles Il abordera ensuite la théorie du mouvement des planètes autour du soleil.

Calcul des probabilités et physique mathématique. — Les lundis et jeudis, à dix heures et demie. — M. Briot, professeur, ouvrira ce cours le jeudi 20 novembre. Il traitera de la théorie des fonctions périodiques et de leur application à des questions de physique mathématique. Il traitera spécialement dans le second semestre de la théorie de la lumière.

Mécanique physique et expérimentale. — Les mardis et samedis, à huit heures et demie. — M. Tannery, suppléant, ouvrira ce cours le mardi 11 novembre. Il traitera de la cinématique et de ses applications à la théorie des machines.

Physique. — Les mardis et samedis, à une heure et demie. — M. P. Desains, professeur, ouvrira ce cours le mardi 11 novembre. Il traitera de la chaleur, du magnétisme, de l'électricité, de l'électromagnétisme et de leurs principales applications.

Chimie. — Les lundis et jeudis, à une heure. — M. H. Sainte-Claire-Deville ouvrira ce cours le jeudi 13 novembre. Il exposera les lois générales de la chimie; il fera l'histoire des métalloïdes.

Zoologie, anatomie, physiologie comparée. — Les mardis et samedis, à trois heures et demie. — M. de Lacaze-Duthiers, professeur, ouvrira ce cours le mardi 11 novembre. Il traitera de l'histoire des mollusques et des zoophytes.

Physiologie. — Les lundis et jeudis, à trois heures et demie. — M. Dastre, suppléant, ouvrira ce cours le lundi 10 novembre. Il examinera les propriétés et les fonctions des diverses parties du système nerveux cérébro-spinal et particulièrement de l'encéphale.

Minéralogie. — Les mercredis et vendredis, à une heure et demie. — M. Friedel, professeur, ouvrira ce cours le mercredi 12 novembre. Il étudiera les caractères généraux des minéraux et les principales espèces minérales.

COURS ANNEXE. — *Chimie biologique.* — Les mercredis et vendredis, à neuf heures. — M. Duclaux, maître de conférences, ouvrira ce cours le mercredi 19 novembre. Il traitera des fonctions chimiques et des propriétés physiologiques des ferments.

CONFÉRENCES. — Les étudiants ne sont admis à suivre les conférences qu'après s'être inscrits au secrétariat de la Faculté et sur la présentation de leur carte d'entrée.

Sciences mathématiques. — M. Appell, maître de conférences, fera des conférences sur le calcul différentiel et intégral, les mercredis et samedis, à trois heures, dans l'amphithéâtre de mathématiques.

M. Picard, maître de conférences, fera des conférences sur la mécanique, les lundis et vendredis, à trois heures, dans l'amphithéâtre de mathématiques.

Sciences physiques. — M. Mouton, maître de conférences, fera des conférences de physique, les lundis, mercredis, jeudis et vendredis, à neuf heures, dans le laboratoire d'enseignement de physique.

M. Lippmann, maître de conférences, donnera des développements sur diverses questions de physique traitées au cours ou indiquées par M. le professeur Jamin; ces conférences auront lieu les mardis et samedis, à quatre heures, dans l'amphithéâtre de mathématiques.

M. Jannettaz, maître de conférences, fera des conférences sur la minéralogie, les mardis et samedis, à huit heures et demie, dans le laboratoire de minéralogie.

M. Joly, maître de conférences, fera des leçons de chimie analytique, les mardis et samedis, à dix heures et demie, au laboratoire de la rue Gerson, et des conférences sur des sujets indiqués par MM. les professeurs Sainte-Claire-Deville et Troost.

M. Salet, maître de conférences, fera, les mercredis et vendredis, dans son laboratoire, à trois heures et demie, des conférences sur différents points de chimie indiqués par M. le professeur Wurtz.

Sciences naturelles. — M. J. Chatin, maître de conférences, fera, les mercredis et vendredis, à dix heures et demie, à l'amphithéâtre d'histoire naturelle, des conférences sur diverses parties de l'étude anatomique et physiologique des animaux, indiquées par M. le professeur Milne-Edwards.

M. Joliet, maître de conférences, fera, au laboratoire de zoologie expérimentale, les samedis à huit heures du soir, et les mercredis et vendredis, à deux heures, des conférences sur les sujets indiqués par M. le professeur de Lacaze-Duthiers.

M. Velain, maître de conférences, fera, les lundis et jeudis, à une heure, au laboratoire de géologie, des conférences sur les diverses parties de la géologie. Les élèves seront exercés à la détermination des roches et des principaux fossiles caractéristiques des terrains.

Le propriétaire-gérant : GERMER BAILLIÈRE.

PARIS. — Impr. J. CLAYE. — A. QUANTIN et Cᵉ, rue St-Benoît. [1911]

LA

REVUE SCIENTIFIQUE

DE LA FRANCE ET DE L'ÉTRANGER

REVUE DES COURS SCIENTIFIQUES (2e SÉRIE)

DIRECTEUR : M. ÉMILE ALGLAVE

2e SÉRIE — 9e ANNÉE | NUMÉRO 19 | 8 NOVEMBRE 1879

L'ENSEIGNEMENT SECONDAIRE DES FILLES

Il est remarquable que l'État, qui, chez nous, se montre fort jaloux du droit d'organiser, de déterminer et de distribuer l'enseignement sous toutes les formes et à tous les degrés, est toujours demeuré dans une indifférence complète et dans une inertie absolue pour tout ce qui concerne l'enseignement secondaire des filles. Cette abstention a été trop constante, sous tous les régimes, pour qu'on ne la juge pas systématique. L'Église n'a jamais cessé de prétendre au monopole de l'enseignement, et ses revendications ont été particulièrement bruyantes et agressives quand il s'est agi de l'éducation des filles; faut-il croire que, par une sorte d'accord tacite, l'enseignement des futures mères de famille lui ait été abandonné sans conteste et sans contrôle comme rançon du pouvoir que se réservait l'État sur l'éducation des jeunes hommes? Toujours est-il qu'il y a à cet égard, entre la France et les autres nations de l'Europe, un contraste frappant. Partout ailleurs que chez nous, en Suisse, en Angleterre, en Hollande, en Italie, en Russie, etc., — on n'a pas besoin de citer l'Allemagne, — l'enseignement secondaire des filles est largement organisé et il possède des établissements dont quelques-uns sont justement célèbres. En France, il n'existe pour cet objet ni établissements publics, ni corps enseignant, ni programmes, ni législation. Ce qu'on y appellerait l'enseignement secondaire des filles, c'est-à-dire l'instruction quelconque donnée aux filles après la douzième année, se trouve à cette heure, d'une façon à peu près exclusive, aux mains des congrégations religieuses, qui en règlent à leur gré la nature, le caractère et les limites. L'État n'y intervient en aucune manière. On peut dire que l'Église exerce en ce domaine non seulement un monopole véritable, mais encore une domination souveraine et absolue.

Il n'y a pas fort longtemps qu'il en est ainsi, et cette domination ne s'est pas établie sans lutte, sans une longue résistance de l'opinion. Le sentiment public en France s'est émancipé depuis longtemps du préjugé qui, déclarant le savoir inutile et dangereux aux femmes, prescrivait de ne leur donner que le moins d'instruction possible. Dès 1789, ces idées d'ancien régime, déjà combattues par Fénelon, avaient cessé d'être généralement reçues et les cahiers des États généraux, unanimes à réclamer une organisation nouvelle et complète de l'instruction publique, sont aussi unanimes à demander que des maisons d'éducation soient établies pour les filles comme pour les garçons. La Convention avait commencé à donner satisfaction à ce vœu en décrétant, sur la proposition de Lakanal, qu'il y aurait une école primaire de garçons et une école primaire de filles par 1000 habitants. Malheureusement la loi, qui est de 1795, n'eut pas le temps de porter ses fruits : le 18 brumaire survint, et l'éducation des filles n'était pas chose dont le premier consul ou l'empereur dût prendre beaucoup de souci. Quant à la Restauration, comment aurait-elle, en cela plus qu'en autre chose, contrarié les prétentions du clergé?

Même après 1830, l'enseignement des filles — primaire ou secondaire — fut complètement négligé par l'État, non pas que la nécessité n'en fût généralement comprise, mais par suite, semble-t-il, d'un parti pris politique. C'est ainsi que, lors de la discussion de la loi célèbre de 1833, M. Guizot, devant la résistance des Chambres, dut ajourner la création des écoles primaires de filles. L'initiative privée fit alors ce que les pouvoirs publics ne voulaient pas faire. Ce que l'on appelait la petite bourgeoisie, le petit commerce, la petite propriété, toute cette portion inférieure des classes moyennes, qui éveillait dès lors l'inquiétude et les ombrages des censitaires, trouva dans son désir de s'égaler à la bourgeoisie électorale le zèle et la persévérance nécessaires pour la création des « institutions » ou des « pensionnats de demoiselles », si nombreux jusque dans les plus petites villes de province sous le règne de Louis-Philippe. De même qu'elle entretenait les collèges communaux ou peuplait de ses fils les collèges royaux, au grand dépit des censitaires, redoutant pour les leurs la concurrence et l'encombrement dans les professions dites libérales, de même, à défaut de l'initiative ou du concours de l'État, elle provoquait partout l'ouverture d'établissements privés libres, où les jeunes filles suivaient pour la plupart un cours complet d'études, de la huitième à la dix-huitième année. L'enseignement primaire et l'enseignement secondaire s'y trouvaient confondus ou tant bien que mal superposés. A la vérité, ce dernier était des plus restreints; il ne dépassait guère ce que nous appellerions aujourd'hui l'enseignement primaire supérieur : la grammaire, l'histoire de France, la géographie, la mythologie, quelques rares notions de physique et d'histoire naturelle, l'anglais ou l'italien, auxquels il faut ajouter, suivant la formule, les « arts d'agrément », en voilà tout le programme; mais en quoi consistait alors dans les collèges l'enseignement des langues vivantes, de la géographie, des sciences physiques et naturelles? L'enseignement secondaire des filles était donc en voie de se constituer de lui-même; il eût suffi d'une impulsion venue d'en haut, du bon vouloir de l'État, d'une direction intelligente, d'un programme bien fait, de quelques mesures faciles à ordonner et à exécuter, pour que, l'émulation et la concurrence aidant, il fût pleinement organisé et conduisît rapidement à la création de l'enseignement supérieur; car toutes ces maisons étaient des écoles laïques. Les congrégations n'avaient pas déserté la lutte; elles avaient l'appui et la clientèle de l'aristocratie; mais elles étaient loin d'être en faveur parmi les gens des classes moyennes. La petite bourgeoisie, après 1830, en arrivant pour la première fois, par le rétablissement de l'élection dans les conseils municipaux, à l'administration des affaires locales, avait tout de suite montré à quel degré elle était animée de ce que nous appelons aujourd'hui l'esprit laïque. La lutte entre les *écoles mutuelles*, patronnées par les municipalités libérales, et les écoles des frères fut presque aussi vive sous Louis-Philippe qu'elle l'est de nos jours entre l'enseignement laïque et l'enseignement congréganiste.

L'enseignement secondaire des filles était donc en plein développement, à la révolution de 1848, grâce aux efforts persévérants et aux tendances de ce qui formait alors « l'opposition libérale ». La France tenait à cette époque, dans cet ordre de faits, un rang honorable. Elle était fort en avant de l'Angleterre, de l'Italie, de la Russie, qui la dépassent aujourd'hui, et elle pouvait, sans trop d'infériorité, supporter la comparaison avec la Suisse et la Prusse. L'Assemblée nationale de 1848 l'aurait promptement placée au premier rang, si elle avait pu donner suite à ses desseins et adopter le projet de loi préparé par M. Carnot. Mais la réaction de 1849 arrêta court et les projets et les progrès. La loi du 15 mars 1850 fut votée : elle mit l'Université en sérieux péril; elle fut mortelle à l'enseignement secondaire des filles, que rien ne protégeait contre les habiles manœuvres des cléricaux. On sait comment, par l'active concurrence des congrégations, l'hostilité ouverte du clergé, la connivence ou le secret mauvais vouloir des fonctionnaires académiques, la complaisance du gouvernement, les établissements laïques d'éducation pour les jeunes filles disparurent un à un. Dès lors la femme fut complètement élevée « sur les genoux de l'Église ». On sait ce qu'est devenu l'enseignement dans les mains des congrégations. L'Église y trouve sans doute son compte, mais la société française, telle qu'elle est sortie de la Révolution, est loin d'y trouver le sien. On peut dire en toute assurance que, si l'enseignement secondaire des filles n'existe pas en France, si tout est à créer pour le faire revivre, — établissements, programme, corps enseignant, — la faute en est à la loi de 1850 et à l'Empire.

En exprimant ce jugement, je n'oublie pas la loi de 1867. Je rends très volontiers aux bonnes intentions, aux efforts de M. Duruy l'hommage qui leur est dû. Mais lui-même ne parvint pas à vaincre les résistances de l'entourage et il dut capituler devant le clergé. Jusque dans les villes, cette loi de 1867 qui obligeait les communes de plus de 500 habitants à entretenir une école communale de filles resta souvent lettre morte. En vertu de l'article 36 de la loi de 1850, les conseils départementaux, où l'influence du clergé était toute-puissante, dispensaient les communes de l'obligation imposée, à la seule condition de payer à des écoles congréganistes une subvention en échange de laquelle ces établissements s'engageaient à recevoir gratuitement les enfants pauvres. La loi de 1879 était éludée.

M. Duruy fut moins heureux encore dans sa tentative en faveur de l'enseignement secondaire. En patronnant, en 1868, l'*Association pour l'enseignement secondaire de jeunes filles*, et en faisant ouvrir les cours de la Sorbonne à Paris, et des cours analogues dans toutes les villes de province qui voulurent s'y prêter, il donnait sans doute aux réclamations et aux plaintes de l'opinion publique une apparente satisfaction; mais l'ouverture de cours isolés dans une trentaine de villes pouvait-elle passer pour une organisation de l'enseignement des filles? Se figure-t-on une institution analogue tenant lieu de lycées? Le nombre des filles pour lesquelles l'instruction est réclamée n'est pas moindre que celui des garçons; or, d'après les documents officiels de 1868 à 1879, il y a eu, chaque année, 120 jeunes filles en moyenne assistant aux cours semestriels de la Sorbonne. 120 jeunes filles à Paris! Qu'espérer en province? Dans presque toutes les villes la tentative fut vaine, éphémère : à Marseille, à Lyon, à Nîmes, à Montpellier, à Toulouse, à Angoulême, à Tours, à Nancy, les cours furent supprimés dès la seconde année, ou même dès la première. On ne cite guère que Lille et Saint-Étienne où le résultat ait été satisfaisant. Il n'en pouvait pas être autrement. Si grands que fussent le zèle et le mérite des professeurs distingués de nos Facultés ou de nos lycées qui avaient accepté de seconder le ministre dans sa tentative, des cours isolés, indépendants, ne peuvent pas former un ensemble, une école, un enseignement terre à terre, direct, du professeur à l'élève, comme doit être l'enseignement secondaire. Au surplus, il ne suffit pas d'avoir d'excellents professeurs, il faut une administration de l'enseignement, une direction, une responsabilité. Qui avait charge, devoir, obligation de faire réussir les cours de l'association, Personne. Pour recruter les élèves, solliciter les familles, combattre la concurrence, répondre aux attaques du clergé? il eût fallu une énergie, un zèle, un courage, une activité qu'on n'était certes pas en droit d'attendre de maîtres bénévoles. L'échec de « l'Association pour l'enseignement secondaire des filles » était facile à prévoir. Il a été complet, même à Paris.

Pendant ce temps-là, durant l'Empire même, l'enseignement secondaire et l'enseignement supérieur des filles s'organisaient ou se perfectionnaient dans tous les États de l'Europe, grâce à la sollicitude des gouvernements. La plupart des lois ou des fondations importantes dont le premier a été l'objet en Suisse, en Hollande, en Italie, en Russie, en Angleterre, datent de 1856 à 1868 ou 1869. Même après nos désastres, le grand courant en faveur de l'instruction qui s'était tout d'abord produit parmi nous eut plus d'effet chez les autres peuples. Depuis 1871 de nouvelles lois, de nouveaux établissements ont rendu plus complet et plus général l'enseignement des filles en Allemagne, en Angleterre, en Italie, en Suisse, en Suède. Seuls, depuis lors, malgré le cri de l'opinion, nous n'avons encore rien accompli, rien entrepris. On sait pour quelle cause et par suite de quels événements.

Toutefois un grand point est acquis à cette heure. Tout le monde proclame qu'il y a là pour l'État une obligation impérieuse et pressante, et l'État est tout disposé, tout prêt à la bien remplir. En ce moment même, la Chambre des députés est saisie de deux projets de loi qui lui ont été présentés, l'un par M. Paul Bert, l'autre par M. Camille Sée. Une commission spéciale a été chargée de l'examen de ces propositions, et M. Sée vient d'en rendre compte dans un rapport des plus intéressants, où abondent les documents et les renseignements généraux sur l'organisation de l'enseignement secondaire des filles chez toutes les nations de l'Europe.

C'est à l'État que la loi en projet impose le devoir de fonder et d'entretenir les écoles secondaires de filles. Or la direction de l'État soulève une question grave : Quel sera le régime de ses écoles? L'internat ou l'externat?

L'internat, aujourd'hui, n'a plus d'apologistes; son procès a été longuement instruit, et je ne crois pas que personne conteste la justice de la condamnation prononcée. L'internat n'en continue pas moins d'être la pratique universelle dans toutes nos maisons nationales d'éducation, lycées, collèges, écoles professionnelles. Qu'en conclure? C'est que, dans l'état de nos mœurs, de nos traditions, de nos préjugés, avec les nécessités du travail et les devoirs de la vie courante, c'est un mal inévitable. Nulle part les liens de la famille ne sont plus solides et plus forts qu'en France, et nulle part cependant l'éducation des enfants au sein de la famille et sous sa surveillance n'est plus rare et moins aisément praticable. On a été ainsi entraîné à admettre et à décider que l'internat serait le régime des établissements d'instruction secondaire pour les filles comme il l'est déjà pour les garçons; en un mot, à proposer de fonder des lycées nationaux de filles comme il y a des lycées nationaux de garçons.

Il semble pourtant que c'est aller bien loin et trancher un peu vite une difficulté qui peut être autrement résolue, en même temps que c'est compliquer d'une grosse question financière l'organisation de l'institution nouvelle et tenir insuffisamment compte des préventions des familles. L'internat est un mal inévitable à l'heure actuelle, mais cela ne veut pas dire qu'on doive désespérer d'en guérir jamais, ni qu'il soit impossible d'en amoindrir les inconvénients et les vices. La Suisse, notre voisine, n'a pas d'internat dans ses écoles; or ses mœurs, son organisation industrielle, ses habitudes sociales sont assez peu différentes des nôtres pour que l'exemple puisse être invoqué. D'ailleurs, même en s'en tenant à des considérations d'intérêt immédiat et absolument pratique, on est en droit de faire remarquer que l'internat, au seul point de vue du succès de l'œuvre considérable et difficile dont l'entreprise va être confiée à l'État, est le moins avantageux des systèmes. Il ne suffit pas d'inscrire dans la loi que l'État fondera des écoles secondaires de filles; il faut, si l'on veut réussir, rendre obligatoire l'entretien d'une de ces écoles au moins au chef-lieu de chaque département, et le mieux serait d'étendre l'obligation à tous les chefs-lieux d'arrondissement et de canton dont la population dépasserait 5000 ou 10 000 habitants. En se bornant à créer des externats, la charge est tout à fait acceptable. Sous l'impulsion du gouvernement, avec son concours et son assistance, on peut prévoir que les villes iront d'elles-mêmes au-devant. L'enseignement secondaire sera facilement et rapidement fondé, à la condition de rendre obligatoires la création et l'entretien d'un nombre suffisant d'écoles. Or l'obligation n'est possible qu'avec le système de l'externat. C'est ce que M. Paul Bert a compris, et c'est parce qu'il a fait de l'externat la base de l'institution nouvelle, qu'il a pu proposer pour l'article 1er de la loi la rédaction suivante : « Il sera établi, *dans une ville au moins par département*, des cours (nous aimerions mieux des *écoles*) d'enseignement secondaire pour les filles. » La commission et M. Camille Sée, qui ont choisi le régime de l'internat, administré et dirigé par l'État, ont été obligés d'être beaucoup moins impératifs. Ils « estiment que chaque département doit être doté d'une école secondaire » au moins, mais ils comprennent qu'il est impossible d'en imposer l'obligation soit aux départements, soit aux villes, et leur projet laisse au ministre de l'instruction publique le soin de déterminer, après une entente avec les conseils généraux et les conseils municipaux, les départements et les villes où seront fondés des établissements qui recevront des élèves internes et des élèves externes (art. 2). Ainsi eux-mêmes reculent devant la pensée de généraliser la mesure. On ne peut pas songer à installer des jeunes filles, à l'âge où commence le travail profond et dangereux de la puberté, dans des maisons comme celles — semi-casernes et semi-prisons — où sont entassés les élèves de la plupart de nos lycées de province. D'ailleurs, même ces maisons-là, où les trouverait-on? Des lycées de jeunes filles exigent un grand confort et presque un certain luxe : salles de cours et d'études, salles de récréation, salles de bains, dortoirs, etc., y doivent remplir toutes les conditions, toutes les exigences d'une hygiène savante; et le moindre de nos lycées coûte 1 million. Il faut donc renoncer à l'espoir que chaque chef-lieu de département puisse fonder un établissement de ce genre. Cela est si évident que la commission propose à la fois la création d'internats, là où faire se pourra, et « la création d'établissements ne recevant que des jeunes filles externes, mais pouvant, dans la suite, recevoir des jeunes filles internes ». Elle-même, par l'article 3 de son projet, déroge aux prescriptions de l'article 2 et en reconnaît l'exécution la plupart du temps impraticable. Combien de départements seraient en état de fournir au gouvernement le concours financier indispensable pour pourvoir aux frais de construction et d'aménagement d'un grand pensionnat logeant deux ou trois cents élèves?

En somme, le projet de la commission revient à décider qu'il y aura dans chaque département au moins un externat et que, partout où les conseils municipaux et les conseils généraux pourront s'y prêter, on établira de grands internats régionaux.

N'est-ce pas compliquer les choses sans nul profit, et se créer, comme à plaisir, des difficultés? A-t-on bien réfléchi aux inconvénients d'un internat de jeunes filles tenu par des fonctionnaires de l'État (ces fonctionnaires fussent-ils des femmes), dont la responsabilité remontera à travers les conseils d'administration, les inspecteurs, les recteurs, les préfets, jusqu'au ministre de l'instruction publique, jusqu'au gouvernement? On n'objectera certainement pas les lycées; il est trop évident que la question est toute différente. Je crois qu'il est inutile d'insister sur ce point et de développer l'argument.

Il paraît bien plus simple et plus sage à la fois de s'en tenir aux externats, à des écoles ouvertes seulement aux heures de cours ou d'étude, mais ne recevant point de pensionnaires. Sans doute le régime de l'internat est dans nos habitudes; c'est un besoin pour la plupart des familles; les établissements d'instruction secondaire une fois fondés dans les villes, les habitants du voisinage, les familles qui résident à la campagne, voudront en profiter, et il convient absolument qu'ils en puissent facilement profiter. Mais il n'est pas nécessaire pour cela que l'État sorte de son rôle et se fasse d'éducateur, d'instituteur qu'il doit être, « marchand de soupe » par-dessus le marché. Les internats seront bien plus utilement, bien plus convenablement institués par les villes et les conseils municipaux, soit qu'ils les fondent, soit qu'ils se bornent à subventionner ceux que l'initiative privée ne manquera pas d'ouvrir, dans des conditions bien meilleures que l'État, pour peu qu'on l'y sollicite ou l'y encourage. Une fois l'école organisée, les avantages du programme d'études, la supériorité du corps enseignant, institutrices et professeurs, la juste considération dont il jouira, l'importance attachée par l'opinion aux certificats d'études et aux diplômes, suffiront pour attirer les élèves. Autour de l'école se grouperont des pensionnats recevant les jeunes filles que leurs familles ne pourraient pas garder chez elles, comme autrefois les pensions abondaient autour des collèges, comme elles abondent encore à Paris aux environs des lycées d'externes. L'initiative privée, plus ingénieuse, plus apte à se plier à tous les caprices, à tous les besoins, saura s'accommoder à toutes les fortunes et à toutes les bourses, comme aux volontés particulières des parents. Une des causes les plus efficaces du succès des congrégations, c'est l'art avec lequel elles s'adaptent pour ainsi dire aux goûts, aux préjugés, aux *possibilités* de toutes les catégories sociales. Rien de plus varié, de moins uniforme; tandis que l'uniformité, l'inflexibilité du règlement sont nécessairement la condition des établissements régis et administrés par l'État. On semble craindre que, si l'État n'ouvre pas lui-même des internats, il ne s'en fonde qu'il ne pourra ni diriger, ni surveiller, et que les jeunes filles de l'enseignement secondaire ne soient bientôt encore accaparées par les congrégations. « Ce que l'État ne fera pas, dit-on, les congrégations vont le faire, et elles le feraient dans un esprit que les partisans de l'institution nouvelle ne peuvent approuver. » L'erreur semble évidente. En effet, les familles attachées par conviction, préjugé, ou autrement, à l'enseignement congréganiste, se garderont bien d'envoyer leurs filles aux écoles de l'État, quelles qu'elles soient. Et, par contre, les familles qui réclament l'organisation d'un enseignement de l'État, qui actuellement envoient à regret, et par impossibilité de mieux faire, leurs enfants dans les pensionnats de religieuses, celles-là sauront bien faire de telle sorte que, soit les municipalités, soit l'initiative privée, aient pour elles les internats dont elles ont besoin. On ne se flatte pas d'ailleurs d'éviter la concurrence des établissements congréganistes et la lutte avec eux. On ne peut pas avoir oublié de quelles accusations passionnées et plus qu'inexactes l'enseignement des cours de la Sorbonne fut l'objet, jusqu'au sein du Sénat impérial. Les mêmes accusations seront répétées contre l'enseignement secondaire donné par l'État. L'Église ne se laissera pas disputer sans une résistance violente et bruyante le monopole de l'éducation des filles qu'elle a su conquérir. On doit s'attendre à des attaques, à des insinuations de toute nature. On coupera court aux plus graves et aux plus dangereuses, à celles qui sont le plus capables d'impressionner les familles, en n'imposant pas à l'État une responsabilité inutile, et en le déchargeant d'une tâche aussi délicate à tous les points de vue, même simplement à celui de l'hygiène, que l'est la direction d'un internat de jeunes filles.

Il est encore un troisième moyen de résoudre la difficulté. C'est que la loi future autorise les institutrices chargées de l'enseignement dans les nouvelles écoles à recevoir chez elles des élèves pensionnaires qui devront suivre les cours institués par l'État. On inaugurera ainsi, en France, avec succès, je le crois, le *système tutorial* qui est, pour ainsi dire, la règle générale en Angleterre et qui présente de si grands avantages. On sait qu'en Angleterre, autour des établissements d'instruction secondaire, se groupent des maisons habitées par les membres du corps enseignant. Maîtres ou maîtresses, suivant le cas, reçoivent les élèves en qualité de pensionnaires, les y font vivre de la vie de famille, dirigent leur éducation et surveillent leurs études; ce système est bien supérieur au nôtre : il réduit les responsabilités et les rend effectives; il donne aux familles une garantie bien autrement sérieuse que celle offerte par une administration toujours inattaquable pour peu qu'elle ait exécuté la lettre de son règlement. On ne voit pas quels obstacles s'opposent au succès d'un pareil système si l'on en faisait l'essai en France.

Tout se réunit, semble-t-il, pour conseiller à l'État de ne se point charger d'une fonction qui, après tout, n'est pas la sienne. L'énormité de la dépense, l'impossibilité de la rendre obligatoire, et la nécessité où il serait presque partout d'ajourner l'ouverture des cours jusqu'à l'achèvement des constructions; la responsabilité qu'il prendrait sans nécessité et qui pourrait compromettre le succès de son entreprise; le prix élevé qu'il serait obligé d'exiger des familles, les raisons d'hygiène, l'incompatibilité entre la réglementation et l'éducation; voilà autant de motifs pour que l'État ne se laisse pas entraîner à créer des internats pour l'enseignement secondaire des filles, alors qu'il peut sûrement compter sur les municipalités et sur l'initiative privée pour satisfaire, sous ce rapport, aux besoins des familles. Qu'il se renferme donc dans ce qui est incontestablement sa mission; qu'il fournisse l'enseignement, rien que l'enseignement; le service est déjà assez grand, assez considérable. Les écoles, le personnel enseignant, le matériel scolaire, tout cela à improviser pour ainsi dire, à mettre en œuvre dans cent ou cent cinquante villes, en voilà certes bien assez pour absorber et ses ressources financières et son activité.

F. V.

FACULTÉ DES SCIENCES DE PARIS

DOCTORAT

M. PAUL HALLEZ

Les Turbellariés.

Voici la quatrième thèse sortie depuis six ans de l'Institut zoologique de Lille complété par la station maritime de Wimereux. Aucun des laboratoires de Paris n'en a produit autant dans le même laps de temps, malgré les ressources bien plus considérables dont ils disposent tous. M. P. Hallez a voulu, comme ses prédécesseurs lillois, que la soutenance de son travail eût lieu devant le jury de la Sorbonne qui l'a récompensé de sa confiance en le recevant avec unanimité de boules blanches.

C'est pour M. Hallez un double succès dont il faut le féliciter, lui et ses maîtres, mais dont il faut féliciter aussi la Faculté des sciences de Paris, qui n'a jamais été suspecte de tendresse pour les doctrines transformistes et l'école embryogénique moderne. Or M. Hallez, loin de chercher à dissimuler son drapeau, l'avait planté hardiment en tête de son mémoire. Il avait dédié sa thèse à son maître, M. A. Giard, professeur à la Faculté des sciences de Lille, le premier zoologiste qui ait enseigné courageusement dans une faculté française les doctrines darwiniennes, sans s'inquiéter des attaques cléricales. Du reste, le professeur de Lille n'a pas eu jusqu'ici beaucoup d'imitateurs.

Le mémoire de M. Hallez a pour titre : *Contributions à l'histoire des Turbellariés.* C'est le travail le plus important qui ait été publié jusqu'à ce jour, tant en France qu'à l'étranger, sur ce groupe, l'un des plus intéressants de la division des vers plats.

Les faits nouveaux pour la science qui se trouvent consignés dans l'étude de M. Paul Hallez sont trop nombreux pour que nous puissions les mentionner tous dans cette analyse. Nous nous contenterons forcément d'insister sur celles des observations et des appréciations de l'auteur qui nous ont paru les plus saillantes.

Le travail que nous allons passer en revue est divisé en trois parties : la première est consacrée à l'*Anatomie* et à l'*Éthologie* des Turbellariés; la seconde comprend l'*Embryogénie;* la troisième donne les *Monographies* de plusieurs espèces nouvelles, toutes fort intéressantes, elle comprend de plus quelques considérations au sujet de la *classification* des Turbellariés, ainsi que l'arbre généalogique de ces animaux.

I.

Le premier résultat important que nous relevons, c'est la démonstration de ce fait sur lequel l'attention des naturalistes n'avait pas encore été appelée, à savoir que le *système excréteur des vaisseaux aquifères* n'existe que chez les Rhabdocœles, tandis qu'il fait défaut chez les Dendrocœles. L'appareil qui a été considéré par M. E. Blanchard, chez les Planaires marines, comme un système circulatoire ou d'irrigation, n'est autre que le système nerveux de ces animaux; de ce que l'on peut pousser une injection entre le cerveau et sa membrane d'enveloppe, il ne s'ensuit pas en effet qu'il y ait là un système vasculaire, car avec un tel principe, il faudrait aussi admettre que le système nerveux de l'homme lui-même est inclus dans un appareil d'irrigation. Le fait de la non-existence d'un système aquifère chez les Dendrocœles paraît avoir une réelle valeur, et ce n'est pas sans raison que l'auteur considère ce caractère comme un des meilleurs *criteriums* pour distinguer les Rhabdocœles d'avec les Dendrocœles.

La *trompe* des Rhabdocœles a aussi été l'objet d'une étude spéciale de la part de l'auteur qui, après avoir passé en revue chaque Rhabdocœle proboscifère, nous fait connaître avec détails l'anatomie et les connexions de la trompe des *Prostomum* et des *Dinophilus.* A propos des connexions de la trompe des Rhabdocœles, il traite soigneusement la question de l'homologie de la trompe des Némertiens, et il arrive à cette conclusion que l'organe prohosciforme de ces derniers n'est pas homologue du pénis des Turbellariés, mais bien de la trompe des Rhabdocœles. Enfin il considère les *Stenostomum* comme de vrais Némertiens dégradés.

La partie la plus intéressante des recherches anatomiques de M. P. Hallez, c'est celle qui est relative aux *organes de la reproduction.*

Les observations qu'il a faites sur *Stenostomum leucops* et *Microstomum lineare* démontrent que chez ces animaux les ovaires se forment par bourgeonnement aux dépens de l'intestin, tandis que les testicules, au moins dans la dernière espèce, dérivent de l'exoderme. Il y a là, comme il le fait remarquer lui-même, une confirmation de la théorie émise par un des naturalistes les plus distingués de la Belgique, M. Édouard Van Beneden, et d'après laquelle les organes femelles dériveraient de l'endoderme tandis que les testicules se formeraient aux dépens de l'exoderme.

Dans un paragraphe sur l'*Hermaphroditisme,* l'auteur démontre « que la maturation des testicules et des ovaires se fait à des époques différentes, de telle sorte que, dans la généralité des cas, les individus ne présentent en définitive qu'un seul sexe parfaitement développé » ; et, comme c'est d'ailleurs la règle générale, c'est toujours le sexe mâle qui entre le premier en activité. Ces faits sont très nets chez les Planaires marines et chez les Planaires d'eau douce ; chez ces animaux on ne rencontre jamais que des ovaires ou des testicules sur un même individu; chez les Rhabdocœles, au contraire, la production des spermatozoïdes se continue pendant que les ovaires produisent des œufs mûrs.

M. P. Hallez a suivi avec beaucoup de soin la formation et le développement des spermatozoïdes; nous ne pouvons malheureusement entrer ici dans les détails du processus suivant lequel se forment les cellules-filles, nous ne pouvons mieux faire que de renvoyer le lecteur au texte de l'auteur et aux très belles figures qui l'accompagnent. Je signalerai toutefois ce fait que le nombre des cellules-filles incluses dans une cellule-mère peut varier dans une même espèce suivant la saison : « le nombre des cellules-filles, dit M. P. Hallez, formées dans une cellule-mère est d'autant moins considérable que l'animal est plus fatigué par le travail génétique ».

L'existence des glandes accessoires mâles chez les Turbellariés est connue depuis longtemps, mais l'auteur du mémoire que nous analysons fait connaître le produit de ces glandes et son rôle physiologique. Le plus ordinairement, le produit de sécrétion de ces glandes est formé de granulations réfringentes isolées ou réunies par paquets; d'autres fois, il consiste en un liquide incolore ne contenant aucun élément figuré. Quant à son rôle physiologique, il consiste à parachever le développement des spermatozoïdes et à entretenir leur vitalité. Dans quelques cas exceptionnels cependant, « les glandes accessoires ont une toute autre destination, puisqu'elles sécrètent un véritable venin (*Prostomum lineare, Prost. Giardii,* etc.) » ; on voit alors que les parois du *receptaculum seminis* sécrètent un liquide albumineux, épais, qui remplace physiologiquement le produit des glandes accessoires.

L'auteur a encore débrouillé les diverses relations que l'on rencontre dans les différents types des Turbellariés entre la vésicule séminale, la vésicule des glandes accessoires et leurs canaux excréteurs. « En résumé, dit-il, nous voyons que la vésicule séminale et le réservoir des glandes accessoires peuvent : 1° être distinctes et communiquer ensemble ; 2° être réunies en une seule vésicule ; 3° être distinctes et indépendantes. Ce troisième cas ne se rencontre que dans les espèces où les glandes accessoires ne jouent plus aucun rôle dans l'accouplement, mais constituent un appareil à venin. Chez les animaux qui présentent cette adaptation spéciale, les canaux éjaculateurs des deux vésicules se pénètrent de telle sorte que le canal venant du réservoir à venin est toujours central. »

Relativement à l'*appareil femelle*, M. P. Hallez est arrivé également à des résultats remarquables. Il combat la théorie d'Ed. Van Beneden sur la genèse des œufs, et arrive à cette conclusion que les œufs ne sont que des cellules détachées de la paroi ovarienne.

On sait que certains Rhabdocœles présentent, comme les Rotifères, deux sortes d'œufs : les uns à coque molle et transparente dont le développement rapide se fait tout entier dans l'utérus (*œufs d'été*), les autres à coque dure et opaque, qui n'arrivent à l'éclosion qu'au printemps suivant (*œufs d'hiver*). Ces faits étaient connus, mais n'avaient pas encore reçu d'explication satisfaisante, malgré les belles recherches de A. Schneider sur cette question. L'interprétation toute nouvelle qu'en donne M. P. Hallez paraît parfaitement exacte. Cet auteur fait d'abord remarquer que les deux sortes d'œufs ne se rencontrent que chez les *Mesostomum* transparents, et que le *Mesostomum personatum,* qui est justement coloré en noir par un pigment abondant, ne présente jamais *d'œufs d'été.* « D'un autre côté, dit-il, les autres genres des Rhabdocœles, et notamment les *Vortex,* qui sont pour la plupart plus ou moins fortement colorés, ne présentent jamais, pas plus que le *M. Personatum,* d'œufs à coque transparente. Je conclus de ces faits que la production d'œufs à coque transparente chez les Mésostomiens transparents est le résultat d'une adaptation particulière ayant pour but de protéger ces animaux, c'est en un mot un cas particulier du *mimétisme.* Ces *Mesostomum* sont essentiellement nageurs, ils ne pourraient donc pas échapper à leurs nombreux ennemis si leur présence était décelée par l'existence dans leur corps de nombreux œufs à coque rouge. Quand commence pour eux la période de production d'œufs à coque dure, on les voit s'abriter sous les feuilles, sur les bords des fossés, souvent même dans la vase; ils ne nagent plus, ils s'entourent de filaments sécrétés par leurs glandes mucipares, enfin ils deviennent complètement immobiles, et le protoplasme de leurs tissus cristallise. »

M. P. Hallez répond lui-même aux objections que l'on pourrait faire à sa manière de voir. Nous nous contenterons ici de reproduire le passage suivant : « Pourquoi, dit l'auteur, les Turbellariés transparents, autres que ceux appartenant au genre *Mesostomum,* ne produisent-ils pas aussi des œufs à coque molle et transparente? Cette objection n'est pas embarrassante, car les Turbellariés de cette catégorie, parmi lesquels je citerai *Prostomum lineare, Prost. Giardii, Dendrocœlum lacteum,* ne portent jamais qu'une seule capsule à la fois, et encore celle-ci est-elle le plus ordinairement pondue avant que la coque soit devenue opaque; au contraire il n'est pas rare de rencontrer des *Mesostomum* ayant 30 ou 40 œufs à coque dure dans leurs utérus.

« Enfin, comme corollaire de cette dernière proposition, je signalerai ce fait que, dans les types les plus inférieurs (*Macrostomum hystrix, Stenostomum leucops, Microstomum lineare*), formes qui sont transparentes et chez lesquelles les œufs séjournent plus ou moins longtemps dans le corps, les œufs sont aussi transparents. »

Après avoir ainsi étudié les œufs, l'auteur passe à l'examen des organes accessoires femelles; il fait connaître des détails anatomiques intéressants sur les vitellogènes d'un certain nombre d'espèces, et confirme cette idée généralement admise dans la science, à savoir que le vitellogène n'est autre chose qu'une partie différenciée de l'ovaire. Puis il étudie les éléments cellulaires produits par les vitellogènes, les *Dotterzellen,* il examine successivement leur formation, leur état d'indépendance, leur régression.

Dans son chapitre sur l'*Éthologie*, M. P. Hallez pose des observations et des vues originales dont nous indiquerons ici les principales. Il insiste d'abord sur ce fait qu'il existe un rapport constant entre l'habitat, les mœurs et la coloration de tous les Turbellariés. Il démontre aussi que « le plus ordinairement, le changement de couleur résultant du changement de milieu est accompagné d'autres modifications dans la forme du corps, de telle sorte que l'on a fait de ces deux variétés deux espèces différentes ». C'est ainsi que les espèces pélagiques et les espèces d'eau douce qui habitent les eaux courantes présentent presque constamment des tentacules, tandis que les espèces littorales et celles qui fréquentent les eaux stagnantes sont privées d'appendices tentaculiformes.

Il considère la *Planaria viganensis* comme une variété de la *Planaria nigra* qui s'est adaptée dans les eaux courantes, et la *Planaria gonocephala* comme une variété de la *Planaria pusca* qui s'est également adaptée aux eaux limpides et courantes. Enfin il appelle l'attention des naturalistes sur le rôle que paraît jouer le régime de l'animal sur sa coloration et par suite sur sa protection. A ce point de vue, « l'alimentation doit entrer comme facteur, au même titre que la sélection naturelle, pour la formation des variétés de couleur », et il cite à l'appui de cette assertion le remarquable genre *Dinophilus* dont deux espèces (*D. vorticoïdes* et *D. metameroïdes*), ont le corps coloré en rouge par la matière colorante (*Phycoérythrine*) des algues sur lesquelles elles vivent et dont elles font leur nourriture.

Un paragraphe encore fort remarquable est celui qui est relatif aux *cristalloïdes* des *Mesostomum.*

L'auteur établit que vers la fin de la saison chaude, le protoplasme des divers tissus de ces animaux cristallise en dodécaèdres pentagonaux qui finissent par envahir le corps tout entier des *Mesostomum* en leur donnant un aspect tout particulier. Il a suivi la genèse de ces cristalloïdes, il a déterminé leur composition chimique, et croit qu'ils doivent jouer le même rôle physiologique que les cristalloïdes des *Bonnetia,* des *Pilobolus,* des grains d'amidon, etc. Il y a là en tout cas un mode de régression fort intéressant, et qui n'avait pas encore été observé chez ces animaux.

Enfin ce chapitre si remarquable relatif à l'Éthologie est terminé par la description des parasites des Planaires parmi lesquels nous signalerons une espèce nouvelle d'infusoire ectoparasite très intéressante et à laquelle l'auteur ne donne point de nom.

II.

M. P. Hallez a suivi l'*embryogénie* de deux Planaires marines : le *Leptoplana tremellaris* dont la forme larvaire est à peine distincte de l'animal adulte, et l'*Eurylepta auriculata* dont la larve (larve de Müller) est adaptée à la vie pélagique.

Les premiers phénomènes du développement sont identiques dans ces deux espèces. Il se détache d'abord de l'œuf un globule polaire qui se divise plus tard en deux ; cette sortie du globule polaire se fait par voie de division nucléaire. Un stade fort intéressant est celui que l'auteur désigne sous le nom de *stade de pétrissage lent :* pendant cette période du développement que l'on observe avant et après la sortie du globule polaire, l'œuf change incessamment de forme, il présente de véritables mouvements de pétrissage. De semblables mouvements ne sont pas rares dans les œufs avant la fécondation, mais c'est la première fois qu'ils sont signalés à une époque aussi reculée du développement. Quant à la signification de ces mouvements, l'auteur croit qu'elle est purement atavique, la phase *Amœba* persistant « dans l'autogénie, après la sortie du globule polaire, jusqu'au moment où se produit le stade deux, c'est-à-dire jusqu'au commencement de la phase *Synamœba* », et les mouvements de pétrissage d'autre part étant « la manifestation la plus caractéristique de la forme *Amœba* ».

La *Gastrula* se forme nettement par épibolie. La direction des plans de segmentation, le processus de la division cellulaire ont été étudiés avec soin par l'auteur, qui résume ainsi ses observations sur ce sujet :

« I. Dans la segmentation de l'œuf, le protoplasme nucléaire seul est actif, le protoplasme cellulaire reste passif.

« II. Quand le centre de l'amphiaster coïncide avec le centre de la cellule, que l'axe de l'amphiaster corresponde à l'axe de la cellule, ou qu'il soit oblique sur cet axe,

« 1° Les deux asters sont égaux ;

« 2° Le plan de segmentation est perpendiculaire sur l'axe de l'amphiaster et partage cet axe en deux parties égales.

« III. Quand le centre de l'amphiaster ne correspond pas au centre de la cellule, que l'axe de l'amphiaster coïncide avec l'axe de la cellule, ou qu'il soit oblique sur cet axe.

» 1° Les deux asters sont inégaux, et le sont d'autant plus que l'excentricité de l'amphiaster est plus considérable;

« 2° L'aster le plus éloigné du centre de la cellule est toujours plus petit que l'autre ;

« 3° Le plan de segmentation est perpendiculaire sur l'axe de l'amphiaster et partage cet axe en deux parties inégales, et d'autant plus inégales que les forces attractives des deux asters sont plus différentes. »

Le feuillet moyen apparaît quand le stade seize est formé ; il se forme aux dépens des quatre grosses cellules endodermiques au pôle oral. Primitivement il est formé par quatre cellules, mais celles-ci ne tardent pas à proliférer et à constituer d'abord quatre lignes primitives et finalement un feuillet continu.

C'est la première fois que l'on voit avec netteté l'apparition du mésoderme et que l'on suit son développement chez les Turbellariés.

Un phénomène qui n'a encore été signalé dans aucun autre animal, c'est la formation d'une cinquième sphère endodermique. « Quand les cellules exodermiques commencent à déborder l'équateur....., une des quatre grosses cellules augmente beaucoup de volume et forme une hernie considérable sur l'un des côtés de l'œuf, puis se segmente en deux sans que j'aie pu observer la formation d'amphiaster. La cinquième cellule endodermique ainsi formée vient s'intercaler entre les autres. » L'auteur paraît assez disposé à comparer la formation de cette cinquième sphère à un rajeunissement; « de sorte que cette cinquième sphère plus aqueuse ne serait, dans cette hypothèse, qu'une sorte de suc cellulaire exprimé, lequel constituerait sans doute plus tard la plus grande partie du suc albumino-graisseux que nous trouverons remplissant la cavité intestinale de la larve. »

L'intestin, suivant l'auteur, apparaîtrait au pôle oral sous forme de quatre bourgeons dérivant de l'endoderme; ces bourgeons en se développant envelopperaient peu à peu les cellules endodermiques à mesure que celles-ci entreraient en régression. Au début l'intestin est rhabdocœle, ce n'est que par suite du développement de la larve qu'il se dendrocœlise.

L'exoderme se différencie en deux couches cellulaires, une externe formée par des cellules pâles, nucléées et portant des cils vibratiles, et une interne formée également par des cellules nucléées, mais à contenu granuleux. C'est dans ces dernières que se forment les bâtonnets. On voit donc que ces organes prennent naissance dans les téguments externes, et non dans le reticulum conjonctif comme l'admettent un certain nombre de naturalistes.

Enfin le mésoderme se divise lui-même en deux couches, une externe qui constituera la couche des fibres musculaires des téguments, et une interne qui forme le reticulum conjonctif qui oblitère presque entièrement la cavité générale du corps de ces animaux.

Les recherches que M. P. Hallez a faites sur l'embryogénie des Rhabdocœles d'eau douce montrent que la segmentation se fait chez ces animaux, suivant un processus tout à fait comparable à celui des Planaires marines.

III.

Dans la troisième partie de son travail, l'auteur critique le choix du caractère rhabdocœle ou dendrocœle pour l'établissement des deux grandes divisions des Turbellariés; on connaît en effet des Dendrocœles qui ont l'intestin droit (*Planaria Lemani*), et d'autre part il y a des Rhabdocœles qui ont l'intestin ramifié ou au moins fortement lobé (*Macrostomum viride*, *Prorhynchus stagnalis*, *Monocelis protractilis*). Un caractère qui paraît être beaucoup plus fixe, c'est celui que l'on peut tirer de la forme du pharynx : « Il serait plus rationnel, dit l'auteur, de désigner les Dendrocœles sous le nom de *Turbellariés à pharynx tubuliforme* et les Rhabdocœles sous le nom de *Turbellariés à pharynx dolioliforme.* » En effet, en admettant ce mode de classification, on peut faire rentrer la petite famille si intéressante des *Monocéliens* (*Monocelis, Enterostomum, Turbella* et *Vorticeros*) dans le groupe des Dendrocœles dont elle présente tous les caractères.

L'auteur résume d'ailleurs dans le tableau suivant les

principaux caractères distinctifs des deux sous-ordres des Turbellariés :

Rhabdocœles :	*Dendrocœles :*
Reticulum relativement peu développé.	Reticulum oblitérant presque complètement la cavité générale du corps.
Pharynx dolioliforme.	Pharynx tubuliforme.
Un système de vaisseaux aquifères.	Pas de vaisseaux aquifères.
Ovaires et testicules le plus ordinairement au nombre de deux.	Ovaires et testicules en général nombreux et disséminés au milieu du reticulum.
Corps plus ou moins cylindrique.	Corps plus ou moins aplati.

M. P. Hallez discute ensuite la phylogénie des Turbellariés, et il résume sa manière de voir dans l'arbre généalogique suivant :

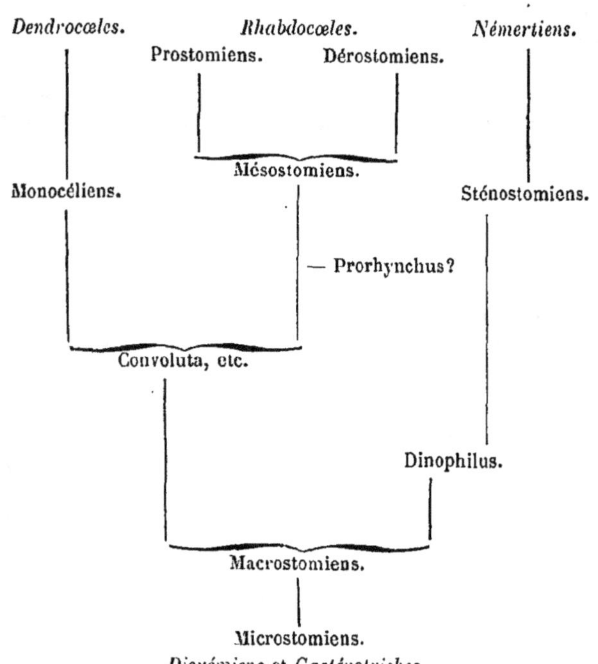

Enfin l'auteur termine son travail par la description d'espèces nouvelles ou peu connues, dont nous nous contenterons ici de donner les noms :

1. *Microstomum giganteum*. Nov. spec. Lille.
2. *Dinophilus metameroïdes*. Nov. spec. Wimereux.
3. *Vortex Graffii*. Nov. spec. Lille.
4. *Prostomum Giardii*. Nov. spec. Wimereux.
5. *Vorticeros pulchellum*. O. Schm. Var. *luteum*. Wimereux.
6. *Vorticeros Schmidtii*. Nov. spec. Wimereux.
7. *Turbella inermis*. Nov. spec. Wimereux.
8. *Monocelis Balani*. Nov. spec. Wimereux.
9. *Dendrocœlum Angarense*. Gerstfeldt. Lille.

Toutes ces monographies sont accompagnées de planches qui font le plus grand honneur au talent artistique de leur auteur.

M. P. Hallez est déjà maître de conférences à la faculté de médecine de Lille. Sa thèse le désigne tout naturellement pour une nouvelle chaire de sciences biologiques indispensable dans une Faculté qui forme à la fois des médecins et des pharmaciens. Un seul homme ne peut suffire à Lille à une tâche que quatre professeurs supportent avec peine à Paris.

Le personnel des nouvelles Facultés de médecine a été, dans le début, recruté presque uniquement parmi les *praticiens* locaux. Il est grand temps de leur infuser l'esprit scientifique moderne et le goût de la médecine expérimentale qui leur fait trop souvent défaut.

L'AGE DE LA PIERRE POLIE AU CAMBODGE

D'après MM. Noulet et Mourat (1).

Le directeur du muséum de Toulouse eut un jour la bonne fortune de recevoir la visite d'un compatriote, M. le lieutenant de vaisseau J. Moura, représentant du protectorat français auprès du roi de Cambodge; l'attention de cet officier fut vivement attirée par les collections Filhol, Noulet, Cartailhac et autres qui assurent un rang si distingué aux galeries de paléontologie quaternaire et d'archéologie préhistorique du musée de Toulouse. Il avait lui-même rapporté de l'Indo-Chine quatre objets de l'âge de la pierre, haches et gouges, il s'empressa de les offrir à cet établissement, et promit de faire pour lui des recherches nouvelles.

M. Moura était assez heureux pour pouvoir lui envoyer, à la fin de 1877, une série fort précieuse; M. le directeur du musée a consacré à sa description le premier fascicule d'une publication nouvelle.

Le Mekong est le grand fleuve de la vallée orientale de l'Indo-Chine; il a pour affluent le Mé-Sap, déversoir d'un lac Tomli-sap, vaste réservoir d'eau douce que le Cambodge possède en partage avec le royaume de Siam.

C'est au sud-est du grand lac, sur les bord du Sting-Chinist, affluent du Mé-Sap sur la rive gauche, à Somrong-Sen, que se trouve un gisement de coquilles depuis longtemps exploité pour la fabrication de la chaux. Son étendue est immense; les coquilles — qui vivent actuellement et en très grande abondance dans les lacs et les cours d'eau de la contrée — sont disposées par couches de $0^m,40$ à $0^m 50$ d'épaisseur, alternant avec des lits d'argile d'égale épaisseur à très peu près.

On trouve pêle-mêle avec les coquilles des têtes et des os humains, ainsi que des crânes d'éléphants, des poteries, des outils en pierre et des objets en cuivre. Les spécimens que M. Moura vient d'envoyer à Toulouse ont été réunis un à un par les fabricants de chaux qui les conservaient comme des reliques dans leurs habitations depuis bien des années.

Cette collection offre d'abord une série d'objets en pierre utilisés comme outils et d'autres qui furent portés comme parures ou amulettes. Les outils sont des haches, erminettes, gouges et ciseaux; les pierres (pétrosilex et euritines) ont été amenées à ces formes par la taille, puis par un polissage très soigné qui pourtant n'a pas effacé complètement les traces de la première opération.

Les outils cambodgiens ne ressemblent pas tous aux types

(1) *Archives du Musée d'histoire naturelle de Toulouse*, 1re publication. — *L'âge de la pierre polie et du bronze au Cambodge*, d'après les découvertes de M. J. Moura, par le docteur J.-B. Noulet. Toulouse 1879, 34 p. in-4° avec planches.

que nous rencontrons dans les diverses parties de l'Europe. Il en est un bon nombre qui, à moitié longueur, ont un retrait brusque et anguleux, munis ainsi d'une soie quadrangulaire, espèce de manche assez fort, ménagé dans la pierre même. Cette disposition rappelle un peu certaines haches en pierre et en bronze de l'Amérique centrale dont on possède des spécimens emmanchés.

Les parures sont nombreuses; c'est d'abord une série de disques plats, de $0^m,11$ à $0^m,13$ de diamètre et d'une ouverture de $0^m,065$ à $0^m,070$. MM. Moura et Noulet les appellent anneaux de bras, et ce dernier donne le même nom à des anneaux dont l'ouverture n'est que de $0^m,042$. Ce seraient des bracelets bien étroits! Les grands disques ont une parfaite analogie avec ceux que l'on a recueillis sur divers points de la France, soit isolément, soit dans des tombeaux de l'âge de la pierre et sur l'usage desquels on n'était nullement fixé. Il est raisonnable de penser que ces disques de notre pays et du Cambodge ont eu la même destination! Il serait vivement à désirer que M. Moura voulût bien nous donner de plus amples détails, nous dire avec précision pourquoi il les appelle anneaux de bras, et, si cette parure est encore de mode, nous en envoyer des exemplaires modernes.

Il en est d'elle peut-être comme des ornements d'oreilles qui agrandissaient les lobes outre mesure et dont cinq spécimens en pierre se sont rencontrés dans le gisement préhistorique. Des pendants identiques de forme mais en bambou, en ébène, en ivoire sont encore en usage parmi les Cambodgiens des campagnes.

Les autres parures du gisement coquillier de Somrong-Sen semblent tirées du mobilier funéraire des sépultures néolithiques du midi de la France, ce sont les mêmes petits annelets, les mêmes perles rondes, longues, cylindriques, fusiformes... Mais elles sont en pierre de Pursat, au sud du lac Tomli-Sap, sorte d'argile compacte et solide, facile à tailler et fort utilisée par les habitants actuels de la région.

D'autres objets sont faits avec le test de diverses coquilles marines, espèces des mers asiatiques.

Les objets en métal, les uns en cuivre pur, les autres en cuivre avec un faible alliage d'étain (3, 2 à 4, 8 pour 100), sont au nombre de seize. Les plus considérables sont des anneaux assez semblables pour la grandeur aux grands disques signalés plus haut, mais chez eux l'ouverture centrale est garnie des deux côtés d'un rebord continu, mince, large et concave; sont-ce encore des bracelets? Une hache à douille est très comparable à certaines haches du nord-est de l'Europe et de l'Asie, deux pointes de flèches, un hameçon n'offrent rien de particulier.

Un de nos amis voyant sur la table de M. le docteur Noulet les poteries dont il est ensuite question lui fit compliment d'avoir reçu des vases celtiques; c'est qu'en effet les vases de Somrong-Sen portent des ornements bien connus tels que les chevrons en dents de loup gravés à la pointe, cette ornementation classique de notre âge du bronze. Toutefois la forme de ces urnes pansues est assez spéciale. Une description sans dessins pouvant être difficilement comprise, nous renvoyons à l'ouvrage lui-même les personnes qui voudraient en savoir davantage.

M. le docteur Noulet est disposé à soutenir la contemporanéité des objets en pierre et de ceux en métal. Il compare la civilisation qu'ils révèlent à celle de notre phase transitoire de l'âge de la pierre à l'âge du bronze. N'est-ce pas conclure un peu vite? Ces objets ont été recueillis isolément, et non point par des explorateurs soigneux d'étudier leur gisement. Qui peut assurer qu'ils ne proviennent pas de niveaux bien différents?

M. Moura nous informe que les inondations recouvrent encore ces terrains; il assure qu'elles ont transporté dans ces dépôts, qui leur sont dus, les épaves qu'en sortant de leur lit les cours d'eau ont rencontrées sur leur passage au-dessus des stations riveraines. Son explication ne nous paraît pas suffisante. Il suffit de voir ces objets pour hésiter à croire qu'ils ont été roulés; dans tous les cas, les poteries entières sont là pour démontrer que le point de départ n'était pas éloigné. Puisque l'on trouve parfois dans les couches coquillières des ossements humains, n'aurait-on pas affaire à des tombeaux simplement remaniés?

M. Moura, heureux de voir que ses collections sont tombées en bonnes mains se livrera certainement à une étude minutieuse du gisement lui-même, à des recherches personnelles et fécondes.

M. le docteur Noulet, qu'il faut remercier d'avoir fait connaître avec un texte sobre et de nombreuses illustrations cette importante collection, se demande, sans néanmoins se décider, s'il faut assigner un point de départ unique à des industries similaires répandues en tant de contrées, souvent séparées par d'immenses espaces, ou bien s'il ne faut pas y trouver plutôt la preuve que le génie naturel de l'homme, si admirablement servi par son intelligence, l'a conduit, en tous lieux, à de semblables résultats, lorsque les circonstances l'ont permis.

Ce sont là matières à de sérieuses méditations et l'on pourrait disserter longtemps.

Mais il est des observations que l'on ne peut s'empêcher de faire. Toulouse possède maintenant un lot de reliques des temps primitifs de l'extrême Orient qui ne peut être comparé qu'à l'admirable série de Java que l'on voit au musée de Saint-Germain. Ces monuments de l'âge de la pierre ne seraient-ils pas l'œuvre de cette population négrito qui paraît avoir la première occupé l'Inde jusqu'au fond de la Malaisie à une époque où les terres et les mers avaient une distribution différente?

Tandis qu'un compatriote de MM. Noulet et Moura, M. le docteur Montano, avec l'appui du ministère, étudie, au point de vue anthropologique, l'île si importante de Bornéo, il serait à désirer que M. Moura fît tous ses efforts pour retrouver les ossements humains qui gisent avec les pierres polies et pour rechercher si ce sont les ancêtres sauvages encore ou les lointains prédécesseurs de ces Kmers dont la civilisation fantastique a été récemment entrevue.

Disons en terminant que le fait d'un âge de la pierre au Cambodge n'a rien d'étrange; partout où l'on voudra chercher on trouvera de pareilles traces. Il n'y aura bientôt plus de région de l'Asie où cet état sauvage primitif ne puisse être prouvé par les découvertes positives, par les superstitions des peuples, par les textes mêmes des auteurs! Il faut que ceux dont le siège était fait en prennent enfin leur parti, et veuillent bien reconnaître que l'humanité, comme l'homme, n'a gardé de sa première enfance qu'un souvenir confus.

LA PSYCHOLOGIE D'HERBERT SPENCER (1)

VI.

ANALYSE SPÉCIALE.

I. — Il est toujours possible de résoudre en ses éléments une pensée quelque simple ou complexe qu'elle soit; au contraire, les éléments hétérogènes qui constituent une émotion sont si intimement mélangés qu'il est impossible de les dissocier nettement. Nous nous bornerons donc ici à l'analyse des phénomènes intellectuels, et comme une analyse vraiment systématique doit commencer par les phénomènes les plus complexes, nous étudierons d'abord les actes intellectuels les plus élevés.

II. — *Le raisonnement quantitatif composé* est celui qui implique le plus de rapports. Quelle que soit sa complication, il peut se ramener en substance à une vérité d'intuition, à savoir que deux rapports égaux à un même troisième sont égaux entre eux. C'est l'axiome dont on fait si souvent usage en géométrie et qui sert de fondement à toute l'analyse mathématique.

On ne peut démontrer cette proposition sans pétition de principe, mais on peut rechercher par quel acte mental cette intuition est connue et quel en est le caractère. Or il est impossible de comparer le premier et le troisième rapport sans l'intermédiaire du second; de plus, la comparaison sérielle des trois ne saurait mettre en contact immédiat dans la conscience ce premier et ce troisième rapport dont il s'agit de reconnaître l'égalité. Les trois rapports sont donc composés par couples. Ce qui est présenté à la conscience, ce sont des rapports d'égalité entre des rapports. L'intuition directe, c'est que ces deux rapports d'égalité sont eux-mêmes égaux, et comme ces deux rapports d'égalité ont un terme commun, l'intuition qu'ils sont égaux implique l'égalité des termes restants.

III. — L'axiome complexe qui vient d'être énoncé peut se décomposer. Il implique au moins deux fois la reconnaissance de l'égalité de deux rapports. Cette intuition de l'égalité de deux rapports est impliquée à chaque pas du raisonnement quantitatif. En géométrie, nous passons d'une vérité spéciale à une vérité générale, par une intuition de l'égalité de deux rapports, et une intuition semblable constitue chacun des pas par lesquels nous arrivons à une vérité spéciale. Il en est de même pour le raisonnement algébrique.

IV. — Le raisonnement quantitatif parfait procède en établissant l'égalité des rapports, que les membres de cette égalité soient égaux, ou que l'un d'eux soit un multiple de l'autre. Mais l'aptitude à percevoir l'égalité implique une aptitude corrélative à percevoir l'inégalité. *Le raisonnement quantitatif imparfait* a pour but d'établir des rapports inégaux. Comme il n'y a pas de degrés dans l'égalité, qu'il y en a au contraire beaucoup dans l'inégalité, le raisonnement quantitatif parfait est précis et déterminé dans son résultat, ce qui n'a pas lieu pour le raisonnement quantitatif imparfait. Du reste le procédé déductif est le même pour ces deux sortes de raisonnements. Il y a parallélisme entre les inégalités et les équations au point de vue des actes mentaux qui servent à les résoudre. Ainsi tous les raisonnements quantitatifs composés peuvent se résoudre en raisonnements quantitatifs simples impliquant l'égalité ou l'inégalité de deux rapports.

V. — L'origine du raisonnement quantitatif n'est autre chose que l'intuition de l'égalité de deux grandeurs. Mais la conscience immédiate de cette égalité, $A = B$ par exemple, implique trois choses : l'idée de coexistence des deux grandeurs, de façon qu'il soit possible de reconnaître leur égalité ; l'idée d'identité de nature, et enfin l'idée de coextension ou d'identité dans la quantité d'espace occupée. Le caractère abstrait des signes numériques ne doit pas faire illusion. Si l'on remonte à leur origine, on trouve que les unités de temps, de force, de valeur, de vitesse qui peuvent indistinctement être remplacées par des signes, étaient d'abord mesurées par des quantités égales d'espace. Du reste, ces trois ordres d'impressions sont les seules qui soient parfaitement définies, et puisque le raisonnement quantitatif de l'ordre le plus élevé mène à des résultats parfaitement définis, c'est qu'il a exclusivement pour base ces trois intuitions.

VI. — Après le raisonnement quantitatif, qui a pour objet la connaissance de la quantité de certaines existences déterminées, nous passons au raisonnement qualitatif qui a pour objet la connaissance de la qualité de certaines existences déterminées, ou l'existence de ces qualités. Dans cette classe de raisonnements n'entre pas l'idée de coétendue, mais il y a encore coexistence et identité de nature entre les termes : il y a donc diminution dans le nombre des intuitions d'égalité impliquées. Les grandeurs hétérogènes ou les groupes hétérogènes de rapports qui entrent dans ce raisonnement n'impliquent pas de connexions quantitatives. L'égalité entre deux rapports semblables est affirmée par la nature de leurs termes et la coexistence de chaque antécédent avec son conséquent.

Beaucoup de raisonnements de cet ordre s'imposent à l'esprit avec la nécessité qu'on a souvent attribuée aux seuls raisonnements quantitatifs. Lorsque, en étendant un membre, nous sentons une pression, et que nous en concluons qu'il y a devant nous quelque chose d'étendu, c'est là une connaissance qu'une répétition constante de cet acte a rendue organique. Si nous l'analysons pourtant, nous voyons qu'elle implique l'intuition de deux rapports de coexistence. Il y a là un raisonnement qualitatif parfait qui procède en reconnaissant l'égalité ou l'inégalité de rapports disjoints. Dans d'autres cas, les rapports sont conjoints et ont un terme commun Ce genre de raisonnements conjoints, qui est assez restreint, peut se formuler ainsi : deux choses qui coexistent avec une troisième coexistent entre elles.

Outre ces cas de coexistence inconditionnelle, le raisonnement qualitatif parfait comprend aussi des cas de séquence dont la négation est inconcevable, et dans lesquels également les conclusions ne sont atteintes que par des intuitions de l'égalité des rapports.

VII. — Les divers degrés du raisonnement *qualitatif imparfait* commencent là où la négation de la conclusion peut être conçue quoique avec un grand effort, et finissent par ces cas très inférieurs de raisonnements contingents où deux conclusions opposées se présentent à l'esprit avec une facilité presque égale. Les rapports comparés ne sont plus connus comme égaux, *indiscernables*, ou inégaux, mais comme semblables ou dissemblables, ce qui n'implique entre eux qu'une

---

(1) Voyez ci-dessus pag. 322.

égalité approximative, ou même une analogie plus ou moins lointaine.

Il y a un parallélisme essentiel entre ce mode de raisonnement et les autres, même le raisonnement mathématique. Celui-ci procède par l'intuition de l'égalité de deux rapports, et celui-là par l'intuition de la similitude de deux rapports.

Le raisonnement inductif est un raisonnement qualitatif imparfait dans lequel, au lieu de procéder du général au particulier, on procède du particulier au général, la prédominance numérique appartenant aux rapports induits, au lieu d'appartenir aux rapports établis d'avance. C'est là le seul caractère qui le distingue, car il consiste aussi à comparer des rapports.

Quand les rapports observés sont très peu nombreux, (sauf dans les inductions mathématiques, pour lesquelles s'impose la conclusion du particulier au général), ou que leurs termes diffèrent beaucoup des termes classés avec eux, notre connaissance prend le nom d'hypothèse.

Le raisonnement qualitatif imparfait comprend un troisième mode, celui que M. Mill appelle le raisonnement du particulier au particulier et qui n'est autre que l'espèce primitive du raisonnement. C'est à lui qu'on peut ramener la déduction et l'induction.

VIII. — A mesure que nous descendons des formes les plus élevées du raisonnement aux plus inférieures, nos intuitions d'une ressemblance entre leurs éléments deviennent à la fois moins parfaites et moins nombreuses, mais sans jamais disparaître entièrement. En un mot, le *raisonnement en général*, qu'il s'agisse d'une seule conclusion ou d'une série de conclusions, consiste à établir indirectement un rapport défini entre deux choses; il se complète et s'achève en établissant un rapport défini entre deux rapports définis.

Le contenu de toute proposition est toujours un rapport, mais un rapport n'est pensable que comme appartenant à quelque classe de rapports antérieurement connus. A ce point de vue, on peut prouver *a priori* que le raisonnement est une *classification de rapports*. Le procédé est le même, depuis le raisonnement le plus simple de l'animal ou de l'enfant, jusqu'aux inductions les plus hardies de la science.

Dans cette théorie, qui ramène à un seul acte fondamental les divers processus du raisonnement, il n'y a pas place pour le syllogisme que quelques logiciens regardent comme « l'analyse correcte des actes accomplis actuellement par l'esprit dans la découverte ou la preuve d'un grand nombre de vérités, soit scientifiques, soit usuelles, par nous admises». Leur erreur, partagée du reste par leurs adversaires, c'est de croire que le syllogisme consiste en un certain rapport entre nos pensées, tandis qu'il consiste en rapports entre les choses. Il appartient à la logique qui n'est pas une science de corrélations subjectives ou science des lois de la pensée, mais bien une science de corrélations objectives. C'est un mode particulier de se représenter quelques-unes de ces corrélations objectives, pour faciliter l'observation de leurs dépendances réciproques; tandis que pour expliquer le raisonnement, on étudie ce procédé dans le *moi* qui connaît ces dépendances réciproques.

C'est en vain qu'on a essayé de ramener tous les syllogismes à quelque axiome impliqué dans chacun d'eux. Les axiomes ne peuvent appartenir qu'au sujet sur lequel nous raisonnons, et non à la raison elle-même. Ils impliquent des cas où une uniformité objective détermine une uniformité subjective, et toutes ces uniformités subjectives ne peuvent pas plus être réduites à une seule que les uniformités objectives. Du reste, le syllogisme a le vice essentiel (une bonne théorie devant embrasser tous les faits) de ne pas s'étendre à tous les raisonnements. Il y a des affirmations simples et des affirmations complexes, certaines les unes et les autres, et entièrement extrasyllogistiques.

Examiné directement, le syllogisme est une impossibilité psychologique. Quand je dis : tous les cristaux ont un plan de clivage, — or ceci est un cristal — donc ceci a un plan de clivage; avant de penser à la classe des cristaux, j'ai dû reconnaître que ceci est un cristal, et en reconnaissant que ceci est un cristal, j'ai reconnu que ceci a un plan de clivage, avant d'affirmer avec conscience que tous les cristaux ont un plan de clivage. La formule sera bonne comme procédé de vérification, si quelqu'un nie ma proposition, mais ce n'est évidemment pas là le procédé mental primitif par lequel j'ai atteint la conclusion.

IX. — Il est impossible d'établir une ligne de démarcation précise entre le raisonnement et la *classification* des objets. L'idée de similitude fait le fond de la classification comme elle fait celui du raisonnement. Si nous nous rappelons d'une manière consciente les choses auxquelles ressemble un objet particulier, *nous classons;* si, bâtissant d'une manière consciente sur la ressemblance de rapports, nous pensons à certains attributs qu'ils impliquent, *nous raisonnons*. L'acte de classifier implique tout un groupe d'inductions. La plupart des rapports semblables en vertu desquels un objet est classé avec certains objets antérieurement connus ne sont pas présentés dans la perception, mais représentés dans un acte de la raison.

L'intuition de la ressemblance des rapports aboutit à la classification quand les attributs de l'objet sont pensés dans leur totalité, sans que l'un d'eux soit spécialement saillant dans la conscience, et alors l'objet, ayant toutes les caractéristiques de sa classe, est conçu comme un objet de cette classe. Quand au contraire un attribut non perçu ou un groupe de ces attributs occupe la conscience à l'exclusion des autres, nous avons alors une conclusion particulière, un raisonnement.

La *dénomination* est également analogue au raisonnement. Le nom d'une chose est une espèce d'attribut conventionnel, connu, comme tout autre rapport invisible, par un acte d'induction. Elle présuppose la classification qui ne peut elle-même se continuer longtemps sans dénomination.

La *récognition* ne diffère de la classification qu'en ce que les faits induits sont plus particuliers et plus déterminés et que la ressemblance des rapports impliqués dans l'intuition qui la constitue est à la fois plus exacte et plus détaillée.

X. — En résumé, toutes les opérations particulières de l'esprit étudiées jusqu'ici sont des variétés d'une seule opération, et les distinctions établies entre elles appartiennent non à la nature, mais à notre langage et à nos systèmes.

Cette généralisation paraît encore plus complète et plus évidente, si l'on considère que *la perception des objets spéciaux* implique leur classification ou récognition, que cette perception, même lorsqu'elle paraît directe et immédiate, est en réalité médiate et implique des inférences inconscientes, comme tous les psychologues s'accordent à le reconnaître. Aussi doit-on regarder comme relative, et non comme absolue, la distinction établie plus haut entre le raisonnement considéré comme l'établissement indirect d'un rapport défini entre deux choses, par opposition à la perception, où le rapport est établi directement. En réalité, depuis la démonstration la plus compliquée, jusqu'à l'intuition la plus simple, le caractère direct ou indirect avec lequel le rapport s'établit n'est qu'une question de degrés. Par l'habitude et la répétition, les processus indirects tendent à devenir de plus en plus directs.

XI. — Toute perception implique un jugement assertorique qui consiste en un acte de classement ou de récognition plus ou moins inconscient. De plus, toute perception complète d'un objet est nécessairement précédée d'une classification, ordinairement inconsciente, de ses attributs constitutifs, de leurs rapports mutuels et des conditions où ces attributs et ces rapports deviennent connus.

Le lecteur auquel la rapidité incroyable et l'inconscience absolue avec lesquelles s'opère ce classement paraîtraient des objections insurmontables n'a qu'à réfléchir à la façon dont il a lui-même appris à lire, en épelant, c'est-à-dire en classant chaque lettre par un acte mental distinct. Il a acquis peu a peu le pouvoir de classer, d'un seul coup d'œil, un groupe entier de lettres, c'est-à-dire un mot, et même plusieurs mots à la fois. Son procédé de lecture est-il changé? Non, il continue à reconnaître et à classer chaque lettre, mais par la pratique ce classement est devenu de plus en plus rapide et inconscient.

Les attributs des corps sont de trois sortes : *dynamiques, statico-dynamiques* et *statiques*. Dans la perception des attributs dynamiques ou secondaires, le sujet est passif et l'objet actif. Le sujet subit un changement d'état qui est déterminé en lui par quelque action externe (chaleur, lumière etc.), qui procède directement ou indirectement d'un objet; il joue le rôle de récipient de l'influence objective. Ces attributs dynamiques agissent à travers l'espace, sont connaissables en dehors des corps qui ne les manifestent qu'accidentellement, et sont au fond des manifestations de certaines forces diffuses dans l'univers, lesquelles forces, quand elles agissent sur les corps, provoquent en eux certaines réactions dont nous éprouvons le contre-coup. Ces attributs sont à la fois le produit de l'objet, du sujet et des forces environnantes.

XII. — Les attributs *statico-dynamiques* et *statiques* sont perçus par la voie des sens tactile et musculaire. Il existe toujours dans la conscience quelque connexion plus moins intime entre ces deux ordres d'attributs, mais ils diffèrent par leur origine. Les premiers nous sont connus par une activité venant de nous et une réactivité venant des choses, tandis que les autres sont connus par notre activité interne seulement, en combinant certaines impressions reçues, l'objet de la connaissance restant passif. Les attributs statico-dynamiques ont pour élément commun quelque manifestation de la force mécanique et nous sont connus chacun par des impressions dont la résistance est l'élément essentiel, résistance à la force qui tend à élever, à la compression ou à l'extension. Ce sont nos sensations de toucher et de pression, de tension et de mouvement musculaires, qui, en se combinant à divers degrés et suivant certains rapports, constituent nos perceptions des attributs statico-dynamiques des corps, tels que la dureté, la mollesse, l'élasticité, etc.

XIII. — Par rapport aux attributs statiques, volume, figure, position, les corps sont complètement passifs et la conception de ces attributs est complètement due à certaines opérations mentales. L'étendue n'est pas un attribut à l'aide duquel les corps nous impressionnent, mais nous la découvrons à l'aide de certains autres attributs des corps. Pas plus que la distance ou l'épaisseur des objets, leur grandeur en surface n'est connaissable par la vue, quelle que soit la vraisemblance de l'opinion contraire. L'étendue superficielle visible est inconcevable sans une conception simultanée de la distance. Sous toutes nos connaissances de l'étendue visible, se retrouve au fond la connaissance de la position relative des états de conscience qui accompagnent un mouvement musculaire. L'œil est muni d'un appareil musculaire assez compliqué et se meut en tous sens. Ces mouvements connus de la conscience deviennent des composantes de la perception. Les états de conscience qui en résultent, combinés avec ceux qui viennent de la rétine, ne peuvent donner l'idée d'étendue, sans des expériences de locomotion et sans des expériences tactiles.

Nous passons à la perception tactile de l'objet, considéré comme doué d'attributs statiques, à la perception de la forme, de la grandeur et de la position telle qu'un aveugle la possède. La forme ou figure est complètement résoluble en rapports de grandeur où d'après la grandeur relative de ses parties. Mais qu'est ce que la grandeur elle-même? Considérée dans le sens absolu, nous l'ignorons, nous ne connaissons que des grandeurs relatives. Analytiquement la grandeur consiste en un ou plusieurs rapports de position. Nous sommes ainsi conduits à analyser notre dernier attribut d'espace des corps, *la position*. La notion de position n'a rien d'absolu, elle ne peut être que relative. Les rapports de position sont de deux sortes : ceux qui subsistent entre le sujet et l'objet, ceux qui subsistent entre différents objets ou différentes parties du même objet. L'analyse démontre que tous finalement se ramènent à des rapports de position du sujet et de l'objet. Percevoir la position d'une chose par contact, c'est en réalité percevoir la position de cette partie du corps où le contact est localisé. Notre connaissance de la position des objets repose sur la connaissance de nos membres l'un par rapport à l'autre. Cette connaissance est acquise par une exploration mutuelle des membres, par le mouvement qu'on leur donne de toutes les manières et dans tous les sens possibles. Ainsi donc la perception tactile comme la perception visuelle des attributs statiques est résoluble en perceptions de positions relatives acquises par le mouvement.

XIV. — Il est très facile, contrairement à l'opinion de sir W. Hamilton et de Kant, d'imaginer des suites de pensées qui n'impliquent pas la notion *d'espace*. Les sensations de son ne renferment en elles-mêmes aucun attribut d'espace, et peuvent être comparées sans que cela implique aucune idée d'étendue. L'espace n'est donc pas une *forme* de la pensée. Notre inaptitude à bannir l'idée d'espace est facilement explicable par l'hypothèse expérimentale, à la condition de ne pas s'occuper seulement, comme le fait la vieille psychologie, y compris celle de Kant, de la conscience adulte, et de tenir compte de l'éducation de l'individu et de l'expérience de l'espèce.

De l'expérience de l'étendue occupée dérive la notion de l'étendue inoccupée. De la perception d'un rapport entre des positions résistantes nous passons à la perception d'un rapport entre des positions non résistantes. L'idée de position qui accompagne chacun de nos mouvements est, par l'accumulation des expériences, séparée des objets et impressions, et finit par être conçue par elle-même simplement, comme coexistante avec nous : il se produit une conscience de ces positions infinies en nombre, c'est-à-dire une conscience de *l'espace*.

Pour avoir une idée de la manière dont peut naître notre perception de l'espace visible, rappelons-nous que l'ajustement focal de l'œil sur un point nous donne la conscience de la distance de ce point ou des positions coexistantes entre ce point et nous. Rappelons-nous d'autre part que, bien que nous ne voyons distinctement que ce point, la vue nous donne en même temps une conscience incomplète d'une foule d'autres points dont l'image vient impressionner la rétine. Par son image plus ou moins précise, chacun de ces points donne aussi un commencement de conscience de la distance. Il en résulte une conscience indistincte d'espace à trois dimensions.

En vertu de la persistance des impressions lumineuses sur les éléments de la rétine, une excitation sérielle mais rapide de ces éléments, produite par un mouvement de l'œil devant l'image d'un point lumineux, équivaut pendant un court instant à une excitation simultanée de ces éléments par les positions coexistantes qui constituent une ligne. A son tour, en vertu de la suggestion mentale, l'excitation simultanée d'une série d'éléments rétiniens éveillera en nous la conscience d'un mouvement le long de la ligne qui le produit, d'autant plus qu'à l'origine les rapports existant entre les éléments rétiniens n'ont été connus de la conscience qu'au moyen de mouvements. L'excitation simultanée d'un grand nombre d'éléments rétiniens suggère une infinité de pareilles expériences de mouvements, en sens divers, qui se neutralisent, et d'où naît, comme résultat, ce sentiment d'*aptitude à se mouvoir,* de liberté des mouvements, qui achève notre idée d'espace.

Nos sensations de la vue et du toucher s'accompagnent d'une conscience vive de l'espace, ce qui tient à la mobilité de la main et de l'œil. En effet, la conscience de l'espace qui accompagne chaque sensation est grande en proportion de la variété et de la rapidité des mouvements qui accompagnent cette même sensation. D'autre part, nous avons de l'espace le plus rapproché de nous une perception bien plus complète que de l'espace éloigné, parce que, à mesure que l'espace s'éloigne, nos expériences de positions relatives qu'il renferme sont de moins en moins nombreuses.

Si dans un état d'excitation de l'esprit nos expériences passées des positions relatives sont soudainement ravivées en plus grand nombre que d'habitude, il se peut que toutes les distances nous paraissent agrandies, et que pour nous, suivant l'expression de de Quincey, l'espace « s'enfle », et devienne d'une grandeur infinie. Ces faits et d'autres encore trouvent leur explication dans l'hypothèse expérimentale et non dans la théorie de Kant. Enfin on verra que le rapport de coexistence qu'implique toujours la notion d'espace est inconcevable directement et sans un grand nombre d'expériences.

XV. — *Le temps,* comme l'espace, ne peut être conçu que par l'établissement d'un rapport entre deux éléments de conscience, au moins. Dans le cas de l'espace, ces deux éléments sont ou semblent être présents à la fois, et l'idée d'espace est inséparable de celle de coexistence; dans le cas du temps, ils ne sont pas présents à la fois, et l'idée de temps est inséparable de celle de séquence. Le temps est un rapport de position entre nos états de conscience; nous ne le percevons que par la succession de nos états mentaux. On voit l'étroite relation de notre notion de temps et de notre notion d'espace. Dans les premiers âges, on a exprimé l'espace au moyen du temps; plus tard, par suite du progrès, on a exprimé le temps au moyen de l'espace. L'idée de temps n'est pas une forme de la pensée. Après que divers rapports de position entre les états de conscience ont été perçus, comparés, rendus familiers; après qu'on a accumulé des expériences d'un assez grand nombre de rapports divers de position, pour dissocier cette idée de rapport de toutes les positions particulières; alors, mais alors seulement, peut se produire la notion abstraite d'un *rapport de positions agrégées* entre les états de conscience, c'est-à-dire la notion de temps en général.

XVI. — La conception du *mouvement,* telle que nous la connaissons, consiste à établir dans la conscience un rapport de simultanéité entre deux rapports qui sont : 1° un rapport de positions successives dans le temps; 2° un rapport de positions coexistantes dans l'espace. Nos idées de mouvement, de temps et d'espace, sont si intimement unies entre elles qu'il est extrêmement difficile de les séparer. On aurait tort de croire que les conditions de la pensée nécessaires actuellement pour nous soient les conditions nécessaires de la pensée *in abstracto.* L'intelligence, en se développant, acquiert des conceptions tout à fait différentes de celles qu'elle avait à l'oririgine; de plus, les expériences liées invariablement se fondent en conceptions indécomposables à tout examen subjectif.

Dans notre conscience adulte du mouvement, les idées de temps et d'espace sont impliquées d'une manière inextricable, et pourtant les sensations musculaires qui accompagnent le mouvement sont parfaitement distinctes des idées de temps et d'espace. S'il est vrai que le temps et l'espace ne sont connaissables que par le mouvement, il est faux que le mouvement, comme consistant en sensations musculaires, n'ait pu être pensé sans les notions d'espace et de temps.

La controverse relative à la genèse de nos idées de mouvement, de temps et d'espace, peut se résumer dans la question suivante : Comment acquérons-nous la connaissance de deux points sur la surface du corps? Ces deux points, considérés comme coexistants, enveloppent l'idée germe de l'espace. Ces deux points, révélés à la conscience par deux sensations tactiles successives, enveloppent l'idée germe du temps, et la série des sensations musculaires par lesquelles sont séparées ces deux sensations tactiles, quand elles se produisent, enveloppe l'idée germe du mouvement. Comment et suivant quel ordre ces idées germes naissent-elles? Elles naissent et se développent par l'accumulation et la comparaison des expériences tactiles et des sensations musculaires. Les trois notions se développent concurremment, par aide réciproque, comme tous les processus de genèse organique en général. Les rapports perpétuels de l'organisme avec son milieu et de ses parties entre elles construisent élément par élément cette triple conscience, de même que le système nerveux lui-même est construit fibre par fibre, cellule par cellule. Toute nouvelle unité structurale d'un ordre quelconque, avec l'unité fonctionnelle de conscience qui l'accompagne, ne peuvent s'établir sans commencer à coopérer à la production de nouvelles unités d'un autre ordre. Une analyse approfondie montre que le mouvement originellement présent à la conscience, sous une forme beaucoup plus simple que celle que nous connaissons, sert, par son union avec les expériences tactiles, à nous révéler le temps et l'espace, et qu'en nous les révélant, il se revêt lui-même de ces idées et finit par devenir inconcevable sans elles.

XVII. — Notre perception du corps a pour derniers éléments des impressions de *résistance*. Dans l'ordre de la pensée, la résistance est l'attribut primaire du corps, l'étendue un attribut secondaire. Nous ne connaissons l'étendue que par une combinaison de résistance, tandis que nous connaissons la résistance en elle-même, immédiatement. Elle est l'élément de conscience primordial, universel, toujours présent. Matière, espace, force, toutes nos idées fondamentales naissent par généralisation et par abstraction de nos expériences de la résistance.

Les sensations qu'impliquent nos diverses perceptions de résistance sont celles de toucher, de pression, de tension musculaire. Cette dernière est fondamentale et constitue la matière brute de la pensée sous ses formes primitives. Elle consiste dans l'établissement d'un rapport de coexistence entre la sensation musculaire elle-même et cet état particulier de la conscience que nous appelons volonté. Un muscle fatigué nous cause un sentiment sinon identique, du moins très rapproché de celui que nous cause un muscle en action, et cependant, comme ce sentiment n'est lié à aucun acte de volition, il ne donne aucune notion de résistance.

XVIII. — Le mot *perception* ne répond en réalité à aucune division scientifique. A l'une de ses extrémités, la perception devient raisonnement, à l'autre, elle confine à la sensation. Elle peut comprendre des rapports innombrables coordonnés simultanément; elle peut ne contenir qu'un simple rapport, forme dont l'adulte a peu ou point d'exemples. On peut cependant établir une distinction valable entre la perception et la sensation. Il n'est pas exact de dire avec sir W. Hamilton que la sensation et la perception, toujours nécessairement coexistantes, varient en raison inverse. Il est plus juste de dire qu'elles ne peuvent être pensées qu'alternativement et qu'elles s'excluent mutuellement avec une force variable. Elles peuvent se suivre immédiatement dans la conscience, mais non pas exister simultanément, car ce sont deux actes mentaux tout à fait différents.

On ne peut non plus donner comme exacte la définition suivante de la perception : une appréhension des rapports des sensations entre elles, attendu que dans la plupart des perceptions, quelques-uns des éléments sont, non pas présentés, mais bien représentés à la conscience.

XIX. — L'analyse précédente a démontré que nos opérations intellectuelles consistent dans l'établissement de rapports et de groupes de rapports entre les états de conscience primitifs et indécomposables, produits en nous par nos propres actions et par l'action des choses environnantes. Ce que nous appelons rapports n'est rien de plus que les modes suivant lesquels nous sommes affectés par la comparaison des sensations ou des souvenirs des sensations. Nous avons à résoudre les espèces spéciales de rapports en espèces plus générales, puis à déterminer quels sont ces derniers phénomènes de conscience qu'expriment ces rapports primordiaux.

De tous les rapports, le plus complexe est celui de similitude, en vertu duquel nous mettons dans la même classe des objets de la même espèce, malgré leurs différences de grandeur. Il se résout en rapports plus généraux tels que ceux de cointensité, de coétendue, etc.

XX. — Les rapports de cointensité sont de deux sortes, suivant qu'ils existent entre des états de conscience primitifs ou entre des états de conscience secondaires, ou rapports entre des états de conscience; ils impliquent une similitude en degré entre des sensations ou des rapports *semblables* en espèce.

XXI. — L'étendue, telle qu'elle est conçue par un esprit adulte, étant composée de plusieurs consciences élémentaires de coexistence, le rapport de coétendue se résout en celui de coexistence.

XXII. — Le rapport de *coexistence* n'est pas simple, il est révélé dans les mêmes expériences que celles qui donnent l'étendue. Les expériences sérielles d'où naît la connaissance des positions coexistantes ne sont jamais complètement abolies. Les deux termes d'un rapport de coexistence ne sauraient être présents à l'esprit, en même temps et avec une égale distinction. La loi de l'esprit, c'est le changement perpétuel, sous la forme d'une série. Une conscience toujours en mouvement ne peut se représenter à elle-même les phénomènes statiques que par une inversion de ses propres changements, par une duplication de conscience équivalant à un arrêt, par deux changements qui se neutralisent exactement. C'est pourquoi le rapport de coexistence se résout en deux rapports de séquence, qui se distinguent en ce que les deux termes de l'un sont exactement *semblables* en espèce et en degré aux deux termes de l'autre, mais exactement inverses dans leur ordre de succession.

XXIII. — Puisque nous avons conscience de différences en espèce et en degré, non seulement entre nos sensations, mais aussi entre les changements successifs de nos sensations, il en résulte que ces changements peuvent être classés comme les sensations originelles; de là des rapports *d'identité de nature* entre des rapports et entre des états de conscience primitifs. Le rapport d'identité de nature se définit une *ressemblance* de genre entre des états de conscience.

XXIV. — Les rapports de *ressemblance* et de *différence* servent de base, comme on le voit, à tous les rapports précédents, mais aussi à tout développement quelconque de l'esprit : raisonnement parfait ou imparfait, classification, récognition, perception des objets, idées de temps, d'espace et de mouvement en général, ou d'un temps, d'un espace, d'un mouvement en particulier, rapports divers d'un ordre plus élevé. Nous voyons toujours l'intelligence procéder par des rapports de ressemblance et de différence.

XXV. — Ces rapports ultimes ne seraient définissables que s'il existait des rapports plus généraux. On peut tout au plus les traduire en termes du rapport de séquence, parce que ce rapport n'est en réalité qu'un autre aspect des mêmes phénomènes mentaux, et ne peut lui-même être traduit qu'en termes de ressemblance et de différence.

XXVI. — Deux états de conscience semblables se confondent en un seul état, s'ils deviennent contigus. Au contraire, deux états de conscience dissemblables restent distincts, même se succédant sans intervalle de temps ou d'espace entre eux. Il en résulte que le rapport de différence est primordial, tandis que le rapport de ressemblance nécessite entre ses deux termes un état intermédiaire, et consiste en réalité en deux rapports de différence qui se neutralisent l'un l'autre. On ne peut rien dire de plus du rapport de différence, sinon qu'il est un *changement de la conscience*.

Ainsi l'élément dernier qui sert à former les connaissances les plus compliquées n'est rien autre chose qu'un changement dans l'état de conscience. Tout phénomène mental quelconque n'est qu'un groupe coordonné de changements.

XXVII. — Nous sommes ainsi en possession de *l'unité de composition* de l'intelligence. Les diverses divisions que nous faisons d'ordinaire entre nos opérations mentales, et que les psychologues ont si souvent cherché à expliquer et à établir comme des facultés distinctes, n'ont qu'une valeur purement superficielle. Non seulement la forme, mais aussi le procédé de la pensée restent les mêmes dans toute l'évolution. Le procédé universel c'est *l'assimilation des impressions.*

Sous un autre point de vue, l'action mentale peut se définir : la différenciation et l'intégration continues d'états de conscience. D'une part, en effet, pour qu'il puisse y avoir des matériaux pour la pensée, il faut qu'à chaque moment la conscience soit différenciée dans son état; et, d'autre part, pour que le nouvel état devienne une pensée, il faut qu'il soit intégré avec des états précédemment expérimentés.

Cette loi est en harmonie avec la vérité la plus générale que la physiologie ait découverte, et qui s'applique non seulement à chaque organisme en particulier, mais aussi au progrès organique en général. C'est aussi par deux *processus* contraires, l'un de différenciation, et l'autre d'assimilation, que se maintient la vie du corps, et que se fait le progrès de l'homogénéité à l'hétérogénéité. Ainsi se trouve établie l'harmonie nécessaire entre les lois de la structure et celles de la fonction.

VII.

ANALYSE GÉNÉRALE.

I. — La nature de la connaissance, le rapport si controversé du sujet et de l'objet, telle est la *question finale* que la philosophie doit résoudre. La révision de cette théorie tire son opportunité, d'une part des progrès en précision et en cohérence réalisés par les diverses sciences abstraites, abstraites-concrètes et concrètes, et, d'autre part, de l'analyse de la connaissance qui vient d'être élaborée.

Nous avons considéré jusqu'ici comme accepté le rapport du subjectif et de l'objectif. Si ce *datum* est faux ou douteux, si l'idéaliste a raison, la doctrine de l'évolution n'est qu'un songe.

II. — Les métaphysiciens font son procès à la perception au nom de la raison. Au moyen d'un procédé déductif complexe, ils s'efforcent d'infirmer les croyances qui s'imposent par un procédé plus simple, croyances à la nécessité desquelles ils ne peuvent se soustraire eux-mêmes. Lors même que leur démonstration serait inattaquable, elle n'aurait d'autre résultat que de leur donner le choix entre une affirmation qui s'impose immédiatement et une affirmation qui s'impose médiatement, par un enchaînement plus ou moins long de raisonnements.

Sans doute le raisonnement est un puissant instrument de progrès, mais il ne faut pas oublier qu'il n'est rien de plus que la recoordination d'états de conscience déjà coordonnés d'une manière plus simple. Les hommes de science ont toujours subordonné les conclusions obtenues par raisonnement aux faits. C'est chez les spectateurs plutôt que chez les acteurs du progrès scientifique que l'on trouve le mépris du fait et le culte du raisonnement poussé jusqu'au fanatisme.

Que la raison soit supérieure à la perception, que le procédé long soit plus digne de foi que le procédé court, telle est *l'hypothèse des métaphysiciens*, et cette hypothèse est indémontrable, car elle ne saurait se démontrer que par raisonnement, c'est-à-dire par pétition de principe.

III. — L'état de conscience qui répond à un mot ne peut se produire, à moins qu'il n'y ait en même temps production de nombreux états de conscience dénotés par d'autres mots non exprimés. Outre sa connotation intrinsèque, par laquelle il implique à divers degrés de clarté la signification des termes dont il est issu, chaque mot a une connotation extrinsèque par laquelle il implique la signification des mots qui limitent, étendent, individualisent sa propre signification.

Le langage, pendant tout son développement, a été façonné de manière à exprimer toute chose sous le rapport fondamental du sujet et de l'objet. *Les termes des métaphysiciens*, pris dans la plénitude de leur sens, impliquent invariablement d'une manière directe ou indirecte cette relation qui est mise en question.

Si, examinant les propositions qui servent de point de départ à l'argumentation des philosophes idéalistes, tels que Berkeley et Hume, on tient compte des connotations intrinsèques et extrinsèques des termes qui les composent, on voit que, séparément et conjointement, ils impliquent quelque chose au delà de la conscience. Le langage se refuse absolument à exprimer l'hypothèse de l'idéalisme et celle du scepticisme. Ils ne peuvent faire un pas sans tomber dans une contradiction, un non-sens ou un contre-sens.

IV. — Si, accordant aux métaphysiciens ce que les deux objections précédentes leur refusent, on analyse *leur raisonnement*, on les trouve encore impuissants à établir leur thèse. L'argumentation de Berkeley n'est que captieuse, et les propositions par lesquelles débute Hume sont totalement incohérentes et incapables de résister au moindre effort.

La doctrine kantienne, d'après laquelle le temps et l'espace sont des formes subjectives auxquelles ne correspond rien d'objectif retient encore plusieurs esprits.

La seule vraie forme mentale est la conscience de la ressemblance et de la différence. Le temps et l'espace ne sont que des formes dérivées. Cela est surtout frappant pour le temps; il suffit d'écouter le tic tac d'une pendule pour savoir que l'essence de la conscience du temps c'est la conscience de la différence dans les positions des impressions successives par rapport à l'impression actuelle.

L'affirmation de Kant, que toute sensation produite par un objet est donnée dans une intuition qui a l'espace pour forme, n'est vraie que quand les parties qui reçoivent les impressions (telles que l'œil ou la main) peuvent se mouvoir par rapport aux agents qui produisent les impressions. Kant affirme également à tort que la conscience de l'espace continue quand la conscience de toutes les choses que l'espace renferme est supprimée, ce qui est vrai de l'espace subjectif, mais non de l'espace dans lequel nous percevons les objets.

Partant de ces prémisses fausses, sa théorie aboutit à des impossibilités, telles que celles-ci : concevoir l'espace comme la forme de l'intuition et en même temps la matière de l'intuition, concevoir l'espace comme distinct du non-moi, comme une propriété du moi, affirmer que le non-moi n'a pas de forme ou que sa forme ne produit aucun effet sur le moi.

V. — Le réalisme sera justifié négativement si l'on prouve qu'il repose sur une évidence plus grande que toute autre hypothèse.

VI. — Les métaphysiciens posent en fait que primitivement nous n'avons conscience que de nos sensations, et que si, au delà d'elles, il y a quelque chose qui serve à en faire connaître la cause, ce quelque chose ne peut être connu que par induction. C'est le contraire qui est la vérité. La connaissance primordiale est celle des objets extérieurs. Avoir une sensation et avoir conscience qu'on a une sensation sont deux choses distinctes qu'on a confondues. L'enfant est incapable, jusqu'à un certain âge, de connaître qu'il a des sensations. Comment le pourrait-il, puisqu'il est incapable de se former une conception définie de sa propre individualité? Dans le langage des races inférieures, il n'y a aucun mot répondant aux termes *esprit* et *idées*. Chaque homme commence par penser que les propriétés n'impliquent pas seulement des objets, mais qu'elles sont objectivement ce qu'elles lui paraissent être subjectivement. Dans l'histoire de la race, aussi bien que dans celle de chaque esprit, le réalisme est la conception *primitive*.

VII. — Le réalisme est aussi la conception la plus *simple*, tellement simple même qu'elle paraît immédiate, tandis que l'idéalisme est déduit par une longue succession d'actes médiats. Admettre qu'une série d'actes médiats est plus certaine qu'un seul, c'est admettre qu'une série de chaînons est plus solide qu'un de ces chaînons, c'est méconnaître que chaque pas dans le raisonnement fait naître une chance d'erreur de plus.

VIII. — L'unique proposition du réalisme est exprimée en termes vifs de la plus grande clarté, tandis que chaque proposition de la longue déduction des idéalistes est exprimée en termes faibles et très obscurs.

IX. — Au fond de tous ces systèmes, qui veulent remplacer notre croyance primitive par une croyance dérivée moins simple et moins claire, il y a une source commune d'erreur, quelque *datum* non reconnu dont l'oubli rend possible ces conclusions déraisonnables, bien qu'elles soient en apparence fondées sur l'usage de la raison.

Le défaut habituel de la thèse réaliste c'est de ne pas avoir comme point d'appui quelque vérité universellement admise qu'admettrait aussi l'idéalisme ; il lui manque un critérium servant à déterminer, quand la conscience est digne de foi, pourquoi tel de ses verdicts est préférable à tout autre.

Toutes les écoles de philosophie antagonistes sont obligées de reconnaître quelque loi dernière de l'intelligence qui, depuis le commencement, domine toutes les conclusions, et qui, tacitement ou explicitement, doit être reconnue avant qu'on puisse adopter une conclusion plutôt qu'une autre.

X. — Tout raisonnement, tout système de croyances est réductible en propositions. Aucun état de conscience ne peut devenir un élément de l'intelligence, sans devenir un terme d'une proposition qui est impliquée sinon exprimée. Les propositions sont les unités de composition qui servent à construire le réalisme et l'idéalisme, et, pour comparer rigoureusement entre eux ces deux systèmes, il faut d'abord comparer leurs unités respectives de composition et étudier les propositions qualitativement au point de vue de la certitude qu'elles comportent.

Une proposition peut être relativement simple ou complexe, c'est-à-dire affirmer implicitement un peu plus ou beaucoup plus qu'elle n'affirme explicitement. La plupart des propositions qui nous paraissent simples impliquent un très grand nombre de propositions secondaires et peuvent être rendues fausses par la fausseté d'une de ces propositions impliquées, et il n'est pas de proposition si simple qui n'en comporte un certain nombre d'autres.

Pour pouvoir comparer les conclusions avec une rigueur scientifique, nous devons résoudre chaque proposition dans les propositions simples qui la composent, et quand chacune de ces dernières est vérifiée, alors une proposition complexe pourra être considérée comme ayant approximativement une certitude égale à une proposition simple vérifiée.

Parmi les propositions particulières, il en est dans lesquelles l'attribut ne cesse jamais d'exister, tant que le sujet est dans la conscience, et d'autres dans lesquelles il ne lui est pas indissolublement attaché. Enfin, parmi les premières, il en est dans lesquelles la coexistence des termes n'est absolue que temporairement, et d'autres dans lesquelles elle est absolue d'une manière permanente.

C'est dans les propositions les plus simples que la connexion du sujet et de l'attribut est si intime que leur coexistence ne peut être exclue de la conscience, tandis que dans les plus complexes la chose affirmée n'apparaît pas spontanément, mais a besoin d'être cherchée dans la conscience. De sorte que le plus simple mode de raisonnement, étant par nécessité relativement complexe parce qu'il renferme plusieurs propositions, ne peut jamais donner la conscience d'une existence invariable qui prête aussi peu à la méprise que les propositions elles-mêmes.

XI. — Une proposition dont le prédicat est invariablement simultané au sujet est une proposition que nous ne pouvons pas ne pas accepter, et nous la regardons comme ayant le plus haut degré de certitude. Nous distinguons ces propositions à la nécessité dans la conscience du rapport qu'elles expriment, à l'impossibilité de concevoir la négative. Accepter comme vraie une proposition ayant ce caractère, tel est *le postulat universel.*

Si quelques propositions ont été faussement acceptées comme vraies, parce que leurs négatives étaient supposées inconcevables quand elles ne l'étaient pas, cela n'infirme pas la validité du critérium : 1° parce que ces propositions étaient des propositions complexes et non des propositions indécomposables ; 2° parce que le mauvais emploi du critérium dû à la négligence ou à l'incapacité ne doit pas le faire rejeter, d'autant plus qu'appliqué aux propositions indécomposables le critérium a toujours mené à des résultats uniformes, tant qu'il a été employé avec un soin convenable.

Ce critérium est notre seule garantie pour les connaissances dernières dont les autres dépendent. Il est tel qu'aucune raison ne peut être donnée contre sa validité sans qu'on affirme cette validité même.

Les rapports absolus dans la pensée sont engendrés par les rapports absolus et sans cesse expérimentés dans les choses. Les uniformités de la pensée sont le résultat d'expériences uniformes non seulement de l'individu, mais de ses ancêtres. Si l'expérience est la base de notre connaissance, les nécessités subjectives sont le signe et l'équivalent d'une expérience qui dépasse toute expérience individuelle.

XII. La validité relative entre deux conclusions opposées, dont chacune prétend être déduite légitimement de prémisses supposées hors de doute, a pour critérium l'usage le moins fréquent du postulat. La conclusion la moins fréquente est celle qui l'implique le moins souvent. Ce critérium doit être tenu pour bon, que le postulat soit ou ne soit pas uniformément vrai.

XIII. — Si l'on applique ce critérium aux propositions respectives des réalistes et des antiréalistes, si l'on examine les justifications offertes des deux côtés, on trouve que l'idéalisme, indépendamment des autres critiques auxquelles il est exposé, a des chances d'erreur très nombreuses. Il ne peut énoncer sa conception, et encore moins établir sa preuve, sans faire à plusieurs reprises l'hypothèse que le réalisme fait une fois pour toutes, et par là le réalisme se trouve justifié négativement. L'incertitude hypothétique qu'il contient est incomparablement moindre que celle de l'idéalisme.

XIV. — Quand les idéalistes admettent que les états de conscience sont aptes à faire la réfutation de la croyance à l'existence objective, ils admettent aussi par cela même qu'ils ont le pouvoir de faire une réponse affirmant cette existence. La conception réaliste sera *justifiée positivement*, si l'on prouve qu'elle est un produit nécessaire de la pensée, agissant suivant les lois universelles de la pensée.

XV. — Analysons la *dynamique* de la pensée, en écartant autant que possible les interprétations réalistes de la pensée et en limitant notre attention aux états de conscience considérés en eux-mêmes.

Nos pensées sont inévitablement déterminées par les cohésions relatives qui existent entre nos états élémentaires de conscience. Un raisonnement est une série cohérente d'états de conscience. Parmi ceux-ci, les moins cohérents se séparent, tandis que les plus cohérents restent unis pour former une proposition dont l'attribut persiste dans l'esprit, tant que persiste le sujet. Une discussion est un essai de la force qui lie les différentes connexions des états de conscience. On est forcé d'accepter les cohésions indissolubles, et aucun raisonnement n'en peut augmenter les garanties, puisqu'il se poursuit lui-même en acceptant les cohésions absolues, et la conclusion à laquelle on arrive en répétant le critérium de la cohésion absolue ne peut jamais être plus valide que le critérium lui-même.

Telle est la garantie de l'affirmation de l'existence objective. Si mystérieux qu'il soit d'avoir conscience de quelque chose qui est cependant en dehors de la conscience, on affirme la réalité de ce quelque chose en vertu d'une loi dernière de la conscience qui ne laisse pas la liberté de penser autrement. Le réalisme serait justifié d'une manière positive, même si la genèse de cette existence dans la conscience était inexplicable. Mais un examen plus approfondi de ces cohésions fournit l'explication de cette genèse.

XVI. — Nos états de conscience (antérieurement à tout raisonnement et même en nous supposant passifs physiquement) se partagent en deux agrégats : l'agrégat des états vifs et l'agrégat des états faibles. Chacun de ces agrégats est cohérent, a ses antécédents propres et ses lois, et se distingue de l'autre de diverses manières. Les états de la première classe sont relativement vifs, sont antérieurs dans le temps, ne sont modifiables par la volonté, ni dans leurs qualités, ni dans leur ordre simultané ou successif, etc. Autant d'antithèses qui s'établissent dans la conscience, avant que toute comparaison soit possible, et par laquelle s'établit d'elle-même la *différenciation partielle* du sujet et de l'objet, qui est ensuite vérifiée et augmentée par la pensée et la comparaison réfléchie.

XVIII. — Une partie de l'agrégat vif a avec l'agrégat faible une cohérence spéciale qui peut le distinguer du reste de cet agrégat. Cette partie diffère du reste, en ce qu'elle est toujours présente, qu'elle a des cohésions spéciales entre ses éléments, des limites connues, des combinaisons comparativement restreintes, soumises à des lois familières. C'est cette partie de l'agrégat vif que nous connaissons comme *notre corps* et qui est intermédiaire entre les deux agrégats en ce qu'elle sert au reste de l'agrégat vif à produire certains changements dans l'agrégat faible et réciproquement.

Quand je me sers de ma main pour produire sur diverses parties de mon corps des sensations de toucher, de pression, de douleur, les sensations sont en cohésion avec les états qui, dans ma conscience, étaient leurs antécédents, sentiments de mouvement, de résistance, de force déployée. Or si ces mêmes sensations de toucher, de pression, de douleur, viennent à être produites, non par moi, mais par les agrégats vifs distincts de mon corps, elles sont en cohésion dans ma conscience avec les formes faibles des mêmes antécédents, avec les pensées naissantes d'une force semblable à celle que j'avais employée moi-même.

XVIII. — Ainsi le sentiment naissant de l'effort dans la conscience symbolise une cause de changement qui n'est pas dans la conscience. Le principe de continuité qui constitue un tout des états de conscience faibles, qui les façonne et les modifie par quelque énergie inconnue, est distingué comme étant le *moi*, tandis que le *non-moi* est le principe de continuité qui fait l'unité de l'agrégat indépendant composé d'états vifs.

La cohésion du *sentiment de la force* avec les changements de l'un des deux agrégats, ainsi que les cohésions conséquentes de *l'idée de la force* avec les changements de l'autre, ont pour résultat de nous faire concevoir les deux agrégats comme des existences indépendantes.

La conception de l'existence objective indépendante est rendue de plus en plus définie, à mesure que l'expérience rend plus cohérentes, avec cette conception, la conscience de la permanence, la conscience de l'antagonisme contre nos énergies et la conscience de la propriété de commencer des mouvements en nous.

Ainsi l'évolution normale de la pensée fait naître d'une manière inévitable la conscience d'une existence hors des limites de la conscience, et le réalisme est inévitablement un fruit du processus mental qui accompagne toute argumentation légitime.

XIX. — Mais le réalisme qui est ainsi justifié positivement après l'avoir été négativement, est-ce le réalisme grossier du paysan et de l'enfant ? En aucune façon, ainsi qu'on l'a vu quand il s'est agi de la relativité des sensations et de la relativité des rapports entre les sensations. Derrière toutes les manifestations intérieures et extérieures, il y a une puissance. Mais la nature de cette puissance ne peut être connue. Nous sommes privés de la faculté de nous en faire la plus obscure conception. Le réalisme ainsi conçu est un réalisme entièrement *transformé*.

VIII.

COROLLAIRES

I. — Jusqu'ici on a établi des vérités d'application universelle, on a formulé les lois de l'activité psychique en général. Bien plus vaste est le champ de la psychologie spéciale, soit qu'elle étudie chaque groupe distinct d'activités psychiques, soit qu'elle ait à considérer la constitution mentale de chaque animal.

Comme préparation à l'étude de l'évolution sociale, nous devons aborder la psychologie spéciale de l'homme considéré comme l'unité dont les sociétés sont composées, et esquisser brièvement l'étude des facultés que met en jeu cette évolution sociale.

II. — Avant de traiter des facultés mentales particulières, il faut les *classer*. Il est clair qu'il est impossible de faire une classification spécifique, de partager l'esprit en compartiments distincts. Une classification très générale est seule possible, elle est même nécessaire; mais, quelle qu'elle soit, elle prêtera toujours à la critique, car la conscience est un plexus enchevêtré qui ne peut être divisé sans quelque arbitraire. La classification suivante est spécialement adaptée à notre dessein actuel.

La première division qui se présente est celle qui existe entre les sentiments et les connaissances. Ces deux grandes classes peuvent être divisées en quatre classes inférieures.

Le développement de la perception implique une représentation de sensations ; le développement du raisonnement simple implique une représentation de perceptions ; le développement du raisonnement complexe une représentation des résultats du raisonnement simple. Les connaissances sont *présentatives*, *présentatives-représentatives*, *représentatives*, *doublement représentatives*. L'éloignement à partir de la sensation augmente avec l'élévation intellectuelle. Le degré d'aptitude à la représentation mesure le degré d'intégration, de détermination, de complexité, d'hétérogénéité des connaissances, en un mot le degré d'évolution.

La genèse des émotions se produit aussi par complexité croissante de la représentation ; les émotions sont donc également *présentatives, présentatives-représentatives, représentatives* et *doublement représentatives*.

III. — L'évolution intellectuelle parallèle, dans l'humanité, à l'évolution sociale dont elle est à la fois la cause et l'effet, est sous tous ses aspects un progrès de la puissance de représentation de la pensée. Dans le cours du progrès humain, les idées ne peuvent naître que dans la mesure où les conditions sociales rendent les expériences plus nombreuses et plus variées, et réciproquement une généralité d'idées plus haute offre un moyen d'améliorer les conditions sociales.

Incapables de se représenter de longues *séquences*, les hommes inférieurs ne sauraient avoir que peu de *prévoyance*, ni par conséquent se pourvoir pour des contingences éloignées. Leurs croyances sont plus difficiles à modifier parce que leurs expériences ont été moins étendues et que la variabilité de la croyance croît avec les possibilités de pensée.

La pensée est encore marquée dans ses phases les plus humbles par ce caractère qu'elle est bornée à des conceptions concrètes. Le progrès dans l'aptitude à la représentation rend possible un progrès dans la faculté d'abstraction. Les propriétés et les relations particulières deviennent peu à peu concevables, indépendamment des objets qui les manifestent, puis viennent les notions générales de propriété et de relation.

Les expériences de l'homme primitif ne lui fournissent que peu de données pour la conception de l'*uniformité* dans les choses ou dans leurs rapports. Cette conception n'est possible que par un progrès en abstraction. Plus les uniformités reconnues se multiplient, plus devient possible la conception de l'uniformité elle-même qui conduit à la conception de loi universelle, dont nos ancêtres ont été longtemps tout à fait incapables.

La notion d'exactitude devient simultanément possible. L'homme ne dispose d'abord que de peu d'expériences capables de développer en lui la conscience de l'égalité parfaite et de ce que nous appelons la vérité. L'exactitude de la pensée comme la précision du langage lui sont d'abord étrangères.

Le progrès en généralité et en abstraction, la conception d'uniformité et de loi, l'idée de fait exact et vérifié rendent possible la pratique de l'examen et du contrôle. La crédulité qui caractérise l'état mental primitif est combattue plus tard par le scepticisme et le criticisme.

Le même développement de conceptions impliquant un essor toujours plus vaste de pensées, liées ensemble dans des combinaisons plus variées et moins cohérentes, rend possibles de nouvelles combinaisons de ces pensées, et l'imagination, qui est d'abord simplement reproductive, s'élève à la forme constructive.

Il y a entre ces diverses conceptions une dépendance réciproque, analogue à celle qui existe entre les fonctions des viscères, un consensus qui est certainement organique.

IV. — Avant d'esquisser le développement émotionnel qui accompagne l'évolution sociale, il est utile d'analyser ce qu'on a appelé métaphoriquement le langage des émotions, c'est-à-dire les manifestations physiques qui accompagnent les sentiments. Tout sentiment, périphérique ou central, est le simultané d'un ébranlement nerveux, qui exerce sur le corps deux effets, l'un général, affectant à la fois tous les viscères et tous les muscles, et l'autre, localisé dans certaines parties du corps.

La décharge diffuse qui accompagne un sentiment de quelque nature qu'il soit, produit une somme de mouvement, une excitation des muscles, y compris ceux qui meuvent les organes vocaux, proportionnelles à l'intensité du sentiment. Elle affecte les muscles en raison inverse de leur importance et du poids des parties qu'ils meuvent, et fournit ainsi une indication complémentaire de sa quantité. Observons la gradation d'après laquelle un sentiment provoque des contractions musculaires, depuis le sourire de la satisfaction jusqu'aux transports de la joie, depuis le froncement de sourcil de l'homme ennuyé jusqu'à l'accès de fureur et de rage; les émotions sont d'abord trahies par le mouvement des parties les plus mobiles. C'est ainsi que la queue ou l'oreille, chez les animaux, les muscles du visage, les pieds et les mains, chez l'homme, fournissent par leurs mouvements des indices très exacts d'émotions même légères.

Pendant le cours de l'évolution, une connexion s'est établie entre les plexus nerveux, où un sentiment quelconque a été localisé, et les muscles mis habituellement en jeu pour la satisfaction de ce sentiment. Il en résulte que chaque sentiment se manifeste non seulement par une décharge diffuse, mais par l'excitation de certains muscles spéciaux.

Dans la série animale, les sentiments désagréables sont ordinairement excités pendant l'antagonisme, et l'antagonisme se termine ordinairement par le combat. Il s'est donc établi dès l'origine une relation entre les sentiments pénibles et les actions qu'entraîne ordinairement la lutte. La simple contrariété, aussi bien que la colère, s'accompagne des actions affaiblies qui caractérisent la lutte et le meurtre de la proie, de même que les manifestations de la crainte sont précisément celles qui accompagnent la souffrance réelle. Le froncement des sourcils, la dilatation des narines, le grognement, la contraction des poings ont été, aussi bien que le grincement des dents, le mouvement en avant des ongles, les cris, l'accompagnement de luttes corps à corps. Ce que nous appelons le langage naturel de la colère est dû à la contraction partielle des muscles que le combat réel mettrait en jeu.

D'autre part, le besoin de cacher ou de déguiser les émotions a produit certaines manifestations conscientes, qui compliquent souvent les apparences et donnent au sentiment une espèce de langage naturel secondaire, plus discret dans la forme, mais qui, dans bien des cas, est compris avec facilité.

Enfin, par le nerf vague, qui met un frein à l'action du cœur, par les nerfs vaso-moteurs, qui dilatent ou relâchent les vaisseaux, la décharge nerveuse agit sur la circulation. Quand le sentiment est excessif, l'action musculaire peut être déprimée par le ralentissement de la circulation. Cette action indirecte de la décharge nerveuse, en antagonisme avec son action directe sur les muscles, produit de nouvelles complications. Mais, quelles qu'elles soient, l'hypothèse de l'évolution fournit, là comme ailleurs, une explication adéquate aux faits.

V. — Les habitudes des animaux, et en particulier leur sociabilité, sont subordonnées à la conservation de l'individu et à celle de l'espèce. Quand elle est conforme aux besoins de l'espèce, la sociabilité, qui commence par une légère variation du caractère chez certains individus moins disposés que les autres à se disperser, se maintient ensuite et se développe, grâce à la survivance des mieux doués, et grâce à l'habitude et à l'hérédité. La perception continuelle d'êtres semblables à lui, s'offrant à la vue, à l'ouïe, à l'odorat d'un animal, finit par former une part prépondérante de sa conscience, à ce point que l'absence de cette perception cause de la douleur. Le désir d'être ensemble sera corroboré de génération en génération par l'habitude même d'être ensemble, cette habitude ne rendît-elle possible aucun plaisir d'un genre plus élevé que la présence de ses compagnons.

Les animaux vivant en troupe éprouvent simultanément des impressions de crainte ou de satisfaction, et se livrent à d'identiques manifestations de ces sentiments. Il en résulte chez chacun d'eux une connexion lentement établie entre l'expression de tels sentiments chez ses compagnons et ces sentiments eux-mêmes. En voyant ses compagnons alarmés, en écoutant leur cri, l'animal en arrive à partager leur crainte, avant d'en avoir vu l'objet. Cette sympathie est de nature à être rendue de plus en plus vive et finalement organique, par l'action des habitudes héréditaires. Quant à l'intensité et à l'étendue de la sympathie, il est clair qu'elles dépendent de la capacité représentative que possède l'animal, puisqu'un sentiment sympathique est celui qu'excite une cause indirecte, à savoir : la représentation des signes ordinairement liés à ce sentiment. Quant à la sociabilité générale des animaux vivant en troupe viennent se joindre les relations entre mâle et femelle, entre parents et petits, la sympathie se développe plus rapidement et prend une extension plus grande, mais toujours proportionnée aux facultés de perception et de représentation.

L'espèce humaine nous fournit la vérification de ces principes. Les races qui sont devenues les plus sympathiques sont celles où la monogamie a été dès longtemps établie, celles où la coopération des parents, dans l'éducation des enfants, se continue le plus longtemps, celles où le développement social a rendu le contact des citoyens plus constant, plus étroit et plus varié, celles enfin où l'aptitude de la pensée à la représentation s'est le mieux développée.

Mais l'insuffisance de l'intelligence n'a pas seule contribué à limiter le développement de la sympathie. Il ne faut pas oublier que, si le développement des sociétés dépendait d'une part du degré de solidarité qui existait entre ses membres, il dépendait aussi de conditions qui sont en antagonisme avec la sympathie. Une des conditions du succès dans les luttes entre nations a été la conservation des activités destructives. Du conflit entre ces deux tendances est résulté un compromis. La sympathie s'est spécialisée en faveur des membres de la famille et de la nation. Toutefois, si les activités destructives n'ont pas prévenu le développement de la sympathie dans les directions qui lui étaient ouvertes, elles l'ont retardé dans son ensemble. Les plus hauts sentiments sociaux ne peuvent atteindre leur complet développement tant que dure la lutte pour l'existence, sous forme de guerre.

VI. — La classification des émotions exposée précédemment est fondée sur ce que les émotions sont plus ou moins représentatives. Les sentiments que nous allons étudier dans leur développement appartiennent à la classe des *émotions re-représentatives*. Ce ne sont ni des sensations ou des appétits, ni des représentations de tels états, mais des représentations de telles représentations, considérables en nombre, confusément agglomérées ensemble et unies avec des émotions encore plus vagues, qui ont été associées dans l'organisme par l'expérience des générations antérieures.

Si l'on compare l'instinct sexuel, formé d'éléments purement présentatifs ou représentatifs, avec le sentiment qui se développe d'un sexe à l'autre chez l'homme civilisé, et qui est presque entièrement composé d'éléments re-représentatifs, on voit par cet exemple combien le sentiment élevé est distinct des émotions inférieures.

Un autre exemple, c'est le sentiment de plaisir qu'on éprouve à revoir les lieux témoins de sa jeunesse, même lorsqu'ils n'offrent aucun attrait direct. Dans ce cas, l'émotion, prise dans son ensemble, n'est pas due à telle ou telle circonstance particulière dont le souvenir est spécialement éveillé, mais au faible réveil de ces innombrables joies avec lesquelles ont été associés les divers objets dans notre expérience enfantine, sans que beaucoup d'entre elles puissent être l'objet d'un acte déterminé de mémoire. Un tel sentiment, développé dans le cours d'une vie individuelle, est analogue aux sentiments engendrés dans la race par les expériences transmises à travers les générations. Le sentiment de joie que donne la possession et qui devient représentatif à un si haut degré, dans le cours de la civilisation, quand il arrive à avoir pour objet une simple valeur de banque ou un titre de rente sur une nation étrangère, a pris peu à peu la forme représentative, et l'on peut suivre ses complications progressives, depuis l'émotion initiale qui en fut le germe, à savoir : la satisfaction associée à l'action de saisir la proie.

Les autres *sentiments égoïstes,* tels que l'amour de l'indépendance et de la liberté politique, ou encore la conscience de notre valeur personnelle, sont aussi des sentiments dont l'ensemble est une émotion vague et volumineuse, produite par des expériences devenues organiques et héritée pendant le passé tout entier, sentiments auxquels une forme définie, mais encore très générale est donnée par les expériences individuelles reçues de moment en moment depuis la naissance.

Quant à cet autre sentiment égoïste qu'on a appelé la volupté de la douleur, on l'a considéré à tort comme dû à la pitié de soi-même. Il est dû plutôt au contraste qui s'établit dans l'esprit entre nos maux et notre propre mérite. Il doit être incompatible avec le remords ou l'aveu qu'on a mérité son malheur.

VII. — L'expression des émotions chez nos semblables provoque en nous deux ordres de sentiments : 1° un sentiment semblable à celui qui est exprimé, et c'est là l'origine de la sympathie et des sentiments altruistes; 2° par un retour sur nous-mêmes et un réveil plus ou moins conscient de nos impressions posées, le sentiment des peines et des plaisirs personnels qui ont suivi de telles manifestations du sentiment chez nos semblables; c'est là l'origine de sentiments intermédiaires entre les sentiments égoïstes et les sentiments altruistes et qu'il convient de désigner sous le nom de sentiments *égoaltruistes*. L'amour de l'approbation, la crainte de la réprobation et du châtiment sont des sentiments de cet ordre. Un enfant à la mamelle sourit à une figure souriante, se détourne et pleure devant une figure irritée. L'émotion pénible qu'il éprouve avant toute expérience personnelle est due à une structure nerveuse partiellement établie en vertu des expériences antérieures de la race. Sa propre expérience développera et précisera cette émotion d'abord vague, quand les signes de l'irritation chez ses camarades et ses parents auront été suivis de mauvais traitements ou de châtiments. Remarquons que cette expérience n'a nullement besoin d'être consciente et raisonnée. La perception et les idées parfaitement définies qui forment le contenu de la conscience ne sont qu'une part minime des impressions que nous recevons sans cesse, dont la plupart, quoique inconscientes et indistinctes, n'en forment pas moins des associations d'états distincts dont sont composés nos sentiments.

Il n'est pas besoin que le jeune sauvage raisonne ses impressions pour apprendre qu'il lui est utile d'éviter les actions qui excitent la colère de ses parents ou de ses camarades, et de se conduire de façon à mériter les éloges et les récompenses habituellement données au courage. Comme c'est une croyance primitive que les morts deviennent des démons toujours prêts à aider ou à nuire, la crainte ou l'espoir qu'il fonde sur l'intervention de ses ancêtres devient un mobile de plus pour sa conduite. Cette forme de coercition, qui ne diffère d'abord que peu de la forme originelle, comporte un immense développement. Les pouvoirs prêtés à la divinité sont de plus en plus nombreux, le désir d'obtenir son approbation acquiert une plus grande généralité, mais *l'utilité* reste encore aujourd'hui pour une bonne part au fond de ce qui passe pour un sentiment purement religieux. Le grand motif de coercition est encore tiré des peines et des récompenses personnelles, de l'approbation et de la réprobation divine et humaine, mais l'émotion initiale a pris une forme hautement représentative.

Les émotions excitatives et coercitives n'ayant pas eu d'autres causes déterminantes que les manifestations réelles ou idéales de l'approbation divine ou humaine, les notions du juste et de l'injuste doivent dépendre des traditions théologiques et des circonstances sociales. Cependant les sentiments égo-altruistes renferment des éléments importants qui sont constants. Une insulte gratuite à un concitoyen est regardée partout comme blâmable, bien qu'on ne s'entende pas d'ailleurs sur ce qui constitue l'insulte. Dans la transition entre l'état primitif et l'état civilisé, les sociétés ont dû adopter des formes de conduite temporaires qui ont engendré des formes temporaires également du juste et de l'injuste. Mais il ne faudrait pas en conclure qu'une telle genèse des émotions ne puisse produire enfin des sentiments fixes et universels répondant au juste et à l'injuste en soi; cela équivaudrait à nier qu'il y a des formes permanentes de conduite nécessitées par les besoins sociaux.

VIII. — Dans les sociétés primitives, les circonstances sont favorables à l'extension des sentiments égo-altruistes. Dans le régime industriel qu'amène le développement social, l'antagonisme mutuel devient faible et indirect, le bien de chacun est étroitement lié au bien de tous et les sentiments altruistes sont adaptés aux conditions fondamentales et immuables de la vie sociale.

Dans leurs formes les plus développées, les sentiments altruistes sont entièrement représentatifs. La générosité est un sentiment altruiste qui se montre de bonne heure, mais qui ne devient fréquent et exempt de sentiment personnel qu'à mesure que la civilisation développe les sympathies. Elle est provoquée par la représentation agréable du plaisir d'autrui. La pitié est un sentiment proche de la générosité et provoqué par la représentation pénible de la peine en autrui. Tout sentiment altruiste impliquant le sentiment égoïste correspondant, il est à remarquer qu'un sentiment représentatif plus grand implique une pitié plus grande, comme lorsqu'on a éprouvé des douleurs semblables ou presque semblables à celles dont on est témoin.

La forme la plus complexe du sentiment altruiste est celle de la justice. L'amour de la liberté personnelle est le sentiment égoïste qui lui correspond et qui est excité sympathiquement quand la liberté des autres est entravée ou menacée. Plus le sentiment est vif sous la forme égoïste, et plus il devient puissant sous la forme altruiste, comme le montre l'histoire des nations libres et celle des nations asservies. En progressant sous sa double forme, ce sentiment tend à accroître dans une égale mesure l'amour d'une libre activité pour soi et en même temps le respect de la liberté d'autrui.

Un tel sentiment, conforme aux conditions requises pour la plus haute prospérité des individus dans l'état de société, devenu plus fort, grâce à la restriction des activités destructives, et associé dans la pensée avec l'approbation divine et humaine, est la preuve que l'évolution de l'intelligence, par l'effet accumulé et héréditaire des expériences, peut produire des sentiments moraux permanents et universels.

La doctrine de l'évolution appliquée à nos sentiments peut être regardée comme une justification de la doctrine de l'utilité, à la condition qu'il soit reconnu que les expériences d'utilité ne sont accompagnées d'abord d'aucune généralisation consciente, et que les vues intellectuelles sur l'utilité ne précèdent ni ne causent les sentiments moraux.

IX. — Quand une partie des centres nerveux a été inactive plus longtemps qu'à l'ordinaire, cette partie est portée à un plus grand état d'instabilité et manifeste une facilité excessive à la décomposition moléculaire et à la décharge nerveuse. De là résulte une tendance à des exercices superflus et sans but de nos facultés. Cette proposition est vraie, non seulement des énergies corporelles, des instincts destructeurs qui dominent dans la vie, mais aussi de toutes les autres facultés. Telle est la commune origine *des jeux et des sentiments esthétiques*.

Par les jeux, on se procure le plaisir même de l'activité, en même temps que la satisfaction de certains sentiments égoïstes qui ne trouvent pour le moment aucun emploi. Les productions esthétiques fournissent à nos facultés les plus hautes la matière d'une activité supplémentaire. Les activités qui ont le jeu pour but ne peuvent naître que lorsque, par les progrès de l'organisation, les énergies inférieures ne sont pas complètement dépensées dans la satisfaction des exigences matérielles, et celles qui se dépensent en plaisirs esthétiques demandent, pour se produire, que la discipline de la vie sociale ait permis aux sympathies et aux sentiments altruistes de naître et de se développer.

La conscience esthétique est essentiellement celle dont les actions elles-mêmes, abstraction faite de leur fin, forment l'objet. Pour que nos sensations aient le caractère esthétique, une des conditions requises est qu'elles ne soient pas de celles qui servent directement à la vie, et qu'elles puissent être aisément séparées des fonctions utiles à l'existence. Il en est de même pour nos sentiments. La conception de ce qui est beau est donc distincte de la conception de ce qui est bon ou juste, car dans ce dernier sentiment est impliquée la représentation plus ou moins précise d'une utilité quelconque.

Les sentiments esthétiques sont de tous les degrés de complexité. Quelques-uns ne sont que des modes perfectionnés de sensations, tandis que d'autres sont re-représentatifs à un très haut degré. Une sensation est d'autant plus esthétique d'abord qu'elle est moins utile à la vie, ensuite qu'elle est plus grande dans son intensité et en même temps plus complètement exempte de ces éléments sensitifs douloureux qui résultent d'actions excessives ou discordantes. Enfin nos plaisirs esthétiques sont composés, pour une part quelquefois prépondérante, d'éléments secondaires éveillés indirectement par l'excitation diffuse du système nerveux. C'est ainsi que le parfum d'une fleur connue peut éveiller vaguement les souvenirs de plaisirs passés distincts ou indistincts dans la conscience.

Les mêmes principes sont applicables aux sentiments esthétiques les plus complexes. Ils existent à la condition d'exercer nos facultés le plus complètement possible, avec le moins de compensations négatives venant de l'excès d'exercice; ils se fortifient et s'étendent en éveillant un flot de sentiments agréables, faibles, indéfinissables.

En dépassant la sensation et la perception, on s'élève à des sentiments esthétiques purs de tout élément présentatif, tels que le plaisir qu'inspire une fiction écrite en prose. Un tel plaisir est d'autant plus intense, qu'il contient un volume plus considérable d'émotions variées, sans la moindre tension pénible, ou qu'il procure l'exercice complet, mais non excessif, de la faculté émotionnelle la plus complexe. A mesure qu'avancera l'évolution, le progrès industriel et le perfectionnement du corps humain concourront à produire une économie croissante des forces humaines, et il est à prévoir que les activités esthétiques, par lesquelles se dépense l'excédent des forces, prendront une extension de plus en plus considérable.

CANCALON.

BULLETIN DES SOCIÉTÉS SAVANTES

Académie des sciences de Paris. — 27 OCTOBRE 1879.

M. Berthelot : L'oxydation galvanique de l'or. Décomposition de l'acide sélénhydrique par le mercure. — M. le général Morin : Les chemins de fer du Brésil. — M. Hirn : Expériences concernant la chaleur humaine. — M. Faucon : Les réinvasions estivales du phylloxera. — M. Pirotta : Apparition du *Mildew* en Italie. — M. Violle : Les points de fusion de divers métaux réfractaires. — M. Alf. Niaudet : Pile au chlorure de chaux. — M. Ogier : Combinaisons de l'hydrogène phosphoré avec les hydracides. — M. Maurice Raynaud : Transmissibilité de la rage de l'homme au lapin. — MM. Couty et de Lacerda : Propriétés toxiques du curare des Indiens.

M. *Berthelot* présente une note sur l'oxydation galvanique de l'or. Grotthuss, dans ses expériences sur la décomposition de l'eau par la pile galvanique, avait remarqué la dissolution d'un fil d'or, employé comme pôle positif dans l'acide sulfurique traversé par le courant. M. Berthelot a reproduit cette expérience et l'a trouvée fort exacte. L'acide sulfurique (au dixième) jaunit et dissout rapidement le fil d'or; l'or dissous peut être accusé facilement au moyen du chlorure stanneux. Une partie se précipite sur le pôle négatif. M. Berthelot a constaté, en outre, que l'acide nitrique, dans les mêmes conditions, attaque également l'or et se remplit d'un précipité violacé (or ou oxyde aureux?) qui demeure en suspension. L'acide phosphorique étendu, au contraire, n'attaque pas l'or d'une manière appréciable, même sous l'influence du courant galvanique. La potasse n'agit pas davantage. L'attaque de l'or par les acides sulfurique et azotique n'est pas due à l'ozone; car l'oxygène chargé d'ozone demeure sans action sur l'or en présence de l'eau, soit pure, soit chargée d'acide sulfurique ou azotique. L'acide persulfurique (préparé par électrolyse) n'attaque pas non plus l'or, même lorsqu'il renferme en surplus quelque dose d'eau oxygénée. Il résulte de ces observations que l'attaque de l'or se produit seulement sous l'influence du courant galvanique, et au contact de l'électrode et du liquide électrolysé.

Dans une seconde note, M. Berthelot rend compte d'une observation qu'il a faite et d'après laquelle le gaz sélénhydrique, conservé dans des flacons à la température ordinaire, pendant quelques années, au contact du mercure, se décompose en grande partie, en vertu d'une action lente, avec formation de séléniure de mercure.

— M. le général *Morin* soumet à l'Académie deux cartes du Brésil, qui lui ont été envoyées par l'empereur Don Pedro II, et qui sont accompagnées de renseignements précis sur l'état des voies de fer de cet empire. L'une est une carte d'ensemble manuscrite, à l'échelle de $0^{m},001$ pour 2° de l'équateur, sur laquelle sont représentées toutes les provinces de l'empire, et qui donne une idée générale de la configuration du sol, des voies de communication fluviales et des chemins de fer en exploitation, en cours d'exécution et en projet. Elle est accompagnée d'un relevé complet de la situation de ces dernières voies de communication en juillet dernier. Ce relevé montre que les provinces de Rio de Janeiro, de Saint-Paul et de Minas Geraës seulement ont actuellement : en exploitation, 2423 kilomètres; en construction, 649; total : 3072 kilomètres; et que les autres provinces ont : en exploitation, 459 kilomètres; en construction, 1102; total : 1561 kilomètres; et qu'ainsi le total général des chemins de fer est : en exploitation, de 2882 kilomètres; en construction, de 1751; total général : 4633 kilomètres, non compris un chemin dont la construction vient d'être concédée à une compagnie française dans la province du Parana.

— M. *Hirn* présente une communication intitulée : Réflexions critiques sur les expériences concernant la chaleur humaine. Résumer cette note, ce serait lui enlever presque toute son importance; nous préférons la signaler simplement à l'attention des lecteurs compétents.

— M. *L. Faucon* fait connaître le résultat des recherches qu'il a entreprises dans le but de trouver l'origine des réinvasions estivales du phylloxera. Une des causes de ces réinvasions est le cheminement de l'insecte à la surface du sol; une seconde cause, et peut-être la plus importante, c'est le transport de l'insecte par le vent; enfin, l'auteur voit une troisième cause dans les œufs provenant des insectes sexués.

— M. *R. Pirotta* signale l'apparition du *Mildew* ou faux oïdium américain dans les vignobles de l'Italie. L'apparition de cette cryptogame en Italie n'est pas encore expliquée.

— M. *J. Violle* envoie une note sur les chaleurs spécifiques et les points de fusion de divers métaux réfractaires. Pour les points de fusion, si l'on réunit ceux qui sont donnés dans les différentes notes que l'auteur a présentées sur ce sujet, on a les nombres suivants, tous rapportés au thermomètre à air : argent, 954 °; or, 1035°; cuivre, 1054°; palladium, 1500°; platine, 1775°; iridium, 1950°.

— M. *Alfr. Niaudet* soumet à l'Académie une nouvelle pile. Cette pile a pour électrode positive une lame de zinc, et pour électrode négative une plaque de charbon entourée de fragments de charbon. Le zinc baigne dans une solution de chlorure de sodium; le charbon est entouré de chlorure de chaux, maintenu par un vase poreux de porcelaine dégourdie ou de papier parchemin. Le chlorure de chaux est, comme on sait, un mélange de chaux et d'acide hypochloreux; ce corps paraît très propre à dépolariser l'électrode de charbon, puisque ses deux éléments peuvent tous deux se combiner avec l'hydrogène pour former de l'eau et de l'acide chlorhydrique. Cet acide attaque le zinc et fait du chlorure de zinc, ou la chaux, et fait du chlorure de calcium; ces deux sels sont très solubles et très bons conducteurs. On voit que toutes les combinaisons qui prennent naissance sont solubles; si, d'ailleurs, il se forme des sels solubles ou des corps à composition compliquée, comme il arrive dans presque toutes les piles, ils sont solubles, comme des expériences datant de trois ans l'ont montré à l'auteur. Le zinc en présence du chlorure de chaux n'est pas attaqué d'une manière appréciable, et par conséquent les piles dans lesquelles ils sont associés peuvent rester un temps indéfini au repos sans usure; l'action ne commence que quand le circuit est fermé. Cette propriété est, comme on le sait, d'une importance capitale pour un grand nombre d'applications. La force électromotrice a été trouvée au début supérieure à 1^{volt}, 6; elle était supérieure à 1,5 après plusieurs mois d'abandon.

— M. *J. Ogier* expose les résultats de ses recherches sur les combinaisons de l'hydrogène phosphoré avec les hydracides, et sur leurs chaleurs de formation. Ces recherches sont relatives au chlorhydrate d'hydrogène phosphoré, au bromhydrate d'hydrogène phosphoré et à l'iodhydrate d'hydrogène phosphoré. L'auteur termine sa note par une comparaison de la formation thermique des combinaisons phosphorées avec celle des sels ammoniacaux.

— M. *Maurice Raynaud* adresse un mémoire important sur la transmissibilité de la rage de l'homme au lapin. Voici, telle que la donne l'auteur, la conclusion de ce mémoire : « Il ressort clairement, dit M. Raynaud, des expériences que je viens d'exposer que la salive d'un homme atteint de rage par suite de la morsure d'un chien a pu communiquer la même maladie à un lapin : résultat confirmé ensuite par le transport de la maladie de ce lapin à deux autres animaux de la même espèce. Un second point qu'il importe de signaler, c'est que, d'après ces expériences, le tissu des glandes salivaires, et probablement par conséquent la salive elle-même, conservent encore des propriétés virulentes trente-six heures après la mort. J'ajoute une autre réflexion : Dans un travail récent, M. le Dr Duboué (de Pau) a été amené, par des vues théoriques sur la propagation du virus rabique par les cordons nerveux, à formuler cette hypothèse que la rage déterminerait dans l'économie des lésions unilatérales, et il expliquerait volontiers ainsi cette donnée de la statistique, à savoir que la moitié environ des morsures de chien enragé ne sont pas suivies d'accidents; toute cette théorie est mise à néant par ce simple fait que les deux glandes sous-maxillaires expérimentées comparativement chez des animaux différents ont déterminé la rage à peu près dans le même laps de temps. Enfin, le résultat pratique important sur lequel je veux insister en terminant, c'est que la salive humaine, ayant déterminé la rage chez le lapin, est nécessairement virulente; que, suivant toute probabilité, cette même salive, dans des conditions propices à l'inoculation, pourrait déterminer la contagion de l'homme à l'homme; que, par conséquent, il faut se défier des organes et des produits de la sécrétion salivaire chez les sujets atteints de rage, et cela non seulement pendant la vie des malades, mais encore dans la pratique des autopsies. »

MM. *Couty et de Lacerda* font une nouvelle communication sur l'origine des propriétés toxiques du curare des Indiens. De leurs expériences on doit conclure que, parmi les divers sucs végétaux ou animaux le plus souvent surajoutés par les Indiens au produit des lianes strychnos, aucun ne possède les propriétés du curare, pas même ceux qui, comme le *Cocculus*, le venin, paraissent agir dans certaines conditions sur l'excitabilité du nerf moteur périphérique. En présence des résultats négatifs fournis par l'étude de ces substances accessoires, en présence des faits positifs qu'ont donnés les expériences sur le *Strychnos triplinervia*, on serait évidemment en droit de conclure que le curare des Indiens tire aussi ses propriétés toxiques d'un Strychnos, et des lianes diverses de cette famille qui entrent constamment dans sa composition. Mais cette conclusion, les auteurs ont pu l'établir directement, au moins pour une des espèces de Strychnos employées par les tribus les plus importantes, entre autres les Tecunas, c'est-à-dire pour le *Strychnos castelnœa* (Weddel). Leurs expériences, jointes à celles qui avaient été faites depuis plusieurs mois par l'un d'eux, établissent que ce *Strychnos castelnœa*, comme le *S. triplinervia*, suffit à fournir un curare actif et complet; et sur deux chiens ils ont pu suivre toutes les phases primitives de la curarisation, et après l'arrêt de la respiration spontanée ils ont constaté, avec le kymographe, la persistance des fonctions circulatoires, des réflexes vasculaires et de l'excitabilité du pneumogastrique. Ce *Strychnos castelnœa*, quoique plus riche que le *Str. triplinervia*, est moins actif qu'on aurait pu le supposer, et le produit d'ébullition de 50 grammes de fragments de tige n'ont pas suffi à curariser un chien de petite taille.

CHRONIQUE SCIENTIFIQUE

Société d'anthropologie de Paris. — La Société a reçu dans sa dernière séance la tête de deux Canaques tués dans la dernière insurrection. L'une est la tête du chef même de cette insurrection, Ataï; c'est de beaucoup la plus remarquable. L'expression en est noble et intelligente; outre le nez élargi et la puissante mâchoire qui caractérisent cette race, on remarque le front large et élevé de ce sauvage. Ses cheveux sont rares, mais crépus; la peau est très bronzée plutôt que noire. Outre la tête d'Ataï, nous avons sa main que les Canaques alliés ont également coupée afin d'avoir la prime promise à qui tuerait le chef ennemi; cette main en effet portait une rétraction d'un doigt, suite d'ancienne blessure, qui caractérisait Ataï.

La seconde tête de Néo-Calédonien est bien moins importante : c'est celle d'une espèce de nain rabougri et mal fait qui était le sorcier et probablement aussi le médecin de la tribu. Autant Ataï était beau, autant ce sorcier était laid; ce n'était d'ailleurs pas un Néo-Calédonien pur sang; ses cheveux droits indiquent qu'il n'était qu'un métis.

Dans la même séance, la Société a reçu une lettre autographe de S. M. le roi de Dexès, au Gabon. Ce monarque, qui signe modestement *Félix-Denis Rapontyabon, roi*, a reçu à la mission française une fort bonne éducation. Dans sa lettre, qui est fort bien tournée, il annonce l'envoi du squelette et de la peau d'un gorille; il professe en outre les meilleurs sentiments : une admiration et un dévouement pour les sciences qu'on voudrait trouver chez des monarques européens.

Le cadeau du roi Félix vient s'ajouter à une collection déjà très belle de squelettes et de cerveaux de gorilles que possède la Société. Cette collection a fait pendant les vacances une autre acquisition plus précieuse encore : c'est celle de deux cadavres de gorilles dans le tonneau de tafia où ils ont été apportés.

— Monuments mégalithiques de France. — Répondant à un vœu de la Société d'anthropologie de Paris, M. le ministre de l'instruction publique vient de décider la formation d'une commission chargée de dresser l'inventaire des monuments mégalithiques de France.

Cette commission se composera de trois membres, choisis par le comité des monuments historiques, et qui sont MM. Henri Martin, G. de Mortillet et du Sommerard. Trois autres membres seront désignés par la Société d'anthropologie. M. Daubrée, de l'Institut, directeur de l'École nationale des mines, sera adjoint à la Commission et chargé spécialement des travaux concernant les blocs erratiques. Enfin la Commission aura des correspondants dans chaque département.

— Faculté des sciences de Toulouse. — M. Baillaud, professeur d'astronomie, est nommé doyen, pour trois ans, en remplacement de M. Molins, relevé de ses fonctions sur sa demande et nommé doyen honoraire.

— L'Éclairage électrique en Birmanie. — La lumière électrique vient de faire un pas important dans un pays où l'on ne s'attendait pas à la voir introduire. Le roi des Birmans a fait acheter à Calcutta les machines et les appareils qui ont récemment servi à illuminer le pont de l'Hooghly. Il n'a pas été dépensé à cette acquisition moins de 200 000 francs pour les machines Siemens, les moteurs, 40 bouches Jablochkoff et 8 régulateurs. On calcule que l'installation dans le palais du roi et dans les jardins de Mandalay ne coûtera pas moins de 250 000 francs.

— Élairage électrique du foyer du Grand-Opéra de Paris. — Des expériences d'éclairage électrique doivent avoir lieu prochainement au foyer du Grand-Opéra. Depuis longtemps on remarquait que les peintures de M. Baudry étaient imparfaitement vues et, de plus, menacées par les émanations du gaz. M. Charles Garnier s'est adressé au ministre des beaux-arts pour demander l'application d'un éclairage plus intense et moins dangereux. La tentative va être faite. Dans la vaste salle du foyer, quatre des lustres recevront des bougies Jablochkoff, tandis que quatre, à l'autre extrémité, seront munis d'appareils Wedermann, qui obtiennent un si grand succès en Angleterre.

— Éclairage électrique au British Museum de Londres. — De nouveaux essais d'éclairage par l'électricité viennent d'avoir lieu dans la grande salle de lecture du British Museum. Ils doivent être continués pendant plusieurs jours, et, si le système adopté paraît avantageux, la bibliothèque du British Museum sera ouverte tous les soirs au public.

— École de pharmacie de Paris. — Le ministre de l'instruction publique vient de créer un cours de botanique cryptogamique à l'École de pharmacie de Paris et d'en charger M. Marchand, agrégé, qui enseignait déjà cette branche de la science dans un cours libre depuis plusieurs années.

— Par décret en date du 20 octobre, rendu sur la proposition du ministre de l'instruction publique et des beaux-arts, il est créé à l'École préparatoire de médecine et de pharmacie de Dijon :

1° Une chaire d'anatomie, par dédoublement de la chaire d'anatomie et physiologie;

2° Une chaire de chimie et toxicologie;

3° Une chaire d'histoire naturelle.

Aux termes du même décret, la chaire d'histoire naturelle et thérapeutique prend le titre de chaire d'hygiène et thérapeutique; la chaire de pharmacie et toxicologie prend le titre de chaire de pharmacie et matière médicale.

— Par décret en date du 17 octobre, rendu sur la proposition du ministre de l'instruction publique et des beaux-arts, M. le vice-amiral Cloué, vice-président du conseil de l'amirauté, a été nommé membre du conseil de l'Observatoire de Paris, en remplacement de M. Krantz, appelé à la préfecture maritime de Toulon.

— Le Vésuve et Pompéi. — Le dix-huitième anniversaire séculaire de la destruction de Pompéi par le Vésuve, a été l'occasion d'une cérémonie à laquelle ont assisté un assez grand nombre d'archéologues et d'amis de l'antiquité. Parmi eux se trouvait M. Renan, qui a profité de son séjour dans la vieille ville romaine pour examiner comment elle a dû périr.

« Pompéi, dit-il, ne périt point par le feu. Les plombs ne sont pas fondus, les marbres ne sont pas calcinés, des morceaux de toile et de bois adhèrent au métal et ne sont pas carbonisés; les peintures murales sont exemptes de l'action du feu et de la fumée. Quelques faits qui semblent conduire à une induction contraire s'expliquent ou par la chute des scories incandescentes, ou par la foudre, dont l'action se produit auprès des bouches éruptives avec une force extraordinaire. En réalité, Pompéi fut couvert en quelques heures d'une épaisseur de *lapilli* et de cendres équivalant, avant le tassement opéré par les pluies, à 7 ou 8 mètres. Presque tous les habitants, au nombre de 12 000, purent s'enfuir; environ 500 s'attardèrent et périrent. La pluie de *lapilli* précéda celle de cendres; on pouvait se préserver de la première en se barricadant dans les caves et dans les lieux fermés. C'est ce qui explique l'imprudence des 500 infortunés. Ils attendirent la fin de la pluie de petits cailloux; ils comptaient sans la pluie de cendre, qui les asphyxia. Les choses se passèrent à peu près comme en 1872; seulement, cette dernière fois, la pluie de cendre fut bien plus faible, et l'on en fut quitte pour marcher dans les rues de Naples avec un parapluie. »

Les fouilles entreprises à Pompéi à l'occasion de l'anniversaire de la destruction de cette ville par la lave du Vésuve ont été fructueuses. Dix maisons ont été explorées dans la neuvième région qui confine aux quartiers réputés les plus beaux de Pompéi.

Parmi les objets découverts, on remarque un cheval en bronze, un poignard à manche d'ivoire, un magnifique candélabre en bronze, des bracelets, des bagues, des amphores, des bouteilles, des fourchettes, des couteaux à manche d'ivoire, des vases de toutes formes, des sonnettes, des clefs, un miroir métallique d'une assez grande dimension, du verre.

Dans la maison d'un grainetier, on a trouvé des sacs, des balances, des poids, du millet, trois squelettes d'hommes, ainsi que celui d'un chien qui avait partagé le sort de ses maîtres, et d'un oiseau qui était pour ainsi dire incrusté dans la muraille. D'autres squelettes d'hommes et de femmes ont été recueillis dans diverses maisons. On a aussi mis au jour de très beaux restes de mosaïque.

— Faculté de médecine de Nancy. — Par décret rendu sur la proposition du ministre de l'instruction publique et des beaux-arts, la chaire d'accouchement et maladies des enfants et la chaire de clinique obstétricale et gynécologie de la Faculté de médecine de Nancy sont réunies sous le titre de chaire de clinique obstétricale et accouchements.

La chaire d'anatomie générale descriptive et topographique de la même Faculté est dédoublée en chaire d'anatomie descriptive et chaire d'histologie.

Aux termes de deux autres décrets portant la même date, MM. Gross et Charpentier, agrégés près la Faculté de médecine de Nancy, ont été nommés : le premier, professeur de médecine opératoire, et le second, professeur d'hygiène et physique médicale à ladite Faculté.

— Le Tour du monde, *Nouveau journal des voyages*. — Sommaire de la 982e livraison (1er novembre 1879). — L'Amérique équinoxiale, par M. Ed. André, voyageur chargé d'une mission du gouvernement (1875-1876). — Texte et dessins inédits. — De Cali à Popayan (Cauca). — Onze gravures de Riou et E. Bayard, avec une carte.

— Le service des aliénés a Paris. — Des modifications importantes viennent d'être apportées dans l'organisation des services de l'asile d'aliénés de Sainte-Anne.

Le bureau d'admission, d'où les malades sont répartis entre les différents asiles du département, et qui disposait depuis plusieurs années de trois cents places, n'en contiendra plus que cent. Le service médical en sera confié désormais à un seul médecin, dont le traitement est augmenté.

Il est désormais interdit aux médecins des asiles, ainsi qu'au médecin du bureau d'admission, d'avoir aucun intérêt dans les établissements privés où sont traités des malades aliénés.

La clinique des maladies mentales a été installée à l'asile Sainte-Anne. Elle est placée sous la direction de M. le professeur Ball, assisté d'un médecin-adjoint, chef de clinique responsable du service, conformément aux prescriptions de la loi du 30 juin 1838.

Le personnel administratif et médical de l'asile est maintenant ainsi composé :

Directeur, M. Corby, ancien chef du bureau de la comptabilité municipale à la préfecture de la Seine.

Médecins chefs de service, M. le docteur Dagonet, pour la

division des hommes; M. le docteur Bouchereau, pour celle des femmes.

Médecin chef du service d'admission, M. le docteur Magnan.

Médecin adjoint chef de clinique, M. le docteur Doutrebante.

Pharmacien en chef, M. Quesneville, agrégé à l'École de pharmacie.

Receveur-économe, M. Lobrani.

— Statue a Bourgelat. — La semaine dernière a eu lieu, à l'École vétérinaire d'Alfort, l'inauguration du monument érigé dans la cour d'honneur, par souscription publique, en l'honneur de Claude Bourgelat, fondateur des écoles vétérinaires.

M. le ministre de l'agriculture et du commerce, empêché, s'était fait représenter à cette cérémonie par M. Tisserant, directeur général.

Une magnifique tente avait été dressée dans l'intérieur de la cour pour recevoir les invités, parmi lesquels on remarquait les délégués de plusieurs pays étrangers et d'un certain nombre d'établissements français, notamment des Écoles vétérinaires de province, les membres des conseils municipaux des environs; M. Renouvier, député; M. Béclard, conseiller général, plusieurs membres de la presse et le corps d'officiers du fort de Charenton, qui avait mis gracieusement la musique militaire à la disposition des organisateurs de la fête.

Deux discours ont été prononcés par M. Bouley, membre de l'Académie des sciences, inspecteur général des écoles vétérinaires, et par un professeur de l'École.

Le piédestal de la statue porte l'inscription :

A CLAUDE BOURGELAT,
FONDATEUR DES ÉCOLES VÉTÉRINAIRES.

Bourgelat, né à Lyon en 1712, est mort le 3 janvier 1779. Il fonda à Lyon la première école vétérinaire le 1er janvier 1762. En 1765, avec le concours du gouvernement, il fonda l'école d'Alfort, qui est connue dans le monde entier.

Bourgelat a publié un grand nombre d'ouvrages sur l'art vétérinaire. Nous avons raconté déjà, il y a six ans, sa vie scientifique (*Revue Scientifique* du 18 octobre 1873, tome V, 2e série, page 368, article sur l'école vétérinaire de Lyon).

— Conservatoire des arts et métiers. — Cours publics et gratuits de sciences appliquées aux arts, au Conservatoire des arts et métiers en 1879-1880 :

Géométrie appliquée aux arts. — Les lundis et jeudis, à sept heures trois quarts du soir. — M. Laussedat, professeur, ouvrira son cours le jeudi 6 novembre. — Objet des leçons : Géométrie de la sphère. — Construction et usage du globe céleste et des planisphères. — Étude des phénomènes célestes. — Instruments d'observation. — Mesure du temps. — Tracé des cadrans solaires. — Construction des horloges et des chronomètres. — Calendrier.

Géométrie descriptive. — Les lundis et jeudis, à neuf heures du soir. — M. de la Gournerie, professeur, ouvrira son cours le lundi 3 novembre. — Objet des leçons : Application de la géométrie descriptive à la coupe des pierres et à la coupe des bois. — Appareils des voûtes le plus ordinairement employés, des escaliers, des grandes arches biaises. — Combles et escaliers en charpente.

Mécanique appliquée aux arts. — Les lundis et jeudis, à sept heures trois quarts du soir. — M. Tresca, professeur, ouvrira son cours le lundi 3 novembre. — Objet des leçons : Construction des machines. — Considérations générales sur les différents genres de machines. — Propriétés et résistance des matériaux. — Dimensions et formes des pièces. — Modes d'exécution. — Modes d'assemblages. — Machines-outils propres au travail des métaux et des bois.

Constructions civiles. — Les mercredis et samedis, à sept heures trois quarts du soir. — M. E. Trélat, professeur, ouvrira son cours le mercredi 5 novembre. — Objet des leçons : Organes des constructions. — Fondations. — Soutiens isolés. — Parois verticales. — Parois horizontales. — Combles. — Étude descriptive et critique des applications dans les travaux publics et privés.

Physique appliquée aux arts. — Les mercredis et samedis, à neuf heures du soir. — M. E. Becquerel, professeur, ouvrira son cours le samedi 8 novembre. — Objet des leçons : Principes fondamentaux de la physique. — Applications diverses de la chaleur; formation des vapeurs; emploi de leur force élastique; sources de chaleur et de froid : chauffage; ventilation. — Production et propagation des sons; téléphone; phonographe. — Sources de lumière; éclairage; analyse spectrale. — Construction des instruments d'optique.

Chimie générale dans ses rapports avec l'industrie. — Les lundis et jeudis, à neuf heures du soir. — M. E. Peligot, professeur, ouvrira son cours le jeudi 6 novembre. — Objet des leçons : Première partie du cours. — Phénomènes généraux de combinaison et de décomposition. — Équivalents chimiques. — Poids atomiques. — Nomenclature. — Histoire détaillée des corps simples non métalliques et de leurs principales combinaisons. — Air atmosphérique. — Eau. — Acides minéraux.

Chimie industrielle. — Les mardis et vendredis, à neuf heures du soir. — M. A. Girard, professeur, ouvrira son cours le mardi 4 novembre. — Objet des leçons : Faits généraux de la chimie organique. — Utilisation des végétaux entiers; légumes et fruits. — Thé, café, etc. — Bois; leurs altérations. — Conservation des produits végétaux. — Leur décomposition : tourbes, lignites, houilles; charbon de bois; coke et gaz de l'éclairage. — Goudrons. — Agglomérés. — Huiles minérales.

Chimie appliquée aux industries de la teinture, de la céramique et de la verrerie. — Les lundis et jeudis, à sept heures trois quarts du soir. — M. de Luynes, professeur, ouvrira son cours le lundi 3 novembre. — Objet des leçons : Verrerie. — Classification des verres. — Éléments, propriétés, fabrication. — Fours à fusion continue. — Émaux. — Travail et décoration des verres. — Céramique. — Matières premières. — Différentes espèces de poteries. — Travail mécanique des pâtes. — Cuisson. — Décoration.

Chimie agricole et analyse chimique. — Les mercredis et samedis, à neuf heures du soir. — M. Boussingault, professeur, ouvrira son cours le mercredi 5 novembre. En cas d'empêchement, M. Boussingault sera remplacé par M. Schlœsing. — Objet des leçons : Le sol et l'atmosphère dans leurs rapports avec la végétation. — Procédés de détermination de quelques principes immédiats des plantes.

Agriculture. — Les mardis et vendredis, à sept heures trois quarts du soir. — M. Moll, professeur, ouvrira son cours le mardi 11 novembre. — Objet des leçons : Notions sur la production agricole. — Produits animaux et produits industriels. — Étude des divers systèmes de culture et des assolements; leurs caractères, leur classement et leurs modes d'application dans diverses circonstances.

Travaux agricoles et génie rural. — Les mercredis et samedis, à sept heures trois quarts du soir. — M. H. Mangon, professeur, ouvrira son cours le samedi 8 novembre. — Objet des leçons : Introduction : progrès de l'agriculture moderne. — Moteurs employés en agriculture. — Transports agricoles. — Labourages; semailles; cultures; récoltes. — Des eaux utiles en agriculture.

Filature et tissage. — Les lundis et jeudis, à neuf heures du soir. — M. Joseph Imbs, chargé du cours, ouvrira son cours le lundi 3 novembre. — Objet des leçons : Filature. — Matières filamenteuses, leurs propriétés et leur classification. — Filaments continus : la soie, sa production et son traitement. — Filaments discontinus; opérations diverses de la filature. — Leur réalisation pour quatre types de matières filamenteuses.

Économie politique et législation industrielle. — Les mardis et vendredis, à sept heures trois quarts du soir. — M. E. Levasseur, professeur, ouvrira son cours le mardi 4 novembre. — Objet des leçons : Circulation des richesses; échange, valeur. — Offre et demande. — Monnaie, crédit, banques. — Code de commerce. — Cherté et bon marché. — Commerce de la France avec les nations étrangères; protection et liberté commerciale; législation douanière.

Économie industrielle et statistique. — Les mardis et vendredis, à neuf heures du soir. — M. J. Burat, professeur, ouvrira son cours le mardi 4 novembre. — Objet des leçons : Notions générales de géographie physique et commerciale. — Causes et conséquences de la différence des climats. — Revue géographique et statistique des principaux produits des industries agricole, minérale et manufacturière, au point de vue de la production, du commerce et de la consommation.

— Faculté des sciences de Paris. — Le registre des inscriptions pour la licence ès sciences, session du mois de novembre 1879, sera ouvert du 4 au 12 novembre, tous les jours, de dix heures à midi. Les candidats doivent verser en s'inscrivant le montant des droits universitaires (102 fr. 25) et déposer : 1° l'acte de naissance; 2° le diplôme de bachelier ès sciences; 3° les récépissés de quatre inscriptions trimestrielles.

— Fouilles archéologiques en Asie mineure. — Les fouilles entreprises à Pergame par le gouvernement allemand donnent lieu à d'intéressantes découvertes. On a mis au jour des bas-reliefs et un piédestal en marbre qui paraît avoir supporté une statue de Jupiter, et dont la base est ornée des emblèmes de diverses divinités.

Le propriétaire-gérant : Germer Baillière.

PARIS. — Impr. J. CLAYE. — A. QUANTIN et Cie, rue St-Benoît. [2002]

LA

REVUE SCIENTIFIQUE

DE LA FRANCE ET DE L'ÉTRANGER

REVUE DES COURS SCIENTIFIQUES (2e SÉRIE)

DIRECTEUR : M. ÉMILE ALGLAVE

2e SÉRIE — 9e ANNÉE | NUMÉRO 20 | 15 NOVEMBRE 1879

LA TRANSMISSION DE LA FORCE MOTRICE

Par l'intermédiaire de l'électricité.

La transmission à distance de la force motrice est une des questions les plus importantes de l'industrie moderne; il est en effet bien rare que la puissance dont on dispose puisse, quelle que soit son origine, être immédiatement et totalement appliquée au travail à produire. Il faut, le plus souvent, la diviser et l'amener jusqu'aux outils dont le fonctionnement est le but final de son emploi; cette division et ce transport ne peuvent s'accomplir sans une dépense proportionnelle, tandis que la force motrice elle-même coûte d'autant moins cher qu'elle est produite par des machines plus puissantes : c'est pour réaliser, à ce double point de vue, la plus grande économie possible que le travail s'est concentré peu à peu dans d'immenses usines ; c'est dans le perfectionnement de ces deux conditions fondamentales de l'emploi des machines que nous trouverons un remède à l'exagération d'une situation si regrettable à bien des points de vue et que nous parviendrons à tirer parti des immenses réservoirs de force naturelle auxquels le développement incessant de l'industrie nous oblige à songer sérieusement.

Nous possédons déjà de nombreuses solutions : les unes ont pour but le transport et la division de la force motrice recueillie ou produite dans les meilleures conditions économiques ; les autres se proposent de transporter la production de cette force sur le lieu même de son emploi, en la proportionnant à la durée et à l'importance du travail. Les études nombreuses poursuivies depuis longtemps pour la création des moteurs domestiques rentrent dans cette catégorie.

Toutes ces solutions ont leurs avantages particuliers, dont l'importance varie suivant les conditions dans lesquelles on se trouve; aucune n'a pu ni ne pourra satisfaire à toutes les exigences d'un programme aussi varié ; c'est pourquoi nous devons accueillir avec empressement et examiner avec soin les ressources que peut nous offrir l'électricité, dont la production et la transformation en travail s'effectuent dans des conditions nouvelles. Elle représente surtout un mode de transmission à grande distance remarquable par la simplicité, la souplesse et la mobilité de son installation, qualités précieuses pour les travaux qui exigent de fréquents déplacements, comme ceux de la petite industrie dans les villes, et plus encore ceux de l'agriculture. Elle serait également une excellente ressource pour les navires à vapeur de guerre ou de commerce : combien d'opérations faut-il encore accomplir à bras d'hommes auxquelles il conviendrait d'appliquer une partie de l'énorme puissance mécanique que l'on a sous la main et que l'on ne peut employer à cause des difficultés de transmission !

Il est vrai que depuis les découvertes d'Arago et d'Ampère on a souvent essayé d'appliquer l'électricité à la production de la force motrice; la puissance merveilleuse de l'électro-aimant, la facilité avec laquelle elle se développe ou disparaît à volonté, ont été immédiatement appliquées à des machines très ingénieuses, dont il convient tout d'abord d'examiner les causes d'insuccès parce qu'elles feront apprécier la différence qui existe entre ce qui s'est fait et ce qui peut se faire aujourd'hui.

I.

Le premier et le plus important des obstacles qui ont empêché le développement des applications industrielles de l'électricité, aussi bien comme éclairage que comme force motrice, provenait de son mode de production. Pendant longtemps les courants employés ont été obtenus à l'aide d'actions chimiques, et notamment de la dissolution du zinc dans un acide ; or le travail qui s'accomplit dans une pile n'est pas autre chose qu'un mode de *combustion* dans lequel la chaleur produite se divise en deux portions : l'une est absorbée par le travail intérieur; l'autre, mise en liberté, se dégage sous la forme d'un courant électrique qui en est l'équivalent, et qui la régénère entièrement, s'il est placé dans des conditions convenables. Malheureusement cette chaleur coûte énormément plus cher que celle qui est fournie par les autres combustibles, comme on peut le voir en comparant les quantités nécessaires pour produire 1000 calories et la dépense qui en résulte.

Houille de bonne qualité donnant au kilog.	8500	calories	118	grammes.
Houille moyenne —	7500	—	134	—
Houille médiocre —	6500	—	154	—
Coke d'usine à gaz —	6400	—	155	—
Bois séché à l'air —	3300	—	303	—
Goudron de gaz —	9500	—	105	—
Huile lourde de gaz —	8900	—	115	—
Pétrole raffiné —	12000	—	85	—
Gaz d'éclairage de Paris donnant au mètre cube	5500	—	180	litres.
Zinc laminé brûlé dans la pile, donnant au kilog.	560	—	1785	grammes.

Il faut observer que dans les piles énergiques, généralement employées pour produire la lumière électrique ou actionner des moteurs électriques, les réactions qui accompagnent la combustion du zinc et la production de l'électricité dégagent une certaine quantité de chaleur qui est transmissible au circuit; sur 1000 calories produites dans la pile Bunsen, 400 sont fournies par le zinc et 600 par la combustion de l'hydrogène dégagé qui se combine avec l'oxygène de l'acide azotique, de sorte que le poids de zinc nécessaire pour produire 1000 calories est réduit à 734 grammes.

En raison de l'importance que présente pour les grandes villes la production de la force motrice, on peut prendre, pour évaluer le prix de revient de 1000 calories, les prix de Paris qui comprennent, avec les frais de transport, des droits d'octroi considérables; on trouve ainsi pour :

La houille de bonne qualité à 48 francs la tonne	0f 0057
La houille moyenne à 40 francs la tonne.	0 00546
La houille médiocre à 35 francs la tonne.	0 00549
Le coke des usines à gaz à 2 francs l'hectolitre, pesant 45 kilogrammes	0 007
Le bois sec à 45 francs les 1000 kilogrammes.	0 0136
Le goudron de gaz à 0 fr. 15 le kilogramme	0 015
L'huile lourde de gaz à 20 francs les 100 kilogrammes. . .	0 023
Le pétrole raffiné à 0 fr. 90 le kilogramme	0 075
Le gaz d'éclairage à 0 fr. 30 le mètre cube.	0 054
Si la Compagnie du gaz consentait à réduire à 0 fr. 19 le prix du mètre cube de gaz consommé par les machines, la dépense descendrait pour 1000 calories à	0 034
Le pétrole serait également un combustible très avantageux, si les droits de douane dont il est frappé en France n'étaient pas aussi élevés. En Allemagne, où il est vendu 0 fr. 20 le litre, 1000 calories reviennent à	0 019
Et à New-York, où il ne coûte que 0 fr. 50 le gallon, la dépense n'est plus que de.	0 013
Pour le zinc brûlé dans la pile, il faut tenir compte de la valeur de l'acide employé, et le plus souvent du mercure indispensable. Si le kilogramme de métal vaut 0 fr. 90, le même poids revient dans la pile à 1 fr. 55, de sorte que les 1000 calories coûtent	2 053
Dans les piles où la chaleur transmise au circuit provient à la fois de la combustion du zinc et de celle de l'hydrogène, la dépense augmente en raison du prix élevé de l'acide employé. Dans la pile Bunsen 1 kilogramme de zinc brûlé représente une dépense de 3 fr. 80, et le prix de revient de 1000 calories s'élève à.	2 790

On voit, d'après ces chiffres, que la chaleur produite par les piles coûte à peu près 373 fois plus cher que celle qui est fournie par la houille, ce qui s'explique, parce que, indépendamment de leur infériorité comme pouvoir calorifique, les matières employées sont des produits industriels représentant déjà une dépense considérable de chaleur et de travail. Cependant il faut encore y ajouter :

Le prix de la main-d'œuvre, qui est assez important, parce qu'il faut employer un grand nombre d'éléments pour obtenir une force un peu considérable;

La dépense occasionnée par l'usure de la pile pendant que le courant n'est pas utilisé;

La décroissance rapide de l'intensité du courant produit: après trois heures de marche consécutives, la production d'une pile d'éléments Bunsen est diminuée de plus de moitié.

Il n'est pas impossible d'atténuer considérablement ces inconvénients, et nous pouvons rappeler que M. Carré avait réussi à constituer la pile Daniell, de façon à produire pendant 200 heures, avec 60 éléments, une lumière équivalente à celle de 36 éléments Bunsen, ce qui représente environ, pour 1000 calories, une dépense de 3 fr. 42 au lieu de 6 fr. 84.

II.

Les nombreuses combinaisons de piles imaginées pour arriver à la production économique de courants puissants et réguliers n'avaient pas donné de solution satisfaisante, lorsque les perfectionnements apportés aux machines dynamo électriques, et notamment l'apparition de la machine Gramme, vinrent démontrer que le travail mécanique pouvait être facilement converti en électricité à l'aide des phénomènes de l'induction. On avait en même temps appris à connaître les lois de la transformation de la chaleur en travail; c'était donc encore la transformation de la chaleur en électricité, mais avec le travail mécanique comme intermédiaire; seulement cette chaleur était fournie à bien meilleur marché par les combustibles ordinaires de l'industrie, et, malgré les pertes qui accompagnent ces changements d'état successifs, la diminution du prix de revient, jointe à la régularité, et la constance de la production faisaient entrer définitivement l'électricité dans la pratique industrielle.

Comme le rendement des machines dynamo-électriques actuelles peut être évalué à 0 fr. 65 au moins du travail dépensé, on voit qu'en prenant pour base ce que coûte aujourd'hui la force motrice fournie par une bonne machine à vapeur, soit 0 fr. 06 par cheval et par heure, c'est-à-dire pour l'équivalent de 635 calories, on trouve, pour le prix de 1000 calories transformées en leur équivalent d'électricité, 0 fr. 128.

16 fois moins cher qu'avec la pile, mais encore près de 23 fois plus cher qu'avec la houille.

La dépense considérable qu'entraîne l'emploi des piles a certainement été la cause principale de l'insuccès des moteurs électriques; quant à leur rendement, il était loin d'être aussi désastreux que l'avaient fait supposer des expériences exécutées avec des appareils beaucoup trop petits pour donner des chiffres concluants. Leur plus grand défaut provenait plutôt du genre d'action sur lequel ils étaient établis; l'attraction du fer par les électro-aimants, qui semblait devoir le mieux réaliser l'effet cherché, entraîne des inconvénients nombreux que leur enchaînement rend presque insurmontables. Ainsi le champ d'action très restreint des électro-aimants, dont la puissance attractive s'exerce en raison inverse du carré de la distance, oblige à les multiplier pour obtenir la continuité et la régularité du mouvement. Cette action devant cesser aussitôt que l'armature arrive en face d'un pôle, il faut, à chaque fois, supprimer l'aimantation en interrompant le passage du courant; mais, en raison de la force coercitive du fer et de la rapidité de la marche, cette aimantation ne peut disparaître complètement et le magnétisme rémanent vient diminuer l'effet utile du moteur. Chaque interruption du courant produit une étincelle désastreuse pour l'organe de la machine chargée de cette fonction, et développe dans les fils des courants d'induction opposés au courant principal; enfin le renouvellement total de l'aimantation entraîne une dépense d'électricité d'autant plus importante que les noyaux n'ont pas le temps d'arriver à la saturation, et qu'en conséquence le courant ne peut développer tout son effet. Il en résulte que, pour réaliser une puissance un peu considérable, il faut donner aux électro-aimants de très grandes dimensions; mais alors les efforts exercés d'une pièce à l'autre augmentent rapidement, et il devient presque impossible d'éviter leur flexion ou leur déplacement.

Tous ces inconvénients sont proportionnels aux causes qui les font naître : avec des courants peu intenses et des machines de petites dimensions, ils sont assez faibles pour permettre de fonctionner avec une apparence de succès; mais leur importance croît tellement vite, qu'il a toujours été impossible de faire produire à ce genre de moteurs plus d'un kilogrammètre, alors qu'il en faut au moins six pour remplacer le travail d'un homme sur une manivelle.

Parmi les machines de ce genre qui ont figuré à l'Exposition universelle de 1855 et qui ont été essayées avec beaucoup de soin par M. Becquerel au Conservatoire des arts et métiers, les deux qui ont fourni les meilleurs résultats étaient :

La machine rotative de M. Larmanjeat avec une consommation de zinc de $4^k,50$ par cheval et par heure, c'est-à-dire, au prix de 3 fr. 79 que coûte le kilogramme de zinc brûlé dans la pile Bunsen, une dépense, par cheval et par heure, de . . . . 17^f 15
La machine oscillante de M. Roux avec $2^k,20$ de zinc pour le même travail, soit une dépense de. 8 36

D'après les quantités totales de chaleur contenues dans la pile employée, le rendement thermique de ces machines serait de :

0,09 pour la première,
et de 0,18 pour la seconde.

Tandis que ce même rendement n'est que de :

0,085 pour les machines à vapeur à haute pression, avec détente et condensation,
et de 0,030 pour les mêmes machines sans condensation.

Si la chaleur, employée sous cette forme, semblait pouvoir être mieux utilisée, son mode de production était trop coûteux et présentait de si graves inconvénients que l'on était arrivé à considérer les moteurs électriques comme impraticables lorsque les perfectionnements apportés aux machines dynamo-électriques ont permis, non seulement de diminuer considérablement, comme nous l'avons vu, le prix de revient de l'électricité, mais en outre de reprendre sur des bases tout à fait nouvelles l'étude de sa transformation en force motrice, grâce aux lois de réciprocité propres à tous les phénomènes sur lesquels est basé leur fonctionnement.

III.

On fut ainsi ramené à la transmission de la force motrice par les machines électro dynamiques servant à la fois de générateurs d'électricité et de moteurs électriques et devenues capables de rendre de véritables services en raison des quantités considérables de travail, de chaleur et d'électricité qu'elles peuvent transformer. Il est vrai que ce mode de fonctionnement cause une certaine surprise, parce que l'esprit est habitué à l'intervention d'organes rigides ou tout au moins de combinaisons avec contact et adhérence proportionnées à l'effort à transmettre; la force accumulée dans l'air ou la vapeur se manifeste par les pressions exercées sur les parois des vases qui les renferment, tandis qu'ici tout se passe d'une façon encore mystérieuse entre des pièces qui se meuvent les unes devant les autres sans se toucher et l'on admet difficilement qu'il n'en résulte pas une perte considérable. Si ce sentiment est juste, il est très exagéré, comme le prouvent les résultats déjà obtenus; tandis qu'avec les meilleurs moteurs électriques de l'ancien système il fallait 40 éléments Bunsen pour atteindre 3,66 kilogrammètres on arrive aujourd'hui aux chiffres suivants :

Le petit moteur électro-magnétique de M. M. Depretz (bobine d'induction de Siemens, placée longitudinalement entre les branches d'un aimant à plusieurs lames en fer à cheval) peut donner, avec 8 éléments Bunsen, kilogrammètres. 2,70
Un petit moteur du système Lontin, avec 7 éléments Bunsen. 3,10
Une machine magnéto-électrique de Gramme, à aimant Jamin, aurait fourni, fonctionnant en moteur avec 8 éléments Thompson, une force évaluée par M. Mascart à. 4,00
Une machine dynamo-électrique de Gramme, fonctionnant également en moteur, donne avec 10 éléments Bunsen. 6,15

Ce qui revient, comme rendement thermique et comme dépense, à :

0,14	0^f60
0,19	0 45
0,13	0 40
0,27	0 30

par kilogrammètre et par heure.

En outre le poids des nouveaux appareils est réduit au moins des deux tiers.

Cependant, si le rendement est déjà bien supérieur, la dépense reste considérable et la puissance assez limitée, tant que l'on continue à se servir des piles actuelles. Ce n'est qu'en ayant recours au travail mécanique comme source d'électricité que l'on peut demander aux moteurs électriques de fournir à bon marché une puissance suffisante pour les besoins ordinaires de la pratique industrielle.

Ainsi avec une première machine Gramme, employant 75 kilogrammètres et fournissant l'électricité à une seconde machine semblable, fonctionnant comme électro-moteur, le travail recueilli était de 39 kilogrammètres, soit 52 pour 100 pour la double transformation. En admettant seulement 50 pour 100, avec l'emploi d'une machine à vapeur ordinaire, brûlant 2 kil. 50 de charbon par cheval et par heure, et, en tenant compte de l'intérêt et de l'amortissement de l'installation électrique, on pourrait arriver à un prix moyen de 0 fr. 177 par cheval et par heure. Avec une machine à vapeur parfaite ne consommant que 1 kilog. de charbon par cheval et par heure, ce prix descend à 0 fr. 120.

Dans une transmission installée au Val d'Osne, avec deux machines Gramme éloignées de 150 mètres, on a recueilli 50 kilogrammètres, mesurés au frein, et dans l'expérience si remarquable faite à Sermaize en juin dernier, avec 4 machines Gramme à lumière, le travail fourni par les 2 récepteurs a été estimé à 3 chevaux.

Cette première tentative vient d'être suivie d'un essai fait à l'usine de Noisiel, par M. Menier, avec des résultats assez satisfaisants pour que l'on ait décidé d'employer ainsi au labourage et aux autres travaux agricoles toute la force motrice fournie par la chute de la Marne, soit environ 30 chevaux-vapeur.

Pour s'expliquer cette supériorité des machines dynamo-électriques sur les anciens moteurs, il suffit d'observer que dans celles-ci l'aimantation des inducteurs reste invariable, ce qui réduit à fort peu de chose l'électricité nécessaire pour l'entretenir; les ruptures de courant sont supprimées, et en même temps la formation des extra-courants qui, à eux seuls, absorbaient plus des deux tiers du courant principal; enfin les réactions réciproques de l'inducteur et des induits permettent d'utiliser, non seulement les attractions, mais aussi les répulsions polaires, ce qui augmente le travail utile effectué à chaque passage.

Il faut encore remarquer que l'on n'a fait usage jusqu'à présent que de machines à lumière, dont la principale qualité est de produire beaucoup d'électricité avec la plus faible dépense possible de force motrice. Il est clair que si l'on renverse simplement leur fonctionnement, cette qualité devient un défaut; pour les transformer en électro-moteurs, il faudra leur faire subir des modifications que l'étude et l'expérience pourront seules indiquer exactement, mais dont on peut déjà essayer de se rendre compte.

IV.

Générateurs ou moteurs, les machines dynamo-électriques sont formées de deux éléments principaux, l'inducteur et l'induit, dont l'un, généralement l'induit, est mobile vis-à-vis de l'autre. L'influence de l'inducteur se manifeste de de deux façons : si l'induit est mis en mouvement par une force extérieure, cette influence fait naître dans le fil qui le constitue des courants électriques d'induction dont la direction est déterminée par le sens dans lequel le mouvement a lieu par rapport à l'inducteur, et dont l'intensité est proportionnelle à la puissance magnétique de l'inducteur et à la rapidité du mouvement de l'induit. La machine fonctionne comme générateur, et une partie du travail dépensé est transformée en électricité; nous disons une partie, parce qu'en dehors de la fraction de travail consacrée à vaincre l'inertie et les frottements des organes, une autre partie est employée à combattre la résistance au mouvement que la machine se crée à elle-même; en effet, dès que l'induit devient le siège d'un courant, il est sollicité à prendre un mouvement en sens contraire de celui que lui imprime le moteur, auquel il oppose ainsi une résistance proportionnelle à l'intensité de ce même courant.

Si au contraire l'induit est parcouru par un courant électrique de source extérieure, l'action de l'inducteur lui imprimera un mouvement dont la direction sera réglée par le sens suivant lequel le courant parcourt le circuit. La machine fonctionne comme moteur électrique et l'électricité dépensée est transformée en travail; mais il s'en faut de beaucoup que tout ce travail puisse être utilisé : en effet, dès que le mouvement s'établit, il détourne une partie de l'action magnétique de l'inducteur pour engendrer dans l'induit un courant de sens contraire au courant excitateur, dont l'effet se trouve ainsi en partie détruit. A mesure que la vitesse augmente, le courant inverse augmente également, et le travail utile que peut fournir l'appareil diminue en proportion; il atteint son maximum quand la résistance extérieure qu'il oppose et la résistance intérieure créée par la marche de la machine sont à peu près d'égale valeur.

S'il n'y a pas de travail utile à produire, c'est-à-dire si l'appareil marche à vide, sa vitesse arrive à un régime constant pour lequel les deux courants sont en équilibre. Une partie du travail dépensé est employée à vaincre les résistances passives, tout le reste est absorbé par la production d'un travail intérieur équivalent. Le rendement absolu est nul, tandis que le rendement relatif est maximum.

C'est pourquoi, lorsque l'on prend un générateur capable de fournir, avec une dépense de travail connue, un courant d'une certaine intensité, et que l'on renverse son fonctionnement en faisant parcourir l'induit par un courant ayant la même intensité, le travail utile qu'il pourra produire sera inférieur à celui que l'on dépensait auparavant.

Si, au lieu d'une même machine, on en considère deux exactement semblables, fonctionnant à distance dans le même circuit, l'une comme générateur, l'autre comme moteur, la seconde ne pourra évidemment restituer qu'une fraction du travail consommé par la première, diminué en outre de la quantité employée pour vaincre la résistance des conducteurs qui les relient.

On voit que les conditions à réaliser pour obtenir le maximum d'effet utile sont absolument différentes, suivant la destination de la machine; dans le générateur, il convient de faciliter la production du courant en réduisant autant que possible la tendance de l'induit à résister au mouvement, tandis que dans le moteur électrique il faut développer cette tendance au mouvement et empêcher la production du courant. Ces résultats ne peuvent être obtenus qu'en modifiant les éléments constitutifs qui les composent et qu'il convient d'examiner.

L'inducteur peut être constitué par un aimant permanent (machines magnéto-électriques), ou par un électro-aimant (machines dynamo-électriques). Les premiers n'ont qu'une puissance magnétique assez restreinte, ce qui oblige à leur donner des dimensions considérables; c'est pourquoi on préfère généralement les électro-aimants. L'électricité nécessaire pour développer et entretenir le magnétisme de ces derniers était, à l'origine, fournie par un courant spécial; elle est aujourd'hui prélevée sur le courant produit par la machine que l'on fait passer en totalité dans les hélices magnétisantes de l'inducteur.

Cette disposition est excellente pour les moteurs électriques; mais pour les générateurs elle a le défaut de rendre la production de l'appareil solidaire des variations qui peuvent se produire dans la résistance extérieure, l'affaiblissant ou l'exagérant précisément en sens inverse des besoins. Dans la production de la lumière, ces variations font le désespoir des électriciens; dans l'emploi de la force motrice, elles seront bien plus importantes et surtout inévitables; il faudra donc les prévoir et y trouver un remède.

L'électricité empruntée à la machine pour produire l'aimantation des inducteurs et vaincre les résistances additionnelles dues aux hélices magnétisantes et aux organes de passage, représente une dépense courante dont l'importance varie avec son prix de revient. L'emploi des aimants permanents reporte la dépense correspondante sur le prix d'établissement de l'appareil, ce qui peut les rendre préférables lorsque la source d'électricité est coûteuse : c'est le cas d'un petit moteur alimenté par une pile; les aimants permanents assurent en outre une marche beaucoup plus régulière, ce qui est quelquefois très important.

Les machines les plus avantageuses pour transformer l'électricité en travail mécanique sont celles qui produisent des courants de même sens, et qui n'ont par conséquent que deux pôles d'inducteur placés vis-à-vis l'un de l'autre; les effets d'aimantation et d'induction produits par les courants alternatifs sont très faibles et obligeraient à augmenter beaucoup les dimensions des appareils.

L'élément induit est formé essentiellement par la masse de cuivre dans laquelle les courants d'induction sont engendrés par suite de son mouvement devant l'inducteur; son poids, pour un effet déterminé, dépend de la quantité de force électro-motrice développée, et varie en conséquence avec le système de la machine. On le constitue généralement par un fil ou par un ruban de ce métal, dont la section est proportionnelle à la tension que doit avoir le courant, pour vaincre toutes les résistances accumulées, la résistance intérieure de la machine, celle du circuit et celle du récepteur; connaissant le poids et la section du fil à employer, on distribue la longueur correspondante sur un nombre d'hélices suffisant pour que le nombre des spires superposées ne soit pas trop considérable et que l'induction se produise aussi également que possible.

Pour supporter ces hélices et leur communiquer le mouvement, on les enroule ordinairement sur un ou plusieurs noyaux de fer doux, de façon que les alternatives d'aimantation et de désaimantation qu'éprouvent ceux-ci, par suite de leur déplacement devant les inducteurs, fournissent une nouvelle source de force électro-motrice. En outre, la surexcitation produite dans le magnétisme de ces noyaux, à chaque formation du courant dans les hélices, vient à son tour renforcer leur action.

Les hélices ou bobines induites peuvent donc être soumises à deux modes d'induction distincts, l'induction dynamo-magnétique qui résulte de leur mouvement devant l'inducteur, et l'induction magnétique produite par les changements d'état des noyaux. C'est la façon dont ces actions sont utilisées qui forme le caractère distinctif des machines actuelles; elle dépend naturellement de la forme des hélices et de leurs noyaux, de leur position par rapport aux inducteurs et par suite de la manière dont elles subissent leur influence.

On peut, sous ce rapport, les classer de la façon suivante :

1° Les machines dans lesquelles les axes des bobines induites sont parallèles à l'axe de rotation (Niaudet);

2° Celles dans lesquelles l'axe de la bobine induite se confond avec l'axe de rotation (Siémens);

3° Celles dont les bobines ont leurs axes rayonnants autour de l'axe de rotation (Lontin, Bürgin);

4° Celles dans lesquelles ces mêmes axes forment un cercle concentrique à l'axe de rotation (Gramme, Haffner-Alteneck).

La façon dont les hélices induites sont influencées par l'inducteur dépend encore du mouvement devant les pôles, lequel est tantôt latéral, tantôt tangentiel.

Ces différences ont pour effet de rendre prépondérant l'un ou l'autre des deux modes d'induction, et le résultat se trouve nettement accusé par la position de la ligne neutre qui sépare le circuit des induits en deux moitiés parcourues par des courants de direction contraire; c'est aux deux extrémités de cette ligne que l'on établit les prises du courant produit dans les générateurs, ou l'entrée et la sortie du courant extérieur dans les moteurs.

Lorsque l'induction dynamo-magnétique prédomine, la ligne neutre est perpendiculaire à celle qui joint les pôles de l'inducteur, tandis qu'avec l'induction magnétique ces deux lignes se confondent.

Il n'est pas possible de développer et d'utiliser au même degré les deux modes d'induction; il suffit, pour s'en convaincre, d'examiner ce qui a lieu au moment du passage des bobines induites devant les pôles de l'inducteur. Les courants produits sont pour l'induction :

	Dynamo-magnétique.	Magnétique.
Dans la bobine qui s'approche du pôle positif.	positif	négatif.
Dans celle qui s'éloigne du même pôle.	positif	positif.
Dans la bobine qui s'approche du pôle négatif.	négatif	positif.
Dans celle qui s'éloigne du même pôle.	négatif	négatif.

Dans la seconde et la quatrième période du mouvement, les courants produits s'ajoutent; dans la première et la troisième, ils se contrarient, et se détruiraient réciproquement, s'ils étaient de même valeur.

Toutefois, lorsque les axes des bobines induites forment un cercle concentrique à l'axe de rotation, et qu'alors le noyau prend la forme d'un anneau, on a reconnu, sans être d'accord sur son genre d'action, que les effets dus à sa présence sont de même ordre que ceux des pôles de l'inducteur sur les hélices; les courants produits, étant de même nom, s'ajoutent, et le rendement de la machine est augmenté.

Dans les générateurs, la production des courants est plus régulière avec le premier système d'induction; mais on aura certainement plus d'avantage à employer le second pour les moteurs électriques, attendu que les actions réciproques entre les noyaux des bobines induites et les pôles de l'inducteur sont beaucoup plus énergiques et que les machines de ce genre se prêtent plus facilement à toutes les exigences du programme.

Le rapport entre l'inducteur et l'induit doit varier suivant la destination de la machine. Dans les générateurs, on emploie des inducteurs très puissants, afin de diminuer autant que possible le volume et la vitesse de l'induit. Dans les moteurs, où le mouvement est engendré par les réactions réciproques de ces deux éléments, le maximum d'effet est obtenu quand ils sont d'égale puissance, puisqu'un excès d'un côté ou de l'autre ne servirait qu'à exagérer la production du courant antagoniste.

V.

Les hélices induites sont reliées entre elles en tension, le fil d'entrée de l'une avec le fil de sortie de la suivante ; de chacune de ces jonctions part un fil de dérivation terminé par une lame de cuivre ou de bronze, et toutes ces lames, parfaitement isolées, sont assemblées de manière à former un tambour auquel on a donné le nom de « collecteur ». C'est sur lui que viennent appuyer les pinceaux ou frotteurs qui représentent les deux extrémités du circuit. Les points de contact des frotteurs sur le collecteur sont naturellement situés aux extrémités d'un même diamètre et doivent être rigoureusement déterminés, le moindre déplacement entraînant une perte d'effet utile et la production d'étincelles désastreuses pour cet organe.

La position de ce diamètre des prises de courant devrait en apparence se confondre avec la ligne neutre des induits; mais, en raison des réactions qui ont lieu pendant la marche, elle se trouve déplacée en avant ou en arrière de cette ligne, en avant pour les générateurs, en arrière pour les moteurs. Ce déplacement varie d'importance avec le rapport qui existe entre la puissance magnétique de l'inducteur et la vitesse de passage des induits; il est le plus grand dans les machines magnéto-électriques dont les aimants sont invariables, et moins important dans celles où l'aimantation de l'inducteur est obtenue par le passage du courant de la machine, à cause de la solidarité qui en résulte entre ces deux éléments.

Les collecteurs et leurs frotteurs doivent donc être établis avec le plus grand soin, pour assurer des contacts parfaits et le passage intégral des courants; la régularité de la production en dépend d'une façon absolue. Comme ce sont, avec les coussinets de l'arbre de rotation, les seuls organes exposés à l'usure, il faut que leur remplacement puisse se faire avec facilité et précision.

VI.

Nous avons vu que dans les générateurs le mouvement des bobines induites devant l'inducteur était une des conditions de la production des courants, et que, dans les moteurs, ce mouvement résultait des actions réciproques qui se produisent entre l'inducteur et l'induit, lorsque ce dernier est parcouru par un courant né en dehors de la machine; il nous reste à examiner l'influence de ce mouvement sur les résultats.

La force électro-motrice des générateurs dynamo-électriques réside dans l'inducteur; elle est proportionnelle à sa puissance magnétique, que nous considérons comme étant celle du fer dont il est formé, aimanté à saturation. Cette force n'agit que si l'induit est en mouvement, et l'effet qui en résulte est proportionnel au temps pendant lequel il reste soumis à son influence; il existe donc pour ces deux éléments une relation de vitesse qui représente le maximum d'effet et détermine par suite la vitesse normale de l'induit, vitesse qui représente le chemin parcouru pendant l'unité de temps et qu'il ne faut pas confondre avec le nombre de révolutions de l'axe de rotation.

Lorsqu'un générateur est établi pour une production déterminée, l'intensité du courant total, somme des courants partiels engendrés à chaque passage, représente la quantité d'électricité correspondante au travail projeté, avec la tension nécessaire pour vaincre toutes les résistances électriques accumulées. Ces deux propriétés du courant étant en fonction inverse l'une de l'autre, les variations de vitesse les modifient toutes deux à la fois, mais pas dans la même proportion; en effet, un accroissement de vitesse équivaut à une augmentation de la longueur du circuit induit et par suite de sa résistance, en même temps qu'elle diminue la durée d'action de la force électro-motrice. La tension du courant augmente donc plus rapidement que la quantité d'électricité mise en mouvement, et si la vitesse devient exagérée, toute la production est absorbée par l'augmentation de résistance.

Pour les moteurs, il existe une vitesse de régime qui donne pour chaque intensité de courant le maximum d'effet utile. Dans le cas le plus simple d'un générateur et d'un moteur établis l'un pour l'autre, leurs vitesses devront être exactement les mêmes; puisque le second doit employer dans l'unité de temps toute l'électricité produite par le premier; en outre, le courant, ayant une intensité déterminée, ne sera utilement employé que si la vitesse de l'induit et avec elle sa résistance intérieure sont invariables.

C'est là que surgit une grave difficulté: le travail demandé au moteur doit pouvoir varier selon les besoins; il faut éviter cependant que, lorsqu'il diminue, on ne se trouve en présence d'un excédent d'électricité qui se transformerait en chaleur dans les appareils, à moins de le faire absorber par un travail inutile. Il est donc indispensable que ceux-ci soient disposés de façon qu'ils s'accommodent automatiquement à ces variations.

On peut y arriver par plusieurs moyens: on peut modifier la puissance magnétique de l'inducteur en fractionnant le circuit des hélices magnétisantes de façon à régler à volonté sa longueur. On peut aussi modifier l'action de ce même inducteur en composant les pôles de parties mobiles qui peuvent être rapprochées ou éloignées des induits selon le besoin.

Quant à l'induit, il serait bien difficile de modifier la longueur réelle de son circuit par les changements d'accouplement des bobines, parce qu'il faudrait employer plusieurs collecteurs. Cette ressource est cependant déjà utilisée dans quelques générateurs employés pour la lumière électrique. On peut modifier sa longueur relative par sa vitesse, lorsqu'il est mis en mouvement par un moteur spécial, mais seulement jusqu'à la limite où son accroissement entraîne une production de chaleur dangereuse.

Ces changements dans l'état et les rapports des éléments constitutifs des machines peuvent être effectués à l'aide d'organes spéciaux dont le fonctionnement serait confié au courant lui-même.

Il faudra bien, du reste, y avoir recours dans les installations d'éclairage électrique pour les machines qui alimentent un grand nombre de foyers, toutes les fois que l'on voudra conserver à ceux-ci une indépendance absolue.

VII.

Nous arrivons à l'une des conditions essentielles de l'emploi de l'électricité pour la transmission de la force motrice; c'est la faculté de pouvoir établir le générateur et le récepteur à une distance considérable l'un de l'autre en les reliant par un conducteur qui joue un rôle analogue à celui des conduites à l'aide desquelles on transporte le gaz, la vapeur, l'air, l'eau comprimés; seulement, tandis qu'avec ces derniers agents, il suffit d'une seule conduite et que le fluide est abandonné complètement après avoir exécuté son travail, il faut, pour les courants électriques, que le conducteur soit double et que le retour du récepteur au générateur puisse s'effectuer aussi facilement que l'aller.

Il convient d'établir tout de suite une distinction relativement aux conducteurs employés pour la transmission des signaux télégraphiques, parce que, faute de se rendre compte des conditions de leur fonctionnement, on a supposé souvent que l'on pourrait envoyer avec la même facilité la lumière électrique ou la force motrice à toute distance. Nous avons vu proclamer qu'une seule usine centrale suffirait pour éclairer une vingtaine de phares en distribuant l'électricité nécessaire sur un parcours de plus de 400 kilomètres.

Les appareils télégraphiques fonctionnent sous l'influence d'émissions successives distinctes, et n'exigent qu'une quantité très faible d'électricité ; il suffit donc d'employer des courants de tension suffisante pour faire arriver cette quantité à l'extrémité du circuit, et de décharger ensuite le fil le plus rapidement possible pour qu'il soit prêt à recevoir une nouvelle émission. Ce dernier résultat est obtenu en supprimant le fil de retour et en faisant absorber par la terre le peu d'électricité qui constitue chacune de ces émissions.

Dans les applications qui nous occupent, les conducteurs doivent servir à la circulation permanente d'une quantité considérable d'électricité dont le passage absorbe nécessairement une quantité de travail proportionnée à la résistance qu'elle est obligée de vaincre ; il en résulte un dégagement de chaleur qui élève la température du conducteur. On sait que cette résistance varie en raison directe de la longueur du circuit et en raison inverse de la conductibilité du corps employé et de la section du conducteur. Comme généralement cette section est circulaire, il en résulte que la résistance varie en raison inverse du carré du diamètre. Quant à l'élévation de température, comme elle est en outre proportionnelle à la surface et au pouvoir émissif du corps employé, elle doit varier, à longueur égale, en raison inverse du cube de ce diamètre ; c'est ce qui explique pourquoi les résistances accidentelles qui surviennent dans un circuit bien réglé exposent les machines à des échauffements si rapides et si destructeurs. Il n'est pas besoin de rappeler que c'est sur cet échauffement des conducteurs qu'est basée la production de la lumière électrique à l'aide de l'incandescence ou de l'arc voltaïque.

Le circuit fermé que doit parcourir le courant se compose en réalité de deux parties distinctes : l'une, passive, comprenant les conducteurs proprement dits qui relient le générateur au récepteur, les hélices du second de ces appareils et celles de l'inducteur du premier ; elle constitue ce que l'on nomme la résistance extérieure. L'autre partie, que l'on peut appeler active, puisque c'est elle qui oblige le courant à prendre la tension nécessaire, est uniquement composée par le fil des bobines induites et constitue la résistance intérieure. Le rendement d'un générateur est maximum lorsque les résistances de ces deux parties du circuit sont d'égale valeur.

Les accroissements de distance entre les appareils correspondent donc, soit à une augmentation de tension du courant, soit à une diminution de la résistance extérieure qui en résulte par une augmentation de section et de poids du conducteur. On se trouve ainsi amené à considérer les dépenses respectives de ces solutions : l'une rentre dans les frais d'établissement, et l'autre appartient aux dépenses courantes ; leur importance dépend du nombre d'heures de travail. Il ne faut pas oublier que le cuivre rouge pur exclusivement employé pour les établir conserve presque toute sa valeur, et que l'amortissement ne porte que sur la main-d'œuvre.

En résumé, si économique que soit le mode actuel de production de l'électricité par la transformation du travail mécanique, il serait bien plus avantageux de l'obtenir régulièrement et en toutes proportions, par la transformation directe de la chaleur. C'est à cette condition que les moteurs électriques deviendront réellement une des plus précieuses ressources de l'industrie.

Dans l'état actuel, elle n'est qu'un mode de transmission dont la valeur dépend du prix de revient de la force initiale ; son rendement, évalué déjà à 50 pour 100, peut être facilement augmenté et lui permettre, grâce à la facilité d'installation et d'emploi, de rendre des services concurremmen avec ceux dont l'industrie dispose déjà.

Avec l'emploi de l'air comprimé, l'utilisation n'est guère que de 25 pour 100 ; avec l'eau sous pression, elle atteint 60 pour 100 ; mais l'emploi des moteurs à eau est compliqué d'inconvénients assez nombreux et ne s'est pas encore généralisé.

Il est à remarquer que, dans cette application comme dans la production de la lumière, le gaz seul peut lui faire une concurrence sérieuse, jusqu'à ce qu'il devienne son meilleur auxiliaire, en permettant, par le transport de la chaleur avant sa transformation en travail, de diminuer la dépense inhérente aux accroissements de longueur des circuits électriques.

J. BOULARD.

FACULTÉ DE MÉDECINE DE LYON

PHYSIOLOGIE

COURS DE M. PICARD

Les fonctions de la rate.

Les fonctions de la rate sont encore mal déterminées ; c'est là un fait qu'il convient de rappeler tout d'abord : pour s'en convaincre, il suffit d'ailleurs d'ouvrir les traités de physiologie classique, d'y chercher le chapitre traitant de la *Rate* et de constater comment envisagent le rôle de cet organe les auteurs les plus recommandables, ceux dont l'autorité est la moins contestée.

En se limitant même à une catégorie d'opinions, on voit que les uns considèrent cet organe comme un lieu de formation des globules sanguins, tandis que les autres le regardent comme le lieu où s'opère la destruction de ces mêmes globules ; pour les premiers, c'est dans la rate qu'apparaissent les éléments colorés du sang ; pour les seconds, c'est là au contraire qu'ils disparaissent.

A côté de ces auteurs, s'en placent d'autres qui attribuent à la rate ces deux rôles opposés : pour ceux-ci, elle est à la fois le lieu où les globules rouges se forment et où ils viennent ensuite disparaître au terme de leur évolution.

Cette dernière opinion, peu vraisemblable, nous montrerait ce fait unique d'un organe remplissant à la fois deux fonctions opposées, et cet autre non moins exceptionnel d'un élément composant du sang, formé et détruit au même point de l'organisme.

Quoi qu'il en soit, ces divergences entre les physiologistes ont au moins une signification précise; elles montrent nettement l'état de la question : il est clair, en effet, que si cette question reposait sur des expériences absolument décisives, classiques, ces expériences auraient pour effet de supprimer toutes les divergences et de ramener les esprits à une manière de voir unique que nous trouverions exposée partout.

Je dis cela parce que je ne veux pas admettre que notre génération puisse se refuser à accepter des vérités démontrées, comme l'ont fait certaines écoles dans un temps récent encore et pour des motifs étrangers à la science.

Si les fonctions réelles de la rate sont encore discutées, si aucun des faits observés n'a paru assez probant pour entraîner l'opinion des savants, s'ensuit-il cependant que nous ne sachions rien sur ce sujet dans l'ordre des connaissances positives et expérimentales? S'ensuit-il que ces fonctions de la rate soient aussi complètement ignorées que le sont celles du corps thyroïde, du thymus, etc.? Non certes; je pense au contraire que nous savons beaucoup plus qu'on ne le croit généralement, et je vais m'efforcer de le montrer ici; je vais rappeler les faits bien acquis, les mettre en relief les uns à côté des autres et leur chercher une interprétation rationnelle.

Par contre je négligerai les théories qui les ont laissés de côté ou les ont envisagés non comme des preuves, mais plutôt comme des conséquences d'une manière de voir admise et énoncée *à priori*.

En agissant ainsi, je rendrai, je l'espère, un service à la science, car je ramènerai la question à la méthode expérimentale, qui seule a résolu les problèmes physiologiques dans le passé et qui seule paraît devoir les résoudre dans l'avenir.

Il ne semble pas douteux que si, au lieu de faire des hypothèses plus ou moins ingénieuses et de se borner à les émettre, on s'était efforcé de les contrôler; si on avait fait des expériences, en les variant de façon à vérifier la valeur des hypothèses émises, la question eût fait certainement beaucoup plus de progrès.

Tout le monde parle de la méthode positive, mais il est encore beaucoup de savants qui négligent d'en appliquer les principes dans leurs études, et c'est à cela sans doute que nous devons d'être encore dans l'ignorance des fonctions de la rate.

Si nous voulons maintenant, comme développement des idées ci-dessus exprimées, rechercher comment les savants ont procédé pour arriver à saisir les fonctions de la rate, nous verrons qu'ils ont suivi deux méthodes différentes.

Les uns, et ce sont les plus nombreux, ont fait l'étude *histologique* de cet organe; ils ont découvert dans son tissu des éléments morphologiquement distincts, les ont décrits, figurés, ce qui était bien d'ailleurs le rôle de la science qu'ils cultivaient. Puis, quittant le domaine de l'observation, ils ont supposé entre ces formes diverses des relations d'âge; ils ont considéré quelques-unes d'entre elles comme des états successifs de l'évolution d'un même élément, le globule rouge, et ont fini par attribuer à la rate les fonctions diverses que j'ai citées plus haut, et cela par une opération d'esprit facile à indiquer.

Tandis que les uns voyaient dans une forme donnée un état jeune de l'hématie, les autres y voyaient au contraire un état du même élément en voie de régression et appelé à une disparition totale.

Les premiers ne fournissant aucune preuve de leur manière de voir, les seconds n'en donnant pas davantage de la leur, il est clair que les deux opinions se valaient et que chacun restait libre d'adopter l'une ou l'autre au gré de sa fantaisie. La chose alla même si loin, que les uns firent du globule blanc le terme initial du globule rouge, et que les autres n'y virent qu'un ancien élément transformé.

Je ne puis pas, bien entendu, aborder ici en détail l'histoire des théories nombreuses qu'on a imaginées pour s'expliquer la reproduction des éléments colorés du sang; cela m'entraînerait hors de mon sujet, car on sait bien qu'on ne s'est pas borné à des hypothèses faisant jouer un rôle à la rate.

Ce que je veux seulement faire voir, c'est comment les histologistes, et même des physiologistes, ont voulu résoudre le problème. Je veux montrer comment, en partant à peu près des mêmes *faits d'observation*, on est arrivé à attribuer ainsi à la rate des fonctions opposées.

D'abord, je n'admets guère que, de la simple constatation de formes diverses nageant dans un liquide, on soit autorisé à établir entre elles une liaison. Pour moi, une évolution supposée n'est pas une évolution démontrée.

Affirmer que des formes observées sont des formes diverses d'une même partie à différents âges, c'est supposer résolu précisément le problème à déterminer, aussi bien quand il s'agit du sang que lorsqu'on parle de la rate.

Une conclusion de cette nature ne sera jamais admise sans preuve positive, et une semblable preuve ne saurait consister que dans la constatation directe du passage d'une forme donnée à une autre.

Je demande si, en histoire naturelle, on admettrait comme réelles des métamorphoses qui n'auraient pas été constatées; et pourquoi ce qui n'est pas permis en zoologie le serait-il en physiologie?

Il est clair qu'une méthode comme celle dont nous parlons ne pouvait pas fournir une solution du problème des fonctions de la rate, et je m'étonne même qu'elle ait pu être suivie de nos jours. Elle ne pouvait aboutir, comme elle l'a fait du reste, qu'à l'émission d'assertions pures et simples, plus ou moins spécieuses, mais dépourvues de tout caractère de certitude.

A côté des savants qui ont suivi dans l'étude des fonctions de la rate la méthode que nous venons d'indiquer, il en est d'autres qui ont procédé différemment.

Ils ont fait des hypothèses, sans doute, mais ils ne les ont pas présentées de suite comme des vérités démontrées; ils s'en sont simplement servis comme de guides dans la recherche de la vérité.

Ils ont soumis leur manière de voir au contrôle de l'expérience, et ils ont considéré les résultats expérimentaux comme ayant seuls de la valeur, comme étant seuls susceptibles de fournir une conclusion légitime.

De ce nombre sont Béclard, Lehmann, Gray, Malassez et moi, etc.

Avant de croire que la rate fait ou détruit des globules, ces savants ont cherché s'il en est réellement ainsi, et pour cela ils ont regardé si le sang qui sort de cet organe contient plus ou moins d'hématies que le sang qui y pénètre.

Personne, je pense, ne contestera le principe de leur méthode ; il est absolument inattaquable, puisqu'il consiste en réalité à faire ce qu'indique le simple bon sens : regarder si une chose existe, quand on tient à le savoir.

Mais si le principe est inattaquable, l'application de la méthode, c'est-à-dire la constatation du fait, n'était pas facile, pas plus qu'elle ne l'est pour toute étude ayant pour objet l'être vivant, chez lequel les phénomènes sont variables sous tant de conditions différentes.

J'ajoute que, dans les recherches de ce genre, on n'a souvent à sa disposition que des méthodes d'analyse chimique très imparfaites.

C'est pour ces motifs sans doute que, même avec une méthode excellente, les auteurs, non seulement n'arrivèrent pas d'abord à un résultat décisif, mais présentèrent même comme exprimant la réalité des observations contradictoires : tandis que Lehmann et Béclard trouvaient le sang sortant de la rate moins riche, Gray, au contraire, affirmait qu'il l'était davantage.

D'où pouvaient provenir ces divergences dans la simple constatation d'un fait : la composition du liquide sanguin?

Elles ne pouvaient évidemment résulter que des deux causes que j'ai déjà indiquées plus haut, et que je vais préciser maintenant davantage.

Ou bien les observateurs ci-dessus avaient réellement étudié le sang veineux splénique dans des conditions différentes, et alors qu'il était réellement différent : les uns, par exemple, avaient étudié ce liquide à un moment où il était plus riche ; les autres, au contraire, à un moment où il était plus pauvre ; tous avaient observé un phénomène réel et avaient seulement négligé de préciser le pourquoi des différences.

Ou bien, au contraire, ils avaient été induits en erreur par les procédés analytiques qu'ils avaient suivis dans l'étude du phénomène : les uns ou les autres avaient avancé un fait qui n'était pas exactement observé.

Dans les deux hypothèses, il fallait évidemment reprendre la même étude, en cherchant à éviter les deux ordres de causes qui pouvaient avoir produit les divergences.

Il fallait d'abord bien déterminer les conditions dans lesquelles on observait le sang veineux splénique, et, autant que possible, employer dans l'analyse de ce liquide des méthodes plus sûres que celles antérieurement mises en usage.

C'est ce double but que nous avons cherché à atteindre, M. Malassez et moi, dans une série de recherches que nous avons publiées sur ce sujet et que je vais rappeler brièvement.

Notre premier soin a été d'employer dans les analyses des méthodes qui sont préférables à celles auxquelles avaient pu recourir nos devanciers : nous avons employé parallèlement la numération des globules rouges et le dosage de l'hémoglobine par le plus grand volume d'oxygène que le sang peut absorber.

Je ne décrirai pas en détail ces procédés qui ont été institués par M. Malassez et par M. Gréhant.

Je me bornerai seulement à quelques observations sur leur valeur réelle. En premier lieu, à propos de la numération des globules, je ferai remarquer que cette méthode est manifestement susceptible d'une approximation telle, qu'il n'est pas possible d'admettre que les chiffres différentiels que nous avons publiés puissent être le résultat d'erreurs analytiques.

Pour s'en convaincre, il suffira de pratiquer (suivant les indications de M. Malassez) des analyses successives sur plusieurs échantillons d'un même sang : on verra que, même sans aucune habitude acquise, les chiffres trouvés seront loin de montrer des différences comparables à celles que nous avons observées dans nos études du sang veineux splénique. Quant à la détermination de l'hémoglobine par les quantités d'oxygène que le sang peut absorber, je l'ai beaucoup pratiquée et je suis absolument convaincu qu'aucune méthode connue pour le dosage de l'hémoglobine ne peut fournir des résultats aussi précis.

On doit, dans les analyses comparatives, opérer sur des quantités égales des divers sangs, agiter dans une atmosphère oxygénée de composition à peu près fixe et ensuite extraire les gaz du sang dans des conditions à peu près égales de rapidité et de température (le ballon contenant le sang doit être plongé dans un bain d'eau maintenu à 70°).

En employant la méthode de M. Gréhant avec ces précautions et en l'appliquant successivement à l'étude de diverses fractions d'un même sang, on pourra s'assurer de la valeur des résultats qu'elle peut fournir, et les comparer à ceux que donnent les procédés anciennement suivis.

En second lieu, dans nos études sur le sang veineux splénique, un point nous a préoccupés, mon collaborateur et moi, plus encore que la question des méthodes analytiques. Ce point est la détermination des conditions dans lesquelles nous avons recueilli le liquide.

On comprendra aisément que nous ayons au préalable supposé les résultats divergents énoncés avant nous comme dus précisément à ce qu'on n'avait pas eu l'attention éveillée sur ce point et tenant à ce qu'on avait en réalité observé des sangs divers quoique pris dans un même vaisseau.

En effet, on sait bien aujourd'hui que la rate est soumise à des variations périodiques de volume : dans certains moments, elle se dilate beaucoup ; elle est alors baignée et traversée par une grande quantité de sang ; dans d'autres, au contraire, elle se ratatine, se contracte fortement ; elle est alors à peu près vide de sang et ne laisse sortir qu'une quantité très faible de ce liquide.

Suivant toutes les analogies, que sont ces états opposés, sinon l'expression de phénomènes identiques à ceux qu'on observe dans tous les organes à fonction intermittente, lesquels se montrent tantôt en dilatation, tantôt en contraction vasculaire, en activité ou en repos?

Ne pouvait-on dès lors être induit à supposer que les divergences des auteurs au sujet de la composition globulaire du sang de la veine splénique résultaient de ce que les uns avaient considéré ce liquide dans un état de la rate et les autres dans un second, où ce sang n'était plus le même en réalité ?

C'est dans ces considérations, et dans le déterminisme expérimental que nous avons conséquemment réalisé, que se trouve l'originalité du travail que nous avons fait en collaboration, M. Malassez et moi.

Nous avons cherché à savoir si le sang veineux de la rate ne pouvait pas différer notablement suivant les diverses conditions d'observation, ce que n'avaient pas fait nos prédécesseurs.

Dans cet ordre d'idées, et d'après ce que j'ai déjà dit, il est clair que nous devions d'abord considérer les deux états opposés de la dilatation et de la contraction de la rate.

Pour être certains de l'avoir dans ces deux états, nous l'avons paralysée en sectionnant les nerfs qu'elle reçoit et nous l'avons excitée en faisant traverser ces mêmes nerfs par le courant induit d'un appareil à chariot.

Nous avons recueilli le sang qui coulait de la veine pendant ces deux états opposés et nous l'avons analysé à l'aide des méthodes indiquées.

Après ces premières études nous avons comparé le sang artériel au sang veineux qui sort de la rate dans ces deux conditions ; puis enfin nous avons, en suivant nos méthodes ordinaires d'analyse, étudié les mêmes liquides sans exercer sur la rate aucune action expérimentale, et en la prenant simplement dans divers états de la vie journalière.

En agissant ainsi, nous avons, mon collaborateur et moi, constaté un certain nombre de faits qui nous paraissent parfaitement exacts et acquis, et je demande seulement que ceux qui les mettent en doute se donnent la peine de regarder eux-mêmes avant de nier.

Voici, rapidement énumérés, les résultats de nos expériences. En premier lieu, dans l'étude comparée des sangs veineux spléniques de la paralysie et de l'excitation, nous avons trouvé le premier beaucoup plus riche que le second : il contenait un plus grand nombre de globules et une proportion d'hémoglobine plus élevée ; sa richesse globulaire et sa capacité respiratoire l'emportaient dans le premier cas. (Pour les valeurs des différences trouvées, V. *Comptes rendus de la Société de biologie*, 1874.)

Voilà donc un premier fait, qu'on peut formuler en disant que le sang qui revient de la rate change de composition globulaire sous la seule influence de l'action nerveuse.

En voici maintenant un second, qui a été fourni par l'étude comparée du sang artériel et du sang veineux splénique pendant les premières heures qui suivent la paralysie. Je l'énonce en disant que, dans cette condition, le sang veineux montre un plus grand nombre de globules et une quantité d'hémoglobine plus considérable.

A côté de ce dernier fait, et comme corollaire, il faut placer les résultats que donnent les mêmes analyses pratiquées sur les mêmes sangs artériel et veineux quand la rate est maintenue en état d'excitation.

Le sang veineux tend alors à devenir identique au sang artériel, les différences entre l'un et l'autre s'atténuent beaucoup, et même dans quelques expériences le sang artériel a paru très légèrement plus riche que le sang veineux.

Somme toute, il n'est pas douteux que la paralysie de la rate est une condition expérimentale qui fait apparaître dans le sang veineux de cet organe une grande quantité de globules qui ne s'y montrent plus pendant l'excitation.

Ce résultat a été contrôlé par une autre série d'expériences dans lesquelles le sang de l'excitation et celui de la paralysie étaient recueillis au même moment sur deux fractions d'une même rate tenues dans ces états opposés (V. *Compt. rend. Soc. de biologie*).

Si ce fait est bien réel, si le sang de la veine splénique contient par moments un grand nombre de globules rouges qui n'existaient pas dans le sang artériel, qu'est-ce que cela peut bien signifier? C'est ce que je vais maintenant tâcher d'éclaircir, et je pense montrer par là que nos expériences sont de nature à simplifier singulièrement le problème des fonctions de la rate.

En effet, les phénomènes annoncés ne comportent *à priori* qu'un petit nombre d'hypothèses explicatives.

Il faut de toute nécessité, pour expliquer la sortie des globules pendant la paralysie, admettre une des hypothèses suivantes :

Ou bien il s'était formé des globules rouges et de l'hémoglobine dans la rate, lesquels en sortent dans cette condition ; ou bien les mêmes éléments sortants sont tout simplement d'anciens globules, immobilisés antérieurement dans la rate, et accumulés dans cet organe sous l'influence de conditions spéciales.

On pourrait encore *à priori* imaginer le cas où, pendant la paralysie, une fraction seulement du sang (contenant les éléments figurés) reviendrait par la veine, tandis qu'une fraction de plasma rentrerait par les voies lymphatiques dans la masse sanguine, ce qui conduirait encore aux résultats analytiques obtenus.

De ces explications diverses, avec les seules expériences ci-dessus, on peut déjà montrer que la plus grande somme de probabilités est acquise à la première, à celle qui considère les changements de la composition du sang veineux comme la conséquence d'une genèse s'effectuant dans la rate.

En effet, si la plus grande richesse du sang paralytique résultait de ce qu'une quantité plus ou moins grande de globules rouges avait été antérieurement immobilisée dans le tissu splénique, il y aurait nécessairement un état, une condition, où on pourrait obtenir un phénomène inverse, où on trouverait une sortie moindre de ces éléments, où le sang artériel serait plus riche que le sang veineux, et dans une proportion suffisante.

Ce phénomène, selon toutes les probabilités, devrait avoir lieu lorsque la rate est dans un état physiologiquement opposé à celui qui produit l'augmentation d'hémoglobine. Il se manifesterait nettement lorsque la rate serait en excitation expérimentale. Or nous avons vu qu'on n'observe rien de pareil.

J'ajoute, du reste, que, ne voulant rien laisser au hasard des suppositions, nous avons recherché s'il n'y aurait pas, en dehors de cette condition de l'excitation, un moment de la vie régulière où le phénomène apparaîtrait, et que, dans les expériences nombreuses que nous avons instituées à cet effet, nous n'avons jamais pu constater un seul cas où le sang veineux fût plus pauvre que le sang artériel, un seul cas où l'arrêt de globules pût être observé (V. *Compt. rend. Acad. des sciences*). Nous avons au contraire vu que le sang veineux est toujours plus concentré et que la paralysie expérimentale ne fait que reproduire sous un aspect différent un phénomène constant.

Je dois donc en conclure qu'il n'y a jamais emmagasinement des éléments colorés du sang (jusqu'à preuve du contraire toutefois, car il faut supposer le cas où une condition nous aurait échappé).

Je suis ainsi amené à admettre une formation de globules rouges dans la rate. En l'admettant, je donne simplement aux faits expérimentaux leur interprétation la plus naturelle, la plus en rapport avec ce que l'on sait d'autre part.

Si l'on se reporte aux études de M. Malassez sur les sangs de la paralysie sympathique de divers organes, on voit en effet que, dans cet état, le phénomène général est une richesse moindre du sang veineux ; ce que nous voyons se produire dans la rate est donc en réalité une exception, c'est-à-dire l'expression d'une fonction spéciale.

Il se passe pour les globules du sang quelque chose d'analogue à ce que nous savons se passer pour le glucose ; tous les sangs veineux sont plus pauvres en glucose que le sang artériel, à l'exception d'un seul, le sang sus-hépatique qui en contient au contraire une proportion plus considérable, et la fonction du foie est rendue manifeste par cette exception.

Pourquoi une déduction, qui est légitime dans ce cas, ne le serait-elle pas dans le cas de la rate et des éléments figurés du sang?

Je n'ai encore rien dit de la supposition où le sang veineux serait simplement plus riche par suite du départ, par les voies lymphatiques, d'une fraction du plasma. Je vais maintenant en dire quelques mots et montrer combien cette opinion est peu vraisemblable.

Je ferai remarquer que la rate ne donne naissance qu'à un petit nombre de vaisseaux de cet ordre, qu'elle en fournit beaucoup moins que la plupart de ces organes qui laissent sortir un sang plus pauvre pendant la paralysie. Comment donc ces faibles canaux produiraient-ils une concentration que des vaisseaux volumineux sont impuissants à produire, dans la même condition circulatoire?

Il faut bien reconnaître que cela est peu rationnel, même en supposant qu'aucun globule ne serait détruit dans la rate, tandis que cette destruction aurait lieu dans les autres organes.

Et d'ailleurs, comment, dans cette supposition, interpréterait-on les faits suivants que nous avons également observés, M. Malassez et moi?

1° Après l'isolement de la rate, lorsque l'artère et la veine seules restent libres, il y a encore concentration du sang veineux.

2° Dans la masse splénique, *complètement* isolée, le nombre des globules va croissant.

3° La masse globulaire augmente dans le sang général pendant les premiers moments de la paralysie splénique.

Enfin comment comprendre que l'accroissement des globules pendant la paralysie soit un phénomène seulement transitoire et qu'il cesse alors que persistent tous les autres effets de la section des nerfs? Comment expliquer tout cela en dehors de l'idée d'une formation?

Si l'on ne veut pas accepter cette explication, je demanderai alors qu'on en fournisse une autre qui rende, comme elle, compte de *tous les faits énoncés*.

A côté de ces faits, qui tous s'interprètent aisément par une formation de globules rouges et d'hémoglobine (ce qui est presque la même chose) dans la rate, il en est encore plusieurs que je vais maintenant faire connaître et qui tous parlent dans le même sens sans exception.

Ils se rapportent à des études que j'ai faites de la composition comparée du sang et du tissu splénique; ils peuvent tous se grouper dans l'énoncé suivant : rien, dans la composition chimique de la rate, ne dément cette assertion, à savoir : que la rate est un lieu de génération des éléments colorés du sang, lieu où ils apparaissent tels qu'ils sont, c'est-à-dire des corps constitués par de l'hémoglobine, par une globuline et contenant du potassium.

L'idée qui m'a dirigé dans ces études est facile à saisir, et je la formule également ici, à côté du résultat auquel elle donnera sa signification véritable : si la rate forme des globules, j'ai pensé qu'elle devait contenir tous les matériaux entrant dans la constitution de ces corps. Si un seul faisait défaut, il y avait une raison sérieuse de se refuser à attribuer à la rate cette fonction.

Ceci posé, le premier des corps à rechercher était le fer, ce corps simple qui entre dans la composition de l'hémoglobine (V. *Compt. rend. Acad. des sc.*, 1874).

On savait bien que ce corps existe dans la rate qui contient du sang; mais cela ne suffisait évidemment pas, et il fallait déterminer si ce corps se trouvait là indépendant de la présence du sang.

Pour décider ce point, j'ai analysé comparativement les quantités de fer contenues dans poids égaux de sang et de tissu splénique. J'ai inciné poids égaux des deux substances en suivant exactement les indications de M. Hoppe Seyler; j'ai redissous le fer par SO^3 pur étendu (à chaud). J'ai ramené le sel de fer à l'état de sel de protoxyde, et je l'ai dosé à cet état avec une solution titrée de permanganate de potasse (somme toute, j'ai suivi le procédé de Marguerite). Je me suis de la sorte assuré que la rate contient, à poids égal, plus de fer que le sang, et qu'elle est en réalité pour l'organisme une véritable mine de cette substance.

Non seulement j'ai constaté ce fait, mais dans un travail en collaboration avec M. Malassez nous avons vu que l'hémoglobine elle-même existe dans la rate, et nous avons pu constater la diminution du fer sous l'influence de la paralysie, lorsque l'hémoglobine sort par la veine (V. *Compt. rend. Acad. des sc.*).

Je n'ai du reste pas pu parvenir à savoir si *tout* le fer est à l'état d'hémoglobine ou non. J'ai toutefois quelques raisons de croire qu'il n'existe pas entièrement sous cette forme chimique.

Après ce corps, j'ai recherché également dans la rate le potassium, élément des globules rouges, et je viens de m'assurer récemment que la rate est un lieu où ce corps existe en proportion relativement très élevée. J'ai encore inciné poids égaux de sang et de rate, puis j'ai dissous dans l'eau acidifiée avec HCl (quantités égales dans les deux cas). J'ai ajouté un même volume d'alcool et une même quantité d'une solution de bichlorure de platine. Je me suis ainsi assuré que la rate est plus riche que le sang en potassium, et la différence en sa faveur est *très considérable*.

Mes recherches sur ce sujet seront d'ailleurs publiées à part, car elles ne se sont pas bornées à l'étude d'un seul organe; elles touchent au contraire à plusieurs problèmes physiologiques.

Restait encore à s'assurer si la rate contient ces matières albuminoïdes spéciales auxquelles on a donné le nom de globulines, si ces corps entrent dans la constitution chimique de la rate, comme ils paraissent entrer dans celle des éléments colorés du sang.

En suivant une méthode que j'ai fait connaître dans les *Comptes rendus de l'Académie des sciences*, je me suis assuré qu'il en est ainsi, et que les deux globulines du sang entrent dans la composition du tissu splénique.

Personne, je pense, ne niera que tous ces faits aient une signification, et ne soutiendra que je ne sois en droit de rappeler ce que je disais en commençant, à savoir que nous savons beaucoup au sujet de la rate.

On reconnaîtra sans doute aussi que j'ai quelques raisons d'attribuer à la rate une fonction hématopoiétique, et que ces raisons sont plus solides que celles invoquées en général pour déterminer les lieux de genèse des globules rouges.

Avant de terminer, je crois devoir dire encore quelques mots de certaines objections qui ont cours et qu'on soulève à propos de la fonction hématopoiétique de la rate.

Ces objections ont deux sources distinctes :

En premier lieu, elles se fondent sur ce que la formation des globules rouges s'effectue manifestement hors de la rate à la période embryonnaire; en second lieu, elles sont déduites des phénomènes qui suivent l'extirpation de la rate. Je vais rapidement les envisager les unes et les autres.

Je n'aurai que peu de chose à dire des premières : en effet, c'est aller absolument contre tous les faits connus que de vouloir établir une identité entre la manière dont s'effectuent les fonctions dans l'état embryonnaire et chez l'adulte.

Tout ce que nous savons montre au contraire que les choses se passent d'une façon spéciale à ces deux périodes de la vie. Les localisations fonctionnelles, depuis la respiration jusqu'à la glycogénie, s'établissent peu à peu et à des moments divers. Pourquoi donc la fonction hématopoiétique ferait-elle exception ? Le surprenant ne serait-il pas au contraire qu'elle fût localisée dès le premier âge? Et ne devons-nous pas, jusqu'à preuve du contraire, supposer qu'elle se fait différemment avant et après la naissance?

Quant aux objections qu'on a déduites des phénomènes consécutifs à la splénotomie, elles exigent quelques remarques plus détaillées.

C'est un fait acquis à la science que les animaux peuvent résister à l'extirpation de la rate, et j'en ai moi-même observé bien des exemples après tant d'autres observateurs.

Certains chiens, notamment ceux opérés dans le jeune âge, ne montraient, même une année après avoir subi cette ablation, aucun phénomène spécial saisissable, rien qui pût les faire distinguer pendant la vie d'un animal du même âge n'ayant subi aucune opération, et aucun caractère particulier ne pouvait être constaté à l'examen anatomique après qu'on les avait sacrifiés.

On ne peut donc mettre en doute que les animaux ne soient susceptibles de vivre sans rate, et il est non moins certain que, dans ces conditions de vie, ils continuent à réparer les pertes de globules qu'on leur fait subir. Mais cela suffit-il à prouver que, lorsque la rate existe, il ne se forme pas de globules rouges dans son sein? Assurément, on ne peut admettre la légitimité d'une semblable conclusion, et il est facile de le prouver en s'appuyant sur les phénomènes qui suivent l'extirpation de certains organes prenant part à l'accomplissement de fonctions mieux connues que la fonction hématopoiétique.

De ce que l'extirpation d'un rein est inoffensive, en déduit-on que cet organe ne joue aucun rôle dans la formation de l'urine? Certainement non, car des expériences directes montrent qu'il contribue activement à l'accomplissement de cette fonction essentielle, que l'autre rein suffit à remplir en l'absence du premier.

De ce que les aliments amylacés sont encore saccarifiés lorsque la salive n'arrive plus dans l'intestin, en conclut-on la nullité du rôle de ce liquide dans l'accomplissement de cet acte digestif? Évidemment non, car ce rôle est établi par des expériences directes.

De ce que les poumons peuvent être enlevés chez la grenouille sans amener une mort immédiate par asphyxie, s'ensuit-il que ce ne sont pas ces organes qui soient chez ces êtres chargés d'assurer l'hématose, qui aient même la part prédominante dans l'accomplissement de cette fonction essentielle? Personne ne voudrait même discuter une semblable conclusion.

Quoi qu'il en soit, ces faits nous éclairent sur la signification unique que nous sommes en droit de donner, d'après l'expérience, aux faits d'extirpations innocentes d'organes quels qu'ils soient (quand leurs fonctions ne sont pas déterminées par l'observation directe).

Nous n'avons nullement le droit de dire que ces organes ne servent à rien et même nous ne pouvons pas en conclure qu'ils ne participaient pas à une fonction que nous voyons se continuer. Cette manière de considérer les choses ne doit évidemment pas davantage être pratiquée lorsqu'il s'agit de la splénotomie, et l'innocence de cette opération, la reproduction des globules, après qu'elle a été pratiquée chez un animal, ne prouvent nullement que cet organe ne sert à rien et ne prouvent pas davantage contre les fonctions hématopoiétiques que l'observation directe amène à lui attribuer.

Au reste, les suites de la splénotomie ne sont pas toujours simples comme celles que j'ai indiquées plus haut, et certaines conséquences de cette opération bien constatées méritent d'être rappelées ici et sont de nature à nous éclairer sur les inconnues qui restent à déterminer dans l'étude des fonctions de la rate.

Parmi les chiens qui ont subi cette opération, il en est un certain nombre qui montrent une hypertrophie très remarquable des ganglions lymphatiques. Cette observation a été faite par des auteurs dont l'assertion ne peut pas être contestée; j'en ai moi-même observé quelques cas et il est clair qu'on ne saurait la laisser de côté pour la commodité de ses théories.

Elle nous montre que les effets de la splénotomie sont variables, et comme rien ne peut être là attribué au hasard, qu'il y a une raison certaine à ces effets divers d'une même cause, il importait de la rechercher, et c'est ce que j'ai fait.

J'ai été amené à envisager les effets de la splénotomie comme variables avec l'âge des animaux. Dans le jeune âge, je n'ai jamais observé d'hypertrophie ganglionnaire; dans ces conditions, les animaux guérissent neuf fois sur dix, sans présenter de phénomènes spéciaux. Quand ils succombent, c'est aux suites d'une péritonite qui les tue du huitième au quinzième jour ou même plus tard.

Dans la vieillesse, je n'ai jamais pu guérir un seul chien, tous sont morts dans un laps de temps qui n'a pas dépassé quarante-huit heures, et je suis persuadé que chez ces animaux la splénotomie est mortelle par elle-même.

Les cas de guérison avec hypertrophie ganglionnaire que j'ai observés l'ont tous été chez des chiens d'âge incomplètement déterminé, mais qui n'étaient ni jeunes ni vieux.

Je suis donc amené à les considérer comme des effets de la splénotomie pratiquée à un âge intermédiaire à préciser ultérieurement.

Ces phénomènes divers s'interpréteront aisément, si on veut admettre pour la rate l'hypothèse d'une localisation fonctionnelle non encore effectuée à la naissance et s'établissant graduellement dans le cours de la vie.

La gravité de la splénotomie serait, dans cette supposition, nulle dans le premier âge et s'accroîtrait peu à peu jusque dans la vieillesse.

L'hypertrophie ganglionnaire serait l'expression de phénomènes physiologiques de suppléance, s'établissant quand la fonction viendrait de se localiser.

Quoi qu'il en soit du reste de ces considérations, on conviendra au moins que les effets de la splénotomie ne sont nullement capables d'infirmer les interprétations que j'ai, au début de cet article, attribuées à tous les faits expérimentaux que j'ai rappelés. C'est là le seul objet que j'avais en vue.

En terminant, je veux encore indiquer quelques faits relatifs à l'histoire de la rate; je me bornerai à les énoncer, car ils se relient à ce que j'ai dit dans cet article, et leur interprétation en découle naturellement.

Ces faits sont les suivants:

La paralysie expérimentale de la rate est une opération innocente dans le jeune âge; chez l'animal âgé, elle entraîne au contraire rapidement la mort (Malassez et Picard).

Les phénomènes morbides qu'on observe dans ce dernier cas ne sont pas sans analogie avec ceux qui ont été observés par les pathologistes dans certaines formes graves de fièvres palustres.

Je pense, en conséquence, que ces phénomènes observés chez l'homme pourraient bien être dus tout simplement à la paralysie splénique qui accompagne ces maladies.

P. Picard.

CONGRÈS INTERNATIONAL DES AMÉRICANISTES

Nous avons reçu de M. L. Adam, conseiller à la cour de Nancy, la lettre suivante que nous publions avec la réponse de M. de Rosny.

A M. Ém. Alglave, directeur de la « Revue scientifique ».

Monsieur le directeur,

M. de Rosny a écrit, dans le numéro de la *Revue scientifique* du 11 octobre, sur la dernière session du Congrès des Américanistes, un article chagrin qui donnerait à vos lecteurs une idée absolument fausse de ce qui s'est passé à Bruxelles, si vous ne m'accordiez pas la faveur d'une courte réponse.

M. de Rosny avance que la proposition de substituer, comme champ d'investigation, l'Amérique espagnole à l'Amérique précolombienne aurait « réuni à Bruxelles » plus de partisans qu'il n'en faut pour compter sur un triomphe complet, à Madrid, en 1881. C'est de la part du savant professeur une appréciation pessimiste de deux incidents sans portée.

Au cours de la séance, à laquelle assistait le roi des Belges, M. Torres-Caicedo, ministre plénipotentiaire du Salvador, a fait suivre un exposé de la mythologie chibcha de considérations patriotiques sur l'Amérique latine, et il a convié le Congrès à embrasser désormais dans son programme élargi les questions économiques, commerciales et industrielles qui priment dans les préoccupations des Américains les questions de pure science, mais le très sagace diplomate s'est abstenu de formuler une demande de modification des statuts, qui bien certainement eût été repoussée, alors même qu'elle eût réuni le nombre de signatures réglementaire. L'impression générale a été que M. Torres-Caicedo avait cédé au désir d'atténuer dans l'esprit des Européens l'effet produit par l'abstention de ses compatriotes.

Dans la séance du lendemain matin, un jeune Américain du Sud, M. Quesada, a donné lecture pour son père, l'érudit bibliothécaire de Buenos-Ayres, d'un mémoire sur la législation coloniale espagnole relative à la librairie. S'il ne s'était point agi de l'œuvre d'un homme distingué qui a rendu des services au Congrès, le bureau eût proposé de passer à l'ordre du jour. Par courtoisie, la parole a été maintenue à M. Quesada fils, et malheureusement un membre du Congrès a cru devoir faire, en l'honneur de l'Espagne, une protestation excessive à la suite de laquelle M. Jimenez de la Espada a présenté la défense de sa patrie avec autant de courtoisie que de sagesse et d'éloquence. Cet incident a provoqué de la part de divers membres du Congrès des observations très fondées sur le danger des communications néo-américaines, et il a été décidé, du consentement de tous, que le programme de nos recherches demeurerait exclusivement précolombien. Il est fâcheux que M. de Rosny ait été inexactement renseigné sur l'issue du débat soulevé à l'occasion du mémoire de M. Quesada. Au surplus, monsieur le directeur, n'est-il pas de toute évidence qu'à Madrid, moins que partout ailleurs, l'Amérique espagnole moderne ne réussira à prendre la place de l'Amérique d'avant Colomb?

M. de Rosny attribue la prétendue transformation du Congrès à l'absence de « savants acceptés ». Selon lui, « *à une ou deux exceptions peut-être* », les quelques américanistes qui ont pris part aux sessions de Nancy, de Luxembourg et de Bruxelles « ne cultivaient que les petits côtés de la science ». Ce jugement, d'une bienveillance extrême pour un ou peut-être deux membres du Congrès, n'est point celui qu'a porté, sur la session de Bruxelles, l'illustre Virchow dont la compétence ne sera vraisemblablement pas déclinée. Non seulement M. Virchow a assisté au Congrès de Bruxelles, mais — ce que M. de Rosny a omis de dire, — il a consenti à présider une de nos séances, et il nous a quittés en exprimant le regret de ne pouvoir pas assister aux deux séances consacrées à la linguistique. S'il eût apprécié les travaux du Congrès des Américanistes comme les apprécie M. de Rosny, jamais M. Virchow n'aurait voulu couvrir ce Congrès de l'autorité de son nom.

Il est indéniable que les adeptes de la fausse science embarrassent trop souvent la marche du Congrès par leurs agressions. Mais pouvait-on espérer que l'école biblique se rendrait sans coup férir? Ne devait-on pas au contraire s'attendre à soutenir des assauts incessants dans un congrès qui est ouvert à tous et dans lequel chacun peut revendiquer ses vingt minutes? Heureusement que plusieurs membres du Congrès ont pris à tâche de contredire sans relâche les assertions antiscientifiques des traditionnalistes, et qu'ainsi les droits de la science sont sauvegardés.

Un mot au sujet de l'idole dite *comte d'Huaqui*. M. de Rosny s'étonne que pas un n'ait reconnu les signes tracés « sur l'inscription très lisible » qui l'accompagne. Il n'en sera que plus méritoire pour l'éminent paléographe d'interpréter ce texte. Mais ne sera-ce pas au Congrès qu'il devra d'avoir eu connaissance de l'idole et de l'inscription?

Veuillez agréer, etc.

Lucien Adam.

Voici la réponse de M. Léon de Rosny :

Paris, le 4 novembre 1879.

Mon cher directeur,

M. L. Adam nous reproche d'avoir exprimé la pensée que les questions relatives à l'Amérique moderne, à sa politique, à son industrie, à son commerce, tendaient à faire invasion dans le domaine du Congrès des Américanistes. Sa lettre même, ce nous semble, par les détails qu'elle renferme, prouve que nous avions quelque motif d'être *chagrin* à cet égard.

Néanmoins là n'est pas, dans notre critique, le point important. Nous avons déploré l'absence au Congrès de savants autorisés, à une ou deux exceptions près. M. Adam trouve ce jugement « d'une bienveillance extrême ». Il est plus sévère que nous; n'insistons pas. Mais quand il vient nous parler de l'opinion de M. Virchow, sur la session de Bruxelles, qu'il nous permette de lui répondre que ce savant prussien, l'émule de notre Broca et de notre patriotique Quatrefages, n'a aucune autorité *comme américaniste*. M. Virchow a trop de goût, de bon sens, pour s'affubler d'un titre qu'on ne lui a jamais donné, et qui ne rehausserait en rien sa réputation européenne. M. Adam nous reproche encore de n'avoir pas dit qu'il avait présidé une séance. Nous n'aurions certainement pas manqué de dire qu'il avait communiqué un travail au Congrès, s'il avait jugé à propos de s'y présenter comme américaniste. Quant à annoncer qu'il s'est assis dans un fauteuil par pure courtoisie, nous n'avons pas jugé ce détail fort intéressant pour nos lecteurs.

M. Adam nous écrit que « pas un, au Congrès, n'a reconnu les signes tracés sur le petit *monument du comte de Huaqui*, dont la présentation a été le fait le plus important de la session » ; et il trouve que cela ne sera « que plus méritoire » pour moi de les interpréter. Je puis lui donner satisfaction à l'instant même, car j'ai communiqué hier soir l'explication de l'inscription, avec des remarques paléographiques détaillées, à la séance de la Société Américaine de France.

Cette inscription est écrite en caractères chinois reconnaissables au premier coup d'œil pour tout orientaliste. Quant à l'explication de ces caractères, elle présente des difficultés sérieuses, mais qui ne sont pas insurmontables.

L'inscription, reproduite deux fois identiquement de chaque côté du personnage, a dû se composer de trois mots; mais malheureusement le troisième, à peu près absolument effacé d'un côté, a disparu tout à fait de l'autre par suite d'une brisure. Les deux caractères conservés, et qui se distinguent par une *calligraphie* remarquable, sont 或 當, prononcés en chinois moderne *hoeh-tang*. Leur signification manque dans tous les dictionnaires chinois-européens et dans *presque* tous les dictionnaires chinois-indigènes. Mes études paléographiques m'ont permis d'en reconnaître la valeur. Le sens de la petite inscription est en conséquence :

Le gouverneur du Royaume (ou *de la Province*).....

Il me paraît vraisemblable que le signe manquant indiquait le nom de ce Gouverneur.

Si M. Adam ne trouve pas cette interprétation exacte, je lui serai fort obligé de me faire connaître ses raisons; il trouvera les miennes et d'amples renseignements paléographiques dans le compte rendu de la séance de la Société Américaine du 3 novembre courant, compte rendu dont j'espère la prochaine publication.

Quant au Congrès des Américanistes, il reste établi, par ce que j'ai dit dans mon premier article et par ce que j'ai cru devoir ajouter dans cette réponse, qu'il a manqué de savants autorisés, et par ce fait n'a pas pris la place qu'il aurait pu occuper dans la science sérieuse. Si le Congrès international des Orientalistes a réussi, c'est qu'il a vu entrer dans ses rangs les Max Müller, les Renan, les Weber, les Maspero, les Brugsch-Bey, les Oppert, les Benfey, les Rawlinson, les Lepsius, les Longpérier, les Brockhaus, les Hunfalvy, et une foule d'autres orientalistes de premier ordre. — M. Adam, faute d'Américanistes, en a été réduit à glorifier le Congrès de Bruxelles de la présence d'un anthropologiste de Berlin. Il aurait pu y avoir, à ce moment-là, en Belgique, un mécanicien ou un ténor allemand hors ligne, qui auraient exalté à leur tour son enthousiasme facile. Le moindre américaniste véritable eût fait bien mieux notre affaire.

Quant à « l'école biblique », qui n'a rien à voir dans un Congrès d'archéologie américaine, je suis charmé de constater l'attitude que prend à son égard l'actif et laborieux conseiller de la cour de Nancy; tout en me demandant si la lettre qu'il nous adresse aujourd'hui ne causera pas un certain étonnement aux Révérends Pères oblats de Marie immaculée.

Votre

LÉON DE ROSNY.

LES DRAGAGES SOUS-MARINS D'ALEX. AGASSIZ

Le golfe du Mexique et la mer des Antilles (1).

Ceux qui s'intéressent aux progrès de l'histoire naturelle et aux explorations sous-marines se rappellent sans doute les travaux exécutés par les Américains sur le croiseur *Bibb*, et les belles collections réunies par le comte Pourtalès, et dont une partie a malheureusement disparu dans l'incendie de Chicago.

C'est à bord du *Blake* que l'on a poursuivi, pendant les deux dernières années, l'étude hydrographique du golfe du Mexique et de la mer des Antilles. Les recherches zoologiques tenaient également une grande place dans les travaux de l'expédition, et la présence de M. Alexandre Agassiz leur donnait une importance toute particulière.

Le savant américain rejoignit le *Blake*, à la Havane, vers la fin de décembre 1877 ; mais les opérations furent grandement retardées par le mauvais temps et par l'échouage du navire à Bahia-Honda. On put néanmoins, pendant les mois de janvier et de février, opérer des sondages et des dragages sur sept lignes principales, comprenant ensemble une longueur d'environ 1100 milles :

1° De la Havane à Sand-Key par des profondeurs de 320 à 951 brasses;

2° Sur la côte cubaine, entre la Havane et Bahia-Honda : profondeur de 292 à 850 brasses;

3° Une courte ligne d'environ 40 milles, en courant au nord des Tortugas, pour examiner les caractères de la faune des bancs de la Floride, à l'ouest des terres : profondeur de 37 à 111 brasses;

4° Une ligne partant de la courbe de 100 brasses, à l'ouest du banc de la Floride, à 30 milles au nord des Tortugas, et

(1) *Les croisières du « Blake » dans le golfe du Mexique et la mer des Antilles*, d'après les lettres de M. Al. Agassiz à M. Patterson.

allant rejoindre la ligne de 100 brasses, au nord-est du banc de Yucatan, en passant par des profondeurs de 1920 brasses;

5° Une ligne partant de la profondeur de 1568 brasses, au nord du récif des Scorpions (*Los Alacranes*), et courant vers la Vera-Cruz, le long du banc de Yucatan;

6° Une autre sur ce banc même, entre les Alacranes et les îles Joblos;

7° Enfin une dernière ligne à travers le Gulf Stream, entre le cap San-Antonio et Sand-Key (Floride), par des profondeurs de 339 à 1323 brasses.

La faune du banc de Yucatan est identique à celle du banc de la Floride, et caractérisée par les mêmes espèces. Sur ce banc se forment aussi des récifs coralliaires, dont le plus important, Los Alacranes, fut examiné en détail par M. Agassiz. C'est en réalité un véritable atoll, bien que la théorie de Darwin n'admette pas que ces récifs puissent se former dans des eaux si peu profondes. L'écueil est actuellement encore en pleine activité. Le côté ouest n'est point très accore, mais le côté oriental s'élève à peu près perpendiculairement de la profondeur de 20 brasses jusqu'à la surface. Il forme un vaste demi-cercle exposé en plein au souffle des alizés, et les vagues viennent briser avec force contre les grandes masses de *Madrepora palmata* qui forment la ligne étroite alternativement abandonnée et couverte par le flot. La plus grande longueur du récif est d'environ 14 milles, sa largeur de 8. L'ensemble présente l'aspect d'un anneau elliptique très régulier, dont la partie occidentale se compose d'îles étroites, encore à l'état de simples bandes de sable, formées par les débris des masses coralliaires. L'espace compris au centre du récif n'offre pas de dépression supérieure à six brasses, et dans les endroits où la profondeur est le moindre, de grandes masses d'Astrées, de Gorgones, de Méandrines et de Madrépores, viennent se montrer à la surface des eaux. Les sables et les blocs coralliaires que l'action incessante du ressac arrache au bord oriental de l'écueil, sont rejetés dans ce bassin central qu'ils finiront, avec les années, par combler entièrement.

D'autres formations analogues commencent à s'élever sur le banc de Yucatan, par des profondeurs de 20 à 30 brasses. Elles sont constituées en réalité comme le grand récif floridien et comme ceux de la côte nord de Cuba où l'on peut encore voir les traces d'un soulèvement considérable. Les collines qui entourent la Havane et s'étendent jusqu'à Matanzas, en atteignant une hauteur de près de 400 mètres, ne sont autre chose en effet que d'anciens récifs, et toutes les espèces qui les ont construites sont encore aujourd'hui vivantes sur cette côte. Ces formations coralliaires reposant sur des bancs d'une vaste étendue, nous permettent de comprendre comment s'est constitué le grand récif de la Floride.

Le long de la côte cubaine la drague ramena un grand nombre d'Éponges siliceuses, de Coraux et de Gorgones, et d'innombrables fragments de Pentacrines. Cet engin ne ramenait rien, au contraire, là où le fond est recouvert de vases à Globigérines. M. Pourtalès n'était point arrivé à un meilleur résultat. Mais en entourant d'un câble les lames de la drague pour empêcher l'instrument de plonger dans la vase, ou en se servant des filets de fond, les naturalistes américains purent se convaincre de l'existence, déjà signalée par les savants du *Challenger*, de toute une faune des plus abondantes: Échinodermes, Polypes, Mollusques, Crustacés, Annélides et Poissons. Les dragages les plus intéressants furent ceux de la ligne 4, croisant le canal de Yucatan; et bien souvent M. Agassiz reconnut dans ses filets les espèces qu'il avait étudiées, l'hiver précédent, dans les collections du *Challenger*. Ce fut sur cette ligne que l'on retira de 968 brasses de fond les premiers spécimens de *Willemœsia*, Crustacé macroure sans yeux, allié de près, sinon identique, à ceux dragués par l'expédition anglaise dans les abîmes de l'Atlantique. D'autres Macroures brillamment colorés furent pêchés par 1920 brasses, et dans des eaux un peu moins profondes on trouva le gigantesque Isopode auquel M. Alph. Milne-Edwards a donné le nom de *Bathynomus giganteus*. Les poissons que l'on obtint en cet endroit sont semblables à ceux qu'avait recueillis le *Challenger*, et plusieurs Holothuries, brillamment colorées, avaient été déjà draguées par Thomson au large de la côte de Portugal.

Sur les bords des bancs de la Floride et du Yucatan, entre les profondeurs de 400 et 900 brasses, on retrouva les espèces d'Échinodermes déjà connues par les travaux de M. Pourtalès, et parmi elles de curieuses Astéries, voisines des genres *Archaster*, *Astrogonium* et *Hippasteria*, et des Oursins: *Cœlopleurus*, *Salenia*, *Neolampas*, dont on ne possédait jusqu'ici que des échantillons incomplets.

Lorsque le *Blake* était à moitié route entre les Tortugas et le banc de Yucatan, un calme de courte durée permit à M. Agassiz d'observer à l'état vivant les Globigérines et les Orbiculines. Elles fourmillaient près de la surface, remarquables à leur nucléus d'un vermillon brillant, en compagnie d'une armée de Diphyes, de Ptéropodes, d'Hétéropodes et de masses de *Sargassum natans*, peuplées comme à l'ordinaire de Mollusques, de Poissons et de larves de Crustacés.

La vase des eaux profondes, dans les détroits de la Floride, n'est pas du reste exclusivement composée de tests de Globigérines et d'Orbiculines; on y trouve toujours en nombre immense les coquilles mortes des Ptéropodes: *Clio*, *Hyalœa*, *Triptera*, *Atlanta*, *Styliola*, qui nagent à la surface, et parfois ces dépouilles arrivent à constituer plus de la moitié de la masse.

Pendant les mois de mars et d'avril les opérations de dragage se continuèrent au nord des Tortugas, le long d'une ligne courant en général parallèlement à la courbe de profondeur de 100 brasses, le long du bord occidental du grand banc de la Floride.

Cette ligne fut suivie, sur une distance de 200 milles, jusque vers la latitude de Tampa Bay. De ce point on se dirigea en ligne droite sur les bouches du Mississipi, et MM. Agassiz et Garman quittèrent le navire à la Nouvelle-Orléans. Cette partie de la croisière fut contrariée par un temps abominable, qui n'est que trop fréquent dans le golfe du Mexique à cette époque de l'année. On put toutefois s'assurer que la faune des profondeurs, à l'ouest du banc de la Floride est la même qu'à l'est du banc yucatèque, et s'étend sur tout le fond du golfe du Mexique. En arrivant sur les vases du Mississipi, on voit la faune changer de caractère; et l'expédition put obtenir, au large de la Fourche des Passes, par des fonds de 118 à 600 brasses, un grand nombre de formes intéressantes de Poissons, d'Annélides, de Mollusques, d'Ophiures et d'Oursins.

Le départ de M. Agassiz n'arrêta point les recherches zoologiques, et tout en continuant l'hydrographie du golfe, les officiers du *Blake* poursuivirent les dragages et recueillirent d'intéressantes collections. Le capitaine Sigsbee fut même assez heureux pour découvrir sur la côte cubaine, presque à l'entrée du port de la Havane, un point excessivement riche en Crinoïdes.

Après avoir étudié avec autant de succès le golfe du Mexique, il restait à explorer l'autre partie du bassin, c'est-à-dire la mer des Antilles. Ce fut l'ouvrage de l'hiver dernier.

M. Agassiz retrouva le *Blake* à Washington, le 27 novembre 1878. On avait l'intention d'aller à Nassau, et d'y consacrer quelques jours à des dragages, pour établir les connexions entre la faune de l'extrémité septentrionale des bancs du Bahama et celle des détroits de la Floride ; mais les gros temps ne le permirent pas, et l'on fut obligé de relâcher successivement à St.-Helena-Sound et à Key-West. Quand la mer s'apaisa, le navire fit route pour Kingston, en touchant au passage à la Havane pour donner quelques coups de drague sur les fonds à Pentacrines découvert par le capitaine Sigsbee. Quelques spécimens furent ramenés des profondeurs de 175 et 400 brasses. On suivit ensuite la côte nord de Cuba sans s'arrêter pour sonder ou draguer, M. Pourtalès ayant déjà sur le *Bibb* reconnu la plus grande partie de cette ligne.

A l'extrémité orientale du vieux canal de Bahama, on fit une ligne transversale de sondages qui donna comme profondeur maxima du canal 500 *brasses,* alors que les cartes hydrographiques n'indiquent pas de fond à 900. L'erreur portée sur les cartes provient sans doute de l'emploi des câbles de chanvre qui subissent des déviations parfois considérables dans les forts courants.

Le filet de fond ni la drague ne ramenèrent rien de bien intéressant. On trouvait cependant, attachés au câble, des fragments de *Rizophyza* que M. Studer a décrits récemment comme des Siphonophores de mer profonde.

Cet auteur a donné une longue liste des diverses profondeurs d'où on les avait remontés attachés à la ligne de sonde ; mais, d'après M. Agassiz, rien ne prouve que ces animaux vivent à la profondeur indiquée par la sonde qui les ramène ; une fois même, en draguant à 1000 brasses, de nombreux fragments de Rhizophyzes pouvaient être recueillis sur le câble alors qu'on n'avait encore retiré qu'une centaine de brasses. Il est probable que ces animaux vivent ordinairement à une certaine profondeur, et peut-être quelques-uns d'entre eux préfèrent-ils, comme les Cassiopées, se tenir près du fond ; mais, jusqu'à ce qu'on ait des filets indiquant le niveau où les échantillons ont été recueillis, on ne saurait guère se prononcer sur la question de répartition bathymétrique, du moins pour ce qui concerne un grand nombre d'êtres pélagiques comme les Acalèphes, les Siphonophores, les Hétéropodes, les Ptéropodes, un grand nombre de Foraminifères, de Radiolaires et autres animaux semblables dont on connaît à peine les habitudes.

Au large de Cayo de Moa, par une latitude de 21°,2' N. et une longitude de 74°,44' O., on ramena de 1554 brasses de fond un sable vert composé de grosses Globigérines semblables à celles mentionnées par M. Pourtalès dans ses *Deep-Sea Corals.* On trouva aussi par 994 brasses, au large de Nuevitas, de gros blocs de véritable craie blanche composée principalement de Globigérines et de Rotulines, et les filets étaient encombrés de grandes quantités de vase et de terre blanche qui n'étaient en réalité que de la craie blanche à divers états de compression.

Entre la pointe est de Cuba (cap Maysi) et la Jamaïque, on recueillit un curieux Echinide (*Phormosoma*); mais les dragages effectués au large de l'extrémité sud-est de la Jamaïque ne ramenèrent rien de bien important.

Le *Blake* se rendit ensuite à Saint-Thomas, mais on ne put, à cause de la violence des alizés, opérer ni dragage ni sondage jusqu'au large de Porto-Rico. En arrivant à Saint-Thomas, on régla le programme de la campagne, et sauf le temps nécessaire pour faire du charbon et visiter les engins, à la Martinique et à Sainte-Lucie, on ne perdit plus un seul jour.

Les savants américains étaient munis de 6000 brasses (10 980 mètres) d'un câble en fil d'acier galvanisé d'un centimètre de diamètre environ, qui, par sa flexibilité et sa résistance, donna pleine satisfaction pendant toute la durée de la croisière et n'occupait que le neuvième de l'espace qu'eût nécessité un câble de chanvre de même longueur. On pouvait en filer ordinairement 100 brasses en quatre ou cinq minutes, quand on opérait en mer profonde, et le retirer avec la même vitesse. En sortant de l'eau le câble venait passer sur une grande poulie dite *de dragage,* frappée à l'extrémité d'un boute-hors disposé sur le bossoir de tribord, et maintenu par un accumulateur. Cet accumulateur, imaginé par le capitaine Sigsbee, consistait en une série de ressorts spiraux en acier, jouant sur une tige de fer, et capables de supporter un poids de 4000 livres. L'instrument était amarré verticalement au mât de misaine et le jeu des ressorts, qui était d'environ six pieds, se transmettait à la poulie de dragage. En quittant cette poulie le câble venait faire dix tours sur le tambour d'une grande machine à double cylindre qui supportait toutes les secousses pendant le dragage et l'enroulement. Cette machine, établie pour la première fois à l'occasion de cette campagne, fonctionna d'une façon parfaite. Du tambour, le câble se dirigeait à bâbord, où une poulie le réfléchissait dans la direction du navire et, après avoir suivi le pont jusqu'au niveau du grand mât, il passait à tribord, puis revenait le long du pont jusqu'à la bobine d'enroulement, qui était ainsi à l'abri de toute secousse. La position des appareils sur l'avant du navire obligeait à marcher en arrière pendant toute la durée des dragages.

Aucun changement ne fut apporté dans les dragues, sauf l'enroulement d'un câble autour des couteaux pour empêcher le plongement dans la vase. Pour les filets de fond (*trawls*), on essaya diverses formes. Ces instruments peuvent être imaginés comme des dragues dont on aurait enlevé les couteaux, les montants qui maintenaient ceux-ci n'étant plus reliés que par une tige qui traverse horizontalement l'entrée du filet. La poche, de forme ordinaire, se termine, à l'endroit où elle devrait s'attacher aux couteaux, par une corde garnie de plomb qui est laissée un peu lâche, et peut se mouler aux inégalités du fond sur lequel traîne l'instrument. On s'arrêta finalement à la forme adoptée l'année précédente en portant seulement à vingt pouces la hauteur des montants et en utilisant la barre qui les unit pour tendre un morceau de filet divisant la poche entière en deux moitiés égales, s'ouvrant toutes deux à l'entrée de l'appareil. Cette disposition permit de donner plus de longueur aux cordes plombées qui limitent l'entrée du filet, sans craindre de les voir s'engager ensemble. M. Agassiz pense que les résultats seraient encore meilleurs si une seule corde plombée limitait l'orifice du double filet, en étant libre de glisser dans des anneaux situés aux extrémités des montants; quelle que soit alors la face sur laquelle tomberait l'engin, le frottement exercé sur le côté traînant, suffirait à tendre le côté supérieur, en augmentant ainsi l'orifice de la poche. Quant aux filets de l'engin, ils étaient beaucoup plus courts que ceux dont on se servait l'année précédente, et, surtout pour le travail de grand fond, où ils sont fréquemment exposés à être remplis de vase, il sera mieux de n'employer, pour dix pieds d'ouverture, qu'un filet de douze ou quinze pieds de long.

C'est, en définitive, cet appareil qui se comporta le mieux en mer profonde, et quand il était traîné à la vitesse de deux nœuds ou deux nœuds et demi, il apportait toujours une belle récolte de Poissons et de Crustacés, outre les animaux moins vifs ou sédentaires que l'on rencontre d'ordinaire dans les filets de drague.

Sur les fonds inégaux ou rocheux on employait une barre de six pieds de long, munie d'anneaux permettant d'attacher des fauberts et un plomb de sonde. Cette barre, portant de douze à quinze paquets de filasse, est en réalité le meilleur appareil pour les fonds inégaux, et s'engage rarement comme les filets et les dragues sont si sujets à le faire dans de pareilles conditions.

La région sérieusement explorée cette année s'étend de Saint-Thomas à la Trinidad. Son peu d'étendue permit d'étudier les fonds d'une manière très satisfaisante. Le travail commençait ordinairement à la ligne de 100 brasses, et se poursuivait jusque dans les plus grands fonds, mais on était obligé de se tenir sous le vent des terres, et l'on ne fit que peu de chose au vent des îles ou dans les canaux, à cause de la violence des alizés. On put, toutefois, en travaillant au large des Barbades, se faire une assez bonne idée de la faune habitant au vent des îles Caraïbes, et qui ne semble pas différer de celle que l'on trouve de l'autre côté.

Plus de 230 coups de filet furent donnés dans 200 stations différentes, entre les profondeurs de 100 et de 2412 brasses ; mais, bien qu'il ait recueilli des types fort intéressants, M. Agassiz ne trouve pas que l'extrémité orientale de la mer des Antilles diffère matériellement, au point de vue de la faune, du golfe du Mexique et des détroits de la Floride. Les abîmes sont en tout cas beaucoup moins peuplés; mais l'on s'aperçut que l'on pouvait recueillir entre les profondeurs de 300 à 1000 brasses presque toutes les espèces de grand fond, et en quantités considérables. Aussi les collections réunies cette année forment-elles, si on les joint à celles de l'année dernière, et à celles plus anciennes qu'a recueillies le comte Pourtalès, pendant la croisière du *Bibb*, un total qui n'est pas de beaucoup inférieur aux collections de mer profonde rapportées par le *Challenger*.

M. Agassiz se montre frappé du grand nombre d'espèces, sinon identiques, du moins alliées de près à celles réunies par le *Challenger*, et de l'absence de types qui n'aient point été déjà recueillis par l'expédition anglaise. « Il est à supposer, dit-il, que les grands traits de la faune des profondeurs sont désormais établis, et que les découvertes les plus intéressantes se feront maintenant entre les profondeurs de 100 et 300 brasses. »

En draguant sous les vents des îles Caraïbes on trouvait souvent de grandes quantités de matières végétales et de débris terrestres. Il n'était pas rare de retirer de plus de 1000 brasses de fond, à 10 ou 15 milles de terre, des masses de feuilles, des morceaux de bambou ou de cannes à sucre, des coquilles terrestres et d'autres débris poussés sans doute à la mer par les alizés. Souvent aussi on voyait flotter à la surface des masses de végétaux plus ou moins imprégnés d'eau et prêts à enfoncer. Le contenu des filets eût quelquefois terriblement embarrassé un paléontologiste. En trouvant des Crustacés, des Annélides, des Poissons, des Échinodermes, des Éponges, toute une faune de mer profonde, pêle-mêle avec des feuilles d'oranger et de manguier, des bambous, des branches de muscadier, des coquilles terrestres, et toutes ces formes animales ou végétales en telle profusion, il lui eût été bien difficile de décider s'il avait affaire à une faune marine ou terrestre. On serait naturellement porté à expliquer un dépôt fossile de cette nature comme formé dans un estuaire peu profond et entouré de forêts, et cependant la profondeur peut avoir dépassé 1500 brasses. Cette grande quantité de matière végétale, ainsi emportée à la mer, paraît avoir accru, dans certaines localités, le nombre des formes marines.

Ces remarques avaient, du reste, été déjà faites par M. Moseley, principalement sur la côte nord de la Nouvelle-Guinée, ainsi qu'on peut le voir dans l'analyse que j'ai publiée de son ouvrage : *a Naturalist on the Challenger* (1).

Les dernières collections du *Blake* sont arrivées à Cambridge, d'où on les enverra aux différents naturalistes déjà chargés d'étudier celles de l'année dernière. Toutefois M. Agassiz cite comme particulièrement intéressants : un grand nombre de Foraminifères, des types remarqués par M. Brady dans les collections du *Challenger* et du *Porcupine*; diverses Éponges, parmi lesquelles une espèce alliée au *Pheronema*, une petite *Hyalonema*, des bouquets de grands spicules siliceux (d'*Hyalonema*), couverts à une extrémité de *Zoanthus* très semblables au type japonais commun; une belle série de *Dactylocalyx*, montrant tout le mode de croissance depuis la forme globulaire simple, et une gigantesque *Euplectella*. La collection d'Astéries est peu nombreuse et ne contient rien de remarquable. Celle des Holothuries renferme, outre les espèces de mer profonde, des formes alliées aux genres *Molpadia*, *Caudina*, *Echinocucumis*, etc. Outre quelques Spatangoïdes inconnus jusqu'ici, presque tous les types d'Oursins recueillis par le *Challenger* sont bien représentés, sauf le type *Pourtalesia*. Quant à la collection d'Ophiurides, c'est probablement la plus importante que l'on ait faite jusqu'ici, par le nombre et la variété des types; toutefois le nombre des espèces nouvelles est peu considérable. Les Crinoïdes sont aussi largement représentés, dans les collections du *Blake*, par les Comatules, les Rhizocrines et les Pentacrines. Un seul échantillon d'*Holopus* fut pêché au large de Montserrat; mais on doit avoir passé au-dessus de *véritables forêts* de Pentacrines, aussi serrés, dit M. Agassiz, que ceux que nous trouvons à l'état fossile. Les Hydraires et les Bryozoaires sont à peu près les mêmes que dans les détroits de la Floride. Les Coralliaires, bien qu'en très grand nombre et d'espèces fort variées, contiennent peu de choses nouvelles. On doit s'attendre au contraire à trouver beaucoup de nouveau parmi les Alcyonaires. Parmi les Crustacés on recueillit de nouveau le curieux *Bathynomus*, découvert l'an dernier, un *Pycnogonium*, qui, les pattes étendues, ne mesurait pas moins de 2 pieds, et un intéressant Isopode. Les types les plus intéressants de Mollusques ont été signalés par M. Dall dans un

(1) Voir *Revue scientifique* du 3 mai 1879.

rapport préliminaire dont nous ne citerons que la conclusion, à savoir que ces animaux sont complètement différents de ceux qui vivent sur la côte ouest du continent américain. Il faut signaler toutefois d'une façon particulière une bonne série de *Pleurotomaria* et une belle Spirule. Les *Waldheimia* étaient peu nombreuses cette année, mais d'autres Térébratules se trouvaient en nombre plus considérable. Quant aux coquilles de Ptéropodes, on en ramenait, de toutes les profondeurs, des quantités immenses. La collection de Poissons est excellente, et surtout remarquable par le grand nombre de Lophioïdes.

La faune pélagique de la partie orientale de la mer des Antilles est assez pauvre, du moins en hiver. L'agitation constante de la mer empêche, du reste, de pratiquer la pêche pélagique. En rade, sous le vent des îles, on ne trouvait que peu de chose; aussi la phosphorescence est-elle beaucoup moins brillante que dans le golfe du Mexique. Toutefois, un Cténophore, une espèce de *Mnemiopsis*, produisait une remarquable illumination. Une petite Annélide, alliée aux *Syllis*, était aussi fort intéressante par ses phénomènes lumineux. Parmi les animaux de grand fond, les plus brillants étaient diverses espèces de Gorgones et d'Antipathes, surtout le *Riisea*, et une remarquable Ophiure, dont les bras émettaient, à chaque articulation, une magnifique lumière vert bleuâtre.

Un des plus intéressants résultats de la croisière du *Blake* est le jour que les différents sondages, effectués au cours de la campagne, ont jeté sur l'extension primitive du continent sud-américain. Joints aux sondages antérieurs, ceux de cette année permettent de comprendre la distribution géographique de la flore et de la faune des Antilles.

On sait que Cuba, les Bahamas, Haïti et Porto-Rico, au lieu de montrer, comme on pourrait le croire à cause du voisinage de la Floride, une affinité marquée avec la flore et la faune des États du sud de l'Union, présentent, au contraire, une liaison remarquable avec celles du Mexique, du Honduras et de l'Amérique Centrale. Les Petites Antilles montrent aussi une liaison analogue; mais les affinités avec le Brésil et le Vénézuéla sont encore plus sensibles. Si l'on admet, avec M. Agassiz, que la ligne de fond de 500 brasses indique l'ancien rivage, on verra qu'à cette époque la mer des Antilles ne communiquait avec l'Atlantique que par un étroit passage de quelques milles de largeur, entre la Martinique et Sainte-Lucie; un autre, un peu plus large et légèrement plus profond, entre la Martinique et la Dominique; un autre entre Sombrero et les îles Vierges, et enfin le canal comparativement étroit entre Haïti et la Jamaïque qui formait alors le sommet d'un vaste promontoire ayant pour base la côte des Moustiques et celle de Honduras. La mer des Antilles aurait donc été un golfe du Pacifique, ou du moins aurait communiqué avec cet océan par de larges passages dont on retrouverait la trace dans les dépôts crétacés et tertiaires des isthmes du Darien, de Panama et de Nicaragua; et l'Amérique Centrale et le nord de l'Amérique du Sud auraient été une série de grandes îles, laissant entre elles des passages du Pacifique à la mer des Antilles.

On peut se demander ce que devait être alors le grand courant équatorial, ou plutôt le courant produit par les alizés de nord-est. D'après M. Agassiz, l'eau chassée contre les deux grandes îles qui tenaient alors la place des Petites Antilles devait contourner le nord des îles Vierges, Porto-Rico, Haïti, et se verser dans le bassin occidental de la mer des Antilles par le canal entre Haïti et Cuba. La masse entière toutefois ne pouvait suivre cet étroit passage, et, repoussée par la grande île qui tenait la place des Bahamas, elle devait soit prendre la direction actuelle du Gulf Stream, soit contourner au nord cette grande île des Lucayes, et, passant où se trouve aujourd'hui la Floride, traverser le golfe du Mexique pour aller se jeter dans l'océan Pacifique par-dessus l'isthme encore immergé de Téhuantepec.

LA CRISE DES BLÉS

Et les doctrines économiques.

Au milieu de l'agitation soulevée, il y a quelques mois, à l'occasion du renouvellement des traités de commerce et de la refonte du tarif général des douanes, la question agricole a joué un grand rôle. On a vu quelques apôtres du protectionnisme parcourir la France pour prêcher auprès des agriculteurs la sainte croisade « en faveur du travail national ». Un certain nombre d'associations agricoles se sont laissé entraîner les premières; d'autres les ont suivies, et elles se sont proclamées comme l'expression de l'unanimité des travailleurs du sol, réclamant en faveur de leur industrie compromise, et menacée d'une mort prochaine par l'invasion toujours croissante des produits étrangers.

Il en est résulté, dans un grand nombre d'esprits, cette conviction que tous les agriculteurs demandaient le retour au système des droits protecteurs ou *compensateurs*, suivant l'expression à la mode aujourd'hui, et que les intérêts agricoles étaient engagés dans le retour sur les lois qui ont proclamé la liberté du commerce des céréales. Heureusement il n'en est pas ainsi. Sans nous arrêter à prouver par des chiffres combien peu les agitateurs de l'hiver et du printemps derniers représentaient l'unanimité des agriculteurs, il suffit de consulter les faits pour montrer la faiblesse de leurs raisonnements.

Le principal argument des protectionnistes était celui-ci : La France agricole ne peut plus lutter contre la concurrence que lui font les blés américains, qui arrivent et arriveront toujours dans nos ports à des prix inférieurs au prix de revient du blé français. Conséquence naturelle : il faut frapper les blés américains d'un droit minimum de 3 francs par 100 kilogrammes, tant que les cours, sur les marchés français, seront au-dessous d'un taux déterminé, 30 francs suivant les uns, 35 francs au gré des autres.

A ceux qui essayaient de montrer que la baisse des prix survenue à la fin de 1878, dans des circonstances désastreuses il est vrai, pour beaucoup d'agriculteurs, était fatalement passagère, et qu'elle tenait à des causes accidentelles connues, dont la réunion est très rare, on répondait simplement, en haussant les épaules, quand on ne les traitait pas d'ignorants ou de malveillants.

Mais voici qu'au bout de quelques mois les choses sont changées du tout au tout. Les prix du blé ont monté rapidement, et les fameux blés américains se vendent, à New-York, aussi cher que les blés français se vendaient l'année dernière à Paris. On ne trouve plus, dans nos ports, de chargements à acheter au-dessous de 32 à 33 francs par quintal métrique. La question est ainsi changée du tout au tout. Il y aurait maintenant plus que de l'ironie à venir parler des périls de l'abondance et des terribles souffrances qu'entraînerait, paraît-il, l'abaissement du prix du pain. On se demande si nous n'allons pas avoir à supporter des prix de disette qui infligeraient aux classes ouvrières des privations malheureusement trop réelles, surtout au milieu du marasme persistant de la plupart des grandes industries.

En étudiant les conditions dans lesquelles la récolte du blé a été faite cette année dans les principaux pays producteurs, et les besoins des différents pays, il sera possible de répondre à cette question.

I.

LES BESOINS DE L'EUROPE.

Voyons d'abord ce qui concerne la France. La récolte du blé est certainement médiocre chez nous. Dans la plupart des départements, la plante s'est développée au milieu de conditions détestables, sous l'influence d'une humidité excessive au printemps et pendant presque tout l'été.

D'après les renseignements les plus autorisés, on peut évaluer notre récolte de cette année à environ 80 millions d'hectolitres. Mais le blé nouveau a, sur celui de 1878, l'immense avantage d'être de bonne qualité; il n'y a guère d'exception à faire, à ce point de vue, que pour la Normandie et le rayon de Paris. Il produira donc plus de farine, partant plus de pain que celui de l'année dernière.

La consommation en France est de 105 millions d'hectolitres environ par an. Il va donc être nécessaire d'importer de 20 à 25 millions d'hectolitres de blé venant des pays plus favorisés. Il est à peu près impossible de fixer un chiffre plus approximatif, parce qu'on ne connaît pas ce qui pouvait rester en magasin de la précédente récolte, et que l'on ignore si la moisson de 1880 se fera hâtivement ou tardivement. Mais on peut compter sur un minimum nécessaire de 20 millions d'hectolitres.

A côté de la France, le principal pays importateur est l'Angleterre. Elle a même beaucoup plus besoin que nous des blés étrangers. En effet, depuis l'année 1870, l'Angleterre n'a jamais moissonné la moitié du blé nécessaire à sa consommation. Cette année, sa récolte a été encore très médiocre. Les hommes les plus habitués à ces sortes de calculs l'évaluent au-dessous de 20 millions d'hectolitres. Admettons ce dernier chiffre. Comme sa consommation annuelle est de 65 millions d'hectolitres de blé environ, elle devra demander à l'importation 45 millions d'hectolitres *au moins*.

Si maintenant nous passons en revue les autres pays d'Europe, nous trouvons que la plupart des pays septentrionaux ont une récolte au-dessous de la moyenne. La Belgique et les Pays-Bas notamment sont dans ce cas; ils auront à demander au moins 6 à 7 millions d'hectolitres de blé au dehors. L'Allemagne est un peu mieux partagée; sa récolte de blé est presque égale à la moyenne, qui atteint environ 45 millions d'hectolitres. Mais elle ne lui suffit pas encore tout à fait.

L'Europe méridionale est moins favorisée.

La Suisse, et l'Italie en particulier, sont très mal partagées, et ces deux pays, qui sont toujours importateurs même après une bonne récolte, auront cette année des besoins beaucoup plus grands que dans les années ordinaires. L'Espagne, qui généralement exporte un peu de blé, possède à peine de quoi cette fois suffire à sa propre consommation. En estimant de 10 à 12 millions d'hectolitres ce qui sera nécessaire pour la consommation de la Suisse et de l'Italie, on est donc loin de faire une évaluation exagérée.

En résumé, les besoins des pays importateurs de blé atteignent, pour la campagne 1879-80, au moins 85 millions d'hectolitres. Cette quantité devra être fournie par les pays qui ont des excédents de récolte. Il reste à évaluer ces excédents.

II.

LES RESSOURCES DU VIEUX CONTINENT.

Les pays exportateurs de blé sont l'Europe orientale, l'Algérie, l'Amérique et l'Australie (1).

Dans l'Europe orientale, c'est la Russie qui produit la plus grande quantité de blé. Une bonne récolte moyenne peut y atteindre 80 millions d'hectolitres, et, dans ces conditions, l'exportation peut aller jusqu'à 20 millions d'hectolitres. Cette année, la récolte est regardée comme passable, c'est-à-dire qu'elle est inférieure d'un cinquième à un quart à une année moyenne.

Il est toutefois à supposer que les exportations ne seront pas beaucoup plus faibles, car on a besoin d'argent en Russie; la guerre n'a enrichi personne, excepté quelques fournisseurs militaires; la consommation, déjà un peu déprimée par la misère, se restreindra davantage encore, d'autant plus qu'elle paiera difficilement les prix offerts par l'étranger. Comptons donc la Russie pour un stock disponible de 20 millions d'hectolitres.

Après la Russie, le premier rang appartient à la Turquie et aux provinces danubiennes. Ici la récolte est évaluée en général à la moyenne, quoique, dans certaines régions, elle lui soit inférieure. C'est ainsi que le gouvernement de la Roumélie a récemment interdit l'exportation des céréales, parce qu'il juge cette province tout au plus capable de se suffire à elle-même.

Cependant, pour les mêmes raisons qu'en Russie, on peut compter sur une exportation limitée, dans les conditions moyennes qui atteignent 6 à 7 millions d'hectolitres.

Il n'en est pas de même de l'Autriche-Hongrie. Ce vaste empire, qui peut fournir ordinairement au commerce d'exportation une quantité de blé égale à celle de la Turquie, soit 6 ou 7 millions d'hectolitres, en donnera à peine la moitié cette année, c'est-à-dire 3 millions d'hectolitres. En effet, sa récolte est seulement des trois quarts des récoltes ordinaires.

L'Algérie n'a que très peu de blé à exporter cette année. Mais ce déficit sera compensé, en grande partie, par les blés d'Égypte et par ceux de l'Inde et de l'Australie qui, depuis quelques années, commencent à venir en Europe par la voie du canal de Suez.

En additionnant les quantités de blé disponibles chez les fournisseurs ordinaires de l'Europe occidentale, on n'arrive

(1) Voyez, dans un article de la *Revue politique et littéraire* du 8 novembre 1873, tome V, 2e série, page 448, l'exposé de la *crise des subsistances* en 1873.

guère qu'à 30 millions d'hectolitres. C'est à peu près tout ce que l'ancien continent peut nous fournir, et il nous faut cependant 85 millions d'hectolitres sous peine de voir la faim exercer ses ravages en France et en Angleterre, tout comme pendant les grandes famines du moyen âge. C'est 55 millions d'hectolitres à trouver coûte que coûte.

III.

L'EXPORTATION DES ÉTATS-UNIS.

De tout ceci, il résulte que la situation serait extrêmement grave, si les États-Unis d'Amérique n'étaient pas là pour subvenir au déficit considérable de la récolte dans le vieux continent. Il est donc important de se bien rendre compte des ressources qu'ils peuvent fournir.

La production du blé a pris une grande extension aux États-Unis, surtout depuis six ou sept ans. En 1849, elle n'y était que de 35 millions d'hectolitres; en 1859, elle s'élevait à 60 millions; en 1869, à 90 millions d'hectolitres, et en 1874, à 110 millions d'hectolitres. Enfin, dans les deux dernières années, la récolte a été encore plus élevée : elle a atteint 128 millions d'hectolitres en 1877, et 150 millions d'hectolitres en 1878.

On ne connaît pas encore le résultat exact de cette année; mais il est permis de l'évaluer à peu près à celui de l'année dernière. Si d'une part les emblavures ont été augmentées, d'un autre côté, dans beaucoup d'États, les résultats sont loin d'être aussi satisfaisants qu'en 1878.

La consommation du blé est beaucoup moins considérable aux États-Unis qu'en Europe, relativement au chiffre de la population, parce qu'on y mange beaucoup de maïs. Il reste donc des quantités notables de grains disponibles pour l'exportation. Celle-ci a été, sous forme de farine et de grain, de près de 20 millions d'hectolitres en 1876-77, de 32 millions d'hectolitres en 1877-78, et enfin de plus de 55 millions d'hectolitres en 1878-79.

Il est permis d'espérer, pour la campagne qui court, une exportation au moins égale. Les quantités de blés fournies par les États-Unis d'Amérique viendront donc compenser ce qui manque à l'Europe, et celle-ci y trouvera des ressources sans lesquelles la pénurie eût été extrême. En admettant que les États-Unis puissent exporter un peu plus de 60 millions d'hectolitres de blé, de manière à dépasser de quelques millions d'hectolitres les besoins immédiats de la consommation annuelle, les souffrances ne se feront pas sentir, surtout en France, ce qui nous intéresse le plus.

IV.

LE PRIX DU BLÉ.

Dans ces conditions, quel sera le prix du blé?

Depuis le mois de juillet, il a suivi un mouvement de hausse à peu près continue. Il varie aujourd'hui, suivant les qualités et les marchés, de 23 à 26 ou 27 francs l'hectolitre, soit de 29 à 34 fr. par 100 kilogrammes. Si l'on prend la moyenne des marchés français, on arrive au prix de 31 fr. 50 en chiffres ronds.

Il est de toute probabilité que ce prix se maintiendra pendant l'hiver et le printemps, jusqu'à ce que les marchés soient influencés par les pronostics tirés des apparences de la nouvelle récolte.

Ces cours sont suffisamment rémunérateurs pour le cultivateur, et ils sont loin d'être excessifs pour le consommateur. Certes, le prix du pain ne descendra pas beaucoup, mais il serait injuste de le faire payer au delà de 40 à 45 centimes le kilogramme. Il y a vingt ans, ce prix eût même été excessif, comparé à celui du blé; car on avait l'habitude de dire que le prix de la livre de pain ne devait pas dépasser sensiblement le prix de la livre de blé. Mais aujourd'hui que les frais de toute nature ont sensiblement augmenté pour les boulangers, dans les grandes villes et surtout à Paris, il serait difficile d'exiger de ce commerce de faire payer le pain au taux du blé, ce qui devrait être cependant, suivant les calculs rigoureux du rendement du blé en farine et de la farine en pain, car l'eau introduite dans le pain fait beaucoup plus que compenser le son enlevé au blé.

V.

LE PROTECTIONNISME AGRICOLE.

Ceci nous ramène aux théories que nous rappelions en commençant.

Si le Parlement, cédant aux sollicitations des protectionnistes, était revenu, au printemps dernier, sur la législation des céréales et avait établi un droit de 3 francs par quintal métrique à l'importation des blés étrangers, il eût fallu le supprimer quelques semaines après. Dans l'intervalle, la spéculation aurait eu beau jeu pour fausser le cours normal des marchés.

Par la force naturelle des choses, que serait-il advenu après l'établissement de ce droit de douane? Immédiatement les prix auraient monté de 3 francs par quintal sur tous les marchés, au détriment des consommateurs, bien entendu, c'est-à-dire surtout des ouvriers, qui ne sont déjà point trop heureux en ce moment. Mais qui en aurait bénéficié?

D'après les derniers recensements, la population agricole de la France comprend 28 millions d'habitants, soit plus des deux tiers de sa population totale. De prime abord, il semblerait que c'est à ces 28 millions d'hommes vivant des champs que cette surélévation des prix profiterait. Mais il n'en est pas ainsi.

Dans ce total figurent en effet les femmes, les enfants, puis les ouvriers agricoles de toutes sortes, qui consomment sans produire ou sans produire à leur compte; il y a, en outre, les nombreux petits propriétaires qui consomment toute leur récolte. Il ne reste donc, en définitive, que 6 à 7 millions d'agriculteurs qui profiteraient de cette élévation de prix. Sur les 60 millions d'hectolitres environ qu'ils livrent au commerce, ils percevraient ensemble 180 millions, soit une moyenne de 26 francs ou de 30 francs tout au plus par tête. Maigre obole pour sauver l'agriculture française.

Et leurs ouvriers qui ne vendent pas, mais qui achètent leur pain, croit-on qu'ils ne réclameraient pas une augmentation de salaire en face de la hausse factice du pain? On se plaint déjà de payer la main-d'œuvre trop cher dans les campagnes. Que serait-ce, si les ouvriers des champs étaient obligés de payer leur pain de plus en plus cher!

Quant au petit cultivateur qui consomme son blé, il a le plus grand intérêt à la liberté commerciale. Il serait difficile d'évaluer d'une manière précise ce que coûtent à une famille rurale les droits sur les cotonnades et les droits sur les fers, pour ne citer que les principaux produits. Mais on ne peut pas douter que cet impôt payé aux industries privilégiées ne soit proportionnellement plus élevé pour elle que pour une famille citadine.

Il est inutile de discuter sur ces questions; elles sont tellement claires, que l'on comprend à peine comment quelques hommes adroits ont pu fermer les yeux de beaucoup d'agriculteurs.

C'est en agitant surtout devant eux l'épouvantail de la production américaine qu'ils ont pu y arriver. On voit aujourd'hui ce que vaut cet épouvantail. L'année dernière, la France avait une mauvaise récolte, de qualité médiocre, tandis que la plus grande partie de l'Europe était favorisée. C'est une circonstance qui ne se produit que très rarement. L'Amérique a déversé son excédent sur nos marchés, et le blé n'a pas augmenté. Cette année, elle aura à répondre à de bien plus grands besoins. Il est heureux pour le vieux continent qu'elle ait les ressources nécessaires pour y subvenir et nous sauve ainsi de la famine.

BULLETIN DES SOCIÉTÉS SAVANTES

Académie des sciences de Paris. — 3 novembre 1879.

M. Mouchez : Admission d'élèves-astronomes à l'Observatoire de Paris. — M. de Caligny : Appareil pour élever de l'eau à de grandes hauteurs. — M. Bonnafont : Phénomènes dus à certains états pathologiques du tympan. — M. de Klercker : Le spectre anormal de la lumière. — M. E. Mercadier : Détermination des éléments d'un mouvement vibratoire; mesure des amplitudes. — M. Th. Defresne : Les digestions stomacale et duodénale; action de la pancréatine. — M. Thollon : Un nouveau spectroscope stellaire. — M. E. Pauchon : Tensions de vapeur des solutions salines. — M. E. Debrun : Un thermomètre électro-capillaire. — M. Franchimont : La cellulose animale ou tunicine. — M. Ed. Heckel : Les poils et les glandes pileuses dans quelques nymphéacées. — M. Guinier : L'accroissement des tiges des arbres dicotylédones et la sève descendante.

M. *Mouchez* informe l'Académie que par un arrêté du 31 octobre 1879, M. le ministre de l'instruction publique a décidé qu'un certain nombre d'élèves-astronomes seraient admis à l'Observatoire de Paris, pour y suivre des conférences théoriques et pratiques sur l'astronomie et s'exercer au maniement des divers instruments actuellement en usage ; après deux années d'études et d'application, ceux de ces élèves qui auront été reconnus suffisamment instruits et aptes aux fonctions d'astronome seront admis à occuper les places d'aides-astronomes vacantes dans les observatoires de l'État.

— M. *de Caligny* appelle l'attention de l'Académie sur un appareil qui a pour but : 1° d'élever de l'eau sans coup de bélier et sans aucune pièce quelconque mobile à des hauteurs considérables par rapport à celle des vagues; 2° de faire des épuisements à d'assez grandes profondeurs par rapport à celle du creux des vagues, quand on ajoute un clapet au système. Cet appareil a déjà été expérimenté et a donné de bons résultats. Il se compose d'un siphon à deux branches horizontales, dont une, qui est convenablement évasée, reçoit alternativement le choc de la vague et la pression latérale occasionnée par son intumescence. La forme générale peut être représentée sans figure par celle d'une sorte de grand S qui serait posé horizontalement. La branche verticale tournée vers le haut serait convenablement prolongée, la branche verticale tournée vers le bas serait supprimée et remplacée par une branche horizontale dont l'extrémité serait convenablement évasée.

— M. *Bonnafont* lit un mémoire dans lequel il a décrit un certain nombre d'états pathologiques du tympan, qui provoquent les phénomènes nerveux que Flourens et de Goltz attribuent exclusivement aux canaux semi-circulaires. D'après Flourens, selon que ces canaux sont divisés en totalité ou partiellement, l'animal soumis à l'opération tourne à droite ou à gauche, ou garde l'équilibre, mais il semble pris de vertige. D'après de Goltz, les canaux semi-circulaires sont les organes principaux du sens de l'équilibre de la tête. M. Bonnafont a observé un grand nombre de phénomènes analogues, mais qui étaient déterminés par l'inflammation de la membrane du tympan et de l'oreille moyenne, la compression de cette membrane de dehors en dedans par du cérumen endurci, par des polypes du conduit auditif ou par une accumulation de mucosités dans la caisse, exerçant sur elle une pression de dedans en dehors, se communiquant à l'étrier et de là à tout l'appareil de l'oreille interne. Tous les malades éprouvaient des vertiges, des titubations, des vomissements même quelquefois. Aucun n'a éprouvé le mouvement de rotation, mais souvent le manque d'équilibre.

— M. *de Klercker* adresse une note sur le spectre anormal de la lumière. Depuis plusieurs années déjà, l'attention des physiciens a été appelée par l'anomalie qui se produit dans la position spectrale des divers rayons lumineux, quand on provoque la dispersion de la lumière par des solutions de certaines matières colorantes. Les rayons de différentes espèces, dont l'indice de réfraction s'accroît, dans les cas ordinaires, à mesure que la longueur des ondes lumineuses diminue de l'un des côtés du spectre à l'autre, sont ici rejetés de leurs positions normales; en outre, ce changement de position peut se produire à un degré tel que les rayons ordinairement les plus réfrangibles, les rayons violets et bleus, paraissent les moins réfrangibles de tous, comme on le constate le mieux quand la lumière est dispersée au moyen d'une solution de fuchsine (rouge d'aniline). Dans ce phénomène, il n'y a cependant rien qui trahisse, d'une manière décisive, la présence d'une irrégularité dans la dispersion que provoqueraient les molécules de fuchsine agissant seules. Mais, si l'on doit chercher ailleurs l'origine de l'anomalie, on sera conduit à admettre que la réfraction de la lumière par la solution de fuchsine se réalise pour certains rayons à une échelle tout autre que pour le reste des rayons, et, comme cette propriété de la solution est une conséquence de la présence des molécules de la matière colorante, on pourrait en conclure que celles-ci doivent posséder la propriété, jusqu'ici inconnue, de retarder seulement certains rayons lumineux, en laissant les autres passer librement. Cette explication a été précisément vérifiée par les analyses spectrales auxquelles M. de Klercker s'est récemment livré. Il a reconnu que le spectre anormal de la lumière est composé de deux parties parfaitement séparées, dues sans nul doute à la grandeur différente du retard provoqué par les molécules d'espèces différentes que contient la solution.

— M. *E. Mercadier* fait connaître un moyen nouveau et très simple de mesurer l'amplitude d'un mouvement vibratoire, dans le cas très général d'un corps vibrant sur lequel on peut tracer des divisions ou fixer un morceau de papier de 2 à 3^{cq}. Ce moyen consiste dans l'emploi de ce qu'on peut appeler un micromètre vibrant. C'est une échelle divisée en millimètres ou fractions de millimètre, coupée par un trait transversal passant au zéro de l'échelle et formant avec elle un petit angle. Le tout peut être gravé sur le corps vibrant ou sur une plaque de verre, de bois, de papier, fixée sur lui, de façon que ce micromètre angulaire vibre avec le corps, l'échelle étant perpendiculaire à la direction des vibrations. Pendant le mouvement, en vertu de la persistance des impressions lumineuses sur la rétine, le sommet de l'angle du micromètre semble se mouvoir le long de l'échelle à mesure que l'amplitude du mouvement vibratoire varie. Quand l'amplitude devient fixe, le sommet de l'angle le devient également.

— M. *Th. Defresne* adresse un mémoire sur les digestions stomacale et duodénale, et sur l'action de la pancréatine. Voici les conclusions auxquelles l'auteur a été conduit par ses recherches : 1° l'acide chlorhydrique, dans le suc gastrique, est combiné à une base organique qui en modère l'action et en change les propriétés; il est donc nécessaire, pour étudier les digestions pepsique et pancréatique, de se servir d'une solution de chlorhydrate de leucine préparée avec la muqueuse stomacale. Sous cette influence, la digestion pepsique est comparable à celle qui se passe dans l'estomac; elle n'est plus sans limite, elle peut être filtrée et l'on peut en évaluer les résidus. 2° L'acidité du suc gastrique mixte, après une demi-heure d'ingestion, n'est plus due au chlorhydrate de leucine, mais aux acides lactique, sarcolactique, tartrique, malique, etc., et le meilleur réactif de cette transformation est la pancréatine, qui, après avoir séjourné deux heures dans le suc gastrique pur, ne touche pas sensiblement à l'amidon, après saturation du milieu, tandis qu'elle en saccharifie sept fois son poids dans le suc gastrique mixte après neutralisation. 3° Cette différence dans l'acidité du suc gastrique pur et du suc gastrique mixte est rendue plus manifeste encore par des digestions artificielles sur les aliments azotés : si l'albumine a été préalablement lavée à l'eau chlorhydrique, la pancréatine, après neutralisation du milieu, ne peptonise que 5 grammes d'albumine; mais, si l'albumine est mise directement dans l'eau, un chyme artificiel prend naissance, et la pancréatine, après neutralisation, peptonise 38 grammes d'albumine. La pancréatine ne subit donc aucune altération au milieu du chyme, retrouve toute son activité dans le duodénum, et 1 gramme de cette substance digère simultanément 38 grammes d'albumine, 75 grammes d'amidon, 11 grammes d'axonge.

— M. *Thollon* fait une communication sur un nouveau spectroscope stellaire. L'auteur s'est surtout attaché à réduire la perte de lumière à sa plus simple expression.

— M. *E. Pauchon* a mesuré les tensions de vapeur d'un certain nombre de solutions salines entre 0° C. et 50° C. Il fait connaître les nombres qu'il a obtenus. Ses recherches ont porté sur le chlorure de sodium, l'azotate de soude, le chlorure de potassium, l'azotate de potasse, le sulfate de soude à 10 équivalents d'eau et le sulfate de potasse.

— M. *E. Debrun* décrit un thermomètre électro-capillaire, qui repose sur le principe suivant : dans un électromètre de Lippmann, toute action mécanique qui aura pour effet de faire varier la forme du ménisque mercuriel déterminera une action électrique capable de donner lieu à un courant dont la force sera en rapport avec l'action mécanique exercée. Or la dilatation des corps est une action mécanique que l'on peut employer à déformer le mercure; dans ce cas, un courant se développera et pourra faire dévier un électromètre. Pour réaliser l'instrument, on prend un thermomètre ordinaire à colonne fine, que l'on remplit avec de l'eau acidulée, et l'on introduit du mercure de manière à former un chapelet capillaire. La première goutte touche à un fil de platine; il en est de même de la dernière. On a donc ainsi des éléments électro-capillaires réunis en tension. Lorsque l'eau acidulée se dilate, elle pousse les globules, et, vu leur adhérence aux parois, le ménisque se gonfle en avant et se contracte en arrière; un courant allant dans le sens de la dilatation de l'eau acidulée se manifeste donc. On peut recueillir ce courant avec un électromètre de Lippmann, et, comme cet instrument peut servir de mesureur, on comprend facilement que l'on puisse apprécier les variations de température par les variations de l'électromètre. L'instrument fonctionne parfaitement et présente les avantages suivants : le thermomètre peut être placé dans un endroit inaccessible et observé à une distance quelconque; il fonctionne sans pile; sa sensibilité est extrêmement grande.

— M. *Franchimont* a fait des recherches sur la cellulose animale ou *tunicine*. La conclusion qui se dégage des expériences de l'auteur est que la différence entre la cellulose animale et la cellulose végétale, si elle existe, ne peut pas être attribuée à une différence des groupes $C^6H^{10}O^5$ dont elles sont formées; elle doit avoir pour cause un degré différent de polymérisation ou la manière dont ces groupes sont unis, c'est-à-dire une isomérie plus intime.

— M. *Ed. Heckel* envoie une note dans laquelle il fait connaître la constitution, la disposition et le rôle des poils et des glandes pileuses dans quelques genres de Nymphéacées, notamment dans les *Nymphæa odorata, N. scutifolia, N. ampla* et *N. alba, Nuphar luteum, Nuphar pumilum, Euryale ferox, Nelumbium speciosum* et *luteum*.

— M. *Guinier* communique le résultat de ses observations sur l'accroissement des tiges des arbres dicotylédones et sur la sève descendante. Les faits observés ont convaincu l'auteur que la formation de la couche ligneuse annuelle dépend, non pas seulement de la quantité de matière nutritive élaborée dans les feuilles et de la progression plus ou moins rapide et prolongée de cette matière dans les tissus en voie d'accroissement, mais aussi de la constitution de la *zone génératrice;* celle-ci organise sur toute la surface du tronc, suivant une portion de sa longueur variable, mais toujours importante, une épaisseur de bois uniforme, quoique susceptible de varier d'année en année, suivant des causes accidentelles, l'accroissement d'une année dépendant d'ailleurs, dans une certaine mesure, de l'accroissement de l'année précédente, ainsi qu'il résulte des recherches de Martins et Bravais. Peut-être serait-il temps, dit l'auteur, de renoncer à cette théorie d'une sève descendante, qu'on suppose distribuée, puis solidifiée à la surface du corps ligneux, suivant des lois à peu près mécaniques. D'une part, cette théorie consacre une expression inexacte, puisqu'il n'y a pas de véritable courant de liquide dirigé de haut en bas, en sens inverse du courant de sève ascendante, mais seulement des migrations, à travers les tissus, de sucs nutritifs que les parties en voie d'accroissement fixent dans une proportion variable; d'autre part, la théorie de la sève descendante ne peut guère mieux que celle des *phytons,* déjà oubliée, servir à expliquer tous les phénomènes d'accroissement.

BIBLIOGRAPHIE SCIENTIFIQUE

Publications nouvelles.

Traité de Chimie générale contenant les principales applications de la chimie aux sciences biologiques et aux arts industriels, par PAUL SCHUTZENBERGER, professeur au Collège de France. Tome Ier. 1 vol. in-8° cavalier de 750 pages, illustré de 185 gravures sur bois intercalées dans le texte (Paris, librairie Hachette et Cie).

Nous rendrons compte très prochainement de cet important ouvrage.

Histoire des monstres depuis l'antiquité jusqu'à nos jours, par le Dr ERNEST MARTIN. 1 vol. in-8° de 425 pages (Paris, librairie Reinwald et Cie). Broché.

Ce livre contient l'histoire des superstitions de tout genre et des doctrines généralement étranges auxquelles les monstres ont donné lieu aux divers siècles. L'auteur expose ensuite les recherches de la science moderne sur ce sujet, et termine par l'histoire des monstres les plus célèbres.

Nouveau Traité de chimie industrielle, à l'usage des chimistes, des ingénieurs, des industriels, des fabricants de produits chimiques, des agriculteurs, des écoles d'arts et manufactures et d'arts et métiers, etc., etc., par WAGNER. Deuxième édition française très augmentée, publiée sur la dixième édition allemande par le docteur L. GAUTIER. 2 forts volumes grand in-8°, comprenant ensemble 1800 pages et 487 figures dans le texte (Paris, librairie F. Savy. 1879). Brochés, 30 francs.

De la localisation des maladies cérébrales, par DAVID FERRIER, membre de la Société royale de Londres. Traduit de l'anglais par HENRY C. DE VARIGNY; suivi d'un mémoire sur *les localisations motrices dans l'écorce des hémisphères du cerveau,* par MM. J.-M. CHARCOT et A. PITRES. 1 vol. in-8° de 288 pages, avec 67 figures dans le texte (Paris, Germer Baillière et Cie). Broché, 6 francs.

CHRONIQUE SCIENTIFIQUE

ÉCOLE POLYTECHNIQUE. — Depuis la révocation de M. Ossian Bonnet, le poste de directeur des études n'était occupé qu'à titre provisoire. Le conseil de perfectionnement vient de présenter à l'unanimité, pour le remplir, M. le colonel Laussedat, professeur au Conservatoire des arts et métiers et ancien professeur à l'École polytechnique.

M. le colonel Laussedat est bien connu de nos lecteurs et cette nomination sera certainement accueillie partout avec la plus grande sympathie.

— ECOLE SPÉCIALE D'ARCHITECTURE DE PARIS. — La séance de rentrée a eu lieu lundi dernier. M. Émile Trélat, professeur au Conservatoire des arts et métiers, directeur de l'École, a fait, dans cette séance, un discours fort intéressant sur la vie et l'œuvre architecturale de Viollet-le-Duc.

— FACULTÉ DES SCIENCES DE NANCY. — Notre collaborateur, M. Camille Viguier, vient d'être chargé du cours de zoologie, en remplacement de M. Jourdain, démissionnaire.

— COMITÉ CONSULTATIF DE L'ENSEIGNEMENT PUBLIC. — M. Parrot, professeur de clinique médicale à la Faculté de médecine de Paris, est nommé, pour cinq ans, membre de la section de l'enseignement supérieur, en remplacement de M. Gavarret, devenu membre du comité à titre d'inspecteur général des Facultés de médecine. M. Parrot est attaché à la commission spéciale de scolarité et de discipline et à la commission spéciale de médecine et de pharmacie.

— FACULTÉ DE MÉDECINE DE MONTPELLIER. — M. Moitessier est nommé doyen pour une période de trois ans en remplacement de M. Bouisson, relevé de ses fonctions sur sa demande et nommé doyen honoraire.

— ADMINISTRATION ACADÉMIQUE. — M. Chaignet, professeur à la Faculté des lettres de Poitiers est nommé recteur de l'Académie.

M. Auburtin, correspondant de l'Institut, recteur de l'Académie de Poitiers, est nommé recteur de l'Académie de Nancy, en remplacement de M. Jacquinet.

M. Jacquinet, recteur de l'Académie de Nancy, est transféré en la même qualité à Besançon, en remplacement de M. Lissajous, correspondant de l'Institut, admis à la retraite et nommé recteur honoraire.

— L'OBSERVATOIRE BISCHOFFSHEIM. — Grâce à la générosité de M. Bischoffsheim, le banquier bien connu, la France va se trouver dotée dans quelque temps d'un observatoire bien mieux installé et mieux outillé que notre observatoire national de Paris.

M. Bischoffsheim a offert à l'Etat, pour qu'il soit dirigé sous le contrôle du Bureau des longitudes, un magnifique établissement astronomique qui sera situé près de Nice. Les terrains sont déjà achetés et il va falloir construire l'édifice.

M. Bischoffsheim consacre une somme d'environ un million et demi à cette magnifique création. Le terrain, les constructions et les appareils coûteront environ huit à neuf cent mille francs; le reste, soit un capital de six cent mille francs, sera destiné à fournir les sommes nécessaires pour l'entretien annuel de l'Observatoire.

Celui-ci sera doté des plus beaux et des plus grands appareils dont dispose actuellement la science astronomique. Il y aura notamment une grande lunette de 76 centimètres, comme celle qui existe déjà à l'Observatoire de Paris, et dont l'objectif va être construit par les frères Henry, les constructeurs bien connus.

Nous apprenons que M. Bischoffsheim va partir pour Nice avec M. Lœwy, membre de l'Institut et du Bureau des longitudes, sous-directeur de l'Observatoire de Paris, et avec M. Charles Garnier, l'architecte de l'Opéra. C'est M. Garnier qui doit dresser les plans et surveiller la construction du nouvel observatoire. M. Lœwy lui donnera les conseils scientifiques nécessaires dans une pareille entreprise.

Dès que l'on aura définitivement choisi sur le terrain la place des constructions, au point de vue de la meilleure orientation, MM. Bischoffsheim, Lœwy et Charles Garnier iront visiter les grands observatoires d'Europe, notamment en Allemagne, en Autriche et en Angleterre, pour rechercher tous les perfectionnements imaginés par la science moderne et les réaliser dans l'Observatoire de Nice.

— ÉLÈVES ASTRONOMES. — Le *Journal officiel* publie l'arrêté suivant, en date du 31 octobre, rendu par le ministre de l'Instruction publique et des beaux-arts, sur la proposition du directeur de l'enseignement supérieur :

Art. 1er. — Des élèves astronomes seront admis à l'Observatoire de Paris; le nombre en sera fixé par arrêté ministériel, selon les besoins prévus du recrutement du personnel des observatoires de l'État.

Art. 2. — Les élèves astronomes seront nommés par arrêté ministériel, sur la proposition du directeur de l'Observatoire. Ils seront pris parmi les élèves sortants :

1° De l'Ecole normale;

2° De l'Ecole polytechnique;

3° Parmi les licenciés ès sciences mathématiques.

Ils devront être, au plus, âgés de vingt-cinq ans accomplis au moment de leur nomination.

Art. 3. — Les élèves astronomes recevront 1,800 francs de traitement et seront logés à l'Observatoire; ils seront considérés comme faisant partie du personnel pendant toute la durée des cours. Un règlement spécial déterminera les obligations auxquelles ils seront soumis.

Art. 4. — La durée des études sera de deux ans. Les élèves astronomes resteront un an au service des calculs et au service méridien, un an au service des équatoriaux et au service d'astronomie physique.

Les travaux seront organisés de manière à permettre à ces élèves de suivre, à la Sorbonne et au Collège de France, les cours qui seraient utiles à leurs études.

Art. 5. — Des professeurs chargés de l'enseignement des élèves, et qui seront pris autant que possible parmi les astronomes titulaires de l'Observatoire, adresseront au directeur des notes trimestrielles sur les travaux et les progrès des élèves. Un double de ces notes, joint au rapport du directeur, sera envoyé au ministre après avoir été soumis au conseil.

L'ensemble de ces notes durant les deux années décidera du classement de sortie qui donnera le droit de choisir entre les places vacantes.

Art. 6. — Les élèves astronomes qui auront satisfait aux prescriptions portées dans les articles précédents recevront, après avis du conseil, une nomination d'aide-astronome, au traitement de 3,000 francs par an, dans les observatoires de l'État.

Art. 7. — Un certain nombre d'élèves libres pourront être admis à suivre les cours théoriques et pratiques faits aux élèves astronomes.

Les élèves libres devront justifier de connaissances suffisantes pour suivre utilement les cours. Leur admission ou leur exclusion sera prononcée par le directeur de l'Observatoire.

Ils seront tenus d'assister régulièrement aux leçons et aux observations de nuit selon l'ordre des tableaux de service régulièrement affichés.

Ils recevront, à leur sortie, un certificat constatant la part prise par eux aux travaux de l'Observatoire et leur degré d'aptitude.

Les candidats aux places d'élèves astronomes sont invités à se présenter au secrétariat de l'Observatoire, de neuf heures à midi, avant le 1er décembre prochain.

— UN OBSERVATOIRE MÉTÉOROLOGIQUE DANS LE BASSIN DE LA SAONE. — On se propose d'installer une station météorologique au ballon de Servance, qui se trouve dans la Haute-Saône, sur le bord de l'Ognon, à 20 kilomètres au nord-est de Lure. D'après une reconnaissance préliminaire qui a été récemment exécutée, on a pu constater que l'accumulation des neiges pendant l'hiver n'empêcherait pas les observations. Des emplacements convenables ont été choisis de concert entre un délégué du bureau central météorologique et des officiers du génie. L'aménagement de la station ne paraît pas devoir présenter de sérieuses difficultés. Les observations faites au ballon de Servance seront d'autant plus précieuses qu'une ligne télégraphique fonctionne déjà entre ce point et Belfort. Toutefois, on ne pourra sans doute s'occuper utilement de la réalisation du projet qu'après l'achèvement des travaux de construction du fort. Ces travaux sont, du reste, assez avancés. Le fort n'est actuellement gardé que par cinq hommes fournis par un détachement qui est baraqué à Rossly, à une distance de 5 kilomètres. Mais, l'an prochain, il sera occupé par une garnison permanente, de sorte qu'il sera possible d'assurer alors le service. La station sera donc organisée probablement au printemps et fonctionnera dès lors régulièrement.

— Congrès des commissions météorologiques françaises. — La semaine dernière a eu lieu, au ministère de l'Instruction publique, la première réunion annuelle des délégués des commissions météorologiques départementales. M. le ministre, qui présidait, a ouvert la séance par une courte allocution, dans laquelle il a remercié les délégués de leur concours, en exprimant sa confiance dans les progrès de leurs travaux.

M. Hervé-Mangon, président du conseil du Bureau central météorologique, a donné lecture d'un rapport sur les travaux accomplis dans le courant de l'année, indiqué le rôle important des commissions départementales et appelé l'attention sur certaines questions d'utilité pratique qui ont été jusqu'ici peut-être trop négligées.

Ce rapport a été suivi de la lecture et de l'adoption des résolutions préparées dans les séances préliminaires.

Sur l'invitation de M. le ministre, plusieurs membres ont pris la parole pour exprimer différents vœux relatifs à la création de stations nouvelles ou à l'amélioration de certains services.

— Sommaire de la *Gazette des Beaux-Arts* du 1er novembre : le Musée de l'Ermitage, par M. Clément de Ris ; Inventaire de la collection de Marie-Antoinette, par M. Ch. Éphrussi ; Viollet-le-Duc, par M. Corroyer ; Velazquez, par M. P. Lefort ; la Porcelaine du Buen-Retiro, par M. F. Fétis ; Edwin Edwards, par M. Duranty ; Cham, par M. Marius Vachon ; l'Exposition de Munich, par M. Duranty ; le Journal du Bernin, par M. Ludovic Lalanne ; Bibliographie, par M. L. Gonse ; Gravures hors texte, d'après Prudhon, Velazquez et Edwin Edwards.

— Société américaine de France. — Dans sa dernière séance, la Société a procédé au renouvellement annuel de son bureau, qui sera composé ainsi qu'il suit pour 1880 :

Président, Ch. Schœbel ; — vice-présidents, Madier de Montjau et le comte de Montblanc ; — secrétaire général, Alph. Castaing ; — secrétaire archiviste, Geslin ; — trésorier, Paul Guieyssé ; censeur, Malte-Brun.

Le conseil se compose des vingt-sept membres titulaires résidants (nombre limité), qui forment la principale classe des membres de la Société.

— Musée d'ethnographie. — Le ministre de l'Instruction publique vient de prendre un arrêté nommant une commission chargée de diriger le classement et l'organisation des collections ethnographiques réunies au Trocadéro, en vue de créer un musée d'ethnographie. Cette commission se compose de MM. le docteur Broca, de Quatrefages, amiral Pâris, Édouard Charton, Georges Périn, Milne-Edwards et Maunoir. MM. A. Landrin et le docteur Hamy sont adjoints à la commission et chargés de la conservation et de l'installation des collections sous sa direction.

— Morgue de Paris. — Des travaux importants doivent être exécutés à la Morgue, au commencement de 1880, sur les indications de M. le docteur Brouardel. On y installera une salle d'autopsie, un appareil frigorifique pour la conservation des cadavres, des laboratoires d'histologie, de chimie et de moulage ; une bibliothèque, un herbier, un chenil, un bassin à grenouilles, etc. ; bref, toutes les dispositions nécessaires pour assurer le fonctionnement d'un véritable cours de médecine légale.

Ces améliorations doivent doter la France, à l'instar de plusieurs pays étrangers, d'un établissement où les opérations médico-légales pourront être suivies avec grand fruit par les étudiants et par les médecins.

— Musée de Saint-Germain. — La galerie de mythologie gauloise du Musée des Antiquités nationales, à Saint-Germain-en-Laye, vient de s'enrichir d'un monument des plus intéressants : un autel à double face, sur lequel est représenté un dieu, les jambes croisées à la manière du Bouddha indien, et accosté de deux autres divinités formant avec lui une sorte de *Trimourti* (Trinité). Ce monument est le quatrième de cette espèce découvert en Gaule. Il provient de l'ancienne cité gallo-romaine, sur l'emplacement de laquelle s'est élevée la ville de Saintes. M. Benjamin Fillon, dont on a pu admirer les belles collections au Trocadéro, a voulu qu'il fût conservé à notre histoire. Il en a fait l'acquisition et l'a généreusement offert au musée de Saint-Germain.

— Le Tour du monde, *Nouveau journal des voyages*. Sommaire de la 983e livraison (8 novembre 1879). — L'Amérique équinoxiale, par M. E. André, voyageur chargé d'une mission du gouvernement (1875-1876). — Texte et dessins inédits. — De Popayan à Pasto (Cauca). — Onze gravures de Riou, Taylor et Valette, avec une carte. — Sommaire de la 985e livraison (15 novembre 1879). — L'Amérique équinoxiale, par M. André, voyageur chargé d'une mission du gouvernement (1875-1876). — Texte et dessins inédits. — De Popayan à Pasto (Cauca). — Dix gravures de Riou et Sirouy, avec une carte.

— Nouvelle expédition de Stanley dans l'Afrique australe. — Le steamer *Albion*, qui a conduit M. H. Stanley en Afrique, est arrivé à Leith (Angleterre) dimanche dernier, venant du Congo, et apporte les nouvelles les plus récentes de l'expédition de l'intrépide voyageur américain. Le 17 septembre, Stanley fut laissé à Banana-Point, au-dessous des rapides. C'est le point extrême auquel le steamer a pu remonter. Stanley avait avec lui quatre chaloupes à vapeur et deux allèges pour les provisions. Son escorte se composait de 61 nègres et de 21 blancs. Une expédition est partie de la côte orientale de Zanzibar pour rejoindre Stanley à moitié chemin de la côte occidentale.

Stanley garde le plus grand secret sur l'objet de son expédition, mais l'*Albion* apporte des dépêches pour le gouvernement belge, et l'on croit que l'expédition a été entreprise par le gouvernement dans le but de créer une colonie commerciale belge en Afrique.

L'*Albion* avait été saisi à Sierra-Leone comme suspect de faire la traite, mais il n'a pas tardé à être relâché.

— Une villa romaine en Hollande. — Des fouilles ont lieu en ce moment près de Maestricht, sur l'emplacement d'une colonie romaine. Une villa, qui surpasse en grandeur et en beauté toutes celles que les archéologues ont découvertes jusqu'ici en Belgique et dans les Pays-Bas, a été trouvée près de Backersboschdel. Plusieurs chambres ayant été déblayées, on en a retiré une foule d'objets d'art, de monnaies et de marbres.

— Un aéronaute américain. — M. John Wise, l'aéronaute bien connu, s'est élevé de Saint-Louis, avec son ballon *le Pathfinder*, accompagné d'un citoyen de la ville, M. Burr. Depuis lors, on n'a plus eu de leurs nouvelles. Au moment de l'ascension, il régnait une forte brise du sud. Après s'être élevé à environ 1600 pieds, le ballon a été entraîné vers l'orient. M. Wise espérait entrer dans un courant de vent d'est et voulait aller aussi loin que possible, sans autre objet que de faire des observations météorologiques. On craint qu'il ne lui soit arrivé un accident. M. Wise a soixante et onze ans, et il a fait 462 ascensions aéronautiques.

— Direction des ballons. — Une expérience fort importante vient d'être exécutée par le comité des ballons de l'armée anglaise.

M. George Calley, célèbre mathématicien anglais, avait affirmé qu'en enlevant à 1600 mètres d'altitude une surface de 5 à 6 mètres carrés convenablement construite, on pouvait lui faire parcourir dans une direction déterminée 8 milles avant qu'elle atteignît de nouveau la surface de la terre.

M. le capitaine Templer vient de lâcher un pareil système à une distance de 800 pieds (250 mètres), dans une ascension faite à l'arsenal de Woolwich. La machine, lâchée à 2800 mètres du point de départ, est revenue dans son voisinage.

Quoique le résultat soit moins considérable que sir Georges Calley ne l'avait prévu, il est cependant fort intéressant, car le parachute dirigeable ainsi surchargé a dû vaincre la résistance du vent, qui était assez grande.

Il est inutile d'ajouter qu'un pareil système de direction serait fort utile pour mettre un aérostat en communication avec une place assiégée dans le voisinage de laquelle il passerait en temps de guerre.

Faculté de droit de Paris.

(Place du Panthéon.)

Science financière. — M. Ém. Alglave, agrégé, ouvrira son cours aujourd'hui samedi 15 novembre à trois heures un quart et le continuera les jeudis et samedis suivants à la même heure.

M. Ém. Alglave développera la théorie des emprunts et du crédit public. Il exposera ensuite l'histoire et le mécanisme du budget et terminera par un aperçu du système financier des principaux États.

Le propriétaire-gérant : Germer Baillière.

PARIS. — Impr. J. CLAYE. — A. QUANTIN et Cie, rue St-Benoît. [2080]

LA

REVUE SCIENTIFIQUE

DE LA FRANCE ET DE L'ÉTRANGER

REVUE DES COURS SCIENTIFIQUES (2e SÉRIE)

DIRECTEUR : M. ÉMILE ALGLAVE

2e SÉRIE — 9e ANNÉE NUMÉRO 21 22 NOVEMBRE 1879

CONSERVATOIRE DES ARTS ET MÉTIERS

GÉOMÉTRIE APPLIQUÉE AUX ARTS

COURS DE M. LAUSSEDAT

L'astronomie populaire.

Le cours de cette année aura pour objet l'astronomie et ses principales applications à la géographie, à la division du temps, à sa mesure et, en général, aux besoins de la vie civile. Nous étudierons, chemin faisant, la construction et l'usage des instruments d'observation auxquels la science doit une si grande partie de ses progrès, et de ceux que les marins et les voyageurs emploient continuellement pour se guider et pour explorer le globe. Une pareille étude, pour être faite avec fruit, doit être fondée sur des notions précises de géométrie, de mécanique et d'optique, dont je m'efforcerai de rendre l'exposé aussi clair que possible, sans entrer toutefois dans de trop longs développements.

Je présume qu'une grande partie de ces notions vous sont déjà familières et qu'il me suffira le plus souvent de les invoquer, sans insister sur des démonstrations élémentaires qui nous éloigneraient de notre sujet.

Je ne m'arrêterai pas non plus à réfuter les objections qui ont obscurci pendant si longtemps les saines idées scientifiques. La difficulté, très grande encore, il y a un siècle à peine, de faire accepter le véritable système du monde à un auditoire un peu nombreux, quelque bien disposé qu'il fût, n'existe plus aujourd'hui, grâce à la multiplicité des moyens d'instruction offerts, à Paris surtout, par les écoles de tous les degrés et par les publications populaires.

A l'époque où nous vivons, en effet, la plupart des causes, préjugés ou illusions, qui embarrassaient plus particulièrement l'astronomie, ont entièrement disparu. Nous pouvons ainsi laisser tout à fait de côté les préjugés de l'ordre métaphysique ou religieux (1), qui sont abandonnés de tout le monde, et, à coup sûr, ce n'est pas un des moindres services rendus à l'humanité par la science dont nous allons nous occuper. Quant aux illusions physiques qui subsistent irrésistiblement pour ceux qui n'y ont pas un peu réfléchi, quelques exemples familiers me suffiront pour vous en garantir et me serviront à vous rappeler combien il est indispensable de nous défier de nos sens et de recourir à l'expérience pour en rectifier les indications immédiates.

Quand nous nous trouvons à l'entrée d'une avenue plantée d'arbres de même hauteur et disposés à des distances égales sur deux lignes parallèles, notre première impression n'est-elle pas de croire que les arbres les plus rapprochés de nous sont plus grands et plus espacés que les autres et que les hauteurs, ainsi que les autres dimensions de ces arbres, vont en décroissant à mesure que leur distance augmente, enfin que les deux files se rapprochent en convergeant vers un certain point de l'horizon, qu'elles n'atteignent cependant jamais?

Cette erreur d'appréciation est facile à détruire par une expérience directe qui pourrait consister, ici, à mesurer les distances et les hauteurs, si cela était nécessaire; mais le simple déplacement du spectateur suffirait pour l'avertir de la nature de cette illusion, à laquelle nous sommes tous accoutumés et dont nous ne nous préoccupons en aucune façon, si ce n'est pour l'expliquer d'après les règles très simples de la *perspective linéaire*.

Les illusions que la première vue du ciel produit sur nous sont également, pour la plupart, des effets de perspective, compliqués, à la vérité, de phénomènes de déplacement difficiles à interpréter tout d'abord, parce que nous nous trompons généralement sur l'état de repos ou de mouvement où nous sommes et sur celui dans lequel se trouvent réellement les objets extérieurs que nous observons. Aussi sont-elles

(1) Que tout a été créé pour l'homme, par exemple, non seulement la terre et tout ce qu'elle porte, mais le ciel et tout ce qu'il renferme, l'univers en un mot.

beaucoup plus persistantes que celle dont je viens de parler. Il n'y a pas lieu de s'en étonner d'ailleurs, à ne considérer même que les effets de la perspective ; car si, dans le premier cas, l'observateur rectifie son erreur, pour ainsi dire instinctivement, en modifiant à son gré l'aspect des objets qui l'entourent, qu'il a sous la main, il n'en est plus de même quand il s'agit des astres qui nous sont inaccessibles et dont les distances sont même si considérables que les dimensions de la terre s'évanouissent devant elles.

Mais je viens de vous prévenir que les illusions auxquelles donne lieu le spectacle immédiat du ciel étaient de deux sortes : celles qui sont dues à la perspective et celles qui résultent d'une notion ou, pour parler plus correctement, d'une sensation imparfaite du mouvement et du repos. Ces dernières s'imposent à l'esprit avec une énergie extraordinaire qui explique la résistance des partisans, si longtemps obstinés, de l'immobilité de la terre.

Ne nous arrive-t-il pas sans cesse, en chemin de fer, par exemple, de croire en repos le train qui nous emporte ou, inversement, de le supposer en mouvement, quand c'est un autre train qui se trouve ou passe auprès de lui, et cela sans que nous puissions nous défendre d'une impression que nous savons fausse, d'après d'autres indices?

Prévenus, comme nous le sommes désormais, des erreurs que nous commettons si souvent sur ce qui se passe tout près de nous, ne nous étonnons donc plus de ce qui peut nous tromper ou nous faire hésiter dans nos jugements sur la situation et le véritable état des objets qui sont tout à fait hors de notre portée.

C'est ainsi que, par une belle nuit et dans une plaine découverte, si nous contemplons la multitude de points étincelants qui s'offrent à nos regards dans toutes les directions au-dessus de l'*horizon,* rien ne peut nous faire apprécier les distances de ces points, auxquels nous donnons le nom d'*étoiles,* et nous sommes portés à les croire aussi éloignés les uns que les autres. La sensation que nous éprouvons est effectivement la même que si toutes ces étoiles, tous ces points brillants étaient appliqués sur une voûte sphérique, une vaste coupole reposant sur le sol, aussi loin que nous le découvrons, ou plutôt s'étendant au delà des limites de l'horizon, à une distance que nous laissons forcément indéterminée.

En examinant attentivement et avec un peu d'assiduité le tableau vraiment merveilleux que nous cachent trop souvent les nuages ou l'éclairage artificiel des grandes villes, nous ne manquerons pas de remarquer d'abord que les étoiles sont inégalement réparties sur la voûte céleste où elles forment des groupes de figures invariables, mais nous constaterons aussi que la voûte entière semble se déplacer peu à peu, comme si elle était animée d'un mouvement de rotation autour d'un axe plus ou moins incliné sur l'horizon, selon le pays où nous observons, sensiblement plus incliné, par exemple, en Algérie que dans le nord de la France, mais invariable de position dans un lieu déterminé et aboutissant partout au même point du ciel, à la même étoile qui, dès lors, semble immobile et que l'on nomme l'*étoile polaire.*

Quand ce genre d'observations est continué pendant plusieurs nuits et quand on étudie avec plus de soin le phénomène du mouvement apparent dont il s'agit, on est conduit nécessairement à penser que la voûte ne s'appuie pas sur une base, mais qu'elle enveloppe la terre, qui doit être, par conséquent, un corps isolé dans l'espace et placé au centre d'une sphère complète dont nous ne découvrons que la moitié à chaque instant, l'opacité de notre support nous cachant l'autre comme le ferait un écran.

Telle est précisément l'idée que la plupart des astronomes de l'antiquité se sont faite du ciel étoilé, sous un climat et dans un état de civilisation plus favorables que les nôtres à la contemplation des phénomènes célestes. Beaucoup d'entre eux sont même allés jusqu'à croire que la sphère des étoiles était solide et que celles-ci y étaient attachées, fixées (1) ; mais les plus prudents se sont abstenus, et l'on sait positivement que quelques-uns s'étaient fort bien rendu compte que les étoiles pouvaient être situées à d'immenses distances, très différentes les unes des autres, et que le mouvement apparent de rotation dont elles semblaient être entraînées autour de la terre pouvait s'expliquer très simplement par le *mouvement de la terre sur elle-même, en sens inverse du mouvement apparent de la sphère céleste.* C'est la première idée toutefois qui prévalut, par suite de la croyance, en quelque sorte innée, à l'immobilité de la terre.

Pour en arriver à admettre que la terre est un corps isolé et comme suspendu dans l'espace, au centre de la sphère des étoiles, il avait fallu déjà se débarrasser de bien des préjugés que je me dispenserai d'énumérer (et dont la plupart avaient leur source dans l'observation immédiate des effets de la pesanteur); je ne tarderai pas d'ailleurs à vous indiquer les preuves que les anciens avaient accumulées pour démontrer que la forme de la terre était celle d'un globe et les moyens ingénieux qu'ils avaient imaginés pour en mesurer le diamètre. Ces moyens, qu'ils n'avaient pas pu, malheureusement, employer avec beaucoup de succès, à cause de l'insuffisance de leurs ressources en fait d'instruments, sont, à quelques modifications près, ceux-là mêmes dont les modernes ont fait usage, au grand avantage de la science géographique, ainsi que nous le verrons par la suite.

Les étoiles qui forment ces groupes de forme sensiblement invariable auxquels on a donné le nom de *constellations* ne sont pas les seuls objets intéressants à étudier que nous offre le ciel, quand le soleil est descendu au-dessous de l'horizon. Quelques-uns des points qui brillent pendant la nuit, et que l'on est tenté de confondre d'abord avec les étoiles, changent de place peu à peu à travers celles-ci et parcourent successivement des constellations différentes, ce qui leur a valu le nom de *planètes* ou astres errants.

La lune, qui a un diamètre apparent bien plus considérable, se déplace aussi, et même assez rapidement pour qu'on s'en aperçoive pendant la durée d'une seule nuit.

Enfin le soleil, dont l'éclat efface à la vérité et semble éteindre celui de tous les autres astres, a lui-même un mouvement apparent de transport à travers les constellations. Ce dernier déplacement, beaucoup plus lent que celui de la lune, est le moins facile à constater d'une manière immédiate. Cependant il n'en a pas moins été reconnu et observé chez tous les peuples qui ont cultivé l'astronomie. C'est lui, en effet, qui joue le rôle de beaucoup le plus important, puisqu'il produit et règle le cours des saisons à la surface de la terre.

Le phénomène le plus saillant, et auquel la nature animée tout entière est sensible, est celui du *lever* et du *coucher* du

(1) Fixées, *affixa,* et non pas fixes, comme on le dit trop souvent.

soleil. De son lever à son coucher, l'astre semble simplement entraîné dans le mouvement général de la sphère céleste; mais si, après son abaissement au-dessous de l'horizon, on remarque les étoiles ou la constellation qui se couche immédiatement après lui et à la même place, et que l'on réitère chaque jour cette observation, on reconnaît, après quelque temps, que la constellation n'est plus visible, qu'elle s'est couchée avec le soleil qui semble, par conséquent, s'être avancé à sa rencontre et avoir pris un mouvement propre en sens inverse de celui de la sphère céleste.

C'est par des observations de cette nature, continuées assidûment, que les astronomes ont d'abord reconnu que le soleil paraissait parcourir, *dans une année*, un grand cercle de la sphère céleste, dont le plan est oblique par rapport à l'axe de rotation que l'on désigne aussi sous le nom d'*axe du monde*, dans cette théorie des *mouvements apparents*.

Les constellations que traverse le cercle oblique décrit par le soleil, cercle que l'on nomme l'*écliptique*, forment une zone, une sorte de ceinture appelée *zodiaque*. La lune et les planètes se déplacent en parcourant également les constellations du zodiaque.

L'analogie qui résulte de cette circonstance a conduit les anciens astronomes à ranger le soleil et la lune au nombre des planètes. Ils admettaient, en conséquence, que la sphère céleste avait un mouvement du levant au couchant, ou *d'orient en occident*, qui, en même temps que les étoiles, entraînait les planètes, y compris le soleil et la lune, mais que les différentes planètes situées à des distances variées de la terre, qui occupait le centre de la sphère, avaient chacune un mouvement propre dans le sens inverse, c'est-à-dire d'occident en orient.

Pour le soleil comme pour la lune ce système n'offrait pas de difficultés, parce qu'il était simplement l'expression des phénomènes observés, mais il n'en était plus de même pour les autres planètes; celles-ci, dans leurs déplacements à travers les constellations du zodiaque, semblaient tantôt s'*avancer* d'occident en orient et tantôt *rétrograder* d'orient en occident, avec des vitesses inégales et des *stations* ou temps d'arrêt, circonstances qui les distinguaient essentiellement de la lune et du soleil, et qui devenaient très difficiles à expliquer dans l'hypothèse ou le système de l'immobilité de la terre au centre de la sphère céleste.

Si, au contraire, on admettait, avec le mouvement de rotation de la terre autour d'un de ses diamètres qui rendait compte si facilement du *mouvement diurne* (c'est-à-dire du mouvement apparent de la sphère céleste dans un jour de vingt-quatre heures), un *mouvement de translation* ou de circulation de ce globe autour du soleil, dans une année, tout se simplifiait et s'expliquait aisément. Le soleil devenu l'astre central, la terre était une planète comme celles dont nous constatons les mouvements qui se réduisaient de même à une circulation autour du soleil, et la lune continuait seule à tourner autour de la terre, en descendant dès lors au rang de *planète secondaire* ou de *satellite*.

Ce système, entrevu par plusieurs philosophes grecs, mais repoussé dès lors par les esprits timides ou obstinés, est celui que *Copernic* a fait prévaloir, en le présentant comme une hypothèse, étayée toutefois de puissants arguments, et que toutes les découvertes des modernes ont justifiée d'une manière éclatante.

Nous y reviendrons tout à l'heure, mais, avant d'aller plus loin, nous devons reconnaître hautement qu'en dépit d'erreurs capitales, d'ailleurs inévitables aux débuts d'une science si délicate, les anciens astronomes, et surtout les Grecs, ont observé avec une grande sagacité, démêlé bien des complications et créé des méthodes que les modernes n'ont fait qu'imiter en les perfectionnant et en y appliquant des ressources bien supérieures. Ce sont eux aussi qui, en découvrant l'explication de phénomènes dont l'étrangeté frappait les esprits de terreur, comme les éclipses de lune ou de soleil, ont tracé les premiers sillons dans le champ si fécond de la philosophie naturelle et contribué ainsi puissamment au redressement et à l'affermissement de la raison humaine.

Les premières tentatives faites pour étudier et prévoir les mouvements des corps célestes avaient un but social bien déterminé : la construction de ce qu'on a appelé depuis le *calendrier* ou l'*almanach*, c'est-à-dire l'établissement d'une division rationnelle du temps, cet élément fondamental de la vie que les peuples modernes les plus affairés ont qualifié à leur manière (*time is money*, disent les Anglo-Américains, le temps est de l'argent), mais dont les anciens, pour si peu positifs qu'on veuille les supposer, ne méconnaissaient pas la haute importance.

Fixer le retour périodique des saisons et des phases de la lune (ce qui se faisait généralement au moyen de fêtes devenues ainsi utiles aux travaux des champs et même aux pasteurs nomades), subdiviser la durée du jour ou les durées du jour et de la nuit en intervalles égaux plus ou moins petits (physiquement au moyen des cadrans solaires et des clepsydres ou horloges à eau), prédire les éclipses et les faire rentrer ainsi dans la catégorie des phénomènes naturels, telles furent les premières et très précieuses applications de l'astronomie chez les peuples civilisés de l'antiquité.

Les astronomes grecs ne s'en tinrent pas toutefois au programme que je viens de tracer. Le plus illustre d'entre eux, et sans doute l'un des plus grands génies de tous les temps, *Hipparque*, qui observait à Rhodes il y a deux mille ans, étendit considérablement le champ des recherches astronomiques et celui des applications de cette science. Il créa notamment la géographie mathématique, en la fondant sur des observations de phénomènes célestes.

Avant lui, à part les constellations du zodiaque et quelques-unes de celles qui tournent autour du *pôle*, du pivot apparent de la sphère céleste, la description du ciel était faite de la manière la plus vague, on pourrait dire la plus grossière. Un autre philosophe grec, contemporain et ami de Platon (400 ans avant Jésus-Christ), Eudoxe, avait bien construit une sorte de représentation de la sphère étoilée (on soupçonne même qu'il l'avait rapportée d'Égypte et qu'elle remontait à 1400 ans avant notre ère, ce qui lui donnerait plus de 3000 ans d'existence); mais Hipparque, en consultant cette sphère, en avait reconnu l'inexactitude intolérable et s'était décidé à en construire une, à son tour, par des moyens précis d'observation (qui le conduisirent à la découverte d'un second mouvement apparent de la sphère céleste), et, avec le secours d'un nouveau calcul qu'il avait inventé pour déterminer les positions des étoiles sur la sphère, il employa un réseau de cercles qui est encore celui dont nous nous servons (1). En transportant d'un autre côté

(1) Hipparque, ce mortel qui entreprit de dénombrer les étoiles, œuvre digne d'un dieu. (Cité de mémoire, d'après un auteur grec.)

la même idée à la description de la terre, qu'il supposait sphérique, il fut le premier qui donna une signification scientifique aux mots de *longitude* et de *latitude terrestres*. Il fit plus : on savait, avant lui, déterminer la *hauteur angulaire du pôle* qui mesure la latitude, mais on n'avait aucun moyen de trouver les longitudes; il enseigna à les déterminer par l'observation des éclipses de lune, faisant tourner ainsi à l'avantage de la géographie, et par conséquent de l'espèce humaine, un de ces phénomènes qui avaient été pendant longtemps pour cette dernière un objet de terreur superstitieuse, et qui le sont encore aujourd'hui pour les populations restées soumises au joug de l'ignorance.

Ptolémée, qui vivait à Alexandrie plus de deux siècles après lui, poursuivit et coordonna l'œuvre d'Hipparque, et s'est acquis une grande réputation en publiant un *Traité d'astronomie* qui contient l'exposition complète des connaissances de son temps. C'est à lui, vous le savez sans doute, qu'on attribue ordinairement le système du monde qui laisse la terre au centre de la sphère céleste; mais c'est une erreur, car ce système est beaucoup plus ancien, même d'après ce que j'en ai dit précédemment, et Ptolémée n'a eu que le mérite assez fâcheux de le soutenir par de mauvais arguments et de le perpétuer ainsi, d'abord chez les astronomes grecs, puis chez les Arabes, qui l'apportèrent en Europe, où, l'ignorance et la routine aidant, il finit par devenir un article de foi.

Je n'essaierai pas de compléter ce tableau beaucoup trop succinct des services considérables rendus à l'astronomie par les Grecs, et plus tard par leurs disciples immédiats, les Arabes, qui ne brûlaient pas plus volontiers les bibliothèques que les conquérants modernes, et auxquels nous devons, au contraire, la conservation et la connaissance de la plupart des chefs-d'œuvre des grands génies de la Grèce et de Rome, dont les modernes ont si largement fait leur profit.

Je viens d'accuser Ptolémée de s'être déclaré pour l'immobilité de la terre, contre l'opinion de plusieurs philosophes grecs qui avaient pressenti et soutenu le double mouvement de notre globe sur lui-même et autour du soleil, et jusqu'à l'immensité de l'univers (Aristarque de Samos entre autres). Cette erreur, dans laquelle on a persévéré ensuite jusqu'à Copernic, et même après lui, n'a heureusement pas empêché, si même elle n'y a contribué, de faire admettre l'isolement de la terre en même temps que sa forme semblable à celle de la sphère céleste, d'où l'on a été induit à fixer approximativement ses dimensions, c'est-à-dire la grandeur de son rayon, et par conséquent celle de sa circonférence.

Ces dernières notions, tout imparfaites qu'elles fussent, n'ont pas moins suffi pour inspirer les tentatives des navigateurs du XVe et du XVIe siècle, qui allaient à la découverte des passages pour gagner les Indes. C'est en effet avec les connaissances limitées de cette ancienne cosmographie que Vasco de Gama est parvenu à doubler le cap des Tempêtes, que Christophe Colomb a atteint les îles et le continent de l'Amérique, que Magellan entreprit et que ses compagnons effectuèrent, après sa mort, le premier voyage de circumnavigation qui démontrait irrévocablement la sphéricité et l'isolement de la terre.

Je n'ai ni le temps ni l'intention de faire ici l'histoire, même abrégée, des progrès de l'astronomie, à partir de son renouvellement par Copernic; mais, pour mieux préciser le but vers lequel je dois vous diriger, permettez-moi au moins de vous esquisser à grands traits les phases principales du développement d'une science qui a rendu et qui continue à rendre à la civilisation des services incalculables.

Parmi les rénovateurs, ou, si vous préférez adopter l'expression dont s'est servi M. J. Bertrand dans un beau livre dont je vous conseille la lecture (1), les fondateurs de l'astronomie moderne, vous m'entendrez souvent citer après Copernic, Tycho-Brahé, Képler, Galilée, Huygens et Newton.

Quelques mots sur les découvertes les plus saillantes de ces grands hommes me serviront à fixer dans votre mémoire un certain nombre de faits primordiaux, et en même temps à vous donner une idée du mouvement intellectuel qui a caractérisé, au point de vue où nous sommes placés comme à tous les autres, cette époque féconde si heureusement qualifiée du nom de *Renaissance*.

Copernic, le premier (1473-1543), a eu le mérite incontesté de soumettre à une discussion attentive les différentes hypothèses des anciens concernant la disposition relative dans l'espace des astres qui ont ou paraissent avoir des mouvements propres et de se prononcer pour le système qui faisait mouvoir la terre et les autres planètes autour du soleil, en appuyant son opinion de preuves, d'observations et de calculs qui lui donnaient le plus grand poids.

Tycho Brahé (1546-1601), le plus habile et le plus exact des observateurs, qui vient après lui, tout en enrichissant la science de faits importants et de documents précieux, n'osa pas adopter le mouvement de la terre et imagina un système mixte qui serait tombé dans l'oubli sans le mérite exceptionnel des travaux accomplis au célèbre observatoire d'Uranienbourg (île de Hwen, près de Copenhague). Indépendamment d'un nombre considérable d'observations concernant le soleil, la lune et les planètes, faites, je le répète, avec une recherche d'exactitude inconnue jusqu'à lui, on doit à Tycho la démonstration de ce fait (entrevu dans l'antiquité et même admirablement soutenu par Sénèque, mais que l'on révoquait en doute), à savoir : que les comètes ne sont point des météores ou des émanations de l'atmosphère, mais des amas de matière pouvant réfléchir la lumière solaire et parcourant des trajectoires qui dépassent de beaucoup la région de l'orbite lunaire.

Puisque je trouve ici l'occasion de parler des comètes, je crois devoir tout de suite ajouter que, vers la fin du XVIIe siècle, un astronome allemand, Dörfel, avait reconnu nettement la nature des courbes décrites autour du soleil par ces astres d'un aspect si extraordinaire que leur apparition a donné naissance bien souvent aux fables les plus ridicules et à des paniques peut-être plus grandes que celles qu'inspiraient les éclipses, qui sont effectivement des phénomènes de beaucoup plus courte durée.

Nous verrons encore que le célèbre astronome anglais Halley constata, au commencement du XVIIIe siècle, la périodicité du retour d'une comète remarquable, périodicité qui a été établie depuis pour un assez grand nombre de corps analogues; enfin, dans ces derniers temps, un savant italien, M. Schiaparelli, a fait faire un progrès considérable à cette branche de la physique céleste, en mettant en évidence la relation intime qui existe entre certaines comètes et les essaims d'*étoiles filantes* observées de tout temps, mais rattachées,

(1) *Les Fondateurs de l'astronomie moderne*, par M. J. Bertrand, secrétaire perpétuel de l'Académie des sciences.

seulement depuis les premières années du siècle, aux aérolithes ou pierres tombées du ciel, dont on avait été jusqu'à nier l'existence et dont les chutes sont cependant extrêmement fréquentes sur toute l'étendue du globe.

Mais revenons sur nos pas et continuons à suivre le développement général de notre science en remontant aux inventeurs.

Képler (1571-1630), qui joignait à une ardente imagination une puissance de travail incomparable, hérita des observations de Tycho, mais il adopta sans hésitation le système de Copernic, qu'il contribua même plus que personne à vulgariser par ses ouvrages. Après des tâtonnements innombrables et longtemps infructueux, il découvrit enfin les véritables lois du mouvement des planètes autour du soleil et ouvrit ainsi la route à Newton et aux illustres géomètres qui l'ont suivi.

Au nombre des idées systématiques qui obscurcissaient le génie des astronomes grecs, il faut signaler ce préjugé qui consistait à admettre que les corps célestes, parfaits de leur nature, ne pouvaient être entraînés que par des sphères concentriques ou dans des orbites également parfaites, c'est-à-dire circulaires et avec des mouvements uniformes.

Je m'abstiens de vous entretenir des complications inextricables dans lesquelles se trouvaient jetés les astronomes pour faire accorder de telles hypothèses avec les observations à mesure que celles-ci devenaient plus nombreuses et plus exactes (1).

En plaçant le soleil au centre du système planétaire Copernic avait bien rompu les cieux solides et supprimé les sphères transparentes emboîtées les unes dans les autres, mais il n'était pas parvenu à s'affranchir des orbites circulaires.

En cherchant à perfectionner les théories des planètes c'est-à-dire à prédire avec exactitude les positions successives de ces astres vus de la terre, en les rapportant aux constellations du zodiaque, Képler découvrit l'inexactitude ou plutôt l'impossibilité d'admettre l'hypothèse des orbites circulaires excentriques, et, avec une patience et une sagacité inouïes, il parvint à mettre hors de doute ces deux faits considérables, à savoir : 1° que le soleil se trouve placé au foyer commun d'ellipses dont les plans sont peu inclinés les uns sur les autres et qui sont les orbites décrites par les différentes planètes; 2° que les mouvements des planètes sur leurs orbites ne sont pas uniformes, mais que, si l'égalité n'existe pas entre les arcs décrits dans les temps égaux, elle existe entre les *aires* ou les surfaces décrites dans l'ellipse par les *rayons vecteurs*, c'est-à-dire par les lignes droites menées du soleil aux positions successives de la planète.

Enfin, en comparant les distances qui séparent les différentes planètes du soleil avec les temps que ces planètes mettent à accomplir leurs révolutions autour de cet astre, il découvrit une relation très remarquable entre ces quantités, relation qui constitue sa troisième loi et que nous étudierons, ainsi que les deux premières, dans la suite de ce cours.

Vers le même temps, je veux dire au commencement du XVIIe siècle, le télescope était inventé et la mécanique, restée presque stationnaire depuis Archimède, recevait de Galilée (1564-1642), et un peu plus tard d'Huygens (1629-1695), des perfectionnements qui devaient, non seulement détruire les dernières traces des préjugés que la pesanteur terrestre avait fait naître et entretenus pendant si longtemps, mais mettre sur la voie de l'explication physique des mouvements des corps célestes. Il restait toutefois de grands obstacles à surmonter, et ce sera l'éternel honneur du grand Newton (1642-1727) d'y être parvenu en découvrant la *gravitation universelle*, c'est-à-dire cette propriété, dont tous les corps de la nature sont doués indistinctement, de tendre les uns vers les autres suivant une loi géométrique d'une grande simplicité, propriété à la cause de laquelle Newton eut d'ailleurs le soin de ne pas remonter, pour rester sur le terrain solide de la géométrie et ne point s'égarer dans les nuages de la métaphysique.

Je viens de nommer Galilée et de signaler la découverte du télescope ou de la lunette d'approche. Cette découverte avait été faite en Hollande, vers 1608; mais à peine Galilée en avait-il entendu parler, que, sans en connaître la disposition, il parvenait à construire lui-même une lunette dont il eut aussitôt l'idée de se servir pour examiner les astres (1609).

Jusqu'alors on avait étudié seulement les mouvements des corps célestes, mais leur éloignement et la puissance limitée de l'organe de la vue humaine n'avaient pas permis d'acquérir des notions positives sur leur nature physique; on savait seulement qu'ils n'avaient pas le même éclat et l'on soupçonnait (le soleil et la lune mis à part, car cela était évident pour eux) qu'ils n'étaient pas d'égales dimensions. Les observations précises leur faisant défaut, les anciens, toujours dominés par des idées préconçues, avaient trouvé naturel de supposer que tout ce qui était dans le ciel était parfait, et voici ce qu'ils entendaient par là : les astres étaient formés d'une substance pure, éthérée, bien différents en cela de la terre, qui était composée d'éléments grossiers; leur surface était unie, polie pour ainsi dire; on ne savait qu'imaginer pour les qualifier : ils étaient *incorruptibles, immaculés*.

La lunette de Galilée vint tout à coup faire évanouir toutes ces imaginations, en montrant que la lune, comme la terre, avait des montagnes, que Jupiter avait des satellites qui tournaient autour de lui comme la lune autour de la terre, que Vénus avait des phases analogues à celles de la lune, ce qui signifiait que la lumière des planètes est empruntée au soleil, enfin que le soleil avait des taches! Galilée s'était laissé devancer dans l'annonce de cette découverte (1), tant il la trouvait lui-même extraordinaire, les taches étant variables de position et de dimensions et disparaissant même, ce qui décelait d'une part un mouvement de rotation sur lui-même et de l'autre une agitation incessante à la surface de l'astre le plus majestueux. Il avait encore reconnu que Saturne, la planète la plus éloignée du soleil, avait un aspect étrange qui n'était pas toujours le même; mais il était réservé à Huygens de reconnaître la forme de l'anneau mince et cependant

(1) Il ne paraît pas prouvé toutefois que les plus ingénieuses de ces hypothèses eussent un caractère aussi absolu dans l'esprit de leurs inventeurs que dans celui de leurs commentateurs. Il est bien plus probable qu'elles avaient été imaginées pour *interpréter* les observations qui accusaient clairement l'irrégularité des mouvements du soleil, de la lune et des planètes. Dans la théorie d'Hipparque, par exemple, la terre est placée hors du centre de l'orbite circulaire et la planète ne se meut plus uniformément sur le cercle, mais de telle sorte que son mouvement paraîtrait uniforme à un spectateur placé symétriquement de l'autre côté du centre, en un point appelé, d'après cela, *équant*. N'est-il pas évident que c'est là l'idée d'un géomètre habile à tourner les difficultés plutôt que celle d'un astronome qui prétendrait énoncer une loi positive?

(1) Par Fabricius et par Scheiner.

gigantesque qui entoure cette planète et d'en expliquer les apparences ou les phases successives.

Enfin, c'est encore l'illustre Florentin qui constata l'existence de myriades d'étoiles dans la voie lactée et qui ouvrit ainsi le champ sans limites de l'*astronomie stellaire* exploré depuis par un grand nombre d'habiles observateurs, à la tête desquels il faut citer William Herschel qui a contribué plus que personne à rendre populaire cette idée, déjà ancienne, à la vérité, que les étoiles sont autant de soleils distribués dans l'espace infini, non point au hasard, mais selon des lois qu'il s'est efforcé de découvrir.

On se ferait difficilement, de nos jours, une idée de la stupéfaction produite, principalement chez les classes instruites, par la publication des découvertes de Galilée. Admirables pour quelques-uns, invraisemblables et téméraires pour le plus grand nombre (ce qui explique son procès et la condamnation ridicule autant qu'inique prononcée contre lui), elles n'étaient cependant que le prélude des merveilles que les lunettes et les télescopes de plus en plus puissants, de plus en plus parfaits, ont dévoilées aux astronomes, et de celles que l'avenir leur réserve indubitablement. N'est-ce pas tout récemment, par exemple, que, grâce au spectroscope, on est parvenu, chose à peine croyable, à analyser les substances des astres et à démontrer l'identité des éléments chimiques qui les composent et de ceux au milieu desquels nous vivons à la surface de la terre?

Je me propose de vous faire connaître les principaux résultats auxquels on est arrivé ainsi progressivement dans les différentes branches de l'astronomie physique, qui a pour but, vous le voyez, de pénétrer aussi loin que possible les secrets de la structure de l'univers; mais ces notions, quels que soient leur portée philosophique et l'intérêt qu'elles inspirent, ne doivent pas nous faire perdre de vue l'objet essentiel de ce cours qui se trouve renfermé surtout dans l'étude de notre système solaire, de celui auquel nous appartenons.

Ce sont, en effet, les mouvements apparents ou réels des astres voisins de notre globe qui nous procurent les éléments des applications les plus importantes de l'astronomie. En voulez-vous des preuves? Elles abondent, et je n'aurai que l'embarras du choix; en voici quelques-unes des plus frappantes.

Si les premiers navigateurs que je vous nommais tout à l'heure ont osé se hasarder sur des mers inconnues, en s'aidant des indications bien insuffisantes que leur fournissaient alors le ciel étoilé et la boussole, à partir des grandes découvertes qu'ils ont accomplies, eux et leurs émules, l'activité commerciale a pris un tel essor que les chances d'accidents, déjà trop nombreuses pour quelques bâtiments montés par des aventuriers, se seraient multipliées d'une manière désespérante. Si la science ne fût venue au secours des hommes, intrépides aussi, mais nécessairement plus prudents, qui entreprenaient d'échanger à de grandes distances les produits des divers continents, nul doute qu'en dépit de l'amour du gain cet essor n'eût été paralysé.

Pour se diriger sûrement sur la vaste étendue des mers, il faut pouvoir fréquemment marquer la position du navire. Cette position est déterminée, chacun le sait aujourd'hui, par la longitude et la latitude géographiques. La latitude se trouve aisément par une observation de la hauteur angulaire du soleil ou par celle d'un autre astre, au-dessus de l'horizon, à un instant choisi; mais la longitude est habituellement indiquée par les chronomètres, montres marines ou garde-temps donnant l'heure du port d'embarquement, que l'on compare à celle du lieu où se trouve le navire. Or, malgré les perfectionnements merveilleux apportés, précisément dans ce but, à la construction des chronomètres (et nous trouverions encore ici l'occasion de citer le nom d'Huygens, à qui l'on doit l'invention capitale du balancier animé par un ressort spiral), on ne saurait se fier absolument à la marche de ces instruments, après plusieurs semaines de navigation. Il faut donc recourir à l'observation d'un astre qui joue, sur la sphère céleste comparée à un cadran dont les divisions sont remplacées par les étoiles, le rôle de l'aiguille d'une montre. La théorie extrêmement compliquée du mouvement de la lune, qui permet de prédire à chaque instant sa position dans le ciel, pour un lieu déterminé de la terre, n'a pu être portée à un degré de précision satisfaisant que par le perfectionnement incessant de celle du mouvement des autres corps du système solaire auquel elle appartient aussi bien que la terre.

Cette théorie de la lune, dont les résultats sont consignés chaque année dans la *Connaissance des temps*, à côté de ceux qui concernent les positions apparentes du soleil, des principales planètes et celles d'un certain nombre d'étoiles choisies, a exigé des efforts considérables de la part de plusieurs générations d'habiles géomètres, et doit être considérée comme le triomphe le plus éclatant de la mécanique céleste créée par le génie de Newton.

Je dois vous prévenir que je n'aborderai pas ici les sujets ardus dont traite cette science qui doit ses principaux progrès, je ne veux pas manquer de vous le dire en passant, à des Français : Clairaut, d'Alembert, Lagrange (né à Turin, mais d'origine française, et revenu en France), Laplace, Poisson, Delaunay et Leverrier, dont les noms sont à jamais illustres.

Je tâcherai cependant de vous donner une idée de la nature des questions dont il s'agit, et surtout des moyens que, grâce aux géomètres, les astronomes sont désormais en mesure de fournir aux navigateurs, aux voyageurs et aux géographes qui dressent les cartes.

Puisque je viens de nommer les cartes, je ne dois pas laisser échapper l'occasion de répondre à des questions que beaucoup d'entre vous se sont faites bien souvent, j'en suis certain. Comment est-on parvenu à construire la carte d'un grand pays comme la France, celle de continents entiers, enfin la mappemonde ou le globe terrestre?

Comment a-t-on pu tracer rigoureusement les contours des grands continents et des îles, le cours des fleuves, les chaînes de montagnes, marquer la place des centres de population, etc.?

J'indiquerai plus tard les moyens spéciaux, très parfaits, mais très longs, qui servent à dresser la carte détaillée d'un pays civilisé; mais vous devinez tout de suite que la méthode des longitudes et des latitudes, dont je viens de dire un mot en parlant de la navigation océanique, doit être aussi celle que peuvent employer les explorateurs qui parcourent l'intérieur des grands continents encore si peu connus de nos jours, comme vous pouvez le voir sur la carte figurative que je mets sous vos yeux (1). Vous remarquerez que, à part l'Eu-

(1) Cette carte, même en la réduisant beaucoup, ne pouvait pas être reproduite dans la *Revue*; l'énumération des pays les mieux

rope, l'Amérique du Nord, une bande généralement étroite sur le pourtour de l'Amérique du Sud, les contours de l'Afrique, notre Algérie, la colonie anglaise du Cap, l'Inde, l'Asie Mineure et quelques autres régions de cette vaste partie du monde ou de son extrémité orientale, quelques îles des divers Océans et une faible partie de l'Australie, tout le reste nous est très imparfaitement connu, d'après des renseignements fournis par les caravanes ou d'après des relations et des itinéraires nécessairement incomplets.

Et cependant, ces pays à peu près ignorés, malgré la science et le dévouement d'intrépides voyageurs, recèlent, cela ne saurait faire l'ombre d'un doute, des richesses considérables, qui forment en quelque sorte la *réserve* des générations futures, lesquelles n'ont plus, pour les exploiter, qu'à persévérer dans la voie ouverte par leurs devancières.

Au point de vue du perfectionnement matériel, la science de l'astronomie, en procurant la sécurité aux navigateurs et en éclairant la géographie, a donc rendu et est sûrement destinée à rendre les plus grands services à l'homme, comme elle lui en avait déjà rendu au point de vue moral et intellectuel. Mais ce n'est pas tout, et si les considérations que je viens de vous présenter ne semblaient devoir s'adresser qu'à certaines catégories de personnes ou de professions, je vous ferais remarquer que, dans l'état de civilisation auquel nous sommes parvenus nous ne pouvons pas plus nous passer des enseignements et des secours de l'astronomie que de la lumière du soleil elle-même.

Les usages de la vie civile ne sont-ils pas tous réglés sur la durée du jour divisé en vingt-quatre heures et sur celle de l'année partagée en saisons, en mois, en semaines, en jours.

Chaque jour commence à *minuit* et finit au *minuit* suivant. Mais qui est-ce qui fixe cet instant de minuit? Les horloges, penserez-vous ; mais les horloges ne marchent qu'à la condition d'être fréquemment réglées au moyen d'une observation astronomique, très simple, je le veux bien, au moyen d'une *méridienne;* mais qu'est-ce qu'une méridienne? comment la trace-t-on? quel instant du jour sert-elle à observer?

Vous savez, et le nom l'indique, que l'observation de l'ombre portée par un style sur la méridienne, correspond à l'heure de midi, déterminée par le passage du soleil au point le plus haut de sa course diurne apparente.

Cependant, pour un motif que je ferai connaître plus tard, cette observation ne donne pas rigoureusement, tous les jours de l'année, le midi des horloges et des montres, et il ne s'agit pas d'une faible différence, car elle peut aller jusqu'à un quart d'heure et plus.

Si l'on se contentait d'une aussi grossière approximation pour régler sa montre, on courrait bien souvent le risque de manquer le chemin de fer.

Ne convient-il pas de savoir la cause de cette différence et d'apprendre comment on en tient compte? Quand votre montre est réglée sur le méridien de Paris, vous pouvez voyager dans toute la France, sur les voies ferrées, où tout est rapporté à l'heure de Paris. Mais si, étant à Bordeaux ou à Brest, vous preniez l'heure locale à une méridienne ou à une horloge publique, vous seriez encore exposé à vous trouver en retard, en allant à la gare; les horloges de Brest, par exemple, retardent d'un quart d'heure environ sur l'heure de Paris.

Si vous sortez de France, il faudra vous informer de l'heure qui est adoptée, du méridien à partir duquel on est tenu de compter.

Tout cela, sans doute, est bien connu aujourd'hui, mais encore faut-il savoir les motifs de ces usages.

Je pourrais maintenant parler de l'almanach, des phénomènes qui règlent les saisons, les phases de la lune, les marées sur nos côtes, etc. ; mais je craindrais de donner à cet exposé déjà bien long un développement dont il n'a pas besoin.

L'utilité des notions cosmographiques est de tous les instants, et chacun l'apprécie, au moins instinctivement, mais j'estime qu'on ne peut acquérir ces notions d'une manière entièrement satisfaisante qu'en allant au delà, en étudiant, en un mot, l'astronomie, sous peine de n'en avoir qu'une idée confuse.

Je vous citerai, en terminant, une autre application de l'astronomie qui n'est pas l'un des moindres bienfaits que nous ait légués le XVIIIe siècle; je veux parler du *système métrique*. La base de ce système, qui va enfin devenir universel, *le mètre*, est, par définition, la dix-millionième partie de la distance du pôle terrestre à l'équateur ou la quarante millionième partie de la circonférence du globe. Comment est-on parvenu à se procurer cette longueur? comment la retrouverait-on, si elle venait à être perdue? Voilà ce que j'aurai à vous expliquer, mais en attendant je ne dois pas manquer de vous dire que les opérations délicates qu'il a fallu entreprendre pour déterminer la longueur du mètre sont, pour la France, un des titres de gloire scientifique que les étrangers contestent le moins(1).

En résumé, la science que nous nous proposons d'étudier

connus, qui est donnée dans le texte de la leçon, permettra au lecteur d'y suppléer au moyen d'une mappemonde prise dans le premier atlas qui lui tombera sous la main.

(1) La longueur du mètre que la nouvelle commission internationale qui fonctionne à Paris a cru devoir adopter est celle du type des archives, *dans l'état où il se trouve actuellement*. Cette longueur ne saurait, dans aucun cas, représenter exactement la quarante-millionième partie de la circonférence du méridien terrestre, car les irrégularités constatées de la surface de notre sphéroïde enlèvent à la définition même du mètre le mérite de la précision; mais on n'en est pas moins certain que le mètre des archives répond très approximativement à cette définition qui sert après tout à fixer les idées, malgré le léger défaut de rigueur qu'on peut lui reprocher. D'ailleurs le but essentiel, celui de l'uniformité des mesures, dans le système décimal, est désormais atteint dans les usages civils et dans la plupart des usages scientifiques. Il en résulte, comme chacun sait, une grande sécurité dans les transactions et une extrême simplicité dans les calculs. Il faut convenir, toutefois, que les astronomes et les géomètres, qui ont tant contribué au succès de cette grande réforme, n'ont généralement pas donné l'exemple de la soumission aux règles si sages qu'ils avaient eux-mêmes établies. Il serait bien à désirer, pour une foule de raisons, que la division centésimale de la circonférence et la division décimale du jour fussent adoptées dans les observatoires et dans les instituts géographiques. Grâce à l'influence de Laplace, le dépôt de la guerre, en France, emploie depuis longtemps la division centésimale de la circonférence et se trouve, sous ce rapport, en avance sur les établissements analogues. Il ne faut pas oublier que la longueur du mètre a été choisie de manière à donner au degré centésimal ou grade et à ses subdivisions des grandeurs linéaires qui facilitent et simplifient singulièrement les évaluations géographiques en évitant des calculs de transformation du système sexagésimal dans le système décimal. Ainsi, le grade substitué à l'ancien degré et compté sur un méridien a une longueur de 100 kilomètres; la minute centésimale, une longueur de 1 kilomètre; la seconde centésimale correspond à 10 mètres.

n'a pas seulement l'attrait plus que suffisant des sujets élevés dont elle s'occupe : elle a, nous venons de le voir, une foule d'applications vulgaires, en ce sens qu'elles se rapportent à des choses dont l'usage nous est familier. Enfin les notions qu'elle enseigne sont indispensables à plusieurs classes d'artistes, notamment aux horlogers et aux mécaniciens qui construisent les instruments de précision, aux géographes qui dessinent les cartes, etc.

Un mot encore, et j'ai fini. L'astronomie, cela n'est que trop certain, est plus populaire dans quelques pays voisins qu'en France, et cette inégalité, qu'il faut nous efforcer de faire disparaître, tient sans doute au préjugé fâcheux que cette science ne peut être cultivée et se développer que dans les grands observatoires munis de puissants et coûteux instruments. En Angleterre, aux États-Unis, ailleurs encore, on pense tout autrement, et nous avons eu, en France même, des exemples, trop peu nombreux mais très frappants, des services que peuvent rendre les volontaires souvent dépourvus de ressources personnelles. Ainsi, l'on doit à M. Goldschmidt, peintre d'histoire, mort il y a quelques années seulement à Paris, absolument sans fortune, la découverte de dix des nouvelles petites planètes qui circulent dans des orbites comprises entre celles de Mars et de Jupiter.

En vous parlant des étoiles variables, c'est-à-dire de celles qui changent d'éclat avec le temps, des amas d'étoiles et des nébuleuses qui sont au nombre des plus merveilleux objets du ciel, en vous entretenant des travaux spectroscopiques qui se poursuivent de tous côtés, enfin en mettant sous vos yeux les magnifiques dessins et les photographies du soleil, de la lune et des planètes, j'aurai l'occasion de vous signaler bien souvent la part considérable qui revient, dans les récents progrès de l'astronomie physique, principalement en Angleterre et en Amérique, à des amateurs plus favorisés en général que M. Goldschmidt, mais ayant comme lui l'amour, la passion des découvertes et consacrant leur temps et leur fortune à des recherches qui leur procurent les plus nobles jouissances, parce qu'ils n'ignorent pas que faire avancer la science, c'est en même temps faire progresser l'humanité de la manière la plus efficace, on peut même dire la plus infaillible.

COLONEL LAUSSEDAT,
Professeur au Conservatoire des arts et métiers.

LE CONGRÈS ANTHROPOLOGIQUE DE MOSCOU

Sous le rapport du développement scientifique et industriel tous les peuples passent par trois phases successives : la phase étrangère, la phase nationale et la phase du libre-échange.

Dès l'abord, quand un peuple aspire à occuper une place parmi ceux qui sont les plus avancés en civilisation, il cherche à faire connaître en dehors de ses frontières ses aptitudes et ses ressources. Il appelle en outre chez lui les étrangers, pour profiter de leur savoir et mettre en exploitation les richesses nationales. C'est ce que je désigne sous le nom de *phase étrangère*. On pourrait aussi l'appeler phase d'éducation ; elle correspond à la jeunesse.

Une fois formé et instruit, ce même peuple entend se suffire à lui-même. Il se ligue alors contre ceux qui sont venus apporter du dehors science et industrie, et qui d'ailleurs ne sont plus pour lui d'une grande utilité. C'est la phase que je nomme *nationale*, qu'on peut comparer à l'âge adulte plein de sève et d'ardeur.

Enfin, quand les facultés propres de ce peuple, surexcitées par le patriotisme, ont produit tout ce qu'elles sont à même de produire, il s'opère naturellement un apaisement. On se demande pourquoi aux ressources nationales on ne joint pas les ressources étrangères, pourquoi on ne prend pas son bien où on le trouve. Il s'établit alors d'excellents rapports mutuels entre les diverses nations au grand profit de chacune d'elles. C'est la phase du libre-échange, véritable âge mûr des peuples.

La Russie se trouve maintenant dans la seconde de ces phases. L'élément étranger, italien, français, allemand surtout, y occupe encore une place importante dans les sciences et principalement dans l'industrie. Mais une réaction très énergique se produit contre cet état de choses.

En 1805, se fondait à Moscou la Société impériale des Naturalistes, qui s'est acquis la plus grande et la plus juste renommée. Son but était de faire connaître au monde entier les richesses du grand empire ; aussi lit-on dans son règlement l'article suivant :

« Les Mémoires, Notices, etc., envoyés à la Société, peuvent être écrits en russe, en latin, en allemand, en français, en anglais ou en italien. »

De fait, dans ses publications, ce qui se voit le moins, c'est le russe ; ce qui s'y trouve le plus, le français et l'allemand.

L'action de la Société des naturalistes de Moscou a été des plus considérables à l'étranger, grâce surtout à la prodigieuse activité de son secrétaire, M. le docteur Renard. C'était bien pour la diffusion lointaine, mais il fallait aussi songer à la diffusion nationale. Un groupe de savants du plus haut mérite, parmi lesquels il faut surtout citer M. le professeur Anatole Bogdanow, s'est préoccupé de cette importante question. Il a fondé, il y a quelques années seulement, également à Moscou, la Société impériale des amis des sciences naturelles, d'anthropologie et d'ethnographie, dont tous les travaux sont publiés en langue russe. Le but de cette nouvelle société est de répandre l'instruction dans le pays, pour que la Russie arrive à se suffire à elle-même. Elle devient le centre du mouvement scientifique et industriel national. C'est elle qui a organisé, dans le grand manège de Moscou, l'importante Exposition anthropologique dont j'ai rendu compte dernièrement dans la *Revue scientifique*.

L'Exposition anthropologique de Moscou s'est ouverte le 15 avril 1879. Elle a débuté par un congrès essentiellement national, formé de l'élément local et des délégués des établissements et des sociétés savantes. Je citerai tout d'abord Mme Fedtchenko, qui, avec son regretté mari, a exploré le Turkestan ; puis M. Tipiakow, représentant du ministère de la marine ; M. Virskii, envoyé de Samarcande par le gouverneur général ; MM. Malakhow et Maïnow, délégués de la Société de géographie de Pétersbourg ; M. Morosow, délégué de l'Université de Kharkow, et M. Ignatiew, député par l'Université de Dorpat. En fait d'étrangers il n'y avait absolument qu'un Français, M. le docteur Chervin, qui se trouvait accidentellement en mission à Moscou. Les travaux de ce premier congrès se sont faits naturellement en langue russe.

Une fois bien sûrs du terrain, certains du succès, les président et vice-président de la Société des amis des sciences naturelles, d'anthropologie et d'ethnographie, MM. G. Schourowskii et A. Dawidoff, et l'organisateur de l'Exposition, M. Anatole Bogdanow, invitèrent les membres étrangers de la Société à un second congrès qui devait avoir lieu dans le courant du mois d'août. Ce congrès était le couronnement de l'Exposition.

Parmi les invités, je citerai notamment MM. Montelius, Retzius et Smitt, pour la Suède; Worsaae, Valdemar Schmidt, et Kanke, pour le Danemark; Virchow, Leuckart, Schaaffhausen et Obst, pour l'Allemagne; Kanitz, Hochtetter et Wankel, pour l'Autriche; Mantegazza, Giglioli et Cornalia, pour l'Italie; Tubino, pour l'Espagne.

Je ne sais pourquoi aucun Scandinave, Suédois ou Danois, n'a accepté l'invitation. En Allemagne, le grand maître de l'anthropologie, M. Virchow, a donné le mot d'ordre d'une abstention systématique. Un seul Allemand, M. Obst, fondateur et directeur du Musée ethnographique de Leipzig, s'est rendu à Moscou. Cela tient à ce que, sa femme étant Russe, il se trouvait déjà dans le pays quand l'abstention a été décidée. Aussi, pour racheter cette infraction involontaire à la discipline, a-t-il multiplié dans les réunions et les toasts les manifestations nationales allemandes. Les Italiens n'ont pu venir; M. Mantegazza était absent, M. Cornalia est malheureusement souffrant. Le représentant de l'Espagne, M. Tubino, est arrivé jusqu'à Paris. Il a trouvé les Français partis, il n'a pas eu le courage de continuer son voyage tout seul.

Il n'y a que l'Autriche et la France qui aient répondu largement et cordialement aux invitations. De l'Autriche sont venus MM. Kanitz, Wankel et Waletchka. M. Hochtetter s'est trouvé retenu par des fouilles. De tous les pays, la France était celui qui avait reçu le plus d'invitations. Sur dix, neuf ont été acceptées. Seul, le directeur des *Matériaux pour l'histoire de l'homme*, M. Cartailhac, a été empêché, à son grand regret, par des raisons de santé. Tous les autres, MM. de Quatrefages, Broca, de Mortillet, Topinard, Hamy, Ujfalvy, Chantre, Magitot et Lebon, ont été heureux de pouvoir témoigner toute leur sympathie aux amis des sciences et aux savants russes. Le gouvernement a pour ainsi dire pris part à cette manifestation scientifique, en accordant à tous les invités des passeports diplomatiques et en donnant une mission spéciale à M. de Mortillet.

Le rendez-vous général était donné à Varsovie. Tous les Français, dont plusieurs avaient pris des routes diverses, s'y sont retrouvés le 4 août au soir. Dès le lendemain matin, M. le comte Zawizza s'est emparé de nous et nous a fait de la manière la plus gracieuse et la plus généreuse les honneurs de la ville. Nous avons pu, sous sa conduite, visiter tous les établissements d'instruction publique, qui sont grands et beaux. Il nous a montré le quartier juif, où se trouve entassée, c'est le mot, une population extrêmement nombreuse. Ce qui nous a frappés, c'est de rencontrer beaucoup de juifs blonds et même très blonds.

Chez lui, M. Zawizza nous a exhibé les produits de ses fouilles. Il a exploré une caverne à laquelle il a donné le nom de *Caverne du Mammouth*, vu les nombreux débris de cet animal qui s'y sont rencontrés. Ces débris sont mêlés à des milliers de silex taillés. Il y a aussi des instruments en os. Nous sommes là tout à fait dans la période magdalénienne, avec une plus grande abondance de mammouths qu'en France, ce qui se comprend, ce grand éléphant ayant disparu successivement dans la direction du sud-ouest au nord-est. Il s'est retiré de France en Allemagne, d'Allemagne en Pologne et Russie et de Russie en Sibérie où il s'est définitivement éteint. Un caractère de la Caverne du Mammouth est de contenir de nombreux objets en ivoire. M. Zawizza en signale surtout deux séries à l'attention des observateurs. L'une se compose d'objets allongés, taillés en pointe aux deux bouts, mais plus effilés d'un côté, plus trapus de l'autre. Ces objets, en forme de navettes, sont pour l'inventeur des représentations de poissons. Quant à moi, je ne saurais y voir que des pointes de lance ou de sagaie. La seconde série renferme de petits objets plus ou moins cordiformes ayant servi de pendeloques. Ce sont pour M. Zawizza des représentations de cœurs, pour moi de simples fac-similés en ivoire des canines de cervidés qui ont été recherchées pendant toute l'époque de la Madeleine.

Le 6, M. A. Tihomirow, secrétaire de la Société des amis des sciences naturelles, délégué spécialement pour venir à notre rencontre, a pris possession de nous pour nous conduire à Moscou, dans des wagons-salons desservis par deux employés connaissant parfaitement la langue française.

Après quarante-trois heures de wagon à travers des plaines, encore des plaines et toujours des plaines, dans lesquelles on retrouve une flore analogue à celle de nos pays, à peine modifiée, flore qui pousse parfois au milieu des blocs erratiques en roches du Nord, nous sommes arrivés à Moscou.

Là nous attendait la plus brillante réception qu'on puisse imaginer. Pendant douze jours nous avons été complètement les hôtes de la Société. Les fêtes et les galas se succédaient sans relâche. L'hospitalité que nous avons reçue a été, d'après l'expression parfaitement juste de M. de Quatrefages, à la fois fastueuse et inépuisable.

A Moscou, nous avons trouvé, outre les savants de la région, MM. Aspelin et Tiegerstedt, de la Finlande; Owsiannikow, Iwanowsky, Inostrantzew et de Maïnow, de Pétersbourg; Borisow, de Toula; Betz, de Kiew; Malijew, de Kasan, et Zeidlitz, de Tiflis.

Les travaux se sont divisés en :

Séances, au nombre de quatre. Elles ont eu lieu dans la grande salle de l'Université de Moscou, devant un public très nombreux, bien que la langue française ait été à peu près exclusivement employée;

Visites de monuments et surtout d'établissements scientifiques;

Fouilles de tumulus.

La première séance a eu pour président honoraire, M. le secrétaire d'État Hamburger; pour président effectif, M. de Quatrefages; pour vice-présidents, MM. de Mortillet, Obst, Wankel. Les secrétaires de toutes les séances ont été MM. Magitot, Chantre, Ujfalvy et Lebon.

Le vice-président de la Société des amis des sciences naturelles, M. Davidow, a ouvert la séance en souhaitant la bienvenue aux membres du Congrès.

Après lui, M. Bogdanow, président du comité de l'exposition, a pris la parole.

« Les éléments anthropologiques, a-t-il dit, ont joué un grand rôle dans l'histoire de chaque pays. L'observation des diverses races qui ont formé la population de leurs territoires, les aptitudes de ces races, leurs mœurs, leurs caractères physiques même, sont les éléments primaires et indispensables de l'étude de l'histoire. Elles sont même la base des destinées historiques des nationalités politiques. C'est ce qui explique la grande importance qu'acquiert de plus en plus l'anthropologie, non seulement au point de vue des sciences naturelles, mais encore au point de vue des recherches historiques. De jour en jour on voit s'effacer cette animosité qui existait dans tous les pays, et qui malheureusement existe parfois encore, même à présent, entre les historiens et les préhistoriciens. Les savants qui croient dire quelque chose de très spirituel et de très piquant en traitant l'anthropologie préhistorique de roman, et l'anthropologie générale et anatomique, d'alliage artificiel de notions empruntées aux autres sciences, ne constituent plus aujourd'hui qu'une race mourante. L'observation du mouvement scientifique nous montre clairement que l'avenir n'est pas pour les adversaires de l'anthropologie, mais qu'il appartient à ses adeptes. Elle nous prouve que c'est au contraire l'histoire qui, sans l'anthropologie, reste dans quelques-uns de ses chapitres un roman ou tout au moins un aride registre de noms. »

Après cette entrée en matière, M. Bogdanow fait connaître le développement de l'anthropologie en Russie. Il rappelle que de Baer, avant tout autre, y a recueilli des crânes pour former un musée; que la section d'anthropologie de la Société des amis des sciences naturelles date de 1867; enfin que la Société de géographie de Pétersbourg, la première, a publié ses travaux en langue russe. Il annonce qu'un musée d'anthropologie s'organise à Pétersbourg, et que très probablement il servira de centre à une nouvelle société d'anthropologie. M. Bogdanow a vraiment le feu sacré. En l'écoutant on comprend très bien comment Moscou a pu devenir, en peu de temps, un des centres les plus avancés en anthropologie.

M. de Quatrefages, en remerciant la Société des amis des sciences naturelles d'avoir choisi un Français pour président de la première séance du Congrès, a pu avec certitude prédire l'avenir brillant qui est réservé à l'anthropologie russe au milieu de la science européenne. Il a tracé ensuite de main de maître le tableau des principales questions que les anthropologues russes sont appelés à résoudre, questions toutes du plus haut intérêt, non seulement pour la Russie, mais pour l'Europe entière.

C'est M. le Dr Broca qui a pris le premier la parole pour une communication exclusivement scientifique. Il a présenté un crâne déformé de France, pièce complètement inédite. Tout le monde sait que la déformation du crâne a joué un grand rôle chez certains peuples. C'est surtout parmi les anciennes populations de l'Amérique que l'on rencontre les déformations les plus considérables et les plus variées. Pourtant en Europe on s'est aussi parfois appliqué à déformer le crâne. Hérodote et Strabon ont attribué l'origine de cette pratique aux Cimmériens, peuple qui habitait près du Pont-Euxin. Ce seraient les Cimmériens qui auraient répandu dans diverses parties de l'Europe cette singulière coutume, qui s'est continuée jusqu'à nos jours sur certains points. Ainsi en France, les déformations crâniennes ont encore lieu dans la Haute-Garonne et en Vendée. Déformations différentes l'une de l'autre : aussi, M. Broca les désigne-t-il sous le nom de déformation toulousaine et de déformation des Deux-Sèvres. Le savant directeur de l'école d'anthropologie de Paris, rapprochant ensuite le fait de ses remarquables études sur le cerveau, cherche quel peut être le résultat de la déformation du crâne sous le rapport de la santé et surtout de l'intelligence. Il reconnaît que cette entrave apportée au libre développement du crâne occasionne un trouble plus ou moins profond dans les fonctions du cerveau. En effet, s'aidant de la statistique, il constate que dans les hospices d'aliénés, les idiots et les épileptiques à crânes déformés sont proportionnellement plus nombreux que les autres. Il est donc important de réagir vigoureusement contre l'habitude de déformer le crâne.

Cette communication, faite avec une extrême clarté, pleine d'aperçus profonds, et démontrant l'importance de l'anthropologie, non seulement comme science spéculative, mais encore comme science pratique d'une utilité immédiate, a été couverte d'applaudissements. C'est elle qui, incontestablement, a eu les honneurs du Congrès. Cela se comprend d'autant plus que sur certains points de la Russie les déformations artificielles du crâne se pratiquent encore, comme nous le verrons plus loin.

Quant à l'ancienneté de la déformation cimmérienne, elle peut être fort grande ainsi qu'on le croit généralement, mais elle s'est continuée jusqu'à l'époque romaine. M. Ernest Chantre, qui, après le Congrès, a exploré le sud de la Russie, chargé d'une mission pour le muséum d'histoire naturelle de Lyon, a fouillé des tombes cimmériennes et recueilli des crânes déformés qui étaient associés à un mobilier funéraire décelant incontestablement l'influence artistique et industrielle romaine.

Le président de la Société anthropologique de Vienne, M. von Kanitz, a succédé au secrétaire général de la Société d'anthropologie de Paris. Il a fait une communication sur les pays slaves du Danube, la Bulgarie, ses frontières scientifiques et la statistique de sa population. C'est un extrait en langue allemande, d'un ouvrage plein d'actualité, maintenant sous presse en langue française. M. Kanitz a étudié avec beaucoup de soin les populations du nord de la Turquie. Excellent géographe, il a publié une très bonne carte des Balkans. Quant aux remaniements diplomatiques, l'orateur trouve qu'ils ne cadrent pas exactement avec les données scientifiques.

M. Hamy, qui seconde M. de Quatrefages dans la publication du *Crania ethnica*, a fait une communication sur les races humaines du Soudan. Il a trouvé dans ce pays trois races distinctes, c'est-à-dire autant que Cuvier en admettait pour le monde entier. Et encore les connaît-il toutes? Plus les études anthropologiques progressent, plus l'on est amené à faire des subdivisions. Mais plus aussi les caractères distinctifs de ces divisions s'affaiblissent, tellement que les vieux types humains finissent par se rapprocher graduellement et former un grand tout variant successivement suivant le temps, les habitudes, et surtout les milieux.

Un voyageur russe, M. Zograff, membre du comité de l'Exposition, mettant ses explorations à profit, tente de tracer la limite entre les races mongoles et les races finnoises. Comme démonstration, il présente des types vivants de Vogouls et de Samoyèdes qui ont tout à fait l'aspect des Mongols. Suivant lui, les Vogouls sont de race mongolique, au même titre que les Kalmouques, quoiqu'ils parlent un idiome ongro-finnois comme leurs voisins les Ostiaques qui, eux, sont Finnois.

Enfin, M. Leshaft, professeur d'anatomie à l'Académie de médecine de Pétersbourg, a fait part au Congrès, en langue russe, de ses observations sur la physionomie.

La séance s'est terminée par une présentation de nombreux et importants volumes offerts à la Société impériale des amis des sciences naturelles par M. le ministre français de l'Instruction publique. Des remerciements ont été votés par acclamation.

La seconde séance a eu pour président M. Kanitz, et pour vice-présidents, MM. Hamy, Inostrantzew et Waletchka.

M. de Quatrefages a pris le premier la parole sur l'homme fossile de Lagoa-Santa au Brésil et sur ses descendants actuels. Depuis longtemps, très longtemps, on voit répété partout, sans aucun détail, qu'un savant scandinave, Lund, avait découvert des ossements humains enfouis dans une grotte du Brésil, avec des ossements d'animaux d'espèces éteintes. Que valait cette assertion si laconique? M. de Quatrefages a voulu en avoir le cœur net. Il a fait des recherches, il a remonté aux sources et il est arrivé à constater que la découverte de Lund est réelle. L'homme, dans l'Amérique méridionale, a été le contemporain de la dernière faune éteinte, faune caractérisée par un puissant développement d'espèces colossales de la famille des tatous, aux vastes et puissantes carapaces. Le savant professeur d'anthropologie du Muséum de Paris est allé plus loin. Il a reconnu que l'homme fossile de l'Amérique du Sud se rapprochait des races indigènes qui habitent actuellement cette partie du monde, tout comme les animaux éteints, ses contemporains, ont un air de famille avec les animaux américains de nos jours.

Les découvertes nouvelles de M. Ameghino et autres savants de Buenos-Ayres et de la Plata viennent confirmer l'ancienne découverte de Lund.

Le docteur Popandopulo a présenté au Congrès des Tziganes et des Caraïtes de Moscou. Ce sont deux races déshéritées qui ne jouissent pas des droits civils en Russie. M. Popandopulo, étant le médecin des colonies de Moscou, a pu les étudier avec soin. Aussi communique-t-il sur elles les détails les plus intéressants.

Les Tziganes ou Bohémiens de Moscou sont exclusivement musiciens. Ils forment des bandes qui chantent et dansent dans les concerts et établissements publics. Nous les avons vus et entendus dans deux soirées, l'une au parc de Salkolnik, l'autre au Jardin d'acclimatation. Leur musique est très originale et plaît beaucoup à la première audition; mais, si on l'entend de nouveau, on s'aperçoit qu'elle est fort peu variée. Leur danse est moins variée encore. C'est une trépidation saccadée avec tremblement convulsif de tous les membres. C'est au fond la danse orientale, rappelant un peu celle des almées, beaucoup celle des bayadères. Les Tziganes moscovites s'allient entre eux et se surveillent beaucoup sous le rapport des mœurs; aussi ont-ils un type commun. Presque exclusivement bruns, on y voit pourtant quelques blonds, ce qui prouve qu'il y a intrusion de sang étranger. Les hommes rappellent certains types indiens. M. Popandopulo ne pense pourtant pas qu'ils soient venus de l'Inde. Cependant, comme les Orientaux, ils n'aiment pas le travail. Lorsqu'ils ne peuvent plus chanter, ils s'occupent de maquignonnage, ayant un goût très prononcé pour les chevaux. Ils sont décimés par la phtisie pulmonaire. Cela tient-il à leur défaut d'acclimatement ou à leur genre de vie? Leur langue est sémitique et pauvre, bien que mêlée d'un certain nombre de mots corrompus provenant de divers idiomes.

Les Caraïtes, que les Russes appellent Karaïmes, sont des juifs schismatiques, qui rejettent la cabale, les traditions et le Talmud, pour ne reconnaître que les livres de l'ancien canon. Une tribu considérable de ces juifs habite la Crimée. C'est elle qui alimente la petite colonie de Moscou, qui éprouve une grande mortalité; l'acclimatation se fait très difficilement.

Après cette présentation, M. de Mortillet a exposé le résultat de ses recherches sur l'origine des métaux. L'or a dû exister de tout temps, parce qu'il se trouve à l'état natif, et que sa belle couleur attire l'attention; mais il est naturellement rare. Ce n'est pas un métal usuel.

Le bronze est le premier métal usuel dont on rencontre l'emploi en Europe. Pourtant le bronze est un alliage artificiel qui suppose déjà un grand savoir métallurgique. Il est certain qu'il a été précédé par l'emploi du cuivre pur, métal simple, qui souvent même se rencontre à l'état natif. C'est le cuivre qui, allié à l'étain, donne le bronze. Le cuivre, se rencontrant partout, ne peut nous fournir aucun renseignement sur le lieu de l'invention. Il n'en est pas de même de l'étain. Dans l'ancien monde, on ne le connaît que sur quelques rares points de l'Europe et dans l'extrême Orient, presqu'île de Malacca et îles de la Sonde. L'âge du cuivre n'ayant pas existé en Europe, c'est donc dans l'extrême Orient qu'il faut aller chercher l'origine du bronze. Ce qui montre qu'il en est bien ainsi, c'est qu'à l'origine du bronze en Europe, nous trouvons des objets tout à fait analogues à ceux de l'Inde, associés à des instruments et à des parures qui ne peuvent s'approprier qu'aux membres minces et allongés des Indiens.

Quant au fer, qui chez nous a apparu bien longtemps après le bronze, la connaissance nous en serait venue d'un tout autre côté : du centre ou de l'est de l'Afrique. Le fer n'existe pas à l'état natif. Ses minerais sont généralement très difficiles à réduire. C'est dans le pays qui contient en abondance les minerais les plus facilement réductibles que l'industrie du fer a dû apparaître. Or c'est en Afrique que l'on rencontre ce minerai. Pour réduire les minerais de fer, il faut ajouter des fondants. Or, en Afrique, ces fondants existent presque mêlés aux minerais. En outre, l'Afrique est le seul pays qui nous ait montré des populations sauvages connaissant l'usage du fer. Les Touaregs, isolés au milieu de leurs déserts, conservent même encore des armes et des instruments en fer qui rappellent tout à fait les armes et instruments primitifs. Il y a une preuve plus concluante encore : à mesure qu'on s'éloigne du centre africain, l'emploi du fer devient de plus en plus récent. L'Égypte connaît le fer depuis l'origine de sa civilisation, c'est-à-dire depuis quatre mille ans au moins avant notre ère. En Étrurie, le fer a été connu avant qu'il le fût en Grèce. En effet, dans ce dernier pays, il commençait seulement à paraître du temps d'Homère, c'est-à-dire vers douze cents ans avant notre ère, tandis qu'il remonte à quinze cents ans en Italie. Cela s'explique, parce que, vers cette époque, les Sicules, les Sardes et les Étrusques ont fait une invasion en Égypte. En Gaule, il ne date que de sept cents ans. Plus au nord, en Scandinavie, il n'a apparu que vers notre ère. En Sibérie, on ne le constate que vers l'an 800 de notre ère. Il ne venait donc pas d'Orient. Les Égyptiens, chez lesquels nous le trouvons tout d'abord, le considéraient comme impur et l'attribuaient à Typhon, le dieu des déserts. Tout vient donc confirmer son origine africaine.

La séance s'est terminée par une communication allemande de M. Obst, directeur du Musée ethnographique de Leipzig, sur les objets préhistoriques trouvés dans le département de a Mayenne (France). Le Musée de Leipzig, en effet, possède une jolie série d'instruments en silex moustériens, solutréens, magdaléniens et robenhausiens, recueillis dans la Mayenne par Mlle la baronne de Boxberg. C'est aussi à Mlle de Boxberg que le Musée géologique de Dresde, dirigé par M. le professeur Geinitz, doit une série de ces silex, encore plus belle que celle de Leipzig.

Dans la troisième séance, le bureau a été composé de M. Owsiannikow, président, et de MM. Zeidlitz, Malijew, Iwanowsky, vice-présidents.

M. Ujfalvy a exposé les résultats anthropologiques de sa mission scientifique dans le Turkestan russe. Suivant lui, les Éraniens de l'Asie centrale se subdivisent en deux branches, aussi bien au point de vue ethnographique qu'au point de vue anthropologique : en Galtchas, Karatéghinois, etc., et en Tadjiks de la plaine. Les Galtchas et autres Tadjiks des montagnes sont les représentants les plus purs du type éranien dans l'Asie centrale. Ils sont d'une taille moyenne, châtain brun et très brachycéphales. Les Éraniens de l'Asie centrale se sont mélangés, à une époque fort reculée, avec une population blonde, d'une taille élevée, peut-être dolichocéphale. Ce mélange a été beaucoup plus fort avec les Éraniens de la plaine qu'avec ceux des montagnes. Ce mélange n'a eu lieu que sur le Pamir occidental, et non pas sur les versants orientaux de ce massif montagneux. Les Kachgariens, résultat d'un mélange de populations éraniennes avec un grand nombre de peuplades d'origine différente, ne renferment aucun élément blond. Les Kachgariens, comme les Tarantchis, leurs congénères de la Dzoungarie, se rapprochent aussi, comme taille, des Galtchas, et s'écartent sensiblement des Turco-Mongols. Les Kachgariens et les Tarantchis sont des peuples turco-tatars greffés sur un fond éranien. Les Kirghises-Kazaks du Turkestan et les Kara-Kirghises sont des peuples turco-mongols purs, en tout cas beaucoup plus purs que les Usbegs, qui eux, surtout ceux du Ferghanah, sont saturés de sang éranien. Les Tourouks paraissent être un mélange de Kirghises et d'Usbegs avec des Bohémiens. Les Doungânes sont une peuplade dont l'origine est absolument inconnue, mais qui n'est vraisemblablement ni altaïque ni mongolique.

Le docteur Wankel, de Moravie, a fait une communication, en allemand, sur des crânes déformés provenant des fouilles de la grotte de Bretceskaja.

Le futur professeur d'anthropologie de l'Université de Moscou, M. Anoutchine, s'est occupé de l'os inca et des formes similaires dans les différentes races. C'est un travail fort important, difficile à résumer en quelques lignes.

M. Wilkins, délégué du gouverneur général du Turkestan, est revenu sur la question des Tziganes. Il a fait connaître les Bohémiens de l'Asie centrale et en a présenté un vivant du Béloudjistan. Les rapports qui existent entre les Bohémiens dispersés dans les steppes de l'Asie centrale et les populations fixes du Béloudjistan ont fait penser à M. Wilkins que tous ces Bohémiens sont originaires de cette province. Il ne serait même pas éloigné de généraliser beaucoup plus la question et de considérer le Béloudjistan comme la patrie première de tous les Bohémiens. Il a développé cette opinion d'une manière très ingénieuse bien que peu démonstrative à mon avis.

M. Maïnow, secrétaire de la section ethnographique de la Société de géographie de Pétersbourg, a exposé le résultat de ses études anthropologiques sur les Mordvines. C'est un travail de mensuration sur le vivant des plus précieux. Si la science en possédait beaucoup de semblables, elle ferait certainement de rapides progrès.

M. Zeidlitz, délégué du comité de statistique du Caucase, a fait une importante communication sur la population de cette région. Il est d'autant plus nécessaire de bien connaître le Caucase que, d'après les idées généralement admises, c'est par cette région qu'auraient passé la plupart des grandes migrations qui sont allées de l'orient à l'occident, si toutefois elles ne sont pas parties du Caucase même ou des contrées environnantes.

Enfin M. le docteur Pokrowsky, organisateur de l'exposition de la première enfance, a fait connaître des déformations du crâne encore en usage en Russie. Ces déformations se pratiquent chez les enfants au moyen de bonnets et de berceaux spéciaux. Dans les steppes, il y a une déformation particulière qui porte sur les oreilles. Une coiffure faite exprès jette en avant et développe le pavillon de l'oreille, afin que les ondes sonores s'y engouffrent mieux et que la perception des sons soit plus sensible.

La quatrième et dernière séance a eu pour président honoraire le prince Dolgoroukow, gouverneur général de Moscou. Le président effectif a été le docteur Broca ; les vice-présidents, MM. Topinard, Betz et Aspelin.

M. Topinard, le premier, a pris la parole pour traiter une question capitale : l'unification des méthodes crâniométriques. Cette unification est utile sur tous les points, mais il en est deux pour lesquels elle est tout à fait indispensable : ce sont le procédé de cubage et la mise au plan horizontal. Pour le premier, il n'y a d'exact que le procédé par le bourrage au plomb, régularisé par M. Broca ; pour le second, que l'emploi du plan horizontal physiologique alvéolo-condylien du crâne.

Ce sont les deux points, en effet, à propos desquels les dissidences ont les résultats les plus désastreux. Faute de suivre rigoureusement le même procédé opératoire de cubage, cette donnée précieuse de comparaison des races humaines est comme frappée d'inutilité ; du moins un opérateur ne peut-il rapprocher de ses résultats ceux obtenus par d'autres, et il reste réduit à ses propres travaux. De même la divergence des plans adoptés pour toutes les mesures qui rentrent dans la catégorie des projections rend-elle stérile la comparaison de ces mesures d'un pays à l'autre. Entre le plan de Camper et celui d'Ihering, par exemple, l'écart angulaire est de plus de 12 degrés.

Il n'y a aujourd'hui que la manière de prendre l'indice céphalique qui soit le même partout.

Cette communication ne s'adressait pas à la Russie, car entre la Russie et la France il existe presque une communauté complète de méthode. Il n'en est malheureusement pas de même pour les autres pays. Un grand pas paraissait être fait au moment du Congrès international d'anthropologie de Paris, en 1878 : La Société anthropologique allemande avait nommé trois délégués, pour s'entendre avec les Français. Deux sont venus à Paris, ont opéré dans le laboratoire de la Société d'anthropologie, et puis se sont retirés sans qu'il y ait eu de solution pratique. Espérons que la décision n'est que différée.

M. Dawidow, vice-président de la Société des amis des sciences naturelles, démographe distingué, a présenté des observations sur la mortalité jusqu'à l'âge de vingt ans dans le gouvernement de Moscou, et il a comparé cette mortalité avec celle de Belgique.

M. le docteur Lebon : étude des crânes de quarante hommes célèbres. Ces crânes généralement présentent un cubage au-dessus de la moyenne.

M. le docteur Magitot : des lois de la dentition au point de vue anthropologique, travail qui montre les importantes déductions qu'on peut tirer de l'étude des dents.

M. Inostrantzew, professeur à l'Université de Pétersboug : sur l'homme de l'âge de la pierre, dans la région des grands lacs du nord de la Russie. Il s'agit surtout du lac Ladoga.

M. Iwanowsky, de Pétersbourg : les crânes des tumulus, des provinces de Pétersbourg et de Novgorod. Fouilleur infatigable, M. Iwanowsky a ouvert un nombre très considérable de tumulus, mais ces tumulus du nord et du centre de la Russie sont bien plus récents que les nôtres. Ils appartiennent tous à notre ère et même ne semblent pas remonter plus haut que le VIe ou le VIIe siècle. Il en est qui sont bien plus récents.

M. Betz, professeur à l'Université de Kiew : quelques différences entre les crânes d'hommes et les crânes de femmes. M. Betz est un habile observateur qui est parvenu à faire des coupes et préparations de cerveaux extrêmement remarquables et bien supérieures à toutes celles qui se sont produites à l'Exposition anthropologique de Paris en 1878.

Mme Koulikow, élève distinguée du docteur Landsert, professeur à l'académie médico-chirurgicale : caractères spéciaux des crânes féminins. En Russie, comme on le voit, les dames ne craignent pas d'aborder l'étude des problèmes les plus sérieux des sciences.

M. le docteur Benzenger, médecin à Moscou : les sourds-muets de la ville. Il a surtout étudié les rapports qui peuvent exister entre les mariages consanguins et la surdité des enfants. Après sérieux examen, il conclut à la négative, au moins pour Moscou.

La séance s'est terminée par la présentation de Lapons de Russie par M. Kelsiew.

Trois communications, qui prendront place dans les comptes rendus du Congrès, n'ont pu trouver place dans les séances. Ce sont :

Les crânes macrocéphales des tumulus du Jura et de l'âge du bronze en Italie par M. Ernest Chantre. Les tumulus du Jura français qui ont donné à M. Chantre des crânes macrocéphales, sont beaucoup plus anciens que les courganes ou tumulus russes. Ils sont fort antérieurs à la conquête romaine et remontent à l'époque hallstattienne ou premier âge du fer. Dans la seconde partie de sa communication M. Chantre, combattant l'opinion qui nie l'âge du bronze en France et à plus forte raison dans le sud de l'Europe, établit que cet âge est bien caractérisé en Italie.

Les anciens tombeaux dans le gouvernement de Tchernigow, par M. Samokwassow.

Trois races contemporaines du Caucase par M. Tihomirow, secrétaire de la Société des amis des sciences naturelles. Ce sont trois races actuelles : les Abkases, 37 crânes mesurés ont donné des indices variant entre 90 à 91 ; les Notouchoy, mésaticéphales d'après 20 mensurations ; les Chapsougues, également mésaticéphales d'après 54 mensurations.

En prononçant la clôture de la quatrième et dernière séance du Congrès, M. Broca a rendu plein et entier hommage à M. le professeur Bogdanow qui a été non seulement le fondateur mais encore l'âme de ce congrès. Les applaudissements unanimes et fréquemment répétés de l'auditoire ont montré que tout le monde s'associait au juste éloge prononcé par le président.

Déjà à la fin de la première séance, M. de Quatrefages avait provoqué, par quelques paroles chaleureuses, un vote de remerciement à l'adresse de toutes les personnes qui ont contribué à l'organisation de l'exposition et du congrès.

Pour les fouilles des courganes nous nous sommes rendus chez M. Dounaeff à Taritchevo, distant de deux ou trois heures de Moscou. Nous avons été admirablement reçus. Toute la famille Dounaeff portait le costume national et a pratiqué l'hospitalité tout à la fois la plus généreuse et la plus aimable. Cinq ou six courganes, formant un groupe dans une prairie auprès des bois, à Ermolino, ont été ouverts et ont donné chacun un squelette. Deux de ces squelettes étaient accompagnés de quelques petits objets de parure, malheureusement les os ne se trouvaient pas en très bon état.

Resterait maintenant à parler de tous les établissements scientifiques que nous avons visités : musées divers et bibliothèque de l'Université, musée de la ville, trésor et musée des armures du palais du Kremlin, trésor de la cathédrale, archives du ministère des affaires étrangères, jardin zoologique, école d'apiculture, académie d'agriculture, observatoire, université de théologie de Troïtza, musée polytechnique, hôpital des enfants, etc. Décrire tous ces établissements, qui sont fort importants, serait beaucoup trop long. Cette simple liste suffit du reste pour montrer de combien de ressources dispose l'instruction publique à Moscou. Le mouvement scientifique prend dans cette ville un essor puissant qui ne peut manquer de produire, avant peu, les plus brillants et les meilleurs résultats.

G. DE MORTILLET.

LES LIVRES ET LA MYOPIE

Dans un récent article (1) nous avons indiqué à grands traits la classification des défauts optiques dont l'œil peut être affecté ; plus nouvellement encore (2), nous avons exposé avec quelque détail les conditions que doit remplir l'éclairage public et privé au point de vue de l'hygiène des yeux. Nous nous proposons aujourd'hui d'étudier l'influence que la mauvaise confection typographique des livres exerce sur le développement de la myopie.

Dans une étude méthodique de la myopie, il serait logique d'examiner successivement les influences exercées par l'*organe*, par le *milieu* et par les *objets*. Les circonstances nous ont conduit à traiter d'abord du milieu : nous avons approfondi la question de l'éclairage : il nous reste à parler de l'organe et de l'objet.

Nous commencerons par donner quelques notions très

(1) *Revue scientifique*, IXe année, 2e série, n° 13, 27 septembre 1879, p. 306.

(2) *Revue scientifique*, IXe année, 2e série, n° 16, 18 octobre 1879, p. 361.

sommaires sur certains points de l'anatomie et de la physiologie de l'œil, et plus particulièrement de l'œil myope.

Nous rechercherons ensuite les causes qui font de la lecture une occupation particulièrement fatigante.

En nous fondant sur les données que nous aurons ainsi réunies, nous indiquerons les modifications qu'il nous paraît urgent d'apporter à la confection des livres classiques.

Enfin nous terminerons par quelques considérations sur la myopie progressive.

I. — ANATOMIE ET PHYSIOLOGIE.

Nous avons dit, dans un précédent article, que l'œil myope est celui dont la longueur est trop grande; dans un organe affecté de ce défaut, l'image renversée des objets extérieurs, au lieu de se peindre sur la rétine, est située plus en avant; il en résulte que la membrane sensible reçoit une image d'autant moins nette que la myopie est plus considérable.

De nombreuses observations nécroscopiques concordent pour démontrer que la myopie n'existe jamais chez les enfants nouveau-nés. L'examen fonctionnel démontre aussi que la myopie ne se présente pas chez les jeunes enfants. Nous n'avons pas de statistiques précises à cet égard, mais je ne me souviens pas d'avoir jamais été consulté pour des myopes âgés de moins de sept ans, et cependant les enfants de cinq ou six ans sont bien assez développés pour que leur myopie, si elle existait, se traduise par des faits palpables et assez accentués pour attirer l'attention d'une mère tant soit peu anxieuse. D'autre part, je ne manque jamais d'interroger patiemment les jeunes myopes qui me sont amenés, et quand ces enfants ont des souvenirs un peu lointains, l'interrogatoire permet souvent de remonter à l'époque où ils voyaient parfaitement bien au loin.

Ces résultats d'expérience concordent parfaitement avec ceux des nécropsies et avec les renseignements fournis par l'examen ophtalmoscopique des myopes. — On sait, en effet, que l'élongation de l'œil myope s'accompagne généralement de la production d'un staphylôme postérieur, c'est-à-dire d'une distension dont la partie postérieure est le siège. L'examen *post mortem* a démontré que le staphylôme de la partie postérieure de l'œil siège habituellement au voisinage du point d'entrée, ou papille, du nerf optique. La sclérotique a cédé en se distendant, mais la choroïde, le plus souvent, s'est rompue de telle manière qu'elle cesse de tapisser la partie de la sclérotique qui avoisine le nerf optique. Cette altération s'aperçoit très aisément sur le vivant, lorsqu'on explore le fond de l'œil en faisant usage de l'ophtalmoscope: on aperçoit la sclérotique sous forme d'un croissant ou même d'un anneau blanc, plus ou moins large, le long de l'image ophtalmoscopique de la papille. Il n'y a pas de forte myopie sans staphylôme, et on ne voit guère de staphylôme dans des yeux exempts de myopie. Nous avons donc en notre pouvoir un moyen simple et rapide de reconnaître la myopie chez les enfants qui ne savent pas encore lire.

Autre moyen d'étude: certains ophtalmoscopes présentent une disposition qui permet à l'observateur de mesurer la myopie sans recourir à aucun interrogatoire. J'ai dû, en qualité de médecin-major auxiliaire, examiner ainsi, en 1870, un assez grand nombre de mobilisés qui, lors d'une première révision, avaient réussi à se faire exempter en simulant la myopie, et je puis affirmer que ce procédé d'investigation permet d'atteindre une assez grande précision. On voit donc que les moyens de constater la myopie chez les jeunes enfants ne nous font pas défaut et que nous avons le droit d'affirmer *de visu* que l'élongation du globe oculaire n'est jamais congénitale et ne se produit qu'à partir de l'âge où les enfants apprennent à lire.

Quel est le mécanisme de cette élongation? — Nous ne pouvons adopter, sur ce point, l'opinion la plus répandue, d'après laquelle l'œil s'allongerait par suite du tiraillement exercé sur lui par les muscles moteurs pendant l'acte de la convergence; au très savant auteur de cette explication il nous suffira de répondre que les borgnes, qui n'ont pas besoin de converger pour regarder de près, n'échappent en aucune façon à la myopie. Voici, suivant nous, comment se produit cette affection : Il existe, derrière l'iris, autour du cristallin, un muscle circulaire, connu sous le nom de *muscle ciliaire,* auquel Brücke, lorsqu'il le découvrit, donna le nom de *tenseur de la choroïde*. Ce muscle contient des fibres disposées circulairement qui, par l'intermédiaire de la zonule de Zinn, agissent sur le cristallin et dont la contraction a pour effet d'augmenter la convexité de cette lentille, et, par suite, la réfringence de l'appareil dioptrique oculaire. Il n'importe pas ici d'entrer dans le détail de ce mécanisme, par lequel se fait l'accommodation de l'œil aux distances; mais il est nécessaire, au contraire, pour notre objet, de faire entrer en scène d'autres fibres du muscle ciliaire qui, dirigées d'avant en arrière, vont se noyer dans la choroïde et de citer les belles expériences de Hensen et Voelkers, d'après lesquelles, pendant l'accommodation, ces fibres se contractent de manière à exercer sur la choroïde la tension pressentie par Brucke quand il découvrit le muscle accommodateur. Il nous semble légitime d'admettre que, dans certains yeux, lors des efforts d'accommodation, le muscle ciliaire exerce sur la choroïde une traction assez énergique pour produire la distension et la rupture de cette membrane en son point le plus faible, c'est-à-dire au pourtour du nerf optique. Nous ne serons pas surpris de voir se produire ultérieurement une ectasie postérieure de la sclérotique : dans l'organisme on voit assez souvent le contenant s'adapter aux changements de forme du contenu, malgré des différences de résistance considérables : il suffit de penser aux déformations des os auprès des anévrismes pour ne pas être surpris de voir la sclérotique se modeler sur les membranes dont elle est l'enveloppe.

Si donc on nous parle de myopie héréditaire, nous répondrons qu'il peut seulement exister une *prédisposition héréditaire* à la myopie; on conçoit fort bien qu'un excès de force des fibres choroïdiennes du muscle ciliaire puisse prédisposer à la myopie, et c'est même ce qui paraît résulter des recherches d'Iwanoff sur la structure de ce muscle. Il se peut aussi que, dans certaines familles, ou dans certaines races, la résistance de la choroïde soit plus grande que dans d'autres. Mais les résultats statistiques, sont là pour nous empêcher d'attribuer une importance exagérée à ces prédispositions natives : les relevés que j'ai faits d'après mes observations personnelles concordent avec des travaux analogues, faits en Allemagne, pour n'attribuer à la disposition héréditaire qu'une influence tout à fait restreinte dans la production de la myopie.

Il m'a paru nécessaire de faire ressortir la faible importance du rôle joué par l'hérédité dans la production de la myopie, car si l'hérédité exerçait une action prépondérante dans l'affaire, nous aurions peu de chances d'obtenir des résultats considérables en nous occupant de modifier l'influence du milieu et celle de l'objet.

C'est à cette dernière que nous devons nous attaquer maintenant, et nous pensons que c'est principalement dans une modification de l'impression des livres classiques qu'il faut chercher le principal moyen préventif contre le développement de la myopie chez les écoliers et même chez les adultes.

II. — CAUSES QUI RENDENT LA LECTURE FATIGANTE.

Ce n'est pas sans raison que la lecture passe pour l'une des occupations les plus fatigantes qu'on puisse imposer à la vue; nous allons rechercher les causes spéciales de la fatigue éprouvée par tant de personnes, lorsqu'elles lisent pendant longtemps sans désemparer, et déduire de cette étude les conditions qu'il faut remplir pour pouvoir lire impunément pendant un temps presque indéfini.

Il faut remarquer tout d'abord que la rétine peut fonctionner sans interruption toute la journée, sans qu'il se produise le moindre symptôme de fatigue. En effet, à la chasse ou en voyage, nous pouvons regarder autour de nous pendant des journées entières sans que nos yeux éprouvent jamais le moindre sentiment de lassitude.

Il n'en est plus de même, quand nous appliquons notre vue à distinguer des objets très rapprochés : dessinateurs, écrivains, ouvriers de précision ou couturières, ceux qui passent de nombreuses heures tous les jours à leur table de travail, sont sujets à se fatiguer plus ou moins et à devenir myopes : l'application prolongée de la vue sur des objets voisins est donc une cause de fatigue si généralement reconnue, qu'elle n'est mise en doute par personne. Ce n'est pas une raison pour poser en axiome l'influence nocive de la vision des objets voisins; *à priori*, rien ne permettait de prévoir ce fait, qu'il nous faut accepter tout d'abord comme purement expérimental.

Nous avons réfuté tout à l'heure l'opinion, généralement accréditée, qui attribue à la tension des muscles oculomoteurs droits internes une bonne part, sinon la totalité de la fatigue occasionnée par la vision prolongée d'objets voisins : Molière nous paraît avoir fait justice par avance de cette théorie par la bouche de Toinette; si elle était exacte, les borgnes seraient bien mieux lotis que le commun des mortels. C'est par une tension permanente de l'accommodation que nous avons expliqué la fatigue de l'homme de lettres, de l'artiste et de l'ouvrier de précision.

Mais cette fatigue, et la myopie qui en résulte si souvent, atteignent un degré d'intensité et de fréquence bien plus remarquable chez le lecteur que chez les ouvriers qui se livrent au travail le plus assidu : pour le démontrer il n'est même pas besoin de recourir aux statistiques, dont les résultats confirment d'ailleurs nos assertions. Passez en revue les artisans, les couturières, les artistes les plus laborieux que vous connaissez, et si vous prenez la peine de mettre en parallèle le nombre des myopes que vous remarquez parmi eux et celui des myopes que vous comptez parmi les savants de votre connaissance, c'est parmi ces derniers que la proportion des myopes est le plus grande, et de beaucoup. Connaissez-vous beaucoup de bibliothécaires qui ne soient pas myopes? comptez-vous beaucoup de myopes parmi les couturières?

Autre exemple : entrez dans la salle de rédaction d'un journal; les myopes sont en majorité; passez dans l'atelier des compositeurs : la proportion est retournée; et cependant les compositeurs, tout comme les couturières, fournissent généralement un nombre effectif d'heures de travail bien plus grand que les littérateurs les plus laborieux.

Remarquons encore, parmi les littérateurs, la fréquence plus grande de la myopie parmi ceux qui lisent beaucoup : le compilateur a bien plus de chances d'être myope que le poète, l'auteur dramatique ou le compositeur de musique.

Si nous voulons remonter aux causes, nous remarquerons tout d'abord que la myopie date souvent de l'enfance : nous consacrerons plus loin un paragraphe spécial à la myopie des écoliers. Mais nous ferons observer dès à présent que de tous les apprentissages exigeant une vision exacte, celui de la lecture est le seul qui soit pratiqué dès l'âge de sept ou huit ans.

Nous noterons ensuite que la lecture exige une application *absolument permanente* de la vue. L'artiste, l'écrivain, l'artisan même, interrompent à tout instant leur travail matériel pour réfléchir; tandis que le lecteur n'accorde pas un instant de repos à l'organe. La couturière n'a besoin de toute son attention qu'au moment où elle pique dans l'étoffe, le typographe ne regarde la lettre qu'au moment où il la saisit, tandis que le lecteur voit défiler les mots sans trêve ni relâche pendant des heures. Cette application continue est accompagnée nécessairement d'une tension permanente du muscle ciliaire, tension dont nous avons signalé les inconvénients dans le paragraphe précédent.

En troisième lieu, les livres sont imprimés en noir sur fond blanc; devant eux l'œil est donc en présence du contraste le plus absolu qu'on puisse imaginer; il n'est guère de professions où cette circonstance se présente à un aussi haut degré. — Nous proposons d'atténuer les inconvénients de ce contraste en faisant usage de papier jaune pour l'impression des livres. La nature du jaune à employer n'est pas chose indifférente : nous préférerons un jaune résultant de l'absence des rayons bleus et violets, analogue à celui que donnent les pâtes de bois et qu'on corrige bien à tort par une addition de bleu d'outremer, ce qui donne du gris et non pas du blanc. — Sans invoquer l'expérience de certains éditeurs de bréviaires, ni la pratique des fondeurs de caractères dont les spécimens sont généralement imprimés sur papier jaunâtre, ni les préférences des éditeurs de livres de luxe, qui emploient les papiers jaunes avec une prédilection tous les jours plus marquée, nous avons donné, il y a déjà longtemps, une raison théorique à l'appui de notre préférence pour le papier jaune. En effet, l'œil n'étant pas achromatique, la vision doit être plus nette quand on supprime l'une des extrémités du spectre fourni par la couleur du papier; ne pouvant amortir le rouge, sous peine d'avoir une teinte d'un vert foncé qui serait insupportable, surtout à la lumière du gaz, il faut recourir à un papier qui réfléchisse le bleu et le violet plus faiblement que les autres couleurs; le papier jaune, de la teinte produite par la pâte de bois, remplit bien ces conditions.

Une quatrième particularité de la lecture réside dans la

disposition des caractères en lignes horizontales que nous parcourons du regard. Si nous conservons, pendant la lecture, une immobilité parfaite du livre et de la tête, les lignes imprimées viennent se peindre successivement sur les mêmes parties de la rétine, tandis que les interlignes, plus claires, affectent constamment aussi des parties de la rétine toujours les mêmes; il doit en résulter une fatigue analogue à celle qu'on éprouve quand on fait des expériences sur les *images accidentelles;* et les physiciens ne nous contrediront pas si nous affirmons que rien n'est plus funeste pour la vue que la contemplation prolongée de ces images. — Ceci nous amène à donner la préférence aux petits volumes, qu'on peut tenir à la main, ce qui suffit pour éviter la fixité absolue du livre et la fatigue résultant des images accidentelles.

Il est enfin une cinquième cause de fatigue, résultant des variations que subit l'accommodation des myopes pendant la lecture et que nous mentionnerons simplement ici, car nous aurons à en parler longuement dans le § IV, consacré à la myopie progressive.

III. — LA MYOPIE DES ÉCOLIERS ET LA RÉFORME DES LIVRES SCOLAIRES.

D'après tout ce qui précède, on doit s'attendre à voir la myopie surgir généralement à l'âge où les enfants commencent leurs études. On concevrait, en effet, difficilement que cette affection se produisît plus tard, sur des yeux qui sont restés indemnes pendant l'enfance, à l'époque de la vie où le muscle ciliaire est le plus énergique, où la lecture demande une plus forte dose d'attention que plus tard, et où les écoliers sont soumis à l'influence du mauvais éclairage des classes. — Voyons si les faits confirment cette présomption.

Au premier abord, les statistiques si nombreuses relatives à la myopie scolaire, amèneraient à penser, au contraire, que dans tous les pays le nombre des myopes va en augmentant colossalement pendant toute la durée des études. Nous ferons remarquer que ce résultat, généralement admis, repose sur un de ces mirages si fréquents quand on examine superficiellement les statistiques. C'est la *proportion* et non pas le *nombre* des myopes qui va en augmentant. Les statisticiens ont oublié, dans la circonstance, qu'une fraction peut augmenter par suite de la diminution du dénominateur, et c'est ce qui a lieu ici dans une mesure considérable. Chaque année, un certain nombre d'emmétropes, et surtout d'hypermétropes, quittent les bancs pour se livrer à l'agriculture, au commerce ou à l'industrie, tandis que la plupart des myopes continuent leurs études, soit parce qu'ils sont généralement studieux, soit parce que leurs parents les jugent impropres à la vie du dehors. En réalité, la myopie n'apparaît pas bien souvent après l'âge de dix à douze ans, et c'est par un trompe-l'œil de la statistique qu'on a été conduit à dire qu'elle se produit avec une fréquence croissante pendant toute la durée des études. J'ai vu la myopie débuter chez des adultes, mais c'est un fait tout à fait exceptionnel : en règle générale, il faut placer le début du mal aux environs du moment où les enfants commencent à lire couramment.

Nous pouvons même préciser davantage encore et dire que la myopie se produit surtout chez les enfants auxquels on donne des livres imprimés en caractères fins avant qu'ils sachent lire aisément. Pour m'assurer que les choses se passent réellement ainsi, j'ai examiné les yeux des 525 élèves d'une belle école libre de Paris où les conditions d'éclairage des classes et la disposition des bancs et des tables sont d'une perfection vraiment exceptionnelle : j'avais ainsi l'avantage d'éliminer les myopies résultant d'un mauvais éclairage o. d'un mobilier scolaire défectueux. Après avoir noté l'âge de chacun, j'ai partagé les enfants de chaque classe en deux catégories d'égal nombre, comprenant d'une part les plus jeunes, et d'autre part les plus âgés. Comme je l'avais présumé, il s'est trouvé que, dans les petites classes, le plus grand nombre des myopes appartenait à la moitié la plus jeune : j'en conclus que la myopie se produit surtout chez les enfants relativement précoces, et qui ont dû lire trop tôt des livres imprimés en caractères ordinaires.

On sait que les pédagogues ont été conduits à employer des livres imprimés en très gros caractères pour enseigner la lecture aux enfants. Puis, graduellement, à mesure que la mémoire et la vue des élèves se sont familiarisées avec la forme des lettres, on passe à des impressions de plus en plus fines. Ce serait parfait si cette échelle descendante n'était pas trop rapide et n'aboutissait pas à des types d'une trop grande ténuité. Pendant des années, l'enfant ne lit pas avec cette sorte de divination qui nous fait reconnaître les mots à leur configuration générale, si bien que les fautes d'impression nous échappent avec une étonnante facilité; pendant bien longtemps il envisage, il dévisage, pour ainsi dire, chaque lettre et éprouve le besoin d'en distinguer tous les détails. Aussi, en dépit des admonestations et malgré l'emploi du mobilier scolaire le mieux conditionné, voit-on les pauvres petits écoliers se pencher pour mieux voir, pendant cette période qui suit la première étude de la lecture et où on les oblige à faire usage de livres imprimés trop fin pour eux : qui s'étonnera de voir la myopie faire son apparition au moment précis que nous venons de définir?

S'il en est ainsi, la voie qu'il faut suivre pour combattre la myopie des écoles serait tout indiquée. Dans une classe nombreuse, choisie comme champ d'expériences, on examinerait avec soin l'attitude des enfants, et, dans chaque division, on remplacerait les livres par d'autres, imprimés de plus en plus gros, jusqu'à ce qu'on ait atteint un degré suffisant pour que tous les élèves, y compris ceux qui sont affectés d'astigmatisme, et même pendant les heures où l'éclairage est le plus mauvais, renoncent spontanément à s'approcher trop de leurs livres pour mieux voir. Le résultat de cette étude expérimentale serait une échelle de caractères décroissants dont chaque numéro correspondrait à un certain âge moyen des enfants. Il est certain qu'en interdisant, pour chaque division successive, l'emploi de livres imprimés avec des caractères plus fins que ceux de l'échelle dont nous venons de parler, on aurait entièrement supprimé la plus active des causes de myopie.

Mais cette solution du problème se heurte à une sérieuse difficulté économique. Avec le tirage colossal des livres classiques, et surtout de ceux employés dans les écoles primaires, le prix de revient de ces produits de nos grandes librairies se réduit à peu près exactement au coût du papier employé : les dépenses fixes, constituées par les droits d'auteur et la composition, sont négligeables, si bien que les livres se vendent à peu près au poids. Il en résulte que pour soutenir la concurrence et vendre suffisamment bon marché, les éditeurs sont obligés d utiliser le plus complètement possible la surface du papier en réduisant au minimum les marges, les interlignes et surtout la surface occupée par chaque lettre. Il nous incombe de trouver le moyen de concilier une impression suffisamment lisible avec les nécessités de l'industrie des éditeurs. En d'autres termes, étant donnés la surface d'une feuille de papier et le nombre des lettres qu'on y veut entasser, nous devons nous poser le problème d'obtenir, pour la page, le maximum de lisibilité. Je ne crois pas devoir entrer ici dans les détails extrêmement minutieux de l'étude à laquelle je me suis livré sur ce sujet, et qui vient de paraître dans les *Annales d'oculistique*, mais parmi les résultats de mes recherches il en est un dont nous trouverons l'application et que j'énoncerai ainsi : *Toutes choses égales d'ailleurs, la lisibilité d'un texte imprimé ne dépend pas de la hauteur des lettres, mais de leur largeur.*

Ce n'est donc pas par points typographiques que nous définirons l'échelle de caractères mentionnée plus haut, mais nous indiquerons, par exemple, le nombre maximum de lettres que doit contenir un centimètre courant de texte. On dépasserait certainement le but en accordant comme maximum un nombre de lettres égal à la moitié de l'âge des enfants : la règle exacte est encore à formuler, mais il en faut une ; c'est aux autorités compétentes à faire entreprendre les recherches, assez fastidieuses, qui permettront de rédiger des prescriptions précises.

Malgré ces *desiderata*, parmi les trois causes de myopie que nous avons indiquées en commençant, et qui résident respectivement dans l'œil, dans l'éclairage et dans l'objet, la dernière, qui nous paraît la principale, bien qu'elle soit généralement méconnue, nous paraît être la plus facile à faire disparaître.

En effet, ce serait une entreprise coûteuse que de mettre nos milliers d'écoles dans de bonnes conditions d'éclairage, et si l'on y parvenait, il resterait encore à s'assurer que nos millions d'écoliers, rentrés chez leurs parents, éviteront de lire à la lueur du feu ou d'une mauvaise chandelle. Pendant de longues années il se produira de la myopie par suite d'un éclairage insuffisant.

Sera-t-il plus facile de faire disparaître la myopie qui résulte d'une prédisposition héréditaire ou d'une amblyopie causée par d'autres défauts optiques des yeux ? On n'entrevoit même pas l'époque où les enfants de nos écoles pourront être examinés par des spécialistes en cas de besoin, et encore n'est-il pas certain que des prescriptions de lunettes appropriées suffiront toujours à supprimer totalement la myopie résultant de causes organiques.

Comme pour contraster avec ces grosses difficultés, la cause de myopie que nous avons spécialement envisagée aujourd'hui peut se supprimer d'un trait de plume : il suffit d'un arrêté ministériel pour interdire, dans les établissements scolaires de l'État, l'emploi de livres qui ne seraient pas imprimés dans les conditions de lisibilité appropriées à l'âge des enfants auxquels ils sont destinés. Je le répète, la question n'est pas assez mûre pour qu'on puisse proposer dès maintenant aux autorités scolaires une réglementation définitive ; mais les intérêts à sauvegarder sont assez considérables pour qu'il soit utile d'attirer l'attention du public sur un problème dont la solution exacte ne pourra être obtenue qu'au prix de longues recherches.

IV. — LA MYOPIE PROGRESSIVE.

On avait vainement cherché jusqu'ici l'explication de ce fait que, chez beaucoup de personnes, la myopie augmente avec une rapidité plus ou moins grande jusqu'à un certain moment où elle devient à peu près stationnaire. La fréquence bien plus grande de la myopie progressive chez les personnes qui lisent que chez les couturières nous a suggéré l'explication suivante, que nous avons publiée, il y a deux ans, dans les *Annales d'oculistique*, et contre laquelle aucun de nos confrères n'a élevé d'objections.

La particularité la plus remarquable du travail qu'on fait exécuter aux yeux en lisant consiste dans la variation continuelle que subit la distance de l'œil au point de fixation, pour peu que le lecteur se tienne près du livre. Supposons un œil situé bien en face du livre, le commencement et la fin de chaque ligne sont plus éloignés que le milieu ; il faut alors que le lecteur fasse un effort d'accommodation pour passer du commencement au milieu de la ligne et relâche son accommodation pour aller du milieu à la fin. Quand les deux yeux contribuent à la lecture, la loi de ces variations de l'accommodation est encore plus compliquée ; pendant une partie du temps, il faut que l'un des yeux augmente son accommodation pendant que l'autre accommode de moins en moins. L'étude géométrique de ces variations nous entraînerait un peu loin ; il nous suffira de dire que ces variations augmentent très rapidement, à mesure que la lecture se fait de plus près et que les lignes à lire sont plus longues (1), et qu'elles sont déjà fort appréciables pour les personnes affectées de myopie moyenne. D'après ce que nous avons dit plus haut (§ I) sur le mécanisme de l'accommodation, il n'est pas étonnant que la série de saccades imprimées à la choroïde par le muscle ciliaire des myopes ait pour effet d'augmenter progressivement leur infirmité. Si l'on veut bien songer qu'il est facile de lire cent lignes par minute et que dans ces conditions le muscle ciliaire est obligé de se contracter six mille fois par heure, on sera peu surpris de la rapidité avec laquelle les myopies fortes continuent à progresser.

Il vient heureusement un moment où le myope, lisant sans lunettes, ne peut plus lire sans déplacer la tête ou le livre ; c'est alors que l'excès du mal produit un bien ; dès qu'il s'est habitué à ces mouvements, le myope n'a plus besoin de faire varier son accommodation en lisant, et sa myopie devient stationnaire.

Si ces idées théoriques sont exactes, les personnes que leur myopie contraint à lire de très près devront s'appliquer à suivre les lignes par des mouvements de la tête ou du livre ; c'est le conseil que je ne manque pas de leur donner ; je les engage aussi, quand elles lisent des brochures, à les courber de manière à produire un cylindre vertical dont l'axe passe approximativement par le centre de rotation de leur œil, et jusqu'ici les faits m'ont paru assez favorables :

(1) Soient a la variation de l'accommodation entre le milieu et la fin de la ligne, d la distance de l'œil au milieu de la ligne et l la longueur de la ligne, on a : $a = \frac{1}{d} - \frac{1}{\sqrt{\left(\frac{l}{2}\right)^2 + d^2}}$.

aucun de ceux à qui j'avais donné ces conseils n'est venu se plaindre d'une augmentation de myopie.

Mais il ne faut pas s'attendre à voir tous les myopes recourir aux conseils d'un médecin; cherchons donc à modifier les livres de manière à diminuer le nombre des cas de myopie progressive; le moyen résulte avec évidence de tout ce que nous venons de dire; il faut éviter les lignes longues. L'expérience est d'ailleurs là pour nous donner raison; c'est dans les pays où les livres et les journaux sont imprimés avec les lignes les plus longues que la myopie progressive sévit avec la plus grande intensité.

A ceux qui disent complaisamment que le degré de civilisation d'un peuple peut se mesurer au nombre des myopes qu'il révèle aux statisticiens, nous répondrons que l'économie outrée de luminaire, l'emploi de caractères gothiques trop petits et souvent usés, imprimés sur un papier gris et transparent, sont des causes bien suffisantes pour faire apparaître la myopie chez les enfants et que l'abus de la lecture au détriment de la réflexion et de l'observation des faits réels joint à l'emploi de lunettes trop fortes et à l'adoption d'une justification trop large pour les livres et les journaux, sont les conditions les plus propres à rendre progressives les myopies qui pourraient rester stationnaires, si l'on n'accumulait pas, pour ainsi dire à plaisir, les conditions les plus défavorables à l'emploi des yeux pendant le travail.

De cette longue étude nous retiendrons les conclusions suivantes:

A. — Principes.

1° Il est démontré que la myopie reconnaît habituellement pour cause une application prolongée de la vue pendant l'enfance sur des livres imprimés trop fin et insuffisamment éclairés.

2° L'augmentation progressive de la myopie est due, en partie, à la lecture de livres imprimés sur justification trop large.

3° L'astigmatisme, le chromatisme, et en général tous les défauts optiques de l'œil, causent beaucoup moins de fatigue quand l'éclairage est abondant. — Dans nos climats, l'éclairage par la lumière diffuse n'atteint jamais une intensité nuisible.

4° L'opinion qui considère l'éclairage bilatéral comme nuisible à la conservation de la vue ne repose sur aucune base théorique, et les essais comparatifs faits depuis dix ans ne paraissent pas favorables à l'éclairage unilatéral.

B. — Règles pour la construction des écoles.

5° On ne pourra obtenir un éclairage suffisant au moyen de jours pratiqués d'un seul côté que si la largeur de la salle n'excède pas la hauteur des linteaux des fenêtres au-dessus du sol.

6° L'éclairage par derrière, s'il vient de haut, peut être associé, en cas de besoin, à l'éclairage latéral; l'éclairage par un toit vitré est excellent.

7° L'éclairage bilatéral doit être préféré à tous égards. Dans ce système, la largeur de la classe étant, pour la même hauteur de fenêtres, deux fois plus grande que dans le cas de l'éclairage unilatéral, l'intensité lumineuse au milieu de la salle, qui est la partie la moins favorisée, est double de celle obtenue, à la même distance des fenêtres, par l'éclairage unilatéral. Il ne faudrait cependant pas que la largeur de la classe dépassât le double de la hauteur des fenêtres.

8° Il faut attribuer une grande importance à l'orientation de l'école, dont l'axe doit être dirigé N.-N.-E. au S.-S.-O; on ne devrait jamais accorder une tolérance de plus de 40 degrés de part et d'autre de la direction N.-S. à moins de conditions climatériques exceptionnelles.

9° Le maître fera face au midi.

10° Il est absolument indispensable de ménager, de part et d'autre de l'axe de la classe, une bande de terrain inaliénable dont la largeur soit double de la hauteur des constructions les plus élevées qu'on puisse prévoir, en tenant compte des progrès de l'aisance qui font multiplier les constructions à étages jadis inconnues dans les campagnes. Cette dernière condition est la plus importante de toutes (1).

C. — Règles pour la confection des livres.

11° Les livres doivent être imprimés en caractères d'autant plus gros qu'ils sont destinés à des enfants plus jeunes : il importerait de dresser à cet égard un tableau indiquant le nombre maximum de lettres qui serait admis par centimètre courant.

12° Il conviendrait d'interdire dans les établissements d'instruction secondaire l'emploi de livres imprimés sur une justification trop large.

Dr Javal,
Directeur du laboratoire d'ophtalmologie à la Sorbonne.

NÉCROLOGIE

Clerk Maxwell.

La Société royale de Londres et l'Université de Cambridge viennent de faire une perte cruelle : Clerk Maxwell, l'éminent professeur de physique expérimentale de Cambridge, est mort le 5 de ce mois, à peine âgé de quarante-huit ans, laissant à ses amis personnels et à tous ceux de la science le regret de voir sitôt brisée par la mort une vie qui semblait promettre encore bien des travaux remarquables. Né, en 1831, d'une famille distinguée des environs d'Édimbourg, Clerk Maxwell montra de bonne heure un goût prononcé pour les mathématiques et la physique, et, à l'université d'Édimbourg comme à celle de Cambridge, dont il suivit successivement les cours, il gagna l'estime de ses professeurs par son assiduité au travail et ses théories ingénieuses sur quelques-uns

(1) Je reçois à l'instant le fascicule n° 11 (15 novembre) de la *Revue d'hygiène*, contenant une très intéressante critique du docteur Zuber sur l'orientation et la largeur des rues des villes (p. 887). L'auteur renvoie aux sources suivantes : Leroy, Précis d'un ouvrage sur les hôpitaux, etc.; in *Mémoires de l'Académie des sciences*, Paris, 1787, p. 585. — Fonssagrives, *Les villes, leur hygiène*, etc., in *Revue scientifique*, 1874, p. 542. — Fonssagrives, *Hygiène et assainissement des villes*, Paris, 1876, p. 97-108. — *Deutsche Vierteljahrschrift f. die öff. Gesundheitspflege*, t. VII, p. 50, et t. VIII, p. 136. — Adolf Vogt, (in Bern) *Ueber die Richtung städtischer Strassen nach der Himmelsgegend und das Verhältniss ihrer Breite zur Häuserhöhe, nebst Anwendung auf den Neubau eines Kantonsspitals in Bern*, in *Zeitschrift f. Biologie*, 1879, pp. 28, avec dessins.

des points les plus difficiles de l'optique. A peine âgé de dix huit ans, le jeune étudiant de Cambridge envoyait à la Société royale d'Edimbourg des travaux d'un mérite réel : — Mémoire sur la « Théorie des courbes roulantes », Recherches sur « l'Équilibre des solides élastiques », etc. On sait que dans les universités anglaises le titre d'agrégé, — *fellowship*, — qui s'obtient au concours comme en France, assure à ceux qui en sont revêtus un revenu suffisant, tout en leur permettant de continuer leurs travaux personnels, et sans même les astreindre aux fatigues de l'enseignement si leurs goûts ne les y portent pas; ils doivent seulement examiner les candidats aux grades universitaires; de plus, s'ils se marient, ils renoncent par là même au titre de *fellow* et aux avantages qui y sont attachés. En 1855, Clerk Maxwell gagna par un brillant examen un des fellowships du *Trinity College* de Cambridge, et put, l'année suivante, tout en continuant à jouir de cette distinction enviée, devenir professeur de physique au collège Marischal d'Aberdeen, en Écosse. Bien que ces fonctions nouvelles absorbassent une partie assez considérable de son temps, Maxwell ne négligeait pas ses études favorites, et, en 1856, un travail remarquable sur « les Lignes de force de Faraday » vint en donner la preuve. L'année suivante, l'université de Cambridge couronnait son mémoire sur « les Mouvements des anneaux de Saturne ». Citons encore sa « Théorie des couleurs composées », qui lui valut le prix Rumford, décerné par la Société royale de Londres; sa « Théorie dynamique du champ électro-magnétique », et enfin sa « Théorie dynamique des gaz », présentée à la Société royale en 1866.

Depuis un an déjà, la mort de son père et les soins qu'exigeait l'administration d'un patrimoine assez considérable, avaient décidé Clerk Maxwell à renoncer momentanément au professorat. Il ne devait y rentrer qu'en 1871, lorsqu'il fut appelé à la chaire de physique expérimentale qui venait d'être créée à Cambridge. Quoique ses travaux et l'habileté ingénieuse avec laquelle il savait inventer chaque jour de nouveaux moyens de poursuivre la nature jusque dans ses derniers retranchements pour lui arracher ses secrets, le désignassent avant tout autre pour cet enseignement, il faut reconnaître que Maxwell n'obtint pas toujours, comme professeur, le succès que ses facultés éminentes semblaient devoir lui assurer. Mais cet insuccès s'explique par la nature même de ces facultés. Trop profond pour être facilement compris de tous, il ne pouvait, malgré la vivacité de son esprit, réussir qu'auprès d'un très petit nombre d'étudiants, et c'était l'élite seule qui savait l'apprécier.

Mais si la popularité universitaire lui manqua, Maxwell en fut amplement dédommagé par un travail cher à son cœur, et auquel il consacra les dernières années de sa vie ; je veux parler de la construction et de l'aménagement du nouveau laboratoire de physique expérimentale de l'université de Cambridge, un des plus beaux qui existent maintenant en Europe. Si l'Angleterre est le pays des grandes inégalités sociales, il faut reconnaître que c'est aussi celui où les membres des classes supérieures savent le mieux se faire pardonner cette inégalité par l'usage intelligent et libéral qu'ils font de leurs richesses héréditaires. Ce fut ainsi que le duc de Devonshire, qui se fait gloire de compter dans sa famille un des savants les plus distingués du siècle dernier, l'illustre Cavendish, voulut faire don à l'université de Cambridge d'un laboratoire modèle, et songea naturellement à en confier l'organisationet l'installation à l'éminent professeur de physique expérimentale que cette université venait d'appeler dans son sein. Et c'est au moment où il venait d'achever ce travail que la mort l'a ravi à ses collègues et à ses amis!

En effet, Maxwell comptait de nombreux amis. La douceur de son caractère, l'affabilité de ses manières, la vivacité de son esprit, l'agrément de sa conversation, l'*humour* qui perçait dans ses moindres reparties, lui avaient gagné l'affection de tous ceux au milieu desquels il vivait. Profondément religieux et chrétien convaincu, il était du nombre de ceux qui pensent que, si un peu de science éloigne de Dieu, beaucoup de science y ramène; aussi ceux mêmes qui ne partageaient pas ses croyances les respectaient-ils en lui, parce que la sincérité en était incontestable. Sans être indifférent aux questions et aux événements politiques, Maxwell évitait toujours les discussions sur ce sujet, sans doute parce qu'il avait reconnu que, loin de convertir nos adversaires, la discussion n'a le plus ordinairement d'autre résultat que de les confirmer davantage dans leurs idées. Mais il n'était pas de ces savants pour qui tout ce qui est en dehors de la science n'existe pas, et l'on pourrait au besoin retrouver dans les revues anglaises des pages de lui qui témoignent d'un véritable talent poétique.

Membre des Sociétés royales de Londres et d'Édimbourg, Clerk Maxwell appartenait encore, soit comme membre étranger, soit comme correspondant, aux principales sociétés scientifiques de l'Europe et de l'Amérique: Académie des arts et des sciences de Boston, Académie des sciences de Göttingue, de New-York, de Vienne, toutes se sont disputé l'honneur d'inscrire son nom sur leurs registres, et de donner ainsi la plus noble récompense à une vie consacrée tout entière à la science.

BULLETIN DES SOCIÉTÉS SAVANTES

Académie des sciences de Paris. — 10 novembre 1879.

M. de Lesseps : Note sur l'isthme de Panama. — M. Hervé Mangon : Les conditions climatologiques des côtes de la Manche. — M. Alph. Milne-Edwards : Une nouvelle espèce du genre *Anomalurus*. — M. Boiteau : Sur l'œuf d'hiver du phylloxera. — M. Mouillefert : L'efficacité du sulfocarbonate de potasse sur les vignes phylloxérées. — M. H. Léauté : Figure de repos apparent d'une corde inextensible en mouvement dans l'espace. — M. Rossetti : Pouvoirs absorbant et émissif thermiques des flammes. — M. L. Varenne : La passivité du fer. — M. Cochin : La fermentation alcoolique. — M. Ed. Heckel : Organisation de quelques mousses. — M. C. Ollive : Résistance au charbon des moutons de la race barbarine. — M. Ch. Richet : Excitabilité rythmique des muscles et du cœur.

M. *de Lesseps* annonce à l'Académie qu'il vient d'envoyer à Panama une brigade de sondeurs avec les appareils nécessaires pour faire les études préliminaires sur le percement de l'isthme interocéanique. Dans un mois, M. de Lesseps se rendra lui-même dans l'isthme avec une commission supérieure d'ingénieurs, choisis en Hollande, en France, aux États-Unis de Colombie et aux États-Unis de l'Amérique du Nord. L'auteur demande à M. le président s'il juge à propos de provoquer l'élection d'une commission composée de membres désignés dans les sections de l'Académie, afin de formuler un programme d'observations utiles à la science, qui serait recommandé aux ingénieurs chargés des études définitives ou des travaux d'exécution.

Cette commission est nommée; elle se composera de MM. Dumas, Faye, de Quatrefages, Daubrée, Duchartre, Edm. Becquerel, Pâris, d'Abbadie.

— M. *Hervé-Mangon* présente une première note sur les conditions climatologiques des années 1869 à 1879 en Normandie, et leur influence sur la maturité des récoltes. Les observations rapportées par l'auteur ont été recueillies chez lui, à Sainte-Marie-du-Mont (Manche), à quelques kilomètres de la mer. Elles sont relatives à la température, et à la fréquence et à l'intensité des pluies. M. Hervé-Mangon fait voir que ces pluies faibles, mais fréquentes, combinées avec une température régulière et douce, caractérisent complètement une région de pâturages; et si l'on ajoute, dit-il, à ces avantages du climat l'heureuse disposition géologique des terrains, qui assure l'alimentation permanente des abreuvoirs à bestiaux, on comprendra les causes de l'excellente qualité des herbages qui font la richesse et la célébrité du Cotentin. Quant à l'année 1879, si l'on rapproche les quantités d'eau tombées pendant chacun des premiers mois des hauteurs moyennes de pluie, on est frappé des conditions météorologiques exceptionnellement défavorables de cette année. Dans une prochaine communication, l'auteur montrera l'influence de l'année défavorable que nous venons de traverser sur le développement et la maturation des plantes de grande culture dans le nord-ouest de la France.

— M. *Alph. Milne-Edwards* fait connaître une nouvelle espèce du genre *Anomalurus*. Il l'a trouvée dans une intéressante collection de mammifères formée au Gabon par M. Laglaize, et que le Muséum vient d'acquérir. Le nouveau rongeur est très remarquable par la beauté de ses couleurs, et c'est pour en rappeler la disposition la plus apparente que M. A. Milne-Edwards l'a appelé *Anomalurus erythronotus*. La découverte de cette espèce porte à six le nombre des représentants du genre *Anomalurus*; tous sont originaires de la partie occidentale de l'Afrique tropicale, où ils semblent, dit l'auteur, représenter les grands écureuils volants ou *ptéromys* de l'Asie.

— M. *Boiteau* appelle l'attention sur la présence, dans les couches superficielles du sol, d'œufs d'hiver du phylloxera fécondés. En dépit de ses nombreuses recherches et du soin qu'il y a apporté, l'auteur n'a pu jusqu'ici découvrir que deux de ces œufs; mais il a constaté que cela tient surtout à ce que cette découverte est d'une difficulté extrême. En effet, ayant mélangé à 5 ou 6 centimètres cubes de terre végétale six œufs d'hiver pris sous les écorces, l'auteur n'a jamais pu les retrouver. Il en conclut que le doute n'est plus permis, et qu'il y a lieu d'accepter le dépôt des œufs fécondés dans le sol. M. Boiteau, sans l'affirmer nettement, croit que ces œufs éclosent pendant l'été, et ce serait même, selon lui, ce qu'il y aurait de plus heureux pour arriver à la destruction souterraine de l'insecte.

— M. *Mouillefert* expose les résultats fournis par le traitement des vignes phylloxérées au moyen du sulfocarbonate de potasse. Lorsque ce sel a été appliqué suivant les règles approuvées par la commission de l'Académie, c'est-à-dire avec l'eau comme véhicule, son efficacité s'est montrée certaine. Traitées par le sulfocarbonate de potasse, des vignes très affaiblies peuvent être régénérées et continuer à fructifier comme avant la maladie, des taches peuvent facilement disparaître, etc. M. Mouillefert insiste sur ce point que le véhicule par excellence du sulfocarbonate de potasse, c'est l'eau, et, selon l'auteur, les applications de ce sel avec les pals doivent être définitivement rejetées. Le sulfocarbonate peut être appliqué en tous temps, en toutes saisons, même aux mois les plus chauds, sans aucun danger pour la vigne; jusqu'à une dose assez élevée, 150 à 200 grammes par mètre carré, la régénération des ceps phylloxérés se fait pour ainsi dire en raison directe de la dose de sulfocarbonate appliquée.

— M. *H. Léauté* envoie une note sur la détermination de la figure de repos apparent d'une corde inextensible en mouvement dans l'espace, et sur les conditions nécessaires pour qu'elle se produise. L'auteur démontre que : 1° lorsqu'une corde inextensible, en mouvement dans l'espace, conserve une figure permanente, la grandeur de la vitesse est à chaque instant la même en tous les points; 2° si, de plus, les forces extérieures sont indépendantes du temps, la vitesse commune à tous les points est aussi indépendante du temps. Il en est de même de la tension, qui d'ailleurs varie d'un point à un autre; 3° dans ce dernier cas, c'est-à-dire quand les forces extérieures ne varient pas avec le temps, la forme permanente de la corde en mouvement est la même que la forme d'équilibre de la corde au repos sous l'action des mêmes forces, et ne dépend pas de la grandeur de la vitesse d'entraînement.

— M. *Fr. Rossetti* adresse à M. Cornu une lettre dans laquelle il lui expose les résultats de ses expériences sur les pouvoirs absorbant et émissif thermiques des flammes, et sur la température de l'arc voltaïque. Voici quelques-unes des conclusions auxquelles ont conduit ces expériences : 1° Le pouvoir émissif thermique *absolu* des flammes *blanches* produites par le gaz d'éclairage (c'est-à-dire l'intensité du rayonnement d'une flamme de cette nature ayant une épaisseur infinie, comparée à l'intensité du rayonnement émis par le noir de fumée à une température égale à la température moyenne de la flamme) est égal à l'*unité*. Le pouvoir émissif thermique *absolu* des flammes *bleu pâle* produites par les brûleurs de Bunsen est représenté par la fraction 0,3219, c'est-à-dire qu'il est à peu près le *tiers* du pouvoir émissif des flammes blanches du gaz d'éclairage; 2° le pouvoir émissif *relatif* d'une flamme d'une épaisseur déterminée peut s'obtenir en multipliant le rapport entre l'intensité de son rayonnement et l'intensité *maximum* (intensité du rayonnement de la même flamme si son épaisseur était infinie) par le nombre qui représente le pouvoir émissif thermique absolu de cette espèce de flamme. Une flamme bleu pâle de Bunsen, d'une épaisseur de $0^m,004$, a son pouvoir émissif thermique exprimé par le nombre 0,01744, c'est-à-dire que le noir de fumée, porté à la même température, envoie un rayonnement thermique dont l'intensité est $\frac{1}{0,01744} = 57,73$ par rapport à celle de la flamme; 3° dans les appareils à lumière électrique, les deux extrémités polaires des charbons ont des températures très différentes; 4° l'arc voltaïque a un pouvoir émissif thermique très petit comparable au pouvoir émissif des flammes bleu pâle des brûleurs de Bunsen; 5° un grand nombre d'expériences ont donné, pour l'extrémité polaire positive du charbon, la température maximum de 3900° C. environ; pour l'extrémité polaire négative, la température d'environ 3150°. Pour l'arc voltaïque qui jaillit entre ces deux extrémités, la température a toujours été d'environ 4800°, quelles que fussent l'épaisseur de l'arc et l'intensité du courant.

— M. *L. Varenne* fait connaître ses recherches sur la passivité du fer. On sait que lorsqu'on met un morceau de fer en présence de l'acide azotique du commerce, une réaction s'établit aussitôt et se développe avec intensité. Mais, si l'on place le fer dans l'acide concentré, c'est-à-dire dans l'acide azotique fumant, la réaction n'a pas lieu; le métal acquiert de plus, par son contact avec cet acide, la singulière propriété de n'être plus attaqué par l'acide étendu. On dit alors que l'acide fumant rend le fer passif. Pour se rendre compte de ce phénomène, M. Varenne a fait un certain nombre d'expériences desquelles il résulte qu'un ébranlement produit dans le voisinage du métal passif, soit par un choc ou une vibration, soit par un courant de gaz, quelquefois très-faible, suffit pour faire disparaître la passivité. D'autre part, l'acide azotique monohydraté exerce une action sur le métal; mais cette action cesse aussitôt, le phénomène se traduisant par la disposition autour du fragment métallique d'une gaine gazeuse enveloppante. On était dès lors porté à conclure de ces résultats expérimentaux que cette gaine gazeuse est le seul obstacle à l'attaque ultérieure, qu'elle est plus adhérente sur une surface lisse et sur un échantillon de grande condensation moléculaire que sur un échantillon rugueux et moins compact, que les ébranlements mécaniques, les courants gazeux faibles ou puissants (ces derniers ajoutant peut-être dans certains cas une action chimique à leur influence de déplacement) en déterminent plus ou moins rapidement la dislocation.

L'expérience est venue confirmer ces prévisions, auxquelles conduisaient nécessairement les essais de l'auteur. Si la passivité du métal est la conséquence de la formation de la gaine gazeuse, celle-ci doit disparaître dans le vide et la passivité avec elle. Un fragment de fer, étant rendu passif, a été placé dans le vide, au moyen de dispositions particulières, de façon à éviter tout ébranlement. Le vide étant fait ($h = 0^{m},015$), on retire avec précaution et sans le toucher directement le morceau de fer, que l'on immerge dans l'acide étendu, où il s'attaque aussitôt.

La nature du gaz enveloppant peut d'ailleurs être très approximativement fixée; si on laisse, en effet, rentrer quelques bulles d'air dans l'appareil à vide au moment où l'on cesse la raréfaction, on voit apparaître dans ce récipient la coloration rouge orangé caractéristique des vapeurs hypoazotiques : la gaine gazeuse est donc principalement formée de bioxyde d'azote.

— M. *Cochin* fait une communication sur la fermentation alcoolique. On sait qu'une discussion sur ce sujet important a été soutenue il y a quelque temps par M. Pasteur et M. Berthelot. Le point capital est toujours de savoir s'il y a réellement formation d'un ferment soluble dans la fermentation alcoolique. M. Cochin rend compte d'une expérience qu'il vient de faire et qui prouve que la levure ne fait pas de ferment soluble alcoolique.

— M. *Ed. Heckel* envoie une note sur l'organisation et la forme cellulaire dans certains genres de mousses (*Dicranum* et *Dicranella*). L'auteur a trouvé dans cette organisation une relation de plus entre les gymnospermes et les cryptogames.

— M. *C. Ollive* signale quelques faits qui viennent confirmer l'opinion récemment émise par M. Chauveau, à savoir que les moutons d'Algérie appartenant à la race barbarine sont réfractaires à l'inoculation du charbon.

— M. *Ch. Richet* adresse une note sur l'excitabilité rythmique des muscles et leur comparaison avec le cœur. Les expériences de l'auteur ont porté sur le muscle de la pince de l'écrevisse et sur le cœur de ce même animal. Pour le cœur comme pour le muscle de la pince, la contraction (systole) épuise l'élément musculaire, qui cesse alors de se contracter; mais il se répare très vite, et c'est pendant la diastole que se fait la réparation. La cause du rythme paraît donc être la même pour le cœur et le muscle : dans l'un et l'autre cas, c'est un épuisement rapide et une rapide réparation.

BIBLIOGRAPHIE SCIENTIFIQUE

Traité clinique et pratique de la phthisie pulmonaire et des maladies tuberculeuses des divers organes, par H. Lebert. (Paris, A. Delahaye, 1879.)

Lebert, ancien professeur de clinique à Zurich et à Breslau, avait longtemps habité Paris et publié en français ses premiers ouvrages d'anatomie pathologique, sa Physiologie pathologique (1845), son Traité pratique des maladies scrofuleuses et tuberculeuses (1849), son Traité pratique des maladies cancéreuses et des affections curables confondues avec le cancer (1851), enfin son grand ouvrage d'anatomie pathologique générale et spéciale, en 4 grands vol. in-folio, dont 2 volumes d'atlas. Nommé professeur dans les pays de langue allemande, il s'était uniquement consacré à la clinique. Il avait publié sur la médecine pratique une série de monographies, et en particulier une clinique des voies respiratoires, imprimée en allemand en 1874. C'est le résumé de ce dernier ouvrage et de tous les travaux antérieurs de Lebert sur le même sujet qui est aujourd'hui offert en français à notre public médical. Lebert, dans ces dernières années, avait abandonné le professorat pour se fixer en Suisse, sa patrie, où il a succombé cette année. Il s'était fait, par ses écrits sur les maladies des voies respiratoires, une sorte de spécialité. Sa présence à Vevey, au milieu de la nombreuse clientèle spéciale qu'attire le climat de Montreux et des environs, aussi bien que son séjour à Nice en hiver, lui permettaient de se consacrer à la pratique médicale.

Ce qui précède explique la façon dont le livre de Lebert est conçu, aussi bien que son but. On y trouve le résumé d'une longue pratique médicale, des généralités sur l'étiologie, l'anatomie pathologique, la pathogénie de la tuberculose, une symptomatologie assez complète et surtout un long chapitre sur le traitement de la phthisie. Plus du quart de l'ouvrage est consacré au traitement. Dans le traitement lui-même, l'hygiène, la climatologie, les stations d'été et d'hiver, occupent la place la plus importante.

Dans ce livre, Lebert paraît s'être à peu près désintéressé des recherches d'histologie pathologique qui avaient fait sa réputation en France, et il serait difficile d'y trouver quelque chose de nouveau en anatomie pathologique. Bien entendu il n'y est plus question des fameux corpuscules tuberculeux qu'il avait décrit dans sa Physiologie pathologique.

A propos de l'étiologie, Lebert signale l'influence des causes mécaniques et traumatiques. Dans un travail publié en 1867, il a démontré que le tiers de ceux qui, avec un vice congénital de l'artère pulmonaire (rétrécissement), dépassent la puberté, meurent phthisiques. Dans ces cas, l'absence de disposition héréditaire est la règle.

Lebert a observé onze faits dans lesquels, au milieu de la bonne santé, le traumatisme a été le point de départ de la phthisie. C'est une épingle logée dans le poumon, ce sont des chutes, des contusions, des écrasements, des plaies intéressant le thorax et les poumons.

Il ne croit pas que le pus ou les granulations des tuberculeux aient seuls le privilège de donner par inoculation des tubercules. Les expériences faites en commun avec Wyss, l'ont convaincu que les substances morbides les plus diverses peuvent engendrer le tubercule par l'inoculation. Cependant il admet la contagion de la phtisie, à titre d'exception, il est vrai.

Pour Lebert, la phthisie humaine est le résultat d'une inflammation dystrophique particulière. Pour lui, les granulations tuberculeuses sont de nature inflammatoire. Il admet dans une certaine limite la doctrine de Dittrich, que la tuberculisation miliaire est la suite de la résorption de produits inflammatoires devenus caséeux, mais cependant il a constaté souvent, chez l'homme et chez le singe, une tuberculose miliaire aigüe sans qu'il y eût de foyer caséeux. La tuberculose n'a rien de spécifique dans sa cause non plus que dans son anatomie pathologique.

Dès 1867, Lebert était revenu, contrairement à l'opinion de Virchow, à l'unité des altérations tuberculeuses, qu'il considérait comme les produits d'une inflammation particulière dystrophique.

On sait que Virchow avait introduit une sorte de dualisme entre les granulations et les inflammations scrofuleuses.

Lebert, conséquent en cela avec ses premières études, regarde les tuméfactions avec dégénérescence caséeuse des ganglions lymphatiques superficiels comme des lésions tuberculeuses. Tels sont les ganglions cervicaux et inguinaux caséeux qui sont regardés par beaucoup, sinon par tous les auteurs, comme les types de la scrofule. Aussi la scrofule est-elle bien diminuée par lui, quoiqu'il en admette l'existence. Les ganglions tuméfiés du cou sont tuberculeux au même titre que les organes génitaux et d'autres organes qui peuvent être atteints isolément sans que le poumon soit pris lui-même.

Ainsi, sur 158 malades atteints de ces gros ganglions superficiels qu'on appelle généralement scrofuleux et que Lebert considère comme tuberculeux, 20 seulement ont succombé à la phthisie pulmonaire, et tous ont été observés pendant longtemps.

La symptomatologie est bien faite et comprend toutes les manifestations locales de la tuberculose.

Il ne faudrait pas chercher dans son anatomie pathologique des détails nouveaux concernant la structure fine des tubercules ni des lésions pulmonaires. Lebert croit avoir le premier décrit les cellules géantes dans sa Physiologie pathologique. La vérité est qu'il a indiqué l'existence de grandes cellules dans certains tubercules, mais sans en faire une description détaillée. Il donne de toutes les lésions une description générale souvent superficielle, éclectique, réservant les points douteux de structure sans les approfondir.

Le traitement contient d'excellents conseils sur la prophylaxie générale et individuelle, sur l'alimentation, les cures de lait de la Suisse, les détails les plus circonstanciés sur le régime des tuberculeux, les vêtements, la gymnastique. Lebert cite des exemples d'amélioration très notable par le séjour prolongé dans les étables. Mais il s'étend surtout sur les stations climatériques d'été et d'hiver; il donne la topographie, la climatologie, l'altitude, la température, les conditions de tous genres de chacune d'elles en particulier. Les stations de montagne, Montreux et ses environs, Davos et l'Engadine, réussissent à certains phtisiques, tandis que d'autres se trouvent mieux dans les villas de la rivière de Gênes. Lebert est trop bon patriote pour ne pas vanter tous les sanatoria des montagnes de la Suisse, mais il ne professe pas, au sujet du choix de ces stations, comparées à celles du midi de la France, d'opinion absolue. C'est surtout l'individualité des malades qu'on doit consulter. Il termine par un court chapitre sur les médicaments, huile de foie de morue, fer, arsenic, mercure, et par le traitement de formes et de symptômes spéciaux de la maladie.

En somme, la dernière œuvre de Lebert est un livre de bibliothèque excellent à consulter pour tout médecin qui s'occupe spécialement de la phthisie et de son traitement. Mais, bien qu'elle soit personnelle et même très personnelle, ce qui ne veut pas dire originale, c'est une œuvre pâle. La distinction, la définition d'états qu'il considère comme différents, comme par exemple la tuberculose et la scrofule, ne sont pas données. Les opinions nettes font souvent défaut.

Il semble qu'après une carrière scientifique bien remplie, Lebert ait éprouvé le même phénomène qui arrive chez les meilleurs peintres à la fin de leur vie artistique, d'adoucir les tons et de pâlir leurs couleurs.

Publications nouvelles.

Histoire de la machine à vapeur, par H. Thurston, professeur de mécanique à l'École des ponts et chaussées de Hoboken (États-Unis), revue et précédée d'une introduction, par M. Hirsch, professeur de machines à vapeur à l'École des ponts et chaussées de Paris. 2 volumes de la *Bibliothèque scientifique internationale*, avec 140 figures dans le texte et 16 planches hors texte (Paris, librairie Germer Baillière et Cie). Cartonnés à l'anglaise : 12 francs.

Système silurien du centre de la Bohême, par Joachim Barrande. Première partie : *Recherches paléontologiques.* Volume V : *Classe des Mollusques; Ordre des Brachiopodes.* 2 gros volumes in-4°, contenant trois chapitres de texte et 153 planches. — 1879 (Prague, chez l'auteur et éditeur. — Paris, rue de l'Odéon, 22).

Les matières contenues dans le texte sont exposées dans l'ordre et sous les titres suivants : 1° Introduction sur les Brachiopodes siluriens de la Bohême; 2° Aperçu historique; 3° Variations observées parmi les Brachiopodes siluriens de la Bohême; 4° Distribution verticale des genres et espèces de Brachiopodes dans le bassin silurien de la Bohême; 5° Connexions spécifiques établies par les Brachiopodes entre la Bohême et les contrées étrangères.

La Culture maraîchère. Traité pratique, par A. Dumas, professeur d'horticulture et d'agriculture à l'École normale d'Auch. 4e édition. 1 vol. in-18 de 416 pages, avec 186 figures (Paris, J. Rothschild). Prix : 3 fr. 50.

La Pisciculture fluviale et maritime en France. Description, pêche, lois, repeuplement des rivières, élevage des poissons, des écrevisses et des sangsues, par Jules Pizzetta. — *L'Ostréiculture en France*, par M. de Bon, commissaire général de la marine. 1 vol. in-18 de 472 pages, avec 212 figures. (Paris, J. Rothschild). Prix : 4 francs.

L'Anthropologie, par le docteur Paul Topinard, sous-directeur à l'École des hautes études, professeur à l'École d'anthropologie, secrétaire de la *Revue d'anthropologie*, membre des Sociétés d'anthropologie de Paris, Londres, Florence, Vienne et Moscou, avec préface du professeur *Paul Broca;* ouvrage couronné par la Faculté de médecine, récompensé par l'Institut et faisant partie de la Bibliothèque des sciences contemporaines. Troisième édition. 1 vol. in-12 de 580 pages (Paris, librairie Reinwald et Cie). Broché : 5 francs; cartonné en toile anglaise : 5 fr. 75.

Nous avons rendu compte de cet ouvrage lors de la publication de la première édition, il y a trois ans.

Dictionnaire allemand-français et français-allemand, de W. de Suckau, complètement refondu et remanié sur un plan nouveau par Théobald Fix. 1 vol. in-8° raisin de 920 pages à trois colonnes (Paris, librairie Hachette et Cie). Cartonné : 15 fr.

L'Angleterre et ses colonies australes (Australie, Nouvelle-Zélande, Afrique australe), par Émile Montégut. 1 vol. in-12 de 310 pages (Paris, librairie Hachette et Cie). Broché : 3 fr. 50.

La Philosophie scientifique. — Science, art et philosophie. — Mathématiques, sciences physiques et naturelles, sciences sociales, art de la guerre, par H. Girard, capitaine en premier du génie, ancien professeur de mathématiques supérieures, etc. 1 vol. grand in-8° de 406 pages (Paris, J. Baudry, éditeur. — Bruxelles, C. Muquardt). Prix : 9 francs.

Manuel de chimie organique élémentaire, avec ses applications à la médecine, à l'hygiène et à la toxicologie, par M. Frédéric Hétet, professeur de chimie à l'École de médecine navale de Brest. 1 vol. in-18 de 767 pages, avec 49 figures dans le texte (Paris, Octave Doin, éditeur). Prix : 8 francs.

Manuel d'histoire naturelle médicale, par J.-L. de Lanessan, professeur agrégé d'histoire naturelle à la Faculté de médecine de Paris. Deuxième partie (fin des plantes phanérogames) avec 519 figures dans le texte dessinées par Hugon, suivie d'un *tableau des médicaments d'origine végétale, qui figurent dans le droguier de la Faculté de médecine de Paris*, avec l'indication de leurs caractères et la description sommaire des plantes qui les fournissent. 1 vol. in-18 de 572 pages (Paris, Octave Doin éditeur). Prix de l'ouvrage complet en trois parties : 20 francs.

Les Martyrs de la science, par M. Gaston Tissandier. 1 vol. grand in-8° de 336 pages, illustré de 34 gravures sur bois, compositions de Camille Gilbert (Paris, Maurice Dreyfous, éditeur).

CHRONIQUE SCIENTIFIQUE

Faculté de médecine de Paris. — Les exercices pratiques de dissection ont commencé le 15 novembre dans les bâtiments de l'ancien collège Rollin, appropriés pour cet usage, comme nous l'avons dit il y a quelque temps. Cette école pratique, purement provisoire, comprend huit grands pavillons, dont un est spécialement réservé aux professeurs libres. Elle peut recevoir 640 élèves, tandis que 550 seulement trouvaient place dans l'ancienne école pratique.

— Université de Louvain. — Grâce au système décoré du nom de liberté de l'enseignement supérieur, l'université de Louvain est depuis longtemps la plus populeuse de Belgique, et ses progrès dans ce sens ne diminuent pas. L'année dernière elle comptait 1340 étudiants. Cette année, la rentrée s'est faite, paraît-il, avec 1400 élèves. Nous n'avons pas encore les chiffres officiels concernant les deux universités de l'État, mais nous croyons qu'à elles deux elles n'atteindront pas ce chiffre.

En France, depuis la présentation des projets de loi Ferry, les étudiants en droit ont diminué de près d'un tiers à l'université cléricale de Paris.

— Une femme pharmacien. — L'école de médecine de Toulouse vient de conférer le diplôme de pharmacien de seconde classe à une dame Gaillard, de Narbonne, dont les examens ont, paraît-il, été très brillants.

— Baccalauréat. — Deux jeunes filles, Mlle Marthe Dubois et Mlle Blanche Edwards, ont subi avec succès l'épreuve du baccalauréat ès sciences.

Un employé du chemin de fer de l'Ouest chargé de l'impression des tickets, M. Never, vient d'être reçu bachelier ès sciences. M. Never est âgé de 40 ans et père de famille. Il y a deux ans, il ne possédait qu'une instruction élémentaire. M. Never a conquis son diplôme sans avoir pris une leçon, sans avoir suivi aucun cours.

— École des langues orientales vivantes. — Un lettré chinois, Lieou-Sieou-Tchang, attaché à l'École des langues orientales vivantes de Paris en qualité de répétiteur indigène, vient de mourir à l'âge de cinquante-huit ans.

— La science des religions en Angleterre. — Il existe, en Angleterre, une fondation dont les revenus, provenant des legs d'un M. Hibbert, doivent être affectés à des conférences. Les administrateurs de la fondation, les *Hibbert Trustees*, suivant l'expression anglaise, sont des libéraux comme le testateur, et ils le prouvent par le choix des conférenciers auxquels ils s'adressent. Le célèbre mythologiste Max Müller a été désigné pour donner une de ces séries de conférences, qui est devenue le livre sur l'*Origine de la religion*, dont nous avons récemment rendu compte (voyez la *Revue scientifique* du 6 septembre 1879, ci-dessus page 225.)

Il y a quelque temps déjà, M. Ernest Renan était invité à venir en donner une aussi, mais il s'excusait à cause de l'état de sa santé. Les Hibbert Trustees ont renouvelé leurs instances, et avec succès. M. Renan s'est rendu à leur invitation. Après Pâques, il partira pour l'Angleterre afin de donner, non pas une conférence, mais une série de conférences en français. Il a choisi pour sujet « l'influence que Rome a exercée sur la formation du christianisme ».

— Galvani. — La ville de Bologne vient d'élever un monument à l'un de ses enfants les plus illustres, le physicien Galvani. Il est représenté au moment où il découvre l'électricité animale en touchant avec un petit arc formé de deux métaux différents les nerfs lombaires d'une grenouille écorchée.

— Hôpital de la Salpêtrière. — M. Charcot, professeur à l'École de médecine, a recommencé dimanche dernier à 9 heures 1/4 ses conférences cliniques sur les maladies mentales et nerveuses. — Ces conférences continueront les dimanches suivants à la même heure. Elles ont lieu dans un amphithéâtre nouveau que l'administration de l'assistance publique vient de faire construire.

On sait que ces conférences, données dans un asile et accompagnées de démonstrations sur les aliénés eux-mêmes, ne peuvent pas être publiques. Mais les étudiants en médecine et les médecins y sont admis, avec une carte spéciale, que l'administration de l'assistance publique leur délivre, dans les bureaux mêmes de l'hospice de la Salpêtrière, sur la justification de leur qualité.

— Faculté des sciences de Toulouse. — M. Filhol fils, professeur de zoologie, a obtenu un congé de six mois pendant lequel il sera suppléé par M. le Dr Barthélemy, professeur au lycée de Toulouse.

— École nationale des ponts et chaussées. — L'ouverture des cours de l'École des ponts et chaussées a eu lieu le lundi 3 novembre 1879; ces cours ont lieu aux jours et heures ci-après :

Cours de minéralogie et de géologie. — Professeur : M. Bayle, ingénieur en chef des mines. — Les mercredis et samedis, à neuf heures.

Cours d'économie politique. — Professeur : M. Garnier, membre de l'Institut. — Les mardis et vendredis, à midi.

Cours sur les procédés généraux de construction. — Professeur : M. Guillemain, ingénieur en chef des ponts et chaussées. — Les jeudis, à midi.

Cours de routes. — Professeur : M. Durand-Claye (Léon), ingénieur en chef des ponts et chaussées. — Les lundis et jeudis, à neuf heures.

Cours de chemins de fer. — Professeur : M. Sévène, ingénieur en chef des ponts et chaussées. — Les mardis, jeudis et samedis, à neuf heures.

Cours de travaux maritimes. — Professeur : M. Voisin, ingénieur en chef des ponts et chaussées. — Les lundis, mercredis et vendredis, à neuf heures.

Conférences de droit administratif. — M. Chabrol, maître des requêtes au Conseil d'État. — Les lundis, mercredis et vendredis, à une heure.

L'ouverture des cours de *mécanique appliquée* (résistance des matériaux), *de ponts, de navigation intérieure, de machines à vapeur, d'hydraulique agricole*, est différée au 15 janvier 1880.

Les personnes qui désirent être admises à ces cours doivent en faire la demande, par écrit, à M. le directeur de l'École, rue des Saints-Pères, 28.

— École nationale des mines. — Programme des cours publics :

Cours de minéralogie. — M. Mallard, ingénieur en chef des mines, a commencé ce cours le mardi 4 novembre 1879, à midi précis, pour le continuer les mardi et samedi de chaque semaine à la même heure. Les leçons ont lieu dans l'une des salles de l'École nationale des mines.

Cours de géologie. — M. de Chancourtois, inspecteur général des mines, a commencé ce cours le lundi 3 novembre, à midi précis, pour le continuer les lundi et jeudi de chaque semaine, à la même heure. Les leçons ont lieu dans l'une des salles de l'École des mines.

Cours de paléontologie. — M. Bayle, ingénieur en chef des mines, a commencé ce cours le vendredi 7 novembre, à midi précis, pour le continuer le vendredi de chaque semaine, à la même heure. Les leçons ont lieu dans l'une des salles de l'École des mines.

— Découverte d'une sépulture préhistorique dans le département du Finistère. — Au commencement du mois d'octobre, on a découvert à un kilomètre environ de Guisseny, sous un amas de roches qui porte le nom de « Dibennou », une caverne de 15 mètres de long sur 4 de large. Cette immense grotte, obstruée en partie par du sable, présente deux ouvertures : l'une regarde la mer, qu'elle surplombe d'environ 4 mètres, l'autre est tournée du côté de la campagne. Par sa situation, ses grandes dimensions et les deux issues qu'elle présente, elle devait être, à une époque très reculée, un point d'observation et de défense admirablement disposé contre toute attaque extérieure.

Après quelques heures de fouilles, on a constaté que la caverne était remplie dans toute sa longueur d'une couche de cendre et de charbon épaisse de 2 centimètres. Au-dessous de cette première couche, on rencontre une sorte de maçonnerie en pierres sèches, puis des ossements humains, des débris d'urnes cinéraires d'origine manifestement celtique et une quantité considérable d'ossements de mammifères. Parmi ces derniers, il en est qui paraissent ne pas appartenir à la faune contemporaine. Enfin un marteau de pierre et une hache de porphyre, polie et tranchante, paraissent démontrer que cette caverne est une grotte sépulcrale des temps préhistoriques.

— La médecine dans les campagnes en Russie. — La question de la licence accordée aux femmes-médecins pour exercer leur profession au même titre que les hommes n'est pas résolue définitivement, et cependant la province continue à s'impatienter de ce retard. Les médecins y sont si rares et les maladies de toute espèce si nombreuses, que le besoin de se procurer l'assistance médicale l'emporte sur toute autre considération. Les hommes ne redoutent pas la concurrence des femmes et ne s'opposent aucunement à leur céder une part de la besogne commune. Pour se rendre compte à quel point ce besoin est urgent, il faut considérer la manière dont les choses se passent dans les campagnes, et du rôle important qu'y jouent jusqu'à présent les sorciers et les charlatans. Tout ce qu'on a pu faire contre eux n'a servi à rien, et lors même qu'un sorcier ou un charlatan occasionne la mort d'un malade et se voit traduit pour ce fait devant les tribunaux, les paysans ne lui retirent pas pour cela leur confiance.

Un procès de ce genre a révélé tout récemment quelques-uns des procédés parfois fort ingénieux dont se servent avec succès ces devins de village. Si les paysannes ne connaissent pas les *vapeurs* des dames de la société, elles possèdent, en revanche, une imagination non moins fertile, et se figurent avoir des maladies non moins difficiles à guérir par un véritable médecin. C'est ainsi que dans quelques provinces du sud existe cette croyance fort étrange, que lorsqu'on s'endort avec une grande soif, comme on en éprouve après un rude travail aux champs pendant les chaleurs, et qu'on voit en songe l'accomplissement de son désir, c'est qu'un serpent vous est entré par la bouche entr'ouverte et vous a causé une sensation agréable de froid. Une paysanne petite-russienne à laquelle une pareille aventure était arrivée, c'est-à-dire qui avait bu de l'eau en songe, ne douta pas un moment de la présence du serpent dans son corps et ne tarda pas à en ressentir les effets. Elle en tomba malade, dépérit visiblement et se prépara à la mort. Alors ses amis lui donnèrent l'adresse d'une sorcière dont les cures étaient réputées infaillibles. Cette dernière, après l'avoir interrogée, confirma ses soupçons sur la présence du serpent, mais promit de l'en délivrer. Elle lui fit prendre quelques remèdes, entre autres un vomitif, et une couleuvre sortit effectivement de son gosier. La malade fut guérie et en eut naturellement la plus vive reconnaissance à la sorcière. Plus tard, quand d'autres traitements moins innocents donnèrent lieu à une enquête, la sorcière avoua qu'elle avait usé d'un subterfuge et que la couleuvre n'avait jamais été dans le corps de la femme malade. Malheureusement pour elle, la guérison ne s'obtenait pas toujours aisément, et elle avait eu recours à des poisons dont elle ne connaissait pas bien les propriétés. Sa carrière finit donc par une condamnation à la déportation; mais les paysans de la localité ne lui conservèrent pas moins un excellent souvenir et regrettèrent infiniment d'être privés de ses services. Ils avaient raison à leur point de vue : lorsqu'on supprime les charlatans, le moins qu'on puisse faire, c'est de les remplacer par des médecins; et quand ces derniers manquent, comment ne regretterait-on pas les docteurs de contrebande ?

— Société française de physique. — *Séance du 7 novembre.* — M. Mouton communique à la Société une première partie de ses recherches sur les lois de la dispersion des rayons calorifiques obscurs. Le procédé employé pour la mesure de leurs longueurs d'onde est basé sur les considérations suivantes : si entre deux Nicols parallèles on place une lame cristalline dont l'axe soit à 45 degrés des sections principales des Nicols, qu'on fasse traverser le système par un faisceau parallèle reçu ensuite sur la fente d'un spectroscope, le spectre présentera une série de bandes noires parallèles à la fente. C'est l'expérience bien connue de MM. Fizeau et Foucault. Si l'on désigne par λ la longueur d'onde dans l'air du centre d'une de ces bandes, par n et n' les deux indices de la lame correspondant à λ, par e l'épaisseur de la lame, on a la relation :

$$e\,(n' - n) = 2\,(K + 1)\,\frac{\lambda}{2}$$

où K est un certain nombre entier qui diminue d'une unité quand on passe d'une bande à sa voisine du côté du rouge.

En déterminant l'épaisseur e de la lame, et les valeurs de n', n et K propres à chaque bande, M. Mouton, a pu tirer de l'égalité précédente la valeur de λ.

Dans cette première communication, l'auteur indique comment il a déterminé les éléments e et K.

Le procédé consiste : 1° dans la substitution d'un réseau connu au prisme dans l'expérience citée tout à l'heure; 2° dans l'emploi du développement de Cauchy pour la différence $n' - n$.

L'épaisseur ainsi obtenue et par suite la valeur de λ, qui sera calculée ultérieurement, sont exprimées en millimètres de Fraunhöfer, c'est-à-dire un millimètre donnant à la longueur d'onde de la raie D la moins réfrangible la valeur 0,0005888 adoptée par M. Mascart.

M. Mouton signale deux applications de son procédé, en dehors du sujet présent, pour lequel il a été imaginé :

1° En déterminant l'épaisseur d'une lame de quartz parallèle, par cette méthode, puis à l'aide d'un sphéromètre, on a un moyen rapide de comparer le pas de la vis de ce sphéromètre au millimètre de Fraunhöfer ou mieux à la longueur d'onde de la raie D.

2° Appliqué à une lame de substance inconnue, ce procédé permet de déterminer ce que MM. Fizeau et Foucault ont appelé la dispersion de double réfraction de cette lame. C'est ainsi qu'avec une lame de gypse, M. Mouton a aisément rencontré le minimum par lequel passe cette fonction dans les environs de la raie E.

M. Niaudet présente un élément de pile à chlorure de chaux, formé d'un cylindre de zinc plongeant dans une dissolution de sel marin et d'un cylindre de charbon entouré de chlorure de chaux et placé dans un vase poreux. Un bouchon enduit de poix ferme le tout et empêche l'odeur du chlorure de chaux de se répandre à l'extérieur. Cette pile a le grand avantage de pouvoir rester montée indéfiniment, le zinc n'étant pas attaqué quand le circuit est ouvert; il ne s'y forme que des sels solubles; enfin la dépolarisation par le chlorure de chaux est satisfaisante.

La force électromotrice mesurée par comparaison avec un élément de Latimer-Clark, et à l'aide d'un potentiomètre analogue à celui de ce physicien, est d'environ 1,6 Volt.

MM. Bertin, Raynaud, Niaudet échangent quelques observations sur l'emploi du potentiomètre et sur la constance de l'étalon Latimer-Clark. M. Pollat, en opérant par la méthode d'opposition et en substituant un électromètre au galvanomètre afin de se mettre à l'abri de toute polarisation, a trouvé entre deux exemplaires du Latimer-Clark une différence de 1/100 Daniell.

— Nécrologie. — Le docteur Chenu, ancien médecin principal des armées, est décédé dimanche dernier, 16 courant, à l'hôtel des Invalides, à un âge très avancé. On sait que le docteur Chenu est l'auteur de l'important ouvrage sur la mortalité dans l'armée pendant la guerre de Crimée. C'est sous sa direction qu'a été publiée l'*Encyclopédie d'histoire naturelle*, dont il a été aussi un des principaux auteurs. Nous avons rendu compte de ce grand ouvrage dans notre numéro du 6 avril 1878.

Rappelons enfin que le docteur Chenu avait été, pendant le siège de Paris, médecin en chef des ambulances de la presse.

— Les médecins militaires dans les hopitaux civils. — Le conseil de santé des armées, consulté par le ministre de la guerre sur les conditions dans lesquelles les médecins du service régimentaire pourraient être appelés à donner leurs soins aux militaires traités dans les hospices civils, vient de présenter les propositions suivantes:

Dans les chefs-lieux de corps d'armée n'ayant que des hôpitaux mixtes ou civils, un médecin principal sera chargé des salles militaires. Il sera assisté, s'il y a lieu, par des médecins du service hospitalier ou du service régimentaire.

Dans les garnisons dont l'effectif sera supérieur à 1000 hommes, le traitement des malades sera confié à un médecin-major de 2e classe au moins. S'il existe dans la garnison plusieurs médecins-majors, chacun d'eux fera alternativement le service à l'hôpital pendant un mois, en commençant par le plus ancien et le plus élevé en grade. Ce service comprendra le traitement des trois catégories de malades. Lorsque le chiffre de ceux-ci dépassera cinquante, un second médecin militaire sera appelé par ordre de grade et d'ancienneté à faire le service à l'hôpital; quand le chiffre dépassera cent, un troisième médecin sera détaché des régiments à l'hôpital, et ainsi de suite, de façon que chacun des médecins n'ait pas à traiter plus de cinquante malades. En cas d'insuffisance de personnel de médecins-majors, les médecins traitants pourront être pris, par rang d'ancienneté, parmi les aides-majors de 1re classe de la garnison. Autant que possible on n'attachera pas en même temps au service hospitalier deux médecins du même régiment.

Dans les garnisons qui ne contiendront que 300 hommes, les malades devront être soignés dans des salles spéciales et traités, à défaut de médecins-majors, par des aides-majors de 1re classe, désignés d'après les principes énoncés plus haut.

Les médecins faisant le service à l'hôpital feront également le service de leurs régiments respectifs, l'autorité militaire locale restant juge des exercices, manœuvres, etc., dont ils pourraient être déchargés.

Dans toutes les villes de garnison, l'autorité militaire locale tiendra la main à ce que tous les médecins militaires fréquentent les hôpitaux, quels qu'ils soient, et entretiennent avec les médecins en fonction dans ces établissements des relations confraternelles et scientifiques dont le résultat ne peut que profiter au bien du service. Lorsque des opérations importantes devront être pratiquées, tous les médecins de la garnison en seront informés par les soins du médecin dirigeant le service de l'hôpital et réunis préalablement en consultation s'il y a lieu.

Le propriétaire-gérant : Germer Baillière.

PARIS. — Impr. J. CLAYE. — A. QUANTIN et Cie, rue St-Benoît. [2111]

LA

REVUE SCIENTIFIQUE

DE LA FRANCE ET DE L'ÉTRANGER

REVUE DES COURS SCIENTIFIQUES (2e SÉRIE)

DIRECTEUR : M. ÉMILE ALGLAVE

2e SÉRIE — 9e ANNÉE | NUMÉRO 22 | 29 NOVEMBRE 1879

CONGRÈS DES NATURALISTES ALLEMANDS

SESSION DE BADE

CONFÉRENCE DE M. A. ECKER

Le centenaire d'Oken.

Il y a eu cent ans, le 1er août de cette année, que naquit dans un pauvre hameau, à quelques milles d'ici, l'homme auquel il était réservé de réaliser la pensée d'une association des naturalistes allemands. Il est donc convenable que dans cette assemblée, qui tient en ce moment sa cinquante-deuxième session, quelques paroles de reconnaissance soient consacrées à son souvenir.

Sans doute on a déjà, dans nos sessions précédentes, rappelé les titres d'Oken à notre gratitude. Il fut même proposé, lors de notre réunion à Hambourg, en 1876, de fêter sa mémoire avec une solennité particulière à la session suivante, qui se trouvait être la cinquantième ; et le soin de régler cette affaire fut laissé à cette réunion même, qui se tint à Munich en 1877. Mais celle-ci ne prit aucune décision à ce sujet, pas plus que sur une proposition de même nature qui lui fut soumise, celle de s'entendre avec le comité de la ville badoise d'Offenbourg, lequel avait manifesté l'intention d'élever un monument à son compatriote Oken. Et comme enfin le congrès de Cassel, en 1878, fut avisé par une lettre du petit-fils d'Oken que les deux propositions citées plus haut attendaient encore une solution, il se décida à transmettre cette lettre au congrès de l'année suivante, c'est-à-dire au cinquante-deuxième, qui vient de se réunir ici, pour qu'il y fût donné suite.

C'est ainsi que cette dette de reconnaissance envers le fondateur du Congrès des naturalistes allemands s'est trouvée renvoyée d'une session à l'autre et qu'elle vient enfin d'échoir à l'assemblée qui, cent ans après la naissance d'Oken, siège dans son pays natal, dans la ville même où lui furent enseignés les premiers éléments des sciences naturelles, et dont il garda toute sa vie un si touchant souvenir. Ce sera donc à notre réunion de décider comment elle doit faire honneur à cet héritage. Notre bureau n'étant pas autorisé à prendre les devants dans cette affaire, c'est à l'initiative individuelle qu'il appartient de rendre hommage ici à la mémoire de notre fondateur.

Or, ayant reçu du bureau l'aimable invitation de faire une conférence dans l'une des séances générales, j'ai considéré comme un devoir — et de différents côtés l'on a bien voulu m'encourager dans cette idée — d'être envers la mémoire d'Oken l'interprète de notre reconnaissance. Au lieu de choisir dans ma spécialité un sujet de discours, je veux essayer, en ce jour solennel, de résumer devant vous la biographie de ce savant illustre, de cet Allemand au cœur si chaud.

N'attendez pas de moi un examen critique approfondi des travaux scientifiques d'Oken ; ce ne serait guère le lieu ni le moment de l'entreprendre. Et quand même ce motif ne m'arrêterait pas, il resterait une considération plus grave encore : mon impuissance à m'acquitter de cette lourde tâche. Oken était philosophe avant d'être naturaliste; sa philosophie naturelle n'était qu'une branche d'un ensemble d'études embrassant toutes les facultés de l'esprit. Ces études ne pourraient donc être dignement appréciées que par un homme possédant l'histoire de la philosophie au même degré que celle des sciences naturelles.

Si je me hasarde pourtant à parler d'Oken à cette place, puissent les raisons suivantes m'excuser à vos yeux!

Il est incontestable que si la gloire d'Oken a pour base avant tout sa philosophie naturelle, ce n'est plus elle aujourd'hui, ou du moins ce n'est plus elle surtout qui rend sa mémoire impérissable pour la science allemande, pour l'Allemagne, et en particulier pour notre association. Le temps a passé sur cette période du développement scientifique, comme sur bien d'autres qui l'ont précédée; il en a effacé les traces en grande partie. Quand nous lisons aujourd'hui ces brèves propositions de la philosophie naturelle d'Oken, écrites dans son style lapidaire, ce langage nous semble celui d'une époque lointaine, et nous croyons presque l'entendre sortir de la bouche des prêtres de l'antique Égypte.

De nos jours, où la loi de la conservation de l'énergie a donné aux sciences physiques une impulsion si nouvelle, où la doctrine de l'hérédité a transformé les sciences morphologiques, nous ne pouvons plus accorder à la philosophie naturelle d'Oken qu'une valeur historique, celle d'une phase importante, intéressante et féconde du développement scientifique; valeur qu'elle pourra du reste toujours revendiquer. Car je suis d'avis que si elle a fait quelque mal à certains points de vue, sous d'autres rapports elle a contribué de la manière la plus puissante et la plus utile à amener à son état actuel la science de la nature.

Il m'a semblé aussi que le devoir de prendre la parole en cette occasion s'imposait tout particulièrement à un compatriote d'Oken, à un professeur de l'université même où il a achevé ses hautes études et dont il a gardé toute sa vie un si profond souvenir.

Et peut-être me permettrez-vous d'invoquer encore comme excuse un autre motif personnel. Jeune encore, j'ai fréquenté souvent Oken; car, ancien élève de mon père, il est bien des fois revenu plus tard passer quelques jours chez mes parents. Ceci me permettra de colorer le tableau de sa vie plus vivement que ne pourrait le faire un autre orateur plus compétent que moi à tous égards. En outre, je suis aussi, par suite de ces relations plus intimes, en possession déjà depuis longtemps de plusieurs documents relatifs à Oken, et j'ai pu en augmenter notablement le nombre, grâce à la complaisance de son petit-fils, M. H. Reuss, légiste à Bamberg.

Toutefois, si je suis en mesure de vous communiquer certains détails nouveaux ou peu connus, je dois cependant vous prier de ne pas trop attendre de moi, surtout de n'en pas attendre un exposé critique; — je me bornerai, autant que possible, à celui des faits, — ni même une biographie complète, trop de matériaux me manquant encore pour cela. Veuillez seulement accueillir avec bienveillance le peu que je puis vous présenter. S'il m'est donné de disposer cette assemblée à recevoir favorablement le legs dont j'ai parlé plus haut, je croirai avoir accompli ma tâche.

Dans le charmant district d'Ortenau, l'une des plus fertiles régions de notre pays, à peu de distance de l'ancienne ville impériale d'Offenbourg, se trouve le hameau de Bohlsbach, qui ne se composait à l'origine que d'une chapelle dédiée à Saint-Laurent et de quelques métairies. Non loin de cette chapelle et du presbytère, on remarque une petite maison de paysan d'une construction particulière et qui ne ressemble à aucune autre du village. C'est dans cette maison que, le 1er août 1779, Johann-Adam Okenfuss, qui en était propriétaire, eut un fils auquel, en l'honneur de saint Laurent, il donna le nom de Lorenz. La famille des Okenfuss est assez ancienne dans la contrée, et l'on en retrouve le nom déjà dans des actes remontant au XIVe siècle. Le père de Lorenz, Johann-Adam, que d'habitude on appelait familièrement *Hans Aedele*, était, dit-on, un petit homme vif, à la parole facile, d'une intelligence au-dessus de la moyenne. Non seulement il savait intéresser ses concitoyens par des récits du temps passé, mais il les tenait sous le charme, parfois pendant des heures entières, en leur prophétisant l'avenir. Malheureusement il ne s'entendait guère à diriger sa maison.

A peu de distance de celle-ci, on voyait encore, au commencement de ce siècle, quelques vieux tilleuls majestueux dont le parfum remplissait tout le village; autour d'eux étaient des bancs en bois de chêne, où les nombreux pèlerins, qui se rendaient à la chapelle de Saint-Laurent, venaient se reposer en attendant le service divin. C'était aussi là que jouaient les enfants. Au sortir de l'office, les villageois s'y rassemblaient pour s'entretenir des affaires de la commune, et quand dans ces réunions la discussion s'animait quelque peu, on pouvait être sûr que Hans Aedele s'y trouvait, car il était assez entêté et d'un tempérament très chaud, comme tous ceux de sa famille. Aujourd'hui encore il n'est pas rare d'entendre dire : « Il ne démarre pas de son opinion, c'est un Okenfuss. »

Lorenz eut le bonheur de recevoir dès sa première enfance les leçons de bons maîtres. L'instituteur était, comme le racontait un condisciple d'Oken, un homme très capable qui, suivant sa propre expression, enseignait d'après les nouvelles méthodes, *nach dem Punktum*, et avec cela connaissait à fond l'arpentage. En outre, le curé d'alors (je le tiens de son successeur mort depuis longtemps déjà, et à qui je dois la plupart de ces renseignements) était, paraît-il, un travailleur assidu, qui possédait une bibliothèque remarquable. Comme je demandais au camarade d'Oken, dont je viens de parler, si vraiment Lorenz était un bon élève, il me répondit affirmativement et ajouta que ce n'était pas étonnant, car il avait une bonne *petite tête* et restait toujours *suspendu aux lèvres du professeur*. Mais presque chaque jour aussi on voyait le petit Lorenz faire au presbytère de fréquentes visites. Pourtant les travaux domestiques ne lui manquaient pas. La personne qui m'a raconté son enfance me disait se rappeler surtout le pauvre *petit bonhomme*, quand l'hiver il revenait de la forêt, pieds nus et sa culotte de cuir ne descendant qu'aux genoux, avec une grosse charge de bois sur les épaules.

Il semble que Lorenz, après avoir, vers 1789 ou 1790, quitté l'école, prit encore pendant quelques années des leçons au presbytère, où probablement il étudiait déjà le latin. Et la preuve que le curé reconnaissait très bien l'aptitude de son élève, c'est que non seulement il lui procurait des livres, mais faisait même publiquement son éloge dans l'église : « Tu es un brave garçon, Lorenz, il faut que tu apprennes quelque chose, je t'y aiderai. » Fort heureusement le jeune Oken était en état d'entrer au gymnase, quand l'instituteur et le curé de Bohlsbach moururent tous deux du typhus dans leur village, où le corps des émigrés de Condé avait établi un hôpital de campagne.

En 1793, Oken, dont les parents étaient morts, vint au gymnase des Franciscains d'Offenbourg, où il entra dans la classe inférieure et où il resta jusqu'à l'automne de 1798. Dans toutes ses notes, ses dispositions sont signalées comme excellentes (*ingenium felix*), de même que son zèle et ses progrès. Un contemporain écrit en parlant de lui : « Le petit Okenfuss était doué d'une intelligence qui le mettait au-dessus de ses condisciples, de sorte qu'en peu de temps il fit voir qu'il deviendrait un homme remarquable. Son langage frappait au premier abord, comme n'étant pas celui d'un enfant de la campagne; il était vif, clair et décidé. On ne pouvait lui appliquer le proverbe : *pueri puerilia tractant*. Okenfuss fréquentait peu ses camarades d'école; il n'en était que plus occupé de ses travaux scolaires et autres. C'est ainsi qu'il se comporta, sans se démentir un instant, pendant les cinq classes qu'il suivit à Offenbourg, et je comprends facilement qu'il fût le favori de ses maîtres. »

A Pâques de l'année 1799, Okenfuss vint à l'école dite du Chapitre (*Stiftschule*) de Bade, qui plus tard (1808) fut transformée en lycée et transportée à Rastadt. Je n'ai pu savoir où il passa son temps depuis l'automne de 1798 jusqu'à cette époque. Il semble qu'il y ait eu alors une interruption dans ses études, et il me paraît probable qu'elle eut pour cause l'épuisement de ses ressources pécuniaires. C'est seulement à Bade qu'Okenfuss commença l'étude du grec; il y reçut aussi une excellente instruction en mathématiques, physique et histoire naturelle. Je dois à la direction des archives de Carlsruhe la communication des registres de cette école relatifs aux années d'étude d'Okenfuss. On y trouve l'indication tant des matières enseignées que des élèves et de leurs progrès. Là aussi les notes du jeune homme sont excellentes.

Le professeur Maier, chargé à cette école des cours de physique et de mathématiques, paraît avoir exercé une influence particulièrement sérieuse sur celui dont nous célébrons aujourd'hui le centenaire et qui, toute sa vie, conserva à son professeur une vive reconnaissance pour cet enseignement. C'est à lui qu'il dédie son premier travail important: *Esquisse d'un système de biologie* (1). Et plus tard, dans son discours d'ouverture comme professeur à Iéna, voici comment il parle de l'école de Bade: « Enfin faut-il aussi te dire adieu, intelligente ville de Bade, toi l'Iéna des lycées (2), toi qui, pour la première fois as su éveiller en moi la conscience de ma destinée future, et m'as inspiré le courage d'exécuter mes résolutions? Non, à toi d'où je suis sorti, je ne manquerai pas de retourner, pour remercier moi-même les hommes sans lesquels les ténèbres du sommeil m'environneraient encore. »

Ainsi donc Oken regarde Bade comme étant réellement son berceau intellectuel, et c'est par un heureux destin que nous nous trouvons précisément célébrer dans cette ville le centième anniversaire de sa naissance.

A l'automne de 1800, Lorenz Okenfuss entra à l'université de Fribourg, et fut, au mois de novembre, sous le prorectorat du célèbre orientaliste Leonhard Hug, immatriculé comme étudiant en médecine. Dans la plupart des biographies d'Oken, on a refusé à Fribourg l'honneur de l'avoir compté parmi ses élèves, comme s'il n'avait étudié qu'à Wurtzbourg et à Gœttingue. Les registres de la Faculté de médecine de Fribourg prouvent cependant que depuis son immatriculation jusqu'au jour où il prit ses degrés, il ne cessa d'appartenir à notre université, dans laquelle il suivit les cours de Nueffer, Laumayer, Menzinger, Ecker (père de l'auteur de cette conférence) et autres. Là aussi il sut gagner par ses talents et son zèle la sympathie de ses professeurs, et put ainsi surmonter les obstacles provenant de son dénûment absolu. A partir de la deuxième année, il fut doté d'une gratification annuelle (*sapienz stipendium*) de 120 florins. En outre, il fut encore autrement, comme par des dons de livres, etc., soutenu par ses maîtres; puis, son talent lui donnant accès dans plusieurs familles, il eut l'occasion de nouer des relations dont quelques-unes durèrent toute sa vie. Sa reconnaissance envers l'*alma mater* fut donc aussi vive et durable; et dans l'occasion même que je citais tout à l'heure, il exprima également sa gratitude envers Fribourg: « Toi, patrie bien-aimée, heureux Brisgau, charmant Fribourg, dont je suis maintenant séparé, que ne te dois-je pas? Au milieu de ma carrière tu m'as conduit par la main et soutenu de toutes façons. Celui qui pourrait t'habiter sans que son âme s'ouvre au sentiment des beautés de la nature et de l'art, de la vie aimable et joyeuse, celui-là n'éprouvera jamais ces émotions délicieuses. Tu as su organiser sans bruit une école excellente dont la réputation s'étend au loin; puisses-tu, maintenant que tu commences à paraître sur la scène du monde, conserver ton antique dignité domestique, et voir dans ce souhait l'expression de ma gratitude! » — Oken ne se contenta pas d'acquitter ainsi en paroles seulement sa dette de reconnaissance.

Quand, en 1817, l'existence de l'Université de Fribourg parut sérieusement menacée, il éleva la voix en sa faveur dans son Journal *l'Isis* avec tant de vigueur, que cet article figure même parmi les chefs d'accusation dirigés contre lui à Iéna comme offenseur de gouvernements étrangers. Et l'université de Fribourg a toute raison de savoir gré à son ancien élève de cette intervention énergique.

En juillet 1804, Okenfuss subit les épreuves du doctorat, et le grade lui fut conféré le 1er septembre, sous le prorectorat du poète bien connu Joh. Georg Jacobi, alors professeur d'esthétique à Fribourg. Sa dissertation en langue allemande (1) *Febris synochalis biliosa, cum typo tertiano et complicatione rheumatica* se trouve aux archives, mais ne fut pas imprimée. Cette étude n'était évidemment qu'un travail imposé; l'étudiant Lorenz Okenfuss était occupé de choses tout autres!

On est véritablement surpris quand on apprend que dans l'été de 1802, c'est-à-dire dans le quatrième semestre de ses études médicales, Okenfuss, alors étudiant de deuxième année, en même temps qu'il suivait, comme nous l'apprennent les registres de l'université, les cours de physiologie et d'anatomie supérieure, publia son: *Grundriss des systems der Naturphilosophie* (Plan d'un système de philosophie naturelle). A la fin de 1802 parut sous ce titre, à Francfort-sur-le-Main, un petit mémoire signé Oken, qui ne portait pas de date, mais dont la dernière phrase se terminait par ces mots: « Ebauché en juin 1802. » Dans ce travail l'auteur développe déjà tout son système qui, pour ainsi dire, sortit de son cerveau tout d'une pièce; plus tard il ne fit que l'achever dans les détails. C'est dans cette brochure qu'il prit pour la première fois comme écrivain le nom d'Oken, tout en conservant encore son nom patronymique; en septembre 1804, il fut proclamé docteur sous le nom de Lorenz Okenfuss.

Après avoir reçu ce grade, L. Okenfuss quitta Fribourg et se rendit à Wurtzbourg, où il fut immatriculé le 7 novembre 1804, sous le nom de docteur Lorenz Oken. C'est là qu'il commença à changer aussi son nom dans les relations de la vie civile, et c'est seulement alors que ce fait paraît avoir

(1) *Abriss des systems der Biologie*, Gœttingue, 1805. A mon ami et premier maître Jos.-Ant. Maier, professeur de physique et d'histoire naturelle à Baden-Baden.

(2) *Du Iena im Lyceum*, c'est-à-dire toi dont le lycée est parmi ces établissements ce que l'université de Iéna est parmi les universités. (*Explication du traducteur.*)

(1) La dissertation est écrite en allemand; seulement le titre est en latin.

été connu à Fribourg. Au sujet des motifs de ce changement de nom, il écrit plus tard, dans une lettre datée de Gœttingue, (1806) : « Comme j'étais connu dans le monde littéraire sous le nom d'Oken, je me fis officiellement donner ce nom, pour éviter les plaisanteries dont l'autre était l'objet. »

Oken ne passa à Wurtzbourg que le semestre d'hiver de 1804 à 1805, et suivit pendant ce temps le cours de physiologie de Dœllinger, celui de *materia medica* de Kohler et la clinique médicale de Thomann. C'est pendant ce temps qu'il écrivit son mémoire sur la génération, lequel parut en 1805. Il y présentait la pourriture comme un enchaînement de phénomènes organiques (morphologiques), comme une décomposition, une catagénèse, une désagrégation de l'animal qui se résout en ses parties composantes. Tous les animaux supérieurs sont formés par conséquent d'animaux protozoaires (infusoires) qui, dans l'acte de la génération, se sont réunis en un corps nouveau. Donc, quand il dit plus tard (sur l'Univers, 1808) : « Le premier passage de la matière brute à la matière organisée se fait par sa transformation en une vésicule, que j'ai nommée *Infusorium* » ; on peut, dans ce sens, certainement admettre qu'il a prophétiquement deviné la doctrine des cellules. Les animaux unicellulaires, les cellules contractiles, les cellules qui se meuvent, ne sont assurément pas si différentes des infusoires d'Oken, comme le montre le nom d'organismes élémentaires que Brucke a donné aux cellules. Dans la dernière édition de sa *Philosophie naturelle,* Oken réclame très expressément cette priorité, et dit : « Cette doctrine des parties élémentaires de la masse organique est maintenant généralement admise. Je n'ai donc besoin de rien ajouter pour la défendre. »

Le 17 mai 1805, sous le prorectorat de Wrisberg, Oken fut inscrit à l'université de Gœttingue et il paraît s'y être aussi fait agréger pendant l'été de cette même année ; car, dans l'hiver de 1805 à 1806, nous l'y trouvons déjà chargé de cours (*Docent*). Pendant cet hiver il professa la biologie fondée sur la puissance organisatrice générale de la nature. Il enseigna aussi la théorie de la génération, puis, pendant l'été suivant, la biologie et la physiologie comparée.

Le temps qu'Oken passa à Gœttingue peut être considéré comme la vraie période de développement de ses doctrines morphologiques ; car c'est à cette époque qu'il faut rapporter ses travaux les plus importants sur cette branche de la science. Là, et presque seulement là, il s'occupa de l'histoire du développement des organes ; c'est là que vit le jour, en particulier, son travail sur la formation de l'intestin dans l'embryon des mammifères.

Pour bien apprécier ces études, il est nécessaire d'observer qu'elles furent faites sans que l'auteur connût aucunement les recherches, si propres à lui ouvrir la voie, que C.-F. Wolff a faites sur cet objet chez les poulets, et que de plus elles s'attaquèrent à l'embryon, bien plus difficile à pénétrer, des animaux mammifères. Les recherches d'Oken parurent en 1806, dans les mémoires d'Oken et de Kieser, et c'est seulement en 1812 que les travaux de Wolff furent connus en Allemagne par la traduction de Meckel, et seulement en 1816 et 1817 que parut le travail de Pander, qui développa et compléta l'exposé de Wolff.

L'importance de ces études d'Oken n'a pas été, et n'est pas encore appréciée aujourd'hui à sa juste valeur. Les conclusions, souvent un peu trop larges, qu'il tirait de ses recherches et ses thèses si générales furent cause qu'on en vint à douter aussi des faits qui leur servaient de base Ce fut Oken qui, pour la première fois, fit voir la similitude morphologique entre la poche vitelline des oiseaux et la vésicule ombilicale des mammifères, ainsi que la communication de l'intestin avec la cavité de cette vésicule extérieure au corps de l'embryon. Mais au lieu de dire : l'intestin et la vésicule ombilicale sont des produits d'une seule et même substance (l'endoderme), il présenta la chose comme si l'intestin se formait entièrement en dehors du corps de l'embryon, et s'accroissait ensuite par en haut et par en bas en pénétrant dans ce corps ; il n'en fallut pas davantage pour qu'on révoquât également en doute le résultat précédemment indiqué. Aussi est-ce bien ici le lieu de rappeler la parole d'un homme au jugement duquel on peut aisément se soumettre, je veux parler de C.-E. von Baer : « Les esprits les plus obtus se sont acharnés, dit-il, sur les travaux d'Oken et n'ont pas cessé de contester les résultats généraux auxquels il est arrivé. En outre, on paraît presque ne pas vouloir admettre la valeur que ses observations directes ont eue dans ces recherches. Elles comptent cependant parmi les plus exactes que nous possédions sur les mammifères, et font époque dans l'étude de l'œuf de ces animaux. » Baer ajoute à cette remarque une prière — au souvenir, comme il dit, du destin des travaux d'Oken. Il adjure ses successeurs, qui nécessairement seront aussi ses juges, de toujours séparer ses observations sur l'histoire du développement du poulet des conclusions qu'il en a tirées.

Quelques autres recherches anatomiques furent ensuite communiquées à la Société royale des sciences, en partie par Himly et Osiander, en partie par Oken lui-même, lorsqu'il fut devenu l'aide de ces deux savants (1).

Bien qu'Oken eût à Gœttingue un nombre assez considérable d'auditeurs, il n'y réussit pas ; ce que prouvent les lettres qu'il écrivait chez lui, et où il manifeste l'intention d'abandonner le professorat pour se consacrer à la pratique. Dans une lettre à un fonctionnaire de son pays, il dit ne s'être maintenu jusqu'alors à Gœttingue qu'en s'imposant des privations incroyables; il ajoute qu'il n'a pu encore payer les droits d'agrégation, et que c'est seulement par une faveur spéciale qu'il pourra professer encore pendant un semestre. Il espère pouvoir trouver les moyens de se tirer d'affaire. Mais si pour l'été suivant il ne parvient pas à être inscrit sur le programme des cours publics, il lui faudra renoncer, hélas! à tous ses projets, à tous les travaux qui lui ont coûté tant de peine, et, se soumettant à la nécessité, abandonner la carrière du professorat.

Un sort heureux en décida autrement. Par décret du 30 juillet 1807, du gouvernement grand-ducal de Weimar, « le docteur Oken, connu par plusieurs mémoires sur la zoologie et autres travaux remarquables », fut nommé « *Professor medicinæ extraordinarius* à l'université (*Gesammtakademie*) d'Iéna ».

Oken ouvrit son cours à Iéna par un discours que l'on peut, sans craindre d'être contredit, citer comme un de ses travaux les plus importants. Il développa dans ce mémoire une idée extrêmement féconde, qui a donné une nouvelle direction à la théorie de la morphologie du squelette, et qu'il

(1) 1° Sur le mode d'insertion de la veine cave inférieure dans le cœur. Avril 1806 ; 2° Sur l'oviducte des mollusques testacés. Août 1806 ; 3° Sur les caractères de classification des invertébrés. Juillet 1807.

a lui-même désignée sous le nom de « Philosophie de l'ossature ». C'est dans ce travail « *sur la nature des os du crâne* (1)», qu'est indiquée l'homologie morphologique entre le crâne et la colonne vertébrale. Mais la réputation de ce mémoire a franchi les limites de la spécialité scientifique par suite aussi d'une autre raison; c'est que, grâce à ce mémoire, Oken se trouva engagé contre Gœthe dans une discussion de priorité qui ne fut peut-être pas tout à fait sans influence sur son avenir. Je serais entraîné bien au delà du cadre qui m'est ici imposé, si je voulais me livrer à un examen critique de cette lutte qui fit tant de bruit. Je me bornerai, par conséquent, à l'indication d'un petit nombre de faits.

Des écrits antérieurs prouvent que, déjà longtemps auparavant, Oken avait été bien près de cette idée d'une homologie entre le crâne et la colonne vertébrale. Il n'y avait plus, en réalité, bien loin de l'assertion émise dès 1802, à savoir, que les organes des sens ne sont que la répétition d'organes d'ordre inférieur, à cette autre affirmation, que les os du crâne sont la répétition des os du tronc. Il ne manquait qu'une démonstration pratique de cette pensée. Elle ne se fit pas longtemps attendre. En août 1806, Oken faisait avec deux étudiants un voyage dans le Harz, lorsqu'à Ilsenstein il trouva sur le sol le crâne blanchi d'une biche; et la ressemblance, frappante, il est vrai, au premier coup d'œil, de la base du crâne avec la colonne vertébrale, lui sauta de suite aux yeux. Oken a dépeint ce moment dans son bref et pittoresque langage, en disant : « Ramassé, retourné, regardé, ce fut fini. L'idée traversa mon cerveau comme un éclair : C'est une vertèbre! et depuis ce temps le crâne est une vertèbre. »

Naturellement Oken envoya aussi son discours d'ouverture à Gœthe, qui était curateur de l'université, et « cette découverte, écrit Oken, lui a tellement plu, qu'il m'a invité à venir passer huit jours chez lui, à Weimar, aux fêtes de Pâques de 1808; invitation que j'ai acceptée ». Personne ne sait ce qui se dit ou se discuta lors de cette visite. Ni Oken ni Gœthe n'en parlent; et, chose étonnante, ce dernier ne cite même jamais le nom d'Oken, au moins à ma connaissance, tandis qu'il suit avec intérêt beaucoup de travaux de moindre importance, dans ce champ d'études qui touche de si près au sien.

C'est seulement en 1824, dans ses notions sur la morphologie, qu'il proclame son droit de priorité, en disant que dès 1791, sur les bords du Lido, à Venise, la vue d'une tête de mouton brisée, qu'il ramassa dans le sable, lui fit reconnaître que le crâne était constitué par des vertèbres. Il observe à ce sujet, toujours sans nommer Oken, « qu'en 1807, cette théorie fut publiée d'une manière confuse et incomplète ». Quoiqu'on ne puisse douter aujourd'hui que l'affirmation de Gœthe ne soit véridique, il n'est pas moins également incontestable qu'Oken a fait sa découverte absolument seul, et que de plus c'est à lui qu'on doit la démonstration de cette idée et son introduction dans la science. Il n'y a du reste nullement à s'étonner de cette coïncidence, car l'idée était « dans l'air »; et si ni Oken ni Gœthe ne l'avaient eue, elle serait certainement venue à d'autres.

En tous cas, de trop zélés admirateurs de Gœthe ont été fort injustes envers Oken, en l'accusant de plagiat, et on ne peut lui en vouloir si, de son côté, il s'est exprimé avec quelque vivacité sur le compte de Gœthe. Malheureusement, il a fait lui-même un tort considérable à sa découverte, en en tirant des conséquences trop étendues, lorsqu'il finit par ne plus voir dans tout le squelette que des vertèbres, et termine son premier paragraphe par cette phrase : « L'homme entier n'est qu'une vertèbre. » Ce travail n'en conservera pas moins toujours une grande importance. Quoique plus tard on ait souvent traité d'hypothèse surannée la théorie des vertèbres du crâne, et admis seulement la capsule cartilagineuse comme élément-type morphologique, on a cependant entendu, plus récemment encore, des voix qui proclament la justesse de la première manière de voir.

En 1812, il fut accordé à Oken, « en considération du succès de ses leçons de philosophie et d'histoire naturelle, le titre officiel de professeur honoraire dans la Faculté de philosophie, avec le droit de prendre le titre de professeur d'histoire naturelle ». Il fit alors, comme appartenant à la fois aux deux Facultés, des cours de philosophie naturelle, physiologie, physiologie pathologique, histoire naturelle, zoologie, botanique, minéralogie et géognosie.

L'enseignement d'Oken à l'université d'Iéna, depuis 1807 jusqu'à son interruption inattendue en 1819, fut des plus féconds. C'était un professeur brillant et sachant admirablement intéresser son auditoire; il fit naître à Iéna une telle ardeur pour l'histoire naturelle, que ses cours devinrent bientôt les plus fréquentés de l'université. « Si bizarre que fût souvent son style, son exposition était si vive, si coulante, si ingénieuse, que ses élèves eussent volontiers juré par les paroles du maître. Évitant les longueurs, il excitait toujours l'attention, car il ne donnait pas seulement à observer, mais aussi à penser à ceux qui l'écoutaient. » (Huschke.) C'était en même temps un professeur extrêmement assidu, qui ne s'absentait presque jamais et qui, même dans un âge avancé, quelques semaines avant sa mort, s'adonnait encore à sa tâche avec toute l'ardeur d'un jeune homme.

Si l'on a pu considérer le temps passé à Gœttingue comme la période du développement morphologique d'Oken, on peut dire que Iéna fut le théâtre de ses études de philosophie naturelle. Là virent le jour ses mémoires les plus importants, qui sont si intimement liés à son nom et en ont fait un des plus célèbres de son temps. C'est là qu'Oken publia :

1° *Première théorie de la théorie de la lumière, de l'ombre, des couleurs et de la chaleur* (Iéna, 1808); 2° *Sur l'univers* considéré comme la continuation du système des sens (1808); 3° *Discours sur la lumière et la chaleur* (1809); 4° *Bases d'une classification naturelle des minéraux.*

En outre, il réunit en corps de doctrine l'ensemble de ses vues, dans son *Traité de philosophie naturelle* (1809-1811; 3e édition, 1843). Son *Traité d'histoire naturelle* parut aussi vers cette époque (1813-1815, 6 volumes). C'est un travail qui se distingue par l'esprit et l'érudition, et c'est véritablement, depuis Linné, le premier et probablement aussi le dernier ouvrage original qui embrasse les trois règnes.

En 1814, Oken épousa Louise, fille du conseiller Stark, de la cour de Saxe-Weimar. Deux enfants naquirent de ce mariage : un fils, Otto, qui ne donna guère de satisfaction à son père et mourut avant lui, et une fille, heureusement douée, Clotilde, morte il y a peu d'années, femme d'un médecin de Wurtzbourg, le docteur Reuss.

Avec l'année 1817, commença la publication par Oken, à Iéna, du journal *l'Isis.*

(1) *Ueber die Bedeutung der Schædelknochen. Ein programm bei Antritt der Profess. an der Gesammt-universitæt zu Iena, 1807.*

Cette feuille exerça sur toute l'Allemagne, et à divers pointsl de vue, une influence qu'on ne peut plus guère estimer aujourd'hui à sa juste valeur. De plus, elle était destinée à influer si profondément sur tout le reste de l'existence de son auteur, que son apparition marqua vraiment une nouvelle phase de celle-ci. Il ne sera donc pas hors de propos d'examiner d'un peu plus près l'importance de ce journal à ces deux égards.

L'action qu'il exerça sur le développement général des sciences naturelles en Allemagne fut d'une étendue qu'on ne saurait trop apprécier. Oken, avec le caractère encyclopédique de son vaste esprit, s'y occupa de toutes les branches de l'étude de la nature. Il arriva ainsi que, par l'intermédiaire de ce journal, le plus lu de tous ceux d'alors, chaque spécialiste se trouva renseigné sur ce qui se passait en dehors du champ de ses études particulières, de sorte que les lecteurs d'Oken partagèrent un peu l'universalité de ses connaissances.

Par suite de la division du travail, qui va sans cesse croissant aujourd'hui dans toutes les branches de la science, presque chacune des moindres sciences naturelles possède maintenant son organe particulier qui, la plupart du temps, ne sort guère de la spécialité où il se confine. C'est pourquoi il existe tant de spécialistes presque incapables d'autre chose que de jouer, pour ainsi dire, un seul et unique morceau. Pour remédier, si c'était possible, à cette exagération, on pourrait vraiment bien souhaiter de retrouver une influence comme celle de l'*Isis*. Mais une feuille de ce genre ne devrait pas se consacrer uniquement aux sciences naturelles. « L'*Isis* est une feuille encyclopédique »; c'est ainsi qu'Oken la présenta en 1817. Elle devait « répondre à un vrai besoin dans les grands pays allemands: celui de répandre promptement et partout les découvertes de l'homme et de porter un jugement complet et approfondi sur les productions de l'esprit humain dans les sciences, les arts, l'industrie et le travail manuel; rien de ce qui possède une valeur durable et peut contribuer au progrès, ne devait rester en dehors du champ de ses observations. »

Puis Oken, passant en revue les diverses parties de ce vaste programme, partage sa tâche à peu près comme il suit :

Les sciences naturelles: Physique, chimie, histoire naturelle, anatomie comparée, physiologie, médecine, enfin technologie et science économique, doivent toujours constituer l'objet principal; et il justifie comme il suit cette manière de voir: « Les sciences naturelles et les voyages sont ce qu'il y a de plus intéressant et de plus instructif: l'homme leur doit véritablement d'être ce qu'il est, car c'est grâce à leur secours qu'il apprend à connaître sa situation dans l'univers et celle des choses qui l'entourent. Il y trouve le premier moyen qui lui soit donné d'apprécier lui et les autres à leur juste valeur, et c'est uniquement aussi par la connaissance de la nature qu'il arrive à celle de Dieu, et à la relation de l'un avec l'autre, c'est-à-dire à la religion. Enfin cette branche de la science est celle que nous connaissons le mieux et qui nous charme le plus. Nous devons donc nous efforcer de recueillir tout ce qu'il y a d'important à ce sujet pour le grouper à certains points de vue, en tirer des conséquences et les classer, jusqu'à ce que peu à peu nous puissions arriver à pénétrer ainsi le grand mécanisme de la nature. »

L'art aussi, avec ses auxiliaires, la mythologie et l'archéologie, devait trouver place dans l'*Isis*, car il faut « que tout homme bien élevé l'aime, qu'elle réjouisse la vie, élève l'âme, résolve les nombreux problèmes de la philosophie d'une façon presque saisissable aux sens, et serve de trait d'union salutaire entre la vie pratique et la science, la croyance et le savoir, le monde et Dieu, qu'elle soit en un mot la religion personnifiée. »

L'histoire, en particulier l'histoire nationale, les voyages et la géographie, forment ensuite une troisième et importante partie du programme. « Il faut qu'on apprenne à connaître les décrets de l'histoire et à leur obéir, car elle gouverne le monde. Elle doit être le miroir de ce journal, qui, prenant la nature pour base et l'art pour colonne, nous ouvrira le ciel. »

« Quelques branches des connaissances humaines, continue Oken, ne pourront y trouver qu'une place restreinte : telles sont l'éloquence, la poésie, la philologie, la politique, la philosophie de l'esprit. Pourtant, en ces matières aussi, tout ce qui est classique doit y avoir ses entrées. » Par contre, d'autres études, comme celle de la théologie et de la jurisprudence, ne purent guère s'y faire accepter, ce qui motiva en quelque façon les attaques élevées contre le fondateur au nom de la première de ces sciences.

Après avoir ainsi développé le programme de ce que son journal devait contenir, Oken s'expliqua encore sur les considérations qui devaient le guider dans la direction et l'organisation de cette feuille : « L'*Isis* doit avoir pour principe le libre-échange le plus absolu, dit-il dès la première page. Il faut que dans son port puisse venir débarquer quiconque le désire et possède quelque chose. » Comme il était ainsi permis à chacun d'écrire dans ce journal, on y chercherait en vain les traces de l'influence d'un parti, ou plutôt on les y retrouve tous. C'est une ridicule prétention qu'ont plusieurs éditeurs de journaux de vouloir diriger la marche des choses.

Dans l'*Isis*, trois rubriques devaient correspondre aux subdivisions du programme : articles de fonds, critique, annonces. Quiconque a lui-même écrit quelque chose peut être admis à juger les autres. Toute offense commise par la plume ne peut être punie que par l'emploi des mêmes moyens; quiconque recourt à l'autorité civile pour défendre ses productions intellectuelles n'est qu'un pauvre sire qui ne doit pas recevoir droit de cité dans la science.

D'après tout ceci, l'*Isis* ne devait donc pas être à l'origine une feuille politique, et plus tard encore Oken se prononça très nettement dans ce sens lorsqu'il dit : « Aucun journal, dans le grand-duché de Weimar, ne peut avoir eu de motif de renverser une loi solennelle, celle de la liberté de la presse; moins que tout autre, l'*Isis*, qui n'est pas une feuille politique et dans laquelle, de temps en temps seulement et malgré l'éditeur, quelque chose de politique vient s'égarer en quelque sorte. » En dépit de tout pourtant, l'*Isis* n'en prit pas moins peu à peu un caractère politique et même conquit une place éminente à ce point de vue. Ce fut cette transformation qui finit par entraîner personnellement Oken dans une série de conflits, par suite desquels il fut forcé d'abandonner le professorat et même finalement de quitter l'Allemagne.

Bien des causes diverses contribuèrent à cette modification du programme primitif. Il faut d'abord se rappeler que l'idée de l'unité et de la grandeur allemandes, qui, de nos jours, grâce à notre glorieux empereur, à son grand ministre et à son victorieux capitaine, est devenue une réalité, était encore en ce temps-là une idée maudite, dont les promoteurs étaient poursuivis comme des démagogues dangereux. Or Oken était, comme nous l'avons déjà vu plus haut, un chaud partisan de cette idée, qu'avec sa nature ouverte, ennemie de toute feinte et que l'arbitraire exaspérait, il ne pouvait renfermer en lui-même.

En outre, comme il régnait alors dans le duché de Weimar, en vertu de la Constitution du pays, une bien plus complète liberté de la presse que dans la plupart des autres États allemands, l'invitation d'Oken citée plus haut : « Tout le monde peut débarquer dans ce port, » fit que de toutes les parties de l'Allemagne et de l'Autriche les plaintes et griefs qu'on voulait faire entendre lui furent adressés. Il accueillit les uns et les autres, sans toujours, il faut l'avouer, choisir entre eux avec un juste discernement. Et enfin les obstacles inattendus qui, dès avant l'apparition de l'*Isis*, lui furent suscités d'une façon absolument injuste, pour des motifs que nous avons peine à comprendre aujourd'hui, excitèrent non sans raison sa mauvaise humeur, si bien qu'il se présenta sur la scène de la publicité armé, pour ainsi dire, de pied en cap.

Voici quelles difficultés on lui opposait. Le conseiller intime et professeur ordinaire d'éloquence, Johann Abr. Eichstædt, publiait à Iéna le *Journal général de littérature*, pour lequel il avait, dès 1803, obtenu du gouvernement weimarien un *privilegium exclusivum*. Ce privilège, dont personne, il est vrai, n'avait, paraît-il, connaissance en dehors des intéressés, spécifiait que, « tant à Iéna que dans tout le territoire weimarien, le propriétaire de cette feuille ne pouvait être gêné ou lésé par la publication de journaux littéraires semblables ou de publications périodiques s'occupant de critique ». Comme, en juillet 1816, Eichstædt eut vent du projet d'Oken, il n'eut rien de plus pressé que d'appeler le gouvernement à son aide. Et, malgré la liberté de la presse en vigueur, il obtint la publication d'un *Mandatum serenissimi speciale* adressé à l'Académie d'Iéna, lequel, « à l'occasion de la nouvelle paraissant véritable qu'on se proposait d'imprimer et d'éditer à Iéna un journal critique littéraire », rappelait le privilège accordé à Eichstædt, « afin que nul ne se lançât à son détriment dans une entreprise dont on devrait empêcher l'exécution pour le maintien du susdit privilège ».

Tout écrivain ou éditeur moderne d'un journal n'a qu'à se mettre un instant à la place d'Oken pour comprendre l'étonnement et la colère que lui causa cette mesure. Il n'en fit pas moins, sans hésiter, imprimer l'annonce de sa publication et la fit distribuer à la fin de ce mois de juillet 1816. Là-dessus parut un arrêté de la chancellerie grand-ducale saxonne (23 août), par lequel il était interdit au professeur Oken de continuer l'entreprise annoncée, pour autant que l'*Isis* dût être une feuille de critique et contenir des appréciations littéraires; il lui était défendu en outre, sous peine d'une amende de cinquante thalers, d'y faire paraître aucune critique de ce genre.

Après avoir déposé, le 2 septembre suivant, une protestation régulière contre cette défense, et avoir ensuite attendu, pendant des semaines et des mois, qu'une réponse lui fût faite, Oken apprit enfin par hasard que la question avait été décidée contre son adversaire. Il « risqua donc sur cette assurance un peu vague », comme il l'écrit, ses cinquante thalers, accepta un article de bibliographie, puis un autre et un autre encore ; rien n'étant venu punir son audace, il considéra l'affaire comme terminée. Elle ne l'était pas pourtant, et il le sentait bien lui-même. Les foudres du destin s'amoncelaient sur l'*Isis*, la tragédie était commencée, il ne fallait plus qu'une petite faute d'un côté ou de l'autre pour serrer le nœud et amener la catastrophe finale. Et, dans les circonstances données, des fautes étaient inévitables; car, d'une part, l'*Isis* était devenue suspecte et désagréable, de l'autre, Oken s'était échauffé et oubliait d'observer la prudence nécessaire.

Déjà, dans le premier numéro, il imprime immédiatement au-dessous du titre l'article de la Constitution nationale (Weimar, mai 1816), par lequel le droit à la liberté de la presse est explicitement reconnu. Dans le numéro suivant se trouve à côté de l'image d'une balance la phrase suivante : « Le sort de l'*Isis* nous apprendra si nous possédons véritablement la liberté de la presse, ou si, par la concession de privilèges littéraires, par leur extension et leur interprétation arbitraires, cette liberté va être bafouée et tournée en dérision. » Le sixième numéro proposait un prix à toutes les Facultés de droit du monde, pour la solution de la question suivante : Peut-il exister des privilèges littéraires dans un pays qui possède la liberté de la presse ? Dans le numéro 9 venait une critique de la Constitution weimarienne ; critique qui, bien que très modérée de forme, n'en fit pas moins événement et, comme le raconte Oken, fut la cause d'une foule d'allées et venues de la police et de rapports adressés au ministère.

Vers la même époque aussi se répandit, pour la première fois, le bruit que l'université de Fribourg allait être supprimée et réunie à celle de Heidelberg. Oken se mit aussitôt en campagne contre ce projet qu'on attribuait au gouvernement badois d'alors (*Isis*, 1817; 4e cahier, page 63). Il le fit avec la verve mordante et impitoyable qui lui était naturelle, et qu'excitait la loyauté parfaite de ses convictions. Puis l'université de Rostock fut assez rudement malmenée par Oken, à la suite d'une proposition qui y avait été faite et repoussée de lui offrir une chaire. Ces articles et bien d'autres étaient accompagnés parfois d'illustrations très piquantes, comme têtes d'ânes, etc., exécutées au moyen de la gravure sur bois, dont ce fut sans doute la première application; la causticité du texte s'en trouvait, on le comprend, fort augmentée.

Cependant, quoiqu'il n'eût jamais répondu à la protestation d'Oken contre la décision prise dans l'affaire du journal littéraire d'Iéna, le gouvernement weimarien n'en avait pas moins, sans rien dire, attentivement surveillé la marche de l'*Isis*. On le vit bien par un acte officiel de mai 1817, qui, tout motivé qu'il fût en partie par les désagréables critiques d'Oken mentionnées ci-dessus, n'en doit pas moins être attribué également à l'action du gouvernement prussien, dont la susceptibilité s'était blessée d'une observation du publiciste. Dans cette circulaire de mai, Oken était rappelé à l'observation d'une ordonnance grand-ducale, et — à cause des plaintes portées par des gouvernements étrangers — menacé, en cas de contravention nouvelle, de voir interdire son journal.

Survint sur ces entrefaites le *Burschenfest* (fête des étudiants) à la Wartbourg (ce qu'on appela le *Wartburgfest* des 18 et 19 octobre 1817), qui précipita le dénouement de la tragédie. Pendant l'été de 1817, les étudiants d'Iéna invitèrent ceux des autres hautes écoles allemandes, particulièrement ceux des écoles évangéliques, à se rendre à la Wartbourg le 18 octobre, pour y célébrer avec eux l'anniversaire de la bataille de Leipzig, qui les avait délivrés du joug étranger, et en même temps le troisième centenaire du jour où Luther les avait délivrés de la servitude intellectuelle. L'invitation fut accueillie avec enthousiasme. Plus de cinq cents jeunes gens se trouvèrent réunis pour célébrer la fête, et Iéna tout entier la salua comme une magnifique assemblée de la jeunesse allemande, une assemblée telle qu'on n'en avait jamais vu, pour me servir d'une expression d'Oken, « depuis les beaux temps de la Grèce ». Le grand-duc approuva cette manifestation de tout son pouvoir, et ouvrit à ses membres les portes de la Wartbourg. Tous ces jeunes gens y entrèrent le 18 octobre; on prononça de nombreux discours patriotiques, et tout se passa dans le plus grand ordre et au milieu de l'expression des sentiments nationaux les plus élevés.

Mais déjà, même avant la fête, des avertissements et des dénonciations étaient arrivés au gouvernement, tant du Hanovre que de la part surtout du célèbre ministre et directeur de la police, von Kamptz, de Berlin. Quoiqu'on sût parfaitement à Weimar que jamais fête plus innocente n'avait été célébrée, ces accusations firent pourtant une certaine impression, et peu à peu tout le monde, sauf la population de la Wartbourg, finit par prendre peur et se mit à croire, ou à prétendre, ou à soupçonner, ou à s'imaginer, ou au moins à se répéter de bouche en bouche, qu'après tout les choses ne s'étaient pas passées aussi correctement que cela à la fête, qu'une société secrète s'y était formée, qu'on voulait renverser le trône, etc.

Deux faits surtout contribuèrent à donner de la consistance à ces bruits. Le premier, c'est qu'à l'imitation de Luther, on avait, le soir du 18, brûlé solennellement sur le Wartenberg un certain nombre de livres détestés, entre autres précisément le *Gensdarmerie-Codex* du Kamptz en question, avec quelques emblèmes non moins maudits : un bâton de caporal, une perruque à queue, etc. Le second, c'est que le 19, comme signe de réconciliation et d'alliance entre tous les étudiants allemands, — d'où le nom donné aussi à cette fête, « le *Studentenfrieden* (1) sur la Wartbourg » — un grand nombre des *Bursche* communièrent. On fit ainsi de la fête une conspiration en règle; et les mille voix de la renommée grossissant le tout d'une façon monstrueuse, l'auto-da-fé et la communion devinrent les mystérieux symboles de l'association pour l'assassinat et le renversement du souverain.

Quinze jours environ après la fête, l'*Isis* en publia la description — accompagnée, hélas! d'odieuses vignettes représentant les objets brûlés sur le bûcher — et comme il arrive toujours que « lorsque les vagues sont grosses, chacun ne s'occupe qu'à saisir ce qui surnage et à le montrer partout » (paroles d'Oken), ainsi s'arracha-t-on littéralement dans l'imprimerie ce numéro de l'*Isis* qui était le 195e; et quand le lendemain la confiscation en fut prononcée, sa valeur monta tellement qu'on le paya jusqu'à un ducat et plus, en même temps que du dehors affluaient les demandes qui en offraient n'importe quel prix. L'excitation alla croissant; on engagea Oken à fuir la tempête qui semblait s'amonceler autour de lui: il resta parfaitement tranquille à Iéna.

(1) *Frieden* signifie originairement : Réunion en amour avec éloignement de toute mésintelligence.

Immédiatement après la fête de la Wartbourg, il avait dû, en compagnie des autres professeurs, Kieser et Fries, qui s'étaient également permis d'y assister, subir un interrogatoire sur tout ce qui s'y était dit et fait. Néanmoins, le 6 décembre 1817, il fut cité à Weimar et eut à passer, devant un fonctionnaire du gouvernement, par toute une série d'interrogatoires semblables. Le 24 janvier 1818 fut rendu le jugement de ce tribunal improvisé, en vertu duquel « pour offense à l'autorité souveraine du prince ainsi qu'à celle des fonctionnaires du pays », Oken fut : 1° condamné à six semaines de forteresse et aux frais; 2° averti que la récidive serait punie d'une peine infiniment plus sévère. Enfin, 3° la destruction du numéro 195 fut prononcée, avec défense de le réimprimer.

Oken en appela de ce jugement, dont la troisième partie fut du reste si rigoureusement exécutée, qu'aujourd'hui bien peu de bibliothèques allemandes possèdent le numéro détruit (1). La haute cour d'appel l'acquitta du chef d'offense envers l'Etat, et ajouta que, sur les autres chefs d'accusation, l'instruction, ayant été conduite par une autorité incompétente, devait être considérée comme nulle et non avenue.

Oken était donc libre. Mais ses ennemis ne s'endormaient pas, et en particulier le grand pourchasseur de démagogues von Kamptz. C'étaient de sa part lettres sur lettres, et des plus pressantes, à l'excellent grand-duc, pour lui inspirer la méfiance et la crainte à l'endroit de cette université d'Iéna, dont il qualifiait les maîtres et les élèves de « tas de professeurs en délire et d'élèves égarés ». D'autre part, les nombreuses adresses d'approbation venues de l'étranger et imprimées dans l'*Isis*, adresses dont les termes n'étaient pas toujours modérés, exaspéraient le gouvernement. Si bien qu'en mai 1819, il fut, par ordre souverain, prescrit à l'université d'Iéna de poser à Oken l'alternative : ou bien de cesser immédiatement et d'une manière absolue la publication de l'*Isis* ou de toute autre feuille semblable, ou bien de quitter à l'instant ses fonctions de professeur. Le sénat universitaire protesta poliment, mais avec fermeté contre l'exécution de cette mesure, en faisant observer que, si Oken était coupable, on pouvait procéder légalement contre lui. Il lui fut brutalement répondu qu'on persistait dans la décision prise. A la proposition qui lui fut alors faite, Oken se contenta de déclarer, avec beaucoup de dignité, qu'il n'avait aucune réponse à faire; sur quoi sa révocation fut prononcée le 7 juin suivant. Le sénat lui fit parvenir une adresse, pour lui exprimer les profonds regrets de l'université. Cette lettre ainsi que la réponse du professeur persécuté, l'une et l'autre toutes pleines des sentiments de la plus chaude camaraderie, sont les deux pièces les plus consolantes qui nous restent de ce triste procès. Peu après, le commissaire de police d'Iéna reçut du gouvernement l'ordre d'interdire provisoirement l'impression de l'*Isis*, et Oken fut ainsi contraint de faire imprimer son journal à Leipzig. Si bien que le dilemme qu'on lui avait posé : renoncer à l'*Isis* ou au professorat, se trouva être rendu complètement illusoire, puisqu'on les lui prenait tous les deux.

S'il est attristant déjà de voir un prince noble et d'un esprit élevé, comme Charles-Auguste, prêter l'appui de son nom à toute cette procédure, il l'est presque davantage encore de penser que son ministre d'Etat d'alors était notre grand

(1) Ainsi, par exemple, on ne le trouve ni à Iéna, ni à Munich, ni à Wurtzbourg, ni à Fribourg, etc.

Gœthe. Quant à la question, qui se présente naturellement, de savoir si tout cela s'est fait avec son consentement tacite ou malgré lui, je n'y pourrais répondre. Son nom ne paraît nulle part que je sache dans le procès, et il convient de s'abstenir jusqu'à nouvel ordre de tout jugement à ce sujet.

Pour Oken il paraît ressortir déjà d'observations précédentes, qu'il fut loin de croire à la non-participation de Gœthe à toute cette affaire. Il est à regretter qu'il n'ait formulé publiquement son accusation que longtemps après la mort du poète, en écrivant dans l'*Isis*, en 1847 : « Ce fut Gœthe qui excita contre moi le grand-duc Charles-Auguste et fut la cause de toutes les avanies qu'on me fit subir à Weimar. » Cette accusation tardive est pourtant excusable. Car, si Oken rompit le silence sur ses relations avec Gœthe, c'est qu'il y fut en quelque sorte provoqué par les adorateurs trop zélés du grand poète, lesquels, tout en ne pouvant souffrir la moindre tache à leur idole, ne se faisaient pas faute d'accuser du plus vulgaire plagiat à son égard un vieillard, tant persécuté et déjà d'une santé chancelante à cette époque (1).

Cet indigne traitement d'Oken, qui, de toute évidence, paraît essentiellement attribuable à des motifs purement politiques, doit d'autant plus exciter notre surprise que les opinions du professeur n'y donnaient aucun prétexte. Oken n'était nullement un démagogue. Le langage qu'il tint aux étudiants, à la Wartbourg, suffit pour mettre à néant l'accusation d'avoir voulu soulever le peuple, portée contre lui par le directeur de la police de Berlin, von Kamptz, et qui éclata peu après la fête. Il disait aux jeunes gens entre autres choses : « Gardez-vous d'imaginer que sur vous reposent l'existence, la durée et l'honneur de l'Allemagne... Vous êtes maintenant des jeunes gens et ne devez avoir souci que d'accroître vos connaissances utiles, sans vous préoccuper d'autre chose. La politique vous est encore étrangère, et ne vous regarde qu'au point de vue des services que vous pouvez rendre plus tard à l'État. Vous n'avez pas à discuter sur ce qui doit ou ne doit pas se passer dans l'État, mais seulement à méditer sur la façon dont vous devrez un jour y jouer votre rôle, et sur la manière de vous y préparer dignement. »

Un professeur qui, aujourd'hui, parlerait de la sorte, serait tenu, vous l'avouerez, pour un homme des plus conservateurs. Du reste, Oken n'était pas même un réformateur qui, par des voies légales, visât en définitive à l'établissement de la république; il était, au contraire, absolument monarchiste, et son idéal était l'Empereur et l'Empire. Et certainement, quoiqu'il reconnût fort bien le rôle et la mission de la Prusse, il était, comme on disait, *grand Allemand* (*Grossdeutscher*); c'est-à-dire qu'il eût choisi l'empereur d'Autriche pour empereur d'Allemagne et cela même encore en 1848. Je n'en suis pas moins convaincu, comme je l'ai déjà dit, que s'il eût vu 1866 et 1870, l'Empire actuel n'aurait pas eu de plus fidèle serviteur.

La révocation d'Oken et tout le procès de l'*Isis* excitèrent en Allemagne une émotion extraordinaire; car l'*Isis* était un journal qu'on lisait beaucoup, et le nom de son directeur était des plus connus. L'effet produit fut cependant, comme il arrive toujours en pareil cas, très différent à divers points de vue. Tandis que d'une part il se passa deux mois sans que l'*Isis* reçût aucun article (« Depuis deux mois il ne nous est presque rien arrivé, comment pouvez-vous ainsi vous laisser aller à la peur? » écrit Oken dans l'*Isis* en 1819), de l'autre il lui arriva de toutes les parties de l'Allemagne des adresses le félicitant hautement de sa conduite énergique, et même des souscriptions furent ouvertes à son profit.

Les efforts que fit ensuite Oken pour se replacer dans une université n'aboutirent pas. Il était trop peu en faveur auprès de la Diète pour que cela puisse étonner. En 1819 il se rendit à Munich, pour voir s'il ne pourrait pas professer à Wurtzbourg; « mais ma demande, écrit Oken, ne fut pas accueillie de manière à me donner envie d'y aller occuper un poste ». Les pourparlers engagés avec lui par l'université de Fribourg, pour lui faire accepter la chaire de physiologie, ne réussirent pas mieux.

Voulant utiliser ses loisirs forcés, Oken fit un voyage à Paris, afin d'en étudier les riches collections. C'est évidemment là qu'il a commencé à réunir les matériaux qui lui permirent d'écrire sa grande *Histoire naturelle*. De nombreux dessins et une foule de notes, qui malheureusement, n'étant destinées qu'à lui, sont plus difficiles à lire encore que ses lettres, témoignent de son activité pendant cette période.

Mais il semble qu'Oken n'ait pu, à la longue, résister à son désir irrésistible d'enseigner. En septembre 1821, il s'adressa au Conseil d'éducation de Bâle pour lui demander l'autorisation de faire, pendant l'hiver suivant (1821-22), des cours à l'université de cette ville. Sa demande fut favorablement accueillie, et dans le programme des cours de ce semestre nous trouvons ses leçons sur la philosophie naturelle, l'histoire naturelle et la physiologie. Il ne les continua pas cependant, et quitta Bâle au printemps de 1822, après que le Conseil d'éducation eut rejeté une proposition de la Curatelle universitaire, tendant à le nommer professeur titulaire à la Faculté de médecine.

Pendant l'été de 1822, il se rendit au Congrès des naturalistes suisses à Berne, probablement afin de voir encore de ses yeux le modèle sur lequel il voulait organiser celui des naturalistes allemands, dont la première session devait s'ouvrir à Leipzig au mois de septembre. Puis Oken paraît s'être de nouveau installé à demeure à Iéna avec son journal, qui depuis lors (1823) n'accepta plus d'articles politiques; son directeur s'occupait aussi de divers autres travaux littéraires.

En 1826, s'engagèrent avec Munich des pourparlers qui, comme je le vois par des lettres, furent surtout conduits par l'intermédiaire de Ringseis. Le roi Louis semble s'être vivement intéressé en faveur d'Oken, qui se dit enchanté du sou-

(1) Après mon discours, le professeur M. Schiff, de Genève, m'a communiqué un renseignement relatif à cette question. Sur ma demande il me l'a noté par écrit et je le donne ici : « Je me rappelle, de la manière la plus positive, avoir lu dans un journal scientifique des environs de l'année 1820, que le grand-duc avait l'intention de faire à Oken des observations sur le ton adopté par l'*Isis*, et de l'engager personnellement soit à changer ce ton, soit à cesser sa publication. Une lettre de Gœthe, reproduite par la feuille en question, détourna le grand-duc de ce dessein. Oken ne renoncera certainement pas à l'*Isis*, disait Gœthe; mais quand même il ne refuserait pas absolument d'y consentir, une entrevue du grand-duc avec lui pourrait conduire à ce que, dans sa réponse, il prononçât, pour défendre le passé, des paroles qui pourraient blesser désagréablement les oreilles du prince. Pour éviter un pareil malheur, il est (lui Gœthe) d'avis, que sans plus d'essais d'arrangement direct, il faut interdire immédiatement l'*Isis* par un ordre, quelles qu'en puissent être les conséquences. — Tel était au moins le sens de la lettre de Gœthe, je ne puis naturellement répondre de l'exactitude textuelle des paroles. » M. Schiff, Bade, le 24 septembre 1879.

verain. Il se transporta à Munich au printemps de 1827, et dès l'été de cette même année, fit des cours à l'université, provisoirement sans titre régulier. Par un décret du 28 décembre 1827, il fut alors nommé professeur titulaire de physiologie à l'université de Munich, avec traitement de 800 florins et indemnité en nature. Il y fit des cours sur la physiologie de l'homme, l'histoire naturelle et la philosophie naturelle, appelée aussi parfois histoire naturelle philosophique. Pour la première fois également il traita de l'histoire du développement de la nature, sujet sur lequel il ne fit, du reste, que quatre cours, et seulement pendant les deux premières années : 1827-28 et 1828-29.

Comme par le passé, il réunit encore là une foule d'auditeurs enthousiastes ; le roi était pour lui, et les autres conditions se présentaient aussi très favorablement au début. Seuls, ses rapports avec Schelling paraissent, dès le commencement, n'avoir pas été très amicaux. Mais bientôt ses autres relations s'altérèrent également. A la fin de 1829, l'université de Wurtzbourg proposa Oken pour la chaire vacante de zoologie, et ses amis de là-bas, particulièrement Schœnlein, le pressèrent de faire connaître au ministère bavarois qu'il était prêt à accepter cette place. Oken y consentit. Là-dessus la nouvelle en fut donnée dans les journaux et présentée sous cette forme, que « Oken était *envoyé* à Wurtzbourg, et que le parti dévot de Munich avait provoqué ce déplacement. » Oken protesta contre cette version dans le journal *Inland*, avec un emportement surprenant, que rien ne motivait; il s'élevait surtout contre le terme : *envoyé*, disant qu'on n'*envoyait* pas les professeurs, mais qu'on les *appelait*. Il avouait, du reste, qu'il irait très volontiers à Wurtzbourg, parce qu'il espérait, d'une part, y trouver parmi les professeurs un esprit universitaire qu'il regrettait de ne pas voir à Munich, et de l'autre, n'y pas rencontrer les idées étroites et mesquines qui régnaient dans les établissements de la capitale.

On peut penser quelle tempête souleva cette déclaration, dans laquelle Oken attaquait à la fois le gouvernement, ses collègues et l'administration des établissements scientifiques (bibliothèque et collections d'histoire naturelle). On comprendra surtout quel dut être l'effet produit, si l'on se souvient que, sous le règne du roi Max II, c'est-à-dire à une époque bien plus récente, où les antipathies et les divergences entre les différentes provinces allemandes s'étaient si fort amoindries, les professeurs allemands, appelés du dehors à Munich, les prétendus *étrangers*, furent très mal vus dans la ville, malgré l'extrême réserve qu'ils observèrent. Les ripostes à l'attaque d'Oken ne se firent pas attendre. Les directeurs des établissements répondirent à ses reproches en l'accusant d'avoir abusé des autorisations qu'on lui avait données. La campagne ainsi ouverte fut menée des deux côtés avec une animation croissante; des deux côtés aussi se rangèrent nombre de personnes qui ne contribuèrent nullement à détendre la situation. Celle-ci se compliqua plus encore par suite de l'attaque violente qu'Oken dirigea contre la nouvelle organisation des écoles bavaroises, proposée par von Thiersch, et dans laquelle les sciences naturelles étaient entièrement laissées de côté.

Si l'on doit reconnaître que, dans la première partie de la querelle, tous les torts ne furent pas du côté des adversaires d'Oken, qui, par sa déclaration fort inutilement bourrue, avait réellement soulevé le conflit, on ne peut que l'approuver entièrement en ce qui concerne la deuxième question. Oken exposa dans son mémoire, d'une manière si classique, l'importance des sciences naturelles dans l'enseignement, que les représentants de ces sciences lui en doivent être sincèrement reconnaissants.

Les conséquences de ces conflits ne tardèrent pas à se produire. Oken avait blessé trop de personnes et surtout trop de personnes influentes, sans même épargner le pouvoir souverain (1). Sa situation à Munich était définitivement perdue, et sa révocation n'était plus qu'une question de forme et de temps. Le signe avant-coureur de la catastrophe fut l'arrêté de juin 1830, qui restreignait le droit de l'usage des collections, et en avril 1832 son renvoi fut en réalité prononcé par le décret qui le transférait à la chaire de zoologie de l'université d'Erlangen. Ce ne fut certainement qu'à cause de sa famille qu'Oken consentit à présenter une supplique au ministère d'État (juillet 1832) pour décliner la charge de professeur à Erlangen et demander d'être maintenu à Munich, et qu'après s'être vu refuser cette demande, il écrivit une deuxième lettre — dont il eût mieux fait de se dispenser — pour expliquer qu'il se propose « d'entrer en arrangement dans les formes convenables relativement à la chaire qui lui est offerte à Erlangen, aussitôt que lui parviendra l'*appel* de cette université, suivant l'usage observé pour les professeurs. » Après tout ce qui s'était passé, l'accueil fait à ses observations ne pouvait être douteux. Une note du ministère d'État du 25 octobre 1832 lui fit observer d'un ton très bref: que depuis 1827 il était fonctionnaire de l'État bavarois et que dans ces conditions il ne pouvait être question d'*appel ;* qu'il n'avait donc qu'à se rendre à son *poste* à Erlangen, ou à cesser de rester au service de l'État. La réponse d'Oken à cette sommation ne pouvait non plus faire l'ombre d'un doute; il se décida pour la deuxième alternative (2).

Ainsi, à l'âge de cinquante-trois ans, et sans aucune fortune, il se trouvait de nouveau sans position assurée.

La nouvelle, qu'en Bavière aussi Oken avait été révoqué fit, on le comprend, grand bruit en Allemagne. En différents endroits, on se remua pour offrir un asile à cet homme si durement éprouvé. Ce fut Fribourg qui commença. Dès février, la Faculté de médecine de l'université proposa d'appeler Oken en remplacement de Sigismond Schultze. Le ministère de l'intérieur approuva la proposition qui fut pourtant rejetée par le ministère d'État, dont le titulaire d'alors, Winter, aurait répondu à un professeur de Fribourg plaidant la cause d'Oken: « Oui, il vous faut encore Oken à Fribourg; vous n'y avez sans doute pas assez de libéraux avec Rotteck et Welcker. » Il semble que là-dessus des négociations furent entamées avec Berlin; un certain nombre de collègues dévoués à Oken voulaient le faire nommer à l'Académie, ce qui lui aurait donné le droit de faire des cours à l'université; mais ces pourpar-

(1) Le roi Louis était évidemment très favorable à Oken, et c'est seulement la liberté de pensée de celui-ci qui paraît avoir fini peu à peu par lui causer quelque inquiétude. On prétend qu'un jour il exprima son opinion sur son compte en disant : « Oken est toujours le vieil étudiant d'autrefois. »

(2) J'ai reçu il y a peu de temps une lettre anonyme, m'apprenant que lors du jubilé de l'université d'Erlangen en 1843, Oken lui envoya une lettre de félicitations à laquelle il joignit une somme importante comme souscription à la fete. Il voulait montrer ainsi que, s'il avait refusé, quelques années auparavant, une chaire à cette université, ce n'était nullement par antipathie pour elle, mais seulement parce qu'alors le sentiment de son honneur personnel lui avait interdit de devenir un de ses membres.

lers n'aboutirent pas plus que ceux qui avaient été entamés par les curateurs à Dresde, pour lui faire obtenir une chaire à Leipzig. On réussit mieux dans les efforts qui furent faits, surtout par Schœnlein et Follen, pour assurer son concours à l'université nouvellement fondée de Zurich. Le 5 janvier 1833, il reçut du conseil d'instruction de cette ville sa nomination de professeur titulaire à la Faculté de philosophie, « avec considération spéciale de la branche des sciences naturelles ».

Ce fut, après tant d'épreuves, une période de repos bienfaisant pour Oken. Tenu en haute estime par tous ses collègues, comme par ses concitoyens suisses, qui avaient pour lui le plus grand respect, il fut choisi pour premier recteur de la nouvelle université.

Il ne s'en livra qu'avec une activité plus grande à ses travaux habituels. Il prépara une troisième édition de sa *Philosophie naturelle,* et fit paraître enfin sa grande *Histoire naturelle générale* en 13 volumes, ouvrage plein d'érudition, dans lequel on trouve en particulier, sur le genre de vie des animaux, des renseignements extrêmement précieux; ouvrage qui a largement répandu le goût des sciences naturelles dans le public de son temps, et qui, très souvent encore, est mis à profit par les spécialistes, quoique moins souvent cité par eux.

Il se remit aussi à cultiver d'autres branches de la science qu'il avait déjà précédemment abordées, notamment l'archéologie. Dans différents voyages accomplis pendant les vacances, dans la région du Haut-Danube, il s'occupa spécialement de la recherche des anciennes voies romaines (1). Ses cours à Zurich portèrent encore sur la physiologie, basée sur les principes philosophiques, sur la philosophie et l'histoire naturelle.

L'*Isis* cessa de paraître en 1848. Comme depuis 1823, elle n'insérait plus d'articles politiques, Oken n'avait plus aucun motif de se prononcer publiquement sur les questions de cet ordre. Il n'en suivait pas moins attentivement la marche des affaires, ainsi qu'en témoigne sa correspondance. On y trouve, par exemple, une lettre de Louis-Napoléon, écrite en allemand, et en caractères allemands, et datée d'Arenenberg, le 4 août 1837. Il semble qu'Oken eût fait au prince des observations sur l'échauffourée de Strasbourg, que celui-ci justifie en la présentant comme « *une sorte d'expérience physiologique, une épreuve galvanique pour s'assurer si le grand corps de la France était réellement bien mort* ». La « tentative, qui, par un malheureux hasard, avait échoué, lui avait pourtant montré que la vie n'était pas encore éteinte, et qu'il ne fallait qu'une étincelle électrique pour lui rendre son antique vigueur et son éclat d'autrefois ».

Mais peu à peu s'approchaient pour Oken les jours dont nous disons : ils ne nous plaisent pas. L'homme, jusque-là si actif, commençait à s'affaiblir. Une maladie de la vessie se déclara, qui finit par amener une péritonite, dont l'issue fut fatale.

Oken mourut le 11 août 1851, âgé de soixante-douze ans. Après m'être efforcé d'esquisser à grands traits la biographie d'Oken, il me reste encore à le dépeindre au physique et au moral, à faire connaître son caractère et son esprit, tels que nous les montre l'examen impartial de sa carrière et de son développement intellectuel. J'essaierai ensuite d'y rattacher une étude de l'influence qu'il exerça aussi bien sur la science allemande que, par l'intermédiaire de celle-ci, sur l'Allemagne en général.

Qui voyait Oken devait nécessairement éprouver l'impression qu'il était en présence d'une éminente personnalité. Si l'on voulait s'exprimer ethnographiquement, il faudrait dire que son extérieur présentait bien peu des caractères de ce qu'on appelle la race germanique. Maigre et de petite taille, le teint méridional et extraordinairement foncé, les cheveux bouclés, noirs et brillants, l'œil brun, grand et vif, il semblait un homme du Midi. Avec cela, il était nettement brachycéphale, et je comparerais assez volontiers son apparence à celle d'un Hindou, autant que je puis me faire une idée de ces gens-là — quoique en général ils passent pour dolichocéphales. En tous cas, il n'avait rien du type sémitique.

Il n'est pas sans intérêt de dire ici que le vieux pasteur du village natal d'Oken, auquel je dois la plupart de mes renseignements sur sa jeunesse, m'a raconté que, dans ce village, on rencontre un nombre extraordinaire de familles aux cheveux noirs, même à la peau étrangement brune, et qu'en particulier les Okenfuss avaient le teint brun, très brun, quelques-uns même présentant la nuance de peau et le regard des Bohémiens. Un profil anguleux, très accentué (parfaitement rendu sur la médaille commémorative), qu'animait un œil vif et intelligent, dénotait l'activité de son esprit, comme sa tournure droite et raide annonçait la fermeté, la résolution de son caractère.

Le trait le plus saillant de celui-ci était son énergie inflexible, sa volonté de fer, sa droiture et sa franchise poussées souvent jusqu'à la dureté, et qui souvent aussi se traduisaient par une parole cassante. Si ce caractère fut plus d'une fois la cause des luttes nombreuses dans lesquelles Oken fut entraîné, ce fut aussi grâce à lui qu'il en sortit toujours pur et sans tache. D'un désintéressement rare, cet homme sans fortune consacrait encore les produits de son journal à fonder des prix pour la solution de problèmes scientifiques.

Il n'était pas moins remarquable par sa charité, sa fidélité et son attachement dans ses relations, sa reconnaissance des services rendus. Il était toujours prêt à prendre le parti des opprimés; son amitié était des plus solides; il n'oubliait jamais un bienfait, et cherchait, souvent même longtemps après, à le rendre. Toute sa vie il conserva la plus chaude sympathie pour ses maîtres et les établissements où il avait fait son éducation, surtout pour l'École du chapitre de Bade et l'université de Fribourg. En toute occasion il prit leur défense avec l'énergie de son caractère. Je ne puis mieux résumer d'un mot toutes ses qualités, qu'en citant la péroraison du discours funèbre prononcé à Zurich en 1851, après la mort d'Oken, par un de ses collègues, discours qui malheureusement n'a jamais été imprimé : « Vous le connaissiez tous, vous savez comme sa parole était vive et nette, sa main loyale et toujours ouverte, sa volonté puissante et inébranlable ! »

Quant à la nature de son esprit, elle se manifesta clairement de bonne heure et indiqua la route qu'il devait suivre. On a souvent répété : Si Oken avait possédé les mêmes maté-

(1) A Iéna déjà, Oken s'était occupé de géographie archéologique. C'est à lui qu'on doit d'avoir retrouvé la ville de *Tarodunum*, citée par le géographe Ptolémée comme située aux environs du Danube, dans la marche de Zarten (*Marcha Zardunensis*). Non seulement il en indiqua l'emplacement général, mais il le reconnut nettement dans le lieu dit Heidengraben, au-dessus du village de Zarten près de Fribourg.

riaux que Cuvier, il serait devenu un grand zoologiste et aurait fait de l'anatomie comparée, comme, inversement, Cuvier, perdu dans une petite université allemande, se serait lancé dans la voie spéculative. C'est là certainement une affirmation de tout point inexacte. Je n'ai pas appris que, dans sa jeunesse, Oken se fût adonné, comme Cuvier, à collectionner des insectes, limaçons, etc., pour les disséquer; par contre, il a, dès la deuxième année de ses études médicales, édifié un monument complet de philosophie naturelle, qu'il n'a fait plus tard que retoucher et parachever. Ainsi donc, une sorte d'instinct invincible a conduit de bonne heure le premier de ces deux grands hommes à l'étude et à l'observation des détails, tandis que l'autre, dans l'ardeur de la jeunesse, s'efforçait de saisir et d'embrasser le tout.

« Il y a toujours deux routes par où l'étude de la nature peut progresser, » dit notre grand savant C.-E. von Baer (1), « l'observation et la réflexion. La plupart des hommes d'étude choisissent exclusivement l'une des deux méthodes; quelques-uns cherchent des faits, d'autres des lois et des résultats généraux; les premiers par observation directe, les autres par intuition. Les premiers pourraient passer pour prudents, les seconds pour perspicaces. Heureusement, l'esprit humain est rarement constitué d'une façon si simple qu'il lui soit possible de ne cheminer ainsi que sur l'une des voies ouvertes à l'étude, sans se préoccuper aucunement de l'autre. Celui qui méprise le plus l'abstraction, ne s'en laissera pas moins involontairement aller au cours de ses pensées, tout en observant; et de même, c'est seulement dans de bien courtes périodes d'entraînement fiévreux que son adversaire pourra, mettant absolument de côté l'expérience, s'abandonner tout entier à la spéculation dans le domaine scientifique. Pourtant l'une ou l'autre tendance domine toujours, aussi bien suivant les individus que suivant les époques, et, sans perdre de vue le but vers lequel on tend, on s'engage plus volontiers sur l'une des routes qui peuvent y conduire, sans négliger toutefois complètement l'autre. »

Chez Oken, on ne peut le méconnaître, le côté méditatif, déductif, synthétique de l'esprit, était incomparablement plus développé. Il ne lui était donné que dans une faible mesure de remonter graduellement, par la voie pénible de l'induction (2), du particulier au général et de conclure des effets à la cause. Et tandis qu'un système réel de philosophie naturelle n'aurait dû, semble-t-il, que former la conclusion d'une longue série inductive et analytique d'observations, ce système sortit tout entier, d'un seul coup, de la tête du jeune étudiant en médecine. Comme l'a dit son élève et ami Huschke, il répugnait à sa nature de conserver dans son esprit un fait isolé, empirique, qui ne se rattachât à rien et ne fît partie d'aucun système. Aussitôt les faits constatés, il cherchait immédiatement à les relier, à les comparer, et (souvent trop vite, il faut le dire,) à les classer. Il n'avait pas ce que Henle appelle « la vertu de l'abnégation sur le terrain intellectuel », c'est-à-dire la faculté de défendre les perceptions acquises par les sens contre les emportements déréglés de l'imagination. Et ainsi arriva-t-il souvent que, se sentant irrité des étroites limites qui l'enserraient, il s'élevait d'un coup d'aile sur les hauts sommets, si bien que là où le regard des autres, borné par les arbres mêmes de la forêt, ne voyait pas celle-ci, lui n'apercevait qu'elle au contraire, mais ne distinguait plus l'infinie variété des différents arbres. Avec une telle disposition d'esprit, Oken ne pouvait manquer d'être saisi par le puissant courant spéculatif qui régnait à cette époque, et bientôt, ne se bornant plus à le suivre, il en prit la tête. Pourtant il a toujours, bien mieux que les autres chefs de l'École de philosophie naturelle, réuni en lui les deux directions si bien indiquées par von Baer, quoique l'une d'elles prît le dessus la plupart du temps.

Il est de mode aujourd'hui — et beaucoup croiraient se compromettre en disant autrement — de considérer la période de la philosophie naturelle d'Oken comme une sorte d'ivresse qu'on a enfin heureusement secouée et que suit maintenant une période de dégrisement complet. Il est de fait que les conséquences fâcheuses de la voie où l'on s'était engagé sont indéniables. Le jeu des polarités, les comparaisons souvent plus poétiques que scientifiques ont, surtout dans les mains de successeurs moins bien doués qu'Oken, conduit à une conception de la nature, très ingénieuse en apparence, mais très plate en réalité et dont tous les esprits sérieux se sont détournés peu à peu.

Ce furent ces excès qui amenèrent la réaction, laquelle, ainsi que l'observe Baer, se produit comme par l'effet d'une puissance curative naturelle chaque fois qu'on est allé à l'extrême dans une certaine direction. Nous nous trouvons donc ainsi, depuis plus de trente ans, dans le courant contraire d'une étude minutieuse des détails qui, surtout dans le domaine des recherches microscopiques, a conduit aux plus brillants résultats : je ne citerai que la théorie des cellules. Mais déjà nous rentrons dans une nouvelle période spéculative, dans une nouvelle philosophie de la nature, qu'on peut nommer la philosophie darwinienne. Puisse le sort des précédentes lui servir d'exemple, et l'empêcher de quitter trop tôt, comme elles, le terrain des faits!

D'autre part, personne ne pourra nier que l'influence d'Oken sur les sciences naturelles en Allemagne n'ait été à bien des égards stimulante et féconde, ni même qu'il n'ait prédit une foule de choses dont les recherches postérieures ont démontré la vérité. Son discours *Sur la nature réelle des os du crâne* mérite bien, ainsi que je l'ai déjà dit plus haut, d'être considéré comme la préface de la morphologie comparée du squelette, admise aujourd'hui, de la « philosophie de l'os » telle qu'elle a été établie par lui d'abord, puis par Huxley, Gegenbaur et autres. Et quand Oken disait : « La matière qui sert de base au monde organique est le carbone; la masse de carbone doit être en même temps solide et liquide, c'est-à-dire être elle-même du mucus. Tout l'univers organique provient du mucus. Le protomucus, d'où tout est sorti, est le mucus de la mer », n'avons-nous pas assez bien dans ces paroles la théorie du protoplasme et le bathybius? Et quand

(1) *Zwei Worte über den jetzigen Zustand der Naturgeschichte* (Deux mots sur l'état actuel de l'histoire naturelle). Rapports faits à l'occasion de l'établissement d'un musée zoologique à Kœnigsberg, par le docteur C.-E. von Baer, professeur extraordinaire. Kœnigsberg, 1821, page 31.

(2) Les pénibles recherches inductives ne pouvaient jamais le retenir qu'un moment. Un fait caractéristique est qu'il ne répondit pas à l'invitation de Pander et de D'Alton à Wurtzbourg, qui le pressaient de prendre part à leurs études sur le poulet. Par contre, dans son avis sur ce travail, il ne voulut pas approuver du tout la figuration donnée du blastoderme, et fit à ce sujet cette observation curieuse, sur le dessin anatomique: que l'on ne doit pas du tout représenter les choses comme elles paraissent, mais comme elles sont; qu'il ne faut pas les regarder avec l'œil du peintre, mais avec celui du physiologiste.

il dit encore : « Le premier passage de l'inorganique à l'organique est la transformation en une vésicule que j'ai nommée *infusorium,* et les animaux comme les plantes ne sont rien autre chose qu'un assemblage de très nombreuses vésicules semblables », on doit admettre qu'aujourd'hui, où l'on connaît des animaux unicellulaires, des cellules contractiles et pouvant se mouvoir, cette affirmation prophétique n'est pas déjà si loin de la vérité. Et, lorsqu'enfin il définit la philosophie naturelle comme ayant pour but de nous montrer « comment les éléments et les corps célestes se sont constitués, comment ils se sont transformés en objets plus complexes et d'un ordre plus élevé, se sont séparés en minéraux, puis ont fini par s'organiser jusqu'à en arriver dans l'homme à avoir conscience d'eux-mêmes », n'est-ce pas encore la future définition de la doctrine de Darwin?

Comme jugement définitif, nous ne pouvons guère affirmer qu'Oken ait été un philosophe éminent par la puissance de sa pensée. Il ne lui était pas donné d'observer le précepte cartésien du doute. On ne peut pas davantage le mettre au premier rang des scrutateurs exacts de la nature, qui ne montent un échelon après l'autre que par la voie pénible de l'induction, quoiqu'avec un rare génie, et souvent, il est vrai, plutôt par un sentiment poétique, il ait saisi les parallèles et les analogies dans la nature. Ce n'est donc pas tout à fait sans raison que beaucoup de philosophes ne le considèrent pas comme un des leurs et le renvoient aux naturalistes, qui, par contre, ne veulent voir en lui qu'un philosophe.

Ainsi Oken nous montre avec évidence que, si l'étude générale de la nature ne peut atteindre son caractère vraiment scientifique que par les procédés de la philosophie déductive, qui lui permettent d'appuyer sur une base solide des conséquences nécessaires — c'est le point où en est en partie la physique — elle ne peut arriver sûrement à ce but que par la voie de la recherche inductive. C'est par cette voie seule qu'il est possible de constituer une philosophie de la nature vraiment digne de ce nom.

Nous ne pouvons non plus passer sous silence l'influence exercée par Oken sur la langue allemande. Toujours il s'efforça de l'introduire dans les sciences naturelles, et de l'enrichir en puisant aux sources du vieil allemand ou des idiomes de l'Allemagne du Sud. Un petit nombre, il est vrai, des nouvelles désignations sont parvenues à acquérir droit de cité, comme par exemple : *Kerfe* (pour désigner les insectes dont le corps est composé de plusieurs parties réunies par un simple filet), *Lurche* (amphibien), *Quallen* (méduses); il est pourtant incontestable que plusieurs autres méritaient d'être également acceptées.

Oken enfin s'est acquis un titre d'honneur très sérieux, en contribuant puissamment à ranimer la vie scientifique en Allemagne, à une époque où elle était presque éteinte. Il y arriva d'abord par la publication de l'*Isis,* puis et surtout en fondant l'Association des naturalistes allemands. Fût-ce même là sa seule création, ce que ses plus déterminés adversaires n'oseraient pas prétendre, c'en serait assez déjà pour sa gloire. Permettez-moi donc, en terminant, d'entrer dans quelques détails sur ce sujet, qui nous intéresse tout particulièrement aujourd'hui.

En 1817, Oken rapporte avec beaucoup d'intérêt, dans l'*Isis,* que, dans un pays voisin du nôtre, en Suisse, quelques amateurs de sciences naturelles se sont, en octobre 1815, réunis à Genève, pour y jeter les bases d'une Société helvétique des sciences naturelles. Il rend compte de la première réunion de cette Société à Berne, en 1817; il félicite chaudement les savants suisses de ce qu'ils se réunissent si amicalement, et il ajoute : pourquoi n'en serait-il ainsi qu'en Suisse? Il continue de rendre compte régulièrement des réunions suivantes, et déjà, dans l'*Isis* de 1820, on trouve cette annonce : que prochainement un appel sérieux sera fait aux naturalistes allemands pour les engager à fonder une Association sur le modèle de celle des savants suisses; et en 1821, cet appel paraît en effet dans l'*Isis.* En même temps Oken insiste sur la louable initiative des Suisses, sur la grande importance qu'elle peut avoir pour la science et l'État, et en particulier sur les avantages qu'un tel échange de relations entre les savants ne manquerait pas d'avoir en Allemagne. Il croit pouvoir dire que de telles réunions sont maintenant le souhait général des naturalistes allemands, et, s'appuyant là-dessus, il publie l'invitation pour la première session, en septembre 1822, à Leipzig.

Après la publication de cet appel, Oken reçut d'un professeur allemand, Goldfuss, une lettre remplie d'hésitations et de difficultés, et qui lui fit exhaler ses sentiments dans une violente tirade. Je crois l'entendre encore, dans son dialecte d'Ortenau, dont il ne s'était jamais entièrement débarrassé, et voir flamboyer ses grands yeux pendant qu'il disait : « Cette lettre! voilà bien les Allemands, par devant, par derrière, par en haut et par en bas. On voit des difficultés partout! la bourse, le voyage, les figures, les logements, la salle, et enfin même les gouvernements! N'importe, c'est fait; aussitôt qu'une ou deux douzaines se seront fait inscrire, leurs noms seront publiés dans l'*Isis.* »

Et la chose se fit! Le 17 septembre 1822 s'ouvrit la première session à Leipzig. Il est vrai que l'assemblée était peu nombreuse; quatre savants de la ville et neuf seulement du dehors!

Les statuts n'en furent pas moins discutés et rédigés tels qu'ils sont encore aujourd'hui; preuve du tact parfait qui avait présidé à leur rédaction. Le but principal des réunions, aperçu tout d'abord par Oken : la connaissance personnelle des savants entre eux, est encore le même aujourd'hui. Et l'importance n'en a sans doute jamais été mieux exposée que par Alexandre de Humboldt, à l'ouverture de la réunion de Berlin, en 1828 : « Ce que nous avons en vue, dit-il, c'est de rapprocher personnellement ceux qui cultivent la même branche de la science, c'est l'échange verbal et par conséquent bien plus fécond des idées, qu'elles se présentent comme faits, opinions ou doutes. C'est de jeter la base de relations amicales qui éclairent la science, égayent l'existence et adoucissent les mœurs. » Oken assista aux neuf premières sessions à Leipzig, Halle, Wurtzbourg, Francfort, Dresde, Munich, Berlin, Heidelberg et Hambourg (1822-1830); il parut encore à la quinzième, tenue à Fribourg, en 1838. Depuis il n'assista plus à aucune autre.

Malgré la conservation sans changement des statuts, quelques modifications utiles s'y introduisirent avec le temps. Ainsi, par suite du nombre croissant des membres et de la division de plus en plus grande du travail, les séances générales ne suffirent plus, et l'on introduisit pour la première fois à Berlin, en 1828, les séances de sections sur lesquelles depuis lors roula tout l'intérêt scientifique des congrès. En même temps se modifia naturellement la destination des séances générales, auxquelles échut alors le rôle de former le lien entre les savants de profession et le public, et de répandre dans un cercle plus étendu la connaissance des sciences naturelles. Le nombre put alors en être sans inconvénient réduit de six à trois.

Qu'il me soit encore permis, à cette occasion, de vous prémunir d'avance contre le danger d'une trop grande subdivision des sections, qui en fait perdre le plus précieux avantage pour y substituer l'inconvénient opposé. Il n'est certes pas douteux que plus les diverses branches de l'art de guérir se séparent de leur tronc commun, plus elles courent risque de se détacher de la science pour tomber dans l'industrie.

Rien ne prouve mieux combien Oken avait eu une heureuse pensée en créant la réunion des naturalistes allemands, que l'imitation qui partout en fut faite. En Angleterre, en Scandinavie, en Italie, se formèrent des sociétés analogues; et plus d'une fois on y rappela glorieusement la mémoire d'Oken. La France aussi suivit cet exemple après la grande guerre de 1871, bien que dans un but quelque peu différent. Tandis que l'objet des réunions allemandes est de rapprocher et de réunir les membres épars de l'Allemagne, l'association française s'efforce au contraire de réagir contre l'excès de la centralisation et de porter la vie scientifique dans les provinces, au lieu de la concentrer tout entière dans le foyer parisien.

Mais bien d'autres réunions annuelles se sont encore formées depuis dans les sciences, les arts et les industries les plus diverses (y compris les artistes tailleurs et capillaires). Toutes reconnaissent dans la Société des naturalistes et médecins allemands leur mère véritable. Et quoique celle-ci ne soit aucunement disposée à accepter la responsabilité des faits et gestes de cette postérité nombreuse, tout ceci n'en prouve pas moins une fois de plus combien l'idée d'Oken était opportune et féconde.

Puis, avec l'unité scientifique de l'Allemagne, se faisait aussi sans bruit son unité politique. On a depuis longtemps reconnu quelle part puissante revient à notre société dans le développement de l'idée de l'unité allemande.

Nous avons réalisé cette unité, nous avons l'empereur et l'empire, pour lesquels Oken a peiné et combattu. Toujours la jeunesse sent d'avance, annonce l'avenir et salue le jour qui va luire, pendant qu'autour d'elle de profondes ténèbres règnent encore, ce qui la fait accuser de troubler le repos de ceux qu'elle réveille désagréablement. Ainsi fit l'esprit juvénile d'Oken.

Il a élevé la voix dans les temps mauvais, il a réveillé les dormeurs; il en a pâti et porté la peine.

Honorons sa mémoire d'une façon qui survive à cette trop courte journée!

Alexandre Ecker,

Professeur à l'Université de Fribourg en Brisgau.

LE VINAGE

Et la puissance toxique des divers alcools.

Nous nous proposons dans cet article d'étudier l'alcoolisation des vins, non pas au point de vue de leur fabrication, ni à celui de leur fiscalité, mais au point de vue bien autrement élevé de leur influence sur la santé publique; en un mot, nous voulons examiner, en nous basant sur des recherches expérimentales récentes, s'il est dangereux d'introduire en quantité plus ou moins notable dans le vin des alcools de provenances diverses.

L'alcoolisation des vins, que l'on désigne ordinairement sous le nom de *vinage,* est une opération qui se pratique dans différentes circonstances.

Tantôt elle a pour but la conservation de certains vins du Midi, qui, contenant, même lorsqu'ils sont faits, une proportion considérable de matière sucrée, sont exposés, au moment où la température vient à s'élever ou quand on les soumet à un mouvement un peu prolongé, à des fermentations secondaires qui les altèrent profondé- ment.

Dans d'autres cas, l'addition de l'alcool se fait sur le moût, quand le raisin vient d'être foulé; ce procédé, qui prend alors le nom de *mutage,* est destiné à garder aux vins leurs principes sucrés, en arrêtant à un moment donné leur fermentation. C'est ainsi que l'on obtient les vins de liqueur, comme ceux de Porto et d'Alicante; quelques vins blancs des meilleurs crus du Bordelais, du Haut-Barsac, par exemple, qui, par un caprice du consommateur, sont aujourd'hui demandés comme vins sucrés, subissent également cette préparation.

Enfin, le plus souvent, c'est pour réchauffer et corser les vins de plaine, qui sont naturellement faibles, surtout si la maturité a été incomplète ou s'ils ont été récoltés au milieu de circonstances atmosphériques défavorables, que l'on verse sur eux de l'alcool, soit lorsqu'ils sont en voie de formation, soit lorsqu'ils sont faits.

Il existe donc, comme on le voit, deux modes principaux de vinage ou d'alcoolisation des vins : l'un qui a lieu pendant la fermentation, c'est le vinage à la cuve ; l'autre qui se fait plus ou moins longtemps après la fabrication, et qui est appelé vinage au tonneau.

Autrefois, lorsqu'on reconnaissait l'utilité de verser de l'alcool sur certains vins, soit pour les empêcher de s'altérer et les garder à la cave ou dans les magasins, soit pour leur permettre de supporter les transports, on se servait exclusivement d'alcool de vin. Mais aujourd'hui ce produit a atteint un prix tellement élevé, que les propriétaires ont renoncé à distiller une partie de leur récolte pour viner l'autre. Ils ont ensuite, pour la même raison, abandonné les alcools de marcs de raisin, qui étaient, il y a quelques années encore, souvent consacrés à cet usage dans nos départements du Centre, et ils leur ont substitué les alcools industriels que les distillateurs du Nord peuvent livrer maintenant à bon compte.

Malgré le bon marché de ces alcools de betteraves, de mélasse, de grains et de pommes de terre, les lourds impôts dont ils sont grevés sont encore, dans certains cas, un obstacle, à leur emploi. Aussi, en présentant cette année même à la Chambre des députés un projet de loi (1) qui avait pour objet d'affranchir du droit actuel de consommation tous les alcools destinés au vinage, quelle que soit d'ailleurs leur origine, M. le ministre des finances n'était rien moins que l'interprète d'un grand nombre de producteurs vinicoles, et probablement aussi d'un grand nombre de négociants.

(1) Exposé des motifs et projet de loi sur le vinage, rapport de M. Escanyé (*Journal officiel* du 23 mars 1879. Chambre des députés. Annexe n° 1220).

Voyons donc ce que sont ces alcools que l'on fait entrer maintenant dans la consommation en les introduisant dans le vin. Ce ne sont pas des produits purs, composés exclusivement d'alcool éthylique ou vinique, mais bien des mélanges complexes dans lesquels se trouvent tous les alcools qui dérivent de la fermentation, alcools qui constituent une série bien connue aujourd'hui, et qui ont été classés comme il suit :

Alcool éthylique. . . C^2H^6O.
— propylique. . C^3H^8O.
— butylique . . $C^4H^{10}O$.
— amylique. . . $C^5H^{12}O$.

La présence de ces différents corps dans les alcools du commerce est un fait que les intéressantes recherches de M. Isidore Pierre (1) ont bien mis en lumière. Il serait intéressant de connaître la quantité exacte de chacun d'eux dans les différents alcools ; mais, malgré les nombreux essais entrepris dans ce but par un grand nombre de chimistes, cette question n'est pas encore résolue. Tout ce que l'on sait, c'est que cette quantité varie suivant les matières premières qui ont été employées. Ainsi, dans les alcools de pommes de terre, c'est, outre l'alcool éthylique, bien entendu, l'alcool amylique qui prédomine ; cet alcool amylique, de tous le plus dangereux, comme nous le verrons d'ailleurs plus loin, est un peu moins abondant dans les alcools de grains et de betteraves, mais en revanche ces derniers contiennent une quantité assez notable d'alcools propylique et butylique. Tous ces produits se retrouvent, mais en bien plus faible proportion, dans les alcools de marcs, de cidre et de poiré. Enfin, si on signale encore l'existence de traces infinitésimales d'alcool butylique dans les alcools de vin, ceux-ci ne renferment plus d'alcool amylique.

Ces alcools propylique, butylique et amylique constituent, avec des traces d'alcools plus élevés, des alcools secondaires, des aldéhydes, des éthers, etc., ce que l'on désigne sous le nom d'impuretés. La somme totale de ces impuretés dépend du degré de purification qu'on a fait subir aux alcools. Pour les alcools industriels, tels que ceux de grains, de betteraves et surtout de pommes de terre, elle s'élèverait aux chiffres de 7 à 8 pour 100, lorsque ces produits sont à l'état brut, et serait réduite à 2 et 3 pour 100 après les rectifications. — Les alcools de vin contiennent aussi quelques-unes de ces impuretés, mais ici la quantité totale ne dépasse guère 0,5 pour 100.

Nous avons, il y a quelques années déjà, entrepris de nombreuses expériences dans le but de juger si l'origine des alcools exerçait une influence sur leurs propriétés toxiques. Ces recherches, que nous avons publiées (2) avec détails, et qui ont porté non seulement sur les alcools chimiquement purs et leurs principaux dérivés, mais aussi sur toutes les eaux-de-vie de consommation, nous ont permis de démontrer d'une façon indubitable, au moins pour l'empoisonnement aigu, que ces différents produits présentaient de grandes variétés quant à l'intensité de leur action toxique.

Avec les alcools chimiquement purs, que nous avons appelés alcools primordiaux, et qui se divisent, comme on le sait, en alcools monoatomiques et en alcools polyatomiques, selon qu'ils manifestent dans leur combinaison une ou plusieurs atomicités, nous empoisonnions des chiens de façon à produire la mort dans un laps de temps relativement court. Pour déterminer cette intoxication aiguë, nous avons essayé différents modes d'administration, et, après avoir reconnu que celui qui consistait dans l'introduction du poison sous la peau se prêtait mieux que tout autre à la comparaison, nous l'avons définitivement adopté.

Pour les alcools obtenus par fermentation, nous avons constaté que leur puissance toxique suivait d'une façon à peu près mathématique leurs formules atomiques, c'est-à-dire que, s'il fallait atteindre avec l'alcool éthylique la dose de 7gr,75 par kilogramme du poids du corps de l'animal pour amener la mort dans l'espace de vingt-quatre à trente-six heures, il n'était pas nécessaire pour obtenir les mêmes effets de dépasser celle de 3gr,75 avec l'alcool propylique, et enfin il suffisait de 1gr,90 et 1gr,50 pour les alcools butylique et amylique.

Ces chiffres venaient ainsi nous donner la confirmation de cette loi déjà entrevue et qui veut que, dans une série de corps analogues, les plus toxiques soient ceux qui renferment le plus grand nombre d'atomes. Mais nous avons montré que cette loi n'était pas applicable à toute la série alcoolique et qu'elle dépendait de deux grands facteurs : l'origine des alcools d'une part, et leur solubilité d'autre part. C'est ainsi que l'alcool méthylique, par exemple, qui n'est plus le résultat de la fermentation, mais qu'on obtient par la distillation du bois, avait, à doses égales, des propriétés plus actives que celles de l'alcool éthylique, quoique sa formule (CH^4O) soit moins élevée que celle de ce dernier. Quant au dégré de solution, lorsque nous pouvions par des mélanges appropriés augmenter celui de certains alcools, comme les alcools œnanthylique ($C^7H^{16}O$) et caprylique ($C^8H^{18}O$), nous rendions par ce fait ces corps plus toxiques.

A ce propos, nous devons faire observer que les alcools butylique et amylique, mais surtout ce dernier, sont fort peu solubles, et que si on les administre à l'état pur, ils ne sont absorbés qu'en très faible quantité. Lorsqu'ils sont dissous au contraire dans l'alcool éthylique, ce qui est le cas dans les boissons alcooliques, rien ne s'oppose plus à leur pénétration complète dans l'économie, et leurs propriétés toxiques augmentent dans des proportions considérables. Ce n'est plus alors par les chiffres de 1gr,90 et 1gr,50, comme nous venons de le voir tout à l'heure, qu'il faut représenter leur dose toxique moyenne, mais bien par des chiffres beaucoup plus faibles.

Nos recherches sur les isoalcools nous ont montré que ces derniers étaient doués d'une puissance toxique peut-être un peu plus faible que celle de leurs alcools correspondants, mais s'en rapprochant cependant beaucoup.

Quant aux aldéhydes et aux éthers, ils sont d'autant plus nuisibles qu'ils dérivent d'alcools plus élevés, mais en somme ils sont moins toxiques que ces mêmes alcools, et si leurs effets apparaissent promptement, leur élimination hors de l'organisme est en revanche très rapide.

Nos expériences avec les alcools du commerce, pour lesquels nous avons d'ailleurs suivi la même méthode que pour les substances précédentes, nous ont fourni la preuve que ces différents produits avaient une puissance toxique d'autant plus marquée qu'ils contenaient dans une proportion plus consi-

(1) Isidore Pierre, *Comptes rendus de l'Académie des sciences*, séance du 8 novembre 1875.

(2) Dujardin-Beaumetz et Audigé, *Recherches expérimentales sur la puissance toxique des alcools*. Paris, 1879.

dérable les corps les plus élevés de la série alcoolique. Ainsi nous avons trouvé que l'alcool de pommes de terre était plus toxique que les alcools de grains et de betteraves, parce qu'il existe dans sa composition une plus grande quantité d'alcool amylique que dans celle de ces derniers. De même, si les alcools de betteraves et de grains sont à leur tour plus nocifs que les alcools de poiré, de cidre et de marc de raisin, cela tient à la proportion plus forte des alcools propylique, butylique et amylique qu'ils contiennent; enfin l'alcool de vin, de tous le moins toxique, devrait à la présence d'aldéhyde et de certains éthers d'avoir des propriétés un peu plus actives que celles de l'alcool éthylique chimiquement pur.

Tous ces résultats offrent, comme on le voit, une grande importance à propos de la question qui nous occupe en ce moment; ils nous ont permis de classer les alcools de consommation d'après leur puissance toxique dans l'ordre suivant :

ALCOOLS DE CONSOMMATION.	DOSE TOXIQUE MOYENNE chez le chien par kilogramme du poids du corps.		
		Flegmes.	Rectifiés.
	Grammes.	Grammes.	Grammes.
Esprit-de-vin fin de Montpellier	7,50	»	»
Alcool de lait.	7,40	»	»
Eau-de-vie de poiré	7,35	»	»
Eau-de-vie de cidre et de marcs de raisin.	7,30	»	»
Alcool de grains	»	6,96	7,15
Alcool de mélasse de betteraves	»	6,90	7,15
Eau-de-vie de débit de vin (qualité ordinaire).	7,10	»	»
Eau-de-vie de débit de vin (qualité inférieure)	6,90	»	»
Alcool de pommes de terre	»	6,85	7,10
Alcool de pommes de terre (dit dix fois rectifié).	»	»	7,35

Comme on a objecté à nos expériences qu'elles ne portaient que sur l'alcoolisme aigu d'une part, et que, d'autre part, la méthode d'injection hypodermique dont nous nous étions servis s'éloignait trop du mode habituel d'administration des boissons alcooliques, nous avons entrepris, dans une porcherie établie à l'abattoir de Grenelle, une seconde série de recherches; celles-ci, ayant bien trait cette fois à l'alcoolisme chronique, consistent dans un empoisonnement par la voie stomacale, empoisonnement lent et graduel d'un certain nombre de porcs par chacun de ces alcools.

Nous sommes persuadés que ces nouveaux essais viendront confirmer nos premiers résultats; mais, avant d'attendre qu'ils soient terminés, nous pouvons dire que toutes les observations, soit cliniques, soit expérimentales, sont déjà une démonstration suffisante du fait pratique que nous soutenons ici, que plus ils s'éloignent de l'alcool éthylique chimiquement pur, plus les alcools de consommation sont toxiques. Que l'on consulte d'ailleurs les relevés statistiques si bien exposés récemment par M. Lunier, que l'on parcoure les recueils scientifiques spéciaux, et l'on constatera que partout où il existe des alcools impurs, on voit se développer, chez les gens qui en font usage, l'ensemble des symptômes morbides auxquels on donne le nom d'alcoolisme. Dans les pays au contraire où l'on récolte le vin, cette affection fait pour ainsi dire défaut, à moins cependant qu'il ne s'y trouve de grands établissements industriels et que le bon marché des alcools de grains et de betteraves ne les fasse consommer, tandis que l'eau-de-vie de vin et le vin lui-même sont, à cause de leur prix, abandonnés.

Certains auteurs ont même été plus loin et ont soutenu qu'on ne s'alcoolisait pas avec le vin naturel ou avec l'alcool éthylique; mais c'est là une erreur. Nous avons constaté en effet que l'alcool éthylique était le moins toxique des alcools, mais nous ne pouvons le considérer, par cela même, comme inoffensif; d'ailleurs, avec lui comme avec tous les autres, les animaux succombent, à la condition toutefois que les doses soient plus élevées.

Nous ne voulons pas aborder ici la grande question de l'utilité ou des inconvénients des boissons alcooliques, cependant nous ferons observer que nous sommes loin d'admettre la rigueur des sociétés de tempérance anglo-américaines. Nous croyons, au contraire, que les eaux-de-vie sont capables de rendre des services, et que, selon les conditions climatériques, selon la quantité de travail à fournir chaque jour, l'homme peut trouver dans ces substances un élément utile à sa santé; mais il ne faut pas que la quantité qu'il absorbe soit ou trop considérable ou composée de produits trop toxiques. Aussi le législateur doit-il intervenir et s'opposer, d'une part, à l'ivresse, ce qui a trait au consommateur, et, d'autre part, à ce qu'on ne livre pas, sous le nom de liqueurs et de vin, des boissons dont l'usage longtemps prolongé peut déterminer des troubles de la plus haute gravité; c'est là ce qui concerne le producteur et le négociant.

A ce point de vue particulier, nous devons dire que l'alcoolisation des vins, telle qu'elle se pratique aujourd'hui, est une opération préjudiciable à la santé publique. Quelques auteurs et, entre autres, M. Bergeron (1), s'appuyant sur les observations cliniques, ont prétendu que, dans les cas où le vinage se faisait à la cuve, l'alcool ainsi ajouté, prenant part aux réactions qui se manifestent pendant la fermentation du moût, se mélangeait intimement, se combinait même aux divers éléments du vin, et agissait par suite moins librement et moins énergiquement sur les organes que lorsqu'il n'était que simplement dilué, ce qui doit avoir lieu quand on le verse dans le fût plus ou moins longtemps après la fermentation. C'est là une théorie qui paraît vraisemblable, mais qu'il faudrait démontrer soit en distillant comparativement deux vins alcoolisés au même titre par chacun des deux procédés, soit en étudiant leurs effets par la méthode expérimentale.

Quoi qu'il en soit, nous considérons le vinage au tonneau comme étant le plus nuisible. En effet, il ne présente pas seulement l'inconvénient d'introduire dans les vins des alcools toxiques, mais il permet encore de donner à ces boissons une force supérieure à leur moyenne alcoolique naturelle. Il est vrai que les vins ainsi suralcoolisés sont, avant d'être livrés à la consommation, dédoublés et ramenés au type d'un vin normal par l'addition d'une certaine quantité d'eau, mais cela n'empêche pas, c'est du moins notre avis, que leur usage ne soit très dangereux. Cela tient probablement à ce que l'alcool, ne se trouvant plus associé dans une juste proportion avec les principes normaux du vin, ne subit plus les modifications salutaires que quelques-uns d'entre eux, le tannin par exemple, ont pour but de lui im-

(1) Bergeron, Rapport sur le vinage, *Bulletin de l'Académie de médecine*, séance du 10 mai 1870.

primer, et, par suite, est absorbé presque aussi rapidement que s'il était pur.

Est-ce à dire que nous condamnons toute espèce d'addition d'alcool au vin? Nullement. Lorsqu'il est récolté dans des conditions mauvaises, ce qui est malheureusement le cas cette année, il est généralement âpre, dur, vert et acide, et par conséquent sujet à tourner au gras ou à l'aigre. Il est nécessaire alors, pour le conserver, et même pour le rendre potable, d'y verser de l'alcool. Mais cet alcool doit être, à l'exclusion de tout autre, de l'alcool éthylique pur. Malheureusement cet alcool éthylique n'existe pas à l'heure présente au point de vue commercial. Il est évident qu'on peut le retirer des alcools de grains, de betteraves et de pommes de terre, et l'obtenir chimiquement pur par des procédés de laboratoire, mais il n'est pas encore possible aux distillateurs de le livrer à des prix raisonnables. A coup sûr, les perfectionnements que ces industriels ont apportés dans la distillation sont déjà un grand progrès. C'est grâce à ces perfectionnements en effet, et aux soins avec lesquels ils sont fabriqués dans les pays scandinaves, où l'alcoolisme atteint son summum d'intensité, que nous voyons les alcools de pommes de terre devenir de moins en moins toxiques; mais il y a loin encore des résultats actuels à l'alcool éthylique. Nous devons ajouter aussi que la chimie n'a pu découvrir jusqu'à présent un réactif pratique et sûr permettant de reconnaître dans un mélange alcoolique la présence des divers alcools fermentés, et l'on en est encore à ce procédé si long et si difficile, surtout pour le dosage, des distillations successives. Cette absence de moyen de vérification est une chose importante à noter, puisque, alors même que l'usage de tout alcool autre que l'alcool éthylique serait interdit, elle laisserait la fraude s'établir impunément.

Il résulte donc des considérations qui précèdent que, jusqu'à ce qu'on soit parvenu à trouver des appareils plus perfectionnés encore que ceux que l'on possède déjà, et jusqu'à ce que la chimie ait fait de nouveaux progrès, de façon à ce que l'on puisse répondre à ces deux grands desiderata : fabrication d'alcool éthylique pur à bon marché, d'une part, et, de l'autre, procédé pratique pour constater dans un mélange l'existence et la quantité des différents alcools fermentés, il faudra, au point de vue de l'hygiène publique, n'autoriser le vinage qu'avec l'alcool qui contient naturellement le plus d'alcool éthylique, c'est-à-dire l'alcool de vin, et repousser les alcools qui proviennent des grains et des betteraves. Si l'on adoptait en effet ce mode d'alcoolisation, on arriverait rapidement à créer, suivant l'heureuse expression de M. Guichard, un vin scientifique, c'est-à-dire une boisson qui, tout en présentant la couleur du vin et tout en renfermant la quantité d'alcool qui se trouve naturellement dans ce liquide, ne serait qu'un mélange duquel serait absolument exclu le raisin.

Existe-t-il cependant dès aujourd'hui un moyen de résoudre, au point de vue pratique, cette question du vinage? Nous le pensons, et nous croyons que, dans les cas où on ne veut pas avoir recours à l'eau-de-vie de vin, il suffit, pour augmenter la force alcoolique des vins, de leur ajouter du sucre. Ce procédé simple et qui a été conseillé depuis longtemps déjà par un grand nombre de viticulteurs, nous paraît offrir dans certaines circonstances de réels avantages, et ne présente pas en tout cas les inconvénients des alcools d'industrie. Cependant c'est au sucre de raisin ou bien au sucre de canne, qui est pour ainsi dire identique à ce dernier, qu'il faut avoir recours pour cette opération. Les sucres de betteraves présentent l'inconvénient de contenir du sulfate de chaux, des matières organiques, dont l'odeur est désagréable, et enfin quelquefois de l'arsenic. Quant au sucre de fécule, il doit être laissé de côté, car il peut, en fermentant, introduire dans le vin une certaine proportion d'alcools supérieurs.

D'ailleurs, cette question de la puissance toxique des alcools s'impose de plus en plus, et lorsqu'on voit l'ardeur des recherches qui se font sur ce sujet dans les différents points de l'Europe, il est permis d'espérer que, si nous n'arrivons pas à détruire complètement ce fléau de l'alcoolisme, qui à l'heure présente va toujours croissant, nous finirons du moins par obtenir des boissons alcooliques saines et qui ne produiront des désordres dans l'organisme qu'autant qu'on en abusera.

DUJARDIN-BEAUMETZ ET AUDIGÉ.

UN SOCIOLOGISTE ANGLAIS

M. J.-A. Farrer.

Le grand poète naturaliste de Rome, qui eut une intuition si vive et si sagace des commencements de l'humanité, Lucrèce a dit que les premiers hommes n'avaient point le sentiment du droit ni du bien public, et qu'ils ne connaissaient ni lois ni coutumes :

Nec commune bonum poterant spectare, nec ullis
Moribus inter se scierant nec legibus uti.
(V. 956.)

Les institutions sociales et la civilisation furent donc le produit de lents développements, mais non l'effet d'une révélation subite. Ce n'est que peu à peu que les sociétés humaines, dans toutes leurs variétés, se sont constituées, et la science moderne a démontré l'exactitude des aperçus de Lucrèce ; car il faut entendre, par les paroles du poète latin, que l'humanité à sa naissance était loin d'être dans l'état social si avancé où se trouvait déjà la Rome des dernières années de la République.

De nos jours, des penseurs éminents ont voulu connaître ce qu'avaient été à leur aurore les sociétés humaines, et ils en ont demandé le secret aux peuplades inférieures, aux races que nous appelons sauvages. Waitz, Wuttke, Hellwald en Allemagne, Lubbock, Tylor, Herbert Spencer en Angleterre, par exemple, ont poussé ces recherches avec une insistance et un bonheur remarquables; ils ont créé la sociologie expérimentale et positive. Nous avons en ce moment sous les yeux le livre d'un de leurs émules, M. James A. Farrer (1) ; il nous fait passer en revue, avec clarté et précision, les manifestations intellectuelles et morales qui ont donné naissance aux civilisations.

C'est vraiment plaisir que de parcourir le livre d'un homme dont l'esprit est émancipé des préjugés métaphysiques et religieux comme l'est M. Farrer. Les ouvrages qui nous viennent

(1) *Primitive Manners and Customs* (*Mœurs et coutumes primitives*), par James A. Farrer. 1 vol. in-8°. Londres, 1879, Chatto et Windus, éditeurs.

de l'autre côté de la Manche sont trop souvent marqués au coin d'un piétisme étroit qui ne permet pas à leurs auteurs d'envisager les phénomènes sociaux et de les commenter en toute liberté d'esprit.

Nous avons une preuve remarquable du libéralisme intellectuel de M. Farrer dans les jugements qu'il porte sur l'injonction adressée aux Zoulous d'avoir à recevoir chez eux les missionnaires, « qui se conduisent souvent en espions », sur les dangereuses perturbations causées en Chine par la prédication de doctrines chrétiennes mal digérées, — ce fut l'origine de la grande insurrection des Taëpings; — enfin sur les relations des voyageurs pieux et remplis d'ardeur pour le prosélytisme, qui ne fournissent que des appréciations contestables ou erronées sur les populations qu'ils ont visitées. On peut donc suivre M. Farrer avec confiance dans ses études sur l'évolution sociologique de l'humanité.

Dans cette sorte de recherches, il est deux points de doctrine, deux systèmes dont il faut se garder soigneusement; car, s'ils sont séduisants par leur caractère de généralité, par les rapprochements ingénieux qui en découlent, et surtout par la facilité avec laquelle, grâce à eux, on a réponse à tout, ils ne tardent pas à nous plonger dans la confusion et dans l'erreur.

Le premier de ces systèmes est celui qui nous montre dans les groupes ethniques de civilisation inférieure des dégénérés, des êtres qui ont oublié et perdu ce qu'une révélation plus ou moins surnaturelle leur avait appris. Le second est celui qui invoque des faits sociologiques de même ordre dans des races que l'espace et la nature ont irrévocablement séparées, pour établir entre elles de surprenants liens de filiation.

La première de ces théories a son point de départ dans une conception théologique appartenant à une religion bien connue. Les mythes du péché originel et de la dispersion des peuples après l'essai infructueux tenté dans la plaine de Sinhar, conduisent tout naturellement à cette opinion que les sauvages actuels, comme les peuples civilisés, descendants des Noachides, ont perdu dans la suite des temps les notions que leur avaient transmises leurs ancêtres. Frappés de malédiction, ils se sont peu à peu enfoncés dans la barbarie, et sont devenus les hommes dégradés que nous connaissons aujourd'hui sous le nom de sauvages.

Loin de nous la pensée de déclarer que certains peuples n'ont pas subi de dégénérescence, que le phénomène d'évolution régressive ne s'est pas produit quelquefois. Les cas de cette nature paraissent cependant bien rares; ils sont caractérisés très clairement par des conceptions qui survivent, comme les témoins d'un ancien état plus prospère; mais quand ces conceptions font défaut, il est sage de ne pas torturer les faits pour en extraire des conclusions qui ne concordent en rien avec leurs prémisses.

Encore faut-il ne pas exagérer l'importance de quelque trait de mœurs, de quelque détail qui, lorsqu'on le scrute à fond, se trouve souvent avoir eu une interprétation aventurée et excessive.

La même circonspection n'est pas moins indispensable lorsque l'on découvre dans une race une coutume, un proverbe ou une légende qui se retrouve dans une autre race, sans relations apparentes avec la première. M. Farrer dit très justement que, puisque le même soleil éclaire et réchauffe tous les hommes, ceux-ci ont les mêmes facultés mentales limitées, et que « l'étrangeté serait plutôt que de telles analogies n'existassent point » (p. 34).

Les recherches de M. Farrer portent principalement sur les mœurs et les coutumes des sauvages. Toutefois, il ne laisse pas de se reporter aux peuples civilisés, nous faisant voir quelle masse énorme de souvenirs leur sont restés des temps primitifs, des nombreuses étapes qu'ils ont faites sur le long chemin de l'évolution sociale.

Les idées religieuses, c'est-à-dire les tentatives faites par l'humanité ignorante pour expliquer les phénomènes de l'univers, sont celles qui l'occupent les premières. Il est frappé de leur universalité, et indique avec mesure, mais nettement, l'erreur dans laquelle tombent fréquemment les missionnaires et quelques voyageurs qui refusent toute religion à certains sauvages, quand ceux-ci sont, au contraire, excessivement riches en croyances et en superstitions. Le jésuite Dobritzhoffer, par exemple, qui vécut longtemps avec les Abipones, ne put reconnaître chez eux la notion d'un créateur, et cependant ces Américains vénèrent un homme, ou plutôt un dieu anthropomorphe, qui fut l'auteur de leur race, et qu'ils voient dans la constellation des Pléiades; quand ces étoiles disparaissent en une saison donnée, ils disent que leur grand-père est malade, et se réjouissent à leur retour en mai, assurant alors qu'il est guéri. Nous pourrions ajouter plus d'un exemple à celui-ci, dont M. Farrer ne parle pas.

Cette idée que l'esprit du premier homme est un dieu se retrouve un peu partout, au Groënland comme chez les Zoulous, en Polynésie comme en Amérique. Mais ce grand-père n'est pas toujours le créateur de l'univers. Ainsi, les Peaux-Rouges Côtes-de-Chien racontent que la terre fut tirée de l'Océan par un gigantesque oiseau dont les yeux jetaient l'éclair, et dont les ailes produisaient les grondements du tonnerre; mais cet oiseau, qui peupla le monde d'animaux, ne créa pas l'homme, c'est-à-dire le Peau-Rouge Côte-de-Chien; celui-ci eut un chien pour ancêtre.

C'est que mainte tribu sauvage ne se donne souvent pas une origine plus relevée, à nos yeux du moins; nous aurions aimé à voir M. Farrer s'étendre sur cette croyance très répandue, et qui a produit ce que Lubbock a appelé très heureusement le totemisme, mot tiré de l'emblème animal ou *totem*, que les Indiens de l'Amérique du Nord portent en souvenir de l'ancêtre de leur tribu. C'est le *kobong* des Australiens, et cette particularité se présente encore chez un grand nombre d'autres peuples.

Sur le mythe du déluge, M. Farrer s'explique très catégoriquement. Il ne pense pas que cette croyance, très répandue sur la surface du globe, tire sa source du mythe biblique. Il y voit le souvenir d'un cataclysme local, ou bien parfois l'effet du « zèle avec lequel on l'a recherché en faveur de la cause des théories orthodoxes », et il fait cette importante remarque, qui vient à l'appui de son opinion, que, dans la plupart des cas, le déluge n'a pas lieu en vue d'un châtiment infligé à l'humanité coupable. En Polynésie, par exemple, le dieu de la mer, irrité de ce que l'hameçon d'un pêcheur se prît dans sa chevelure, inonda tout l'archipel de la Société: mais chose curieuse, ce fut précisément le pêcheur, avec sa famille, qui fut sauvé.

Aussi bien, l'idée de rétribution dans l'autre existence est loin d'être générale chez les sauvages. Le tableau qu'ils se font de la vie future n'implique guère ni le châtiment des péchés ni la récompense des vertus dans le sens que l'on donne chez nous à ces expressions. Le monde des mânes est en tout semblable à celui-ci ; c'est pourquoi on place dans le tombeau les objets qui pourront être utiles au mort dans son nouveau séjour. M. Farrer nous montre que cette pensée a traversé les âges et a persisté souvent dans nos civilisations; il cite entre autres exemples curieux, d'après Kœhler, la coutume vraiment bizarre des gens de Reichenbach dans le Voightland, laquelle consiste à mettre dans la bière, avec le défunt, son parapluie et ses galoches en caoutchouc (*gummischühe*).

Il faut dire cependant que, d'après la plupart des sauvages, le même sort n'est pas réservé à tous les hommes dans l'autre monde. Chez les Polynésiens de Tonga, par exemple, les nobles seuls, chefs et guerriers, pouvaient prétendre à se reposer sous les frais ombrages de la mystérieuse Boloton; les plébéiens en étaient exclus. Chez la plupart des peuples sauvages, les braves jouissent du privilège de la vie future dans les heureuses contrées des mânes; les lâches, au contraire, ou meurent entièrement, ou sont exilés dans des régions tristes et désolées; le paradis est réservé à ceux qui sont tombés en combattant; quant à ceux qui meurent d'une façon naturelle, il leur est imposé de terribles épreuves pendant le trajet de cette terre au séjour bienheureux, que les malheureux qui succombent en route n'arrivent jamais à atteindre.

Pour obtenir la faveur des esprits ou des dieux, on s'adresse à eux avec d'humbles prières, et plus ces esprits ou ces dieux, croit-on, sont mêlés aux actions humaines, plus ces prières sont ardentes et fréquentes. Or, comme, en venant au monde, l'enfant doit être placé sous la protection des puissances divines, nous retrouvons chez un grand nombre de peuples sauvages des cérémonies analogues au baptême des chrétiens, car, aux yeux de plusieurs de ces peuples, l'eau lustrale est purifiante au moral comme au physique, ce qui, suivant l'expression de M. Farrer, tient de près à la croyance en la magie.

D'autre part, comme les sentiments des esprits et des dieux ne diffèrent pas sensiblement de ceux de leurs adorateurs, on leur offre des sacrifices, on leur présente ce qu'il y a de meilleur, de plus recherché, on leur fait leur part dans le butin ou dans le produit de la chasse et de la pêche, de la même façon absolument que l'on se concilie la bienveillance des grands et des chefs par des présents ou en leur payant tribut.

Mais, parmi les cérémonies religieuses des sauvages, il y en a d'une certaine espèce toute particulière et bien curieuse : ce sont les danses sacrées. M. Farrer consacre à ce sujet quelques pages vraiment intéressantes. Pour lui, la danse, en tant qu'expression du sentiment intime chez le sauvage à peu près au même degré que la parole, est fréquemment « un mode de prière, un moyen employé pour obtenir ce qu'on désire. Cela paraît être le cas au moins pour ces danses imitatives ou pantomimes dans lesquelles le sauvage, avec une exactitude merveilleuse, joue, dans toutes les parties du monde, le rôle des animaux qu'il poursuit à la chasse » (p. 63). Ainsi lorsque les Kamtchadales et les indigènes de l'île Vancouver exécutent la danse du phoque, en se jetant à l'eau et en revenant au rivage en se traînant sur le ventre, lorsque le nègre du Gabon représente en dansant tous les gestes du gorille libre, puis attaqué, tué enfin, tous accomplissent ces cérémonies bizarres pour rappeler aux esprits qu'ils vont poursuivre ces animaux et pour obtenir d'eux qu'ils soient heureux dans leur chasse. De là ces danses mystiques, dont les principaux acteurs portent des costumes et des masques consacrés par la tradition, de là cette cérémonie significative où les Cafres au moment de partir pour la chasse poursuivent et font semblant de percer de leurs sagaies un des leurs qui marche à quatre pattes et qui tient une touffe d'herbes dans la bouche, ou cette autre chez les Australiens, à l'époque de l'introduction des jeunes gens au nombre des hommes, dans laquelle, autour d'un mannequin d'herbes en forme de kangourou, des guerriers pourvus de longues queues d'herbes font tous les mouvements propres à ces marsupiaux, suivis de deux guerriers brandissant leurs lances. Il n'en est pas autrement pour les danses de guerre où le sauvage, nègre ou Peau-Rouge, simule toutes les péripéties de la future expédition, rappelant ainsi aux esprits protecteurs de sa tribu, aux mânes de ses ancêtres, qu'ils ne doivent pas l'oublier et leur dépeignant d'une façon non équivoque les circonstances en vue desquelles il réclame leur assistance. Le sauvage pense sans doute qu'il se fait mieux comprendre par ses gestes que par ses prières parlées ou chantées.

M. Farrer a consacré plusieurs chapitres à l'étude rapide des premières institutions sociales. Les proverbes lui ont fourni des indications précieuses sur les mœurs et les opinions très antiques des peuples, car il a comparé ceux des sauvages avec ceux des peuples civilisés, notamment à l'endroit des femmes. Le sexe faible est, comme on sait, assez maltraité en fait chez les premiers; les proverbes insultants pour la plus belle moitié de l'humanité abondent donc en Afrique et sans doute ailleurs parmi la plupart des races inférieures.

Nous aurions lu avec intérêt une certaine quantité de ces vieux dictons sauvages. M. Farrer a préféré insister sur ceux qui sont en usage en trop grand nombre parmi les nations cultivées ; il nous cite par exemple le proverbe afghan, qui dit qu'une femme n'est bien qu'à la maison ou au tombeau ; le proverbe persan, où femme, cheval et sabre sont synonymes d'infidélité ; le proverbe italien, qui conseille l'emploi de l'éperon pour un bon comme pour un mauvais cheval, et du bâton pour une bonne comme pour une méchante femme; le proverbe allemand, qui déclare qu'il n'y a que deux bonnes femmes au monde, mais que l'une est morte et que l'autre est introuvable ; le proverbe espagnol : « Garde-toi d'une mauvaise femme, mais ne te fie pas à une bonne, » et d'autres encore tout aussi impertinents. Ce sont là, dans la pensée galante de M. Farrer, autant de vestiges des civilisations inférieures, et on ne peut s'empêcher de reconnaître qu'il a bien raison.

Malheureusement nous n'avons pas encore trouvé dans nos législations, dont nous sommes si fiers, le moyen de rendre justice à la femme, c'est-à-dire un traitement qui, en tenant compte des facultés et des caractères physiologiques et moraux qui lui sont propres, lui assure le respect de ses droits. Les revendications insensées, les prétentions absurdes de certaines amazones ne sont pas faites, hélas! pour donner tort en pratique aux proverbes grossiers de nos sauvages ancêtres.

Parmi les préjugés qui ont eu cours concernant les débuts de l'humanité, celui de la liberté et de l'égalité, qui régnaient lorsque les hommes étaient à l'état de nature, a eu en son temps un grand succès.

Nous devons à la vérité de reconnaître que M. Farrer ne sacrifie pas plus à celui-là qu'à d'autres. « Les sauvages, dit-il, ne constituent point de pures démocraties, dans ce sens que tous y sont égaux ou libres. Là même où le pouvoir monarchique est presque rudimentaire, des distinctions bien tranchées servent à les diviser en aristocrates et en gens du commun : la supériorité par le courage, par la force, par la sagacité, par l'expérience, revêt un sauvage de ces mêmes privilèges qui, dans des pays plus civilisés, sont attribués à la supériorité par la richesse ou par la naissance » (p. 136); le droit du plus fort est le seul qui soit reconnu chez les hommes de civilisation inférieure, car à côté de tribus où l'autorité est réduite à sa plus simple expression, parce qu'elle est partagée par tous les guerriers à peu près égaux en force et en adresse et non parce qu'ils repoussent par principe le joug d'un chef, nous trouvons des agglomérations humaines où le souverain confondant en sa personne le pouvoir spirituel et le pouvoir temporel, étant à la fois prêtre et fils des dieux dont il se dit l'interprète, et chef de guerre, exerce sur ses sujets une tyrannie effroyable que ceux-ci ne songent même pas à secouer.

M. Farrer termine son livre par deux chapitres relatifs encore aux questions religieuses, c'est-à-dire aux légendes et contes, populaires chez les sauvages comme chez nous.

Il a très bien vu que ces récits et ces croyances ne sont pas les débris de mythologies, autrefois bien ordonnées, tombées aujourd'hui presque en désuétude. Ce sont des mythes qui chez nous ont persisté à travers les âges, en dépit des progrès de l'esprit humain et qui, chez les sauvages, correspondent à leur état intellectuel.

Ces fables et ces superstitions ont la vie si dure que, dans nos pays d'Europe, elles ont remporté la victoire sur les religions constituées, sur les polythéismes aryens et sur le christianisme; ces religions ont dû les adopter, et leurs prêtres les ont consacrées en les revêtant, à la surface seulement, d'un vernis païen d'abord, chrétien ensuite.

Nous n'en dirons pas davantage sur ce livre, intéressant à plusieurs titres, d'un sociologiste anglais, dont le nom a moins de retentissement en France que ses devanciers. Disciple des Lubbock, des Tylor, des Herbert Spencer, il a apporté sa part d'études et d'observations à cette féconde doctrine de l'évolution qui se vérifie dans l'histoire naturelle des sociétés comme dans les autres sciences. Pour lui, l'humanité marche, elle ne recule pas; et si l'âge de fer est derrière nous, l'âge d'or est en avant. Son ouvrage, d'une lecture facile, agréable, instructive en même temps, n'a pas toute l'étendue des œuvres des grands sociologistes; les questions n'y sont pas traitées avec cette profusion d'exemples et de faits qui caractérisent ces derniers; elles n'en sont pas moins approfondies et fouillées pour cela, et, ce qui nous séduit surtout, elles sont discutées avec une indépendance de pensée et une verve qui portent et font réfléchir. M. Farrer est vraiment un libre-penseur; à ce titre il mérite toute notre sympathie, et son livre a droit à toute notre attention.

BULLETIN DES SOCIÉTÉS SAVANTES

Académie des sciences de Paris. — 17 novembre 1879.

M. H. Sainte-Claire Deville : La température de décomposition des vapeurs. — M. Berthelot : Observations sur la note de M. Cochin relative à la fermentation alcoolique. — M. A. Cornu : La limite ultra-violette du spectre solaire. — M. Delesse : Une explosion d'acide carbonique dans la mine de Rochebelle. — M. Dumas : Observations à propos de la communication de M. Delesse. — MM. Gosselin et Alb. Bergeron : Effets et mode d'action des antiseptiques. — M. Hervé-Mangon : Conditions climatologiques des années 1869 à 1879 en Normandie. — M. Hirn : Note sur la chaleur humaine. — M. de Lesseps : Le chemin de fer du Soudan; les missions scientifiques en Afrique. — M. H. Becquerel : La polarisation atmosphérique et l'influence du magnétisme terrestre sur l'atmosphère. — M. J. Delauney : Cause des tremblements de terre. — M. L. Thollon : Protubérances solaires observées à l'aide d'un spectroscope à grande dispersion. — M. Arm. Gautier : La chlorophylle cristallisée. — M. C. Viguier : Viviparité de l'*Helix studeriana*. — M. G. Lebon : Capacités de crânes conservés au Muséum d'histoire naturelle.

M. *H. Sainte-Claire Deville* fait une communication sur la température de décomposition des vapeurs. Il rappelle le remarquable mémoire de M. Troost sur l'hydrate de chloral et sur son existence à l'état de vapeur. Il déclare ensuite que M. Berthelot a eu absolument raison de ne pas admettre que la non-existence de la vapeur de chloral hydraté résultât des expériences récentes de M. Wurtz, et il fait valoir de nouveaux arguments en faveur de l'opinion de M. Berthelot. L'auteur s'étonne que nombre de savants admettent encore la loi de Dalton sur le mélange des vapeurs, alors que des expériences nombreuses ont démontré la fausseté absolue de cette loi. Les nouveaux faits cités par M. Deville prouvent que la quantité de chaleur dégagée par la formation d'un corps composé n'a pas de relation connue avec sa température de décomposition. On confond, selon lui, et cela arrive bien plus souvent qu'on ne croit, la chaleur sensible avec la chaleur latente, la quantité de chaleur avec la température, le travail avec la force vive, en d'autres termes, l'énergie potentielle avec l'énergie actuelle. C'est comme si l'on confondait la chaleur latente de l'eau avec son point d'ébullition, la chaleur latente de combinaison ou de décomposition avec la chaleur de décomposition. « Depuis plus de vingt ans, ajoute en terminant M. Deville, j'essaye dans mes leçons et mes écrits de combattre l'intervention de l'idée de force dans les sciences, de l'affinité et de l'atomicité en chimie, par exemple ; je cherche à éloigner au moins de l'enseignement l'intervention des hypothèses absolument gratuites, comme l'hypothèse des atomes, des molécules et des états hypothétiques de la matière, abstractions auxquelles on finit toujours par donner un corps. Je suis persuadé que tout ce qui ne peut être imposé et démontré doit être rejeté, que tout ce qui est inutile dans la science est nuisible et je suis d'avis, avec mon savant ami M. Berthelot, que l'on suit en chimie une voie dangereuse et dont se sont écartés résolument depuis quelques années les grands esprits qui ont fondé la mécanique de la chaleur, la thermochimie et la physiologie moderne. »

— M. *Berthelot* présente quelques observations sur la récente note de M. D. Cochin relative à la fermentation alcoolique. On se rappelle que M. Cochin a recherché sans succès la présence d'un ferment soluble dans un extrait de levure de bière, au sein duquel il avait fait végéter la levure elle-même. Le résultat de cette expérience n'a rien d'extraordinaire ; il était prévu, car on enseigne dans tous les cours que l'extrait de levure, préparé dans les conditions ordinaires, c'est-à-dire avec un liquide au sein duquel la levure végète actuellement, ne détermine pas la fermentation alcoolique. M. Berthelot ignorait d'autant moins ce fait, qu'il a eu occasion de le vérifier pour son propre compte, lorsqu'il a découvert le ferment inversif soluble que la levure sécrète. S'il existe un ferment alcoolique soluble, il conviendrait de le rechercher plutôt dans des conditions analogues à celles où se produisent les ferments digestifs, sécrétés principalement sous l'influence des aliments qu'ils sont destinés à digérer. Des essais semblables à celui de M. Cochin ne paraissent point de nature à trancher le débat entre la théorie physiologique et la théorie chimique de la fermentation. Cette dernière théorie, dit M. Berthelot, n'est même nullement attachée à l'existence nécessaire d'un produit chimique de la nature des diastases. La question est d'un ordre philosophique plus général. En effet, rapporter une métamorphose chimique à un acte vital, ce n'est point l'expliquer. Au contraire, tous les efforts de la chimie physiologique ont pour but d'analyser les changements matériels qui se font dans les êtres vivants et de les ramener à une succession régulière d'actes chimiques déterminés. Tant que cette analyse exacte n'aura pas été réalisée pour la métamorphose du sucre en alcool, la théorie scientifique de la fermentation alcoolique ne sera pas faite.

— M. *A. Cornu* présente une note sur la limite ultra-violette du spectre solaire observée à diverses altitudes. C'est dans la chaîne des Alpes qu'ont été faites, cet été, les observations dont l'auteur fait connaître le résultat. Ce résultat est que, conformément aux prévisions théoriques, la limite ultra-violette du spectre solaire varie avec l'altitude, mais dans une faible proportion. Le taux de la progression est conforme à la valeur théorique qu'on déduit de l'hypothèse d'une atmosphère absorbante homogène, mais à la condition de choisir comme données numériques celles qui correspondent aux journées où l'air est le plus pur. L'accroissement de l'extension du spectre solaire ultra-violet, exprimé en longueur d'onde, est d'une unité (millionième de millimètre), pour 900 mètres environ d'accroissement d'altitude; le résultat est, comme on le voit, tout à fait disproportionné avec les difficultés qu'il faudra vaincre pour reculer d'une manière notable nos connaissances sur l'extrémité ultra-violette du spectre solaire.

— M. *Delesse* appelle l'attention de l'Académie sur un fait très rare, une explosion d'acide carbonique dans une mine de houille. La mine en question est celle de Rochebelle, dans le Gard. Le 28 juillet dernier, deux ouvriers qui travaillaient dans le fond du puits Fontanes, à 345 mètres de profondeur, entendirent une détonation semblable à celle d'un coup de mine, mais plus brève; moins d'une minute après, ils entendirent une seconde détonation plus forte que la première, qui toutefois ne fut pas perçue par le mécanicien se tenant à l'orifice du puits. A ce moment leurs lampes s'éteignirent; en même temps ils éprouvèrent des défaillances, et ils eurent à peine le temps de se jeter tous deux dans la benne, qui fut aussitôt remontée par le mécanicien, en sorte qu'ils purent heureusement échapper à la mort. Mais il n'en fut pas de même pour trois malheureux ouvriers mineurs qui se trouvaient dans des galeries débouchant dans le même puits, à 246 mètres de profondeur, et qui y périrent asphyxiés.

Depuis bien longtemps on avait constaté dans la mine de Rochebelle un dégagement lent d'acide carbonique, mais c'est la première fois que cet acide s'est montré assez comprimé et assez condensé dans la houille pour faire explosion. Quant à l'origine de cet acide carbonique, on ne saurait évidemment l'attribuer ni à des dégagements analogues à ceux qui ont lieu dans les régions volcaniques, ni à l'oxydation du carbone de la houille, déterminée par l'oxygène atmosphérique. On est alors conduit à se demander si l'acide carbonique de Rochebelle ne proviendrait pas d'une action exercée par la pyrite de fer, du gîte voisin du Soulier; car cette pyrite, présentant un amas stratifié dans la partie supérieure du trias, est très fortement oxydée et en voie complète de décomposition; elle donne sans cesse lieu à la formation d'acide sulfurique qui, se dissolvant peu à peu dans les eaux souterraines, rencontre du calcaire triasique dans la profondeur, et par suite en dégage de l'acide carbonique. Ce dernier doit se diffuser au loin dans les roches voisines, en pénétrant de préférence dans celles qui, comme la houille, sont friables, fissurées et susceptibles de l'absorber; il peut même finir par s'y accumuler à haute pression. Les couches de houille de Rochebelle, ayant été brisées et très disloquées, et venant quelquefois buter contre le trias pyriteux, semblent d'ailleurs offrir des conduits naturels et être particulièrement favorables à une accumulation de l'acide carbonique dégagé par l'oxydation de la pyrite.

— M. *Dumas* fait remarquer, à la suite de l'intéressante communication de M. Delesse, que les quantités de matière nécessaires pour expliquer l'accident de la houillère de Rochebelle n'ont rien qui ne soit en rapport avec les circonstances qui s'y rapportent. Le terrain est très disloqué. La mine de pyrites du Soulier est depuis longtemps en voie d'oxydation; elle repose sur le calcaire. Or, pour produire 2000 mètres cubes environ d'acide carbonique que semblent avoir renfermé les cavités qui ont fait explosion, c'est-à-dire 4000 kilogrammes, il suffit de mettre en présence environ 8000 kilogrammes de calcaire et 6000 kilogrammes d'acide sulfurique. Eu égard aux surfaces pyriteuses que l'air a pénétrées, et au long espace de temps pendant lequel l'action chimique a pu se manifester, quelques tonnes de matières agissant les unes sur les autres n'ont rien qui puisse surprendre. L'explication donnée par les ingénieurs semble donc assez plausible pour que les travaux préventifs qu'il y aurait lieu d'entreprendre soient dirigés en conformité de leur opinion.

— MM. *Gosselin* et *Alb. Bergeron* présentent une nouvelle note sur les effets et le mode d'action des antiseptiques. Dans cette note sont consignés les résultats d'observations relatives aux effets des antiseptiques sur le pus. Les nouveaux faits constatés et ceux que les auteurs ont antérieurement fait connaître conduisent aux conclusions générales suivantes : 1° le pus se putréfie plus lentement que le sang; 2° sa putréfaction est retardée par l'occlusion incomplète; 3° elle est retardée aussi par les antiseptiques au contact et à distance; 4° mais c'est surtout par leur action sur le sang sorti de ses vaisseaux que les antiseptiques sont utiles dans la pratique chirurgicale. En empêchant sa putréfaction, ils suppriment l'agent principal de la suppuration, amoindrissent cette dernière, favorisent la réunion immédiate, partielle le plus souvent, totale quelquefois, préservent ainsi de la fièvre traumatique grave et de la pyohémie; 5° employés avec une connaissance exacte de leurs effets et surtout de leur action par contact, l'eau-de-vie camphrée, l'acide phénique au 1/50 et l'alcool à 86° sont, au même degré, modérateurs de l'inflammation et préservateurs des septicémies.

— M. *Hervé-Mangon* fait une seconde communication sur les conditions climatologiques des années 1869 à 1879 en Normandie et sur leur influence sur la maturation des récoltes. Ce mémoire contient de très intéressants documents qui ne manqueront pas d'attirer l'attention des agronomes. L'auteur a réuni dans trois tableaux les nombres de degrés de température reçus, depuis le semis jusqu'à la coupe, par le froment, l'avoine, l'orge, les fèves et le sarrasin. Ces nombres de degrés de température ont été obtenus en multipliant le nombre des jours, écoulés depuis l'ensemencement jusqu'à la moisson, par la température moyenne de cette période, et la moyenne température a été obtenue en divisant par 3 la somme des températures observées, à l'ombre, à 7 heures du matin, 1 heure et 7 heures du soir, déduction faite des chiffres égaux ou inférieurs à + 6°, température au-dessous de laquelle la végétation de nos plantes de grande culture est à peu près nulle. Deux conclusions pratiques importantes se déduisent des renseignements fournis par M. Hervé-Mangon sur le climat des côtes de la Manche et sur les sommes de degrés de température nécessaires à la maturité des récoltes : 1° dans un climat doux et régulier comme celui du nord-ouest, il y a presque toujours avantage à faire de bonne heure les semis d'automne; 2° en faisant chaque année la somme des degrés de température observés depuis les semis et en consultant les tableaux numériques dont il vient d'être question, on peut calculer avec une grande exactitude, un mois ou six semaines à l'avance, l'époque de la récolte des plantes citées plus haut.

— M. *G. A. Hirn* présente une note contenant des réflexions critiques sur les expériences concernant la chaleur humaine. Cette note est le complément de la première communication de l'auteur sur ce même sujet, communication sur laquelle nous avons appelé l'attention des personnes compétentes.

— M. *de Lesseps* communique à l'Académie : 1° Une lettre que M. de Freycinet, ministre des Travaux publics, lui a adressée, comme président de la sous-commission du Soudan et du Sahara. Dans cette lettre, le ministre informe M. de Lesseps qu'il vient de donner l'ordre de procéder aux études de la première catégorie pour la mise en communication, par voie ferrée, de l'Algérie et du Sénégal avec l'intérieur du Soudan.

2° Une lettre de M. le colonel Strenck, secrétaire général de l'Association internationale africaine, lettre dans laquelle le colonel lui donne des détails sur les deux missions qui sont déjà parvenues au cœur de l'Afrique, et lui annonce le succès de la tentative faite pour se servir des éléphants comme porteurs.

— M. *Henri Becquerel* fait part à l'Académie d'un travail duquel il a déduit : 1° l'existence d'un écart variable entre le plan du soleil et le plan de polarisation de l'atmosphère en un point quelconque; 2° la manifestation d'une influence magnétique de la terre sur l'atmosphère.

— M. *J. Delauney* adresse un mémoire sur les tremblements de terre. L'auteur signale, comme la cause la plus probable de la fréquence de ce phénomène, l'influence des deux grosses planètes supérieures, Jupiter et Saturne. Les tremblements de terre semblent passer par un maximum, quand Jupiter et Saturne se trouvent aux environs des longitudes moyennes de 265° et de 135°. L'auteur croit également que l'influence de Jupiter et de Saturne sur le phénomène en question est due aux passages des deux planètes à travers des essaims cosmiques situés aux mêmes longitudes moyennes. Comme conséquence des résultats obtenus, M. Delauney croit pouvoir donner un tableau approximatif des tremblements de terre futurs, et il signale particulièrement les années 1886, 1891, 1898, 1900, 1912, 1919, 1927, 1930, comme devant être fécondes en tremblements de terre.

— M. *L. Thollon* envoie une note sur les taches et les protubérances solaires observées avec un spectroscope à grande dispersion. Cette note est accompagnée de figures permettant de se bien rendre compte des phénomènes observés.

— M. *Arm. Gautier* fait connaître le résultat de ses recherches sur la chlorophylle qu'il a pu obtenir à l'état pur et cristallisé. Il résulte des recherches de l'auteur que cette substance, que l'on a successivement comparée à une cire, à une résine, à une graisse, etc., doit être en réalité rapprochée de la *bilirubine*, au point de vue de ses aptitudes, de ses réactions et de sa composition élémentaire. Voici, tel que le donne l'auteur, le procédé au moyen duquel il a obtenu la chlorophylle cristallisée :

« Pour obtenir la chlorophylle, je prends des feuilles vertes d'épinards, de cresson, etc., que je pile dans un mortier en ajoutant à la pulpe un peu de carbonate de soude jusqu'à presque neutralisation du jus, puis je soumets à une forte pression. Je délaye ensuite le marc dans de l'alcool à 55° C., et je comprime de nouveau énergiquement. Je reprends alors la matière ainsi épuisée à froid par de l'alcool à 83° C. La chlorophylle se dissout, ainsi que les cires, les graisses, les pigments. La liqueur est filtrée et mise alors en contact avec du noir animal en grain, au préalable lavé et porté à une température suffisamment élevée. Au bout de quatre à cinq jours, il s'est emparé de la matière colorante verte ; la liqueur est devenue jaune-verdâtre ou brunâtre; elle contient toutes les impuretés. On la décante. On recueille le noir dans une allonge fermée par du coton, et on lave à l'alcool à 65° C. Celui-ci s'empare d'une substance jaune cristallisable, déjà signalée comme accompagnant généralement la chlorophylle, et qui paraît en rapport intime de composition avec elle. Sur le noir ainsi privé du corps jaune, ou n'en contenant que des traces, on verse de l'éther anhydre, ou mieux de l'huile légère de pétrole, qui ne dissout pas la matière jaune. Ces dissolvants s'emparent de la chorophylle et donnent une liqueur verte très foncée, qui, par une lente évaporation à l'obscurité, fournit la chorophylle cristallisée. Elle est formée de petits cristaux en aiguilles aplaties, souvent rayonnantes, pouvant avoir un demi-centimètre de long, de consistance un peu molle, de couleur verte intense lorsqu'elle est récente, plus tard vert-jaunâtre ou vert-brunâtre. Ces cristaux paraissent appartenir au système du prisme rhomboïdal oblique; le rhomboèdre, souvent dénué de toute facette modificatrice, présente un angle de 45° environ.

— M. *C. Viguier* fait connaître quelques détails sur la viviparité de l'*Helix studeriana* (Férussac). L'auteur espère qu'il aura bientôt à sa disposition des échantillons plus nombreux et en meilleur état que ceux qu'il a observés jusqu'ici, et qu'il pourra alors compléter son étude dont nous rendrons compte.

— M. *G. Lebon* adresse les résultats que lui a fournis la mesure des capacités de crânes conservés au Muséum de Paris.

Des mesures effectuées sur les capacités de quarante-deux crânes ayant appartenu à des hommes célèbres, tels que Descartes, La Fontaine, Boileau, Gall, Volta, etc., l'auteur conclut que, la capacité moyenne étant de 1430^{cc} pour la race nègre, et de 1559^{cc} pour les Parisiens modernes du sexe masculin, elle est de 1682^{cc} en moyenne pour les crânes dont il s'agit. La capacité moyenne de ces crânes dépasse donc presque autant celle des crânes parisiens, que celle-ci dépasse celle des crânes nègres. Enfin, la capacité moyenne des vingt-six sujets les plus remarquables atteint le chiffre énorme de 1732^{cc}. C'est tout à fait exceptionnellement que l'on trouve une grande intelligence unie à une faible capacité du crâne.

BIBLIOGRAPHIE SCIENTIFIQUE

Carte de la France à l'échelle du 1/100 000, dressée par le service vicinal, par ordre du ministre de l'Intérieur, et publiée par la librairie Hachette et Cie.

Depuis que les voies de communication de tout genre se multiplient en France avec une grande rapidité, ce à quoi d'ailleurs on ne saurait trop applaudir, les cartes géographiques partielles, c'est-à-dire de départements, d'arrondissements, de cantons, de communes même, ne peuvent plus être tenues au courant des modifications qu'apportent à la surface de notre territoire les travaux exécutés chaque année. Un certain nombre de départements ont sans doute, à diverses reprises, fait dresser des cartes, lorsque le besoin s'en est fait par trop vivement sentir; mais, comme il fallait s'y attendre, ces cartes différaient entre elles soit par l'échelle, soit par le choix des couleurs, soit par la nature des détails qu'elles représentaient; en un mot, l'uniformité faisant absolument défaut, il était impossible de raccorder le tout et d'en faire un ensemble intelligible. Enfin, ces cartes, comme celles qui les avaient précédées, étaient forcément appelées à perdre de leur intérêt, au bout d'un certain temps, ne pouvant être tenues au courant des progrès accomplis.

Ce défaut capital d'homogénéité, et aussi d'impuissance à

servir longtemps, a frappé M. le ministre de l'Intérieur et lui a suggéré l'heureuse idée de faire dresser une carte générale de la France à une échelle suffisamment grande pour que tout ce qu'il y a d'important y pût figurer. Le soin de l'exécution de cette carte a été laissé au service vicinal, aux agents voyers, mieux placés que personne pour connaître les changements qui peuvent survenir jusque dans les plus petits hameaux.

L'échelle choisie a été le 1/100 000, ce qui donnera à la carte des dimensions assez rapprochées de celles de la carte de l'état-major. De plus, grâce aux moyens matériels d'exécution dont dispose la cartographie de notre temps, on pourra, chaque année, faire sur les clichés les modifications survenues et mettre ainsi la carte à jour, sans être obligé de recommencer le premier travail d'établissement.

Le projet du ministre de l'Intérieur a été soumis au Parlement qui l'a adopté. Il a été décidé qu'il serait procédé à une révision des nivellements antérieurs des diverses régions de la France, et comme cette révision intéresse également le service des Travaux publics, de la Guerre et de l'Intérieur, les trois ministères se sont entendus et une commission a arrêté les bases financières et techniques de l'opération. On compte qu'il faudra dix ans pour la révision des nivellements et que la dépense montera à 19 millions.

La carte est déjà bien en train. Elle est tirée en feuilles dont le nombre dépassera probablement 500. Elle est gravée en quatre couleurs : le bleu pour les eaux, le vert pour les bois et forêts, le rouge pour les routes et chemins et la population, le noir pour toutes les autres indications. Il va sans dire qu'on y trouve les noms de toutes les localités, les frontières des départements, des arrondissements, des cantons, des communes, les voies de communication de tous genres, les bureaux de poste, les télégraphes, etc.

Les feuilles ont un format très maniable, de $0^m,28$ sur $0^m,38$ en moyenne, et elles sont établies suivant les parallèles et les méridiens, ce qui donne immédiatement l'orientation. L'échelle de un centimètre pour un kilomètre rend aussi très facile l'évaluation des distances. Enfin une légende très complète est annexée à chaque feuille.

Des cartes régionales, départementales, cantonales, etc., seront extraites de la carte d'ensemble. Celle de la Vendée est déjà gravée.

Nous avons dit que la révision des nivellements demanderait dix ans ; mais le tirage des feuilles n'attendra pas jusque-là ; on espère même qu'il sera terminé en quatre années.

Aujourd'hui les 20 premières feuilles sont en vente ; 112 sont à la gravure et 355 en préparation. Le prix de chaque feuille est fixé à 75 centimes.

Nous n'insistons pas sur les avantages qu'offre cette grande carte, ni sur les services qu'elle est appelée à rendre. Tout le monde en comprendra facilement l'importance et la valeur.

Publications nouvelles.

La Suisse, études et voyages à travers les vingt-deux cantons, par M. Jules Gourdault. Ouvrage illustré de 750 gravures sur bois. Deuxième et dernière partie : Uri, Tessin, Grisons, Glaris, Saint-Gall, Appenzell, Thurgovie, Schaffhouse, Zurich, Argovie, Bâle, Soleure, Fribourg, Neufchâtel. 1 vol. très grand in-4° de 730 pages, imprimé avec le plus grand luxe (Paris, librairie Hachette et Cie). Broché : 50 francs. Relié en chagrin plein, tranches dorées : 70 francs.

Nous avons rendu compte l'année dernière (*Revue* du 14 décembre 1878, tome XV, 2e série, page 566) du premier volume de ce grand ouvrage, aujourd'hui complètement terminé. Nous rendrons compte prochainement de ce second volume.

La Suisse, de M. Gourdault, paraît aussi en livraisons hebdomadaires à 1 franc depuis le 27 avril 1878. La 84e livraison est en vente. Il y en aura 100 environ.

Les Éléments de l'art arabe. Le Trait des entrelacs, par J. Bourgoin, chargé d'un cours d'histoire et de théorie de l'ornement à l'École nationale des beaux-arts. 1 vol. gr. in-8° jésus contenant 50 pages de texte, 190 planches de dessins géométriques en noir et rouge, et 10 planches en chromolithographie (Paris, librairie Firmin Didot et Cie). Cartonné.

A Handbook of double stars, with a Catalogue of twelve hundred double stars and extensive lists of measures. With additional Notes bringing the measures up to 1879. For the use of amateurs. By Edwd. Crossley, F. R. A. S.; Joseph Gledhill, F. R. A. S.; and James-M. Wilson, M. A., F. R. A. S. 1 fort vol. in-8° de 464 pages (London, Macmillan and C°. 1879).

La Création évolutive, par le comte Begouen, in-8° de 60 pages (Toulouse, Édouard Privat, libraire-éditeur. 1879).

Ueber die Nothwendigkeit der gymnasial Bildung für die Arzte. Inaugurations-rede gehalten am 11 october 1879, von Dr Ernst Brucke, D. z. Rector der Wiener Universitæt. In-8° de 20 pages. (Wien, in Commission bei Wilhelm Braumüller — 1879).

Materialien zur Vorgeschichte des Menschen im östlichen Europa. Nach polnischen und russischen Quellen bearbeitet und herausgegeben, von Albin Kohn und Dr. C. Mehlis, 2 vol. in-8° avec nombreuses figures et planches lithographiées. (Iena, Hermann Costenoble — 1879).

CHRONIQUE SCIENTIFIQUE

Muséum d'histoire naturelle de Paris. — *Zoologie (annélides, mollusques, zoophytes).* — M. Edmond Perrier commencera son cours mardi prochain, 2 décembre, à deux heures et demie, dans les galeries de zoologie. Il étudiera, cette année, les relations qu'on a cherché à établir, au point de vue de la doctrine de la descendance, entre les mollusques ou les vers et les animaux vertébrés.

— Muséum d'histoire naturelle. — *Cours de chimie inorganique, théorique et expérimentale.* — M. Fremy, professeur, membre de l'Académie des sciences, a ouvert son laboratoire d'enseignement de chimie expérimentale le jeudi, 27 novembre 1879.

Les manipulations ont lieu tous les jours de midi à cinq heures : les élèves reçoivent les explications théoriques qui leur sont utiles pour leurs manipulations, et sont soumis à des interrogations régulières.

Les élèves qui désirent prendre part à l'enseignement de chimie expérimentale du Muséum doivent se faire inscrire immédiatement au laboratoire de M. Fremy, rue de Buffon, 63.

— Muséum d'histoire naturelle. — *Cours de zoologie (reptiles, batraciens et poissons).* — M. Léon Vaillant, prof., ouvrira ce cours le jeudi, 4 décembre 1879, à une heure, dans la salle des conférences du laboratoire d'herpétologie (bâtiment de la ménagerie des reptiles), et les continuera à la même heure les samedis, mardis et jeudis suivants.

— Muséum d'histoire naturelle. — *Cours de botanique organographique et physiologie végétale.* — M. Ph. Van Tieghem, membre de l'Académie des sciences, professeur, commencera ce cours le mercredi, 3 décembre 1879, à neuf heures et demie du matin, et le continuera les vendredi, lundi et mercredi de chaque semaine à la même heure.

Les leçons auront lieu au laboratoire de botanique, rue de Buffon, 63.

— Muséum d'histoire naturelle de Paris. — *Cours de zoologie (animaux articulés).* — M. Émile Blanchard, membre de l'Académie des sciences, professeur, commencera ce cours le mercredi, 3 décembre 1879, à une heure, dans la galerie de zoologie et le continuera les lundis, mercredis et vendredis à la même heure.

— Faculté de médecine de Nancy. — Par décret, en date du 22 novembre, rendu sur le rapport du ministre de l'Instruction publique et des beaux-arts :

M. Morel, professeur d'anatomie générale descriptive et topographique à la Faculté de médecine de Nancy, est nommé professeur d'histologie à la même Faculté (chaire nouvelle).

M. Lallement, professeur-adjoint à la Faculté de médecine de Nancy, est nommé professeur d'anatomie descriptive à ladite Faculté (chaire nouvelle).

— Conférences de la Salpêtrière. — Dimanche, a eu lieu à la Salpêtrière l'inauguration de l'amphithéâtre que l'administration de l'Assistance publique a fait construire pour le cours de clinique des maladies nerveuses. La séance, à laquelle assistaient plus de cinq cents auditeurs, a été consacrée à la contracture et aux déformations qu'elle produit dans les membres inférieurs. Après avoir fait défiler un certain nombre de malades présentant les phénomènes décrits, M. Charcot a fait projeter à la lumière électrique un grand nombre de cas analogues. La série s'est terminée par deux gravures empruntées à l'ouvrage de Montgeron sur les convulsionnaires de Saint-Médard et représentant une jeune femme, déclarée incurable, avant et après sa guérison *miraculeuse*. M. Charcot a montré que ce cas rentrait dans ceux dont il venait de présenter l'analyse.

— Tremblement de terre en Hongrie. — Un violent tremblement de terre a eu lieu à Temesvar, dans le midi de la Hongrie, dans la nuit du 20 au 21 novembre. La première secousse s'est produite quelques minutes après minuit. Le sol oscillait au milieu de sourds grondements pareils à ceux du tonnerre. Les meubles et les ustensiles de ménage tremblaient et s'entre-choquaient bruyamment; les miroirs et les tableaux tombaient des murs. Un sentiment d'indicible angoisse réveilla les habitants plongés dans le sommeil. Un grand nombre de personnes se sauvèrent dans la rue en proie à une véritable panique. Vers deux heures le phénomène se renouvela, mais cette fois avec moins de violence. Quelques cheminées sont tombées, et plusieurs maisons ont des crevasses.

— Exploration de l'Australie. — On vient de recevoir des nouvelles de l'expédition dirigée par M. Forrest dans la partie septentrionale de l'Australie du Sud. Une dépêche adressée à Sidney annonce que les explorateurs sont arrivés le 18 septembre à Katherine Station, après avoir suivi la côte jusqu'à Beagle Bay, d'où ils se sont dirigés à l'est dans la direction de King's Sound jusqu'à la rivière Fitzroy. Ils ont suivi cette rivière pendant 250 milles avant de pouvoir la traverser par le 17° 42 de latitude, puis ils ont gagné le rivage de Collier Bay; mais il ne leur a pas été possible d'atteindre le Glenelg, à cause de la nature sauvage du pays. Il a fallu renoncer à toute exploration dans la région de l'extrême nord; dix chevaux ont succombé aux fatigues de la route. De retour sur les bords de la rivière Fitzroy, l'expédition Forrest a visité des plaines superbes, bien arrosées et formant de beaux pâturages. Une étendue de pays évaluée à cinq millions d'acres et qui n'avait jamais été explorée a été reconnue. Les naturels se sont montrés partout très hospitaliers.

— Le prêt des livres a Boston. — A Boston, la cité scientifique des États-Unis, les administrateurs des bibliothèques poussent fort loin leur sollicitude pour les lecteurs. Depuis longtemps ils font publier, au fur et à mesure que paraissent des livres nouveaux, des listes que chacun peut se procurer par abonnement à un prix minime.

Le *Library Journal* signale une innovation toute récente. Désormais la grande bibliothèque de Boston ne se bornera pas à prêter des livres au public, elle aura des agents qui porteront les ouvrages prêtés au domicile même des lecteurs, puis elle les fera reprendre quand ils seront lus : cette distribution ne coûtera que 25 centimes, le lecteur ne devant payer qu'une des deux courses, l'aller; le retour est à la charge de la bibliothèque. Des cartes postales seront mises à la disposition des emprunteurs, qui n'auront qu'à y inscrire le titre de l'ouvrage avec leur adresse, pour que l'expédition ait lieu immédiatement.

— Société française de tempérance. — A la suite de son dernier concours, la Société française de tempérance (association contre l'abus des boissons alcooliques) a décerné deux prix de 1500 francs et de 300 francs, 47 livrets de Caisse d'épargne de 25 francs et 388 médailles de vermeil, d'argent ou de bronze. Au mois de mars 1880, elle décernera le même nombre environ de médailles et de livrets et, de plus, des prix s'élevant ensemble à 4000 francs. Le programme du concours est envoyé gratuitement aux personnes qui en font la demande au siège de l'Association, 6, rue de l'Université, à Paris.

— Société contre l'abus du tabac. — La Société contre l'abus du tabac met au concours trois prix de 100 francs, deux prix de 200 francs, un prix de 300 francs. Ces prix seront accordés aux auteurs des meilleurs mémoires envoyés en réponse aux questions spéciales qui ont été proposées. De plus, des médailles, livres ou mentions honorables seront décernés à la séance solennelle d'avril 1880. Le programme détaillé du concours sera adressé aux personnes qui en feront la demande au président, 5, rue Saint-Benoît, à Paris.

— La géographie au village. — On s'occupe, au ministère de l'Intérieur, de l'examen d'un projet auquel on ne saurait trop applaudir. Il s'agit d'établir, dans chaque commune de France, une pierre portant l'indication de la longitude, de la latitude du lieu, ainsi que du bassin hydrographique auquel appartient la localité.

— Le Tour du monde, *Nouveau journal des voyages* — Sommaire de la 985ᵉ livraison (22 novembre 1879). — L'Amérique équinoxiale, par M. Ed. André, voyageur chargé d'une mission du gouvernement (1875-1876). — Texte et dessins inédits. — La région de Pasto (Cauca). — Douze gravures de Riou, H. Clerget, Sirouy, Émile Bayard, Maillart et Sellier.

— Monuments mégalithiques de France. — M. le ministre de l'Instruction publique et des Beaux-Arts vient de prendre, à la date du 21 novembre, un arrêté qui institue une sous-commission se rattachant à la commission des monuments historiques, chargée de dresser l'inventaire des monuments mégalithiques et des blocs erratiques de la France et de l'Algérie.

Cette sous-commission est composée ainsi qu'il suit :

Président. — M. Henri Martin, sénateur, membre de l'Académie française et de l'Académie des sciences morales et politiques, membre de la commission des monuments historiques.

Vice-présidents. — MM. Daubrée, directeur de l'École des mines, membre de l'Institut; de Mortillet, conservateur-adjoint du musée de Saint-Germain, membre de la commission des monuments historiques.

Membres. — MM. Broca, professeur à l'Ecole de médecine, directeur de l'Ecole d'anthropologie de Paris, secrétaire général de la Société d'anthropologie; Cartaillac, directeur de la publication : *Matériaux pour l'histoire primitive de l'Homme*, à Toulouse; Chantre, sous-directeur du musée d'histoire naturelle de Lyon; Falsan, géologue, demeurant à Collonge-au-Mont-Dore (Rhône); Leguay, architecte, membre la Société d'anthropologie; Pomel, sénateur de l'Algérie; Trutat, conservateur du musée d'histoire naturelle de Toulouse; Salmon, archéologue, membre de la Société d'anthropologie; du Sommerard, directeur du musée des Thermes et de l'Hôtel de Cluny, membre de la commission des monuments historiques.

Secrétaire. — M. Ad. Viollet-le-Duc, chef du bureau et secrétaire de la commission des monuments historiques.

Secrétaires-adjoints. — MM. Lucien Paté, sous-chef du bureau, secrétaire-adjoint de la commission des monuments historiques; Demangot, sous-chef du bureau, archiviste et 2ᵐᵉ secrétaire-adjoint de la commission des monuments historiques.

— Cours populaire d'astronomie. — M. Joseph Vinot a ouvert la huitième année de son cours d'Astronomie populaire, qui a lieu tous les dimanches, à une heure, à la salle Gerson (Sorbonne), par une conférence intitulée : « L'âge du monde suivant la science ».

— Le dernier numéro du *Journal des Économistes*, revue mensuelle de l'économie politique, contient les articles suivants : — La religion dans l'économie sociale à propos des écrits posthumes de John Stuart Mill, par M. Ambroise Clément, correspondant de l'Institut; — Les derniers serfs de France; la campagne de Voltaire et de Christin, par M. Ch.-L. Chassin; — De la mesure de l'utilité des chemins de fer, par un ingénieur; — Les discussions du XXIIIᵉ congrès de l'Association britannique pour le progrès des sciences sociales; — Une vue nouvelle sur le phylloxera et la potasse, par M. Nottelle; — Coup d'œil historique sur l'intervention du gouvernement dans la question du pain, par M. Edgar Raoul-Duval, ancien député; — Le congrès de la Société fédérale d'utilité publique tenu à Berne du 2 au 5 septembre 1879, par M. H. Dameth, correspondant de l'Institut; — Le projet du canal interocéanique, par M. de Lesseps; — La discussion à la Société d'économie politique sur l'union douanière de la France et de la Suisse, de la Belgique et de la Hollande, et sur le Congrès ouvrier de Marseille; — Divers comptes rendus d'ouvrages; — Une correspondance; — Une chronique économique; — Et la bibliographie économique du mois précédent. — Bureau, rue Richelieu, 14.

Le propriétaire-gérant : Germer Baillière.

PARIS. — Impr. J. CLAYE. — A. QUANTIN et Cᵉ, rue St-Benoît. [2165]

LA

REVUE SCIENTIFIQUE

DE LA FRANCE ET DE L'ÉTRANGER

REVUE DES COURS SCIENTIFIQUES (2E SÉRIE)

DIRECTEUR : M. ÉMILE ALGLAVE

2e SÉRIE — 9e ANNÉE NUMÉRO 23 6 DÉCEMBRE 1879

LES SOCIÉTÉS COMMUNISTES AUX ÉTATS-UNIS

D'après M. Charles Nordhoff.

On a beaucoup écrit et longuement disserté sur le communisme. S'il a rencontré des adeptes enthousiastes, il a trouvé plus encore de détracteurs violents; et le moindre reproche qu'on ait fait à ses théories et à ses principes, ç'a été de les déclarer absolument inapplicables. C'est un axiome assez généralement admis, qu'une société communiste, si par impossible elle parvenait à se constituer, ne saurait avoir une bien longue existence. Il y a cependant un certain nombre de sociétés de ce genre, presque inconnues, il est vrai, et cachées dans les immenses espaces des États-Unis. Un Américain, M. Nordhoff, est allé les visiter en détail, et dans un livre récent (1) il expose, en termes sympathiques pour ses héros, le résultat de ses études sur les différentes sociétés communistes des États-Unis.

Comment se sont constitués ces petits mondes dispersés sur le vaste territoire américain? comment se gouvernent-ils? Quelles sont leurs mœurs, leurs industries, leurs croyances et leurs pratiques religieuses, leur situation actuelle et leur histoire? Par quels moyens sont-ils parvenus à triompher des difficultés, prétendues insurmontables, que a paresse, l'égoïsme et la prodigalité des individus doivent opposer, dit-on, au fonctionnement de l'organisation communiste? Quelle est l'influence de la vie commune sur le caractère et les qualités de chacun des membres de ces associations? Élargit-elle leurs idées ou les rétrécit-elle au contraire? Une fois à l'abri des besoins matériels, le prolétaire en ressent-il d'autres d'un ordre plus élevé? A-t-il souci du beau quand il possède le confortable, et ses aspirations s'élèvent-elles au delà de ce qui est nécessaire à l'existence physique?

(1) *The Communistic Societies of the United States; from personal visit and observation*, by Charles Nordhoff. Londres, John Murray; 1875. 1 vol.

Telles sont les principales questions que l'auteur s'est proposé d'élucider par un examen attentif et minutieux, fait sur place, d'une dizaine de sectes communistes d'importance bien diverse, dont les unes ont déjà près d'un siècle et d'autres quelques années à peine d'existence; dont certaines prospèrent, s'accroissent ou se maintiennent, tandis que d'autres déclinent ou même ont déjà disparu.

Comme il nous serait impossible de reproduire ici, même en les résumant, les notices détaillées que l'auteur consacre à chacune d'elles, nous nous contenterons, pour donner une idée de ce très intéressant ouvrage, d'analyser les chapitres où, dans un travail d'ensemble, M. Nordhoff, récapitulant, comparant et jugeant les moyens employés et les résultats obtenus, essaye d'en dégager les réponses aux questions qu'il s'était posées.

I.

STATISTIQUE.

Les sociétés communistes étudiées par M. Nordhoff sont, comme nous l'avons dit, au nombre de dix à douze : les inspirationnistes d'Amana (Iowa); les harmonistes d'Economy (Pensylvanie), appelés aussi rappistes du nom de leur fondateur; les séparatistes de Zoar (Ohio); les shakers; les perfectionnistes d'Onéida et de Wallingford; les communes d'Aurora (Orégon) et de Bethel (Missouri); les icariens, la colonie de Bishop Hill, aujourd'hui dissoute; la commune de la Vallée du Cèdre, et la communauté de la Liberté sociale, ces deux dernières encore à l'état embryonnaire. Enfin l'auteur donne encore quelques détails sur les trois colonies — non communistes — d'Anaheim (Californie), Vineland (New-Jersey) et de Silkeville Prairie House (Kansas).

Parmi ces sociétés, l'étude de celles-là seulement dont l'existence est assez longue, peut permettre de porter un jugement sur les résultats qu'ont donnés les essais communistes tentés aux États-Unis, et sur les moyens par lesquels ces résultats ont été obtenus.

Nous citerons en première ligne les shakers, la plus ancienne et la plus nombreuse de toutes les sociétés communistes. Établis dans les États de l'est dès 1792, et dans ceux de l'ouest en 1808, ils ne forment pas aujourd'hui moins de 58 communes. Puis viennent les rappistes, qui remontent à 1805; les zoarites, datant de 1817; les communistes d'Amana, comptant déjà 7 communes, bien qu'ils ne se soient établis qu'en 1844; la commune de Bethel, fondée la même année; les perfectionnistes, datant de 1848, avec deux communes à Oneida et Wallingford; les icariens (1849) et la commune d'Aurora (1852). Les autres sociétés sont récentes et de peu d'importance.

Des huit sociétés que nous venons de citer, deux seulement sont encore sous la direction de leur fondateur. L'assertion si répandue qu'une société communiste ne peut survivre à celui qui l'a fondée, semble donc démentie par les faits.

Ces 72 communes font peu de bruit dans le monde; elles mènent une vie paisible, et n'admettent pas volontiers les étrangers dans leur intimité. Elles comprenaient en 1874, environ 5000 personnes, y compris les enfants, et se trouvaient disséminées sur le territoire de treize états, où elles possédaient un total de 150 à 180 mille acres de terre (600 à 720 mille hectares), soit tout au plus 36 acres (14 hectares) par tête; ce qui, pour ce pays, est relativement peu. Les communistes ne tendent donc pas à accaparer la terre, comme on les en accuse parfois.

On resterait probablement au-dessous de la vérité, en estimant la fortune de ces 72 communes à 12 millions de dollars, c'est-à-dire 60 millions de francs; richesse très inégalement répartie d'ailleurs, les plus anciennes sociétés étant les plus riches. C'est en tous cas, par tête (femmes et enfants compris), une *valeur* (1) moyenne de plus de 2000 dollars (10 000 francs); capital créé tout entier par l'industrie patiente, l'honnêteté et la rigoureuse économie de ses propriétaires, sans qu'il y ait eu de leur part efforts pénibles ou désir ardent d'acquérir.

De plus, d'après M. Nordhoff, — et ceci est important, — on peut affirmer que pendant l'accumulation de ce capital, les communistes ont vécu plus confortablement que les populations qui les entouraient, beaucoup mieux abrités qu'elles contre la misère et le découragement, disposant de meilleures écoles et de plus de ressources pour élever leurs enfants; leurs femmes, leurs vieillards et leurs malades étaient infiniment moins exposés que d'autres à manquer des soins nécessaires.

Comme origine, les icariens sont Français; les shakers et les perfectionnistes, Américains; tous les autres (2) sont Allemands. Ces derniers sont, au total, les plus nombreux; et il semble que cette nation soit plus apte au communisme qu'aucune autre, sauf peut-être les Chinois.

Les inspirationnistes et les perfectionnistes sont les seules communes où le nombre des membres augmente aujourd'hui. A Icaria, Bethel, Aurora et Zoar, ils se maintiennent, bien qu'ils aient même perdu pendant les vingt dernières années. Les shakers et les rappistes, les seuls célibataires, sont en décroissance malgré leur coutume d'adopter et d'élever des orphelins. Les inspirationnistes se recrutent surtout en Allemagne, et mènent une vie tellement retirée qu'ils ne désirent certainement pas faire des prosélytes parmi la population environnante.

Les perfectionnistes publiant un journal hebdomadaire, qu'ils envoient à qui le demande, leurs doctrines sont connues au loin, et ils reçoivent constamment des demandes d'accession d'une foule de personnes. Ces postulants sont des hommes pour la plupart, qu'attire, semble-t-il, le système particulier de relations sexuelles dont nous avons parlé. Ces demandes sont presque toutes repoussées; car les perfectionnistes sont très sincèrement attachés à leurs croyances et n'acceptent de nouveaux membres qu'après un sévère examen.

II.

LE GOUVERNEMENT ET L'ÉCONOMIE POLITIQUE.

Dans toutes ces communes on retrouve, servant de lien entre les individus, l'uniformité de croyances religieuses. Le fanatisme ne paraît pas indispensable au maintien du groupe communiste, comme quelques-uns l'ont avancé; mais il semble que, pour vivre en bon accord, ses membres doivent professer la même opinion, sinon en matière religieuse, au moins sur quelques questions considérées par eux comme assez importantes pour leur tenir lieu de religion.

Ainsi les icariens rejettent le christianisme, mais ils ont adopté comme religion l'idée communiste elle-même. C'est ce que peut constater quiconque s'entretient avec eux; et leur dévouement à cette idée a suffi pour les soutenir pendant vingt années d'affreuse misère et de calamités perpétuelles.

Ainsi encore les communistes de Bethel et d'Aurora, chez qui l'on ne trouve presque nulle trace de pratiques religieuses extérieures, sont unis par leur croyance que l'essence de toute religion, et du christianisme en particulier, est le désintéressement et que celui-ci exige la communauté des biens. Ni les uns ni les autres pourtant ne semblent mériter l'épithète de fanatiques.

D'un autre côté, les shakers, rappistes, zoaristes, inspirationnistes et perfectionnistes ont tous une foi religieuse bien définie et profondément enracinée. Ceux-là seuls cependant pourront les traiter de fanatiques, qui flétrissent de ce nom tout individu pensant autrement qu'eux. Car nul de ces braves gens ne prétend avoir le monopole de la vraie croyance; tous admettent parfaitement qu'en ce monde il y a place pour une infinie variété d'opinions religieuses, et qu'ils n'ont pas le privilège exclusif de la sagesse et de la justice.

On dit aussi souvent que le communisme est la négation de la vie de famille, et qu'en général les sociétés de ce genre font reposer leur système sur l'établissement de relations anormales entre les sexes. C'est encore une erreur. De toutes les sectes étudiées par M. Nordhoff, celle des perfectionnistes d'Oneida et Wallingford est la seule où l'on rencontre des relations entre les deux sexes organisées d'une manière contraire à la morale des peuples civilisés.

Chez les autres communistes, on ne trouve rien de semblable. A Icaria, Amana, Aurora, Bethel et Zoar, la famille est en honneur, et chacun a son domicile séparé. Les icariens

(1) En prenant ce mot dans le sens qu'on lui donne en Amérique, où l'on dit qu'un individu *vaut* telle ou telle somme, pour signifier qu'il possède ou représente un capital de telle ou telle valeur.

(2) En ne tenant pas compte des quelques sociétés sans importance, laissées en dehors de cette étude d'ensemble.

défendent même le célibat. Dans aucune de ces cinq sociétés n'existe ce qu'on appelle « la famille unitaire », et dans deux seulement, Icaria et Amana, les repas se prennent dans une salle commune.

Les shakers et les rappistes observent le célibat, et les premiers prétendent souvent que cette règle est indispensable au succès de l'organisation communiste. La prospérité des sociétés qui ne l'observent pas suffit à prouver qu'ils se trompent; et les rappistes ont eux-mêmes prospéré quelque temps avant d'avoir, sous l'influence d'idées religieuses, renoncé au mariage et adopté le célibat. Du reste, ces rappistes n'ont jamais eu le « domicile unitaire » ni le réfectoire commun; ils ont toujours vécu en petites « familles » composées d'hommes, de femmes et d'enfants.

On peut donc logiquement conclure de ces faits que, ni le fanatisme religieux, ni l'établissement de relations sexuelles contre nature (voulût-on même considérer comme tel le célibat volontaire), ne sont nécessaires à la réussite d'une entreprise communiste.

Rien ne m'a plus surpris, dit M. Nordhoff, que de découvrir :

1° Le nombre et la variété des industries, ainsi que l'habileté mécanique qu'on trouve dans toutes les communes, quels que soient le caractère et l'intelligence de leurs membres;

2° La facilité et la certitude qu'ont les capacités intellectuelles de se faire jour et d'arriver à la direction. C'est là certainement le plus grand éloge qu'on puisse faire d'un système de gouvernement.

Le principe fondamental de la vie commune est la subordination de la volonté individuelle à l'intérêt général, ou à la volonté de tous; subordination qui, dans la pratique, se présente sous la forme d'une obéissance absolue de tous les membres aux directeurs, anciens, ou chefs de la société. Mais, comme ces chefs ne prennent aucune mesure importante sans le consentement unanime des associés, comme la politique communiste a pour principe de demander à chacun le travail auquel il est le plus apte et de contenter tout le monde autant que possible, comme enfin le communiste mène une vie facile et bien moins pénible que celle de l'individualiste, il en résulte qu'une fois admis le principe de l'obéissance, très peu de difficultés se présentent dans son application.

Le système politique des icariens paraît à M. Nordhoff le plus mauvais ou au moins le plus imparfait; ceux des shakers, des rappistes et des communistes d'Amana lui semblent au contraire les meilleurs.

Le gouvernement icarien est une démocratie pure. L'autorité du président y est, comme nous l'avons vu, absolument nulle, et c'est, aux yeux de l'auteur, la condamnation formelle du système.

Chez les communistes d'Amana, comme chez les shakers, les directeurs, choisis par la plus haute autorité spirituelle de la commune, sont rarement changés et jouissent d'un pouvoir presque absolu; pouvoir limité toutefois par les règles générales de la société, qui leur interdisent par exemple de contracter aucune dette ou de se lancer dans des entreprises hasardeuses.

Les démocraties d'Oneida et de Wallingford sont tenues en bride par l'influence conservatrice prépondérante de leur chef, M. Noyes; il reste à voir ce qu'elles deviendront après sa mort. Mais elles diffèrent du système icarien en ce qu'elles laissent une grande autorité au pouvoir exécutif. Du reste, les membres de ces deux sociétés perfectionnistes n'ont guère d'autre occupation que la surveillance des ouvriers à gages qu'ils emploient, et Oneida est en réalité plutôt une vaste et prospère corporation industrielle qu'une commune dans le sens ordinaire du mot.

A Economy, les chefs ont toujours été nommés par l'autorité spirituelle et à vie; la population s'occupe assez peu de la direction des affaires. On peut en dire autant en fait des communes de Zoar et de Bethel. Quant à celle d'Aurora, elle est encore gouvernée par son fondateur.

A côté de l'idée religieuse unissant les membres d'une même commune, il faut mentionner le principe, à leurs yeux non moins important, de l'égalité absolue qui doit régner entre eux. Le chef n'est que le premier serviteur de la communauté; il n'est ni mieux logé ni mieux nourri que les autres membres. Si dans quelques cas il occupe une maison plus vaste, c'est qu'elle sert à la réception des visiteurs étrangers ou à certains usages généraux. Chez les shakers, l'évêque même de la société n'a pas de chambre à lui et doit travailler à quelque ouvrage manuel en dehors de ses fonctions religieuses.

Dans une commune, nul membre ne joue le rôle de domestique; ceux dont on a besoin sont pris à gages parmi les gens du « monde ». Quand les shakers du Kentucky s'organisèrent, non seulement ils affranchirent leurs esclaves, mais ceux de ces derniers qui voulurent se faire shakers furent établis en commune indépendante par leurs anciens maîtres. Ils « cessèrent d'être leurs serviteurs pour devenir leurs frères dans le Seigneur ». Cette égalité, cette indépendance sont vivement appréciées par quiconque a senti le fardeau du servage, même du plus haut et du mieux rétribué; et bien des gens sacrifient volontiers quelque chose pour s'assurer ces avantages.

En outre, la sécurité que donne le système communiste à ses adeptes, certains d'être à l'abri de la misère, d'avoir le nécessaire assuré pour leurs vieux jours, exerce sans nul doute une puissante attraction sur beaucoup d'individus à qui la lutte de la vie semble difficile et hasardeuse. Enfin, l'ordre et la régularité de l'existence du communiste ont pour certains esprits un charme singulier. Le calme du sabbat semble régner éternellement dans ces villages, où l'inquiétude et l'agitation sont choses inconnues. La vie du prolétaire ainsi méthodiquement réglée, rehaussée par une propreté minutieuse, acquiert une sorte de dignité qui lui manque trop souvent dans les circonstances ordinaires.

Le caractère des chefs, dans une commune, a la plus grande influence sur le développement de la société qu'ils gouvernent, sur les habitudes journalières et même sur les opinions de ses membres. Mais l'origine, la nationalité et la condition sociale antérieure du communiste sont naturellement des facteurs plus importants encore. Ainsi les communistes allemands des États-Unis qui, pour la plupart, étaient des paysans dans leur pays, conservent leur genre de vie spécial, souvent singulier et quelquefois répugnant pour des Américains. S'ils mangent plus que dans leur ancienne patrie, leur nourriture est la même et servie de la même vulgaire façon. A Icaria, on voit des sabots à la mode de France devant la porte des maisons, et l'eau est apportée sur la table dans des brocs d'étain, suivant la coutume du pays d'origine.

Parmi les sociétés américaines aussi se remarquent de

grandes différences. L'influence du climat suffit à elle seule pour les faire naître, et les shakers du Kentucky, du Maine ou du New-Hampshire diffèrent autant les uns des autres que les populations de ces trois États, tant au point de vue intellectuel que par leur genre de vie, bien qu'à première vue tous paraissent se ressembler entièrement.

Les perfectionnistes sont essentiellement manufacturiers; l'agriculture n'est pour eux qu'une branche de commerce secondaire. Toutes les autres sociétés font au contraire de l'agriculture la base de leur industrie, et la plupart produisent peu d'articles manufacturés, quoique toutes en fabriquent quelques-uns; car leur principe général est de faire eux-mêmes, autant que possible, tout ce qui leur est nécessaire. Limiter les dépenses et accroître les revenus, c'est le chemin le plus sûr pour arriver à la fortune, comme ils n'ont pas tardé à le reconnaître.

Tous ces communistes sont très ingénieux à découvrir les industries lucratives. Dans tout ce qu'ils entreprennent ils ont le bon sens de s'attacher à ne donner que de bons produits, et s'assurent une clientèle par une probité rigoureuse. Ainsi les semences horticoles des shakers sont, depuis trois quarts de siècle, considérées comme les meilleures d'un bout à l'autre des États-Unis; les perfectionnistes d'Oneida ont établi la réputation de leurs fils de soie en n'employant que de bonnes matières premières et ne trompant jamais sur le poids. Les étoffes de laine d'Amana sont très recherchées, parce qu'elles sont bien et honnêtement fabriquées. En général, les communistes ont une renommée de loyauté commerciale qui doit leur être très profitable.

Les moulins, les scieries, les ateliers pour la fabrication et la réparation des instruments agricoles, les filatures de laine, sont leurs principales industries. Il faut y ajouter la fabrication des balais, des paniers, des chaises, les conserves de fruits, la récolte des plantes médicinales, etc. Les shakers paraissent plus habiles que les autres à imaginer des industries nouvelles, et leurs membres font preuve en général de beaucoup d'aptitude pour les arts mécaniques.

Toutes les communes fabriquent leurs habits, leurs souliers, souvent leurs chapeaux; elles ont leurs charpentiers, leurs forgerons, peintres, tonneliers, et passent pour élever d'excellent bétail. La proximité d'une commune est très appréciée par les fermiers à plusieurs milles à la ronde, et souvent le prix des terrains qui les avoisinent s'en trouve considérablement élevé.

Presque tous les communistes sont des fermiers accomplis. Leurs granges, étables et autres bâtiments d'exploitation sont des modèles. Ils labourent dans la perfection, et leurs vergers sont admirablement fournis. Leurs maisons, beaucoup plus confortables que celles de leurs voisins, sont toujours d'une propreté exquise. La vie des femmes communistes est surtout bien moins pénible que celle de leurs voisines d'une condition sociale analogue. La raison en est que, dans la commune, les hommes sont plus réguliers dans leurs habitudes, ne perdent pas leur temps au cabaret ni ailleurs, et qu'une foule d'occupations qu'ils laissent aux femmes dans les fermes ordinaires : casser et emmagasiner le bois, tirer de l'eau, etc., rentrent ici dans la série des travaux d'utilité générale, méthodiquement conçus et exécutés.

Dans la plupart de ces sociétés la comptabilité administrative se réduit à fort peu de chose. N'ayant pas de dettes, vendant et achetant tout au comptant, les communistes n'ont guère besoin de tenir des livres. Le plus souvent il n'y a même pas de rapport annuel ou autre fait aux membres sur les affaires de la commune; et ce système, qui semble au premier abord des plus dangereux et contraire à tous les principes commerciaux, donne dans la pratique de bons résultats. A Oneida seulement, les choses se passent d'une façon commercialement plus régulière, comme il a été dit plus haut.

Un point important encore dans l'économie politique de la commune, c'est qu'elle achète en gros tout ce dont elle a besoin. Ceci même fait crier contre les communistes une foule de leurs voisins, car le détaillant et l'intermédiaire semblent se croire aujourd'hui des droits imprescriptibles. La simplicité de l'habillement des deux sexes est aussi pour eux une grande source d'économie non seulement d'argent, mais de temps et de soucis, particulièrement pour les femmes.

Les sociétés ont généralement des écoles aussi bonnes et même meilleures que la moyenne des écoles publiques du voisinage. Aucune, excepté celle d'Oneida et Wallingford, ne donne ce qu'on appelle une éducation libérale. Les shakers et les rappistes enseignent la notation musicale aux enfants, et toutes les communes, sauf naturellement Icaria, leur donnent une instruction religieuse très soignée. Mais toutes ont conservé la vieille et salutaire coutume d'apprendre, en dehors de l'instruction scolaire, un métier aux garçons, la couture et la cuisine aux filles.

III.

CARACTÈRE DE LA POPULATION. — EFFETS DE LA VIE COMMUNISTE.

Il faut remarquer d'abord que toutes les communes qui ont prospéré, sont composées de ce qu'on appelle habituellement « des gens du commun ». On chercherait en vain parmi eux des hommes ou des femmes d'une éducation raffinée ou d'une haute culture intellectuelle. Pas d'enthousiastes, tous « utilitariens », quelques-uns même n'aiment pas les fleurs ou condamnent la musique instrumentale. Ils bâtissent solidement, souvent en pierre, mais sans aucun souci de l'effet architectural.

L'art leur est inconnu. Ils n'apprécient pas, méprisent même ce qui n'est que beau et gracieux. De même pour les distractions; peu de communes ont une bibliothèque publique et celles qu'on rencontre sont très restreintes, sauf à Oneida, où elle est abondamment pourvue de journaux et de livres nouveaux. Les perfectionnistes encouragent aussi les concerts et les représentations théâtrales. Chez les autres, les réunions religieuses constituent presque l'unique distraction.

Les communistes ne travaillent pas d'une façon exagérée. Quoiqu'ils se lèvent de bonne heure, avec le soleil, souvent même avant lui, et qu'ils emploient bien leur temps, ils ne se surmènent pas et sont les premiers à déclarer que les travailleurs à gages qu'ils emploient font bien plus d'ouvrage qu'eux. « Nous voulons faire du travail non une peine, mais un plaisir », disent-ils. Leurs ateliers sont confortablement installés, chauffés et ventilés.

Ils sont tous très propres. Même dans les communes allemandes la propreté saute aux yeux. Celle des shakers est proverbiale. Quelquefois seulement la propreté des Allemands est limitée à l'intérieur de leurs maisons et ils ne se préoccupent guère de celle des rues.

Les communistes sont honnêtes. Ils aiment l'ouvrage bon et bien fait et sont fiers de la réputation de loyauté et de probité dont ils jouissent auprès de tous leurs voisins.

Ils sont humains et charitables. Les ouvriers ou journaliers qu'ils emploient se louent hautement de leur condition. Les animaux domestiques aussi sont toujours mieux logés et mieux soignés par les communistes que par les fermiers des environs.

Les communistes ne négligent rien de ce qui peut rendre la vie aisée et confortable. Leurs maisons sont remplies de dispositifs ingénieux pour assurer la ventilation, empêcher les courants d'air, etc.

Ils vivent bien, ont une nourriture abondante et une bonne cuisine. Leur pain et leur beurre sont partout excellents, et leur régime est beaucoup plus sain que celui de la moyenne des fermiers voisins.

En général, ils se portent bien, quoique dans quelques communes ils aient l'habitude de se droguer eux-mêmes pour des maladies imaginaires. Les shakers seuls ont des hôpitaux; encore le plus souvent sont-ils vides.

M. Nordhoff dit être convaincu que, chez les communistes, la durée moyenne de la vie est plus longue que dans le reste de la population. La régularité de leur existence, exempte de soucis et dont une grande partie se passe en plein air, leur sobriété, les soins dont ils sont entourés en cas de maladie et dans leur vieillesse, sont autant de causes qui expliquent parfaitement ce résultat. De plus, parmi les communistes américains, la santé et la longévité sont l'objet d'une étude spéciale, et ce qu'on appelle le bulletin sanitaire y est lu avec un vif intérêt. On y trouve la preuve que l'âge de quatre-vingts ans n'est pas rare chez les communistes, et dans toutes les sociétés, sauf peut-être à Icaria, l'auteur dit avoir vu des nonagénaires encore actifs et bien portants.

L'ivresse est inconnue chez les communistes, même chez les Allemands qui pourtant boivent tous du vin et de la bière en grande quantité. Les Américains ne boivent ni l'un ni l'autre; sauf dans quelques communes, où, à certaines époques, pendant la moisson, etc., des rations de bière ou de vin sont distribuées.

C'est un principe invariable dans toutes les communes d'éviter les dettes et les spéculations hasardeuses. Ils se contentent de petits profits et cherchent moins à les accroître qu'à réduire leurs dépenses. Les individus, ne possédant rien en propre, n'ont aucune hâte de s'enrichir ; et nulle commune ne considère l'acquisition de la richesse comme le but principal de l'existence. Elles font bien plus grand cas de l'indépendance et du confortable. Le capital disponible est consacré à acheter des terres, ou placé dans les meilleures conditions de sécurité possibles.

Dans les communes où la famille est maintenue, la prospérité générale fait qu'on se marie jeune. Cependant à Amana le mariage n'est permis aux jeunes gens qu'à partir de vingt-quatre ans.

Dans les sociétés qui ont adopté le célibat, une foule de précautions matérielles et autres sont prises pour empêcher le rapprochement des sexes : les hommes et les femmes ont partout leur porte et leur escalier spécial dans la maison commune; les ateliers sont différents, etc.

Les communistes qui pratiquent le célibat ne le présentent pas comme une observance facile à suivre, mais comme un sacrifice qu'ils s'imposent pour des motifs religieux. Les cas de transgression sont rares et rigoureusement punis par l'expulsion des coupables.

Ils prétendent que le célibat est favorable à la santé et en donnent pour preuve la longévité dont ils jouissent en général. Il paraît pourtant que les femmes en souffrent quelquefois, surtout à l'époque de l'âge critique.

D'un autre côté, M. Nordhoff déclare n'avoir constaté aucun cas de folie ou d'idiotisme qu'on pût attribuer à la pratique du célibat. Mais les communes qui l'observent ne gardent que bien peu des jeunes gens qu'elles adoptent comme enfants pour les élever.

A première vue la vie communiste semble devoir être affreusement triste et monotone. C'est une erreur, et l'on est grandement surpris de trouver presque tous de bonne humeur et joyeux à leur façon tranquille ceux qui mènent cette vie communiste. Leur existence est en réalité bien plus variée et plus intéressante que celle des fermiers qui vivent isolés avec leurs familles dans tant de parties des États-Unis.

La commune est en somme un village, ou plutôt un quartier de ville. Les occupations du communiste sont variées et la vie champêtre offre, à ceux qui l'aiment, une foule de distractions salutaires. La preuve en est que les fermiers, appelés pour leurs affaires dans une commune, se font une fête d'y passer quelques jours avec leurs familles, parlent avec plaisir de la vie communiste de certaines sociétés, et la déclarent d'ordinaire admirablement organisée au point de vue de la variété et des distractions.

Plusieurs sociétés ont imaginé des moyens ingénieux pour assurer le maintien du bon accord entre leurs membres, et l'élimination sans violence de ceux d'entre eux qui sont impropres à la vie commune. Ainsi les shakers ont recours pour cela à ce qu'ils appellent : « La confession des péchés aux anciens »; ceux d'Amana font annuellement un « examen » ou enquête sur les péchés et la condition spirituelle de chacun; les perfectionnistes emploient ce qu'ils ont très bien nommé la « critique », la méthode peut-être la plus efficace de toutes.

Tous ces procédés ont l'avantage de contribuer à l'apaisement des petites querelles intestines et d'empêcher les inimitiés et les rancunes. En même temps, ces pratiques sont insupportables à ceux dont le caractère ne peut se prêter à la vie commune et qui se trouvent ainsi contraints de quitter la société.

Quand on veut porter un jugement sur la vie communiste, on commet trop souvent la faute de la comparer à celle des habitants riches ou aisés des grandes villes. Même examinée à ce point de vue, dit M. Nordhoff, elle a bien son charme, ne fût-ce que par la sérénité d'esprit qu'elle assure et les mille soucis mesquins dont elle débarrasse ceux qui l'observent. Mais, pour bien juger la vie du communiste, c'est à celle de l'ouvrier des villes ou du cultivateur de la campagne qu'on la doit comparer, et la comparaison lui devient alors, assure M. Nordhoff, presque de tout point favorable.

La vie communiste donne à l'individu une plus grande variété d'occupations, et, par là, augmente sa dextérité, élargit ses facultés ; elle lui offre des joies plus saines, lui donne l'indépendance et le moralise en lui apprenant l'abnégation, le corrigeant de l'égoïsme et de l'avarice. Elle le délivre d'une foule de soucis, de l'obligation d'un travail pénible ou au-dessus de ses forces, de la crainte du malheur ou de l'abandon dans sa vieillesse.

Sans ces compensations, nulle commune ne pourrait exister; car, malgré la pensée religieuse, qui sert de base à la plupart d'entre elles, on peut dire que toutes doivent leur origine à un profond sentiment de mécontentement contre la société, telle qu'elle est constituée, et qu'elles ne durent que si elles donnent satisfaction aux aspirations de leurs membres vers un sort meilleur.

Il faut que le malheur, l'oppression et l'injustice aient fait préalablement naître en ceux-ci un ardent besoin d'une amélioration quelconque. C'est pour cela que les paysans allemands font de si bons communistes, et que tant d'entreprises de ce genre faites par des personnes riches et instruites ont au contraire échoué, malgré toute la bonne volonté de leurs auteurs.

Je crois, conclut M. Nordhoff, qu'il faut, pour assurer le succès d'une commune, outre la similitude de foi religieuse de ses membres, un sentiment de répulsion profonde, de leur part, pour l'existence qu'ils menaient auparavant.

Le communisme n'est, en somme, d'après notre auteur américain, qu'une révolte contre la société. Mais, suivant qu'il croit ou ne croit pas en Dieu, suivant qu'il trouve espoir et consolation dans la doctrine sociale que Jésus a prêchée, ou, qu'au contraire, la tyrannie et le cléricalisme ont sapé sa foi et dépravé son sens moral, le communiste saisit la charrue et se construit une église comme dans la République américaine, ou bien il brandit la hache et la torche incendiaire comme après l'Empire français, poussé par une haine aveugle contre ses oppresseurs et le système social dont il a souffert.

IV.

CONDITIONS AUXQUELLES EST POSSIBLE LA VIE COMMUNISTE, ET RÉSULTATS QU'ELLE PEUT DONNER.

Ici nous laisserons la parole à l'auteur pour répondre aux trois questions qu'il se pose à la fin de son travail, en résumant l'impression que lui laisse sa longue série d'études sur le communisme :

1° A quelles conditions une société homogène et bien choisie d'individus des deux sexes pourrait-elle se constituer en commune?

2° Ce faisant, rendraient-ils leur existence meilleure?

3° Les sociétés qui existent aujourd'hui ont-elles porté la vie communiste à son plus haut point de perfection, ou bien une existence intellectuellement plus élevée est-elle compatible avec les nécessités matérielles qui s'imposent au communiste?

Je doute fort, dit M. Nordhoff, en réponse à la première question, que les individus dans l'aisance ou adonnés à des occupations intellectuelles puissent parvenir à se constituer en commune.

Les membres d'une société communiste doivent s'attendre à travailler dur au commencement, et pour réussir il leur faut conserver les habitudes frugales et matinales, la patience industrieuse et le goût du travail manuel, partage de ce que nous appelons « la classe laborieuse ». On ne peut pas jouer au communisme. Ce n'est pas un travail d'amateur. Il comporte une patience, une soumission, un sacrifice de soi-même souvent pénibles; il exige qu'on ait foi dans un chef, qu'on aime la vie simple et active.

Il y a des mécontents dans toutes les communes; on les supporte si on ne peut les corriger : « *Supportez-vous les uns les autres* », telle est la devise qu'on pourrait inscrire à l'entrée de chaque village communiste.

Une des choses les plus précieuses à laquelle le communiste doit renoncer, c'est la solitude. L'homme dont le plus impérieux besoin est d'être quelquefois seul peut se dispenser d'essayer du communisme. Car, dans une commune bien ordonnée, il est presque impossible de se procurer cette satisfaction. Vous faites partie d'une grande famille dont tous les intérêts sont communs, et dont tous les membres doivent nécessairement vivre de la même vie.

A Oneida, quand un homme sort de la maison commune, il plante une cheville dans une planche pour indiquer à son petit monde la place où on peut le trouver. On sait que cet usage existe également chez les jésuites. Dans une « famille » de shakers, l'ancien doit savoir où se trouve chacun à toute heure de la journée. Ainsi Moïse, traversant le désert avec la grande commune qu'il conduisait, ne pouvait, sans faire crier les Israélites, se permettre de chercher la solitude sur la montagne. Il faut dans une commune l'égalité absolue; on n'y peut tolérer de privilèges, quels qu'ils soient. Heureusement, pour la plupart des hommes, la compagnie de leurs semblables est plus nécessaire que la solitude.

Supposons une société de cinquante ou même vingt-cinq familles, bien connues l'une à l'autre et unies par une même forme de croyance religieuse, composées de cultivateurs ou d'ouvriers, désirant vivement améliorer leur situation sociale, et mener une vie plus indépendante et plus agréable que celle où peut prétendre la majorité des campagnards et des artisans. Qu'une telle société trouve un chef assez sage et assez dévoué, dans lequel tous aient une confiance absolue; je crois qu'elle peut essayer de la vie commune avec de grandes chances de succès. Que ses membres persistent seulement une dizaine d'années, ils amélioreront très notablement leur condition matérielle; et, ce qui est plus important encore, la vie qu'ils mèneront influera d'une manière très heureuse sur leur caractère et celui de leurs enfants.

Une telle société aurait tort, je crois, d'adopter le « domicile unitaire ». Elle devrait être assez nombreuse pour former un village, et débuter avec des ressources qui lui permissent d'acquérir une étendue de terre considérable, suffisante pour la nourrir, elle et le bétail nécessaire à son usage. Il faudrait que le village fût établi au centre de ce territoire.

Les communistes devraient adopter un modèle uniforme et simple pour leurs maisons et leur costume, placer *tous* les pouvoirs dans les mains de leur chef et lui promettre solennellement confiance et obéissance absolues; spécifiant seulement qu'il ne pourrait ni contracter de dettes, ni rien entreprendre sans le consentement unanime des associés auxquels il devrait à tout moment faire part de ses intentions et de ses actes. Il faudrait enfin que les associés s'attendissent à vivre économiquement, *très* économiquement peut-être, et en tout cas, sans dépasser leurs revenus.

Ils auraient naturellement à fixer leurs heures de travail et de repas. Mais pour peu qu'ils eussent l'énergie qui seule peut donner le succès, tous ces détails seraient faciles à régler; car dans une communauté les hommes sont plutôt portés à trop travailler qu'à rester oisifs. Le paresseux, la plaie des communistes théoriciens, ne se rencontre nulle part dans les communes existantes.

Dans une commune, qui n'est après tout qu'une grande famille, je considère comme une sérieuse garantie de succès l'égalité des droits, à tous les points de vue, entre les hommes et les femmes. Il conviendrait d'appeler celles-ci à toutes les discussions d'affaires, et que leur consentement fût aussi nécessaire que celui des hommes, dans toutes les décisions à prendre par la société. Cela leur cause une certaine satisfaction d'esprit, élargit leurs idées, les fait se dévouer avec plus de plaisir. De plus, les femmes ont un esprit conservateur, très précieux dans une société communiste, comme dans une famille; et leur influence tend toujours à élever le niveau de la vie commune.

Il ne peut y avoir de domestiques dans une commune; mais celle-ci peut et doit se donner une installation qui permette de s'en passer. Ainsi une buanderie, une boucherie, une grange et une laiterie générales sont autant d'établissements que presque toutes les communes possèdent et qu'on rencontre bien rarement dans les villages ordinaires.

Une église et une maison d'école doivent être les premiers bâtiments à construire, et, en les plaçant dans une situation centrale, on peut s'en servir pour les réunions du soir, indispensables à la vie communiste. Car une commune n'est qu'une grande famille, dont les membres doivent se voir le plus souvent possible.

Il faut donc que chacune ait une salle de réunion bien disposée et facilement accessible, où des livres, des journaux, de la musique et quelques innocentes distractions attirent les hommes, les femmes et les enfants, deux ou trois fois par semaine. Ces réunions sont aisément réalisables dans une commune, où la simplicité de l'existence, l'habitude de se lever matin, l'ordre et la régularité rendent le travail léger, et laissent du temps et des forces disponibles pour se distraire.

Enfin il faut ménager aux mécontents, qu'on doit s'attendre à rencontrer dans toute société humaine, le moyen de manifester leurs plaintes. Rien ne semble mieux imaginé pour cela que la « critique » des perfectionnistes, dans laquelle chacun est obligé d'écouter en silence l'opinion de tous les autres sur son compte. Qui ne peut se soumettre à cette épreuve n'est pas apte à la vie communiste et ne doit pas s'y engager. Mais cette « critique », employée avec la discrétion convenable, serait un excellent moyen de discipline dans beaucoup de familles, et ferait cesser dans une foule de cas les reproches et les murmures.

L'éducation des enfants est aussi d'une importance capitale dans une commune, et le maître d'école doit y avoir une grande autorité. Il est bon d'apprendre, même aux plus petits, quelque travail manuel, et de mettre à profit le désir que montrent généralement les enfants d'être utilisés de bonne heure à quelque chose.

Maintenant, il faut répondre à la seconde question : Que peuvent espérer gagner les membres d'une commune ainsi organisée?

Pécuniairement ils commenceront de suite par se créer une épargne, et à la longue ils ne peuvent manquer de s'enrichir. Une commune ne paie pas ses membres, qui ne travaillent que pour « la table et les habits », comme on dit d'ordinaire, et tout cela est fabriqué économiquement ou acheté en gros. Pas une heure de perdue, pas de « lundis » ou autres jours d'oisiveté; l'emploi de tous les instants est réglé méthodiquement pour tous les temps et dans toutes les saisons. Les communistes ne sont pas dérangés par la nécessité de « se rendre à la ville », car ils trouvent autour d'eux tout ce dont ils ont besoin.

La commune abolit tous les intermédiaires commerciaux, et bénéficie de ce que ceux-ci gagnent partout ailleurs. L'absence des cabarets, la simplicité de la vie exempte de soucis, ont pour conséquence la bonne santé et la suppression des frais de médecins. L'uniformité constante de la mode épargne aux femmes et du temps et des peines. Enfin tout se fait bien et à propos dans la vie communiste, d'où une grande économie de temps et d'argent.

Quand on réfléchit à tout cela, on cesse de s'étonner que les communistes s'enrichissent sans travailler pourtant d'une façon exagérée.

L'excellence des cultures que les communes peuvent réaliser, par suite de leur organisation même, n'est pas non plus un mince avantage; et leur réputation de loyauté commerciale leur vaut largement 10 pour 100 de prime sur leurs concurrents.

Au point de vue moral, le bénéfice n'est pas moins évident. L'opinion publique, dont le contrôle est tout-puissant dans une société aussi intimement unie, réprime immédiatement les tendances mauvaises des individus. L'éducation des enfants est assurée. Puis la vie communiste a, comme nous l'avons dit plus haut, une heureuse influence sur le caractère des membres de la société. La diversité des occupations élargit leurs facultés, et développe en eux, à un degré surprenant, la dextérité mécanique et l'aptitude aux affaires. La nécessité de vivre constamment en étroites relations avec ses semblables, de respecter leurs préjugés et leurs faiblesses, donne au communiste quelque peu des qualités de l'homme du monde. Il apprend à se contraindre, il devient tolérant, libéral, aimable en un mot. La propreté même, si remarquable, de *tous* les communistes, provient certainement en grande partie de ce que la saleté et la négligence seraient intolérables dans une famille si nombreuse, où il est absolument nécessaire que l'existence soit méthodique et réglée.

Pour répondre à la troisième question, enfin, je dirai que les communes visitées par moi ne me paraissent pas avoir tiré de la vie communiste le meilleur parti possible. Il règne dans la plupart un esprit ascétique qui condamne l'amour du beau comme une tendance coupable; et dans beaucoup aussi, par l'effet de vieilles habitudes et d'un esprit conservateur qui redoute le changement, les anciens errements sont maintenus avec une rigidité fâcheuse.

A ses débuts, une commune est obligée de vivre avec une grande économie, et de se refuser bien des choses, même utiles et désirables. C'est un avantage qu'il en soit ainsi, comme c'en est un pour un jeune ménage d'être obligé de faire, en entrant dans la vie, l'apprentissage de la frugalité, de l'abnégation qui trempe le caractère.

Mais je ne vois pas pourquoi une commune prospère n'aurait pas les meilleurs livres, les plus éloquents conférenciers, pourquoi elle se priverait d'entendre de bonne musique ; pourquoi enfin elle ne consacrerait pas une partie de ses revenus à l'établissement de promenades d'agrément, et surtout à l'architecture, le plus élevé des arts manuels. C'est ce que ne font pas celles que j'ai visitées, et c'est, je crois, la principale raison de la décroissance générale du nombre de leurs membres.

Les jeunes gens quittent la commune comme ils fuient la campagne pour la ville, parce que la vie communiste n'a pas su s'élever au-dessus du niveau de celle du campagnard, telle que la menaient jadis les premiers membres de l'association. Or, à la commune établie et prospère, bien des choses sont possibles qui ne le sont pas au cultivateur isolé, et la pratique des arts libéraux ne nuirait en aucune façon au succès d'une société communiste.

A un autre point de vue encore, ces sociétés ne rendent pas tous les services qu'on pourrait attendre d'elles. Ainsi elles se trouvent dans d'excellentes conditions pour faire des observations météorologiques et climatologiques qui pourraient être fort utiles. Ce serait là pour leurs membres une occupation aussi intéressante qu'instructive. Pourtant nulle part, sauf à Oneida, les communistes ne s'occupent sérieusement de l'étude des phénomènes naturels.

Je me permettrai aussi de critiquer l'isolement dans lequel vivent les sociétés communistes. Il y aurait tout avantage pour elles à entretenir ensemble des communications fréquentes, à échanger leurs idées et les résultats de leurs expériences. Or, non seulement les différentes sectes se tiennent soigneusement à l'écart l'une de l'autre, mais les nombreux établissements des shakers n'ont aucune relation entre eux.

Enfin, je le répète, on ne peut pas jouer au communisme, c'est une chose sérieuse qui demande de la persévérance, de la patience et une foule d'autres qualités viriles. Mais la vie communiste n'en est pas moins tellement préférable sous bien des rapports à celle des paysans ou des manœuvres, même dans un pays riche, surtout à celle de l'ouvrier de nos grandes villes, que je souhaite sincèrement de la voir se développer de plus en plus aux États-Unis.

Je ne crois guère toutefois à l'accroissement rapide de ces sociétés dans ce pays, pas plus que dans un autre, à cause de la difficulté des débuts de toute société nouvelle. Il est pour moi cependant hors de doute qu'une association d'individus des deux sexes peut, si elle le *veut*, vivre heureuse et prospère sous le régime communiste, et nous avons le droit de compter le communisme au nombre des moyens qui s'offrent au prolétaire de changer sa condition, au salarié mécontent de son sort de l'améliorer s'il le désire. C'est une soupape de sûreté de plus à la machine sociale, et cette considération seule suffit à en démontrer l'importance. Elle en justifie l'étude, et la commande même impérieusement aux économistes et aux hommes d'État.

L'AQUICULTURE

Vers la fin de la dernière session législative, une proposition, due à l'initiative d'un grand nombre de sénateurs, a été déposée sur le bureau du Sénat. Cette proposition avait pour objet la mise à l'étude, par la Chambre haute, d'une question qui depuis bien longtemps préoccupe à juste titre l'opinion publique, la question du repeuplement de nos eaux. Le Sénat, s'associant aux idées exprimées par les auteurs de la proposition dans le rapport qu'ils lui soumirent, procéda sans retard à la nomination d'une commission d'enquête composée de dix-huit membres titulaires et de vingt-quatre membres adjoints. Un de nos savants les plus éminents et les plus estimés, l'honorable M. Robin, sénateur et membre de l'Institut, fut choisi pour présider la commission, et l'honorable M. Georges, sénateur des Vosges, avec M. Robin, un des promoteurs de la proposition, fut désigné pour remplir les fonctions de secrétaire.

Étant donnée la composition de la commission, l'autorité dont elle est investie, les mesures d'investigation qu'elle a décidées avant de se séparer, il est à présumer que cette question de la régénération de nos eaux va recevoir une solution favorable et conforme aux intérêts du pays.

Personne n'ignore combien nos eaux sont appauvries, nous dirons même épuisées. Dès 1850, cet état de stérilité était constaté. Depuis lors, c'est-à-dire durant une période de trente ans, le mal a fait de rapides progrès. Le domaine public des eaux douces tout entier a subi ses atteintes. Nos fleuves, nos rivières, nos lacs se sont dépeuplés graduellement; les ruisseaux eux-mêmes et les étangs n'ont pas échappé à cette ruine. Peut-on dire que nos côtes soient dans un état plus prospère? Pour le moment, oui, cela n'est pas douteux; mais les renseignements que nous sommes allé recueillir sur place ne nous laissent plus aucune illusion, hélas! sur le sort qui leur est réservé, à moins que de promptes mesures ne viennent mettre un terme à cet état de choses.

La pénurie du poisson se fait sans doute moins sentir pour le poisson de mer que pour le poisson d'eau douce. Nos marchés sont presque aussi bien pourvus du premier que par le passé; mais cela tient uniquement à ce que les engins de pêche sont plus ingénieux et plus puissants qu'autrefois; que le nombre de personnes employées à l'industrie de la pêche s'est notablement augmenté dans un grand nombre de quartiers maritimes, et qu'enfin les pêcheurs ont à leur disposition des bateaux meilleurs et plus forts, qui leur permettent d'aller capturer le poisson bien au delà du domaine maritime. Quant au domaine maritime proprement dit, c'est-à-dire la partie qui s'étend de la côte à une distance de 3 milles en mer, partie placée sous la surveillance de l'État, et sur laquelle nos nationaux seuls ont le droit de pratiquer la pêche, le domaine maritime donne des marques manifestes d'épuisement sur presque tous les points de notre littoral.

Avant d'indiquer à quelles causes il faut attribuer le dépeuplement de nos eaux fluviales et maritimes, de rechercher les mesures qu'il faudrait employer pour remédier à une situation si préjudiciable à nos intérêts, il convient, pour l'intelligence de cette étude, d'établir quelques divisions nécessaires.

L'aquiculture comprend deux branches distinctes : la pisciculture fluviale et la pisciculture maritime, dans laquelle nous ferons rentrer l'ostréiculture, la mytiliculture, etc. Occupons-nous d'abord de la première de ces branches.

La pisciculture fluviale, telle qu'on la comprend aujourd'hui, a pour but l'empoissonnement des cours d'eau à l'aide de procédés artificiels. La fécondation artificielle des œufs en est la base.

Laissons de côté dom Pichon, moine de l'abbaye de Réome, qui vivait au XIVe siècle, et auquel on attribue la découverte de la fécondation artificielle des œufs de poisson, ainsi que

Jacoby, que M. Coste regarde comme le véritable auteur de cette découverte, et contentons-nous de signaler en passant les deux pêcheurs vosgiens, Géhin et Rémy, qui en ont fait revivre la tradition à la suite de laborieuses et patientes observations. Reportons-nous immédiatement à l'époque où la France, prenant l'initiative, donnait à la pisciculture une impulsion dont tous les États de l'Europe ont ressenti les heureux effets.

En 1850, M. Milne-Edwards fut chargé par le ministre de l'agriculture et du commerce de rédiger un rapport sur la découverte de MM. Géhin et Rémy, et sur les avantages qu'il y aurait à l'appliquer au repeuplement des cours d'eaux. M. Milne-Edwards présenta au ministre, dans un excellent travail, des conclusions qui ne pouvaient plus laisser subsister aucun doute sur la valeur des révélations des deux pêcheurs des Vosges. M. Dumas, l'éminent secrétaire perpétuel de l'Académie des sciences, alors ministre de l'agriculture et du commerce, nomma, à la suite de ce rapport, une commission dont MM. Coste, de Francqueville, etc., faisaient partie avec M. Milne-Edwards, et la chargea d'aviser aux moyens de multiplier le poisson dans les rivières, lacs et étangs du pays. MM. Coste et Milne-Edwards publièrent simultanément deux rapports aboutissant aux mêmes conclusions, à savoir, que l'application de la fécondation artificielle assurerait la régénération de nos eaux, et qu'il fallait considérer les opérations d'empoissonnement comme des travaux d'utilité publique que l'État devait prendre à sa charge.

Ce fut sous les auspices de ces savants que se produisit l'idée d'une science économique qui laissait entrevoir pour l'avenir les plus brillantes espérances.

A dater de cette époque, M. Coste, professeur d'embryogénie comparée au Collège de France, fut chargé de la direction de la pisciculture. Il se livra dans son laboratoire à des recherches du plus haut intérêt sur la reproduction des poissons, recherches qui lui permirent de préciser les lois de la fécondation et de lui assigner des règles sûres et pratiques. Mais bientôt le petit laboratoire du Collège de France, berceau de la pisciculture, devint insuffisant. D'ailleurs, après les expériences si concluantes de M. Coste, le moment était venu d'entreprendre résolument l'œuvre qui consistait à restituer à nos cours d'eau leur première et normale fécondité. A cet effet l'établissement national de pisciculture d'Huningue fut créé. M. Coste, aidé des conseils de MM. Berthot, Detzem, Coumes, Asworth, présida à son organisation. Nous allons examiner le rôle de cet établissement et nous n'aurons pas de peine à démontrer qu'il ne pouvait remplir entièrement le programme que s'étaient proposé ses fondateurs. Huningue avait été fondé en vue de produire la quantité d'œufs ou d'alevins nécessaires au peuplement des rivières. A l'est de la France, sur les bords du Rhin et à proximité de la Suisse, il était, par sa situation même, en état de recueillir les belles espèces de cette région pour les propager ensuite dans les eaux de la France.

L'établissement d'Huningue a fonctionné durant un grand nombre d'années; il a embryonné et fait éclore des milliers d'œufs de salmonidés; par milliers aussi les alevins ont été répandus dans nos rivières; mais, contrairement à ce qu'on était en droit d'attendre, et à quelques rares exceptions près, les cours d'eau que l'on avait ainsi empoissonnés n'ont guère cessé de s'appauvrir; et l'on peut dire que les résultats obtenus n'ont pas été en rapport avec les sacrifices que l'État s'était imposés. Il serait injuste toutefois de rendre qui que ce soit responsable de cet insuccès. Tout le monde a rivalisé de zèle et d'activité. Mais à cette époque la science piscicole en était encore à ses débuts; les lois de l'acclimatation des espèces étaient à peine connues, et l'on avait cru qu'un seul établissement suffirait à tous les besoins et serait à même de fournir des alevins également susceptibles de vivre et de s'acclimater dans les eaux du nord, de l'ouest et du midi de la France, si différentes entre elles. Cela n'était pas possible, et, ainsi que nous le dirons plus loin, c'est seulement en disséminant un certain nombre de laboratoires sur tous les points de notre territoire qu'on aurait pu remplir la tâche qu'on s'était imposée.

Les opérations de l'établissement d'Huningue n'auraient pas dû porter exclusivement, comme cela eut lieu, sur les espèces appartenant à la famille des salmonidés; d'autres espèces, telles que la carpe, le meunier, la brême, le barbeau, etc., bien plus faciles à propager parce qu'elles sont communes dans nos eaux, n'auraient pas dû être négligées. Que l'on ait tenté de peupler les eaux froides et courantes, qui s'y prêtent parfaitement, de saumons, de truites, d'ombres-chevaliers et de feras, rien de mieux; ce sont des espèces estimées et recherchées par le consommateur; mais il ne fallait pas renoncer à la multiplication des autres espèces. Il est même probable qu'on eût ainsi évité bien des déceptions et épargné bien des sacrifices.

Comme établissement de pisciculture, Huningue ne laissait certes rien à désirer; l'organisation en était parfaite; tout s'y faisait avec méthode et régularité. Les appareils dont on fait usage dans les pratiques piscicoles y ont atteint le dernier degré de perfectionnement, et enfin il a servi de modèle à tous les établissements de même nature qui se sont ensuite fondés soit en France, soit à l'étranger. Aujourd'hui l'établissement d'Huningue ne nous appartient plus. Les malheurs de la guerre nous l'ont ravi. Mais il importe, à présent que le moment semble venu, et après la coûteuse expérience que nous avons faite, de ne pas retomber dans les mêmes erreurs et de ne garder de notre établissement national d'Huningue que les enseignements pratiques qu'il nous a légués.

Depuis 1870, l'État, absorbé par les graves événements de la guerre et obligé de consacrer toutes ses ressources à la libération du territoire, n'a rien tenté en faveur de la pisciculture. Néanmoins la question du repeuplement de nos eaux n'a pas été entièrement abandonnée. A diverses reprises, l'honorable M. de Tillancourt, se faisant l'interprète de vœux maintes fois exprimés par les conseils généraux, a appelé sur elle l'attention et la sollicitude du gouvernement. Une loi instituant l'enseignement de l'aquiculture dans les fermes-écoles a été votée par l'Assemblée nationale. Des établissements privés de pisciculture ont été créés dans la Creuse, dans le Puy-de-Dôme, en Franche-Comté, en Bourgogne et dans les environs de Paris.

Le ministère de l'instruction publique, sous le patronage duquel la pisciculture a réalisé tant de progrès, a confié différentes missions à l'effet de s'assurer de l'état de la pisciculture dans les pays voisins, des progrès accomplis et des résultats obtenus. Nous avons eu nous-même l'honneur, à la suite des missions qui nous ont été confiées, d'adresser à M. le ministre de l'instruction publique divers rapports qui ont été insérés au *Journal officiel,* et dans lesquels nous étions obligé, à notre grand regret, de constater que nous étions, en ce qui concerne la culture des eaux, vis-à-vis des autres nations, dans un état marqué d'infériorité. Mais tous ces efforts sont voués à la stérilité, si une organisation spéciale ne les rassemble et ne les dirige.

Si nous prenons maintenant comme terme de comparaison l'état de la pisciculture à l'étranger, les progrès réalisés, les résultats obtenus, grâce à l'intervention constante des gouvernements et aux sacrifices qu'ils ont su s'imposer, nous comprendrons mieux la nécessité de poursuivre pour notre propre compte les bénéfices d'études appliquées dont l'honneur de l'initiative revient tout entier à la France.

L'Angleterre a donné à la pisciculture une extension considérable. Entre les mains de cette nation, qui perfectionne et rend pratiques toutes les questions qui offrent un intérêt immédiat pour le pays, l'aquiculture a pris tout le développement qu'elle comporte. D'après les documents officiels qu'il nous a été permis de consulter, l'Angleterre tire de ses nombreuses pêcheries, entretenues en partie par les procédés artificiels, un revenu annuel d'environ 200 millions de francs. Le commerce du poisson atteint chaque année, chez elle, un chiffre considérable. Le saumon seul y est compris pour plus de 100 millions de francs. Il est vrai de dire que le gouvernement et les détenteurs des grandes propriétés foncières ne reculent devant aucune des mesures propres à augmenter de plus en plus les sources de cette production.

L'aquiculture forme, en Angleterre, trois services distincts se rattachant à une direction générale dépendant du même ministère que l'agriculture. Le premier a son siège à Londres, et est placé sous la direction de M. Buckland, un deuxième est organisé pour les pêcheries de l'Irlande, et un troisième pour celles de l'Écosse. Chaque année, les directeurs de ces services, qui remplissent en même temps les fonctions d'inspecteurs généraux, adressent au Parlement un rapport détaillé signalant les travaux accomplis sur les cours d'eau, les résultats obtenus, les produits de chaque pêcherie, la statistique générale. Le Parlement examine ces rapports et décide s'il y a lieu de donner suite aux propositions présentées.

A côté de ces services, une commission spéciale, désignée par la Chambre, est chargée de tout ce qui est relatif à la corruption des eaux. D'autres commissions sont également désignées par le Parlement pour étudier certaines questions spéciales.

Au musée South-Kensington, à Londres, une salle spéciale est réservée à l'ichthyologie et contient tout ce qui se rattache à la pêche et à la pisciculture. Enfin de nombreux laboratoires de fécondation et d'éclosion sont répandus dans tout le royaume.

En Suisse, comme en France, le dépeuplement des rivières et des lacs marchait rapidement. La pisciculture artificielle y a mis un terme, et aujourd'hui on repeuple au fur et à mesure qu'on détruit. De nombreux établissements de pisciculture ont été fondés par les cantons et par les particuliers. L'État accorde à ces derniers de grands privilèges; les lois sur la pêche les protègent et favorisent leurs tentatives. Les principaux de ces établissements sont à Neufchatel, Interlaken, Meilen (lac de Zurich), Berne, Ebnat-Kappel, Aigles, Fribourg, Glattfelden, sur le Rhin, etc.; ce dernier se livre principalement à l'élevage des anguilles. Une disposition très conservatrice, en vigueur dans la plupart des cantons, oblige les fermiers des pêches à livrer chaque année aux établissements régionaux une quantité déterminée d'œufs fécondés.

En Autriche, les premiers essais de pisciculture, tentés sur l'initiative de l'empereur François-Joseph, qui, pour donner l'exemple, fit organiser des laboratoires dans ses propriétés particulières, remontent à 1863. Le gouvernement régla les rapports existant entre les propriétaires des pêches et les industriels, en assurant par de sages mesures les intérêts de chacun; il modifia les lois sur la pêche et fit des règlements spéciaux pour la pisciculture; il encourageait en même temps l'organisation de sociétés piscicoles, auxquelles il accordait de généreuses subventions. Aujourd'hui presque toutes les provinces de l'Autriche possèdent une de ces sociétés et un laboratoire de pisciculture.

Ces différentes mesures ont donné les résultats les plus satisfaisants. La plupart des rivières, et en particulier certaines parties du Danube, d'épuisées qu'elles étaient, sont devenues très poissonneuses. La culture méthodique des étangs, pratiquée d'après les mêmes principes, est aujourd'hui devenue une forme de l'aquiculture, et rien que dans les propriétés des princes Schwartzenberg, 360,000 kilogrammes de poisson sont livrés chaque année à la consommation.

La Bavière, la Belgique, la Hollande, l'Espagne, le Portugal, la Norvège, la Russie et l'Allemagne sont courageusement entrées dans la même voie, et le succès couronne déjà leurs efforts.

Aux États-Unis, M. Seth-Green, qui a la direction générale de la pisciculture, a donné à cette science la plus vigoureuse impulsion. Grâce à ses efforts, vingt millions d'alevins ont été embryonnés en trois ans et répandus dans les différents États de l'Union. Le saumon et la truite sont cultivés partout; l'Hudson, le Connecticut et 646 lacs ou étangs de l'État de New-York sont actuellement repeuplés.

Le service administratif est aux États-Unis plus complet encore qu'en Angleterre. Chaque État de l'Union a une organisation particulière, à la tête de laquelle est placé un surintendant des pêcheries qui présente chaque année au Sénat un mémoire sur les opérations entreprises. Comme en Angleterre aussi, de nombreuses commissions, désignées par le Parlement, complètent le service régulier. En 1878, un commissaire spécial, M. Ferguson, était délégué à l'Exposition universelle de Paris pour y étudier nos procédés de pisciculture et d'ostréiculture.

Les laboratoires américains sont si largement installés qu'ils suffisent non seulement à tous les besoins du pays, mais encore qu'ils expédient dans d'autres contrées un énorme excédent de production.

Ce sont évidemment là des résultats dont il est impossible de contester l'importance. Il n'est pas inutile de faire remarquer que, dans tous les pays où l'aquiculture a pris de sérieux développements, ses intérêts sont confiés à un service spécial qui se rattache au même ministère que l'agriculture.

Ainsi que nous nous l'étions proposé au début de cet article, nous allons indiquer quelles sont les causes principales auxquelles il faut attribuer le dépeuplement de nos cours d'eau. Nous placerons en première ligne l'empoisonnement des poissons, soit par la coque du Levant, que l'on peut acheter librement et qui ne sert même guère à d'autre usage, soit par la chaux vive. Le mal causé par l'emploi de ces substances est incalculable, car il frappe tous les êtres animés sur une étendue qui atteint parfois plusieurs kilomètres. Les empoisonnements sont malheureusement très fréquents dans certaines parties de la France. Citons par exemple les départements de la Haute-Vienne, de la Creuse, de la Corrèze, du Cantal, dans lesquels la plupart des ruisseaux et des rivières ont été dépeuplés par ce procédé. Et comme si le poison ne suffisait pas pour précipiter la ruine de nos rivières, n'a-t-on pas récemment imaginé de se servir de la dynamite avec laquelle on détermine des explosions qui engourdissent ou tuent le poisson sur un rayon de plus de cent mètres! La pêche à la main peut aussi être considérée comme une cause de destruction, car elle n'est jamais pratiquée dans les limites où elle est permise. Elle offre un prétexte aux braconniers pour opérer le détournement ou l'épuisement des petits cours d'eau.

Au sujet du détournement des cours d'eau, nous sommes forcé de reconnaître que les meuniers et les industriels ne prennent pas, sous ce rapport, toutes les précautions désirables. Pendant l'été ils retiennent dans leurs écluses la totalité du cours d'eau qui fait fonctionner leurs établissements. Il en résulte que le frai déposé sur les rives par le poisson périt sous l'influence de la chaleur. Les agriculteurs n'échappent pas non plus à ce même reproche. A certaines époques de l'année ils détournent également les petits ruisseaux pour les besoins de l'irrigation, sans se préoccuper du poisson qui, se trouvant dans le lit du ruisseau, est tout à coup privé de son élément le plus indispensable. Les intérêts de l'agriculture priment assurément ceux de la pisciculture; mais on pourrait, ce nous semble, trouver des moyens susceptibles de concilier tous les intérêts. Les barrages, petits et grands, non pourvus d'échelles dites à saumon nuisent considérablement à la multiplication de certaines espèces, en ce qu'ils les empêchent de remonter vers les sources qu'elles recherchent pour y déposer leur progéniture. L'usage de ces échelles n'est pas en France assez généralisé, et, sans exception aucune, les barrages placés sur les cours d'eau non classés en sont privés, quand, à peu de frais, il serait si facile d'en établir. Le dommage que causent ces obstacles est peut-être plus grand encore dans les petits que dans les grands cours d'eau.

Citons encore les bateaux à vapeur qui déterminent sur leur parcours une agitation qui a pour effet de décoller les œufs attachés aux herbes du rivage; les travaux de dragage qui produisent des résultats analogues; les travaux exécutés en vue de la rectification des berges qui font disparaître les frayères naturelles; le rouissage du chanvre dans les cours d'eau qui dégage des principes dont l'action est funeste aux poissons; l'emploi de certains filets fixes et traînants; enfin la corruption des eaux par les usines et par les égouts. Cette dernière cause de dépeuplement sollicite l'attention de la commission d'une façon toute spéciale.

Ce n'est pas tout, il y a encore et surtout nos lois et règlements sur les pêches fluviales, qui sont d'une insuffisance notoire; ils ne permettent ni de prévenir ni de réprimer les délits. De l'avis de toutes les personnes qui, à un titre quelconque, se sont occupées de la culture des eaux, notre législation sous ce rapport est à refondre entièrement.

PISCICULTURE MARITIME (OSTRÉICULTURE, MYTILICULTURE).

La pisciculture maritime proprement dite se borne à l'élevage en lieux clos comme les lagunes et les étangs, de poissons sédentaires qui, comme l'anguille, la dorade, le mulet, la sole, le carlet, n'ont pas besoin d'aller au large pour grandir et préfèrent se cantonner sur le rivage ou même dans les étangs. La pisciculture maritime ne dispose pas des mêmes moyens que la pisciculture fluviale; les lois de la reproduction pour les espèces marines ont échappé à l'observation et aux recherches des savants. Il n'est donc pas possible de pratiquer, comme cela a lieu avec les poissons d'eau douce, la fécondation artificielle des œufs des poissons de mer. Mais, réduite à ces simples données, elle serait encore capable d'augmenter dans une large mesure le produit de la pêche côtière.

Depuis longtemps déjà, nous l'avons dit en commençant, on signale l'appauvrissement de nos côtes. Le poisson y devient de plus en plus rare. L'abrogation des règlements si sages de 1853 et leur remplacement par des règlements qui accordent la liberté presque absolue de la pêche n'est pas étrangère à ce résultat, auquel a également contribué l'emploi de puissants engins de pêche, tels que le chalut, dans l'Océan, qui drague les fonds et détruit les frayères; le filet bœuf, dans la Méditerranée, et l'usage fréquent des filets traînants. Aussi est-il incontestable qu'aujourd'hui le poisson est, dans le voisinage immédiat du rivage maritime, moins abondant qu'autrefois, et nous sommes devenus tributaires des pays étrangers. La pêche indigène est insuffisante pour satisfaire les exigences d'un marché qui va s'élargissant chaque jour parallèlement au réseau de nos chemins de fer.

Sur le littoral de l'Océan, la population des pêcheurs a trouvé une compensation dans l'industrie ostréicole. Cette industrie est prospère et tend à s'étendre chaque jour. Les marais salants ont été convertis en parcs à huîtres, le bassin d'Arcachon est devenu un centre important de production; les rivières d'Auray, de la Trinité, de Saint-Philibert, dans le Morbihan, les rivières de Bélon et de Pont-Aven, dans le Finistère, sont envahies par les ostréiculteurs et donnent des revenus inespérés. Toutefois, sur le littoral de la Manche, naguère si réputé pour la production des huîtres, l'industrie ostréicole est près de s'éteindre. Les bancs qui faisaient la fortune de ces stations sont appauvris et les pêcheurs d'huîtres ne trouvent plus dans leur industrie une rémunération en rappport avec leurs peines et leurs besoins. La concurrence des autres points plus favorisés du littoral en consommera prochainement la ruine.

L'épuisement ou même la disparition complète de ces gisements n'a rien d'anormal. On a vu à différentes reprises des bancs d'huîtres se perdre en quelques jours. D'un autre côté, la production de ces mollusques par les méthodes artificielles est telle en France que nous sommes désormais assurés de n'en plus manquer. Mais, ce dont il faut se préoccuper, c'est de procurer aux populations maritimes du littoral de la Manche une compensation à la perte probable de leur industrie séculaire, un aliment nouveau à leur activité. Si le poisson ne fait pas absolument défaut dans ces parages, on doit reconnaître qu'il y est moins commun que jadis; et, dans tous les cas, l'industrie de la pêche, telle qu'elle existe actuellement, ne pourrait occuper tous les bras qui deviendront disponibles, et ses produits seront toujours aléatoires.

Si nous passons maintenant de nos côtes de l'Océan à nos côtes de la Méditerranée, le spectacle est bien différent : là-bas, de Cherbourg à Bayonne, c'est la vie commerciale qui s'affirme, la prospérité qui commence, c'est le travail et l'avenir assurés; ici, ce sont des lagunes stériles et des plages désertes.

Les causes de la décadence de nos rivages du Midi sont nombreuses et diverses. Les alluvions des fleuves du golfe de Lyon, dont la masse totale dépasse 20 millions de mètres cubes par an, ont déterminé le déplacement du cordon littoral, la formation de lagunes, leur comblement progressif et leur transformation en marais devenus des foyers de fièvres dangereuses.

Le poisson, dont les frayères étaient sans cesse ensevelies sous la vase, a cherché un rivage moins mobile, et l'homme enfin a dû fuir ses bords empestés.

Aujourd'hui la situation générale s'améliore de jour en jour. On connaît la direction et les lieux de dépôts des alluvions, on a circonscrit les portions du rivage qu'il faut abandonner au phénomène géologique, et les ingénieurs luttent avec succès contre l'atterrissement des lagunes. Beaucoup de marais ont disparu sous l'action du temps; la main de l'homme en a desséché plusieurs. L'influence marécageuse a dès lors diminué d'intensité; une hygiène mieux comprise et plus énergique permet de combattre l'empoisonnement paludéen; aussi la population commence à s'établir sur les terrains émergés, mais elle est exclusivement agricole.

Il est sans doute utile de mettre en culture ces plages conquises sur les eaux pour les assainir et les soustraire à la stérilité. Mais pourquoi ne pas ouvrir encore une carrière plus large à l'activité des populations qui ne manquent pas d'accourir à toute nouvelle source de fortune, en leur livrant ces champs aquatiques qui, à l'égal de la terre, peuvent recevoir une semence et donner une récolte? La mer ne nourrit-elle pas des multitudes d'êtres que l'homme peut faire entrer pour une part très importante dans son alimentation, pourvu qu'il sache les appliquer à son usage, non seulement en les maintenant sous sa main, mais encore en en provoquant la croissance et la multiplication selon des lois bien entendues? Des raisons de la plus haute importance, et notamment au point de vue de l'alimentation générale, nous imposent tous les jours davantage la nécessité de mettre en exploitation régulière le domaine des eaux maritimes. Il est encore d'autres considérations dont il faut également tenir compte : les populations méridionales ont été profondément éprouvées par le phylloxera. Des bras sans travail, des courages abattus, de l'activité sans emploi, trouveraient à s'occuper, à se relever, à se développer. En habituant ces populations à la vie maritime, on assurerait en même temps et dans une certaine mesure le recrutement de notre marine, recrutement très limité, car c'est presque exclusivement sur les bords de l'Océan qu'il peut s'opérer.

L'industrie ostréicole fournit, sur les côtes de l'Océan, des moyens d'existence à près de 200 000 personnes. Il n'est pas téméraire de préjuger que l'aquiculture offrirait, sur les bords de la Méditerranée, des ressources équivalentes à une population de 100 000 individus.

La pisciculture maritime proprement dite n'a reçu en France aucune application. C'est donc sur la question de la révivification des lagunes par l'aquiculture que nous désirerions attirer l'attention.

L'industrie ostréicole ne nous paraît pas appelée, dans la Méditerranée, à un avenir aussi brillant que sur le littoral de l'Atlantique, bien que quelques stations semblent offrir toutes les conditions reconnues indispensables pour en assurer la réussite. Des essais sont actuellement tentés dans la rade de Toulon, dans le golfe de Fos, dans l'étang de Berre et dans l'étang de Thau. A Toulon, les résultats sont favorables; dans les étangs de Thau et de Berre, ainsi que dans le golfe de Fos, les tentatives sont encore trop récentes pour qu'il soit possible de prévoir ce qu'il en adviendra. Si ces essais sont couronnés de succès, ils assureront à leurs auteurs d'importants bénéfices.

Depuis la disparition des bancs naturels de la Méditerranée, l'huître a atteint dans le Midi un prix plus élevé que dans les autres parties de la France. Cette augmentation du prix de l'huître s'explique par l'épuisement ou la disparition de presque tous les gisements de nos côtes, sur lesquels on draguait autrefois des huîtres toutes venues, qu'il suffisait de conserver quelque temps dans des parcs pour les rendre propres à la consommation. L'industrie ostréicole se trouvait par là même exempte de grands frais et n'avait d'ailleurs à satisfaire qu'un nombre assez restreint de consommateurs. Il n'en est plus de même aujourd'hui : c'est un élevage complet de l'huître qu'il faut faire. On place des collecteurs, sur lesquels on reçoit le naissain; lorsque la jeune huître a atteint la taille d'un centimètre, on la *détroque*, puis on la dépose dans des caisses d'élevage dites *ostréophiles*, pour la préserver de ses nombreux ennemis, en tête desquels il faut placer le Crabe et l'Étoile de mer. Lorsqu'elle a acquis des dimensions qui lui permettent de résister mieux aux attaques de ses ennemis, on la transfère dans des parcs d'élevage, où elle complète son développement. Parfois même il est nécessaire de la déplacer, pour l'engraisser et lui faire prendre toutes les qualités qui la font apprécier. Cette main-d'œuvre si compliquée entraîne des frais d'autant plus grands que les travaux ne peuvent être exécutés qu'à marée basse. Ajoutons que l'installation des parcs et l'achat du matériel nécessaire à ces diverses opérations imposent d'assez fortes dépenses.

La mytiliculture pourrait, en outre, s'exercer avec profit dans la Méditerranée. Tant de plages, le long de ces côtes, ressemblent à l'anse de l'Aiguillon et à Tarente! La moule est un mets nourrissant, accessible par son bas prix à la classe la plus nombreuse. Ni le Midi ni l'Ouest n'en produisent assez pour satisfaire aux besoins de la consommation. La moitié des moules mangées à Paris nous sont expédiées de Belgique.

Une autre branche d'aquiculture, l'élevage du menu coquillage (praires, clovisses, etc.), donnerait très probablement des bénéfices. Les Méridionaux sont friands de ces *fruits de mer*, comme les appellent les Italiens, et les payeraient un bon prix.

Mais passons à la pisciculture maritime, qui nous paraît être la véritable industrie aquicole accommodable à ces régions et à leurs conditions naturelles.

Les géographes ont signalé les ressemblances frappantes qui existent entre le delta du Rhône et le delta du Pô : même acheminement des alluvions vers l'est, même chapelet de lagunes et de marais engendrés par les dépôts du fleuve. Les lagunes de Ferrare, de Comacchio, de Venise, du Napolitain sont comparables à Leucate, à Thau et aux étangs d'Aigues-Mortes, de Berre, etc. Mais ce qu'on ne peut mettre en parallèle, c'est le parti que les riverains ont su tirer de ces étangs salés. Tandis que sur la côte française on constate la solitude et l'abandon, les Italiens n'ont pas laissé perdre les enseignements que leur avaient transmis les anciens dans l'art de cultiver la mer. Si, dans le sud, ils pratiquent l'industrie ostréicole comme aux derniers temps de la république romaine, le long de l'Adriatique et en Sardaigne, ils se sont appliqués à l'élevage et à la conservation du poisson de mer.

A Comacchio, la pisciculture donne lieu, depuis un temps immémorial, à un commerce d'exportation considérable, et, dans toutes les lagunes de la côte, les pêcheries sont nombreuses. Dans une récente mission que nous avons faite à Comacchio, nous avons constaté que la pisciculture maritime s'exerce sur près de 4000 hectares de lagunes; elle occupe 1000 à 1200 individus et produit annuellement 1 million de kilogrammes de poissons, dont 800 000 kilogrammes d'anguilles environ. Son revenu brut peut être évalué à 1 million de francs. Il faut encore ajouter à ce chiffre la valeur des produits consommés par une population d'environ 12 000 habitants, qui se nourrit à peu près exclusivement d'anguilles d'un bout de l'année à l'autre et qui trouve dans l'industrie de la pêche les moyens de subvenir à tous ses autres besoins.

Voilà l'exemple à suivre, la voie féconde où l'on peut s'engager sans douter du succès. Le sol, le climat, les eaux étant les mêmes dans le golfe de Venise que dans le golfe de Lyon, les procédés ne sont plus à rechercher. Ils réussissent aux Italiens : pourquoi ne pas les mettre en œuvre sur nos rivages de la Méditerranée? On pourrait à peu de frais en faire l'épreuve rapide, et, s'ils sont imparfaits sur quelques points, on ne tarderait pas à les perfectionner dans la même mesure qu'on a amélioré les procédés d'ostréiculture rapportés de Fusaro par M. Coste.

Il nous reste à présent à dégager de cette étude un peu sommaire les enseignements qu'elle contient et à faire connaître quelles peuvent être, selon nous, les mesures à prendre pour remédier à un état de choses si préjudiciable à nos intérêts et qui nous place, vis-à-vis de nos voisins, sous le rapport de la pisciculture fluviale et de la pisciculture maritime, dans un état regrettable d'infériorité.

L'organisation d'un service de pisciculture en France doit avoir lieu en vertu d'un acte législatif. Des commissions d'étude, nommées par le Parlement, auront seules l'autorité nécessaire pour mener à bien une œuvre de cette importance.

Le système adopté jusqu'à ce jour est vicieux. Il doit être changé, changé autant sous le rapport du service administratif, qui manque d'unité et qui ne répondrait plus aux besoins d'une organisation nouvelle et plus étendue, que sous le rapport des procédés pratiques à employer.

En l'état actuel, la pisciculture fluviale et maritime ressortit à trois ministères : les travaux publics, la marine et l'agriculture.

Aux travaux publics, les ingénieurs des ponts et chaussées sont chargés de la surveillance et du régime des eaux.

La marine partage avec les travaux publics le monopole du domaine maritime, et leurs attributions réciproques sont, en matière de pêche et d'aquiculture, très mal définies.

Quant à l'agriculture, la loi votée en 1873, sur la proposition de M. de Tillancourt, lui confia l'organisation de la pisciculture dans les fermes-écoles. Cette loi consacrait le principe de l'union de l'agriculture et de la pisciculture. Cette union s'impose tout naturellement. L'une est le complément indispensable de l'autre.

Nous pensons donc qu'il importe, avant tout, de rendre tout à fait la pisciculture à ses protecteurs naturels, aux agriculteurs, comme cela a lieu, ainsi que nous l'avons vu, dans tous les pays où elle est en honneur.

Lorsqu'on organise un service public, il est nécessaire de trouver des auxiliaires dans l'intérêt privé. Ces auxiliaires indispensables sont, pour la pisciculture, les agriculteurs, les premiers réellement intéressés.

Le projet que nous serions heureux de voir se réaliser ne consiste pas seulement dans l'empoissonnement continu de notre réseau fluvial et de nos plages maritimes, il comporte encore l'enseignement et la vulgarisation de l'aquiculture. Où cet enseignement peut-il se donner mieux et d'une manière plus profitable que dans nos écoles d'agriculture, nos fermes-écoles, et, en général, dans tous nos établissements d'enseignement agricole, dont le personnel, préparé par des études du même ordre, deviendrait rapidement compétent et pourrait être presque immédiatement utilisé?

Un premier résultat serait de faire entrer l'aquiculture dans les pratiques agricoles, et d'apprendre le profit qu'elles peuvent en tirer aux populations rurales qui traitent les eaux sans aucun ménagement et les abandonnent aux dilapidations des maraudeurs.

N'est-il pas pénible, par exemple, de penser que la culture des étangs n'a fait chez nous aucun progrès? On les traite aujourd'hui comme il y a plusieurs siècles; on suit encore les traditions laissées par les moines qui, les premiers en France, ont essayé d'utiliser des terrains jusqu'alors incultes, en les convertissant en étangs productifs; et, malgré les enseignements de la science, malgré les découvertes de nos savants, malgré l'exemple des pays voisins, on tire des étangs de si maigres avantages, qu'il y a tendance à les dessécher. En ceci, comme en bien d'autres choses, c'est l'ignorance seule qu'il faut accuser, et c'est par conséquent l'ignorance qu'il faut combattre.

Notons en passant que la loi de 1873, qui instituait l'enseignement dont nous parlons, n'a pas reçu d'application.

Il serait à désirer qu'on se préoccupât de créer en outre, sur tous les points où cela paraîtra utile, des établissements régionaux destinés à remplacer notre ancien établissement d'Huningue, dont l'insuffisance a été démontrée. Ce sont ces établissements qui seraient chargés de répandre dans toutes nos rivières et sur nos plages les espèces de poissons susceptibles de s'y multiplier.

L'installation de ces laboratoires ne saurait être bien coûteuse et ne dépasserait pas, pour chacun d'eux, une somme que nous pouvons évaluer à 5 ou 6000 francs. Et, en supposant que la création de vingt établissements de ce genre soit décidée, la dépense en serait bien inférieure à celle qui a été faite à Huningue seulement.

Quant au service de ces établissements, il ne saurait être onéreux, et pourrait être confié aux gardes-pêche, dont on devra nécessairement augmenter le nombre et limiter les attributions. Et, alors même que ces sacrifices dépasseraient de beaucoup nos prévisions, il ne faudrait pas se laisser arrêter par une semblable difficulté; ces sacrifices seront en effet de peu d'importance, si on les met en parallèle avec les immenses profits que donnera certainement au pays la culture rationnelle de nos eaux. Les autres nations, et notamment l'Angleterre et l'Amérique, s'en sont imposé de bien plus lourds.

Il n'est pas téméraire de penser qu'en cette circonstance l'État trouverait dans les Conseils généraux, dont les bonnes dispositions se sont manifestées à différentes reprises, une participation et un concours assurés.

Il est d'autres mesures que nous désirerions voir adopter. Il serait particulièrement avantageux d'établir sur la plupart de nos cours d'eau des réserves étendues, dans lesquelles la pêche devrait être interdite en tout temps et d'une façon absolue. Ces réserves constitueraient de véritables pépinières où les jeunes poissons seraient efficacement protégés, et où les poissons adultes pourraient se reposer et se reproduire à leur aise.

Ces grands cantonnements devraient être surveillés avec le plus grand soin. Des laboratoires de fécondation y seraient annexés et permettraient de multiplier dans une proportion considérable le nombre des alevins, qui se répandraient plus tard dans les parties non protégées des cours d'eau. Il serait d'ailleurs facile de ne pas léser les intérêts des populations riveraines en changeant périodiquement l'emplacement de ces réserves. On mettrait ainsi les rivières en coupe réglée.

Des frayères du même genre pourraient être, pour les mêmes raisons, établies sur quelques points de notre littoral.

Enfin nous désirerions qu'on provoquât la formation de sociétés de protection et de préservation des eaux. Ces sociétés, qui ont pris naissance en Angleterre, où elles ont rendu d'inappréciables services, existent également en Hollande et en Autriche. Dans ce dernier État, presque toutes les provinces possèdent des comités dirigeants.

Les lois et règlements sur la pêche ne seront observés en France que lorsqu'on aura pénétré l'esprit public de l'immense intérêt qu'il y a à protéger les eaux. L'enseignement officiel de la pisciculture contribuerait sans doute à nous faire faire un pas dans cette voie; mais l'œuvre des comités, étant plus spéciale, plus assidue, aurait également une influence plus grande et plus immédiate. Ces sociétés se constitueraient sans peine; nous sommes persuadé que les adhésions arriveraient de toutes parts, et partout on rencontrerait des hommes honorables disposés à devenir les protecteurs de la richesse nationale qui réside dans les eaux.

Le concours des municipalités, des chambres de commerce, des Conseils généraux, ne ferait certes pas défaut, et dans le sein même de ces compagnies on trouverait les éléments les plus favorables à la formation des comités.

Le rôle de ces associations consisterait non seulement à protéger les eaux, mais encore à prendre toutes les dispositions propres à en assurer la fertilité continue; les lois sur la pêche seraient d'autant mieux observées que la surveillance se ferait dans un but d'intérêt commun. Nous serions également d'avis que les membres de la société fussent choisis en partie dans les conseils municipaux; ils auraient dans toutes les questions une autorité moins contestée peut-être que la loi elle-même, et ce serait sans contredit le plus sûr moyen d'associer la population tout entière à l'œuvre du peuplement de nos rivières, et de l'y faire participer plus directement.

Nous réclamerions encore qu'on exigeât l'établissement d'échelles à poissons voyageurs sur tous les barrages sans exception.

Enfin, il nous paraît de toute nécessité de procéder à la revision des lois et règlements qui régissent actuellement la pêche pour les mettre en harmonie avec les besoins actuels de la pêche et de la pisciculture. En ce qui concerne la pêche maritime, il suffirait de remettre en vigueur les principales dispositions du décret de 1853, en modifiant ce qu'elles pouvaient avoir d'excessif.

Il faudrait enfin, nous conformant encore en cela à l'exemple fourni par les pays étrangers, créer un service autonome et indépendant, comme l'est celui des eaux et forêts, une sorte de surintendance qui centraliserait toutes les affaires relatives à l'aquiculture. La partie active de ce service serait confiée à des inspecteurs compétents et expérimentés dont le rôle consisterait à veiller à l'exécution définitive des mesures d'organisation votées par le Parlement. Ces inspecteurs présideraient, sous la direction du surintendant, aux opérations de repeuplement, les dirigeraient, indiqueraient les lieux où elles devraient avoir lieu, détermineraient les espèces de poissons qu'il convient de propager dans tel ou tel cours d'eau, et s'occuperaient de l'acclimatation des bonnes espèces à introduire dans nos rivières. Ils adresseraient des rapports périodiques dont le résumé serait soumis aux Assemblées; ces rapports mentionneraient les résultats obtenus et contiendraient les propositions tendant à l'exécution de nouveaux travaux. Ils seraient chargés enfin de ce qui est relatif aux échelles à établir pour la libre circulation des poissons voyageurs et à la corruption des eaux par l'industrie, corruption qui, nous l'avons noté précédemment, est une des causes les plus sérieuses du dépeuplement. Ils pourraient être utilement consultés par les préfets et les assemblées départementales, sur toutes les questions locales concernant la pêche et le service de la pisciculture.

Il est vraiment inconcevable qu'à une époque éclairée comme la nôtre, époque où les sciences physiques et naturelles ont réalisé tant de progrès, époque où chaque chose est définie, où l'art agricole est tellement avancé qu'il permet au cultivateur, non seulement de préserver sa moisson, mais d'escompter d'avance ce qu'elle pourra valoir, il est vraiment inconcevable, disons-nous, qu'on n'ait pas encore songé à appliquer aux eaux les connaissances étendues que l'on a sur toutes choses.

Aujourd'hui, et en présence de nos besoins sans cesse croissants, que la civilisation, la fortune publique et le luxe ne font que développer, il est temps de se préoccuper sérieusement de la question de l'aquiculture, qui, devenant une des sources considérables d'alimentation, donnerait satisfaction à ces exigences. Il ne faut pas que, dans les temps à venir, on reproche aux générations modernes, et de n'avoir point entretenu dans les eaux cette fertilité, cette abondance dont la nature les avait généreusement pourvues, et de les avoir épuisées, pillées et dépeuplées.

G. Bouchon-Brandely,

Secrétaire du Collège de France.

LES SOURCES DU NIGER

On ne peut nier que la France ne soit sortie d'une période d'apathie ou de recueillement, comme on voudra. L'influence vivifiante d'un gouvernement démocratique et républicain se fait sentir, et nos compatriotes, auxquels on refusait cet esprit d'initiative, ce caractère entreprenant et hardi dont on faisait comme un monopole pour les Anglo-Saxons, montrent au contraire qu'ils sont bien les descendants des intrépides marins normands, bretons et basques qui du XIVe au XVIIIe siècle fondèrent tant de comptoirs, firent tant d'explorations dans de lointains parages : il ne leur manqua, pour créer à la France un vaste empire colonial, qu'un peu d'aide intelligente et de concours patriotique de la part du gouvernement monarchique d'alors.

Tout le monde sait aujourd'hui comment l'œuvre de Dupleix dans l'Inde fut abandonnée, et comment le Canada fut perdu par la faute de Louis XV. On connaît moins l'histoire de nos établissements du Brésil et de la Floride, fondés sur l'initiative de Coligny et honteusement délaissés par les derniers Valois, plus désireux de complaire aux puissances catholiques, comme l'Espagne et le Portugal, que de soutenir et de continuer des essais de colonisation féconde dus aux huguenots.

Enfin la guerre de Cent ans nous avait déjà fait perdre le commerce avec l'Afrique occidentale et la Guinée où de courageux navigateurs français avaient noué d'importantes relations bien avant les Portugais et les Hollandais.

Aujourd'hui le vieil esprit d'entreprise se réveille chez nous, et nous espérons que le gouvernement de la République, n'imitant pas la royauté, ne le laissera pas s'endormir et qu'il ne permettra pas à l'activité de nos concitoyens de s'épuiser en pure perte.

Une des régions vers lesquelles tendent actuellement les efforts des Français est le Soudan occidental. Le ministre des travaux publics a constitué une vaste commission chargée d'étudier les moyens d'atteindre ces riches contrées du centre de l'Afrique, d'y introduire notre influence, d'y faire pénétrer notre commerce.

Par le nord, c'est-à-dire à travers le Sahara, par l'ouest, c'est-à-dire par le Sénégal, par le sud, c'est-à-dire par le Gabon et l'Ogoouaï, on se prépare à ouvrir des communications avec les immenses et opulents bassins du Niger, du lac Tchad et de la Bénoué. Sous le patronage et la direction de M. de Freycinet, on a résolument abordé la question de la construction des voies ferrées qui doivent s'enfoncer dans le mystérieux centre africain; des groupes d'explorateurs se préparent à aller reconnaître les tracés les plus pratiques. Personne ne doute plus que le succès ne récompense tôt ou tard la généreuse et patriotique initiative du sympathique ministre républicain.

Mais tandis que le monde officiel se prépare à mener à bien cette grande entreprise, les particuliers ne demeurent pas inactifs. Un grand négociant de Marseille, M. C.-A. Verminck, avant même que la commission dite du Transsaharien ait été constituée, avait résolu d'ouvrir, lui aussi, avec ses propres ressources, une des portes du bassin du Niger. Possesseur de nombreux comptoirs sur la côte occidentale d'Afrique, depuis le Cap-Vert jusqu'à Sierra-Leone, il avait déjà fait remonter à ses vapeurs à fond plat, construits exprès, quelques-uns des fleuves qui arrosent cette région, et ouvert ainsi de nouveaux débouchés au commerce, de nouveaux champs à l'action de la France. Mais il n'a pas voulu en rester là. Le bassin du Niger l'a tenté. Il a voulu pénétrer à son tour dans la partie supérieure du grand fleuve; il a envoyé une expédition à la recherche des sources, inconnues jusqu'ici, du Niger, et une réussite complète a été le prix de ses efforts.

Le Niger ou Diolibâ (Grande-Eau) est la grande artère du Soudan occidental. On l'a nommé le Nil des Nègres, parce que, comme le Nil de Nubie et d'Égypte, il draine les eaux d'une immense contrée. Entre les deux bassins se trouve celui du lac Tchad, alimenté par le Charré, qui vient, avec ses flots abondants, du sud-est. Encore le bassin du lac Tchad touche-t-il de près à l'ouest celui de la Bénoué, puissant affluent du bas Niger.

Ce dernier fleuve décrit dans son cours une ligne qui ressemble à peu près à une parabole. Sa source, pensait-on, se trouvait aux environs du mont Lomah, dans la chaîne des montagnes de Kong, au nord de la Guinée; il coule d'abord de l'est à l'ouest, puis il s'infléchit au nord-est jusque dans le voisinage de Tombouctou, entre le 17° et le 18° de latitude nord; là, il tourne franchement à l'est, et bientôt il redescend brusquement au sud-est, pour aller se jeter dans l'Atlantique au fond du golfe de Guinée. Son cours supérieur, de Faramah à Tombouctou, est navigable; son cours inférieur, c'est-à-dire du point où il tourne au sud-est à la mer, est au contraire coupé de rapides dangereux, dans l'un desquels Mungo-Park trouva la mort.

Relier le haut Niger à l'Atlantique par des itinéraires soigneusement reconnus, par de bonnes routes, est donc une entreprise vraiment utile. Cette région est fertile et très peuplée, malgré les guerres continuelles que se font les noirs et les Pouls, ceux-ci mêlés de Berbères et d'Arabes. Les nombreux et parfois puissants États qui s'y sont fondés offrent de vastes perspectives au commerce, qui, en échange des produits manufacturés d'Europe, très prisés dans cette région, peut en tirer de grandes richesses en gomme, en caoutchouc, en huile, en graines et amandes oléagineuses, en peaux, en ivoire et en or.

Par le Sénégal et le pays des Bambaras, nos compatriotes Mage et Quentin, et tout récemment M. Paul Soleillet, ont pu gagner Ségou-Sikoro, capitale d'un puissant État poul, actuellement gouverné par Ahmadou-Sekou, fils du célèbre El-Hadji Omar, notre ancien ennemi, que le général Faidherbe, par sa victoire de Médine, rejeta définitivement dans le Soudan.

Malheureusement l'empire de Ségou, qui occupe le milieu du cours supérieur du Niger, se trouve souvent séparé de la partie haute du fleuve, du riche pays du Bouré, par exemple, par des guerres toujours renaissantes. Il fallait donc chercher ailleurs une voie d'accès dans cette région. Les agents de M. Verminck l'ont trouvée, tout en résolvant le problème des sources du Dioliba.

C'est de Sierra-Leone, possession anglaise, que l'on a essayé d'atteindre le haut Niger et de découvrir ses sources. Il y a une cinquantaine d'années, le major anglais Saving avait suivi ce chemin. Franchissant les montagnes à l'ouest du mont Lomah, il avait gagné la Grande-Eau à Faramah ; mais il avait dû, devant l'hostilité des indigènes, descendre le fleuve et non le remonter. Même aventure était arrivée à M. Winwood Reade en 1869. Cette année, M. Verminck a pensé qu'on pouvait renouveler la tentative.

Jugeant avec sagesse que des hommes acclimatés au pays par un long séjour, parlant les langues, connaissant les mœurs des noirs, seraient plus aptes que n'importe qui à mener à bien l'entreprise, il chargea de la mission du haut Niger son représentant à Rotombo (Sierra-Leone), M. Zweifel, auquel il adjoignit un autre de ses employés en Afrique, M. Moustier.

Il leur prodigua tout ce qui était nécessaire au voyage : cartes, livres, instruments de précision, marchandises de troc, indispensables dans des régions où l'on n'obtient rien que par échange, et avec la permission des chefs, dont on obtient aisément la protection par des cadeaux en nature. Il leur envoya, en mai 1879, des instructions remarquables par leur précision et le bon sens qui s'y révèle dans tous les détails.

L'objectif principal du voyage, y était-il dit, étant la découverte des sources du Niger, MM. Zweifel et Moustier devaient, avant tout, déterminer géographiquement la situation de ces sources. S'ils y réussissaient, ils pouvaient, suivant l'état de leur santé ou la situation générale du pays, soit revenir directement à Sierra-Leone, soit regagner la côte en suivant le Niger jusqu'à Ségou, et de là, en passant par le Sénégal ou en traversant le Fonta-Dialou, et en redescendant la Gambie, le Rio-Nunez ou le Rio-Pongo.

Les voyageurs ne devaient pas négliger d'étudier en route les ressources de ces contrées au point de vue commercial; mais M. Verminck terminait ces instructions par ces patriotiques recommandations :

« Si votre voyage réussit et amène d'utiles résultats, je désire que la France soit la première à en profiter. »

MM. Zweifel et Moustier partirent de Sierra-Leone à la fin de juin, explorèrent le bassin des deux Scarcies, fleuves sur la possession desquels la France a des droits, visitèrent le pays de Lokko, et arrivèrent le 25 juillet à Boumba, chef-lieu du pays de Limbah.

Suivant un itinéraire différent de celui qu'avait suivi M. Winwood Reade, ils avaient dû tantôt traverser de nombreux cours d'eau, soit à gué, avec de l'eau jusqu'à la ceinture, soit à la nage au péril de leur vie, tantôt voyager à pied en plein été, par une chaleur torride, dans des plaines découvertes, remplies de broussailles ou d'arbustes, où çà et là ne s'élevaient que de rares bouquets de bois. Leurs meilleurs chemins étaient des sentiers étroits, pierreux ou fangeux. Enfin, ce n'était pas leur moindre embarras que de traîner avec eux une horde de porteurs, chargés de leurs bagages et de leurs marchandises, dont ils furent obligés de laisser quelques-uns malades sur leur route. On juge de la fatigue d'une semblable expédition.

Chemin faisant, nos voyageurs firent une remarque curieuse. Cette région, aujourd'hui déboisée, était, il y a dix ans, lorsque M. Winwood Reade la traversa, couverte d'épaisses et admirables forêts. Celles-ci ont donc promptement disparu. C'est que le commerce et l'industrie en Europe, et surtout en France, ont fait depuis lors des demandes considérables en huiles et en matières oléagineuses. Aussi les nègres se sont-ils adonnés, sur une grande échelle, à la culture de l'arachide et du palmier, dont les noix fournissent l'huile de palme.

Partout, dans le Limbah et dans le Lokko, on s'est mis à défricher et à planter de ces végétaux oléifères. Rien que sur leur route, MM. Zweifel et Moustier ont compté plus de 50 000 jeunes plantations de $1^{m},50$, c'est-à-dire ne produisant pas encore de fruits. Pour garantir les nouvelles plantations, une loi spéciale a été promulguée dans ces pays, loi condamnant à l'esclavage perpétuel quiconque serait atteint et convaincu d'avoir coupé ou fait mourir malicieusement un de ces jeunes arbres.

Après un court repos, bien gagné, à Boumba, les explorateurs continuèrent leur route. De Sagala, où ils ne tardèrent pas à arriver, ils voulaient se diriger droit sur le mont Lomah; mais, comme la guerre et la famine sévissaient dans le Koranko, qu'ils avaient à traverser, ils durent suivre la route habituelle et se rabattre sur Falabah.

Cette grande ville, capitale d'un puissant royaume, avait été déjà visitée par Laing et par M. Winwood Reade.

MM. Zweifel et Moustier n'eurent cependant point à regretter d'avoir fait ce détour. En arrivant le 16 août à Falabah, ils trouvèrent la ville en fête; on y attendait une députation des Korankos des montagnes, qui ramenait en pompe le frère du roi de Falabah.

L'année dernière, les Korankos du mont Lomah étaient en guerre avec ceux du Soulimanah, c'est-à-dire des plaines au sud des montagnes. Ceux-ci avaient alors pour allié le roi de Falabah, Sikoa, qui leur avait envoyé son frère à la tête d'un corps de guerriers. Ce prince fut fait prisonnier dans un engagement.

Mais l'embarras des Korankos du Lomah était très grand. Que faire de leur royal captif? Le tuer ou le vendre eût été d'un mince profit auprès de la haine invétérée que leur jurerait Sikoa.

Les montagnards eurent alors une de ces idées qui ne poussent guère que dans des cervelles africaines : ils firent fête à leur prisonnier, le régalèrent de leur mieux, lui donnèrent trois femmes et dix esclaves, et, au bout d'un certain temps passé en réjouissances, ils chargèrent une ambassade de le ramener triomphalement à Falabah, chez son frère. Du coup, la paix était faite, et les Korankos du Lomah devenaient les meilleurs amis de Sikoa.

Dès le 18 août, MM. Zweifel et Moustier reçurent la visite des envoyés korankos. Adroitement interrogés, ceux-ci apprirent aux voyageurs que les sources de la Grande-Eau sont situées à l'est, plus loin que le mont Lomah, et même qu'une autre montagne; c'est entre ces deux montagnes que passerait le Diolibâ. Ces sources se composeraient de trois sources distinctes, donnant chacune naissance à des cours d'eau, qui forment ensuite un petit lac, d'où sort définitivement le Niger.

De son côté, le roi Sikoa fournit aux voyageurs des renseignements intéressants. Ceux-ci eurent audience le 20 août. Sur leur désir de voir le Diolibâ, le roi leur apprit que, s'il était facile d'aller à Faramah, comme l'avaient fait déjà Laing et M. W. Reade, il était impossible de descendre au Bouré, car les Sangaras, en armes, barraient le chemin. Quant à remonter aux sources qui se trouvaient à six ou sept jours de marche de Falabah, la chose était faisable, selon lui. Il promit de leur donner un guide et de les recommander aux Korankos.

Le voyage fut beaucoup plus pénible et plus dangereux que ne le disait Sikoa. MM. Zweifel et Moustier mirent plus d'un grand mois à l'accomplir. Ils se dirigèrent d'abord vers le Lomah en suivant le versant méridional des montagnes, où ils reconnurent les sources de la Rokelle, fleuve de Sierra-Leone, et de la Karamanka. Puis, franchissant la chaîne, ils marchèrent de l'ouest à l'est, sur la pente nord, et traversèrent de nombreux affluents du Niger. Ils manquèrent de se noyer dans l'un d'eux, le Faliko.

Aux difficultés de la route il faut ajouter le manque absolu de sécurité.

Arrêtés et rançonnés dans chaque village, ils étaient sans cesse sur le point d'être enlevés par quelque parti de pillards, qui ravageaient la rive droite du fleuve et qui, d'un moment à l'autre, pouvaient passer sur la rive gauche, tuer ou emmener nos voyageurs en captivité au fin fond du Soudan. Une armée de Haouassas, accourue du centre du Soudan, venait en effet d'envahir le pays des Sangaras, au nombre de 10 000 cavaliers et de 15 000 fantassins.

D'autre part, la famine régnait dans le pays, et, en septembre, des pluies diluviennes tombaient et mouillaient jusqu'aux os les voyageurs, qui, à d'autres instants, étaient brûlés par un soleil dévorant faisant monter la température à 50° et 60° centigrades.

Malgré tous ces obstacles, grâce à un tempérament vigoureux et à une énergie indomptable, MM. Zweifel et Moustier parvinrent au but dans les premiers jours d'octobre. Ils arrivèrent à Koulako, village situé sur les confins du Koranko, du Kissi et du Kano, et près duquel se trouve la source du Diolibâ. C'est elle qui forme un cours d'eau appelé le Tombi par les naturels, et qui, par sa longueur et son volume d'eau, doit être considéré comme la source principale, c'est-à-dire comme le vrai Niger.

Le but principal de l'expédition était atteint. Vu leur état de fatigue et, en même temps, les hostilités qui venaient d'éclater partout dans le pays, les voyageurs se décidèrent à revenir à Sierra-Leone, envoyant un exprès en avant pour annoncer leur succès. On les attendait sur la côte à la fin de novembre, et nous faisons des vœux bien sincères pour qu'ils y soient arrivés sains et saufs.

Il faut qu'en compagnie de celui qui a été l'âme de ce voyage, de M. Verminck, il faut que MM. Zweifel et Moustier viennent en France recueillir le prix de leur courage et recevoir, comme Stanley et Cameron dans ces temps derniers, les applaudissements de tous ceux qui savent combien ils ont fait pour la gloire et pour la grandeur de notre pays. La Société de géographie de Paris ne manquera certainement pas de leur faire une belle réception.

REVUE ÉCONOMIQUE

Les salaires dans les industries textiles en Alsace.

La Société industrielle de Mulhouse a reçu récemment de M. Charles Grad communication d'une importante étude de cet auteur sur l'industrie de l'Alsace. La partie de cette étude relative à l'état actuel des salaires et à leurs variations offre un intérêt particulier.

Au commencement de ce siècle, où le coton se filait encore à la main, une fileuse gagnait de 30 à 40 centimes par jour au plus, et le filage d'une livre de coton en fil commun revenait à 90 centimes. Aujourd'hui la journée de l'ouvrier fileur s'élève en Alsace de 3 fr. 60 à 4 fr. 50; celle des femmes employées dans les filatures, de 1 fr. 50 à 2 fr. 50.

Mais, avant d'entrer dans les détails du taux des salaires payés actuellement, il est intéressant de remonter avec M. Grad aux époques antérieures et de suivre l'évolution du prix des journées.

D'anciens comptes de l'année 1606, conservés à Mulhouse, indiquent le prix de 12 deniers, soit 34 centimes, pour le travail d'un kilogramme de coton filé à la main. Cent ans plus tard, de 1709 à 1711, on payait sur la même place de 70 à 74 centimes le filage d'un kilogramme de lin; de 35 à 37 centimes, ou moitié moins, le filage d'un kilogramme d'étoupe. A Strasbourg, les ouvriers tisserands obtenaient, en 1486, un *heller* et demi pour façon d'une *elle* d'étoffe pour robe ou de toile pour nappe, valeur que l'abbé Hanauer évalue à 15 centimes par mètre : le mètre d'un tissu moitié laine, moitié lin, revenait alors à 12.5 centimes de notre monnaie, ou un *heller* un quart en monnaie de l'époque. Dans l'intervalle des années 1604 à 1619, les salaires varièrent de 4 à 10 deniers par *elle* de toile de lin, soit 10 à 26 centimes par mètre, pour revenir à 12 centimes en l'année 1712. Les livres de comptes du couvent des Unterlinden, à Colmar, portent une dépense de 14 à 26 centimes pour la fabrication du mètre de toile de lin en 1709 et 1710, sans dire s'il s'agit d'une étoffe de même qualité.

Aujourd'hui, 1 mètre de toile de ménage en fil de lin est payé de 0 fr. 60 à 1 franc à l'ouvrier à domicile tissant à bras.

Voici maintenant un tableau indiquant les divers salaires qui ont été payés en 1876, à Mulhouse, aux environs de Colmar et dans le rayon de Bolbéc (Normandie), aux ouvriers occupés dans la filature du coton :

Filature du coton.	Mulhouse.	Colmar	Bolbec.
Batteurs, *hommes* . . .	—	2 — à 3 —	2 — à 2.25
» *femmes*. . . .	1.50 à 1.70	1.50 à 1.75	2 —
Cardes, *régleurs*. . . .	2.50 à 3.75	2.30 à 3 —	3.50 à 4 —
» *débourreurs*. .	2.10 à 2.30	2 — à 2 20	1.50 à 2.75
» *filles*	1.50 à 1.75	1.10 à 1.50	—
Peigneuses, *filles*. . . .	1.80 à 2 —	1.40 à 2 —	—
Etirages, *filles*.	1.60 à 2 —	1.30 à 1.70	2.20 à 2.50
Bancs-à-broches, *filles* .	1.80 à 2.25	1.20 à 1.80	2 — à 4 —
Bobineurs, *enfants*. . .	1.10 à 1.50	1 — à 1.30	1 — à 1.75
Rattacheurs, *hommes*. .	2 — à 2.25	1.50 à 2 —	1.50 à 2 50
Fileurs, *hommes*. . . .	3.50 à 4.25	3.50 à 4 —	4 — à 5 —

Ce tableau, toutefois, n'est pas complet. En effet, certains travaux sont payés à la tâche, d'autres à la journée. On paye à la tâche et au poids les fileurs et leurs rattacheurs, les soigneuses de peigneuses et de bancs à broches. Les bobineurs sont des enfants de douze à quinze ans, les apprentis de la filature, astreints à suivre l'école trois heures par jour. Le salaire des enfants varie de 1 franc à 1 fr. 75; celui des femmes adultes, de 1 fr. 30 à 2 fr. 25, et même à 4 francs en Normandie, tandis que les hommes gagnent de 2 à 5 francs, selon la nature de leurs occupations.

On peut voir, par les renseignements qui précèdent et par ceux qui vont suivre, que les salaires sont plus forts à Mulhouse que dans le rayon de Colmar, plus élevés en Normandie qu'en Alsace, plus considérables encore en Angleterre et plus modérés dans l'Allemagne du Sud.

Quant à la question de la quantité du personnel, de la

main-d'œuvre, abstraction faite des périodes de crise intense, on se plaint presque partout de la pénurie d'ouvriers. En Alsace, c'est surtout le recrutement des petits bobineurs de douze à quinze ans qui devient difficile, tant à cause du développement de l'industrie que par suite de la répugnance des cultivateurs à envoyer leurs enfants à la fabrique quand la nécessité ne les y pousse pas.

A l'intérieur des vallées, les salaires s'abaissent sensiblement, dans les Vosges, au-dessous du taux admis à Mulhouse et à Colmar. D'après les relevés de paye, dont M. Ch. Grad croit pouvoir garantir la parfaite authenticité, un débourreur de cardes, qui obtient 2 francs à 2 fr. 20 dans le rayon de Colmar et 2 fr. 75 en Normandie, arrive seulement à 1 fr. 75 dans les vallées vosgiennes. Un contre-maître de filature gagne de 50 à 70 francs par quinzaine en Alsace contre 60 à 70 francs en Normandie, 75 à 90 francs en Angleterre.

Si maintenant nous passons d'Alsace en Angleterre, nous trouvons les prix suivants payés dans un établissement de Manchester, filature et retordage, en 1876 :

	Par semaine en shellings et deniers		Par jour en fr.
Scutching tenters, batteurs	13 s.	6 d.	2 80
Strippers, débourreurs de cardes	22 s.		4 60
Grinders, aiguiseurs	23 s.		4 80
Card tenters, soigneurs de cardes	11 s.		2 30
Overlookers, contre-maîtres	30 s.		6 25
Draw frame tenters, étirage	14 s.	3 d.	3 —
Roving, soigneurs de bancs à broches	15 s.	6 d.	3 23
Jack	13 s.		2 75
Spinners, fileurs	28 s.	4 d.	5 90
Piecers, rattacheurs	13 s.	6 d.	2 81
Creelers, bobineurs	13 s.	6 d.	2 71
Overlookers, contre-maîtres	38 s.		8 —
Cop winders, dévideurs	10 s.	6 d.	2 20
Clearer, nettoyeur	12 s.		2 50
Warper, passeur de chaîne	12 s.		2 50
Doublers, retordeurs	11 s.		2 30
Doffers, démonteurs, enfants, mitemps	3 s.		1 25
Bobbin carriers, porteurs de bobines	3 s.		1 25
Reelers, dévideurs	12 s.		2 50
Makers up, encaisseurs	27 s.		5 62
Warpers, ourdisseurs	45 s.		9 38
Roller coverers	12 s.	6 d.	2 60

Si l'on prend les salaires des fileurs comme terme de comparaison, on trouve que ces prix sont de 50 pour 100 plus élevés à Manchester qu'à Mulhouse. Mais depuis 1876, la crise violente dont souffre l'industrie cotonnière a eu pour effet d'amener une réduction de 30 pour 100 sur les salaires anglais. Aux États-Unis d'Amérique, les salaires, après avoir atteint en 1874 la moyenne de 7 francs par jour pour les fileurs, contre 7 fr. 50 pour les hommes et 4 fr. 65 pour les femmes occupés au tissage, sont descendus maintenant au niveau de l'Angleterre, depuis que les payements se font en argent au lieu de papier. En Bavière et dans le Wurtemberg, ainsi qu'en Suisse, les ouvriers de l'industrie cotonnière gagnent moins qu'en Alsace.

On trouve pour le tissage les mêmes différences que pour la filature entre les villes et les campagnes. Voici d'ailleurs un petit tableau qui permet d'en juger. Dans ce tableau, les salaires du tissage payés en 1876, à Colmar et à Mulhouse, sont comparés à ceux payés à la même époque dans les vallées des Vosges :

Salaire du tissage.	En ville Fr.	Dans les vallée Fr.
Tisserand, *hommes*	2 25 à 3 —	1 50 à 2 50
— *femmes*	1 — 2 80	1 10 2 —
Parage, *hommes*	3 75 5 —	2 20 3 75
Ourdissage, *femmes*	2 20 3 25	1 60 2 70
Bobinage, *femmes et enfants*	1 — 2 25	0 80 1 50
Dévidage, *femmes*	1 50 3 10	— —
Manœuvres	2 — 2 50	1 50 2 —
Contre-maîtres	4 — 6 —	3 — 4 —

A part les journées de manœuvres et de contre-maîtres, tous les travaux de tissage se payent à la tâche. Le bobinage est fait par des enfants et des femmes. Il y a aussi des enfants au-dessous de seize ans aux métiers à tisser, gagnant un salaire minimum de 1 franc à 1 fr. 25 par jour avec un seul métier, tandis que les ouvriers adultes capables de conduire deux, quelquefois trois et même quatre métiers, arrivent à une paye de 3 à 4 francs par jour. En Amérique, on voit beaucoup de femmes conduire quatre métiers à la fois.

Quant à la durée du travail quotidien, à Colmar et à Mulhouse, elle est de onze à douze heures; mais certains tissages des Vosges la prolongent jusqu'à treize et quatorze. Cependant des expériences faites en Alsace, il y a une douzaine d'années, aux établissements de Dornac et du Logelbach, ont montré que les ouvriers occupés à la fabrication des tissus fins, fabrication qui exige une attention plus soutenue, produisent autant en onze heures de travail par jour qu'en douze heures. Dans ces fabriques, les femmes ont la permission de quitter dans la matinée le travail une heure ou une demi-heure avant la sortie réglementaire, afin de vaquer aux travaux du ménage.

Après ces détails sur le travail quotidien, M. Ch. Grad montre que sauf certains ouvrages spéciaux, exigeant des talents ou des aptitudes particulières, le taux des salaires dépend plus des lieux que de la nature des industries. Ainsi le gain des ouvriers diffère peu pour le tissage du coton et le tissage de la laine ou du lin. Dans la fabrique de toile d'emballage et d'étoffes de lin à Colmar, les tisserands gagnent, les hommes 2 francs à 3 fr. 50 par jour, les femmes 1 fr. 25 à 2 fr. 50. A la manufacture de laine de Bulh, les tissus de mérinos donnent un gain journalier de 2 francs à 2 fr. 50 aux femmes, s'élevant jusqu'à 3 fr. 50 pour les hommes. Les tisseurs de drap en laine cardée de Bischwiller gagnent moins, parce que cette industrie décline depuis l'annexion à l'Allemagne. De 1870 à 1878, le nombre de métiers occupés est descendu de 2000 à 500, le salaire des tisserands de 18 et 25 francs par semaine, à 11 et 15 francs pour les hommes, à 7 et 8 francs seulement pour les femmes. Nous croyons inutile de multiplier les exemples et nous arrêterons là cet aperçu de l'étude de M. Grad, sur laquelle nous avons tenu à appeler l'attention.

NÉCROLOGIE

Michel Chevalier.

La science économique vient de perdre un de ses représentants les plus éminents, les plus autorisés et les plus célèbres, non seulement en France, mais dans le monde entier.

Michel Chevalier a une origine essentiellement scientifique. Né à Limoges, le 13 janvier 1806, d'un petit commerçant de cette ville, il fut admis, à dix-huit ans, à l'École polytechnique, d'où il sortit l'un des premiers pour entrer à l'École des mines. Quelques jours avant la révolution de 1830, il était envoyé dans le département du Nord comme ingénieur des mines.

Mais cette carrière paisible ne devait pas le retenir longtemps. Engagé dans l'École saint-simonienne, il envoya des articles fort remarqués au journal de la secte, l'*Organisateur*. Au bout de quelques mois, il revint à Paris pour prendre la direction et la gérance du *Globe*, la revue célèbre de Dubois, où avaient écrit les plus brillants représentants du nouveau régime. Arrivés au pouvoir, ceux-ci abandonnaient leur œuvre qui passait entre les mains de l'école saint-simonienne. Malgré le talent et l'ardeur infatigable de son directeur, le *Globe* fut accablé au bout de deux ans sous les coups de ses ennemis.

Lors du schisme, provoqué notamment par la question du mariage, qui divisa l'école saint-simonienne entre Rodrigue et Enfantin, Michel Chevalier se rallia à ce dernier et le suivit dans la fameuse retraite de Ménilmontant, où il était un des *cardinaux* du *Père suprême*. Il y écrivit une partie de l'*Évangile* de la nouvelle église, intitulé *Livre nouveau*. On sait que cette église vint échouer dans une poursuite correctionnelle, où Michel Chevalier fut englobé comme gérant du *Globe* et condamné en cette qualité à un an de prison.

Cela se passait en juillet 1832. Le gouvernement ne laissa faire à Michel Chevalier que la moitié de sa peine, et M. Thiers, ministre des Travaux publics, après l'avoir réintégré dans le corps des mines, lui donna aussitôt une mission pour aller étudier les différentes voies de communication aux États-Unis. Pendant la durée de cette mission, il envoya au *Journal des Débats* une série de lettres fort remarquables, où il mettait en lumière les préjugés du vieux monde comme les hardiesses du nouveau, lettres réunies en deux volumes à son retour en Europe, et qui eurent, sous cette forme, trois éditions en quelques années.

Michel Chevalier publia aussi en volumes in-4° avec nombreuses planches les résultats techniques de son voyage et les observations, précieuses pour l'art de l'ingénieur, qu'il avait faites en Amérique. Ce grand ouvrage n'eut pas moins de succès que les *Lettres* auprès du public restreint, mais sévère auquel il s'adressait.

Le succès de cette mission en Amérique lui en valut presque immédiatement une autre en Angleterre, où l'année 1837 était marquée par une des crises commerciales les plus graves que ce pays ait traversées. Il en rapporta les matériaux d'un ouvrage intitulé : *Des intérêts matériels en France : travaux publics, routes, canaux, chemins de fer*, qui eut quatre éditions de 1838 à 1839, et qui exerça certainement une grande influence sur le développement économique de notre pays.

Rentré dans l'administration, Michel Chevalier devint en quelques années maître des requêtes, puis conseiller d'État en service extraordinaire (1838), et ingénieur en chef des mines (1841), enfin professeur d'économie politique au Collège de France (1840), où il succédait à Rossi.

Il écrivait d'ailleurs toujours dans le *Journal des Débats*, et défendait les doctrines du parti conservateur, qui le présenta dans plusieurs départements, et réussit enfin à le faire nommer député, mais pour peu de temps (1845-1846). Il essaya vainement à cette époque d'organiser en France, avec Bastiat, une grande ligue libre-échangiste semblable à la ligue réformiste qui venait de triompher en Angleterre et d'obtenir l'abolition du droit d'entrée sur les céréales.

La révolution de 1848 donna un rôle tout nouveau à Michel Chevalier. L'ancien saint-simonien se mit à la tête des adversaires les plus résolus des nouvelles écoles socialistes. Dans la *Revue des Deux-Mondes* et dans le *Journal des Débats*, il attaqua vivement les idées de M. Louis Blanc, contre lesquelles il publia aussi plusieurs livres, notamment ses *Lettres sur l'organisation du travail* et sa *Question des travailleurs*. Privé de sa chaire du Collège de France, le 7 avril, par un décret du gouvernement provisoire, il y fut réintégré au bout de quelques mois en vertu d'une décision de l'Assemblée constituante.

En 1851, l'Académie des sciences morales et politiques l'élut membre de la section d'économie politique en remplacement de Villermé.

Le coup d'État du 2 décembre 1851 trouva en lui un de ses premiers approbateurs. Le nouveau gouvernement lui rendit son poste de conseiller d'État en service extraordinaire. Mais, par suite de l'hostilité des prohibitionnistes, c'est seulement le 14 mars 1860 qu'il devint sénateur. Dans l'intervalle il avait constamment lutté en faveur du libre-échange, et il fut l'un des principaux promoteurs du fameux traité de 1860 avec l'Angleterre, qui marque en France le point de départ d'une politique commerciale libérale.

Exclu, en 1852, par l'influence du parti protectionniste, du jury des récompenses à l'Exposition universelle de Londres, Michel Chevalier joua un rôle considérable dans les diverses commissions des Expositions universelles suivantes. En 1867, il fut chargé de diriger la publication des rapports officiels, qu'il fit précéder d'une *introduction* d'une étendue considérable et regardée comme une œuvre très remarquable.

Michel Chevalier a publié, de 1842 à 1850, son *Cours d'économie politique*, ou plutôt un traité d'économie politique en trois volumes. Depuis, il a dû se faire suppléer à plusieurs reprises, dans sa chaire du Collège de France, notamment par M. Baudrillart et, depuis deux ans, par son gendre, M. Paul Leroy-Beaulieu, l'éminent rédacteur économique du *Journal des Débats*.

Enfin, rappelons en terminant qu'il a été un des principaux organisateurs de la société qui cherche à établir un tunnel sous-marin au fond du Pas-de-Calais, pour mettre les chemins de fer anglais en communication directe avec les chemins de fer français.

BULLETIN DES SOCIÉTÉS SAVANTES

Académie des sciences de Paris. — 24 NOVEMBRE 1879.

M. Berthelot : La chaleur de formation de l'ammoniaque. — M. A. Trécul : La chlorophylle cristallisée. — M. F. Perrier : Jonction géodésique de l'Algérie avec l'Espagne. — M. Brown-Séquard : Une propriété spéciale du système nerveux. — MM. Th. Schlœsing et A. Muntz : Le ferment nitrique. — M. Valéry Mayet : Les pontes du phylloxera ailé en Languedoc. — M. Hammel : La chaleur spécifique des solutions d'acide chlorhydrique. — M. Ph. Dirvell : Un nouveau mode de séparation du nickel et du cobalt. — MM. B. Corenwinder et G. Contamine : Nouvelle méthode d'analyse des potasses du commerce. — M. H. Leloir : Note sur des altérations de l'épiderme. — M. H. Villanes : Les glandes salivaires de l'échidné.

M. *Berthelot* fait une communication sur la chaleur de formation de l'ammoniaque. La mesure de cette chaleur de formation a été déjà effectuée, d'abord par MM. Favre et Silbermann, ensuite par M. Thomsen, en faisant agir le chlore sur l'ammoniaque étendue et en se bornant à peser le chlore absorbé. M. Berthelot fait voir que cette manière de procéder est défectueuse et que les nombres trouvés s'éloignent considérablement des nombres vrais. Pour obtenir ces derniers, l'auteur a opéré la combustion directe du gaz ammoniac au moyen de l'oxygène libre. Ce procédé l'a amené à constater que $Az + H^3 = AzH^3$ gaz, dégage $+ 12^{cal},2$, et que $Az + H^3 +$ eau $= AzH^3$ étendue, dégage $21^{cal},0$. Entre le nombre $+ 12,2$ et la valeur $+ 26,7$ adoptée jusqu'ici, l'écart s'élève à $+ 14,5$: C'est, dit M. Berthelot, la plus forte erreur expérimentale qui ait été commise jusqu'ici en thermochimie.

— M. *A. Trécul*, à propos de la récente note de M. Arm. Gautier sur la chlorophylle cristallisée, rappelle qu'en 1865 il a décrit des cristaux verts pareils à ceux qu'a obtenus M. Gautier, solubles dans l'alcool et dans l'éther, et qu'il a vus naître directement de nombreux grains de chlorophylle. M. Trécul exprima alors l'avis que c'était là de la chlorophylle cristallisée, mais cette opinion était tellement contraire aux notions qu'on possédait à cette époque sur la chlorophylle, qu'elle trouva des incrédules. « Un chimiste distingué, dit M. Trécul, supposa que mes cristaux étaient composés de mannite; mais cela était impossible, puisqu'ils étaient produits au milieu de l'eau. Comme d'ailleurs ils étaient verts et comme ils provenaient de grains de chlorophylle, mon opinion semblait avoir quelque fondement. Je suis heureux de constater que les études de M. Gautier viennent la confirmer. »

— M. *F. Perrier* lit un mémoire dans lequel il rend compte des travaux entrepris par la France et l'Espagne pour la jonction géodésique de ce dernier pays avec l'Algérie. Ces travaux sont aujourd'hui terminés, et l'un des résultats les plus importants de cette opération, c'est la connaissance d'un arc de méridien de 27°, le plus grand par conséquent qui ait été mesuré sur la terre et projeté astronomiquement sur le ciel.

— M. *Brown-Séquard* fait part à l'Académie de ses recherches expérimentales sur le système nerveux. Les faits mentionnés par l'auteur et d'autres encore, très nombreux, qu'il a également observés, tendent à établir l'existence d'une propriété toute spéciale du système nerveux qui se caractérise, dans les parties qui la possèdent, en ce que celles-ci peuvent, sous l'influence d'une irritation, déterminer soudainement ou à peu près une augmentation notable des propriétés ou des activités motrices ou sensitives d'autres parties de ce système. Un exemple fera mieux comprendre le phénomène dont il est question : après l'application du cautère actuel à la surface du cerveau chez des chiens, l'auteur a vu quelquefois une contracture extrêmement énergique se montrer immédiatement ou à peu près dans tout le train postérieur de l'animal. Si alors il coupait en travers la moelle épinière, au niveau de la dixième vertèbre dorsale, il trouvait presque toujours que la contracture persistait. Il y avait donc eu une augmentation considérable des propriétés desquelles dépend, dans la moelle, la tonicité musculaire. Il n'y avait aucune trace de congestion spinale, et l'irritation cérébrale n'avait pu agir que dynamiquement sur les cellules de la moelle, augmentant leur activité normale.

— MM. *Th. Schlœsing* et *A. Muntz* exposent les résultats de leurs recherches sur la nitrification. Ces recherches ont été entreprises dans le but de déterminer et d'étudier l'organisme auquel on doit attribuer le phénomène de la nitrification naturelle. Nous laissons la parole aux auteurs : « Nous avons montré précédemment, disent-ils, qu'en ensemençant des liquides appropriés, convenablement aérés, on produisait une nitrification rapide. C'est aux milieux liquides que nous nous sommes adressés; ils nous permettaient d'appliquer les méthodes de M. Pasteur à la culture et à l'étude du ferment. L'eau d'égout, clarifiée et stérilisée, se prête à ces recherches; on emploie également avec avantage des dissolutions alcalines étendues, contenant les matières minérales nécessaires, un sel ammoniacal, de la matière organique. On peut préparer ainsi des milieux parfaitement limpides, dans lesquels le microscope ne fait apercevoir aucun corps organisé. Ces liquides, chauffés à une température de 110°, dans les conditions convenables pour qu'aucun germe ne puisse s'y trouver, restent inaltérés pendant un temps illimité. Mais si dans ces milieux on introduit une trace de terreau, qu'on favorise l'accès de l'oxygène atmosphérique, soit en provoquant un barbotage d'air pur, soit en étalant le liquide sous une faible épaisseur en présence d'air filtré ou calciné, et qu'on maintienne une température convenable, on constate, au bout de peu de jours, la formation de nitrates. A ce moment, en examinant le liquide au microscope, on y voit, à côté de rares infusoires, d'abondants corpuscules paraissant légèrement allongés, de dimensions très faibles, offrant une grande analogie d'aspect avec les organismes que M. Pasteur a trouvés dans les eaux, auxquels il a donné le nom de *corpuscules brillants* et qu'il regarde comme les germes de bactéries. En se servant de ces liquides en voie de nitrification pour ensemencer d'autres milieux stériles et en observant les précautions nécessaires pour obtenir les cultures pures, on arrive à des liquides dans lesquels se produisent des nitrates, sans qu'on puisse y découvrir d'autre organisme que le corpuscule punctiforme dont nous venons de parler, et qui deviennent, à leur tour, aptes à l'ensemencement. Il nous paraît hors de doute que c'est à cet organisme qu'il faut attribuer l'oxydation de l'azote; nous le regardons comme le *ferment nitrique*. »

— M. *Valéry Mayet* communique ses observations sur les pontes du phylloxera ailé en Languedoc. L'auteur croit pouvoir affirmer : 1° que le département de l'Hérault est peu propre à produire la forme ailée; 2° que les quelques œufs pondus par cette forme se dessèchent pour la plupart; 3° que de loin en loin seulement les sexués peuvent apparaître et produire l'œuf d'hiver; 4° enfin, que la rareté des gallicoles vient confirmer non seulement les observations qui leur attribuent l'œuf d'hiver pour origine, mais encore la rareté très grande de cet œuf, tout en prouvant son existence.

— M. *H. Hammerl* a mesuré la chaleur spécifique des solutions d'acide chlorhydrique. Il a réuni dans un tableau les nombres qu'il a obtenus. Ces nombres ne se rapportent qu'aux chaleurs spécifiques des solutions concentrées.

— M. *Ph. Dirvell* fait connaître un nouveau mode de séparation qualitative et quantitative du nickel et du cobalt. Ce procédé, aux détails duquel nous renvoyons les intéressés, est fondé sur les faits suivants : Si l'on ajoute à la solution aqueuse du nitrate ou du sulfate de cobalt un excès d'une solution saturée à froid de sel de phosphore, mélangée à une solution de bicarbonate d'ammoniaque n'exhalant plus aucune odeur ammoniacale, il se forme dans la liqueur un précipité bleuâtre. Lorsqu'on chauffe lentement le mélange, l'équivalent d'acide carbonique en excès s'échappe d'abord; puis, en faisant bouillir quelques secondes, on sent une odeur ammoniacale bien marquée. A ce moment, on cesse de chauffer et on ajoute à la liqueur de 2^{cc} à 3^{cc} d'ammoniaque. Le précipité se redissout en grande partie, et l'on n'a plus qu'à chauffer doucement jusqu'à 100°, pour obtenir un précipité d'un beau pourpre tirant sur le violet, qui se dépose très rapidement. L'analyse assigne à ce précipité la formule $AzH^4O, 2CoO, PhO^5 + 2HO$. Il ne perd pas d'ammoniaque à 110° et se transforme, au rouge, en pyrophosphate $2CoO, PhO^5$. Une solution des sels correspondants de nickel, traitée de la même manière, ne donne qu'une liqueur d'un bleu pur, qui ne se trouble pas par la chaleur. En mélangeant les deux réactifs énoncés plus haut, en excès, avec une solution contenant du cobalt et du nickel, on obtient encore, en opérant de même, le précipité rouge de phosphate ammoniaco-cobalteux, tandis que la liqueur bleue surnageante contient le nickel en totalité. On peut, par ce moyen, déceler le cobalt dans le sulfate de nickel du commerce.

— MM. *B. Corenwinder* et *G. Contamine* adressent une note sur une nouvelle méthode pour analyser avec précision les potasses du commerce, c'est-à-dire la potasse contenue dans une solution quelconque. Voici, telle que l'exposent les auteurs, cette nouvelle méthode : « Ayant prélevé dans la solution une prise d'essai convenable, nous y versons un léger excès d'acide chlorhydrique; puis, sans nous préoccuper de l'acide sulfurique, de la silice, de l'acide phosphorique que cette prise d'essai peut contenir, nous l'évaporons au bain-marie, après y avoir ajouté une quantité suffisante de bichlorure de platine. Le chloroplatinate de potasse étant obtenu, nous le mettons en digestion avec de l'alcool à 95°, mélangé d'éther, et nous le lavons comme d'habitude avec le même liquide. Cette opération achevée, nous versons sur le filtre, à l'aide d'une pipette, de l'eau bouillante, jusqu'à ce que le chloroplatinate de potasse soit entièrement dissous, et nous recueillons le liquide filtré. D'autre part, nous faisons chauffer de l'eau contenant du formiate de soude, et, lorsqu'elle est en ébullition, nous y versons, avec précaution et peu à peu, la solution précédente de chloroplatinate de potasse. En peu d'instants, le liquide se décolore et le platine se précipite nettement en une poudre noire, qu'il suffit de laver, sécher, chauffer au rouge et peser, pour connaître avec exactitude la quantité de potasse contenue dans la solution et conséquemment dans la potasse brute ou raffinée dont on fait l'analyse.

— M. *H. Leloir* adresse une note sur les altérations de l'épiderme, dans les affections de la peau ou des muqueuses qui tendent à la formation de vésicules, de pustules ou de productions pseudo-membraneuses.

— M. *H. Viallanes* adresse le résultat de ses observations sur les glandes salivaires de l'échidné. Les glandes parotides, si constantes chez les mammifères, avaient échappé à l'attention de Cuvier et de M. Owen; ce dernier en nie même formellement l'existence. L'auteur a trouvé les parotides bien développées chez l'échidné; mais, au lieu d'être situées en avant du conduit auditif, elles sont situées bien loin en arrière, au niveau du milieu du cou. Chez l'échidné, il existe de chaque côté deux glandes sous-maxillaires, l'une profonde, l'autre superficielle. La glande sous-maxillaire profonde a été bien décrite par Cuvier et M. Owen. Son canal excréteur se dirige directement en avant, perce le grand muscle transverse qui constitue la couche superficielle du plancher de la bouche. C'est en ce point qu'il reçoit le canal excréteur de la glande sous-maxillaire superficielle. La glande sous-maxillaire superficielle est une masse glandulaire de couleur rosée, de forme ovalaire, un peu plus grosse que la parotide, immédiatement située sous la peau, appliquée contre le muscle pectoral. Le canal excréteur qu'elle émet est long de $0^m,09$; il se porte en avant en croisant le sterno-mastoïdien et va se jeter dans le canal excréteur de la sous-maxillaire profonde au point que nous avons indiqué plus haut. La glande sous-maxillaire superficielle est la première qui apparaisse quand on vient à dépouiller de ses téguments un échidné; elle a pourtant jusqu'à ce jour échappé à l'attention des anatomistes. Le canal excréteur commun de la glande sous-maxillaire profonde et de la glande sous-maxillaire superficielle présente une disposition des plus remarquables et qui avait échappé à l'attention de Cuvier et de Duvernoy. Cette disposition a été en partie décrite par M. R. Owen, qui la regarde comme unique dans la classe des mammifères. Le conduit excréteur, après s'être un peu dilaté, se dirige en avant en décrivant quelques flexuosités et diminuant assez rapidement de volume. Après avoir longé le bord interne du maxillaire inférieur, il atteint la symphyse du menton. De son côté interne se détachent des branches latérales qui, à leur tour, se divisent plusieurs fois et s'ouvrent sur le plancher de la bouche par des orifices fort nombreux, disposés sur une seule file longitudinale étendue de la base de la langue à la symphyse du menton.

BIBLIOGRAPHIE SCIENTIFIQUE

Nouveau Traité de chimie industrielle, par R. Wagner et L. Gautier, 2e édition française très augmentée. 2 forts volumes in-8°, formant ensemble 1800 pages avec 487 figures dans le texte (Paris, chez F. Savy, 1878-1879).

Nous annonçons à nos lecteurs que la 2e édition française de ce traité, publiée sur la dixième édition allemande par le Dr. L. Gautier, vient de paraître complètement. La première édition a été épuisée en quelques années. L'appréciation que nous avions donnée sur ce livre (1) n'a donc pas été démentie.

Ce livre répondait alors, et répond encore aujourd'hui à un besoin; car les autres traités de chimie industrielle que nous possédons en France sont vieillis et l'on aura de la peine à les rajeunir. Et pourtant, s'il est un livre qui s'impose aux fabricants, aux ingénieurs, aux chimistes, aux professeurs, c'est certainement celui qui peut, non seulement les initier aux difficultés de leur art, mais encore les tenir au courant des progrès de la science et de l'industrie. Faire l'historique de ces industries, les grouper méthodiquement, en donner les procédés, décrire en un mot l'ensemble des industries chimiques, tel est le but de cet ouvrage.

Mais comment ce but a-t-il été atteint? La science marche vite de notre temps et l'industrie est toujours prête à tirer profit aussitôt de ses découvertes, souvent minimes en apparence. De là les matériaux immenses, brevets d'inventions et publications industrielles, qui s'accumulent tous les ans, et parmi lesquels il s'agit de faire un choix judicieux. Ce choix est d'autant plus difficile que l'expérience seule, et une expérience prolongée, peut montrer la valeur des divers procédés, et les fabricants, en raison des intérêts matériels engagés, tiennent souvent secrets les résultats de leur étude, fussent-ils même défavorables. Il a fallu la personnalité de M. Wagner pour mener à bonne fin une telle œuvre. Savant et professeur, placé en dehors des entreprises industrielles, il n'a cessé de s'occuper de l'étude de l'industrie, en gardant une liberté d'action et de parole absolue.

La nouvelle édition est considérablement augmentée ; elle compte 1800 pages, au lieu de 1386 qu'avait la première. Les chapitres traitant de l'acier, de la soude, des superphosphates, de l'outremer, du sucre, du vin, de la bière, des bougies stéariques, et tant d'autres ont reçu des additions importantes, et la statistique des diverses branches de l'industrie française a été complétée. Ces additions, dues en grande partie au traducteur, M. le Dr. L. Gautier, étaient indispensables pour franciser l'ouvrage, si l'on veut nous permettre cette expression, c'est-à-dire pour y introduire les détails propres à notre industrie nationale. A cet égard, nous regrettons qu'en parlant de l'outremer artificiel, le traducteur n'ait pas rendu à Guimet ce qui lui appartient dans la découverte de cette matière colorante précieuse. Il est hors de doute que l'outremer artificiel a été préparé à peu près simultanément en 1827 par Guimet qui garda son procédé secret, et par Gmelin qui publia ses expériences. Il est donc inexact de dire, comme on le fait généralement en Allemagne, que cette découverte est due exclusivement à Gmelin, et qu'elle a été faite en 1822 comme l'indique l'ouvrage de M. Wagner. Bien

(1) *Revue scientifique* du 14 février 1874, 2e série, t. VI, p. 787.

plus, il résulte de lettres de Guimet que sa découverte est même antérieure de quelques mois à celle de Gmelin. Dès l'année 1828, Guimet parvint à livrer de l'outremer artificiel au commerce. C'est l'origine de cette florissante usine de Neuville-sur-Saône, dont le nom aurait au moins dû figurer, à côté de nombreuses usines allemandes, dans un traité de technologie chimique s'adressant au public français.

En nous plaçant toujours au même point de vue, celui d'adapter la traduction aux besoins français, nous aurions voulu que le tableau donnant la richesse en alcool et en extrait sec des vins de France, qui se trouve au chapitre vin, indiquât en même temps la teneur en crème de tartre et surtout de glycérine. La connaissance de ces chiffres est indispensable lorsqu'il s'agit de reconnaître l'addition d'eau au vin.

Ce sont là des critiques de détail. Le plan du livre est excellent; les divers chapitres sont nourris de faits, de nombreuses figures facilitent l'intelligence du texte, l'exécution typographique est belle. Avec de pareils éléments de succès, la nouvelle édition ne peut manquer d'être accueillie avec la même faveur que la première.

Publications nouvelles.

Nouvelle Géographie universelle, la terre et les hommes, par Élisée Reclus. — Tome V : L'Europe scandinave et russe, 1 magnifique volume in-8° jésus, contenant 9 cartes tirées à part et en couleurs, 200 cartes insérées dans le texte et 80 gravures sur bois d'après les dessins de MM. Barclay, Baudoin, Bénédict, Ph. Benoist, C. Delort, Hubert-Clerget, Lancelot, F. Lix, E. Ronjat, Riou, Sirouy, F. Schrader, Sorrieu, Taylor, Thérond, S. Vuillier, Th. Weber (Paris, librairie Hachette et Cie). Broché : 30 fr.; richement relié avec fers spéciaux, dos en maroquin, plats en toile, tranches dorées : 37 fr.

Ce volume complète la *Géographie de l'Europe.*

Pérou et Bolivie, voyage descriptif et archéologique, par Ch. Wiener, 1 magnifique volume in-8° jésus illustré de plus de 1 100 gravures, représentant des monuments, des types, des paysages, les armes, les ustensiles et les costumes des anciens habitants de ces contrées, et accompagné de 40 cartes ou plans (Paris, librairie Hachette et Cie). Broché : 25 fr.; relié, avec fers spéciaux, tranches dorées : 32 fr.

Histoire de Tobie, par Lemaistre de Sacy, enrichie de 14 grandes compositions gravées à l'eau-forte d'après les dessins originaux de Bida, par MM. Bida, Boilvin, Courtry, F. Flameng, L. Flameng, L. Gaucherel, Gilbert, E. Hédouin, Lefort, Lerat, Milius, Monziès, et de 42 têtes de chapitres, lettres ornées et culs-de-lampe, dessinés par Bida et gravés sur bois avec encadrements et titres imprimés en rouge, 1 magnifique volume format grand in-folio (Paris, librairie Hachette et Cie). Broché : 50 fr.; richement cartonné avec fers spéciaux : 60 fr.

Le Journal de la Jeunesse, nouveau recueil hebdomadaire illustré pour les enfants de 10 à 15 ans, année 1879. — Les sept premières années de ce nouveau recueil forment 14 magnifiques volumes grand in-8° et sont une des lectures les plus attrayantes que l'on puisse mettre entre les mains de la jeunesse. Elles contiennent des nouvelles, des contes, des biographies, des récits d'aventures et de voyages, des causeries sur l'histoire naturelle, la géographie, l'astronomie, les arts, l'industrie, etc., par Mmes Colomb, Emma d'Erwin, Zénaïde Fleuriot, Julie Gouraud, Marie Maréchal de Witt, née Guizot; MM. A. Assollant, H. de la Blanchère, Richard Cortambert, Léon Cahun, Ernest Daudet, Louis Énault, J. Girardin, Amédée Guillemin, Charles Joliet, A. Lévy, Xavier Marmier, Ernest Menault, Eugène Muller, Paul Pelet, Louis Rousselet, G. Tissandier, etc., et sont illustrées de 4000 gravures sur bois, dessinées par les premiers artistes (Paris, librairie Hachette et Cie). Prix de chaque année brochée en 2 vol. : 20 fr.

Histoire des Romains depuis les temps les plus reculés jusqu'à l'invasion des barbares, par Victor Duruy, membre de l'Institut, ancien ministre de l'instruction publique. Nouvelle édition enrichie d'environ 2500 gravures dessinées d'après l'antique et de 100 cartes ou plans. Tome II (de la fin de la deuxième guerre punique au premier triumvirat) illustré d'environ 500 gravures sur bois d'après l'antique et accompagné de 6 cartes et de 10 planches en couleurs. Un magnifique volume in-8° jésus (Paris, librairie Hachette et Cie). Prix broché : 25 fr., richement relié avec fers spéciaux, tranches dorées : 32 fr.

Histoire de la gravure, par G. Duplessis, sous-directeur adjoint au cabinet des estampes de la Bibliothèque nationale. Un magnifique volume in-8° jésus contenant 37 gravures en taille-douce, reproduites par l'héliogravure d'après les plus belles épreuves de gravures anciennes par Amand Durand, et 37 gravures en relief imprimées dans le texte (Paris, librairie Hachette et Cie). Prix broché : 25 fr.; relié avec fers spéciaux, tranches dorées : 32 fr.

Le Faust de Goethe. Première partie; traduction et préface nouvelles, par H. Blaze de Bury. Un magnifique volume in-8° colombier, imprimé sur papier à la forme fabriqué spécialement, contenant un portrait, et huit grandes compositions gravées à l'eau-forte par Lalauze et tirées hors texte. Chaque chapitre est orné en plus d'un entête et d'un cul-de-lampe spéciaux, gravés à l'eau-forte ou sur bois (Paris, A. Quantin, imprimeur-éditeur). Édition sur papier de Hollande à la forme, planches hors texte sur hollande, prix : 50 fr.

François Boucher, Lemoine et Natoire, par Paul Mantz, 1 magnifique volume in-folio petit colombier, avec 40 gravures hors texte et à l'eau-forte, et plus de 100 gravures dans le texte d'après les procédés nouveaux de reproduction directe (Paris, A. Quantin, imprimeur-éditeur). Cartonnage artistique, édition sur papier vélin et planches sur hollande; prix : 100 fr.

L'Art ancien et l'Art moderne à l'Exposition de 1878, publiés sous la direction de M. Louis Gonse, par les écrivains les plus autorisés et les plus compétents dans chaque partie. Deux magnifiques volumes in-8° grand colombier, imprimés sur papier teinté, avec couverture en deux tons, comprenant chacun plus de 500 pages et illustrés de plusieurs centaines de gravures dans le texte et de 45 planches à l'eau-forte et en couleurs, tirées hors texte (Paris, A. Quantin, imprimeur-éditeur). Prix de chaque volume, vendu séparément : 25 fr.

Nouveaux Éléments de physiologie humaine, comprenant les principes de la physiologie comparée et de la physiologie générale par H. Beaunis, médecin-major de 1re classe des hôpitaux militaires. — *Première partie,* 1 vol. grand in-8° de 464 pages avec de nombreuses figures dans le texte (Paris, J.-B. Baillière et fils, 1880). Prix : 20 francs. — La seconde partie est sous presse et sera livrée gratis aux souscripteurs.

A Manual of the anatomy of invertebrated animals, by Thomas-H. Huxley, membre de la Société royale de Londres, professeur à l'École royale des mines d'Angleterre. 1 vol. in-12 de 708 pages, avec 160 figures dans le texte. Nouvelle édition (Londres, chez J. et A. Churchill). Cartonné.

Traité de la science des finances, par Paul Leroy-Beaulieu, membre de l'Institut, professeur de finances à l'École libre des sciences politiques, directeur de l'*Économiste français.* Deuxième édition, revue, corrigée et augmentée. 2 forts volumes in-8° de 1500 pages (Paris, librairie Guillaumin et Cie). Broché : 20 fr.

CHRONIQUE SCIENTIFIQUE

Lycées nationaux. — On sait que les recettes budgétaires de l'année actuelle laisseront un excédent considérable. Sur cet excédent on va prélever 17 millions destinés à introduire dans les bâtiments des lycées des améliorations de tout genre.

De plus, le programme gouvernemental que viennent d'élaborer les quatre groupes de gauche à la Chambre des députés contient un article très important relatif aux lycées. Les prix de pension, qui ont été élevés à la fin de l'empire, seraient abaissés dans une proportion considérable. Aujourd'hui, la pension dans les lycées coûte beaucoup plus cher que dans la plupart des établissements ecclésiastiques, entretenus en partie par des fondations particulières, ou soutenus par des allocations sur les recettes de tout genre que font les évêques en dehors de leur traitement. Cette inégalité de prix n'est pas une des moindres causes du succès d'un grand nombre d'écoles cléricales. On doit donc se féliciter de la voir disparaître.

— Administration académique. — Par décrets en date du 1er décembre, rendus sur le rapport du ministre de l'instruction publique et des beaux-arts :

M. Aubertin, recteur de l'Académie de Nancy, ancien professeur à la Faculté des lettres de Dijon, est réintégré, sur sa demande, dans la chaire de littérature française de ladite Faculté.

M. Aubertin est nommé recteur honoraire.

M. Mourin, docteur ès lettres, agrégé d'histoire, maire d'Angers, est nommé recteur de l'Académie de Nancy, en remplacement de M. Aubertin.

— École vétérinaire d'Alfort. — Une révolte, dont les causes ne sont pas encore bien éclaircies, vient d'éclater cette semaine à l'École d'Alfort. Une consigne générale avait été infligée dimanche dernier à la suite des premiers faits contraires à la discipline; mais les élèves se sont tous échappés par des bâtiments en construction et sont d'ailleurs rentrés le soir. M. Tirard, ministre de l'agriculture et du commerce, vient de prendre un arrêté de licenciement ayant pour effet de renvoyer tous les élèves dans leurs foyers pour quinze jours et de suspendre toutes les bourses accordées dans la promotion, y compris les bourses militaires, dont les titulaires rentreront dans l'armée. L'arrêté ne laisse place qu'aux mesures de clémence individuelles.

— Collège de France. — Programme des cours du premier semestre 1879-1880. — Les cours sont ouverts depuis lundi 1er décembre 1879.

Mécanique céleste. — M. Jordan, suppléant, traitera de la théorie des équations, les jeudis et samedis, à midi et demi.

Mathématiques. — M. Ossian Bonnet, membre de l'Institut, Académie des sciences, remplaçant, développera quelques points de la théorie analytique des surfaces, les jeudis et samedis, à dix heures.

Physique générale et mathématique. — M. Maurice Lévy, suppléant, traitera de l'élasticité, notamment du problème de la transmission des chocs et des mouvements vibratoires et de ses applications, les mardis et vendredis, à une heure.

Physique générale et expérimentale. — M. Mascart traitera de la théorie des phénomènes électriques et magnétiques, les mardis et samedis, à dix heures et demie.

Chimie minérale. — M. Schützenberger fera son cours les mardis et samedis, à une heure et demie. Les leçons du mardi seront consacrées à l'analyse, et celles du samedi à diverses questions de chimie biologique.

Chimie organique. — M. Berthelot, membre de l'Institut, Académie des sciences, traitera diverses questions de philosophie chimique, les lundis et vendredis, à dix heures et demie.

Médecine. — M. Brown-Séquard fera l'histoire physiologique, pathologique et thérapeutique de l'inhibition (arrêt de propriété ou de fonction), les mardis et samedis, à dix heures du matin.

Histoire naturelle des corps inorganiques. — M. Fouqué étudiera les reproductions artificielles des minéraux et des roches cristallines, les jeudis et samedis, à neuf heures du matin.

Histoire naturelle des corps organisés. — M. Marey, membre de l'Institut, Académie des sciences, traitera de la chaleur animale, les mardis et samedis, à deux heures.

Embryogénie comparée. — M. Balbiani traitera des phénomènes généraux de l'évolution des animaux, particulièrement des vertébrés, les mardis et samedis, à une heure et demie.

Anatomie générale. — M. Ranvier traitera du système tégumentaire et des terminaisons nerveuses sensitives, les jeudis et samedis, à trois heures.

— Faculté de médecine et de pharmacie de Lille. — Par décret rendu sur la proposition du ministre de l'instruction publique, M. Folet, professeur d'anatomie à la Faculté de médecine de Lille, est transféré, sur sa demande, dans la chaire de pathologie externe, vacante par le décès de M. Morisson.

— Faculté de médecine et de pharmacie de Nancy. — Par décret du 22 novembre, M. Hergott, professeur de clinique obstétricale et gynécologie à la Faculté de médecine de Nancy, est nommé professeur de clinique obstétricale et accouchements (chaire transformée).

— Faculté de médecine de Paris. — *Cours auxiliaire d'anatomie pathologique.* — M. Lancereau, chargé de ce cours, l'a commencé le mardi 18 novembre, à 8 heures du soir, et le continue les mardis, jeudis et samedis à la même heure.

— Faculté de médecine de Paris. — *École pratique.* — Les docteurs étrangers et les élèves pourvus de seize inscriptions qui désirent suivre les travaux de dissections, opérations, etc., doivent adresser une demande écrite au doyen. Ils recevront, au secrétariat, une carte spéciale, après versement de 10 francs.

— Enseignement positiviste. — *Cours de morale pratique,* professé par M. Pierre Laffitte. — Ce cours, public et gratuit, a commencé dimanche, 30 novembre, à deux heures précises, 10, rue Monsieur-le-Prince.

— Nécrologie. — M. Allan Broun, astronome anglais, vient de mourir à Londres, à l'âge de soixante-trois ans. Il y a trente ans, il partait pour l'Inde, où il organisait, aux frais d'un prince indigène, le rajah de Travancore, un observatoire sur un pic élevé de 2000 mètres. C'est dans cet établissement que M. Broun apercevait, en 1872, un essaim de météorites surgissant dans le ciel à l'endroit où devaient apparaître les deux fragments de la comète de Biela. Sa mort arriva le septième anniversaire de cette observation remarquable. Depuis son retour en Angleterre, M. Broun s'est occupé de la propagande de ses doctrines météorologiques. Il cherchait à expliquer les irrégularités apparentes des saisons à l'aide de l'électricité cosmique et des taches du soleil.

— École spéciale d'architecture. — L'enseignement pendant le premier trimestre de l'année scolaire 1879-80, commencé le 10 novembre, comprend :

1° *Salle de dessin.* — *1re classe :* l'Atlas, du Puget; un Esclave, de Michel-Ange; l'Orateur, antique. — *3e classe :* Buste d'Antinoüs, Stèle de Délos, Entablement du temple de Vesta.

2° *Ateliers.* — *1re classe :* une Salle de conférences; un Hospice; un Hôtel de ville. — *3e classe :* un Indicateur de routes; une Maison de cultivateurs; un Portique.

3° *Amphithéâtres.* — *1re classe : Cours de stabilité des constructions.* — Professeur, M. Pillet, inspecteur de l'enseignement du dessin.

Cours de construction. — Professeur, M. Émile Trélat, architecte en chef du département de la Seine.

Cours d'économie politique. — Professeur, M. Courcelle-Seneuil, conseiller d'État.

3e classe : Cours de stéréotomie. — Professeur, M. Denise, architecte.

Cours de chimie générale. — Professeur, M. Moissan, chimiste.

Cours de géologie. — Professeur, M. Jannettaz, aide-naturaliste au Muséum d'histoire naturelle.

Cours d'ombre et de perspective. — Professeur, M. Pillet.

— *Le Tour du monde,* nouveau journal des voyages. — Sommaire de la 980e livraison (29 novembre 1879) : — L'Amérique équinoxiale, par M. Ed. André, voyageur chargé d'une mission par le gouvernement (1875-1876). — Texte et dessins inédits. — De Pasto à Tuquerrès. — Quatorze gravures de Riou, Maillart, E. Rongat et Sellier.

— Exploration des côtes glaciales de la Sibérie. — Une nouvelle expédition arctique ayant pour but d'explorer l'océan Glacial le long des côtes septentrionales de l'Asie sera entreprise d'ici un an par M. Nordenskiold.

Le courageux explorateur, qui revient en Suède après avoir heureusement franchi le détroit de Behring à bord de la *Véga*, écrit à M. Sibiriakoff, un des organisateurs de la dernière expédition, qu'il reprendra le cours de ses voyages dans les mers sibériennes en partant du fleuve Léna. Il explorera toutes les îles situées le long des côtes, et ses efforts tendront à ouvrir au commerce de nouveaux débouchés dans les régions du nord de l'Asie.

— Chemin de fer transsaharien. — Un crédit spécial de 600 000 fr.

vient d'être demandé à la Chambre des députés pour les études pratiques relatives à ce projet. Ce crédit a notamment pour but de payer les frais de voyage de deux commissions d'ingénieurs des ponts et chaussées, formées par le ministère des travaux publics et qui vont aller explorer la première partie du Sahara du côté de l'Algérie.

— Une élection politique a la Société centrale d'agriculture. — La Société nationale et centrale d'agriculture de France vient de nommer un associé libre. Deux candidats étaient sur les rangs : MM. le duc d'Aumale et Teisserenc de Bort, sénateur. Le premier a obtenu 9 voix, le second 21 ; il y a eu 6 bulletins blancs.

Les journaux du centre droit avaient appelé d'avance l'attention sur cette élection, en déclarant qu'elle avait un caractère politique.

— Muséum d'Histoire naturelle de Paris. — M. Renault, aide-naturaliste au Muséum d'histoire naturelle, chargé d'une mission de recherches par le ministre de l'instruction publique, a rapporté onze cents échantillons de plantes fossiles ou d'empreintes de plantes.

— Un Lycée a Passy. — Le ministre de l'instruction publique vient de rentrer en possession du legs Janson de Sailly, destiné à fonder à Paris un nouveau lycée. Ce lycée sera construit dans le XVIme arrondissement, non loin de l'avenue d'Eylau. Ce quartier, en effet, est entièrement dépourvu d'établissement d'enseignement secondaire. Bien que considérable, puisqu'il dépasse 1,200,000 francs, le legs Janson de Sailly sera encore insuffisant à la construction du nouveau lycée. Mais cet établissement étant indispensable, l'État et la ville de Paris sont disposés à faire des sacrifices pour compléter la somme nécessaire.

— Homœopathie et Cléricalisme. — Le dimanche, 23 novembre, une quête a été faite à l'église de Saint-Philippe-du-Roule au profit de l'hôpital homœopathique des Ternes, connu sous le nom d'hôpital Hahnemann. En annonçant cette nouvelle, les journaux cléricaux ajoutent que cet établissement a reçu dernièrement la visite de Mgr Richard, coadjuteur du diocèse de Paris, lequel a bien voulu administrer à deux malades le sacrement de la confirmation. Le prélat a visité ensuite l'Hôpital dans tous ses détails, en a approuvé l'installation et a donné aux sœurs de Saint-Vincent-de-Paul, qui le dirigent, ses meilleurs encouragements.

— Organisation du service des brancardiers militaires. — Parmi les services accessoires des troupes en campagne, il en est un qui a une importance capitale, surtout dans les armées telles qu'elles sont constituées de nos jours : c'est le service de santé. Jusqu'à présent, on paraissait s'en être peu occupé en France, malgré les innombrables lacunes et défectuosités que l'on avait pu constater dans ce service lors de la guerre avec l'Allemagne. Cependant une commission spéciale avait été réunie à l'effet de l'étudier et de le réorganiser.

Cette commission vient d'adresser enfin au ministre de la guerre un rapport duquel il résulte que, par suite de l'augmentation des effectifs et de la portée des projectiles, les ambulances divisionnaires, telles qu'elles étaient organisées jusqu'ici, ne peuvent plus fonctionner aussi près du champ de bataille qu'auparavant. Il a donc été reconnu nécessaire de les réduire à des moyens de transport et d'enlèvement de blessés, tandis que le personnel traitant et les ressources mises à la disposition de ces ambulances seront reportés à ceux du corps d'armée.

Le service de santé en campagne sera, en conséquence, établi sur de nouvelles bases. Il comprendra trois échelons, dits de première, de deuxième et de troisième ligne, complétés par les établissements hospitaliers permanents de l'intérieur. L'échelon de troisième ligne sera formé des hôpitaux provisoires à la suite de l'armée. L'échelon de deuxième ligne sera constitué par les ambulances d'évacuation.

Quant à l'échelon de première ligne, il n'existait pas jusqu'ici d'une façon régulière. Pour le constituer, le ministre a décidé, le 25 du mois dernier, la création, dans les corps de troupe d'infanterie, d'infirmiers et de brancardiers dont le recrutement sera assuré de façon à pourvoir aux deux parties qui composent cet échelon et qui sont : la première, le service régimentaire ; la seconde, le service des ambulances volantes.

Le service régimentaire aura pour but de relever les blessés, de les mettre à l'abri et de leur donner les premiers secours. Il sera exécuté par les médecins, les infirmiers et les brancardiers des corps de troupe. Les médecins et les infirmiers desserviront le poste de secours ; les brancardiers assureront le service de transport entre la ligne de bataille et le poste de secours.

L'organisation du service régimentaire est l'objet d'un nouveau règlement. Mais, comme elle ne peut être immédiatement exécutée, le ministre a adopté certaines dispositions transitoires afin d'avoir le plus tôt possible des infirmiers et brancardiers en quantité nécessaire et possédant l'instruction voulue. Les corps de troupe d'infanterie formeront deux infirmiers par an dans chaque bataillon, l'un appartenant à la classe la plus ancienne, l'autre à la seconde portion du contingent.

Ces corps de troupe feront donc passer, en 1880 et 1881, dans la réserve et la disponibilité, deux infirmiers régimentaires par bataillon et par année. Au bout de deux ans, on se trouvera dans les conditions normales, et il suffira, chaque année, de renvoyer dans la réserve trois ou quatre infirmiers par régiment d'infanterie.

L'instruction pratique et théorique de ces hommes sera confiée au médecin-major.

Quant à l'instruction des brancardiers, elle sera donnée immédiatement à tous les musiciens, tambours, ouvriers de la section hors rang, et, pendant les années 1880 et 1881, à un homme de la seconde portion du contingent par compagnie. Cette instruction comprendra quinze à vingt séances théoriques de deux heures pendant l'hiver et quatre ou cinq exercices pratiques pendant la belle saison. Elle sera dirigée, sous la surveillance des chefs de corps, par les médecins qui seront assistés par les infirmiers et par les gradés chargés de commander les brancardiers sur le champ de bataille.

Dans l'avenir, l'enseignement qui doit être donné à ceux-ci et aux infirmiers sera déterminé réglementairement. En attendant, toute initiative est laissée aux chefs de corps et aux médecins-majors pour établir la marche et la méthode de leur instruction, en se conformant toutefois à un programme sommaire annexé à la décision ministérielle du 25 novembre.

— Nécrologie. — On annonce la mort de M. A. Chevalier, chimiste, officier de la Légion d'honneur, professeur à l'École supérieure de pharmacie de Paris, membre de l'Académie de médecine et du Conseil d'hygiène du département de la Seine.

— La libre lecture des revues a la bibliothèque Sainte-Geneviève. — La bibliothèque Sainte-Geneviève a inauguré, depuis la rentrée des classes, un service qui est déjà fort apprécié par le public des collèges et des facultés qui fréquente cet important établissement.

C'est un recueil de journaux périodiques, qui sont mis sur une table spéciale à la disposition des lecteurs. Ceux-ci n'ont besoin, pour s'en servir, de s'adresser à personne ; ils les trouvent rangés, par ordre alphabétique, dans d'élégants cartonnages, sur lesquels est collée la couverture du recueil lui-même.

Naturellement, c'est la dernière livraison parue qui est enfermée sous chacun de ces cartonnages, et, à voir l'empressement du public à user de ce supplément de moyen d'étude, on sent combien la bibliothèque Sainte-Geneviève a fait là une chose utile pour la jeunesse studieuse.

Ce service a été entièrement organisé pendant les vacances scolaires, et les étudiants, à leur rentrée, l'ont trouvé fonctionnant parfaitement et en ont sur-le-champ apprécié la valeur. Il y a là plus de cent recueils de droit, de médecine, de sciences, de littérature, soit française, soit étrangère.

Sur la table d'étude ne figure que la livraison courante, mais dans les casiers disposés en face se trouvent toutes les livraisons de l'année, que le public peut avoir sur-le-champ. L'administration de la bibliothèque Sainte-Geneviève, à qui l'on doit cette heureuse innovation, a compris que la science doit être portée immédiatement à la connaissance du public travailleur, et qu'il ne faut pas attendre, comme on le faisait autrefois, et comme on le fait encore en beaucoup d'autres établissements, que l'année d'un recueil périodique soit complète et qu'on ait eu le temps de la relier pour la communiquer aux lecteurs.

La bibliothèque Sainte-Geneviève est la première qui ait mis un si grand nombre de recueils périodiques courants à la disposition du public, lequel ne regrette pas cette amélioration, comme on peut s'en convaincre à chaque séance. Le bureau des bibliothèques au ministère de l'instruction publique a, de son côté, fortement contribué au développement de ce service, et ne cesse de lui prêter un utile concours en fournissant les recueils que la bibliothèque juge utiles à l'instruction de son public, mais que l'établissement de la rive gauche, qui a ses séances du soir de plus que la Bibliothèque nationale, et qui est loin de posséder les mêmes ressources et les mêmes avantages, n'aurait pas pu se procurer.

Le propriétaire-gérant : Germer Baillière.

PARIS. — Impr. J. CLAYE. — A. QUANTIN et Cie, rue St-Benoît. [2165]

LA

REVUE SCIENTIFIQUE

DE LA FRANCE ET DE L'ÉTRANGER

REVUE DES COURS SCIENTIFIQUES (2^E^ SÉRIE)

DIRECTEUR : M. ÉMILE ALGLAVE

2e SÉRIE — 9e ANNÉE | NUMÉRO 24 | 13 DÉCEMBRE 1879

MUSÉUM D'HISTOIRE NATURELLE DE PARIS

ZOOLOGIE

COURS DE M. EDM. PERRIER

Rôle de l'association dans le règne animal.

L'un des caractères de l'enseignement du Muséum a toujours été d'avoir une influence considérable sur les hommes qui en sont chargés.

Forcé, par la nature même de cette institution, de se tenir toujours à la limite de ce que l'on sait et de ce que l'on cherche, de ce qui est acquis définitivement à la science et de ce qui fait l'objet de ses aspirations, obligé de coordonner les plus récentes découvertes avec celles qui les ont précédées, de faire l'épreuve des théories ou des idées nouvelles, de relier les matériaux qui s'accumulent sans relâche aux pierres d'attente du vaste édifice scientifique, le professeur voit peu à peu les lignes de cet édifice se modifier; il contribue lui-même à l'accomplissement de leurs métamorphoses et termine parfois son cours sous l'empire d'autres idées que celles qui l'avaient inspiré.

J'avoue sans embarras, messieurs, avoir subi cette influence. Je commençais l'an dernier une série d'études sur le transformisme; je n'avais aucun parti pris relativement à cette puissante doctrine. Si des idées générales que j'ai eu l'honneur de vous exposer dans une de mes premières leçons (1) m'attiraient vers elle, j'avais aussi présentes à l'esprit les objections, sans cesse répétées, que lui font les plus illustres des naturalistes français, et, parmi eux, les hommes que j'aime et que je vénère le plus. Il m'a semblé cependant, au cours de mes leçons, que ces objections n'avaient rien d'insurmontable, qu'elles s'attaquaient à des façons de concevoir l'évolution des êtres qui n'avaient rien de nécessaire et laissaient parfaitement intact le fond même de la doctrine. Remontant la série des organismes, depuis les plus humbles jusqu'aux plus parfaits, cherchant entre eux non pas des différences, mais bien des rapports, j'ai cru voir qu'une loi simple et très générale avait présidé à leur formation, qu'ils étaient dérivés les uns des autres par un procédé constant, et je me suis trouvé avoir ajouté quelques arguments de plus à la théorie de la parenté généalogique des espèces.

La loi dont je vous demande la permission de vous entretenir aujourd'hui peut être désignée du nom de *loi d'association*. Le procédé suivant lequel elle a produit la plupart des organismes, c'est la *transformation des sociétés en individus*.

Du jour où l'on a constaté que tout être vivant était composé de corpuscules microscopiques plus ou moins semblables entre eux, du jour où l'on a vu de tels corpuscules, capables de vivre d'une vie indépendante, constituer à eux seuls les plus simples des organismes, on a songé à comparer les animaux et les végétaux les plus élevés à de vastes associations d'individus distincts, représentés chacun par un de ces corpuscules vivants, par une de ces *cellules*, pour me servir du terme adopté par les anatomistes. Dans un même animal, les cellules peuvent revêtir un grand nombre de formes variées, de propriétés physiologiques diverses. Ces propriétés, ces formes ne sont en rien modifiées par le voisinage de cellules différentes. Au sein d'un organisme, chaque cellule vit comme si elle était seule, c'est-à-dire que, s'il était possible d'isoler une cellule du corps humain, de la placer dans un milieu nutritif semblable à celui qui l'entoure normalement, cette cellule continuerait à vivre, à se nourrir, à se développer, à se reproduire, à exercer, en un mot, toutes ses fonctions physiologiques, exactement comme auparavant. Il y a plus; dans l'organisme même, la vie de chaque cellule est tellement indépendante de celle de ses voisines, qu'il est possible de tuer toutes les cellules d'une même espèce sans porter atteinte aux autres : Claude Bernard a montré que le curare empoisonne les éléments qui terminent les nerfs moteurs, abolissant ainsi tous les mou-

(1) *Revue scientifique* du 22 mars 1879, 2e série, 8e année, p. 890.

vements sans altérer en rien les autres parties du système nerveux, laissant, en particulier, absolument intacte la sensibilité. C'est à la suite de ses recherches sur le curare qu'il a proclamé, plus nettement qu'on ne l'avait fait avant lui, le principe de l'*indépendance des éléments anatomiques.*

Ainsi, non seulement, dans les organismes, les individus élémentaires sont parfois fort dissemblables entre eux, mais encore ils conservent, en dépit des liens qui les unissent, toute leur personnalité. Chacun vit à sa guise, se bornant d'ordinaire à conserver avec ses concitoyens des rapports de bon voisinage. On peut donc comparer un animal ou un végétal à une ville populeuse, où florissent de nombreuses corporations, dont les membres exercent, chacun pour son compte, une industrie particulière et contribuent d'ailleurs à la prospérité générale, grâce à l'activité des échanges qui s'accomplissent partout : dans les organismes élevés, une corporation spéciale, sans cesse en mouvement, est l'intermédiaire ordinaire de ces échanges; les globules sanguins sont de véritables commerçants, traînant après eux, dans le liquide où ils nagent, le bagage compliqué dont ils font trafic.

De même qu'on avait employé toutes les comparaisons que peuvent fournir les degrés de parenté, pour exprimer les rapports que les animaux présentent entre eux avant de supposer qu'ils fussent unis par une parenté réelle, qu'ils fussent effectivement consanguins, de même on n'a jusqu'à présent cessé de comparer les organismes à des sociétés ou les sociétés à des organismes, sans voir dans ces comparaisons autre chose que de simples vues de l'esprit.

Nous sommes, au contraire, arrivés, l'an dernier, à cette conclusion que l'association avait joué un rôle considérable, sinon exclusif, dans le développement graduel des organismes; nous en avons trouvé des preuves absolument convaincantes dans l'histoire des Polypes et dans celle des Vers; les liens de ceux-ci avec les Arthropodes ne sont douteux pour personne; nous avons pu faire entrevoir déjà comment ces mêmes Vers se reliaient aux Mollusques et aux Vertébrés. La théorie s'étend donc au règne animal tout entier.

Je compte cette année examiner avec vous la nature et la valeur des preuves que l'on a données d'une parenté intime entre les Mollusques ou les Vers et les animaux Vertébrés. Je chercherai à appliquer à ces êtres les lois auxquelles nous sommes arrivés par l'étude des animaux plus simples; il importe donc, au début de ces études, de rappeler les lois et de montrer par quelle voie on peut arriver à les établir.

Tout d'abord, qu'entendons-nous par association? Quand nous disons que les organismes animaux ont été en très grande partie produits par la transformation de sociétés animales en individus, qu'entendons-nous par ce terme *sociétés?* Est-ce à dire que toute société d'êtres vivants soit un individu en voie de formation? En dehors de l'homme, nombre d'animaux vivent associés et leurs sociétés sont parfois admirablement policées. Tout le monde connaît les mœurs sociales des chiens, des antilopes, des castors, de beaucoup d'oiseaux; tout le monde a été frappé d'admiration en entendant le récit des opérations complexes et parfaitement coordonnées qui s'accomplissent dans les sociétés d'abeilles, de fourmis, de termites. Est-ce à dire que de telles sociétés puissent jamais former de véritables individus? Non, sans doute; mais il existe d'autres sociétés animales dans lesquelles les rapports des individus sont autrement étroits. Là chaque individu est non seulement en contact immédiat, mais encore en continuité de tissus avec ses voisins. On donne à ces sociétés le nom de colonies que quelques naturalistes ont récemment changé en celui de *Cormus,* d'apparence plus savante. Les individus constituant ces colonies ou ces *Cormus* ne sont pas toujours indissolublement unis entre eux. Ils peuvent se séparer de leurs compagnons, vivre isolés plus ou moins longtemps, former même de nouvelles colonies, et affirmer ainsi d'une façon indiscutable leur indépendance. On peut trouver dans un même groupe zoologique des espèces assez voisines dans lesquelles les individus vivent toujours solitaires ou sont, au contraire, toujours associés. Tel est le cas du groupe particulièrement remarquable des Polypes ou Acalèphes.

L'une des espèces de ce groupe, l'Hydre brune, est commune dans nos eaux stagnantes et jusque dans les bassins de jardin des plus faibles dimensions. Elle n'a cessé d'exciter l'intérêt des naturalistes et des philosophes depuis que Trembley a fait connaître ses merveilleuses facultés. Ces hydres vivent ordinairement solitaires; mais fréquemment on voit les plus grands individus en porter de plus petits sur les parois de leur corps; sur une hydre conservée en captivité, on peut suivre pas à pas leur développement. Ce sont d'abord de simples bosselures au centre desquelles pénètre un prolongement de la cavité du corps de la mère. Cette bosselure grandit, bientôt il lui pousse des tentacules; une bouche s'ouvre au milieu de la couronne formée par ces derniers. La jeune hydre est, comme sa mère, un simple sac dont la paroi est composée par une double rangée de cellules, et dont la cavité, jouant le rôle d'estomac, communique directement avec l'estomac de la mère, si bien que les contractions du corps peuvent envoyer toute nourriture capturée par l'une dans l'estomac de l'autre et inversement. La mère et la fille vivent plus ou moins longtemps dans cette étroite communauté; mais quand la fille a atteint une certaine taille, elle se détache, va se fixer sur quelque feuille voisine, où elle chasse pour son compte. Bientôt la mère et la fille ne pourront plus être distinguées l'une de l'autre, et chacune, pendant toute la belle saison, ne cessera de produire des hydres nouvelles.

Toutefois, dans les eaux plantureuses, dans les eaux riches en gibier, ou en captivité, quand la nourriture abonde, les choses se passent un peu différemment. Chaque hydre conserve sa progéniture; les petits grandissent, produisent à leur tour des hydres nouvelles sans se séparer de leur mère; une véritable société se fonde. Trembley a longtemps conservé une hydre qui ne portait pas moins de vingt-deux petits de quatre générations différentes. C'était un arbre généalogique vivant.

Ce qui n'est réalisé qu'accidentellement chez l'hydre commune devient absolument normal chez une autre espèce d'eau douce, le *Cordylophora lacustris,* et chez la plupart des hydraires marins, où les colonies sont souvent formées d'innombrables individus; mais alors apparaît un phénomène nouveau. La vie sociale se complique : une véritable *division du travail* s'opère entre les membres d'une même colonie. D'abord tous étaient semblables entre eux; tous accomplissaient les mêmes fonctions de la même manière; bientôt chacun se spécialise. Celui-ci se consacre exclusivement à la chasse, cet autre à l'élaboration des matières nutritives, ce troisième à la reproduction, en sorte que tous ces individus, qui primitivement n'avaient aucun besoin les uns des autres, ne demeuraient unis que par une sorte de nonchalance, se deviennent réciproquement nécessaires, et la société acquiert, par cela même, une cohérence plus grande, tous ses membres étant désormais solidaires. Dans les Hydractinies, on ne compte pas moins de sept sortes d'individus, à savoir :

1° Des individus nourriciers ou gastrozoïdes;

2° Des individus préhenseurs ou dactylozoïdes pourvus de bouquets de capsules urticantes;

3° Des dactylozoïdes sans bouquets urticants;

4° Des individus défenseurs;

5° Des individus reproducteurs, chargés de produire les individus sexués;

6° Des individus mâles;

7° Des individus femelles.

Ces individus ne se distinguent pas seulement par les fonctions qu'ils remplissent, ils se distinguent aussi par leur forme extérieure, de sorte qu'à chaque fonction spéciale correspond une sorte particulière d'individus. Chacun prend, pour ainsi dire, la figure de son emploi, s'élève en même temps dans l'échelle organique ou rétrograde au contraire, de sorte que la *division du travail* entraîne là, comme dans les sociétés humaines, l'*inégalité des conditions*. L'espèce devient ainsi *polymorphe*.

Des sept sortes d'individus qui composent une colonie d'Hydractinies, les individus nourriciers seuls semblent capables de se suffire à eux-mêmes. Les autres sont dépourvus de bouche et de tentacules; les individus sexués sont réduits à de simples sacs; les individus défenseurs semblent n'être que des épines cornées entre lesquelles les polypes peuvent se retirer. En présence de ces faits, il semble que ce soit une exagération d'attribuer la qualité d'individus à ces diverses parties; ce sont là, dira-t-on, tout simplement des organes. Mais des organes de qui? Ils sont tout aussi indépendants les uns des autres, tout aussi indépendants des individus nourriciers que ceux-ci peuvent l'être de leurs semblables. Ce ne sont donc pas des organes de ces polypes. Veut-on voir en eux des organes de la colonie? C'est déjà reconnaître implicitement à la colonie un caractère individuel, admettre par conséquent la transformation que nous cherchons à démontrer. Mais comment une colonie a-t-elle pu acquérir de semblables organes? D'où peuvent-ils provenir, sinon d'une transformation des individus qui la composent?

Nous n'avons d'ailleurs pas besoin d'hypothèses pour démontrer que ces *organes coloniaux* sont les équivalents de véritables individus. Les bourgeons qui donnent naissance aux diverses sortes d'individus dans une colonie d'Hydractinies naissent tous de la même façon; ils sont pendant longtemps tellement semblables entre eux que rien ne permettrait de les distinguer; c'est une première présomption en faveur de leur équivalence; mais, dans le type voisin des Podocarynes, on voit l'humble sac qui représente l'individu sexué être remplacé, sans que la colonie éprouve aucune autre modification, par un être des plus actifs et des plus élégants, bien plus élevé que l'hydre elle-même, par une méduse, qui se détache lorsqu'elle est arrivée à maturité et se met à nager activement dans l'eau dont elle possède toute la transparence.

Ces méduses constituent la forme la plus générale des individus sexués dans le groupe des Polypes hydraires; mais elles sont elles-mêmes très polymorphes. D'une espèce à l'autre, leur forme se modifie; on les voit s'arrêter à tous les degrés de développement, parfois se réduire à l'état d'un simple bourgeon, parfois, quoique complètes, cesser seulement de devenir libres et terminer leur existence sur la colonie où elles sont nées.

Dans tout un groupe de Polypes, ces méduses ou leurs équivalents s'associent avec l'individu reproducteur pour former une unité nouvelle, une sorte de petite colonie à part, qu'on pourrait prendre, elle aussi, pour un organe particulier dont la composition présente les plus curieuses analogies avec celle d'une fleur. Cet *appareil* reproducteur a sa loge à part, le *gonangium*.

Faisons un pas de plus et nous allons voir ces méduses, dont l'individualité est plus caractérisée encore, s'il est possible, que celle des Polypes, descendre elles-mêmes au rang d'organes dans des colonies plus complexes.

Toutes les colonies d'hydres ne vivent pas fixées aux objets sous-marins. Il en est qui mènent une existence vagabonde. On les a prises souvent, non sans raison, du reste, pour des animaux simples, analogues aux méduses, et désignés sous le nom de *Siphonophores*, qui leur est demeuré. Elles atteignent parfois une grande taille : la variété, le nombre, la profusion, dirai-je, des parties qui les composent, aussi bien que l'éclat de leur couleur et l'incomparable beauté de leurs formes ont toujours été, pour les naturalistes comme pour les marins, un sujet de profonde admiration. Or chacune de ces parties est l'équivalent d'une hydre ou d'une méduse. Dans une Agalme nous trouvons, comme chez les Hydractinies, des individus nourriciers munis d'un long tentacule dont le seul contact produit un sentiment de brûlure des plus vifs; sorte de *filament pêcheur*, capable, dans les grandes espèces de Siphonophores, de capturer même des poissons. — A côté de ces individus nourriciers, on trouve des individus sans bouche qui ne sont autre chose que des individus reproducteurs, au voisinage desquels se trouvent les individus sexués, dont la forme est très voisine de celle des méduses. — Tous ces individus sont fixés à un axe commun qui flotte en serpentant dans l'eau où il est soutenu par une sorte de cloche aérifère formant son extrémité supérieure; deux séries de méduses stériles, réduites à leur ombrelle, semblent au-dessous de cette cloche une équipe de rameurs auxquels la colonie tout entière abandonne le soin de la mouvoir.

Ces diverses parties sont trop semblables, sous tous les rapports, aux hydres et aux méduses pour qu'on puisse songer u seul instant à leur refuser le caractère d'individus; l'Agalme et les autres siphonophores sont donc de véritables sociétés, de véritables colonies. Mais ici la plupart des individus ne peuvent sans danger de mort être séparés de leurs semblables; bien plus, tous coordonnent leurs mouvements dans certains cas pour permettre à la colonie d'accomplir certains actes. On voit fréquemment, par exemple, les Physales virer de bord et alors tous les individus de la colonie concourent à cette opération. Il y a donc une volonté qui les domine, volonté qui ne peut puiser les motifs de ses déterminations que dans l'existence d'une sorte de conscience sociale, élevant la colonie tout entière au rang d'unité psychologique. Composé d'individus équivalant chacun à ces hydres ou à ces méduses que nous avons vues vivre librement, isolées, et se suffire ainsi à elles-mêmes, tout siphonophore doit être cependant considéré à son tour comme un animal unique, comme un véritable individu, d'ordre plus élevé. Ici la transformation de la colonie en individu est en quelque sorte flagrante. Le siphonophore est un animal dont tous les organes sont autant d'animaux distincts jouant chacun un rôle particulier. On voit d'ailleurs peu à peu ces animaux-organes devenir de moins en moins indépendants. Ils se rapprochent les uns des autres, viennent se ranger régulièrement autour d'un individu central qui prédomine, et finissent par former tous ensemble un être, comme la Porpite ou la Vélelle, où nul ne songerait à voir autre chose qu'un animal indécomposable, si les études portant sur les types voisins ne venaient révéler leur véritable nature.

C'est encore ainsi que tout le monde a jusqu'à présent considéré les anémones de mer, les polypes des madrépores et du corail, comme des organismes simples, des individus primitifs, alors qu'ils doivent à notre avis leur origine à un phénomène tout semblable à celui qui a produit les porpites et les vélelles, et résultent, eux aussi, de la réunion de trois sortes de Polypes hydraires. Les belles recherches de Moseley sur les polypes de la famille des Stylasteridæ en fournissent une preuve inattendue. A ne considérer que leurs parties calcaires, tous ces êtres semblent être de vrais madrépores : le premier doute sur leur véritable nature fut élevé par Louis Agassiz au sujet des millépores.

Entre un polype coralliaire et un polype hydraire, la différence est considérable. L'un est un simple sac portant un nombre variable avec les espèces, quelquefois avec les individus, mais constant pour chacun d'eux pendant la plus grande partie de leur existence, de tentacules ordinairement pleins, simples appendices de la paroi du corps. L'autre est formé d'un sac stomacal, ouvert par le bas, autour duquel viennent se ranger des tentacules creux, dont le nombre augmente souvent avec l'âge du polype. Ces tentacules libres dans leur partie supérieure, soudés par le bas, formant ainsi la paroi du corps du polype, s'ouvrent intérieurement, comme le sac stomacal, dans une vaste cavité dont le pourtour se trouve, en conséquence, divisé par les parois soudées de deux tentacules voisins en autant de loges qu'il y a de tentacules. Sur les cloisons de ces loges se développe l'appareil reproducteur qui semble ainsi contenu dans la cavité du corps du polype, tandis qu'il apparaît, en général, chez les Polypes hydraires sous la forme d'un bourgeon extérieur.

Le Polype coralliaire est donc construit sur un type fort compliqué relativement au Polype hydraire, et c'est ce dernier type que nous trouvons réalisé d'une façon très nette chez les Stylastéridés. Leurs colonies présentent le polymorphisme propre aux hydraires. On y trouve constamment des individus nourriciers ou gastrozoïdes, des individus pourvoyeurs ou dactylozoïdes, et des individus reproducteurs ou gonozoïdes. Chez les *Spinipora, Sporadopora, Pliobothrius, Errina,* ces diverses sortes d'individus sont parfaitement indépendants les uns des autres; un simple réseau vasculaire répartit entre eux les aliments saisis par les dactylozoïdes et élaborés par les individus nourriciers ou gastrozoïdes.

Mais, chez les Millépores, le gastrozoïde prend décidément la prédominance. Membre important de la colonie, puisque c'est lui qui prépare à tous la nourriture, il attire autour de lui les dactylozoïdes et les individus reproducteurs ou gonozoïdes; tous viennent se ranger en cercle autour de l'individu principal, sans cependant contracter avec lui aucun lien intime.

Chez les *Astylus,* les *Stylaster,* les *Cryptohelia,* ce mouvement de concentration autour du gastrozoïde s'accentue, un espace vide se forme au-dessous de lui; ses tentacules, rendus inutiles par le voisinage des dactylozoïdes, finissent par disparaître, il se réduit à un simple sac digestif, autour duquel les dactylozoïdes fonctionnent exactement comme les tentacules d'un polype coralliaire. Chaque système a bien décidément, cette fois, une individualité propre; un pas de plus, les dactylozoïdes, encore distincts sur toute leur longueur, se soudent par leur base et viennent s'accoler au gastrozoïde; les gonozoïdes suivent ce mouvement. Ces diverses parties sont désormais trop près pour qu'il soit nécessaire d'un système vasculaire particulier pour les faire communiquer ensemble; les vaisseaux qui les unissaient ne sont plus que de simples perforations de leur paroi, qui toutes viennent s'ouvrir dans l'espace vide situé au-dessous du gastrozoïde, et dans lequel pénètrent, eux aussi, les gonozoïdes; mais cet ensemble, le plus habile naturaliste ne saurait dès lors le distinguer de ce que nous appelons un Polype coralliaire.

L'individu, chez les Polypes coralliaires, est donc une association de parties de forme différente, dont chacune est équivalente à un Polype hydraire.

Un Polype coralliaire, pourvu de douze tentacules, est la somme d'un nombre considérable de Polypes hydraires, à savoir : un gastrozoïde, douze dactylozoïdes et un nombre indéterminé de gonozoïdes. Il s'est formé à l'aide de Polypes hydraires, comme la fleur à l'aide des feuilles de la plante qui la porte, ou mieux encore, comme la fleur composée à l'aide de ses fleurons. Le phénomène qui a produit ce Polype est le même qui a produit la Porpite ou la Vélelle : la *formation de la colonie* ou l'*association,* la *division du travail physiologique,* l'*apparition du polymorphisme,* enfin la *concentration des parties* ainsi élaborées, telle est, au point de vue de la forme, la succession des phénomènes qui marquent la transformation des Polypes hydraires en Vélelles ou en Anémones de mer. Les Polypes hydraires sont les matériaux bruts qui sont d'abord amenés sur le chantier, puis façonnés et définitivement assemblés pour former ces individualités supérieures.

Tandis que ces phénomènes s'accomplissent dans l'ordre morphologique, d'autres se manifestent dans l'ordre physiologique.

Les individus associés n'ont d'abord rien de commun, si ce n'est la nourriture, que tous sont capables d'élaborer, mais qui passe des uns aux autres, de manière que tous les membres de la colonie soient également partagés; c'est bien là, à la vérité, un commencement de solidarité, mais chaque Polype n'en possède pas moins sa personnalité propre; il a sa volonté particulière, ne communique pas à ses voisins les sensations qu'il éprouve; on peut le blesser, l'enlever même, sans que ceux-ci en aient conscience. Mais à mesure que la colonie devient plus cohérente, les sensations rayonnent de plus en plus loin autour du Polype, qui les éprouve; bientôt tous les individus ressentent les actions exercées sur un quelconque d'entre eux; une *conscience coloniale* apparaît ainsi au-dessus de la conscience individuelle, et, finalement, une volonté unique fait plier sous sa loi toutes les volontés particulières. A ce moment, un nouvel individu s'est définitivement constitué.

N'est-ce pas la loi même qui préside à la transformation

des peuplades sauvages en nations policées? Les nations, les simples corporations mêmes n'ont-elles pas une conscience, une volonté qui leur est propre? Ne deviennent-elles pas, elles aussi, de grandes unités que l'on désigne d'un mot dans le langage courant?

Les transformations que nous avons pu suivre pas à pas dans la classe des Polypes ne sont pas particulières à ces animaux. Il serait tout aussi facile, et nous l'avons fait l'an dernier, de montrer comment des formes simples se sont de même associées dans l'embranchement des Vers, pour conduire aux formes compliquées; il serait tout aussi facile de retrouver dans ce groupe intéressant les lois auxquelles nous ont conduits l'étude des Polypes. Il y a longtemps déjà que Van Beneden, professeur à l'université catholique de Louvain, a affirmé que chacun des anneaux d'un Tœnia était l'équivalent d'un Trématode, d'une Douve, plus longtemps encore que les anneaux d'un Ver, d'un Insecte ont été considérés par les naturalistes comme des unités toutes équivalentes entre elles, toutes formées des mêmes parties, ayant chacune une individualité réelle; le nom de Zoonite, qui leur a été donné, rappelle même qu'on avait quelque tendance à les considérer comme de véritables *animaux élémentaires*, ce qui eût fait de leurs associations des colonies. La faculté que possède, chez certains Vers, chacun de ces animaux de s'individualiser en formant une colonie nouvelle, témoigne hautement de la justesse de cette vue : le polymorphisme et la concentration des parties suffisent encore à expliquer comment un Péripate ou un Myriapode ont pu se transformer en Arachnides ou en Insectes, comment les divers Crustacés sont sortis d'une souche commune, comment, d'une autre forme de colonie, ont pu provenir tous les Vers annelés.

On a soutenu d'autre part, à diverses reprises, que les oursins, les étoiles de mer, les ophiures, n'étaient que des colonies de vers soudés par la tête; ce sont bien tout au moins des colonies, mais d'une nature toute particulière.

Peut-on en dire autant des mollusques et des vertébrés, dont toutes les parties nous paraissent si intimement fusionnées, et qui sont les géants de la création, puisque certains calmars ne le cèdent en rien pour la taille aux reptiles les plus énormes?

Existe-t-il des formes simples dont l'association puisse nous expliquer la merveilleuse organisation de ces types supérieurs de la création, comme nous avons expliqué la formation des siphonophores, des coralliaires, des échinodermes, des vers et des arthropodes?

C'est ce que nous aurons à examiner dans les leçons de cette année; mais il est important de remarquer que, quel que soit le résultat auquel nous arrivions, la généralité du principe d'*association* n'en recevra aucune atteinte. Si, contrairement à ce que nous avons pu pressentir dans nos précédentes études, ces individualités simples n'existaient pas, il faudrait en effet comparer les mollusques et les vertébrés aux individus primordiaux dont les combinaisons ont produit les autres types, et que nous retrouvons encore à la base de tous les grands groupes du règne animal. Or, comment ces individus ont-ils eux-mêmes pris naissance?

Les hydres et d'autres organismes analogues vont nous répondre. On peut couper une hydre en autant de morceaux que l'on voudra. Chacun des morceaux, loin de mourir, continue à se développer et finit par reformer une hydre complète. Que conclure de là, sinon que ces diverses parties sont aussi indépendantes les unes vis-à-vis des autres que les polypes, formant une des colonies les plus inférieures, le sont à l'égard de leurs semblables? Chaque cellule de l'hydre est un véritable individu, et l'hydre est une colonie de ces êtres monocellulaires tout comme les siphonophores sont eux-mêmes des colonies d'hydres. L'aptitude à la vie sociale se communique par hérédité à ces cellules comme elle se communique aux polypes. Chaque cellule, chaque polype, détaché d'une colonie, porte en soi comme l'effigie de cette colonie, et son développement ultérieur tend toujours à la reconstituer. D'abord tous les membres d'une colonie sont également aptes à la reproduire; puis cette faculté se localise comme les autres, tend à devenir l'apanage de quelques individus ou de quelques parties; en même temps la reproduction sexuée prend de plus en plus d'importance; quand la société a atteint un certain degré de cohérence, ses diverses parties cessent de pouvoir vivre indépendamment les unes des autres. Comme ces vieillards, qu'on ne peut séparer, après une longue existence commune, sans les exposer à la mort, les diverses parties d'une société hautement individualisée meurent sans pouvoir se reconstituer; la fonction reproductoire est alors exclusivement réduite à la forme sexuée.

Mieux encore que les hydres, les éponges nous révèlent nettement leur nature coloniale. Là, en effet, l'*individu spongiaire* est nettement constitué de deux sortes d'*individus cellulaires*, l'amibe et l'infusoire flagellifère, dont on retrouve les analogues vivant en liberté à l'état d'individus isolés. Les cellules flagellifères des éponges présentent des particularités tout exceptionnelles; elles sont pourvues d'un noyau, d'une vésicule contractile, et leur flagellum unique est entouré d'une collerette membraneuse en forme d'entonnoir. Tous ces caractères se retrouvent chez les *Codosiga* infusoires monocellulaires vivant toujours isolés, et qui sont par conséquent aux éponges ce que les hydres sont aux siphonophores et aux coralliaires. Chez les *Anthophyses*, ces cellules vivent déjà en colonies, mais sont encore toutes semblables entre elles. Vienne le polymorphisme; que, de ces cellules associées, les unes gardent la forme flagellifère, les autres deviennent des amibes, transformation qui est possible, puisqu'elle constitue l'un des modes de reproduction les plus fréquents des infusoires amiboïdes, l'anthophyse se transforme en éponge. Ainsi le procédé est toujours le même : quels que soient les matériaux que la nature assemble, cellules ou polypes, elle les soumet toujours à la même élaboration pour en tirer des individus nouveaux.

Les cellules, une fois assemblées, peuvent d'ailleurs subir à un haut degré, dans les organismes où elles sont engagées, les métamorphoses qui sont la conséquence de la division du travail physiologique et former des organes variés, sans que ces organes aient jamais pu être considérés comme des individus véritables. Si les individus d'une colonie descendent souvent à l'état d'organes, il ne faudrait pas en conclure que les organes d'un animal sont toujours des individus ayant perdu leur autonomie; mais l'animal auquel ils appartiennent, pour n'avoir jamais été un assemblage d'individualités intermédiaires entre la sienne et celle des cellules, n'en demeure pas moins une colonie de ces dernières, soumise aux lois d'évolution de toutes les autres.

Alors même qu'on aurait prouvé que les Vertébrés et les

Mollusques ne résulteraient pas de la fusion d'êtres plus simples ayant pu vivre d'une vie indépendante, ils n'en seraient pas moins des colonies de cellules et la *loi d'association* n'aurait par conséquent rien perdu de sa généralité.

Elle demeure la loi fondamentale du développement du règne animal, comprenant et dominant ces *lois d'accroissement*, de *répétitions organiques*, d'*économie*, qui, depuis longtemps déjà, ont frappé l'esprit des physiologistes, expliquant les *homologies*, jusqu'ici mystérieuses, qu'on observe entre les diverses parties du corps ou entre les diverses sortes de membres d'un même animal, réunissant dans un même faisceau toutes les formes de la génération asexuée, qui sont ses moyens les plus puissants de création. Appuyée sur la loi de la *division du travail physiologique*, dont M. Milne-Edwards a, le premier, démontré l'importance, sur celle du *polymorphisme*, qui, sans elle, n'ont aucun sens précis et ne peuvent avoir qu'une portée restreinte, conséquence à son tour de la *loi de division* des masses protoplasmiques, elle a été le grand facteur des organismes et se trouve établir, d'une façon inattendue, un lien nouveau entre la sociologie et les branches de la biologie, qui s'occupent de la constitution et du fonctionnement des organismes, lien pressenti déjà par M. Alfred Espinas, dans son beau livre sur les sociétés animales.

Nous arrivons maintenant aux éléments ultimes des corps vivants, aux matériaux qui ont servi à construire les plus simples d'entre eux, et vous vous demandez quelle a pu être leur origine. Ici nous sommes en présence de l'unité : il ne saurait plus être question d'association. La plupart des cellules vivantes se composent de quatre parties : une membrane d'enveloppe, un contenu semi-fluide au sein duquel on aperçoit un globule particulier, le noyau, contenant lui-même un nucléole. De ces quatre parties, une seule est vraiment indispensable, c'est le contenu semi-fluide, parfaitement limpide ou finement granuleux, le *Protoplasme*. C'est dans cette étrange substance que réside la vie qui n'a besoin d'aucun autre appareil pour se manifester avec ses caractères essentiels. Quelques êtres particulièrement remarquables, les *Monères*, en sont exclusivement formés. Ce sont de simples grumeaux parfaitement homogènes d'une gelée limpide comme du blanc d'œuf. Cette gelée exécute cependant des mouvements, capture des animaux, les digère, les incorpore à sa substance, grandit et se divise, dès qu'elle a atteint une certaine taille, en deux ou plusieurs petites masses qui recommencent la vie de leur mère et se divisent comme elle dès qu'elles ont atteint une certaine taille.

Cette faculté de division est une propriété importante du protoplasme, car elle domine toute l'évolution organique. Une masse protoplasmique ne peut dépasser une taille déterminée. Quand elle a atteint cette taille, elle se partage, et comme sa masse est parfaitement homogène, comme elle est constamment brassée par des courants qui mélangent les diverses parties de sa substance, les fragments résultant de cette division possèdent toutes les propriétés acquises ou héritées du grumeau protoplasmique dont ils faisaient partie. C'est là toute l'explication du phénomène si important de l'*hérédité*, grâce auquel chaque être transmet à sa progéniture, même dans le cas de la génération sexuée, tous ses caractères spécifiques et une partie de ses caractères personnels.

De cette incapacité des masses protoplasmiques à dépasser une certaine taille il suit nécessairement que tous les êtres qui dépassent cette taille devront être formés de masses distinctes de protoplasme, seront, en un mot, des colonies. Ainsi la généralité de la loi d'association apparaît comme une conséquence de l'une des propriétés fondamentales du protoplasme.

Celui-ci se décomposant constamment en masses distinctes, ces masses que rien ne relie plus directement entre elles se modifient chacune d'une façon particulière sous l'influence des agents extérieurs : ainsi a pu s'introduire dans la nature la merveilleuse variété qui nous frappe d'admiration, conséquence immédiate, comme la loi d'association, de l'obligation imposée au protoplasme de se partager en petites individualités distinctes.

Quant au protoplasme quelle peut bien être sa nature? Frappé de son homogénéité, de l'identité des éléments qui le composent avec ceux qui entrent dans les substances albuminoïdes, on a voulu voir en lui un simple composé chimique et l'on s'est hardiment demandé s'il ne serait pas possible de le produire artificiellement, si l'homme ne serait pas assez puissant pour rallumer le flambeau de Prométhée et créer la vie à son gré. Grave question qu'on n'a posée, je le crains, que par suite d'une étrange confusion de mots. S'il est vrai que les substances qui forment la matière vivante soient les mêmes que celles qui entrent dans certains composés chimiques, on ne saurait en conclure, en effet, que le protoplasme soit l'un de ces composés. Ce qui caractérise un composé chimique, c'est la fixité de sa composition ; la composition du protoplasme change au contraire incessamment sans qu'aucune de ses propriétés fondamentales se modifie. Constamment des substances nouvelles entrent dans sa masse tandis que d'autres en sortent ; le protoplasme est en voie de décomposition et de recomposition perpétuelle ; ce n'est pas sa composition chimique qui le caractérise, c'est la façon dont il se décompose et se recompose sans cesse ; tout en lui est mouvement et, à proprement parler, c'est ce mouvement qui caractérise la vie.

La vie n'est donc qu'une combinaison de mouvements ou, si l'on veut, un mode de mouvement dont certaines substances sont seules capables, et qui n'est pas sans quelques analogies avec ces mouvements tourbillonnaires auxquels d'éminents physiciens attribuent la formation et les propriétés des atomes de la chimie. On pourrait poursuivre cette comparaison entre les atomes et les protoplasmes et s'en servir pour montrer comment ceux-ci ont dû se former à l'origine en aussi grand nombre qu'il était possible, comment nous paraissons devoir être toujours impuissants à les reproduire, comment ils ont apparu avec tout un cortège de propriétés qui ont réglé leur destinée future, comment ils se sont montrés d'emblée avec l'individualité que nous leur voyons aujourd'hui.

Mais je m'arrête. Peut-être avez-vous déjà trouvé que je compte faire dans ces leçons une part bien grande à la théorie. Permettez-moi donc de me mettre en terminant sous la protection d'un homme que tous les naturalistes français reconnaissent de près ou de loin pour maître.

« Dans quelques écoles de physiologie, écrivait en 1857 M. Milne-Edwards, on professe un grand dédain pour les vues de l'esprit, et l'on répète à chaque instant que les faits seuls ont de l'importance dans la science, que le philosophe doit se borner à les enregistrer. Mais c'est là, ce me semble, encore une grave erreur. Une pareille pensée serait excusable chez un ouvrier obscur qui, employé sans relâche à tailler dans le sein de la terre les matériaux d'un vaste édifice, croirait que le rôle de l'architecte ne consiste qu'à entasser pierre sur pierre, et ne verrait dans le plan tracé d'avance par le crayon de l'artiste qu'un jeu de son imagination, une fantaisie inutile. Mais l'ouvrier carrier lui-même, s'il ne restait pas dans son souterrain, et s'il voyait tous les blocs informes qu'il en a tirés se réunir, sous la main du maître, pour constituer le Panthéon d'Athènes ou le Colysée de Rome, comprendrait que la science de l'architecte n'est pas une science inutile, lors même que le monument créé par son génie ne devrait avoir qu'une durée éphémère, et que les débris de l'édifice tombé en ruines ne serviraient plus tard que de matériaux pour des constructions nouvelles. Il en est de même pour les théories dans les sciences : ce sont elles qui y donnent la forme et le mouvement; qui servent de lien entre les faits dont la réunion en faisceau est une des conditions de leur emploi utile; qui guident et excitent les explorateurs dans la voie des découvertes. La chimie moderne est là pour attester l'utilité des théories, bien que les créations de l'esprit soient destinées le plus souvent à ne durer que peu de temps, et doivent tomber dès qu'elles se trouvent en désaccord avec les résultats fournis par l'observation des choses. Exclure les vues théoriques de l'histoire des phénomènes de la vie serait priver les sciences naturelles d'un élément qui leur est nécessaire, et dans les études auxquelles je vais me livrer avec vous je ne crois pas devoir négliger l'usage de leviers aussi puissants, tout en m'appliquant à n'en faire qu'un sage emploi (1). »

Telle sera aussi notre méthode. Vous verrez d'ailleurs combien la science moderne a largement profité des édifices construits par ses architectes, nos devanciers à tous. Leurs noms sont demeurés impérissables plutôt peut-être à cause des édifices qu'ils ont construits qu'en raison des matériaux qu'ils ont taillés. Nous consacrerons notre prochaine leçon à l'étude des théories émises sur les rapports réciproques des organismes et sur leurs origines depuis Aristote jusqu'à Geoffroy-Saint-Hilaire.

EDMOND PERRIER.

ASSOCIATION AMÉRICAINE

POUR L'AVANCEMENT DES SCIENCES

Congrès de Saratoga.

M. O.-C. MARSH

Président.

La paléontologie, son histoire et ses méthodes.

La marche rapide de la science nous met sans cesse en présence de cette question : « Qu'est-ce que la vie? » La réponse n'est pas encore trouvée; mais les milliers d'esprits d'élite qui cherchent la vérité semblent s'en approcher chaque jour davantage. Cette question donne un intérêt puissant à toutes les branches de la science qui traitent de la vie sous quelque forme que ce soit, et l'histoire de la vi nous offre à tous un vaste champ de recherches. Les uns demandent une solution à l'embryologie, les autres fouillent les entrailles du globe pour lui arracher ses secrets; seulement les êtres qui nous ont précédés n'ont laissé que des traces de leur existence relativement rares et difficiles à bien interpréter, de sorte que l'étude de la vie dans les siècles passés est une des sciences les plus récentes, et les plus difficiles. C'est l'histoire de cette science et des progrès rapides qu'elle a faits depuis un demi-siècle, que M. Marsh s'est proposé d'esquisser à grands traits.

L'éminent professeur divise l'histoire de la paléontologie en quatre grandes époques fort inégales : la première s'étend depuis les premières observations de restes fossiles, qui paraissent dater d'environ 500 ans avant l'ère chrétienne, jusqu'à la fin du XVIIe siècle; la seconde comprend tout le XVIIIe siècle; la troisième commence avec le XIXe siècle et dure environ 60 ans ; enfin la quatrième, dont le fait caractéristique est l'apparition du célèbre ouvrage de Ch. Darwin sur l'*Origine des espèces*, en 1859, compte déjà vingt années.

On peut dire que la première époque est celle des *Discussions sur la nature des restes fossiles*. Ainsi, parmi les anciens, le philosophe Xénophane de Colophon, qui vivait environ 500 ans avant l'ère chrétienne, parle de restes de poissons et d'autres animaux découverts dans les carrières voisines de Syracuse; d'une empreinte de poisson laissée sur un rocher de l'île de Paros, et d'autres fossiles encore, et en conclut que la surface de la terre a dû se trouver autrefois recouverte par la mer. Cinquante ans plus tard, Hérodote parle de coquillages de mer ramassés sur les collines de l'Égypte et dans le désert de Libye, et en tire la même conclusion pour cette région particulière. Puis vient Empédocle d'Agrigente (450 av. J.-C.), qui admet que les nombreux ossements d'hippopotames que l'on trouve en Sicile sont les restes d'une race de géants humains, et le témoignage du combat entre les dieux et les Titans. Au contraire, Aristote, attribuant aux faits observés leur signification véritable, s'exprime ainsi : « Le temps n'interrompt jamais son œuvre, et ni le Tanaïs ni le Nil n'ont toujours coulé où nous les voyons. Leurs sources étaient autrefois une terre aride; tous les fleuves naissent pour disparaître plus tard, et la mer elle-même, changeant de lit, abandonne certaines terres pour en envahir d'autres. » Malheureusement, sur la question de la génération spontanée, les idées d'Aristote étaient moins saines, et elles exercèrent une influence considérable pendant près de vingt siècles. Il admettait que des animaux pouvaient naître du limon des fleuves, et cette croyance, devenue populaire, sembla pendant fort longtemps le moyen le plus simple d'expliquer la présence de restes organiques dans toutes les roches. D'ailleurs cette opinion d'Aristote ne s'écartait pas sensiblement du récit que fait la Bible sur la manière dont l'homme a été fait avec le limon de la terre; aussi en fut-elle accueillie avec d'autant plus de facilité.

Théophraste, disciple d'Aristote, parlant d'ivoire trouvé dans le sol et d'ossements fossiles, suppose qu'ils ont été produits par une certaine vertu plastique que possède la terre. Avant lui, vers 480 avant Jésus-Christ, Anaximandre de Milet avait enseigné que des poissons étaient nés d'un mélange de terre et d'eau portées à une température élevée, et que ces animaux avaient à leur tour donné naissance à la race humaine. Pline le naturaliste (de 23 à 79 ap. J.-C.)

(1) Milne-Edwards, *Physiologie et anatomie comparée*, vol. I, p. 9.

parle des fossiles comme étant des pierres semblables à des dents ou à des ossements d'animaux.

Ensuite vient un long espace d'environ quatorze siècles, pendant lequel l'étude des fossiles est absolument négligée; c'est à peine si, de loin en loin, quelque écrivain parle vaguement des opinions de l'antiquité à leur sujet. Albert le Grand, par exemple, rappelle en passant la *vis formativa* de la terre, force occulte à laquelle doivent être attribués, selon lui, tous les objets extraordinaires que l'on découvre dans son sein.

Au XVIe siècle seulement recommencent en réalité les recherches sur les fossiles organiques, et c'est à l'Italie qu'en revient le premier honneur. Le grand peintre Léonard de Vinci y soutint, vers l'an 1500, que les coquillages fossiles avaient réellement appartenu à des êtres vivants. « Vous prétendez, dit-il à ses contradicteurs, que la nature et les influences stellaires ont formé ces coquillages dans les montagnes; montrez-moi donc dans les montagnes un seul endroit où les étoiles reproduisent de nos jours des coquillages de différentes espèces et de différentes époques. » Un peu plus tard, en 1546, Georges Agricola, le premier minéralogiste qui parut en Europe après la Renaissance, disait, dans son grand ouvrage *De Re Metallica,* que les fossiles sont produits par la fermentation d'une certaine matière grasse. Tout en admettant les idées d'Agricola, Mattioli, botaniste distingué, suppose que des coquillages et des os peuvent s'imbiber d'un « jus pétrifiant » et se changer en pierres. Mercati (1574) partage les idées de son temps sur l'influence formatrice des corps célestes; mais Palissy (1580) combat ces idées, et est le premier qui ait enseigné à Paris que les coquillages et les débris de poissons fossiles proviennent d'êtres vivants.

Citons ici une autre théorie qui eut cours au XVIe siècle, la théorie végétative, soutenue surtout par Tournefort et Camerarius, tous deux botanistes éminents. D'après cette théorie, les mers et les terres contenaient les germes de tous les minéraux et de tous les fossiles, qui s'y développaient à la manière des cristaux, par l'accroissement de toutes leurs parties. D'autres enfin voulaient que le Créateur eût fait les animaux et les plantes fossiles tels qu'ils se trouvent dans les différentes roches, dans un dessein qui échappe à notre compréhension.

L'étude des fossiles fit de grands progrès au XVIIe siècle. Les discussions sur la nature et l'origine de ces objets avaient appelé sur eux l'attention des hommes de science, et un grand nombre de collections se formèrent, surtout en Italie et en Allemagne. Des catalogues de ces collections ne tardèrent pas à être publiés, quelques-uns d'entre eux accompagnés de figures si exactes qu'on peut encore y reconnaître sans peine un grand nombre d'espèces. Tels sont le catalogue du muséum de Calcéolarius de Vérone, publié en 1622; celui du muséum du roi de Danemark (1669), celui de Gottorp (1674), et celui du célèbre Kirscher en 1678. Vers la même époque, le Danois Sténon, qui avait été professeur d'anatomie à Padoue, abordait, dans un ouvrage fort important — *De solido intra solidum naturaliter contento* — la question de l'origine des fossiles, et, par la dissection d'un requin de la Méditerranée, prouvait que ses dents étaient identiques à des dents fossiles trouvées en Toscane. Dans le même ouvrage, Sténon exprimait des vues fort avancées sur les différentes couches géologiques et leur origine; il était aussi le premier à faire remarquer que les roches les plus anciennes ne contiennent pas de fossiles. Du reste, la discussion avait porté ses fruits, et, malgré l'extravagance de certaines théories mises en avant par les rêveurs, la grande majorité des hommes de science admettait que les fossiles ne sont pas des jeux de la nature, mais qu'ils avaient autrefois vécu.

Avec le XVIIIe siècle commence la seconde époque de l'histoire de la paléontologie, caractérisée par la croyance générale que les fossiles ont été déposés par le déluge que raconte Moïse. Cette théorie avait déjà été émise, mais ce n'est qu'à partir du XVIIIe siècle qu'elle prédomine sur toutes les autres. Quelques esprits résolus la combattent énergiquement, et la discussion devient bientôt fort animée : théologiens et laïques entrent en lice, et, pendant près d'un siècle, l'avantage reste aux premiers. Un des ouvrages les plus célèbres publiés sur cette question est celui de Scheuchzer, médecin et naturaliste suisse, professeur à l'université d'Altorf. Dans ce livre, intitulé : *Homo Diluvii Testis* (1726), Scheuchzer décrit des ossements fossiles trouvés à Œningen, et les présente comme appartenant au squelette d'un enfant noyé par le déluge. Plus tard, le même auteur eut le bonheur de découvrir près d'Altorf deux vertèbres fossiles, qu'il attribua sans hésiter à la « race maudite détruite par le déluge ». Cuvier, qui examina plus tard ces restes intéressants, reconnut que le prétendu squelette d'enfant avait appartenu à une salamandre gigantesque, et que les deux vertèbres provenaient d'un ichthyosaure. Citons encore l'ouvrage de Moro sur les *Restes d'organismes marins que l'on trouve dans les montagnes* (1740), où il parle de la puissance avec laquelle les volcans soulèvent les couches terrestres, et celui de Gesner, intitulé : *De Petrificatis* (1758), dans lequel l'auteur constate que certains fossiles ressemblent aux coquillages, aux poissons et aux plantes de la localité où on les trouve, tandis que d'autres, comme les Ammonites et les Bélemnites, appartiennent à des espèces ou inconnues ou originaires de mers éloignées. Il examine en détail la structure de la terre, fait des conjectures sur la cause des changements éprouvés par la terre et la mer, et calcule que, si le mouvement de recul de l'Océan s'était opéré dans les conditions que l'on observe actuellement, il aurait fallu aux Apennins, dont les sommets sont couverts de coquillages marins, environ quatre-vingt mille ans, c'est-à-dire « plus de dix fois l'âge réel de l'univers », pour atteindre leur hauteur actuelle. Il explique donc le changement qui s'est opéré par l'intervention directe de Dieu, telle que Moïse la présente. Au contraire Buffon, dont la *Théorie de la terre* avait paru quelques années auparavant (1749), avait discuté avec assez de hardiesse pour le temps les idées jusqu'alors dominantes; aussi ne tarda-t-il pas à recevoir un avis officiel de la Faculté de théologie de Paris, l'invitant à rétracter certaines propositions, contraires à la doctrine de l'Église. La première de ces propositions si hardies était ainsi conçue : « Les eaux de la mer ont produit les montagnes et les vallées terrestres; les eaux du ciel, en nivelant le sol, finiront par livrer toute la surface terrestre à la mer, et celle-ci, couvrant successivement toutes les terres, laissera à sec de nouveaux continents, semblables à ceux que nous habitons. » Buffon, qui ne se sentait aucune vocation pour le rôle de martyr de la science, consentit à désavouer toutes les opinions avancées dans son livre qui pouvaient être en contradiction avec le récit de Moïse.

En Angleterre, le *Discours sur les tremblements de terre*

(1705), de Robert Hooke, contient plusieurs idées remarquables pour l'époque, et, entre autres, celle-ci : « Qu'il n'est pas impossible de fonder sur l'étude des fossiles un système de chronologie qui permette d'indiquer avec assez d'exactitude le temps qui a dû s'écouler entre certaines catastrophes et certains changements du globe. »

En Allemagne, l'ouvrage le plus important sur les fossiles qui ait paru pendant cette période est celui de Wolfgang Knorr, continué, après sa mort, par Walch (1755-73). Mais celui qui, en Allemagne, a fait faire le plus de progrès à la géologie, et indirectement à l'étude des fossiles, est Gottlieb Werner, professeur de minéralogie à Freyberg. C'est lui qui a le premier indiqué les rapports qui existent entre les principaux terrains géologiques, et qui a montré que les terrains différents se distinguent par les fossiles différents qu'ils contiennent. Il a également constaté que les fossiles des roches les plus anciennes sont très différents des espèces modernes, et que, plus le terrain est de formation récente, plus les restes qu'il contient ressemblent, par leurs formes, aux êtres organiques actuels. C'est avec Werner que commence la grande dispute entre les Vulcanistes et les Neptunistes; à la tête des premiers nous trouvons Hutton et Playfair, tandis que les seconds reconnaissent Werner pour chef. Dans son *Protogæa,* le célèbre Leibnitz adopte une théorie mixte, et admet pour la terre un état de fusion ignée, suivi plus tard d'un envahissement de toute la surface par l'eau, qui, en se retirant, a laissé la surface du globe telle que nous la connaissons.

Le grand mérite du XVIIIe siècle, au point de vue de la paléontologie, a été d'accomplir le travail qui devait en faire une science véritable. La nature véritable des fossiles est désormais clairement établie : ce sont les restes d'animaux et de plantes. La plupart d'entre eux ne proviennent certainement pas du déluge de Moïse, mais ont été déposés à une époque bien plus reculée, les uns dans l'eau douce et les autres dans la mer. Les uns appartiennent à un climat tempéré, les autres à un climat torride. On ne fait encore que soupçonner que quelques-uns représentent des espèces éteintes. On possède déjà des collections de fossiles assez considérables, et des catalogues, rédigés avec soin et accompagnés de figures bien dessinées, ont été publiés. On a déjà quelques données sur la position géologique des différents fossiles. Depuis longtemps déjà Sténon a constaté que les couches inférieures ne contiennent aucun vestige d'êtres vivants. Lehmann a fait voir qu'au-dessus de ces roches primitives, et en dérivant, viennent les terrains secondaires, où abondent les traces de la vie; puis, au-dessus encore, les dépôts d'alluvion, qu'il attribue à des inondations locales et au déluge de Noé. Werner a distingué, entre le terrain primitif et le terrain secondaire, les roches de transition, qui contiennent des restes fossiles; il a réuni sous le nom de terrains submergés tous ceux qui sont situés au-dessus de la craie. Mais le progrès le plus important réalisé par le XVIIIe siècle, c'est le triomphe de la méthode d'observation sur la méthode conjecturale, du fait sur l'hypothèse. En même temps disparaît cette idée fausse que l'univers tout entier a été fait uniquement pour l'homme.

Avec le XIXe siècle s'ouvre une ère nouvelle pour la paléontologie : elle devient une science véritable; la méthode remplace le désordre, et l'étude systématique succède aux observations décousues et sans suite. Le caractère marquant des cinquante années qui suivent est la détermination exacte des fossiles, par voie de comparaison avec les formes actuelles. Mais on admet encore que toutes les espèces, actuelles ou éteintes, proviennent chacune d'une création distincte.

Dès le début de cette période, trois grands noms, Cuvier, Lamarck et William Smith, s'élèvent au-dessus de tous les autres : ce sont les véritables fondateurs de la paléontologie. Cuvier et Lamarck, en France, avaient toute l'influence que peuvent donner le talent, l'éducation et une position élevée; William Smith, en Angleterre, simple arpenteur, n'avait ni culture intellectuelle ni position sociale : sa seule arme a été la force de la vérité. Cuvier a posé les bases de la paléontologie des animaux vertébrés; Lamarck, de celle des invertébrés; Smith enfin a établi les principes de la paléontologie stratigraphique.

Georges Cuvier (1769-1832) fut amené à étudier les espèces éteintes, parce qu'il avait reconnu que des restes d'éléphants fossiles, qu'il avait eu occasion d'examiner, provenaient d'espèces qui n'existaient plus. « Cette idée, dit-il, plus tard, que j'annonçai à l'Institut au commencement de l'année 1796, me fit entrevoir la théorie de la terre sous un aspect entièrement nouveau, et me détermina à entreprendre les longs travaux qui m'ont occupé depuis vingt-cinq ans. »

Notons ici un fait intéressant : dans ses premières études sur les vertébrés fossiles, Cuvier employait déjà la méthode qui devait lui donner des résultats si importants dans ses recherches ultérieures. Il y avait des siècles que l'on connaissait en Europe les restes d'éléphants fossiles, et que les savants discutaient à leur sujet. Les uns les regardaient comme des os de géants humains; d'autres, qui en avaient reconnu la nature véritable, les attribuaient aux éléphants amenés par Annibal ou par les Romains. Mais Cuvier compara directement les os fossiles avec les squelettes d'éléphants de notre époque, et prouva que les premiers différaient sensiblement des seconds : donc ils appartenaient à des espèces éteintes.

Dans son *Système de la nature,* Linné rangeait les fossiles parmi les minéraux; Cuvier, dans son *Règne animal* (1817), leur assigna leur place véritable en les classant à côté des espèces encore existantes. Quelques années auparavant (1812) il avait publié son *Discours sur les Révolutions de la surface du globe* et ses *Recherches sur les ossements fossiles,* ouvrages qui exigeaient la réunion d'un génie éminent, d'une instruction profonde et d'une ardeur infatigable au travail. Tout le monde sait l'histoire des ossements fossiles découverts dans les carrières des environs de Paris, de leur examen par Cuvier, et de la restauration faite par lui des étranges animaux qui ont autrefois vécu dans le bassin de Paris. Cuvier est le premier qui ait prouvé que la terre fut autrefois habitée par une succession de différentes séries d'animaux. Sans doute, il s'est trompé sur plusieurs points importants; il a cru à l'universalité du déluge de Moïse, il a toujours défendu la doctrine de la permanence des espèces et combattu celle de l'évolution. Il a été trop absolu dans sa loi de la corrélation des organes; il a eu tort d'affirmer « qu'une griffe, une omoplate, un condyle, un os du bras ou de la jambe, considéré isolément, nous permet de découvrir l'espèce de dents à laquelle il correspond, et que réciproquement on peut toujours déterminer la forme de tous les os d'après celle des dents ». Nous savons aujourd'hui qu'une dent ou une griffe ne suffit pas pour retrouver tout un animal inconnu, à moins qu'il ne ressemble beaucoup à d'autres animaux déjà connus. Cuvier lui-même, s'il avait appliqué sa méthode à bien des fossiles trouvés dans le terrain tertiaire ou d'autres terrains plus anciens, aurait inévitablement échoué. Si, par exemple, on lui avait présenté quelques débris isolés d'un tillodonte de l'époque éocène, il aurait sans doute attribué une dent molaire à un de ses pachydermes, une incisive à un rongeur et une griffe à un carnivore. La dent d'un hesperornis ne lui aurait en aucune façon révélé le reste du squelette, pas plus que ses pieds palmés ne lui auraient indiqué la forme du sternum ou du crâne qui, chez cet animal, se rapprochent de ceux de l'autruche. Malgré cela, c'est par la foi à son principe que Cuvier est arrivé à quelques-unes de ses plus belles découvertes.

Jean Lamarck, le collègue de Cuvier, fut botaniste éminent avant de devenir zoologiste. Ses recherches sur les fossiles invertébrés du bassin de Paris, bien que moins frappantes que celles de Cuvier sur les vertébrés, ne sont pas moins importantes, et les conclusions qu'il en a tirées forment la base de la biologie moderne. De même que Cuvier, Lamarck a procédé par la comparaison directe des fossiles avec les espèces actuellement existantes. Par cette méthode, il a bientôt reconnu que les coquillages fossiles des couches inférieures du bassin de Paris appartiennent, pour la plupart, à des espèces éteintes, et que ceux des différentes couches sont fort différents les uns des autres. Les travaux de Lamarck ont opéré une révolution complète dans la conchyliologie. Son *Système des animaux invertébrés* (1801), et sa fameuse *Philosophie zoologique*, sont les premiers ouvrages où l'on trouve les principes de l'évolution. Quelques années plus tard, dans son *Histoire naturelle des animaux sans vertèbres* (1815-1822), Lamarck exposait sa théorie en détail, et c'est avec étonnement que nous lisons ces pages où il avait devancé la science moderne. Ses idées, auxquelles Geoffroy Saint-Hilaire prêta l'appui de son génie, furent combattues avec acharnement par Cuvier. Si les contemporains des deux grands naturalistes ont hésité entre eux, nous pouvons dire que le temps a donné raison à Lamarck, et que ce dernier a fait preuve d'un esprit plus philosophique que son rival : Cuvier affirmait l'immuabilité des espèces, et Lamarck, devançant son époque d'un demi-siècle, se prononçait pour leur variabilité.

Cependant les travaux des grands naturalistes français réagissaient sur les pays voisins, et particulièrement sur l'Angleterre. En 1811, James Parkinson achevait son grand ouvrage sur *les Restes organiques du monde antédiluvien*. Un peu plus tard, en 1823, William Buckland publiait ses *Reliquiæ diluvianæ*, ouvrage dans lequel il exposait les résultats de ses propres observations sur les fossiles trouvés dans les cavernes, les fissures et les sables d'alluvion de l'Angleterre. Les faits qu'il présente sont fort importants; mais, comme on pouvait s'y attendre, il les attribue tous, sans exception, à l'action des eaux du déluge.

L'année 1807 est une date importante dans l'histoire de la paléontologie, parce qu'elle est marquée par la fondation de la Société géologique de Londres, dont les travaux donnèrent un élan nouveau à l'étude des fossiles. Il fallut un quart de siècle pour que l'exemple donné par l'Angleterre fût suivi en France, par l'établissement de la Société géologique de France, et ce ne fut qu'en 1848 que la Société géologique allemande fut fondée à Berlin.

Le *Prodrome* d'Adolphe Brongniart, qui parut en 1828, inaugure en France l'étude systématique des végétaux fossiles. Dans son *Tableau des Genres végétaux et fossiles* (1849), Brongniart donne la classification et la distribution des différents genres de plantes fossiles, et expose la marche historique de la vie végétale sur le globe. Il montre que les plantes cryptogames dominaient dans les terrains primitifs, les conifères et les cycadées dans les terrains secondaires, et les formes supérieures dans les terrains tertiaires, tandis que les quatre cinquièmes des plantes existantes sont exogènes. En Angleterre, Lindley et Hutton firent paraître, de 1831 à 1837, la *Flore fossile de la Grande-Bretagne*. En 1838, Artis publiait sa *Phytologie antédiluvienne*; enfin Hooker, Bunbury et d'autres donnaient des travaux importants sur les plantes fossiles.

En Allemagne, l'étude des plantes fossiles remonte au commencement du siècle. Parmi les ouvrages les plus importants, nous citerons *Die Dendrolithen*, de Cotta (1832), le grand travail de Sternberg (1820-38) et sa continuation par Cerda, sous le titre de *Beitrage zur Flora der Vorwelt* (1845), la *Chloris Protogæa* d'Unger (1845), et ses *Genera et Species plantarum fossilium* (1850); enfin la *Fossile Flora des Uebergangs-Gebirges*, de Goppert (1852).

Cependant l'on n'abandonnait pas en France l'étude systématique des invertébrés fossiles, si admirablement commencée par Lamarck. Defrance et Deshayes poursuivaient l'étude des coquillages tertiaires de la vallée de la Seine; Desmoulins publiait un mémoire important sur les *Sphérulites* (1826), et de Blainville un travail remarquable sur les *Bélemnites* (1827). Quelques années plus tard (1840-44), paraissait la *Paléontologie* française de d'Orbigny, qui contient la description détaillée des mollusques et des rayonnés des différents terrains géologiques. L'*Histoire naturelle des Crustacés fossiles*, de Brongniart et Desmarest (1822), fait encore autorité sur cette matière, ainsi que les travaux de d'Archiac, de Coquand, de Cotteau et d'Edwards.

L'Angleterre ne restait pas en arrière, et parmi les ouvrages célèbres dans ce pays nous pouvons citer la *Mineral Conchology of Great Britain* (1812-1830), par Sowerby; la *Natural History of the Crinoidea* (1821), par Miller; l'*Histoire des insectes fossiles de l'Angleterre* (1845), par Brodie; le *Catalogue of british fossils* (1854), par Morris, sans oublier les services rendus à la paléontologie par Sedgwick, Murchison et Lyell, plus connus par leurs travaux géologiques. En Allemagne, les travaux d'Ehrenberg sur les organismes microscopiques jetaient une vive lumière sur plusieurs points importants de la paléontologie, et prouvaient l'origine de différents dépôts fort abondants dont la nature était jusqu'alors restée douteuse. Giebel, Barrande, Von Buch, Hörnes, Klipstein, Zeiten, et une foule d'autres, ont contribué activement au progrès de cette branche de la science; en Scandinavie, Angelin, Hisinger et Nilsson; en Russie, Abich, de Waldheim, Eichwald, Keyserling, Nordman, Pander et Volborth, enfin Pusch en Pologne, ont publié des mémoires importants sur les invertébrés fossiles.

Pour l'étude des vertébrés fossiles, l'élan imprimé à la science par Cuvier s'étendit à toute l'Europe. Parmi ses continuateurs les plus éminents, nous placerons en première ligne le nom de Louis Agassiz, dont le grand ouvrage sur les poissons fossiles a fait époque dans la science. Le mérite de ce travail consiste moins encore dans la fidélité de ses descriptions et de ses figures que dans l'importance des conclusions qui en découlent. Agassiz a le premier fait voir qu'il existe un rapport entre l'ordre dans lequel les poissons se succèdent dans les roches et leur développement embryonnaire. Ce point est maintenant regardé comme une des preuves les plus fortes en faveur de l'évolution, bien que celui qui l'a établi en tirât une conclusion diamétralement opposée. Les mémoires de Pander sur les poissons fossiles de la Russie forment un appendice précieux à l'ouvrage classique d'Agassiz. Les travaux publiés par Lund, en Suède, ont un intérêt tout particulier pour les Américains, à cause des recherches faites par ce savant dans les cavernes du Brésil.

Citons encore, parmi les principaux ouvrages publiés en France sur les vertébrés fossiles, les *Recherches sur les reptiles fossiles* (1831), de Geoffroy Saint-Hilaire; l'*Exploration du midi de la France* (1829-1839), par de Serres et de Christol; les mémoires de Deslongchamps sur les reptiles fossiles (1835), le *Traité de paléontologie* de Pictet (1835); l'*Ostéographie* de Blainville (183?-1856), et enfin les travaux de Gervais, de Lartet, de Bravard et d'Hébert.

Dès que l'on eut reconnu que le sud de l'Angleterre présente les mêmes couches tertiaires que le bassin de Paris, une foule de savants se mirent à l'œuvre pour y retrouver les organismes déjà signalés par Cuvier. Parmi ceux qui y réussirent ou qui firent même des découvertes nouvelles, nous nommerons d'abord König, à qui nous devons le nom d'Ichthyosaure, et Conybeare qui a créé celui de Plesiosaure et de Mosasaure. La découverte de ces trois types disparus et les discussions qui s'élevèrent sur leur nature véritable forment un chapitre fort intéressant des annales de la paléontologie. La découverte de l'iguanodon par Mantell, et celle du mégalosaure par Buckland, excitèrent un intérêt encore plus vif. Ces grands reptiles différaient bien plus de leurs analogues modernes que les mammifères décrits par Cuvier, et l'époque à laquelle ils avaient appartenu reçut bientôt le surnom d'âge des reptiles. Ensuite vient Richard Owen, disciple de Cuvier, dont les travaux ont enrichi presque toutes les branches de la paléontologie, mais principalement celle des vertébrés. C'est lui qui a révélé à la science les grands struthiens qui ont vécu autrefois à la Nouvelle-Zélande. Il a fait aussi des travaux fort remarquables sur les anciens édentés de l'Amérique du Sud et sur les marsupiaux disparus de l'Australie. D'un autre côté, les recherches faites par Falconer et Cantley, dans les monts Sivalik de l'Inde, ont révélé l'existence d'une faune vertébrée fort curieuse de l'époque pliocène.

L'Allemagne n'est pas restée en arrière des nations rivales dans l'étude des vertébrés fossiles. Parmi les noms qu'elle peut citer avec orgueil, rappelons ceux de Blumenbach (1803-1814), de Sömmering (1812), de Goldfuss (1820-1825), de Kaup (1832-1841), à qui nous devons le nom du genre dinothérium; de Johannes Müller, qui a publié, en 1849, un mémoire important sur les zeuglodontes, et enfin celui de Hermann von Meyer, travailleur infatigable qui a, pendant plus de quarante ans, poursuivi ses recherches sur la paléontologie. De tous ses ouvrages, le plus important est celui intitulé : *Zur Fauna des Vorwelt* (1845-1860), qui contient une série de monographies fort précieuses pour tous ceux qui s'occupent de l'étude des vertébrés fossiles.

La troisième époque de l'histoire de la paléontologie comprend les soixante premières années de ce siècle. Avant d'aborder l'époque suivante, dans laquelle nous nous trouvons, il ne sera pas inutile de résumer rapidement les progrès faits et les vérités établies par nos devanciers. Pendant la première moitié de la troisième époque, les merveilleuses découvertes faites dans le bassin de Paris avaient excité l'étonnement et éveillé l'attention, sans que la signification et la valeur réelles des faits révélés au monde par Cuvier, Lamarck et Smith fussent bien comprises. On en était encore à regarder les fossiles seulement comme des objets fort curieux, et non comme pouvant donner la clef des plus grands problèmes de l'histoire du globe. Un grand nombre de géologues éminents cherchaient encore à définir les terrains géologiques d'après leurs caractères minéraux plutôt que d'après les fossiles qu'ils contenaient. Mais pendant la seconde moitié de la troisième époque un grand changement s'opère. On sait désormais que certaines parties au moins, sinon la totalité, de la surface terrestre, ont été bien des fois recouvertes par la mer, laquelle a été plusieurs fois remplacée par des inondations d'eaux douces ; que les couches déposées par ces diverses inondations se sont superposées d'une façon régulière, la plus basse d'une série étant la plus ancienne ; que des séries distinctes d'animaux et de plantes ont habité la terre pendant les différentes périodes géologiques, et que l'ordre constaté sur un point du globe est essentiellement le même sur tous les autres points. Plus de 30 000 espèces nouvelles d'animaux et de plantes disparus ont été décrites. On a également reconnu qu'en partant des terrains les plus anciens pour arriver aux plus récents, les organismes, végétaux ou animaux, vont toujours en se perfectionnant, de telle sorte que les formes supérieures n'apparaissent qu'en dernier lieu.

On sait, en outre, d'une manière indubitable, que les fossiles des terrains les plus anciens appartiennent tous à des espèces éteintes, et que les dépôts les plus récents contiennent seuls les restes d'animaux qui vivent encore sur le globe. On a reconnu aussi que, pour plusieurs groupes d'animaux et de plantes, les formes éteintes sont infiniment plus nombreuses que les formes encore existantes, et que plusieurs ordres d'animaux fossiles ne comptent plus de représentants sur la terre. Des restes humains ont quelquefois été trouvés avec ceux d'espèces animales qui ont disparu; mais les hommes qui font autorité regardent cette association comme purement accidentelle, et l'apparition toute récente de l'homme n'est pas sérieusement mise en doute. Enfin on sait que les révolutions déjà subies par la terre n'ont rien eu de brusque et de violent, mais que tous les changements se sont effectués peu à peu, comme cela arrive encore sous nos yeux. Chose étrange ! en présence de cette continuité d'action des forces physiques, on ne songe pas encore à admettre la continuité de développement de la vie sur la terre. On accepte la grande loi de la corrélation des forces, mais on tient encore au dogme de la création miraculeuse et distincte de chaque espèce.

Il y a vingt ans seulement, le mot de *sélection naturelle*, prononcé par Darwin, a tout changé. Avec la publication de son *Origine des espèces* (1859) commence la quatrième époque, l'époque actuelle de l'histoire de la paléontologie. Deux grandes idées caractérisent cette époque : nous admettons que toute vie, actuelle ou éteinte, provient par évolution d'une forme simple; et, en second lieu, nous croyons à la grande antiquité de la race humaine.

Dans le laps de temps si court qui s'est écoulé depuis l'apparition du livre de Darwin, la pensée scientifique a complètement changé de direction. Pendant l'époque précédente, les espèces étaient représentées, indépendamment l'une de l'autre, par des lignes parallèles; de nos jours, elles sont représentées par des lignes qui ne sont que les ramifications les unes des autres. L'époque précédente était analytique, la nôtre est synthétique. Nous admettons que les animaux et les plantes qui existent de nos jours ont un rapport génétique avec ceux d'un passé lointain, et le paléontologiste, qui n'attribue plus aux espèces une importance prédominante, cherche entre elles des rapports qui lui permettent de trouver le lien par lequel le passé se rattache au présent.

Les idées de Darwin, promptement acceptées en Angleterre, y ont trouvé sur-le-champ des esprits préparés à les appliquer aux différentes branches de la science. Parmi ceux qui ont, sous ce rapport, rendu le plus de services à la paléontologie, nous citerons le nom de Huxley, dont les recherches sur les rapports entre les oiseaux et les reptiles ont attiré l'attention générale. Egerton a poursuivi ses travaux sur les poissons fossiles; Bell, Lankester et une foule d'autres ont beaucoup ajouté à ce que nous savions sur les reptiles, les amphibies et les poissons; Jones et Woodward ont spécialement étudié les crustacés; enfin Binney et Carruthers se sont occupés des plantes fossiles.

En France, M. Gervais a publié de nouveaux mémoires sur les vertébrés fossiles; M. Gaudry a étudié plus spécialement les animaux fossiles de la Grèce; le volume de M. Alphonse Milne-Edwards sur les crustacés fossiles est venu compléter l'ouvrage classique de Brongniart et Desmarest, et son grand mémoire sur les oiseaux fossiles mérite d'être comparé à certains travaux de Cuvier. En Belgique, nous pouvons citer les recherches de Van Beneden; en Suisse, celles de Pictet et de Rütimeyer; en Italie, celles de Bianconi et de Sismonda; en Espagne, celles de Nodot; en Allemagne, celles de Carus, de Hœckel, de Zittel et d'une foule d'autres; en Danemark, celles de Reinhardt, et, en Russie, celles de Kowalevsky. La liste de ceux qui ont étudié les invertébrés fossiles est plus étendue encore.

En Amérique, le XIXe siècle nous présente un certain nombre de paléontologistes distingués, parmi lesquels les plus célèbres sont Owen, Redfield, Dana, Agassiz, Lesquereux et Newberry.

Pour se convaincre de l'importance qu'il faut attribuer à la paléontologie, il suffit de faire remarquer qu'elle touche directement ou indirectement à un assez grand nombre de sciences. Sans elle on peut dire que la géologie n'existerait pas, car si l'on a étudié les changements subis par la surface de la terre, ce n'a été d'abord que pour expliquer la position des fossiles. La paléontologie a rendu régulière et complète la classification de la botanique et celle de la zoologie, en leur fournissant un grand nombre de formes intermédiaires qui leur manquaient. Les généalogies indiquées par les types disparus ont souvent fourni des données sur l'origine probable des espèces actuelles. Enfin une lumière nouvelle a été jetée par la paléontologie sur la distribution géographique des animaux et des plantes, ainsi que sur leurs migrations. Les plantes fossiles des régions arctiques, par exemple, prouvent que le climat de cette partie du globe a dû être autrefois bien plus doux qu'il ne l'est à présent. L'anatomie comparée, qui a rendu de grands services à la paléontologie, n'en a pas reçu d'elle de moins grands; ainsi la connaissance que nous avons du crâne des vertébrés a été rendue plus complète par les recherches paléontologiques. C'est également à ces recherches que nous devons de connaître la loi de l'accroissement du cerveau. D'après cette loi, tous les mammifères de l'époque tertiaire avaient un fort petit cerveau, et depuis lors le cerveau ou, du moins, ses parties supérieures ont toujours été grossissant. Dans certains groupes, les circonvolutions cérébrales sont devenues de plus en plus compliquées; dans d'autres, le cervelet et les lobes olfactifs ont même diminué de volume. Les études les plus récentes donnent lieu de croire que la même loi générale d'accroissement du cerveau s'applique aux oiseaux et aux reptiles depuis l'époque mésozoïque jusqu'aux temps modernes. Les oiseaux du terrain crétacé, qui ont été examinés à ce point de vue, présentent des cerveaux dont le volume n'est guère relativement que le tiers de celui de leurs plus proches alliés des espèces modernes. Les dinosaures du terrain jurassique occidental de l'Amérique suivent la même loi, et leurs cavités cérébrales sont beaucoup plus petites que celles des reptiles actuels.

La paléontologie a aussi rendu un grand service à la science, fort jeune encore, de l'archéologie préhistorique; elle lui a permis de prouver la grande antiquité de l'homme. Tout récemment encore les maîtres de la science se refusaient à admettre cette antiquité. Malgré les faits présentés par M. Boucher de Perthes dans ses *Antiquités celtiques* (1847); malgré les mémoires publiés par MM. Falconer, Evans et Prestwich sur les silex taillés découverts dans la vallée de la Somme (1859); malgré la confirmation de leurs vues par MM. Gaudry, Hébert et Desnoyers; malgré le travail de Lyell intitulé : *Geological Evidence of the antiquity of man* (1863), les adversaires de l'antiquité de l'homme ne se reconnaissent pas encore vaincus. Mais chaque jour de nouvelles preuves sont fournies par les recherches paléontologiques, et il semble démontré que des vestiges de l'existence de l'homme se retrouvent dans le terrain pliocène de l'Amérique.

LE SERVICE MÉDICAL EN CAMPAGNE

Congrès international du service médical des armées en campagne.

Les procès-verbaux du Congrès international sur le service médical des armées en campagne, tenu à Paris au mois d'août 1878, viennent enfin de paraître. Rarement assemblée, grâce à la haute situation de la plupart de ses membres et à leur irrécusable compétence, fut plus en état de faire la lumière sur les questions qu'elle avait à traiter, et de les résoudre avec une légitime autorité. Les études auxquelles elle s'est livrée, les résolutions qu'elle a votées méritent donc de fixer l'attention de ceux qui, sachant combien est misérable et impuissante l'organisation actuelle du service de santé de notre armée, estiment qu'il est nécessaire de trancher au plus tôt le débat toujours pendant entre l'administration et la médecine militaires. Tel est le but de cet exposé, dans lequel, prenant pour guides les travaux du Congrès, nous montrerons combien sont urgentes les réformes que nous avons à introduire dans notre organisation sanitaire, en même temps que nous indiquerons sur quelles bases elle doit reposer pour être rationnelle et féconde.

Depuis une quinzaine d'années, de grandes modifications, une véritable révolution même, ont été accomplies par toutes les puissances dans les institutions sanitaires de leurs armées. Instruites par nos dures leçons de Crimée et d'Italie, stimulées par l'opinion publique, préoccupées de la formidable mortalité que les épidémies font subir aux troupes, désireuses enfin d'assurer aux blessés, aussi largement que possible, les soins qui leur sont dus, elles ont pensé qu'un service aussi important que le service de santé ne pouvait point être fructueusement improvisé au moment même de la guerre, que sa direction ne pouvait, sans danger, être abandonnée à l'inexpérience. Elles l'ont confiée aux médecins, c'est-à-dire aux personnes jugées les plus aptes, par leurs études, à la bien exercer.

Leurs prévisions n'ont point été déçues; aussi, loin de s'arrêter dans la voie où elles s'étaient engagées, toutes, depuis l'Allemagne jusqu'à l'Espagne, y avancent-elles d'un pas ferme et assuré, fortifiant de plus en plus la direction médicale, élargissant son cercle d'action au fur et à mesure que l'expérience des guerres confirme l'excellence des résultats obtenus Seule, notre armée n'a point bénéficié de ces progrès, seule elle n'en bénéficiera pas aussi longtemps que les règles fondamentales du système sanitaire qui y est en vigueur n'auront point été modifiées. Ce système, conception aussi fausse qu'étroite, réduit le rôle du médecin à la pratique des opérations, à la thérapeutique proprement dite.

Dans les armées qui, rompant, à l'exemple des États-Unis, avec une désastreuse routine, ont attribué la direction à ceux-là seuls qui avaient la conception nette, positive et scientifique des besoins de ce service, on part d'un principe tout différent. Là, on estime que tout ce qui concerne la santé de l'armée, la sauvegarde du blessé (hygiène, prophylaxie, relèvement, transport, installation) étant, de son essence même, du ressort du médecin, celui-ci ne doit plus être un simple agent d'exécution entre les mains d'une administration dirigeante; que borner ainsi sa mission naturelle et légitime, c'est gratuitement la rendre improductive. Que peuvent valoir, en effet, toutes les ressources accumulées de la thérapeutique et de la chirurgie, alors que, par les conditions mêmes où sont placés malades et blessés, les chances de guérison sont précaires, l'intervention opératoire condamnée d'avance?

Mais ce ne sont pas seulement les résultats purement médicaux qui se ressentent d'une direction vicieuse imprimée à la marche du service; grâce à l'abandon volontaire ou inconscient des règles générales de l'hygiène, les effectifs fondent, les épidémies surgissent, et le sort d'une campagne est compromis. On nous accusera peut-être d'exagérer à plaisir; le règlement allemand répondra pour nous. « Les épidémies d'armée sont, dit-il, les plus redoutables ennemis des troupes en campagne. Elles contrarient et paralysent le général en chef dans l'exécution de son plan; elles peuvent amener l'interruption et la cessation des opérations militaires. Le but de la guerre impose aux officiers de santé le devoir d'employer tous leurs efforts à prévenir les épidémies, à circonscrire leurs ravages dès qu'elles ont éclaté, et surtout à empêcher leur propagation vers l'intérieur. »

Prévoir, telle est, en effet, la plus haute mission de la médecine aux armées, tel doit être son constant objectif. Mais pour que ses prévisions soient accueillies, pour que les mesures qu'elle propose soient acceptées, il ne faut pas qu'entre elle et les généraux s'interpose un corps administratif, armé de la direction, quoique n'ayant ni la science ni la compétence voulues. Qu'on relise les lettres de nos anciens médecins en chef en Crimée, des Lévy, des Baudens et des Scrive, et, en connaissance de cause, on appréciera à quelle impuissance est condamnée la direction médicale, quand elle a à lutter contre les partis pris, les erreurs et les coupables entêtements de l'administration.

Ici, elle entasse pêle-mêle fiévreux, typhiques, blessés, scorbutiques; là, encombrant d'une façon inouïe les hôpitaux, elle y crée des foyers d'infection; le médecin en chef proteste, signale les dangers de cet encombrement, il reçoit de l'intendant cette textuelle réponse : « Je le déplore avec vous, mais le moment ne me paraît pas venu d'y apporter le remède que vous indiquez. » Plus tard, Baudens écrit de Constantinople au ministre : « ...Le flot épidémique monte. Par un bonheur providentiel, nous avons, dans les camps autour de Constantinople, des baraques vides pour loger 25 000 hommes. Ces baraques, parfaitement installées sur de hauts plateaux, sont dans d'excellentes conditions hygiéniques. Transportons-y tout de suite la moitié de notre population hospitalière, 5000 malades, et je réponds d'arrêter la marche et la mortalité du typhus presque immédiatement. J'ai demandé simplement des ambulances, quelques literies; des paillasses même auraient suffi. Cette mesure paraît présenter de grandes difficultés d'exécution. On se laisse pousser par la nécessité, on ne la devance pas; on se trouve un jour envahi par les malades, au lieu d'avoir prévenu la maladie. » Peut-on supposer un seul instant que de tels faits se fussent passés, si, au lieu d'avoir à traiter les questions d'hygiène avec l'intendant, Baudens et Lévy eussent eu le droit de soumettre leurs avis, de donner leurs conseils éclairés aux généraux?

D'un autre côté, le fonctionnement méthodique et régulier du service de santé repose sur certaines données aussi étrangères à l'administration qu'elles sont et doivent être familières au corps médical; celui-ci, dans toutes les branches de ce service, a le premier rôle et la responsabilité; il s'ensuit que la direction lui revient de droit.

Ainsi l'ont compris toutes les nations civilisées, et leur organisation répond aux considérations que nous venons d'exposer, c'est-à-dire que chez elles le service de santé, séparé des services administratifs, avec lesquels il n'a d'ailleurs rien de commun, immédiatement subordonné au pouvoir supérieur des généraux commandant, est placé sous l'autorité directe de médecins en chef, tant dans les corps d'armée et divisions que dans les hôpitaux et ambulances. Nullement entravée dans sa sphère naturelle d'action par les empiétements administratifs, la direction médicale est réelle et effective; investie de la confiance du commandement, elle a su bientôt partout en obtenir les ressources nécessaires, tant en personnel qu'en matériel, établir leur répartition en se conformant aux besoins des diverses unités tactiques, en régler la disposition de façon que, depuis le champ de bataille jusqu'au fond des provinces les plus reculées, tout soit mis en œuvre pour le soulagement des blessés et la conservation des effectifs.

Sous des noms différents, et avec quelques variantes dans la composition en matériel et en personnel, l'organisation du service de santé en campagne des armées allemande, autrichienne, italienne, anglaise, etc., peut être ramené à un type unique, qui a rallié les suffrages du Congrès. Elle comporte les trois échelons suivants : 1° postes de premiers secours et places de pansement; 2° hôpitaux mobiles et temporaires ; 3° hôpitaux et trains d'évacuation. Un examen rapide permettra de saisir sur le fait le jeu et l'économie de ces formations diverses.

I.— *A.— Postes de premiers secours.* — Un homme tombe; il est immédiatement relevé par les brancardiers de sa compagnie instruits *ad hoc*, et conduit par eux à un de ces postes, où il recevra les premiers soins. C'est là qu'en toute hâte on pose un appareil à fracture, qu'on arrête une hémorrhagie dangereuse, que l'on met en un mot le blessé en état d'être dirigé sur la place de pansement. Chaque régiment a son poste de secours qui est desservi par ses médecins, ses infirmiers et ses brancardiers. Le régiment allemand d'infanterie mobilisé compte 6 médecins, 12 infirmiers, 48 brancardiers, 3 voitures, 6 havresacs d'ambulance, 12 musettes et 12 brancards. C'est qu'en effet, pour que l'intervention des médecins fût rapide et salutaire, il fallait que leur nombre fût en proportion convenable avec celui des blessés, et qu'ils eussent à leur disposition des ressources suffisantes. Au siècle dernier, un membre de l'Académie de chirurgie, Morand, estimait que les trois quarts de ceux qui perdent la vie dans une bataille périssent d'hémorrhagie; le docteur Chenu, dans sa statistique de l'armée d'Orient, fixe à 18 pour 100 le nombre des morts dues à cette cause; ces chiffres indiquent suffisamment de quelle importance est pour le blessé l'assistance immédiate, et cependant dans notre armée on n'a encore rien tenté pour l'assurer. Nos corps de troupe n'ont ni infirmiers, ni brancardiers, ni brancards, ni le plus petit tonnelet d'eau, et, d'après l'*Aide-Mémoire de l'officier d'état-major,* nos bataillons partiraient avec un seul médecin, en sorte que nous sommes exposés à revoir ce désolant spectacle d'hommes mourant faute d'un simple pansement, de malheureux attendant pendant plusieurs jours qu'on vienne enfin les relever.

B. — Place de pansement. — Derrière ces postes de secours, mais très à portée encore des combattants, s'installe la place de pansement; elle est constituée au moyen d'un personnel spécial attaché à chaque division. Ce personnel (ambulance divisionnaire des Autrichiens, colonne de brancardiers des Anglais, détachement sanitaire des Allemands) ,forme en fait des ambulances volantes très légères, allégées de tout matériel encombrant, et n'ayant que quelques voitures pour les instruments, les médicaments et les denrées absolument indispensables. Les détachements sanitaires allemands ont un effectif de 7 médecins, 154 brancardiers, 8 infirmiers de visite et une section du train. Ces détachements, de même que les colonnes anglaises de brancardiers, sont au nombre de 3 par corps d'armée; celles-ci sont composées de 8 chirurgiens, 25 infirmiers, 95 brancardiers et du train nécessaire. Aussitôt le combat engagé, la place de pansement prend position ; les brancardiers vont chercher aux postes de secours les blessés qui, dès leur arrivée, sont minutieusement visités, rapidement réconfortés et répartis en catégories, selon qu'ils sont ou non transportables. Les premiers, après avoir reçu les soins que comporte leur état, seront le plus tôt possible, soit à pied, soit dans des voitures spéciales, soit dans des voitures de réquisition, dirigés sur les hôpitaux situés en arrière ; les autres, c'est-à-dire les intransportables, sont pansés d'une façon définitive, subissent les opérations reconnues urgentes, et peuvent ainsi attendre, sans inconvénients, l'arrivée des hôpitaux mobiles, qui rendra disponible tout le personnel sanitaire destiné à suivre l'armée dans ses mouvements. La direction des stations de pansement appartient, les textes sont formels à cet égard, aux médecins divisionnaires. Ce sont eux qui, d'après les ordres des généraux, en déterminent l'emplacement, et ont la responsabilité de leur bon fonctionnement vis-à-vis du commandement et des médecins en chef de corps d'armée.

Grâce à ces formations de première ligne, tous les blessés, dans l'espace de quelques heures, sont relevés, visités et assistés. Nos ambulances divisionnaires, alourdies outre mesure par le matériel administratif, pauvres en moyens de transport avec leurs incommodes litières et leurs primitifs cacolets, arrivant toujours trop tard, dirigées par n'importe qui, sauf par le médecin (voir le règlement sur les hôpitaux en campagne, art. 104), n'ont que de lointaines analogies avec les colonnes et détachements dont nous venons d'esquisser le rôle; en fait, elles ont perdu leur caractère primitif et sont devenues, malgré leur nom, de véritables hôpitaux. Qu'en résulte-t-il? C'est que les blessés qui, pour l'immense majorité, n'ont pu recevoir dans leur corps le moindre secours, qui n'ont même point été relevés du champ de bataille, attendent pendant des jours, comme en Crimée, comme en Italie, que l'on s'occupe d'eux.

II. — Le deuxième échelon du service de santé en campagne comprend *les hôpitaux mobiles*, lazarets de campagne de l'armée allemande. Ils sont destinés à hospitaliser sur place les blessés et les malades intransportables; mais, ainsi que leur nom l'indique, ils ne doivent point rester indéfiniment dans le même endroit, et ils recouvrent leur mobilité par l'entrée en fonction des hôpitaux temporaires: les uns et les autres doivent évacuer sur les établissements de l'intérieur les malades et les blessés, au fur et à mesure qu'ils deviennent transportables. Comme ils doivent se former aussitôt leur arrivée sur le théâtre de la lutte, les hôpitaux mobiles n'auraient point rempli leur but si on les avait surchargés d'un matériel considérable, si on n'avait réduit leur contenance, mesure salutaire au point de vue de l'hygiène et de la facilité de leurs mouvements. — Cette création d'hôpitaux mobiles, qui épargne aux malheureux blessés les horribles souffrances du transport, qui déjà a sauvé de nombreuses existences en permettant aux chirurgiens militaires d'oser davantage devenir conservateurs, a recueilli à bon droit les unanimes suffrages des membres du Congrès; elle a réalisé un progrès immense en chirurgie d'armée, et successivement les diverses puissances, sauf encore la France, l'ont empruntée à l'Allemagne. A chaque corps d'armée, en Angleterre et en Allemagne, sont affectés 12 hôpitaux mobiles pouvant soigner 200 malades, soit 2400 pour le corps d'armée. Mais ces hôpitaux, plus ou moins tôt encombrés, n'offriraient plus aux malades ni des soins efficaces, ni des chances sérieuses de guérison, ils perdraient leur mobilité, si des hôpitaux temporaires ne les venaient relever, si un service régulier d'évacuation ne dispersait sur le territoire malades et blessés.

De même que les ambulances, les hôpitaux mobiles sont sous l'autorité de médecins directeurs en relations constantes avec les médecins en chef de corps d'armée d'une part, de l'autre avec le médecin général attaché à l'inspecteur général des étapes et chemins de fer.

III. — Le troisième échelon du service de santé en campagne se compose essentiellement de *commissions*, de *trains d'évacuation* et d'*hôpitaux de gare*. A la tête de chaque ligne d'étapes fonctionne une commission d'évacuation, à laquelle incombent la répartition et la dispersion des malades et des blessés dans les établissements du territoire, en tenant compte de la nature et de la gravité de leurs affections, du temps probable pendant lequel ils resteront éloignés du théâtre des opérations. Pour ces évacuations, on dispose des bateaux-ambulances et des trains sanitaires : ceux-ci doivent être distingués en trains sanitaires proprement dits, qui sont de véritables hôpitaux roulants installés avec tout le confort désirable, et en trains auxiliaires, formés de voitures transformées en ambulances improvisées au moyen de brancards suspendus d'une façon élastique au plafond et aux parois des wagons. Les premiers, nécessairement peu nombreux en raison même de leur prix élevé, paraissent condamnés à ne point fournir un travail très utile; la Russie, cependant, en possède 18, l'Autriche 33. Quant aux seconds, pouvant être rapidement formés, au moyen de quelques crochets avec ressort et ne nécessitant aux wagons de marchandises que des modifications peu coûteuses, comme l'établissement de portes de communication et l'adaptation à leurs extrémités d'un demi-plancher pour le va-et-vient d'une voiture à l'autre, ils sont d'un emploi beaucoup plus général et d'une utilité autrement grande. Aussi les divers États ont-ils imposé à leurs compagnies de chemins de fer la charge d'avoir un certain nombre de wagons en partie aménagés d'avance pour ce service. En Allemagne, dès le premier moment de la mobilisation, l'armée a à sa disposition quelques trains qui font partie du matériel de guerre, absolument comme une batterie d'artillerie. Ici encore, et en notre défaveur, s'accusent notre coupable indifférence, notre manque de sollicitude pour tout ce qui a trait au service de santé; nous n'avons rien su trouver de mieux que ce honteux article sur les évacuations par chemins de fer : « Les militaires malades et ceux légèrement blessés, évacués par voie ferrée, sont placés dans les voitures de voyageurs; les militaires grièvement blessés et ceux qui ne peuvent se tenir assis occupent des wagons à bagages ou à marchandises. Ces wagons sont préalablement nettoyés et garnis de paille fraîche. » (Art. 90 du règlement sur le service des hôpitaux en campagne). Dans de telles conditions, tout voyage devient, pour les blessés, un véritable supplice; chaque trépidation, chaque choc, chaque arrêt détermine au point du corps atteint un douloureux retentissement qui arrache des cris au patient. Heureux, trop heureux encore cependant nos infortunés malades, quand ils ne sont pas, comme en 1870, entassés sur le fumier de wagons ayant servi au transport des bestiaux, et à ce point serrés qu'il devenait difficile d'enlever le premier.

Quoi qu'il en soit, l'emploi des chemins de fer constitue, pour les évacuations, une ressouce immense. Pendant la guerre de sécession, rien que sur les lignes de l'Est et de l'Ouest, les Américains transportèrent 200 000 malades ou blessés; en 1870, les Prussiens évacuèrent directement sur les seules ambulances de Berlin 15 503 malades et 8531 blessés; au cours de leur dernière campagne, les Russes ont ramené au cœur de l'Empire et jusqu'en Finlande près de 200 000 hommes.

Répartis sur le territoire entre les hôpitaux militaires, les hospices civils et ceux des sociétés de secours, les malades n'échappent pas à la surveillance de l'autorité militaire et de ses représentants médicaux; ceux-ci doivent procéder à de fréquentes inspections des établissements, pour s'assurer que l'hygiène y est observée, que les locaux sont convenablement aménagés, pour veiller enfin à ce que nul n'y demeure au delà du temps nécessaire pour sa guérison.

Telle est, à grands traits, l'organisation féconde en conséquences heureuses qu'ont tour à tour adoptée les puissances de l'Europe : aucune d'elles n'a cru qu'il lui fût loisible d'opérer sur le service sanitaire de sordides économies faites du sang et de la chair de ses défenseurs; qu'il lui fût permis, sans manquer à de solennels quoique tacites engagements, de se décharger sur des sociétés particulières du devoir sacré d'assurer au soldat la plénitude des secours auxquels il a droit; aujourd'hui encore, malgré le service obligatoire, l'Allemagne entretient sous les drapeaux 1628 médecins du cadre actif. C'est cette organisation que le Congrès propose comme modèle aux gouvernements attardés dans une fatale routine. Mais il ne lui a point échappé que, quelle que soit sa perfection, un instrument ne vaut en définitive que ce que vaut lui-même l'ouvrier qui le manie; aussi ne s'est-il point contenté de demander qu'on introduisît dans toutes les armées les perfectionnements que nous avons signalés, mais, s'élevant jusqu'aux principes, il a formellement déclaré que cette organisation d'un mécanisme aussi simple que délicat impliquait, pour le corps médical, l'autonomie et la direction du service sanitaire sous l'autorité immédiate du commandement. Ces conclusions ont pour elles les suffrages unanimes des hommes compétents; des expériences déjà longues et fréquemment répétées déposent en leur faveur, et ce ne seront point de banales assertions, de fragiles sophismes, de misérables arguments qui en infirmeront la valeur et empêcheront les réformes que le pays et l'armée réclament avec une entière confiance.

LA SUISSE

D'après M. Gourdault (1).

Placée au centre de l'Europe, confinant à presque toutes ses grandes nations, leur envoyant à toutes quelque grand fleuve, la Suisse forme un énorme massif montagneux, auquel on ne peut comparer que le mystérieux plateau de Pamir, au centre de l'Asie, d'où se sont déversées sur le

(1) *La Suisse*, études et voyages à travers les vingt-deux cantons, par M. JULES GOURDAULT. Ouvrage illustré de 750 gravures sur bois. Deuxième et dernière partie: Uri, Tessin, Grisons, Glaris, Saint-Gall, Appenzell, Thurgovie, Schaffhouse, Zurich, Argovie, Bâle, Soleure, Fribourg, Neufchâtel. 1 vol. très grand in 4° de 730 pages, imprimé avec le plus grand luxe (Paris, librairie Hachette et Cie). Broché : 50 francs; relié en chagrin plein, tranches dorées : 70 francs.

La Suisse, de M. Gourdault, paraît aussi en livraisons hebdomadaires à 1 franc depuis le 27 avril 1878. La 80e livraison est en vente. Il y en aura 100 environ.

Fig. 72. — Landsgemeinde d'Appenzell. — Assemblée générale des citoyens votant les lois et nommant les fonctionnaires.

Fig. 73. — Vue générale de Lugano.

globe les principales races humaines qui le dominent aujourd'hui.

La Suisse n'a pas été, comme le Pamir, le berceau d'un monde; mais si les peuples européens ne paraissent pas en être sortis, ils semblent vouloir y revenir. Chaque année, c'est un flot qui remonte les vallées, et les Anglais, placés en dehors du système fluvial de la Suisse, ne sont cependant pas les moins ardents à y accourir.

Ce coin de terre, peu fertile et cependant fortuné, doit son bonheur à ce qui fait la ruine de beaucoup d'autres : les agitations d'un sol où le roc perce et gâte presque partout la terre arable, comme un squelette trouant la chair; c'est le triomphe du pittoresque sur l'utile. Il y a cependant des pays qui possèdent de plus hautes montagnes, des cimes plus sauvages, mais nulle part on ne trouve une accumulation plus complète et plus variée de tous les genres de merveilles naturelles : montagnes, lacs, cascades, glaciers, forêts, sans oublier l'homme lui-même, qui figure là comme

Fig. 74. — Type et costume du canton de Schaffouse.

Fig. 75. — Type et costume argovien.

ornement du paysage, avec ses costumes éclatants et ses mœurs d'un autre âge.

C'est ce pays exceptionnel que M. Gourdault a entrepris de décrire (1) avec le secours de l'illustration, qui ajoute plus de vivacité et de précision aux descriptions de la plume. Il était impossible de choisir pour un livre de luxe un plus beau cadre, car aucun sujet ne saurait plaire à plus de monde, réveiller plus de souvenirs chez les heureux et plus de désirs chez les autres qui ne connaissent la Suisse qu'en image.

M. Gourdault a très heureusement rempli ce cadre, et il l'a même beaucoup dépassé. Il ne se borne pas, en effet, à nous montrer la Suisse pittoresque, la seule que le touriste recherche d'ordinaire, depuis les glaciers de l'Oberland et des Grisons jusqu'aux lacs empourprés du versant italien ; il nous raconte aussi la Suisse historique et nous fait étudier la Suisse sociale.

Or il se trouve que ces deux Suisses, moins connues, sont plus intéressantes encore que l'autre et plus variées. La Suisse sociale surtout est pleine de merveilles. Ce pays, si grand par la nature, ne l'est pas moins par le peuple qui l'habite.

Fondateurs de la liberté en Europe, les Suisses présentent

(1) Voyez *Revue scientifique*, numéro du 14 décembre 1878, tome XV, 2e série, page 566.

Fig. 76. — Types et intérieur de maison dans le canton d'Appenzell. — Dentellières.

encore aujourd'hui des genres de gouvernement, des habitudes judiciaires et des mœurs publiques qu'on ne retrouve plus nulle part. Le gouvernement direct y fonctionne sans peine, et les grandes Landsgemeinde d'Appenzell, par exemple, qui comptent sept ou huit mille citoyens, délibérant sur toutes les affaires publiques, nommant tous les fonctionnaires, peuvent nous donner aujourd'hui une idée de ce qu'était le forum romain à son origine. Les juges y sont nommés partout à l'élection et personne ne s'en plaint. Ces juges élus ne passent même pas pour avoir des excès de tendresse à l'égard des vagabonds ou des débiteurs insolvables.

L'industrie, elle aussi, y trompe bien des prévisions. Sans houille, sans fer, sans droits protecteurs, entourée d'un cercle de pays ennemis, l'industrie suisse s'est élevée à un haut degré de prospérité. Bien des rivales mieux dotées par la nature, mieux défendues par leurs gouvernements, se déclarent incapables de lutter contre elle.

Les broderies mécaniques de Saint-Gall se vendent jusqu'au fond de l'Angleterre et de l'Amérique, comme les dentelles d'Appenzell, que la concurrence des dentelles mécaniques fera malheureusement bientôt disparaître là comme ailleurs. Nos rubans de Saint-Étienne ont de la peine à se défendre contres les rubans de Bâle. Les soieries de Zurich, fabriquées sur des métiers mécaniques, pénètrent partout, même en France, malgré la supériorité que les soieries de Lyon, presque toutes fabriquées encore à la main, doivent aux longues traditions des commerçants et à l'habileté des dessinateurs français. Les mousselines brochées de la Suisse allemande ont supplanté en grande partie, en France comme ailleurs, les mousselines de Tarare écrasées par les droits protecteurs des fils de coton.

Enfin, les montres de Genève et du Jura neufchâtelois seraient restées longtemps sans rivales, si la persécution religieuse n'avait créé au siècle dernier l'industrie de Besançon, en chassant de Suisse des ouvriers horlogers, et si depuis trois ans, le génie inventif des Américains n'avait créé aux États-Unis la montre fabriquée par des mécaniques ingénieuses, contre lesquelles la main de l'ouvrier le plus habile ne pourra pas lutter longtemps.

M. Gourdault nous fait parcourir toutes ces industries avec le même soin qu'il met à nous raconter les histoires locales ou la biographie des grands hommes, les anciens comme les modernes, Guillaume Tell, comme Jean-Jacques Rousseau ou Lavater.

Nous apprenons ainsi que, dans ce pays de démocratie débordante, où l'impôt sur le revenu est la base financière de la plupart des cantons et prend les formes le plus hardiment progressives, la fortune privée se développe et se conserve avec une merveilleuse facilité. Bâle passe pour la ville du monde qui compte le plus de millionnaires, eu égard à sa population, et cela sans en excepter ni Londres, ni Paris, ni New-York.

Mais si la démocratie semble, — comme en Amérique d'ailleurs, — favoriser plutôt qu'empêcher la naissance des grandes fortunes, en revanche elle se manifeste surtout en Suisse par un souci des petits qu'on ferait bien d'imiter partout. Nulle part on ne trouve des institutions aussi bien organisées pour sauver toutes les existences qui peuvent l'être, surtout pour sauver les enfants, non pas seulement à l'âge où ils sont en nourrice, mais aussi et surtout à l'adolescence et à la jeunesse. Les sauver, ce n'est pas assez dire, car les orphelinats de la Suisse en font des hommes instruits, éclairés, qui reçoivent même une certaine éducation supérieure si leurs facultés semblent les y préparer, qui travailleront à leur tour au progrès social, et non pas toujours obscurément. L'infortune de leur origine ne leur interdit aucune espérance de succès ou de richesse, et il en est plus d'un qui devient millionnaire.

Voilà bien des choses auxquelles on ne pense pas toujours, quand on va chercher en Suisse l'oubli de la poussière parisienne. M. Gourdault a eu le grand mérite de ne pas les oublier et de mêler tous ces sujets, graves ou frivoles, dans les justes proportions que demandait Horace.

Grâce aux prodigalités d'une illustration pour laquelle on n'a rien ménagé, il a pu montrer à nos yeux les scènes que notre imagination n'aurait pas fait revivre avec assez de précision et de vérité. Ces deux grands volumes resteront comme le plus beau commentaire de la Suisse, et celui qui fait le plus penser en route.

BULLETIN DES SOCIÉTÉS SAVANTES

Académie des sciences de Paris. — 1er DÉCEMBRE 1879.

M. Chevreul : La chlorophylle. — M. Eug. Peligot : Préparation de la saccharine. — M. Des Cloizeaux : Système cristallin de la saccharine. — M. Frémy adresse à M. Thénard des questions relatives au phylloxera. — Réponse de M Thenard. — M. G.-A. Hirn : Mesure des quantités d'électricité. — M. Ph. Plantamour : Les mouvements périodiques du sol. — M. de Lesseps : Établissements scientifiques français dans l'Afrique équatoriale. — M. Ed. Lamarre : Phénomène électrique observé pendant une chute de neige. — M. le secrétaire perpétuel signale, parmi les pièces de la correspondance, un livre de M. Thurston : l'*Histoire de la machine à vapeur*. — M. Rolland : Observations à propos de cet ouvrage. — M. Carpentier : Un frein dynamométrique se réglant automatiquement. — M. Derome : Séparation de l'acide phosphorique du sesquioxyde de fer et de l'alumine. — M. E. Serrano Fatigati : Influence des diverses couleurs sur le développement et la respiration des infusoires.

M. *Chevreul,* à propos de la récente note de M. Trécul sur la chlorophylle, rappelle les travaux déjà anciens de M. Cloez sur le même sujet et desquels l'auteur avait conclu que, pour décomposer l'acide carbonique sous l'influence des rayons du soleil, la chlorophylle doit être contenue dans un organisme vivant. M. Chevreul demande alors le rôle que joue la chlorophylle. Fait-elle partie constituante de l'organe? ou s'y trouve-t-elle accessoirement ou, en d'autres termes, sans activité organique? Telle est la question qu'il croit devoir adresser à tous les savants qui s'occupent de la chlorophylle.

— M. *Eug. Peligot* fait une communication relative à quelques propriétés des glycoses. Parmi les faits nouveaux signalés par l'auteur, nous trouvons la préparation de la *saccharine* et le procédé au moyen duquel on peut l'obtenir. Voici ce procédé : Dans une dissolution de glycose et de chaux, qu'on a fait bouillir et que l'on a soumise à la filtration (pour séparer un précipité jaune brun dont il est question dans la note), on ajoute la quantité d'acide oxalique nécessaire, pour précipiter la chaux à l'état d'oxalate calcaire. En filtrant pour séparer ce dernier corps et en évaporant à consistance sirupeuse, on obtient, au bout d'un temps plus ou moins long, un magma cristallin qu'on reçoit sur un filtre; celui-ci retient la matière solide empâtée dans une sorte de mélasse qu'on fait absorber par du papier non collé. Lorsqu'on a sous la main des eaux mères fournies par des cristallisations antérieures, on abrège beaucoup le temps nécessaire pour la préparation de la saccharine. Les cristaux, obtenus à l'état brut, sont redissous dans l'eau chaude, et la liqueur jaunâtre qui les renferme est décolorée par une petite quantité de noir animal. Par évaporation spontanée, cette dissolution donne des prismes très volumineux de saccharine. L'auteur ne connaît pas de substance qui cristallise plus facilement, lorsqu'elle a été amenée à un état convenable de pureté.

On peut encore préparer la saccharine en dialysant la dissolution dont on vient d'indiquer la préparation; le produit cristallisable passe dans l'eau que l'on a introduite dans le vase inférieur.

— M. *Des Cloizeaux* expose les résultats détaillés de ses observations sur la forme cristalline et les propriétés optiques de la *saccharine*. Ce nouveau corps hydro-carboné forme de beaux cristaux blancs, éclatants, plus ou moins transparents. Ces cristaux offrent l'apparence d'un prisme rhomboïdal droit, dont les angles solides latéraux sont remplacés par des faces très développées, formant deux dômes (biseaux) superposés, tandis que ses angles solides (antérieur et postérieur) restent inaltérés ou, le plus souvent, portent chacun une petite troncature rhombe. L'auteur déclare toutefois qu'il ne serait peut-être pas impossible que le système cristallin de la saccharine fût le système clinorhombique, avec une forme limite à très faible obliquité; il n'a pu encore s'assurer du fait.

— M. *Frémy* adresse à M. P. Thénard une série de questions relatives au phylloxera, ou mieux à l'efficacité du sulfure de carbone, que M. Thénard a, le premier, proposé comme préservatif du fléau.

— M. *P. Thénard* répond aux diverses questions de M. Frémy. Il passe rapidement en revue les résultats qu'a fournis l'application de l'insecticide en question, et chacune de ses réponses peut-être considérée comme une recommandation nouvelle de l'emploi du sulfure de carbone. M. Frémy désirait surtout savoir si le sulfure n'exerce aucune action fâcheuse sur la qualité du vin ou sur la fertilité du sol. M. Thénard répond : « En ce qui touche le sulfure de carbone, le traitement cultural n'exerce aucune action sur la qualité du vin; mais on ne peut en dire autant du fumier qui accompagne le sulfure. De ce côté, on doit s'attendre à un peu d'affaiblissement. Le traitement préventif, surtout quand il précède de peu la vendange, fatigue certainement la vigne et hâte ainsi la maturité du fruit, qui, de même qu'un fruit véreux, n'a pas les qualités d'un fruit sain. Nécessairement le vin s'en ressent, non qu'il ait cet affreux goût que lui donne le soufrage de la vigne, mais il a de la verdeur, est moins alcoolique et d'une *mauvaise santé*. Il ne faut donc, sous ce rapport, avoir recours au traitement préventif que quand on ne peut faire autrement.

« Le sulfure de carbone est sans action sur les éléments du sol; il n'en dissout sensiblement aucun, ni ne les coagule; il disparaît d'ailleurs si rapidement que de ce côté il n'y a pas lieu de concevoir les craintes que nous inspirent les sulfocarbonates employés sans une grande discrétion. Ceux-ci, en effet, en se dissociant presque instantanément dans le sol, comme l'a démontré M. Rommier, provoquent la dissolution et, à l'occasion, la perte d'une quantité d'humus qui va jusqu'à vingt fois le poids du sulfure alcalin mis en liberté. »

— M. *G.-A. Hirn* présente une note sur la mesure des quantités d'électricité. L'auteur montre que l'étude si féconde des lois de l'électrolyse a conduit, quant à l'électricité, à une méthode d'évaluation tout aussi rigoureuse que la méthode actuellement suivie pour la détermination des quantités de chaleur. Quelque idée que nous nous fassions, dit-il, de l'affinité chimique, les effets de cette force peuvent se comparer à ceux de toute autre. Une combinaison ou une dissociation chimique suppose une résistance, un effet surmonté et un espace parcouru dans un sens ou dans le sens opposé par les atomes ; suppose, en un mot, un travail positif ou négatif toujours identique. Pour dissocier les éléments d'un composé, il faut donc nécessairement toujours une même quantité de *force électrique* pour un même poids du corps, et cette quantité est, par suite, rigoureusement proportionnelle à ce poids. Le volume de gaz détonant dégagé par un voltamètre, par exemple, donne ainsi une mesure très correcte et toujours identique à elle-même des quantités d'électricité fournies par une source quelconque, pourvu qu'on ait soin d'annuler ou, du moins, de rendre toujours semblables les résistances accessoires du circuit. Dans la discussion à laquelle il se livre, l'auteur est amené à parler d'un mémoire de M. Villari, professeur à l'Université de Bologne, sur les effets calorifiques de l'étincelle des batteries de Leyde. Dans ce mémoire, dont M. Hirn dit le plus grand bien, M. Villari formule plusieurs lois remarquables, qui concordent parfaitement avec le principe de l'équivalence des forces. M. Hirn exprime le vœu que le remarquable travail du physicien de Bologne soit bientôt donné *in extenso* dans une de nos grandes publications scientifiques françaises.

— M. *Ph. Plantamour* rend compte de ses observations sur les mouvements périodiques du sol, accusés par des niveaux à bulle d'air. Ces observations ont duré un an, du 1er octobre 1878 au 30 septembre 1879. Les niveaux perfectionnés ont été installés dans la cave de l'auteur, à Sécheron, avec toutes les précautions voulues. L'un des niveaux a été orienté de l'est à l'ouest; l'autre, du sud au nord. Les observations ont été faites cinq fois par jour, à 9 heures du matin, à midi, à 3, 6 et 9 heures du soir. On a pris, pour la cote du jour, la moyenne des cinq observations. Le résultat est que, à Sécheron, il se produit des mouvements d'élévation et d'abaissement du sol, qui sont périodiques et qui, d'une manière générale, paraissent déterminés par la température extérieure. Il est très probable, d'après cela, que la configuration, et peut-être aussi la nature du terrain, doivent influer sur l'intensité de ces mouvements. C'est ce que sembleraient prouver les observations faites dans d'autres localités.

— M. *de Lesseps* informe l'Académie que le comité français de l'Association africaine vient de décider l'établissement de stations scientifiques et hospitalières dans l'Afrique équatoriale, ayant pour points de départ, sur la côte orientale, les États du sultan de Zanzibar, et, sur la côte occidentale, notre colonie du Gabon. Ce résultat a été obtenu par une allocation de 100 000 francs, accordée par les Chambres, et par les fonds du comité. M. de Lesseps, président du comité français, s'est assuré auprès du ministre de la marine que M. Savorgnan de Brazza, chef de la station occidentale, et son compagnon, M. le docteur Ballay, trouveront toute l'assistance nécessaire, de la part du gouvernement et des autorités du Gabon, sur tout le cours de l'*Ogowé* et au delà. Le chef de la station de la partie orientale sera également un marin, dont M. Rabaud, représentant du sultan de Zanzibar en France et président de la Société de géographie de Marseille, a déjà préparé l'installation.

— M. *Ed. Lamarre* adresse, de Cherbourg, la description d'un phénomène électrique observé par lui, le 20 novembre, pendant une chute de neige. Le vent soufflant de l'est-sud-est, le temps étant très couvert, le thermomètre marquant 1° au-dessus de zéro, l'auteur a constaté, au commencement d'une violente tourmente de neige, de petites aigrettes lumineuses à l'extrémité de chacune des branches de fer du parapluie sous lequel il s'abritait. Le phénomène était accompagné d'un bruissement semblable au bourdonnement d'un insecte. Lorsqu'il approchait de l'une de ces extrémités la main dégantée, il ressentait une petite commotion dans les deux premières phalanges, et la lumière disparaissait. L'expérience put être répétée plusieurs fois, et le phénomène dura quatre ou cinq minutes, jusqu'au moment où le parapluie fut couvert d'une mince couche de neige.

— M. le *secrétaire perpétuel* signale, parmi les pièces imprimées de la correspondance, un ouvrage portant pour titre : *Histoire de la machine à vapeur*, par M. Thurston, professeur de mécanique à l'Institut polytechnique de Stevens, près New-York, revue et annotée par M. Hirsch (1).

— M. *Rolland*, à propos de la présentation de cet ouvrage, croit devoir le signaler d'une façon spéciale à l'attention de l'Académie. « Bien que des travaux d'un réel intérêt, dit-il, concernant les progrès de l'emploi de la vapeur comme force motrice, aient vu le jour en France depuis un demi-siècle, on peut dire que nous en sommes encore à peu près réduits, pour l'histoire proprement dite de la machine à vapeur, à la notice publiée par François Arago dans l'*Annuaire du Bureau des Longitudes* pour 1829. La traduction de l'ouvrage de M. Thurston, qui vient heureusement combler cette lacune, sera donc lue avec un réel intérêt, et il en sera de même de l'introduction (2), due au savant professeur de l'École des ponts et chaussées. Dans cette introduction, en effet, en donnant un résumé de la division de l'ouvrage et des idées émises par l'auteur, M. Hirsch discute certaines de ses opinions, notamment en ce qui concerne Porta, à qui M. Thurston attribue la première idée d'élever l'eau par la pression de la vapeur, et Worcester, qu'il considère comme ayant établi la première machine à vapeur industrielle. M. Hirsch arrive, sur ces deux points, à une opinion conforme à celle d'Arago, et conclut que tout porte à croire que Savery, le premier, a appliqué industriellement les idées de Salomon de Caus, en construisant une machine à vapeur sans piston, fonctionnant pratiquement; que, de même, Newcomen a réussi à faire entrer dans la pratique la machine à piston de Papin, mais sans en modifier notablement l'idée essentielle. Il comble enfin une lacune importante de l'ouvrage traduit, en signalant les documents retrouvés et communiqués à l'Académie des sciences, le 30 novembre 1878, par M. H. Carnot, documents qui montrent bien que Sadi Carnot, l'illustre précurseur de la théorie mécanique de la chaleur, avait formulé, de la manière la plus positive, l'identité de la chaleur et de la puissance motrice. »

— M. *Carpentier* adresse une note sur un frein dynamométrique se réglant automatiquement. L'auteur rappelle que, de tous les appareils destinés à mesurer le travail des machines motrices, le frein de Prony est certainement le plus simple; mais tous ceux qui s'en sont servis savent qu'il présente de nombreux inconvénients, desquels résultent souvent des erreurs assez graves. C'est pour parer à ces difficultés que M. Carpentier a imaginé la disposition automatique suivante : Deux poulies juxtaposées sont montées sur l'arbre du moteur à essayer. La première, A, est calée sur l'arbre et se trouve, par conséquent, entraînée dans le mouvement de rotation. La seconde poulie, B, est folle. Une corde très flexible, portant un poids, p, est fixée à la jante de la poulie B et s'enroule sur la poulie A; une autre corde, portant un poids, P, est enroulée sur la poulie folle B, à laquelle elle est attachée sur un des points de la circonférence. L'enroulement des deux cordes est disposé, sur chacune des poulies, en sens inverse et de telle sorte que si, par exemple, le mouvement de rotation de l'arbre moteur a lieu de gauche à droite, le poids p, suspendu à la corde, passant sur la poulie calée A, se trouve à la droite de l'opérateur, et le poids P, attaché à la poulie folle B, à sa gauche. On peut concevoir maintenant le fonctionnement de l'appareil. Si le frottement augmente, la poulie calée A tend à entraîner la poulie folle B et fait diminuer l'arc d'enroulement de la corde portant le poids p; mais cet entraînement de la poulie B force simultanément la corde qui soutient le poids P à s'enrouler davantage sur ladite poulie B, jusqu'à ce que la résistance opposée fasse équilibre à l'augmentation de frottement produite. Si, au contraire, le frottement vient à diminuer, le phénomène inverse se produit : la poulie A enroule davantage la corde du poids p et, par suite, fait diminuer l'arc d'enroulement de la corde du poids P. Cette disposition obvie donc bien automatiquement à toutes les variations de frottement qui peuvent se présenter et permet de déterminer, avec la plus grande exactitude possible, la valeur du travail développé sur l'arbre moteur. Un calcul très simple fait connaître cette valeur. Si les poulies sont d'égal diamètre, le travail est donné par la formule $T = (P - p)\, ln$, dans laquelle T représente le travail dans l'unité de temps; P, le poids accroché au brin de la poulie folle B; p, le poids accroché au brin de la poulie calée A; l, la circonférence de la poulie; n, le nombre de tours dans l'unité de temps.

— M. *Derome* fait connaître une méthode pour la séparation de l'acide phosphorique du sesquioxyde de fer et de l'alumine. Voici cette méthode : La matière additionnée de cinq à six fois son poids de sulfate de soude sec est fortement chauffée pendant huit à dix minutes sur le soufflet d'émailleur; après refroidissement, la masse est traitée par l'eau, qui dissout le sulfate de soude en excès et l'acide phosphorique à l'état de phosphate tribasique de soude. Le dosage de l'acide phosphorique dans cette liqueur peut se faire soit au moyen d'une liqueur titrée d'urane, soit par précipitation de l'acide phosphorique à l'état de phosphate d'argent ou de phosphate ammoniacomagnésien.

— M. *E. Serrano Fatigati* a étudié l'influence des diverses couleurs sur le développement et la respiration des infusoires. Voici les résultats auxquels il est parvenu : 1° la lumière violette active le développement des organismes inférieurs; 2° la couleur verte le retarde; 3° quand de petits amas de ces organismes ont été transportés dans l'eau distillée, la lumière violette les fait s'éteindre plus vite que toutes les autres lumières; 4° la production de l'acide carbonique est toujours plus grande dans la lumière violette que dans les autres, et plus petite dans la lumière verte; 5° l'ensemble de ces faits montre que la respiration des infusoires est plus active dans la couleur violette que dans la couleur blanche, et moins active dans le vert que dans cette dernière.

(1) Deux vol. in-8°, faisant partie de la *Bibliothèque scientifique internationale* (Paris, Germer Baillière et Cie).

(2) Cette introduction a été publiée dans la *Revue scientifique* du 1er novembre 1879, ci-dessus, page 409.

BIBLIOGRAPHIE SCIENTIFIQUE

Publications nouvelles.

LIVRES D'ÉTRENNES.

Les Peuples de l'Afrique, par Hartmann. 1 vol. in-8° orné de 93 figures dans le texte, faisant partie de la *Bibliothèque scientifique internationale* (Paris, Germer Baillière et Cie). Cartonné à l'anglaise : 6 francs.

États-Unis et Canada. L'Amérique du Nord pittoresque, ouvrage rédigé par une réunion d'écrivains américains, sous la direction de W. Cullen Bryant, traduit, revu et augmenté par Bénédict-Henry Révoil. 1 beau volume grand in-4° de 780 pages, illustré d'un nombre considérable de gravures et d'une carte des États-Unis (Paris, chez A. Quantin, imprimeur-éditeur — 1880). Prix : 50 fr.

Franchise, par Mme Colomb. 1 vol. in-8° illustré de 113 gravures dessinées sur bois, par C. Delort (Paris, librairie Hachette et Cie). Broché : 5 francs; cartonné en percaline, à biseaux, tranches dorées : 8 francs.

Robert Darnetal, par Ernest Daudet. 1 vol. in-8° illustré de 45 gravures dessinées sur bois, par Sahib (Paris, librairie

Hachette et Cie). Broché : 5 francs; cartonné en percaline, à biseaux, tranches dorées : 8 francs.

Les Animaux étranges, par Mme Demoulin. 1 vol. in-8° illustré de 172 gravures dessinées sur bois (Paris, librairie Hachette et Cie). Broché : 5 francs; cartonné en percaline avec fers spéciaux et tranches dorées : 8 francs.

Un Nid, par Mme de Witt, née Guizot. 1 vol. in-8° illustré de 40 gravures dessinées sur bois, par Ferdinandus (Paris, librairie Hachette et Cie). Broché : 5 francs; cartonné en percaline, avec biseaux, tranches dorées : 8 francs.

Le Chien du capitaine, Trop curieux, Les Roses du docteur, Le mont Saint-Michel, par Louis Énault. 1 vol. in-8° illustré de gravures, par E. Riou et Kauffman (Paris, librairie Hachette et Cie). Broché : 5 francs; cartonné en percaline avec fers spéciaux et tranches dorées : 8 francs.

Mandarine, par Mlle Zénaïde Fleuriot. 1 vol. in-8° illustré de 100 gravures dessinées sur bois, par C. Delort (Paris, librairie Hachette et Cie). Broché : 5 francs; cartonné en percaline avec fers spéciaux et tranches dorées : 8 francs.

Le neveu de l'oncle Placide, troisième et dernière partie : *l'Héritage du vieux Cob*, par J. Girardin. 1 vol. in-8° illustré de 104 gravures dessinées sur bois, par A. Marie (Paris, librairie Hachette et Cie). Broché : 5 francs; cartonné en percaline, avec biseaux, tranches dorées : 8 francs.

Mœurs et caractères des peuples (Asie, Amérique, Océanie), par Richard Cortambert. 1 vol. in-8° illustré de 50 gravures dessinées sur bois (Paris, librairie Hachette et Cie). Broché : 5 francs; cartonné en percaline, avec biseaux, tranches dorées : 8 francs.

CHRONIQUE SCIENTIFIQUE

Observatoire de Paris. — Sont nommés élèves astronomes à l'Observatoire de Paris :

MM. Puiseux (Pierre-Henri), docteur ès sciences, ancien élève de l'École normale supérieure;
Obrecht, ancien élève de l'École polytechnique;
Rey (Jules), ancien élève de l'École polytechnique;
Esmiol (Jean-Joseph-Édouard), licencié ès sciences physiques et ès sciences mathématiques.

— Faculté des sciences de Toulouse. — M. Picard, docteur ès sciences, maître de conférences à la Faculté des sciences de Paris, est chargé du cours de calcul différentiel et intégral à la Faculté des sciences de Toulouse, en remplacement de M. Molins, admis à la retraite.

— École des hautes études. — M. Van Tieghem, professeur titulaire de la chaire de botanique (organographie et physiologie végétale) au Muséum d'histoire naturelle, est nommé directeur du laboratoire de botanique (mêmes attributions), de l'École pratique des hautes études, section des sciences naturelles, en remplacement de M. Brongniart, décédé.

M. Troost, professeur de chimie à la Faculté des sciences de Paris, est nommé directeur du laboratoire de chimie de l'École pratique des hautes études à ladite Faculté, en remplacement de M. Sainte-Claire Deville, démissionnaire.

— Faculté des sciences de Paris. — M. Riban, docteur ès sciences, directeur adjoint du laboratoire de chimie à la Faculté des sciences de Paris, est nommé maître de conférences à ladite Faculté, pendant l'année scolaire 1879-1880.

— École des langues orientales vivantes. — M. Schefer, professeur de persan, est nommé, pour une nouvelle période de cinq ans, administrateur de l'école.

— Collège de France. — M. A. Henoque est nommé préparateur du laboratoire de médecine, au titre de l'École des hautes études.

— Agrégation des Facultés de médecine. — Le concours pour la section de médecine s'ouvrira le 20 décembre. Les juges sont : M. Vulpian, de l'Institut, doyen de la Faculté de médecine de Paris; MM. Charcot, Parrot, Hardy et Peter, professeurs à la Faculté de médecine de Paris; M. Parisot, professeur à la Faculté de médecine de Nancy; M. Wannebroucq, professeur à la Faculté de médecine et de pharmacie de Lille; M. Damaschino, agrégé à la Faculté de médecine de Paris; M. Villemin, membre de l'Académie de médecine.

— École des langues orientales vivantes. — Par arrêté du ministre de l'instruction publique et des beaux-arts, en date du 25 novembre, le diplôme d'élève breveté a été conféré :

Pour la langue grecque moderne : à M. Pial.
Pour la langue chinoise : à M. Vissière.
Pour la langue annamite : à M. Chenieux.
Pour la langue russe : à M. Teste.
Pour la langue arménienne : à M. Gatteyrias.

— Les pluies neigeuses du milieu de novembre. — M. Rey de Morande nous adresse quelques remarques à propos des pluies mêlées de neige qui ont eu lieu en France les 13 et 14 novembre, malgré une hausse rapide du baromètre. Ces pluies, tombant en forme de neige sur les parties un peu élevées de l'Allemagne et de la France orientale, ont modifié subitement la distribution de la température. Il en est résulté une série de vents inférieurs plus ou moins locaux; mais ils n'ont produit que des effets de détail, par rapport à ceux de la grande bourrasque qui se dirigeait, à la même époque, du Danemarck vers la Russie centrale.

— Manufacture de porcelaines de Sèvres. — Samedi, à l'École des beaux-arts, le jury a rendu son jugement pour le concours du prix de Sèvres 1879. Le sujet de composition comportait des peintures allégoriques et commémoratives, destinées à rappeler le voyage de l'expédition scientifique qui est allée au Japon observer le passage de Vénus.

Les trois concurrents admis à l'épreuve définitive, MM. Paul Avisse, Joseph Chéret et Mahieux, avaient exposé des vases très remarquables. C'est M. Joseph Chéret qui a remporté le prix. Le vase dont il est l'auteur est destiné à être placé sur un socle dans la galerie Mazarine de la Bibliothèque nationale. Il aura 1m,80 de hauteur. Le prix du concours est de 2,500 francs.

— École polytechnique de Vienne. — Des troubles graves ont éclaté à cette école. Le collège des professeurs ayant échoué dans ses tentatives de conciliation et d'apaisement, le ministre de l'instruction publique d'Autriche a pris, samedi dernier, un arrêté annonçant des mesures de rigueur, si la révolte ne cesse pas. Les élèves seraient exclus pendant un an de l'université de Vienne et pourraient même l'être éventuellement de toutes les écoles polytechniques de l'empire, ce qui leur fermerait définitivement la carrière d'ingénieurs en Autriche.

— Le Journal du Ciel. — Tout le monde sait que dans l'espace de 27 jours et demi la lune fait le tour de la terre, et par conséquent passe, tous les 27 jours et demi, plus ou moins près de chacune des planètes et d'un certain nombre d'étoiles.

Le *Journal du Ciel* disant à l'avance le jour et l'heure auxquels la lune avoisinera telle planète ou telle étoile, permet donc à toute personne, même la plus ignorante en astronomie, de reconnaître la planète ou l'étoile en question.

Chaque planète à son tour se déplace au milieu des étoiles passant près de différentes étoiles et des autres planètes.

En annonçant aussi d'avance les jours et heures où cela arrive, le *Journal du Ciel* complète l'étude précédente.

En envoyant gratis et franco à ses abonnés à chaque renouvellement d'abonnement, un tableau représentant les orbites des planètes, ces orbites étant divisées en degrés, et en imprimant pour chaque jour à quel degré il faut planter une épingle sur chaque orbite pour les huit planètes principales et pour la lune, le *Journal du Ciel* donne le moyen au plus ignorant de comprendre la marche des astres. — S'adresser à M. Joseph Vinot, directeur du journal, passage du Commerce, à Paris.

— Société française de physique. — *Séance du 21 novembre.* — M. Gouy expose à la Société les méthodes qu'il emploie dans ses recherches photométriques sur les flammes colorées. Ces flammes sont produites par la combustion d'un mélange homogène de gaz d'éclairage et d'air chargé de poussière saline; grâce aux précautions prises, elles sont homogènes et d'éclat constant.

Un photomètre particulier est employé pour la mesure des diverses raies données par la flamme. L'appareil a la forme générale d'un spectroscope à deux prismes; il possède, en outre, un collimateur auxiliaire devant lequel est placée une lampe fixe qui sert d'unité. Une fente, mise à la place de l'oculaire, permet d'isoler le rayon que l'on veut mesurer. Avec cet appareil, on peut mesurer séparément chacune des deux raies du sodium.

M. Mercadier décrit le micromètre qu'il a inventé pour la mesure de l'amplitude des vibrations d'un diapason, ou plus généralement d'un corps vibrant présentant assez de masse pour que l'on puisse y coller une petite lame de papier. Ce micromètre se compose d'un petit carré de papier blanc portant une large bande noire rectiligne. Lorsque le diapason vibre, le bord de la raie noire paraît remplacé par un parallélogramme gris à bord rectiligne, effet dû à la persistance des images sur la rétine. La largeur de ce parallélogramme, mesurée dans le sens du mouvement, est précisément égale à l'amplitude cherchée. Afin d'augmenter la sensibilité de cette mesure, la bande noire fait un petit angle avec la perpendiculaire à la direction du mouvement, et le papier porte en outre une échelle divisée en millimètres, dirigée suivant une perpendiculaire, composée par suite de traits parallèles au mouvement; le bord de la bande noire passe au zéro de l'échelle. On mesure donc l'épaisseur du parallélogramme le long d'une droite qui fait un très petit angle avec ses côtés; on obtient ainsi l'amplitude cherchée, divisée par la tangente d'un très petit angle.

L'expérience est répétée en projection devant la Société. M. Mercadier montre en même temps que l'on peut régler l'amplitude à volonté en soulevant plus ou moins l'électro-aimant qui sert à entretenir les vibrations.

— Les nouveaux fossiles du Muséum. — Il s'agit des trois admirables squelettes que, par suite d'un aménagement nouveau, il a été possible de réunir à l'extrémité des galeries d'anatomie comparée.

Ces squelettes ont été recueillis par M. Séguin dans les terrains pampéens de la République argentine. Il a fallu des soins infinis pour les remonter et, grâce aux restaurations qui ont été faites, ils semblent être dans un état si parfait de conservation que, sans leurs formes étranges et leurs dimensions gigantesques, on risquerait, au premier abord, de les prendre pour des squelettes de bêtes actuelles. Ils appartiennent à des animaux de l'ordre des édentés.

Le plus grand des trois est le *Megatherium Cuvieri* : son bassin surtout est immense; sa queue est forte; les os de ses cuisses sont régulièrement trapus et élargis; la tête, proportionnellement au reste du corps, est petite; les doigts se recourbent comme chez les fourmiliers, de telle sorte qu'en marchant le megatherium devait s'appuyer sur le dessus ou le côté des ongles. Cette disposition, très défavorable pour courir, est favorable pour grimper; mais assurément aucun arbre n'aurait pu porter un être aussi gigantesque. Comment donc vivait ce géant du vieux monde dont les dents molaires indiquent un régime frugivore, et qui cependant, comme nous venons de le dire, étant mal conformé pour courir à la recherche des fruits, ne pouvait grimper dans les arbres comme les singes ou les paresseux et n'avait pas, ainsi que les éléphants et les mastodontes, une trompe pour cueillir? On a supposé qu'il déracinait les arbres; qu'avec ses énormes ongles il dégageait les racines et qu'ensuite, prenant un point d'appui sur son train de derrière si développé, il embrassait de ses membres de devant les troncs des arbres, les secouait jusqu'à ce qu'il les eût renversés. Alors il dévorait tranquillement leurs fruits et leur feuillage.

A droite du megatherium, on a placé les membres de derrière d'un autre édenté gigantesque que M. Gervais avait appelé *Lestodon armatus*.

En avant du megatherium se trouvent deux squelettes d'un animal voisin des tatous, qui a été rangé dans la tribu des Glyptodontes, sous le nom de *Schystopleurum typus*. Un des squelettes est privé de sa carapace, de sorte que tous ses os sont à découvert et peuvent être facilement étudiés. L'autre squelette est couvert de sa carapace composée d'une multitude immense de rosettes d'une élégante disposition. Les personnes peu versées dans l'histoire naturelle prennent quelquefois ce curieux mammifère pour une gigantesque tortue. C'est certainement une des pièces les plus remarquables et les plus précieuses du Muséum.

— Asie centrale. — Le frère du célèbre géologue Joachim Barrande, M. Joseph Barrande, vient d'être nommé, par un ukase spécial de l'empereur de Russie, commandeur de l'ordre de Saint-Stanislas, en récompense de ses travaux sur le Turkestan russe, et notamment l'établissement d'une ligne ferrée au travers de ce pays. Nous avons eu occasion d'exposer l'année dernière les travaux fort importants de M. Joseph Barrande sur ce sujet.

— Bateaux torpilleurs. — L'amirauté anglaise vient de publier le rapport suivant du capitaine de vaisseau Gordon, du *Vernon*, concernant le meilleur mode de peinture à appliquer sur les embarcations pour les attaques de nuit :

Les expériences suivantes ont été faites à bord du *Bloodhound* avec la lumière électrique, pour montrer pratiquement de quelle façon il valait mieux peindre les bateaux destinés aux attaques de nuit. Le *Bloodhound* était amarré le long de l'angle nord de l'arsenal, la lumière dirigée vers l'intérieur du port. On a fait l'expérience avec trois embarcations : une guigue peinte en blanc; une guigue peinte en noir en dedans et en dehors, avec avirons noirs, la figure et les mains des hommes recouvertes de voiles en étamine bleue (on n'avait pu se procurer de l'étamine noire), la moitié de l'équipage habillé en serge bleue, l'autre moitié en waterproof noir; la troisième embarcation était un canot verni.

Les deux guigues approchèrent la canonnière en venant du côté du port, en se tenant par le travers l'une de l'autre. L'embarcation blanche se vit parfaitement sur tout son parcours; on n'aperçut la noire qu'à petite distance. Le canot verni courut, dans une seconde épreuve, avec les deux guigues : on le voyait très bien, mais moins facilement que l'embarcation blanche. Dans quelques cas, les voiles d'étamine des hommes de la guigue noire, étant mal mis, ont laissé paraître une partie du cou des matelots, qui brillait alors comme un point lumineux. On tourna, pour terminer, la lumière électrique sur les fonds rouges des embarcations de l'*Excellent*; on les vit alors très distinctement.

— L'âge de la pierre en Italie. — Une caverne de l'époque de la pierre vient d'être découverte aux environs de Quero, dans la province de Trévise, en Italie. On y a recueilli un grand nombre de dents et d'ossements d'ours des cavernes et des ustensiles de l'âge de la pierre.

Les Corailleurs italiens. — L'industrie du corail est toujours florissante sur les côtes d'Italie. Les corailleurs ou pêcheurs de corail appartiennent presque tous au port de Naples et à Torre del Greco, ville d'environ 22,000 habitants, située sur le golfe au pied du Vésuve.

Dernièrement a eu lieu à Torre del Greco, dans l'ancien monastère del Carmine, l'inauguration d'une école de taille du corail, destinée à perfectionner cette intéressante industrie si éminemment italienne. La cérémonie a été présidée par le préfet de Naples, représentant le ministre de l'agriculture. Le sénateur Palmieri, directeur de l'Observatoire du Vésuve et de la nouvelle école, a prononcé un discours. Le soir, un banquet a réuni les élèves, les représentants de la province, de la chambre du commerce et de la municipalité.

— Les trains-éclairs. — Nous avons récemment dit un mot des progrès qui se sont accomplis en France, relativement à la vitesse des parcours sur les voies ferrées. Nous revenons aujourd'hui sur cette question, pour donner des chiffres précis sur la vitesse des deux trains rapides de Paris à Marseille et de Paris à Bordeaux. Déduction faite des temps d'arrêt, un calcul simple établit que le premier de ces trains parcourt 863 kilomètres en 13 heures 39 minutes, soit une vitesse moyenne de $63^{km},2$ à l'heure. Le second train, celui de Paris à Bordeaux, parcourt 578 kilomètres en 8 heures 21 minutes, temps d'arrêt retranchés, soit une moyenne de $69^{km},2$ à l'heure. Le train de Bordeaux se trouve ainsi faire 6 kilomètres à l'heure de plus que le train de Marseille.

— Signaux maritimes. — Un ingénieux système de signaux de nuit à bord des navires vient d'être inventé par un officier de la marine russe. Il consiste à éclairer au moyen de réflecteurs la fumée qui sort de la cheminée des steamers. On peut ainsi combiner des signaux optiques de diverses couleurs, suivant un code spécial. Cette invention, qui a été ces jours-ci l'objet d'expériences à bord de la *Galatée*, de la flotte britannique, pourra être utilisée avantageusement pour prévenir les accidents maritimes.

— Sommaire de la *Gazette des Beaux-Arts* du 1er décembre : Adrien Brauwer, par M. Paul Mantz; Observations sur trois cylindres orientaux, par M. J. Menant; la Faïence d'Arnhem, par M. Henry Havard; les Architectes de Saint-Pierre de Rome, par M. Eug. Müntz; Mlle Mayer et Prud'hon, par M. Gueulette; Bibliographie, par MM. Louis Gonse et Paul Chéron. — Illustrations dans le texte, et 4 gravures hors texte : *le Fumeur*, de Brauwer, par M. Gaujean; *Mlle Sarah Bernhardt*, par M. de los Rios, d'après Bastien Lepage; *Cylindres orientaux*, par M. Dujardin; *Tombeau de Mlle Mayer et de Prud'hon*, par M. Taiée.

***Le propriétaire-gérant* : Germer Baillière.**

PARIS. — Impr. J. CLAYE. — A. QUANTIN et Ce, rue St-Benoît. [2201]

LA

REVUE SCIENTIFIQUE

DE LA FRANCE ET DE L'ÉTRANGER

REVUE DES COURS SCIENTIFIQUES (2e SÉRIE)

DIRECTEUR : M. ÉMILE ALGLAVE

2e SÉRIE — 9e ANNÉE NUMÉRO 25 20 DÉCEMBRE 1879

INSTITUTION ROYALE DE LA GRANDE-BRETAGNE

LECTURES DU VENDREDI SOIR

CONFÉRENCE DE M. TH. HUXLEY

De la Société royale de Londres.

La nature de la sensation et l'unité de structure des organes des sens.

Qu'est-ce que la sensation? quelle en est la nature intime? De toutes les questions de métaphysique, il n'en est peut-être aucune qui ait été plus débattue, et sur laquelle les philosophes semblent encore plus loin de s'entendre. La difficulté vient surtout de ce que la solution dépend peut-être plus encore de la physiologie que de la philosophie pure. C'est à Descartes, qui était physiologiste en même temps que philosophe, que revient l'honneur d'avoir le premier indiqué les éléments essentiels de la véritable théorie de la sensation. Après lui, ce n'est pas dans les ouvrages des philosophes, si l'on en excepte Hartley et James Mill, mais dans ceux des physiologistes, qu'il faut chercher une bonne analyse du procédé de la sensation. L'exposé rapide, mais lumineux, du procédé de la sensation que donne Haller dans ses *Primæ Lineæ* (1747), contraste d'une manière remarquable avec l'ouvrage confus et prolixe de Reid, intitulé : *Inquiry*, qui leur est pourtant postérieur de dix-sept ans. Ajoutons cependant que Reid rachète une partie de ses fautes dans ses *Essays on the Intellectual Powers* (1785). William Hamilton lui-même a si peu profité de l'enseignement de Descartes, qu'il soutient qu'il n'y a aucune raison de nier que l'esprit sente au bout des doigts, ou d'admettre que le cerveau soit le seul organe de la pensée.

Sauf un progrès, fort important du reste, la théorie de la sensation en est encore de nos jours à peu près au point où Hartley l'a laissée, il y a cent vingt ans, lorsqu'il a fait paraître ses *Observations on Man*. Les lignes suivantes, empruntées à ce livre, résument sa doctrine :

L'action exercée sur les organes des sens par les objets extérieurs détermine, d'abord dans les nerfs sur lesquels ces objets agissent, puis dans le cerveau, des vibrations des parties infiniment petites de la substance médullaire. Ces vibrations sont des battements des petites parties, du même genre que les oscillations des pendules et les vibrations des molécules des corps sonores. Il faut se les représenter comme ayant une très faible amplitude, et ne pouvant en aucune façon agiter ou mettre en mouvement toute la substance d'un nerf ou tout le cerveau. La substance médullaire blanche du cerveau est aussi l'organe immédiat par lequel les idées sont présentées à l'esprit; ou, en d'autres termes, dès qu'un changement s'opère dans cette substance, un changement correspondant se produit dans nos idées, et *vice versa*.

Hartley ne soupçonnait pas plus que Haller la nature et le rôle de la substance cérébrale grise. Mais si, dans le passage qui précède, nous remplaçons les mots « substance médullaire blanche » par ceux de « substance cellulaire grise », nous aurons alors l'expression des conclusions les plus probables que l'on puisse tirer des recherches les plus récentes des physiologistes. Pour nous en convaincre, il suffira d'étudier quelques cas de sensation simple; nous pouvons, par exemple, commencer par le sens de l'odorat.

Supposons que je m'aperçoive qu'un objet sent le musc; je donne à cette sensation le nom d'odeur, et je la classe avec les sensations de lumière, de son, de goût, etc. Dire que je constate ce phénomène ou qu'il existe, c'est absolument affirmer le même fait. Si l'on me demande comment je sais que le phénomène existe, je ne puis que répondre que son existence et la connaissance que j'en ai sont une seule et même chose; en un mot, ma connaissance est immédiate ou intuitive, et présente par conséquent le degré de certitude le plus élevé qu'il soit possible de concevoir.

La sensation pure d'odeur de musc est presque toujours suivie d'un état intellectuel qui n'est pas une sensation, mais une croyance, la croyance qu'il existe assez près de moi quelque objet dont l'existence de cette sensation dépend. Quel que soit cet objet, — animal, plante, parfum, ou tout simplement un mouchoir parfumé, — mon expérience me porte à croire que la sensation est due à la présence de cet objet, et qu'elle disparaîtra si l'on éloigne celui-ci. En d'autres termes, je crois à l'existence d'un corps odorant, d'une cause extérieure de la sensation. Mais le plus ordinairement j'affirme cette croyance en disant que telle plante ou tel objet a une odeur de musc, au lieu de dire simplement qu'il détermine la sensation appelée odeur de musc; je parle de l'odeur comme d'une propriété inhérente à la plante. La réaction des mots sur la pensée est même si complète que, si nous disons à quelque partisan exclusif du sens commun que l'odeur de musc, en tant que sensation, n'est qu'un état intellectuel, et n'a d'existence que comme phénomène de l'esprit, il refuse de voir dans cette assertion autre chose qu'un paradoxe métaphysique. A ce compte, lorsque l'épine d'une plante nous pique le doigt, il faudrait dire que la souffrance est une qualité inhérente à cette plante. Reid lui-même reconnaît que l'odeur ne peut pas être une propriété d'un corps; car, dit-il, « c'est une sensation, et une sensation ne peut exister que dans l'être qui sent ».

Ce que nous venons de dire de l'odeur de musc s'applique évidemment à toutes les autres : odeur de lavande, de clous de girofle, d'ail, etc., toutes ne sont que les noms de certains états de conscience. Et cependant le langage ordinaire traite toutes ces odeurs comme autant d'entités indépendantes existant dans la lavande, les clous de girofle et l'ail.

Une fois que nous avons constaté que les sensations olfactives sont dues à des corps odorants, nous devons nous demander comment un corps odorant peut produire l'effet qui lui est attribué. Ici se place immédiatement un autre fait d'expérience : c'est que l'existence de la sensation ne dépend pas seulement de la présence de la substance odorante, mais encore de l'état matériel d'un de nos organes, le nez. Si les narines sont bouchées, la présence de la substance odorante ne détermine pas la sensation; de plus, quand elles sont ouvertes, la sensation devient plus intense si nous mettons la substance odorante plus près, et si nous aspirons l'air ambiant de manière à le faire pénétrer dans le nez. Au contraire, regarder une substance odorante, la frotter sur la peau ou l'approcher de l'oreille, ne produit aucune sensation olfactive. Il est donc facile de prouver par l'expérience que la perméabilité des voies nasales est indispensable à la sensation, ou, en d'autres termes, que l'organe de la perception des odeurs est situé quelque part dans les conduits du nez. Et, puisque les corps odorants produisent leurs effets à des distances considérables, il est naturel d'en conclure que quelque chose doit passer de ces objets dans l'organe sensitif. Qu'est-ce donc qui joue le rôle d'intermédiaire entre le corps odorant et l'organe sensitif?

D'après Démocrite et l'école d'Épicure, les surfaces des corps émettent sans cesse des enveloppes très minces de leur propre substance, lesquelles, agissant sur l'esprit, y déterminent les diverses sensations. Aristote supposait que ce sont les formes des substances, et non leur matière, qui agissent sur les sens; enfin les scolastiques admettaient que quelque chose qui n'était ni matériel ni immatériel, et à qui ils donnaient le nom d'espèces intentionnelles, établissait la communication entre la cause physique de la sensation et l'esprit. Mais les anatomistes et les physiologistes n'avaient pas encore fait voir qu'entre l'objet extérieur et l'esprit il y a une barrière physique à franchir, barrière qu'aucune molécule matérielle du monde extérieur ne peut traverser pour se mettre en contact avec le monde intérieur.

Examinons de plus près l'organe de l'odorat. Chacune des narines aboutit à un passage distinct, et ces deux passages, isolés l'un de l'autre par une cloison, mettent les narines en communication avec le fond de la gorge, offrant ainsi un libre passage à l'air qui se rend dans les poumons lorsqu'on respire la bouche fermée. La partie inférieure de chaque passage est plate, mais la partie supérieure forme une voûte élevée, dont le sommet est situé entre les cavités orbitales du crâne, et par conséquent au delà des limites apparentes du nez. Sur les parois latérales de la partie supérieure de ces chambres voûtées, certaines plaques osseuses minces font saillie et sont recouvertes d'une membrane fine, douce et toujours moite, ainsi qu'une grande partie de la cloison qui sépare les deux chambres. C'est sur cette membrane, appelée membrane de Schneider, que les corps odorants doivent agir directement pour déterminer la sensation d'odeur; c'est donc là que nous devons chercher le siège du sens olfactif. La seule partie essentielle de cet organe se compose d'une multitude de corps allongés, perpendiculaires à la surface de la membrane, et qui font partie du tissu cellulaire ou épithélium, qui recouvre la membrane olfactive comme l'épiderme recouvre la peau. Quand il s'agit de l'action du musc sur l'odorat, l'hypothèse de Démocrite semble parfaitement justifiée : des molécules infinitésimales de musc partent de la surface du corps odorant, se répandent dans l'air, pénètrent dans les fosses nasales et de là dans les chambres olfactives, où elles entrent en contact avec les filaments délicats de l'épithélium olfactif.

Mais ce n'est pas tout; l'esprit n'est pas de l'autre côté de l'épithélium : les extrémités intérieures des cellules olfactives se rattachent à des fibres nerveuses, lesquelles, pénétrant dans la cavité du crâne, aboutissent à une partie du cerveau qui est le sensorium olfactif. L'intégrité de chacun de ces tissus et leur communication non interrompue sont des conditions indispensables à la sensation ordinaire. De plus, on peut dire que l'épithélium reçoit l'impression, que les fibres nerveuses la transmettent, et que le sensorium produit la sensation. En effet, lorsque nous percevons une odeur, les molécules odorantes déterminent dans l'épithélium un changement moléculaire, que Hartley a probablement eu raison d'appeler une vibration, et ce changement, transmis aux fibres nerveuses, les parcourt avec une vitesse qu'il est facile de mesurer, et, en arrivant au sensorium, est immédiatement suivi de la sensation. Il n'existe d'ailleurs aucune ressemblance entre la cause de la sensation et la sensation même : celle-ci n'a ni étendue, ni résistance, ni mouvement, ni enfin aucun des attributs de la matière; c'est une entité immatérielle.

Ainsi l'étude la plus élémentaire de la sensation prouve que, comme l'a si bien dit Descartes, nous connaissons mieux l'esprit que le corps, et que la réalité du monde immatériel est mieux établie que celle du monde matériel. La sensation que nous appelons odeur de musc, par exemple, nous est connue d'une manière immédiate; tant qu'elle persiste, elle fait partie de ce que l'on appelle le *moi* pensant, et son existence ne peut être révoquée en doute. Au contraire, la connaissance d'une cause objective ou matérielle de la sensation est médiate; c'est une croyance, au lieu d'être une intuition, et, dans certains cas, cette croyance peut être mal fondée. En effet, les odeurs, tout comme les autres sensations, peuvent résulter de la production des changements moléculaires qui leur correspondent dans le nerf ou dans le sensorium, sous l'impression d'une cause tout autre que l'action d'un corps odorant. Ces sensations subjectives sont aussi réelles que les autres, et nous font croire à l'existence d'un corps odorant extérieur, mais cette croyance n'est qu'une illusion.

L'organe du sens, le nerf et le sensorium, pris ensemble, constituent l'appareil sensitif. Ils forment la barrière qui sépare l'esprit, représenté, dans l'exemple que nous avons choisi, par la sensation appelée odeur de musc, de l'objet, représenté par la molécule de musc qui vient frapper l'épithélium olfactif. La barrière sensitive et le monde extérieur sont de même nature; ce qui les constitue tous deux peut s'exprimer en fonction de matière et de mouvement. Les changements qui s'opèrent dans l'appareil sensitif se rattachent et sont analogues à ceux qui s'opèrent dans le monde extérieur. Mais la matière et le mouvement se terminent au sensorium, et l'on voit apparaître des phénomènes d'un autre ordre, c'est-à-dire des états de conscience immatériels. Comment doit s'expliquer le rapport entre les phénomènes matériels et les phénomènes immatériels? C'est là le grand problème de la métaphysique, problème pour lequel trois solutions, qui s'excluent mutuellement, ont été proposées. La première consiste à admettre l'existence d'une substance immatérielle nommée esprit, et à la considérer comme affectée par le mouvement du sensorium, de manière à donner naissance à la sensation. La seconde admet que la sensation est un effet direct du mode de mouvement du sensorium, sans l'intervention d'une substance spirituelle. La troisième consiste à attribuer la sensation, non au mode de mouvement du sensorium, mais à une cause indépendante. Dans ce cas, la sensation ne serait pas un effet du mouvement du sensorium, mais ne ferait que l'accompagner. L'exactitude et la fausseté de chacune de ces hypothèses sont également impossibles à démontrer; mais, s'il me fallait choisir entre elles, je me laisserais guider par la loi de plus grande économie, et je choisirais la plus simple, c'est-à-dire celle qui présente la sensation comme l'effet direct du mode de mouvement du sensorium. On peut dire avec raison que ceci n'explique en aucune façon la sensation; mais suis-je vraiment plus avancé si je dis qu'une sensation est une activité — chose qui m'est absolument inconnue — de la substance de l'esprit, — que je ne connais pas davantage? Le serai-je plus si je dis que la divinité fait naître la sensation dans mon esprit, immédiatement après avoir fait mouvoir d'une certaine façon les molécules du sensorium? En réalité, comme nous l'avons déjà dit, une sensation est une intuition, une partie de la connaissance immédiate, et, par conséquent, c'est un fait ultime et inexplicable; tout ce que nous pouvons espérer apprendre à ce sujet, ce sont ses rapports avec d'autres faits naturels. Ces rapports me semblent suffisamment exprimés, au point de vue de l'utilité pratique, lorsqu'on dit que la sensation suit invariablement certains changements du sensorium, — ou, en d'autres termes, autant que nous pouvons le savoir, que les changements du sensorium sont la cause de la sensation.

Mais, me dira-t-on, ce qui ressort de cette longue dissertation, c'est que nous sommes profondément ignorants. — C'est vrai; vous êtes ignorants, mais vous ne le saviez pas. Vous croyiez que vos sensations étaient des propriétés des objets extérieurs, et existaient en dehors de vous; vous croyiez en savoir plus sur les objets matériels que sur ce qui est immatériel. Vous avez maintenant appris à reconnaître ce que vous ne savez pas. La seule chose impossible à révoquer en doute, c'est l'existence d'un état de conscience tant que dure cet état; toutes les autres croyances ne sont que des probabilités d'un ordre plus ou moins élevé.

Les sensations de goût se produisent d'une manière presque aussi simple que celles de l'odorat. L'organe sensitif est alors l'épithélium qui couvre la langue et le palais, et qui, se modifiant quelquefois, forme des organes particuliers auxquels on donne le nom de papilles; ce sont des allongements des cellules épithéliales, qui prennent la forme de petites baguettes. Des fibres nerveuses rattachent l'organe sensitif au sensorium, et les goûts sont des états de conscience causés par le changement de l'état moléculaire de ce dernier. Le toucher ne présente souvent d'autre organe que l'épiderme. Mais, chez beaucoup de poissons et d'amphibies, on remarque des modifications locales des cellules épidermiques, qui ressemblent quelquefois d'une façon extraordinaire aux papilles de la langue; le plus ordinairement, chez tous les animaux, l'effet du contact des corps étrangers est accru par le développement de poils, dont les bases sont en rapport immédiat avec les extrémités des nerfs sensitifs. Quant aux sensations de résistance, que l'on groupe sous le nom de sens musculaire, ainsi qu'à celles de chaleur et de froid, et enfin à la sensation singulière que l'on nomme chatouillement, les organes en sont inconnus.

Pour la chaleur et le froid, l'hypothèse de Démocrite n'est évidemment plus admissible. La sensation de chaleur n'est certainement pas causée par des enveloppes minces émanant des corps chauds, mais bien par des modes de mouvement qui nous sont transmis. Ceci nous prépare à ce qui se passe pour l'ouïe et la vue. En effet, l'oreille et l'œil ne reçoivent que les vibrations produites par les corps sonores ou lumineux. Malgré cela, l'appareil récepteur ne se compose encore que de cellules épithéliales, modifiées d'une manière spéciale. Dans le labyrinthe de l'oreille des animaux supérieurs, les extrémités libres de ces cellules se terminent par des filaments d'une ténuité extrême; chez les animaux inférieurs, la surface libre de l'épithélium est couverte de poils délicats, avec les racines desquels les nerfs de transmission sont en rapport. Ainsi les formes de l'appareil récepteur nous présentent une gradation insensible, depuis l'organe du toucher jusqu'à ceux du goût et de l'odorat d'un côté, et à celui de l'ouïe de l'autre. Même pour l'organe le plus délicat, celui de la vue, l'appareil récepteur ne s'écarte qu'assez peu du type général. La seule partie essentielle de l'organe visuel est la rétine, qui constitue une partie si petite des yeux des animaux supérieurs; dans les organismes inférieurs, les yeux ne sont que des portions de l'enveloppe générale, dans lesquelles les cellules épidermiques se sont transformées en corpuscules rétineux allongés et vitreux. Les extrémités extérieures de ces corpuscules sont tournées vers la lumière; leurs côtés sont plus ou moins revêtus d'un pigment noir et leurs extrémités intérieures se rattachent aux fibres nerveuses qui servent à la transmission. La lumière, en frappant sur ces petits cylindres visuels, y détermine une modification qui se communique aux fibres nerveuses, et qui, transmise au sensorium, donne naissance à la sensation, si tant est que tous les animaux qui ont des yeux soient doués de ce que nous entendons par là.

Chez les animaux supérieurs, un appareil assez compliqué de lentilles, disposées d'après le principe de la chambre obscure, sert à la fois à concentrer et à distinguer les pinceaux lumineux qui nous viennent des corps étrangers. Mais la partie essentielle de l'organe visuel est toujours une couche de cellules qui présentent la forme de petites baguettes à extrémités tronquées et coniques. Toutefois, par une anomalie qui semble assez étrange, les extrémités vitreuses de ces petites baguettes ne sont pas tournées vers la lumière, mais dans le sens opposé, de sorte que celle-ci ne peut les atteindre qu'après avoir traversé la couche de tissus nerveux avec laquelle leurs extrémités antérieures sont en rapport. De plus, les petites baguettes et les cônes de la rétine des animaux vertébrés sont situés si profondément, et offrent un caractère si particulier, qu'au premier abord il semble impossible qu'ils aient rien de commun avec l'épiderme dont les organes du goût et du toucher, et même ceux de l'ouïe et de la vue chez les animaux inférieurs, sont évidemment des modifications.

Quoi qu'il en soit, tous les organes des sens ont certains caractères communs. Dans chacun nous retrouvons un appareil récepteur, un appareil de transmission et un appareil destiné à produire la sensation. La partie essentielle du premier est l'épithélium; celle du second, la fibre nerveuse; celle du troisième, une partie du cerveau; la sensation est toujours le résultat du mode de mouvement excité dans l'appareil récepteur, circulant dans l'appareil de transmission et aboutissant à l'appareil de sensation. Dans tous les sens, d'ailleurs, il n'y a aucune ressemblance entre l'objet du sens, qui est de la matière en mouvement, et la sensation, qui est un phénomène immatériel.

D'après l'hypothèse qui me semble la plus commode, la sensation est un produit de l'appareil sensitif résultant de certains modes de mouvement qui y sont déterminés par des impulsions venues du dehors. Je comparerais volontiers les appareils sensitifs à des fabriques qui reçoivent toutes à une extrémité des matières premières de même espèce — c'est-à-dire des modes de mouvement — et qui donnent à l'autre extrémité chacune un produit spécial, qui n'est autre chose que la sensation qui caractérise chaque appareil. Mais alors on devrait pouvoir constater que tous les organes des sens sont essentiellement semblables, et résultent de la modification des mêmes éléments morphologiques. Et c'est là justement ce que démontrent les recherches histologiques et embryologiques modernes.

Nous avons vu que dans l'appareil olfactif le récepteur est un épithélium légèrement modifié, qui tapisse une chambre olfactive située, chez les adultes, entre les deux orbites. Mais si nous recherchons chez l'embryon l'origine des chambres nasales, nous verrons qu'elles commencent par n'être que de simples dépressions de la peau de la partie antérieure de la tête, garnies d'une continuation de l'épiderme général. Ces dépressions se creusent peu à peu, et, grâce à l'accroissement des parties adjacentes, finissent par arriver à la position qu'elles occupent définitivement. L'organe olfactif n'est donc qu'une partie de l'enveloppe générale, modifiée et spécialisée.

L'oreille humaine semble présenter des difficultés plus grandes. En effet, la partie essentielle de cet organe est le abyrinthe, espèce de sac d'une forme assez compliquée, enseveli dans les profondeurs de la base du crâne, et entouré d'os épais et massifs. Mais étudions le développement de ce labyrinthe. Très peu de temps après le moment où l'organe olfactif apparaît comme une dépression de la peau à la partie antérieure de la tête, l'organe de l'ouïe apparaît, comme une dépression semblable, sur le côté de sa partie postérieure. Cette dépression, se creusant rapidement, se transforme en une petite poche, puis en un sac fermé, doublé d'un épithélium qui n'est qu'une partie de l'épiderme général séparée du reste. Les tissus adjacents, se changeant d'abord en cartilages, puis en os, renferment le sac auditif dans un étui solide, dans lequel il subit ses métamorphoses ultérieures; en même temps, le tambour, les osselets et l'oreille externe viennent s'y ajouter par des modifications, non moins extraordinaires, des parties adjacentes.

L'histoire du développement de l'organe visuel est plus merveilleuse encore. A la place de l'œil, comme à celle du nez et de l'oreille, le jeune embryon présente une dépression de l'enveloppe générale; seulement, chez l'homme et les animaux supérieurs, cette dépression ne donne pas naissance à l'organe proprement dit, mais bien à une partie des tissus accessoires nécessaires à la vision. En réalité, cette dépression, se creusant et se transformant en un sac clos, ne produit que la cornée, l'humeur aqueuse et le cristallin de l'œil parfait. Alors l'enveloppe d'une partie du cerveau se transforme en une sorte de sac à goulot étroit, dont le fond convexe est tourné vers le cristallin et va former la rétine. A mesure que l'œil se développe, ce fond convexe est repoussé et remplit peu à peu la cavité du sac, en devenant lui-même tout à fait concave; dans cette concavité vient se loger l'humeur vitrée, et la membrane sur laquelle elle s'appuie devient la rétine. Les cellules de la couche la plus éloignée de l'humeur vitrée, tournées vers la cavité primitive du sac, se transforment en baguettes et en cônes. Mais ce qui est le plus merveilleux parmi les enseignements de l'embryologie, c'est que le cerveau lui-même commence par n'être qu'un reploiement de la couche épidermique de l'enveloppe générale. De là il suit que les baguettes et les cônes de l'œil des vertébrés sont des cellules épidermiques modifiées, tout aussi bien que les cônes cristallins de l'œil d'un insecte ou d'un crustacé.

Ainsi tous les organes des sens des animaux supérieurs ont une même origine, et l'épithélium récepteur de l'œil ou de l'oreille n'est qu'un épiderme modifié, tout comme celui du nez. L'unité de structure des organes des sens est l'expression morphologique de leur identité de fonctions physiologiques, puisque, comme nous l'avons vu, tous doivent subir l'action de certains modes de mouvement.

En résumé, nous concluons qu'une sensation est l'expression en fonction de conscience d'un mode de mouvement de la substance du sensorium. Mais si l'on veut aller plus loin, et demander ce que nous savons de la matière et du mouvement, nous ne pouvons faire à cette question qu'une seule réponse. Tout ce que nous savons du mouvement, c'est que c'est le nom donné à certains changements dans les rapports de nos sensations visuelles, tactiles et musculaires; et tout ce que nous savons de la matière, c'est que c'est la substance hypothétique des phénomènes physiques, et qu'en admettant son existence on fait une hypothèse tout aussi hardie qu'en admettant celle de l'esprit. Nos sensations, nos plaisirs, nos douleurs, et les rapports qui existent entre eux, nous représentent tous les éléments de connaissance positive et irrécusable que nous possédons. A une partie considérable de ces sensations et de leurs rapports nous donnons les noms de matière et de mouvement; aux autres nous donnons ceux d'esprit et de pensée, et l'expérience nous prouve qu'il existe, entre quelques-uns des premiers et quelques-uns des autres, un ordre de succession constant. Ces conclusions, qui conviennent soit au matérialisme pur, soit au pur idéalisme, ne sont pourtant ni l'un ni l'autre. L'idéaliste ne se contente pas de déclarer que nos connaissances se bornent aux faits de conscience, il veut aller plus loin et affirmer que rien n'existe en dehors de ces faits et de la substance de l'esprit. D'un autre côté, le matérialiste non seulement soutient que les phénomènes matériels sont les causes des phénomènes de l'esprit, mais encore affirme, sans pouvoir le prouver, que les phénomènes matériels et la matière existent seuls.

ÉCOLE DES LANGUES ORIENTALES VIVANTES

COURS DE M. LÉON DE ROSNY

Le Bouddhisme dans l'extrême Orient.

Pendant près de trois cents ans, du IIIe au VIe siècle, la civilisation japonaise n'eut guère à subir d'autre influence étrangère que celle de la morale de Confucius et de son école. Cette influence fut essentiellement économique, sociale et politique. C'était au Bouddhisme qu'était réservé d'opérer au Japon une grande révolution intellectuelle, religieuse et philosophique.

Le Bouddhisme est, de toutes les religions du globe, celle qui compte le plus d'adeptes : on ne serait même pas loin de la vérité en disant qu'elle en compte à elle seule presque autant qu'ensemble les autres grandes religions réunies. Toujours est-il qu'elle est professée par 400 à 500 millions de sectateurs plus ou moins fidèles, plus ou moins croyants, en Mongolie, en Mandchourie, au Tibet, au Ladâk, au Cachemyre, à Ceylan, à Java, en Barmanie, au Pégou, au Siam, au Lao, dans l'Annam, en Corée, aux îles Loutchou et au Japon. D'origine indienne, elle a été supplantée par l'Islamisme dans la région qui fut son berceau. Mais si la foi de Mahomet a triomphé de l'Inde bouddhiste, elle n'a pu y réussir que par la terreur du sabre; le Bouddhisme, lui, n'a augmenté le nombre de ses partisans que par la seule arme dont il ait jamais fait usage, la persuasion. Cette persuasion s'est opérée dans les conditions les plus étonnantes, et l'histoire ne nous montre nulle part une doctrine se propager avec moins de promesses et aussi peu d'artifice. Ses missionnaires n'avaient à offrir aux peuples qu'ils venaient convertir que des mortifications en ce monde, et, dans l'autre, point de résurrection, partant point de jouissance, point de paradis. Ils demandaient beaucoup de sacrifices dans la vie présente, et promettaient peu ou rien après la mort. Le nombre de leurs prosélytes fut immense : ils trouvèrent partout des disciples dévoués, enthousiastes, pour les aider à continuer leur œuvre de conversion et de propagande.

Le Bouddha vécut au VIe siècle avant notre ère. Il subsiste encore quelques incertitudes sur l'époque précise de sa mort, mais la date de son existence ne saurait être éloignée de celle que nous venons de mentionner. Il fut ainsi le contemporain de Lao-tsze en Chine, et s'éteignit, dit-on, en 543 avant notre ère, alors que Confucius était âgé de huit ans. J'appelle tout particulièrement votre attention sur ce synchronisme qui repose, en somme, sur des dates à peu près certaines.

Bouddha n'est point un nom propre; c'est un mot qui désigne le plus haut degré de la Sagesse, la Sagesse transcendante. Le personnage auquel on l'applique communément, le bouddha *Çâkya-Mouni*, se nommait *Siddhârta* et était fils d'un roi de Kapilavastou (1), ville située dans le nord de l'Inde, sur la rive gauche du Gange. A l'âge de vingt-neuf ans, il quitta la cour de son père, pour vivre de la vie des mendiants, et étudia la doctrine des Brahmanes. Persuadé de l'insuffisance de cette doctrine, il se retira dans les environs du village d'Ourouvilva, bâti sur les bords de la rivière appelée aujourd'hui Phalgou. Là, pendant des années consécutives, dans la plus austère des retraites, il se condamna à toutes sortes de mortifications. Après avoir dompté ses sens et subi de nombreuses extases, il acquit pendant l'une d'elles la conviction qu'il était enfin arrivé à la connaissance absolue de la route par laquelle l'homme peut assurer à sa personnalité la délivrance éternelle. Il se décida, en conséquence, à quitter sa retraite, et alla prêcher, pendant quarante-cinq ans, sa doctrine à *Bénarès*, à *Râdjagriha*, dans le Magadha, et à *Çrâvasti*, dans le Kôsala (Oude). A sa mort, ses disciples se réunirent en concile, sous les auspices du roi Adjâtaçatrou, et chargèrent trois d'entre eux de composer les livres sacrés qui devaient servir désormais de loi écrite pour le culte. *Kâçyapa*, président du concile, fut chargé de l'*Abhidharma* ou Métaphysique; *Ananda*, cousin germain de Çâkya-Mouni, des *Soûtras* ou prédications du Bouddha; *Oupâli*, de la *Vinaya*, c'est-à-dire de tout ce qui concerne la Discipline. Ces trois parties du canon bouddhique formèrent la *Tripitaka* ou Triple Corbeille. — Deux autres conciles postérieurs achevèrent de donner aux livres sacrés du Bouddhisme la forme dans laquelle ils ont été transmis jusqu'à nous.

On a beaucoup disputé sur l'esprit de la doctrine de Çâkya-Mouni, et sur le sens du *nirvâna*, fin suprême de cette doctrine, tout aussi philosophique que religieuse. Le désaccord, qui se manifeste au sujet de ce nirvâna, vient, ce me semble, de ce qu'on n'a pas suffisamment tenu compte des modifications qui se sont produites, suivant le temps et suivant les lieux, dans l'interprétation des préceptes fondamentaux attribués au Bouddha. Suivant ces préceptes, d'accord en cela avec la religion brahmanique, l'Homme a été, de toute éternité, condamné à des transmigrations successives, durant lesquelles il est soumis à toutes les souffrances; et la mort, au lieu d'être un terme à ses maux, n'est que le signal d'une période nouvelle d'afflictions et de douleurs. Les moyens que les Brahmanes indiquaient pour échapper à cette persécution incessante de l'individu parurent insuffisants, inefficaces à Çâkya : il leur en substitua d'autres qu'il déclara infaillibles. Pour échapper au malheur de la métempsychose, il faut d'abord reconnaître quatre vérités, et régler sa vie en conséquence de ces vérités : 1° la douleur est la destinée inévitable de l'individu; 2° les causes de la douleur sont l'activité, les désirs, les passions et les fautes qui en sont la résultante; 3° ces quatre causes de la douleur peuvent cesser par l'entrée de l'individu dans le nir-

(1) Suivant une légende insérée dans la *Vinaya*.

vâna; 4° c'est en suivant les préceptes du Bouddhisme qu'on atteint à la sagesse transcendante, et qu'on finit par aboutir au nirvâna.

Les préceptes du Bouddhisme nous ordonnent d'éviter dix défauts, savoir : 1° le meurtre des êtres vivants; 2° le vol; 3° le viol; 4° le mensonge; 5° l'ivresse; 6° le goût pour les danses et les représentations théâtrales; 8° la coquetterie; 9° la mollesse (avoir un coucher doux et somptueux); 10° l'amour de l'or et des objets précieux. — La nomenclature de ces dix défauts varie suivant les écoles; elle a été sensiblement modifiée par le Bouddhisme japonais.

Les six vertus à acquérir sont : 1° la générosité dans l'aumône; 2° la pureté; 3° la patience; 4° le courage; 5° la contemplation; 6° la science.

Il ne rentre pas dans le cadre de cette conférence de vous exposer d'une façon approfondie le système général de la doctrine de Çâkya-Mouni. Je ne m'occupe ici du Bouddhisme que parce qu'il a été adopté par les Japonais, qui font l'objet de nos études. Et comme cette religion, différente, au Tibet et en Mongolie, de ce qu'elle était originairement dans l'Inde, s'est modifiée en Indo-Chine, en Chine, en Corée, et peut-être plus encore au Japon, je serais entraîné dans de trop longs développements si j'essayais de vous exposer ses principes dans tous les pays où elle est parvenue à s'enraciner. Je m'occuperai donc, à peu près exclusivement, de son existence dans les îles de l'extrême Orient.

Le Bouddhisme fut introduit en Chine en l'an 65 de notre ère (1), sous le règne de l'empereur *Ming-ti*, de la dynastie des Han. Ce prince envoya, cette année, des ambassadeurs dans l'Inde, pour y chercher la doctrine bouddhique.

Trois siècles plus tard, en 372, des missionnaires chinois la répandirent en Corée, dans le royaume de *Kao-li*, et dans celui de *Paiktse*, en 384. C'est de ce dernier pays qu'elle fut transportée au Japon, où elle parut, dit-on, pour la première fois, au milieu du VIe siècle de notre ère. Le dixième mois de la treizième année du règne d'*Ama-kuni-osi-hiraki-niwa* (Kin-mei), le roi de Paiktse, nommé *Sei-mei wau*, « le Roi resplendissant de sainteté, » ou simplement *Sei-wau*, « le saint Roi, » envoya, en hommage au mikado, une statue de cuivre de Çâkya-Mouni, des drapeaux, des dais de soie et des livres sacrés du Bouddhisme (2). L'empereur, en recevant ces présents religieux et après avoir entendu l'envoyé du roi de Paiktse exposer les mérites de la doctrine de Çâkya, que le sage Tcheou-koung et Confucius lui-même n'avaient pas eu le bonheur de connaître, éprouva une vive satisfaction, sauta de joie et s'écria que, jusqu'alors, depuis l'antiquité, nul n'avait obtenu (3) la faveur de posséder la Loi merveilleuse. *So-ka-no Iname-no Sukune*, ministre du mikado, insista pour que le Bouddhisme fût reconnu comme religion de l'État, se fondant sur ce que tous les pays occidentaux l'ayant accepté, il ne convenait pas que le Japon fût seul à le repousser.

O-kosi, du mono-no be (l'un des corps constitués de l'armée nationale), fut d'un avis contraire. Il fit observer à l'empereur que le Japon, avec ses cent quatre-vingts dieux, avait des adorations à accomplir le printemps et l'été, l'automne et l'hiver, et soutint que, si l'on se décidait à adorer des dieux étrangers, il était fort à craindre que les dieux du pays n'en éprouvassent de la colère (1).

Le mikado, intimidé par les paroles d'O-kosi, fit don de la statue de Bouddha à son ministre Iname. Celui-ci la transporta dans son habitation, qu'il transforma en temple (*tera*) pour la recevoir.

Sur ces entrefaites, une grande maladie pestilentielle se déclara dans l'empire. O-kosi attribua la cause du fléau à l'arrivée au Japon de la statue de Çâkya, laquelle avait provoqué le mécontentement des divinités locales. Le mikado se rendit à ses représentations : la statue fut jetée dans le Hori-yé de la rivière d'Ohosaka, et le temple qui lui avait été consacré fut livré aux flammes (2).

Cet événement, funeste aux premières tentatives de prédication du Bouddhisme au Japon, n'empêcha cependant pas cette doctrine de faire rapidement des progrès dans l'archipel. En dépit des persécutions, le nombre de ses sectateurs devint de jour en jour plus considérable; et, bien qu'à l'occasion d'une nouvelle épidémie on ait encore une fois renversé les statues de Çâkya et brûlé ses temples, sous le règne de *Nu-naka-kura-futo-tamasiki* (Bin-datu), plusieurs grands de l'empire, un neveu de l'empereur, nommé *Mumaya-do-no Wau-si*, et le premier ministre, *Muma-ko*, entre autres, se montrèrent très ardents sectateurs du nouveau culte. Ce dernier tomba malade de désespoir, en voyant les persécutions dont était l'objet la religion qu'il avait embrassée. Il supplia le mikado de lui permettre d'adorer Çâkya, sans l'intervention duquel il ne pourrait jamais rétablir sa santé. L'empereur daigna écouter sa supplique, et lui dit : « Je te permets, à toi seul, de pratiquer la religion bouddhique (3). » Muma-ko fut rempli de joie : il avait obtenu « l'inouï » (*mi-zô-u*) (4). On considère cet événement comme l'origine de la restauration du Bouddhisme au Japon.

Sous le règne suivant, la seconde année, le mikado étant tombé malade, on lui conseilla d'autoriser la pratique du Bouddhisme dans son empire. Cette permission fut accordée, en dépit des résistances de l'ancien régent Mori-ya. A la mort de l'empereur, qui survint peu de temps après, Muma-ko offrit le trône à un de ses fils, *Mumaya-do-no-Wau-si*, que je vous ai cité tout à l'heure pour son dévouement à la religion bouddhique. Ce prince, profondément pénétré des principes de Çâkya, n'accepta pas le trône, mais il profita de son influence pour donner de grandes facilités à la propagande des bonzes. Il est resté très populaire au Japon, sous son nom posthume de *Syau-toku-tai-si*, « le prince impérial à la sainte vertu. » On lui doit l'édification de neuf pagodes (5). En outre, on cite le temple qu'il fit bâtir dans la province de Setu, sous le nom de *Si-ten-wau-zi*, « le temple des quatre *Mahârâdja* ».

(1) Et non en l'an 64, comme le disent les *Mémoires concernant les Chinois*, t. V, p. 51.
(2) *Ni-hon-syo-ki*, liv. XIX, p. 25.
(3) Allusion à une expression du style bouddhique que l'on rencontre dans les *Dharmas*, et notamment dans la traduction chinoise du Lotus de la Bonne Loi. — Voy. mes *Textes chinois anciens et modernes*, trad. en français, p. 53.

(1) *Ni-hon-syo-ki*, liv. XIX, p. 26.
(2) *Ni-hon-syo-ki*, liv. XIX, p. 27.
(3) Nandi hitori bup-pauwo okonahe to yurusi tama'u (*Nippon wau dai iti-ran*, liv. I, p. 27). — Hoffmann n'est pas absolument exact quand il dit : « Um diese Zeit wurde der Buddhacultus auf Japan begründet » (*Archiv zur Beschreibung von Japan*, part. V, p. 4). Le Bouddhisme ne fut définitivement établi au Japon que sous le règne de *Yô-mei* (586-587 de notre ère).
(4) Voyez plus haut, note 2.
(5) Hoffmann, dans les *Archiv zur Beschreibung von Japan*, part. V, p. 5.

Syau-toku-tai-si, devenu régent, sous le règne de l'impératrice *Toyo-mi-ke Kasiki-ya Bime* (Sui-kô), continua à protéger le Bouddhisme et à en expliquer les livres sacrés. Fidèle aux enseignements de Çâkya, il s'abstint toute sa vie de tuer aucun être vivant; et, dans les repas qu'il donnait aux hauts fonctionnaires de l'empire, il ne leur offrait que des légumes pour nourriture. Il mourut en 621 de notre ère (1).

Sous les règnes suivants, le Bouddhisme se propagea de plus en plus au Japon, et devint bientôt la religion officielle de l'Empire. A ce sujet, je dois appeler votre attention sur une erreur très communément répandue. On répète sans cesse qu'il existe trois religions au Japon : 1° la *Kami-no miti* ou *Sin-tau*, religion des Génies; 2° la *Hotoke-no miti* ou *But-tau*, religion du Bouddha; 3° la *Syu-tau*, religion de Confucius ou des Lettrés. Rien n'est plus inexact. La *sin-tau* est une sorte de culte des héros antiques de la nation, n'excluant, en aucune façon, la pratique de la *But-tau* ou Bouddhisme, qui est, en réalité, la seule doctrine religieuse des Japonais. Quant à la prétendue religion des Lettrés, ce n'est, tout au plus, qu'une philosophie morale, cultivée dans les écoles, alors que les jeunes gens étudient la langue et la littérature chinoises, et par quelques savants qui, au sortir de leurs classes, ont persévéré dans l'étude des monuments écrits du Céleste-Empire.

Il est donc bien entendu qu'un Japonais peut pratiquer le culte, d'ailleurs bien simple, bien rudimentaire, de la *Kami-no miti*, sans, pour cela, cesser d'être un bouddhiste fervent et dévot. D'ailleurs le Bouddhisme s'est partout associé, plus ou moins, aux croyances et aux préjugés des pays où il est venu s'implanter. Le mélange des idées est tel, au Japon, qu'on serait parfois tenté de trouver la contradiction même de l'idée fondamentale du Bouddhisme dans la doctrine des sectes qui n'en prétendent pas moins suivre les enseignements du bouddha Çâkya-Mouni.

Cela est tellement vrai que le nirvâna, fin suprême de l'individu, qui s'accomplit, pour la majeure partie des écoles bouddhiques, dans le Grand-Tout, où viennent s'anéantir les individualités, comme les gouttes d'eau viennent se perdre dans l'Océan, représente, au contraire, pour quelques sectes du Japon, l'état de béatitude de l'âme dans le sein de la divinité, après l'extinction de la vie terrestre. Une des deux écoles des Svabhâvikas, lesquelles comptent parmi les plus anciennes du Bouddhisme, admet également que les âmes qui ont atteint le *nirvritti* (délivrance finale) y conservent le sentiment de leur autonomie, et ont conscience du repos dont elles jouissent éternellement (2).

L'alliance du Bouddhisme avec le Sintauïsme, ou culte national des héros japonais, était d'ailleurs une nécessité pour faire accepter la doctrine de Çâkya-Mouni aux fiers insulaires du Nippon. Un des plus célèbres docteurs de la foi indienne, qui vivait au IXe siècle, *Kau-bau-Daï-si*, l'avait fort bien compris. Il annonça donc au peuple que les deux doctrines n'en formaient en réalité qu'une seule, et que l'âme du Bouddha avait transmigré dans le corps de la grande Déesse solaire *Ten-syau Daï-zin*. De la sorte, il était loisible à tout fidèle d'adorer en même temps le Bouddha et les Kamis ou Génies tutélaires de la nation.

(1) Et non la 28e année de Sui-ko (620), comme le rapporte Kæmpfer. — Suivant quelques auteurs, il vécut quarante-neuf ans (*Nippon wau dai iti-ran*, liv. I, p. 30); suivant d'autres, trente ans seulement (Mitukuri, *Sin-sen nen-hyau*, ann. 621).

(2) Eugène Burnouf, *Introduction à l'histoire du Buddhisme indien*, p. 441.

Il y a d'ailleurs, dans les habitudes religieuses des Japonais, la plus grande liberté, jointe souvent aussi à la plus profonde indifférence. Chacun adore les dieux qui lui conviennent, quand et comme il l'entend. La population des campagnes surtout ne se préoccupe guère de l'origine des idoles présentées à sa vénération : pourvu qu'elle ait, dans ses temples, quelques statues auxquelles elle puisse adresser des prières et demander des faveurs, elle n'a garde de s'enquérir de la source et de la raison d'être du culte auquel elle s'adonne, moins par goût que par habitude invétérée.

L'étude du Bouddhisme japonais doit donc être envisagée sous deux aspects absolument distincts : le Bouddhisme philosophique, cultivé par un petit nombre de bonzes instruits et exposé dans des ouvrages indigènes d'exégèse, de polémique et de spéculation, et le Bouddhisme vulgaire, pratiqué par intérêt social ou individuel, par tradition ou par routine, dans les différentes classes de la population du pays.

Le Bouddhisme philosophique japonais passe pour avoir atteint un haut degré d'élévation intellectuelle (1), mais il n'est pas possible encore à la science de l'apprécier, car les orientalistes n'ont point abordé l'étude des monuments littéraires qui pourront nous le faire connaître un jour. Tout ce que je puis dire, d'après quelques entretiens que j'ai eus avec des moines éclairés du Nippon, c'est qu'il règne une grande indépendance d'idées dans cette doctrine, qu'elle tend à s'établir sur des bases scientifiques, qu'elle admet tous les changements que les progrès de l'expérience et de l'observation pourront motiver, et que, sauf quelques affinités plutôt philosophiques que dogmatiques avec la foi de Çâkya-Mouni, elle ne tient guère à maintenir comme canoniques un grand nombre d'aphorismes du célèbre rénovateur indien (2).

Le Bouddhisme vulgaire des Japonais, comme le Bouddhisme vulgaire de la Chine et de la plupart des contrées qui ont adopté cette doctrine, est une religion fondée sur les croyances les plus grossières et sur un énorme amas de superstitions inventées pour assouvir le besoin de merveilleux d'une population naïve et ignorante. Le culte essentiellement formaliste dont les bonzes se font les instruments intéressés, mais presque toujours inintelligents, se traduit par des cérémonies de dévotion en l'honneur des innombrables idoles offertes à l'adoration de la masse inculte qui fréquente les pagodes et les lieux de pèlerinage. La foule aime le spectacle : les bonzes ont imaginé un rituel de nature à donner ample satisfaction à ce besoin de mise en scène, si avantageux pour maintenir la domination d'un clergé avide et abruti. La plupart des exercices religieux sont accompagnés par le son des cloches ou des gongs, que les

(1) Le célèbre voyageur Ph.-Fr. von Siebold a soutenu, d'après ses entretiens avec des savants japonais qu'il avait eu pour élèves en médecine, que, dans les classes éclairées, le Bouddhisme repose au Nippon sur tout un système de doctrines profondes et abstraites, que l'Orient n'a jamais su dépasser. — Voy., pour plus de détails à ce sujet, mes *Études Asiatiques*, p. 323.

(2) Voy., sur le Bouddhisme japonais et sur l'école en voie de formation du *Néo-Bouddhisme*, les *Mémoires du Congrès international des Orientalistes*, session de Paris, 1873, t. I, p. 142, et mon article dans la *Revue scientifique*, 2e série, t. VIII, p. 1068.

bonzes frappent à coups de marteau répétés en cadence. Dans certaines sectes, les prêtres se revêtent de costumes brillants, tandis que dans d'autres ils affectent de se couvrir d'habits crasseux et de haillons. Les uns prescrivent le baptême, la confession, et font des sermons en forme de conférences; d'autres s'abstiennent de ces pratiques, et font consister la liturgie en des chants langoureux et monotones qui amènent doucement les fidèles à une sorte d'abaissement intellectuel et même d'hébètement contemplatif. De toutes parts, l'idée fondamentale de la doctrine est reléguée sur un plan lointain, où elle n'est plus perceptible pour la courte vue des croyants, et la pensée religieuse est noyée dans d'étroites formules et dans les aphorismes le plus souvent inintelligibles d'insignifiantes litanies. Et cela à un tel point que la lecture des livres sacrés à haute voix et dans une langue de convention, notamment celle du *Beó-hau Ren-ge Kyau* (Le Lotus de la Bonne Loi), dont on débite des fragments dans les pagodes, comme on lit des versets de l'Évangile dans les églises et les temples chrétiens, ne fournit aucun sens à l'oreille de ceux qui l'écoutent, ni même à l'esprit des bonzes qui sont chargés de les fredonner (1).

Nous ne possédons jusqu'à présent que des renseignements vagues et très insuffisants sur le caractère particulier de chacune des grandes sectes bouddhiques qui se sont successivement constituées au Japon. Une appréciation quelconque de leurs doctrines serait donc à tous égards prématurée. Je me bornerai, en conséquence, à vous citer trois d'entre elles qui sont souvent mentionnées dans les auteurs indigènes, et à vous donner, sur la première, quelques indications basées sur la traduction récente d'un livre dû à son célèbre instituteur dans les îles de l'extrême Orient.

Les règles de la secte dite *Sin-gon*, fondée par le bouddhisattwa *Loung-meng*, natif de l'Inde méridionale (800 ans après la mort de Çâkya-Mouni), furent introduites au Japon par *Kô-bau Daï-si*. Ce personnage, l'un des plus populaires du Nippon, naquit la cinquième année de la période *Hau-ki* (774 de notre ère), et montra, dès son enfance, des qualités intellectuelles qui lui firent donner le nom de *Sin-tô*, « le jeune homme divin ». Après avoir fait une étude approfondie des *King* ou Livres sacrés de la Chine et des historiens chinois, il entra au couvent et s'adonna à la culture des canons bouddhiques. On lui conféra d'abord le titre de *Kô-kaï*, « l'Océan du Vide, » et quelques années après celui de *Kô-bau Daï-si*, « le Grand Maître qui répand la Loi, » sous lequel il est connu dans l'histoire. A l'âge de trente ans, il s'embarqua pour la Chine, où il séjourna trois ans pour se perfectionner dans la connaissance de la doctrine de Çâkya, sous la direction d'un moine nommé *Hoeï-ko*. De retour dans son pays, il s'appliqua à vulgariser les enseignements qu'il avait recueillis durant son séjour sur le continent. On lui attribue, en outre, l'invention de l'écriture encore en usage de nos jours, sous le nom de *hira-kana*. Il mourut en 835, à l'âge de soixante-deux ans, et, depuis lors, de nombreux temples ont été édifiés pour célébrer sa mémoire.

Parmi les ouvrages de Kô-bau Daï-si, l'un des plus répandus au Japon est le *Zitu-go kyau* ou l'Enseignement des Vérités. Ce traité, dont j'ai publié le texte avec une traduction française et un commentaire (2), a été pendant longtemps expliqué dans toutes les écoles, où, le plus souvent, les élèves en apprenaient les maximes par cœur. C'est à peine si on y reconnaît des traces de la doctrine de Çâkya-Mouni, et il faut y voir plutôt un recueil d'instructions morales qu'un livre religieux proprement dit. On y trouve cependant l'expression des idées de l'auteur, au sujet de l'âme « qui périclite au fur et à mesure que le corps s'affaiblit par la vieillesse ». Il y est également question du *nirvâna* (en Japonais : *ne-han*). Suivant Kô-bau, cet état suprême de l'être émancipé consiste dans l'absence absolue de désirs, alors que l'homme, se confiant à la nature, se plaît dans un milieu de quiétude. Il paraît d'ailleurs évident que l'École dite *Sin-gon* ne croyait pas à l'immortalité de l'âme. Un recueil de maximes populaires, imprimé d'habitude à la suite du livre de Kô-bau, le *Dô-zi kyau*, dit expressément : « Quand l'homme est mort, il reste sa renommée; quand le tigre est mort, il reste sa peau (1). »

Ne nous hâtons pas cependant — je ne saurais trop le répéter — de prononcer un jugement au sujet de la métaphysique des sectes bouddhiques du Japon, et attendons pour cela que nous possédions les livres qui représentent réellement leur philosophie doctrinale. Toute appréciation, fondée sur les seules données recueillies par les voyageurs, est nécessairement incertaine, insuffisante et dépourvue du véritable caractère scientifique (2).

L'observance dite *Ten-tai*, créée en Chine par un moine connu sous le titre de *Tièn-taï ta-sse* (3), fut apportée au Japon par un certain *Saï-tô*, et devint, lors de la fondation de la fameuse pagode *Yen-ryaku-si* (en 824), la doctrine d'une des sectes importantes du pays.

La secte de *Ik-kau-zyu*, fondée par le bonze *Sin-ran*, qui vivait de 1171 à 1262, fut pendant longtemps, et même jusqu'à notre époque, une des plus considérables du Nippon. Profondément dévoués à la personne des Syaugouns, ses prêtres jouissaient d'honneurs et de privilèges exceptionnels. Ils n'étaient point d'ailleurs astreints aux rigueurs imposées aux autres associations monastiques : le mariage leur était permis, ils avaient la liberté de manger de la viande, et ne se rasaient point la tête. Constitués, dans une certaine mesure, en ordre militaire, à l'instar des Templiers, la cour de Yédo comptait sur leur assistance, en cas de guerres intestines. Pour témoigner de leur dévouement envers cette cour, lorsqu'un nouveau Syaugoun venait à prendre en mains les rênes de l'État, ils avaient l'habitude de lui offrir l'assurance de leur fidélité sur un document écrit, qu'ils arrosaient préalablement de leur sang.

L'organisation de cette secte fut, en outre, une conséquence du système général de la politique soupçonneuse des Syaugouns, qui ne pouvaient laisser vivre, sans la soumettre à une surveillance policière, une caste aussi nombreuse et aussi

(1) Voy., à ce sujet, mes *Textes chinois anciens*, p. 67.

(2) Zitu-go kyau, Dô-zi kyau, *l'Enseignement des vérités et l'Enseignement de la jeunesse*, traduit du japonais par Léon de Rosny. Paris, 1878, in-8°.

(1) Voy. ma traduction du *Dô-zi kyau*, p. 53 (ỳ 77-78).

(2) Les personnes qui voudraient cependant connaître les indications recueillies par les voyageurs sur les idées des bouddhistes japonais pourront lire, entre beaucoup d'autres ouvrages, Fraissinet, *le Japon*, t. II, p. 209; Humbert, *le Japon illustré*, t. I, p. 245; Bousquet, *le Japon de nos jours*, t. II, p. 79.

(3) Voy., sur cette secte d'origine chinoise, la savante brochure de M. J. Edkins, intitulée : *Notice of Chi-kai and the Tian-tai School of Buddhism*. Shanghae, in-8°.

puissante que celle du clergé bouddhique. Des mesures avaient d'ailleurs été déjà prises, depuis bien des siècles, pour assurer au gouvernement la haute main sur les monastères. A l'occasion d'un assassinat commis par un bonze, en 625 de notre ère, l'impératrice *Toyo-mi-ke Kasiki-ya bime* (Sui-ko) avait créé des fonctionnaires appelés *Só-syau*, « régisseurs des bonzes, » dont la mission était de veiller à la discipline des prêtres et probablement aussi de donner au gouvernement connaissance de leurs agissements (1).

Peu à peu le personnel des monastères se vit de toutes parts hiérarchisé, enrégimenté, et une foule de dignités et de titres officiels furent imaginés, dans le but de le placer directement sous la dépendance de l'administration séculière. Cette intervention incessante de l'autorité laïque dans l'organisation et les affaires des couvents, d'une part, — l'absence de toute communication entre le Nippon et le continent asiatique, d'autre part, — eurent pour effet rapide d'altérer, jusque dans ses principes fondamentaux, le Bouddhisme japonais, auquel il ne resta bientôt, de la grande doctrine indienne, plus guère autre chose que le nom. J'ignore ce qu'il peut y avoir de vrai dans ce qu'on a dit au sujet d'une philosophie bouddhique, à laquelle certains bonzes auraient su donner une remarquable élévation. Mais il est hors de doute que, tel qu'il est pratiqué de nos jours par la masse des insulaires de l'Asie orientale, il n'est plus rien qu'un tissu des plus extravagantes idolâtries. Et si j'en juge par quelques moines éclairés, avec lesquels je me suis trouvé en rapports quotidiens, il y a plusieurs années, le petit nombre de Japonais qui se préoccupe encore aujourd'hui de la pensée première et de la théorie du Bouddhisme, s'y intéresse bien plutôt par goût des choses de l'érudition proprement dite, que dans un but de spéculation ou de propagande religieuse et philosophique.

LÉON DE ROSNY.

CONGRÈS DES NATURALISTES ALLEMANDS

SESSION DE BADE

DISCOURS DE M. KUSSMAUL.

Bénédict Stilling.

Le célèbre chirurgien et physiologiste hessois, Bénédict Stilling, a succombé le 28 janvier de cette année. Il avait dirigé plusieurs fois les congrès des naturalistes allemands, et, l'année dernière, à Cassel, il occupait encore le fauteuil de la présidence. Aussi, dans la session de cette année, à Bade, M. le professeur Kussmaul, de Strasbourg, a-t-il prononcé l'éloge funèbre de son savant compatriote. Nous donnons ici un abrégé de cet intéressant discours, publié avec des notes étendues de MM. Goltz, Waldeyer et Kussmaul.

Bénédict Stilling naquit le 22 février 1810, à Kirchain, petite ville de l'électorat de Hesse. Fils d'un petit commerçant israélite, il aurait senti son inclination pour les études médicales se révéler de bonne heure, à la vue des soins que donnait à son petit frère, blessé grièvement, un praticien de la localité. Il aidait chaque jour le docteur à faire les pansements et le reconduisait parfois jusque chez lui. Ce médecin, nommé Justi, vivait alors avec sa sœur, restée veuve avec plusieurs enfants, auxquels un autre frère, candidat de théologie, apprenait à lire et à écrire, et enseignait même un peu de latin. Ce brave théologien s'intéressa au petit juif et l'admit au nombre de ses écoliers. Une autre personne, un ministre protestant, lui enseigna plus tard les premiers éléments du grec. Enfin, à l'âge de quatorze ans, il put entrer au gymnase de Marbourg, et, quatre ans plus tard, il subit l'examen de *maturité* et entra, en 1828, à l'université de la même ville.

C'est là qu'il fit la connaissance de Heusinger, qui lui inspira le goût des recherches anatomiques et physiologiques, et de Hüter, qui détermina le choix de sa thèse inaugurale. Cette thèse, soutenue à Marbourg en 1832, a pour titre : *De pupilla artificiali in sclerotica conformanda*. Elle parut l'année suivante, en allemand, avec un supplément *sur la transplantation de la cornée*. Cette même année 1833, Stilling fut nommé assistant du professeur Ulmann, qui enseignait à Marbourg la clinique chirurgicale; l'unique ambition du jeune docteur était alors de devenir à son tour professeur de chirurgie. C'est à cette époque, en faisant des conférences sur les diverses manières d'arrêter les hémorrhagies, qu'il imagina le procédé qui porte son nom. Mais si cette méthode donne plus de sûreté contre les hémorrhagies consécutives que la ligature ou la torsion des vaisseaux, elle exige plus de temps, des instruments plus délicats et une plus grande habileté de la part du chirurgien. Aussi ne fut-elle pas généralement adoptée.

Le mémoire que Stilling publia sur ce sujet, en 1834, n'était pas encore terminé quand l'auteur fut nommé, par le gouvernement hessois, chirurgien du tribunal à Cassel. C'était la première fois que l'état de Hesse choisissait un juif, et Stilling dut sa nomination à l'influence d'un haut fonctionnaire de Cassel, qui avait été son client. Bien que la constitution hessoise de 1830 eût établi l'égalité des cultes devant la loi, cette égalité n'était que nominale, et jamais encore le choix du gouvernement ne s'était porté sur un juif. Aussi, bien qu'il se sentît retenu à Marbourg par l'espoir d'une chaire de chirurgie, se laissa-t-il convaincre par ses coreligionnaires, qui lui représentaient que sa nomination marquait en réalité l'émancipation des juifs, et qu'il était de son devoir de l'accepter. Stilling eut bientôt, dans sa nouvelle résidence, une nombreuse et riche clientèle; mais il regretta toujours sa détermination, et même, à l'âge de soixante et un ans, il fut sur le point d'échanger sa brillante situation à Cassel contre une chaire de chirurgie dans une petite université de l'Allemagne du Sud. Malgré l'appui d'un ministre, qui pourtant était lui-même ennemi des juifs, Stilling ne put se maintenir dans son poste. Des collègues envieux et puissants, favorisés du reste par l'aversion que montrait pour les juifs l'électeur Frédéric-Guillaume Ier, le firent nommer, en 1840, à une bourgade près de Fulda. Les efforts de l'envoyé français, le comte de Béarn, à qui Stilling dédia plus tard son grand ouvrage sur le pont de Varole, ne purent obtenir que l'on revînt sur cette décision, et Stilling abandonna complètement les fonctions officielles. Il n'en demeura pas moins le premier

(1) Je m'abstiens de parler des sectes de Ho-syau, de Gu-sya et des trois grandes écoles qui furent constituées plus tard sous les noms de Yodo, Montau et Syauretu, les renseignements que j'ai rencontrés à leur sujet ne me paraissant pas avoir la précision nécessaire pour être élaborés dans cette conférence.

médecin de Cassel, appelé même à la cour, lorsqu'on avait besoin d'un chirurgien, et sa réputation s'étendit bien au delà des limites du petit État de Hesse.

Sa vaste clientèle ne l'empêchait pas de suivre ses penchants scientifiques, et comme suite aux recherches dont nous parlions tout à l'heure, il publiait en 1834 un mémoire sur les *Métamorphoses du caillot dans les vaisseaux blessés*. Au printemps de 1836, Stilling vint passer six mois à Paris, où il fit connaissance avec les sommités médicales de l'époque, et principalement avec l'illustre physiologiste Magendie et le célèbre chirurgien Amussat. Ce dernier lui inspira l'idée de s'occuper des voies urinaires, partie de la science où il se distingua plus tard comme opérateur et comme écrivain.

C'est l'année suivante, en 1837, que Stilling fit sa première ovariotomie. On voyait alors reculer devant cette opération jusqu'à Dieffenbach, qui ne la croyait salutaire ni pour la malade ni pour le chirurgien. Bien des gens l'appelaient tout simplement un crime ou une œuvre de bourreau. On ne comptait encore à ce moment qu'une trentaine de cas publiés avec moins de 50 pour 100 de succès. Les choses ont bien changé depuis. 1087 cas ont été publiés de 1867 à 1874, et la proportion des guérisons s'élevait alors à 70 pour 100. Un seul opérateur, Spencer Wells, de Londres, avait, jusqu'à l'année dernière, pratiqué à lui seul plus de 900 opérations avec 75,5 pour 100 de guérisons ; mais en 1837 on n'en était pas encore là. Ce fut alors que Stilling imagina la méthode qu'il appela extrapéritonéale, et qui consiste essentiellement à attirer au dehors le pédoncule ovarique, et à le fixer dans l'angle inférieur de la plaie, de façon que le péritoine ne soit pas souillé par le sang ou le pus, et que le chirurgien puisse facilement surveiller le travail de cicatrisation. Le mémoire primitif de Stilling fut imprimé dans les *Annales hanovriennes d'Holscher*, en 1841 ; mais il demeura si bien enterré dans cette obscure publication que, dix ans plus tard, l'Anglais Duffin put décrire à nouveau, comme lui étant personnelle, la méthode même de Stilling, et cela sans soulever d'abord la moindre réclamation. Toutefois, en 1866, notre auteur, qui en était alors à sa dixième ovariotomie, et qui avait employé sept fois sa méthode avec succès, réclama hautement la priorité, dans un mémoire auquel l'Académie des sciences décerna le prix Barbier, en 1870.

Stilling avait gardé de ses relations avec Magendie un goût très vif pour la physiologie expérimentale. Ses travaux dans cette science appartiennent surtout à la période comprise entre 1836 et 1842, et le plus célèbre des nombreux écrits qu'il publia à cette époque est le mémoire sur l'*Irritation spinale*, qui parut en 1840 à Leipzig. Les Anglais avaient décrit sous ce nom une affection protéiforme, où se retrouvaient pêle-mêle tous les symptômes d'exaltation de la sensibilité et d'affaiblissement de la motricité. Un des plus constants parmi ces symptômes est la sensibilité à la pression d'une ou plusieurs des apophyses épineuses. Les lésions matérielles sont encore inconnues, ce qui fait que l'on a contesté jusqu'à l'existence même de la maladie. C'est cette affection si obscure que Stilling entreprit d'élucider au moyen de la physiologie expérimentale du système nerveux. Mais, comme il le disait lui-même en 1841, dans les *Annales d'Holscher*, ce n'était là qu'un cadre à remarques et à observations ; il voulait en réalité montrer comment on pouvait baser, sur la physiologie, la nosologie et la thérapeutique.

Parmi les nombreux problèmes physiologiques qu'il aborda dans cet ouvrage, un des plus importants est sans contredit l'influence des nerfs sur la distribution du sang. C'est ainsi qu'il se vit amené à formuler sa théorie des vasomoteurs. On connaissait bien en effet les lois hydrauliques qui régissent le mouvement du sang, mais ces lois ne peuvent expliquer pourquoi la honte et l'embarras amènent la rougeur sur les joues, pourquoi la douleur et la crainte les font subitement pâlir. Le vieil adage *Ubi irritatio, ibi affluxus*, était ici en défaut. Les grands traits de la physiologie du système nerveux nous semblent aujourd'hui évidents. Mais à cette époque les axiomes de Bell étaient loin d'être acceptés sans conteste, et l'on attribuait alors au sympathique tous les phénomènes auxquels nous donnons à présent le nom d'actions réflexes. Ce n'est qu'en 1840 que Henle découvrit la nature contractile de la tunique musculaire des artères et des veines, et, comme des fibres nerveuses avaient été déjà reconnues par Valentin dans cette tunique, le jeune prosecteur de Berlin put établir la contractilité des vaisseaux sous l'influence des nerfs.

Stilling arriva au même résultat, la même année que Henle, et sans avoir connaissance de ses travaux. Il s'appuyait spécialement sur les expériences de section de la chaîne sympathique, dont il comparait les suites avec les phénomènes qui accompagnent la section de la cinquième paire et du nerf pneumogastrique. Il répétait ainsi les expériences de Pourfour du Petit, de Brachet et de Dupuy, et arrivait à conclure que le sympathique est le nerf vasomoteur par excellence, bien qu'il soit aussi parcouru par des fibres nerveuses fonctionnelles de diverses sortes. En somme, le système vasomoteur est pour lui un système de nerfs moteurs qui a son origine dans la moelle, et qui est en connexion directement avec celle-ci, et d'une manière subordonnée avec le cerveau. Aussi, malgré les erreurs que commit Stilling, et qui furent principalement relevées par Claude Bernard, M. Kussmaul réclame-t-il pour le premier la paternité de la théorie actuelle des vasomoteurs. Je ne veux pas insister ici, dit-il, sur ce sujet délicat, et je renverrai le lecteur aux *Leçons sur l'appareil vasomoteur* du savant doyen de la Faculté de médecine de Paris. Aussi bien me suis-je un peu attardé sur cette intéressante question, et je ne puis guère que rappeler les travaux de Stilling sur l'anatomie des centres nerveux et les noyaux des nerfs. La question est trop vaste pour que je veuille l'aborder ici. Sans aucun doute Stilling a grandement contribué à faire connaître la structure intime de l'appareil nerveux ; mais il fut souvent trop affirmatif, et je crois qu'il est bon de rappeler ici l'opinion d'un de ses compatriotes les plus illustres, M. Kölliker, qui déclare formellement que, dans l'état actuel de la science, aucune des questions fondamentales, relatives aux connexions des divers éléments histogéniques de cet appareil, n'a reçu de solution satisfaisante, et qu'il serait plus que téméraire de se prononcer à cet égard.

Depuis 1842, notre auteur ne s'occupa plus guère de recherches de cette nature, mais il publia de nombreux mémoires sur divers sujets de chirurgie : la lithotripsie, la taille, l'ovariotomie, l'extirpation des tumeurs, les amputations, etc., enfin divers travaux sur le rétrécissement du canal de l'urèthre et l'uréthrotomie interne. Il fit même, de 1870 à 1872, paraître sur ce sujet un grand ouvrage en trois volumes : *Traitement rationnel des rétrécissements du canal de l'urèthre*. Comme écrits populaires sur la médecine, on peut citer de lui une petite brochure : *Que doit-on faire pour se préserver du choléra?* et les *Remarques pratiques de John Mallan sur la nature des dents et leurs maladies.*

Depuis le premier voyage dont nous avons parlé plus haut, Stilling revint trois fois à Paris, en 1843, en 1865 et en 1869.

En 1843, il poussa même jusqu'à Londres, et en 1869 jusqu'à Édimbourg. Durant ces voyages, de même que pendant ceux qu'il fit à Berlin et à Vienne, il se lia avec les savants les plus distingués. Claude Bernard surtout l'accueillit chaleureusement et lui fit les honneurs d'une séance de l'Académie. En reconnaissance, Stilling lui dédia son travail sur le cervelet « comme un faible témoignage de reconnaissance pour les immortels services qu'il avait rendus à la physiologie ».

L'Académie des sciences de Paris a couronné quatre des ouvrages du savant hessois. Son grand travail sur le pont de Varole obtint le prix Monthyon, et valut également à son auteur une médaille d'or, offerte par le roi Léopold Ier de Belgique.

Sur la fin de sa vie, Stilling se sentait un peu fatigué. Il eut un moment l'intention d'abandonner sa clientèle, et d'occuper ses loisirs à reprendre l'étude du cerveau ; mais il n'avait pas encore mis ce projet à exécution, lorsque la mort le surprit à l'âge de soixante-neuf ans.

REVUE ANTHROPOLOGIQUE

Races et types en anthropologie.

Comme dans toutes les sciences nouvelles et en voie de constitution, les questions de définition et de classification en anthropologie sont des sujets de controverse assez vive et prêtent beaucoup par leur instabilité à d'ardentes discussions toujours reprises et pas encore tranchées. Qu'est-ce qu'une race? qu'est-ce qu'un type? Que de fois ne s'est-on pas posé ces interrogations sans y répondre d'une façon décisive!

C'est que chacun donnait à ces mots si usités une acception, un sens qui différait de l'acception et du sens adopté par le voisin, suivant que l'on était préoccupé ou séduit par quelque côté spécial de la science de l'homme. Le mot *race* surtout a beaucoup prêté à la confusion par la multiplicité des sens qu'on lui a accordés. Celui qui ne se préoccupait que du langage, comme caractéristique des groupes humains, réunissait sous la même rubrique *race* tous les peuples qui parlent une même langue ou dont les idiomes constituent une famille glottique parfaitement délimitée. Dans le langage courant, on confond souvent *race* et *peuple* et l'on dit « race espagnole », « race française » ou « race chinoise », sans réfléchir que les peuples modernes ou historiques sont composés d'éléments divers et presque toujours très variés. Les historiens à leur tour, se rapprochant cette fois davantage de la vérité, ont vu dans les *races* les éléments constitutifs des peuples et des nationalités. Enfin, pour les paléoethnologues, la *race* correspond au *type* révélé par l'étude des sépultures préhistoriques et se confond avec lui : c'est ainsi qu'on a, par exemple, la *race* dite de Cannstadt qui est le *type* restitué au moyen de l'ensemble des caractères ostéologiques des débris humains dont ceux retrouvés à Cannstadt nous présentent le modèle.

On voit par là quels désaccords surgissaient sans cesse dans les discussions où souvent on croyait ne pas s'entendre sur les faits faute de s'entendre sur les mots. Dans un travail récent (1), M. Paul Topinard a essayé de dissiper ces équivoques et nous estimons pour notre compte qu'il y a réussi.

Passant en revue tout ce qui a été dit sur l'*espèce* et sur la *race*, il montre d'abord que les naturalistes (zoologistes, anthropologistes et botanistes) d'une part, et les zootechniciens et horticulteurs d'autre part, ne sont point d'accord. Les premiers qui avaient emprunté pour leurs classifications les mots usuels d'*espèce* et de *race* en sont peu à peu arrivés à tenir pour réelles ces catégories, et quelques-uns, sous l'influence de doctrines religieuses, à faire de l'espèce quelque chose de « providentiellement sauvegardé par une barrière physiologique ».

Mais, la libre recherche reprenant ses droits, il s'est formé bientôt parmi les naturalistes trois écoles distinctes. La première, qu'on peut désigner de l'épithète de « classique pure », pose en principe la création surnaturelle de l'espèce immuable avec tous ses caractères qui en font un type fixe et la formation naturelle de la race, variété secondaire développée par l'action des milieux et persistant tant que subsistent les conditions dans lesquelles elle s'est produite; la deuxième admet l'immutabilité de l'espèce et de la race, les considère toutes deux comme primitives et permanentes, ce qui fait qu'au fond *espèce* et *race* sont pour elle une seule et même chose; la troisième enfin, l'école transformiste, « ne voit dans l'espèce, la race et la variété que de simples catégories morphologiques, des étapes plus ou moins longues de l'évolution générale des êtres ».

Quant aux zootechniciens et horticulteurs, *espèce* et *race* se confondent singulièrement dans le langage, puisque pour eux c'est ce qui se reproduit par semence pareil à soi-même.

Un profond désaccord règne donc parmi les naturalistes; tout en admettant généralement qu'une race est caractérisée par l'ensemble de ses caractères héréditaires, ils diffèrent sur la valeur de ces caractères, sur leur fixité par rapport aux milieux. La puissance de reproduction entre les individus, « l'affinité génésique », qui, aux yeux des classiques, a une importance de premier ordre, puisque, par son intensité au maximum ou au minimum, elle distingue la race de l'espèce, n'est plus pour les autres écoles, pour les transformistes surtout, qu'un caractère égal à tous les autres. D'un autre côté, les milieux n'agissent actuellement pas sur les races d'une façon perceptible; celles-ci sont donc permanentes, contrairement à la théorie classique, et pourtant ces mêmes races sont eugénésiques, c'est-à-dire qu'elles mettent au monde des produits indéfiniment féconds entre eux, ce qui, cette fois, est d'accord avec le système classique. « Que choisir donc, dit M. Topinard? La formule des classiques purs, ou monogénistes anciens : « Les races sont des variétés humaines; » celle des classiques opposants, ou polygénistes anciens : « Les races sont les espèces du genre humain; » ou celle des transformistes, ou évolutionnistes (monogénistes ou polygénistes) : « Les races humaines sont des illusions d'optique. » Nous ajournons la réponse, ajoute-t-il, nous con-

(1) *De la notion de race en anthropologie*, dans la *Revue d'anthropologie*, t. II, 2e série, p. 589-660. Paris, octobre 1879.

tentant de dire, au point de vue de l'histoire naturelle, que les races humaines sont « les parties du tout » ou « les groupes humains qui offrent un type particulier. »

Que M. Topinard nous permette d'ajouter à notre tour que sa définition provisoire n'a rien qui choque la théorie de l'évolution, et que si les races immuables sont des « illusions d'optique » pour les transformistes, « les groupes humains qui offrent un type particulier », à un moment donné, au cours d'une certaine phase, sont parfaitement acceptables.

Passant ensuite rapidement en revue les opinions sur la race des historiens comme Augustin et Amédée Thierry, des ethnologues comme William Edwards, Desmoulins, Balbi, Prichard, des auteurs des *Crania ethnica*, MM. de Quatrefages et Hamy, notre collègue et ami, M. Topinard, conclut en exposant les quatre systèmes qui, selon lui, se partagent les avis sur la notion de race.

Dans le premier, la race immuable résiste aux milieux, au temps, aux migrations, aux changements de mœurs et de climat; elle peut mourir, mais non se modifier. « Les conséquences de ce système, dit M. Topinard, prêtent à quatre opinions : dans la première, on cherche, à l'aide des caractères physiques et physiologiques, dont l'ensemble prend le nom de type, à démêler les éléments composants des peuples actuels, et l'on remonte à la connaissance des premiers peuples de l'histoire, que l'on considère comme des races : ce sont les *races historiques*. Dans la seconde, on donne la prééminence aux caractères linguistiques sur les caractères précédents, et, par leur intermédiaire, on détermine les races dans le présent et les races à une époque parfois même antérieure à l'histoire : ce sont les *races linguistiques*. Dans une troisième, on s'en prend directement aux groupes que donne l'archéologie la plus reculée, et on les qualifie de *races préhistoriques*, avec l'arrière-pensée que ce sont des races primitives ou la dérivation très voisine d'un prototype général. Dans une quatrième enfin, on admet les *races primordiales*, avec les caractères d'ensemble qu'elles ont conservés depuis et sans que l'esprit s'ingénie à en trouver l'explication. »

Le deuxième système consiste dans cette opinion que, d'un prototype commun et d'origine mystérieuse, sont issues des variétés secondaires produites par les circonstances extérieures, et qui n'ont de fixité, d'existence apparente qu'autant que ces circonstances ne changent point.

Les partisans du troisième système admettent également que les races sont le produit des circonstances, et n'ont qu'une immobilité apparente; mais aussi qu'elles se sont formées à l'origine aux dépens de types qui n'étaient peut-être pas des types humains, et qu'elles ne sont pas cependant si immuables que leurs divergences entre elles ne s'accentuent pas encore davantage.

Enfin, dans le quatrième système, races et peuples se confondent tantôt parce qu'on se refuse à croire à la permanence des types, tantôt parce qu'on n'imagine pas que des modifications aient pu s'opérer avec le temps, et qu'on estime que la race n'est qu'une pure abstraction bonne tout au plus pour aider les observateurs dans leurs descriptions.

Tout cela est la partie critique du mémoire de M. Topinard; mais, bien que celui-ci se montre d'une circonspection, très scientifique d'ailleurs, il ne recule pas devant une étude positive de la question, et finit par proposer très sobrement, mais très carrément, sa solution à ce grand problème anthropologique. D'une indiscutable compétence en ces matières, possesseur de matériaux considérables et de données très nombreuses, il part de ce fait constaté, c'est que, dans les agglomérations humaines les plus simples, comme dans les plus complexes, on rencontre des variations telles et portant sur un si grand nombre de caractères essentiels, qu'on ne peut nier une diversité d'origine réelle. Nous ne suivrons pas M. Topinard dans l'examen des preuves qu'il présente à l'appui de cette affirmation incontestable ; il ne peut y avoir un seul anthropologiste quelque peu pratique qui la révoque en doute. Ainsi donc les populations qui font l'objet des recherches anthropologiques sont des agrégats de plusieurs races; mais celles-ci, éléments constitutifs des peuples, sont à leur tour loin d'être simples; quand on scrute attentivement leur composition, on y discerne encore plusieurs éléments, et toujours ainsi de suite, jusqu'à ce qu'on soit arrêté, faute de documents. « Les peuples, dit excellemment M. Topinard, c'est ce qui est au moment de l'observation; les races, c'est ce qui a été par rapport à ces peuples. » C'est donc une succession incessante de types, un renouvellement constant qui se produit par suite de la fusion de deux, de trois, de quatre types qui se réunissent, se séparent ensuite, et se refondent plus tard dans d'autres proportions.

On dira pourtant que l'histoire nous offre des cas nombreux où la permanence des types est un fait avéré. Les plus anciens monuments de l'Égypte nous représentent des peuples d'il y a plus de six mille ans dont la physionomie n'a pas changé depuis que les artistes de l'Ancien Empire en ont figuré les traits. Mais c'est que ces peuples, pour conserver si fidèlement leur aspect général, n'ont pas été soumis à des croisements continuels et multiples. Or, la chose n'est pas douteuse, les croisements changent toutes les conditions, annulent la force de résistance, dissocient les caractères, les unissent à d'autres, et, suffisamment continués, aboutissent à la transformation complète des types antérieurs. C'est là le secret à la fois de la transformation des types anciens et de leur persistance, ou même de leur réapparition par phénomène d'atavisme, comme dans le cas, signalé par M. de Luschan (de Vienne), par exemple, d'un soldat hongrois, décédé dans un hôpital autrichien, qui nous a présenté en plein XIXe siècle les caractères du plus ancien type préhistorique européen, du type de Neanderthal.

Mais, tandis que les types fixés résistent victorieusement à l'influence du temps et à celle des milieux, les types en formation par suite de croisement subissent bien plus facilement leur action ; la fixité est ébranlée, les caractères sont désordonnés et se développent irrégulièrement, les types deviennent essentiellement impressionnables, ils sont comme dans un état d'affolement. C'est alors que se produisent ces modifications profondes, étranges, inexplicables au premier abord, qui surprennent et déroutent parfois l'observateur. Or ces phénomènes qui se manifestent de temps en temps sous nos yeux ont eu une intensité plus grande autrefois sans doute et surtout dans cette période de transition au cours de laquelle l'être qui fut le précurseur de l'homme se transforma définitivement en homme. Que de types ébauchés alors, nous dirions presque ratés, que de types moins résistants, moins énergiques, qui ont disparu alors!

La linguistique d'ailleurs nous fournit des exemples de faits analogues. Et si la linguistique ne doit point être prise pour guide unique dans la science de l'homme, elle peut, elle doit apporter à celle-ci un concours important. Nous voyons donc dans certaines régions, là où les familles glottiques ne sont pas encore définitivement déterminées, en Amérique, en Afrique, des idiomes nombreux pulluler, vivre et disparaître, tandis que l'un d'entre eux résiste, s'empare des éléments voisins, les absorbe, les fait siens et se constitue enfin en un parler durable et qui fait souche à son tour de dialectes, puis de langues apparentées.

Il appartient d'autant plus à celui qui écrit ces lignes de présenter au lecteur de cette *Revue* les idées de M. Topinard que celles-ci ont été conçues, méditées, complétées par le savant anthropologiste, mais à la suite d'entretiens, d'échanges de vues et d'observations faites en commun.

Le développement de l'humanité aurait passé par deux phases : l'une d'isolement, dans laquelle, sur plusieurs points de notre planète, seraient apparues les races primordiales, formées et fixées dans leurs caractères au moyen des mariages consanguins et grâce à une certaine répulsion entre les groupes ; l'autre de fusion, où, les croisements aidant, les contacts se multipliant, la lutte pour l'existence s'engageant, se produisent des diffusions, des extinctions, des renouvellements incessants de races. C'est dans cette dernière phase que nous nous trouvons encore.

Nous conclurons donc avec notre collègue et ami, en disant que les types sont déterminés par un ensemble de caractères communs, et que les peuples sont des agglomérations d'individus présentant deux ou plusieurs types, car aucun groupe humain actuel n'est pur, c'est-à-dire homogène. « Ces types reproduisent la moyenne des caractères ou types prédominants de chacun des groupes antérieurs qui entrent dans la composition du groupe à l'étude. » L'ensemble des individus issus les uns des autres qui présentent ces types est une race, mais c'est là une abstraction, tout comme le type. Il n'y a, en effet, aujourd'hui de réel que le peuple, et avant qu'il n'y eût de peuple, toute agglomération humaine fut probablement dans le même cas.

On le voit, le système de M. Topinard touche de bien près à la théorie transformiste, ou disons mieux, elle en est une application évidente. Nous ne lui en ferons pas un reproche, au contraire ; il nous plaît de voir une fois de plus un esprit vraiment scientifique comme le sien, un savant laborieux, consciencieux et consommé comme lui dans l'étude de l'homme, apporter son contingent à un système qui prend de jour ne jour plus d'autorité. L'anthropologie, qui lui est chère, pour laquelle il a un dévouement, une sollicitude de tous les instants, lui devra en même temps des notions précises et claires sur cette question si importante du type et de la race. Ce n'est déjà pas un si mince profit pour une science née il y a seulement vingt ans.

GIRARD DE RIALLE.

LES LIVRES D'ÉTRENNES

I.

Histoire de Tobie, illustrée par BIDA (1).

C'est naturellement par les livres sacrés du christianisme, l'Évangile et la Bible, que l'imprimerie a débuté, puisqu'elle naissait à une époque où l'esprit religieux dominait encore la société. Mais aujourd'hui que la foi est certainement bien moins ardente et bien moins répandue, c'est encore dans la Bible et dans l'Évangile que l'imprimerie cherche la matière de ses plus brillants chefs-d'œuvre, le thème de ces admirables illustrations qui ont si merveilleusement transformé, de nos jours, l'art de Gutenberg.

Tel est, en particulier, le cas de M. Bida, l'un des plus éminents, à coup sûr, parmi les artistes qui ont consacré leur talent à la décoration du livre, nous dirions même sans hésiter le premier de tous, s'il était permis d'oublier l'œuvre immense de Gustave Doré, son *Dante*, son *Don Quichotte*, son *La Fontaine*, son *Roland furieux*, dont nous parlions l'année dernière ici même (2), et une foule d'autres livres, moins gros, mais faits pour plaire tout autant, comme son *Atala* et son *Londres*, ou la *Chanson du vieux marin*, parue il y a trois ans (3).

Du reste, les deux artistes diffèrent à tous les points de vue. Tandis que Gustave Doré travaille pour la gravure sur bois, où la hardiesse de son crayon peut librement se donner carrière et courir vite sur le papier, Bida dessine pour la gravure à l'eau-forte, bien plus puissante dans son expression, mais bien plus sévère aussi dans ses exigences. Il faut là une finesse de trait et une inspiration élevée que les autres genres ne comportent pas. Ce ne sont plus là des productions éphémères, mais de véritables œuvres d'art, destinées à durer comme les tableaux des grands maîtres et qui exigent, comme eux, beaucoup de temps, de patience et de travail.

Aussi les gravures de Bida ne peuvent-elles pas, malheureusement, être à la portée de toutes les bourses. Ce sont choses de grand luxe. On n'a pas oublié *les Saints Évangiles*, ces deux grands in-folio, enrichis de magnifiques eaux-fortes par centaines, et qui resteront sans doute le chef-d'œuvre de la librairie française au XIXe siècle, par l'exécution également soignée de tous leurs détails. Mais, malgré les sacrifices que se sont imposés les éditeurs pour un livre qui devait être l'honneur de leur maison, il coûte encore fort cher et reste inabordable pour la plupart de ceux qui pourraient et voudraient l'apprécier.

(1) *Histoire de Tobie*, par LEMAISTRE DE SACY, enrichie de 14 grandes compositions gravées à l'eau-forte d'après les dessins originaux de Bida, par MM. Bida, Boilvin, Courtry, F. Flameng, L. Flameng, L. Gaucherel, Gilbert, E. Hédouin, Lefort, Lerat, Milius, Monziès, et de 42 têtes de chapitres, lettres ornées et culs-de-lampe, dessinés par Bida et gravés sur bois, avec encadrements et titres imprimés en rouge. 1 magnifique volume, format grand in-folio (Paris, librairie Hachette et Cie). Broché : 50 francs ; richement cartonné avec fers spéciaux : 60 francs.

(2) Voy. la *Revue scientifique* du 21 décembre 1878, t. XV, 2e série, p. 582.

(3) Voy. la *Revue scientifique* du 30 décembre 1876, t. XI, 2e série, p. 635.

Publiée dans les mêmes conditions, la Bible, beaucoup plus longue, aurait été plus coûteuse encore, et l'immensité même de la tâche était faite pour effrayer l'artiste, désireux de jouir de son triomphe avant sa mort.

Mais la Bible n'a pas la même unité que les Évangiles. On peut y choisir les épisodes les plus curieux et faire revivre, à trois mille ans de distance, ces vieilles poésies hébraïques dont le charme tout oriental est étouffé, dans nos livres, au contact des gloses théologiques. C'est ainsi que nous avons eu d'abord *le Livre de Ruth*, puis, il y a deux ans, *l'Histoire de Joseph* (1). Cette année, la série continue par un des livres les plus charmants dans sa naïveté mystique, *l'Histoire de Tobie*. Tranche par tranche, la Bible finira peut-être par se compléter un jour.

Comme pour les livres précédents, la maison Hachette a pris le texte de Lemaistre de Sacy. Ce texte conserve plus de saveur que n'en pourrait avoir une traduction moderne forcément dépaysée dans ce milieu biblique que la foi ne transfigure plus à nos yeux. Le luxe de l'exécution typographique forme un digne cadre aux 14 grandes compositions de Bida, exécutées par nos meilleurs aquafortistes, les Flameng, les Hédouin, les Gilbert, et Bida lui-même, qui manie le burin avec le même talent que le crayon.

II.

Le Dix-septième Siècle, par Paul Lacroix (2).

L'histoire des événements n'est ni la plus importante ni la plus instructive. Ce qu'il faut connaître surtout, ce sont les institutions et les mœurs. C'est à ce point de vue que s'est placé M. Paul Lacroix dans la grande histoire de France qu'il a entrepris d'écrire, il y a longtemps déjà, avec le secours de l'illustration dans le texte et de la chromolithographie. Quatre volumes ont été consacrés au moyen âge et à la Renaissance, deux au XVIIIe siècle. Nous en avons rendu compte, lors de leur apparition, les années précédentes.

Entre la Renaissance et le XVIIIe siècle, il restait une époque considérable à tous égards, bien qu'on cesse de l'admirer autant et qu'on ne l'appelle plus guère le grand siècle. C'est l'époque de Richelieu et de Louis XIV, le XVIIe siècle. M. Paul Lacroix va lui consacrer deux volumes, analogues à ceux qu'il a écrits sur le siècle suivant, et dont le premier paraît cette année.

Après quelques chapitres historiques sur la première moitié du siècle, Henri IV, Richelieu et la Fronde, ce volume expose les mœurs, les institutions et les coutumes, en s'attachant surtout à l'époque de Louis XIV. La marine, les finances, le commerce et l'armée donnent lieu à des chapitres particulièrement intéressants, sur lesquels nous reviendrons quelque jour.

Mais la vie mondaine, sous ses côtés charmants ou curieux, y occupe la première place. On y voit comment s'habillaient, se logeaient, se chauffaient et s'amusaient nos pères, ceux de la roture comme ceux de la noblesse. On va au théâtre avec eux, un théâtre bien différent de ceux d'aujourd'hui ; on assiste aux fêtes de la cour et aux grands divertissements publics. Puis l'auteur vous mène au cabaret et vous fait pénétrer dans la vie intime d'une époque trop vantée, sans descendre jamais d'ailleurs jusqu'aux bas-fonds où il trouverait des misères trop noires ou des vices qui cesseraient d'être agréables.

L'illustration, si importante dans un pareil livre, est faite d'après le même système que pour les précédents, la reproduction exclusive de gravures et de documents contemporains. C'est là surtout ce qui donne à cette belle série d'ouvrages publiés par la maison Didot une saveur qu'on ne retrouve pas au même degré dans nos autres livres historiques.

III.

La collection Hetzel.

Voici plusieurs années que nous rendons compte ici du tribut que la librairie Hetzel apporte à la littérature scientifique. Chacun des livres qu'elle édite rentre dans le plan d'une collection déterminée. Son dessein n'est pas de faire de la vulgarisation, mot et chose barbares, mais d'offrir à la jeunesse, sous une forme agréable et distinguée, les premiers éléments de la science. On est toujours un enfant devant ce qu'on ignore : combien d'hommes faits trouveraient plaisir à consulter ces ouvrages et à profiter de leurs heures de loisir pour retourner un moment à l'école ! Les maîtres sont de ceux qui s'imposent : ils appartiennent à ce groupe de savants qui ne dédaignent pas les lettres, et qui croient volontiers que l'esprit est la parure de l'érudition. Ils ne se retranchent pas derrière ces barricades faites de mots techniques et de formules abstraites. Leur savoir prend à l'occasion une mine engageante; ils professent dans leurs livres un peu comme ils causent dans ces salons où le hasard de la conversation les amène à exposer leurs vues sur le sujet à l'ordre du jour.

N'est-ce pas une bonne fortune, en effet, pour l'éducation générale, que des écrivains tels que Viollet-le-Duc, Joseph Bertrand, Cahours et Riche, Grimard et bien d'autres aient consenti à prendre sur leurs heures de loisir quelques moments au profit des profanes et des petits? Nous venons de prononcer le nom de Viollet-le-Duc. La science déplore sa perte récente ; il s'était consacré avec ferveur dans ses dernières années à cette tâche dévouée de l'éducation de la jeunesse. Dès son début, il avait acquis, sans effort apparent, le ton voulu. *L'Histoire d'une maison*, *l'Histoire d'une forteresse*, *l'Histoire de l'habitation humaine*, *l'Histoire d'un hôtel de ville et d'une cathédrale*, c'est tout un cours familier d'architecture : une telle fécondité ne s'explique que par la moisson accumulée de toute une vie de recherches et de travail. Viollet-le-Duc ne songeait pas au repos; il a travaillé jusqu'à sa dernière heure ; il avait encore en tête bien des projets que la mort l'a empêché de réaliser. La veille même du jour où un accident soudain nous l'a enlevé, sa main active signait le bon à tirer de l'*Histoire d'un dessinateur*.

L'Histoire d'un dessinateur, tel est le titre de son livre posthume : nul mieux que Viollet-le-Duc n'était à même de l'écrire. On sait que cet artiste, que ce maître excellait à com-

(1) Voy. la *Revue scientifique* du 29 décembre 1877, t. XIII, 2e série, p. 610.

(2) *Le Dix-septième Siècle; institutions, usages et costumes* (France, 1590-1700), par Paul Lacroix (bibliophile Jacob). Ouvrage illustré de 16 chromolithographies et de 300 gravures sur bois. 1 vol. in-4° de 640 pages (Paris, Firmin Didot). Broché : 30 francs; relié dos chagrin, tranches dorées ; 40 francs ; reliure amateur : 40 francs.

menter le texte par le crayon. Il a semé, dans ses précédents ouvrages, des vignettes qui sont de petites merveilles d'élégance et de précision. Il n'est pas donné à tout le monde, sans doute, de devenir dessinateur, et M. Viollet-le-Duc n'a pas la prétention de fournir cette recette : le don ne s'achète pas. Mais ce que l'étude donne, c'est le développement rationnel des qualités que l'écolier porte en lui. L'éducation moderne est imbue aujourd'hui de ce principe; l'enseignement professionnel du dessin est en faveur. Pour peu qu'il se développe, la France, qui est la patrie du goût, n'aura rien à redouter de la concurrence étrangère.

On devine ce que les préceptes de l'art gagnent à être enseignés par un écrivain tel que Viollet-le-Duc. Il a pris pour cadre de ses leçons intimes l'aimable histoire d'un professeur original qui a sa méthode à lui, la bonne, qui se méfie de la routine, des traditions vieillies, et qui, dans des conversations animées, dans d'instructives promenades, cherche à façonner l'intelligence d'un enfant de bon vouloir, doué des aptitudes nécessaires. Le lecteur commence ainsi par le commencement : il va du particulier au général, du simple au composé. Les lignes, élémentaires d'abord, s'enchevêtrent ensuite, se compliquent et finissent par former les figures géométriques. Tout précepte est accompagné d'un exemple; la méthode d'enseignement rappelle ce système des *leçons de choses* si justement en faveur depuis quelques années et qu'on a eu beaucoup de peine à acclimater en France.

L'Histoire d'un dessinateur complète l'œuvre d'éducation élémentaire entreprise par Viollet-le-Duc. C'est un des beaux livres non seulement de l'année, mais de toute la collection. Le style est abondant et d'une clarté parfaite. C'est un modèle dans cette catégorie d'œuvres qui, pour être dignes des écoliers, doivent avoir conquis auparavant l'approbation de leurs aînés.

Trois autres ouvrages de la même collection relèvent de la littérature scientifique : *la Gileppe, l'Ami Kips* et *les Navigateurs du* XVIIIe *siècle. La Gileppe* rentre dans un cadre connu; ce n'est pas d'hier que les naturalistes, à l'exemple de La Fontaine ou de Florian, font converser les bêtes. Il en est d'assez intelligentes dans le nombre pour qu'on puisse dire d'elles : « Il ne leur manque que la parole », et pour qu'un écrivain ingénieux s'efforce de combler la lacune. Le docteur Candèze avait déjà prouvé, dans son *Histoire d'un grillon,* qu'il avait le secret de cet art. Son nouveau récit vaut le précédent; il est rempli de traits instructifs et tout égayé de cette qualité particulière de l'esprit qui s'appelle l'*humour.* La donnée première elle-même est fort dramatique. Il s'agit d'un exode, d'une émigration en masse de toute une population d'insectes, chassés de leur patrie par une sécheresse subite. On conçoit ce que ce thème peut fournir d'épisodes amusants et pittoresques.

L'Ami Kips, par G. Aston, est un petit traité de botanique sous forme de roman. Ici encore, la science est familière, à la portée de tous. Pour suivre les traces de l'ami Kips, il n'est pas nécessaire de s'embarquer à la recherche de lointains pays, ni même de quitter sa robe de chambre et ses pantoufles. Cette herborisation s'effectue en chambre; les plantes recherchées et décrites habitent la maison elle-même. Il y en a à chaque étage, comme à la cave, comme au grenier, comme sur les toits. La plante, de même que l'insecte, est notre voisine, notre hôtesse; elle vit côte à côte avec nous. Il faut savoir gré à M. Aston de nous avoir révélé tant de choses curieuses auprès desquelles nous avons si souvent passé sans les voir. Ce petit livre ingénieux et gai mérite d'avoir sa place dans une bibliothèque qui a pour but d'amuser et d'instruire.

Avec *les Navigateurs du* XVIIIe *siècle,* nous retrouvons ce grand professeur en géographie qui s'appelle Jules Verne. Avouez qu'il aurait bien eu tort de ne pas mettre à profit les recherches et les découvertes de toute sorte qui l'ont aidé à la préparation de ses romans. M. Jules Verne lit une carte comme nous lirions un itinéraire de chemin de fer; il connaît le globe comme s'il l'avait parcouru dans tous les sens. L'année dernière, il inaugurait cette nouvelle collection par *la Découverte de la Terre; les Navigateurs du* XVIIIe *siècle* forment la seconde partie de l'ouvrage. C'est dire qu'il aura pour clientèle les innombrables lecteurs du *Capitaine Hatteras,* du *Tour du monde en* 80 *jours,* de *Vingt mille lieues sous les mers,* des *Enfants du capitaine Grant* et de leurs héritiers, les deux nouveaux venus de l'année : *les Tribulations d'un Chinois en Chine* et *les* 500 *Millions de la Bégum.*

IV.

Faust, illustré par Lalauze (1).

La fascination que Méphistophélès exerçait sur son malheureux disciple paraît s'étendre au monde artistique tout entier. Le *Faust* de Gœthe tente tous les illustrateurs, et chaque année voit naître une nouvelle édition de luxe qui nous présente le grand poème allemand sous une face nouvelle; car l'illustrateur collabore ici avec le poète, et nous ne voyons plus dans l'œuvre primitive que ce qu'il leur plaît de mettre en relief. C'est ce qui arrive encore cette fois-ci.

Ce nouveau *Faust* a un aspect différent des autres. Chaque chapitre a, à son début, une gravure d'en-tête qui fait entrer dans l'esprit du poète ; à la *porte de ville,* vous descendez dans la campagne avec la foule des promeneurs qui sortent de la vieille cité; à la fin du chapitre où Méphistophélès a gagné l'âme de Faust, ledit Méphisto s'incline et semble vous regarder d'un air railleur. Et puis, en sus de cette centaine de gravures, de grandes planches hors texte, gravées à l'eau-forte par Lalauze, arrêtent l'esprit sur les points saillants du poème ; l'artiste s'est vraiment élevé à la hauteur de son sujet. On prête à Gœthe d'avoir dit que Delacroix avait augmenté son œuvre en l'illustrant. Assurément, le nouvel illustrateur l'a éclairée, et le livre est loin d'y avoir perdu.

V.

François Boucher, Lemoyne et Natoire, par Paul Mantz (2).

L'art du XVIIIe siècle est aujourd'hui le plus populaire sous toutes ses formes, tableaux, bronzes, meubles et tapisseries.

(1) *Le Faust de Gœthe.* Première partie; traduction et préface nouvelles, par H. Blaze de Bury. 1 magnifique volume in-8° colombier, imprimé sur papier à la forme fabriqué spécialement, contenant un portrait et huit grandes compositions gravées à l'eau-forte par Lalauze et tirées hors texte. Chaque chapitre est orné en plus d'un en-tête et d'un cul-de-lampe spéciaux, gravés à l'eau-forte ou sur bois (Paris, A. Quantin, imprimeur-éditeur). Édition sur papier de Hollande à la forme, planches hors texte sur hollande, prix : 50 francs.

(2) *François Boucher, Lemoyne et Natoire,* par Paul Mantz. 1 magnifique volume in-folio petit colombier, avec 40 gravures hors texte

La bourgeoisie française sortie de la Révolution de 1789 raffole des grâces aristocratiques qui s'étalent dans les œuvres des Watteau ou des Boucher. Le succès d'un grand livre d'étrennes sur Boucher est donc assuré d'avance. Celui-ci mérite largement ce succès, et par l'autorité du critique qui l'a écrit, M. Paul Mantz, et par le talent des artistes qui ont reproduit les principales pages de l'œuvre de Boucher, soit en taille-douce, soit en gravure sur bois.

Fig. 77. — L'Amour médecin (illustration de Molière).

Le livre de M. Mantz fait partie d'une grande série inaugurée l'année dernière par un volume sur Hans Holbein et qui se continuera bientôt par un ouvrage sur Van Dyck. Cette série de livres sur les grands maîtres de l'art a pour but de réunir

et à l'eau-forte, et plus de 100 gravures dans le texte d'après les procédés nouveaux de reproduction directe (Paris, A. Quantin, imprimeur-éditeur). Cartonnage artistique, édition sur papier vélin et planches sur hollande ; prix : 100 francs.

sous les yeux des artistes et des amateurs les œuvres dispersées aux quatre coins de l'Europe, et que bien peu de personnes ont pu voir toutes, quelle que fût leur admiration pour l'auteur.

Sans doute ce ne sont pas les originaux qu'on peut réunir ainsi; mais ce ne sont pas non plus de vulgaires dessins comme on en faisait autrefois. Jamais un tel soin de l'exactitude n'a été apporté à la reproduction des œuvres des

Fig. 78. — Mélicerte (illustration de Molière).

maîtres; jamais ces œuvres n'ont été rassemblées en aussi grande abondance. Les procédés modernes donnent, il est vrai, des facilités qui n'existaient pas il y a quelques années. Certains dessins de Boucher, comme, par exemple, ceux de la *Collection de Goncourt* et de *l'Albertine* de Vienne, laisseraient les yeux hésitants devant les originaux eux-mêmes.

Les gravures en deux couleurs, comme les célèbres séries de De Marteau, sont reproduites avec la similitude de leurs tons variés. Des eaux-fortes remettent en vigueur les tableaux effacés ou sombres que la photogravure n'aurait pu reproduire, et un portrait de Boucher, gravé à l'eau-forte par Lalauze, rend avec une pointe de vigueur le pastel connu du Louvre. Nous ne pouvons point, par une description nécessairement impuissante, donner une idée des eaux-fortes; mais nous reproduisons ici deux des gravures sur bois (fig. 77 et 78) qui permettront d'apprécier la finesse et la fidélité de l'exécution. Les deux sujets sont empruntés aux comédies de Molière.

VI.

Livres historiques et géographiques.

Chaque année la *Nouvelle Géographie universelle* d'Élisée Reclus s'augmente d'un nouveau volume, et chaque année aussi son succès grandit. Nous sommes au cinquième volume, qui termine la géographie de l'Europe et qui traite de la Russie et de la Scandinavie (1). On y retrouve les qualités éminentes que nous avons signalées, en rendant compte des volumes précédents (2).

La Russie est aujourd'hui l'objet des préoccupations de tout le monde, ce qui donne un grand intérêt d'actualité au livre de M. Élisée Reclus. Nous lui consacrerons prochainement un article spécial, et nous n'avons voulu aujourd'hui que le rappeler à nos lecteurs.

A côté de l'ouvrage magistral d'Élisée Reclus, il faut placer l'*Histoire de France depuis* 1789, écrite par Mme C. de Witt, d'après les notes de M. Guizot. C'est un récit très attrayant de notre histoire contemporaine, dicté par un des hommes qui ont joué un grand rôle dans cette histoire. Peut-être bien n'est-il pas toujours entièrement impartial; mais qui peut se vanter, en pareille matière, de n'avoir aucune faiblesse ni pour ses amis ni pour ses idées?

VII.

La Bibliothèque scientifique internationale : *Les Peuples de l'Afrique. — L'Histoire de la machine à vapeur. — L'Homme avant les métaux.*

L'année dernière, la *Bibliothèque scientifique internationale* avait fait paraître pour les étrennes un livre d'astronomie signé d'un des grands noms de la science, *Les Étoiles,* par le P. H.-A. Secchi. Cette année, elle est plus riche, car elle en possède trois tout nouveaux, qui conviennent fort bien aux étrennes, bien qu'ils n'aient pas été spécialement écrits pour répondre à ce besoin.

Le premier de ces livres, par ordre de dates, est *l'Homme avant les métaux,* par M. Joly, paru il y a quatre mois et arrivé à sa seconde édition (3). L'étude des temps préhistoriques est aujourd'hui la plus populaire de toutes les sciences. Mais les livres qu'on lui consacre se perdent souvent dans une multitude de détails qui empêchent les idées générales de ressortir.

M. Joly a su éviter complètement ce défaut et rendre accessibles à tout le monde les questions si variées que présentent les origines de l'humanité. Nos lecteurs ont connu d'avance quelques-uns des chapitres de ce livre, et ils retrouveront là une synthèse qui n'avait encore été présentée nulle-part d'une manière à la fois aussi complète et aussi simple.

Le tableau de la civilisation primitive, qui forme la moitié de l'ouvrage, est surtout fort nouveau et fort remarquable par le groupement des faits épars. Autant que le permet l'état actuel de nos connaissances, M. Joly reconstitue l'habitation, les mobiliers, le vêtement, les armes, les parures, la religion même et les mœurs de nos premiers ancêtres. Une multitude de gravures éclairent le texte en reproduisant les pièces les plus remarquables.

L'*Histoire de la machine à vapeur, des chemins de fer et des bateaux à vapeur,* par Thurston, nous transporte dans un ordre d'idées tout différent, mais non moins intéressant (1). La machine à vapeur, avec ses applications innombrables, n'est-ce pas le monde moderne tout entier? Cependant l'histoire de cet admirable engin n'avait jamais été écrite d'une manière complète et par une plume compétente. A ces deux points de vue, le livre de M. Thurston, professeur de mécanique dans la première école des États-Unis, ne laisse rien à désirer. L'éminent professeur de machines à vapeur à l'École des ponts et chaussées de Paris, M. Hirsch, y a encore ajouté l'autorité de son nom par une revision attentive, et l'a complété par une préface.

Ce livre, si solide au point de vue scientifique, est en même temps d'une lecture très attrayante par les détails qu'il contient sur la vie, les efforts et les déboires des grands inventeurs. Mais ce n'est pas dans une notice au pied levé que nous pouvons dire tout ce qu'il contient de neuf, et nous y reviendrons plus tard avec détails.

Les Peuples de l'Afrique de M. Hartmann sont parus d'hier tout juste. L'auteur a longtemps voyagé en Afrique, et aucun de ceux qui ont parcouru le continent mystérieux ne peut lui être comparé pour l'étendue et la solidité de ses connaissances scientifiques. M. Hartmann est, en effet, un des professeurs les plus éminents de l'Allemagne, et ses études l'ont conduit à des idées tout à fait nouvelles sur les races nègres, idées qu'il a exposées dans de savants mémoires.

Son livre actuel est plus abordable et en même temps plus curieux. C'est la vie des peuples africains qu'il a voulu nous retracer, et il a réussi à donner à ce tableau une précision et une vivacité que n'ont pas les autres livres sur l'Afrique (2).

(1) *Nouvelle Géographie universelle, la terre et les hommes*, par Élisée Reclus. — Tome V : l'Europe scandinave et russe. 1 magnifique volume in-8° jésus, contenant 9 cartes tirées à part et en couleurs, 200 cartes insérées dans le texte et 80 gravures sur bois d'après les dessins de MM. Barclay, Baudoin, Bénédict, Ph. Benoist, C. Delort, Hubert-Clerget, Lancelot, F. Lix, E. Ronjat, Riou, Sirouy, F. Schrader, Sorrieu, Taylor, Thérond, S. Vuillier, Th. Weber (Paris, librairie Hachette et Cie). Broché : 30 francs; richement relié : 37 francs.

Ce volume complète la *Géographie de l'Europe*.

(2) Voyez la *Revue scientifique* du 16 décembre 1876, t. XI, 2e série, p. 577; du 15 juin 1878, t. XII, 2e série, p. 1178, et du 11 octobre 1879, t. XVII, 2e série, p. 346.

(3) *L'Homme avant les métaux,* par M. N. Joly, professeur à la Faculté des sciences de Toulouse, correspondant de l'Institut. 1 vol. avec 150 figures dans le texte (Paris, librairie Germer Baillière et Cie). Prix : 6 francs. Le même, en demi-reliure, tranches dorées, 9 francs.

(1) *Histoire de la machine à vapeur,* par R. Thurston, professeur de mécanique à l'Institut polytechnique Stevens de Hoboken près New-York (États-Unis), revue et précédée d'une introduction par M. Hirsch, professeur de machines à vapeur à l'École des ponts et chaussées de Paris. 2 vol. faisant partie de la *Bibliothèque scientifique internationale*, avec 140 figures dans le texte et 16 planches hors texte (Paris, librairie Germer Baillière et Cie). Prix : 12 francs. Les mêmes, en un volume, demi-reliure, tranches dorées, 15 francs.

(2) *Les Peuples de l'Afrique,* par Hartmann. 1 vol. in-8°, orné de 93 figures dans le texte, faisant partie de la *Bibliothèque scientifique*

Ce n'est plus ici un simple récit de voyage, où les faits se présentent au hasard; c'est une synthèse méthodique de la civilisation africaine, bien plus avancée qu'on ne l'imagine.

M. Hartmann nous expose, par exemple, l'organisation gouvernementale des grands empires africains, le fonctionnement des tribunaux, les lois civiles des Aschantis, l'histoire et l'administration dans l'empire zoulou, et une foule d'autres

Fig. 79. — Baobis ou Bubis.

Fig. 80. — Musgu avec armes et bagages.

choses qu'on est bien surpris d'apprendre, car elles ne cadrent guère avec les légendes courantes sur l'Afrique.

Les grands souverains africains, Mtesa, Munsa, Cettiwayo et beaucoup d'autres deviennent vite des connaissances quand on lit l'ouvrage de M. Hartmann, et ces connaissances méritent parfois plus de sympathie qu'on ne le croirait. Les nombreuses gravures qui parsèment l'ouvrage et dont nous don-

internationale (Paris, Germer Baillière et Cie). Prix, cartonné à l'anglaise : 6 fr.

nons ici deux spécimens, fig. 79 et 80, nous les montrent d'ailleurs dans le milieu où ils vivent, au milieu de leur cour, à la tête de leur armée, et reproduisent aussi des scènes empruntées à la vie domestique, à l'agriculture, à l'industrie, au commerce, aux fêtes publiques et aux cérémonies religieuses.

VIII.

Publications nouvelles.

L'Égypte, Alexandrie et le Caire, par Georges Ebers; traduit de l'allemand par G. Maspero, professeur au Collège de France. Ouvrage illustré de 332 gravures sur bois, dont 67 hors texte, et d'une carte de la basse Égypte (Paris, librairie Firmin Didot). 1 vol. petit in-folio. Broché : 50 francs; relié dos chagrin, ornements dorés sur plats, tranches dorées : 65 fr.; reliure amateur : 65 francs.

Saint Michel et le Mont-Saint-Michel, par Mgr Germain, évêque de Coutances et Avranches, M. l'abbé Brin, prêtre de Saint-Sulpice, directeur au grand séminaire de Coutances, et M. Ed. Corroyer, architecte du gouvernement, chargé des travaux de restauration du Mont-Saint-Michel. 1 vol. gr. in-8°, illustré de 4 chromolithographies, d'une photogravure et de 200 gravures (Paris, librairie Firmin Didot). Prix, broché : 20 francs; relié dos chagrin, ornements dorés sur plats, tranches dorées : 30 francs; reliure amateur : 30 francs.

L'Histoire de France depuis 1789 *jusqu'en* 1848, *racontée à mes petits-enfants*, par M. Guizot. Leçons recueillies par Mme C. de Witt, née Guizot. — Tome II, comprenant l'histoire de France depuis 1808 jusqu'en 1848, et illustré de 116 gravures dessinées sur bois par Émile Bayard, C. Delfort, A. Ferdinandus, Hillemacher, Hubert Clerget, F. Lix, D. Maillart, E. Ronjat, Sahib, A. Taylor, Th. Weber. 1 magnifique volume grand in-8° jésus (Paris, Hachette et Cie). Broché : 25 fr.; richement relié avec fers spéciaux, tranches dorées : 32 fr.

Le tome Ier, comprenant l'histoire de France depuis 1789 jusqu'en 1808 et illustré de 104 gravures, forme 1 vol. grand in-8° jésus, broché : 23 francs; richement relié, tranches dorées : 30 francs.

Les Oiseaux dans la nature, description pittoresque des oiseaux utiles, par Eugène Rambert et Paul Robert, ornée de 60 planches chromolithographiques, de 30 gravures sur bois hors texte et de nombreuses gravures dans le texte, dessinées et peintes d'après nature par P. Robert.

La première série vient de paraître et constitue un des plus beaux cadeaux d'étrennes que l'on puisse offrir cette année. Elle contient 20 monographies ornées de nombreuses vignettes dans le texte et donnant la description des mésanges, pinsons, grive, merle, rossignol, roitelet, etc., 20 chromolithographies et 11 grandes gravures sur bois hors texte, etc. 1 vol. in-folio (Paris, librairie Germer Baillière et Cie); prix du volume cartonné : 60 fr.

Jean le Paresseux. Texte et dessins par Bertall. Album in-4°, colorié (Paris, Hachette et Cie). Cartonné en percaline : 4 fr.

Histoire d'un Dessinateur, par Viollet-le-Duc. 1 volume in-8° illustré (Paris, Hetzel et Cie). Broché, 7 francs; toile, 10 francs; relié, 11 francs.

Les 500 Millions de la Bégum, par M. Jules Verne. 1 vol. in-8° illustré de nombreuses gravures (Paris, Hetzel et Cie). Broché, 5 francs; toile, 7 francs.

Les Tribulations d'un Chinois en Chine, par M. Jules Verne. 1 vol. in-8°, illustré de nombreuses gravures (Paris, J. Hetzel et Cie). Broché, 5 francs; toile, 7 francs.

Tranquille et Tourbillon, par Mlle Zénaïde Fleuriot. 1 vol. in-18 jésus, faisant partie de la *Bibliothèque rose*, illustré de 45 vignettes dessinées par A. Ferdinandus (Paris, librairie Hachette et Cie). Broché : 2 fr. 25; relié en percaline rouge, tranches dorées : 3 fr. 50.

Sous les lilas. Ouvrage de miss L.-M. Alcott, traduit de l'anglais, avec l'autorisation de l'auteur, par Mme S. Lepage. 1 vol. in-18 jésus, faisant partie de la *Bibliothèque rose*, illustré de 23 vignettes (Paris, Hachette et Cie). Br. : 2 fr. 25; relié en percaline rouge, tranches dorées : 3 fr. 50.

Les deux Reines, par Mme de Stolz. 1 vol. in-18 jésus, faisant partie de la *Bibliothèque rose*, illustré de 32 vignettes, dessinées par C. Delort (Paris, Hachette et Cie). Broché : 2 fr. 25; relié en percaline rouge, tranches dorées : 3 fr. 50.

Charles Francis Hall. *Deux ans chez les Esquimaux. Voyage de découvertes et d'aventures*, abrégé par Mme H. Loreau. 1 vol. in-8°, illustré de nombreuses gravures (Paris, Hachette et Cie). Cartonné en percaline gaufrée : 2 francs.

Exploration du haut Nil. Récit d'un voyage dans l'Afrique centrale, par sir S. White Baker. Abrégé par H. Vattemare. 1 vol. in-8°, illustré de nombreuses gravures (Paris, Hachette et Cie). Cartonné en percaline gaufrée : 2 francs.

Histoires et Proverbes, par Mme C. Colomb. 1 vol. in-8°, illustré de nombreuses gravures (Paris, Hachette et Cie). Cartonné en percaline gaufrée : 2 francs.

Hepworth Dixon. *Les États-Unis d'Amérique. Impressions de voyage*, abrégées par H. Vattemare. 1 vol. in-8°, illustré de nombreuses gravures (Paris, Hachette et Cie). Cartonné en percaline gaufrée : 2 francs.

L'Afrique équatoriale. Récit d'une expédition armée, ayant pour but la suppression de la traite des esclaves, par sir S. White Baker; abrégé par H. Vattemare. 1 vol. in-8°, illustré de nombreuses gravures (Paris, Hachette et Cie). Cartonné en percaline gaufrée : 2 francs.

J. Thomson. *L'Indo-Chine et la Chine. Récits de voyages*, abrégés par H. Vattemare. 1 vol. in-8°, illustré de nombreuses gravures (Paris, Hachette et Cie). Cartonné en percaline gaufrée : 2 francs.

Chacun son idée, par J. Girardin. 1 vol. in-12, illustré de nombreuses gravures (Paris, Hachette et Cie). Cartonné en percaline gaufrée : 1 fr. 50.

Histoire de Bayard, par d'Aubigné. 1 vol. in-12, illustré de nombreuses gravures (Paris, Hachette et Cie). Cartonné en percaline gaufrée : 1 fr. 50.

Vie de Kléber, par d'Aubigné. 1 vol. in-12, illustré de nombreuses gravures (Paris, Hachette et Cie). Cartonné en percaline gaufrée : 1 fr. 50.

Contes pour les enfants, par Mme J. COLOMB, 1 vol. in-12, illustré de nombreuses gravures (Paris, Hachette et Cie). Cartonné en percaline gaufrée : 1 fr. 50.

Petites Nouvelles, par Mme COLOMB. 1 vol. in-12, illustré de plusieurs gravures (Paris, Hachette et Cie). Cartonné en percaline gaufrée : 1 fr. 50.

Ces onze derniers ouvrages font partie de la *Bibliothèque des écoles et des familles*.

BULLETIN DES SOCIÉTÉS SAVANTES

Académie des sciences de Paris. — 8 DÉCEMBRE 1879.

M. Tisserand : Les satellites de Mars. — M. Berthelot : Remarques sur les saccharoses. — Relation entre les chaleurs de dissolution et de dilution. — M. Trécul : Réponse à M. Chevreul, relativement à la chlorophylle. — M. Delesse : La carte agronomique de Seine-et-Marne. — M. Jousset de Bellesme : Le vol chez les insectes. — Dom Lamey : La visibilité directe du réseau photosphérique du soleil. — M. Arm. Gautier : Réponse à MM. Trécul et Chevreul, relativement à la chlorophylle cristallisée. — M. P. Cazeneuve : Influence du phosphore sur l'excrétion urinaire. — M. D. Cochin : Réponse à M. Berthelot, au sujet de la fermentation alcoolique. — M. L. Brault : La circulation générale de l'atmosphère à la surface du globe.

M. *F. Tisserand* fait une communication sur les satellites de Mars. On sait que ces deux satellites, Phobos et Deimos, découverts en 1877 par M. Asaph Hall, se meuvent à très peu près dans un même plan, qui diffère peu du plan de l'équateur de la planète. M. Tisserand a voulu savoir si la presque coïncidence de ces trois plans est fortuite, ou bien si elle doit exister toujours. Il a examiné la question en partant de deux hypothèses; il a supposé : 1° que Mars est homogène; 2° que la loi des densités est la même à l'intérieur de la Terre et de Mars. Il est arrivé à cette conclusion que, si l'une ou l'autre de ces hypothèses est fondée, les orbites des deux satellites coïncideront toujours avec l'équateur de Mars, ou, du moins, ne s'en écarteront jamais que de très petites quantités.

— M. *Berthelot* présente quelques remarques sur les saccharoses. Il appelle notamment l'attention sur les ressemblances que présentent les réactions générales et la forme cristalline de la saccharine avec celles du tréhalose.

L'auteur fait ensuite connaître la relation qui existe entre la chaleur de dissolution et la chaleur de dilution dans les dissolvants complexes. Il formule un nouveau théorème de thermochimie, applicable à la mesure des chaleurs de dissolution d'une substance déterminée dans une série de dissolvants complexes, formés, par exemple, par l'association d'un liquide, tel que l'eau, et d'un autre corps, tel qu'un acide, un alcali, un sel, un alcool, en proportions variables. Les liqueurs de ce genre se présentent souvent dans les applications. « Supposons, dit M. Berthelot, deux liqueurs de cette espèce, à une même température, et dissolvons au sein de chacune d'elles un troisième corps, pris sous un poids qui soit dans un rapport fixe avec la substance déjà mêlée avec l'eau. Je dis que : La différence entre les deux chaleurs de dissolution est égale à la différence entre les deux chaleurs de dilution, observable lorsqu'on ajoute à la liqueur concentrée, avant et après y avoir dissous le troisième corps, l'eau nécessaire pour l'amener à l'état de liqueur étendue : $D' - D = \Delta - \Delta'$. » Ainsi, dissolvons un poids donné de chlorure cuivreux dans une solution aqueuse d'acide chlorhydrique, ce qui dégage D; puis étendons la liqueur avec un poids d'eau déterminé, ce qui dégage Δ. Ou bien, étendons d'abord avec le même poids d'eau la même solution acide, ce qui dégage Δ'; puis dissolvons dans la liqueur diluée le poids donné de chlorure cuivreux, ce qui dégage D'. L'état initial et l'état final étant les mêmes : $D + \Delta = \Delta' + D'$. Il suffira dès lors de connaître la chaleur de dissolution dans une première liqueur concentrée, puis les chaleurs de dilution avant et après la dissolution du même corps, pour en déduire les chaleurs de dissolution dans toute une série de liqueurs diversement étendues : données qu'il serait bien plus pénible, sinon impossible d'obtenir directement. La précision des résultats dépend de la grandeur des différences $\Delta - \Delta'$.

— M. *A. Trécul* répond à la question posée par M. Chevreul relativement à la chlorophylle. Le principe immédiat, que l'on appelle la chlorophylle, ne constitue pas à lui seul un organe; il n'existe jamais seul dans les végétaux, il est toujours associé au protoplasma qui l'a sécrété et qui forme, dans les cellules le plus souvent, de petits corps arrondis ou lenticulaires, les grains de chlorophylle. Quelquefois on trouve le plasma vert remplissant tout à fait de jeunes cellules; d'autres fois, quand celles-ci se sont agrandies, il est en couche plus ou moins étendue, que l'on peut voir se diviser en parcelles, d'abord accusées par des proéminences, qui deviennent autant de grains de chlorophylle. Chaque grain, composé du protoplasma et de la chlorophylle qu'il a sécrétée, doit être considéré comme un organe particulier vivant, ou un organite, si l'on veut. C'est là un fait admis par tous les botanistes. Il constitue si bien un petit organe, une vésicule, qu'on le rencontre fréquemment revêtu d'une membrane propre. Il produit souvent un ou plusieurs grains d'amidon. Il se comporte comme une petite cellule, et, dans beaucoup de circonstances, le plasma vert ne remplissant pas complètement la vésicule, on aperçoit nettement la membrane qui la délimite.

— M. *Delesse* présente à l'Académie la carte agronomique de Seine-et-Marne. Les terres arables, les prés, les bois, les vignes y sont représentés par une même couleur, dont la nuance est d'autant plus foncée que la culture correspondante donne un revenu plus considérable. La carte montre comment la fertilité du sol varie dans toute l'étendue du département; elle donne aussi des notions sur la terre végétale; enfin, elle permet d'apprécier les rapports qui existent entre les caractères physiques ou chimiques de la terre végétale et la constitution géologique du sol. On a établi deux grandes divisions dans la terre végétale, savoir les terres avec calcaire et les terres sans calcaire. Les premières occupent le fond des vallées et le flanc des collines; elles s'étendent sur les alluvions, sur la craie, sur les calcaires lacustres, sur les marnes; elles dominent au nord, dans les cantons de Claye, Meaux, Lizy, et au sud, dans les cantons de Bray, Donnemarie, Montereau, Château-Landon. Les terres sans calcaire occupent les plateaux, où elles sont souvent superposées à des roches contenant du carbonate de chaux; elles s'étendent sur le limon des plateaux, sur l'argile plastique, sur les argiles à meulières de la Brie et de la Beauce, et aussi sur les grès de Fontainebleau; elles représentent un peu plus de la moitié de la surface du département et elles dominent particulièrement dans sa partie moyenne.

— M. *Jousset de Bellesme* communique à l'Académie le résultat de ses travaux sur le vol des insectes. Chez un grand nombre de ces animaux, l'aile ne sert pas, comme chez les oiseaux, à diriger le vol; elle accomplit simplement le travail moteur qui sert à les soutenir, de telle sorte que les deux fonctions réunies dans l'aile des oiseaux se séparent chez l'insecte, la fonction motrice restant à l'aile, la fonction de direction échéant à d'autres organes.

C'est l'étude de cette fonction nouvelle que M. Jousset de Bellesme a poursuivie. Il a vu que les Névroptères et les Lépidoptères seuls volaient à la manière des oiseaux, mais que chez les Hyménoptères, où l'angle de vibration devient fixe, l'abdomen prend une forme pédiculée en rapport évidemment avec la nécessité où se trouve l'insecte d'avoir à déplacer son centre de gravité pour modifier sa direction. Cette fonction est donc accomplie ici par l'abdomen et les pattes postérieures. Chez les Orthoptères, la fonction de direction s'exécute au moyen des pattes; mais, déjà différenciées pour le saut, elles ne constituent qu'un organe directeur très imparfait.

Jusqu'ici la fonction directrice s'exécute avec des organes d'emprunt; chez les Coléoptères et les Diptères, la différenciation est plus complète, et des organes spéciaux apparaissent, l'élytre et le balancier.

L'élytre, relevée pendant le vol, forme, au-dessus du centre de gravité, une masse mobile dont les moindres déplacements influent sur la position de ce centre. Quant au balancier, des expériences concluantes démontrent qu'il agit en modifiant la position de l'axe de suspension. Si on le supprime, l'insecte vole encore, mais ne se dirige plus.

Toutes ces considérations, basées sur la méthode expérimentale, nous font assister à l'apparition d'une fonction, à son développement et à son établissement complet dans une classe d'animaux. C'est, selon l'auteur, un des exemples les plus nets qu'on ait encore fournis d'une évolution fonctionnelle.

— *Dom Lamey* envoie une note dans laquelle il déclare avoir vu directement, à l'aide de l'équatorial de 6 pouces($0^m,16$), nouvellement acquis par l'observatoire du prieuré de Grignon (Côte-d'Or), le réseau photosphérique du soleil. M. Janssen n'est donc pas fondé à soutenir que l'existence de ce réseau, révélée par ses belles photographies solaires, ne peut pas être reconnue par l'observation directe à l'œil.

— M. *Arm. Gauthier* répond à M. Trécul et à M. Chevreul relativement à la chlorophylle cristallisée. Il reconnaît que M. Trécul avait, en effet, annoncé depuis 1865 l'existence de la chlorophylle cristallisée, mais pour avoir été vue sous le microscope dans les feuillets de l'écorce du *Lactuca altissima*, la chlorophylle cristallisée n'en restait pas moins à découvrir pour les chimistes. Cette substance réputée amorphe, mélangée à toute une série de corps qui, tels que les cires, les graisses, les résines, ont les mêmes dissolvants qu'elle, d'une altérabilité très grande, il fallait l'isoler sans l'emploi de réactifs proprements dits, acides, basiques ou salins, et sans recourir à l'action de la chaleur. Ce n'est qu'après bien des essais que l'auteur s'est adressé au noir animal et qu'il a pu en extraire ensuite la chlorophylle inaltérée et cristallisable. Quant à la question posée par M. Chevreul : Je demande le rôle que joue la chlorophylle, « j'aurais voulu, dit M. Arm. Gauthier, que cette grave question, que je soumets depuis quelque temps au contrôle de l'expérience, fût posée plus tard. Mais, de ce que je sais jusqu'à ce jour, il semble résulter que la chlorophylle n'a pas pour fonction, comme on le dit généralement, de décomposer l'acide carbonique sous l'influence de la lumière. Le pigment chlorophyllien ne paraît être que l'agent secondaire destiné à absorber et à éteindre principalement les rayons rouges et orangés de la lumière. Ainsi modifiée dans la feuille, la force vive lumineuse, transformée en chaleur et action chimique, est utilisée par le protoplasma des globules chlorophylliens à produire les réductions qui sont propres aux parties vertes du végétal. »

— M. *P. Cazeneuve* adresse une note dans laquelle il rend compte d'une série d'expériences entreprises sur le chien et sur le chat, lesquelles expériences l'ont conduit à affirmer que le phosphore, donné à doses toxiques, provoque l'augmentation de l'urée, de l'acide phosphorique, de l'acide sulfurique, de l'azote total et du fer. La destruction des globules sanguins, qu'on admet dans l'empoisonnement par le phosphore, lui paraît expliquée par l'exagération des matériaux d'excrétion. Enfin les mêmes expériences lui semblent avoir également une grande importance au point de vue de la fonction hépatique. « Certains physiologistes, dit l'auteur, envisagent le foie comme le principal organe formateur de l'urée. » M. Brouardel tire parti des dégénérescences graisseuses du foie, dans l'empoisonnement par le phosphore, pour appuyer cette théorie. M. Cazeneuve se croit au contraire en mesure d'infirmer ces conclusions.

— M. *D. Cochin* déclare maintenir les conclusions auxquelles l'a conduit récemment une expérience sur la fermentation alcoolique. On se rappelle que M. Berthelot a critiqué assez sévèrement ces conclusions. M. Cochin fait voir cependant que ses expériences n'étaient pas aussi dépourvues d'originalité que M. Berthelot l'a supposé tout d'abord.

— M. *L. Brault* annonce à l'Académie que la publication de la quatrième et dernière série des cartes de vents qu'il avait entreprises a été décidée par le comité hydrographique de la marine. Cette dernière série est relative à l'océan Pacifique. A ce propos, M. Brault expose la façon dont il faut, selon lui, envisager le problème de la circulation générale de l'atmosphère pour en donner une solution bien conforme aux faits observés. Ce problème se décompose en deux parties, savoir : rechercher d'abord ce que serait la circulation atmosphérique si toute la terre était couverte d'eau; rechercher ensuite dans la circulation atmosphérique, telle qu'elle existe réellement, ce qui est dû à la présence des continents et à l'inégale répartition des terres et des mers. « Si la terre, dit l'auteur, était complètement couverte d'eau (première partie du problème), on aurait : — à l'équateur, une zone de vents faibles, plutôt qu'une bande de calmes, comme l'a dit Maury; — de chaque côté de ces vents faibles, les vents alizés de nord-est et de sud-est, d'une force moyenne égale à celle d'une jolie brise; — au delà des alizés, non pas une bande de calmes ou de folles brises (comme on l'écrit encore souvent), mais une zone de vents qu'on aperçoit nettement dans l'hémisphère sud et dont le caractère principal est d'être variables en direction, avec une force moyenne au moins aussi grande que celle des alizés voisins; — enfin, au delà de cette zone de vents variables, les vents d'ouest, d'une force moyenne supérieure à tous les autres, variant peu en direction, mais variant pourtant plus que les alizés; ces vents d'ouest s'infléchissent vers les pôles à mesure qu'ils s'en rapprochent.

« La circulation atmosphérique, si la terre était complètement couverte d'eau, se ferait donc par zones, ces zones, dans leur ensemble, ayant pendant l'année un mouvement d'oscillation du nord au sud et du sud au nord. Mais la présence des continents détruit l'harmonie de cette circulation (deuxième partie du problème). Les continents créent d'abord des régions de calmes dans les parages équatoriaux, et, en dehors de ces parages, de grands centres d'action autour desquels le vent tourne soit dans un sens, soit dans l'autre (loi de Buys-Ballot), en se rapprochant du centre ou en s'en éloignant. Ces centres d'action ont une activité maximum vers le mois d'août et le mois de janvier, c'est-à-dire vers le milieu de l'été et de l'hiver de notre hémisphère.

« Quand on étudie ainsi séparément les deux parties du problème de la circulation atmosphérique, tel qu'il est ici défini, on s'aperçoit vite que ni l'une ni l'autre des solutions partielles ne peut suffire à expliquer les phénomènes réels. On trouve la solution de la première partie du problème en examinant ce qui se passe surtout dans l'hémisphère sud, là où l'influence des continents est le plus faible possible; la solution de la seconde partie est donnée par l'examen attentif de ce qui se passe sur la surface du globe, surtout dans les parages où l'influence des continents est le plus considérable; — et c'est seulement l'ensemble de ces deux solutions qui donne une idée juste de ce qu'est réellement, dans sa généralité, la circulation atmosphérique à la surface du globe. »

CHRONIQUE SCIENTIFIQUE

FACULTÉ DES SCIENCES DE PARIS. — *Doctorat ès sciences physiques.* — Le mardi 23 décembre, à trois heures et demie, dans la salle des examens (escalier 2, au deuxième), M. Macé de Lépinay soutiendra, pour obtenir le grade de docteur ès sciences physiques, deux thèses ayant pour sujet :

La première. — Recherches expérimentales sur la double réfraction accidentelle.

La seconde. — Propositions données par la Faculté.

— L'OBSERVATOIRE DE L'ETNA. — L'observatoire astronomique qu'on a commencé à bâtir sur l'Etna dans le mois d'août est presque achevé.

L'édifice présente une figure rectangulaire qui occupe une surface de 132 mètres carrés. Il se compose de deux étages ayant dans l'ensemble 9 mètres de haut. Chacun des deux étages renferme une vaste pièce circulaire autour de laquelle sont d'autres pièces beaucoup plus petites. Au milieu de la grande pièce du premier étage, on trouve un large pilastre destiné à supporter la machine du télescope qui sera placé dans l'étage supérieur.

A côté de ce premier édifice, on va en bâtir un autre pour servir d'asile aux voyageurs. Il pourra loger aisément une vingtaine de personnes. La dépense se monte jusqu'à présent à 25 000 francs. Si l'on y ajoute le prix du second édifice et des instruments d'optique, on aura un total d'environ 60 000 francs.

L'observatoire de l'Etna est placé à 3000 mètres au-dessus du niveau de la mer. On trouve à peu de distance la *Torre del Filosofo*, édifice de construction romaine dont il n'existe plus que les murs extérieurs, et la fameuse *Rocca di Musarra*, énorme rocher qui forme un cylindre droit, haut de 200 mètres et qui a 50 mètres de tour.

Pour se former une idée exacte de la position de l'observatoire de l'Etna, il faut se rappeler que la montagne présente, à près de 3000 mètres d'élévation, une vaste plate-forme de 12 kilomètres de tour, sur laquelle se trouve un cône haut de 350 mètres et qui renferme le cratère central. L'observatoire est placé au pied de ce cône, sur le côté méridional, de sorte qu'il y a devant une plaine circulaire, et on a l'avantage de pouvoir monter jusque-là sur des mulets. Aussi les voyageurs qui passeront quelques jours dans l'asile qu'on va bâtir pourront-ils faire des promenades à cheval à une élévation de 3000 mètres, car la plate-forme présente un niveau presque horizontal qui la fait appeler *Piano del Lago*, à cause de sa ressemblance avec un lac.

On aperçoit au bas de l'observatoire une plaine couverte de cendres et de scories, et sur laquelle s'élèvent nombre de cônes qui étaient jadis autant de cratères et qui forment le point de départ de plusieurs torrents de lave grise dont le cours se dessine nettement au loin à travers le vert pâle des figuiers d'Inde qui couvrent la plupart des laves anciennes. Plus loin on voit se dérouler par grandes ondulations le fameux *Bosco di Catania*, pays fort pittoresque, parsemé de nombreux villages et couvert d'une végétation luxuriante au milieu de laquelle on voit une longue ligne blanchâtre qui descend en serpentant des *Monti Rossi*. C'est la lave de 1663, qui disparaît vers la côte sous la verdure éclatante des bois d'orangers et de citronniers au milieu desquels se succèdent, à de petites distances, les villes de Catane, Aci, Giare, Riposti, Manali. Au delà des côtes on embrasse l'étendue des trois mers; on voit les îles de Malte, les Calabres, les îles de Lipari, et, par un effet d'optique que tous les alpinistes connaissent, tous ces objets semblent être rapprochés de l'observateur et sur un plan presque horizontal.

— LES DÉPENSES DE L'ENSEIGNEMENT PRIMAIRE AUX ÉTATS-UNIS. — L'ensemble des revenus pour les écoles dans tous les États et territoires de l'Union s'est élevé, pour l'année 1877, à 86 887 166 dollars (434 430 830 fr.) et les dépenses à 70 233 458 dollars (401 167 290 fr.).

La dépense annuelle par tête d'élève a varié dans les écoles publiques de 1 dollar 39 cents (Caroline du Nord), à 35 dollars 76 (tribu des Cherokees ou territoire indien).

Le nombre des écoles normales a été de 152, comptant 1189 professeurs pour 37 082 élèves. Elles ont donné 2763 gradués, dont 1874 sont entrés dans l'enseignement.

Les legs pour l'éducation publique se sont élevés à 3 millions de dollars (15 millions de francs), dont 163 976 dollars (819 880 francs) pour l'instruction supérieure des femmes.

Le taux le plus élevé des salaires des maîtres a été de 96,17 dollars par mois pour les hommes et de 71,21 dollars our les femmes.

— STATUE A GRIBEAUVAL. — On vient d'ériger dans une des cours du Musée d'artillerie, à l'hôtel des Invalides, la statue de J.-B. Vaquette de Gribeauval, premier inspecteur de l'artillerie, né à Amiens en 1715, mort à Paris en 1789.

Gribeauval est l'initiateur d'un nouveau système d'artillerie qui fit une révolution dans son temps et qui dura jusqu'à nos jours, c'est-à-dire jusqu'à l'usage des pièces rayées. C'est un grand nom qui a honoré l'artillerie française et qui occupe une place considérable dans l'histoire militaire. Nous avons exposé autrefois dans la *Revue* l'histoire du système Gribeauval.

La statue est l'œuvre de M. Bartholdi; elle est traitée d'une manière très heureuse, elle rend bien le caractère de son temps et produit un excellent effet décoratif dans la cour du Musée d'artillerie, où se trouve exposée dans un ordre remarquable la collection des pièces de canon depuis le XVe siècle jusqu'à notre époque.

— OBSERVATOIRES ASTRONOMIQUES DE FRANCE. — Par arrêté du ministre de l'instruction publique et des beaux-arts en date du 27 novembre, il est institué au ministère de l'instruction publique un comité consultatif des observatoires astronomiques de province. Ce comité donne son avis sur toutes les questions qui lui sont soumises par le ministre relativement à ces établissements. Il est présidé, en l'absence du ministre, par le directeur de l'enseignement supérieur.

Chaque année, avant le 31 janvier, les chefs de service des observatoires astronomiques de province adressent au ministre un rapport détaillé sur la situation et les travaux de leurs observatoires durant l'année précédente (matériel, personnel, travaux accomplis par chacun des fonctionnaires de l'établissement).

Ces rapports sont examinés par le comité qui charge un de ses membres de les résumer et de présenter ainsi la situation comparée des observatoires de province. Ce rapport d'ensemble est adressé au ministre et publié après avoir été approuvé par lui.

Le comité tient chaque année, dans la semaine qui suit Pâques, une réunion consacrée à l'étude des principales questions traitées dans les rapports de chaque observatoire.

Les chefs de service des observatoires de province ont droit de séance aux réunions du comité consultatif.

— A. SECCHI DANS LE TYROL. — On vient de placer sur la façade de l'observatoire météorologique du col du Stelvio, sur les frontières du Tyrol, un beau médaillon en marbre, reproduisant les traits du P. Secchi, l'éminent astronome directeur de l'observatoire du Collège romain, mort, il y aura bientôt deux ans, au moment où il terminait son beau livre sur les *Étoiles*.

Cet observatoire, situé à 2543 mètres au-dessus du niveau de la mer, doit sa fondation au célèbre astronome italien.

— TUNNEL DU SAINT-GOTHARD. — Le 31 octobre, à $8^h,15$ du matin, l'appareil perforateur, qui fonctionnait au côté nord du tunnel du Saint-Gothard, a atteint le centre, c'est-à-dire qu'il est arrivé à 7460 mètres du point de départ.

A ce propos, une correspondance de Bâle, que publie la *Frankfurter Zeitung*, fait observer que les journaux suisses, d'après lesquels les deux profils se rencontreraient le 1er janvier prochain, se trompent. La rencontre des deux perforateurs s'opérera, selon le correspondant, au plus tôt, vers la fin du mois de janvier 1880; il est même probable que cet événement n'aura lieu que dans les premiers jours du mois de février. C'est que le 31 octobre dernier, au soir, 717 mètres restaient encore à traverser. Or, en supposant que l'on perce 50 mètres par semaine, le perforage ne pourra être achevé avant l'année prochaine. Au 30 septembre dernier, le profil était à 271 mètres en deçà du chiffre prévu au programme du mois de septembre 1875. Les travaux pour le revêtement, etc., du tunnel, sont encore plus arriérés : au 30 septembre dernier, un chiffre total de 11 579 mètres devait être terminé aux côtés du tunnel; au lieu de cela, ce nombre n'était, à cette époque, que de 7821.

— LES FEMMES A L'UNIVERSITÉ DE CAMBRIDGE. — Les cours pour l'instruction supérieure des femmes à l'université de Cambridge sont en pleine activité. Le nombre des étudiants du sexe féminin attirés par ces leçons est de 82, sans compter le personnel du collège, qui a une organisation spéciale.

Il n'a pas été, paraît-il, très facile de trouver des logements pour tout ce monde; tandis que les unes étaient reçues à Newham-Hall, qui est, comme Girton, un collège pour les femmes, d'autres trouvaient un asile à Norwick-House, et dans une autre maison improvisée, sous la direction d'une dame institutrice.

Pendant l'exercice 1878-79, 101 étudiants du sexe féminin ont suivi les cours. A la fin de l'année scolaire, au mois de juin, beaucoup ont passé l'examen supérieur.

Des cours de sciences ont été commencés. Leur ouverture a coïncidé avec l'installation d'un laboratoire de chimie qui offre de grandes ressources. En même temps un appareil électrique était offert par un généreux donateur, et des bourses pour les étudiants du sexe féminin fondées par les corporations des orfèvres, des marchands drapiers et des fabricants de draps.

On voit que là les femmes peuvent être également admises dans les services administratifs ; car le secrétaire de l'Association étant mort, il a été remplacé par une femme, miss Kennedy.

— Le Tour du monde, *Nouveau journal des voyages*. Sommaire de la 987e livraison (6 décembre 1879). — L'Amérique équinoxiale, par M. Ed. André, voyageur chargé d'une mission du Gouvernement (1875-1876). — Texte et dessins inédits. — De Tuquerrès à Barbacoas. — Seize gravures de Riou, Maillart et Sellier, avec une carte.

— Sommaire de la 988e livraison (13 décembre 1879). — Les Ansariés, par M. Léon Cahun, chargé d'une mission chez les populations païennes de la Syrie. — Neuf gravures de Taylor, G. Vuillier, F. Régamey et A. Ferdinandus, avec une carte.

— L'encombrement des hopitaux de Paris. — L'administration de l'assistance publique, ayant à faire face à des besoins considérables et inattendus par suite de l'abaissement prolongé de la température, vient de prendre d'urgence les mesures suivantes :

En ce qui concerne les hôpitaux, les services sont tellement insuffisants que l'administration se voit dans la douloureuse nécessité de refuser, tant au bureau central qu'aux consultations particulières des établissements, plus de 100 malades par jour.

En présence du cas de force majeure actuel, et contrairement aux règles qui lui sont imposées, elle se voit forcée d'ouvrir à l'hôpital Tenon (Ménilmontant) des salles contenant en tout 192 lits de malades. Ces salles sont dites de rechange, en temps ordinaire.

Les salles de chirurgie de l'hôpital Laënnec, qui ne devaient être ouvertes qu'au commencement de 1880, vont être immédiatement mises en service.

Afin de préserver les malades du froid intense et anormal que les calorifères d'hôpitaux sont actuellement impuissants à combattre, des poêles supplémentaires sont installés dans les salles.

Toutes les réserves de literie sont employées en ce moment aux lits supplémentaires, qui se trouvent en nombre considérable dans les services de médecine et de chirurgie. C'est ainsi, par exemple, qu'à La Riboisière les salles de 34 lits contiennent actuellement 45 malades. L'administration va donc acheter toutes les provisions de literie qui lui font défaut.

Elle se met en même temps à la recherche de locaux destinés à recevoir les malades et les blessés qui, se présentant à l'hôpital de leurs quartiers, ne peuvent y trouver place et ne sauraient sans inconvénient être transportés dans un hôpital éloigné. Ces locaux devront naturellement se trouver placés à proximité de l'hôpital où s'est présenté le malade.

Des soupes seront distribuées aux indigents dans les hôpitaux.

En ce qui concerne les secours, l'administration a reçu en moins de vingt-quatre heures près de 200 000 francs. Elle a la certitude que les libéralités publiques ne s'arrêteront pas en si bonne voie et que le dévouement de la population parisienne sera à la hauteur des circonstances douloureuses que nous traversons.

A l'aide de ces libéralités privées et du magnifique don de 400 000 francs qui vient d'être fait par le conseil municipal, l'administration est en mesure de pourvoir momentanément à tous les besoins pressants et d'adoucir dans une large mesure les misères publiques.

Le don du conseil municipal va être, pour 300 000 fr., réparti entre tous les arrondissements, suivant un calcul inversement proportionnel aux ressources de chacun d'eux, c'est-à-dire que les plus riches recevront moins et que les plus pauvres seront les mieux traités. Ces 300 000 francs seront destinés aux familles indigentes inscrites aux bureaux de bienfaisance.

Les 100 000 francs mis également par le conseil à la disposition de l'administration générale de l'assistance publique, au profit des nécessiteux non inscrits au contrôle des indigents et victimes momentanées de la rigueur de la température, seront distribués pour 60 000 francs par l'administration elle-même, et pour 40 000 francs par les maires des vingt arrondissements de Paris.

— Faculté de médecine de Paris. — Le 10 décembre dernier, Mme Chaplin Ayrton a soutenu sa thèse pour le doctorat en médecine devant la Faculté de Paris.

Le sujet de la thèse était : *Recherches sur les dimensions générales et sur le développement du corps chez les Japonais.*

Mme Chaplin Ayrton était parmi les premières élèves (femmes) de l'université d'Édimbourg, qu'elle a dû quitter à la suite d'un vote émis par le Sénat en 1872, interdisant aux femmes de suivre les cours de la Faculté. C'est à la suite de ce vote que Mme Chaplin Ayrton est venue à Paris pour terminer ses études, ce qui lui a été possible, grâce à l'accueil bienveillant qu'elle a rencontré de la part de la Faculté de Paris. En souvenir de cet accueil, Mme Chaplin Ayrton a dédié sa thèse aux élèves en médecine de cette Faculté dans les termes suivants :

« Aux élèves en médecine de la Faculté de Paris, qui depuis 1871 m'ont tant de fois prouvé que les mots : « Liberté, Égalité, Fraternité » ne sont pas seulement gravés sur les murs, mais sont l'esprit même de notre école. »

— Société française de physique. — *Séance du 5 décembre 1879.* — MM. Vincent et Leclère envoient la description et le dessin d'un rhéostat qu'ils ont imaginé. La pièce essentielle de leur appareil est une roue conductrice à dents aiguës séparées par un corps mauvais conducteur. Un petit ressort s'appuie sur les dents et peut se déplacer de leur base à leur pointe, de manière à régler les intermittences du courant employé et le rendre équivalent à un courant continu d'intensité donnée.

M. Guebhard décrit et montre en projection les anneaux colorés produits à la surface du mercure par l'haleine ou par une goutte d'un liquide volatil (essence de pétrole, etc.) susceptible de s'étendre sur le mercure. Il montre aussi des anneaux membraneux obtenus en remplaçant le liquide volatil par une goutte de collodion ou de vernis ; on peut les conserver indéfiniment en les fixant sur une carte. Enfin, M. Guebhard indique la possibilité d'obtenir des figures phonéidoscopiques, en prononçant diverses voyelles de façon que l'haleine vienne rencontrer la surface du mercure : les anneaux obtenus présentent des formes caractéristiques.

— La tempête du 4 décembre 1879. — Notre correspondant, M. Rey de Morande, nous envoie les détails suivants sur la tempête du 4 décembre courant : La dépression importante signalée le 1er décembre dans les parages des îles Madère s'est transportée rapidement à l'ouest de Biarritz, où l'on annonçait le 3 au matin une baisse barométrique de 10 millimètres. La forme des lignes isobares montrait en même temps que la bourrasque exerçait dès lors son influence jusqu'à l'Algérie, l'Irlande et sur toute la France. Les vents humides du sud-est qui soufflaient alors sur les côtes françaises de la Méditerranée ont été assez intenses pour amener la neige jusque sur le département de l'Allier.

Dans la matinée du 4, le centre de la tempête était situé à l'ouest de La Roche-sur-Yon, où le baromètre tombait à 730 millimètres, et la forme des isobares indiquait nettement le mouvement presque circulaire de ce vaste tourbillon. Son centre était à six heures du soir à l'ouest de Tours et passait vers minuit au sud de Paris. Pendant que les vents d'entre est et nord amenaient des neiges abondantes sur Paris et sur nos côtes septentrionales, une partie notable de la France était garantie des vents humides par le massif montagneux de la péninsule ibérique. Pour la région dont il s'agit, le temps a été assez beau et le thermomètre un peu au-dessus de zéro ; mais elle a été envahie pendant la nuit suivante par un vent des plus violents venant de Gascogne. Cette tempête a été précédée de quelques éclairs dans un grand nombre de localités et le vent a perdu ensuite son intensité sans changer notablement sa direction primitive. La chute de neige qui a suivi a été peu abondante sur le centre de la France.

Le centre de la bourrasque se trouvait le 5 au matin au nord de Carlsruhe (741 millimètres) et son mouvement circulaire de rotation s'était transformé en un mouvement très elliptique dont le grand axe était situé dans le sens du mouvement de translation. Le 6 au matin, la dépression, ayant repris sa forme normale, avait son centre à Kiew (750 millimètres). Elle s'est dirigée ensuite, en s'affaiblissant, vers la mer Caspienne. Le vent alizé de nord-est, soufflant alors sans obstacle sur toute l'Europe, a fait baisser considérablement le thermomètre qui, dans la matinée du 10, est descendu au-dessous de 25 degrés sur la France orientale.

Le propriétaire-gérant : Germer Baillière.

PARIS. — Impr. J. CLAYE. — A. Quantin et Cie, rue St-Benoit. [2278]

LA

REVUE SCIENTIFIQUE

DE LA FRANCE ET DE L'ÉTRANGER

REVUE DES COURS SCIENTIFIQUES (2E SÉRIE)

DIRECTEUR : M. ÉMILE ALGLAVE

2e SÉRIE — 9e ANNÉE NUMÉRO 26 27 DÉCEMBRE 1879

LES SOCIÉTÉS COMMUNISTES AUX ÉTATS-UNIS

D'après M. Charles Nordhoff (1).

Malgré l'analogie du but auquel tendent les associations communistes, il est possible de les diviser, à certains points de vue, en plusieurs classes distinctes. Par exemple, si l'on prend pour base la façon dont sont réglés les rapports entre les sexes, on trouve des sectes où le célibat est de rigueur, comme les shakers et les rappistes; d'autres où le mariage est admis, comme les inspirationistes d'Amana, les zoarites, les icariens, les communes de Bethel et d'Aurora, etc.; d'autres enfin où les relations sexuelles sont soumises à des lois particulières, comme les perfectionnistes d'Oneida et de Wallingford.

Si, au contraire, on tient compte des idées religieuses, qui généralement ont une influence capitale sur le genre de vie des communistes et qui, dans bien des cas, ont été la cause déterminante de la formation des communes, on peut tracer une ligne de démarcation très nette entre celles où les membres font profession de croyances plus ou moins bien déterminées et celles où l'on n'en trouve aucune trace, liberté de conscience absolue étant laissée à chacun. La communauté icarienne, qui, pour nous Français, présente un intérêt tout spécial, est peut-être jusqu'ici la seule qui soit entièrement dans ce dernier cas.

Pourtant deux autres, de fondation toute récente et encore à l'état embryonnaire quand M. Nordhoff les a visitées, semblent avoir pris pour base le même principe. L'une est celle de *Cedar-Vale* (la vallée du Cèdre), fondée en janvier 1871, dans le comté de Howard (Kansas) et qui s'est recrutée surtout parmi deux classes essentiellement différentes de socialistes : les matérialistes russes et les spiritualistes américains. La seconde, établie seulement en 1874, dans le comté de Chesterfield (Virginie), porte le nom de communauté de la liberté sociale.

Nous avons déjà, dans un premier article, donné une vue d'ensemble de l'organisation, du gouvernement, de la richesse, de la vie et des mœurs des communistes aux États-Unis. Nous allons maintenant étudier séparément quelques-unes de ces sociétés en choisissant celles qui sont les plus importantes par le nombre de leurs adhérents ou les particularités de leur organisation, et de manière à ce que les divers types de communisme soient représentés dans notre étude.

I.

LES SHAKERS.

C'est la plus ancienne et la plus nombreuse des sectes communistes américaines. Elle remonte à 1792, époque où prit naissance la société-mère de Mount-Lebanon, la plus prospère encore des dix-huit qu'on rencontre aujourd'hui établies sur divers points du territoire des États-Unis. Chacune de ces dix-huit sociétés comprend plusieurs « familles »; et comme chaque famille constitue en réalité une commune distincte, le nombre des communes de shakers n'est pas moindre de 58, contenant ensemble une population de 2415 âmes (1) et possédant environ 100 000 acres (40 000 hectares) de terres.

Ces « familles » de shakers sont des réunions d'hommes et de femmes vivant ensemble, mais observant rigoureusement le célibat et élevant généralement un certain nombre d'enfants qu'ils ont adoptés. Il est à remarquer que le nombre des femmes est très supérieur à celui des hommes. Parmi les adultes, on compte 695 hommes et 1189 femmes; parmi les enfants, 339 filles et 192 garçons.

Vers 1747, quelques quakers, dans un accès de ferveur religieuse, formèrent une association particulière sous la direc-

(1) Voy. la *Revue scientifique* du 6 décembre 1879, ci-dessus, p. 529.

(1) Elles en ont contenu un moment plus du double : 4869.

tion de deux personnes pieuses, Jane et James Wardley, auxquelles se joignit, en 1758, une certaine Anne Lee, âgée de vingt-trois ans, extatique et visionnaire, fille d'un forgeron de Manchester, qui entraîna toute sa famille avec elle. Les nouveaux sectaires s'attirèrent les persécutions des gens du monde, et quelques-uns furent même jetés en prison à la suite de certaines manifestations religieuses par trop violentes qui leur firent donner le nom de « shaking quakers » (1). C'est pendant qu'Anne Lee était ainsi sous les verrous que, dans l'été de 1770, « par une manifestation spéciale de la divine lumière, le présent témoignage de salut et de vie éternelle lui fut pleinement révélé » et transmis par elle à sa société, « qui depuis lors la reconnut pour *mère* dans le Christ et la désigna sous le nom de *mère Anne* ».

Trois ans après sa mort, en 1787, se fondait à New-Lebanon, village de l'État de New-York, « l'Église millénaire » ou « Société unie des croyants, communément appelés shakers ». Ils se disaient les disciples d'*Anne Lee*, qu'ils révéraient comme la seconde apparition du Christ sur la terre, la première ayant eu lieu dans la personne de Jésus. Ils lui attribuaient le don des miracles, et la légende qu'on lui a faite en raconte quelques-uns.

Il ne semble pas qu'Anne Lee eût essayé d'établir ses adeptes en colonies ou communautés, ou qu'elle eût fait cesser la vie de famille, sauf qu'elle insistait sur le célibat, bien qu'elle se fût elle-même mariée. Mais elle paraît avoir réuni ses adhérents en congrégations religieuses, parce qu'elle exigea dès le début, comme signe de vrai repentir et condition d'admission, cette « confession orale de tous les péchés de la vie passée, faite à Dieu en présence d'un *ancien* », qui est encore l'une des plus rigoureuses prescriptions de l'ordre.

A la mère Anne succéda l'*ancien* James Whittaker, remplacé lui-même à sa mort par Joseph Meacham, qui s'associa Lucy Wright à titre de « chef féminin » de la société ou « Église », comme l'appelaient ses membres. Meacham étant mort en 1796, Lucy Wright continua seule de diriger l'institution pendant les vingt-cinq années qu'elle vécut encore. Sous son administration se fondèrent plusieurs sociétés dans l'Ohio et le Kentucky, et celles de l'Est recrutèrent beaucoup d'adhérents. Toutes les sociétés actuelles étaient fondées avant 1830, et il ne s'en est formé aucune nouvelle depuis lors.

Les points les plus curieux de leur doctrine assez compliquée sont la dualité de Dieu, qui, pour eux, est un être mâle et femelle; Adam l'était également, ayant été créé à l'image de Dieu; la distinction des sexes est éternelle, inhérente à l'âme elle-même. Ils croient au monde des esprits, avec lesquels ils prétendent entretenir des relations. Le mariage et la propriété ne sont pas précisément des crimes à leurs yeux, mais la marque d'une société d'ordre inférieur. Dans l'application pratique de ce système religieux, ils recommandent le célibat, « l'honnêteté dans les paroles et les actes, la charité pour les amis et les ennemis, l'activité au travail, l'union des intérêts en toutes choses, » ce qui signifie la communauté des biens, etc.

Une société de shakers se compose de deux classes ou ordres : le noviciat et l'église. Aux familles ou communes de la première catégorie sont envoyés tous ceux qui demandent leur admission dans la communauté; ils y font leur éducation; les chefs ou *anciens* de ces familles reçoivent les étrangers et sont en relation plus directe avec le monde extérieur que ceux des familles d'église. A celles-ci appartiennent au contraire les membres qui veulent éviter plus entièrement tout contact avec le monde et aspirent à mener une vie spirituelle plus élevée.

La secte comptait même autrefois beaucoup de membres vivant dans le monde, continuant à mener la vie de famille en ce qui concernait leur commerce et l'éducation de leurs enfants, mais se conformant à la prescription du célibat. Ces exceptions étaient autorisées à cause de la difficulté pour certaines personnes de vendre leurs biens et de régler leurs affaires, comme aussi peut-être pour le mari d'amener sa femme, ou la femme son mari, à l'accompagner dans la communauté. Les membres de ce genre sont moins nombreux qu'autrefois. Les *anciens* et *anciennes* du noviciat exercent sur eux une certaine surveillance par correspondance ou visites personnelles.

La famille ou commune shaker compte habituellement de 30 à 80 ou 90 individus, hommes, femmes et enfants, vivant ensemble dans une vaste maison dont les étages supérieurs sont divisés en chambres pouvant loger de 4 à 8 personnes. Chaque chambre contient autant de simples lits de sangle qu'elle a d'habitants, les ustensiles de toilette nécessaires, un petit miroir, un fourneau pour l'hiver, une table à écrire et un grand nombre de chaises, suspendues à des chevilles plantées dans les murs. Une large salle sépare les dortoirs des hommes de ceux des femmes. Quelques bandes de tapis, faits dans la commune, ordinairement de nuances discrètes, couvrent le parquet sans y être fixées.

Au rez-de-chaussée on trouve la cuisine, l'office, les magasins et le réfectoire commun; dans une famille de noviciat, où la vie est d'ailleurs absolument la même, il y a en plus une petite salle séparée pour les visiteurs étrangers, qui mangent à part de la communauté.

Rangés autour du domicile commun sont les bâtiments destinés aux différents usages de la société : l'atelier des « sœurs » et celui des « frères », où s'exercent les diverses industries des deux sexes, la buanderie, les écuries, le fruitier, le bûcher et souvent des ateliers mécaniques, scieries, etc.

Partout la propreté la plus exquise : des parquets brillants à force d'être frottés, des décrottoirs, paillassons et balais à toutes les portes. Les murs sont nus, non seulement parce que tout ornement est chose mauvaise, mais que chaque tableau est un nid à poussière. De longues rangées de chevilles de bois servent à pendre les chapeaux, les manteaux et les chaises, quand on ne s'en sert pas. Les lits sont de simples cadres faciles à enlever pour permettre de nettoyer les chambres.

Le gouvernement ou administration des sociétés de shakers est confié à un ministère (*ministry*) qui représente « le chef visible de l'Église du Christ », et, comme tel, réunit dans ses mains le pouvoir spirituel et temporel. Il se compose d'au moins trois personnes et généralement de quatre, deux de chaque sexe. L'une d'elles est le *leading elder*, l'ancien dirigeant, investi du pouvoir suprême. Il choisit son successeur, qui désigne à son tour les autres membres du

(1) Litt. : *Quakers* qui secouent, agitent, font trembler. *Quakers* signifie déjà trembleurs; le mot *shaker* a une signification analogue, mais plus forte, et surtout active.

ministère, dont l'autorité est confirmée par l'adhésion du corps tout entier.

C'est au ministère qu'appartient la nomination des différents dignitaires (*ministers, elders, deacons*). Chaque société a des *ministers* dans la famille du noviciat, pour instruire les néophytes et prêcher dans le monde au besoin. Chaque famille a deux *elders* (anciens), un de chaque sexe, pour diriger ses membres au point de vue spirituel. Elle a aussi des *deacons* (diacres) et *deaconesses* (diaconesses), chargés du temporel, d'organiser les différentes branches d'industrie exercées par les membres, et des transactions commerciales avec le monde extérieur. Au-dessous des *deacons* sont les *care-takers* (surveillants), qui sont comme les contre-maîtres des deux sexes.

Le caractère le plus saillant de ce système, c'est que les membres ne désignent pas leurs chefs et ne sont pas consultés directement sur ces nominations. Le *ministère* se renouvelle lui-même, choisit tous ses subordonnés et ne semble être que moralement responsable vis-à-vis des membres.

Enfin tous, depuis les chefs suprêmes jusqu'au dernier des shakers, sont obligés strictement de travailler *de leurs mains* à quelque industrie d'une utilité générale à la communauté, pendant le temps qui leur est laissé libre par l'exercice de leurs fonctions spéciales.

La propriété de chaque société, quel que soit le nombre de familles dont elle est composée, est mise au nom des administrateurs qui font habituellement partie de la famille d'église ou du premier ordre. Mais ce n'est là qu'une pure formalité; chaque famille ou commune tient ses comptes et fait ses affaires séparément.

Les shakers se lèvent à quatre heures et demie en été, à cinq heures en hiver, déjeunent à six heures ou six heures et demie, dînent à midi et soupent à six : pour neuf heures et demie, tout le monde est au lit et les lumières éteintes. Ils mangent dans une salle commune, les hommes, les femmes et les enfants ayant chacun leur table couverte d'une toile cirée; les repas ont lieu en silence. Ils s'agenouillent un moment avant de se mettre à la table comme en la quittant, et font de même lorsqu'ils se lèvent ou se couchent.

Les femmes sont chargées de faire les lits et les chambres, où elles ont achevé de tout mettre en ordre pour l'heure du déjeuner, de façon qu'alors le travail puisse commencer dans les champs ou les ateliers. A chaque *frère* est désignée une *sœur* qui prend soin de ses effets et de son linge, veille à leur remplacement, le réprimande s'il n'est pas soigneux, et exerce une sorte de fraternelle surveillance sur ses habitudes et ses besoins matériels.

Des *sœurs*, en nombre suffisant pour que le travail ne leur soit pas pénible, sont employées au service de la cuisine et de la salle à manger, et relevées tous les mois. Les plus jeunes lavent et repassent le linge.

La nourriture des shakers est simple, mais suffisante. Ils ne mangent jamais de porc; beaucoup ne mangent aucune espèce de viande, et vont même jusqu'à se refuser toute nourriture d'origine animale, telle que le beurre, le lait et les œufs. A Mount-Lebanon, il y a deux tables : l'une avec, l'autre sans viande. Ils consomment beaucoup de fruits et en mangent à tous les repas. Ils ont toujours des jardins potagers et des vergers très étendus et très soignés.

Après déjeuner, tout le monde se rend à l'ouvrage; et les *care-takers* conduisent leurs groupes à leurs travaux respectifs. Lorsque, comme à l'époque de la moisson, par exemple, on a besoin d'un supplément d'ouvriers sur un point quelconque, il est facile de les y envoyer. En général, les femmes ne travaillent pas au dehors, sauf pour quelques travaux peu pénibles, comme la cueillette des fruits. Du reste les shakers ne se surmènent pas. Ils n'ont pas hâte de s'enrichir, et ils ont constaté que pour se suffire, étant donnée la façon économique dont ils vivent, il est inutile de travailler péniblement. Les bras étant nombreux, la tâche de chacun est légère, et ils assurent que là, où tous les intérêts sont les mêmes, le travail peut devenir et devient un plaisir.

Leurs soirées sont remplies par les distractions qu'ils regardent comme salutaires. Ils se permettent peu de cultiver la musique instrumentale; mais ils chantent bien, et consacrent beaucoup de temps à apprendre de nouvelles hymnes et de nouveaux airs, qu'ils prétendent recevoir constamment du monde des esprits. Chaque soir se tient un *meeting*, ou assemblée de la famille, d'espèce différente. Ainsi, à Mount-Lebanon, le lundi soir, a lieu dans le réfectoire un *meeting* général où sont lus des articles extraits des journaux : les crimes et les accidents sont laissés de côté comme n'étant bons à rien, et on choisit de préférence les nouvelles scientifiques, les discours sur les affaires publiques, et les informations générales sur les questions politiques et sociales à l'ordre du jour. Ces extraits sont faits habituellement par l'*elder*. A ce *meeting* du lundi on donne aussi lecture des lettres provenant des autres sociétés.

Le mardi on se rassemble dans la salle des réunions pour chanter, marcher en cadence, etc. Le mercredi soir se tient une réunion de conversation. Le jeudi soir on se forme en « assemblée de travail » (*laboring meeting*), comme ils appellent le service religieux régulier où ils « travaillent pour devenir bons ». Le vendredi est employé à l'étude des hymnes et chants nouveaux, et le samedi à l'adoration du Seigneur. Le dimanche soir enfin ils se visitent dans leurs chambres : trois ou quatre *sœurs*, désignées d'avance, vont voir une chambrée de *frères* et y passent une heure à chanter avec eux, ou en causeries sur des sujets quelconques; causeries bien vides, car une foule de thèmes sérieux ou frivoles y sont interdits sous différents prétextes. Tout s'y passe avec une sévérité monacale; et la plus légère marque de sympathie particulière manifestée entre *frère* et *sœur* ne tarderait pas à venir à l'oreille des *elders*, qui s'empresseraient d'y couper court en modifiant les listes des visiteuses. Il faut dire aussi que le scandale et la médisance ne sont pas moins rigoureusement bannis que le sentiment.

Dans leurs pratiques religieuses, on ne trouve que peu ou point de prières articulées; ils disent que Dieu n'aime pas les paroles et que l'aspiration mentale lui suffit. Le service du dimanche a lieu soit dans la maison d'assemblée (*meeting-house*) où se réunissent les deux ou trois *familles* qui composent une *société*, ou bien dans la grande salle de réunion qu'on trouve dans chaque maison commune.

Les hommes et les femmes se font face, les plus âgés au premier rang de chaque côté, les *elders* à la droite du premier rang. On chante une hymne, l'*elder* fait un petit discours ainsi que l'*eldress;* puis les rangs sont rompus, une douzaine de frères et sœurs se forment en carré, au milieu de la salle, entonnent une hymne sur un rythme animé, et tous les autres les accompagnent en marchant autour de la chambre d'un pas rapide, les femmes suivant les hommes et tous frappant souvent des mains.

Les exercices sont variés; on reforme les rangs, des hommes ou des femmes prennent la parole; on chante, on danse en marchant « comme David dansa devant le Seigneur », cette danse étant une sorte de battement cadencé des pieds. Parfois un des membres, plus profondément ému que les autres, demande les prières de ses *frères*, ou l'un s'avance, et, saluant l'*elder* et l'*eldress*, se met à tourner sur lui-même et continue souvent pendant un temps très long ce singulier exercice. Puis quelque frère ou sœur se sent inspiré et vient apporter un message de consolation ou d'avertissement de la terre des esprits, ou bien quelque esprit demande les prières de l'assemblée, auquel cas l'*elder* fait agenouiller tout le monde un moment et prier en silence.

Dans leurs marches et leurs danses, les shakers tiennent leurs mains en avant et font le geste de ramener à eux quelque chose. C'est ce qu'ils appellent « recueillir une bénédiction ». De même, quand un membre demande les prières ou les consolations des autres, ils renversent leurs mains comme pour pousser vers lui ce qu'il demande. Tous leurs mouvements sont exécutés avec beaucoup d'ordre et de précision; leurs airs sont généralement d'un rythme rapide, et les chanteurs observent parfaitement la mesure. La voix de l'*elder* dirige l'assemblée, et à son ordre tous se dispersent d'une façon quelque peu brusque. Il semble du reste qu'ils apportent beaucoup d'attention à varier la nature de leurs réunions pour leur donner un peu d'animation.

Les shakers n'admettent de nouveaux membres qu'avec une grande réserve; mais ils n'exigent des postulants aucun apport de biens à la communauté. Ils leur demandent seulement de ne laisser derrière eux dans le monde aucune dette en souffrance, ni femme ou enfants sans soutien. Si le nouvel admis possède quelque chose, il n'en fait don à la commune qu'après son noviciat, qui dure au moins une année; et la première chose qu'on exige de lui, c'est qu'il fasse une confession complète et franche de sa vie passée à deux *elders* ou *eldresses*, suivant son sexe. L'abandon que les membres font de leur fortune à la communauté est conçu dans des termes tels qu'ils n'ont le droit de réclamer aucun compte. Aussi les sociétés ou familles n'ont-elles pas de réunions d'affaires, et jamais il n'est fait aux membres de rapports à ce sujet.

L'agriculture et l'horticulture sont la base des occupations de toutes les communes ou familles; et l'on y joint aussi quelques petites industries : fabrication de balais, paniers, barils, extraits médicinaux, semences pour jardins, etc. Le nombre en est d'ailleurs assez restreint, mais les sociétés visent surtout à satisfaire autant que possible elles-mêmes à tous leurs besoins.

Ainsi toutes confectionnent leurs habits, leurs souliers, coupent leur bois de charpente et, autant que possible, produisent les vivres qu'elles consomment. Elles ont généralement de belles granges, et toute l'organisation du travail y est des meilleures et des mieux entendues. Leurs bâtiments sont bien construits et parfaitement entretenus. Leurs économies sont généralement consacrées à acheter des terres, et plusieurs familles possèdent, en dehors de leur territoire, des propriétés considérables qu'elles font cultiver par des ouvriers à gages, généralement très heureux de travailler pour les shakers; car ceux-ci ont la réputation d'être parfaitement honnêtes et loyaux dans toutes leurs transactions avec les gens du monde.

Les shakers se font remarquer par une sorte de costume spécial consistant, pour les hommes, en un long habit bleu clair et un chapeau de feutre blanc grisâtre, de forme basse et à larges bords; ils portent de hauts cols sans cravates, toujours d'une blancheur éclatante; les cheveux, coupés courts sur le front, sont fort longs par derrière. Les femmes ont de longues robes plissées à manches étroites, sans aucun ornement; une sorte de fichu leur recouvre les épaules et la poitrine, et leur coiffure se compose d'un bonnet d'étoffe très légère qui cache entièrement leur chevelure et déborde tellement sur leur visage, qu'à première vue il est impossible de distinguer les jeunes des vieilles. Dehors, elles mettent par-dessus un chapeau garde-soleil à bords très avancés, connu dans le pays sous le nom de chapeau-shaker. Du reste, les shakers n'attachent pas une importance particulière à leur uniforme; mais ils l'ont adopté parce qu'il leur paraît convenable, et ils ne le changeront que s'ils trouvent quelque chose de mieux.

En résumé, l'impression générale que laisse la lecture des détails donnés par M. Nordhoff sur ces familles de shakers, c'est que ce sont autant de véritables monastères laïques. L'existence qu'on y mène a toute la régularité, toute la monotonie de celle des couvents. Le sentiment religieux domine partout.

Les deux sexes vivent côte à côte, sous le même toit, mais sans se mêler, et les précautions les plus minutieuses sont prises pour éviter tout rapprochement entre eux. Les hommes et les femmes ont non seulement des appartements séparés, mais des escaliers différents, des entrées distinctes; et c'est surtout à titre de sacrifice religieux qu'ils s'imposent volontairement le célibat. Ils assurent, il est vrai, qu'il n'est nullement nuisible, mais plutôt favorable à la santé, et citent à l'appui la longévité dont ils jouissent généralement et la rareté des maladies qui les atteignent. Du reste ils ne s'imposent pas d'autres mortifications corporelles, et recherchent au contraire tout ce qui peut augmenter le bien-être et le confort tels qu'ils les comprennent, et surtout contribuer à prolonger la vie.

Mais on ne trouve chez eux nulles aspirations artistiques ou élevées, nul amour du beau, peu ou point de distractions intellectuelles, en dehors de leurs croyances mystiques et de leurs singulières pratiques religieuses. Paysans pour la plupart, la satisfaction de mener une vie moins pénible que ceux de leur classe, d'être exempts de soucis en cas de maladie ou de vieillesse, leur semble un idéal au delà duquel ils ne voient rien. Les quelques rares esprits lettrés ou cultivés qu'on rencontre parmi eux, et qui généralement y occupent les premières places, semblent oublier leurs études passées et ne plus songer à ce qui les préoccupait jadis.

Ce sont là du reste des caractères que nous retrouvons à un degré plus ou moins prononcé dans toutes les sociétés communistes.

II.

LES RAPPISTES.

Les Rappistes ou Harmonistes sont des Allemands dont l'émigration en Amérique vers 1803 fut causée par les persécutions que leur valurent leurs croyances religieuses particulières, moins étranges toutefois que celles des shakers dont elles diffèrent notablement.

Rapp, leur fondateur, était un Wurtembergeois qui n'est mort qu'en 1847, à l'âge de 90 ans. Ses sectateurs ne s'imposèrent pas tout d'abord le célibat, auquel ils ne s'astreignirent que deux ans après l'établissement régulier de la société en 1805, et pour des motifs religieux. L'adoption de cette mesure n'empêcha pas du reste les familles de rester constituées comme par le passé, et aujourd'hui encore ils vivent par petits groupes de sept ou huit personnes, composés généralement d'un nombre égal d'hommes et de femmes, et ne prennent aucune des précautions usitées chez les shakers pour empêcher le rapprochement des deux sexes.

Ils mènent une vie moins ascétique que les précédents, se donnent un peu plus de confort et une nourriture plus substantielle à la mode allemande, qu'ils ont conservée dans leurs costumes et leurs usages. Fort riches, puisqu'ils possèdent de 10 à 15 millions de francs, ils tendent à s'éteindre aujourd'hui, ne recrutent guère de nouveaux adhérents et n'en cherchent pas.

Le village d'Economy, qu'ils ont fondé en 1825, était devenu entre leurs mains une petite ville industrieuse, très active. Elle semble morte maintenant que la plupart de ses manufactures se sont fermées par la diminution successive du nombre des rappistes, dont on ne sait ce que deviendront les vastes propriétés le jour, probablement prochain, qui les verra disparaître. Rapp avait 600 adhérents au début; aujourd'hui, M. Nordhoff n'a plus trouvé à Economy que 110 membres, la plupart fort âgés, avec 25 ou 30 enfants adoptés par la société, mais qui ne sont pas copropriétaires de ses biens.

III.

LES INSPIRATIONNISTES D'AMANA.

Il semble que les sociétés communistes non célibataires, où le mariage est admis et où par conséquent la famille subsiste, devraient profondément différer des précédentes. La plupart du temps il n'en est rien.

Si nous prenons comme exemple la société des Inspirationnistes d'Amana, l'une des plus importantes, puisqu'elle renfermait 1450 membres et possédait environ 25 000 acres (10 000 hect.) de terres quand M. Nordhoff l'a visitée, nous retrouvons encore une organisation essentiellement religieuse, et par conséquent des idées dominantes de même nature. Les croyances peuvent être théologiquement tout autres; elles ont sur le genre de vie une influence absolument du même ordre.

Les Inspirationnistes établis dans un groupe de sept petits villages, situé dans l'Iowa, à cent vingt kilomètres à l'ouest de Davenport, sont des piétistes allemands venus de leur pays en 1842, et qui s'étaient installés d'abord près de Buffalo sur un vaste terrain qu'ils nommèrent Eben-Ezer. Ils y prospéraient, mais, sentant le besoin de s'agrandir, ils se transportèrent, en 1855, sur l'emplacement qu'ils occupent actuellement. Leur histoire, telle qu'ils la racontent dans leurs livres, fait remonter leur origine plus haut que l'année 1719.

Depuis lors leur secte avait subsisté en Suisse et en Allemagne avec diverses interruptions, quand «l'inspiration» cessait de se manifester par l'intermédiaire de ce qu'ils appellent un « instrument», c'est-à-dire une personne qui la reçoit d'en haut et fait connaître à la congrégation les volontés divines. Un tailleur de Strasbourg, Michel Krausert, une pauvre servante alsacienne Barbara Heynemann, un charpentier Christian Metz, qui jusqu'à sa mort, en 1867, demeura le chef religieux de la société, furent les principaux « instruments » auxquels successivement ils obéirent, non sans les critiquer parfois fort aigrement, les déposer même au besoin, ou les chasser, comme ils le firent pour Barbara Heynemann.

Ce fut Christian Metz qui détermina les congrégations, jusque-là éparses, à se réunir et à le suivre en Amérique. Ils n'étaient pas communistes en Allemagne et ne songeaient pas, lorsqu'ils émigrèrent, à se former en communauté. Ils s'y trouvèrent amenés par la nécessité de pourvoir aux besoins temporels de tous les membres de la société.

« L'inspiration » leur commanda alors de mettre tous leurs biens en commun, et leur fit comprendre aussi sans doute que pour utiliser les facultés de tous, il fallait, autant que possible, employer chacun au travail dont il avait l'habitude. Ceci les fit renoncer à fonder un établissement uniquement agricole, comme ils en avaient d'abord eu l'intention, et les décida à y ajouter l'exercice de diverses industries pour retenir ceux de leurs membres qui n'avaient pas l'habitude des travaux des champs.

Dans leurs villages chaque famille a son domicile particulier; mais on mange en commun dans un certain nombre de maisons spéciales, sortes de restaurants où la cuisine est faite pour une trentaine de personnes. Les repas des malades ou des femmes retenues à la maison pour soigner leurs enfants, leur sont portés à domicile.

Le déjeuner a lieu entre six heures et six heures et demie, le dîner à onze heures et demie, le souper entre six et sept heures avec un lunch dans l'après-midi et un autre le matin pendant l'été, à la manière allemande. Une cloche appelle la communauté à chaque repas qui se prend rapidement et en silence, après une courte prière; les hommes et les femmes ont leurs tables séparées. La nourriture est celle du paysan allemand, grossière, mais saine.

Chaque branche de travail a son chef; et ceux-ci se réunissent chaque soir pour organiser et distribuer l'ouvrage du jour suivant. Ces sortes de contre-maîtres sont désignés par les administrateurs de la société, et chacun a un billet indiquant l'ouvrage qu'il dirige et la liste des individus mis sous ses ordres.

Les enfants vont à l'école de six à treize ans; les sexes sont mélangés. Les garçons comme les filles apprennent également à tricoter. On leur enseigne aussi la musique tout en ne leur permettant point l'usage des instruments. En général on ne leur donne qu'une instruction très élémentaire, dont l'étude de la Bible et celle du catéchisme constituent la partie essentielle. « Pourquoi tant de science à notre jeunesse? Nous n'avons besoin ni de prédicateurs ni d'hommes de loi. Ce qu'il nous faut, c'est vivre saintement, étudier les commandements de Dieu dans la Bible, apprendre à l'aimer et à lui obéir. »

Le costume des sectaires est fort simple. Les hommes portent en hiver un long gilet boutonnant jusqu'en haut, un habit et un pantalon de la coupe habituelle. Les femmes s'habillent d'étoffes de couleurs sombres, la plupart fabriquées par la société même : un petit châle croisant sur la poitrine, et souvent une robe courte à la façon des paysannes allemandes, le tout sans aucun ornement. Toutes, jusqu'aux plus petites filles, portent ce même costume et cachent leurs cheveux sous une sorte de coiffe noire, nouée sous le menton par un ruban de même couleur et qui ne couvre que le derrière de la tête.

Il semble qu'on ait voulu, par ce costume, rendre les femmes moins attrayantes; et de fait l'on s'attache à éviter tout rapprochement entre les sexes, avec autant de rigueur que dans les sectes célibataires. Le mariage est plutôt toléré qu'autre chose. Les jeunes gens ne peuvent se marier avant vingt-quatre ans, et les nouveaux mariés sont de droit relégués, après leur union, dans la moins élevée des trois classes ou ordres entre lesquels se divisent les Inspirationnistes. Ils ne peuvent remonter dans les classes supérieures qu'après une épreuve de plusieurs années.

L'acte du mariage lui-même est entouré d'une solennité plutôt calculée pour inspirer la crainte que le plaisir : des prières et des chants religieux, de longs sermons des *elders* sur les devoirs du mari et de la femme, sans réjouissances d'aucune sorte. Les plus fervents prétendent même que les mariages ne doivent s'accomplir qu'avec le consentement exprès de Dieu, transmis par l' « instrument inspiré ».

Le gouvernement civil ou temporel des communistes d'Amana est exercé par treize administrateurs ou gérants (*trustees*), élus annuellement par les membres mâles de la société, dont ils choisissent ensuite le président. Ces *trustees* règlent toutes les affaires temporelles, en agissant toujours avec le concours unanime des membres. Chaque village tient ses livres et dirige ses affaires; mais la comptabilité est concentrée à Amana où la balance est établie chaque année.

Les *elders* ou anciens, ce qui ne veut pas dire qu'ils soient nécessairement vieux, sont les chefs spirituels, désignés par « inspiration » et qui président aux assemblées religieuses.

Les femmes sont exclues de toutes fonctions, spirituelles ou temporelles, sauf celles de chef spirituel suprême de la société ou « instrument inspiré ». Celui-ci est actuellement une femme de quatre-vingts ans.

Chaque membre a droit pour son entretien à une allocation annuelle en argent, variable suivant le travail auquel il se livre, et qui s'élève de 40 à 100 dollars pour les hommes, de 25 à 30 pour les femmes et de 5 à 10 pour les enfants. Là-dessus il achète ce qui lui convient au magasin général du village, et les économies qu'il réalise sont pour lui.

Le fond de leur religion est la Bible; mais ils l'interprètent à leur façon et ont leurs croyances particulières. Ils rejettent par exemple le baptême et ne croient pas à l'éternité des peines dans l'autre monde. Ils admettent la confession sous forme d'un examen général annuel dont nul n'est exempt, pas même les enfants, et lors duquel l' « instrument inspiré » révèle les péchés que les membres voudraient tenir cachés. Les discours que prononcent de temps à autre ces « inspirés », généralement au milieu d'une agitation physique plus ou moins violente, jouent un grand rôle dans leurs pratiques religieuses, et servent souvent de thème aux sermons de leurs meetings.

Quoiqu'ils mènent une vie très retirée et ne cherchent pas à faire de prosélytes, les inspirationnistes d'Amana sont, avec les perfectionnistes dont nous allons parler maintenant, la seule société communiste qui soit franchement en voie d'augmentation.

IV.

LES PERFECTIONNISTES D'ONEIDA. — LE MARIAGE COMPLEXE.

Ceux-ci s'efforcent, au contraire, par tous les moyens possibles, de répandre leurs doctrines. Ils publient une foule de livres et un journal dit « Circulaire » (*Circular*), qu'ils envoient gratuitement à tous ceux qui en font la demande. Presque tous Américains, ils se sont formés en 1848 à Oneida (comté de Madison, État de New-York), sous la conduite de Noyes, encore aujourd'hui leur chef. Quand M. Nordhoff les a visités en 1874, ils étaient au nombre de 283 dont 131 hommes et 152 femmes, réunis tous à Oneida et Willow-Place, sauf 45 à l'établissement de Wallingford.

Les *Perfectionnistes* sont essentiellement manufacturiers. Leurs livres de comptabilité sont tenus d'une façon très complète, plus complète même que dans bien des établissements industriels. Ils ont l'esprit des affaires beaucoup plus développé que les autres sociétés communistes, et constituent en réalité une véritable corporation manufacturière. Ils emploient beaucoup d'ouvriers à gages. Leur système administratif est parfait et complet; leurs institutions sont démocratiques, au moins en principe, rien ne pouvant être décidé sans le consentement des membres de la communauté.

En fait toutefois, l'influence du fondateur, M. Noyes, est toute-puissante, et c'est seulement après lui qu'on pourra porter un jugement sur l'organisation qu'il a établie. Elle est du reste assez compliquée, puisqu'il n'y a pas moins de 21 comités permanents et que les services administratifs sont répartis entre 48 départements. Tout cet ensemble fonctionne, paraît-il, d'une manière satisfaisante. Ne pouvant nous y arrêter longuement, nous nous bornerons à dire un mot de quelques pratiques singulières, particulières aux perfectionnistes.

L'une des plus curieuses est relative à la façon dont ils ont réglé les rapports entre les sexes, par l'institution de ce qu'ils appellent le mariage multiple ou complexe (*complex marriage*). Ils entendent par là que, dans les limites de la communauté, un homme et une femme quelconques peuvent cohabiter librement, pourvu qu'il y ait consentement mutuel, obtenu non directement, mais par l'intermédiaire d'une ou plusieurs autres personnes.

Ils blâment énergiquement, comme une preuve d'égoïsme coupable, ce qu'ils appellent « l'attachement idolâtre et exclusif » de deux personnes l'une pour l'autre; ils conseillent l'accouplement d'individus d'âges différents, les jeunes d'un sexe avec les vieux de l'autre; et comme la direction est entre les mains de ces derniers, c'est en effet ainsi que sont arrangées les choses. Ils admettent du reste « qu'en aucun cas une personne n'est obligée de recevoir les attentions de ceux qui ne lui plaisent pas. » Cette manière d'entendre le mariage, peu conforme aux usages légaux des États-Unis et de l'Europe, vient de leur attirer des difficultés très sérieuses avec le gouvernement. On parle de les poursuivre comme les Mormons, et, d'après certaines nouvelles toutes récentes, ils seraient disposés, pour éviter ce danger, à renoncer, au moins en apparence, au mariage complexe.

Enfin la production des enfants, que les perfectionnistes appellent la *stirpiculture*, est contrôlée par la société, qui prétend la régler d'après des principes scientifiques. « Pendant assez longtemps, disaient-ils en 1874 à M. Nordhoff, nous avons restreint la production des enfants au-dessous des conditions normales, et cela pour plusieurs raisons, financières et autres. Depuis deux ans et demi seulement, nous avons essayé de produire le nombre d'enfants que, dans les classes moyennes, on peut habituellement élever d'une manière convenable, en leur donnant les avantages d'une éducation libérale. Vingt-quatre hommes et vingt femmes, choisis parmi ceux qui ont le plus complètement approfondi notre théorie sociale, ont été employés à ces essais. »

Ils ont malgré tout fini par constater dans la pratique, une forte tendance à ce qu'ils appellent l' « amour égoïste », c'est-à-dire à l'attachement de deux personnes l'une pour l'autre avec désir de se garder une fidélité mutuelle; et l'on retrouve çà et là, dans leurs publications, des indices prouvant que leur système pèse lourdement aux jeunes gens. Ils condamnent néanmoins cette propension comme un péché grave qu'ils répriment rigoureusement.

Il semble donc que chez eux aussi, les relations entre les sexes soient plutôt tolérées qu'encouragées, ou que tout au moins ils s'efforcent d'en bannir la passion et tout ce qui peut leur donner le caractère d'un plaisir.

Bien que les hommes y soient vêtus comme tout le monde, une sorte de costume particulier est imposé aux femmes; costume moins monacal que chez les shakers et moins sévère peut-être que chez les inspirationnistes, mais peu gracieux en somme, et qui paraît aussi calculé pour les rendre moins attrayantes. Elles portent les cheveux coupés audessous des oreilles, et des jupons courts par-dessus de longs pantalons de coupe masculine qui descendent jusqu'à la cheville.

Dans ces conditions la famille, telle que nous l'entendons, ne peut naturellement exister. Les enfants sont laissés à leurs mères jusqu'au jour de leur sevrage; après quoi ils sont placés dans une sorte de salle d'asile commune, et confiés aux soins de gardes ou surveillants spéciaux des deux sexes. Il existe deux de ces salles d'asile : l'une pour les tout petits enfants, l'autre pour ceux au-dessus de trois à quatre ans et pouvant déjà s'aider eux-mêmes quelque peu. Ces enfants ont paru, à M. Nordhoff, gras et bien portants, mais avec quelque chose d'un peu triste et contraint, comme s'il leur manquait l'amour et les soins exclusifs d'un père et d'une mère à eux.

Les perfectionnistes mangent et logent en commun dans de grands bâtiments simplement construits et meublés; on n'y vise ni au luxe, ni à l'élégance, mais on ne semble pas y rechercher non plus cette apparence austère qui frappe chez les shakers.

Une pratique religieuse assez intéressante aussi chez les perfectionnistes, est celle qu'ils désignent du nom de critique (*criticism*), combinaison ingénieuse et très importante, que Noyes et ses partisans regardent avec raison comme la pierre angulaire de leur édifice communiste. C'est en réalité leur principal moyen de gouvernement, moyen qui permet à la fois d'éliminer facilement les membres incommodes et de donner à ceux qui restent une éducation en harmonie avec le système général établi.

Il paraîtrait que cette pratique fut imaginée pour la première fois par M. Noyes, lorsqu'il était étudiant en théologie à Andover, où certains membres de sa classe avaient l'habitude de se réunir pour se *critiquer* mutuellement. La personne qui doit souffrir la *critique* est assise en silence pendant que les autres membres de la société, se levant tour à tour, lui disent tout haut ses défauts, avec une franchise vraiment étonnante et souvent exaspérante, assure M. Nordhoff. Voici ce qu'en dit M. Noyes lui-même :

« Les mesures sur lesquelles nous comptons pour le bon gouvernement de nos familles communistes sont d'abord nos réunions journalières du soir où tous doivent assister. Les questions d'affaires, religieuses et sociales, y sont librement discutées, et elles fournissent une excellente occasion pour faire à chacun des exhortations ou des réprimandes.

« Ensuite vient le système de la *critique mutuelle*. Elle remplace la médisance dans la société ordinaire, et nous la regardons comme l'un des meilleurs moyens de perfectionner le moral des membres et d'entretenir parmi eux la camaraderie. Tous ont l'habitude de demander volontairement de temps à autre l'application de ce remède salutaire. Quelquefois des personnes sont critiquées par la famille tout entière, quelquefois par un comité de six, huit, douze membres ou davantage, choisis par elles-mêmes entre ceux qui les connaissent le mieux et qui sont les plus capables d'apprécier leurs mérites ou leurs défauts. Dans ces critiques on compte sur la sincérité la plus parfaite, et l'expérience a prouvé qu'il valait mieux, pour le patient, recevoir les reproches en silence que d'y répondre. Il est peu à craindre que le verdict ainsi porté sur lui par tous, soit injuste.

« Seulement ce traitement est loin d'être agréable à ceux chez qui la vanité et l'égoïsme sont plus forts que l'amour de la vérité. C'est une épreuve qui révèle infailliblement les défauts; mais elle prend souvent aussi la forme d'un éloge et fait ressortir aussi bien les vertus cachées que les fautes secrètes. Elle est toujours supportable pour ceux qui désirent se voir eux-mêmes comme les autres les voient. »

Ainsi les perfectionnistes comptent sur la « critique » pour guérir tout ce qu'ils considèrent comme des défauts dans le caractère d'un membre : par exemple, la paresse, les habitudes irrégulières, l'impolitesse, l'égoïsme, l'amour des lectures frivoles, la vanité, l'orgueil, l'entêtement, l'humeur chagrine, etc. Pour tous les vices, petits ou grands, la critique est considérée comme un remède. Ils l'emploient même pour guérir les maladies corporelles, et la tiennent pour presque aussi efficace, sous ce rapport, que la prière, à laquelle ils attribuent également des vertus miraculeuses, sur lesquelles nous ne pouvons insister ici.

V.

LES ICARIENS.

A côté de ces sociétés communistes où l'idée religieuse est, comme on voit, dominante sous une forme ou sous une autre, nous avons dit qu'il n'y a guère que la secte des Icariens où on la trouve au contraire absolument absente.

A ce titre, et aussi parce que leur fondateur fut un Français et que les membres en sont encore presque tous nos compatriotes, nous devons consacrer quelques lignes à ces communistes.

Étienne Cabet eut son heure de célébrité quand, en 1848, bien qu'âgé déjà de soixante ans, il tenta de réaliser, au Texas, le pays imaginaire qu'il avait décrit dans son *Voyage en Icarie*. Les Icariens furent attaqués par la fièvre jaune, et quand, l'année suivante, Cabet lui-même débarqua à la Nouvelle-Orléans avec une deuxième troupe de sectateurs, la première était déjà presque entièrement détruite. Les nouveaux venus s'établirent, en 1850, dans l'Illinois, à Nauvoo, ville abandonnée par les Mormons qu'on venait d'en chasser. Ce n'était encore là, pour Cabet, qu'une station provisoire, où il s'arrêtait seulement pour recruter des adhérents qu'il se proposait d'emmener ensuite au point définitif qu'il avait choisi dans l'Iowa.

Un moment il eut sous sa direction jusqu'à 1500 personnes. La colonie commençait même à prospérer quand une scission s'y produisit, causée, dit M. Nordhoff, par le tempérament trop dictatorial de Cabet qui, suivi des membres restés fidèles, partit pour Saint-Louis où il mourut en 1856. Les membres demeurés à Nauvoo se dispersèrent bientôt, et il ne resta qu'une soixantaine de personnes établies déjà dans l'Iowa.

Tel fut le noyau de la commune icarienne actuelle qui, à vrai dire, n'est guère plus nombreuse aujourd'hui qu'alors. Une dette de 20 000 dollars pesait lourdement sur les terres de la communauté qui dut, après de vains efforts pour se libérer, les abandonner aux mains de ses créanciers, sous la condition de pouvoir en racheter la moitié dans un temps déterminé. Les Icariens y ont réussi à force d'énergie et de privations, et possèdent aujourd'hui près de 2000 acres (800 hectares) de terre autour de la commune d'Icaria, située à environ 6 kilomètres de la station de Corning, sur le chemin de fer de Burlington au Missouri.

Après avoir été un moment réduite à 30 membres, la petite colonie s'est relevée et en compte 65, formant 11 familles. Ils ont entièrement payé leurs dettes, et il semble que pour eux les temps les plus durs soient passés. Ils ont une scierie et un moulin, cultivent 350 acres de terre, possèdent 120 têtes de gros bétail, 500 moutons, 250 porcs et 30 chevaux.

Ils commencent à construire des maisons en charpente, au lieu des grossières cabanes en troncs d'arbres dont ils ont dû d'abord se contenter. Le bâtiment le plus remarquable est une construction à deux étages, de 60 pieds sur 24, qui contient la salle à manger commune, la cuisine, une cave aux provisions et en haut une bibliothèque et le logement d'une famille. En 1874, ils avaient près d'une douzaine de ces maisons en charpente : réfectoire, buanderie, laiterie, maison d'école, etc. Les demeures sont petites et bâties économiquement; ils ont des forges, des ateliers de charpenterie, de charronnage, de cordonnerie et fabriquent, autant que possible, tout ce qui leur est nécessaire.

Ils se gouvernent par la constitution que leur a léguée Cabet, et qui proclame avant tout l'égalité et la fraternité humaine ainsi que le devoir de posséder toutes choses en commun. Elle abolit la servitude et la domesticité, ordonne le mariage, pourvoit à l'éducation des enfants, et institue la domination de la majorité.

Un président élu chaque année représente le pouvoir exécutif, mais ses droits sont strictement limités à l'exécution des volontés de la société. « Il ne pourrait même pas vendre un boisseau de grain sans autorisation », disait un Icarien à M. Nordhoff. Tous les samedis soirs a lieu une réunion générale de tous les adultes des deux sexes, pour la discussion de affaires commerciales et autres. Le président peut présenter les sujets à discuter; les femmes ont droit de prendre la parole, mais elles ne votent pas. Les décisions de la réunion obligent le président pour toute la semaine suivante.

Les comptes sont faits et soumis chaque mois à l'examen de la société. Celle-ci opère deux fois par an des achats en gros, et chaque membre doit faire connaître à ce moment ce dont il a besoin. Le luxe est prohibé, mais jusqu'à présent ils n'ont pas eu les moyens de s'y laisser entraîner.

Ils n'ont point de pratiques religieuses. Le dimanche est un jour de repos; les jeunes gens vont à la chasse, et la société a quelquefois des représentations théâtrales, concerts ou autres distractions. Le principe est de laisser chacun faire ce qui lui plaît.

Ils ont une école dont le président est l'instituteur et que les enfants fréquentent jusqu'à l'âge de seize ans; ils regrettent d'ailleurs de n'être pas assez riches pour leur donner une éducation plus complète.

Ils sont opposés au système du « domicile unitaire » et préfèrent une demeure séparée pour chaque famille.

Telle est l'Icarie, qui subsiste encore, quoique le nom en soit peut-être bien oublié aujourd'hui parmi nous. Dans ce pauvre village sont ensevelies des fortunes, de nobles espérances et les aspirations d'hommes grands et bons comme Cabet; un rêveur peut-être, mais un esprit élevé et sincère. Tant de sacrifices, tant de souffrances courageusement supportées par les Icariens ne seront peut-être pas inutiles, et d'après M. Nordhoff un brillant avenir attendrait l'Icarie, dont l'histoire future sera plus intéressante encore que l'histoire passée. Elle et elle seule, représente en Amérique une grande idée : le communisme démocratique rationnel en opposition avec le communisme clérical des autres sectes socialistes.

Ces espérances ne sont-elles pas exagérées? et la communauté icarienne contient-elle réellement les éléments de progrès intellectuel et moral qui n'existent pas dans les autres sectes communistes? Ce n'est pas ici le lieu de l'examiner, car ce serait sortir du cadre que nous nous sommes imposé, celui d'une exposition impartiale, sans jugement et sans critique.

LES TRAVAUX DE TH. SCHWANN

L'année dernière, le célèbre professeur de l'université de Liège, Th. Schwann, fut l'objet d'une manifestation analogue à celle qui avait eu lieu quelque temps avant en l'honneur d'un autre savant belge, M. P.-J. Van Beneden, de l'université de Louvain, très connu en France par son livre sur *les Commensaux et les Parasites*, où il a exposé une grande partie de ses travaux si originaux (1).

Ces fêtes, par lesquelles nos voisins les Belges ont pris l'habitude d'exprimer leur reconnaissance à ceux qu'ils considèrent comme leurs gloires scientifiques, nous paraissent d'un bon exemple. Sans doute, nous célébrons aussi, en France, nos grands hommes; nos écrivains, nos poètes, nos

(1) *Commensaux et Parasites*, 1 vol. in-8° avec 120 figures dans le texte, faisant partie de la *Bibliothèque scientifique internationale*.

orateurs, nos savants, tous ceux qui ont contribué d'une manière éclatante à édifier la grandeur nationale, ont leurs noms gravés sur nos monuments ou leurs statues sur nos places publiques, et leur mémoire est généralement entourée du respect et de l'admiration qui lui sont dus.

Mais ce témoignage de reconnaissance leur est donné quand ils ne sont plus. Les belles funérailles qu'on leur fait, les éloquents discours qu'on leur adresse, les statues qu'on leur élève, sont quelque chose évidemment; mais on ne fera pas que les honneurs rendus au grand homme défunt aient le même effet que les honneurs qu'on lui aurait rendus de son vivant. L'un n'empêche pas l'autre d'ailleurs. Lorsqu'un homme a consacré sa vie à la science, lorsque ses découvertes ont considérablement agrandi le cercle de nos connaissances, il lui est bien doux, si désintéressé soit-il, de s'entendre dire qu'il n'a pas travaillé sans obtenir les sympathies publiques. La plus belle récompense, la plus grande consolation du savant, c'est de savoir qu'il n'est pas méconnu, et il n'est que juste de lui en fournir la preuve en lui exprimant solennellement les sentiments d'admiration et de sympathie que sa brillante carrière lui a mérités.

Ces manifestations dont les Belges ont pris l'initiative ne resteront pas sans écho. Il est probable qu'elles seront imitées dans d'autres pays, et, pour notre part, si l'on nous garantissait qu'on n'en fera pas abus en les décernant à tout le monde, nous ne les verrions pas avec déplaisir s'acclimater chez nous.

Mais revenons à Schwann. A l'occasion de la quarantième année de son professorat, un comité composé de ses élèves, de ses collègues et amis décida qu'un buste en marbre lui serait offert, et afin de rehausser l'éclat de la manifestation projetée, le comité résolut d'y convier tous ceux, nationaux ou étrangers, qui professaient pour l'homme ou le savant des sentiments d'affection et d'estime.

Cet appel fut accueilli avec la plus vive sympathie. Bien qu'aucune cotisation pécuniaire n'eût été demandée aux savants étrangers, un certain nombre de ceux-ci voulurent prendre part à la souscription. La fête fut fixée au 23 juin 1878. Les savants de tous les pays s'y rendirent en foule ; les sociétés savantes envoyèrent des délégués; en un mot, le nombre des assistants fut immense. Des diplômes, des télégrammes, des adresses de félicitations furent également envoyés de toutes parts à « l'illustre auteur de la Théorie cellulaire ».

Enfin, le comité organisateur résolut d'offrir à Schwann un album contenant les photographies des biologistes contemporains. Une circulaire fut adressée à un grand nombre de savants pour leur faire connaître ce projet, c'est-à-dire pour leur demander leur photographie avec leur autographe. Le nombre des portraits envoyés en réponse à cet appel fut de deux cent soixante-trois. Les Allemands se firent surtout remarquer par leur empressement; cela est tout naturel, puisque Schwann est leur compatriote. Après, viennent les savants d'Autriche, d'Angleterre, etc. La France envoya seulement trois adresses et neuf photographies, savoir les adresses : des Facultés de médecine de Paris, de Montpellier et de Nancy; les portraits de : MM. de Quatrefages, Charcot, Marey et Ch. Robin, de Paris; Ch. Rouget et F. Benoît, de Montpellier; A. Giard, Jules Barrois et Monier, de Lille.

La cérémonie commença par un discours de M. Stas, membre de l'Académie royale des sciences, des lettres et des beaux-arts de Belgique, président du comité. M. Stas céda ensuite la parole au secrétaire du comité, M. Édouard Van Beneden, professeur à l'université de Liège et fils de M. P.-J. Van Beneden, professeur à l'université de Louvain, dont nous parlions tout à l'heure. L'orateur exposa l'œuvre scientifique de Schwann. Nous allons donner un résumé de ce discours remarquable, que nous trouvons dans le volume *Liber memorialis*, où ont été réunies toutes les pièces relatives à la manifestation de Liège.

Un mot d'abord sur les circonstances qui ont fait de l'étudiant allemand un professeur d'une université belge. En 1839, Schwann, alors assistant de Jean Müller, à Bonn, venait de publier ses fameuses « Recherches microscopiques sur l'analogie de structure et d'accroissement entre les animaux et les plantes ». La chaire d'anatomie, à l'université de Louvain, se trouvait vacante. Elle fut offerte au jeune savant par le recteur de l'université, le chanoine de Ram. Dix ans après, un ministre belge, Ch. Rogier, appela Schwann à l'université de Liège. Il y enseigna l'anatomie descriptive et l'anatomie générale, jusqu'à l'époque où Spring lui céda la chaire de physiologie humaine et comparée, pour passer à la clinique.

« Les sciences anatomiques, dit M. Van Beneden, semblaient avoir sommeillé pendant un quart de siècle, lorsque le jeune assistant de Jean Müller fit connaître les résultats de ses recherches microscopiques. Sous l'influence fécondante de ses merveilleuses découvertes, les études biologiques prirent un essor inattendu; les vues émises par Schwann leur imprimèrent une vigoureuse impulsion, et les conceptions nouvelles qui découlaient de ses travaux sont devenues les principes mêmes de la biologie moderne. »

Afin de mieux montrer la part qui revient à Schwann dans l'établissement de la théorie cellulaire, M. Van Beneden passe rapidement en revue les résultats obtenus par les autres savants, ses prédécesseurs ou ses contemporains. Il montre Bichat découvrant les tissus organiques et décentralisant l'ancien *principe vital*, en rapportant les phénomènes des corps vivants aux propriétés des tissus, comme des effets à leur cause. Il fait voir comment, dans l'étude des plantes, les mémorables recherches de Mirbel, de Hugo von Mohl, de Unger, de R. Brown et de Schleiden ont démontré que, chez les végétaux, tous les organes, malgré leur apparente diversité, procèdent d'un seul et même élément anatomique, la *cellule*. R. Brown a découvert le noyau cellulaire, auquel Schleiden a donné le nom de *cytoblaste*, et dans lequel il a vu un, quelquefois deux et même trois nucléoles. L'étude du développement de ces éléments a fait naître l'idée de la vitalité propre et de l'individualité physiologique des cellules chez les végétaux.

L'existence des cellules a également été signalée chez les animaux par plus d'un observateur. Frédéric Gaspar Wolff, dès le milieu du siècle dernier, avait découvert les feuillets embryonnaires et reconnu que ces feuillets sont formés de parties élémentaires, de vésicules microscopiques placées les unes à côté des autres, et que les premiers organes sont des édifices construits au moyen de semblables éléments. J. Müller a signalé, de son côté, l'analogie que l'on constate entre le tissu de la corde dorsale et les tissus végétaux. Valentin a même reconnu que les cellules épidermiques sont pourvues de noyaux, et il a insisté sur l'analogie que présentent ces noyaux avec les cytoblastes des cellules végétales.

D'autres savants encore ont publié des observations relatives aux cellules : Raspail et Dutrochet, Turpin, Henle; mais de toutes ces observations on ne pouvait tirer aucune conclusion générale; c'étaient, en un mot, des faits isolés. On ne savait pas si les cellules découvertes dans certains tissus animaux constituaient des éléments anatomiques comparables aux parties élémentaires des végétaux, auxquelles les botanistes avaient reconnu une existence individuelle et une vitalité propre. En d'autres termes, avant Schwann, personne n'avait songé à poser le problème de l'histogénèse dans sa généralité. C'est la gloire de Schwann d'avoir posé cette question et de l'avoir résolue. Sa théorie générale, embrassant à la fois la constitution, le développement et la physiologie des organismes, a réformé les sciences biologiques.

Il est intéressant de voir comment Schwann enfanta cette théorie. Il avait appris de Schleiden les résultats acquis par ce botaniste sur la formation des cellules végétales et le développement des tissus chez les plantes; il connaissait les cellules de la corde dorsale, celles de l'épiderme, les corpuscules que Purkinje et Deutsch avaient découverts dans le cartilage; il avait trouvé dans les cellules de la notocorde et du tissu cartilagineux un noyau très semblable au cytoblaste des cellules végétales, et il savait que Valentin et Henle avaient constaté l'existence d'un élément semblable dans les cellules épithéliales.

C'est alors que Schwann « entrevit d'un coup d'œil, dit M. Édouard Van Beneden, toutes les conséquences qu'entraînerait la démonstration de l'identité de développement des cellules végétales d'un côté, des cellules d'un tissu animal de l'autre. Ne serait-on pas fondé à soutenir que la cause qui fait croître les parties élémentaires des plantes préside aussi au développement du tissu cellulaire animal? Si la cause de l'accroissement des cellules végétales réside en elles-mêmes, il doit en être de même pour les cellules animales. Il serait ainsi démontré que certaines parties d'un organisme animal ne tiennent pas leurs propriétés d'un principe vital agissant avec finalité, poursuivant, dans l'édification de l'être, une idée conçue comme plan, et groupant les molécules en vue de la réalisation de ce plan. S'il est constaté, en outre, qu'un seul tissu animal se soustrait à l'action du principe vital, l'existence de ce dernier devient très peu probable. Et si tous les autres tissus se développent d'après le même principe, s'il est possible de les ramener au type cellulaire, l'hypothèse qui affirme l'existence d'un principe vital unique dans chaque organisme devient, non seulement inutile, mais même inadmissible. C'est dans la cellule qu'il conviendra de chercher la cause et l'explication de la vie. »

Ces importantes conséquences du problème que Schwann s'était proposé de résoudre expliquent bien l'ardeur avec laquelle il l'attaqua. Guidé par son idée grandiose et donnant libre carrière à son puissant esprit d'observation, il marcha de découverte en découverte. Il reconnut au noyau des cellules de la corde dorsale et du cartilage hyalin tous les caractères que Schleiden avait assignés aux cytoblastes; il découvrit des nucléoles dans ces mêmes cellules; enfin, il constata l'identité complète, tant morphologique que physiologique, des cellules végétales et des cellules du cartilage.

Ainsi se trouva résolue la première partie du problème, et Schwann ne tarda pas à résoudre la seconde, c'est-à-dire à prouver que tous les tissus, malgré leur apparente diversité, procèdent de cellules. Le nombre de faits qu'il observa et présenta à l'appui de sa thèse est considérable; aussi se demande-t-on ce qu'il faut admirer le plus dans son œuvre, ou bien la grandeur de l'idée qui le guida dans ses recherches, ou bien les découvertes pour ainsi dire innombrables dont il a enrichi la science. Il serait trop long de citer seulement les plus importantes, et nous ne parlerons que de quelques-unes.

Il montra, par exemple, que les fibres du cristallin résultent de la transformation de cellules bien caractérisées; que les fibrilles du tissu conjonctif se développent aux dépens de cellules embryonnaires tenues en suspension dans une substance fondamentale. Il décrivit les cellules adipeuses et les rattacha au tissu conjonctif; il fit connaître la composition de la pulpe dentaire. Il vit les fibres nerveuses se développer aux dépens de cellules fusiformes; il observa les noyaux des fibres musculaires striées et les rattacha aux cellules embryonnaires qui produisent la substance musculaire. Il constata l'existence de la membrane propre des capillaires; aperçut le sarcolemne des fibres primitives des muscles; signala comme élément constitutif de la fibre nerveuse à myéline une gaine tubulaire qui porte son nom, etc.

La connaissance de la constitution des divers tissus amena Schwann à en donner une nouvelle classification. Les vingt et une classes établies par Bichat furent réduites à cinq. Dans la première, Schwann fit figurer les tissus à cellules isolées, suspendues dans un liquide, tel que le sang, la lymphe, etc.; dans la seconde classe, il réunit les tissus formés de cellules distinctes, juxtaposées entre elles, comme l'épiderme, les épithéliums; dans la troisième, il plaça les tissus dans lesquels les membranes cellulaires sont fondues entre elles et unies avec la substance intercellulaire pour former ce que l'on appelle la substance fondamentale de ces tissus : tels sont le cartilage, le tissu osseux, le tissu des dents; dans la quatrième classe il rangea les tissus formés de fibres-cellules, tels que le tissu celluleux, le tissu des tendons, le tissu élastique; enfin, dans la cinquième, il réunit les tissus chez lesquels, non seulement les parois cellulaires, mais aussi les cavités des cellules se sont confondues, comme, par exemple, le tissu musculaire, le tissu des nerfs, les vaisseaux capillaires.

Lorsque le principe de l'origine cellulaire des tissus fut admis, Schwann s'occupa de rechercher par quel procédé s'effectue la filiation cellulaire.

Schleiden avait affirmé que dans le règne végétal les cellules prennent naissance dans des cellules préexistantes, et il avait décrit les phases successives de leur développement. Schwann crut trouver dans quelques tissus, notamment dans la corde dorsale et le cartilage, la confirmation des faits constatés par Schleiden; mais, ayant souvent observé des noyaux libres dans la substance intercellulaire de la plupart des tissus, il admit aussi la formation libre de cellules entre les cellules préexistantes. La substance dans laquelle les cellules prennent naissance reçut de Schwann le nom de « Blastème » ou de « Cytoblastème », qu'elle soit intra ou extra cellulaire; dans l'un comme dans l'autre cas, la formation de la cellule consistait, selon Schwann, dans le dépôt de couches successives de molécules autour d'un centre.

M. Édouard Van Beneden, à ce propos, a cru devoir rectifier une erreur fort répandue. « On attribue généralement à Schwann, dit-il, une conception de la cellule différente de l'idée réelle qu'il s'en est faite. Dans les deux premières parties de son livre, il semble attacher à la membrane cellulaire une importance capitale, et celui qui se contenterait de lire la partie descriptive de son œuvre retirerait de cette lecture la conviction que, pour Schwann, il ne peut exister de cellules sans membrane. Mais, dans la troisième partie de son ouvrage, quand il expose sa théorie des cellules et qu'il développe l'idée synthétique qu'il se fait de la cellule élémentaire, il dit expressément qu'à ses yeux la cellule consiste dans une couche déposée autour d'un noyau. La partie corticale de cette couche peut ou non se consolider en une membrane, et chez beaucoup de cellules il n'apparaît jamais de membrane bien évidente. La preuve que telle était bien sa manière de voir quand il imprima la troisième partie de ses recherches, c'est qu'il dit, en parlant du développement des faisceaux primitifs des muscles, que les cellules, avant d'être pourvues d'une membrane, se fondent entre elles de façon à former un cylindre dont la couche superficielle se condense pour former le sarcolemne. »

Nous ne suivrons pas M. Édouard Van Beneden dans l'énumération qu'il fait des nombreuses recherches dont les travaux de Schwann ont été le point de départ. Chacun sait ce que doivent à ces travaux l'anatomie comparée, l'histologie, l'histogénie, l'embryologie, l'embryogénie, etc. Chacun sait aussi que la publication du livre de Schwann n'a pas exercé une influence moins féconde sur la physiologie spéciale, qui a pour but l'étude des fonctions des tissus, des organes et des appareils. Comme le fait remarquer M. Édouard Van Beneden, la connaissance de l'activité d'un organe se trouve, en effet, singulièrement simplifiée, du moment où l'on sait que l'organe se laisse décomposer en un nombre plus ou moins considérable d'éléments simples qui sont les véritables agents de sa fonction. Or, ces éléments ne sont que des cellules ou des dérivés de cellules.

Mais on doit encore plus à la théorie cellulaire ; on lui doit d'avoir pu substituer à la vieille doctrine vitaliste la doctrine mécanique ou physique, qui considère les phénomènes de la vie comme les manifestations nécessaires des forces qui président à tous les phénomènes naturels. Cette doctrine, Descartes et Leibnitz l'avaient déjà soutenue, mais à un point de vue purement métaphysique et spéculatif. Schwann est un des savants de notre époque qui ont le plus largement contribué à l'établir sur des bases scientifiques.

Il est d'autant plus bizarre qu'il soit aussi un des savants contemporains qui résistent le plus énergiquement aux conséquences déduites de cette doctrine dans le domaine philosophique, et qu'il semble se souvenir toujours soigneusement qu'il a été appelé à l'université de Liège par un chanoine.

En dehors de son œuvre capitale, la théorie cellulaire, Schwann a produit un grand nombre d'autres travaux. Il fut le premier qui, par des expériences décisives, prouva que l'air atmosphérique est nécessaire au développement de l'œuf de la poule, et que la vie de l'embryon s'arrête dès que l'œuf est placé soit dans le vide, soit dans un gaz irrespirable.

Il trouva le principe de la digestion des substances albuminoïdes, fit voir que la pepsine agit à la manière d'un ferment et montra le rôle que jouent les acides du suc gastrique. Il prouva que l'écoulement de la bile dans l'intestin est une condition nécessaire à l'entretien de la vie. Ses recherches sur les lois de la contraction musculaire ont démontré que le muscle se contracte en suivant la loi des corps élastiques.

Schwann aborda également la question de la génération spontanée, et ses recherches l'amenèrent à reconnaître que les *infusoires*, comme on disait alors, sont la cause de la putréfaction, et que la cause de la production des *infusoires* se trouve dans l'air.

Il voulut ensuite savoir si la fermentation alcoolique n'était pas déterminée, elle aussi, par un être vivant ; il examina la levure, et il la trouva constituée par des cellules vivantes, capables de se reproduire et pourvues d'une membrane. Ce fut à peu près vers le même temps que Cagniard de la Tour découvrit le champignon de la levure. « Il était donc dès lors établi, fait remarquer M. Van Beneden, que des êtres vivants interviennent comme agents actifs dans les phénomènes de la putréfaction et de la fermentation. D'autre part, il était devenu très probable que les germes de ces organismes se trouvent suspendus dans l'atmosphère. Les admirables recherches de Pasteur ont eu pour résultat de confirmer et d'étendre les conclusions des recherches de Schwann. »

C'est donc à Schwann que revient encore l'honneur d'avoir établi le rôle que peuvent jouer les infiniment petits, et cette découverte peut être considérée comme le point de départ des études relatives à l'action de ces êtres dans les affections épidémiques et contagieuses.

Après avoir entendu ce brillant exposé de ses travaux, et après avoir reçu les compliments que M. Cl. Losson, étudiant en médecine, lui adressa, au nom de ses condisciples, M. Schwann prit la parole. Il exprima d'abord la joie que lui causait la manifestation faite en son honneur, puis il raconta, avec plus de détails que n'en avait donné M. Van Bénéden, comment il était parvenu à renverser la doctrine vitaliste. Enfin il termina son discours par une déclaration que nous croyons devoir reproduire, parce qu'elle est l'expression des convictions spiritualistes de l'illustre professeur de Liège :

« Grâce à cette théorie (la théorie cellulaire), nous savons à présent, dit M. Schwann, qu'une force vitale, en tant que principe distinct de la matière, n'existe ni dans l'ensemble de l'organisme ni dans chaque cellule. Tous les phénomènes de la vie animale et végétale doivent s'expliquer par les propriétés des atomes, que ce soient les forces que nous connaissons dans la nature inerte ou d'autres forces de ces mêmes atomes inconnues jusqu'ici. La liberté seule établit une limite, où l'explication par des forces de ce genre doit nécessairement s'arrêter. Elle nous oblige à admettre chez l'homme seul un principe qui se distingue substantiellement de toutes les forces des atomes par ce caractère essentiel, la liberté, qui est incompatible avec les propriétés de la matière. »

REVUE GÉOGRAPHIQUE

Le jeu du tour du monde (1).

Qui ne connaît le classique jeu de l'oie? Il vient d'être renouvelé, sous une forme singulièrement plus souple et avec un but bien plus élevé, pour fournir un moyen d'instruire en amusant. C'est le *Jeu du tour du monde*, organisé par un membre de l'Institut, M. E. Levasseur.

Au lieu d'être une carte plane, le champ du nouveau jeu est un globe terrestre, d'un mètre de circonférence, monté sur un pied de bronze, incliné sur l'écliptique conformément aux observations de l'astronomie, et tournant autour de l'axe polaire, de gauche à droite, c'est-à-dire de l'est à l'ouest, toujours comme dans la nature. Ce mouvement lui est imprimé par le mécanisme ordinaire, actionné à la main à l'aide d'une petite arlette saillante. L'axe de rotation porte d'ailleurs un petit cercle denté dans les crans duquel vient buter un petit ressort fiché au pied fixe de l'appareil qui se courbe pour laisser tourner la tige, mais qui maintient le globe dans une position parfaitement déterminée quand la force qu'on lui a communiquée est épuisée.

Ce globe est découpé dans la direction du nord au sud, c'est-à-dire d'un pôle à l'autre, par vingt-quatre lignes méridiennes également espacées, laissant par conséquent entre elles des tranches de 15 degrés de longitude, tranches qui correspondent tout juste à une différence d'une heure. Quand il est midi aux endroits placés sur l'une de ces lignes, les vingt-trois autres marquent donc les lieux où il est une heure, deux heures, trois heures, etc.

Dans l'autre sens, une grosse ligne marque d'abord l'équateur à égale distance des deux pôles. Puis, au nord de l'équateur, entre celui-ci et le pôle nord, sont tracés huit cercles parallèles également distancés les uns des autres, de sorte qu'ils déterminent dans l'hémisphère nord neuf tranches ayant chacune dix degrés de latitude. Il en est de même au sud de l'équateur, où on trouve également neuf tranches de dix degrés de largeur chacune, soit en tout dix-huit tranches. La section de ces dix-huit tranches équatoriales par les vingt-quatre tranches longitudinales méridiennes détermine sur la sphère terrestre 232 rectangles sphériques, qui sont les *cases* ou unités de surface du jeu. Chacune a son numéro, — sauf quelques-unes pour lesquelles ce silence est intentionnel et doit produire des incidents, — qui permet de se reporter à un cahier contenant les indications heureuses ou néfastes à cette case.

Les pions du jeu d'oie sont remplacés par les drapeaux des dix-huit nations les plus populeuses du monde. Ils correspondent aux dix-huit tranches parallèles tracées dans le sens de l'équateur; on les plante dans un cercle métallique qui entoure le globe d'un pôle à l'autre et porte à cet effet dix-huit trous correspondant à la position respective des tranches. Au commencement du jeu, les drapeaux doivent être disposés en allant du pôle sud au pôle nord dans l'ordre des populations décroissantes des États qu'ils représentent : Chine, Russie, Allemagne, États-Unis, France, Autriche, Japon, Angleterre, Italie, Turquie, Espagne, Brésil, Mexique, Roumanie, Belgique, Suède, Portugal, Hollande. Les joueurs les tirent au sort et jouent dans l'ordre des drapeaux qui leur sont échus, c'est-à-dire en commençant par celui qui a le drapeau chinois pour finir par celui qui a le drapeau hollandais.

Jouer, cela consiste à faire tourner le globe, qui, après un certain nombre de révolutions, s'arrête en plaçant sous le drapeau du joueur une des cases de sa surface. On lit alors le numéro de cette case; en consultant le cahier, on voit quels sont les bénéfices, les pertes, les avantages ou les accidents de toute sorte qu'elle attribue au joueur, et on les marque sur une ardoise encadrée, annexée au jeu pour recevoir au crayon les indications qui désigneront plus tard le vainqueur.

Quand un joueur a opéré, il avance son drapeau d'un rang ou plutôt d'un trou vers le haut ou le pôle nord, et il est remplacé dans le dernier trou par le drapeau du joueur suivant; le troisième chasse de même ses deux devanciers qui reculent en conservant leur ordre respectif, de sorte que chaque drapeau chemine ainsi de trou en trou jusqu'au dix-huitième, qui confine au pôle nord. Mais il y a ici une particularité intéressante due au mécanisme même de l'appareil, et que le jeu de l'oie ne peut point posséder, c'est que chaque coup compte non seulement pour le joueur qui l'exécute, mais encore pour tous ceux qui l'ont précédé : ceux-ci ont en effet leurs drapeaux sur des cases différentes dont ils recueillent le fruit. Cela supprime les intermittences trop longues qui nuisent tant à l'animation du jeu de l'oie.

Maintenant que nous connaissons l'organisme du jeu, voyons les incidents du voyage qu'il permet d'entreprendre. Ces incidents sont contenus dans les indications afférentes à chaque case et calculés de manière à rappeler les différents faits géographiques importants de la portion du monde représentée dans cette case, et à correspondre même autant que possible à la nature de ces faits.

Y a-t-il par exemple une grande ville? Le joueur gagne un nombre en rapport avec le chiffre de sa population, 30 pour Londres, 25 pour Paris ou Péking, 20 pour Berlin ou Calcutta. Chaque industrie ou chaque production agricole lui donnera aussi un bénéfice proportionné à son importance ou à sa prospérité, par exemple une houillère anglaise 25, une fabrique de calicot de Manchester 45, les blés d'Odessa 20, l'opium et l'indigo du Bengale 10, la laine d'Australie ou de Buenos-Ayres 20, etc.

Les faits historiques heureux, comme la découverte de l'Amérique par Christophe Colomb, et les incidents de voyages des principaux explorateurs; les monuments célèbres, comme l'Alhambra; les grands faits économiques, comme le câble transatlantique ou les lignes de navigation à vapeur; les curiosités naturelles elles-mêmes, comme les geysers d'Islande, tout cela donne lieu aussi à un gain variable, suivant l'importance de chaque cas.

Mais il y a aussi les causes de perte; par exemple : 5 pour la rencontre d'un Zoulou en Afrique ou d'un ouragan dans l'Atlantique, 10 pour un corsaire, 15 pour le tombeau de Napoléon à Sainte-Hélène ou un crocodile dans le Nil, 20 pour le massacre du capitaine Cook aux îles Sandwich, 25 pour un ours blanc au Spitzberg ou un boa dans une forêt vierge de l'Amérique du Sud, 100 pour la débâcle des glaces au pôle nord, etc.

Enfin il y a des incidents particuliers en rapport avec les faits réels.

(1) Librairie Ch. Delagrave. Prix : 42 francs.

Ainsi, aux États-Unis, le coton de Géorgie fait gagner 25 au joueur; mais il doit, dans l'espace d'une minute, aller le vendre à Manchester, en mettant le doigt sur le nom de cette ville; s'il ne la trouve pas assez vite, il perd 125. Il en est de même pour les diamants du Cap, qui doivent se vendre à Amsterdam, et pour le bois d'acajou de l'Amérique centrale, qui arrive à Paris.

La rencontre d'une mine d'argent au Mexique, des placers aurifères de Californie, d'une mine de platine dans l'Oural ou des gisements de cuivre au Chili, retient le joueur tout un tour sans jouer. Près du pôle Nord, une banquise de glace infranchissable l'arrête jusqu'à ce qu'un autre vienne prendre sa place. Prisonnier en Sibérie, il doit attendre aussi l'intervention d'un ami nihiliste envoyé pour le délivrer.

N'oublions pas non plus un certain nombre de circonstances qui entraînent la mort définitive des malheureux, comme un typhon dans l'océan Pacifique, une lionne dans l'Afrique centrale, la rencontre d'un iceberg près de Terre-Neuve ou d'un requin dans le golfe de Guinée, enfin le naufrage sur un récif isolé du Pacifique. Quand il y a une île assez grande, vous pouvez vous sauver à la nage et être rapatrié plus tard, après deux tours complets d'exil, par quelque vaisseau bienfaisant.

LES LIVRES D'ÉTRENNES (1)

IX.

L'Égypte, par Ebers (2).

Nous apprenons dès notre enfance à connaître l'Égypte, et, lorsque la réflexion nous a éclairés sur les légendes bibliques, l'histoire sérieuse nous fait découvrir de nouveaux intérêts dans ce beau pays qui a été le berceau de la première grande civilisation connue. La découverte de l'antiquité égyptienne, si longtemps niée, est une des plus belles conquêtes de la science contemporaine.

Aujourd'hui l'Égypte est submergée par un courant européen qui ne tardera point à y effacer les traits les plus caractéristiques de la civilisation orientale. Un des savants allemands qui ont le mieux étudié l'Égypte, M. Georges Ebers, a voulu fixer ces traits avant qu'ils disparaissent. Le plus distingué de nos égyptologues, M. Maspéro, professeur au Collège de France, a traduit l'œuvre en français avec le soin scrupuleux qu'il apporte dans tous ses travaux.

M. Ebers n'a pas eu la prétention de nous donner en un seul volume l'Égypte tout entière et l'Égypte de tous les temps. Il s'est borné à la basse Égypte. Alexandrie et le Caire sont ses deux centres, et c'est l'Égypte actuelle qu'il veut surtout décrire. Mais, dans cette Égypte contemporaine, le passé a laissé partout non seulement des traces, mais des monuments indestructibles comme les fameuses pyramides, qui semblent narguer la fragilité des institutions modernes. Ces monuments, M. Ebers les rencontre en chemin, et, en racontant leur histoire, il expose la vieille civilisation égyptienne. C'est un exposé familier, dépourvu de tout pédantisme, et qui se marie fort bien avec les descriptions pittoresques de la vie occidentale.

On apprend bien plus ainsi qu'on ne le ferait dans un ouvrage plus méthodique, et on apprend beaucoup mieux. D'ailleurs, précisément parce qu'il part de l'état actuel des choses, M. Ebers ne néglige rien pour faire parler les vieilles pierres et rendre la vie aux monuments qu'il décrit.

Son histoire des pyramides est un modèle à cet égard. Après nous avoir conduits dans ces mystérieux colosses, dont l'exploration n'est rien moins qu'aisée, il nous fait assister en quelques pages à leur construction, qui exigeait parfois cent mille ouvriers et vingt ou trente ans.

Nous ne voulons aujourd'hui qu'annoncer ce grand ouvrage, faire connaître son esprit général, signaler la précision de ses dessins, le luxe de l'exécution des gravures et du texte. Nous y reviendrons plus tard, pour étudier à sa lumière l'architecture et les arts égyptiens. N'oublions pas non plus de dire qu'un second volume sera consacré à la haute Égypte, Thèbes et le Fayoum.

X.

Voyage à la mer polaire, par le capitaine Nares (1).

Bien des tentatives ont été faites depuis quelques années pour pénétrer dans cette région inconnue de notre globe, la région polaire. Atteindre le pôle arctique, telle est actuellement l'ambition des grands voyageurs, et tous rivalisent d'ardeur pour franchir ces remparts de glace derrière lesquels la nature semble défier les plus vaillants. Jusqu'ici la place forte a résisté à tous les efforts, mais les assaillants ne paraissent point découragés; ils ont, au contraire, le ferme espoir qu'un jour ou l'autre ils finiront par vaincre.

Que de scènes émouvantes cependant présentent ces assauts donnés à la formidable citadelle polaire! Les héros qui ont vaillamment soutenu la lutte, qui sont parvenus à planter leur drapeau dans ces parages encore vierges de toute trace humaine, nous ont raconté au prix de quelles fatigues et de quels dangers ils ont fait la conquête de ces lieux désolés.

L'intrépide capitaine anglais, sir George-S. Nares, est un de ces héros. Le récit de son voyage, c'est-à-dire du voyage des navires *l'Alerte* et *la Découverte*, est un des plus attachants qu'on puisse lire.

On sait que le capitaine Nares avait essayé d'aller au pôle par la route du détroit de Smith. Après plus d'une année d'efforts, le capitaine comprit qu'il avait tenté l'impossible. Mais, malgré son insuccès, son expédition n'en reste pas moins une des plus intéressantes et des plus fructueuses pour la science.

Nous reviendrons plus tard sur le remarquable ouvrage

---

(1) Voyez le numéro précédent, p. 587.

(2) *L'Égypte, Alexandrie et le Caire*, par Georges Ebers; traduit de l'allemand par G. Maspéro, professeur au Collège de France. Ouvrage illustré de 332 gravures sur bois, dont 67 hors texte, et d'une carte de la Basse-Égypte (Paris, librairie Firmin-Didot). 1 vol. petit in-folio. Broché : 50 francs; relié, dos chagrin, ornements dorés sur plats, tranches dorées : 65 francs; reliure amateur : 65 francs.

(1) *Un voyage à la mer polaire*, sur les navires de S. M. B. *l'Alerte* et *la Découverte* (1875 à 1876), par le capitaine sir George-S. Nares; suivi de notes sur l'histoire naturelle, par H.-W. Feilden. Ouvrage traduit de l'anglais avec l'autorisation des auteurs, par Frédéric Bernard. 1 vol. in-8° de 572 pages, contenant 62 gravures et 2 cartes (Paris, librairie Hachette et Cie). Broché, 10 fr.; cartonné, 14 francs.

dans lequel il a raconté ses aventures et celles de ses compagnons; nous suivrons ces intrépides voyageurs dans leurs explorations et nous visiterons avec eux ces régions glacées où règne un froid allant jusqu'à 40 degrés. Nous les verrons, bloqués par les glaces, quitter leurs navires, monter sur des traîneaux et chercher dans toutes les directions, mais en vain, hélas! la route qui doit les conduire au but.

Avons-nous besoin de dire que le récit de ces explorations abonde en détails, où le pittoresque se mêle au tragique, le succès à la déception? Si les voyageurs ont eu à supporter bien des fatigues, s'ils ont eu à vaincre des difficultés sans nom pour se procurer le nécessaire, pour se préserver du froid et de la faim, que de merveilles aussi il leur a été donné de contempler!

Le public s'est passionné pour les voyageurs qui ont traversé l'Afrique; les péripéties de leurs voyages sont connues de tous. Elles offrent, en effet, un puissant intérêt, mais les voyages au pôle ne leur cèdent en rien. Là, c'est la lutte contre la chaleur accablante et contre des tribus sauvages; ici, c'est la lutte contre le froid glacial, contre la désolation. Le contraste est des plus piquants. Cependant, tout en ne perdant pas de vue le but de sa mission, l'équipage de *l'Alerte* et de *la Découverte* ne négligeait aucune occasion de relever tous les détails qui pouvaient profiter à la science.

M. Feilden a eu l'excellente idée de résumer les observations relatives à la faune, la flore, la géologie, le climat, les glaciers, etc., etc., et ce résumé a été ajouté, sous forme d'appendice, à la fin de l'ouvrage. Les personnes qui s'intéressent aux sciences naturelles ne s'en plaindront pas. Ce sera même pour elles une bonne fortune que d'apprendre par quels êtres la vie est représentée autour du pôle. Les notions scientifiques relatives aux habitants, aux mammifères, aux oiseaux, aux mollusques, aux plantes, etc., permettent de se faire une idée d'ensemble de la nature glaciale, et elles sont certainement un des principaux attraits de l'ouvrage.

XI.

Pérou et Bolivie, par Ch. Wiener (1).

La conquête de l'Amérique par les Espagnols n'a pas seulement détruit les États indigènes, elle a pendant longtemps étouffé le souvenir même de leur grandeur passée. C'est depuis un petit nombre d'années seulement qu'on s'intéresse aux antiquités américaines, et l'américanisme, qui commence à se produire dans le monde savant, n'y jouit même pas encore d'un grand crédit.

Cela tient en grande partie aux défauts de documents étudiés, suite nécessaire du long dédain des conquérants pour leurs victimes. Il faut donc aller travailler sur place et recueillir au plus vite les épaves échappées au vandalisme des Espagnols.

M. Ch. Wiener est un de ceux qui s'y sont le plus activement et le plus heureusement employés. Chargé en 1875 par le ministère de l'Instruction publique d'une mission d'exploration au Pérou qui dura deux ans, il a rapporté une foule de pièces curieuses qui ont beaucoup attiré l'attention publique lors de l'exposition temporaire des missions du ministère en 1878. Nous en avons parlé alors (*Revue scientifique* du 2 février 1878, page 734, tome XIVe, deuxième série).

Le beau livre que M. Wiener présente aujourd'hui au public, avec un grand luxe de gravures et de cartes, contient tous les résultats généraux de sa mission. C'est assez dire que nous ne pouvons pas, au pied levé, le juger comme il mérite de l'être. Contentons-nous d'indiquer rapidement les principaux sujets qu'il traite.

La première partie contient le récit du voyage, avec une foule de descriptions pittoresques. Dans la seconde, M. Wiener a résumé ses recherches sur l'architecture, la sculpture, l'orfèvrerie, la céramique et la peinture des anciens Péruviens. La troisième partie est consacrée à l'ethnographie, au costume, aux armes, à la nourriture, aux instruments de musique. M. Wiener étudie ensuite la religion et les langues péruviennes. Il termine par une synthèse archéologique et historique, dans laquelle il essaye de faire revivre le grand État des Incas à l'époque de sa splendeur.

On voit que le cadre est vaste. On peut ajouter qu'il est partout bien rempli et surtout agréablement rempli.

XII.

Histoire de la gravure, par Georges Duplessis (1).

L'illustration sous toutes ses formes coule aujourd'hui à pleins bords dans tous nos livres. Elle est à la fois maintenant un art élevé et une industrie prospère : en même temps que les eaux-fortes des Flameng, des Hédouin et des Lalauze rivalisent avec les œuvres des plus grands maîtres, la gravure sur bois, éclatante aussi quand elle veut, sait se mettre à la portée du pauvre et se faire petite sans trop déroger. Elle-même a aujourd'hui une rivale, plus économique encore et non moins belle, dans les divers procédés d'héliogravure ou de gravure automatique par la photographie.

La gravure tient donc une très grande place dans la vie littéraire et artistique de nos jours. Cependant nous n'en possédions pas encore une histoire générale. C'est cette histoire que vient d'écrire M. Georges Duplessis, le savant conservateur adjoint du cabinet des estampes à notre Bibliothèque nationale.

M. Duplessis étudie également tous les genres de gravures et les suit successivement dans tous les pays d'Europe, en Italie, en Espagne, en Allemagne, dans les Pays-Bas, en Angleterre et en France. Naturellement il a reproduit dans son livre un grand nombre de spécimens qu'il était mieux à même que personne de choisir pour caractériser les diverses écoles et les diverses époques. Les procédés nouveaux de l'héliogravure lui ont été ici d'un précieux secours : ils lui ont permis d'avoir de vraies *reproductions*, qui représentent

(1) *Pérou et Bolivie, voyage descriptif et archéologique*, par Ch. Wiener. 1 magnifique vol. in-8° jésus, illustré de plus de 1100 gravures, représentant des monuments, des types, des paysages, les armes, les ustensiles et les costumes des anciens habitants de ces contrées, et accompagné de 40 cartes ou plans (Paris, librairie Hachette et Cie). Broché : 25 francs; relié avec fers spéciaux, tranches dorées : 32 francs.

(1) *Histoire de la gravure*, par G. Duplessis, conservateur adjoint au cabinet des estampes de la Bibliothèque nationale. 1 magnifique volume in-8° jésus contenant 37 gravures en taille-douce, reproduites par l'héliogravure, d'après les plus belles épreuves de gravures anciennes, par Amand Durand, et 37 gravures en relief imprimées dans le texte (Paris, librairie Hachette et Cie). Prix, broché : 25 francs; relié avec fers spéciaux, tranches dorées : 32 francs.

l'original avec une fidélité rigoureuse, au lieu de gravures nouvelle faites d'après cet original par un artiste contemporain qui l'interpréterait au lieu de le reproduire.

Un des chapitres les plus curieux du livre de M. Duplessis est celui qu'il a consacré aux origines de la gravure.

Pendant longtemps le *Saint Christophe* de 1423 passa pour

Fig. 81. — La Vierge et l'Enfant Jésus entourés de quatre saintes. Fac-similé de la première gravure sur bois connue (1418).

la plus ancienne des estampes. Mais on a découvert depuis une estampe flamande de 1418, conservée aujourd'hui à la Bibliothèque nationale de Bruxelles et dont l'authenticité ne paraît pas douteuse. Nous en reproduisons le fac-simile (fig. 81).

Elle représente la Vierge entourée de quatre saintes : sainte Catherine, sainte Barbe, sainte Dorothée et sainte Marguerite. Il est facile de voir que c'est une simple image de piété, destinée à être fixée au mur, et d'un mérite artistique assez mince.

La *Vierge* de 1418 reste la plus ancienne des gravures sur bois. Mais, il y a dix ans, M. H. Delaborde a découvert deux gravures sur métal qui doivent remonter au moins à 1406. Cette découverte elle-même n'est sans doute pas la dernière.

En effet, les cartes à jouer étaient certainement connues

en Italie à la fin du XIIIe siècle, et en France au commencement du XIVe siècle. Sans doute les premières cartes à jouer ont dû être peintes à la main ; mais il est probable qu'on est arrivé assez vite à les imprimer, à l'aide de planches en bois ou en métal, à une époque où l'on ne faisait pas encore d'estampes proprement dites. Des documents vénitiens rendent le fait presque certain, bien qu'on n'ait encore rencontré aucun spécimen de ces vieilles cartes imprimées.

XIII.

L'Astronomie populaire, par FLAMMARION. — **Les Martyrs de la science,** par GASTON TISSANDIER.

Un ouvrage d'astronomie populaire n'a pas besoin aujourd'hui d'être recommandé. La compétence de l'auteur, la grande faveur dont il jouit depuis si longtemps auprès du public assurent à chacune de ses œuvres le succès qui leur est dû. Aussi aurions-nous pu nous contenter de signaler simplement à l'attention de nos lecteurs la publication en volume de l'*Astronomie populaire* (1), ouvrage intéressant, qui a paru par livraisons et que beaucoup de personnes possèdent déjà. Mais on nous saura gré peut-être d'indiquer en quelques mots les matières qui font l'objet du beau livre que l'astronome populaire offre au public désireux de connaître les merveilles du ciel.

La vieille astronomie, l'aînée des sciences, on pourrait dire, a toujours eu le privilège d'intéresser les hommes. C'est que les phénomènes célestes ont quelque chose de si grandiose qu'ils ne pouvaient guère ne pas frapper l'imagination humaine, toujours si avide de déchiffrer le mystère et de pénétrer l'inconnu. Bien des siècles se sont écoulés depuis le temps où l'on consultait les astres pour connaître ce qu'on appelait autrefois la destinée. La science astronomique, d'abord remplie de faits imaginaires, s'est dégagée peu à peu de ses erreurs et aujourd'hui elle est, on peut le dire, une des plus belles, des plus intéressantes branches du savoir humain.

Les innombrables découvertes faites depuis un siècle ont jeté une vive lumière sur le passé des astres et permettent en quelque sorte de prévoir leur avenir. Il n'est pas de sujet, croyons-nous, qui nous touche de plus près, et il n'en est pas non plus qu'on doive vulgariser avec plus d'empressement.

M. Flammarion a compris l'importance d'une telle vulgarisation, et il n'a rien négligé pour la mener à bonne fin. Son ouvrage, admirablement illustré, contient, outre un grand nombre de figures, une foule de cartes où les astres des deux hémisphères sont représentés. Ces cartes sont ou générales ou partielles, c'est-à-dire se rapportent à une grande région du ciel, ou bien indiquent la situation des astres d'un petit groupe remarquable.

Le premier chapitre est consacré à la terre, le second à la lune, le troisième au soleil, le quatrième aux mondes planétaires ; le cinquième comprend les comètes et les étoiles filantes ; enfin le dernier, un des plus intéressants, est relatif aux étoiles et à l'univers sidéral.

(1) *Astronomie populaire; description générale du ciel*, illustrée de 360 figures, planches en chromolithographie, cartes célestes, etc., par CAMILLE FLAMMARION. 1 vol. grand in-8° de 836 pages (Paris, C. Marpon et E. Flammarion, éditeurs). Prix, broché : 10 francs.

Comme on le voit, c'est un traité complet d'astronomie mis à la portée de tous. C'est certainement un des plus beaux cadeaux qu'on puisse faire, car il a le précieux avantage d'amuser et d'instruire.

A côté de l'astronomie de M. Camille Flammarion, il faut placer un livre qui, lui aussi, est essentiellement un livre d'étrennes, car il est écrit spécialement pour les gens du monde. Ce sont *les Martyrs de la science*, par M. Gaston Tissandier (1).

On y voit défiler dans une série de chapitres tous ceux qui ont payé de leur vie leur dévouement à la science, qu'ils aient succombé par la faute de la nature, — comme le chimiste Richmann, tué dans une expérience d'électricité, — ou par la faute des hommes, comme Giordano Bruno, brûlé vif par l'Inquisition. Mais c'est la part des hommes qui est la plus grande dans ce lamentable martyrologe, où figurent tant de noms illustres : Christophe Colomb, Galilée, Gutenberg, Michel Servet, Lavoisier, les inventeurs Jacquard, Philippe Lebon, Nicolas Leblanc, Fulton, Philippe de Girard, etc.

Nous avons vu avec plaisir M. Tissandier y joindre quelques contemporains comme Livingstone, le grand explorateur africain ; Francis Garnier, l'explorateur du Cambodge ; Crocé-Spinelli, qui a perdu la vie dans cette triste et fameuse ascension où Gaston Tissandier l'accompagnait avec Sivel, qui mourut également, etc. Heureusement aujourd'hui on a la consolation de se dire que ce n'est plus la main de l'homme qui frappe, c'est seulement celle de la nature.

XIV.

Publications nouvelles.

Mongolie et pays des Tangoutes, voyage de trois années dans l'Asie centrale, par PRJEVOLSKI, ouvrage traduit du russe avec l'autorisation de l'auteur, par J. du Laurens, illustré de 55 gravures et accompagné de cartes. 1 beau volume in-8° raisin (Paris, librairie Hachette et Cie). Broché, 10 fr. ; relié, dos en chagrin, plats en toile, tranches dorées, 14 fr.

Nous avons très longuement rendu compte de cet excellent livre, d'après l'édition anglaise (voyez la *Revue scientifique* des 20 octobre et 3 novembre 1877, pages 370 et 417, tome XIII, deuxième série) et nous ne pouvons mieux faire que de nous référer à ces deux articles.

Rome, description et souvenirs par Francis WEY, 4e édition. 1 magnifique volume in-4°, contenant 358 gravures sur bois, d'après E. Bayard, Hubert Clerget, A. de Neuville, H. Regnault, Theroud, etc., et un plan (librairie Hachette et Cie). Broché, 50 francs ; relié, tranches dorées, 65 francs.

Bien que ce livre, peu ancien, soit à sa quatrième édition, — ce qui prouve son succès et son mérite, — il doit cependant être signalé parmi les nouveautés, parce qu'il contient une partie nouvelle, intitulée *Rome italienne*, qui ne figurait pas dans les éditions précédentes et qui est à tous les points de vue au niveau des autres parties de l'ouvrage, un des plus beaux qui aient été publiés sur un sujet qui ne cessera jamais de plaire.

(1) *Les Martyrs de la science*, par M. GASTON TISSANDIER. 1 volume grand in-8° de 336 pages, illustré de 34 gravures sur bois, compositions de Camille Gilbert (Paris, Maurice Dreyfous, éditeur).

Œuvres choisies de N. Champfort, publiées avec une préface et des notes par M. DE LESCURE. 2 vol. in-18, faisant partie de la nouvelle bibliothèque classique des éditions Jouaust (Paris, librairie des Bibliophiles). Les 2 volumes, brochés, 6 francs.

Les dessins de maîtres anciens, exposés à l'École des beaux-arts, en 1879. Étude par le marquis de CHENNEVIÈRES, de l'Institut, directeur honoraire des beaux-arts. 1 vol. grand in-8° de 156 pages Les dessins sont gravés, les uns dans le texte, les autres hors texte (Paris, bureaux de la *Gazette des Beaux-Arts*).

Les Inondations, par Armand LANDRIN, ouvrage illustré de 24 vignettes par G. Vuillier et faisant partie de la *Bibliothèque des Merveilles*. 1 vol. in-12, (Paris, librairie Hachette et Cie), broché, 2 fr. 25; cartonné en percaline bleue avec fers spéciaux, 3 fr. 50

Néridah, par W. de FONVIELLE, ouvrage illustré de 40 vignettes dessinées par Sahib et faisant partie de la *Bibliothèque rose*. Deux volumes in-12 (Paris, librairie Hachette et Cie). Brochés, 4 fr. 50; cartonnés avec fers spéciaux, 7 fr.

Nos vraies conquêtes, par ALBERT LÉVY, ouvrage illustré de 100 gravures et faisant partie de la *Bibliothèque des Écoles et des Familles* (Paris, librairie Hachette et Cie) cart. en toile. Prix : 2 francs.

Les Tombeaux, par L. AUGÉ, ouvrage illustré de 31 vignettes dessinées par Barclay. 1 vol. (Paris, Hachette et Cie). Broché, 2 fr. 25; cartonné en percaline blanche, tranches rouges, jésus, 3 fr. 50.

Cinq mois chez les Français d'Amérique, voyage au Canada et à la Rivière-Rouge du Nord, par H. DE LAMOTHE. 1 vol. in-18, illustré de 24 gravures sur bois et accompagné de 4 cartes. (Paris, librairie Hachette et Cie). Broché : 4 fr.; cartonné, tranches dorées, 4 fr. 50.

A travers nos Campagnes, histoire des animaux et des plantes de notre pays, par CH. DELON. 1 vol. in-4° illustré de nombreuses gravures. (Paris, librairie Hachette et Cie). Cartonné, tranches dorées, 6 fr.

BULLETIN DES SOCIÉTÉS SAVANTES

Académie des sciences de Paris. — 15 DÉCEMBRE 1879.

M. Berthelot : Recherches sur la substance appelée hydrure de cuivre. — MM. Edm. Becquerel et Henri Becquerel : Le froid du mois de décembre. — M. Pasteur : Résistance au froid de la bactéridie charbonneuse. — M. J. Crévaux : Voyage dans l'Amérique équatoriale. — M. Tatin : Un nouvel aéroplane. — M. P. de Lafitte : Une tête de *jacquez*, greffée sur une vigne française. — MM. Couty et de Lacerda : Un curare des muscles lisses. — MM. Leloir et Chabrier : Altération des nerfs cutanés dans un cas de vitiligo. — MM. Jolyet et Lafont : Nerfs vaso-dilatateurs observés dans divers rameaux de la cinquième paire. — M. P. Regnard : Composition des os dans l'arthropathie des ataxiques.

M. *Berthelot* fait connaître les intéressants résultats de ses recherches sur la substance désignée sous le nom d'*hydrure de cuivre*. Cette substance, découverte par M. Wurtz, est un composé amorphe, qui se précipite lorsqu'on fait agir l'acide hypophosphoreux sur le sulfate de cuivre. Ce corps dégage de l'hydrogène quand on le traite par l'acide chlorhydrique concentré, ou qu'on le chauffe avec de l'eau, le volume de l'hydrogène étant à peu près double dans le premier cas, où l'acide est décomposé. C'est là une réaction assez singulière. En effet, « l'acide chlorhydrique, a dit M. Wurtz, n'attaque le cuivre qu'avec une extrême difficulté, et la présence de l'hydrogène, loin de favoriser la réaction, devrait, d'après les lois de l'affinité, y ajouter un nouvel obstacle. L'attaque paraît donc s'effectuer en vertu d'une action de contact ». Depuis, M. Wurtz a invoqué avec insistance l'attraction de l'hydrogène de l'hydrure pour l'hydrogène de l'acide, c'est-à-dire l'affinité réciproque des deux atomes d'hydrogène isolés, qui tendent à se réunir en une seule molécule. « Sans discuter, dit M. Berthelot, des propriétés placées en dehors de la sphère des vérités d'observation, je me suis proposé de chercher si les réactions observées ne seraient pas susceptibles d'être prévues et expliquées par les principes ordinaires de la mécanique chimique : ce qui dispenserait de toute autre explication. En d'autres termes, il s'agit de savoir si l'hydrure de cuivre ne renferme pas plus d'énergie que ses éléments, cet excès d'énergie étant capable de fournir le travail moléculaire en vertu duquel l'hydrure décompose l'acide chlorhydrique, mieux que ne pourrait le faire le cuivre pur.

L'expérience est venue confirmer l'idée de M. Berthelot; il a constaté que la réaction de l'hydrure de cuivre sur l'acide chlorhydrique est exothermique, c'est-à-dire qu'elle s'explique par la seule énergie du système initial, précisément de la même manière que celle des sulfures métalliques sur cet acide, et sans qu'il soit nécessaire de recourir à quelque interprétation exceptionnelle. Mais M. Berthelot est allé plus loin; il a analysé le prétendu hydrure de cuivre et il a reconnu que cette substance amorphe, précipitée dans la réaction de l'acide hypophosphoreux sur le sulfate de cuivre, n'est pas un véritable hydrure. Dissemblable par ses propriétés de tous les hydrures réellement connus, elle renferme de l'eau constitutionnelle, de l'oxygène et du phosphore en dose considérable. C'est une substance complexe, une sorte d'hydroxyde phosphaté de cuivre, formé peut-être par le mélange de plusieurs composés.

— MM. *Edm. Becquerel et Henri Becquerel* rendent compte d'une série d'observations relatives au froid du mois de décembre et à son influence sur la température du sol couvert de neige. Ces observations ont été faites au Muséum. Les chiffres fournis par les appareils ont été réunis dans un tableau que les auteurs ont joint à leur note. Voici une partie des détails contenus dans cette note :

Sous le sol gazonné, avant la chute de la neige comme après la chute de celle-ci, à toutes les profondeurs, à partir de $0^m,05$, la température a été constamment au-dessus de 0°. Néanmoins, la température, qui était à cette profondeur de + 3°,58 le 26 novembre, est arrivée à + 0°,18 le 14 décembre, en s'abaissant graduellement, mais étant encore un peu supérieure à 0°. Le gazon a donc formé à la partie supérieure de la terre végétale une espèce de feutre qui a préservé de la gelée les parties inférieures, même lorsque la neige, quand elle a commencé à tomber, avait une température inférieure à 0°. Sous le sol dénudé, à $0^m,05$ de profondeur, le lendemain du jour où la gelée a commencé dans l'air, c'est-à-dire le 27 novembre, la température est descendue au-dessous de 0°. A cette profondeur un premier minimum de — 2°,65 a été observé le 29 à six heures du matin, puis la température a remonté les jours suivants, en atteignant 0° le 30 à trois heures du soir, quand la neige fine est tombée sur le sol. A partir de cet instant jusqu'au 3 décembre au matin, la température s'est abaissée de nouveau et un minimum de — 3°,17 a été observé avant la chute de l'épaisse couche de neige. C'est la température la plus basse qui ait été observée à cette profondeur pendant cette période de froid. A partir de ce jour, malgré l'abaissement graduel de la température de l'air, qui, d'abord de — 11° le 3 décembre, a dépassé — 20° le 10 décembre, la température à $0^m,05$ sous le sol dénudé et couvert de neige s'est relevée et a varié de — 0°,8 à — 1°,4, en présentant un léger réchauffement le

7 décembre, le lendemain du jour où une amélioration dans la température de l'air s'était manifestée. L'épaisse couche de neige qui couvrait le sol, bien qu'agissant comme écran, n'empêchait donc pas les variations de température de se faire sentir sur le sol ainsi qu'à une certaine profondeur. En plaçant un thermomètre sous la neige et en contact avec le sol, on constate que celui-ci, à la surface, a une température qui peut s'élever ou s'abaisser suivant l'intensité et la durée du froid extérieur.

Il résulte donc de ces observations que la neige seule ne préserve pas de la gelée les corps qu'elle recouvre; elle agit bien comme écran en empêchant le rayonnement du sol et en donnant de l'eau à 0°, qui peut s'infiltrer dans la terre, mais encore, au-dessous de 0°, elle subit, comme les autres corps, par conductibilité propre, les variations de température, et peut les transmettre au sol, en les atténuant cependant beaucoup, en raison de son épaisseur. Mais, s'il existe sous la neige, à la partie supérieure du sol, des corps organisés, de la paille ou simplement les radicelles d'un gazon suffisamment épais couvrant la terre végétale, la mauvaise conductibilité de ces matières suffit pour arrêter la propagation de la gelée, et la préservation des corps organisés sous le sol végétal peut être alors complète.

— M. *Pasteur*, à propos de l'action du froid, annonce à l'Académie deux résultats d'expériences : l'un relatif à la bactéridie charbonneuse, l'autre à l'organisme qui produit l'affection dite *choléra des poules*. Ces deux parasites microscopiques peuvent supporter l'un et l'autre, sans perdre leur faculté de multiplication par les cultures, non plus que leur virulence propre, une température de 40° au-dessous de zéro.

— M. *J. Crévaux* expose le résultat des observations qu'il a pu faire pendant son voyage (1878-1879) dans l'Amérique équatoriale. Il a exploré l'Oyapock, traversé une partie des Tumuc-humac et descendu le Parou, qui était vierge de toute exploration. Il a pu relever tout son itinéraire à la boussole et déterminer un grand nombre de positions géographiques. Après l'exploration du bassin de l'Oyapock, M. Crévaux entreprit de remonter un des grands affluents de tête de l'Amazone jusqu'à ses sources. « Après un échec qui me fit perdre trois mois, dit l'auteur, le rio Iça fut remonté jusqu'au pied des Andes. Cette rivière est navigable sur un parcours de 800 milles géographiques. Un navire calant 2 mètres peut aller de l'océan Atlantique jusqu'aux premiers contreforts de la chaîne des Andes, qui sont recouverts de quinquinas. En six heures de marche par terre, j'ai atteint le Yapura.

« La descente de cette rivière, qui ne mesure pas moins de 2000 kilomètres, a été des plus périlleuses. J'ai eu à lutter contre le climat, mon escorte et les attaques des indigènes, qui sont anthropophages. Malgré ces difficultés, j'ai pu rapporter le tracé complet de cette rivière, qui était inconnue dans les quatre cinquièmes de son parcours.

« Un fait qui m'a surpris, c'est de comprendre la langue d'un tribu d'Indiens appelés *Carizonas*, qui habitent au pied des Andes. Ces indigènes, qui vivent à cent lieues de la côte du Pacifique, parlent la langue des Roucouyennes, qui ne sont pas éloignés de l'océan Atlantique. Les dessins de leurs poteries, les danses et les chants sont identiques; il y a plus, cinq de leurs crânes, déposés au Muséum, sont semblables à ceux des indigènes du Marony et du Yary. »

— M. *V. Tatin* fait connaître un nouvel aéroplane, mû par une machine à air comprimé. La description qu'il donne de cet ingénieux appareil, ainsi que de son mode de fonctionnement, est assez longue. L'auteur a pu déterminer expérimentalement le travail nécessaire pour faire voler l'appareil. En désignant par A la surface alaire en mètres carrés et par V la vitesse de translation en mètres par seconde, il a trouvé, pour mesure de la force soulevante, $0^{kg},045\ AV^2$. Ce chiffre n'est probablement applicable qu'à l'appareil en question; quant à la force de la machine, relativement au poids total, elle a paru être d'un cheval-vapeur pour 50 kilogrammes.

— M. *P. de Lafitte* adresse une note relative à une tête de *jacquez*, greffée sur une vigne française, au domaine de Campuget. Un pied français, un *muscat*, taillé en forme de treille, et recouvrant une tonnelle, avait été attaqué par le phylloxera, qui l'avait déjà très affaibli. En 1877, les bras ne portaient plus que des pousses de $0^m,30$ à $0^m,40$ de longueur, et toutes les treilles de la propriété sont mortes. En mai 1878, le jardinier du château eut l'idée de greffer un *jacquez* sur ce pied mourant, non pas sous terre, mais à un mètre au-dessus de la surface du sol. Cette même année 1878, la tige maîtresse prit un développement de $2^m,50$. Le 22 septembre 1879, cette tête de *jacquez* avait des pampres de 5 à 6 mètres de longueur.

M. de Lafitte après avoir constaté que les vignes américaines, notamment les *jacquez*, réussissent très bien sur les vignes françaises, se demande s'il en sera de même pour les vignes françaises greffées sur pieds américains. En attendant que la lumière se fasse sur cette question, l'auteur croit qu'il ne faut pas négliger l'étude des traitements.

— MM. *Couty et de Lacerda* font connaître quelques faits qui semblent établir l'existence d'un curare, dont l'action se borne aux muscles lisses et qui tue l'animal, non plus comme le vrai curare, par l'arrêt de la respiration, mais par la chute de la tension artérielle et par la cessation consécutive de la circulation.

— MM. *Leloir et Chabrier* ont constaté les altérations suivantes des nerfs cutanés, dans un cas de vitiligo. Le morceau de peau que les auteurs ont examiné provient d'une large plaque de vitiligo (partie blanche) datant de trois ans et siégeant à la partie inférieure de l'abdomen. Des filets nerveux, adhérents à ce morceau de peau, furent examinés après séjour dans l'acide osmique au 1/100 pendant vingt-quatre heures et coloration consécutive au moyen du picrocarmin. On put ainsi constater qu'une grande quantité des tubes nerveux étaient notablement altérés et présentaient avec une grande netteté les lésions de la névrite atrophique. Chez quelques-uns, le cylindre-axe avait complètement disparu, la myéline était fragmentée en gouttelettes et avait même disparu complètement en certains points; il y avait une multiplication notable des noyaux, et le tube nerveux contenait une matière colorante jaunâtre. Mais les tubes nerveux ainsi altérés n'étaient qu'en très petit nombre comparativement à ceux qui avaient subi une dégénération complète : disparition totale de la myéline; gaines vides, présentant un aspect moniliforme (la gaine de Schwann seule persistant et présentant de distance en distance des noyaux, état ultime de la dégénérescence des tubes nerveux). Ces faits montrent que les auteurs ont eu affaire à un processus dégénératif lent.

— MM. *F. Jolyet et M. Laffont* exposent les résultats de leurs recherches sur les nerfs vaso-dilateurs contenus dans divers rameaux de la cinquième paire, notamment dans le nerf maxillaire supérieur et dans le nerf buccal.

— M. *P. Regnard* a étudié la composition chimique des os dans l'arthropathie des ataxiques. L'analyse montre que les os des ataxiques sont profondément modifiés dans leur composition et qu'ils se rapprochent beaucoup des os des individus atteints d'ostéomalacie. L'os des ataxiques n'est pas seulement usé à ses extrémités, comme dans l'arthrite sèche, il est devenu graisseux dans toute sa longueur, ses sels calcaires ont disparu, de telle sorte qu'il est on ne peut plus fragile et se brise sous le moindre effort (fractures spontanées des ataxiques).

Le propriétaire-gérant : GERMER BAILLIÈRE.

PARIS. — Impr. J. CLAYE. — A. QUANTIN et Cᵉ, rue St-Benoît. [2336]

TABLE DES MATIÈRES

CONTENUES DANS LE TOME XVII DE LA DEUXIÈME SÉRIE

(JUILLET A DÉCEMBRE 1879)

ARTICLES ORIGINAUX

ENSEIGNEMENT PUBLIC FRANÇAIS

Collège de France

Muséum d'histoire naturelle de Paris

Faculté des sciences de Paris

Académie de médecine de Paris.

Conservatoire des arts et métiers

École des langues orientales vivantes

Société de géographie de Paris

Société nationale d'agriculture de France

Faculté de médecine de Lyon

Comité médico-pharmaceutique marseillais

ENSEIGNEMENT PUBLIC ÉTRANGER

Institution royale de la Grande-Bretagne.

Société royale d'agriculture d'Angleterre

CONGRÈS SCIENTIFIQUES

Association française pour l'avancement des sciences

Association britannique pour l'avancement des sciences

Association américaine pour l'avancement des sciences

Congrès international de médecine

Congrès des naturalistes suisses

Congrès des naturalistes allemands

Congrès international des américanistes

TRAVAUX SCIENTIFIQUES

Revue anthropologique

Revue économique

Revue géographique

Revue géologique

Revue maritime

Revue universitaire

Revue zoologique

Bulletin des sociétés savantes

Nécrologie

BIBLIOGRAPHIE SCIENTIFIQUE

Bulletin des publications nouvelles

CHRONIQUE SCIENTIFIQUE

TABLE ALPHABÉTIQUE DES AUTEURS

Tome XVII. — Juillet à Décembre 1879.

N. B. — La table analytique des matières paraîtra à la fin du second volume de la 9e année et comprendra la matière des deux volumes XVII et XVIII de la deuxième série.

www.ingramcontent.com/pod-product-compliance
Lightning Source LLC
LaVergne TN
LVHW082352160826
845678LV00008B/1819

9782329748696